Lexikon Elektronik und Mikroelektronik

Lexikon Elektronik und Mikroelektronik

Zweite, aktualisierte und erweiterte Auflage

Herausgegeben von
Dr. rer. nat. Dieter Sautter
Prof. Dr.-Ing. Hans Weinerth

SPRINGER-VERLAG BERLIN HEIDELBERG GMBH

CIP-Kurztitelaufnahme der Deutschen Bibliothek

Lexikon Elektronik und Mikroelektronik
hrsg. von Dieter Sautter; Hans Weinerth.
2., aktualisierte und erw. Aufl.
Düsseldorf: VDI-Verl., 1993
ISBN 978-3-642-63431-4 ISBN 978-3-642-58006-2 (eBook)
DOI 10.1007/978-3-642-58006-2
NE: Sautter, Dieter [Hrsg.]

Redaktion: Dipl.-Ing. Zitta Glaser
Graphische Darstellungen: Peter Lübke

ISBN 978-3-642-63431-4

Vorwort zur zweiten Auflage

Die Mikroelektronik durchdringt unser tägliches Leben mehr denn je. Die wachsende Bedeutung ihrer Anwendungen einerseits und die Annäherung an physikalische Grenzen der Festkörpertechnologie andererseits lösen globale Positionskämpfe im wirtschaftlichen Raum aus, die wir alle zu spüren bekommen.

Gerade wegen der globalen Zusammenhänge dominiert in der Mikroelektronik bzw. Elektrotechnik die englische Sprache, so daß häufig die deutschsprachigen Begriffe auf ungenauen Übersetzungen und unscharfen Definitionen beruhen. Hier kommt dem vorliegenden Lexikon eine besondere Bedeutung zu.

Das Lexikon für Elektronik und Mikroelektronik hat in seiner ersten Auflage eine sehr positive Aufnahme gefunden. Verlag und Herausgeber wurden deshalb zu einer zweiten Auflage ermutigt. Es war zu erwarten, daß bei dem immer noch stürmischen Fortschritt der Elektronik-Technologien in der vorliegenden Neuauflage eine Fülle von Aktualisierungen und Ergänzungen vorgenommen werden mußte.

Daneben erschien es uns notwendig, eine Reihe von Fachgebieten zusätzlich in das Werk aufzunehmen. Um den Umfang des Lexikons in Grenzen zu halten, mußte trotzdem eine starke Beschränkung der Anwendungsfelder vorgenommen werden. Ergänzend sei auf die ebenfalls im VDI-Verlag erschienenen Lexika zu den Themen „Meß- und Automatisierungstechnik" sowie „Informatik und Kommunikationstechnik" hingewiesen.

Die Zahl der Stichworte konnte von ca. 2 200 auf über 3 000 erhöht werden. Neuaufgenommene Fachgebiete sind: Leistungselektronik, Prüftechnik, Mikrowellentechnik sowie Grundlagen der Audio- und Videotechnik. Daneben wurden die Optoelektronik und die Sensorik erweitert, besonders die Mikroelektronik konnte in großen Teilen ergänzt und auf den neuesten Stand gebracht werden.

Der größte Teil der Autoren war bereit, auch an der Neuauflage mitzuwirken; für die neu aufgenommenen Gebiete konnten kompetente Fachleute zugewonnen werden. Die Herausgeber danken den Autoren für ihre wiederum tatkräftige Mitwirkung, Lektorat und Verlag sorgten in schon bewährter Weise für die Betreuung der Autoren und für die Ausstattung des Werkes; ihnen sei ebenfalls gedankt.

Dieter Sautter
Hans Weinerth
März 1993

Vorwort zur ersten Auflage

Die Elektronik hat in den vergangenen Jahrzehnten außergewöhnliche Fortschritte gemacht, dieser Entwicklungstrend wird sich weit über das Jahr 2000 hinaus fortsetzen. Weltweit wird die auf den Technologien der Elektronik-Bauelemente aufbauende Informations- und Telekommunikationstechnik zum wichtigsten Wirtschaftsfaktor werden.

Ausgelöst wurde diese Entwicklung 1948 durch die Erfindung des Transistors; die Entwicklung der Halbleitertechnologie auf Basis der Siliziumplanartechnologie führte ab 1959 zum Grundelement der Mikroelektronik, der Integrierten Schaltung.

Die mit ihrer Weiterentwicklung verbundene stetige und drastische Kostenreduktion pro elektronischem Bauelement ermöglichte den Bau hochkomplexer Systeme der Digitaltechnik, der Computer ist *das* Synonym für den technologischen Fortschritt geworden.

Die Digitaltechnik hat darüber hinaus alle übrigen Bereiche der Elektronik wie die Telekommunikation, Steuer- und Regelungstechnik, aber auch die Unterhaltungselektronik erfaßt. Beispielsweise hat die Compact Disc als weit überlegener digitaler Tonträger die herkömmliche analoge Schallplatte in kürzester Zeit im Markt überholt.

Neben der Mikroelektronik haben aber auch andere Bereiche der Elektroniktechnologie ähnliche Entwicklungssprünge erlebt, wie z. B. Anzeige- und Bildtechniken, die mit den Flüssigkristallen zusätzlich zu fortgeschrittenen Kathodenstrahlröhren ganz neue Anwendungsgebiete erschlossen haben. Eine der Folgen der diskutierten Fortschritte der Elektroniktechnologien ist eine mit keinem anderen Fachgebiet vergleichbare Zunahme des Gesamtwissens. Es wird deshalb für den technisch Interessierten, aber auch für den fachlich gebildeten Ingenieur zunehmend schwierig, einen Überblick über die Elektronik zu behalten. Ausgehend von dieser Erkenntnis hat es der VDI-Verlag unternommen, ein „Valvo-Lexikon der Elektronik und Mikroelektronik" herauszugeben. Wir haben dieses Vorhaben, ein umfassendes Kompendium für alle Wissensgebiete der Elektronik zu schaffen, gerne unterstützt.

Es ist gelungen, für die Bearbeitung einer Vielzahl unterschiedlicher Wissensgebiete kompetente Fachleute zu gewinnen, so daß wir glauben, das gesteckte hohe Ziel im wesentlichen erreichen zu können.

Herausgeber und Verlag sind sich dessen bewußt, daß letzte Perfektion bei diesem ersten Versuch nicht erreicht werden kann. Wir hoffen trotzdem, daß das Lexikon bei Lesern und Nutzern auf eine positive Resonanz stoßen wird, um das Werk wie geplant in zukünftigen Ausgaben auf den jeweiligen Stand des sich weiterhin außerordentlich schnell vermehrenden Wissens erweitern zu können.

Wir danken den Autoren und der Fachredaktion für ihre tatkräftige Mitwirkung und dem VDI-Verlag für die hervorragende Ausstattung des Werkes.

Dieter Sautter
Hans Weinerth
Hamburg 1990

Die Herausgeber

Dr. Dieter Sautter studierte Physik an der Universität Stuttgart. Von 1957 bis 1967 war er bei Intermetall/Freiburg für die Fertigung verantwortlich. Nach weiteren leitenden Positionen in der Entwicklung und Fertigung von integrierten Schaltungen und von diskreten Bauelementen bei Valvo und Bosch leitete er seit 1976 bei Valvo UB Bauelemente der Philips GmbH (jetzt Philips Semiconductors) die Abteilung Neue Techniken im Hauptbereich Technik bis zu seiner Pensionierung. Ab Anfang 1992 ist er dort ausgeschieden und beratend auf seinem Fachgebiet tätig.

Prof. Dr.-Ing. Hans Weinerth, Diplom in Physik und Promotion in Elektrotechnik. Von 1961 bis 1967 war er bei Intermetall an der Einführung vieler Basisprozesse der Halbleitertechnik beteiligt. Es folgten Jahre als Projektmanager in den Philips-Forschungslaboratorien in Eindhoven. Von 1976 bis 1990 war Prof. Weinerth Mitglied der Geschäftsleitung von Valvo/Philips Components und Direktor der Philips GmbH. Seit April 1990 Geschäftsführer der SICAN GmbH in Hannover. Seit 1988 Technische Universität Berlin (Honorarprofessor). Er war lange Jahre Mitglied der Präsidien von VDI und DIN sowie Vorsitzender bzw. Mitglied in Aufsichtsräten von VDI-Gesellschaften. Weiterhin ist er Ehrenmitglied des VDI und Ehrenvorsitzender der VDE/VDI-Gesellschaft Mikroelektronik, GME.

Die Autoren

G. Hartmut Altenmüller
Freier Journalist, Königswinter

Heinz Bahr
Philips Components, UB der Philips GmbH, Hamburg

Dipl.-Ing. Hans Jürgen Bensieck
Philips Components, UB der Philips GmbH, Hamburg

Prof. Dr. rer. nat. Dr.-Ing. habil. Arndt Bode
Institut für Informatik, Technische Universität München

Dipl.-Ing. Jens Both
Philips Components, UB der Philips GmbH, Hamburg

Univ.-Prof. Dr.-Ing. Anneliese Böttiger
Institut für Meß- und Regelungstechnik, Universität der Bundeswehr, Neubiberg

Prof. Dr.-Ing. Manfred Claassen
Lehrstuhl für Allgemeine Elektrotechnik und Angewandte Elektronik, Technische Universität München

Dipl.-Ing. Helge B. Cohausz
Patentanwalt, Düsseldorf

Dr.-Ing. Laszlo Csepregi
FhG IFT Fraunhofer Institut für Festkörpertechnologie, München

Dr. rer. nat. Hans Dammann
Fachhochschule Flensburg

Dr. Jörg Debelius
Deutscher Verband Technisch-Wissenschaftlicher Vereine, Düsseldorf

Dr.-Ing. Stephan Drost
FhG IFT Fraunhofer Institut für Festkörpertechnologie, München

Dr. Hanns-Erik Endres
FhG IFT Fraunhofer Institut für Festkörpertechnologie, München

Dipl.-Ing. Franz Fick
Philips Components, UB der Philips GmbH, Hamburg

Dr.-Ing. Franz Freyberger
Lehrstuhl und Laboratorium für Steuerungs- und Regelungstechnik, Technische Universität München

Dipl.-Ing. Werner Golombek
Philips Components, UB der Philips GmbH, Hamburg

Prof. Dr.-Ing. Rolf-Rainer Grigat
Lehrstuhl für Informatik, Technische Universität Hamburg-Harburg

Dipl.-Phys. Karl Haberger
FhG IFT Fraunhofer Institut für Festkörpertechnologie, München

Dipl.-Ing. Hartwig Hammerschmidt
Lehrstuhl für Elektrische Meßtechnik, Technische Universität München

Dr.-Ing. Michael Hausdörfer
BTS Broadcast Television Systems GmbH, Darmstadt

Prof. Dr. rer. nat. Dr. rer. nat. habil. Klaus Heinz
Lehrstuhl für Festkörperphysik, Universität Erlangen-Nürnberg

Prof. Dr. rer. nat. Reinhard Helbig
Institut für Angewandte Physik, Universität Erlangen-Nürnberg

Dipl.-Ing. Wedo Heller
DIN Deutsches Institut für Normung e. V., Berlin

Prof. Dr. Karl-Heinz Herrmann
Institut für Angewandte Physik, Universität Tübingen

Dr.-Ing. Hartmann Hieber
CEM Centrum für Mikroverbindungstechnik in der Elektronik, Forschung und Entwicklung GmbH, Neumünster

Prof. Dr. rer. nat. Alex Hubert
Lehrstuhl VI (Werkstoffe der Elektrotechnik), Institut für Werkstoffwissenschaften, Universität Erlangen-Nürnberg

Dipl.-Ing. Achim Ibenthal
Philips Components, UB der Philips GmbH, Hamburg

Prof. Dr. rer. nat. Bernhard Ilschner
Laboratiore de Metallurgie Mecanique, EPFL Ecole Polytechnique Federal de Lausanne

Dipl.-Ing. Horst Jahnke
Philips Components, UB der Philips GmbH, Hamburg

Dipl.-Ing. Franz Jansen
Philips Components, UB der Philips GmbH, Hamburg

Dipl.-Ing. Jürgen Jessen
Philips Components, UB der Philips GmbH, Hamburg

Dr. rer. nat. Ronald Kaiser
Heinrich-Hertz-Institut für Nachrichtentechnik GmbH, Berlin

Dr. rer. nat. Dipl.-Phys. Gerd Keitel
Philips Components, UB der Philips GmbH, Hamburg

Dipl.-Ing. Kurt Kiesel
Forschungsinstitut beim Fernmeldetechnischen Zentralamt, Darmstadt

Dipl.-Ing. Reinhard Knopf
Siemens-Nixdorf Informationssysteme AG, München

Prof. Dr.-Ing. Jürgen Krauser
Fachhochschule der Deutschen Bundespost TELEKOM, Berlin

Dipl.-Ing. Klaus G. Krieg
DIN Deutsches Institut für Normung e. V., Berlin

Dipl.-Ing. Rudolf Krös
Siemens Matsushita Components GmbH & CoKG, Heidenheim

Univ.-Prof. Dr.-Ing. Erich Kubalek
Institut Werkstoffe der Elektrotechnik, Universität Duisburg

Prof. Dr. rer. nat. Hajo Kuiper
Physikalisches Institut, Universität Erlangen-Nürnberg

Dipl.-Phys. Conrad Kößlinger
FhG IFT Fraunhofer Institut für Festkörpertechnologie, München

Dr.-Ing. Herbert Kümmritz (i. R.)
vorm. AEG-Telefunken, Ulm

Dr. Heinwig Lang
BTS Broadcast Television Systems GmbH, Darmstadt

Dr. Walter Lang
FhG IFT Fraunhofer Institut für Festkörpertechnologie, München

Dr.-Ing. Helmut Lauruschkat
Verein Deutscher Ingenieure, Düsseldorf

Dipl.-Math. Dipl.-Wirt.-Math. Karl Lieven
MIT — Management Intelligenter Technologien GmbH, Aachen

Prof. Dr.-Ing. Kurt Mauel (i. R.)
Institut für Technikgeschichte, Technische Universität Berlin; vorm. Verein Deutscher Ingenieure, Düsseldorf

Dipl.-Ing. Helmut Mettler
Siemens AG, Karlsruhe

Dipl.-Ing. Wolfgang Müller
Philips Components, UB der Philips GmbH, Hamburg

Dipl.-Ing. Klaus Nerstheimer (i. R.)
vorm. Philips Components, UB der Philips GmbH, Hamburg

Dipl.-Ing. Hermann Obermeir
Siemens Nixdorf Informationssysteme AG, München

Dipl.-Ing. Henderikus Lammert Offereins
FhG IFT Fraunhofer Institut für Festkörpertechnologie, München

Peter Pagnin,
Siemens AG, München

Prof. Dr.-Ing. habil. Reinhold Paul
Arbeitsbereich Elektrotechnik V/Technische Elektronik, Technische Universität Hamburg-Harburg

Dipl.-Ing. Hans-Jürgen Plaumann
Philips Components, UB der Philips GmbH, Hamburg

Dr.-Ing. Hermann Pott
Siemens Nixdorf Informationssysteme AG, Paderborn

Dr. Jürgen Pottharst
Mikroelektronik Display Technologie MiDiTec GmbH, Riegel

Dipl.-Ing. Ulf Rauterberg
Siemens AG, München

Dr.-Ing. Herbert Rentzsch (i. R.)
vorm. ASEA Brown Boveri AG, Baden/Schweiz

Dipl.-Ing. Axel Richter
FhG IFT Fraunhofer Institut für Festkörpertechnologie, München

Prof. Dr. rer. nat. Manfred Rosenzweig
Technische Fachhochschule Berlin

Dipl.-Ing. Karl Ruschmeyer
Philips Components, UB der Philips GmbH, Hamburg

Prof. Dr. Heiner Ryssel
Fraunhofer Arbeitsgruppe für Integrierte Schaltungen-Bauelementetechnologie, Erlangen;
Lehrstuhl für Elektronische Bauelemente, Universität Erlangen-Nürnberg

Dipl.-Ing. Thomas Sarfert
Siemens Nixdorf Informationssysteme AG, München

Dr. Dieter Sautter (i. R.)
vorm. Philips Components, UB der Philips GmbH, Hamburg

Prof. Dr. Hanno Schaumburg
Lehrstuhl für Halbleitertechnik, Technische Universität Hamburg-Harburg

Dr. rer. nat. Wilhelm Scheffels
Messer Griesheim GmbH, Steigerwald Strahltechnik, Puchheim

Prof. Dr.-Ing. Friedrich Schneider
Lehrstuhl für Elektrische Meßtechnik, Technische Universität München

Prof. Dr. Hans Jürgen Schneider
Lehrstuhl für Programmiersprachen, Universität Erlangen-Nürnberg

Prof. Dr. rer. nat. Elmar Schrüfer
Lehrstuhl für Elektrische Meßtechnik, Technische Universität München

Prof. Dr. Otto Spaniol
Lehrstuhl für Informatik IV, Rheinisch-Westfälische Technische Hochschule Aachen

Dr. rer. nat. Günther Strohrmann, (i. R.)
vorm. Hüls AG, Marl

Dipl.-Ing. Heinz Strüben, (i. R)
vorm. ASEA Brown Boveri AG, Mannheim

Dipl.-Ing. Rainer Theobald
VDE/VDI-Gesellschaft Mikroelektronik GME, Frankfurt

Dr.-Ing. Erwin Trischler
Siemens-Nixdorf Informationssysteme AG, München

Prof. Dr. Reinhard Ulrich
Arbeitsbereich Optik und Meßtechnik, Technische Universität Hamburg-Harburg

Dr.-Ing. Joachim Voss, (i. R.)
vorm. IBM Deutschland GmbH, Stuttgart

Prof. Dr.-Ing. Felix Wachsmann
Lehrstuhl für Elektrische Meßtechnik, Technische Universität München

Prof. Dr. rer. nat. Dipl.-Phys. Werner Weppner
Max-Planck-Institut für Festkörperforschung, Stuttgart

Dipl.-Ing. Herbert Wiefels
Verein Deutscher Ingenieure, Düsseldorf

Prof. Dr. Klaus Wille
Fachbereich Physik, Universität Dortmund

Dipl.-Phys. Karlheinz Winter
Siemens-Nixdorf Informationssysteme AG, München

Erläuterungen zur Benutzung

Die zahlreichen Gebiete der Elektronik und Mikroelektronik sind in rund 3000 Stichwörter aufgegliedert. Unter einem aufgesuchten Stichwort ist seine erläuternde Erklärung zu finden, die dem Benutzer das entsprechende Wissen vermittelt. Die zahllosen Verweise führen entweder zu einem synonymen oder zu einem übergeordneten Begriff, in dem das entsprechende Stichwort abgehandelt ist. Die Querverweise im Text (→) sollen durch Aufsuchen anderer, verwandter oder ergänzender Stichwörter zu einer Vertiefung des Wissens verhelfen. Der Verweisungspfeil → fordert dazu auf, das dahinterstehende Wort nachzuschlagen und weitere Auskunft zu finden.

Die Stichworte folgen einander alphabetisch. Die alphabetische Reihenfolge ist — auch bei zusammengesetzten Stichwörtern oder bei Abkürzungen — strikt eingehalten. Zusammengesetzte Begriffe sind vorwiegend unter dem Substantiv eingeordnet. Auch sind die Substantive in der Regel im Singular aufgeführt. Ausnahmen sind nur zur besseren Handhabung gemacht worden, wobei auf übliche Ausdrucksweise geachtet wurde (Adjektiv vor Substantiv, weil ausschlaggebend beim Aufsuchen). Stichworte, welche mit einer Zahl beginnen, stehen dort, wo die Zahl nach der Art der Aussprache eingeordnet würde: „III–V-Halbleiter" z. B. wie „Drei-Fünf-Halbleiter".

Wie in lexikalischen Werken üblich, werden die Umlaute ä, ö, ü und die wie Umlaute gesprochenen Doppelbuchstaben ae, oe, ue wie die einfachen Buchstaben behandelt.

Die zahlreichen Illustrationen zu den einzelnen Stichwörtern sind in der Regel im Anschluß an den Absatz, in welchem sie erwähnt oder erläutert wurden, plaziert. Ausnahmsweise kann es auch vorkommen, daß diese — besonders im Falle von zweispaltigen Zeichnungen oder Tabellen — erst auf der nächsten Seite stehen. Die Zuordnung ist durch das Wiederholen des Stichwortes in der Bildunterschrift oder in der Tabellenüberschrift gewährleistet.

In den Texten vorkommende Begriffe aus den Bereichen Meßtechnik, Automatisierungstechnik, Informatik oder Nachrichtentechnik sind im vorliegenden Werk nur in einzelnen Fällen erläutert. Für eine weitere Vertiefung des Wissensstandes empfehlen wir in den Lexika „Meß- und Automatisierungstechnik" oder „Informatik und Kommunikationstechnik" nachzuschlagen.

Literaturhinweise sind knapp gehalten und auf die wichtigsten Werke beschränkt. Deutschsprachige Werke sind — soweit vorhanden — bevorzugt.

Lektorat
März 1993

A

A-Betrieb →Gegentaktschaltung

AB-Betrieb →Gegentaktschaltung

Abbildungsfehler, elektronenoptische. Zwischen den Bahngesetzen von Elektronenstrahlen in elektrischen Feldern (magnetisch, elektrostatisch) und den Gesetzen der →Optik für die Wirkung von Linsen auf Lichtstrahlen gibt es eine Reihe von Analogien.

Bei dieser Betrachtung ersetzt die Wurzel aus den Potentialunterschieden der vom →Elektronenstrahl durchlaufenen Gebiete den Brechungsindex der Lichtoptik. Unterschiede bestehen darin, daß der Elektronenstrahl nicht wie meist in der Lichtoptik, abrupt geknickt verläuft. Er kann nur stetig umgelenkt werden. Die Ursache dafür ist, daß es in der Elektronenoptik keine abrupten Potentialsprünge gibt.

Im Verlauf des Elektronenstrahls von der Kathode durch das →Elektronenstrahlsystem, die →Lochmaske bis hin zum →Leuchtschirm können fast alle aus der Lichtoptik bekannten A. auftreten. In der Elektronenoptik kommen die Fehler hinzu, die durch die →Ablenkung des Elektronenstrahles bzw. durch den Einfluß des Elektronenbündels auf Teile dieses Bündels selbst auftreten.

Letzteres ist in der Regel bei höheren Strahlströmen der Fall. Die dann höhere →Raumladung im Bündelquerschnitt führt zu einer Erweiterung des Bündels, zur sog. *Strahlstromdefokussierung.* Zusätzlich verändert die für den höheren Strahlstrom erforderliche Ansteuerspannung (geringere Potentialdifferenz zwischen Kathode und Gitter 1) die Kathodenlinse. Damit wird auch die Lage des sog. *cross over,* d. h. des Bündelungspunktes des Elektronenstrahlsbündels verändert. Da der cross over mittels der weiteren elektrooptischen Linse auf den Bildschirm abgebildet wird, kann eine kleine räumliche Verschiebung des cross over bereits zu einer beträchtlichen Vergrößerung des spots auf dem Bildschirm führen.

Welche Fehler durch die Ablenkung des Strahlenbündels auftreten, hängt von der jeweiligen Ausführungsform des Elektronenstrahlsystems ab. Das weitaus am meisten angewandte Prinzip ist das *Bipotential-System.* Bei diesem ist das Gitter 3 die Fokuselektrode. Gitter 4 liegt bereits auf Hochspannungspotential. Je größer bei diesem System das Verhältnis zwischen Fokusspannung (Gitter 3) und Hochspannung (Gitter 4, Anode) ist, desto länger und größer wird die elektronen-optische Hauptfokuslinse und desto geringer ihre Verstärkung und desto kleiner der Einfluß ihrer Randfehler. Beides verbessert das Fokus-Verhalten der Röhren. Das Verhältnis der Fokus- zur Hochspannung betrug bei Farbbildröhren ursprünglich 4,5 %. Inzwischen liegt es bei 31 %.

Ein weiterer Fehler, aus der Optik bekannt, ist die *sphärische Abberation.* Hierunter ist zu verstehen, daß die Teile des Strahlenbündels, die bei den einzelnen elektronen-optischen Linsen durch deren Randbereiche verlaufen (die achsfernen Teile des Strahlenbündels), stärker fokussiert werden als die achsnahen Teile. Diesem Effekt kann man begegnen, indem man von Linse zu Linse auf dem Weg des Elektronenstrahls wechselweise die achsfernen und die achsnahen Bündelteile gegeneinander austauscht.

Weitere Bildfehler treten auf, wenn das Strahlenbündel umgelenkt wird. →*Astigmatismus* wird die elliptische Verzerrung des ursprünglich kreisrunden Bündelquerschnittes genannt. Man spricht von Anastigmatismus, wenn dieses nicht der Fall ist.

Isotroper Astigmatismus liegt vor, wenn nur ein Ablenkfeld (horizontal oder vertikal) wirksam ist. Er tritt daher nur auf den Bildachsen auf.

Anisotroper Astigmatismus liegt vor, wenn beide Ablenkfelder wirksam sind. Er tritt daher hauptsächlich auf der Schirmdiagonalen und in den Ecken auf.

Bei isotropem Astigmatismus liegen die langen Achsen des eliptisch verzerrten Spot parallel zu den Schirmachsen. Schräg liegen diese Achsen bei anisotropem Astigmatismus.

Dem Astigmatismus überlagert und daher meist nicht von diesem zu trennen, ist der sog. *Koma-Fehler.* Der Koma-Fehler hängt quadratisch vom Durchmesser des Strahlbündels am Ablenkpunkt sowie linear vom Ablenkwinkel ab.

Die Fehlerfiguren des Komafehlers wirken sich störend erst bei größeren Strahlenbündelquerschnitten aus, wie das bei Farbbildröhren der Fall ist. Wesentliches Kennzeichen für den Komafehler ist, daß die Fehlerfiguren nur eine Symmetrieachse haben, wie z. B. bei Tropfenform, Nierenform usw. (Die Fehlerfigur des Astigmatismus hat zwei Symmetrieachsen).

Die bisher besprochenen *(Mikro-)*fehler treten bei einem Strahlenbündel (oder Teil davon) auf. Sie stören im Wesentlichen die Spotform. Dieselben Gesetzmäßigkeiten gelten jedoch auch für Makrofehler, nämlich Fehler zwischen den drei Farbstrahlenbündeln (Rot, Grün, Blau) bei der →Farbbildröhre.

Hier handelt es sich im Wesentlichen um *Konvergenzfehler*. Dies sind Deckungsfehler zwischen den Teilbildern der drei Farbauszüge.

Statische Konvergenzfehler zeigen sich im Bildschirmmittelpunkt, d. h. ohne Ablenkung. Sie werden mit magnetischen Gleichfeldern korrigiert. Dynamische Konvergenzfehler treten bei abgelenktem Strahl auf dem gesamten Bildschirm auf. Sie sind daher besonders sichtbar in den Randbereichen.

Konvergenzfehler wurden früher mittels aufwendiger Schaltungen im Gerät korrigiert. Moderne In-line-Kathodenstrahlröhren sind *selbstkonvergierend*. Sie brauchen keine Korrekturen mehr beim Anwender. Die Konvergenz ist hier Bestandteil des Entwurfes der →Kathodenstrahlröhre und →Ablenkeinheit. Voraussetzung ist dabei eine exakte Fertigung mit minimalen Streuungen in der Großserie.

Eine weitere Gruppe von A. bilden die *Geometriefehler*. Diese treten auf im Zusammenspiel von Kathodenstrahlröhre, Ablenkeinheit und Schaltung. Es sind dieses:
- Rasternichtlinearität
- Rasterfehler, OW, NS
- Kissenfehler, Tonnenfehler
- Rasterlage
- Rasterrotation
- Parallelogramm
- Trapezfehler
- Tangensfehler.

Diese Fehlergruppe (Raster-Korrektur) ist bei modernen Kathodenstrahldisplays weitgehend durch den entsprechenden Entwurf von Röhre und Ablenkeinheit eliminiert. Einzelne Fehler wie Nichtlinearität, Rasterfehler oder Tangensfehler können durch schaltungstechnische Maßnahmen korrigiert werden. Die anderen treten nicht mehr als systematischer Fehler auf, sondern nur noch als →Streuung um den Mittelwert Null.

Keitel/Nerstheimer

Literatur: *Fink, D. G.*: Television Engineering. New York. – Principles of Color Television. Hrsg.: Hazeltine Laboratories Staff, New York. – Telefunken Fachbuch: Farbfernsehtechnik I. Franzis-Verlag, München. – Telefunken Fachbuch: Farbfernsehtechnik II. Berlin. – *Wentworth, John W.*: Color Television Engineering. New York.

Abhebetechnik. Die Strukturierung in der Halbleitertechnologie erfolgt durch →Lithographie. Dabei erfolgt die Strukturübertragung im allgemeinen durch →Ätzen. Eine Alternative, die besonders bei →III-V-Halbleitern, →Germanium und bei Leistungsbauelementen aus →Silicium zur Strukturierung der →Metallisierung angewendet wird, bietet die A. Hierbei (Bild) wird die zu metallisierende →Halbleiterscheibe mit →Photolack beschichtet und die gewünschte Struktur im Photolack durch Belichtung mittels einer geeigneten Photomaske hergestellt (Lithographie). Nach Entwicklung des belichteten Lackes wird die Scheibe ganzflächig metallisiert und anschließend der Photolack in einem organischen Lösungsmittel abgelöst, wobei gleichzeitig das Metall an diesen Stellen abgehoben wird; lediglich an den vorher von Lack befreiten Flächen des Halbleiters bleibt Metall zurück. Wichtig bei dieser Methode ist, daß der Lack möglichst steile Flanken hat und die Metallschicht nicht zu dick ist, damit sie leicht abreißen kann. Um dies zu erleichtern, werden teilweise durch Überätzung überhängende Kanten erzeugt.

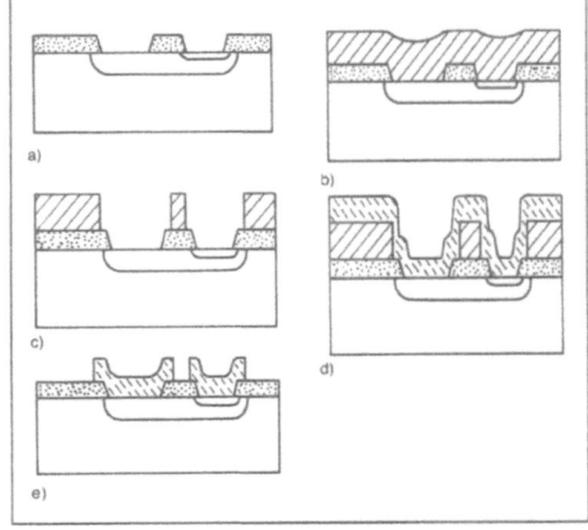

Abhebetechnik: Verfahrensschritte.
a) zu kontaktierende, dotierte Halbleiterscheibe (schematischer Querschnitt)
b) nach Aufbringen einer Photolackschicht
c) nach Belichtung und Entwicklung der Photolackschicht
d) nach Aufbringen der Metallisierung
e) nach Ablösen des Photolackes.

Verwendet wird dieses Verfahren bei Metallisierungsschichten, für die keine photolackkompatiblen Ätzen existieren oder in Fällen, wo zur Prozeßvereinfachung mittels der gleichen Photolackschicht ein →Dielektrikum geätzt und anschließend metallisiert wird. *Ryssel*

Ablegieren →Weichlöttechnik

Ablenkeinheit. Bei den weitaus meisten →Kathodenstrahlröhren erfolgt die Strahlablenkung magnetisch. Der dafür erforderlichen Felderzeugung dient die A. Diese hat zwei Teilspulen für die Horizontal- und zwei Teilspulen für die Vertikalablenkung.

Die jeweils zwei Teilspulen stehen sich um jeweils 180° gegeneinander versetzt um den Röhrenhals gelegt gegenüber. Die Teilspulen sind entweder Sattelspulen oder Toroidspulen. Sie werden in den meisten Fällen horizontal parallel und vertikal in Serie geschaltet.

Dem Entwurf der A. kommt insofern große Bedeutung zu, als von der →Ablenkung Abbildungsfehler maßgeblich beeinflußt werden. Diese Abbildungsfehler können sowohl von der A. hervorgerufen werden, als auch durch die A. kompensiert werden. D. h. es kann das Display-System Kathodenstrahlröhre/Ablenkeinheit als Ganzes bzgl. Abbildungsfehler optimiert werden. Ob das gelingt, hängt ab vom Verlauf des Horizontal- und des Vertikalablenkfeldes längs der Bahn der Elektronenstrahlen.

Um einen bestimmten gewünschten Feldverlauf im Entwurf zu realisieren, werden mehr und mehr die Feldkomponenten höherer Ordnung herangezogen.

Werkzeuge, die dabei zur Verfügung stehen, sind hauptsächlich:

- □ Wahl der Spulenart Toroid- oder Sattelspule
- □ Spulen- und damit Feldlänge
- □ Wickelungsverteilung
- □ Feldformende Elemente
- □ Form des Magnetkernes
- □ Position der A. relativ zur →Bildröhre.

Abbildungsfehler durch die A. treten nicht in der Bildschirmmitte auf; Ablenkung Null heißt auch Fehler Null. Abbildungsfehler, die durch die A. beeinflußt werden können, sind vor allem

- □ (dynamische) Konvergenz
- □ →Landung
- □ Bildgeometrie
- □ Bildschärfe (→Schärfe).

Es ist nicht verwunderlich, daß bei der Vielzahl der zu berücksichtigenden Parametern einzelne Anforderungen einander widersprechen. Letztlich soll die A. zunächst mit einer praktikablen Empfindlichkeit den →Elektronenstrahl horizontal (Index: h) und vertikal (Index: v) ablenken. Unter *Ablenkempfindlichkeit* versteht man den Quotienten aus der Ablenkung des Elektronenstrahlbündels auf dem Bildschirm und dem dafür benötigten Ablenkstrom durch die A. Die A. ist von der →Anodenspannung abhängig. Eine hohe Anodenspannung (schnelle Elektronen) verringert die Ablenkempfindlichkeit. Auch die Position der A. auf der Bildröhre beeinflußt die Ablenkempfindlichkeit. Je weiter nach „hinten" d. h. in Richtung Röhrensockel die A. positioniert ist, desto höher ist die Ablenkempfindlichkeit. Begrenzt wird dieses durch „Abschatten", d. h. der Elektronenstrahl „eckt" im Hals- Konusbereich am Glas an.

Ein weiterer, von der A. mit beeinflußter Parameter ist die Landung. Eine gute Landung mit ausreichender „Landungsreserve" ist Voraussetzung für eine gute Farbreinheit. Die A. muß dafür innerhalb eines bestimmten Verschiebebereiches so positioniert werden, daß die Abbildung der Elektronenstrahlen durch die Löcher der →Lochmaske hindurch auf den Leuchtstoff-Dots möglichst „zentrisch" erfolgt. In der Praxis wird das am ehesten in der Bildschirmmitte erreicht werden. In den Randzonen ist man dann auf die „Landungsreserve" und je nach System auf geringe Korrekturmöglichkeiten mit dem Multipol angewiesen.

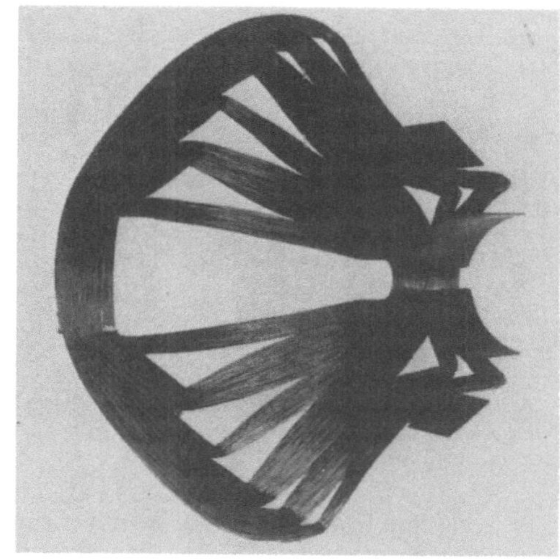

Ablenkeinheit 1: Sattelteilspule zur Vertikalablenkung in Strangwickeltechnik mit ablenkfeldformenden Blechen zur Komakorrektur. Die A. zu dieser Teilspule ist Bestandteil eines Systems mit Selbstkonvergenz. (Quelle: Philips Components)

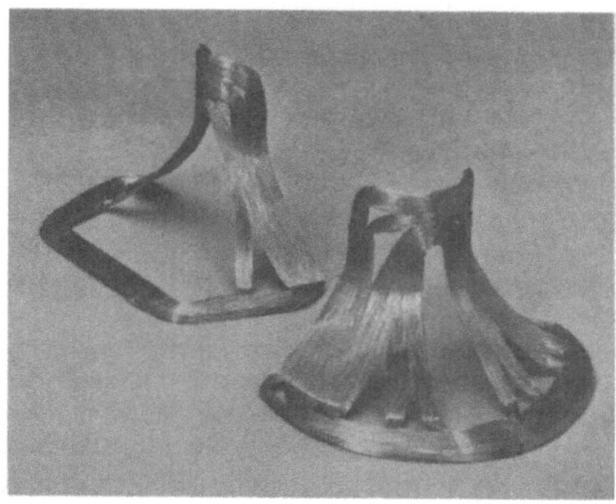

Ablenkeinheit 2: Teilspulen, links für Horizontal- und rechts für Vertikal-Ablenkung. Zu einer A. gehören je zwei solcher Teilspulen. Diese A. ist Bestandteil eines Systems mit Selbstkonvergenz. (Quelle: Philips Components)

Ablenkeinheit. Tabelle: Typische Impedanzen und Ablenkströme für Farbfernsehdisplays.

	A51EAL30X01 90° Narrow Neck	A36EAM11X01 90° Minineck	A66EAK220X11 110° Narrow Neck	A66EAK220X42 110° f. 32 kHz/100 Hz
LH (mH)	2,43	2,43	1,58	0,35
RH (Ohm)	3,2	3,2	1,7	0,5
IH MM (A)	2,1	2,1	4,78	10,4
LV (mH)	26,2	26,2	8,63	6,0
RV (Ohm)	12	12	5,0	3,5
IV MM (A)	0,82	0,82	2,04	2,46

Die letzte Spalte zeigt die Werte für eine 66 cm Röhre „flat and square" für flimmerfreien Betrieb: f_H = 32 kHz, f_V = 100 Hz

Die beiden Horizontal-Ablenkspulen sind in der Regel parallel geschaltet. Bei den Vertikal-Ablenkspulen gibt es sowohl Parallel- als auch Serienschaltung. Die Tabelle zeigt die Werte für Parallelschaltung, für Serienschaltung ändern sich die Zahlenwerte entsprechend

Ein wichtiger Parameter, der von der A. bestimmt wird, ist die dynamische Konvergenz, d. h. die Konvergenz außerhalb der Bildschirmmitte.

Die A. besteht im Prinzip aus folgenden Unterteilen:

- □ Magnetkern (Joch)
- □ Gehäuse
- □ Vertikalspule (bestehend aus zwei Teilspulen)
- □ Horizontalspule (bestehend aus zwei Teilspulen)
- □ Klemmband

Man unterscheidet zwei Grundtypen von A.:

- Sattelspulen und
- Toroidspulen.

Bei Sattelspulen ist das Hauptfeld der zwei Teilspulen auch das Ablenkfeld. Bei Toroidspulen hingegen ist das Streufeld das Ablenkfeld. Beide Spulenarten können in einer A. kombiniert werden. In der Praxis haben sich zwei Typen als am besten handhabbar herauskristallisiert:

□ *Doppelsattelspule:* Sowohl die Horizontal- als auch die Vertikalablenkspule ist als Sattelspule ausgeführt, findet vor allem bei großformatigen 110° Kathodenstrahlröhren Anwendung.

□ *Hybridablenkeinheit:* Die Horizontalablenkspule ist als Sattelspule, die Vertikalablenkspule als Toroidspule ausgeführt (Tabelle). *Keitel/Nerstheimer*

Literatur: Bildröhren und Ablenkmittel 1966. Hrsg.: SEL, Eßlingen. – „Einführung in die Farbfernsehservicetechnik, Bd. I, Grundlagen der Farbfernsehtechnik. Hrsg.: N. V. Philips Gloeilampenfabrieken, Eindhoven, Niederlande. – Elektronik-Taschenbuch Bd. II, Bonn. – Farbfernsehtechnik I. Hrsg.: Telefunken, München. – Farbfernsehtechnik II. Hrsg.: Telefunken, Berlin. – *Fink, D. G.:* Television Engineering. New York. – Principles of Color Television. Hrsg.: Hazeltine Laboratories Staff, New York. – Valvo Datenbuch 1986: Farbbildröhren-Systeme für Fernsehen. Hamburg. – *Wentworth, John W.:* Color Television Engineering. New York.

Ablenkung. Die Änderung der Richtung eines Elektronenstrahls durch ein elektrisches oder magnetisches Feld. Diese Felder verlaufen senkrecht zum →Elektronenstrahl. Die Größe der A. ist der →Feldstärke proportional. Die A. ist, solange die Elektronenlaufzeiten vernachlässigbar sind, praktisch trägheitslos.

Zur elektrostatischen A. durchläuft der Elektronenstrahl in der Regel ein Ablenkplattenpaar (Bild). Die Platten sind parallel angeordnet, zur Erzielung eines größeren Ablenkwinkels können sie auch geneigt oder gekrümmt werden. Der Strahl durchläuft bei parallelen Platten eine parabelförmige Bahn. Die Ablenkempfindlichkeit ist der Plattenlänge direkt und der Beschleunigungsspannung des Strahlerzeugers umgekehrt proportional.

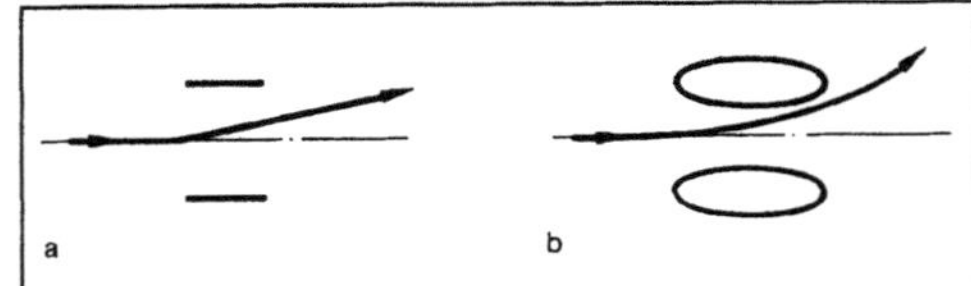

Ablenkung: A. eines Elektronenstrahls
a) durch Ablenkplatten
b) durch Ablenkspule.

Bei der magnetischen A. wird in der Regel eine Luftspule verwendet mit der Achse senkrecht zur Richtung des Elektronenstrahls. Dieser bewegt sich im Magnetfeld auf einer Kreisbahn, vorausgesetzt, die Geschwindigkeit des Strahls im Spulenbereich ist konstant und erzeugt eine konstante Lorentz-Kraft. Die Ablenkempfindlichkeit ist proportional zum Quadrat der Spulenlänge und zur Induktion, sowie indirekt proportional zur Wurzel aus der Beschleunigungsspannung. *Kiesel*

Ablesbarkeit einer Anzeige. Unter der A. oder auch Lesbarkeit, einer Anzeige versteht man die Eigenschaft alphanumerische Zeichen mit großer Sicherheit zu erkennen. Als objektive Meßgrößen dienen

□ die →Genauigkeit
□ die Geschwindigkeit
□ die Fehlerrate
beim Lesen der auf der Anzeige dargestellten Information.

Maßgebend für gute Lesbarkeit sind Parameter der Zeichengestaltung wie:
- →Zeichenhöhe
- Zeichenbreite
- Verhältnis von Zeichenhöhe und -breite
- →Helligkeit der Anzeige
- →Kontrast (Intensitäts- und Farbkontrast) gegenüber der Umgebung
- Leseabstand

Zwischen dem Leseabstand und der Zeichenhöhe kann als Erfahrungswert von einer Relation
- Zeichenhöhe = Leseabstand / 200
ausgegangen werden.

Manche Autoren gehen sogar von einem Faktor 500 aus. Diese Beziehung ergibt sich aus der Tatsache, daß ein Zeichen im Auge dann gut abgebildet wird, wenn es – ausreichende Helligkeiten vorausgesetzt – einen Sehwinkel von 20–30 Bogenminuten überschreitet. Daraus errechnet sich z. B. folgende Zeichengröße
□ 2,5 mm bei einem Leseabstand von ca. 50 cm
□ 7,5 mm bei einem Leseabstand von 1,5 m
□ 60 mm bei einem Leseabstand von ca. 12 m

Das Verhältnis von Höhe zu Breite sollte im Bereich von 2 bis 1 liegen. Zu hohe Zeichen erscheinen schlank. Untersuchungen haben Hinweise darauf gegeben, daß ältere Menschen hohe, schlanke Zeichen leichter erkennen, als Zeichen in Fettschrift. Dies dürfte jedoch mit einer gewissen Unschärfe der Abbildung im Auge zu tun haben.

Normalsichtige Menschen erkennen jedoch in vielen Fällen Zeichen in Fettschrift besser als Zeichen in dünner Strichstärke. Bei (passiven) transmissiven und bei aktiven Anzeigen sind Zeichenformate in Fettschrift zu bevorzugen, da bei ihnen das Flächenverhältnis von geschalteter zu Gesamtfläche größer als bei schlanken Zeichen ist. Die Helligkeit der Anzeige sollte im Bereich zwischen 10 bis 250 cd/m^2 liegen. Der exakte Wert hängt stark von der Helligkeit der Umgebung ab. Bei zu hohen Helligkeiten wird das menschliche Auge überstrahlt; die Information erscheint zunächst unscharf; bei noch größeren Helligkeiten wird das Auge geblendet.

Als nutzbaren Kontrastbereich geben die meisten Autoren Werte zwischen ca. 1,5 und 7 für reflektive Anzeigen und zwischen 2 und 30 für aktive (selbstleuchtende) Anzeigen an. Auch hier gilt, daß zu hohe Kontrastwerte das Auge überstrahlen; die Information erscheint unscharf.

Die Gestaltung der Zeichen spielt eine weitere, entscheidende Rolle für gute Lesbarkeit. Darin spiegelt sich z. B. die Gewohnheit, Zeichen in einem bekannten Format schneller als in einem weniger geläufigen Format zu erkennen (Lerneffekt). So sind viele ältere Menschen noch heute die „deutsche“ Schrift gewohnt, während die meisten jüngeren Menschen diese Zeichen evtl. lesen, aber meist nicht mehr flüssig lesen können. Die „Computerschrift“, d. h. die Darstellung der Ziffern mit Hilfe eines Sieben-Segmentformates und alphanumerischer Zeichen mit einer 5×7 Matrix, bereitete den meisten Menschen vor wenigen Jahren noch erhebliche Schwierigkeiten, während sich heute bereits die Mehrzahl an diese Zeichenformate gewöhnt hat und sie sicher und schnell liest.

Es versteht sich von selbst, daß Zeichen möglichst scharf dargestellt werden sollten.

Bei der Festlegung von Schriftformaten ist große Sorgfalt auf die Abstimmung mit der Gestaltung der gesamten Umgebung zu verwenden, da das Auge ein Gesamtbild aufnimmt, aber nur einen bestimmten Flächenanteil mit hoher Sicherheit und hoher Geschwindigkeit erkennen und lesen möchte.

Bei Werbeanzeigen wenden viele Hersteller das Prinzip der „Laufschrift“ an. Ausführliche Untersuchungen haben ergeben, daß die Lesegeschwindigkeit in dieser Darstellungsart nur sehr gering ist. Gute Lesbarkeit wird hier mit dem Ziel aufgegeben, einen schnellen Werbeeffekt durch Erregen von Aufmerksamkeit zu erzielen. *Pottharst*

Abscheiden →Aufdampfen, →Metallisierung, →Schichtabscheidung

Abschlußwiderstand. →Widerstand, mit dem die Enden einer elektrischen Leitung (Hochfrequenzkabel, Antennenleitung usw.) empfangsseitig verbunden – abgeschlossen – sind, um Reflexionen auf der Leitung und damit Signalverzerrungen zu vermeiden. Der A. muß den gleichen Wert haben wie der komplexe Widerstand der Leitung. Bei Antennenleitungen für TV beträgt er z. B. 75 Ohm.

K. Winter

Literatur: *Küpfmüller, K.:* Einführung in die theoretische Elektrotechnik. Berlin–Heidelberg–New York 1990.

Absorption, sättigbare →Optik, nichtlineare

Absorptionskoeffizient. Die elektromagnetische Strahlung wie auch Teilchenstrahlung wird beim Durchlaufen von Materie, aufgrund von Elementarprozessen wie
□ Anregung von Atom-, Molekül- und Gitterschwingungen
□ Anregung von Elektronenzuständen
□ Streuung
geschwächt. Die Abnahme ΔI der Strahlungsintensität I beim Durchlaufen der Strecke Δx wird beschrieben durch das Gesetz

$$\Delta I = -\alpha \cdot I \cdot \Delta x \qquad (1)$$

wobei α als A. bezeichnet wird. α ist in vielen wichtigen Fällen – insbesondere bei kleinen Intensitäten – in guter Näherung eine Konstante. Die Integration von (1) ergibt die Ortsabhängigkeit I(x) der Intensität:

$$I = I(0)\,\exp(-\alpha \cdot x) \qquad (2)$$

I(0) ist die Strahlungsintensität vor Eintritt in die absorbierende Materie. Häufig ist der A. proportional zur Dichte ϱ_m der absorbierenden Materie, so daß gilt:

$$\alpha = \alpha' \cdot \varrho_m \qquad (3)$$

Der Wert α' wird dann als Massenabsorptionskoeffizient bezeichnet. *Schaumburg*

Literatur: *Schaumburg, H. (Hrsg.).:* Werkstoffe und Bauelemente der Elektrotechnik. Bd. 3: Sensoren. Stuttgart 1992.

Absorptionsmodulator. Optischer →Intensitätsmodulator, der die Änderung der Absorption durch ein elektrisches Feld ausnutzt (Elektro-Absorption bzw. →Franz-Keldysh-Effekt).

Im äußeren elektrischen Feld $\vec{E}$ verändert sich die →Bandstruktur des Halbleiters (Stark-Effekt), so daß die Bandkante E_g zu geringeren Energien (längeren Wellen) verschoben wird:

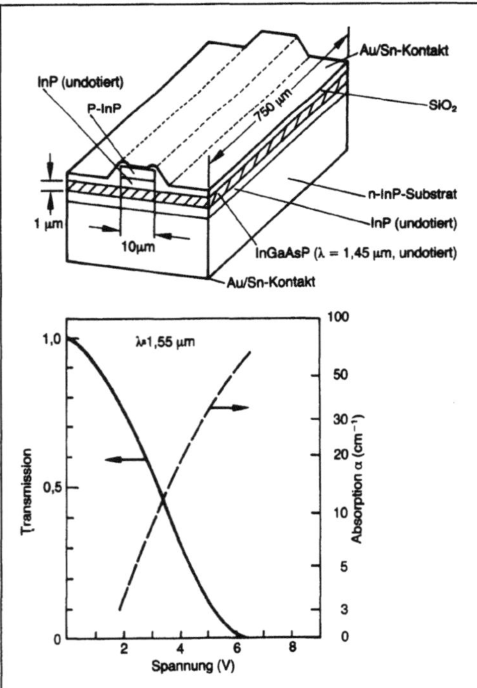

Absorptionmodulator: Schematische Darstellung eines A. auf InP-Basis (oben) und Transmission bzw. Absorption in Abhängigkeit von der äußeren Spannung.

$$\Delta E_g = -\frac{3}{2}\sqrt[3]{\frac{(e.\,\hbar\,\vec{E})^2}{m^*}}$$

(m^* effektive Masse, e_0 Elementarladung, $\hbar = h/2\pi$, h Plancksches Wirkungsquantum). Für eine feste Photonenenergie, die zunächst geringfügig unter der Bandkante liegt, nimmt die Absorption mit wachsender →Feldstärke daher zu.

In der technischen Ausführung besteht ein A. aus einem schwach dotierten →Schicht- oder →Streifenwellenleiter (Bild). Das elektrische Feld wird durch einen inversen →pn-Übergang oder →Schottky-Kontakt aufgebaut; die maximal erreichbaren Feldstärken liegen bei $1\text{–}5 \cdot 10^5$ V/cm. Die Länge des Wellenleiters und die Höhe der angelegten Spannung sind so einzustellen, daß minimale Verluste und hohe Modulationstiefen erreicht werden. Für GaAs-Modulatoren wurde bei $\lambda = 900$ nm eine Änderung der Transmission um den Faktor 100 bei einer Spannung von 8 V realisiert. *Rosenzweig*

Literatur: *Hunsperger R. G.:* Integrated Optics: Theory and Technology, Berlin–Heidelberg–New York 1982.

Abstrahlcharakteristik einer Glasfaser. Die A. ist durch das Nah- und →Fernfeld gekennzeichnet. Das →Nahfeld erhält man durch Messung der Intensitätsverteilung auf der abstrahlenden Fläche, das Fernfeld durch Messung der Intensitätsverteilung in Abhängigkeit vom Winkel in größerer Entfernung von der abstrahlenden Fläche (Bild 1).

Zur Nahfeldmessung wird die numerische →Apertur des zu untersuchenden Lichtwellenleiters voll ausgeleuchtet. Bei Messungen an einer kurzen Faser müssen die möglicherweise auftretenden Mantelmoden durch einen Mantelmodenabstreifer am Faserende eliminiert werden. Mit einem optischen System wird die Austrittsfläche vergrößert abgebildet und mit einer kleinflächigen →Photodiode, einer weiteren Faser oder einer TV-Kamera abgetastet.

Bei Standardmonodefasern (→Monomodefaser) erhält man eine gaußförmige Nahfeldverteilung, aus der der Modenfelddurchmesser (das ist der Durchmesser, bei dem die maximale Intensität auf den $1/e^2$ gesunken ist) ermittelt wird.

Der Aufbau zur Bestimmung des Fernfeldes ist ähnlich (Bild 2): Am Faserende ist in größerer Entfernung eine Photodiode angebracht, die auf einem Kreis bzw. einer Kugeloberfläche, in deren Mittelpunkt sich die Austrittsfläche der Faser befindet, bewegt wird, so daß die winkelabhängige Intensitätsverteilung gemessen werden kann.

Vereinbarungsgemäß ist der Winkel der Öffnungswinkel α, bei dem die Intensität auf 5 % ihres

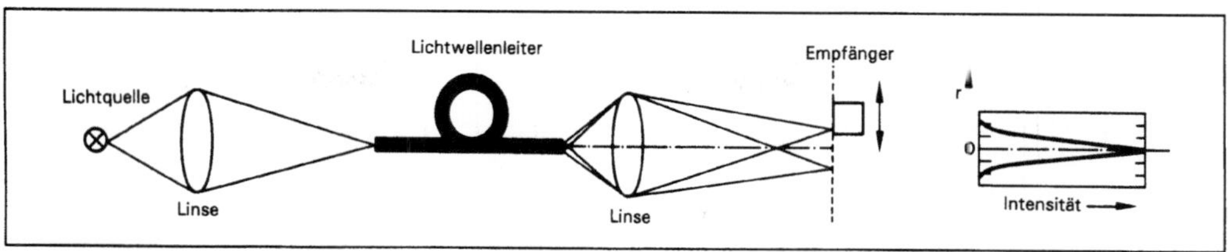

Abstrahlcharakteristik 1: Prinzip der Nahfeldmessung und Intensitätsverlauf.

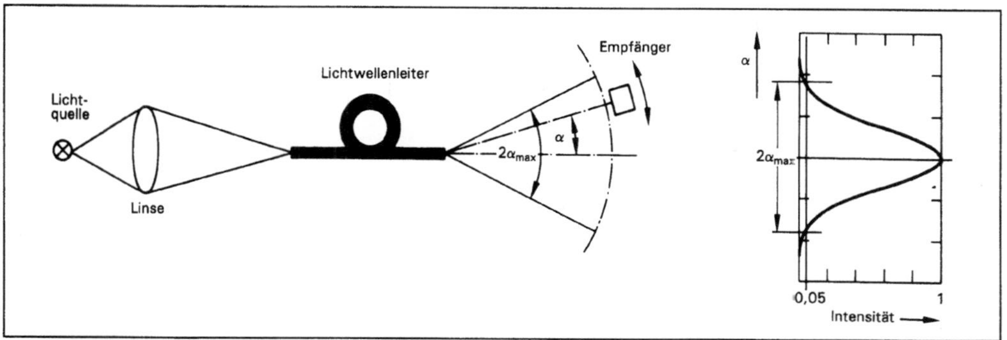

Abstrahlcharakteristik 2: Prinzip der Fernfeldmessung und Intensitätsverlauf.

Maximalwertes abgesunken ist. Daraus wird die numerische Apertur A_N ermittelt:

$$A_N = n_0 \sin(\alpha_{max})$$

mit n_0 Brechzahl des umgebenden Mediums.

Nah- und Fernfeld können durch Fouriertransformation ineinander umgerechnet werden. *Krauser*

Abtast- und Haltekreis. Der Ausgang x_a dieses Gerätes ist proportional dem Eingang x_e, bis ein Halte-Signal gegeben wird. Nach dem Empfang dieses Signals wird der Ausgang konstant gehalten, obwohl sich der Eingang ändern kann (Bild 1).

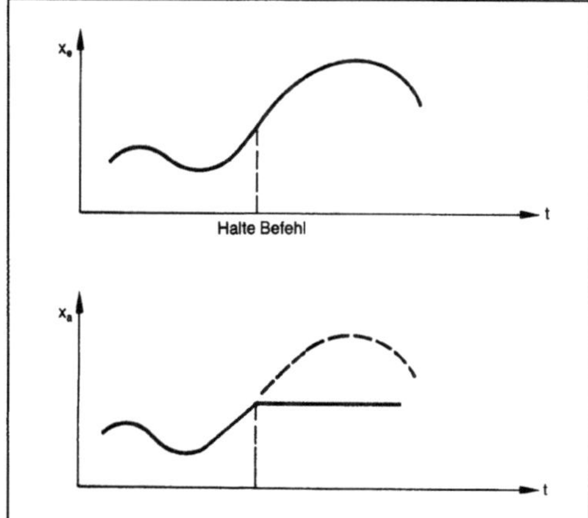

Abtast- und Haltekreis 1: Wirkungsweise.

Der A. (Bild 2) besteht aus zwei unabhängigen Verstärkern verbunden durch einen Schalter. Solange der Schalter S geschlossen ist, folgt der Ausgang dem Eingang (Track-Mode); gleichzeitig wird der Kondensator C aufgeladen. Mit dem Halte-Befehl wird der Schalter geöffnet. Da sich der Kondensator über den unendlich hohen Eingangswiderstand des folgenden Verstärkers nicht entladen kann, hält er seinen Wert. Somit bleibt der Ausgang x_a konstant, zumindest für eine gewisse Zeit. Das Halte-Signal kann erzeugt werden durch einen externen Kreis (verbunden mit einem Prozeß oder Experiment), durch einen Rechner oder durch eine programmierte digitale Steuerung.

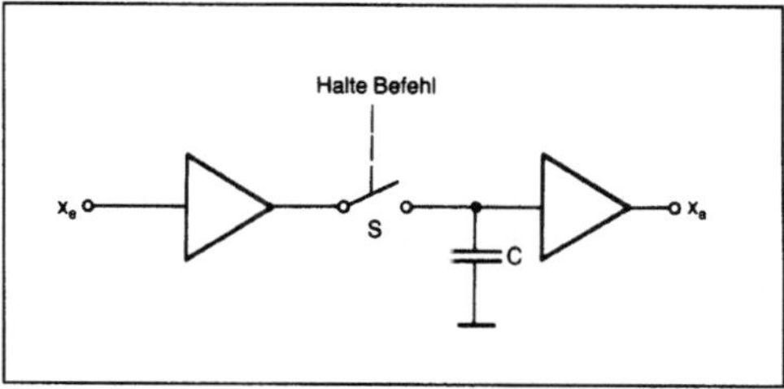

Abtast- und Haltekreis 2: Schematischer Aufbau.

A. erfüllen gewisse Aufgaben in Meßwerterfassungssystemen. Gewöhnlich bestehen eine oder beide folgenden Bedingungen:

□ Der Wert eines einzelnen Signals muß zu einem genauen Zeitpunkt bestimmt werden oder

□ Die Werte von zwei Signalen müssen zu einem genauen Zeitpunkt verglichen werden.

Diese Bedingungen können nicht von einem Multipexer mit →Analog-Digital-Umsetzer erfüllt werden, weil solch ein System eine endliche Einstell- und Umsetzzeit benötigt. Mit einem A. dagegen kann man den Momentanwert von ein oder mehreren Eingangssignalen über den Zeitraum halten, den man zum Umsetzen in Digitalwerte benötigt.

Böttiger

Abtastverfahren. A. in der Technik haben verschiedene Zielsetzungen. Im Rahmen der Nachrichtentechnik einschließlich des Radarwesens finden sie Anwendung in drei wesentlichen Bereichen:

- in der →Fernsehtechnik
- in der Radartechnik
- bei der digitalen Nachrichtenübertragung

□ Beim Fernkopieren und in der Fernsehtechnik wird jedes Bild zeilenweise und die Zeilen punktweise abgetastet. Jedem Punkt wird dabei sein Helligkeitswert und ggf. sein Farbwert entnommen und der Übertragung zugeführt. So entsteht aus einem „ruhend" dargebotenen Bild ein zeitliches Nacheinander von Bildpunktsignalen. Beim Fernsehen sind es in der Bundesrepublik Deutschland 25 Bilder in der Sekunde mit je 625 Zeilen und auf jeder Zeile rund 520 Bildpunkte. Damit ergibt sich eine Bildpunktfolgefrequenz von etwa $8 \cdot 10^6$/s.

□ In der Radartechnik (Radaranwendungen) wird der Luftraum nach Luftfahrzeugen abgetastet (*engl.* scanning). Man benutzt dazu schwenkbare Antennen, die in einem eng gebündelten Strahl Impulse oder ein Kontinuum elektromagnetischer Energie aussenden. Je nach der Art der Antennenbewegung unterscheidet man *Rundumabtastung* (360° in der horizontalen Ebene), *konische Abtastung* (conical scan) (der Öffnungswinkel des Kegels ist ungefähr so groß wie die Halbwertsbreite der Antennenkeule), ferner die *Sektorabtastung*, die in der horizontalen oder vertikalen Ebene nur einen Sektor erfaßt und die *Raumwinkelabtastung*, die einen bestimmten Raumwinkel ähnlich wie beim Fernsehen zeilenweise abtastet.

Zusätzliche Möglichkeiten bieten sich, wenn statt mechanisch bewegter →Antennen solche mit elektronischer Strahlauslenkung verwendet werden. Mit einer phasengesteuerten Gruppenantenne (*engl.* phased array antenna) läßt sich die Strahlungskeule praktisch trägheitslos auslenken. Insbesondere läßt sich eine Abtast-„Strategie" entwickeln, nach der die Winkelbereiche mit größerer Zielwahrscheinlichkeit häufiger und genauer abgetastet werden als andere Bereiche. Dadurch wird die Abtastdauer verkürzt und es können mehrere Ziele zugleich verfolgt werden.

□ Die Abtastung von stetigen Zeitfunktionen, die Nachrichtensignale darstellen, zu diskreten Zeitpunkten ist die Grundlage der Nachrichtenübertragung mit Pulsmodulation. *Kümmritz/S. Brunner*

Achse, neutrale. Bei der Herstellung von →Beschleunigungssensoren und →Drucksensoren geht man häufig vom Prinzip des →Biegebalkens aus. Betrachtet man den Abstand y von der Mitte des Biegebalkens (Biegebalken, Bild 1), dann ergibt sich als Normalspannung σ_{xx} ein Wert proportional zu y, d. h. in der Balkenmitte bei $y=0$ ist die Normalspannung Null. Die Fläche xz mit $y=0$ wird als neutrale Faser bezeichnet. Den Schnitt zwischen der neutralen Faser und die Bildebene bezeichnet man als n. A. *Schaumburg*

Acht-Teilbild-Sequenz →PAL

A/D-Einrampen-Umsetzer. Der A/D-E.-U. (*engl.* single slope converter, Spannung-Zeit-Umsetzer) gehört zur Gruppe der indirekten →Analog/Digital-Umsetzer. Die zu messende Spannung wird erst in ein Zeitintervall umgeformt, dessen Länge mit Hilfe eines Takts bekannter Frequenz dann ausgezählt wird.

Die umzusetzende Spannung u_x (Bild) wird in dem Komparator K_x mit einer linear mit der Zeit sich ändernden Spannung u_a (Sägezahn-Spannung)

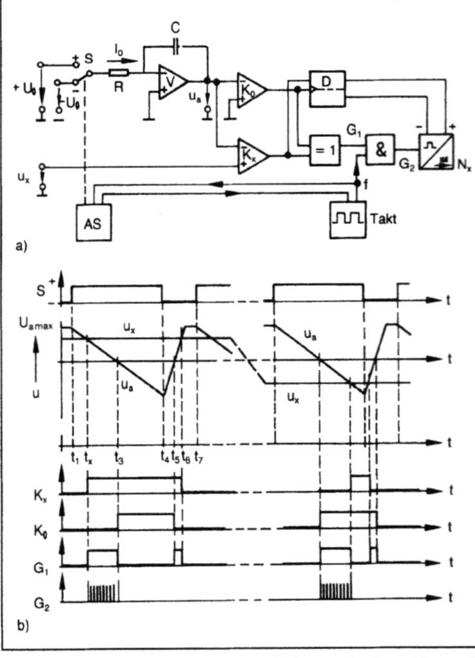

A/D-Einrampen-Umsetzer: Schematische Darstellung.
a) Blockschaltbild
b) Signale.

verglichen. Diese wird von dem Operationsverstärker V geliefert, der den konstanten Eingangsstrom $I_0=U_0/R$ integriert. Der Komparator K_0 stellt den Nulldurchgang dieser Integratorausgangsspannung u_a fest. Die Komparatorsignale gehen auf das Exklusiv-ODER-Gatter, das über die UND-Verknüpfung die vom →Taktgenerator gelieferten Impulse sperrt oder auf den →Zähler gelangen läßt.

Das die zu messende Spannung u_x abbildende Zeitintervall ergibt sich als Differenz der beiden Komparatorschaltpunkte. In diesem Zeitintervall t_3-t_x werden N_x Impulse gezählt mit

$$N_x = \frac{fRC}{U_0} u_x = Ku_x.$$

Der Zählerstand N_x ist also proportional dem Augenblickswert der umgesetzten Spannung u_x. In den Proportionalitätsfaktor K gehen die Frequenz f des Taktgenerators, die Konstantspannung U_0, der Widerstand R zur Spannungs/Strom-Umformung und die Kapazität C in der →Gegenkopplung des Integrationsverstärkers ein. Ändern sich die in der Konstanten zusammengefaßten Größen, so kommen damit Unsicherheiten und Fehler in das Meßergebnis.

Soll die größte zu messende Spannung auf drei Stellen genau angegeben werden, so ist der Meßbereich in 999 Schritte einzuteilen. Die das Meßsignal kennzeichnende duale Zahl benötigt also zehn Stellen. Bei einer Frequenz f des Taktgenerators von 1 MHz sind 1000 Impulse nach

$$t_3 - t_x = \frac{N_x}{f} = \frac{1000}{10^6} s^{-1} = 10^{-3} s$$

gezählt. Die eigentliche Meßzeit beträgt also 1 ms, wobei noch die Zeiten für die Rücksetzung des Integrators und für die Ablaufsteuerung hinzukommen. *Schrüfer*

A/D-Ladungsbilanz-Umsetzer. Der A/D-L.-U. gehört zur Gruppe der indirekten →Analog/Digital-Umsetzer. Die umzusetzende Spannung wird in eine Folge von Rechteck-Impulsen umgeformt. Die Frequenz dieser Impulsfolge ist linear proportional zum Mittelwert der umgesetzten Spannung.

Der L.-U. ist ähnlich wie der →A/D-Sägezahn-Umsetzer aufgebaut. Zusätzlich zu diesem enthält er noch eine →Stromquelle, die den konstanten Strom I_0 liefert (Bild 1). Mit Hilfe dieses Stroms wird über den von der monostabilen Kippstufe gesteuerten Schalter S die Kapazität C in der Gegenkopplung des Integrationsverstärkers entladen. Gemessen wird die Frequenz f_x der vom →Komparator oder von der monostabilen Kippstufe gelieferten Impulse.

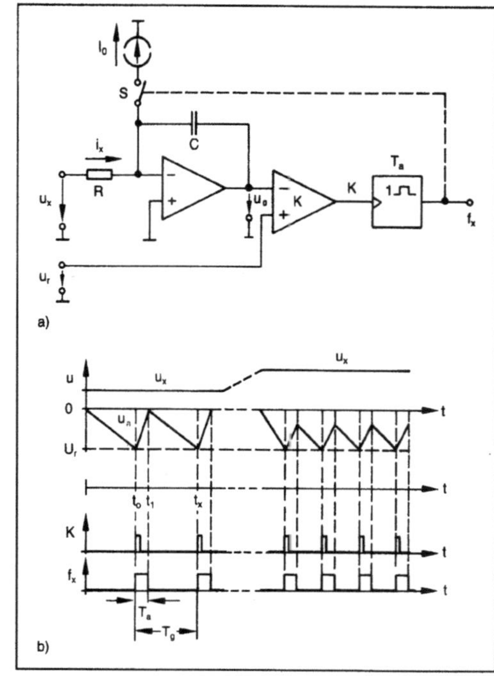

A/D-Ladungsbilanz-Umsetzer 1: Schematische Darstellung.
a) Schaltung
b) Signale.

Diese Frequenz f_x

$$f_x = \frac{\bar{u}_x}{RI_0T_a}$$

ist direkt proportional dem Mittelwert $\bar{u}_x$ der gemessenen Spannung.

Synchroner Ladungsbilanz-Umsetzer: Der A/D-L.-U. läßt sich verbessern, indem die Entladezeit T_a der Kapazität nicht von einer monostabilen Kippstufe, sondern von demselben →Taktgenerator gesteuert wird, der für die Messung der Frequenz f_x benötigt wird.

In Bild 2 ist die monostabile Kippstufe von Bild 1 durch ein D-Flip-Flop ersetzt. Mit der nach der Komparatorflanke kommenden Taktflanke wird der Schalter S für eine vorher festgelegte Zahl von Taktperioden geschlossen. Im Bild wäre dies für genau eine der Fall. Der Kondensator wird entladen und ein neuer Umsetzvorgang kann beginnen.

Der sich bei der Messung der Frequenz f_x ergebende Zählerstand

$$N_x = \frac{k}{RI_0} \bar{u}_x$$

ist also linear proportional zum Mittelwert $\bar{u}_x$ der zu messenden Spannung. In den Proportionalitätsfaktor gehen nur noch der Widerstand R zur Spannungs/Strom-Umformung und der Strom I_0 der

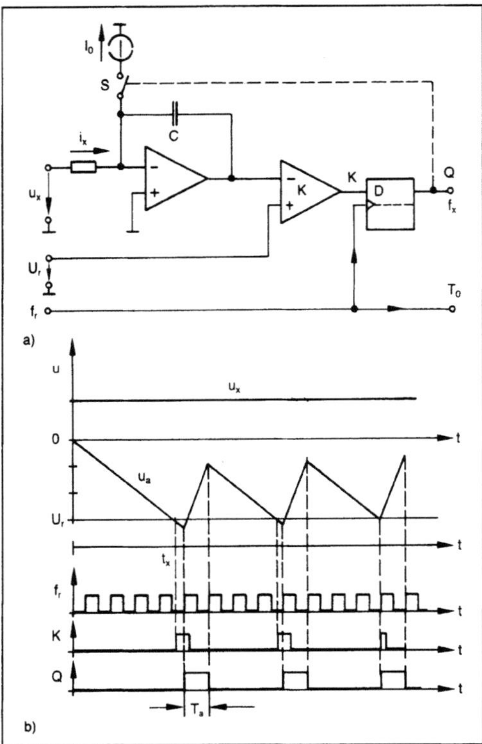

A/D-Ladungsbilanz-Umsetzer 2: Synchrone Ausführung.
a) Schaltung
b) Signale.

Stromquelle ein. Änderungen nur der letzten beiden Parameter beeinflussen die Meßgenauigkeit. Diese ist ähnlich wie beim →A/D-Zweirampen-Umsetzer nicht mehr abhängig von der Frequenz f_r des Taktgenerators und der Kapazität C in der Gegenkopplung des Integrationsverstärkers. *Schrüfer*

A/D-Nachlaufumsetzer. Er gehört zur Gruppe der direktvergleichenden →Analog/Digital-Umsetzer. Er ist ähnlich aufgebaut wie der →A/D-Stufenumsetzer. Beim Nachlaufumsetzer wird jedoch am Ende der Messung die →Vergleichsspannung nicht auf null zurückgestellt, sondern gehalten.

Der Nachlaufumsetzer (Bild) ist mit einem Vorwärts- und Rückwärtszähler ausgerüstet und kann so sowohl steigenden als auch fallenden Meßwerten folgen. Bei konstanten Meßwerten wird die Vergleichsspannung abwechselnd um eine Stufe erhöht und erniedrigt. Die Unsicherheit der Anzeige ist bei stationären Meßwerten damit von der Größe des niedrigstwertigen bit. Bei sich schnell ändernden Spannungen entsteht dann ein größerer dynamischer Fehler, wenn die Vergleichsspannung des Nachlaufumsetzers der zu messenden Spannung nicht schnell genug folgen kann. *Schrüfer*

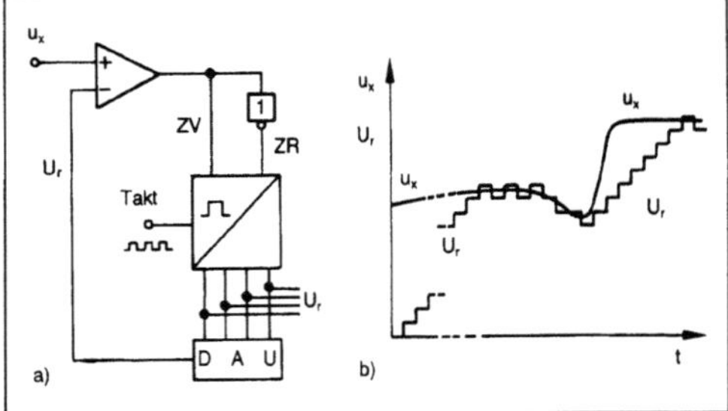

A/D-Nachlaufumsetzer: Schematische Darstellung.
a) Schaltung
b) Signale.

A/D-Parallel-Seriell-Umsetzer. Er gehört zur Gruppe der direktvergleichenden →Analog/Digital-Umsetzer. Um eine hohe Arbeitsgeschwindigkeit bei erträglichem Aufwand zu erreichen, verwendet er zwei hintereinander geschaltete Umsetzer.

Der Augenblickswert der umzusetzenden Spannung u_x wird in einem Abtast- und Halteglied für eine kurze Zeit gespeichert und in einem A/D-Umsetzer mit parallelen Komparatoren umgesetzt (Bild). Dieser liefert ein digitales Signal, das in einem →Digital/Analog-Umsetzer wieder in die analoge Spannung u_d zurückgewandelt wird. Diese Spannung u_d unterscheidet sich wegen der begrenzten Auflösung des Umsetzers von der Eingangsspannung u_x. Sie wird von letzterer subtrahiert und die Differenz $u_x - u_d$ wird – eventuell nach einer Verstärkung – in einem zweiten A/D-Umsetzer ebenfalls umgeformt. Dieser zweite Umsetzer kann wieder parallele Komparatoren enthalten oder auch nach dem Verfahren der sukzessiven Approximation arbeiten. Am Ende des Umsetzvorganges werden die Ergebnisse der beiden Wandlungen kombiniert, wobei der erste Umsetzer die höherwertigen und der zweite die niedrigwertigen bit liefert. *Schrüfer*

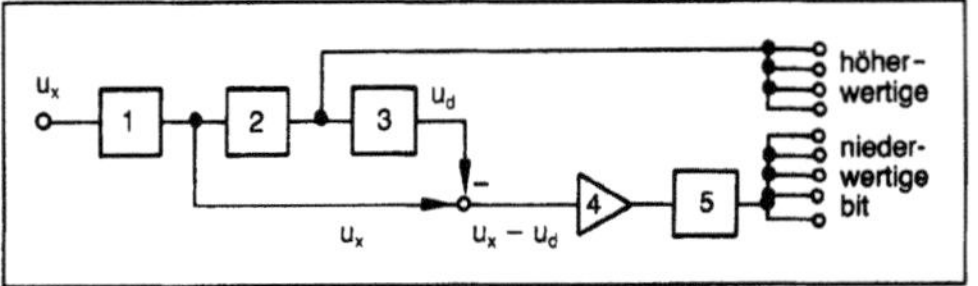

1) Abtast- und Halteglied, 2) A/D-Umsetzer mit parallelen Komparatoren für die höherwertigen bit, 3) D/A-Umsetzer, 4) Verstärker, 5) A/D-Umsetzer für die niederwertigen bit

A/D-Parallel-Seriell-Umsetzer: Funktionsprinzip (Steuerlogik nicht gezeichnet).

A/D-Relaxationsoszillator-Umsetzer. Er gehört zur Gruppe der indirekten →Analog/Digital-Umsetzer. Die zu messende Spannung legt die

Periodendauer oder die Frequenz einer astabilen Kippschaltung fest. Periodendauer oder Frequenz werden dann mit Hilfe eines Quarzoszillators ausgezählt. Ein Vorteil dieses Verfahrens ist, daß Nullpunktfehler nicht in das Meßergebnis eingehen. Damit ist das Prinzip auch für Messungen im Mikrovoltbereich geeignet.

In der Schaltung (Bild) wird zunächst ein konstanter Hilfsstrom integriert. Die Integratorausgangsspannung wird dann mit der zu messenden, um den Faktor k verstärkten Spannung u_x verglichen. Der Meßzyklus beginnt mit der Integration des negativen Hilfsstroms $-U_0/R$. Zum Zeitpunkt t_1 erreicht die Integratorausgangsspannung die Vergleichsspannung ku_x. Der →Komparator wechselt sein Ausgangssignal und die Eingangssignale werden umgeschaltet. Integriert wird jetzt der positive Strom U_0/R, wodurch die Spannung u_1 linear mit der Zeit abnimmt. Der Eingang des Verstärkers V_1 ist auf Masse gelegt, so daß die Abintegration bis zum Wert $u_1=0$ fortgeführt wird. Dieser ist zum Zeitpunkt t_2 erreicht; der Komparator schaltet und ein neuer Meßzyklus beginnt. Die Periodendauer T_x einer Schwingung ergibt sich mit $K=2kRC/U_0$ zu $T_x=Ku_x$.

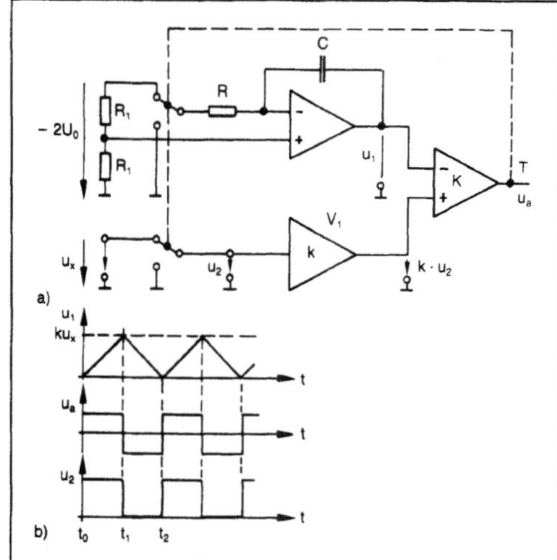

A/D-Relaxationsoszillator-Umsetzer: Schematische Darstellung.
a) Schaltung
b) Signale.

Die Besonderheit der Schaltung liegt in ihrer Unempfindlichkeit gegen Offsetdriften, solange sich diese nur langsam ändern. Damit hängt die Genauigkeit der Umsetzung nur von der Konstanz des durch eine →Gegenkopplung leicht zu stabilisierenden Verstärkungsgrades k, von den Bauelementen R und C und der Konstantspannung U_0 ab.

Schrüfer

A/D-Sägezahn-Umsetzer. Der A/D-S.-U. (Spannungs/Frequenz-Umsetzer) gehört zur Gruppe der indirekten →Analog/Digital-Umsetzer. Die umzusetzende Spannung wird in eine Folge von Rechteck-Impulsen umgeformt. Die Frequenz dieser Impulsfolge ist mit einer nichtlinearen Kennlinie proportional dem Mittelwert der umgesetzten Spannung.

Der Sägezahn-Umsetzer (Bild) besteht aus dem Integrationsverstärker V, dem Komparator K und der monostabilen Kippstufe mit der Entladezeit T_a. Der der umzusetzenden Spannung proportionale Strom u_x/R wird so lange integriert, bis die Ausgangsspannung des Integrationsverstärkers u_a die Höhe der Vergleichsspannung U_r erreicht hat. Dann wird während der Zeit T_a die Kapazität C in der Gegenkopplung des Integrierers entladen und ein neuer Umsetzvorgang kann beginnen. Gezählt wird die Frequenz f_x der vom Komparator oder von der monostabilen Kippstufe gelieferten Impulse. Diese hängt mit

$$f_x = \frac{\bar{u}_x}{-U_rRC + T_a\bar{u}_x}$$

nichtlinear mit dem Mittelwert $\bar{u}_x$ der umzusetzenden Spannung zusammen. Das Ergebnis wird fehlerhaft, falls die Parameter U_r, R, C und T_a nicht konstant bleiben. Diese Nachteile werden zum Teil durch den →A/D-Ladungsbilanz-Umsetzer vermieden.

Schrüfer

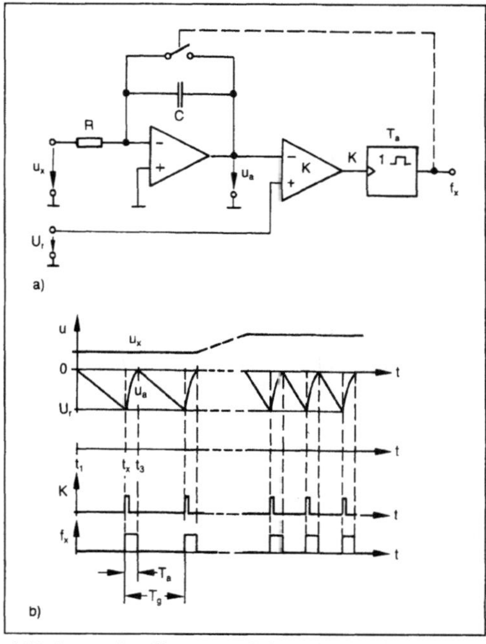

A/D-Sägezahn-Umsetzer: Schematische Darstellung.
a) Schaltung
b) Signale.

A/D-Stufenumsetzer. Der A/D-S.-U. (inkrementaler Stufenumsetzer) gehört zu der Gruppe der direktvergleichenden →Analog/Digital-Umsetzer. Er vergleicht die umzusetzende Spannung u_x mit einer diskreten, einstellbaren →Vergleichsspannung U_r, die von einem →Digital/Analog-Umsetzer geliefert wird. Die →Referenzspannung wird durch einen →Zähler so gesteuert, daß sie sich, von null ausgehend, mit jedem Takt um einen konstanten Wert erhöht (Bild).

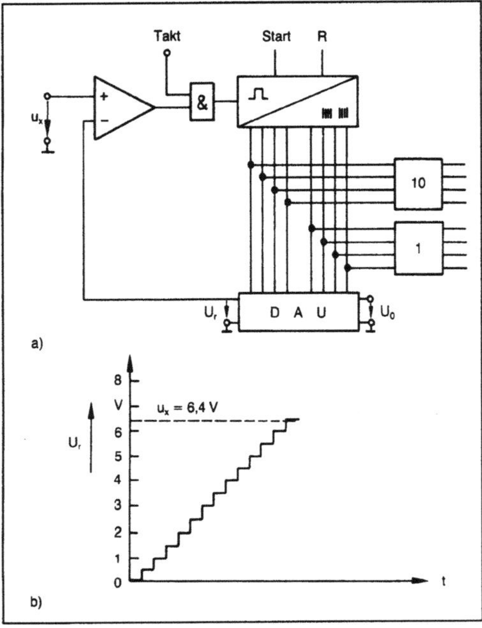

A/D-Stufenumsetzer: Inkrementaler Stufenumsetzer.
a) Schaltung
b) Die Vergleichsspannung nimmt im Takt des Zählers zu.

Solange die zu messende Spannung größer als die Referenzspannung ist, liefert der Komparator sein 1-Signal und die Impulse des Taktgebers laufen über das UND-Gatter in den Zähler. Dieser erhöht die Vergleichsspannung stufenförmig, bis sie schließlich größer als die zu messende Spannung wird. Der Komparator schaltet, sein 0-Signal sperrt das UND-Gatter und stoppt den Zähler. Der Zählerstand ist ein Maß für die Summe der zurückgelegten Stufen, und damit ein Maß für die Höhe der Vergleichsspannung, die sich von der zu messenden Spannung an u_x um weniger als eine Spannungsstufe unterscheidet.

Ein Nachteil des inkrementalen Stufenumsetzers ist seine relativ große Umsetzzeit, da die Vergleichsspannung immer von null aus in vielen kleinen Schritten an den Wert der zu messenden Spannung herangeführt wird. Schneller sind der →A/D-Nachlaufumsetzer und der A/D-Umsetzer mit sukzessiver Approximation. *Schrüfer*

A/D-Umsetzer →Analog-Digital-Umsetzer

A/D-Umsetzer mit parallelen Komparatoren. Der parallele A/D-Umsetzer (*engl.* flash converter, Parallel-Umsetzer, Simultan-Umsetzer) gehört zu der Gruppe der direktvergleichenden →Analog/Digital-Umsetzer. Er verwendet mehrere parallel liegende Komparatoren mit unterschiedlichen Schaltpunkten (Bild). Diese werden aus einer Referenzspannung U_0 mit Hilfe eines Spannungsteilers gewonnen. Die umzusetzende Spannung u_x wird allen Komparatoren zugeführt und mit den jeweiligen Referenzspannungen verglichen. Ist die zu messende Spannung größer als die Vergleichsspannung, so schaltet der Komparator. Die Komparatorsignale werden in einer logischen Schaltung ausgewertet, so daß bei Verwendung von n Komparatoren insgesamt n+1 unterschiedliche Spannungswerte angezeigt werden können.

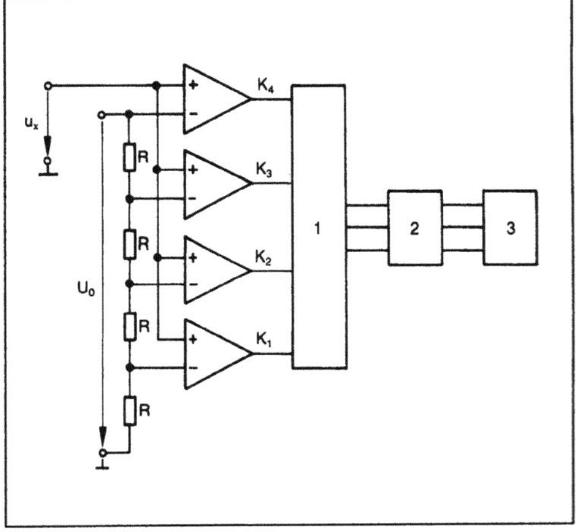

1) Logische Schaltung zur Bildung einer Gray-Zahl aus den Komparatorsignalen, 2) Speicher, 3) Dekodierer vom Gray-Code in den Dual- oder BCD-Code.

A/D-Umsetzer mit parallelen Komparatoren: Schematische Darstellung.

Die industriell gefertigten Geräte enthalten natürlich mehr als die im Bild gezeigten vier Komparatoren. Die prinzipielle Stärke der parallelen Umsetzung liegt in ihrem einfachen Aufbau und in ihrer hohen Umsetzrate. So läßt sich z. B. mit 255 parallelen Komparatoren eine unbekannte Spannung innerhalb von 10 ns in ein 8-bit-Datenwort umwandeln. *Schrüfer*

A/D-Umsetzer mit sukzessiver Approximation. Der A/D-Umsetzer mit sukzessiver Annäherung an den Meßwert gehört zur Gruppe der direktvergleichenden →Analog/Digital-Umsetzer. Die →Referenzspannung wird in unterschiedlich großen Stufen geändert. Die Arbeitsweise gleicht der einer Balkenwaage, bei der nicht viele kleine, sondern wenige, unterschiedlich schwere Gewichtsstücke aufgelegt werden. Aus diesem Grunde ist auch die Bezeichnung *Wäge-Umsetzer* gebräuchlich.

Die Referenzspannung U_r wird aus einer konstanten Hilfsspannung U_0 gebildet (Bild). Sie ist oft im Dual- oder BCD-Code gestuft. Im Komparator K wird die unbekannte Spannung u_x mit der Referenzspannung U_r verglichen. Die Messung beginnt, indem die höchste Teilspannung (das bit mit der größten Wertigkeit) $U_r = U_0/2$ eingestellt wird. Ist $u_x > U_r$, so bleibt $U_0/2$ eingeschaltet. Die nächste Teilspannung $U_0/4$ wird hinzuaddiert und der Vergleich wird von neuem durchgeführt. Solange die zu messende Spannung größer als die Referenzspannung ist, bleibt der hinzugekommene Teilbetrag erhalten. Ansonsten wird er abgeschaltet und der Abgleich wird mit der Addition der nächstniedrigen Teilspannung versucht. Am Ende der Messung hat sich die Referenzspannung sukzessiv der zu messenden Spannung genähert und weicht von dieser höchstens um die kleinste Spannungsstufe ab. Der Wert der gesuchten Spannung u_x kann dann von den Stellungen der Schalter in der Referenzspannungsquelle als Dual- oder BCD-Zahl abgelesen werden. Ist die betreffende Teilspannung noch zugeschaltet, so wird für das entsprechende bit eine 1, andernfalls eine 0 gesetzt. Das Ablaufdiagramm (Bild b) gilt für eine zu messende Spannung $u_x = 6{,}5$ V und für eine Konstantspannung $U_0 = 16$ V, die in insgesamt 2×4 Stufen von 8, 4, 2, 1 und 0,8, 0,4, 0,2, 0,1 V unterteilt ist. Ergebnis des Abgleichs ist die BCD-Zahl 01100101.

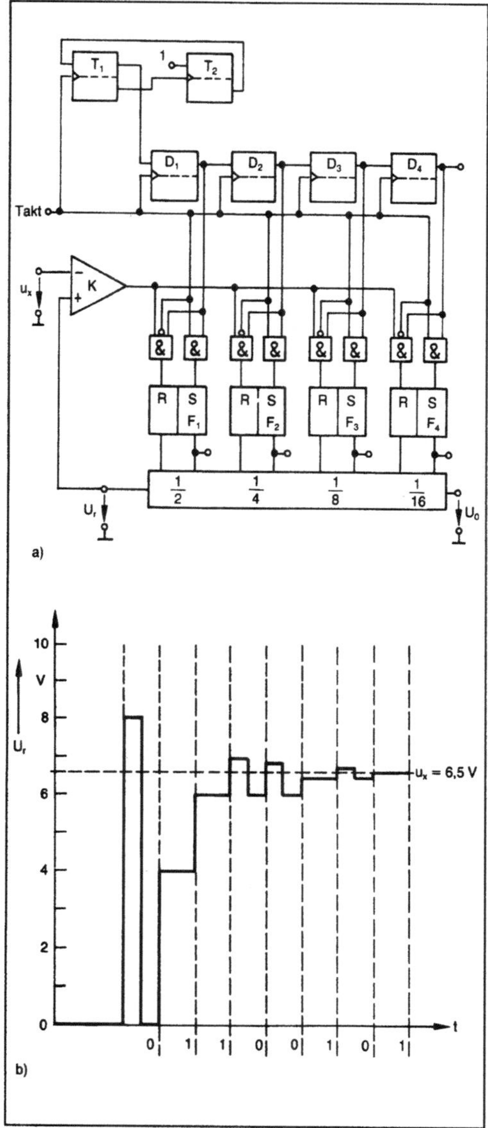

A/D-Umsetzer mit sukzessiver Approximation: Prinzipielle Darstellung.
a) Schaltung
b) Abgleichvorgang.

Der Umsetzer mit sukzessiver Annäherung an den Meßwert wird häufig eingesetzt. Bei einem →Auflösungsvermögen von 12 bit können Wäge-Umsetzer bis zu 10^6 Meßwerte in der Sekunde umsetzen. Bei geringeren Ansprüchen an das Auflösungsvermögen werden höhere Umsetzgeschwindigkeiten erreicht. Die →Genauigkeit der Messung hängt von der Stabilität der Referenzspannung und von dem Abgleich der Widerstände in der digital steuerbaren Spannungsquelle ab. Die Geschwindigkeit der Umsetzung wird bestimmt durch die Einstellzeit des Komparators und der Vergleichsspannung. *Schrüfer*

A/D-Zweirampen-Umsetzer. Der A/D-Z.-U. (*engl.* dual slope converter, integrierender Zweirampen-Umsetzer) gehört zur Gruppe der indirekten →Analog-Digital-Umsetzer. Die zu messende Spannung wird in ein Zeitintervall umgeformt, dessen Länge mit Hilfe eines Quarzoszillators ausgezählt wird.

Aufbau (Bild): dem Integrationsverstärker V wird über den Schalter S entweder die zu messende Spannung u_x oder die Konstantspannung $-U_0$ zugeführt. Die Zeit, während der der Schalter S mit der Konstantspannung $-U_0$ verbunden ist, wird durch die Ablaufsteuerung AS festgelegt. Nach Ablauf dieser Zeit, zum Zeitpunkt t_2, wird auf u_x umgeschaltet. Der Strom u_x/R wird so lange integriert, bis die Ausgangsspannung u_a des Integrierers zum Zeitpunkt t_x den Wert 0 erreicht hat. Zu diesem Zeitpunkt schaltet der Komparator K_0 und ein neuer Umsetzvorgang kann beginnen.

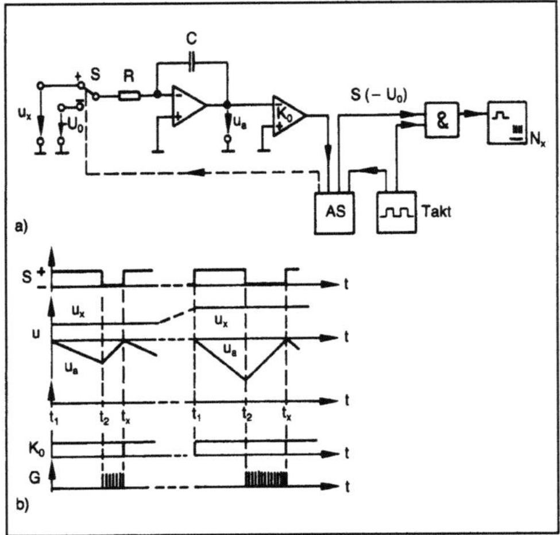

A/D-Zweirampen-Umsetzer: Prinzipielle Darstellung.
a) Blockschaltbild
b) Signale.

Das Zeitintervall $t_x - t_2$ wird ausgezählt. Dabei ergibt sich der Zählerstand N_x zu $N_x = K\bar{u}_x$.

Der Zählerstand ist also proportional dem Mittelwert $\bar{u}_x$ der umgesetzten Spannung. Als eine die Genauigkeit bestimmende Größe geht in den Proportionalitätsfaktor K nur noch die Vergleichsspannung $-U_0$ ein. Anders als beim →A/D-Einrampen-Umsetzer sind die Größen f, R, C nicht mehr enthalten. Das bedeutet, daß der Zweirampen-Umsetzer unabhängig ist gegenüber Änderungen dieser Größen. Darüber hinaus mißt er keinen Augenblickswert, sondern den über die Abintegrationszeit gemittelten Meßwert. Liegen periodische Einstreuungen vor und ist die Abintegrationszeit gleich einer oder mehrerer Perioden dieser Störungen, so ist deren linearer Mittelwert null, und die Einstreuung verfälscht damit nicht das Meßergebnis. Erkauft werden diese Vorteile durch eine längere Umsetzzeit, da jetzt zweimal integriert werden muß.

Der Einfachheit halber wurde im Bild die Arbeitsweise nur für eine Polarität der Eingangsspannung erklärt. Diese Beschränkung ist nicht notwendig. Indem eine zweite, positive Hilfsspannung und eine die Polarität erkennende Logikschaltung benutzt wird, ist die Umsetzung positiver und negativer Eingangsspannungen ohne Schwierigkeit möglich.

Schrüfer

Addierverstärker. Der A. ist ein →Meßverstärker (invertierender →Operationsverstärker), dessen Ausgangsspannung u_a proportional ist der Summe der Eingangsströme i_1, i_2, bzw. proportional ist der Summe der Eingangsspannungen u_1, u_2:

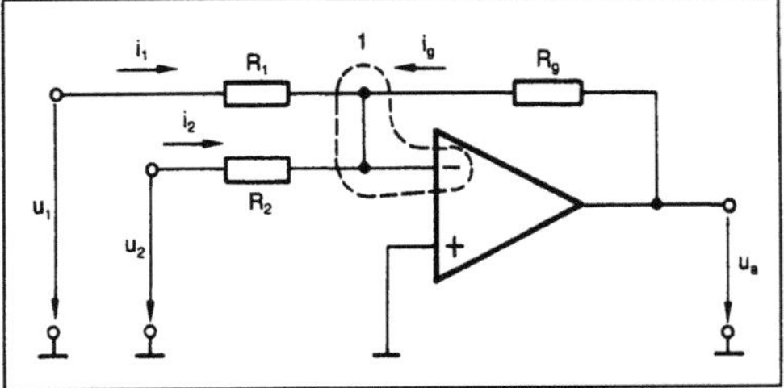

Addierverstärker: Schematische Darstellung.

$$u_a = -R_g\,(i_1 + i_2) = -R_g\left(\frac{u_1}{R_1} + \frac{u_2}{R_2}\right).$$

Schrüfer

ADP-Kristall →Frequenzvervielfachung

Adressierung, magnetische →Display, magnetooptisches

Adressierung, thermomagnetische →Display, magneto-optisches

Aktivierung. Elektronenquelle bei Bildröhren ist die Oxidkathode (1903 von *Wehnelt* entdeckt). Sie besteht aus einem Nickelröhrchen, in dem gegen das Röhrchen isoliert, der Heizwendel untergebracht ist, sowie der Kathodenkappe, ebenfalls aus Nickel. Auf dieser Kappe werden Barium- und Strontiumcarbonat aufgebracht.

Diese Carbonate werden beim →Evakuieren der Röhre auf der Pumpstraße bei niedrigem Innendruck und erhöhten Temperaturen in die benötigte Oxidschicht umgewandelt. Dieser Vorgang wird als *Umsetzen* der →Kathode bezeichnet.

Die so gebildete Kathode hat noch keine hinreichende →Emission. Erst eine weitere Wärmebehandlung (→Heizung der Kathode) führt zu einer erhöhten und stabilen Emission. Bei dieser A. der Kathode wird die →Austrittsarbeit der Elektronen aus der Oxidschicht herabgesetzt. *Nerstheimer*

Literatur: Bildröhren und Ablenkmittel 1966. Hrsg: SEL, Eßlingen. – Farbfernsehtechnik I. Hrsg.: Telefunken. München. – Telefunken Fachbuch Die Fernseh-Bildröhre. Hrsg. Telefunken, Ulm.

Aktivierung, elektrische. Unter e. A. versteht man den Prozeß des Einbaus von implantierten Dotieratomen (→Dotierung) durch →Ausheilen auf Gitterplätze; während dieses Prozesses entsteht die gewünschte →Leitfähigkeit. Oft wird die e. A. in % ausgedrückt. In diesem Fall vergleicht man die elektrisch aktive Anzahl der Dotieratome mit ihrer Gesamtzahl. Durch Ausheilen entsteht im allgemeinen eine 100%ige e. A., wenn die Temperatur hoch genug war, um alle →Strahlenschäden auszuheilen und die Dotierungskonzentration unter der →Löslichkeit liegt, ansonsten ist die e. A. unvollständig. *Ryssel*

Aktivierungsenergie. Zahlreiche Prozeßschritte in der Halbleitertechnologie zeigen eine exponentielle Abhängigkeit von der Temperatur. Die charakteristische Prozeßgröße wird in einem solchen Fall halblogarithmisch über der inversen Temperatur aufgetragen und zeigt dann eine lineare Abhängigkeit von l/T (*Arrhenius*-Gerade) (→Diffusion). Die A. ist die Steigung der Kurve bei Auftragung im natürlichen Logarithmus (beim Logarithmus zur Basis 10 muß man den Faktor 2,3 berücksichtigen) und wird üblicherweise in eV angegeben, in älteren Veröffentlichungen findet man jedoch häufig die Einheit kcal/Mol.

Typische Prozesse, die sich mit Hilfe von A. beschreiben lassen, sind Diffusion, →Oxidation, →Ätzen, →Schichtabscheidung und →Ausheilen.

Ryssel

Aktor. A. setzen als Antriebselemente elektrische Signale (Spannung, Strom) in nichtelektrische, meist mechanische Signale (Kraft, Verlagerung/ Bewegung) um.

Unter A. versteht man insbesondere Stellglieder mit geringer Leistungsabgabe (<10 kW) im Gegensatz zu sonstigen elektromagnetischen Antrieben. Je nach der verwendeten Antriebsenergie kann man elektromechanische A. (z. B. Motoren), pneumatische A. und hydraulische A. (z. B. Hubkolben) unterscheiden. Neuere A. verwenden auch piezoelektrische, magnetostriktive oder elektro-chemische Antriebsprinzipien.

Stark an Bedeutung hat das Gebiet der Mikroaktoren gewonnen. Hierunter versteht man A. die mit den Methoden der →Mikromechanik hergestellt werden. Beispiele sind die →Mikropumpe und der →Mikromotor aus Silicium. Mikro-A. eignen sich insbesondere zur hybriden oder monolithischen Integration mit anderen Halbleiterbauelementen zu komplexen Mikrosystemen.

Die verschiedenen Prinzipien der Umwandlung elektrischer Energie in nichtelektrische Energie bestimmen die pro Volumeneinheit umwandelbare Energie. Die verkleinerten Abmessungen der Mikroaktoren ermöglichen auch elektrostatische Antriebe hoher Leistung. Eine Signalerhöhung kann durch Parallel- oder Hintereinanderschaltung mehrerer A. erfolgen. Beispiele sind piezoelektrische Plattenstapel als Weg- oder Kraftgeber. Neben den einstufigen A. wandeln mehrstufige A. verschiedene Energieformen ineinander um: makroskopische Antriebe verwenden meist magnetische Energie, Mikroaktoren neben der elektrostatischen auch thermische und Strahlungsenergie mit Ausnutzung unterschiedlicher thermischer Ausdehnungskoeffizienten der Festkörper oder der Elektrophorese von Flüssigkeiten (Tabelle 2).

Die Arten unterscheiden sich nach dem Informationsgehalt (Tabelle 1).

Die Entwicklungstendenz geht auf Grund der einfacher, kostengünstiger, kleiner und genauer werdenden A. von:

– analog zu digital,

Aktor. Tabelle 1: Informationsgehalte von A.

Informationsgehalt	Art	Beispiel
1 bit	Stellglied für 2 Betriebszustände	Hubmagnet, Motor für Start-Stopp-Betrieb
2 bit	Stellglied für 4 Betriebszustände	Schrittmotor für Start-Stopp-Betrieb und zum Richtungswechsel, z. B. vor/rück
3 bit	Antrieb für 6 Betriebszustände	Motor mit Start-Stopp-, Vor-/Rück- und Schnell-Langsam-Lauf
3^n bit	Antrieb für n Freiheitsgrade	Motor für Punkt-zu-Punkt-Steuerung mit Start-Stopp-, Vor-/Rück-, Schnell-Langsam-Lauf für n Freiheitsgrade (z. B. für Roboter-Antrieb)
∞ bit	analoge Bewegungen	Lautsprecher Motor
∞^n bit	analoge Bewegungen für n Freiheitsgrade	Antrieb für Bahnsteuerung mit n Freiheitsgraden (z. B. Roboter-Antrieb)

Aktor. Tabelle 2: Nutzung verschiedener Effekte zur Energieumwandlung

Effekt	Prinzip der Krafterzeugung/Technik
COULOMB-Gesetz der Elektrostatik	Anziehung/Abstoßung verschiedener/gleicher Ladungen: – elektrostatische Membranpumpe – Linearmotor/Zahnradmotor – Kippelektrode
Magnetisches Feld mit beweglichen Ladungen (elektrodynamisches Prinzip)	– Linearmotor, Tauchspulmotor
Polarisation/relative Dielektrizitätskoeffizienten	– Elektrostriktion in Piezogebern
Elektrokinetischer Effekt	– Elektroosmose – Elektrophorese zur Steuerung/zum Antrieb von Flüssigkeitsströmen ohne bzw. mit Schwebeteilchen

– Stellgrößeneingabe zur Sollwerteingabe,
– A. ohne Rückmeldung zum A. mit Rückmeldung.

Literatur: VDI/VDE 2422: Entwicklungsmethodik für Geräte mit Steuerung durch Mikroelektronik. VDI/VDE-Handb. Mikro- u. Feinwerktechnik.

Hieber/Lauruschkat/Richter

Aktuator →Aktor

Akzeptanzwinkel. Der A. α_{max} ist der halbe Öffnungswinkel des Strahlenkegels, bei dem die Lichtstrahlen nach Eintritt in die Glasfaser an der Grenzfläche zwischen Kern (Brechzahl n_k) und Mantel (Brechzahl n_m) gerade noch total reflektiert und somit im Glasfaserkern geführt werden.

Dazu müssen die Strahlen auf die Faserstirnfläche unter dem Winkel $\alpha \leq \alpha_{max} = \arcsin p\sqrt{n_K^2-n_M^2}/n_o b$ einfallen (Bild). Das Produkt aus dem Sinus des A. und der Brechzahl n_o des die Eintrittsfläche des Lichtwellenleiters umgebenden Mediums (i. a. $n_o = 1$) wird mit numerischer →Apertur $A_n = n_o \cdot \sin\alpha_{max}$ bezeichnet. Diese hängt nur von den →Brechzahlen des Kern- und Mantelmaterials, nicht aber von den Abmessungen des Lichtwellenleiters ab: $A_N = \sqrt{n_K^2-n_M^2}$. Unter Benutzung der relativen Brechzahldifferenz $\Delta = (n_k^2-n_m^2)/2n_k^2$ ergibt sich $A_N = n_k\sqrt{2\Delta}$. Lichtstrahlen, die mit $\alpha > \alpha_{max}$ auf die Stirnfläche einfallen, können im Mantel der Faser durch Totalreflexion an der äußeren Mantelgrenze als Mantelmoden geführt werden. Ist α so groß, daß an dieser Grenze keine Totalreflexion mehr stattfinden kann, entstehen Strahlungsmoden. Mantel- und Strahlungsmoden sind für die Nachrichtenübertragung unerwünscht. Bei Stufenfasern ist der A. über der gesamten Kernquerschnittsfläche konstant, bei Gradientenfasern ist er eine Funktion des Kernradius.

Krauser

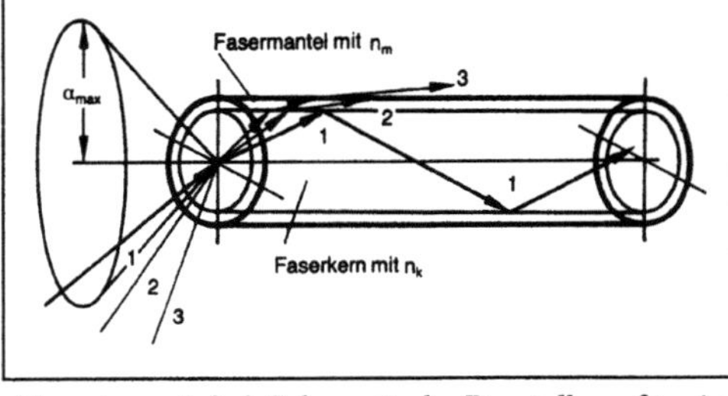

Akzeptanzwinkel: Schematische Darstellung für eine Stufenfaser.

Akzeptor. Lokale Störung (z. B. Fremdatom) im regelmäßigen atomaren Aufbau eines Halbleiters, an der ein Elektron gebunden werden kann. Dieses Elektron fehlt dann im →Valenzband des Halbleiters.

Im Energieschema des Halbleiters (→Bändermodell) (Bild) liegt das →Energieniveau W_A des Akzeptors in der Nähe der Oberkante des Valenzbandes W_V im verbotenen Band (→Band, verbotenes). Ein Elektron des Valenzbands kann aus dem thermischen Energiereservoir des Halbleitergitters Energie aufnehmen und auf das Akzeptorniveau springen. Es ist dort örtlich gebunden, läßt aber im Valenzband eine positive Lücke zurück (→Defektelektron). Diese bewegt sich unter dem Einfluß eines äußeren elektrischen Felds und trägt damit zur elektrischen →Leitfähigkeit des Halbleiters bei (p-Leitung, Störstellenleitung).

Technisch am wichtigsten sind A., die durch den gezielten Einbau von Fremdatomen (→Dotierung) entstehen. Ihre Konzentration und damit die Größe der Leitfähigkeit kann so in weitem Bereich nach Wunsch festgelegt werden. Das Fremdatom besitzt in seinem Neutralzustand ein Elektron weniger als das Wirtsgitteratom und kann von diesem daher ein

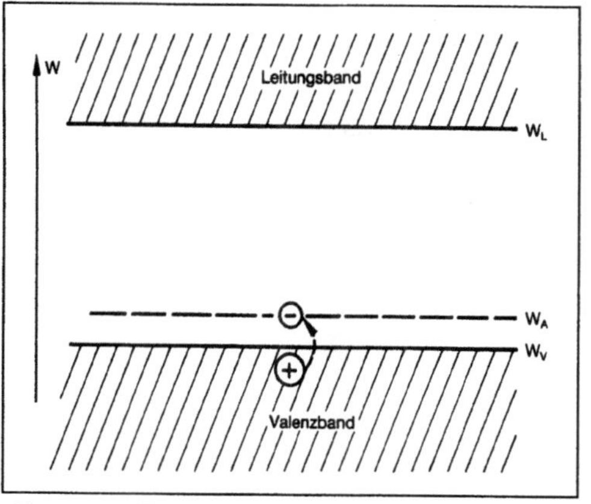

Akzeptor: Energieschema eines Halbleiters mit Akzeptorniveau W_A.

Elektron aufnehmen. Sind bei Zimmertemperatur alle A. besetzt, so resultiert die für die Praxis wichtige Temperaturunabhängigkeit der elektrischen Leitfähigkeit. Ein typisches Beispiel für einen A. ist ein Gallium-Fremdatom im Halbleiter Germanium mit W_A–W_V = 0.0108 eV. *Heinz*

Alexandrit-Laser →Festkörperlaser, vibronisch

Algorithmic Pattern Generator. (Abk. ALPG, APG). Hardwarezusatz im →Prüfautomaten, der beliebig lange Folgen von mathematisch definierbaren →Prüfbitmustern, aber auch Zufallsbitmuster mit hoher Folgerate erzeugen kann. Eingesetzt wird der APG zum Beispiel hauptsächlich bei der →Speicherprüfung aber auch zur Prüfung von Bausteinen, deren logisches Verhalten mit mathematischen Regeln beschreibbar ist (z. B. →ALU's).

Der APG wird durch entsprechende Steuerfunktionen im →Prüfprogramm parametriert. Vorteil gegenüber Softwareverfahren ist die Patterngenerierungsmöglichkeit in Echtzeit, nachteilig neben zusätzlicher Hardwarekosten eine u. U. nicht ausreichende Flexibilität. *K. Winter*

Alnico-Legierung →Permanentmagnet

Alterung. Technische Gegenstände unterliegen im Verlauf ihrer Herstellung, Lagerung und Anwendung mannigfaltigen Eigenschaftsänderungen. Bleiben diese innerhalb des durch Toleranzgrenzen vorgegebenen Rahmens, so wird die technische Funktion nicht beeinträchtigt. Erreicht jedoch die nicht umkehrbare, d. h. irreversible Verschiebung technischer Parameter kritische Werte, oder tritt gar ein Bruch mit anschließendem Funktionsverlust ein, so können komplexe technische Systeme als Ganzes versagen. Mit der Einführung der Mikroelektronik in sensitive Anwendungen, bei denen also die Funktionsfähigkeit des ganzen Systems von einem oder von wenigen Schaltkreisen bestimmt wird, spielen Alterungsvorgänge mit nachfolgendem Funktionsausfall eine wachsende Rolle für die →Zuverlässigkeit.

Physikalische Alterungsprozesse führen Werkstoffe aus einem metastabilen Zustand in stabilere Zustände über. Beispiele sind die chemische →Diffusion, teilweise mit der Ausscheidung kleinster Teilchen und damit einer Versprödung verknüpft. Treibende Kräfte sind ungleichmäßige Konzentrationsverteilungen, die →Korrosion in chemisch aggressivem Medium, der elektrische Strom (→Elektrotransport, →Elektromigration) sowie häufig eine Überlagerung dieser treibenden Kräfte mit gleichzeitig einwirkender mechanischer Spannung.

Technisch bedeutsame Schädigungsmechanismen sind die Diffusion in Halbleiterkontakten und Gefügeveränderungen in Leiterbahnen mit geringem Querschnitt und hoher Strombelastung. Unterschiedliche thermische Ausdehnungskoeffizienten der Halbleiter, Gläser und Keramiken in Hybridschaltkreisen, Metalle und Polymere z. B. in Umhüllungen und Leiterplatten führen bei thermischer Belastung der Bauelemente und Baugruppen zu Ermüdungsbrüchen im Mikrofügeverbindungen. In Bauelementen geringer Wärmedissipation wie z. B. CMOS-Schaltkreisen bewirkt Feuchteeinwirkung die schwierig zu prognostizierende Spannungsrißkorrosion.

Als A. wird die Drift elektrischer und physikalischer bzw. chemischer Eigenschaften von Bauelementen bezeichnet. Beispiele sind der →Leckstrom in Kondensatoren, die Auswanderung des Widerstandswertes und Temperaturkoeffizienten in Widerständen, die Verschiebung der →Kennlinie von chemischen Sensoren durch Einwirkung irreversibler Vergiftung auf das chemisch empfindliche Dielektrikum. (→Prüfung, zerstörungsfreie). *Hieber*

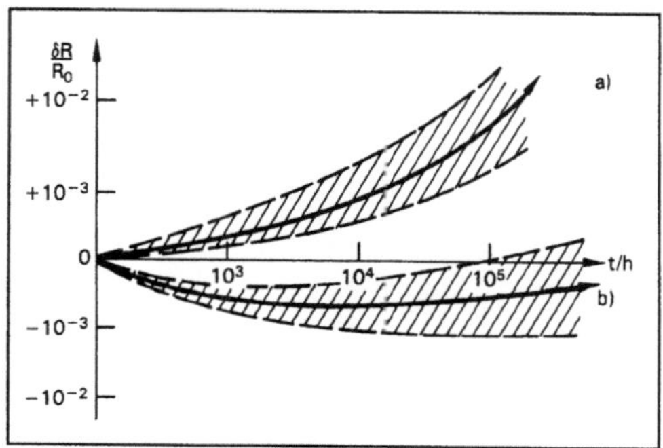

Alterung: Drift von Dünnschichtwiderständen:
a) Kontinuierliche Oxinitrierung von Ni(Cr)-Widerständen
b) Phasenausscheidung mit anschließender Oxidation von Ni(Cr, Al)-Widerständen.

ALU. (Abk. *engl.* Arithmetic-logic unit, Arithmetikelement, Operationswert). Teil der Zentraleinheit eines Rechners, in dem alle arithmetischen und logischen Operationen mit zwei digitalen Eingangsworten (Operanden), d. h. alle 16 logischen Verknüpfungen steuerbar durchgeführt werden. Dazu zählen z. B. Addieren (Subtraktion, Multiplikation, Division) und Vergleich zweier Komplementbildungen.

Die wichtigste Gruppe der ALU ist der Paralleladdierer (Volladdierer entsprechender Bitbreite). Eine zugefügte Logik gestattet die obige Funktionsauswahl entsprechend der Aufgabenstellung. Für größere Wortlängen lassen sich ALUs zusammenschalten. *R. Paul*

Aluminium. Die →Kontaktierung von Halbleiterbauelementen und integrierten Schaltungen erfolgt im allgemeinen durch Aluminiumleiterbahnen (→Metallisierung). Aluminiumleiterbahnen zeichnen sich durch einen niedrigen →Schichtwiderstand und hohe Zuverlässigkeit bei niedrigen Stromdichten aus. Bei hohen Stromdichten (> 10^5 A/cm^2) neigt es zu →Elektromigration (Materialtransport durch Stromfluß, der zu Unterbrechungen von Leitern führen kann). Zur Abhilfe werden Aluminiumschichten, die einige % Kupfer oder Sauerstoff beinhalten, verwendet oder es wird auf Mehrschichtkontakte zurückgegriffen. Aluminiumkontakte werden zur Reduzierung von Kontaktwiderständen (und, falls A. als Gatematerial verwendet wird, zur Reduzierung von Ladungszuständen) bei ca. 450 °C in Formiergas getempert. Dabei löst sich →Silicium im A. und wächst bei der anschließenden Abkühlung wieder epitaktisch (→Epitaxie) auf. Dabei können pn Übergänge zerstört oder ihre Eigenschaften stark verschlechtert werden. Deshalb verwendet man meist A., das bereits mit 2% Silicium legiert wurde.

Neben der Hauptanwendung von A. als Kontaktmaterial ist es ein Bestandteil von →III-V-Halbleitern, z. B. →GaAlAs.

Bei Leistungsbauelementen aus Silicium wird A. weiterhin zur Herstellung tiefer pn-Übergänge verwendet. Seine →Löslichkeit im Silicium beträgt bei 1100°C etwa $2 \cdot 10^{19}$ cm^{-3}, das Niveau im verbotenen →Band liegt 68 meV über dem →Valenzband. *Ryssel*

Aluminium-Elektrolytkondensator. (auch: Al-Elko). →Elektrolytkondensatoren, deren →Dielektrikum durch anodische Oxidation (Formierung) des Ventilmetalls Aluminium zu Al_2O_3 gebildet wird. Die Anodenelektrode dieses Kondensators ist eine, meist zur Kapazitätsvergrößerung durch elektrochemische Ätzverfahren sehr stark aufgerauhte Aluminiumfolie (Bild 1).

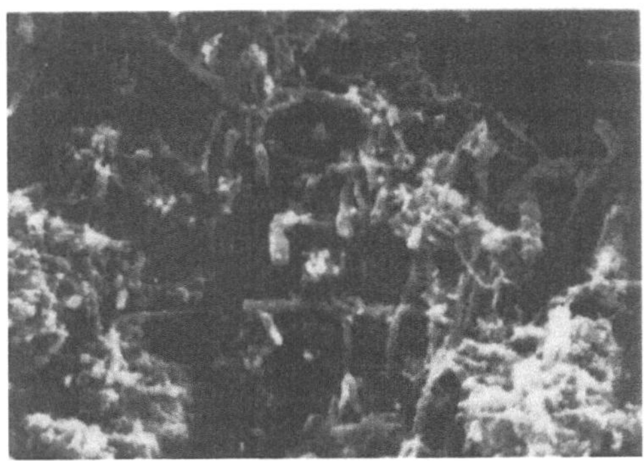

Aluminium-Elektrolytkondensator 1: Aufgerauhte Anodenfolie eines Al-Elko; Aufrauhfaktor gegenüber einer glatten Folie etwa 100. (Quelle: Philips Components)

Diese Folie wird durch anodische Oxidation im *Formierprozeß* mit Aluminiumoxid, dem Dielektrikum bedeckt, wobei die Schichtdicke einerseits die Spannungsfestigkeit (0,7 V/nm) des späteren Kondensators bestimmt und andererseits den Kapazitätswert beeinflußt. Der Kapazitätswert ist der Oxidschichtdicke umgekehrt proportional.

Der meist flüssige Elektrolyt bildet die Gegenelektrode, die Kathode und wird mittels einer zweiten, ebenfalls aufgerauhten Aluminiumfolie kontaktiert, die fälschlicherweise oft Kathode genannt wird.

Anodenfolie und Kathoden-Stromzuführungsfolie werden, getrennt durch einen Abstandshalter aus Papier, zu einem Wickel aufgerollt und nach der Imprägnierung mit dem Elektrolyten in einem Aluminiumbecher hineingebracht und verschlossen (Bild 2). Die Abdichtungsfähigkeit des Verschlusses bestimmt wesentlich das Langzeitverhalten der Kondensatoren.

Kennzeichnend für A.-E. sind große spezifische Kapazitätswerte im Bereich von 0,1 µF bis 330000 µF bei Spannungsfestigkeiten von 6,3 V bis 450 V bei verhältnismäßig geringen Kosten. Durch die Aufrauhung der Anodenfolie lassen sich z. Z. A.-E. mit der Speicherfähigkeit bis zu 10000 µC/cm^3 herstellen.

Typische Anwendungen für Al-Elko sind Siebschaltungen, NF-Koppelschaltungen, Frequenzweichen in Lautsprechern, Glättung und Stabilisierung pulsierender Gleichspannungen in Stromversorgungen, Zeiterzeugung mit Hilfe von RC-Gliedern (Blinker, Zeitglied), Energiespeicherung zur Überbrückung von Netzunterbrechungen, Stromquellen für Blitzentladungen sowie Motorkondensatoren.

Der Aggregatzustand des verwendeten Elektrolyten im Kondensator bedingt die weitere notwendige Unterteilung in A.-E. mit flüssigem (nassen) und mit festem (trockenem) Elektrolyten.

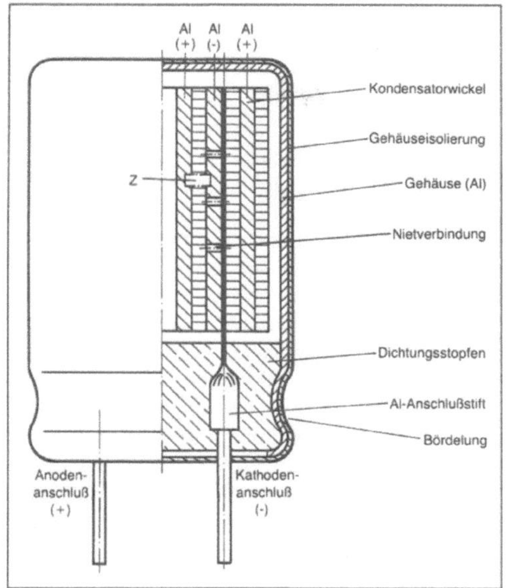

Aluminium-Elektrolytkondensator 2: Aufbau eines Al-Elko mit flüssigem Elektrolyten am Beispiel eines Kondensators mit einseitigen Anschlüssen.

Nasse Al-Elko sind die am häufigsten verwendeten Elektrolytkondensatoren in elektronischen Geräten und Anlagen. Die Betriebselektrolyte werden im flüssigen Zustand im Kondensator verwendet. Wegen des hohen Benetzungsgrades in den Poren der Anode ergeben diese Kondensatoren die höchste spezifische Kapazität.

An die Betriebselektrolyte werden vielfältige Anforderungen gestellt, u. a. große →Leitfähigkeit, möglichst großer Temperaturbereich, chemische Stabilität, Ionisierbarkeit, chemische Verträglichkeit mit Aluminium und anderen, im Kondensator verwendeten Materialien, geringe Viskosität, hoher Siedepunkt.

Die Vielfalt der Anforderungen an den Elektrolyten hat eine Vielzahl von herstellerspezifischen Lösungen zur Folge. Daraus lassen sich zusammenfassend drei Gruppen bilden:

□ Wässerige Elektrolyte schwacher Säuren mit Zusätzen von Äthylen-Glykol (Wasser-Glykol-Elektrolyte), geeignet für Anwendungen bis etwa 85 °C,
□ Lösungs-Elektrolyte z. B. auf Dimethylacetamid-Basis, geeignet für Anwendungen bis etwa 105 °C,
□ Lösungs-Elektrolyte z. B. auf γ-Butyrolacton-Basis, geeignet für Anwendungen bis etwa 125 °C, letztere führen zu Elektrolytkondensatoren mit sehr gutem Langzeitverhalten.

Da die Elektrolytmenge durch den Vorgang der Selbstheilung und durch Diffusionsvorgänge durch die Abdichtung während der Betriebszeit der Kondensatoren ständig abnimmt und damit die elektrischen Parameter der Kondensatoren negativ beeinflußt werden, ist die Brauchbarkeitsdauer (→Lebensdauer) von nassen Elektrolytkondensatoren begrenzt.

Der Vorgang der Austrocknung solcher Kondensatoren durch Diffusion läßt sich durch das Arrhenius-Gesetz beschreiben, wobei man primär die Höhe der Temperatur als Maß für die Austrocknungszeit bzw. Lebensdauer der Elkos berücksichtigt. Bei nassen Al-Elko geht man heutzutage meist von einer Halbierung der zu erwartenden Lebensdauer pro 7 bis 10 K Temperaturerhöhung aus.

Neben den Al-Elko mit flüssigem Elektrolyten kommen in steigendem Maße auch Al-Elko mit festem Elektrolyten zum Einsatz. Hier besteht der Elektrolyt aus dem halbleitenden Material Braunstein (MnO_2). Der Aufbau dieser Kondensatoren ist ähnlich dem der nassen Elkos. Der Elektrolyt wird zunächst als flüssiges Mangannitrat in den Kondensatorwickel hineingebracht und dann in einem pyrolytischen Prozeß in Braunstein umgeformt.

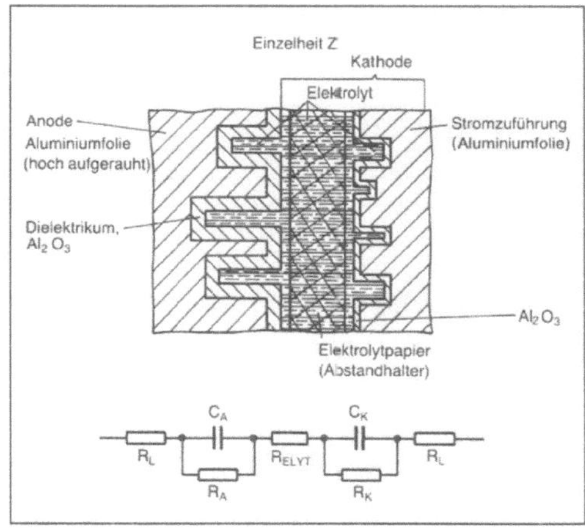

Aluminium-Elektrolytkondensator 3: Einzelheit Z aus Bild 2: Querschnitt durch die Schichtenfolge: Anode/Dielektrikum/Abstandhalter/Stromzuführung eines Al-Elko mit idealisiertem Ersatzschaltbild.

Dank des festen Elektrolyten besitzen diese *trokkenen* Al-Elkos nahezu unbegrenzte Lebensdauer auch bei sehr hohen Umgebungstemperaturen (125 bis 175 °C). Sie zeichnen sich außerdem durch eine hohe Beständigkeit gegen Spannungen falscher Polarität aus, bedingt durch die Halbleitereigenschaften des Braunsteins verbunden mit der Stabilität des Al_2O_3-Dielektrikums. Das Basismaterial Aluminium ist gegenüber anderen Ventilmetallen wie z. B. Tantal preiswert, so daß zu den →Tantal-Elektrolytkondensatoren vor allem beim Betrieb in Stromversorgungen, wo höhere Kapazitätswerte benötigt werden, eine zuverlässige Alternative gegeben ist. *Both*

Literatur: *Langer, H. D.:* Festkörper-Elektrolytkondensatoren. Berlin 1982 - *Leucht, K.:* Kondensatorkunde für Elektroniker. München 1981 - *Thiesbürger, K. H.:* Der Elektrolyt-Kondensator. Teningen 1982. - *Zinke, O.* und *H. Seither:* Widerstände, Kondensatoren, Spulen und ihre Werkstoffe. Berlin 1982 - Philips-Datenbuch Elektrolytkondensatoren. Hamburg 1992.

Alvarez-Struktur. Eine zur Beschleunigung von Protonen und Schwerionen verwendete linear angeordnete Hochfrequenzstruktur. Der Vorläufer der *A.-S.* ist der →Linearbeschleuniger von *Wideröe* (Bild 1). Er besteht aus einer Reihe hintereinander angeordneter Driftröhren, zwischen denen eine konstante Hochfrequenzspannung angelegt wird. Da die Teilchen beim Durchlaufen des Linearbeschleunigers immer schneller werden, muß der Abstand zwischen den Driftröhren immer größer werden, bis praktisch Lichtgeschwindigkeit erreicht ist.

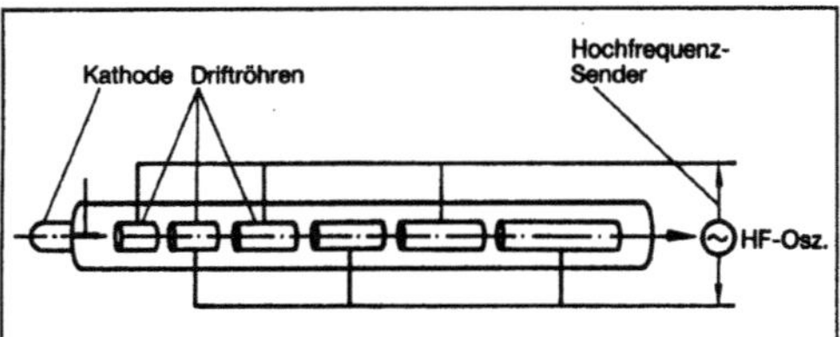

Alvarez-Struktur 1: A.-S. nach Wideröe.

Die A.-S. verfügt über ähnliche Driftstrecken, die hier mit dem umgebenden Tank als koaxiale kapazitiv belastete λ/2-Resonatoren ausgebildet sind (Bild 2). Die Größe der Kapazität wird durch den Durchmesser der Driftröhren bestimmt. Dadurch kann bei fester Frequenz die Resonanzbedingung für die unterschiedlich langen Driftstrecken erfüllt werden. In der Struktur wird von einem Hochfrequenzsender eine stehende elektromagnetische Welle angeregt, die die hohen elektrischen Felder in den Spalten zwischen den Driftröhren erzeugt.

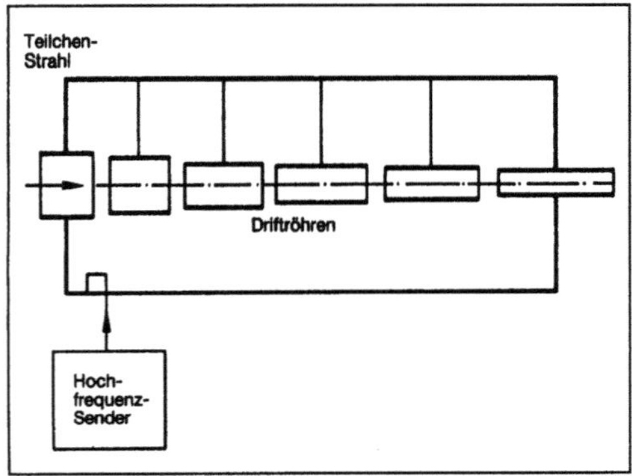

Alvarez-Struktur 2: Prinzipielle Darstellung.

Die im Innern feldfreien Driftröhren werden häufig mit Magneten zur Strahlfokussierung versehen. *Wille*

Amorphe Schicht. Durch →Ionenimplantation entstehen →Strahlenschäden, da die hochenergetischen Ionen Atome des Substrats (→Halbleiterscheibe) von ihrem Gitterplatz versetzen können. Bei hohen Implantationsdosen können die geschädigten Gebiete überlappen und es entstehen a. S., in denen die Gitteratome keine Fernordnung mehr aufweisen. Die Dosis, ab der a. S. entstehen, hängt von der Masse der implantierten Ionen und von der Stromdichte ab. In der Tabelle sind Werte der amorphen Dosis für niedrige Stromdichten ($<1\mu A/cm^2$) für →Silicium, →GaAs und →GaP wiedergegeben. Bei höheren Stromdichten kommt es, unabhängig vom Wärmekontakt der Halbleiterscheiben zu ihrer Halterung, zu einer Erwärmung der Scheiben, die zu einem →Ausheilen der Strahlenschäden führen kann und die Ausbildung von a. S. verhindert oder wesentlich höhere Dosen erforderlich macht. Durch →Implantation erzeugte a. S. zeichnen sich dadurch aus, daß sie bei Temperaturen um 550 °C bis 600 °C epitaktisch rekristallisieren. Dabei werden Dotierelemente teilweise in höheren Konzentrationen als ihrer →Löslichkeit entsprechend in das Kristallgitter eingebaut. Solche sog. übersättigten Lösungen sind metastabil und relaxieren bei höheren Temperaturen.

A. S. entstehen ebenfalls bei der Abscheidung von Siliciumschichten bei Temperaturen unter ca. 580 °C in LPCVD Reaktoren und beim Aufdampfen oder Aufsprühen von verschiedenen Halbleiterschichten (→Halbleiter, amorpher). *Ryssel*

Literatur: *Ryssel, H.* und *I. Ruge:* Ion Implantation. Chichester 1986.

Amorphes Silicium →Halbleiter, amorpher →Amorphe Schicht

Amplitudenmodulator, optisch. →Modulator, der für optische Signalübertragungen die Amplitude einer als Träger dienenden Lichtwelle moduliert (Amplitudenmodulation).

Diese Modulationsart erfordert für unverfälschte Signalübermittlungen eine zeitlich konstante Amplitude der nicht modulierten Trägerwelle. A. bewirken ebenso eine Intensitätsmodulation, da die Beeinflussung der Amplitude $\vec{E}_O$ von elektromagnetischen Wellen mit einer Veränderung der Intensität bzw. Leistung P gemäß $P \sim |\vec{E}_O|^2$ einhergeht (→Intensitätsmodulator, optisch). *R. Kaiser*

Amplitudenrand →Nyquist-Bedingung, →Frequenzgangkompensation

Amorphe Schicht. Tabelle: Werte der kritischen Dosis für die Bildung von a. S. für verschiedene Elemente bei Raumtemperatur.

Halbleiter	Element	Masse des Hauptisotopes	Dosis (cm^{-2})
Si	B	11	8×10^{16}
	N	14	2×10^{15}
	Ne	20	10^{14}
	Al	27	$\geq 5 \times 10^{14}$
	P	31	6×10^{14}
	Ar	40	4×10^{14}
	Ga	70	2×10^{14}
	As	75	2×10^{14}
	Kr	84	2×10^{14}
	In	115	10^{14}
	Sb	121	10^{14}
	Tl	205	5×10^{13}
	Bi	209	5×10^{13}
GaAs	C	12	10^{15}
	Si	28	2×10^{14}
	Zn	64	3×10^{13}
	Cd	114	3×10^{13}
GaP	Te	130	10^{14}

Analog-Digital-Umsetzer. (auch AD-Wandler, AD-Converter, ADC).

Elektronische Schaltung, die die Amplitudenwerte eines analogen Eingangsignals in ein digitales Ausgangssignal, d. h. eine der Analoggröße proportionale Digitalzahl umsetzt.

Zur Umsetzung werden das Analogsignal zu bestimmten Zeitpunkten abgetastet und diese Abtastwerte anschließend in ein Digitalsignal umgesetzt (Bild 1). Deshalb führt ein ADU stets drei Aufgaben (entweder zeitlich nacheinander oder teilweise parallel) durch:

- zeitliche Abtastung des Analogsignales
- Quantisierung der Signalamplitude
- Kodierung des ermittelten Amplitudenwertes.

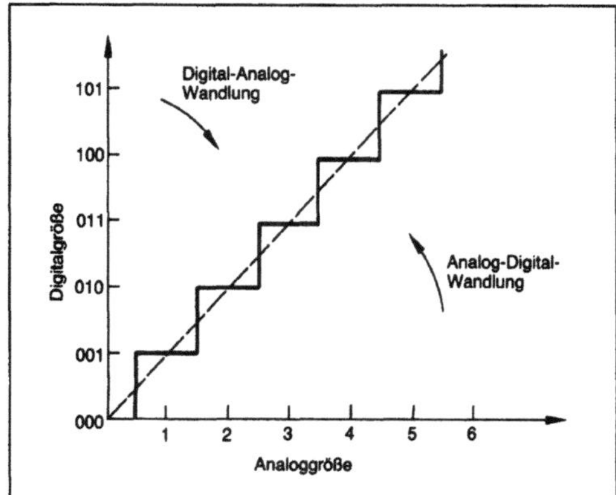

Analog-Digital-Umsetzer 1: Prinzip der AD/DA-Umwandlung.

Dabei entsteht notwendigerweise ein Informationsverlust, dessen Größe von der Abtastrate und Amplitudenquantisierung abhängt. Die ADU können nach sehr verschiedenen Gesichtspunkten eingeteilt werden; eine sehr günstige Bewertung stützt sich auf die Anzahl der erforderlichen Normale und Rechenschritte, d. h. die Zahl der Vergleichs- und Zählschritte, die erforderlich sind, um Übereinstimmung zwischen dem Analogsignal und dem Vergleichsnormal herzustellen. Zum Vergleich zwischen Meßgröße und Normal dienen heute verbreitet drei Methoden: Parallel-, Serien- und Stufenwandlung (Bild 2).

□ Das Parallelverfahren (parallele ADU, auch →*Flash-Converter* genannt) oder die sog. direkte Methode ist das schnellste und erfordert nur einen Umsatzschritt. Es werden alle Vergleichsgrößen gleichzeitig, also in einem Takt, durch je einen Normal mit der Analoggröße verglichen und das Ergebnis in einer Dekodierschaltung sofort als Binärwort ausgegeben. Das Verfahren erfordert $2^n - 1$ unterschiedliche Referenzelemente (Normal und Komparatoren, z. B. für n = 8 bit Auflösung insgesamt $2^8 - 1$ = 256 Elemente!). Dafür steht das Ergebnis bereits nach einem Schritt fest (A/D-Umsetzer mit parallelen Komparatoren). Bei einem ADU nach dem direkten Verfahren (Bild 3) wird die Eingangsspannung U_x mit allen Stufen einer digital abgestuften →Vergleichsspannung (Referenzspannung U_{Ref} und hoch präzises →Widerstandsnetzwerk) gleichzeitig über Komparatoren verglichen. An ihren Ausgängen liegen H- oder L-Signale, je nachdem, ob U_x die jeweilige Refe-

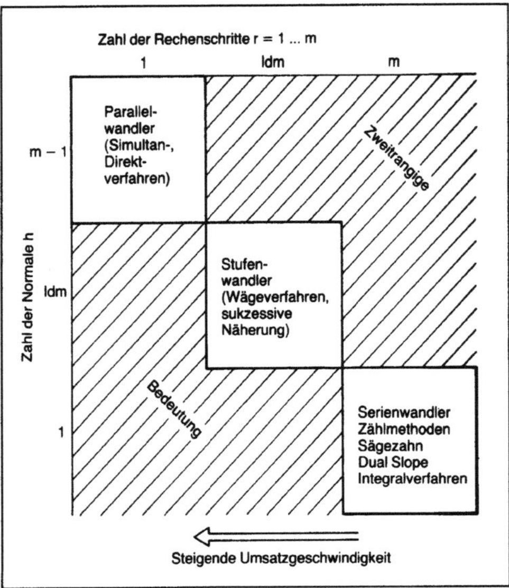

Analog-Digital-Umsetzer 2: Einteilung der wichtigsten AD/DA-Verfahren nach der Zahl in der Normale und Rechenschritte r (Es gilt m = 2, n – Auflösung).

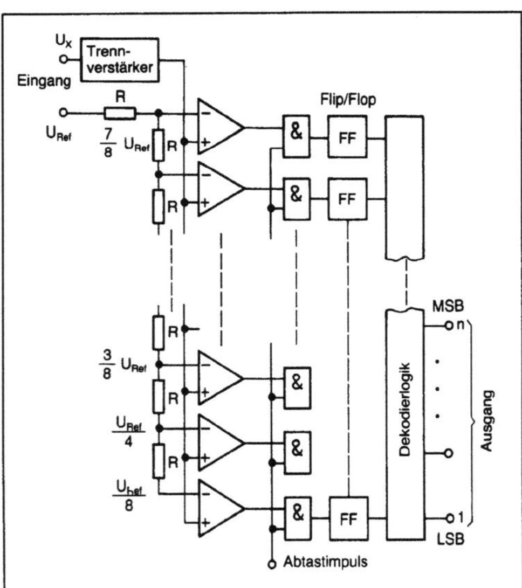

Analog-Digital-Umsetzer 3: Prinzip eines A/D-Umsetzers nach dem direkten Verfahren.

renzspannung überschreitet oder nicht. Ein Dekoder liefert aus den Digitalausgängen ein Binärwort.

Der hohe Aufwand beschränkt dieses Verfahren auf geringe Bit-Breiten, dafür sind hohe Abtastraten möglich (z. B. für Video-ADU mit Abtastraten 50 MHz, Breite 6–8 bit), weil das Digitalsignal sofort, d. h. ohne Abgleichschritte, verfügbar ist. Daher rührt die Bezeichnung *parallel* oder *word at a time.*

Eine Variante dieses Verfahrens sind die Parallel-Serie-Verfahren (→A/D-Parallel-Seriell-Umsetzer): Während der Parallelumsetzer für n-bit 2^n Quantisierungsstufen mit $2^n - 1$ Komparatoren erfordert, bildet der Serien-ADU die n-Stellen des Digitalwortes in n-Schritten, ist also deutlich langsamer (s. u.). Eine Kombination beider Verfahren zum Parallel-Serie-Verfahren oder der wiederholten Parallelumsetzung vollzieht die Umsetzung in mehreren Zwischenstufen: in der ersten werden grob unterteilte Normale verwendet, in den folgenden jeweils feiner unterteilte usw. Wegen des kaskadenartigen Aufbaues dieser Umsetzer spricht man auch von Kaskadenumsetzern.

□ Das Serienverfahren (auch Zählverfahren, Integrations- oder indirektes Verfahren) ist das Gegenstück zum Parallelverfahren. Hier wird die Vergleichsgröße schrittweise solange erhöht, bis sie mit der unbekannten Analoggröße übereinstimmt. Das Verfahren ist vom Prinzip her am langsamsten, erfordert jedoch den kleinsten Aufwand. Die Vergleichsgrößen-Bereitstellung erfolgt entweder durch schrittweise Erhöhung einer kleinsten Vergleichsgröße oder mit einer zeitlinear wachsenden Größe durch Integration. In diesem Fall genügt eine →Zeitmessung (Zählung) bis zur Übereinstimmung von Vergleichs- und Meßgrößen. Neben der Umwandlung des Eingangssignals in eine Zeitausweitung (als Einrampen-, Zweirampen- und Vierrampen-Verfahren) kann auch die Frequenz als zwischenabbildende Größe verwendet werden, wie bei den Spannung-Frequenz-Wandlern.

Ein typischer Vertreter dieser Gruppe ist das Verfahren der Ladungsmengenkompensation. Ein nach diesem Prinzip arbeitender Serienwandler erfordert $2^n - 1$ Abgleichschritte, aber nur ein Normal. Als Normal wirkt bei dem Spannungs-Zeitwandler die Taktperiodendauer, bei der Ladungsmengenkompensation eine Grundladungsmenge. Da diese Verfahren die einzelnen Impulse zählen (daher Zählverfahren oder *level at a time*), erfordern sie die größte Zeit.

ADUs nach diesem Prinzip sind in zahlreichen Varianten im Einsatz, zwei typische Gruppen sind die Nachlauf- und Sägezahn-Umsetzer. Beim →A/D-Nachlaufumsetzer liegt ein →Digital-Analog-Umsetzer im Rückführungskreis einer Komparator- und Zählerschaltung (Vorwärtszähler). Zu Beginn eines jeden Meßzyklus wird der →Zähler auf Null gesetzt und anschließend das am meisten signifikante Bit eingestellt. Je nachdem, ob am Komparatorausgang ein + oder – entsteht, bleibt es erhalten oder wird gelöscht. Mit allen weiteren Bits wird in gleicher Weise verfahren. So entsteht schließlich das gesuchte Digitalwort.

→A/D-Sägezahn-Umsetzer wandeln das analoge Eingangssignal zunächst in eine proportionale Zwischengröße (z. B. Frequenz, Zeit), die dann mittels eines Zählers digitalisiert wird. Zu den wichtigsten Verfahren dieser Gruppe zählen:
- Ein- und Zweirampen-ADU
- ADU nach der Ladungsmengenkompensation
- U-F-Wandler.

Eine weitere wichtige Gruppe von ADUs werden als →Spannungs-Frequenz-Umsetzer (U/F-Wandler) bezeichnet. Hier wird die Eingangsspannung in eine Ausgangsimpulsfolge umgeformt, deren Frequenz der Eingangsgröße proportional ist. Dazu lädt man einen Kondensator mit einem Strom, der proportional der Eingangsgröße ist und entlädt ihn, wenn ein bestimmter Schwellwert erreicht ist.

Der wesentlichste Nachteil aller Serienverfahren ist die lange Umsetzzeit im Bereich von ms. Typische Anwendungsfelder solcher Umsetzer sind daher Digitalvoltmeter, Sensor-Interfaceschaltungen.

□ Die Stufenwandler (Wägeverfahren, Iterationsverfahren, sukzessive Approximation, *digit at a time)* schließlich nehmen eine Mittelstellung zwischen beiden vorgenannten Gruppen ein. Bei diesem Verfahren wird – beginnend von einem größten Normal(gewicht) – die Vergleichsgröße immer wieder durch Halbieren der vorhergehenden gebildet und geprüft, ob sie zum vorherigen addiert werden kann oder nicht: Prinzip der sukzessiven Näherung. Bei Erreichen der letzten Vergleichsgröße steht das Binärwort zur Verfügung (→A/D-Stufenumsetzer).

Der Stufenwandler erfordert gleich viele Zeitschritte und Normale und nur einen Komparator. Er stellt einen Kompromiß zwischen Parallelwandlung (sehr schnell) und Serienwandlung (sehr langsam) dar und wird deshalb für mittelschnelle und schnelle ADU verwendet.

Typische Merkmale sind:
- die Auflösung (hier gelten heute Werte bis 16 bit als Standard),
- die Quantisierungsstufe (d. h. die kleinste Signalpegeländerung, die noch keine Ausgangsänderung erzeugt),
- die Umsetzzeit, innerhalb derer ein Signal umgesetzt ist
- und die Wiederholfrequenz mit der die Umsetzung zyklisch erfolgen kann.

Die Einsatzgebiete von ADUs sind weit gestreut, sie reichen von der Sensorsignalverarbeitung für die relativ langsame Prozeßsteuerung über Digitalvoltmeter, die Spracherkennung bis zur Bildverarbeitung, um nur einige markante Beispiele herauszugreifen. Jede Anwendung stellt typische Ansprüche an Auflösung und erforderlichere Umsatzrate. So fordern beispielsweise Digitalmultimeter eine sehr hohe Auflösung. Die Anzahl der angezeigten Ziffern hängt mit der Bitauflösung n etwa durch

$$\text{Zahl der Ziffern} = n \lg 2 \approx 0{,}3\ n$$

zusammen. So sind mit n = 16 Bit maximal fünf gültige Ziffern erreichbar. In der Akustik z. B. bestimmt die verfügbare Auflösung die Dynamik:

$$\text{Dynamik/dB} = 20\ n \lg 2 \approx 6\ n,$$

so daß ein 16-Bit-Wandler etwa eine Dynamik von 100 dB erlaubt, ein schon recht guter Wert. Besonders hohe Umsatzraten sind für die Bildverarbeitung und den Transienten-Recorder erforderlich. Schaltungstechnisch geht der Trend zu durchgehen-

Analog-Digital-Umsetzer. Tabelle: Technische Daten einiger Analog/Digital-Umsetzer. (Quelle: Schrüfer)

Prinzip		Vollausschlag in V	Zahl der Stufen	Wert einer Stufe in mV	Umsetzzeit	Nullpunktsdrift in µV/K	Verstärkungsdrift in µV/K
parallele	[1])	1,5	256	5,859	10 ns		
Komparatoren	[2])	2	1 024	1,953	50 ns		
sukzessive	[3])	10	4 096	2,441	1,5 µs	± 100	± 300
Approxi-	[4])	10	4 096	2,441	3 µs	± 200	± 300
mation	[5])	10	4 096	2,441	10 µs	± 150	± 300
u/t-Zweirampen-	[6])	2	20 000	0,100	100 ms	± 2	± 10
Umsetzung	[7])	10	65 536	0,152	4 ms	± 6	± 100
u/f-	[8])	10	20 000	0,500	2 000 ms	± 30	± 750
Umsetzung	[9])	10	3 000	3,333	33 ms	± 5	± 500
u/f-Landungsbilanz-Umsetzung	[10])	10	20 000	0,500	20 ms	± 30	± 250

Typen: [1]) SDA 8010; [2]) TDC 1020; [3]) ADC 803; [4]) AD 578; [5]) ADC 84; [6]) ICL 7135; [7]) MP 8037; [8]) AD 650; [9]) VFC 320; [10]) AD 651

der Integration der ADU auch für höchste Auflösungen. Dazu sind nicht zu hoch auflösende Netzwerke und Referenzquellen erforderlich, sondern auch breitbandige Analogschaltungsstrukturen (→Komparatoren, →Operationsverstärker, u. a.). Eingesetzt werden heute alle Standardtechnologien zur Realisierung integrierter Schaltungen, vor allem →ECL für schnelle Parallelwandler und →MOS-Techniken für die langsameren Prinzipien.

Ein wesentliches Einsatzfeld des ADU ist die Verarbeitung von Sensorsignalen zur Weiterbearbeitung im Mikrorechner. Der Datenaustausch mit dem Mikrorechner erfolgt dabei entweder durch Programm (synchron, Handshake-Betrieb), im Interruptbetrieb oder durch direkten Speicherzugriff (→DMA). *R. Paul*

Literatur: *Millman, J.* and *A. Grabel:* Microelectronics. New York 1986. – *Tietze, U.* und *Ch. Schenk:* Halbleiterschaltungstechnik. Berlin 1985.

Analog-Multiplexer →Meßstellenumschalter

Analogrechner. A. arbeiten im Gegensatz zu den heute üblichen →Digitalrechnern nach einem völlig anderen Prinzip: Sie sind aufgebaut aus einzelnen Elementen – meist Operationsverstärkerschaltungen –, mit denen elektronische Signale in vielfältiger Form verändert (z. B. differenziert) oder verknüpft (z. B. addiert) werden können. Das momentane Programm eines A. ergibt sich aus der von Hand (oder Relais) durchzuführenden →Verdrahtung der einzelnen Schaltungen und aus deren →Parametrierung z. B. mit Potentiometern. Als Eingangsinformation des A. werden bestimmte Signalformen verwendet, die im A. oder extern erzeugt werden. Die Darstellung des Rechenergebnisses erfolgt ‚life' auf einem Oszilloskop oder einem x/y-Schreiber.

Die Stärke des A. liegt in der problemnahen Programmierung, d. h. die Darstellung eines Problemes mit Hilfe elektrischer Signale und Schaltungen, die nahezu spontane Reaktion in Echtzeit und die bildhafte Darstellung. Nachteilig ist die teilweise mangelnde Genauigkeit und die nur schwer durchführbare Speicherung eines Programmes.

K. Winter

Literatur: *Nadler, H., G. Neidhold:* Elektronische Analog- und Hybridrechner. Berlin 1974.

Analogschalter. Ein idealer Schalter für kontinuierliche Signale erfüllt folgende Forderungen: Im „Ein"-Zustand ist unabhängig vom Strom I der Spannungsabfall U = 0, es treten auch keine Versatzspannungen (offset voltage) oder andere Störspannungen auf. Im „Aus"-Zustand ist unabhängig von der Spannung der Strom I = 0. Die Steuerung für „Ein" und „Aus" erfolgt leistungslos, außerdem sind die steuernde und die gesteuerte Größe nicht miteinander verkoppelt. Ferner erfolgen die Übergänge zwischen den beiden Schaltzuständen verzögerungsfrei. Umgebungseinflüsse wie Temperatur, Feuchtigkeit, mechanische Erschütterungen usw. spielen keine Rolle.

Alle diese Eigenschaften besitzt keines der üblichen Schaltelemente wie →Relais, →Halbleiterdioden (→Diode), →Bipolartransistoren und →Feldeffekttransistoren, →Thyristoren und →Thyratrons gleichzeitig. In der Praxis wählt man den Schalter mit den für den Verwendungszweck günstigsten Eigenschaften aus und versucht, nachteilige Eigenschaften zu verbessern. Anwendungsfälle für A. werden nachstehend beschrieben.

Mechanische Schalter und Relais zeichnen sich durch sehr niedrige Durchlaßwiderstände (einige mΩ) an geschlossenen Kontakten und sehr hohe Widerstandswerte (GΩ und mehr) an geöffneten Kontakten aus. Dem stehen gegenüber die Verzögerung beim Schaltvorgang und die Prellneigung der Kontakte. Anwendung in großer Anzahl z. B. zum Durchschalten der Sprechwege in Fernsprechvermittlungen sowie für langsame →Meßstellenumschalter (Scanner), z. B. in Punktdruckern.

Halbleiterdioden arbeiten verzögerungs- und prellfrei, jedoch stören hier der relativ hohe →Durchlaßwiderstand, die →Durchlaßspannung und die besonderen Maßnahmen zum Entkoppeln von steuerndem und gesteuertem Signal. Durch den Einsatz eines Operationsverstärkers oder durch Anordnung als Diodenbrücke lassen sich jedoch die Eigenschaften eines Schalters mit Halbleiterdioden verbessern.

Bipolartransistoren haben einen niedrigen Durchlaß- und einen hohen Sperrwiderstand, allerdings bleibt im →Durchlaßbereich eine Restspannung von 100 – 10 mV bestehen, die sich insbesondere beim Schalten kleinerer Spannungen ungünstig auswirken kann.

Feldeffekttransistoren (FET) eignen sich dagegen gut zum Schalten kleiner Spannungen, weil sie keine bleibende Restspannung aufweisen. Eine Übersicht über die bei A. typischen Daten gibt die Tabelle.

Hammerschmidt

Analogsimulator. Der A. verifiziert bereits im Entwurfsstadium, ob das spezifische Verhalten analoger Schaltungen erreicht wird und wie die Schaltungen auf veränderte Umgebungsbedingungen und Bauteiletoleranzen voraussichtlich reagieren. Als Input für den A. werden die →Netzliste der Schaltung und die Angaben zu den unterschiedlichen Signalformen der Eingangssignale vorgegeben. Daraus errechnet der A. die Spannungsverläufe an den Ausgangspins und auch an beliebigen inneren →Schaltungsknoten.

Das Ergebnis der Simulation ist in der Regel eine graphische Darstellung der ausgewählten Signale

Analogschalter. Tabelle: Typische Daten

Analogschalter	Signalspannung	Durchlaßwiderstand	Sperrwiderstand (Sperrstrom)	Ansprechzeit Abfallzeit	Steuerstrom
Relais, Reed-Relais	± 300 V	30 mΩ	10^{10} Ω	10...1 ms	10 mA
Diodenbrücke	± 2,5 V			< 1 ns	
Bipolar-Transistor	± 1...100 V	1 Ω	1 MΩ	100 ns	10 mA
JFET	± 10 V	100 Ω		400 ns	3 μA
CMOS	± 15 V	75 Ω	(0,1...1 nA)	100...300 ns	10 μA
Steilheitsverstärker				Bandbreite > 100 MHz	

auf Bildschirm oder Drucker, wobei die Detaillierung der Darstellung in weiten Grenzen („Zeitlupe") bestimmt werden kann.

Spezielle Funktionen erlauben die Berechnung des Verhaltens der Schaltung auf Toleranzabweichungen bei den Bauelementen. Damit kann z. B. die Notwendigkeit der Auswahl engtolerierter Bauteile überprüft werden.

Zur Untersuchung wichtiger Parameter einer Schaltung kann man bei bestimmten A. virtuelle „Instrumente" definieren und die Eingangssignale nach Vorgabe variieren (Frequenz, Pegel usw.). Man erhält damit z. B. die Darstellung des Frequenzganges und des →Klirrfaktors von Verstärkern oder die Charakterisierung von Filterschaltungen.

Die Information über das Verhalten eines einzelnen Bauteiles, z. B. eines Transistors ist fest im A. eingespeichert, wobei bestimmte Parameter variiert werden können, oder sie ist in Form von Bibliothekseinträgen abgelegt. Bestimmte A. erlauben eine freie Definition des Verhaltens einzelner Bauelemente in Form algorithmischer/mathematischer Funktionen. Mit letztgenannter Option ist es möglich, die Analogsimulation auf nichtelektrische, insbesondere auf magnetische, optische oder mechanische Komponenten auszudehnen. Dies ist von Bedeutung bei der Simulation des Gesamtsystems aus Schaltung, Sensoren und Aktoren (→Netzwerkanalyse). *K. Winter*

Analogsynthese. A. ist die Synthese von analogen Schaltungen basierend auf der Beschreibung ihres funktionalen Verhaltens. Im Gegensatz zur →Logiksynthese ist die A. heute nur in Teilbereichen einsetzbar. Während die Digitaltechnik durch ihre relativ begrenzte Zahl elektrischer Zustände und auch wegen ihrer Rückwirkungsfreiheit mit Synthesehilfsmitteln recht gut behandelt werden kann, ist dies in der →Analogtechnik wegen des wesentlich komplexeren Signalverhaltens und beliebiger Koppelungsmöglichkeiten praktisch nur in Ausnahmefällen möglich. Darüber hinaus fehlen derzeit generell Sprachen zur Beschreibung des analogen Verhaltens, wie sie z. B. in Form von →VHDL im digitalen Bereich üblich sind.

Zwei Möglichkeiten der A. lassen sich heute erkennen:

□ Automatische Ermittlung der Bauelementewerte bei Vorgabe der Schaltungsstruktur und bestimmter Randbedingungen. Dieses Verfahren ist heute möglich z. B. bei der Entwicklung von Verstärkerschaltungen. Neben der Schaltung werden gewünschte Werte für Verstärkung, Frequenzbereich und →Klirrfaktor vorgegeben. Ergebnis ist eine Schaltung mit den hierzu erforderlichen Bauelementewerten.

□ Synthese von Filterschaltungen mit unterschiedlichen Durchlaß- und Sperrbereichen, Koppelnetzwerken für Verstärkerschaltungen, Anpassungsschaltungen: Es werden die Übertragungseigenschaften der Schaltung abhängig von der Frequenz und weitere Randbedingungen, z. B. bevorzugte Bauteile, Typ des Filters usw. vorgegeben. Ergebnis ist eine →Netzliste bzw. ein →Stromlaufplan der voll synthetisierten Schaltung inkl. der Frequenzcharakteristik in Form einer Graphik. *K. Winter*

Analogtechnik. Die A. umfaßt als Teilgebiet der elektronischen Informationstechnik Bauelemente, Baugruppen, Geräte und Verfahren, bei denen analoge Signale, d. h. solche mit kontinuierlich veränderbaren typischen Werten (Amplitude, Frequenz, Relativphase, Impulsdauer) übertragen, verarbeitet, gespeichert und gewandelt werden.

Die A. ist der historische Ursprung der →Elektronik, weil physikalische Größen zur Beschreibung makroskopischer Vorgänge stets kontinuierliche Größen sind (abgesehen von der Quantelung von Stoff und Energie). Erst mit dem Aufkommen der Digitaltechnik prägte sich die A. begriffsmäßig deutlicher heraus, und man sprach von analogen Schaltungen, wenn Schaltungen zur Verarbeitung analoger Signale bezeichnet werden sollten. Typische Funktionen, die in der A. auftreten, sind Verstärkung, Schwingungserzeugung, Filterung, Modulation und Demodulation, Funktionserzeugung und Regelung (Bild). Sie können durch lineare oder nichtlineare Schaltungen realisiert werden.

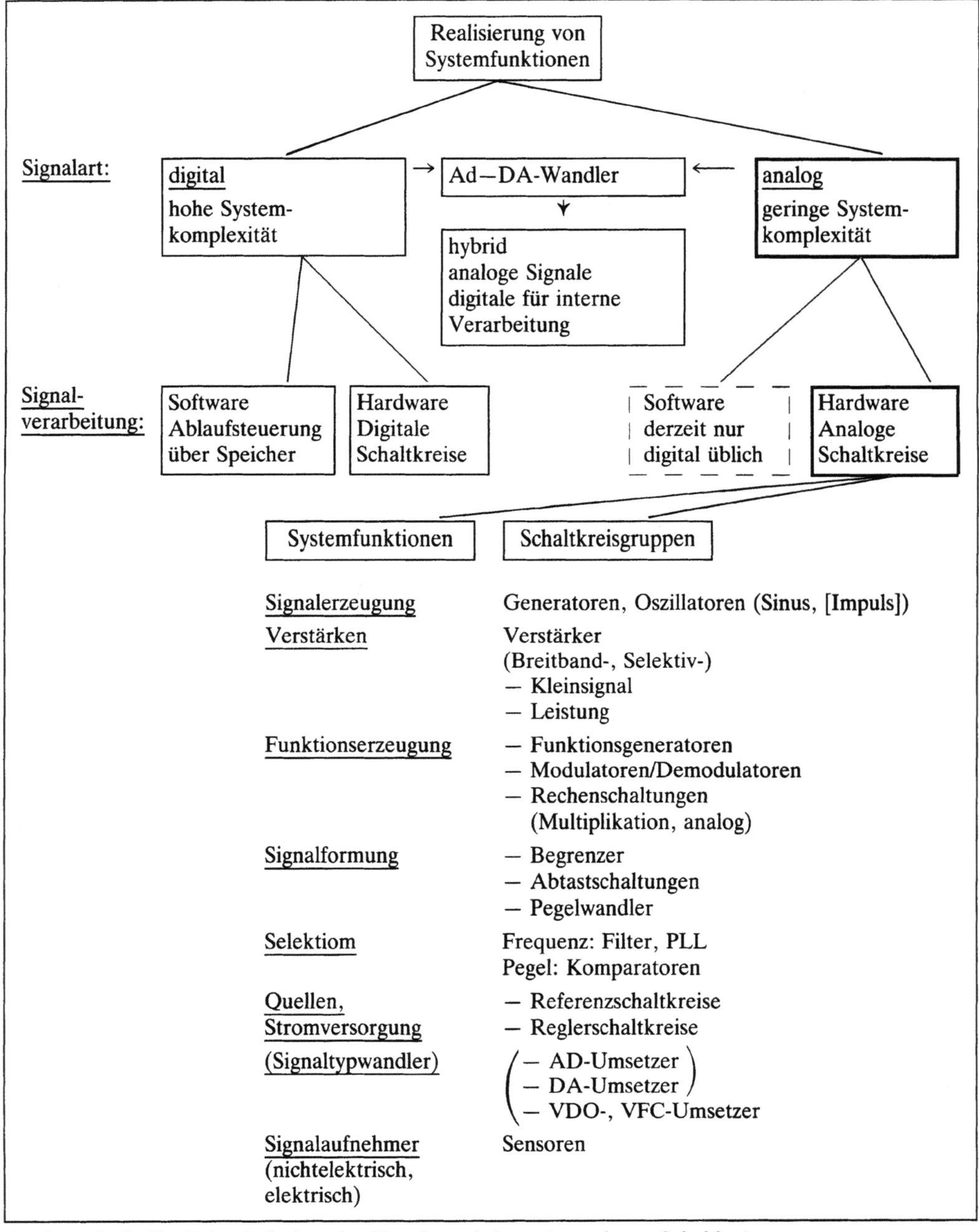

Analogtechnik: Typische Aufgaben der Signalverarbeitung in analogen Schaltkreisen.

Dementsprechend entstanden im Verlaufe der Zeit typische integrierte Schaltungen für diese Funktionen. Weil an die Eigenschaften analoger Schaltungen u. a. höhere Anforderungen als an Digitalschaltungen gestellt wurden, war die A. zunächst lange Zeit die Domäne der →Bipolartechnik. Erst in letzter Zeit konnte sich auch eine analoge →MOS-Technik durchsetzen.

Haupteinsatzgebiete der A. sind neben der Heimelektronik und HF-Technik vor allem Meß-, Regel- und Steuerungstechnik. *R. Paul*

Andrucksteckverbinder. A. sind mehrpolige →Steckverbinder, bei denen die Kontaktkraft erst nach dem Stecken des beweglichen Teils durch Betätigen eines Keiles, Drehen einer Nockenwelle oder einfach durch Schrauben aufgebracht wird.

A. werden dann angewendet, wenn sehr hohe Polzahlen, z. B. mehrere hundert Kontakte gleichzeitig angeschlossen werden sollen und die Betätigungskräfte zu hohe Werte annehmen. Ein weiterer Anwendungsfall ist der Anschluß von dünnen Folien, die bereits bei kleinen Steckkräften zum Knicken neigen. *Pagnin*

Anemometer. Das A. oder Hitzdraht-A. dient zur Durchflußmessung bei Gasen. Ein beheizter Widerstandsdraht wird durch die zu messende Gasströmung abgekühlt. Aus der durch das Gas abgeführten Wärme wird auf die Strömungsgeschwindigkeit und damit den Durchfluß des Gases geschlossen. Bei konstanter Heizleistung ist die Temperatur des Fühlers, bei konstanter Temperatur die Heizleistung ein Maß für die Strömungsgeschwindigkeit.

Im ersten Fall (Bild) liegt der Hitzdraht in einer Brücke, die mit konstantem Strom gespeist wird und die z. B. bei Durchfluß Q = O abgeglichen ist. Wird nun der Hitzdraht durch das vorbeistreichende Gas abgekühlt, so wird die Brücke verstimmt, da sich die Temperatur und damit der Widerstand des Hitzdrahtes ändert. Aus der gemessenen Diagonalspannung der Brücke kann der Widerstand und die Temperatur des Drahtes berechnet werden. Die Temperatur wiederum hängt für ein bestimmtes Gas eindeutig von der Strömungsgeschwindigkeit ab.

Bei der Messung bei konstanter Hitzdrahttemperatur liegt der Hitzdraht wiederum in einer Brücke. Hier dient die Diagonalspannung aber als Eingangsgröße eines Reglers, der den Brückenstrom so verstellt, daß die Diagonalspannung immer auf null geregelt wird. In diesem Fall ist die Temperatur des Hitzdrahtes konstant. Der Brückenstrom ist ein (nichtlineares) Maß für die Geschwindigkeit v des Gases. Die dynamischen Eigenschaften bei der zweiten Meßmethode sind sehr gut, da die Zeiten zum Erreichen der Drahtendtemperatur entfallen. Daher können damit auch schnelle Durchflußänderungen gemessen werden.

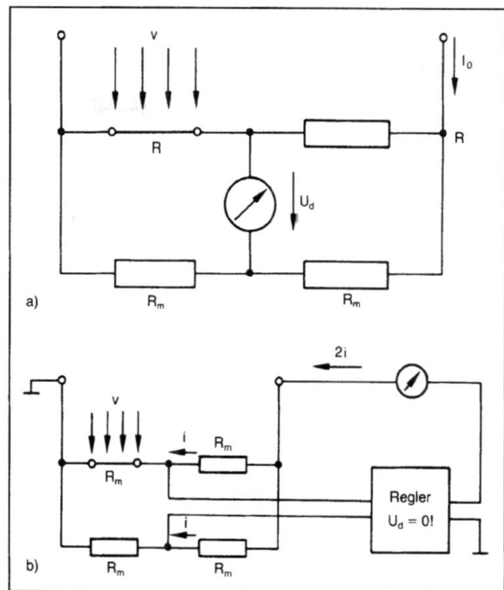

Anemometer: Prinzipschaltung.
a) Messung bei konstantem Heizstrom
b) Messung bei konstanter Hitzdrahttemperatur.

Beim Differential-Hitzdraht-A. sind zwei Hitzdrähte in der Strömung hintereinander angeordnet. Beide sind beheizt. Durch die Strömung wird der erste Draht abgekühlt, der zweite durch die abgeführte Wärme des ersten erwärmt. Beide sind in einer Brücke verschaltet. Von Vorteil ist, daß die Diagonalspannung für kleine Volumenströme linear von der Strömungsgeschwindigkeit abhängt. Damit lassen sich Volumenströme der Größenordnung 10^{-4} mm³/s erfassen.

Handelsübliche Hitzdrahtgeber verwenden platinüberzogenen Wolframdraht von etwa 0,005 mm Durchmesser und 1 mm Länge. Bei schwierigen Umgebungsbedingungen werden Heißfoliengeber (Platinfolie auf Glas) verwendet. *F. Schneider*

Anode →Elektronenröhre

Anodenkontakt. Der A. dient der Zuführung der →Anodenspannung an die Kathodenröhre und ermöglicht die vakuumdichte Durchführung der Anodenspannung in das Innere der Röhre. Seine wichtigsten Abmessungen sind in DIN 41543 genormt.

Der A. ist meistens als Hohlkontakt ausgeführt. Das Material ist in der Regel eine Metall-Legierung (CrNiFe) mit dem Ausdehnungskoeffizienten von Glas. Der →Kontakt wird zunächst voroxidiert. Die Kegelstumpfaußenfläche des Kontaktes wird mit einer Emaille bespritzt, die dann eingebrannt wird. Der Kontakt wird dann in das erwärmte Glas gepreßt. Der Übergang Metall-Oxid-Emaille-Glas ist vakuumdicht.

Die Anodenspannungszuführung zum Kontakt erfolgt über ein Kabel. Dieses hat als Gegenstück zum A. eine „Kralle", die in den Hohlraum des A. gedrückt wird. Die Kontaktstelle wird von einem am Kabelende über der Kralle befindlichen Abeckhäubchen gegen Verschmutzung und damit gegen Sprüherscheinungen gesichert. *Nerstheimer*

Literatur: Bildröhren und Ablenkmittel 1966. Hrsg: SEL, Eßlingen. – Elektronik-Taschenbuch Bd. II. Bonn. – Farbfernsehtechnik I. Hrsg.: Telefunken, München. – Farbfernsehtechnik II. Hrsg: Telefunken, Berlin.

Anodenspannung. Die A. (Hochspannung) ist die Hauptbetriebsspannung der →Kathodenstrahlröhre. Sie liegt je nach Bildröhrentyp zwischen 15 kV und 35 kV. Bei großformatigen Farbfernsehgeräten liegt die A. in der Regel bei 25–35 kV. Diese Spannung wird nahezu ausschließlich aus dem horizontalen →Rückschlagimpuls gewonnen.

Die Kathodenstrahlröhre stellt für die Hochspannung u. a. einen Kondensator mit ca. 2 nF dar. Dieser wird gebildet aus Innenbelag, →Lochmaske und anderen auf Hochspannungspotential liegenden Teilen auf der einen Seite und dem Außenbelag (→Aquadag) und Implosionsschutzrahmen auf der anderen Seite.

In der Anodenzuleitung liegt ein Widerstand von ca. 47 kΩ. Dieser soll zusammen mit der Kapazität der →Bildröhre (2 nF) die Störstrahlung abschwächen.

Der Innenwiderstand der Hochspannungsquelle liegt um 1 ÷ 3 MΩ, je nach Schaltungskonzept.

Durch den →Spannungsabfall des Strahlstromes am Innenwiderstand gibt es, besonders nach hellen Bildpartien Hochspannungseinbrüche mit Geometrieverzeichnungen. Diese sind die Folge der größeren Ablenkempfindlichkeit bei kleinerer Hochspannung. Vermeiden lassen sie sich durch einen kleineren Innenwiderstand der Hochspannungsquelle und eine größere Bildröhrenkapazität.

Eine größere Hochspannung führt zu einer stärkeren Beschleunigung der Elektronen des Strahlenbündels und dadurch zu

□ größerer →Helligkeit und

□ besserer Bildschärfe durch geringeren Einfluß der →Raumladung.

Beim Auftreffen des Elektronenstrahles auf die Lochmaske bzw. den Bildschirm entstehen Röntgenstrahlen. Die Höhe dieser sog. Röntgenstörstrahlen hängt von der A. ab. Bei den üblichen A. von etwa 30 kV ist die →Röntgenstörstrahlung sehr gering (≤ 1 mSv/h). Die zulässigen Strahlungswerte und deren Überwachung sind in der Röntgenverordnung vom 8. 1. 87 festgelegt. *Keitel/Nerstheimer*

Literatur: *Boers, C. J.*: Hochspannungserzeugung aus dem Zeilenrücklaufimpuls. Valvo Berichte Bd. XV, Heft 3, S. 93–108, Nov. 1969. – Fach- und Tabellenbücher „Elektronik-Taschenbuch Bd. II" Ferd. Dümmlers Verlag, Bonn. – Farbfernsehtechnik I. Hrsg.: Telefunken, München. – Farbfernsehtechnik II. Hrsg.: Telefunken, Berlin.

Anodische Oxidation →Oxidation, anodische

Anordnung, logische programmierbare →PLA.

Anpassung. Erfüllung einer bestimmten Dimensionierungsrichtlinie (Optimierung der Energieübertragung) bei der Zusammenschaltung eines aktiven Zweipols (Spannungs-, →Stromquelle mit Innenwiderstand) mit einem passiven Zweipol (Leistungsverbraucher, z. B. Eingang eines Empfängers, einer Antenne, eines Gerätes).

Je nach Art der gewünschten Übertragungseigenschaft wird zwischen Leistungs-, Wellenwiderstands- und Rauschanpassung unterschieden.

□ Bei der *Leistungsanpassung* ist der Widerstand R_a des passiven Zweipols so zu wählen, daß maximale Wirkleistung von der Quelle an den Verbraucher übertragen wird. Hat der aktive Zweipol (in Spannungsquellenersatzschaltung) die Quellenspannung U_q und den Innenwiderstand R_i, so beträgt die an den Verbraucher abgegebene Wirkleistung $P_a = U \cdot I = U_q^2 R_a/(R_i + R_a)^2$. Sie wird maximal für $R_a = R_i$, dabei sinkt der Wirkungsgrad auf 50%.

Liegt eine Wechselstromanordnung mit den komplexen Widerständen $Z_a = R_a + jXa$ und $Z_i = R_i + jXi$ vor, so muß für Wirkleistungsanpassung $R_a = R_i$ und $X_a = -X_i$ gewählt werden (gleiche Wirkwiderstände, entgegengesetzte Blindwiderstände von gleichen Beträgen).

Kann die Anpaßbedingung nicht eingehalten werden, so liegt Fehlanpassung vor: Unteranpassung ($R_i \ll R_a$) wird beispielsweise in der →Leistungselektronik gewählt, um einen hohen Leistungswirkungsgrad zu erhalten. *Überanpassung* ($R_i \gg R_a$) wählt man, wenn z. B. eine Stromeinprägung in einem Verbraucher erfolgen soll. Leistungsanpassung wird durchweg in der Informationstechnik verwendet, wo der Wirkungsgrad keine Rolle spielt.

□ Bei der *Wellenwiderstandsanpassung* müssen die komplexen Widerstände von Quelle und Verbraucher übereinstimmen, es liegt Anpassung nach dem sogenannten Wellenwiderstand vor. Dabei überträgt die Anordnung maximale Scheinleistung. Wird die Anpaßbindung nicht eingehalten, so kommt es zur Reflexion mit zwei gegeneinander laufenden Wellen. Die Fehlanpassung läßt sich durch den Reflexionsfaktor $\underline{r}$ beschreiben.

Praktisch schaltet man zwischen aktiven Zweipol und Verbraucher durchweg eine Leitung. Ist sie verlustlos, so kommt es bei Fehlanpassung zu stehenden Wellen. Dabei kann aus dem Spannungsmaxima und -minima auf den Reflexionsfaktor (Betrag) geschlossen werden.

□ Unter *Rauschanpassung* schließlich versteht man die A. eines rauschenden Vierpols (z. B. →Verstärker) mit einem Eingangswiderstand an die Signalquelle so, daß die Rauschzahl minimal wird. Im allgemeinen fallen Rausch- und Leistungsanpassung nicht zusammen.

Eine vorhandene Fehlanpassung (z. B. bei stark voneinander abweichenden Innen- und Abschlußwiderständen des aktiven und passiven Zweipols) kann durch ein *Anpaßnetzwerk* vermieden werden. Dies ist ein Vierpol (möglichst verlustarm), dessen Eingangsimpedanz die Anpaßbedingung bezüglich der Quelle und dessen Ausgangsimpedanz die bezüglich der Last erfüllt. Beispiele hierfür sind Impedanzwandlerstufen (z. B. Kollektorschaltung), der →Transformator, der abgestimmte Resonanzkreis mit Anzapfung u. a. m. *R. Paul*

Anreicherungs-MISFET →Enhancement-FET.

Anreicherungsrandschicht →Randschicht

Anschlußfähnchen →Bauelement, →Mikrolöttechnik, →Mikroschweißen

Anschlußfläche →Bauelement, →Mikrofügeverfahren, →Schaltungsebene, →Übergangswiderstand

Anschnittsteuerung. Bei →Stromrichtern, und zwar gesteuerten Gleichrichtern, teilweise auch bei Wechsel- und Drehstromstellern, erfolgt die Verstellung der Ausgangsspannung durch die sog. Phasen-A. Bei diesem Verfahren wird bei steuerbaren Stromrichterventilen (→Thyristoren) der Zeitpunkt innerhalb einer Periode des Wechselstroms verstellt, an dem der Stromfluß durch einen Hauptzweig des Stromrichters beginnt (Bild 1). Der Zeitpunkt des Stromflußeinsatzes wird durch den Zündwinkel α innerhalb der Periode bestimmt. Das ist der Zeitpunkt, zu dem das Stromrichterventil gezündet wird. Der Zündwinkel α ist durch einen elektronischen Steuersatz (→Steuerverfahren für Stromrichter) in bestimmten Grenzen gegenüber dem natürlichen Phasenschnittpunkt verschiebbar.

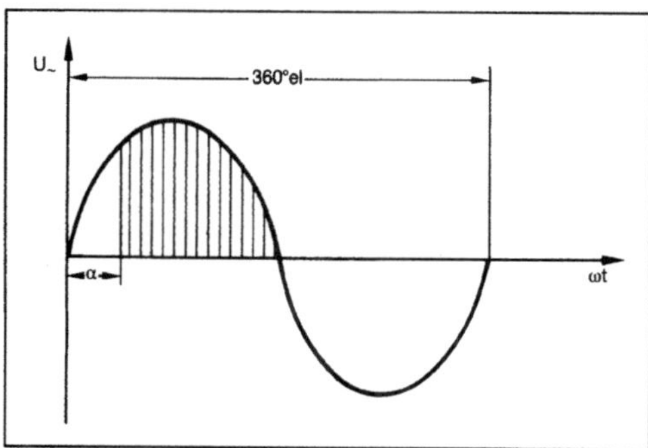

Anschnittsteuerung 1: Darstellung des Phasenanschnitts und des Zündwinkels α.

Bei gesteuerten Gleichrichtern ist die Abhängigkeit der Ausgangsspannung vom Zündwinkel α durch die Beziehung

$$U_{di} = U_{dio} \cdot \cos \alpha$$

gegeben.

U_{dio} Ausgangsspannung bei Vollaussteuerung α = 0 Grad, α Zündwinkel (→Steuerwinkel)

In Bild 2 ist die Steuerkennlinie eines gesteuerten Gleichrichters (→Drehstrombrücke, →Stromrichterschaltungen) dargestellt.

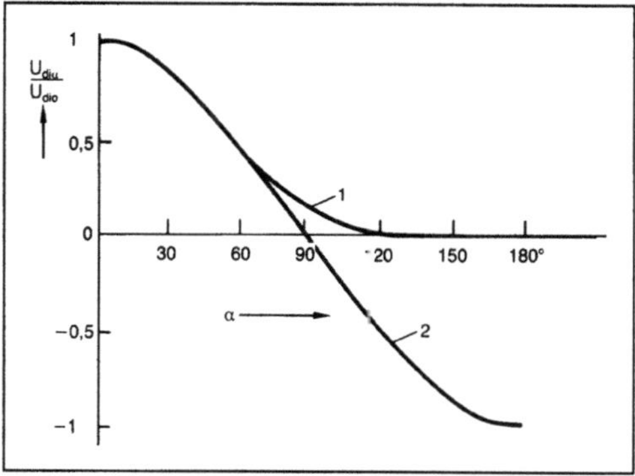

Anschnittsteuerung 2: Steuerkennlinie bei ohmscher (1) und induktiver (2) Last der vollgesteuerten Drehstrombrücke.

Bild 3 zeigt die Wirkung der Zündwinkelverschiebung. Der Übergang vom Gleichrichter- in den Wechselrichterbetrieb (→Wechselrichter) wird ersichtlich. Zur Realisierung der Steuerkennlinie werden zwei Verfahren benutzt:

□ Sinus-Vertikalsteuerung (Steuerverfahren für Stromrichter) oder

□ Sägezahnsteuerung (Steuerverfahren für Stromrichter).

Die A. wird auch bei →Wechsel- und →Drehstromstellern eingesetzt, besonders dann, wenn bei der Temperaturregelung hohe Genauigkeitsanforderungen gestellt werden, die mit der →Schwingungspaketsteuerung (→Drehstromsteller) nicht erfüllt werden können. Ebenso wurde sie für die Drehzahlverstellung von Drehstrom-Asynchronmotoren mit Drehstromstellern benutzt. Hier werden allerdings inzwischen weit überwiegend →Umrichter als Stellglieder eingesetzt. Mit Hilfe der Anschnittsteuerung wird bei diesen Stellern ebenfalls die Ausgangsspannung verstellt. Bild 4 zeigt die Schaltung eines Drehstromstellers und den Span-

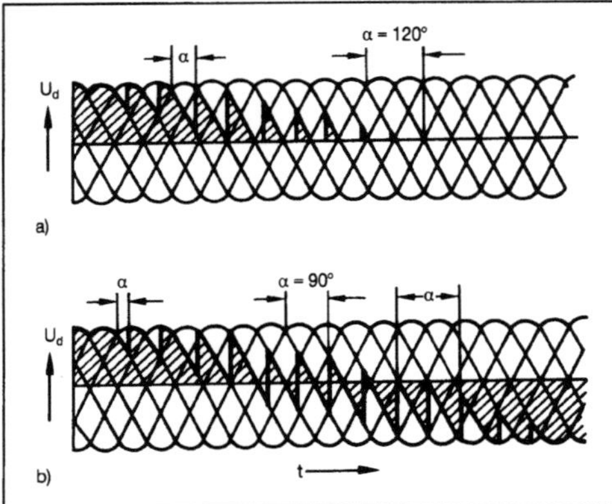

Anschnittsteuerung 3: Phasenanschnitt bei vollgesteuerter Drehstrombrücke. Oben: ohmsche Last; unten: induktiver Lastübergang vom Gleichrichter- in den Wechselrichterbetrieb. (Quelle: ABB, Mannheim)

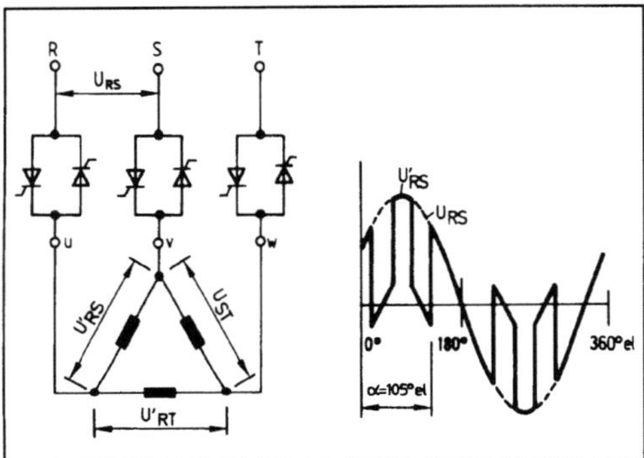

Anschnittsteuerung 4: Drehstromsteller mit A. – Schaltung.

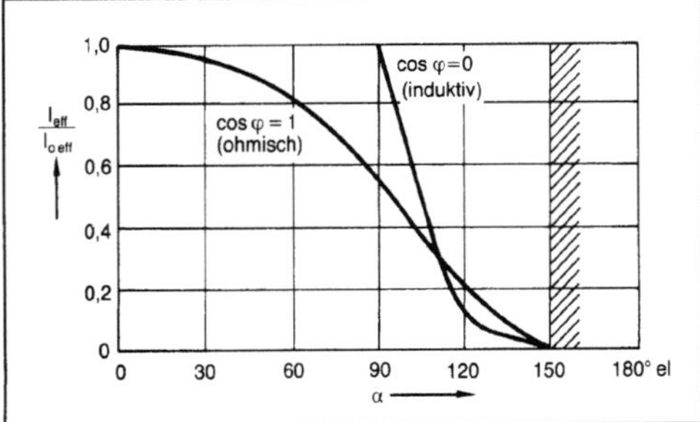

I_{eff} Effektivwert des Laststromes, $I_{0\,eff}$ Effektivwert des Laststromes bei Steuerwinkel $\alpha = 0°$ el

Anschnittsteuerung 5: Steuerkennlinie des Drehstromstellers.

nungsverlauf bei einem Phasenanschnitt von $\alpha = 105°$.

In Bild 5 ist die Steuerkennlinie des Stellers dargestellt. Sie zeigt den bezogenen Effektivwert des Laststromes als Funktion des Steuerwinkels α bei ohmscher ($\cos\xi = 1$) und induktiver Last ($\cos\xi = 0$). Der maximal zulässige →Stellbereich des Steuerwinkels α zwischen maximaler Spannung und Spannung Null beträgt beim vollgesteuerten Drehstromsteller 150°, beim vollgesteuerten Wechselstromsteller 180°. *H. Stüben*

Ansteuerung von Anzeigen. Die Informationsdarstellung in elektronischen Anzeigen basiert auf der Aktivierung einzelner, ausgewählter Bildpunkte einer Anzeige. Die Zahl der Bildpunkte kann – bei einer numerischen Anzeige lediglich sieben Segmente pro Zeichen, oder bei einem Bildschirm bis zu mehreren Millionen Bildpunkte umfassen. Bereits aus dieser ersten Betrachtung folgt, daß Ansteuerungsschaltungen komplexe und damit teure elektronische Systeme sind. Der Entwickler wird deshalb stets auf der Suche nach wirksamen, aber auch preiswerten Lösungen sein, um das komplette System der Anzeige angemessen preiswert zu gestalten.

Prinzipiell lassen sich alle bekannten A.-Prinzipien in zwei Kategorien einteilen:

□ Anzeigen, deren Bildpunkte durch einen Strahl aktiviert werden

□ Anzeigen, die zur Aktivierung eines Bildpunktes ein elektrisches Signal benötigen, das über eine Elektrode zugeführt wird.

Das bekannteste Beispiel einer Anzeige mit Strahladressierung ist wohl die →Kathodenstrahlröhre. Genügt zur A. einer monochromen Röhre ein einzelner →Elektronenstrahl, so erfordert eine Schattenmaskenröhre bereits drei Elektrodensysteme. Andere Flachröhrenprinzipien, wie die RCA-Röhre, setzen zur A. jedes einzelnen Bildpunktes ein eigenes →Elektronenstrahlsystem ein (Multikanal-Röhren). In anderen Anzeigen, wie der →Vakuumfluoreszenz-Anzeige, verwendet man sogenannte Flutkathoden. Bei ihnen werden die Elektronen nicht mehr zu einem Strahl fokussiert, sondern die Elektronen werden mit Hilfe von elektrischen Feldern, die von Elektrodengittern ausgehen, aus einem Reservoir gesogen und auf die flächenhafte Anode hin beschleunigt.

Laser-Anzeigen verwenden als anregendes Medium einen intensiven Lichtstrahl, der ähnlich wie ein Elektronenstrahl über die Projektionsfläche geführt wird. Als Ablenkeinheiten werden Spiegel oder elektrooptische Ablenker (z. B. unter Verwendung des Kerr-Effektes) verwendet.

Flache Anzeigen nutzen als elektrooptischen →Wandler ein Gas (→Plasmaanzeige), eine Flüssigkeit (→Flüssigkristall-Anzeige) oder eine Festkörperschicht (→Elektrolumineszenz-Anzeige).

Die Ansteuerungssignale werden über Elektroden an jeden einzelnen Bildpunkt geführt. Das elektrooptische Medium befindet sich dann zwischen den Elektroden und wird bei Anliegen des Ansteuerungssignals aktiviert.

Die Signalform und das Timing der Ansteuerungssignale sind charakteristisch für jede Anzeigetechnik (Tabelle).

Ansteuerung von Anzeigen. Tabelle: Signalform für die wichtigsten Anzeigetechniken

● Flüssigkristall-Anzeigen LCD	1–10 V Rechteck 25–250 Hz
● ac-Plasmaanzeigen	100–250 V Rechteck 100 kHz
● ac-Elektrolumineszenz	150–250 V Rechteck 30 kHz
● Elektrochrome Anzeige	1–2 V Gleichspannung
● Elektronenstrahlröhre	10–25 V Gleichspannung
● Vakuumfluoreszenz-Anzeigen	10–50 V Gleichspannung

Bei Anzeigen mit geringer Bildpunktzahl, wählt man im Interesse hoher →Helligkeit ein statisches A.-Verfahren. Dabei wird der angesteuerte Bildpunkt ständig aktiviert. Bei Anzeigen mit hoher Informationsdichte verbietet sich die statische A. Auf der einen Seite wäre es nicht möglich, die Vielzahl der Leitungen zu Bildpunkten im Zentrum der Anzeige zu verlegen, auf der anderen Seite stünde an den Kanten nicht ausreichend Raum für die Kontakte zur Verfügung; darüber hinaus ist bei diesem Verfahren pro Bildpunkt eine elektrische Torschaltung erforderlich. Die Kosten für einen Bildschirm würden damit konkurrenzlos groß. Ein anwendbarer Ausweg besteht in der A. solcher Anzeigen nach einem Multiplex-Verfahren. Dabei bilden die Elektroden ein orthogonales System, in dessen Kreuzungspunkten sich die Wandlerelemente (Bildpunkte) befinden. Jede Elektrode ist mit einem elektrischen Schaltkreis verbunden. Zur A. eines ausgewählten Bildpunktes legt man an die zugehörigen Spalten- und Zeilenelektrode das angemessene Signal. Dann werden alle Bildpunkte unter der Elektrode der betreffenden Zeile und Spalte das Teilsignal empfangen (z. B. ½ D).

Am Kreuzungspunkt beider Elektroden addieren sich die Teilsignale und führen zur Aktivierung. Voraussetzung für derartiges Verhalten ist eine stark nicht lineare Kennlinie des Wandlermediums. Der Bildaufbau erfolgt bei →Matrixanzeigen meist nach einem zeilensequentiellen Verfahren. Dabei wird die Information jeweils einer kompletten Zeile angesteuert. Das komplette Bild sollte in ca. 50 ms aufgebaut sein. Dies fordert dann eine →Schaltzeit des Wandlermediums im Bereich von weniger als 100 μsec.

Eine wesentliche Vereinfachung der Schaltungstechnik und der Leistungsmerkmale der Anzeigen kann durch inhärentes Speicherverhalten des Wandlermediums erwartet werden. Damit wird jedoch der Parametersatz der Leistungsanforderun-

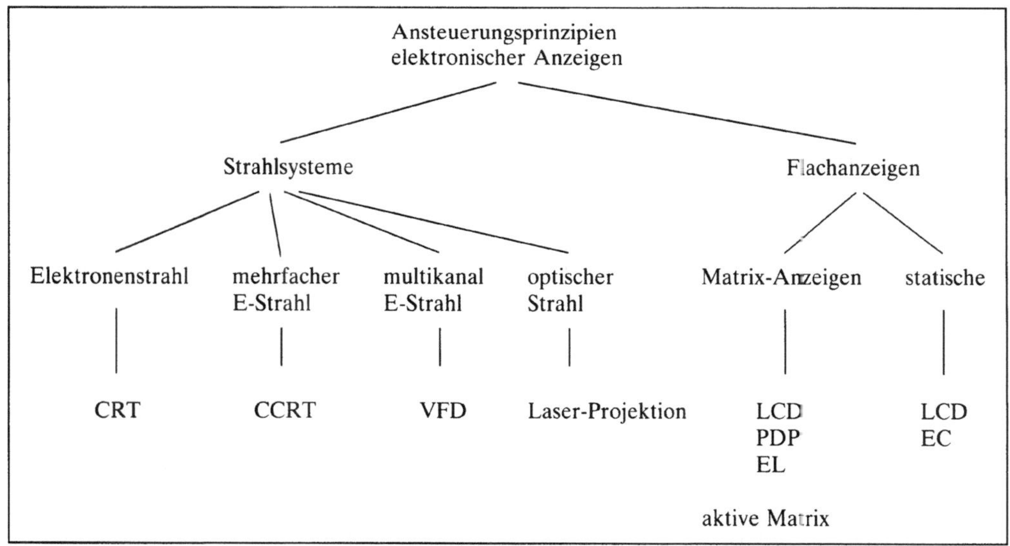

CRT-Kathodenstrahlröhre, CCRT-Kathodenstrahl-Farbbildröhre, VFD-Vakuumfluoreszenzanzeige, LCD-Flüssigkristallanzeige, PDP-Plasmaanzeige, EL-Elektrolumineszenzanzeige, EC-Elektrochrome Anzeigen.

Ansteuerung von Anzeigen: Schematische Darstellung der A.-Prinzipien elektronischer Anzeigen.

gen an die Werkstoffe vergrößert. Bisher sind nur wenige realisierbare Ansätze für derartige Werkstoffe bekannt, wie speichernde Elektrolumineszenz-Schichten oder ferroelektrische Flüssigkristall-Anzeigen bekannt.

Zur A. von Anzeigen werden am Markt integrierte Schaltkreise angeboten. Sie beinhalten bereits die angepaßten Signalgeneratoren. So liefern die Ansteuerungs-IC's für Flüssigkristall-Anzeigen bereits die Rechteckgeneratoren, Datenspeicher und Zeichengeneratoren. In anderen IC's sind bereits die Datenquellen integriert, wie z. B. bei Uhren-IC's. *Pottharst*

Anstiegszeit.

1. Allgemein bei elektrischen Schaltvorgängen oder impulsförmigen Signalen die Zeit, während der die Signalamplitude von 10% auf 90% ihres stationären Wertes steigt.

2. Festlegung insbesondere bei Transistoren für den Ausgangsstrom (→Kollektor, Drainstrom) bei rechteckförmigem Steuersignal. Ursache der A. sind Ladungen, die im →Transistor erst stationär umgebaut sein müssen, bevor sich der Ausgangsstrom auf den neuen Wert einstellen kann.

Die A. hängt bei Transistoren u. a. von der Aussteuerung und der ausgangsseitigen Belastung ab. Ausgangskapazitäten vergrößern die A. stets. *R. Paul*

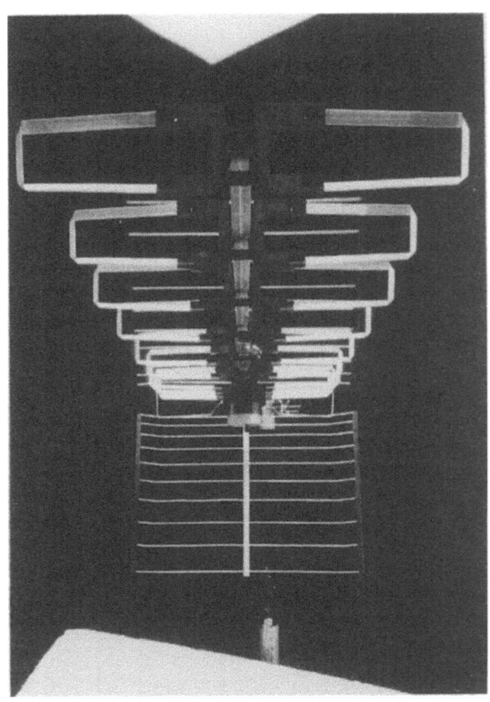

Antenne 1: Yagi-Antenne. (Quelle: Kathrein-Werke)

Antenne. A. dienen zur Umwandlung elektrischer Wechselströme in elektromagnetische Wellen (Sendeantennen) oder umgekehrt (Empfangsantennen). Sie sind dem jeweiligen Einsatzfall angepaßt und nach bestimmten Gesichtspunkten optimiert.

Von der Grundstruktur her lassen sich alle A. auf die klassische Rahmenantenne oder die verschiedenen Dipolantennen bzw. Monopolantennen zurückführen. Die Zuordnung ist jeweils frequenzabhängig, wobei hohe Frequenzen am ehesten mit Dipolantennen verarbeitet werden.

Vom Aufbau her am einfachsten sind Stab- und Drahtantennen. Bei letzteren kann dabei die Einspeisung an bestimmten unterschiedlichen Stellen erfolgen. Ihre Länge entspricht bestimmten Vielfachen (z. B. 1, ½, ³⁄₂ λ) der benutzten Wellenlänge λ.

Häufig benutzte A.-Formen im Audio-/Videobereich sind Dipolantennen, ausgeführt als Einfach- oder Faltdipolantennen mit unterschiedlichster Anordnung von Einzeldipolen oder auch Dipolwänden. Sie sind dadurch hinsichtlich Richtwirkung und Empfangsbereich optimiert. Bekanntester Vertreter der Dipolantenne ist die Yagi-A.

Wichtige Merkmale von A. sind:

– Der Empfangsbereich, angegeben in kHz, MHz oder GHz. Es wird unterschieden zwischen Schmal- und Breitbandantennen. Je enger das Frequenzband gewählt wird, desto besser läßt sich der Antennengewinn, also die Effektivität, optimieren.

– Der Antennengewinn in dB bei optimaler Ausrichtung bezogen auf einen standardisierten Kugelstrahler

– Die sog. Halbwertsbreite, d. h. der Sektorwinkel des horizontalen, bzw. vertikalen Bereiches, in dem mindestens 50% der max. Empfangsleistung erreicht werden. Angegeben in Winkelgraden für horizontal und vertikal

– Die Richtcharakteristik gibt an, wie intensiv die Aus-/Einstrahlung einer A. in Abhängigkeit von einem Winkel bezogen auf einen gewählten Nullpunkt ist. Aussage darüber gibt das Richtdiagramm in graphischer Form, das die A.-Empfindlichkeit über die volle Ausstrahlungsbreite von 360 Grad wiedergibt. Keine Richtcharakteristik haben z. B. vertikale Stäbe oder Seile als Rundstrahler und die Idealvorstellung des Kugelstrahlers.

– Die Rückdämpfung (*engl.* forward/backward ratio) in dB. – Sie muß bei A. mit Richtwirkung möglichst groß sein.

– Der Anpassungswiderstand in Ohm. A. müssen widerstandsmäßig mit dem angeschlossenen Leitungssystem harmonieren.

– Die Polarisation, d. h. die Ausrichtung auf die festgelegte Ebene des elektromagnetischen Feldes, ist i. d. R. durch die Montage horizontal (elektrische Feldlinien verlaufen parallel zur Erdoberfläche) oder vertikal festgelegt. Bestimmte A. erlauben eine Umschaltung zwischen beiden Ebenen oder sind zirkular bzw. elliptisch polarisiert. Damit kann auf Empfangsprobleme u. U. individuell reagiert werden.

Sonderformen von A. sind:

□ Ferritantennen. Sie bestehen aus einer →Spule mit einem Kern aus Ferritmaterial, welcher eine gemessen an der Wellenlänge vergleichsweise kleine Baugröße hat. Ferritantennen werden verwendet als eingebaute Empfangsantennen im Tunern für den Lang- bis Kurzwellenbereich.

□ Aktive A. Diese enthalten in den Antennenkörper integriert eine zusätzliche Verstärkerschaltung und erlauben damit Konstruktionen mit relativ kleinem Raumbedarf.

□ Bewegliche A. Hierzu gehören die Radar-A. mit rotierender oder oszillierender Bewegung, aber auch mit frei gesteuerter Bewegung zur Zielverfolgung. Die Wirkung der Drehung kann auch mit Antennenarrays erreicht werden. Bewegliche A. werden auch zum Empfang nichtstationärer Satelliten oder der Strahlung von astronomischen Objekten (Radioteleskop) benutzt.

□ Antennenarrays (auch Antennenmatrix) bestehen aus einer Vielzahl kleiner Dipolantennen mit aktiver Beschaltung und gesteuerter Phasenverschiebung. Durch die Phasenverschiebung kann die Sende-/Empfangsrichtung in einem bestimmten Winkelfeld nahezu verzögerungsfrei gesteuert werden.

□ Fahrzeugantennen. Diese sind angepaßt an die Fahrzeuggeometrien, wobei in bestimmten Fällen hohe Anforderungen z. B. an den Luftwiderstand existieren. Bei Flugzeugen sind A. deshalb z. B. in die Außenhaut integriert.

□ Rundstrahleinrichtungen werden eingesetzt z. B. zur Erzeugung kreisender Funkstrahlen für Navigationszwecke. Sie werden realisiert mit rotierenden A. oder mit kreisförmigen Dipolanordnungen, deren Gesamtausstrahlrichtung durch eine variable Phasenverschiebung variiert werden kann.

□ Hohlwellenstrahler für höchste Frequenzen sind realisiert in Form von Hohlwellenleitern, die in geeigneter Weise mit Öffnungen/Schlitzen versehen sind.

□ Peilantennen dienen zur Ortung von Sendern, haben eine starke Richtwirkung und lassen sich beliebig drehen.

□ Direktfokusierende A. sind aufgebaut aus einem Parabolspiegel, in dessen Brennpunkt die eigentliche Empfangsantenne positioniert ist. Der Brennpunkt liegt dabei meistens außerhalb der Achse Reflektor-Sender (sog. Offset-A.), um Abschattungen und Interferenzen durch den eigentlichen Empfänger zu vermeiden. *K. Winter*

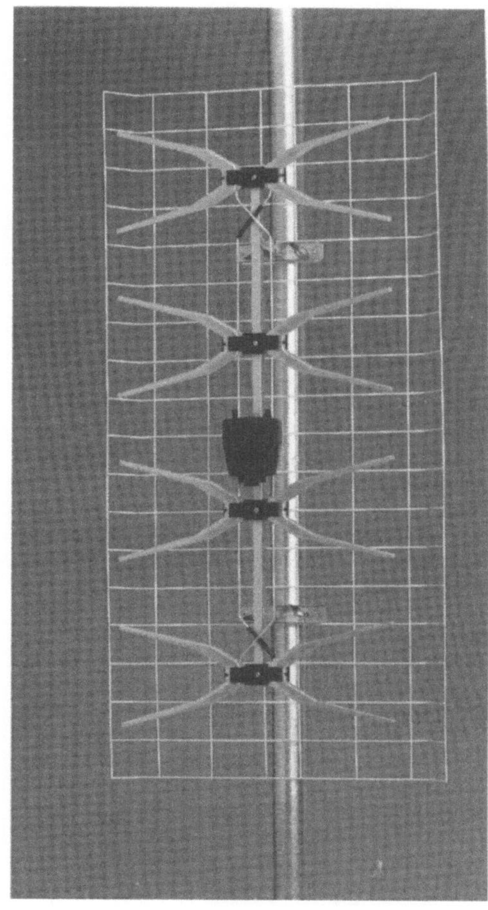

Antenne 2: Gitter-UHF-Antenne. (Quelle: Kathrein-Werke)

Literatur: *Rothammel K.*: Antennenbuch. Stuttgart 1991.

Antennenstab. (auch: Ferrit-Antenne) Für den Kurz-, Mittel- und Langwellenempfang in Rundfunkempfängern werden meist Ferrit-Antennenspulen als →Induktivität des Eingangskreises verwendet. Die Wirkung der oft als A. bezeichneten Antenne basiert auf den Materialeigenschaften des stabförmigen Spulenkerns, der aus Ferrit besteht. Dieser →Ferritkern (*Stabkern*) erhöht die Induktivität der Antennenspule gegenüber einer Luftspule um mehrere Größenordnungen. Damit können mit minimalem Aufwand innerhalb des verwendeten Gerätes meist hinreichende Empfangsbedingungen realisiert werden. *Both*

Anthropotechnik →Ablesbarkeit einer Anzeige

Antimon. (Sb) Durch die Verwendung von A. lassen sich, ähnlich wie durch die Verwendung von

→Phosphor und →Arsen n-dotierte Silicium- oder Germaniumschichten herstellen. A. wird entweder beim →Kristallziehen oder während der Herstellung von Bauelementen durch →Diffusion oder →Ionenimplantation in den Halbleiter eingebracht. Seine →Löslichkeit in →Silicium beträgt bei 900–1000 °C ca. $5 \cdot 10^{19}$ cm^{-3}, das Niveau im verbotenen Band liegt 43 meV vom Leitungsband (→Dotierung) entfernt. A. wird hauptsächlich zur Dotierung von Siliciumkristallen und für Subkollektoren verwendet.

Darüber hinaus hat A. eine große Bedeutung als Bestandteil von →Verbindungshalbleitern der III. und V. Gruppe des Periodensystems, z. B. bei InSb. *Ryssel*

Anti-Site Defekt. →Kristalldefekt bei Verbindungshalbleitern, wo eine Art von Atomen sich auf dem Platz der anderen befindet, z. B. im GaAs-Gitter Arsen auf Gallium- oder Gallium auf Arsen-Plätzen. *Ryssel*

Anzeige, aktive/passive. Der Grundaufbau einer elektronischen →Anzeige umfaßt folgende Baugruppen (Bild)

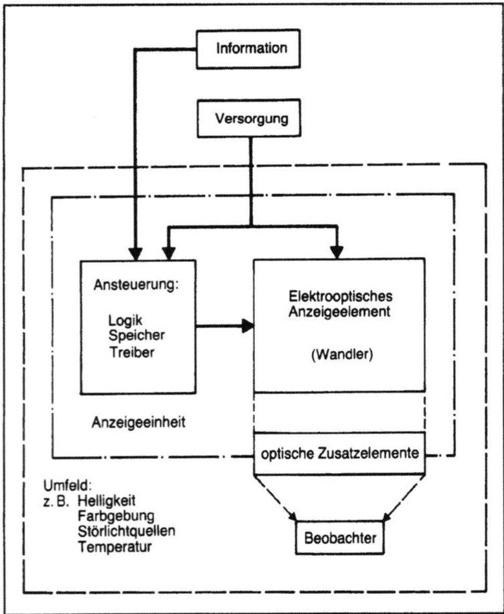

Anzeige, aktive/passive: Grundaufbau einer elektronischen Anzeige. (Quelle: ITG-Empf. S. 7/09)

□ das →Anzeigenelement, das elektrische in optisch wahrnehmbare Signale umwandelt (Wandler),
□ die elektronische Ansteuerungsschaltung, mit einem logischen Teil (z. B. Zeichengenerator), einem Datenspeicher und der Treiberschaltung zur Ansteuerung der einzelnen Bildpunkte des Wandlers,
□ Zusatzelemente, wie optische Filter etc.
□ elektronische Schnittstelle zur Datenquelle

Beim Anlegen eines Ansteuerungssignals an das elektro-optische Anzeigenelement, ändert sich dessen optischer Zustand. Typische Beispiele sind:
- Aussenden von Licht, vorzugsweise in einer definierten Farbe, wie bei einer lichtemittierenden Diode (→LED), einer →Elektrolumineszenz-Anzeige (EL), einer →Vakuumfluoreszenz-Anzeige (VFD)
- Änderung des Brechungsindex, wie bei einer →Flüssigkristall-Anzeige (LCD)
- Änderung der Farbe, wie bei einer elektrochromen Anzeige (EC)

Elektronische A., die bei der Ansteuerung Licht aussenden, bezeichnet man als *aktive* A.; entsprechend nennt man die Anzeigen, die Licht modulieren *passive* A.

Zur Gruppe der aktiven A. zählt man
□ Bildröhren
□ LED
□ Vakuumfluoreszenz-Anzeigen VFD
□ Elektrolumineszenz-Anzeigen (EL)
□ Anzeigen mit Lampen.

Zu den technisch bedeutenden passiven A. gehören:
□ Flüssigkristall-Anzeigen LCD
□ elektrochrome Anzeigen (EC)
□ dichroitische Anzeigen (CD)
□ elektromechanische Anzeigen (EM)

sowie eine Vielzahl weiterer weniger bedeutender Basistechniken.

Bei den aktiven A. hängt die Lesbarkeit entscheidend von der →Helligkeit im Vergleich zur Helligkeit des Umgebungslichtes, der Farbe und eventuellen Filtern ab. Dennoch darf die Helligkeit bestimmte Grenzen nicht überschreiten, um das Auge des Betrachters nicht zu blenden. Aktive A. sind deshalb besonders gut in Dunkelheit oder in Räumen zu erkennen. Bei hoher Intensität des Umgebungslichtes, z. B. im Sonnenlicht, sind aktive A. meist nur schwer zu erkennen. Optische Filter, deren Farbe der der Anzeige angepaßt ist, können hier Verbesserungen bringen, da das Licht der Anzeige das Filter einmal, das des Umgebungslichtes jedoch zweimal durchlaufen muß. Dabei wird das Umgebungslicht wesentlich stärker als das emittierte Licht gedämpft. Typische Beispiele sind die roten Filter vor den LED, bzw. die grünen Filter vor VFD (Vakuumfluoreszenz-Anzeigen). Sollen aktive A. in einer Umgebung mit stark wechselnder Helligkeit betrieben werden, so ist eine Intensitätsregelung empfehlenswert. Die Blendwirkung und das damit verbundene unscharfe Bild einer zu intensiven Anzeige, ist den meisten Betrachtern

z. B. an leuchtenden Verkehrsschildern bei Nacht aufgefallen.

Passive A. modulieren einfallendes, bzw. reflektiertes Licht. Ihre Erkennbarkeit ist damit kaum von der Helligkeit der Umgebung abhängig. Da sich das Auge auf Farbe und Intensität des Umgebungslichtes eingestellt hat, wirken passive A. meist ruhiger auf den Betrachter. Bei Dunkelheit müssen passive A. mit Hilfe einer zusätzlichen Lichtquelle ausgeleuchtet werden.

Wird die Lichtquelle hinter der Anzeige angeordnet, so nutzt man die Änderung der Transmission der Anzeige. Optisch wirkt sie dann auf den Betrachter wie eine aktive A. Bekannt sind die hinterleuchteten LCD, wie man sie als Informationsanzeigen findet. Die Anzeige wirkt als →Lichtventil. Farbe und Helligkeit der Anzeige lassen sich allein durch die Lichtquelle und den Farbfilter einstellen. Die Farbe der Anzeige kann entweder durch Farbfilter, oder durch eine farbige Lichtquelle erzeugt werden. Bei zusätzlicher Anordnung von geeigneten Streufiltern und hinreichend hoher Transmission des Lichtventils erreicht man, daß die Erkennbarkeit hinterleuchteter, passiver A. weitgehend unabhängig von der Intensität des Umgebungslichtes ist. *Pottharst*

Anzeige, alphanumerische. Elektrisch ansteuerbare a. A. dienen der Darstellung von Texten in Ausgabeeinheiten von Computern, Meßgeräten oder Informationssystemen. Die Darstellung erfolgt dabei in einer nach Zeichen organisierten Struktur der Anzeige. Im Gegensatz dazu gestatten →Graphikanzeigen die Darstellung von Informationen an jeder beliebigen Stelle der Anzeigefläche. Herzstück der Anzeige ist der elektrooptische →Wandler, der mit Hilfe eines Prozessors zur Steuerung des Programmablaufs, einem Zeichengenerator, einem Datenspeicher und einer Treiberschaltung für den Wandler angesteuert wird.

Im Hinblick auf die technische Realisierung – und damit auch auf die Kosten für die Anzeige – werden die einzelnen Schriftzeichen aus einer möglichst geringen Anzahl von Bildpunkten aufgebaut. Dem steht die gute Lesbarkeit der angezeigten Information gegenüber, die eine möglichst hohe Bildpunktzahl pro Zeichen erfordert. Als Minimallösung haben Anzeigen mit 5×7 Bildpunkten breite Anwendung gefunden. Jeder Bildpunkt wird i. a. durch eine Kreisfläche, ein Rechteck, oder ein Quadrat repräsentiert (Bild). A. A. dieser Art gestatten nur die Darstellung von einfachen Schriftzeichen, wie z. B. lateinische Großbuchstaben, einige Sonderzeichen und Ziffern. Für die Darstellung von feiner aufzulösenden Zeichen ist eine größere Bildpunktzahl erforderlich. Gebräuchlich sind deshalb auch Matrixanordnungen mit 7×9, 7×11 oder 9×12 Bildpunkten. Handschriftliche

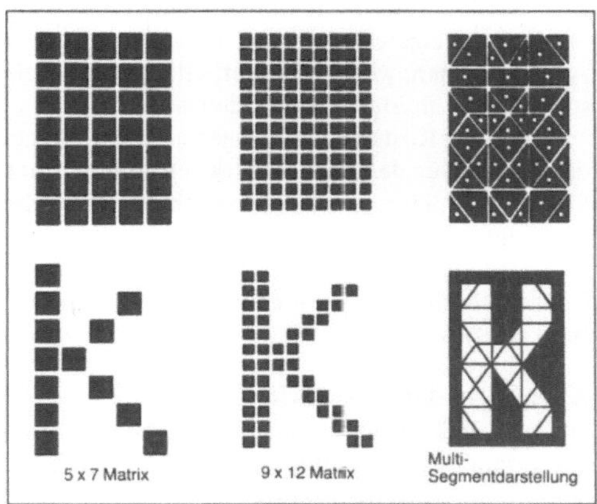

Anzeige, alphanumerische: Gebräuchliche Zeichenformate.

Zeichen, arabische oder chinesische Schriftzeichen erfordern eine →Matrix von mindestens 30×30 Bildpunkten. Eine andere Darstellungsart geht von einer segmentartigen Struktur der Zeichen aus. Gebräuchlich sind Anzeigen mit 14 oder 16 Segmenten.

Die grobe Darstellung der Zeichen durch eine Matrix oder durch Segmente mit minimaler Zahl erfordert vom Leser ein erhebliches Maß von Abstraktionsvermögen. Ziel vieler Untersuchungen ist deshalb die Gestaltung von Schriftzeichen aus möglichst wenigen, aber allen Schriftzeichen gemeinsamen Segmenten. In einer Kreuzdot-Matrix werden die quadratischen Bildpunkte weiter in gleichseitige Dreiecke unterteilt. Dadurch stehen für die Zeichenerzeugung auch unter 45 Grad verlaufende Grenzlinien zur Verfügung. Durch Segment-Zeichensätze mit ca. 60 Segmenten ist bereits eine druckschriftähnliche Darstellung der lateinischen Schrift möglich. Um einen möglichst hohen →Kontrast der Schrift zu erreichen, soll der schaltbare Flächenanteil so groß als möglich sein. Alle diese Entwicklungen erleichtern die Lesbarkeit der elektronisch erzeugten Zeichen erheblich. Sie werden allerdings erst durch die Optimierung der Leistungsmerkmale des Wandlers, wie Kontrast, →Helligkeit, Farbe etc. nutzbar.

Als elektrooptische Wandler für a. A. in kleinen Geräten und Systemen werden heute meist →Kathodenstrahlröhren, →LED's, →Flüssigkristall-Anzeigen, →Plasmaanzeigen oder →Elektrolumineszenz-Anzeigen verwendet. In großformatigen Informationsanzeigen setzt man dagegen meist elektromechanische Anzeigen, Flüssigkristall-Anzeigen und vereinzelt auch Elektrolumineszenz-Anzeigen und Kathodenstrahlröhren ein. Dabei kann die Zeichengröße erfordern, daß jedes Zeichen, oder sogar jeder einzelne Bildpunkt, durch eine Kathodenstrahlröhre, bzw. eine Zelle einer →Matrixanzeige erzeugt wird. Beispiel sind große Anzeigeflächen, wie sie als Werbeflächen in Großstädten oder in Stadien zu finden sind.

Die hohen Kosten der Anzeigen ergeben sich aus den Kosten für den elektrooptischen Wandler und den aufwendigen Ansteuerungsschaltungen. Zur Ansteuerung der meisten alphanumerischen Anzeigen wird deshalb – soweit dies aus technischen Gründen realisierbar ist – eine Multiplex-Ansteuerung gewählt. *Pottharst*

Anzeige, elektrochemische. Unter diesem Begriff faßt man elektrochrome und elektrolytische Anzeigen zusammen. Bei ihnen verändert sich die Farbe oder der Reflexionsgrad der Anzeige durch Ladungs- und/oder Materietransport und damit verbundene reversible elektrochemische Prozesse.

Elektrochrome Anzeigen (Bild 1) bestehen aus einer Zelle mit folgenden Schichten:

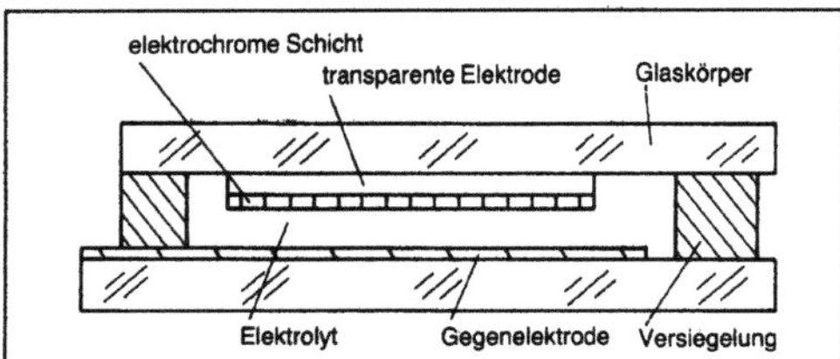

Anzeige, elektrochemische 1: Grundaufbau einer elektrochromen Anzeige.

- □ transparente Elektrode, meist Indium-Zinn-Oxid (→ITO-Schicht)
- □ dünne Schicht einer elektrochromen Substanz, wie WO_3, IrO_x oder andere meist organische Stoffe (z. B. Viologen)
- □ Elektrolyt (Lösung oder pastöse oder feste Schicht)
- □ rückwärtige Elektrode.

Beim Anlegen einer elektrischen Spannung werden →Ladungsträger in die elektrochrome Schicht injiziert. Dies führt zu einer strukturellen Veränderung, die als Verfärbung der Schicht sichtbar wird. Dazu müssen elektrochrome Anzeigen mit einer IrO_x-Schicht anodisch und solche mit einer WO_3-Schicht kathodisch gepolt sein.

Die Signalspannungen von elektrochromen Anzeigen sind mit 1–2 V sehr gering. Der Ladungstransport muß sehr genau geregelt werden, da sonst die Anzeige zerstört wird.

Bei elektrolytischen Anzeigen werden Metallionen (z. B. Ag^+) oder Ionen eines Farbstoffs an einer der Elektroden abgeschieden (Elektrodeposition). Ihr Aufbau entspricht dem einer typischen Elektrolytzelle (Bild 2).

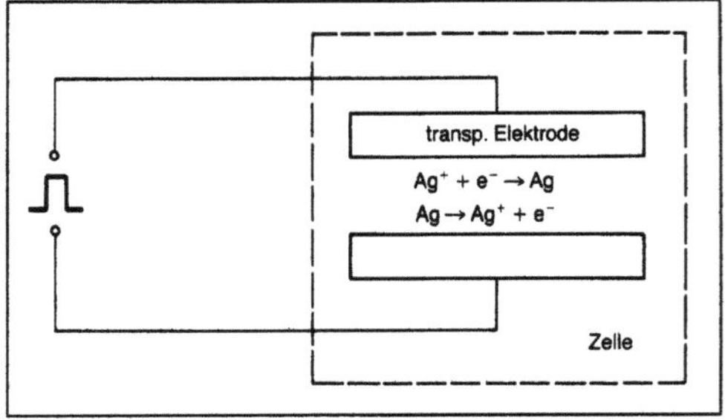

Anzeige, elektrochemische 2: Grundaufbau einer Elektrolytanzeige.

Trotz der sehr guten optischen Eigenschaften der e. A., wie ihr hoher →Kontrast, ihre nur geringfügige Winkelabhängigkeit, die geringe Schaltspannung, die geringe Leistungsaufnahme, die inhärente Speichereigenschaft etc. haben sie sich bisher keinen dauerhaften Markterfolg sichern können. Die Gründe dafür sind in der bisher begrenzten →Lebensdauer von ca. 1 Mio. Schaltzyklen, der kritischen Signalführung, der mit ca. 100 ms großen Schaltzeit und der teuren Ansteuerungsschaltung zu suchen. E. A. sind nicht multiplexbar. *Pottharst*

Anzeige, elektrochrome →Anzeige, elektrochemische

Anzeige, elektrolytische →Anzeige, elektrochemische

Anzeige, elektromechanische. Anzeigen, deren Informationsinhalt durch eine elektrisch initiierte Bewegung einer Blende, eines Blattes oder eines Bandes sichtbar gemacht wird, werden durch den Begriff e. A. gekennzeichnet. Typische Beispiele sind die Fallklappenanzeigen, wie sie auf Bahnhöfen oder Flughäfen zur Anzeige von Verkehrsverbindungen verwendet werden, Rollbandanzeigen und Drehelementanzeigen, wie sie zur Zeit in Omnibussen und Straßenbahnen zur Anzeige des Zielortes eingesetzt werden.

Bei den Fallklappenanzeigen ist auf je einem Blatt eine feste Information aufgedruckt; ein Zielort, eine Ziffer oder Zahl, ein Buchstabe oder ein Logo. Die Blätter sind auf einer Trommel zusammengefaßt. Der Antrieb der Trommel erfolgt mit Hilfe eines kleinen Elektromotors. Dabei wird das vorderste Blatt über eine als Bremse wirkende Schwelle gehoben und klappt nach unten. Die auf der Rückseite des Blattes aufgedruckte Information wird für einen Betrachter sichtbar. Der Drehwinkel der Trommel, und damit die angezeigte Information, wird mit Hilfe eines Kontrollers überwacht. Er erhält seine Information über elektrische Kontakte, die auf einem der Zahnräder angebracht sind.

Kleine Fallklappenanzeigen, wie Uhren oder Datumsanzeigen, enthalten im allgemeinen nur eine Trommel mit allen notwendigen Informationen.

Auf großen Anzeigen, z. B. auf Flughäfen, sind bis zu mehreren hundert solcher Trommeln zusammengefaßt.

Die wesentlichen Vorteile der Fallklappenanzeigen bestehen in der Darstellbarkeit von beliebig gestalteten Zeichen oder Farben und der guten Lesbarkeit, auch von der Seite her. Fallklappenanzeigen sind passive Anzeigen und benötigen deshalb eine ausreichende Ausleuchtung des Anzeigefeldes.

Als Nachteile sind hohe Investitionskosten für das Komplettsystem, hohe Kosten bei der Änderung oder Ergänzung des Informationsinhaltes sowie hohe Wartungskosten, insbesondere bei staubiger oder feuchter Umgebung, zu nennen.

Bei den Rollbandanzeigen befindet sich der gesamte Informationsinhalt aufgedruckt auf einem Kunststoff- bzw. Seidenband. Ein typisches Beispiel sind die Frontanzeigen von Linienomnibussen im öffentlichen Nahverkehr.

Das Band wird von einem Motor angetrieben; die gewünschte Information wird dabei in eine feste Position in einer Blende eingestellt. Zur Verbesserung des optischen Erscheinungsbildes der Information kann das Band z. B. mit Hilfe einer großflächigen Lichtquelle hinterleuchtet werden. Die Rollbandanzeigen sind sowohl als Hellfeld- oder auch als Dunkelfeldanzeigen im Einsatz. Die Lesbarkeit ist bei beiden Darstellungsarten sehr gut.

Trotz der ausgezeichneten Lesbarkeit, der Freiheit in der Gestaltung der dargestellten Information, wird heute nach elektronischen Alternativen gesucht. Die hohen Kosten für Änderungen des Informationsinhaltes sowie die kurze Lebensdauer der Bänder, verursachen hohe Gesamtkosten dieser elektromechanischen Anzeigen.

Eine wesentliche Verfeinerung der elektromechanischen Anzeigetechniken brachten die Rollelement- und Drehelement-Anzeigen. Bei ihnen sind die Bildelemente in regelmäßigen Abständen, wie bei einer elektronischen →Graphikanzeige, drehbar angeordnet. Jedes →Bildelement ist auf Front- und Rückseite farblich unterschiedlich gestaltet. Als besonders gut lesbar hat sich die Farbkombination schwarz-gelb erwiesen. Die Elemente bestehen aus einem hartmagnetischen Werkstoff, die als Plättchen bzw. als Zylinder ausgeführt sind. Ein Elektromagnet, der hinter dem Element angeordnet ist, bewirkt bei entsprechender Polung eine Drehung des Elementes. Zur Darstellung einer Information wird deshalb zunächst das gesamte Anzeigefeld in eine Grundstellung, z. B. schwarzes Feld, gebracht. Danach werden die Steuerbefehle an die Feldspulen der Magnete gegeben. Sie stellen dann die Elemente in die gewünschte (Farb-)Position ein.

Drehelementanzeigen sind sowohl als Graphik- als auch als Sieben-Segmentanzeigen zur Darstellung von Zahlen im Einsatz. So findet man an

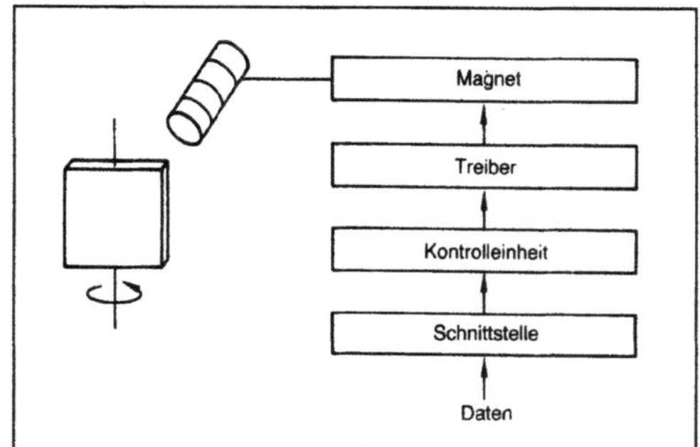

Anzeige, elektromechanische: Grundaufbau einer Drehelementanzeige.

Tankstellen Preisanzeigen als sehr große Sieben-Segmentanzeigen in dieser Technik. In vielen Städten Frankreichs sind Drehelementanzeigen zur Darstellung allgemeiner Stadtinformationen und für Werbung im Betrieb. Diese Anzeigen weisen eine graphikfähige Anordnung der Bildelemente auf.

Weitere Anordnungen für e. A. sind bekannt, z. B. als Trommelanzeigen, bei denen Festinformationen auf einem Zylindermantel aufgebracht sind. Die Trommel wird hinter einer Blende so gedreht, daß nur die gewünschte Information im Blendenrahmen sichtbar ist. Ähnliche Anordnungen wurden als Polyeder ausgeführt.

Prinzipiell haben e. A. überall dort ihre Vorteile, wo eine begrenzte Informationsmenge mit geringer Änderungsgeschwindigkeit angezeigt werden soll. Sie bringen dann die Vorteile der vom Druck bekannten optischen Erscheinungsformen zur Wirkung. Die prinzipiellen Nachteile, wie geringe Änderungsgeschwindigkeit, hohe Kosten etc. veranlassen Entwicklungsingenieure und Anwender nach vollelektronischen Alternativen zu suchen.

Pottharst

Anzeige, elektronische. Zur Sichtbarmachung von Informationen, die in einem Rechner aufbereitet wurden, bedient man sich elektronischer Baugruppen. Sie wandeln die elektrischen Signale in optisch wahrnehmbare Signale um. Diese Baugruppen kann man unter dem Begriff der e. A. zusammenfassen.

E. A. stellen eine Schnittstelle zwischen dem Rechner und dem Menschen dar. Beide Seiten stellen besondere Anforderungen an die Leistungsmerkmale dieser Baugruppen. So sind dies auf der Seite des Rechners u. a. die Betriebsspannung der Anzeige, der Leistungsbedarf, die Geschwindigkeit der Informationsübertragung – und auf der Seite des Beobachters der →Kontrast und die →Helligkeit der Anzeige, deren Farbe, die Geschwindigkeit des Informationswechsels etc.

Die heute gebräuchlichen e. A. können in zwei Gruppen unterteilt werden: die elektromechanischen Anzeigen und die elektrooptischen Anzeigen.

Bei den elektromechanischen →Anzeigen wird bei der Ansteuerung eines Bildelementes eine elektrisch initiierte Bewegung gesteuert. Bei den elektrooptischen Anzeigen bewirkt dagegen ein elektrisches Signal entweder eine Änderung der optischen Eigenschaften der Anzeige, wie z. B. die Absorption, die Farbe, die Helligkeit, die Reflexion o. ä.

Die nutzbare Leistung stellt stets einen Kompromiß zwischen technischen, aber auch zwischen technischen und kommerziellen Forderungen dar. Die technischen Leistungsmerkmale werden im Zusammenhang mit den einzelnen Anzeigetechniken behandelt.

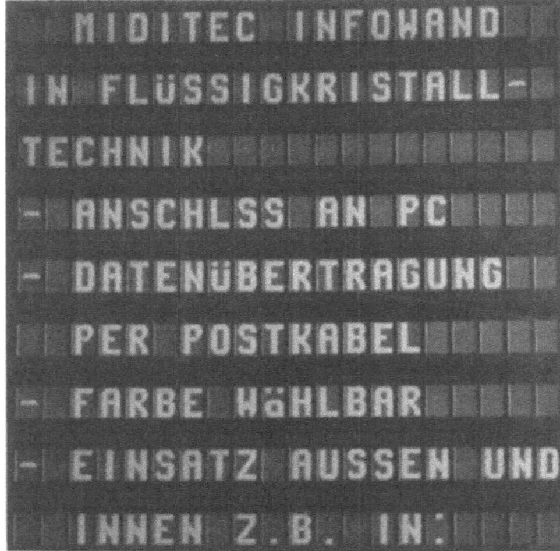

Anzeige, elektronische: Ausführungsbeispiel in LCD-Technik. Die Zeichenhöhe beträgt 61 mm, hinterleuchtet.

Als Beispiel für kommerzielle Forderungen sei hier an die Kosten für eine Anzeige erinnert. Für nahezu alle Anwendungen fordert der Kunde einen Minimalpreis für oft außerordentliche hohe Leistungsmerkmale der Anzeige. Dieser Minimalpreis läßt sich nur dadurch erreichen, daß die Zahl der anzusteuernden Bildpunkte so gering als möglich gehalten wird. Der einzelne Bildpunkt verursacht Kosten nicht nur bei seiner Herstellung, sondern ebenfalls für die Herstellung der Ansteuerungsschaltkreise. Der weitgehende Einsatz von integrierten Schaltkreisen hat auf der einen Seite bereits zu einer erheblichen, generellen Kostensenkung für die Anzeigen geführt. Auf der anderen Seite ist die Herstellung von IC's für hohe Spannungen und Ströme prinzipiell teurer, als die von Schaltkreisen für leistungsarme Verbraucher. E. A. werden deshalb meist so aufgebaut, daß sie mit möglichst wenigen Bildelementen auskommen und daß für deren Ansteuerung möglichst geringe elektrische Leistung erforderlich ist.

Die Forderung nach guter und sicherer Erkennbarkeit und Lesbarkeit einer Anzeige führt oft zu einer Erhöhung der Zahl der Bildelemente und macht damit die Anzeige teurer. *Pottharst*

Anzeige, elektrophoretische. E. A. sind passive Anzeigen. Ihr Wirkungsprinzip beruht auf dem Transport von elektrisch geladenen Teilchen in einem kolloidalen System. E. A. (Bild) bestehen aus einer ca. 50 μm dicken Zelle, in der sich die Suspension befindet. Die Zelle ist mit einer stark lichtabsorbierenden Flüssigkeit gefüllt, in der feinste, polare Partikel mit lichtstreuenden Eigenschaften suspendiert sind. Die Größe der Partikel beträgt weniger als 1 μm. Die Innenwände der Zelle sind mit Elektroden beschichtet. Mindestens die dem Betrachter zugewandte Elektrode ist transparent. Legt man an die Elektroden eine elektrische Spannung an, so werden die Partikel zu der Elektrode mit entgegengesetzter Polarität angezogen und dort deponiert. Der Betrachter sieht unter der Elektrode die Partikel. An den anderen Stellen erscheint dagegen nach wie vor die Farbe der eingefärbten Suspension. Bei Umkehr der Polarität der Ansteuerungssignale werden die Partikel auf der rückwärtigen Elektrode deponiert, die Anzeige erscheint in der Eigenfarbe der Suspension. Der Materialtransport erfolgt bei sehr geringem Leistungsbedarf. Nach Einstellung eines Schaltungszustandes, d. h. nach dem Einschreiben einer Information, bleibt dieser Zustand erhalten, bis ein anderer Zustand eingeschrieben wird. Man nennt dieses Verhalten inhärentes Speicherverhalten.

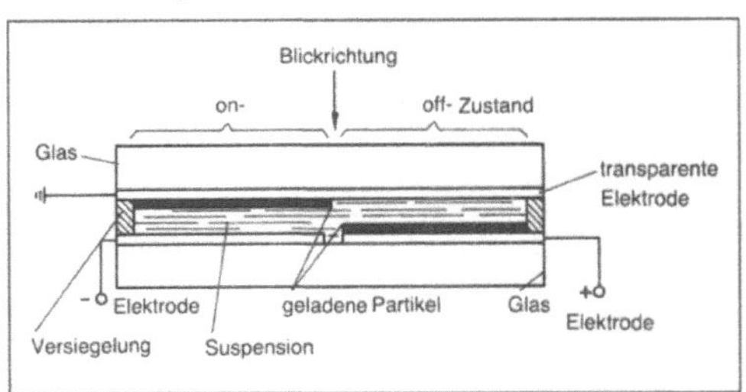

Anzeige, elektrophoretische: Grundaufbau.

Als bedeutendstes Leistungsmerkmal, das e. A. vor anderen elektronischen Anzeigetechniken auszeichnet, ist der hohe →Kontrast und die ausgezeichnete Winkelabhängigkeit der Lesbarkeit zu erwähnen. Der Kontrast der Anzeige hängt von Zusammensetzung der Suspension, der angepaßten Zellendicke sowie dem elektrischen Feld ab.

Die Absorption der Suspension muß der Zellendicke exakt angepaßt werden, da bei zu hoher Absorption der Kontrast der Anzeige wieder merklich abfällt.

Sorgfältige Anpassung der kritischen Parameter erlaubt die Auswahl von unterschiedlichen Farbkombinationen für die beiden Schaltungszustände. Zur Ansteuerung einer e. A. sind i. a. Spannungen von 25–100 V erforderlich. Wegen der ausgezeichneten optischen Eigenschaften wurde deshalb versucht, sie mit einer Transistormatrix direkt anzusteuern. Mit dieser Methode ist die Darstellung sogar von Bewegtbildern bei hoher Punktzahl und Auflösung möglich. Bei der üblichen Ansteuerungstechnik sind hohe Multiplexraten realisierbar. Die geringe Schaltgeschwindigkeit läßt jedoch nur die Darstellung von Daten mit relativ geringer Bildwechselrate zu.

Trotz der herausragenden elektrooptischen Eigenschaften der e. A. haben sie praktische Bedeutung bisher nicht erlangen können. Ob weitere Verbesserungen, insbesondere der begrenzten Lebensdauer der Suspensionen möglich sind, läßt sich derzeit nicht beurteilen. Hohe Schaltspannungen werden die Kosten für die Ansteuerungselektronik jedoch stets teuer gestalten. Die Kostenstruktur einer Anzeige darf jedoch nur auf der Basis der Kosten für das gesamte System beurteilt werden.

Pottharst

Anzeige, ferroelektrische. Werkstoffe, deren dielektrische →Polarisation eine Sättigung und einen →Speichereffekt zeigen, werden als ferroelektrische Werkstoffe bezeichnet. Die bekanntesten Beispiele sind $BaTiO_3$, das bei Temperaturen unterhalb von etwa 100 °C ferroelektrische Eigenschaft zeigt; aber auch die als PLZT (Lanthan-dotiertes Blei-Zirkonat-Titanat) bekannt gewordene transparente Keramik zeigt für bestimmte Zusammensetzungen ferroelektrische Eigenschaften.

Alle diese Werkstoffe zeigen in Verbindung mit den besonderen dielektrischen auch ausgeprägte elektrooptische Eigenschaften, wie z. B. eine elektrisch steuerbare →Doppelbrechung, Absorption oder Lichtstreuung. Diese Eigenschaften sind stark von der Temperatur abhängig, lassen sich jedoch in begrenzten Temperaturbereichen in elektrooptischen Anzeigen ausnutzen.

So konnte bereits in den siebziger Jahren mit der Herstellung einer kleinen →Bildröhre die Existenz von f. A. demonstriert werden. In dieser Röhre befand sich als Bildschirm eine kleine Platte aus dem ferroelektrischen Material KDP (Kaliumdihydrogenphosphat). Die Doppelbrechung in diesem Bildschirm wurde durch einen Elektronenstrahl punktweise verändert. Es entstand auf der KDP-Platte ein Abbild des eingeschriebenen Bildes als Doppelbrechungsstruktur. Sie konnte dann mit Hilfe von polarisiertem Licht sichtbar gemacht werden. Auf diese Weise wurden z. B. großflächige Fernsehbilder mit Hilfe eines Großprojektors erzeugt.

Mit Hilfe von transparenter ferroelektrischer Keramik wurden ebenfalls numerische Anzeigen und Lichtventile, z. B. zur Ansteuerung von optischen Druckern, entwickelt. Die f. A. bestehen dabei aus einer dünnen Keramikplatte, auf die transparente Elektroden (ITO) aufgebracht sind. Die Ansteuerungsspannungen liegen meist im Bereich von 100 V; der Leistungsbedarf ist sehr gering. Die tatsächlichen Leistungsmerkmale der Anzeigen können durch Variation der Zusammensetzung in weiten Bereichen eingestellt werden. Damit stellen sie ein ähnlich breites Spektrum von Grundeigenschaften wie die flüssigkristallinen Werkstoffe zur Verfügung.

Ferroelektrische Anzeigebauelemente werden heute in optischen Druckern und als lichtsteuernde Elemente in Pilotenschutzbrillen und Schutzbrillen für Schweißer eingesetzt. *Pottharst*

Anzeige, flache. Fernsehröhren haben von allen elektronischen →Anzeigen die größte wirtschaftliche Bedeutung erlangt. Ihr Erscheinungsbild ist neben den herausragenden optischen Leistungsmerkmalen durch Begriffe, wie groß, schwer, große Bautiefe, gebogene Frontscheibe etc. gekennzeichnet. Bei vielen Anwendungen sind aber eben diese Eigenschaften störend. So nimmt es nicht Wunder, wenn die Suche nach alternativen Bauelementen weltweit großes Entwicklungspotential gebunden hat. Dabei standen und stehen u. a. im Vordergrund der Arbeiten die Entwicklung von solchen Bauelementen für die Bilddarstellung, die die elektrooptischen Leistungsmerkmale der →Bildröhre erreichen oder übertreffen und gleichzeitig leichter und flacher sind, sowie keine gebogene Frontscheibe haben.

Bildröhren ohne stark gebogene Frontscheibe werden seit geraumer Zeit am Markt angeboten. Die wesentlichen Probleme, die bei ihrer Entwicklung eine Rolle spielten, sind Bildverzerrungen, die besonders an den Bildecken deutlich hervortreten. Neben den optischen Verbesserungen der Bilddarstellung wollte man gleichzeitig eine merkliche Kostenreduzierung bei der Herstellung des Bildschirms durch Einsatz von Drucktechniken zur Aufbringung der streifenförmig angeordneten Farbpigmente erreichen.

Die Bautiefen konnten durch diesen Entwicklungsschritt nicht verringert werden.

Unter dem Begriff der f. A. versteht man im engeren Sinn eine Anzeige, deren Bautiefe sehr klein ist im Vergleich zu Höhe oder Breite der Schirmfläche. Diese Forderung können nur moderne Techniken, wie Flüssigkristall-Bildschirme, Elektrolumineszenz-Bildschirme, Plasma-Bildschirme und auch in diesem Sinne wirkliche flache Röhren erfüllen. Auch bei den genannten Bildtechniken muß eine Bautiefe von mehreren cm akzeptiert werden. So sind selbst extrem dünn aufgebaute Flüssigkristall-Schirme 5–10 mm dick. Zusätzlich kommen die Baugruppen, wie →Netzgerät und

Prozessoreinheit und eventuell die Lichtquelle für die Hinterleuchtung, die ebenfalls eine Bautiefe von mehreren cm aufweisen.

Als Beispiele für flache Bildröhren seien hier Experimental-Bildröhren erwähnt, wie sie u. a. von den Firmen Philips, aber auch von Siemens in Zusammenarbeit mit SEL, entwickelt worden sind. Keine dieser großflächigen Lösungen konnte bisher zur Marktreife entwickelt werden. Als kleinformatige flache Röhren mit einer Schirmdiagonalen von maximal 7 Zoll, sind dagegen flache Röhren der Firma Sony am Markt. Bei allen diesen Lösungen dient ein →Elektronenstrahl zur Anregung eines weitgehend konventionell aufgebauten Leuchtpigmentschirms. Der Elektronenstrahl wird meist parallel zum Bildschirm in das Sichtfeld eingeschossen und über spezielle Elektroden so abgelenkt, daß er nahezu senkrecht auf den Pigmentschirm auftrifft. Zur Verringerung der Ablenkleistung wird deshalb z. B. bei der Lösung der Philipsröhre ein besonders leistungsarmer Elektronenstrahl abgelenkt und unmittelbar vor dem Schirm in einer Dynodenplatte verstärkt und durch ein elektrisches Feld zusätzlich nachbeschleunigt. Der auf den Schirm auftreffende Elektronenstrahl hat dann nahezu die gleiche Leistung wie bei einer vergleichbaren Bildröhre heutiger Bauart. Die Bautiefe einer solchen großformatigen Bildröhre kann dann im Bereich von 5–10 cm liegen. Flache Frontscheibe und geringe Bautiefe tragen in diesem Fall dann zu Recht zur Bezeichnung „flacher Bildschirm" bei. *Pottharst*

Anzeige, magnetooptische. Neben flüssigkristallinen und ferroelektrischen Werkstoffen zeigen auch magnetooptische Werkstoffe, wie z. B. das ferrimagnetische Eisengranat, einen ausgeprägten Doppelbrechungseffekt (→Faraday-Effekt). Er kann zur punktweisen Modulation von Licht verwendet werden.

Funktionsweise (Bild 1): Als magnetooptisches Material wird z. B. eine dünne Schicht aus Gallium-Gadoliniumgranat verwendet, die zellenförmig (Zellengröße ca. $100 \times 100\ \mu m^2$) auf einem geeigneten nicht-magnetischen Substrat als Trägermaterial aufgebracht ist. Die Polarisationsrichtung der einzelnen Zellen bestimmt die Drehrichtung der Polarisationsebene von Licht, das die Zellen durchflutet. Optische Polarisationsfolien, die als Polarisator, bzw. Analysator auf das System aufgebracht sind, führen zu einer punktweisen Modulation der →Helligkeit. Die Zuleitung der elektrischen Signale zur Umkehr der Polarisationsrichtung der Zellen erfolgt über dünne Leiterbahnen, die sich zwischen den Bildelementen befinden.

Bei Betrieb der Anzeige wird zunächst durch ein starkes Magnetfeld eine einheitliche Ausrichtung aller magnetischen Domänen erzwungen. Danach wird die Richtung des Feldes um 180° gedreht. Die Domänen können dieser Drehung nur dann folgen, wenn sie entweder einen entsprechenden magnetischen Zusatzimpuls erhalten, so daß ein kritischer Wert des resultierenden Magnetfeldes überschritten wird, oder wenn die Temperatur der Zelle so weit erhöht wird, daß infolge der Temperaturabhängigkeit der Koerzitivkraft die Drehung bereits bei der anliegenden →Feldstärke erfolgen kann. Jede der Eisengranat-Zellen kann wie in einer Matrix individuell angesteuert werden (Bild 2). Damit ist der Aufbau von hochinformativen Anzeigen mit hoher Auflösung möglich. M. A. sind passive Anzeigen und erfordern zur Ausleuchtung eine zusätzliche Lichtquelle (polarisiertes Licht).

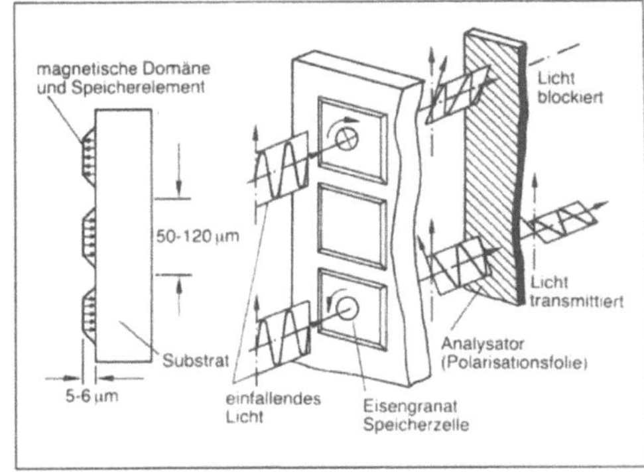

Anzeige, magnetooptische 1: Querschnitt und Funktionsprinzip.

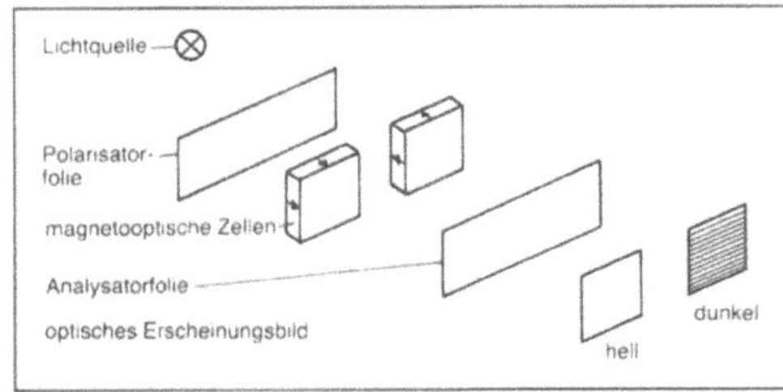

Anzeige, magnetooptische 2: Grundaufbau.

Der Vorteil der Technik besteht im reinen Festkörperaufbau der Anzeige, seiner schnellen →Schaltzeit von ca. 10 µs und dem inhärenten Speicherverhalten. Nachteilig wirken sich die relativ hohen Systemkosten und die lediglich monochrome Darstellung – gelb/orange – der Information aus. *Pottharst*

Literatur: *Hill, B.* und *K. P. Schmidt:* Philips J. of Res. 33 (1978).

Anzeigenelement. Die wichtigsten Baugruppen einer elektronischen →Anzeige sind:

- das A., das die die Information tragenden elektrischen Signale in optisch erkennbare Signale umwandelt,
- die Ansteuerungsschaltung mit seinen logischen Baugruppen, seinem Datenspeicher und der elektronischen Schnittstelle zur Datenquelle
- Elemente zur Verbesserung des optischen Erscheinungsbildes der Anzeige, wie Filter, Zusatzlichtquelle etc.

Die direkte Umwandlung der elektrischen Signale wird durch einen elektro-optischen →Wandler, dem A., durchgeführt. Als für breite technische Anwendungsgebiete effektive Wandler haben sich Bauelemente in einer Reihe von sehr unterschiedlichen Techniken erwiesen. Nach dem heutigen Stand der Technik sind dies u. a.

□ →Flüssigkristall-Anzeigen (LCD)
□ Anzeigen, elektrochrome (ECD)
□ →Anzeigen, elektromechanische (EM)
□ Lichtemittierende Dioden (→LED)
□ →Vakuumfluoreszenz-Anzeigen (VFD)
□ →Elektrolumineszenz-Anzeigen (ELD)
□ Lampen-Anzeigen

und andere Techniken.

Je nach Aufgabenstellung, Umgebungsbedingungen, Leistungsbedarf etc. bietet die eine oder andere der Techniken besondere Vorteile. Bei der Auswahl der Anzeigen sind deshalb stets sorgfältig die Vor- und Nachteile gegeneinander abzuwägen. So wird man für Anwendungen, die minimalen Leistungsbedarf erfordern, z. B. in tragbaren Geräten, und bei denen die darzustellende Informationsmenge nicht extrem hoch ist, auf eine →Flüssigkristall-Anzeige zurückgreifen. Für die Darstellung von bewegten Farbbildern mit einer Anzeigefläche von ca. 0,5 m^2 ist man dagegen derzeit noch immer auf den Einsatz einer →Bildröhre bei allen ihren sonstigen Nachteilen angewiesen.

Da die Geschwindigkeit der Entwicklungsfortschritte sehr hoch ist, kann keine generelle Empfehlung für den Einsatz einzelner Techniken gegeben werden.

A. bestehen meist nicht nur aus dem Wandler für einen Bildpunkt, wie z. B. eine LED, sondern können gleichzeitig zur Darstellung vieler Bildelemente dienen.

Die meisten der oben genannten A. sind technisch anspruchsvolle Bauelemente und können nur unter Einsatz von teuren Fertigungseinrichtungen hergestellt werden. So sind weltweit nur wenige Hersteller in der Lage, diese Bauelemente in der erforderlichen Quantität und Qualität anzufertigen. Typische Beispiele sind u. a. die →Elektrolumineszenz-Anzeigen, für die weltweit z. Z. weniger als fünf Hersteller bekannt sind. Für Flüssigkristall-Zellen dürften heute ca. 25 namhafte Hersteller am Markt sein. Die Unterschiede des Standes der Technik und der Qualität sind beträchtlich. *Potthårst*

APCVD →Schichtabscheidung

APD (*engl.* Avalanche-Photodiode) →Lawinenphotodiode

Apertur. Angelehnt an die Lichtoptik wird die Strahlformung eines Elektronenstrahlbündels beim Durchgang durch eine Elektronenoptik mit der A. beschrieben. Die A. ist dabei der Sinus des Winkels, den die Randstrahlen eines Strahlenbündels mit der Bündelachse bilden. Daraus ergibt sich auch der Wert der numerischen A. Die Bedeutung dieses Begriffes liegt in der Möglichkeit, Fokus- und Konvergenzfehler zu beschreiben und zu korrigieren.

Eine große A. führt zu einer guten Mittenschärfe des Bildschirms. Eine kleinere A. ergibt dagegen eine bessere Allgemeinschärfe über den ganzen Bildschirm.

Der Wert der A. ist besonders von Interesse beim *cross over* (→Bündelungspunkt). Dieser Punkt wird mittels Vor- und Hauptlinse auf dem Bildschirm abgebildet. Hier ist die A. der Sinus des Winkels unter welchem das Strahlenbündel hinter dem Bündelungspunkt auseinanderläuft (Winkel zwischen Randstrahlen des Strahlenbündels und Bündelachse). Sie ist ein Maß dafür, wieweit die Randstrahlen des Bündels durch die Randzonen der Hauptlinse und des Ablenkfeldes verlaufen. Diese Randzonen verursachen →Abbildungsfehler, die bei älteren Kathodenstrahlröhren mittels einer *Aperturelektrode* korrigiert werden konnten. Inzwischen können Elektronenstrahlsysteme und →Ablenkeinheiten fehlerfrei so entworfen und produziert werden, daß eine individuelle →Aperturkorrektur nicht mehr erforderlich ist. *Keitel/Nerstheimer*

Literatur: Farbfernsehtechnik I. Hrsg.: Telefunken, München. – Farbfernsehtechnik II. Hrsg.: Telefunken, Berlin. – *Fink, D. G.:* Television Engineering. New York. – Principles of Color Television. Hrsg.: Hazeltine Laboratories Staff, New York. – *Wentworth, John W.:* Color Television Engineering. New York.

Apertur, numerische →Akzeptanzwinkel

Aperturkorrektur. Die endlichen Abmessungen des Abtaststrahls (oder auch des Schreibstrahls der Bildwiedergaberöhre) der →Aufnahmeröhre bzw. der Elementgröße bei Flächensensoren reduzieren die Detailauflösung dieser Sensoren. Der funktionale Zusammenhang wird durch die Modulations-Transferfunktion beschrieben, wonach sich ein näherungsweise Gauss'scher Amplituden-Frequenzgangabfall ergibt. Die Abtastfehler lassen sich innerhalb bestimmter Grenzen, die durch die tolerierbare Störabstandseinbuße gegeben sind, elektronisch kompensieren, indem eine invers verlaufende Frequenzganganhebung vorgenommen wird.

Da der Aperturfehler einen linearen Phasenverlauf aufweist, muß die Frequenzgangentzerrung ebenfalls mit linearer Phase erfolgen.

Es bieten sich verschieden aufwendige Methoden zur A. Ein bekanntes Verfahren (Differenzier-Entzerrer) sieht die zweifache Differentiation des Bildsignals und Addition der invertierten Ableitung zum Bildsignal vor, wobei zwischen erster und zweiter Differentiation eine schwellwertabhängige Stufe zur Rauschunterdrückung in flächenhaften Bildteilen eingefügt wird. Es werden auch Anordnungen auf der Basis eines Transversalfilters angegeben, die Laufzeitleitungen verwenden und die sowohl in horizontaler als auch in vertikaler Abtastrichtung wirksam sind. Die Laufzeiten liegen im ersteren Fall in der Größenordnung eines Bildpunktes (0,1 μs), im letzteren Fall in einer Zeilendauer (64 μs). Laufzeiten von dieser Größenordnung werden über Glas-Verzögerungsleitungen oder Analog-Schieberegister realisiert.

Anordnungen zur A. sind unverzichtbare Bestandteile jeder elektronischen →Farbfernsehkamera. *Hausdörfer*

AQL-Wert. Abk. für *engl.* Accepted quality level. Angabe des Anteils schlechter Bauelemente in einem bestimmten Lieferlos, meist in Prozent oder ppm (parts per million), der entsprechend den Lieferbedingungen vom Kunden noch akzeptiert wird. Der AQL-W. kann für verschiedene Produkteigenschaften u. U. eigens angegeben werden (z. B. elektrisches Verhalten, funktionales Verhalten, mechanische Abmessungen, thermisches Verhalten usw.). *K. Winter*

Aquadag. A. ist ein elektrisch leitender Belag. Die →Kathodenstrahlröhre hat im Konusbereich einen elektrisch leitenden Außenbelag und einen ebensolchen Innenbelag. Beide werden zu verschiedenen Zeitpunkten im Fertigungsdurchlauf durch Aufsprühen einer Graphitsuspension mittels Schablonen mit anschließendem Trockenvorgang hergestellt. Bei modernen Bildröhren ist der Innenbelag aus Graphit durch den *soft-flash*-Belag ersetzt. Die Beläge bilden zusammen mit dem Konusglas die Anodenkapazität der →Bildröhre, welche der Siebung der Hochspannung und der Minderung der von der Bildröhre ausgehenden Störstrahlung dient. *Keitel/Nerstheimer*

Literatur: Die Fernseh-Bildröhre. Hrsg. Telefunken, Ulm. – Farbfernsehtechnik I. Hrsg. Telefunken, München.

Arbeitsmessung. Elektrische Arbeit ist eine mögliche Form der Energie (Arbeit). Sie läßt sich auch als Zeitintegral der elektrischen Wirkleistung darstellen:

$$W = \int P \, dt$$

Die SI-Einheit der (elektrischen) Arbeit ist die Wattsekunde (Ws; 1 Ws = 1 Nm = 1 J). Während bei der →Leistungsmessung das Produkt aus Spannung und Strom zu bilden ist, kommt hier noch die zeitliche Integration hinzu. Wichtigster Anwendungsfall für elektrische A. ist der Elektrizitätszähler, der in die Stromzuleitungen zu jedem Haushalt zwischengeschaltet wird und deshalb das am weitesten verbreitete elektrische Meßgerät ist. Nur zugelassene Elektrizitätszählerbauarten dürfen im geschäftlichen Verkehr verwendet werden; außerdem muß jeder einzelne →Zähler von einer zuständigen Behörde geeicht oder einer staatlichen anerkannten Prüfstelle beglaubigt sein.

Da elektrische Energie hauptsächlich als Wechselstrom oder Drehstrom verteilt wird, sollen hier nur Elektrizitätszähler für diese Stromarten behandelt werden. Meist angewendet wird der Induktionsmotorzähler, auch kurz Induktionszähler genannt, der auf dem zuerst von *Ferraris* angegebenen Prinzip der Wechselwirkung zwischen einem periodisch sich ändernden magnetischen Fluß und den von ihm in einer Läuferscheibe aus Aluminium induzierten Strömen beruht. Dem so entstehenden antreibenden Drehmoment wirkt ein von einem Dauermagneten über Wirbelströme erzeugtes Drehmoment entgegen.

Das Bild zeigt den grundsätzlichen Aufbau des Meßwerks eines Induktionszählers. Auf dem Spannungstriebeisen *2* sitzt die Spannungsspule mit vielen Windungen dünnen Drahtes, die parallel zu den Verbrauchern angeschlossen wird. Die Stromspule auf dem Stromtriebeisen *3* besteht aus wenigen Windungen dicken Drahtes und liegt in Reihe zu den Verbrauchern. Mit dem Anschluß des Zählers an das Netz wird im Spannungseisen ständig ein magnetischer Wechselfluß erzeugt. Zu einem Dreh-

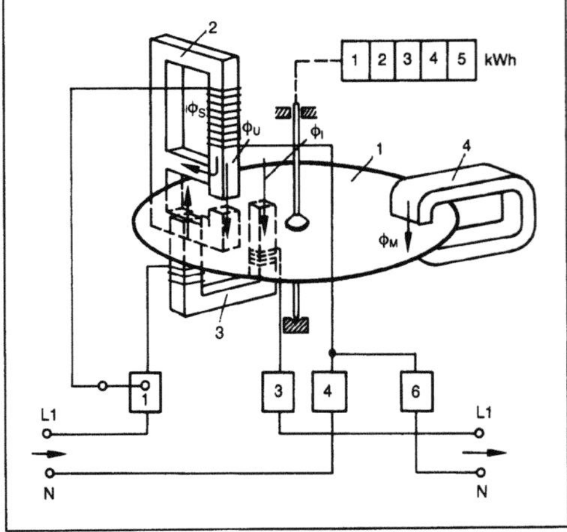

1 Läuferscheibe, 2 Spannungstriebeisen, 3 Stromtriebeisen, 4 Bremsmagnet

Arbeitsmessung: Meßwerk eines Induktionszählers.

moment kommt es aber erst, wenn auch im Stromeisen durch den Laststrom ein Wechselfluß entsteht. Die entstehende Umdrehungsgeschwindigkeit ist der Wirkleistung proportional. Vom oberen Ende der Läuferscheibe wird ein mechanisches mehrstelliges Zählwerk angetrieben, das die Anzahl der Umdrehungen aufintegriert und somit die entnommene elektrische Arbeit z. B. in kWh registriert.

Im Mehrphasen-Induktionszähler (Drehstromzähler) arbeiten mehrere Triebsysteme auf einen gemeinsamen Läufer. Mehrfachtarifzähler („Tag- und Nacht-Strom") kuppeln das →Meßwerk mit verschiedenen Zählwerken, deren mechanische Umschaltung durch eine Schaltuhr oder durch Fernsteuerung erfolgt. Weitere Induktionszählerbauarten ermöglichen das Erfassen von Blind- bzw. Scheinverbrauch, andere dienen der Mittelwert-, Maximum- oder Überverbrauch-Erfassung.

Um bei Haushalts- und Gewerbekunden differenzierte Tarife anwenden zu können, bei denen berücksichtigt wird, wie gleichmäßig und zu welcher Tageszeit und mit welcher maximalen Leistung Energie bezogen wird, gibt es elektrische Zusatzgeräte zum konventionellen Zähler.

Diese könenn alle erforderlichen Werte erfassen, speichern, verknüpfen und auswerten; sie bringen dem Abnehmer eine wesentlich bessere Transparenz seines Energieverbrauchs. Diese Geräte können aber auch Steuersignale zur Verbrauchsregelung empfangen, und sie ermöglichen eine maschinelle Ablesung vor Ort oder die Fernabfrage über die Netzleitung.

Die Messung der elektrischen Arbeit ist auch auf elektronische Weise möglich, und zwar etwa um den Faktor 10 genauer. Elektronische Wattstundenzähler haben keine beweglichen Teile und sind daher frei von mechanischen Reibungs-, Brems- und Verschleißproblemen. Der zum Messen und Integrieren der elektrischen Leistung erforderliche Aufwand läßt jedoch vorläufig nur die Herstellung elektronischer Präzisionszähler für Drehstrom wirtschaftlich erscheinen.

Für Industrie- und Gewerbekunden gibt es Zähler, die neben dem beschriebenen Ferraris-Meßwerk noch ein Mikrorechner-System enthalten, das für mehrere Tarife und mindestens 12 Monate sowohl die Verbrauchswerte als auch die maximal entnommene Leistung je Monat errechnet und abspeichert.

Auch nichtelektrische Arbeit läßt sich elektrisch bzw. elektronisch messen. Die *mechanische Arbeit* ergibt sich z. B. durch Integration der über Drehmomentmessung und →Drehzahlmessung erfaßten Leistung. Den Wärmeverbrauch *(thermische Arbeit)* in einer zentralbeheizten Wohnung kann man durch elektronische Meßgeräte messen, die den Durchfluß des Heizmittels und die Temperaturdifferenz zwischen Vorlauf und Rücklauf erfassen und nach Multiplikation integrieren (Wärmemengenmessung). *Hammerschmidt*

Literatur: *Beetz, W., A. Schrohe* u. *K. Forger:* Elektrizitätszähler und Meßwandler. Karlsruhe 1959. – Johannsen, K. (Hrsg.): AEG-Hilfsbuch 1. Grundlagen der Elektrotechnik. Berlin 1976. – *Schrüfer, E.*: Elektrische Meßtechnik. München 1992. – *Stöckl, M.* u. *K.-H. Winterling*: Elektrische Meßtechnik. Stuttgart 1978.

Arbeitspunkt. Betriebspunkt in der Kennlinienbeschreibung oder -darstellung (→Kennlinie) eines elektronischen Bauelementes, der durch Gleichströme und -spannungen (ohne äußere Signalaussteuerung) bestimmt ist. Er wird durch die Schaltungsbemessung festgelegt und bestimmt in hohem Maße das Übertragungsverhalten einer Schaltung. Technisch wird die Lage des A. nach sog. Klassen bezeichnet: A-, B-, AB-, C-, D-Klasse (→Gegentaktschaltung). *R. Paul*

Arccos-Linearisierung. Bei gesteuerten Gleichrichtern (→Stromrichter) hängt die Ausgangsgleichspannung $U_{di\alpha}$ nach einer Cosinus-Funktion vom Steuerwinkel α ab. Erwünscht ist jedoch ein linearer Zusammenhang zwischen den beiden Größen (Bild).

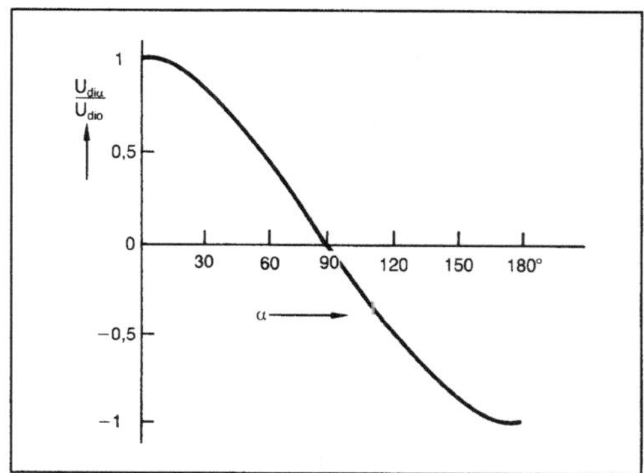

Arccos-Linearisierung: Ausgangsspannung eines gesteuerten Gleichrichters als Funktion des Steuerwinkels α (vollgesteuerte Drehstrombrücke).

Bei Steuer- und Regeleinrichtungen in digitaler Technik mit Mikroprozessoren erfolgt die Linearisierung der Kennlinie z. B. in einem Rechenblock durch Interpolation aus tabellisierten Werten. Bei Steuer- und Regeleinrichtungen in analoger Technik wird die Linearisierung der Kennlinie, z. B. durch die →Sinusvertikalsteuerung, vorgenommen. *H. Stüben*

Literatur: *Buri, H.:* Leistungshalbleiter. Eigenschaften und Anwendungen. Hrsg. v. Brown, Boveri & Cie. AG, Mannheim. Essen 1982.

Argon-Laser →Edelgas-Ionen-Laser

Array →ASIC

Arrhenius-Gleichung. Die Reaktionsrate vieler chemischer Prozesse steigt nach der von *Arrhenius* gefundenen Beziehung exponentiell mit der absoluten Temperatur T. Der Anstieg hängt ab von einer für den jeweiligen Prozeß charakteristischen Aktivierungsenergie E. Die entsprechende Gleichung wird in der Zuverlässigkeitstechnik für einige Effekte angenommen, die zum →Ausfall der Bauelemente führen. Dementsprechend wird die →Ausfallrate λ in Abhängigkeit von der Temperatur T angesetzt als

$$\lambda = B\, e^{-E/kT}$$

In dieser Gleichung ist B ein Proportionalitätsfaktor, und k ist die *Boltzmann*-Konstante $k = 1{,}38 \cdot 10^{-23}$ Ws/K.

Die Aktivierungsenergien liegen im Bereich zwischen 0,3 eV (Oxideffekte) und 1,4 eV (Ionen-Migration). Entsprechend Bild 1 unterscheiden sich zwischen 150 °C und 55 °C die Ausfallraten um den Faktor $\lambda_{150}/\lambda_{55} = 10$ bei einer Aktivierungsenergie von 0,3 eV und um den Faktor 3500 bei einer Aktivierungsenergie von 1 eV.

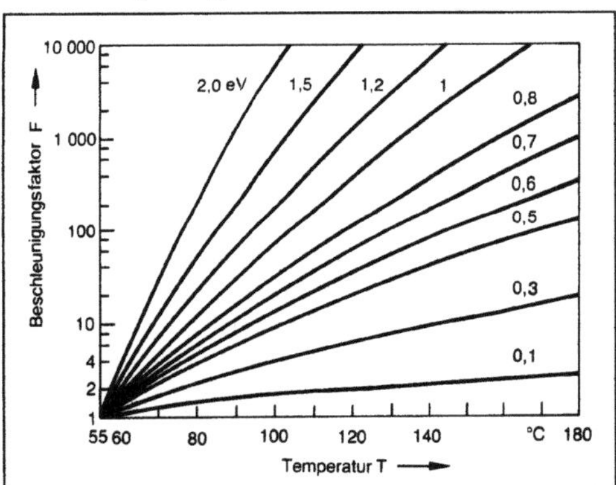

Arrhenius-Gleichung 1: Beschleunigungsfaktor F in Abhängigkeit von der Temperatur T mit der Aktivierungsenergie (eV) als Parameter.

In der Praxis treten stets mehrere Effekte auf, die einzeln zu berücksichtigen sind. Insgesamt nimmt aber die Ausfallrate mit der Temperatur zu. Dabei ist die Temperatur der Sperrschicht maßgebend (→Sperrschichttemperatur).

□ Ermittlung der Aktivierungsenergie im Experiment: Die in der obigen Gleichung stehenden Konstanten B und E sind für die einzelnen Bauelemente durch Versuche zu ermitteln. Dazu werden verschiedene Lose bei verschiedenen Temperaturen betrieben. Für jedes Los wird die mittlere →Lebensdauer $\bar{t}$ oder die Ausfallrate λ bestimmt. Werden diese Werte in Abhängigkeit von 1/T in einem Koordinatenpapier mit logarithmisch geteilter Ordinate eingetragen, so können die Meßpunkte für die mittleren Lebensdauern durch eine steigende, die für die Ausfallrate durch eine fallende Gerade ausgemittelt werden (Bild 2). Die Steigung dieser Geraden liefert den Wert für die Aktivierungsenergie E.

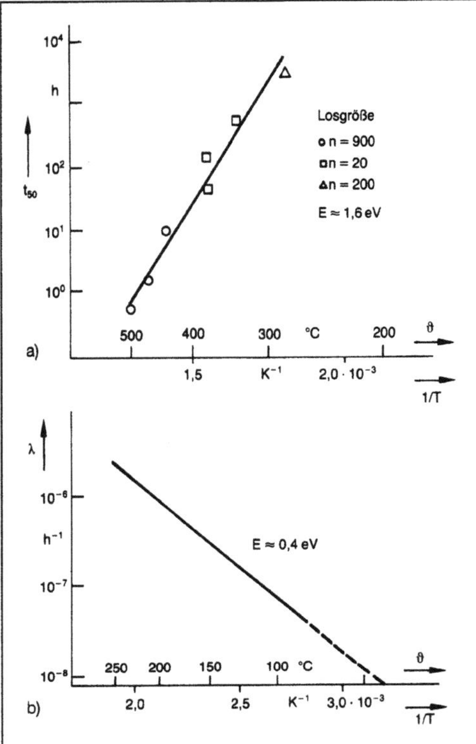

Arrhenius-Gleichung 2: Graphische Darstellung des Gesetzes von Arrhenius
a) Medianwerte der Lebensdauer von Transistoren in Abhängigkeit von der Temperatur,
$\ln \bar{t} = -\ln B + E/kt$
b) Ausfallrate bipolarer integrierter Schaltkreise in Abhängigkeit von der Temperatur,
$\ln \lambda = \ln B - E/kT.$

□ Beschleunigungsfaktor: Ist die Aktivierungsenergie E für eine Bauelementart bekannt, so läßt sich die in einem zeitraffenden Test bei erhöhter Temperatur ermittelte Ausfallrate λ_2 auf die Ausfallrate λ_1 bei niedrigerer Temperatur umrechnen. Der Beschleunigungsfaktor (*engl.* acceleration factor) oder →Raffungsfaktor

$$F = \frac{\lambda_2}{\lambda_1} = e^{-\frac{E}{k}\left(\frac{1}{T_2} - \frac{1}{T_1}\right)}$$

hängt von der Höhe und der Differenz der Temperaturen T_2 und T_1 ab. Nimmt die Temperatur von 45 °C auf 100 °C zu, so steigt die Ausfallrate der integrierten Schaltkreise (Bild 2b) um den Faktor 7, bei einer Temperaturzunahme von 100 °C auf 150 °C um den Faktor 5. *Schrüfer*

Literatur: *Birolini, A.*: Qualität und Zuverlässigkeit technischer Systeme. Berlin 1985. - *Gerling, W.*: Methodik und Aussagefähigkeit zeitraffender Zuverlässigkeitserprobung an Halbleiterbauelementen. NTG - 54. - *Schrüfer, E.*: Zuverlässigkeit von Meß- und Automatisierungseinrichtungen. München 1984. - TELEREL, Qualitätssicherungssystem für Halbleiterbauelemente AEG-TELEFUNKEN AG, Heilbronn.

Arsen. Durch die Verwendung von A. lassen sich, ähnlich wie durch die Verwendung von →Phosphor und →Antimon n-dotierte Silicium- oder Germaniumschichten herstellen. A. wird entweder beim →Kristallziehen oder während der Herstellung von Bauelementen durch →Diffusion oder →Ionenimplantation in den Halbleiter eingebracht. Seine →Löslichkeit in Silicium beträgt bei 900–1 000 °C ca. 10^{21} cm^{-3}, das Niveau im verbotenen →Band liegt 54 meV vom →Leitungsband (→Dotierung) entfernt. A. wird hauptsächlich zur Source-/Drain-, Emitter- und Subkollektordotierung (→Subkollektor) verwendet.

Darüber hinaus hat A. eine große Bedeutung als Bestandteil von →Verbindungshalbleitern der III. und V. Gruppe des Periodensystems. GaAs besteht aus A. und Gallium, bei $GaAs_{1-x}P_x$ gibt 1-x $(0 \leq x \leq 1)$ den Arsenanteil an. *Ryssel*

ASIC. (*engl.* Application Specified Integrated Circuit, Anwenderspezifische integrierte Schaltung, oft auch als kundenspezifische integrierte Schaltung bezeichnet). Integrierte →Schaltung, die - im Gegensatz zu Standardschaltungen - nach anwendungsspezifischen Merkmalen entworfen und hergestellt wird.

Ein Merkmal integrierter Schaltungen ist, daß mit steigendem →Integrationsgrad nicht nur der Aufwand für Entwurf, Herstellung und Test drastisch steigt, sondern die steigende Schaltungskomplexität durch die vom Hersteller festgelegte Schaltungsfunktion zu einer abnehmenden Anwendungsbreite führt. Schaltkreise mit derartigen Anforderungen heißen Standardschaltkreise (Bild 1). Sie werden in großer Stückzahl gefertigt und erstrecken sich vom Schaltungsumfang her über alle Integrationsgrade. Nach der Art der →Verdrahtung - und damit der Funktionsbestimmung - unterscheidet man

□ festverdrahtete mit fester Funktion

□ festverdrahtete mit softwareprogrammierbarer Funktion

□ teilverdrahtete mit Anwenderprogrammierung auf einer physikalischen Ebene (→Maske, Leitungsverbindungen). Spätestens mit dem Eintritt in den Hochintegrationsbereich gab es aus wirtschaftlichen Gründen verschiedenartigste Bemühungen über stärkeren Kundeneinfluß oder die Personalisierung durch den Anwender, die Anwendungsbreite zu vergrößern, also die Schaltungsfunktion *anwendungsspezifisch* (ASIC) festlegen zu können (Bild 2).

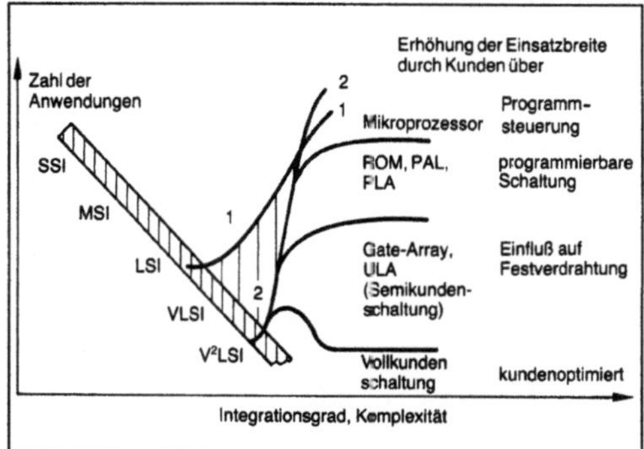

ASIC 1: Einsatzmöglichkeiten und Komplexität integrierter Schaltungen.

Einen breiten Durchbruch bei diesem Konzept brachte der →Mikroprozessor. Er wird von einem im Programmspeicher abgelegten Programm gesteuert. Hier bestimmt das Programm - ein durch den Anwender erstelltes Software-Paket - die Funktion des Systems und nicht mehr allein die Hardware. Durch „Umprogrammierung" des Programmspeichers kann das System rasch neuen Anforderungen angepaßt werden.

Einen anderen Weg der Personalisierung bot die sog. programmierbare Verdrahtung (Durchbrennen von Leiterverbindungen, Überspannung, Speichertransistoren, Anfertigung der letzten Maske in Verbindung mit dem Hersteller). In diese Kategorie fallen z. B. die →Festwertspeicher (→ROM, →PROM) und die programmierbare Logik. Aus Herstellersicht - vor allem dem Stückzahlaufkommen - handelt es sich bei dieser Schaltungsgruppe um Standardschaltungen, die laut Lieferprogramm in einer Basistechnologie verfügbar sind, aus Anwendersicht hingegen ist ihre Funktion entweder beeinflußbar oder nicht. Deshalb wird der Begriff ASIC auch nicht einheitlich verwendet:

- Man faßt ihn einerseits als Gegenstück zu den Standardschaltungen auf, versteht also darunter die Festlegung der Schaltungsfunktion durch den Anwender mittels Programmierung und/oder auf der physikalischen Entwurfsebene (z. B. Festlegung der Masken), schließt also Software- und Hardware-Maßnahmen ein.
- Man läßt andererseits nur Maßnahmen zu, die den Anwendereinfluß nur auf der Entwurfsebene (Hardware-Maßnahme) erlauben. Dann sind Mikroprozessoren, Mikrorechner, RAMs u. a. Standardschaltkreise, deren Funktion durch den Anwender für die jeweilige Anwendung festgelegt wird.

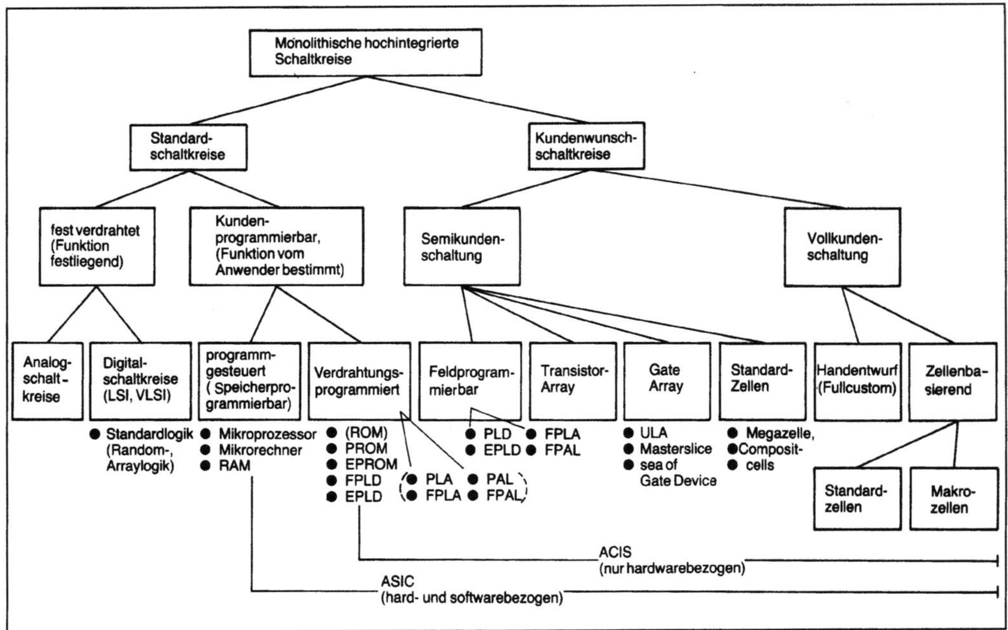

ASIC 2: Einteilung monolithischer Schaltkreise nach Anwendereinflußnahme auf die Funktion.

Eine sehr große Schaltungsgruppe innerhalb der ASIC stellen die *Kundenschaltungen* (→Kundenschaltkreis) dar.

Hauptmotiv für die Entwicklung der ASIC ist die kostengünstige Schaltkreisrealisierung sowohl durch die drastische Senkung des Entwurfsaufwandes (mit Einsatz regulärer Strukturen) als auch durch Beibehaltung hoher Stückzahlen. Die Entwicklung der ASIC wird dabei wechselseitig stark beeinflußt durch

- die Verfügbarkeit von leistungsfähigeren, kostengünstigeren CAD-Systemen und -Werkzeugen
- die steigende Komplexität der Chips
- die Unterstützung, die der Hersteller selbst für den Entwurfsvorgang bietet.

Gegenüber der Systemrealisierung mit Standardschaltungen (und →Leiterplattentechnik) bieten ASIC eine Reihe von Vorzügen:

- Verringerung von Platz, Gewicht und →Verlustleistung
- Erhöhung der Betriebsfrequenz
- Sicherheit gegen Nachbau
- drastische Reduktion der Entwicklungszeit
- kostengünstigere Lösung
- geringere Testkosten, kleinere Montagekosten.

Demgemäß wird auch der Anteil der ASIC am Gesamtaufkommen integrierter Schaltungen steigen; man rechnet etwa mit der Hälfte am Gesamtaufkommen zu Beginn der 90er Jahre.

Die Einsatzgebiete reichen von der Telekommunikation, über Rechner, Datenendgeräte, Industrieelektronik, Kfz-Elektronik, Kameraschaltungen, bis hin zur Wehrtechnik und Raumfahrt. *R. Paul*

Literatur: *Hodges, D.* and *H. Jackson:* Analysis and Design of Digital Integrated Circuits. New York 1983. – *Paul, R.:* Mikroelektronik – eine Übersicht. Berlin 1990.

Assoziativspeicher. Speicher in Rechenanlagen, der auf dem Prinzip des inhaltsorientierten Zugriffs (=Assoziation) beruht. Anstelle der Angabe einer expliziten Adresse wird der A. implizit über einen Teil der abgespeicherten Information adressiert (Assoziativrechner).

Der A. umfaßt ein Vergleichsregister, in dem die zu suchende Information abgelegt ist. Eine Relevanzmaske markiert alle diejenigen Bitstellen der im A. abgelegten Worte, die mit dem Inhalt des Vergleichsregisters verglichen werden sollen. Ein Maskenregister markiert diejenigen Worte des A., die beim Vergleich nicht berücksichtigt werden sollen. Das Resultatsregister enthält nach dem Vorgang der Assoziation an allen denjenigen Bitstellen eine 1, die Worten entsprechen, die im relevanten Suchbereich mit den Suchinformationen übereinstimmen. Je nach Typ des A. erfolgt der Zugriff bitseriell aber wortparallel oder bit- und wortparallel. Wegen des wortparallelen Zugriffs auf gespeicherte Informationen sind Daten im A. nicht sortiert abgelegt, das Ergebnis des Zugriffs ist mehrdeutig (mehrere Treffer).

A. werden oft in virtuellen Speichersystemen für die Adreßumsetzung verwendet. Assoziativrechner mit A. sind wegen des hohen Aufwands für den Aufbau des Speichers relativ selten, hochintegrierte Speicherbausteine mit ähnlicher Integrationsdichte wie bei Direktzugriffsspeichern sind wegen der orthogonalen Zugriffsstruktur nicht kostengünstig realisierbar. *Bode*

Astigmatismus. Der A. gehört zu den →Abbildungsfehlern in der Elektronenoptik. Er liegt vor, wenn durch die →Ablenkung ein kreisförmiger Strahlquerschnitt zu einer Elipse verzerrt wird. Astigmatisch heißt auch *nicht punktförmig*.

Bei Fehlen des A. (keine elliptische Verzerrung) spricht man auch von *Anastigmatismus*.

Der A. ist proportional zum Quadrat des Ablenkwinkels und zum Durchmesser des Strahlenbündels im Ablenkfeld.

Angenommen, ein Strahlenbündel mit kreisförmigem Querschnitt sammelt sich ohne Ablenkung in einem Brennpunkt, dann wird, wenn die Strahlen abgelenkt werden, die Symmetrie gestört. Die Strahlen sammeln sich (konvergieren) dann nicht in einem Punkt, sondern in zwei Brennlinien, einer zur Ablenkrichtung senkrechten und einer zweiten, hinter der ersten liegenden parallel zur Ablenkrichtung. Wendet man diese Fakten auf eine moderne →In-Line-Röhre an, bei der die drei Elektronenstrahlsysteme in einer horizontalen Ebene liegen, gibt es folgende Vereinfachung: Bei Horizontalablenkung schrumpft die vertikale Brennlinie zu einem Punkt. (→Selbstkonvergenz).

Der *isotrope* A. liegt vor, wenn nur das Vertikal- oder das Horizontal-Ablenkfeld wirkt, also auf den Hauptachsen des Bildschirmes.

Wenn beide Ablenkfelder wirken, d. h. auf den Bildschirmdiagonalen spricht man von *anisotropem* A.

Es ist nun darauf zu achten, durch Formgebung der Horizontal- und Vertikal-Ablenkfelder, daß die Punkte der Brennlinie für jeden Ablenkwinkel immer in der Masken- bzw. Bildschirmebene liegen. Ablenkfelder, die das bewirken, nennt man parastigmatisch. *Keitel/Nerstheimer*

Literatur: Bildröhren und Ablenkmittel 1966. Hrsg. SEL, Eßlingen. – Die Fernseh-Bildröhre. Hrsg. Telefunken, Ulm. – Elektronik-Taschenbuch Band II. Bonn. – Farbfernsehtechnik I. Hrsg. Telefunken, München. – Farbfernsehtechnik II. Hrsg. Telefunken, Berlin. – *Fink, D. G.:* Television Engineering. New York. – Principles of Color Television. Hrsg. Hazeltine Laboratories Staff, New York. – *Wentworth, John W.:* Color Television Engineering. New York.

Astigmatismus-Faktor. Gain-geführte →Halbleiterlaser haben in der Schichtenebene einen ortsabhängigen komplexen Brechungsindex, so daß die austretenden Wellenfronten gekrümmt sind (→Astigmatismus). Als Maß für die Krümmung bzw. die Gain-Führung dient der Astigmatismus-Faktor K (*Petermann*'s K-Faktor)

$$K = \frac{(\int [F(x)]^2\,dx)^2}{[\int F(x)^2\,dx]^2}$$

(F(x) komplexe optische Feldamplitude parallel zur Schicht). Für index-geführte →Laser ist $F(x) = F(x)^*$, d. h. $K = 1$. Für gain-geführte Laser wird K deutlich größer als 1; typische Werte liegen im Bereich von $K = 10$ bis $K = 25$.

Der Astigmatismus hat Einfluß auf die →Abstrahlcharakteristik, das Spektrum und das Modulationsverhalten des Lasers. Mit zunehmendem K-Faktor erfolgt die Abstrahlung in der Schichtebene nicht mehr in Richtung der Spiegelnormalen, sondern seitlich dazu, so daß im →Fernfeld sog. „Ohren" entstehen. Gleichzeitig wird die Kopplung zwischen spontaner Emission und Lasermoden erhöht, was sich im Spektrum in einer Linienverbreiterung und im dynamischen Verhalten in einer Unterdrückung der Relaxationsschwingungen (→Halbleiterlaser-Modulationsverhalten) widergespiegelt.

Experimentell läßt sich der K-Faktor aus der Intensitätsverteilung von Nahfeld IN(x) und Fernfeld IF(Θ) (Θ Abstrahlwinkel) ermitteln

$$K = \frac{2}{\lambda}\,\frac{\int IN(x)\,dx \cdot \int IF(\Theta)\,d\Theta}{IN(x=0) \cdot IF(\Theta=0)}.$$

Rosenzweig

Atomkraftmikroskop. (*engl.* Atomic force microscope, AFM). Spitzenabtastverfahren zur hochauflösenden Oberflächenabbildung mittels mechanischer Kraftwirkung. Als Bildsignal dient die Kraft auf eine extrem feine Mikrospitze, die wie beim →Rastertunnelmikroskop mit piezomechanischen Mitteln zeilenweise über die Objektoberfläche bewegt wird. Die Spitze ist an einer mikroskopisch kleinen und dünnen, mit mikrolithographischen Mitteln gefertigten Blattfeder (Federkonstante ≈ 1 N/m) befestigt, deren Auslenkung mit einem Wegsensor gemessen und dem Bildmonitor zugeführt wird. Die äußerst geringen Kräfte im nN-Bereich erfordern Wegmessungen im Sub-nm-Bereich, für die sich sowohl die Ablenkung eines an der verspiegelten Feder reflektierten Laserstrahls als auch die optische Interferometrie bewährt haben. Einige kommerzielle Geräte stehen zur Verfügung.

Das AFM arbeitet wie das Rastertunnelmikroskop im Vakuum, in Gasen und in Flüssigkeiten. Es besitzt jedoch den weiteren Vorzug, daß es auch isolierende Objekte der Untersuchung zugänglich macht. Bei Annäherung der Spitze an das Objekt läßt sich eine *Kraftkennlinie* aufzeichnen, die zunächst durch Anziehung, sodann aber durch Abstoßung bestimmt ist und beim Entfernen der

Spitze eine Hysterese aufweist. Durch einen Regelkreis kann anstelle der Kraft auch die für konstante Kraft erforderliche Objektverstellung als Bildsignal benutzt werden. Die Ursachen für die geringen Kräfte (z. B. Bindungskräfte, van-der-Waals-Kräfte, Kapillarkräfte bei Beteiligung einer Flüssigkeitshaut, aber auch elektrische Potentiale sind oft schwer voneinander zu trennen. Mit ferromagnetischen Abtastspitzen lassen sich auch magnetische Felder mit hoher Ortsauflösung erfassen.

Herrmann

Literatur: *Binnig, G.; C. F. Quate* and *Ch. Gerber:* Phys. Rev. Lett. 56 (1986) pp. 930. – *Sarid, D.* and *V. Elings:* J. Vac. Sci. Technol. B9(2) (1991) pp. 431.

Ätzen. Durch Ä. werden Halbleiterscheiben gereinigt (→Reinigen), strukturiert oder Defekte sichtbar gemacht. Zur Strukturierung durch Ä. wird eine Maskierungsschicht benötigt, die beständig gegenüber dem Ätzmedium ist. Zur →Maskierung wird meist →Photolack verwendet. Bei der Verwendung einiger Ätzmedien ist Photolack nicht ausreichend beständig. In solchen Fällen werden SiO_2, Si_3N_4 oder Metallschichten als Ätzmaske verwendet. Die Strukturierung der Maske erfolgt durch →Lithographie und Ä.

Bei der Strukturierung einer SiO_2-Schicht und einer Si_3N_4-SiO_2-Schicht auf Silicium durch Ätzprozesse (Bild a, b, c, d) wird auf der zu ätzenden SiO_2-Schicht ein Photolack aufgebracht, durch Lithographie strukturiert, die SiO_2-Schicht geätzt und der Photolack wieder entfernt. Im zweiten Beispiel (Bild a′, b′, c′, d′) ist auf der zu ätzenden Si_3N_4-Schicht eine SiO_2-Schicht aufgebracht, da der Photolack gegen das Ätzmittel für Si_3N_4 nicht beständig ist. Nach der Strukturierung des SiO_2 wie oben beschrieben, wird der Photolack entfernt, das Si_3N_4 mit dem SiO_2 als Maske geätzt und anschließend die darunterliegende SiO_2-Schicht ebenfalls geätzt. Dabei wird gleichzeitig die auf dem Si_3N_4 befindliche SiO_2-Hilfsschicht abgeätzt.

Früher wurden zur Strukturierung ausschließlich Flüssigkeiten (→Naßätzen), die vorwiegend aus unterschiedlichen Säuregemischen bestehen, verwendet. Bei hochkomplexen Strukturen geht man mehr und mehr zu →Trockenätzen über. Der Vorteil der letzteren Methode ist die bessere Anisotropie der Ätzung, nachteilig ist die geringere Selektivität. Zum Sichtbarmachen von Defekten wird ausschließlich Naßätzen verwendet. *Ryssel*

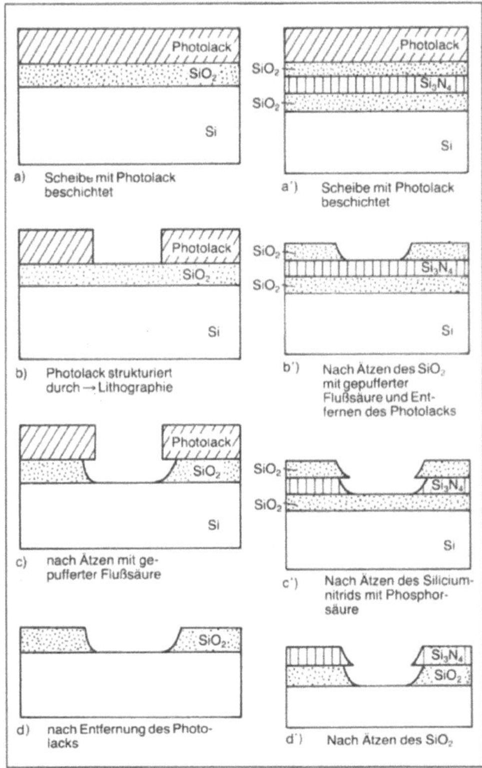

Ätzen: Schematische Darstellung von Ätzprozessen zur Strukturierung einer SiO_2-Schicht und einer Si_3N_4-SiO_2-Schicht auf Silicium.

Ätztechnik, anisotrope, selektive. Bei anisotrop und selektiv wirkenden Ätzlösungen hängt das Ätzverhalten eines einkristallen Materials von der Kristallrichtung (Anisotropie) und von der →Dotierung (→Selektivität) stark ab. Bekannteste Kristalle mit diesen Eigenschaften sind →Quarz, →Silicium, →Germanium und verschiedene →Verbindungshalbleiter.

Der Haupteffekt der Anisotropie im Silicium, der zur →Mikrostrukturierung von Bauelementen genutzt wird, ist die im Verhältnis zu anderen Kristallrichtungen sehr geringe Ätzrate der (111) Kristallwände. Mit Hilfe der Selektivität ist es möglich, durch eine ausreichend hohe Bordotierung des Siliciums die Ätzrate um drei Größenordnungen zu reduzieren und damit eine „ätzstoppende" Wirkung zu erzielen. Die beiden Effekte erlauben die sehr genaue und kontrollierbare laterale und vertikale Strukturierung von Siliciumscheiben. Schlüsselrolle spielt bei der a. s. Ä. der Austausch elektrischer Ladungen zwischen dem Kristall und der Ätzlösung. Dieser Ladungsaustausch läßt sich auch neben der Dotierung mit extern angelegten elektrischen Spannungen und mit Lichtstrahlung beeinflussen. Für Silicium sind alle bekannten Ätzlösungen basisch mit einem pH Wert oberhalb 12. Zu den meist verbreiteten Ätzlösungen in Silicium zählen Gemische aus Ethylendiamin, Brenzkatechin und Wasser sowie wässrige Lösungen von NH_4OH, KOH oder anderen Alkalilaugen.

Mit Hilfe der a. s. Ä. können zwei- und dreidimensionale Grundstrukturen für die Realisierung von →Sensoren und →Aktoren kontrollierbar und reproduzierbar hergestellt werden. *Csepregi*

Literatur: *Seidel, H.* and *R. Voss:* Anisotropic Silicon Etching Techniques, in Micro System Technologies 91, Ed. Reichl H. Berlin–Heidelberg–New York. – *Seidel, H.* et al.: J. Electrochem. Soc. Vol. 137 (1990) p. 3612.

Aufbau- und Verbindungstechnik. Elektronische Systeme dienen der Erzeugung, der Übertragung und der Verarbeitung elektrischer Signale. Schaltkreise sind Teile elektrischer Systeme, in denen an bestimmten Stellen eine definierte Signalbearbeitung erfolgt. Dazu werden elektronische Funktionsträger benötigt. Ein Schaltplan gibt darüber Auskunft, welche elektrischen Funktionen in welcher Art des Zusammenwirkens gebraucht werden. Der →Schaltkreis selbst besteht aus den Funktionsträgern oder →Funktionselementen, denen diese Funktionen eindeutig zugeordnet werden. Die Träger dieser elektronischen Funktionen können entweder getrennt vom geplanten Schaltkreis als einzelne Bauelemente aufgebaut werden, oder entstehen erst beim Zusammenbau des Schaltkreises. Der Zusammenbau des Schaltkreises besteht darin, daß elektrische Verbindungen hergestellt werden zwischen den einzelnen Anschlußpunkten der elektronischen Funktionsträger.

Elektrische Verbindungen sind elektrisch leitende Teile des Schaltkreises, die in eine elektrisch isolierende Umgebung eingebettet sind. Sie dienen dem Potentialausgleich durch Ladungstransport. Die Verbindungen werden entweder als Striche in den Schaltplan (→Stromlaufplan) eingetragen oder der Übersichtlichkeit halber mit Ziffern, Buchstaben oder Symbolen bezeichnet. Der Schaltplan sagt noch nichts über die topografische Lage der Bauelemente aus, an welcher Stelle also die Bauelemente beispielsweise in einer Ebene angeordnet werden. Diese Aufgabe wird nach dem →Schaltungsentwurf durch ein Anordnungsschema der Bauelemente gelöst, mit grafischen Mitteln ausgearbeitet und stufenweise verbessert. Das Ergebnis besteht im →Layout, der maßstäblichen Darstellung von Schaltkreisen mit elektronischen Funktionsträgern und Verbindungen in einer Schaltkreisebene.

Die Aufbautechnik der Mikroelektronik umfaßt die Schaltungsebenen der diskreten und integrierten Bauelemente, der →Hybridintegration und der →Leiterplattentechnik. Zur Aufnahme hochintegrierter Bauelemente werden →Zwischenträger eingeschaltet, über die im Rahmen der →Miniaturisierung die elektrischen Verbindungen zwischen Anschlüssen unterschiedlicher Abmessungen hergestellt werden (Tabelle).

Mikrosysteme enthalten Sensoren zur Umsetzung nichtelektrischer physikalischer und chemischer Signale in elektrische Kenngrößen und Aktuatoren zur Umsetzung elektrischer Signale in meist mechanische Kenngrößen. Einfache Sensoren und Aktuatoren werden in mikroelektrischen Schaltkreisen

Aufbau- und Verbindungstechnik. Tabelle: Elektrische Verbindungsführung von den elektronischen Funktionsträgern durch die Schaltungsebenen

Schaltkreisebene	elektronische Funktionen	Spezifische Verbindungsarten		
		elektrisch	mechanisch	thermisch
diskrete und integrierte Bauelemente	diskrete R, C diskrete Tr integrierte MOS, CMOS Bipolarschaltkreise	Rx, L τ L		κ
Übergeordnete Schaltkreisebene	analoge passive R, C digitale aktive Netzwerke analoge Netzwerke		 hohe Stabilität	κ
Leiterplatte	analoge Gebrauchselektronik Nachrichtentechnik Rechner-Elektronik	 L, τ L, τ	Haltbarkeit hohe Betriebssicherheit	beständig gegen T-Wechsel

Rx = niedriger ohmscher Widerstand; L = definierter komplexer Widerstand; C = Kapazität; τ = kurze Schaltzeit; Tr = Transistorfunktion; κ = gute Wärmeleitung.

wie diskrete Bauelemente behandelt. Enthalten zum Beispiel sog. intelligente Mikrosensoren neben der Analog/Digitalwandlung elektrischer Signale auch die Signalverarbeitung zu feldbusfähigen Signalfolgen, so werden diese Sensoren schaltungstechnisch wie integrierte Bauelemente behandelt.

Die A. u. V. umfaßt die Konstruktion von Bauelementen und Schaltkreisen bis hin zu ganzen Systemen. So besteht ein Bauelement oder Schaltkreis aus dem →Funktionselement, dem Träger, der →Umhüllung und den notwendigen elektrischen, thermischen und mechanischen Verbindungen.

Größere elektronische Systeme werden aus mehreren gedruckten Leiterplatten zusammengeschaltet. Diese stecken in Rahmen und werden mit weichgelöteten Flachbändern oder Steckerleisten verbunden. Klemmen, Polschuhe, Stifte und Buchsen dienen als klassische, aus der →Feinwerktechnik übernommene Verbindungselemente überwiegend der Übertragung höherer Ströme und Spannungen in der Leistungs- und High-Fidelity-Elektronik. In Versuchsschaltungen und Spezialaufbauten werden Sonderformen wie Klammern (Thermi-Point), Drahtwickelverbindungen (→Wire-wrap-Verbindung), Drahtschnapp- und Drahtschweißverbindungen eingesetzt.

Elektrische Verbindungen, die gänzlich in einer →Schaltungsebene liegen, werden als innere Verbindungen bezeichnet. Sie treten als Dünnschichten oder Dickfilme in der Ebene der diskreten oder integrierten Bauelemente, in der Ebene der übergeordneten Hybridschaltkreise, der Leiterplatten, der Steckplatten und der Baugruppenträger auf. Entsprechend gelten Verbindungen zwischen verschiedenen Ebenen als äußere Verbindungen, hergestellt durch →Mikrofügeverfahren. Orte, an denen sich innere und äußere Verbindungen treffen, heißen Stützstellen. Mehrere Verbindungen aus einer Ebene, auch aus der nächsten untergeordneten Schaltkreisebene, treffen in Knoten zusammen.

In Bauelementen einfacher Bauart gehen die äußeren Anschlüsse direkt zu den elektrischen Funktionsträgern über, so z. B. bei Widerständen von Anschlußdraht über die Anschlußelektrode zur Widerstandsschicht oder bei Kondensatoren von den Anschlußdrähten zu den Elektroden am Dielektrikum. An Bauelementen, die im Vergleich zu ihrer elektronischen Umgebung geringe Abmessungen aufweisen, und in Hybridschaltkreisen (Hybridintegration) durchlaufen die Verbindungen verschiedene Schaltkreisebenen. Der Pfad führt meist von Stützstellen (Pins oder Beinchen, Fahnen) über Lötverbindungen (→Weichlöttechnik) zu schichtförmigen Leiterbahnen, von diesen über Mikrolötverbindungen (→Mikrolöttechnik) direkt – der über Mikroschweißverbindungen (→Mikroschweißen) mittels Drahthalbzeug indirekt – zu den Chip-Bauelementen (Bild 1).

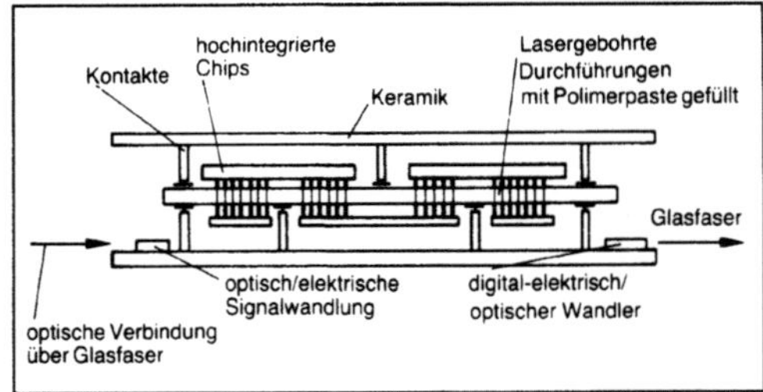

Aufbau- und Verbindungstechnik 1: Schaltungsaufbau für hohe Übertragungsgeschwindigkeiten. (Quelle: C. A. Neugebauer)

Für Schaltkreise der →Analogtechnik, der niederfrequenten Nachrichtentechnik und digitalen →Meßtechnik genügt es, beim Zusammenbau auf die topologische Zuordnung von Verbindungen, hauptsächlich an Stützstellen und Kontakten, zu achten. Die Leitung des elektrischen Stromes und die Potentialübertragung können auch über Umwege erfolgen. Damit lassen sich Bauelemente und übergeordnete Schaltkreise platzsparend und übersichtlich (elektrische Prüfung) in einer Ebene anordnen. Schaltkreise mit erhöhten technischen Anforderungen benötigen eine besondere geometrische Anordnung der Verbindungen: die Güte von passiven Hochfrequenzkomponenten, die Pulsdämpfung in schnellen Digitalschaltkreisen und die Wärmeableitung aus Schaltkreisteilen mit Energiedissipation. (Beispiel →Mikrowellentechnik). Kriterien sind dort die Geradheit von Leiterbahnen (Striplines) und deren gegenseitiger Abstand, die Oberflächenrauhigkeit (Hochfrequenz-Dämpfung infolge des Skineffektes) sowie die geometrische Maßhaltigkeit (Resonanzfrequenz und Eigendämpfung).

Bauelemente besitzen eine Masse, die bei der Montage von Schaltkreisen berücksichtigt werden muß. Entweder spielt das Gewicht des Bauelementes eine Rolle oder die träge Masse dann, wenn eine schwingende oder stoßartige Beanspruchung der Schaltkreise erwartet wird (Beispiel: Fahrzeugelektronik).

Des weiteren wird in den Bauelementen und in hybridintegrierten Schaltkreisen Wärme entwickelt: Joulesche Wärme in ohmschen Widerständen und Halbleitern, Wärme aus dielektrischen und aus Wirbelstromverlusten in Kondensatoren und Induktivitäten. Die entwickelte Wärme muß abgeführt werden. Je höher das Verhältnis zwischen der Leistungsdichte (gemessen als spezifische →Verlustleistung) und dem →Wärmewiderstand (gemessen als Temperaturdifferenz zwischen Bauelement und Umgebung geteilt durch die erzeugte Verlustleistung) wird, um so weniger reicht die Wärmeabfuhr durch die Umhüllungen in die umströmende Luft, in Leiterplatten und in Gehäuse aus.

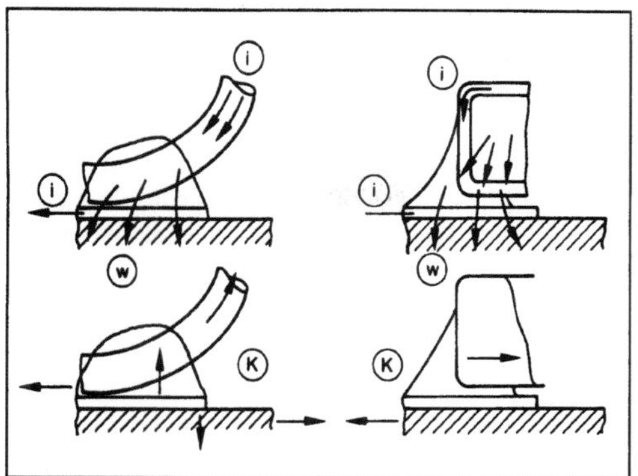

Aufbau- und Verbindungstechnik 2: Flüsse und Kräfte in Anschlüssen von Bauelementen: i – elektrischer Strom, W – Wärme (ohne Konvektion), K – mechanische Kraft.

Neben den elektrischen Verbindungen sind in Schaltkreisen also immer mechanische und häufig auch thermische Verbindungen erforderlich. Enthalten die Schaltkreise Bauelemente mit optischer, magnetischer oder chemischer Wechselwirkung, so sind jeweils Verbindungen mit den geforderten Eigenschaften herzustellen. Schaltkreise mit Signalfrequenzen im GHz-Bereich erfordern optische Signalleitungen zur Überbrückung von Abständen mehrerer cm. Elektrische Signalleitungen werden in diesen Schaltungen auf kurze Abstände eingeschränkt.

Die erforderlichen Verbindungsarten werden soweit wie möglich kombiniert: Elektrische Verbindungen dienen fast immer auch der mechanischen Halterung der Bauelemente und übergeordneter Schaltkreise. Die mechanischen Befestigungen werden gleich als elektrische Verbindungen verwendet. Bei steigendem →Integrationsgrad lassen sich die Grenzen der Bauelemente weniger genau festlegen. Äußere Verbindungen gehen ganz oder teilweise in innere Verbindungen über. Diese werden innerhalb des Herstellungsprozesses für die elektrischen Funktionsträger erzeugt. Beispiele sind passive Funktionsträger und die in Hybridschaltkreisen integrierten Leiterbahnen. Oder die Verbindungen werden unter Verwendung zusätzlicher Hilfsmittel innerhalb einer Schaltkreisebene hergestellt: Metallbeschichtungen, Fähnchen, Brücken aus Draht.

In der elektronischen Aufbautechnik werden im Rahmen der weitgehend automatisierten Herstellungsverfahren die schaltungstechnisch erforderlichen Verbindungen als strukturierte Beschichtung in eine Schaltungsebene gelegt, die Zahl der zusätzlich anzubringenden Fügeverbindungen wird so gering wie möglich gehalten. Für die Fehlersuche und Reparatur defekter Systeme ist daher das Lösen ganzer Gruppen z. B. von Weichlötverbindungen erforderlich, damit integrierte oder Hybridschaltkreise ausgetauscht werden können. *Hieber*

Aufdampfen. Die Herstellung von Metallkontakten auf Halbleiterbauelementen erfolgte klassisch durch A. Heutzutage werden in zunehmendem Maße →Sputtern und CVD (→Schichtabscheidung) verwendet. Seltener werden in der Mikroelektronik auch dielektrische Schichten aufgedampft. Beim A. muß in einer Vakuumapparatur ein ausreichend hoher Dampfdruck des aufzubringenden Metalls erzeugt werden. Dies geschieht durch Beheizung des Metalls. Man unterscheidet die direkte, indirekte und Metalloberflächenbeheizung.

Bei der direkten Beheizung wird mit einem widerstandsgeheizten Verdampfer gearbeitet, der aus einem hochschmelzenden Metall (Wolfram oder Molybdän) besteht. Je nach Form des Verdampfers spricht man von Draht-, Band- oder Stab-(Block-)heizer.

Beim Drahtheizer wird aus dem Heizdraht ein Körbchen gebildet, in das das Metall gelegt werden kann, oder man hängt U-förmigen Metalldraht einfach in einen als Wendel geformten Heizdraht. Der Nachteil dieses Verfahrens ist, daß nur kleine Mengen Metall ohne Nachladen verdampft werden können. Außerdem muß das flüssige Metall den Heizdraht benetzen.

Beim Bandheizer wird aus dem Widerstandsmaterial ein Schiffchen gebildet, das mit dem Metall gefüllt werden kann. Hierbei können größere Mengen Metall ohne Nachfüllen verdampft werden. Beschränkungen bestehen durch Blasenbildung beim Aufheizen. Teilweise Abdeckung des Schiffchens (Prallbleche) vermindert das Spritzen des Metalls.

Bei Stab- oder Blockheizern handelt es sich um massive Stäbe aus dem Widerstandsmaterial (hier meist Bornitrid, Titandiborid oder Graphit), die zur Verdampfung von Substanzen mit niedrigem Dampfdruck geeignet sind. Diese Methoden sind einfach realisierbar und kostengünstig, darüber hinaus entsteht keine ionisierende Strahlung. Dagegen besteht die Gefahr von Verunreinigungen durch das Heizsystem, die erreichbaren Schichtdicken sind relativ gering. Die Lebensdauer der Verdampfer ist sehr begrenzt, auch ergeben sich Schwierigkeiten bei der Abscheidung von Legierungen.

Bei der indirekten Beheizung wird das Metall in Tiegel (meist aus Al_2O_3 oder BN) gefüllt, die dann von außen widerstands- oder induktiv beheizt werden.

Die indirekte Beheizung der Metalloberfläche erfolgt technisch üblich durch Beschuß mit Elektronen aus sog. 180°- oder 270°-Kanonen (Bild 1), d. h. die elektronenemittierende Glühkathode sitzt neben (180°-Kanone) oder unter (270°-Kanone) dem wassergekühlten (Kupfer-)Tiegel, der das Metall enthält. Der →Elektronenstrahl wird magnetisch auf eine Kreisbahn gezwungen und auf die Metalloberfläche gelenkt, wobei der Strom in der Größenordnung von 1 A, die Beschleunigungsspannung bei ca. 10 kV liegt. Hierbei wird nur ein Teil des Metalls aufgeschmolzen und verdampft, während der Rest und vor allem das Tiegelmaterial nicht aufgeschmolzen werden. Durch die räumliche Trennung von Glühkathode und Metalloberfläche werden Querkontaminationen der Substrate mit Glühkathodenmaterial und der Glühkathode mit abdampfendem Metall vermieden. Mit dieser Methode können hochreine Metallschichten erzeugt werden, allerdings sind die thermische Belastung und die Schädigung der Substrate durch Röntgenstrahlen, die beim Abbremsen der beschleunigten Elektronen entstehen, höher als bei den Verfahren mit direkter und indirekter Beheizung. Außerdem ist der anlagentechnische Aufwand wesentlich größer. Durch Verwendung großflächiger Quellen wird die Abscheidung relativ dicker Schichten möglich. Diese Methode bietet den Vorteil, daß bei Benutzung verschiedener Quellen die Abscheidung mehrerer unterschiedlicher Schichten ohne zwischenzeitliches Belüften der Vakuumanlage sowie die Legierungsbildung realisierbar sind. Der hohe Energieinhalt ermöglicht Abscheideraten bis zu ca. 0,5 μm/min.

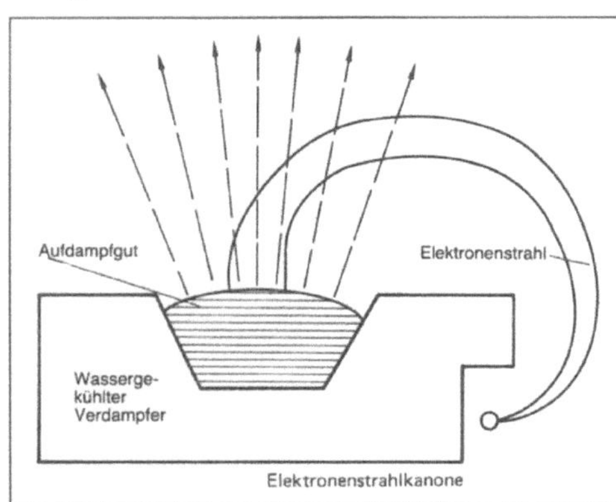

Aufdampfen 1: Elektronenstrahlverdampfung (schematisch).

Für den Transport des Metalldampfes zu den Substraten muß beachtet werden, daß die mittlere freie Weglänge wesentlich größer als die Dimensionen des Rezipienten sein muß. Außerdem muß der Restgaseinbau in die Metallschicht sehr gering gehalten werden. Man arbeitet deshalb im Hochvakuum (10^{-5}–10^{-7} mbar). Das verdampfte Metall kondensiert auf den Halbleiterscheiben und natürlich auch an den Wänden des Vakuumrezipienten. Für eine homogene Abscheidung des Metalls auf den Substraten sind das Verhältnis von Abdampfoberfläche und Substratfläche und die Stellung der Substrate zur Quelle verantwortlich. Die Abdampfcharakteristik entspricht einem cosφ-Gesetz, d. h. der Dampfstrom ist in der Normalen zur Tiegeloberfläche am größten und nimmt mit dem Winkel φ zur Normalen proportional cosφ ab. Die Substrate werden in Kalotten befestigt, die planetenartig oberhalb der Quelle bewegt werden (Bild 2).

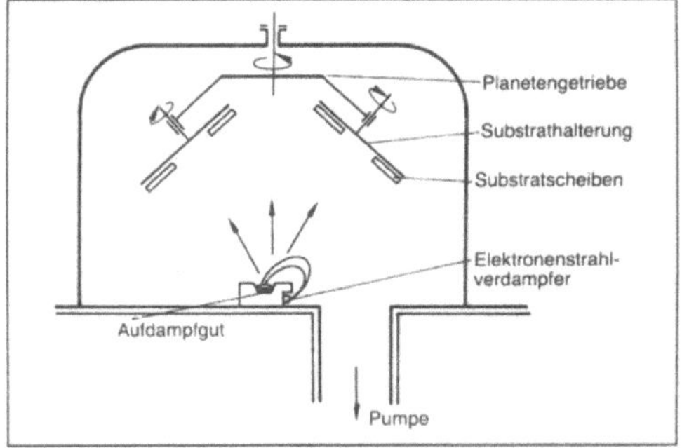

Aufdampfen 2: Aufdampfanlage mit Planetengetriebe für die Substrathalterung.

Für eine bessere Kantenbedeckung werden die Substrate häufig mit Quarz- oder Keramikstrahlern auf 200–300 °C aufgeheizt. Die aufgedampften Schichten sind amorph oder polykristallin (Ausnahme: →Molekularstrahlepitaxie). Zur Prozeßkontrolle wird meist an einer repräsentativen Stelle im Rezipienten ein →Schwingquarz angebracht, der mit metallisiert wird. Die Änderung der Schwingfrequenz gibt dann Aufschluß über die Dicke der bereits abgeschiedenen Metallschicht. Übliche Schichtdicken liegen zwischen 0,5 bis 1 μm für Leiterbahnen und Kontakte und weniger als 10 nm für lichtempfindliche →Schottky-Photodioden.

Ryssel

Aufdampftechnik →Dünne Schichten

Auflösungsvermögen. Als A. eines optisch abbildenden Systems (z. B. Mikroskop, Fernrohr u. a.) bezeichnet man den Abstand zweier punktförmiger Objekte, den diese mindestens haben müssen, um im Bild sicher als getrennte Bildpunkte erkannt zu werden. Da jedem Objektpunkt ein Beugungsscheibchen entspricht, dessen erster dunkler Ring im Abstand $1{,}22\,\frac{\lambda}{r}$ entsteht, (r = Radius der Objektivöffnung, λ = Lichtwellenlänge) müssen die Objektpunkte mindestens den Winkelabstand $0{,}61 \cdot \frac{\lambda}{r}$ besitzen. →Abbildungsfehler setzen das A. in fast allen Fällen herab. Beim Mikroskop unterscheidet man das laterale A. ΔX für seitlich ausgedehnte Strukturen $\Delta X = \frac{\lambda}{2A}$ (A = numerische Apparatur,

λ = Lichtwellenlänge) und das Tiefenauflösungsvermögen ΔZ, das sich auf in die Tiefe ausgedehnte Strukturen bezieht, $\Delta Z = \frac{\lambda}{2A^2}$. Das A. wird also für kleine Wellenlängen und größere Aperturen besser. Beim Fernrohr ist das Auflösungsvermögen $d = 1{,}22 \cdot \frac{\lambda \cdot f}{D}$ (f = Brennweite und D = Durchmesser des Objektives).

Bei Spektrometern versteht man unter A. den Quotienten $E/\Delta E$, wobei ΔE den Energieabstand zweier gerade noch trennbarer Spektrallinien und E das arithmetische Mittel der beiden Spektrallinienenergien darstellt. Bei optischen Spektrometern gilt überdies $E/\Delta E = \nu/\Delta\nu = \lambda/\Delta\lambda$, wobei ν die Frequenz und λ die Wellenlänge der Strahlung darstellt.

→Fernsehsystem *Helbig*

Aufnahmeröhre. In Farbfernsehkameras wurden bis vor wenigen Jahren zur Bildsignalerzeugung ausschließlich A. verwendet. Zur Zeit erfolgt eine Ablösung der A. durch →Festkörper-Flächensensoren erfolgen.

A. wurden in großer Vielfalt entwickelt. Als für die Farbfernsehtechnik geeignet haben sich jedoch nur wenige Ausführungen erwiesen, deren Eigenschaften die hohen Anforderungen erfüllen. Die heute eingesetzten A. entsprechen der Vidicon-Gattung, besitzen jedoch einen Sperrschicht-Photoleiter geringer zeitlicher Trägheit als optisch-elektrische Wandlerschicht (Bild). Die Wandlerschicht ist auf einer transparenten leitenden Kontaktschicht aufgebracht, die eine Verbindung nach außen hat. In engem Abstand dazu ist ein Feldnetz angeordnet, das die →Landung des Elektronenstrahls kontrolliert und einen wesentlichen Beitrag zum →Auflösungsvermögen des Aufnahmerohrs leistet. Der →Elektronenstrahl wird von einem Strahlerzeugungssystem mit sehr kleiner Strahlapertur von einigen 10 µm abgegeben und im Laufraum bei magnetischer →Fokussierung durch ein axiales Magnetfeld mit Hilfe einer Wandelektrode auf die Rückseite der Wandlerschicht – das Target – fokussiert. Zur Strahlablenkung werden gekreuzte

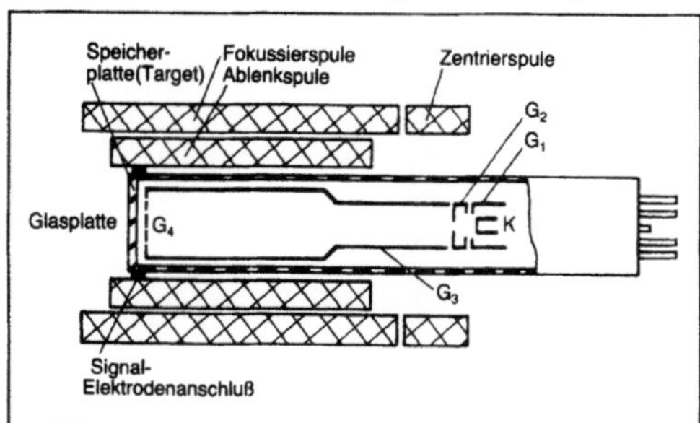

Aufnahmeröhre: Schematischer Aufbau einer A. vom Vidicontyp.

magnetische bzw. elektrische Felder verwendet, die im ersten Fall durch gekreuzte Sattelspulenpaare, im letzteren Fall von auf der Röhreninnenwand aufgebrachten Elektroden erzeugt werden.

Die Bildsignalerzeugung läßt sich wie folgt beschreiben:

Das abgedunkelte Target ist in erster Näherung ein Isolator der durch den Abtaststrahl in einem Areal zeilenweise abgetastet und dessen Oberfläche dadurch auf Kathodenpotential „stabilisiert" wird. An die transparente Elektrode, auf der das Target aufgebaut ist, wird über einen Widerstand von mehreren MΩ eine positive Spannung gelegt.

Das Target stellt einem Modell zufolge eine Anordnung von Elementarkondensatoren dar. Erfolgt eine punktförmige Belichtung des Targets, so werden dort →Elektron-Loch-Paare proportional zu der Belichtungsintensität erzeugt, die eine lineare Entladung der Elementarkondensatoren bewirken. Diese Entladung dauert eine Vollbildperiode (40 ms) und wird innerhalb einer Bildpunktdauer (0,1 µs), wenn der Elektronenstrahl die belichtete Targetstelle passiert, wieder ausgeglichen (Ladungsspeicherprinzip). Der Rückladestrom erzeugt eine Spannungsschwankung an dem Targetwiderstand bzw. einen Ladestromstroß am Eingang des Vorverstärkers, der dem Bildsignal entspricht.

A. mit Sperrschicht-Photoleitertarget besitzen eine lineare Licht-Signalstromkennlinie, was für die Anwendung in einer Farbfernsehkamera unerläßlich ist.

In den →Farbkameras des Fernsehrundfunks werden heute ausschließlich A. mit Sperrschichttarget eingesetzt, typische Vertreter sind das Plumbicon bzw. das Saticon. Beide Ausführungen zeigen eine hohe Quantenausbeute im für das Farbfernsehen interessanten Spektralbereich, verfügen über ein ausreichend hohes Auflösungsvermögen (Modulationstiefe) sowie über eine geringe zeitliche Trägheit (Lag), so daß die erreichbare Bildqualität hoch ist. *Hausdörfer/Weitzel*

Literatur: *Heimann, B.* und *W. Heimann:* Fernseh- und Kinotechnik. 32 (1978) Nr. 9+10, S. 341–348, S. 395–402.

Aufnehmer. Der A. (Meßaufnehmer, Geber, →Sensor, Detektor, Fühler, →Transducer) dient zur elektrischen Messung einer nichtelektrischen Größe. Aufgrund eines physikalischen Effekts (Tabelle) formt er die zu messende nichtelektrische Größe in ein elektrisches Signal um, das dann mit den Mitteln der elektrischen →Meßtechnik weiterverarbeitet werden kann.

Bei ein und demselben A. sind jeweils verschiedene Einflußgrößen wirksam. Der elektrische Widerstand eines Leiters z. B. ist sowohl von der Temperatur als auch von mechanischen Spannungen abhängig. Soll die Temperatur gemessen wer-

Aufnehmer. Tabelle: Effekte, die in A. zur elektrischen Messung nichtelektrischer Größen benutzt werden.

Mechanische Größen:
Induktionsgesetz
piezoelektrischer Effekt
reziproker piezoelektrischer Effekt
Abhängigkeit des elektrischen Widerstandes von geometrischen Größen
Änderung des spezifischen Widerstands unter mechanischer Spannung
Kopplung zweier Spulen über einen Eisenkern
Abhängigkeit der Induktivität einer Spule vom magnetischen Widerstand
Abhängigkeit der Kapazität eines Kondensators von geometrischen Größen
Änderung der relativen Permeabilitätszahl unter mechanischer Spannung
Abhängigkeit der Eigenfrequenz einer Saite oder eines Stabes von mechanischen Spannungen
Wirkdruckverfahren
Erhaltung des Impulses (Coriolis-Durchflußmesser)
Wirbelbildung hinter einem Störkörper
Durchflußmessung über die Bestimmung der Wärmeabfuhr
Abhängigkeit der Schallgeschwindigkeit von der Geschwindigkeit des Mediums

Thermische Größen:
thermoelektrischer Effekt
pyroelektrischer Effekt
Abhängigkeit des elektrischen Widerstandes von der Temperatur
Abhängigkeit der Eigenleitfähigkeit von der Temperatur
Ferroelektrizität
Abhängigkeit der Quarz-Resonanzfrequenz von der Temperatur

Optische oder radioaktive Größen:
äußerer Fotoeffekt
innerer lichtelektrischer Effekt, Sperrschicht-Fotoeffekt
Fotoeffekt, Compton-Effekt und Paarbildung
Anregung zur Lumineszenz

Chemische Größen:
Bildung elektrochemischer Potentiale an Grenzschichten
Änderung der Austrittsarbeit an Phasengrenzen
Temperaturabhängigkeit des Paramagnetismus von Sauerstoff
Gasanalyse über die Bestimmung der Wärmeleitfähigkeit
Gasanalyse über die Bestimmung der Wärmetönung
Sauerstoff-Ionenleitfähigkeit von Festkörper-Elektrolyten
Prinzip des Flammen-Ionisationsdetektors
hygroskopische Eigenschaften des LiCl
Abhängigkeit der Kapazität vom Dielektrikum

den, sind mechanische Spannungen zu vermeiden. Umgekehrt müssen dann bei der Dehnungsmessung die Temperatureinflüsse korrigiert werden. Generell sind die A. so zu entwerfen und zu konstruieren, daß sie mindestens reproduzierbar und nach Möglichkeit auch selektiv auf die zu messende Größe reagieren. Störgrößen müssen, falls sie nicht vermieden werden können, korrigierbar sein.

Der A. wird charakterisiert durch seine Kennlinie, die den Zusammenhang zwischen der gemessenen nichtelektrischen Größe und dem abgegebenen elektrischen Signal beschreibt. Sie kann in Form einer Gleichung, einer Tabelle oder einer gezeichneten Kurve angegeben werden.

Die nichtelektrischen Größen können aktiv oder passiv in die elektrischen umgeformt werden. Die *aktiven* A. kommen ohne eine elektrische Hilfsenergie aus. Sie wandeln mechanische Energien (z. B. Drehzahlmesser), thermische (z. B. →Thermoelement) oder auch chemische (elektrochemischer Sensor) in elektrische um. Sie liefern am Ausgang eine Spannung, eine Ladung oder einen Strom.

Das Ersatzschaltbild eines spannungsliefernden A. ist eine Spannungsquelle, die durch die Leerlaufspannung und den Innenwiderstand beschrieben wird. Beide Größen sind wichtig. Schwierigkeiten bei der Messung können entstehen, wenn entweder die abgegebene Spannung sehr niedrig oder der Innenwiderstand der Quelle sehr hoch ist. Um wirklich die von der Quelle gelieferte Spannung zu erfassen, ist die →Spannungsmessung hochohmig durchzuführen. Umgekehrt ist bei der →Stromquelle, die als Stromgenerator mit parallel liegendem hohen Innenwiderstand gezeichnet werden kann, der gelieferte Strom möglichst niederohmig zu messen.

Die *passiven* A. sind auf eine elektrische Energieversorgung angewiesen. Die nichtelektrische Größe beeinflußt, steuert oder moduliert einen elektrischen Parameter. Bei den Widerstands-A. ist dies z. B. der ohm'sche Widerstand (z. B. Widerstandsaufnehmer, →Dehnungsmeßstreifen), bei den induktiven A. ist es die Induktivität (Meßaufnehmer, induktiver) und bei den kapazitiven ist es die Kapazität (Meßaufnehmer, kapazitiver). Die passiven A., bei denen ein elektrischer Parameter nur moduliert wird, beeinflussen in der Regel die zu messende Größe weniger als die aktiven, bei denen eine Energie entnommen wird. Die passiven A. sind rückwirkungsfrei und haben oft auch die größere →Empfindlichkeit.

Für A., die sich automatisiert, in großen Stückzahlen, preisgünstig fertigen lassen, wird auch der Begriff des Sensors benutzt. Solche Sensoren können z. B. mit Hilfe der Dickschicht-, Dünnschicht- oder Silicium-Technologie hergestellt werden (→Dickschichtsensor, →Dünnschichtsensor, Silicium-Sensor). Wird schon am Ort des Sensors sein Signal aufbereitet, so entsteht der integrierte, smarte oder intelligente Sensor. *Schrüfer*

Literatur: *Ahlers, H.* und *J. Waldmann:* Mikroelektronische Sensoren. Heidelberg 1990. – *Bonfig, K. W.:* Sensoren und Sensorsysteme, Ehningen 1991. – *Grave, H. F.:* Elektrische Messung nichtelektrischer Größen. Frankfurt/M 1965. – *Hart-*

mann & Braun: Meßtechnik; Einführung, Anwendung, L 3350, Frankfurt/Main. – *Hauptmann, P.:* Sensoren, München 1991. – *Heuberger, A.:* Mikromechanik. Berlin 1989. – *Heywang, W.:* Sensorik. Berlin 1983. – *Jüttemann, H.:* Grundlagen des elektrischen Messens nichtelektrischer Größen. Düsseldorf 1988. – *Kronmüller, H.; B. Zehner.:* Prinzipien der Prozeßmeßtechnik I und II. Karlsruhe. – *Niebuhr, J.:* Physikalische Meßtechnik; Bd. I: Aufnehmer und Anpasser. – *Profos, P.* (Hrsg.): Handbuch der industriellen Meßtechnik. Essen 1978. – *Rohrbach, C.:* Handbuch für elektrisches Messen mechanischer Größen. Düsseldorf 1967. – *Samal, E.:* Elektrische Messung von Prozeßgrößen. AEG-Telefunken (Hrsg.) Handbücher Band 17. Berlin 1974. – *Scheller, F.* und *F. Schubert:* Biosensoren, Berlin 1989. – *Schrüfer, E.:* Elektrische Meßtechnik, 5. Aufl. München 1992. – Siemens (Hrsg.): Messen in der Prozeßtechnik. Berlin 1972. – *Wiegleb, G.:* Sensortechnik. München 1986.

Auger-Effekt. Wird durch irgendeine äußere Einwirkung (z. B. durch Absorption eines Röntgenquants oder durch Elektronenstoß) in einer energetisch tief liegenden inneren Elektronenschale eines Atoms oder Ions ein →Loch erzeugt, so kann es daraufhin zu einer Autoionisation kommen. Diese Erscheinung wird als A.-E. bezeichnet und tritt sowohl bei freien Atomen, Molekülen und Ionen als auch an Festkörperoberflächen auf.

Nach seiner Definition verläuft der A.-E. in zwei Stufen: zunächst wird das tiefe Loch erzeugt in einer Schale der Energie E_1; dann geht ein energetisch höher liegendes Elektron (Energie E_2) in den Lochzustand über, wobei die dabei frei werdende Energie $E_2–E_1$ einem weiteren Elektron der gleichen Elektronenhülle, welches die Ionisierungsenergie I besitzt, strahlungslos übertragen wird, so daß dieses ins Vakuum übertritt. Die im allgemeinen leicht zu erfüllende Energierelation

$$E_{kin} = E_2 - E_1 - I > 0$$

stellt eine notwendige Bedingung für das Auftreten des A.-E. dar (Auger-Elektronen-Spektroskopie). E_{kin} bedeutet dabei die kinetische Energie des Auger-Elektrons.

Augerprozesse kommen auch vor als Sekundärprozesse nach radioaktiven β-Umwandlungen und nach innerer Konversion. Auger-Elektronen, die nach innerer Konversion auftreten, dürfen jedoch nicht mit den Konversionselektronen verwechselt werden. *Kuiper*

Ausbeute. Als A. (*engl.* yield) bei der Fertigung elektronischer Bauelemente wird das Verhältnis von fehlerfrei funktionierenden zu insgesamt hergestellten Schaltkreisen auf einer →Halbleiterscheibe bezeichnet. Der Ausbeutewert ist eine wichtige Kenngröße für den Halbleiterhersteller, da sich daraus direkt die Herstellkosten für das einzelne Bauelement ergeben. Die schnelle Stabilisierung der Ausbeutewerte nach Einführung einer neuen Prozeßtechnologie auf einem hohen Niveau ist daher ein wichtiger wirtschaftlicher Faktor.

Mit Hilfe von Ausbeutemodellen wird versucht, bei gegebenen, technologiespezifischen Defektdichten die zu erwartende A. im voraus zu berechnen. Der einfachste Ansatz ist, eine Gleichverteilung von funktionsbeeinträchtigenden Defekten (*engl.* killing defects) anzunehmen und die Wahrscheinlichkeit, einen defektfreien Chip zu finden durch eine *Poisson*-Verteilung abzuschätzen. Die A. ergibt sich für eine Chipfläche A und eine Defektdichte D zu

$$Y = \exp(-A \cdot D)$$

Verfeinerte Modelle berücksichtigen, daß die Defektdichten von Scheibe zu Scheibe schwanken können, daß Defekte nicht gleichmäßig über die Scheibe verteilt sind (in den Randbereichen werden höhere Konzentrationen festgestellt) sondern inhomogen verteilt sein können (Bild).

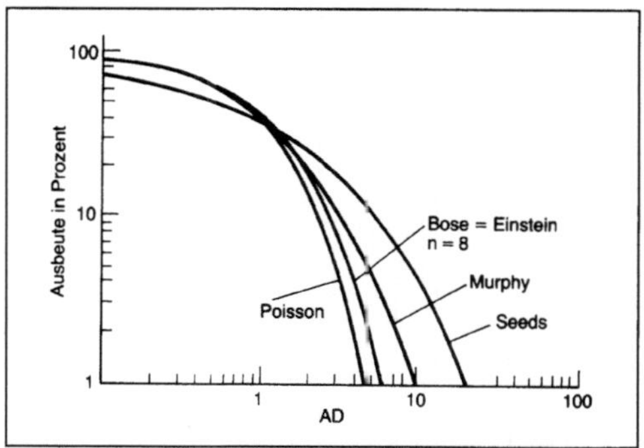

Ausbeute: Vergleich verschiedener Ausbeutemodelle.

Ein wichtiger Aspekt bei der Ausbeuteabschätzung ist ferner die Natur der →Defekte. So ist die Wirkung von Partikelverunreinigungen stark von den Schaltkreiseigenschaften abhängig: bei dichter gepackten Chips besteht eine höhere Wahrscheinlichkeit, daß sich Lithographiedefekte ausbeutemindernd auswirken. Viele Schicht- und Halbleiterdefekte, z. B. infolge chemischer Verunreinigungen, sind dagegen unabhängig von der →Packungsdichte geeignet, die Funktion der Schaltung zu beeinträchtigen.

Die meßtechnische Ermittlung der A. erfolgt mit Hilfe von automatischen Waferprobern. An den fertig prozessierten Halbleiterscheiben wird eine Reihe von elektrischen Messungen durchgeführt, mit denen die Funktion kontrolliert wird. Im Kontakttest wird die elektrische Verbindung von außen zum Chip überprüft. Im DC-Test wird die statische Stromaufnahme gemessen, und im AC-Test wird die eigentliche Funktion durch Anlegen ausgewählter Eingangssignalkombinationen und anschließenden Vergleich mit vorausberechneten Ausgangssignalen überprüft. Weniger gebräuchlich im Bereich der Fertigung und vor allem zur Fehleranalyse eingesetzt werden Parametertests an Teststrukturen zur Messung funktionsbestimmender elektrischer Halbleiterparameter, wie z. B. Schicht- oder Kontaktwiderständen. *Ryssel*

Literatur: *DeWitt, G.*: Modern MOS Technology: Processes, Devices and Design. New York 1984. – *Gulett, M. R.*: A practical method of predicting IC yields. Semiconductor Int. (1981) Nr. 3, S. 87–94.

Ausbreitungswiderstand. Setzt man auf die Oberfläche eines quaderförmigen Materials einen elektrischen Punktkontakt auf, dessen Abmessungen d viel kleiner sind als die des Quaders, dann ergibt sich als elektrischer Widerstand zwischen dem Punktkontakt und der Rückseite des Quaders (Bild) der A.

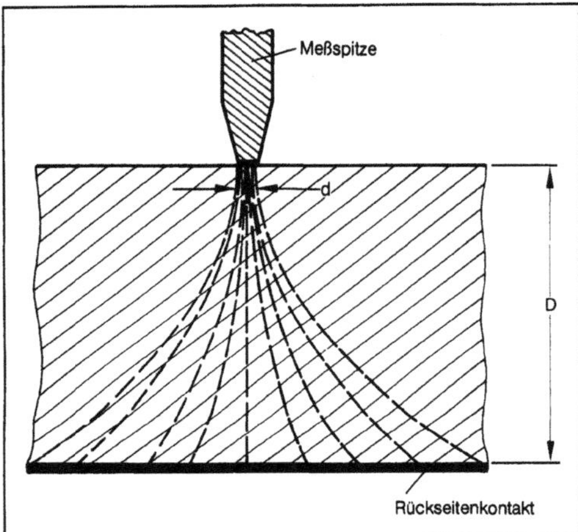

Ausbreitungswiderstand: Anordnung zur Messung des A. eines Materials mit dem spezifischen Widerstand ϱ_{sp}.

$$R = \frac{\varrho_{sp}}{2\,d}$$

(ϱ_{sp} = spezifischer Widerstand des Materials)

In der Sensorik wird der A. von Materialien gemessen, deren spezifischer Widerstand von einem bestimmten Umweltparameter abhängt. Bei Halbleitern ergibt sich häufig eine Temperaturabhängigkeit des spezifischen Widerstands, die sich für die Herstellung von Temperatursensoren oder Silicium-Sensoren anwenden läßt. Eine Ausführungsform wie in Bild mit Messung des A. wird dabei häufig verwendet. *Schaumburg*

Ausfall. Im deutschen Sprachgebrauch werden die Begriffe →*Fehler* und *Ausfall* oft synoym gebraucht. Da der Terminus Fehler (*engl.* error) in der Meßtechnik schon als Abweichung vom wahren Wert definiert ist und in der Umgangssprache eine falsche Handlung zum Ausdruck bringt, wird in der Zuverlässigkeitstechnik die Funktionsunfähigkeit einer Komponente vorzugsweise mit A. (*engl.* failure, defect) bezeichnet. Dabei wird unterschieden hinsichtlich

- der Ursache zwischen zufälligem und deterministischem A.,
- des Umfangs zwischen Totalausfall (catastrophic failure) und Teilausfall (defect)
- der Geschwindigkeit zwischen →Sprungausfall und →Driftausfall.
- der Erkennbarkeit zwischen erkennbarem und nicht erkennbarem A.
- der Wirkung zwischen nicht gefährlichem und gefährlichem A., bzw. sicherheitsgerichtetem und nicht sicherheitsgerichtetem A.
- der Richtung zwischen →Nichtanregung und →Fehlanregung.

In die →Ausfallrate sind nur die zufälligen, totalen und plötzlichen A. eingerechnet. Vor dem Bereich mit der konstanten Ausfallrate liegen die Frühausfälle; am Ende der Nutzungsdauer treten Verschleißausfälle auf (→Badewannenkurve). *Schrüfer*

Ausfall, abhängiger (*engl.* common mode failure). Ausfall von Komponenten auf Grund einer gemeinsamen Ursache (systematischer Ausfall im Gegensatz zum zufälligen Ausfall).

Die bei den Auswahlschaltungen (→Redundanz) durchgeführten Wahrscheinlichkeitsrechnungen basieren auf der Annahme, daß die einzelnen Kanäle zufallsbedingt und unabhängig voneinander ausfallen. Die dortigen Rechnungen gelten nicht für die Klasse der a. A. Hier können auf Grund eines einzigen Ereignisses, auf Grund einer gemeinsamen Ursache, alle redundanten Kanäle versagen. Die a. A. sind nicht mehr unabhängig voneinander. Dementsprechend ist mit bedingten Wahrscheinlichkeiten zu rechnen. Sind die Ausfälle der einzelnen Kanäle miteinander gekoppelt, so fallen mit dem ersten Kanal auch die übrigen aus, und die gesamte Redundanz ist hinfällig.

□ Ursachen für a. A.: Insbesondere menschliche Irrtümer und außergewöhnliche Umgebungsbedingungen, wie z. B.

- fehlerhafte Auslegung oder falsch eingesetzte baugleiche Komponenten,
- menschlicher Irrtum bei Betrieb oder Wartung,
- Verwendung gemeinsamer Komponenten (z. B. gemeinsame Spannungsversorgung, Abhängigkeit von einer gemeinsamen Heizungs- oder Klimaanlage),
- gleiche Umweltbedingungen (z. B. Brand, Hochwasser, Sturm, Blitzschlag, Erdbeben),

sind Ursachen für a. A.

□ Vermeidung von a. A.: Um trotz der oben skizzierten Möglichkeiten die gleichzeitigen Ausfälle

infolge einer gemeinsamen Ursache zu vermeiden, empfehlen sich insbesondere die folgenden Maßnahmen:
- Besondere Sorgfalt bei der Planung, Begutachtung, bei dem Bau und Betrieb einer Anlage unter Beachtung der folgenden Prinzipien:
  - Qualitätssicherung bei der Fertigung
  - Verwendung erprobter Konstruktionen
  - Verwendung standardisierter Bauteile
  - Verwendung ausfallerkennender Einrichtungen
  - einfacher Aufbau der Sicherheitssysteme
  - Vermeidung vermaschter Systeme
  - zyklische Funktionsprüfungen.
- Räumliche Trennung. Die zueinander redundanten Schutz-Teilsysteme sollen räumlich getrennt aufgebaut werden. Damit lassen sich insbesondere a. A. infolge von Umwelteinflüssen vermeiden. Werden bei einem (2 von 3)-System die Geräte der drei Kanäle in getrennten, voneinander entfernten und geschützten Räumen untergebracht und werden die Verbindungsleitungen zu diesen drei Räumen auf getrennten Trassen geführt, so ist gewährleistet, daß z. B. bei einem örtlich begrenzten Brand in der Anlage, bei einem Rohrleitungsbruch oder bei einer Überschwemmung nur eine der Redundanzen ausfällt. Die anderen bleiben funktionsfähig und gewährleisten die Sicherheit.
- Elektrische Entkopplung. Die einzelnen Teilsysteme sind nicht nur räumlich, sondern auch elektrisch zu trennen. Zwischen den zueinander redundanten Teilsystemen bestehen zunächst eine Reihe von Querverbindungen. Diese sind notwendig, um die (2 von 3)-Auswahl der Meß- und Steuersignale treffen zu können. Solange bei einem Störfall die Leitungen intakt bleiben, sorgt schon die *selektive Absicherung* für die Begrenzung einer Störung. Wird aber z. B. ein Geräteschrank durch Brand zerstört, so können Signalleitungen, die im bestimmungsgemäßen Betrieb auf einer Spannung von wenigen Volt liegen, unter Umständen das →Potential der Steuerleitungen führen.

Diese erhöhten Spannungen werden dann in die Geräteschränke eines anderen Teilsystems verschleppt, führen dort eventuell zu einer Überlastung, im Extremfall zu einem weiteren Brand und zerstören damit auch das redundante System.

Um diesen Schadensmechanismus auszuschließen, sind alle ankommenden und abgehenden Leitungen eines Teilsystems galvanisch gegen die höchste im System vorkommende Spannung entkoppelt. Durch diese *galvanische Trennung* sind die elektronischen Systeme gegen von außen kommende, zu hohe Spannungen geschützt.
- Verwendung diversitärer Komponenten. Trotz aller Sorgfalt lassen sich insbesondere Irrtümer nur schwer vermeiden. Diese sind natürlich nicht bekannt, andernfalls würden sie ja korrigiert. Um die Wirkung dieser im Prinzip möglichen →Fehler einzugrenzen, werden
  - unterschiedliche Prozeßvariablen zur Anzeige des Prozeßzustands benutzt
  - die Signale der Prozeßvariablen ggfs. in unterschiedlicher Technik verarbeitet und
  - unterschiedliche Hilfsenergien zur Ausführung der Sicherheitsmaßnahmen benutzt.

Bei einem Sattdampf-Kessel sind z. B. der Druck und die Temperatur zwei unterschiedliche, diversitäre Prozeßvariablen. Jede ist für sich zur Überwachung des Kessels geeignet. Bei der diversitären Ausführung werden beide Variablen (dreifach) gemessen und jede Variable liefert ggf. den Abschaltbefehl. Die in den Meßkanälen verwendeten Geräte unterscheiden sich, und so ist es unwahrscheinlich, daß, z. B. infolge eines Bauelement-Fehlers, sowohl die Druck- als auch die →Temperaturmessung ausfällt.

Auch Steuersignale lassen sich diversitär verarbeiten. Eine →Logikschaltung z. B. kann mit Relais, diskreten elektronischen Bauteilen oder Mikroprozessoren aufgebaut werden. Für die Ausführung der Sicherheitsmaßnahme kann bei den Stellgliedern zwischen elektrischer, hydraulischer und pneumatischer Hilfsenergie gewählt werden.

So läßt sich als Schutz gegen a. A. über den zu überwachenden Prozeß ein dichtes Netz aus Anregegrößen und Sicherheitsmaßnahmen legen, in denen Störfälle – unabhängig davon, ob ihr genauer Verlauf vorausgedacht worden ist – möglichst frühzeitig abgefangen werden. *Schrüfer*

Literatur: Deutsche Risikostudie Kernkraftwerke, Studie im Auftrag des Bundesministeriums für Forschung und Technologie, Köln 1979. – *Rasmussen, N. C.:* Reactor Study – An Assessment of Accident Risks in US Commercial Nuclear Power Plants. United States Nuclear Regulatory Commission, WASH-1400 (NUREG-75/014) 1975. – *Schrüfer, E.:* Zuverlässigkeit von Meß- und Automatisierungseinrichtungen, München 1984.

Ausfall, sicherheitsgerichteter. Ausfall eines Geräts oder eines ganzen Überwachungssystems derart, daß auch bei jeder Funktionsunfähigkeit des Geräts oder des Überwachungssystems der überwachte Prozeß in den gefahrlosen Zustand überführt wird.

Bei vielen Maschinen oder Prozessen läßt sich ein gefahrloser, sicherer Zustand angeben. Dies kann z. B. der Stillstand oder der energielose Zustand sein (Abschalten der Brennstoffzufuhr und Druckentlastung bei einem Heizkessel). In diesen Fällen kann die überwachte Komponente bei Ausfall oder Funktionsunfähigkeit der Überwachungseinrichtung durch eine Abschaltung in den ungefährlichen Zustand überführt werden. Die elektronischen Schaltungen, die bei Ausfällen innerhalb der Schaltungen zwangsweise das Abschaltsignal liefern, werden als fail safe oder ausfallsicher bezeichnet. Die Ausfälle sind *sicherheitsgerichtet* und führen zu einem eindeutigen, ungefährlichen Systemzustand. Bei einem Ausfall innerhalb der Überwachungseinrichtung wird die Maschine oder der Prozeß stillgesetzt. Die Sicherheit wird auf Kosten der →Verfügbarkeit erreicht.

Ausfallsichere Schaltungen werden in der Regel durch die Verwendung
- dynamischer Signale oder
- durch den ausfallsicheren Vergleich der Signale redundanter Schaltungen (→Ausfallerkennung durch Redundanz) erreicht. *Schrüfer*

Ausfalldichte →Lebensdauerverteilung

Ausfalleffektanalyse. Komponenten von Geräten oder Systemen können ausfallen. Dadurch wird die Funktion des Geräts oder Systems beeinflußt. Aufgabe der A. ist, die Effekte derartiger Komponentenausfälle systematisch zu untersuchen.

Zu Beginn einer A. ist das →Ausfallmodell zu definieren und die zu untersuchenden Ausfallarten sind aufzulisten. Die Analyse selbst kann dann
- entweder experimentell an der ausgeführten Schaltung oder
- theoretisch an der mit einem Simulationsprogramm nachgebildeten Schaltung

erfolgen. Das zu untersuchende Gerät ist dabei jeweils mit Eingangssignalen zu stimulieren, die im fehlerfreien Fall zu bekannten Ausgangssignalen führen.

□ Experimentelle Analyse. Bei der experimentellen Analyse elektronischer Geräte empfiehlt es sich, Leiterplatten ohne Schutzlack zu verwenden und die Bauelemente auf Sockel zu setzen (Bild). Die Anschlüsse sind dann jeweils nacheinander zu unterbrechen (evtl. auszulöten) und kurzzuschließen. Nach Einbau eines Ausfalls wird das Ausgangssignal auf einem Oszilloskop und auf einem anzeigenden oder schreibenden Meßgerät beobachtet. Desgleichen wird die Stromaufnahme der Schaltung, eine evtl. abgegebene Gefahrenmeldung oder eine sonstige auffällige Erscheinung wie z. B. eine Schwingung protokolliert. Nach jedem Fehlereinbau ist die ordnungsgemäße Funktion des Geräts zu überprüfen und ggfs. wieder herzustellen, bevor der nächste Komponentenausfall eingebaut und untersucht werden kann.

Die Ausfalleffekte hängen von der Eingangsbelegung ab. Bei einer derartigen experimentellen Analyse soll das untersuchte Gerät möglichst unter den späteren Einsatzbedingungen betrieben werden.

□ Analyse mit Hilfe eines Simulationsprogramms. Bei der softwaremäßig ausgeführten Analyse ist die zu untersuchende Schaltung auf einem Rechner zu simulieren und die Totalausfälle der Bauelemente

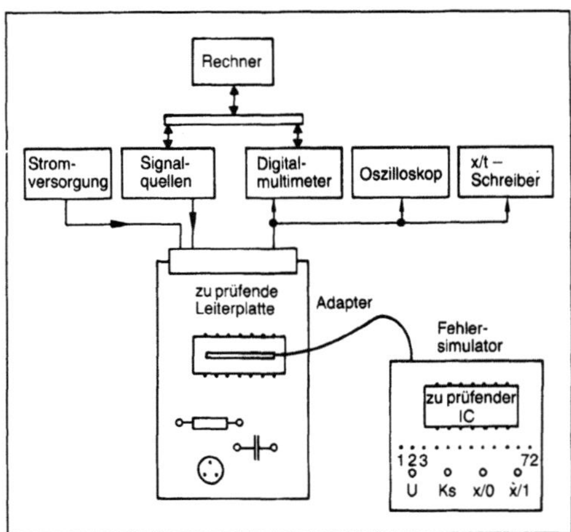

Erläuterung: Die Ausfälle der 2- oder 3poligen Elemente werden direkt auf der zu prüfenden Leiterplatte eingebaut. Die integrierten Schaltkreise werden von der Leiterplatte genommen und in einen, über einen Adapter angeschlossenen Fehlersimulator gesteckt. Dort lassen sich mittels Tasten die notwendigen Unterbrechungen, Kurzschlüsse und Ständigfehler realisieren. Nach Einbau der Fehler läuft die Analyse weitgehend selbsttätig ab. Der Rechner steuert die Signalquellen, erfaßt die Ausgangssignale und wertet sie aus.

Ausfalleffektanalyse: Rechnergestützte, experimentelle A.

sind nacheinander zu aktivieren. Dabei kann die Schwierigkeit auftreten, daß die dem Programm zugrunde liegenden Transistor- oder Verstärkermodelle nur das Kleinsignalverhalten dieser Komponenten, d. h. das Verhalten in der Nähe eines Arbeitspunktes, genügend genau beschreiben. Bei Totalausfällen wird der →Arbeitspunkt aber extrem verschoben, so daß einerseits die Komponenten nicht mehr richtig nachgebildet werden und andererseits die dabei auftretenden Ströme und Spannungen eventuell den definierten Wertebereich des Programms überschreiten.

□ Bilden von Fehlerklassen. Der Nutzen einer A. hängt davon ab, ob es gelingt, die vielen unterschiedlichen Ausfallwirkungen sinnvoll zu ordnen. Eine brauchbare Gruppierung läßt sich nicht allgemein angeben, sondern richtet sich nach der Aufgabe und der Peripherie des untersuchten Geräts.

Als Beispiel sei die Analyse eines Trennverstärkers beschrieben, der Eingangsspannungen von ±10 mV in galvanisch getrennte Ströme von ±20 mA mit einer Klassengenauigkeit von 0,5 % umformte. Er enthielt 213 Bauelemente. 277 Unterbrechungen und 278 Kurzschlüsse wurden experimentell eingebaut. Die Wirkung jedes Ausfalls wurde bei den drei verschiedenen Eingangsspannungen von –8 V, 0 V und +8 V gemessen. Um die Ergebnisse zu ordnen, wurden die als Folge der einzelnen Ausfälle auftretenden Signale in die Gruppen, den sog. Fehlerklassen zusammengefaßt (Tabelle).

Ausfalleffektanalyse. Tabelle: Ergebnis der A. eines Trennverstärkers

Ausfalleffekt	Fehlerklasse	Zahl der Ausfälle	Ausfallrate $10^6 \lambda$ in h^{-1}
Ausgangsstrom			
— ändert sich nicht	a	231	11,8
— ist um höchstens 7,5% zu hoch	b	8	1,0
— ist um mehr als 7,5% zu hoch	c	53	5,7
— ist um höchstens 7,5% zu niedrig	d	30	2,7
— ist um mehr als 7,5% zu niedrig	e	233	20,1
Summe		555	41,3

Rund 40% der Bauelementeausfälle führen also zur Fehlerklasse a; d. h. die Ausfälle bleiben ohne Wirkung auf den Ausgangsstrom des Verstärkers.

□ Aufteilung der Ausfälle in erkennbare und nicht erkennbare: Der Ausgangsstrom des untersuchten Trennverstärkers werde durch eine Überwachungseinrichtung kontrolliert, die grobe Abweichungen des Ausgangssignales erkennen kann. So sollen z. B. die Signale, die um mehr als ±7,5% vom richtigen Ausgangsstrom abweichen, als fehlerhaft gemeldet werden. Damit sind die Ausfälle, die zu den Fehlerklassen c und e führen, erkennbar; die anderen bleiben unentdeckt. Die Ausfalleffekte können so in erkennbare und nicht erkennbare eingeteilt werden.

□ Aufteilung der Ausfälle in nicht gefährliche und gefährliche: Aufgabe des betrachteten Trennverstärkers sei, bei Erreichen und Überschreiten eines bestimmten Ausgangsstromes einen Prozeß abzuschalten. Eine nicht erfolgende Abschaltung könnte zu Schäden führen und wird deshalb als gefährlich betrachtet. Fehlerhaft zu große Ströme des Trennverstärkers lösen dann eine vorzeitige Abschaltung aus; sie liegen auf der sicheren Seite und sind dementsprechend ungefährlich (Fehlerklassen b und c). Gefährlich sind nur die Ausfälle, die ein zu geringes Ausgangssignal verursachen und eine eventuell notwendige Abschaltung verhindern. Im Beispiel sind dies die zu den Fehlerklassen d und e führenden Ausfälle. Sind die Aufgaben des analysierten Geräts bekannt, so können also die Ausfälle in nicht gefährliche und gefährliche eingeteilt werden.

□ Berechnung der →Ausfallrate für jede Fehlerklasse. Um aus der Zahl der Bauelementeausfälle einer Fehlerklasse die Wahrscheinlichkeit für diese Fehlerklasse zu finden, ist die Kenntnis der Wahrscheinlichkeiten notwendig, mit der die einzelnen Ausfälle auftreten können. Das bedeutet, daß die Ausfallrate eines Bauelements auf die möglichen Ausfallarten aufzuteilen ist. Bei Schichtwiderständen z. B. ist ein →Ausfall durch Unterbrechung sehr viel häufiger als durch Kurzschluß, so daß 9/10 der Ausfallrate der Ausfallart Unterbrechung zugeordnet werden. Bei einem integrierten Schaltkreis werden die Ausfälle als gleich wahrscheinlich angenommen. An einem Gehäuse mit 14 Anschlußpunkten sind 14 Unterbrechungen und 14 Kurzschlüsse benachbarter Leitungen möglich. Beträgt die Gesamtausfallrate des Schaltkreises $1 \cdot 10^{-6}$ h^{-1}, so hat jeder der 28 Ausfälle eine Rate von $0{,}036 \cdot 10^{-6}$ h^{-1}. Auf diese Weise läßt sich jeder Ausfallart eine Ausfallrate zuordnen und die Ausfallraten der Bauelementeausfälle einer Fehlerklasse lassen sich addieren. Für den untersuchten →Trennverstärker sind in der letzten Spalte der Tabelle die entsprechenden Werte angegeben. Die Ausfallraten sind also nicht direkt proportional der Zahl der Ausfälle. Die Ausfallrate für die Fehlerklasse d (der Strom des Trennverstärkers ist um weniger als 7,5% zu niedrig), macht mit $2{,}7 \cdot 10^{-6}$ h^{-1} nur 7% der Gesamtausfallrate aus. *Schrüfer*

Literatur: DIN 25448 Ausfalleffektanalyse. – *Schrüfer, E.*: Zuverlässigkeit von Meß- und Automatisierungseinrichtungen. München 1984.

Ausfallerkennung. Ein Bauelement-Ausfall in einem Gerät oder ein partieller oder totaler →Ausfall eines Geräts in einem System bleibt oft zunächst ohne Folgen für die Funktionsfähigkeit des Systems. Der Ausfall bleibt insbesondere dann unentdeckt, wenn das System nicht eingreifen muß. Um zu verhindern, daß sich unerkannte Teilausfälle akkumulieren und daß im Anforderungsfall das System funktionsunfähig ist, ist eine A. notwendig. Aufgrund der A. können dann Ersatzmaßnahmen ergriffen werden. Das System ist dann nicht nur ausfallerkennend, sondern auch ausfall- oder fehlertolerierend.

Die A. ist unabhängig von Sicherheitsüberlegungen z. B. auch bei Geräten notwendig, denen im Eichwesen jeweils für eine bestimmte Zeit eine ausreichende Meßbeständigkeit bescheinigt wird. Dazu müssen diese Geräte vorher eine von der Physikalisch-Technischen-Bundesanstalt durchgeführte *Bauartprüfung auf Zulassung zur Eichung* mit Erfolg bestanden haben. Im Rahmen dieser Bauartzulassung wird insbesondere kontrolliert, ob die Funktionsfehler-Erkennbarkeit hinreichend gewährleistet ist.

Entsprechend der Bedeutung der A. werden viele unterschiedliche Methoden zur Erreichung dieses Ziels angewendet, so z. B.
- die kontinuierliche Überwachung von Teilfunktionen (Thermoelement-Bruchsicherung, →Statussignal)
- die Stimulation durch heuristische Prüfsignale
- die Stimulation durch vollständige Mindesttestmengen
- die A. durch den Vergleich redundanter Kanäle (→Ausfallerkennung durch Redundanz)
- die →Plausibilitätskontrolle
- die Verwendung fehlererkennender Codes
- die →Mustererkennung
- die Verwendung von Komponenten mit sicherheitsgerichteten Ausfällen (→Ausfall, sicherheitsgerichteter).

Die Wirksamkeit einer Maßnahme zur A. wird durch den →Ausfallerkennungsfaktor c (*engl.* coverage factor) ausgedrückt. Dieser wird in Tests als das Verhältnis

$$c = \frac{\text{Zahl der erkannten Ausfälle}}{\text{Zahl der eingebauten Ausfälle}}$$

ermittelt.

Bei Verwendung mehrerer Prüf- oder Überwachungseinheiten hat jede Einheit einen Ausfallerkennungsfaktor kleiner als 100%. Keine Überwachungsschaltung findet jeden Fehler. Einige Fehler werden durch mehrere Kontrollschaltungen detektiert, andere werden überhaupt nicht gefunden (Bild).

Unter der Annahme, daß die Ausfallmeldungen der einzelnen Überwachungsschaltungen zufällige unabhängige und vereinbare Ereignisse sind, lassen sich mit

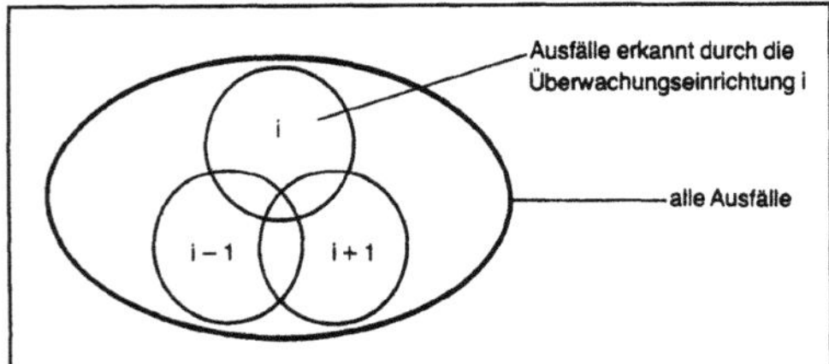

Ausfallerkennung: A. durch mehrere Überwachungseinrichtungen.

- Ereignis E_i: die Überwachungseinheit i findet den Ausfall
- Ereignis $\bar{E}_i$: Die Überwachungseinheit i findet nicht den Ausfall
- $w(E_i) = c_i$: Wahrscheinlichkeit, daß die Überwachungseinheit i den Ausfall findet
- $w(\bar{E}_i) = 1 - c_i = \bar{c}_i$: Wahrscheinlichkeit, daß die Überwachungseinheit i den Ausfall nicht findet

die folgenden Größen berechnen:

□ Gesamtwirksamkeit c_{tot}: Die Ereignisse sind unabhängig, aber vereinbar. Die Wahrscheinlichkeit, daß ein Ausfall entweder von der Prüfeinheit 1 oder von der Prüfeinheit 2 oder von der Prüfeinheit n entdeckt wird, berechnet sich zu

$$c_{tot} = w(E_1 \vee E_2 \vee \ldots \vee E_n) = 1 - \prod_1^n w(\bar{E}_i) = 1 - \prod_1^n \bar{c}_i.$$

□ →Restfehleranteil $\bar{c}_{tot}$: Der Anteil der unentdeckten Fehler, bzw. die Wahrscheinlichkeit, daß keine der Überwachungseinrichtungen den Fehler findet, errechnet sich als Komplement zur obigen Gleichung zu

$$\bar{c}_{tot} = 1 - c_{tot} = \prod_1^n \bar{c}_i.$$

□ Nettowirksamkeit c_n^* der n-ten Prüfeinheit: Werden mehrere Prüfeinrichtungen verwendet, so entsteht die Frage nach ihrem Nutzen. Eine zusätzliche Überwachungseinrichtung ist nur dann sinnvoll, wenn sie neue, zusätzliche Ausfälle erkennt, die die anderen Prüfeinrichtungen nicht gefunden haben. Die Prüfeinrichtungen werden dazu zweckmäßigerweise nach zunehmenden mittleren Ausfallerkennungszeiten →MFDT geordnet. Entdecken zwei Überwachungsmechanismen denselben Ausfall, so wird er dem häufiger laufenden Test angerechnet. Der Anteil c_n^* der Ausfälle, den die n-te Kontrollschaltung zusätzlich zu den anderen (n-1) vorhandenen Überwachungseinrichtungen noch findet, ergibt sich als Wahrscheinlichkeit der folgenden konjunktiv verknüpften Ereignisse zu

$$c_n^* = w(\bar{E}_1 \wedge \bar{E}_2 \wedge \ldots \wedge \bar{E}_{n-1} \wedge E_n) = \bar{c}_1\, \bar{c}_2 \ldots \bar{c}_{n-1}\, c_n.$$

□ Mittlere Ausfallerkennungszeit: Die mittlere Ausfallerkennungszeit der i-ten Prüfeinrichtung sei $MFDT_i$. Die aus dem Zusammenwirken der verschiedenen Überwachungseinrichtungen resultierende gesamte Ausfallerkennungszeit $MFDT_{tot}$ läßt sich als gewichtetes Mittel berechnen:

$$MFDT_{tot} = \frac{c_1 MFDT_1 + c_2^* \, MFDT_2 + \ldots c_n^* \, MFDT_n}{c_1 + c_2^* + \ldots c_n^*}$$

Dieser mittleren Ausfallerkennungszeit läßt sich eine resultierende →Ausfallerkennungsrate ε_{tot} zuordnen mit

$$\varepsilon_{tot} = \frac{1}{MFDT_{tot}}.$$

Ausfallerkennung. Tabelle: Überwachung eines Dreifach-Rechner-Systems (Quelle: Plögert, K.)

i	Ausfallerkennung durch	C_i	$\bar{c}_i$	$\bar{c}_{tot}$	c_i^*	$MFDT_i$	$MFDT_{tot}$
1	Vergleich der Rechenergebnisse	0,7	0,3	0,3		1 s	
2	Test der Ein-/Ausgabe	0,6	0,4	0,12	0,18	1 s	1 s
3	Test der Zentraleinheit	0,9	0,1	0,012	0,108	3 min	20,6 s
4	Speichertest	0,6	0,4	0,0048	0,0072	1 h	46,5 s
5	Generalüberholung	0,99	0,01	0,000048	0,004752	5000 h	23,8 h

Beispiel: Ein aus drei parallel arbeitenden Rechnern bestehendes System wird durch die in der Tabelle zusammengestellten Prüfroutinen überwacht. Ein Teil der Ausfälle wird bei einem Vergleich der Rechenergebnisse gefunden, ein geringerer Teil bei dem Testen der Ein- und Ausgabeeinheiten und des Speichers. Erfolgreicher ist natürlich der für die Zentraleinheit geschriebene Test, und die größte Wirksamkeit hat die Generalüberholung. Der Restfehleranteil, der für jede einzelne Maßnahme nicht zu vernachlässigen ist, ist für die Summe aller Tests hinreichend niedrig. *Schrüfer*

Literatur: *Plögert, K.:* Stufenweise Berechnung der Sicherheit von sich selbst prüfenden einkanaligen digitalen Automatisierungseinrichtungen, Diss. TU. München 1983. – *Schrüfer, E.:* Zuverlässigkeit von Meß- und Automatisierungseinrichtungen. München 1984.

Ausfallerkennung durch Redundanz. Ausfallerkennung durch den Vergleich der Signale redundanter Meß- oder Automatisierungseinrichtungen (→Redundanz, →Auswahlschaltung).

Die Vorgehensweise wird anhand zweier Beispiele erläutert.

□ Analoge Signale: Bild 1 zeigt eine dreifache redundante Ausführung einer Messung mit den Meßumformen M1, M2 und M3. Die Signale der →Meßumformer werden paarweise miteinander verglichen, M1 mit M2, M2 mit M3, und M3 mit M1. Die Vergleicher signalisieren, wenn der Unterschied der beiden Meßsignale zu groß ist. Indem noch das Vorzeichen bewertet wird, läßt sich das Meßgerät erkennen, dessen Signal von den beiden anderen abweicht.

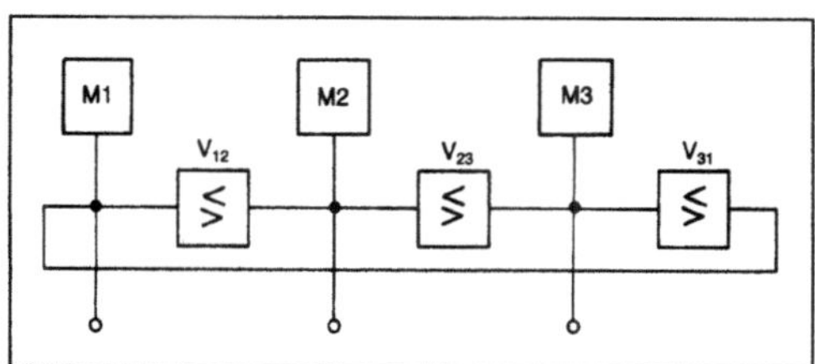

Ausfallerkennung durch Redundanz 1: Überwachung der drei Meßkanäle M1 bis M3 durch drei Vergleicher V_{ij}.

Da die Meßgeräte schon prozeßbedingt etwas unterschiedliche Signale liefern, werden die Vergleicher mit einer Ansprechschwelle von etwa ±5% ausgeführt. Fehler, welche die Empfindlichkeit weniger beeinflussen, bleiben unentdeckt.

Häufig werden die Signale der Meßumformer noch auf die Über- oder Unterschreitung einer Schwelle hin überwacht. In diesem Fall kann für jeden Meßumformer die Differenz zwischen dem eingestellten Grenzwert und dem Istwert gebildet werden. Diese Differenzen werden dann wieder dreimal paarweise verglichen. Damit ist dann auch eine eventuelle Drift des eingestellten Grenzwerts erkennbar.

□ Binäre Signale: Bei dem Endschalter von Bild 2 liegt die Redundanz darin, daß anstelle eines einfachen Öffners oder Schließers ein Umschaltkontakt verwendet wird. Damit lassen sich Fehler mit Hilfe eines einfachen Äquivalenzgatters erkennen. An dem Endschalter können z. B. Ausfälle auftreten infolge einer Unterbrechung U, eines Masseschlusses M oder eines Kurzschlusses K. Diese Fehlermöglichkeiten und ihre Auswirkungen sind in der Tabelle zusammengestellt. Während bei einem

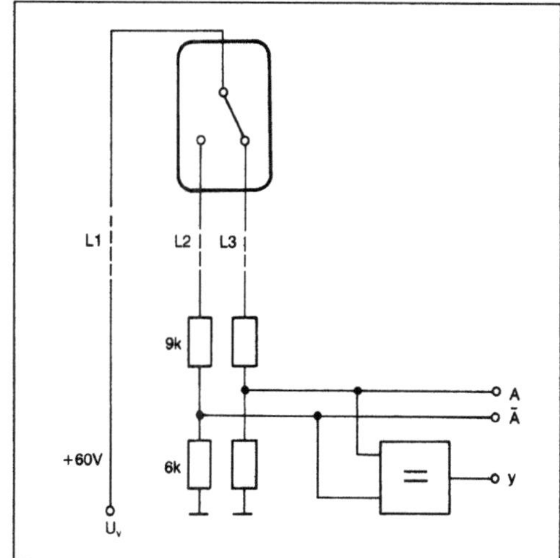

Ausfallerkennung durch Redundanz 2: Endlagenschalter mit Wechselkontakt.

Ausfallerkennung durch Redundanz. Tabelle: Signale an den Ausgängen eines Endschalters mit Wechselkontakt bei verschiedenen Fehlern

	richtig	Fehler								
		U_1	U_2	U_3	M_1	M_2	M_3	K_{12}	K_{13}	K_{23}
Ausgang A	1	0	1	0	0	1	0	1	1	1
Ausgang $\bar{A}$	0	0	0	0	0	0	0	1	0	1
Ausgang y Äquivalenzgatter	0	1	0	1	1	0	1	1	0	1

U_i) Unterbrechung der Leitung i; M_i) Verbindung mit der Leitung i mit Masse; K_{ij}) Kurzschluß zwischen den Leitungen i und j

funktionsfähigen Schalter an den Ausgängen A und $\bar{A}$ immer die antivalenten Signale 1 (24 V) und 0 (0 V) vorliegen, führen die Ausfälle in sechs von den neun betrachteten Fällen zu einer 00- oder 11-Signalkombination. Diese wird durch das Äquivalenzgatter gemeldet. Die restlichen drei Fehler, die das richtige Signal nicht verfälschen, werden in dem Moment entdeckt, in dem der Schalter betätigt wird. *Schrüfer*

Ausfallerkennungsfaktor. Der A. c (*engl.* coverage factor) ist das Verhältnis aus der Zahl der erkennbaren Ausfälle und der Summe aller Ausfälle bzw. das Verhältnis aus den entsprechenden Ausfallraten (→Ausfalleffektanalyse)

$$c = \frac{\text{Zahl der erkennbaren Ausfälle}}{\text{Zahl der erkennbaren und der nicht erkennbaren Ausfälle}} =$$

$$= \frac{\lambda\ (\text{erkennbar})}{\lambda\ (\text{erkennbar}) + \lambda\ (\text{nicht erkennbar})} = \frac{\lambda_e}{\lambda_e + \lambda_{ne}}.$$

Experimentell läßt sich der A. mit Hilfe einer vereinfachten Ausfalleffektanalyse bestimmen. In dem Gerät werden die Ausfälle nacheinander entsprechend dem zur Anwendung kommenden →Fehlermodell eingebaut. Das Gerät wird mit Eingangssignalen stimuliert. Bei analogen Schaltungen kann z. B. die Kennlinie durchfahren werden. Digitale Schaltungen werden mit einem repräsentativen oder zufälligen oder vollständigen Satz von Testmustern belegt. Festgestellt wird, ob

- der Ausfall sich auf das Ausgangssignal auswirkt und
- die Überwachungseinrichtung den Ausfall erkennt.

Danach wird das Gerät wieder erneuert und der nächste Ausfall wird untersucht. Am Ende der Analyse läßt sich die Wirksamkeit c berechnen aus

$$c = \frac{\text{Zahl der erkannten Ausfälle}}{\text{Zahl der eingebauten Ausfälle}}.$$

Schrüfer

Ausfallerkennungsrate. Die A. ist ein Parameter zur Beschreibung der →Ausfallerkennungswahrscheinlichkeit. Der Kehrwert der A. ε ist die mittlere Ausfallerkennungszeit →MFDT (mean failure detection time)

$$\frac{1}{\varepsilon} = \text{MFDT}.$$

Schrüfer

Ausfallerkennungswahrscheinlichkeit. Die A. d(t) ist mit Hilfe der →Ausfallerkennungsrate ε definiert zu

$$d(t) = \frac{\text{Zahl der erkannten Ausfälle}}{\text{Zahl der erkennbaren Ausfälle}} = 1 - e^{-\varepsilon t}$$

Die Formel bringt zum Ausdruck, daß einige Ausfälle sehr schnell, einige wenige aber erst nach längerer Zeit entdeckt werden (Bild 1). Nach genügend langer Zeit nimmt die A. den Wert 1 an; d. h. alle erkennbaren Ausfälle sind gefunden. Nicht entdeckt bleiben die nichterkennbaren Ausfälle.

Der Kehrwert der Ausfallerkennungsrate ist die mittlere Fehlererkennungszeit oder →MFDT (mean failure detection time)

$$\text{MFDT} = \frac{1}{\varepsilon}.$$

Die mittlere Ausfallerkennungszeit ist bei periodisch stimulierten, ohne Unterbrechung laufenden Überwachungseinrichtungen die halbe Prüfdauer.

□ Komponente mit →Ausfallerkennung und Reparatur: Bei Berücksichtigung von Ausfallerkennung und Reparatur läßt sich eine Komponente durch die geschlossene, keinen absorbierenden Zustand enthaltende *Markow*-Kette (Bild 2) beschreiben. Die Zustände sind:

- Zustand 1: Gerät ist funktionsfähig
- Zustand 2: Gerät ist ausgefallen; der Ausfall ist noch nicht erkannt

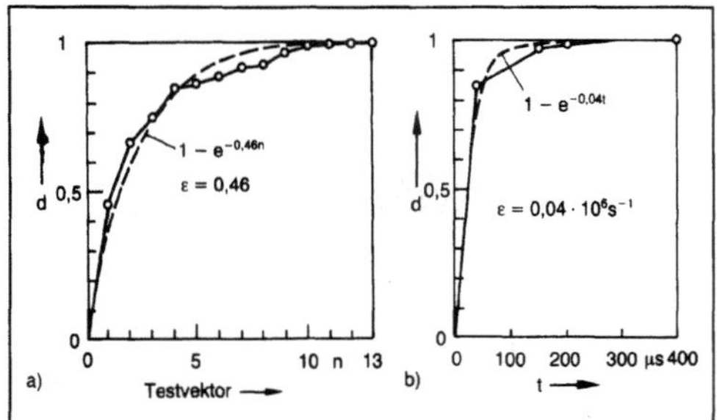

Ausfallerkennungswahrscheinlichkeit 1: Die Wahrscheinlichkeit d für die Ausfallerkennung läßt sich mit Hilfe einer Ausfallerkennungsrate ε beschreiben.
a) Erkennung der Ausfälle einer digitalen Schaltung mit 50 Gattern in Abhängigkeit von der Zahl der Testvektoren
b) Erkennung der Ausfälle eines Mikrorechners in Abhängigkeit von der Laufzeit des Testprogramms. Das Testprogramm des Minicomputers für ein Flugkontrollsystem benötigt eine Laufzeit von 380 μs. Während der ersten 30 μs werden 85 % aller Fehler gefunden.

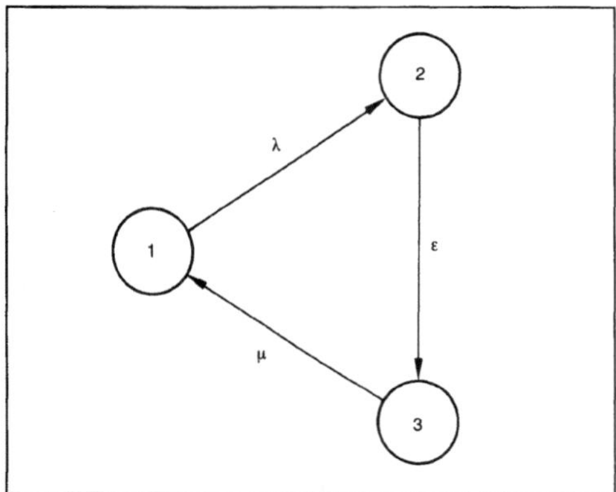

Ausfallerkennungswahrscheinlichkeit 2: Komponente mit Erneuerung und zwei Ausfallzuständen.

- Zustand 3: Gerät ist ausgefallen; der Ausfall ist erkannt.

Den Übergang vom Zustand 1 in den Zustand 2 beschreibt die →Ausfallrate λ, den vom Zustand 2 in den Zustand 3 die Ausfallerkennungsrate ε. Mit der →Reparaturrate μ wird die Komponente in den Zustand 1 *funktionsfähig* zurückgeführt.

Die Besetzungswahrscheinlichkeiten w_i ergeben sich für den stationären Fall $(t \rightarrow \infty)$ bzw. $\dot{w}_i = 0$, wie folgt:

$$w_1(t \rightarrow \infty) = \frac{1/\lambda}{1/\lambda + 1/\varepsilon + 1/\mu} = \frac{\text{MTBF}}{\text{MTBF} + \text{MFDT} + \text{MTTR}}$$

$$w_2(t \rightarrow \infty) = \frac{1/\varepsilon}{1/\lambda + 1/\varepsilon + 1/\mu} = \frac{\text{MFDT}}{\text{MTBF} + \text{MFDT} + \text{MTTR}}$$

$$w_3(t \rightarrow \infty) = \frac{1/\mu}{1/\lambda + 1/\varepsilon + 1/\mu} = \frac{\text{MTTR}}{\text{MTBF} + \text{MFDT} + \text{MTTR}}$$

Die Gerätefunktion ist verfügbar im Zustand 1 (→Verfügbarkeit)

$$V(t) = w_1(t)$$

und ist nicht verfügbar in den Zuständen 2 und 3 (→Unverfügbarkeit)

$$U(t) = w_2(t) + w_3(t).$$

□ Unendlich schnelle Reparatur: Wird bei Erkennung eines Ausfalls sofort eine Ersatzmaßnahme, wie z. B. die Umschaltung auf ein Reservegerät, ergriffen, so ist die Reparaturzeit 0 und die Reparaturrate geht gegen unendlich, $\mu \rightarrow \infty$. Die drei Zustände von Bild 2 reduzieren sich auf zwei. Aus den obigen Gleichungen entsteht für $\mu \rightarrow \infty$ und für →MTTR = 0:

$$V(t \rightarrow \infty) = \frac{\varepsilon}{\lambda + \varepsilon} = \frac{\text{MTBF}}{\text{MTBF} + \text{MFDT}}$$

$$U(t \rightarrow \infty) = \frac{\lambda}{\lambda + \varepsilon} = \frac{\text{MFDT}}{\text{MTBF} + \text{MFDT}}$$

In technischen Systemen ist die MFDT kurz gegenüber der →MTBF, so daß die letzte Gleichung übergeht in

$$U(t \rightarrow \infty) = \frac{\lambda}{\varepsilon} = \frac{\text{MFDT}}{\text{MTBF}}.$$

Schrüfer

Literatur: *Kadzioch, G.:* Erstellung vollständiger Mindesttestmengen für digitale Schaltungen. Diss. TU. München. – *Schrüfer, E.:* Zuverlässigkeit von Meß- und Automatisierungseinrichtungen. München 1984. – *Tasar, V.:* Analysis of Fault Detection Coverage of Self-Test Software Program, 8th Symp. on Fault Tolerant Computing FTCS-8 1978, S. 65–71.

Ausfallmodell. Das A. beschreibt die statischen Einzelausfälle, die z. B. einer →Ausfalleffektanalyse zugrunde gelegt werden.

Bei *linearen* Schaltungen werden Totalausfälle der Bauelemente, d. h.
- Unterbrechungen (Leerlauf) und
- Kurzschlüsse benachbarter Anschlußstifte

angenommen. Ein Zweipol (→Widerstand, →Diode, →Induktivität, Kapazität) kann jeweils einmal unterbrochen und einmal kurzgeschlossen sein. Bei einem Dreipol (→Transistor) sind drei Unterbrechungen und drei Kurzschlüsse zwischen den Anschlußstiften möglich. Bei einem integrierten

→Schaltkreis in einem Gehäuse mit N Anschlüssen sind N Unterbrechungen und N Kurzschlüsse zwischen benachbarten Stiften zu betrachten. Zusätzlich wird bei Operationsverstärkern noch die Wirkung der Offsetspannungen und -ströme untersucht.

Anhand der Stückliste eines Gerätes läßt sich überprüfen, ob wirklich alle definierten Ausfälle berücksichtigt sind. Dieses systematische Vorgehen stellt dann sicher, daß die Analyse von verschiedenen Personen an verschiedenen Orten in der gleichen Weise und vollständig ausgeführt werden kann.

Die *digitalen* Schaltungen enthalten, wie die linearen, Transistoren, Dioden, Widerstände usw. und das A. ließe sich im Prinzip, wie bei den analogen Schaltungen unter der Annahme von Bauelement-Totalausfällen definieren. Dieses Vorgehen wäre jedoch nicht besonders zweckmäßig. Die digitalen Schaltkreise verarbeiten binäre Signale mit den Zuständen 0 und 1. Diese Zweiwertigkeit bleibt auch bei einem Bauelementausfall erhalten. Dieser kann nur zu einem der beiden möglichen Ergebnisse führen:

- das logische Signal wird verfälscht oder
- das logische Signal wird nicht verfälscht.

Bis zu einem gewissen Grad sind die Details der Schaltung ohne Einfluß auf die Ausfalleffektanalyse. So ist es naheliegend, nicht die Wirkung der physikalischen Bauelementausfälle, sondern die der logischen Fehler zu untersuchen. Dabei wird jeder Ein- und Ausgang eines Gatters abwechselnd mit einem 0- und 1-Signal belegt und das Ausgangssignal wird gemessen.

Die logischen Fehler werden als sogenannte →Klemmfehler, →Ständigfehler oder →Stuckfehler angenommen und als x/0 bzw. x/1 geschrieben. Diese Darstellung bedeutet, daß das Signal x ständig den Wert 0 beziehungsweise den Wert 1 führt (stuck at 0; stuck at 1). Es läßt sich zeigen, daß Bauelement-Totalausfälle und logische Fehler durch dieselben Testmengen erkannt werden.

Bei den Bauelement-Totalausfällen wurde die Unterbrechung und der Kurzschluß benachbarter Anschlußstifte unterstellt. Die bei den digitalen Schaltungen angenommenen x/0 und x/1 Klemmfehler schließen, mit Ausnahme der CMOS-Schaltkreise, die Unterbrechungen mit ein. Je nach Funktion des Gatters (z. B. NAND oder NOR) und nach der Art des Schaltkreises (z. B. →TTL) wirkt ein unterbrochener Eingang wie mit einer 1 oder 0 belegt. Bei CMOS-Gattern sind die zwischen den einzelnen Leitungen liegenden Streu- und Schaltkapazitäten noch von Bedeutung, so daß hier die Unterbrechungen zu untersuchen sind.

Die Kurzschlüsse zwischen den Anschlußstiften sind durch die logischen Fehler noch nicht abgedeckt. Sie können zu einer Änderung der logischen Funktion führen. Sie sind also von großer Bedeutung und müssen zusätzlich zu den logischen Fehlern untersucht werden. Bei einem Kurzschluß zwischen den Eingangsvariablen eines UND-Gatters entsteht ein verdrahtetes ODER, bei einem Kurzschluß zwischen dem Eingangs- und Ausgangssignal eines Inverters geht die Signalumkehr verloren. Eventuell kann auch der Systemtakt an den Ausgang verschleppt werden.

In einem weiteren Schritt können nun bei integrierten Schaltungen noch Unterbrechungen und Kurzschlüsse der Leiterbahnen unterstellt werden. Die Unterbrechungen führen wieder zu Klemmfehlern. Die Kurzschlüsse zwischen benachbarten Leitungen jedoch können verschiedene →Gatter und verschiedene Ein- und Ausgangssignale miteinander verbinden und führen zu neuen Schaltungen. Diese lassen sich jedoch nur dann analysieren, wenn die Leitungsführung der Schaltung bekannt ist. Im allgemeinen steht diese Information nicht zur Verfügung, und so wird bei dem gegenwärtigen Stand der Technik der Ausfalleffektanalyse digitaler Schaltungen das folgende A. zugrunde gelegt:

- Unterbrechung der Bauelement-Anschlußstifte bei CMOS-Schaltkreisen
- logischer x/0-Fehler
- logischer x/1-Fehler
- Kurzschluß benachbarter Bauelement-Anschlußstifte.

Schrüfer

Literatur: *Görke, W.:* Fehlerdiagnose digitaler Schaltungen. Stuttgart 1973. – *Schrüfer, E.:* Zuverlässigkeit von Meß- und Automatisierungseinrichtungen. München 1984.

Ausfallrate. Die A. ist definiert als Quotient aus der Ausfalldichte und der Überlebenswahrscheinlichkeit (→Lebensdauerverteilung). Im Falle von exponentiell verteilten Lebensdauern ist die A. unabhängig von der Zeit, also eine Konstante (→Exponentialverteilung).

Diese konstante, von der Zeit unabhängige A. λ hängt von verschiedenen, in der Regel multiplikativen Einflußgrößen ab. Nach den Modellvorstellungen des MIL-HDBK-217 errechnet sich die A. eines diskreten Bauelements z. B. aus folgendem Produkt

$$\lambda = \lambda_b \, \pi_Q \, \pi_L \, \pi_T \, \pi_A \, \pi_P \, \pi_E.$$

In dieser Gleichung bedeutet λ_b die von der Technologie und der Konstruktion abhängige Basis-A. Die übrigen π-Faktoren berücksichtigen den Einfluß

- der Qualität: π_Q (quality) quality level
- der Erfahrung: π_L (learning) learning factor
- der Temperatur: π_T (temperature) →Temperaturfaktor
- der Anwendung: π_A (application)
- der Belastung: π_P (power) →Belastungsfaktor
- der Umwelt: π_E (environment) →Umweltfaktor.

In Abhängigkeit von diesen Einsatzbedingungen kann für ein und dasselbe Bauelement die A. um zwei bis drei Größenordnungen schwanken. Eine Übersicht mit den Werten MIL-HDBK-217 gibt das Bild. Des weiteren können A. den Tabellen 1, 2 entnommen werden.

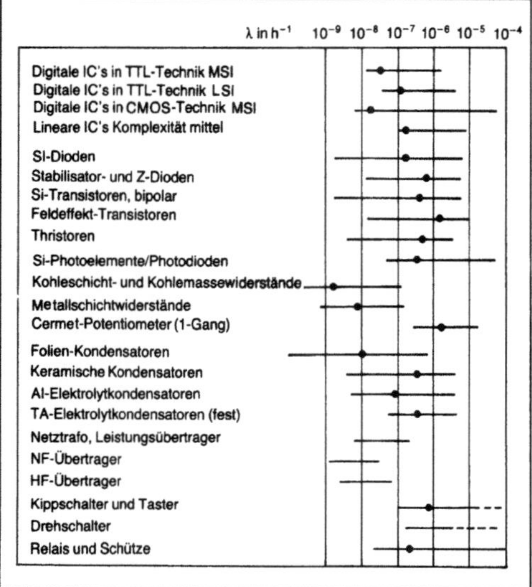

Ausfallrate: Bandbreite der Bauelement-A.; die Kreise kennzeichnen die A. für den normalen industriellen Einsatz.

Zusätzlich zu den Werten des MIL-HDBK-217 haben die größeren Firmen der Elektroindustrie speziell die Lebensdauern ihrer eigenen Produkte verfolgt und die Ergebnisse in firmenspezifischen Datensammlungen festgehalten. Mit den dort angegebenen Erwartungswerten für die A. weisen sie ihren Kunden die Zuverlässigkeit ihrer Erzeugnisse nach. Auf die Einflußgrößen der A. wird unterschiedlich detailliert eingegangen. Geschieht dies, so werden praktisch immer die Modellvorstellungen des MIL-HDBK-217 verwendet.

Für Stillstandszeiten, für Zeiten, während der die Bauelemente nicht in Betrieb sind, wird oft 10 % der A. unter Betriebsbedingungen angenommen.

Da die A. aus Erfahrungen mit bereits im Einsatz befindlichen Komponenten abgeleitet sind, dürfen diese A. nur dann auf neue Produkte übertragen werden, wenn sich die die Zuverlässigkeit bestimmenden Parameter nicht geändert haben. Da sich aber die Technologie weiter entwickelt, ist diese Übertragbarkeit nicht völlig gegeben. Eine Verbesserung der Zuverlässigkeit bei Neuentwicklungen wirkt sich erst verzögert in den A.-Sammlungen aus.

In den Daten des MIL-HDBK-217 kommt die verbesserte Qualität zum Ausdruck. So sind unter vergleichbaren Einsatzbedingungen z. B. in der Ausgabe von 1982 für integrierte Schaltkreise um einen Faktor 50 kleinere A. als in der Ausgabe von 1979 genannt.

Ausfallrate. Tabelle 1: A. für lineare integrierte Schaltkreise nach MIL-HDBK 217 E

Funktion	Typ	Zahl der Transistoren	Ausfallrate λ in 10^{-6} h^{-1}			
			G_B		G_M	
			40°C	70°C	40°C	70°C
1fach Operationsverstärker	LF 155 A	19	0,7	8,5	0,8	8,6
1fach Operationsverstärker	LM 101 A	21	1,0	11,4	1,2	11,6
1fach Operationsverstärker	LM 741	23	0,7	8,5	0,9	8,7
2fach Operationsverstärker	LH 2101	42	1,0	11,4	1,3	11,7
2fach Operationsverstärker	LM 747 A	46	0,7	8,5	0,9	8,7
4fach Operationsverstärker	LM 148	88	0,7	8,5	0,9	8,7
Analogschalter 1fach	DG 188	15	0,7	8,5	0,9	8,7
Analogschalter 2fach	DG 200	36	1,2	11,4	1,2	11,6
DAU, 8 bit	DAC-08 A	84	1,0	11,4	1,3	11,6
Spannungsregler, positiv	7805	17	3,2	33,0	3,2	33,0
Spannungsregler, positiv	LM 723	20	0,7	8,5	0,9	8,7
Spannungsregler, negativ	7905	21	3,2	33,0	3,2	33,0
Zeitgeber	555	23	1,0	11,4	1,2	11,6

Erläuterung: Die A. sind ermittelt für nichthermetische DIP-Gehäuse, für Gehäusetemperaturen von 40°C und 70°C, für eine Leistungsbeanspruchung von 60 %, für die Qualitätsstufe D-1 ($\pi_Q = 10$), für den ortsfesten Einsatz G_B ($\pi_E = 0{,}38$) und den Einsatz in Fahrzeugen G_M ($\pi_E = 4{,}2$). Um die A. der Stufe mit der höchsten Qualität S zu erhalten, sind die angegebenen Werte mit 0,025 zu multiplizieren; die A. der Qualität commercial sind 2,0 mal so groß wie die der angegebenen.

Ausfallrate. Tabelle 2: A. für digitale integrierte Schaltkreise nach MIL-HDBK 217 E (Betriebsbedingungen wie bei Tabelle 1).

Funktion	Typ	Zahl der Gatter	Ausfallrate λ in 10^{-6} h^{-1}			
			G_B		G_M	
			40°C	70°C	40°C	70°C
3 × 3fach NAND	54ALS10	3	0,06	0,2	0,3	0,4
3 × 3fach NOR	54ALS27	3	0,08	0,2	0,4	0,5
6 × Inverter	54ALS04	6	0,06	0,2	0,3	0,4
1 × JK-Master-Slave-FF	54L72	8	0,05	0,2	0,2	0,4
2 × D-FF	54AL74	6	0,04	0,1	0,2	0,3
1 × retriggerbares Monoflop	54LS122	10	0,05	0,2	0,3	0,4
8 × Bustreiber	54LS244	10	0,08	0,2	0,4	0,5
Multiplexer 4 × 2 zu 1	54LS158	15	0,06	0,2	0,2	0,5
3 × 8-Decoder	54ALS138	16	0,05	0,1	0,3	0,4
4-bit-Binärzähler	54LS191	59	0,09	0,4	0,3	0,6
4-bit-arithm. logische Einheit (ALU)	54LS181	63	0,09	0,3	0,5	0,7
8 × D-Latch	54ALS373	74	0,07	0,5	0,4	0,8
3 × 3fach NAND	4023 B	3	0,2	2,4	0,4	2,6
3 × 3fach NOR	4025 B	3	0,2	2,4	0,4	2,6
4 × Schalter, bidirektional	4016 B	4	0,2	2,4	0,4	2,6
6 × Inverter	4069 UB	6	0,2	2,4	0,4	2,6
2 × retriggerbares Monoflop	4098 B	20	0,2	2,4	0,4	2,6
JK-Master-Slave-FF	4096 B	21	0,2	2,4	0,4	2,6
2 × D-FF	4013 B	24	0,2	2,4	0,4	2,6
		ca. 40				
2 × 1 aus 4-Decoder	4556 B	26	0,2	2,4	0,4	2,6
8-bit-Latch	4099 B	76	0,2	2,4	0,4	2,6
2 × Multiplexer, 16-Kanal	4067 B	80	0,2	2,0	0,3	2,2
2 × Multiplexer, 8-Kanal	4097 B	92	0,2	2,0	0,6	2,4
16-bit-Registerfile	54LS670	305	0,2	1,0	0,5	1,3
4-bit-CPU-LSTTL	2901 A	537	0,6	2,2	1,3	2,9
16-bit-CPU-I^2L	SPB 9900A	3 100	1,1	10,3	2,3	11,6
8-bit-CPU-CMOS	1802 D	1 375	0,4	3,7	1,1	4,4
8-bit-CPU-NMOS	8080 A	1 100	2,0	16,8	2,7	17,6
8-bit-CPU-NMOS	6800	1 300	0,7	7,0	1,5	7,7
8-bit-CPU-NMOS	Z-80	2 833	0,7	6,9	1,5	7,7
16k UV-EPROM		16 384 bit	0,9	6,9	1,3	7,3
32k UV-EPROM		32 768 bit	1,8	13,8	2,2	14,2
16k dynamisches RAM		16 384 bit	1,5	11,5	1,8	11,8
64k dynamisches RAM		65 536 bit	3,0	23,0	3,3	23,3
.256k statisches RAM		256 bit	0,3	1,3	0,5	1,6
1k statisches RAM		1 024 bit	0,5	2,6	0,9	3,0

Erläuterung: Die A. sind ermittelt für nichthermetische DIP-Gehäuse, für Gehäusetemperaturen von 40°C und 70°C, für eine Leistungsbeanspruchung von 60 %, für die Qualitätsstufe D-1 ($\pi_Q = 10$), für den ortsfesten Einsatz G_B ($\pi_E = 0{,}38$) und den Einsatz in Fahrzeugen G_M ($\pi_E = 4{,}2$). Um die A. der Stufe mit der höchsten Qualität S zu erhalten, sind die angegebenen Werte mit 0,025 zu multiplizieren; die A. der Qualität commercial sind 2,0 mal so groß wie die der angegebenen.

Bei hochintegrierten digitalen Schaltkreisen nimmt die A. nicht mit der Zahl der realisierten Gatterfunktionen, sondern weit weniger zu. So ist der Einsatz integrierter Schaltkreise nicht nur wegen der geringeren Kosten, sondern auch wegen der höheren Zuverlässigkeit pro Gatterfunktion empfehlenswert. *Schrüfer*

Literatur: *Ackmann, W.*: Zuverlässigkeit elektronischer Bauelemente. Heidelberg 1976. – AEG-Telefunken: Handbuch Bauelementezuverlässigkeit. – IEEE Spectrum: Reliability, October 1981, Vol. 18, No. 10, S. 33–103. – ITT: Reliability Prediction Data. – *Käs, G.*: Qualität und Zuverlässigkeit elektronischer Bauelemente und Systeme. München, Wien 1983. – *Schrüfer, E.*: Zuverlässigkeit von Meß- und Automatisierungseinrichtungen. München 1984. – SIEMENS AG: Ausfallraten Bauelemente SN 29500. – US Department of Defense, Washington, Military Handbook 217, Ausgabe E 1986.

Ausfallsteilheit →Weibull-Verteilung

Ausfallwahrscheinlichkeit →Lebensdauerverteilung

Ausfallwahrscheinlichkeit, sicherheitsbezogene. Für die s. A. werden nur die gefährlichen Ausfälle und nicht die nicht gefährlichen untersucht (→Ausfalleffektanalyse).

Von den vier möglichen Ausfallarten
- nicht gefährlich, erkennbar
- nicht gefährlich, nicht erkennbar
- gefährlich, erkennbar
- gefährlich, nicht erkennbar,

werden für die s. A. $F_s(t)$ nur die beiden letzten mit den Ausfallraten λ_{21} und λ_{22} betrachtet. Die Wahrscheinlichkeit, daß ein die Sicherheit berührender Ausfall eintritt, läßt sich mit Hilfe der beiden *Markow*-Ketten berechnen:

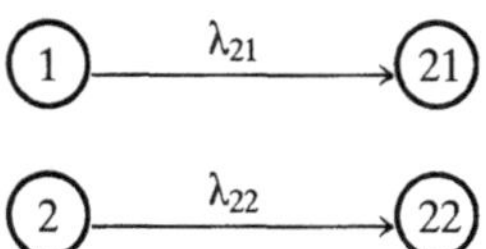

□ Zustand 1: Das Gerät hat keinen gefährlichen, erkennbaren Ausfall

□ Zustand 21: Das Gerät ist gefährlich, erkennbar ausgefallen; die Übergangsrate ist λ_{21}

□ Zustand 2: Das Gerät hat keinen gefährlichen, nicht erkennbaren Ausfall

□ Zustand 22: Das Gerät ist gefährlich, nicht erkennbar ausgefallen; die Übergangsrate ist λ_{22}.

Die erkennbaren und nicht erkennbaren Ausfälle sind *vereinbare* Ereignisse; sie können u. U. gleichzeitig eintreten.

Das Gerät ist für die Sicherheit nicht mehr funktionsfähig, wenn es erkennbar oder nicht erkennbar gefährlich ausgefallen ist. Die entsprechende s. A. errechnet sich zu:

$$F_s(t) = 1 - e^{-(\lambda_{21} + \lambda_{22})t}.$$

Schrüfer

Ausfallwahrscheinlichkeit redundanter Systeme.

□ Aktive Redundanz ohne Reparatur: Die Überlebenswahrscheinlichkeit R(t) und die Ausfallwahrscheinlichkeit F(t) sind zusammen mit anderen Kenngrößen für verschiedene Auswahlschaltungen, das heißt für redundante Systeme (→Redundanz) in der Tabelle einander gegenübergestellt.

Zum Zeitpunkt t = t der mittleren →Lebensdauer (→Lebensdauerverteilung) ist die Überlebenswahrscheinlichkeit R(t) auf unter 40% gesunken. Eine derartig niedrige Überlebenswahrscheinlichkeit (→Zuverlässigkeit) ist für einen technischen Betrieb nicht ausreichend. Die Meß- und Steuereinrichtungen sind stets so ausgelegt, daß sie mit einer nahe bei dem Wert 1 liegenden Zuverlässigkeit betrieben werden. So ist die mittlere Lebensdauer keine besonders aussagekräftige Größe, um konkurrierende Systeme miteinander zu vergleichen. Besser geeignet ist z. B. die Ableitung der Überlebenswahrscheinlichkeit nach der Zeit zum Zeitpunkt t = 0. Diese Größe gibt an, wie schnell sich die Überlebenswahrscheinlichkeit von dem Wert 1 entfernt. Da diese Abnahme von R(t) mit der Zeit in dem linearen Maßstab von Bild 1 nicht deutlich genug zum Ausdruck kommt, ist in Bild 2 das Einser-Komplement der Überlebenswahrscheinlichkeit, die Ausfallwahrscheinlichkeit F(t) = 1 – R(t) im logarithmischen Maßstab dargestellt.

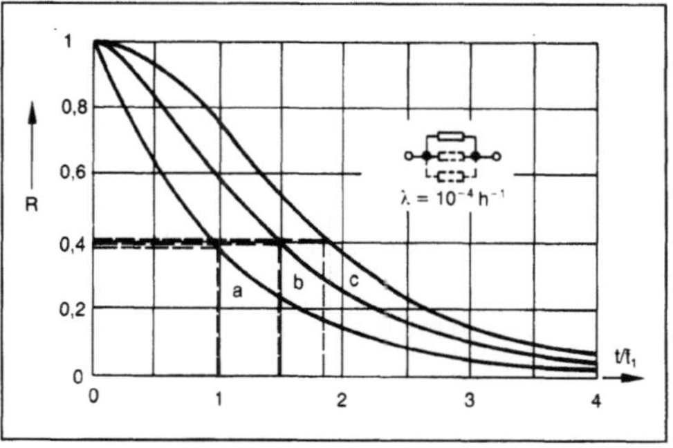

a) nicht redundante Einzelkomponente, b) (1 von 2)-System, c) (1 von 3)-System

Ausfallwahrscheinlichkeit redundanter Systeme 1: Überlebenswahrscheinlichkeit R(t) für (1 von n)-Systeme mit aktiver Redundanz; t_1 ist die mittlere Lebensdauer der Einzelkomponente (Ausfallrate λ).

Ausfallwahrscheinlichkeit redundanter Systeme. Tabelle: Zuverlässigkeits-Kenngrößen verschiedener Auswahlschaltungen

	nicht redundante Einzelkomponente	aktive Redundanz (1 von n)-System	aktive Redundanz (2 von 3)-System	passive Redundanz (1 von 2)-System; $\lambda_k = 0$
Zuverlässigkeit R(t)	$e^{-\lambda t}$	$1 - (1 - e^{-\lambda t})^n$	$3e^{-2\lambda t} - 2e^{-3\lambda t}$	$(1 + \lambda t)e^{-\lambda t}$
$\frac{dR}{dt}\mid_{t=0}$	$-\lambda$	0	0	0
MTBF = $\bar{t}$	$\frac{1}{\lambda}$	$\frac{1}{\lambda} + \frac{1}{2\lambda} + \ldots + \frac{1}{n\lambda}$	$\frac{5}{6}\frac{1}{\lambda}$	$2\frac{1}{\lambda}$
Ausfallwahrscheinlichkeit F(t)	$1 - e^{-\lambda t}$	$(1 - e^{-\lambda t})^n$	$1 - 3e^{-2\lambda t} + 2e^{-3\lambda t}$	$1 - (1 + \lambda t)e^{-\lambda t}$
F(t) für $\lambda t \ll 1$	λt	$(\lambda t)^n$	$3\lambda^2 t^2$	$(\lambda t)^2$

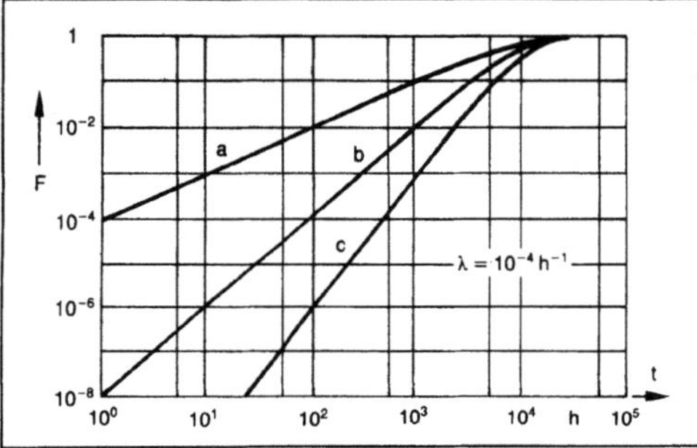

a) nicht redundante Einzelkomponente, b) (1 von 2)-System, c) (1 von 3)-System

Ausfallwahrscheinlichkeit redundanter Systeme 2: Ausfallwahrscheinlichkeit F(t) für (1 von n)-Systeme mit aktiver Redundanz.

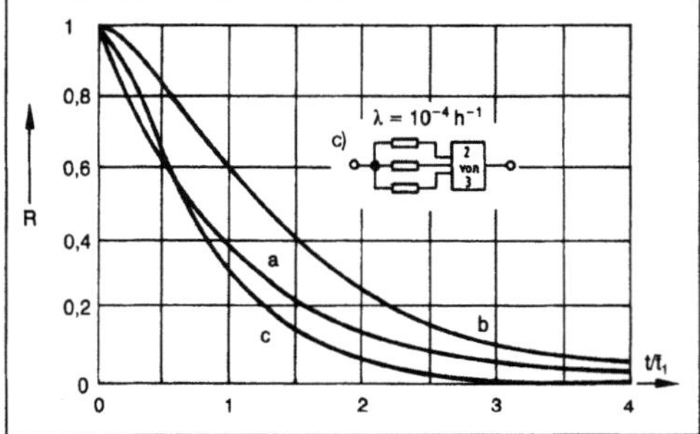

a) nicht redundante Einzelkomponente, b) (1 von 2)-System, c) (2 von 3)-System

Ausfallwahrscheinlichkeit redundanter Systeme 3: Überlebenswahrscheinlichkeit R(t) für (m von n)-Systeme mit aktiver Redundanz; $\bar{t}_l$ ist die mittlere Lebensdauer der Einzelkomponente (Ausfallrate λ).

Die Bilder zeigen, daß bei (1 von n)-Systemen die mittleren Lebensdauern $\bar{t}$ mit wachsendem n nur noch unbedeutend zunehmen. Unter dem Gesichtspunkt der mittleren Lebensdauer ist demnach die Verwendung redundanter Kanäle wenig attraktiv. Die mittlere Lebensdauer der (2 von 3)-Schaltung ist sogar niedriger als die eines einzelnen Kanals (Bild 3).

Das ist kein besonderer Nachteil, da der Sinn der Redundanz nicht in der Erhöhung der mittleren Zeit bis zum Ausfall liegt, sondern in der Verzögerung der Abnahme der Überlebenswahrscheinlichkeit bei kleinen Zeiten. Die Überlebenswahrscheinlichkeit der (1 von 2)-Schaltung (Kurve b) nimmt mit der Zeit weniger stark ab als die der Einzelkomponente (Kurve a). Die Zuverlässigkeit der (2 von 3)-Schaltung ist erst besser, dann aber schlechter als die einer Einzelkomponente. Bild 4 macht dann deutlich, daß bei kleinen Zeiten die Ausfallwahrscheinlichkeit der (1 von 2)- oder der (2 von 3)-Schaltung um Zehnerpotenzen geringer sein kann als die der Einzelkomponente. Die Ausfallwahrscheinlichkeit der (2 von 3)-Schaltung ist allerdings immer größer als die einer (1 von 2)-Auswahl. Die geringfügige Verschlechterung ist der Preis dafür, daß die (2 von 3)-Schaltung auch gegen Fehlauslösungen schützt.

□ Passive Redundanz ohne Reparatur: Im Unterschied zur aktiven Redundanz ist bei der passiven Redundanz die Reserveeinheit zunächst nicht in Betrieb, sondern wird erst zugeschaltet, wenn eine zusätzliche Überwachungseinheit den Ausfall der ersten Einheit erkannt hat (Bild 5) (stand by system, Redundanz). Mit den idealisierenden Annahmen
– die Reserveeinheit kann vor ihrer Inbetriebnahme nicht ausfallen,

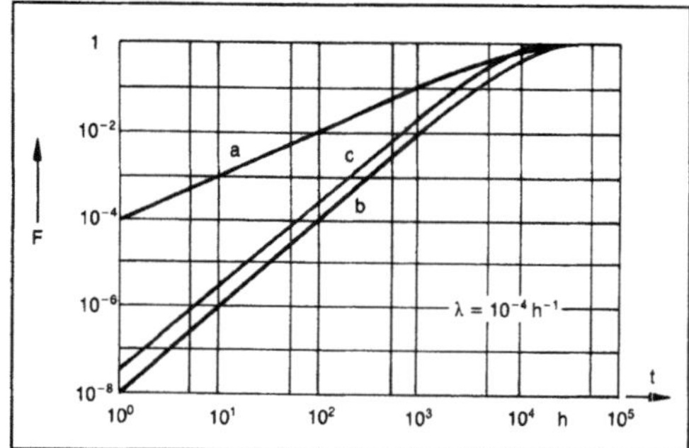

a) nicht redundante Einzelkomponente, b) (1 von 2)-System, c) (2 von 3)-System

Ausfallwahrscheinlichkeit redundanter Systeme 4: Ausfallwahrscheinlichkeit F(t) für (m von n)-Systeme mit aktiver Redundanz.

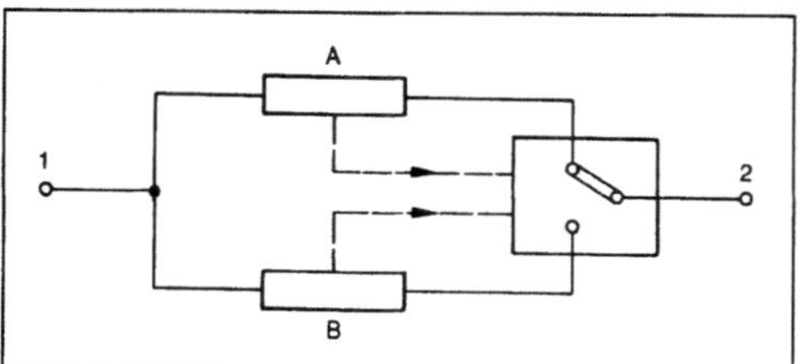

Ausfallwahrscheinlichkeit redundanter Systeme 5: (1 von 2)-System mit passiver Redundanz; zunächst ist die Komponente A in Betrieb. Erkennt die Überwachungseinrichtung den Ausfall, wird auf die Reserveeinheit B umgeschaltet.

- die Überwachungseinheit und der Umschalter können nicht versagen,

ist die Ausfallwahrscheinlichkeit des passiven (1 von 2)-Systems geringer als die des aktiven. Dieser rechnerische Vorteil geht jedoch verloren, wenn realistischerweise das Versagen der Überwachungseinheit und der Umschalteinrichtung nicht mehr ausgeschlossen wird. Ist die →Ausfallrate der Überwachungseinrichtung von der Größenordnung der Ausfallrate eines Kanals, so hat das passive (1 von 2)-System, das mehr Komponenten als das aktive enthält, zu jeder Zeit eine höhere Ausfallwahrscheinlichkeit als das aktive (Bild 6, 7).

Ein zusätzliches Argument spricht gegen die zuschaltbare passive Reserve. Die modernen Prozeßleitsysteme verarbeiten sehr viele Informationen. Eine Reserveeinheit, die nicht in Betrieb ist, kennt nicht den aktuellen Prozeßzustand und ist damit nicht in der Lage, beim Ausfall der Originaleinheit stoßfrei die Führung des Prozesses zu übernehmen.

Des weiteren ist zu beachten, daß bei einer passiven Redundanz neben dem Betriebsversagen auch das bisher noch nicht diskutierte Startversagen möglich ist. Bei Notstrom-Dieseln z. B. ist die

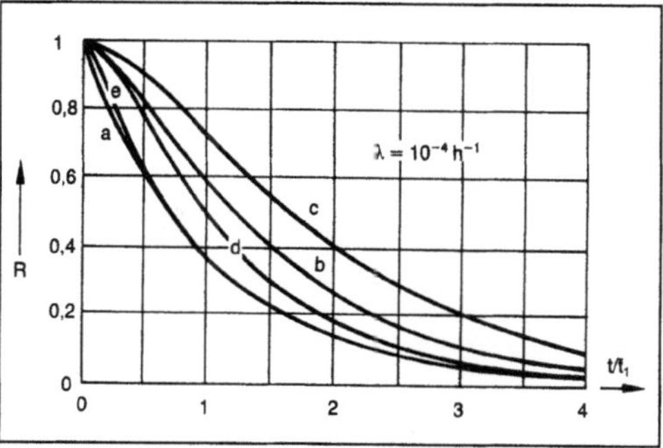

a) nicht redundante Einzelkomponente mit der Ausfallrate λ, b) (1 von 2)-System mit aktiver Redundanz, c) (1 von 2)-System mit Umschalter; $\lambda_k = 0\ h^{-1}$, d) (1 von 2)-System mit Umschalter; $\lambda_k = 10^{-4}\ h^{-1}$, e) (1 von 2)-System mit Umschalter; $\lambda_k = 10^{-3}\ h^{-1}$

Ausfallwahrscheinlichkeit redundanter Systeme 6: Überlebenswahrscheinlichkeit R für verschiedene Systeme; λ_k ist die Ausfallrate der Überwachungseinrichtung.

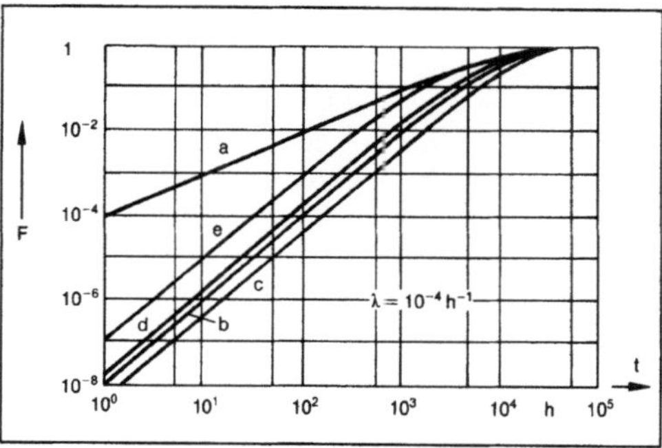

a) nicht redundante Einzelkomponente mit der Ausfallrate λ, b) (1 von 2)-System mit aktiver Redundanz, c) (1 von 2)-System mit Umschalter; $\lambda_k = 0\ h^{-}$, d) (1 von 2)-System mit Umschalter; $\lambda_k = 10^{-4}\ h^{-1}$, e) (1 von 2)-System mit Umschalter; $\lambda_k = 10^{-3}\ h^{-1}$

Ausfallwahrscheinlichkeit redundanter Systeme 7: Ausfallwahrscheinlichkeit F für verschiedene Systeme; λ_k ist die Ausfallrate der Überwachungseinrichtung.

Wahrscheinlichkeit, bei Anforderung auszufallen mit drei Versagern auf 100 Starts etwa genauso groß wie die Wahrscheinlichkeit, bei Betrieb innerhalb von sechs Stunden funktionsunfähig zu werden ($\lambda = 5 \cdot 10^{-3}\ h^{-1}$).

Aus diesen Gründen wird die zuschaltbare Reserve bei elektronischen Einrichtungen kaum verwendet. Sie wird nur dann eingesetzt, wenn die Komponenten sich abnutzen und durch Verschleiß ausfallen können (→Verfügbarkeit redundanter Systeme). *Schrüfer*

Literatur: *Birolini, A.:* Qualität und Zuverlässigkeit technischer Systeme. Berlin 1985. – *Görke, W.:* Zuverlässigkeitsprobleme elektrischer Schaltungen. Mannheim 1969. – *Green,*

A. E. u. *A. J. Bourne:* Reliability Technology. London 1977. – *Kuhlmann, A.:* Einführung in die Sicherheitswissenschaft. Köln 1981. – MBB: Technische Zuverlässigkeit. Berlin, Heidelberg 1977. – *Meyna, A.:* Einführung in die Sicherheitstheorie. München, Wien 1982. – *Preuß, H.:* Zuverlässigkeit elektronischer Einrichtungen. Ost-Berlin 1976. – *Rosemann, H.:* Zuverlässigkeit und Verfügbarkeit technischer Anlagen und Geräte. Berlin, Heidelberg 1981. – *Schaefer, E.:* Zuverlässigkeit, Verfügbarkeit und Sicherheit in der Elektronik. Würzburg 1979. – *Schneeweiss, W.:* Zuverlässigkeits-Systemtheorie, Methoden zur Beurteilung der Zuverlässigkeit technischer Systeme. Köln 1980. – *Schrüfer, E.:* Zuverlässigkeit von Meß- und Automatisierungseinrichtungen. München 1984. – VDI Handbuch Technische Zuverlässigkeit. VDI 4001–4010. Berlin, Köln.

Ausgangskennlinie. Kennlinie der Ausgangsgrößen (Strom, Spannung) eines elektronischen Bauelementes oder einer Schaltung mit Übertragungseigenschaften, z. B. →Gatter bei definierten Eingangsgrößen. Sie dient im Zusammenhang mit dem Lastelement und der Versorgungsspannung zur graphischen Ermittlung der Ausgangsbelastung und -leistung. *R. Paul*

Ausgangsleistung. Wirkleistung, die von den Ausgangsklemmen eines elektronischen Bauelementes oder einer elektronischen Schaltung (z. B. Gatter) an eine äußere Belastung abgegeben wird. Sie hängt von der maximalen →Verlustleistung des Ausgangsbauelementes, vom →Arbeitspunkt und der Anpassung ab und hat bei Leistungsanpassung ihren Maximalwert. *R. Paul*

Ausgangsleitwert. Kehrwert des →Ausgangswiderstandes.

Ausgangswiderstand.

1. Allgemein der nach dem →Ersatzschaltbild bestimmte Klemmenwiderstand zwischen den Ausgangsklemmen einer Schaltung (mit Übertragungseigenschaften) bei definierten Nebenbedingungen der übrigen Schaltungsklemmen.

2. Speziell bei steuerbaren elektronischen Bauelementen Widerstand nach 1. als Kenngröße bei leerlaufenden oder kurzgeschlossenen Eingangsklemmen. *R. Paul*

Ausheilen. In der Halbleitertechnologie werden verschiedene Ausheil- oder Temperschritte verwendet. Sie dienen entweder dazu, →Strahlenschäden, die während der →Dotierung von Halbleitern durch →Ionenimplantation entstehen, zu beseitigen oder zur Reduktion von Ladungszuständen in Oxiden oder an Oxid-Halbleiter-Grenzschichten.

Während der Ionenimplantation entstehen im Halbleiter zahlreiche Kristalldefekte und bei hohen Ionendosen kontinuierliche amorphe Schichten. Durch A. oder Tempern bei erhöhten Temperaturen erfolgt eine Rekristallisation des Kristallgitters und gleichzeitig ein Einbau der implantierten Ionen auf Gitterplätze. Typische Ausheiltemperaturen sind 900–1000 °C für Silicium, 450–650 °C für Germanium, 700–900 °C für GaAs. Bei hoher Temperatur geht das A. rascher vor sich als bei niedrigen Temperaturen. Oft läßt sich der Vorgang durch ein *Arrhenius*-Gesetz beschreiben (→Aktivierungsenergie); durch Wechselwirkung zwischen Dotierungsatomen und Defekten sowie abhängig von der →Löslichkeit der Fremdatome und der →Kristallorientierung können nichtlineare Defekte auftreten.

Das A. von Strahlenschäden (Bild 1) ist nicht nur temperatur- sondern auch konzentrationsabhängig. Darüber hinaus wurde gefunden, daß das A. und speziell die Rekristallisation von amorphen Schichten auch abhängig von Ionenart und Kristallorientierung sind. Beim isochronalen A. verbleibt die Probe für eine bestimmte Zeit (10–30 min) auf einer festen Temperatur.

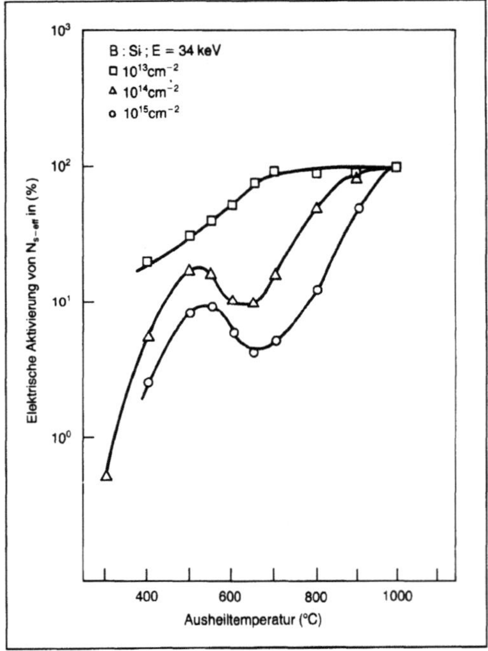

Ausheilen 1: Relative Zunahme der elektrischen Aktivierung als Funktion der Ausheiltemperatur für 10^{13}, 10^{14} und 10^{15} cm^{-2} Bor in Silicium. Die Ausheilzeit beträgt 10 min bei jeder Temperatur.

Praktisch mißt man Ausheilkurven, um die optimalen Ausheilbedingungen zu finden. Sehr häufig werden hierfür auch nichtelektrische Messungen, z. B. *Rutherford*-Rückstreumessungen, verwendet. Wesentlich seltener als isochronales wird isothermisches A. verwendet, obwohl es in manchen Fällen, wenn man in der Wahl der Temperatur eingeschränkt ist, vorteilhaft angewendet werden kann.

Beim isothermischem A. wird die Zeit variiert und die Temperatur konstant gehalten (Bild 2). Die isochronalen Ausheilkurven sind für die üblicherweise verwendeten Temperaturen so steil, daß keine Aktivierungsenergie bestimmt werden kann.

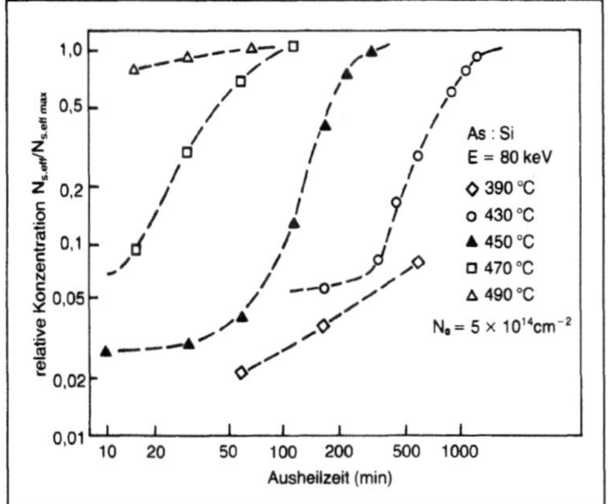

Ausheilen 2: Isothermische Ausheilkurven einer Arsenimplantation mit 80 keV und einer Dosis von 5×10^{14} cm^{-2} in Silicium für Temperaturen von 390–490 °C.

Während eines vollständigen Halbleiterfertigungsprozesses treten die unterschiedlichsten Temperaturbeanspruchungen auf, man spricht in der Summe von der gesamten thermischen Belastung (*engl.* thermal budget), die es zu minimieren gilt. Deshalb werden im steigenden Umfange Kurzzeitausheilverfahren (→Kurzzeitausheilen) verwendet.

Wählt man für das A. eine oxidierende Atmosphäre (→Oxidation), dann findet man

□ Umverteilung (Segregation und Verarmung, oder Anreicherung) der Dotierungselemente an der Grenzfläche

□ Sekundäre Kristalldefekte (→Gettern). Ähnliche Vorgänge sind zu erwarten, wenn das Ausheilen mit einer Silicid-Bildung verbunden ist. *Ryssel*

Literatur: *Ryssel, H.* und *I. Ruge:* Ionenimplantation. Stuttgart 1978.

Ausleseverfahren. Bei →Sensor-arrays fallen gleichzeitig viele äquivalente Sensordaten an. Das A. bestimmt, auf welche Weise und in welcher Reihenfolge die einzelnen Sensordaten abgefragt werden sollen. Die Abfrage kann sequentiell und parallel erfolgen, wobei die erstere erheblich mehr Zeit in Anspruch nimmt als die zweite. Zur Erfassung schnell veränderlicher örtlich verteilter Umweltparameter ist daher eine parallele Auslegung vorteilhaft.

Spezielle Arrays wie CCD-Sensoren erlauben eine besonders einfache sequentielle Auslesung. *Schaumburg*

Auslösezählrohr. A., die sog. →Geiger-Müller-Zählrohre, werden mit Spannungen betrieben, bei denen schon die Absorption eines einzigen Strahlenquants bzw. die Bildung eines einzigen Ionenpaars im empfindlichen Volumen die Entstehung einer Elektronenlawine bewirkt. Der Verstärkungsfaktor beträgt dabei 10^7 bis 10^{10}.

Je nach der Bauart wird zwischen zylindrischen Kammern mit einem dünnen Draht als Innenelektrode, Glockenzählrohren, d. h. Endfensterzählrohren mit dünnwandigem Strahleneintrittsfenster für die Messung energiearmer Beta- und Alphastrahlung, Doppelmantelzählrohren zur Messung durchlaufender Flüssigkeiten und Nadelzählrohren mit einem Durchmesser von wenigen mm usw. unterschieden. A. werden vorwiegend zum empfindlichen Nachweis von Röntgen- und Gammastrahlen höherer Energien im Strahlenschutz und weniger zur Dosimetrie benützt. Sie sprechen aber bei geeigneter Bauweise auch auf alle anderen ionisierenden Strahlungen an.

Dank ihrer großen Gasverstärkung erfordern A. relativ einfache Anzeigesysteme. Sie werden daher häufig im Strahlenschutz verwendet. Die Zuordnung des Meßwerts zur Meßgröße ist, insbesondere bei energiearmen Strahlungen, allerdings sehr energieabhängig und unterhalb 100 keV ohne Kenntnis des Spektrums der zu messenden Strahlung unmöglich. Oberhalb 150 keV Gamma-Strahlung sind A. für Strahlenschutzzwecke ausreichend energieunabhängig. Ihr Meßbereich reicht i. a. von etwa einigen µGy/h bis Gy/h.

Die Lebensdauer von A. ist mit Rücksicht auf irreversible Veränderungen im Zählgas auf etwa 10^{10} Impulse beschränkt. *Wachsmann*

Literatur: DIN 6818 Tl. 5: Strahlenschutzdosimeter, Zählrohr-Dosisleistungsmesser für Gamma- und Röntgenstrahlen. Hrsg. Dt. Inst. f. Normung. 1991 (in Bearbeitung).

Ausschaltreihenfolge. Beim Ausschalten – d. h. Abtrennen vom Netz – von Stromrichtern mit induktiver Last (z. B. Gleichstrommotoren) entstehen Überspannungen, die zur Beschädigung der eingebauten Leistungshalbleiter führen können. Daher ist beim Überschreiten bestimmter Induktivitätswerte eine A. einzuhalten. Vor dem Abtrennen vom Netz müssen die Zündimpulse in die ungefährliche Wechselrichtergrenzlage (→Steuerverfahren für Stromrichter) geschoben werden. *H. Stüben*

Aussteuerung. Amplitude (Strom, Spannung) mit denen sich der Strom-Spannungszusammenhang in einem elektronischen Bauelement um einen gewählten →Arbeitspunkt zeitabhängig ändert.

Nach der Aussteuerungshöhe unterscheidet man den Kleinsignalbetrieb mit linearem Strom-Spannungszusammenhang und den Großsignalbetrieb mit nichtlinearem Strom-Spannungszusammenhang. *R. Paul*

Austastlücke →Fernsehsystem

Austrittsarbeit. (*engl.* work function) Mindestenergie zur Auslösung eines Elektrons (→Leitungselektron) aus einem Metall.

Wenn sich Metallatome zu einem metallischen Festkörper verbinden, werden die äußeren Atomelektronen von ihrer atomaren Bindung befreit und können sich innerhalb des Festkörpers praktisch frei bewegen (Leitungselektronen). Kommen sie an die Oberfläche des Festkörpers, so hindert sie der dort vorhandene Energiewall von der Höhe der A., den Festkörper zu verlassen. Die Austrittsarbeit W ist die Differenz zwischen der elektrostatischen Energie $-e\Phi$ unmittelbar außerhalb des Festkörpers und der maximalen Gleichgewichtsenergie eines Elektrons im Innern (elektrochemisches Potential μ), $W = -e\Phi-\mu$. Beide Größen und damit auch die A. sind materialabhängig, wobei sich W typisch im Bereich einiger Elektronenvolt bewegt (Tabelle) ($1 eV = 1.6\ 10^{-19}$ Joule).

Austrittsarbeit. Tabelle: Werte einiger A.

Metall	W (eV)	Metall	W (eV)
Ag	4.51	Mo	4.26
Au	4.54	Na	2.27
Cr	4.74	Pt	5.30
Cs	1.87	Rb	2.13
Cu	4.39	W	4.51
Ir	5.03	Cs-Film	
K	2.15	auf W	1.36
Li	2.39	BaO-Paste	0.99

Da Φ auch von der Anordnung der Atome an der Oberfläche abhängt, ist W für verschiedene kristallographische Oberflächen eines Metalls verschieden (z. B. 4.9 eV für Ni(100) und 5.2 eV für Ni(111)). Stärker variiert Φ bei Adsorption von Fremdatomen an der Oberfläche, die dort eine Dipolschicht aufbauen. So kann z. B. die Adsorption von Cäsium auf Wolfram die A. um über 3 eV reduzieren.

Elektronen können die A. überwinden, d. h. werden vom Festkörper emittiert, wenn ihnen genügend Energie zugeführt wird. Dies kann thermisch, d. h. durch Erhitzen geschehen (Glühemission mittels Glühkathoden) oder durch Stoßanregung mittels von außen eingestrahlter Teilchen, z. B. Photonen (→Photoemission, →Photoeffekt). Der Elektronenaustritt kann auch durch starke elektrische Felder begünstigt werden, die die Austrittsarbeit reduzieren (→Feldemission). *Heinz*

Literatur: *Hölzl, J.* and *F. K. Schulte:* Work Functions of Metals. Solid Surface Physics, Springer Tracts in Modern Physics, Bd. 85, S. 1, Berlin 1979.

Auswahlschaltung. Eine A. besteht aus mindestens zwei parallelen Meß- oder Steuerkanälen und ggfs. einer logischen Schaltung, die eine (m von n)-Entscheidung trifft. Der bestimmungsgemäße Betrieb ist gewährleistet, solange von den vorhandenen n parallelen Kanälen mindestens m funktionsfähig sind. Die A. oder redundanten Schaltungen werden eingesetzt, um in Meß- und Automatisierungssystemen die unabhängigen zufallsbedingten Einzelausfälle zu beherrschen (→Redundanz).

Bei (1 von n)-Schaltungen nimmt die Wahrscheinlichkeit für das Versagen des Gesamtsystems (→Nichtanregung) mit der Zahl n der Kanäle ab (Tabelle). Gleichzeitig steigt jedoch die Wahr-

Auswahlschaltung. Tabelle: Funktions- und Ausfallwahrscheinlichkeit für verschiedene A.

	w(Funktion) R	W(Ausfall) F	Nichtanregung	Fehlanregung
(1 von n)-System				
Funktion bei 1 von n			nicht	wahrscheinlich
Ausfall bei n von n			wahrscheinlich	
(1 von 2)-System	$1 - p^2$	p^2		
(1 von n)-System	$1 - p^n$	p^n		
(m von n)-System				
Funktion bei (m von n)			ausfalltolerant	ausfalltolerant
Ausfall bei ([n − m + 1] von n)				
(2 von 3)-System	$1 - 3p^2 + 2p^3$	$3p^2 - 2p^3$		

q = Funktionswahrscheinlichkeit einer Komponente
p = 1 − q = Ausfallwahrscheinlichkeit einer Komponente

scheinlichkeit für eine →Fehlanregung. Die einfachste Schaltung, die sowohl gegen Nichtanregung als auch gegen Fehlanregung schützt, ist die (2 von 3)-Auswahlschaltung (Bild). Da hier eine Maßnahme nur ausgeführt wird, wenn mindestens zwei Geräte das entsprechende Signal liefern, bleibt die Nicht- und die Fehlanregung einer Einheit ohne Folgen. Das (2 von 3)-System ist in beiden Ausfallrichtungen fehlertolerant (→Ausfallwahrscheinlichkeit redundanter Systeme, →Verfügbarkeit redundanter Systeme). *Schrüfer*

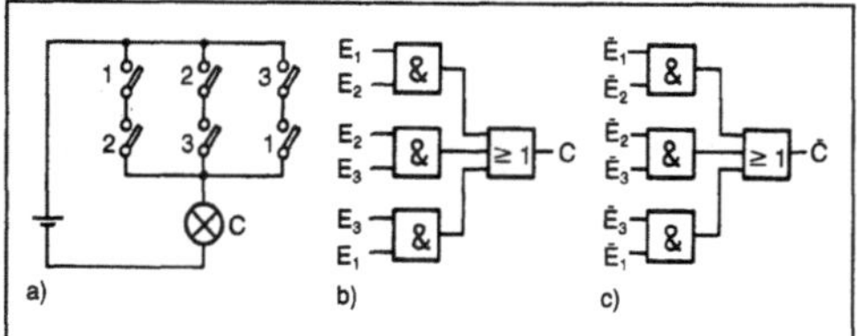

Auswahlschaltung: Prinzip einer (2 von 3)-Schaltung (a) mit Erfolgsbaum (b) und Fehlerbaum (c); $C = (E_1 \wedge E_2) \vee (E_2 \wedge E_3) \vee (E_3 \wedge E_1)$.

Autodoping. Unter A. versteht man die unerwünschte →Dotierung von epitaktischen Schichten (→Epitaxie). Dieser Effekt tritt insbesondere bei der →Gasphasenepitaxie auf und macht abrupte Übergänge der Dotierung unmöglich. Für das A. gibt es verschiedene Ursachen: Zum einen können Dotieratome des hochdotierten Substrats (→Halbleiterscheibe) während des Epitaxieprozesses in die aufgewachsene Epitaxieschicht diffundieren, zum anderen können Dotieratome aus der Scheibenrückseite zu anderen Scheiben diffundieren und in die Epitaxieschicht eingebaut werden. Eine weitere Möglichkeit ist das Abdampfen von Dotieratomen aus Komponenten des Epitaxiereaktors, z. B. aus

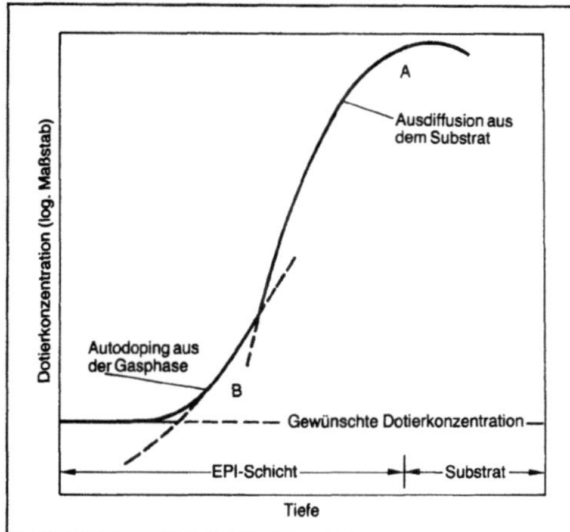

Autodoping: Dotierprofil einer epitaktischen Schicht unter Berücksichtigung der beiden Mechanismen des A.-Effekts.

dem Substratträger. Dieser Effekt ist besonders ausgeprägt, wenn nacheinander hochdotierte und niedrigdotierte Epitaxieschichten hergestellt werden. Autodoping begrenzt die herstellbare Schichtdicke nach unten (Bild). *Ryssel*

Autonotfunk. Zur Verbesserung der Notfallmeldung im Straßenverkehr, insbesondere aus abgelegenen Gebieten, ist der A. geschaffen worden. Dieses Funksystem setzt sich aus drei Komponenten zusammen: dem Notfunkgerät im Fahrzeug, den Peil/Relaisstationen und den Rettungsleitstellen. Der manuell oder automatisch ausgelöste Notruf wird über Relaisstellen der Leitstelle zugeführt. Die gleichzeitige Peilung durch mehrere Relaisstellen ermöglicht die Standortbestimmung des verunglückten Fahrzeugs.

Fahrzeugunfälle in abgelegenen Gebieten führen in vielen Fällen deshalb zu Todesfällen, weil die Verunglückten zu spät aufgefunden werden. Eine Verbesserung der Notfallmeldung im Straßenverkehr soll durch den A. erreicht werden. Hierbei handelt es sich um ein Funksystem, welches die Kommunikation zwischen dem Verunglückten – gegebenenfalls auch ohne dessen Mitwirkung – und Rettungsleitstellen ermöglicht (Bild 1).

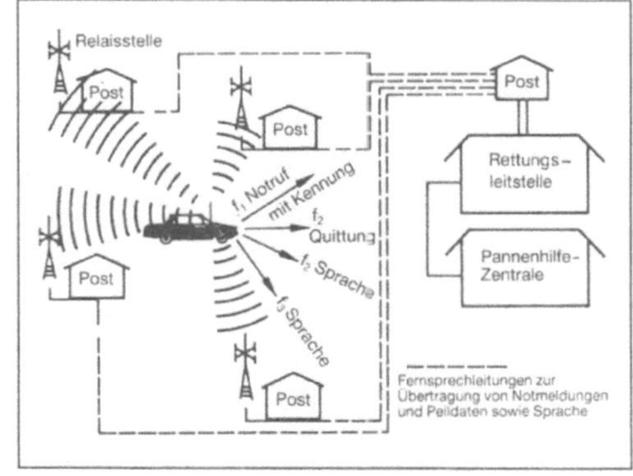

Autonotfunk 1: Prinzipieller Aufbau eines A.-Netzes.

Im Unglücksfall wird fahrzeugseitig manuell oder automatisch auf der Frequenz f_1 ein digitalisierter Notruf mit Kennung ausgelöst. Dieser wird von einer oder von mehreren Relaisstellen aufgefangen und gepeilt. Notruf wie Peilergebnis werden der Rettungsleitstelle automatisch über Fernsprechleitungen zugeleitet (Leitungstelegramm) (Bild 2). Über einen zweiten Funkkanal (f_2) quittiert die Leitstelle den Notruf und spricht gegebenenfalls den Notmeldenden direkt an. Sofern dieser zur Antwort fähig ist, wird er auf einen dritten (gerasteten) Kanal f_3 sprechen. Sein Standort ist in der Zwischen-

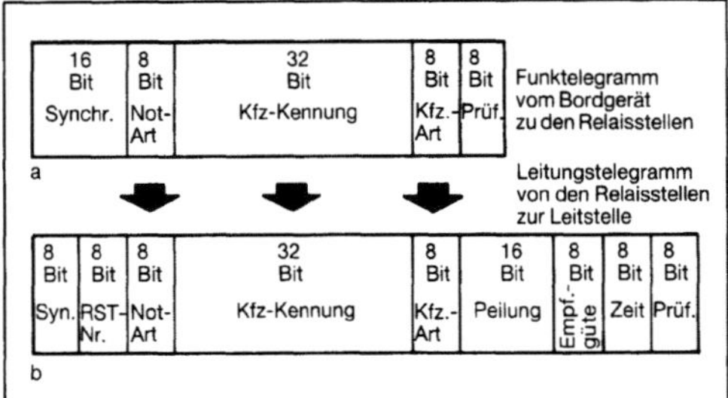

Autonotfunk 2: Zusammensetzung der Funk- und Leitungstelegramme.

zeit durch Schnittpeilung (Triangulation) aus den Peilwerten mindestens zweier Relaisstellen ermittelt worden. Demzufolge ist die Leitstelle in der Lage, Rettungsmaßnahmen zielgerichtet einleiten zu können. Für leichtere Unfälle (Pannen) wird die Leitstelle die Pannenhilfe-Zentrale heranziehen.

Kümmritz

Autoplacement. Funktion eines Layout-Systemes: Automatische Plazierungsvorgabe für die einzelnen Elemente einer Schaltung (Schaltelemente beim IC-Layout, Bausteine beim Baugruppenlayout) auf dem Träger der Schaltung (Halbleitermaterial bzw. Leiterplatte). In der Regel wird das A. so durchgeführt, daß die nachfolgende →Verdrahtung optimal, d. h. mit minimalen Verbindungslängen und min. Zahl an Durchkontaktierungen durchgeführt werden kann (→Routing). *K. Winter*

Autorouting. Funktion eines Layout-Systemes: Automatische Verdrahtung der einzelnen Layout-Elemente unter Berücksichtigung der geometrischen Randbedingungen und sonstiger Regeln (z. B. Vorgabe bestimmter Layer) u. U. über mehrere Layout-Ebenen (mit Durchkontaktierungen) hinweg. Für das A. gibt es von verschiedenen Herstellern bestimmte Algorithmen, die sich hinsichtlich der Qualität und Vollständigkeit der →Verdrahtung, sowie des Zeitbedarfes unterscheiden.

K. Winter

Autotelefon. Das im Rahmen des öffentlichen beweglichen Landfunks (öbL) betriebene A. ermöglicht die Einbindung des mobilen Verkehrsteilnehmers (Kfz) in das öffentliche Fernsprechnetz („Mobilfunk").

Dem Wunsch, Telefongespräche aus einem bewegten (Land)Fahrzeug führen zu können, konnte durch Ausweitung des UKW-Funks bereits 1950 entsprochen werden. Im Fahrzeug installierte kompakte Sende-/Empfangsgeräte (S/E-Geräte) mit Antenne und Handbedienapparat (Bild) ermöglichen seitdem die UKW-Funkverbindung – gegenwärtig mit einer Frequenz von 460 MHz – zu den Überleitstellen des öffentlichen Fernsprechnetzes. Letztere, mit vorgeschaltetem leistungsstarken S/E-Gerät ausgerüstet, stellen die Übergangsstationen Funk/Draht bzw. Draht/Funk dar. Ihre netzartige Verteilung im Lande – Funkzonen – ist der Reichweite der relevanten Funkverbindungen angepaßt. Sie garantiert die einwandfreie Abwicklung des Funktelefon-Verkehrs von jedem Punkt des Landes aus. Seit 1971 wird er als Selbstwählverkehr vom und zum Fahrzeug durchgeführt.

Nach Kapazitätsausschöpfung des von der Deutschen Bundespost (DBP) eingerichteten Autotelefonnetzes B steht ab 1986 den Teilnehmern das Netz C, hochautomatisiert und prozessorgestützt, zur Verfügung. Im Endausbau weist es eine Kapazität von 200 000 Teilnehmeranschlüssen auf.

Die in Hinblick auf Internationalisierung des Netzes (→Europäisches Autotelefon-System) und Kapazitätserweiterung notwendige Weiterentwicklung des C-Netzes hat inzwischen zu den Netzen D1 und D2, beide identisch, geführt. Sie zeichnen sich bei angehobener Betriebsfrequenz (900-MHz-Band) vor allem durch konsequente Anwendung der Digitaltechnik aus.

Die Internationalisierung dieses neu konzipierten Netzes ist in Verbindung mit dem European public mobile radio (Europäisches Autotelefon-System) zu sehen. Durch Harmonisierung der europäischen nationalen Netze wird der einheitliche A.-Betrieb

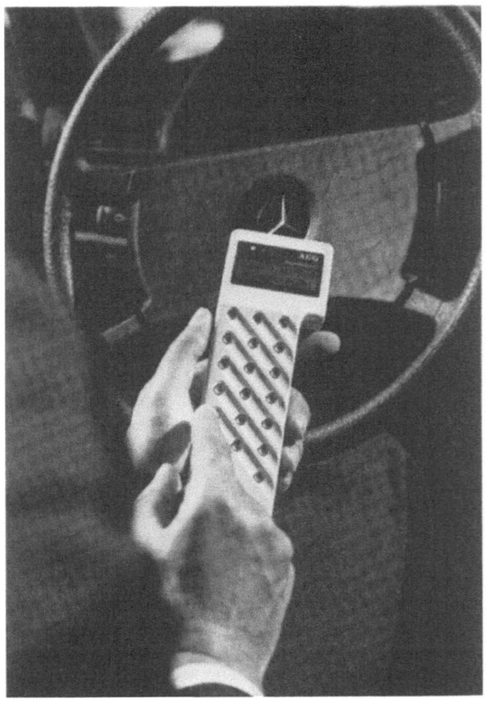

Autotelefon: A.-Handapparat. (Quelle: AEG)

innerhalb Europas verwirklicht. Dem europäischen mobilen Nutzer steht damit die Funk/Draht-Verbindung zu jedem Fernsprechteilnehmer in Europa offen. *Kümmritz*

Auto-Zero-Technik. In →Operationsverstärkern und Komparatoren stört für manche Anwendungen (z. B. in →A/D-Wandlern) die Eingangsoffsetspannung. Prinzipiell ist es schaltungstechnisch möglich, einen Festwert zu kompensieren, schwieriger jedoch, Veränderungen über kürzere Zeiträume auszugleichen. Abhilfe schafft der automatische kontinuierliche Nullabgleich, der besonders in MOS-Operationsverstärkern wegen des hohen Eingangswiderstandes verwendet wird. Man lädt dazu einen Kondensator mit der →Offsetspannung während einer Ladezeit auf und schaltet diesen geladenen Kondensator während der Betriebsphase antiseriell zum Eingang. Dadurch ergibt sich ein Gesamt-Offset von Null.

Bild 1a zeigt die Anordnung des Operationsverstärkers OP mit Offsetspannung. Im ersten Ladeschritt wird der OP als „1"-Verstärker geschaltet, so daß U_{OF} am Ausgang auftritt und den Kondensator C lädt (Bild 1b). Während der Betriebsphase liegt der Kondensator umgepolt in Reihe zum Eingang.

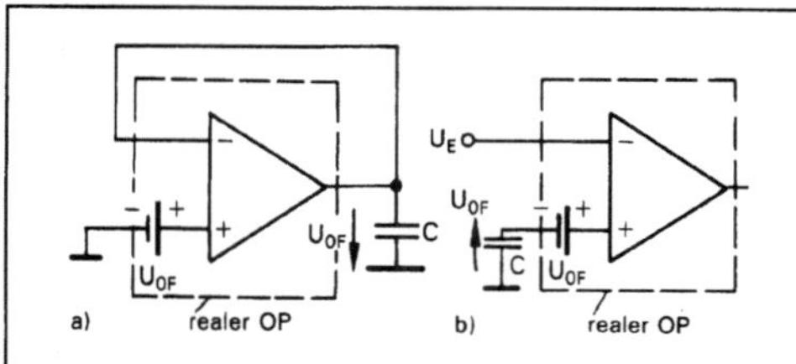

Auto-Zero-Technik 1: Operationsverstärker zur Kompensation
a) mit Offsetspannung
b) mit Ladekapazität.

Bild 2 zeigt eine praktische Schaltung mit →MOSFET als Schalter. Zum Laden sind die Transistoren Φ_1 geschlossen (Φ_2 offen), und es ergibt sich Schaltung 1. Anschließend wird Schalter Φ_2 eingeschaltet (Φ_1 aus) und die Schaltung arbeitet im Verstärkerbetrieb.

Die A.-Z.-T. ist heute bei Präzisions-OP weit verbreitet und wird schaltungstechnisch in zahlreichen Varianten durchgeführt. *R. Paul*

Avalanche-Diode →Halbleiterdiode.

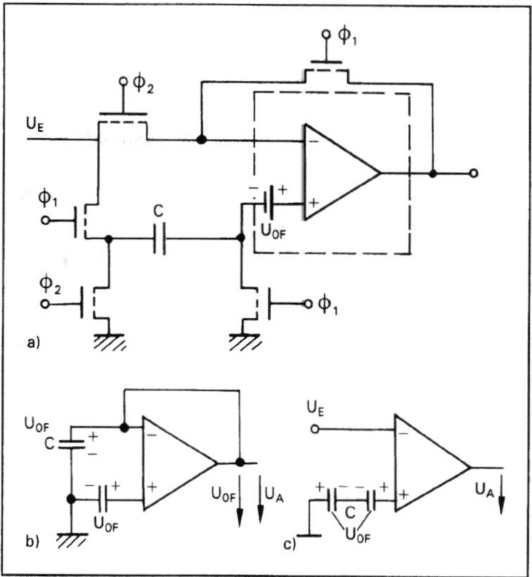

Auto-Zero-Technik 2: Schaltungsanordnungen der A.-Z.-T.
a) Anordnung
b) Schaltung während des Φ_1-Taktes
c) Schaltung während des Φ_2-Taktes.

Avalanche-Effekt. (auch Lawineneffekt). Vervielfachung von freien Ladungsträgern in Gasen und Halbleitern durch Stoßionisation. Dabei werden freie →Ladungsträger durch ein anliegendes elektrisches Feld beschleunigt, entnehmen ihm Energie und erreichen bei hoher Feldstärke (Durchbruchfeldstärke) schließlich eine so hohe Geschwindigkeit, daß sie bei Zusammenstößen mit Atomen in der Lage sind, diese zu ionisieren, also freie Ladungsträger durch Stoßionisation zu erzeugen. Diese neu erzeugten Ladungsträger wiederum unterliegen dem gleichen Vorgang, erzeugen also wiederum durch Stoßionisation neue Ladungsträger, so daß der Vorgang lawinenartig anwächst. Das Auftreten des Lawineneffektes ist mit einem starken Stromanstieg verbunden, der gewöhnlich zur Zerstörung des Bauelementes (zweiter →Durchbruch) führt, sofern er nicht durch die äußere Schaltung begrenzt wird. Hohe elektrische Feldstärken treten besonders in gesperrten pn-Übergängen bei höheren Sperrspannungen auf. Deswegen neigen diese typischerweise zum Lawineneffekt.

Der Lawineneffekt wird in einer Reihe von Halbleiterbauelementen technisch ausgenutzt (→Avalanche-Diode, Avalanche-Transistor, Avalanche-Photodiode, →Impatt-Diode u. a.). *R. Paul*

Avalanche-Photodiode (APD) →Lawinenphotodiode, →Photodiode.

B

B-Betrieb →Gegentaktschaltung

Back End. Unter B.E versteht man den Teil der Halbleiterfertigungslinie, in dem die im →Front End hergestellten Scheiben zu fertigen Halbleiterbauelementen weiterverarbeitet werden. Dies umfaßt →Sägen, →Kontaktierung, →Gehäusung, →Verpressen und →Testen.

Im B.E werden die fehlerhaften Chips durch Messen der elektrischen Daten am Eingang (→Waferprober) und fehlerhaften Bauelemente am Ausgang durch eine →Funktionsprüfung aussortiert. Eventuell schließt sich ein Burn-in (→Qualitätsklassen) Schritt zur Erhöhung der Zuverlässigkeit an. Auch im B.E.-Bereich werden zunehmend Reinraumbedingungen (Klasse 1 000 bis 100 000) erforderlich, um die →Ausbeute zu erhöhen. *Ryssel*

Badewannenkurve. Der Verlauf der →Ausfallrate elektronischer Komponenten in ihrer Abhängigkeit von der Zeit wird oft anhand der B. (Bild) diskutiert. Die Kurve gliedert sich in drei Bereiche.

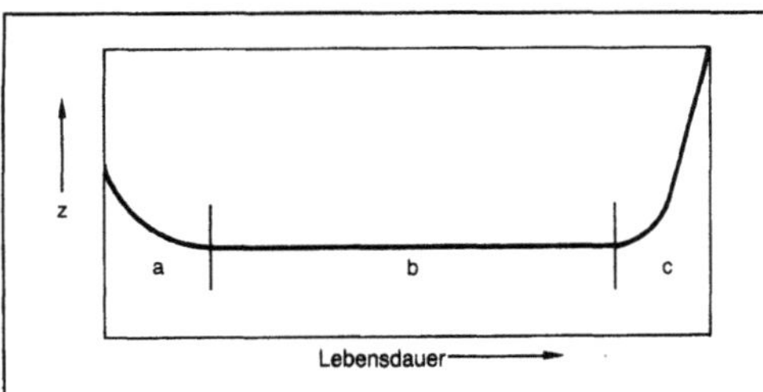

Badewannenkurve: Verlauf der Ausfallrate.

Der Bereich a zeigt die mit der Zeit abnehmende Ausfallrate der Frühausfälle (*engl.* infant mortality). Frühausfälle treten auf, falls Material- oder Fertigungsfehler im Prüffeld unentdeckt geblieben sind. Die Ausfallrate stabilisiert sich, sobald die vorgeschädigten Komponenten ausgefallen sind. Dies ist bei diskreten Bauelementen nach einigen hundert Stunden, bei integrierten Schaltkreisen etwa nach einigen Monaten der Fall.

Der Bereich b kennzeichnet die Nutzungsdauer der Bauelemente. In dieser Phase werden die Ausfälle als Zufallsereignisse aufgefaßt (→Exponentialverteilung). Die dabei niedrige, von der Zeit unabhängige Ausfallrate hängt ab von den Betriebs- und Umgebungsbedingungen. Sie bleibt nach theoretischen Überlegungen konstant für etwa 30 bis 50 Jahre, bis dann (Bereich c) die vermuteten, praktisch aber noch nicht beobachteten Verschleißausfälle auftreten (→Weibull-Verteilung).

Wegen der potentiellen Frühausfälle und der sehr spät erst einsetzenden Verschleißausfälle empfiehlt sich bei elektronischen Komponenten keine vorbeugende Wartung. *Schrüfer*

Bahnspeisegleichrichter. B. dienen zur Stromversorgung von elektrischen Bahnen mit Gleichstrom-Fahrmotoren. Sie werden über einen Trenntransformator mit Drehstrom aus den Mittelspannungsnetzen der allgemeinen Stromversorgung gespeist.

Die →Gleichrichter werden mit Silicium-Leistungsdioden in Drehstrombrückenschaltung (→Stromrichterschaltungen) ausgeführt. Die Auslegung richtet sich nach der Motorspannung (660 bis 1 500 V) und den Kurzschlußverhältnissen (Kurzschlußbeanspruchung im Netz und Überlastbedingungen). *H. Stüben*

Literatur: *Müller, S.:* Elektrische und dieselelektrische Triebfahrzeuge. Basel – Stuttgart–Boston 1979.

Balloneffekt. Druckmembranen sollen in ihrem Spezifikationsbereich einen möglichst linearen Zusammenhang zwischen der Auslenkung und dem wirksamen Druck aufweisen. Aufgrund der Wölbung mit ihrer ungleichmäßigen Dehnungsverteilung vergrößert sich die Oberfläche der Membran unter Druckeinwirkung. Zum Bau eichfähiger Druckmembranen mit hoher Nullpunkt-Stabilität und Linearität der Auslenkung wird darauf geachtet, daß die neutrale, d. h. nur gering verformte Fläche innerhalb der Membran liegt. Sobald eine insgesamte Zugdehnung auftritt, verfälscht der B. die Kennlinie. *Hieber*

Bananensteckverbinder. B. besitzen mehrere bogenförmig gekrümmte Kontaktfedern am Steckerteil. Diese sind konzentrisch um einen Stift angeordnet, so daß auch bei schrägem Stecken die dünnen Federn vor Überlastung geschützt sind. Die B. eignen sich für robuste und häufige Betätigung, wie sie z. B. im Labor für Meß- und Prüfsteckverbinder gefordert werden. *Pagnin*

Band. In einem Festkörper besitzen bewegliche Teilchen (z. B. Elektronen) Energien, die sich zu kontinuierlich zusammenhängenden Bereichen, sog. Bändern anordnen lassen.

Der Name resultiert aus dem Gegensatz zu den von den Atomen bekannten diskreten Energieniveaus der Elektronen, die sich beim Zusammenbau von Atomen zum Festkörper verbreitern und in diesem Sinn zu Energiebändern werden. Man spricht im engeren Sinne auch von erlaubten Bändern, im Gegensatz zu den Energiebereichen dazwischen, den verbotenen Bändern. Elektronen können keine Energie dieses Bereichs annehmen. Auf der Energieachse wechseln sich daher erlaubte und verbotene Bänder ab. Ist jeder Energiezustand eines B. von einem Elektron besetzt, so spricht man von einem gefüllten B. Wenn die Verbreiterung der ursprünglich diskreten Niveaus so groß ist, daß sich von benachbarten Bändern zwei überlappen und somit das verbotene B. verschwindet, so spricht man von Bandüberlappung.

Dieses →Bändermodell ist zwar für Elektronen am gebräuchlichsten, aber auch sinngemäß für andere (Quasi)Teilchen des Festkörpers (z. B. →Phononen) anwendbar. Die Abhängigkeit der Energie vom Impuls eines (Quasi)Teilchens bezeichnet man als →Bandstruktur. *Heinz*

Band, erlaubtes →Band, →Bändermodell

Band, gefülltes →Band, →Bändermodell

Band, verbotenes →Band, →Bändermodell

Bandabstand. Im allgemeinen energetischer Abstand zwischen zwei erlaubten Bändern eines Festkörpers (→Band). Er gibt also die Breite des verbotenen Bands dazwischen an.

Bezogen auf Halbleiter bezeichnet der B. den Abstand zwischen dem bei tiefen Temperaturen obersten voll besetzten Band (→Valenzband) und dem untersten leeren Band (→Leitungsband). Auch die Bezeichnung Bandlücke (*engl.* gap) ist gebräuchlich (→Bändermodell). *Heinz*

Band-Band-Übergang. Übergang eines Elektrons von einem →Energieband eines Festkörpers (→Band) in ein anderes ohne Umweg über ein Störstellenniveau (auch Interbandübergang). Wenn dabei der Impuls des Elektrons erhalten bleibt, spricht man von einem direkten Übergang, sonst von einem indirekten Übergang. *Heinz*

Bandbreite. Bei Lichtwellenleitern wird die Frequenz, bei der die Modulationsamplitude auf die Hälfte des Wertes bei der Modulationsfrequenz f = 0 gesunken ist, als Bandbreite B (3dB-B.) bezeichnet.

Wird sinusförmig in der optischen Leistung moduliertes Licht über eine Glasfaser übertragen, nimmt die Amplitude wegen der →Dispersion mit der Modulationsfrequenz ab (Bild 1); der →Lichtwellenleiter verhält sich wie ein Tiefpaß. Die B. ist ebenso wie die Dämpfung ein wichtiges Kriterium für die Eigenschaften eines optischen →Übertragungssystems. Die Umrechnung von Impulsantwort in B. erfolgt über die Fouriertransformation. Für gaußförmige Impulse (Bild 2) erhält man den einfachen Zusammenhang:

$$B = 0{,}44/t_{fwhm},$$

wobei t_{fwhm} die Halbwertsbreite (Full Width Half, Maximum-Breite) des Impulses bedeutet.

Die Übertragungskapazität einer Faser wird durch das Bandbreiten-Längen-Produkt charakteri-

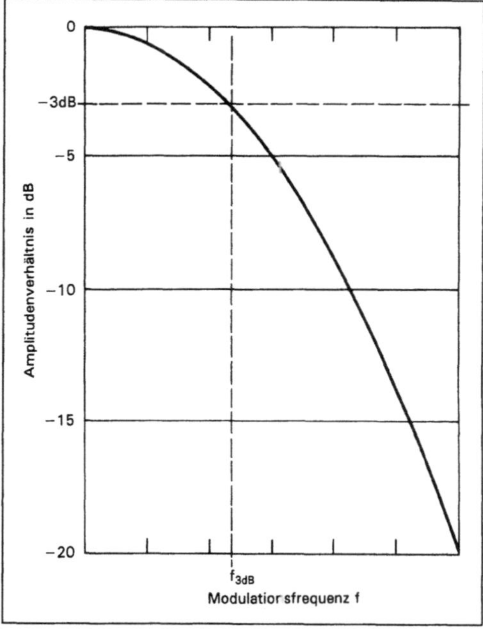

Bandbreite 1: Zur Definition der 3 dB-B. eines Lichtwellenleiters

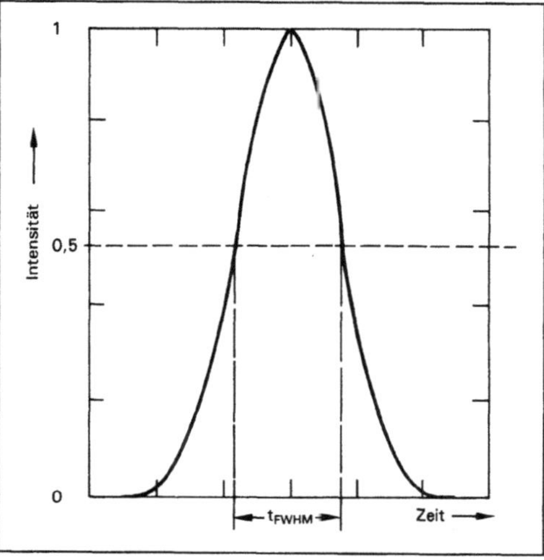

Bandbreite 2: Zur Definition der Halbwertsbreite

siert. Ist die spektrale Breite des optischen Trägers sehr viel kleiner als die Signalbandbreite B, so gilt in der Nähe des Dispersionsminimums bei λ_0

$(B_{max})^3 \cdot L = \text{const.}$,

für Wellenlängen diesseits und jenseits von λ_0

$(B_{max})^2 \cdot L = \text{const.}$

Ist die spektrale Breite des optischen Trägers viel größer als die Signalbandbreite, erhält man in der Nähe des Dispersionsminimums die Beziehung

$(B_{max})^2 \cdot L = \text{const.}$

und diesseits und jenseits von λ_0

$(B_{max}) \cdot L = \text{const.}$

mit B_{max}: maximale B. in Hz, L: Länge in km. Für digitale Übertragungsstrecken wird das Bitraten – Längen – Produkt angegeben.

In Bild 3 ist das Bandbreiten-Längen-Produkt in Abhängigkeit von der Wellenlänge für verschiedene Fasertypen und unterschiedliche spektrale Breiten des Senders dargestellt: Das Bandbreiten-Längen-Produkt von Stufenfasern ist von der Wellenlänge unabhängig, während Gradientenfasern ebenso wie Standardmonomodefasern ein Maximum im Bereich von 1,3 µm aufweisen.

Bei Einmodenfasern muß zur Angabe des Bandbreiten-Längen-Produktes jeweils auch die spektrale Breite des verwendeten Lasers bekannt sein. Daher wird die B. von Monomodefasern in der Regel durch den Dispersionkoeffizienten angegeben.

Für den Wellenlängenbereich 1,45 µm – 1,60 µm, in dem das Dämpfungsminimum liegt, bieten moderne dispersionsverschobene Monomodefasern in Verbindung mit schmalbandigen Halbleiterlasern eine potentielle B. von mehr als 10^5 GHz. *Krauser*

Literatur: *Grau/Freude:* Optische Nachrichtentechnik. Berlin-Heidelberg 1991 – Desurvire: Signalverstärkung in Lichtleitern. Spektrum der Wissenschaft. 3 (1992) S. 36–44.

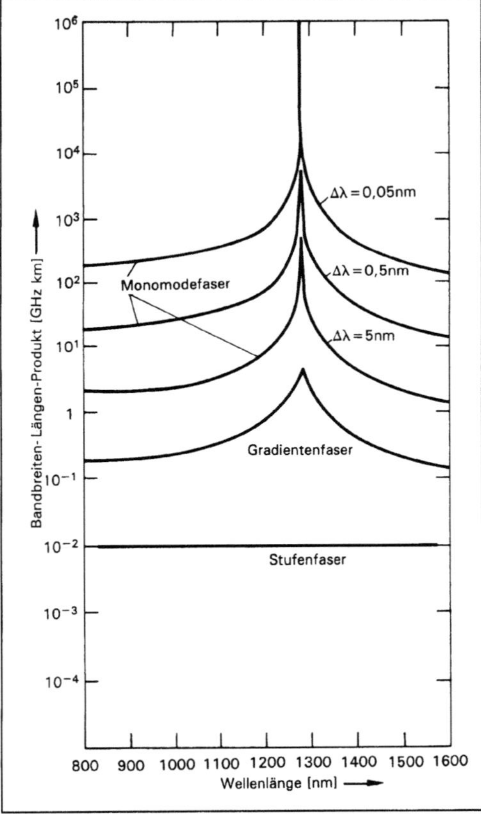

Bandbreite 3: Bandbreiten – Längen – Produkt in Abhängigkeit von der Wellenlänge einer Stufenfaser, einer Gradientenfaser sowie einer Standard-Monomode-Faser für verschiedene spektrale Breiten des optischen Senders

Bandeinheit →Magnetbandeinheit

Bändermodell. Modell zur Beschreibung der elektronischen Zustände in Festkörpern. Ähnlich wie in einem Atom lassen sich auch in einem kristallinen Festkörper die Elektronen annähernd durch Einelektronenzustände beschreiben. Dabei kann man gedanklich von den Energieniveaus des Einzelatoms ausgehen und bringt die Atome dann bis auf ihren Kristallabstand zusammen (Bild 1). Dabei wechselwirken zumindest die Elektronen der äußeren Schalen miteinander, so daß die zugehörigen atomaren Energieniveaus aufspalten (ähnlich der Frequenz bei der Kopplung von Pendeln). Da die Anzahl der wechselwirkenden Atome sehr groß ist, liegen die Aufspaltungsterme eines ursprünglich atomaren Elektronenniveaus sehr dicht, man kann sie zu quasikontinuierlichen (erlaubten) Bändern zusammenfassen, die nun die Elektronenzustände des »Riesenmoleküls« Festkörper beschreiben. Aufgrund der Vielfachwechselwirkungen bewegt sich jedes Bandelektron im gemeinsamen periodi-

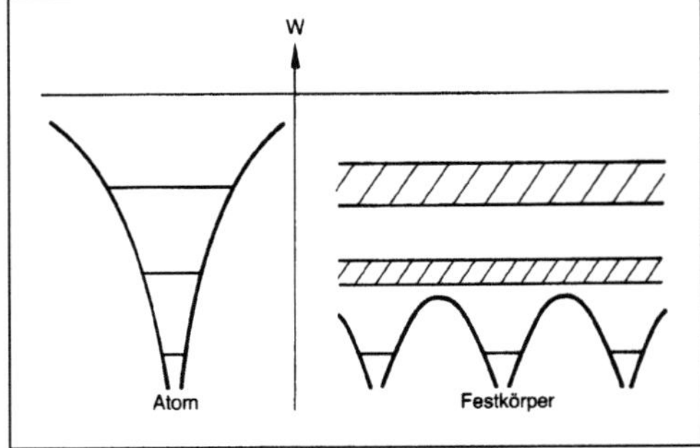

Bändermodell 1: Aufspaltung der Energieniveaus des Atoms zu Bändern im Festkörper.

schen Potential der Atomrümpfe, das durch die übrigen Elektronen teilweise abgeschirmt wird (Einelektronennäherung). Ein Bandelektron kann daher nicht mehr einem einzelnen Atom zugeordnet werden, es befindet sich in einem delokalisierten Zustand und kann sich im ganzen Festkörper frei bewegen. Im Falle der Besetzung der Bänder mit Elektronen führt dies daher zur elektrischen →Leitfähigkeit.

Der Bereich zwischen zwei erlaubten Bändern heißt verbotenes Band oder auch →Bandlücke bzw. gap (*engl.*). Die typische Breite erlaubter und verbotener Bänder liegt im Bereich von eV. Benachbarte Bänder können auch überlappen. Tief liegende atomare Energieniveaus spalten infolge fehlender Wechselwirkung mit Nachbaratomen nicht auf, ihre Elektronenzustände bleiben lokalisiert.

Die Besetzung von Zuständen bei der Energie W richtet sich dem *Pauliprinzip* gehorchend nach der *Fermi*-Verteilung bei der Temperatur T,

$$f(W) = (1 + \exp((W - W_F)/kT))^{-1}.$$

(k = Boltzmann-Konstante)

Die Summen aller besetzten Zustände muß mit der Gesamtelektronenzahl übereinstimmen, was die *Fermi*-Energie W_F festlegt (auch *Fermi*-Niveau oder *Fermi*-Grenze). Die Wahrscheinlichkeit, einen Zustand bei $W = W_F$ zu besetzen, beträgt ½. Liegt W_F zwischen zwei erlaubten Bändern im verbotenen Band (Bild 2), so heißt das untere erlaubte Band →Valenzband, das obere →Leitungsband. Der Abstand zwischen dem obersten Valenzbandniveau und dem untersten Leitungsbandniveau (Bandkanten) heißt →Bandabstand. Bei der Temperatur T = 0 ist das Valenzband voll gefüllt, das Leitungsband leer.

Ein volles Band kann zur elektrischen Leitfähigkeit nichts beitragen, da die Bewegung der Elektronen eine Energieaufnahme erfordert und dazu keine freien Zustände vorhanden sind. Bei T = 0 sind

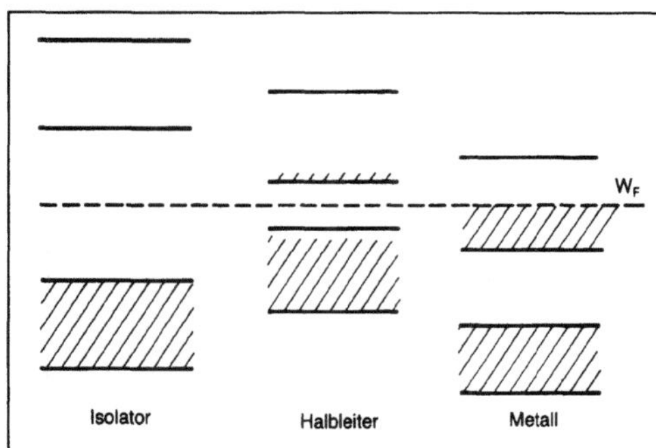

Bändermodell 2: Lage der Fermigrenze W_F und der Bandkanten bei Isolator, Halbleiter und Metall. Schraffierte Bereiche entsprechen besetzten Zuständen.

daher Festkörper mit der →Fermi-Energie im verbotenen Band elektrisch nicht leitend. Bei erhöhter Temperatur gelangen Elektronen durch thermische Anregung ins Leitungsband, was jedoch in nennenswertem Maße entsprechend der Verteilungsfunktion f(W) nur bei Festkörpern mit nicht zu großem Bandabstand, den Halbleitern, geschieht. Ihre Abgrenzung zu Festkörpern mit größerem Bandabstand, den Isolatoren, ist daher unscharf. Durch Einbau von Fremdatomen können im verbotenen Band zusätzliche Energieniveaus auftreten, die zur Störleitung führen und eine exakte Differenzierung noch mehr erschweren. Eine sehr grobe Grenze liegt bei einem Bandabstand von etwa 2.5 eV.

Liegt die Fermi-Energie in einem erlaubten Band, so handelt es sich um ein Metall (Bild 2). Dies ist der Fall, wenn sich Valenz- und Leitungsband überlappen (Erdalkalimetalle und Halbmetalle) oder wenn jedes Atom eine ungerade Zahl von Elektronen beisteuert, so daß keine vollständige Bandfüllung auftreten kann (Alkali- und Edelmetalle). Das Band ist bei T = 0 genau bis zur Fermi-Energie gefüllt, so daß auch dann noch eine große Zahl beweglicher Elektronen zur elektrischen Leitung zur Verfügung steht. Die Bewegung der Elektronen im Festkörper wird durch die →Bandstruktur beschrieben.

Das Konzept des Bändermodells kann auch auf nichtkristalline Substanzen ausgedehnt werden, jedoch geht dabei die Existenz scharfer Bandränder in der →Zustandsdichte verloren. Statt dessen stellt sich eine Grenze zwischen lokalisierten und delokalisierten Zuständen ein (Beweglichkeitskante).

Heinz

Literatur: *Hellwege, K. H.*: Einführung in die Festkörperphysik. Berlin 1976. – *Ibach, H.* u. *H. Lüth:* Festkörperphysik, Berlin 1990.

Bandkabelsteckverbinder. B. dienen zur Verbindung von Bandkabeln mit fest eingebauten Steckern auf Leiterplatten, Baugruppen u. ä. Die elektrische Verbindung zwischen Bandkabel und Stecker wird durch die Schneidklemmanschlüsse hergestellt. Die Schneidklemmen sind dabei so in einer Ebene angeordnet, daß nach dem Einlegen des Bandkabels alle Anschlüsse mit einem Preßvorgang gleichzeitig hergestellt werden. B. werden bevorzugt in den Geräten der Datenverarbeitung, Nachrichtenübertragung und der Regel- und Steuerungstechnik eingesetzt. *Pagnin*

Bandkante. Scharfer Abschluß am oberen oder unteren Ende eines Energiebands von Festkörperelektronen (→Band, →Bändermodell). Der Abschluß ist nur für kristalline Festkörper scharf, bei amorphen Substanzen ist er kontinuierlich.

Die Bezeichnung B. wird auch für die Energie benutzt, bei der die optische Absorption von Halbleitern oder Isolatoren als Funktion der Photonenenergie scharf einsetzt. Dieser Einsatz ist mit dem →Band-Band-Übergang verknüpft, der bei dieser Energie durch Zufuhr der Photonenenergie an ein Elektron des unteren Bandes erstmals möglich wird. *Heinz*

Verschiebung durch Temperatur. Die Bandkantenenergie, d. h. der Abstand zwischen den B. von Valenz- und Leitungsband eines Halbleiters hängt genau genommen von der Temperatur ab, d. h. die Bandkantenenergie verschiebt sich mit der Temperatur. So ergibt sich z. B. für Si bei Zimmertemperatur (300 K) ein Bandabstand von 1.12 eV oder für GaAs 1.43 eV und in der Nähe des absoluten Nullpunkts (0 K) steigen die Werte auf 1.17 eV bzw. 1.52 eV.

Ursache dieser Verschiebung ist in der Hauptsache die thermische Ausdehnung der Halbleiter, die auf der Anharmonizität der Bindung zwischen den Halbleiteratomen beruht. Mit steigender Temperatur wächst der Atomabstand und damit wird auch die elektronische Wechselwirkung zwischen den Atomen schwächer. Dies bedeutet, daß die durch diese Wechselwirkung erzeugte Aufspaltung der ursprünglich atomaren Energieniveaus zu Energiebändern (→Bändermodell) reduziert wird, was einen geringeren Bandabstand nach sich zieht. Häufig resultiert bei Zimmertemperatur eine lineare Abhängigkeit des Bandabstands von der Temperatur, bei tiefen Temperaturen wird eine quadratische Abhängigkeit beobachtet. *Heinz*

Bandkassette →Magnetbandkassette

Bandlücke →Bandabstand

Bandstruktur. Zusammenhang zwischen der Bandenergie eines Festkörperelektrons und seinem Impuls. Der Begriff ist auch auf andere (Quasi)Teilchen des Festkörpers anwendbar, jedoch spricht man bei ihnen häufiger von Dispersion.

Für ein freies Elektron ist der Zusammenhang zwischen Energie W und Impuls p quadratisch, $W = p^2/2m$ (m = Elektronenmasse). Im Festkörper unterliegt das Elektron zusätzlich den Kräften der Atome. Dies läßt sich in erster Näherung durch die Zuordnung einer anderen Masse berücksichtigen (m^* = effektive Masse), so daß sich die gestrichelte Parabel in Bild 1a ergibt. Statt des Impulses p wird hier der gebräuchlichere Gitterimpuls oder Quasiimpuls k (bzw. seine x-Komponente) benutzt, wobei der Zusammenhang $\underline{p} = \hbar \underline{k}$ gilt ($\hbar$ = *Planck*sches Wirkungsquantum/2π). An den Rändern der →Brillouin-Zonen sind die Abweichungen vom freien Fall jedoch so stark, daß die Parabel keine gute Näherung mehr ist.

Der Gitterimpuls erfüllt dort eine Bragg-Bedingung, d. h. die Elektronen mit der Wellenlänge $\lambda = 2\pi/k$ werden an einer Schar von Netzebenen reflektiert. Dabei tauschen sie mit dem →Gitter Impulse aus, die Vektoren des reziproken Gitters entsprechen. Durch Mischung der einfallenden und reflektierten Welle spaltet W(k) zu einer →Bandlücke auf, in der keine Elektronen existieren können.

Die dadurch entstehenden Zweige der B. lassen sich auf die erste Brillouinzone reduzieren (reduziertes Zonenschema), da der Gitterimpuls eines Elektrons nur bis auf reziproke Gittervektoren definiert ist. Durch Translation der Parabelteile um den Durchmesser der ersten →Brillouinzone (oder Vielfache davon) entsteht dann die Darstellung in Bild 1 b. Damit wird die Aufspaltung in Energiebänder deutlich, die in Bild 1c nochmals schematisch wiederholt ist.

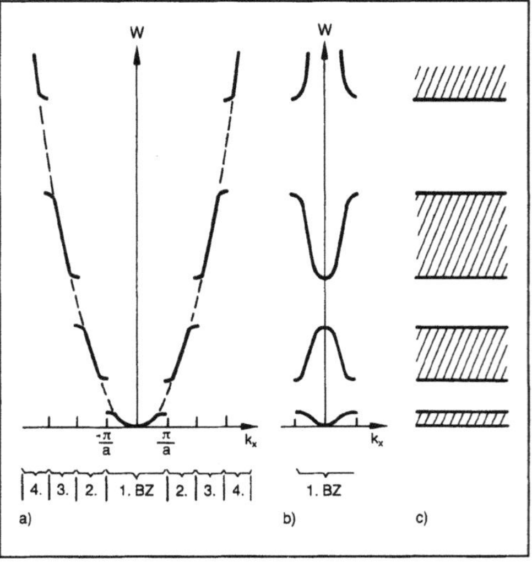

Bandstruktur 1: Schematische Darstellung einer B. eines eindimensionalen Kristalls (x-Richtung) mit der Gitterkonstanten a. Sie spaltet an den Rändern der Brillouin-Zonen (BZ) auf (schraffiert: erlaubte Bänder, weiß: verbotene Bänder).

Abweichend vom Fall des freien Elektrons kann die B. in verschiedene räumliche Richtungen verschieden verlaufen, d. h. anisotrop sein. Dann müssen verschiedene Richtungen separat dargestellt werden. Bild 2 zeigt einen Bandstrukturausschnitt von Germanium für zwei durch gruppentheoretische Symbole bezeichnete Richtungen. Im einfach schraffierten Bereich gibt es keine erlaubten Zustände. Die untersten und obersten erlaubten Energiewerte der mehrfach überlappenden Bänder, die das verbotene Band (doppelt schraffiert) begrenzen, liegen bei verschiedenen k-Werten, d. h. es handelt sich um einen indirekten →Halbleiter (im Gegensatz zum direkten Halbleiter, bei dem Valenzbandmaximum und Leitungsbandminimum übereinander liegen). *Heinz*

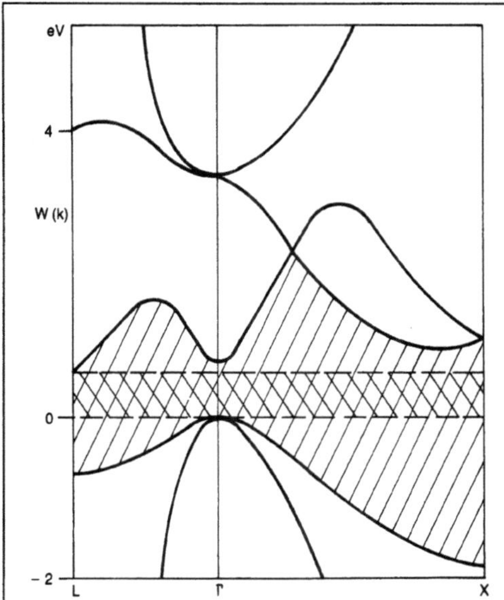

Bandstruktur 2: Ausschnitt aus der B. für Germanium. Γ = Nullpunkt der 1. Brillouin-Zone, L ihr Randpunkt in (111)- und x in (100)-Richtung. (nach Herman, Kortum, Kuglin und Short. 1967)

Literatur: *Hellwege, K. H.:* Einführung in die Festkörperphysik. Berlin 1976. – *Ibach, H.* u. *H. Lüth:* Festkörperphysik, Berlin 1990. – *Jones, H.:* The Theory of Brillouin Zones and Electronic States in Crystals. Amsterdam 1975.

Bandverbiegung. Räumliche Verbiegung von Energiebändern in Halbleitern, die von räumlichen Inhomogenitäten in Randschichten oder pn-Übergängen erzeugt wird. (→Randschicht, →pn-Übergang, →Diffusionsspannung). *Heinz*

Bargraph. Darstellungsmöglichkeit für Anzeigen auf →Displays oder →Bildschirmen. Der B. erscheint als Balken variabler Länge, die jeweils proportional zur Höhe eines Meßwertes ist und eignet sich gut dafür, Tendenzen – jedoch nicht exakte Werte – darzustellen. *K. Winter*

BARITT-Diode. (*engl.* Barrier Injected Transit Time Diode, Sperrschicht-Injektions-Laufzeitdiode).

Mikrowellendiode mit langen Laufbereichen wie sie die →IMPATT-Diode besitzt, wobei die →Ladungsträger durch Minoritätsträgerinjektion eines flußgepolten pn-Überganges eingebracht werden. Nach der Bauform kennt man pnp-, pnip- und pn-Metall-Strukturen. Durch den speziellen Ladungsträger-Injektionsvorgang wird das sonst bei IMPATT-Dioden typische hohe →Rauschen vermieden.

BARITT-D. eignen sich als →Mikrowellenbauelemente zum Aufbau von Verstärkern und zur Entdämpfung von Resonatoren (Schwingungserzeugung) im GHz-Bereich. *R. Paul*

Barkhausen-Gleichung. Auf *H. Barkhausen* zurückgehende Verknüpfung der drei für eine →Elektronenröhre maßgebenden Kennwerte →Steilheit S, Durchgriff D und Innenwiderstand R_i:

$$S \cdot D \cdot R_i = 1.$$

Aus zwei gegebenen Größen kann die dritte bestimmt werden.

Die Barkhausenbeziehung ist ein Sonderfall der entsprechenden Beziehung des allgemeinen (linearen) Vierpols. Kennzeichnet man ihn durch Leitwertparameter, so lautet die B.-G. gleichwertig

$$\frac{Y_{21}}{Y_{22}} \cdot A_{11} = 1$$

für die Betriebsrichtung vorwärts ($U_1 \rightarrow U_2$). Ganz analog gilt eine zweite derartige Beziehung für die Rückwärtsrichtung ($U_2 \rightarrow U_1$)

$$\frac{-Y_{12}}{Y_{11}} \cdot \frac{1}{H_{21}} = 1.$$

Während die erste Form in Schreibweise der →Leerlaufspannungsverstärkung zur grundsätzlichen Kennzeichnung einer Verstärkerstufe (als Grenzwert) für unendlich großen Lastwiderstand herangezogen wird, tritt die zweite Form wegen der geringen Rückwirkung bei Transistoren praktisch nicht auf. *R. Paul*

Barkhausen-Schwingungsbedingung. Ein schwingungsfähiges System kann stets auf einen →Oszillator bestehend aus einem →Verstärker mit dem →Verstärkungsfaktor $\underline{v}$ und ein frequenzabhängiges Rückkopplungsnetzwerk mit dem Rückkopplungsfaktor $\underline{k}$ zurückgeführt werden (Bild). Die Anordnung wird instabil (→Selbsterregung) wenn die auf *Barkhausen* zurückgeladene Bedingung $\underline{kv} \geq 1$ (Schwingbedingung) erfüllt ist. Dabei

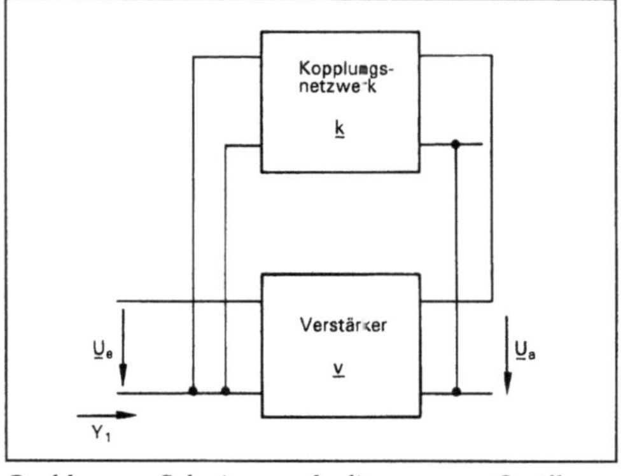

Barkhausen-Schwingungsbedingung: Oszillator-Grundstruktur.

liefert Re ($\underline{kv}$ = 1 die sog. Amplitudenbedingung, als Grundlage für die Bemessung von $|\underline{v}|$ und $|\underline{k}|$ und $I_m(\underline{kv}) = 0$ eine zweite Beziehung als Phasenbedingung für die Bestimmung der Frequenz (Re: Real-, I_m: Imaginärteil).

Zur Schaltungsanalyse ist es vorteilhaft, die →Barkhausen-Gleichung $\underline{kv} \geq 1$ in eine äquivalente Form ausgedrückt durch Vierpolparameter zu überführen, die sich aus der Grundform der Zusammenschaltung zwischen aktiven und passiven Vierpol ergibt. Kann die Anordnung (Bild) auf die Parallelschaltung zweier Vierpole in Leitwertparameterdarstellung überführt werden, so lautet die zur Barkhausenbeziehung gleichwertige Vierpolbedingung (Parameter)

$$Y_1 = \frac{\Delta Y}{Y_{22}} \leq 0$$

Y_{ik} sind dabei jeweils die Summe der entsprechenden (komplexen) Leitwertparameter von Verstärker- und Rückkopplungsvierpol. Y_1 ist der komplexe Leitwert von der Vierpolseite 1 her gemessen. Die Schwingbedingung erfordert somit $R_e\ (Y_1) \leq 0$, auftreten eines (schwach) negativen Wirkleitwertes (Amplitudenbedingung) und $I_m/Y_i) = 0$ (Frequenzbedingung). *R. Paul*

Barrelshifter. Kombinatorische Schaltung zur Parallelverschiebung einer Information der Breite n-bit um 0 . . . n–1 Positionen (rechts, links) in Arithmetikeinheiten. Die typische Schaltungsrealisierung ist entweder ein mehrstufiges Multiplexernetz oder ein Kreuzschienenverteiler. *R. Paul*

Basis.

1. (auch Basisraum, Basiszone) Halbleiterbereich, der beim →Bipolartransistor zwischen den Emitter- und Kollektorgebieten eingebettet liegt und über einen Anschluß (Basisanschluß) nach außen zugängig ist. In den Basisraum werden bei flußgepoltem Emitter-Basis-pn-Übergang →Minoritätsträger injiziert und durch die B. transportiert. Dabei baut sich eine Basisspeicherladung auf, die z. B. das Umschaltverhalten bestimmt. Abmessung und Beschaffenheit des Basisraumes, namentlich die →Basisbreite, bestimmen insbesondere →Stromverstärkung und →Grenzfrequenz des Bipolartransistors grundlegend.

2. Häufig verwendete Bezeichnung für Basisanschluß oder Basiselektrode. Das ist der durch Kontaktieren der Basiszone gebildete Anschluß zur äußeren Schaltung (→Grundschaltung).

3. In der Stereofonie die Verbindungslinie zwischen den äußeren Mikrophonen oder Wiedergabelautsprechern.

4. Grundzahl eines Logarithmussystems. Die gewöhnlichen Logarithmen haben die B. 10, die natürlichen Logarithmen die B. e (Eulersche Zahl).

5. In polyadischen Zahlensystemen eine ganze Zahl, auf die sich alle Ziffern beziehen. Häufig verwendete Zahlensysteme benutzen die Basis 2, 8, 10, 16. *R. Paul*

Halbleitertechnologie. Über die B. wird der →Bipolartransistor gesteuert. Seine Flächenbelegung mit →Bor beträgt ca. 10^{12} bis 5×10^{13} cm^{-2}. Bei niederfrequenzen Einzeltransistoren wird die B. mittels →Diffusion, bei Hochfrequenztransistoren oder integrierten Schaltungen ausschließlich durch →Ionenimplantation hergestellt. *Ryssel*

Basisanschluß →Basis

Basisband →Fernsehempfänger

Basisbreite.

1. Bei →Bipolartransistoren die Breite der Basiszone (→Basis), d. h. der Schicht zwischen den beiden angrenzenden Emitter- und Kollektor-pn-Übergängen. Da die Breite eines pn-Überganges von der anliegenden Spannung abhängt, hängt auch die B. von der Spannung zwischen Kollektor und Basis ab (Basisbreitenmodulation, →Early-Effekt). Deswegen unterscheidet man zwischen einer elektronischen B. (oft auch Basisweite genannt) und der technologischen B. oder besser Basisschichtdicke. Das ist der geometrische Abstand der beiden Emitter- und Kollektorgebiete bei spannungslosem →Transistor.

2. In der Stereofonie der Abstand zwischen zwei getrennt angeordneten Einzelmikrofonen oder der Abstand zwischen den Wiedergabelautsprechern (→Basis). *R. Paul*

Basisspeicherladung →Bipolartransistor, →Basis.

Batchbetrieb →Trockenätzen

Bauelement. B. sind Einzelteile elektronischer Schaltkreise oder Systeme. Sie erfüllen in diesen eine oder mehrere definierte Funktionen: Erzeugung und Umwandlung elektrischer Signale, logische Funktionen in der Datentechnik oder Wechselwirkung zwischen dem elektronischen System und der physikalisch-chemischen Umwelt. Passive B. verbrauchen elektrische Energie, aktive B. liefern oder verstärken Ströme bzw. Spannungen. Kondensatoren, ohmsche Widerstände und Spulen sind passive B.; elektrochemische Elemente, Elektronenröhren und Transistoren sind aktive B. Neuerdings werden auch Sensoren und Aktuatoren als B. der →Mikrosystemtechnik bezeichnet.

Diskrete B. enthalten genau ein →Funktionselement in einem Halbleiterkristall oder auf einem dielektrischen Träger, integrierte B. fassen mehrere Funktionsträger zusammen; ein Halbleiterkristall mit mehreren Funktionselementen wird oft als monolithisch integriertes B. bezeichnet (Integrated Circuit, IC). Mitunter wird als B. auch der Funktionsträger innerhalb eines integrierten oder übergeordneten Schaltkreises bezeichnet. Da der Funktionsträger in seiner Umgebung mit denselben Prozeßschritten hergestellt wird, also nicht mehr ein- oder ausgebaut werden kann, spricht man auch von einem Schaltelement innerhalb des integrierten B. Ein integrierter →Schaltkreis läßt sich ebenfalls durch eine einheitliche elektronische Funktion (→Verstärker, logischer →Schalter usw.) kennzeichnen. Diese ist jedoch komplizierter als die Funktion diskreter B.

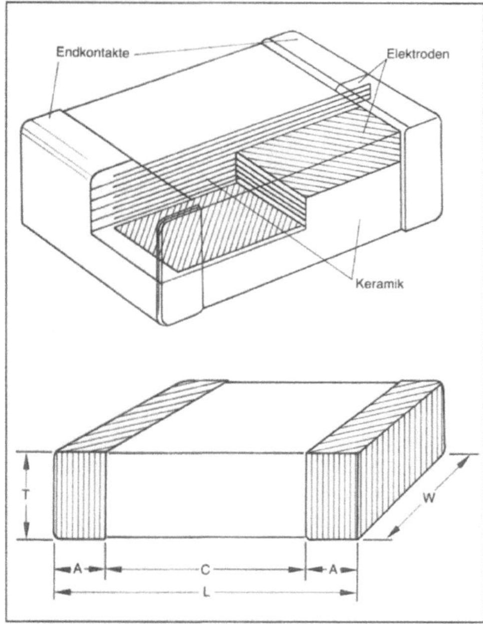

Bauelement: Aufbau und Abmessungen eines Keramik-Vielschicht-Chip-Kondensators. (Quelle: Philips Components)

Die B. und Teile von Schaltkreisen sind im fertig eingebauten Zustand von →Umhüllungen umschlossen. Das sind Metallgehäuse, Kunststoffgehäuse oder Lackierungen. Sofern diese Umhüllungen nicht aus elektrisch isolierenden Werkstoffen bestehen, sind Isolierungen zum Schaltkreis hin eingeschaltet. Die elektrischen Verbindungen zur Außenwelt, die →Anschlußfähnchen, müssen durch diese Hüllen hindurchgeführt werden. Diejenigen elektrisch leitenden Teile der B., über die Verbindungen der B. zu ihrer elektronischen Umgebung hergestellt werden, heißen Anschlüsse.

Demnach sind B. durch ihre spezifischen elektrischen Parameter und durch die Handhabbarkeit gekennzeichnet. Passive B. und übergeordnete Schaltkreise werden nach dem folgenden Schema der Chip-Technik aufgebaut: Die elektrisch wirksamen Teile werden auf einen isolierten oder mit isolierender Beschichtung versehenen Grundkörper aufgebracht. Nach Hinzufügen von Elektroden, von inneren Verbindungen bei →Chips, von Anschlußflächen, bei axialen bzw. radialen Bauformen von Anschlußkappen mit Drähten wird das B. mit einer →Umhüllung versehen. Für aktive B. werden in einen Grundkörper die elektrisch wirksamen Teile eingebracht und mit inneren Verbindungen (Ein- oder →Mehrlagenverdrahtung) versehen. Beispiel ist der dotierte Halbleitereinkristall (→Halbleitertechnologie). Chip-B. werden für →Oberflächenmontage konzipiert, bei engem Abstand der Anschlußflächen auf Zwischenträgern aufgesetzt.

Hieber

Bauelement, aktives →Bauelement

Bauelement, diskretes →Bauelement

Bauelement, hybridintegriertes →Bauelement, →Hybridintegration

Bauelement, integriertes →Bauelement, →Mikromodultechnik

Bauelement, ladungsgekoppeltes. (auch Ladungsverschiebe- oder Ladungstransferelement). Gruppe von Halbleiterbauelementen, die eine Weiterleitung (Übertragung) und Speicherung von analogen und digitalen Signalen durch Verschieben von zeitlich-räumlich konzentrierten Ladungspaketen an der Oberfläche oder im Volumen eines Halbleiters ermöglicht. Die gespeicherte Ladungsmenge ist ein Maß für die Information. Sie wird bezüglich der Amplitude wertkontinuierlich, hinsichtlich der Zeit diskret (zeitdiskret) durch das Taktsignal verarbeitet. Die Verschiebung erfolgt durch Feldelektroden, an denen ein Taktsignal liegt.

L. B. werden meist in →MOS-Technik realisiert, man unterscheidet dabei hauptsächlich folgende Grundformen (Bild): Ladungsgekoppelte Schaltungen (→CCD), →Eimerkettenschaltungen (BBD) und die weniger benutzten Oberflächenladungs-Transistorschaltungen (SCT). Sie unterscheiden sich in Aufbau und Wirkungsweise nicht sehr gravierend, haben aber z. T. unterschiedliche Eigenschaften. Aus diesen Grundtypen gingen eine Reihe von Weiterentwicklungen hervor. Hauptanwendungsgebiet dieser Bauelemente ist die gesamte analoge und digitale Signalverarbeitungstechnik,

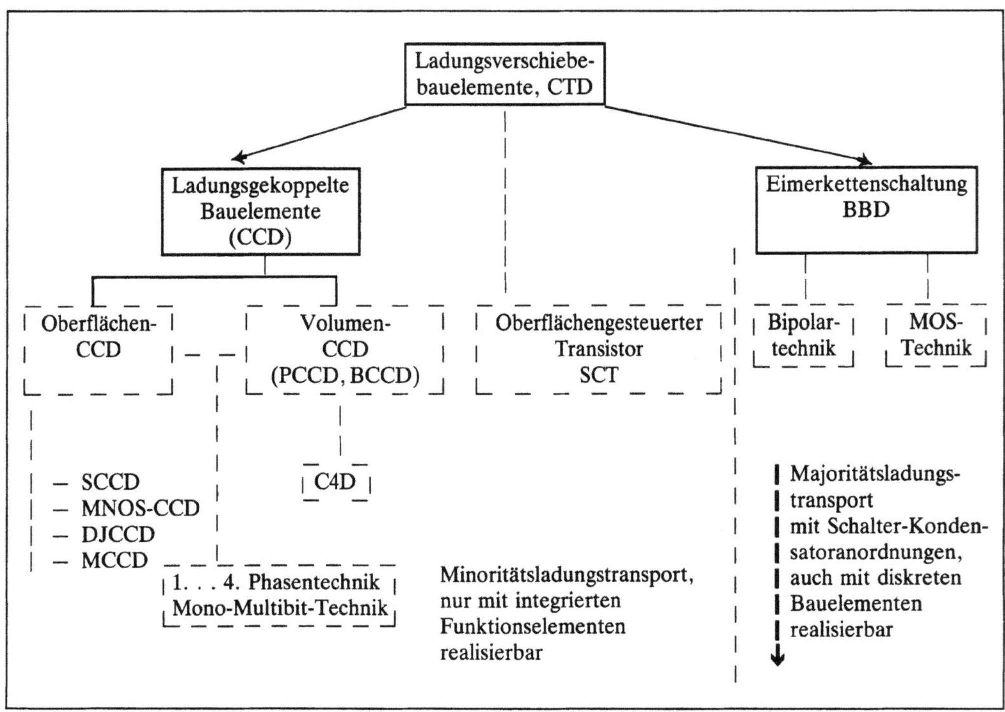

CTD-Charge Transfer Device, BBD-Bucket Brigade Device, SCT-Surface Charge Transistor, CCD-Charge Coupled Device, C4D-Conductively Coupled Device, PCCD-Peristaltic CCD, SCCD-Surface CCD, MCCD-Schottky-CCD, DJCCD-Doppel-Sperrschicht-CCD

Bauelement, ladungsgekoppeltes: Einteilung der Ladungsverschiebebauelemente.

z. B. analoge und digitale →Verzögerungsleitungen, →Schieberegister, Digitalfilter, dynamische →Halbleiterspeicher, Festkörper-Bildannahmeeinrichtungen als zeilen- und matrixförmige Aufnahmeeinheiten. *R. Paul*

Bauelement, nichtreziprokes. N. B. werden in der →Mikrowellentechnik und in der optischen Nachrichtentechnik verwendet. Der durch Magnetisierung hervorgerufene nichtreziproke Effekt (z. B. →Faraday-Effekt) ist dadurch gekennzeichnet, daß er sein Vorzeichen mit der Magnetisierungsrichtung ändert, aber unabhängig von der Fortpflanzungsrichtung der Mikrowelle bzw. des Lichts ist.

Mit Hilfe des nichtreziproken Effektes lassen sich Isolatoren und Zirkulatoren aufbauen. Dazu werden meistens magnetische Granate verwendet, in denen sich besonders große nichtreziproke Effekte realisieren lassen. *Dammann*

Bauelement, passives →Bauelement, →Mikromodultechnik

Bauelemente, elektronische passive. Passive elektronische Bauelemente (p. e. B.) nutzen die elektrischen Erscheinungen der Elektronenleitung, der Influenz, der Induktion, des Magnetismus oder der Ferroelektrizität und übernehmen in elektronischen Schaltungen erzeugende, übertragende, unterstützende, schützende oder dämpfende elektrische Funktionen ohne aktiv verstärkende oder schaltende Wirkung.

Diese Bauelemente sind in der →Elektronik die notwendige Ergänzung zu den aktiven, den elektromechanischen und den elektrochemischen Bauelementen sowie den Sensoren, ohne welche vollständige elektronische Schaltungen nicht funktionsfähig wären.

In der Elektronik, der Wissenschaft von der Steuerung der freien Elektronen und ihrer technischen Anwendung, ist ein Bauelement die kleinste hinsichtlich der Datenangaben, dem Vertrieb, der Anwendung und der Instandsetzbarkeit nicht mehr zerlegbare Einheit. Für p. e. B. muß diese Definition erweitert werden, weil auch Materialien, die erst beim Anwender zum Bauelement werden, z. B. →Spule plus Kern = →Drossel, allgemein zu dieser Bauelementegruppe gerechnet werden.

In diesem Sinne werden den oben genannten elektrischen Phänomenen folgende p. e. B. und Materialien zugeordnet (Tabelle).

Bauelemente, elektronische passive. Tabelle: Zuordnung zu elektrischen Phänomenen.

Elektro-physikalisches Phänomen	*Passives elektronisches Bauelement*
Elektronenleitung	Widerstand Potentiometer Heißleiter Kaltleiter Varistor
Influenz (elektrisches Feld)	Keramikkondensator Kunststoffolienkondensator Glimmerkondensator Elektrolytkondensator Drehkondensator Trimmerkondensator
Induktion (elektro-magnetisches Feld)	Spule, Drossel, Dämpfungsperlen, Übertrager, Transformator
Magnetismus (magnetischer Fluß)	Ferrite, Dynamobleche Weichferrite als Kerne von Spulen usw. Permanentmagnete
Ferroelektrizität	Schwingquarz Quarzfilter Piezokeramik PXE-Resonator Quarz-Oszillator Verzögerungsleitung

Ebenfalls den p. e. B. zugerechnet werden die nichtlinearen →Widerstände →Heißleiter, →Kaltleiter, →Varistoren sowie →Sperrschichtkondensatoren, die Sperrschichteffekte ausnutzen und z. T. schaltende Eigenschaften besitzen.

Bauelemente, die unter Nutzung eines oder mehrerer der o. g. Phänome mechanische, thermische, optische oder magnetische Größen in elektrische Größen umwandeln oder umgekehrt, sind aus dieser Definition der passiven elektronischen Bauelemente ausgeklammert und werden allgemein unter dem Begriff →Sensoren geführt.

Betrachtet man die Entwicklung der Physik, so sind viele wichtige Erkenntnisse an die *klassischen* p. e. B. wie →Widerstand, →Kondensator und Spule gekoppelt. Ohne die grundlegenden Erkenntnisse der Induktion, gewonnen an der Spule, wären die Nachrichtentechnik und die moderne Elektronik nicht vorstellbar.

Die technische Bedeutung passiver Bauelemente in der modernen Schaltungselektronik ist auch heute noch recht groß, allerdings hat die rasante Entwicklung der Halbleitertechnik in den letzten Jahrzehnten mit ihren vielen Innovationen den Bereich der passiven elektronischen Bauelemente etwas an den Rand des öffentlichen Interesses rücken lassen.

Der breite Durchbruch der modernen Elektronik in sämtliche Bereiche des Lebens wäre jedoch ohne eine parallel zur Entwicklung der Halbleitertechnik verlaufende Weiterentwicklung der passiven Bauelemente nicht möglich gewesen. Beispielsweise sind ursprünglich zur Kontaktierung eines Kondensators Schraub- oder Klemmverbindungen verwendet worden. Diese zeitaufwendige Montage führte schon frühzeitig zu Lötverbindungen an Kondensatoren.

Als typische Bauform resultierte daraus der mit axialen Anschlüssen versehene und liegend eingebaute Kondensator. In den 60er Jahren wurde dann mit steigenden Schaltfunktionen pro Gerät der Platzbedarf liegender Bauteile zu groß. Es entstand die heute dominierende Form des *stehenden* Kondensators mit genormten Rastermaßen für die Anschlüsse, der meist auch automatisch bestückbar ist.

Durch die Einführung oberflächenmontierbarer Bauelemente (→SMD) etwa Anfang der 80er Jahre begann in Europa die vierte Wandlung der Kondensatorbauform. Die Anschlußkonstruktion (der Lötanschluß) ist so konzipiert, daß die Bauelemente für eine Montage auf der Lötseite eines →Substrates (z. B. Leiterplatte) geeignet sind. Gebräuchliche Lötanschlüsse sind entweder →Metallisierungen, die mit dem Bauelementekörper eine starre Einheit bilden oder kurze, stummelförmige Metallbeinchen meist rechteckigen Querschnitts. Diese Anschlußtechnik der →Oberflächenmontage (→SMD-Technik) gestattete durch erhebliche Volumenverkleinerung, Steigerung der →Zuverlässigkeit und weitgehend automatisierte Fertigung eine erneute Kostenreduzierung pro realisierter Schaltfunktion. Passive Bauelemente, geeignet für Oberflächenmontage, oft →*Chips* genannt, bilden gegenwärtig den Schwerpunkt der Innovation bei diesen Bauelementen.

Bauelemente, elektronische passive: p. e. B. für Oberflächenmontage (Chips) haben wesentlichen Anteil an der drastischen Verkleinerung moderner elektronischer Schaltungen in SMD-Technik. (Quelle: Philips Components)

Es muß nicht hinzugefügt werden, daß die aufgezeigte Entwicklung nur durch ständige Grundlagenforschung und immer besseres Verständnis der chemischen und physikalischen Vorgänge ermöglicht wurde.

Darüber hinaus wird die Angebotsvielfalt von p. e. B. ständig breiter. Die Spezialisierung ist einerseits eine Folge des steigenden Bedarfs nach speziellen Parametern, andererseits kommen durch besseres Materialverständnis auch neue Produkte hinzu, wie z. B. PXE-Resonatoren und Verzögerungsleitungen. *Both*

Literatur: *Böger, H.* und *F. Kähler, G. Weigt:* Bauelemente der Elektronik. Köln 1984. – *Morgenstern, P. B.:* Elektronik Bd. 1, Wiesbaden 1985. – *Pohl, R. W.:* Elektrizitätslehre. Berlin 1964.

Bauelementeprüfung. Die B. betrifft passive und aktive ‚diskrete' Bauelemente in Abgrenzung zur Prüfung von integrierten Schaltungen mit vergleichsweise sehr komplexer Funktionalität (→Chipprüfung). Damit treten bei der B. neben den funktionalen elektrischen Prüfungen anteilmäßig die →Parameterprüfungen und auch Einsatz- und Umweltprüfungen mit zum Teil nichtelektrischen Prüfungen in den Vordergrund.

Die B. wird durchgeführt nach dem Produktionsprozeß, bei Langzeitkontrollen und bei der Wareneingangsprüfung. Sie dient zum Erkennen von Toleranzfehlern oder auch von Totalausfällen. Daneben wird sie aber auch zur Selektion von Bauelementen entsprechend definierter Güteklassen eingesetzt, z. B. nach 1%, 2%-Genauigkeit bei Widerständen.

Abhängig vom Einsatz der B. und den Anforderungen des Bauelementeeinsatzes bzw. des Kunden wird die Prüfung bei allen Elementen oder einem bestimmten Anteil davon durchgeführt. Generell gilt dabei das Prinzip, daß umso weniger Elemente geprüft werden, je schwieriger und aufwendiger die Prüfung durchzuführen ist.

Nach dem Produktionsprozeß wird daher in der Regel eine 100%ige Prüfung der spezifizierten elektrischen Eigenschaften durchgeführt. Um auch weitere Eigenschaften der Bauelemente abzusichern, finden an einem kleinen Anteil von Elementen eines Lieferloses verschärfte oder weitergehende Prüfungen statt. Langzeitanalysen erfordern Kontrollmöglichkeiten an Hand sehr kleiner Stückzahlen in einem Zeitraum bis zu mehreren 1 000 Stunden, die bis zur zerstörenden Untersuchung des inneren Aufbaus gehen.

Umweltprüfungen, die sich auf Belastungen durch Temperatur, Feuchte, korrosive Atmosphäre, Schüttelbeanspruchung, Strahlung, Entflammbarkeit und weitere Parameter wie z. B. Dichtheit des Gehäuses, beziehen, sind verbindlich in Bauteilnormen, z. B. DIN 40046, festgelegt.

Vorgehensweise und Art der Prüfung sollen an Hand des Beispieles von Keramikkondensatoren, Widerständen und Transistoren als gebräuchlichen →Bauelementen der Elektronik erläutert werden. Strategien und Meßtechniken lassen sich auf andere Elemente analog projezieren.

□ Fertigungs- und Langzeitprüfung von Keramikkondensatoren

Folgende Werte werden an 100 % aller produzierten Bauelemente geprüft:

– Kapazität, Verlustfaktor bei mind. 1 kHz, Isolationswiderstand, Spannungsfestigkeit bei 2,5facher Nennspannung

– Folgende zusätzliche Prüfungen erfolgen an einer ausgewählten Zahl je Lieferlos:

– Beurteilung der inneren und äußeren Qualität: Beschriftung, Metallisierungsqualität, Abmessungen, Lötbarkeit, Benetzungseigenschaften

Folgende Prüfungen erfolgen losunabhängig zur kontinuierlichen Produktionskontrolle:

– Prüfung des Verlustfaktors bei höheren Frequenzen bis 500 MHz (‚Güte'), Prüfung nach Feuchte- oder Temperaturzyklen (Burn in nur nach Kundenanforderung), Verhalten im gelöteten Zustand, Temperaturverlauf der einzelnen elektrischen Größen.

□ Prüfung von Widerständen.

Folgende Prüfungen werden durchgeführt:

– Widerstandswert: Der Wert muß im erlaubten Toleranzbereich liegen

– Überprüfung des Stromrauschens

– Überprüfung der Nichtlinearität

– Dauerprüfung mit elektrischer Belastung: Die Widerstandswerte dürfen sich in einem längeren Zeitraum nicht ändern

– Überlastprüfung bei Schichtwiderständen: Es dürfen sich keine Schwachstellen in der Widerstandsschicht zeigen

– Spannungsprüfung der Isolierung: Es darf kein Durchschlag oder Überschlag erfolgen

– Prüfung des Isolationswiderstandes der Isolierung: Zum Nachweis der Qualität des Isolationsmaterials

□ Prüfung von Transistoren.

Die Prüfungen werden während und nach Abschluß des Produktionsprozesses auf dem Wafer durchgeführt (Chipprüfung), ferner nach Einbau in ein Gehäuse:

– Flußparameter:

U_{BEO} = Basis-Emitterspannung bei offenem Kollektor

$U_{BE\ sat}$ = Basis-Emitterspannung bei voll durchgesteuertem Transistor

$U_{CE\ sat}$ = Kollektor-Emitterspannung bei voll durchgest. Transistor

Beta = dynamische Stromverstärkung $\Delta I_C / \Delta I_B$

HFE ‚B' = statische Stromverstärkung I_C / I_B

U_F = Flußspannung (bei Dioden)

nur bei fertig montierten Transistoren: Prüfung der →Grenzfrequenz
- Sperr-Parameter:
U_{CEO} I_{CEO} = Sperrspannung/-Strom Kollektor-Emitter bei offener Basis
U_{CBO} I_{CBO} = Sperrspannung/-Strom Kollektor-Basis bei offenem Emitter
U_{CES} I_{CES} = Sperrspannung/-Strom Kollektor-Emitter, wenn Basis mit Emitter kurzgeschlossen ist
U_{CBO} I_{CBO} = Sperrspannung/-Strom Kollektor-Basis bei offenem Kollektor
U_R I_R = Durchbruchspannung/Durchbruchstrom (gemessen mit Konstantstromeinprägung), auch bei Dioden
U_{DS} I_{DS} = bei MOSFETs u. a.: Drain/Source-Spannung/Strom

Bei Transistoren findet im allgemeinen keine Selektion nach Güteklassen statt. Diese erfolgt nur auf Kundenwunsch, z. B. hinsichtlich Stromverstärkung. Güteklassen werden durch passende Prozeßsteuerung ‚produziert'.

□ Adaptierung: Bauelemente werden den Prüfeinrichtungen als Schüttgut über Rüttler oder in Gurtform zugeführt. Für Langzeittest werden eigens konstruierte Leiterplatten mit den Prüflingen bestückt und so mit dem Prüfgerät verbunden.

□ Meß-Einrichtung: Für die Messung elektrischer Größen steht ein umfangreiches U, I, R, L, C-Equipment auf dem Markt zur Verfügung. Strom- und Spannungsmessungen werden mit hoher Genauigkeit innerhalb der vier Quadranten des U-I-Feldes durchgeführt (*engl.* Four quadrant parameter measurement unit). Einzelne Meßgeräte werden z. B. über →IEC-Bus an einen Steuercomputer angeschlossen, der die Prüfung und die Selektion großer Stückzahlen automatisch durchführt (Bild).

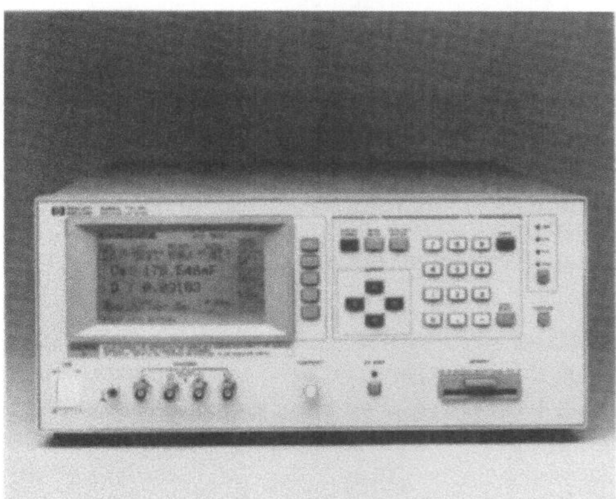

Bauelementeprüfung: R, L, C-Meßgeräte erlauben genaueste Messungen von Bauelementeparametern (0,01fF-10F, 0,01nH-100H, 0,01mΩ-100MΩ) und erlauben mit Zusatzausrüstung (Handler) die schnelle Prüfung großer Stückzahlen. (Quelle: Hewlett Packard)

Nichtelektrische Größen werden in der Regel manuell mit entsprechendem Instrumentarium geprüft. *K. Winter*

Literatur: *Zinke/Seither:* Widerstände, Kondensatoren, Spulen und ihre Werkstoffe. Berlin–Heidelberg–New York. 1992.

Baugruppenprüfung. (*engl.* Board Test). Die Prüfung einer Leiterplattenbaugruppe durchläuft im Laufe des Fertigungsprozesses mehrere aufeinanderfolgende Prüfprozesse, wobei bestimmte Prüfprozesse ausgenommen sein können:
- Elektrische oder optische Prüfung der Leiterbahnen einzelner Lagen (*engl.* layers) einer unbestückten Leiterplatte auf Durchgang und Isolation (Durchgangsprüfung, →Kurzschlußprüfung); Prüfung der mechanischen Beschaffenheit
- Prüfung der Leiterbahnen einer verpreßten unbestückten Leiterplatte auf Durchgang und Isolation
- Optische Bestückungskontrolle (automatisch oder personell durchgeführt) oder mit Laserabtastung
- Lötkontrolle (in der Regel personell durchgeführt)
- Burn-in-Verfahren mit begleitender Prüfung zur Vermeidung von Frühausfällen

□ Prüfungen ohne Betriebsspannung:
- →Kontaktierungsprüfung zur Sicherstellung korrekter Adaptierung
- →Kurzschluß- und Durchgangsprüfung
- →In-Circuit-Test für analoge (passive) Bauelemente

□ Prüfungen mit Betriebsspannung:
- Prüfung der Stromaufnahme
- Bustest
- In-Circuit-Test für analoge (aktive) Bauelemente
- In-Circuit-Test für digitale Bauelemente
- →Prozessortest
- →Speicherprüfung
- →Funktionsprüfung
- →Parameterprüfung
- →Selbsttest
- im Fehlerfall:
-- Ausführung spezieller Fehlersuchprogramme
-- Fehlerverfolgung mit dem Guided-Probe-Verfahren
-- Anwendung der Fehlerkatalogmethode oder des Erfahrungskataloges
-- Anwendung spezieller Strommeßverfahren oder magnetischer Meßverfahren zur Diagnose von Fehlerursachen innerhalb eines Leitungsnetzes
- Umwelttests: Prüfung unter Unter- und Überspannung, Temperaturstreß, mechanische Prüfung (Rütteltest)
- Systemtest
- Dauertest. *K. Winter*

Baugruppenprüfung: Baugruppentestsystem mit Steuerrechner, Pinelektronik, Adaptiervorrichtung und Bildschirm. (Quelle: Hewlett-Packard)

Baumstruktur. Höchste Ebene der Informationsverarbeitung in einem hierarchisch gegliederten System. In einer B. werden mehrere Subsysteme - teilweise mit unterschiedlichen Busstrukturen - in einem Rechner zusammengeführt und gesteuert. B. finden Anwendung bei komplizierten Sensorsystemen, z. B. in der Prozeßautomatisierung.

Schaumburg

Bauteilenormen. Bauteile müssen im Produktionsprozeß von Maschinen beliebiger Hersteller be- und verarbeitet werden können. Dito müssen sie bezüglich elektrischer, magnetischer, thermischer und mechanischer Funktionalität und Belastbarkeit und auch der Qualität bestimmten Anforderungen genügen. Hintergrund dafür ist, daß Bauteile unter bestimmten spezifizierten Umgebungsbedingungen eingesetzt werden und auch in vielen Fällen durch Produkte eines anderen Herstellers ersetzbar sein müssen (sog. second-source-Anforderung). Die Anforderungen hierfür sind in den B. festgehalten, z. B. für Widerstände: DIN 41426: Nennwerte-Reihen; DIN 41429: Farbkennzeichnung; DIN 45921 Rahmenspezifikation für nichtdrahtgewikkelte Festwiderstände.

K. Winter

BBD-Kette →Eimerkettenschaltung.

Bedämpfungskondensator. B. sind Wechselspannungskondensatoren, die parallel zu Halbleiterbauelementen geschaltet, an diesen unerwünschte Spannungsspitzen unterdrücken oder dämpfen. Diese Kondensatoren werden periodisch stoßartig aufge- und/oder entladen, wobei der Scheitelwert des hierbei auftretenden Stroms wesentlich höher ist als der Effektivwert (Bild 1).

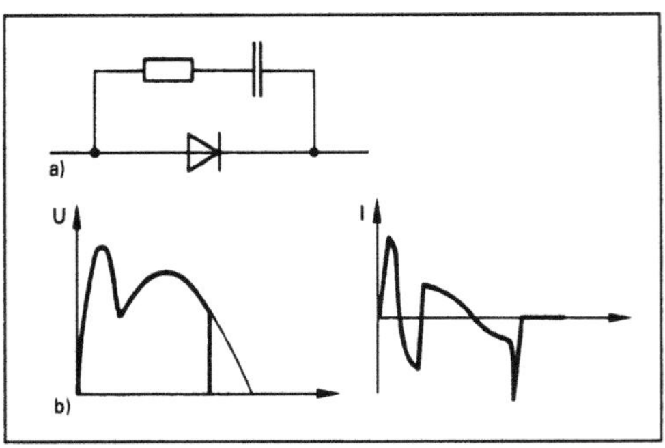

Bedämpfungskondensator 1: Schematische Darstellung
a) Schaltbild
b) Spannungs- und Stromform.

Beim Nulldurchgang des Stromes in einer →Halbleiterdiode oder in einem →Thyristor entstehen aufgrund des Trägerstaueffektes am Ende des Ausräumvorganges in der →Sperrschicht sehr hohe Spannungsspitzen, die durch parallelgeschaltete RC-Glieder gedämpft werden müssen, damit die Überspannungen den für die Halbleiter zulässigen Wert nicht überschreiten. Der Wert für →Kondensator und →Widerstand ist von der Speicherladung des Leistungshalbleiters abhängig.

Werden bei hohen Betriebsspannungen mehrere Dioden oder Thyristoren in Reihe geschaltet, dann wird der Kondensator auch zur Symmetrierung der Sperrspannungen an den einzelnen Elementen verwendet (Bild 2). Für eine gute Spannungssymmetrierung ist die Kapazität um Faktoren größer zu wählen als für die Bedämpfung des Trägerstaueffektes allein notwendig wäre. Teilweise müssen sogar sehr engtolerierte Kondensatoren aus Gründen der Symmetrierung vorgesehen werden.

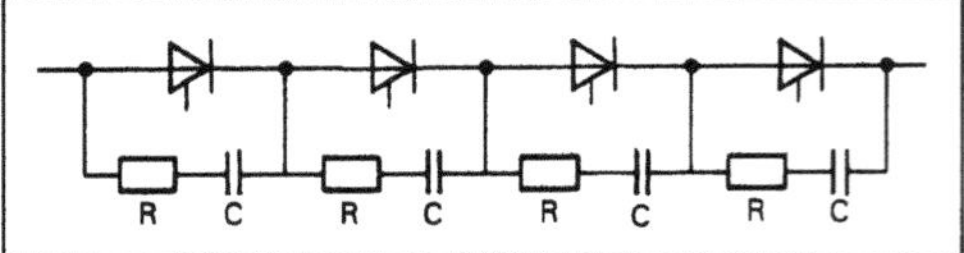

Bedämpfungskondensator 2: Kaskade mit B. zur Spannungssymmetrierung.

Haupteigenschaften aller B. sind hohe Spannungsfestigkeit und große Spitzenstrombelastbarkeit. Des weiteren wird von diesen Kondensatoren eine hohe →Zuverlässigkeit gefordert, da fast immer beim →Ausfall der RC-Beschaltung der Leistungshalbleiter mit zerstört wird.

Eine Besonderheit stellen die niederinduktiven GTO-B. dar (Bild 3).

Niederinduktive GTO-B. sind Wechselspannungskondensatoren, die parallel zu GTO-Thyristoren geschaltet, an diesen die →Flankensteilheit der wiederkehrenden →Sperrspannung begrenzen.

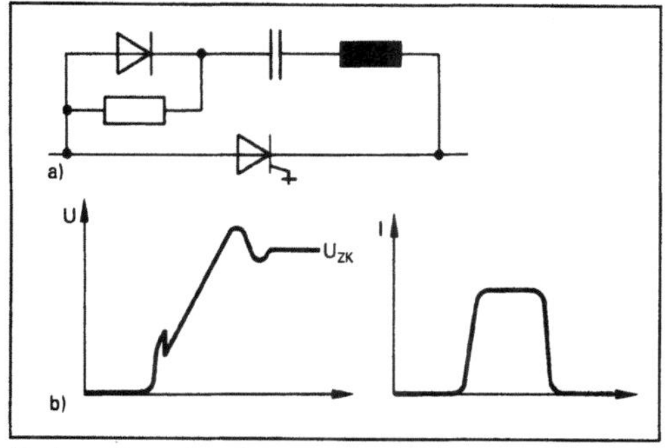

Bedämpfungskondensator 3: Niederinduktive GTO-B.
a) Schaltbild
b) Spannungs- und Stromform.

Diese Kondensatoren werden periodisch stoßartig auf- und entladen. Hierbei erreicht der Scheitelwert des auftretenden Stroms extrem hohe Werte. Der Effektivstrom liegt ebenfalls deutlich über den Belastungswerten der üblichen B., da der Kondensator kurzzeitig auch noch den gesamten Laststrom führen muß. Die Beschaltung läßt in aller Regel nur sehr geringe Kreisinduktivitäten zu, deshalb ist auch besonderer Wert auf eine niedrige Kondensator-Induktivität zu legen. *Krös*

Begrenzerschaltung. Schaltung zur Begrenzung der Amplitude einer Spannung oder eines Stroms. Die Begrenzung wird durch nichtlineare Bauelemente wie z. B. Dioden, Zener-Dioden oder temperaturabhängige Widerstände (→Kaltleiter) realisiert.

Der Effekt der Spannungsbegrenzung durch zwei antiparallel geschaltete Dioden ist in Bild 1 gezeigt. B. werden z. B. benutzt, um die Kennlinien von Meßgeräten definiert zu verzerren. In Bild 2a liegt eine in Sperrichtung gepolte Zener-Diode in Reihe mit dem Meßgerät R_M. Damit kann erst dann über das Instrument ein Strom fließen, wenn die anliegende Spannung U größer als die Durchbruchspannung der Zener-Diode ist. Der Anfang des Meßbereichs wird unterdrückt.

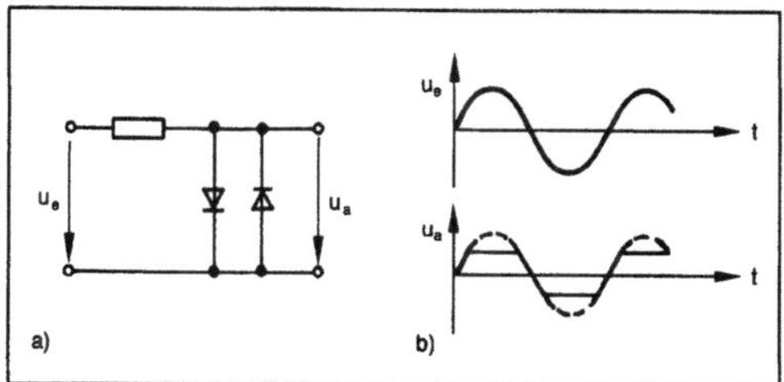

Begrenzerschaltung 1: B. aus zwei antiparallelen Dioden.
a) Prinzip mit Eingangsspannung u_e und Ausgangsspannung u_a
b) Verlauf der Eingangs- und Ausgangsspannung in Abhängigkeit von der Zeit t.

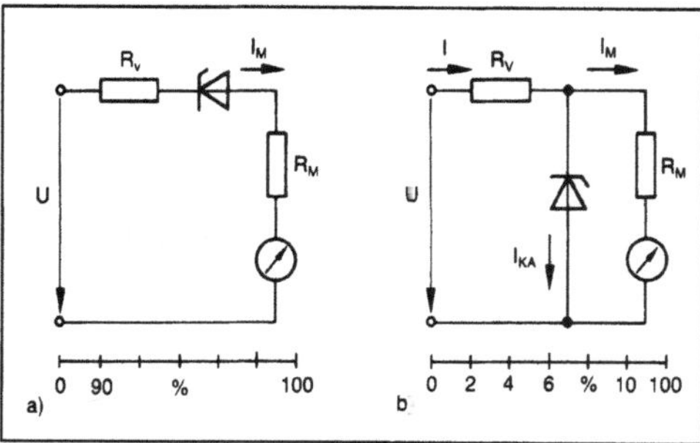

Begrenzerschaltung 2: B. am Drehspulinstrument.
a) Unterdrückter Anfangsbereich
b) Unterdrückter Endbereich.

Liegt die Zener-Diode parallel zum Meßgerät (Bild 2b), so fließt zunächst der ganze Strom über das Meßgerät. Die Zener-Diode wird stromführend, wenn der →Spannungsabfall am Meßgerät größer als die Zener-Spannung wird. Von diesem →Arbeitspunkt an bleibt der Strom über das Meßgerät praktisch konstant, und eine eventuelle weitere Zunahme des Gesamtstroms führt nur zu einem größeren Strom über die Zener-Diode. Die Zener-Diode schützt damit das Meßgerät vor Überlastung. *Schrüfer*

behaviour. Angabe zum logischen Verhalten eines digitalen Schaltelementes in Form mathematischer Gleichungen oder Software-Strukturen im Gegensatz z. B. zur Beschreibung in Form von Gattermodellen (→Schaltungsbeschreibung). *K. Winter*

Belastung, thermische. Unter t. B. (*engl.* thermal budget) versteht man die Summe der einzelnen Temperaturbelastungen durch →Diffusion, →Oxidation und →Ausheilen während der Prozessierung von Halbleiterscheiben. Um die Materialeigenschaften des Halbleiters möglichst nicht zu verschlechtern, z. B. durch die Bildung von →Kristalldefekten oder die Eindiffusion von unerwünschten Fremdatomen, versucht man, die t. B. möglichst zu verringern. *Ryssel*

Belastungsfaktor. Der B. ist in der Ausfallratenberechnung der Faktor, der die Abhängigkeit der →Ausfallrate von der elektrischen Belastung berücksichtigt.

Die elektrische Belastung eines Bauelements führt im allgemeinen zu erhöhten Temperaturen und damit schon zu einer vergrößerten Ausfallrate. Darüber hinaus werden durch Spannungen und Ströme aber auch andere, nicht temperaturbedingte Ausfallmechanismen aktiviert.

□ Elektrische →Feldstärke: Bei den dünnen Oxidschichten der MOS-Transistoren von etwa 50 nm führt eine Spannung von 10 V zu einer Feldstärke von 2 MV/cm. Diese kann das →Oxid an vorgeschädigten Stellen zerstören. Die Ausfallrate, die proportional dem Spannungs-Streßfaktor π_V (Bild) ist, nimmt mit der Versorgungsspannung zu. Im Interesse einer langen Lebensdauer ist also eine niedere Versorgungsspannung wünschenswert.

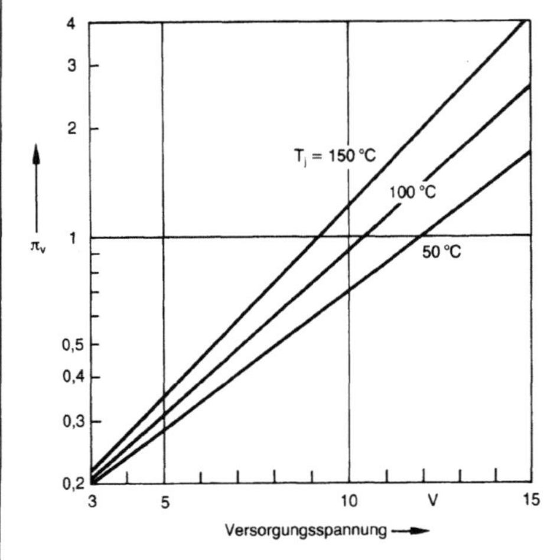

Belastungsfaktor: Spannungsfaktor π_V für CMOS-Schaltkreise mit Nenn-Versorgungsspannung zwischen 12 und 15,5 Volt (Tabelle 5.1.2.5-15 des MIL-HDBK-217).

□ Stromdichte: Stromdichten in der Größenordnung von 10^6 A/cm^2 führen zur →Elektromigration insbesondere an den Stellen, an denen unterschiedliche Materialien zusammentreffen. Die Ausfallrate steigt etwa mit dem Quadrat der Stromdichte.

□ Erhöhung der Lebensdauer durch Unterlastung: Im Interesse einer langen Lebensdauer sind die Bauelemente unterhalb ihrer Nennwerte zu betreiben. Durch diese Unterlastung wird oft ein erheblicher Gewinn an →Zuverlässigkeit erreicht. Ein Maß für die Unterlastung ist der *derating factor,* der als Quotient zwischen der Betriebsgröße und ihrem Nennwert zu verstehen ist. So sollen, um lange Lebensdauern zu erzielen, die Bauelemente unterhalb ihrer Nennwerte betrieben werden.

Besonders effektiv ist die Unterlastung bei Komponenten, die einem Verschleiß unterliegen. Die Lebensdauer t von Glühlampen z. B. läßt sich aus der Nennlebensdauer t_o, der Nennspannung U_o und der Betriebsspannung U gemäß der folgenden Beziehung berechnen, wobei für den Exponenten n ein Zahlenwert zwischen 12 und 14 einzusetzen ist:

$$\frac{t}{t_o} = \left(\frac{U_o}{U}\right)^n.$$

Bei einer Unterlastung um 20 % steigt die Lebensdauer auf das 10fache.

Die Erhöhung der Zuverlässigkeit durch Unterlastung hat dann ihre Grenzen, wenn wegen der Unterlastung mehr Bauelemente eingesetzt werden müßten. In diesem Fall nimmt die Zuverlässigkeit infolge der gestiegenen Zahl von Komponenten wieder ab. Auch ist zu berücksichtigen, daß schwache Signale besonders leicht durch elektromagnetische Einstreuungen gestört werden können. Im Interesse einer sicheren →Signalverarbeitung sollten die Signalpegel nicht zu niedrig gewählt werden. Weiterhin können insbesondere mechanische Teile bei einer Unter- oder Nichtbelastung ihre Funktionsfähigkeit verlieren. Längere Zeit nicht bewegte Wellen verschmutzen und werden schwergängig; nicht betätigte offene Kontakte oxidieren oder korrodieren. Höhere Spannungen oder Ströme sind dann notwendig, um die Schmutzschichten zu überwinden. *Schrüfer*

Belastungsgrobanalyse. In der B. wird geprüft, ob die in einer elektronischen Schaltung eingesetzten Bauelemente unterhalb ihrer Nennwerte betrieben werden und damit eine lange Lebensdauer erwarten lassen. Die entsprechenden Grenzwerte sind in den Datenblättern festgelegt. So sind z. B. Nennwerte spezifiziert

- bei einer →Diode für Spannung, Strom, →Sperrschichttemperatur,
- bei einem →Transistor für Spannung, Strom, Leistung, Sperrschichttemperatur,
- bei einem →Widerstand für die Leistung,
- bei einer →Induktivität für den Strom,
- bei einer Kapazität für die Spannung.

Die Analyse wird dabei möglichst einfach durchgeführt. Direkt einsichtige, die tatsächliche Belastung oft erheblich übersteigende Annahmen werden getroffen. Erst wenn sich damit die konservative Auslegung nicht nachweisen läßt, sind die Randbedingungen genauer zu überlegen und einzugrenzen. *Schrüfer*

Belegungsplan. Der B. einer elektronischen Baugruppe beschreibt, wie die einzelnen Bausteine in welcher Position, ggf. mit Angabe von Ober- oder Unterseite oder des Drehwinkels, positioniert sind. Die Darstellung erfolgt in der Regel graphisch, jedoch sind auch DV-technische Verfahren üblich, bei denen der B. elektronisch gespeichert wird und bei Bedarf, z. B. bei der Reparatur, am Bildschirm – vollständig oder teilweise – angezeigt werden kann. *K. Winter*

Beschichten →Aufdampfen, →Metallisierung, →Schichtabscheidung

Beschichtungstechnik →Dickschichttechnik, →Dünnschichttechnik, →Schichtabscheidung

Beschirmung. Bei der B. wird der →Leuchtschirm auf das Innere der Frontschale aufgebracht. Bei monochromatischen Röhren ist dieses ein relativ einfacher Fertigungsschritt, der erfolgt nachdem Schirmglas, Konus und Hals miteinander verbunden sind. Bei Farbbildröhren ist es ein sehr wichtiger, komplexer Prozeßschritt, bei dem mehrmals die →Lochmaske in die Frontschale ein- und ausgeknöpft wird, da die Position der Farbleuchtstoffe maßgeblich durch die Lochmaske bestimmt wird.

Bei monochromatischen Kathodenstrahlröhren wird der Leuchtstoff als flüssige Suspension in den Kolben eingebracht. Dieser bleibt stehen bis sich durch Sedimentation die Leuchtstoffpartikel auf der Innenseite des Schirmes abgesetzt haben. Flüssigkeit und restliche →Leuchtstoffe werden abgegossen. Der Schirm wird getrocknet und Konus- und Hals werden ausgewaschen (ausgespült).

Bei Farbkathodenstrahlröhren ist das Aufbringen der →Leuchtschicht weitaus komplexer. Leuchtstoff darf nur dorthin, wo auch der Elektronenstrahl durch die Lochmaske hindurch landet. Zusätzlich muß gewährleistet sein, daß die „richtigen" Elektronen auf den richtigen *dots* (Leuchtstoffstreifen) landen: die aus dem System für Grün auf dem grün leuchtenden Leuchtstoff usw.

Jedem Glasschirm ist eine individuelle Lochmasken-Rahmen-Kombination zugeordnet. Das Aufbringen der ca. 2 000 Leuchtstoffstreifen auf der Schirminnenseite erfolgt in einem photochemischen Prozeß.

Die Schirm-Masken-Kombination kommt dann auf den Belichtungstisch. Hier wird mit UV-Licht die Leuchtstoffschicht durch die Lochmaske hindurch belichtet. Dabei befindet sich die UV-Lichtquelle dort, wo später im Betrieb der Ablenkmittelpunkt liegt. Das UV-Licht soll den späteren Elektronenstrahl simulieren.

Durch die UV-Belichtung wird der Leuchtstoffstreifen auf dem z. B. der Elektronenstrahl für „Grün" landen soll ausgehärtet. Die nicht belichteten Leuchtstoffteile werden mit deionisiertem Wasser ausgespült, nachdem zuvor die Lochmaske ausgeknöpft wurde. Es bleiben dann ca. 660 Leuchtstoffstreifen (Streifen bei Inline-Röhren, Punkte bei Delta-Röhren) für z. B. Grün stehen. Für die anderen beiden Farben (Rot und Blau) wird mit derselben Lochmaske entsprechend verfahren. So erhält man dann einen Leuchtschirm der dicht bedeckt ist mit Leuchtstoffstreifen bzw. Punkten für Rot, Grün, Blau.

Die hier abgelaufenen photochemischen Prozesse erfordern von dem B.-Raum höchste Sauberkeit und ein konstantes Klima (Temperatur, Luftfeuchtigkeit). Wegen der UV-Licht-Empfindlichkeit der Leuchtstoffe, spielen sich diese Prozesse in gelbem Licht ab. (Gelbraum)

Der nächste Schritt im Fertigungsablauf ist das *Befilmen.* Dabei wird auf der Lackstraße in den rotierenden Schirm Lack eingespritzt. Dieser gleicht die körnige Oberfläche der Leuchtschicht aus und bildet damit eine glatte Trägerschicht für das nachfolgende →Aufdampfen der Aluminium-Schicht. Diese Aluminiumschicht hat drei Funktionen:

□ Sie sorgt dafür, daß alles Licht aus den Leuchtstoffen nach vorn abgestrahlt wird.

□ Sie verhindert die elektrostatische Aufladung der Leuchtschicht durch die Elektronen des Strahlstromes. Sie liegt auf Anodenspannungspotential.

□ Sie schützt den Leuchtschirm vor negativen Ionen.

Die dem jeweiligen Schirm zugeordnete Lochmaske ist während des Beschirmungsprozesses parallel zum Leuchtschirm transportiert worden und wird nun nach dem Aluminisieren endgültig in den Schirm eingesetzt.

Die zwischen Leuchtstoffschicht und Aluminium-Spiegel liegende Lackschicht wird im Klebeofen beim Verkleben der Frontschale mit dem Konus der →Bildröhre bei einer Temperatur von ca. 400 °C ausgeheizt. *Nerstheimer*

Literatur: Einführung in die Farbfernsehservicetechnik, Bd. I: Grundlagen der Farbfernsehtechnik. Hrsg. N. V. Philips Gloeilampenfabrieken Eindhoven, Niederlande. – Farbfernsehtechnik I. Hrsg. Telefunken, München. – Farbfernsehtechnik II. Hrsg. Telefunken, Berlin. – Sonderdruck: Physikalisch-Chemische und chemische Vorgänge bei der Herstellung von Farbbildröhren, 750513. Hrsg. Valvo, Hamburg. – Tradition in Qualität: Bildröhrenfertigung in Aachen. Hrsg. Philips. Hamburg.

Beschleuniger, elektrostatischer. Anlage zur Erzeugung von hochenergetischen geladenen Teilchen für die Atom- und Elementarteilchenphysik, bei der die zwischen zwei oder mehr Elektroden anliegende konstante Hochspannung die beschleunigenden elektrischen Felder aufbaut. Die dabei erreichbare Maximalenergie der Teilchen ist direkt proportional zur maximal in der Anlage erzeugbaren Spannung.

Bei Spannungen von mehr als 10^6 Volt treten Probleme mit der nicht verschwindenden Leitfähigkeit der Isolatoren und vor allem durch Koronaeffekte mit Funkenbildung an Stellen hoher elektrischer Feldstärke auf. Daher ist die Maximalenergie von elektrostatischen Beschleunigern auf Werte von einigen MeV begrenzt (1 MeV ist die Energie, die ein Elektron nach Durchlaufen einer Spannungsdifferenz von 1 MV erreicht).

Die wichtigsten Vertreter dieses Beschleunigertyps sind der →Van-de-Graaff-Generator und der →*Cockcroft-Walton*-Generator. *Wille*

Literatur: *Livingston, M.* und *J. Blewett:* Particle Accelerators. New York 1962.

Beschleunigerkonzept. Physikalisches Grundprinzip und technische Gestaltung einer Anlage zur Beschleunigung von geladenen Elementarteilchen auf hohe Energien.

Die klassischen B. sind die elektrostatischen →Beschleuniger, die →Linearbeschleuniger und die →Kreisbeschleuniger. Während beim ersten hohe Gleichspannungen verwendet werden, benutzt man bei den beiden anderen Konzepten starke Hochfrequenzfelder, die in Hohlraumresonatoren hoher Güte erzeugt werden.

Um für zukünftige Beschleuniger wesentlich höhere Energien bei vertretbaren Dimensionen zu erreichen, sind neue Konzepte entwickelt worden, die z. Zt. in der Entwicklung sind. Der →*Wake-Field*-Beschleuniger benutzt einen sehr intensiven Strahl geringer Energie, der in einer speziellen Hochfrequenzstruktur einen Teil seiner Energie abgibt, die zur Beschleunigung eines zweiten Strahls mit geringer Intensität benutzt wird. Beim inversen →Free-Electron-Laser nutzt man das extrem starke Feld eines Lasers zur Beschleunigung aus. Ein dritter Weg ist die Anregung von longitudinalen Plasmawellen (→Plasmawellen-Beschleuniger) durch zwei Laserstrahlen, die sich in ihrer Frequenz gerade um die Plasmafrequenz unterscheiden. Dabei entstehen zwischen den im Plasma gegeneinander schwingenden Ladungen extrem hohe longitudinale elektrische Felder, in denen geladene Teilchen stabil beschleunigt werden können. *Wille*

Beschleunigungselektrode. Elektronen werden in →Elektronenstrahlsystemen von Kathodenstrahlröhren zu höheren Potentialen hin beschleunigt, d. h. bis zu Elektroden, die auf Anodenpotential liegen. Den Weg von der B. (z. B. Gitter 4) zum Bildschirm (Aluminiumschicht) legen die Elektronen dann mit konstanter Geschwindigkeit im feldfreien Raum zurück. *Nerstheimer*

Literatur: Einführung in die Farbfernsehservicetechnik. Bd. I: Grundlagen der Farbfernsehtechnik. Hrsg. N. V. Philips Gloeilampenfabrieken Eindhoven, Niederlande. - Elektronik-Taschenbuch Bd. II. Bonn. - Farbfernsehtechnik I. Hrsg. Telefunken, München. - Farbfernsehtechnik II. Hrsg. Telefunken, Berlin. - Principles of Color Television. Hrsg. Hazeltine Laboratories Staff, New York.

Beschleunigungsfaktor →Arrhenius-Gleichung

Beschleunigungsmessung →Schwingungsmessung

Beschleunigungssensor. Das physikalische Prinzip der B. beruht auf der Messung der Trägheitskräfte einer an Federn aufgehängten seismischen Masse. Infolge einer Beschleunigung wird die seismische Masse ausgelenkt und damit ihre Aufhängung verformt. Diese Effekte lassen sich mit Hilfe von →Piezowiderständen oder piezoelektrisch bzw. kapazitiv zu einem elektrischen Meßsignal umwandeln. Der Vorteil der kapazitiven Signalabnahme besteht aus ihrer hohen Empfindlichkeit bei gleichzeitig relativ geringer Temperaturabhängigkeit.

Neben den erwähnten Ausschlagprinzip können B. auch ein Kompensations- oder ein Resonanzverfahren verwenden.

Im Falle des Kompensationsprinzips beinhaltet der Sensor einen →Aktor, mit dessen Hilfe die seismische Masse in ihre Ausgangsposition zurückgestellt wird. Das dazu benötigte elektrische Signal wird als Meßsignal verwendet. Beim resonanten B. verschiebt sich die Eigenfrequenz eines Resonators in Abhängigkeit von der Beschleunigung.

Durch geeignete Konfiguration der seismischen Masse und des Federelements kann die Empfindlichkeit und der Frequenzgang des B. beeinflußt werden. Letzter hängt auch von Dämpfung (durch Luft oder durch eine Flüssigkeit) ab (→Schwingungsmessung). Gewöhnlich stellt man die Federkonstante durch die Anzahl, Breite, Dicke und Länge von →Biegebalken ein. Mehrfache Aufhängung wird verwendet um die →Querempfindlichkeit des B. zu reduzieren, diverse Vibrationen zu separieren und die Belastbarkeit des B. zu erhöhen.

B. werden häufig aus →Piezokeramiken, →Silicium, →Quarz und abgeschiedenen Dünnschichten mit Hilfe von anisotropen, selektiven Ätzlösungen bzw. mit den Techniken des Surface micromachining hergestellt. *Csepregi*

Beschleunigungssensor: Kapazitiver B. (Quelle: MBB)

Beschleunigungsstruktur. Von Hochleistungssendern versorgte Hohlraumresonatoren zur Erzeugung von starken longitudinalen elektrischen Feldern zur Beschleunigung von geladenen Teilchen. Im Gegensatz zu den elektrostatischen →Beschleunigern ist bei den mit hochfrequenten Resonatoren ausgerüsteten Anlagen die Endenergie der Teilchenstrahlen nicht begrenzt. Es können im Prinzip beliebig viele B. hintereinander geschaltet werden.

Bei →Linearbeschleunigern werden sehr lange Hohlraumresonatoren mit sehr vielen Zellen verwendet. Dabei finden bei Protonen und Elektronen die →Alvarez-Struktur und bei Elektronen die Runzelröhren Anwendung. Bei →Kreisbeschleunigern sind die B., die als →Cavities bezeichnet werden, sehr viel kürzer. Im einfachsten Fall benutzt man dosenförmige Zellen, die einzeln vom Sender versorgt werden. Bei höheren Teilchenenergien haben sich Strukturen durchgesetzt, die aus mehreren miteinander verkoppelten Zellen bestehen.

Wille

Bestückung. Elektronische Schaltkreise werden aus Bauelementen in verschiedenen Schaltkreisebenen zusammengesetzt. In den Ebenen der Leiterplatten (→Leiterplattentechnik) und Hybridschaltkreise (→Hybridintegration) werden elektrische Leiterbahnstrukturen als Verbindungen zusammen mit Kontakt- und Anschlußflächen aufgebaut (→Aufbau- und Verbindungstechnik).

Auf diese der Anschlußgeometrie der Bauelemente angepaßten Flächen werden die elektronischen Komponenten entweder manuell oder in automatischen Fertigungsabläufen aufgesetzt. Zur maschinengerechten Entnahme werden die Bauelemente auf Filmgurten angeboten oder in Rüttel- und Selektiereinrichtungen auf Laufschienen in Reihe plaziert. Mit Saugpipette ausgestattete Greifarme setzen die zum Aufbau einer Schaltung erforderlichen Bauelemente auf diese um, wo entweder schon Klebstoff zur Fixierung im Wellenlötprozeß oder Lötpaste an den elektrischen Anschlußflächen zur →Kontaktierung im Reflow-Lötprozeß aufgebracht sind. Die Bestückung umfaßt in großen Automaten bis zu einigen 10^5 Bauelementbewegungen pro Stunde. Für Fertigung von Einzelplatten werden Roboter mit speziellen Video- und Bildauswertevorrichtungen eingesetzt.

Hieber

Bestückung: Ausschnitt aus einer automatischen Bestückungsmaschine. (Quelle: Philips Components)

Bestückungsdatengenerierung. Die B. wird durch Postprocessing nach der Erstellung des Baugruppenlayouts (→Layout) i. d. R. zur Versorgung von Bestückungsautomaten durchgeführt. Bei der B. werden die Angaben zu den einzelnen Bauelementen (Identifikation, Sachnummer), ihre Position, der Drehwinkel, die Lage (Ober- oder Unterseite z. B. bei SMD-Bauteilen) gewonnen. Die Daten werden auf einem Datenträger oder direkt elektronisch dem Bestückungsautomaten übermittelt. Dort werden sie in ein baugruppenindividuelles Bestückungsprogramm unter Berücksichtigung der Automateneigenschaften eingefügt.

K. Winter

Bestückungssimulation. Softwareverfahren als Teil von CAD-Systemen zur Überprüfung auf korrekt und effektiv durchführbare →Bestückung unter Einsatz eines oder auch mehrerer bestimmter Bestückungsautomaten. Die B. benötigt als Eingangsdaten die Layout-Daten einer Baugruppe (→Bestückungsdatengenerierung), die Angaben zur Geometrie und zur spez. Behandlung der einzelnen Bauelemente und Angaben zur Ausstattung und Beschickung des Bestückungsautomaten. Die B. erkennt z. B. Kollisionen durch fehlerhafte Bestückungsreihenfolge und gibt Hinweise für minimale Bestückungszeiten bzw. auch zur Koordinierung mehrerer Bestückungsautomaten. Besondere Anforderungen insbesondere bei gemischter Bestückung mit axialen bzw. SMD-Bauelementen werden berücksichtigt.

K. Winter

Betatron. Kompakter Elektronenbeschleuniger mit ortsfester Teilchenbahn, bei dem die Beschleunigungsspannung durch Induktion aus dem sich zeitlich schnell ändernden Magnetfeld gewonnen wird. Das B. besteht aus einem großen Wechselstrommagneten mit einem rotationssymmetrischen Magnetfeld, in dem der →Elektronenstrahl umläuft (Bild). Beim Beschleunigen erzeugt das zeitlich veränderliche Magnetfeld in Richtung des umlaufenden Elektronenstrahls ein elektrisches Feld, das den Strahl beschleunigt. Das folgt direkt aus dem Induktionsgesetz

$$\oint \vec{E}\, d\vec{r} = -\frac{d}{dt} \iint \vec{B}\, d\vec{f}.$$

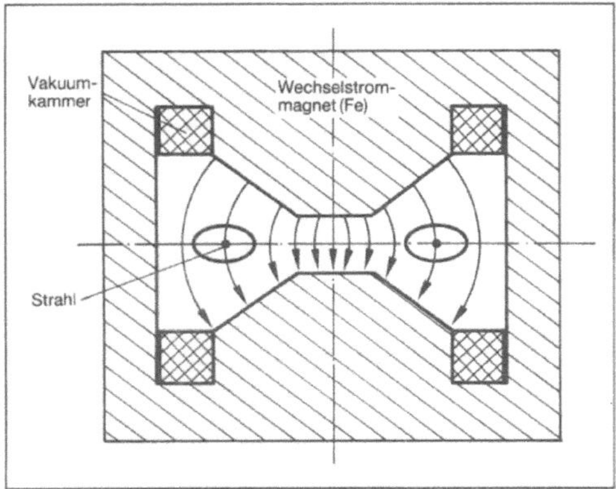

Betatron: Querschnitt durch ein Gerät.

Im Prinzip handelt es sich um einen →Transformator, bei dem der Strahl praktisch die Sekundärspule ist. Um den Strahl senkrecht zur Ausbreitungsrichtung stabil zu halten, muß das Magnetfeld radial einen bestimmten Verlauf haben, der durch besondere Formgebung der Pole erreicht wird. Dieser Feldverlauf muß die *Wideröesche* Betatronbedingung erfüllen:

$$B(t) = \frac{1}{2} \langle B(t) \rangle$$

Dabei ist B(t) das Feld am Strahl und ⟨B(t)⟩ der Mittelwert des Feldes in der vom Strahl umschlossenen Fläche. Mit B., die häufig zur Erzeugung von Röntgenstrahlen eingesetzt werden, lassen sich Energien von einigen 10 MeV erreichen. *Wille*

Literatur: *Livingston, M.* und *J. Blewett:* Particle Accelerators. New York 1962.

Betriebsdiagramm für Stromrichter. Die möglichen Betriebsarten beim Einsatz von Stromrichtern mit Gleichspannungsausgang lassen sich gut in einem Koordinatenkreuz (Bild) darstellen. In der Abszisse ist der Laststrom I aufgetragen, der je nach →Stromrichterart positive oder negative Werte annehmen kann. In der Ordinate ist die Ausgangsspannung U_a aufgetragen, die ebenfalls positive oder negative Werte annehmen kann. Das Diagramm wird auch für die elektrische Antriebstechnik mit Stromrichterspeisung eingesetzt. Die Spannung U_a entspricht dann der Drehzahl n und der Strom I dem Drehmoment M. Für die vier möglichen Betriebsquadranten ergeben sich folgende Merkmale:

- Betriebsquadrant I: U_a und I positiv
  Gleichrichterbetrieb
  des Stromrichters
  (Motorbetrieb, Treiben
  Rechtslauf)

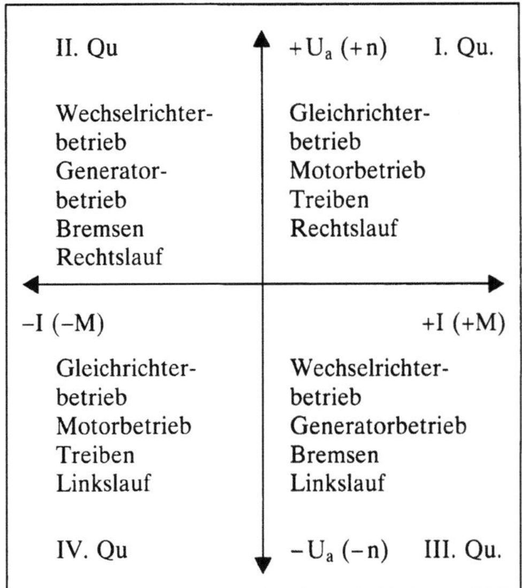

Betriebsdiagramm für Stromrichter: B. mit Gleichspannungsausgang

- Betriebsquadrant II: U_a positiv, I negativ
  Wechselrichterbetrieb
  des Stromrichters
  (Generatorbetrieb,
  Bremsen Rechtslauf)
- Betriebsquadrant III: U_a negativ, I negativ
  Gleichrichterbetrieb
  (Motorbetrieb, Treiben
  Linkslauf)
- Betriebsquadrant IV: U_a negativ, I positiv
  Wechselrichterbetrieb
  (Generatorbetrieb,
  Bremsen Linkslauf)

Für die praktische Anwendung werden Stromrichtersysteme zur Verfügung gestellt, die in folgenden Quadranten arbeiten:

□ Einquadrantensysteme: I. oder III. Quadrant (→Geradeausstromrichter). Anwendung: z. B. Antriebe für Extruder, Pumpen, Lüfter, Kalander, Förderanlagen

□ Zweiquadrantensysteme: I. und III. oder II. und IV. Quadrant (Geradeausstromrichter im Gleich- und Wechselrichterbetrieb). Anwendung: z. B. Antriebe für Hebezeuge (wegen Bremsen beim Senken wird II. bzw. IV. Quadrant benötigt).

□ Vierquadrantensysteme: I. bis IV. Quadrant (→Umkehrstromrichter). Anwendung: alle Antriebe, die in beiden Drehrichtungen Treiben und Bremsen müssen *H. Stüben*

Beweglichkeit, elektronische. Bewegungsvermögen elektronischer →Ladungsträger (Elektronen oder Löcher) in Festkörpern. Sie ist mit b = v/E definiert als Quotient der →Driftgeschwindigkeit v, die ein äußeres elektrisches Feld E den Ladungsträgern aufprägt, und bestimmt zusammen mit der →Ladungsträgerdichte die elektrische →Leitfähigkeit eines Materials.

Auch im feldfreien Fall besitzen die elektronischen Ladungsträger eine Geschwindigkeit, die *Fermi*-Geschwindigkeit bei Metallen oder die thermische Geschwindigkeit bei Halbleitern. Verschiedene Ladungsträger haben jedoch verschiedene Richtungen der Geschwindigkeit, der Mittelwert verschwindet. Auch der zeitliche Mittelwert für einen einzelnen Träger verschwindet, da er jeweils nach einer mittleren Zeit τ (Stoßzeit, Relaxationszeit, gemittelt über alle Elektronen) mit →Störstellen oder Gitterschwingungsquanten (→Phonon) stößt und dabei eine neue Richtung annimmt. Liegt nun ein elektrisches Feld an, so erzeugt dies eine Vorzugsrichtung mit der Driftgeschwindigkeit. Diese stellt für nicht zu hohe Felder nur eine schwache Störung der Geschwindigkeitsverteilung dar und wird durch die Stöße begrenzt. Die Relaxationszeit ist dann unabhängig vom elektrischen Feld und es ergibt sich die konstante Beweglichkeit $b = e\tau/m^*$ (e = Elementarladung, m* = effektive Masse der Ladungsträgersorte). Diese Feldunabhängigkeit ist die Grundlage des Ohm'schen Gesetzes. Sie bricht zusammen, wenn bei zu hohen Feldern τ feldabhängig wird. Allgemein ist m* und damit b richtungsabhängig.

Die Beweglichkeit muß für jede Ladungsträgersorte (Elektronen, Löcher) getrennt behandelt werden, da sich z. B. schon ihre effektiven Massen stark unterscheiden können. Sie ist in jedem Fall temperaturabhängig, wobei für Metalle und Halbleiter unterschiedliche Gesetze resultieren (Tabelle). Dies hat seine Ursache in der Tatsache, daß die Geschwindigkeit der Ladungsträger und damit die Stoßzeit im Halbleiter von der Temperatur abhängt ($v_{th} \sim \sqrt{T}$), im Metall dagegen nicht. Bei tiefen Temperaturen überwiegt in beiden Fällen die Streuung an Störstellen, so daß sich für Halbleiter $b \sim T^{3/2}$ und für Metalle b = konst. ergibt, wodurch im letzteren Fall der sog. →Restwiderstand bestimmt wird. Bei hohen Temperaturen überwiegt die Streuung an Phononen (Quanten der Gitterschwingungen), so daß für Halbleiter $b \sim 1/T^{3/2}$ und für Metalle $b \sim 1/T$ resultiert (Bild).

Beweglichkeit, elektronische. Tabelle: Beweglichkeiten einiger Metalle und Halbleiter bei Zimmertemperatur (alle Angaben in cm²/Vs)

		Elektronen	Löcher
Metalle	Na	550	
	Al	140	
	Ag	720	
	Au	510	
	Cu	480	
Halbleiter	Si	1 350	480
	Ge	3 900	1 900
	GaAs	8 500	450
	InSb	77 000	700

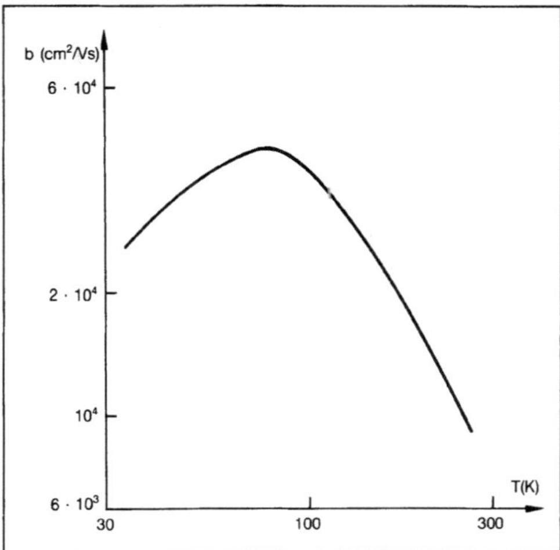

Beweglichkeit, elektronische: Temperaturabhängigkeit der Beweglichkeit von n-GaAs, das mit ca. $3 \cdot 10^{15}$ cm^{-3} Störstellen dotiert ist (doppellogarithmischer Maßstab).

Wenn verschiedene Streuprozesse gleichzeitig und unabhängig voneinander wirken, so ergibt sich die Gesamtstoßzeit aus den Einzelzeiten durch reziproke Addition. Statt der Stoßzeit gibt man oft auch die freie Weglänge an, d. h. die mittlere zwischen zwei Stößen zurückgelegte Strecke. Sie beträgt oft viele Hundert Atomabstände. *Heinz*

BF_3-Zählrohr. Ein Zählrohr, das BF_3 als Füllgas verwendet (Proportional-Zählröhre). Dieses BF_3 enthält das Isotop Bor-10. Es fängt thermische Neutronen ein und zerfällt unter Aussendung von Alpha-Teilchen in das stabile Lithium-7. Die Alpha-Teilchen der B-10 (n, α) Li-7-Reaktion ionisieren das Zählrohrgas, so daß die Impulsrate des Zählrohrs proportional der Neutronenflußdichte ist.

Neben den Alpha-Teilchen führen auch Gammaquanten über Photo- und Compton-Elektronen zu Zählrohrimpulsen. Da dieses jedoch im Proportionalbereich betrieben wird, lassen sich die Gamma-Impulse mit Hilfe eines Diskriminators von den Alpha-Impulsen unterscheiden und unterdrücken. Das BF_3-Z. ermöglicht es so, Neutronenflußdichten auch in Gegenwart von Gamma-Strahlung spezifisch zu messen. *Schrüfer*

BFL. (*engl.* Buffered FET-Logic, gepufferte FET-Logik). Eine Transistor-Transistor-Logik auf

GaAs-Basis, bei der sowohl Schalter als auch Lastelemente →MESFET verwendet werden. Da diese meist als Depletion-Transistoren arbeiten, erfordert die Schaltung zwei Versorgungsspannungen verschiedener Polarität sowie eine innere Potentialverschiebung durch →Schottky-Dioden. Dadurch enthält der →Inverter wenigstens fünf, im Regelfall sieben Funktionselemente (Bild), wenn man den Ausgangstreiber (→Sourcefolger) mit einrechnet.

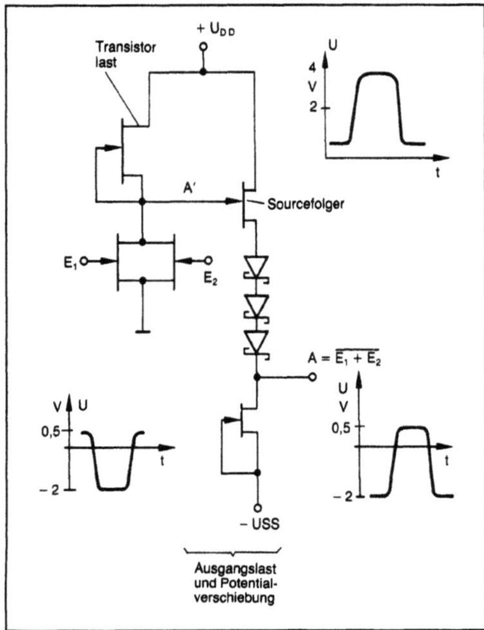

BFL: BFL-NOR-Gatter mit zwei Eingängen.

Im dargestellten NOR-Gatter sperrt eine negative Eingangsspannung wenigstens einen der beiden Eingangsschalter. Dadurch steigt die Spannung am Inverterausgang (Punkt A') an. Die drei Schottky-Dioden verschieben den Pegel um die dreifache Flußspannung ins Negative, und es tritt am Ausgang A ein invertierter Impuls im richtigen Potentialbereich zur Ansteuerung eines Folgegatters auf. Die BFL gehört mit zu den extrem schnellen Gatterarten auf GaAs-Basis mit Gatterverzögerungszeiten um 50 ps bei jedoch relativ großer Gatterverlustleistung (≦4 mW), die hauptsächlich im Sourcefolger entsteht. Deshalb wird diese Technik vorzugsweise als →Gigabit-Logik im MSI-Bereich verwendet. *R. Paul*

BICMOS-Prozeßtechnik. Bei der B.-P. werden auf dem gleichen Chip →Bipolartransistoren und CMOS-Transistoren (→CMOS-Technik) hergestellt. Dabei versucht man so weit wie möglich, Prozeßschritte für beide Bauelementetypen gemeinsam zu verwenden, um die Komplexität der Prozeßfolge nicht übermäßig ansteigen zu lassen. So wird z. B. die Subkollektor-Diffusion zur Unterdrückung des latch-up-Effekts beim PMOS-Transistor verwendet, der p^+-Kontakt der Basis ist gleichzeitig →Source und →Drain des PMOS-Transistors, etc. (Bild). *Ryssel*

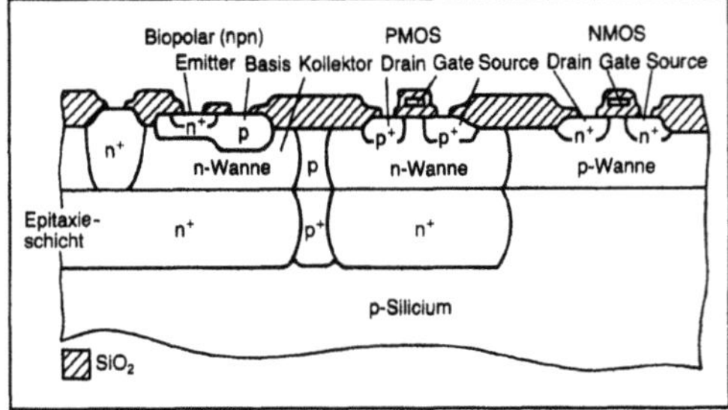

BICMOS-Prozeßtechnik: Querschnitt durch eine BICMOS-Zelle.

BICMOS-Technik. (*engl.* Bipolar-Complementary-MOS-Fieldeffect-Technique) →BIFET-Technik, die sowohl komplementäre →MOS-Transistoren als auch →Bipolartransistoren und entsprechende Schaltungstechniken im gleichen Chip verwendet. Dadurch lassen sich die jeweiligen Vorteile beider Techniken optimal nutzen:

- hochohmiger Eingang, geringe Stromaufnahme und hohe →Packungsdichte des CMOS-Inverters,
- hohe Stromtreiberfähigkeit des Bipolartransistors (auf geringer Chipfläche) vor allem bei kapazitiver Last durch die hohe →Steilheit (geometrieunabhängig),
- Geschwindigkeitsanpassung einer extrem miniaturisierten →CMOS-Technik in einer umgebenden ECL-Peripherie möglich,
- Ausnutzung der Vorteile von Bipolaranalogstufe (→Rauschen, Geschwindigkeit, schnelle Operationsverstärkerausgänge).

Die Kombination von p- und n-Kanal-MOSFET sowie npn Bipolartransistoren (pnp-Transistoren werden äußerst selten eingesetzt) verlangt zusätzliche Prozeßschritte im Vergleich zur CMOS-Technologie. Bild 1 zeigt den Aufbau einer BICMOS-Struktur. Die üblicherweise aus →Polysilicium hergestellten Gateelektroden verursachen eine Polysiliciumbelegung der Emitterbereiche (Poly-Si-Emitter), wodurch sich die Stromverstärkung etwa um das Doppelte erhöht.

Technologisch zeichnen sich zwei Entwicklungstrends im BICMOS-Prozeß ab:

□ Einschluß eines mittelmäßigen Bipolartransistors in einen optimierten CMOS-Prozeß, um merkliche Verhaltensverbesserung bei geringem Kostenanstieg zu erreichen. Man benötigt etwa 1–2 Masken mehr.

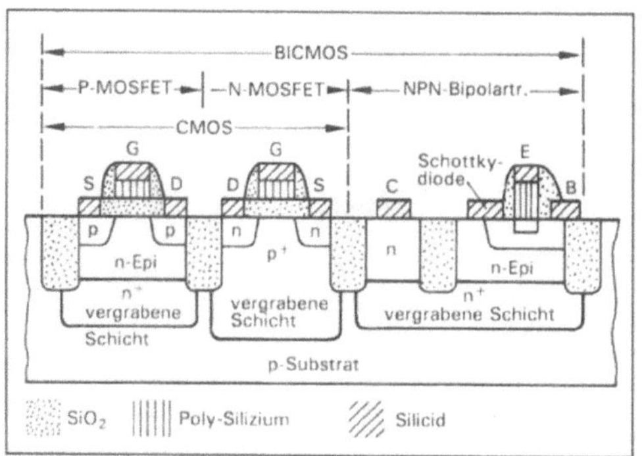

BICMOS-Technik 1: BICMOS-Anordnung im Substrat.

□ Einschluß von MOS-Transistoren in einen ausgefeilten Bipolarprozeß (z. B. ECL-Technik), etwa um größere Speicherblöcke in ein ECL-System einzuschließen. Dieser Weg ist aufwendiger als der erste, liefert aber bessere Ergebnisse. Typischerweise sind 3–5 Masken mehr erforderlich. Für einen 0,8 µm-Prozeß erreicht man Grenzfrequenzen von 6–8 GHz bei einer Kostensteigerung um 80 % Zusatzmaßnahmen wie Trenchisolation, Doppel-Poly-Gate, vergrabene Schicht und selektive Kollektorimplantation, die für moderne ECL-Prozesse typisch sind, erhöhen bei CMOS-Einschluß die Kosten deutlich stärker ($f_T \leq 15$ GHz, Kostenfaktor 2–4).

Bild 2 zeigt den BICMOS-Inverter. Er besteht aus einer bipolaren Gegentaktausgangsstufe mit CMOS-Treiber. Die Widerstände R_1, R_2 sind als →MOSFET ausgebildet. Auch andere Schaltungsformen sind bekannt. In Bustreiberschaltungen wird der Ausgang oft als Tristatestufe ausgeführt.

Die Hauptanwendungsgebiete der BICMOS-T. sind
- Bustreiberstufen zum Treiben hoher kapazitiver Lasten,

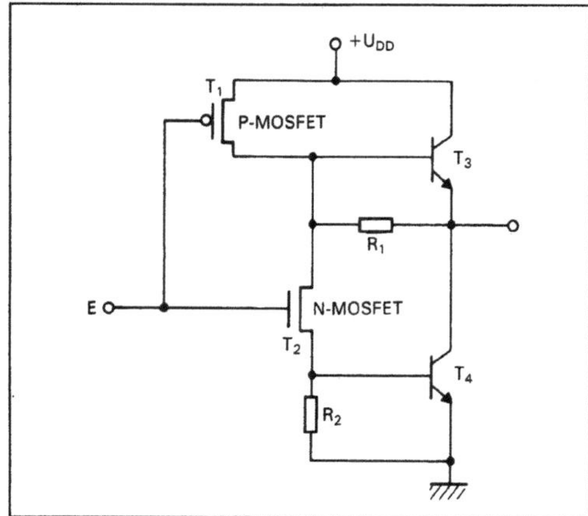

BICMOS-Technik 2: BICMOS-Inverterstufe.

- Ansteuerschaltungen für größere Komplexe (RAM-Module, Takttreiber für Register, für Leistungsstufen),
- SRAM's mit ECL-kompatibler Randelektronik (Dekoder, Puffer, Steuerlogik),
- Hochleistungsmikroprozessoren (CMOS-Technik, kritische Pfade im BICMOS),
- gemischte Analog-Digitalschaltungen mit geringem Analoganteil,
- bipolare Randelektronik in Schaltungen mit hoher Zahl von Ein-Ausgängen. *R. Paul*

Biegebalken →Kraftsensor

BIFET-Technik. (*engl.* Bipolar-Fiedeffect-Transistor).

1. Integrationstechnik für (vorzugsweise analoge) Schaltungen, bei der gleichzeitig →Bipolar- und →Feldeffekttransistoren auf einem Chip kombiniert und damit die spezifischen Vorteile beider Transistorarten genutzt werden, um ein optimales Gesamtverhalten der Schaltung zu erreichen. Dabei arbeiten Feldeffekttransistoren (hoher Eingangswiderstand, geringes →Rauschen) meist in den Eingangsstufen; Bipolartransistoren wegen der höheren Stromverfügbarkeit sowie dem hohen →Verstärkungs-Bandbreiteprodukt und dem kleinen →Ausgangswiderstand in den Ausgangsstufen. Als Feldeffekttransistoren werden sowohl →Sperrschicht- wie auch →MOS-Transistoren eingesetzt (→BIMOS-, →BIGMOS-, →BICMOS-Technik). BIFET-T. gewinnen zunehmend an Bedeutung für →Operationsverstärker, Breitband- und Gegentaktverstärker, Steuerschaltungen für Leistungsbauelemente, Analog-Digitalwandler sowie als Spannungsregler mit hoher Spannungsfestigkeit.

2. Im engeren Sinne eingesetzte Integrationstechnik für →Operationsverstärker, bei der auf dem Chip gleichzeitig Bipolar- und Sperrschicht-Feldeffekttransistoren (letztere als Eingangsdifferenzstufe) verwendet werden (BIFET-Verstärker). Derartige Verstärker haben neben dem hohen Eingangswiderstand sehr gutes Offsetverhalten und günstige Rauscheigenschaften, besonders bei großem Generatorwiderstand. *R. Paul*

BIGFET. (*engl.* Bipolar-Insulated-Gate-Fieldeffect-Transistor). Halbleiterstruktur, die durch Integration eines MOS-Feldeffekttransistors (→IGFET, →MOSFET) und eines →Bipolartransistors dadurch entsteht, daß der Drainbereich des MOSFET gleichzeitig Basiszone des Bipolartransistors ist (Integration von Bauelementefunktionsgebieten) (Bild). Der →Bipolartransistor arbeitet als →Emitterfolger (Grundschaltungen). Dadurch entsteht eine Halbleiterstruktur mit sehr hohem Eingangs- und sehr kleinem Ausgangswiderstand. *R. Paul*

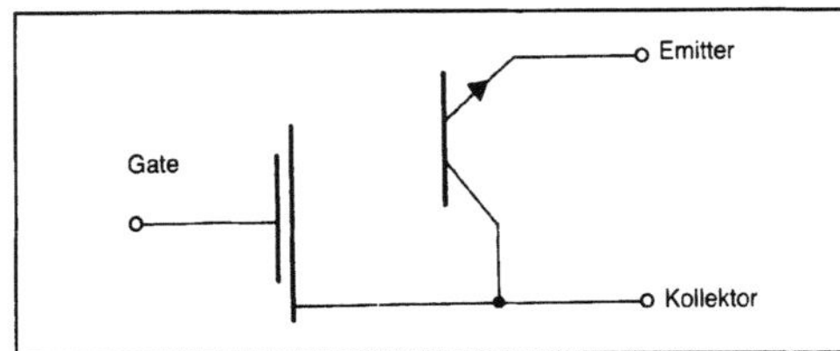

BIGFET: Prinzipielle Darstellung.

BIGMOS-Technik. Synonym für →BIMOS-Technik.

BIG-Kopplung →Laser-Wellenleiter-Kopplung

Bildaufnehmer. Die →Kamera führt die zeilenweise Abtastung des Bildes und damit die Diskretisierung für die Bildübertragung durch. Sie besteht aus Optik, Strahlteiler, B., Verstärker und γ-Vorverzerrungsstufe. Üblicherweise liefert eine Farbkamera drei amplituden- und zeitkontinuierliche Signale für verschiedene Spektralbereiche.

Als B. zur optisch-elektrischen Wandlung kommen Bildaufnahmeröhren oder CCD-B. zum Einsatz. Wichtige Kriterien sind der Störabstand bei geringen Beleuchtungsstärken, die Schärfentiefe ebenfalls als Funktion der Empfindlichkeit, die Erholzeit nach Überbelichtung und die Übertragung örtlicher und zeitlicher Kontraste.

Die Kameraröhren (Vidicon, Plumbicon, Saticon) enthalten ein evakuiertes Elektronenstrahlsystem (Bild 1). Über den Elektronenstrahl wird zeilenweise die elektrisch isolierende, lichtempfindliche Speicherschicht aufgeladen. Diese Schicht entlädt sich nun ortsabhängig je nach Lichteinstrahlung. Bei der nächsten Aufladung mittels Elektronenstrahl ist der Ladestrom proportional zur Entladung und somit zur Beleuchtungsstärke. Der Anodenstrom ist daher ein Abbild des Bildmusters. Dieses ist in Bild 1 anhand eines Ersatzschaltbilds verdeutlicht. Jeder Bildpunkt stellt einen Kondensator mit beleuchtungsabhängigem Parallelwiderstand dar. Der Schalter schließt den Ladestromkreis, wenn der Elektronenstrahl den Bildpunkt trifft. Der Ladestrom nach Schließen des Schalters wird als Signalspannung am Widerstand R_a abgegriffen.

Bildaufnahmeröhren besitzen derzeit noch eine höhere Auflösung (d. h. mehr Bildpunkte) als CCD-B. Daher waren die ersten HDTV-Kameras mit solchen Röhren ausgestattet. Kameraröhren sind jedoch konstruktiv bedingt anfällig gegen Erschütterungen, Schalldruck (Mikrofonie), elektrische und magnetische Fremdfelder. Darüber hinaus benötigen sie eine Anodenspannung von ca. 1 000 V, sind größer, schwerer und besitzen eine höhere Leistungsaufnahme als CCD-B. CCD-B. besitzen keine dieser Nachteile und darüber hinaus fest definierte Bildgeometrie und daher keine Probleme mit der Rasterdeckung. Aus diesen Gründen sind Bildaufnahmeröhren – bis auf den HDTV-Bereich – bei neueren Kameras kaum noch zu finden.

Bei den CCD-Bildsensoren (→CCD) sind die lichtempfindlichen Bereiche der Bildpunkte elektrisch gegeneinander isoliert und rechteckförmig (rechteckige →Apertur). Somit diskretisiert der CCD-Bildsensor auch in horizontaler Bildrichtung im Gegensatz zur Kameraröhre. Die Einzelladungen der Bildpunkte werden zeilenweise ausgelesen und erscheinen als kontinuierliches Signal am CCD-Ausgang. CCD-Bildsensoren mit 400 000 Bildpunkten werden heute z. B. für S-VHS-Kameras in Großserie gefertigt. Sensoren mit 1,3 Mio. Pixel (Panasonic HDTV-Kamera) und 2 Mio. Pixel (Sony und Philips/BTS) für HDTV-Anwendungen wurden vorgestellt.

Vorgesetzte optische Filter dienen der räumlichen Bandbegrenzung zur Vermeidung von Alias. Mikrolinsen („Lens on Chip") konzentrieren die Lichtenergie auf die lichtempfindlichen Bereiche des B.

Man unterscheidet konstruktiv XY-adressierbare Sensoren, Interline-Transfer-Sensoren (IT), Frame-Transfer-Sensoren (FT) und Frame-Interline-Transfer-Sensoren (→FIT) (Bild 2).

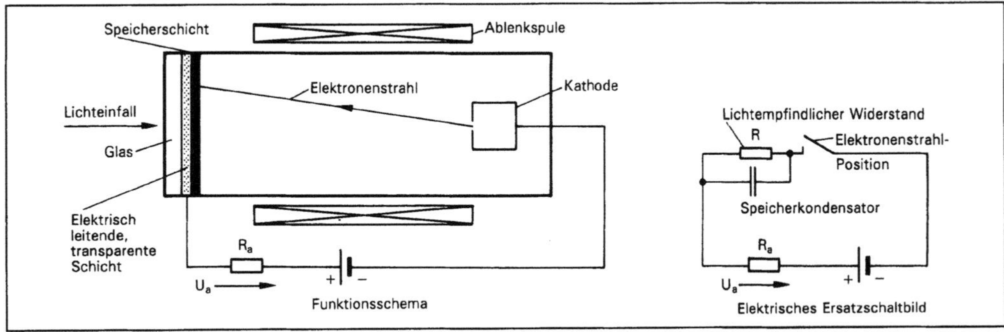

Bildaufnehmer 1: Funktionsprinzip einer Bildaufnahmeröhre.

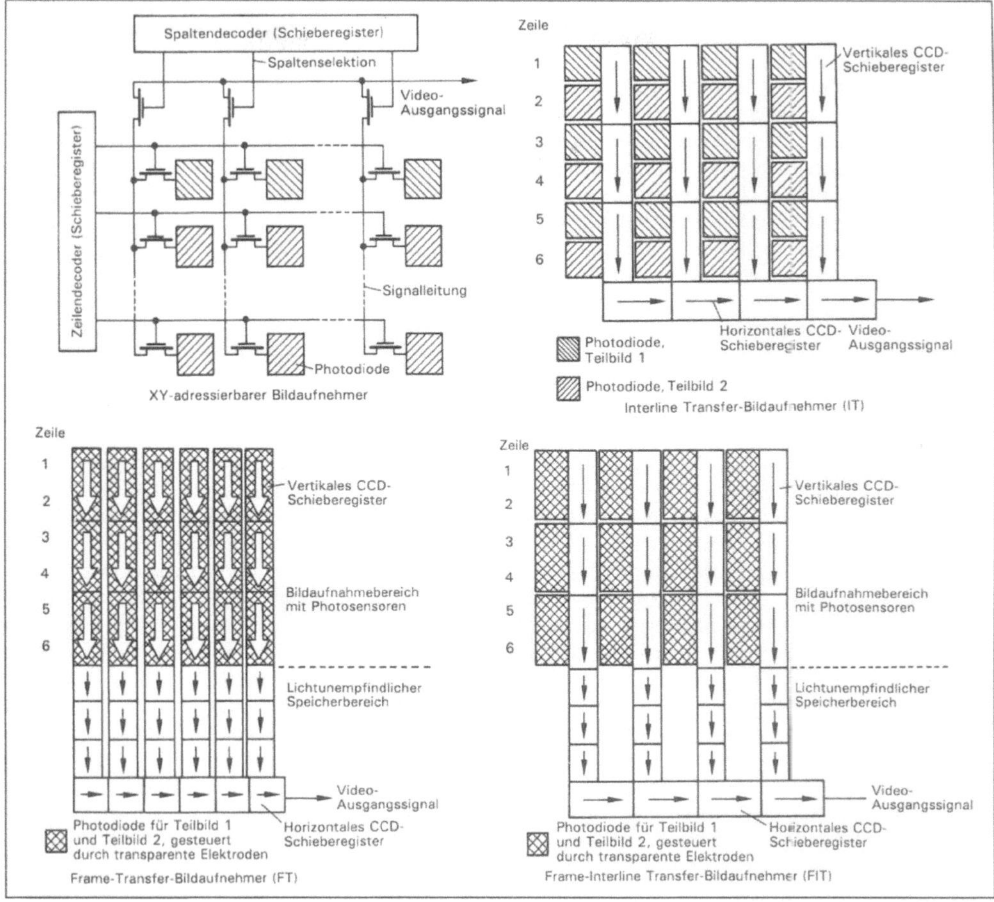

Bildaufnehmer 2: Grundtypen der CCD-B.

□ Beim XY-adressierbaren Sensor ist jeder Bildpunkt wie bei einem Speicherbaustein adressier- und lesbar. Sein Störabstand ist jedoch durch Kopplung von Adreß- und Datenleitungen schlecht (50 dB).

□ Beim Interline-Transfer-Sensor liegt zwischen zwei Sensorspalten aus Photodioden eine CCD-Transportspalte (Bild 2). Jedem Transportspeicherelement sind zwei lichtempfindliche Sensorelemente für das erste und das zweite Teilbild zugeordnet. Nach Ende jedes Teilbilds werden die Ladungen der entsprechenden Sensorelemente jeder Spalte in die benachbarte, lichtunempfindliche Transportspalte bewegt. Unmittelbar danach beginnt erneut die Ladungserzeugung. Die Ladungen der Transportspalten werden einmal pro Zeilenperiode in Abwärtsrichtung der Abbildung bewegt, so daß einmal pro Zeile das horizontale CCD-Schieberegister gefüllt wird. Dieses wird mit Bildpunkttakt ausgelesen. Somit wird das Bild also zeilenweise abgetastet. Da jedes Sensorelement über ein Vollbild Ladungen ansammelt, entsteht eine Verschleifung von schnellen Bewegungen.

□ Beim Frame-Transfer-Sensor bilden die lichtempfindlichen Zellen selbst jeweils CCD-Schieberegister-Spalten. Durch vier transparente Elektroden pro Fotosensor wird einerseits der CCD-Transport ermöglicht, andererseits der Empfindlichkeitsschwerpunkt teilbildabhängig um einen halben Bildpunkt vertikal verschoben. Bei Teilbildende werden alle Ladungen längs der Spalten in einen lichtunempfindlichen Bereich transportiert. Während nun das nächste Teilbild aufgenommen wird, können die lichtgeschützt gespeicherten Ladungen wiederum zeilenweise ausgelesen werden. Von Vorteil gegenüber dem Interline-Sensor sind die größere lichtempfindliche Fläche und die bessere Bewegungsdarstellung aufgrund der Auslesung jeder Sensorzelle in jedem Teilbild. Von Nachteil sind der Aufwand für den zusätzlichen lichtunempfindlichen Speicherbereich und der Smear-Effekt.

Der Smear-Effekt entsteht, wenn kleine Ladungen aus dunklen Bildbereichen in der vertikalen Austastlücke durch Bildbereiche hoher Beleuchtungsstärke transportiert und dort nachbelichtet werden. Helle Bildbereiche verschmieren, ziehen vertikal nach. Der Smear-Effekt behindert den Einsatz in Studio-Kameras.

□ Aus diesem Grund werden in professionellen Kameras auch Frame-Interline-Transfer-CCDs (FIT) eingesetzt. Diese besitzen IT-Struktur mit nur einem Sensorelement je Transportelement. Daher ist hier die gute Bewegungsauflösung des FT-Sensors mit dem schwachen Smear-Effekt des IT-Sensors kombiniert.

Für →Farbkameras mit Bildaufnahmeröhren kommen meist drei identische Röhren mit vorgeschalteten Filtern für den Rot-, Grün- und Blaubereich oder deren Komplementärfarben und Weiß zum Einsatz. Bei CCD-Sensoren für professionelle Anwendungen verfährt man ebenso um die Anzahl der Bildpunkte pro Farbauszug nicht zu reduzieren. Im Konsumbereich (Camcorder) wird nur ein CCD-B. eingesetzt. Hierbei wird eine Farbfilterfolie auf den CCD-B. aufgebracht, so daß jeweils drei oder vier benachbarte Bildpunkte für die drei Farben empfindlich sind (Bild 3).

Beim IT-Bildaufnehmer werden jeweils vier Bildpunkte für die vollständige Farbinformation kombiniert. Die Farben werden durch ein Mosaikfilter selektiert. Bei Grün ist der spektrale Hellempfindlichkeitsgrad des Menschen maximal. Daher ist Grün jeweils doppelt vorhanden. Beim XY- und FT-B. werden die Komplementärfarben Gelb und Cyan neben Grün und Weiß detektiert. Rot und Blau können daraus errechnet werden. Der FT-Sensor benötigt Streifenfilter an Stelle des Mosaikfilters aufgrund des vertikalen Ladungstransports.

Die erste europäische HDTV-CCD-Kamera LDK9000 von BTS enthält einen FT-Sensor mit $1\,920 \times 1\,152 = 2{,}2$ Mio. aktiven Bildpunkten. Dieser besitzt zwei parallele Ausgangs-Schieberegister, die je mit 36 MHz betrieben werden. Die Gesamtdatenrate beträgt somit 72 MHz. Eine mechanische Umlaufblende verhindert Smear während des vertikalen Ladungstransports. Die Chipfläche beträgt 240 mm^2, davon sind 109 mm^2 lichtempfindlich. *Grigat*

Literatur: *Collet, M.; L. Gabler, W. Kürzinger, G. Euler:* Vergleich von Halbleiterbildaufnehmern: Interline, XY- und Frame-Transfer-Konzept. Fernseh- und Kinotechnik. 40 (1986) Nr. 9, S. 38–43. – *Euler, G.:* Fortschritte bei Kameraröhren. Technische Information 870319, Philips Comp.

Bildelement. Die kleinste individuell ansteuerbare Einheit eines →Anzeigeelementes wird als ein B. bezeichnet.

B. können sehr unterschiedlich gestaltet sein. Generell sucht der Designer nach einer Gestaltung der B., die komplexe Informationen – wie Buchstaben – mit einer möglichst geringen Anzahl von B. darstellen zu können, ohne daß das Erscheinungsbild dieser Information oder deren Erkennbarkeit leidet. So haben sich für die Darstellung von Ziffern weitgehend die Sieben-Segmentanzeigen durchgesetzt. Zur Darstellung von alphanumerischen Zeichen, wie lateinischen Buchstaben etc., werden heute meist Anordnungen der Bildelemente in einer 5×7-Punktmatrix eingesetzt. Zusätzlich besteht die Möglichkeit, lateinische Buchstaben mit nur 39 B. eleganter als mit der 5×7-Punktmatrixanordnung darzustellen (Bild).

B. können jedoch auch komplexe Zeichengebilde, wie vollständige Worte, Logos etc. darstellen. So sind auf kleinen Taschenspielautomaten ganze Landschaften aus einzelnen B. aufgebaut worden, die Element für Element angesteuert werden können.

Bildaufnehmer 3: Farbfilter für die verschiedenen Typen von CCD-Farbbildaufnehmern (bl = Blau, cy = Cyan, ge = Gelb, gn = Grün, rt = Rot, w = Weiß)

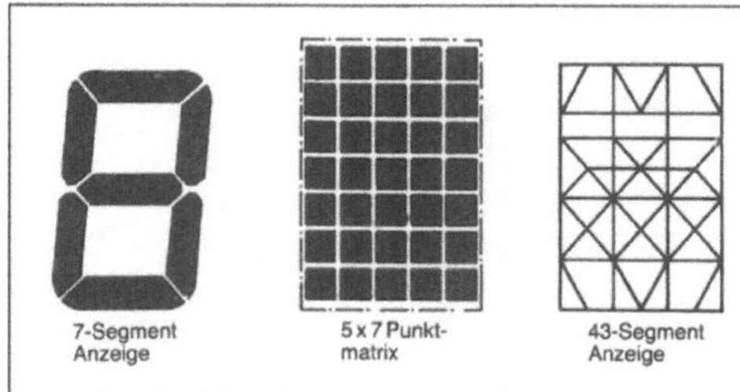

Bildelement: Ausführungsbeispiele.

Um Information mit Hilfe einer vorgegebenen Anzeigetechnik optimal anzuzeigen, ist eine sorgfältige Abstimmung des Designs der B. auf die Leistungsmerkmale der Anzeigetechnik vorzunehmen. *Pottharst*

Bildfeldwölbung. Bildflächen mit gleichartigen Strahlquerschnitten. Ein Strahlenbündel von kreisförmigem Querschnitt erfährt auf dem Weg vom Strahlenursprung zum Bildschirm bei Ablenkung verschiedene charakteristische Verformungen. Flächen, auf denen die abgebildeten Strahlquerschnitte gleich sind (Strich oder Kreis oder Elipse), bezeichnet man als B. Von Bedeutung sind folgende B.:

□ *sagittale B.:* Es kreuzen sich die quer zur Ablenkrichtung liegenden Strahlen des Bündels.

□ *meridionale B.:* Es kreuzen sich die in Ablenkrichtung liegenden Strahlen des Bündels.

□ *mittlere B.:* Bei diagonaler Ablenkung kreuzen sich alle Strahlen des Bündels (liegt zwischen sagittaler und meridionaler B.).

Ziel ist es, →Elektronenstrahlsystem und →Ablenkeinheit so zu entwickeln, daß →Lochmaske und →Bildschirm in Übereinstimmung zu bringen sind mit der B., bei der die auftretenden →Abbildungsfehler korrigiert sind. Optimal und bei den modernen In-line-Röhren nahezu erreicht ist es, Lochmaske und Bildschirm zusammenfallen zu lassen mit der B. minimaler Verzerrungen. Dies ist mit:

- →Selbstkonvergenz (→In-line-Röhre und anastigmatische Doppelsattel-Ablenkeinheit) sowie
- Rasterkorrekturfreiheit für die heute eingesetzten Pakete Kathodenstrahlröhre/Ablenkeinheit weitgehend erreicht. *Keitel/Nerstheimer*

Literatur: Farbfernsehtechnik II. Hrsg. Telefunken, Berlin.

Bildröhre. Wandlerelement zur Umsetzung elektrischer Signale in monochrome oder farbige Bilder. Die B. muß dazu mit mindestens einem →Elektronenstrahlsystem sowie dem →Leuchtschirm ausgestattet und äußerlich mit einer →Ablenkeinheit zur Beeinflussung des Elektronenstrahls versehen sein. Allgemeine Kennzeichen der B. sind die Schirmgröße (als Diagonale angegeben) und der Ablenkwinkel (90° oder 110°), wobei 110°-Bildröhren den Vorteil einer kürzeren Baulänge haben.

Die Elektronenstrahlsysteme der Schwarzweiß-B. für Fernsehsignale sowie der weiß-, grün- oder orangefarbenen Monochrom-B. für Computersignale enthalten neben der Kathode als Elektronenquelle (oft als →Elektronenkanone bezeichnet), dem →Wehnelt-Zylinder zur Helligkeitsregelung und der Hauptanode (die mit einem leitenden Belag verbunden ist, der Teile des Röhrenhalses und des Kolbens bedeckt) noch weitere Hilfselektroden (Bild 1). Sie dienen als elektrische Linsen zur Bündelung des Elektronenstrahls und werden deshalb auch Fokus-Elektroden genannt.

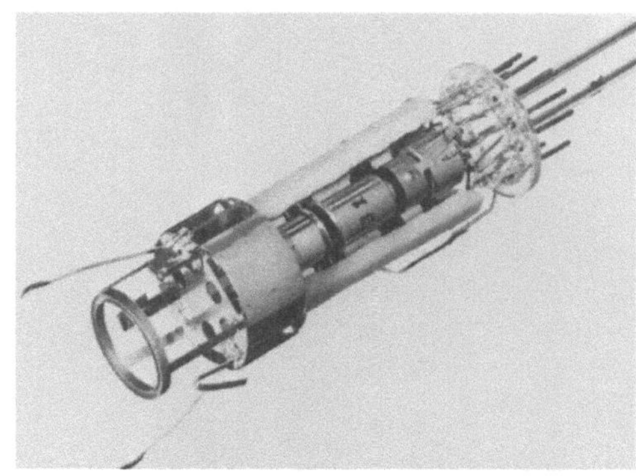

Bildröhre 1: Elektrodensystem einer Delta-Farbröhre.

Farbbildröhren enthalten drei Elektronenstrahlsysteme, die bei älteren Ausführungen in Form eines Dreiecks (Delta-Farbröhre) und bei modernen Typen nebeneinander im Hals der B. angeordnet sind (Inline-Farbröhre). Außerdem enthält die →Farbbildröhre eine →Lochmaske (Bild 2), die unmittelbar hinter dem Leuchtschirm sitzt und für die exakte →Landung der drei Elektronenstrahlen auf den ihnen zugeordneten farbigen Leuchtstoffen eine wichtige Rolle spielt. Da die Lochmaske den Durchmesser der Elektronenstrahlen begrenzt bzw. abschattet, spricht man auch von einer →Schattenmaske.

Für eine saubere Farbwiedergabe sind darüber hinaus noch weitere Maßnahmen zu treffen. Während früher die Konvergenz (das genaue Aufeinandertreffen der drei Elektronenstrahlen für Rot, Blau und Grün in einem Punkt der Lochmaske) mit Hilfe von besonderen Konvergenzspulen und -magneten weitgehend manuell eingestellt werden mußte, ist dies etwa seit Anfang der 80er Jahre durch die sog. selbstkonvergierenden Systeme entfallen. Erreicht wurde dieser Fortschritt u. a. mit einer hochpräzisen Fertigung, wobei sichergestellt wird, daß die Hauptachse von B. und Ablenkeinheit sowie der Mittel-

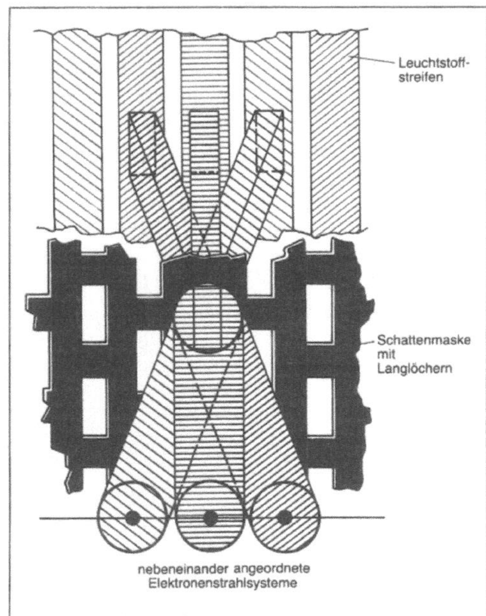

Bildröhre 2: Anordnung der Leuchtstoffstreifen und Funktion der Schattenmaske mit Langlöchern einer Inline-Farbröhre.

punkt der Strahlablenkung und der Belichtungsmittelpunkt des Bildschirms übereinstimmen.

Die Bildpunktschärfe (Auflösung) wird maßgeblich durch die elektrischen Eigenschaften der Elektronenstrahlsysteme (→Helligkeit, Strahlfokussierung) und bei Farbbildröhren außerdem durch die Anordnung der Farbstreifen bzw. Farbpunkte auf dem Bildschirm bestimmt. Bildpunkte sind die kleinsten Elemente, aus denen der Bildinhalt einer Fernsehzeile besteht. Beim Schwarzweiß-Fernsehen ergeben sich rein rechnerisch 833 Bildpunkte pro Zeile, wenn man Höhe und Breite eines Bildpunktes gleich Zeilenhöhe wählt (Bildformat 4:3), und insgesamt 520 625 Bildpunkte für ein Vollbild aus 625 Zeilen. Beim Farbfernsehen setzt sich ein weißer Bildpunkt dagegen aus drei Farbpixeln (Rot, Grün, Blau) zusammen. Das Farbbild wird um so schärfer, je geringer der sog. →Pitch (Mittenabstand) zwischen den Pixelgruppen ist, die auch Triplets genannt werden. Der Pitch ist abhängig von der Röhrengröße und beträgt bei 70-cm-Röhren z. B. 0,8 mm und bei 36-cm-Röhren 0,65 mm (Standardversion). Beide liefern ein subjektiv gleich gutes Bild. Bei Farbmonitoren für hohe Ansprüche an das →Auflösungsvermögen und ebenfalls 36-cm-Diagonale verringert sich der Pitch-Abstand dagegen bis auf Werte von 0,31 mm bzw. 0,28 mm.

Die jüngsten Verbesserungen betrafen die äußere Form des Farbbildschirms und die Wiedergabeeigenschaften. Mit einer maximalen Diagonale von z. Z. 95 cm zeichnen sich die neuen Rechteck-Formate (z. B. FSQ, →Flat and Square-Farbbildröhre) durch mehr Bildfläche (schärfere Ecken), einen flacheren Bildschirm (geringere Fremdlicht-Reflexion und größerer seitlicher Betrachtungswinkel) sowie eine gesteigerte Bildschärfe aus (wichtig für alphanumerische Zeichenwiedergabe bei Videotext und Bildschirmtext). Die Entwicklung noch größerer Bildröhren dürfte sich aus praktischen und ökonomischen Gründen (Gewicht, Kosten) kaum fortsetzen. Neben dem Standard-Bildformat 4:3 ist das neue Bildformat 16:9 für den Übergang auf →HDTV-Wiedergabe seit 1991 auf dem Markt vertreten. *Bahr*

Bildröhre, flache monochrome. Für kleine, tragbare Fernsehgeräte, als Kontrollbildschirm in Kameras und für Meßgeräte werden kostengünstige Kleinbildschirme benötigt. Als zum damaligen Zeitpunkt realisierbare technische Lösung wurden seit ca. 1980 mehrere Flachröhren entwickelt. Einen besonderen wirtschaftlichen Erfolg konnte die bei Sony entwickelte Flachröhre erreichen. Sie wird vornehmlich in tragbaren Kleinfernsehgeräten eingesetzt.

Das weitgehend konventionell aufgebaute Elektronenstrahl-Erzeugungssystem ist im Röhrenhals untergebracht, der seitlich an der Röhre, parallel zum Schirm angeordnet ist (Bild). Um die Verzeichnung möglichst gering zu halten, wird zur Vertikalablenkung – dieser Ablenkwinkel ist mit ca. 10 Grad sehr klein – ein elektrostatisches Verfahren gewählt, während für die Horizontalablenkung – Ablenkwinkel ca. 60 Grad – ein magnetisches System verwendet wird. Es besteht aus zwei flachen Ferrit-Stäben und einer Spule.

Die Horizontalablenkung erfolgt über ein negatives Potential zwischen dem Schirm und einer transparenten Elektrode auf der Innenseite der Frontplatte. Die transparenten Elektrode besteht aus Indium-Zinn-Oxid (→ITO-Schicht).

Zur Führung des Elektronenstrahls über die gesamte Bildschirmfläche ist eine Steuerspannung von +/– 150 V erforderlich. Sie dient deshalb gleichzeitig zur dynamischen Konvergenzkorrektur.

Der →Elektronenstrahl wird bei der Röhre aus der Betrachterrichtung auf den konventionell aufgebauten Bildschirm geschossen. Daraus ergibt sich ein Helligkeitsgewinn gegenüber der üblichen Einschußrichtung von der Rückseite des Schirms.

Die erreichte →Leuchtdichte des Bildschirms beträgt bei einer Vertikalauflösung von 250 Zeilen ca. 120 cd/m^2. Die Abmessungen der Röhre mit einer Bilddiagonale von 5 cm betragen: Bautiefe ca. 17 mm, Länge 133 mm und Breite 55 mm.

Seit 1984 wird eine Röhre auch in einer Version mit einer Schirmdiagonalen von 10 cm hergestellt.

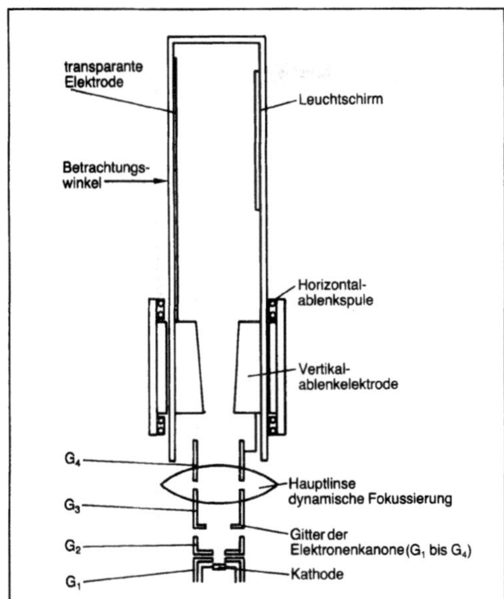

Bildröhre, flache monochrome: Schematischer Aufbau.

Der horizontale Ablenkwinkel mußte dabei auf 90 Grad erhöht werden. Gleichzeitig wurde die Horizontalauflösung auf 600 Linien und die →Helligkeit um 20% erhöht.

Im Jahre 1986 wurde die Entwicklung einer →Farbbildröhre nach dem gleichen Ablenksprinzip bekannt. Die Farberzeugung erfolgt nach dem Prinzip einer →Indexröhre. Die wesentlichen Merkmale dieser flachen Farbbildröhre sind:
Bildfläche $61 \times 80{,}8$ mm^2
Dicke der Röhre 36,7 mm
Ablenkwinkel, vertikal 14 Grad
horizontal 57 Grad
Auflösung 0,48 mm
Zahl der →Farbtripel 168

Eine weitere Flachröhre in besonders kompakter und kostengünstiger Aufbautechnik wurde von der britischen Firma Sinclair vorgestellt. Das Elektronenstrahl-Erzeugungssystem und das elektrostatische Ablenksystem werden auf die flache Frontplatte montiert. Sie befinden sich seitlich vom →Leuchtschirm in der fertigen Röhre. Der Leuchtschirm wird in einem wannenähnlichen Glaskörper aufgebracht. Beide Teile werden zunächst für sich montiert und anschließend zusammengesintert. Dieses Montageverfahren läßt hohe Toleranzforderungen bei geringen Herstellkosten zu.

Der Elektronenstrahl wird von der Seite her in den Sichtbereich der Röhre eingeschossen und wie bei der Sony-Röhre durch ein starkes elektrisches Feld, das zwischen einer transparenten Elektrode auf der Frontplatte und dem Leuchtschirm liegt, zum Schirm hin abgelenkt. Mit Hilfe einer dynamischen →Fokussierung wird erreicht, daß der Elektronenstrahl überall unter dem gleichen Winkel auf den Schirm auftrifft. Dadurch wird eine elliptische Verzerrung des Strahlquerschnitts vermieden. Im Interesse eines möglichst geringen vertikalen Ablenkwinkels wird das Seitenverhältnis des erzeugten Bildes klein gehalten. Durch eine optische Nachvergrößerung mit Hilfe einer Fresnel-Linse kann dann das übliche Seitenverhältnis 4:3 scheinbar wieder hergestellt werden. *Pottharst*

Literatur: *Matsuzaki, A.* and *H. Ikekami, M. Hatanaka, H. Kobayashi, S. Wakita:* A Color Flat CRT and its Application. IEEE Trans. on Consumer Electronics CE 32 (1986) No 3. – *Ohkoshi, A.* and *H. Sato, T. Natori, M. Hatanaka:* A Compact Flat Cathode Ray Tube. IEEE Trans. on Consumer Electronics CE 28 (1982) No 3. – *Smith, K.:* Electronics International. (1979) July 19.

Bildschirm, flacher →Bildröhre, flache monochrome; →Farbbildröhre, flache großformatige

Bildschirmleuchten – Farbe. Der →Leuchtschirm einer →Kathodenstrahlröhre setzt sich aus verschiedenen Phosphoren zusammen, die bei Anregung durch Elektronenstrahlen jeweils Licht in charakteristischen Farben (Wellenlängen) emittieren. Durch geeignete Auswahl und Mischung der →Phosphore können so nahezu alle in der Natur vorkommenden Farben erzeugt werden (in additiver Farbmischung), einschließlich der „unbunten" Farben weiß und grau. Schwarz wird nicht eigentlich erzeugt, sondern entsteht durch Nichtanregung der entsprechenden Leuchtschirmpartien im Kontrast zu den umliegenden angeregten Partien. Bei monochromatischen Kathodenstrahlröhren erfolgt die Farbfestlegung durch die Mischung der Leuchtstoffe, bevor sie in die Röhre eingebracht werden.

Bei einer Schwarz-Weiß-Röhre z. B. mischt man zwei Leuchtstoffarten mit zueinander komplementären Emissionsfarben: eine Blaukomponente: Zinksulfid (ZnS) und eine Gelbkomponente: Zink-Cadmimum-Sulfid (ZnCdS).

Bei Farbkathodenstrahlröhren werden drei verschiedene Farbkomponenten benutzt: Rot, Grün und Blau. Diese werden in feinen Strukturen (Punkte oder schmale Streifen) dicht nebeneinander auf dem Leuchtschirm aufgebracht. (→Beschirmungsraum) Aus dem normalen Betrachtungsabstand vermischen sich diese Strukturen und es ergeben sich die gewünschten Farben. Für die drei Farbkomponenten z. B. einer Farbfernsehröhre nimmt man für

- Blau: Zinksulfid (ZnS) mit ($CoAl_2O_4$)
- Rot: Ytrium-Oxy-Sulfid (Y_2O_2S)
- Grün: Zink-Cadmium-Sulfid (Zn Cd S)

Zusätzlich enthalten die Leuchtstoffe noch einen oder mehrere Aktivatoren. Diese sollen den →Leuchtstoff anregen, bei Energiezufuhr von außen Licht einer bestimmten →Farbe zu emittieren. Die Energiezufuhr kann außer durch Elektronenstrahlen auch durch Bestrahlung mit UV-Licht erfolgen. Dieser Effekt wird bei der Prüfung des fertigen Schirmes nach dem Aufbringen der Leuchtstoffe genutzt. *Keitel/Nerstheimer*

Literatur: *Bathelt, R. R.; G. A. W. Vermeulen:* Ein experimenteller Leuchtschirm in Direktsichtröhren für Farbfernsehen. Philips Techn. Rundschau 23 (1961/62) Nr. 5. - Die Fernseh-Bildröhre. Hrsg. Telefunken, Ulm. - Einführung in die Farbfernsehservicetechnik. Bd. I: Grundlagen der Farbfernsehtechnik. Hrsg. N. V. Philips Gloeilampenfabrieken Eindhoven, Niederlande. - Elektronik-Taschenbuch Bd. II. Bonn. - Tradition in Qualität: Bildröhrenfertigung in Aachen. Hrsg. Philips, Hamburg.

Bildsensor. Sensor zur elektronischen Aufnahme von Bildern für eine visuelle Beobachtung oder eine Bildverarbeitung. Die am häufigsten verwendeten B. sind →Kameraröhren (z. B. Vidikon) und Halbleitersensoren (CCD-Sensor, →CCD-Bildwandler, →CID-Element).

Die Halbleiter-B. haben gegenüber den Kameraröhren den großen Vorteil des geringeren Volumen- und Energiebedarfs, häufig aber auch den Nachteil der geringeren Auflösung. *Schaumburg*

Bildspeicher, digitaler. Der d. B. ist ein Kurzzeitspeichermedium für digitalisierte Videosignale. Er setzt sich zusammen aus einem Speicherteil (RAM-Speicher), dessen Kapazität für die Aufnahme eines Video-Teilbildes (Teilbildspeicher) bzw. zweier Teilbilder (Bildspeicher) ausgelegt ist, und einem Steuerteil, der die Verwaltung des Speicherblocks übernimmt.

Wichtigster Bestandteil der Speichersteuerung sind die Adressenzähler. Der Schreibadressenzähler bestimmt die Speicherstelle für das gerade am Speichereingang anliegende Videosignal und der Leseadressenzähler zeigt auf die Speicherstelle, deren Inhalt am Speicherausgang gewünscht wird. Für die verschiedenen Applikationen des d. B. ist in der Regel nur eine Modifikation des Adressenrechners notwendig.

Das neben der Speicherkapazität zweite wichtige Leistungsmerkmal eines Bildspeichers ist dessen Arbeitsgeschwindigkeit, also die Geschwindigkeit, mit der Daten in den Speicher geschrieben bzw. aus dem Speicher gelesen werden. Einen Speicher, der fortlaufende Videobilder in Echtzeit abspeichern und wieder ausgeben kann, nennt man auch Echtzeit-Bildspeicher.

Der d. B. ist integraler Bestandteil einer Vielzahl von videotechnischen Geräten. Er dient als festes (Kammfilter, digitaler Rauschbefreier) und variables (Synchronisator) Verzögerungselement, zur Standbildwiedergabe als eigenständiges Gerät (Still Store) oder als Teilfunktion komplexerer Geräte (Diageber, Filmabtaster, MAZ) sowie als Zwischenspeicher bei der Variation von Bild- und Abtastparametern (Digitales Effektgerät, Normwandlung) und dem Übergang auf Speichermedien mit größerer Zugriffszeit (z. B. Bildarchivierung auf Festplatten). *Hausdörfer/Richter*

Bildverbesserung →Fernsehempfänger

Bildverstärker →Bildwandler

Bildwandler. B. transformieren zweidimensionale Intensitätsverteilungen elektromagnetischer Wellen (Bilder) mit oder ohne Verstärkung von einem Spektralbereich in einen anderen.

So können z. B. Bilder, die in einem dem Auge nicht zugänglichen Frequenzbereich ν_1 vorliegen (z. B. Infrarot (IR)-, Ultraviolett (UV)- oder Röntgenstrahlung), sichtbar gemacht werden (Frequenzbereich ν_2). Eine solche Bildwandlung kann zusätzlich mit einer Verstärkung verbunden sein. In diesem Fall ist die Intensität des entstehenden Bildes größer als die der nachzuweisenden Strahlung ν_1. B., die lediglich die Intensität der Bilder innerhalb eines Spektralbereiches verstärken ($\nu_1 = \nu_2$), tragen die Bezeichnung Bildverstärker.

□ Bildwandlerröhre: Besteht im wesentlichen aus einer evakuierten Glasröhre, in der eine →Photokathode (spektral angepaßt an die nachzuweisende Strahlung), ein elektronenoptisches Linsensystem und ein →Leuchtschirm untergebracht sind (Bild). Die Intensitätsverteilung des zu transformierenden Bildes einer einfallenden elektromagnetischen Strahlung der Frequenz ν_1 löst auf der Photokathode durch den äußeren photoelektrischen Effekt Elektronen heraus. Die Anzahl dieser Photoelektronen ist der am jeweiligen Ort x vorhandenen Lichtintensität proportional. Zum Nachweis hoher energetischer Strahlung, wie z. B. Röntgen- oder Gammastrahlung, wird der Photokathode ein Szintillator, z. B. aus LiJ, HaJ, KJ vorgeschaltet. Mittels eines elektronenoptischen Linsensystems werden die aus der Photokathode herausgelösten Elektronen beschleunigt und auf einen Leuchtschirm abgebildet (Bild). Dort setzen sie Photonen frei, z. B. mit einer sichtbaren Frequenz ν_2, deren örtliche Intensitätsverteilung wieder dem ursprünglichen Bild entspricht.

□ Festkörper-B.: Bei diesem B., der bevorzugt im optischen Spektralbereich eingesetzt wird (Infrarot bis Ultraviolett), sind viele kleine, kompakte Halbleitermodule zu einer zweidimensionalen Matrix angeordnet. Jeder dieser Module wandelt an seinem Ort x die vorhandene Lichtstrahlung mit der Frequenz ν_1 in eine Lichtstrahlung mit der Frequenz ν_2 um und besteht im wesentlichen aus einem →Photodetektor (z. B. →Photodiode, →Phototransistor) und einer →LED oder einem →Halbleiterlaser als Lichtquelle. Der vom Photodetektor erzeugte

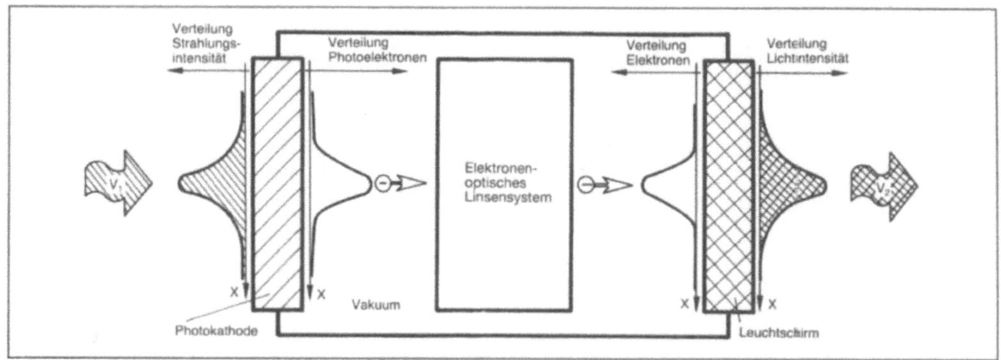

Bildwandler: Prinzipieller Aufbau und Funktionsweise einer Bildwandlerröhre (x: Ortskoordinate).

Strom wird dabei in die LED den Halbleiterlaser injiziert und kann durch eine zwischengeschaltete elektrische Verstärkerstufe noch zusätzlich vergrößert werden. Die Auflösung des entstehenden Gesamtbildes im Frequenzbereich ν_2 wird bestimmt durch die räumliche Dichte dieser Module.

Verbreitete Anwendung finden B.-Röhren und Festkörper-B. hauptsächlich in der Kernphysik, der Medizin (u. a. Röntgendiagnostik, Tomographie), der Astronomie sowie im Überwachungs- und Militärbereich (z. B. Infrarotsichtgeräte). *R. Kaiser*

Literatur: *Dennis, P. N. J.:* Photodetectors: An Introduction to Current Technology. New York–London, 1985.

Bildwandlerröhre →Bildwandler

Bildzentrierung. Das auf dem →Bildschirm abgebildete Bild soll in Bezug auf die Schirmmitte zentrisch sein. Bei fehlender →Ablenkung soll der Spot exakt auf der Bildschirmmitte liegen. Um das zu erreichen, haben sich zwei Verfahren herauskristallisiert:

□ Ein entsprechend geformter und magnetisierter Dauermagnet wird so auf dem Röhrenhals angebracht, daß die drei Strahlen gleichmäßig in dieselbe Richtung verschoben werden. Damit wird auch das ganze Bild verschoben.

□ Eine andere häufig angewandte Möglichkeit ist die, durch die Horizontal- und durch die Vertikal-Ablenkspulen je einen Gleichstrom entsprechender Amplitude und Polarität zu schicken.

Bei modernen →Kathodenstrahlröhren sind die Streuungen der Bildlage, d. h. deren Exzentrizität so gering, daß man ohne Korrektur der Bildlage arbeiten kann. Vielfach braucht die vorzunehmende Korrektur nicht einstellbar zu sein. Es genügt, einen festen, schaltbaren Korrekturbeitrag in beiden Polaritäten vorzusehen. Das kann bei entsprechendem Chassis-Layout z. B. durch Herauskneifen von Drahtbrücken geschehen. *Nerstheimer*

Literatur: Einführung in die Farbfernsehservicetechnik, Bd. I. Grundlagen der Farbfernsehtechnik. Hrsg. N. V. Philips Gloeilampenfabrieken Eindhoven, Niederlande. – Elektronik-Taschenbuch Bd. II. Bonn. – Farbfernsehtechnik II. Hrsg. Telefunken, Berlin.

BIMOS-Technik. (*engl.* Bipolar-MOS-Fieldeffect Transistor) Auch mit MOS-BI bezeichnete Technik integrierter Schaltungen, bei der bipolare (pnp-, npn-Typ) und MOS-Transistoren (n-, p-Kanal) sowie CMOS-Strukturen (→BICMOS) auf dem gleichen Chip hergestellt werden. Die BIMOS-T. ist ein Sonderfall der →BIFET-Technik, ihr Konzept versucht wie dort, die Vorteile beider Schaltungstechniken zu vereinen. *R. Paul*

Biosensor. Ein B. ist ein Sonderfall eines chemischen Sensors, bei dem biologische Materialien als chemisch sensitive Erkennungssysteme verwendet werden. Der Vorteil biologischer Erkennungssysteme liegt in der hohen Affinität zwischen komplementären biologischen Strukturen (z. B. Enzym/Substrat, Antikörper/Antigen, Rezeptor/Hormon), wodurch eine hohe Spezifität für die zu detektierende Substanz erreicht werden kann. Anwendungen findet man im Umweltschutz, in der Lebensmitteltechnologie, in der Medizin und bei der Prozeßkontrolle in der Biotechnologie. B. finden vor allem dort Verwendung, wo mit hoher Selektivität niedrige Konzentrationen chemischer, oft hochmolekularer Substanzen nachgewiesen werden müssen.

Wie beim chemischen →Sensor erzeugt die Änderung der physikalischen Materialeigenschaft der chemisch sensitiven Schicht ein elektrisches oder optisches Signal in einem geeigneten →Transducer.

Als sensitive Substanzen können Antigene, Antikörper, Enzyme, Rezeptor Proteine, Gewebe, Zellmembranen und Mikroorganismen verwendet werden. Sensoren mit diesen Erkennungssystemen können in zwei Gruppen eingeteilt werden: die Affinitätssensoren und die Metabolismussensoren.

Affinitätssensoren sind gekennzeichnet durch eine feste Bindung der komplementären Strukturen (z. B. Antigen-Antikörper Bindung), die nahezu irreversibel ist. Diese Sensoren eignen sich deshalb vor allem als Einmalsensoren, da die chemische Aktivität der Beschichtung verbraucht wird.

Bei den Metabolismussensoren hingegen erfolgt eine chemische Umsetzung des komplementären Reaktionspartners ohne daß die chemische Aktivität der Beschichtung verbraucht wird (z. B. Enzym/Substrat-Reaktion). Hierbei handelt es sich deshalb, im Gegensatz zum Affinitätssensor, um einen reversiblen Sensor.

Die Transducertypen können nach den physikalischen Effekten eingeteilt werden:
- elektrochemische (amperometrische, potentiometrische)
- optische (Absorption, Reflexion, Fluoreszenz, Evanescent wave, Lumineszenz, Oberflächen Plasmonen)
- massensensitive (Schwingquarze, Oberflächenwellen, Plattenschwingungen)
- calorimetrische (→Thermistor, optische Enthalpiemesser).

Im engeren Sinn der Definition müssen Transducer und biologisches Erkennungssystem bei einem B. eine Einheit bilden und der Sensor muß reversibel sein. Eine etwas weiter gefaßte Definition erlaubt auch irreversible Sensoren (z. B. Immunosensoren) und vom Transducer abgetrennte Erkennungssysteme (z. B. Enzymsensoren mit vorgeschalteter Enzym Reaktionskartusche).

Gemäß ihrer Entwicklung unterscheidet man B. der 1., 2. und 3. Generation. Während bei der 1. Generation einzelne Erkennungskomponenten auf dem Sensor immobilisiert werden, sind bei Sensoren der 2. Generation zusätzliche Koreaktanten in der Beschichtung (z. B. Mediatoren) zur Umsetzung der chemischen Substanzen integriert. In der 3. Generation findet eine weitere →Miniaturisierung und Integration von Komponenten vor allem durch die Mikroelektronik statt.

Von den obigen Definitionen des B. muß die nicht so weit verbreitete Definition unterschieden werden, die den B. ausschließlich als Sensor in vivo lebender Organismen sieht (z. B. in vivo Glucose Sensor bei Diabetikern). Ebenso muß von Sensoren unterschieden werden, die physikalische Parameter von physiologischen Vorgängen messen (z. B. Blutdruck, Koagulationsfaktoren bei der Blutgerinnung). *Kößlinger*

Literatur: *Scheller, F. W.; R. Hintsche, U. Wollenberger:* Biochemical Sensors for Microsystems. Microsystem Technologies 90 (Ed. Herbert Reichl). Berlin–Heidelberg–New York 1990. – *Turner, P. F., Isao Karube, George S. Wilson (Ed.):* Biosensors. Fundamentals and Applications. Oxford Science Publications, 1987.

Bipolar →Bipolartechnik

Bipolar-Bauelement. →Halbleiterbauelement, dessen wesentliche elektronische Eigenschaften durch Bewegungsvorgänge von zwei Ladungsträgerarten (Elektronen, Löcher bzw. →Majoritäts- und →Minoritätsträgern) innerhalb eines Halbleitergebietes bestimmt werden. Das Grundelement der B.-B. ist der →pn-Übergang mit seiner stromgesteuerten →Injektion von Minoritätsträgern in Bahngebiete. Diese Anordnung findet als →Halbleiterdiode breiteste Anwendung. Weitere wichtige B.-B. sind der →Bipolartransistor mit zwei pn-Übergängen sowie die große Gruppe der Mehrschichtbauelemente mit drei, vier und mehr aufeinanderfolgenden pn-Übergängen (z. B. →Thyristor). Durch die Verknüpfung zweier pn-Übergänge über ein schmales gemeinsames Bahngebiet – die →Basis – wie beim Bipolartransistor, läßt sich eine Verstärkerwirkung erzielen.

Der Gegensatz zum B.-B. ist das Unipolar-Bauelement. B.-B. finden sehr breite Anwendung in bipolaren Schaltkreisen sowie als diskrete Bauelemente; dort vor allem auch für sehr hohe Leistungen. *R. Paul*

Bipolar-Elektrolytkondensator. Ungepolte →Elektrolytkondensatoren, für Wechselspannungsbetrieb geeignet. Der Aufbau dieser Kondensatoren ist ähnlich dem der gepolten Elektrolytkondensatoren. Während dort die zweite Aluminium-Folie als Stromzuführung zur Kathode, dem Elektrolyten dient, ist sie beim B.-E. ebenfalls anodisch oxidiert. Der Elektrolyt zwischen den Folien ist dann die leitende Verbindung zwischen zwei in Serie liegenden Einzelkapazitäten. Damit ist die Gesamtkapazität des Kondensators nur noch halb so groß, wie die der Einzelkapazität.

B.-E. finden als Koppelkondensatoren in Tonfrequenz-Schaltungen oder bei Wechselspannungsbetrieb Anwendung. Sie werden allerdings oft durch die im Impedanzverhalten besseren →Kunststoff-folien-Kondensatoren substituiert. *Both*

Literatur: *Baur/Martin:* Al-Elkos für Lautsprecherweichen. Roederstein 1979. – *Leucht, K.:* Kondensatorenkunde für Elektroniker. München 1981. – *Zinke, O.* und *H. Seither:* Widerstände, Kondensatoren, Spulen und ihre Werkstoffe. Berlin 1982. – Roederstein-Datenbuch Al-Elektrolytkondensatoren Mai 1988.

Bipolarschaltung.

1. Allgemein Schaltung, in der nur bipolare Bauelemente verwendet werden, meist aber einschränkender eine

2. Monolithisch integrierte Schaltung, die nur integrierte →Bipolartransistoren enthält. *R. Paul*

Bipolartechnik.

1. Sammelbegriff für alle Bauelementetechniken, die auf der Nutzung vorzugsweise bipolarer Bauelemente beruhen.

2. Unscharfe Sprachbezeichnung für Schaltungstechniken (diskret oder integriert), die nur →Bipolartransistoren verwenden (→Bipolarschaltungen).

3. Im engeren Sinne Herstellungstechniken für →Bipolar-Bauelemente, insbesondere in integrierten (bipolaren) Schaltungen auf Grundlage der Epitaxie-Planartechnik. Die einzelnen Funktionselemente (Dioden, Bipolartransistoren, integrierte Widerstände und Kondensatoren) des Schaltkreises befinden sich je in isolierten Inseln, die entweder durch sperrgepolte pn-Übergänge oder dielektrische Schichten gebildet werden. Die Herstellungstechnik besteht in der Ablagerung einer Epitaxieschicht (→Epitaxie) auf dem Halbleitersubstrat mit anschließender Abgrenzung der isolierten Inseln, der →Diffusion von Störstellen in die isolierten Halbleiterbereiche für die einzelnen pn-Gebiete und der anschließenden Verbindung der einzelnen Funktionselemente durch Leiterbahnen. Die geometrische Abgrenzung der einzelnen Halbleitergebiete erfolgt durch →Photolithographie.

Zu den wichtigsten Entwicklungsrichtungen der B. zählen vor allem die Erhöhung des →Integrationsgrades (durch Strukturverkleinerung, die Funktionsintegration, verbesserte Isolationsverfahren und Verbindungstechniken) und die Erhöhung der Arbeitsgeschwindigkeit (außer durch Strukturverkleinerung) durch Einbezug von Schottky-Übergängen, aber auch der Versuch, andere Halbleitermaterialien mit höherem Produkt der Elektronen- und Löcherbeweglichkeit einzusetzen. Gewisse Erfolgsaussichten werden dabei dem →Heterobipolartransistor (Bipolartransistor) zugeschrieben. *R. Paul*

Halbleitertechnologie. Gegenwärtig werden nur sehr schnelle Schaltungen in Bipolartechnik hergestellt (Bild). Um die Schaltgeschwindigkeit weiter zu erhöhen, werden selbstjustierende Techniken mit Polysilicium-Emitter bzw. -Basis verwendet, und auch die im Zusammenhang mit der MOS- bzw. CMOS-Technik entwickelten →LOCOS-Technik, sowie die Trench-Isolation findet bei modernen Bipolar-Bauelementen Verwendung. *Ryssel*

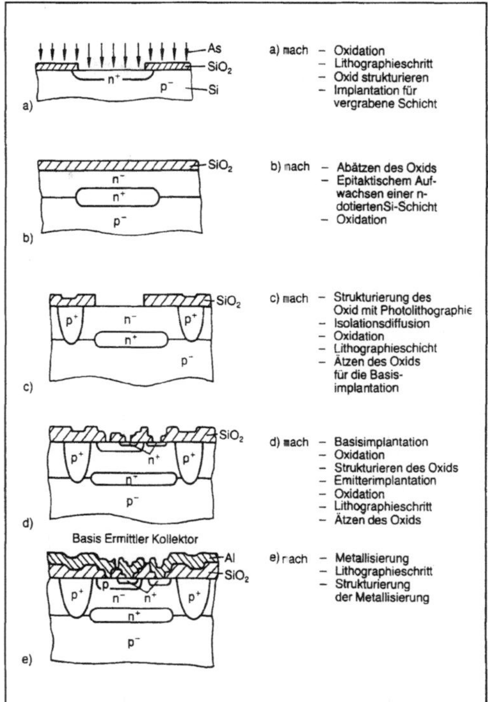

a) nach Oxidation, Lithographieschritt, Oxidstrukturieren, Implantation für vergrabene Schicht, b) nach Abätzen des Oxids, epitaktischen Aufwachsen einer n-dotierten Si-Schicht, Oxidation, c) nach Strukturierung des Oxids mit Photolithographie, Isolationsdiffusion, Oxidation, Lithographieschritt, Ätzen des Oxids für die Basisimplantation, d) nach Basisimplantation, Oxidation, Strukturieren des Oxids, Emitterimplantation, Oxidation, Lithographieschritt, Ätzen des Oxids, e) nach Metallisierung, Lithographieschritt, Strukturierung der Metallisierung.

Bipolartechnik: Herstellung eines Bipolartransistors.

Bipolartransistor. (seltener auch als Injektionstransistor bezeichnet:) →Transistor mit zwei pn-Übergängen, dem →Emitter und →Kollektor, die über ein gemeinsames schmales Mittelgebiet – die →Basis – verbunden sind und der auf der →Injektion von Minoritätsträgern eines →pn-Überganges (gewöhnlich der Emitter) in den Basisraum, dem Transport dieser Träger durch dieses Gebiet und der Kollektion (Sammlung) dieser →Ladungsträger am Kollektor-Übergang beruht. Am Stromtransport sind sowohl →Minoritäts- als →Majoritätsträger beteiligt (Bild). Je nach der Reihenfolge des Leitungstyps der drei aufeinanderfolgenden Halbleitergebiete unterscheidet man pnp- und npn-Transistoren.

Im (normalen) Betriebszustand, wie er beispielsweise für den Verstärkereinsatz vorliegt, wird der Emitter-pn-Übergang in Flußrichtung, der Kollektor-Basis-pn-Übergang in →Sperrichtung betrieben. Auch die umgekehrte (inverse) Betriebsrichtung ist möglich, wird aber selten verwendet. Dabei fließen z. B. beim npn-Transistor Elektronen vom Emitter ins Basisgebiet (Injektion von Minoritätsträgern). In diesem Gebiet rekombiniert ein (möglichst kleiner) Teil von ihnen mit den dort vorhandenen Löchern (Majoritätsträger), der größere Teil

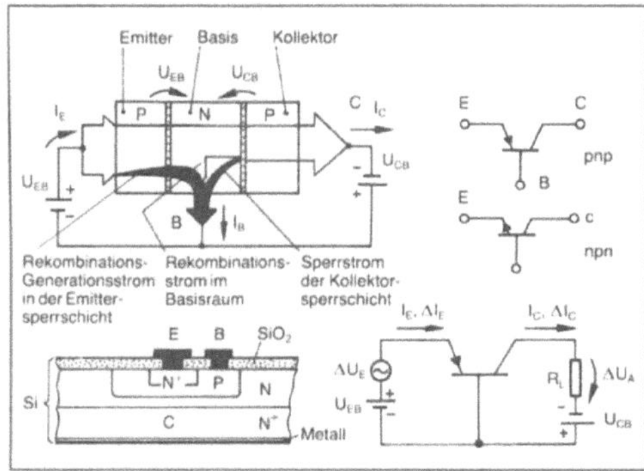

I_E-Emitterstrom, I_B-Basisstrom, I_C-Kollektorstrom, U_{EB}-Emitter-Basis-Spannung, U_{CB}-Kollektor-Basis-Spannung

Bipolartransistor: Schematische Darstellung und Verstärkerwirkung im Grundstromkreis.

der Elektronen erreicht aber den nahe am Emitter-Übergang liegenden Kollektor-Übergang durch Diffusion (→Diffusionstransistor) und/oder Drift (→Drifttransistor) und wird von dort als Strom über den Kollektoranschluß abgesaugt. Damit ist der Kollektorstrom stets um den Betrag des Basisstromes kleiner als der Emitterstrom: m. a. W. bewirkt der Basisstrom eine Steuerung des Kollektorstromes. Daher wird der B. oft als *stromgesteuert* bezeichnet im Gegensatz zur Spannungssteuerung beim →Feldeffekttransistor.

Im Grundstromkreis (Bild) mit der Basis (Grundschaltung) als gemeinsamer Bezugselektrode erzeugt dann eine kleine Änderung der Emitter-Basis-Spannung eine kräftige Emitterstromänderung (→Diodenkennlinie), die sich nahezu ungeschmälert auf den Kollektorstrom überträgt und am Lastwiderstand eine entsprechend große Kollektorspannungsänderung erzeugt. Auf diese Weise kommt eine Verstärkung der Spannungsänderungen zustande, deswegen beschreibt man dieses Änderungsverhalten (nur dieses!) häufig auch mit dem Begriff *aktives →Bauelement.*

Im Schalterbetrieb wird der B. gewöhnlich zwischen dem Aus-Zustand (beide pn-Übergänge gesperrt, kein Kollektorstromfluß) und dem Ein-Zustand (Kollektorstromfluß) betrieben; im letzteren Fall ist dabei der Emitterübergang flußgepolt, der Kollektorübergang entweder sperrgepolt oder (bei großem Lastwiderstand) ebenfalls flußgepolt, und der Transistor befindet sich im Sättigungszustand.

Je nach den geometrischen Abmessungen, den Materialeigenschaften, der elektrischen Bemessung, den Herstellungsverfahren und der vorgesehenen Anwendung ergibt sich eine große Variationsbreite von B. Deshalb kennzeichnet man B. häufig näher durch

□ das Herstellungsverfahren. Moderne B. werden heute durchweg durch die Planartechnik bzw. Epitaxie-Planartechnik hergestellt, wobei oft bestimmte Herstellungsschritte (z. B. Diffusion, →Implantation, doppeldiffundierter Transistor) mit in die Bezeichnung eingehen. So z. B. diffundierter Transistor, gezogene Legierungstransistoren (veraltet, implantierter Transistor u. a.)

□ den Aufbau und die Bauform, d. h. die geometrische Anordnung der Emitter-, Basis- und Kollektorgebiete: Mesatransistor, Lateral-, Vertikaltransistor, pnip-Transistor, Mehrfachemitter-, Mehrfachkollektortransistor, →Heterobipolartransistor. Die beiden wichtigsten Gruppen sind diskrete und integrierte B. Im letzten Fall muß die Transistorstruktur im Substrat von anderen Funktionselementen isoliert werden. Dazu dient ein in Sperrichtung betriebener pn-Übergang zwischen Kollektorgebiet und Substrat (→Sperrschichtisolation), auch muß der Kollektoranschluß an die Halbleiteroberfläche geführt werden. Dazu und zur Verbesserung der elektrischen Eigenschaften dient eine vergrabene n^+-Schicht. Ganz offensichtlich entstehen durch die Integration parasitäre Elemente, z. B. eine →Sperrschichtkapazität vom Kollektor zum Substrat, die das elektrische Verhalten des Bauelementes verschlechtert.

□ Einsatzmerkmale. Je nach dem Anwendungszweck kann der B. für die eine oder andere Anforderung speziell ausgelegt werden: NF-, HF-, Mikrowellentransistoren mit besonders hoher Grenzfrequenz, Schalttransistoren mit kurzen Umschaltzeiten und oft auch großer Spannungsfestigkeit, Leistungstransistoren für hohe Verlustleistungen (dazu zählen bereits Verlustleistungen $P_V \lesseqgtr 1$ W), aber auch B., die auf nichtelektrische Einflußgrößen reagieren: Piezotransistor, →Phototransistor,

□ Verwendete →Halbleiterwerkstoffe. Während B. in den 50er und 60er Jahren durchweg aus Germanium hergestellt wurden, dominiert heute – bedingt durch die Vorteile der Planartechnik – Silicium. Es gibt aber bereits erfolgreiche Bemühungen, B. unter Einsatz eines Hetero-pn-Überganges als Emitter (Heterojunction-B.) zu realisieren. Solche Transistoren haben besonders gute Höchstfrequenzeigenschaften.

Elektrisch gesehen ist der Transistor ein nichtlineares Bauelement, das entsprechend seiner Klemmenzahl zur Gruppe der Vierpole gehört (genauer Dreipol, da stets zwei Klemmen als Bezugsknoten fungieren und durchgehend verbunden sind). Je nachdem, welche der drei äußeren Anschlüsse des B. sowohl zu den Eingangs- als auch Ausgangsklemmen gehören, unterscheidet man die Basis-, Emitter- und Kollektorschaltung (→Grundschaltung). Die Klemmeneigenschaften des B. lassen sich beschreiben

– allgemein durch die (nichtlinearen) Kennliniengleichungen oder ihre graphische Darstellung, die Kennlinienfelder oder kurz Kennlinien,
– für das Kleinsignalverhalten durch lineare Strom-Spannungsrelationen, die Kleinsignal- oder Vierpolgleichungen mit den Vierpolparametern als typischen Kennwerten oder ihrer netzwerkmäßigen Interpretation durch Ersatzschaltbilder. Zur Kennzeichnung des dynamischen Verhaltens dienen darüber hinaus noch Grenzfrequenzen für die linearen Übertragungseigenschaften und Schaltzeiten für das Impulsverhalten. *R. Paul*

Literatur: *Müller, R.:* Bauelemente der Halbleiterelektronik. Berlin 1979. – *Paul, R.:* Transistoren und Thyristoren. Heidelberg 1978.

Bipolartransistor, integrierter. Einsatz des Bipolartransistors als →Funktionselement in integrierten →Schaltungen, insbesondere bipolaren Schaltungen, hergestellt nach den Herstellungsverfahren der Planartechnik. Der i. B. ist das wichtigste Funktionselement integrierter Bipolarschaltungen, aus dem gleichzeitig andere Funktionselemente wie integrierte Dioden, integrierte Widerstände und integrierte Kondensatoren abgeleitet werden können.

Bedingt durch das Herstellungsverfahren (→Planartechnologie) müssen →Emitter, →Basis und →Kollektor von der Halbleiteroberfläche her zugängig sein. Daraus und der Forderung nach Isolation der einzelnen Funktionselemente ergeben sich Einschränkungen seiner elektrischen Eigenschaften im Vergleich zum diskreten Bipolartransistor, zumal auch beim Entwurf, d. h. der elektrisch-konstruktiven Transistorbemessung (→Schaltkreis-Entwurf) Rücksicht auf den Herstellungsprozeß und die übrigen Funktionselemente genommen werden muß (Bild). Auf der anderen Seite erlaubt die Integration Transistorformen, die sich mit diskreten Transistoren nur sehr schwer oder überhaupt nicht realisieren lassen, z. B. Multiemitter- und Multikollektortransistoren für verschiedene Logikschaltungen, Funktionsintegration von wenigstens zwei Funktionselementen, wobei Halbleitergebiete beider Elemente gleichzeitig benutzt werden, wie z. B. in der →I^2L-Technik.

Durch die Forderung nach Isolation des B. vom Substrat – z. B. mittels eines →pn-Überganges entsteht bei der Realisierung zwangsläufig ein sog. Substrattransistor, der das elektrische Verhalten nachteilig beeinflußt.

Ein weiteres, schaltungstechnisch bedeutsames Merkmal des i. B. ist, daß er nicht nur als Verstärker- und Schalterelement betrieben wird, sondern wegen des kleinsten Flächenverbrauches (im Vergleich vor allem zu Widerständen und Kondensatoren) als „Ersatz“ dieser Funktionselemente benutzt wird. Daraus entwickelte sich als Grundsatz für den

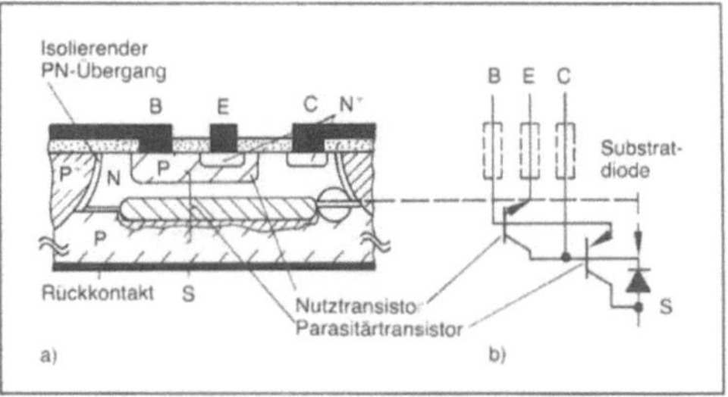

Bipolartransistor, integrierter: Aufbau in Epitaxie-Planartechnik (links) und Aufteilung der Struktur in Nutz- und Parasitärtransistoren.

Entwurf integrierter Schaltungen, möglichst viele i. B. anstelle von Widerständen und Kondensatoren zu verwenden. Das führte zu einer Reihe von neuen Schaltungslösungen (z. B. Konstantstrom- und Spannungsquellen, aktive Last, Differenzstufenprinzip u. a.), die die →Schaltungstechnik mit diskreten Bauelementen nicht kannte. *R. Paul*

Bi-Potential-System. →Elektronenstrahlsystem, das in den meisten →Kathodenstrahlröhren angewandt wird. Dieses besteht zunächst aus dem Triodenteil: Heizung, Kathode, Gitter 1 (→Wehnelt-Zylinder) und Gitter 2 (Anode des Triodenteils, Schirmgitter). Es folgen in Richtung Bildschirm: Gitter 3 (Elektrode zum Fokussieren) und Gitter 4 (Anode des Elektrodensystems, →Beschleunigungselektrode).

Das Gitter 4 liegt auf Hochspannungspotential und bildet gegenüber der Fokuselektrode das beschleunigende Feld. Die Fokusspannung am Gitter 3 beträgt je nach Entwurf zwischen 20% und 33% der Anodenspannung.

Ein Vorteil des B.-P.-S. ist seine geringe Länge sowie dessen gute Spannungsfestigkeit, da nur die

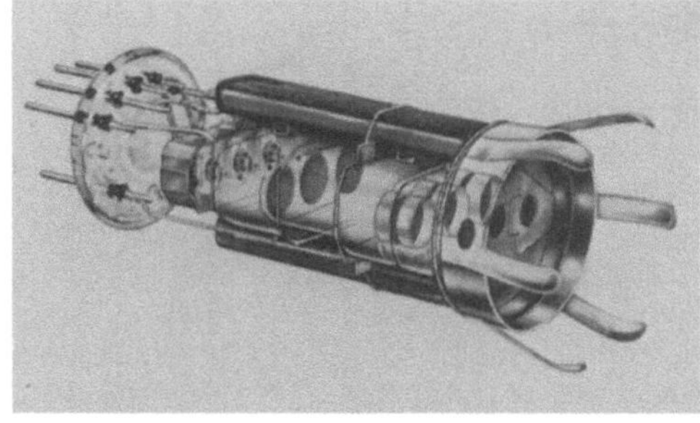

Links: Preßteller mit Anschlußstiften. Rechts: Anodentopf (Gitter 4) mit innenliegender Mehrpoleinheit als Drahtring ausgeführt

Bi-Potential-System 1: Aufbau eines Bi-Potential-Elektronenstrahlsystems für eine In-Line-Farbbildröhre. (Quelle: Philips Components)

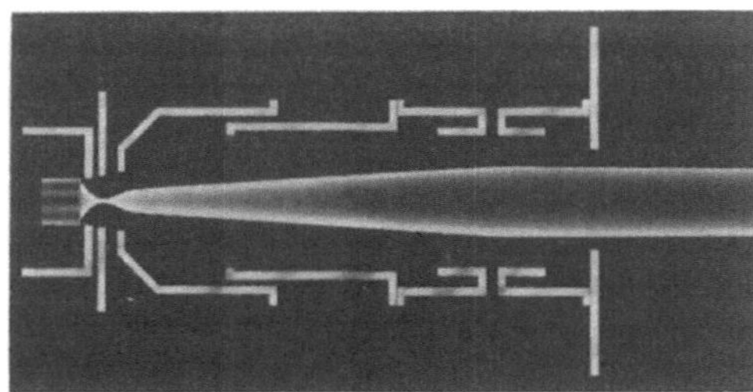

Bi-Potential-System 2: Prinzipieller Verlauf des Elektronenstrahles. (Quelle: Philips Components)

letzte Elektrode auf Hochspannungspotential liegt.

Der im Triodenteil erzeugte Strahl wird dort durch Lochblenden in den Elektroden und die Kathoden-Linse und die Vorfokus-Linse vorgeformt. Durch die Lochblenden werden die achsfernen Strahlteile ausgeblendet, da diese am ehesten →Abbildungsfehler wie die sphärische Abberation zeigen.

Dort wo das von der Kathode ausgehende Strahlenbündel zwischen Kathodenlinse und Vorfokuslinse seinen geringsten Querschnitt hat, liegt der →Bündelungspunkt (Cross over). Dieser Punkt wird auf dem Bildschirm abgebildet und dort fokussiert. Um den auf dem Bildschirm abgebildeten Punkt möglichst klein zu halten, muß auch der Bündelungspunkt, der abgebildet wird, möglichst klein sein. Um diese Forderung bei niedrigen und hohen Strahlströmen zu erfüllen, ist u. a. eine möglichst hohe Anodenspannung und die Beschränkung auf achsennahe Elektronenbündel erforderlich.

Nerstheimer

Literatur: Bildröhren und Ablenkmittel 1966. Hrsg. SEL, Eßlingen. - Die Fernseh-Bildröhre. Hrsg. Telefunken, Ulm. - Farbfernsehtechnik I. Hrsg. Telefunken, München. - Farbfernsehtechnik II. Hrsg. Telefunken, Berlin.

Bird's beak →LOCOS-Technik

Bistabilität, optische. Die Eigenschaft spezieller optischer Elemente (Systeme), am Ausgang zwei verschiedene stabile Lichtleistungen am Ausgang bei gleicher Eingangsgröße (z. B. eingestrahlter Lichtleistung, injizierter elektrischer Strom) aufzuweisen. Welche der beiden möglichen Ausgangsleistungen (Betriebszustände) eingenommen wird, hängt von der „Vorgeschichte" ab, d. h. ob die Eingangsgröße steigt oder fällt.

□ Kennlinie eines optisch bistabilen Elementes: Die Eingangs-/Ausgangskennlinie eines idealen, passiven, optisch bistabilen Elementes ist in Bild 1a dargestellt. Mit zunehmender eingestrahlter Lichtleistung P_E am Eingang ändert sich die am Ausgang auftretende Lichtleistung P_A zunächst nicht ($P_A = P_{A0}$). Beim Erreichen des Schwellwertes $P_E = US$ (unterer Schwellwert) wechselt der Transmissionszustand des Elementes jedoch sprungartig, und am Ausgang stellt sich ebenso sprungartig ein höherer Leistungspegel P_{A1} ein. Bei weiter steigender Lichtleistung bleibt dieser Wert konstant. Wird die Eingangsgroße P_E wieder reduziert, so fällt die Lichtleistung am Ausgang nicht wieder beim Schwellwert $P_E = US$, sondern erst beim Schwellwert $P_E = OS$ (oberer Schwellwert) $< US$ auf den unteren Pegel P_{A0} zurück. Die Kennlinie stellt somit eine Hystereseschleife mit zwei Schwellwerten für die Eingangsleistung P_E dar. Zwischen den beiden unterschiedlichen Zuständen P_{A0} und P_{A1} kann durch entsprechende zeitliche Wechsel der Eingangsgröße geschaltet werden. Die Kennlinie eines realen bistabilen Elementes zeigt i. a. eine nicht so ideal rechteckförmige Hystereseschleife wie im Bild 1a. Die Pegel P_{A0} und P_{A1} sind dann meist nicht konstant, sondern steigen mit der Leistung P_E mehr oder weniger stark an.

□ Ausführungen optisch bistabiler Elemente: Jedes optisch bistabile Element besteht grundsätzlich aus einem Medium mit nichtlinearen optischen Eigenschaften (→Optik, nichtlineare) und einer →Rückkopplung der Ausgangsleistung P_A auf den Eingang (Bild 1b). Je nachdem, welcher nichtlineare optische Effekt in dem Medium ausgenutzt und wie die Rückkopplung ausgeführt wird, unterscheidet man in der Literatur häufig zwischen den folgenden Bezeichnungen für die auftretende Bistabilität:

- Intrinsische oder reine Bistabilität: Die Rückkopplung erfolgt ohne Signalumwandlung rein optisch (z. B. über die Spiegel eines Resonators).

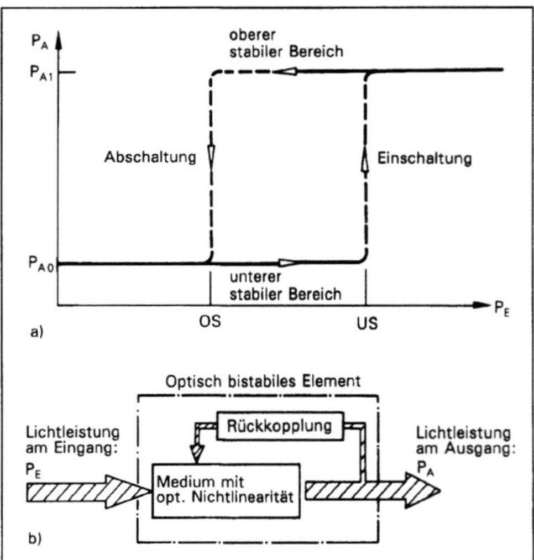

Bistabilität, optische 1: Passives, optisch bistabiles Element.
a) Ideale Eingangs-Ausgangskennlinie
b) prinzipieller Aufbau.

– Dispersive Bistabilität: Der Brechungsindex n des nichtlinearen Mediums wird z. B. durch die rückgekoppelte Lichtintensität P_A oder durch eine dieser proportionale elektrische Spannung U beeinflußt, wodurch sich die Transmission des Elementes ändert (Ausnutzung des optischen Kerreffektes ($n=n/P_A$)), bzw. des elektrooptischen Effektes ($n=n(U)$ mit $U \sim P_A$, (→Optik nichtlineare, →Effekt, elektrooptischer).

– Absorptive Bistabilität: Der →Absorptionskoeffizient α des nichtlinearen Mediums wird durch die rückgekoppelte Lichtintensität P_A beeinflußt, wodurch sich die Transmission des Elementes ändert ($\alpha=\alpha(P_A)$, d. h. Ausnutzung der sättigbaren Absorption (→Optik, nichtlineare).

– Hybride Bistabilität: Die Rückkopplung wird teilweise oder vollständig über eine optoelektronische Signalumwandlung vorgenommen. Ein Beispiel für den prinzipiellen Aufbau eines Elementes mit hybrider, dispersiver o. B. ist in Bild 2 dargestellt. Die Rückkopplung erfolgt hierbei über ein elektrisches Signal, das proportional zur Lichtleistung P_A ist und von einem →Photodetektor erzeugt wird. Zur Änderung der Transmission eines elektrooptischen Modulators wird der elektrooptische Effekt (→Effekt, elektrooptisch) in dem Medium ausgenutzt (dispersive Bistabilität).

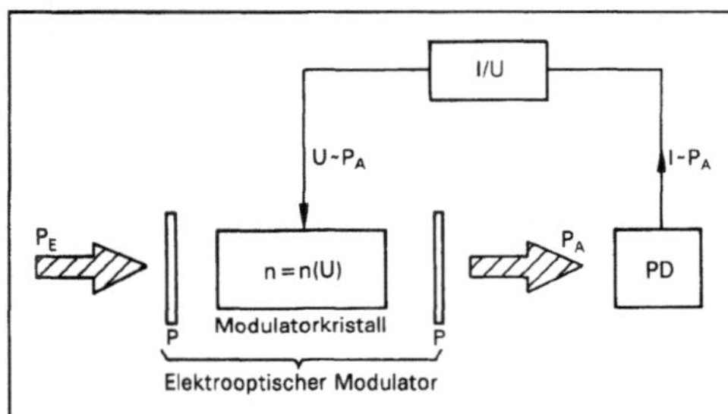

P: Polarisator, PD: Photodetektor, I/U: Strom-Spannungswandler, n: Brechnungsindex des Modulatormediums

Bistabilität, optische 2: Hybrides, passives und dispersives Element mit elektrooptischem Modulator.

Eine o. B. kann nicht nur, wie bisher beschrieben, in rein passiven Elementen oder Systemen auftreten. Sie wird auch in Elementen beobachtet, die zusätzlich ein Medium enthalten, in dem die eingestrahlte Lichtleistung P_E oder ein injizierter elektrischer Strom I_E eine Besetzungsinversion und damit eine Lichtverstärkung durch stimulierte Emission verursachen (O. B. in Lasern, z. B. →Halbleiterlaser-Bistabilität). In diesem Fall spricht man von aktiven, optischen bistabilen Elementen.

Nachdem die o. B. erstmals experimentell 1965 mit einem GaAs-Laser als aktivem Element und 1975 an einem passiven Element mit Natriumdampf innerhalb eines Fabry-Perot-Resonators beobachtet wurde, konnte dieses Phänomen bis heute mit einer Vielzahl von unterschiedlichen, optisch nichtlinearen Materialien nachgewiesen werden. Von besonderem Interesse für zukünftige praktische Anwendungen sind derzeit Halbleitermaterialien wie z. B. →GaAs, →GaAlAs, →InSb, InAs, InGaAsP und CdS.

□ Anwendungen optisch bistabiler Elemente: Durch eine geeignete Wahl von Aufbau und optischer Anregung lassen sich bistabile Elemente verschiedenartig betreiben, wie z. B. als optische Schalter, Impulsverstärker (sog. optische Transistoren bzw. Transphasoren), Pulsgeber, Begrenzerelemente (Leistungsbegrenzer), Diskriminatoren, Speicher oder logische Gatter. Aufgrund dieser vielfältigen Anwendungsmöglichkeiten sind sie aus heutiger Sicht von großer praktischer Bedeutung für die zukünftige technische Entwicklung, insbesondere für die Verarbeitung, Vermittlung und Speicherung von Lichtsignalen in der optischen Nachrichtentechnik oder zum Aufbau von extrem leistungsfähigen optischen Computern. *R. Kaiser*

Literatur: *Gibbs, H. M.:* Optical Bistability: Controlling Light with Light, London, 1985. – *Kawaguchi, H.:* Absorptive and dispersive bistability in semiconductor injection lasers, Optical quantum electronics, **19** (1987). – *Saleh, B. E. A.,* and *M. C. Teich:* Fundamentals of Photonics. New York–Chichester–Brisbane–Toronto–Singapore 1991.

Bit. Abk. für *engl.* binary digit, ein Element der binären Zahlendarstellung, bzw. kleinste informationstechnische Einheit in der Elektronik bzw. in elektronischen Rechenanlagen.

Die Bedeutung dieses Begriffes in der digitalen Elektronik hat fundamentalen Charakter. Ein B. liefert zunächst eine Aussage über den Zustand eines beliebigen Objektes, das zwei Zustände annehmen kann. Die beiden möglichen Zustände werden mit ‚0' oder ‚1', bzw. mit ‚LOW', abgek. ‚L' oder ‚HIGH', abgek. ‚H' dargestellt. Soweit digitale Spannungswerte gemeint sind, wird dabei nach DIN 44300 der jeweils absolut höhere Wert mit ‚1' oder ‚HIGH' bezeichnet. Unter Beachtung bestimmter Regeln kann man mit Folgen von B., also Binärzahlen, ähnlich gerechnet werden wie mit Dezimalzahlen. *K. Winter*

Bitfehlerrate. Die Anzahl der am optischen Empfänger auftretenden Fehlerbits dividiert durch die Gesamtzahl der empfangenen Bits pro Zeiteinheit wird mit B. oder Bitfehlerwahrscheinlichkeit (engl. Bit Error Rate) bezeichnet. Die B. ist das wichtigste Qualitätskriterium eines digitalen optischen →Übertragungssystems; in analogen Übertragungssystemen wird das Signal-Rausch-Verhältnis angegeben. Der Zusammenhang zwischen B. und Signal-Rausch-Verhältnis ist in der Abbildung dargestellt. Die in optischen Übertragungssystemen häufig geforderte Bitfehlerwahrscheinlichkeit von

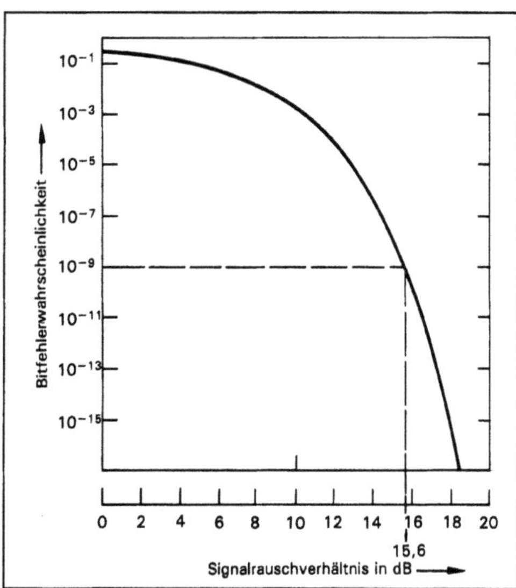

Bitfehlerrate: Zusammenhang zwischen Bitfehlerwahrscheinlichkeit und Signal-Rausch-Verhältnis

$<10^{-9}$ entspricht einem Signal-Rausch-Verhältnis von >15,6 dB.

Die B. kann durch Vergleich eines Sendesignals mit dem empfangenen Signal, das aus einer Pseudozufallsfolge geeigneter Länge besteht, ermittelt werden. *Krauser*

Literatur: *Grau/Freude:* Optische Nachrichtentechnik. Berlin–Heidelberg–New York 1991

Bitslice-Mikroprozessor. Hochintegrierter Halbleiterbaustein, der durch Kaskadierung mehrerer identischer Elemente zum Aufbau von Prozessor- oder Teilwerkstrukturen beliebiger Wortlänge verwendet werden kann. Ausgangspunkt für die Bitslice- (Scheiben-)Technik war die technische Unmöglichkeit, die gesamte Logik eines vollständigen mikroprogrammierten Prozessors auf einem integrierten →Schaltkreis in bipolarer Technologie unterzubringen. Anstatt den Prozessor funktional zu zerlegen und getrennte Bausteine für →Register, →Multiplexer, Schiebeelemente, arithmetisch-logische Einheiten etc. zu realisieren, versuchte man, ganze Werke bzw. Teilwerke in identische Teilscheiben zu zerlegen, die alle Funktionen – jedoch für geringe Wortlängen – umfassen. In dieser Weise wurden zunächst Zweibitscheiben von Rechenwerken und Mikroprogrammsteuerwerken angeboten. Das Konzept ist später auf Scheiben der Wortlängen 4, 8, 16 Bit erweitert worden; ferner wurden auch Scheiben für Unterbrechungswerke, Mikroprogrammspeicher, Speicheransteuerungen etc. entwickelt.

Die Vorteile des Bitslice-Konzeptes beruhen darauf, daß man für jedes Werk nur genau eine Art von Baustein benötigt (geringe Herstellungskosten, Ersatzteilhaltung) und, daß man durch Kaskadierung Werke beliebiger Wortlänge aufbauen kann. Gegenüber einer monolithischen Realisierung auf genau einem integrierten Schaltkreis größerer Wortlänge besteht der Nachteil größerer Laufzeiten durch Signale, die die Scheibengrenzen überschreiten, z. B. Übertrag, Schiebeverbindungen in Rechenwerken.

Wegen der höheren Flexibilität ist das Bitslice-Konzept meist mit dem Konzept der →Mikroprogrammierung verbunden. B.-M. sind also universelle Grundbausteine zum Aufbau von Prozessoren beliebiger Wortlänge und mikroprogrammierten (Spezial-) Maschinenbefehlssätzen. Sie werden sowohl zum Aufbau von Universalrechnern, als auch für Spezialrechner (Digitale Signalverarbeitung, Steuerrechner, Realzeitsysteme) eingesetzt. In neuester Zeit werden B.-M. zunehmend durch RISC-Mikroprozessoren ersetzt, die – bedingt durch die Fortschritte der →Halbleitertechnologie – höhere Leistung bei geringerem Hardware-Aufwand bieten. *Bode*

BJB-Kopplung →Laser-Wellenleiter-Kopplung

BJT. (*engl.* Bipolar Junction Transistor, bipolarer Sperrschichttransistor) →Bipolartransistor.

Black-Matrix. B.-M. ist bei Farbbildröhren eine bestimmte Ausführung des Bildschirmes, die alternativ zu der sog. Hi-Bri-Ausführung (*engl.* High Brightness) angewendet wird. Bei der letzteren wird bei der heute üblichen In-line-Ausführung der →Bildschirm dicht mit vertikal verlaufenden Leuchtstoffstreifen belegt. Bei der B.M.-Ausführung dagegen sind die Leuchtstoffstreifen schmaler und durch geschwärzte Zwischenräume getrennt (matriziert).

Die Breite des Leuchtdots (die auf den Leuchtschirm projizierten Elektronenstrahlflecke) ist durch das Maskenloch bestimmt. Während bei Hi-Bri Leuchtschirmen die Leuchtdots breiter sind als die Leuchtstreifen, sind bei B.-M. die Leuchtdots schmaler als die Leuchtstreifen.

Im Falle Hi-Bri stellt die größere Breite der Leuchtstoffstreifen die Landungsreserve gegen Strahl- oder Maskenverschiebungen und Streuungen dar. Wenn der Strahl soweit verschoben wird, daß er den Leuchtstoffstreifen der richtigen Farbe zu verlassen beginnt, landet er auf einem Streifen der falschen Farbe.

Bei B.-M. ist die Breite des Maskenloches größer als die Breite des Leuchtstoffstreifens. Ein Teil der das Maskenloch passierenden Elektronen landet daher nicht auf dem Leuchtstoff, sondern auf dem schwarzen Material. Bei Leuchtschirmen nach die-

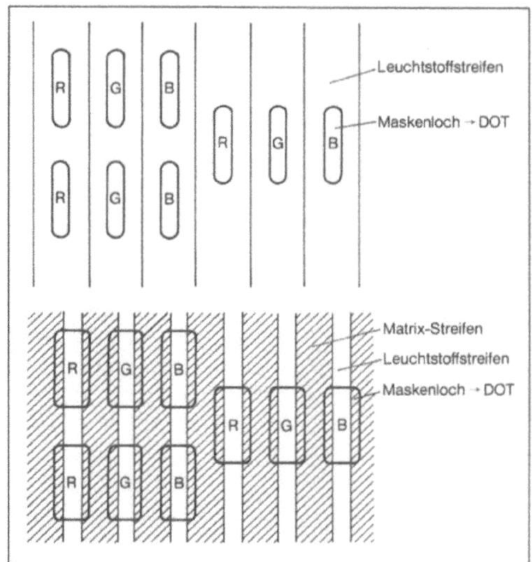

Black-Matrix: Prinzip der High-Brightness-Ausführung (oben) und der B.-M.-Ausführung (unten) eines Bildschirms.

sem Prinzip hat man zwei Stufen der Landungsreserve bzw. Fehllandung:

– 1. Stufe: Die Projektion des Maskenloches verläßt den richtigen Leuchtstoffstreifen, ohne gleich auf dem falschen zu landen. D. h. es wird weniger Licht der richtigen Farbe erzeugt, jedoch noch kein Licht einer falschen Farbe.

– 2. Stufe: Erst bei noch weitergehender Strahl- oder Maskenverschiebung landet der Strahl auf dem falschen Leuchtstoffstreifen (Fehllandung).

Keitel/Nerstheimer

Bleichalkogenid-Halbleiterlaser. →Halbleiterlaser für den ferneren infraroten Spektralbereich von 3,0–30 μm aus den Mischkristallen PbS, PbTe, PbSe, $Pb_{(1-x)}Cd_xS$, $PbS_{(1-x)}Se_x$, $Pb_{(1-x)}Sn_xTe$ oder $Pb_{(1-x)}Sn_xSe$.

Bleichalcogenide haben einen geringen →Bandabstand und eine kleine effektive Masse, so daß die Besetzungsinversion leicht, d. h. bei geringen Schwellenstromdichten zu erreichen ist. Der →pn-Übergang wird durch →Diffusion, zunehmend aber auch durch Epitaxieverfahren in Verbindung mit Heteroübergängen erzeugt.

Am weitesten entwickelt sind $Pb_{(1-x)}Sn_xTe$-Laserdioden. Mit $0<x<0{,}32$ läßt sich der Bandabstand im Bereich von 6,5–32 μm variieren. →Streifenlaser mit 50–100 μm Breite haben Schwellenstromdichten von $100\,\mathrm{Acm^{-2}}$ bei Temperaturen unter 50 K. Oberhalb von 50 K nimmt die Schwellenstromdichte erheblich zu. Mit →Doppelheterostruktur-Lasern sind aber auch Betriebstemperaturen von 120 K im Dauerbetrieb und 200 K im Pulsbetrieb möglich.

Hauptmerkmal der B.-H. ist ihre breite spektrale Durchstimmbarkeit mit der Temperatur in Verbindung mit einem hohen →Auflösungsvermögen. Der Bandabstand nimmt mit wachsender Temperatur zu ($20<T<80\,K$ bedeutet $9<\lambda<11\,\mu m$), die spektrale Halbwertsbreite liegt bei $\Delta\lambda = 10^{-3}\,nm$. Die Laser sind daher wichtige Hilfsmittel in der Ultrafeinspektroskopie zur Untersuchung von Gasen und deren Konzentration in Umweltschutz und Verfahrenstechnik. *Rosenzweig*

Literatur: *Bleicher, M.*: Halbleiter-Optoelektronik. Heidelberg 1986.

Blindleistung. →Stromrichter benötigen für die →Kommutierung der Stromrichterventile (→Thyristoren) B. Diese B. ist abhängig von den im Kommutierungskreis liegenden Induktivitäten und vom Belastungsstrom.

Weiterhin wird die sogenannte →Steuerblindleistung bei Phasenanschnittssteuerung (→Steuerverfahren für Stromrichter) benötigt. Durch die Steuerung des Zündwinkels α wird eine Phasenverschiebung des Netzstromes zur Netzspannung erzeugt. Diese Steuerblindleistung ist abhängig von der gewünschten Stromrichterausgangsspannung U_d als Funktion des Steuerwinkels α und vom Belastungsstrom I_d:

$$Q_1 = U_{dio} \cdot I_d \cdot \sin\alpha$$

U_{dio} ideelle Leerlaufgleichspannung des Stromrichters. *H. Stüben*

BLIP. Unterer Grenzwert des detektierbaren Signals (*engl.* background limited performance). Der BLIP wird vorgegeben durch die Eigenschaften des Sensormaterials (→Rauschen, →Querempfindlichkeiten u. a.) und den Sensoraufbau (Ankoppelung des Sensors an die Umwelt, Störempfindlichkeit, Verlustgrößen u. a.) *Schaumburg*

Blockierkennlinie. Beim →Thyristor oft auch als Sperrkennlinie vorwärts bezeichneter Abschnitt der Kennlinie Anodenstrom gegen Anodenspannung (d. h. zwischen den Hauptanschlüssen) in Vorwärts- oder Flußrichtung. *R. Paul*

Blockierspannung. →Thyristor.

Blockierstrom. →Thyristor.

Blocksteuerung. →Steuerverfahren für Stromrichter, →Umrichter

Bode-Diagramm. Besondere Form der graphischen Darstellung des Frequenzganges einer Übertragungsfunktion (z. B. Verstärkung).

Man stellt dazu die Übertragungsfunktion durch Betrag und Phase dar (Amplitudengang, Phasengang) und trägt Betrag und Frequenz im logarithmischen Maßstab auf. Dabei läßt sich der Amplitudengang durch Geradenstücke annähern, die mit 20 dB/Dekade (Frequenzverhältnis 1:10) resp. 6 dB/Oktave (Frequenzverhältnis 1:2) bzw. einem Vielfachen davon abfallen (Bild 1). Zu einem Amplitudenabfall von 20 dB/Dekade gehört (bei Mindestphasensystemen) eine Phasendrehung von 90°. Deshalb kann aus dem B.-D. entnommen werden, ob bei Rückkopplung (→Gegenkopplung) eines Verstärkers die Gefahr der →Selbsterregung besteht (Bild 2). Für einen Abfall von 20 dB/Dek bis zur Verstärkung 0 dB darf der Verstärker beliebig stark (ohmisch) gegengekoppelt werden.

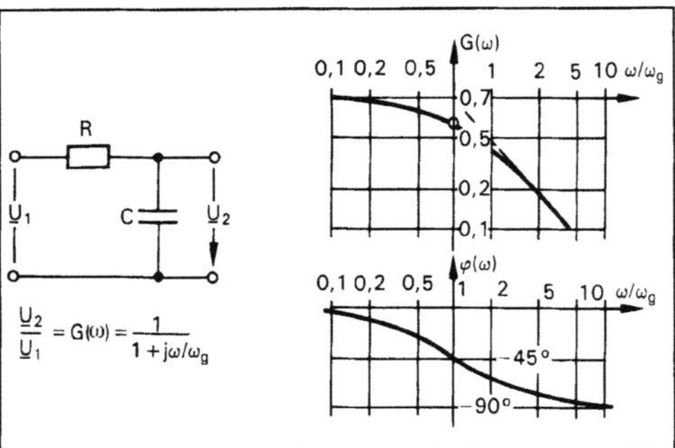

Bode-Diagramm 1: Amplituden- und Phasengang eines RC-Tiefpasses.

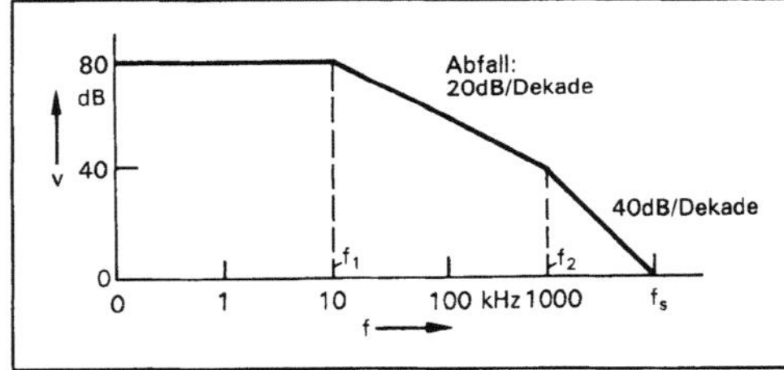

Bode-Diagramm 2: Amplitudengang eines Verstärkers.

Werden zwei Übertragungsglieder hintereinander geschaltet, so ergibt sich der Amplitudengang wegen der Logarithmierung des Betrages einfach durch Addition der Einzelamplitudengänge. Deshalb wird das B.-D. sehr häufig bei der Dimensionierung der →Frequenzgangkompensation von →Operationsverstärkern verwendet. *R. Paul*

Bolometer. Das B. ist ein thermischer →Photodetektor, bei dem die Intensität der Strahlung durch die Erwärmung eines Widerstandes gemessen wird. Dieses Sensorelement wird wegen den erforderten guten thermischen Isolation von einem Membran getragen. Während als →Meßwiderstand Metall-, Metalloxid- und Mischschichten verwendet werden, benützt man als deren Träger sehr dünne freitragende Membranen aus Siliciumnitrid und aus Siliciumdioxid. Vorteil von B., daß ein →Widerstand als Temperaturfühler sehr stabil und rauscharm ist. Dem steht als Nachteil gegenüber, daß die Absoluttemperatur der Membran und nicht die Temperaturdifferenz zwischen Membran und Sensorchip gemessen wird. Beim praktischen Betrieb werden B. mit mechanischen Zerhackern (Choppern) für die Strahlung versehen. Damit füllt das Signal als Wechselgröße an. Die Zeitkonstante und die Empfindlichkeit kennzeichnen das dynamische Verhalten eines B. Um die Zeitkonstante klein zu halten muß die Wärmeleitfähigkeit groß sein. Andererseits führt eine geringere Wärmeableitung zu einer größeren Temperaturerhöhung und damit zu größerer Empfindlichkeit. Bei der Auslegung eines B. muß ein Kompromiß zwischen den beiden Eigenschaften getroffen werden. *W. Lang*

Bolometer: B. in Silicium-Dünnschichttechnik. Die einfallende Strahlung wird von einer schwarzen Absorberschicht aufgenommen und erwärmt eine Membran. Die Temperatur der Membran wird durch den Widerstandswert eines Nickelmäanders auf der Membran gemessen. Ein zweites von der Strahlung abgeschirmtes Element dient als Referenz. (Quelle: FhG-IFT)

Boltzmann-Gleichung →Transportgleichung

Boltzmann-Transportgleichung →Transportgleichung

Boltzmann-Verteilung. Von *L. Boltzmann* aufgestellte Verteilungsfunktion, die im thermodynamischen Gleichgewicht die mittlere Besetzungszahl eines Energieniveaus durch klassische Teilchen angibt.

Die B.-V. resultiert aus der *Boltzmann*-Statistik, die für ein Vielteilchensystem aus gleichen, aber unterscheidbaren und nicht über weite Entfernungen miteinander wechselwirkende Teilchen gilt (z. B. ein ideales Gas). Ist W_i ein bestimmtes Energie-Niveau und N die Gesamtzahl der Teilchen, so ergibt sich bei der absoluten Temperatur T im thermodynamischen Gleichgewicht die mittlere Anzahl n_i von Teilchen der Energie W_i zu

$$n_i = (N/Z) \exp(-W_i/kT).$$

Die Funktion $n_i(W_i)$ ist die B.-V., wobei k die *Boltzmann*-Konstante ($k = 1{,}380662 \times 10^{-23}$ J/K) und Z die Zustandssumme ist. Letztere ist durch $Z = \Sigma g_i \exp(-W_i/kT)$ bestimmt, wobei g_i das statistische Gewicht des Zustands mit der Energie W_i ist. Der Faktor $f = \exp(-W_i/kT)$ heißt *Boltzmann*-Faktor. Teilchen, die der B.-V. bzw. der Boltzmann-Statistik gehorchen, heißen auch Boltzmann-Teilchen.

Die B.-V. gilt nur für Systeme aus klassischen Teilchen und versagt für Teilchensysteme, die der Quantenstatistik gehorchen, also z. B. für die Elektronen in einem Metall oder Halbleiter (→Fermi-Verteilung). Die Leitungselektronen in einem nichtentarteten Halbleiter (→Halbleiter) gehorchen allerdings näherungsweise der B.-V., wobei die Unterkante des Leitungsbands als Energienullpunkt zählt. *Heinz*

Bonden. Unter B. (*engl.* to bond, verbinden) versteht man die Montage von →Chips in Gehäuse (Chip-Bonden) oder auf Chipträger und die Verbindung der Kontaktgebiete des Chips mit den nach außen führenden Kontakten des Gehäuses bzw. des Chipträgers (Drahtbonden).

Beim Chip-B. wird ein einzelner Chip in einem Chipbonder mittels Epoxydkleber auf ein Gehäuse oder einen Chipträger geklebt (Bild 1). Ist der Serienwiderstand von Bedeutung, werden nicht zu großflächige Chips auch auf den Träger gelötet oder legiert.

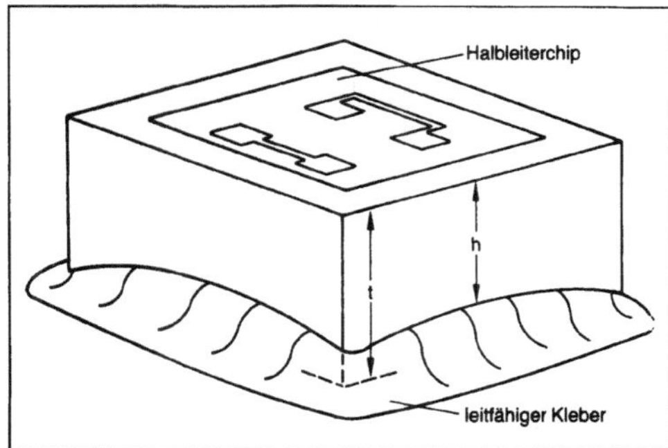

Bonden 1: Klebeverbindung eines Halbleiterkristalls.

Zur elektrischen Verbindung der Kontaktgebiete der Chips (Bondpads) mit den Kontaktbahnen des Gehäuses dienen meist Aluminium- oder Golddrähte mit einem Durchmesser von 17–50 μm, selten auch dicker. Es gibt zwei wichtige Drahtbondverfahren: das Wedge-B. und das Ball-Point- oder Nailhead-B.

□ Wedge-B.: Beim Wedge-B. (*engl.* wedge, Keil) wird der Bonddraht horizontal über die Bondfläche gehalten und von einem keilförmigen Werkzeug abgequetscht. Der überschüssige Draht wird dann weggezogen (Bild 2).

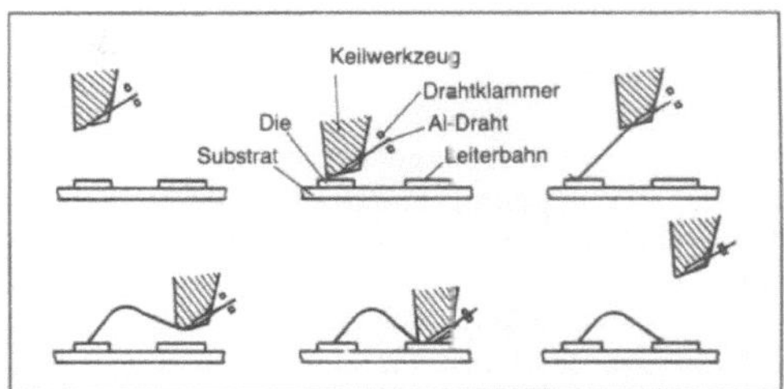

Bonden 2: Verfahrensablauf beim Wedge-Wedge-B.

□ Ball Point B.: Dieses auch Nailhead-B. genannte Drahtbondverfahren hat seinen Namen von der Kugel, die am Ende des vorausgegangenen Bondzyklus mit Hilfe einer Wasserstoffflamme oder eines elektrischen Funkens am Ende des Bonddrahtes gebildet wurde. Da der Durchmesser dieser Kugel größer ist als der Innendurchmesser einer Kapillare, kann der Bonddraht von der Kapillare auf die Bondfläche gedrückt werden (Bild 3).

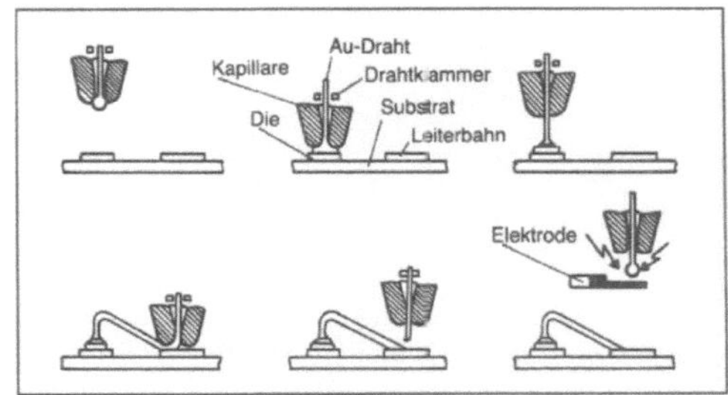

Bonden 3: Verfahrensablauf beim Ball-Point-B.

Bei beiden Verfahren werden zur Unterstützung des Bondvorganges entweder die Bondflächen auf 320–350 °C aufgeheizt, und/oder das Bondwerkzeug vibriert horizontal mit ca. 40 kHz mit einer Amplitude von einigen μm (Ultraschall). Elektronische Bildsysteme erkennen die relative Lage von Chip und Chipträger und sind deshalb imstande, die Drahtverbindungen vollautomatisch mit großem Durchsatz herzustellen. *Ryssel*

Literatur: *Reichl, H.:* Hybridintegration. Heidelberg 1986.

Boolesche Algebra →Logik

Boosterdiode. →Halbleiterdiode mit sehr hoher →Sperrspannung, die in der Horizontalablenkstufe eines Fernsehempfängers einen Ausschwingvorgang beim Zeilenrücklauf verhindert und den sägezahnförmigen Strom linearisiert. Meist wird die dabei rückgewonnene Energie als sog. Boosterspannung über einen Kondensator zur Speisung weiterer Verbraucher verwendet. *R. Paul*

Bootstrapschaltung.

1. Eine elektronische Schaltung (häufig auch *Miller*-Integrator genannt) zur Erzeugung einer mit der Zeit t linear ansteigenden Spannung u_A (Sägezahnspannung) guter Linearität aus einer eingangsseitig anliegenden Rechteckspannung u_E. Die Schaltung besteht aus einem invertierenden Verstärker (Bild) mit großer Spannungsverstärkung und hohem Eingangswiderstand, der über einen großen Kondensator C (Miller-Kondensator) rückgekoppelt ist. Die Ausgangsspannung beträgt allgemein

$$u_A = \frac{1}{RC} \int_0^t u_E dt + U_0$$

mit dem Anfangswert U_0 zur Zeit $t = 0$. Anwendung findet die Bootsstrapschaltung als Integrierglied, in der Zeitablenkungseinheit eines Elektronenstrahlgerätes, als →Sägezahngenerator sowie als →Analog-Digital-Wandler.

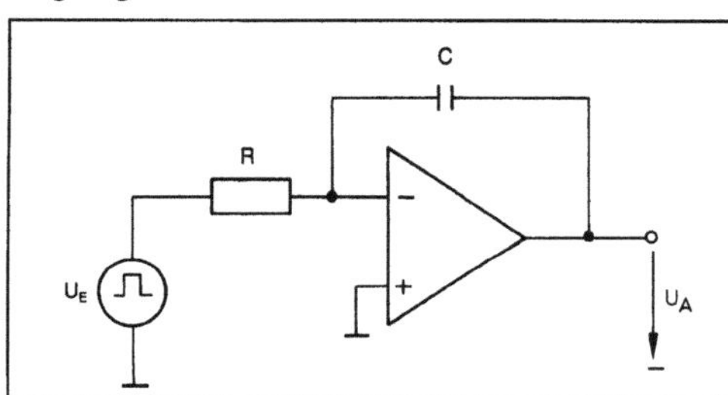

Bootstrapschaltung: Schematische Darstellung.

2. Allgemein eine elektronische Schaltung zur Erhöhung des Eingangswiderstandes einer Verstärkerstufe durch Rückkopplung mittels eines Miller-Kondensators. *R. Paul*

Bor. B. ist die einzige verwendete p-dotierende Substanz in der Siliciumtechnologie von mikroelektronischen Bauelementen. B. wird entweder beim Herstellen der Kristalle oder während der Herstellung von Bauelementen durch →Diffusion oder →Ionenimplantation in den Halbleiter eingebracht. Seine →Löslichkeit in Silicium beträgt bei 900–1000 °C etwa $3 \cdot 10^{20}$ cm^{-3}, das Niveau im verbotenen →Band liegt etwa 45 meV vom →Valenzband (→Dotierung) entfernt.

B. ist darüber hinaus ein Bestandteil selten verwendeter →III-V-Halbleiter wie BN und BAs. Durch Dotierung von SiO_2 mit B. entsteht Borglas (→BSG), das zur →Passivierung und Planarisierung Verwendung findet (→Dielektrikum). *Ryssel*

Bor-Phosphor-Silicaglas →Passivierung

Bor-Silicaglas →Passivierung

Boundary Scan. B. S. ist eine Maßnahme des testgerechten Entwurfes, die eine systematische Erkennung und Fehlerlokalisierung typischer Fertigungsfehler bei Baugruppen und Systemen ermöglicht. Die hier beschriebene Ausprägung von B. S. wurde seitens JTAG vorgeschlagen und im Rahmen der IEEE-Norm 1149.1 (Standard Test Access Port and Boundary Scan Architecture) näher spezifiziert. Mittels B. S. kann ein eingeschränkter →In-Circuit-Test ohne mechanische Kontaktierung durchgeführt werden, womit das umstrittene, mit dem Risiko der Beschädigung behaftete Back-driving vermieden wird. Außerdem können über den Test Access Port beliebige andere Testhilfen im Baustein gesteuert werden, wodurch dieser zu einem Bindeglied der Testhilfen auf Baustein- und Baugruppenebene wird.

Die Architektur von B. S. gliedert sich in vier Bereiche:

- Test Access Port (TAP)
- Testdatenregister (DR)
- Instruktionsregister (IR)
- Test Access Port Controller

□ Test Access Port (TAP). Über diese flexible Schnittstelle erfolgt die Kommunikation mit allen bausteininternen Testhilfen. Sie besteht aus vier vorgeschriebenen und einem optionalen Pin.

- TDI (Test Data Input): Über diesen Pin werden alle Testdaten und Instruktionen seriell eingeschoben.
- TDO (Test Data Output): Über diesen Pin werden alle Testantworten seriell ausgeschoben.
- TMS (Test Mode Select): Durch ein serielles Protokoll an diesem Pin in Verbindung mit über TDI eingeschobenen Instruktionen werden die Testaktivitäten auf dem Baustein gesteuert.
- TCK (Test Clock): Hier wird ein vom Systemtakt unabhängiger Testtakt angelegt. Dieser erlaubt auch während des Betriebs des Bausteins einen Zugriff auf Testeinrichtungen.
- TRST* (Test Reset Input): Über diesen optionalen Pin kann der TAP-Controller initialisiert werden.

Der genormte Test Access Port erlaubt die Steuerung und den Zugriff auf testunterstützende Schaltungen innerhalb des Bausteins. Über diese vier (5) Pins kann in Verbindung mit dem B. S. auf alle Pins seriell zugegriffen werden. Durch ein sehr flexibles Schnittstellenprotokoll können vom Bausteinentwickler beliebige weitere Testhilfen wie z. B. Scan Path oder BIST integriert werden, ohne daß die Anzahl der Pins erhöht werden muß.

□ Testdatenregister (DR). Über die Testdatenregister werden →Testmuster eingeschoben und

Testantworten ausgeschoben. In der IEEE-Norm 1149.1 sind dabei das Bypass-Register und das Boundary-Scan-Register spezifiziert und zwingend vorgeschrieben. Ein ebenfalls spezifiziertes Herstellerregister kann optional eingebaut werden. Alle weiteren benutzerspezifischen Register wie z. B. Scan-Path, Diagnoseregister, Signaturregister usw. werden in der Norm nicht spezifiziert und müssen im Datenblatt dokumentiert sein, falls sie vorhanden sind.

Das B.-S.-Register besteht aus einer Kette von B.-S.-Zellen und muß als Testdatenregister vorhanden sein. Alle Ein- und Ausgangspins des Bausteins, z. B. Datenein- und Datenausgänge, Takte, Enable-Leitungen usw. müssen in diesem Pfad enthalten sein. Die B.-S.-Zellen dürfen nicht für die normale Funktion des Bauelements mitverwendet werden. Durch die in der Norm vorgesehene zweistufige Auslegung der B.-S.-Zelle können die Testmuster an der Logik während des Schiebevorganges konstant gehalten werden (Bild 1).

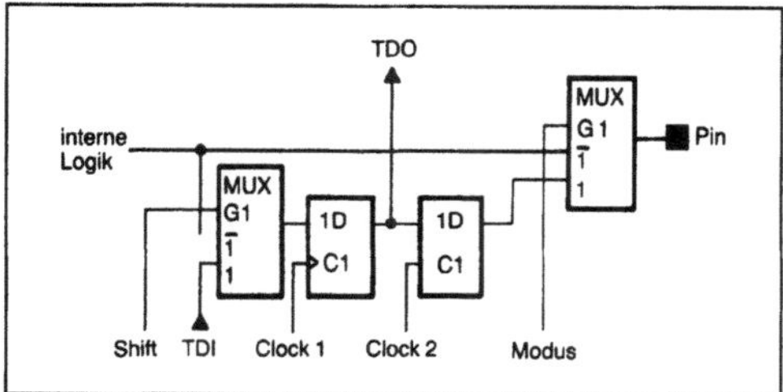

Boundary Scan 1: B.-S.-Ausgangszelle.

□ Instruktionsregister (IR). Über das Instruktionsregister werden die möglichen Testmodi und Datenregister ausgewählt. Dieses Register kann ebenfalls seriell geladen werden. Der Inhalt dieses Registers wird decodiert und daraus die ausgewählte Testkonfiguration erzeugt. Werden vom Hersteller zusätzliche Testmodi und Testdatenregister eingebaut, so ist auch eine entsprechende Instruktion vorzusehen und zu decodieren.

□ Test Access Port (TAP)-Controller. Der TAP Controller empfängt das serielle Protokoll über den Pin TMS und leitet daraus interne Steuersignale ab. Insbesondere wird hier entschieden, ob das Instruktionsregister oder das gerade ausgewählte Testdatenregister geladen oder ausgelesen wird. Außerdem werden entsprechend dem Inhalt des Instruktionsregisters geeignete interne, für die Testhilfen notwendige Takte abgeleitet (Bild 2).

Die B.-S.-Anschlüsse können auf der Baugruppe auf verschiedene Art und Weise miteinander verbunden werden.

Bei einer Ringkonfiguration ist TDO eines Bausteins mit TDI des nächsten Bausteins verbunden.

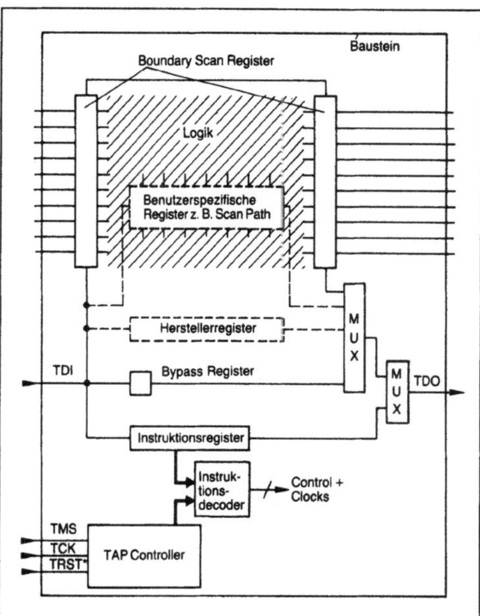

Boundary Scan 2: B.-S.-Architektur.

Der Testdatenweg bildet einen großen Ring, wobei Teile des Rings über das Bypass-Register ausgeblendet werden können.

Bei einer Sternkonfiguration sind alle TDI und alle TDO Pins miteinander verbunden. Für jeden Baustein wird eine eigene TMS-Leitung notwendig, und immer nur ein Baustein darf Testdaten auf TDO legen.

Neben der reinen Ring- und Sternkonfiguration ist jede Mischform erlaubt (Bild 3).

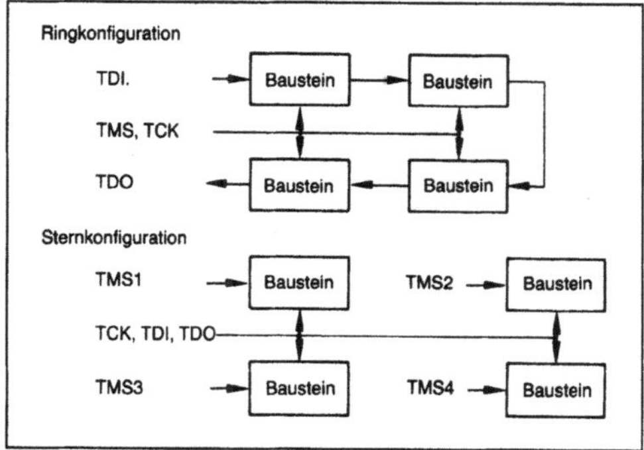

Boundary Scan 3: B.-S.-Konfiguration.

Der hier beschriebene B. S. läßt sich in drei unterschiedlichen Testmodi (Externer Modus, interner Modus und Sample Modus) einsetzen.

Beim externen Modus lassen sich alle relevanten Fertigungsfehler bei Baugruppen wie z. B. Unterbrechungen und Kurzschlüsse erkennen und z. T. lokalisieren. Auch nicht-b.-s.-fähige Schaltungsteile zwischen B.-S.-Bausteinen lassen sich in diesem Modus prüfen.

Beim Test im internen Modus können Zustände innerhalb des zu prüfenden Bausteins abgefragt werden. Die Stimulierung erfolgt über die an den Eingängen des Bausteins liegenden B.-S.-Zellen, die Auswertung der Funktion durch Abfrage der an den Ausgängen des Bausteins liegenden B.-S.-Zellen.

Für einen vollständigen internen Test eines Bausteines sind sehr viele Abfragen notwendig, so daß der Test prüfzeitintensiv wird. Besser ist da die Möglichkeit, einen in den Baustein eingebauten BIST (→Built-In-Self-Test) anzustoßen und nur dessen Ergebnis, z. B. eine Signatur, abzufragen. Ein weiterer Vorteil ist, daß BIST eine →Echtzeitprüfung erlaubt.

Durch den Sample Modus besteht die Möglichkeit, während des Ablaufes der normalen Funktion an allen Ein- und Ausgängen des Bausteins die zu einem bestimmten Zeitpunkt vorhandenen Informationen in die B.-S.-Zellen zu übernehmen und deren Zustände nach dem Auslesen in das TDO-Register des Testsystems auszuwerten, ohne die normale Funktion des Bausteins zu unterbrechen.

Trischler

Literatur: IEEE Std. 1149.1: Standard Test Access Port and Boundary Scan Architecture. – *Maunder, C. M.* and *R. E. Tullocs:* The Test Access Port and Boundary-Scan Architecture, IEEE Computer Society Press Tutorial, 1990.

Bow-Tie-Faser →Glasfaserlichtwellenleiter, polarisationserhaltender

BPSG →Passivierung

Bragg-Reflektor. Optischer Wellenleiter mit einer periodischen Störung (→Gitter), die zu einer teilweisen Abstrahlung bzw. Reflexion der sich im Wellenleiter ausbreitenden elektromagnetischen Strahlung führt.

Gitter mit der effektiven Periode $\Lambda = n^* \Lambda_0$ (n^* effektiver Brechungsindex des Wellenleiters, Λ_0 geometrische Periode des Gitters) werden durch holographische Belichtung oder in zunehmendem Maße durch die flexiblere →Elektronenstrahl-Lithographie in Photolack erzeugt und durch naßchemisches →Ätzen oder →Trockenätzen in das Material übertragen. Als Folge liegt eine Modulation des effektiven Brechungsindex, der Dicke oder/und der Absorption bzw. der optischen Verstärkung des Wellenleiters vor.

An jeder Stufe (Bild) wird die sich ausbreitende Strahlung der Wellenlänge λ zunächst in alle Raumrichtungen gestreut; die Teilwellen interferieren miteinander. Unter speziellen Winkeln Θ beträgt die Phasendifferenz der Teilwellen $\varnothing = \Lambda + b = \Lambda + \Lambda \sin\Theta$ ein Vielfaches der Wellenlänge λ, so daß eine konstruktive Überlagerung erfolgt (*Bragg*-Bedingung)

$$\sin\Theta = \frac{m\lambda}{n^* \Lambda_0} - 1, \rightarrow m = 1,2,3,\ldots$$

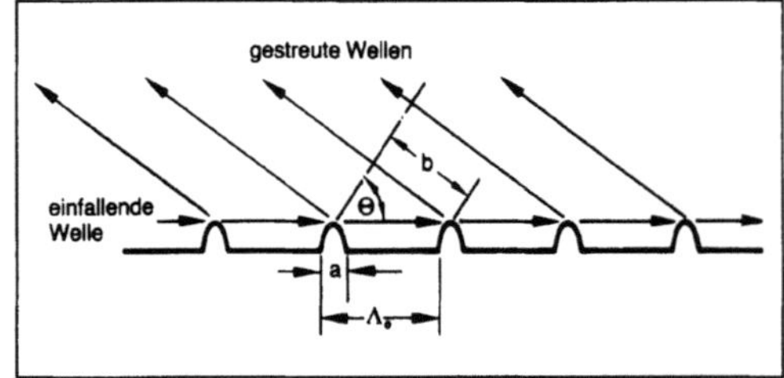

Bragg-Reflektor: Bragg-Reflexion am Gitter.

Der Anteil der in diese Richtung abgestrahlten Leistung hängt ab von der Tiefe und dem Tastverhältnis (a/Λ_0) im Gitter. Speziell für

$$m\lambda = 2\, n^* \cdot \Lambda_0$$

wird die Welle entgegen der ursprünglichen Ausbreitung zurückgestreut, so daß ein selektiver Spiegel entsteht (*Bragg*-Reflektor).

B.-R. werden in →Halbleiterlasern zur Selektion einer einzelnen longitudinalen Mode (Distributed-Feedback-Laser oder Distributed-Bragg-Reflector-Laser, →DSM-Laser) und in optischen Demultiplexern zur Trennung verschiedener Wellenlängen (→Gitterkoppler) verwendet. *Rosenzweig*

Literatur: *Thompson, G. H. B.:* Physics of Semiconductor laser Devices; Chichester–New York–Brisbane–Toronto 1980.

Braunsche Röhre. Am 15. Februar 1897 meldete *Ferdinand Braun,* zu der Zeit Professor in Straßburg, ein Patent an. Der Titel war: „Über ein Verfahren zur Demonstration und zum Studium des zeitlichen Verlaufs variabler Ströme.“ Das war die Geburtsstunde der nach ihm benannten B. R., des Kathodenstrahldisplays.

Braun sah in seiner Röhre eher das Oszilloskop als das Display zur Sichtbarmachung von fernübertragenen Bildern, eben dem Fernsehen.

Es blieb seinem Schüler *Max Dieckmann* überlassen, diese Möglichkeit im Jahre 1906 in einem praktischen Versuch nachzuweisen. Das Element zum Zerlegen des zu übertragenden Bildpunkte bildete dabei die *Nipkowscheibe.* Auf diese hatte *Paul Nipkow* bereits 13 Jahre früher (16. Januar 1884) ein Patent erhalten.

Erst die Kombination beider Elemente mit der Entwicklung der drahtlosen Signalübertragung machte das Fernsehen oder Bildübertragung möglich. *Nerstheimer*

Braunsche Röhre: Prinzipieller Aufbau einer modernen Ausführung als Drei-Farben-Schatten-Masken-In-Line-Bildröhre. (Quelle: SEL)

Brechzahl. Die B. n (→Dielektrikum) eines Materials ist das Verhältnis der Lichtgeschwindigkeit c im Vakuum zur Lichtgeschwindigkeit im Material v:

$$n = \frac{c}{v}$$

Die B. eines Stoffes ist von der Wellenlänge des Lichtes abhängig. Diese Erscheinung wird mit →Dispersion bezeichnet. Zur Abgrenzung gegen andere ähnliche Effekte wird in der Optischen Nachrichtentechnik dafür der Begriff →Materialdispersion verwendet.

Als →Phasengeschwindigkeit wird die Lichtgeschwindigkeit im Medium definiert:

$$V_{ph} = \frac{\omega}{k} = \frac{c}{n}$$

mit $\omega = 2\pi c/\lambda$ (Lichtfrequenz), $k = 2\pi n/\lambda$ (Ausbreitungskonstante).

Ein zu übertragendes Signal besteht in der Regel aus mehreren Wellenzügen, die sich zu einer Wellengruppe überlagern. Die Ausbreitungsgeschwindigkeit dieser Wellengruppe wird mit →Gruppengeschwindigkeit V_{gr} bezeichnet. Entsprechend wird auch eine Gruppenbrechzahl N_{gr} definiert:

$$V_{gr} = \frac{d_\omega}{dk} = \frac{c}{n - \lambda \frac{dn}{d\lambda}}$$

Für die Gruppenbrechzahl ergibt sich:

$$N_{gr} = \frac{c}{V_{gr}} = n - \lambda \frac{dn}{d\lambda}$$

Aus der Gruppenbrechzahl (Bild) erhält man durch Differentiation den Koeffizienten der Materialdispersion (→Dispersion). *Krauser*

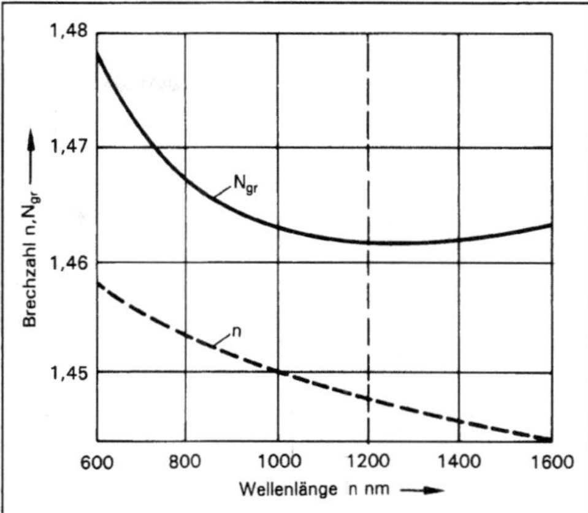

Brechzahl: Gruppen- und Phasenbrechzahl von reinem S_iO_2 mit Hilfe der Selmeierkoeffizienten berechnet.

Breitbandverstärker. Verstärker für ein breites Frequenzband, das je nach Einsatzzweck von einigen MHz (z. B. →Meßverstärker) bis zu einigen 100 MHz (z. B. Oszillographen-, Impulsverstärker) reichen kann, bei einer unteren Grenzfrequenz von 0 bis zu wenigen Hz.

Schaltungstechnisch werden B. entweder als →RC-Verstärker mit Einzelhalbleiterbauelementen oder mit galvanischer Kopplung (integrierte Verstärker) ausgeführt.

Typische Merkmale eines B. sind die →Bandbreite B und der Frequenzgang der Gesamtverstärkung V nach Betrag und Phase. Letztere wird stark von der Stufenverstärkung V_e der Einzelstufe bestimmt. Bedingt durch stets vorhandene Bauelemente und parasitäre Kapazitäten C und die gegebene →Steilheit S des jeweiligen Verstärkerelementes, liegt das Produkt $V_eB = S/C$ von Verstärkung V_e und Bandbreite B, das sog. →Verstärkungs-Bandbreiteprodukt, durch beide Größen fest: mit steigender Verstärkung sinkt die Bandbreite und umgekehrt. *R. Paul*

Breitformat-Fernsehen →HDTV

Bridging Fault. Fehlerursache bei elektronischen Schaltungen, die darin begründet ist, daß ein Kurzschluß zwischen Leiterbahnen vorliegt. *K. Winter*

Brillouin-Streuung in Glasfasern. Brillouin-Streuung ist die Wechselwirkung von Licht mit akustischen Phononen. Dabei wird ein →Phonon mit der Frequenz $\delta\nu_B$ erzeugt oder vernichtet.

Außer der Frequenz ν_0 des einfallenden Lichtes treten zwei neue Frequenzen auf, die um den Wert $\pm\delta\nu_B$ gegenüber ν_0 verschoben sind (Stokes- bzw. Antistokesverschiebung). Die Frequenzänderung ist richtungsabhängig und hat ein Maximum in Rückwärtsrichtung. Die relative Frequenzverschiebung $\delta\nu_B/\nu_0$ liegt in der Größenordnung 10^{-5} und damit um zwei bis drei Größenordnungen unter der Frequenzänderung durch die →Ramanstreuung. Der beschriebene Vorgang wird mit spontaner B.-S. bezeichnet.

Bei genügend hoher Eingangsleistung kommt es von einem bestimmten Schwellenwert an zu stimulierter B.-S. Ist das Streumedium eine Glasfaser (→Lichtwellenleiter), kann die gestreute Lichtleistung wegen der großen Wechselwirkungslänge (z. B. einige km) und des kleinen Querschnitts beträchtliche Werte annehmen. Für eine lange Glasfaser gilt für die Schwellenleistung P_B folgende Abschätzung:

$$P_B \approx 4{,}4 \cdot 10^{-3} \cdot d^2 \cdot \lambda^2 \cdot \alpha \cdot \delta\nu,$$

d: Faserkerndurchmesser in μm, λ: Wellenlänge in μm, α: Faserdämpfung in dB/km, δν: spektrale Breite der Lichtquelle in GHz, P_B in W.

Bei Monomodefasern mit niedrigen Dämpfungswerten und schmalbandigen Lasern kann die Schwellenleistung in der Größenordnung der Signalleistung liegen. Dies kann z. B. bei kohärenter Nachrichtenübertragung (→Überlagerungsempfänger, optischer) zu erheblicher Beeinträchtigung der Signalübertragung führen. *Krauser*

Brillouinströmung. Als B. bezeichnet man eine Elektronenströmung im Vakuum, z. B. in Mikrowellenröhren, bei der die auf ein einzelnes Elektron in radialer Richtung angreifenden Kräfte im Gleichgewicht sind. Der Strahl läuft auf diese Weise parallel zur Achse, ohne daß die Ränder eine Welligkeit aufweisen.

Ein normaler →Elektronenstrahl hoher Strahlstromdichte, wie er in Mikrowellenröhren üblicherweise verwendet wird, spreizt sich infolge der Raumladungskräfte der Elektronen auf. Diese Divergenz wird noch verstärkt, wenn die Elektronen eine von null verschiedene Winkelgeschwindigkeit besitzen und somit Zentrifugalkräften unterliegen. Ein axiales magnetisches Feld geeigneter Größe kann diese beiden nach außen gerichteten Kräfte kompensieren. Voraussetzung ist dabei, daß der Strahl tatsächlich rotiert und die Elektronen Umfangskomponenten der Geschwindigkeit besitzen. Die Elektronenbewegung senkrecht zum axialen Magnetfeld erzeugt die sog. *Lorentz*-Kraft, die radial nach innen gerichtet ist. Sie kompensiert bei entsprechender Felddimensionierung gerade die Summe aus Raumladungskraft und Fliehkraft. Dieses Kräftegleichgewicht läßt sich nur dann exakt einhalten, wenn die Strahlgeschwindigkeit gleichförmig ist. Ein reeller Elektronenstrahl besitzt jedoch immer eine gewisse Geschwindigkeitsverteilung.

Die zur Strahlrotation erforderliche Geschwindigkeitskomponente der Elektronen läßt sich auf zwei Arten erreichen: Man muß eine nach außen gerichtete radiale magnetische Feldkomponente entweder in der Kathodenebene der →Elektronenkanone oder im Bereich vor der Kathode erzeugen. *Kiesel*

Literatur: *Eichmeier, J.*: Moderne Vakuumelektronik. Berlin-Heidelberg-New York, 1981.

Brillouin-Zone. Bereich des reziproken Raums (Impulsraum, reziprokes Gitter) eines kristallinen Festkörpers, auf den sich die Impulse oder Quasiimpulse von Teilchen oder Quasiteilchen reduzieren lassen, ohne daß die vollständige Beschreibung dieser Teilchen (z. B. Elektronen, Phononen) verloren geht. Die B.-Z. ist der kleinste Polyeder, der von den Mittelsenkrechten-Ebenen aufgespannt wird, die zwischen dem Ursprung und seinen benachbarten Punkten des reziproken Gitters liegen (auch 1. *Brillouin*-Zone; der Bereich des nächst größeren Polyeders abzüglich der 1. B.-Z. heißt 2. Brillouin-Zone, usw.).

Die Beschränkung der Teilchenimpulse auf die (1.) B.-Z. wird sinnvoll, wenn man sich die Wellennatur von Festkörperteilchen vor Augen hält. Ist g die Gitterkonstante z. B. eines primitiv kubischen Festkörpers, so ist die Gitterkonstante des reziproken Gitters $g^* = 2\pi/g$. Dem maximalen Impuls $p = \hbar g^*/2$ innerhalb der B.-Z. entspricht damit die *de Broglie*-Wellenlänge $\lambda = h/p = 2g$. Dies ist die kleinste sinnvolle Wellenlänge, die ein Teilchen wie z. B. ein Elektron in einem Festkörpergitter mit der Gitterkonstanten g haben kann, denn für kleine Wellenlängen ergeben sich Oszillationen zwischen den Gitterpunkten, die physikalisch ohne Relevanz sind. Die Beschränkung auf die B.-Z. erlaubt und vereinfacht daher die vollständige Beschreibung der Teilchen. Liegt der Teilchenimpuls auf dem Rand der B.-Z., so ist dies aufgrund der Translationssymmetrie des (reziproken) Gitters mit der Lage auf dem gegenüberliegenden Rand der B.-Z. identisch. Dies entspricht der Überlagerung zweier Wellen mit entgegengesetzten Wellenvektoren, also einer stehenden Welle. Für Elektronen im Festkörper beschreibt dies die Erscheinung der *Bragg*-Reflexion. Analog zum reziproken Gitter besitzt auch die B.-Z. die Symmetrie des Gittertyps. *Heinz*

Brückenschaltung →Meßbrücke, →Stromrichterschaltungen

BSG →Passivierung

Built-In Self Test. Oberbegriff für alle Maßnahmen, die erlauben, daß sich eine Schaltung selbst überprüft. Dazu muß eine Schaltung um folgende Funktionen erweitert werden:

- Selbsttestablaufsteuerung
- Testmustergenerierung
- Testdatenkomprimierung und -auswertung.

Eine Selbsttestablaufsteuerung versetzt die Schaltung in den Selbsttestbetrieb und steuert sowohl die Testmustergenerierung als auch die Testdatenkomprimierung und -auswertung. Mit Hilfe der Testmustergenerierung, die in der Regel als ein Pseudozufallszahlengenerator realisiert ist, werden →Testmuster erzeugt und an die zu überprüfenden kombinatorischen Schaltungsteile angelegt. Die Komprimierung der Testantworten erfolgt nach dem Prinzip der →Signaturanalyse. Die Auswertung des Selbsttestergebnisses liefert schließlich die Information, ob die Schaltung fehlerbehaftet ist oder nicht.

Das BILBO-Verfahren (*engl.* Built-In Logic Block Observer) kann als ein typisches Verfahren zur Erzeugung und Komprimierung von Testmustern angesehen werden. In einem BILBO sind vier Funktionen zusammengefaßt:

□ Normale Funktion
□ Prüfpfad (→Design for Testability)
□ Testmustergenerierung/Signaturanalyse
□ Rücksetzen der Speicherelemente. *Trischler*

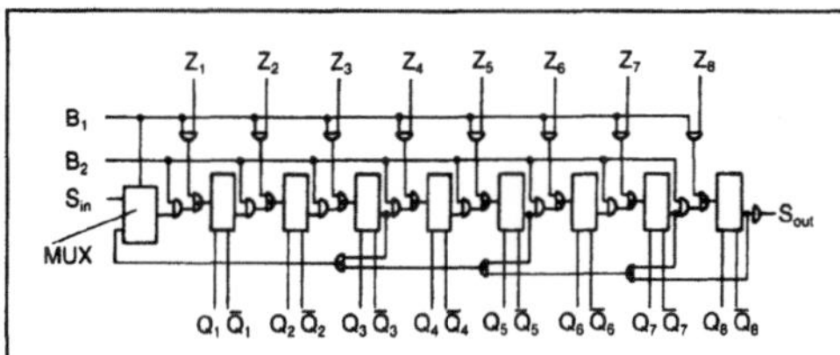

Built-in Self Test: BILBO-Verfahren.

Literatur: *Bardell, P. H.* and *W. H. McAnney, J. Savir:* Built-In Test For VLSI Pseudorandom Techniques. New York 1987. – *Könemann, B.* and *J. Mucha, G. Zwiehoff:* Built-In Logic Block Observation Techniques. Proc. of the 1979 Test Conference. pp. 37–41.

Bündel →Bus

Bündelungspunkt (auch *cross-over-point*). Der B. ist in Strahlrichtung gesehen, zwischen Kathodenlinse und Vorfokuslinse der Punkt mit kleinstem Strahlquerschnitt. Er ist zugleich – ideale Abbildung vorausgesetzt – der Schnittpunkt aller von der Kathode ausgehenden Strahlenbündel. Er liegt auf der Strahlachse. Dieser Punkt im Bereich des Gitter 2 wird mittels Vorfokuslinse und Hauptlinse auf dem Bildschirm abgebildet (→Bi-Potential-System, →Elektronenstrahlsystem).

Um auf dem Bildschirm einen möglichst kleinen Spot zu erhalten, (hohe Auflösung) auch bei hohen Strahlströmen, ist es angebracht:

- den abzubildenden B. möglichst klein zu machen,
- möglichst nur die achsnahen Elektronenbündel zu benutzen,
- die Durchmesser der elektronenoptischen Linsen groß zu machen (im Vergleich zum Strahlendurchmesser),
- die →Anodenspannung möglichst hoch zu wählen. *Nerstheimer*

Literatur: Bildröhren und Ablenkmittel 1966. Hrsg. SEL, Eßlingen. – Einführung in die Farbfernsehservicetechnik, Bd. I: Grundlagen der Farbfernsehtechnik. Hrsg. N. V. Philips Gloeilampenfabrieken Eindhoven, Niederlande.

Burgersvektor →Versetzung

Buried-Heterostructure-Laser. (auch BH-Laser) →Halbleiterlaser, in denen der aktive Streifen allseitig von Material mit höherem →Bandabstand und damit geringerem Brechungsindex umgeben ist. Durch die Potentialbarrieren und den Wellenleiter der allseitigen Doppelheterostruktur ergibt sich ein vollständiges elektrisches und optisches *confinement*, so daß niedrige Schwellenströme und durch schmale Streifen lateral einmodige Abstrahlung erreicht werden.

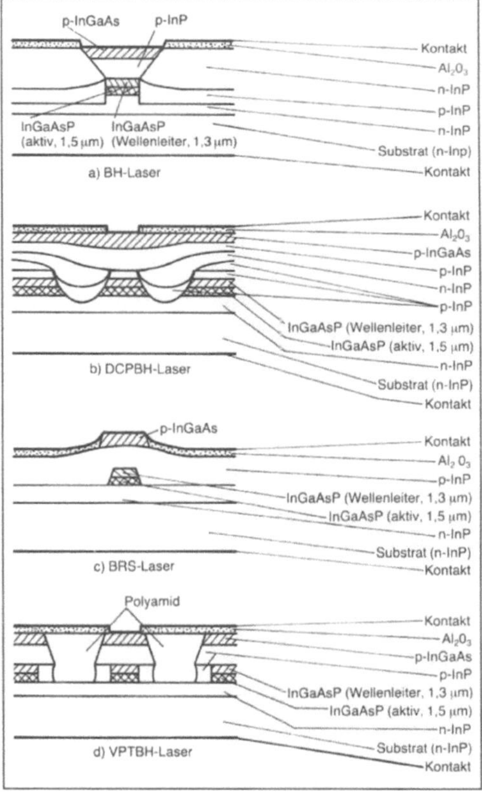

Buried-Heterostructure-Laser: Verschiedene Ausführungsformen.

BH-Laser erfordern aufwendige Technologien und i. a. zwei Epitaxieschritte (→Epitaxie); im ersten werden die aktiven Schichten gewachsen, dann der Wellenleiter lateral strukturiert und im zweiten Schritt überwachsen. Typische Vertreter sind der klassische BH-Laser, der DCPBH-Laser (Double Channel Planar-BH), der BRS-Laser (Buried Ridge Structure), der VPTBH-Laser (Vapor Phase Transported BH) und der BC-Laser (Buried Crescent) (Bild).

Einfachere Varianten nutzen das selektive Wachstum der Flüssigphasen-Epitaxie an Kanten, Gräben und Stufen, um so mit nur einem Epitaxieschritt auszukommen, z. B. CSB-Laser (Channeled Substrate Buried) und CMSB-Laser (Crescent Mesa Substrate Buried). Allerdings sind damit Halbleiterlaser reproduzierbarer Eigenschaften kaum herstellbar. *Rosenzweig*

Literatur: *Paul, R.:* Optoelektronische Halbleiterbauelemente, Stuttgart 1985.

Buried layer →Schicht, vergrabene

Burn-In →Qualitätsklasse

Burstnoise →Rauschen

Bus. Ein B. ist ein gemeinsamer Übertragungsweg, über den mehrere Teilnehmer gemeinsam Daten austauschen können, wobei zu bestimmtem Zeitpunkt nur eine Information übertragen wird. Merkmal ist, daß alle Teilnehmer an alle Datenleitungen angeschlossen sind und zusätzlich Steuerleitungen und Adreßleitungen zur Verwaltung auftreten.

Bussysteme finden in der modernen Kommunikationstechnik breite Anwendung (z. B. Automatisierungstechnik, Datenverarbeitung, Bürokommunikation, Kraftfahrzeug, Flugzeug u. a.). Da im Regelfall unterschiedlichste Geräte miteinander kommunizieren müssen, wurden die Übergangsstellen zwischen Bussystem und Kommunikationseinrichtungen – die sog. Schnittstellen – in funktionellen elektrischen und mechanischen Eigenschaften genormt. Vom Systemaufbau her dominieren stern- als auch ringförmige Busleitungssysteme (obwohl auch andere möglich sind).

Je nach der Entfernung der zu verbindenden Teilnehmer werden entweder parallele oder serielle Bussysteme verwendet, im ersten Fall für kurze, im letzten für größere Entfernungen (Tabelle).

Parallele Bussysteme sind hauptsächlich Rechner- und Peripherie-Bussysteme. Merkmal ist, daß sie Daten-, Adreß-, Steuer- und manchmal noch

Bus. Tabelle: Bussysteme.

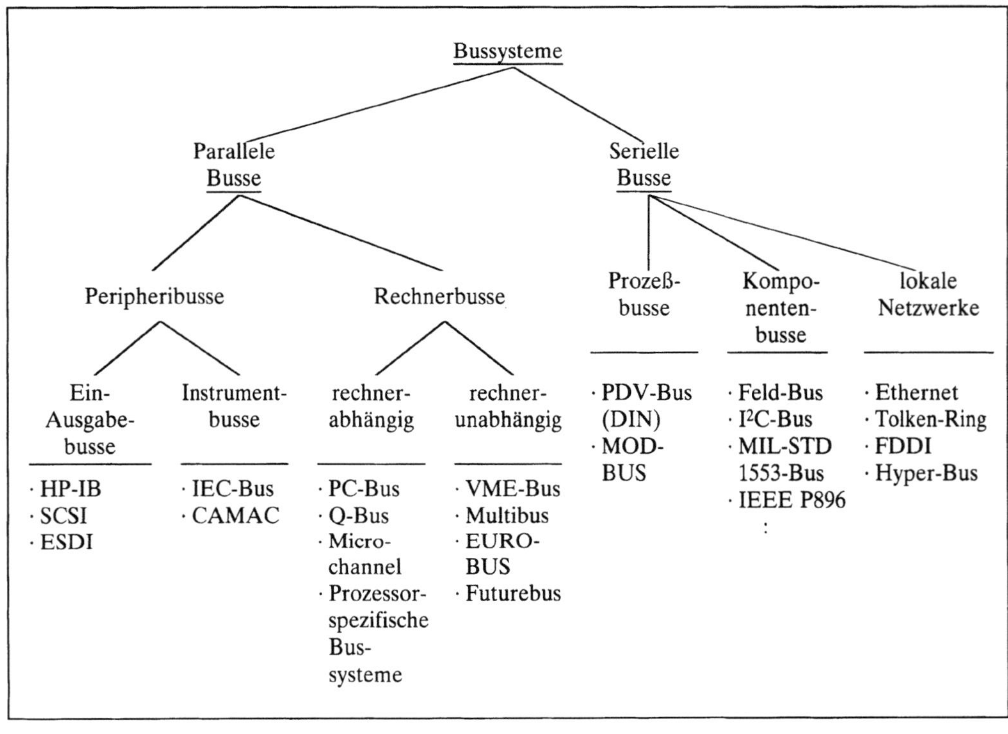

Spannungsversorgungsleitungen führen. Der Datenbus dient zur bidirektionalen Datenübertragung mit Breiten von 8, 16 und 32 bit. Der Adreßbus dient zur Auswahl einzelner Busmodule. Oft wird dabei Multiplexbetrieb verwendet (z. B. Q-, →IEC-Bus). Durch den Steuerbus wird die Busanforderung und -zuteilung sowie die Interruptanforderung erledigt.

Es gibt sowohl rechnerunabhängige Systeme als auch solche, die auf einen bestimmten Rechner zugeschnitten sind. Für Peripheriegeräte (Meß-, Steuergeräte untereinander, Ein-/Ausgabegeräte an Rechnern) wurden spezielle E/A-B. und der IEC-Instrumentierungsbus entwickelt. Vor allem letzterer ist weit verbreitet und verfügt über 8 Datenleitungen, 3 Handshakeleitungen und 5 Steuerleitungen.

Serielle Bussysteme arbeiten bitseriell über eine gemeinsame Leitung. Sie sind deshalb langsamer, aber zuverlässiger und billiger (und eignen sich z. B. für die Lichtleiterübertragung besonders gut).

Typische serielle Bussysteme sind die Prozeßbusse zur Verbindung verteilter Automatisierungssysteme, die Komponentenbusse für die Verbindung von Bestandteilen größerer Rechnersysteme und die lokalen Netzwerke für die Kommunikation von Geräten mit nicht allzu großen Entfernungen. Derartige Geräte am lokalen Netzwerk unterscheiden sich von Bussystemen vor allem durch ihre steuermäßig weitgehende Eigenständigkeit.

R. Paul

Bustreiber. Leistungsstufe zwischen einer Funktionseinheit und einem angeschlossenen Bussystem zur Vergrößerung der Ausgangsauffächerung, um die Verluste und kapazitive Belastung durch das Bussystem verarbeiten zu können (Vergrößerung der Ausgangsauffächerung).

Ein B. muß bidirektional arbeiten, d. h. Signale in beiden Richtungen übertragen und die Ausgänge in einem neutralen Zustand (Tristate-Treiber) bringen können. B. werden unterschiedlich eingesetzt, z. B. chipintern. Sie stehen aber auch als integrierte →Schaltung zur Verfügung als Interface-Schaltkreis z. B. zwischen Mikrorechner und Peripherie sowie für die Zusammenschaltung nichtkompatibler Schaltungsfamilien.

R. Paul

Byte. Zusammenfassung von acht Bits. Ein B. kann den Zahlenbereich 0 bis 255 bzw. max. $256 = 2^8$ mögliche Zustände eines Systems repräsentieren. Das B. ist ein gebräuchliches Maß für die Angabe von Programmlängen oder Speichervolumina. Vielfache von B. sind Kilobyte (kB) und Megabyte (MB).

K. Winter

C

C^3-Halbleiterlaser. (*engl.* C^3, Cleaved Coupled Cavity – Halbleiterlaser) Halbleiterlaser aus zwei Teilstücken unterschiedlicher Länge ($\Delta L/L \approx 0{,}2$), die über einen engen Luftspalt axial optisch miteinander verkoppelt sind, so daß nur eine gemeinsame longitudinale Mode anschwingen kann.

Beide Teilstücke sind auf einer Wärmesenke montiert und mit separaten Anschlüssen versehen (Bild). Das längere Teilstück wird oberhalb des Schwellenstromes betrieben und emittiert Licht in mehreren →Moden, die vom anderen Teilstück unterdrückt werden, sofern nicht zufällig beidseitige Resonanz vorliegt. Das zweite Teilstück wird unterhalb des Schwellenstromes betrieben. Durch den Strom wird über die →Ladungsträgerdichte der Brechungsindex und damit die effektive Resonatorlänge geändert, so daß schließlich für eine longitudinale Mode Resonanz mit dem ersten Teilstück vorliegt; es erfolgt eine longitudinal einmodige Lichtemission des gekoppelten Systems.

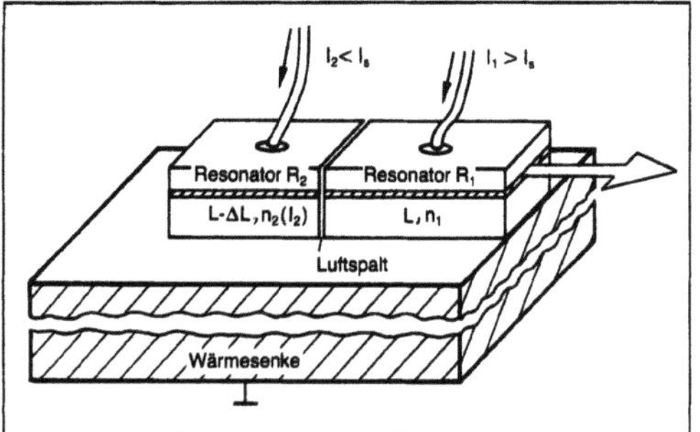

C^3-Halbleiterlaser: Schematische Darstellung.

C^3-Laser werden als dynamisch einmodige →Halbleiterlaser in optischen →Übertragungssystemen eingesetzt. *Rosenzweig*

Literatur: *Tsang, W. T.:* Der C^3-Laser; Spektrum der Wissenschaft (1985) Nr. 1, S. 86.

CAD. Abk. für *engl.* Computer aided Design, rechnerunterstützte Konstruktion eines (elektronischen) Produktes. Der Begriff CAD wird häufig gebraucht auch allgemein für die Zusammenfassung von →CAE- und CAD-Verfahren.
→Schaltungsentwurf, rechnerunterstützter *K. Winter*

CAD-Bibliotheken. In CAD-Systemen werden häufig verwendete Objekte eines elektronischen Produktes unterschiedlicher Ausprägung (Stromlaufgraphik, Bitmusterwerte, Layouts u. s. w.) softwaremäßig in sog. Bibliotheken gespeichert. Bibliothekselemente werden je Typ einmal erstellt und können dann beliebig oft verwendet und auch für die aktuelle Anwendung modifiziert werden. CAD-B. ist der Oberbegriff für alle Formen dieser Bibliotheken. Im einzelnen sind diese Bibliotheken vorgesehen für:

- Stromlaufplansymbole
- Simulationsmodelle in Form von Netzlisten
- Simulationsmodelle in Form von Verhaltensbeschreibungen
- Simulationsmodelle in Form von ausführbarem Programmcode
- Timing & Power
- Layoutsymbole
- Layoutgeometrie
- Optimiermodelle
- Testmustergenerierdaten
- Testability-Elemente
- Prüfdaten
- thermische Daten
- mechanische Daten
- Materialangaben
- Dokumentation

CAD-B. werden in der Regel von den Bausteinherstellern jeweils für eine bestimmte Schaltungstechnologie oder für eine bestimmte →Schaltkreisfamilie passend zu den Softwareprogrammen verschiedener Hersteller von CAD-Produkten hergestellt.

Die Ablage von Bibliothekselementen erfolgt in der Regel auf →Massenspeichern, häufig in relationalen Datenbanken. Bei Anwendung letzterer sind beliebig komplexe Such- und Verwaltungsvorgänge auf einfache Weise möglich.

Der Austausch von CAD-Bibliotheksdaten zwischen unterschiedlichen CAD-Systemen erfolgt mit speziellen Umsetzprogrammen incl. manueller Nachbearbeitung oder auch mit universalen Umsetzprogrammen unter Verwendung weitgehend genormter →Datenaustauschformate. *K. Winter*

CAE. Abk. für *engl.* Computer Aided Engineering, alle Verfahren zur computerunterstützten Entwicklung eines Produktes. *K. Winter*

CAE-/CAD-Verfahren. Oberbegriff für alle Verfahren, die bei der rechnergestützten Entwicklung und Konstruktion für ein bestimmtes Produkt eingesetzt werden. Im Elektronikbereich sind dies u. a.:

□ Bibliothekserstellung und -Verwaltung (→CAD-Bibliotheken)
□ Eingabe der →Schaltungsbeschreibung
□ →Verifikation der Schaltungsbeschreibung
- →Analogsynthese
- →Logiksynthese
- Stromlaufplanerfassung
- →Stromlaufplangenerierung aus Netzlisten
□ Netzlistengenerierung (Netzliste, Stromlauferfassung) Digital- und/oder Analogsimulation (→Logik- und →Prüfsimulation)
- Realsimulation
- Simulationsbeschleunigung (Simulationsbeschleuniger)
- →Design for Testability (DFT-Maßnahmen)
- Selbsttestgenerierung (→Selbsttest)
- →Schaltungsregelüberprüfung
- →Schaltungsoptimierung
□ →Layout für integrierte Schaltungen:
- Layouterstellung für integrierte Schaltungen (Layout)
- Erzeugung der Geometrieinformation für integrierte Schaltungen
- Maskenbanderstellung für integrierte Schaltungen (Formate MEBES, PG)
□ Layout für Leiterplattenbaugruppen:
- packager-Funktion
- Layouterstellung für Baugruppen (Layout, →Autoplacement, →Autorouting, →Leiterplattentechnik)
- →Thermoanalyse
- →EMV-Analyse
- Bestückdatengenerierung
- Bestücksimulation
- Bohrdatengenerierung
- Fräsdatengenerierung
- Plotdatenerzeugung
- Stücklistenerzeugung (Stückliste)
- Erzeugung von Belegungsplänen
- Adapterdatengenerierung
□ Gemeinsame Funktionen für Bausteine und Baugruppen:
- Laufzeitanalyse
- Testmustergenerierung
- Prüfprogrammgenerierung
- Prüfautomatenregelüberprüfung
- Framework
- Backannotation. *K. Winter*

CAIBE →Trockenätzen

CAM. Abk. für *engl.* Computer Aided Manufacturing, alle computergestützten Verfahren zur Herstellung von Fertigungsunterlagen, zur Steuerung und Überwachung des Produktionsprozesses u. s. w. für ein (elektronisches) Produkt. *K. Winter*

Cavity. Ein- oder mehrzelliger Hohlraumresonator zur Erzeugung sehr starker longitudinaler elektrischer Felder in Kreisbeschleunigern. Die allgemein in einem →Schwingkreis erreichbare Spitzenspannung ist

$$\hat{U} = \sqrt{2 R_s P}$$

wobei P die Hochfrequenzleistung angibt. R_s ist die Shuntimpedanz, d. h. der reelle Widerstand des Kreises im Resonanzfall. Hohlraumresonatoren haben sehr große Werte für R_s und liefern daher bei gegebener Leistung sehr hohe Beschleunigungsspannungen.

Im allgemeinen werden dosenförmige Resonatoren verwendet, die im TM_{010}-Mode betrieben werden. Dieser Mode liefert das erforderliche longitudinale elektrische Feld, während das Magnetfeld kreisförmig die Strahlachse umschließt (Bild 1).

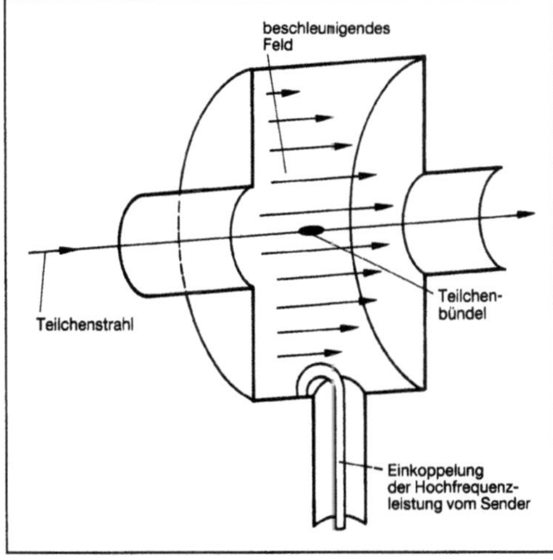

Cavity 1: Skizze eines einfachen einzelligen C.

Cavity 2: Technische Ausführung eines fünfzelligen C. (Quelle: DESY, Hamburg)

Größere Shuntimpedanzen lassen sich erzielen, wenn man mehrere derartige Zellen zu einer gekoppelten Struktur verbindet. Auch hier arbeiten wieder alle Einzelresonatoren im TM_{010}-Mode. Als Beispiel zeigt Bild 2 ein fünfzelliges C., wie es z. Zt. in kreisförmigen Elektronenbeschleunigern eingesetzt wird. *Wille*

Cavity-Dumping. C.-D. (Puls-Auskopplung) ist ein Verfahren zur Erzeugung intensiver Laserimpulse in Lasern mit nur geringer Lebensdauer des oberen Laserzustandes.

Eine Möglichkeit, intensive Laserimpulse zu erzeugen, ist die →Güteschaltung, bei der zu Beginn des Pumpvorganges die stimulierte Emission zunächst unterbunden wird, und sich dadurch eine hohe Besetzungsinversion aufbaut. Dabei wird die Energie durch die Besetzung des oberen Laserzustandes gespeichert. Dieses Verfahren ist aber nur erfolgreich, wenn die natürliche Lebensdauer dieses Zustandes groß ist, anderenfalls erfolgt eine Entleerung durch spontane Emission.

Eine Alternative bildet die Energiespeicherung als Licht im →Resonator. Dazu werden die Resonatorspiegel des kontinuierlich gepumpten Lasers hoch verspiegelt (R→1), so daß sich durch zahlreiche Umläufe des Lichtes eine hohe Intensität aufbauen kann. Mit Hilfe eines akusto-optischen →Modulators wird dann ein kurzer, aber intensiver Impuls ausgekoppelt. Die Spitzenleistungen übersteigen die kontinuierliche Leistung um mehr als das 50fache. Die Impulsbreiten liegen um 20 ns, Wiederholraten bis zu 20 MHz sind möglich. *Rosenzweig*

CBE →Molekularstrahlepitaxie

CCD. (*engl.* Charge-Coupled-Device, ladungsgekoppeltes Bauelement oder ladungsgekoppelte Schaltung). Spezielle Form eines ladungsgekoppelten →Bauelementes, d. h. einer Anordnung zur Speicherung und Weiterleitung von analogen und digitalen Signalen durch Verschiebung von zeitlich-räumlich konzentrierten Ladungspaketen insbesondere unter Verwendung von MOS-Kondensatoren. Die CCD ist eine folgerichtige Weiterentwicklung der →Eimerkettenschaltung, wobei die zwischen den Kondensatoren liegenden Schaltertransistoren entfallen.

Beim CCD werden MOS-Kondensatoren, die in einem homogenen Halbleiterkristall realisiert sind, kettenförmig so angeordnet, daß die einzelnen Metallelektroden (Steuerelektroden) möglichst nahe benachbart sind. Die Steuerelektroden werden gruppenweise miteinander verbunden (Bild 1).

Erzeugt man unter der ersten Steuerelektrode einen *tiefen* Verarmungszustand (durch Anlegen einer negativen Spannung größer als die →Schwellspannung, so bildet sich dort und in den jeweiligen, zur Gruppe gehörenden Kondensatoren eine Potentialmulde. Sie hat die Fähigkeit, eingebrachte →Minoritätsträger eine Zeitlang zu speichern. Eine solche Minoritätsinjektion kann z. B. durch einen benachbarten flußgepolten →pn-Übergang erfolgen (Bild 2), aber auch durch optische Generation (Bildaufnahme). Durch zyklisches Weiterschalten des Taktsignals auf den benachbarten →MOS-Kondensator wird dort eine (leere) Potentialmulde erzeugt, die sich allmählich durch überwandernde Minoritätsträger füllt. In einer nachfolgenden Taktphase wird die Gatespannung am vorhergehenden Kondensator auf einen Wert unter die Schwellspannung angehoben, so daß die Potentialmulde dort verschwindet. Insgesamt ist das Minoritätspaket so zum Nachbarkondensator gewandert. Durch zyklische Fortsetzung dieses Vorgangs wandert dieses Ladungspaket taktweise an der Halbleiterober-

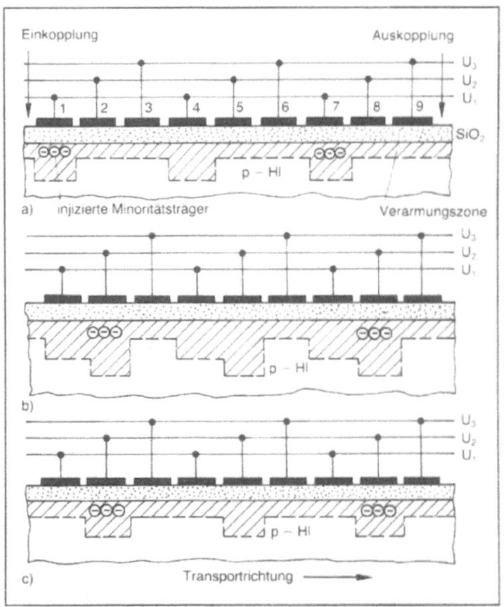

CCD 1: Dreiphasen-Ausführung. Potentialverlauf in den einzelnen MOS-Kondensatoren und Speicherladungen zu den Zeitpunkten t_1–t_3.

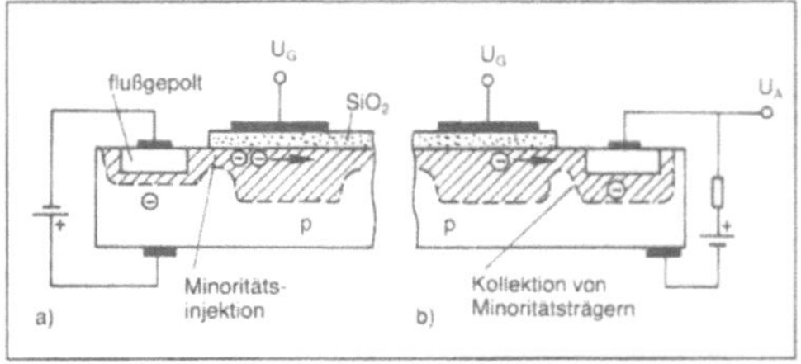

CCD 2: Ein- Ausgabeschaltungen (a, b) für Minoritätsträger in einer CCD-Struktur.

fläche bis an das Ende dieser CCD-Kette und steht dort als Ausgangssignal zur Verfügung. Dort kann es z. B. durch einen gesperrten pn-Übergang erkannt werden (Bild 2).

Das bisher geschilderte Grundprinzip der CCD arbeitet mit drei Taktphasen. Einer ihrer Nachteile ist, daß eine der drei Taktleitungen nicht kreuzungsfrei realisiert werden kann und damit eine zusätzliche Bondverbindung oder zweite Isolierebene erfordert. Deshalb wurden andere Strukturen entwickelt, die mit zwei und sogar einer Taktphase auskommen.

Beim Ladungstransport von Potentialmulde zu Potentialmulde entstehen Verluste, zum einen in der Mulde selbst durch →Rekombination mit thermisch generierten Majoritätsträgern (weshalb die Verweildauer begrenzt werden muß, kleinste Taktfrequenz), zum anderen durch Haftstellen im Halbleitermaterial und insbesondere an dessen Oberfläche. Deshalb darf die Taktfrequenz weder zu klein noch zu hoch sein (Bereich etwa 10 KHz bis weit in den MHz-Bereich). Vor allem die sehr nachteilige Rekombination mit Haftstellen an der Halbleiteroberfläche führte zu einer Reihe von Maßnahmen, um ihre Auswirkungen zu mildern, z. B.:

- Verlagerung des Ladungstransportes von der Oberfläche weg ins Halbleitervolumen durch sog. *vergrabene* Kanäle (Buried CCD, BCCD),
- Absättigung der Haftstellen durch generellen Transport einer Grundladung von etwa 10% der Maximalladung (sog. Betrieb mit *fetter Null, engl.* fat zero),
- Verlagerung der schwer zu übertagenden Restladung von der Oberfläche weg ins Volumen bei der sog. *peristaltischen* CCD (PCCD-, Peristaltic-CCD).

Üblicherweise speichert eine CCD-Zelle ein →Bit. Eine Vergrößerung der Speicherdichte ist beispielsweise möglich durch:

- Mehrwertspeicherung (Multilevel-Betrieb), wenn die zu speichernde Ladung in n-Stufen aufgeteilt wird und diese mit einer Randelektronik erzeugt und wieder verarbeitet werden,
- den Ripple-Betrieb, wobei grundsätzlich unter jeder Elektrode ein Ladungspaket gespeichert und die eigentliche Verschiebung durch rückwärtslaufende Leer-Bits möglich wird.

Heute werden CCD-Anordnungen mit bis zu 5000 Elementen in einer Kette und mehr realisiert. Die Hauptanwendungsgebiete dieser aufgrund des Wirkprinzips sehr vielseitig nutzbaren Strukturen sind:

□ Transversalfilter. Hierbei durchläuft das Signal mehrere einfache Teilfilter und nach jedem Teil wird ein durch einen Koeffizienten festliegender Teil zuaddiert. In CCD-Technik aufgebaute Filter reichen so bis in den unteren MHz-Bereich.

□ →Schieberegister und →Speicher für die analoge und digitale Signalverarbeitung, z. B. analoge Schieberegister für →Frequenzumsetzung, Zeitkompression und Zeitsynchronisation, dynamische Speicher, die nach dem Umlaufprinzip arbeiten.

□ Lichtempfindliche Sensoren für die Bildaufnahme. Dazu gehören die CCD-Zeile als Grundelement sowie die daraus aufgebauten CCD-Matrizen und CCD-Bildsensoren. Bei der CCD-Zeile besteht die CCD-Zelle aus zwei Teilen (Bild 3): dem Sensorbereich, in dem das einfallende Licht Ladungsträgerpaare generiert und einem benachbarten nicht lichtempfindlichen Transferbereich. Der Sensorbereich wird in mehreren Taktphasen ausgelesen, d. h. die erzeugte Ladung in den Transportbereich verlagert und dort wiederum durch ein Taktsignal der Ausleseschaltung am Kettenende zugeführt. Die Belichtung der Zeile kann sowohl von der Vorder- als auch von der Rückseite her erfolgen, im letzten Fall darf die Chipdicke nur etwa 10 μm betragen. Zeilensensoren mit mehr als 4036 Bildpunkte werden heute standardmäßig angeboten, sowohl für den sichtbaren als zunehmend auch für das Infrarot-Gebiet. Solche Zeilen werden verbreitet in der Meß- und Robotertechnik z. B. zur Längen- und Lagebestimmung eingesetzt.

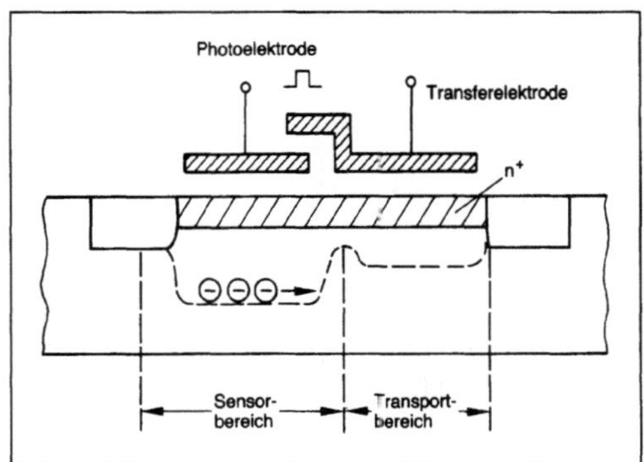

CCD 3: Prinzipielle Anordnung einer Sensor-Transferstelle.

Für die flächenhafte Bilderfassung werden CCD-Matrizen verwendet. Dabei sind die lichtempfindlichen Gateflächen matrixartig angeordnet. Auslese- und Verschiebevorgänge werden durch Spalten- und Zeilentaktleitungen besorgt. Am Ausgang der CCD-Matrix steht dann zeilenweise ein Signal zur Verfügung, daß der Helligkeitsverteilung der Fläche entspricht.

Besonders feinstufige →Bildaufnehmer werden als CCD-Bildsensoren bezeichnet. Grundlage ist die CCD-Matrix, doch wird die abzubildende Fläche so fein in Aufnahmezellen zerlegt, daß ein geschlossener Bildeindruck entsteht. Versieht man die Matrizen mit Mosaik-Farbfiltern, so können auch Farbbilder aufgenommen werden. Da sich der ausgelesene Spannungsverlauf mit zusätzlichen Schaltungen in normgerechte Fernsehbilder überführen läßt, werden CCD-Bildsensoren hauptsächlich in Fernsehkameras eingesetzt. Bildpunktzahlen von über 500 (vertikal) und 700 (horizontal) sind heute Standard.

Für die elektronische Bildwandlung stehen die CCDs heute fast als konkurrenzloses Bauelement da, während ihre Anwendung für dynamische Speicher vor allem für hohe Speicherkapazitäten durch die Entwicklung der →DRAM deutlich zurückgegangen ist (→Ladungskopplungsspeicher). *R. Paul*

Literatur: *Höfflinger, B.* und *G. Zimmer* (Hrsg): Hochintegrierte analoge Schaltungen. München 1987. – *Weiß, H.* und *K. Horninger:* Integrierte MOS-Schaltungen. Berlin 1986.

CCD-Bildsensor →Bildaufnehmer

CCD-Verzögerungsleitung →PAL

CCIR. Abk. für *Comité Consultatif International Radiocommunications.* Ständige Einrichtung der Internationalen Fernmeldeunion. Seine Aufgaben sind die Erörterung technischer Fragen und die Herausgabe von Empfehlungen zur optimalen Lösung von Problemen des Funkdienstes (CCITT). *Kümmritz*

CCMR →Gleichtaktverstärkung

CDI-Technik. (*engl.* Collektor Diffusion Insulation). Die CDI-T. ist ein kostengünstiges Herstellungsverfahren für integrierte Schaltungen in →Bipolartechnik. Dabei wird in eine p-Schicht (Bild) eine vergrabene n^+-Schicht (sog. n^+-Subkollektor) eindiffundiert und anschließend eine p-Epitaxieschicht aufgebracht, in die später n-Emitter- bzw. n^+-Gebiete (Kollektoranschluß, →Sperrschichtisolation) eindiffundiert werden. Das Verfahren spart neben Chipfläche noch einen Prozeßschritt ein und wird für spezielle bipolare LSI-Schaltungen verwendet. *R. Paul*

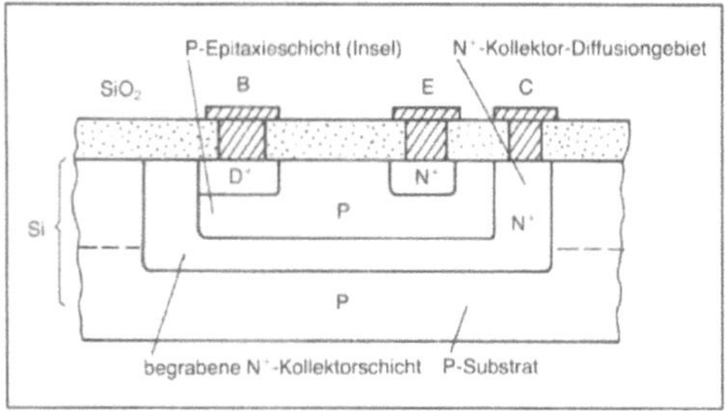

CDI-Technik: Schematische Darstellung.

CD-ROM →Speicher, optische

Cell-Array →ASIC

CENELEC. Abk. für *franz.* Comité Européen de Normalisation Electrotechnique, Europäisches Komitee für Elektrotechnische Normung. *Krieg*

Cermet →Widerstand

Channeling.

Festkörperphysik. Bevorzugter Durchgang von Atomen und Ionen durch kristalline Materie für Einfallsrichtungen parallel zu Kristallflächen oder -achsen.

Die Teilchen, deren Energie sich zwischen einigen keV und vielen MeV bewegen kann, beschreiben dabei eine kanalartige Bahn (*engl.* channel), die von Ebenen oder Reihen aus Kristallatomen begrenzt wird. Sie werden an deren Potentialwänden hin und her reflektiert, so daß sich bevorzugte Durchgangsrichtungen ergeben, in denen eine erhöhte Zahl von transmittierten Teilchen zu beobachten ist, deren mittlerer Energieverlust sich zudem noch als vermindert erweist. In jüngster Zeit wurde auch über das Auftreten von C. bei der Beugung von Elektronen berichtet. *Heinz*

Ionenimplantation. Allen Theorien, die die Reichweite implantierter Ionen beschreiben (→Ionenimplantation), ist bis heute gemeinsam, daß sie ein amorphes, also vollständig ungeordnetes Target voraussetzen. Fast alle Halbleiter sind nun Einkristalle oder wenigstens kristallin. Es kommt, da Kristalle stark anisotrope Eigenschaften besitzen, deshalb zu mehr oder minder starken Abweichungen von der theoretischen Profilgestalt.

Aufgrund der symmetrischen Anordnung der Gitterbausteine im Einkristall können Ionen entlang niedrig indizierter Richtungen (z. B. <110>, <111>, <100> im Diamantgitter) und Ebenen tiefer in den Kristall eindringen. In diesen sogenannten Kanälen kommt es praktisch zu keinen Kernstößen, die Abbremsung erfolgt also nur elektronisch, und die Reichweite ist proportional der Geschwindigkeit der Ionen. Der C.-Effekt hängt also sehr stark von der →Kristallorientierung ab.

Im Bild ist die Abhängigkeit des C.-Effekts von der Fehlerorientierung bei phosphorimplantiertem Silicium aufgetragen. Mit steigender Ionendosis werden immer mehr →Strahlenschäden erzeugt und die Kanäle zerstört. Dadurch ändert sich im Prinzip nicht die Reichweite, sondern es verringert sich nur die Anzahl der Ionen in den Kanälen (Dechanneling). Ist die Dosis so groß, daß der Einkristall völlig zerstört wird (→amorphe Schicht), so fällt ab diesem Zeitpunkt der C.-Effekt weg. Der Einfluß der Strahlenschäden macht sich bereits bei relativ niedrigen Dosen bemerkbar.

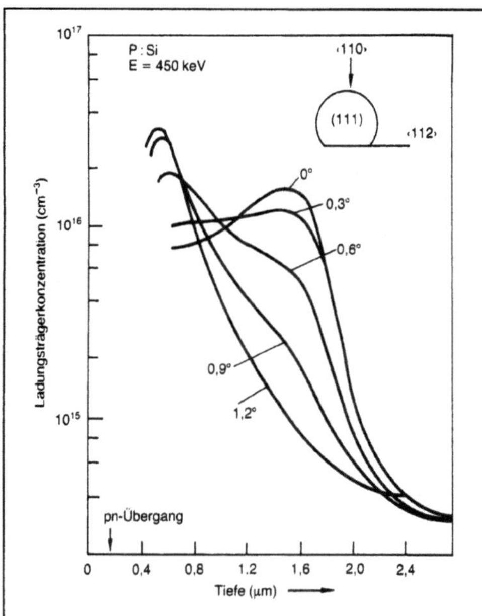

Channeling: Abhängigkeit des C.-Effektes von der Verkippung für eine 450 keV P-Implantation in <111>-orientiertes Silicium.

Im allgemeinen versucht man, den C.-Effekt zu unterdrücken, da er nur schwer kontrollierbar ist. Dazu werden die Proben meist um 7° verkippt, man implantiert durch eine dünne Oxidschicht (dadurch gibt es eine Winkelverteilung der implantierten Ionen) oder man schießt den Halbleiter durch eine →Implantation mit Silicium oder Germanium vor der eigentlichen dotierenden Implantation amorph. *Ryssel*

Literatur: *Ryssel, H.* und *I. Ruge:* Ionenimplantation. Stuttgart 1978.

Channeling-Photodetektor. Mehrschichtige pnp-Struktur, die als großflächige, kapazitätsarme →Photodiode, als photokapazitiver Detektor oder als rauscharme →Avalanche-Photodiode (APD) ausgebildet werden kann.

Das Bauelement besteht aus mehreren alternierenden p- und n-dotierten Schichten, wobei Schichten gleicher →Dotierung durch selektive Elektroden miteinander verbunden sind (Bild 1). Ohne äußere Spannung entwickeln sich an allen Grenzflächen durch Ladungsträgerdiffusion Raumladungsgebiete, entsprechend hoch ist die Kapazität. Mit wachsender inverser Biasspannung verarmen die einzelnen Schichten an Ladungsträgern und es bleibt die sehr viel kleinere Kapazität der Elektroden übrig (gleiche Dotierung und Schichtdicken vorausgesetzt).

Wird die Spannung hinreichend hoch gewählt, so daß die photoneninduzierten →Ladungsträger

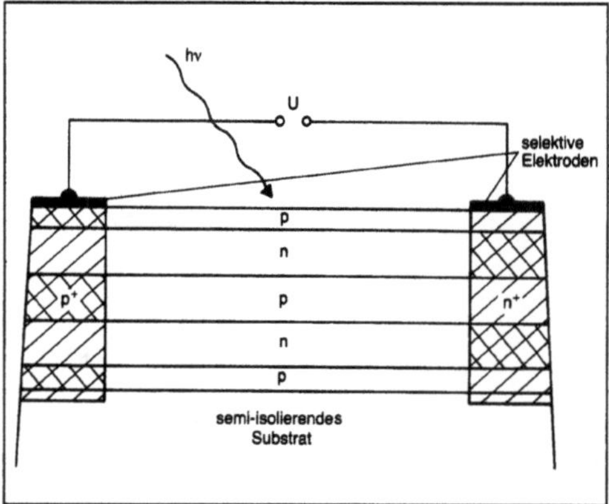

Channeling-Photodetektor 1: Schematische Darstellung einer Channeling-Photodiode.

sofort getrennt werden und die Gesamtkapazität nicht weiter beeinflussen, so ergibt sich ein großflächiger →Photodetektor geringster Kapazität. Mit drei pnp-Schichten ($Al_{0.45}Ga_{0.55}As$ – GaAs – $Al_{0.45}Ga_{0.55}As$, $n = p = 10^{16}\,cm^{-3}$) wurde für eine Fläche von $2 \cdot 10^{-4}\,cm^2$ eine Kapazität von $C = 1$ pF erreicht. Bei mittleren Spannungen ändern die photoneninduzierten Ladungsträger die Kapazität proportional zur Lichtintensität (Bild 2), so daß eine Anwendung als kapazitiver Detektor möglich ist.

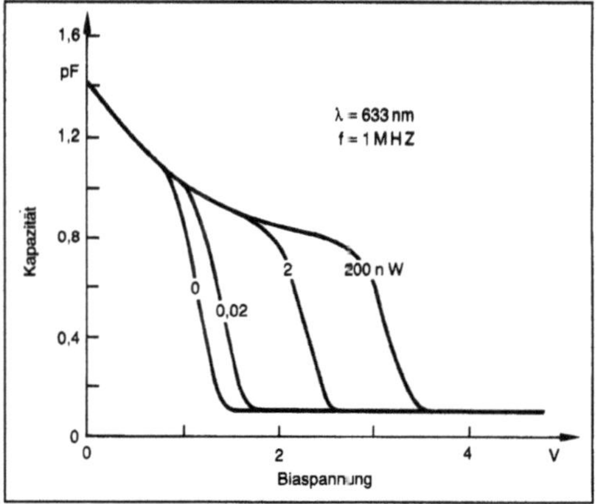

Channeling-Photodetektor 2: C-V-Charakteristik einer Channeling-Photodiode in Abhängigkeit von der einfallenden Lichtleistung.

Für eine rauscharme Avalanche-Photodiode werden die p- und n-Schichten aus verschiedenem Material gewachsen, derart, daß das p-Gebiet einen höheren Bandabstand hat als das n-Gebiet. Entsprechend der Bandpotentiale werden Elektron-Loch-Paare sofort in die unterschiedlichen Bereiche separiert. Die Multiplikation durch Stoßionisation erfolgt daher für beide Ladungsträger räumlich getrennt mit unterschiedlichem Ionisationsvermögen. Daraus resultiert ein geringes Multiplikationsrauschen (→Photodetektor-Rauschen).

Das relativ große an Ladungsträgern verarmte Volumen eröffnet weitere Anwendungen als Detektor für hochenergetische Strahlung und Teilchen.

Rosenzweig

Literatur: *Dingle, R.*: Applications of Multiquantum Wells, Selective Doping and Superlatices. London 1987. Vol. 24 aus der Reihe: *Willardson, R. K.* and *A. C. Beer* (Ed.): Semiconductors and Semimetals.

Channel-routing. Begriff innerhalb des Layout-Verfahrens: Beim C.-r. erfolgt die Leitungsführung zur →Verdrahtung einzelner Elemente ausschließlich längs vorgegebener Rasterkanäle. Alternative: Rasterfreies Routen. *K. Winter*

Chemical Beam Epitaxy →Molekularstrahlepitaxie

Chemical Vapor Deposition →Schichtabscheidung

CHINT (*engl.* charge induced transistor) →NERFET

Chip. Während Leistungshalbleiterbauelemente häufig aus einer vollständigen →Halbleiterscheibe bestehen, werden mikroelektronische Schaltkreise und Einzelbauelemente stets in großer Anzahl gleichzeitig auf einer Halbleiterscheibe hergestellt (Bild). Nach Fertigstellung werden die Scheiben durch →Ritzen und Brechen oder durch →Sägen (→Trennen) zerteilt. Das Siliciumstück mit einem einzelnen Schaltkreis wird Chip (*engl.*, Stück)

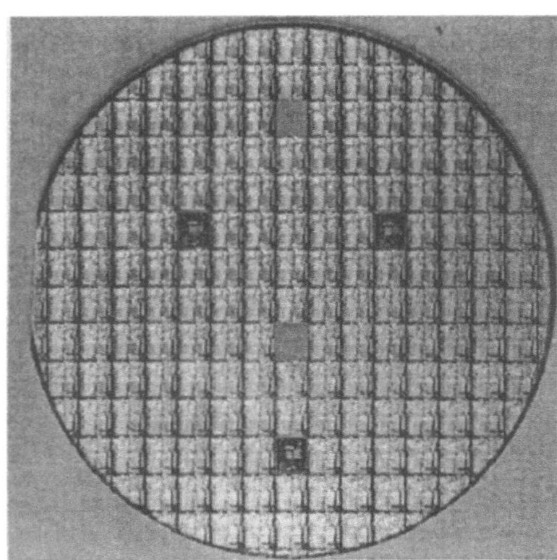

Chip: Siliciumscheibe mit zahlreichen identischen Schaltkreisen und fünf davon unterscheidbaren Gebieten mit Teststrukturen.

genannt. Diese C. werden anschließend durch →Bonden in Gehäuse eingebaut (Chip-Bonden) und mit Kontaktfahnen (Drahtbonden) elektrisch leitend verbunden. *Ryssel*

Literatur: *Häusler, L.*: MOS-Technologie. Berlin 1980.

Chipkondensator Kurzbezeichnung für Kondensatoren, die für die Oberflächenmontage bestimmt sind. Es können darunter Keramik-, Tantal- oder Folien-Chipkondensatoren verstanden werden. Wegen dieser Ungenauigkeit und der andersartigen Verwendung des Begriffs „Chip" in der Halbleitertechnik, kann nur empfohlen werden, bei Passiven Bauelementen auf eindeutige Begriffe zu achten, z. B. →Keramik-Vielschicht-Chipkondensator.

Bensieck

Chip-Montage →Bestückung, →Mikroklebetechnik, →Mikrolöttechnik, →Mikroschweißen, →Mikrowellentechnik, →Schaltungsebene, →Wärmeleitmodul, →Weichlöttechnik

Chipprüfung. Die C. oder verbreiteter Test integrierter Schaltungen umfaßt generell alle Maßnahmen, die die anforderungsgerechte Funktionsfähigkeit und die Fehlerfreiheit einer solchen Schaltung sicherstellen sollen.

Während Schaltungen mit sehr kleinem →Integrationsgrad etwa auf SSI-Niveau noch sehr einfach von den Anschlußklemmen her zu prüfen waren und fehlerhafte mit geringem Aufwand nochmals neu entworfen werden konnten, wurde dies mit steigendem Integrationsgrad immer weniger möglich. Gleichzeitig stieg der Testaufwand (von der Datenkomplexität her) immer mehr. Deshalb haben neben den eigentlichen →Testverfahren (auf verschiedenen Ebenen) zunehmend an Bedeutung erlangt:

- □ Der testfreundliche Entwurf, d. h. Entwurfsstrategien, die auf die spätere Testung Rücksicht nehmen sowie der Einsatz von Testverfahren und -mittel im Entwurfsvorgang selbst mit dem Ziel, Entwurfsfehler zu vermeiden. Dazu gehört auch die Erzeugung von Testmusterfolgen, um bei der Simulation solche Fehler zu erkennen (→Design for testability).
- □ Der Trend zu selbsttestenden Schaltungen, d. h. zum Einbau sog. aktiver Testhilfen. Dabei enthält die integrierte Schaltung eigene Testmustergeneratoren, die auf ein Kommando hin Teilbereiche einer Schaltung überprüfen (→Built-in self test).
- □ Der Einsatz fehlertolerierender oder redundanter Prinzipien. Hier sind die nie ganz auszuschließenden Herstellungsfehler bereits vom Entwurf her derart berücksichtigt, daß die Funktion fehlerhafter Funktionselemente bzw. Schaltungsteile entweder selbsttätig oder durch Steuerung von außen von anderen Elementen übernommen werden.

Der Test integrierter Schaltungen schließt u. a. eine Fülle von Maßnahmen sowohl während des Durchlaufs durch die Entwicklung und Herstellung als auch beim Anwender zu verschiedenen Zeitpunkten und mit ganz unterschiedlichen Zielsetzungen ein:
- während des Herstellungsprozesses zur Kontrolle der einzelnen Fertigungsschritte, also mehr aus der Sicht der Prozeßentwicklung und -kontrolle. Hierfür werden entweder spezielle Chips (sog. Testfelder) oder Teile eines Chips verwendet, die Schaltungen geringen Umfanges, einfache Gatterkombinationen oder auch nur Funktionselemente enthalten. Ziel ist u. a. die Kontrolle der Einhaltung technologischer Parameter, Studium der Ausfallursachen und Gewinnung von Modellparametern und Entwurfsgrößen für den Entwurf. Meßtechnisch fallen hier vor allem hochgenaue Strom- und Spannungsmessungen an.

Die Testmethoden dieser Stufe nutzen neben den typischen elektrischen Halbleitermeßverfahren zunehmend auch fortgeschrittene physikalische Verfahren wie Elektronen-, Ionen- und Laserstrahlabtastung, Infrarotverfahren vor allem zur Untersuchung lokaler Herstellungs- und Schaltungsfehler.
- Neben den Testfeldern werden die vollständigen integrierten Schaltungen selbst im Verlaufe des Herstellungsprozesses zweimal geprüft: als Schaltung auf der Scheibe (→Wafer) und später nach der Montage im Gehäuse im Sinne einer Fertigungsendprüfung zur Sicherung der dem Anwender gegenüber garantierten Eigenschaften.

Der Test auf der Scheibe dient vor allem dazu, Schaltungen mit prinzipiellen Fehlern zu erkennen und von der weiteren Verarbeitung auszuschließen. Funktionsuntüchtige Schaltungen werden dabei farbig markiert (sog. *inken*). Technisch werden bei diesem Test die Meßspitzen des Testgerätes auf die an der Schaltungsperipherie an den Chiprändern liegenden Anschlußfelder gesetzt. Bei der Fertigungsendprüfung hingegen können die Gehäuseanschlüsse verwendet werden.

Das →Prüfprogramm besteht in beiden Fällen im Regelfall aus folgenden Gruppen, die je nach Ziel des Testverfahrens unterschiedlich umfangreich eingesetzt werden:
- der →Funktionsprüfung (*engl.* Functional Test Program) zur Überprüfung der grundsätzlichen System- oder Schaltungsfunktion. Bei Digitalschaltungen beispielsweise werden dazu individuelle →Prüfmuster (Test Pattern) am Ein- und Ausgang verwendet. Dazu wird das Ausgangssignal der Schaltung bei anliegendem Eingangssignal mit einem Ausgangssollmuster Takt für Takt verglichen. Das Testergebnis lautet Test bestanden oder nicht.
- der Prüfung typischer statischer Parameter (DC-Parametric Test), wobei etwa die Spannungspegel und Ströme mit den Sollwerten verglichen werden.
- der Prüfung des dynamischen Verhaltens (AC-Parametric Test). Dazu zählen Parameter wie Grenzfrequenz, max. Taktfrequenz, Flankenmessungen, Laufzeiten, Haltezeiten u. a.

Außer den genannten Tests erfahren die integrierten Schaltungen am Ende des Herstellungsprozesses noch eine Reihe von Prüfungen, die ihre Zuverlässigkeit innerhalb gesetzter Grenzen gewährleisten sollen: Dichtigkeits-, Frühausfall-, Lebensdauer-Test.

Die Wichtigkeit der einzelnen Teilprüfungen hängt nicht nur davon ab, an welcher Stelle des Herstellungsvorganges die Prüfung erfolgt, sondern auch sehr stark von der Schaltungskomplexität. Vor allem bei hochintegrierten Schaltungen steigt der Aufwand für die Logiküberprüfung sehr rasch, weil gleichzeitig Schaltungs- und Systemkomplexe über nur sehr wenige Anschlüsse geprüft werden müssen. Hier haben sich für typische Schaltkreise – Speicher, Mikroprozessoren, AD-Wandler – sehr unterschiedliche Teststrategien herausgebildet, die stark davon abhängen, wie die Testbarkeit bereits beim Entwurf berücksichtigt worden ist.

Ein zentrales Problem für den Test vor allem höher integrierter Schaltungen ist die Erzeugung des individuellen Prüfmusters oder der Testmusterfolge, kurz als Testvektorgenerierung bezeichnet. Darunter versteht man eine Folge von Eingangsvektoren der Länge 2^{n+m}, die 2^{n+m} Gesamtzustände enthält. Weil ein völliger Ablauf des Testmusters bei LSI-Schaltungen bereits zu Laufzeiten von Jahren führen würde, muß der →Testvektor so gestaltet sein, daß er mit möglichst wenigen Testmustern möglichst viele (ideal alle) Fehler aufspürt und diese an den Anschlüssen auch tatsächlich nachweisbar machen.

Die Erzeugung solcher Testvektoren ist ein zeitintensiver und kostspieliger Teil des Schaltungsentwurfs, der heute z. T. durch sog. automatische →Test-Pattern-Generatoren (ATPG) softwaremäßig besorgt wird, sofern man bei kleineren Schaltungen (etwa 100 Gatter) nicht zum Handentwurf (sog. Ad-hoc-Generierung) übergehen kann. Auch algorithmische und algebraische Verfahren sind für kombinatorische Schaltungen üblich.

Eine wichtige Grundlage für die Testvektorerzeugung ist die Fehlermodellierung, d. h. die Darstellung, wie sich Fehler der Technologie, Topologie, der Schaltung und des Entwurfs meßtechnisch bemerkbar machen. Verbreitet ist dafür das Haftfehlermodell (Single Stuck at 0,1). Es nimmt an, daß sich alle Fehler so auswirken, als ob ein Ein- oder Ausgang fest auf logisch eins oder null liegt. Bei gegebener Zahl der Ein- und Ausgänge läßt sich dann die Zahl möglicher Haftfehler mit den tatsächlich vorhandenen vergleichen.

In CMOS-Schaltungen beispielsweise reicht dieses Modell jedoch nur sehr bedingt aus, weil z. B. jeder einzelne Transistor eines Komplementärpaares unabhängig vom anderen permanent leitend (Stuck short) oder nichtleitend (Stuck open) sein kann. Hierfür wurden verbesserte Modelle entwickelt.

Bereits beim einfachen Haftfehlermodell bemerkt man, daß ein Testvektor oft mehrere Fehler ansprechen kann; m. a. W. Fehler zusammenfallen können. Dies kann zu systematischen Reduktionsverfahren ausgenutzt werden.

Die bisherigen Verfahren zielten darauf ab, Fehler zu entdecken, mit der die hergestellte integrierte Schaltung behaftet ist. Sie können entweder aus der Fertigung stammen (sog. Fertigungsfehler) oder bereits im Entwurf entstanden sein (Entwurfsfehler). Um insgesamt den Prüfaufwand deutlich zu senken, gibt es deswegen mehrere, z. T. parallel verfolgte Wege beim →Schaltungsentwurf:

□ Vermeidung von Entwurfsfehlern auf allen Entwurfsebenen (z. B. der elektrischen Schaltung, der Logik, im Layout). Ein wichtiges Hilfsmittel ist hierbei die →Fehlersimulation, d. h. eine Simulation unter Fehlerbedingungen (→Fehlermodell). Dabei wird die Schaltung durch eingefügte Fehler geändert und neu simuliert, was sehr zeitaufwendig ist. Daher wird in neueren Verfahren parallel und gleichzeitig simuliert, so daß der Fehler schließlich erkannt und beseitigt werden kann. Neben dieser nachträglichen Fehlerbeseitigung entwickelt sich zunehmend der fehlerfreie Entwurf, in dem der Entwurfsvorgang selbst automatisiert erfolgt und menschlich bedingte Fehler nicht entstehen können. Dieses Verfahren – durchweg als *Silicon Compiler* bezeichnet – steht noch in den Anfängen mit z. T. erheblichen Einschränkungen der Entwurfsfreiheiten.

□ Schaltungsentwurf mit prüffreundlichen Strukturen, kurz als testfreundlicher Schaltungsentwurf *(→Design for Testability)* bezeichnet. Im Prinzip werden dabei Testhilfen eingebaut, die die Strukturen der Schaltung nicht, wohl aber ihre logische Funktion beeinflußt. Grundsätzlich ist dazu weitere Chipfläche erforderlich, weil die folgenden typischen Grundelemente eingefügt werden:

– Testpunkte, die interne, schwer zu kontrollierende Schaltungspunkte zur Außenwelt führen (sog. Prüfbus, *→scan-path*).

– →Schieberegister, die zunächst als parallele Ein-Aus-Register arbeiten und durch ein Steuersignal seriell über wenige Anschlußpunkte ausgelesen werden.

– Linear-rückgekoppelte Schieberegister zur Datenkompression und Testvektorerzeugung,

– sog. BILBO-Strukturen (Built in Logic Block Observation) als universelle →Teststruktur, die über Steuersignale als Register, Schieberegister und linear-rückgekoppeltes Schieberegister arbeiten können.

– Unterteilung komplexer Schaltungen in einfachere Funktionsmodule. Da größere Systeme mit Busstrukturen arbeiten, ist es oft nur erforderlich, einen Buszugang z. B. über zusätzl. Multiplexer zu verschaffen.

Daneben werden jeweils noch eine Reihe von prüftechnischen Entwurfsregeln beachtet, vor allem der vollsynchrone Entwurf (Trennung von Daten und Takt, Beschränkung auf flankengesteuerte Speicherelemente u. a., Beschränkung der sequentiellen Tiefe). Nach den Testmethoden selbst haben sich neben der schon erwähnten Ad-hoc-Technik (für kleinere Schaltungen) vor allem strukturierte Verfahren, wie die Scan-Techniken und Verfahren für reguläre Strukturen (→PLA u. a.) durchgesetzt.

Die Scan-Verfahren (→Abtastverfahren) beruhen darauf, ein Schaltwerk durch Erweiterung seiner speichernden Elemente durch ein externes Signal in ein Schaltnetz umzuwandeln und dabei die Speicherelemente zu einem Schieberegister zusammenzuschalten (Testmode). In diesem Zustand kann der Inhalt des Registers seriell ausgelesen oder mit einem →Testmuster versehen werden. Wird die Schaltung für eine Taktperiode in den Normalzustand rückgeschaltet, so reagiert die Logik auf den bekannten Speicherinhalt und das Eingangssignal und speichert gleichzeitig das Ergebnis in den Speicherelementen. Es kann im nächsten Schritt im Testmode ausgelesen und mit dem Ausgangssignal verglichen werden.

Je nach der Struktur der verwendeten Zustandsspeicher gibt es verschiedene Varianten des Scan-Verfahrens.

– Für reguläre Strukturen, wie z. B. PLA, lassen sich durch Einbau von Schieberegistern universelle Testvektoren erzeugen.

– Dem letzten Testprinzip lag u. a. der Gedanke zugrunde, das System für den Test in kleinere Einheiten zu zerlegen, die sich einfacher prüfen lassen. Konsequent ist es nun, die dafür erforderlichen einfacheren Prüfprogramme nicht von außen (wie bisher) zuzuführen, sondern intern selbst zu erzeugen. Damit entstehen die Selbsttest-Schaltungen. Sie ersparen einerseits Testhardware, zum anderen können damit auch Schaltungsteile überprüft werden, die von außen schlecht zugängig sind. Ein sehr verbreitetes Selbsttestverfahren ist der Einbau eines BILBO (Built in Logic Block Observer). Dies ist ein Funktionsblock, der auf Steuersignal hin sowohl Testvektorgenerator als auch Testvektoranalysator sein kann. So entfällt u. a. auch das zeitaufwendige Ein- und Auslesen der Testvektoren. Das BILBO-Konzept eignet sich vor allem für modular aufgebaute kombinatorische Funktionseinheiten, die über Register zusammenarbeiten.

– Ein Verfahren, das mehr auf eine Ausbeuteerhöhung hinzielt und die Möglichkeit von Herstellungsfehlern bereits vom Entwurf her berücksichtigt, besteht in der Nutzung fehlertolerierender Methoden. Hierbei wird die Schaltung so konzipiert, daß die Funktion eines fehlerhaften Elementes resp. der zugehörigen komplexeren Schaltung automatisch von anderen Schaltungsteilen mit übernommen wird. Diese Technik gewinnt zunehmend für →Halbleiterspeicher im Megabit-Bereich an Bedeutung. *R. Paul*

Literatur: *Tsui, F.:* LSI/VLSI Testability Design. New York 1987.

Chipwiderstand →Widerstand

Chip-Technik →Bauelement, →Schaltungsebene

Chi-Quadrat-Verteilung. Die χ^2-Verteilung wird in der schließenden Statistik häufig verwendet, um Parameter zu schätzen oder Hypothesen zu überprüfen. Auch die Vertrauensgrenzen der Ausfallraten lassen sich mit ihrer Hilfe bestimmen. Die Dichtefunktion $f_\chi(x)$ (Bild) und die Summenfunktion $F_\chi(x)$ einer χ^2-verteilten Zufallsgröße sind wie folgt definiert:

$$f_\chi(x) = K_N \, x^{\frac{N-2}{2}} \, e^{-\frac{x}{2}}$$

$$F_\chi(x) = K_N \int_{v=0}^{x} v^{\frac{N-2}{2}} \, e^{-\frac{v}{2}} \, dv.$$

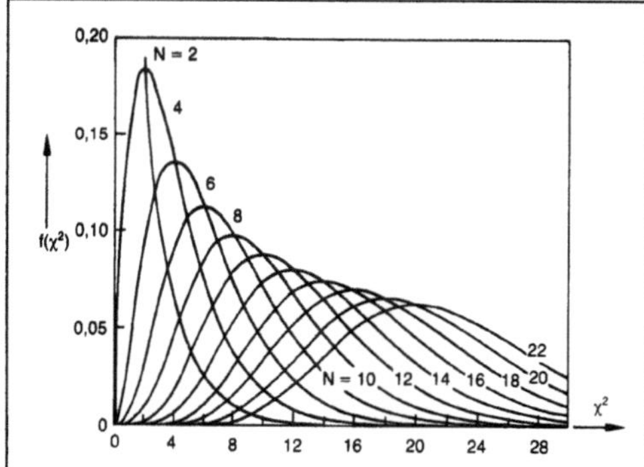

Chi-Quadrat-Verteilung: Dichtefunktion für verschiedene Freiheitsgrade N.

Die Zahl N bezeichnet den Freiheitsgrad der Verteilung. Der Normierungsfaktor K_N gewährleistet, daß die Summenfunktion bei $x \to \infty$ den Wert 1 annimmt. Für ganzzahlige N hat der Normierungsfaktor den Wert

$$K_N = \frac{2^{-\frac{N}{2}}}{\left(\frac{N-2}{2}\right)!}$$

Die χ^2-Verteilung läßt sich in die →Poisson-Verteilung überführen, wobei unter Beachtung der folgenden Transformationsvorschrift die Größe x der χ^2-Verteilung der Größe α der Poisson-Verteilung und der Freiheitsgrad N dem Parameter k der Poisson-Verteilung zugeordnet ist:

$$x = 2\alpha; \qquad \alpha = \frac{x}{2};$$

$$N = 2(k+1); \qquad k = \frac{N-2}{2}$$

Die χ^2-Verteilung vom Grad $N=2(k+1)$ entspricht der Poisson-Verteilung mit dem Parameter k. Dabei ist das Argument x der χ^2-Verteilung doppelt so groß wie die Variable α der Poisson-Verteilung, $x=2\alpha$ (Tabelle, S. 134). *Schrüfer*

Literatur: *Gaede, K. W.:* Zuverlässigkeit, Mathematische Modelle. München/Wien 1977. – *Härtler, G.:* Statistische Methoden für die Zuverlässigkeitsanalyse. Ost-Berlin 1983. – *Heinhold, J.* u. *K. W. Gaede:* Ingenieur-Statistik. München 1964. – *Köchel, P.:* Zuverlässigkeit technischer Systeme. Leipzig 1983, Thun, Frankfurt/Main. – *Kreyszig, E.:* Statistische Methoden und ihre Anwendungen. Göttingen 1975. – MBB: Technische Zuverlässigkeit. Berlin, Heidelberg 1977. – *Schrüfer, E.:* Zuverlässigkeit von Meß- und Automatisierungseinrichtungen. München 1984. – *Störmer, H.:* Mathematische Theorie der Zuverlässigkeit, Einführung und Anwendung. München 1970.

Chopper →Gleichstromsteller, →Zerhacker

Choppersteuerung →Gleichstromsteller

Chromatron. C. ist eine →Farbbildröhre mit nur einem →Elektronenstrahl. Der →Leuchtschirm besteht aus horizontalen Streifen in den Primärfarben. Davor sind in geringem Abstand horizontale Drähte gespannt. Durch Anlegung geeigneter Steuerspannungen an diese Drähte wird der Elektronenstrahl auf die jeweils gewünschte Farbe abgelenkt. Die Farbwiedergabe erfolgt also nicht simultan, sondern für die drei Farben sequentiell hintereinander. *Keitel*

Literatur: Einführung in die Farbfernsehservicetechnik. Bd. I: Grundlagen der Farbfernsehtechnik. Hrsg. N. V. Philips Gloeilampenfabrieken Eindhoven, Niederlande.

Chrominanz →Fernsehsystem

CID-Element. (*engl.* CID, charge injection device) Photodioden welche, im Gegensatz zu CCD-Sensoren mit zwei Datenleitungen angesteuert werden. *Schaumburg*

Cluster. Unter C. versteht man die Verknüpfung von Halbleiterfertigungsgeräten durch einen Transportmechanismus (→Cluster tool). *Ryssel*

Chi-Quadrat-Verteilung. Tabelle: Quantile der x^2-Verteilung

Beispiel: Bei dem Freiheitsgrad N = 20 ist mit der Wahrscheinlichkeit $F(x^2)$ = 0,95 der Wert von x^2 kleiner oder gleich 31,4104).

N	$F(x^2)$						
	0.005	0.05	0.25	0.5	0.75	0.95	0.995
2	0.0100	0.1026	0.5754	1.3863	2.7726	5.9915	10.5966
4	0.2070	0.7107	1.9226	3.3567	5.3853	9.4877	14.8602
6	0.6757	1.6354	3.4546	5.3481	7.8408	12.5916	18.5476
8	1.3444	2.7326	5.0706	7.3441	10.2189	15.5073	21.9950
10	2.1559	3.9403	6.7372	9.3418	12.5489	18.3070	25.1882
12	3.0738	5.2260	8.4384	11.3403	14.8454	21.0261	28.2995
14	4.0747	6.5706	10.1653	13.3393	17.1169	23.6848	31.3194
16	5.1422	7.9616	11.9122	15.3385	19.3689	26.2962	34.2672
18	6.2648	9.3905	13.6753	17.3379	21.6049	28.8693	37.1564
20	7.4338	10.8508	15.4518	19.3374	23.8277	31.4104	39.9968
22	8.6427	12.3380	17.2396	21.3370	26.0393	33.9244	42.7956
24	9.8862	13.8484	19.0373	23.3367	28.2411	36.4150	45.5584
26	11.1602	15.3792	20.8434	25.3365	30.4346	38.8851	48.2898
28	12.4613	16.9279	22.6572	27.3362	32.6205	41.3371	50.9934
30	13.7867	18.4927	24.4776	29.3360	34.7997	43.7730	53.6720
32	15.1340	20.0719	26.3041	31.3359	36.9730	46.1943	56.3280
34	16.5012	21.6643	28.1361	33.3357	39.1408	48.6024	58.9640
36	17.8867	23.2686	29.9730	35.3356	41.3036	50.9985	61.5812
38	19.2889	24.8839	31.8146	37.3355	43.4619	53.3835	64.1814
40	20.7065	26.5093	33.6603	39.3353	45.6160	55.7585	66.7660
42	22.1384	28.1440	35.5099	41.3352	47.7662	58.1240	69.3360
44	23.5837	29.7875	37.3631	43.3352	49.9129	60.4809	71.8926
46	25.0413	31.4390	39.2197	45.3351	52.0562	62.8296	74.4366
48	26.5106	33.0981	41.0794	47.3350	54.1964	65.1708	76.9688
50	27.9907	34.7642	42.9421	49.3349	56.3336	67.5048	79.4900
52	29.4812	36.4371	44.8075	51.3349	58.4681	69.8322	82.0008
54	30.9812	38.1162	46.6755	53.3348	60.6000	72.1532	84.5020
56	32.4904	39.8013	48.5460	55.3348	62.7294	74.4683	86.9938
58	34.0084	41.4920	50.4188	57.3347	64.8565	76.7778	89.4768
60	35.5344	43.1880	52.2938	59.3347	66.9815	79.0819	91.9516
62	37.0684	44.8890	54.1709	61.3346	69.1043	81.3810	94.4186
64	38.6098	46.5949	56.0500	63.3346	71.2251	83.6753	96.8782
66	40.1582	48.3054	57.9310	65.3345	73.3441	85.9649	99.3304
68	41.7134	50.0202	59.8138	67.3345	75.4612	88.2502	101.7760
70	43.2752	51.7393	61.6983	69.3345	77.5767	90.5312	104.2148
72	44.8430	53.4623	63.5845	71.3344	79.6904	92.8083	106.6476
74	46.4170	55.1892	65.4723	73.3344	81.8026	95.0815	109.0744
76	47.9965	56.9198	67.3616	75.3344	83.9133	97.3510	111.4954
78	49.5816	58.6539	69.2523	77.3344	86.0225	99.6169	113.9108

Cluster tool. Unter C. t. versteht man die Verknüpfung mehrerer Prozeßgeräte zu einer Einheit, z. B. eine Photolackbeschichtungsanlage (Photolithotgraphie), einen Stepper und ein Photolackentwicklungsgerät (→Photolithographie). Dadurch ergeben sich kürzere Durchlaufzeiten und höhere Ausbeuten.

Eine neue Entwicklung ist die Integration verschiedener Prozeßmodule in ein zentrales Handhabungsmodul (Bild). Dabei laufen die Prozesse meist bei reduziertem Druck und die Handhabung der Scheiben erfolgt im Vakuum. Man spricht in solchen Fällen auch von IVPS (*engl.* integrated vacuum processing). Beispiele solcher integrierter Prozesse

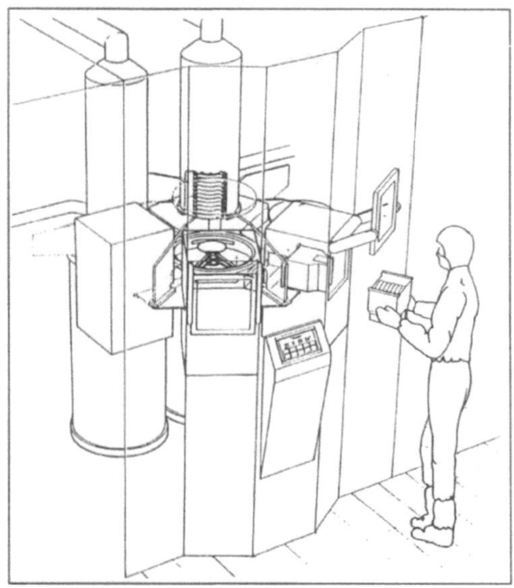

Cluster tool: In das zentrale Handhabungsmodul können verschiedene Prozeßmodule integriert werden.

sind: →RTA, →RTP, →Schichtabscheidung, →Oxidation, →Metallisierung. *Ryssel*

CMC (*engl.* Ceramic Multilayer Capacitor) →Keramik-Vielschichtkondensator

CMOS. (*engl.* Complementary MOS-Technik, komplementäre MOS-Technik). →MOS-Technik, bei der sowohl n- als auch p-Kanal-MOS-Transistoren auf dem gleichen Chip integriert sind und die jeweils paarweise zusammenarbeiten.

Die in CMOS aufgebaute Inverterstufe (Bild 1) besteht aus zwei Enhancement-Transistoren unterschiedlichen Leitungstyps, die in Form einer →Gegentaktschaltung (komplementäre Schaltungstechnik) zusammenarbeiten. Dabei wirkt der p-Kanal-Transistor als Last für den n-Kanal-Transistor und umgekehrt, je nach dem anliegenden Steuersignal. Bei L-Pegel am Eingang (d. h. $U_E=0$) sperrt T_N und T_P leitet, und die Ausgangsspannung U_A beträgt praktisch U_{DD}. Mit wachsender Eingangsspannung wird T_N immer stärker leitend, und U_A sinkt. Liegt H-Pegel am Eingang ($U_E \approx U_{DD}$), so ist T_P gesperrt und T_N geöffnet. Dann liegt U_A auf Masse (L-Pegel).

Weil in CMOS beide Transistoren im Wechsel sperren, kann praktisch kein Ruhestrom fließen. Stets liegt entweder ein leitender Pfad zur Masse oder ein solcher zur Versorgungsspannung, aber nie gibt es zwischen beiden Punkten gleichzeitig leitende Pfade. Die statische Verlustleistung ist dadurch sehr gering. Deshalb liegen die Ausgangs-

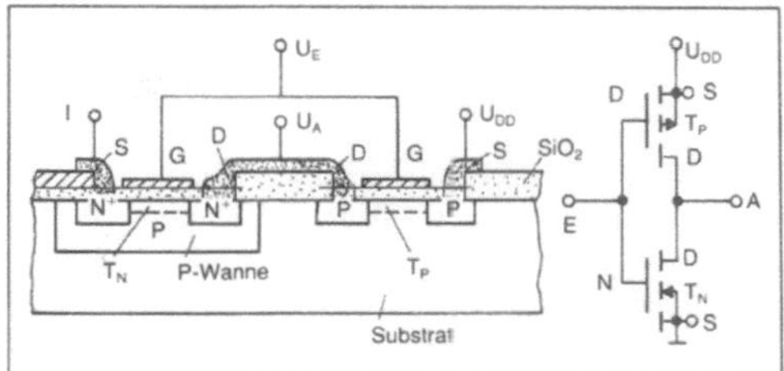

CMOS 1: Prinzipieller Aufbau (links) und Schaltbild (rechts) eines CMOS-Inverters.

pegel praktisch bei O und U_{DD}, m. a. W. ist der Störabstand groß (deutlich größer als bei TTL-Schaltungen) und die →Übertragungskennlinie gut symmetrisch. Sofern die Transistoren eine geringe Schwellspannung besitzen ($U_{TO} \lesssim 1{,}5$ V) ist ein großer Betriebsspannungsbereich möglich (U_{DD} = 3–18 V). Besonders ausgelegte Schaltungen erlauben Werte bis herab zu 1 V (Bild 2). Der Pegelbereich beträgt üblicherweise

$$O \leqq L \leqq 0{,}3\, U_{DD};\ 0{,}7\, U_{DD} \leqq H \leqq U_{DD}.$$

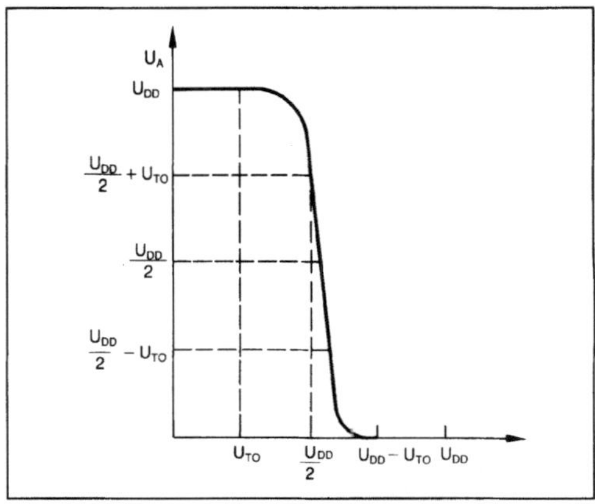

CMOS 2: Übertragungskennlinie des CMOS-Inverters.

Ein weiterer Vorteil gegenüber der Einkanal-MOS-Technik – z. B. der →ED-Technik – ist, daß die Übertragungskennlinie wegen des wechselseitigen Schaltens sehr steil verläuft. Sind die beiden Transistoren zudem symmetrisch, so stimmen die Potentiale vom Ausgangs- und Eingangsanschluß überein, falls der Inverter mit $U_E = U_{DD}/2$ betrieben wird. Auf diese Eigenschaft gründet sich die breite Anwendung der CMOS auch in Analogschaltungen. Zu der oben erwähnten praktisch vernachlässigbaren statischen Verlustleistung tritt jedoch durch Umladevorgänge noch eine sog. dynamische Verlustleistung hinzu, die sich aus mehreren Anteilen zusammensetzt: ausgangsseitige Lastkapazität und innere Kapazitäten der Transistoren. Das äußert sich durch eine Stromspitze und im Mittel tritt eine dynamische Verlustleistung

$$P_{dyn} = C_{ges}\, U_{DD}^2 \cdot f$$

auf, die mit der Betriebsfrequenz wächst.

Die extrem kleine Verlustleistung ($P_{ges} = P_{stat} + P_{dyn}$) gilt deshalb nur bei sehr niedrigen Frequenzen und geringen kapazitiven Belastungen. Daher gibt es im Vergleich zu anderen Schaltungstechniken einen Frequenzbereich, bei dem die CMOS sogar ungünstiger sein kann.

Ein weiterer Vorteil der CMOS ist der relativ kleine →Ausgangswiderstand, gegeben durch den Drain-Source-Widerstand des eingeschalteten MOS-Transistors. Er hängt vom Verhältnis Kanalbreite zu Kanallänge ab und kann damit konstruktiv frei beeinflußt werden (im Gegensatz zu den meisten NMOS-Techniken, wo er konstruktiven Beschränkungen unterliegt).

Die CMOS ist sowohl für die Digital- als auch Analogtechnik von grundlegender Bedeutung geworden.

Da sich – aus der historischen Entwicklung heraus – für den LSI-Bereich zunächst die NMOS-ED-Technik durchgesetzt hatte und die CMOS erst später technologisch soweit entwickelt war, daß sie konkurrieren konnte, bestand der naheliegende Wunsch, NMOS-Entwürfe einfach in CMOS-Versionen umzusetzen. Dazu wurde die →Pseudo-NMOS-Technik (Bild 3a) entworfen. Das ist einer der →NMOS-Technik nachgebildete CMOS mit folgenden Eigenheiten: als Last arbeitet ein p-Kanal-Transistor. Die Schaltung selbst ist eine Verhältnis-Logik (kein freier Transistorentwurf), die eine größere Verlustleistung und schlechtere dynamische Eigenschaften besitzt. Weitere Verbesserungen, vor allem eine Einsparung von Chipfläche und die Verbesserung des dynamischen Verhaltens brachte der Übergang zu dynamischen CMOS-Gattern. Dabei wird die dynamische Funktion nur aus den Transistoren eines Leitungstyps realisiert, so daß ein →Gatter mit n-Eingängen nicht mehr 2n, sondern nur noch n+2 Transistoren benötigt (Bild 3b). So wird z. B. während einer Ladephase (Takt $\varphi=0$) der p-Kanal-Transistor leitend, während alle n-Transistoren gesperrt sind. So führt der Knoten A die Spannung U_{DD}. Während der Taktphase $\varphi=1$ ist dagegen der p-Kanal-Transistor gesperrt, und die n-Transistoren leiten abhängig vom Eingangssignal. So wird Knoten A je nach Eingangssignal entladen oder nicht. Auf solche Ideen bauen eine Reihe von neueren CMOS-Schaltungstechniken auf, wie z. B. die *Dominotechnik* (bei der statische Inverter zwischen dynamischen Blöcken eingebaut sind) oder die *Nora*-Technik. Im letzten Fall werden die logischen Funktionen durch dynamische p- und n-Kanal-Blöcke realisiert, als speichernde Elemente dienen getaktete CMOS-Latches. Das gesamte System ist in Abschnitte zerlegt, die durch Latches getrennt sind. Auf diese Weise kommt in einer solchen Anordnung ein pipelineartiger Informationsfluß zustande.

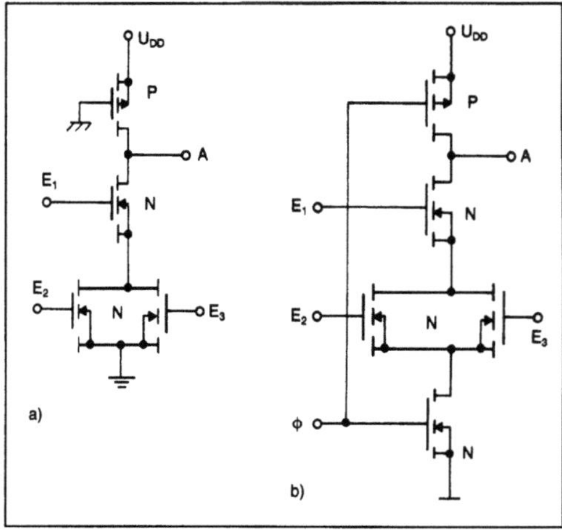

CMOS 3: Gatter, ausgeführt in Pseudo-NMOS-Technik (a) oder als dynamischer CMOS-Gatter (b).

Eine weitere Besonderheit der CMOS ist die Möglichkeit sog. Transmissionsgatter (Torschaltung zur bidirektionalen Signalübertragung) aufzubauen, die ein Signal in beiden Richtungen durchschalten oder sperren können. Solche Strukturen erlauben logische Verknüpfungen auf z. T. einfache Weise. Transmissionsgatter finden auch breite Anwendung als →Schalter, z. B. in Multiplexern.

Die Bemühungen zur Konzeption auch analoger CMOS-Schaltungen entstanden nicht allein durch die erwähnten Vorzüge der CMOS, sondern zunehmend aus der Notwendigkeit, digitale und analoge Schaltungsteile auf dem Chip zu verflechten. Herausgebildet haben sich hauptsächlich zwei Schaltungsgruppen: solche auf Basis der Schalter-Kondensator-Technik und nichtgetaktete Schaltungen. Zentrale Funktionseinheit der letzten Gruppe ist der →Operationsverstärker (OP). Es gelang hoch verstärkende OP mit sehr geringer →Offsetspannung und hoher →Bandbreite herzustellen. Betreibt man die →MOSFET dabei im Bereich schwacher Inversion, d. h. mit sehr geringen Strömen ($\leqq 1\ \mu A$), so lassen sich Operationsverstärker mit extrem kleiner Verlustleistung realisieren.

Für getaktete CMOS-Schaltungen bilden solche Verstärker eine notwendige Voraussetzung ebenso wie Transmissionsgatter und MOS-Präzisionskondensatoren. Mit derartigen Elementen wurden vor allem SC-Filter entwickelt, aber auch Impulsoszillatoren, →Modulatoren, AD/DA-Wandler, Code-Decoder, PLL-Schaltungen, Referenzquellen u. a. m.

Die CMOS beweist durch den heute erreichten Stand, daß sie für die Realisierung von Analogschaltungen, die lange Zeit als die Domäne der →Bipolartechnik galten (geringes →Rauschen, geringe Offsetgrößen, hohe Verstärkung, gutes Frequenzverhalten, hohe Ausgangstreiberleistung) sehr gut geeignet ist. Auch das ist einer der Gründe für ihre besondere Eignung im VLSI-Bereich.

Das technologische Konzept der ersten CMOS-Schaltungen in den 60er Jahren war die sog. *p-Wannen*-Technik. Dabei befindet sich der n-Kanal-Transistor zur Isolation (→Sperrschichtisolation) in einer p-Wanne. Um unerwünschte Oberflächenkanäle zu vermeiden, werden beide mit einem Schutzring (Kanalstopper) umgeben. Dies erfordert viel Chipfläche. Verbesserungen brachten erst die Isoplanar-Technik und LOCMOS-Technik.

Im Gefolge der NMOS-Technik entstand im Verlauf der 70er Jahre aus mehreren Gründen die n-Wannen-CMOS.

□ Nicht in allen Fällen wird die CMOS-Komplementarität voll ausgenutzt. So befindet sich z. B. bei vielen DRAMs die Speichermatrix in einem p-Substrat, während die Peripherie in CMOS-Technik entworfen wird (gemeinsame Integration von CMOS- und n-Kanal-Transistoren auf dem gleichen Chip). Dies gilt ganz besonders für EPROM-Schaltungen und Mikroprozessoren.

□ Erfordernis der Kompatibilität der CMOS mit der n-Kanal-Si-Gate-Technik, weil Kanaltransistoren bei gleichen Abmessungen etwa zwei bis dreimal schneller als p-Kanaltypen durch die Beweglichkeitsunterschiede für Elektronen und Löcher sind. Das muß für höhere Arbeitsgeschwindigkeiten beachtet werden.

□ Der n-Wannenprozeß eignet sich sehr vorteilhaft für die gleichzeitige Integration von Bipolartransistoren.

□ Ein wichtiger Gesichtspunkt waren auch sog. Heißelektroneneffekte, die an n-Kanaltransistoren mit kurzen Kanallängen entstehen können, bei p-Kanaltransistoren hingegen praktisch keine Rolle spielen.

Etwa in diese Zeit fällt auch eine deutliche Strukturverkleinerung der CMOS durch Skalierung, die verbreitet durch die Bezeichnung →HCMOS-Technik erfaßt wird.

Im dritten Schritt schließlich ging man Ende der 70er Jahre zur Doppelwannen-Technik über, bei der jeder MOSFET eine eigene Isolierwanne hat. Als entscheidender Vorteil können hier beide Wannendotierungen unterschiedlich gewählt werden, was die Flexibilität beim Entwurf deutlich vergrößert.

Trotz aller Vorzüge muß auf zwei wichtige Nachteile der CMOS verwiesen werden:

– Der Latchup-Effekt durch parasitäre Transistoren. So ergibt sich vom p-Draingebiet über das n-Substrat zur p-Wanne und zum p-Sourcegebiet (Bild 4) eine pnpn-Zonenfolge (→Vierschichtdiode), die unter bestimmten Bedingungen durchschalten kann (Thyristor-Effekt). Dabei wird der CMOS-Inverter zerstört.

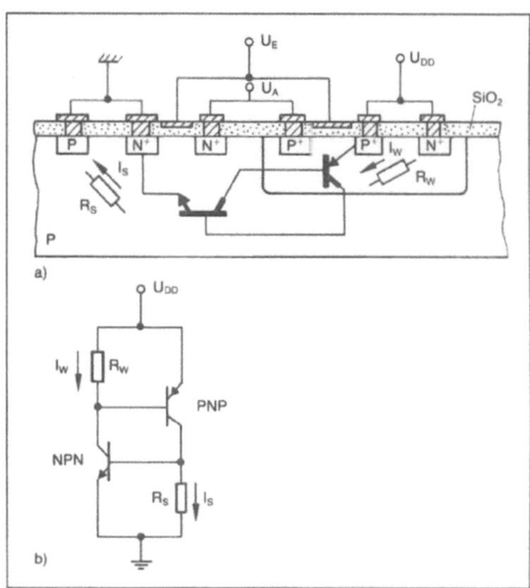

CMOS 4: Latch-up-Effekt. CMOS-Inverter, Aufbau mit eingetragenen Parasitärelementen und Ersatzschaltbild. R_W, R_S-Wannen- bzw. Substratwiderstände.

– Die relativ großen Parasitärkapazitäten zur Wanne hin und von der Wanne zum Substrat.

Beide Effekte lassen sich vermeiden, wenn anstelle des Substrates ein Isolatormaterial verwendet wird, auf das ein dünner einkristalliner Halbleiterfilm für die Aufnahme der MOSFET abgeschieden wird. Diese →SOS- bzw. →SOI-Technik ist eine erfolgversprechende Entwicklung, mit der die CMOS auch in den Bereich der Ultrahöchstintegration (→ULSI) eindringen könnte.

Insgesamt werden die Vorteile der CMOS heute als so bestimmend angesehen, daß sie mit voller Nutzung der Vorteile der NMOS-Technik als wichtigste Integrationstechnik für den VLSI-Bereich gilt. Herauszuheben sind dabei:

– die große Schaltungsgestaltungs-Flexibilität sowohl für statische als auch dynamische Konzepte,
– die Eignung sowohl für Digital- als auch Analogschaltungen,
– der große konstruktive Freiraum bei der Festlegung elektrischer Eigenschaften (großer Versorgungsspannungsbereich, →Störsicherheit u. a.),
– Vorteile des geringen Leistungsverbrauchs,
– geringer Temperatureinfluß (vor allem bei üblichen Umgebungstemperaturen),
– Einsatz des Skalierungsverfahrens für die weitere Strukturverkleinerung der MOSFET (dieses Prinzip

ist auf Bipolartransistoren weit weniger gut anwendbar). Dabei wurde erkannt, daß für Kanallängen unter 0,5 µm der Betrieb des MOSFET bei sehr tiefer Temperatur (77 K und darunter) deutliche Vorteile bringt: Steigerung der Geschwindigkeit um den Faktor 3, bessere Latchup-Unterdrückung, geringere Leckströme (damit längere Speicherzeiten beim →DRAM, kleinere Leitungswiderstände), jedoch auch größerer Heißelektroneneinfluß. Ob sich der Betrieb der CMOS in diesem Temperaturbereich durchsetzt muß die Zukunft zeigen.

Trotz der Vorteile sollten einige Nachteile - oder zumindest Begrenzungen - genannt werden:
- der etwas größere Flächenaufwand gegenüber der Einkanal-Technik,
- eine höhere Prozeßkomplexität, wobei sich jedoch im VLSI-Bereich die Einkanal-Technik immer mehr angleicht,
- die Gefahr des Latchup, die besondere Schutzmaßnahmen erfordert.

Die CMOS-Technik hat in den letzten Jahren ein breites Anwendungsfeld gefunden:

□ CMOS-Digitalschaltungen sind TTL-kompatibel (z. T. sogar mit gleicher Anschlußbelegung) und heute ebenso schnell bei deutlich geringerer Verlustleistung. Deshalb gibt es für die meisten TTL-Schaltungen äquivalente CMOS-Typen.

□ In Einsatzfeldern mit niedriger Batteriespannung und Verlustleistung (Digitaluhren, batteriebetriebene Geräte der verschiedensten Art),

□ Durch die hohe Störsicherheit, die ältere störsichere Schaltungsfamilien (→DTLZ u. a.) abgelöst hat. Ein breiter Einsatz in der Automatisierungstechnik, Kfz-Elektronik, Wehrtechnik und Raumfahrt war die Folge.

□ Die hohe →Packungsdichte war u. a. die Grundlage für den Einsatz in allen hochintegrierten Schaltungen (→SRAM, DRAM, Mikroprozessoren, Telekommunikationsschaltkreise, AD/DA-Wandler).

□ In MOS-Analogschaltungen, die durch CMOS erst in breitem Umfange möglich wurden und insbesondere durch das Schalter-Kondensatorprinzip auch in die Filtertechnik eindrangen,

□ im nahezu gesamten anwenderspezifischen Bereich (→ASIC) wegen der schon genannten Vorteile. *R. Paul*

Literatur: *Höfflinger, B.* und *G. Zimmer* (Hrsg): Hochintegrierte analoge Schaltungen. München 1987. - *Millman, J.* and *A. Grabel:* Microelectronics. New York 1986. - *Paul, R.:* Mikroelektronik - eine Übersicht. Berlin 1990.

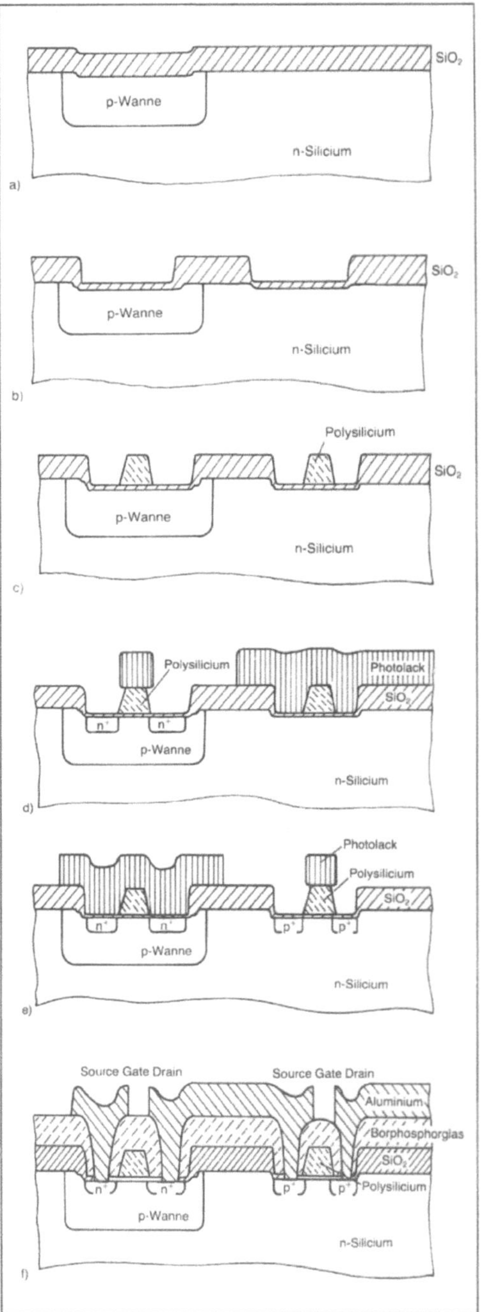

CMOS-Technik 1: Schematischer Fertigungsablauf für einen CMOS-Transistor mit p-Wannentechnik.
a) nach Oxidation, Lithographieschritt, Oxidätzen, Wannenimplantation, Oxidation (Feldoxid)
b) nach Lithographieschritt, Oxidätzen, Oxidation (Gateoxid)

CMOS-Technik. Bei der C.-T. (→CMOS) werden p-Kanal und n-Kanal Transistoren auf einem Substrat hergestellt. Da Siliciumscheiben entweder p- oder n-leitend sind, stellt man durch →Ionenimplantation zunächst eine Wanne her. Je nach Substrat ist dies eine n-Wanne oder eine p-Wanne.

c) nach Polysiliciumabscheidung, Implantation des Polysiliciums, Lithographieschritt, Ätzen von Polysilicium
d) nach Lithographieschritt, Source/Drain-Implantation (n-Dotierung)
e) nach Entfernen des Photolacks, Lithographieschritt, Source/Drain-Implantation (p-Dotierung)
f) nach Entfernen des Photolacks, Abscheiden von Bor-Phosphor-Glas als Zwischenoxid, Lithographieschritt, Ätzen von Bor-Phosphor-Glas, Abscheiden von Aluminium, Lithographieschritt, Ätzen von Aluminium, Entfernen des Photolacks.

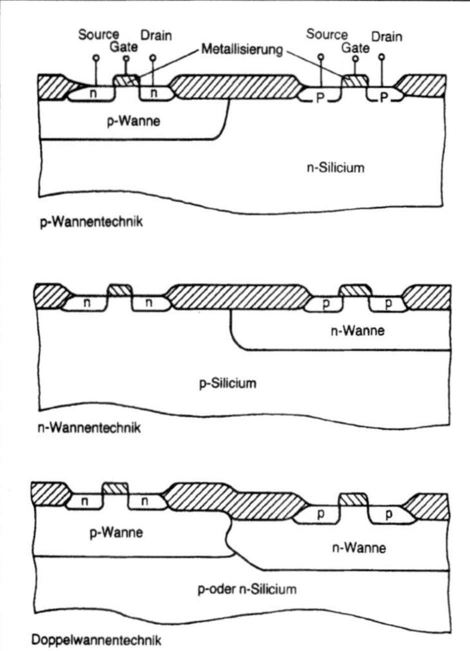

CMOS-Technik 2: Schematischer Aufbau von CMOS-Transistoren in p-Wannen-, n-Wannen- und Doppelwannentechnik.

Damit ist nun die Herstellung von n- und p-Kanal Transistoren mit Hilfe der →Planartechnologie, so, wie bei der MOS-Technologie beschrieben, möglich. Es müssen jedoch praktisch alle Prozeßschritte doppelt ausgeführt werden; einmal für die n-Kanal- und einmal für die p-Kanal-Transistoren.

Wie bei der Fertigung für einen p-Wannen-Prozeß (Bild 1) ist es möglich, um von Schwankungen des Grundmaterials unabhängig zu werden, auch zwei Wannen für beide Transistorarten zu verwenden (Bild 2). Um den →latch-up-Effekt zu reduzieren, werden zwischen den Transistoren Trenches zur Isolation geätzt oder epitaktische Schichten auf hochdotiertem Substrat verwendet. Beides verringert die Stromverstärkung des parasitären Thyristors (latch-up).

Eine weitere Möglichkeit, den latch-up-Effekt stark zu reduzieren bietet die Verwendung von „retrograde Wells" (retrograde Wanne), die sich durch Hochenergieimplantation (800 keV bis 1,5 MeV) herstellen lassen. An der Oberfläche im Bereich des Kanals des Transistors ist eine relativ niedrige →Dotierung, im Innern eine relativ hohe; dadurch wird die Stromverstärkung des parasitären Thyristors stark reduziert. Einen ähnlichen Effekt hat die Verwendung von vergrabenen hochdotierten Schichten, die analog eines Subkollektors hergestellt werden (→BICMOS-Technik).

Vollständig latch-up-frei sind CMOS-Schaltkreise, die auf SOS- oder SOI-Substraten hergestellt werden, da in diesen Fällen beide Transistoren vollständig gegeneinander isoliert sind und kein parasitärer Thyristor auftreten kann. *Ryssel*

CO-Laser. In einer Gasentladung gepumpter Gas-Molekül-Laser mit infraroter Emission (4.75 bis 8.25 μm).

Der CO-L. ist vom Aufbau dem →CO_2-Laser sehr ähnlich, jedoch unterscheiden sich Anregungsmechanismus und Termschema deutlich (Bild). Als laseraktives Medium wird ein Gemisch aus CO, N_2 und He verwendet. He dient der Stabilisierung der Gasentladung und der Kühlung. N_2 trägt zur Anregung bei, indem die durch Elektronenstöße angeregten metastabilen N_2-Moleküle ihre Energie durch Stöße II. Art auf die CO-Moleküle übertragen. Der Hauptanregungsprozeß ist aber die direkte Energieübertragung durch Stöße mit den Elektronen in der gepulsten oder kontinuierlich ablaufenden Gasentladung. Die strahlende Rekombination findet zwischen den Schwingungszuständen des elektronischen Grundzustandes des zweiatomigen CO-Moleküls mit nur einer Fundamentalschwingung statt. Durch die Kaskadierung von Übergängen sind hohe Wirkungsgrade von nahe 100% für die Umwandlung von elektrischer in optische Energie möglich. Da die Energieabstände mit abnehmender Quantenzahl v' zunehmen, werden mehrere Linien im Bereich von 4,75–8,25 μm emittiert (anharmonischer Oszillator). Die nicht äquidistanten Energieabstände begünstigen das Erreichen der Besetzungsinversion.

Der normale Relaxationsprozeß sieht die Erniedrigung der Quantenzahl eines angeregten Moleküls und die Erhöhung der Quantenzahl eines Moleküls im Grundzustand vor

$$CO(v=m) + CO(v=0) \rightarrow CO(v=m-1) + CO(v=1) - \Delta E,$$

wobei die fehlende Energie ΔE die aus der kinetischen Energie der Moleküle ($E_{kin} \sim kT$) aufgebracht werden muß. Für eine feste Temperatur gibt

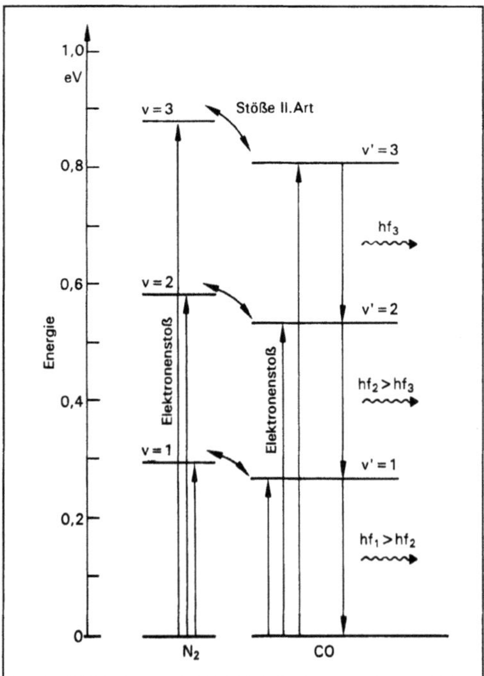

CO-Laser: Energieniveaus und Übergänge.

es daher eine Quantenzahl V_{max}, für die (und alle $v' > V_{max}$) der Relaxationsprozeß blockiert ist, so daß sich Besetzungsinversion einstellt. Für Raumtemperatur ist $V_{max} = 8$. Um diese Zahl zu erniedrigen, erfordern CO-L. eine intensive Kühlung bis herab zu 77 K, so daß der Gesamtwirkungsgrad auf ca. 12 % sinkt.

Mit einem 1 m langen Entladungsrohr von 2 cm Durchmesser und einen Fülldruck von 2–3 10^3 Pa ($CO:N_2:He$ = 3:19:78) werden in einer Gasentladung bei 9 kV und 20 mA etwa 25 W Laserleistung kontinuierlich erreicht. Für Pulslaser beträgt die Pulsenergie etwa 40 mJ bei Pulslängen von einigen µs. *Rosenzweig*

Literatur: *Eichler, J. und H.-J. Eichler:* Laser. Berlin–Heidelberg, 1990.

CO_2-Laser. Elektrisch gepumpter, kontinuierlich emittierender Gas-Molekül-Laser mit einer infraroten Emission (10 µm), der auf Grund seiner hohen Leistung vorwiegend zur Materialbearbeitung eingesetzt wird.

Das aktive Medium ist ein Gemisch aus Kohlendioxid (CO_2), Stickstoff (N_2) und Helium (He). Die Laserstrahlung entsteht durch Übergänge zwischen Vibrationszuständen des CO_2-Moleküls (Bild 1). Das Helium (60–80 %) dient der Druckerhöhung zur Stabilisierung der Gasentladung und als Stoßpartner für die CO_2-Moleküle zur Entleerung des unteren Laserniveaus. Der Stickstoff wird durch die Gasentladung angeregt, und die Energie wird in den metastabilen Schwingungsniveaus des elektronischen Grundzustandes gespeichert. Die Anregung der CO_2-Moleküle erfolgt vor allem durch Stöße II. Art mit den N_2-Molekülen und zum geringen Teil durch inelastische Stöße mit niederenergetischen Elektronen. Auch im CO_2-Molekül werden Schwingungsniveaus des elektronischen Grundzustandes angeregt. Anregungsenergie (0.3 eV) und Emissionsenergie (0.12 eV) sind in der gleichen Größenordnung, was den hohen Wirkungsgrad erklärt (theoretisch 40 %, technisch 10–20 %).

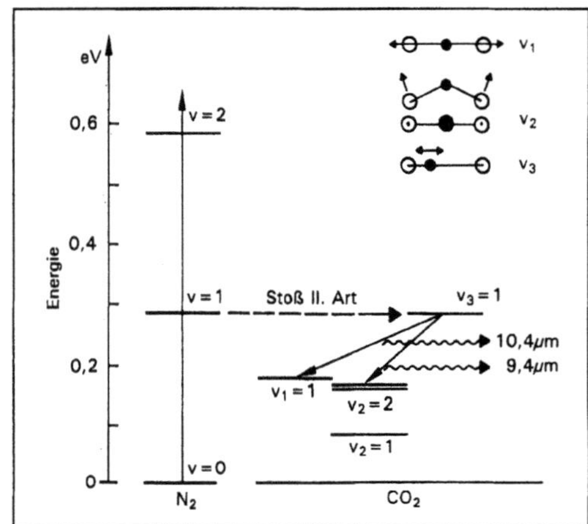

CO_2-Laser 1: Energie-Niveaus und Übergänge.

Das dreiatomige CO_2-Molekül hat drei Fundamentalschwingungen, gekennzeichnet durch die Quantenzahlen v_1, v_2, v_3. Angeregt wird die asymmetrische Longitudinalschwingung v_3, die Übergänge erfolgen in die symmetrische Longitudinalschwingung v_1 und die zweifach entartete Biegeschwingung v_2, wodurch die Emissionsbereiche bei 9.4 µm und 10.6 µm entstehen. Die energetischen Abstände der einzelnen Vibrationszustände sind nicht gleich (anharmonischer Oszillator), so daß die entsprechenden Emissionslinien höherer Schwingungs-Niveaus (sog. Sequenz-Linien) spektral versetzt sind. Durch die zusätzliche Ankopplung von Rotationsschwingungen (Quantenzahlen J) treten zu jedem Vibrationsübergang zahlreiche Seitenlinien auf (Bild 2). Es sind nur solche Übergänge erlaubt, die der Auswahlregel $\Delta J = \pm 1$ gehorchen. Alle Linien mit $\Delta J = -1$ werden als P-Zweig, alle Linien mit $\Delta J = +1$ als R-Zweig bezeichnet, wobei die Rotationsquantenzahl des Laser-Endzustandes angegeben wird, z. B. (P(16) oder R(18) (Bild 2).

Die Intensität der einzelnen Übergänge ist im Gleichgewichtszustand durch die →Boltzmann-Verteilung festgelegt. Sie ändert sich im Falle der Laseraktivität und hängt von der Betriebsart ab. Übergänge zwischen verschiedenen Vibrationszu-

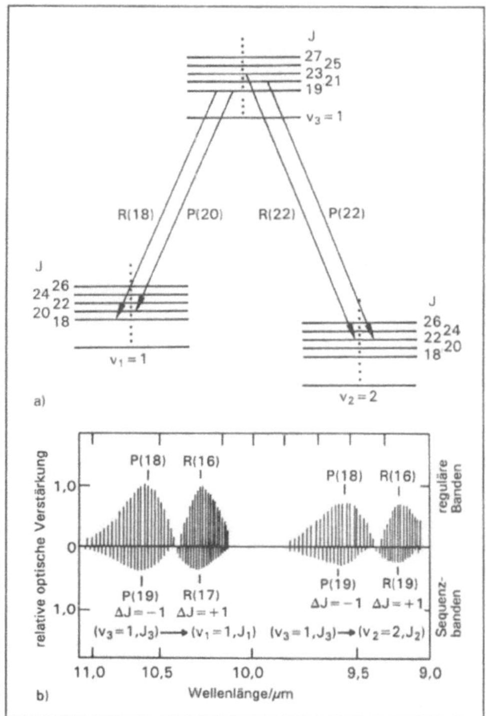

CO_2-Laser 2: Emissionslinien.
a) Aufspaltung der Vibrations-Rotationsniveaus
b) relative Verstärkung der einzelnen Übergänge.

ständen erfolgen innerhalb von 1–2 ms, Übergänge zwischen Rotationsschwingungszuständen eines Vibrationszustandes (sog. Thermalisierung) dagegen innerhalb von μs. Im kontinuierlichen Betrieb wird zunächst der am stärksten besetzte Zustand die Laserschwelle überschreiten. Durch den folgenden Stimulationsprozeß wird dieser Zustand entvölkert. Innerhalb der kurzen Thermalisierungszeit wird die alte Verteilung wieder aufgebaut, bevor ein weiterer Zustand die Schwelle überschreiten kann. Der Laser emittiert nur eine Linie. Im Pulsbetrieb (z. B. durch →Güteschaltung) wird die Energie entsprechend der Besetzungsverteilung in allen Rotationszuständen gespeichert. Innerhalb des kurzen (ns) Laserpulses kann keine Thermalisierung erfolgen, so daß der Laser auf allen Linien oberhalb der Schwelle emittiert. Allerdings kann die Thermalisierungszeit durch Druckerhöhung auf wenige ns verkürzt werden. Dann erfolgt auch während des kurzen Laserimpulses eine Thermalisierung und der Laser schwingt nur auf einer einzelnen Linie.

Je nach Betriebsart werden CO_2-L. unterschieden in:

□ Laser mit langsamer axialer Strömung bestehen aus einem 10–30 mm dicken, wassergekühlten Glasrohr von 1–3 m Länge, in dem eine axiale Gleichstromentladung (20 mbar, 80 mA) brennt (Bild 3a).

□ Laser mit schneller Gasströmung erreichen eine schnellere Abführung der Dissoziationsprodukte (CO, O_2) und eine geringere Gastemperatur, wodurch sich die thermische Besetzung des Lasergrundzustandes reduziert und höhere Leistungen möglich werden. Systeme mit axialer und transversaler Gasströmung sind möglich (Bild 3b, c).

□ Abgeschlossene Laser (*engl.* sealed-off-Laser). Es wird eine kontinuierliche Gasentladung in einem abgeschlossenen Glasrohr bei einem Fülldruck von

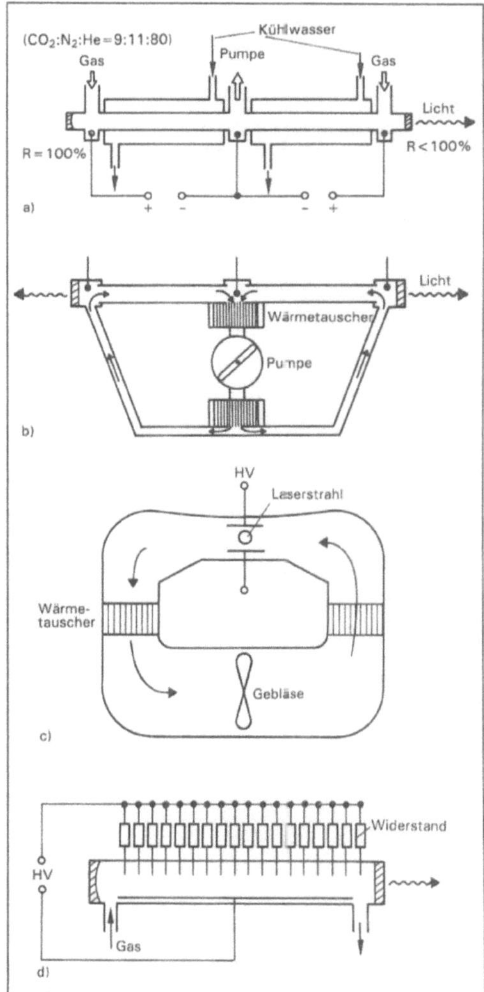

CO_2-Laser 3: Aufbau verschiedener Typen.
a) Langsame Gasströmung
b) schnelle longitudinale Gasströmung
c) schnelle transversale Gasströmung
d) TEA-Laser.

1–3 10^3 Pa betrieben (CO_2:N_2:He = 20:20:60). Durch Zugabe von geringen Mengen an H_2O und H_2 und die katalysierende Wirkung von Nickel- bzw. Platin-Elektroden werden die Dissoziationsprodukte wieder regeneriert.

□ Wellenleiterlaser bestehen aus BeO- oder AL_2O_3-Kapillaren von 1 mm Durchmesser und einigen 100 mm Länge, in denen sich ähnlich wie in einem →Lichtwellenleiter stehende Wellenformen ausbilden. Die Laser arbeiten mit relativ hohem Fülldruck von $2 \cdot 10^4$ Pa. Eine Kühlung ist nicht erforderlich, so daß sich kompakte Aufbauten ergeben.

□ Transversaler Atmosphärendruck-Laser (TEA) arbeiten nur im Pulsbetrieb (0,1–1 μs, 0,05 Hz). Um die hohen Feldstärken von bis zu 100 kV/m zu erreichen, werden die Elektroden transversal angeordnet (Bild 3d).

□ Hochdruck-Laser werden sogar mit Drücken über 10 bar betrieben, was zu erheblichen Linienverbreiterungen führt, so daß ein Kontinuum von 9.2–10.8 μm entsteht, über das mit entsprechenden selektiven optischen Elementen die Emissionswellenlänge durchgestimmt werden kann.

□ Im gasdynamischen Laser wird die Besetzungsinversion durch die schnelle Expansion eines heißen Gases erreicht.

Alternativ zur Gleichstrom-Entladung kann die Anregung durch HF-Strahlung erfolgen. Diese Anregung ist homogen, was die Strahlqualität verbessert. Gleichzeitig entfallen Metalloberflächen, so daß die Verunreinigung des Gasgemisches reduziert wird und auch Laser mit kW-Leistung ohne Gasaustausch arbeiten können. Laser mit stehenden und laufenden HF-Wellen sind in der Entwicklung.

Der CO_2-L. findet seine Anwendung vor allem in der Materialbearbeitung und der Plasmaforschung, aber auch in der Medizin, der Photochemie, der Spektroskopie und der Meßtechnik (Tabelle).

Rosenzweig

Literatur: *Eichler, J. und H.-J. Eichler:* Laser. Berlin–Heidelberg, 1990.

COB-Technik. Im Zuge der fortschreitenden →Miniaturisierung der elektronischen Systeme in der Unterhaltungselektronik und Nachrichtentechnik werden ungehäuste Bauelemente direkt auf Leiterplatte montiert: COB, Abk. *engl.* Chip-On-Board-Verbindungsverfahren sind die →Drahtbondtechnik an Die-gebondeten Chips, die Flip-Chip-Montage und die TAB-Technik (TAB, *engl.* Tape-Automated-Bonding). Insbesondere mit der Flip-Chip-Technik lassen sich nackte Halbleiterchips in Verbindung mit passiven Bauelementen nahezu lückenlos auf der Oberfläche einer in mehreren Lagen verdrahteten Leiterplatte oder Polymerfolie unterbringen. Anwendungsbeispiele sind Funktelefone mit weniger als 150 cm^3 Volumen und unter 200 g Gewicht.

Hieber

Cockroft-Walton-Generator. Hochspannungsgenerator für →Teilchenbeschleuniger, bei dem die erforderliche Gleichspannung durch Spannungsvervielfachung aus einer Wechselspannung erzeugt wird. Grundlage dieses Generators bietet die *Greinacker*-Schaltung (Bild), die aus n Gleichrichterkaskaden besteht. Die erreichbare Spitzenspannung ist dann

$$U_{ges} = 2 \cdot n \cdot U_0.$$

Mit ihr lassen sich Spannungswerte von mehreren Millionen Volt erzielen.

Wille

Literatur: *Livingston, M.* und *J. Blewett:* Particle Accelerators. New York 1962.

Codierschalter. Ein Schalter, bei dem ein oder mehrere Stromkreise in bestimmter Reihenfolge geschaltet oder unterbrochen werden. Die Reihenfolge ist bestimmt durch den gewünschten Code (Verschlüsselung), bzw. durch die jedem Code zugeordnete →Wahrheitstabelle. Nachstehend ein Beispiel einer Wahrheitstabelle; das Zeichen x deutet jeweils an, welche der Anschlüsse (1, 2, 4, 8) bei der jeweiligen Schaltstellung des Schalters mit

CO_2-Laser. Tabelle: Leistungsdaten verschiedener Typen.

Lasertyp	cw-Leistung	Pulsenergie	Anwendung
langsame axiale Strömung	(50–80) W/m	1 J/l	Materialbear, Medizin
schnelle Strömung	400 W/m		Materialbear.
abgeschlossener Laser	50 W/m		Materialbear, Medizin
Wellenleiterlaser	(1–2) W/0,1 m		Spektroskopie
TEA-Laser		10 J/l	Materialbear.
Hochdrucklaser	50 W	10 J/l	Spektroskopie
gasdynam. Laser	100 kW	10 J	Forschungslabors

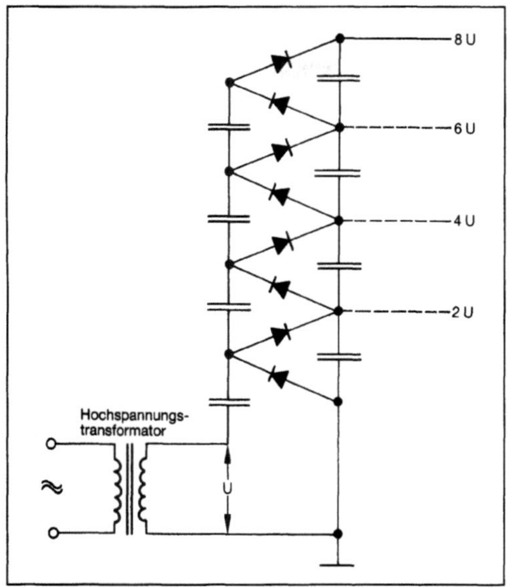

Cockroft-Walton-Generator: Prinzipielle Darstellung – die Greinacker-Schaltung.

seinem gemeinsamen Anschluß C (*engl.* C, common = gemeinsam) elektrisch verbunden sein müssen, wenn es sich um einen binär codierten C. handelt.

Schaltstellung Anschluß C verbunden mit Anschluß Nr.:				
	1	2	4	8
0				
1	x			
2		x		
3	x	x		
4			x	
5	x		x	
6		x	x	
7	x	x	x	
8				x
9	x			x

Codierschalter: Wahrheitstabelle für Binär-Code (0—9)

C. eignen sich zur Einstellung der Betriebszustände von elektronischen Geräten und Baugruppen wie z. B. zur Einstellung vom Meßbereich bei einem Meßgerät, oder zur Umschaltung von Normal- auf Diagnose-Betrieb bei Wartungsarbeiten und Reparaturen. *Pagnin*

Codierung, optische. Unter der o. C. eines Meßwertes versteht man bei faseroptischen Sensoren die Darstellung des Meßwertes durch die physikalischen Parameter eines Lichtstromes. Die einfachste Codierung ist die Intensitätscodierung. Dabei repräsentiert die Gesamtleistung des Lichtstromes den Meßwert. Diese Codierung erfolgt typisch in Modulatoren nach dem Prinzip der →Lichtschranke. Sie erfüllt jedoch oft nicht die Forderung nach Streckenneutralität. Besser in dieser Hinsicht sind Codierungen in das Leistungsverhältnis zweier oder mehrerer Teile des Lichtstromes, die sich aufgrund ihrer räumlichen Verteilung, zeitlichen Variation, ihres Spektrums oder ihrer →Polarisation unterscheiden. Ganz besonders streckenneutral sind verschiedene Formen spektraler Codierung, speziell die Weißlichtinterferometrie. *Ulrich*

COMFET →IGBT

Common-mode-failure →Ausfall, abhängiger

Compact Disc. (kurz CD) Hat sich als Bezeichnung für weit verbreitete optische Speicherplatten eingebürgert, von denen digitalisierte Aufzeichnungen über geeignete Geräte (z. B. an Personalcomputern oder an Stereomusikanlagen) wiedergegeben werden können.

CD-ROM (Compact Disc, Read Only Memory) bezeichnet Datenträger mit Informationen aller Art, bei denen es dem Benutzer nur auf Wiedergabe, nicht auf eigene Aufzeichnungen ankommt (u. a. im Bildungswesen, Training, wissenschaftliche, kommerzielle Bibliotheken). Die Platten haben im allgemeinen einen Durchmesser von 4.7 Zoll (ungefähr 12 cm).

Bisher am weitesten verbreitet sind CDs in der Unterhaltungsindustrie, wo sie auch *Kompaktschallplatte* oder *digitale Schallplatte* heißen. Die Spieldauer kann über 80 Minuten betragen. CD werden wie Schallplatten kostengünstig mechanisch vervielfältigt (→Laser-Vision-Bildplatte).

Gelesen werden die als Vertiefungen in den meist spiralförmigen Spuren der Speicherfläche liegenden *Pits,* die als Signale dienen, mit Hilfe eines Laserstrahls. Die Speicherfläche ist mit Aluminium bedampft, um die für den Lesevorgang ausschlaggebende unterschiedliche Reflexion zu verbessern. Der Lesevorgang bei optischen Platten ist unter →Einbrennverfahren und magnetooptische Verfahren näher beschrieben. *Voss*

Literatur: *Roth, Judith P.:* Handbuch CD-ROM. Essen 1987. – *Schulte-Hillen, J.* und *U. Schwerhoff:* Optische Diskette Speicher. Essen 1987.

Cotton-Mouton-Effekt →magnetooptische Effekte

Coverage factor →Ausfallerkennungsfaktor

CPM-Laser →Modenkopplung

CRC. Abk. für *engl.* Cyclic Redundancy Check. Verfahren zur Kontrolle des korrekten Datenflusses auf Leitungen. Mit der zu übertragenden Information wird auch eine sog. checksum, die für diese Information individuell ermittelt wird, übertragen und auf Seite des Empfängers geprüft. Mittels CRC entdeckte Fehler führen zum Abbruch der Übertragung oder zur Wiederholung der gesendeten Nachricht. Verfahren ähnlich →Signaturanalyse.

K. Winter

Crimpverbindung. Lötfreie elektrische Verbindung eines Drahtes mit einem Steckkontakt. Zur Herstellung der C. wird ein Draht in eine Hülse eingelegt und mit einem Werkzeug bei hoher Druckkraft zu einer dauerhaften elektrischen und mechanischen Verbindung verformt. Durch die auftretenden plastischen Verformungen entsteht eine gasdichte metallische Verbindung zwischen Leiter und Kontakt. Ein gleichbleibend niedriger →Übergangswiderstand wird dadurch über lange Zeit sichergestellt. C. können für Leiterquerschnitte von 0,05 mm^2 bis zu mehreren 100 mm^2 eingesetzt werden.

Der Crimpanschluß ist meistens in zwei Bereiche gegliedert: dem Bereich zur Verbindung mit dem vorher abisolierten elektrischen Leiter und dem Bereich zur zusätzlichen mechanischen Befestigung der Isolierhülle. Beide Bereiche werden in einem Arbeitsgang verformt. Es werden offene und geschlossene Crimphülsen verwendet. Die offene Crimphülse, so bezeichnet weil sie vor der Verbindung noch geöffnet ist, wird durch den Crimpvorgang auf eine genau bestimmte Form geschlossen. Die geschlossene Crimphülse ist bereits vor der Verformung rohrartig ausgebildet.

Zur Herstellung der C. stehen sowohl einfache handbetätigte als auch halb- und vollautomatisch arbeitende Preßwerkzeuge zur Verfügung. Es werden Anschlagleistungen mit bis zu 5000 und mehr Verbindungen pro Stunde erreicht. *Pagnin*

Cross-Colour →PAL

Cross-Luminanz →PAL

Current-mode-logic. Emittergekoppelte Logik, →ECL.

Cut off (auch Sperrpunkt oder Dunkelpunkt). Darunter versteht man die Kombination von Elektrodenspannungen, bei welcher eben gerade kein Strahlstrom mehr fließt, d. h. die →Kathodenstrahlröhre gerade gesperrt ist und der Leuchtschirm dunkel ist.

Die Beurteilung: „gerade kein Strahlstrom mehr" erfolgt in der Regel durch optische Kontrolle des Bildschirmes auf dessen →Helligkeit hin. Ein bestimmter Strahlstrom ergibt unterschiedliche Helligkeiten, je nachdem, ob damit der ganze Bildschirm ausgeschrieben wird oder nur die Horizontalablenkung in Betrieb ist oder keine →Ablenkung erfolgt. Im ersten Fall ist die Helligkeit am geringsten, da die Strahlstromdichte bei Verteilung auf den ganzen Bildschirm am geringsten ist. Man spricht dann auch vom *raster cut off.* Entsprechendes gilt dann für den *line cut off* bei abgeschalteter →Vertikalablenkung. Dabei wird nur die horizontale Mittellinie aufgehellt. Beim *spot cut off* ohne Ablenkung, wird nur der Bildschirmmittelpunkt aufgehellt.

Entsprechend gibt es in den drei Fällen unterschiedliche cut-off-Spannungswerte, den höchsten bei raster-cut-off, den niedrigsten beim spot-cut-off, dazwischen den für den line-cut-off.

Letzterer ist der in der Praxis gebräuchlichste, da er dem wirklichen →Sperrpunkt am nächsten kommt und am einfachsten realisierbar ist durch Unterbrechen der Vertikalablenkung. *Nerstheimer*

Literatur: Bildröhren und Ablenkmittel 1966. Hrsg. SEL, Eßlingen. – Die Fernseh-Bildröhre. Hrsg. Telefunken, Ulm. – Einführung in die Farbfernsehservicetechnik. Bd. I: Grundlagen der Farbfernsehtechnik. Hrsg. N. V. Philips Gloeilampenfabrieken Eindhoven, Niederlande. – Farbfernsehtechnik I. Hrsg. Telefunken, München.

Cut-off-Wellenlänge →Grenzwellenlänge

CVD →Schichtabscheidung

Czochralski-Verfahren →Kristallzüchtung, →Kristallziehen

CZ-Silicium →Kristallziehen

D

D2MAC →D2MAC/Paket

D2MAC/Paket. (D2: Datenübertragung mittels Duobinärcodierung bei halber Datenrate gegenüber C- und D-MAC, MAC: *engl.* multiplexed analogue components, zeitsequentielles Format der analogen Videokomponenten, /Paket: Organisation von digitalen Ton-, Steuer- und Textdaten in Paketform). Standard zur Übertragung von Farbfernsehsignalen im Format 625 Zeilen, 2:1 Zeilensprung und 50 Hz Bildwechselfrequenz.

Im Gegensatz zu den klassischen Farbfernsehsystemen →PAL, →NTSC und →SECAM werden Ton, Luminanz-(Helligkeits-) und Farbkomponenten nicht im Frequenz- sondern im →Zeitmultiplex übertragen. Bild 1 zeigt den Aufbau einer aktiven Videozeile. Zu Beginn wird ein 105 Bit Datenburst bestehend aus Synchronisations- und Nutzinformation übertragen. Hierauf folgt eine Periode von 0,74 µs zur Klemmung des Videosignals (Klemmpegel: 0,5 V). Den größten Teil der Zeile nehmen dann das Farbdifferenz- und Luminanzsignal ein. Zur zeitsequentiellen Übertragung wird das Luminanzsignal um den Faktor 3:2 und das →Farbdifferenzsignal um den Faktor 3:1 zeitlich komprimiert.

Verglichen mit PAL, NTSC und SECAM bietet D2MAC deshalb folgende Vorteile:
- Digitaler Mehrkanalton.
- Übersprechfreiheit von Luminanz- und Farbinformation und daraus resultierend höhere Auflösung und Farbreinheit.
- Besserer Störabstand der Farbinformation, insbesondere bei Satellitenübertragung.
- Bessere Anpassung an unterschiedliche Kanalbandbreiten, da das D2MAC Signal frei von Unterträgern ist.

Bild 2 zeigt den Aufbau eines D2MAC-Coders. Nach Matrizierung der Rot-, Grün- und Blau-Farbauszüge in den Luminanzanteil Y und die Farbdifferenzsignale U und V mit anschließender Analog/Digitalwandlung wird die zeitliche Kompression auf eine Datenrate von 20,25 MHz durchgeführt. Bei einer Abtastfrequenz von 13,5 MHz für die Luminanz führt dies zu einer Kompression um den Faktor 1,5. Die Farbdifferenzsignale werden um den Faktor 3 komprimiert und zeilenalternierend übertragen.

Das Tonsignal kann in zwei unterschiedlichen Varianten codiert werden:
- 14 Bit lineare Quantisierung bei 15 kHz NF-Bandbreite für hohe Tonqualität.
- 10 Bit kompandierte Quantisierung bei 7,5 kHz NF-Bandbreite nach dem NICAM Verfahren (*engl.* near instantaneously companded audio multiplex, Momentanwertkompandierung der Tondaten) für mittlere Tonqualität.

Durch Hinzufügen eines 5-Bit-Hammingcodes zu jedem Abtastwert kann eine hohe Sicherheit bei der Datenübertragung gewährleistet werden, einfacher Fehlerschutz wird durch ein Paritätsbit realisiert. Die Variation der übertragenen Toninformation reicht damit von zwei Kanälen mit sehr hoher Qualität bis zu acht Kanälen mit mittlerer Qualität.

Digitale Ton-, sowie Text- und Synchronisationsdaten werden in Paketen zu je 751 Bit aufgeteilt und

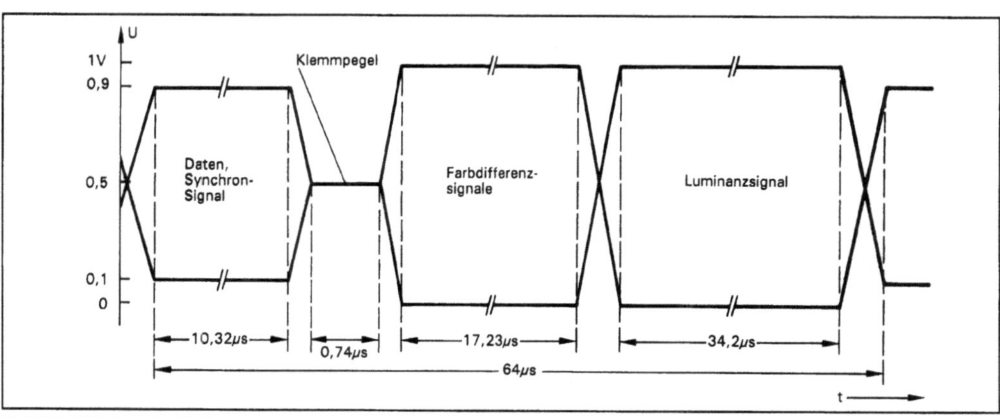

D2MAC/Paket 1: Zeilensignalaufbau im aktiven Bildbereich (Zeilen 23–310, 335–622).

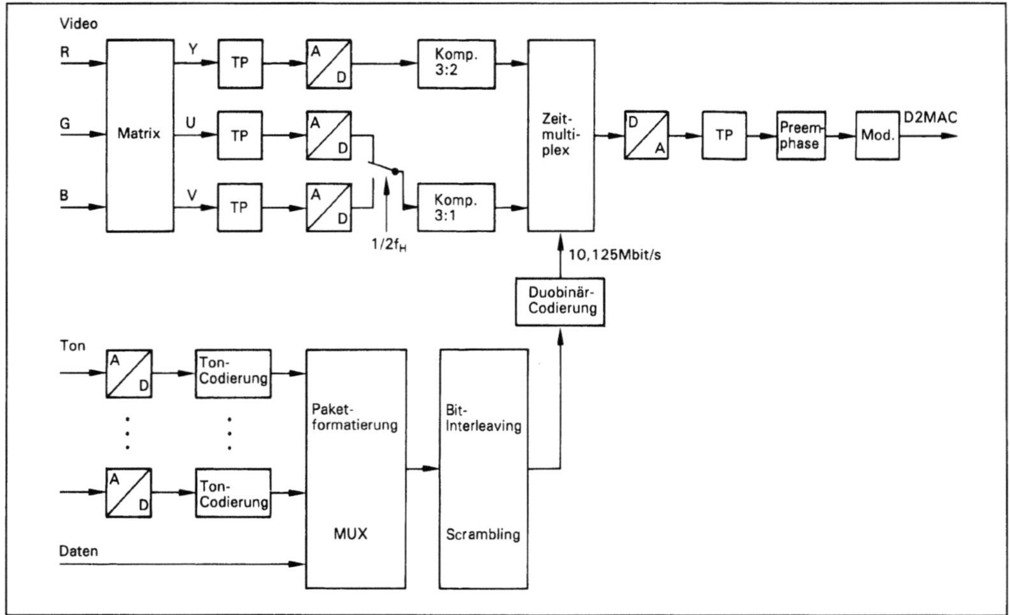

D2MAC/Paket 2: D2MAC-Coder.

vor dem Multiplex mit den Videosignalen folgendermaßen verarbeitet:
- Bit Interleaving: Verwürfelung des Bitstroms zur Vermeidung von Bündelfehlern bei der Übertragung.
- Scrambling zur besseren spektralen Energieverteilung durch addieren einer Pseudozufallssequenz zu den Daten.
- Scrambling zur Verhinderung unberechtigten Empfangs (Pay TV).
- Duobinärcodierung des Bitstroms bei einer Datenrate von 10,125 MBit/s.

Die Verteilung von D2MAC-codierten Farbfernsehsignalen erfolgt über Satellit (27 MHz Kanalbandbreite, Frequenzmodulation) und über Breitbandkabel (12 MHz Kanalbandbreite, Restseitenband Amplitudenmodulation).

Da der Störabstand sich bei Frequenzmodulation mit ansteigender Frequenz verringert, werden die zeitsequentiell verschachtelten Daten und Videokomponenten einer Preemphase unterzogen, in der mittels nichtlinearer Frequenzanhebung hochfrequente Signalanteile um ca. 5 dB gegenüber niederfrequenteren Signalanteilen angehoben werden.

Im →Decoder (Bild 3) wird analog dazu eine Deemphase durchgeführt, gefolgt von Analog/Digitalwandlung und Demultiplex von Luminanz, Farbdifferenzsignalen und Daten. Für die Farbdifferenzsignale U und V, die jeweils abwechselnd von Zeile zu Zeile übertragen werden, ist noch eine vertikale Nachfilterung zur Interpolation der fehlenden Zeilen notwendig. Nach Digital/Analogwandlung werden Luminanz- und Farbdifferenzsignale wieder in die Rot-, Grün- und Blau-Farbauszüge dematriziert.

Für den duobinärdecodierten Datenstrom werden zunächst Scrambling und Bit-Interleaving rückgängig gemacht. Nach Aufteilung der Paketdaten erfolgt dann die Decodierung der Toninformation und Auswertung des Datenkanals, insbesondere der übertragenen Synchronisationsinformation.

Neben Datenscrambling können auch die Videokomponenten durch Verschachtelung dem Zugriff unberechtigter Empfänger entzogen werden. Dazu werden Luminanz- und Farbdifferenzsignale zeitlich an bestimmten Schnittpunkten aufgeteilt und die entstehenden Segmente in ihrer Reihenfolge vertauscht (double cut component rotation, single cut line rotation). Ist dem Empfänger der Schlüssel nicht bekannt, wird der Bildinhalt dadurch unkenntlich gemacht. Berechtigte Empfänger sind in der Lage, die Segmente wieder in der korrekten Reihenfolge zu ordnen und darzustellen. *Ibenthal*

D/A-Umsetzer →Digital-Analog-Umsetzer

Dämpfungsperle →Induktivität

Darlington-Schaltung. Kettenschaltung zweier →Bipolartransistoren je in Emitterfolgerschaltung (Bild). Die Gesamtstromverstärkung entspricht etwa dem Produkt der Einzelstromverstärkungen beider Transistoren, der Eingangswiderstand ist

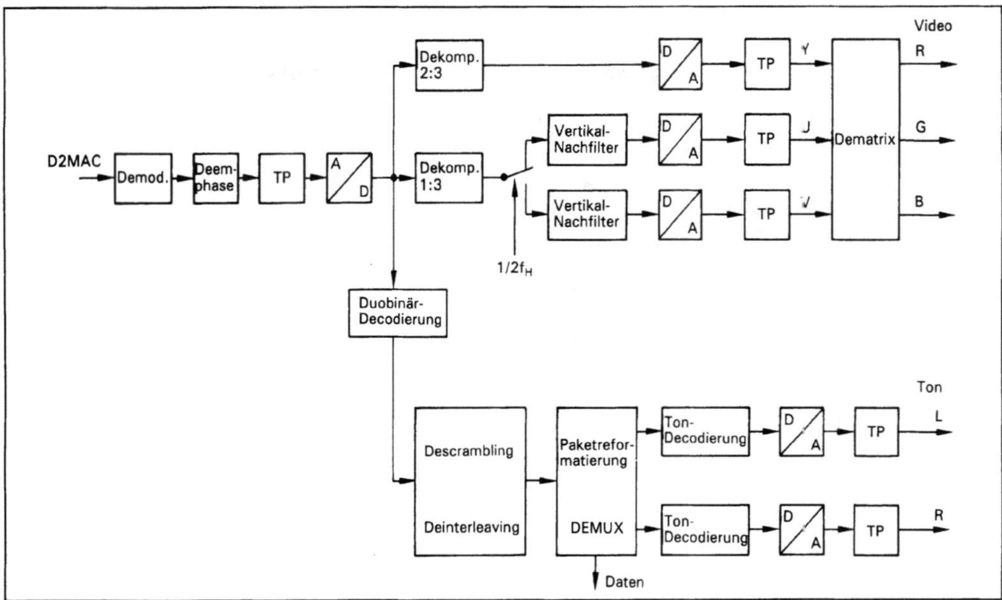

D2MAC/Paket 3: D2MAC-Decoder.

sehr hoch. Neben der Schaltungsausführung mit Einzeltransistoren gibt es auch integrierte Formen beider Transistoren in gemeinsamem Gehäuse, den sog. →Darlington-Transistor. Dabei stellt der Emitterstrom des ersten Transistors gleichzeitig den Basisstrom des zweiten. Neben der Ausführung mit npn-Anordnung ist auch eine komplementäre Form möglich (pnp). Sie wird wegen ihres besseren Temperaturverhaltens oft in quasikomplementären Endstufen verwendet.

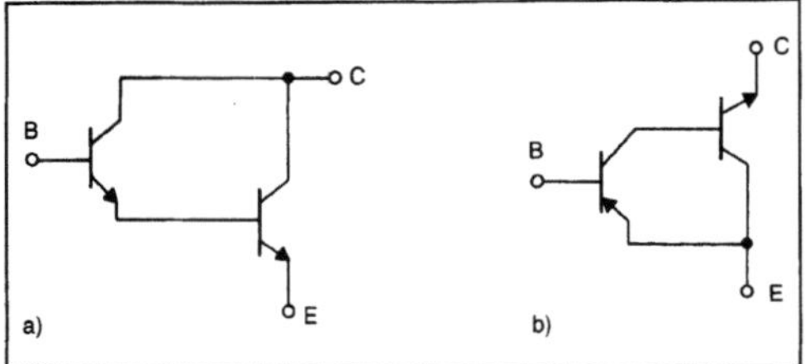

Darlington-Schaltung: Darlington-Transistor.
a) NPN-Ausführung
b) PNP-Ausführung (Pseudo-Darlington-Transistor).

Darlington-Transistoren werden verbreitet in integrierten Analogschaltungen, als Leistungstransistoren (dort häufig mit weiteren integrierten Schutzelementen), als →Photoempfänger (Darlington-Phototransistor) u. a. verwendet. *R. Paul*

Darlington-Transistor. →Darlington-Schaltung, bei der die beiden Bipolartransistoren in einem gemeinsamen Chip integriert sind. *R. Paul*

Datenaustauschformate im CAD-Bereich. D. werden benötigt zum Austausch von produktbeschreibenden Daten im CAE-/CAD-Bereich – auch Bibliotheken –, zum Transfer von Daten von der Konstruktion (→CAD) zur Fertigung (→CAM) und zum Test (CAT) zwischen unterschiedlichen Systemherstellern. Da jeder Hersteller zunächst jeweils „private" Austauschformate benutzt, entsteht erheblicher Aufwand für die Erstellung von Umsetzprogrammen z. B. für Netzlisten, Stromlaufpläne, Layoutdaten, wenn Daten zwischen CAE-/CAD-/CAM-/CAT-Verfahren unterschiedlicher Hersteller ausgetauscht werden sollen. Einheitliche Datenformate reduzieren die Zahl der Umsetzer je System auf ein Lese- und ein Schreibmodul für den jeweiligen Anwendungsfall (Netzliste, Stromlaufplan). Universelle D. sind so definiert, daß sie Daten unterschiedlicher Art mit einer einheitlichen Sprache beschreiben können und so den Aufwand für Umsetzprogramme minimieren helfen.

Entwurfs-, Fertigungs- und Testdaten zwischen Softwaretools unterschiedlicher Hersteller problemlos – ohne zusätzliche Absprachen und ohne manuelle Nacharbeit – austauschen zu können, ist heute nur in Teilbereichen möglich. Dies ist begründet in der unterschiedlichen Funktionalität der einzelnen Systeme wie auch in der mangelnden Standardisierung der Objekte, die ausgetauscht werden sollen. So gibt es z. B. Normen für die Darstellung der Stromlaufplansymbole, nicht aber für die Darstellung von Stromlaufplänen. Abhilfe sollen hier Vereinbarungen bringen, wie sie z. B. im Rahmen von →ESPRIT, →JESSI, STEP, CFI europaweit bzw. weltweit entstehen sollen.

Im einzelnen werden folgende Daten in Form von Produkt- oder auch Bibliotheksdaten ausgetauscht:
- Netzlisten
- Verhaltensbeschreibungen (→behaviour)
- Stromlaufsymbole
- Stromlaufpläne
- logische Daten (Vektoren)
- Layoutsymbole für →Primitives und Bausteine
- Layoutgeometrien für Primitives und Bausteine
- Testdaten (digital, analog, Incircuit-, Leiterplatten-)
- Scanpath-Beschreibungen
- Programmierinformation (→ROM, →PLA, →PLD und deren Modifikationen)
- Fehlersuchdaten
- Fehlerkatalog
- Bestückungsdaten, Fräsdaten, Bohrdaten (herstellerspezifisch)
- Maskenbänder
- Adaptergenerierdaten
- 2D/3D-Mechanikdaten

Häufig eingesetzte Austauschformate sollen im folgenden kurz charakterisiert werden:

□ CIF: Abk. für *engl.* Caltech Intermediate Format. Neben GDSII gebräuchliches, nicht standardisiertes Format zum Austausch von IC-Layout-Daten.

□ →EDIF

□ GDSII: Definiert von der Fa. CALMA. International gebräuchliches, - nicht standardisiertes - Datenformat zum Austausch von Layout-Daten für integrierte Schaltungen zwischen CAD-Systemen und Fertigungssystemen. GDSII enthält im wesentlichen nur Geometriedaten. Weitere Daten für die Bearbeitung, z. B. Materialangaben, müssen zusätzlich per Papier übertragen werden.

□ Gerbercode: Dieser beschreibt die Plotdaten für eine Leiterplattenbaugruppe in lesbarer (ASCII-)Form und enthält deshalb reine Geometrieinformation. De facto-Standard wegen der hohen Verbreitung von Plotsystemen, die mit diesem Format arbeiten. Nicht offiziell genormt. Da sehr viele Layout-Systeme Gerbercode erzeugen, wird er als Ausgangsbasis für die Erzeugung von z. B. Bohr- und Fräsdaten genutzt.

□ IGES: Abk. für *engl.* Initial Graphics Exchange Specification, Austauschformat für 2D- und 3D-Geometrie. Verwendet z. B. zur Übertragung von Stromlaufplänen und zur Übertragung von Daten zwischen CAD-Systemen der Elektronik und der Mechanik (Layout-Daten).

□ IPC 350-D: Abk. für *engl.* Institute for Packaging and Interconnection (USA). Datenformat zur Beschreibung der Layout-Daten für Leiterplattenbaugruppen.

□ STEP: Abk. für *engl.* Standard for the Exchange of Product Model Data. Weltweit unter Regie von ISO (International Standard Organisation) in Entwicklung befindliches D.

□ TSSI: Dieses Format (Abk. des Firmennamens Test Systems Strategies Incorporation) entstand als universelles Datenformat zum Austausch von ASCII-files zwischen CAE und Test, bzw. zur Umsetzung zwischen Testern, sofern diese nicht direkt die vorgegebene TSSI-Datenbasis beschreiben oder lesen können.

□ →VHDL: Das ist zunächst als Eingabesprache gedacht, wird jedoch in zunehmendem Maße auch als D. genutzt (Norm: IEEE 1076 / 1987/1992).

□ WAVES: Abk. für *engl.* Waveform and Vektor Exchange Specification. WAVES ist in Anlehnung an VHDL entstanden und beschreibt Testdaten im wesentlichen für digitale Bausteine/Baugruppen. IEEE-Standard. *K. Winter*

Datendichte. Die D. (auch Bitdichte, Aufzeichnungsdichte) ist die Bezeichnung für eine Anzahl von Informationseinheiten je Längen-, Flächen- oder Raumeinheit. Bei Massenspeichern ist die D. eine der entscheidenden Einflußgrößen für die Kapazität, den Datendurchsatz und die Leistung des Gerätes bzw. des Datenträgers.

□ Magnetplatteneinheiten.

Die D. ergibt sich aus der Multiplikation der Bitdichte (in Bits pro Inch, bpi) mit der Spurdichte (in Tracks pro Inch, tpi) zu Bits pro Quadratinch (bit/in^2). Die D. ist bei den in Großserie gefertigten Magnetplatteneinheiten von etwa 0,1 Mb/in^2 in den 60er Jahren auf bis zu über 100 Mb/in^2 für Winchesterplatten des Jahres 1992 angestiegen. Die Datenübertragungsrate stieg im gleichen Zeitraum von etwa 150 000 Zeichen pro Sekunde (150 kBytes/sec) auf 5 MBytes/sec.

□ Magnetbandeinheiten/Magnetbandkassetteneinheiten.

Bei den MB/MBK-Einheiten differiert die D. sehr stark von der verwendeten Technologie (Tabelle).

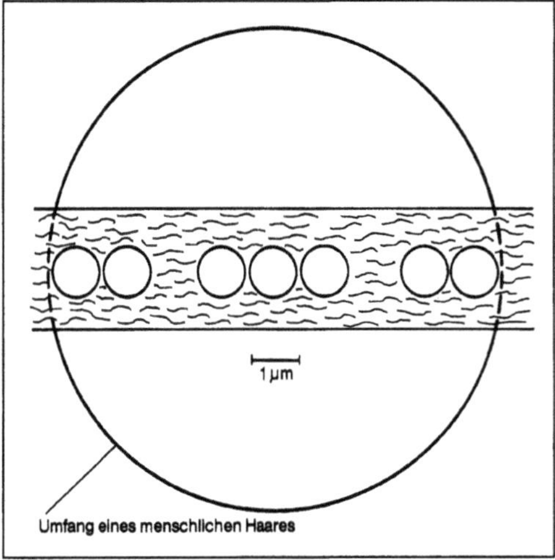

Datendichte: Bitdichte innerhalb einer Spur bei optischen Plattenspeichern.

Datendichte. Tabelle: Wichtige Daten für Magnetbandeinheiten.

Technologie	Bitdichte	Spurdichte	Flächenbitdichte
Magnetbandspule 1/2″	1 600 bpi	18 tpi	28,8 kbit/in^2
MB-Kassette 1/2″	38 000 bpi	72 tpi	2,7 Mbits/in^2
MB-Kassette 1/4″	36 000 bpi	120 tpi	4,3 Mbits/in^2
Videotape 8 mm	43 000 bpi	1 638 tpi	70 Mbits/in^2
DAT-Cassette 4 mm	61 000 bpi	1 869 tpi	114 Mbits/in^2

□ Optische Platten.
Bei den Optischen Speichermedien wird die D. im wesentlichen durch die Wellenlänge des verwendeten Laserstrahls sowie dessen Fokussierung bestimmt. Durch die punktförmige Manipulation des Mediums und eine hochpräzise geschlossene Regelung des Positioniersystems (Closed Loop Servo) wird eine sehr hohe Spurdichte erreicht, die zu einer D. von ca. 400 MBits/in^2 führt.

Für alle hier erwähnten Technologien besteht noch Entwicklungspotential bis in Bereiche von mehreren GBits/in^2. *Pott/Voss*

Dauermagnet →Permanentmagnet

dB. Das logarithmische Verhältnis zweier Leistungen, Ströme oder Spannungen wird in dB angegeben. Hierbei ist zu unterscheiden, ob es sich um elektrische oder auf optische Signale zurückzuführende Größen handelt. Z. B. gilt für das Verhältnis zweier optischer Leistungen

$\alpha_{opt} = 10 \lg(P_{opt1}/P_{opt2})$

Für das Verhältnis zweier elektrischer Leistungen gilt

$\alpha_{el} = 10 \lg(P_{el1}/P_{el2})$

Die optische Leistung wird mit einem →Photodetektor gemessen, der einen →Photostrom I_{foto} erzeugt:

$\alpha_{opt} = 10 \lg(I_{foto1}/I_{foto2})$ →dB_{opt}.

Die elektrischen Leistungen werden durch Ströme erzeugt, deren Quadrate den Leistungen proportional sind:

$\alpha_{el} = 20 \lg(I_1/I_2)$ →dB_{el}.

Optische Leistung (Bild) wird häufig in dBm – bezogen auf 1 mW – oder in dBμ – bezogen auf 1 μW – angegeben:

1 dBm = $10 \lg(P_{opt}/1\ \text{mW})$

bzw.

1 dBμ = $10 \lg(P_{opt}/1\ \mu\text{W})$.

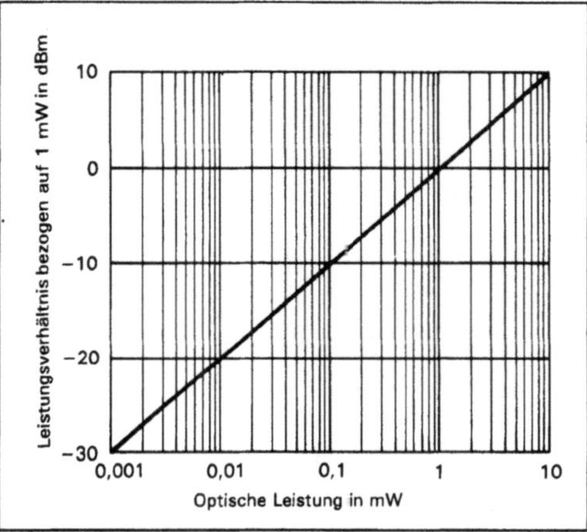

dB: dBm-Skala

Die logarithmische Darstellung des dB-Wertes erlaubt die einfache Darstellung relativ großer Zahlenwerte. Darüber hinaus ist es möglich, die Gesamtverstärkung/-Abschwächung mehrerer hintereinandergeschalteter Elemente durch einfache Addition bzw. Subtraktion der einzelnen dB-Werte zu gewinnen.

dB-Angaben sind i. d. R. frequenzabhängig und müssen korrekterweise immer zusammen mit der Frequenz oder dem Frequenzbereich angegeben werden, für die sie gelten.

dB wird auch in der Akustik gebraucht zur Definition von Lautstärken, dito für absolute Maßangaben, wobei ein bestimmter Basiswert zugrundegelegt wird, z. B. 0dB = 1 Volt. *Krauser/K. Winter*

DBR-Halbleiterlaser (Abk. *engl.* Distributed Bragg Reflector Laser) →DSM-Laser

DCB-Verfahren →Direct Copper Bonding

DCFL. (*engl.* Direct Coupled FET-Logic, direktgekoppelte FET-Logik). Die D. ist eine Transistor-Transistor-Logik in →MESFET-Technik auf GaAs-Basis, die als Schalter Enhancement-Transistoren und als Lastelemente Enhancement- oder besser Depletion-Transistoren verwendet (Bild). Dadurch wird – im Gegensatz zur →BFL und

→SDFL – nur eine Betriebsspannung benötigt. Das vereinfacht den Schaltungsaufbau erheblich, so daß Konzepte der →NMOS-Technik übernommen werden können. Die DCFL erreicht Gatterverzögerungszeiten von ≦90 ps bei Verlustleistungen von ≦0,1 mW. Damit bietet sie die gleichen Vorteile wie die →ED-Technik, ist aber bedeutend schneller. GaAs-Schaltkreise auf dieser Basis sind bereits für den LSI-Bereich realisiert worden; im MIS-Bereich werden sie erfolgreich in der →Gigabit-Logik verwendet.

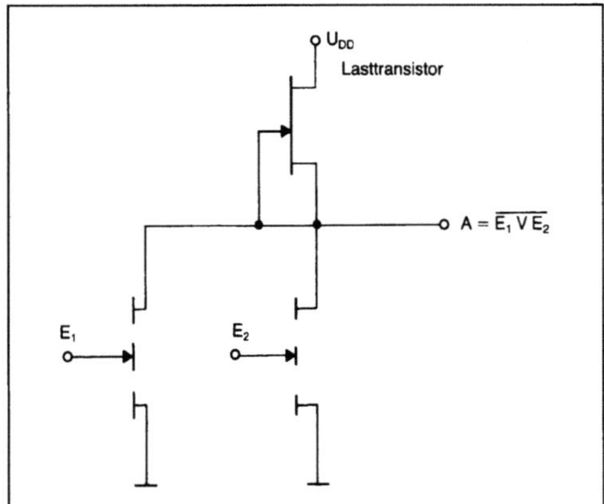

DCFL: DCFL-NOR-Gatter mit zwei Eingängen mit Enhancement-Schaltern und Depletion-MESFETs.

Ein gewisser Nachteil des n-Kanal-Enhancement-MESFET ist die Einschränkung der Gatespannung auf Werte um 0,7 V wegen der Gate-Durchbruchsgefahr. Dadurch ist nur ein kleiner Logikhub (≦0,5 V) möglich. Ein weiteres Problem besteht dadurch, daß der Enhancement-MESFET eine sehr dünne, gut reproduzierbare Kanaldicke erfordert. Dies senkt die Fertigungsakzeptanz und erhöht die Kosten. *R. Paul*

DCTL. Direktgekoppelte Transistorlogik. →Schaltkreisfamilie, die zur Gatterrealisierung nur ausgangsseitig parallelgeschaltete Transistorstufen verwendet, die direkt – d. h. ohne Zwischenelemente – gekoppelt werden. Die logische Verknüpfung erfolgt über den gemeinsamen Lastwiderstand (Bild). Obwohl die Schaltung in dieser Form in →Bipolartechnik wegen vieler Nachteile nur noch historisches Interesse hat, wird die ihr zugrundeliegende Schaltungsidee verbreitet z. B. bei MOS-Schaltungen sowohl in →NMOS- als auch →CMOS-Technik verwendet. *R. Paul*

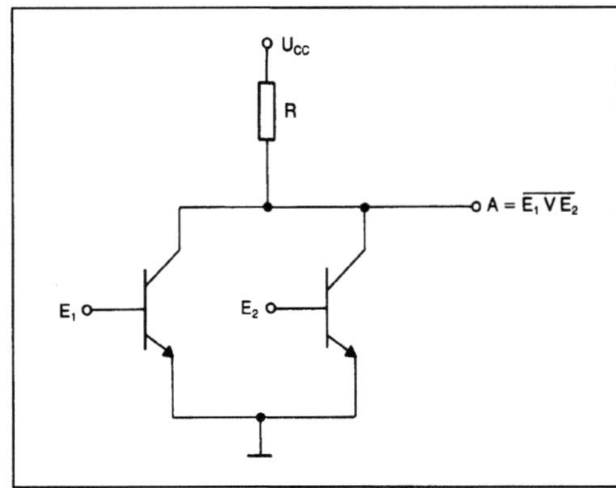

DCTL: DCTL-NOR-Gatter mit zwei Eingängen.

De-Broglie-Wellenlänge. Wellenlänge, die Materieteilchen zugeordnet werden kann, die sich mit dem Impuls p bewegen: $\lambda = h/p$ (h = *Planck*sches Wirkungsquantum = $6{,}26 \times 10^{-34}$ Js).

Die D.-B.-W. resultiert aus dem von *L. de Broglie* (Physik-Nobelpreis 1929) aufgestellten Postulat, nach dem Materie je nach Versuchsbedingungen Teilchen- und/oder Wellencharakter haben kann (Dualismus). In der Mikroelektronik ist besonders die Welleneigenschaft von Elektronen von Bedeutung. Nach $\lambda = h/p$ besitzen Elektronen der Energie W = 150 eV (Impuls $p = \sqrt{2mW}$ mit m = Elektronenmasse) die Wellenlänge $\lambda = 10^{-10}$ m. Viele elektronische Eigenschaften würden ohne Kenntnis der Wellennatur der Elektronen unerklärlich bleiben. Die Wellennatur der Materie ist durch Beugungs- und Interferenzexperimente explizit nachgewiesen, etwa durch die Beugung von Elektronen (→LEED). *Heinz*

De-Morgan-Regeln. Benannt nach *August de Morgan,* Mathematiker in London (1806–1871), Arbeiten auf dem Gebiet der mathematischen Logik. Die D. beschreiben, auf welche Weise Negationen in elektronischen Schaltungen zu Vereinfachungen durch Wahl anderer Schaltelemente führen. *K. Winter*

De Morganizing. Anwendung der →De-Morgan-Regeln zur Umstrukturierung/Komprimierung einer Schaltung mit Optimierungshilfsmitteln. *K. Winter*

Debugger. Software-Hilfsmittel als Bestandteil des →Prüfautomatenbetriebssystems zum Austesten von →Prüfprogrammen. Der D. enthält Funktionen, die für die produktive Prüfung gewöhnlich nicht notwendig sind: schrittweise Verfolgung des Programmablaufes, Modifikation der natürlichen Ablaufrichtung (z. B. Ausführung zusätzlicher Schleifen), Prüfprogrammunterbrechung abhängig von vorgebbaren Prüflingszuständen, zusätzliche Eingriffs- und Meßmöglichkeiten am Prüfling usw.

Der D. wird in der Regel nur vom Prüfprogrammentwickler genutzt. Im Falle eines interpretierenden Prüfsystems läßt sich der Debug-Modus relativ einfach wegen fehlender Compilierungszeiten handhaben. *K. Winter*

Debye-Länge. Charakteristische Länge L_D in Halbleitern und Isolatoren, die das stationäre, räumliche Abklingen einer aus freien Ladungsträgern lokal aufrecht erhaltenen Raumladungsdichte ρ_0 beschreibt.

Die →Raumladung ist dabei mit einem Gradienten des elektrischen Feldes und damit mit einem Feldstromgradienten verbunden. Der Gradient in der Konzentration der freien →Ladungsträger führt zu einem →Diffusionsstrom. Die Stationarität verlangt die räumliche Konstanz des Gesamtstroms, so daß sich im eindimensionalen Fall die Raumladungsdichte in der Entfernung x zu $\rho = \rho_0 \exp(-x/L_D)$ ergibt. Dabei setzt sich L_D aus der Diffusionskonstanten D, der elektrischen Leitfähigkeit σ und der Dielektrizitätskonstanten ε zusammen: $L_D = (D\varepsilon\varepsilon_0/\sigma)^{1/2}$ (ε_0 = Influenzkonstante). *Heinz*

Decoder. (*engl.* decoder, decoding network). Nach DIN 44300 ein Code-Umsetzer – d. h. eine Funktionseinheit, die den Zeichen eines Zeichenvorrats eindeutig die Zeichen eines anderen zuordnet –, bei dem für jede spezifische Kombination von Eingangssignalen immer nur ein bestimmter Ausgang ein Signal abgibt. Ein Beispiel ist ein Ausgabegerät, bei dem jede 8-Bit-Kombination das Anschlagen eines bestimmten Zeichens hervorruft (→Digital-Analog-Umsetzer).

Allgemein eine Schaltung zur Decodierung (Rückgängigmachung einer Codierung) einer Information. Je nach der Information unterscheidet man z. B.:

□ Farbdecoder in Farbfernsehempfängern zur Gewinnung der übertragenen Farbwertsignale aus dem vollständigen Farbbildsignal,

□ Stereodecoder in Rundfunkempfängern zur Rückführung des Multiplexsignals in die ursprünglichen Stereosignale,

□ D. in der Digitaltechnik. Dazu gehören beispielsweise

– Logische D.: Sie leiten ein Signal – durch einen Adresseneingang gesteuert – an einen bestimmten Ausgang weiter. Angewendet werden sie in der Adressenstruktur eines Halbleiterspeichers als →Demultiplexer, ferner zur Erzeugung mehrphasiger Taktsignale in Taktverteilungssystemen u. a. m.

– Eine spezielle Form des Demultiplexers, der entweder keinen Eingang hat oder dessen Eingang immer ein H-Signal führt. Dann führt die der gegebenen Adresse entsprechende Ausgangsleitung immer ein H-Signal.

– Anzeigendecoder zur Steuerung der Ziffern von Anzeigeeinheiten, üblicherweise mit einem BCD-Eingang versehen. Die sieben bis zehn Ausgänge des Anzeigendecoders sind oft mit Treiberstufen kombiniert. Sie können einzeln (z. B. für Nixie-Röhren) oder gemeinsam (Sieben-Segment-Anzeigen) angesteuert werden.

– Codeconverter zur Umwandlung unterschiedlicher Codes untereinander.

Schaltungstechnisch werden (digitale) D. entweder durch ein Schaltnetz aus →Gattern realisiert oder auch durch einen →Festwertspeicher. Dabei entspricht die Adresse einem Code und ihr Adresseninhalt dem zweiten Code. Von der Schaltungsstruktur her gesehen handelt es sich dabei um eine →Matrix von Schaltelementen, die einen oder mehrere Ausgangskanäle je nach Anordnung der anliegenden Eingangssignale auswählt.

D. stehen für die unterschiedlichsten Aufgaben als integrierte Schaltungen in verschiedenen Technologien in breitem Spektrum zur Verfügung.

R. Paul/H.-Jürgen Schneider

Deemphase →D2MAC-Paket

Defekt.

Festkörper. Oberbegriff für jede Art von Baufehlern in kristallinen Festkörpern.

D. beeinflussen viele Festkörpereigenschaften entscheidend, wie z. B. mechanische Verformbarkeit, Härte, elektrische →Leitfähigkeit oder optische Eigenschaften. Sie können bereits bei der Kristallzüchtung entstehen, aber auch durch Beschuß des Kristalls mit energiereicher Strahlung oder Teilchen oder durch mechanische Beanspruchung. Zu unterscheiden sind prinzipiell die chemische Fehlordnung, bei der die Stöchiometrie durch Fremdatome gestört ist, und Strukturbaufehler, wie Punktdefekte und ausgedehnte D. (Versetzungen, Flächendefekte). Jeder Kristall enthält im thermischen Gleichgewicht eine temperaturabhängige Konzentration von Strukturdefekten, wobei die dazu notwendige Fehlordnungsenergie thermisch aufgebracht wird.

□ Punktdefekte: Hierzu gehört der *Schottky*-D., d. h. eine →Leerstelle im Kristall, wobei der fehlende Gitterbaustein aus dem Volumen auf einen Gitterplatz an der Oberfläche gewandert ist. Die Fehlordnungsenergie ist dabei die Differenz φ_s der Bindungsenergie des Bausteins im Volumen und an der Oberfläche, so daß sich im thermischen Gleichgewicht die Konzentration n_s der Schottky-D. mit der Temperatur T nach

$$n_s \sim \exp(-\varphi_s / kT)$$

ändert (k = Boltzmannkonstante). Bei Ionenkristallen, deren Gitterbausteine abwechselnd aus positiv und negativ geladenen Ionen bestehen, müssen sich aus Neutralitätsgründen Schottky-Paare bilden, d. h. je ein Schottky-D. im positiven und negativen Gitter. Verbleibt der fehlende Gitterbaustein im Volumen auf einem Zwischengitterplatz, so spricht man von einem *Frenkel*-D.

□ Versetzungen: Bei den Stufenversetzungen ist eine zusätzliche halbe Netzebene in den Kristall eingeschoben, ihre gerade Endkante heißt Versetzungslinie (z-Achse, Bild 1 a). Sie ist die Achse eines Zylinders, in dem der Kristall verformt ist. Ein solcher Deformationsbereich ergibt sich auch bei der Schraubenversetzung (Bild 1 b), bei der man sich anschaulich den Kristall bis zur Mitte aufgeschnitten und die Schnittebene am Rand um einen Netzebenenabstand verschoben denken kann. Die gerade Endkante des Schnitts im Kristallinnern heißt auch hier Versetzungslinie (z-Achse). Meist treten Kombinationen von Versetzungen auf, die zu komplizierten Defektstrukturen führen können (→Versetzung).

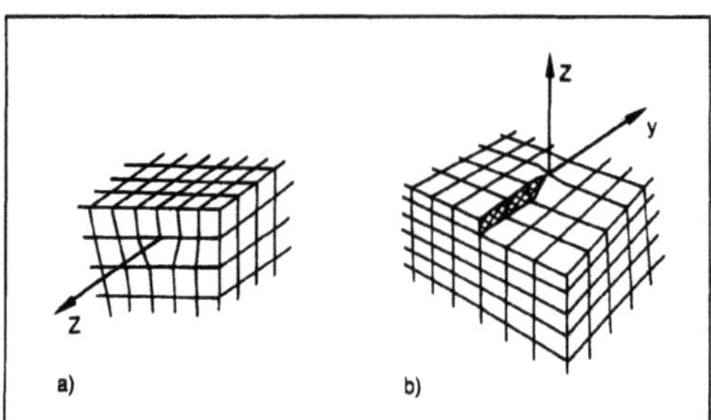

Defekt 1: Schematische Darstellung.
a) Stufenversetzung
b) Schraubenversetzung.

□ Flächendefekte: Hierbei handelt es sich entweder um fehlerhafte Packungen von Netzebenen (→Stapelfehler) oder um eine Häufung von Punktdefekten oder Versetzungen. Zu den letzteren gehören die Kleinwinkelkorngrenzen oder Mosaikblockgrenzen (Bild 2), bei denen der Gesamtkristall in kristalline Körner (Blöcke) aufgeteilt ist, die zwar von gleicher kristalliner Phase, aber von unterschiedlicher →Orientierung sind. Die Zwischenräume sind durch zusätzliche Netzebenen aufgefüllt. Besondere Formen sind dabei Zwillingsgrenzen. Haben die Körner (Blöcke) einen größeren Orientierungsunterschied als etwa 15°, so spricht man von Großwinkelkorngrenzen (manchmal auch einfach nur Korngrenzen), wie sie häufig in polykristallinem Material mit sehr kleinen kristallinen Körnern vorliegen. Man unterscheidet kohärente und inkohärente Großwinkelkorngrenzen, je nachdem ob der atomare Aufbau der →Korngrenze periodisch ist und mit dem kristallinen Aufbau der angrenzenden Körner korreliert ist oder nicht. Es kommen aber auch alle Zwischenstufen davon vor.

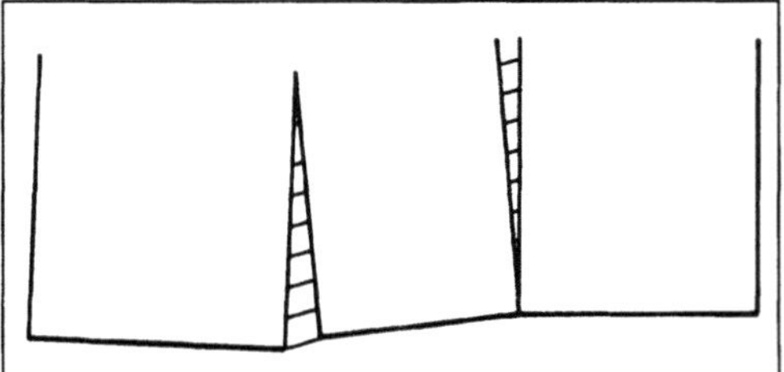

Defekt 2: Mosaikblock-Grenzen. Aufgefüllte Bereiche zwischen den Blöcken sind schraffiert.

Fremdatome (Verunreinigungen) reichern sich bevorzugt an Korngrenzen an und können entlang ihnen durch den Kristall diffundieren (Korngrenzenkorrosion). Bei hohen Temperaturen und/oder unter mechanischer Spannung können Atome von einem Korn zum anderen wandern, d. h. ein Korn wächst auf Kosten des anderen, was eine wichtige Rolle bei der Rekristallisation bzw. der Ausbildung von Texturen spielt.

□ Chemische Fehlordnung entsteht durch Einbau von Fremdatomen auf Gitterplätzen (Substitution) oder auf Zwischengitterplätzen. Dabei können auch Assoziationen, d. h. Häufungen zu größeren Zentren entstehen. In Halbleitern spielen Fremdatome als Donatoren oder Akzeptoren eine wichtige Rolle. Auch die Ersetzung eines negativen Ions in einem Ionenkristall durch ein Elektron wird oft zur chemischen Fehlordnung gezählt. Sie führt zu einem Farbzentrum. *Heinz*

Literatur: *Balian, R., M. Kléman* and *J.-P. Poirier:* Physics of Defects. Amsterdam 1981.

Halbleitertechnologie. Unter D. werden ganz allgemein unerwünschte, örtlich lokalisierbare Fehler in einem Halbleiterfertigungsschritt bezeichnet. D. werden üblicherweise auf die Flächeneinheit bezogen. Es kann sich um unerwünschte Poren (pin holes) in Schichten handeln, die durch Partikel hervorgerufen werden, um unerwünschte Öffnungen in Schichten oder Schichtreste durch Fehler der →Lithographie oder D. im Volumen des Halbleiterkristalls (→Kristalldefekte).

Poren in Schichten können zu Kurzschlüssen bzw. Problemen mit der Zuverlässigkeit führen, Lithographiedefekte können in Unterbrechungen oder Kurzschlüssen resultieren, wenn die Defektgröße in der Größenordnung der Strukturen liegt. Solche D. werden auch als *killing defects* bezeichnet. Die Defektdichte bestimmt maßgeblich →Ausbeute und →Zuverlässigkeit. Je höher die Integrationsdichte bei →VLSI und →ULSI Schaltkreisen wird, um so geringer muß die Defektdichte sein. Typische Werte liegen bei $< 1\ cm^{-2}$, sind aber für die einzelnen Schritte sehr unterschiedlich. Die höchsten Defektdichten haben derzeit →Implantation und →Epitaxie. *Ryssel*

Defektelektron. Fehlendes Elektron im →Valenzband eines Halbleiters (daher auch oft als →*Loch* bezeichnet).

Wird in einem Halbleiter durch z. B. thermische oder optische Anregung ein Elektron aus dem Valenzband herausgenommen, so entsteht eine Lücke (Loch, D.). In diese kann ein anderes Valenzelektron springen, dessen Lücke erneut von einem weiteren Elektron eingenommen wird. Dadurch kommt es zum Ladungstransport, d. h. Strom. Äquivalent damit ist die Vorstellung, daß nur die Lücke gewandert ist. Diese Betrachtungsweise ist beim Vorliegen relativ weniger Lücken sogar wesentlich einfacher, als die Behandlung der Bewegung der großen Zahl von Elektronen. Man interpretiert die Lücke daher formal als →Ladungsträger, d. h. D. mit positiver Ladung und eigener effektiver Masse. *Heinz*

Defektprofil. Dichte und Art von Kristalldefekten weisen eine Tiefenverteilung auf, die man als D. bezeichnet. Dabei kann es sich um Punktdefekte (→Diffusion), also Leerstellen oder Zwischengitteratome, oder um ausgedehntere Defekte (z. B. →Versetzungen, →Stapelfehler) bis hin zu amorphen Schichten handeln. Für eine ausführliche Beschreibung von Diffusion und →Festphasenepitaxie muß man das D. in Betracht ziehen. Gleichzeitig anwesende, aber voneinander verschiedene D. entstehen z. B. bei einer →Ionenimplantation: Wenn oberflächennahe Atome in die Tiefe gestoßen werden, entsteht im Bereich der Oberfläche ein leerstellenreiches Gebiet, wobei tiefer (ca. ein- bis zweifache Reichweite tief) eine Zone mit erhöhter Konzentration an Zwischengitteratomen zu finden ist. *Ryssel*

Literatur: *Sze, S. M.*: VLSI Technology. New York 1983.

Degradation. Bei Auslagerung, in der Weiterverarbeitung, in der technischen Überprüfung und vor allem während der Anwendung ändern Bauelemente ihre elektrischen und thermischen Eigenschaften. Ursachen sind irreversible Veränderungen der →Gefüge vor allem in Schwachstellen wie diffundierten Halbleitern (→Diffusion), dünnen Metallschichten (→Dünnschichttechnik) und Mikroverbindungen. Als D. chemischer Sensoren wird die Kennlinienverschiebung durch Eindiffusion *(Vergiftung)* bezeichnet (→Alterung, Dünnschichttechnik, →Qualitätsklasse, →Zuverlässigkeit). *Hieber*

Dehnungsmeßstreifen (DMS). Es sind die wichtigsten elektrischen →Meßaufnehmer für relative Längenänderungen. Das Prinzip wurde 1856 durch *Lord Kelvin* entdeckt und in den 30er Jahren dieses Jahrhunderts erstmals praktisch angewendet.

Eine relative Längenänderung wird in der Technik auch mit Dehnung oder – wenn sie ein negatives Vorzeichen hat – auch mit Stauchung bezeichnet. Wenn auf einen Leiter mit der Länge l und dem Querschnitt A eine Zugkraft ausgeübt wird, nimmt l zu (Dehnung) und A ab (Querkontraktion, Poisson-Effekt). In Bild 1 ist der ungedehnte und (stark übertrieben) der gedehnte Leiter gezeichnet. Es leuchtet ein, daß der elektrische Widerstand des gedehnten Leiters größer wird, weil dieser länger und dünner geworden ist. Weiterhin ändert sich auf Grund der im Material auftretenden mechanischen Spannung auch der spezifische Widerstand. Dieser Effekt ist bei den üblichen Widerstandsmaterialien gering, so daß die Widerstandsänderung hauptsächlich von der Formänderung verursacht wird. Bei Halbleiter-DMS überwiegt jedoch der Einfluß des veränderten spezifischen Widerstandes. Soweit das Leitermaterial nicht überdehnt wird, gilt ein linearer Zusammenhang zwischen der relativen Widerstandsänderung $\Delta R/R$ und der Dehnung ε:

$$\frac{\Delta R}{R} = K\frac{\Delta l}{l} = K \cdot \varepsilon$$

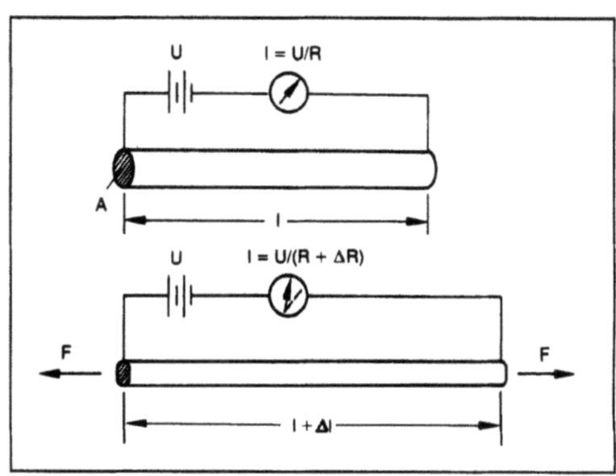

$R = \rho \cdot \frac{l}{A}$ = Widerstand, l = Länge des Leiters, A = Querschnittsfläche des Leiters, ρ = spezifischer Widerstand, K = $\frac{\Delta R/R}{\Delta l/l} = \frac{\Delta R/R}{\varepsilon}$ = Empfindlichkeit des DMS („K-Faktor"), $\Delta R/R$ = relative Widerstandsänderung, $\Delta l/l = \varepsilon$ = relative Längenänderung (Dehnung), F = angreifende Zugkraft

Dehnungsmeßstreifen 1: Grundlagen.

Dabei ist K die →Empfindlichkeit des DMS. Übliche Werte für K liegen bei Metall-DMS zwischen 2 und 4, bei Halbleiter-DMS können Werte zwischen –100 und +130 erreicht werden.

□ Ausführungsformen: Bild 2 zeigt einen DMS aus Widerstandsdraht (häufig Konstantan mit etwa 20 bis 30 µm Durchmesser). Im Längs- und Querschnitt erkennt man den Träger aus Papier und Kunstharz, in den Meßdraht und Anschlußdrähte eingebettet sind. Der Träger ist auf den Körper aufgeklebt, dessen Dehnung gemessen werden soll. Außer

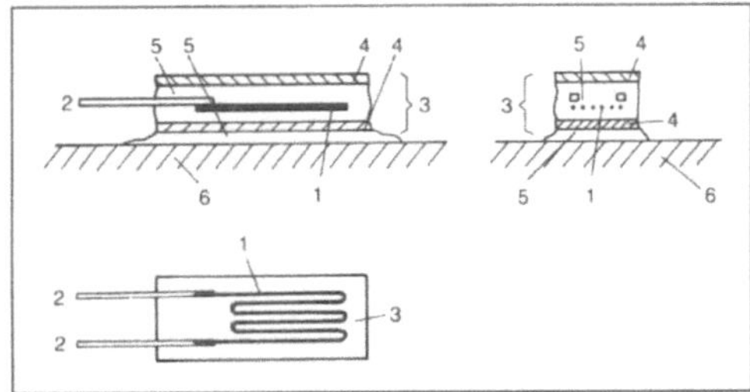

1 Meßdraht, 2 Anschlußdrähte, 3 Träger, 4 Papier, 5 Klebstoff, meist auf Kunstharzbasis, 6 Meßobjekt, dessen Dehnung erfaßt werden soll

Dehnungsmeßstreifen 2: Draht-DMS.

Konstantan werden noch einige andere Legierungen eingesetzt.

Anstelle von Widerstandsdrähten kann man auch Folien (Dicke 2–10μm) aus Widerstandsmaterial verwenden, von denen man je nach Verwendungszweck die nicht benötigten Flächen wegätzt (Bild 3). Folien-DMS haben eine höhere Festigkeit, sie lassen sich in beliebigen Formen herstellen.

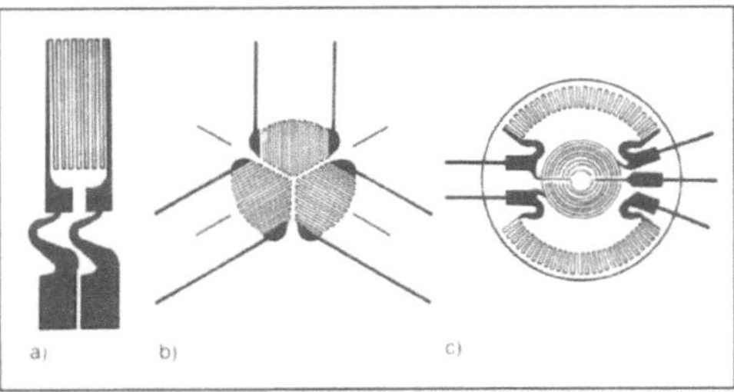

Dehnungsmeßstreifen 3: Folien-DMS. (Quelle: Hottinger Baldwin Meßtechnik GmbH)
a) DMS, empfindlich für eine Richtung
b) Delta-Rosette, 60°
c) 4-Element-Rosette für Messungen an Membranen.

Noch dünnere DMS werden im Vakuum direkt auf den Körper aufgedampft, an dem gemessen werden soll. Dies ist z. B. notwendig bei sehr dünnen Federn, bei denen ein Folien-DMS und die zugehörige Klebung zu stark auf das Meßobjekt zurückwirken würden.

Halbleiter-DMS auf Silicium-Basis haben eine wesentlich größere Empfindlichkeit, so daß sie vielfach keinen gesonderten Verstärker mehr benötigen. Allerdings ist die Linearität weniger gut als bei Metall-DMS, außerdem muß man mit einer stärkeren Temperaturabhängigkeit des K-Faktors rechnen.

□ Anwendung. Es sind zwei verschiedene Einsatzbereiche zu unterscheiden:
– Anwendungen, bei denen die Messung einer Dehnung der primäre Zweck der Messung ist, z. B. Dehnung von Maschinenteilen, Schiffskörpern, Brückenkonstruktionen.
– Anwendungen, bei denen über die Dehnung eine andere Größe gemessen wird, z. B. Kraft, Druck, Stoß, Beschleunigung und andere mit der wirkenden Kraft verknüpfte Größen.

Übliche Nennwiderstände für DMS sind 120Ω, 300Ω und 600Ω. Da die meisten Materialien, an denen man messen möchte, einen elastischen Bereich bis ca. 1‰ Dehnung haben, kann man bei K = 2 mit einer maximalen relativen Widerstandsänderung von nur 2‰ rechnen. Derart geringe Widerstandsänderungen werden zweckmäßig mit Wheatstone-Brücken (→Meßbrücke) in elektrische Spannungsänderungen umgesetzt. Diese Brücken werden mit Gleichspannung oder mit Wechselspannung (225 Hz, 5 kHz, 50 kHz) betrieben. Bei entsprechend sorgfältiger Ausführung von Klebung (Klebstoff) und Anschluß der DMS und gut ausgelegter Auswerteschaltung (Elimination von Störgrößen wie z. B. Temperatur, Störspannungen) lassen sich mit Hilfe von DMS Kraftaufnehmer für eichpflichtige Waagen herstellen. *Hammerschmidt*

Literatur: *Profos, P.:* Handbuch der industriellen Meßtechnik. 3. Aufl. Essen 1984. – *Schrüfer, E.:* Elektrische Meßtechnik. München 1992.

Delay. Begriff aus dem *engl.,* Verzögerung(szeit). Verwendet z. B. bei Datenblättern für Bausteine, um die →Reaktionszeit vom Anlegen der Eingangsbitmuster bis zur erwarteten Aktion an den Ausgangspins zu spezifizieren. (→Laufzeitmessung, →Delay-Fault). *K. Winter*

Delay-Fault. Fehlerursache, die darin begründet ist, daß die Signallaufzeiten oder die Verarbeitungszeiten innerhalb einer elektronischen Schaltung nicht im erlaubten Zeitrahmen liegen. *K. Winter*

Delta-Röhre. Darunter versteht man eine Farbkathodenstrahlröhre, bei der, in axialer Richtung gesehen, drei →Elektronenstrahlsysteme auf den Ecken eines gleichseitigen Dreiecks liegen. Die ersten serienmäßig hergestellten Farbbildröhren waren D.-R. Diese benötigen einen hohen Aufwand zur Korrektur der Konvergenz, ergeben aber eine gute Bildschärfe.

Alternative dazu ist die *In-line-Röhre.* Bei dieser liegen die drei Systeme auf (Grün) und zu beiden Seiten (Rot und Blau) der Röhrenachse in einer horizontalen Ebene. Während die In-line-Ausführung heute die Standard-Ausführung ist, werden D.-R. nur noch dort eingesetzt, wo hohe Anforderungen an die →Schärfe gestellt werden.

Der Bildschirm einer D.-R. besteht aus kleinen Farbpunkten, →*Dots.* Diese sind so angeordnet, daß jeweils ein roter, grüner und blauer Dot auf den Ecken eines gleichseitigen Dreiecks sitzt, analog zum →Elektronenstrahlsystem. Ein solches Dreieck aus drei Dots, je eines mit rotem, grünem und blauem →Leuchtstoff ist ein *Tripel* und stellt auf dem Schirm einen Bildpunkt dar (→Pixel).

Ein Tripel umfaßt die Dots, die von den drei Elektronenstrahlen angeregt werden, die durch ein Maskenloch gehen.

Während eine D.-R. nur mit einem Schirm aus im Dreieck angeordneten Dots funktioniert, hat eine In-line-Röhre mit Langlöchern in der Maske einen Schirm aus vertikalen Leuchtstoffstreifen (was die Regel ist). Sie kann aber auch mit einer Maske mit kreisförmigen Löchern ausgerüstet sein. Dazu gehört dann ein →Leuchtschirm aus runden Farbdots. Ein Tripel besteht dann aus drei nebeneinanderliegenden Dots (Rot, Grün, Blau) analog zum Elektronenstrahlsystem. *Nerstheimer*

Literatur: Elektronik-Taschenbuch Band II. Bonn. – Tradition in Qualität: Bildröhrenfertigung in Aachen. Hrsg. Philips, Hamburg.

Demultiplexer. Funktionseinheit, die ein an einem Eingang anliegendes Digital- oder Analogsignal durch Vorgabe einer Adresse (Adressensteuerung) auf unterschiedliche Ausgangskanäle (4, 8, 16) schaltet (Bild). Funktionell wandelt der D. Übertragungskanäle vom Zeitmultiplex- in den Raummultiplexbetrieb um, er ist deshalb das Gegenstück zum →Multiplexer. Fehlt dem D. der Eingang oder wird er ständig mit H-Signal betrieben, so wird diese spezielle Form als →Decoder bezeichnet. Durch einen Anrufeingang können D. zu größeren Einheiten mit mehr als 16 Ausgangskanäle zusammengeschaltet werden. D. stehen als integrierte Schaltungen in verschiedensten Technologien zur Verfügung. *R. Paul*

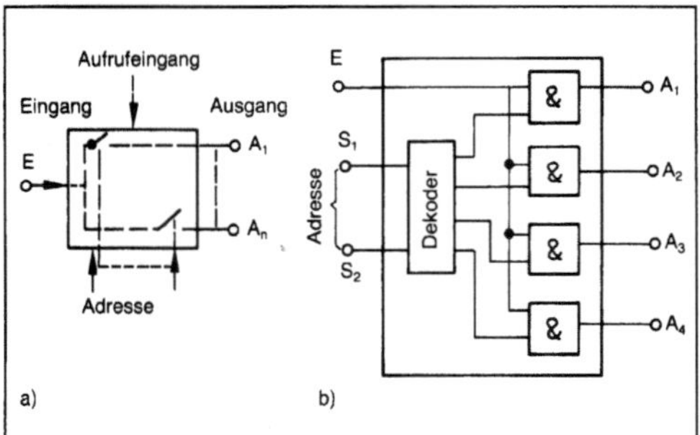

Demultiplexer: Funktionsprinzip
a) Symbolische Darstellung
b) Beispiel mit vier Ausgängen (AND-Gatter) sowie einem Decoder zur Gewinnung der Steuersignale für die durchzuschaltenden Gatter aus den Adressignalen S_1, S_2.

Denuded Zone. Als Grundmaterial werden in der Siliciumtechnologie FZ-Silicium und CZ-Silicium verwendet (→Kristallziehen). CZ-Silicium enthält durch den Herstellungsprozeß her bedingt eine relativ hohe Sauerstoffkonzentration (5 bis $10 \cdot 10^{17}$ cm^{-3}). Durch eine Temperaturbehandlung bei 1 050–1 250 °C diffundiert der Sauerstoff aus einer oberflächennahen Schicht von ca. 10–20 μm Dicke aus und bildet so eine D. Z., d. h. ein Gebiet, das an Sauerstoff verarmt ist. In dieser Schicht werden anschließend die Bauelemente hergestellt. Im Innern des Substrats erzeugt man in einem zweiten Temperaturschritt bei etwa 700 °C Sauerstoffpräzipitate, welche in einem dritten Schritt bei etwa 1 000 °C das →Gettern von Metallverunreinigungen bewirken.

Früher war der Sauerstoff eine unbeabsichtigte Nebenerscheinung bei der Kristallherstellung. Jetzt dienen diese Sauerstoffpräzipitate, die sich aus dem gelösten Sauerstoff durch Temperung bei niedrigen Temperaturen bilden, der Getterung von unerwünschten Metallverunreinigungen und sind für hohe Prozeßausbeuten unbedingte Voraussetzung. Da der Sauerstoff bereits im Halbleiter vorhanden ist, spricht man von intrinsischer Getterung. Im Bild ist die Mikroskopaufnahme von der mit Defektätzen präparierten Bruchkante eines nach dem o. g. Verfahren prozessierten Siliciumscheibe dargestellt. *Ryssel*

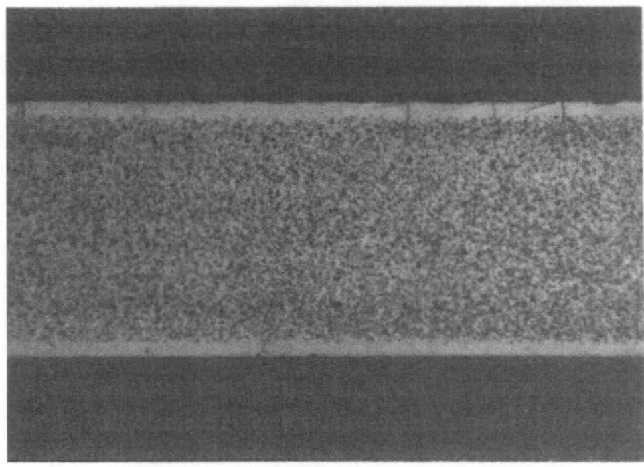

Denuded Zone: Querschnitt durch eine Siliciumscheibe nach Defektätzung. Oben und unten ist deutlich die D. Z. zu erkennen. Die Sauerstoffpräzipitate treten nur noch im Scheibeninneren auf.

Literatur: *Sze, S. M.:* VLSI-Technologie. New York 1983.

Depletion-FET. Verarmungs-MOS-Feldeffekttransistor, gleichwertig Normally-on-Transistor (*engl.* normally on, selbstleitend). Steuermodus des Feldeffekttransistors.

→Feldeffekttransistor, der bei einer Gate-Source-Spannung von Null einen maximal leitenden Kanal zwischen →Source und →Drain besitzt. Durch Anlegen einer negativen (positiven) Gate-Source-Spannung beim n-Kanal-Transistor (p-Kanal-Transistor) erfolgt

- beim →MOSFET mit einem solchen Steuermodus mit zunehmender Gatespannung nach Überschreiten der →Schwellspannung eine starke Abnahme der Ladungsträgerinfluenz und damit der Kanalleitfähigkeit,
- beim →SFET und →MESFET mit zunehmender Gatespannung eine entsprechende Vergrößerung der →Raumladungszone, d. h. eine Abnahme des für den Stromfluß verfügbaren Kanalquerschnittes und damit des Kanalstromes. Bei einer bestimmten Gatespannung (Abschnürspannung) hört der leitende Kanal auf zu existieren (Kanalabschnürung).

SFET und MESFET sind typische Beispiele von Verarmungs-Feldeffekttransistoren, da sie nur in Sonderfällen als →Enhancement-FET – dem Gegensatz zum D.-FET – arbeiten können. Beim MOSFET lassen sich beide Steuermodi heute gleich gut realisieren. *R. Paul*

Derating factor. Bei elektronischen Komponenten der Quotient aus Betriebsgröße und ihrem Nennwert, z. B. Betriebsspannung/Nennspannung oder Betriebsstrom/Nennstrom, (→Belastungsfaktor). *Schrüfer*

Design for Manufacturing. Fertigungsfreundliche Entwicklung: Alle Maßnahmen, die bei der Konstruktion eines (elektronischen) Produktes getroffen werden müssen, um eine wirtschaftliche und möglichst fehlerfreie Produktion zu ermöglichen. Dies wird realisiert in Form von Vorschriften, die einzuhalten sind und entweder vom Konstrukteur beachtet werden müssen oder von Softwareprogrammen, z. B. bei der Layouterstellung (→Layout) berücksichtigt werden. DFM-Maßnahmen beziehen sich z. B. auf die Geometrien eines Produktes (Leiterbahnbreiten und -abstände, Bauteilabstände, Bohrlochdurchmesser u. s. w.) für problemfreies Ätzen, Bohren, Fräsen, Löten, Bestücken u. s. w. *K. Winter*

Design for Testability. (*engl.*, prüfgerechter Entwurf). Oberbegriff für alle schaltungstechnischen Maßnahmen, die zur Verbesserung der Prüfbarkeit einer Schaltung beitragen.

Die meisten Maßnahmen haben eine Verbesserung der Einstellbarkeit und Beobachtbarkeit zum Ziel, weitere Aspekte sind die Partitionierung einer Schaltung und die Verringerung des Aufwands bei der Testdurchführung. Die Anwendung der Maßnahmen macht den Einbau von Testhilfen erforderlich, daher ergibt sich grundsätzlich ein zusätzlicher Flächenbedarf und ein Einfluß auf Laufzeiten.

Die Techniken des D. f. T. sind durch unterschiedliche Ansätze gekennzeichnet, die eine Einteilung der Verfahren erlauben:

□ Ad-hoc-Methoden kommen vorwiegend bei Schaltungen zum Einsatz, die bereits als fertiger Entwurf vorliegen; die Methoden sind jeweils schaltungsspezifisch und damit nicht allgemein anwendbar. Sie erlauben selten Aussagen über die erreichbare Verbesserung der Testbarkeit, sind jedoch oft mit wenig zusätzlichem Schaltungsaufwand zu realisieren. Der Einsatz der Techniken wird meist anhand von Checklisten vorgenommen, welche die gesammelte Erfahrung von Testingenieuren bezüglich wiederkehrender Testprobleme beinhalten. Ansatzpunkte sind die Initialisierung einer Schaltung, Richtlinien zum Entwurfsstil wie das Vermeiden redundanter Schaltungsstrukturen, funktionsspezifische Regeln, z. B. das Auftrennen langer Zählerketten u. v. m.

Ein wichtiger Teil der Ad-hoc-Methoden sind Partitionierungstechniken, sie zerlegen eine Schaltung in getrennt testbare Module und verringern somit den Aufwand für die →Testmustergenerierung; dieser steigt etwa kubisch mit der Anzahl der Gatterfunktionen, damit reduziert sich der Aufwand für das angegebene Beispiel in Bild 1 auf ein Viertel.

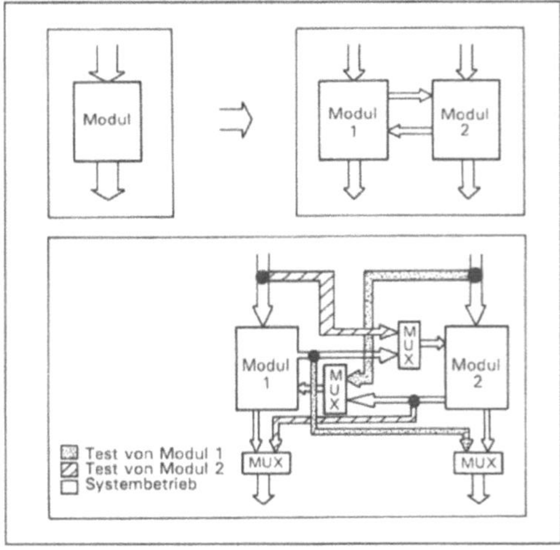

Design for Testability 1: Partitionierung durch Multiplexer.

Weitere Partitionierungstechniken verwenden mechanische Mittel (auf der Baugruppe) oder nutzen eine Busarchitektur zur Zerlegung aus.

□ Die Scan-Verfahren sind unter strukturellen Verfahren einzuordnen und damit universell, einer schematischen Vorgehensweise folgend, anwendbar. Sie basieren darauf, die internen Zustände einer sequentiellen Schaltung einstellen und beobachten zu können, ohne für jeden Zugriffsknoten eine separate externe Verbindung bereitstellen zu müssen.

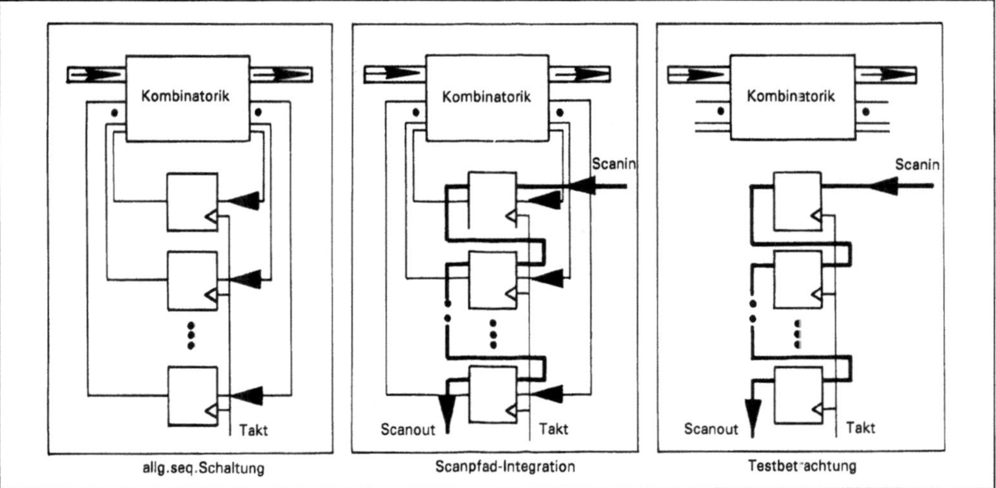

Design for Testability 2: Scanpfad-Prinzip.

Der Zugriff auf die →Flip-Flops kann seriell, parallel oder selektiv erfolgen, in der seriellen Zugriffsart (Prüfbus, Scanpfad) können die Flip-Flops neben der Normalfunktion in einer weiteren Betriebsart als →Schieberegister betrieben werden (Bild 2).

Durch die Einbeziehung aller Flip-Flops in den Scanpfad wird unter anderem erreicht, daß eine automatische Testmustergenerierung für den kombinatorischen Teil der Schaltung und das Schieberegister getrennt anwendbar sind, wofür effiziente Algorithmen zur Verfügung stehen.

→Scan Path und Level Sensitive Scan Design (LSSD) sind die bekanntesten Vertreter der Scan-Verfahren, sie kombinieren die erstgenannten Vorteile mit dem Konzept dynamischer →Störsicherheit, was durch den Aufbau der scanfähigen Flip-Flops und durch Entwurfsregeln gewährleistet wird.

Der unvollständige oder partielle Scanpfad enthält nur einen Teil der Flip-Flops und reduziert somit den erforderlichen Zusatzaufwand.

Beim Scan/Set-Verfahren wird das Schieberegister nicht mit internen vorhandenen Flip-Flops gebildet, sondern wird einem funktionalen Entwurf hinzugefügt. Testdaten können während des Systembetriebs aus den Inhalten des Schieberegisters entnommen werden, es müssen auch nicht notwendigerweise alle Schieberegisterelemente gleichermaßen zur Einstellung (Set) und Beobachtung (Scan) dienen.

Das Verfahren Random Access Scan, bei dem alle Flip-Flops um ein Adressierungsschema erweitert werden, hat wiederum eine Einstellung und Beobachtung aller internen Speicherzustände zum Ziel. Dieses wird über einen selektiven Zugriff ähnlich dem eines →RAM gewährleistet.

Das →Boundary Scan Verfahren ist auf eine Zusammenarbeit bedeutender Bausteinhersteller und -anwender aus Europa und Nordamerika zurückzuführen. Das Ziel der Aktivitäten ist die Ausarbeitung und Verbreitung eines Industriestandards für eine DFT-Maßnahme zur Unterstützung des Baugruppentests.

Eine normierte Testschnittstelle erlaubt den Zugriff auf Bauelemente einer Baugruppe und läßt somit eine schematisierte →Baugruppenprüfung zu.

□ Der →Built-In Self Test basiert auf dem Prinzip, eine Schaltung durch Zusatzlogik so zu erweitern, daß folgende Aufgaben durch die Schaltung selbst durchgeführt werden können:

- Testmustergenerierung

Geeignete Stimuligeneratoren sind →Zähler oder linear rückgekoppelte Schieberegister (LFSR), die pseudozufällige →Testmuster erzeugen.

- Testantwortauswertung

Für einen Soll/Ist-Vergleich aller Testantworten ist ein unwirtschaftlich hoher Hardwareaufwand erforderlich, so daß in der Regel die Testantworten kompaktiert werden. Ein gängiges Verfahren ist die →Signaturanalyse. Am Ende des Tests erhält man durch Vergleich des Registerinhalts (genannt Signatur) mit dem Soll-Registerinhalt eine Gut/Schlecht-Prüfaussage für die Schaltung.

- Selbstteststeuerung

Sie sorgt dafür, daß die Schaltung für den →Selbsttest konfiguriert und initialisiert wird und stellt die Steuersignale für Testmustergenerator und Testantwortauswerter bereit. *Knopf*

Design integrierter Schaltungen →Schaltungsentwurf, rechnergestützter

Detektivität. Die D. (*engl.* detectivity) D ist eine als Kehrwert der äquivalenten →Rauschleistung (→NEP) festgelegte Größe (D = 1/NEP) und dient als Gütemaß für die Nachweisgrenze von →Photodetektoren.

Das so definierte Nachweisvermögen hängt von den gleichen Parametern wie die NEP ab [NEP = f (Lichtwellenlänge λ, Signalfrequenzbandbreite Δf, Temperatur T, Detektorfläche A)]. Um verschiedene Detektoren bezüglich ihrer Detektivität untereinander vergleichen zu können, wird in den Datenblättern der Hersteller wird daher meist die spezifische D. (engl. specific detectivity) D* angegeben. Sie ist wie folgt definiert

$D^* = D \cdot \sqrt{A \cdot \Delta f}$ Einheit: $(\mathrm{cm} \cdot \sqrt{\mathrm{Hz}})/\mathrm{W}$

und der Vollständigkeit halber durch die Angabe zusätzlich erforderlicher Parameter wie Lichtwellenlänge λ und Temperatur T zu ergänzen. Vielfach wird die spektrale Abhängigkeit von D* dargestellt. *R. Kaiser*

Literatur: *Winstel, G.* und *C. Weyrich:* Optoelektronik II, Reihe: Halbleiter-Elektronik, Bd. 11, Berlin–Heidelberg–New York, 1986.

Dezibel →dB

DFB-Halbleiterlaser (Abk. *engl.* Distributed Feedback Laser) →DSM-Laser

DIAC. (*engl.* Diode Alternating Current switch, Dioden-Wechselstromschalter), auch Thyristordiode oder Zweirichtungs-Thyristordiode genannt.

Halbleiterbauelement mit zwei oder vier abwechselnd anti-reihengeschalteten pn-Übergängen, das bei Überschreiten einer bestimmten Anoden-Kathoden-Spannung in beiden Stromrichtungen durch →Lawinendurchbruch vom sperrenden in den leitenden Zustand geschaltet werden kann (Bild).

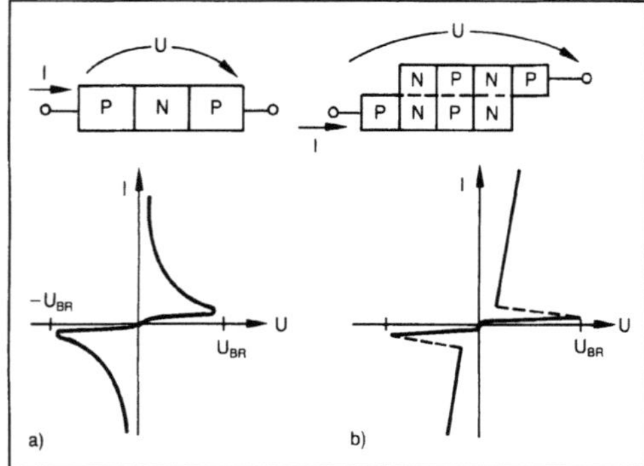

DIAC: Aufbau und Kennlinie (UBR-Kippspannung).
a) für eine dreischichtige Ausführung
b) für eine fünfschichtige Ausführung.

DIACs können technologisch verschieden aufgebaut werden. Die Ausführung aus drei Gebieten vom Typ pnp, die als Antireihenschaltung zweier Z-Dioden aufgefaßt werden kann (im engeren Sinne oft als →Triggerdiode bezeichnet), hat eine etwa antimetrische Kennlinie um den Nullpunkt mit gut sichtbarem Durchbruchsbereich.

Die Fünfschichtdiode, die man sich aus zwei antiparallel geschalteten Vierschichtdioden aufgebaut denken kann, hat besonders ausgeprägt fallende Kennlinienbereiche nach dem →Durchbruch. DIACs werden vor allem zur Erzeugung von Zündimpulsen für →Thyristoren und →TRIACs verwendet. *R. Paul*

Diagnoseverfahren. Die Fehlerlokalisierung bei als schlecht erkannten Prüflingen kann vom →Prüfautomaten mit Hilfe unterschiedlicher Verfahren durchgeführt oder unterstützt werden. Das D. kann dabei fester Bestandteil des →Prüfautomatenbetriebssystemes sein, wenn das Verfahren universell einsetzbar sein soll, oder im →Prüfprogramm individuell je Prüflingstyp vorgegeben werden. Neben der rein manuellen Diagnose aufgrund fehlerhafter Meßwerte gibt es verschiedene rechnerunterstützte Verfahren:

– Neben den Meßwerten (z. B. logische Bitmuster, Spannungs-, Zeitmeßwerte) werden die entsprechenden Sollwerte und Umgebungsbedingungen (Betriebsspannungen) angezeigt.

– Anzeige des Prüflingslayouts auf dem Bildschirm zur Unterstützung der Bedienperson.

– Pfadmethode/Guided-Probe-Verfahren: Der Fehler wird mittels einer →Prüfspitze und unter Kontrolle des Prüfautomatenbetriebssystemes bis zu seinem Entstehungsort ‚verfolgt'.

– Die Lokalisierung der Fehlerquelle bis auf den fehlerhaften Baustein oder die fehlerhafte Leiterbahn (Kurzschluß/Unterbrechung) mit Hilfe von Strommeßsonden oder Meßverfahren, die das Magnetfeld von Strömen messen und auswerten.

– Bestimmte Prüfprogrammroutinen, mit deren Hilfe eine Eingrenzung der Fehlerursache in bestimmten vorher anvisierten Fällen möglich ist.

– Die Fehlerkatalogmethode basierend auf Simulationsdaten.

– Anwendung des sog. Erfahrungskataloges im Falle bereits früher analysierter Fehlerursachen.

– Optoelektronische/thermovisuelle Analysemethoden (Thermographie, Laserstrahlmeßtechnik, →Elektronenstrahlmeßtechnik, Emissionsmeßtechnik), angewandt insbesondere bei Bausteinen im Prototypentest. *K. Winter*

Diamant →Elementhalbleiter

Dichtemodulation. Als D. bezeichnet man bei →Laufzeitröhren sowohl den Vorgang, durch den die Dichte von Ladungsträgern in Abhängigkeit von der Zeit geändert wird, als auch den Zustand, der in einem Ladungsträgerstrom als Folge des obigen Vorgangs herrscht.

Die D. entsteht durch Phasenfokussierung aus der →Geschwindigkeitsmodulation. Dabei treffen beschleunigte, vorauseilende Elektronen auf verzögerte, zurückbleibende aus einem vorderen Abschnitt des Elektronenstrahls. Diese Elektronenverdichtung ist jedoch temporär, da die →Ladungsträger sowohl infolge ihrer unterschiedlichen Geschwindigkeit, als auch wegen der Abstoßungskräfte wieder auseinanderdriften.

Die D. läßt sich auch mit Hilfe von Raumladungswellen beschreiben. In einem modulierten →Elektronenstrahl treten zwei Raumladungswellen unterschiedlicher Geschwindigkeit auf, von denen eine schneller, die andere langsamer läuft als der ungestörte Strahl. Die beiden Raumladungswellen überlagern sich zu einer Schwebung, deren Verlauf der D. entspricht. *Kiesel*

Dichteübergang. →Halbleiterübergang entweder zwischen einem Störhalbleiter und einem Eigenhalbleiter (z. B. pi-, ni-Übergang) (PIN-Diode) oder zwischen Halbleitern gleichen Leitungstyps (z. B. pp^+-, nn^+-Übergang), im letzteren Fall oft auch Konzentrationsübergang genannt.

D. können sowohl als →Homoübergang wie auch als →Heteroübergang ausgeführt werden. Der erste dient in Halbleiterbauelementen verbreitet in Verbindung mit einem Metall-Halbleiterkontaktsystem als ohmscher Kontakt (z. B. mnn^+-Übergang), der letztere findet bei einigen Heterobauelementen für die →Optoelektronik Anwendung. *R. Paul*

Dichtigkeitsprüfung →Qualitätsklasse

Dickenmessung, elektrische. Bei der D. besteht die Aufgabe, die Dicke des betrachteten Meßobjekts kontinuierlich in der SI-Einheit m zu erfassen. Aus der Dicke kann man bei bekannter Dichte auf das Flächengewicht schließen. Besonders wichtig in vielen Herstellungsprozessen ist das Messen der Schichtdicken. Die D. gehört zur →Längenmessung. Bei der D. und Flächengewichtsmessung durch mechanisches Abtasten sind Diamant-Meßkugeln oder -Rollen mit einem Tastsystem verbunden, dessen Abstandsänderungen durch Wegaufnehmer in elektrische Signale umgewandelt werden. Ihr Zeitverhalten ist bestimmt durch die Masse der Tastsysteme, den einstellbaren Meßdruck und den →Meßumformer. Mechanische Abtastgeräte haben normalerweise eine Meßtiefe von max. 100 mm. Sie sind an warmem und plastischem Meßgut nicht zu verwenden und messen insbesondere nicht berührungslos.

Zur D. von leitenden Materialien bzw. zur Schichtdickenmessung von nichtleitenden Schichten auf NE-Metallen lassen sich Wirbelströme verwenden. Das Wechselfeld einer Spule erzeugt im leitenden Material Wirbelströme, deren Rückwirkung je nach Schichtdicke die Induktivität der induzierenden Spule oder die Kopplung zweier Spulen verändert. Nach Weiterverarbeitung und Linearisierung erhält man ein der Schichtdicke proportionales Signal.

Auch der Queranker-Aufnehmer (Längenmessung) läßt sich zur D. nichtmagnetischer Schichten verwenden.

Insbesondere zur D. von Kunststoffolien lassen sich kapazitive Aufnehmer (→Meßaufnehmer, kapazitive) verwenden. Bei einem Plattenkondensator verändert sich die Kapazität durch die dickeabhängige Veränderung des Dielektrikums. Die Spannungsänderung, die die Kapazitätsänderung hervorruft, wird in einem nachgeschalteten →Operationsverstärker aufbereitet.

Mittels ionisierender Strahlung läßt sich sowohl die Flächengewichtsbestimmung wie auch die Schichtdickenmessung durchführen. Grundlage hierfür ist das Absorptionsgesetz

$$I_s = I_{so} \cdot e^{-\mu d}$$

mit I_{so} ungeschwächte Strahlungsintensität,
I_s geschwächte Strahlungsintensität,
μ Absorptionskoeffizient,
d Dicke des durchstrahlten Materials.

Der →Absorptionskoeffizient μ ist von der Art der Strahlung und den Materialeigenschaften des Absorbers abhängig, insbesondere von der Dichte des durchstrahlten Materials. Damit läßt sich die Dicke von Kunststoff- oder Metallbändern messen, wenn die Dichte des Materials bekannt und konstant ist, und die Dichte eines Materials bei konstanter Dicke (Dichtemessung). Neben der Messung des durchgelassenen Strahls wird häufig auch die Rückstreuung zur Messung verwendet. Man verwendet Röntgen-, β- und γ-Strahlen zum Messen (→Strahlungsmessung).

Mittels Laufzeitauswertung von Ultraschall ist eine berührungslose D. im Bereich zwischen 0,25 bis 300 mm möglich. Man wendet sie beim Prüfen von Behältern und Rohrleitungen an. Bei der D. mit Mikrowellen von 35 GHz arbeitet das Meßsystem als →Interferometer. Es dient zum Bestimmen der Dicke metallischer Beschichtungen auf Kunststoff-Trägermaterial, zwischen 5 und 250 nm, wie etwa bei Kondensatorfolien oder der Compact disc. *F. Schneider*

Dickfilm. D. sind Sinterwerkstoffe aus einer Glasmatrix mit oder ohne eingeschlossenen Metallpartikeln, die festhaftend auf einem keramischen oder halbleitenden Substrat aufgebracht werden. Auch polymerbasierte Schichten werden als D. bezeichnet. D. dienen als Elektroden an Dielektrika und Widerstandsschichten und bilden Anschlußflächen für Fügeverbindungen durch Schweißen, Weichlöten und Kleben. Die Bezeichnungsweise kann bezogen auf die Schichtdicke in die Irre führen, weil die sog. Dickschichten mit Höhen ab etwa 5 µm bis zu rund 30 µm und kondensierte bzw. elektrochemisch abgeschiedene Dünnschichten (→Dünnschichttechnik) bis zu 30 µm Höhe Anwendung finden.

Die Sinterschichten aus Verbundwerkstoffen sind in der Mikroelektronik deshalb von großer Bedeutung, weil sie sich ohne kostspielige Vakuumprozesse herstellen lassen, wie sie für die Technik der kondensierten Schichten erforderlich sind. Sinterschichten werden aus viskosen Pulverpasten gebrannt, deren geometrische Struktur bei der Aufbringung – rakeln durch ein Sieb oder eine Lochmaske – vorgegeben wird. Damit können auch kostspielige Werkstoffe wie edelmetallhaltige Metallpulver sparsam verwendet werden. Weiterhin ergeben die hohen Sintertemperaturen eine ausgezeichnete Stabilität der elektrischen Schaltungseigenschaften. Der wesentliche Nachteil der →Dickschichttechnik liegt in der Grenze zu Strukturen kleiner Abmessungen, minimale Leiterbahnbreite rd. 50 µm.

Der weitere wesentliche Vorteil der Sinterschichten liegt in der gemeinsamen Herstellung passiver Funktionsträger in einer Schaltkreisebene zu hybridintegrierten Schaltkreisen (*engl.* Hybrid Integrated Circuits, HICs, →Hybridintegration). Dies sind Induktivitäten, z. B. niederohmige Leiterbahnen als flache Ringe, Spiralen oder gerade Resonatoren für Höchstfrequenzen, Widerstände und Kondensatoren. Komplexe Schaltungen werden in Dickfilmtechnik in zwei oder mehreren Leiterbahnlagen mit zwischengeschalteten Isolierschichten gefertigt, z. B. als →Zweilagenverdrahtung. Der elektrische Widerstand ohmscher Leiter läßt sich durch die chemische Zusammensetzung und Morphologie der Pulverbestandteile zwischen rd. $2 \cdot 10^{-7}$ Ωm (Leiterbahnen mit hohem Ag- und Pd-Gehalt) und einigen Ωm (Widerstandsschichten mit Rh_2O_3-haltigen Gläsern) einstellen; der →Temperaturkoeffizient wird durch Einstellung des Metallgehalts (positiver Temperaturkoeffizient) und des halbleitenden Volumens an unterstöchiometrischen Metalloxiden (negativer Temperaturkoeffizient) in bestimmten Mischungen bis $|\delta^R/_R \cdot {}^1/_{\delta T}| < 50$ ppmK^{-1} gebracht. Entwicklungen von Sinterschichten ohne Edelmetallanteil auf Kupfer, sogar auf Aluminium-Grundlage versprechen eine weitere Kostenreduktion der Dickschichttechnik.

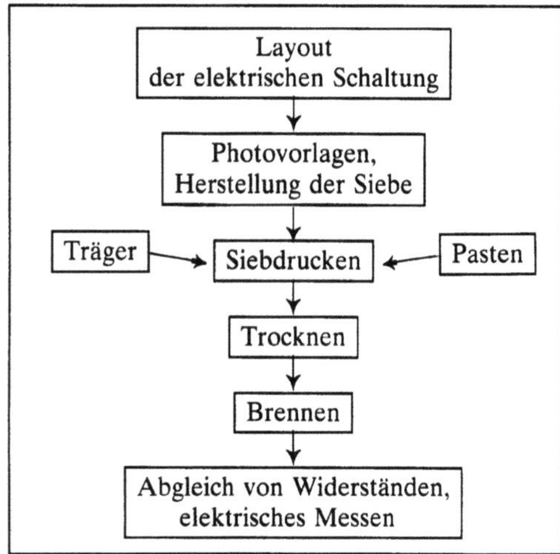

Dickfilm 1: Dickschichttechnik für hybridintegrierte Schaltkreise.

□ Herstellung: Grundstoff der Metall-Glas-Schichten ist eine Paste (*engl.* Ink, Tinte). Sie besteht aus einem metallisch leitenden Pulver, einem Glaspulver, einem organischen Bindemittel und Zusätzen, wie sie in der Lackiertechnik gebraucht werden, Verdünnern und Tensiden. Die Rohbestandteile des Glaszusatzes (meistens BiO_2, $PbGeO_3$, PbO_2 und andere Oxide mit niedrigem Schmelzpunkt) werden gemischt, gefrittet und abgeschreckt, um das Glasgefüge zu erhalten und die Kristallisation zu vermeiden. Das Glas wird gemahlen. Beide Metallpulver und das Glaspulver werden in einer Drei-Walzen-Mühle in Etylzellulose (ähnlich dem Tapetenkleister) eingetragen. Die rasche Reibgeschwindigkeit an den Walzflächen bewirkt eine innige Vermischung der Pulver untereinander.

Die Dickschichten lassen sich bei niedriger Temperatur (−18 °C) lange lagern, da sie nur Lösungsmittel wie Glykolether und keine aushärtenden Polymere enthalten. Die Pastenbehälter sollen dampfdicht sein, um ein Eintrocknen zu verhindern. Vor jedem →Siebdrucken rührt man die Dickschichtpasten sorgfältig um, am besten auf maschinelle Weise. Das „Topfen" oder die Thixotropie der Dickschichtpasten gibt an, in welchem Ausmaße beim Herausziehen eines benetzten Körpers aus der Paste ein Zapfen hängen bleibt. Verhält sich die Dickschichtpaste zu dünnflüssig, so leidet die Bedeckung an Stufen und Kanten.

□ Siebdruck: Bei gleichbleibenden Bedingungen (Maschenweite des Siebes, Anpreßkraft und Vorschubgeschwindigkeit des Rakels) können die Höhe und Randgestalt der Beschichtung reproduzierbar eingestellt werden. Schädliche Wirkungen aus Pasten- und Druckfehlern sind das Einsinken in der Mitte von Leiterbahnen, auslaufende Ränder (mitunter bis zum Kurzschluß zwischen benachbarten Leiterbahnen) und Risse beim Trocknen und Sintern.

Dickfilm. Tabelle: Bestandteile von Siebdruckpasten

	für elektrische Leiter und Anschlüsse	für ohmische Widerstände	für Isolierschichten
Elektrisch wirksame Bestandteile	Au, Pt(Au) Ag, Pd(Ag) Cu Ni	Pd(Ag) $Bi_2Ru_2O_7$ RuO_2	$BaTiO_3$ Gläser und keramische Werkstoffe oft komplizierter Zusammensetzung
Glasbestandteile	Borsilikat-Gläser, Aluminium-Silikatgläser CuO, CdOt		
nicht flüchtiger Binder	Ethyl-Zellulose		
flüchtige Bestandteile	Terpinol		

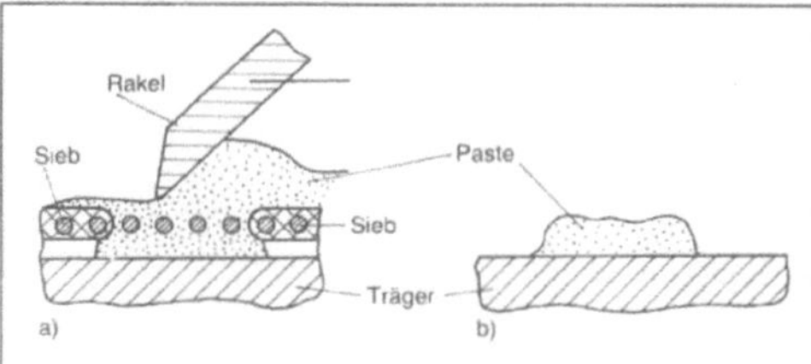

Dickfilm 2: Siebdruckverfahren.
a) Aufrakeln
b) gedruckte Struktur.

□ Brennen: Die Brenntemperatur von Dickfilm-Widerständen muß im Bereich zwischen 900 und 1200 K bei Brennzeitintervallen von einigen 100 bis 1000 s auf ±2 K genau eingehalten werden. Damit ändert sich nämlich die Reaktionsgeschwindigkeit bereits um rund 2% mit merklicher Wirkung auf die Widerstandseigenschaften. Die folgende Übersicht gibt Anhaltspunkte zur Prüfung von Metall-Glas-Pasten:

Alle Pastenarten:
- chemische Bindung auf dem Träger
- Dicke/Höhe nach dem Druck und Trocknen
- laterale Auflösung, Qualität der Ränder und Positionierung der Siebe

Leiterbahnen:
- Eignung zum →Mikroschweißen
- Eignung zum Weichlöten
- Gleichstromwiderstand
- Leitungsverluste in Höchstfrequenzschaltkreisen

Isolierschichten:
- relative Dielektrizitätskonstante
- Durchschlagspannung

Widerstandsschichten:
- Flächenwiderstand
- Widerstand als Funktion der Abmessungen und Anschlußelektroden. *Hieber*

Dickoxid. Dicke Oxidschichten (→Oxid) werden in der Siliciumtechnologie für zwei Anwendungszwecke verwendet:

□ Während der verschiedenen Dotierungsschritte durch →Diffusion oder/und →Ionenimplantation dienen sie zur →Maskierung. Die Dicke der Schicht muß groß genug sein, um zu verhindern, daß Dotierungsatome hindurch diffundieren bzw. daß implantierte Ionen sie durchdringen. Für den ersten Fall reichen im Prinzip Schichten von weniger als 100 nm aus, üblich sind jedoch Schichten von 0,5–1 μm. Für den zweiten Fall hängt die Dicke von Implantationsenergie und Ionenmasse ab (Ionenimplantation). Gewöhnlich sind Schichtdicken von 0,5–1 μm ausreichend.

□ Bei der zweiten Anwendung von dicken Oxiden dienen sie der Isolation von Leiterbahnen (→Metallisierung oder Polysilicum) von der Bauelementeebene in Silicium bzw. der Isolation von verschiedenen Leiterbahnebenen untereinander im Falle der →Mehrlagenverdrahtung.

Die Dicke des Oxids wird durch zwei Anforderungen bestimmt:

Zum einen muß die Dicke groß genug sein, um der Betriebsspannung standzuhalten. Wegen der Durchbruchfeldstärke von min. 10^6 V/cm ist die Bedingung im allgemeinen leicht zu erfüllen, wenn keine Defekte (Poren) im D. vorliegen. Zum anderen muß die Oxiddicke groß genug sein, um ein Inversion der Ladungsträgerkonzentration unter der Leiterbahn durch den Feldeffekt zu verhindern, da es hierdurch zur Ausbildung von parasitären

Feldeffekttransistoren kommen kann (→Feldoxid). Die benötigte Dicke hängt von der Betriebsspannung und Substratdotierung ab. Zur Reduzierung werden an der Oberfläche häufig relativ hochdotierte Schichten angebracht (Feldimplantation, Channelstop Dotierung). *Ryssel*

Dickschichtsensor. Ein D. ist ein in der Dickschicht-Technologie gefertigter →Sensor.

Passive elektronische Komponenten wie Widerstände, Kondensatoren und Leiterbahnen lassen sich auf einem nichtleitenden Substrat aus Keramik oder Glas aufdrucken. Aus einem mit einem photoempfindlichen Lack beschichteten Sieb wird mit Hilfe der Photolitographie die Druckform gewonnen. An den Stellen, an denen der photoempfindliche Lack entfernt ist, werden die aufzudruckenden Pasten durch das Sieb auf das Substrat gedrückt (Bild). Anschließend werden sie getrocknet und eingebrannt. Werden aktive Bauteile benötigt, so sind sie nachträglich in die Schaltung einzulöten (→Hybridtechnik). Die Schichtdicken liegen zwischen 10 und 50 μm. Die Leiterbahnen haben eine Breite und einen Abstand von etwa 200 μm.

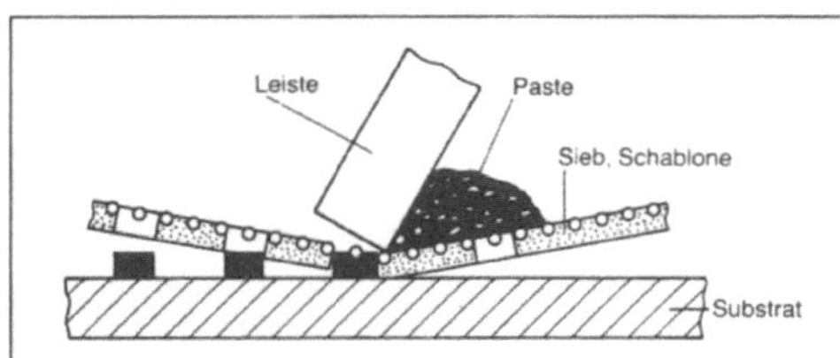

Dickschichtsensor: Schematische Darstellung des Siebdruckverfahrens.

Verfügbar sind
- für Widerstände: Pasten aus Metalloxiden
- für Dielektrika: Pasten mit einer hohen Dielektrizitätszahl (Tantal-Oxid, Barium-Titanat)
- für Leiterbahnen: Pasten mit Metallpulver (Gold, Silber, Platin, Kupfer, Nickel)
- für Abdeck- und Schutzschichten: Glaspasten.

Die Widerstände werden mit Hilfe des Laser-Schneidens auf den genauen Wert abgeglichen.

Die in der →Dickschichttechnik hergestellten Sensoren werden z. B. zur
- Temperaturmessung,
- Druckmessung,
- Feuchtemessung

eingesetzt. *Schrüfer*

Dickschichttechnik. Die D. unter Verwendung von Dickfilmen bildet einen wesentlichen Teil des Aufbaues übergeordneter oder hybridintegrierter Schaltkreise. Das Herstellungsverfahren umfaßt:
- Erstellung einer ersten Lage von niederohmigen Leiterbahnen, z. B. Au-Glas, nach Brenntemperatur 1250 K;
- Erstellung einer zweiten Leiterbahnlage Ag(Pd)-Glas, Brenntemperatur 1120 K;
- Einbringen der ersten Isolationsschicht;
- Einbringen von Widerständen;
- Einbringen der zweiten Isolationsschicht;
- Überdrucken von Leiterbahnkreuzungen;
- Abgleich von Widerständen, z. B. durch Laserschneiden;
- Siebdruck der Weichlotpaste;
- →Vorschmelzen der Weichlotpaste;
- Waschen zur Befreiung von Flußmittelresten;
- Drucken des Leitklebers;
- Montage der Halbleiter-Chip-Bauelemente sowie der passiven Chip-Bauelemente;
- Aushärten des Klebers;
- →Mikroschweißen der Halbleiter-Drahtanschlüsse,

sodann folgen entweder

□ der Einbau in ein hermetisches Gehäuse mit
- Einkleben;
- Aushärten;
- Anschließen der Gehäuse-Durchführungen;
- Verschließen der Gehäuse

oder

□ die →Umhüllung mit Polymer:
- Passivieren der Halbleiteroberfläche;
- Aushärten der →Passivierung;
- Verlöten der Anschlußverbindungen und Auswaschen der Flußmittelreste;
- Eingießen und Aushärten der Umhüllung.

In der Gestaltung von Hybridschaltkreisen (→Hybridintegration) ist die D. als →Beschichtungstechnik bzw. elektronische Schichttechnik

Dickschichttechnik: Hybridschaltkreis, bestückt mit Bauelementen. (Quelle: Philips Components)

außerordentlich flexibel. Die →Strukturierungstechnik wird empirisch an die Folge der für einen bestimmten Schaltkreis erforderlichen Verfahrensschritte angepaßt. Eine Besonderheit liegt in der Möglichkeit, ohmsche Widerstände auch nachträglich in der fertigen Schaltung elektrisch zu justieren. *Hieber*

Dickschicht-Widerstand →Widerstand

Dielektrikum.

Allgemein. Materie reagiert auf ein elektrisches Feld mit der Verschiebung innerer Ladungen (Elektronen oder Ionen). Soweit dabei kein elektrischer Strom fließt, bezeichnet man einen solchen Stoff als D. Die mit den Ladungsverschiebungen verbundene dielektrische →Polarisation ist verantwortlich für die Kapazität der Kondensatoren, aber auch für die Brechung des Lichtes in transparenten Medien. Als Maß für dielektrische Polarisierbarkeit dient die →Dielektrizitätskonstante oder Permittivität ε_r eines Stoffes, die sich am einfachsten an Hand der Kapazität eines mit diesem Stoff gefüllten Kondensators definieren läßt:

$$\varepsilon_r = C/C_0 \tag{1}$$

wobei C_0 die Kapazität des gleichen Kondensators ohne diesen Stoff sei. In der Sprache der Maxwellschen Gleichungen gilt

$$D = \varepsilon_r\varepsilon_0 E \tag{2}$$

wobei D die dielektrische Verschiebungsdichte, E die elektrische →Feldstärke und ε_0 die elektrische Feldkonstante $\varepsilon_0 = 8{,}8543 \cdot 10^{-12}$ As/Vm ist.

Die Formel von *Clausius* und *Mosotti* verknüpft die Dielektrizitätskonstante mit der atomaren Polarisierbarkeit:

$$\frac{3(\varepsilon_r - 1)}{(\varepsilon_r + 2)} = \frac{N\alpha}{\varepsilon_0} \tag{3}$$

Hierbei sei N die Anzahl der Atome pro m^3 und α die Polarisierbarkeit der Atome (Ladung × Abstand/Feldstärke). Der Ausdruck auf der linken Seite rührt von der gegenseitigen Beeinflussung der Dipole her.

Die Dielektrizitätskonstante ist von der Temperatur und von der Frequenz abhängig. Aus der Analyse der Frequenz- und Temperaturabhängigkeit hat man geschlossen, daß vor allem drei Mechanismen zur Polarisierbarkeit beitragen (Bild).

□ Der erste ist die Elektronenpolarisierbarkeit, die auf der Verschiebung der Elektronen relativ zum Atomkern beruht. Diese Polarisierbarkeit ist für alle Stoffe bis zu Frequenzen des sichtbaren und ultravioletten Lichts wirksam.

□ Der zweite Beitrag ist die Ionenpolarisierbarkeit, die in ionischen Substanzen durch die gegenseitige Verschiebung der Ionen verursacht wird. Diese Polarisierbarkeit wird bei Frequenzen oberhalb des infraroten Lichts unwirksam.

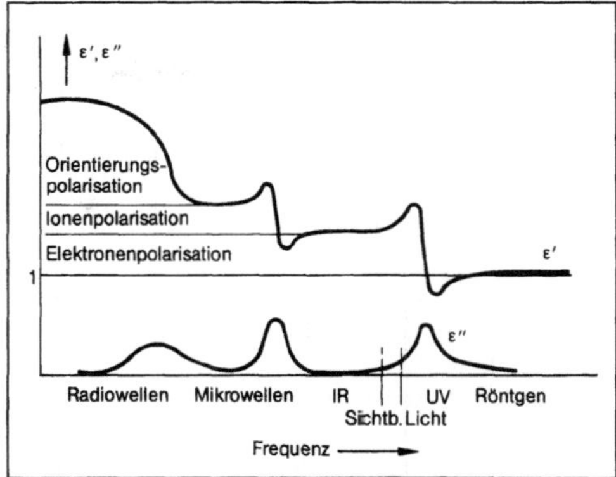

Dielektrikum: Dielektrische Polarisierbarkeit als Funktion der Frequenz.

□ Der dritte Beitrag zur Polarisierbarkeit tritt auf, wenn der Stoff bereits Dipole enthält, die sich im elektrischen Feld reorientieren können. Diese Umorientierung steht im Widerstreit mit der thermischen Fluktation, weshalb dieser Beitrag im Gegensatz zu den anderen beiden temperaturabhängig ist. Er wird je nach dem genauen Mechanismus Orientierungspolarisation oder Ordnungspolarisation genannt und ist bis zu Frequenzen im Mikrowellenbereich wirksam. Substanzen, die eine Orientierungspolarisation aufweisen, werden polare Substanzen genannt.

Mit der dielektrischen Polarisierung sind im Wechselfeld stets auch dielektrische Verluste verbunden, die am einfachsten durch einen imaginären Beitrag zu Dielektrizitätskonstante dargestellt werden können (Imagninärteil ε''). Der durch $\tan\delta = \varepsilon''/\varepsilon'$ definierte Winkel δ wird dielektrischer →Verlustwinkel genannt und dient zur Charakterisierung eines Werkstoffs. Elektronen- und Ionenpolarisation zeigen die charakteristischen Merkmale einer Resonanz. Demgegenüber wird die Reorientierung der Dipole besser durch einen Relaxationsprozeß beschrieben.

Häufig sind in einer konkreten Substanz mehrere Relaxationsprozesse überlagert. Die Auftragung von ε' gegen ε'' gibt Aufschluß über die Natur der jeweiligen Prozesse (*Cole-Cole*-Diagramm). Die einfachsten Vorgänge erscheinen in dieser Darstellung in Form von Kreisen oder Halbkreisen.

Die Dielektrizitätskonstante ist allgemein mit dem Brechungsindex n durch die Formel

$$n^2 = \varepsilon_r\mu_r$$

verknüpft, wobei μ_r die magnetische Permeabilität bedeutet, die man aber im optischen Bereich meist gleich Eins setzen darf. Ein Imaginärteil in der

Dielektrizitätskonstante führt zu einem optischen Absorptionskoeffizienten.

Besitzt ein Stoff eine elektrische →Leitfähigkeit, dann wirkt sich diese bei Wechselstrom wie ein Beitrag zum dielektrischen Verlust aus. Man kann eine effektive Dielektrizitätskonstante

$$\varepsilon_{\text{eff}} = \varepsilon\left(1 - \frac{\mathrm{i}\sigma}{\varepsilon_r\varepsilon_0\omega}\right) \tag{4}$$

angeben, wobei σ die Leitfähigkeit ist und ω die Kreisfrequenz.

Inhomogene Substanzen besitzen häufig wesentlich kompliziertere Eigenschaften. Ladungsansammlungen an inneren oder äußeren Grenzflächen können sehr große Polarisierbarkeiten simulieren, besonders, wenn metallische Phasen beteiligt sind. Derartige Beiträge zur Polarisierbarkeit werden allerdings meist bereits bei Frequenzen im Radiowellenbereich unwirksam.

Kristalle oder Körper mit geringerer als kubischer Symmetrie sind i. a. dielektrisch anisotrop. Die Dielektrizitätskonstante ist in diesem Fall durch einen symmetrischen Tensor zu ersetzen. Im Optischen entspricht der dielektrischen Anisotropie die Erscheinung der →Doppelbrechung. Wird der Tensor sogar unsymmetrisch, dann spricht man in der Optik von optischer Aktivität.

Besonders in der Laseroptik treten Fälle auf, in denen die lineare Beziehung (2) zwischen D und E nicht ausreicht. Es sind höhere, nichtlineare Terme heranzuziehen, und man spricht deshalb von nichtlinearer Optik.

Im Fall der Ferroelektrika besteht eine spontane elektrische Polarisation, die sich im Feld umorientieren läßt. Ein linearer Zusammenhang zwischen D und E besteht außer in Grenzfällen nicht. Der Zusammenhang zwischen D und E wird vielmehr wie bei den ferromagnetischen Stoffen durch eine Hystereseschleife beschrieben.

Als dielektrische Werkstoffe im engeren Sinne werden die Kondensatordielektrika bezeichnet, bei denen die dielektrische Polarisierbarkeit eine wesentliche Rolle spielt im Gegensatz zu den Isolierwerkstoffen. Wichtigste Qualitätsmerkmale eines dielektrischen Werkstoffes sind eine möglichst frequenz-, temperatur- und zeitunabhängige hohe Polarisierbarkeit, niedrige dielektrische Verluste und eine hohe Spannungsbelastbarkeit, also eine hohe Durchbruchsfeldstärke. Aus Dielektrizitätskonstante ε_r und Durchbruchsfeldstärke E_D ergibt sich die maximal in dem →Kondensator speicherbare Energiedichte $\varepsilon_r\,\varepsilon'' E_D^2/2$. Ein weiteres, in der Praxis wichtiges Kriterium ist das Verhalten des Kondensators bei einem Durchschlag. Günstige Materialien erlauben das →Ausheilen eines lokalen Durchschlags (Selbstheilungseffekt).

Zwei prinzipiell verschiedene Bauformen erfordern unterschiedliche dielektrische Werkstoffe: Entweder ist das D. eine selbsttragende Folie oder Scheibe und die Elektroden werden als dünne Schicht oder Folie aufgebracht, oder das D. wird als dünne Schicht auf eine tragende Elektrode aufgebracht. Im ersten Fall verwendet man eine Vielfalt von Werkstoffen von ölgetränktem Papier bis zu keramischen Stoffen (Tabelle 1). Im zweiten Fall werden häufig die Oxide der Elektroden als D. verwendet, so Al_2O_3 im →Aluminium-Elektrolytkondensator und SiO_2 in der Silicium-Planartechnologie.

Eine Sonderform stellen die Grenzschichtkondensatoren dar, bei denen elektronische Verarmungszonen an den Korngrenzen von dotiertem $BaTiO_3$ als Kondensatordielektrikum dienen.

Hubert

Literatur: *Feldtkeller, E.:* Dielektrische und Magnetische Materialeigenschaften. Mannheim 1973. – *Fröhlich, H.:* Theory of Dielectrics. Oxford 1968.

Halbleitertechnologie. Die Anwendung verschiedener D. in der Halbleitertechnologie beruht auf ihrer chemischen Stabilität, dem niedrigen Diffusionskoeffizienten zahlreicher Atome in ihnen, ihrem hohen elektrischen Widerstand und ihrer hohen Dielektrizitätskonstanten.

Dielektrikum. Tabelle 1: Überblick über die wichtigsten dielektrischen Werkstoffe

Werkstoffklasse	Beispiel	ε_r	tan δ	E_D(kV/cm)	Anwendungsbeispiel
Papier (getränkt)		4	0.003	500	Leistungskondensatoren
Nicht-polare Kunststoffe	Polystyrol	2.5	0.0003	1000	Präzisionskondensatoren
Polare Kunststoffe	Polycarbonat	3	0.001	1000	Allg. HF-Anwendung
Glimmer		6	0.005	500	Normalkondensatoren
Polare Keramik	TiO_2	100	0.0005	150	Schwingkreise
Ferroelektrische Keramik	$BaTiO_3$	10000	0.01	10	Kopplungs-, Entstörkondensatoren

Dielektrikum. Tabelle 2: In der Halbleitertechnologie verwendete Dielektrika

Dielektrikum	Dielektrizitäts-konstante	Durchbruchfeld-stärke (V/cm)	Schmelzpunkt (°C)
SiO_2	1,7 bis 4,4	6×10^6	1 700
Si_3N_4	6 bis 9	10^7	1 900
Al_2O_3	2,5 bis 9,6	3×10^6	2 050
TiO_2	bis 82		1 825
Ta_2O_5	20–45	3×10^6	1 877

Demzufolge werden sie verwendet als Isolatorschicht, aktive Bauelementeschicht (für Kondensatoren, MOS-Transistoren, EEPROM-Speicher), als Maskierungsschicht bei →Ionenimplantation, →Diffusion und selektives →Ätzen, als Passivierungsschicht gegen die Eindiffusion von Ionen, als →Isolator und →Substrat für die →SOI-Technik, als Defektzentrum beim intrinsischen →Gettern, zur Planarisierung von Höhenstufen, als Adsorptionsfläche für chemische Stoffe (→Sensorik) und als →Wellenleiter in der integrierten →Optik.

Organische Isolatoren (Polymere) werden im Sprachgebrauch nicht zu den D. gerechnet.

Alle wichtigen Dielektrika (Tabelle 2) sind amorph und unterscheiden sich deshalb teilweise beträchtlich von ihrer einkristallinen Modifikation.

Die größte Bedeutung hat SiO_2, das Oxid des Siliciums (Oxid), da es durch thermische →Oxidation mit sehr guten Eigenschaften hergestellt werden kann. Si_3N_4 wird in der →LOCOS-Technik und zur →Passivierung von Schaltkreisen verwendet, letzteres gilt auch für SiN_xO_y. TiO_2 und Ta_2O_5 sind wegen ihrer hohen Dielektrizitätskonstanten für dynamische Speicher interessant, werden derzeit aber nur im Labor verwendet. Weitere D. finden bei III-V- und anderen Verbindungshalbleitern als Passivierung und Maskierung bzw. als Antireflexschichten bei Solarzellen Verwendung. *Ryssel*

Differentialfeldplatte →Feldplatte

Differenzierverstärker. Der Differenzierer ist ein →Meßverstärker (invertierender →Operationsverstärker), dessen Ausgangsspannung u_a proportional der Änderungsgeschwindigkeit der Eingangsspannung u_e ist. Aus dem in dem Knoten 1 (Bild) fließenden Eingangsstrom

$$i_e = C\frac{du_e}{dt}$$

ergibt sich die Ausgangsspannung

$$u_a = -R_gC\frac{du_e}{dt}$$

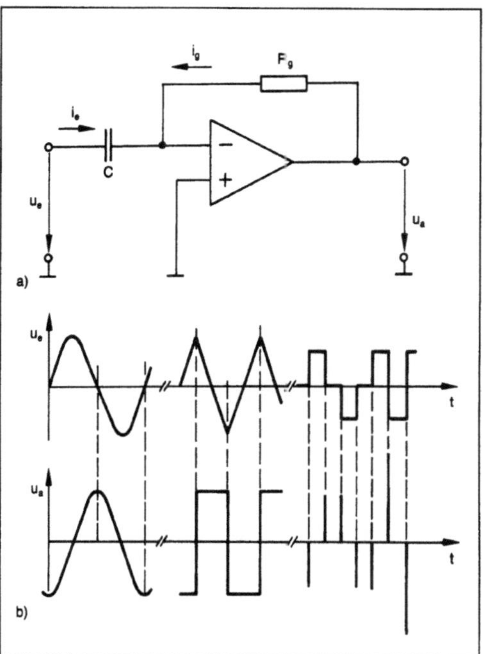

Differenzierverstärker: Differenzieren mit dem Umkehrverstärker.
a) Schaltung
b) Signale.

Das Differenzieren bereitet erfahrungsgemäß in der Praxis mehr oder minder große Schwierigkeiten, da durch diese Operation das →Rauschen und die höherfrequenten Störsignale besonders hervorgehoben werden. Für den praktischen Einsatz ist der Differenzierer noch um Filter zu erweitern, die das Signalband begrenzen und das Signal/Rausch-Verhältnis verbessern. *Schrüfer*

Differenzverstärker. D. sind linear verstärkende Gleichspannungsverstärker, deren Ausgangsspannung U_A der Differenz der beiden Eingangsspannungen proportional ist. Die Grundschaltung (Bild) besteht aus zwei am →Emitteranschluß zusammengeschalteten Transistoren, die aus einer gemeinsa-

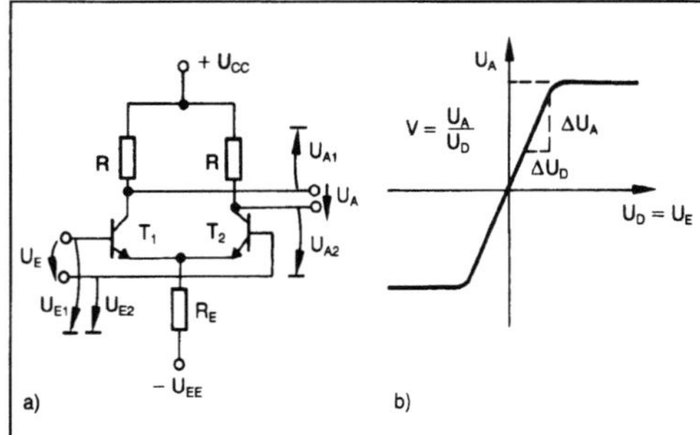

Differenzverstärker:
a) Grundschaltung $U_E = U_D = U_{E1}-U_{E2}$, $U_A = U_{A1}-U_{A2}$
b) Übertragungskennlinie $U_A = f\ (U_D)$ *mit Angabe der Differenzverstärkung.*

men →Konstantstromquelle gespeist werden. Die zwischen beiden Basisanschlüssen A_1, A_2 liegende Spannungsdifferenz kann verstärkt an den Lastwiderständen R_1, R_2 abgenommen werden, da die Differenzspannung gegenläufige Wirkungen an den Lastwiderständen erzeugt.

Üblicherweise liegt bei einem allgemeinen Signal am Eingang neben der Differenzspannung noch die Gleichtakteingangsspannung (Spannungen der Basisanschlüsse gegen Masse) an. Dann entsteht ausgangsseitig neben der erwähnten symmetrischen Ausgangsspannung ggf. noch eine unsymmetrische gegen einen festen Bezugspunkt. Dieser Fall trifft durchweg auf →Operationsverstärker zu. Für die Differenzeingangsspannung hat der D. immer eine deutlich größere Verstärkung als für die Gleichtakteingangsspannung, m. a. W. wird diese im Ausgangssignal unterdrückt. Diese Eigenschaft begründet den breiten Einsatz des D.

Der D. ist im Regelfall symmetrisch aufgebaut, weil sich dann Temperatureinflüsse und Nichtlinearitäten weitestgehend kompensieren (geringes Offsetverhalten). Der D. ist als Gleichspannungsverstärker die Standardeingangsschaltung von Operationsverstärkern. Er besitzt sowohl in →Bipolar- als auch in →MOS-Technik gute elektrische Eigenschaften und ist deswegen zu einer der Standardschaltungen in integrierten Analogschaltungen geworden. *R. Paul*

Diffusion. Die D. ist die wichtigste Methode zur →Dotierung von Halbleitern und damit zur Herstellung von mikroelektronischen Bauelementen. Als D. bezeichnet man allgemein jeden mit einem Materietransport verbundenen physikalischen Ausgleichsprozeß. Dieser Ausgleichsprozeß geschieht in Halbleitern aufgrund noch nicht endgültig geklärter mikroskopischer Mechanismen. Die makroskopische Beschreibung erfolgt in der Regel über reaktionskinetische und thermodynamische Betrachtungen.

Thermodynamisches Gleichgewicht ist durch konstantes elektrochemisches Potential gekennzeichnet. Das elektrochemische Potential μ_i der Komponente i eines Systems ist gegeben durch:

$$\mu_i = \mu_i^* + k \cdot T \cdot \ln (f_i \cdot x_i) + z_i \cdot q \cdot \varphi$$

In dieser Formel ist μ_i^* der nur vom Druck und von der Temperatur abhängige Anteil des elektrochemischen Potentials der Komponente i. k ist die Boltzmannkonstante, T die absolute Temperatur, q die Elementarladung und φ das elektrische Potential. f_i, x_i und z_i sind der Aktivitätskoeffizient, der Molenbruch und die Ladungszahl der Komponente i. Da die Konzentration der uns hauptsächlich interessierenden Teilchen im Halbleiter um Größenordnungen geringer als die Konzentration der Atome des Halbleiters ist, kann der Molenbruch x_i durch die Konzentration C_i der Komponente i ersetzt werden. Unter idealisierten Bedingungen kann der Aktivitätskoeffizient f_i zu 1 angenommen werden. Diese Vernachlässigung ist allein schon aus pragmatischen Gründen notwendig, da es keine Möglichkeit einer Bestimmung gibt.

Bei nichtkonstantem elektrochemischem Potential werden in der Regel Ausgleichsvorgänge auftreten, wobei der Materiefluß in erster Näherung als proportional zum Gradienten des elektrochemischen Potentials angenommen werden kann. An der Grenzfläche zwischen zwei Materialien kann in der Regel Stetigkeit des elektrochemischen Potentials angenommen werden. Da jedoch der Anteil μ_i^* stark materialabhängig ist, wird sich an der Grenzfläche ein Sprung in der Dotierung ergeben. Diesen Effekt nennt man Segregation.

Unter den oben genannten Vernachlässigungen und unter der Annahme des Transportes ungeladener Teilchen, z. B. von Metallatomen im Zwischengitter eines unendlich ausgedehnten Kristalls bei konstanter Temperatur, kann man die D. durch die 1855 von *A. Fick* gefundenen Gesetze beschreiben. Das erste Fick'sche Gesetz stellt einen Zusammenhang her zwischen der pro Zeiteinheit durch eine Flächeneinheit durchtretenden Materiemenge J und dem Gradienten der Konzentration C der betrachteten Teilchen in der Form:

$$J = -D \cdot \text{grad } C$$

Dabei wird die Proportionalitätskonstante D als →Diffusionskoeffizient bezeichnet. Mit der die Erhaltung der Teilchen beschreibenden →Kontinuitätsgleichung

$$\frac{\partial C}{\partial t} + \text{div } J = 0$$

ergibt sich das zweite Fick'sche Gesetz unter der Annahme eines räumlich konstanten Diffusionskoeffizienten zu:

$$\frac{\partial C}{\partial t} = \text{div}\ (D\ \text{grad}\ C)$$

Bei der für die →Halbleitertechnologie besonders wichtigen D. von Dotierstoffen erfolgt die D. nach dem jetzigen Wissensstand nicht über direkte Platztausch- oder Ringtauschmechanismen, sondern über sogenannte Diffusionsvehikel. Diese bilden Komplexe mit den Dotierstoffatomen, die dann beweglich sind. Die Komplexbildung kann mit Hilfe der Reaktionskinetik beschrieben werden. Im strengen Sinn kann nun nicht mehr mit den Fick'schen Gesetzen gearbeitet werden. In der Praxis wird jedoch von räumlich konstanten Punktdefektkonzentrationen ausgegangen und alle anderen nichtidealen Einflüsse durch einen effektiven, u. U. nichtlokalen Diffusionskoeffizienten beschrieben. Da die Komplexe mit den Dotierstoffatomen in der Regel ladungsbehaftet sind, darf der letzte Teil in der Formel für das elektrochemische Potential nicht mehr vernachlässigt werden.

Als Diffusionsvehikel kommen Silicium-Eigenzwischengitteratome (Interstitials) und -Gitterfehlstellen (Leerstellen) in Frage. Beide kommen bei positiven Temperaturen im thermodynamischen Gleichgewicht im idealen Kristall vor und werden daher auch intrinsische Punktdefekte genannt. Die D. von Punktdefekten wird als →Selbstdiffusion und ihre Diffusionskoeffizienten als Selbstdiffusionskoeffizienten bezeichnet. Sie haben, verglichen mit den Dotierstoffatomen, einen um einige Zehnerpotenzen höheren Diffusionskoeffizienten und eine Gleichgewichtskonzentration in der Größenordnung von 10^{12}–10^{16} cm^{-3}. Diese Diffusionsvehikel können in mehreren Ladungszuständen auftreten, wodurch sich eine *Fermi*-Niveauabhängigkeit des effektiven Diffusionskoeffizienten ergibt.

Bei niedrigen Dotierstoffkonzentrationen und unter inerten Bedingungen sind die Diffusionsvehikel thermodynamisch im Gleichgewicht. Ihre Konzentration ist dann räumlich konstant. Unter oxidierenden Bedingungen (→Oxidation) werden an der Silicium/Siliciumdioxid-Grenzschicht Silicium-Eigenzwischengitteratome erzeugt. Dadurch kommt es bei allen Dotierstoffen, die über Silicium-Eigenzwischengitteratome diffundieren (z. B. →Bor und →Phosphor) zu einer Erhöhung des Diffusionskoeffizienten. Dieser Effekt wird *Oxidation-Enhanced Diffusion,* OED, genannt. Gleichzeitig wird die Konzentration der Gitterfehlstellen verringert. Dadurch ergibt sich eine verringerte D. für alle Elemente, die über Gitterfehlstellen diffundieren (z. B. →Antimon). Dieser Effekt wird *Oxidation-Retarded Diffusion,* ORD, genannt.

Bei hohen Konzentrationen von manchen Dotierstoffen (hauptsächlich Phosphor, aber auch Bor) ist die Konzentration von Silicium-Eigenzwischengitteratomen im Wafer erhöht. Dies führt zu der Ausbildung von lokalen Überhöhungen im Profil von ausgeheilten Phosphorproben und zu erhöhter D. auch in Bereichen mit niedriger Konzentration, dem sogenannten *Emitter-Push-Effekt.*

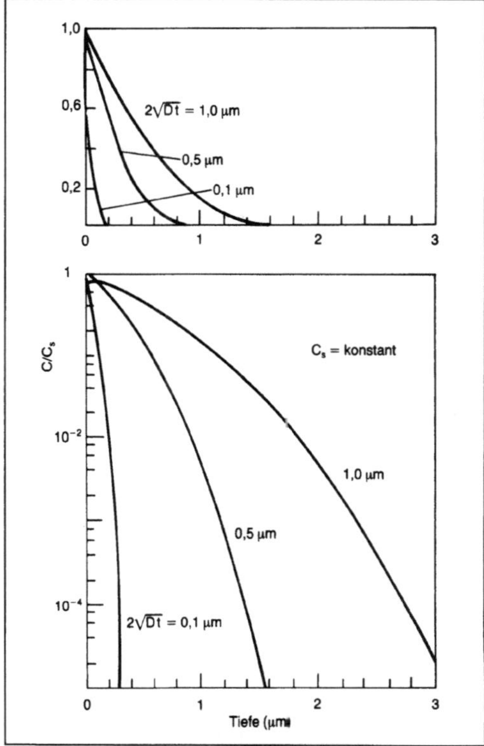

Diffusion 1: Fehlerfunktionsdiffusionsprofile in linearer und halblogarithmischer Darstellung.

Bei hohen Dotierstoffkonzentrationen kann es zur Überschreitung der chemischen und elektrischen →Löslichkeit kommen. Dabei bilden sich Ausscheidungen, die in der Regel mit reaktionskinetischen Ansätzen beschrieben werden können. Dabei sind die in den Ausscheidungen gebundenen Atome nicht mehr beweglich und tragen auch nicht zum elektrochemischen Potential bei. Es ergibt sich dadurch eine Verminderung des effektiven Diffusionskoeffizienten.

Bei jedem Prozeßschritt bei genügend hoher Temperatur tritt eine D., d. h. in der Regel eine Verbreiterung, der Dotierungsprofile ein. Solche Prozeßschritte sind u. a. die eigentliche D., Oxidation und →Epitaxie. Zu einer Umverteilung oder Eindiffusion von Metallionen kann es jedoch auch schon bei weit geringeren Temperaturen kommen, da deren Diffusionskoeffizient, verglichen mit dem von Dotierstoffatomen, um Größenordnungen höher liegt.

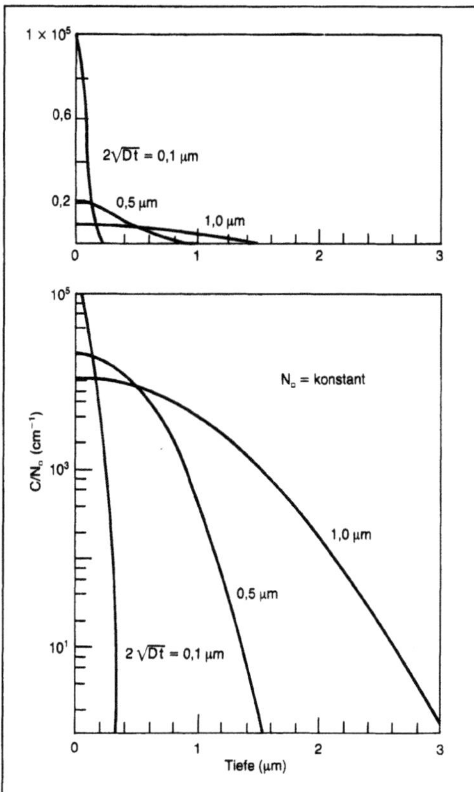

Diffusion 2: Gaußförmige Diffusionsprofile in linearer und halblogarithmischer Darstellung.

Die Umverteilung von Dotierstoffatomen wird z. B. bei der →Vorbelegung und beim Eintreiben von Profilen technologisch genützt. Beim →Ausheilen von ionenimplantierten Schichten ist die Verbreiterung der Profile in der Regel unerwünscht, da hier nur die elektrische →Aktivierung der Dotierstoffatome beabsichtigt ist. Die D. wird mittels eines Diffusionsofens vorgenommen.

Die D. von Dotierungsatomen wird üblicherweise in einem Zweistufenprozeß durchgeführt. Im ersten Schritt wird durch eine Vorbelegung (*engl.* predeposition) eine oberflächennahe Schicht dotiert. In einem zweiten Schritt werden die Dotieratome dann tiefer eindiffundiert (*engl.* drive-in Diffusion). Im ersten Fall hat man eine unerschöpfliche, im zweiten Fall eine erschöpfliche Quelle vorliegen. Zur Vorbelegung können feste Quellen (P_2O_5, B_2O_3), oder gasförmige Quellen (PH_3) verwendet werden. Die Scheiben werden dazu stehend in ein Diffusionsrohr gebracht (→Diffusionsofen). Die Diffusionstemperaturen liegen normalerweise bei 900–1200 °C.

□ Feste Quellen: Für zahlreiche Fremdatome stehen feste Quellen zur Verfügung. Das Quellenmaterial ist gewöhnlich ein Oxid der Dotierungssubstanz (z. B. P_2O_5, B_2O_3, Sb_2O_4). Die Oxide haben einen relativ hohen Dampfdruck und werden durch das Trägergas zur Siliciumscheibe transportiert und dort reduziert, z. B.

$$2\ B_2O_3 + 3\ Si\ 4\ B + 3\ SiO_2$$

d. h. es wird gleichzeitig ein Oxid gebildet. Eine alternative Art der Feststoffquelle sind: dotierte Oxide, die, ähnlich wie →Photolack, auf die Siliciumscheiben aufgeschleudert werden (spin-on sources). Diese Quellen sind flüssig und bestehen aus einer organischen Siliciumverbindung und einer Verbindung der Dotierungssubstanz. Nach einem Ausheizschritt bildet sich daraus ein dotierter Oxidfilm, der als Diffusionsquelle dient. Eine weitere Möglichkeit ist der Transport der Dotierungsatome durch eine chemische Reaktion. Ein Beispiel hierfür ist die D. von Gallium aus Ga_2O_3, das nur in Anwesenheit von Wasserstoff in das Trägergas durch Reduktion übergeht. Eine mögliche Reaktion ist:

$$Ga_2O_3\ \text{(fest)} + 3\ H_2\ 2\ Ga\ \text{(Dampf)} + 3\ H_2O$$

□ Flüssige Quellen: Im Fall von flüssigen Quellen läßt man das Trägergas durch eine flüssige Verbindung der Dotiersubstanz (z. B. $POCl_3$, BBr_3) perlen und leitet das gesättigte Gas in das Diffusionsrohr. Die Menge der Dotiersubstanz wird durch die Temperatur der Flüssigkeit bestimmt und durch einen Thermostaten konstant gehalten.

□ Gasförmige Quellen: In den letzten Jahren werden im steigenden Maß gasförmige Quellen verwendet. Es sind dies vor allem Phosphin (PH_3) und Diboran (B_2H_6). Ein Nachteil ist die hohe Giftigkeit der Verbindungen; ein großer Vorteil liegt in der besseren Kontrollierbarkeit der Partialdrücke.

Zur Erzeugung tiefer Fremdatomverteilungen folgt nach der Vorbelegung (D. aus unerschöpflicher Quelle) eine Nachdiffusion (*engl.* drive-in Diffusion, D. aus erschöpflicher Quelle). Diese wird durch eine Temperaturbehandlung in einer Atmosphäre, die keine Dotieratome enthält, durchgeführt. Sehr häufig wird dazu eine oxidierende Atmosphäre verwendet.

Unter der Annahme einer konstanten Oberflächenkonzentration C_S erhält man eine analytische Lösung der Fickschen Gesetze. Für die Dotierungskonzentration C (x, t) als Funktion des Ortes x mit der Zeit t und dem Diffusionskoeffizienten D als Parameter gilt:

$$C(x,t) = C_S \operatorname{erfc} \frac{x}{2\sqrt{Dt}}$$

erfc ist die komplementäre Fehlerfunktion.

Die Menge der eindiffundierten Substanz $N_\square(t)$ ergibt sich zu:

$$N_\square(t) = \int_0^\infty C(x,t)\,dx = \frac{2}{\sqrt{\pi}} \sqrt{Dt}\, C_s\,.$$

$N_\square$ wird als Belegung bezeichnet und entspricht der Dosis bei der →Ionenimplantation. Bei der D. aus erschöpflicher Quelle, also konstanter Belegung läßt sich ebenfalls eine analytische Lösung des Fick'schen Gesetzes angeben, wenn man annimmt, daß die Vorbelegung sehr flach im Vergleich zur drive-in Diffusion ist, d. h. unter Annahme einer Deltafunktion als Vorbelegung, und die D. in inerter Atmosphäre stattfindet. Es ergibt sich ein gaußförmiges Profil:

$$C(x,t) = \frac{N_\square}{\sqrt{\pi Dt}} \exp(-x^2/4Dt)$$

mit einer konstanten Belegung $N_\square$ und einer veränderlichen Oberflächenkonzentration C_S:

$$C_S = \frac{N_\square}{\sqrt{\pi Dt}}$$

Im Gegensatz zu den komplementären Fehlerprofilen ist der Konzentrationsgradient an der Oberfläche Null, d. h. es findet kein Materialtransport statt. *Ryssel*

Literatur: *Madelung, O.* und *M. Schulz, H. Weiß, Landolt-Börnstein: Halbleiter. Bd. 17c. Berlin 1984. – Shaw, D.* (Ed.): Atomic Diffusion in Semiconductors. 1973.

Diffusionskapazität. Speicherungsvermögen von →Minoritätsträgern in den neutralen Gebieten einer Halbleiterdiode, wobei die Ladungsträgerkonzentration im Takt einer anliegenden Wechselspannung auf- und abgebaut wird.

Polt man eine Halbleiterdiode (z. B. pn-Diode) in Flußrichtung, so werden in die neutralen Gebiete außerhalb der →Raumladungszone Minoritätsträger injiziert, die beim Umpolen wieder durch Diffusion abgebaut werden müssen. Mit einer Spannungsänderung ΔU ist so eine Änderung ΔQ dieser Ladung verbunden, so daß sich die Diffusionskapazität $C = \Delta Q/\Delta U$ ergibt. Für eine Diode mit dem Strom I (Sperrstrom I_s), der Querschnittsfläche A, den Minoritätsträgerdichten n und p, sowie den zugehörigen Diffusionslängen L_n und L_p ergibt sich bei der Temperatur T

$$\frac{C}{A} = \frac{\varrho^2}{2kT}\left(1 + \frac{I}{I_s}\right)(pL_p + nL_n)$$

(k = Boltzmann-Konstante). Die D. ist also sowohl Temperatur-, als auch strom- bzw. spannungsabhängig. Typische Werte für eine Siliciumdiode bewegen sich bei Flußpolung in der Größenordnung 100 µF/cm². *Heinz*

Diffusionskoeffizient. Der D. beschreibt bei der →Diffusion von ungeladenen, ideal verdünnten, frei beweglichen Teilchen den Zusammenhang zwischen dem Materiestrom pro Zeiteinheit durch eine Flächeneinheit und dem Gradienten der Konzentration der Teilchen.

Bei der Diffusion von Dotierstoffen kann man in der Regel nicht davon ausgehen, daß diese Bedingungen erfüllt sind und beschreibt die Diffusion mit Hilfe eines effektiven D. Unter inerten Bedingungen für intrinsische Konzentrationen und defektfreie →Halbleiter ist die Temperaturabhängigkeit des D. sehr gut in der Form des *Arrhenius*-Gesetzes.

$$D = D_i \cdot \exp(-E_a/kT)$$

über eine →Aktivierungsenergie E_a beschreibbar (Bild 1). Typische Werte für D. bei 1000 °C und deren Aktivierungsenergien liegen bei Dotierstoffen in der Größenordnung von 10^{-14} cm²/s bzw. um 4 eV. Im Oxid liegen die D. meist deutlich niedriger, weshalb man Oxide auch als Abdeckung zur selektiven →Vorbelegung (Diffusion, →Ionenimplantation) verwendet.

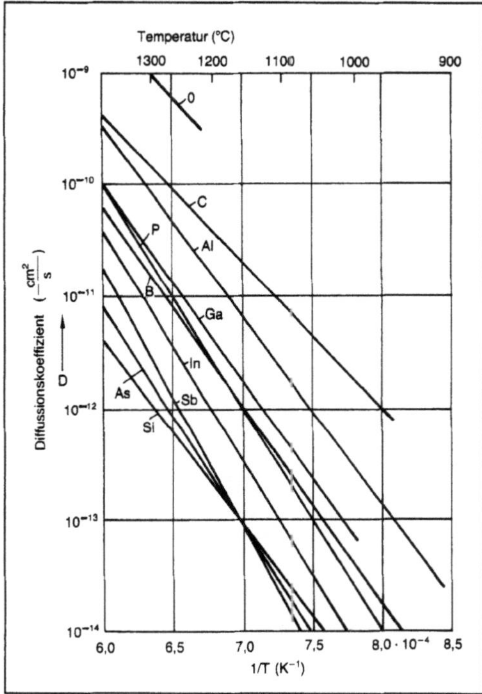

Diffusionskoeffizient 1: Intrinsische D. verschiedener Elemente in Silicium.

Bei extrinsischen Konzentrationen erfolgt die Diffusion in hohem Maße über geladene Diffusionsvehikel. Die Konzentration der für die Diffusion von Donatoren maßgeblichen einfach und doppelt negativ geladenen Diffusionsvehikel ist nach dem Massenwirkungsgesetz proportional zur Elektronenkonzentration bzw. zu deren Quadrat. Unter inerten Bedingungen kann man den Einfluß der Fermini-

Diffusionskoeffizient. Tabelle: D_i- und E_a-Werte für wichtige Elemente in Silicium und SiO_2

Element	Silicium		SiO_2	
	D_i (cm^2/s)	E_a (eV)	D_i (cm^2/s)	E_a (eV)
Antimon	7,74	3,98	$1{,}31 \cdot 10^{16}$	8,75
Arsen	13	4,05	248	4,9
Bor	13	3,81	$3{,}6 \cdot 10^{-4}$	3,53
Phosphor	0,6	3,51	0,186	4,03
Silicium	154	4,65	–	–

veau-Abhängigkeit der Diffusionsvehikelkonzentrationen mit

$$D_{dv} = D_0 + D_- \cdot n/n_i + D_= \cdot (n/n_i)^2$$

abschätzen.

Bei hohen Konzentrationen bilden sich Ausscheidungen, wobei die in den Ausscheidungen befindlichen Atome nicht mehr beweglich sind. Der Materiestrom ist somit nur mehr dem Gradienten der Konzentration N der beweglichen Atome proportional. Um eine mit den *Fick*'schen Gesetzen konforme Diffusionsgleichung zu bekommen, wird die Diffusionsverminderung auf den Gradienten der Konzentration aller Atome in der Form

$$D_{dv} \cdot \text{grad } N = D_{dv,a} \cdot \text{grad } C$$

mit dem effektiven Diffusionskoeffizienten

$$D_{dv,a} = Dd_v \cdot \partial N/\partial C$$

umgelegt.

Zusätzlich ist bei hohen Konzentrationen noch die Bildung eines elektrischen Potentials zu berücksichtigen. Bei einem Dotierstoff kann man seinen Einfluß analytisch berechnen (Bild 2). Er ergibt sich in der Form

$$D_{dv,a,f} = D_{dv,a} \cdot (1 + N/\sqrt{N^2 + 4 \cdot n_i^2})$$

Ryssel

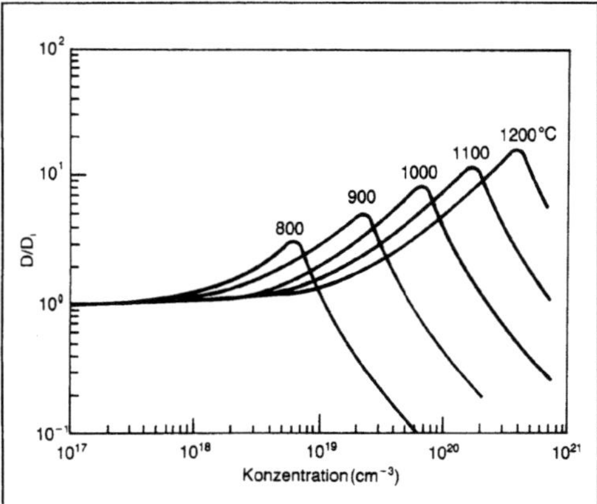

Diffusionskoeffizient 2: D. von Bor in Silicium als Funktion der Temperatur.

Literatur: *Madelung, O.* und *M. Schulz, H. Weiß, Landolt-Börnstein:* Halbleiter. Bd. 17c. Berlin–Heidelberg–New York 1984.

Diffusionsofen. Mit Hilfe eines D. können Dotieratome in Halbleiter diffundiert werden (→Dotierung, →Diffusion). Auch die thermischen Oxidationen werden in D. durchgeführt, d. h. Diffusions- und Oxidationsöfen zeigen einen identischen Aufbau und unterscheiden sich nur in ihrer Verwendung. Abweichungen sind nur im Aufbau der Scheibenträger im Rohr (Boote) und in der Gasversorgung zu finden.

Die Diffusion/Oxidation wird in von einer Widerstandsheizung umgebenen Quarzrohren bei Temperaturen zwischen 900–1200 °C durchgeführt. Speziell bei Temperaturen über 1100 °C finden oft auch Silicium- und Siliciumcarbidrohre Verwendung, da sie eine höhere Temperaturstabilität und niedrigere Diffusionskoeffizienten für Verunreinigungen aufweisen.

In der Praxis beträgt die Länge der Diffusionsrohre (Bild 1) ca. 2 m, der Durchmesser ca. 20 cm. In den am häufigsten verwendeten Öfen sind vier Rohre dieser Art horizontal übereinander angeordnet (Bild 2) (Vier-Stock-Horizontalofen). Durch die Verwendung separat geregelter Heizzonen (3–5) wird ein möglichst großer Abschnitt des Rohres auf konstanter Temperatur gehalten (ca. 80–100 cm bei 2 m Rohrlänge). Die maximale Abweichung von der Solltemperatur beträgt in diesem Gebiet üblicherweise ±0,5 K. Bedingt durch die langen Prozeßzeiten (im Stundenbereich) werden bis zu 200 Siliciumscheiben in einem Durchlauf prozessiert (batch-Prozeß). Die Scheiben stehen dabei vertikal mit

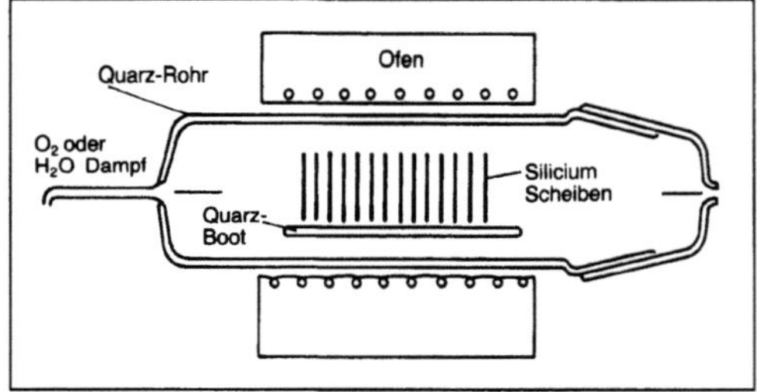

Diffusionsofen 1: Schematischer Aufbau.

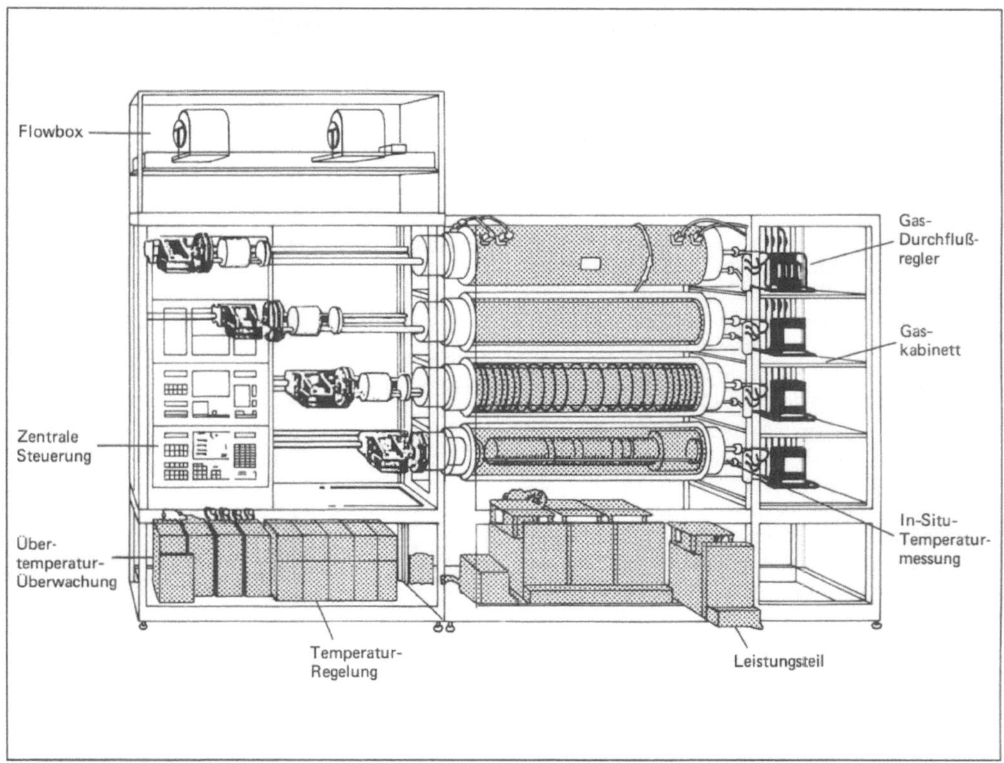

Diffusionsofen 2: Aufbau eines vier-Stock-Horizontalofens mit den Baugruppen Beladestation, Leistungsteil, Heizkasten und Gaskabinett.

einem Abstand von 2–5 mm in der temperaturkonstanten Zone des Diffusionsrohres, die Strömungsgeschwindigkeit des Prozeßgases beträgt ca. 1 cm/s unter Standardbedingungen.

Steigende Scheibendurchmesser und Anforderungen an Diffusionsprofilhomogenität/Schichtdikkenhomogenität führten besonders bei kritischen Anwendungen zum vermehrten Einsatz von Vertikalöfen. Bei diesem Ofentyp ist das Prozeßrohr vertikal angeordnet, wodurch eine verbesserte Beherrschbarkeit der Temperatur- und Strömungsverhältnisse erreicht wird. Ein wesentlicher Vorteil der Vertikalöfen gegenüber den Horizontalöfen tritt ein, wenn die Rohrbeladung von unten erfolgt. Dann wird die Rückdiffusion von Luft in das Prozeßrohr während des Ladens weitgehend verhindert, da kein durch Konvektion unterstütztes Ausströmen der heißen Gase aus dem Prozeßrohr und Einströmen der kalten Umgebungsluft in das Prozeßrohr mehr erfolgt. *Ryssel*

Literatur: N. N.: Semiconductor International (1985) S. 278.

Diffusionsspannung. Temperaturabhängige elektrische Potentialdifferenz, die in einem inhomogenen Halbleiter durch Diffusion freier →Ladungsträger zwischen verschieden dotierten Bereichen aufgebaut wird.

Ist ein Halbleiter räumlich inhomogen dotiert, so erzeugen die Dotierungsatome eine entsprechend inhomogene Verteilung von Elektronen und/oder Löchern. Die dadurch hervorgerufenen (mit der Temperatur steigenden) Diffusionsströme führen zu Raumladungen, die ihrerseits elektrische Felder und damit Feldströme erzeugen, die im sich aufbauenden Gleichgewicht die Diffusionsströme egalisieren. Die damit stabilen elektrischen Felder verbiegen das elektrostatische Potential, dessen Differenz zwischen Punkten der homogenen Gebiete D. heißt. Diese ist mit einem Voltmeter nicht meßbar, da sie durch eine Differenz des chemischen Potentials egalisiert wird. Besonders übersichtlich liegen die Verhältnisse beim abrupten →pn-Übergang, wobei p- und n-Gebiet mit Akzeptoren bzw. Donatoren der Dichte N_A bzw. N_D dotiert sind. Die D. bei der Temperatur T ergibt sich dann zu

$$U = \frac{kT}{e} \ln \frac{N_D N_A}{n_i^2}$$

(k = Boltzmann-Konstante, e = Elementarladung, n_i = Intrinsicdichte des Halbleiters), womit sich z. B. für Silizium und Zimmertemperatur und für $N_A = N_D = 10^{17} cm^{-3}$ der Wert U = 0.8 V ergibt. (pn-Übergang). *Heinz*

Diffusionsstrom. Strom von Teilchen, der durch einen räumlichen Gradienten der Teilchendichte zustande kommt und in Richtung geringerer Dichte fließt.

Der D. ist eine unmittelbare Folge der Temperaturbewegung der Teilchen. Er hängt daher mit der Temperatur T und der Beweglichkeit b der Teilchen zusammen (Letztere unterscheidet geladene und ungeladene Teilchen durch Multiplikation mit der Ladung q). Beide bilden den Diffusionskoeffizienten D = bkT (k = Boltzmann-Konstante) bzw. für geladene Teilchen D = bkT/q. Die Teilchenstromdichte ergibt sich dann zu j = –D grad(n), bzw. die elektrische Stromdichte zu j = –qD grad(n) (n = Teilchendichte). Da die Teilchendichte vom chemischen Potential der Teilchen abhängt, läßt sich der D. auch mit Hilfe von dessen Gradienten ausdrükken. *Heinz*

Diffusionstransistor.

1. →Bipolartransistor, dessen Wirkprinzip auf dem Stromfluß durch den Basisraum (→Basis) im Gegensatz zum →Drifttransistor vorzugsweise auf der →Diffusion von Minoritätsträgern beruht, d. h. ohne Mitwirkung eines elektrischen Feldes. Voraussetzung dazu ist ein homogen dotierter Basisraum. Da der Ladungsträgertransport durch Diffusion relativ langsam erfolgt, hat diese Art des D. keine besonders hohe →Grenzfrequenz der Stromverstärkung (<10 MHz).

2. Bipolartransistor, bei dem wenigstens eine der drei verschieden dotierten Zonen (→Emitter, →Basis, →Kollektor, meist die Basis) durch Diffusion von Störatomen hergestellt werden. Dann kommt es zu inhomogenen Störstellenverteilungen, welche Ursache innerer Felder (sog. Driftfelder) sind. Bei ausreichender Feldstärke, insbesondere im Basisraum erfolgt dann der Minoritätsträgertransport, dort vorzugsweise als →Driftstrom: Prinzip des Drifttransistors. *R. Paul*

Digital-Analog-Umsetzer. (*engl.* DA-Converter, DA-Wandler, DAU) Elektronische Schaltung, die ein anliegendes Digitalsignal (Digitalzahl) in einen äquivalenten Amplitudenwert einer (quasianalogen) Ausgangsgröße – meist Spannung oder Strom – umformt. Dieser Vorgang wird in der Nachrichtentechnik als Pulscode-Demodulation verstanden.

Im Regelfall ist das digitale Eingangssignal eine Dualzahl bei unipolarem Ausgangssignal oder eine Zweierkomplement-Darstellung bei bipolarem Signal. Dann ist die Ausgangsgröße (z. B. Spannung U_A) proportional dem digitalen Eingangssignal X und einer →Referenzspannung U_R:

$$U_A = X \cdot U_R$$

$$X = a_{n-1}2^{n-1} + a_{n-2}2^{-2} + \ldots a_0 2^{-n}$$

$$a_i = 0 \text{ oder } 1.$$

DAU arbeiten nach sehr unterschiedlichen Prinzipien (Bild 1). So kennt man parallel und seriell arbeitende, ebenso direkte und indirekte. Letztere verwenden Zwischengrößen während des Wandlungsvorganges. Im direkt arbeitenden Umsetzer wird das digitale Eingangswort unmittelbar, d. h. ohne Zwischengröße in das analoge Ausgangssignal umgesetzt:

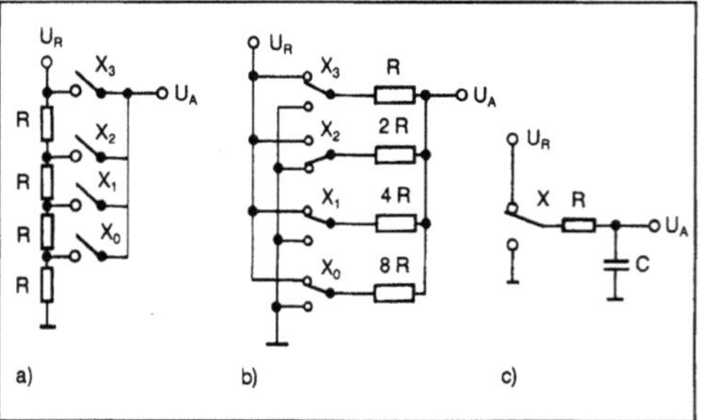

Digital-Analog-Umsetzer 1: Typische Verfahren zur Digital-Analog-Umsetzung.
a) Parallelverfahren (direkte Methode)
b) Stufenverfahren (Iterationsverfahren, Wägeverfahren)
c) Serienwandler (Zählverfahren).

□ Bei der (direkten) Parallel-Umsetzung wird jeder Ziffer eines Binärwortes ein Gewicht (in einem Takt) zugeordnet, das ein Vielfaches einer Einheit beträgt. Dieses klassische Verfahren verwendet man auch heute noch sehr verbreitet. Es bietet die größte Geschwindigkeit bei hoher Genauigkeit.

□ Die serielle (direkte) Umsetzung nutzt das jetzt als Impulsfolge vorliegende Binärwort, das Gewicht einer jeden Zahl ist gleich der Einheit. Deshalb werden anschließend m Rechenschritte benötigt, um den analogen Wert zu summieren. Dieses Verfahren erfordert weniger Aufwand, ist aber entsprechend langsamer.

In den indirekt arbeitenden Verfahren wird das Digitalsignal zunächst in eine Zwischengröße (z. B. eine pulsbreiten- oder tastverhältnismodulierte Impulsfolge) umgewandelt und daraus z. B. mittels eines Tiefpasses das analoge Ausgangssignal zurückgewonnen. Diese Methode hat einen deutlich geringeren Aufwand und kann insbesondere auf ein Präzisionsnetzwerk verzichten. Außerdem läßt es sich mit Mikrorechnern einfacher realisieren.

Das sehr verbreitete (direkte) Parallelverfahren besteht aus (Bild 2, a):

– einer Steuereinheit, die das digitale Eingangssignal speichert und die Stellung der Schalter für das Referenznetzwerk steuert. Sie kann ggf. noch eine Adreßdekodierung durchführen.
– einem Decodiernetzwerk. Dies ist ein elektronisches, d. h. durch Schalter gesteuertes Teilernetzwerk, das nach der Wertigkeit der Eingangsgröße eingestellt wird. Es erzeugt aus einer Referenzquelle genau abgestufte Ströme oder Spannungen, entweder durch ein Netzwerk mit dual abgestuften Widerständen, ein R-2R-Kettenleiternetzwerk (Bild 2, b) durch dual abgestufte Stromquellen oder immer stärker eingesetzt ein Schalter-Kondensator-Netzwerk, wie es die →MOS-Technik ermöglicht.
– einem →Verstärker für die Ausgangsspannung.

Kernstück des parallel arbeitenden DAU ist das Decodiernetzwerk. So werden beispielsweise mit

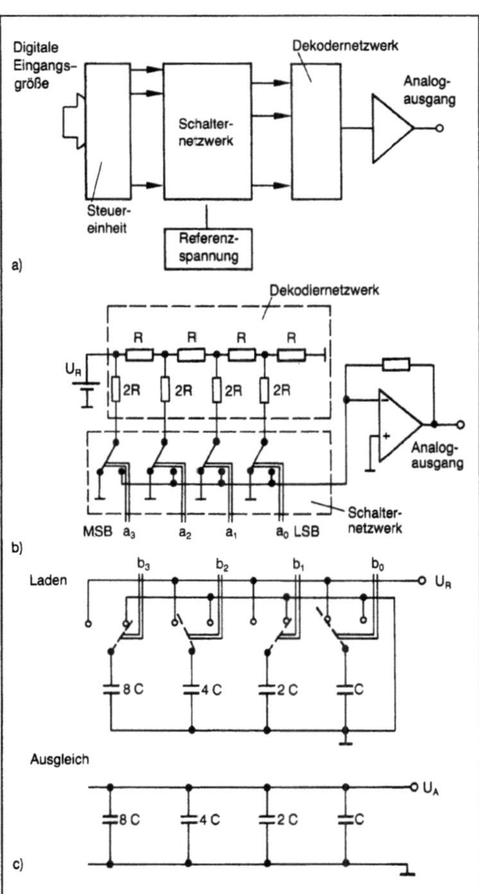

Digital-Analog-Umsetzer 2: Schematische Darstellung.
a) Prinzipieller Aufbau
b) 4-bit-DAU nach dem Parallelverfahren
c) Kapazitiver 4-bit-DAU: Schaltungen während der Lade- und Ladungsausgleichsphase.

einem dual abgestuften →Widerstandsnetzwerk dual abgestufte Ströme

$$I_\nu = \frac{U_{Ref}}{R} \cdot \frac{1}{2^\nu}$$

erzeugt, die man summiert. In der Schalterruhestellung fließen die Teilströme nach Masse ab. Werden einige Schalter durch das Digitalsignal umgeschaltet, so summieren sich die Teilströme am Eingang des OP. Dieser wandelt sie in eine proportionale Ausgangsspannung. Ein derartiges Netzwerk erfordert zwar die geringste Zahl von Widerständen, doch beträgt das Verhältnis von größtem zu kleinstem Widerstandswert 2^n, für ein 12 bit DAU also etwa 4000:1! Da derartige Widerstandsverhältnisse in integrierter Technik mit den geforderten engen Toleranzgrenzen praktisch nicht herstellbar sind, wählt man besser die R-2R-Variante (Bild 2, b). Sie erfordert zwar die doppelte Anzahl von Widerständen, dafür aber nur zwei Widerstandswerte (R und 2R). Die Wichtung erfolgt durch Halbierung des Stromes in jedem Knotenpunkt, wenn der betreffende Schalter geschlossen ist. Im Einsatz sind auch Kombinationen beider Schaltungsprinzipien.

Durch die MOS-Technik konnten die Widerstandsnetzwerke durch MOS-Kondensatoren ersetzt werden. Sie arbeiten nach dem Prinzip der Ladungsverteilung mit gewichteten Kondensatoren (Bild 2, c). Bei einem 4-bit-kapazitiven Parallel-DAU z. B. mit vier Kondensatoren und Schaltern werden während eines ersten Taktes alle Kondensatoren nach Maßgabe des Eingangswortes mit der Referenzspannung aufgeladen (oder bei anderer Schaltungsauslegung total entladen), während des folgenden Taktes alle parallelgeschaltet. Dann findet ein Ladungsausgleich statt, und die Ausgangsspannung stellt sich dem Binärwort entsprechend ein:

$$U_A = \frac{\Sigma Q}{\Sigma C} = \sum_{i=0}^{n-1} \frac{2^i \alpha_i U_{Ref}}{15}.$$

Bisher wurde davon ausgegangen, daß die Referenzspannung eine feste Bezugsgröße für den Wandlungsvorgang ist. Es gibt aber auch DAU, bei denen diese Quelle von außen angeschaltet werden kann, insbesondere bei multiplizierenden DAU. Auch hier ist das Ausgangssignal gleich dem Produkt aus Referenzspannung und digitalem Eingangswort. Sie verhalten sich damit bei veränderbarer Referenzspannung wie ein variables Dämpfungsglied oder ein →Multiplizierer. Solche Multiplizierer werden – speziell in CMOS-Technik – als zweiquadranten- und vierquadrantenmultiplizierende Schaltungen ausgeführt.

Bei den indirekt arbeitenden DAU (Bild 3), wird das Digitalsignal zunächst in ein impulsbreitenmoduliertes Signal umgewandelt. Sein Tastverhältnis t_i/T ist dem Digitalwort proportional. Daraus leitet ein nachgeschalteter Tiefpaß das analoge Ausgangssignal ab. Ein Binärzähler, der mit der Taktfrequenz f_F arbeitet, zählt die eintreffenden Impulse. Ein nachfolgender Digitalkomparator vergleicht den Zählerstand des Zählers mit dem digitalen Eingangssignal. An seinem Ausgang entsteht solange ein Ausgangssignal, solange der Zählerinhalt kleiner als das digitale Eingangssignal am DAU ist. Stimmen beide Ergebnisse überein, so stoppt der Zählervorgang. Auf diese Weise hängt die entstehende Impulslänge vom Wert des Digitalwortes ab. Durch Integration (Tiefpaß) ergibt sich das analoge Ausgangssignal. *R. Paul*

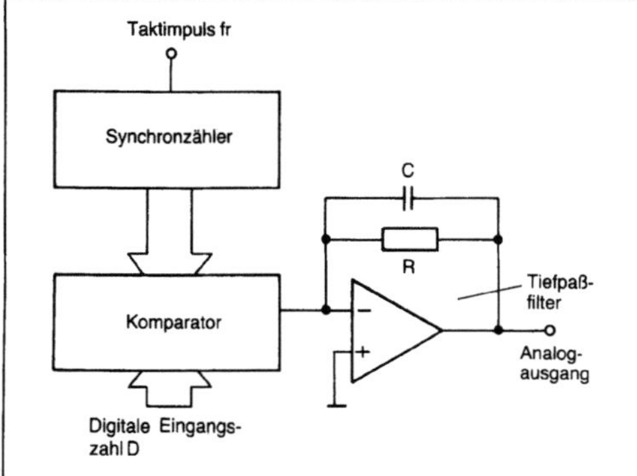

Digital-Analog-Umsetzer 3: Ausführung nach dem Prinzip der Impulsbreitenmodulation.

Literatur: *Millman, J.* and *A. Grabel:* Microelectronics. New York 1986. – *Tietze, U.* und *Ch. Schenk:* Halbleiterschaltungstechnik. Berlin 1985.

Digital-Analog-Wandlung. Mit DAW bezeichnet man den Übergang von wert- und zeitdiskreten Signalen in wert- und zeitkontinuierliche Signale. Die bestimmenden Parameter einer DAW werden in der Regel vom digitalen Eingangssignal vorgegeben. Dessen Bitbreite ist verantwortlich für die Amplitudenauflösung und damit auch für den resultierenden Störabstand im analogen Ausgangssignal. Die Taktfrequenz des Digitalsignals bestimmt über das Abtasttheorem die obere Signalgrenzfrequenz (Abtastfrequenz). Amplitudenauflösung und zeitliche Auflösung sind mit Hilfe von Oversamplingverfahren und digitalen Interpolatoren in Grenzen gegeneinander austauschbar.

Abhängig von den beiden Auflösungsparametern findet man verschiedene Verfahren zur DAW. Den Anforderungen für Videosignale (7–10 Bit Wortbreite, 10–100 MHz Abtastfrequenz) entsprechen DAW, die nach dem Verfahren der Direktumsetzung arbeiten.

Alle gebräuchlichen Digital-Analog-Wandlerbausteine nutzen zur Rekonstruktion des Analogsignals eine Interpolation nullter Ordnung (Haltefunktion). Dem entspricht im Frequenzbereich ein sind x/x-förmiger Frequenzgangabfall mit der ersten Nullstelle bei der Taktfrequenz. Für die höherfrequenten Signalanteile ist damit eine gegenläufige Amplitudenverzerrung notwendig.

Die ungenügende Interpolation durch den D/A-Wandler macht sich im Zeitbereich als Stufigkeit im Analogsignal und im Frequenzbereich in Form einer nur mäßigen Unterdrückung der Abtastspektren bemerkbar. Ein in der Regel dem D/A-Wandler nachgeschaltetes Interpolations- oder Nachfilter führt dagegen zu einer optimalen Rekonstruktion des Analogsignals. *Hausdörfer/Richter*

Digitalanzeige →Meßgerät

Digitalisierung →Analog-Digital-Umsetzer

Digitalprüfung. Sammelbegriff für alle manuellen oder automatisierten Prüfvorgänge, bei denen die Prüfung über eine Messung und Bewertung digitaler Signale bei i. d. R. zweiwertiger Logik erfolgt. Wegen der i. a. großen Komplexität heutiger Prüflinge werden für die D. praktisch nur noch automatisierte Verfahren eingesetzt.

Die Prüflinge bei der D. können sein: Wafer, Bausteine, Leiterplattenbaugruppen, die mit digitalen Bausteinen bestückt sind, sowie elektronische Geräte oder Systeme.

Die meßtechnisch zu bewertenden Grundgrößen bei der D. sind i. d. R. zwei logische Spannungspegel, deren jeweils erlaubter Spannungsbereich abhängig von der verwendeten Schaltungstechnologie (→TTL, →ECL usw.) eindeutig vorgegeben ist und ein dritter quasilogischer Zustand, der hochohmige sog. Tristate-Zustand (→Tristate-Prüfung). Bewertet wird zudem die zeitliche Aufeinanderfolge dieser logischen Zustände und u. a. auch die Qualität der Signale und Signalübergänge zwischen ihnen (Flankenanstiegs- und Abfallzeiten, Übergangszeit aktiv/inaktiv u. umgekehrt, →Parameterprüfung) abhängig von bestimmten Umgebungsbedingungen. Informationstechnisch relevant ist jedoch nur der zeitliche Verlauf der logischen Pegel, nicht ihre Qualität.

Die Erzeugung und Messung digitaler Signale im →Prüfautomaten erfolgt über die in der Prüfperipherie eines Prüfautomaten enthaltenen digitalen →Stimuli und Meßgeräte (→Pinelektronik), die digitale Signale mit den geforderten Signalpegeln und ihrem qualitativ und zeitlich korrekten Verlauf für die Eingangspins des Prüflings erzeugen und in gleicher Weise digitale Signale an den Ausgangspins des Prüflings messen können (Fensterkomparator). Stimuli und Meßgeräte stehen i. d. R. gemeinsam für jeden einzelnen Anschlußpin eigens zur Verfügung. Dies gilt nicht für Stimuli und Meßgeräte, die für parametrische Messungen an digitalen Schaltungen benötigt werden. Hier gelten die Aussagen betr. Analogprüfung.

Die Erzeugung der digitalen Signale an den Eingangspins des Prüflings wird durch das →Prüfautomatenbetriebssystem auf Grund der Angaben im →Prüfprogramm gesteuert. Die Bewertung der digitalen Ausgangssignale kann in der Hardware des Prüfautomaten (Hardwarevergleich) oder auf Programmebene durch das Prüfautomatenbetriebssystem (Softwarevergleich) durchgeführt werden.

Ein typischer Ablauf für die Prüfung einer bestimmten digitalen Funktion besteht darin, daß innerhalb eines festgelegten Zeitrahmens (→Prüfzyklus) ein Eingangsbitmuster (→Prüfbitmuster) oder Kombinationen davon an den Prüfling angelegt werden und nach einer bestimmten Zeit, der →Reaktionszeit des Prüflings (Abtastzeit), die Ausgangssignale (Expect data) gemessen und bewertet werden.

Abhängig von den zeitlichen Anforderungen des Prüflings unterscheidet man zwischen statischer und dynamischer D.:

□ Statische Digitalprüfung. Bei der statischen D. kann der →Prüfautomat die Prüfbitmuster mit beliebig langsamer Geschwindigkeit – parallel oder hintereinander für alle Eingangspins – anlegen und nach beliebiger Zeit die Ausgangsbitmuster auswerten. Das Prüfgeschehen wird im wesentlichen durch den Prüfautomaten bestimmt. Es werden keine →Fehler erkannt, die auf das zeitkritische Verhalten oder Zusammenwirken einzelner Komponenten zurückzuführen sind und muß daher um andere Testverfahren, z. B. einem →Systemtest, ergänzt werden.

□ Dynamische D. Bei der dynamischen D. muß das Timing des Prüflings – entsprechend dem Datenblatt – berücksichtigt werden und das Prüfgeschehen wird damit zum großen Teil vom Prüfling mitbestimmt. Der Prüfautomat muß somit Signale in Echtzeit (→Echtzeitprüfung) mit hoher Frequenz und Präzision erzeugen und messen können und auch fähig sein, sich mit dem Prüfling hardwaremäßig synchronisieren zu können (Match-Mode).

Die Prüfinformation für die log. Werte und Zeiten digitaler Signale ist in passenden Prüfprogrammen abgespeichert. Prüfprogramme für digitale Prüflinge unterscheiden sich von denen für analoge Prüflinge dadurch, daß zwar mit qualitativ relativ wenigen Einstellgrößen und Meßgrößen (logische Pegel, Impulslängen) gearbeitet wird, die Komplexität durch die sich bei hohen Pinzahlen ergebenden Kombinationsmöglichkeiten logischer Zustände (Wert- und Zeitenfolgen) jedoch soweit zugenommen hat, daß eine manuelle Prüfprogrammerstellung praktisch nicht mehr durchführbar wird.

Aus diesem Grunde wird die D. schon sehr früh beim Entwicklungsprozess berücksichtigt und die Prüfinformation (Prüfbitmuster, Timing) aus den Simulationsdaten (→Prüfsimulation) abgeleitet.

Die hohe Komplexität digitaler Prüflinge erfordert im Interesse kurzer Prüfprogrammlaufzeiten, geringen Speicherbedarfs für Prüfprogramme im Steuerrechner und Reduzierung der Aufwände für die Prüfprogrammerstellung die Anwendung von besonderen Algorithmen (→Algoritmic Pattern Generator) für die Signalerzeugung und Meßwertinterpretation, die sowohl per Software wie auch per Hardware realisiert werden (Datenkomprimierung). Dies ist möglich, weil die Funktionalität auch großer Schaltungskomplexe häufig streng determinierbar und verhältnismäßig einfach mathematisch beschreibbar ist (→Speicher, →ALU's, →Decoder, Encoder, →Multiplexer u. ä. Elemente).

Typisch für digitale Prüflinge ist die Tatsache, daß i. d. R. die Ausgangssignale rückwirkungsfrei sind, d. h. die zugehörigen Eingangssignale nicht beeinflussen. Dieser Umstand erlaubt es, mit einfachen Meßverfahren u. U. aber komplizierten Softwarefunktionen, Fehler in einer →Schaltung ausgehend von fehlerhaften Ausgangspins mit verschiedenen Methoden zu lokalisieren (Pfadverfolgung, Fehlerkatalogverfahren) und die Fehlerursache eindeutig zu diagnostizieren (→Fehlerdiagnose). *K. Winter*

Digitalrechner. Im Gegensatz zum →Analogrechner, der mit stetig veränderlichen Daten arbeitet, verwendet der D. eine diskrete Informationsdarstellung, wie Ziffern oder die Zeichen eines Alphabets. Er kann darauf arithmetische und boolesche Operationen ausführen, wobei nicht nur die Daten im engeren Sinne als Operanden dienen können, sondern auch die Befehle, aus denen Programme zusammengesetzt sind und die sich ebenso wie die Daten im Speicher des Rechners befinden.

Meist werden die Begriffe Computer, Rechenanlage und Datenverarbeitungssystem als Synonyme verwendet. DIN 44300 versteht unter Datenverarbeitungs- oder Rechensystem eine Funktionseinheit zur Durchführung mathematischer, umformender, übertragender und speichernder Operationen, unter Datenverarbeitungs- oder Rechenanlage die Gesamtheit der materiellen Gebilde und ordnet letzteres dem englischen Begriff „computer" zu.

Rechnen im ursprünglichen Sinne bedeutet die Bestimmung neuer arithmetischer Werte aus vorgegebenen durch Anwendung einer einzelnen arithmetischen Operation oder einer Folge solcher Operationen. Im D. kommen Vergleiche und andere boolesche Operationen ebenso hinzu wie die Verarbeitung beliebiger Zeichen und Zeichenfolgen und die hierzu benötigten Operationen.

Digitalsysteme können nach verschiedenen Gesichtspunkten klassifiziert werden: nach der

Rechnerstruktur, der Einsetzbarkeit als Universalrechner oder Spezialrechner, den möglichen Betriebsweisen oder der verwendeten Technologie (Rechnerorganisation).

□ Funktionseinheiten eines digitalen Rechensystems: Grundsätzlich besteht ein digitales Rechensystem aus einer oder mehreren Zentraleinheiten sowie Ein- und Ausgabeeinheiten. Im klassischen, auf von *Neumann* zurückgehenden, Modell des Universalrechners umfaßt die Zentraleinheit das Leitwerk, das Rechenwerk (diese beiden bilden zusammen den Prozessor) und den Speicher. Heute werden noch Ein- und Ausgabewerke, die das Übertragen von Daten zwischen der Zentraleinheit (Bild 2) und den Ein-/Ausgabeeinheiten bzw. peripheren Speichern steuern, hinzugerechnet. Außerdem können mehrere Prozessoren und/oder mehrere Speicher vorhanden sein (Bild 1).

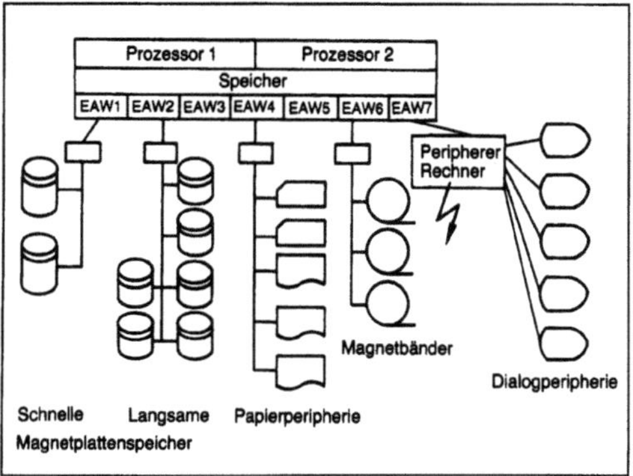

Digitalrechner 1: Beispiel einer Rechnerkonfiguration.

□ Speicher: Der Speicher enthält während der Ausführung eines Programms die zu verarbeitenden Daten, die Ergebnisse und die Befehle des auszuführenden Programms. Da die Operanden jeder Operation zunächst aus dem Speicher in den Prozessor gebracht werden müssen, ist die →Zugriffszeit zum Speicher eine wesentliche Kenngröße für die Geschwindigkeit der Zentraleinheit. Im Fall umfangreicher Programme oder der Verarbeitung umfangreicher Datenmengen befinden sich zu jedem Zeitpunkt nur Teile davon im schnellen Arbeitsspeicher (Hauptspeicher, Primärspeicher, Zentralspeicher), auf den der Prozessor unmittelbar Zugriff hat, während die übrigen auf größere, aber langsamere und daher billigere, periphere Speicher (Sekundärspeicher) ausgelagert sind. Der gleiche Arbeitsspeicherplatz kann so mehrfach genutzt werden (Überlagerung).

□ Daten- und Befehlswörter: Eine Folge von Binärstellen im Hauptspeicher, die zusammenhängend verarbeitet werden kann, wird als ein Wort bezeichnet. Man hat zwischen Datenwörtern und Befehlswörtern zu unterscheiden, wobei diese Unterscheidung nur in ganz seltenen Fällen durch spezielle Binärstellen im Wort (Typenkennung) erfolgt. Normalerweise geschieht die Unterscheidung durch die Art der Verarbeitung.

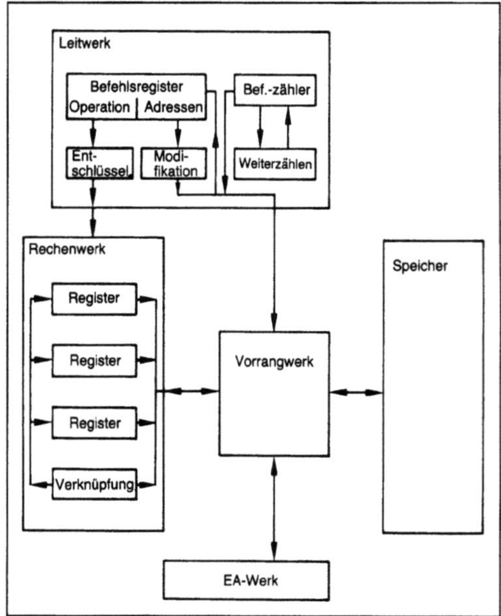

Digitalrechner 2: Struktur einer Zentraleinheit (Die Informationswege sind stark vereinfacht dargestellt).

Datenwörter enthalten die Informationen, die entsprechend den Befehlen des Programms zu verarbeiten sind. Bei arithmetischen Daten ist die Zahlendarstellung (Festpunktzahlen, Gleitpunktzahlen) für einen Rechnertyp vorgegeben. Bei der Verarbeitung von Zeichen eines Alphabets kann der Programmierer zwischen verschiedenen Formaten wählen, die sich darin unterscheiden, wieviele Binärstellen für ein Zeichen verwandt werden und wie jedes einzelne Zeichen dargestellt wird (Code). Befehlswörter enthalten die Angaben darüber, welche Operationen auszuführen sind. Um den Zugriff zu den Daten- und Befehlswörtern zu ermöglichen, sind die Wörter im Speicher fortlaufend numeriert (Adresse).

□ Wortlänge: Unter der Wortlänge versteht man die Anzahl der Binärstellen eines Wortes; es hängt eng mit der Genauigkeit der Zahlendarstellung zusammen: zehn Binärstellen entsprechen etwa drei Dezimalstellen ($2^{10}=1024 \approx 10^3$).

Bei Universalrechnern finden wir häufig die Wortlängen 32, 36, 48 und 64, bei Prozeßrechnern auch 16 und 24, bei Mikrocomputern 8, 16 und 32, gelegentlich auch 12 Bit. Alle Funktionseinheiten des Rechensystems sind auf die Wortlänge abgestimmt. Dies gilt für Daten- und Befehlswörter in gleicher Weise. (Bei sehr großer Wortlänge werden zwei Befehle in einem Wort untergebracht, bei sehr kleinen Daten, aber auch Befehle über mehrere verteilt.) Bei kommerziell-administrativen Aufgaben, wo die Verarbeitung unterschiedlich langer Zeichenfolgen eine große Rolle spielt, ist auch die variable Wortlänge gebräuchlich. Auch die Befehlswörter müssen nicht gleich groß sein, so daß ein hoher Grad an Flexibilität entsteht. Wenn auf einem Rechner sowohl das Arbeiten mit fester, als auch mit variabler Wortlänge möglich sein soll, werden für bestimmte Befehlsgruppen (z. B. arithmetische Operationen) eine vorgegebene Anzahl von Bytes, etwa vier, zu einem Wort zusammengefaßt. Als Adresse von Wörtern treten in diesem Fall dann nur noch die durch vier teilbaren Zahlen auf.

□ Rechenwerk: Die eigentliche Verarbeitung der Daten erfolgt im Rechenwerk, in dem sowohl die arithmetischen Operationen (Addition, Substraktion, Multiplikation, Division) als auch die booleschen Operationen (Vergleich, Konjunktion, Disjunktion, Negation) ausgeführt werden. Mit den Vergleichen kann überprüft werden, ob die Daten bestimmte Bedingungen erfüllen, mit den übrigen booleschen Operationen können einzelne Bedingungen miteinander verknüpft werden. In Abhängigkeit von Erfüllt- oder Nichterfülltsein dieser Bedingungen kann das Leitwerk den Programmablauf steuern.

Neben den Verknüpfungsgliedern enthält das Rechenwerk →Register. Diese können Informationen aufnehmen, kurzfristig speichern und bei Bedarf mit kurzer Zugriffszeit abgeben. Sie haben meist die Länge eines Wortes und sind bestimmten Funktionen zugeordnet: im Akkumulator werden Zwischenergebnisse gebildet, das Multiplikator-Quotienten-Register enthält bei Multiplikationen den Multiplikator und nimmt bei Divisionen den Quotienten auf; entsprechendes gilt für das Multiplikanden-Divisor-Register. Um Zwischenrechnungen durchführen zu können, ohne alle Zwischenergebnisse in den Arbeitsspeicher transportieren zu müssen und von dort zurückzuholen, werden oft weitere Register vorgesehen. Die Zuordnung der genannten Funktionen zu bestimmten Registern wird ganz oder teilweise aufgehoben, wenn alle Register in gleicher Weise angesprochen werden können.

□ Leitwerk: Die Befehle des Programms werden der Reihe nach aus dem Arbeitsspeicher in das Leitwerk gebracht. Die Reihenfolge wird dabei von einem Befehlszähler im Leitwerk kontrolliert, in dem zu Beginn der Programmausführung die Anfangsadresse gespeichert wird, so daß der Befehlszähler stets auf den als nächstes auszuführenden Befehl zeigt. Diese fortlaufende Abarbeitung kann durch Sprungbefehle unterbrochen werden. Ein Befehl besteht im allgemeinen aus einem Operationsteil und einem Operandenteil. Der Operationsteil gibt an, welche Operation auszuführen ist (eine der arithmetischen Operationen, Speichern, Lesen usw.). Die Analyse des Befehls führt dazu, daß das Leitwerk den Ablauf einer Folge von elementaren Operationen (Mikrooperationen), wie Transport, Verschieben, stellenweises Verknüpfen oder Löschen, auslöst und steuert, die zusammen die gewünschte Wirkung ergeben (→Mikroprogrammierung).

Der Operandenteil enthält eine oder mehrere Speicheradressen, die angeben, wo sich der oder die zu verarbeitenden Operanden befinden; bei der Verarbeitung konstanter Werte ist oft im Operandenteil der Operand selbst enthalten. Bei Sprungbefehlen bestimmt der Operandenteil die Adresse des nächsten Befehls (Sprungziel). Der Operandenteil muß die Adresse nicht unbedingt in endgültiger Form enthalten: Durch zusätzliche Kennungen kann festgelegt sein, daß die angegebene Adresse um den Inhalt eines Indexregisters zu erhöhen oder zu erniedrigen ist oder durch den Inhalt des angegebenen Speicherplatzes substituiert werden soll. Der Befehlszyklus besteht also aus der Befehlsholphase, der Entschlüsselungsphase, der Adreßmodifikation, die für alle Befehlstypen gleich sind, und der eigentlichen Befehlsausführung. (Der Begriff Befehlszyklus wird im Sprachgebrauch auch für die Zeitspanne benutzt, die dieser benötigt.)

□ Ein- und Ausgabegerät: Eingabegeräte dienen dazu, die zu verarbeitenden Daten und das Programm in den Speicher der Zentraleinheit zu bringen. Weit verbreitete Eingabemedien sind magnetische Datenträger (Bänder, Platten, Disketten, Trommeln), früher Lochkarten. Die gleichen Medien dienen auch als Datenträger für die Ausgabe; hinzu kommen Drucker, Zeichengeräte (Plotter) und die Ausgabe auf Mikrofilm.

Ferner ist die Kommunikation mit dem Rechensystem über Datenendgeräte (Terminals) möglich, die aus einem →Bildschirm mit Tastatur oder einem Blattschreiber oder einer Kombination beider bestehen. Die Ein-/Ausgabegeräte können beliebig weit von der Rechenanlage entfernt sein (Datenfernverarbeitung). Von besonderer Bedeutung ist die Operateurkonsole, ein Datenendgerät, das den Maschinenbediener (Operateur) mit Informationen über den Maschinenzustand (z. B. Auslastung der Zentraleinheit, Belegung der peripheren Geräte, fehlerhaftes Verhalten einzelner Anlagenteile) und Benutzeranforderungen (z. B. Auflegen eines bestimmten Magnetbandes) versorgt und ihm die Möglichkeit gibt, mit speziellen Kommandos in den Betriebsablauf einzugreifen und ihn zu steuern (z. B. Verändern der Reihenfolge, in der die anstehenden Aufträge bearbeitet werden).

□ Ein- und Ausgabewerk: Ein Eingabewerk (Ausgabewerk) steuert die Übertragung der Daten von peripheren Geräten zur Zentraleinheit (bzw. umgekehrt). Zumindest bei Großrechnern erfolgt diese

Steuerung heute nicht mehr durch den zentralen Prozessor, sondern durch ein selbständiges Leitwerk, so daß man von einem eigenen Ein-/Ausgabeprozessor (oder mehreren) sprechen kann. Diese Prozessoren benötigen jedoch kein universelles Rechenwerk, da sie meist nur Umcodierungen und Fehlerprüfungen durchführen und die korrekte Übertragung zu quittieren haben.

Ein-/Ausgabewerke können simultan mehrere Transportwege zwischen dem Arbeitsspeicher und je einer peripheren Einheit schalten. Man spricht dann von einem Kanalwerk mit mehreren Kanälen. Unter einem Kanal versteht man in diesem Zusammenhang eine Übertragungseinrichtung, die nach Anstoß durch das Ein-/Ausgabeleitwerk einen Block von Daten überträgt. Da nicht alle peripheren Einheiten gleichzeitig aktiv sind, kommt man mit weniger Kanälen als peripheren Einheiten aus.

Die Abwicklung eines Ein-/Ausgabeauftrages spielt sich dann auf mehreren Ebenen ab. Das Anwenderprogramm gibt den Ein-/Ausgabewunsch an die Betriebsmittelverwaltung des Betriebssystems. Diese prüft Richtigkeit, →Zuverlässigkeit und derzeitige →Verfügbarkeit des angeforderten Gerätes. Sie übergibt Startbefehl und Leitdaten dem Ein-/Ausgabewerk, das dann die Steuerung übernimmt. Es veranlaßt beispielsweise die Speicheradressierung und die Blocklängenzählung. Das Kanalwerk schließlich ist der Vermittler zwischen Zentralspeicher und peripherer Einheit und führt die eigentliche Datenübertragung durch.

□ Programmsteuerung: Zum Lösen einer Aufgabe benötigt ein Rechensystem eine Arbeitsvorschrift, d. h. einen Algorithmus, worunter wir eine endliche, eindeutige Folge elementarer Anweisungen (Befehle) verstehen: das Programm. Die Befehle sind einerseits elementar, müssen andererseits in ihrer Gesamtheit aber so universell sein, daß sich damit jeder Algorithmus beschreiben läßt. Führt ein Gerät eine Folge von Operationen automatisch aus, so sprechen wir von Programmsteuerung.

Bei der seit *John von Neumann* üblichen Speicherprogrammierung wird das Programm vor seiner Ausführung in den Speicher der Zentraleinheit gebracht. Dies führt in verschiedener Hinsicht zu hoher Flexibilität. Einmal ist das Rechensystem nicht auf die Lösung einer Aufgabe festgelegt, sondern für jeden Algorithmus kann ein Programm gespeichert werden. Zum anderen ist die Reihenfolge der Befehlsabarbeitung nicht an die Reihenfolge gebunden, in der die Befehle gespeichert werden; sie ist vielmehr selbst programmabhängig (Alternativen, Schleifen). Und schließlich kann sich das Programm selbst verändern, indem der Speicherinhalt verändert wird. Die Effizienz der Programme bestimmt letzten Endes, wie gut der Rechner genutzt wird.

□ Programmierung: Unter Programmierung im engeren Sinne versteht man die Formulierung eines Algorithmus in einer Programmiersprache; für diese Tätigkeit ist jedoch auch der Begriff Codieren gebräuchlich. Im weiteren Sinne ist unter Programmieren die Gesamtheit der Tätigkeiten zu verstehen, die vom Problem zum fertigen Programm führen: das Analysieren der Aufgabenstellung, das Suchen nach einem Lösungsverfahren, das Zeichnen von Datenfluß- und Programmablaufplänen, das Codieren, Testen und Korrigieren, sowie das Dokumentieren des Programmes.

□ Befehle: Unter einem Befehl versteht man nach DIN 44300 eine Anweisung, das ist eine Arbeitsvorschrift, die sich in der benutzten Programmiersprache nicht mehr in noch kleinere Anweisungen zerlegen läßt. Jeder Befehl besteht aus einem Operationsteil, der die auszuführenden Operationen angibt, und einem Operandenteil, der Angaben über die zu benutzenden Operanden enthält, und der meist aus einem oder mehreren Adreßteilen besteht.

In letzter Zeit wird der Entwurf von Befehlsvorräten von Rechenanlagen zunehmend diskutiert: an die Stelle umfangreicher, komplexerer Befehle treten wenige, einfache Befehle, die jedoch effizient implementierbar sind (Befehlssatz, reduzierter).

Die Formulierung eines Programms geschieht in einer Programmiersprache. Dabei unterscheiden wir problemorientierte und maschinenorientierte Programmiersprachen. Problemorientierte Programmiersprachen dienen dazu, Algorithmen eines bestimmten Anwendungsbereiches unabhängig von einem bestimmten Rechensystem abzufassen. Die Sprache nimmt auf die Terminologie des Anwendungsgebietes Rücksicht. Diese Sprachen sind daher leichter zu erlernen und reduzieren wegen der Übersichtlichkeit den Bedarf an Programmier- und Testzeit. Beispiele für derartige Sprachen sind ALGOL, C, COBOL, FORTRAN, APL, APT, JOSS, JOVIAL, LISP, PASCAL, PEARL, SIMULA, SNOBOL und viele andere.

Die modernen Großrechner bearbeiten eine Vielzahl von Programmen gleichzeitig. Es sind daher Programme nötig, die die Grundlage der möglichen Betriebsarten bilden und insbesondere die Abwicklung der Programme steuern und überwachen. Diese Programme nennt man Betriebssystem. Zu seinen Aufgaben gehören die Auftragsverwaltung (z. B. Ingangsetzen eines Auftrages), die Betriebsmittelverwaltung (z. B. Bereitstellen von Arbeitsspeicher), die Datenverwaltung (z. B. Wiederauffinden einmal auf Magnetplatte gespeicherter Informationen) und die Prozeßüberwachung.

Bode/H.-Jürgen Schneider

Literatur: *Ganzhorn, K. E.* und *K. M. Schulz, W. Walther:* Datenverarbeitungssysteme. Berlin 1981. – *Klar, R.:* Digitale Rechenautomaten. Berlin 1983. – *Liebig, H.:* Rechnerorganisation, Berlin 1976. – *Steinbuch, K.* und *W. Weber:* Taschenbuch der Informatik. 3 Bde. Berlin 1974. – *Waldschmidt, E. H.* und *H. K. Walter:* Grundzüge der Informatik. I, II, Mannheim 1984, 1986.

Digitalsimulator →Logiksimulation, →Schaltungsentwurf, rechnerunterstützter

DIL-Gehäuse →Dual-in-line-Gehäuse

DIN-Normen. D.-N. sind auf nationaler Ebene durch ehrenamtlich tätige Fachleute aus den interessierten Kreisen in Normenausschüssen erarbeitete (Normungsarbeit) und vom DIN Deutsches Institut für Normung e. V. herausgegebene technische Normen. Das DIN ist die zentrale, national wie international als normenschaffende Körperschaft anerkannte, deutsche „Nationale Normungsorganisation". Das DIN ist Mitglied in den entsprechenden europäischen und internationalen Normungsorganisationen und vertritt dort die deutschen Interessen. D.-N. enthalten Festlegungen (Angaben, Anweisungen, Empfehlungen oder Anforderungen) z. B. für die

□ Verständigung (zwischen verschiedenen Fachbereichen),
□ Beschaffenheit und Prüfung technischer Erzeugnisse (→Normenkonformität),
□ Herstellung, Instandhaltung und Handhabung von Gegenständen und Anlagen,
□ Gestaltung und den organisatorischen Ablauf von Verfahren und Dienstleistungen,
□ Sicherheit, Gesundheit und den Umweltschutz.

Aufgrund ihres Inhaltes oder dem Grad der Normung kann zwischen verschiedenen Normenarten unterschieden werden. D.-N. werden allgemein beachtet und angewendet.

D. unterscheiden sich von den überbetrieblichen Empfehlungen (technische Regeln) anderer Regelsetzer, weil sie nach den u. a. in den Normen der Reihe DIN 820 enthaltenen Grundsätzen und festgelegten Verfahrensregeln des DIN erstellt und herausgegeben werden. Ein wesentlicher Aspekt ist hierbei die selbstauferlegte und durch den Normenvertrag mit der Bundesrepublik Deutschland bestätigte Pflicht, bei der Normungsarbeit das öffentliche Interesse zu berücksichtigen sowie die Beteiligung der Öffentlichkeit an der Normensetzung sicherzustellen.

Ein weiteres Unterscheidungsmerkmal ist auch darin zu sehen, daß allein durch D.-N. die Verbindung mit den Internationalen Normen und Europäischen Normen hergestellt wird. Durch die Übernahme dieser multinationalen Normen in das Deutsche Normenwerk (z. B. als DIN ISO-Normen oder DIN EN-Normen), leisten D.-N. einen wichtigen Beitrag zum Abbau von Handelshemmnissen.

Einen Sonderfall im Rahmen der Normungsarbeit des DIN stellen die Vornormen dar. Durch die Möglichkeit, das nach DIN 820 Teil 4 vorgeschriebene Aufstellungsverfahren zu variieren, kann, insbesondere auf technischen Gebieten, die einer raschen Entwicklung unterliegen, technischen Neuerungen kurzfristig Rechnung getragen werden.

D.-N. stehen jedermann zur Anwendung frei. Eine Anwendungspflicht kann sich aus Rechts- oder Verwaltungsvorschriften, Verträgen oder aus sonstigen Rechtsgrundlagen ergeben. Als zeitgerechte (D.-N. müssen spätestens alle fünf Jahre auf ihre Aktualität hin überprüft werden) Spiegelung des Standes der Technik sind sie eine wichtige Erkenntnisquelle für fachgerechtes und marktgerechtes Verhalten im Normalfall und bilden damit einen Maßstab für einwandfreies technisches Verhalten. Dieser Maßstab ist auch im Rahmen der Rechtsordnung von Bedeutung. So sollen sich die D.-N. als „anerkannte Regeln der Technik" einführen und zur Ausfüllung der unbestimmten Rechtsbegriffe „anerkannte Regel der Technik" oder „Stand der Technik" durch den Gesetzgeber herangezogen werden können. Bei sicherheitstechnischen Festlegungen in D.-N. besteht sogar eine tatsächliche Vermutung dafür, daß sie „anerkannte Regeln der Technik" sind (Beispiele hierfür sind die auf dem elektrotechnischen Gebiet herausgegebenen DIN-VDE-Normen, die zugleich VDE-Bestimmungen sind). Durch das Anwenden von D.-N. entzieht sich jedoch niemand der Verantwortung für eigenes Handeln. D.-N. sind urheberrechtlich geschützt. Die Urheberrechte nimmt das DIN wahr. Vervielfältigungen von D.-N., auch das Einspeichern von D.-N. und Norm-Inhalten in EDV-Anlagen, müssen durch das DIN genehmigt werden. Der Vertrieb der D.-N. wird vom Beuth Verlag, Berlin, wahrgenommen. Auskünfte zu D.-N. und anderen technischen Regeln erteilt das Deutsche Informationszentrum für technische Regeln (DITR) im DIN. *Krieg*

Literatur: Normenheft 10: Grundlagen der Normungsarbeit des DIN. 5. Aufl. Berlin 1987. – *Budde, E.* und *Reihlen, H.:* Zur Bedeutung technischer Regeln in der Rechtsprechungspraxis der Richter. In: DIN-Mitt. Bd. 63 (1984), Nr. 5, S. 248 bis 250. – *Hesser, W.:* Untersuchungen zum Beziehungsfeld zwischen Konstruktion und Normung. Dissertation, TU-Berlin (1980). – Normungskunde Bd. 16. Berlin. 1981 – *Reihlen, H.:* Technische Normen-Freiheit und Bindung. In: DIN-Mitt. Bd. 70 (1991), Nr. 10, S. 527 bis 532.

Diode. Elektronisches Bauelement mit einem von der Richtung des Stromflusses stark abhängigen →Widerstand. Dadurch wirkt eine D. wie ein →Schalter, der den Strom in einer Richtung besonders gut führt (→Durchlaßrichtung), in der anderen nahezu völlig sperrt (→Sperrichtung, -bereich).

Diese Funktion einer D. kann verschiedenartig realisiert werden:

□ als →Elektronenröhre mit Anoden- und Kathodenanschluß,

□ als →Halbleiterdiode (deren Anschlüsse im Sprachgebrauch häufig noch als Anode und Kathode bezeichnet werden, obwohl ein völlig anderer Stromflußmechanismus vorliegt als bei einer Elektronenröhre). Halbleiterdioden haben heute die Elektronenröhre bis auf ganz wenige Spezialgebiete nahezu abgelöst.

Ältere Formen der Halbleiterdiode sind die Kupferoxid- und Selendioden zur Gleichrichtung kleiner Wechselspannungen, heute kaum noch verwendet.

Die D. wird überwiegend zur Gleichrichtung von Wechselspannungen sowie als elektronische Schalter eingesetzt, es gibt aber bei Halbleiterdioden eine Reihe von Eigenschaften (z. B. veränderbare Kapazität), die weitere Spezialanwendungen erlauben. *R. Paul*

Diodenkennlinie →Halbleiterdiode

Diodenkette. In der industriellen Technik werden häufig →Meßumformer verwendet, die als genormtes Ausgangssignal einen eingeprägten Strom von 0 bis 20 mA oder von 4 bis 20 mA liefern. Um in diesen 20 mA Stromkreis ohne Unterbrechung des Stromkreises Meßgeräte anschließen oder abklemmen zu können, sind Dioden hintereinandergeschaltet und bilden die D. (Bild). Die Anzeigegeräte, Schreiber oder Regler werden parallel zu den gezeichneten Zenerdioden an den Abgängen 1 bis 4 angeklemmt. Der →Spannungsabfall an diesen Geräten ist kleiner als die Knickspannung der Zenerdiode, so daß der Strom über diese Geräte fließt. Lediglich in den Fällen, in denen die vorbereiteten Plätze nicht besetzt sind, geht der eingeprägte Ausgangsstrom über die Zenerdioden. *Schrüfer*

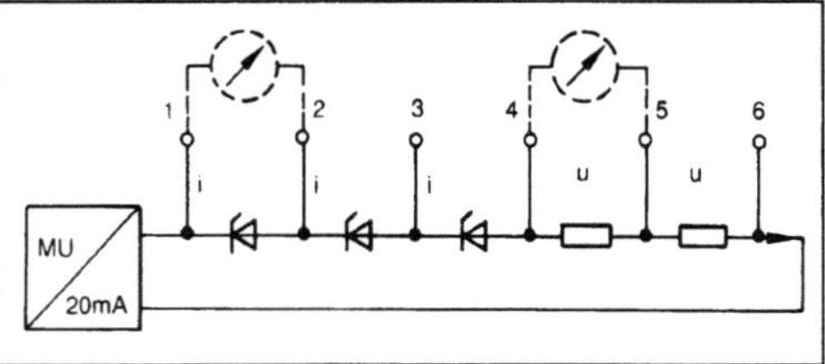

Diodenkette: Der Meßumformer liefert einen eingeprägten Strom von 20 mA bei Vollausschlag. An den Klemmen 1 bis 4 können ohne Unterbrechung des Stromkreises Geräte mit Strommeßwerken angeschlossen werden. Die gezeichneten Widerstände dienen zur Strom-Spannungs-Umformung. An die Klemmen 4 bis 6 können Meßgeräte mit Spannungsmeßwerken gelegt werden.

Diodenmatrix. Matrixartig angeordnetes digitales Schaltnetz mit Halbleiterdioden als Schalteranordnungen in den Kreuzungspunkten, die über ebenfalls matrixartig angeordnete Zuleitungen zugängig sind. Letztere werden den einzelnen Eingangs- und Ausgangsvariablen zugeordnet. So können mehrere Schaltfunktionen realisiert werden, die von den gleichen Eingangsvariablen abhängen.

D. dienen häufig zur Codierung bzw. Decodierung von Informationen mit einer festen Anzahl von Variablen. *R. Paul*

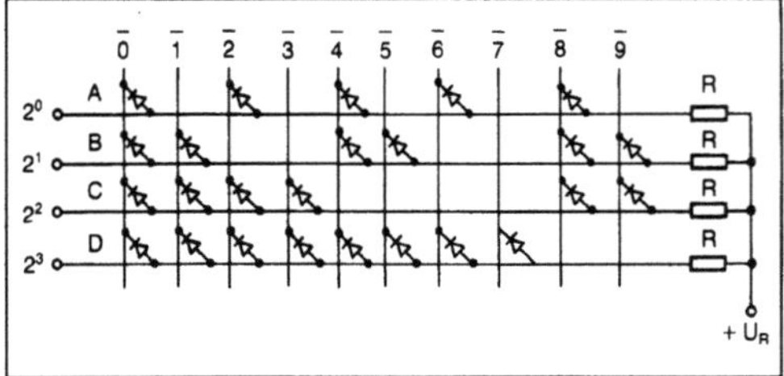

Diodenmatrix: Bildung eines 8-4-2-1 Dezimalcodes, wobei die zu kodierende Ziffer einen L-Pegel, alle anderen einen H-Pegel annehmen müssen.

Diodenspannung →Halbleiterdiode

Diodenstrom →Halbleiterdiode

Dioden-Transistor-Logik →DTL

DIP-Schalter. Bei einem D.-S. (*engl.* DIP, dual-in-line-package) sind in einem gemeinsamen Gehäuse mehrere →Schließer (Ein-Aus-Schalter) oder →Wechsler (Umschalter) nebeneinander untergebracht, die unabhängig voneinander geschaltet werden können. Häufiger Anwendungsfall ist die Adreßeinstellung in digitalen Schaltungen. *Pagnin*

Direct Copper Bonding (auch DCB-Verfahren). DCB ist ein Verfahren, das Kupfer auf Keramik direkt beschichtet (= bondet) und verbindet.

Das Verfahren beruht auf der Tatsache, daß einige Metalle mit ihren Oxiden bei bestimmter Zusammensetzung und Temperatur eine eutektische Schicht bilden. Das gilt insbesondere für Kupfer als guten elektrischen und thermischen Leiter. Durch die Thermodynamik des Systems Kupfer-Sauerstoff kann der Schmelzpunkt einer Legierung aus Kupfer mit einem geringen Anteil Cu_2O wesentlich unter den des reinen Kupfers gesenkt werden. Dies ist die erste wichtige Voraussetzung für eine Kupfer-Keramik-Verbindung. Die zweite wichtige Bedingung ist, daß die eutektische Schmelze aus Kupfer und Kupferoxid die Keramikoberfläche benetzt und mit ihr eine feste Verbindung eingeht (Bild).

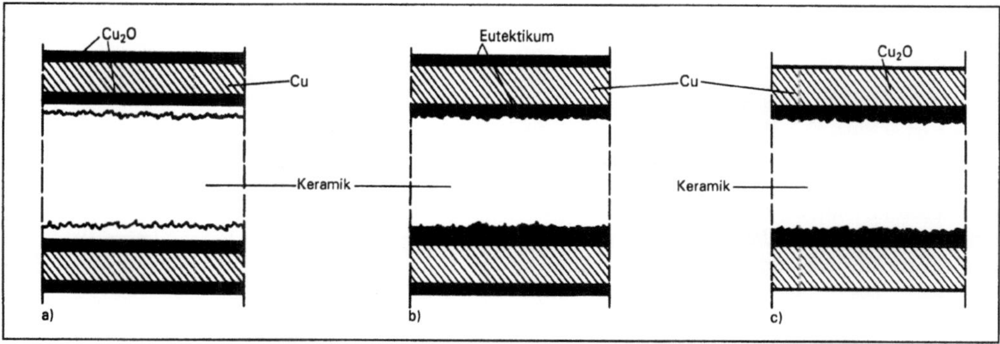

Direct Copper Bonding: Verfahrensablauf.
a) Anfangszustand bei Raumtemperatur
b) Direktes Verbinden bei $T_{EU} < T < T_{SCU}$
c) Endzustand nach Abkühlen.

Die Al_2O_3-Keramik wird mit oxidierter Kupferfolie belegt und in einem Durchlaufofen mit entsprechendem Temperaturprofil unter definierter Atmosphäre metallurgisch zusammengefügt. Es bildet sich zwischen Kupfer und Keramik eine dünne eutektische Schmelzschicht, die nach dem Abkühlen die Kupferfolie fest mit dem Keramiksubstrat verbindet. Durch das nachträgliche Einätzen von Strukturen erhält man auf der Keramik Kupferleiterbahnen mit einer Dicke von 0,3 mm mit hoher Haftfestigkeit.

Vorteile für den Anwender sind:
- höhere Strombelastbarkeit bei gleicher Leiterbahnbreite als bei kupferkaschierten Leiterplatten
- gute Wärmeableitung erlaubt eine hohe Chip-Packungsdichte, das bedeutet mehr Leistung/Volumen
- höhere Zuverlässigkeit der Geräte
- hohe Isolierspannung bedeutet hohe Sicherheit für den Personenschutz. *H. Stüben*

Direct-Step-on-Wafer →Step-and-Repeat-Verfahren

Direktempfang, optischer. Einfachste Form der optischen Nachrichtenübertragung. Jeder Teilnehmer ist durch eine Faser mit der Zentrale verbunden (Bild). Die Strecke wird i. a. bidirektional betrieben. Der Teilnehmer wählt einen Kanal aus und sendet seine Anforderung über die Faser mit einer beliebigen Wellenlänge λ_T an die Zentrale. Dort wird der Sendelaser mit der gewünschten Kanalnummer durch einen mechanisch umschaltbaren Faser-Faser-Koppler auf die Faser des Teilnehmers geschaltet. Auch der Sendelaser kann eine beliebige Wellenlänge λ_S innerhalb des Übertragungsfensters der Faser haben.

Der einzige Vorteil dieses Systems besteht in den geringen Anforderungen an die i. a. verwendeten →Halbleiterlaser. Die Nachteile überwiegen jedoch:
- Relativ kurze Übertragungslängen infolge der geringen Nachweisempfindlichkeit eines Direktempfängers von ca. –35 dBm,
- Begrenzte Kanalzahl durch den extrem hohen Schaltungsaufwand,
- Der Datenschutz ist nicht gewährleistet.

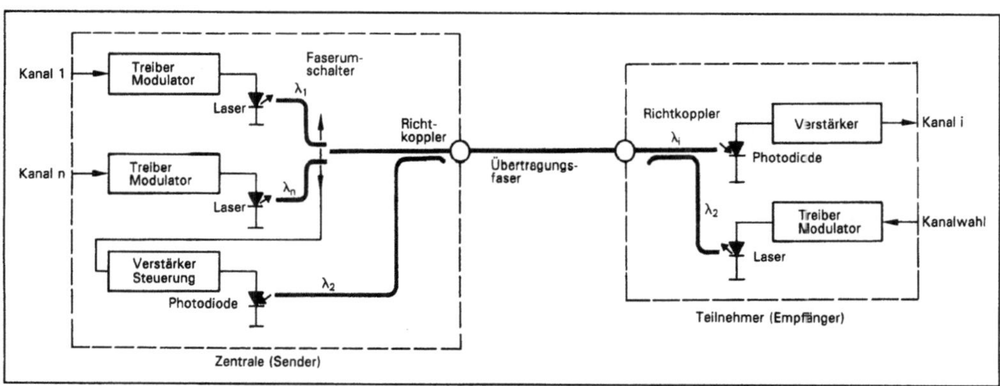

Direktempfang, optischer: Funktionsprinzip.

Die Hauptanwendung der optischen Direktübertragung liegt im Datenaustausch zwischen Rechenanlagen. *Rosenzweig*

Direktumrichter. Der D. ist ein →Umrichter zur Umformung elektrischer Wechselstromenergie einer bestimmten Frequenz und Phasenzahl in einen Wechselstrom anderer, meist veränderbarer Frequenz und ggfs. anderer Phasenzahl. Er ist netzgeführt (Umrichter), da die Netzeingangsspannungen zur →Kommutierung des Stromes von einem Stromrichterbrückenzweig zum anderen verwendet werden. Im Gegensatz zum →Zwischenkreisumrichter ist es ein D., weil die Ventile des Umrichters das Netz auf der Eingangsseite mit dem Netz auf der Lastseite in bestimmtem Rhythmus und zu bestimmten Zeitabschnitten direkt miteinander verbinden. Die Spannung auf der Lastseite wird aus Abschnitten der Spannungen des Speisenetzes gebildet. Der Umrichter umfaßt eine oder mehrere gegenparallel geschaltete Stromrichtergruppen. Wenn das Netz auf der Lastseite einphasig ist, genügt eine gegenparallel geschaltete Stromrichtergruppe. Beispiel: Bahnnetz, Umformung von 50 Hz auf 16⅔ Hz (Bild 1).

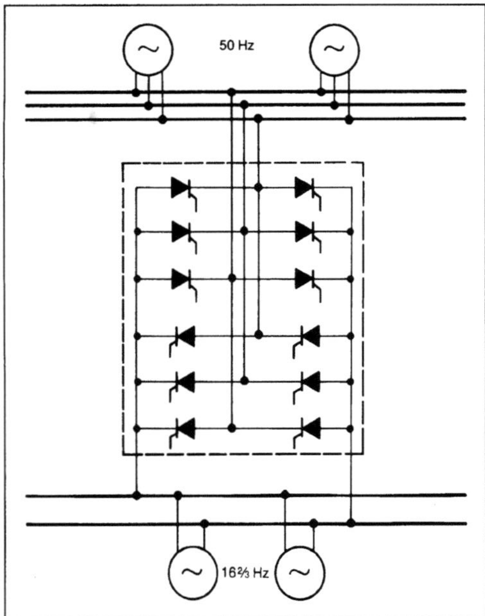

Direktumrichter 1: D. zur Umformung von Netzen, z. B. 50-Hz-Netz auf Bahnnetz 16⅔ Hz.

Zur Versorgung von Drehstromantrieben sind drei gegenparallele Stromrichtergruppen notwendig (Schaltung, Bild 2). Die für die Kommutierung erforderliche →Blindleistung liefert das Netz. Der Umrichter kann Wirkleistung in beiden Energieflußrichtungen übertragen.

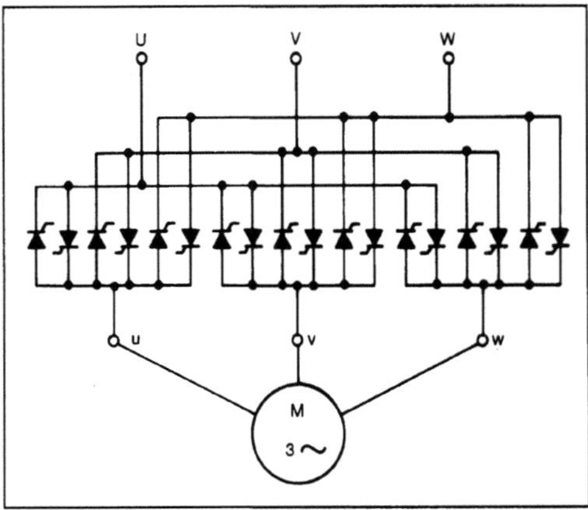

Direktumrichter 2: Netzgeführter Umrichter mit dreiphasigem Ausgang für Drehstrommotor. (Quelle: ABB)

Je nach →Steuerverfahren unterscheidet man bei den D.:

□ Trapezkurvenumrichter. Bei diesen ist die Ausgangsspannung bei voller Aussteuerung trapezförmig. Vorteil: günstiger cos ξ.

□ Steuerumrichter. Die Ausgangsspannung wird sinusförmig gesteuert. Vorteil: weniger Oberschwingungen.

Die maximale Ausgangsfrequenz des Umrichters ist auf etwa die Hälfte der Netzfrequenz begrenzt, bei 50 Hz auf etwa 25 Hz. Dadurch sind diese Umrichter für den Betrieb großer Drehstrommotoren mit niedriger Drehzahl geeignet, besonders seit Leistungshalbleiter für höhere Sperrspannungen und hohe Ströme kostengünstiger hergestellt werden.

Eine weitere Variante des D. sind die Netztaktumrichter. Es handelt sich hierbei um einen dreiphasigen D., jedoch mit Zwangskommutierung (Kommutierung). Sie wurden zunächst für Drehstrom-Motoren kleinerer Leistung entwickelt, doch konnten sie sich gegen die Zwischenkreisumrichter nicht durchsetzen. *H. Stüben*

Diskette. Die D. ist ein auswechselbarer Datenträger, der in Diskettenlaufwerken beschrieben, gelesen und gelöscht werden kann. Sie wurde Anfang der siebziger Jahre von der amerikanischen Computerfirma IBM erfunden und hat sich in mehreren Ausführungen in der gesamten Computerwelt etabliert. So ist die D. das am weitesten verbreitete Speichermedium in der Personal- und Bürocomputerumgebung, ein großer Teil der Software wird über D. verteilt bzw. verkauft. Aufgrund ihres niedrigen Preises, ihrer leichten Handhabung und der standardisierten Formate eignet sich die D. vor allem auch zum Anlegen kleiner Archive, für die Datensicherung und den Datenaustausch.

Die D. besteht aus einer flexiblen, mit einer magnetisierbaren Schicht überzogener Scheibe, die mit einer Schutzhülle aus flexiblem oder festem Kunststoff umgeben ist. Darin befinden sich Öffnungen für den Antrieb der D., für das Schreib-/-Lesefenster (bei neueren Typen nur über eine verschiebbare Abdeckung zugänglich), für die optische Abtastung von Spur- bzw. Sektoranfang sowie für den Schreibschutz. Auf der Innenseite der Hülle befindet sich zur Reduzierung der Reibung und zur Reinhaltung der Diskettenoberfläche ein antistatisches Vlies.

Als magnetisches Material in der Beschichtung (→Magnetplatte) dient meist Eisenoxid, manchmal mit magnetisierbarem Kobalt überzogen („dotiert"), welches zu höherer Koerzitivität führt. Die neueste Generation der D. weist eine Barium-Ferrit-Beschichtung auf, die eine höhere Bitdichte zuläßt (→Datendichte).

Weil die Diskettenlaufwerke zu den „berührenden Aufzeichnungssystemen" zählen, haben D. polierte und mit einem Gleitmittel versehene Oberflächen. Die meisten der Hersteller testen am Ende des Produktionsprozesses die gesamte Oberfläche der D. auf eindeutige Signalwiedergabe.

Gängige Ausführung: 8″ (200 mm), 5¼″ (120 mm), 3½″ (80 mm). Spuren/Zoll: 48, 96 und 144 tpi (tracks per inch).

Der Trend geht seit einigen Jahren zu den 3½″-D., die im Gegensatz zu den größeren D. in einer festen Kunststoffhülle sitzen und deren Lesefenster mit einer verschiebbaren Abdeckung versehen ist. Noch kleinere D. mit 2 Zoll Durchmesser werden in speziellen Anwendungen eingesetzt (z. B. Still Video Camera), haben sich jedoch im EVD-Bereich nicht durchgesetzt. *Pott/Voss*

Diskettenlaufwerk. D. sind eine Sonderform der →Magnetplattenlaufwerke, zählen jedoch im Gegensatz zu diesen zu den „berührenden Aufzeichnungssystemen", d. h. die (in der Regel zwei) Schreib/Leseköpfe liegen während des Schreib- oder Lesevorganges auf dem Datenträger auf. Sie werden nur beim Entnehmen der →Diskette, in vielen D. auch beim Abschalten des Antriebmotors vom Medium abgehoben.

Die heute üblichen D. bestehen aus folgenden Hauptkomponenten:

– Diskettenschacht zur mechanischen Aufnahme des Datenträgers, Ver- und Entriegelung der Diskette erfolgt über einen von außen zugänglichen Knopf oder Knebel (3½″ D. verriegeln selbständig beim Einschieben der Diskette),
– Antriebsmotor mit Zentrierstück für die Diskette, rotiert mit 300, 360, 600 oder 720 Umdrehungen/min,
– Steppermotor zum Positionieren der Köpfe, die Auflösung liegt zwischen 46 und 144 Spuren pro Zoll (tracks per inch, tpi),
– Kopfträger mit Schreib-/Leseköpfen (typischerweise zwei, in älteren D. auch nur einer), der untere Kopf ist meistens starr gelagert, während der obere flexibel aufgehängt ist, um Unebenheiten in der Diskette auszugleichen. Die Köpfe werden beim Entriegeln mechanisch von der Diskette abgehoben, das gleiche geschieht bei einigen Typen durch einen Elektromagneten, der in längeren Zugriffspausen ebenfalls die Köpfe entläd, während der Antriebsmotor abgeschaltet wird.
– Elektronik-Board mit der Schreib-/Leseelektronik, der Ansteuerung für die elektro-mechanischen Komponenten und die Schnittstellenlogik.

D. gehören zu den unintelligenten Speichergeräten, sie werden über Schnittstellen-Signale von einer →Kontrolleinheit im System angesteuert. Die Datenübertragungsrate liegt zwischen 62,5 und 1 000 kBytes/sec. Die Adressierung wird in Spuren und Sektoren vorgenommen, der Spuranfang wird optisch durch ein Loch in der Diskette („Index") oder induktiv durch eine Marke am Antriebsmotor festgelegt.

Die →Fehlererkennung erfolgt durch sog. CRC-Zeichen (*engl.* Cyclic Redundancy Check), die von der Kontrolleinheit erzeugt und geprüft werden.

D. gehören typischerweise zur Serienausstattung von Datenverarbeitungsanlagen (Personal und Büro-Computer), als Ergänzung zu bestehenden Systemen können sie auch über externe Schnittstellen angeschlossen werden. Angeboten werden heute verschiedene Baugrößen, die nach der Breite ihrer Frontblende unterschieden werden: 8, 5¼″ und 3½ Zoll (inch). Die Höhe beträgt in der Regel ca. 41 mm, bei 3½″ sind besonders flache Versionen zwischen 1″ und ½″ (25,4 bis 12,7 mm) erhältlich.

In besonderen Anwendungen außerhalb der Datenverarbeitung werden auch kleinere Bauformen eingesetzt, z. B. 2″ D. in Still-Video-Cameras.

Die gängigen D. bieten Kapazitäten zwischen 360 kBytes und 1,44 MBytes je Diskette an, neueste Geräte speichern auf Barium-Ferrit-Disketten 2,88 MBytes (formatiert), wobei ältere Disketten ebenfalls verarbeitet werden können.

Seit einigen Jahren werden optische und servounterstützte Verfahren zur Positionierung der Schreib-/Leseköpfe entwickelt, die zu einer wesentlich höheren Spurdichte führen. Dadurch stehen heute bereits Kapazitäten von mehr als 20 MB pro vorformatierter 3½″-Diskette zur Verfügung. *Pott*

Diskriminator.

1. Schaltung zur Bewertung von Signalparametern. Ein Amplitudendiskriminator z. B. gibt einen Impuls ab, wenn das Eingangssignal eine bestimmte, einstellbare Amplitude über- oder unterschreitet.

Schaltungen, die einen Impuls liefern, wenn das Eingangssignal innerhalb eines einstellbaren Bereiches liegt, nennt man auch Fensterdiskriminatoren. Anwendung z. B. bei der →Strahlungsmessung.

2. Schaltung, die aus einem frequenz (FM)- oder phasenmodulierten (PM) Signal das Nutzsignal detektiert und als amplitudenmoduliertes Signal abgibt. Anwendung z. B. im UKW-(FM-)Teil von Rundfunkempfängern. Bei FM-Sendern wird die Trägerfrequenz entsprechend den zu übertragenden Nutzsignalamplituden (z. B. aus Sprache, Musik) verändert bzw. moduliert. Der FM-Empfänger macht diesen Vorgang mittels des D. wieder rückgängig. *Hammerschmidt*

Dispersion der Glasfaser. Alle Effekte, die in einer →Glasfaser zu einer zeitlichen Verbreiterung eines Lichtimpulses führen und damit die Übertragungsbandbreite begrenzen, werden mit D. bezeichnet. Der Dispersionsparameter D ist die auf die Länge 1 km bezogene zeitliche Verbreiterung δt eines optischen Impulses. Der Zusammenhang zwischen Impulsverbreiterung, Eingangs- und Ausgangsimpulsbreite ist gegeben durch (Bild 1).

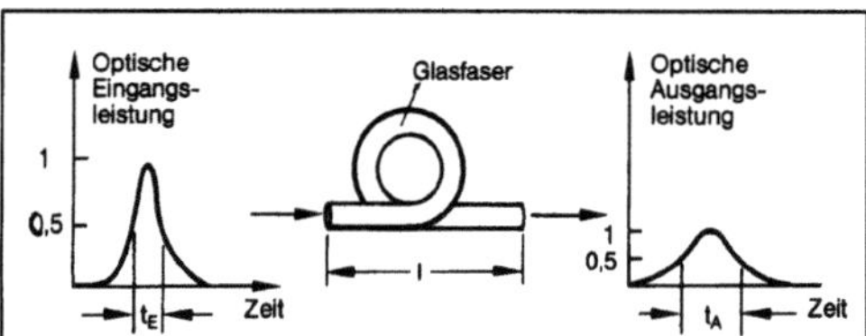

Dispersion 1: Impulsverbreiterung in Lichtwellenleitern.

$$\delta t = (t_A^2 - t_E^2)^{1/2}/l$$

Man unterscheidet zwischen Modendispersion (Intermodendispersion), beschrieben durch den Parameter D_{mod}, und der wellenlängenabhängigen chromatischen D. (Intramodendispersion), gegeben durch D_{chr}. Für die Gesamtdispersion ergibt sich

$$D = (D_{mod}^2 + D_{chr}^2)^{1/2}.$$

Während bei vielwelligen Stufenfasern die Modendispersion i. a. der bestimmende Faktor für die Impulsverbreiterung ist ($D_{mod} >> D_{chr}$), muß bei →Gradientenfasern zusätzlich noch die chromatische D., D_{chr}, berücksichtigt werden.

Zur chromatischen D. zählen Materialdispersion, D_{mat}, und Wellenleiterdispersion, D_{wel}. Diese Dispersionsarten kommen durch die endliche spektrale Breite δλ der optischen →Sender (→Lumineszenzdiode, →Laser) zustande.

Die Materialdispersion entsteht durch die Wellenlängenabhängigkeit der Brechzahl n(λ); dies bewirkt, daß sich unterschiedliche Lichtwellenlängen mit verschiedenen Geschwindigkeiten im Glas ausbreiten. Ein optischer Impuls von endlicher spektraler Breite δλ erfährt beim Durchlaufen der Glasfaser der Länge l eine zeitliche Verbreiterung.

$$\delta t_{mat} = D_{mat} \cdot \delta\lambda \cdot l.$$

Die Wellenleiterdispersion entsteht durch die Wellenlängenabhängigkeit der Verteilung der optischen Leistung im Faserkern und Fasermantel. Die Impulsverbreiterung δt_{wel} auf Grund der Wellenleiterdispersion ist

$$\delta t_{wel} = D_{wel} \cdot \delta\lambda \cdot l.$$

Die Wellenleiterdispersion ist nur in Monomodefasern von Bedeutung.

Die Übertragungsbandbreite von Monomodefasern wird durch Material- und Wellenleiterdispersion beschränkt. Diese beiden Dispersionsarten haben unterschiedliche Vorzeichen und werden zur Gesamtdispersion Null bei λ ≈ 1 300 nm kompensiert, wo auch ein relatives Dämpfungsminimum vorliegt. Durch Wahl geeigneter Mehrfach-Brechzahlprofile kann das Dispersionsminimum z. B. zum Dämpfungsminimum bei λ = 1,55 μm verschoben (dispersionsverschobene Faser) bzw. über einen bestimmten Wellenlängenbereich z. B. zwischen 1,2 μm und 1,55 μm niedrig gehalten werden (dispersionsarme Faser) (Bild 2).

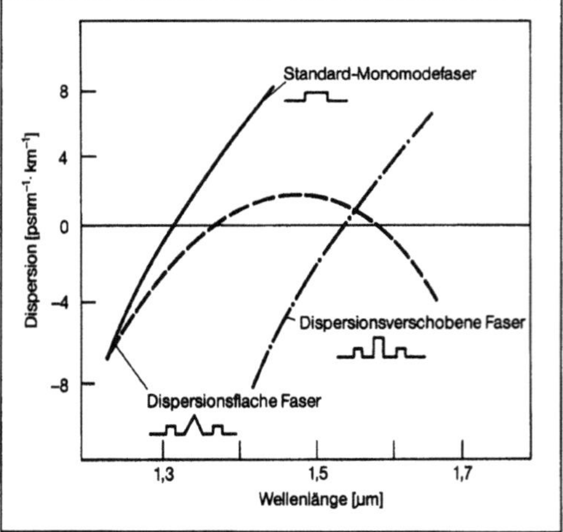

Dispersion 2: D. von Monomodefasern mit verschiedenen Brechzahlprofilen.

Dispersionsarme Fasern sind für Wellenlängenmultiplexbetrieb geeignet. Nachteilig bei Mehrfachprofilfasern ist die Krümmungsempfindlichkeit sowie die engen Toleranzgrenzen bei Spleiß- und Steckverbindungen. *Krauser*

Dispersion. Tabelle: Bandbreiten-Längen-Produkte verschiedener Fasertypen.

Fasertyp	Bandbreiten-Längen-Produkt
Multimode-Stufenfaser	50 MHz · km
Multimode-Gradientenfaser	2 GHz · km
Monomodefaser	1 000 GHz · km bei δl = 4 nm

Dispersion, chromatische →Dispersion

Display. In einem englischsprachigen Lexikon findet man unter diesem Begriff z. B. die folgenden Erklärungen:
- Anzeige,
- Vorführung,
- Entfaltung,
- Warenauslage,
- Aufwand,
- Hervorhebung,
- Auslage und anderes.

Dies entspricht in seiner Vielfalt dem oft verwendeten deutschen Ausdruck „Anzeige".

Auf dem Gebiet der Elektronik versteht man unter dem Begriff D. sowohl ein elektronisches Bauelement zur Umwandlung von elektrischen in optisch sichtbare Signale, als auch komplette Systeme, wie Datenendgeräte (Terminals).

Nach der Definition der Informationstechnischen Gesellschaft ITG (ITG-Empfehlung 5.7/09) aus dem Jahre 1988 sollte statt dieses englischen besser der deutsche Begriff einer „elektrooptischen Anzeige" oder auch einer „Anzeigeeinheit" verwendet werden. *Potthast*

Display, magneto-optisches. Zweidimensionale Anordnung von Bildpunkten (→Pixel) in einer magnetooptischen Schicht, in der die Transparenz jedes Pixels einzeln adressierbar in willkürlicher Reihenfolge eingestellt bzw. geändert werden kann. Die Transparenz der Pixel ändert sich nicht von selbst, so daß es sich um ein vollkommen passives, aber steuerbares Speicherdisplay handelt.

Die magnetooptische Schicht ist ein dünner Film aus magnetischem →Granat auf einem unmagnetischen Substrat, der mit Hilfe photolithographischer Methoden zu einer zweidimensionalen Anordnung von Inseln (den Pixeln) strukturiert wird. Die Inseln sind parallel oder antiparallel zur Filmnormalen magnetisiert, so daß durch den →Faraday-Effekt die Polarisationsebene von linear polarisiertem Licht beim Durchgang durch diese Bereiche entsprechend gedreht wird. Durch geeignete Anordnung von optischen Polarisatoren läßt sich erreichen, daß die Pixel je nach ihrer Magnetisierungsrichtung transparent oder undurchsichtig erscheinen, so daß bei externer Beleuchtung der Schicht ein entsprechendes Lichtmuster entsteht.

Zur willkürlichen Änderung des Lichtmusters müssen die Pixel-Bereiche einzeln magnetisch umgeschaltet werden können. Dazu dient ein zweidimensionales Netz von Leiterbahnen, so daß an jedem Pixel sich genau zwei Leiterbahnen kreuzen. Nur wenn durch beide Leiterbahnen gleichzeitig Strom fließt, reicht das magnetische Feld zum Umschalten des betreffenden Bereichs aus. Man spricht dann von magnetischer Adressierung. In einer anderen Ausführung kann man das Leiterbahnnetz dazu benutzen, um gezielt an einem Pixel Ohm'sche Wärme zu erzeugen und so die Temperatur lokal zu erhöhen. Man kann so die Temperatur in die Nähe des sogenannten Kompensationspunktes bringen, wo zum magnetischen Umschalten nur noch ein sehr kleines Magnetfeld erforderlich ist. Dieses Feld kann durch eine große Leiterschleife rings um das gesamte Bildfeld erzeugt werden. Die nicht erwärmten Pixel bleiben alle stabil in ihrer ursprünglichen Magnetisierungsrichtung, nur das erwärmte Pixel wird umgeschaltet. Man spricht dann von thermomagnetischer Adressierung.

Der im Lichtmuster erreichbare →Kontrast ist 20:1 für weißes und 1000:1 für einfarbiges Licht. Die Anzahl der Bildpunkte liegt im Bereich 48×48 bis 2048×2048 (geplant), typisch bei 128×128 mit einer Bildpunktgröße von 76×76 μm^2 und einer Bildfrequenz von 50 Hz (Datenblatt Fa. Semetex, USA). Neben den Display-Anwendungen kommen folgende Einsatzgebiete in Frage: optische Signal- und Bildverarbeitung, Bildabtastung, Speicherung, Drucker, optische →Schalter. *Dammann*

Dividierer →Multiplizierer

Dividier-Verstärker. Der D.-V. ist ein →Meßverstärker (invertierender →Operationsverstärker), dessen Ausgangsspannung u_a proportional dem Quotienten zweier Eingangsspannungen u_1 und u_2 ist. Dies wird erreicht, indem ein →Multiplizierer mit $u_g = ku_2u_a$ in die →Gegenkopplung des invertierenden Verstärkers gelegt wird (Bild). Dessen Ausgangsspannung u_a ist dann

$$u_a = -\frac{R_g}{kR_1}\frac{u_1}{u_2}.$$

Schrüfer

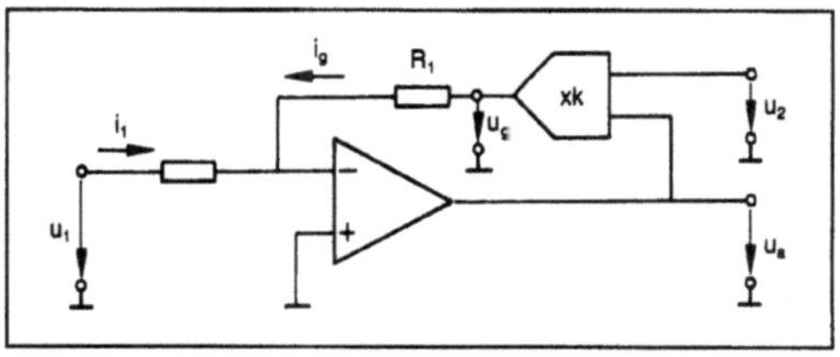

Dividier-Verstärker: Prinzipieller Aufbau.

DMA. Abk. für *engl.* Direct Memory Access, Direkter Zugriff zum →Speicher – in Mikroprozessorsystemen unter Umgehung des Prozessors. DMA erlaubt wesentlich schnelleren Zugriff zum Speicher als per Programm und wird von einem sog. DMA-Controller gesteuert. *K. Winter*

Doming. Eine Verschiebung der →Lochmaske aufgrund von Erwärmung durch die Umgebungstemperatur oder durch die Strahlstromleistung. Man unterscheidet *local* (örtliches) und *over all* (flächenhaftes) D. Eine Maskenverschiebung in Richtung des Elektronenstrahles stört nicht. Sie hat keinen Einfluß auf das Landungsbild. Eine Verschiebung allerdings quer zum Elektronenstrahl verschiebt direkt die Abbildung des Maskenloches auf dem →Dot. Dadurch wird die →Landung verschlechtert und die Farbreinheit verfälscht.

Im allgemeinen treten solche Maskenverschiebungen nicht direkt in Richtung des Elektronenstrahles oder quer zu diesem auf. Man hat also mit den entsprechenden Komponenten der Verschiebung zu rechnen.

Man versucht, die Komponente der Verschiebung quer zum Elektronenstrahl durch temperaturabhängige Elemente in der →Maskenaufhängung zu kompensieren (z. B. durch Bimetalle), daß der Schirm-Maskenabstand verändert wird. Das ist in der Regel jedoch nur bei flächenhaftem D. möglich. Local D. kann nicht kompensiert werden, sondern muß über hinreichende Landungsreserve abgefangen werden.

Moderne Farbbildröhren nach dem Lochmaskenprinzip haben als Maskenaufhängung eine sog. Eckenaufhängung. Hier wird die Verschiebung der Maske selbst ohne den „Umweg" über die Temperatur zur Kompensation benutzt. Die Mechanik der Eckenaufhängung ist so ausgelegt, daß jede Maskenausdehnung und Verschiebung quer zum Elektronenstrahl auf mechanischem Weg in eine unschädliche Verschiebung in Richtung des Elektronenstrahles umgewandelt wird.

Keitel/Nerstheimer

Domino-CMOS-Technik. Spezielle Form der dynamischen CMOS-Schaltung, bei der die Information von einem Logikblock zum nächsten über zwischengeschaltete Inverter erfolgt (Bild). Die Logikblöcke sind dabei nur aus n-Kanal-Transistoren aufgebaut, p-Kanal-Transistoren werden nur in den Invertern (Last) und Vorladepfaden benötigt. Es entfällt somit der bei den „CMOS-Technik zu jeden n-Kanal-Schalter zugehörige p-Kanal-Schalter im Lastkreis".

Während der L-Phase des Taktes T (Vorladen) hat das dynamische Eingangsgatter H-Pegel am Ausgang, der Inverterausgang also L-Pegel. Während der Auswertephase (H-Pegel des Taktes) schalten die Inverter von L zu H-Pegel. So liegen alle Knoten in einem Schaltvorgang und verbleiben in ihrem Zustand bis zur nächsten Vorladephase (Wegfall von Schaltspitzen).

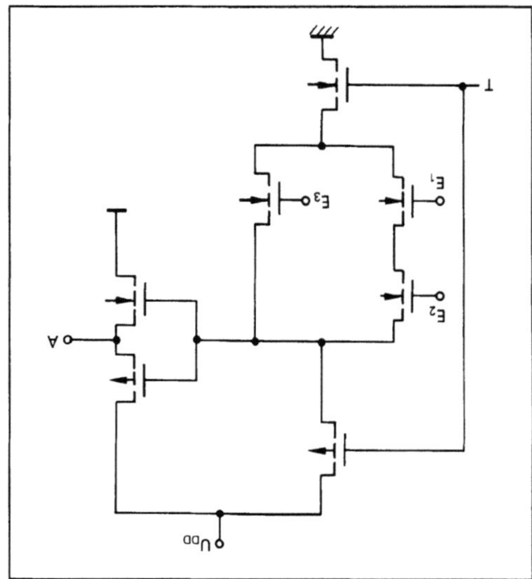

Domino-CMOS-Technik: Domino-Gatter.

Insgesamt erreicht die D.-C.-T. durch diese Vereinfachungen hohe Schaltgeschwindigkeit, jedoch mit dem Nachteil, daß sich nur nichtinvertierende Gatter realisieren lassen, also beispielsweise XOR-Gatter so nicht realisierbar sind. *R. Paul*

Donator. Lokale Störung (z. B. Fremdatom) im regelmäßigen atomaren Aufbau eines Halbleiters, die ein Elektron an das →Leitungsband abgeben kann.

Im Energieschema des Halbleiters (→Bändermodell) (Bild) liegt das Energieniveau W_D des D. in der Nähe der Unterkante W_L des Leitungsbands im verbotenen →Band. Ein Elektron des D. kann aus dem thermischen Energiereservoir des Halbleitergitters Energie aufnehmen und ins Leitungsband springen, wobei der D. positiv geladen zurückbleibt. Das Elektron ist damit zum →Leitungselektron geworden, d. h. es trägt zur elektrischen →Leitfähigkeit des Halbleiters bei (n-Leitung, Störleitung). Durch gezielten Einbau von D. (→Dotierung) kann so die Leitfähigkeit in weiten Grenzen nach Belieben eingestellt werden. Das Fremdatom besitzt ein Elektron mehr als das Wirtsgitteratom. Dieses für die chemische Bindung überflüssige Elektron ist daher nur schwach an den D. gebunden und wird bereits bei Zimmertemperatur ins Leitungsband angeregt. Im praktischen Temperaturbereich ist die Leitfähigkeit daher temperaturunabhängig. Ein typisches Beispiel für einen D. ist ein Phosphor-Fremdatom im Halbleiter Silicium mit W_L–W_D = 0.044 eV. *Heinz*

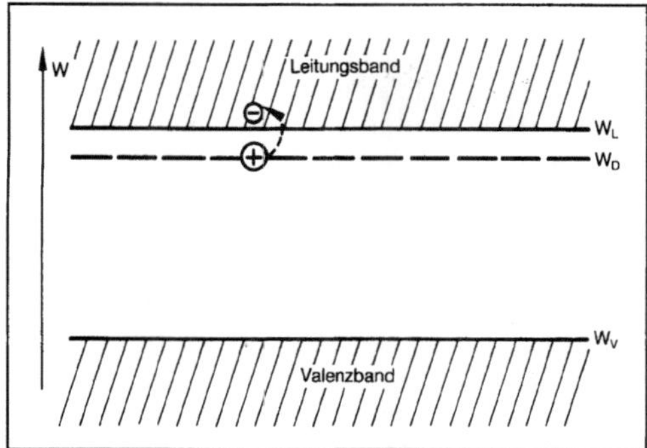

Donator: Energieschema eines Halbleiters mit Donatorniveau W_D.

Doppelbasisdiode. Halbleiterbauelement mit einer →Sperrschicht (*engl.* Unijunction Transistor), bei dem die Leitfähigkeit eines Halbleitergebietes durch starke →Injektion von Minoritätsträgern mittels eines →pn-Überganges moduliert wird (Bild). Unter bestimmten Bedingungen besitzt die Kennlinie dann einen Bereich mit negativem differentiellen Widerstand. Eine spezielle Bauform (als pnpn-Anordnung) heißt programmierbare D.

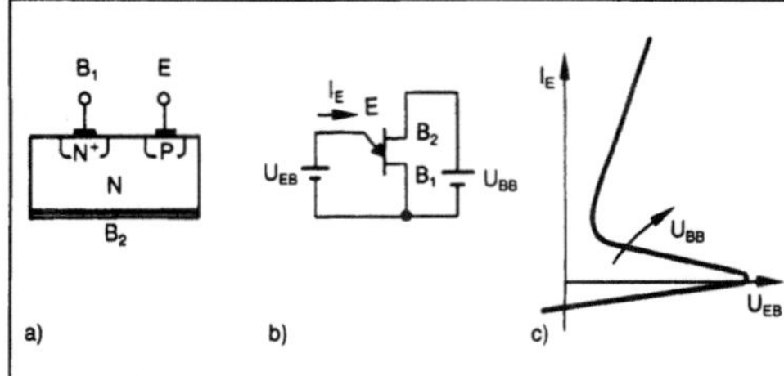

Doppelbasisdiode:
a) Aufbau
b) Grundschaltung
c) Emitterkennlinie.

D. eignen sich wegen ihrer fallenden Kennlinie sehr gut zur Schwingungserzeugung sowie für Trigger- und Zeitschaltungen. *R. Paul*

Doppelbrechung in Fasern →Glasfaserlichtwellenleiter, polarisationserhaltender

Doppelheterostruktur-Laser. →Halbleiterlaser, bei dem die aktive Schicht beidseitig von Material höheren Bandabstandes umgeben ist.

Das aktive Material, dessen →Bandabstand der angestrebten Emissionswellenlänge entspricht, wird als dünne Schicht (d = 0,1–0,4 μm) zwischen Materialien höheren Bandabstandes ausgebildet. Diese Schicht ist schwach p- oder n- bzw. undotiert, während die für die Besetzungsinversion notwendige hohe →Dotierung (entartete Halbleiter) in den angrenzenden Schichten vorliegt. Der pn-Übergang ist damit ebenfalls ein →Heteroübergang. Die Ladungsträgerinjektion erfolgt aus den Gebieten höheren Bandabstandes; sie diffundieren in die energetisch günstigeren Zustände des Materials kleineren Bandabstandes. Dort werden sowohl die Elektronen als auch die Löcher durch die Potentialbarrieren der Heteroübergänge an der Weiterdiffusion gehindert und somit auf die dünne aktive Schicht konzentriert (elektrisches confinement), (Bild 1a), so daß bereits bei niedrigen Stromdichten die Besetzungsinversion und damit die stimulierte Emission erreicht werden. Gleichzeitig bildet die aktive Schicht durch ihren für die Emissionswellenlänge größeren Brechungsindex im Vergleich zu den Nachbarschichten einen symmetrischen Wellenleiter, so daß auch die optische Welle auf die aktive Schicht beschränkt ist (optisches confinement) (Bild 1b).

Die nahezu vollständige Konzentration der Ladungsträger und der Photonen auf die aktive Schicht führt zu Schwellenstromdichten von 1–2 kAcm^{-2} für →InGaAsP- bzw. weniger als 1 kAcm^{-2} für →GaAlAs-Laser. Kleinste Schwellenströme werden erreicht, indem die aktive Zone als

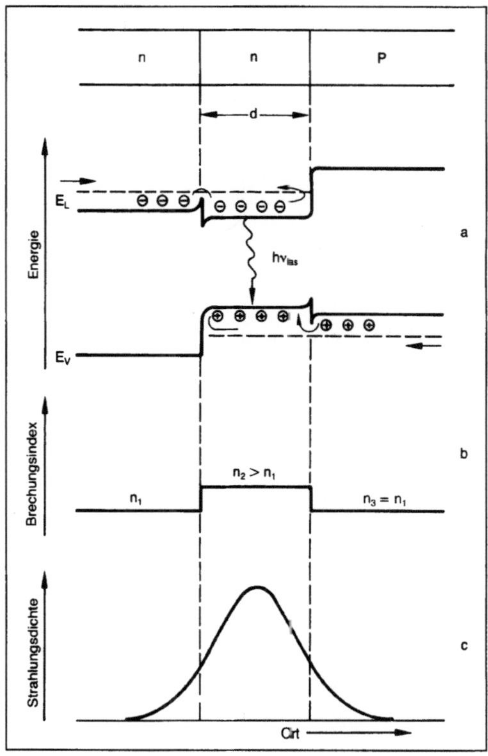

Doppelheterostruktur-Laser 1:
a) Bandenergieverlauf
b) Brechungsindex-Profil
c) Strahlungsdichteverlauf.

schmaler Streifen ausgebildet wird, so daß sich auch ein lateraler Doppelheteroübergang mit vollständigem elektrischen und optischen confinement ergibt (→Buried-Heterostructure-Laser).

Die aktive Schicht kann zur Minimierung des Schwellenstromes nicht beliebig dünn gestaltet werden, da sich dann die optische Welle weitgehend außerhalb des verstärkenden Mediums ausbreitet (optisches Confinement $\Gamma \rightarrow 0$), so daß die Schwellenstromdichte wieder zunimmt (Bild 2). Als konsequente Fortentwicklung sind daher Separate Confinement-Heterostructure-Laser anzusehen, in denen elektrisches und optisches confinement voneinander getrennt werden.

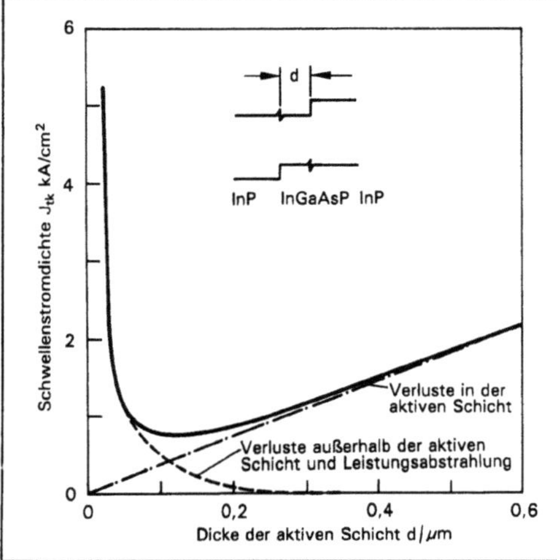

Doppelheterostruktur-Laser 2: Zusammenhang zwischen Schwellenstromdichte und Dicke der aktiven Schicht am Beispiel einer InGaAsP/InP-Doppelheterostruktur.

Epitaktisch gewachsene Doppelheterostrukturen, insbesondere als buried heterostructures, sind die Ausführungsformen moderner Halbleiterlaser für den Dauerbetrieb mit niedrigen Strömen, wie sie in der optischen Nachrichtentechnik, in Disk-Plattenspielern, Laserdruckern, Medizin und Meßtechnik verwendet werden. *Rosenzweig*

Literatur: *Bleicher, M.:* Halbleiter-Optoelektronik, Heidelberg 1986. – *Paul, R.:* Optoelektronische Halbleiterbauelemente, Stuttgart 1985.

Doppelmantelzählrohr →Auslösezählrohr

Doppelsternschaltung mit Saugdrossel →Stromrichterschaltungen

Doppelweggleichrichtung →Meßgleichrichter

Dosimeter zur Strahlungsmessung →Dosismessung

Dosis. Unter D. versteht man die Anzahl der pro Fläche (üblicherweise pro cm²) implantierten Ionen bei der →Ionenimplantation. Die D. $N_\square$ berechnet sich aus dem Ionenstrom I, der implantierten Fläche A und der Implantationszeit t zu $N_\square = I \cdot t/A \cdot q$, q ist die Elementarladung. Typische Werte sind 10^{11}–$5 \cdot 10^{11}$ cm^{-2} zur Einstellung der →Einsatzspannung von MOS-Transistoren, $5 \cdot 10^{12}$–$5 \cdot 10^{13}$ cm^{-2} zur →Dotierung von CMOS-Wannen und der Basis von bipolaren Transistoren, $2 \cdot 10^{15}$–$2 \cdot 10^{16}$ cm^{-2} für Source/Drain Gebiete und Emitter von Transistoren. Zur Herstellung von vergrabenen Si_3N_4- und SiO_2-Schichten (→SOI-Technik) werden sehr hohe Dosen bis $2 \cdot 10^{18}$ cm^{-2} verwendet. *Ryssel*

Dosisleistung, zulässige. Fernsehgeräte sind nach Maßgabe der Röntgenverordnung *Störstrahler:* Sie erzeugen Röntgenstrahlen, ohne daß sie zu dem Zweck betrieben werden.

Die z. D. beträgt nach der ab 1. 1. 1988 gültigen Novellierung der Röntgenverordnung 1 µSv/h, gemessen in 10 cm Abstand von der Oberfläche des Störstrahlers. Dieser Wert wird von heutigen Fernsehgeräten und auch Monitoren sicher unterschritten. Dazu trägt maßgeblich die Abschwächung der Röntgenstrahlung im Glas der →Bildröhre bei. Dem Glas sind zu diesem Zweck stark absorbierende Elemente wie Strontium oder Blei zugesetzt. Aus ökonomischen Gründen wird für den Bildröhrenkonus nur Blei zugesetzt.

Für das Schirmglas ist das billigere Blei nicht geeignet. Bleihaltiges Glas färbt sich unter dem Einfluß von Röntgenstrahlen braun, was eine Helligkeitsminderung zur Folge hätte. Bei Monitoren mit einem festgelegten Raster zur Darstellung von Daten würde dieses Raster in das Schirmglas eingebrannt. *Keitel/Nerstheimer*

Literatur: Die Fernseh-Bildröhre. Hrsg. Telefunken, Ulm. – Valvo Datenbuch 1986: Farbbildröhren-Systeme für Fernsehen. Hrsg. Valvo, Hamburg.

Dosismessung. Aufgabe der D. ionisierender Strahlungen ist, die Energiedosis und die Äquivalentdosis für technische-, medizinische- und Strahlenschutzzwecke zu erfassen.

Die Energiedosis ist die pro Masseneinheit absorbierte Strahlungsenergie. Die dabei benutzte SI-Einheit ist das Gray (1 Gy = 1 J/kg).

Die Äquivalentdosis berücksichtigt die unterschiedliche biologische Wirksamkeit der verschiedenen Strahlenarten in Form von dimensionslosen Bewertungsfaktoren. Für Röntgen- und Gammastrahlen hat der Bewertungsfaktor den Wert 1. Die Äquivalentdosis in der Einheit Sievert (1 Sv = 1 J/kg) ergibt sich als das Produkt aus der Energiedosis und dem Bewertungsfaktor.

Neben der Dosis wird auch die Dosisleistung gemessen, d. h. die je Zeiteinheit aufgenommene Dosis.

Die Messung der in Arbeits- und Aufenthaltsräumen auftretenden Dosen bzw. Dosisleistungen ist durch die Strahlenschutz- und Röntgen-Verordnung vorgeschrieben. Sie ist wichtig, um die in diesen Räumen Beschäftigten über ihre Strahlenbelastung zu informieren und ihnen die Möglichkeit zu geben, sich strahlenschutzbewußt zu verhalten. Die Messung der Ortsdosen soll wiederholt durchgeführt werden, zumindest jedoch bei der Inbetriebnahme von Neuanlagen und bei jeder Änderung der Einrichtungen, der Strahlenschutzvorrichtungen oder der Betriebsweise.

Die Personendosis wird an der erwartungsgemäß am stärksten exponierten Stelle der Körperoberfläche gemessen. Für beruflich strahlenexponierte Personen ist die Messung gesetzlich vorgeschrieben. Unterstellt wird, daß der gewonnene Meßwert repräsentativ für die vom gesamten Körper aufgenommene Strahlung ist.

Die Organdosis ist die Energiedosis, die in den einzelnen Organen des menschlichen Körpers auftritt. Da meist keine Dosimeter in das Innere des Körpers eingeführt werden können, wird bei externer Bestrahlung die Organdosis aus dem Wert der gemessenen Oberflächen-Personendosis berechnet (Dosis-Phantom, →Dosisverteilung-Ermittlung in der Strahlentherapie).

Auch bei einer inneren Strahlenexposition durch inkorporierte Radionuklide werden die Organdosen rechnerisch ermittelt.

Grundsätzlich können alle Wirkungen einer ionisierenden Strahlung für Zwecke der Dosimetrie herangezogen werden. Um sie für die praktische Dosimetrie geeignet zu machen, müssen sie allerdings meßtechnischen Anforderungen genügen. Hierzu gehört z. B. eine gute Reproduzierbarkeit und eine Unabhängigkeit des Meßeffekts von äußeren Störeinflüssen, sowie eine dem Verwendungszweck angepaßte →Empfindlichkeit und →Genauigkeit. Die jeweils verwendeten Dosimeter werden im Hinblick auf die Art und Energie der nachzuweisenden Strahlung ausgewählt. Ihre Anzeige soll möglichst unabhängig sein von

- der Strahlenenergie,
- der Dosisleistung,
- der Strahlenrichtung und
- Störeinflüssen.

Praktisch werden zur D. neben den biologischen, chemischen und kalorimetrischen Effekten (D., biologische, D., chemische, D., kalorimetrische) insbesondere die folgenden Dosimeter benutzt: Filmdosimeter, →Ionisationskammer-Dosimeter, →Silicium-Dosimeter, →Thermolumineszenz-Dosimeter. *Wachsmann*

Literatur: DIN 6809 Tl. 1: Klinische Dosimetrie, Therapeutische Anwendung gebündelter Röntgen-, Gamma- und Elektronenstrahlung. Hrsg. Dt. Inst. f. Normung. Ausg. 1976. – DIN 6814 Tl. 3: Begriffe und Benennungen in der radiologischen Technik; Strahlenschutz. Hrsg. Dt. Inst. f. Normung. Dez. 1985. – DIN 6818 Tl. 2: Strahlenschutzdosimeter. Hrsg. Dt. Inst. f. Normung. Dez. 1991. – *Jäger, R. G.,* u. *W. Hübner:* Dosimetrie und Strahlenschutz. 2. Aufl. Stuttgart 1974. – *Kase, K. R., B. E. Bjarngard* u. *F. H. Attix:* The dosimetry of ionising radiation. (3 Bd.) New York, London 1985. – Richtlinie für die physikalische Strahlenschutzkontrolle. Gemeinsames Ministerialbl. 29, Nr. 22, Ausg. A, S. 248/45. Bonn 1978. – *Schrüfer, E.:* Strahlung und Strahlungsmeßtechnik in Kernkraftwerken. Berlin 1974. – Verordnung über den Schutz vor Schäden durch ionisierende Strahlen (Strahlenschutzverordnung) vom 30. Juni 1989: Bundesgesetzbl. I S. 1321 vom 30. Juni 1989 – Verordnung über den Schutz vor Schäden durch Röntgenstrahlen (Röntgenverordnung – RöV) Bundesgesetzbl. Tl. I Z 5702 A (1987). – *Wachsmann, F.* u. *G. Drexler:* Kurven und Tabellen für die Radiologie. 2. Aufl. Berlin, Heidelberg, New York 1976. – *Wachsmann, F.* u. *G. Drexler:* Messungen im Zusammenhang mit ionisierenden Strahlungen. In: *Profos, P.* (Hrsg.): Handbuch der industriellen Meßtechnik. 5. Aufl. Essen 1991.

Dosisverteilung-Ermittlung. In der Strahlentherapie und im Strahlenschutz interessiert auch die Dosis an Stellen und in Organen, an die der →Dosismessung dienende Strahlendetektoren nicht herangebracht werden können, wie z. B. im Inneren der bestrahlten Personen. Da aber zur Durchführung einer ordnungsgemäßen Strahlentherapie die D.-E. im ganzen Körper ausreichend genau bekannt sein muß, wird in der Praxis wie folgt vorgegangen:

Zunächst wird die Dosis an den zugänglichen Orten mit Dosimetern an der Körperoberfläche bzw. im Dosismaximum des Strahleneinfallfelds gemessen. Aus dieser Dosis ermittelt man dann die Dosis in verschiedenen Tiefen des bestrahlten Felds aus Kurven oder Tabellen, die die „relativen Tiefendosen", d. h. die Dosen in Prozent der Dosis an der Körperoberfläche des Strahleneinfallfelds oder im Dosismaximum, wiedergeben. Da die Steilheit des Dosisabfalls in hohem Maße von der Art und Energie der verwendeten Strahlung, dem Fokushautabstand (FHA) und der Feldgröße abhängt, müssen für die verschiedenen Strahlungen, Fokushautabstände und Feldgrößen getrennte Tiefendosiskurven benützt werden (Bild 1).

Die in der Strahlentherapie wichtige relative Tiefendosis kann man für die verschieden energiereichen Quantenstrahlungen zusammenfassend auch als Gewebe Halbwerttiefe (GHWT) ausdrükken. Dabei ist jedoch zu beachten, daß die zweite und folgenden GHWT bei Strahlungen über etwa 30 keV Quantenenergie infolge Aufweichung der Strahlung durch hinzukommende Streustrahlung immer etwas kleiner sind als die erste GHWT (Bild 2).

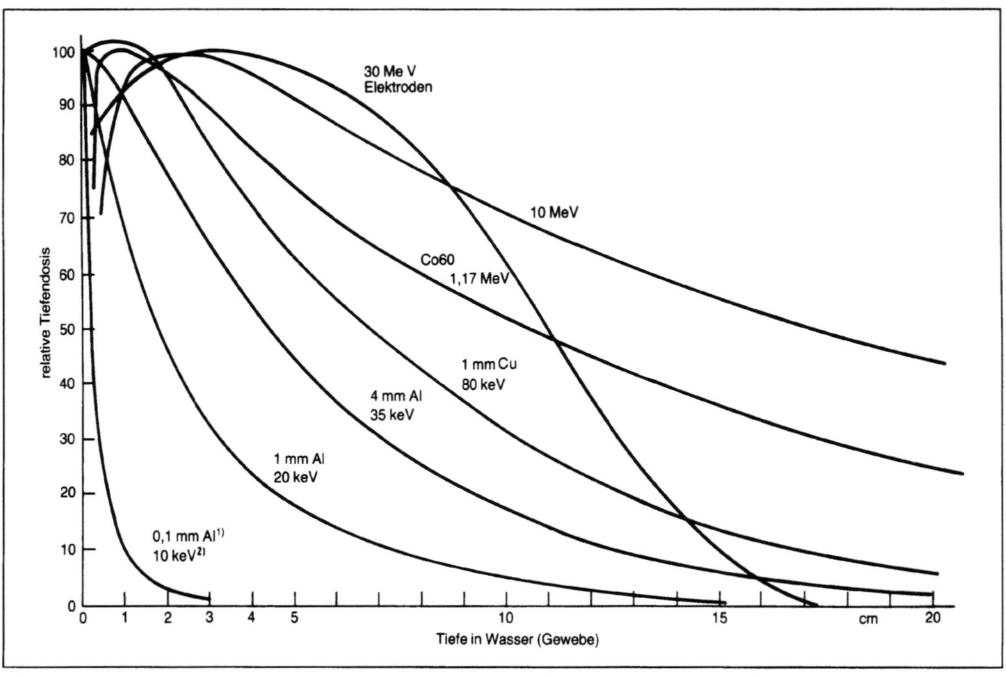

1) Halbwertschichtdicke, 2) effektive Strahlenenergie

Dosisverteilung-Ermittlung 1: Beispiele des Verlaufs der relativen Tiefendosis verschiedener in der Therapie benutzter Strahlungen. Fokushautabstand (FHA) etwa 50 cm, Feldgröße 100 cm².

Eine gewisse Schwierigkeit bei energiereichen Strahlungen besteht darin, daß sich die in der Fachliteratur angegebenen Kurven der relativen Tiefendosis immer auf das Dosismaximum beziehen, das, des Aufbaueffekts wegen, in einer von der Strahlenenergie abhängigen Tiefe liegt (Bild 1). Um zuverlässige und von Nebenumständen möglichst unabhängige Werte zu erhalten, ist es nötig, die Messung der Bezugsdosis nicht an der Oberfläche, sondern in der Tiefe vorzunehmen, in der das Dosismaximum auftritt bzw. zum Ermitteln der Dosis im Dosismaximum eine mit einer entsprechend dicken Kappe aus gewebeäquivalentem Material versehene Meßkammer zu verwenden (Bild 3, S. 192).

Der gut ausgerüsteten strahlentherapeutischen Praxis stehen heute im übrigen weitgehend automatisch und genau arbeitende elektronische Hilfsgeräte zum Ermitteln der Dosis in der Körpertiefe zur Verfügung, die eine optimale Bestrahlungsplanung ermöglichen. *Wachsmann*

Literatur: *Wachsmann, F.,* u. *G. Drexler:* Kurven und Tabellen für die Radiologie. 2. Aufl. Berlin, Heidelberg, New York 1976.

Dot. Ein D. ist ein einzelner Leuchtstoffpunkt in einer der drei Primärfarben Rot, Grün oder Blau. Jeder dieser D. ist von sechs D. in den jeweils anderen beiden Farben umgeben. Daher spricht man auch von einem *Hexagonalschirm.*

Bei einer →Delta-Röhre bilden drei D. in den drei Primärfarben ein Tripel. Die drei D. sitzen dabei auf den Ecken eines gleichseitigen Dreiecks.

Bei einer →In-Line-Röhre sind die Löcher in der →Lochmaske vertikale Langlöcher. Der →Leuchtschirm ist dabei mit vertikal verlaufenden durchgehenden Leuchtstoffstreifen bedeckt. Hierbei sind die D. dann die Projektion der Maskenlöcher auf den Leuchtstoffstreifen. Es ist auch möglich, In-Line-Röhren (Elektronenstrahlsysteme in einer horizontalen Ebene) mit kreisförmigen Löchern in der Lochmaske zu bauen. Bei einer solchen sind dann auch die D. kreisrund. Die drei zu einem Tripel gehörenden D. liegen dabei in einer horizontalen Linie. *Nerstheimer*

Literatur: *Bathelt, R. R.* und *G. A. W. Vermeulen:* Ein experimenteller Leuchtschirm in Direktsichtröhren für Farbfernsehen. Philips Techn. Rdsch. 23 (1961/62) Nr. 5. – Die Fernseh-Bildröhre. Hrsg. Telefunken, Ulm. – Einführung in die Farbfernsehservicetechnik. Bd. I: Grundlagen der Farbfernsehtechnik. Hrsg. N. V. Philips Gloeilampenfabrieken Eindhoven, Niederlande. – Farbfernsehtechnik I. Hrsg. Telefunken, München. – Farbfernsehtechnik II. Hrsg. Telefunken, Berlin.

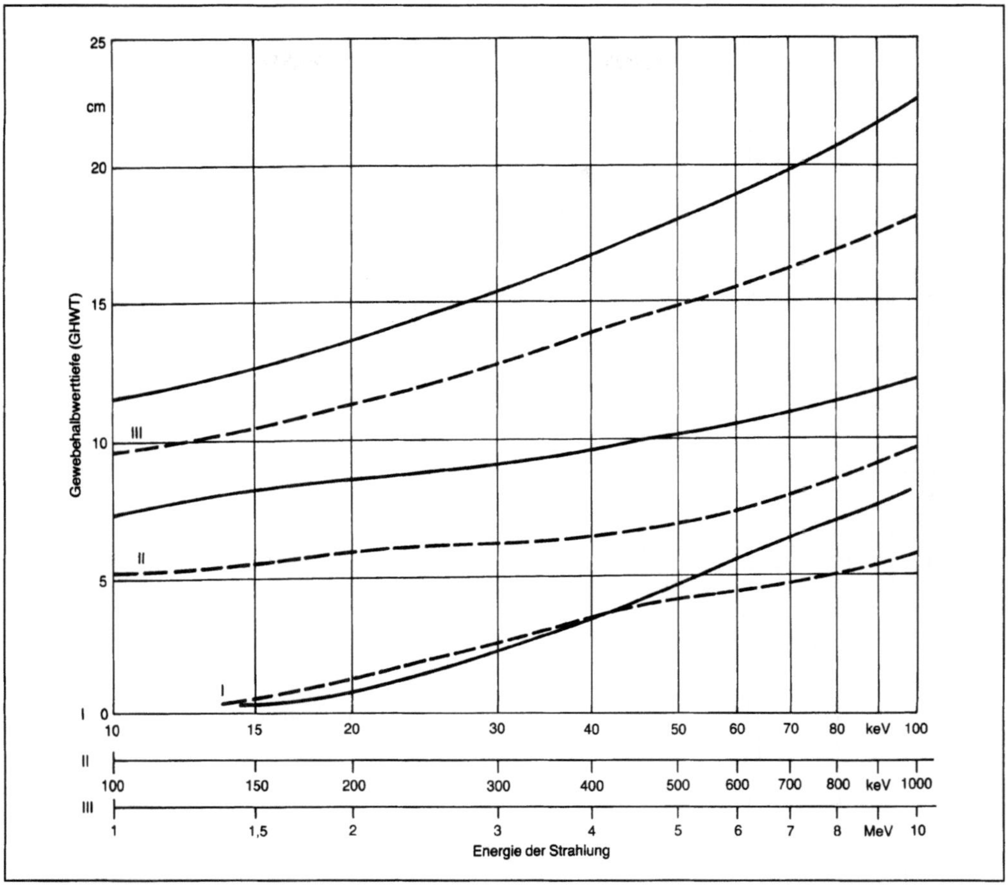

Dosisverteilung-Ermittlung 2: Gewebehalbwerttiefe für Quantenstrahlungen verschiedener Energie bei Fokushautabständen von 50 cm und Feldgrößen von 100 cm².

Dotierung. Unter D. versteht man das Einbringen geringer Mengen von Dotierungselementen durch →Diffusion, →Ionenimplantation oder während des →Kristallziehens in den Halbleiter. Die elektrischen Eigenschaften von Halbleitern (→Ladungsträgerdichte, →Beweglichkeit, →Schichtwiderstand) lassen sich durch D. mit Fremdatomen verändern. Im allgemeinen wird die D. durch den Einbau der Fremdatome auf Gitterplätzen des Halbleiters bewirkt. Dies gilt für die Elementhalbleiter →Silicium, →Germanium und fast immer für die →Verbindungshalbleiter der III. und V. Gruppe des Periodensystems (→III-V-Halbleiter, →GaAs, →GaP, →InSb) und deren ternäre und quarternäre Verbindungen.

Im allgemeinen dient die D. einer Umdotierung des bereits beim →Kristallziehen dotierten Halbleiterkristalls. Durch verschiedene solche Umdotierschritte entstehen Halbleiterbauelemente (Bild 1). Zur Herstellung von mikroelektronischen Bauelementen werden für p-Leitung →Bor und für n-

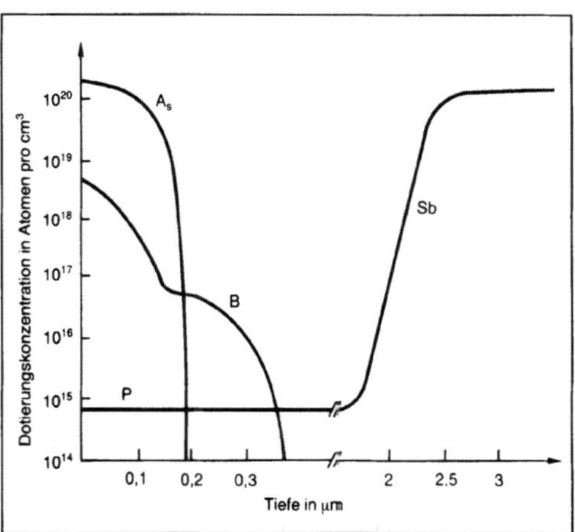

Dotierung 1: Dotierungsprofile eines Bipolartransistors und die resultierende Nettodotierung.

Leitung →Arsen und →Phosphor verwendet. Bei hohen Dotierungskonzentrationen kommt es zur

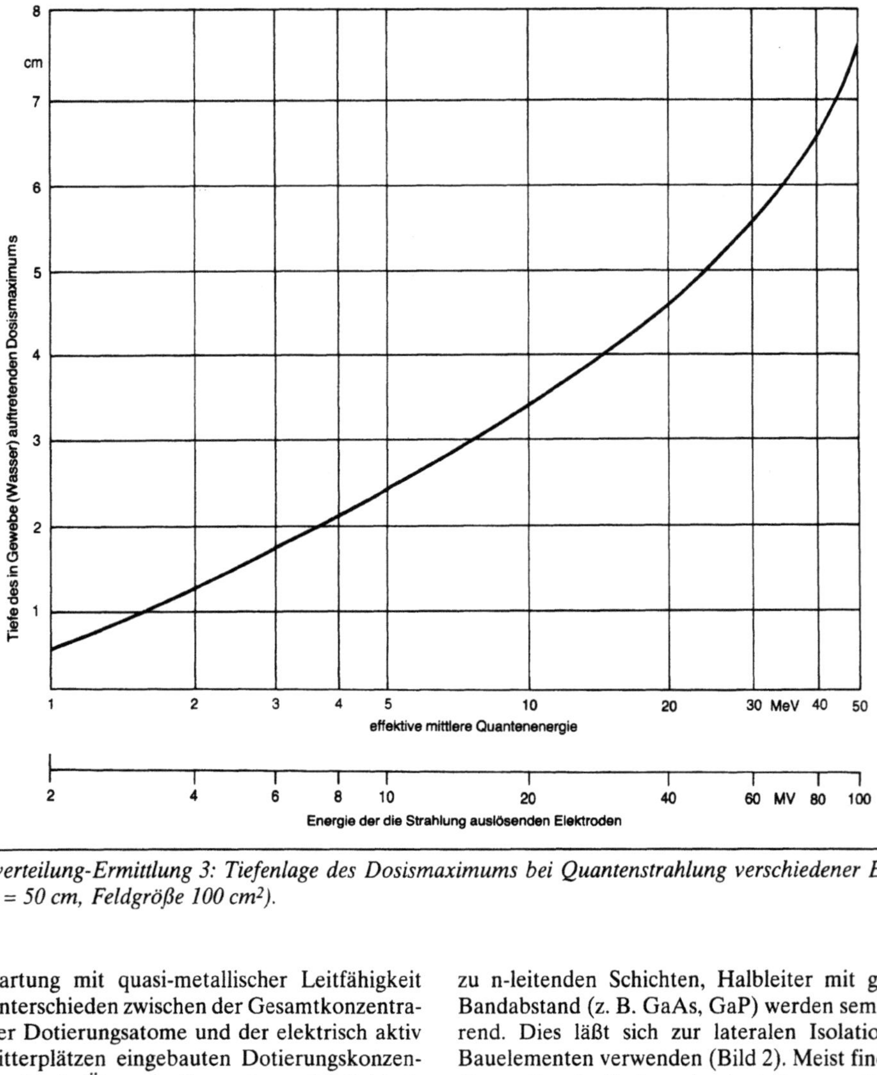

Dosisverteilung-Ermittlung 3: Tiefenlage des Dosismaximums bei Quantenstrahlung verschiedener Energie (FHA = 50 cm, Feldgröße 100 cm²).

→Entartung mit quasi-metallischer Leitfähigkeit und Unterschieden zwischen der Gesamtkonzentration der Dotierungsatome und der elektrisch aktiv auf Gitterplätzen eingebauten Dotierungskonzentration durch Überschreitung der →Löslichkeit. Dabei kann es zu Ausscheidungen (Bor, Arsen) und großen mechanischen Spannungen (Phosphor, →Antimon) kommen. Gallium und →Aluminium finden bei Leistungshalbleitern wegen ihres großen Diffusionskoeffizienten trotz ihrer relativ geringen Löslichkeit als p-dotierte Substanzen Verwendung.

Bei weniger gebräuchlichen Verbindungshalbleitern wie z. B. der II. und VI. oder IV. und VI. Gruppe kann die D. durch eine nichtstöchiometrische Zusammensetzung oder durch Kristalldefekte, die z. B. durch Ionenimplantation erzeugt wurden, hervorgerufen werden; letzteres gilt auch für einige →III-V-Halbleiter.

Bei Halbleitern mit niedrigem Bandabstand (z. B. InSb, HgCdTe, PbInTe) führen →Strahlenschäden zu n-leitenden Schichten, Halbleiter mit großem Bandabstand (z. B. GaAs, GaP) werden semiisolierend. Dies läßt sich zur lateralen Isolation von Bauelementen verwenden (Bild 2). Meist findet für diesen Zweck die Ionenimplantation von Wasserstoff oder Helium Verwendung.

D. mit Sauerstoff, Chrom oder Eisen führt bei III-V-Halbleitern mit großem Bandabstand (z. B. GaAs, GaP) ebenfalls zu semiisolierenden Schich-

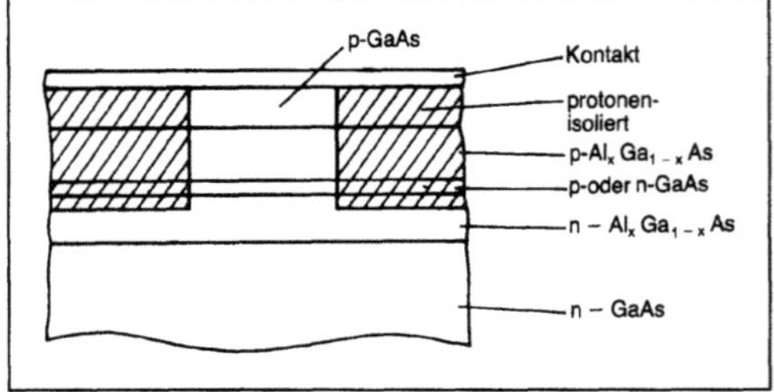

Dotierung 2: Schematischer Querschnitt durch eine protonenisolierte Laserdiode.

ten mit spezifischen Widerständen von 10^6 bis $10^8\,\Omega$cm. Hierdurch lassen sich bei GaAs isolierende Substrate für vollisolierte integrierte Schaltungen ähnlich der →SOI-Technik herstellen.

Atome auf Zwischengitterplätzen in Silicium und III-V-Halbleitern (gewöhnliche Metalle) sind unerwünscht und führen zu schlechten Halbleitereigenschaften (Halbleiterelektronik, Traps), da sie Rekombinationsniveaus in der Mitte des verbotenen Bandes hervorrufen.

Je nach dem, ob beim Einbau in das Kristallgitter ein Elektron oder ein Loch frei wird, ruft das Dotierungselement n-Leitung bzw. p-Leitung hervor (Tabelle). *Ryssel*

Dotierung. Tabelle: Wichtigste Dotierungselemente der Halbleitertechnologie

Halbleiter	Dotierungselemente	Leitungstyp
Silicium	B, Al, Ga	p
	As, P, Sb	n
III-V	Be, Zn, Cd, Mg	p
	Si, S, Te, Se	n
II-VI	Ag, Cu, N, As, P	p
	F, Cl, B, As	n

Dotierungselement →Dotierung

Dotierungsprofil →Profil

Dotierungs-Übergitter →Festkörper-Übergitter

Drahtbondtechnik →Mikroschweißen

Drahtpotentiometer →Potentiometer

Drahtwiderstand →Widerstand

Drain. Die Herstellung der D. erfolgt durch →Ionenimplantation und/oder →Diffusion (→MOS-Technik, →Halbleiterelektronik). *Ryssel*

DRAM. (*engl.* Dynamic Random Access Memory, dynamische Speicher mit wahlfreiem Zugriff). Ein →RAM, bei dem die Information (bei anliegender Betriebsspannung) in dynamischen Speicherzellen nur eine bestimmte Zeit gespeichert wird, weswegen sie in zyklischen Abständen aufgefrischt (Refresh) werden muß. Die Idee des DRAM greift auf den gepulsten Betrieb des →SRAM zurück: die in der →Speicherzelle stets vorhandenen Kapazitäten, z. B. Gatekapazität, werden benutzt, um ihren Zustand eine gewisse Zeit zu erhalten. Dieses Prinzip erlaubt eine deutliche Vereinfachung der Speicherzelle, so daß Leistungsverbrauch und Flächenbedarf sinken. Deshalb haben DRAM eine deutlich größere →Packungsdichte als SRAM.

Nachteilig am dynamischen Konzept ist jedoch:
- die periodisch erforderliche Auffrischung der gespeicherten Information (als Kondensatorladung), weil sie durch Leckströme (bei steigender Temperatur besonders) verloren geht. Üblicherweise erfolgt die Auffrischung innerhalb etwa einer Millisekunde. Der Auffrischvorgang wird durch einen gewöhnlichen Lesevorgang zeilenweise eingeleitet, wozu jede Zeile adressiert werden muß. Das erfordert neben dem sog. Refreshverstärker auch eine Zeitablaufsteuerung,
- der erforderliche →Taktgenerator für den dynamischen Betrieb sowie ggf. weitere Zusatzelektronik.

Trotz dieser Nachteile überwiegen die Vorteile des DRAM so, daß er sich als das Speicherkonzept in →MOS-Technik für höchste Integrationsgrade durchgesetzt hat. Dynamische Speicher in →Bipolartechnik ließen sich – trotz einiger Versuche – nicht einführen.

Kernstück des DRAM ist die Speicherzelle. So erhält man aus der Sechs-Transistorzelle des SRAM durch Weglassen der beiden Lastelemente zunächst die Vier-Transistorzelle (Bild 1). Als Speicherelemente dienen dabei die Lastkapazitäten am jeweiligen Drainpunkt. Das Schreiben und Lesen erfolgt wie bei der gepulsten Sechs-Transistorzelle. Zum Regenerieren wird die Zelle über die eingeschalteten Auswahltransistoren (wie beim Lesen) mit der Versorgungsspannung verbunden. Während des Regenerierens ruht der normale Speicherbetrieb (Lesen, Schreiben). Werden nicht zwei, sondern nur eine Kapazität verwendet und die zur Regeneration erforderliche Rückkopplungsschleife nicht in jeder Zelle, sondern für viele Zellen am Ende der Bitleitung gelegt, so entsteht die Drei-Transistorzelle. Sie enthält außer dem Kondensator zur Speicherung nur noch einen Transistor T_S als Impedanzwandler und einen zur Auswahl beim Schreiben und Lesen (T_{AW}, T_{AR}).

Eingeschrieben wird über den Schalter T_{AW} durch Aktivieren der Schreibleitung und des Schreib-Auswahltransistors. Der Zustand von T_S kann über T_{AR} gelesen werden (nichtlöschendes Lesen). Verzichtet man auf das nichtlöschende Lesen, läßt also eine Zerstörung der Information beim Lesen zu, so kann die Zelle durch Weglassen des Impedanzwandlers T_S und Leseauswahltransistors T_{AR} schließlich zur Ein-Transistorzelle vereinfacht werden (Bild 1c). Sie besteht aus einem Kondensator und dem Transistorschalter. Das Einschreiben erfolgt durch Aufladen des Kondensators C_S auf die Spannung der Bitleitung über den Auswahltransistor.

Gelesen wird durch Verbinden des Speicherkondensators mit der Bitleitung – wieder über den

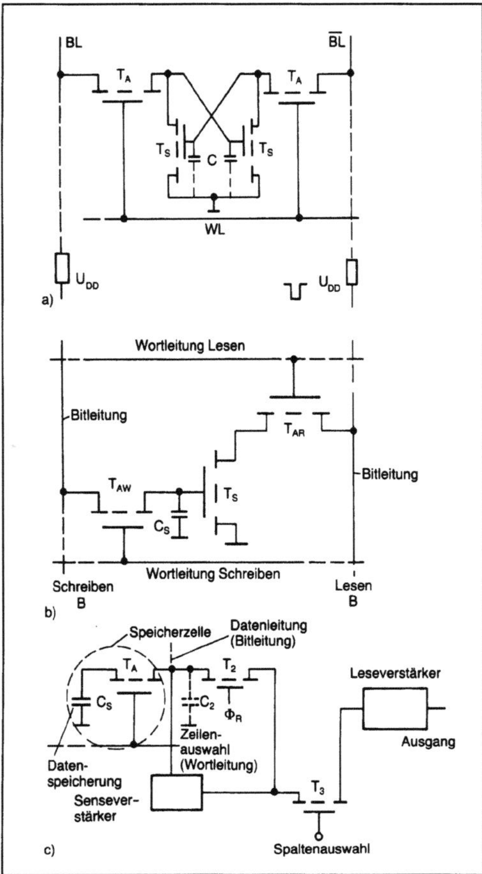

DRAM 1: Dynamische Speicherzellen.
a) Vier-Transistorzelle
b) Drei-Transistorzelle, Trennung von Schreib- und Leseleitungen
c) Ein-Transistorzelle.

Transistor – und „Abfühlen" der Spannung an der Leitung. Dabei wird der Ladungsinhalt der Zelle zerstört. Da die parasitäre Kapazität C_2 der Datenleitung erheblich größer als die Speicherkapazität C_S ist, entsteht nur ein sehr kleines Lesesignal, und es sind Regenerierverstärker erforderlich. Anschließend muß die Information erneut in C_S eingeschrieben werden. Dazu wird T_3 gesperrt und T_2 über Φ_R eingeschaltet. Dieses Ein-Transistor-Zellenkonzept hat sich im DRAM verbreitet durchgesetzt.

Die erste Zellengeneration (in Einfach-Si-Gate-Technik) benutzte als Kapazität die Drain-Kontaktbereiche (Bild 2), die durch die Kapazität der Versorgungsspannungsleitung noch vergrößert wurden. In der Nachfolgegeneration (Doppel-Poly-Si-Technik) ist die Funktionstrennung im Kondensator und Transistor nicht mehr so klar erkennbar. Der Drainbereich des Transistors wird nicht ausge-

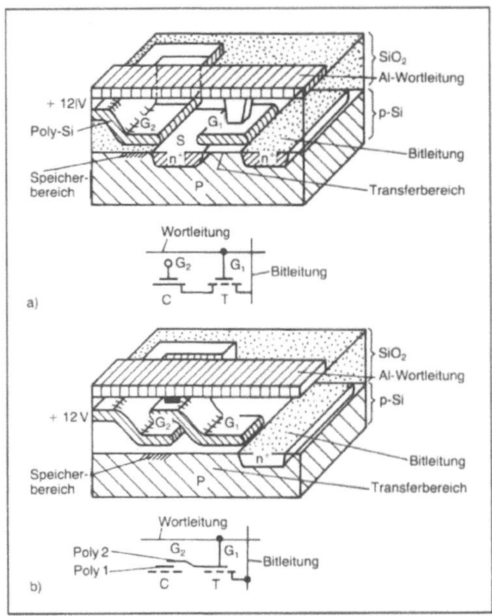

DRAM 2: Aufbau von Ein-Transistorzellen.
a) Einfach-Poly-Si-Ausführung
b) Doppel-Poly-Si-Ausführung.

bildet und die Speicherladung nur noch unter den aktiven Gatebereichen der beiden benachbart angeordneten Poly-Si-Kondensatoren verschoben. Dabei dient der über G_2 zugängige Kondensator als Ladungsspeicher, während das Potential des Transfergates G_1 bestimmt, ob die Speicherladung an die Bitleitung gelangt.

Solche Zellenkonzepte senkten vor allem bei der Mbit-Speichergeneration die Zellenfläche deutlich. Weil mit sinkenden Abmessungen bei dieser Technik auch die Speicherkapazität abnimmt und sich so das Lesesignal verringert, erforderte die weitere Integrationsgraderhöhung neue Lösungen:

– Andersartige Gestaltung der Gate- und Kapazitätsstrukturen (z. B. Dreifach-Poly-Si-Schichten, Einsatz von Molybdän oder $MOSI_2$ für Verbindungsleitungen, Dielektrika mit hohen ε (Ta_2O_5), dreidimensionale Zellauslegung (Kondensator in die Tiefe des Halbleiters verlegt oder Stapelkondensator, Trench-, buried-Trench-Zellen, stacked capacitor-cell u. a.)

– Mehrfachaufteilung der Speichermatrix, Konzept geteilter Wortleitungen,

– Erhöhung der Datenaustauschrate (bis zu einem Faktor von 10 durch neue Schaltungskonzepte [Page-, Nibble-Mode, statischer Zeilen-Mode, Mehrfachzugriff]). Der statische Zeilen-Mode wurde besonders durch Einbezug der CMOS-Technik in die Peripherie möglich. Dadurch konnte die

vorher dynamische Dekodierschaltung des Spalten-Decoders durch eine statische abgelöst werden.
- Einsatz von Redundanz, um z. B. durch Programmierung in der Wafertestphase fehlerhafte Strukturteile auch redundante zu ersetzen.
- Absenkung der Betriebsspannung (von gegenwärtig 5 V) auf kleinere Werte (etwa 3 V) bei MOS-Transistoren mit Kanallängen unter 1 μm, weil diese zu Heißelektroneneffekten neigen.

Wegen der beständigen Forderung nach Halbleiterspeichern mit immer größerer Speicherkapazität, also steigendem →Integrationsgrad, der großen Regelmäßigkeit des Entwurfs und der erheblichen Anwendungsbreite, wurden DRAM schon sehr bald zum Schrittmacher der Mikroelektronik. Ihre stürmische Entwicklung, besonders in den letzten Jahren, in bezug auf Komplexität, Geschwindigkeit und Betriebsarten hält unvermindert an. Aus der Sicht der heute bereits entwickelten 16-Mbit-Speicher sind Speicherkapazitäten (Bild 3) von 64 und mehr in den nächsten Jahren technisch möglich bzw. im letzten Fall konzeptionell denkbar. Die dabei auftretenden Probleme werden aber in physikalischer, technologischer und schaltungstechnischer Hinsicht immer vielgestaltiger. Deshalb sind DRAM auch künftig die Herausforderung der Mikroelektronik.

R. Paul

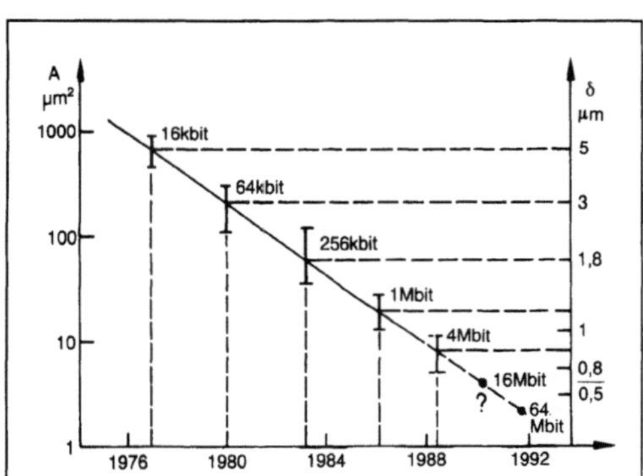

DRAM 3: Entwicklung von Flächenbedarf A und minimale Substratbreite δ von DRAM-Zellen.

Literatur: *Millman, J.* and *A. Grabel:* Microelectronics. New York 1986. - *Paul, R.:* Mikroelektronik - eine Übersicht. Berlin 1990. - *Tietze, U.* und *Ch. Schenk:* Halbleiterschaltungstechnik. Berlin 1985. - *Weiß, H.* und *K. Horninger:* Integrierte MOS-Schaltungen. Berlin 1986.

Drehanode. Ein im Hochvakuumgefäß einer →Röntgenröhre sich sehr schnell drehender Teller, auf den der Brennfleck auftrifft. So wird jeder Teil einer Kreisbahn nur kurzzeitig, wenn er den Brennfleck passiert, mit dessen Wärme beaufschlagt und kann während der übrigen Zeit durch Wärmestrahlung und Wärmeabgabe an die anderen Zonen des Tellers durch →Wärmeleitung abkühlen. Dadurch wird die Leistungsfähigkeit einer Röntgenröhre vervielfacht.

Die D. besteht entweder ganz aus einer Wolfram-Rhenium-Legierung oder ein Molybdän- oder Grafitteller trägt eine Schicht aus Wolfram-Rhenium (Verbundteller, Bild). Der Brennfleck ist auf die äußere Kreisbahn konzentriert, der übrige Körper dient der Wärmespeicherung und -abstrahlung.

Golombek

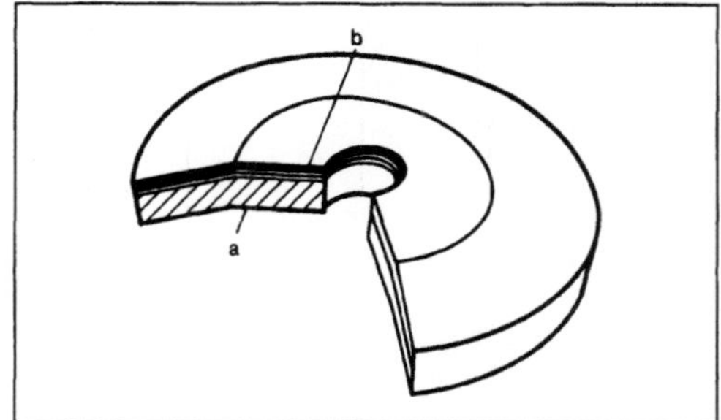

a. Molybdän legiert mit Titan und Zirkonium, b. Wolfram legiert mit Rhenium.

Drehanode: Schematische Ausführung.

Dreheisenmeßwerk →Meßgerät, elektrisches

Drehkondensator. Manuell oder motorisch veränderbarer variabler Kondensator, der ständig während des Betriebs betätigt werden kann. D. bestehen aus einem feststehenden Paket paralleler Metallplatten, dem *Stator,* und einem zweiten, um eine Drehachse isoliert montiertem Plattenpaket, dem *Rotor,* das in den Stator verzahnend hineingedreht werden kann. Das →Dielektrikum des D. ist üblicherweise Luft oder besteht zur Kapazitätserhöhung aus einer Kunststoffolie. Der eingestellte Kapazitätswert richtet sich nach dem Drehwinkel zwischen den Plattenpaketen.

D. werden zur kapazitiven Einstellung der Resonanzfrequenz von →Schwingkreisen in Geräten der Nachrichten- und der Meßtechnik benötigt. Je nach Geometrie der Rotorplatten können D. bezogen auf die Kapazität, die Frequenz bzw. die Wellenlänge eine lineare oder eine logarithmische Abhängigkeit vom Drehwinkel besitzen.

Mehrfachdrehkondensatoren, bei denen mehrere Rotoren isoliert voneinander von einer gemeinsamen Drehachse betätigt werden können, dienen zur HF-symmetrischen Abstimmung mehrerer Schwingkreise.

In der Anfangszeit der Nachrichtentechnik dienten z. B. in Rundfunk-Empfangsgeräten D. zur Einstellung des gewünschten Senders, hatten also eine große technische Bedeutung. Heutzutage sind moderne, z. T. digitale Sendersuchlauf- und Abstimmsysteme beispielsweise mit Hilfe von Kapazitätsdioden (→ *Varaktor*) in der Lage, D. zu ersetzen.

Drehkondensator: D. für manuelle Einstellung. (Quelle: Philips Components)

Die Bedeutung dieser Bauelemente ist daher in den letzten Jahren ständig zurückgegangen. *Both*

Literatur: *Morgenstern, B.:* Elektronik. Bd. 1: Bauelemente. Stuttgart 1985. – Philips Datenbuch Variable Kondensatoren. Hamburg 1989.

Drehmagnetmeßwerk →Meßgerät, elektrisches

Drehspulmeßwerk →Meßgerät, elektrisches

Drehstrombrücke →Stromrichterschaltungen

Drehstromsteller. D. dienen zur kontaktlosen Verstellung oder Regelung von Spannungen sowie Strömen in Drehstromnetzen. Sie sind als kontaktloser Ersatz von Schützen und Stelltransformatoren anzusehen.

Anwendungsgebiete sind heute hauptsächlich die Temperatur- und Heizungssteuerung oder -Regelung. Die Drehzahlverstellung von Drehstrommotoren durch D. hat durch das Vordringen preiswerter →Umrichter sehr an Bedeutung verloren.

Der Leistungsbereich der D. liegt etwa zwischen 5 und 500 kVA.

Folgende Schaltungen im Leistungsteil der Steller werden angewendet:

- halbgesteuerte Schaltung W3H (Bild 1);
- vollgesteuerte Schaltung W3C (Bild 2);
- vollgesteuerte Schaltung mit Drehfeldwendung (Bild 3).

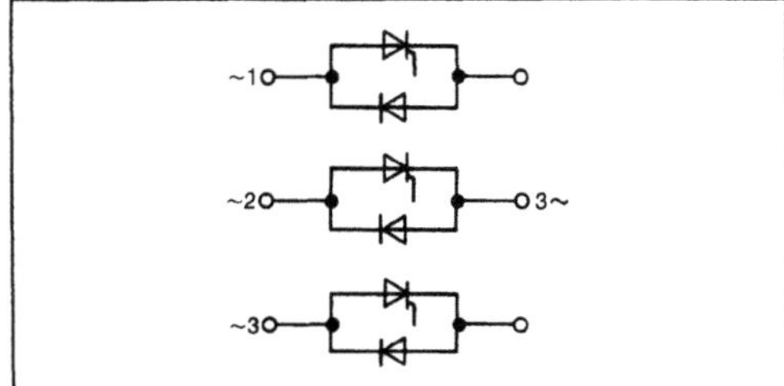

Drehstromsteller 1: Halbgesteuerter D.

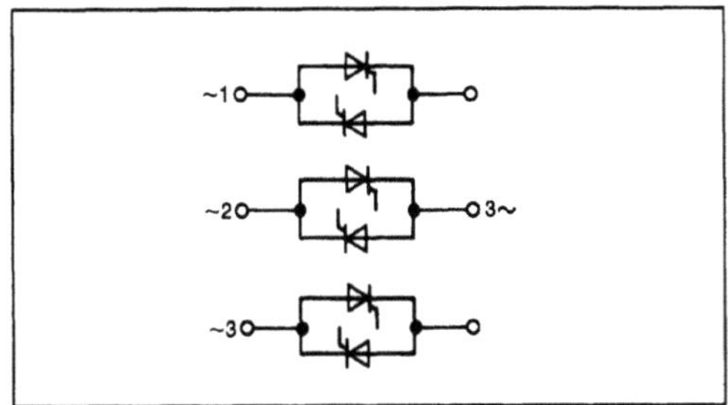

Drehstromsteller 2: Vollgesteuerter D.

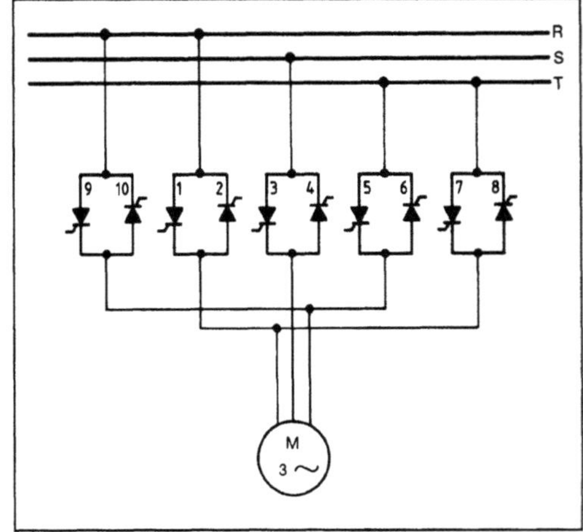

Drehstromsteller 3: Vollgesteuerter D. mit Drehfeldwendung für Drehstrom-Asynchron-Motor.

Heute wird die vollgesteuerte Schaltung von den Herstellern standardmäßig geliefert. Die Geräte werden anschlußfertig, bestehend aus Leistungsteil und Steuerelektronik, geliefert.

Der Leistungsteil besteht je Phase aus zwei gegenparallel geschalteten Leistungshalbleitern (Thyristor/Thyristor oder Thyristor/Diode).

Für die Steuerung von D. sind zwei Steuerverfahren üblich:

□ →Anschnittsteuerung: Diese wird immer für die Drehzahlverstellung von Drehstrom-Motoren eingesetzt. Für die Temperatur- und Heizungsregelung wird sie nur verwendet, wenn hohe Anforderungen an die Genauigkeit gestellt werden und die Wärmekapazität gering ist (d. h. die Zeitkonstanten hinreichend klein für eine genaue Regelung sind).

□ Schwingungspaketsteuerung (Bild 4): Die Einschaltung der gegenparallelen Thyristoren wird durch einen Taktgeber gesteuert. Er schaltet mit variablen Frequenzen eine Folge (sog. Schwingungspakete) von Sinusschwingungen der Eingangsspannung ein und aus. Der Taktgeber wird von einer analogen Sollwertspannung gesteuert. Es entsteht ein linearer Zusammenhang zwischen der

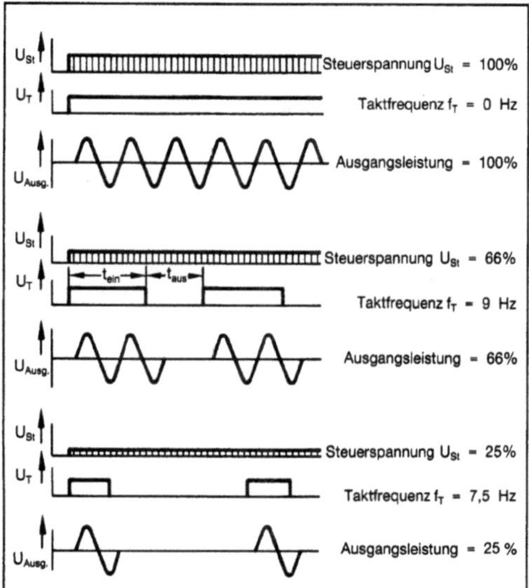

Drehstromsteller 4: Schwingungspaketsteuerung.

Steuerspannung und der abgegebenen Leistung über das Taktverhältnis

$$\frac{t_{ein}}{t_{ein}+t_{aus}}$$

Diese Steuerungsart ist für die Drehzahlverstellung von Drehstrom-Motoren nicht geeignet. Sie wird für die Temperatur- und Heizungsregelung mit geringen Genauigkeitsanforderungen eingesetzt.

D. zur Ständerspannungsverstellung von Drehstrom-Motoren:

Eine Drehzahlverstellung bei Drehstrom-Motoren ist mit D. durch Verstellen der Ständerspannung möglich. Bei Senkung der Motorspannung nimmt der Schlupf zu. Dadurch erhöhen sich die Läuferverluste. Der Effektivwert der Ständerspannung wird mit Hilfe der Anschnittsteuerung verändert. Der erzielbare Drehzahlbereich ist relativ klein. Er beträgt maximal 1:10. Es ist zu beachten, daß das abgebbare Drehmoment des Motors mit dem Quadrat der Spannung zurückgeht:

$$\frac{U}{U_N} = \sqrt{\frac{M}{M_N}}$$

U reduzierte Ständerspannung, U_N Ständer-Nennspannung, M reduziertes Drehmoment, M_N Motor-Nenndrehmoment. *H. Stüben*

Drehzahlmessung. Zum Messen von Drehzahlen (Umdrehungsfrequenzen) wendet man verschiedene Meßprinzipien an.

□ Beim Fliehkraft-Tachometer werden an der sich drehenden Welle befestigte Körper durch die Fliehkraft gegen eine Federkraft gespreizt und bewegen dabei einen Zeiger.

□ Beim Wirbelstrom-Tachometer entstehen in einer im Magnetfeld rotierenden Aluminiumtrommel Wirbelströme, die ein federgefesseltes System um so stärker mitnehmen, je höher die Drehzahl ist.

□ Bei stroboskopischen Verfahren macht man mit Hilfe des Lichtblitz-Stroboskops einzelne Phasen der Drehbewegung kurzzeitig durch Beleuchtung sichtbar. Für das Auge ergibt sich bei passender Frequenzeinstellung ein stehendes Bild. Aus der Frequenz, mit der die Lichtblitze zur Beleuchtung des Meßobjekts ausgesendet werden, kann man die Drehzahl ermitteln. (Stroboskop).

□ Tachogeneratoren nutzen das Induktionsgesetz zur D. aus. Die in einer im Magnetfeld rotierenden Spule erzeugte Spannung ist der Drehzahl proportional. Bei Gleichspannungs-Tachogeneratoren wird diese Spannung über einen Kommutator abgenommen. Wegen des Aufwands durch den Kommutator zieht man heute den Wechselspannungs-Tachogenerator vor. Falls notwendig, kann man mit Hilfe von Halbleiterdioden auch hier Gleichspannung erzeugen. Nicht nur die so erhaltene Spannung, sondern auch die Frequenz der Generatorausgangsspannung ist dann der Drehzahl proportional. Anwendungen im Drehzahlbereich 100–10^4 1/min, Ausgangsspannungen bis 220 V. Drehzahldifferenzen bzw. Schlupfwerte können mit Hilfe von zwei Tachogeneratoren und elektrischen Differenz- bzw. Quotientenschaltungen ermittelt werden.

□ Impuls-Drehzahlaufnehmer werden für mittelwertbildende und zählende Verfahren benötigt. Diese Aufnehmer erzeugen je Umdrehung mindestens einen Impuls, und zwar vorwiegend mit optoelektronischen oder magnetischen Mitteln. Wenn man die Anzahl der Impulse z. B. je Sekunde zählt, erhält man nach Division durch die Impulszahl je Umdrehung die Drehzahl in Umläufen pro Sekunde. Die Impulszählung wird elektronisch durchgeführt. Beim Durchlichtverfahren (Bild 1a) wird mittels einer umlaufenden Lochscheibe ein Lichtstrahl auf eine Photodiode unterbrochen. Beim Streulicht- oder Reflexionsverfahren (Bild 1b) sendet eine Lampe Licht auf das umlaufende Meßobjekt, das von den dort angebrachten Markierungen z. B. Schwarz-Weiß-Raster, mehr oder weniger reflektiert und von einem opto-elektronischen Bauelement aufgenommen wird. Mit Hilfe von optoelektronischen Drehzahlaufnehmern lassen sich Drehzahlen bis 3 Mio/min erfassen. Magnetische Drehzahlaufnehmer (Bild 2) benutzen statt der Lochscheibe eine Magnetscheibe. Der einfachste Empfänger für Frequenzen bis 400 Hz ist ein Reed-Relais (a), dessen Kontakt im Magnetfeld geschaltet wird. Ein weiterer magnetischer Aufnehmer ist die Differential-Feldplatte (b) (→Feldplatte), ein magnetisch steuerbarer Widerstand. Mit einer →Hall-Sonde (c) wird eine Spannung erzeugt, die von der jeweiligen Stellung der Magnetscheibe abhängt. Die beiden letztgenannten Verfahren arbeiten berührungslos und sind deshalb auch für höhere Frequenzen geeignet.

Man kann die benötigten Impulse (Bild 3) auch gewinnen über eine Induktionsspule (a), mit Hilfe eines →Wiegand-Sensors (b), durch einen Meßaufnehmer, induktiver (c) oder durch einen Hochfrequenz-Meßkopf (d).

□ Mittelwert-Verfahren basieren auf den vorbeschriebenen Impulsaufnehmern. Mit Hilfe von Impulsformern gewinnt man Impulse gleicher Fläche. Sodann mißt man den arithmetischen Mittelwert der Impulsserie. Bei hinreichend großer Impulsfrequenz ist die Anzeige der Drehzahl besonders einfach durch ein Drehspulmeßwerk (→Meßgerät) möglich. Der Transistor-Drehzahlmesser in Kraftfahrzeugen beruht auf diesem Prinzip. Er erhält seine Impulse aus der Zündanlage.

□ Bei den zählenden Verfahren (Bild 4) wird die Anzahl der Umdrehungen in einer festgelegten Zeit bestimmt. Wenn man als Meßzeit 1 s nimmt, ergibt sich bei einem Impuls pro Umdrehung die Drehzahl (Umdrehungsfrequenz) direkt in Hz. Soll die Drehzahl in 1/min angegeben werden, so empfiehlt es sich, in der Meßzeit den Faktor 6 vorzusehen, z. B. 0,6 s oder 6 s. Außer den beschriebenen Drehzahl-Impulsaufnehmern kann man auch die Ausgangsspannung eines Wechselspannungs-Tachogenerators zählend auswerten. Die Meßzeit wird durch Frequenzteilung aus einem quarzstabilisierten Taktgeber (z. B. 1 MHz) gewonnen. Bei sehr kleinen Drehzahlen würden nur wenige Impulse innerhalb der Meßzeit zählbar sein. In diesen Fällen besteht die Möglichkeit, statt der Umdrehungsfrequenz den Zeitbedarf (Periodendauer) für eine Umdrehung genau zu messen. Der Kehrwert der Periodendauer ist dann die Umdrehungsfrequenz (Drehzahl).

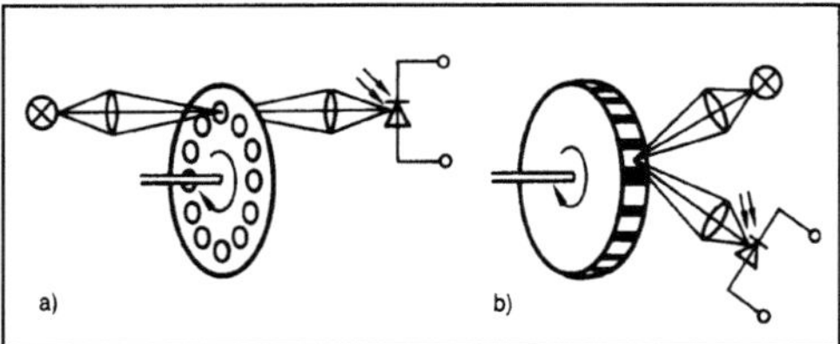

Drehzahlmessung 1: Photoelektrische Abtastung.
a) Durchlichtverfahren
b) Streulicht- oder Reflexionsverfahren.

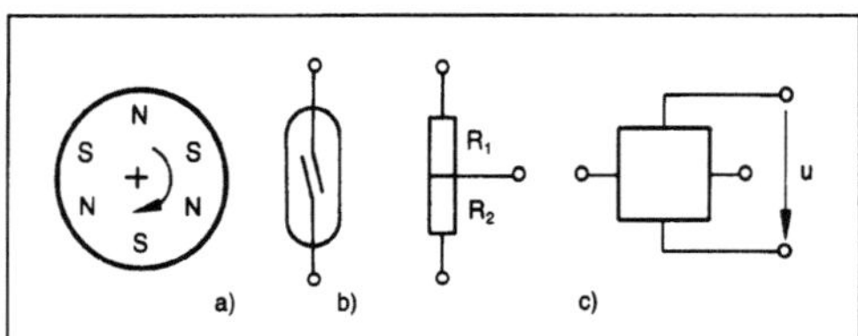

Drehzahlmessung 2: Magnetischer Aufnehmer.
a) mit Reedrelais
b) mit Differential-Feldplatte
c) mit Hallsonde.

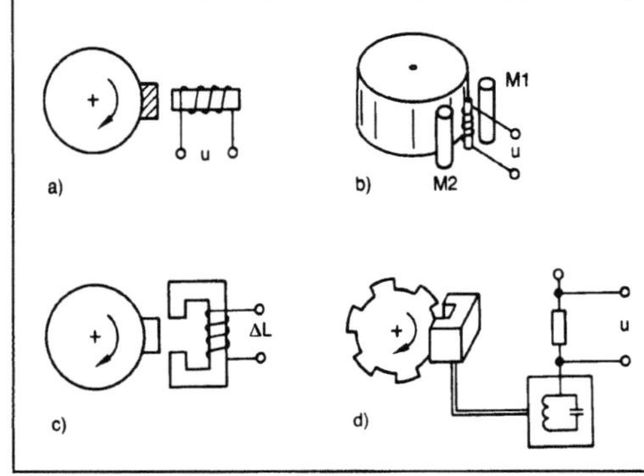

Drehzahlmessung 3: Weitere Drehzahlaufnehmer.
a) Induktionsaufnehmer
b) Wiegand-Sensor mit den Magneten M1 und M2
c) Induktiver Aufnehmer
d) Hochfrequenz-Meßkopf.

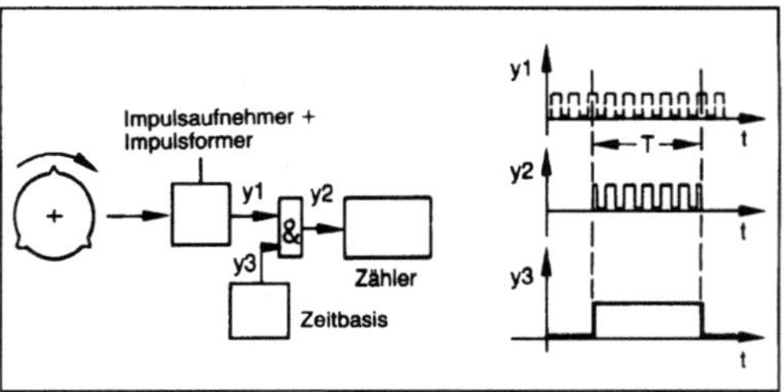

Drehzahlmessung 4: Zählendes Verfahren.

Geschwindigkeiten von Linearbewegungen lassen sich auch über eine D. erfassen, wenn man die lineare Bewegung in eine Drehbewegung umformt. Anwendung in Fahrzeugen aller Art.

Hammerschmidt

Literatur: *Schrüfer, E.:* Elektrische Meßtechnik. München 1992.

Drehzahlregelung. Die D. wird zur Einhaltung vorgegebener Drehzahlsollwerte bei drehzahlverstellbaren Antrieben bei bestimmten Genauigkeitsforderungen, die sich aus der Anwendung ergeben, eingesetzt.

Es hängt von diesen Forderungen ab, ob Regelung notwendig ist. Dabei wird unterschieden zwischen:

□ statischer Abweichung, d. h. Drehzahlabweichung im eingeschwungenen Zustand nach Beendigung des Anlaufs zwischen Leerlauf und Vollast (Bild 1) und

□ dynamischer Abweichung, d. h. Drehzahlabweichung während eines Anlauf- oder Bremsvorganges bzw. einer Drehzahländerung, insbesondere beim Einschwingvorgang auf die gewünschte Drehzahl (Bild 2). Dies ist nach DIN 19226 die Überschwingweite als größte vorübergehende Sollwertabweichung.

Die Funktionsglieder eines Drehzahlregelkreises zeigt Bild 3.

In den meisten Fällen ist der Regelkreis als Kaskaden-Regelung aufgebaut (Bild 4). Der Drehzahlregelkreis ist dabei einem Stromregelkreis (Stromregler 7 im Bild 4) übergeordnet. Der Stromregler erhält seinen Sollwert vom Drehzahlregler. Die Regler bestehen aus →Operationsverstärkern mit entsprechender Beschaltung. Sie sind heute noch überwiegend auf analoger Basis aufgebaut. Digitale Regelkreise, die mit Hilfe von Mikroprozessoren (→Mikroprozessor-Antriebssteuerung) ausgeführt werden, gewinnen aber stetig an Bedeutung.

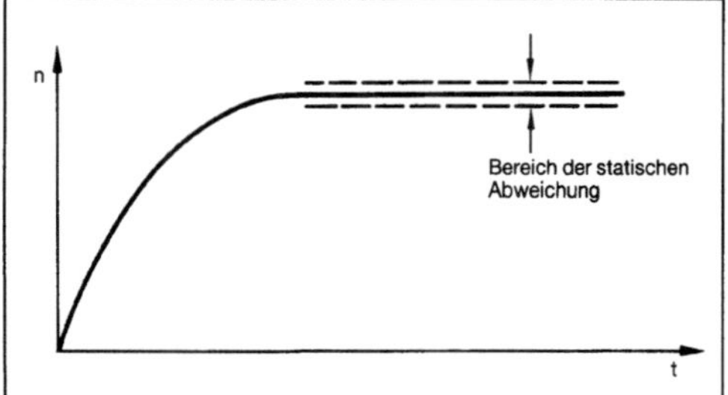

Drehzahlregelung 1: Statische Regelabweichung.

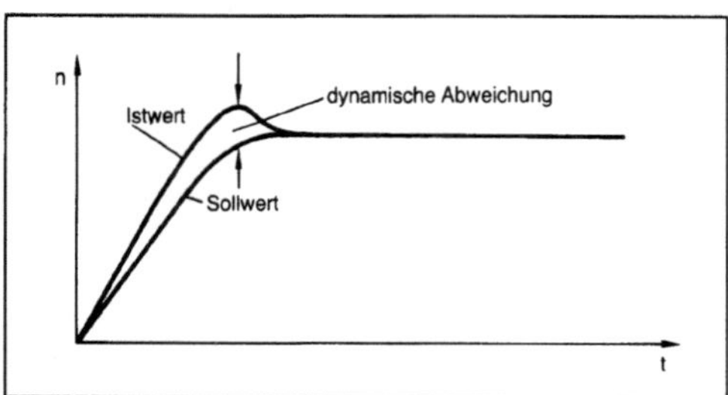

Drehzahlregelung 2: Dynamische Regelabweichung (Überschwingweite).

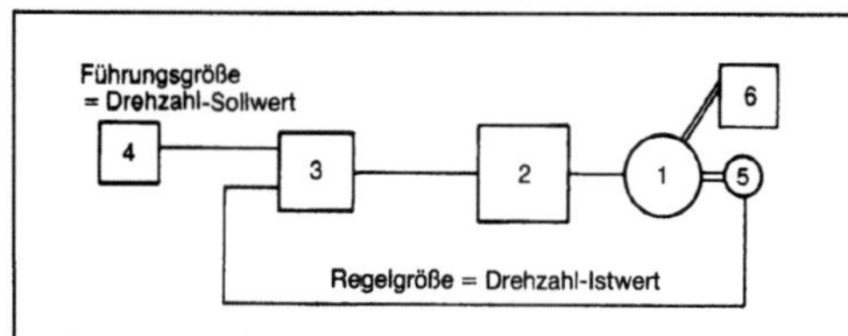

1 Motor; 2 Stellglied (z. B. Stromrichter); 3 Drehzahlregler; 4 Drehzahl-Sollwertgeber; 5 Drehzahl-Istwertgeber; 6 Last.

Drehzahlregelung 3: Prinzip-Blockschaltbild für Drehzahlregelkreis.

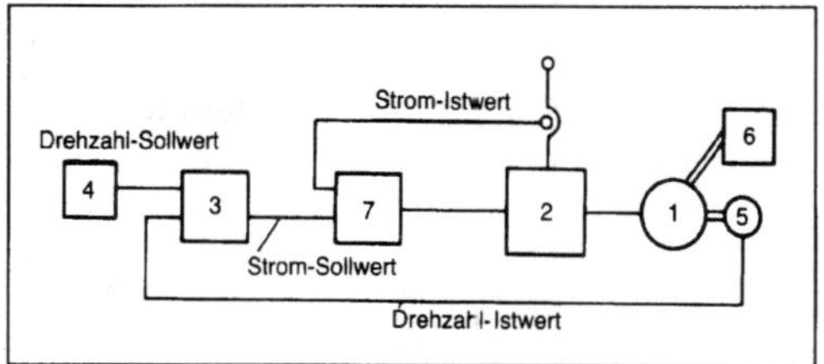

Drehzahlregelung 4: Prinzip der Kaskadenregelung mit Stromregelkreis.

Drehzahl- und Stromregler werden meist als PI-Regler (→PI-Verstärker) ausgeführt.

Auftretende Störgrößen bei der D. sind:

- Belastung, Belastungsänderung, Laststöße;
- Netzspannungsschwankungen;
- Temperatur.

□ Belastung, Belastungsänderung, Laststoß. Diese Störgrößen wirken drehzahlsenkend direkt auf den Antriebsmotor. Sie werden vom Drehzahlregler über den Stromregler ausgeregelt. Ursachen der Belastungsänderung können z. B. sein:

- Änderung des Verformungswiderstandes bei Werkzeugmaschinen;
- Änderung des Fahrwiderstandes bei elektrischen Triebfahrzeugen;
- Änderung der Reibung, Schmierung usw.

□ Netzspannungsschwankungen. Diese können zu Schwankungen der Sollwerte sowie der Stromrichterausgangsspannung führen. Man begegnet der Störgröße durch Kompensationsschaltungen. Die Versorgungsspannung für alle Steuer- und Regelkreise wird dazu stabilisiert. Bei der Stromrichtersteuerung wird z. B. die Sinusvertikal-Steuerung (→Steuerverfahren für Stromrichter) eingesetzt, mit der die Ausgangsspannung des Stromrichters linearisiert und unabhängig von Spannungsschwankungen gemacht wird.

□ Temperatur. Praktisch alle Komponenten, die im Regelkreis eines Antriebs liegen, haben temperaturabhängige Eigenschaften. Anker- und Feldwicklungen von Gleichstrom-Motoren ändern im Betrieb durch Erwärmung ihre Widerstände. Bei Stromrichtern sind die Durchlaßwiderstände der Leistungshalbleiter strom- und temperaturabhängig. Diese temperaturabhängigen Veränderungen führen zu Drehzahländerungen, die von der Drehzahl-Istwert-Messung erfaßt und vom Drehzahlregler ausgeregelt werden. Die Temperaturabhängigkeit der Drehzahl-Soll- und -Istwertgeber muß jedoch so klein sein, daß die geforderten Drehzahl-Toleranzen eingehalten werden können.

Die Drehzahlregelkreise werden meist noch durch Begrenzungs- und Überwachungsfunktionen ergänzt, z. B.:

- Drehzahl-Sollwert-Integrator. Zur Beschleunigungsbegrenzung wird der Drehzahl-Sollwert mit einstellbarem zeitlichem Verlauf hochgeführt.

- Drehzahlbegrenzung.
- Tacho-Ausfall-Überwachung. Bei Fehlen des Drehzahl-Istwertes, z. B. durch Tachoausfall oder Leitungsunterbrechung, würde der Antrieb bei Einschaltung unter Umständen auf unzulässig hohe Drehzahlen hochgeregelt. Die Überwachung bewirkt dann meist →Reglersperre.

Dem Drehzahlregelkreis kann z. B. bei numerischen Steuerungen von Werkzeugmaschinen ein Lagerregelkreis (Lageregelung) überlagert sein.

H. Stüben

Drehzelle, nematische →Flüssigkristall-Anzeige

Dreieckgenerator. Der D. ist eine elektronische Schaltung zur Erzeugung einer periodischen Dreieckschwingung, deren Amplitude sich zwischen einem positiven und negativem Maximalwert zeitlinear ändert. Üblicherweise besteht der D. aus einem elektronischen Integrator (Bild), dem abwechselnd eine positive oder negative konstante Eingangsspannung U_{A2} zugeführt wird (z. B. aus einer Referenzquelle mit umschaltbarer Polarität). Erreicht die Integratorspannung die →Referenzspannung U_R, so wird diese auf die entgegengesetzte Polarität umgeschaltet und die Integratorausgangsspannung verläuft in entgegengesetzter Richtung.

Verbreitet kommt als umschaltbare Referenzspannung ein Schwellwertdetektor mit Hysterese (→Schmitt-Trigger) zum Einsatz, dessen Eingang mit dem Integratorausgang verbunden ist. Überschreitet die Integratorspannung jeweils die obere oder untere Triggerschwelle, so springt die Ausgangsspannung des Schwellwertdetektors um.

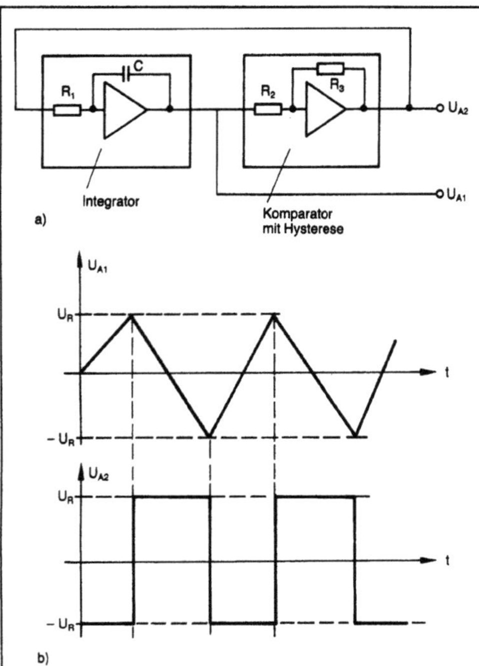

Dreieckgenerator: Prinzipieller Aufbau und Zeitverlauf der Spannungen U_{A1}, U_{A2}.

Unsymmetrische Dreieckspannungen mit langsam ansteigender Vorderflanke und steil fallender Rückflanke heißen Sägezahnspannungen. Sie werden beispielsweise für die Zeitablenkung des Elektronenstrahles benötigt. Eine einfache Erzeugungsmöglichkeit besteht darin, den o. a. Integrator mit einer konstanten Spannung zu steuern und den Integrationskondensator periodisch kurzzuschließen (z. B. durch einen Transistorschalter), wenn die Integratorausgangsspannung eine Schwelle erreicht hat.

D. sind ein Spezialfall eines →Funktionsgenerators, d. h. einer elektronischen Schaltung, die sowohl Sinus-, Rechteck-, Dreieck- als auch Sägezahnspannungen einstellbarer Frequenz und Amplitude zu erzeugen gestattet. Sie werden in der Elektronik und Meßtechnik sehr breit eingesetzt.

R. Paul

III-V-Halbleiter. Die III-V-H. gehören zu den →Verbindungshalbleitern und bestehen aus einer stöchiometrischen Verbindung aus Atomen der III. und V. Gruppe des Periodensystems. Einkristalle werden mit ähnlichen Verfahren wie bei →Silicium hergestellt (→Kristallziehen). Mit Hilfe der →Epitaxie sind ternäre und quaternäre III-V-H. herstellbar mit fast beliebig einstellbarem →Bandabstand und Gitterkonstante. Die Anwendung der III-V-H. überdeckt ein weites Spektrum, aber es ist nur das →GaAs, aus dem auch Bauelemente der Mikroelektronik hergestellt werden. Die anderen Verbindungen finden Anwendung in der →Optoelektronik und →Sensorik (photoelektrische, Photolumineszenz-, magnetische und magnetooptische Effekte).

Die →Dotierung von III-V-Halbleitern erfolgt durch Legieren, mit →Ionenimplantation oder →Diffusion von Elementen der II., IV. und VI. Gruppe des periodischen Systems. Abhängig davon, ob die Dotierungsatome an zwei- oder vierwertigen Plätzen eingebaut sind, wirken sie als Donatoren oder Akzeptoren. Elemente der IV. Gruppe können beide Komponenten ersetzen (amphotere Dotierstoffe). Eigenschaften der wichtigsten III-V-H. sind unter →Verbindungshalbleiter wiedergegeben.

Der wichtigste III-V-H. ist GaAs, das für integrierte Schaltungen im Mikrowellenbereich, IR-LEDs, Gun-Bauelemente und als →Substrat (→Halbleiterscheibe) für Schaltungen der integrierten →Optik und für epitaktische $GaAs_{1-x}P_x$-Schichten Verwendung findet. Aus $GaAs_{1-x}P_x$ und GaP werden rote, grüne und gelbe LEDs gefertigt. InSb ist für die Herstellung von IR-Photodetektoren geeignet, ähnlich wie InAs und InP. In der Entwicklung sind schnelle FET-Bauelemente und Laserdioden aus ternären und quaternären III-V-H. auf InP- oder InAs-Substraten. Mittels Epitaxie lassen sich komplizierte Schichtstrukturen für optische Bauelemente und Hochfrequenztransistoren herstellen. Breite Anwendung haben Laserdioden aus GaAlAs auf GaAs bzw. GaInP auf InP-Substraten gefunden. *Ryssel*

Dreipuls-Mittelpunkt-Schaltung →Stromrichterschaltungen

Dreipunktschaltung. Spezielle Form eines Oszillators mit einem LC-Parallelschwingkreis (Bild) als frequenzbestimmendes Element, wobei die →Rückkopplung auf den Verstärkereingang entweder durch einen induktiven Spannungsteiler (Hartley-Oszillator) oder durch einen kapazitiven Spannungsteiler (Colpitts-Oszillator) erfolgen kann.

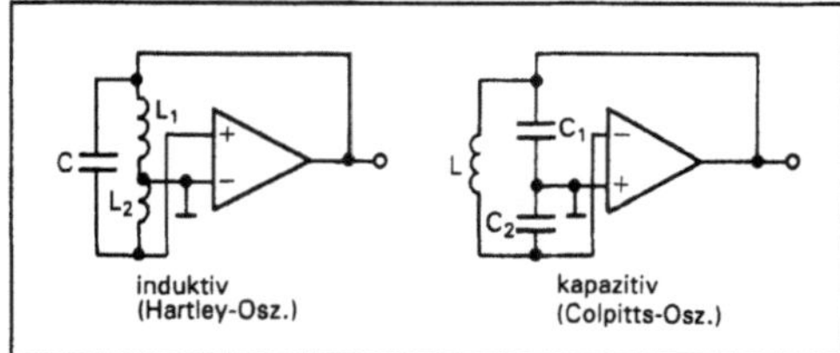

Dreipunktschaltung: Schematische Darstellung.

Eine Variante hiervon ist der (meist mit →Schwingquarz) ausgeführte Clapp-Oszillator. Dabei wird die Induktivität der Kapazitäten Dreipunktschaltung durch einen Serienschwingkreis (→Quarz) ersetzt. *R. Paul*

Drei-Wellen-Mischung →Optik, nichtlineare

Dreizustands-Logik. Digitalschaltung, deren Ausgang neben den beiden (aktiven) Zuständen L und H noch einen dritten, den inaktiven oder hochohmigen Zustand annehmen kann.

Bei üblichen Digitalschaltungen – insbesondere der TTL-Reihe – mit zwei reihengeschalteten Transistoren in der Ausgangsstufe ist die sog. verdrahtete Verknüpfung durch Parallelschalten von Ausgängen wegen der möglichen Transistorüberlastung nicht zulässig. Ein Ausweg sind Schaltungen mit offenem Kollektor, die jedoch schlechteres Schaltverhalten zeigen.

Bei der D.-L. können beide Ausgangstransistoren über einen zusätzlichen Eingang (Chipselect) abgeschaltet, d. h. in den hochohmigen Zustand versetzt werden. Dann läßt sich der Gatterausgang mit anderen Ausgängen parallelschalten, und er folgt den jeweiligen Ausgangspegeln. Dieses Prinzip ist zunächst für die →TTL entwickelt worden (besonders zur Realisierung der verdrahteten ODER), fand zwischenzeitlich aber auch in der →CMOS-Technik breite Anwendung. Die D.-L. wird vorwiegend bei →Halbleiterspeichern, →Bustreibern und überhaupt solchen Schaltungen der Datenübertragung und -verarbeitung verwendet, die mit einem →Bus zusammenarbeiten. *R. Paul*

Driftausfall. Der D. ist der →Ausfall einer Komponente dadurch, daß ein Parameter mit der Zeit sich langsam verschlechtert und schließlich zur Funktionsunfähigkeit der Komponente führt.

Als Beispiel einer Parameterdrift ist im Bild die relative Änderung des Wertes von Metallschichtwiderständen gezeigt. Getestet wurden insgesamt 148 Exemplare. Im Bild sind der Mittelwert der Widerstandsänderung (Kurve a) und die Grenzen der Verteilung eingetragen. 90% der untersuchten Widerstände liegen zwischen den Kurven b und c. Die Widerstandsänderungen steigen ungefähr mit der Wurzel aus der Betriebszeit. In den Datenblättern ist oft die nach $t_0 = 1000$ h eingetretene Widerstandsänderung spezifiziert. Damit läßt sich die Widerstandsänderung zum Zeitpunkt t aus der folgenden Beziehung bestimmen:

$$\left[\frac{\Delta R}{R}\right]_t = \left[\frac{\Delta R}{R}\right]_{t_0} \sqrt{\frac{t}{t_0}}.$$

Schrüfer

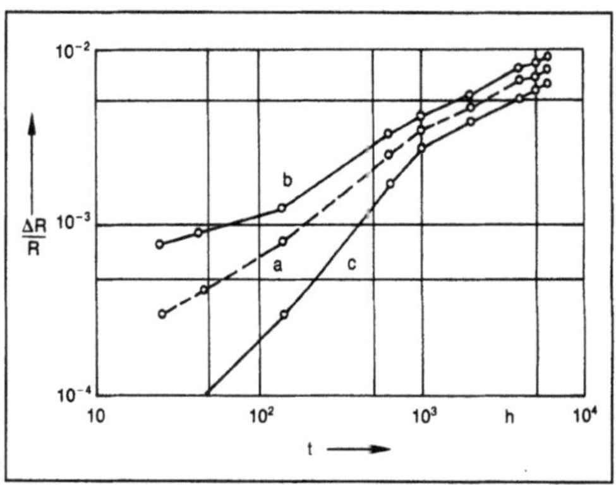

a) Mittelwert, b) und c) 90% Bereich

Driftausfall: Drift von 15-kΩ-Schichtwiderständen.

Literatur: *Valvo GmbH:* Technische Information TI 171)

Driftfeld. Allgemein elektrisches Feld, das bei Einwirkung auf →Ladungsträger zu einem →Feld- oder →Driftstrom (im Gegensatz zum →Diffusionsstrom ohne elektrisches Feld) führt, also einer gerichteten (gleichsinnigen) Bewegung der Ladungsträger, die der sehr viel schnelleren ungeordneten Temperaturbewegung überlagert ist. Ursachen eines D. können sein:

□ ein von außen anliegendes elektrisches Feld,

□ ein inneres elektrisches Feld zufolge von Dotierungsunterschieden in einem Halbleitergebiet. Bei spiele sind Raumladungsfelder in →Halbleiterübergängen (PN-, MS-, Dichteübergänge) oder Halbleitergebiete mit Dotierungsgefälle (z. B. im →Drifttransistor),

□ ein inneres elektrisches Feld in Bahngebieten durch starke Injektion von Minoritätsträgern.

R. Paul

Driftgeschwindigkeit. Zeitlicher Mittelwert der Geschwindigkeit, die ein →Ladungsträger in einem Vielteilchensystem (z. B. Festkörper) unter dem Einfluß eines elektrischen Felds annimmt. Sie wird durch Stöße des Ladungsträgers mit Teilchen seiner Umgebung bestimmt und ist zur →Feldstärke proportional (→Driftstrom). *Heinz*

Driftstrom. (auch Feldstrom) Elektrischer Strom, der durch bewegliche →Ladungsträger in einem elektrischen Feld erzeugt wird.

Auch ohne Feld bewegen sich die Ladungsträger in einem Festkörper, etwa mit thermischer Geschwindigkeit in einem Halbleiter oder mit der Fermigeschwindigkeit in einem Metall. Diese Bewegung ist, bedingt durch Stöße an Gitterdefekten und Phononen, zeitlich und räumlich statistisch, so daß kein makroskopischer Strom resultiert. Liegt jedoch ein elektrisches Feld E an, so wird der statistischen Bewegung eine Vorzugsbewegung überlagert. Die Gesamtheit der Ladungsträger bewegt sich dann mit einer (gegenüber der absoluten Teilchengeschwindigkeit kleinen) →Driftgeschwindigkeit in Feldrichtung. Es entsteht ein D. der Flächendichte $j = enbE$ (n = Dichte der Träger mit Ladung e, b = Beweglichkeit). *Heinz*

Drifttransistor. →Bipolartransistor, bei dem der Strom durch den Basisraum vorzugsweise als →Driftstrom fließt (Gegensatz: →Diffusionstransistor) als Folge eines inneren (beschleunigenden) Driftfeldes. Letzteres entsteht dort durch ein Störstellendotierungsgefälle zum Kollektor hin. Derartige Dotierungsgefälle werden technologisch z. B. durch →Diffusion oder →Implantation der →Störstellen erzeugt. Das →Driftfeld beschleunigt die →Ladungsträger gegenüber dem Diffusionstransport merklich und senkt so die Signallaufzeit. Dadurch steigt die Grenzfrequenz der Stromverstärkung des D. beträchtlich.

Bipolartransistoren arbeiten heute – meist herstellungstechnisch bedingt – mit Driftfeld. *R. Paul*

Drossel. Eine D. oder auch Drosselspule ist eine technische →Induktivität, die unter Ausnutzung der Selbstinduktion hochfrequente Wechselstromamplituden dämpft, bzw. abschwächt und Stromanstiegsflanken abflacht. D. werden vorzugsweise für die Verminderung unbeabsichtigter hochfrequenter Störstrahlungen (Funk-Entstörung) und für die Glättung gleichgerichteter Wechselspannungen verwendet.

D. sind insbesondere dadurch gekennzeichnet, daß durch die Wicklung dieses Bauelementes der volle Laststrom der nachfolgenden Schaltung hindurchfließt. Dadurch findet man als Besonderheit in elektronischen D. oftmals einen relativ starken Leiterbahnquerschnitt, um die ohmschen Verluste gering zu halten.

D. für kleinere Leistungen werden unter dem Begriff *Mikroinduktivitäten* (→Induktivität), in großen Stückzahlen hergestellt und in der Elektronik verwendet. *Both*

Drosselspule, eisenlose. E. D. wurden in der Stromrichtertechnik als sogenannte Anodenstromdrosseln zur Begrenzung des Stromes bei der →Kommutierung von Leistungshalbleitern eingesetzt. Dies erfolgte insbesondere, wenn der →Stromrichter ohne Transformator an das Netz angeschlossen wurde. Die e. D. hat den Vorteil konstanter Induktivität unabhängig von der Stromhöhe. Da sie relativ teuer ist, wird sie nur noch selten eingesetzt. Auch als →Kreisstromdrossel konnte sie sich trotz ihrer dort vorteilhaften Eigenschaften nicht durchsetzen. *H. Stüben*

Druckmembran →Drucksensor

Drucksensor. Sensor zur Messung der auf eine vorgegebene Fläche wirkenden Kraft. Absolutdruck-Sensoren messen den anliegenden Druck gegenüber dem Vakuum, Relativdruck-Sensoren die Druckdifferenz gegenüber einem Referenzdruck.

Verschiedene Verfahren werden für den Aufbau von Drucksensoren eingesetzt:

□ Druckmembranen. Eine Druckmembran besteht aus einer dünnen quadratischen oder kreisförmigen Platte. Am Rand eingespannt verformt sie sich unter Druckbeaufschlagung oder durch lokal einwirkende Kräfte. Mit der elastischen Verformung stellt sich ein ortsabhängiger Spannungs-/Dehnungszustand ein. Wirksam sind Biegedehnungen proportional zur Krümmung der Platte und Membrandehnungen proportional zur Längenänderung der Platte in ihrer Ebene. Bei kleinen Verformungen dominieren die linear lastabhängigen Biegeanteile, während bei größeren Verformungen, insbesondere sehr dünner Strukturen, die nichtlinearen Membrananteile wirksam werden. Durch eine geeignete geometrische Gestaltung und Einführung von Versteifungen lassen sich die Spannungen/Dehnungen zur Steigerung der Empfindlichkeit bzw. zur Verbesserung der Linearität örtlich konzentrieren.

Die Wandlung des mechanischen Signals erfolgt über den kapazitiven Effekt (z. B. Druckmembran als Elektrode eines Plattenkondensators) oder durch piezoresitive Detektion des örtlichen Spannungs-/Dehnungszustandes.

□ piezoelektrische Verfahren, bei denen der mechanische Druck auf einen Körper in eine elektrische →Polarisation umgesetzt wird;

□ thermische Verfahren (Pirani-Sensor);

□ optische Verfahren (Spannungsoptik, →Sensoren, optische). *Offereins*

DSM-Laser. (*engl.* Dynamic Single Mode-Laser, dynamisch einmodige Laser). →Halbleiterlaser, die auch bei hohen Modulationsfrequenzen nur eine longitudinale Mode emittieren.

Halbleiterlaser mit Fabry-Perot Resonatoren emittieren i. a. mehrere longitudinale Moden (→Halbleiterlaser-Spektrum), deren Zahl vom Betriebsstrom abhängt. Laser, die sich im cw-Betrieb auf eine Mode konzentrieren, zeigen bei direkter Modulation über den Betriebsstrom wieder ihren gesamten Modenkamm (10–20 nm breit). Dies beschränkt infolge der Faserdispersion die Übertragungsrate über große Entfernungen. Außerdem sind kohärente Übertragungssysteme nicht realisierbar. Laser, die unabhängig von der Modulationsfrequenz nur eine Mode emittieren, lassen sich durch externe oder interne selektive Elemente realisieren:

□ Extern.

– Kopplung des Fabry-Perot-Resonators mit einem weiteren →Resonator, so daß nur die Mode anschwingen kann, die Eigenschwingung beider Resonatoren ist. Als externer Resonator können dienen ein Spiegel, ein Reflexionsgitter (→External Cavity-Laser) oder ein weiterer Halbleiter-Resonator (→C^3-Laser), der unter der Schwelle betrieben wird (Bild 1a–c).

– Injection-Locking. Das longitudinal einmodige, aber schwache Licht eines Master-Lasers wird in einen zweiten Laser (slave) eingekoppelt, der selbst bis kurz unter der Schwelle gepumpt ist und nun die eingestrahlte Wellenlänge durch stimulierte Emission aussendet. Der slave Laser kann auch als optischer Verstärker angesehen werden (Bild 1d).

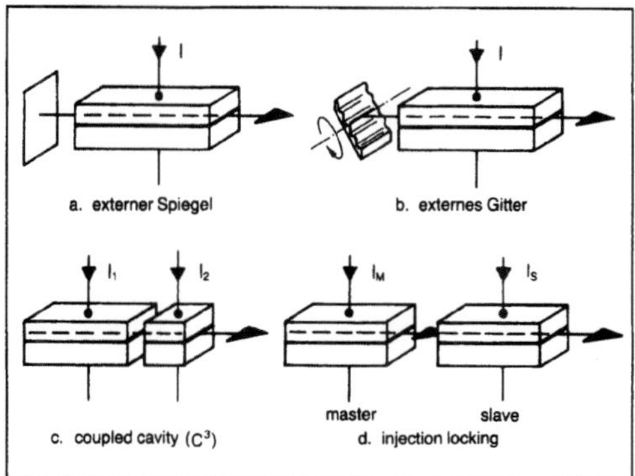

DSM-Laser 1: Ausführungen auf der Basis gekoppelter Systeme.

Die genannten Verfahren liefern zwar die gewünschte Einmodigkeit mit einer Seitenmodenunterdrückung von mehr als 30 dB; sie erfordern aber einen hohen mechanischen Aufwand, da kleinste Dimensionen axial miteinander gekoppelt werden müssen.

□ Intern,

– Gekoppelte Resonatoren lassen sich auch intern realisieren, indem entweder der aktive Streifen durch eine Ätzgrube unterbrochen wird (IRI-Laser) oder durch parallel laufende aktive Streifen unterschiedlicher Länge (→LCC-Laser) (Bild 2a, b).

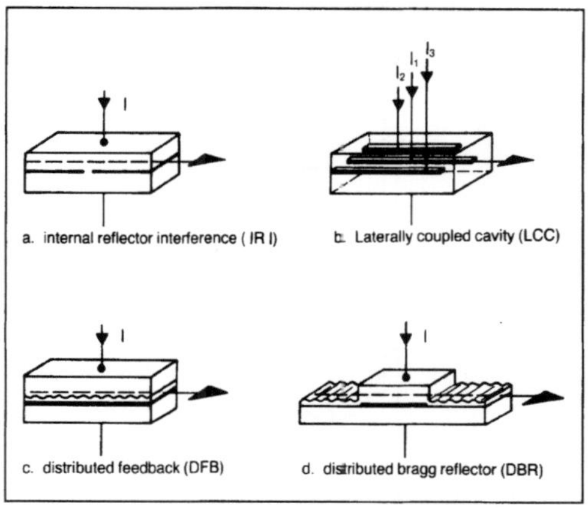

DSM-Laser 2: Ausführungen mit interner spektraler Selektion.

– Selektive Resonatoren entstehen außerdem durch den Einbau optischer Gitter (Bragg-Gitter) mit einer Gitterkonstanten Λ_0 entsprechend der angestrebten Emissionswellenlänge λ_B (Bragg-Wellenlänge).

$$\Lambda_0 = m\ \lambda_B / 2\ n^*$$

wobei n^* der effektive Brechungsindex der Schichtfolge und $m \in \mathbb{Z}$ die Ordnungszahl des Gitters sind.

An jeder Gitterfacette wird ein Teil des Lichtes zurückgestreut (verteilte Rückkopplung). Die Wellenlängenanteile des Lichtes passend zur Gitterkonstanten verstärken sich durch phasenrichtige Überlagerung, alle anderen löschen sich aus. Das Gitter kann unmittelbar über der aktiven Schicht angeordnet sein (Distributed Feedback-(DFB-)Laser), wobei die Austrittsfenster dann entspiegelt sind, oder als Ersatz für die Spiegel axial vor und hinter dem aktiven Streifen (Distributed Bragg-Reflector-(DBR-)Laser) (Bild 2c, d).

Je nach Stärke der Kopplung zwischen hin- und rücklaufender Welle entsteht eine verbotene Frequenzzone symmetrisch um die Bragg-Wellenlänge λ_B; ober- und unterhalb dieser sog. Stopbande schwingen Moden paarweise gleichberechtigt an, d. h. haben gleiche Schwellenströme (Bild 3).

Zur Diskriminierung einer der beiden Moden gibt es im DFB-Laser verschiedene Möglichkeiten (Bild 4):

- Phasensprung in der Mitte des Gitters (z. B. $\lambda_B/4$) bei reflexionsfreien Endflächen.
- Phasenschiebung durch einen Bereich veränderter Streifenbreite.
- Bereich ohne Gitter mit isoliertem separaten Stromanschluß (aktive Phasenschiebung).
- Unterschiedliches Reflexionsvermögen der Endflächen.

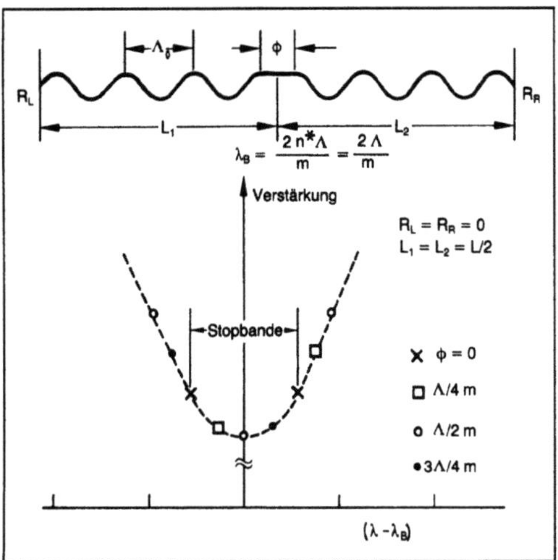

DSM-Laser 3: Einfluß der Phase auf die Modenselektion.

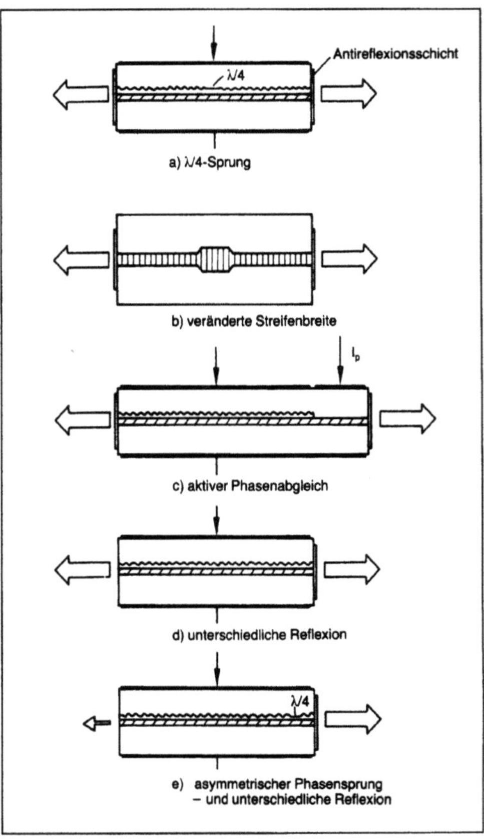

DSM-Laser 4: Verschiedene Möglichkeiten der Modendiskriminierung (λ/4-Sprung gilt nur für Gitter 2. Ordnung (m = 2)).

Am häufigsten wird die erste Methode angewendet; wobei Seitenmodenunterdrückungen von mehr als 30 dB auftreten. Werden nur die Vorderfläche entspiegelt und der Phasensprung in Richtung dieser Vorderfläche verschoben, so kann neben der Diskriminierung einer Mode zusätzlich eine Verlagerung der abgestrahlten optischen Leistung zugunsten dieser Fläche erreicht werden.

DFB-Laser emittieren eine longitudinale Mode unabhängig von der optischen Leistung (Bild 5) und der Modulation; mit zunehmender Modulationsfrequenz tritt eine sog. dynamische Linienverbreiterung (→Halbleiterlaser - chirp) auf. DFB-Laser werden in kohärenten optischen Übertragungssystemen vor allem als Sendelaser verwendet.

In DBR-Lasern werden eine deutliche Diskriminierung und hohe Seitenmodenunterdrückung (>30 dB) erreicht durch kurze aktive Bereiche ($L < 100$ μm) und dämpfungsarme passive Wellenleiter, allerdings zu Lasten hoher Schwellenstromdichten. Hauptproblem ist die Kopplung zwischen aktivem- und Gitterbereich, was bereits als Integration eines Lasers mit einem passiven Wellenleiter anzusehen ist (→Laser-Wellenleiter-Kopplung).

DBR-Laser erfordern durch die axiale Kopplung verschiedener Wellenleiter, d. h. Materialien unterschiedlicher Zusammensetzungen, aufwendige Technologien und haben relativ große Baulängen. Als Vorteil besteht die Möglichkeit einer zusätzlichen Selektion von TE oder TM-Moden durch geeignete Strukturierung des passiven Wellenleiters.

DBR-Laser werden in kohärenten optischen Übertragungssystemen vor allem als →Lokaloszillator verwendet. Sie sind als besonders integrationsfreundlich anzusehen.

DSM-L. auf der Basis gekoppelter Resonatoren haben den Nachteil, daß bei Temperaturänderung ein Modenspringen erfolgt, wohingegen Laser mit eingebautem Gitter eine kontinuierliche Verschiebung zeigen (→Halbleiterlaser-Spektrum).

Rosenzweig

Literatur: *Ebeling, K.*: Integrierte Optoelektronik. Berlin-Heidelberg 1989.

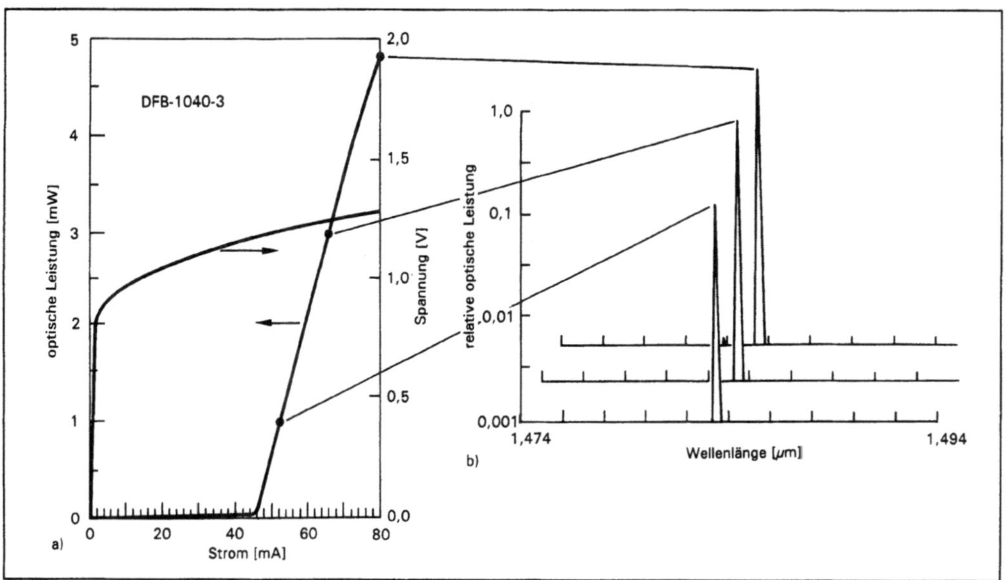

DSM-Laser 5: Kennlinien eines DFB-Lasers (Quelle: Heinrich-Hertz-Institut, Berlin)
a) Zusammenhang zwischen optischer Leistung, Spannung und Strom
b) Spektrale Verteilung für verschiedene Leistungen (logarithmische Leistungsskala).

DSW →Step-and-Repeat-Verfahren

DTL. Dioden-Transistor-Logik. Bipolare Schaltkreisfamilie der →Bipolartechnik, bei der die Verknüpfung durch Dioden und die Verstärkung durch Transistoren erfolgt. Die DTL wird heute nicht mehr verwendet und ist durch die →TTL ersetzt.

R. Paul

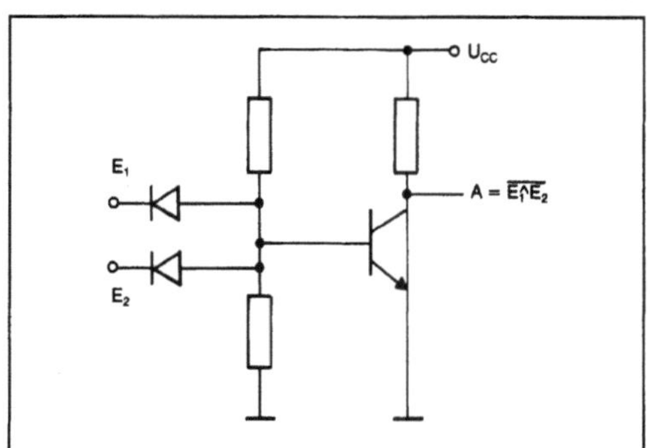

DTL: DTL-NAND-Gatter mit zwei Eingängen.

DTLZ. Synonym für →DZTL.

Dual-in-line-Gehäuse. (Abk.: DIL-Gehäuse, DIP-Dual-in-line package). Eine bei integrierten Schaltungen sehr verbreitete Gehäuseform mit weniger als 64 senkrecht steckbaren Anschlußstiften (Pins, bevorzugt: 4, 6, 8, 14, 16, 24, 28, 40, 64) angeordnet in zwei parallelen Reihen (daher *dual*). Stiftabstand und Abmessungen entsprechen dem Rastermaß gedruckter Schaltungen (Bild).

DIL-Gehäuse werden sowohl als hermetisch dichte Keramikgehäuse für Schaltkreise mit hohen Zuverlässigkeitsanforderungen (z. B. Militärtechnik, Raumfahrt, →Halbleiterspeicher →EPROM, bei denen der Speicherinhalt über ein Quarzfenster durch UV-Bestrahlung gelöscht werden kann) als auch in Form von Kunststoffgehäusen eingesetzt. Da im letzteren Fall kein völliger Schutz gegenüber Umwelteinflüssen gegeben ist, kommt diese Form nur für integrierte Schaltungen mit eingeschränktem Temperaturbereich zum Einsatz.

Für hochintegrierte Schaltungen reicht die Zahl der Anschlußstifte oft nicht aus. Hierfür wurden z. B. QUIL-Gehäuse (Quad-in-line Gehäuse) mit zwei Doppelreihen von Anschlüssen entwickelt; der Trend geht jedoch zu Chip-Carrier-Gehäusen. Das sind quadratische Gehäuse aus Keramik oder Kunststoff mit Anschlußfahnen an allen vier Gehäuseseiten und bis zu 200 Anschlüssen.

An Materialien werden verwendet:

- Gehäuse mit Kapsel und Deckel vorbereitet aus den Materialkombinationen Metall-Glas, Metall-Keramik, Metall-Glas-Keramik oder
- Gehäuse, die erst durch Kunststoffumspritzung des →Chips entstehen. Diese meist als DIL- oder QUIL-Gehäuse ausgeführte Form stellen eine sehr wirtschaftliche Lösung dar.

Vor allem für Schaltkreise im LSI- und VLSI-Bereich mit großer Anschlußzahl befindet sich die →Gehäusetechnik noch stark im Fluß, zumal diese auch den Forderungen nach einer automatischen Herstellung der Anschlußverbindungen zwischen

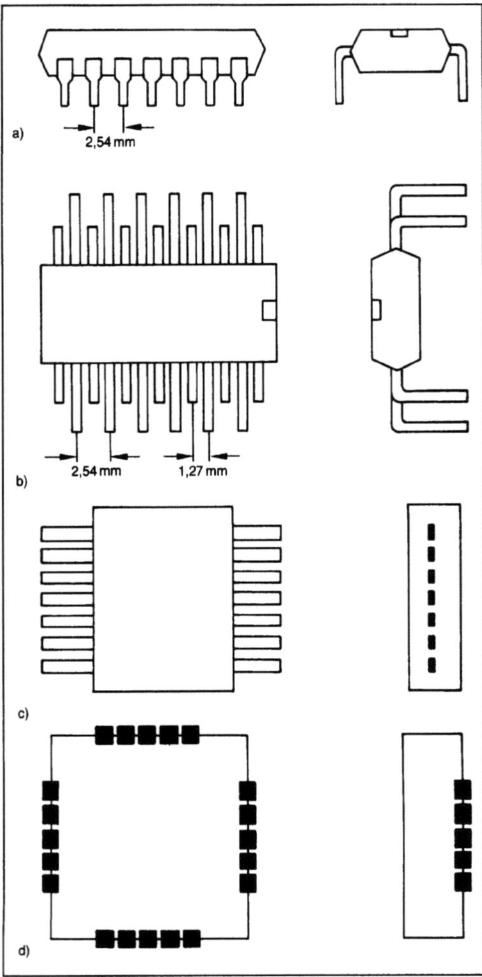

Dual-in-line-Gehäuse: Ausführungen für integrierte Schaltungen.
a) Dual-in-line (DIL)-Gehäuse
b) Quad-in-line (QUIL)-Gehäuse
c) Flat-pack-Gehäuse
d) Chip-carrier-Gehäuse.

Chip und Gehäuse sowie der automatischen Leiterplattenbestückung entsprechen müssen. *R. Paul*

Dual Slope Converter →A/D-Zweirampen-Umsetzer

Dualzahl (*engl.* binary number). Unter einer D. versteht man die Darstellung einer Zahl zur Basis 2. Die einzelnen Stellen können nur die Werte 0 und 1 annehmen und entsprechen den Potenzen von 2 (Tabelle). Um einen Wert als D. auszudrücken, werden mehr Dualstellen benötigt, als für den gleichen Wert Dezimalstellen nötig sind. Eine Abschätzung der Stellenzahl liefert die Faustregel 10(z/3), die sich daraus ergibt, daß $2^{10}=1\,024$ ungefähr mit $10^3=1\,000$ übereinstimmt. Bei der Darstellung gebrochener Zahlen muß beachtet werden, daß abbrechende Dezimalbrüche periodischen Dualbrüchen entsprechen können.

Dualzahl. Tabelle: Beispiele von D.

dezimal	dual	dezimal	dual
1	1	0,125	0,001
2	10	0,25	0,01
3	11	0,375	0,011
4	100	0,5	0,1
5	101	0,625	0,101
6	110	0,75	0,11
7	111	0,8	0,110011 . . .
8	1000	0,875	0,111
9	1001		
10	1010		

Die Darstellung einer Zahl im Dualsystem ist eine binäre Darstellung, aber nicht jede binäre Darstellung ist eine D. *H.-Jürgen Schneider*

Dunkelfeldanzeige. Vom Zeitungs- und auch Buchdruck her sind wir gewohnt, einen Text als dunkle Zeichen auf einem hellen Hintergrund zu lesen. Dabei nimmt der gedruckte Text nur einen kleinen Bruchteil der gesamten Fläche ein. Das menschliche Sehsystem integriert die Helligkeit über die gesamte im Auge abgebildete Fläche und regelt darüber die Öffnung der Pupille. Variationen des gedruckten Textes führen nur zu einer geringfügigen Helligkeitsveränderung. Lesen eines Buches strengt daher in diesem Sinne wenig an.

Werden die Zeichen dagegen als helle Zeichen auf einem dunklen Feld dargestellt, so hängt die in das Auge gelangende Intensität in starkem Maße vom Inhalt des Textes und dem Format der Zeichen ab. Je kleiner der Flächenanteil des Textes im Vergleich zur Gesamtfläche des Feldes ist, desto heller müssen die Zeichen dargestellt werden, um als eine ausreichend helle Gesamtfläche zu erscheinen. Das Auge wird ständig auf die sich verändernde Helligkeitssituation neu eingestellt. Es ermüdet schnell.

Eine entsprechende Situation ergibt sich beim Lesen einer Information, die auf einer elektronischen →Anzeige, z. B. einem →Bildschirm, dargestellt ist.

Die Darstellung der hellen Zeichen auf einem dunklen Feld wird dabei oft als D. bezeichnet. In anderem Zusammenhang wird diese Darstellungsart oft als *Negativdarstellung* bezeichnet.

Vorteil dieser D. ist, daß die Zeichen farbig auf dem dunklen Grund erscheinen. Bei mehreren Anzeigetechnologien, wie den →Flüssigkristall-

Anzeigen, läßt sich dann die Farbe beliebig wählen.

D. sind für Informationsdarstellung in einer Umgebung mit geringer Helligkeit gut geeignet. Bei einer Darstellung in heller Umgebung, wie z. B. in direktem Sonnenlicht, muß die Intensität der dargestellten Information mit der zum Betrachter gelangenden Intensität der Umgebung der Information vergleichbar sein. D. benötigen deshalb eine Oberfläche, die Licht nur in geringem Umfang reflektiert, bzw. streut. Bei den bekannten LED-Feldern setzt man deshalb oft eine Filterscheibe vor die Dioden, damit das Umgebungslicht beim zweimaligen Durchgang durch die Filterscheibe so weit gedämpft wird, daß sie die leuchtenden →LED nicht mehr überstrahlt. *Potthars*t

Dunkelleitfähigkeit. Elektrische →Leitfähigkeit von →Photoleitern ohne Lichteinstrahlung. Die dazu notwendigen beweglichen →Ladungsträger werden thermisch erzeugt oder von →Störstellen abgegeben. *Heinz*

Dunkelstrom. Als D. wird derjenige Strom eines Photodetektors oder optoelektronischen Empfängers bezeichnet, der unabhängig von einer Beleuchtung fließt.

Die Ursachen hierfür sind vielfältig und hängen im allgemeinen vom Typ, Aufbau und Material des Photodetektors ab. Zum größten Teil wird der D. durch thermisch erzeugte →Ladungsträger verursacht. Weitere mögliche Anteile bilden Tunnelströme (z. B. in →Halbleiter-Photodioden) oder Ströme, die über parasitär auftretende Widerstände abfließen (Leckströme). Die verschiedenen Dunkelstromkomponenten werden in Photodetektoren mit internen Verstärkungsmechanismen (z. B. →Lawinenphotodioden (APDs), →Phototransistoren) noch verstärkt. Dies gilt auch für komplexere Empfängereinheiten, die photoelektrische Komponenten mit nachgeschalteten Verstärkerstufen (→Transistoren, →Sekundärelektronenvervielfacher, u. a.) enthalten.

Der gesamte D. ist grundsätzlich so gering wie möglich zu halten, da dieser – wie jeder andere Strom auch – eine zusätzliche Rauschquelle darstellt und damit die minimal detektierbare Signalleistung eines optoelektronischen Empfängers festlegt (→Rauschleistung, äquivalente; →Photodetektor-Rauschen). Zur Erhöhung einer konstruktiv bedingten Nachweisempfindlichkeit werden →Photodetektoren zur Messung kleinster Signalleistungen häufig gekühlt betrieben. *R. Kaiser*

Dünne Schichten. Von d. S. eines Stoffes spricht man i. a. wenn sie aus einem Dampf oder einer Lösung, also aus der dispersen Phase abgeschieden werden. Im Gegensatz dazu spricht man bei einer Herstellung aus einem festen oder flüssigen Ausgangsstoff (Gießen, Walzen) von Folien. Vier Herstellungsverfahren für d. S. sind zu unterscheiden.

□ →Aufdampfen im Vakuum: Die Substanzen werden im Vakuum (besser als 10^{-4} mbar) entweder aus einem elektrisch beheizten Tiegel im Elektronenstrahl verdampft, so daß die Atome ohne weitere Störungen oder Zusammenstöße abgeschieden werden.

□ Kathodenzerstäubung (*engl* sputtering): In einer Gasentladung wird der Kathodenwerkstoff durch Ionenbeschuß zerstäubt (in atomarer Form freigesetzt) und auf der Gegenelektrode niedergeschlagen.

□ Abscheidung aus der Lösung: In Frage kommt hierbei die Abscheidung aus einer übersättigten Lösung, die Abscheidung durch chemische Reaktionen mit dem →Substrat, sowie die elektrolytische (galvanische) Abscheidung.

□ Abscheidung aus der Dampfphase: Auch hierbei ist wieder die Abscheidung aus einem übersättigten Dampf und die Abscheidung auf Grund einer chemischen Reaktion (*engl.* CVD, chemical vapour deposition) zu unterscheiden.

Vor- und Nachteile der einzelnen Verfahren lassen sich nicht allgemein angeben. Die Aufdampfmethode ist sicherlich die universellste. Sie findet ihre Grenzen bei Substanzen, die sich nicht ohne chemische Zersetzung in die Dampfform überführen lassen. Die anderen Methoden können in diesen Fällen helfen, sie bieten auch vielfach, wenn sie angewandt werden können, Kostenvorteile, da der Prozeßschritt der Evakuierung entfällt. Die Kathodenzerstäubung erzeugt glattere Schichten, da bei ihr eine größere Zahl von Keimen gebildet wird.

Die Schichtdicke der d. S. wird am häufigsten mit Hilfe der Resonanzfrequenz eines mitbedampften Quarzoszillators bestimmt. In manchen Fällen wird auch die Durchlässigkeit oder Reflexivität einer Schicht als Maß für die Dicke benutzt.

Die Struktur der d. S. ist je nach den Herstellungsbedingungen verschieden. Normalerweise entsteht eine sehr feinkristalline, stark gestörte Schicht mit einem wesentlichen Fremdstoffgehalt, der aus dem Dampf oder Lösungsmittel mit eingebaut wird. Schnelle Abscheidung auf einen gekühlten Träger führt bei geeigneter Zusammensetzung zu amorphen, glasartigen Schichten. Langsame Abscheidung auf einen erhitzten, einkristallinen Träger führt bei günstigen Bedingungen zur Bildung von einkristallinen Schichten (→Epitaxie). Perfekte Schichten im Aufbau und in der Zusammensetzung lassen sich mit der sog. →Molekularstrahlepitaxie erzeugen, im wesentlichen einem Aufdampfverfahren im Ultrahochvakuum.

Es bestehen drei breite industrielle Anwendungsbereiche für d. S.:

□ Metallische Schichten zur Oberflächenbehandlung und Vergütung, angefangen von galvanischen Schutzschichten auf Metallen bis zu den auf Glas, Keramik und Plastikwerkstoffen aufgedampften Metallisierungen und Dekorschichten.
□ Optisch wirksame Schichten z. B. zur Reflexminderung, als Spiegel oder Filter.
□ Elektronische Bauteile und Komponenten von integrierten Schaltungen bis zu magnetischen Speichern.

Darüber hinaus besteht ein breites Forschungsinteresse, das von den speziellen elektronischen Eigenschaften etwa monoatomarer Schichten bis zum Studium von nur in Form dünner Schichten stabiler metallographischer Phasen reicht.

Dünne Metallschichten (→Metallisierungen) dienen, auf Plastikfolien aufgedampft, z. B. als Kondensatorelektroden oder zur thermischen Isolation (Reflexion der Wärmestrahlung). Kontakte keramischer dielektrischer Werkstoffe werden ebenso durch Aufdampfen hergestellt. Die gleiche Technik dient zur Dekoration von Glas und Kunststoffteilen und zur Herstellung von Spiegeln.

Optischen Zwecken dienen transparente Schichten (sog. dielektrische Schichten), deren Schichtdicke im Bereich der optischen Wellenlänge λ liegt, so daß Interferenzeffekte auftreten. So beseitigt eine Schicht, deren Dicke $d = n \cdot \lambda/4$ erfüllt, und für deren Brechungsindex $n = \sqrt{n_0}$ gilt, wobei n_0 der Brechungsindex des Substrats ist, die Reflexion der betreffenden Oberfläche (optische Vergütung). Für gewöhnliches Glas ($n = 1.5$) erfüllt eine etwa 100 nm dicke Schicht aus MgF_2 ($n = 1.39$) angenähert diese Bedingung. Mehrfache Schichten ergeben verbesserte Entspiegelungen, aber auch z. B. verlustfreie Hochleistungsspiegel, wie sie in der Lasertechnik benötigt werden. Alle Interferenzeffekte sind wellenlängenabhängig, so daß transparente d. S. auch Farberscheinungen zeigen (Farben dünner Blättchen), die für dekorative Zwecke sowohl von der Natur (Schmetterlingsflügel) wie in der Schmuckindustrie verwendet werden. Durch gezielte Kombination verschiedener Schichten lassen sich farbselektive Spiegel (Kaltlichtspiegel, Wärmereflexionsfilter) und Filter (Interferenzfilter) konstruieren. Die wichtigsten Werkstoffe für transparente Schichten sind neben dem schon genannten MgF_2 Kryolith ($n = 1.31$), SiO ($n = 1.97$), ZnS ($n = 2.34$) und TiO_2 ($n = 2.66$).

In der Elektrotechnik dienen d. S. unter anderem zur Herstellung integrierter Schaltungen hoher Zuverlässigkeit (→Dünnschichttechnik). Leiterbahnen, Widerstände und kleine Kondensatoren werden dabei durch Aufdampfen hergestellt. D. S. spielen auch eine Rolle in der Silicium-Planartechnologie, sei es als leitende Verbindung zwischen den einzelnen Bauelementen, sei es als isolierende Schicht zwischen den verschiedenen Lagen einer integrierten →Schaltung. Ein wichtiges Qualitätskriterium in diesen Anwendungen ist der Flächenwiderstand. Er ist ein Maß für den Widerstand einer dünnen Schicht, definiert als der Quotient zwischen spezifischem Widerstand und Schichtdicke (Einheit: $\Omega m/m = \Omega$; oft auch als $\Omega/\square$, ohm per square dargestellt).

Magnetische d. S. erfüllen vielfältige Funktionen vor allem in der Speicher- und der Meßtechnik. Am verbreitesten sind die Nickeleisen- oder Permalloyschichten, die zu etwa 80 % aus Nickel bestehen. Anwendung finden sie z. B. als Steuerelement im Magnetblasenspeicher und als Schreib- und Lesekopf-Elemente in der magnetischen Aufzeichnung. Die eigentliche Trägerschicht der Magnetblasen stellt auch eine magnetische d. S. dar. Andere, hartmagnetische d. S. werden als Aufzeichnungsmedium in der magnetischen und magnetooptischen Aufzeichnung (→Magnetspeicher) eingesetzt. Supraleitende d. S. dienen z. B. im Josephson-Magnetometer zum Nachweis extrem schwacher Magnetfelder. *Hubert*

Dünnschichtschaltkreis. Zur Herstellung elektronischer Funktionsträger in der →Schaltungsebene der Bauelemente oder in der Hybridintegrationstechnik werden Beschichtungen (→Dünnschichttechnik) mit linien- oder flächenhaften Strukturen benötigt. Die Strukturierung kann im Verlauf der Schichtkondensation erfolgen. Einfachstes Beispiel ist das →Aufdampfen oder Aufstäuben durch eine →Maske mit Löchern. Die elektrochemische Abscheidung kann ebenfalls örtlich vorgenommen werden, wozu die vorgesehenen Oberflächenteile des Trägers chemisch oder elektrochemisch aktiviert werden müssen. In diesem Falle erforderliche Vorstrukturen von sehr dünnen Metallschichten werden über das Subtraktivverfahren erzeugt. Dieses stellt die am meisten verwendete Technik zur Herstellung strukturierter Schichten dar und wird im engeren Sinne als →Lithographie bezeichnet. Dabei werden die Metallschichten durchgehend auf die Bauelemente bzw. Träger aufgebracht. Eine Schutzschicht mit Struktur ermöglicht den selektiven Abtrag der Metallschicht. Die Photoresistschicht wird mit Licht (im nahen oder fernen Ultraviolettbereich oder aus kurzwelliger Synchrotronstrahlung) aktiviert, so daß Teile anschließend naßchemisch weggelöst oder nach Wärmebehandlung („Ausbacken“) mit Ionen weggeätzt werden können („Veraschung“). Die zu strukturierende Beschichtung wird durch die Resist-Öffnungen hindurch geätzt.

Die Qualität der Strukturierung hängt von verschiedenen Einflüssen ab. Beim sog. Kontaktdruck wird die Maske mit der für den Photoresist vorgesehenen Struktur direkt aufgelegt. Die Belichtung erfolgt über Bestrahlung durch die freien Flächen-

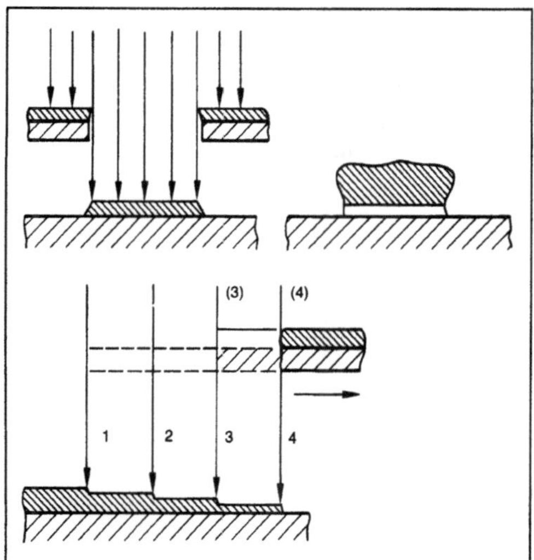

Dünnschichtschaltkreis 1: Strukturierung von Metallisierungen durch selektiven Niederschlag.

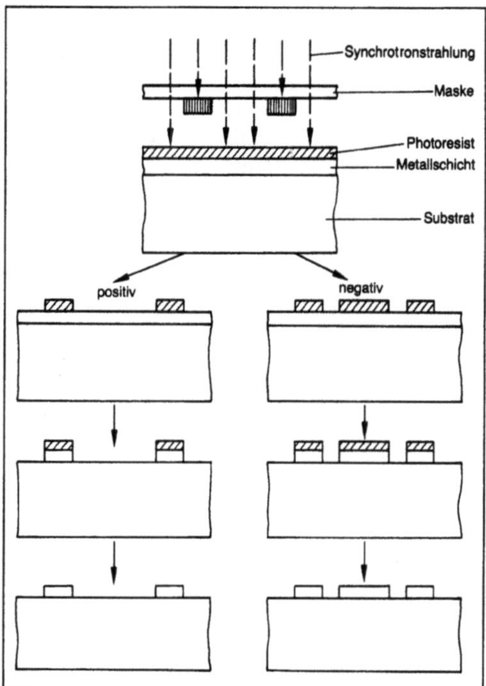

Dünnschichtschaltkreis 2: Strukturierung einer Metallschicht mit Photoresist.

anteile der Maske hindurch. Neben der Belichtung mit Photonen kann auch eine →Aktivierung mit Elektronen- oder Ionenstrahl durchgeführt werden. Vorteile liegen in der Vermeidung von Masken und optischen Abbildungssystemen, weil die örtliche Ansteuerung nach Art des →Rasterelektronenmikroskopes erfolgt. Nachteilig ist der Zeitaufwand infolge des sequentiellen Abtastens der Oberflächenkoordinaten. Die kürzere Wellenlänge der Teilchen führt zu hoher Auflösung der Photoresist-Strukturen, auch treten hier keine Fehler durch Beugungserscheinungen mehr auf. Einschließlich der Teilchenstreuung im Photoresist ist die Auflösung besser als 0,1 μm. Die Photoresistschicht soll an den vorgesehenen Flächenstücken mit guten Kantenwinkeln stehen bleiben und an allen anderen Stellen vollständig entfernt werden. Die Güte der Photoresistschicht wird direkt von der Gold-Absorberschicht bestimmt. Die wesentlichen Parameter für das →Ätzen der Metallschicht sind die Abtragsgeschwindigkeit der Metallschicht i. V. zur Ätzrate der Photoresistschicht sowie die →Flankensteilheit und Grabenbildung bzw. Unterätzung.

In passiven Bauelementen stehen kondensierte Metallschichten in Konkurrenz zu den kostengünstiger herzustellenden Dickschichten aus gesinterten Metall-Glas-Verbundwerkstoffen. Kondensatoren enthalten Elektroden am →Dielektrikum und äußere Anschlußflächen; in Widerständen bestehen die Widerstandsschichten aus hochohmigen Übergangsmetallegierungen, die Elektroden aus chemisch angepaßten niederohmigen Legierungen; Induktivitäten (beispielsweise aus flachen, rechteckigen Spulen mit eingefügten ferromagnetischen Schichten und kapazitive Koppler (*engl.* strip lines) in Höchstfrequenzschaltkreisen bestehen aus bis zu 30 μm dicken, elektrolytisch niedergeschlagenen Metallschichten; Sensoren unterschiedlicher Meßprinzipien benötigen metallische Widerstandsschichten, →Dehnungsmeßstreifen oder ferromagnetische Widerstandsschichten. Passive Bauelemente können elektrische Anschlußverbindungen aus niederohmigen kondensierten Metallschichten erhalten (in bestimmten Konstruktionen werden Metall-Glas-Sinterschichten gemeinsam mit den dielektrischen Trägern gebrannt und anschließend bei niedriger Temperatur mittels Aufstäuben oder durch elektrochemischen Niederschlag mit äußeren Anschlußflächen versehen.

Bauelemente in D. können eng gepackt werden, weil die kondensierten Schichten bis in die Größenordnung <10 μm strukturierbar sind. Ein wesentlicher Vorteil der Dünnschichttechnik liegt in der Beständigkeit gegen Temperaturwechsel und -schock.

Um gute thermische Stabilität zu erreichen, wird die chemische Bindung auf den Zwischenträgern aus Glas, Al_2O_3, Ferriten, SiO_2 oder Polyimidfolie durch eingeschaltete NiCr-, Ti- oder andere Übergangsmetallschichten verstärkt (Bauweisen wie in den aktiven und passiven Bauelementen). Gute Lötbarkeit (→Weichlöttechnik) wird durch Auflage von Zwischenschichten niedriger Diffusionsgeschwindigkeit und eine letzte Gold-Beschichtung erreicht.

Hieber

Dünnschichtsensor. Ein D. ist ein in der →Dünnschichttechnik hergestellter Sensor. Die erforderlichen dünnen Schichten werden dabei durch →Aufdampfen, Aufstäuben oder →Abscheiden erzeugt.
□ Beim Hochvakuum-Aufdampfen befindet sich das zu verdampfende Material und das zu beschichtende →Substrat in einem evakuierten Behälter (Bild). Der Tiegel mit dem zu verdampfenden Material wird beheizt. Die verdampften Atome breiten sich gradlinig aus und kondensieren auf dem (evtl. geheizten) Substrat. Strukturen lassen sich durch eine vor dem Substrat liegende →Maske erzeugen. Ist diese als eine getrennte Schablone aufgelegt, so haben die kleinsten Strukturen eine Breite von etwa 50 µm. Eine um den Faktor 10 bessere Auflösung wird mit Hilfe der Photolitographie erreicht.

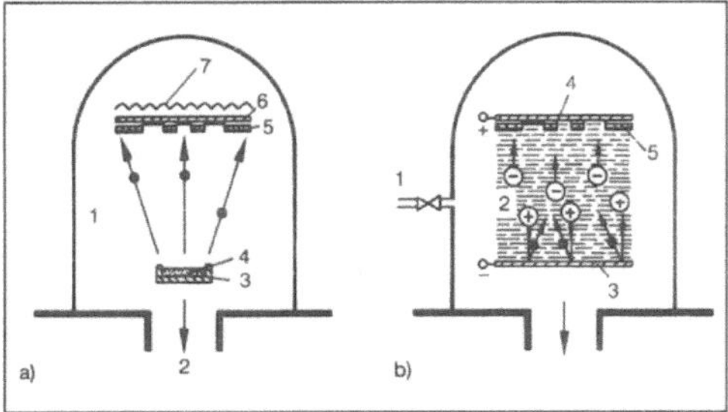

1) evakuiertes Volumen, 2) Anschluß zur Pumpe, 3) Tiegel, 4) Schmelze, 5) Maske, 6) zu bedampfendes Substrat, 7) Heizung

a) Prinzip des Vakuum-Aufdampfens:

1) Gaseinlaß, 2) Glimmentladung, 3) auf negativem Potential befindliche Kathode (Target), 4) auf positivem Potential befindliches zu beschichtendes Substrat (Anode), 5) Maske

b) Prinzip der Kathodenzerstäubung:

Dünnschichtsensor: Verfahren zur Herstellung dünner Schichten.

□ Bei dem Kathoden-Zerstäuben (sputtering) wird der zunächst evakuierte Behälter wieder mit einem Gas (Argon, Stickstoff) bis zu einem Druck gefüllt, bei dem sich nach Anlegen einer elektrischen Spannung eine →Glimmentladung ausbilden kann (Bild b). In der Glimmentladung werden die Gasatome ionisiert. Die positiven Ionen werden zur Kathode beschleunigt und prallen dort derartig heftig auf, daß sie aus dem Kathodenmaterial Atome herausschlagen. Diese kondensieren auf dem zu beschichtenden Substrat. Ihre kinetische Energie ist wesentlich größer als die der thermisch verdampften Atome. Das Kathoden-Zerstäuben ergibt daher besonders haftfähige und dichte Schichten.

Die aufgedampften oder aufgestäubten Schichten sind polykristallin oder amorph. Sie haben qualitativ ähnliche Eigenschaften wie die monokristallinen. Während jedoch die monokristallinen Scheiben aus einem →Einkristall herausgeschnitten sind und damit in ihrer Fläche begrenzt sind, fällt bei den aufgedampften oder aufgestäubten Schichten diese Einschränkung weg.
□ Ein weiteres Verfahren zur Herstellung dünner Schichten ist das *Abscheiden aus der Gas- oder Dampfphase* (chemical vapour deposition, →Schichtabscheidung). Diese Methode benötigt nur relativ niedrige Temperaturen und führt zu amorphen Schichten. Zur Herstellung einer Siliciumschicht z. B. wird ein Behälter mit Silan SiH_4 soweit evakuiert, bis sich eine Hochfrequenz-Glimmentladung ausbilden kann. In der Glimmentladung zerfällt das SiH_4-Molekül. Die Siliciumatome wachsen auf dem auf Erdpotential befindlichen Substrat zu einer amorphen Schicht auf. Sie bilden ein →Gitter mit eingebauten Wasserstoffatomen. Dieses amorphe hydrogenisierte Silicium a-Si:H wird für großflächige Photosensoren oder Solarzellen benutzt.

In der Dünnschichttechnologie lassen sich neben Widerstandsschichten, Isolationsschichten, Schutzschichten und Leiterbahnen insbesondere die folgenden Sensorschichten aufbringen:
- temperaturempfindliche Widerstandsschichten (Platin, Nickel, Permalloy)
- dehnungsempfindliche Widerstandsschichten (Tantal, Nickel, Chrom)
- lichtempfindliche Schichten (Si, CdS, PbS)
- piezoelektrische und pyroelektrische Schichten
- magnetische Schichten (Permalloy)
- supraleitende Schichten.

Bei der Fertigung der Sensoren sind die Verfahrensschritte mehrmals zu wiederholen. Für einen Dünnfilm-Dehnungsmeßstreifen z. B. sind auf der metallischen Unterlage nacheinander eine Isolationsschicht, eine dehnungsempfindliche Widerstandsschicht, eine niederohmige Leiterschicht und zum Schluß noch eine Schutzschicht aufzubringen.

Schrüfer

Dünnschichttechnik. Beschichtungen sind festhaftende Oberflächenbedeckungen aus einem geeigneten Werkstoff zur Erzielung verbesserter oder neuer Eigenschaften des Grundwerkstoffes. Für die →Aufbau- und die Mikroverbindungstechnik fallen darunter die elektrische →Leitfähigkeit, die Fügefähigkeit (also die Konditionierung der Oberflächen des Grundwerkstoffes zum Aufbringen von Schweiß-, Löt- und Klebeverbindungen) und auch andere physikalische oder chemische Eigenschaften wie Lichtreflexion, chemische Absorption oder Physisorption.

Beschichtungen dienen vielfach auch als Schutz vor chemischer Einwirkung und werden dann als →Passivierung bezeichnet. In Bauelementen und in übergeordneten Schaltkreisen (→Hybridtechnik) dienen Beschichtungen oft verschiedenen Zwecken gleichzeitig wie beispielsweise Passivierungsschichten auf Halbleiterkristallen dem Schutz gegen die Einwirkung von Feuchtigkeit und der elektrischen Isolation von Leiterbahnen.

* Kontakte an Halbleitern und Leiterbahnen	Al, Al(Cu), Al(Si), Al(Ti), Au-Ti(W), Au-Ni(Cr)
* Leiterbahnen auf Trägern und in übergeordneten Schaltkreisen	Cu-Mehrfachschichten Au-Mehrfachschichten Ni, Ni(P)
* Elektroden an Dielektrika	Ta, Ni, Pd, Pd-Ag
* Widerstände	NiCr, Ni(Cr, Al), Cr(Si), Ta(O, N)
* Datenspeicher	Ni-Fe, Mn-Bi, Fe(Co), Gd(Te)

Als Beschichtungen gelten in Einordnung nach ihrer technischen Funktion

□ Elektrische Leiterbahnen mit niedrigen ohmschen Widerständen; sie werden auf strukturierten Halbleiterbauelementen angebracht und gliedern sich in die eigentlichen Leiterbahnen auf isolierendem Untergrund, in die einlegierten Verbindungen als elektrische Anschlüsse der halbleitenden Zonen und in die Orte, an denen Fügeverbindungen aufgebracht werden. Die Leiterbahnen sind im µm-Bereich geometrisch strukturiert (→Strukturierungstechnik, →Dünnschichtschaltkreis).

□ Elektrische Leiterbahnen in passiven Bauelementen und in übergeordneten Schaltkreisen unterliegen den Anforderungen der weiterführenden Aufbau- und Fügetechnik. Sie dienen außerdem als Elektroden in passiven Bauelementen.

Je nach Anwendungsbereich werden reine oder legierte Metalle verwendet:

Dünne Schichten werden durch Phasenübergänge auf dem →Substrat niedergeschlagen (Bild 1). Die Kondensation erfolgt aus der Dampfphase (*engl.* Physical Vapour Deposition, →PVD) oder aus einem elektrisch oder elektromagnetisch aktivierten Plasma (Aufstäuben oder Sputtering). Bei der chemischen Abscheidung aus der Dampfphase (*engl.* Chemical Vapour Deposition, CVD) wird das Molekül der Dampfphase auf einem heißen Substrat zersetzt, oder Licht dient der Zersetzung auf der Substratoberfläche (laserchemische Abscheidung). Die elektrochemische Abscheidung erfolgt durch Entladung von Metallion-Komplexen, aus denen neutrale Metallatome auf der Substratoberfläche abgeschieden werden.

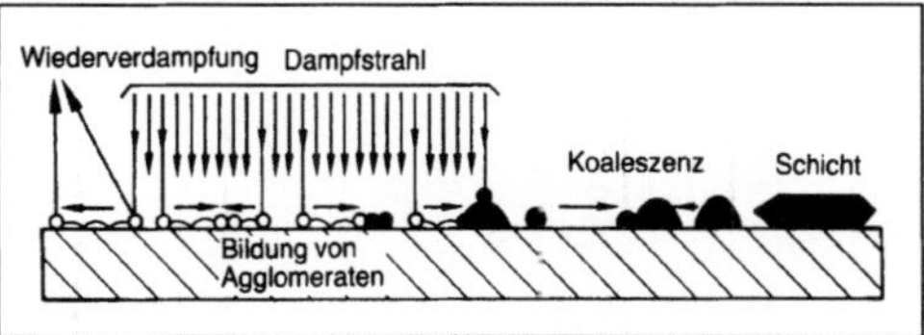

Dünnschichttechnik 1: Mechanismen der Schichtkondensation aus der Dampfphase (nach Harsdorff).

Bei der Abscheidung kristallisierender Metalle werden Kristallkeime neu gebildet, sie wachsen zu Clustern zusammen, die nach der Koaleszenz durch Auffüllen der Poren zu kompakten Schichten werden. Die Verfahren zur Aufbringung dünner kondensierter Metallschichten auf Träger unterscheiden sich im Grad der Beimengung chemischer Kontaminanten. Gut vorgereinigte Trägeroberflächen werden vor der Schichtaufbringung noch einmal ausgeheizt, um anhaftende Adsorbate wie Wasser zu entfernen. Die Trägeroberfläche wird durch Elektronenbestrahlung bzw. Ionenätzen (Verschiebung des elektrischen Potentials des Trägers zu positiven Werten) gereinigt. Unter den Bedingungen der Herstellung und technischen Anwendung

Dünnschichttechnik. Tabelle: Physikalische Abscheidung von Metallschichten aus der Gasphase.

Aufbringungsverfahren	Vakuumdruck [Pa]	Geschwindigkeit des Schichtwachstums [nms^{-1}]	Energie der auftreffenden Atome/Ionen [eV]	Wärmeleistung auf der Trägeroberfläche [Wcm^{-2}]
1) mit direkter Heizung des Tiegels	10^{-5} bis 10^{-3}	0.1 bis 10	einige 1/10	10^{-1} bis 10^{+1}
2) Elektronenstrahlheizung	10^{-4} bis 10^{-3}	0.1 bis > 100	einige 1/10	10^{-1} bis 10^{+1}
3) Aufstäuben	10^{-1} bis 10^{+1}	0.1 bis 10	0.1 bis 20	5 bis 10
4) Magnetronstäuben	10^{-3} bis 10^{0}	0.1 bis > 100	0.1 bis 5	≈ 1

verändert sich das kristallographische →Gefüge der kondensierten Schichten. Schon beim Aufwachsen werden Gitterfehlstellen eingebaut: Korngrenzen, Versetzungen, Leerstellen. Metalle mit niedriger Stapelfehlerenergie bilden Zwillinge. *Hieber*

Dünnschichttechnik 2: Durchstrahlungsbild einer Aluminium-Metallisierung.

Dünnschichttechnik 3: Durchstrahlungsbild einer Gold-Beschichtung mit Kornwachstum nach Wärmebehandlung (Ausgangsgefüge im Kasten).

Dünnschicht-Widerstand →Widerstand

Durchbruch. D. ist bei elektronischen Bauelementen der Übergang von einem sehr hochohmigen Zustand in einen (oft nicht reversiblen) niederohmigen Zustand zwischen zwei Anschlußbahnen bei Überschreiten einer bestimmten Grenzbedingung (z. B. elektrische Feldstärke, Temperatur).

Nach dem Druchbruchsmechanismus unterscheidet man insbesondere bei Halbleiterbauelementen zwischen elektrischem und thermischem D.:

□ *Elektrischer* D. (Felddurchbruch, sog. erster D.) führt z. B. bei einem gesperrt betriebenen pn-Übergang mit steigender →Sperrspannung von einem anfangs hochohmigen Zustand zu einem sehr niederohmigen Zustand (Vergrößerung des Sperrstromes). Ursache dafür sind entweder der →Zener-Effekt (D. durch innere →Feldemission) oder die Lawinenvervielfachung (D. durch Ladungsträgergeneration bei hohem Feld). Bei hochdotierten →pn-Übergängen (z. B. →Tunneldioden) können dabei schon sehr kleine Sperrspannungen zum elektrischen D. führen. Zu den Durchbruchseffekten rechnet man beim →Bipolartransistor auch den →Durchgreifeffekt, der im Gefolge des Early-Effektes auftritt und eine Ausbreitung der Kollektorraumladungszone über den gesamten Basisraum, verbunden mit einem Stromanstieg, bewirkt.

Eine spezielle Art des (steuerbaren) D. liegt in der Vorwärtsblockierkennlinie eines Thyristors vor, wo die sonst hochohmige Kathoden-Anodenstrecke durch „Zündung“ mit einem Gatestrom plötzlich niederohmig gemacht werden kann.

Während alle bisher betrachteten D. – bei Strom- bzw. Leistungsbegrenzung – reversibel sind, also nicht zur Zerstörung des Bauelementes führen müssen, neigen MOS-Bauelemente sehr häufig zum irreversiblen D. der Gate-Isolatorschicht, wozu u. U. schon parasitäre Ladungen auf der Gateelektrode ausreichen. Deshalb werden insbesondere integrierte MOS-Schaltungen mit Schutzbeschaltungen an den Eingängen versehen.

Der sog. zweite D. (vorzugsweise bei Bipolartransistoren) entsteht durch Stromeinschnürung im Kollektor-Basisgebiet mit lokaler Überhitzung und äußert sich ebenfalls durch eine sinkende Kollektor-Emitterspannung bei einem bestimmten Strom. Er führt meist zur Zerstörung des Bauelementes.

□ *Thermischer* D. (Wärmedurchbruch) entsteht durch unbegrenztes Anwachsen der inneren Temperatur (bzw. →Sperrschichttemperatur) eines Bauelementes zufolge einer Abhängigkeit der Verlustleistung von der Temperatur.

Beide Durchbruchsarten können unabhängig voneinander oder auch verkoppelt auftreten.

R. Paul

Durchflußsensor. Für die Messung der Menge strömender Medien kommen im wesentlichen die folgenden Verfahren zur Anwendung

□ Differenzdruckverfahren: Druckverlust beim Durchströmen einer Blende, Messung über Drucksensoren
□ Schwebekörper: Die Strömung (vertikal) hält einen Schwebekörper auf einer Höhe, die ein Maß für die Strömung ist. Die Lage des Schwebekörpers wird über einen →Positionssensor erfaßt.
□ Flügelradsensor: Die Strömung treibt ein Flügelrad an, dessen Umdrehungszahl über einen Drehzahlsensor erfaßt wird.
□ Magnetisch-induktive Messung: Die Strömung geladener Teilchen wird nach dem →Hall-Effekt über die →Hallspannung gemessen.
□ Ultraschallmessung: Die Laufzeit bzw. Dopplerverschiebung von Ultraschallwellen, die entlang oder entgegen der Strömung ausgesendet werden, läßt eine Berechnung der Strömungsgeschwindigkeit zu.
□ Staudruckmessung (*Prandtl*-Staurohr)
□ Hitzdrahtanemometer: Die von einer Wärmequelle definiert ausgesendete Wärme wird durch die Strömung transportiert und über einen →Temperatursensor detektiert. *Schaumburg*

Literatur: Technisches Messen tm **52** (1985) Nr. 1.

Durchgreifeffekt. In schwach dotierten →pn- und MS-Übergängen dehnt eine anliegende →Sperrspannung die →Raumladungszone im schwächer dotierten Gebiet u. U. soweit aus, daß sie den weiterab liegenden Kontaktbereich berührt, also durch das Bahngebiet greift (*Punch-through*-Effekt). Dann entsteht ein starker Stromanstieg, der das Bauelement zerstören kann. Die zugehörige Sperrspannung heißt Durchgreifspannung (→Punch-through-Spannung).

Der Effekt wird häufig am →Bipolartransistor bei größerer Kollektor-Basis-(Sperr)spannung bemerkt. Hier breitet sich die Kollektor-Basisraumladungszone durch den gesamten Basisraum bis zur Emittersperrschicht aus und die Emitter-Basis-Leerlaufspannung folgt dann proportional der Kollektor-Basis-Spannung.

Der D. wird auch am →MOSFET bei höherer Drain-Source-Spannung und besonders kurzem Kanal bemerkt. *R. Paul*

Durchlaßbereich →Halbleiterdiode

Durchlaßkennlinie →Halbleiterdiode

Durchlaßrichtung →Halbleiterdiode

Durchlaßspannung →Halbleiterdiode

Durchlaßstrom →Halbleiterdiode

Durchlaßwiderstand →Halbleiterdiode

Durchstrahlungselektronenmikroskop. Ein D. dient der hochvergrößerten Abbildung dünner Objekte mit Elektronenstrahlen, deren kleine Materienwellenlänge eine Auflösung in atomarer Größenordnung ermöglicht. Es enthält einen Elektronenstrahler, mehrere magnetische →Elektronenlinsen, die der Bestrahlung des Objektes (Kondensoren) oder seiner Vergrößerung dienen (Objektiv und Projektive), sowie Einrichtungen für die Beobachtung des Bildes auf einem →Leuchtschirm oder mittels eines →Elektronenbildverstärkers und für seine Registrierung auf Photoplatten.

Das Objekt wird in einen in das Objektiv eingebauten Verstelltisch mit Objekthaltern eingeschleust, die noch verschiedene Sonderfunktionen (Kippung, Heizung, Kühlung, Dehnung) übernehmen können. Elektronische Regel- und Steuereinrichtungen stabilisieren die Beschleunigungsspannung und die Linsenströme und sorgen für weitgehende Automatisierung aller optischen, vakuumtechnischen und mechanischen Hilfsfunktionen.

D. mit Beschleunigungsspannungen zwischen 80 und 1 200 kV werden heute industriell gefertigt und bis 3 MV in Forschungszentren betrieben. Sie erlauben nicht nur die Abbildung in einem Vergrößerungsbereich zwischen 200 und 10^6, sondern auch die →Elektronenbeugung an ausgewählten Objektbereichen. Durch Zusatzeinrichtungen können sie zu Rastermikroskopen und zu analytischen Elektronenmikroskopen ausgebaut werden. Nachdem die außerordentlich hohen Forderungen an die Konstanz elektrischer Versorgungen ($\Delta U/U = 2 \cdot 10^{-6}$), an die mechanische Stabilität, die Güte des Vakuums und die Abschirmung von mechanischen und magnetischen Störungen erfüllt wurden, wird die Auflösung nur noch durch die Materiewellenlänge und die unkorrigierbare Öffnungsfehlerkonstante C_S der →Elektronenlinsen auf $.6(C_S\lambda^3)^{1/4}$ begrenzt. Eine Senkung der Materiewellenlänge λ wirkt sich auf die Auflösung nur proportional zu $\lambda^{1/2}$ aus, da infolge magnetischer Sättigung des Polschuhmaterials $C_S \cdot \lambda$ etwa konstant bleibt. Der außerdem die Auflösung begrenzende Einfluß des Farbfehlers durch die endliche Energiebreite ΔU der Elektronenstrahlen läßt sich durch Erhöhung der Beschleunigungsspannung wirksam bekämpfen.

Die Bildkontraste in der Elektronenmikroskopie beruhen auf der Streuung der Elektronen an den Potentialfeldern der Atome, die man durch eine in der hinteren Brennebene des Objektivs angeordnete Blende in masseabhängigen Kontrast (*Streuabsorptionskontrast*) umwandelt. Durch zusätzliche schweratomige Kontrastmittel verstärkt man den Kontrast in biologischen Präparaten. Für höchste Auflösung wird meist der Phasenkontrast genutzt. Dadurch werden ausreichende Bildsignale sogar von Einzelatomen erzielt. Der Phasenkontrast erfordert eine hochkohärente Bestrahlung und hat den Nachteil einer oszillierenden Übertragungsfunktion, da die dem Zernikeverfahren entsprechende Phasenverschiebung nicht wie in der Lichtmikroskopie durch ein materielles Phasenplättchen in einer korrigierten Linse, sondern nur durch Öffnungsfehler und Defokussierung erzielt wird. Die damit verbundenen Interpretationsschwierigkeiten lassen sich durch nachträgliche Bildverarbeitungsverfahren beseitigen.

In kristallinen Objekten entstehen die Kontraste überwiegend durch →Elektronenbeugung. Die mit modernen Hochauflösungsmikroskopen zugängliche atomare Auflösung erweist sich als sehr wertvoll für die Grundlagenforschung in der Materialwissenschaft. In der Biologie kann sie wegen der Strahlenempfindlichkeit molekularer Objekte nur an Biokristallen genutzt werden. *Herrmann*

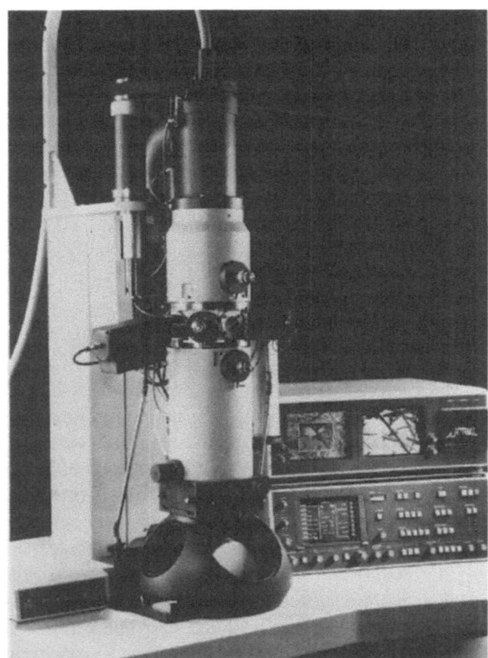

Durchstrahlungselektronenmikroskop: 120 keV-Gerät. (Quelle: Philips)

Literatur: *Reimer, L.:* Transmission Electron Microscopy. Berlin, Heidelberg, New-York 1989.

Durchstrahlungs-Rasterelektronenmikroskop. Dieses Mikroskop (*engl.* Scanning Transmission Electron Microscope, STEM) liefert Bilder durchstrahlbarer Objekte durch Abtasten mit einer feinen Elektronensonde, wobei die Transmissions-Streuverteilung durch Elektronendetektoren geeigneter Geometrie und das Energieverlustspektrum durch einen Energieanalysator gemessen und für den Bildkontrast genutzt werden. Zusätzlich können Bilder mit den meisten Signalen des →Rasterelektronenmikroskops für Oberflächen erzeugt werden. Da die Auflösung in dünnen Objekten nicht durch einen Elektronendiffusionshof begrenzt ist, läßt sich durch Verkleinerung der bestrahlenden Elektronensonde die Auflösung bis auf atomare Größenordnung (<0,3 nm) verbessern. Aus Intensitätsgründen ist hierfür eine Feldemissionsquelle als →Elektronenstrahler unumgänglich.

Die besondere Stärke des Gerätes ist der hocheffiziente Dunkelfeldkontrast, der durch einen den Primärstrahlkegel umgebenden Ringdetektor erzeugt wird. Einzelatome wurden so erstmals mit hohem Kontrast wiedergegeben. Vorteilhaft gegenüber dem konventionellen →Durchstrahlungselektronenmikroskop für die Abbildung dickerer Objekte ist auch, daß die unelastisch gestreuten Elektronen nicht mehr zum Farbfehler der die Auflösung bestimmenden →Elektronenlinsen beitragen. Die parallele Verfügbarkeit mehrerer Bildsignale ermöglicht die Erzeugung neuer Kontrastarten in Echtzeit durch rechnerische Kombination oder auch nachträglich mit elektronischer Zwischenspeicherung. *Herrmann*

Literatur: *Reimer, L.:* Scanning Electron Microscopy. Berlin, Heidelberg, New York 1985.

Dye-Laser →Farbstofflaser

Dynamic-Single-Mode-Laser →DSM-Laser

Dynode. Als D. werden die Elektroden eines →Sekundärelektronenvervielfachers (SEV) bezeichnet, die einen primär auftreffenden Elektronenstrom N_P durch Sekundärelektronenemission vervielfachen.

Der entstehende sekundäre Elektronenstrom N_S ist abhängig vom Sekundärelektronenemissionsfaktor M_S der D., d. h. von der pro einfallendem Elektron erzeugten Anzahl von Sekundärelektronen ($N_S = N_P \cdot M_S$, N_P: Primär einfallender Elektro-

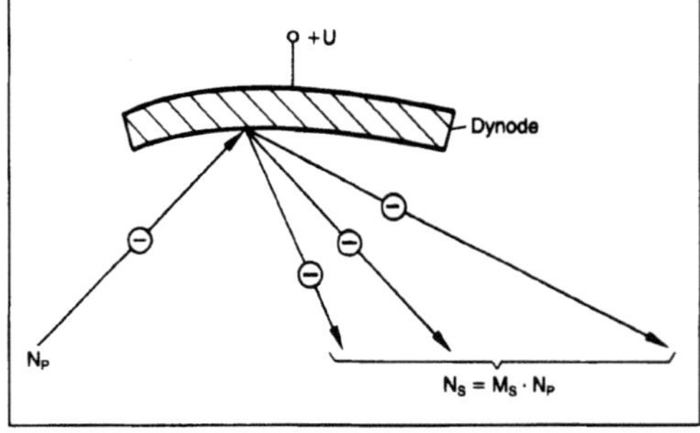

Dynode: Sekundärelektronenemission an einer Reflexionsdynode.

nenstrom; Bild). Diese auch als Multiplikationsfaktor M_S einer D. bezeichnete Größe wird im wesentlichen vom verwendeten Dynodenmaterial und von der kinetischen Energie der einzelnen auftreffenden Elektronen bestimmt.

Als geeignete Dynodenmaterialien sind z. B. GaP:Cs, BeO:Cs, MgO:Cs oder Cs_3Sb zu nennen. In Abhängigkeit von den praktisch erreichbaren Elektronenenergien weisen diese Materialien Multiplikationsfaktoren im Bereich von $M_S = 1-50$ auf (z. B. GaP:Cs $\Rightarrow M_S = 5-50$ für Beschleunigungsspannungen von $U \approx 100V-1\,000V$). Vor zu hohen Strombelastungen müssen D. geschützt werden, da in diesem Fall der Multiplikationsfaktor eine bleibende Verringerung erfährt (Ermüdung der D.). Aus diesem Grunde sind gute Sekundärelektronenvervielfacher mit entsprechenden →Strombegrenzungen ausgestattet. *R. Kaiser*

DZTL. Dioden-Z-Dioden-Transistorlogik. Bipolare →Schaltkreisfamilie ähnlich der →DTL, bei der im Verknüpfungsteil Dioden und im Verstärkungsteil Transistoren eingesetzt werden, wobei zusätzlich vorgesehene Z-Dioden den Störabstand erhöhen. Dieser Vorteil führte, trotz einiger Nachteile (hoher Herstellungsaufwand, kleinere Schaltgeschwindigkeit), zum Einsatz dieser Schaltungen in der industriellen Steuerungstechnik. Heute werden diese Aufgaben durch digitale CMOS-Schaltungen ausgeführt. *R. Paul*

E

Early-Effekt. Von *Early* erkannter Effekt, wonach sich beim →Bipolartransistor die elektronische →Basisbreite abhängig von der Kollektor-Basisspannung ändert, im besonderen bei Spannungserhöhungen durch Ausdehnung der Kollektor-Basis-Raumladungszone verkleinert (Basisbreitenmodulation). Erfaßt diese →Raumladungszone die gesamte Basisbreite, so spricht man vom →Durchgreifeffekt. Der E.-E. beeinflußt die Ausgangsadmittanz des Bipolartransistors. Die Abhängigkeit der Breite einer Raumladungszone von der anliegenden Spannung, besonders im →Sperrbereich, ist eine allgemeine Eigenschaft eines →pn-Überganges. *R. Paul*

EAROM. Kurzbezeichnung für *engl.* Electrically Alterable Read only Memory, elektrisch veränderbarer NUR-Lese-Speicher oder →Festwertspeicher, oft auch als E^2PROM oder EEPROM (Electrically Erasable Programmable Read only Memory, elektrisch löschbarer, programmierbarer NUR-Lese-Speicher) bezeichnet. Festwertspeicher, bei dem im Gegensatz zum →EPROM vom Anwender jede einzelne Bitzelle elektrisch (durch Spannungsbeaufschlagung) programmiert, gelöscht und wieder programmiert werden kann. Der Vorgang ist mehr als 10^6 mal wiederholbar.

Als →Speicherzelle des E. kommen in Frage:

□ Eintransistorzelle mit Floating Gate oder Zweitransistorzellen, von denen einer mit Floating Gate arbeitet. Auf Basis des Floating Gate, d. h. einer allseits isolierten Gateelektrode aus Polysilicium, die eingeprägte Ladungen (z. B. durch Tunneleffekte, Floating) wegen der guten Isolation über sehr lange Zeit speichern kann, existieren eine Reihe von speichernden, meist ähnlich wirkenden MOS-Transistoren unter bestimmten Bezeichnungen: FAMOS-, SAMOS-, ATMOS-, SIMOS-, DIFMOS- u. a. Zellen nach diesen Prinzipien dominieren heute in EAROM. Eine weit verbreitete Struktur ist die sog. Flotoxstruktur (Floating Gate Tunneloxide-Struktur) (Bild 1) mit einer Floating-Elektrode, die an einer Stelle nahe dem Drain-Bereich durch →Tunneleffekt (Fowler-Nordheim-Tunnelung) mit dem Drain kommunizieren kann. Dadurch ist die Be- und Entladung der Elektrode möglich. Zum Aufladen dieses Gates mit Elektronen (wodurch sich eine positive →Schwellspannung von einigen Volt einstellt) wird ein positiver Spannungsimpuls (Größenordnung 20V, Dauer 10ms) an das Gate gelegt, wobei die Drainelektrode auf Bezugspotential liegt. Zum Entladen wird umgekehrt an die Drainelektrode ein positiver Spannungsimpuls gelegt, und das Gate befindet sich auf Bezugspotential. Dadurch ergibt sich eine negative Schwellspannung (Bild 2). Die Speicherzelle selbst besteht aus dem Zeilenauswahltransistor und der Flotoxstruktur, die beide geschickt integriert werden können.

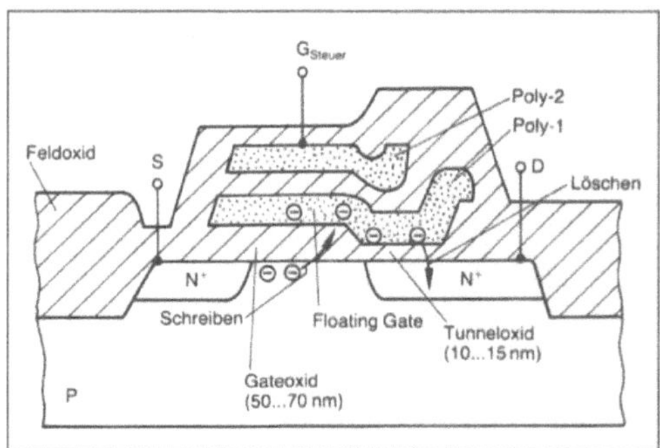

EAROM 1: Flotox-Speicherstruktur.

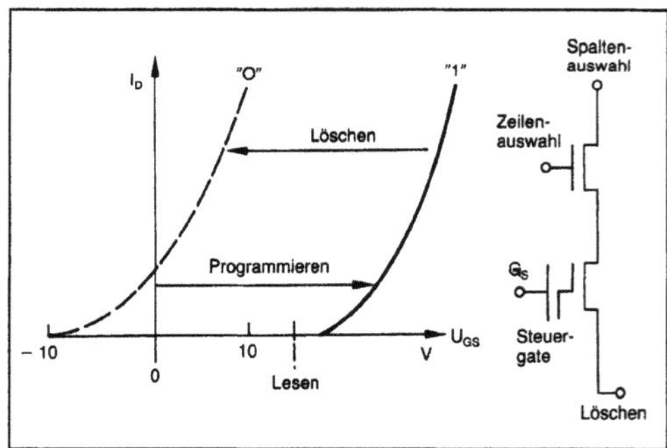

EAROM 2: Speicherzelle und Lage der Schwellspannungen.

□ Eine Transistorzelle mit Ladungsspeicherung in Haftstellen an der Grenze zweier Isolatoren in einem →MOS-Transistor, verbreiteter bekannt als MNOSFET. Für die Anwendung des MNOSFET im EAROM erhält die Struktur neben dem Speichergate oft noch Steuergates (Bild 3), um Speicherzellen nach Bild 2 realisieren zu können.

Derartige Speicherzellen lassen sich einzeln elektrisch programmieren und löschen. Die zugehörigen Hilfsschaltungen (z. B. →Spannungsvervielfacher für die hohen Programmier- und Löschspannungen) werden heute üblicherweise mit auf dem Chip integriert. Deshalb kann der EAROM zum Löschen

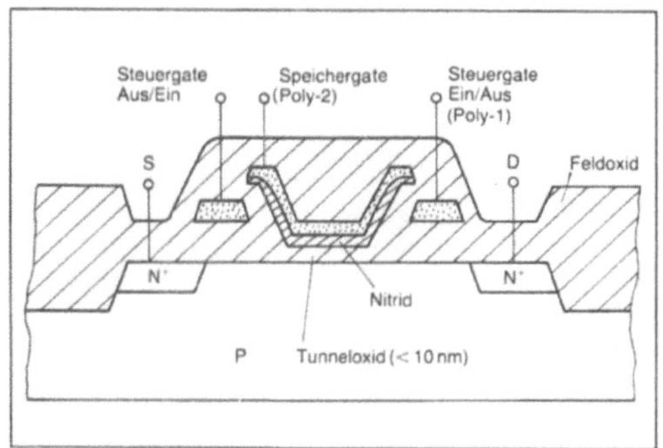

EAROM 3: MNOS-Speicherzelle mit Steuergates.

und Programmieren in der Schaltung verbleiben, was ein großer Vorteil gegenüber den EPROM ist. Da der Inhalt eines EAROM auch bei abgeschalteter Versorgungsspannung erhalten bleibt, wirkt er nach außen wie ein nichtflüchtiges →RAM mit jedoch erheblich größerer Lösch- und Programmierzeit. Deswegen wird er zunehmend als Hintergrundspeicher für den RAM eingesetzt, wobei dessen Inhalt mit geringer Geschwindigkeit in das EAROM verschoben bzw. rückübertragen wird. Solche Anordnungen werden als NOVRAM (nichtlöschbares RAM) bezeichnet. Die Speicherkapazität der EAROM ist über die Jahre ständig gestiegen; heute sind Werte bis 1 Mbit keine Seltenheit und 256 Kbit durchweg Standard. *R. Paul*

Literatur: *Hodges, D.* and *H. Jackson:* Analysis and Design of Digital Integrated Circuits. New York 1983. – *Paul, R.:* Mikroelektronik – eine Übersicht. Berlin 1990.

Echolot. Von einem akustischen (z. B. piezoelektrischen) Generator wird ein definiertes Schallsignal emittiert und nach Reflexion an dem zu messenden Objekt wieder detektiert. Bei bekannter Schallgeschwindigkeit in dem betreffenden Medium läßt sich aus der Laufzeit und dem Abstrahlwinkel der Abstand zwischen Schallgenerator/detektor und reflektierendem Objekt berechnen.

E. werden standardmäßig zur Bestimmung der Wassertiefe (Abstand Schiffshöhe-Meeresboden) eingesetzt. *Schaumburg*

Echtzeitbearbeitung. Bearbeitung, bei der das Programm synchron zum Prozeß abläuft. E. oder Real-Time-Bearbeitung ist ein Kennzeichen für Prozeßrechner. Sie müssen dabei nicht nur Rechenoperationen durchführen, sondern auch durch die Prozeßdynamik bestimmte Zeitforderungen zwischen der Datenaufnahme und der Ausgabe der zu bearbeitenden Daten einhalten. Um diese Aufgaben erfüllen zu können, ist einerseits ein Echtzeit-Betriebssystem und zum andern eine für Echtzeitanwendungen geeignete Programmiersprache erforderlich, wie PROZESS-FORTRAN oder PEARL.

Im Gegensatz zur E. steht die Stapelbearbeitung der kommerziellen Datenverarbeitungsanlagen (Anwenderprogramm). *Strohrmann*

Echtzeitprüfung. Prüfung unter Zeitbedingungen, wie sie beim tatsächlichen Einsatz des Prüflings vorkommen. Die E. erfordert in der Regel eine Prüfhardware, die Signale ebenso schnell wie der Prüfling erzeugen bzw. verarbeiten kann. Neben dem funktionellen Verhalten werden auch dynamische Größen wie Stromaufnahme, →Flankensteilheiten und Spannungspegel überprüft. *K. Winter*

ECL. (*engl.* Emitter-Coupled Logic, emittergekoppelte Logik). →Schaltkreisfamilie der Digitaltechnik, bei der die Verknüpfung der Eingangssignale durch Bipolartransistoren erfolgt, deren Emitter nach dem Differenzprinzip zusammengeschaltet sind und die durch →Strombegrenzung im nichtgesättigten Bereich arbeiten. Dadurch werden kurze Umschaltzeiten erreicht bei allerdings größeren Verlustleistungen. Die wichtigsten Gruppen sind die →ECTL, →EECL und →EFL. *R. Paul*

ECR →Schichtabscheidung, →Trockenätzen

ECTL. (*engl.* Emitter-Coupled Transistor Logic, emittergekoppelte Transistorlogik) →Schaltkreisfamilie der Digitaltechnik mit besonders hoher Arbeitsgeschwindigkeit. Die Schaltung (Bild) arbeitet nach dem Differenzverstärkerbetrieb (Transistoren T_1, T_2 T_{Ref}). Die Basis von T_{Ref} liegt an fester →Referenzspannung. Die beiden nachfolgenden Transistoren T_3, T_4 wirken als Potentialverschiebestufe und →Impedanzwandler. Durch Schaltungsbemessung wird dafür gesorgt, daß keiner der Transistoren in die Sättigung gelangen kann (sog. ungesättigte Logik). Dadurch wird die Schaltung sehr schnell. Die Gatterverzögerungszeiten liegen im Bereich unter 1 ns. Andererseits benötigt die ECTL für schnelles Schalten hohe Spannungen (die auch schon im statischen Betrieb fließen), so daß sich hohe Gatterverlustleistungen (15–50 mW) einstellen. Üblicherweise werden U_{CC} = OV und U_{EE} = –5,2 V gewählt, dann beträgt die Referenzspannung an der Basis von T_{Ref} etwa –1,15 V.

Der Störabstand der ECTL ist gering, da der Pegelunterschied zwischen L- und H-Pegel nur etwa 0,8 V beträgt. Weitere Vorteile sind der geringe →Ausgangswiderstand durch den Ausgangsimpedanzwandler (was z. B. die Leitungsanpassung vereinfacht), die Verfügbarkeit auch des komplementären Ausgangssignals und die Tatsache, daß sich logische Verknüpfungen auf mehrfache Weise realisieren lassen (z. B. verdrahtetes ODER oder Mehrebenen-Baumstrukturen).

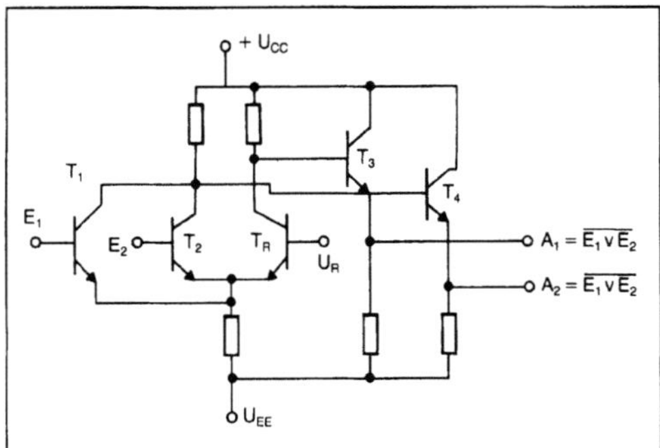

ECTL: Grundschaltung (zweifach-NOR-OR-Gatter).

Die ECTL zählt zu den schnellsten bipolaren Transistorlogiken, deren Eigenschaften in den letzten Jahren verbessert wurden. Sie findet Einsatz

- in den Zentraleinheiten sehr schneller Rechner,
- in Speichern kleiner Kapazität (Cache-Memory),
- verbreitet in der →Gigabit-Logik.

Hinsichtlich der Geschwindigkeit wird die E. derzeit nur von den GaAs-MESFET-Logiken übertroffen.

Obwohl die Bezeichnung ECTL vom Schaltungsinhalt her korrekt ist, wird sie umgangssprachlich kaum verwendet, man bezeichnet sie schlechthin als →ECL. *R. Paul*

Edelgas-Ionen-Laser. →Gaslaser mit ein- und zweifach ionisierten Edelgasen als laseraktives Medium, die durch Elektronenstöße in einer Niederdruck-Gasentladung (1–100 Pa) gepumpt werden. Die wichtigsten Vertreter dieser im sichtbaren Spektralbereich kontinuierlich emittierenden Laser sind der Argon-Ionen- und der Krypton-Ionen-Laser.

Der Anregungsprozeß des Argons ist in Bild 1 skizziert. Das Argon-Atom wird durch einen ersten Elektronenstoß einfach ionisiert; durch einen zweiten Stoß wird das obere Laserniveau (4p) besetzt. Der 4p-Zustand liegt 35,7 eV über dem Atomgrundzustand, so daß trotz des zweistufigen Prozesses nur die energiereichen Elektronen zur Anregung beitragen können (Gesamtwirkungsgrad <1 %). Die Besetzungsinversion wird erreicht, da der 4p-Zustand mit 10 ns sehr viel langlebiger ist als der 4s-Lasergrundzustand, der sich innerhalb von 1 ns strahlend in den Iongrundzustand entleert. Das Ion kann dann wieder angeregt werden, ohne in den neutralen Zustand zurückzukehren.

Der 4p- und der 4s-Zustand sind mehrfach aufgespalten, so daß sich eine Vielzahl von Linien im sichtbaren Bereich mit allerdings stark unterschiedlichen Leistungen ergibt. Durch den zweistufigen Anregungsprozeß steigt die emittierte Leistung quadratisch mit dem Entladungsstrom. Bei hohen Strömen kann eine zweifache Ionisierung des Argons erfolgen (43,0 eV); es entstehen weitere Laserniveaus mit einer Emission im ultravioletten Bereich.

Für eine effiziente Anregung des Argon-Ions sind Elektronendichten von 10^{14} cm^3 erforderlich, die in einer Niederdruck-Gasentladung bei Stromdichten

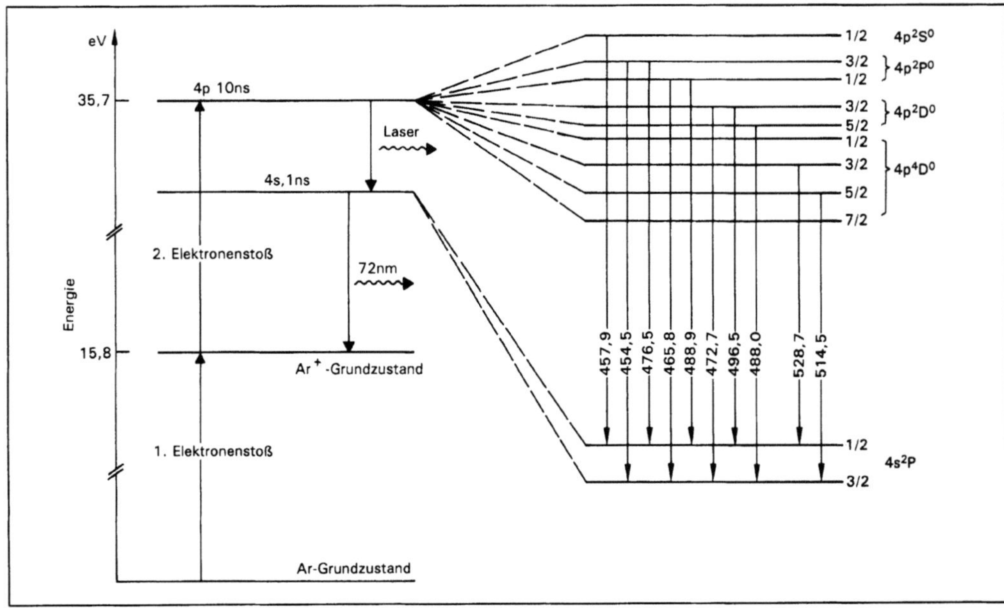

Edelgas-Ionen-Laser 1: Energieniveaus und Übergänge des Argon-Ions.

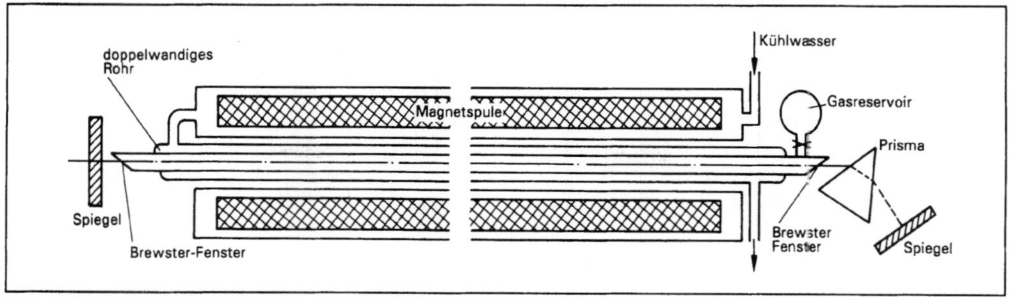

Edelgas-Ionen-Laser 2: Schematischer Aufbau.

von 10^3 A cm^{-2} erzielt werden. Dabei treten Temperaturen von $5 \cdot 10^3$ K auf, was eine Wasserkühlung in Verbindung mit gut wärmeleitenden Entladungsrohren (BeO-Keramik) erfordert. Um die Ströme in Grenzen zu halten (50–60 A), werden kleine Strahldurchmesser (1,5 bis 2 mm) angestrebt, was gleichzeitig eine hohe Strahlqualität erlaubt. Zusätzlich wird die Entladung durch ein axiales Magnetfeld auf die Achse konzentriert. Durch die damit verbundene Reduzierung der Plasmawirkung auf die Rohrwandungen erhöht sich deutlich die Lebensdauer der Entladungsröhren auf ca. 1 000 Stunden.

Durch die hohen Ströme werden Ionen in die Wandungen hinter der Kathode getrieben, so daß sich das Gas verbraucht. Kommerzielle Systeme haben daher ein Gasreservoir und erlauben einen Gasdruckausgleich.

Die Entladungsrohre sind durch sog. *Brewster-*Fenster abgeschlossen. Dadurch ist die Strahlung linear polarisiert. Mit breitbandigen Resonatorspiegeln können alle sichtbaren Emissionswellenlängen gleichzeitig ausgekoppelt werden (60 W Gesamtleistung). Mit einem Prisma im Resonator können einzelne Linien selektiert werden; die stärksten liegen bei $\lambda = 514$ nm und $\lambda = 488$ nm. Die Linienbreiten betragen typ. 6 GHz; sie können aber durch ein zusätzliches →Fabry-Perot-Etalon auf ca. 5 MHz reduziert werden.

Der Krypton-Ionen-Laser ist dem Argon-Ionen-Laser baugleich. Jedoch sind die Wirkungsgrade geringer, so daß höhere Stromdichten erforderlich sind. Die stärkste Linie bei $\lambda = 647$ nm liefert einige Watt an optischer Leistung. Die Leistungen der anderen Linien ist stark druckabhängig. Außerdem verbraucht sich das Gas schneller, so daß ein entsprechendes Druckkontrollsystem notwendig ist.

E.-I.-L. werden in der Medizin (Augenheilkunde, Chirurgie), in der Drucktechnik zur Belichtung, zum Herstellen von Video- und Audio-Disks, zum Pumpen von Farbstoff-Lasern, in der Holographie und in Laser-Light-Shows in Diskotheken verwendet. Durch →Modenkopplung (modelocking) sind außerdem Pulse im ps- und fs-Bereich möglich.

Rosenzweig

Literatur: *Eichler, J. und H.-J. Eichler:* Laser. Berlin–Heidelberg, 1990.

ED-Technik. (*engl.* Enhancement-Depletion-Technique oder auch Depletion-Load-Technique: Anreicherungs-Verarmungstechnik, Verarmungslasttechnik) MOS-Schaltungstechnik, bei der als Schalter Enhancement-MOSFET und als Lastelemente Depletion-MOSFET (in der Regel vom gleichen Kanaltyp) verwendet werden.

Die ED-T. nutzt die Tatsache aus, daß ein als Lastelement verwendeter Depletion-MOSFET ein erheblich größerer dynamischer Lastwiderstand als ein ohmscher Widerstand bei gleichem Gleichspannungsabfall darstellt, m. a. W. die Stufenverstärkung dieses Inverters deutlich größer ist. Sie wird daher in nahezu der gesamten →NMOS-Technik vor allem bei hohen Integrationsgraden verwendet. In Kombination mit der Silicium-Gate-Technologie bietet sie folgende Vorteile:

- höhere Stufenverstärkung, größere Schaltgeschwindigkeit und größere →Störsicherheit, geringer Flächenbedarf (als bei Verwendung eines Anreicherungslastelementes), geringe Gatterverlustleistung,
- durch Senkung der Betriebsspannung (zufolge des kleinen Gleichspannungsabfalles über dem Lastelement) wird die Kompatibilität der →NMOS-Technik zu TTL-Schaltungen hergestellt.

Nachteilig ist der größere Herstellungsaufwand. Die ED-T. wird sehr breit in der NMOS-Technik benutzt, insbesondere bei Halbleiterspeichern und Mikroprozessoren. *R. Paul*

EDIF. Abk. für *engl.* Electronic Design Interchange Format. Von EIA (Electronics Industry Association/USA) und ANSI geförderte und weltweit eingesetzte Schnittstelle zum Austausch von CAD/CAE-Daten zwischen unterschiedlichen CAD/CAE-Systemen und zum Übergang von CAD/CAE-Systemen zu Fertigungs- und Prüfsystemen.

Die zu übertragenden Daten werden in Form von lesbaren ASCII-files mit hierarchischer Struktur, die nach den Regeln von EDIF beschrieben sind, über beliebige Medien (Datenträger, Kabel) ausgetauscht.

Die Darstellung der verschiedenen Daten für eine Schaltung erfolgt mit Hilfe verschiedener Sichten („views“). Jede Schaltung wird komplett mit ihren verschiedenen Sichten in einem file dargestellt. Vorgegebene Verfahren erlauben eine Kompression der entstandenen EDIF-files und damit eine beträchtliche Datenreduktion.

Erste Definitionen von EDIF entstanden 1985. Derzeit (Mitte 1992) aktuelle Version ist EDIF V 2 0 101. Weitere ausführlichere Definitionen zum Leiterplattenlayout (PCBLAYOUT) und zum Test (EDIF-TSF) sind in Arbeit. *K. Winter*

Literatur: Electronic Design Interchange Format (EDIF), Version 200, EDIF Steering Committee EIA, Library of Congress Catalogue Number 87-81322.

EDTV →HDTV

EECL. *(engl.* Emitter-Follower-Emitter-Coupled Logic, Emitter-emittergekoppelte Logik, auch E^2CL genannt). Verbesserte →ECL, bei der →Emitterfolger im Eingang verwendet werden und der →Differenzverstärker selbst als Endstufe arbeitet. Dadurch kann zwar die Gatterverzögerungszeit noch etwas gesenkt werden, doch hat sich diese Technik gegenüber der →ECTL nicht durchsetzen können. *R. Paul*

EEL. Synonym für →EECL

EEPROM →EAROM

Effekt, akusto-optischer. Änderung des Brechungsindex durch akustische Wellen.

Der a.-o. E. ist eine Sonderform des photoelastischen →Effektes, der durch den entsprechenden Tensor (p_{ijkl}) beschrieben wird. Die akustische Welle verursacht zunächst mechanische Spannungen, die dann zu einer Änderung des Brechungsindex Δn führen; Δn ist stark von der →Orientierung des Kristalls abhängig. Für ausgewählte Anordnungen gilt

$$\Delta n = \sqrt{\frac{n^6 p^2 P_a}{2 \rho v_a^3 A} \cdot 10^7} = \sqrt{\frac{M P_a}{2 A}};$$

$$M = \frac{n^6 p^2}{\rho v_a^3} \cdot 10^7$$

wobei n der Brechungsindex, p Materialkonstante (Element des photo-elastischen Tensors), P_a die Leistung der Schallwelle, ρ die Dichte, v_a die Schallgeschwindigkeit und A die beschallte Fläche sind. Für die beiden Materialien mit hohem akustooptischen Effekt (Quarz und $LiNbO_3$) werden
Quarz: $M = 1{,}51 \cdot 10^{-11}\ s^3/cm$ und
$LiNbO_3$: $M = 6{,}9 \cdot 10^{-11}\ s^3/cm$
erreicht, so daß selbst für Schalldichten von 100 W/cm^2 nur Änderungen in der Größenordnung von 10^{-4} ergeben. Da die Schallwelle aber eine periodische Struktur (→Gitter) erzeugt, können durch die phasenrichtige Überlagerung der einzelnen Effekte weit größere Gesamteffekte erreicht werden.

Der a.-o. E. wird in Modulations- und Schaltelementen ausgenutzt. In der integrierten →Optik werden i. a. laufende Schallwellen verwendet, was aber keinen Unterschied zu stehenden Wellen darstellt, da die Frequenzunterschiede zwischen akustischen und optischen Wellen mehr als zehn Größenordnungen betragen. Als Schallwellen können sowohl Volumen- als auch Oberflächenwellen verwendet werden, da die Eindringtiefe der Oberflächenwellen (etwa eine Schallwellenlänge) immer noch ausreichend groß ist im Verhältnis zu den Dimensionen optischer →Wellenleiter. *Rosenzweig*

Literatur: *Hunsperger, R. G.:* Integrated Optics: Theory and Technology, Berlin–Heidelberg–New York 1982.

Effekt, elektrooptischer. Beeinflussung optischer Eigenschaften von Kristallen und Flüssigkeiten durch Brechzahländerungen unter dem Einfluß externer elektrischer Felder.

Ohne Einwirkung externer elektrischer Felder wird das optische Verhalten einer eingestrahlten Lichtwelle innerhalb eines Festkörperkristalles von dessen i. a. richtungsabhängigen Brechzahlen bestimmt. Diese Richtungsabhängigkeit wird durch die Kristallsymmetrie vorgegeben und findet in der Kristalloptik überwiegend mittels des räumlichen Indexellipsoids (Indikatrix) ihre theoretische Beschreibung. Unter der Voraussetzung eines kartesischen Koordinatensystemes gilt:

$$\frac{x^2}{n_x^2} + \frac{y^2}{n_y^2} + \frac{z^2}{n_z^2} = 1 \qquad (1)$$

Die Größen n_x, n_y und n_z bilden hierbei die Hauptachsen des Indexellipsoids und repräsentieren real die feldfreien optischen Brechzahlen für Lichtwellen, die entlang der Hauptkristallachsen $x = a$, $y = b$ und $z = c$ polarisiert sind. So stellt sich die Indikatrix eines isotropen Kristalles als eine Kugel und die eines anisotropen Kristalles mit Doppelberechnung als ein Ellipsoid dar.

Ein extern anliegendes elektrisches Feld $\vec{E}_{ext}$ verzerrt die Elektronenverteilungen um die Atome des Kristallgitters. Dieser Effekt ist mit einer Veränderung der optischen Brechzahlen verbunden, da die neue Elektronenverteilung vom elektromagnetischen Wechselfeld der Lichtwelle anders polarisiert wird. Dieses Verhalten führt zu einer Veränderung der räumlichen Lage, Form und/oder Größe der Indikatrix, was real eine richtungsabhängige Änderung der Brechzahlen um Δn bedeutet. Ein

z. B. unter natürlichen Bedingungen isotroper Kristall (z. B. →GaAs, →InP) mit ebenso isotropen optischen Eigenschaften zeigt unter der Einwirkung eines externen elektrischen Feldes $\vec{E}_{ext}$ eine optische Anisotropie (→Doppelbrechung). Dies wird beschrieben durch die Verformung der Indikatrix von einer Kugel ($\vec{E}_{ext} = O$) zu einem Rotationsellipsoid ($\vec{E}_{ext} \neq O$). Eine bereits vorhandene Doppelbrechung kann dabei ebenso verändert werden (z. B. bei KDP, $LiNbO_3$).

Zur mathematischen Beschreibung der Indikatrix bei Einwirkung eines elektrischen Feldes $\vec{E}_{ext}$ gestaltet sich die Beziehung (1) wie folgt:

$$\frac{x^2}{n_x^2} + \frac{y^2}{n_y^2} + \frac{z^2}{n_z^2} + F(\vec{E}_{ext}) = 1 \qquad (2)$$

mit dem feldabhängigen Term (in Tensaschreibweise)

$$F(\vec{E}_{ext}) = \begin{pmatrix} x \\ y \\ z \end{pmatrix} \cdot \left(R_1 \cdot \vec{E}_{ext} + R_2 \cdot \vec{E}_{ext}^{\,2} + \ldots R_m \vec{E}_{ext}^{\,m}\right) \cdot \begin{pmatrix} x \\ y \\ z \end{pmatrix} = 1$$

Die R_1, R_2, ... R_m werden als elektrooptische Tensoren bezeichnet, deren Komponenten von der Symmetrie und der Atomart des Kristalls abhängig sind. Die von Null verschiedenen Elemente sind bekannt als elektrooptische Koeffizienten oder Module. Die Kenntnis dieser materialspezifischen Parameter sowie die Vorgabe von Richtung und Stärke des angelegten elektrischen Feldes liefern durch Lösung der Gleichung (2) die Brechzahländerungen Δn, die für Lichtwellen mit Polarisationsrichtungen entlang der verschiedenen Kristallrichtungen auftreten. Materialien, die für eine praktische Anwendung ausreichend hohe elektrooptische Koeffizienten aufweisen, sind z. B. KDP (Kaliumdihydrogenphosphat; $KH_2\,PO_4$), ADP (Amoniumdihydrogenphosphat: $NH_4\,H_2\,PO_4$), $Li\,Ta\,O_3$ und $Ba\,Ti\,O_3$. Wie die Beziehung (2) außerdem zeigt, kann das Feld mit unterschiedlichen Potenzen zu den jeweils erzeugten Brechzahländerungen beitragen ($\Delta n \sim R_1\vec{E}_{ext} + R_2\vec{E}_{ext}^2 + \ldots$). Entsprechend wird zwischen dem linearen e. E. (→Pockelseffekt), dem quadratischen e. E. (→Kerreffekt) und den Effekten höherer Ordnung unterschieden. *R. Kaiser*

Literatur: *Born, M.* u. *E. Wolf.*: Principles of Optics, Oxford–New York, 1986. – *Ebeling, K. J.*: Integrierte Optoelektronik, Berlin–Heidelberg–New York, 1989.

Effekt, galvanomagnetischer →Galvanomagnetischer Effekt

Effekt, glühelektrischer. Austritt von Elektronen aus glühenden Metallen (→Emission, thermische). *Heinz*

Effekt, innerer lichtelektrischer →Effekt, photoelektrischer

Effekt, magneto-akustischer. Auftreten von Oszillationen in der Schallgeschwindigkeit und Ultraschallabsorption als Funktion eines starken Magnetfelds bei hochreinen Metallkristallen.

Die Oszillationsperiode als Funktion der reziproken magnetischen Induktion B ergibt sich zu

$$\Delta\frac{1}{B} = \frac{e\,\lambda\,(n + 1/4)}{2hk_F}$$

wobei λ die Schallwellenlänge und k_F der Extremaldurchmesser der Fermi-Fläche ist, der mit diesem Effekt bestimmt werden kann (h = Plancksches Wirkungsquantum, n = ganze Zahl). *Heinz*

Effekt, magnetooptischer →magnetooptische Effekte

Effekt, parametrisch-optischer →Optik, nichtlineare

Effekt, photoelastischer. Änderung des Brechungsindex eines Mediums durch mechanische Spannung (Druck, Zug).

Der p. E. wird beschrieben durch einen Tensor 4. Stufe, der die Änderung des dielektrischen Tensors (ε_{ij}) mit dem Tensor der äußeren Spannung (σ_{kl}) bzw. der Dehnung (d_{kl}) verknüpft:

$$\Delta(1/\varepsilon_{ij}) = (\pi_{ijkl})\,(\sigma_{kl}) = (p_{ijkl})\,(d_{kl})$$

p_{ijkl} elasto-optische Koeffizienten (dimensionslos)
π_{ijkl} piezo-optische Koeffizienten (10^{-12} m/N).

Die Anzahl der untereinander und von Null verschiedenen Tensorelemente hängt von der Symmetrie des Kristalls ab. Die Brechungsindexänderung ergibt sich zu:

$$\Delta n_{ij} = -\frac{1}{2}\,n^3\,(p_{ijkl})\,(d_{kl})$$

Wirkt eine uniaxiale Verspannung auf einen optisch isotropen Körper, so wird er als Folge des photoelastischen Effektes i. a. doppelbrechend, so daß eine das Material durchlaufende Welle eine Phasenverschiebung bzw. eine Drehung der Polarisationsebene erfährt.

Der p. E. kann ausgenutzt werden, um mechanische Spannungen nachzuweisen (Spannungsoptik) oder zur akustischen Beeinflussung von optischen Wellen (→Effekt, akusto-optischer). *Rosenzweig*

Literatur: *Nye, J. F.*: Physical properties of Crystals: Oxford, London 1957.

Effekt, photoelektrischer (Photoeffekt). Als p. E. wird die Freisetzung von Elektronen aus ihren elektrostatischen Bindungen an Atomen oder Festkörpern durch die Einwirkung einer elektromagnetischen Strahlung (z. B. Licht) bezeichnet. Bei Festkörpern unterscheidet man zwischen dem inneren und dem äußeren Photoeffekt.

Die physikalische Deutung dieses Effektes ist mittels der von *A. Einstein* im Jahre 1905 aufgestellten Lichtquantenhypothese möglich. Danach muß die Energie W eines Strahlungsquants (z. B. →Photon) mindestens genauso groß sein, wie die gesamte materialabhängige Bindungsenergie W_B des abzulösenden Elektrons:

$W = h \cdot \nu \geqq W_B$

h: Plancksches Wirkungsquantum, ν: Frequenz der Strahlung

Die Freisetzung von Elektronen kann daher erst oberhalb einer →Grenzfrequenz $\nu_G = W_B/h$ bzw. unterhalb einer →Grenzwellenlänge $\lambda_G = c/\nu_G$ stattfinden (c: Lichtgeschwindigkeit). Die Intensität eines einfallenden Lichtbündels, d. h. die Anzahl der Photonen, hat auf das Eintreten des Photoeffektes keinen Einfluß. Sie bestimmt lediglich die Anzahl der freigesetzten Elektronen (Photoelektronen).

□ Innerer Photoeffekt: Die Energie der eingestrahlten Photonen reicht aus, um Elektronen in Festkörpern aus gebundenen Zuständen (z. B. Valenzbänder, atomare Rumpfzustände, Störstellenniveaus) in freie Zustände (Leitungsbänder) zu heben. Die so energetisch angeregten Elektronen verbleiben jedoch im Festkörper und sind dort quasifrei beweglich. Durch Anlegen einer externen elektrischen Spannung ist ein →Photostrom bzw. eine →Photoleitung zu beobachten. Tritt der innere Photoeffekt in Raumladungszonen (Sperrschichten) auf, wie z. B. in Halbleiter-Photodioden an →pn-Übergängen, wird er häufig als →*Sperrschicht*-Photoeffekt bezeichnet. Zur praktischen Anwendung gelangt der innere Photoeffekt in einer Vielzahl optoelektronischer Halbleiter-Bauelemente (z. B. →Photodetektoren, →Solarzellen).

□ Äußerer Photoeffekt: Die Energie der eingestrahlten Photonen reicht aus, um Elektronen aus der Oberfläche eines Festkörpers herauszulösen (→Photoemission). Die Elektronen verlassen den Festkörper. Die dafür erforderliche minimale Photonenenergie wird als →Austrittsarbeit W_A bezeichnet. Diese Austrittsarbeit ist eine materialabhängige Größe, die sich aus der energetischen Lage der freizusetzenden Elektronen im Festkörper und dem zu überwindenden Oberflächenpotential ergibt. Außerhalb des Festkörpers besitzen die emittierten Photoelektronen die kinetische Energie

$E_{kin} = h \cdot \nu - W_A$

(Vor.: keine extern anliegende elektrische Spannung).

Praktisch ausgenutzt wird dieser Photoeffekt z. B. in Photokathoden, die zur optoelektronischen Signalumwandlung in →Photozellen, Photoelektronenvervielfachern oder →Bildwandlerröhren dienen. Ein weiteres Anwendungsgebiet ist die Photoemissionsspektroskopie zur Bestimmung elektronischer Zustände in Festkörpern. *R. Kaiser*

Effekt, photoelektromagnetischer (PEM-Effekt.) Auftreten einer äußeren Spannung bei Bestrahlung eines homogenen Photoleiters mit Licht (→Photoleitung) unter gleichzeitiger Präsenz eines Magnetfelds.

Dabei erzeugt das einfallende Licht durch den inneren →Photoeffekt freie Elektronen und Löcher im Leitungs- bzw. Valenzband des Photoleiters. Allerdings erfolgt diese Anregung aufgrund der starken Absorption nur in einer dünnen Oberflächenschicht (Bild). Damit ergibt sich ein Konzentrationsgradient freier →Ladungsträger in das Volumen des Photoleiters hinein, so daß eine Diffusion der Träger in diese Richtung einsetzt (*Dember*-Effekt). Das parallel zur Oberfläche anliegende Magnetfeld bewirkt auf die sich bewegenden Ladungsträger eine senkrecht zur Magnetfeld- und Geschwindigkeitsrichtung gerichtete Kraft (*Lorentz*-Kraft), die Elektronen und Löcher in entgegengesetzte Richtungen ablenkt. Diese Ladungstrennung führt zu einer äußeren Spannung, die im Unterschied zur Demberspannung zwischen den nicht beleuchteten und zueinander parallelen Flächen parallel zur Magnetfeldrichtung anliegt. *Heinz*

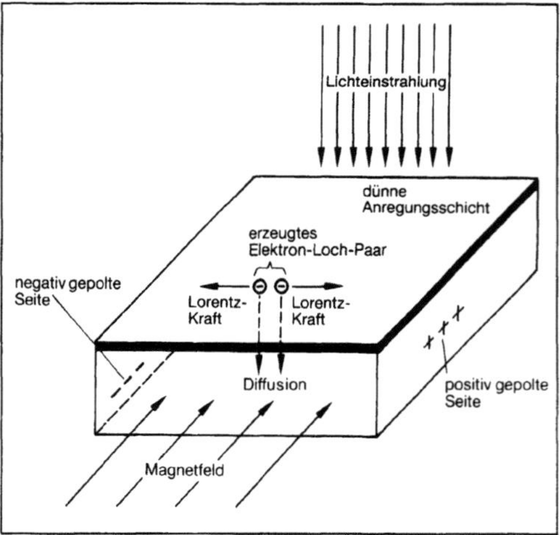

Effekt, photoelektromagnetischer: Entstehung: schematisches Modell.

Effekt, photovoltaischer. Als p. E. wird die Entstehung einer elektrischen Spannung (→Photospannung) bezeichnet, welche in Festkörpern bei Lichteinstrahlung hervorgerufen wird.

Zur Erzeugung einer solchen Photospannung ist die räumliche Trennung der durch den inneren photoelektrischen Effekt entstandenen quasifreien →Ladungsträger erforderlich. Die Trennung wird mittels interner elektrischer Felder, wie sie z. B. in den →Raumladungszonen (Sperrschichten) von Halbleiter- oder Schottky-Photodioden auftreten, realisiert (Bild). Durch Ankopplung eines Lastwiderstandes R_L entsteht ein entsprechender →Photostrom. Der p. E. bildet die physikalische Grundlage für das →Photoelement (→Solarzelle).

R. Kaiser

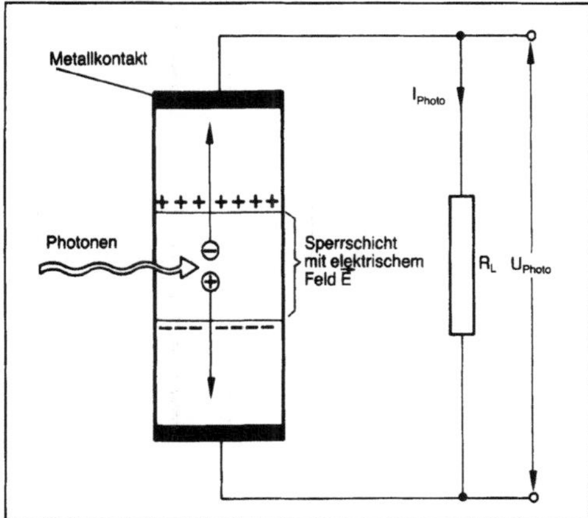

Effekt, photovoltaischer: Prinzip.

Effekt, piezoelektrisch →Piezoelektrischer Effekt

Effekt. piezoresistiver →Piezowiderstandseffekt

Effekt, thermoelektrischer →Thermoelektrischer Effekt

Effektivwertmessung. Der Effektivwert einer beliebigen periodischen Funktion, z. B. einer Wechselspannung u(t), ist definiert als ihr quadratischer Mittelwert

$$u_{eff} = \sqrt{\frac{1}{T}\int_0^T u^2(t)dt}$$

Bei rein sinusförmiger Wechselspannung

$u(t) = \hat{u} \sin \omega t$ beträgt $u_{eff} = \frac{1}{\sqrt{2}} \hat{u} = 0{,}707\ \hat{u}$.

Wenn verschiedene periodische Wechselgrößen (Spannung, Strom) in einem Widerstand gleiche Wärmeleistung hervorrufen, haben sie den gleichen Effektivwert (u_{eff}, i_{eff}), der mit der entsprechenden Gleichgröße (Gleichspannung U, Gleichstrom I) identisch ist: $u_{eff} = U$, $i_{eff} = I$.

Zur Messung des Effektivwerts gibt es eine Reihe von Verfahren. Bei bekannter Kurvenform kann man den Gleichrichtwert oder den Scheitelwert ermitteln und erhält durch Multiplikation mit einem konstanten Faktor den Effektivwert (→Meßgleichrichter). Soweit wegen nicht bekannter Kurvenform der Effektivwert ermittelt werden muß, geht man von der obigen Definitionsgleichung aus und führt nach Quadrierung des Signals eine Mittelung und Radizierung aus. Bessere Ergebnisse als dieser direkte Weg liefern integrierte Schaltungen, in denen Signale logarithmiert und rückgekoppelt werden. Hier werden Toleranzen von 0,1 % bei Signalfrequenzen bis 100 kHz erreicht. Mittels eines Thermoumformers kann man die E. auch auf eine →Leistungsmessung (elektrische) zurückführen. Dabei wird die Erwärmung eines Widerstandsdrahts mit Hilfe eines Thermoelements gemessen. Man kann die Temperatur auch über die Temperaturabhängigkeit von Si-Transistor-Kennlinien messen (→Temperaturmessung). Thermische Effektivwertmesser gibt es als integrierte Schaltungen mit Toleranzen von 0,05 % bis 100 kHz und 2 % bei 10 MHz. Grenzfrequenzen > 1 GHz sind möglich.

Hammerschmidt

EFL. (*engl.* Emitter-Follower-Logic, Emitterfolger-Logik) →Schaltkreisfamilie der Digitaltechnik ähnlich der →ECL, jedoch mit Multiemittertransistor am Eingang und einer nachfolgenden Emitterfolgerstufe (Bild). Dadurch entsteht der →Differenzverstärker mit Konstantstromeinspeisung erst, wenn der Eingang eines Gatters mit dem Ausgang eines anderen verbunden wird. Obwohl die EFL etwas günstigere Daten (vor allem kleinere →Verlustleistung) als die →ECTL hat, konnte sie sich bis heute nicht überzeugend gegen diese relativ weit verbreitete Schaltkreistechnik durchsetzen. *R. Paul*

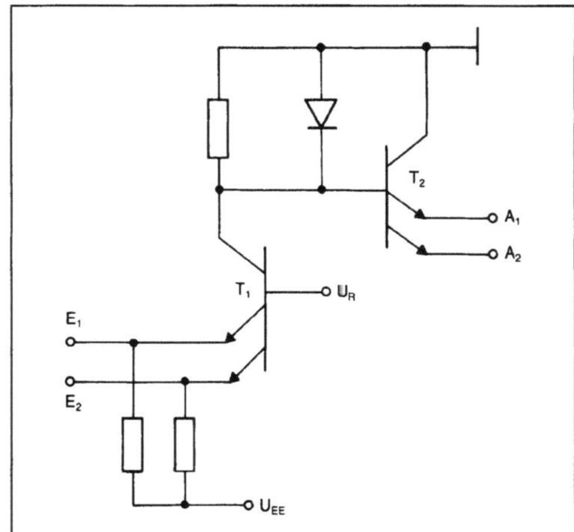

EFL: Grundschaltung.

Eidophor. Verfahren zur Fernsehgroßprojektion. Es arbeitet analog dem Kinoprojektor mit einer lichtstarken Kohlebogen- oder Quecksilber-Höchstdrucklampe, an Stelle des Filmes wird jedoch ein auf einer Glasplatte aufgebrachter Ölfilm durchleuchtet, der seine Eigenschaften bei Abtasten mit einem Kathodenstrahl, der vom →Fernsehempfänger gesteuert wird, verändert. Diese Veränderungen werden dann bei der technischen Ausführung mit Hilfe eines schlierenoptischen Systems zur Abbildung ausgenutzt. *Helbig*

Eigenleitung. Elektrisches Leitvermögen eines Halbleiters ohne →Störstellen, insbesondere also ohne →Dotierung.

Es ist wesentlich kleiner als die durch Dotierung erreichte Störleitung. Die Eigenleitfähigkeit ist proportional zur Konzentration der Elektronen (n) und Löcher (p), die im Eigenleitungsfall gleich der Eigenleitungsdichte n_i sind (auch Intrinsic-Dichte, Inversionsdichte):

$$n = p = n_i = \frac{1}{4}\left(\frac{2\,kT}{\pi\hbar^2}\right)^{3/2}(m_n m_p)^{3/4}\exp\,(-W/2kT)$$

Dabei ist k = Boltzmannkonstante, T = absolute Temperatur, $\hbar$ = Plancksche Konstante dividiert durch 2π, m_n bzw. m_p = effektive Masse der Elektronen bzw. Löcher und W = Bandabstand. Die Eigenleitfähigkeit ergibt sich mit der →Beweglichkeit der Elektronen und Löcher, b_n bzw. b_p, und dem Betrag e ihrer Ladung zu $\sigma = e\,(b_n + b_p)\,n_i$. Sie resultiert aus der thermischen Anregung von Elektronen aus dem →Valenz- ins →Leitungsband. *Heinz*

Eigensicherheit von Meßeinrichtungen. Die in der chemischen Industrie und in verwandten Betrieben bestehende Explosionsgefahr erfordert besondere Vorkehrungen bei der Auslegung von Meßeinrichtungen. Die notwendige Sicherheit zu schaffen besteht darin, alle in die gefährdeten Räume führenden Stromkreise eigensicher zu dimensionieren. Die in diesen Stromkreisen vorhandene elektrische Energie wird so begrenzt, daß die Stromkreise weder im Normalbetrieb noch im Störfall (z. B. Leerlauf, Kurzschluß) in der Lage sind, explosionsfähige Gemische zu zünden. *Hammerschmidt*

Eigenspannung. E. in technischen Aufbauten entstehen durch örtliche elastische oder plastische Verzerrungen. Ursachen liegen entweder in den Werkstoffen selbst: Metalle, keramische Werkstoffe und Polymere weisen aus dem Herstellungs- und Verarbeitungsprozeß eine dem Gleichgewichtszustand überlagerte Mikrostruktur, das →Gefüge auf.

In heterogenen Aufbauten der Mikroelektronik werden Substrate, Beschichtungen, Bauelemente, Umhüllungen und Fügeverbindungen aus Halbleitern, Keramiken/Gläsern, Metallen, Polymeren sowie aus Verbundwerkstoffen (→Leiterplattentechnik: Polymer mit Glasfaser; Dickschicht: Glas und Metall) zusammengesetzt und bleibend verbunden (Mikroverbindungstechnik, (→Mikro-)Klebtechnik). Die Temperaturänderung führt infolge der unterschiedlichen thermischen Ausdehnungskoeffizienten und (temperaturabhängigen) elastischen Koeffizienten der beteiligten Werkstoffe zu Scherspannungen und Biegemomenten, die teilweise durch plastisches Fließen duktiler Werkstoffe abgebaut werden, aber unter ungünstigen konstruktiven Voraussetzungen (Spitzkerb mit Spannungskonzentration) zum Bruch führen können (Beispiel: große Halbleiter-Chips auf metallischem Leiterrahmen oder Keramikträger). E. führen in optoelektronischen Aufbauten zu Verlagerungen im Bereich von 10 bis 100 nm und damit zur Minderung der Ankopplung von Lichtleitfasern. *Hieber*

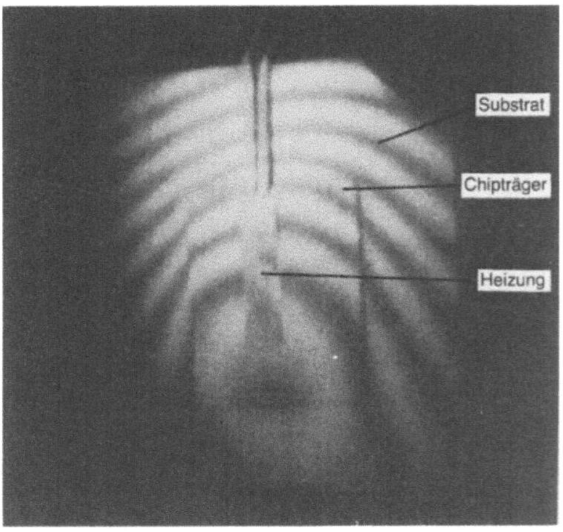

Eigenspannung 1: Makrodehnung durch örtliche Aufheizung eines keramischen Chip-Trägers, beobachtet mittels holographischer Interferometrie.

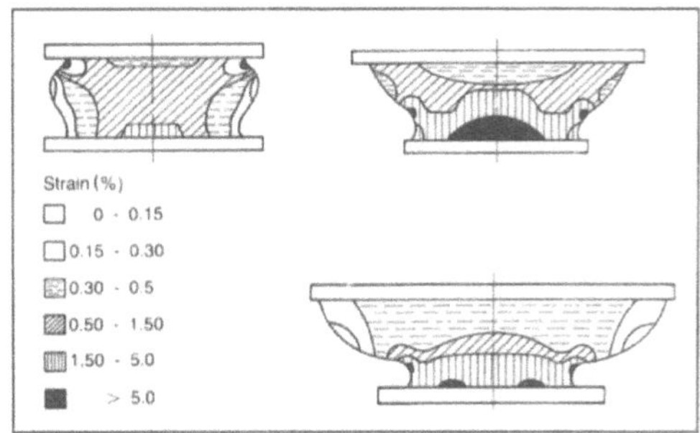

Eigenspannung 2: Berechnete Dehnungsverteilung in Weichlötverbindungen infolge thermischer Eigenspannungen. (Quelle: P. M. Hall und W. M. Sherry)

Eigentaktung →Stromrichtermotor

Eimerkettenschaltung. (*engl.* Abk. BBD, Bucket Brigade Device) Elektronische Schaltung zur Speicherung und Weiterleitung von analogen oder digitalen Signalen nach dem Ladungstransportprinzip (→CCD) aus der Gruppe der Ladungsverschiebeschaltungen. Dazu wird in einer integrierten Schaltung (Bild 1) eine größere Zahl eng benachbarter Kondensatoren kettenförmig angeordnet, die durch Schalter miteinander verkoppelt sind. Durch taktweise Betätigung der Schalter wird die Ladung, die sich in einem Anfangskondensator befindet, zum nächsten „weitergeschoben" usw. Um einen gerichteten Transport solcher Ladungspakete zu erreichen, werden die jeweils geradzähligen und die ungeradzähligen Schalter mit dem jeweiligen Taktsignal versorgt. Diese taktweise Weitergabe der Ladung von Kondensator zu Kondensator erinnert an das Eimerkettenprinzip: eine Menschenkette gibt eimerweise Wasser weiter. Die Idee der E. wurde zunächst mit Bipolartransistoren als Schalter realisiert, konnte sich aber so nicht richtig durchsetzen. Deutliche Verbesserungen ergab der Einsatz von MOSFET-Schaltern (Bild 2). Dabei ist die Realisierung der Kondensatoren sehr einfach: man muß die Gateelektrode nur hinreichend weit über den Drain-Bereich ausdehnen, so daß eine Überdekkungskapazität entsteht. Außerdem bildet der Drain-Bereich des vorhergehenden Schalters zugleich den Source-Bereich des Folgeschalters. Auf diese Weise wurden bereits E. mit 500 Stufen und mehr realisiert, die mit Taktfrequenzen bis in den MHz-Bereich arbeiten.

Vom Ladungstransport her gesehen unterscheiden sich die E. von den CCD grundsätzlich: während dort →Minoritätsträger in Potentialmulden unter den Elektroden des MOS-Kondensators als Informationsträger benutzt werden, sind es hier →Majoritätsträger. Daher unterscheiden sich auch die Eingabeschaltungen.

Die Anwendungsbereiche der E. liegen zunächst in der digitalen →Signalverarbeitung: →Schieberegister (auch analoge) Verzögerungsleitungen, →Multiplexer und vor allem Anwendungen in der Filtertechnik. Versieht man die Eimerketten mit photosensorischen Elementen, so sind sie auch zur Bildaufnahme geeignet.

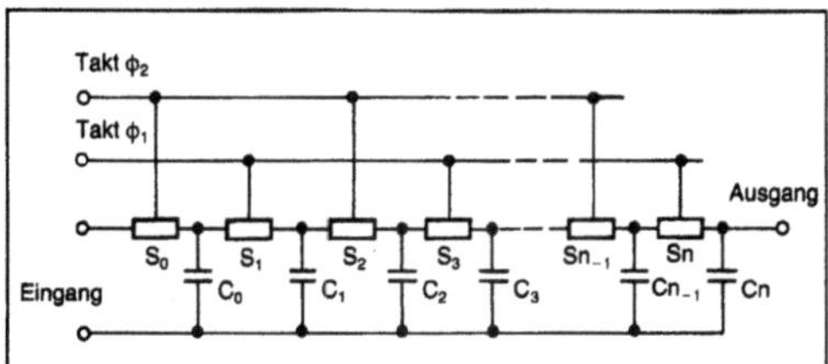

Eimerkettenschaltung 1: Funktionsprinzip.

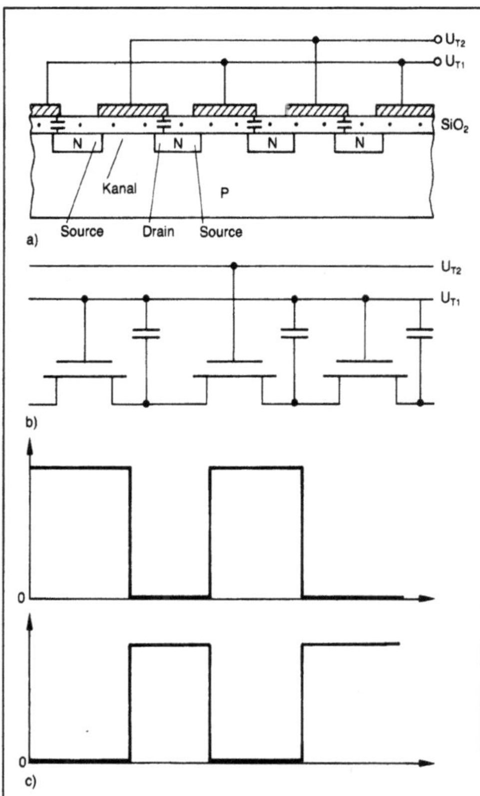

Eimerkettenschaltung 2: Ausführung in NMOS-Technik.
a) Aufbau
b) Schaltungsprinzip
c) Taktsignale.

Durch die rasche Entwicklung der CCD-Strukturen ist die Bedeutung der E. jedoch in letzter Zeit rückläufig. *R. Paul*

Einbrennverfahren. Auf den E. und magnetooptischen Verfahren basieren die im Markt eingeführten bzw. als Prototypen vorhandenen Speichereinheiten, die unter den Sammelbegriff Optical Disc (optische Speicherplatten) fallen. Zwischen den kommerzialisierten Verfahren der Unterhaltungsindustrie (→Compact Disc, Bildplatte) und denen der →Massenspeicher für Informationsverarbeitungssysteme besteht für das Lesen kein grundsätzlicher Unterschied (Bild).

□ Grundtechnologie: Ein optisches System folgt, von einem Servomechanismus bewegt, den Spuren, die in die Speicherschicht rotierender optischer Platten geprägt sind. Die Spuren verlaufen entweder spiralförmig (wie bei Schallplatten) oder konzentrisch. Die Speicherschicht ist auf ein Substrat aufgebracht, z. B. Glas, Acrylglas. Geschrieben wird mit kurzen Laserstrahlimpulsen, die, von Linsen auf

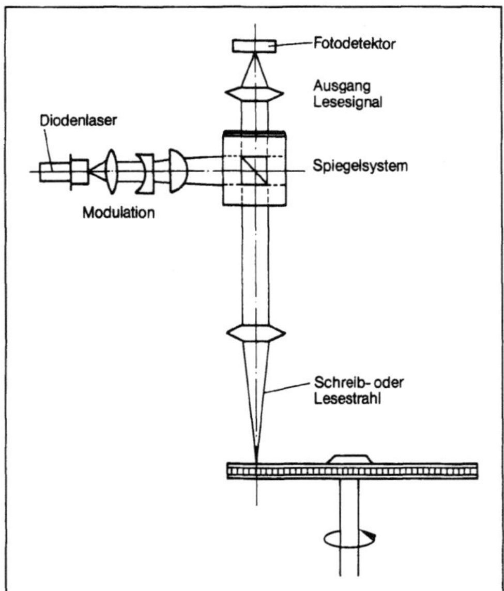

Einbrennverfahren: Prinzip eines optischen Speicherlaufwerks.

die eigentliche Speicherschicht fokussiert, dort durch Erwärmung die zur Darstellung der Signale dienenden *Pits* erzeugen. Das sind beim E. häufig eingeschmolzene Krater (*engl.* ablative) in einer sehr dünnen Schicht aus Tellurlegierungen bzw. Farbstoff-/Kunststoffverbindungen (*engl.* dye polmer), Blasen oder andere Veränderungen der Lichtreflexion, winzige Flächen mit einem Durchmesser von etwa einem Mikrometer und darunter, die nicht mehr geändert (gelöscht) werden können (*engl.* WORM, write once, read many-Platten).

Beim magnetooptischen Verfahren besteht die dünne Speicherschicht aus magnetisierbarem Material, dessen Widerstand gegen Änderung der Magnetisierungsrichtung (Koerzivität) im erhitzten Zustand stark abnimmt. Vom Laserstrahl erwärmte Flächen (zwischen ca. 120–170 °C) werden durch ein permanentes Feld parallel zur Umdrehungsachse, senkrecht zur Oberfläche magnetisiert.

Löschen bestimmter Bereiche ist durch Umpolen des Magnetfeldes und Erhitzen der Bereiche möglich, in einem zweiten Schritt können diese Stellen wieder überschrieben werden.

□ Materialien: Legierungen aus Gadolinium, Terbium oder Dysprosium, Eisen, Germanium.

Gelesen wird mit einem Laserstrahl weit geringerer Energie – beim E. durch Auswertung der stärkeren oder schwächeren Lichtreflexion der hintereinanderliegenden Flächen. Beim magnetooptischen Verfahren ist der Laserstrahl polarisiert. Die Änderung der Polarisierungsebene durch die magnetisierten Flächen in der Speicherschicht (magnetooptischer →Kerr-Effekt, Nordpol oben: im Uhrzeigersinn, Südpol oben: umgekehrt) wird über Polarisierungsfilter erkannt – stärkere oder schwächere Ausgangslichtimpulse. Bei diesem Verfahren sind etwa vier Milliarden Zeichen auf einer Seite einer Platte mit 14 Zoll Durchmesser erreicht worden.

□ Adressierung: Ähnlich wie bei Magnetplattenlaufwerken (Spur, Sektor, Satz).

□ Redundanz: Auswertung der redudanten Signale innerhalb des Speichersystems, im allgemeinen durch die →Kontrolleinheit, Fehlererkennungs- und Beseitigungsroutinen im Mikroprogramm (ECC, error correction code). Die hohe Aufzeichnungsdichte erfordert Größenordnungen der Redundanz zwischen etwa 10 und 30%.

Das →Kristallin-Amorph-Verfahren ist eine Alternative zum magnetooptischen Verfahren. Es nutzt die Eigenschaft bestimmter Materialien — z. B. Tellurium-Verbindungen — bei bestimmten Temperaturen in den amorphen Zustand überzugehen und bei anderen Temperaturen wieder den kristallinen Zustand anzunehmen. Als Lesesignal wird die unterschiedliche Lichtreflexion ausgewertet — wie beim E. (Optical Disc). *Pott/Voss*

Literatur: *Schulte-Hillen, J.* und *U. Schwerhoff:* Optische Speicher. Essen 1986.

Einchiprechner. Der E. ist eine hochintegrierte Schaltung, die alle oder zumindest die wichtigsten Funktionseinheiten eines Mikrorechners (→Mikroprozessor, Programm- und Datenspeicher, Eingabe-Ausgabe-Interface, →Taktgenerator, ggf. Zeitsteuerung und oft noch Sonderfunktionen, wie A/D-D/A-Wandler, Multiplizier- und Dividier-Funktionen, Interrupt-Kontroller) auf einem Chip enthält. Seine Entwicklung wurde durch deutliche Integrationsgraderhöhung möglich. Gegenwärtig sind Rechner bis 32 Bit Verarbeitungsbreite verfügbar.

Die Integration des ganzen Rechners ergibt durch optimierte Funktionseinheiten und kürzere Verbindungsleitungen größere Verarbeitungsgeschwindigkeiten. E. gewinnen dank ihres wachsenden Speicherraumes in unterschiedlichen Einsatzfeldern ständig an Bedeutung. Sie sind nicht als Weiterentwicklung der Standard-Mikroprozessoren anzusehen, sondern für spezielle Einsatzfelder vorgesehen. Deshalb sind Daten- und Adreßbus oft nicht über Anschlüsse zugängig, sondern nur ein →Bus für die E/A und Speichererweiterung.

Das Anwendungsfeld der E. ist groß, denn er ist dort am Platze, wo aufwendige Steueraufgaben zu besorgen sind:

– z. B. in der Konsumgüterindustrie (Waschmaschine, Nähmaschine, Auto), wo häufig 8-bit-Verarbeitungsbreite ausreicht,

– in sog. intelligenten Geräten der Datenverarbeitung und Meßtechnik (z. B. Drucker- und Plottersteuerung, Terminals, Steuerung der →Leistungselektronik, Fernsprech- und Telexeinrichtungen, Meßwertverarbeitung, Labor- und Analysegeräte u. v. a. m. *R. Paul*

Eingangskennlinie. Bei steuerbaren elektronischen Bauelementen, z. B. Transistoren und Thyristoren, die graphische Darstellung der Eingangsstrom-Eingangsspannungsrelation bei konstant gehaltenen anderen Parametergrößen, z. B. am Ausgang. Beispiele sind die Basisstrom-Basisspannungskennlinie $I_B = f(U_{BE})U_{CE}$ beim →Bipolartransistor (Bild) oder die Gatestrom-Gatespannungskennlinie des →Thyristors. *R. Paul*

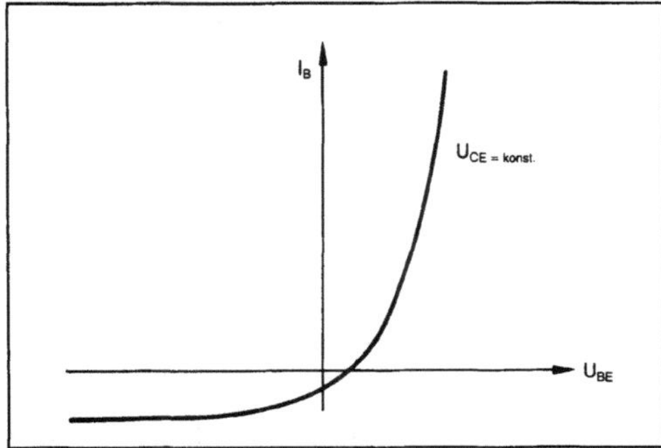

Eingangskennlinie: Darstellung am Beispiel eines Bipolartransistors in Emitterschaltung.

Eingangskontrolle →Scheibeneingangskontrolle

Eingangsschutzschaltung. Schaltung, um den Eingang eines elektronischen Bauelementes oder einer Schaltung – z. B. integrierten Schaltung – vor Spannungen zu schützen, die zur Zerstörung führen können. Verbreitet ist diese Maßnahme bei MOS-Feldeffekttransistoren und →MOS-Schaltkreisen, die durch parasitäre Ladungen auf der Gateelektrode zerstört werden können. *R. Paul*

Einheiten, lichttechnische. Seit 1970 regelt das Gesetz über Einheiten im Meßwesen die Anwendung der SJ-Basisgrößen und der daraus abgeleiteten Einheiten.

Für die lichttechnischen Größen ist die Basiseinheit für die Lichtstärke das Candela (cd).

Die abgeleiteten lichttechnischen Größen sind in der Tabelle aufgeführt. *Keitel/Nerstheimer*

Literatur: *Frost, Hans:* Die neuen Einheiten. Berlin.

Einheiten, lichttechnische. Tabelle: Abgeleitete lichttechnische Größen.

Größe	gesetzliche Einheiten
Beleuchtungsstärke	lx, mlx
Belichtung	lxs, mlxs
Brechwert	dpt, l/m
Emissionsgrad	l, W/W
Leuchtdichte	cd/m^2 = nit
Lichtausbeute	lm/W
Lichtmenge	lmh, lms
Lichtstärke	cd
Lichtstrom	lm
Lichtausstrahlung, spezifische	lm/m^2

Einkristall →Kristallziehen, →Kristallzüchtung

Einmodenfaser →Monomodefaser

Einphasen-Brückenschaltung →Stromrichterschaltungen

Einphasen-Mittelpunktschaltung →Stromrichterschaltungen

Einpreßverbindung. Die E. dient zur lötfreien elektrischen Verbindung von Steckverbinderanschlüssen mit Leiterplatten, meist Rückwandverdrahtungsplatten. Zur Herstellung der Verbindung werden die Kontaktstifte in metallisierte Leiterplattenlöcher eingepreßt und damit dauerhafte elektrische Verbindungen erreicht. Durch den Preßsitz entstehen zwischen den Stift- und Lochflächen gasdichte Kontaktzonen. Es werden *massive* und *elastische* Einpreßanschlüsse unterschieden.

Beim massiven Einpreßstift wird die erforderliche Preßkraft überwiegend durch die Verformung der Leiterplatte erzielt. Stifte mit elastischem Einpreßbereich erreichen die Preßkraft durch elastische Verformung von Preßzone und Leiterplatte. Der elastische Einpreßanschluß kann aufgrund der federnd ausgebildeten Einpreßzone größere Abweichungen in den Leiterplattendurchmessern ausgleichen. Er behält eine gewisse Restelastizität auch nach dem Einpreßvorgang und besitzt dadurch eine höhere Kontaktzuverlässigkeit. Die Stifte werden einzeln oder bereits im →Steckverbinder komplett vorbestückt in die Leiterplatte eingepreßt. Mit geeigneten Werkzeugen können mehrere hundert Stifte mit einem Hub eingepreßt werden. Steckverbinder mit Einpreßanschlüssen eignen sich besonders gut für große Leiterplatten mit Mehrlagenaufbau, wie sie z. B. in der Datentechnik, Nachrichtenübertragung und Steuerungstechnik gebräuchlich sind. *Pagnin*

Einsatzspannung. (auch Schwellspannung) Als E. bezeichnet man die Spannung, ab der ein →Feldeffekttransistor (Bild 1) leitend wird (→Halbleiterelektronik).

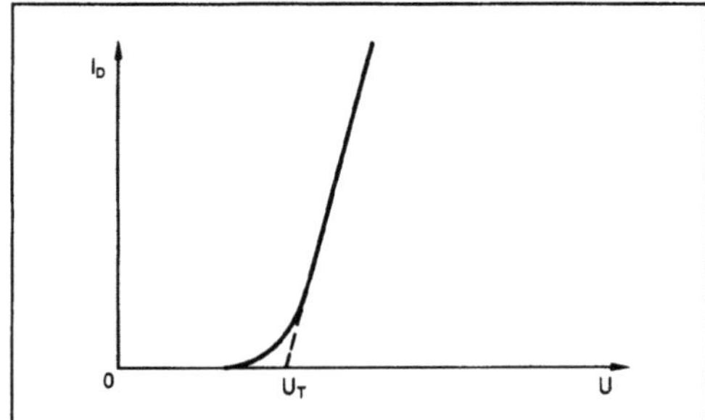

Einsatzspannung 1: Darstellung der E. U_T Strom-Spannungskennlinie eines Feldeffekttransistors.

Für die Einsatzspannung U_T gilt:

$$U_T = \Phi_{MS} - \frac{Q_{ox} + Q_B}{C_{ox}} + 2\Phi_f$$

$q \cdot \Phi_{MS}$ ist die Differenz der Austrittsarbeiten von Metall und Halbleiter, Q_{ox} die effektive im Oxid gespeicherte Ladung, C_{ox} die Oxidkapazität und $q \cdot \Phi_f$ die Energiedifferenz zwischen Eigenleitungsniveau E_i und →Fermi-Niveau E_F im Innern des Halbleiters.

Die E. ist abhängig von der Differenz der Austrittsarbeiten von Gatematerial und Silicium (Bild 2), der Dicke und der →Dielektrizitätskonstante des Isolators und von den elektrischen Eigenschaften der Grenzschicht SiO_2-Si. Je nach Qualität der Prozeßführung ergeben sich unterschiedliche Konzentrationen von Grenzflächen- und Ladungszuständen im Oxid. Die Oxidladung Q_{ox} setzt sich additiv aus der beweglichen Oxidladung Q_m, der eingefangenen (festen) Ladung Q_{ot}, der festen Oxidladung Q_f und aus geladenen Grenzflächenzuständen Q_{it} zusammen.

$Q_m = 10^{10}$–$10^{12}\,cm^{-2}$
$Q_{ot} = 10^{9}$–$10^{13}\,cm^{-2}$
$Q_f = 10^{11}$–$10^{12}\,cm^{-2}$
$Q_{it} =$ bis $10^{10}\,cm^{-2}$

Die E. von MOS-Transistoren wird in der Siliciumtechnologie durch →Ionenimplantation in das Kanalgebiet eingestellt. Als Ionen werden →Bor (Verschiebung der E. in positive Richtung) und →Phosphor (Verschiebung der E. in negativer Richtung) mit Dosen zwischen 10^{10}–10^{12} cm^{-2} verwendet. Die Änderung ΔU_T der E. läßt sich dann ausdrücken durch

$$\Delta U_T = K \cdot q \cdot \frac{N_\square}{C_{ox}'} = K \cdot \frac{x_{ox}\, N_\square}{\varepsilon_0\, \varepsilon_{SiO2}}$$

mit der →Dosis der implantierten Ionen $N_\square$ und der Oxiddicke x_{ox}. Die Konstante K gibt den Anteil der implantierten Ionen an, der die E. beeinflußt, d. h. den Anteil der Ionen, der im Kanal zur Ruhe gekommen und elektrisch aktiviert ist (Bild 3).

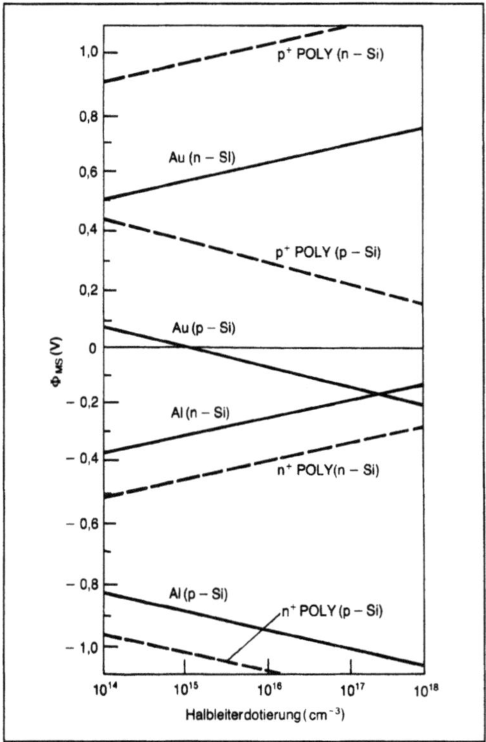

Einsatzspannung 2: Austrittsarbeitsdifferenz Φ_{MS} für verschiedene Halbleiterdotierungen und Polysilicium-, Aluminium- und Goldelektroden.

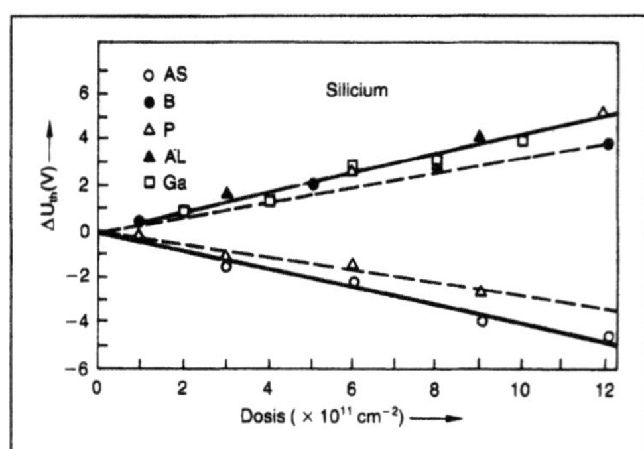

Einsatzspannung 3: Verschiebung der E. durch Implantation von B (35 keV), Al (100 keV), P (207 keV) und As (270 keV). Die gestrichelten Linien entsprechen einer Aktivierung der Ionen von 100%.

Bei →III-V-Halbleitern dient i. a. ein →Schottky-Kontakt als Gate-Elektrode. Die E. der dort vorwiegend gefertigten Sperrschicht-Feldeffekttransistoren (→Halbleiterelektronik) wird durch die Wahl der Gate-Metallisierung und die →Dotierung des Kanalgebietes sowie die Breite des Kanals eingestellt. *Ryssel*

Literatur: *Madelung, O.* und *M. Schulz, H. Weiss, Landolt-Börnstein:* Halbleiter. Bd. 17c. Berlin 1984. – *Ryssel, H.* und *I. Ruge:* Ionenimplantation. Stuttgart 1978. – *Sze, S. M.:* VLSI-Technology. New York 1983.

Einschaltlogik. Bei Stromrichtern ist beim Einschalten des Netzes eine gewisse Einschaltreihenfolge zu beachten, um hohe Einschaltströme zu vermeiden. Meist dazu wird in der Steuerelektronik der Stromrichtergeräte eine verzögerte Freigabe der Zündimpulse zur Ansteuerung der Thyristoren vorgesehen. Bei Trennung von Leistungsteil und Steuerteil wird gemeinsame Einschaltung beider Gerätegruppen verlangt. *H. Stüben*

Einschaltreihenfolge →Einschaltlogik

Einschaltzeit.

1. Allgemein: das Zeitintervall, in dem die Ausgangsgröße, z. B. der Strom, eines elektronischen Bauelementes oder einer Schaltung nach Einschalten einer rechteckförmigen Steuergröße auf 90% ihres stationären Wertes angestiegen ist. Sie wird gewöhnlich in Verzögerungs- und →Anstiegszeit unterteilt.

2. Speziell beim →Bipolartransistor das Zeitintervall, in dem der Kollektor-Emitterwiderstand des vom Sperr- in den →Durchlaßwiderstand gesteuerten Transistor vom zehnfachen auf den 1,1fachen Wert fällt. *R. Paul*

Einschicht-Keramikkondensator →Keramikkondensator

Einschnüreffekt →Durchbruch.

Einschubsteckverbinder. Anlagen mit großvolumiger Elektronik verwenden als Aufbausystem meist Gestelle und Schränke. Die Elektronikbaugruppen und -aggregate sind dabei in Einschubmodulen untergebracht, die zur leichteren Prüfung und Reparatur steckbar ausgeführt sind. E. werden zur Verbindung von solchen Einschüben mit der zugehörigen Gestellverdrahtung im Aufbausystem verwendet. Aufgrund ihres Gewichts werden Einschübe mit Hilfe von Führungen in die Steckposition geschoben. Die E. sind deshalb für hohe mechanische Belastungen ausgelegt. Sie besitzen entweder eigene Zentriervorrichtungen oder erfordern besondere Montage- und Zentriermaßnahmen (schwimmende Montage), um die Kontakte vor zu großen mechanischen Belastungen zu schützen. Die runden oder rechteckigen Kontaktquerschnitte sind für die Übertragung großer Ströme geeignet. Die Kontaktanschlüsse sind vorwiegend für freie →Verdrahtung z. B. für Löt- und Crimpanschlüsse ausgelegt. *Pagnin*

Einschwingzeit →Einschaltzeit

Einstein-Beziehung. Von *A. Einstein* angegebener Zusammenhang zwischen der Beweglichkeit μ von Teilchen (etwa Elektronen in einem Festkörper) und ihrem →Diffusionskoeffizient D im gleichen Medium: $D = \mu kT/q$ (T = absolute Temperatur, k = Boltzmann-Konstante, q = Ladung des Teilchens). *Heinz*

Einweggleichrichtung →Meßgleichrichter

Einzelfehler-Kriterium. Das E.-K. bringt zum Ausdruck, daß ein technisches System nicht auf Grund des Ausfalls einer einzigen Komponente oder einer einzigen Ausfallursache versagen kann (→Fehlerbaum). *Schrüfer*

Einzellöschung →Löschverfahren

Einzelphotonenzählung. (*engl.* Single-Photon-Counting) Die E. ist eine Meßmethode im Bereich der zeitaufgelösten Spektroskopie zur Untersuchung physikalischer, chemischer oder biochemischer Prozesse, die optisch nachweisbar sind und sehr schnell ablaufen.

Bei diesem Verfahren wird zunächst der zu untersuchende und mit einer Emission von Photonen verbundene Prozeß angeregt (z. B. durch einen kurzen Laserpuls). Unmittelbar nach der Anregung wird lediglich ein emittiertes →Photon innerhalb eines festgelegten Zeitintervalles T detektiert. Der Nachweis eines einzelnen Photons ist durch eine entsprechende Reduzierung von Anregungs- und Emissionspulsintensität zu erreichen. Die Länge des Zeitintervalles T ist vom vermuteten Zeitverhalten des zu betrachtenden Prozesses abhängig. Der Zeitpunkt t_P des Eintreffens eines Photons in der Nachweisapparatur wird verglichen mit dem Zeitpunkt t_A der Anregung des emittierenden Objektes (Atom, Molekül, Kristall). Die aus diesem Vergleich resultierende Zeitdifferenz $\Delta t = t_P - t_A$ wird mittels eines Zeit-Amplituden-Wandlers in einen entsprechenden Spannungswert umgesetzt und anschließend in einem Pulshöhenanalysator oder direkt in einem Computer abgespeichert. Ein solcher Meßzyklus liefert jedoch keine physikalisch sinnvolle Information. Erst die vielfache Wiederholung solcher Meßvorgänge ergibt das Zeitverhalten des zu untersuchenden Prozesses im Meßintervall T als eine Zeitdifferenzenstatistik mit einem ausreichenden Signal/Rausch-Verhältnis.

Grundsätzlich handelt es sich bei der E. um ein rein statistisches Verfahren. Die notwendige Durchführung einer möglichst großen Anzahl von Meßzyklen erfordert zur Vermeidung langer Gesamtmeßzeiten Anregungsquellen mit hohen Pulsfolgefrequenzen.

Der Aufbau einer Photonenzählanordnung und der Meßvorgang selbst sind im allgemeinen sehr aufwendig. *R. Kaiser*

Literatur: *O'Connor, D. V.* und *D. Phillips:* Time-correlated Single Photon Counting. London 1984.

Electron Cyclotron Resonance →Schichtabscheidung, →Trockenätzen

Elektrolumineszenz-Anzeige. Die Grundidee für eine dünne Festkörperschicht, die Licht beim Anlegen einer elektrischen Spannung emittiert, wurde im Jahre 1936 von *Destriau* entwickelt. Er verwendete kleine ZnS-Kristallite, die er in eine dielektrische Paste einbettete und beidseitig mit Elektroden belegte.

Diese Grundidee wird noch heute in den sogenannten Elektrolumineszenz-Folien (EL-Folien) verwendet. Sie dienen als großflächige Lichtquellen für die Hinterleuchtung von →Flüssigkristall-Anzeigen. Die →Helligkeit dieser Folien ist relativ gering; die Lebensdauer ist begrenzt. Sie beträgt – je nach Betriebsbedingungen – wenige hundert bis einige tausend Betriebsstunden.

Eine wesentliche Verbesserung der Leistungsmerkmalen gelang durch die Präparation der Schichten unter Verwendung von Dünnschichtprozessen sowohl für die dieletrischen, als auch für die dotierte ZnS-Schicht. Die emittierte →Leuchtdichte konnte auf mehrere tausend cd/m^2 gesteigert werden. Eine derart hohe Leuchtdichte genügt, um die →Ablesbarkeit einer Anzeige auch im Tageslicht zu gewährleisten. Die Lebensdauer der Dünnschicht-Elemente konnte gleichzeitig auf mehr als 10 000 Stunden gesteigert werden. Außerdem zeigt die Kennlinie starke Nichtlinearitäten, so daß gute Multiplex-Eigenschaften zur Ansteuerung von Schirmen mit hoher Bildpunktzahl erwartet werden konnten.

Die Anregungssignale für eine E.-A. liegen im Bereich von ca. 200 V.; die Frequenz des Wechselspannungssignals beträgt 5–10 kHz. Mit Hilfe von Dünnschicht-Elektrolumineszenz-Elementen (TFEL) werden heute monochrom emittierende Bildschirme mit bis zu 720 × 480 Bildpunkten angeboten.

Der Markt wird heute von drei Herstellern bedient: der japanischen Firma Sharp, der amerikanischen Firma Planar Systems und der finnischen Firma Lohja. Die Technologie der Firma Lohja unterscheidet sich von den anderen Anbietern durch die spezielle Abscheidetechnik für die ZnS-Schicht. Lohja dampft wechselweise eine Zn- bzw. eine S-Schicht auf das sehr heiße Substrat auf. Dadurch wird eine wesentliche Verbesserung der Stöchiometrie als bei der sonst gebräuchlichen Kathodenzerstäubung erreicht.

Die bisher am Markt angebotenen EL-Bildschirme emittieren im gelb-orange Spektralbereich. Diese Farbe ist auf die Mn-Dotierung zurückzuführen. Die optimale Mn-Konzentration beträgt ca. 1 %.

Bildschirme mit anderen Emissionsfarben konnten in mehreren Laboratorien entwickelt werden. Die Anregungsbedingungen, als auch die Grundwerkstoffe für die Schichten mit anderen Emissionsfarben unterscheiden sich merklich von den ZnS-Mn-Schichten. Deshalb ist bisher die Herstellung eines anwendungsreifen, farbtauglichen EL-Bildschirms nicht gelungen.

Aus technologischer Sicht muß der Elektrolumineszenz-Bildschirm als einer der aussichtsreichsten technischen Ansätze verstanden werden, da der flache →Bildschirm mit seiner Hilfe kostengünstig hergestellt werden könnte. Die für die hohen Betriebsspannungen erforderlichen IC's kompensieren jedoch die optischen und Kostenvorteile erheblich. Dennoch ist damit zu rechnen, daß EL-Farbbildschirme in wenigen Jahren angeboten werden und sich eine feste Marktposition erwerben können. *Potthast*

Elektrolytkondensator. →Kondensator, bei welchem auf einem Ventilmetall durch Elektrolyse (anodische Oxidation, Formierung) eine nichtleitende Isolierschicht erzeugt wird, die das →Dielektrikum des Kondensators bildet. Die Kathode (Gegenelektrode) kann aus einem flüssigen oder pasteusen Elektrolyten (→Ionenleiter) oder einem festen Elektrolyten (Elektronenleiter) bestehen. Die Stromzuführung zum Elektrolyten erfolgt über Folien gleichen Metalls wie das der Anode oder über eine geeignete Kontaktierung des Elektrolyten.

Als technisch praktikable Ventilmetalle zum Aufbau von E. (auch *Elko*), haben sich Aluminium mit Al_2O_3 (→Aluminium-E.) und Tantal mit Ta_2O_5 als Dielektrikum (→Tantal-E.) durchgesetzt. E. mit Niob, Titan oder Zirkon als Anode sind bisher aus dem Entwicklungsstadium nicht hinausgekommen.

Der Aufbau des E. bedingt den gepolten Einsatz des Bauelementes. Ein Einsatz in Falschpolrichtung zerstört das Dielektrikum und führt zum Kurzschluß und kann den Kondensator zur mechanischen Zerstörung bringen. (Betrieb von E., VDE 0560).

Durch gegenpolige Serienschaltung zweier Anodenfolien in einem Kondensatorgehäuse können jedoch für Spezialzwecke auch →Bipolar-E. für Wechselspannungsbetrieb hergestellt werden.

Die grundsätzliche Eigenschaft von Ventilmetallen durch anodische Oxidation Oxidschichten zu bilden, führt bei E. zur Selbstheilung beim Auftreten von Fehlstellen während des Betriebs, sofern der Elektrolyt Sauerstoff zur Verfügung stellt. Der

Sauerstoff in Form von Ionen aus dem Elektrolytvorrat strebt bei richtig gepoltem Anschluß zur positiv geladenen Anode und bewirkt die Selbstheilung. Dieser Effekt wird meßbar im *Reststrom* zu dem allerdings auch noch ein kleiner Anteil negativ geladener quasifreier Elektronen im Elektrolyten, die die Anodenoxidschicht durchdringen, als Reststromanteil addiert werden muß. Die Größe des Reststromes ist abhängig vom Kapazitätswert, der Betriebsspannung, der Betriebstemperatur sowie von herstellbedingten Eigenschaften und betriebsbedingten Voraussetzungen wie z. B. der Lagerzeit.

Hauptvorteil von E. ist die sehr hohe spezifische Kapazität. Das ist eine hohe elektrische Speicherfähigkeit bei kleinem Bauvolumen und resultiert aus dem äußerst kleinen Elektrodenabstand im Kondensator, der Oxidschicht auf der Anode, die aufgrund der großen Spannungsfestigkeit der verwendeten Oxidschichten mit Betriebsfeldstärken von etwa 0,7 bis 1 V/nm betrieben werden. Zusammen mit der Aufrauhung der Anodenelektrode lassen sich somit Kondensatoren mit einer Speicherfähigkeit bis 10000 μC/cm³ herstellen.

Die typischen Kapazitätswerte von E. liegen im Bereich 0,1 μF bis etwa 330000 μF bei Nennspannungswerten im Bereich von etwa 3 V bis 450 V.

Typische Anwendungsfälle für E. in der Elektronik sind u. a.:

□ Speicher- bzw. Siebschaltungen in Stromversorgungen
□ Signal-Koppel- und Entkoppelschaltungen
□ Siebschaltungen für Filter
□ RC-Glieder zur Zeiterzeugung (Blinker). *Both*

Literatur: *Thiesbürger, K. H.:* Der Elektrolyt-Kondensator. Teningen 1982. – *Zinke, O.* und *H. Seither:* Widerstände, Kondensatoren, Spulen und ihre Werkstoffe. Berlin 1982. – VDE 0560, Teil 15: Al-Elektrolytkondensatoren. – VDE 0560, Teil 16: Ta-Elektrolytkondensatoren.

Elektrometer-Verstärker. Gerät mit einem sehr hohen Eingangswiderstand zur Verstärkung von Spannungen. Die früher allgemein übliche Elektrometerröhre wird heute nur noch in Spezialfällen verwendet. Eingesetzt werden gegengekoppelte, aus Feldeffekt-Transistoren aufgebaute →Operationsverstärker (→Meßverstärker).

Das Bild zeigt den gegengekoppelten Spannungsverstärker (nichtinvertierenden Verstärker). Der Verstärkungsgrad k_u wird durch die beiden zur →Gegenkopplung benutzten Widerstände R_1 und R_2 festgelegt. Er ergibt sich zu

$$k_u = \frac{u_a}{u_e} = 1 + \frac{R_1}{R_2}$$

In dem Maße, in dem durch die Gegenkopplung der Verstärkungsgrad k′ des nicht gegengekoppelten (offenen) Verstärkers verringert wird, nimmt der

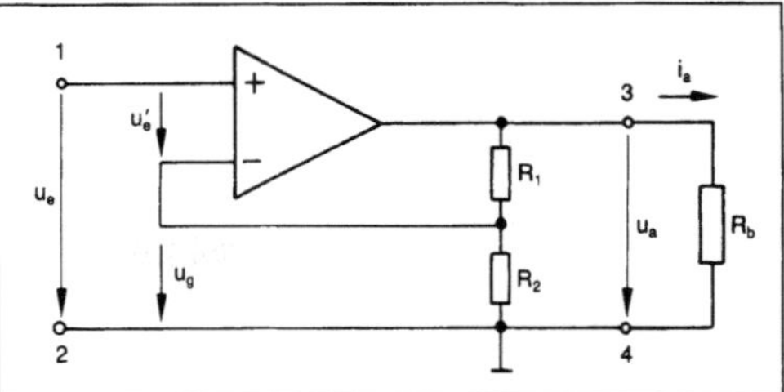

Elektrometer-Verstärker: Gegengekoppelter U/U-Verstärker.

Eingangswiderstand R_e des gegengekoppelten Verstärkers gegenüber dem des nicht gegengekoppelten mit dem Wert R_e' zu:

$$R_e \approx \frac{k'}{k_u} R_e'$$

Bei einem Operationsverstärker mit $k' = 10^5$ und $R_e'' = 10^{10}\ \Omega$ steigt bei einem Verstärkungsgrad des gegengekoppelten Verstärkers von $k_u = 1000$ der Eingangswiderstand auf $R_e = 10^{12}\ \Omega$. *Schrüfer*

Elektromigration. E. wird der Transport von Atomen in leitfähigem Material genannt, das von einem elektrischen Strom durchflossen wird. Merklich wird dieser Effekt erst ab Stromstärken von mehr als 10^5 A/cm². Positiv geladene Metallionen werden durch den direkten Impulsübertrag von den Elektronen und unter dem Einfluß des elektrischen Feldes bewegt. E. tritt sowohl bei Leiterbahnen als auch an Kontakten auf. Durch E. kommt es an Schwachstellen der Leiterbahnen wie Stufen zu einem Materialabtransport. In der Nähe tritt Materialanhäufung auf (Hillocks). Es führt schließlich zum Abreißen der →Leiterbahn.

Der Materialtransport steigt mit der Temperatur und der Stromdichte. Hochschmelzende Metalle sind resistenter gegen E. als niedrigschmelzende. Von besonderer Bedeutung für die E. sind die Korngrenzen im Material, da hier die Struktur weniger dicht ist und dadurch der Materialtransport weniger behindert wird. Bei feinkörnigem Material tritt ein stärkerer Materialtransport auf als bei grobkörnigem.

Verringern läßt sich die Anfälligkeit gegen E. durch:

□ Vergrößerung des Leitungsquerschnitts (bzw. Verringern der Stromdichte),
□ Verwendung hochschmelzender Metalle,
□ Vergrößerung der Korngröße durch Variation der Prozeßparameter bei der Herstellung der Metallisierungsschicht,
□ Verwendung von Legierungen wie z. B. Aluminium mit 4% Kupfer (Kupfer lagert sich an den Korngrenzen an und verringert deren o. g. Einfluß),

□ Beschichtung des Metallfilms durch eine Passivierungsschicht aus einem Isolatormaterial (SiO_2, Al_2O_3) das eine Zugspannung ausübt, wodurch die Materialdiffusion beeinträchtigt wird. *Ryssel*

Elektronen, heiße. Elektronen in einem Halbleiter, deren kinetische Driftenergie größer als ihre thermische Energie ist.

Sie entstehen in der Regel durch hohe elektrische Felder, bei denen die Elektronen zwischen zwei Stößen mit Gitterdefekten diese Energie aufnehmen. Bei Substanzen mit sehr hoher Beweglichkeit (z. B. →GaAs) genügen auch mittlere Felder, um heiße Elektronen zu erzeugen. Ihre Beweglichkeit ist nicht mehr von der →Feldstärke unabhängig, d. h. das Ohmsche Gesetz verliert seine Gültigkeit (→Leitfähigkeit, elektrische, →Beweglichkeit, elektronische). *Heinz*

Elektronenaffinität. Bei Atomen die Energie, die gewonnen wird, wenn man einem neutralen Atom mit nicht abgeschlossener äußerer Schale ein Elektron hinzufügt (auch Elektroaffinität). Sie beträgt z. B. für Chlor 3,71 eV. Bei Halbleitern versteht man unter E. den energetischen Abstand zwischen der Unterkante des Leitungsbandes und dem Vakuumniveau. *Heinz*

Elektronenbeugung. Beugung von Elektronenwellen an Kristallen als Hilfsmittel der Mikrostrukturanalyse. Die Wellennatur der Elektronenstrahlen verursacht bei der Überlagerung kohärenter Wellenfelder Beugungserscheinungen, die sich in verschiedener Weise für die Mikrostrukturanalyse nutzen lassen.

Neben der →Elektroneninterferometrie ist die E. an Kristallgittern von besonderer Bedeutung. Sie ist in allen Bauarten von →Elektronenmikroskopen eine wertvolle zusätzliche Informationsquelle und bestimmt die Bildkontraste kristalliner Objekte. Die Theorie der Wellenfelder in Kristallen ist daher auch die Grundlage der Bildinterpretation in der Materialwissenschaft. Auf Grund der *Braggschen* Gleichung

$$\sin\frac{\Theta}{2} = \frac{\lambda}{2\,d_{hkl}}$$

können die Winkel Θ der Beugungsreflexe formal auf eine Reflexion an Netzebenenscharen mit den Abständen d_{hkl} zurückgeführt werden (λ Materiewellenlänge der Elektronen).

Wie in der Röntgenstrukturanalyse lassen sich durch Auswertung des gesamten Reflexsystems die Netzebenenabstände von ein- und polykristallinen Objekten bestimmen und weitere kristallphysikalische Fragen beantworten. Wegen der gegenüber Röntgenstrahlen viel stärkeren Streuung der Elektronen sind aber weit geringere Materialmengen erforderlich, die sich im Abbildungsmodus des Elektronenmikroskops auswählen lassen. Zu den lange bekannten Verfahren der Transmissions- und Reflexionsbeugung an →dünnen Schichten bzw. an Oberflächen sowie der Niederenergiebeugung (*engl.* Low Energy Electron Diffraction) für oberflächenphysikalische Untersuchungen sind inzwischen weitere Verfahren getreten, die durch Nutzung der vielfältigen elektronenoptischen Möglichkeiten moderner Elektronenmikroskope Informationsgewinne erzielen.

Gleichzeitige Bestrahlung des Objekts aus einem größeren Raumwinkel (z. B. in →Durchstrahlungs-Rasterelektronenmikroskopen) ergibt die Beugung im konvergenten Bündel. *Channeling patterns* entstehen in Rasterelektronenmikroskopen bei Variation der Einstrahlrichtung als Modulation des Bildsignals infolge *Braggscher* Reflexion. Für die Bestimmung von Molekülstrukturen ist die E. an Gasen ein wertvolles Untersuchungsverfahren. *Herrmann*

Literatur: *Goodman, P.* (Hrsg.): Fifty Years of Electron Diffraction. Dordrecht 1981.

Elektronenbeweglichkeit →Beweglichkeit, elektronische

Elektronenbildverstärker. Wandlung von Elektronenbildern in Videosignale zur Beobachtung auf Fernsehmonitoren, zur elektronischen Speicherung und als Rechnerinterface. Für die Beobachtung extrem schwacher Endbilder von Durchstrahlungs-elektronenmikroskopen, wie sie bei höchsten Vergrößerungen, kohärenter Bestrahlung und strahlenempfindlichen Objekten anfallen, erweist sich der übliche →Leuchtschirm als unzureichend. →Bildverstärker verschiedener Bauart beheben diesen Mangel und stellen das Endbild auf einem Fernsehmonitor dar. Ihre Empfindlichkeit kann so hoch sein, daß die Signale der statistisch einfallenden Einzelelektronen sichtbar sind. Elektronische →Bildspeicher erlauben dann, die Information zu einem ausreichenden Signalrauschverhältnis zu akkumulieren. Für die Aufzeichnung von Bildern geringer Intensität und von Bildserien sowie für die rechnerische Auswertung dienen derartige Anordnungen als Interface zwischen Mikroskop und Bildverarbeitungssystem.

Bewährte E. benutzen einen Transmissionsleuchtschirm, der über eine Faseroptik an eine hochempfindliche Fernsehkameraröhre angekoppelt ist (Bild). Zunehmend werden die Kameraröhren durch Festkörperbildwandler nach dem CCD-Prinzip (→CCD, charge coupled device) ersetzt, die nicht nur eine höhere Bildpunktzahl (1k × 1k), sondern vor allem eine sehr viel größere Dynamik (> 10^4) besitzen. Das Videosignal wird nach Digitalisierung dem Bildspeicher zugeführt, dessen Inhalt

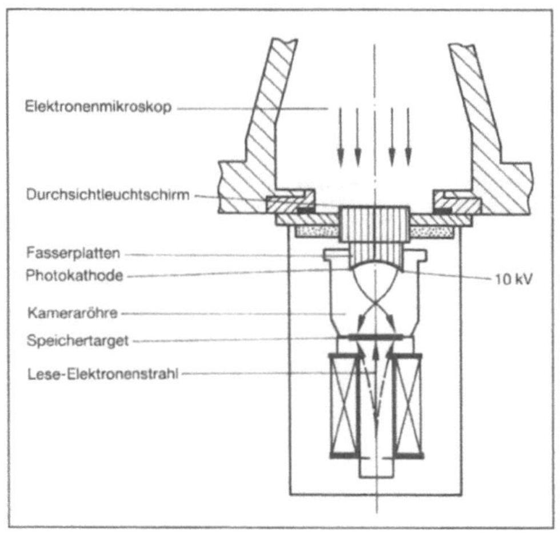

Elektronenbildverstärker: Fernsehbildverstärker mit hochempfindlicher SIT-Kameraröhre am Elektronenmikroskop.

laufend auf dem Monitor beobachtet werden kann. Durch elektronische Normierung der hochverstärkten Einzelelektronensignale und anschließende ortsbezogene Zählung im Digitalspeicher kann der Idealdetektor angenähert werden, der jedes einfallende Elektron mit gleichem Gewicht zählt.

Herrmann

Literatur: *Herrmann, K. H.* and *D. Krahl:* Electronic Image Recording in Conventional Electron Microscopy. Adv. Opt. El. Micr. Vol. 9. London, New York, 1984.

Elektronendetektor. Meßgerät für kleine Ströme freier Elektronen.

Geringe Elektronenströme lassen sich mit Faradaybechern und angeschlossenen rauscharmen Strommeßverstärkern bis herab zu 0,1 pA messen. Die für die Signalgewinnung in Rasterelektronenmikroskopen notwendige Empfindlichkeit unter 1 fA läßt sich aber nur mit Detektoren erreichen, die Einzelelektronen zählen. Für Sekundärelektronen (Energie < 50 eV) bietet dies der *Everhart-Thornley-Detektor,* in dem die eintretenden Elektronen auf ca. 10 keV nachbeschleunigt und auf einen Szintillator fokussiert werden, dessen Signalimpulse von einem über Lichtleiter angeschlossenen →Photomultiplier gemessen werden (Szintillationsdetektor).

Ebenfalls für langsame Elektronen eignet sich das *Channeltron,* ein Röhrchen mit halbleitender Innenwand hoher Sekundärelektronenausbeute, das mittels eines Feldgradienten eine Sekundäremissionsverstärkung einfallender Elektronen bewirkt. Elektronen oberhalb 10 keV (z. B. rückgestreute Elektronen in →Rasterelektronenmikroskopen) mißt man mit Szintillationsdetektoren oder mit Silicium-Halbleiter-Sperrschichtdetektoren, in denen die gebildeten →Elektronen-Loch-Paare in einer Feldzone getrennt und über einen ladungsempfindlichen Verstärker nachgewiesen werden. Parallelverarbeitung von ein- oder zweidimensionalen Strahlungsfeldern gelingt mit ortsauflösenden Detektoren, welche die Auftreffkoordinaten der Elektronen mit Hilfe strukturierter Auffänger oder Vielfachdetektoren ermitteln und digital speichern (→Elektronenbildverstärker).

Herrmann

Literatur: *Reimer, L.:* Scanning Electron Microscopy. Berlin, Heidelberg, New York 1985.

Elektronenemission. Emission von Elektronen, meist aus fester Materie. Dazu muß ihnen Energie mindestens in Höhe ihrer Bindungsenergie (auch: →Austrittsarbeit) zugeführt werden oder diese herabgesetzt werden.

Je nach Auslöseprozeß unterscheidet man verschiedene Arten der E. Bei der Glühemission wird die Energie thermisch zugeführt, wobei oft Temperaturen bis zur Weißglut erreicht werden müssen, was z. B. bei Glühkathoden von Elektronenröhren zu beobachten ist. Bei der →Photoemission wird dem Elektron durch ein einfallendes →Photon Energie übertragen, die es zum Austritt aus dem Atomverband bzw. Festkörper befähigt (→Photoeffekt). Ähnlich können auch durch einfallende Materieteilchen (z. B. Ionen oder Elektronen) ausreichender Energie Elektronen ausgelöst werden (Sekundärelektronen). Bei der →Feldemission (auch Feldelektronenemission) wird die Bindungsenergie eines Elektrons im Metall durch ein von außen angelegtes elektrisches Feld herabgesetzt und der verbleibende Potentialberg kann von ihm durchtunnelt werden (Feldelektron).

Kuiper

Elektronenenergieanalysator. Gerät zur Messung der Energieverteilung von Elektronen für die Analytik in Elektronenmikroskopie und Oberflächenphysik. Das Energiespektrum von Photoelektronen, Augerelektronen oder transmittierten Elektronen wird mit elektrostatischen oder magnetischen Spektrometern gemessen, wenn analytische Informationen erhalten werden sollen.

Elektrostatische Systeme werden vor allem in den UHV-Geräten für Oberflächen-physikalische Untersuchungen bevorzugt. Höchste Empfindlichkeit wird dort mit Zylinderspektrometern erreicht, bei denen die vom Objekt in einen Kegelwinkelbereich emittierten Elektronen in das elektrische Feld zwischen konzentrischen Zylindern gelangen, das nur Elektronen einer wählbaren Sollenergie auf einen Punktdetektor auf der Achse fokussiert. Dieser Typ hat andere Anordnungen (Kugelspektrometer, Gegenfeldspektrometer) bis auf Sonderanwendungen verdrängt.

→Energieverlustspektroskopie wurde häufig mit dem elektrostatischen Energieanalysator nach *Möllenstedt* durchgeführt. Inzwischen aber wurde die Optik magnetischer Dipolfelder zu hoher Reife entwickelt. Sektorfeldspektrometer sind bis in den MeV-Bereich für die analytische Elektronenmikroskopie einsetzbar, besitzen hohe Transmission und können mit ortsauflösenden Elektronendetektoren sogar das Spektrum parallel aufzeichnen, was zu einer erheblichen Senkung der im Präparat umgesetzten Strahlenergie führt. Neuerdings sind für →Durchstrahlungselektronenmikroskope auch abbildende Energiefilter entwickelt worden, mit denen der Bereich der zum Endbild beitragenden Elektronenenergien beliebig gewählt werden kann.

Die Energieauflösung eines optimal dimensionierten Energieverlustspektrometers wird nur durch die Energiebreite des Elektronenstrahls auf ca. 0,5 eV begrenzt. Sie kann aber durch Monochromatisierung mit einem weiteren Spektrometer bis auf wenige meV verbessert werden, so daß Energieverlustspektren mit einer der lichtoptischen Spektrometrie vergleichbaren Auflösung erhalten werden. Hierfür werden auch geradsichtige Systeme eingesetzt, in denen ein zum Strahl und zum Magnetfeld senkrechtes elektrisches Feld die magnetische Ablenkung kompensiert (*Wienfilter*).

Herrmann

Literatur: *Colliex, C.*: Electron Energy Loss Spectroscopy in the Electron Microscope. Adv. Opt. El. Micr. Vol. 9 S. 65 bis 177. London, New York 1984. – *Egerton, R. F.*: Electron Energy-Loss Spectroscopy in the Electron Microscope. New York 1986.

Elektronengas. Bezeichnung für die Gesamtheit der (fast) frei beweglichen Elektronen in Metallen und Halbleitern in Analogie zu dem klassischen Gas freier Moleküle.

Während die Teilchen des klassischen Gases der *Boltzmann*-Statistik gehorchen, gilt für ein Elektronengas genau genommen immer die *Fermi*-Statistik. Man spricht dann auch von einem entarteten E., wie es für die Leitungselektronen der Metalle zutrifft (→Entartung). Bei schwach dotierten Halbleitern geht die Fermi-Statistik näherungsweise in die Boltzmann-Statistik über, so daß hier mehr Ähnlichkeiten zum klassischen Gas bestehen. Viele elektronische Eigenschaften der Festkörper lassen sich mit diesem Modell zumindest qualitativ interpretieren.

Heinz

Elektronengas, zweidimensional →Quantum-Well

Elektroneninterferometrie. Messung der Phasenschiebung von Elektronenwellen mit Hilfe des Biprismas nach *Möllenstedt*. Die Wellennatur der Elektronenstrahlen läßt sich in verschiedener Weise zu Interferenzexperimenten nutzen. Neben der →Elektronenbeugung an Kristallen haben →Interferometer, in denen kohärente Wellenfelder mit einem elektronenoptischen Biprisma zur Überlagerung gebracht werden, große Bedeutung für Grundlagenexperimente und Meßtechnik.

Das Biprisma nach *Möllenstedt* enthält einen senkrecht zur optischen Achse gespannten metallisierten Quarzfaden von wenigen 0,1 µm Dicke auf positivem Potential zwischen zur Achse parallelen, geerdeten Kondensatorplatten. Das entstehende Interferenzstreifensystem ist nur bei hinreichender lateraler und longitudinaler Kohärenz, entsprechend kleiner Quellengröße und Energiebreite, kontrastreich und ausgedehnt. Eine Phasenschiebung zwischen den beiden Teilwellenfeldern kann über die Streifenverschiebung sehr genau gemessen werden. Durch weitere Biprismen können die beiden Teilbündel noch weiter aufgetrennt werden (z. Z. bis 300 µm).

Mit dem Interferometer können die inneren Potentiale von Festkörpern gemessen werden. Ein Magnetfluß, der zwischen den beiden Wellenfeldern hindurchgeführt wird, bewirkt auch dann eine Phasenschiebung, wenn die beiden Wellen nicht das Magnetfeld, sondern nur dessen Vektorpotentialfeld durchsetzen (*Aharanov-Bohm-Effekt*). So konnte beispielsweise die Flußquantisierung in Supraleitern nachgewiesen werden.

In →Elektronenmikroskopen erlaubt ein Biprisma, off-axis-Hologramme aufzunehmen (Holographie). Aus dem Hologramm lassen sich Amplitude und Phase der Wellenfunktion in der Objektebene errechnen, wobei die Wellenaberration des Mikroskops, die sonst die Abbildung sehr beeinträchtigt, völlig eliminiert werden kann. Dies könnte zur Lösung mancher Probleme der Interpretation von hochaufgelösten Bildern beitragen. *Herrmann*

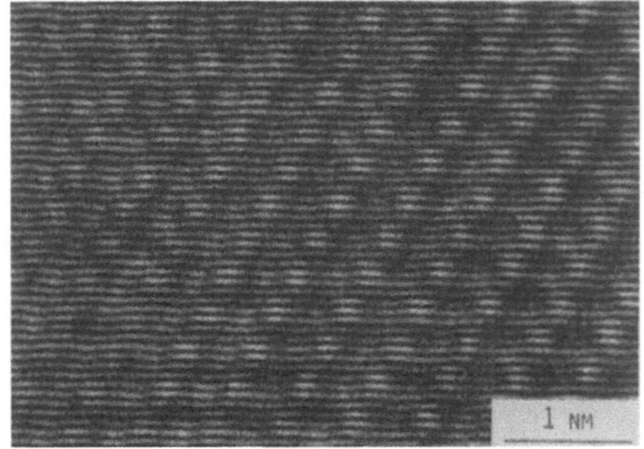

Elektroneninterferometrie: Elektronenhologramm eines Nb_2O_5-Kristalls. Die phasenschiebende Wirkung der Netzebenen ist an der überlagerten langweiligen Periodizität des 75 pm-Streifensystems zu erkennen. (Quelle: H. Lichte, Tübingen)

Literatur: *Missiroli, G. F.* and *G. Pozzi, U. Valdre:* Electron Interferometry and Interference Electron Microscopy. J. Phys. E: Sci. Instrum. 14 (1981) S. 649–671.

Elektronenkanone. Eine E. oder Elektronenstrahlerzeuger ist eine Anordnung zur Erzeugung eines Elektronenstrahls. Sie besteht aus einer Kathode und einer oder mehreren weiteren Elektroden, die den →Elektronenstrahl formen, beschleunigen und ggfs. modulieren. Man unterscheidet E. nach *Pierce* für Stromstärken von einigen Milliampère bis etlichen Ampère, sowie solche für Elektronenstrahl-Wandlerröhren mit niedrigeren Strahlstromstärken. Für hohe Stromstärken gibt es darüber hinaus noch die Magnetron-Injektions-Kanone.

Der erzeugte Elektronenstrahl soll entweder konstanten Querschnitt haben oder z. B. auf einem →Leuchtschirm konvergieren. Bei kleineren Strahlströmen erreicht man das durch entsprechende Dimensionierung der Kanone, bei größeren Strömen muß die Strahlaufspreizung infolge der Raumladungskräfte durch →Fokussierung des Strahls kompensiert werden.

Die E. nach Pierce erzeugt Elektronenstrahlen für Verstärkerröhren im Mikrowellenbereich. Sie besteht im einfachsten Fall aus einer Kathode, einer *Wehnelt*-Elektrode zur Strahlformung und einer Beschleunigungsanode. Diese Elektroden sind so geformt, daß eine scharfe Strahlbegrenzung unter Kompensation der Abstoßungskräfte erzielt wird. Die Elektroden erhalten hierzu die Form von Äquipotentialflächen.

Einfacher in der Ausführung, aber wirtschaftlich bedeutender sind E. für Elektronenstrahl-Wandlerröhren, z. B. Fernsehbildröhren und Oszilloskopröhren. Sie bestehen aus einer ebenen Oxidkathode, mehreren Fokussierelektroden und einer Beschleunigungsanode. Die Fokussierelektroden wirken als Linsen, die den Strahl zu einem scharfen Bildpunkt auf dem Leuchtschirm bündeln. *Kiesel*

Elektronenlinac. Linear angeordneter →Beschleuniger zur Erzeugung hochenergetischer Elektronenstrahlen für die Kern-, Elementarteilchen- und Festkörperphysik. Der typische Aufbau eines E. ist in Bild 1 skizziert. Die Elektronen werden aus einer Glühkathode emittiert, die meistens im Impulsbetrieb läuft. Dabei wird die Beschleunigungsspannung von 100 bis 150 kV für einige µs eingeschaltet. Danach beginnen die mit Hochfrequenz betriebenen Beschleunigungsstrecken. Da die Elektronen sehr schnell nahezu Lichtgeschwindigkeit erreichen, bestehen diese aus völlig gleichartigen Runzelröhren. Die erforderliche Hochfrequenzleistung wird aus →Klystrons gewonnen, die ebenfalls im Pulsbetrieb laufen. Die Pulsleistung pro Röhre beträgt einige 10 MW, wobei die Frequenzen um 3 GHz (S-Band) liegen. Die Endenergie hängt von der Länge des Beschleunigers ab. Die bisher höchste Energie von ca. 50 GeV wird von dem 3 km langen E. in Kalifornien (USA) erreicht.

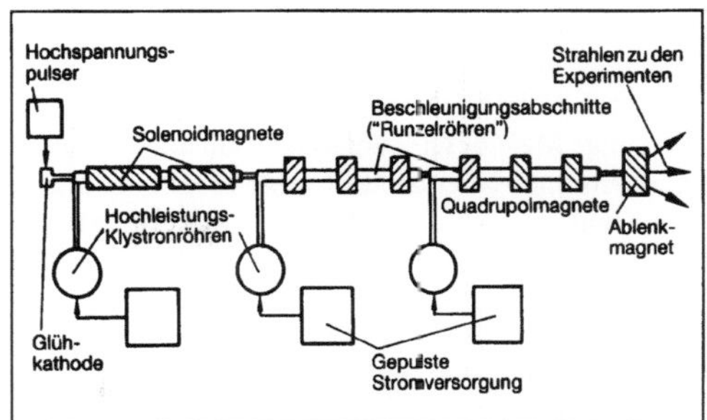

Elektronenlinac 1: Prinzipieller Aufbau.

Die Strahlfokussierung in einem E. geschieht am Anfang, wenn die Teilchenenergie noch relativ gering ist, durch lange Solenoidspulen. Divergierende Teilchen werden dadurch spiralförmig zur Idealbahn zurückgebogen. Nachdem der Strahl eine gewisse Strecke zurückgelegt hat und damit höhere Energie besitzt, werden die effektiveren Quadrupolmagnete eingesetzt (→Strahlführungsmagnet).

In der Elementarteilchenphysik werden intensive Positronenstrahlen (das sind die positiv geladenen Antiteilchen der Elektronen) hoher Energie benötigt, die mit Hilfe von E. künstlich erzeugt werden. Solche Positronenlinacs sind zweistufig und bestehen aus zwei hintereinandergeschalteten Beschleunigern (Bild 2). Der erste ist ein ganz normaler E., der einen intensiven Elektronenstrahl von einigen 100 MeV erzeugt. Dieser wird dann auf ein Wolframtarget geschossen, den →Positronenkonverter, aus dem Paare von Elektronen und Positronen austreten. Deren Energie liegt um 10 MeV. Dahinter folgt ein zweiter sehr ähnlich gebauter Linac, bei dem aber das elektrische Feld in den Beschleunigungsstrecken gerade entgegengesetzt gepolt ist. Dadurch werden nur noch die Positronen beschleunigt, während die Elektronen abgebremst werden. Am Ende stehen nur noch Positronen der geforderten Energie zur Verfügung.

E. werden als Vorbeschleuniger für Synchrotrons eingesetzt. Es gibt aber auch größere Anlagen, die allein die gewünschte Endenergie liefern. Dabei

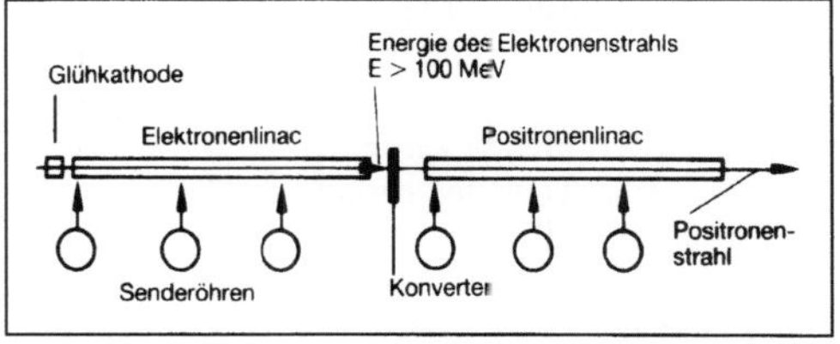

Elektronenlinac 2: Prinzip eines Linacs zur Erzeugung und Beschleunigung von Positronen.

werden die Energieverluste durch →Synchrotronstrahlung vermieden, die bei Kreisbeschleunigern auftreten. Sehr kleine E. von ca. 1 m Länge, die den auf einige MeV beschleunigten Strahl auf ein Target schießen und dabei harte Röntgenstrahlung erzeugen, finden vor allem bei der Materialprüfung Anwendung. *Wille*

Elektronenlinse. E. sind elektrostatische und/oder magnetische Felder, deren Kraft auf bewegte Elektronen (*Lorentz*-Kraft) fokussierend wirkt. In elektronenoptischen Geräten unter 1 MeV verwendet man meist den paraxialen Bereich rotationssymmetrischer Felder, deren grundsätzlich positive Brechkraft überwiegend auf der Radialkomponente des Feldes beruht. Elektronenstrahlen höherer Energie (> 1 MeV) werden wirkungsvoller durch Quadrupolfelder fokussiert, in denen das Hauptfeld transversal wirkt, allerdings die Brechkraft mit cos 2Θ vom Azimuthwinkel Θ abhängt.

Für niederenergetische Elektronen sind elektrostatische Ringelektrodenlinsen wegen ihres einfachen, auch für UHV-Bedingungen geeigneten Aufbaus am vorteilhaftesten. In Elektronenmikroskopen werden ausschließlich die leistungsfähigeren magnetischen Linsen eingesetzt. Sie besitzen eine stromdurchflossene Spule, die mit einem Weicheisenmantel umgeben ist. Ein Spalt in der Achsenumgebung zwischen ringförmigen Polschuhteilen erzeugt ein Feld mit etwa glockenförmiger Verteilung H(z) des Achsenfeldes. Die Brennweite wird durch die Erregung

$$NJ = \int_{-\infty}^{\infty} H(z)dz \quad ,$$

die Elektronenenergie, die Halbwertsbreite des Feldes und damit durch die Geometrie des Polschuhsystems bestimmt. Einer beliebigen Verkürzung der Brennweite durch hohe Erregung und kleine Abmessungen des Polschuhsystems ist durch die Sättigung des Polschuheisens eine Grenze gesetzt. Magnetische Linsen drehen das Bild proportional zur Erregung.

Bei den E. gibt es zahlreiche z. T. schwer korrigierbare Aberrationen. Eine von der Gegenstandsebene ausgehende Elektronenbahn verfehlt i. a. ihren idealen Bildpunkt um einen Betrag, der vom Ort, dem Winkel und der Elektronenenergie abhängt und durch eine Potenzreihenentwicklung nach diesen Größen beschrieben werden kann. Die für das →Elektronenmikroskop wichtigen axialen Koeffizienten (sphärische Aberration 3. Ordnung und Farbfehler 1. Ordnung) fallen mit steigender Brechkraft der Linse, lassen sich jedoch nicht korrigieren, solange die Linsenfelder rotationssymmetrisch, zeitlich konstant und raumladungsfrei sind

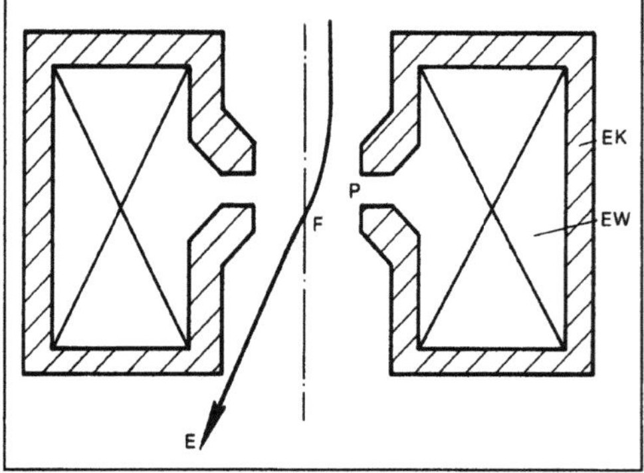

EK Eisenkapselung, EW Erregerwicklung, E Elektronenbahn, F Brennpunkt, P Polschuhsystem

Elektronenlinse: Schematische Darstellung einer eisengekapselten magnetischen Polschuhlinse.

(Theorem von *Scherzer*). Sie bestimmen zusammen mit der Elektronenwellenlänge und der Energiebreite das Grenz-Auflösungsvermögen des Durchstrahlungselektronenmikroskops. Erste Korrekturerfolge sind mit einem aus Quadrupolen und Oktopolen zusammengesetzen System bereits erzielt worden.

Die Hochleistungsobjektive kommerzieller →Durchstrahlungselektronenmikroskope sind meist als magnetische *Einfeld-Kondensator-Objektive* mit Brennweiten um 2 mm ausgeführt. Das abzubildende Objekt befindet sich im Feldmaximum, so daß nur die eine Hälfte des Feldes die Abbildung, die andere dagegen die Funktion einer kurzbrennweitigen Kondensorlinse übernimmt. Das Objekt wird entweder von der Seite oder in axialer Richtung in diese Position gebracht, wobei ein Kompromiß zwischen optischer Qualität und Platzbedarf geschlossen und höchste Stabilitätsforderungen erfüllt werden müssen. Die extremen Forderungen an die Rundheit der Linsenfelder lassen sich nur durch elektrisch einstellbare Stigmatoren erfüllen.

Die Unfähigkeit elektrostatischer Linsen, entsprechend hohe Linsenstärken und damit kleine Aberrationen zu erreichen, hat schon vor längerer Zeit zur Aufgabe dieses Prinzips in der Elektronenmikroskopie geführt. Die für Nachvergrößerungen eingesetzten Projektivlinsen durchlaufen mit steigender Erregung ein vom Polschuhsystem abhängiges Vergrößerungsmaximum bei gleichzeitigem Nulldurchgang der isotropen Verzeichnung. Die in magnetischen Projektivlinsen zusätzlich auftretende anisotrope Verzeichnung (Drehverzeichnung) kann nur in Linsensystemen korrigiert werden.

Herrmann

Literatur: *Hawkes, P. W.* (Ed.): Magnetic Electron Lenses. Berlin, Heidelberg, New York 1982.

Elektronenmikroskop. E. sind abbildende Geräte zur hoch vergrößerten Darstellung kleinster Objekte mit Hilfe von Elektronenstrahlen, welche vorwiegend für die Mikrostrukturforschung in Materialwissenschaft und Biologie eingesetzt werden. Die Auflösung abbildender Mikroskope ist nach *E. Abbe* durch die Wellenlänge der verwendeten Strahlung begrenzt. Während Lichtmikroskope nur etwa 0,3 μm auflösen, ermöglicht die kleine Materiewellenlänge beschleunigter Elektronen (3,7 pm bei einer Energie von 100 keV) die Lieferung von Strukturinformationen bis in atomare Dimensionen (0,1 nm). Mit →Elektronenlinsen lassen sich verschiedenartige optische Systeme aufbauen, die die Abbildung, die →Elektronenbeugung und mit Zusatzgeräten auch die analytische Elektronenmikroskopie ermöglichen.

Neben dem „klassischen" →Durchstrahlungselektronenmikroskop, das einen hohen Reifegrad erreicht und mit vielfältiger Zusatzausstattung ein weites Anwendungsfeld in Biologie und Materialwissenschaft gefunden hat, wurden →Rasterelektronenmikroskope und →Durchstrahlungs-Rasterelektronenmikroskope entwickelt, deren sequentielle Bilderzeugung manche Vorteile für die analytische Elektronenmikroskopie und für die Bildauswertung on-line bietet. Geringer Präparationsaufwand, hohe Tiefenschärfe und einfache Handhabung haben den Rastermikroskopen trotz ihrer schlechteren Auflösung (um 3 nm) zu einer weiten Verbreitung verholfen. Ihre Anwendung umfaßt biologische und physikalische Gebiete und reicht bis in die Entwicklung und Fertigung mikroelektronischer Bauelemente (→Elektronenstrahlmeßtechnik).

Die Bildkontraste in E. werden durch elastische und unelastische Streuung der Elektronen im Objekt bestimmt. Die unelastische Wechselwirkung der Elektronen mit den atomaren Energieniveaus des bestrahlten Objekts liefert analytische Informationen über die Spektren der emittierten Röntgenstrahlung, der Augerelektronen und der Elektronenenergieverluste. Durch geeignete Spektrometer können daher E. für die Mikroanalyse ausgebaut werden. In Durchstrahlungselektronenmikroskopen ist eine Rastereinheit für den feinfokussierten →Elektronenstrahl zu benutzen, wenn die örtliche Verteilung von Elementen aufgezeichnet werden soll (Ausnahme: abbildende Energiefilter).

Die Standard-Ausrüstung für die Röntgenmikroanalyse ist der Si(Li)-Detektor, der gemeinsam mit dem →Feldeffekttransistor des ladungsempfindlichen Vorverstärkers auf die Temperatur des flüssigen Stickstoffs gekühlt wird. Die in einem Vielkanalanalysator akkumulierte Impulshöhenverteilung – das Spektrum der Quantenenergien – kann auf einem Monitor beobachtet werden, beliebige Quantenenergien können als Signal eines Rasterbildes ausgewählt werden. Energieauflösungen unter 150 eV sind erreichbar, fensterlose Detektoren arbeiten bis zur Bor Kα-Strahlung herab. Die erzielbare Ortsauflösung ist bei massiven Objekten durch die Reichweite der Elektronen im Festkörper, bei durchstrahlbaren Präparaten allein durch die Größe der Elektronensonde begrenzt.

Ein →Elektronenenergieanalysator in einem Durchstrahlungselektronenmikroskop macht das Energieverlustspektrum der Elektronen für die Mikroanalyse nutzbar. Vorteilhaft gegenüber der Röntgenmikroanalyse ist der hohe Nutzungswirkungsgrad der unelastisch gestreuten Elektronen und die Eignung des Verfahrens für Elemente kleiner Ordnungszahl. Nachteilig dagegen sind der hohe Untergrund des Spektrums, der bei quantitativen Aufgaben zu subtrahieren ist, sowie die Beschränkung auf dünnste Präparate.

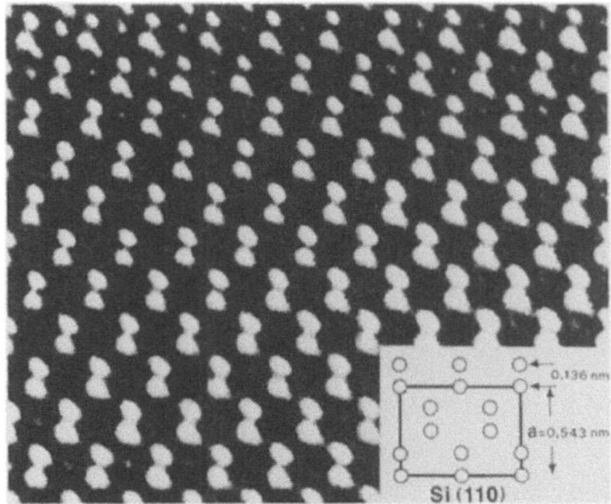

Elektronenmikroskop: Abbildung eines Siliciumeinkristalls in 110-Orientierung mit einem 400 keV-Hochauflösungsmikroskop. (Quelle: J. L. Hutchison, T. Honda und E. D. Boyes)

Für Durchstrahlungselektronenmikroskope sind neuerdings aberrationsarme abbildende Energiefilter entwickelt worden, die das Bild achromatisch übertragen, aber in einer energiedispersiven Zwischenebene den Energiebereich selektieren, der zum Endbild beiträgt. Diese Geräte erlauben nicht nur das Objektbild, sondern auch das Beugungsbild zu filtern und das Energieverlustspektrum eines ausgewählten Objektbereichs aufzuzeichnen.

Augerelektronen werden in Rastermikroskopen für die Oberflächenanalytik genutzt. Mit einem zylindrischen Spiegelanalysator ausgerüstete Augermikrosonden erreichen eine Auflösung von nahezu 30 nm. Wegen der geringen Informationstiefe der Augerelektronen ist UHV hierfür unerläßlich.

Herrmann

Literatur: *Picht, J.* und *J. Heydenreich:* Einführung in die Elektronenmikroskopie. Berlin 1966. – *Reimer, L.:* Transmission Electron Microscopy. Berlin, Heidelberg, New York 1989. – *Reimer, L.:* Scanning Electron Microscopy. Berlin, Heidelberg, New York 1985.

Elektronenröhre. Eine E. ist ein gasdicht abgeschlossenes Gefäß, in dem eine Stromleitung durch Elektronen im Vakuum oder in einem Gas stattfindet. Es handelt sich dabei um ein elektronisches Bauelement, die Elektronen werden von einem festen Leiter emittiert, bewegen sich durch einen freien Raum und werden von einem weiteren festen Leiter aufgenommen. Auf ihrem Weg durch den freien Raum können die Elektronen durch zusätzliche Leiter gesteuert werden oder durch elektrische oder magnetische Felder über längere Strecken geführt werden.

Die Geschichte der E. begann vor etwas mehr als 100 Jahren, als *T. A. Edison* in der von ihm entwickelten Kohlefaden-Glühlampe eine zweite Elektrode anbrachte, um die Bedampfung des Glaskolbens zu verhindern. Derartige Dioden wurden 1904 erstmals in Empfangsstationen zur Hochfrequenzgleichrichtung eingesetzt. Wenige Jahre später wurde ein Gitter zwischen Kathode und Anode eingeführt, die Verstärkerröhre war entstanden. Gleichzeitig ging man von den gasgefüllten Röhren zu Hochvakuumröhren über. Ebenfalls zu Beginn der Entwicklung entdeckte man, daß die Bedeckung eines reinen geheizten Metalldrahtes mit Metalloxiden zu wesentlich höheren Emissionsströmen führte.

E., auch kurz Röhren genannt, waren bis in die fünfziger Jahre dieses Jahrhunderts der aktiv arbeitende Anteil elektronischer Schaltungen und Geräte. Die Entwicklung der →Halbleitertechnologie führte danach zur Realisierung von Halbleiterbauelementen, z. B. Halbleiterdioden und -transistoren. Diese benötigen wesentlich weniger Leistung, sind gleichzeitig billiger und zuverlässiger. Darüberhinaus sind sie integrierbar, was erst zu dem großen Aufschwung der Elektronik geführt hat. Heute werden elektronische Schaltungen daher grundsätzlich in Halbleiterbauweise realisiert. Nur für spezielle Anwendungen, für die es noch keine geeigneten Halbleiterbauteile gibt, werden weiterhin E. benötigt. Hierzu gehört z. B. die Fernsehbildröhre oder die Erzeugung sehr hoher Leistungen im Mikrowellenbereich. Es ist jedoch noch eine große Anzahl röhrenbestückter Geräte weltweit im Einsatz, für die weiterhin Ersatzröhren bereitgehalten und zum Teil gefertigt werden müssen.

Eine E. (Bild 1) besteht aus einer geheizten Kathode zur →Emission von Primärelektronen, aus Gitterelektroden zum steuern des Elektronenstrahls und einer gegenüber der Kathode positiv vorgespannten Anode als Auffänger der Elektronen. Die einzelnen Elektroden sind gegeneinander isoliert in einem Vakuumgefäß aus Glas, Metall oder Keramik, bzw. einer Kombination dieser Materialien untergebracht. Die Verbindung zur äußeren Schaltung geschieht über Leitungsdurchführungen. Nach dem →Evakuieren der Röhre wird vielfach ein →Getter aktiviert, um vorhandene oder beim Betrieb frei werdende Gasmoleküle zu binden, die die Funktion der Röhre elektrisch oder durch chemische Wirkung stören könnten.

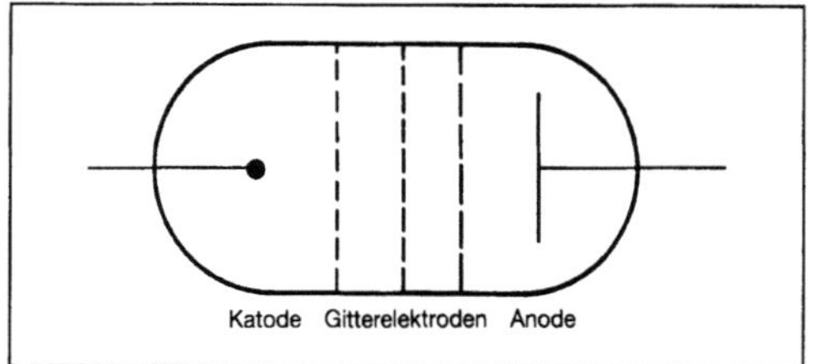

Elektronenröhre 1: Prinzipieller Aufbau.

Eine direkt geheizte Kathode besteht nur aus einer Heizfadenwendel, die von dem durch sie fließenden Heizstrom erwärmt wird und dabei Elektronen emittiert. Bei indirekt geheizten Kathoden erfolgt die →Elektronenemission von einer Metallhülse aus, die durch →Wärmeleitung und Strahlung von einem isoliert im Innern untergebrachten Heizfaden aufgeheizt wird. In beiden Fällen sorgt eine Beschichtung mit einem Gemisch aus Barium- und Strontiumoxid für eine niedrige →Austrittsarbeit der Elektronen, so daß bei Kathodentemperaturen zwischen 700 und 1000°C ausreichend Elektronen emittiert werden können. Die Verwendung von indirekt geheizten Kathoden bietet den Vorteil, daß die Kathodenhülse aus einer Nickellegierung als magnetische Abschirmung zwischen Heizstrom und Kathode wirkt und so bei wechselstrombeheizten Kathoden das Netzbrummen reduziert. Außerdem entsteht dann durch den Heizstrom kein →Spannungsabfall längs der Kathode.

Eine Röhre mit nur zwei Elektroden, einer Kathode und einer Anode, nennt man →*Diode.* Sie führt einen hohen Elektronenstrom von der Kathode zur Anode, solange die Anode positiv gegenüber der Kathode vorgespannt ist und nahezu keinen Strom bei umgekehrter Spannung. Dioden besitzen somit eine ausgeprägte nichtlineare Strom-Spannungs-Kennlinie mit einem Knick beim Nullpunkt. Sie werden, soweit sie nicht durch Halbleiterdioden ersetzt sind, als →Gleichrichter, zur Amplitudendetektion von hochfrequenter Wechselspannung, zur →Frequenzvervielfachung, sowie in Mischer- und Begrenzerschaltungen eingesetzt. Außerdem werden sie bei der Entwicklung von Langlebensdauerröhren, z. B. in der Satellitentechnik, zur Ermittlung der Lebensdauererwartung von Kathoden verwendet.

Zur Beschreibung der Strom-Spannungskennlinie sind drei Bereiche zu unterscheiden: der Anlaufstrombereich, der Raumladungsbereich und der →Sättigungsbereich. Im Anlaufstrombereich hat die Anode negative Spannung gegenüber der Kathode. Es können daher nur solche Elektronen die Anode erreichen, die mit genügend hoher Anfangsgeschwindigkeit aus der Kathode emittiert werden, damit sie die Potentialdifferenz $-U_a$ zwischen Kathode und Anode überwinden können. Bei Maxwellscher Wahrscheinlichkeitsverteilung für die Elektronengeschwindigkeit nimmt der Strom für negative Anodenspannungen (U_a negativ) exponentiell mit e^{U_a/U_T} ab, wobei die thermische Spannung $U_T = kT/e = T/11610$ K[V] ist. Der Anlaufstrom ist schon bei wenigen zehntel Volt negativer Anodenspannung auf verschwindend kleine Werte abgesunken. Bei positiver Anodenspannung könnten dagegen alle von der Kathode emittierten Elektronen die Anode erreichen. Übliche Erdalkalioxid-Kathoden besitzen jedoch eine so hohe Elektronenergiebigkeit, daß vor der Kathode eine starke negative →Raumladung entsteht, die einen Teil der Elektronen wieder zur Kathode zurücktreibt. Der Anodenstrom I_a wird so durch die Raumladung der emittierten Elektronen gesteuert. Der Anodenstrom folgt dann dem Raumladungsgesetz

$$I_a = K \cdot U_a^{3/2}$$

mit $K = 14{,}65 \cdot 10^{-6} \dfrac{l_a}{\beta^2 r_a}$ [A/V$^{3/2}$] für zylindrische Elektrodenanordnung. l_a und r_a sind dabei Länge und Radius des Anodenschirms und β^2 ein Geometriefaktor, der bei deutlich unterschiedlichen Radien von Anode und Kathode „1 ist. Der Strom steigt also stärker als proportional mit der Anodenspannung an, bis schließlich im Sättigungsstrombereich die emittierten Elektronen tatsächlich die Anode erreichen. Für noch größere Anodenspannungen nimmt der Strom dann nicht mehr zu. Bei Oxidkathoden ist dieser →Sättigungsstrom jedoch so groß, daß er nur im Impulsbetrieb erreicht werden kann.

Enthält die Röhre noch eine dritte, für Elektronen durchlässige Elektrode, ein Gitter, zwischen Kathode und Anode, so nennt man sie eine *Triode*. Die Raumladungssteuerung findet bei der Triode zwischen Kathode und Gitter statt. Entsprechend ist für den Faktor K des Raumladungsgesetzes die Geometrie des Gitters maßgebend. In der Gitterebene wirkt dabei nicht nur die Gitterspannung Ug, sondern es greift auch noch ein Teil des Anodenfeldes durch die Gitterzwischenräume.

$$I_a = Kg(Ug + DU_a)^{3/2}$$

Der Durchgriff D besagt, wieviel schwächer die Anodenspannung den Elektronenstrom beeinflußt als die Gitterspannung. Das Gitter ist in der Regel gegenüber der Kathode negativ vorgespannt. Die Elektronen landen daher nicht auf dem Gitter, sondern laufen zwischen den Gitterdrähten zur Anode. Man erhält dadurch einen leistungslos (I_g„0) von der Gitterspannung gesteuerten Anodenstrom, der an einen Widerstand im Anodenkreis Leistung abgeben kann.

Für nicht zu große Aussteuerungen ist es zulässig, die Strom-Spannungs-Kennlinien der Triode und anderer gittergesteuerter Elektronenröhren zu linearisieren. Man definiert dann die →Steilheit S, den Durchgriff D und den Innenwiderstand im Anodenkreis R_i wie folgt:

$$S = \frac{\delta I_a}{\delta U_g} = \frac{dI_a}{dU_g} \mid U_a = \text{konst.}$$

$$D = \frac{\delta U_g}{\delta U_a} = \frac{dU_g}{dU_a} \mid I_a = \text{konst.}$$

$$Ri = \frac{\delta U_a}{\delta I_a} = \frac{dU_a}{dI_a} \mid U_g = \text{konst.}$$

Diese drei Kenngrößen sind durch die *Barkhausen*-Beziehung $S \cdot D \cdot R_i = 1$ miteinander verknüpft. Sie hängen jedoch vom →Arbeitspunkt ab. Die dynamische Kennliniengleichung

$$\Delta I_a = S(\Delta U_g + D\Delta U_a)$$

beschreibt das Verhalten gittergesteuerter Röhren im Wechselstrombetrieb mit kleinen Aussteuerungen.

Die relativ hohe Rückwirkung der Anodenspannung auf die Steuerwirkung des Gitters (D„1–20%) begrenzt bei der Triode die Spannungsverstärkung und kann durch kapazitive Verkopplung zwischen Anode und Steuergitter zu Eigenschwingungen oder zu Verzerrungen des Ausgangssignals führen. Diese Nachteile lassen sich vermeiden, wenn man Steuergitter und Anode durch ein zusätzliches zwischengeschaltetes Gitter, das Schirmgitter, voneinander entkoppelt. Eine solche Röhre nennt man eine *Tetrode*. Die Kennlinie kann wieder auf die Wirkung der Elektrodenspannungen auf den Raum zwischen Kathode und Steuergitter zurückgeführt werden.

$$I_k = K_g(U_g + D_sU_s + D_aU_a)^{3/2}$$

Der Anodendurchgriff D_a ist bei der Tetrode etwa um den Faktor 100 kleiner als der Durchgriff D_s der Schirmgitterspannung U_s bzw. als der Anodendurchgriff einer Triode. Anstelle des Anodenstroms I_a tritt allerdings der Kathodenstrom I_k in der Steuergitterebene, von dem noch ein Teil zum (positiv vorgespannten) Schirmgitter abgeleitet wird. Der Schirmgitterstrom kann relativ groß sein, wenn die Schirmgitterspannung größer ist als die Anodenspannung. Dann werden Sekundärelektronen, die aus der Anode herausgeschlagen werden, vom Schirmgitter aufgefangen. Der Anodenstrom wird dadurch um den Sekundärelektronenstrom vermindert. Das führt zu Verzerrungen der Kennlinie. Daher werden Tetroden in der Regel nur mit $U_a > U_s$ betrieben.

Der störende Einfluß des Sekundärelektronenrückflusses kann durch ein drittes Gitter, das Bremsgitter, zwischen Schirmgitter und Anode weitgehend ausgeschaltet werden (Bild 2). Eine solche Röhre hat insgesamt fünf Elektroden und wird dementsprechend als *Pentode* bezeichnet. Das Bremsgitter wird üblicherweise mit der Kathode verbunden. Es hat dann negatives Potential gegenüber der Anode und kann daher die Sekundärelektronen wieder zur Anode zurücklenken. Pentoden zeichnen sich durch eine sehr hohe Spannungsverstärkung bei geringer Anodenrückwirkung aus. Da die Anodenspannung im →Großsignalbetrieb auch unter die Schirmgitterspannung schwingen darf, ohne daß Sekundärelektronen zum Schirmgitter gelangen, werden mit solchen Röhren hohe Ausgangsleistungen erreicht.

Anstelle des Bremsgitters kann auch eine erhöhte Raumladung zwischen Schirmgitter und Anode dazu dienen, die Sekundärelektronen zur Anode

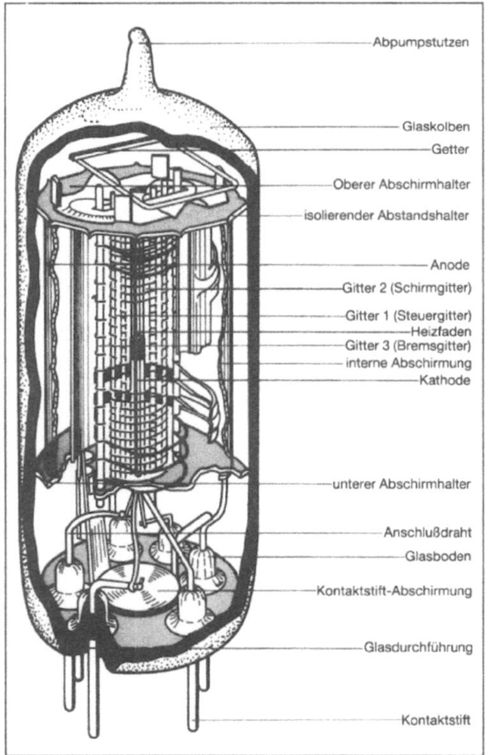

Elektronenröhre 2: Aufbau einer Pentode mit Glaskolben.

zurückzulenken. Die dazu erforderliche Raumladungsdichte wird dadurch erzeugt, daß der Elektronenstrom durch speziell geformte Gitter in einzelne schmale Bündel fokussiert wird. Auf diesem Prinzip beruhende Röhren mit pentodenähnlichem Kennlinienverhalten bezeichnet man als Bremsfeldröhren, Strahltetroden oder Bündelröhren. Sie werden häufig in Senderendstufen eingesetzt.

Röhren mit einer noch größeren Zahl von Gittern wie Hexode, Heptode und Oktode (Röhren mit vier, fünf und sechs Gittern) enthalten jeweils zwei Steuergitter, die unabhängig voneinander den Elektronenstrom beeinflussen können (Doppelsteuerröhren). Sie werden hauptsächlich in Mischerschaltungen von Empfängern oder als tastbare →Verstärker verwendet.

Eine besonders hohe Steilheit kann man mit Strahlsteuerungsröhren erzielen. Speziell geformte Elektroden konstanten Potentials erzeugen einen stark gebündelten →Elektronenstrahl, der mit Hilfe von Steuerungselektroden ähnlich wie in einer →Kathodenstrahlröhre senkrecht zum Strahlengang abgelenkt werden kann. Dabei genügt eine sehr geringe Steuerspannung, um den Elektronenstrahl von der Anode auf eine Hilfskollektorelektrode umzulenken.

In Mehrfachfunktionsröhren (z. B. Doppelröhren) sind mehrere Röhrenfunktionseinheiten (beispielsweise eine Diode und eine Triode oder eine Triode und eine Pentode) häufig mit gemeinsamer Kathode in einem Röhrenkolben untergebracht. Solche Röhren werden nicht nach der Gesamtzahl der Elektroden, sondern jeweils nach ihren Funktionsuntereinheiten benannt.

Die Betriebsfrequenz von gittergesteuerten Röhren ist in der Regel auf den Bereich bis etwa 500 MHz beschränkt. Darüber hinaus verschlechtert die Laufzeit der Elektronen zwischen Kathode und Anode den Steuerungsmechanismus und reduziert damit die Verstärkung. Speziell konstruierte Scheibentrioden mit ebener Kathode und einem Kathoden-Gitter-Abstand von nur etwa 15 μm können die →Grenzfrequenz bis über 4 GHz steigern. Für noch höhere Betriebsfrequenzen (bis über 100 GHz) wird in den Mikrowellenröhren →Klystron (→Geschwindigkeitsmodulation), →Magnetron und →Wanderfeldröhre die Elektronenlaufzeit bewußt zur Signalverstärkung ausgenutzt. *Kiesel/Claassen*

Literatur: *Barkhausen, H.:* Lehrbuch der Elektronenröhren. Leipzig 1964. – *Raschkowitsch, A.:* Elektronische Bauelemente der Nachrichtentechnik. Braunschweig 1970. – *Rothe, H.* und *W. Kleen:* Hochvakuum-Elektronenröhren. Leipzig 1945.

Elektronenspinresonanz-Dosimeter. In organischen und anorganischen kristallinen und amorphen Materialien werden durch ionisierende Strahlung Radikale mit ungepaarten Elektronen erzeugt. Diese können mit der Elektronenspinresonanz-

Spektrometrie nachgewiesen und ihre Konzentration als Maß für die Strahlendosis benutzt werden. Zur Dosimetrie eignen sich alle Substanzen, deren Radikale eine hinreichende Stabilität haben.

Mit der kristallinen Aminosäure Alanin als Dosimetersubstanz lassen sich Quanten- und Korpuskularstrahlen im Dosisbereich von etwa 0,1 Gy bis 100 kGy weitgehend energieunabhängig bestimmen. Charakteristisch für die Alanindosimetrie sind die gewebeäquivalente effektive Ordnungszahl (A = 7,2), die gewebeähnliche spezifische Dichte (ϱ = 1,15 g/cm^3), der dynamische Meßbereich, das energieunabhängige Ansprechvermögen, die Langzeitstabilität der Radikale sowie die relativ geringe Abhängigkeit des Ansprechvermögens von der Bestrahlungstemperatur (0,18 L%/°C). Das Ansprechvermögen variiert innerhalb eines Dosimeterkollektivs im Bereich von 1%.

Alanindosimeter finden in Pulverform oder als Preßlinge, bestehend aus Alaninpulver und einem Bindemittel, Verwendung. Alanindosimeter sind nicht toxisch, die Preßlinge mechanisch widerstandsfähig und deren Anzeige unempfindlich gegenüber Oberflächenverunreinigungen. Die Methode erfordert durch das teure ESR-Spektrometer allerdings einen erheblichen meßtechnischen Aufwand; geeignete Kleingeräte sind in Entwicklung.

Anwendungsgebiete der E.-D. sind, die Unfalldosimetrie sowie die Messung hoher Dosen bei der Sterilisation und Lebensmittelbestrahlung. Auf Grund der hohen Zuverlässigkeit dieser Methode ist eine Anwendung als Referenzdosimeter möglich.

Wachsmann

Literatur: *Regulla, D. F.*, u. *U. Deffner:* Dosimetry by ESR Spectroscopy of Alanine. Int. J. Appl. Radiat. Isot. 33 (1982), S. 1101/14.

Elektronenstrahl →Bildröhre

Elektronenstrahlabtragen. Trifft ein gebündelter Elektronenstrahl im Vakuum auf eine Werkstückoberfläche, so kann die rapide Aufheizung an der Auftreffstelle zur Materialabtragung und so zur Formänderung des Werkstücks genutzt werden. Hierbei spielt die Verdampfung eine entscheidende Rolle. Die Aufheizung muß aber so rasch erfolgen, daß nur ein geringer Anteil der durch den Strahl zugeführten Energie über Wärmeleitung an die Umgebung verloren geht. Dies erfordert z. B. Pulsbetrieb mit Strahlpausen zur zwischenzeitlichen Abkühlung der betroffenen Stelle und ihrer Umgebung.

Im Elektronenstrahlgenerator werden die Elektronen von einer geheizten Kathode emittiert und in der Strahlquelle (→Triode) mittels Hochspannung beschleunigt; die Strahlspannung liegt je nach Anwendung zwischen 30 und 150 kV. Ein Hochleistungs-Generator ist z. B. mit einer Strahlblende und zwei magnetischen Linsen zur →Fokussierung des Strahls in einen Arbeitsfleck mit Leistungsdichten bis ca. 10^8 W/cm^2 ausgerüstet. Um eine hohe Arbeitsfrequenz zu erreichen (z. B. Blechperforation bei 100 µm Bohrungsdurchmesser mit 3000 Hz oder die Gravur von Tiefdruck-Näpfchen mit 50000 Hz) wird die Relativbewegung zwischen Strahl und Werkstück von der Strahlablenkung und der Werkstückbewegung gemeinsam gesteuert. Die Bearbeitung erfolgt also bei laufender Werkstückbewegung. Zur Erzielung reproduzierbarer Ergebnisse sind die elektronenoptisch wirksamen Komponenten des Generators sowie die Werkstückbewegung CNC-gesteuert.

Die technischen Anwendungen der E. unterscheiden sich danach, in welchem Maße der Aufschmelzvorgang oder ein Verdampfungsprozeß im betroffenen Werkstückbereich zur Wirkung kommen. Beides ist gleichermaßen wichtig für die zunächst genannten Beispiele:

Zum Bohren von Metallteilen bis maximal etwa 10 mm Wandstärke mit nur einem Strahlpuls benutzt man ein leicht verdampfbares Hilfsmaterial, das an der Rückseite der zu durchbohrenden Wand dicht anliegt. Der auf der Vorderseite des Werkstücks auftreffende gebündelte Elektronenstrahl treibt infolge der dort einsetzenden intensiven Materialverdampfung sehr rasch (z. B. in 0,1 ms) einen mit Metalldampf erfüllten, engen Kanal durch das Werkstück hindurch und erzeugt schließlich ein Sackloch im rückseitig anliegenden Hilfsmaterial. Dieses zersetzt sich unter der Strahleinwirkung und baut einen hohen Dampfdruck auf, welcher das flüssige Werkstückmaterial, das rund um den vom Elektronenstrahl erfüllten Kanal aufgeschmolzen wurde, explosionsartig herausstößt. So lassen sich tiefe, nahezu zylindrische Bohrungen herstellen (Bild 1).

Die Geometrie der Bohrung (Tiefe, Durchmesser, Konizität) kann durch bestimmte Strahlparameter vorgegeben werden. Von den Materialeigenschaften spielen die thermischen Daten wie Schmelztemperatur und Wärmeleitvermögen eine wichtige Rolle, nicht jedoch die mechanischen Werkstoffkenngrößen wie Härte, Zähigkeit, usw. Die industriellen Anwendungen reichen z. B. von Filtern und Feinsieben, von Spinnköpfen zur Glasfaserherstellung zu Bohrungen für die Transpirationskühlung von Brennkammern und Turbinenschaufeln und zur Perforation von Flugzeugtragflächen (Grenzschichtabsaugung). Die Bohrungsachse kann auch zur Werkstückoberfläche geneigt sein (Bild 2).

Bei anderen Anwendungen kommt man ohne ein zusätzliches Hilfsmaterial zur verstärkten Verdamp-

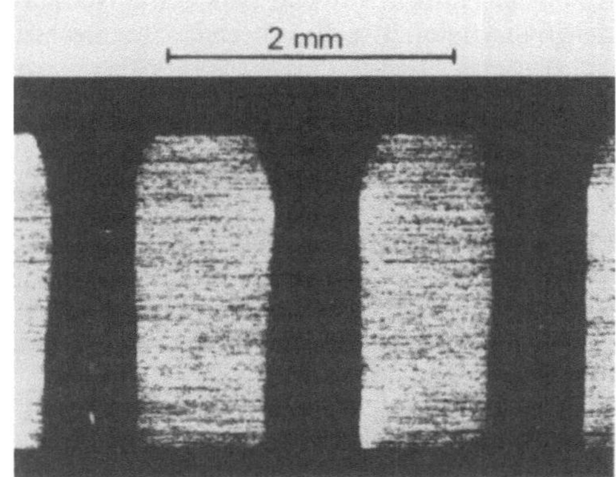

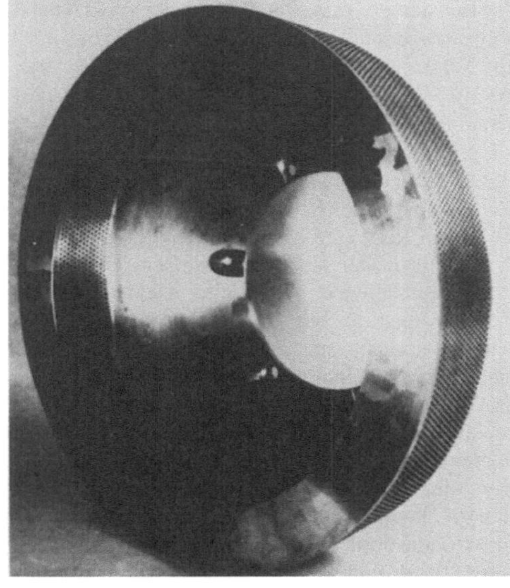

Elektronenstrahlabtragen 1: Glasfaser-Spinnkopf mit 6000 elektronenstrahlperforierten Bohrungen, oben Bohrungslängsschliff. (Quelle: Messer Griesheim, Steigerwald Strahltechnik)

fung aus. Für das Bohren bzw. Gravieren von grüner Keramik erfolgt die Bearbeitung durch Verdampfung des organischen Bindemittels an der Strahlauftreffstelle; die so losgelösten feinen Keramikpartikel werden vom Dampf mitgenommen. Das Gravieren der Näpfchen von Tiefdruckzylindern (Bild 3) ist möglich, weil die einzelnen Strahlelektronen erst nach einer bestimmten Eindringtiefe ins Material ihre kinetische Energie abgegeben haben. Daher ist die Wärmeentwicklung in geringer Tiefe unter der Werkstückoberfläche stärker als auf der Oberfläche. Die Materialverdampfung setzt also zuerst in dieser tieferen Region ein und bewirkt dann ein

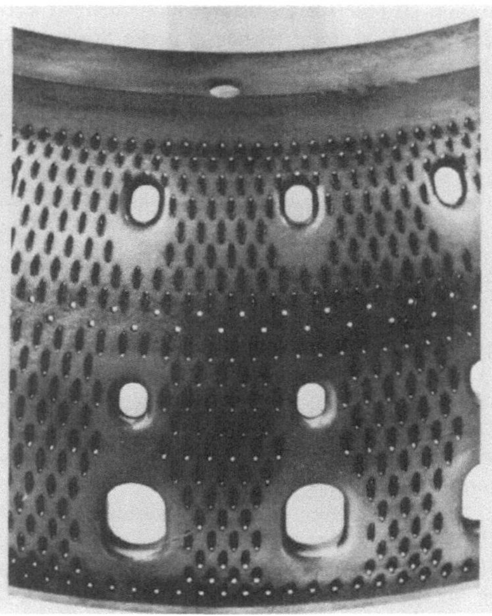

Elektronenstrahlabtragen 2: Teil eines Brennkammergehäuses aus hochhitzebeständigem CrNiCoMoW-Stahl (Triebwerksteil), mit 0,9 mm Bohrungsdurchmesser. (Quelle: Messer Griesheim, Steigerwald Strahltechnik)

vollständiges Wegspritzen des bis dahin aufgeschmolzenen Materials. Die Näpfchen haben einen Durchmesser von etwa 100 µm. Ihre Tiefe (und damit das Farbvolumen) läßt sich sehr genau über die Parameter des Strahlpulses vorgeben und numerisch steuern. Die Bearbeitungsgeschwindigkeit ist mehr als eine Größenordnung höher als bei mechanischer Gravur der Tiefdrucknäpfchen.

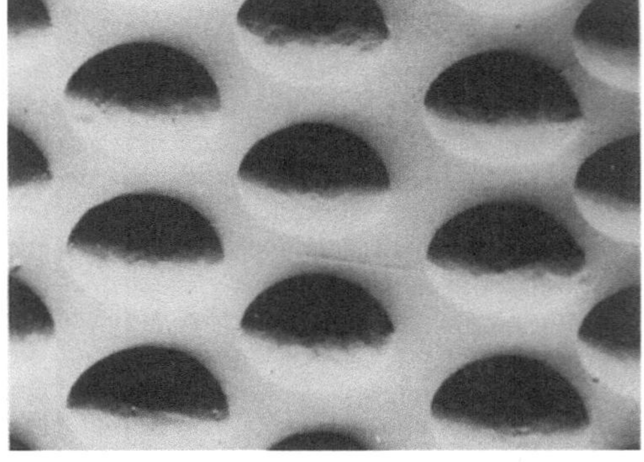

Elektronenstrahlabtragen 3: Elektronenstrahl-Gravur von Tiefdruckwalzen, Durchmesser der Näpfchen 110 µm, Tiefe 15 µm. (Quelle: Messer Griesheim, Steigerwald Strahltechnik)

Beim Bearbeiten von Kunststoffen wird das Material meist gleich verdampft, ohne daß es vorher aufschmilzt. So z. B. läßt sich Kunstleder für Autositzflächen oder für Schuh-Oberteile perforieren, um es atmungsaktiv zu machen. Hierzu wird aus einem bandförmigen Elektronenstrahl mittels mechanischem Strahlteiler eine Vielzahl von parallel wirkenden Elektronenstrahlen erzeugt und so mit jedem Strahlpuls eine Reihe von Bohrungen (z. B. 200) gleichzeitig perforiert. *Scheffels*

Literatur: *König, D.* und *W. Scheffels:* DVS-Berichte 34 (1975) S. 83. – *Meyer, E.:* DVS-Berichte 63 (1980) S. 143. – *Schiller, S.* und *U. Heisig, S. Panzer:* Elektronenstrahltechnologie, Stuttgart 1977. – *Schwab, U.* und *P. Anderl:* DVS-Berichte 135 (1991) – *Steigerwald, K. H.* und *E. Meyer, J. Geissler:* DVS-Berichte 44 (1977) S. 74.

Elektronenstrahler. E. werden in Elektronenstrahlgeräten benötigt. Elektronenstrahlen werden meist durch →Emission von Elektronen aus Festkörperoberflächen und anschließende Beschleunigung erzeugt. Der konventionelle E. besitzt eine direkt geheizte Haarnadelkathode aus Wolfram, deren Emission durch einen negativ vorgespannten →*Wehnelt-Zylinder* kontrolliert wird. Wegen seiner geringen →Austrittsarbeit wird LaB_6 für hohe Stromdichten bevorzugt, es erfordert aber ein Vakuum unter 10^{-8}mbar. Im Gegensatz zu indirekt geheizten Oxidkathoden ist es aber unempfindlich gegen Belüftung.

Wesentlich höhere Stromdichten erlaubt die →Feldemission, wobei die für den Elektronenaustritt durch →Tunneleffekt erforderliche →Feldstärke von $> 10^7$ V/cm an fein geätzten Spitzen durch eine Sauganode erzeugt oder bei neuartigen, noch im Experimentierstudium befindlichen Strahlern durch dicht unter der Oberfläche liegende Hochfeldzonen erreicht wird. Feldemissionsquellen arbeiten nur im Ultrahochvakuum. Ultrakurze Elektronenimpulse werden auch aus →Photokathoden durch Laserbestrahlung ausgelöst.

Die meisten Elektronenstrahlgeräte benötigen eine kleine Quelle mit hohem Richtstrahlwert – definiert als Stromdichte in der Quelle pro Raumwinkeleinheit. Nach *Langmuir* ist der Richtstrahlwert auf $R = Ej/\pi kT$ begrenzt, wobei E die Elektronenenergie, j(T) die Emissionsstromdichte, T die Kathodentemperatur und k die Boltzmannkonstante sind.

Die Energiebreite der E. ist durch die thermische Verteilung begrenzt, die bei Feldemissionskathoden unter 0,3 eV liegen kann. Sie steigt aber im Strahl durch die stochastische Wechselwirkung der Elektronen miteinander je nach Strahlstromdichte und Strahllänge bis auf ein Mehrfaches (*Boersch-Effekt*).

In E. für die Materialbearbeitung hat nicht der Richtstrahlwert, sondern der Gesamtstrom Priorität. Er wird aus elektronenstrahlgeheizten Flächenkathoden emittiert und durch eine konkav geformte Steuerelektrode auf Kathodenpotential unter Mitwirkung der →Raumladung gebündelt (*Pierce-System*). *Herrmann*

Literatur: *Kern, D.* und *D. Kurz, R. Speidel:* Elektronenoptische Eigenschaften eines Strahlerzeugungssystems mit Feldemissionskathode. Optik 52 (1978/1979) S. 61–70.

Elektronenstrahlhärten. Bei umwandlungshärtenden Werkstoffen wird durch lokales, kurzzeitiges Aufwärmen (ohne Aufschmelzen) durch den Elektronenstrahl und anschließendem Ableiten der Wärme ins gesamte Werkstück (Selbstabschrekkung) eine Gefügeumwandlung mit starker Aufhärtung erreicht. Durch entsprechendes Abrastern des Elektronenstrahls über die Werkstückoberfläche werden Härtepunkte und -linien nur dort aufgebracht, wo die Oberfläche entsprechend belastet werden soll. Hierzu gehören z. B. Schnittkanten, Messerschneiden und lineare Führungen. Wegen des geringen Strahldurchmessers und des verhältnismäßig großen freien Arbeitsabstandes ist auch die Härtung an schwer zugänglichen Stellen möglich, z. B. in engen Spalten. Gegenüber konventionellen Verfahren bietet das E. den Vorteil der exakt reproduzierbaren, extrem schnellen Steuerung der Leistungsdichteverteilung im Arbeitsbereich.

Scheffels

Elektronenstrahl-Laser. Erzeugung von Laserstrahlung in einem weiten Spektralbereich durch die periodische Beschleunigung hochenergetischer Elektronen.

In den heute realisierten E.-L. (*engl.* Free-Electron-Laser, FEL) werden Elektronen mit Energien von einigen 10 MeV in eine periodische Anordnung aus Magneten alternierender Polarität (sog. *Wiggler*) eingeschossen (Bild 1). Infolge der Lorentz-Kraft beschreiben sie eine oszillierende Bahn, wobei jede Richtungsänderung einer Beschleunigung entspricht. Ähnlich der Synchrotron-Strahlung wird auch hier von den beschleunigten Elektronen eine polarisierte elektromagnetische Welle vorzugsweise in Ausbreitungsrichtung ausgesandt. Die Wellenlänge λ_0 und der Divergenzwinkel Θ des Strahlungskegels dieser spontanen Emission hängen von der Periode des Magnetfeldes L und der Geschwindigkeit v der Elektronen ab:

$$\lambda_0 = L\,(1 - v/c_0)\,(1 + k^2) \approx \frac{1}{2}\,L\,(1 - v^2/c_0^2)$$

wobei c_0 die Vakuum-Lichtgeschwindigkeit ist und k die Energieverluste durch die Oszillation im magnetischen Feld der Induktion B berücksichtigt.

$$k = (e_0 \cdot B \cdot L)\,(2\,\pi \cdot m_0 \cdot c_0^2)^{-1}$$

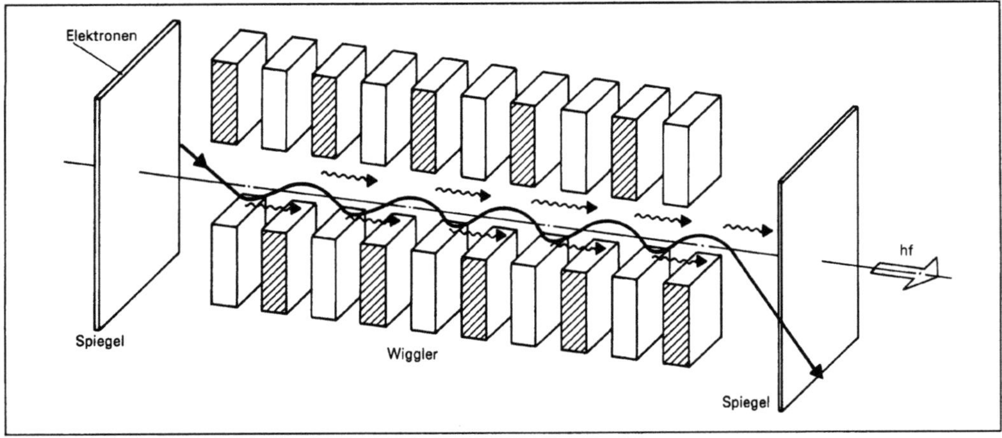

Elektronenstrahl-Laser 1: Funktionsprinzip.

(e_0, m_0 Elementarladung und Ruhemasse des Elektrons). Die spektrale $\Delta\lambda$ Breite wird durch die Anzahl N der Perioden, bzw. der sich überlagernden Teilwellen bestimmt:

$\Delta\lambda = \lambda_0/2\,N$

Das entstehende elektromagnetische Feld übt nun seinerseits Kräfte auf das freie Elektron aus, die von der Phasenlage zwischen Elektronenbahn und elektromagnetischer Welle abhängen (Bild 2). Sind die Kräfte aus Magnetfeld und Strahlungsfeld gleich gerichtet, so wird das Elektron beschleunigt, wobei Energie dem Strahlungsfeld entzogen wird, was der Absorption von Strahlung entspricht. Sind die Kräfte entgegen gerichtet, so wird das Elektron abgebremst und Energie an das Strahlungsfeld abgegeben, was als stimulierte Emission zu interpretieren ist. Die Phasenlagen ändern sich während der Ausbreitung, da Elektronen und elektromagnetische Welle geringfügig unterschiedliche Geschwindigkeiten haben. Legt das Licht in der Zeit L/v gerade eine Wellenlänge mehr als das Elektron zurück, so sind alle Phasenlagen gleichberechtigt, Absorption und stimulierte Emission kompensieren sich:

$L/v = (L+\lambda)/c_0$, d. h.

$\lambda = L(1-v/c_0) = \lambda_0$

Das ist erfüllt für die zentrale Emissionswellenlänge λ_0. Für kürzere Wellenlängen dominieren die Absorptionsprozesse, für längere Wellenlängen die Stimulationsprozesse (Bild 3).

Mit einem Aufbau ähnlich dem beschriebenen wurde eine Verstärkung von 7 % und ein Wirkungsgrad von 0,1 % im infraroten Spektralbereich erzielt.

Gegenwärtig wird weltweit an FEL-Systemen gearbeitet. Ihr Vorteil liegt im großen potentiellen

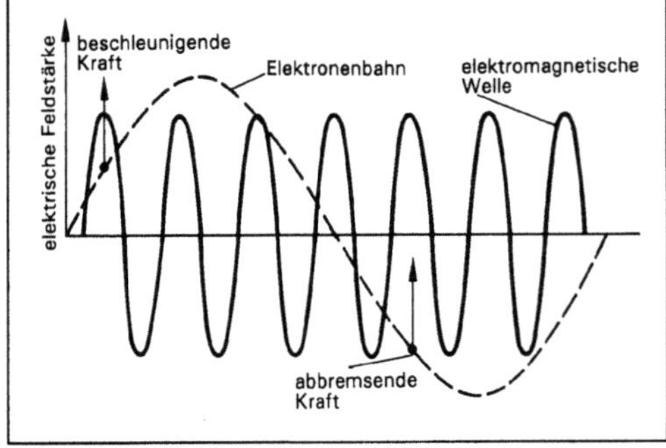

Elektronenstrahl-Laser 2: Wechselwirkung zwischen elektromagnetischer Welle und einem Elektron im Wiggler.

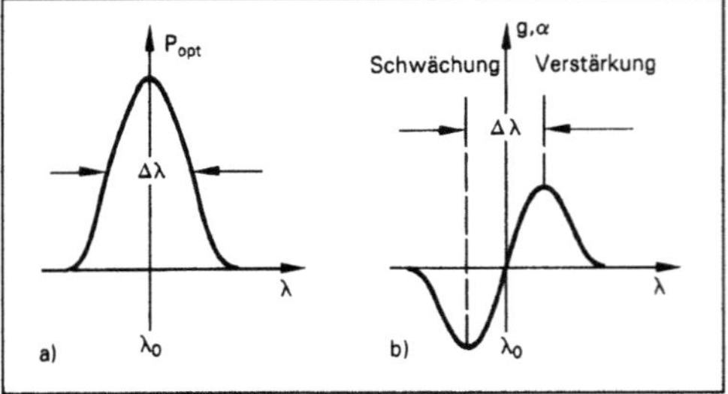

Elektronenstrahl-Laser 3: Darstellung von
a) Spontaner Emission
b) Optischer Verstärkung bzw. Absorption.

Abstimmbereich. Für kurzwellige FELs stößt die erforderliche kurze Periode des Wigglers auf technische Probleme. Alternativ werden für die periodische Ablenkung stehende Wellen langwelliger Laser (→CO_2-Laser) vorgeschlagen. *Rosenzweig*

Literatur: *Eichler, J. und H.-J. Eichler:* Laser. Berlin–Heidelberg–New York, 1990.

Elektronenstrahllithographie. Die E. beinhaltet sowohl die „maskenlosen“ Verfahren (Direktschreiben mit Elektronenstrahl) der →Lithographie als auch spezifische Bestrahlungsmethoden wie Elektronenstrahl-Proximity-Belichtung, verkleinernde Elektronen-Projektion und 1:1 Elektronen-Projektion mit Kathodenmasken.

Beim Direktschreiben (mit einem Elektronenstrahlschreiber) wird die gewünschte Struktur mit Hilfe eines rechnergesteuerten Elektronenstrahls in einer sich auf dem Substrat (→Halbleiterscheibe) befindlichen, für Photonen oder Elementarteilchen empfindlichen (Elektronen-) Lackschicht (→Photolack) abgebildet. Die Information über die Maskengeometrie liest der Elektronenstrahlschreiber vom Band mit gespeichertem Datensatz. Der Strahl wird durch die in der →Ablenkeinheit erzeugten Felder gesteuert. Das Grundkonzept aller Elektronenstrahlschreiber ist ziemlich gleich: die Elektronenquelle besteht aus einem konventionellen Triodensystem: →Kathode (LaB_6), →Wehnelt-Zylinder und →Anode. Die Beschleunigungsspannung ist meistens zwischen 20 und 50 kV umschaltbar und zum Strahljustieren wird die sog. elektromagnetische Tilt-Shift-Einheit verwendet, die unter der Anode placiert ist. Es gibt zwei Typen von Elektronenstrahlschreibern: Anlagen mit dem sog. Vector-Scan- und Raster-Scan-Prinzip (Bild 1).

Im →Raster-Scan tastet der Elektronenstrahl das Ablenkfeld Zeile für Zeile ab (wie in einem Fernseher). Die Strukturen werden geschrieben, indem der Strahl an den richtigen Positionen mit Hilfe einer Strahltastung gezielt ein- und ausgeschaltet wird. Der X-Y-Tisch mit dem Substrat bewegt sich kontinuierlich. Im Vector Scan wird der Strahl zu einem Punkt einer sich im Ablenkfeld befindlichen Struktur abgelenkt. Danach wird die Struktur mäanderförmig oder spiralförmig vollgeschrieben, und der X-Y-Tisch zur nächsten Position hingefahren (→Step- and Repeat-Verfahren). Das Grundkonzept dieser Anlagen ist ziemlich gleich. Die heutzutage verwendeten Elektronenstrahlschreiber arbeiten entweder mit festgeformtem Strahl (Fixed-Shaped Beam System), rundem Strahl und gaußförmiger Energieverteilung (Gaussian Round-Beam System), quadratisch geformtem Strahl (Square-Beam System) oder rundem Spot mit gleichmäßiger Energieverteilung (Round-Beam System) oder mit variabel geformtem Strahl (Variabel-Shaped Beam System) (Bild 2), wobei hier zur Strahlformung eine Apertur oder Struktur-Aperturplatten verwendet werden.

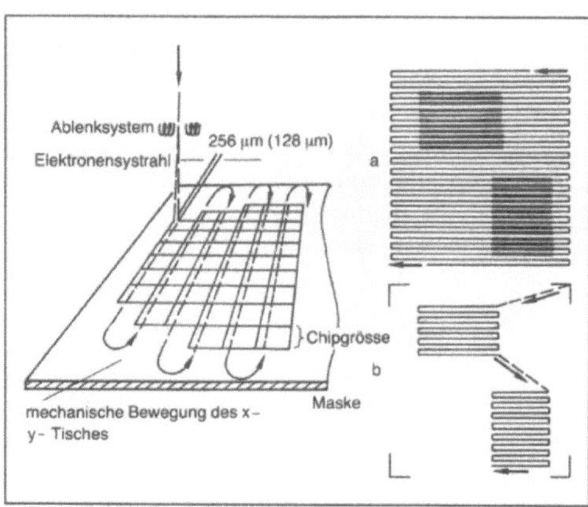

Elektronenstrahllithographie 1: Maskenschreiben mit einem Elektronenstrahl: (a)-Raster- und (b)-Vektor-Scan-Schreibarten.

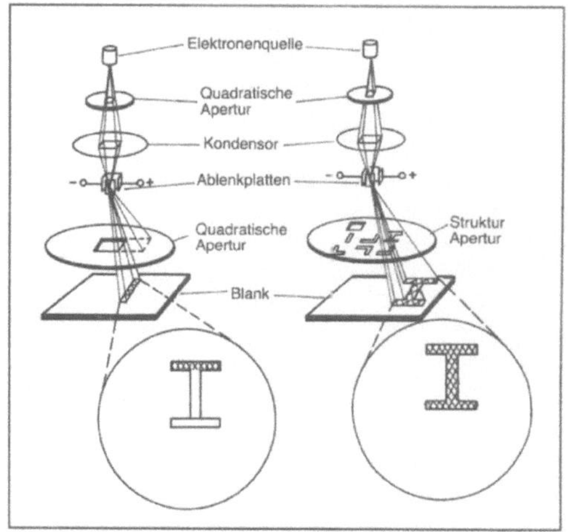

Elektronenstrahllithographie 2: Systeme mit variabel geformten Strahl: mit quadratischer Apertur (links) und mit Struktur-Aperturplatte (Musterprojektion) (rechts).

Zu den Vorteilen dieser Lithographieart gehören die Möglichkeit, kleinste Strukturen zu erzeugen und die Flexibilität in der Änderung der zu übertragenden Strukturen durch Änderung der Datensätze im Elektronenstrahl-Steuerprogramm. Die lange Schreibzeit verringert jedoch den Durchsatz. Direktes Schreiben auf dem Substrat ist auch mit Ionen möglich (→Ionenstrahllithographie) obwohl die Ionenstrahltechnik heutzutage hauptsächlich zur Reparatur von lichtoptischen Masken verwendet wird.

Um die Zeit für eine zu beschreibende Fläche im Elektronenstrahlschreiber zu verringern, sind Untersuchungen im Gange, mit z. B. 1000 Elektronenstrahlbündeln gleichzeitig zu schreiben.

Beim →Vielstrahl-Elektronenstrahlschreiber (*engl. Multi-Beam Electron Lithography*) wird der von einer Elektronenquelle ausgehende Strahl aufgeweitet, in viele Strahlenbündel aufgeteilt und anschließend die einzelnen Strahlenbündel fokussiert. Dadurch entsteht eine Vielzahl von Elektronenquellen. Der Quellenabstand ist genügend groß, so daß jedes Elektronenstrahlbündel individuell an- und abgeschaltet werden kann. Durch ein nachgeschaltetes Projektionssystem mit Ablenksystem werden die Quellen verkleinert auf der Oberfläche der Halbleiter-Scheibe (→Wafer) abgebildet und können simultan bewegt werden.

Bei einer Beschleunigungsspannung von 10 bis 20 kV haben die Elektronen eine Wellenlänge von ca. 0,01 nm. Da in dem Wellenlängenbereich fast keine Beugungseffekte mehr auftreten, ist die Übertragung von Maskenstrukturen mittels Belichten mit einem parallelen Elektronenstrahl mit einer Auflösung bis unter 0,2 μm möglich. Dafür wurde ein Elektronenstrahl-Proximity-Belichtungssystem (der Abstand Maske-Wafer beträgt ca. 0,5 mm) entwickelt (Bild 3). Die Belichtung erfolgt hier durch eine Schattenprojektion. Die zum Belichten verwendete Maske enthält echte, physikalische Löcher als Schaltkreismuster (daher der Name: →Lochmaske, Transmissionsmaske oder *engl.* Stencil-Mask). Grund dafür ist die starke Streuung der Elektronen (wie auch Ionen) im Festkörper. Eine Lochmaske (→Reticle in diesem Fall) mit einem Chip wird mittels eines Objektivs verkleinert (zehnmal) auf die Si-Scheibe projiziert. Danach wird die Scheibe zur nächsten Belichtungsposition mechanisch verfahren. Die gleichen Masken und die Arbeitsweise des Verfahrtisches (Step- and Repeat-Verfahren) werden auch zum Substratbelichten mittels verkleinernder Elektronen-Projektion (zehnmal) eingesetzt (Bild 4).

Für die 1:1 Elektronen-Projektion werden die üblichen Chrommasken (mit Quarzsubstrat) ganzflächig mit CsJ bedampft (Bild 5). Die in diese Weise

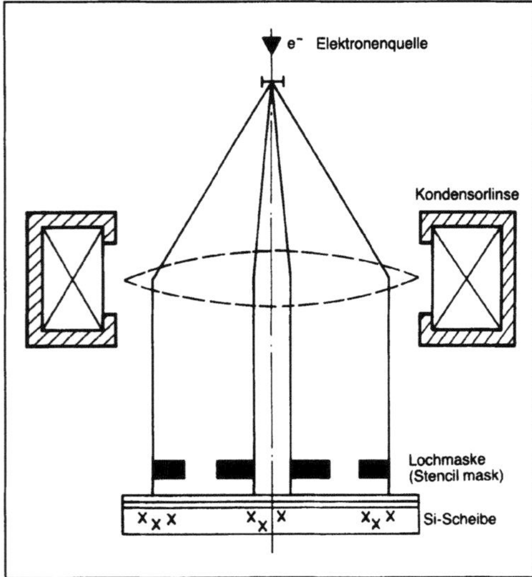

Elektronenstrahllithographie 3: Schematische Darstellung eines Elektronen-Proximity-Printers.

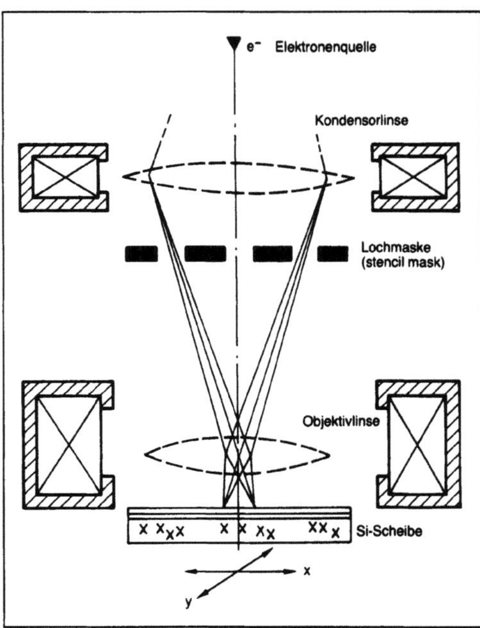

Elektronenstrahllithographie 4: Schematische Darstellung eines Elektronen-Projektion-Printers.

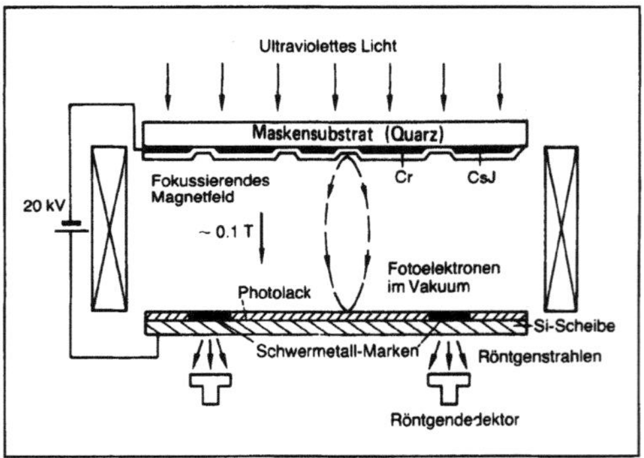

Elektronenstrahllithographie 5: Prinzip eines 1:1-Elektronen-Projektors mit Photokathode.

erstellten Kathodenmasken werden mit kurzwelligem UV-Licht belichtet. Die nicht von der Chromschicht beschatteten CsJ-Bereiche emittieren Elektronen ins Vakuum. Die Elektronen werden beschleunigt (Spannung um 20 kV) und fokussiert (magnetisches Feld um 0,1 T) auf die Silicium-Scheibe gerichtet. *Ryssel*

Literatur: *Brewer, R. G.:* Electron-Beam Technology in Microelectronic Fabrication. New York 1980. – *Brodie, I.* and *J. J. Muray:* The Physics of Microfabrication. New York, London 1984. – *Roelofs, B. J. G. M.* und *J. E. Barth:* Microelectronic Engineering 2 (1984) 259 – *Stengl, G.* and *H. Löschner, J. J. Muray:* Ion Projection Lithography. Solid State Techn. (1986) Feb., S. 119–125. – VDI-Ber. Nr. 555 (1985), 584 (1986), 621 (1986), 666 (1987). Maskentechnik für Mikroelektronikbausteine.

Elektronenstrahlmeßtechnik. Die Mikrominiaturisierung elektronischer und optoelektronischer Bauelemente und ihre Integration in integrierte Schaltkreise, aber auch die →Miniaturisierung magnetischer und in neuester Zeit sogar mechanischer Bauelemente (→Mikromechanik) erfordert eine Meßtechnik, die die Bestimmung von Material- und Bauelementparameter mit einer möglichst hohen, örtlichen (lateralen und/oder vertikalen) Auflösung (Mikro- bzw. Nanocharakterisierung) erlaubt, damit einerseits die Qualität und →Zuverlässigkeit der Bauelemente verbessert und andererseits die Ursachen für ein eventuelles Fehlverhalten der Bauelemente eindeutig erkannt werden kann.

Die E. benutzt als Meßsonde einen fokusierten, schnell und genau positionierbaren Elektronenstrahl. Je nach Meßzweck hat dieser unterschiedliche Energie (einige 100eV bis 400keV) und unterschiedlichen Strahlstrom (einige pA bis μA) und wird mit konstanter, periodisch modulierter (Tastverhältnis 1:1) oder gepulster (variable Tastverhältnisse von 1:1 bis 1:4 000) Strahlintensität betrieben.

Die Elektronen-Meßsonde steht während der Messung fest positioniert auf dem interessierenden Material- bzw. Bauelementpunkt (wie z. B. bei allen Meßtechniken, die die Wechselwirkungsprodukte nach einer oder mehreren Variablen analysieren) oder verändert die Position kontinuierlich im Linien- oder Rasterbetrieb, sodaß dann lokale Änderungen eines Wechselwirkungsproduktes in einem interessierenden Material- bzw. Bauelementbereich als „Line-Scan" oder als Mikrobild erfaßt werden können.

Die bestimmbaren Material- und Bauelementparameter ergeben sich aus:

- Veränderungen der Primärelektronen (PE) der Meßsonde nach erfolgter Wechselwirkung mit dem Festkörper (→Bauelement). Zum Beispiel können aus der Energieänderung der PE mit der Methode der Elektronenenergie-Verlustspektroskopie chemische Analysen durchgeführt werden oder es lassen sich aus den Richtungsänderungen der PE, die sie z. B. in einem mikromagnetischen Feld eines Schreib-Lesekopfes (Dünnfilmkopf) erfahren, wirksame magnetische Felder mit Hilfe der Elektronenstrahl-Tomographie quantitativ und dreidimensional bestimmen (Kopf-Design-Optimierung).
- den durch die Wechselwirkung mit dem Festkörper (Bauelement) erzeugten sekundären Wechselwirkungsprodukten (Tabelle).

Die erzielbaren Ortsauflösungen sind je nach Meßmethode unterschiedlich, liegen aber in jedem Fall im Mikrometerbereich und darunter. Im Falle dünner, mit Elektronen durchstrahlbarer Festkörper erzielt man sogar Ortsauflösungen im Subnanometerbereich. Die E. werden heute in verschiedenen, für bestimmte Meßtechniken optimierte Apparaturen durchgeführt (→Rasterelektronenmikroskop; Durchstrahlungs(raster)mikroskop; Elektronenstrahl-Mikroanalysator; (Raster)-Auger-Mikroanalysator; Elektronenstrahl-Testsystem, u. a.).

Die besondere Bedeutung der E. im Vergleich zu anderen Mikrocharakterisierungs-Meßtechniken liegt einmal in der Tatsache begründet, daß die Wechselwirkung von Elektronen mit dem Festkörper eine große Zahl von Wechselwirkungsprodukten zur Folge hat, so daß entsprechend viele Materialparameter bestimmt werden können. Zum zweiten können die Materialparameter wegen der Fokussierbarkeit und der einfachen schnellen und genauen Positionierbarkeit der Elektronenstrahl-Meßsonde mit genauer Ortszuordnung und höchster Ortsauflösung bestimmt werden. Außerdem bietet die Potentialbestimmung mit Hilfe der Elektronen-Meßsonde heutzutage eine einzigartige Möglichkeit einer Schaltungsüberprüfung und Fehleranalyse im Inneren höchstintegrierter mikroelektronischer Schaltkreise vorzunehmen (Elektronenstrahltest).

Der Testzugriff zu einzelnen Schaltungsfunktionen in hoch- und höchstintegrierten Schaltungen wird dadurch möglich, wobei die Elektronen-Meßsonde eine ähnliche Funktion übernimmt wie früher mechanische Prüfspitzen in niedrig integrierten Schaltkreisen.

Da mit zunehmendem →Integrationsgrad der Prüf- und Testaufwand für integrierte Schaltungen exponentiell ansteigt, ist der Elektronenstrahltest eine der Maßnahmen zu seiner Senkung und stellt daher heute eine unverzichtbare diagnostische Meßtechnik bei der Entwicklung neuer Schaltungsgenerationen und -technologien dar. Große Bedeutung hat der Elektronenstrahltest heute auch bei der Lokalisierung von Fehlern, die in höchstintegrierten Schaltkreisen nach Burn-in-Tests oder während ihres Betriebes auftreten.

Der Elektronenstrahltest fungiert hierbei passiv als praktisch kapazitätsfreier (0,2–4 pF), elektrisch belastungsfreier (Anpassung der PE-Energie an die Energie bei der die Ladungsbilanz der ein- und austretenden Elektronen gleich 1 ist: ≈ 1 bis 2 keV je nach Material) und bei kontrollierten Elektronenstrahl-Betriebsbedingungen (geringe PE-Energie: ≈ 1–3 keV; geringe Bestrahlungsdosis: ≈ 10^{-1} C/cm^2) schädigungsfreier, miniaturisierter „Meßkontakt".

Es lassen sich Signalverlaufsmessungen (Oszilloskopbetrieb) an schaltungsinternen Meßpunkten der obersten Metallisierungsebene (unpassivierte Schaltkreise) durchführen. Die logischen Zustände werden durch Abrastern des interessierenden Schaltungssignals mit der Elektronen-Meßsonde unter Anwendung des stroboskopischen Prinzips dargestellt. Auf diese Weise können Designschwächen und Fehlerursachen in den Schaltkreisen erkannt

Elektronenstrahlmeßtechnik. Tabelle: Für die Halbleitercharakterisierung wichtige Material- bzw. Bauelementeigenschaften bestimmbar durch Methoden der E.

	Wechselwirkungsprodukt	Aussagemöglichkeit	Meßmethode/Meßtechnik
Teilchen (Elektronen)	Sekundärelektronen (SE)	Oberflächengestalt (z. B. Vermessung von Mikrostrukturen der Mikroelektronik)	Abbildung über Topographiekontrast
		Potential	Potentialkontrast; Potentialmessung (Elektronenstrahltest)
	Rückgesteuerte Elektronen (RE)	Kristalline Struktur	Electron Channeling Pattern (ECP)
	Augerelektronen (AE)	Oberflächenanalyse	Augerspektroskopie
Wellen	Charakteristische Röntgenstrahlen	Materialanalyse	Elektronenstrahl-mikroanalyse
	Licht (Kathodolumineszenz)	Lumineszenzeigenschaften; Elektronische Struktur	Integrale, spektrale und zeitaufgelöste Kathodolumineszenz
	Akustische Wellen	Thermische/ Elastische Eigenschaften	Elektronakustische Rastermikroskopie
Pauschale Größen	Induzierte Spannung bzw. Induzierter Strom	Lokalisierung von: → Potentialbarrieren (z. B. pn-Übergang) → elektrisch aktiven Defekten	EBIV (**E**lectron **B**eam **I**nduced **V**oltage)
		Diffusionslängen, Minoritätsladungsträger - Lebensdauer	EBIC (**E**lectron **B**eam **I**nduced **C**urrent)

und selbst Simulationsmodelle für die Bauelemente und Schaltungen überprüft werden. Es lassen sich zur Zeit Ortsauflösungen von ca. 1 μm, Zeitauflösungen von kleiner 1 ns und Spannungsauflösungen von kleiner als 0,01 V mit kommerziellen Elektronenstrahl-Testsystemen erzielen.

Prinzipiell besteht auch die Möglichkeit über den Kapazitiven Potentialkontrast den Elektronenstrahltest auch an passivierten Bausteinen direkt vorzunehmen, d. h. ohne Entfernung der Passivierungsschicht zum Zweck der Freilegung der Metallisierungsebene. *Kubalek*

Literatur: *Balk, L. J.:* Scanning Acoustic Microscopy. Analysis of Microelectronic Materials and Devices (ed.: M. Grasserbauer, H. W. Werner). London 1991. – *Egerton, R. F.:* Electron Energy-Loss Spectroscopy in the Electron Microscope. New York–London, 1986. – *Fuchs, E.; H. Oppolzer; H. Rehme:* Particle Beam Microanalysis. Weinheim, 1990. – *Görlich, S.* and *E. Wolfgang:* Electron Beam Testing of Microelectronic Devices. Analysis of Microelectronic Materials and Devices (ed.: M. Grasserbauer, H. W. Werner). London 1991. – *Koschek, G.:* Kathodolumineszenz im Raster-Elektronenmikroskop: Grundlagen, Meßsysteme, Anwendungsbeispiele. Fortschrittsber. Nr. 104 Düsseldorf. Reihe 21: Elektrotechnik. – *Leamy, H. J.:* Charge collection scanning electron microscopy. Journal Applied Physics. V. 53 (1982) No. 6, pp. R51–R80. – *Reiners, W.:* Fundamentals of Electron Beam Testing via Capacitive Coupling Voltage Contrast. Microelectronic Engineering V. 12 (1990), pp. 325–340. – *Steck, M.* and *H. Schewe; E. Kubalek:* Three-Dimensional Magnetic Field Measurement of a Modified Thin-Film Magnetic Head for Vertical Recording by Means of Lorentz-Tomography. IEEE Transactions on Magnetics, V. 26 (1990) No. 5. – *Ura, K.* and *H. Fujioka:* Electron Beam Testing. Advances in Electronics and Electron Physics. V. 73 (1989), pp. 233–311.

Elektronenstrahl-Oszilloskop. Elektronisches Meßgerät, welches als „Zeiger" einen trägheitsarmen Elektronenstrahl benutzt, der auf einen →Leuchtschirm trifft. Es ermöglicht die visuelle Beobachtung und photographische Aufzeichnung von (meist periodisch) veränderlichen elektrischen Spannungen und anderen elektrisch abbildbaren

Größen mit Frequenzen von 0 Hz bis über 1000 MHz.

Ein E.-O. besteht aus der Elektronenstrahlröhre (oder →Kathodenstrahlröhre), dem Trigger- und Zeitablenkgerät und verschiedenen Verstärkern (Verstärkerschaltungen) (Bild 1).

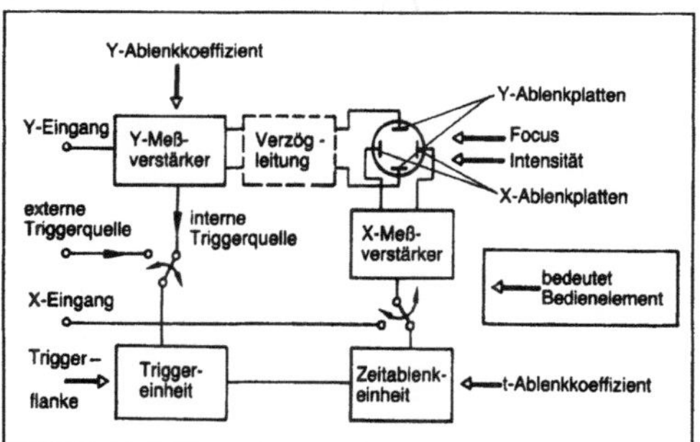

Elektronenstrahl-Oszilloskop 1: Blockschaltbild.

Für eine Abbildung auf dem Bildschirm des E.-O. werden drei Signale benötigt:

- Spannung für die Y-Ablenkung (Vertikal-Ablenkung),
- Spannung für die X-Ablenkung (Horizontal-Ablenkung),
- Spannung für die Z-Modulation (Helligkeitssteuerung).

Diese Signale werden durch die im folgenden kurz beschriebenen Bausteine bereitgestellt.

□ →Ablenkung und →Triggerung: Zur Ablenkung des Strahls sind an den Ablenkplatten Spannungen bis ca. 100 V nötig, die durch getrennte →Meßverstärker für die vertikale (Y) und die horizontale (X) Ablenkung erzeugt werden. Die Anforderungen an die Meßverstärker sind sehr hoch. Sie müssen über einen großen Frequenzbereich eine amplituden- und phasentreue Verstärkung sicherstellen.

Mit geeigneten Spannungen an den X- und Y-Eingängen können nun beliebige Funktionen (Y = f(X)) dargestellt werden; üblicherweise in rechtwinkeligen Koordinaten. Man spricht dann vom X-Y-Betrieb des E.-O.

Für die Vielzahl der Fälle, in denen die unabhängige Variable die Zeit t ist, erzeugt eine kalibrierte Zeitablenkeinheit die zeitproportionale Auslenkung in X-Richtung (Sägezahn). In dieser Betriebsart ist der X-Eingang abgeschaltet. Man spricht dann vom Y-t-Betrieb.

Damit bei periodischen Y-Signalen ein stehendes Bild erscheint, muß der Sägezahn immer an der gleichen Stelle des Y-Signals gestartet werden. Diese Aufgabe übernimmt die Trigger-Einheit (Bild 2). Ihr Eingangssignal kann entweder vom Y-Meßverstärker (intern) oder von außen (extern) zugeführt werden. Während des Strahlrücklaufs vom rechten zum linken Bildrand wird über den Z-Anschluß der Elektronenstrahlröhre der Elektro-

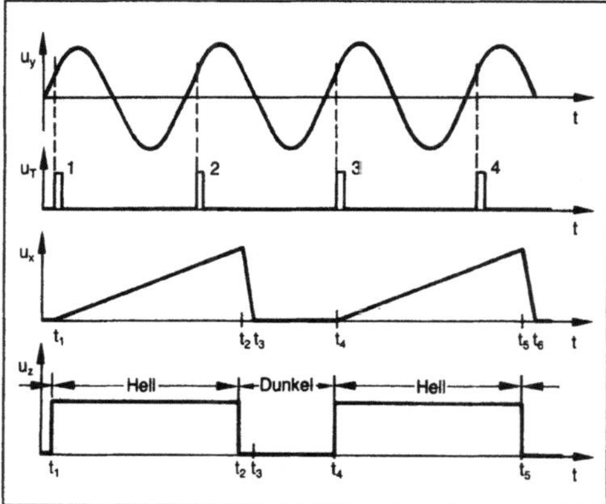

Bei den eingestellten Werten von u_y wird zum Zeitpunkt t_1 die Zeitablenkung gestartet. Zwischen t_2 und t_3 läuft der Elektronenstrahl zum Anfangspunkt zurück. Zum Zeitpunkt t_4 beginnt ein neuer Ablenkvorgang. Die Kurvenstücke t_1 bis t_2 und t_4 bis t_5 werden übereinander geschrieben. Helltastung (über u_z) erfolgt jeweils nur zwischen t_1 und t_2, t_4 und t_5 usw.

Elektronenstrahl-Oszilloskop 2: Arbeitsweise der Triggereinheit.

nenstrahl unterdrückt (Dunkelsteuerung), ebenso in der Wartezeit bis zum nächsten Schreibvorgang.

Aufwendige Oszilloskope enthalten zwei Zeitablenkeinheiten, mit deren Hilfe man Details eines Signalverlaufs mit besonders großer zeitlicher Auflösung untersuchen kann.

Soll ein Oszilloskop für die Wiedergabe sehr steiler Impulsflanken geeignet sein, so muß das Y-Signal, nachdem es die Triggereinheit angestoßen hat, um rd. 50 ns verzögert werden, bevor es die Y-Ablenkplatten erreicht. Diese Zeit ist notwendig, um die Zeitablenkung zu starten und den Elektronenstrahl hell zu steuern. Ohne die →Verzögerungsleitung, die sich zwischen Y-Verstärker und Röhre befindet, würden die ersten 50 ns des Impulses am Bildschirm nicht zu sehen sein.

Sind quantitative Messungen mit dem E.-O. durchzuführen, kann man die Auslenkung des Strahls in cm bestimmen und aus der eingestellten Ablenkempfindlichkeit die außen anliegende Spannung ermitteln.

Der Grenzwert für die Y-Ablenkempfindlichkeit liegt bei etwa 1 cm/µV, bei der Zeitablenkung erreicht man etwa 1 cm/200 ps. Die Impedanz der Y-Eingänge beträgt üblicherweise 1 MΩ parallel mit etwa 20 pF.

□ Mehrkanalbetrieb. Im Y-t-Betrieb besteht häufig der Wunsch, nicht nur eine, sondern mehrere Variable abhängig von der Zeit darzustellen. Zum Beispiel wird oft die gleichzeitige Beobachtung von Strom und Spannung gewünscht, oder es sollen mehrere Meßpunkte den Zustand einer logischen

Schaltung aufzeigen. Diese Aufgabe erfüllen Mehrkanaloszilloskope und →Logikanalysatoren. Grundsätzlich besteht die Möglichkeit, in eine Röhre mehrere Elektronenstrahlsysteme einzubauen. Aus Platzgründen werden solche Röhren aber mit höchstens zwei Systemen hergestellt, und auch nur im Frequenzbereich bis 400 MHz.

Für E.-O. mit größerem Frequenzbereich, für Low-cost-Ausführungen und für Logikanalysatoren verzichtet man auf Mehrstrahlsysteme. In solchen Fällen werden die verschiedenen Y-Eingänge über Vorverstärker geführt, deren Ausgangssignale dann über einen elektronischen Umschalter abwechselnd dem Y-Meßverstärker zugeführt werden. Für die Steuerung des elektronischen Umschalters stehen zwei Möglichkeiten offen:

- Die Umschaltfrequenz liegt wesentlich höher als die Sägezahnfrequenz der Zeitablenkeinheit. In diesem Fall spricht man von Chopperbetrieb (*engl. chopper,* →Zerhacker).
- Die Sägezahnfrequenz steuert den Umschalter. In diesem Fall spricht man von einem alternierenden Betrieb.

□ Ausführungsformen und Anwendungsbeispiele. Heutige E.-O. haben je nach Aufwand recht unterschiedliche meßtechnische Eigenschaften. Ein wesentliches Merkmal ist die Bandbreite der eingesetzten →Verstärker, insbesondere der Y-Meßverstärker.

Standard-Oszilloskope haben zwei Kanäle und eine Bandbreite von 20 MHz. Bild 3 zeigt die Frontplatte eines solchen Oszilloskops, das zusätzlich über die unten erwähnte Möglichkeit der Digitalspeicherung verfügt. Spitzenprodukte können bis zu acht Kanäle gleichzeitig darstellen, ihre Bandbreite reicht bis 1 GHz. Sollen noch schnellere periodische Vorgänge erfaßt werden (bis über 10 GHz), geht man zur Sampling-Methode über. Ein →Sampling-Oszilloskop entnimmt einer Reihe aufeinanderfolgender Perioden eines Meßsignals jeweils zeitlich verschobene Abschnitte und setzt diese zu einer langsameren Kurve derselben Form auf dem Bildschirm zusammen. Das Verfahren entspricht der stroboskopischen Messung eines Bewegungsvorgangs (Stroboskop).

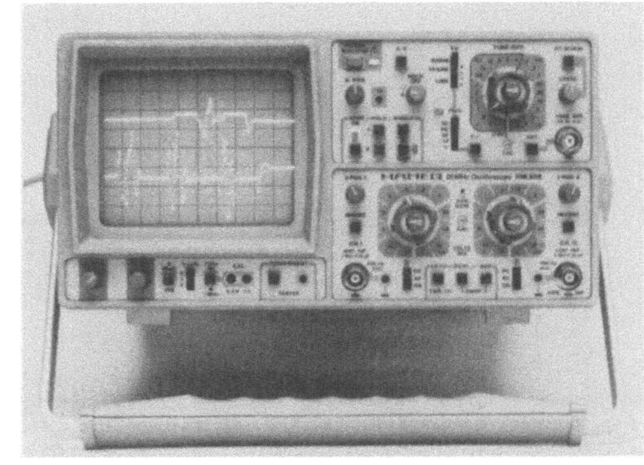

Elektronenstrahl-Oszilloskop 3: 20-MHz-Oszilloskop mit Digitalspeicher. (Quelle: Hameg GmbH)

Zur Darstellung von einmaligen, statistischen oder mit niedrigerer Folgefrequenz ablaufenden Vorgängen dient das Analog-Speicheroszilloskop. Dieses ist mit einer Speicherröhre ausgestattet, die die Beobachtung eines einmal aufgenommenen Oszillogramms über Minuten bis Stunden gestattet. Derartige Oszilloskope werden mit Grenzfrequenzen bis 500 MHz und Speichergeschwindigkeiten bis 40 m/µs ausgeführt. Beim Digital-Oszilloskop werden die Meßsignale in Y- und t-Richtung quantisiert und digital gespeichert. Sie lassen sich dann beliebig oft und beliebig lange auf dem Bildschirm darstellen. Gute Digital-Oszilloskope ermöglichen durch ihre eingebauten Rechner (Bild 4) ein sehr komfortables Arbeiten. Abtastraten bis ca. 1 GHz sind möglich.

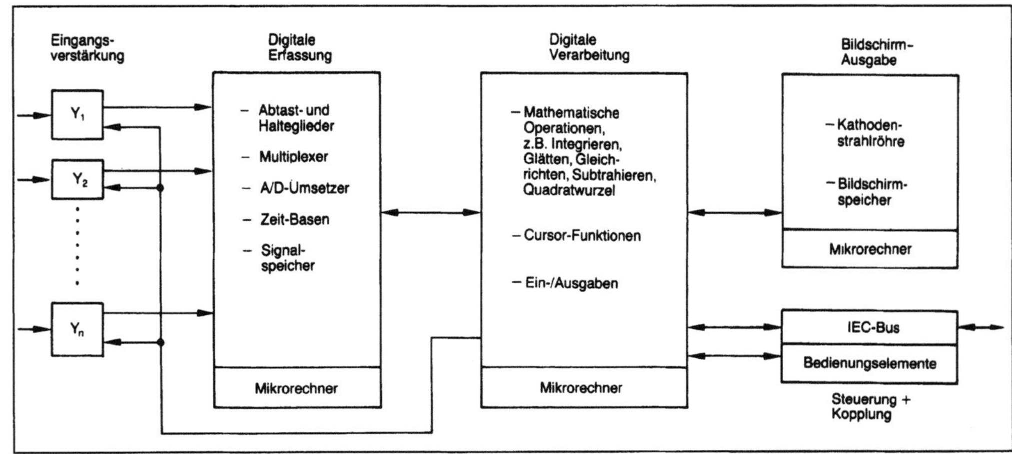

Elektronenstrahl-Oszilloskop 4: Funktionen eines Digital-Oszilloskops mit umfangreicher Ausstattung.

Ähnlich wie bei Transientenspeichern kann man hier auch Teile des Signalverlaufs *vor* dem Triggerzeitpunkt betrachten.

Logikanalysatoren sind spezielle Oszilloskope, bei denen mittels eines elektronischen Umschalters acht, 16 oder mehr Kanäle mit logischen Signalen gleichzeitig auf einem Bildschirm dargestellt werden. Sie dienen der Untersuchung digitaler (logischer) Schaltungen. *Hammerschmidt*

Literatur: *Schrüfer, E.*: Elektrische Meßtechnik. München 1992.

Elektronenstrahlschreiber →Elektronenstrahllithographie

Elektronenstrahlschweißen. (auch *EB-Schweißen*). Schweißen mit dem Elektronenstrahl als Wärmequelle: Beim Auftreffen eines gebündelten Elektronenstrahls höherer Strahlleistung und ausreichender Leistungsdichte auf eine Metalloberfläche wird diese aufgeheizt, schmilzt und verdampft. Die starke Verdampfung an der Strahlauftreffstelle treibt sehr rasch eine enge Vertiefung in Strahlrichtung in das Werkstück hinein. Um den vom Strahl erzeugten Dampfkanal bildet sich eine schmale Schmelzzone. Diese wird zum Schweißen an der Nahtfuge entlang geführt. Im Zuge der Erstarrung der Schmelze wird das Werkstück verschweißt. Dieser Tiefschweißeffekt ermöglicht ein Verhältnis von Tiefe zu Breite der Naht von ca. 20:1.

Durch die im Vergleich zu den anderen Schmelz-Schweißverfahren geringere Wärmeeinbringung ergibt sich für das geschweißte Teil ein Minimum an Verzug. Im Elektronenstrahlgenerator treten die Elektronen (im Hochvakuum) durch Glühemission aus der Kathode aus und werden dann durch Anlegen von Hochspannung an die Strahlquelle beschleunigt. Die Hochspannung beträgt zwischen 30 und 150 kV, der Strahlstrom maximal etwa 1 A. Die Strahlleistung läßt sich von Null bis zum Maximalwert des jeweiligen Generators stufenlos einstellen; bei entsprechender Ausstattung z. B. bis 100 kW.

Für die →Fokussierung des von der Strahlquelle ausgehenden Strahls in einen Fleck mit ca. 0,1 mm Durchmesser werden magnetische Linsen benutzt. Anschließend ist ein magnetisches Ablenksystem angeordnet. Es dient z. B. zur genauen Ausrichtung des Strahls auf die zu verschweißende Fuge.

In der Arbeitskammer wird bei den meisten Elektronenstrahlschweißanlagen ein Vakuum von einigen Pa (10^{-2} mbar) benutzt. Bei höherem Druck in der Arbeitskammer bewirkt zunehmend die Streuung der Strahlelektronen im Restgas eine Verbreiterung des Strahldurchmessers, also des Schweißflecks. Das Verschweißen von reaktiven Materialien wie Titan, Zirkon und deren Legierungen erfordert jedoch Hochvakuum von ca. 10^{-2} Pa (10^{-4} mbar).

Zur Optimierung einer Schweißaufgabe unter Berücksichtigung von Geometrie und Materialeigenschaften des vorliegenden Werkstücks lassen sich, insbesondere zur Beeinflussung der Schweißnahtqualität, außer der Schweißgeschwindigkeit die verschiedenen Strahlparameter sehr genau einstellen und reproduzieren. Durch entsprechende Wahl von Strahlstrom und Hochspannung sowie der Tiefe der Fokuslage im Werkstück und, falls erforderlich, von Frequenz und Funktion einer dynamischen Strahlablenkung (Oszillation) läßt sich die Energieeinbringung örtlich bzw. zeitlich steuern.

Bei größeren Schweißtiefen muß auch die Wirkung der Schwerkraft auf das Schweißbad berücksichtigt werden. Durchschweißungen von mehr als 80 mm Wandstärke gelingen daher sicherer mit nahezu horizontaler Strahllage. Es sind Schweißtiefen bis etwa 300 mm in Stahl in einem Durchlauf realisierbar.

Abmessung und Bauweise der Arbeitskammer werden durch die Schweißaufgabe bestimmt. Um einen wirtschaftlichen Betrieb mit kurzen Nebenzeiten zu ermöglichen, werden zum Schweißen von Massenteilen z. B. für die Automobilindustrie, automatisierte Anlagen mit einem Mehrstationen-Schalttisch ausgerüstet. Während sich eine Station in Schweißstellung befindet, ist eine andere für den Be- bzw. Entladevorgang zugänglich.

Für die kontinuierliche Verschweißung von bandförmigem Material werden Durchlaufmaschinen benutzt, bei denen über Druckstufen-Vakuumschleusen die Bänder kontinuierlich in die Schweißkammer eingeführt und nach dem Verschweißen wieder an Atmosphäre herausgeführt werden. Ein typisches Anwendungsbeispiel ist die Herstellung von Bimetallsägeband (Bild). Ein Trägerband aus bruchsicherem Federstahl wird in ganzer Länge mit einem verschleißfesten harten Schnellarbeitsstahl verbunden. Die Sägezähne werden später durch Stanzen oder Schleifen herausgearbeitet.

Für das Zusammenfügen größerer Präzisionsteile aus mehreren fertig bearbeiteten Einzelteilen werden entsprechend angepaßte Werkstückaufnahme- und Bewegungseinrichtungen und große Arbeitskammern sowie CNC-Steuerung für Strahldaten und Bewegungsabläufe eingesetzt. Z. B. bei der Herstellung von Strahltriebwerkskomponenten ist die automatische Ausführung vieler und z. T. unterschiedlicher Schweißungen in unmittelbarer Abfolge erforderlich. Hierzu gehört auch die Kontrolle der Ausrichtung des Strahls auf die Fuge. Dabei wird der Strahl selbst zum Abscannen der Fuge benutzt, womit eine automatische Selbstpositionierung des Strahls erfolgt. Für besonders große Werkstücke sind auch Anlagen mit lokalen und mit mobilen Vakuum eingesetzt worden. *Scheffels*

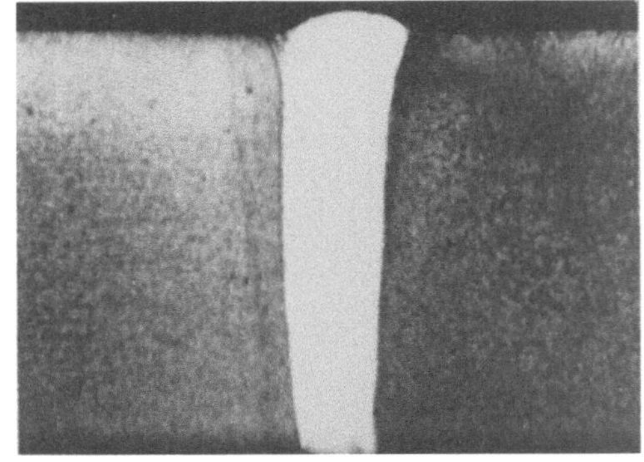

Elektronenstrahlschweißen: Elektronenstrahlgeschweißtes Bimetallsägeband (0,7mm dick), Trägerband aus niedrig legiertem Vergütungsstahl und Vierkantdraht aus Schnellarbeitsstahl; links unten vor, links oben nach der Einarbeitung der Sägezähne, rechts Querschliff. (Quelle: Messer Griesheim, Steigerwald Strahltechnik)

Literatur: *Anderl, P.* und *E. Kappelsberger, K. Leeb:* DVS-Berichte, 99 (1985), S. 50–54. – *Anderl, P.* und *E. Kappelsberger, W. Scheffels, K. H. Steigerwald:* DVS-Berichte, 74 (1982), S. 215–219. – *Anderl, P.; J. Koy, W. Scheffels:* 4 ème Colloque International sur le Soudage et la Fusion par Faisceau d'Electrons et Laser (1988), S. 733. – *Schiller, S.* und *U. Heisig, S. Panzer:* Elektronenstrahltechnologie, Stuttgart (1977). – *Steigerwald, K. H.:* Schweißen und Schneiden 12 (1960)3, S. 89–95.

Elektronenstrahlsystem. Monochromatische →Kathodenstrahlröhren haben ein E., Farbkathodenstrahlröhren drei zu einer mechanischen Einheit zusammengefaßte E., eines für jede →Primärfarbe.

Die Kathoden und die Heizungen der drei Einzelsysteme sind gegeneinander isoliert. An den Kathoden werden die Röhren mit den drei Signalen (R, G, B) angesteuert. Die anderen je drei gleichen Elektroden einer Röhre

- die drei Gitter 1 (→Wehnelt-Zylinder)
- die drei Gitter 2 (Schirmgitter)
- die drei Gitter 3 (Fokussierelektrode)
- Gitter 4 (→Anode)

sind in der Röhre elektrisch miteinander verbunden bzw. aus einem Blechteil gemeinsam gestanzt und geformt. Letztere Ausführung wird integriertes System genannt. Das Gitter 4 war auch bisher schon ein gemeinsames Teil. Die drei Systeme (R, G, B) sind dabei so gegeneinander geneigt, daß die nicht abgelenkten Strahlen in der Bildschirmebene einander kreuzen.

Außer den o. a. Gitter 1 bis Gitter 4 gehören zu den Systemen noch je eine →Kathode und je ein Heizer.

Kathode, Gitter 1 und Gitter 2 bilden dabei den Triodenteil durch dessen Anode (Gitter 2 der →Kathodenstrahlröhre) über den Durchgriff der Fokus- und der →Anodenspannung der →Bildröhre der Strahlstrom geführt und geformt wird.

Typische Betriebswerte einer modernen →Inline-Farbbildröhre (Typ A66EAK220X11 von Philips Components) sind beispielsweise:

Unten Heizwendel und Kathode, umgeben vom Wehneltzylinder. Darüber Gitter 2 (Schirmgitter) und Gitter 3 (Fokuselektrode). Oben Gitter 4 (Beschleunigungselektrode). Die beiden äußeren Systeme sind ca. 1° zum mittleren hin geneigt, damit die Elektronenstrahlen der drei Systeme in der Leuchtschirmebene konvergieren

Elektronenstrahlsystem 1: Schnitt durch das Elektronenstrahlsystem einer In-Line-Röhre (Typ A66-510X, Philips Components).

U_f	6,3 V, Heizstrom 310 mA
U_k	130...160 V
U_{g1}	0 V (Bezugspotential)
U_{g2}	700...1 000 V
U_{g3}	7,98...9,1 KV
$U_{g4,5}$	27,5 KV

Die drei Elektronenstrahlen müssen unter einem solchen Winkel durch die Maskenlöcher verlaufen, daß jeder der drei Strahlen nur auf den Dots „seiner" Farbe landet. Dieser Winkel, auch →Farbauswahlwinkel genannt, soll für gute Farbreinheit möglichst groß sein.

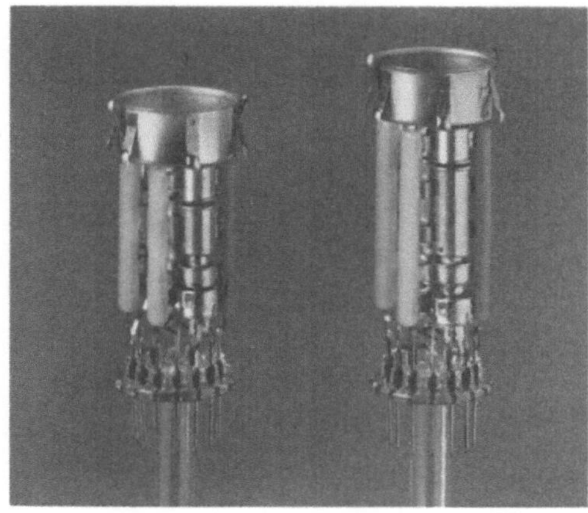

links für eine Lobi-Potential-Röhre, bei der die Fokusspannung ca. 26% der Anodenspannung beträgt; rechts für eine HiBi-Potential-Röhre mit 29% der Anodenspannung als Fokusspannung, erkennbar auch an der längeren Fokuselektrode

Elektronenstrahlsystem 2: Ausführungen für In-Line-Farbbildröhren.

Dann wird der Abstand der →Lochmaske zum →Leuchtschirm klein. Das ist wichtig, weil in diesem Bereich magnetische Störfelder den Strahl beeinflussen können. Der Bereich etwa vom Ablenkmittelpunkt der →Ablenkeinheit bis zur Lochmaske ist durch eine im Konus untergebrachte Abschirmhaube weitgehend frei von solchen Störungen.

Der →Farbauswahlwinkel hängt direkt ab vom Abstand der drei E. voneinander. Günstig für gute Farbreinheit ist ein großer Abstand s (spacing) der drei Systeme voneinander, was einen großen Durchmesser des Röhrenhalses bedingt. Für eine gute Konvergenz sind dagegen genau die entgegengesetzten Anforderungen zu erfüllen.

Keitel/Nerstheimer

Literatur: Farbfernsehtechnik I. Hrsg. Telefunken, München. – Farbfernsehtechnik II. Hrsg. Telefunken, Berlin. – Valvo Datenbuch 1986: Farbbildröhren-Systeme für Fernsehen. Hrsg. Valvo, Hamburg.

Elektronenstrahl-Umschmelzveredeln. Zum Umschmelzveredeln wird der betreffende Oberflächenbereich des Werkstücks durch Beaufschlagung mit dem Elektronenstrahl kurzzeitig über den Schmelzpunkt erwärmt. Die anschließende Abkühlung durch Wärmeableitung ins gesamte Werkstück (Selbstabschreckung) führt zu einer sehr hohen Erstarrungsgeschwindigkeit. Dies hat zur Folge eine deutliche Änderung der Gefügeausbildung verglichen mit dem Grundmaterial, wie Verfeinerung der Mikrostruktur, Abbau von Seigerungen oder Aufhärtung bei Umwandlungshärtenden Werkstoffen. Dies führt z. B. bei Grauguß zu einem stark ausgeprägten Härteanstieg (Hartguß). Auch bei Aluminiumlegierungen kann die Härte erhöht und die Verschleißfestigkeit verbessert werden.

Durch Umschmelzveredelung an den Schäften von Ventilen für Kraftfahrzeugmotoren wird durch Verbesserung der Mikrostruktur des Gefüges die Korrosionsbeständigkeit und so die Standzeit der Schäfte erhöht. An Flachproben des warmfesten Stahls X20 CrMoV 121 wurde die Dauerbiegefestigkeit bei 500 °C getestet. Sie war bei umschmelzveredelten Proben um 45 % erhöht gegenüber unbehandelten Proben.

Für das Umschmelzveredeln werden Elektronenstrahlschweißmaschinen mit einigen kW Strahlleistung eingesetzt. Punkt- oder linienförmige Umschmelzstrukturen lassen sich aufbringen, z. B. durch sprungweises Abrastern der Oberfläche mittels spezieller Ablenksteuerungen. Zur Erzeugung einer flächenhaften Struktur kann man mehrere Umschmelzlinien nebeneinander legen. Die Aufschmelztiefe liegt zwischen einigen zehnteln bis zu einigen Millimeter. Die leicht aufgerauhte geschmolzene Oberfläche wird glattgeschliffen.

Um die Verschleißfestigkeit an Ringnutenflanken von Aluminiumkolben für Verbrennungsmotoren (Bild) zu verbessern, werden vor dem Ausarbeiten der jeweiligen Nut zwei Tiefschweißnähte eingebracht, sodaß die Flanken der Nut in den umgeschmolzenen Materialbereich fallen. Besonders bei Aluminiumlegierungen hat es sich bewährt, die Oberfläche vor dem Umschmelzveredeln z. B. mit Nickel zu beschichten, um die Verschleißfestigkeit weiter zu erhöhen. Das ist dann ein Umschmelzlegieren.

Scheffels

Literatur: *Hiller, W.*: DVS-Berichte, 26 (1973), S. 61. – *Hiller, W.* und *K. H. Steigerwald:* Trennen und Fügen, (1981) Nr. 8, S. 16. – *Hiller, W.* und *E. Pfeiffer, K. H. Steigerwald, H. Zürn:* DVS-Berichte, 74 (1983), S. 229.

Elektronentheorie →Elektronentheorie, freie

Elektronentheorie, freie. Einfache auf *P. Drude* und *H. A. Lorentz* zurückgehende Deutung der elektrischen und optischen Eigenschaften von

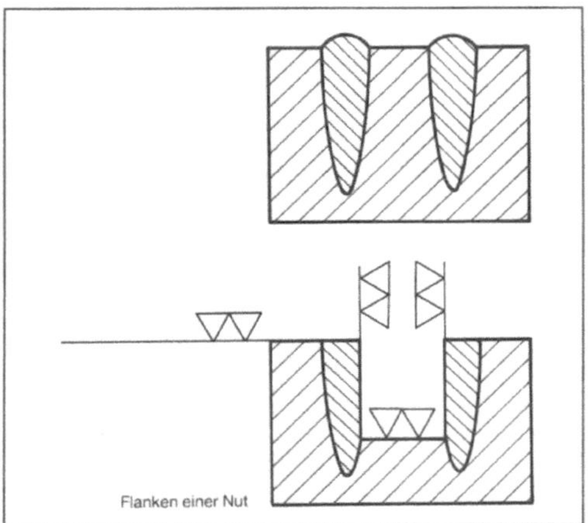

Elektronenstrahl-Umschmelzveredeln: Umschmelzveredelung an Ringnutenflanken von Aluminiumkolben, oben Schemaskizze des Arbeitsablaufs. (Quelle: Messer Griesheim, Steigerwald Strahltechnik)

Metallen (deshalb auch freie Elektronentheorie der Metalle). Sie nimmt innerhalb eines Metalls praktisch freie Elektronen an (freies →Elektronengas), die durch ein äußeres elektrisches oder elektromagnetisches Feld beschleunigt werden können.

Die Energieaufnahme im elektrischen Feld wird im dynamischen Gleichgewicht egalisiert durch eine Energieabgabe durch Stöße der Elektronen mit anderen Teilchen oder Quasiteilchen, z. B. thermisch schwingenden Atomen bzw. deren Quanten (→Phonon). Dabei hatte Drude noch angenommen, daß die mittlere zwischen zwei Stößen zurückgelegte Strecke (freie Weglänge) nur wenige Atomabstände beträgt, was aber um Größenordnungen falsch ist, da sie (temperaturabhängig) mehrere 100 Å betragen kann (z. B. für Kupfer bei T = 273 K: 420 Å). Die freie Weglänge läßt sich in eine mittlere Zeit zwischen zwei Stößen (Stoßzeit τ) umrechnen. Mit ihr ergibt sich die →Driftgeschwindigkeit v der Elektronen in einem elektrischen Feld E zu $v = e\tau E/m$. Da die Stromdichte proportional zu v ist ($j=eNv$, N=Elektronendichte), ist dies äquivalent zum Ohm'schen Gesetz, wobei sich die Gleichstromleitfähigkeit $\sigma_0 = e^2N\tau/m$ ergibt.

In einem mit der Frequenz ω oszillierenden elektromagnetischen Feld, z. B. bei Lichteinstrahlung, kann ebenso die Amplitude der dem Wechselfeld folgenden Elektronen berechnet werden, woraus sich der Real- und Imaginärteil der Dielektrizitätskonstanten ε und die optischen Konstanten n und k ergeben:

$$\varepsilon_r = n^2 - k^2 = \varepsilon_\infty - \frac{e^2N\tau^2}{m\varepsilon_0\,(1+\omega^2\tau^2)}$$

$$\varepsilon_i = 2nk = \frac{e^2N\,\tau}{m\varepsilon_0\,\omega\,(1+\omega^2\,\tau^2)}$$

wobei ε_0 die Influenzkonstante und ε_∞ der Beitrag der gebundenen Elektronen ist.

Damit erlaubt die einfache Drude - Theorie die Interpretation der elektrischen und optischen Metalleigenschaften, zumindest qualitativ. Andere Eigenschaften, z. B. der Beitrag der Elektronen zur spezifischen Wärme, können aber erst unter Berücksichtigung der *Fermi-Dirac*-Statistik verstanden werden. Diese weicht stark von der für ein klassisches Gas gültigen und von Drude angenommenen Boltzmann-Statistik ab. Man spricht daher auch von einem entarteten Elektronengas (Fermi-Gas). Danach können nur wenige Elektronen, nämlich in einem schmalen Energiebereich um die →Fermi-Energie W_F herum, Energie aufnehmen (Bruchteil kT/W_F, T = Temperatur, k = Boltzmann-Konstante). Damit gelingt eine mehr quantitative und weitergehende Beschreibung der elektronischen Eigenschaften.

Die obigen Formeln für die →Leitfähigkeit bleiben richtig, wenn man für die Stoßzeit die entsprechenden Werte für Elektronen bei der Fermi-Energie einsetzt, $\tau = \tau(W_F)$. Eine noch genauere Beschreibung berücksichtigt, daß die Elektronen nicht wirklich frei oder quasi-frei sind, sondern dem periodischen Potential der Metallatome unterliegen (→Bandstruktur, Fermi-Fläche). *Heinz*

Literatur: *Fröhlich, H.:* Elektronentheorie der Metalle. Berlin-Heidelberg-New York 1969. – *Grosse, P.:* Freie Elektronen im Festkörper. Berlin-Heidelberg-New York 1979. – *Ziesche, P.* und *G. Lehmann:* Elektronentheorie der Metalle. Berlin-Heidelberg-New York 1983.

Elektronik. Bezeichnung für alle Vorgänge, die auf den Eigenschaften von Elektronen und Ionen beruhen. E. läßt sich also durch das Verhalten von Ladungsträgern in Vakuum, Festkörpern, Flüssigkeiten und in Gasen charakterisieren.

Nach einer zu Beginn des 19. Jahrhunderts einsetzenden experimentellen Vorphase in der die halbleitenden Eigenschaften von Festkörpern, die Ionisierung von Gasen und das Verhalten von Elektronen im Vakuum untersucht wurde, kann die erste Basisinnovation zur praktischen Einführung der E. in die Industrie auf die Zeit um 1885 datiert werden. *Edison* wies 1884 Elektronen über einem Glühfaden nach, *Fleming* baute die erste Vakuumdiode, von Lieben bzw. *de Forest* fügten die dritte Elektrode als Steuerung hinzu. Sie stellten damit das erste technisch brauchbare verstärkende elektronische →Bauelement der E., die →Triode her. Etwa zur selben Zeit wurde durch Braun die erste →Kathodenstrahlröhre gebaut und damit die Grundlage für die Displaytechnik gelegt.

Der entscheidende Meilenstein für die →Mikroelektronik ist die Erfindung des Transistors durch *Bardeen, Brattain* und *Shockley* im Jahre 1948. Diese Basisinnovation der Halbleitertechnik entwickelte sich seither mit gleichbleibender Geschwindigkeit.

Die Mikroelektronik bildet die Grundlage der heutigen Kommunikationstechnologie, sie hat fast alle Teilgebiete der Wirtschaft beeinflußt, eine Grenze ihres Wachstums ist noch nicht absehbar.

Für die Prozeßtechnik bleibt →Silicium das wichtigste Grundmaterial, es ist der →Planartechnik am besten angepaßt. Die Prozeßschritte →Lithographie, →Ätztechnik, Schichtabscheideverfahren erlauben derzeit die Herstellung von kleinsten Strukturen bis zu 0,3 μm für die Bauelemente und Integrationsdichten von 10^8 Komponenten pro Bauelement (Chip). Absehbar sind kleinste Strukturen von $<0{,}1$ μm und Integrationsdichten bis zu 10^{10} Komponenten pro Chip.

Neben Silicium erhalten die →Verbindungshalbleiter zunehmende Bedeutung, besonders in der →Optoelektronik und in der Anwendung der Mikroelektronik für höchste Frequenzen bzw. Bitraten unter Nutzung der Effekte der →Quantenelektronik. (Beispiel →HEMT-Strukturen für Höchstfrequenzverstärker).

Zu erwähnen ist ferner die Bauelemente-Technologie für tiefe Temperaturen (→Josephson-Bauelemente).

Mikroelektronische Bauelemente und Bauelementfamilien sind die Grundlagen der Systeme der Kommunikationstechnik. Solange nur Vakuumröhren als Verstärkerelemente zur Verfügung standen, waren elektronische Systeme weitgehend mit analogen Schaltungstechniken aufgebaut. Die Mikroelektronik erlaubt wegen ihres geringeren Leistungsverbrauchs und wegen ihrer hohen →Packungsdichte den Übergang zur Digitaltechnik für komplexe Systeme. Da unsere Umwelt vorwiegend analoge Signale generiert, muß zu ihrer Verarbeitung eine entsprechende analoge bzw. analog-digitale →Schaltungstechnik beibehalten und weiterentwickelt werden. Beispiele sind A/D-Wandler und Sensortechnik. Dementsprechend läßt sich die Gesamtheit der Mikroelektronikbauelemente in folgende Funktionsgruppen einteilen:

- analoge und analog-digitale Komponenten
- digitale Bauelementfamilien
- Speicherbausteine
- Logikbausteine wie Mikrocomputer und Signalprozessoren

Mikroelektronische Bauelemente haben eine physikalisch und gehäusetechnisch bedingte Leistungsgrenze von weniger als 50 W/Gehäuse. Oberhalb dieser Grenze stellt die →Siliciumtechnik Leistungsbauelemente bis zu einer Grenze von 50–100 kW (→Thyristoren) zur Verfügung. Im unteren Leistungsbereich ist der Übergang zum reinen Leistungsbauelement fließend, die Smart-Power-Technik erlaubt die Integration von Leistungstransistoren und →Signalverarbeitung auf einem Chip.

Frequenzbereiche oberhalb 200 MHz bei einigen kW Hochfrequenzleistung bleiben die Domäne der vakuumelektronischen Komponenten. Klystrons und verwandte Bauelemente mit max. 800 Mhz Betriebsfrequenz und 500 kW Leistung sind auf dem Markt.

Der Vakuumelektronik vorbehalten bleiben ferner die Bereiche der →Röntgenröhren und der →Gaslaser.

Darüber hinaus hat die Gruppe der elektronenoptischen Systeme der Vakuumelektronik große Bedeutung. Hierzu gehören Elektronenstrahlmikroskope und in jüngerer Zeit als Gerät für die Mikroskopie im atomaren Bereich das →Rastertunnelmikroskop.

Für die Herstellung der Masken für die Planartechnik sind →Elektronenstrahlschreiber mit einer Auflösung bis in den Nanometerbereich (10^{-9} m) wichtige Werkzeuge. Das Potentialkontrastverfahren stellt für die Untersuchung mikroelektronischer Schaltungen unter Verwendung einer modifizierten Technik der Elektronenmikroskopie ein wichtiges Werkzeug dar.

Großgeräte der Vakuumelektronik werden voraussichtlich in der Lithographie der Planartechnik eine Rolle spielen. Wichtigster Vertreter dieser Geräteklasse ist das →Synchrotron zur Erzeugung weicher Röntgenstrahlung hoher Intensität für die →Röntgenlithographie mit der die Massenfertigung für mikroelektronische Bauelemente mit kleinsten Abmessungen bis zu 0,1 μm möglich sein wird.

Schließlich sind die Geräte zur →Ionenimplantation wichtigster Bestandteil der Dotierungstechnik innerhalb der Planartechnik.

Passive →Bauelemente wandeln ohne Verstärkung (im Gegensatz zu aktiven signalverstärkenden Bauelementen) elektrische Signale um. Hierzu gehören Kondensatoren und Widerstände, Induktivitäten (→Spulen) und Transformatoren (→Wandler). Die technische Entwicklung auf diesem Gebiet verläuft – verglichen zur Mikroelektronik – weniger stürmisch. Der Schaltungstechnik stehen jedoch eine Vielzahl in Aufbau und Funktion unterschiedliche passive Bauelemente zur Verfügung.

Eine besondere Rolle innerhalb dieser Gruppe spielen die elektromechanischen Wandler, wie →Quarze und piezokeramische Bauelemente.

Die gemeinsame Anwendung der Mikroelektronik und der Quarztechnologie haben zu einem drastischen Wandel in der Uhren- und Zeitmeßtechnik geführt.

Mit den noch zu erwartenden Fortschritten der Mikroelektronik werden voraussichtlich →Speicher mit bis zu 10^9 Bit pro Chip herstellbar sein. Datenverarbeitungssysteme und Systeme der Kommunikationstechnik und der Unterhaltungselektronik benötigen jedoch darüber hinausgehende Speichertechniken. Hierzu gehören die konventionellen magnetischen Aufzeichnungsverfahren wie Magnetbänder, Floppy Disks und Magnetplatten. Ihre Weiterentwicklung geht in Richtung höhere Bitdichten.

Eine stark zunehmende Bedeutung haben optische Speicher, deren bekanntester Vertreter die Compact Disk darstellt. Nach ihrem Prinzip arbeitende magnetooptische Techniken wie die CD-ROM werden in Zukunft Datenmengen von mehr als 10^{12} Bit speichern können. Das entspricht dem Inhalt einer großen Bibliothek auf einigen wenigen Speicherplatten.

Ein wichtiger Bestandteil elektronischer Systeme sind die Anzeigetechniken (→Displays). Von wirtschaftlich und technisch immer noch großer Bedeutung sind die Bildröhren vor allem wegen ihrer breiten Anwendung im Farbfernsehen, aber auch als Bildschirme mit höherer Auflösung bei Produkten wie Personal Computern. Die →Farbbildröhre wird trotz wachsender Konkurrenz anderer Displaytechniken in absehbarer Zukunft ihre technisch-wirtschaftliche Position beibehalten. Weiterentwicklungen der →Bildröhre sind in Richtung hochauflösende (→HDTV) flachere Bildschirme zu erwarten.

Eine Anwendung der Gasentladungstechnik für Displays sind Plasmadisplays. Sie finden – verglichen zu Kathodenstrahlröhren – wegen ihrer geringeren Bautiefe eine beschränkte Anwendung in der Datenverarbeitung. Dies gilt auch für Lumineszenzbildschirme und für Lumineszenzdiodenarrays.

Die bisher beschriebenen Displays sind aktive Displays, d. h. die Bildschirme werden durch Elektronen oder Ionen zur Lichtemission angeregt.

Im Gegensatz hierzu sind passive Displays zu sehen, die einfallendes oder reflektiertes Licht modulieren. Wichtigste Vertreter dieser Technik sind die →Flüssigkristall-Anzeigen (LCD's). Ihre erste Anwendung fanden sie als kostengünstige Anzeigen in der Uhrentechnik oder für Ziffernanzeigen. Inzwischen können sehr großflächige Anzeigeelemente mit großer Auflösung gefertigt werden. Erste farbtüchtige LCD-Displays wurden in der Unterhaltungselektronik angewandt. Ob LCD's die Elektronenstrahlröhre als flacher Bildschirm ablösen werden ist eine noch offene Frage.

Schließlich können →magnetooptische Effekte für den Bau von Displays verwendet werden. Vorteil dieser Technik ist die Erzeugung eines selbstspeichernden Bilds. Wegen der relativ hohen Kosten haben magnetooptische Displays bisher wenig Verbreitung gefunden.

Hochkomplexe Digitalsysteme setzen sich in vielen Anwendungsbereichen durch. Sie verarbeiten wie z. B. in der Kfz-Elektronik externe Signale, also Druck oder Temperatur. Diese meist analogen Signale müssen in elektrische Signale gewandelt den Systemen möglichst in digitaler Form zur Verfügung gestellt werden. Diese Aufgaben leisten die Sensoren.

Es gibt eine große Anzahl von Wandlerprinzipien. Eines der bekanntesten ist der piezoelektrische Effekt. Daneben gibt es eine Vielzahl von Sensorprinzipien zur Bereitstellung elektrischer Signale für die chemische Zusammensetzung von Flüssigkeiten und Gasen.

Silicium als Grundmaterial spielt für die →Sensorik eine wesentliche Rolle. Für die Herstellung von →Gassensoren sind aber auch Oxidhalbleiter von Bedeutung. Für optoelektronische Sensoren werden neben Silicium eine Vielzahl von Materialien aus dem Bereich der →Verbindungshalbleiter verwendet.

Die Technik der Telekommunikation ist zur Zeit in der Übergangsphase von der Analog- zur Digitaltechnik, verbunden mit einer drastischen Erweiterung der angebotenen Dienste. Das erfordert eine wesentliche Erhöhung von Bandbreiten und Datenraten der Übertragungskanäle. Die wichtigste Basistechnik zur Erfüllung dieser Aufgaben ist die Optoelektronik. Ihr Grundelement zur Signalübertragung ist die Glasfaser mit ihrer um den Faktor 1 000 höheren Übertragungsgeschwindigkeit, verglichen zum herkömmlichen Kupferkabel.

Weitere optoelektronische Komponenten sind Sende- und Empfangselemente in Form von →Lasern und hochempfindlichen, schnellen →Photodioden.

Forschungsergebnisse zum Thema nichtlineare optische Effekte und Komponenten (→SEED's) eröffnen die Möglichkeit die Signalverarbeitung rein optisch vorzunehmen. Ob sich für optische

Computer ein breites Anwendungsfeld finden wird, ist eine noch ungeklärte Frage.

Die Lasertechnologie spielt auch außerhalb der Optoelektronik, also z. B. in der Medizin und in der industriellen Verarbeitungstechnik eine wachsende Rolle. Es gibt eine Fülle von Materialien im festen, flüssigen und gasförmigen Aggregatzustand für die Darstellung von Lasereffekten. Die Eigenschaften der aus ihnen hergestellten →Laser variieren in Bezug auf Wellenlänge, Ausgangsleistung und geometrische Dimensionen. Damit lassen sich für spezifische Anwendungen spezielle Laser bauen.

Elektronische Bauelemente werden durch →Aufbau- und Verbindungstechniken zu Gesamtsystemen zusammengefügt. Bei wachsender Komplexität der Systeme muß auch die Verbindungstechnik immer komplexer werden.

Leiterplattentechniken und die mit ihnen verbundenen Montageverfahren sind besonders die →Oberflächenmontage (SMD-Technik) und die Hybridtechniken. Deren Keramiksubstrate haben bis zu 16 Verdrahtungsebenen mit wachsender Tendenz.

Hybridtechniken erlauben die Verbindung von auf keramische Substrate gedruckte Widerstände und Kondensatoren mit komplexen Chips zu Gesamtsystemen.

Elektromechanische Bauelemente dienen als passive Komponenten in Form von →Steckverbindern zur Verknüpfung der Leiterplattensysteme untereinander. Zur klassischen Form des Schalters gehören die →Relais, die in weiterentwickelter Form wegen ihres nahezu idealen Schaltverhaltens immer noch einige Anwendungsfelder besetzen.

Zu erwähnen sind schließlich die →Aktoren. Sie dienen in Form von Stellgliedern und Stellmotoren als Gegenstücke zu den Sensoren zur Umwandlung elektrischer Signale in mechanische Größen z. B. in Robotern oder zur Steuerung von Flüssigkeits- oder Gasströmen. Die →Mikromechanik beginnt ein wichtiger Bestandteil der Aktorik zu werden. Sie bedient sich vorwiegend der in der Planartechnik erarbeiteten Verfahren.

Zusammenfassend läßt sich feststellen, daß die E. einer der wichtigsten Industriezweige geworden ist. Schon heute stellt die Elektronikindustrie für alle denkbaren Anwendungszweige eine Fülle geeigneter Komponenten und Systeme zur Verfügung. Die zu erwartenden Weiterentwicklungen, besonders in der Mikroelektronik werden für eine Fortsetzung der dynamischen Entwicklung der Elektronikindustrie sorgen. *Sautter*

Elektron-Loch-Paar. Ein im Halbleiter durch z. B. optische oder thermische Anregung erzeugtes Ladungsträgerpaar, bestehend aus einem Elektron im →Leitungsband und einem →Defektelektron (→Loch) im →Valenzband (→Band-Band-Übergang).

Der Paarbegriff resultiert aus der Tatsache, daß das ins Leitungsband angehobene Elektron zwangsläufig im Valenzband ein Loch zurückläßt. Beide ziehen sich über die *Coulomb*-Wechselwirkung an, was zu einem Bindungszustand ähnlich dem Wasserstoffatom führen kann. *Heinz*

Elektrotransport →Alterung

Element, parasitäres.

1. Allgemein: unerwünscht auftretender Effekt, der durch die Existenz eines aktiven oder passiven Elementes (z. B. →Transistor, →Widerstand, →Kondensator) beschrieben wird. Er wirkt in der Regel verschlechternd auf die Übertragungseigenschaften einer Schaltung, führt zu unerwünschten Kopplungen zwischen Schaltungsteilen und erhöht die Gefahr einer Instabilität (Schwingungsneigung).

2. Speziell in Halbleiterbauelementen und mikroelektronischen Schaltungen auftretende Erscheinungen gemäß 1., die als Nebenwirkungen infolge von Vorgängen an →dünnen Schichten, →Leiterbahnen und →pn-Übergängen außer einem gewünschten Effekt – z. B. einer Transistorwirkung – entstehen und die Funktion dieses Bauteiles beeinträchtigen können (z. B. Schwingneigung von Hochfrequenz-Leistungstransistoren, Thyristoreffekt – sog. →Latch up-Effekt an CMOS-Schaltungen –, kapazitive Verkopplungen zwischen den Funktionselementen, sog. parasitäre Transistoren (→Bipolartransistor, integrierter) u. a. m.).

3. Bei Antennen: Parasitärstrahler, die nicht in direkter Verbindung mit dem Sender oder Empfänger stehen und die aufgenommene HF-Energie mit einer entsprechend ihrer Länge verschiedenen Phasenlage wieder abstrahlen. Die Überlagerung der von mehreren Parasitärstrahlern erzeugten Wellen mit der vom Hauptstrahl strahlenden bzw. empfangenen Welle bestimmt die Richtcharakteristik der Antenne. *R. Paul*

Elementhalbleiter. Elemente der Gruppe IV a und VI a des periodischen Systems weisen in amorpher, polykristalliner oder einkristalliner Form Halbleitereigenschaften auf: Kohlenstoff (→Diamant), →Silicium, →Germanium, →Zinn („graue Modifikation"), bzw. →Schwefel, →Selen und →Tellur. Die ersten Transistoren wurden aus einkristallinem Germanium hergestellt, jetzt wird vorwiegend einkristallines Silicium verwendet. Der Grund hierfür sind die hervorragenden Eigenschaften des Oxids von Silicium.

→Dotierung von Diamant ist mit →Ionenimplantation möglich. Damit ist auch die Herstellung von Bauelementen (Transistoren) möglich. Wegen seines großen Bandabstandes sind Bauelemente aus Diamant bis ca. 500 °C verwendbar. Die hohen Kosten begrenzen aber seine Anwendung. Natürliche Diamanten sind vorwiegend n-Halbleiter (Stickstoff-Kontamination), weswegen eine Dotierung mit p-Wirkung (Bor-Implantation) erforderlich ist.

Heutzutage wird Germanium kaum noch verwendet, lediglich für Strahlung und im fernen Infrarot als Photodetektormaterial hat es auch heute noch eine geringe Bedeutung. Die →Beweglichkeit der →Ladungsträger ermöglicht Anwendungen im GHz-Bereich.

Die anderen Elemente werden als einkristalline Halbleiter nicht verwendet, jedoch als amorphe Halbleiter haben sie für Anwendungen außerhalb der Mikroelektronik Bedeutung. *Ryssel*

Elko →Elektrolytkondensator

Emission. Durch die →Heizung der Kathode (700–800 °C) bildet sich über der Kathodenoberfläche eine Raumladungswolke aus Elektronen. Dieser Wolke werden wie in einer normalen →Triode Elektronen entzogen, die von der geheizten Kathode nachgeliefert werden. Die Anode des Triodenteils ist das Schirmgitter der →Kathodenstrahlröhre. Sie wirkt als Beleuchtungselektrode. Über den Durchgriff der Elektroden, die auf höheren Potentialen liegen, werden die Elektronen im Triodenteil weiter gesteuert und geformt.

Die der Raumladungswolke über der Kathode entnommenen Elektronen bilden den Elektronenstrahl. Dieser wird in seiner Intensität entsprechend dem wiederzugebenden Bild über den →Wehnelt-Zylinder (Gitter 1, Steuerelektrode) gesteuert. Dieser hat ein feines Loch von mehr oder weniger den Strahl prägender Form. Die Steuerung der Stromstärke des Strahles erfolgt weitgehend über das gegen die Kathode negative Potential des →Wehnelt-Zylinders.

Eine einwandfreie E. setzt mehrere Bedingungen voraus:
- Reinheit der Ausgangsmaterialien,
- Sauberkeit der Unterteile,
- akurate, kontrollierte Durchführung der erforderlichen Prozeßschritte und
- Fehlen von „Giften“ wie Sauerstoff, d. h. ein gutes, stabiles Vakuum.

Sollten eine oder mehrere dieser Voraussetzungen nicht erfüllt sein, ist damit zu rechnen, daß:
- die Röhre die maximal erforderliche E. (Strahlstrom) nicht erreicht,
- die Emissionsfähigkeit nach kurzer Betriebszeit nachläßt
- die Anheizzeit stark zunimmt.

In einigen Fällen verbessert sich allerdings das Emissionsverhalten mit der Betriebszeit. So ist es eine Empfehlung des Bildröhrenproduzenten, eine Beurteilung der →Bildröhre bzgl. emissionsabhängiger Parameter erst nach einer Betriebszeit der Röhre von ca. 15 min. vorzunehmen. Diese Empfehlung gilt auch für Röhren, die längere Zeit nicht betrieben worden sind. *Nerstheimer*

Literatur: Bildröhren und Ablenkmittel 1966. Hrsg. SEL, Eßlingen. – Die Fernseh-Bildröhre. Hrsg. Telefunken, Ulm. – Farbfernsehtechnik II. Hrsg. Telefunken, Berlin.

Emission, induzierte. Typisches Kennzeichen der Lichtemission von Lasern. Dabei erfolgt die strahlende →Rekombination von angeregten Elektronenzuständen nicht spontan, sondern induziert durch ein vorhandenes elektromagnetisches Feld. In einem optischen →Resonator mit parallelen Endflächen führt dieses zu einer weitgehend kohärenten örtlich und spektral stark gebündelten Lichtemission. *Schaumburg*

Emission, thermische. (auch: Glühemission) Austritt von Elektronen aus einem Festkörper (meist Metall) durch Erhitzung, d. h. thermische Energiezufuhr (Glühkathode). Die Elektronen sind an den Festkörper gebunden, zu ihrer Auslösung muß die →Austrittsarbeit W_A aufgebracht werden, die materialabhängig in der Größenordnung von eV liegt ($1\,eV = 1{,}6 \cdot 10^{-19}\,J$).

Die mittlere thermische Energie der Elektronen, $W_T = \frac{3}{2}kT$ (k = Boltzmann-Konstante, T = absolute Temperatur), beträgt jedoch bei Zimmertemperatur nur etwa 0,025 eV und auch bei höheren Temperaturen bis unterhalb der Schmelztemperatur kann W_A nicht erreicht werden. Die Statistik erlaubt jedoch, daß es bei jeder Temperatur $T > O$ Elektronen mit der Energie W_A gibt und zwar mit der Wahrscheinlichkeit $\exp(-W_A/kT)$. Diese Elektronen können dann ähnlich einem Verdampfungsprozeß den Festkörper verlassen. Die genaue Rechnung berücksichtigt noch ihre mögliche Reflexion an der Grenze Festkörper-Vakuum und liefert die Stromdichte $j = CT^2 . \exp(-W_A/kT)$, d. h. die Zahl der pro Zeit- und Flächeneinheit ins Vakuum emittierten Elektronen. Voraussetzung für die Gültigkeit dieser *Richardson*-Gleichung ist jedoch, daß dauernd alle ausgetretenen Elektronen durch ein elektrisches Feld abgesaugt werden, so daß keine →Raumladungsbegrenzung auftritt (deshalb oft auch für j die Bezeichnung →Sättigungsstrom). Die Größe C streut je nach Material und kristallographischer →Orientierung der Austrittsfläche. Für Wolfram liegen die Werte zwischen 30 und 100 $A\,cm^{-2}K^{-2}$, für Oxidkathoden bei ca. $10^{-2}\,A\,cm^{-2}K^{-2}$. Das Exponentialgesetz beschreibt eine starke Temperaturabhängigkeit des Emissionsstromes. Hohe Ströme ergeben sich bei umso niedrigeren Temperaturen, je niedriger die Austrittsarbeit ist (z. B. für Wolfram $W_A = 4{,}5\,eV$, für BaO $W_A = 1\,eV$). Glühkathoden mit niedriger Austrittsarbeit werden daher in der Anwendung bevorzugt.

Trägt man den Logarithmus des Emissionsstromes (ln j) über der reziproken Temperatur (1/T) auf (Arrhenius-Auftragung), so resultiert näherungsweise eine Gerade (Richardson-Gerade), d. h. die zusätzliche T^2-Abhängigkeit neben dem Exponentialgesetz wirkt sich bei dieser Auftragung praktisch nicht aus. Aus der Steigung m der Richardson-Geraden kann man somit den Wert der Austrittsarbeit entnehmen, $m = -W_A/k$. *Kiesel/Heinz*

Literatur: *Nottingham, W. B.:* Thermionic Emission. Handbuch der Physik. Berlin–Heidelberg–New York–Tokio 1956.

Emitter.
Der E. wird durch →Diffusion oder →Ionenimplantation hergestellt (→Bipolartechnik). Die →Vorbelegung (Diffusion) beträgt ca. $5 \cdot 10^{15}$ bis 10^{16} cm^{-2}. E. und →Source bzw. →Drain in der →MOS-Technik unterscheiden sich praktisch kaum. Da die Diffusion von E. und →Basis gleichzeitig durchgeführt wird, kann es zu einer gekoppelten Diffusion kommen, wodurch die Basis tiefer eindiffundiert wird (Emitter-push-Effekt). Für Einzel-Transistoren von npn-Typ wird üblicherweise →Phosphor als Emitterdotierung verwendet, bei integrierten Schaltungen vorwiegend →Arsen wegen des niedrigeren Diffusionskoeffizienten. Je nach Anwendung ist die praktische Ausführung des E. unterschiedlich. Bei der Mikroelektronik ist der geringe Stromverbrauch (Leckströme) wichtig, bei Hochspannungstransistoren die hohe Durchbruchspannung, bei Hochfrequenztransistoren die geringe Kapazität, bei Leistungtransistoren der niedrige Durchlaßwiderstand, usw. *Ryssel*

Emitteranschluß →Bipolartransistor

Emitter-Emitter-gekoppelte Logik →EECL

Emitterfolger →Grundschaltungen

EMK-Vorsteuerung. Die E. dient bei kreisstromfreien →Umkehrstromrichtern zur Erzielung einer schnellen Stromumkehr. Damit soll die stromlose Pause verkleinert werden. Dazu wird die Ausgangsspannung des Stromrichters in den Stromregelkreis zurückgeführt, um die Zündimpulse der Thyristoren unabhängig von der Regelabweichung nahe an den erforderlichen →Arbeitspunkt zu stellen. Der Stromregler muß dann nur noch die Lage der Zündimpulse soweit korrigieren, daß die Differenzspannung zwischen Stromrichterausgangsspannung und Motor-EMK den gewünschten Strom im Ankerkreis hervorruft (Bilder 1, 2). *H. Stüben*

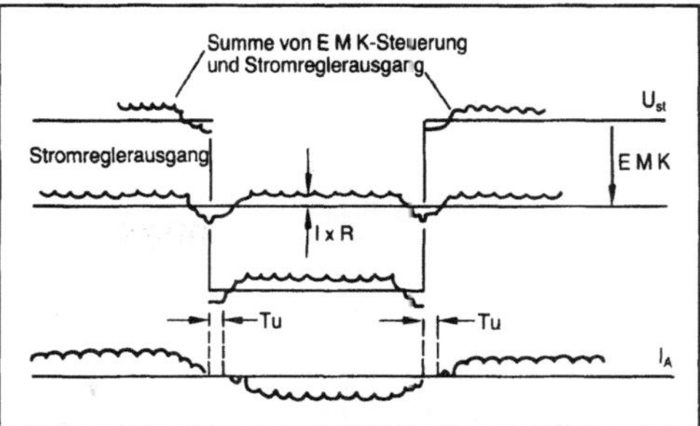

EMK-Vorsteuerung 1: Wirkungsweise.

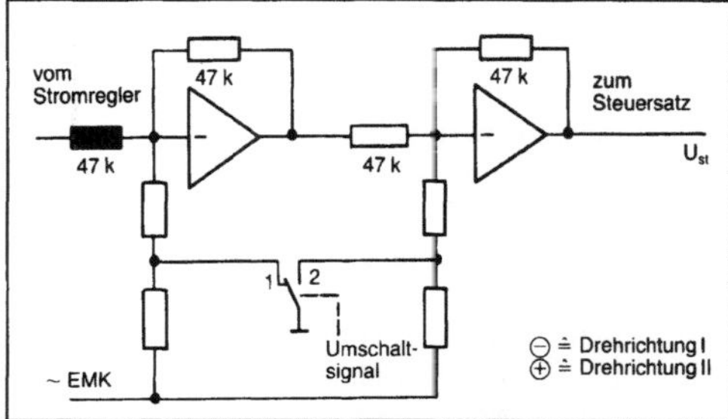

EMK-Vorsteuerung 2: Prinzipschaltbild.

Literatur: *Stüben, H.:* Elektrische Antriebstechnik. Formeln, Schaltungen, Diagramme, Tabellen. Essen 1987.

Empfänger, kohärenter →Überlagerungsempfänger, optischer

Empfänger, optoelektronisch. Als o. E. werden in der Technik all diejenigen Komponenten bezeichnet, welche die Umwandlung eines Lichtsignales in ein elektrisches Strom- oder Spannungssignal bewirken.

Die Güte der vom Empfänger erzielten optoelektronischen Signalumwandlung wird durch seine →Photoempfindlichkeit oder durch seinen →Quantenwirkungsgrad angegeben. Im einfachsten Fall besteht ein o. E. aus einem einzelnen →Photodetektor, der unter Ausnutzung verschiedener physikalischer Mechanismen in zahlreichen Ausführungsformen herstellbar ist.

O. E. sind ferner hybrid oder monolithisch aufgebaute Module, die neben einzelnen oder mehreren Photodetektoren zusätzliche Komponenten enthalten können, die z. B. zur Verarbeitung der empfangenen Lichtsignale vor und zur Verstärkung der erzeugten elektrischen Signale nach der optoelektronischen Signalumwandlung dienen (Bild). Meist bilden derartige Module kleinere kompakte Untereinheiten in einem komplexeren optoelektronischen Empfängersystem (z. B. →Kamera, Leistungsmeßgerät, optischer Nachrichtenempfänger). Häufig werden hierfür auch die Begriffe integrierter Photodetektor, integrierter Empfänger, optoelek-

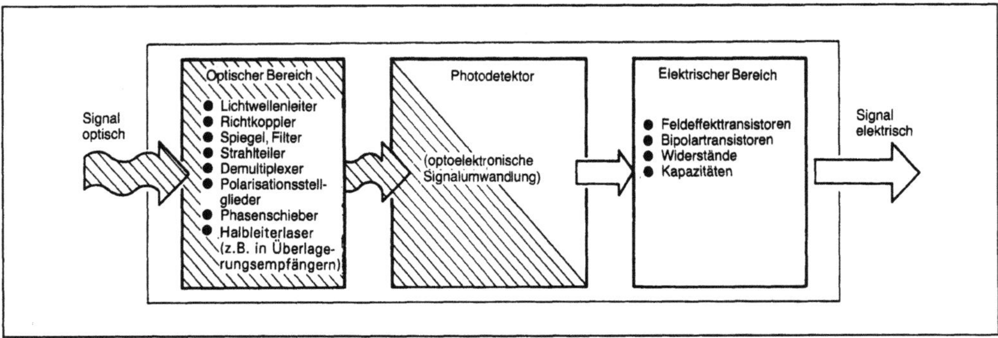

Empfänger, optoelektronisch: Schematische Darstellung.

tronischer Wandler oder optoelektronischer Empfängermodul verwendet.

□ Hybrid integrierter o. E.: Diese Empfänger bestehen aus unterschiedlichen diskreten Bauelementen, die durch zusätzlich hergestellte Verbindungen (Kabel, Lichtwellenleiter, u. a.) miteinander gekoppelt und mechanisch in einer kompakten Einheit zusammengefaßt wurden. Beispiele sind
- die Kombination Photodetektor + Glasfaseranschluß (*pig-tail*);
- die Kombination Photodetektor + rauscharmer elektrischer Vorverstärker mit oder ohne pig-tail (z. B. pin-FET-Empfänger);
- die Zusammenfassung einer größeren Anzahl von Photodetektoren zu einer Matrix (meist als Photodiodenarrays, z. B. für Bildsensoren).

Hybrid aufgebaute o. E. sind kommerziell in den verschiedensten Ausführungen erhältlich und lassen sich für spezielle Anwendungen relativ einfach durch Auswahl und Verbindung diskreter Bauelemente ohne größeren Aufwand realisieren. Für die Herstellung von o. E. in sehr großen Stückzahlen, wie sie z. B. für den zukünftigen Aufbau von optischen Nachrichtennetzen benötigt werden, ist die →Hybridtechnik jedoch nicht wirtschaftlich. In einem solchen Fall sind monolithisch integrierte O. E. vorzuziehen.

□ Monolithisch integrierter o. E.: Empfängereinheiten, bei denen sowohl die einzelnen Bauelemente als auch die erforderlichen Verbindungen in und auf dünnen, nur wenige μm dicken Halbleiterschichten strukturiert sind. Je nach den geforderten spektralen Arbeitsbereichen der Empfänger gelangen unterschiedliche Element-, Binär- oder Mischkristallhalbleiter zur Anwendung (z. B. Si, Ge, GaAs, GaAlAs, InGaAsP). Diese werden i. a. epitaktisch bei nahezu gleicher Gitterkonstante auf ein entsprechendes Trägermaterial (→Substrat), wie z. B. Si, GaAs oder InP, gewachsen. Derartige, monolithisch integrierte optoelektronische Komponenten werden als OEICs (**O**pto-**E**lectronic **I**ntegrated **C**ircuits) bezeichnet. Praktische Beispiele hierfür sind:
- Photodioden-Matrizen in Kameraröhren (Vidikons);
- selbstauslesende Festkörper-Bildsensoren in der Form von Photodiodenarrays oder Charge-Coupled-Devices (→CCDs);
- →Bildwandler (z. B. als →Array bestehend aus mehreren Phototransistor/ LED-Kombinationen);
- optoelektronische Wandler und optische →Überlagerungsempfänger für die optische Nachrichtentechnik;
- integrierte Photodetektoren für die Steuerungs- und Regelungstechnik (z. B. pin-FET-Empfänger).

Bedingt durch eine wirtschaftlichere Massenproduktion, die vielfach besseren optoelektronischen Eigenschaften und eine erhöhte Zuverlässigkeit gegenüber hybrid aufgebauten o. E. wird in vielen Bereichen der →Optoelektronik die Entwicklung von unterschiedlich komplexen monolithischen OEIC-Empfängereinheiten verstärkt vorangetrieben. *R. Kaiser*

Literatur: *Bleicher, M.:* Halbleiter-Optoelektronik, Heidelberg, 1986.

Empfängermodul, optoelektronisch →Empfänger, optoelektronisch

Empfängerröhre. Die E. sind eine Gruppe von Elektronenröhren, die speziell auf den Empfang kleiner Signale ausgelegt sind. Sie sind heute vollständig durch Halbleiterbauelemente ersetzt und haben nur noch historische Bedeutung. Das Haupteinsatzgebiet lag bei den Rundfunkempfängern, sowie den Kurzwellen- und Dezimeterwellenempfängern. Eine wirtschaftliche Herstellung von E. in großen Stückzahlen hat die große Ausbreitung des Rundfunkwesens überhaupt erst ermöglicht. Die infrage kommenden Röhren sind Dioden als →Gleichrichter, Trioden als Hochfrequenz- und Niederfrequenzverstärker, sowie als →Oszillator und →Mischer, ferner Pentoden als Endröhren und Verbundröhren, bei denen mehrere Röhrensysteme in einem Vakuumgefäß mit gemeinsamer Kathode vereinigt waren.

Die ersten mit Elektronenröhren arbeitenden Empfänger besaßen nur eine Röhre (Triode) in Audionschaltung mit Rückkopplung. Das empfangene Signal wurde auf der Gitterseite gleichgerichtet und verstärkt. In einer zweiten Röhre wurde die Niederfrequenz auf die erforderliche Leistung zur Ansteuerung des Lautsprechers verstärkt. Auch Tetroden wurden als Audionröhren verwendet.

Eine Verbesserung, die insbesondere auch für den UKW-Empfang Voraussetzung war, brachte der →Überlagerungsempfänger, auch Superheterodynempfänger genannt. Er arbeitet mit einer Triode als Vorverstärkerröhre und mit einer zusätzlichen Oszillator- sowie einer Mischröhre, wobei z. T. die Oszillatortriode und eine Hexode (Röhre mit sechs Elektroden) als Verbundröhre ausgeführt waren. Bei UKW-Empfängern wurde eine Triode als selbstschwingende Mischstufe verwendet. Als Zwischenfrequenzverstärker wirkte eine Pentode und als Gleichrichter eine Röhrendiode. Das niederfrequente Signal wurde mit einer Triode als →NF-Verstärker und mit einer Pentode als Endröhre verstärkt. *Kiesel*

Literatur: *Strutt, M. J. O.:* Lehrbuch der drahtlosen Nachrichtentechnik. Bd. 3: Elektronenröhren. Berlin–Göttingen–Heidelberg 1957.

Empfindlichkeit →Meßgerät

Emulationstest. Verfahren, um Prüfprogramme für Mikroprozessorbaugruppen in Form von Assemblerprogrammen unter den durch die →Bestückung der Baugruppe vorgegebenen Randbedingungen ablaufen zu lassen. Der Ablauf der Programme erfolgt analog zu denen, wie sie in einem Mikroprozessor-Entwicklungssystem zum Ablauf kommen. Die prozessorspezifischen Signale werden entweder durch den (mit Zusatzhardware versehenen) Prozessor der Baugruppe selbst oder durch Zusatzeinrichtungen im Prüfautomaten, die das Signalverhalten des bei der Prüfung stillgelegten Prozessors nachbilden, erzeugt (Processor-Oriented-Device).

Prüfprogramme werden in der Regel in der Assemblersprache des Prozessors geschrieben, jedoch können auch Programme in einer höheren Programmiersprache verwendet werden. Dabei werden eigene Programme für die Prüfung entwickelt oder Programmteile aus der vorhandenen Baugruppenfirmware miteinbezogen. *K. Winter*

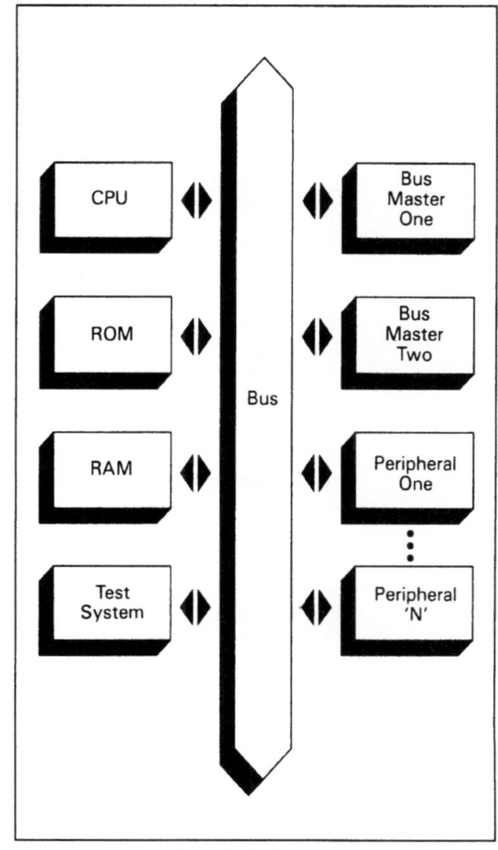

Emulationstest: Anschluß des Testsystems an eine Mikroprozessor-Schaltung. (Quelle: GenRad)

Emulator. Menge der Programme, die den Maschinenbefehlssatz eines Rechners X auf einem anderen Rechner Y auszuführen gestattet. Aus Effizienzgründen sind E. in der Regel Mikroprogramme. E. werden eingesetzt, um einmal entwickelte maschinenabhängige Programme auch beim Wechsel des Rechnersystems weiter verwenden zu können. Sie werden daher vor allem dann entwickelt, wenn eine Rechnerfamilie eines Herstellers durch eine neue Familie abgelöst wird.

Wird die Emulation nicht durch Mikroprogramme, sondern durch Maschinenbefehle durchgeführt, spricht man oft auch von →Simulation. *Bode*

EMV. Das Verhalten elektronischer Geräte und Anlagen gegenüber der in sie eintretenden Störstrahlung wird durch ihre elektromagnetische Verträglichkeit (EMV) beschrieben. Grenzwerte und Normen bestimmen die zu ergreifenden Schutzmaßnahmen. Von größerem Ausmaß sind die, die gegen den elektromagnetischen Puls (EMP), insbesondere gegen den nuklear-elektromagnetischen Puls (NEMP) ergriffen werden müssen. Der als Folge einer Kernwaffenexplosion entstehende NEMP gefährdet durch extrem hohe Feldstärken jegliches elektronisches Gerät.

Die zunehmende Durchdringung des Raumes mit elektromagnetischer Strahlung führt bei elektronischen Geräten zu einer Funktionsgefährdung. Ihr Verhalten gegenüber einer derartigen Gefährdung wird mit (*engl.* EMC, **e**lectro**m**agnetic **c**ompatibility) beschrieben. Zahlreiche Grenzwertfestlegungen durch VDE- und FTZ-Standards, durch VG-Normen u. ä. legen quantitativ das zulässige Maß an Gerätebeeinflussung durch Störstrahlungen fest. Unterschieden wird hierbei zwischen kontinuierlicher und impulsförmiger Störstrahlung. Während erstere, größtenteils sinusförmig, mit bekannten klassischen Verfahren wie Abschirmung, Erdung, Ableitung usw. eliminiert werden kann, benötigt die impulsförmige Strahlung, insbesondere wenn sie hochenergetisch ist, aufwendigere Schutzmaßnahmen. Dies trifft vor allem auf die Bekämpfung des NEMP (**n**uklear-**e**lektro**m**agnetischer **P**uls) zu.

Im Unterschied zum EMP (**e**lektro**m**agnetischer **Puls**) als Folge eines atmosphärischen Blitzes, von Entladungen oder von Radar-Impulsen, verlangt der NEMP, vor allem wegen seiner halbleiterzerstörenden Energie, besonders intensive Schutzmaßnahmen. Gegenüber dem Blitzpuls mit Anstiegs- und Abfallzeiten im Bereich von μs bis ms – Stör-Frequenzspektrum im MHz-Bereich – weist der NEMP Anstiegszeiten im Nanosekundenbereich auf mit einer Breitbandigkeit des Störspektrums, welche weit über die vorher genannte hinausgeht. Gefährlicher für den Erhalt der Gerätefunktion sind jedoch die durch ihn erzeugten (Stör)-Feldstärken, die 100 kV/m überschreiten können. Neben einer zeitweisen Funktionsstörung kann es dabei infolge Halbleiterzerstörung zu einem totalen Geräteausfall kommen.

Der NEMP entsteht bei der Explosion spaltbaren Materials (Kernwaffen) mit starker γ-Strahlenausschüttung. Verantwortlich für die Erzeugung des NEMP ist die bei der Kernwaffenexplosion als Initialstrahlung entstehende Neutronen- und γ-Strahlung. Letztere erzeugt Compton-Elektronen, die sich radial vom Detonationsort fortbewegen. Zwischen den sich so bewegenden Elektronen und den zurückbleibenden schweren Ionen baut sich ein starkes elektrisches Feld auf. Gleichzeitig entsteht durch die Bewegung der schnellen Elektronen ein entsprechendes magnetisches Feld. Über die weitere Ausbildung der Felder und über ihre Auswirkungen entscheidet der Detonationsort:

- Unterirdische Detonation – NEMP ohne große Bedeutung
- Detonation nahe der Erdoberfläche – ENDO-NEMP von großer Bedeutung
- Detonation in 20 km Höhe – NEMP nur für luftgestützte Anlagen von Bedeutung
- Exoatmosphärische Detonation – EXO-NEMP von großer Bedeutung

Die als Folge der extrem hohen Feldstärken induzierten Spannungen erreichen Werte, die für einzelne Gerätekomponenten, insbesondere für Halbleiter, zerstörerisch wirken.

Entscheidend für die Gefährdung sind Ströme und Spannungen, die in Antennen, Signalkabeln, Versorgungsleitungen, Erdungsschleifen oder in die inneren Verdrahtungen induziert und zu den empfindlichen Bauelementen hin übertragen werden. Hiervon sind alle elektronischen Geräte einschließlich Rechner betroffen.

Schutzmaßnahmen gegen den NEMP werden in zweierlei Hinsicht ergriffen:

- Maßnahmen zur Dämpfung des beeinflussenden Feldes bzw. zur Vermeidung der Einkopplung in Leitungen durch Schirmung und Schutzverkabelung
- Maßnahmen zur Dämpfung der Störgrößen auf Leitungen durch Überspannungsschutz, Anwendung von Filtern, Schutzverkabelung usw.

Grundsätzlich wird versucht, auf NEMP-unempfindliche Technologien überzugehen. *Kümmritz*

Literatur: *Fleck, K.*: Elektromagnetische Verträglichkeit in der Praxis. VDE-Seminar, 1982. – Forschungsinstitut für militärische Bautechnik, Zürich: NEMP-Wirkungen und Schutzmaßnahmen. FMB 73-11 (8). – *Metzner, R., H. Schilling* und *R. Sturm:* Elektromagnetischer Impuls von Kernwaffen, NEMP. Jahrbuch der Wehrtechnik 13. – VDE-Bestimmung 0871 /6.78 (Funkentstörung von HF-Geräten für ISM und ähnliche Zwecke). Berlin 1978. – VG-Norm 95373 Teil 21: EMV von Geräten (Grenzwerte für Störspannungen). Köln. – VG-Norm 96900–96909. Köln. Institut für Strahlenschutz: Der elektromagnetische Impuls bei Kernwaffenexplosionen. Theorie des EMP. Bericht Nr. 44, 1971. – VG 95370–95374: Verteidigungsgerätenorm Elektromagnetische Verträglichkeit. Köln.

EMV-Analyse. (→EMV, Elektromagnetische Verträglichkeit). Mit zunehmenden Arbeitsfrequenzen elektronischer Schaltungen sind insbesondere bei Baugruppen unerwünschte elektromagnetische Effekte wie Übersprechen, Leitungsreflexionen, Emission und/oder Absorption von Störstrahlung zu beobachten. Dies bedeutet, daß Leitungslängen beachtet werden müssen und durch entsprechende Leitungsführung und -gestaltung, wie auch z. B. durch bestimmte Beschaltungen und Schirmungsmaßnahmen derartige Effekte minimiert werden müssen. Die E.-A. analysiert diese Effekte sowohl für die Verhältnisse innerhalb einer Schaltung wie auch die Wechselwirkungen mit ihrer Umgebung. Ergebnis der E.-A. sind Trendangaben, aus denen sich die notwendigen Verbesserungen ableiten lassen. Derzeitigen E.-A.-Verfahren können die auf Emission von Strahlung beruhenden Effekte relativ gut analysieren, weniger gut die auf Absorption von Strahlung beruhenden Effekte. *K. Winter*

EMV-Test. Test der elektromagnetischen Verträglichkeit. Leiterplattenbaugruppen und Systeme dürfen weder eine unzulässige Störstrahlung abgeben, noch durch Störstrahlung in ihrer Funktion beeinflußt werden. Beim EMV-T. wird eine eventuelle Störstrahlung eines Prüflings kontrolliert bzw. der Prüfling einer Störstrahlung ausgesetzt oder die Stromversorgung und andere Zuführungsleitungen des Prüflings werden mit gezielten Störsignalen beaufschlagt und die Reaktionen werden überprüft. *K. Winter*

Endfensterzählrohr →Auslösezählrohr

Endverstärker →Leistungsverstärker

Energieband. Kontinuierlicher Energiebereich, in dem ein physikalisches System für jeden beliebigen Energiewert einen erlaubten Zustand besitzt. Ein wichtiges Beispiel sind die Energiebänder der Elektronen im Festkörper (→Bändermodell). *Heinz*

Energiedosis ionisierender Strahlung →Dosismessung

Energielücke. Energiebereich, in dem ein physikalisches System im Gegensatz zu den benachbarten Bereichen keine erlaubten Zustände besitzt. Ein wichtiges Beispiel ist die Bandlücke im Halbleiter (→Bändermodell). *Heinz*

Energieniveau. Allgemein die Gesamtenergie, die ein physikalisches System annehmen kann. In der Mikroelektronik speziell die Gesamtenergie eines Elektrons in einem Halbleiter oder Metall.

Ein freies Elektron kann jede beliebige (positive) Energie annehmen, seine E. sind kontinuierlich verteilt (Energiekontinuum, kontinuierliches Energiespektrum). Ein Elektron in einem Atom dagegen kann aufgrund der Quantisierungsbedingungen (→Quantisierung) nur ganz bestimmte E. annehmen (*diskrete* E., diskretes Energiespektrum). Leitungselektronen in Halbleitern oder Metallen spüren gegenüber freien Elektronen zusätzlich die Kräfte der sie umgebenden anderen Elektronen und der Atomrümpfe des Gitters. Die Gesetze der →Quantenmechanik erzwingen in diesem Fall eine Abfolge von jeweils kontinuierlich verteilten erlaubten und verbotenen E. (→Bänder, →Bändermodell). Während Elektronen auf diskreten E. räumlich lokalisiert sind, können sich Bandelektronen praktisch frei in einem Festkörper bewegen. *Heinz*

Energieverlustspektroskopie. Elektronenspektroskopie, bei der Elektronen definierter Energie auf einen Festkörper geschossen werden, mit ihm wechselwirken und dann bezüglich ihres dabei erlittenen Energieverlustes mit hoher Auflösung spektroskopiert werden (Abk. EELS, *engl.*)

Es können heute Verluste bis herunter in den meV-Bereich nachgewiesen werden. Diese hochauflösende Variante (*engl.* High Resolution) wird abgekürzt mit HREELS bezeichnet. Die Energieverluste der Elektronen entstehen durch Erzeugung von Anregungszuständen im Festkörper, wie z. B. Phononen und Plasmonen, aber auch lokalen Molekülschwingungen. EELS liefert somit die Energie dieser Anregungszustände. Bedingt durch die begrenzte Eindringtiefe der Elektronen in den Festkörper, wird nur der Oberflächenbereich sondiert. Das Bild gibt für die Absorption von Acetylen auf einer N(111)-Oberfläche die den zahlreichen inneren Molekülschwingungen und Schwingungen gegenüber der Oberfläche entsprechenden Verluste wieder. *Heinz*

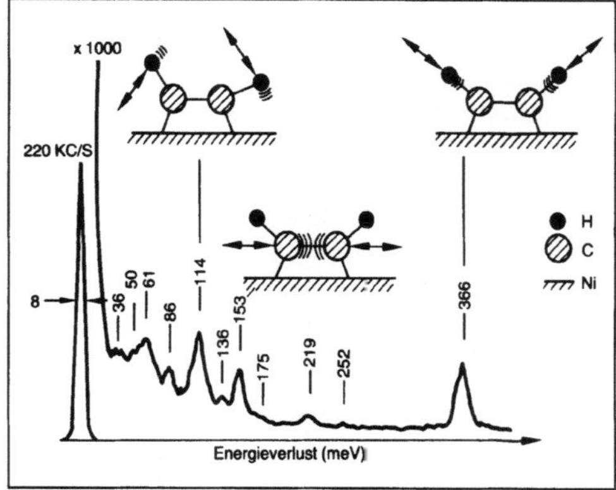

Energieverlustspektroskopie: Energieverlustspektrum einer mit Acetylen bedeckten Ni(111)-Oberfläche (nach L. Hammer u. K. Müller).

Literatur: *Ertl, G.* and *J. Küppers:* Low Energy Electrons and Surface Chemistry. Weinheim 1985.

Enhancement-Depletion-Technik →ED-Technik

Enhancement-FET. Anreicherungs-Feldeffekttransistor, gleichwertig Normally-off-Transistor (*engl.* normally off = selbstsperrend). Steuermodus des →Feldeffekttransistors.

□ MOS-Feldeffekttransistor, der bei einer Gate-Sourcespannung von Null keinen leitenden Kanal zwischen →Source und →Drain besitzt. Durch Anlegen einer positiven (negativen) Gate-Source-Spannung beim n-Kanal-Transistor (p-Kanal-Transistor) erfolgt nach Überschreiten der →Schwellspannung durch eine Ladungsträgerinfluenz überhaupt erst eine Kanalbildung.

□ Beim Sperrschicht- und insbesondere beim MES-Feldeffekttransistor wird der Begriff des E. oft im übertragenen Sinne benutzt, obwohl Normally-off-

Transistor hier die bessere Bezeichnung ist. Bei diesen Transistoren liegt stets eine Verarmungssteuerung vor. Dabei steuert die Gate-Source-Spannung die Breite einer →Raumladungszone so, daß sich der für den Stromfluß wirksame Kanalquerschnitt verändert. Ohne Steuergröße hat der Kanal hier die maximale Leitfähigkeit, d. h. den größten Querschnitt. Unter einem E.-FET versteht man dann einen Transistor für den bei Steuerspannung Null kein Kanalquerschnitt für den Stromfluß mehr vorhanden ist. Dieser Fall wird technisch nur beim →MESFET genutzt.

Das Gegenstück zum E.-FET ist der →Depletion-FET. *R. Paul*

Entartung. Abweichung des Vielteilchensystems der Festkörperelektronen von der klassischen Boltzmann-Statistik (entartetes →Elektronengas).

Herausragendes Beispiel sind dabei die Leitungselektronen eines Metalls. Ununterscheidbarkeit der Elektronen und das *Pauli*-Prinzip erzwingen die von der klassischen Statistik stark abweichende *Fermi*-Statistik, wodurch sich viele Eigenschaften des Gases gegenüber dem klassischen Fall drastisch ändern (z. B. spezifische Wärme, Transporteigenschaften). Das Elektronengas schwach dotierter Halbleiter ist meist nicht entartet, hier geht die Fermi-Statistik näherungsweise in die Boltzmann-Statistik über. Dies gilt jedoch nicht mehr bei hoher →Dotierung. Hier liegt – wie beim Metall – die →Fermi-Energie im erlaubten Band, so daß quasimetallische Eigenschaften resultieren (entartete Halbleiter). *Heinz*

Entladung statischer Elektrizität. Eine besondere Gefahr für die elektronischen Bauelemente liegt in der E. s. E. (*engl.* ESD electrostatic discharge). Der Mensch ist Träger von elektrostatischen Ladungen. Je nach Art der Kleidung und des Fußbodenbelags kann sich eine bewegende Person auf Spannungen bis zu 40 000 V aufladen (Bild). Die Berührung eines auf einem tieferen Potential liegenden Halbleiters oder auch allein das zu diesem aufgebaute elektrische Feld kann dann im Halbleiter zu einer Entladung führen, die diesen schädigt oder zerstört. Diese Art des Ausfalls tritt nicht nur bei MOS-IC's, sondern auch bei bipolaren Schaltungen auf. Untersuchungen an ausgefallenen bipolaren Operationsverstärkern z. B. ergaben als häufigste Ursache für den Ausfall die E. s. E. *Schrüfer*

Literatur: Einsatzbedingungen Elektromagnetische Verträglichkeit, Entwurf DIN IEC 65[CO]28 [1983]).

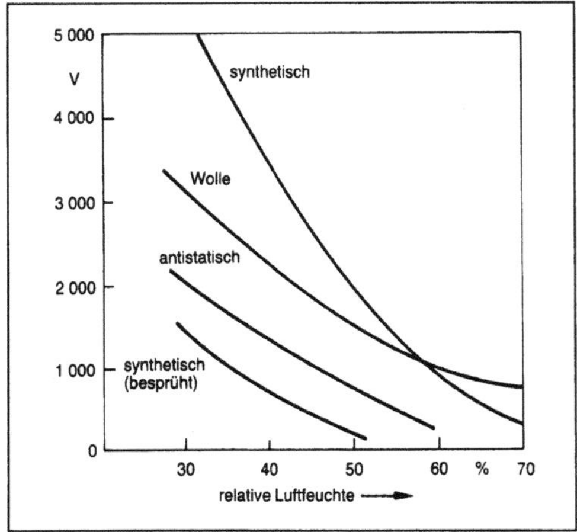

Entladung statischer Elektrizität: Elektrostatische Spannung, auf die sich eine Person, während des Laufens über Teppiche verschiedener Stoffe, aufladen kann.

Entmagnetisierung. Bei einer Farbkathodenstrahlröhre haben magnetische Störfelder ungünstigen Einfluß auf →Landung und Farbreinheit. Solche Störfelder können herrühren u. a. von: Lautsprecherboxen, Spielzeugen, Streufeldern von Transformatoren und anderen Wickelteilen oder vom Erdmagnetfeld. Diese Störfelder können auch Metallteile im Gerät aufmagnetisieren, wie z. B. die interne Abschirmhaube und die →Lochmaske.

Um die interne Abschirmung voll wirksam werden zu lassen, müssen die Metallteile der Röhre und ggf. des Chassis *entmagnetisiert* werden.

Das geschieht erstmalig am Band in der Geräteproduktion. Für Störungen durch das Erdfeld und lokale Magnetfelder mäßiger Stärke, wie sie in Wohnungen auftreten können, haben Geräte eine interne Entmagnetisierungsschaltung, die bei jedem Einschalten des Gerätes erneut aktiviert wird. Dazu sind ein oder zwei Spulen auf dem Konus der →Bildröhre montiert. Mit Hilfe eines Doppelkaltleiters wird ein 50-Hz-Wechselfeld erzeugt, das allmählich und gleichmäßig auf Null abnimmt.

Wo das nicht ausreicht, muß mit einer externen Handspule hinreichender Stärke entmagnetisiert werden. *Nerstheimer*

Literatur: Die Fernseh-Bildröhre. Hrsg. Telefunken, Ulm. – Valvo Datenbuch 1986: Farbbildröhren-Systeme für Fernsehen. Hrsg. Valvo, Hamburg.

Entstördrossel →Induktivität

Entwurf, prüfgerechter →Design for Testability

Epitaxial Silicon Film on Insulator →ESFI-Technik

Epitaxie. Unter E. versteht man das Aufwachsen einkristalliner Schichten auf einem im allgemeinen ebenfalls einkristallinen →Substrat (→Halbleiterscheibe). Die →Kristallorientierung setzt sich dabei in der epitaktischen Schicht fort, d. h. auf <100>-orientiertem Silicium ist die Epitaxieschicht ebenfalls <100>-orientiert. Meist bestehen Substrat und Epitaxieschicht aus dem gleichen Material, in diesem Fall spricht man von Homoepitaxie. Das Ziel des Verfahrens in diesem Fall ist es, spezielle Dotierprofile (z. B. abrupte Unterschiede in der Dotierkonzentration) innerhalb eines Kristalls herzustellen. Wichtige Anwendungsgebiete von Homoepitaxie sind: Herstellung bipolarer Transistoren und Schaltkreise, die Junction-FET- und teilweise die CMOS-Technik (Bild).

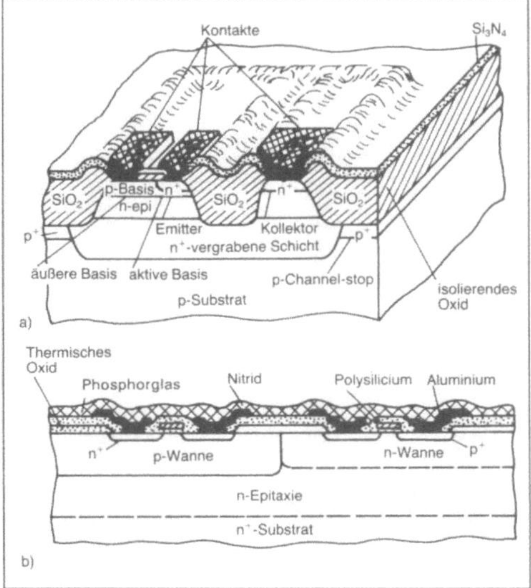

Epitaxie: Beispiele für die Anwendung der Silicium-Homoepitaxie.
a) n-p-n bipolarer Transistor mit Oxid-Isolierung. Die durch Implantation hergestellte vergrabene n^+-Schicht dient zur Reduzierung des Kollektor-Widerstandes. Der Transistor wird in einer n-Typ epitaktischen Schicht aufgebaut.
b) CMOS-Transistor, hergestellt in einer niedrig dotierten Epitaxieschicht.

Bestehen Substrat und Schicht aus unterschiedlichem Material, so spricht man von Heteroepitaxie. Beispiele von Heteroepitaxie sind das Aufwachsen von $GaAs_{1-x}P_x$ Schichten auf GaAs und Silicium auf Saphir (einkristallines Al_2O_3) oder auf Spinell (einkristallines $MgAl_2O_4$) (→SOI-, →SOS- und →ESFI-Technik). Bei diesen Epitaxiearten sind zwar Substrat und Schicht einkristallin, aber sie besitzen ein unterschiedliches Kristallgitter. Die Qualität epitaktischer Schichten hängt stark von der Qualität des Substrates (Kristalldefekte wachsen in der Epitaxieschicht weiter) und der Oberflächenpräparation ab.

Es gibt drei wesentliche Epitaxieverfahren:
□ Bei der →Gasphasenepitaxie (*engl.* Vapor phase epitaxy, VPE) wachsen die Schichten aus einer Dampf- oder Gasatmosphäre auf,
□ Bei der →Flüssigphasenepitaxie (Liquid phase epitaxy, LPE) wächst die Schicht aus einer Metallschmelze, in dem der Halbleiter gelöst ist, auf,
□ Bei der →Molekularstrahlepitaxie werden die Atome der Schicht im Hochvakuum verdampft und kondensieren auf dem Substrat.

Die erwünschten Dotierprofile werden bei E. durch →Autodoping verändert. Dieser Effekt tritt bei niedrigeren Temperaturen nicht so stark auf, was insbesondere bei der →Molekularstrahlepitaxie ausgenutzt wird. Diese Methode benutzt →Aufdampfen unter Ultrahochvakuum-Bedingungen.

In letzter Zeit wird versucht, auf amorphen Substraten (z. B. SiO_2) epitaktische Schichten aufzuwachsen. Hierbei werden polykristallin oder amorph abgeschiedene Schichten durch Laserlicht oder einen Elektronenstrahl aufgeschmolzen und einkristalline Schichten durch eine Art →Kristallziehen erzeugt. Die Graphoepitaxie (Verwendung speziell strukturierter Oberflächen) konnte bei Halbleitern bisher nicht erfolgreich verwendet werden.

→Kristallzüchtung *Ryssel*

Literatur: *Sze, S. M.:* VLSI Technology. New York 1983.

Epitaxie-Planartransistor. →Bipolartransistor, bei dem insbesondere der flächenhafte Kollektor-pn-Übergang in einer Epitaxieschicht mittels der Planartechnik hergestellt wird. Der E.-P. ist eine Weiterentwicklung des Planartransistors. Zur Herstellung geht man von einem stark dotierten Halbleitersubstrat aus, auf das eine dünne hochohmige Schicht gleichen Leitungstyps epitaktisch abgeschieden wird (Bild). Sie bildet die Kollektorzone, in die nacheinander wie beim Planartransistor durch →Diffusion oder →Implantation Basis- und Emitterzone hergestellt werden. Der E.-P. hat durch das hochdotierte, niederohmige Halbleiterplättchen gute elektrische Eigenschaften (geringe Restspan-

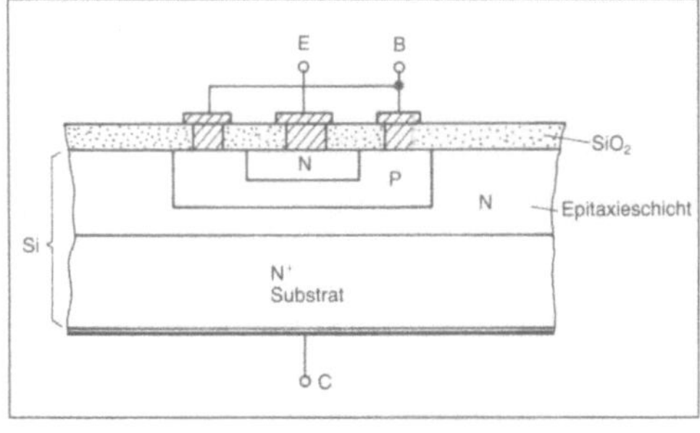

Epitaxie-Planartransistor: Prinzipieller Aufbau.

nung, hohe →Sperrspannung durch die Epitaxieschicht) und stellt deshalb die Standardstruktur des Bipolartransistors dar, speziell für integrierte Schaltungen in der →Bipolartechnik. *R. Paul*

EPLD. (Abk. für *engl.* Electrical Programable Logic Device). →PLD

EPROM. (*engl.* Erasable Programmable Read Only Memory, löschbarer, programmierbarer Nur-Lese-Speicher) Elektrisch programmierbares →ROM, dessen Speicherzellen durch eine längere Ultraviolettbestrahlung gemeinsam gelöscht und anschließend erneut elektrisch durch Spannungsimpulse programmiert werden können.

Als Speicherzellen kommen kaum noch MNOSFET zum Einsatz, sondern dominierend →MOS-Transistoren mit potentialmäßig schwimmender, d. h. allseits isolierter Gateelektrode (Floating-Gate-MOSFET) neben dem eigentlichen Steuergate. Dieses Konzept wird in einer Reihe meist ähnlich aufgebauter Transistoren verwendet (→FAMOST, SAMOST, SIMOST, ATMOST, DIFMOST). In der →Speicherzelle verwendet man dabei entweder das Steuer-Gate des Floating-Gate-Transistors für den Anschluß der Auswahlleitung oder einen zusätzlichen →Feldeffekttransistor (Bild 1).

Die Speicherzelle selbst besteht aus einem Auswahltransistor und dem FAMOST-Element, die beide auch vereint aufgebaut sein können. Liegt an den Zeilen- und Spaltenauswahlleitungen eine hohe Spannung, so entstehen im Kanal des FAMOST heiße Elektronen, die das Schwebegate beladen. Dadurch schaltet dieser Transistor ein. Insgesamt ändert sich so die →Schwellenspannung der EPROM-Zelle (Bild 2). Zum Lesen wird dann geprüft, ob die Serienschaltung beider Transistoren niederohmig ist oder nicht. EPROM-Zellen erfordern deshalb zum Lesen, im Gegensatz zu statischen →RAM (deren Information in Form von Spannungen gespeichert ist) und dynamischen RAM (bei denen die Information in einer gespeicherten Ladung steckt), einen Strom. Die Lesespannung U_R liegt dabei zwischen den Schwellspannungen U_{T01}, U_{T02} der gelöschten bzw. beschriebenen Zelle, so daß eine gelöschte Zelle leitet, während eine beschriebene gesperrt bleibt.

Die Beladung des Gates kann über mehrere Effekte erfolgen (FAMOS), wobei Lawineninjektion dominiert. Die Ladung kann in solchen Zellen über viele Jahre hinweg gespeichert werden. Die Löschung erfolgt durch Bestrahlung mit UV-Licht ($\lambda \approx 250$ nm) mit einer Energiedichte von 5–10 W/cm^2 über ein im Keramikgehäuse befindliches Quarzglasfenster (Dauer etwa 20 min). UV-Licht ist erforderlich, weil die Elektronen auf der Schwebeelektrode energetisch so angereichert werden müssen,

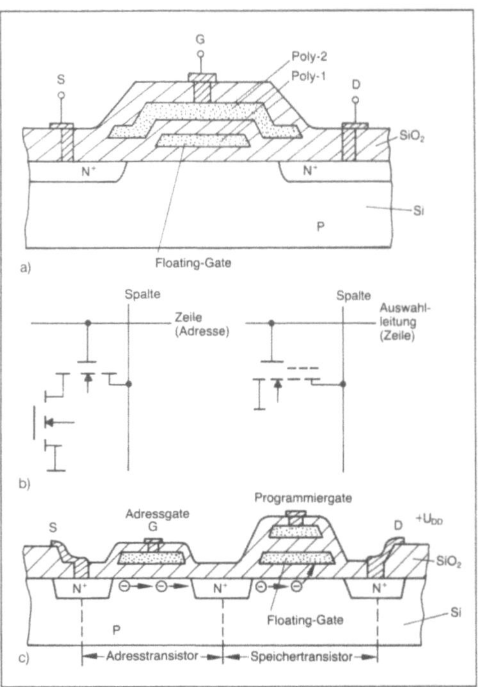

EPROM 1: Funktionsprinzip.
a) FAMOS-Transistor (N-Kanal) mit Steuergate für die Zeilenauswahl
b) Mögliche Speicherzellen
c) Speicherzellenaufbau.

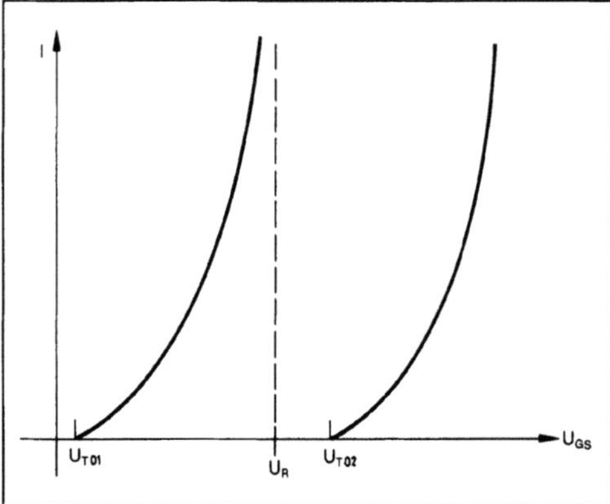

U_R – Lesespannung
U_{T01} – Schwellenspannung der gelöschten Zelle
U_{T02} – Schwellenspannung der beschriebenen Zelle.

EPROM 2: Strom-Spannungsrelation einer EPROM-Zelle.

daß sie in das etwa 4,3 eV höher liegende Leitband des Oxids gelangen können. Direkte Sonneneinstrahlung und ebenso Leuchtröhreneinwirkung führen zu einer schleichenden Entladung.

Zum Programmieren benötigt man Spannungen in der Größenordnung um 20 V, es erfolgt – ebenso wie das Löschen – in einem besonderen Gerät (Lösch-Programmiergerät). Dazu muß der EPROM aus der Schaltung entfernt werden, was zusätzlichen Aufwand bringt.

EPROMs werden heute in den gängigen Speicherkapazitäten (64 kbit, 256 kbit) bis in den Megabit-Bereich von zahlreichen Herstellern angeboten. Sie kommen hauptsächlich während der Entwicklungsphase kombinatorischer Schaltungen und mikroprozessorgesteuerter Systeme zum Einsatz und können später durch preiswertere →PROM oder auch speziell entworfene Schaltungen ersetzt werden. *R. Paul*

Literatur: *Hodges, D.* and *H. Jackson:* Analysis and Design of Digital Integrated Circuits. New York 1983. – *Paul, R.:* Mikroelektronik – eine Übersicht. Berlin 1990.

Erbium-Laser. Optisch gepumpter →Festkörperlaser mit Erbium-dotierten Kristallen (Yttrium-Aluminium-Granat, Yttrium-Aluminat, Yttrium-Lithium-Fluorid) oder Gläsern als aktives Medium.

Erbium in Kristallen hat mehrere laserfähige Übergänge (0,85 μm, 1,2μm, 1,7 μm und 2,7–2,9 μm, Bild). Besondere Bedeutung hat die langwellige →Emission bei 2,9 μm ($^4I_{11/2}$ → $^4I_{13/2}$), da diese Strahlung stark von Wasser absorbiert wird, so daß sie in der Medizin zum Abtragen von Gewebe verwendet werden kann. E.-L. bilden ein Vier-Niveau-System, wobei allerdings der untere Laserzustand eine größere Lebensdauer als der obere hat. Die Anregungspulse müssen daher steile Anstiegsflanken haben. Vor dem nächsten Impuls muß die Entleerung des Lasergrundniveaus abgewartet werden, so daß generell nur ein Pulsbetrieb mit mittleren Wiederholfrequenzen möglich ist. In Verbindung mit einer →Güteschaltung lassen sich Pulsenergien von einigen 10 mJ erreichen.

Erbium in Silikat- oder Phosphat-Gläser eingebaut zeigt eine Laseremission in den Grundzustand bei λ = 1,54 μm ($^4I_{13/2}$ → $^4I_{15/2}$, Drei-Niveau-System). Zur effektiven Anregung werden die Gläser mit Ytterbium sensibilisiert, das eine Absorption bei = 1,0 μm hat. Auch in dieser Konfiguration ist nur ein Pulsbetrieb möglich. Erbium-Glaslaser werden als augensichere Entfernungsmesser eingesetzt, da die Strahlung in der Hornhaut absorbiert und nicht auf die Netzhaut fokussiert wird.

Holmium kann in die gleichen Wirtskristalle wie Erbium eingesetzt werden. Es entsteht hauptsächlich Strahlung bei λ = 2,1 μm ($^5I_7$ → ^5I_a-Übergang) mit Pulsenergien bis 500 mJ.

Der technische Aufbau der Erbium- und Holmium-Laser entspricht dem der →Neodym-Laser. *Rosenzweig*

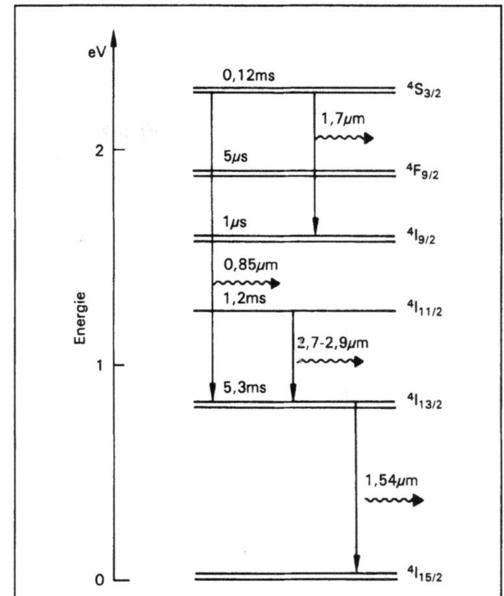

Erbium-Laser: Energieniveaus und Übergänge von Er^{3+} in $YAlO_4$.

Literatur: *Eichler, J. und H.-J. Eichler:* Laser. Berlin–Heidelberg, 1990.

Ereignisablauf-Analyse. Als Reaktion auf ein auslösendes Ereignis (Störfall) sind Gegenmaßnahmen zu treffen. Je nachdem, ob die Gegenmaßnahmen erfolgreich oder nicht erfolgreich sind, entstehen unterschiedliche Ereignisabläufe. Der Ereignisablauf (*engl.* event tree) untersucht die möglichen Abläufe, faßt sie im Ereignis-Ablaufdiagramm zusammen und berechnet die Wahrscheinlichkeiten für die verschiedenen Auswirkungen.

Im Ereignis-Ablaufdiagramm werden das Eintreffen oder Nichteintreffen einer Maßnahme (eines Ereignisses) in Form einer Verzweigung dargestellt. Der rechte Abgang bedeutet jeweils ja, Eintreffen des Ereignisses, der linke nein, Nichteintreffen des Ereignisses. Das Nichteintreffen eines Ereignisses wird dabei durch den Querstrich über dem Symbol (negiertes Ereignis) dargestellt.

Beispiel (Bild): Als auslösendes Ereignis $\bar{A}$ wird unterstellt:

$\bar{A}$: zentrale Heizungsanlage ist wegen des Ausfalls der elektrischen Energieversorgung nicht verfügbar.

In Abhängigkeit von den Ereignissen (Maßnahmen) B, C, D:

B: dezentrale Öfen (keine elektrische Hilfsenergie notwendig) und Brennstoffe sind verfügbar

C: elektrische Energieversorgung ist nach kurzer Zeit verfügbar

D: Frostabschwächung

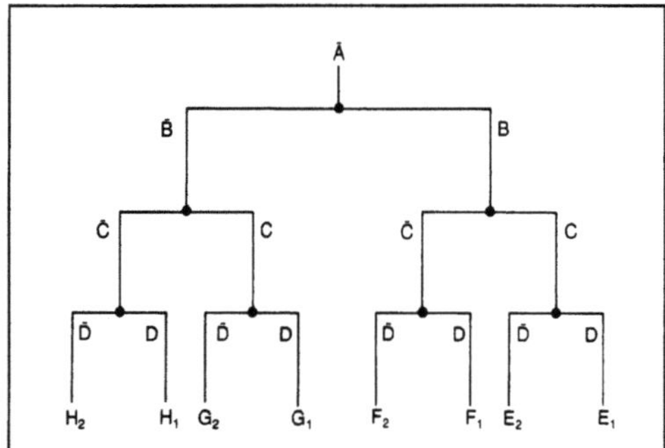

Ereignis-Ablaufanalyse: Ereignis-Ablaufdiagramm.

ergeben sich für die verschiedenen Ereignisabläufe die Auswirkungen:

E_i befristete, geringere Absenkung der Raumtemperatur
F_i anhaltende Absenkung der Raumtemperatur
G_i befristete, stärkere Absenkung der Raumtemperatur
H_i Frostschäden (H_1 später, H_2 früher).

Das Ereignis H_2 setzt die Ereignisse $\bar{A}$, $\bar{B}$, $\bar{C}$ und $\bar{D}$ voraus,

$$H_2 = \bar{A} \wedge \bar{B} \wedge \bar{C} \wedge \bar{D}$$

Seine Wahrscheinlichkeit $w(H_2)$ errechnet sich demnach aus den Einzelwahrscheinlichkeiten zu

$$w(H_2) = w(\bar{A}) \cdot w(\bar{B}) \cdot w(\bar{C}) \cdot w(\bar{D}).$$ *Schrüfer*

Literatur: Deutsche Risikostudie Kernkraftwerke, Studie im Auftrag des Bundesministeriums für Forschung und Technologie, Köln 1979. – *Rasmussen, N. C.:* Reactor Study – An Assessment of Accident Risks in US Commercial Nuclear Power Plants, United States Nuclear Regulatory Commission, WASH-1400 (NUREG-75/014), 1975.

Erfolgsbaum. Der E. zeigt die Darstellung der logischen Verknüpfung von Basis-Ereignissen, die zu dem Ereignis *Erfolg* führen.

Um beispielsweise mit einem Auto fahren zu können (Erfolgsereignis A), müssen die Basisereignisse E_i

E_1: Kraftfahrzeug ohne technische Mängel
E_2: Kraftstoff vorhanden
E_3: Reifenluftdruck vorhanden
E_4: Fahrer 1 hat den Führerschein oder
E_5: Fahrer 2 hat den Führerschein

erfüllt sein. Die Ereignisse sind entweder gegeben oder nicht gegeben. Sie können als binäre Variablen dargestellt und in Form von *Boole'schen* Gleichungen verknüpft werden. Für das obige Beispiel entsteht

$$A = E_1 \wedge E_2 \wedge E_3 \wedge (E_4 \vee E_5)$$

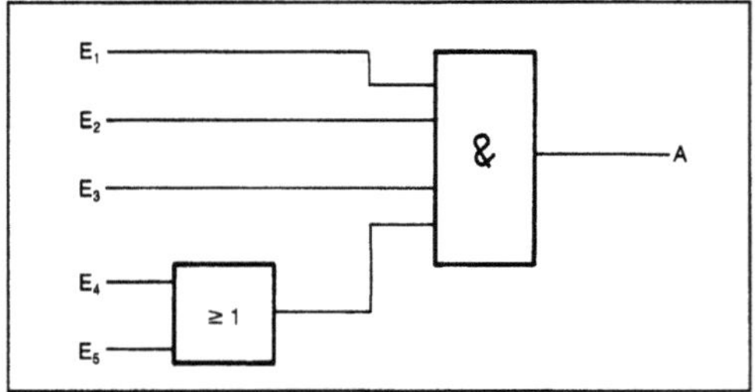

Erfolgsbaum: $A = E_1 \wedge E_2 \wedge E_3 \wedge (E_4 \wedge E_5)$.

Der E. wird erhalten, indem diese Gleichung mit den Symbolen der Schaltalgebra gezeichnet wird (Bild).

Das negierte Ereignis *Erfolg* ergibt das Ereignis *Fehler oder Ausfall.* Die *Boole'sche* Gleichung für den Fehler entsteht aus der für den Erfolg, indem
- alle Variablen negiert und
- die UND-Verknüpfungen und ODER-Verknüpfungen vertauscht werden.

Der →Fehlerbaum des obigen Beispiels ist also eine Darstellung der Gleichung

$$\bar{A} = \bar{E}_1 \vee \bar{E}_2 \vee \bar{E}_3 \vee (\bar{E}_4 \wedge \bar{E}_5)$$

Um die Wahrscheinlichkeit für das Ereignis *Erfolg* zu berechnen, müssen die Wahrscheinlichkeiten für die Basisereignisse bekannt sein. Bei verknüpften Ereignissen sind die Idempotenz- und Absorptions-Gesetze zu berücksichtigen. Bei unabhängigen UND-verknüpften Ereignissen werden die Wahrscheinlichkeiten multipliziert, bei ODER-verknüpften Ereignissen addiert. *Schrüfer*

Ersatzschaltbild. Vereinfachte oder idealisierende Darstellung einer komplexen elektrischen Schaltung – z. B. eines Verstärkers, Netzwerkes oder elektronischen Bauelementes – durch ein einfacheres, das typische Verhalten repräsentierendes Netzwerk aus elektronischen Netzwerkelementen. Das E. gilt vor allem bei komplexeren Schaltungen mit nichtlinearen Elementen häufig nur in einem begrenzten Arbeitsbereich (Strom-Spannungswerte, Frequenz u. a.).

Ersatzschaltungen finden Anwendungen, wenn entweder die direkte Berechnung einer Schaltung zu kompliziert würde, das Verhalten nur in einem begrenzten Arbeitsbereich interessiert oder nur das Gesamtverhalten einer Schaltung zwischen ausgewählten Punkten gesucht ist. So kann man beispielsweise das Verhalten eines größeren Netzwerkes zwischen zwei Punkten stets durch eine einfache Zweipolersatzschaltung ersetzen. Für die Schaltungsanalyse und Schaltungssimulation werden im besonderen Halbleiterbauelemente wie Dioden, Transistoren u. a. durch E. dargestellt.

Der Zusammenhang zwischen Strom und Spannung an einer elektrischen Leitung mit dem Induktivitätsbelag L′, dem Kapazitätsbelag C′, dem Widerstandsbelag R′ und dem Ableitungsbelag G′ wird durch die Leitungsgleichungen beschrieben. Für eine kurze Leitung, bei der die Länge l klein gegenüber der Wellenlänge ist, läßt sich das Verhalten durch ein E. darstellen, in dem die Leitungsbeläge als konzentrierte Elemente wirken (Bild 1).

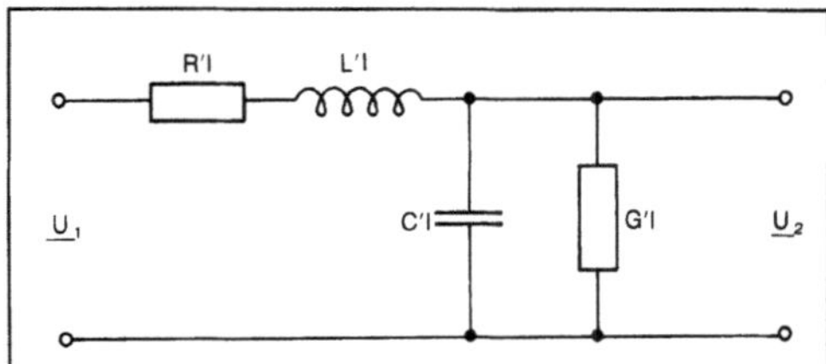

Ersatzschaltbild 1: Schaltbild einer kurzen Leitung.

Die elektrisch lange Leitung ist dadurch charakterisiert, daß die Dämpfung αl größer als etwa zwei bis drei ist, wobei α der Realteil des Übertragungsmaßes γ ist:

$$\gamma = \alpha + j\beta = \sqrt{(R' + j\omega L')\,(G' + j\omega C')}.$$

(ω ist die Winkelfrequenz und $j = \sqrt{-1}$ die imaginäre Einheit).

Der Eingangswiderstand der Leitung ist dann gleich dem Wellenwiderstand $\underline{Z}_W$.

$$\underline{Z}_W = \sqrt{\frac{R' + j\omega L'}{G' + j\omega C'}}.$$

Strom und Spannung am Ausgang der Leitung können in diesem Fall so berechnet werden, als ob der Verbraucher an einen Generator angeschlossen wäre, der eine Leerlaufspannung

$$\underline{U}_{20} = 2\underline{U}_1\, e^{-\gamma l}$$

und einen Innenwiderstand entsprechend dem Wellenwiderstand $\underline{Z}_W$ besitzt (Bild 2).

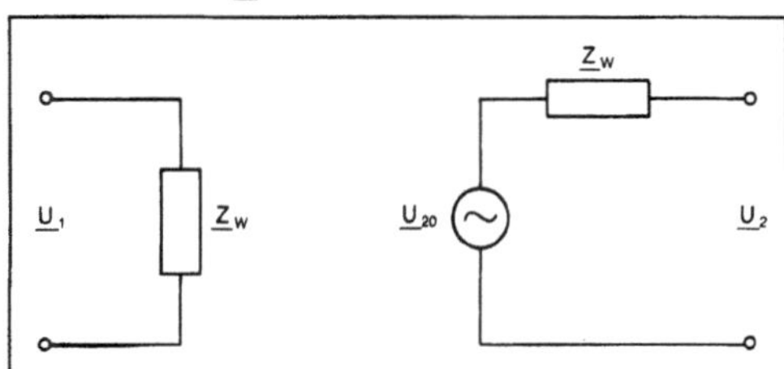

Ersatzschaltbild 2: Schaltbild einer langen Leitung.

Neben den angeführten elektrischen E. gibt es aus Analogiebetrachtung auch E. für das Zusammenwirken anderer physikalischer Größen, z. B. thermische E. für den Zusammenhang zwischen Wärmestrom (elektrischer Verlustleistung) und Temperaturverteilung. *R. Paul/Claassen*

Ersatzschaltkreis. Elektrischer Schaltkreis, der gleiches oder ähnliches Verhalten zeigt wie ein anderer (komplizierterer) Schaltkreis oder wie ein anderes dynamisches (z. B. mechanisches) System. Der E. gehorcht einem Differentialgleichungssystem, das dem des zu untersuchenden Gebildes entspricht. Die Lösung kann in dem E. mit Hilfe der Netzwerktheorie erheblich einfacher gefunden und meist auch anschaulicher dargestellt werden als in dem ursprünglichen System. Oft ist dies die einzige Möglichkeit, überhaupt eine Lösung zu erhalten.

E. verwendet man in der Nachrichtentechnik häufig zur Untersuchung von Transistorschaltungen und anderen Kreisen mit elektronischen Bauelementen. Das Verhalten der Bauelemente wird dazu im →Arbeitspunkt linearisiert und in äquivalenten Stromquellen, Widerständen, Kapazitäten und Induktivitäten ausgedrückt. Damit kann eine Kleinsignalanalyse durchgeführt werden, die die Antwort auf kleine Wechselstromsignale oder auf geringe Änderungen des Arbeitspunktes angibt. Diese Lösung ist häufig bereits ausreichend. In anderen Fällen dient sie als erste Näherung für genauere Untersuchungen. *Claassen*

Erschöpfung. Zustand eines dotierten Halbleiters, bei dem alle Dotierungsatome (→Donatoren, →Akzeptoren) bereits einen freien →Ladungsträger (Elektron oder →Loch) geliefert haben und daher ihre Lieferungsfähigkeit erschöpft ist. Erhöht man die Temperatur, so bleibt die →Ladungsträgerdichte trotzdem konstant (→Erschöpfungsgebiet) bis →Eigenleitung eintritt (→Halbleiter). *Heinz*

Erschöpfungsgebiet. Temperaturbereich, in dem bei einem dotierten Halbleiter alle →Störstellen bereits ionisiert sind (→Störstellenerschöpfung), aber noch keine →Eigenleitung besteht. Wie für praktische Anwendungen wichtig, ist in diesem Gebiet die Ladungsträgerkonzentration von der Temperatur unabhängig (→Halbleiter). *Heinz*

ESFI-Technik. Die E. (*engl.* Epitaxial Silicon Film on Insulators) beruht ähnlich wie die →SOS-Technik auf der Heteroepitaxie (→Epitaxie) von →Silicium auf einem →Isolator. Im Gegensatz zur SOS-Technik besteht das →Substrat jedoch aus Spinell ($MgAl_2O_4$). Derzeit wird diese Technik nicht mehr angewendet. *Ryssel*

ESPRIT. (Abk. *engl.* European Strategic Program for Research and Development in Information Technology) 1984 begonnenes Zehnjahresprogramm der Europäischen Gemeinschaften (EG). Ziele: Schaffung einer Technologiebasis für die europäische informationstechnische Industrie im zunehmenden Weltwettbewerb, Förderung der europäischen industriellen Zusammenarbeit, Beitrag zur Entwicklung international akzeptierter Standards.

Das Europäische Strategische Forschungs- und Entwicklungsprogramm auf dem Gebiet der Informationstechnologien (ESPRIT) ist das bisher größte Forschungs- und Entwicklungsprogramm der EG. Als spezifisches Programm gehört es seit deren Beginn zu den Rahmenprogrammen der EG im Bereich der Forschung und technologischen Entwicklung und spielt hier eine Schlüsselrolle. Es wird von der Generaldirektion XIII der EG-Kommission betreut.

E. verfolgt drei Ziele:

□ Besserer Zugang der europäischen Industrie zu Basistechnologien, Stärkung ihrer Wettbewerbsfähigkeit vor allem in der →Mikroelektronik, in der Softwaretechnologie, in der fortgeschrittenen Informationsverarbeitung, bei Bürosystemen sowie in der computerintegrierten Fertigung.

□ Zusammenarbeit zwischen Industrie, Forschungszentren und Universitäten der Mitgliedstaaten und der EFTA.

□ Ausarbeitung international anerkannter technischer Normen als unabdingbare Voraussetzung für die Entwicklung von Informationstechnologien.

E. ist ein Modellfall für die Haushaltsstrategie der EG: Finanzmittel werden gezielt zur Förderung der grenzüberschreitenden Zusammenarbeit zwischen Industrie und Forschungseinrichtungen eingesetzt. Es unterstützt gemeinsame Forschungs- und Entwicklungsprojekte von mindestens zwei Unternehmen aus verschiedenen Mitgliedstaaten; an den Projekten können sich Hochschulen und Forschungseinrichtungen beteiligen.

ESPRIT-III wurde am 8. 7. 1991 beschlossen. Es wird in fünf Bereichen abgewickelt:

– Bereich 1: Mikroelektronik (388 Mio. ECU im EG-Haushalt) mit drei Schwerpunkten: Beitrag zur Stärkung einer europäischen Technologiebasis, die dem künftigen Fertigungspotential in bezug auf eine breite Palette hochentwickelter Integrierter Schaltkreise als Grundlage dienen kann; Ausbau des Potentials für die gesamte Kette der Entwicklung, Herstellung, Erprobung und Anwendung fortgeschrittener und zuverlässiger ICs; Nutzung aller verfügbaren Ressourcen mit möglichst vielen potentiellen Beteiligten, besonders der Endnutzer. Der Schwerpunkt liegt auf den anwendungsspezifischen, integrierten Schaltkreisen (ASICs).

– Bereich 2: Informationsverarbeitungssysteme und Software (335 Mio. ECU): Nutzung potentieller technologischer Innovationen bei Parallelarchitekturen, Verbesserung der Schnittstellen zur Deckung des Bedarfs der Endbenutzer, Förderung der Übernahme neuer Software-Entwicklungstechnologien.

– Bereich 3: Fortgeschrittene Systeme für den geschäftlichen und den privaten Bereich; Peripheriegeräte (227 Mio. ECU): Funktionsintegration, leichtere Nutzung der Systeme, pränormative Arbeiten, verteiltes Rechnen, Systemsicherung, Integration von Werkzeugen, Anlagen und Tätigkeitsabläufen.

– Bereich 4: Computerintegrierte Fertigung und Ingenieurtechnik (254 Mio. ECU): Technologie für offene und für herstellerneutrale Systeme, verteilte Abläufe, bessere Integration fortgeschrittener informationstechnischer Systembauteile in den technischen Industriezweigen mit Schwerpunkt bei neuen Generationen von Basistechnologien des Computer Integrated Manufacturing (CIM) und der Nachweis ihrer Anwendbarkeit.

– Bereich 5: Grundlagenforschung (134 Mio. ECU): Erhaltung und Vertiefung des Wissens und der Fachkenntnisse nach folgenden Kriterien: →Potential zu einem weiteren Durchbruch oder größeren Fortschritten, Zusatznutzen aus europäischer Zusammenarbeit, den Forschungs- und Entwicklungsmaßnahmen vorgeschaltet, interdisziplinäre Verbindungen.

Ressourcen im EG-Haushalt: ESPRIT-I (1984 bis 1988) 750 Mio. ECU, ESPRIT-II (1988–1992) 1 600 Mio. ECU, ESPRIT-III (1991–1994) 1 338 Mio. ECU. Die Beiträge der Teilnehmer verdoppeln diese Ansätze. – An ESPRIT-I haben rd. 3 000, an ESPRIT-II rd. 6 000 Wissenschaftler teilgenommen. An ESPRIT-II waren 350 Großunternehmen, 612 Klein- und Mittelunternehmen, 334 Hochschulen sowie 161 Forschungs- und sonstige Einrichtungen beteiligt.

Grundlage: Beschlüsse des Rates der EG. Besondere Aktivitäten: jährliche ESPRIT-Konferenzen.

(Kommission der Europäischen Gemeinschaften, GD XIII – ESPRIT-Informationen, 200, Rue de la Loi, B-1049 Brüssel). *Altenmüller*

EUREKA. Zwischenstaatlicher Rahmen für technologische und wissenschaftliche Zusammenarbeit in Europa.

Die auf eine deutsch-französische Initiative zurückgehende Technologieaktion EUREKA (ursprünglich: European Research Coordination Agency) wurde am 17. Juli 1985 in Paris ins Leben gerufen. Am 5. und 6. November 1985 legte eine Ministerkonferenz in Hannover in einer Grundsatzerklärung ihre Ziele sowie Schwerpunkte, Kriterien und Organisation der Projekte fest.

Ziel von EUREKA ist es, grenzüberschreitend Projektzusammenarbeit von Unternehmen und Forschungsinstituten zu verstärken, damit eine europäische Technologiegemeinschaft entsteht und die Wettbewerbsfähigkeit Europas auf dem Weltmarkt der Hochtechnologien gestärkt wird. EUREKA-Projekte der industriellen Kooperation sollen auf die Entwicklung von Produkten, Verfahren und Dienstleistungen mit einem weltweiten Marktpotential ausgerichtet sein. Forschungs- und

Entwicklungsvorhaben sollen darüber hinaus die technischen Voraussetzungen für eine moderne Infrastruktur schaffen oder darauf abzielen, grenzüberschreitende Probleme (etwa im Umweltschutz) zu lösen.

EUREKA ist ein offener Rahmen für die Initiativen von Unternehmen und Forschungseinrichtungen, aus denen grenzüberschreitende Kooperationsprojekte entstehen. Mit der Zustimmung der Regierungen der Länder, aus denen die Partner kommen, werden diese zu EUREKA-Vorhaben. Entscheidendes Kriterium ist, daß die Zusammenlegung finanzieller und personeller Ressourcen aus mehreren Ländern Vorteile gegenüber rein nationalen Projekten erwarten läßt. Die Finanzierungsbeiträge werden ohne zentrale Projektbudgets besorgt.

An einem EUREKA-Projekt müssen jeweils Unternehmen und/oder Forschungseinrichtungen aus mindestens zwei EUREKA-Mitgliedstaaten beteiligt sein. Auch Partner aus anderen Staaten können an einem Projekt teilnehmen, wenn die Beteiligten aus den Mitgliedstaaten zustimmen und die Entwicklungsarbeiten überwiegend in den Mitgliedstaaten durchgeführt werden. 1990 wurde die Öffnung für Beteiligungen aus Mittel- und Osteuropa beschlossen und 1991 mit dem „Hague Statement" erweitert.

Bis zur 9. EUREKA-Ministerkonferenz am 19. Juni 1991 in Den Haag waren 470 Projekte mit einem Gesamtvolumen von 17 Mrd. DM angemeldet: Umweltforschung und -technologie 102 Projekte, 10,1% des Finanzvolumens; Fertigungstechnik 91 Projekte, 15,1%; Biotechnologie, Medizinforschung 88 Projekte, 10,3%; Informationstechnik 60 Projekte, 22,0%; Materialforschung 46 Projekte, 3,8%; Kommunikationstechnik 30 Projekte, 18,6%; Transport- und Verkehrstechnologie 20 Projekte, 8,9%; Energieforschung und -technologie 18 Projekte, 6,9%; Lasertechnik 15 Projekte, 4,2%. Die deutschen Beiträge belaufen sich auf ein Finanzvolumen von ca. 2,5 Mrd. DM zu 161 Projekten.

Von den 2639 an den EUREKA-Projekten Beteiligten waren 436 mittelständische Unternehmen, 1153 Forschungseinrichtungen, 150 andere Organisationen.

Mitglieder von EUREKA sind 20 Staaten: Belgien, Bundesrepublik Deutschland, Dänemark, Finnland, Frankreich, Griechenland, Großbritannien, Irland, Island, Italien, Luxemburg, Niederlande, Norwegen, Österreich, Portugal, Schweden, Schweiz, Spanien, Türkei, Ungarn sowie die Kommission der Europäischen Gemeinschaften.

Organe: Ministerkonferenz mit turnusmäßigem Wechsel des Vorsitzes unter den Mitgliedern, Gruppe der Hohen Repräsentanten als politisches Entscheidungsgremium zwischen den Ministerkonferenzen, nationale Koordinierungsstellen als ausführende Organe (i. d. R. die für EUREKA zuständigen Referate in den federführenden Regierungsstellen, in der Bundesrepublik Deutschland: EUREKA-Referat des BMFT, unterstützt vom EUREKA-Büro bei der DLR), EUREKA-Sekretariat (Leitung ab 1. Juli 1992: Dr. Reinhard Loosch) als Dienstleistungszentrum (mit Projektdatenbank).

Periodische Publikationen: EUREKA-News und Jahresbericht über die Projekte beim EUREKA-Sekretariat Brüssel, deutsche Dokumentation beim EUREKA-Büro des BMFT.

(EUREKA-Sekretariat, Avenue des Arts 19 H, Bte 3, B-1040 Brüssel. – EUREKA-Büro des BMFT bei der DLR, Postfach 90 60 58, W-5000 Köln 90).

Altenmüller

Euro-AV-Anschluß. Bezeichnung für eine 21polige Steckverbindung zum universellen Anschluß von Audio- und Videogeräten. Sie ist auch unter dem Namen SCART bekannt, das ist die Abkürzung für Syndicat des Constructeurs d'appareils radio récepteurs et teléviseurs, dem französischen Fachverband der Hersteller von Unterhaltungselektronik. Der von ihm initiierte SCART-Verbinder ist in Frankreich gesetzlich vorgeschrieben und wurde von der CENELEC, Normenorganisation der EG, zur Einführung empfohlen, um technische Handelshemmnisse innerhalb der EG zu vermeiden.

Die Vorteile des Euro-AV-Anschlusses liegen in seiner Universalität. Man kann mit dieser Steckverbindung (SCART-Schnittstelle) praktisch alle Audio- und Video-Geräte miteinander verbinden, ohne dabei im allgemeinen auf besondere gerätespezifische Eigenschaften achten zu müssen. Alle Verbindungen erfolgen über nur einen Stecker und alle Signale dürfen gleichzeitig an der Steckverbindung anliegen. Ein- und Ausgänge sind voneinander getrennt (Bild). *Bahr*

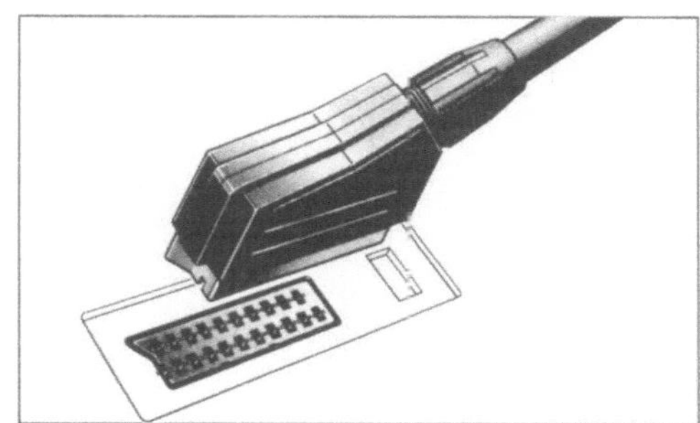

Euro-AV-Anschluß: Die versetzte Anordnung der Anschlüsse auf der Buchsen- und der Steckerseite.

Europäisches Autotelefon-System. (*engl.* European public mobile radio). Unter der internationalen Bezeichnung European public mobile radio wird zur Zeit ein Autotelefon-System eingeführt, welches den mobilen Funkdienst innerhalb Europas gewährleisten soll.

Bisher in Betrieb gegangene Autotelefonnetze (Bewegliche Funkdienste) weisen den Nachteil auf, für Landesfremde nicht benutzbar zu sein. Der Grund hierfür liegt in der mangelnden strukturellen Übereinstimmung nationaler Netze. Als Folge dessen hatte die Europäische Gemeinschaft beschlossen, die nationalen Netze durch Entwicklung eines neuen, dem Stand der Technik der 90er Jahre entsprechenden Autotelefonnetzes zu harmonisieren. Beauftragt mit der Koordinierung der Entwicklungsarbeit und der Einführung des neuen Netzes war die Vereinigung der europäischen Postverwaltungen, →CEPT.

Entsprechend dem Stand der Technik zu Beginn der 90er Jahre ermöglicht das System die Übertragung von Sprache und Zeichen (Signale) in digitaler Form. Organisiert wird das System in Form von Kleinzellen (cellular-digital-network). Jede dieser Zellen wird von einer eigenen Feststation, die nur mit kleiner Leistung sendet, versorgt. Dadurch wird die Wiederverwendung von Sendefrequenzen nach einer mäßig großen Schutzentfernung in benachbarten Zellen möglich (Frequenzökonomie). Da jede Feststation einer Zelle mit allen hierin befindlichen Mobilstationen kommunizieren soll, stehen dem rechnergestützten Gesamtsystem Informationen über den jeweiligen Standort aller mobilen Teilnehmer jederzeit zur Verfügung. Jeder (Autotelefon)-Teilnehmer soll mit nur einer Rufnummer überall in Europa erreichbar und automatisch vermittelbar sein.

Das Autotelefon-System – D1 bzw. D2 benannt, beide identisch – ist in Breitbandtechnik vielkanalig ausgelegt und wird im 900-MHz-Band (Sendefrequenz: 890–914 MHz, Empfangsfrequenz: 935 bis 959 MHz betrieben. Verlangt wird, daß es in das europäische Kommunikationsnetz →ISDN (integrated services digital network) integriert werden kann. Digitale Überleitstellen, gleichzeitig Vermittlungsstellen des Netzes ermöglichen den Eintritt in das öffentliche Telefonnetz. *Kümmritz*

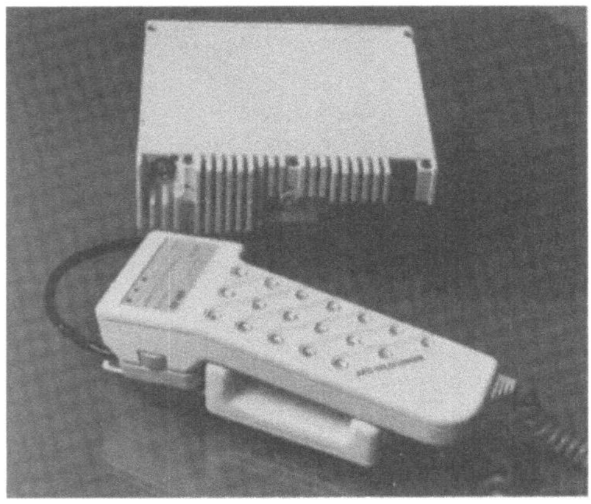

Europäisches Autotelefon-System: Autotelefon-Kompaktgerät mit Handapparat. (Quelle: AEG)

Europamaske. Die Löcher in der →Lochmaske können bei ungünstigen Verhältnissen von Länge und Breite der Maskenlöcher sowie Spotgröße, Überschreibung und Zeilenzahl ein deutlich sichtbares und daher störendes →Moiré erzeugen.

Bei Abtastung der Lochmaske mit dem Elektronenstrahl entstehen Helligkeitsunterschiede, je nachdem wie der Strahl über die Lochreihen der →Maske abgelenkt wird.

Eine Rolle beim Entstehen dieses *Maskenmoiré* spielt die Anzahl der sichtbaren Zeilen, d. h. die Vertikal-Überschreibung. Eine weitere Einflußgröße ist der Spotdurchmesser. Dieser wiederum ist von Hochspannung, Strahlstrom und Art der →Fokussierung abhängig (nur eine Bildröhre mit guter Schärfe kann Moiré zeigen!).

Eine E., wie sie gegenwärtig angewandt wird, ist bzgl. Moiré optimiert auf 625 Zeilen (Fernsehnorm) d. h. ca. 566 sichtbare Zeilen. Für USA und Japan ergibt die genormte Zeilenzahl von 525 Zeilen 470 sichtbare Zeilen. Die Differenz von 625 zu 566 bzw. 525 zu 470 Zeilen liegt bei einem korrekt abgeglichenen Gerät hinter der vertikalen Überschreibung. Von einer *Kompromiß-Maske* spricht man, wenn diese so ausgelegt ist, daß sie als Kompromiß sowohl bei der europäischen als auch der japanisch/amerikanischen Zeilenzahl ein akzeptables Moiré-Verhalten zeigt. *Nerstheimer*

Literatur: *Barten, P. G. J.:* Theorie des Moiré bei Schattenmasken Farbbildröhren. Valvo Berichte Bd. XV, (1969) Nr. 3, S. 79–192. – Farbfernsehtechnik II. Hrsg. Telefunken, Berlin.

Eurosignal →Personenrufsystem, drahtloses

Excimer-Laser. Elektrisch gepumpte Gasmoleküllaser für den ultravioletten Spektralbereich.

Excimere sind Moleküle, die keinen stabilen Grundzustand haben und nur im angeregten Zustand kurzzeitig existieren können (Bild). Als laseraktive Stoffe kommen Edelgas-Halogen-Verbindungen oder Edelgas- bzw. Halogen-Dimere in Frage, wie F_2^* (157 nm), ArF^* (193 nm), $KrCl^*$ (222 nm), KrF^* (249 nm), $XeCl^*$ (308 nm), XeF^* (350 nm). Die Excimere werden in einer Gasentladung gebildet, z. B.

$$Kr^+ + F^- \rightarrow KrF^*$$

Dieser gebundene angeregte Zustand hat eine →Lebensdauer von einigen ns, er bildet das obere Laserniveau. Nach →Emission der Strahlung kehrt das Molekül in den Grundzustand zurück und

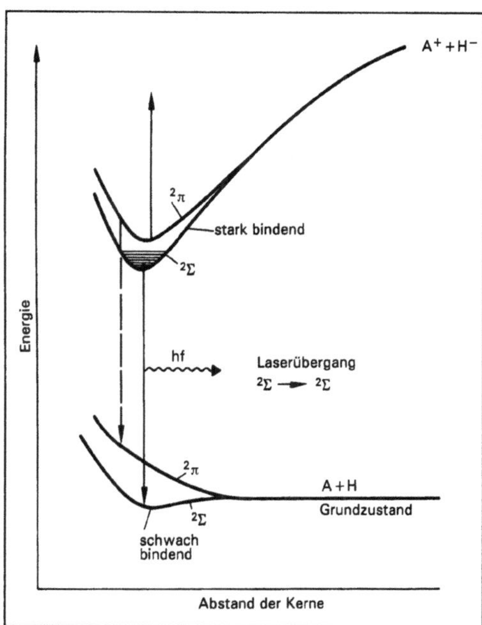

Excimer-Laser: Energieniveaus eines typischen Excimers.

dissoziiert in die Ausgangsatome innerhalb weniger ps. Damit ist die Besetzung des unteren Laserniveaus praktisch Null, so daß die Besetzungsinversion relativ schnell zu erreichen ist.

Die Anregung erfolgt in kommerziellen Lasern durch eine transversale Hochspannungsentladung wie beim →N_2-Laser mit Leistungsdichten bis zu 100 MW pro Liter Gasvolumen (Pulse von 10–30 ns Dauer). Der Gasdruck beträgt 1–4 bar, das Gasgemisch enthält ca. 5–10 % Edelgas, 0,1–0,5 % Halogen und Helium bzw. Neon als Puffergas. Für eine homogene Gasentladung ist eine Vorionisation durch UV-Licht aus einer zusätzlichen Funkenentladung notwendig. Es werden hohe Verstärkungen und Pulsenergien von einigen Joule erreicht. Das Gas muß nach ca. 10^5–10^7 Entladungen ausgetauscht werden. Das größte Problem bildet die Agressivität der Gasgemische, die hohe Anforderungen an die Resistenz der verwendeten Materialien stellt.

Aufgrund der instabilen Grundzustände ist die Laseremission spektral relativ breit (ca. 2 nm). Auf hochwertige Auskoppelspiegel kann verzichtet werden, da die optische Verstärkung relativ hoch ist. Das Strahlungsprofil ist i. a. rechteckig (10·20 mm^2), der Strahl schwach divergent.

E.-L. stellen die stärksten UV-Lichtquellen dar; sie werden zum →Pumpen von Farbstofflasern, in der Photochemie und zur Materialbearbeitung eingesetzt. *Rosenzweig*

Literatur: *Eichler, J. und H.-J. Eichler:* Laser. Berlin–Heidelberg, 1990.

Exoelektronen-Dosimeter. Die Methode nützt die Eigenschaft ionisierender Strahlen aus, in gewissen Festkörpern (z. B. Gips, Al_2O_3 oder BeO) Elektronen aus ihren Haftstellen zu lösen, die dann bei Bestrahlen mit UV-Licht oder thermischem Anregen aus der Oberfläche austreten und als Maß für die einwirkende Dosis gezählt werden.

Mit E.-D. lassen sich Photonen- und Korpuskularstrahlungen, aber auch Neutronen, nachweisen. Sie sind je nach der Art des verwendeten Detektormaterials mehr oder weniger energieabhängig. Ihr Meßbereich erstreckt sich von µGy bis zu Dosen von 10 Gy und mehr. Beim Messen kleiner Dosen wird die Anzahl der freiwerdenden Elektronen mit Hilfe eines Auslösezählrohrs gezählt, bei hohen Dosen kann auch die Aufladung eines Kondensators als Dosismaß benützt werden.

Die erzielbare Genauigkeit von etwa 10–20 % ist für viele Zwecke ausreichend. E.-D. haben den Vorteil, daß das Meßvolumen des Detektors klein ist (Tiefenausdehnung etwa 0,1 µm). Zur Zeit verwendet man die Methode praktisch nur für Sonderzwecke; Anwendungsmöglichkeiten zeichnen sich, besonders im Bereich der Betadosimetrie, ab. *Wachsmann*

Literatur: *Kramer J.:* Der Nachweis ionisierender Strahlung mit Exoelektronen. 2. Angewandte Physik 15 (1963) S. 20.

Exponentialverteilung.

Lebensdauer. Fallen Komponenten nicht deterministisch, sondern rein zufällig aus, so sind ihre Lebensdauern exponentiell verteilt (→Lebensdauerverteilung). Dies trifft z. B. für die Lebensdauern elektronischer Komponenten zu.

Die in Bild 1 betrachtete Komponente befindet sich entweder im Zustand 1 oder im Zustand 2:

Zustand 1: Komponente funktionsfähig
Zustand 2: Komponente nicht funktionsfähig

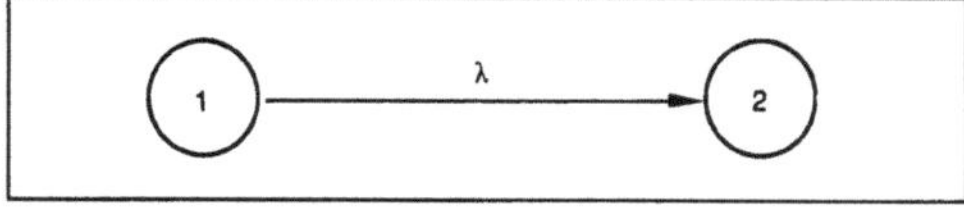

Exponentialverteilung 1: Markow-Kette mit den Zuständen 1 und 2 und der Übergangsrate λ.

Der Übergang vom Zustand 1 in den Zustand 2 erfolgt mit der Übergangsrate λ. Um die Besetzungswahrscheinlichkeiten w_1 (des Zustandes 1) und w_2 (des Zustandes 2) zu finden, ist das die *Markow*-Kette beschreibende System von Differentialgleichungen zu lösen:

$$\dot{w}_1 = -\lambda w_1$$

$$\dot{w}_2 = \lambda w_1$$

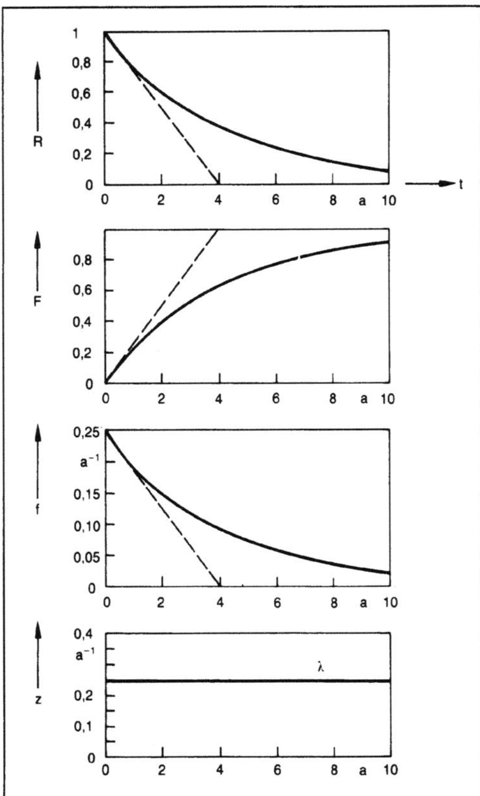

Exponentialverteilung. 2: Überlebenswahrscheinlichkeit R(t), Ausfallwahrscheinlichkeit F(t), Dichtefunktion f(t) und Ausfallrate z(t) bei exponentiellverteilten Lebensdauern mit der Ausfallrate $\lambda=0{,}25$ (Jahre)$^{-1}$.

Mit der Anfangsbedingung $w_1(t=0)=1$ und Randbedingung $w_1+w_2=1$ ergibt sich

$$w_1(t) = e^{-\lambda t}$$
$$w_2(t) = 1 - e^{-\lambda t}$$

Die Wahrscheinlichkeit, daß sich die betrachtete Einheit zum Zeitpunkt t im Zustand *funktionsfähig* befindet, ist identisch mit der Überlebenswahrscheinlichkeit oder →Zuverlässigkeit R(t)(Bild 2):

$$R(t) = w_1(t) = e^{-\lambda t}$$

Die Wahrscheinlichkeit, daß sich die betrachtete Einheit zum Zeitpunkt t im Zustand *nicht funktionsfähig* befindet, ist die →Ausfallwahrscheinlichkeit F(t):

$$F(t) = w_2(t) = 1 - e^{-\lambda t}.$$

Damit ergeben sich für die →Ausfalldichte f(t) und für die →Ausfallrate z(t) die folgenden Ausdrücke

$$f(t) = \lambda e^{-\lambda t}$$
$$z(t) = \lambda.$$

Oft ist die Übergangsrate λ sehr viel kleiner als 1, so daß in der Ausfallwahrscheinlichkeit die e-Funktion durch ihre nach dem ersten Glied abgebrochene *Taylor*-Reihe ersetzt werden kann. Daraus entsteht die Näherungsformel

$$F(t) \approx \lambda t \text{ für } \lambda t \ll 1.$$

Bei exponentiell verteilten Lebensdauern ist die Ausfallrate z(t) unabhängig von der Zeit; sie ist eine Konstante. Aus diesem Grund wird der Parameter λ direkt Ausfallrate genannt.

Die mittlere Lebensdauer $\bar{t}$ ergibt sich als Kehrwert der Ausfallrate λ,

$$\bar{t} = \frac{1}{\lambda};$$

sie wird als →MTTFF (mean time to first failure) bezeichnet. Zum Zeitpunkt der mittleren Lebensdauer sind 63% der Komponenten schon ausgefallen. Die Lebensdauern der restlichen Komponenten können unter Umständen sehr große Werte erreichen.

Die Begriffe Überlebenswahrscheinlichkeit und Ausfallwahrscheinlichkeit beziehen sich auf Komponenten ohne Reparatur. Werden die ausgefallenen Einheiten wieder instand gesetzt (→Reparaturwahrscheinlichkeit), so entspricht der Überlebenswahrscheinlichkeit die →Verfügbarkeit und der Ausfallwahrscheinlichkeit die →Nichtverfügbarkeit.

Da bei den Komponenten mit exponentiell verteilten Lebensdauern die Ausfallrate zeitlich konstant ist, läßt sich die Zuverlässigkeit durch eine vorbeugende Wartung, durch einen frühzeitigen Austausch von Komponenten, nicht verbessern. Es ist nicht empfehlenswert, in einem funktionsfähigen System die noch arbeitenden elektronischen Komponenten durch neue zu ersetzen. Ein derartiger Eingriff würde sowohl eine Störung des Systems bedeuten als auch die Gefahr von Frühausfällen beinhalten.

Graphische Darstellung: Um zu prüfen, ob die in einem Versuch ermittelten Lebensdauern exponentiell verteilt sind, können die Ergebnisse graphisch dargestellt werden. Von Vorteil ist ein Koordinatensystem, dessen Abszisse linear und dessen Ordinate logarithmisch geteilt ist. In diesem halblogarithmischen Netz ist das Bild einer e-Funktion eine Gerade, die sich durch die Meßpunkte ziehen läßt. Der Mittelwert $\bar{t}$ der Zufallsvariablen ergibt sich dann als der zu der Ordinate $R(t)=e^{-1}=0{,}37$ gehörende Abzissenwert (Bild 3).

Reparatur und Ausfallerkennung. Die E. wird in der Zuverlässigkeitstechnik weiterhin zur Berechnung der →Reparaturwahrscheinlichkeit und der →Ausfallerkennungswahrscheinlichkeit benutzt.

Schrüfer

Exponentialverteilung. Tabelle: Abnahme der funktionsfähigen Komponenten mit der Betriebszeit bei n_o = 1000 eingesetzten Einheiten

Betriebszeit t in h	0	1 000	2 000	3 000	4 000	6 000	8 000	10 000	12 000
n(t) funktionsfähige Einheiten	1 000	660	550	480	340	250	155	85	60
$\frac{n(t)}{n_o} = R(t)$	1	0,66	0,55	0,48	0,34	0,25	0,15	0,085	0,06

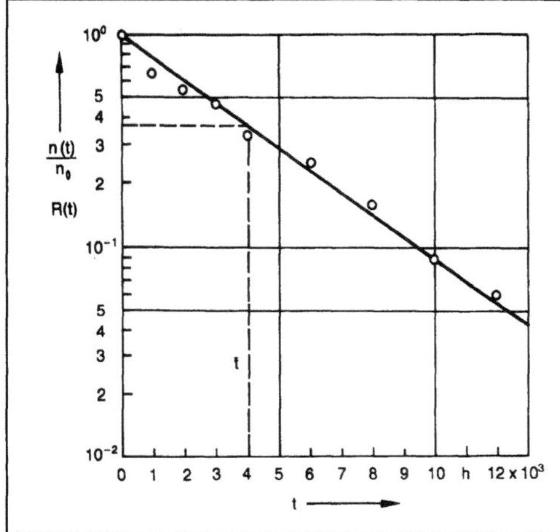

Exponentialverteilung 3: Darstellung der Meßwerte der Tabelle auf halblogarithmischem Papier. Mittlere Lebensdauer $\bar{t}$ = 4000 h.

Literatur: *Gaede, K. W.*: Zuverlässigkeit, Mathematische Modelle. München, Wien 1977. – *Härtler, G.*: Statistische Methoden für die Zuverlässigkeitsanalyse. Ost-Berlin 1983. – *Heinhold, J.* u. *K. W. Gaede*: Ingenieur-Statistik. München 1964. – *Köchel, P.*: Zuverlässigkeit technischer Systeme. Leipzig 1983, Thun und Frankfurt/Main. – *Kreyszig, E.*: Statistische Methoden und ihre Anwendungen. Göttingen 1975. – MBB: Technische Zuverlässigkeit. Berlin, Heidelberg 1977. – *Schrüfer, E.*: Zuverlässigkeit von Meß- und Automatisierungseinrichtungen. München 1984. – *Störmer, H.*: Mathematische Theorie der Zuverlässigkeit, Einführung und Anwendung. München 1970. – VDI Handbuch Technische Zuverlässigkeit. VDI 4001–4010, Berlin, Köln.

External-Cavity-Laser. →Halbleiterlaser, bei dem eine Endfläche entspiegelt und durch einen externen Reflektor ersetzt wird. E.-C.-L. werden benutzt, um die spektrale Verteilung der Laseremission zu beeinflussen.

Sehr schmale Linienbreiten ergeben sich aus dem Aufbau langer Resonatoren, wie sie durch die Ankopplung von relativ langen Glasfasern oder breitbandigen Spiegeln in Verbindung mit einem →Fabry-Perot-Etalon entstehen. Im letzteren Fall ist sogar eine geringe spektrale Abstimmung durch Änderung des Durchstrahlungswinkels des Etalons möglich.

In der häufigsten Anwendung wird der rückwärtige Spiegel durch ein Reflexionsgitter ersetzt (Bild). Durch Drehen des Gitters mittels einer Mikrometerschraube oder eines Piezo-Elementes PT kann die emittierte Wellenlänge über das Verstärkungsspektrum des Halbleitermaterials durchgestimmt werden. Zur weiteren Verringerung der Linienbreite kann zusätzlich ein Etalon eingebaut werden. Der Abstimmbereich hängt im wesentlichen vom Injektionsstrom ab. Eine Temperaturstabilisierung der Laserdiode ist für eine konstante Ausgangsleistung unbedingt erforderlich. Ein Durchstimmbereich von 120 nm wurde mit InGaAsP-Halbleiterlasern einer Zusammensetzung der aktiven Schicht entsprechend einer →Bandkante von 1,5 μm erreicht. Allerdings änderten sich innerhalb des Durchstimmbereiches die optische Leistung um etwa eine Größenordnung (0,5–5 mW) und der →Schwellenstrom um den Faktor 3 (40 bis 120 mA). Kommerzielle Systeme erreichen einen Durchstimmbereich von 60–100 nm.

Besonders breite Durchstimmbereiche versprechen →Quantum-Well-Strukturen mit Topfbreiten, die zwei gebundene Zustände aufweisen; mehr als 200 nm im Bereich von 1,5 μm wurden im Laborbetrieb bereits realisiert. *Rosenzweig*

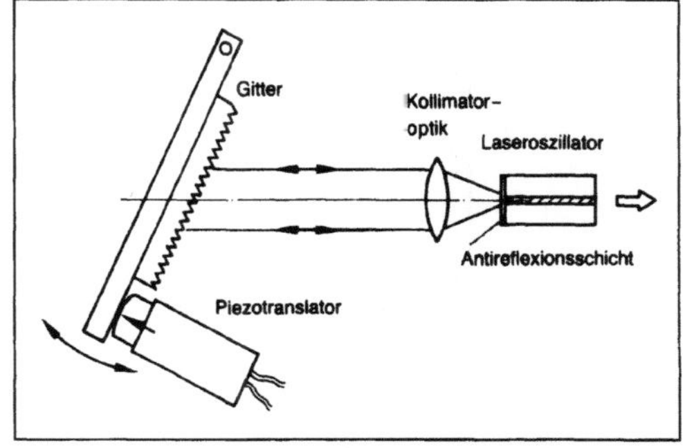

External-Cavity-Laser: Durchstimmbarer Halbleiterlaser mit einem Reflexionsgitter als ein Resonatorspiegel (AR-Antireflexionsschicht).

F

Fabry-Perot-Etalon. Optisches →Filter zur spektralen Selektion auf der Basis von Vielfachinterferenzen.

Ein F.-P.-E. besteht aus zwei parallelen, teildurchlässigen Spiegeln im Abstand d. Dabei kann es sich um die beiden Flächen einer planparallelen Platte oder um zwei durch Luft getrennte Spiegel handeln (Bild). Eine einfallende optische Welle wird durch Reflexion in viele Teilwellen aufgespalten, die miteinander interferieren. Für einen Einfallswinkel α ist das Etalon transparent für die Wellenlängen λ, die die Gleichung

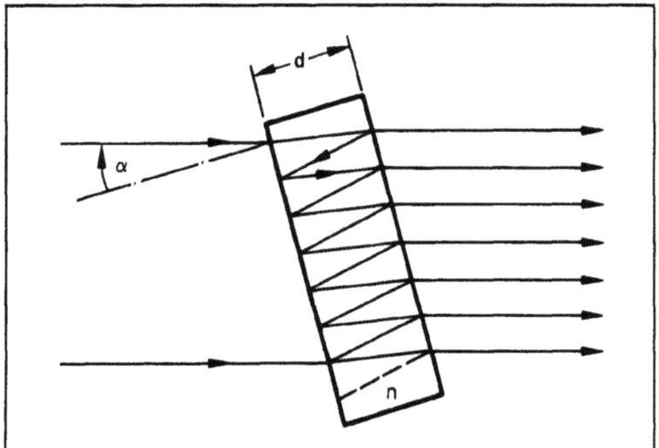

Fabry-Perot-Etalon: Funktionsprinzip.

$$m\lambda = 2 \cdot d \cdot \sqrt{n^2 - \sin^2 \alpha} \quad (1)$$

erfüllen (n ist die →Brechzahl des Stoffes zwischen den Spiegelflächen). Durch Variation des Abstandes d oder des Einfallswinkels kann die Wellenlänge durchgestimmt werden. Die Winkeldispersion eines F.-P.-E. mit Luft zwischen den Spiegeln (n = 1) ist

$$\frac{d\alpha}{d\lambda} = \frac{1}{\lambda \cdot \tan \alpha} \quad (2)$$

Bei typischen Dicken im mm- bis cm-Bereich ist die Zahl m sehr groß und Gl. (1) wird von allen Wellenlängen erfüllt, die sich um

$$\Delta\lambda = \frac{\lambda_0^2}{2nd} = FSR \quad (3)$$

von einer mittleren Wellenlänge λ_0 unterscheiden (α = 0). Dieser spektrale Abstand wird als Free Spectral Range (FSR) bezeichnet. Nur innerhalb dieses Wellenlängenbereiches ist eine eindeutige Selektion möglich, d. h. es ist i. a. eine Vorselektion durch gröbere Filter notwendig.

Die Schmalbandigkeit der Selektion δλ hängt von der Anzahl der interferierenden Teilwellen und damit vom Reflexionsvermögen R der Spiegel ab. Zur Kennzeichnung dient die sog. Finesse F

$$F = \frac{\pi \sqrt{R}}{1-R} \quad (4)$$

$$\delta\lambda = FSR/F \quad (5)$$

F kann mit R→1 sehr groß werden, entsprechend hoch wird die Auflösung δλ/λ.

F.-P.-E. lassen sich in verschiedenen Dicken (d = 0,1 mm bis d = 50 cm) und Reflexionskoeffizienten (R = 10 % bis R = 98 %) herstellen. Sie stellen die optischen Filter mit der höchsten möglichen Auflösung dar und werden mit entsprechender Vorselektion in der hochauflösenden Spektroskopie und zur Wellenlängenselektion in Lasern verwendet. *Rosenzweig*

Literatur: *Hecht, E.:* Optik. Bonn 1989.

Fachinformationseinrichtung. Anbieter von fachspezifischen Datenbanken und zentrale Fachbibliotheken.

Im Rahmen der Fachinformationsprogramme der deutschen Bundesregierung wurde ein Netz von Einrichtungen aufgebaut, die gedruckte und elektronisch gespeicherte Fachinformation anbieten. Schwerpunkte ihrer Aktivitäten sind

□ die Entwicklung, Produktion und Herausgabe von Literaturhinweisdiensten sowie Daten- und Faktensammlungen und

□ teilweise der Betrieb der zu ihrer Speicherung, Auswertung und On-line-Verteilung erforderlichen Rechenzentren (HOSTs).

Sie sind Teil des internationalen Netzes von Datenbankdiensten.

1990 betrugen die Umsätze in der westlichen Welt einschl. Japan auf den Märkten

- für gedruckte Fachinformation 229,2 Mrd. US-Dollar mit 6 % Zuwachs 1989/90 (Bundesrepublik Deutschland 20,8 Mrd. DM mit 4 % Zuwachs),
- für elektronische On-line-Information knapp 10 Mrd. US-Dollar mit 25 % Zuwachs (Bundesrepublik Deutschland 0,35 Mrd. US-Dollar mit 37 % Zuwachs).

Im Bereich wissenschaftlicher und technischer On-line-Information betrugen die Umsätze 623 Mio. US-Dollar mit 22 % Zuwachs (Bundesrepublik Deutschland 45 Mio. US-Dollar mit 28 % Zuwachs). Das weltweite Angebot an allgemein zugänglichen Datenbanken (DB) im Bereich Naturwissenschaft, Technik, Patente belief sich 1989 auf

872 (1986: 576), darunter 198 im Bereich Biowissenschaft, Medizin, Pharmazie, 177 im Bereich Ingenieurwesen, Normen. In der Bundesrepublik Deutschland hergestellt waren 1989: 85 DB im Bereich Naturwissenschaft, Technik, Patente (1986: 48).

Der Aufbau der F. in der Bundesrepublik Deutschland wurde vor allem vom Bund gefördert (Fachinformationsprogramm 1985–1988: 939 Mio. DM, 1990–1994: 1 922 Mio. DM). Auf die F. im engeren Sinne entfallen im Programm 1990–1994: 621,8 Mio. DM. Der Kostendeckungsgrad der geförderten deutschen F. ist von 27% (1986) auf 44% (1990) gestiegen.

Literaturhinweisbanken sowie Faktenbanken werden in der Bundesrepublik Deutschland von insgesamt 15 von der Bundesregierung geförderten F. hergestellt und angeboten:
- Fachinformationszentrum Chemie GmbH (FIZ Chemie), Berlin: 20 DB, 56 100 Recherchen jährlich, 17,1 Mio. DM Ausgaben, Kostendeckung 61,4%, Zuwendungen 50:50 Bund/Länder;
- Fachinformationszentrum Karlsruhe, Gesellschaft für wissenschaftlich-technische Information mbH (Energie, Physik, Mathematik, Technologie, Luft- und Raumfahrt, Weltraumforschung, Astronomie, Informatik; FIZ Karlsruhe), Karlsruhe; 38 Datenbanken, 362 800 Recherchen, 46,0 Mio. DM, 37,6%, 85:15 Bund/Länder;
- Informationszentrum Rohstoffgewinnung – Geowissenschaften – Wasserwirtschaft (GEOFIZ) in der Bundesanstalt für Geowissenschaften und Rohstoffe, Hannover; 3 DB, 2 000 Recherchen, 1,5 Mio. DM, 2,3%, 87,5:12,5 Bund/Land Niedersachsen;
- Fachinformationszentrum Technik e. V. (FIZ Technik), Frankfurt a. Main; 65 DB, 94 426 Recherchen, 11,0 Mio. DM, 53,6%, Bund/Mitglieder (DOMA, ZDE, VTDI, VDI, VDE);
- Deutsches Informationszentrum für technische Regeln (DITR) im DIN Deutsches Institut für Normung e. V., Berlin; 3 DB, 85 000 Recherchen, 5,8 Mio. DM, 70,7%, Bund/DIN;
- Fachinformationszentrum Werkstoffe e. V. (FIZ Werkstoffe), Berlin; 8 DB, 7 700 Recherchen, 4,9 Mio. DM, 20,4%, Bund/Mitglieder (Institute und Verbände);
- Informationszentrum RAUM und BAU (IRB) der →Fraunhofer-Gesellschaft, Stuttgart; 16 DB, 5 251 Recherchen, 10,2 Mio. DM, 26,5%, 90:10 Bund/Länder;
- Informationszentrum Sozialwissenschaften der Arbeitsgemeinschaft Sozialwissenschaftlicher Institute e. V., Bonn; 2 DB, 6 300 Recherchen, 5,6 Mio. DM, 5,4%, 80:20 Bund/Länder;
- Deutsches Institut für medizinische Dokumentation und Information (DIMDI), Köln; 84 DB, 261 350 Recherchen, 24,2 Mio. DM, 40,5%, Bund;
- Zentralstelle für Agrardokumentation und -information (ZADI), Bonn; 11 DB, Recherchen unter DIMDI, 3,6 Mio. DM, Bund;
- Bundesinstitut für Sportwissenschaft (BISp), Fachbereich Dokumentation und Information, Köln; 4 DB, 2 604 Recherchen, Bund;
- Umweltbundesamt (UBA), Informations- und Dokumentationssystem Umwelt (UMPLIS), Berlin; 9 DB, 52 272 Recherchen, Bund;
- Zentrale Informationsstelle für Verkehr (ZIV); 8 DB, 1 100 Recherchen, 0,8 Mio. DM, 0,8%, Bund/Länder/Mitglieder.
- JURIS GmbH, Juristisches Informationssystem für die Bundesrepublik Deutschland, Saarbrücken; 8 DB, 165 000 Recherchen, 9,7 Mio. DM, 53,6%, Bund;
- Statistisches Bundesamt, Statistisches Informationssystem des Bundes (STATIS-Bund), Wiesbaden; 1 DB, 159 000 Recherchen, Bund.

Weitere F.:
- im Bereich Naturwissenschaft, Technik, Patente: Deutsches Patentamt, Bibliothek, München; Papiertechnische Stiftung (PTS), München; Verein Deutscher Eisenhüttenleute, VDEh Informationszentrum Stahl und Bücherei, Düsseldorf.
- im Bereich Wirtschaft: Bundesstelle für Außenhandelsinformationen (BfAI), Referat Z 5, Köln; ECODATA Wirtschaftsinformationen GmbH, Frankfurt/Main; Economics Information System (ECONIS), Kiel: GBI Gesellschaft für Betriebswirtschaftliche Informationen mbH, Unterföhring; GENIOS-Wirtschaftsdatenbanken, Verlagsgruppe Handelsblatt, Düsseldorf; HWWA-Institut für Wirtschaftsforschung – Hamburg, Informationszentrum.
- Zentralbibliotheken: Deutsches Bibliotheksinstitut (dbi), Berlin; Technische Informationsbibliothek (TIB), Hannover; Zentralbibliothek der Landbauwissenschaft (ZBL), Bonn; Zentralbibliothek der Medizin (ZBM), Köln; Zentralbibliothek der Wirtschaftswissenschaften (ZBW), Kiel.

Von den vom Bund geförderten F. betreiben einen HOST: FIZ Karlsruhe im Rahmen von Scientific and Technical Information Network (STN-International) zusammen mit Chemical Abstract Service (CAS), Columbus/Ohio, und Japan Information Center for Science and Technology (JICST), Tokio; DIMDI; FIZ Technik im Verbund mit den Datenbanken von DATA-Star; JURIS. Über STN wird u. a. das integrierte Chemie-Informationssystem, bestehend aus den Komponenten Beilstein-DB in der organischen und Gmelin-DB in der anorganischen Chemie, angeboten.

Allgemeine Auskünfte: Arbeitsgemeinschaft Fachinformation e. V. (AFI), Frankfurt/Main.

Altenmüller

fail-safe-Schaltung. Fehlersichere Schaltung; Schaltung mit sicherheitsgerichteten Ausfällen; Schaltung, die nicht unerkennbar ausfallen kann (→Ausfalleffektanalyse).

Die fail-safe-Geräte sind in der Regel Komponenten eines Sicherheitssystems, das eine definierte Aufgabe hat. Die fehlersicheren Geräte sind so ausgelegt, daß auch bei einem Geräteausfall die Schutzfunktion immer ausgelöst wird. Dies kann z. B. durch die Verwendung dynamischer Signale erreicht werden (→Signal, dynamisches). *Schrüfer*

failure analysis memory. Teil des Pinspeichers einer →High-Speed-Pinelektronik welcher die Signalfolgen, die vor Erkennen eines Fehlers während eines Bursts bei der →Echtzeitprüfung aufgetreten sind, aufzeichnet. *K. Winter*

FAMOST. (*engl.*, Abk. für Floating Gate Avalanche Injection MOS). →MOSFET mit einem in einer isolierenden SiO_2-Schicht zwischen Gateelektrode und Kanal eingebetteten weiteren Gatebereich aus polykristallinem Silicium. Diese Schicht ist nicht angeschlossen und schwebt potentialmäßig (Floating Gate). Deswegen bleiben Ladungen (Elektronen, Löcher), die diesem Gate auf unterschiedliche Weise aufgeprägt werden, über lange Zeit erhalten und bestimmen so die Leitfähigkeit des Source-Drain-Kanals. Der Ladungszustand des schwebenden Gates kann auf verschiedene Weise beeinflußt werden:

□ Erzeugung heißer Elektronen: Arbeitet der Drain-Substrat-pn-Übergang des →FET im Durchbruchsbereich, so entstehen durch den →Lawineneffekt viele schnelle und energiereiche →Ladungsträger, sog. heiße Elektronen und Löcher. Insbesondere die Elektronen können die Energiebarriere zwischen Si und SiO_2 von größenordnungsmäßig 3,25 eV relativ leicht überwinden und so auf das Schwebegate gelangen, das sich dadurch negativ auflädt (Bild). Heiße Elektronen entstehen auch bei MOSFET mit kurzer Kanallänge ($L \lesseqq 2\ \mu m$), weil dann bei üblichen Drainspannungen die →Feldstärke unmittelbar vor dem Drain-Bereich bereits ausreicht, um die Elektronen energiereicher zu machen.

□ Trägerextraktion, d. h. Abzug von Elektronen vom Schwebegate: Befindet sich in Nähe des Schwebegates eine weitere Gateelektrode an positiver Spannung, so werden bei ausreichend hoher Feldstärke Elektronen dorthin abgezogen und das Schwebegate lädt sich positiver auf.

□ Schließlich können durch energiereiche Strahlung (UV-Strahlung) überschüssige Elektronen auf dem Schwebegate energetisch so angereichert werden, daß ein Ausgleich mit dem Halbleitersubstrat über die Isolierschicht hinweg möglich ist und das Schwebegate in einen ungeladenen Zustand übergeht. Dieses Schwebegate bildet die Grundlage des FAMOST. Bei der älteren Ausführung in p-Kanaltechnik (Bild a) erfolgte die Beladung des Gates aus dem Loch-Elektronen-Plasma, das sich beim →Lawinendurchbruch des Drain-Substrat-Überganges bildet. Bei ausreichend geladenem Gate stellt sich ein p-leitender Kanal zwischen →Source und →Drain ein, der z. B. dem Speicherzustand Null entspricht. Der nichtleitende Zustand markiert dann „1".

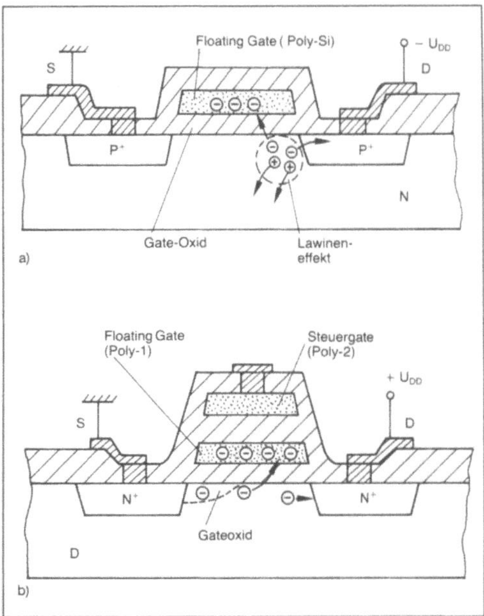

FAMOST: Funktionsprinzip.
a) Ältere Ausführung in p-Kanal-Technik
b) Stapelförmige Struktur mit Steuergate.

Für die n-Kanal-Si-Technik ist dieses Prinzip nicht ohne weiteres anwendbar, da das Schwebegate mit Löchern beladen werden müßte. Für Löcher beträgt die Potentialbarriere Si-SiO_2 aber rd. 4,35 eV, so daß der Beladungsgrad deutlich schlechter wäre. Deshalb versieht man die Struktur noch mit einem Steuergate und gestaltet sie stapelförmig (Bild b). Die Beladung des Schwebegates erfolgt jetzt bei eingeschaltetem Transistor (n-Kanal ausgeprägt) durch hochbeschleunigte Elektronen, die im Abschnürzustand vor dem Drainbereich entstehen.

Die Löschung, d. h. Entladung des Gates, erfolgt entweder durch UV-Bestrahlung (→EPROM) oder durch einen Tunnelvorgang wie im →EAROM. Dazu wird das Schwebegate mit einem Bereich verbunden, dem Elektronen durch eine dünne Isolatorschicht auf das Drain zurücktunneln können.

Das Konzept des Schwebegates wird in einer Reihe von Halbleiterstrukturen mit Speichereigenschaften verwendet, die dem FAMOST ähneln (SAMOST, SIMOST, ATMOS, DIFMOS). Sie finden umfangreiche Anwendungen in unprogrammierbaren Festwertspeichern (EPROM, EAROM), zumal die Erhaltung des Ladungszustandes keine Energiezufuhr erfordert. *R. Paul*

Literatur: *Hodges, D.* and *H. Jackson:* Analysis and Design of Digital Integrated Circuits. New York 1983. – *Paul, R.:* Mikroelektronik – eine Übersicht. Berlin 1990.

Fan-in. Eingangslastfaktor, Eingangsauffächerung. Gibt die maximale Zahl von gleichartigen Eingangslasten einer Logikeinheit an, mit der der Eingang belastet werden darf. Sie ist eine statische Kenngröße integrierter Logikschaltungen. *R. Paul*

Fan-out. Ausgangslastfaktor, Ausgangsauffächerung. Gibt die maximale Zahl von gleichartigen Lasteinheiten einer Logikeinheit an, mit denen der Ausgang belastet werden darf. Sie ist eine statische Kenngröße integrierter Logikschaltungen. Der Ausgangslastfaktor kann für H- und L-Pegel verschieden sein. *R. Paul*

Faraday-Effekt. Drehung der Polarisationsebene einer elektromagnetischen Welle (z. B. Lichtwelle) in einem in Fortpflanzungsrichtung magnetisiertem Material (→magnetooptische Effekte). Die Drehrichtung wechselt mit dem Vorzeichen der Magnetisierung, ist aber unabhängig von der Fortpflanzungsrichtung der Welle. Spiegelt man also die Welle nach Durchlaufen des magnetisierten Materials, so hebt sich die Drehung nicht wie im Fall der optischen Aktivität wieder auf, sondern verdoppelt sich. Diese Tatsache steht nicht im Widerspruch zu dem Satz von der Umkehrbarkeit der Ausbreitung elektromagnetischer Wellen, der nur gilt, wenn kein Magnetfeld vorhanden ist.

Der F.-E. wird ausgenutzt in den nicht-reziproken Bauelementen, zur Beobachtung magnetischer Domänen, in magnetooptischen Displays und in optischen Speichern. Hierzu verwendet man im allgemeinen magnetische Granate mit speziellen Zusammensetzungen, in denen der F.-E. besonders groß ist. *Dammann*

Farbart →NTSC

Farbauswahlwinkel. Der F. β ist die maßgebende Größe für eine hinreichende →Landung und Farbreinheit. β ist der Winkel zwischen den Elektronenstrahlen in der Ebene der →Lochmaske (Bild).

Ein großer F. β erlaubt die Wahl eines kleinen Schirm-Maskenabstandes „a“, Voraussetzung für gute Farbreinheit. Ein großer Winkel β wiederum setzt voraus einen großen Wert des „spacing s“ (Abstand der drei Elektronenstrahlsysteme voneinander).

Das wiederum bedingt einen großen Durchmesser d des Röhrenhalses. Standardwerte für d sind:
- 36,5 mm (Normhals)
- 29,1 mm (Narrow neck)

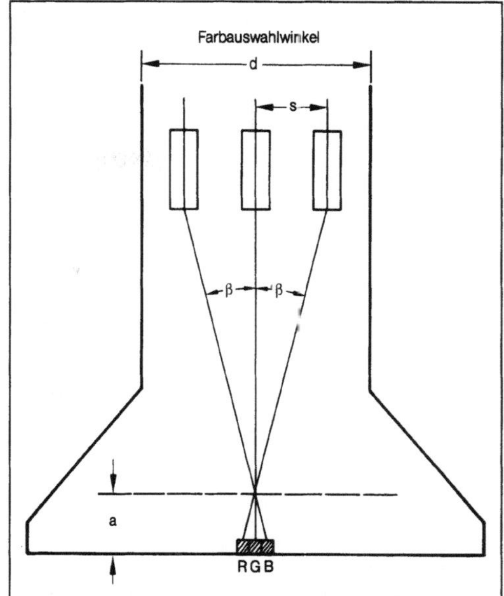

Farbauswahlwinkel: Prinzip einer Farbkathodenstrahlröhre nach dem Schattenmasken-Verfahren.

- 22,5 mm (Minineck)

Weitere typische Werte sind:
- a = 15 mm Schirm-Masken-Abstand
- s = 6,5 mm Spacing. *Nerstheimer*

Farbbildröhre, flache großformatige. Die bei den kleinformatigen Flachbildröhren beschriebenen Aufbauprinzipien lassen sich wegen der großen Verzerrungen nicht auf die großformatigen Flachröhren übertragen. Deshalb wird in mehreren Laboratorien nach neuen Verfahren gesucht, die neben einer sehr guten Bilddarstellung auch eine kostengünstige Herstellung bieten. Eine der aussichtsreichsten Lösungsansätze wird in den Philips-Laboratorien erarbeitet. Er basiert auf Grundüberlegungen von *Aiken* aus den Jahren vor 1957.

Charakteristisches Merkmal dieser Lösung ist der zweigeteilte Röhrenkörper, in dessen rückwärtigem Teil eine →Elektronenkanone angeordnet ist. Der Elektronenstrahl wird unmittelbar nach seinem Austritt aus der Kanone elektrostatisch in horizontaler Richtung abgelenkt. Am oberen Bildschirmrand erfolgt eine weitere Umlenkung des Strahls um 180°.

Ein negatives Potential, das zwischen horizontal liegenden Elektrodenstreifen und einer Frontelektrode liegt, lenkt ihn um weitere 90° in Richtung auf den Schirm ab. Um die Leistung für die gesamte →Ablenkeinheit möglichst gering zu halten, wird bis zu dieser Stufe ein Elektronenstrahl mit niedriger Energie (Beschleunigungsspannung ca. 400 V) verwendet. Im Interesse eines geringen Strahldurchmessers beträgt der Strahlstrom lediglich ca. 1 μA.

Wird durch dieses Prinzip auf der einen Seite die →Ablenkung mit geringer Leistung erreicht, so genügt die Energie des Strahls jedoch nicht zur Anregung eines konventionellen Bildschirms aus. Deshalb befindet sich vor dem Schirm noch ein Dynodensystem zur Strahlstromverstärkung. Es besteht aus einer Folge von metallischen Lochplatten, die jeweils durch eine Isolatorschicht gegeneinander isoliert sind. In den aktiven Bereichen der Lochplatte ist ein geeigneter Sekundärelektronenemitter aufgebracht. Zwischen benachbarten Platten liegt eine Spannungsdifferenz von ca. 300 V. Der →Verstärkungsfaktor dieser Anordnung liegt im

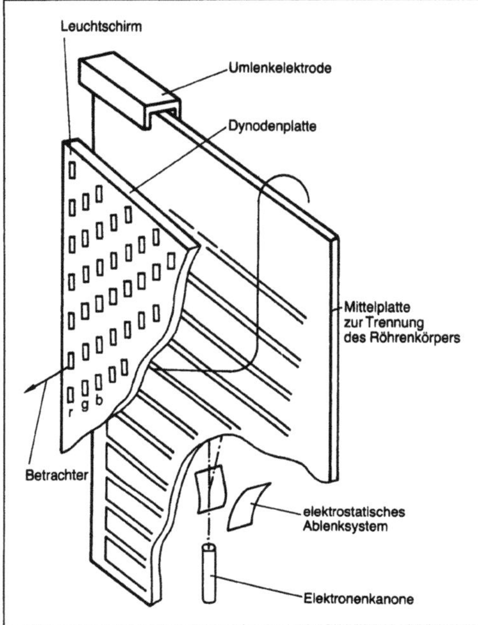

Farbbildröhre, flache großformatige 1: Schematischer Aufbau.

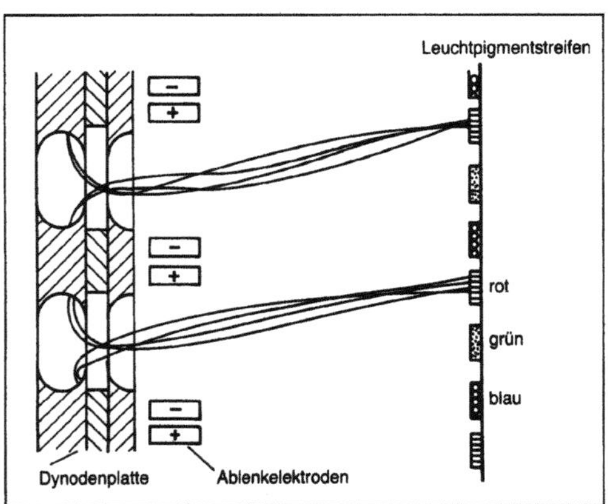

Farbbildröhre, flache großformatige 2: Prinzipanordnung der Farbstreifen mit Ablenkung der Elektronenstrahlen.

Bereich 500–1000. In einer Nachbeschleunigungsstrecke wird der Strahl dann noch auf ca. 10 kV beschleunigt.

Mit diesem Röhrenprinzip ist die Bilderzeugung in einer Weise möglich, die dem in einer Schattenmaskenröhre ähnelt. Hier dürfte auch eine der Attraktivitäten der Röhre liegen.

Die Bautiefe eines Labormodells der Röhre beträgt ca. 70 mm. Die hohe Druckbelastung, die auf dem evakuierten Röhrenkörper liegt, erfordert einen besonders stabilen und gleichzeitig leichten Aufbau. Er wird durch eine flache Frontscheibe aus Glas und einer aus Edelstahl geformten Wanne realisiert.

Zur Farbbilderzeugung dient entweder ein System aus roten, grünen und blauen Leuchtpigmenten, die als konzentrische Kreisflächen oder als Streifen aufgebracht sind. Der Elektronenstrahl wird nach seinem Austritt aus der Dynodenplatte durch zusätzliche Ablenkelektroden so abgelenkt, daß er das Farbsystem nur in der erwünschten Weise anregt. Die Spannung für die Auslenkung des Strahls liegt im Bereich von 150 V. *Pottharst*

Literatur: *Woodhead, A. W.* et al.: The Channel Multiplier Cathode Ray Tube. Proc. of the SID, 23/3 (1982) S. 113. – *Woodhead, A. W.*: A New Approach to the Flat Cathode Ray Tube. Proc. of Eurodisplay '84, (1984) S. 25.

Farbbildröhren-Fertigung. Eine moderne F.-F. ist heute ein weitgehend mechanisierter und automatisierter Fertigungsablauf (Bild 2). Dieser lehnt sich in

Farbbildröhren-Fertigung 1: Tiefziehen der Lochmaske mittels hydraulischer Presse auf die Krümmung des Leuchtschirmes. (Quelle: Philips Components)

vielen Teilen an Verfahren der Schwerindustrie an (z. B. das Tiefziehen der Lochmasken). Andererseits werden Prozesse, Verfahren und Anlagen aus dem Bereich der Feinstmechanik angewandt z. B. der Zusammenbau der Elektronenstrahlsysteme aus vielen vorgefertigten Einzelteilen auf entsprechenden Automaten.

Der Kolben der →Bildröhre und Lochmaskenteile werden zugeliefert. Die zugelieferte Flachmaske mit den geätzten Maskenlöchern wird tiefgezogen auf die erforderliche Schirmkrümmung. Sie wird dann geschwärzt und mit dem Maskenrahmen (gleichzeitig Diaphragma) verschweißt. Die hier vorgenommene Kombination von Schirm und Maske bleibt für alle weiteren Schritte bestehen.

Es folgt dann die Beschirmung (→Beschirmungsraum) inkl. Aluminisieren. Inzwischen sind auf dem Glaskonus Innenbelag (soft flash) und das Glaslot auf dem Konusrand aufgebracht. Der Metallkonus ist spannungsfrei geglüht und geschwärzt und aus den Metallunterteilen ist das →Elektronenstrahlsystem montiert worden. In der folgenden Kolbenzu-

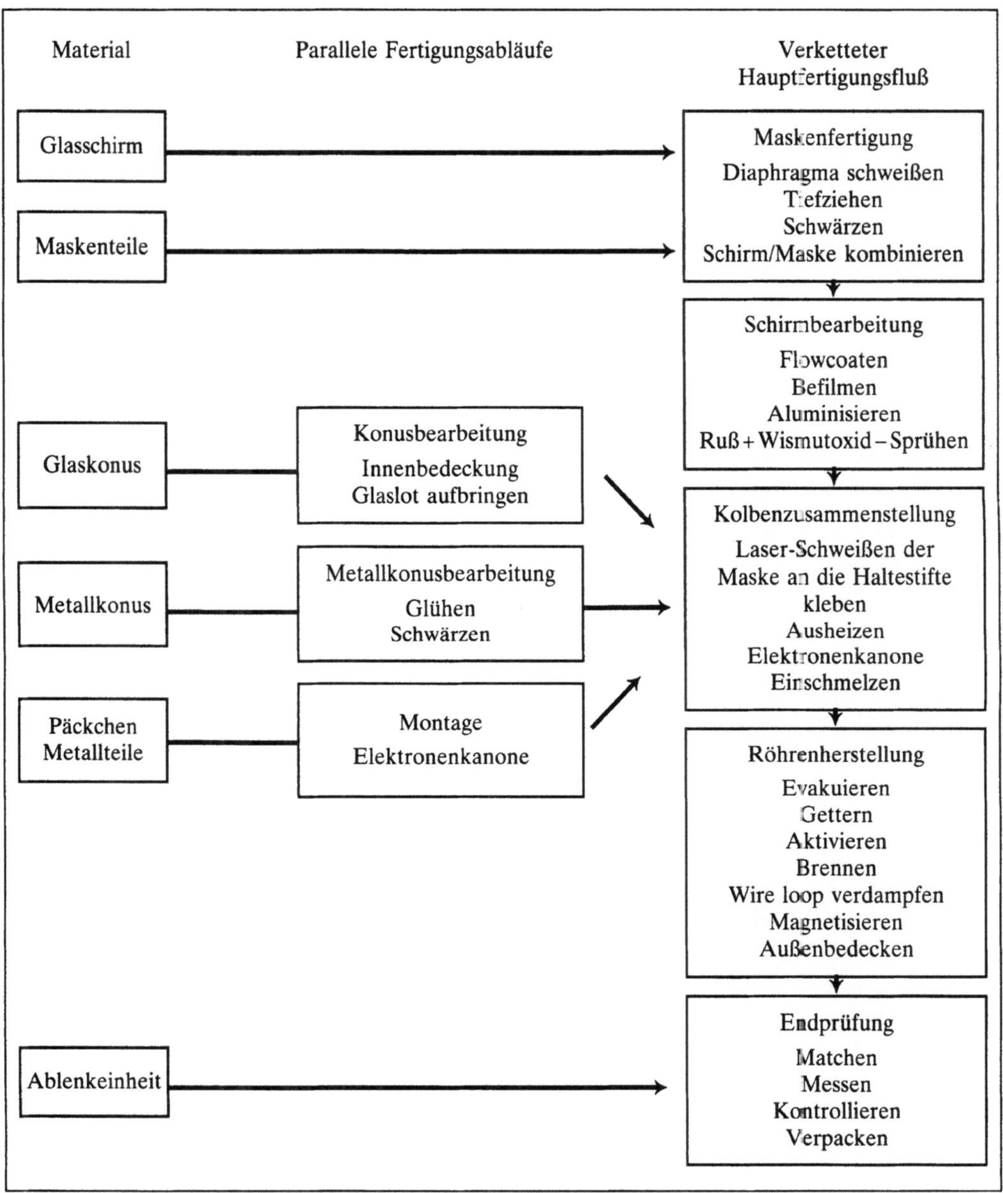

Farbbildröhren-Fertigung 2: Ablaufdiagramm des Fertigungsprinzips.

sammenstellung wird die Maskenhalterung mittels Laserschweißen an die vier Haltestifte geschweißt. Im Klebeofen wird der Schirm an den Konus geklebt.

Die →Elektronenkanone wird mit dem →Preßteller in den Röhrenhals geschmolzen. Die Röhre durchläuft die Pumpstraße. Das →Getter wird verdampft, die Kathoden werden aktiviert und gebrannt. Der interne Magnetring wird magnetisiert. Es erfolgt das Matchen (Anpassung einer individuellen →Ablenkeinheit) sowie die Endprüfung und das Verpacken. Damit ist das Paket Röhre/Ablenkeinheit fertig zum Vertrieb.

Keitel/Nerstheimer

Literatur: Tradition in Qualität: Bildröhrenfertigung in Aachen. Hrsg. Philips Hamburg.

Farbdifferenzsignal →Fernsehsystem, →NTSC

Farbfernseh-Bildröhre. Als F.-B. werden heute überwiegend Dreistrahl-Farbbildröhren nach dem Schattenmaskenprinzip von RCA eingesetzt.

Es gibt diese als Delta-Röhre oder als In-line-Röhre (Bild 1). Die Unterscheidung in der Bezeichnung rührt her von der Anordnung der drei →Elektronenstrahlsysteme:

- In Delta-Anordnung auf den Ecken eines gleichseitigen Dreiecks.
- In In-line-Anordnung in einer horizontalen Ebene nebeneinanderliegend.

Die In-line-Anordnung bringt Vorteile in der Konvergenz-Korrektur (→Selbstkonvergenz). Die Eigenschaften dieser Röhren sind weitgehend an die →Fernsehnormen angepaßt. Die Delta-Anordnung der Systeme wird heute nur noch gewählt bei sehr

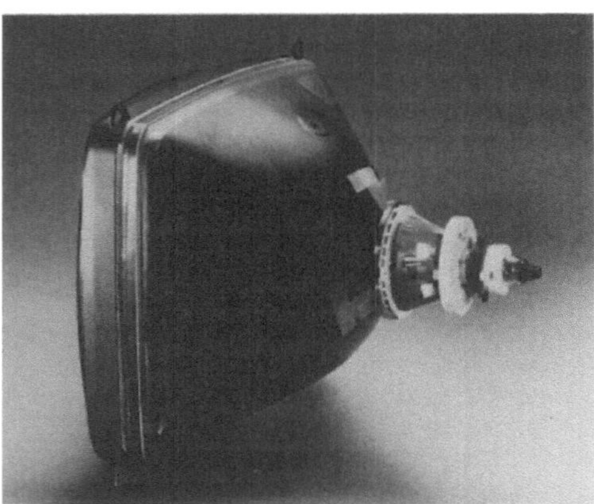

Farbfernseh-Bildröhre 1: Farbbildröhre mit 90° Ablenkwinkel, fertig abgeglichenes Paket bestehend aus In-Line-Farbbildröhre, externer Mehrpoleinheit und Hybrid-Ablenkeinheit (Horizontal-Ablenkspule als Doppelsattelspule, Vertikal-Ablenkspule als Toroidwicklung). (Quelle: Philips Components)

Farbfernseh-Bildröhre 2: Unterteile eines 110°-Farbbildröhren-Paketes. Von links: Ablenkeinheit, Elektronenstrahlsystem, Bildröhrenhals mit Konus, Befestigungs- und Implosionsschutzrahmen, interne magnetsiche Abschirmung und Lochmaske sowie Schirmglas mit Leuchtschicht. (Quelle: SEL)

hochauflösenden Röhren, wie professionelle Monitorröhren. Die Standard-Bildröhren für Fernsehanwendungen gibt es in den Formatbereichen von 80 cm (33") bis herab zu 36 cm (14") Diagonale des sichtbaren Bildschirmes.

Das scheint noch nicht die technologische Grenze zu sein. Im Gespräch sind noch größere Formate, die möglicherweise eine Alternative zum Projektionsfernsehen darstellen können.

Bei Formaten unter ca. 30–40 cm treten mögliche Nachfolgetechnologien in Erscheinung, obwohl auch dort noch Kathodenstrahlröhren Anwendung finden. Die größte Chance ist aus heutiger Sicht dabei dem LCD-Prinzip einzuräumen, sei es als Direktsicht-Bildschirm, oder auch als steuerbares →Lichtventil für ein Projektionsfernsehgerät.

Keitel/Nerstheimer

Literatur: *Bathelt, R. R.* und *G. A. W. Vermeulen:* Ein experimenteller Leuchtschirm in Direktsichtröhren für Farbfernsehen. Philips Techn. Rdsch. 23 (1961/62) Nr. 5. – Einführung in die Farbfernsehservicetechnik. Bd. I: Grundlagen der Farbfernsehtechnik. Hrsg. N. V. Philips Gloeilampenfabrieken Eindhoven, Niederlande. – Elektronik-Taschenbuch. Bd. II. Bonn. – Tradition in Qualität: Bildröhrenfertigung in Aachen. Hrsg. Philips, Hamburg.

Farbkamera →Bildaufnehmer

Farbmetrik →Fernsehsystem

Farbsättigung →NTSC

Farbstofflaser. (*engl.* Dye-Laser) Optisch gepumpter spektral durchstimmbarer Flüssigkeitslaser für den sichtbaren und nahen infraroten Spektralbereich. Als laseraktives Material dienen organische Moleküle in wässriger oder organischer Lösung (Alkohole).

Im F. entsteht die induzierte →Emission durch Fluoreszenzübergänge in vielatomigen organischen

Molekülen (z. B. Rhodamin). Die elektronischen Energiezustände des Moleküls werden in Singulett- (S_0, S_1, ...) und Triplett-Zustände (T_1, T_2, ...) entsprechend ihrem Gesamtspin eingeteilt. Sie sind durch die Ankopplung von Schwingungs- und Rotationszuständen des Moleküls bzw. des Lösungsmittels zu Banden verbreitert (Bild 1). Die Anregung durch optisches →Pumpen erfolgt in einer starken Absorption der Pumpstrahlung durch $S_0 \rightarrow S_1$-Übergänge. Danach relaxieren die Elektronen innerhalb von 1 ps in die tieferen S_1-Zustände mit Lebensdauern von ca. 1 ns. Von dort können die Elektronen spontan (oder stimuliert) in die höheren Zustände des S_0-Niveaus rekombinieren, so daß ein breites Fluoreszenzspektrum entsteht. Sie relaxieren anschließend in den tiefsten Zustand des S_0-Niveaus.

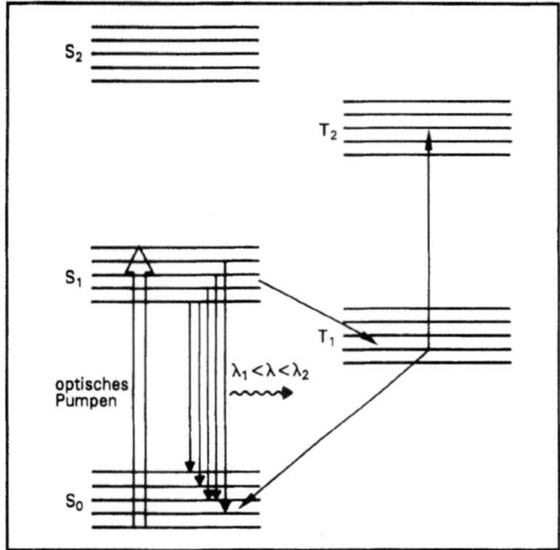

Farbstofflaser 1: Energieniveaus und Übergänge in Farbstoffen.

Die strahlungslosen Relaxationsprozesse bewirken neben einer Erwärmung, daß Absorption und Emission spektral verschieden sind (Bild 2), so daß prinzipiell ein Vier-Niveau-System vorliegt. Als weitere Verlustprozesse treten Übergänge in höhere Zustände ($S_1 \rightarrow S_2$) bzw. in den Triplett-Zustand ($S_1 \rightarrow T_1$) auf. Der Triplett-Zustand ist mit einer Lebensdauer von mehr als 10 ns als metastabil anzusehen, so daß die dort eingefangenen Elektronen dem Stimulationsprozeß entzogen werden. Als Folge der starken thermischen Belastung werden mit fortschreitender Anwendungsdauer zunehmend Farbstoffmoleküle zerstört, so daß die Nutzungsdauer einer Farbstofflösung je nach Pump- und Ausgangsleistung auf wenige bis einige 10 Stunden begrenzt ist.

Das optische Pumpen kann durch Xenon-Blitzlampen wie bei Festkörperlasern erfolgen. Durch Ausbildung der Lampen als Wendel oder Hohlzylinder um die →Farbstoffzelle lassen sich kompakte

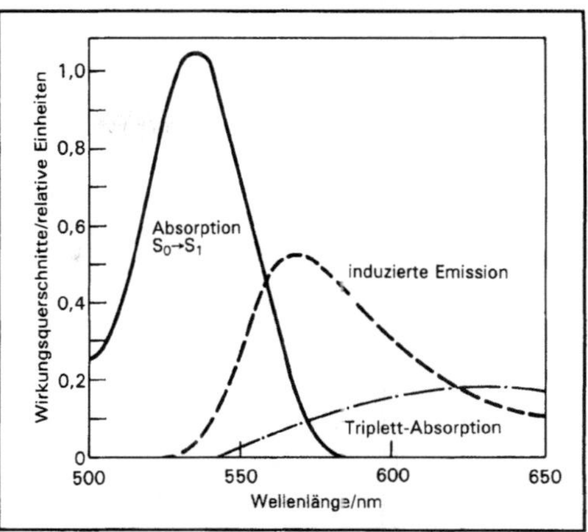

Farbstofflaser 2: Spektrale Verteilung von Absorption, induzierter Emission und Triplett-Absorption des Farbstoffes Rhodamin 6G

Aufbauten erreichen. Die Wiederholfrequenz ist mit 1–100 Hz relativ gering, die Impulsbreite mit 0,1–10 μs vergleichweise groß. Die langen Impulse führen zu mittleren Spitzenleistungen, aber relativ hohen Laserenergien. Wesentlicher Nachteil ist die starke Erwärmung des Farbstoffes, die zur Schlierenbildung und damit unzureichender Strahlqualität führt. Zur Reduzierung der Aufheizung und zur Unterbindung der Triplett-Übergänge wird der Farbstoff mechanisch umgewälzt.

Für spektroskopische Anwendungen werden F. meist mit anderen Lasern gepulst oder kontinuierlich angeregt.

Als gepulste Anregungslaser eignen sich Stickstofflaser ($\lambda_A = 337$ nm), Kupferlaser ($\lambda_A = 510$ nm), Excimerlaser (UV) oder →Nd:YAG-Laser mit Frequenzvervielfacher ($\lambda_A = 532$ nm oder $\lambda = 355$ nm). Diese Laser liefern Pulse im ns-Bereich, so daß Triplett-Übergänge keine Rolle spielen. Dennoch wird wegen der Erwärmung die Farbstofflösung mechanisch umgewälzt (Bild 3). Die Verwendung eines Beugungsgitters als selektiven Spiegeln ermöglicht ein Durchstimmen der Laseremission über das Fluoreszenzspektrum des Farbstoffes. Die Vorteile der Verwendung gepulster Anregungslaser sind hohe Spitzenleistungen, kurze Pulse (<2 ns), hohe Pulsfolgefrequenzen (100 Hz bis 10 kHz) und ein weiter Durchstimmbereich.

Als kontinuierliche Anregungslaser eignen sich Argon- und Krypton-Ionenlaser. Um eine Triplettbesetzung zu vermeiden, durchströmt die Farbstofflösung mit sehr hoher Geschwindigkeit (Überschall) den Brennpunkt der fokussierten Pumplaser-Strahlung (Jet-Stream-Laser). Die am häufigsten verwendete Form der schrägen Einstrahlung erfordert einen mehrfach gefalteten Strahlengang (Bild 4). Zur spektralen Durchstimmung werden Interferenzverlaufsfilter und Fabry-Perot-Etalons verwen-

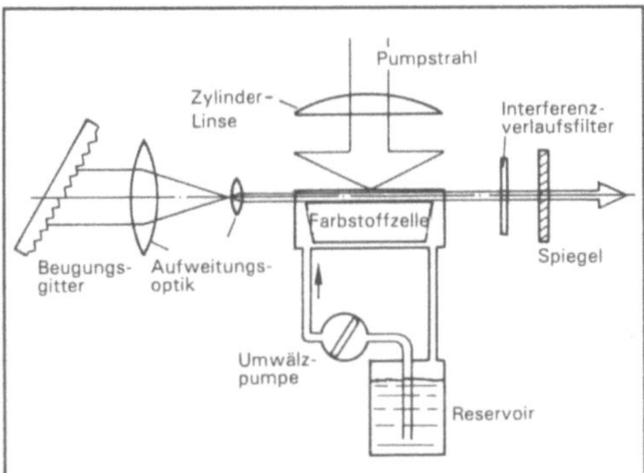

Farbstofflaser 3: Prinzipieller Aufbau eines durchstimmbaren Farbstoff-Pulslasers.

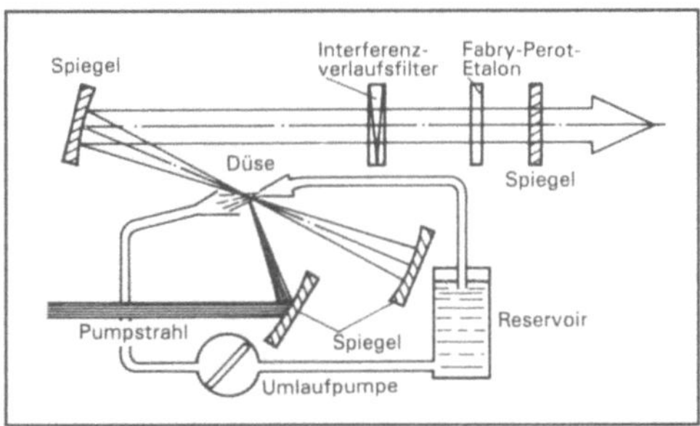

Farbstofflaser 4: Aufbau eines durchstimmbaren kontinuierlich emittierenden F. (Jet-Stream).

det; die erreichbare Linienbreite liegt bei 0,01 bis 0,02 nm. Die Ausgangsleistungen hängen im wesentlichen vom verfügbaren Pumplaser ab, maximal sind etwa 5 W möglich.

F. zeichnen sich durch eine große spektrale →Bandbreite aus, so daß in einem →Resonator ohne spektrale Selektion sehr viele longitudinale Moden anschwingen können. Durch →Modenkopplung (modelocking) sind daher prinzipiell sehr kurze Pulse möglich.

F. werden vor allem als intensive, kohärente durchstimmbare Lichtquellen in der Spektroskopie verwendet. Durch verschiedene Farbstoffe kann der Bereich von 300 nm–1 μm abgedeckt werden.

Rosenzweig

Literatur: *Eichler, J. und H.-J. Eichler:* Laser. Berlin–Heidelberg, 1990.

Farbstoffzelle →Flüssigkristall-Anzeige

Farbton →NTSC

Farbtripel. Das F. wird gebildet aus den drei Dots, die von den drei Elektronenstrahlen durch dasselbe Maskenloch angeregt werden. Zu jedem →Loch in der →Lochmaske (Loch bei Delta-Röhren, Langloch oder Schlitz bei In-Line-Röhren) gehören bei den normalen Dreistrahl-Farbbildröhren auf dem →Leuchtschirm drei Dots (Farbpunkte) in den drei Primärfarben Rot, Grün und Blau.

Die drei Dots zusammen bilden ein F. Dieses bildet als feinste Struktur des Bildschirmes ein →Pixel, ein →Bildelement. *Nerstheimer*

→Phosphore

Literatur: Einführung in die Farbfernsehservicetechnik, Bd. I: Grundlagen der Farbfernsehtechnik. Hrsg. N. V. Philips Gloeilampenfabrieken Eindhoven, Niederlande. – Farbfernsehtechnik I. Hrsg. Telefunken, München.

Farbübertragung →Fernsehsystem

Farbzentrenlaser. Optisch gepumpter, spektral durchstimmbarer →Festkörperlaser im infraroten Spektralbereich; als laseraktives Material dienen Alkalihalogenid-Kristalle mit Fehlstellen (Farbzentren).

Farbzentren entstehen in Alkalihalogenid-Kristallen durch einen Überschuß von Alkaliatomen während des Kristallwachstums. Der Mangel an Halogenionen führt zu Anionenlücken, die die überschüssigen Valenzelektronen der Kationen einfangen (F_A-Zentrum). Die zugehörigen Energieniveaus sind durch das elektrostatische Feld der umliegenden Atome energetisch stark verbreitert, was neben einer effektiven Anregung vor allem ein Durchstimmen der Laseremission über die breiten Lumineszenzbanden ermöglicht. Es entsteht ein Vier-Niveau-System (Bild 1). Durch optisches Pumpen werden Elektronen aus dem Kristall-Grundzustand in einen der in zwei Bänder aufgespaltenen angeregten Zustand (P_x, P_y, P_z) gehoben. Von dort relaxieren sie innerhalb weniger ps strahlungslos in das obere Laserband, in dem die mittlere Lebensdauer 10 ns beträgt. Das Lasergrundband entleert sich seinerseits innerhalb von wenigen ps in den Kristallgrundzustand. Um ein thermisches →Ausheilen (Ausbleichen) der Farbzentren zu verhindern, müssen die Kristalle sowohl bei tiefen Tempe-

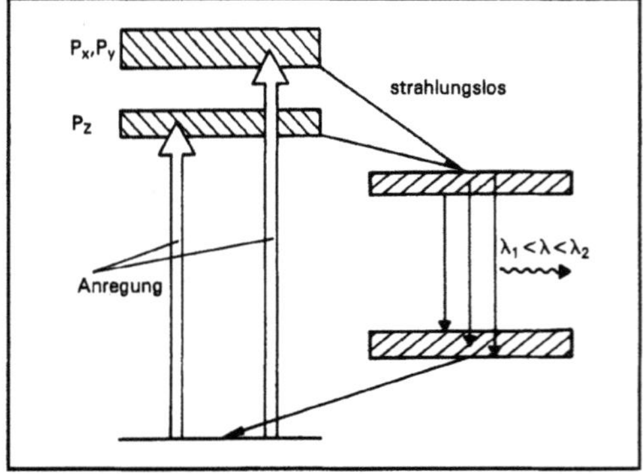

Farbzentrenlaser 1: Energieniveaus und Übergänge eines F. schematisch.

raturen (T = 77 K) betrieben als auch gelagert werden, was einen aufwendigen Aufbau dieser Laser mit Kryo- und Vakuumtechnik erfordert (Bild 2). Dennoch ist die Betriebsdauer der Kristalle auf ca. ein Jahr beschränkt.

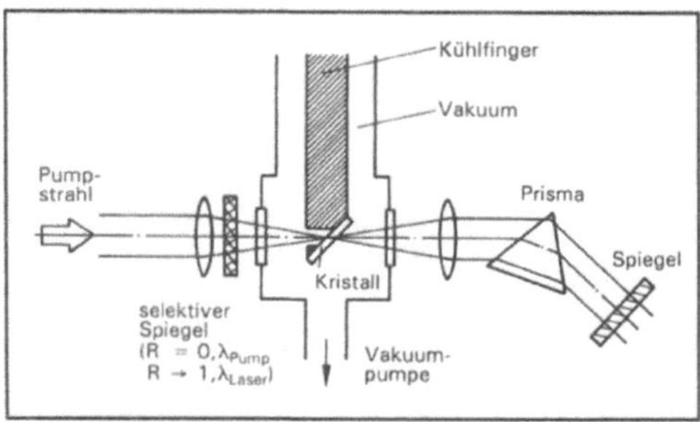

Farbzentrenlaser 2: Prinzipieller Aufbau.

Das Pumpen der typ. mit 10^{18} Farbzentren pro cm^3 dotierten Alkalihalogenid-Kristalle erfolgt mit der →Emission eines Nd: YAG-Lasers in der Grundwellenlänge (λ = 1 064 nm) bzw. der zweiten Harmonischen (λ = 532 nm). Die Wellenlängendurchstimmung wird mit einem Prisma in Verbindung mit einem →Fabry-Perot-Etalon vorgenommen (Tabelle). Als Ausgangsleistung werden einige 10 mW erreicht. *Rosenzweig*

Farbzentrenlaser. Tabelle: Durchstimmbereiche einiger kommerzieller F.

Farbzentrenlaser	Durchstimmbereich (μm)
KCl : Tl	1,43–1,58
KBr : Tl	1,55–1,75
RbJ : Tl	1,65–1,90
RbJ : Na	2,1 –2,45
KCl : Na	2,2 –2,8
KCl : Li	2,4 –3,0
RbCl: Li	2,65–3,3

Literatur: *Eichler, J. und H.-J. Eichler:* Laser. Berlin–Heidelberg, 1990.

Faser, dispersionsflache →Dispersion

Faser, dispersionsverschobene →Dispersion

Faser, polarisationserhaltende →Glasfaserlichtwellenleiter, polarisationserhaltender

Faser-Raman-Laser. Der F. besteht aus einem Pumplaser (z. B. →Nd:YAG-Laser), dessen Licht in eine Glasfaser (→Lichtwellenleiter) eingekoppelt wird. Wegen des kleinen Querschnitts der Glasfaser entsteht eine sehr hohe optische Leistungsdichte im Kern, so daß durch →Ramanstreuung auf der kurz- und langwelligen Seite der Pumpwellenlänge ein kontinuierliches Spektrum (Anti-Stokes- und Stokes-Spektrum) erzeugt wird.

Durch das Licht des Pumplasers werden Elektronen des Streumediums (hier Glasfaser) vom Grundzustand auf ein virtuelles Niveau angeregt. Die emittierten Photonen besitzen entweder die gleiche Energie wie die Pumpphotonen (Rayleighstreuung), niedrigere (Stokes) oder höhere (Antistokes) Energie, wobei optische Phononen erzeugt bzw. vernichtet werden können. Bei genügend hoher Pumpintensität kommt es zur stimulierten Ramanstreuung. Dabei treffen z. B. ein Pumpphoton und ein durch spontane Ramanstreuung erzeugtes Stokes-Photon auf ein Elektron. Es kommt zur →Emission eines zweiten Stokes-Photons (Bild 1). Die Verschiebung zwischen der Frequenz des Pumplichtes und der ersten Stokes-Linie beträgt 450 cm^{-1} in SiO_2. Diese Stokes-Photonen wirken nun ihrerseits als Pumpphotonen und erzeugen die zweite Stokes-Linie usw. Wegen der Breite des Verstärkungsspektrums in der Glasfaser sind auch die entstehenden Linien relativ breit und von einem kontinuierlichen Untergrund unterlegt. Das Antistokes-Spektrum erscheint in ähnlicher Weise auf der kurzwelligen Seite der Pumpwellenlänge mit geringerer Intensität.

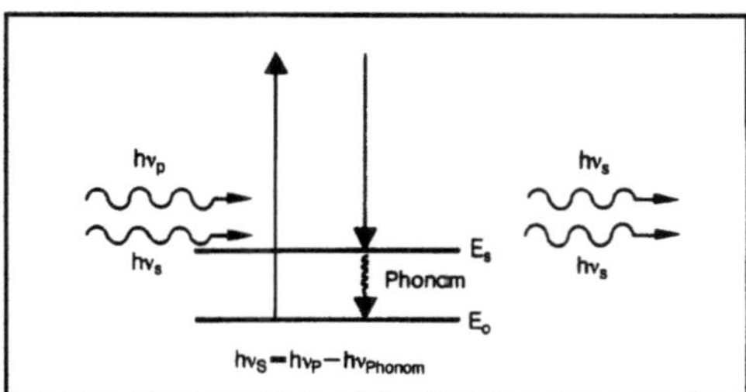

Faser-Raman-Laser 1: Stimulierte Ramanstreuung (Stokesfall). $h\gamma_P$-Energie des Pumpphotons, $h\gamma_S$-Energie des Stokesphotons.

Häufig wird als Pumplaser ein Güte-geschalteter und Mode-gekoppelter Nd:YAG-Laser mit der Emissionswellenlänge 1,064 μm eingesetzt. Damit steht eine zur Erzeugung des Stokes-Spektrums genügend große optische Leistung (z. B. 50kW/100ps) zur Verfügung (Bild 2). Diese wird mit einem Objektiv in eine ca. 300 m lange →Monomodefaser eingekoppelt. Das aus der Faser austretende Licht wird in einem Monochromator spektral zerlegt (Bild 3).

Die Eigenschaften des beschriebenen F.-R.-L. Abstimmbarkeit im nahen Infrarot-Bereich und Erzeugung kurzer Impulse – werden zur Charakterisierung von Komponenten der optischen Nachrichtentechnik eingesetzt. Ein wichtiges Anwen-

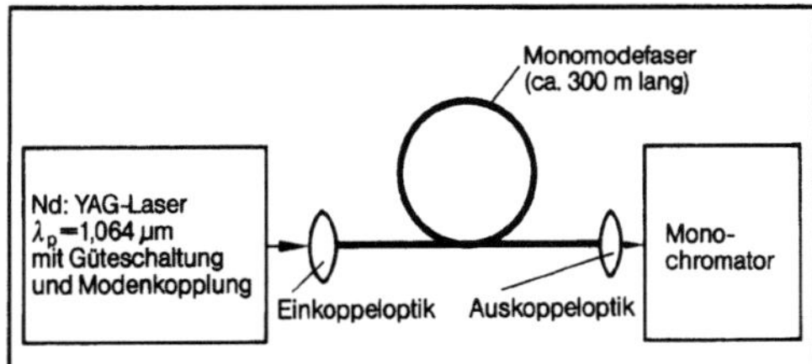

Faser-Raman-Laser 2: Prinzipieller Aufbau.

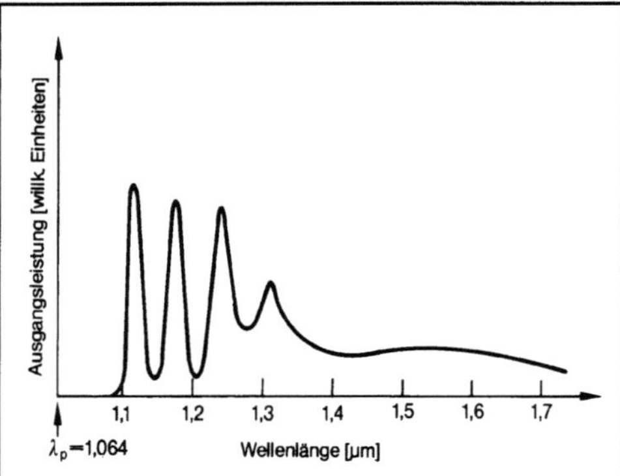

Faser-Raman-Laser 3: Spektrum eines F.-R.-L.

dungsgebiet ist die Untersuchung der →Dispersion von Glasfasern. *Krauser*

Literatur: *Krauser, J.*: Proc. Laser 85 (1986), S. 207–212. – *Labudde, P.*: NTZ Archiv (1979) Nr. 10, S. 231–234.

Faserkreisel →Gyroskop, faseroptisches

Faserlaser. Optisch gepumpte Laser auf der Basis von Neodym- oder Erbium-dotierten Glasfasern (→Faserverstärker).

Glas dotiert mit Atomen der Seltenen Erden kann durch optisches Pumpen zur Laseraktivität angeregt werden (→Neodym-Laser, Emissionswellenlänge 1,05 µm; →Erbium-Laser, 1,54 µm). Das Pumpen erfolgt axial durch die Einkopplung des Lichtes eines Halbleiterlasers passender Wellenlänge. Für die Ausbildung des →Resonators gibt es verschiedene Varianten:

– Linearer Resonator aus einer langen, aufgewikkelten Faser mit teilweise verspiegelten Endflächen, wobei das Faserende der Einkopplung selektiv für die Pumpwellenlänge transparent ist; die spektrale Breite der Emission beträgt einige nm (Bild a).

– Ringresonator, bei dem die Faserendflächen nicht vergütet werden müssen, sondern die →Rückkopplung über einen optischen Koppler erfolgt; Linienbreiten von 0,1–1,0 nm werden erreicht, je nach Faserringdurchmesser und →Kopplungsfaktor (Bild b).

– Verteilte →Rückkopplung über ein Bragg-Gitter, das in den frei gelegten Kern der Faser geätzt wird; spektrale Breiten unter 0,05 nm werden erreicht (Bild c).

– Spektral selektiver linearer Resonator, bei dem die Einkoppelfläche wieder selektiv ent- bzw. verspiegelt ist, während die Faseraustrittsfläche entspiegelt ist. Der zweite Resonatorspiegel wird durch ein Reflexionsgitter ersetzt. Das Licht wird über einen teildurchlässigen Spiegel ausgekoppelt. Alternativ können beide Faserenden entspiegelt sein und neben dem →Gitter am Ausgang ein spektral selektiver Spiegel am Eingang benutzt wird (Bild d, e).

F. können wie Volumen-Laser mit →Güteschaltung und →Modenkopplung betrieben werden.

F. werden angewendet, wenn ohnehin mit einer Faser gearbeitet wird, wie in der Medizin und der Nachrichtentechnik. Weitere Vorteile bestehen in der nicht erforderlichen Kühlung und den kompakten Aufbauten, die durch Pumpen mit Halbleiterlasern möglich sind. Allerdings sind die Leistungen auf einige 10 mW beschränkt. *Rosenzweig*

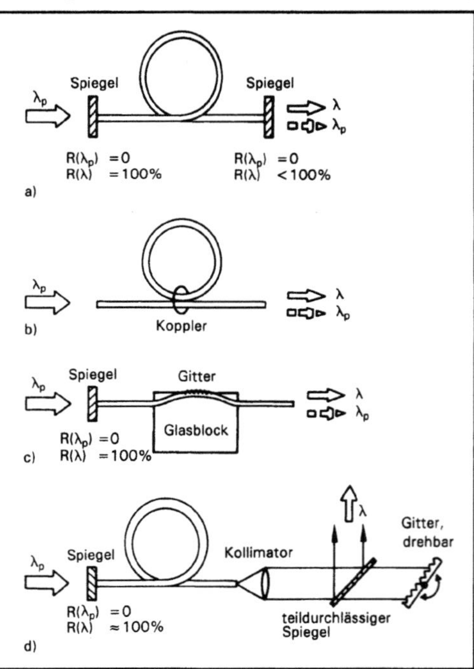

Faserlaser: Verschiedene Aufbauten, schematisch.

Literatur: *Urquhart, P.*: Review of rare earth doped fibre lasers and amplifiers. IEE Proceedings, Vol. 135 (1988) p.p. 385.

Faseroptik →Integrierte Optik

Faserverstärker. Glasfaser, die mit Atomen der Seltenen Erden, vorwiegend Erbium und Neodym, dotiert ist und, gepumpt durch eine externe Strahlungsquelle, zur Kompensation der Faserverluste in der optischen Nachrichtentechnik herangezogen wird.

Erbium in Glas kann optisch zur Besetzungsinversion und damit zur stimulierten →Emission im Bereich von $\lambda = 1{,}54$ µm angeregt werden (→Erbium-Laser). Dieser Effekt tritt auch in den Glasfasern der optischen Nachrichtentechnik auf. Die Fasern aus 94,5 % SiO_2, 0,5 % P_2O_2 und 5 % GeO_2 bzw. Al_2O_3 werden mit 0,05–0,1 % Er^{3+} dotiert (Angaben in Molprozent). Der stimulierte Übergang findet zwischen dem angeregten $^4I_{13/2}$-Zustand und dem $^4I_{15/2}$-Kristallgrundzustand statt (Bild 1a). Die Anregung durch optisches →Pumpen kann über den $^4I_{15/2} \rightarrow {}^4I_{9/2}$-Übergang bei 850 nm oder den $^4I_{15/2} \rightarrow {}^4I_{11/2}$-Übergang bei 980 nm stattfinden, wobei jeweils ein Drei-Niveau-System ähnlich dem →Rubin-Laser vorliegt. Zusätzlich ist eine nahezu resonante Anregung des $^4I_{15/2} \rightarrow {}^4I_{13/2}$-Überganges möglich, da Absorption und Emission gegeneinander spektral verschoben sind (Bild 1b).

Eine Anregung mit einem →Quantenwirkungsgrad nahe 80 % ist mit $\lambda = 980$ nm möglich, allerdings gibt es keine effizienten Lichtquellen. Sie sind für $\lambda = 850$ nm in Form von GaAlAs/GaAs-Halbleiterlasern verfügbar, jedoch ist der Absorptionsquerschnitt etwa 3–4mal kleiner. Ähnlich hohe Wirkungsgrade wie für 980 nm lassen sich mit der quasi-resonanten Anregung bei 1 480 nm erzielen; an Halbleiterlasern entsprechender Emissionswellenlänge auf der Basis von InGaAs/InGaAsP-Quantumwell-Strukturen wird gearbeitet. Durch die enge Nachbarschaft von Absorption und Emission ist das Signal-Rausch-Verhältnis etwas schlechter als bei 980 nm.

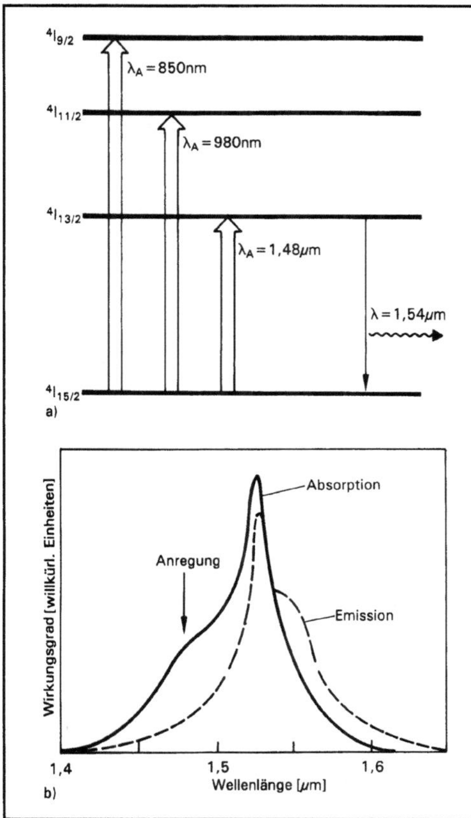

Faserverstärker 1: Anregung und Emission einer Erbium-dotierten Faser.
a) Energieniveaus
b) Wirkungsgrade von Absorption und Emission.

Die Verstärkung einer Faser hängt von der Faserlänge und der Pumpleistung ab. Für eine eingekoppelte Pumpleistung gibt es eine Länge maximaler Verstärkung (Bild 2), z. B. $L_{opt} = 130$ m für eine Pumpleistung von 90 mW. Wird die Länge überschritten, so reicht die verbleibende Pumpleistung nicht mehr aus, im folgenden Faserteil die Besetzungsinversion aufzubauen, so daß der Faserrest absorbiert und das Signal wieder schwächt. Auch für die optimale Länge nimmt die Verstärkung mit wachsender Signalleistung als Folge der Gainsättigung ab. Die sog. Sättigungsausgangsleistung hängt nur von der Pumpleistung ab, nicht aber von der Faserlänge. Sättigungsausgangsleistungen von 100 mW wurden bereits erreicht.

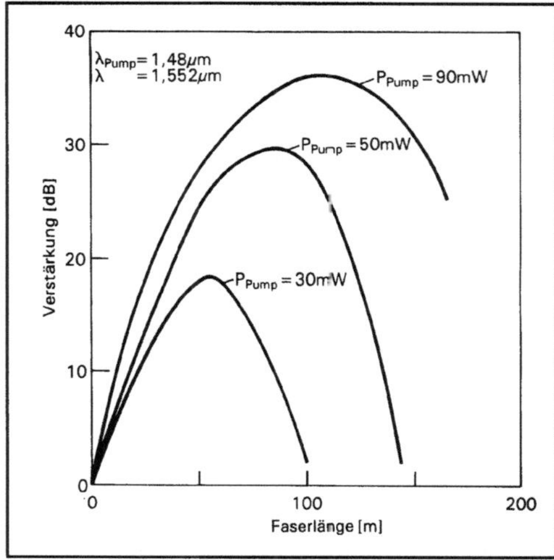

Faserverstärker 2: Verstärkung einer Erbium-dotierten Faser als Funktion der Faserlänge für verschiedene Pumpleistungen.

F. werden favorisiert als rein optische Repeater in der optischen Nachrichtentechnik (Bild 3). Ihre Vorteile gegenüber Halbleiter-Verstärkern (→Halbleiterverstärker, optischer) geringe Ein- und Auskoppelverluste (Faser-Faser-Kopplung), hohe Verstärkung, polarisationsunabhängige Verstärkung, hohe Sättigungsausgangsleistung und ein geringes Übersprechen. Eine Pulsform-Regenerierung findet allerdings nicht statt. Die Pumpleistung wird über einen Faser-Koppler eingespeist.

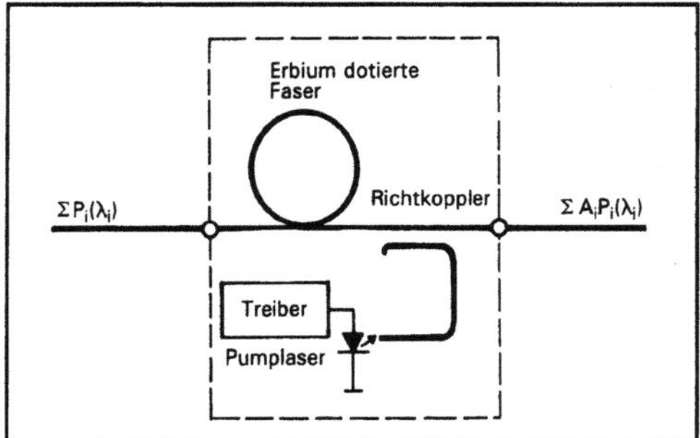

Faserverstärker 3: Prinzip eines optischen Repeaters mit einer Erbium-dotierten Faser.

Erbium-dotierte Fasern lassen sich durch geeignete Resonatoren zu kompletten →Faserlasern ausbauen. *Rosenzweig*

Literatur: *Miniscalco, W. J.:* Erbium doped glasses for fibre amplifiers at 1500nm. J. of Lightware Technology. Vol. 9 (1991) p.p. 234. – *Nakagawa, K. und S. Nishi, K. Aida, E. Yoneda:* Trunk and distribution network application of Erbium doped fibre amplifier. J. of Lightware Technology. Vol. 9 (1991) p.p. 198.

Fehlanregung. Eine Komponente eines Sicherheitssystems fällt so aus, daß die Schutzmaßnahme (Meldung, Abschaltung) unnötig ausgelöst wird. Dadurch wird die →Verfügbarkeit vermindert.

Ein Beispiel ist die Drucküberwachung eines Kessels. Bei einem →Ausfall der Überwachungseinheit in der ungefährlichen Richtung wird der Kessel abgeschaltet, ohne daß ein gefährlicher Betriebszustand vorgelegen hätte.

Eine zweite Art des Ausfalls ist die →Nichtanregung.

In Parallelsystemen, in denen das Schutzsignal durch mehrere parallel liegende, redundante Geräte gebildet wird, ist die F. wahrscheinlicher als die Nichtanregung. Das einfachste System, das bei einem Einzelausfall sowohl gegen Nichtanregung als auch gegen F. schützt, ist die (2 von 3)-Auswahl-Schaltung. *Schrüfer*

Fehler.

1. In der Meßtechnik die Abweichung zwischen angezeigtem Wert und wahrem Wert (error)

2. in der Zuverlässigkeitstechnik synonym für →Ausfall (failure, defect) *Schrüfer*

Fehlerbaum. Darstellung der logischen Verknüpfungen von Basisereignissen, die zu dem Ereignis →*Fehler* (→Ausfall) führen. Der F. ist der negierte Erfolgsbaum.

Die zeichnerische Wiedergabe der F. soll mit den Bildzeichen der DIN 25 424 erfolgen (Bild 1). Zu seiner Aufstellung ist zunächst das unerwünschte Ereignis (top event) als Spitze zu definieren. Die

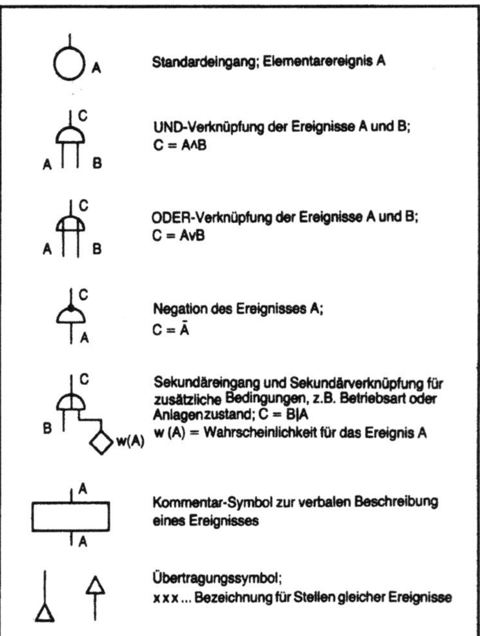

Fehlerbaum 1: Bildzeichen nach DIN 25.424.

Ursachen werden als *Bool'sche* Variable aufgefaßt und konjunktiv oder disjunktiv verknüpft. Dabei werden die zunächst relativ grob formulierten Ereignisse von Stufe zu Stufe immer mehr aufgelöst, bis schließlich die Basis- oder Elementarereignisse erreicht sind. Der F. zeigt dann die Wege, die von den Basisereignissen zur Spitze führen.

In dem Beispiel von Bild 2 ereignet sich das Ereignis A, wenn die Bedingungen B und C erfüllt sind:

$$A = B \wedge C$$

Das Ereignis B hängt von D und E ab; C von F, G und H:

$$B = D \wedge E$$
$$C = F \vee G \vee H$$

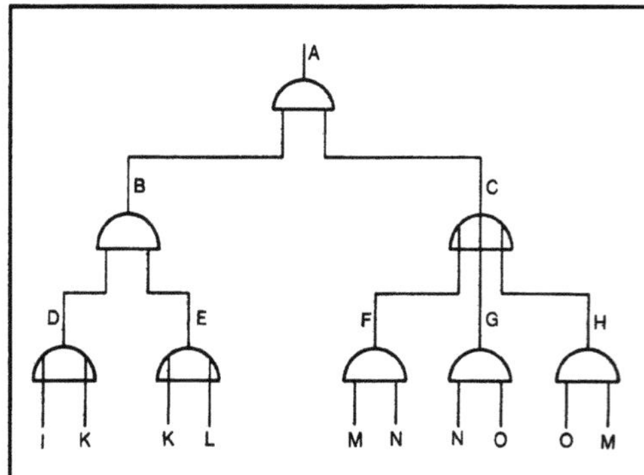

Fehlerbaum 2: Ereignisabhängigkeiten.

Wird schließlich die Spitze des F. bis auf die Elementarereignisse zurückverfolgt, so entsteht

$$A = [D \wedge E] \wedge [F \vee G \vee H] = [(I \vee K) \wedge (K \vee L)] \wedge [(M \wedge N) \vee (N \wedge O) \vee (M \wedge O)].$$

Sobald die Ereignisse definiert sind, sind in einem zweiten Schritt die Wahrscheinlichkeiten zu bestimmen. Dazu wird von den Ausfallwahrscheinlichkeiten oder Nichtverfügbarkeiten der Basisereignisse ausgegangen. Bei der Verknüpfung von Ereignissen ist Vorsicht geboten. Hier sind insbesondere die Idempotenz- und Absorptionsgesetze zu berücksichtigen. In der obenstehenden *Bool'schen* Funktion sind z. B. in der ersten eckigen Klammer (Ereignis B) die Ereignisse D und E nicht unabhängig voneinander, da jedes Ereignis das Basisereignis K enthält. In diesem Fall ist die *Bool'sche* Funktion für das Ereignis B zunächst zu minimieren. Aus

$B = (I \vee K) \wedge (K \vee L)$ entsteht
$B = K \vee (I \wedge L)$.

Der Ausdruck für C läßt sich nicht weiter vereinfachen. Die Abhängigkeit der Ereignisse F, G und H stört hier nicht, da sie nur disjunktiv verknüpft sind.

Bei Unabhängigkeit der Ereignisse B und C errechnet sich damit die Wahrscheinlichkeit für das Topereignis A zu

$$w(A) = w(B) \cdot w(C)$$

mit $w(B) = w(K) + w(I)w(L) - w(I)w(K)w(L)$
und $w(C) = w(M \wedge N) + w(N \wedge 0) + w(0 \wedge M) - 2 \cdot w(M \wedge N \wedge 0) = w(M)w(N) + w(N)w(0) + w(0)w(M) - 2\, w(M)w(N)w(0)$.

Bei F., die dem →Einzelfehler-Kriterium genügen, gibt es keine Ausfallursache, die für sich allein, ohne in Kombination mit einer anderen, das unerwünschte Ereignis auslöst. Für den Ausfall eines derartigen Systems sind also mindestens zwei unabhängige Basisausfälle erforderlich (→Fehlerbaumanalyse). *Schrüfer*

Fehlerbaumanalyse. Analyse eines technischen Systems durch Aufstellung eines →Fehlerbaums.

Die Vorgehensweise bei der F. ist umgekehrt zu der bei der →Ausfalleffektanalyse. Bei letzterer wird von den Ausfällen der Komponenten ausgegangen. Diese werden systematisch für alle Komponenten untersucht, unabhängig davon, ob sie den Ausgang beeinflussen oder nicht. Beim →Fehlerbaum hingegen werden, von der Spitze aus rückwärts, nur die Komponentenausfälle betrachtet, die einen Beitrag zum unerwünschten Ereignis liefern. Der zu entwickelnde Fehlerbaum ist sehr von der Systemkenntnis und der Erfahrung des durchführenden Ingenieurs abhängig. Die Vollständigkeit der Ausfallerfassung läßt sich, anders wie bei der Ausfalleffektanalyse, nicht beweisen.

Auswertung: Die Fehlerbäume größerer technischer Systeme umfassen teilweise mehr als 1000 Ereignisse. Diese werden rechnergestützt entweder analytisch oder in Form einer →Simulation ausgewertet.

Bei der analytischen Methode wird die logische Abhängigkeit des Topereignisses von den Basisereignissen formuliert. Der sich ergebende Ausdruck wird in Minimalschnitte zerlegt. Gruppen von Ereignissen werden gebildet, die den Systemausfall nach sich ziehen. Die Idempotenz- und Absorptionsgesetze sind zu berücksichtigen. Aus den Wahrscheinlichkeiten (Erwartungswerte) für die Basisereignisse läßt sich dann die Wahrscheinlichkeit für das Topereignis berechnen.

Bei dem Monte-Carlo-Verfahren wird etwas anders vorgegangen. Hier ist zunächst ein statisches Modell des Systems mit all seinen Komponenten zu erstellen. Anschließend wird von einem Zufallsgenerator der Zustand der Komponenten (funktionsfähig, ausgefallen, in Reparatur, in Wartung) vorgegeben und der Systemzustand wird berechnet. Dieses Spiel wird mit neuen, vom Zufallsgenerator gelieferten Eingangsdaten so lange wiederholt, bis die Wahrscheinlichkeit für den Systemzustand mit der gewünschten statistischen Sicherheit angegeben werden kann. Hier läßt sich nicht nur der Erwartungswert, sondern auch der dazugehörige →Vertrauensbereich bestimmen. Bei sehr zuverlässigen Systemen ist der Rechenaufwand allerdings sehr groß.

Ergebnis: Die F. liefert die Wahrscheinlichkeit für das unerwünschte Ereignis. Die →Genauigkeit hängt naturgemäß von der Vollständigkeit der betrachteten Ereignisse und von der Unsicherheit der Eingangsdaten (Wahrscheinlichkeiten) ab. Unabhängig von diesen Einschränkungen ist die F. sehr gut geeignet,
- Schwachstellen eines Systems zu offenbaren und
- konkurrierende Systeme quantitativ miteinander zu vergleichen. *Schrüfer*

Literatur: *Camarinopoulos, L.:* u. *A. Becker:* Zuverlässigkeits- und Risikoanalysen. KTG-Seminar Bd. 2, Köln 1983. – DIN 25424 Fehlerbaumanalyse 1977 – *Reinschke, K.:* Aufstellen von Zuverlässigkeitsersatzschaltungen und Fehlerbäumen. Berlin 1977. – *Schneeweiss, W. G.:* Zuverlässigkeitsanalyse von komplexen Datenverarbeitungsstrukturen mit Hilfe von Fehlerbäumen. Elektronische Rechenanlagen 1977, H. 3, S. 122–128. – *Schrüfer, E.:* Zuverlässigkeit von Meß- und Automatisierungseinrichtungen. München 1984.

Fehlerbibliothek. Die Fehlersuche bei digitalen Baugruppen mit Hilfe einer F. versucht, aus dem Fehlerbild der →Funktionsprüfung auf das fehlerhafte Bauelement zu schließen.

Jede Baugruppe hat eine eigene F. Zu jedem in Frage kommenden →Fehler müssen die resultierenden Ausgangsdaten des Prüflings ermittelt und in der Bibliothek abgelegt werden. Bei der Ermittlung durch →Fehlersimulation (→Simulation) werden in das Schaltungsmodell Fehler eingebaut und die zugehörigen Ausgangsdaten errechnet. In der Praxis werden häufig F. verwendet, welche aus der Prüferfahrung entstehen und mit jedem neu auftretenden Fehler wachsen. Die Anwendung beschränkt sich auf Schaltungen mit geringer logischen Tiefe. Bei komplexen Baugruppen führt das Verfahren zu großen Datenmengen und mehrdeutigen Fehlerzuordnungen. Hier ist ein sinnvoller Einsatz die Kombination mit der Pfadverfolgung (→Digitalprüfung, →Fehlerkatalog). *Mettler*

Fehlerdiagnose →Diagnoseverfahren

Fehlererkennung. Erkennen von funktionellen Auswirkungen, die zu vorübergehendem oder dauerndem fehlerhaften Verhalten von Leitsystemen führen. Im Echtzeitbetrieb arbeitende Leitsysteme müssen einen hohen Grad von Funktionsfähigkeit haben, und es ist unbedingt erforderlich, fehlerhaftes Arbeiten im On-line-Betrieb so rechtzeitig zu erkennen, daß Maßnahmen eingeleitet werden können, den Betrieb in einem bestimmungsgemäßen Zustand zu halten.

Fehlerhaftes Arbeiten kann mit Hard- oder Softwaremaßnahmen erkannt werden. Hardwaremäßig realisierbare Fehlererkennungsmöglichkeiten sind z. B.: Überwachung des Taktgenerators des Prozessors, Paritätskontrollen der →Speicher, der Prozeß- und Standard-Ein/Ausgabegeräte oder die Erkennung nicht interpretierbarer Befehle. Softwaremäßig realisierbar sind: Überwachung des Zeitgebers mittels Watchdog, Einlesen von Konstantspannungen, die hinter dem →Analog-Digital-Umsetzer invertierte Binärmuster haben oder →Rückkopplung von Rechnerausgängen auf Eingänge und Vergleich von ausgegebenen und wieder eingelesenen Prüfsignalen.

Ein sehr schnelles Erkennen von Fehlern ist bei Doppelrechnersystemen möglich, besonders, wenn sie im Synchronbetrieb arbeiten: Eine Vergleichereinheit kann dann Bit für Bit die Ausgangssignale beider Einheiten überprüfen und innerhalb weniger Mikrosekunden fehlerhaftes Arbeiten feststellen und Gegenmaßnahmen einleiten. *Strohrmann*

Literatur: VDI/VDE 3553: Erkennung und Ortung von Hard- ware- und Softwarefehlern in Prozeßrechnersystemen. Ausg. Mai 1977.

Fehlererkennungszeit, mittlere →MFDT

Fehlerklassifikation. Insbesondere bei Leiterplattenbaugruppen werden die →Fehler in bestimmte Fehlerklassen eingeteilt:

□ Fertigungsfehler:
- Kurzschlüsse durch Lötfehler (→Klemmfehler)
- Kurzschlüsse zwischen Leiterbahnen
- Unterbrechungen von Leiterbahnen oder bei Durchkontaktierungen
- Unterbrechungen durch mangelhafte Lötstellen
- Bestückungsfehler (falsches Bauteil oder falsche Plazierung)
- Beschriftungsfehler
- mechanische Fehler (Kontakte, Maßhaltigkeit) usw.

□ Bauteilfehler:
- elektrisch defekt
- mechanisch defekt
- Temperaturfehler
- Toleranzfehler

□ Entwicklungsfehler:
- Dimensionierungsfehler
- logische →Funktionsfehler
- worst-case-Fehler beim Zusammenwirken einzelner Bauteile. *K. Winter*

Fehlermodell. Die Grundlage für die →Fehlersimulation digitaler Schaltungen sind F., welche →Fehler beliebiger physikalischer Ursache auf konkrete logische Fehler abbilden.

Zur Bestimmung der Fehlererkennungsrate (Prüfschärfe) werden bei der Fehlersimulation (→Simulation) Fehler in das Modell der digitalen →Schaltung (IC oder Baugruppe) eingebaut. Dabei werden diejenigen physikalischen Fehler berücksichtigt, welche sich in einer Abweichung des logischen Signales vom Sollverhalten äußern und damit in einem F. abgebildet werden können. Dies trifft auf die Hauptfehlerursachen Kurzschlüsse (temporäre →Stuckfehler) und Unterbrechungen von Verbindungsleitungen auf dem Chip (Metall- und Diffusionsbahnen) und auf der Baugruppe (einschließlich schlechter Lötungen) zu. Fehler, die sich derart nicht modellieren lassen, sind vor allem parametrische Fehler.

Das verbreitetste F. ist das der „Stuck-at"-Fehler (Haftfehler), das die meisten physikalischen Ursachen abdeckt. „Stuck-at" bedeutet, daß ein Signalpegel entgegen seiner Sollfunktion ständig auf 0 (stuck-at-0 oder sa0) oder 1 (stuck-at-1 oder sa1) liegt. Auch offene Eingänge und Kurzschlüsse äußern sich als „Stuck-at"-Fehler.

Bei einem →Gatter mit n Ein- und Ausgängen sind 2n Stuck-at-Einzelfehler möglich. Für Mehrfachfehler ergeben sich 3^n-1 Fehlerkombinationen, eine mit vertretbarem Aufwand nicht mehr beherrschbare Fehlerzahl. Daher und weil die Erfahrung gezeigt hat, daß die Mehrzahl aller Mehrfachfehler durch das Einzelfehlermodell abgedeckt ist, werden nur Einzelfehler behandelt, d. h. jeder Fehlerort wird einzeln auf „Stuck-at"-Fehler untersucht, bei sonst fehlerfreier Schaltung.

Das F. ist für Bipolar- und MOS-Technologie anerkannt. Bei →CMOS sind die zusätzlichen Fehlertypen „stuck-open" (Unterbrechung mit Wirkung eines fehlerhaft hochohmigen Ausganges) und „stuck-on" (Ausgang undefiniert, da beide Ausgangszweige leiten) zu beachten. Sie lassen sich bei geeigneter Modellierung unter Verwendung zusätzlicher Schaltelemente in die bekannten F. sa0 und sa1 überführen. *Mettler*

Literatur: *Zerbst, M.*: Meß- und Prüftechnik. Berlin–Heidelberg–New York–Tokyo. 1986. (Halbleiter-Elektronik, Bd. 20).

Fehlersimulation. Art der →Logiksimulation, bei der die Reaktion einer elektronischen Schaltung unter der Annahme einer bestimmten Fehlerursache – in der Regel jeweils eines Einzelfehlers – untersucht wird. Die F. analysiert, ob die →Fehler, die zunächst angenommen werden, an den Ausgängen des Prüflings sich auswirken und damit von einem Prüfautomaten erkannt werden können. Dies läßt Rückschlüsse daraufhin zu, wie groß der Fehlerschlupf bei der Prüfung sein wird. Bei ungenügender Güte der →Prüfbitmuster müssen weitere Prüfbitmuster definiert werden, bis – mit tragbarem Aufwand – eine nahezu 100%ige Vollständigkeit der →Testvektoren erreicht ist.

Bei der F. wird ein passendes →Fehlermodell zugrundegelegt. Dabei werden spätere reale Fehler in vereinfachter Weise in die vorhandene Schaltung übertragen: Man geht bei jedem →Schaltungsknoten davon aus, daß er entweder fest auf logisch H oder L liegt. Dieses einfache ‚stuck at'-Fehlermodell hat sich bewährt, auch wenn in Wirklichkeit die Ursachen wesentlich komplexer sind: Kurzschlüsse zwischen Leiterbahnen, Unterbrechungen, falsche →Bestückung, Fehlfunktion, Laufzeitfehler (→Delay-Fault), Mehrfachfehler.

Die ‚stuck at HIGH'-, bzw. ‚stuck at LO'-Fehler werden an jedem Ausgangspin und an jedem Eingangspin, also nicht nur einmal je Schaltungsknoten, einmal ‚eingebaut' und das Verhalten der Schaltung damit simuliert. Dabei werden die gleichen Eingangsvektoren benutzt wie bei der Verifikation.

Das Verhältnis entdeckte Fehler / zu simulierende Fehler·100 ergibt den Fehlerüberdeckungsgrad in Prozent.

Die F. ist Basis für die Erzeugung eines →Fehlerkataloges (*engl.* fault dictionnary). In ihm wird die Reaktion der Schaltungsausgänge auf jeweils einen konkreten angenommenen Fehler in komprimierter Form aufgezeichnet.

Die F. ist wegen der hohen Zahl an Simulationsläufen – im Normalfall n Durchläufe bei n Ein- und Ausgängen – bei Verwendung des stuck at-Fehlermodelles außerordentlich zeitaufwendig. Aus diesem Grund wird versucht, die Zahl der Simulatordurchläufe zu minimieren.

Folgende Möglichkeiten bieten sich dafür an:
– Unterdrückung des Simulationslaufes bei Schaltungsknoten mit ‚äquivalenten Fehlern', die also an den Ausgängen der Schaltung das jeweils gleiche Fehlerbild erzeugen.
– →Parallelsimulation von mehreren Fehlern. Es werden mehrere Schaltungsmodelle, die sich jeweils bezüglich der eingebauten Fehler unterscheiden, ‚gleichzeitig' simuliert.
– Es werden mehrere Fehler gleichzeitig eingebaut und gleichzeitig simuliert. Dabei müssen bestimmte Designrichtlinien eingehalten werden. *K. Winter*

Fehlerüberdeckung. (auch Ausfallerkennungsfehler, *engl.* coverage factor). Angabe über die Wirksamkeit der verwendeten Eingangsbitmuster bei der →Digitalprüfung. Die F. gibt an, wieviel Prozent der →Fehler entsprechend dem bei der Simulation gewählten →Fehlermodell mit den verwendeten Prüfbitmustern erkannt werden können. Der Begriff wird vor allem im Zusammenhang mit der →Fehlersimulation und insbesondere auch bei der Testmustergenerierung verwendet, bei der solange →Prüfbitmuster erzeugt werden, bis ein vorgegebenes Maß der F. erreicht ist. Der theoretische Wert der F. wird ohne Rücksicht auf das wahrscheinliche Auftreten eines Fehlers in der Praxis, z. B. durch Schwächen im Design, ermittelt (Fehlerschlupf). *K. Winter*

Feinstleiterbahn. In Dünnschicht-Hybridschaltkreisen werden schmale Leiterbahnen z. B. in induktiven Kopplern als F. bezeichnet. Auch in Aufbauten mit hochpoligen →Chips z. B. zur Ansteuerung von Flüssigkristall-Anzeigen (LCDs) erzwingt der geringe zur Verfügung stehende Platz eine enge Leiterbahnführung In der Hybrid- und →Aufbautechnik werden Leiterbahnen mit Abständen kleiner 100 μm als F. bezeichnet. Die Fine-Pitch-Technik erfordert einen sorgfältig kontrollierten Herstellungsprozeß hinsichtlich der Staubfreiheit ähnlich der →Halbleitertechnologie (→Leiterplattentechnik). *Hieber*

Feinwerktechnik. F. hat eine lange Tradition, wenn man sie auf die ersten Waagen oder Uhren bezieht. Als eigenes Fachgebiet gibt es die F. seit Anfang unseres Jahrhunderts, wobei zunächst die Mechanik vorherrschte.

Dabei war die F. schon immer interdisziplinär, indem sie Elemente der Mechanik, Optik, Elektrotechnik zur Lösung ihrer Aufgaben nutzte. Seit einigen Jahrzehnten erhöht sich der Einfluß der

Elektronik, der durch integrierte Schaltkreise und Mikroprozessoren ab Mitte der siebziger Jahre zu einem tiefgreifenden Strukturwandel führt.

Die Technologie der →Mikroelektronik strahlt auch in die Mechanik: mit ähnlichen Verfahren lassen sich Sensoren und andere mikromechanische Bauelemente herstellen. Ähnliches vollzieht sich im Bereich der →Mikrooptik. F. und Mikrotechnik wachsen zusammen. Durch mikroelektronische Bausteine können mechanische Funktionen und Bauelemente überall dort durch elektronische ersetzt werden, wo es sich ökonomisch – oder aus Platzgründen – anbietet. Andererseits hat die Computer-Peripherie ein neues weites Feld der Feinmechanik hervorgebracht.

So entsteht eine neue Qualität der F. Gleichzeitig steigen Flexibilität, Universalität, Funktionsumfang und Automatisierungsgrad. Es eröffnen sich noch kaum überschaubare Perspektiven.

Die F. und Mikrotechnik umfassen ein weites Spektrum von Produkten wie Instrumente, Apparate, Geräte, Anlagen oder Systeme, deren Grundlagen aus verschiedenen Disziplinen der Naturwissenschaft stammen. Die Ingenieurtätigkeiten sind daher interdisziplinär wirkende Aufgaben (Bild) in Entwicklung und Produktion, deren Grenzen sich nicht genau abstecken lassen. Deshalb seien die wichtigsten Industrieprodukte der F. und Mikrotechnik genannt:

- Telekommunikationstechnik: Fernsprech-, Fernschreib-, Faxgeräte; Geräte der Richtfunk-, Radar-, Peilertechnik usw.
- Konsumelektronik: Videogeräte, Rundfunk- und Fernsehgeräte; Ton- und Bildspeichergeräte
- Datenverarbeitungstechnik: Rechner mit Peripheriegeräten, Organisations- und Bürotechnik

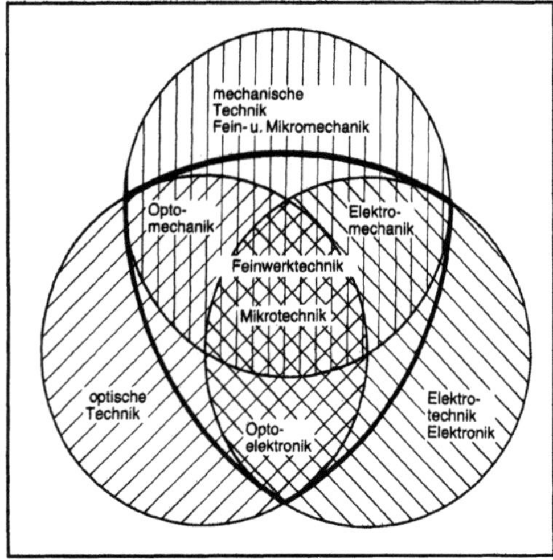

Feinwerktechnik: Gerätetechnischer Anwendungssektor der wichtigsten physikalischen Disziplinen in der F. und Mikrotechnik (schematisch).

- Meß- und Automatisierungstechnik: Sensoren, Steuerungs- und Regelgeräte, allgemeine Industrie-Elektronik
- Produktionstechnik: Geräte zur Produktion von mikroelektronischen Bauelementen, Manipulatoren, Roboter
- Feinmechanik und Optik: Kameras, Filmgeräte, Projektoren, Mikroskope
- Medizintechnik: Diagnose-, Analysegeräte, Geräte der Operationstechnik, Prothesen
- Ausrüstungstechnik für Kraftfahrzeuge
- Elektro-Hausgerätetechnik: Waschmaschinen, Nähmaschinen, Mikrowellenherde etc.
- Spielzeugtechnik. *Lauruschkat*

Feld, elektrisches. Die auf eine elektrische Ladung q wirkende Kraft $\underline{K}$ bezogen auf diese Ladung.

$$\underline{E} = \underline{K} / q.$$

Elektrische Felder können von elektrischen Ladungen herrühren (Coulomb-Gesetz, Elektrostatik) oder durch Induktion hervorgerufen werden (Faraday-Induktionsgesetz).

Die Arbeit, die geleistet werden muß, um eine Ladung q vom Punkt 1 zum Punkt 2 zu transportieren, wiederum bezogen auf die Ladung, entspricht dem Integral über die →Feldstärke längs des Weges s und wird als die Spannung U zwischen den Punkten bezeichnet

$$U_{12} = \int_1^2 \underline{E}\, d\underline{s}.$$

Über die *Maxwell*-Gleichungen sind elektrische und magnetische Wechselfelder miteinander verkoppelt. Die Gesamtheit nennt man die *elektromagnetischen* Felder. Sie breiten sich mit Lichtgeschwindigkeit aus (Elektrodynamik). *Claassen*

Feld, magnetisches. Beschreibung der Kraftwirkungen von stromführenden Leitern. Ein stromdurchflossener Leiter umgibt sich mit einem magnetischen Feld, das sich nach dem *Biot-Savart*-Gesetz berechnen läßt.

Die magnetischen Feldlinien sind immer in sich geschlossene Linien. Theoretisch ist das magnetische Feld die Kraft, die auf eine isolierte magnetische Ladung wirkt, bezogen auf diese Ladung. Tatsächlich gibt es jedoch keine magnetischen Monopole, sondern nur Dipole. Die Stärke des magnetischen Feldes ist so definiert, daß das Integral über eine geschlossene Linie direkt den gesamten Strom ergibt, der durch eine Fläche tritt, die durch die Linie aufgespannt wird (Durchflutungsgesetz).

Magnetische Dipole und damit verbundene magnetische Felder können jedoch auch ohne

Stromtransport in Verbindung mit fester Materie auftreten (→Dauermagnete). Ursache hierfür sind die Elektronenbewegungen um die Atomkerne und insbesondere die Elektronenspins (Rotation um eine eigene Achse), die wie Kreisströme wirken und ebenfalls mit magnetischen Feldern entsprechend einem magnetischen Dipolmoment verbunden sind. *Claassen*

Feldeffekt. Wirkung eines senkrecht auf einer Halbleiteroberfläche stehenden elektrischen Feldes auf die Ladungsträgerkonzentration im →Halbleiter, wobei diese je nach Polarität des Feldes erhöht oder erniedrigt werden kann.

Die Feldlinien enden im Halbleiter wie auf einer Kondensatorplatte an elektrischen Ladungen. Bei genügend hohen Feldstärken reicht dazu die normale →Ladungsträgerdichte nicht aus, so daß zusätzliche Ladungen an die Halbleiteroberfläche transportiert werden. Sie bilden dort eine Schicht erhöhter →Leitfähigkeit parallel zur Oberfläche, falls sie beweglich bleiben (Feldeffekt). Bei umgekehrter Feldrichtung wird die Trägerdichte erniedrigt. Somit kann die Leitfähigkeit durch ein äußeres Feld gesteuert werden, was beim →Feldeffekttransistor ausgenutzt wird. Der Effekt wird jedoch geschwächt durch die Existenz von Oberflächenzuständen, in die die →Ladungsträger eingefangen werden und in denen sie unbeweglich sind, oder durch erhöhte →Rekombination an der Oberfläche (Oberflächenrekombination), die eine reduzierte Lebensdauer der Ladungsträger zur Folge hat. *Heinz*

Feldeffektdiode.

1. Halbleiterbauelement mit der →Kennlinie einer →Halbleiterdiode, besonders einer ausgeprägten Durchbruchscharakteristik im →Sperrbereich und einem gut ausgebildeten Sättigungsverhalten bei der Zenerspannung (Bild). Sie ist ähnlich aufgebaut wie ein Sperrschicht-Feldeffekttransistor, der mit kurzgeschlossener Gate-Sourcestrecke betrieben wird. Wegen des Stromsättigungsverhaltens unterhalb der Durchbruchspannung wird die F. häufig als →Konstantstromquelle verwendet. Sie kann mit der spannungsstabilisierenden Wirkung einer Z-Diodenkennlinie kombiniert werden.

2. Seltener im übertragenen Sinne für einen →MOS-Kondensator benutzt (nach der Klemmenbeziehung und der nichtlinearen Ladungs-Spannungsrelation), obwohl kein Gleichstrom fließt. *R. Paul*

Feldeffekttransistor. (auch FET). →Transistor, bei dem ein durch einen leitenden Halbleiterkanal zwischen den Anschlußbereichen →Source und →Drain fließender Strom über ein senkrecht auf den Kanal einwirkendes elektrisches Feld zwischen einer Steuerelektrode – dem →Gate – und dem Kanal gesteuert wird. Auf diese Weise steuert das Transversalfeld den Kanalleitwert (Bild 1).

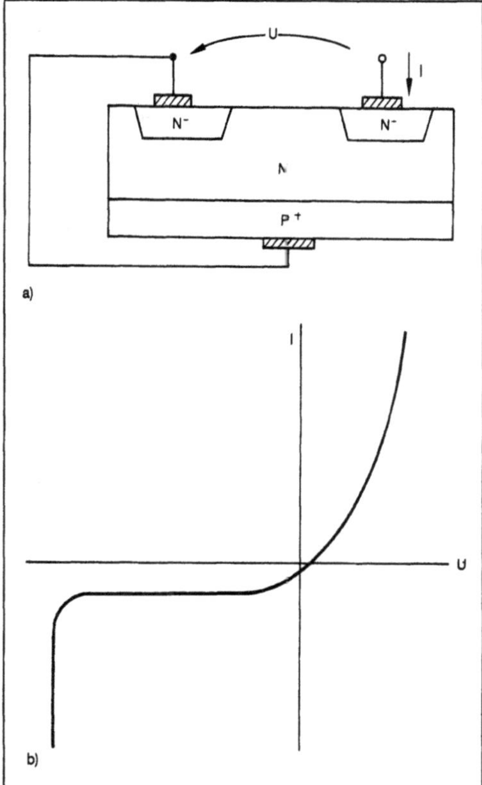

Feldeffektdiode: Prinzipieller Aufbau und Kennlinie.

Der Kanalleitwert wird im Normalfall durch →Majoritätsträger bestimmt, also nach dem Leitungstyp durch Elektronen oder Löcher (n-Kanal-, p-Kanal). Gegensatz: →Bipolartransistor.

Die Leitwertsteuerung des Kanals kann über zwei Einflußgrößen erfolgen (Bild 2):

□ den Kanalquerschnitt, wozu eine Verarmungszone längs des Kanals erzeugt wird, deren Breite durch das Steuerfeld auf Kosten des noch verbleibenden (neutralen) und dem Stromfluß zur Verfügung stehenden Kanalquerschnittes bestimmt wird (Querschnittssteuerung des Leitwertes durch das Steuerfeld). Die Verarmungszone wird entweder durch einen sperrgepolten pn-Übergang (wie beim →Sperrschichtfeldeffekttransistor (SFET) oder einem sperrgepolten Schottky-Übergang wie beim Metall-Halbleiter-Feldeffekttransistor (→MESFET) realisiert.

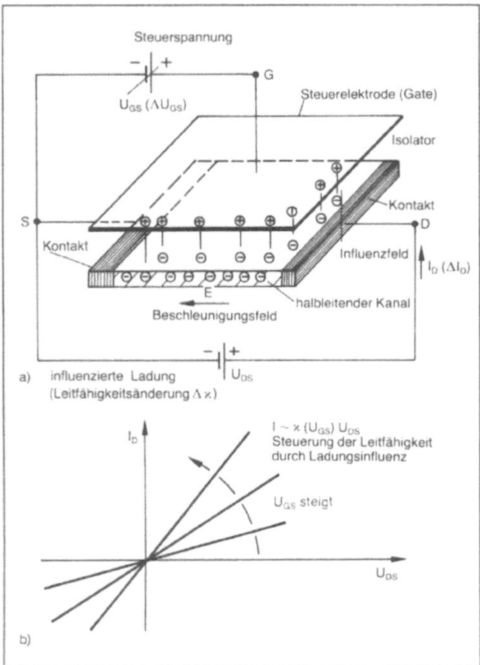

Feldeffekttransistor 1:
a) Aufbau und Funktionsprinzip
b) Funktionskennlinie.

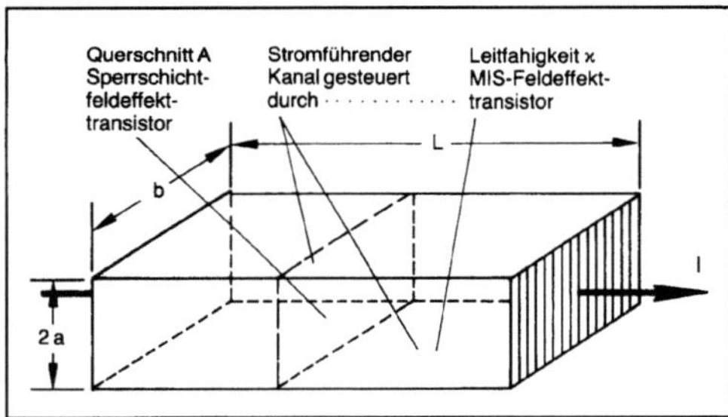

Feldeffekttransistor 2: Steuerprinzipien.

Der Maximalstrom fließt bei kleinster Ausdehnung der →Raumladungszone, d. h. verschwindendem Steuerfeld (Gate-Source-Spannung Null). Deshalb spricht man von einem selbstleitenden Transistor (Normally on) oder gleichwertig vom Verarmungstransistor (→Verarmungs-FET), weil die Trägeranzahl im Kanalvolumen mit wachsender Steuerspannung sinkt.

□ die Kanalleitfähigkeit, in dem das Steuerfeld die →Ladungsträgerdichte im Kanal (durch Influenz) – je nach Feldrichtung entweder über dem dort vorhandenen Grundwert – erhöht, (sie also anreichert) oder erniedrigt (verarmt) und damit die →Leitfähigkeit steigt oder fällt. Jetzt liegt eine Leitfähigkeitssteuerung des Leitwertes durch das Steuerfeld vor. Das Steuerfeld wird hier zwischen einer isoliert, d. h. durch eine Isolatorschicht vom Kanal getrennten Steuerelektrode – das Gate (Metall, Halbleitermaterial) und Kanaloberfläche erzeugt, wodurch diese Transistorkonfiguration ihre Bezeichnung erhielt: Feldeffekttransistor mit isoliertem Gate (→IGFET) oder Metall-Isolator-Halbleiter- (MIS-) Feldeffekttransistor. Der Extremfall dieser Steuerart ist sicher dann gegeben, wenn zunächst noch kein Kanal existiert, kein Strom fließen kann und die Leitfähigkeit erst mit wachsendem Steuerfeld entsteht, also eine Trägeranreicherung herrscht. Deshalb spricht man von einem selbstsperrenden Transistor (Normally off) oder gleichwertig vom Anreicherungstransistor, weil die Trägeranzahl im Kanalvolumen mit wachsender Steuerspannung wächst.

Die Vorteile beider FET-Grundtypen gegenüber dem Bipolartransistor sind damit offenkundig: leistungslose Steuerung, hoher Eingangswiderstand, Unipolarbauelement (und damit kein Mitwirken der relativ langsamen →Minoritätsträger bei Umschaltvorgängen), Unempfindlichkeit gegen thermische →Instabilität (weil die Leitfähigkeit hier mit wachsender Temperatur sinkt, beim Bipolartransistor hingegen wächst).

Ein weiterer wichtiger Gesichtspunkt für die Schaltungsintegration ist der kleinere Flächenbedarf und der Wegfall von zusätzlichen Isolationstechniken, weil beide Prinzipien selbstisolierend sind:

– Beim SFET besteht der Kanal gleichen Leitungstyps wie Source und Drain von Anfang an, alle Teile befinden sich in einem →Substrat entgegengesetzten Leitungstyps. So liegt ein pn-Übergang vor, der – gesperrt betrieben – eine pn-Sperrschichtisolation darstellt.

– Beim IGFET (speziell →MISFET) sind Source und Drain von Anfang an vorhanden (Leitungstyp komplementär zum Substrat), der Kanal ist entweder (mit gleichem Leitungstyp) bereits vorhanden (z. B. durch →Diffusion, SFET), oder er wird durch das Isolatorfeld als Inversionskanal an der Halbleiteroberfläche erzeugt und hat damit den gleichen Leitungstyp wie Source und Drain: Prinzip der Selbstisolation zum Substrat.

Aus dem Grundkonzept (Bild 1) entstand im Verlaufe der Zeit eine sehr große Zahl von F.-Varianten, die sich nach unterschiedlichsten Merkmalen einteilen läßt (Bild 3). Daneben gibt es auch zahlreiche konstruktiv-technische Unterscheidungen, von denen einige typische in der Tabelle mit angeführt wurden. Die Entwicklung ist noch stark im Fluß. *R. Paul*

Literatur: *Kellner, W.* und *H. Kniepkamp:* GaAs-Feldeffekttransistoren. Berlin 1984. – *Paul, R.:* Transistoren und Thyristoren. Heidelberg 1978.

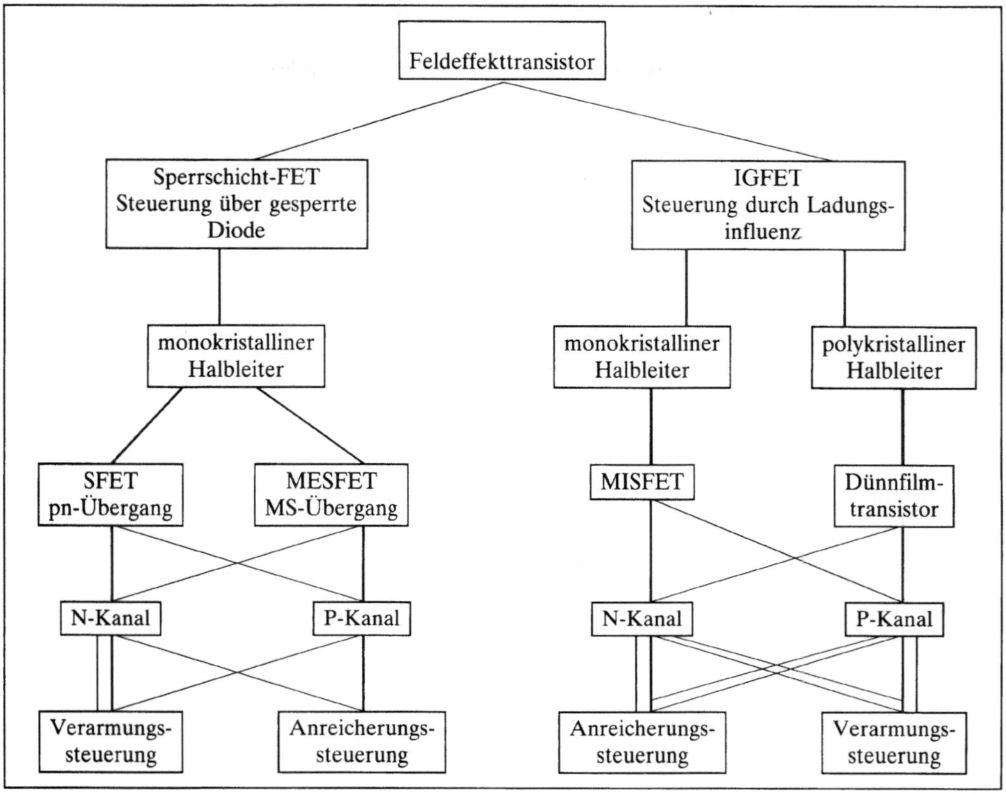

Feldeffekttransistor

Sperrschicht-FET
Steuerung über gesperrte Diode

IGFET
Steuerung durch Ladungsinfluenz

monokristalliner Halbleiter

monokristalliner Halbleiter

polykristalliner Halbleiter

SFET
pn-Übergang

MESFET
MS-Übergang

MISFET

Dünnfilmtransistor

N-Kanal

P-Kanal

N-Kanal

P-Kanal

Verarmungssteuerung

Anreicherungssteuerung

Anreicherungssteuerung

Verarmungssteuerung

Feldeffekttransistor 3: Übersicht.

Feldeffekttransistor. Tabelle: Merkmale von F.

Merkmal	Varianten
Halbleitermaterial	— Si, GaAs, InP, ternäre A^{III}—B^{V}-Verbindungen
Kristallstruktur	— (ZnS, CdSe) — einkristallin (polykristallin für Gatebereich, seltener für den Kanalbereich) — amorph
Kanalleitungstyp	— N-, P-leitend
Steuerstrecke	— MOS-, PN-, MS-Übergang — Homo-, Heteroübergang
Steuerart	— selbstsperrend, selbstleitend
Stromflußrichtung	— parallel-, senkrecht zur Oberfläche

Feldeffekttransistor, ionensensitiver. Der i. F., ISFET, stellt eine modifizierte Form des herkömmlichen MOSFETs (Metal-Oxide-Semiconductor Field-Effect-Transistor) dar. ISFETs reagieren wie herkömmliche Feldeffekttransistoren auf elektrische Potentialänderungen an ihrem Gateisolator. Während herkömmliche MOSFETs auf dem Gateisolator als Gateelektrode eine elektrisch leitfähige Schicht wie z. B. →Aluminium oder →Polysilicium tragen, wird das Gateelektrodenmaterial bei einem ISFET durch die Kombination Elektrolyt/Referenzelektrode ersetzt (Bild).

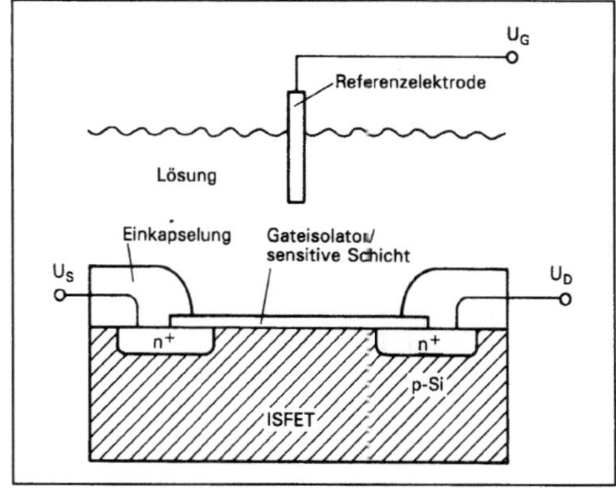

Feldeffekttransistor, ionensensitiver: Prinzipielle Darstellung.

Der Gateisolator besteht typisch aus →Siliciumdioxid mit einer Abdeckung aus einem Isolatormaterial, das in Lösungen stabiler als Siliciumdioxid ist, wie z. B. Siliciumnitrid, Aluminiumoxid oder Tantalpentoxid. Die Dissoziation der an der Grenzfläche Gateisolator/Lösung auftretenden Gruppen ist vom pH-Wert abhängig, so daß die Nettoladung auf der Gateisolatoroberfläche ebenfalls pH-Wert abhängig ist. Die Nettoladung wird mit steigendem pH-Wert negativer. ISFETs werden typisch mit einem konstanten Drainstrom und einer konstanten Drain-Sourcespannung betrieben. Dies wird durch eine Rückkopplungsschaltung erreicht, deren Ausgangsignal - die Differenz zwischen dem Potential der Referenzelektrode und dem Sourcepotential des ISFETs - vom pH-Wert abhängig ist. Idealerweise ergibt sich eine pH-Sensitivität von 59,1 mV/pH bei einer Temperatur von 25 °C. Je nach Gateisolatormaterial wird im Realfall eine pH-Empfindlichkeit von 40–59 mV/pH festgestellt.

ISFETs können somit zur Detektion des pH-Wertes eingesetzt werden. Durch eine Beschichtung des Gateisolators mit geeigneten chemischen oder biochemischen Komponenten lassen sich Sensoren für andere Substanzen erzielen: Ein ISFET mit einer Membranbeschichtung, die ein Ionophor enthält, ist für ein Ion empfindlich (Beispiele: ISFETs zur Bestimmung von Na, K, Ca, Cd, Nitrat, ...). Enzyme, die bei der Umsetzung von Stoffen eine lokale pH-Wert Änderung hervorrufen, können ebenfalls auf ISFETs aufgebracht werden. Die umgesetzten Stoffe, die Enzymsubstrate, können somit nachgewiesen werden. Beispiele sind der Nachweis von Glucose oder Harnstoff mittels ISFETs und den Enzymen Glucoseoxidase bzw. Urease. *Drost*

Literatur: *Müller, R.:* Bauelemente der Halbleiter-Elektronik. Berlin, Heidelberg 1979. - *Sibbald, A.:* Chemical-Sensitive Field-Effect-Transistors. IEE Proc., **130** (1983), Pt. I, p. 233–244. - *Sibbald, A.:* Recent Advances in Field-Effect Chemical Microsensors. J. of Molecular Electronics **2** (1988), p. 51–83. - *Sze, S. H.:* Physics of Semiconductor Devices. New York, 1981.

Feldeffekttransistor, modulationsdotierter →HEMT

Feldemission. Austritt von Elektronen aus Metallen aufgrund eines anliegenden hohen elektrischen Feldes, wobei das Metall negativ gepolt ist (auch: Feldelektronenemission).

Geht man vom Modell eines einfachen Kastenpotentials für das Metall aus (Bild 1), so entsteht vor der Metalloberfläche ein dreieckförmiger Potentialberg $\Phi_E(X)$, dessen Breite in Höhe von W_F (*Fermi-Energie*) mit steigender →Feldstärke $|E| = d\Phi_E/dx$ sinkt. Damit steigt die Wahrscheinlichkeit, daß ein Elektron diesen Potentialberg wellenmechanisch durchtunnelt (→Tunneleffekt), statt ihn wie bei der Glühemission unter Aufnahme thermischer Energie zu überspringen. Die Dichte dieses Feldemissionstroms ergibt sich für das einfache Modell in Bild 1 zu

$j = A\,E^2 \exp(-B/E)$

mit E = elektrische Feldstärke und $B = 4\sqrt{2m}\, W^{3/2}/(3\hbar e)$. Dabei ist e die Elementarladung, $\hbar$ das Plancksche Wirkungsquantum dividiert durch 2π und m die Elektronenmasse. Für W ist hier W_A (→Austrittsarbeit) zu benutzen. A ist eine materialabhängige Konstante.

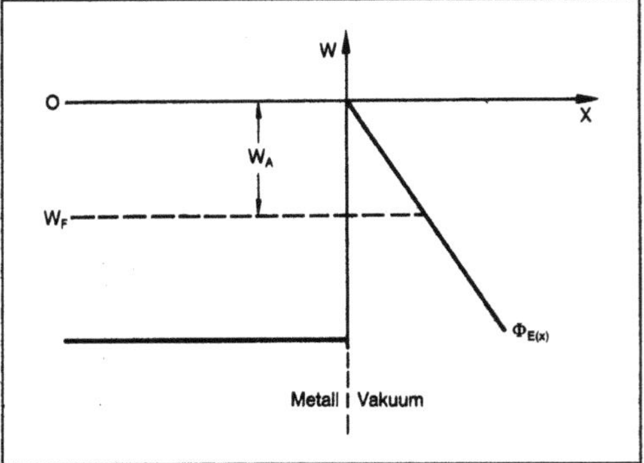

Feldemission 1: Kastenpotential-Modell eines Metalls. Ein Elektron der Energie W_F (Fermienergie) kann den Potentialwall $\Phi_E(x)$ durchtunneln (W_A Austrittsarbeit).

Realistischer als dieses einfache Modell ist es jedoch, das Bildkraftpotential Φ_B zu berücksichtigen, dem die Elektronen vor der Oberfläche zusätzlich unterliegen (Bild 2). Durch Überlagerung von Φ_E und Φ_B ergibt sich eine Erniedrigung der Austrittsarbeit (→Schottky-Effekt), und zwar

$$W_{eff} = W_A - \frac{1}{2}\sqrt{\frac{e^3 E}{\pi \varepsilon_0}}$$

(ε_0 = Influenzkonstante). Dadurch erniedrigt sich der zu durchtunnelnde Potentialberg, so daß sich der Strom der Feldelektronen erhöht. In den obigen Gleichungen für A und B ist dann $W = W_{eff}$ zu setzen und die Größe B modifiziert sich zusätzlich zu $B \cdot C(E)$, wobei C(E) eine von Höhe, Breite und Form des Potentialbergs abhängige langsam veränderliche Funktion der Feldstärke ist.

Der Feldemissionstrom ist nicht temperaturabhängig, was beweist, daß es sich nicht um eine feldbegünstigte Glühemission handelt. Durch Auftragung von $\ln(j/E^2)$ über $1/E$ entsteht eine Gerade (*Fowler-Nordheim*-Gerade), aus deren Steigung man die Austrittsarbeit entnehmen kann. Je nach ihrer Größe setzt die F. bei Feldstärken zwischen 10^6 und 10^7 V/cm ein, die erreicht werden können, wenn man das Metall zu einer Spitze mit sehr kleinem Krümmungsradius formt. Eine Anwendung ergibt sich im Feldelektronen-Mikroskop, bei dem die

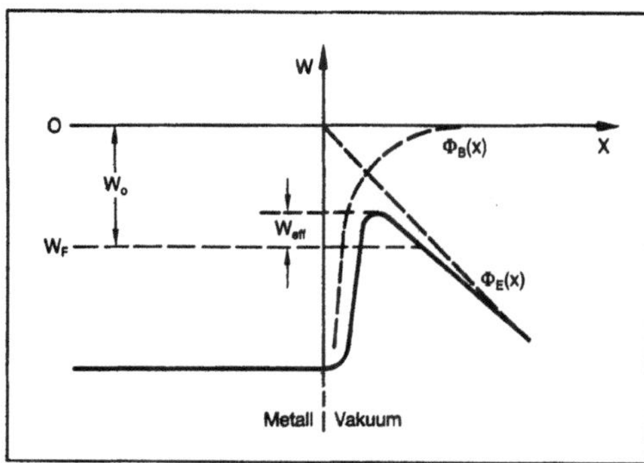

Feldemission 2: Kastenpotential-Modell eines Metalls mit zusätzlichem Bildkraftpotential $\Phi_B(x)$ im Außenraum. Höhe und Breite des zu durchtunnelnden Potentialbergs sind abgesenkt.

durch das Feld aus einer kugelförmigen Einkristallspitze herausgezogenen Elektronen auf einen →Leuchtschirm gelangen. Aufgrund der verschiedenen Austrittsarbeiten in verschiedenen Richtungen erzeugen sie dort eine Helligkeitsstruktur.

Kuiper

Literatur: *Drechsler, M.* und *E. W. Müller:* Feldemissionsspektroskopie. Berlin, Heidelberg, New York 1963. – *Good, R. H.* und *E. W. Müller:* Field Emission. Handbuch der Physik, Bd. XXI. Berlin, Heidelberg, New York 1956.

Feldoxid. Das F. ist ein dickes Oxid, das das →Substrat (→Halbleiterscheibe) im Bereich (Feldbereich) zwischen den Bauelementen bedeckt. Die Verbindungsleitungen der ersten Metallisierungsebene werden durch das F. vom Siliciumsubstrat isoliert. Da die spannungsführenden Verbindungsleitungen mit dem F. und dem Substrat zusammen einen parasitären →MOS-Transistor (→MOS-Technik) bilden, muß die Oxiddicke groß genug sein, um eine Inversion der Ladungsträgerkonzentration durch den →Feldeffekt an der Substratoberfläche zu verhindern. Es kommt sonst zu ungewollten Strompfaden bzw. Kurzschlüssen zwischen integrierten Bauelementen (Bild). Die Feldoxiddicke bestimmt auch die kapazitive Belastung der Verbindungsleitungen der ersten Metallisierungsebene.

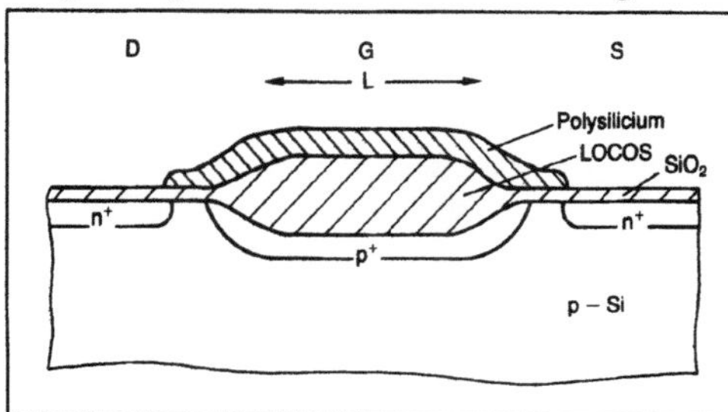

Feldoxid: Parasitärer F.-MOS-Transistor bei einer LOCOS-Struktur mit Gatelänge L, D = Drain, G = Gate, S = Source.

Die Dicke des F. beträgt i. a. ca. 500 nm (früher bis über 1 µm).

Ryssel

Feldplatte. →Magnetfeldsensor auf der Basis der magnetischen Widerstandsänderung. Unter dem Einfluß eines Magnetfeldes wird die Bahn der Ladungsträger durch den Leiter vergrößert (→Hallspannung, →Hallwinkel), so daß sich hierdurch der elektrische Widerstand des Leiters vergrößert. Dieser Effekt ist besonders ausgeprägt, wenn das Verhältnis von Leiterquerschnitt zu Leiterlänge groß wird. Werden viele Leiterstücke mit diesem Größenverhältnis hintereinandergeschaltet, was sich durch eine alternierende Lamellarstruktur von Leiterstücken und Kontaktbereichen realisieren läßt, dann erhält man ein relativ hochohmiges Bauelement mit einem großen magnetischen Widerstandseffekt, das als F. bezeichnet wird.

Bei Verwendung einer eutektischen Mischung von InSb und NiSb erhält man eine ähnlich gestaltete Struktur durch plattenförmige Ausscheidungen der wesentlich leitfähigeren NiSb-Phase (mit der Funktion der Kontaktgebiete) in einer hochohmigeren Matrix aus InSb (mit der Funktion des Leiters) (Bild).

In die magnetische Widerstandsänderung geht die →Ladungsträgerbeweglichkeit (→Elektronenbeweglichkeit) quadratisch ein, deshalb wird als Material für den Leiter ein Werkstoff mit hoher Ladungsträgerbeweglichkeit, wie InSb oder InAs, bevorzugt.

Ein Nachteil von F. ist die große Temperaturabhängigkeit. Diese läßt sich weitgehend kompensieren durch Einsatz von Differentialfeldplatten.

Schaumburg

Literatur: *Heywang, W.:* Sensorik. Berlin 1984.

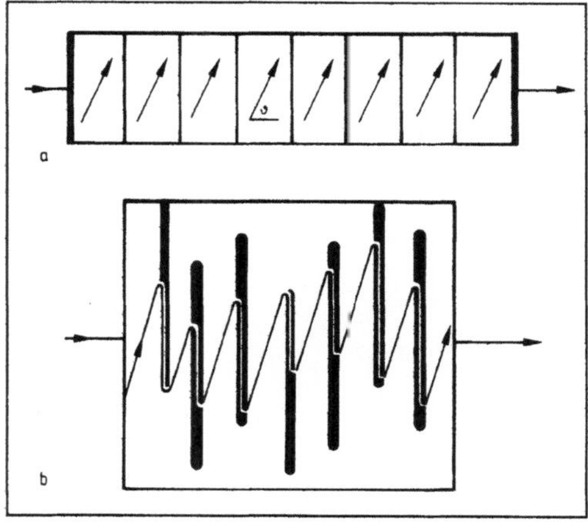

Feldplatte: Strombahnen im Magnetfeld (senkrecht Zeichenebene) im Falle
a) der Halbleiterschicht mit Kurzschlußstreifen und
b) des InSb/NiSb-Eutektikums. (Quelle: Heywang)

Feldquantisierung. Grundlage zur quantentheoretischen Beschreibung der Elektrodynamik und der Wechselwirkung zwischen mikroskopischen Teilchen und elektromagnetischen Feldern.

In der klassischen Physik wird das elektromagnetische Feld eines ladungs- und stromfreien Volumens V beschrieben durch das Vektorpotential $\vec{A}$ und die Wellengleichung

$$\nabla^2 \vec{A} - \varepsilon\mu_0 \frac{\partial^2 \vec{A}}{\partial t^2} = 0$$

wobei

$$\operatorname{div} \vec{A} = 0, \vec{E} = -\frac{\partial \vec{A}}{\partial t}, \quad \vec{H} = \frac{1}{\mu_0} \operatorname{rot} \vec{A}$$

($\vec{E}$ bzw. $\vec{H}$ elektrische bzw. magnetische Feldstärke, ε Dielektrizitätskonstante, μ_o Permeabilität)

Die Energie des Feldes und damit die *Hamiltonfunktion* $\tilde{H}$ ergibt sich aus den Quadraten der Feldamplituden

$$\tilde{H} = \frac{1}{2} \int_V (\varepsilon \vec{E}^2 + \mu_0 \vec{H}^2)\, d^3r.$$

Das Vektorpotential läßt sich aber auch nach den Eigenmoden des Raumes zerlegen; das sind ebene Wellen mit den Wellenvektoren $\vec{k}_l$ und der Polarisation σ, die den Maxwellschen Randbedingungen an den Grenzflächen genügen.

$$k_l^2 = \varepsilon\mu_0\omega_l^2, \quad \vec{k}_l = \sum_{i=1}^{3} \frac{2\pi}{L_i} l_i \vec{e}_i,$$

$$l_i \varepsilon Z \qquad L_1 \cdot L_2 \cdot L_3 = V$$

$$\vec{A} = \sum_{l,\sigma} \sqrt{\frac{h}{2\varepsilon\, \omega_l V}}\, (\tilde{a}_{l\sigma}\, e^{i \vec{k}_l \vec{r}} + \tilde{a}^*_{l\sigma}\, e^{-i\vec{k}_l\vec{r}})\, \vec{e}_l$$

(a, a* komplexe, zeitabhängige Entwicklungskoeffizienten, $\vec{e}_l$ Einheitsvektor, h Planksches Wirkungsquantum und $\omega = 2\pi f$ Kreisfrequenz.)

Die elektrische und magnetische Feldstärke werden in dieser Entwicklung beschrieben durch ($\hbar = h/2\pi$)

$$\vec{E} = i \sum_{l,\sigma} \sqrt{\frac{\hbar\, \omega_l}{2\varepsilon V}}\, (\tilde{a}_{l\sigma} e^{i\vec{k}_l\vec{r}} - \tilde{a}^*_{l\sigma} e^{-i\vec{k}_l\vec{r}})\, \vec{e}_l$$

$$\vec{H} = i \sum_{l,\sigma} \sqrt{\frac{\hbar}{2\varepsilon\mu_0\omega_L V}}\, (\tilde{a}_{l\sigma} e^{i\vec{k}_l\vec{r}} - \tilde{a}^*_{l\sigma} e^{-i\vec{k}_l\vec{r}})\, \vec{k}_l \cdot \vec{e}_l$$

Damit bekommt die Hamiltonfunktion die Form

$$\tilde{H} = \sum_{l,\sigma} \frac{1}{2} \hbar\omega_{l,\sigma}\, (\tilde{a}_{l\sigma}\, \tilde{a}^*_{l\sigma} + \tilde{a}^*_{l\sigma}\, a_{l,\sigma})$$

Anmerkung: Durch Einführung der generalisierten Orts- und Impulskoordinaten

$$Q_{l,\sigma} = \sqrt{\frac{\hbar}{2\omega_l}}\, (\tilde{a}_{l\sigma} + \tilde{a}^*_{l\sigma})$$

$$P_{l\sigma} = -i \sqrt{\frac{\hbar\omega_l}{2}}\, (\tilde{a}_{l\sigma} - \tilde{a}^*_{l\sigma})$$

wird daraus formal die Hamiltonfunktion harmonischer Oszillatoren der Frequenzen ω_l

$$\tilde{H} = \sum_{l,\sigma} \frac{1}{2} \left[P^2_{l\sigma}(t) + \omega_l^2\, Q^2_{l\sigma}(t) \right]$$

Die beschriebene Entwicklung nach den Eigenmoden des Raumes ist die Grundlage für die →Quantisierung. In der quantentheoretischen Betrachtung wird aus der Hamiltonfunktion der Hamiltonoperator $\underline{H}$, indem die Entwicklungskoeffizienten im Vektorpotential durch (nicht hermitische) Operatoren a, a^+ ersetzt werden. Unter Berücksichtigung der Vertauschungsrelationen für Operatoren folgt dann unmittelbar

$$\underline{H} = \sum_{l,\sigma} \hbar\omega_l\, (a^+_{l_\sigma}\, a_{l\sigma} + \frac{1}{2} \cdot \Lambda) = \sum_{l,\sigma} \hbar\omega_l\, (\underline{N}_{l\sigma} + \frac{1}{2} \cdot \Lambda)$$

(Λ Einheitsoperator, $\underline{N}$ Teilchenzahloperator), was dem Hamiltonoperator eines Systems unabhängiger harmonischer Oszillatoren der Eigenfrequenzen ω_l entspricht. Die Eigenwerte des Problems $\underline{N}|n\rangle = n|n\rangle$ I|n> Eigenfunktionen) sind bekannt, es sind die natürlichen Zahlen einschließlich der Null. Die Energie ist die Summe der Einzelenergien aller Oszillatoren:

$$E = \sum_{l\sigma} \hbar\omega_l \left(n_{l\sigma} + \frac{1}{2} \right)$$

Das Strahlungsfeld kann interpretiert werden als ein Strom von Teilchen (→Photonen) unterschiedlicher Energie $\hbar\omega_l$ und →Polarisation σ und nicht begrenzter Anzahl $n_{l\sigma}$. Im Vakuumzustand (alle $n_{l\sigma}=0$) hat jeder Modus l,σ eine sog. Nullpunktsenergie, die aus der Unschärferelation resultiert (die Energie wäre nur Null, wenn sowohl Ort als auch Impuls exakt Null wären). Die Nullpunktsenergie hat praktisch keine Bedeutung, sie kann dem Feld nicht entzogen werden. Klassisch sind die Feldstärken und ihre Quadrate Null, quantentheoretisch sind zwar auch die Erwartungswerte der Feldstärken Null, nicht aber die Erwartungswerte der Quadrate. Das bedeutet, das quantenmechanische Nullfeld hat statistische Schwankungen um den Wert Null, die zu nachweisbaren Effekten führen, wie z. B. die spontane Emission von Photonen (→Quantenelektronik).

Die Gesamtfunktion des Strahlungsfeldes ist ein Produkt aus den Eigenfunktionen der einzelnen Oszillatoren, auf deren Form hier nicht weiter eingegangen werden soll. Interessant ist die Wirkung der Operatoren a und a^+ auf einen Eigenzustand |n>

$$a_{l\sigma}|n_{l\sigma}> = \sqrt{n_{l\sigma}}\,|n_{l\sigma} - 1>$$

$$a^+_{l\sigma}\,|n_{l\sigma}> = \sqrt{n_{l\sigma} + 1}\,|n_{l\sigma} + 1>$$

d. h. es wird die Photonenzahl erniedrigt oder erhöht, was zu der Bezeichnung Vernichtungs- und Erzeugungsoperatoren geführt hat.

Mit Hilfe der quantisierten Darstellung des elektromagnetischen Feldes durch Quasiteilchen Photonen der Energie $\hbar\omega$ und des Impulses $\hbar k$ lassen sich die Wechselwirkungen zwischen Feldern und Elementarteilchen nach den Prinzipien der Mechanik (Energie- und Impulserhaltung) beschreiben.

Rosenzweig

Literatur: *Grau, G. K.:* Quantenelektronik. Braunschweig 1978.

Feldstärke. Dichte der Feldlinien in einem Vektorfeld, die dem Betrag des Vektors an einem Ort des Vektorfeldes entspricht. Der Begriff wird vor allem bei elektrischen, magnetischen und Gravitationsfeldern benutzt. Im elektrischen Feld beschreibt die F. die Größe der Kraft, die auf eine ruhende Einheitsladung wirkt. Die Empfangsfeldstärke beschreibt in der Funktechnik die elektrische Wechselfeldstärke am Ort der Empfangsantenne. Das in der →Antenne induzierte Signal ist der Empfangsfeldstärke proportional. Die Gravitationsfeldstärke ist nichts anderes als der Betrag der Erdbeschleunigung g.

Claassen

Feldstärke, induzierte. Auf eine bewegte Ladung der Größe q wirkt im Magnetfeld die Kraft $\underline{K}$

$$\underline{K} = q\,(\underline{v} \times \underline{B}).$$

Hierin ist $\underline{v}$ die Geschwindigkeit der Ladung und $\underline{B}$ die magnetische Induktion. Bezieht man diese Kraft auf die Ladung, wie man das für die elektrostatischen Kräfte tut, um die elektrische Feldstärke zu erhalten (Elektrostatik), so erhält man auch in diesem Fall eine Feldstärke, die man als i. F. bezeichnet.

$$\underline{E} = \frac{\underline{K}}{q} = \underline{v} \times \underline{B}.$$

Die i. F. wirkt auch in einem Leiter, der im Innern bewegliche Ladungen enthält, wenn man ihn durch ein Magnetfeld bewegt. Sie bewirkt damit zwischen den Enden des Leiters eine induzierte Spannung, die beispielsweise in einem Generator dazu ausgenutzt werden kann, um aus mechanischer Energie elektrische zu erzeugen.

In einem Nichtleiter (→Isolator) ergibt sich bei Bewegung in einem Magnetfeld durch die i. F. eine →Polarisation wie in einem elektrischen Feld.

Die Gleichung für die i. F. stellt eine spezielle Form des Faraday-Induktionsgesetzes dar und kann aus diesem abgeleitet bzw. in dieses übergeführt werden.

Claassen

Feldstrom. Elektrischer Strom, der durch ein elektrisches Feld verursacht wird (im Gegensatz z. B. zum →Diffusionsstrom, dessen Ursache ein räumlicher Gradient der Ladungsträgerkonzentration ist) (elektrische →Leitfähigkeit).

Heinz

Feldtransformator, optischer. Ein o. F. (Strahltransformator) ist ein Element, mit dem die transversale Feldverteilung eines Lichtstrahles in Ausbreitungsrichtung verändert werden kann. Ist eine solche Feldveränderung fest vorgegeben, wie z. B. bei der Lichtkopplung zwischen einem Laser und einer Glasfaser, so bildet der Feldtransformator ein optisches Koppelelement, das die unterschiedlichen Feldverteilungen mit möglichst geringen Verlusten in Form und geometrischen Abmessungen einander anpaßt. Der Wirkungsgrad einer solchen Kopplung sollte maximal sein. Zur Gruppe der o. F. zählen im wesentlichen abbildende Komponenten (Linsen) und →Wellenleitertransformatoren (Modentransformatoren).

R. Kaiser

Feldweite →Gauß-Strahl

Fenster (in Sensoren) →Umhüllung

Fermi-Energie. Höchste Energie, die in einem Vielelektronensystem am absoluten Temperaturnullpunkt von einem Elektron angenommen werden kann. Bei höheren Temperaturen bestimmt sie die energetische Verteilung der Elektronen auf die erlaubten Zustände.

In einem Vielteilchensystem aus Fermionen können aufgrund des Pauli-Prinzips nicht alle Teilchen mit gleichen Quantenzahlen auf einem Energieniveau untergebracht werden, sondern jeweils nur eins von ihnen. Sie müssen daher mit aufsteigender Energie auf den Zuständen mit der Dichte D(W) angeordnet werden. Dies regelt die *Fermi-Dirac-*Statistik (auch: Fermi-Statistik)

$$f(W) = (\exp((W - W_F) / kT) + 1)^{-1},$$

die die Wahrscheinlichkeit für die Besetzung eines Zustands geeignet angibt, wobei W die Energie, kT die thermische Energie und der Parameter W_F die

Fermi-Energie ist. Die Integration über alle Zustände muß die Gesamtteilchenzahl ergeben, $n = \int_0^\infty D(W)\, f(W)\, dW$. Dadurch wird W_F eindeutig festgelegt. Für die Temperatur $T = 0$ wird $f(W)$ zu einer Stufenfunktion, so daß die F.-E. mit dem höchsten besetzten →Energieniveau übereinstimmt, wenn die →Zustandsdichte dort nicht gerade verschwindet, d. h. W_F in einem verbotenen →Energieband liegt. In jedem Fall trennt die F.-E. jedoch besetzte und unbesetzte Zustände (→Bändermodell). Die F.-E. läßt sich somit auch als die Energie betrachten, die beim Zufügen eines weiteren Teilchens zum System aufgebracht werden muß. Sie ist daher mit dem elektrochemischen Potential äquivalent, $W_F = \mu - e\varphi$, wobei μ das chemische Potential und φ die Summe aller elektrostatischen Potentiale darstellt (e = Elementarladung).

Besondere Bedeutung besitzt die F.-E. im Elektronensystem von Festkörpern. Insbesondere bei Halbleitern macht man sich oft die Kenntnis zunutze, daß bei räumlich inhomogenen Systemen (z. B. Randschichten) die F.-E. im thermischen Gleichgewicht räumlich konstant sein muß, also »durch geht«. Im anderen Fall wäre die Besetzung von gleich hohen Zuständen in verschiedenen Gebieten verschieden, das System wäre nicht im Gleichgewicht. In Nichtgleichgewichtszuständen ist $W_F \neq$ constant und die Änderung von W_F mit dem Ort, dW_F/dx, treibt dann einen elektrischen Strom der Dichte $j = bn dW_F/dx$ (n = Elektronendichte, b = →Elektronenbeweglichkeit). Dieser setzt sich aus einem →Feldstrom und einem →Diffusionsstrom zusammen, da $dW_F/dx = d\mu/dx - e\, d\varphi/dx$ die elektrische →Feldstärke $E = -\, d\varphi/dx$ und den Gradienten des chemischen Potentials $d\mu/dx$ enthält. *Heinz*

Fermi-Niveau →Fermi-Energie

Fermi-Verteilung. Energieverteilung der Besetzungswahrscheinlichkeit von Zuständen eines Fermionensystems (z. B. Elektronen in einem Festkörper) mit der Temperatur als Parameter. Sie resultiert aus der Fermi-Dirac-Statistik.

Die Verteilung als Funktion der Energie W bei der Temperatur T ist gegeben durch

$$f(W) = \frac{1}{1 + \exp\left((W - W_F) / kT\right)}$$

wobei k die Boltzmann-Konstante und W_F die →Fermi-Energie ist. *Heinz*

Fernfeld →Abstrahlcharakteristik einer Glasfaser

Fernseh-Bildwiedergabe. Die Wiedergabe von Fernsehbildern erfolgt bei Heimempfängern heute ausschließlich mit Hilfe von Bildröhren, die nach dem Prinzip der →Kathodenstrahlröhre arbeiten. Dies gilt für die Wiedergabe von Schwarz-Weiß- sowie von Farbbildern (Schattenmaskenröhre). Der Betrachter sieht dabei direkt auf den →Bildschirm der Kathodenstrahlröhre (Direktsichtbildwiedergabe). Aus technologischen Gründen sind die mit Kathodenstrahlröhren erreichbaren Bildgrößen auf maximal etwa 80–100 cm Bilddiagonale begrenzt.

Wiedergabegeräte (Displays), die mit anderen Bildschirmen arbeiten wie →Flüssigkristall-Anzeigen (*engl.* Liquid-Crystal-Displays, LCD), →Elektrolumineszenz- oder →Plasma-Anzeigen, werden bisher zwar als Datensichtgeräte, aber noch nicht in Farbfernsehempfängern und -monitoren mit großer Bildfläche und hoher Bildqualität eingesetzt. An ihrer Weiterentwicklung wird jedoch intensiv gearbeitet, da ihre flache Bauform ein sehr viel kleineres Volumen des Empfangsgerätes ermöglichen würde.

Für die Bildwiedergabe in größeren Formaten (Großflächen-Displays) werden verschiedene Methoden angewendet. Sie lassen sich in Direktsicht- und Projektionsmethoden einteilen.

Bei den Projektionsmethoden wird das Bild durch optische Auflicht- oder Durchlicht-Projektion auf einem Projektionsschirm erzeugt. Die Bildgröße ist dabei durch den Abbildungsmaßstab des Projektionssystems wählbar, aber begrenzt durch den im Projektionssystem zur Verfügung stehenden Gesamtlichtstrom φ, der noch eine ausreichende Beleuchtungsstärke $B = \varphi/F$ auf dem Projektionsschirm der Fläche F gewährleisten muß.

Die erforderliche →Leuchtdichte, die sich aus der Beleuchtungsstärke und den Reflexionseigenschaften des Schirms berechnet ist, vor allem aber von der Umgebungshelligkeit abhängig. Für eine Projektion in einem abgedunkelten Raum braucht man eine Leuchtdichte von mindestens 50 cd/m^2, bei Tageslicht dagegen etwa 1000 cd/m^2. Ein Farbfernsehempfänger mit Lochmasken-Bildröhre hat typischerweise eine Leuchtdichte zwischen 50 und 250 cd/m^2.

Eine Möglichkeit, ein Fernsehbild zu projizieren, besteht darin, das Bild einer Kathodenstrahlröhre mittels eines Objektivs auf einen Projektionsschirm abzubilden. Im Falle von Farbfernsehbildern kann man dabei die durch die →Lochmaske bedingten Verluste vermeiden, wenn man mit den drei Farbwertsignalen drei getrennte Kathodenstrahlröhren mit je einem roten, einem grünen und einem blauen →Phosphor ansteuert. Die drei Bilder werden dann entweder durch drei getrennte Objektive auf einen Projektionsschirm deckungsgleich abgebildet, oder über ein System von gekreuzten dichroitischen

Spiegeln durch ein gemeinsames Objektiv projiziert.

Um hohe Beleuchtungsstärken auf dem Projektionsschirm zu erreichen, müssen die Leuchtdichten auf den Bildschirmen solcher Projektionsröhren entsprechend hoch sein und die Projektionsobjektive müssen hohe Öffnung und hohe Transmission bei entsprechend guter Modulationsübertragung haben. Man kann mit solchen Projektionssystemen Lichtströme zwischen 200 und 500 Lumen erreichen. Bei 1 m² weißer Projektionsfläche führt das zu einer Leuchtdichte von 60–150 cd/m².

Neuerdings erscheinen auch Flüssigkristall-Video-Projektoren sowohl für konventionelles wie hochauflösendes Fernsehen auf dem Markt. In ihnen wird das Licht einer Halogen-Metalldampflampe ähnlich wie in einer Farbfernsehkamera durch dichroitische Spiegel in ein rotes, grünes und blaues Strahlenbündel aufgeteilt. Diese durchstrahlen je ein Flüssigkristall-Display, in dem die Transmission durch eine Dünnfilm-Transistor-Matrix (TFT — thin film transistor) entsprechend dem Fernsehraster gesteuert werden kann. Die Transistor-Matrix ist auf einer der Glasplatten aufgebracht, die die Flüssigkristallschicht begrenzen. Durch weitere dichroitische Spiegel werden die drei Strahlenbündel wieder vereinigt und die drei in den Flüssigkristall-Elementen erzeugten Bilder in den Grundfarben Rot, Grün und Blau gemeinsam projiziert.

Schließlich sind bei den Projektionsmethoden noch das →Eidophor und die daraus abgeleiteten Lichtventil-Projektionsgeräte zu erwähnen.

Hohe Leuchtdichten lassen sich vor allem mit dem Eidophor-Projektor erreichen. Bei diesem Gerät wird ein schlierenoptisches Verfahren benützt. Das zentrale Element dieses Geräts ist ein sogenanntes →Lichtventil (*engl.* Light-Valve). In einem evakuierten Glaskolben wird ein Elektronenstrahl erzeugt, der in einem Zeilenraster über eine dünne Ölschicht geführt wird, die auf einem Hohlspiegel ausgebreitet ist. Der Elektronenstrahl, dessen Intensität vom Videosignal moduliert ist, erzeugt eine elektrische Ladungsverteilung, die eine räumliche Modulation der Dicke der Ölschicht bewirkt. Eine starke Lichtquelle (Xenon-Bogenlampe) beleuchtet ein System aus reflektierenden Stäben (Bild). Dieses Stabgitter wird durch Reflexion an der konkaven Ölschicht so in sich selbst abgebildet, daß die an nichtdeformierten Stellen der Ölschicht reflektierten Lichtstrahlen durch die Stäbe abgefangen werden, während dort, wo die Ölschicht wellig ist, die Strahlen abgelenkt und durch die Lücken zwischen den Stäben hindurch in das Objektiv gelangen. Wird durch ein Projektionssystem die Ölschicht auf einen Schirm abgebildet, so erscheinen die Stellen dunkel, die konstante Dicke haben, während die dickenmodulierten Flächenteile hell

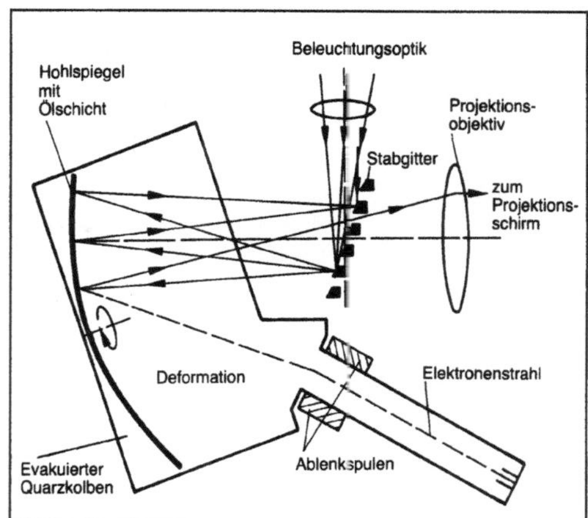

Fernseh-Bildwiedergabe: Eidophor-Lichtventil. (Quelle: R. Kayes)

sind. Durch die Amplitude der Dickenmodulation läßt sich also auf dem Bildschirm eine Helligkeitsmodulation erzeugen.

Mit Eidophorprojektoren kann man heute die größten Formate mit ausreichender Beleuchtungsstärke erzielen. Ihre Lichtströme betragen bis zu 7000 Lumen, womit man bei 10 m² Projektionsfläche etwa 200 cd/m² erreichen kann.

Während das Eidophorverfahren für die Erzeugung von Farbbildern drei Vakuum-Lichtventile mit drei Projektionsobjektiven verwendet, gibt es neuere Lichtventil-Projektoren, bei denen alle drei Farbbilder in einem Lichtventil erzeugt werden. Allerdings werden dabei nicht die hohen Lichtströme erzielt, wie sie beim Eidophor möglich sind, sondern nur etwa 1200 Lumen. Entsprechend kleiner sind die maximal möglichen Projektionsflächen (1–2 m²).

Als letzte Projektionsmethode sei die Laserprojektion erwähnt. Dabei müssen drei Laserstrahlen mit drei geeigneten Wellenlängen im roten, grünen und blauen Spektralbereich mit den drei Farbwertsignalen in ihrer Intensität moduliert werden (z. B. durch den kristalloptischen →Pockelseffekt oder durch akustooptische Modulatoren) und dann vereinigt und gemeinsam in einem Fernsehraster horizontal und vertikal abgelenkt werden. Diese horizontale und vertikale →Ablenkung muß mechanisch erfolgen, da z. B. akustooptische Ablenkmethoden wellenlängenabängig sind. Diese mechanisch-optischen Ablenkvorrichtungen für die Zeilenfrequenz von ca. 16 kHz macht diese Geräte extrem aufwendig.

Die besprochenen Projektionsgeräte liefern allesamt Leuchtdichten bis maximal etwa 200 cd/m², die ausreichen für geschlossene Räume. Die für eine Bildwiedergabe im Freien erforderlichen 1000 bis 2000 cd/m² lassen sich nur mit Direktsichtmethoden erzielen – allerdings mit sehr hohem Aufwand. In der Literatur wird von Bildwänden berichtet mit Flächen bis zu 80 m^2, die aus einzelnen rot, grün und blau leuchtenden Glühlampen bestehen und beim Betrieb 650–900 kW Leistung verbrauchen. In Japan wurde 1985 ein $40 \times 25\ m^2$ großes Display aufgebaut, das aus 151 400 Bildelementen besteht. Jedes →Bildelement setzt sich aus einem rot, einem grün und einem blau leuchtenden Fluoreszenzschirm von jeweils nur wenigen Zentimetern Durchmesser zusammen. Die Spitzenleuchtdichte wurde mit 5100 cd/m^2 angegeben. *Hausdörfer/Lang*

Literatur: *Kayes, R.*: Großbildprojektion für professionelle Anwendungen. Fernseh- und Kinotechnik 41 (1987) S. 125. – Sound and Video Controctor (1984) June 15, S. 14.

Fernsehempfänger. Die vereinfachte Struktur eines F. ist im Bild dargestellt. Zunächst sind die Eingangssignale verschiedener Übertragungskanäle in die Basisbanddarstellung zu bringen. Das Luminanzsignal ist hier nicht mehr auf einen Träger moduliert. Nach Decodierung des Übertragungsstandards der Fernsehübertragung liegt ein Komponentensignal YUV aus →Luminanz und Farbdifferenzsignalen sowie das Ton- und Synchronisationssignal vor (→Fernsehsystem). Das Bildsignal kann noch von Flimmern, Flackern und anderen Störungen befreit werden. Nach Matrizierung in ein RGB-Komponentensignal erfolgt die Ansteuerung des Displays durch eine geeignete Stufe.

Im Bild sind als Tuner-Block die Funktionen des Tuners, einer Zwischenfrequenz-Stufe (ZF) und des Videodemodulators zusammengefaßt. Der Tuner mischt den gewünschten Empfangskanal auf die Zwischenfrequenz herab. Die Unterdrückung der unmittelbaren Nachbarkanäle (Nahselektion) erfolgt im fest eingestellten ZF-Filter, meist einem Oberflächenwellenfilter (OFW). Diese Filterung ist insbesondere bei Kabelempfang kritisch, da Nachbarkanäle hier belegt sind.

Nach einer Verstärkung des ZF-Signals erfolgt im Videodemodulator die Abbildung ins Basisband z. B. mittels Synchrondemodulation bei Restseitenbandmodulation der Luminanz (Standards B, G, I, M, ...). Danach sind beim FBAS-Signal nur noch Farbdifferenzsignale und Ton geträgert, beim MAC-Signal sind noch alle Komponenten im →Zeitmultiplex verschachtelt. Der Videodemodulator erzeugt weiterhin Steuersignale zur Regelung von Frequenz (Automatic Frequency Control, AFC) und Verstärkung (Automatic Gain Control, AGC) in →Tuner und ZF-Verstärker.

Der Kabeltuner muß in Europa zusätzlich zu den bisherigen Kanälen die Kabel-Sonderkanäle S2–S20 im VHF-Bereich empfangen können. Der Satellitentuner muß FM-modulierte Empfangssignale im GHz-Bereich verarbeiten. Über die SCART-Buchse können Basisbandsignale z. B. vom Videorecorder direkt eingespeist werden.

Die nachfolgenden Decoderstufen separieren die bei →PALplus, →PAL, →NTSC und →SECAM im Frequenzmultiplex und bei →D2MAC, →HDMAC und MUSE im Zeitmultiplex übertragenen Luminanz- und Chrominanzsignale YUV. Für PAL, NTSC und SECAM werden heute analoge Multistandarddecoder eingesetzt. Diese erkennen automatisch den Farbsignalstandard, benötigen keinen Abgleich mehr und besitzen nur wenige externe Bauelemente. Digitale Multistandarddecoder werden in Personal Computer-Umgebung eingesetzt. Die Decodierung der Zeitmultiplex-Signale (MAC) erfolgt digital.

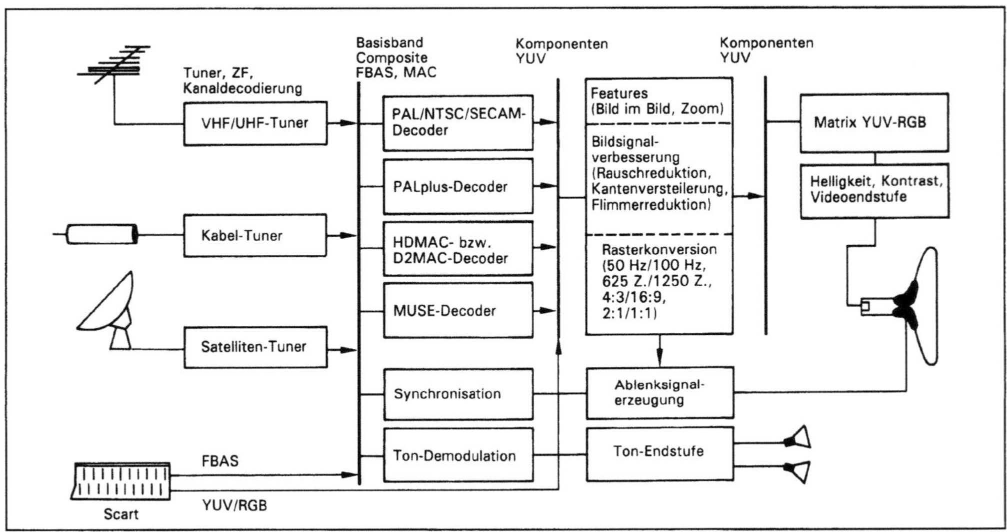

Fernsehempfänger: Grobstruktur.

Im Block „Synchronisation" werden die Pulse für die vertikale und horizontale Synchronisation aus dem Empfangssendesignal extrahiert. Diese werden beim FBAS-Signal mit besonders hoher Amplitude (→Fernsehsystem) und bei MAC-Signalen digital codiert übertragen. Das Bildraster wird in der Stufe Ablenksignalerzeugung auch bei Fehlen von Synchronpulsen kontinuierlich generiert. Zur Störunterdrückung beim Phasenvergleich werden Synchronpulse nur in der Nähe der erwarteten Position akzeptiert. Zeilen- und Bildfrequenz des Display-Rasters können bei einer Rasterkonversion vom Empfangssignal abweichen.

Auf YUV-Komponentenebene können nun je nach Empfängerkonzept Verfahren der Bildsignalverbesserung eingesetzt werden. Zu IDTV (Improved Definition Television) zählen Verfahren ohne Beteiligung des Senders. Beispiele sind die Reduktion von →Rauschen (Schnee) oder Echos (Geisterbilder), Kantenversteilerung (Schärfeanhebung) oder Flimmerbefreiung. Für die Kantenversteilerung von Luminanz und Chrominanz vertikal verlaufender Kanten existieren auch analoge integrierte Schaltungen. Die anderen Algorithmen werden meist digital realisiert.

Hierbei wird auch das Bildraster modifiziert. Zur Beseitigung des Großflächenflimmerns und Kantenflackerns wird die Bildfrequenz von 50 Hz auf 100 Hz erhöht. Für die Berechnung der neuen Teilbilder können beide benachbarten Originalbilder herangezogen werden. Zur Beseitigung des Kantenflackerns ist alternativ auch der Wechsel von Interlace 625 Z./2:1 auf progressive Darstellung 625 Z./1:1 oder auf hochzeilige Darstellung mit 1 250 Zeilen möglich.

Bei Empfang von 4:3-Signalen in 16:9-Empfängern ist eine horizontale Dezimation oder zumindest Pufferung des Bildsignals erforderlich.

Funktionelle Ergänzungen sind Zoom und Bild-im-Bild. Beim Zoom wird der Bildinhalt gedehnt dargestellt. Beim Bild-im-Bild Modus wird das Signal einer zweiten Quelle (zweiter Tuner oder SCART) auf ca. 1/9 der Fläche verkleinert und eingeblendet. Es können auch mehrere kleine Bilder gleichzeitig dargestellt werden. Hierbei wird oft der zweite Tuner periodisch zwischen den benötigten Kanälen umgeschaltet, so daß jedes kleine Bild nur entsprechend seltener aktualisiert wird.

Kostenintensivstes Bauelement zur Bildsignalverbesserung ist meist der →Bildspeicher. Man ist daher bemüht, diesen für möglichst viele Algorithmen gleichzeitig zu nutzen. Dies führt oft auf die Forderung nach speziellen Bildspeicherarchitekturen, z. B. mit mehreren Ausgängen verschiedener Taktrate. Aufgrund des Bildspeichers erfolgt die →Signalverarbeitung dieser Stufen digital.

Die Ansteuerung des Displays sollte die Arbeitspunkte des Displays (Schwarzpunkt, Weißpunkt) automatisch einstellen und darüber hinaus die Variation von Farbsättigung, →Kontrast und →Helligkeit ermöglichen.

Für die Steuerung der integrierten Schaltungen eines F. hat sich der I²C-Bus durchgesetzt. Dies ist ein serieller Zweidrahtbus. *Grigat*

Literatur: *Mäusl, R.:* Fernsehtechnik. Heidelberg 1991. – *Wendland, B.* und *H. Schröder:* Fernsehtechnik. Heidelberg 1991.

Fernsehnormen. Die in der Welt gebräuchlichen Fernsehsysteme unterscheiden sich voneinander durch diverse technische Spezifikationen. Sie sind allgemein in Normen zusammengefaßt, die sich an der jeweiligen Zeilenzahl orientieren. Vom →CCIR (Comité Consultatif International des Radiocommunications) wurde für das Farbfernsehen europaweit eine Norm von 625 Zeilen vorgeschlagen. Da es innerhalb der Normen weitere Unterschiede gibt, sind sie in System-Standards mit den Buchstaben A bis N unterteilt (Tabelle).

In der Bundesrepublik Deutschland und zahlreichen anderen Ländern wird als Fernsehnorm die 1950 vom CCIR empfohlene europäische 625-Zeilen-Norm benutzt (auch *Gerber*-Norm genannt, nach dem Vorsitzenden des betr. Ausschusses). Im VHF-Bereich wird der Standard B mit einer Kanalbreite von 7 MHz und im UHF-Bereich der Standard G mit einer Kanalbreite von 8 MHz verwendet. Die Tonträger liegen jeweils 5,5 MHz oberhalb des Bildträgers, der 4,43-MHz-Farbträger ist im oberen Bereich des Leuchtdichtesignals eingeschachtelt (Bild 1). Wegen der gleichzeitigen Übertragung von Bild- und Tonsignalen wird diese Sendeform auch Frequenzmultiplex-Verfahren genannt.

Der Bildsender arbeitet mit Restseitenbandmodulation, bei der das obere Seitenband voll und das untere nur teilweise übertragen wird, und mit negativer Amplitudenmodulation. Der Weißpegel liegt bei 10%, der Schwarzpegel bei 70% und die Austastschulter bei 75% der maximalen Bildträgerleistung. Die Synchronimpulse entsprechen dem Pegel von 75 bis 100%, der eigentliche Bildinhalt liegt im Bereich zwischen Weiß- und Schwarzpegel (Bild 2).

Für Farbsendungen nach der PAL-Norm wird der Farbträger im Sender unterdrückt und mit Hilfe eines auf der hinteren Schwarzschulter übertragenen Teils der Farbträgerschwingung (Burst) im Empfänger wiedergewonnen und zur Demodulation der Farbsignale herangezogen. Das Verhältnis Breite zu Höhe des TV-Bildes beträgt bei der CCIR-Norm 4:3, die Abtastung erfolgt zeitlinear von links nach rechts und von oben nach unten im Zeilensprungverfahren mit 50 Halbbildern zu je 312,5 Zeilen pro Sekunde (= 25 Vollbilder mit je 625 Zeilen).

Fernsehnormen. Tabelle: Übersicht

TV-Norm	Zeilen-zahl	Kan.-Breite in MHz	Bild/Ton-Abstand in MHz	Video-bandbreite in MHz	Restseiten-band MHz	Bild-Mod.-Richtung	Ton-Mod.-Verf.	Zeilen-frequenz in Hz
A	405	5	3,5	3	0,75	pos.	AM	10 125
B	625	7	5,5	5	0,75	neg.	FM	15 625
C	625	7	5,5	5	0,75	pos.	AM	15 625
D	625	8	6,5	6	0,75	neg.	FM	15 625
E	819	14	11,15	10	2,00	pos.	AM	20 475
F	819	7	5,5	5	0,75	pos.	AM	20 475
G	625	8	5,5	5	0,75	neg.	FM	15 625
H	625	8	5,5	5	1,25	neg.	FM	15 625
I	625	8	6,0	5,5	1,25	neg.	FM	15 625
K	625	8	6,5	6	0,75	neg.	FM	15 625
K'	625	8	6,5	6	1,25	neg.	FM	15 625
L	625	8	6,5	6	1,25	pos.	AM	15 625
M	525	6	4,5	4,2	0,75	neg.	FM	15 750
N	625	6	4,5	4,2	0,75	neg.	FM	15 625

Rasterfrequenz 50 Hz, nur Norm M 60 Hz, A alte englische VHF-Norm, B CCIR-Norm, VHF-Bereich, C alte flämische VHF-Norm D OIRT-Norm, VHF-Bereich (Ost) E französische VHF-Norm F alte Wallonische VHF-Norm G CCIR-Norm, UHF-Bereich H CCIR-Norm (mod.), UHF-Bereich I englische Norm, UHF/VHF Bereich K OIRT-Norm, UHF-Bereich (Ost) K' OIRT-Norm (mod.), z. B. franz. Übersee L französische UHF-Norm M RTMA-Norm, UHF/VHF-Bereich (USA) N RTMA-Norm (mod.) UHF/VHF-Bereich

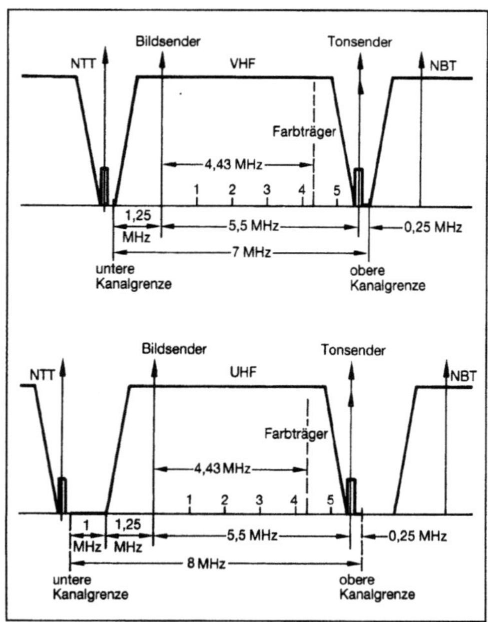

Fernsehnormen 1: Fernseh-Kanaleinteilung im VHF-Bereich (oben) und UHF-Bereich (unten).

Der Tonsender ist wie beim UKW-Rundfunk frequenzmoduliert und hat einen Hub von ±0 kHz für 100% Modulation, die Vorverzerrung beträgt 50 µs. Die Leistung des Tonsenders steht in einem bestimmten Verhältnis zum Bildsender und darf nach den Empfehlungen des CCIR ein Fünftel bis ein Zehntel der Bildsenderleistung betragen. Stereo- bzw. Zweitonsendungen werden von zwei Tonsendern ausgestrahlt, wobei der zweite Sender um 240 kHz oberhalb des ersten liegt.

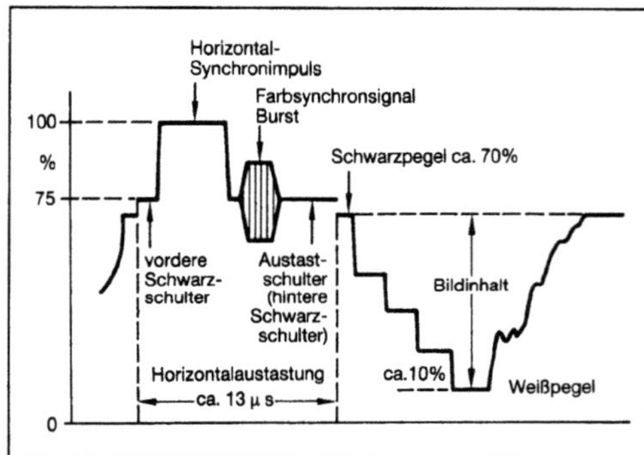

Fernsehnormen 2: Pegel des Fernsehsignalgemisches einer Zeile.

Es sind weltweit drei Farbübertragungssysteme bekannt, →NTSC aus den USA, →SECAM aus Frankreich und →PAL aus Deutschland. Das NTSC-System ist die „Mutter" aller Farbsysteme und 1954 eingeführt worden. Die Bezeichnung NTSC leitet sich ab vom Namen des National Television System Committee, das dieses Farbsystem erarbeitet hat. Das französische Farbsystem SECAM wurde von *Henri de France* entwickelt und arbeitet mit Frequenzmodulation für den Farbträger. Es kann deshalb die Farbsignale nur nacheinander übertragen, so daß eine →Verzögerungsleitung im Empfänger nötig ist, um beide Farbsignale zeitgleich zusammenzuführen (*franz.* SEquentielle Coleur A Mémoire, Farbfolge mit Speicherung). Das 1961 von Prof. *Walter Bruch* vorgestellte PAL-System hat die Nachteile des NTSC-Systems auf andere Weise ausgeglichen und die Farbverfälschungen durch einen zeilenfrequenten Phasenwechsel (*engl.* Phase Alternation Line) aufgehoben. In jüngster Zeit gibt es Bestrebungen, das PAL-System weiter zu verbessern und mit dieser Zwischenlösung, genannt PAL-PLUS, den Übergang zum neuen Hochzeilenfernsehen →HDTV (High Definition Television) einzuleiten. PAL-Plus ist kompatibel zum heutigen PAL-System, so daß eine Wiedergabe von 625-zeiligen Fernsehbildern im bisherigen Format 4:3 wie auch im neuen Breitformat 16:9 möglich ist.

Ein anderer Weg zum HDTV führt über das europäische MAC-Konzept (Muliplexed Analogue Components). Dieser Standard soll stufenweise eingeführt werden, wobei zuerst D2-MAC noch mit 625 Zeilen und beiden Bildformaten arbeitet. In der Endphase wird HDTV dann mit HD-MAC-Geräten und 1250 Zeilen sowie 50 Vollbildern per Sekunde (ohne →Zeilensprung) im Breitformat 16:9 empfangen werden. Das digitale Tonsignal und die analogen Farb- und Helligkeitssignale werden im MAC-Standard nacheinander im Zeitmultiplex-Verfahren übertragen.

Zur Zeit ist noch nicht absehbar, welcher HDTV-Standard sich letztlich weltweit durchsetzen wird bzw. ob überhaupt ein solcher realisierbar ist. In Japan befindet man sich mit dem analogen System MUSE schon in der praktischen Erprobung, wird aber damit in Europa nicht ins Geschäft kommen. Ähnlich sieht es in den USA aus, wo Mitte 1993 über die endgültige HDTV-Norm entschieden werden soll. Überwiegend stehen hier rein digitale Verfahren zur Auswahl, durch die eine neue Ära der Bildübertragung beginnen könnte. Vielleicht würde eine digitale US-Norm dann auch den europäischen Weg zum HDTV noch beeinflussen. *Bahr*

Fernsehstudio. Die wichtigsten Studiogeräte zur Verarbeitung von Fernsehsignalen sind →Kamera, Monitor, Filmabtaster, Schriftgenerator, elektronische Graphik, digitale Video-Effekte, →Mischer, Chroma-Key, Videoverteiler, Kreuzschienen und insbesondere Magnetbandgeräte zur Bildaufzeichnung (MAZ). Sämtliche Bildquellen sind durch einen zentralen Takt zu synchronisieren, um die Mischung der Signale zu ermöglichen.

Kameras dienen der Bildaufnahme, Monitore der Sichtkontrolle. Im Filmabtaster wird der mit 24 Bildern pro Sekunde aufgenommene Film etwas schneller mit 25 Bildern pro Sekunde abgetastet. Hierdurch ist eine direkte Übertragung in einem 50 Hz-Fernsehsystem möglich. In einem 60 Hz-Fernsehsystem ist die Bildfrequenz des Films geeignet zu wandeln.

Chroma-Key dient der Einblendung eines zweiten Bildsignals an allen Stellen einer definierten Farbe. Typisches Anwendungsbeispiel ist der Nachrichtensprecher vor blauem Hintergrund. Dieser Hintergrund wird mittels Chroma-Key automatisch durch einen zweiten Bildinhalt z. B. vom Dia ersetzt.

Eine Kreuzschiene ist eine Schaltmatrix zur frei wählbaren Verbindung beliebiger Eingänge und Ausgänge.

Zur Magnetbandaufzeichnung werden analoge und digitale Aufzeichnungsverfahren für Komponentensignale und für Compositesignale (Fernsehsystem) eingesetzt. Wichtig ist hierbei u. a. ein guter Störabstand auch nach mehreren Kopiervorgängen (Generationen).

Im Studiobereich stehen zwei Generationswechsel bevor. Das Composite-Studio (FBAS-Signal, geschlossene Codierung) wird durch das Komponentenstudio mit drei getrennten Signalen für →Luminanz und Farbdifferenzen ersetzt. Weiterhin wird die analoge Signalverarbeitung von der digitalen abgelöst. Zusätzlich wird das Bildseitenverhältnis (Breite:Höhe) zukünftig wahlweise zu 4:3 oder 16:9 wählbar sein.

Man unterscheidet Produktionsstandard (Kamera), Verteilungsstandard für Nachbearbeitung und Speicherung sowie Übertragungsstandard. Diese sind im PAL-Studio alle identisch, im zukünftigen Studio aber nicht mehr zwingend gleich. Zum Standard gehört u. a. die Definition von Bildraster, Bandbreiten und ggf. Codierung. Bei Digitalsignalen kommen Taktraten und Wortbreiten hinzu. Das Komponentenstudio ist für verschiedene Übertragungsstandards verwendbar, so z. B. für →PALplus und →D2MAC. Die Überlagerung und damit das Übersprechen von Luminanz und Chrominanz werden durch Komponentenverarbeitung vermieden.

Die digitale Signalverarbeitung ermöglicht den Einsatz von Bildspeichern ohne mehrfache Analog/Digitalwandlung an Geräteschnittstellen. Darüber hinaus ist eine digitale Signalaufzeichnung mindestens 20 mal ohne sichtbaren Qualitätsverlust kopierbar.

Für die heutigen Fernsehraster mit 625 oder 525 Zeilen (Standards B, G, I, L, M, ...) bietet sich als Produktions- und Verteilungsstandard die digitale Studionorm nach →CCIR Rec. 601 an. Diese ist auch für das neue Seitenverhältnis 16:9 einsetzbar. Wesentliche Eigenschaften sind eine Taktrate von 13,5 MHz für die Luminanz und 6,75 MHz für jedes →Farbdifferenzsignal. Die Zahl der aktiven Bildpunkte beträgt für die Standards mit 625 Zeilen und auch mit 525 Zeilen stets 720 für die Luminanz und 360 für die Chrominanz (4:2:2-System). Die Wortbreite beträgt 8 bit (256 Stufen). Vor der →Quantisierung werden Luminanz und Chrominanz berechnet zu

$$\overline{Y} = 219U_Y + 16$$
$$\overline{C}_R = 160(U_R - U_Y) + 128$$
$$\overline{C}_B = 126(U_B - U_Y) + 128.$$

Als digitaler Verteilungsstandard wird weiterhin eine serielle Signalübertragung favorisiert mit 10 bit Wortbreite und 270 Mbit/s, d. h. mit einem Worttakt von 27 MHz. Hierdurch ist nur ein optisches oder elektrisches Kabel pro Signal erforderlich und vorhandene Koaxial-Kabel im Infrastrukturbereich des Studios können genutzt werden. Eine Wortbreite von 8 bit hat sich für die serielle Übertragung als unzureichend erwiesen.

Die hier genannten Bearbeitungs- und Verteilstandards sind noch nicht für →HDTV geeignet. Dort liegen die Zeilenzahlen und die Videobandbreiten um mindestens Faktor 4 höher. Die Installation von HDTV-Studios wird außer in Einzelfällen kaum vor dem Jahr 2000 erfolgen. Die Einrichtung von digitalen Komponentenstudios wird aber möglicherweise schon bis 1995 durchgeführt.

Als Übertragungsstandard sollen in Deutschland terrestrisch (über Antenne) →PAL und PALplus, über Kabel zusätzlich D2MAC sowie über Satellit PAL, PALplus, D2MAC und →HDMAC eingesetzt werden. *Grigat*

Literatur: *Heber, H.; E. Winter; A. Ziemer:* Neue Studios für verbesserte Fernsehnormen? Fernseh- und Kinotechnik. 45 (1991) Nr. 1, S. 13–19.

Fernsehsystem. Die Definition eines F. umfaßt die Bildfeldzerlegung und Codierung farbiger Bildvorlagen für die Verarbeitung und Übertragung. Hierzu muß die Bildvorlage durch einen →Bildaufnehmer abgetastet und das Signal geeignet gefiltert werden. Für die Übertragung ist die Information dann je nach Übertragungsstandard zu codieren. Die Übertragung des Fernsehsignals erfolgt seriell über Satellit, Kabel oder VHF/UHF-Antenne (terrestrisch).

Im heutigen F. wird die Bildszene (Bild 1) zeitlich in Teilbilder und diese wiederum vertikal örtlich in Zeilen zerlegt. Jeweils zwei aufeinander folgende Teilbilder bilden ein Vollbild, wobei das erste Teilbild die ungeradzahligen Zeilen und das zweite Teilbild die geradzahligen Zeilen des Vollbilds enthält. Dieses Abtastmuster heißt Zeilensprungverfahren, Zwischenzeilenverfahren, Interlace oder vertikal-zeitliche Offset-Abtastung.

In horizontaler Ortsrichtung x bleibt das Bildsignal kontinuierlich. Die horizontale Ortsauflösung wird durch das Verhältnis von Übertragungsbandbreite und Zeilenfrequenz bestimmt. Ein CCD-Bildaufnehmer diskretisiert zwar auch in Zeilenrichtung, das Ausgangssignal des Sensors ist jedoch wieder kontinuierlich.

Die Bildübertragung erfolgt Zeile für Zeile von oben nach unten in jedem Teilbild. Der Empfänger stellt das Signal ebenso Zeile für Zeile völlig synchron zum Sender dar. Dies ist möglich durch die Übertragung von Horizontal- und Vertikal-Synchronpulsen (Bild 2). Für die Darstellung mittels Elektronenstrahlröhre enthält das Teilbild neben den sichtbaren (aktiven) Zeilenabschnitten mit Bildinhalt noch horizontale und vertikale Austastlücken für den nicht sichtbaren Strahlrücklauf. Das Gesamtsignal wird auch als BAS-Signal (Bild, Austastlücke, Sync) bezeichnet.

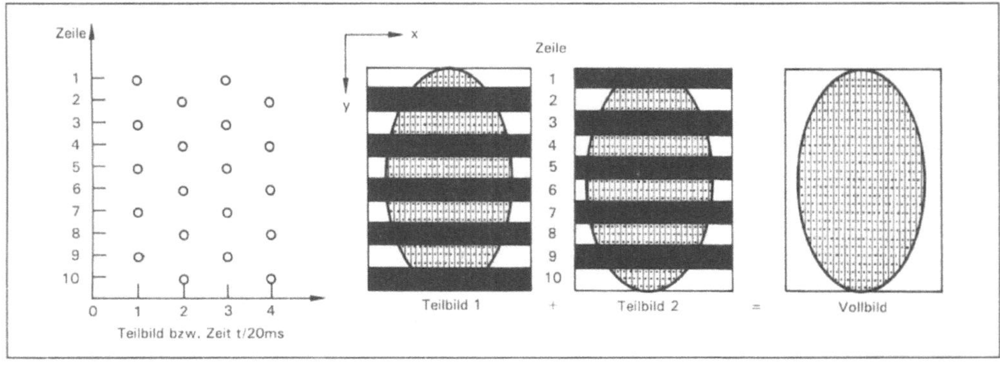

Fernsehsystem 1: Zwischenzeilenverfahren oder Interlace.

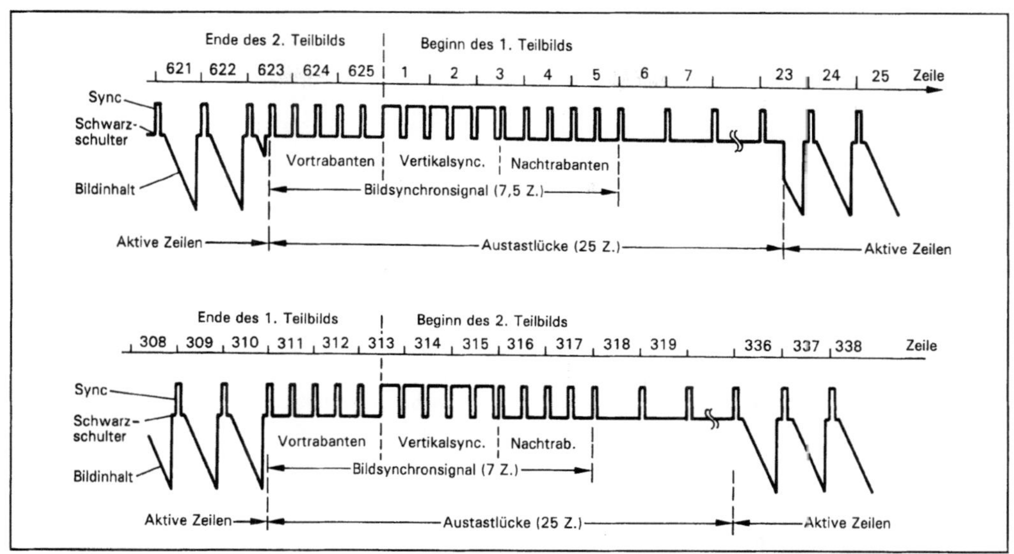

Fernsehsystem 2: Das BAS-Fernsehsignal mit Bildinhalt B, vertikalen und horizontalen Austastlücken A und den Synchronpulsen S.

Die Vor- und Nachtrabanten des Vertikalsyncs besitzen für moderne Ablenkschaltungen keine Bedeutung mehr. In den letzten Zeilen der vertikalen Austastlücke werden Testsignale und Videotext übertragen. Zur Einstellung der Interlace-Rasterlage beginnt das zweite Teilbild in der Mitte der Zeile 313.

Es existieren verschiedene Übertragungsstandards, die sich in Bildfrequenz, Zeilenzahl und Bandbreiten unterscheiden. Einige exemplarische Standards sind in der Tabelle dargestellt. Während in USA und Japan (Standard M) aufgrund der geringeren Zeilenzahl die Zeilenstruktur eher sichtbar wird, stört bei den anderen Standards bei hellen weißen Bildinhalten das Großflächenflimmern mit 50 Hz. Im einen Fall strebt man daher im Empfänger eine Bilddarstellung mit doppelter Zeilenzahl pro Teilbild (progressive Darstellung, 525 Z., 1:1), im anderen Fall eine Verdoppelung der Teilbildfrequenz auf 100 Hz an.

In Deutschland besitzen die VHF-Kanäle 7 MHz und die UHF-Kanäle 8 MHz Bandbreite. In den USA ist die Bandbreite mit 6 MHz am kleinsten. Trotzdem soll dort zukünftig auch →HDTV über 6 MHz-Kanäle übertragen werden. Das Bild wird stets in Restseitenband-Amplitudenmodulation

Fernsehsystem. Tabelle: Die Übertragungsstandards für Schwarzweiß-Fernsehen legen das Bildraster, die Kanalstruktur und die Modulationsarten fest. C3F ist Restseitenband-AM, F3E Frequenzmodulation und A3E Amplitudenmodulation.

Standard	B.G	I	L	M
Eingesetzt in	Deutschland	Groß-Brit.	Frankreich	USA, Japan
Zeilen/Vollbild	625	625	625	525
Aktive Zeilen/VB	576	576	576	487
Halbbildfrequenz/Hz	50	50	50	60
Zeilenfrequenz/Hz	15 625	15 625	15 625	15 750
Zeilendauer/µs	64	64	64	63,5
Aktive Zeilend./µs	52	52	52	52,7
Kanalbandbr./MHz	7 (B)/8 (G)	8	8	6
Bild/Ton-Trägerabstand/MHz	5,5/5,74	6	6,5	4,5
Modulationsart Bild	C3F neg.	C3F neg.	C3F pos.	C3F neg.
Modulationsart Ton	F3E	F3E	A3E	F3E

(C3F) moduliert. Außer bei Standard L tasten Störpulse das Bild dunkel, da den großen Amplituden Schwarz bzw. Synchronsignal zugeordnet ist. Der Ton wird oberhalb des Bildspektrums in Frequenzmodulation (F3E) übertragen. Eine Ausnahme bildet Standard L mit Amplitudenmodulation (A3E) des Tons.

Für eine Farbübertragung werden drei spektral verschiedene Größen für Rot R, Grün G und Blau B benötigt. Jeder in der Natur relevante Farbeindruck läßt sich nämlich für das menschliche Auge durch die Summe von drei geeigneten Lichtreizen erzeugen *(Young, Helmholtz)*. Diese Summe braucht dabei physikalisch nicht dieselbe Spektralverteilung wie das Original besitzen und kann trotzdem denselben Farbeindruck erzeugen (metamere Farbreize). Farbwahrnehmung ist eine subjektive Empfindung.

In der Farbmetrik werden Farbreize durch Vektoren (Farbvalenzen $\underline{F}$) als Linearkombination von Einheitsvektoren (Primärvalenzen $\underline{R}$, $\underline{G}$, $\underline{B}$) dargestellt $\underline{F} = R\underline{R} + G\underline{G} + B\underline{B}$. Die Koeffizienten R, G, B bilden die zu übertragende Information in Form elektrischer Signale U_R, U_G und U_B. Die Primärvalenzen können z. B. für den Farbeindruck der einzelnen Bildschirmphosphore stehen. In dem durch die Primärvalenzen aufgespannten dreidimensionalen Farbraum entspricht jeder Farbempfindung genau ein Ort (Farbort). Aufgrund geeigneter Skalierung der Primärvalenzen ergeben sich für R=G=B unbunte Farben (Grautöne).

Bei einem Schwarz-Weiß-F. wird die →Leuchtdichte (→Luminanz) Y übertragen. Diese errechnet sich aus den Farbwerten R, G, B des Farbfernsehsystems zu Y=0,30R+0,59G+0,11B. Die Faktoren ergeben sich aufgrund der spektral verschiedenen Empfindlichkeit des Auges für die Primärvalenzen $\underline{R}$, $\underline{G}$, $\underline{B}$. Die Luminanz enthält keine Farbinformation.

Für eine zum Schwarz-Weiß-System kompatible Farbübertragung ist Y unverändert beizubehalten und um eine Farbinformation derart zu ergänzen, daß diese für unbunte Signale (R=G=B=Y) verschwindet. Man verwendet hierzu die Farbdifferenzen (Chrominanz) R–Y und B–Y. Die Chrominanz kann gegenüber der Luminanz in der Bandbreite um mindestens Faktor 2 reduziert werden (4:2:2-System), da der Gesichtssinn eine reduzierte örtliche Farbauflösung besitzt. Die Systeme R, G, B und Y, (R–Y), B–Y) lassen sich ineinander umrechnen mittels

$$\begin{aligned} Y &= 0{,}3R + 0{,}59G + 0{,}11B \\ R-Y &= 0{,}7R - 0{,}59G - 0{,}11B \\ B-Y &= -0{,}3R - 0{,}59G + 0{,}89B. \end{aligned}$$

Für die Übertragung werden die Farbdifferenzen noch je nach Übertragungsverfahren skaliert und mit U, V (→PAL), I, Q (→NTSC), D_R, D_B (→SECAM) oder C_R, C_B (digitale Studionorm) bezeichnet. Es gilt z. B. U=0,493 (B–Y), V=0,877 (R–Y), I=–0,27 (B–Y)+0,74 (R–Y), Q=0,41 (B–Y)+0,48 (R–Y), D_R=1,9 (R–Y), D_B=1,5 (B–Y).

Zur seriellen Übertragung über einen gemeinsamen Kanal müssen die drei zugehörigen Signale U_Y, U_{R-Y}, U_{B-Y} noch kombiniert werden. Dies kann zeitlich geschachtelt (→Zeitmultiplex) oder im Frequenzbereich überlagert (Frequenzmultiplex) geschehen.

Nur bei Zeitmultiplex ist eine exakte Trennung der Signale im Empfänger möglich. Moderne Verfahren (→D2MAC, →HDMAC, MUSE) verwenden daher Zeitmultiplex. Luminanz und Chrominanz jeder Zeile werden nacheinander während dieser Zeile übertragen. Hierzu ist allerdings eine zeitliche Kompression erforderlich, welche die Signalbandbreite erhöht.

Die heutigen Übertragungsverfahren PAL, NTSC und SECAM verwenden Frequenzmultiplex. Bei ihnen erfolgt daher im Empfänger ein Übersprechen der Luminanzinformation in die Chrominanz (Cross-Colour) und umgekehrt (Cross-Luminanz). Diese Frequenzmultiplex-Signale werden auch als FBAS (Farbe, Bildinhalt, Austastlücke, Synchronsignal) oder *engl.* CVBS (Colour, Video, Blanking, Sync) bezeichnet.

Als Übertragungsstandard in Deutschland sollen zukünftig terrestrisch (über Antenne) PAL und →PALplus, über Kabel zusätzlich D2MAC sowie über Satellit PAL, PALplus, D2MAC und später HDMAC eingesetzt werden.

Für verbesserte Bildqualität zukünftiger F. werden optimierte Abtastmuster untersucht. Allgemein wird die Bildszene zur Abtastung auf die lichtempfindliche Schicht des Bildaufnehmers (Target) projiziert. Dort bildet die Leuchtdichte Y(x,y,t) formal eine Funktion der horizontalen und vertikalen Ortskoordinaten x und y und der Zeit t. Durch Abtastung wird diese Funktion in Bildpunkte (→Pixel) zerlegt. Diese Bildpunkte werden nacheinander übertragen und bilden das serielle Bildsignal. Die Dichte der Abtastpunkte und deren Gittermuster bestimmen das maximale örtliche und zeitliche Auflösungsvermögen und damit die feinste übertragbare Bildstruktur bzw. die schnellste übertragbare Bewegung (maximale Orts- und Zeitfrequenz, Abtasttheorem). Der Bandbreitebedarf des Übertragungskanals ist dabei der Dichte der Abtastpunkte proportional.

Dichte und Gittermuster der Abtastpunkte werden optimal der Physiologie des menschlichen Gesichtssinns angepaßt. Die Kriterien sind örtliches und zeitliches Auflösungsvermögen des Auges, das subjektive Empfinden von Bildschärfe und Flimmerfreiheit sowie generell die subjektive Originaltreue der Display-Szene. Den theoretischen Hintergrund liefern die Wahrnehmungsphysiologie und Nachrichtentechnik, insbesondere die Theorie mehrdimensionaler Signale.

Für hochauflösende Bildübertragungsverfahren, digitale Bildübertragung und digitale Bildspeicherung wurden adaptive Abtastmuster entwickelt. Zur Reduktion der Übertragungsbandbreite wird das Abtastmuster dem tatsächlichen Bildinhalt z. B. in zwei (MUSE) oder drei (HDMAC) Alternativen in jedem Bild angepaßt. *Grigat*

Literatur: *Wendland, B. u. H. Schröder:* Fernsehtechnik. Heidelberg 1991.

Fernsehtechnik. Die F. oder Videotechnik befaßt sich mit der Aufnahme, Speicherung, Bearbeitung, Übertragung und Darstellung von audiovisueller Information natürlichen oder synthetischen Ursprungs. Wichtigstes Qualitätskriterium der F. ist die subjektive Originaltreue der Wiedergabe natürlicher Bildinhalte. Randbedingungen sind die begrenzte Übertragungsbandbreite und starker Kostendruck. Die →Mikroelektronik ist hierbei Schlüsseltechnologie einerseits zur →Miniaturisierung (Ein-Chip-Fernseher) und andererseits zur Realisierung neuer Funktionen (digitales Studio, digitale Bildverarbeitung, hochauflösendes Fernsehen). Aufgrund der hohen Empfängerstückzahlen ist die F. ein wichtiger Innovationsmotor der Elektronik-Industrie.

Wichtige Elemente der F., sowie die verschiedenen in der F. benötigten Standards sind im Bild dargestellt.

Innovationsschwerpunkte sind

- →Bildaufnehmer mit vergrößerter Bildpunktzahl (über 1 Mio. Pixel),
- Komponentenstudio und digitales →Fernsehstudio einschließlich digitaler Bildaufzeichnung, später HDTV-fähige Studios,
- höhere Bildqualität durch adaptive (vom Bildinhalt beeinflußte) Signalübertragung für hochaufgelöste Bildsignale (→Fernsehsystem, →HDTV),
- digitale Bildcodierung für digitale Übertragung und Aufzeichnung,
- →Fernsehempfänger mit Bildspeicheranwendungen zur Qualitätsverbesserung,
- flache Displays mit großer Bilddiagonale und Seitenverhältnis 16:9,
- der digitale Camcorder sowie
- 3D-TV, d. h. stereoskopische Darstellung räumlicher Tiefeninformation.

Ein weiterer Innovationsschwerpunkt ist die zunehmende Kombination der F. mit anderen Diensten der Informations- und Kommunikationstechnik. Beispiele sind Videotext im Fernsehempfänger, Fernsehempfänger-Module für Personal Computer oder Videospielgeräte, Desktop-Video und Multimedia. *Grigat*

Fernsehübertragung →Fernsehsystem

Ferrimagnetismus →Magnetismus

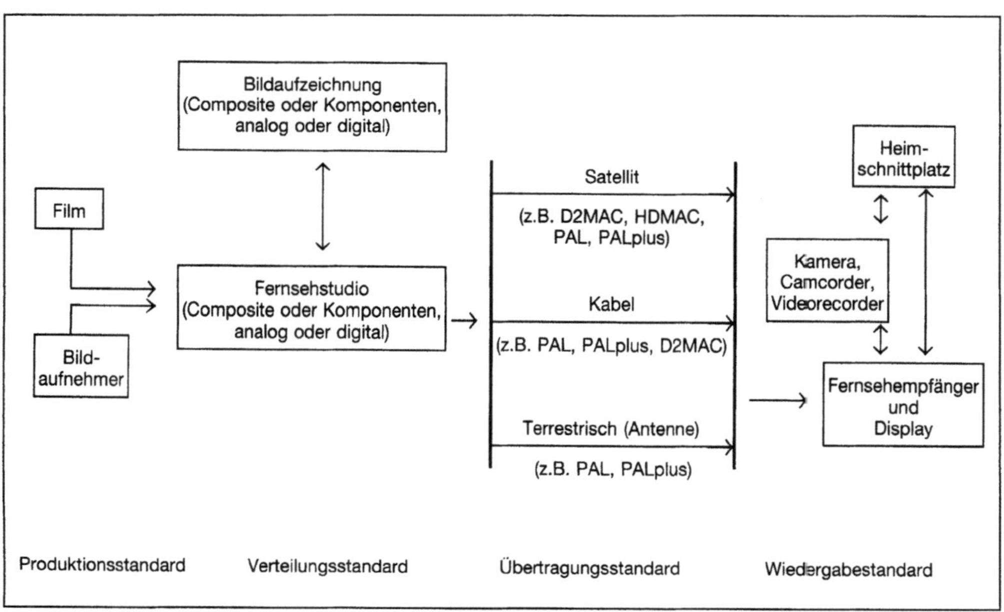

Fernsehtechnik: Wichtige Elemente der F. und Klassen der Standards.

Ferrite. F. sind gesinterte ferrimagnetische Werkstoffe, aus denen die gleichnamigen oxidkeramischen Bauteile bestehen. Ihre Anwendungsbreite in der elektronischen Industrie ist äußerst groß. Im wesentlichen können dabei zwei grundsätzliche Unterteilungen gemacht werden:

□ Weichmagnetische F. mit einer Koerzitivfeldstärke H_c von < 1,5 kA/m, welche im *Spinellgitter,* einem kubischflächenzentrierten Gitter kristallisieren. Sie haben als Ferritkerne für technische Induktivitäten (→Spulen, →Transformatoren, →Übertrager) in der Elektronik sehr große Bedeutung erlangt, weil durch ihren hohen spezifischen elektrischen Widerstand im Frequenzbereich von etwa 1 kHz bis etwa 500 MHz die Wirbelstromverluste äußerst gering bleiben (im Gegensatz zu Blechkernen).

□ Hartmagnetische F. mit einer Koerzitivfeldstärke H_c von größer als 10 kA/m, welche die *Magnetoplumbit-Struktur* (hexagonales Gitter) aufweisen. Sie werden als →Permanentmagnete in Lautsprechersystemen, zur Ablenkkorrektur des Elektronenstrahls in Bildröhren, in Motoren, Generatoren, Meßwerken und Instrumenten, in →Relais und in Schaltern verwendet. (Bild)

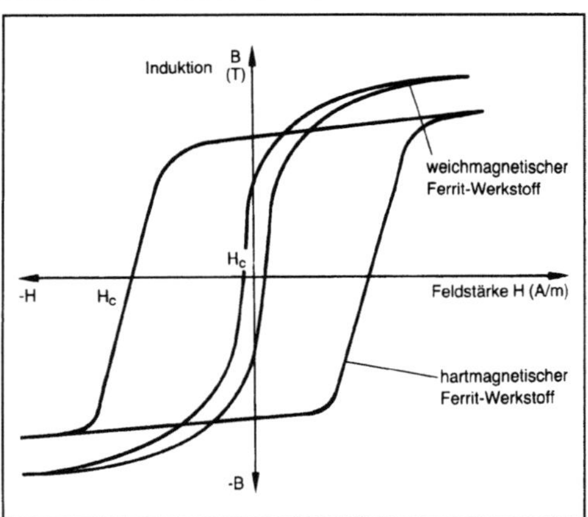

Ferrite: Hystereseschleifen von weichmagnetischen und hartmagnetischen Ferrit-Werkstoffen, prinzipielle Darstellung.

F. leiten ihre Bezeichnung vom Ferrioxid Fe_2O_3 her, das zusammen mit Oxiden zweiwertiger Metalle, wie z. B. MnO, NiO und ZnO Mischmetalloxide mit geringer elektrischer →Leitfähigkeit bildet. Ihre Erforschung wurde durch die schnelle Entwicklung, insbesondere der Hochfrequenztechnik nach dem zweiten Weltkrieg, stark vorangetrieben. F. als Bauteile für elektronische Bauelemente sind heute in der Elektronik fast überall zu finden. *Both*

Literatur: *Smit, J.* und *H. P. J. Wijn:* Ferrite. Eindhoven 1962.

Ferritkern. F. sind als Leiter des magnetischen Flusses weichmagnetische oxidkeramische Sinterbauteile für technische →Induktivitäten wie →Spulen, →Übertrager, Drosseln und →Wandler für den höheren Frequenzbereich von etwa 1 kHz bis etwa 500 MHz. F. werden aus ferrimagnetischen Werkstoffen, den →*Ferriten* hergestellt. Diese speziellen weichmagnetischen Werkstoffe leiten ihre Bezeichnung vom Ferrioxid Fe_2O_3 her, das zusammen mit Oxiden zweiwertiger Metalle wie z. B. MnO, NiO und ZnO Mischmetalloxide mit geringer elektrischer →Leitfähigkeit bildet.

Der spezifische Gleichstromwiderstand von Ferriten liegt etwa zwischen 0,2 und $10^6\,\Omega$m. Verglichen mit dem Gleichstromwiderstand von Eisen ($10^{-7}\,\Omega$m) haben damit Ferrite im magnetischen Wechselfeld äußerst geringe Wirbelstromverluste. Der Frequenzbereich von Ferriten wird weitgehend durch die gyromagnetische Grenzfrequenz bestimmt. Durch ihre äußere Form können außerdem F., im Gegensatz zu Blechkernen, bei denen durch umständliches Schichten die Montage erschwert ist, relativ einfach montiert werden.

Durch geeignetes Mischen der Ausgangsstoffe sowie durch entsprechende Steuerung der Temperatur und der Atmosphäre beim Sintern können die wichtigsten magnetischen und elektrischen Eigenschaften der F., wie z. B. Anfangspermeabilität, relativer Verlustfaktor, →Temperaturkoeffizient der Permeabilität, Sättigungsinduktion und →Verlustleistung entsprechend den vielfältigen Anforderungen der Elektronik gezielt erreicht werden. Die Werkstoffeigenschaften verschiedener handelsüblicher Ferritsorten sind in DIN 41280 festgelegt.

F. sind oxidkeramische Bauteile, d. h., sie werden aus ihren Ausgangsstoffen zu Granulat aufbereitet und durch Pressen, Sintern und mechanischer Nachbehandlung (Schleifen) in die geforderte Bauform gebracht. Die Bauformen sind zum größten Teil genormt. Mit der Entwicklung schneller Schalttransistoren auch für größere Leistungen und den dazu passenden integrierten Steuerschaltungen wächst die Bedeutung von F. für Übertrager bzw. Transformatoren in Schaltnetzteilen, die mit Frequenzen z. Z. bis zu 300 kHz, für kleinere Leistungen bis etwa 4 MHz, betrieben werden und die zu erheblichen Volumen- und Gewichtseinsparungen gegenüber 50 Hz-Netztransformatoren führen.

Große Bedeutung hatten früher Speicherkerne mit schmaler rechteckiger Hystereseschleife aus Ferritmaterial in Speichermatrizen für die Computertechnik. Diese sind nun durch andere Speichermedien ersetzt worden. Dagegen haben Ringkerne heutzutage eine große Bedeutung in Funk-Entstördrosseln. Für die →Mikrowellentechnik bei Zirku-

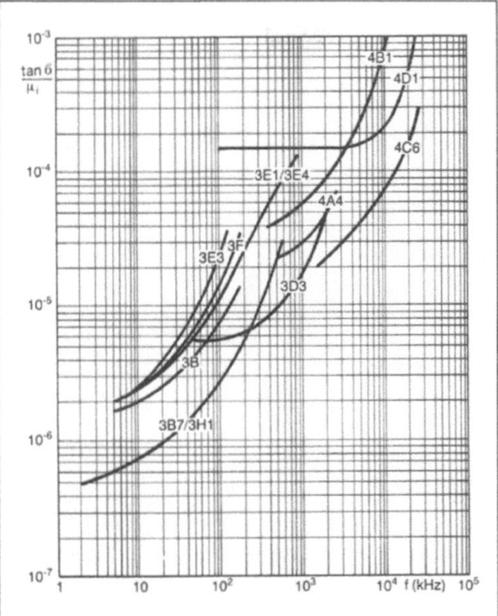

Ferritkern: Relativer Verlustfaktor in Abhängigkeit von der Frequenz für einige Ferroxcube-Werkstoffe, gemessen im Ringkern ohne Luftspalt. (Quelle: Philips Components)

latoren gibt es spezielle Ferritsorten mit z. B. hexagonaler Gitterstruktur, sowie Ferrogranate, wie z. B. Yttrium-Eisen-Granat, die den speziellen HF-Anforderungen angepaßt sind. *Both*

Literatur: *Böger, H.* und *F. Kähler, G. Weigt:* Bauelemente der Elektronik. Köln 1984 - *Kampczyk, W.* und *E. Röß:* Ferritkerne. München 1978 - *Reichel:* Praktikum der Magnettechnik. München 1980 - *Smit, J.* and *H. P. J. Wijn:* Ferrite. Eindhoven 1962. - *Snelling, E. C.* und *A. D. Giles:* Ferrites for Inductors and Transformers. Letchworth 1983 - *Zinke, O.* und *H. Seither:* Widerstände, Kondensatoren, Spulen und ihre Werkstoffe. Berlin 1982. - Siemens-Datenbuch Ferrite, München 1979/80. - Valvo-Datenbuch Ferroxcube. Hamburg 1983.

Ferritmagnet →Permanentmagnet

Ferroelektrizität. Eine Erscheinung, die in Analogie zum Ferromagnetismus eine durch spontane, mittels eines elektrischen Feldes umpolbare elektrische →Polarisation gekennzeichnet ist. Nach der ersten als ferroelektrisch erkannten Substanz, dem *Seignettesalz* (1921), heißt die F. gelegentlich auch *Seignette*-Elektrizität. Das heute technisch wichtigste Ferroelektrikum, das Bariumtitanat, wurde 1945 entdeckt. Alle Ferroelektrika gehen unterhalb einer kritischen (Curie-)Temperatur T_c in den geordneten, polarisierten Zustand über. Sie können dann analog zu den Ferromagnetika durch die Verschiebung von Domänenwänden umpolarisiert werden, was zu sehr hohen effektiven Permittivitäten (ε_r bis zu 10 000) führt. Allerdings treten ebenso wie bei Ferromagnetika auch Hystereseerscheinungen auf. Unterschiede zum Ferromagnetismus bestehen in drei Punkten:

□ Die elektrische Polarisation kann durch freie →Ladungsträger nach außen hin neutralisiert werden und nach innen stabilisiert werden, z. T. auch noch über den Curiepunkt hinaus. Es gelingt in der Regel nicht, mit Hilfe von Ferroelektrika ein permanentes elektrisches Feld, also einen Elektreten, zu erzeugen.

□ Die mit der Polarisation verbundenen Gitterverzerrungen sind in der Regel um einige Größenordnungen stärker als die analogen magnetostriktiven Verzerrungen. Auch die Vorzugsrichtungen sind stärker ausgeprägt, so daß man im Ferroelektrikum nicht mit Drehungen der Polarisation rechnen muß.

□ Die 180°-Domänenwände sind auf Grund der Natur der Wechselwirkungen nur von atomarer Dicke und daher nur thermisch aktiviert zu verschieben.

Die Wechselwirkungen, die zur Ausbildung des ferroelektrischen Ordnungszustands führen, sind rein elektrostatischer Natur. Quantenmechanische Effekte sind nicht beteiligt. Voraussetzung für die F. ist eine gewisse Instabilität des Gitters, die eine leichte Verschiebung der Ionen begünstigt.

Die vor allem in der Umgebung der Curietemperatur hohen Permittivitäten erlaubt die Verwendung als →Dielektrikum kompakter Kondensatoren. Hierzu dienen vor allem Bariumtitanat-Calciumtitanat-Mischkeramiken. Eine andere Anwendung besteht in der Ausnutzung des mit F. stets auch verbundenen piezoelektrischen →Effekts. Der pyroelektrische Effekt wird für den Bau von Infrarotdetektoren genutzt. Schließlich sind auch in den Kaltleitern und in den Sperrschicht-Kondensatoren ferroelektrische Substanzen enthalten. In der Tabelle sind die Grunddaten der wichtigsten Ferroelektrika zusammengefaßt.

Manche Stoffe wie WO_3, $SrTiO_3$ u. a. besitzen unterhalb einer Ordnungstemperatur spontane, elektrische Dipole, die sich aber gegenseitig kompensieren, so daß nach außen keine Polarisation in Erscheinung tritt. Man spricht hier von einem Antiferroelektrikum. Varianten sind Ferrielektrika (teilweise Kompensation der elektrischen Dipole mit resultierender elektrischer Polarisation) und Ferroelastika (die spontane Ordnung besteht in einer elastischen Verzerrung oder Drehung von Teilen der Elementarzelle des Gitters). *Hubert*

Literatur: *Fatuzzo, E.* und *W. J. Merz:* Ferroelectricity. Amsterdam 1967. - *Jona, F.* und *G. Shirane:* Ferroelectric Crystals. Oxford 1962. - *Martin, H. J.:* Die Ferroelektrika. Leipzig 1964.

Ferroelektrizität. Tabelle: Ferroelektrische Substanzen

Substanz	Abkürz./Formel	T_c[K]	$P_s[A_s/m^2]$
Seignettesalz	Ka-Na-Tartrat	297	0,024 (bei 0 °C)
Triglyzinsulfat	TGS	321	0,024 (bei 0 °C)
Triglyzinfluoberyllat	TGFB	346	0,045 (bei 20 °C)
Kaliumdihydrogensulfat	KDP	123	0,047 (bei 100 K)
Bariumtitanat	$BaTiO_3$	383	0,25 (bei 20 °C)
Bleititanat	$PbTiO_3$	763	0,5 (bei 20 °C)
Kaliumniobat	$KNbO_3$	708	0,3 (bei 20 °C)

T_c = Curietemperatur, P_s = Sättigungspolarisation

Ferromagnetismus. F. nennt man die spontane Parallel-Ausrichtung der magnetischen Elementarmagnete in Festkörpern. Die Erscheinung ist nach dem Eisen benannt, dem bekanntesten ferromagnetischen Stoff. Die vorwiegend vom Spin der Elektronen herrührenden Elementarmagnete besitzen in den Ferromagnetika eine starke Wechselwirkung, die sie parallel auszurichten trachtet, und die – wie zuerst *Heisenberg* erkannte – auf die quantenmechanische Austauschwechselwirkung zurückzuführen ist.

Unterhalb einer kritischen Temperatur, der Curietemperatur T_c, setzt sich die Tendenz zur Ausrichtung gegen die thermische Unordnung durch. Es entsteht eine spontane Magnetisierung, die unterhalb T_c steil ansteigt, um am absoluten Nullpunkt ihren größten Wert, die absolute Sättigung anzunehmen. Die bei endlichen Temperaturen unterhalb T_c beobachtete spontane Magnetisierung, die auch technische Sättigungsmagnetisierung J_s genannt wird, ist kleiner als die absolute Sättigung, da wellenförmige thermische Anregungen, die Spinwellen, die absolute Ordnung verhindern.

Die genaue statistische Theorie dieses Ordnungsvorgangs ist bis heute nicht vollständig gelöst. Man benutzt einfache Modelle der Wechselwirkung, wie z. B. das *Heisenberg*-Modell, bei dem die Wechselwirkung nur vom Winkel zwischen benachbarten Magnetisierungsrichtungen abhängt, die Magnetisierungsvektoren selbst aber frei drehbar sind. Ein anderes Modell ist das *Ising*-Modell, bei dem die Momente auf eine einzige Achse festgelegt sind und die Wechselwirkung nur vom relativen Vorzeichen der Nachbarmomente abhängt. Selbst für diese vereinfachten Modelle gelingt eine Lösung nur mit großem Aufwand. (Berühmt geworden ist die Lösung des Ising-Modells in zwei Dimensionen durch *Onsager*).

Da die elementare Wechselwirkung sich nur jeweils auf die unmittelbaren Nachbarn eines Atoms bezieht, müssen größere Körper nicht unbedingt homogen magnetisiert sein. Im allgemeinen teilt sich ein makroskopischer Ferromagnet in magnetische Domänen oder Bereichsstrukturen auf, die jeweils in sich gesättigt sind, aber verschiedener Magnetisierungsrichtung sind, so daß sich die magnetische Wirkung nach außen ganz oder teilweise aufhebt. Getrennt sind die Domänen durch die Blochwände, die in einem magnetischen Feld in der Regel leicht verschoben werden können. Diese leichte Magnetisierbarkeit der Ferromagnete ist die Grundlage für vielfältige technische Anwendungen (Magnetische Werkstoffe).

Bei Raumtemperatur ferromagnetisch sind die Elemente Eisen, Kobalt, Nickel und Gadolinium, bei tiefen Temperaturen auch noch Dysprosium, Holmium, Terbium und Erbium, dazu viele Legierungen der genannten Elemente, einige Verbindungen wie CrO_2 und EuO, sowie einige intermetallische Verbindungen und Legierungen, die keines der ferromagnetischen Elemente enthalten, wie z. B. MnBi oder die Heuslerschen Legierungen wie Cu_2MnAl. Die meisten magnetischen Verbindungen, insbesondere die Oxide, sind dagegen ferrimagnetisch. In ihnen sind benachbarte Elementarmagnete antiparallel ausgerichtet, wobei eine Sorte überwiegt, wodurch eine resultierende Magnetisierung wie bei den Ferromagneten entsteht. Die Ursache für die Erscheinung des Ferrimagnetismus liegt im umgekehrten Vorzeichen der Austauschwechselwirkung.

Die ferromagnetische Ordnung ist nicht an die kristalline Struktur gebunden. Auch amorphe metallische Gläser, wie z. B. $Fe_{80}B_{20}$, sind ferromagnetisch. Selbst Schmelzen könnten im Prinzip ferromagnetisch sein, jedoch wurden hierfür bisher noch keine Beispiele gefunden. (Die als magnetische Flüssigkeiten bekannten Substanzen sind kolloidale Suspensionen fester magnetischer Partikel).

Ferromagnetismus. Tabelle: Die Grundeigenschaften ferromagnetischer Substanzen.

Stoff	T_c[°C]	J_s[Tesla]
Fe	770	2,15 (bei 20 °C)
Co	1121	1,76 (bei 20 °C)
Ni	358	0,68 (bei 20 °C)
Gd	20	2,52 (bei 0 K)
Tb	- 33	1,72 (bei 0 K)
Dy	-186	2,33 (bei 0 K)
Ho	-253	2,87 (bei 0 K)
Er	-253	2,93 (bei 0 K)
$Fe_{65}Co_{35}$	920	2,45 (bei 20 °C)
$Fe_{80}B_{20}$ (amorph)	375	1,6 (bei 20 °C)
MnBi	360	0,78 (bei 20 °C)
CrO_2	127	0,62 (bei 20 °C)
EuO	-195	2,3 (bei 20 K)

T_c = Curiepunkt, J_s = Sättigungsmagnetisierung

Den höchsten Curiepunkt aller Ferromagnetika besitzt das Kobalt mit 1121 °C, die höchste Sättigungsmagnetisierung bei Raumtemperatur die Legierung $Fe_{65}Co_{35}$ mit 2,45 Tesla. *Hubert*

Literatur: *Chikazumi, S.*: Physics of Magnetism. New York 1964. - *Kneller, E.*: Ferromagnetismus. Berlin 1962. - *Martin, D. H.*: Magnetism in Solids. Cambridge 1967.

Ferroxcube →Ferritkern

Ferroxdure →Permanentmagnet

Fertigungsautomatisierung. Die elektronische Fertigungstechnik arbeitet mit einem hohen Grad der Automatisierung. Sowohl in der Serienfertigung von Bauelementen, Hybridschaltkreisen und Baugruppen mit →Leiterplattentechnik werden die Träger, Substrate und Komponenten paßgenau zugeführt und montiert (z. B. die Oberflächenmontagetechnik).

Das zur automatischen Fertigung unterschiedlicher Losgrößen erforderliche Zusammenwirken des Schaltungslayouts (CAD-Software), des schematischen Designs und der logischen Verifikation (→CAE, Computer-Aided-Engineering) mit der Fertigungssteuerung (→CAM, Computer-Aided-Manufacturing) beeinflußt neben der rechentechnischen Vernetzung auch die räumliche Anordnung der Fertigungsmaschinen in der Fabrikationshalle (Floorplanning). *Hieber*

Festinduktivität →Induktivität

Festkondensator →Kondensator

Festkörperbauelement. Verallgemeinerte Bezeichnung eines →Halbleiterbauelementes angesichts der Tatsache, daß in vielen Halbleiterbauelementen auch andere Festkörper, insbesondere Metall und Isolatoren am Wirkprinzip entscheidend beteiligt sind oder z. B. überhaupt keine Halbleiterbereiche auftreten, wie beispielsweise bei der Metall-Isolator-Metall-Struktur (MIM-Übergang) mit ausgeprägtem Stromfluß bei sehr dünner Isolatorschicht. *R. Paul*

Festkörper-Flächensensor. Während die gegenwärtige Aufnahmetechnik in der Rundfunkfernsehtechnik noch überwiegend Aufnahmeröhren zur Bildsignalerzeugung verwendet, ist der künftige Einsatz von F. für die bewegliche Aufnahmetechnik bereits deutlich erkennbar. Mit weiteren Fortschritten der →Mikroelektronik ist damit zu rechnen, daß sich die Basis der Einsatzmöglichkeiten mit Verbesserungen technischer Eigenschaften weiter verbreitet.

Festkörpersensoren besitzen eine Reihe attraktiver Vorzüge gegenüber Aufnahmeröhren: Sie lassen sich in →Halbleitertechnologie in Massen herstellen, sind klein, leicht und haben einen geringen Leistungsbedarf. Es tritt keine →Alterung ein, und starke Überbelichtungen wirken sich nicht schädlich aus. Schließlich lassen sie sich preiswert herstellen. So werden Festkörpersensoren in zunehmendem Maße in tragbaren Farbkameras der Unterhaltungselektronik (CCD-Kamera) eingesetzt.

Bisherige Schwächen der Festkörpersensoren, zu niedrige Anzahl von Bildelementen, Fehlstellen sowie Ungleichförmigkeiten im Bildsignal verhinderten bisher das Eindringen in Anwendungsbereiche der professionellen Aufnahmetechnik, in denen Aufnahmeröhren eingesetzt wurden. Der Qualitätsunterschied wird aber vorhersehbar geringer.

Der F. besteht aus einem Siliciumchip mit relativ großen Abmessungen, 40–170 mm². Er läßt sich in zwei Funktionsbereiche gliedern, in einen Bereich, in dem die opto-elektronische Wandlung des einfallenden Lichtes vorgenommen wird (Ladungsspeicherprinzip) und einen Bereich, der einer temporären Zwischenspeicherung und der Auslese des Bildsignals zugeordnet wird.

Die opto-elektronische Wandlung erfolgt entweder in einer Photodiodenstruktur oder in einer MOS-Kondensatoranordnung die lichtempfindlich gemacht wurde.

In der →Fernsehtechnik werden F. unterschiedlicher Konfiguration verfügbar, man unterscheidet prinzipiell die drei Verfahren xy-Adressierung, Interline- und Frame-Transfer-Konzept.

Jede dieser Anordnungen besitzt viele Tausende photoempfindlicher Zellen in zweidimensionaler

Anordnung, die in den genannten Varianten unterschiedlich adressiert werden.

□ Bei F. mit xy-Adressierung erfolgt die Ladungsauslese über eine zweidimensionale Abfrage der individuellen optisch-aktiven Zellen, die über Schieberegister erfolgt. Das Prinzip bedingt, daß der erreichbare Störabstand wegen der Kapazitäten der Sensorleitungen beschränkt ist, es wird daher nur in Ausnahmefällen verwendet.

□ Das Interlineprinzip ersetzt die vertikalen Sensorleitungen durch CCD-Schieberegister, in die nach Abschluß einer Integrationsperiode die aufintegrierten Ladungen der lichtempfindlichen Zellen mittels Transfer-Gates übertragen werden. Die Ladungen der vertikalen CCD-Schieberegister werden über Schiebetakte Zeile um Zeile vertikal weitergeschaltet und in ein weiteres, horizontal auslesendes CCD-Schieberegister übertragen und von dort als Bildsignale abgegeben.

□ Der Frame-Transfer-F. besitzt eine klare Trennung zwischen der photosensitiven Sektion und einem durch Abdeckung nicht lichtempfindlichen Zwischenspeicher, der in der Struktur jedoch identisch aufgebaut ist. Der Zwischenspeicher steht in Verbindung mit einem weiteren, horizontal auslesenden CCD-Schieberegister, von dem das Bildsignal abgegeben wird. Die Funktion läßt sich wie folgt beschreiben:

Nach Abschluß eines Integrationszyklus (Ladungsspeicherprinzip) wird die gesamte Ladung der photosensitiven Sektion in sehr kurzer Zeit mit dem CCD-Ladungsverschiebeprinzip in den Zwischenspeicher umgeladen, worauf sich der nächste Integrationszyklus anschließt. Aus dem Zwischenspeicher erfolgt, ebenfalls nach dem CCD-Prinzip eine zeilenweise Verschiebung in vertikaler Richtung und Übertrag in das horizontal auslesende CCD-Schieberegister, von dem das Bildsignal abgegeben wird.

Interline- und Frame-Transfer-Prinzip weisen vergleichbare Ergebnisse, mit Vorteilen zugunsten des letzteren auf. Die erreichbaren Signal- zu Rausch-Verhältnisse liegen bei beiden Verfahren und ausgereifter Technologie wesentlich über den Werten, die mit Aufnahmeröhren erreichbar sind. Aufgrund dieser und weiterer Eigenschaften, von denen die extreme Übersteuerungsfestigkeit hervorgehoben werden soll, sind Aufnahmekameras mit F. für den Einsatz unter ungünstigen Beleuchtungsverhältnissen (Nachtaufnahmen mit extremen Kontrasten) prädestiniert. Die bisher erreichte spektrale →Empfindlichkeit der F. ist allgemein noch nicht zufriedenstellend, so ist die Quantenausbeute im Spektralbereich des blauen Lichts noch zu niedrig, um mit Aufnahmeröhren voll konkurrieren zu können.

Industriell gefertigte Festkörpersensoren nach dem Frame-Transfer-Prinzip weisen ca. $3{,}5 \cdot 10^5$ Bildelemente bei 7,5 mm Bilddiagonale auf, während über einen experimentellen Sensor nach dem Interline-Prinzip mit ca. $1{,}24 \cdot 10^6$ Bildelementen und 15,8 mm Bilddiagonale berichtet wurde.

Hausdörfer

Literatur: *van de Steeg, M. J. H.:* 15th Int. TV Symp. Record, Montreux, 1987.

Festkörperlaser. Optisch gepumpte Laser mit einem aktiven Medium in Form eines Kristall- oder Glasstabes von einigen cm Länge, in dem 10^{-3}–10^{-1} Atome durch Fremdatome der Übergangsmetalle oder der Seltenen Erden ersetzt sind.

Die Anregungsenergie wird i. a. in den breiten Energiebändern des Wirtskristalls bzw. in den ebenfalls spektral verbreiterten äußeren Übergängen des Fremdatomes gespeichert. Die spektral schmalbandige Laseremission erfolgt über die vom Kristallfeld weitgehend abgeschirmten inneren Übergänge der Fremdatome. Typische Wirtsgitter sind Glas, Saphir (Al_2O_3), Granate wie Yttrium →Aluminium →Granat (YAG, $Y_3Al_5O_{12}$), Aluminate ($YAlO_3$) und Fluoride (CaF_2, $YLiF_4$). Sie werden mit Cr (→Rubin-Laser), Nd (→Nd-Laser), oder Erbium und Holmium (→Erbium-Laser) dotiert.

Eine weitere Gruppe bilden die vibronischen F. (Alexandrit-Laser, Titan-Saphir-Laser), die durch die Beteiligung von Gitterschwingungen am Laserübergang eine spektral breitbandige →Emission haben und somit eine spektrale Durchstimmung erlauben.

Im →Farbzentrenlaser sind die spektral breiten laseraktiven Übergänge an Gitterfehlstellen lokalisiert. Der Laser ist spektral abstimmbar, erfordert aber ein aufwendiges Kühlsystem.

Halbleiter-Injektions-Laser bestehen zwar aus festen Stoffen (III-V-Mischkristalle), bilden aber wegen der vollständig anderen Anregungsmechanismen eine eigenständige Lasertype. *Rosenzweig*

Festkörperlaser, vibronisch. Optisch gepumpte, spektral durchstimmbare Festkörperlaser mit paramagnetischen Ionen als aktives Medium eingebaut in Wirts-Kristallgittern.

Paramagnetische Ionen haben nicht aufgefüllte d-Schalen, die nur schwach gegenüber dem Kristallfeld des Wirtsgitters abgeschirmt sind. Als Folge können an die elektronischen Übergänge dieser Dotierstoffe Gitterschwingungszustände ankoppeln, so daß breite, kontinuierliche Energiebänder entstehen (ähnlich dem →Farbstofflaser). Die optischen Spektren zeigen die spektral schmale Linie des elektronischen Überganges sowie ein breites Kontinuum, über das durch entsprechende selektive optische Elemente (→Lyot-Filter, →Gitter, Interferenzfilter) die Laseremission durchgestimmt werden kann.

Der kommerziell genutzte Vertreter dieser Lasergruppe ist der Alexandrit-Laser, bestehend aus $BeAl_2O_4$ mit 0,14 Gewichtsprozent Chrom (Cr^{3+}) dotiert. Das Termschema (Bild) entspricht dem des Rubin-Lasers. Die Pumpniveaus $^4T_1$ und $^4T_2$ und das Grundniveau $^4A_2$ sind vibronisch verbreitert. Als Übergang fester Wellenlänge tritt der dem →Rubinlaser entsprechende $^2E \rightarrow {}^4A_2$-Übergang auf. Im Betrieb als durchstimmbarer Laser gehört das obere Laserniveau zum $^4T_2$-Band und das untere zum $^4A_2$-Grundzustand, wobei sich solche Übergänge einstellen, die einem Vier-Niveau-System entsprechen. Dabei kann der Wellenlängenbereich von 701–818 nm überstrichen werden. Alexandrit-Laser können mit Blitzlampen oder kontinuierlich mit Bogenlampen gepumpt werden. Um das ^2E-Niveau als Energiespeicher auszunutzen, werden Alexandrit-Laser bei T = 100 °C betrieben. Kontinuierliche Leistungen bis zu 60 W bzw. Pulsenergien bis zu 5 J (200 µs) bei λ = 750 nm werden erreicht. Der Wirkungsgrad ist mit 1–3 % relativ hoch.

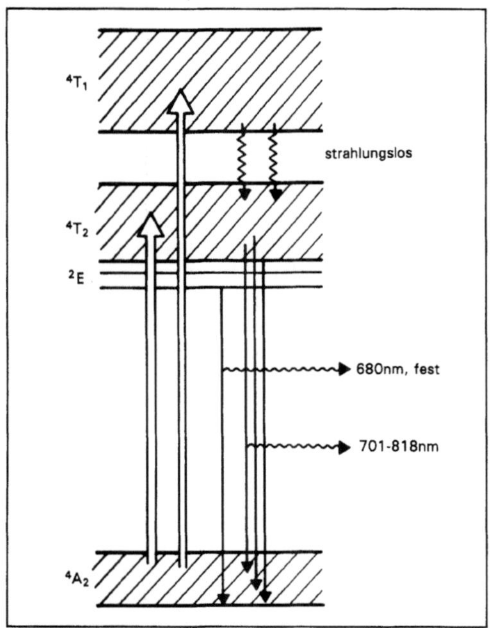

Festkörperlaser, vibronisch: Energieniveaus und Übergänge im Alexandrit-Laser.

Es gibt weitere v. F., die aber bei tiefen Temperaturen (T = 77 K) arbeiten und als Pumpquelle bereits einen Laser brauchen. Besonders groß ist der Abstimmbereich beim Titan-Saphir-Laser, der mit einem Argon-Laser oder einem frequenzverdoppelten →Nd:YAG-Laser gepumpt wird, wobei wegen der nahezu resonanten Einstrahlung in die Pumpbänder ein Wirkungsgrad von ca. 40 % erzielt wird. Die Emissionswellenlänge kann von 650 nm bis 1 080 nm variiert werden. Durch die gleichzeitig höheren Ausgangsleistungen verdrängt er zunehmend Farbstofflaser dieses Spektralbereiches.

Rosenzweig

Literatur: *Eichler, J. und H.-J. Eichler:* Laser. Berlin–Heidelberg, 1990.

Festkörper-Linearsensor. Wie beim →Festkörper-Flächensensor sind auch beim F.-L. einem Silicium-Chip Strukturen zur lichtelektrischen Wandlung sowie zum Transport der erzeugten elektrischen Ladungen untergebracht. Die lichtelektrische Wandlung erfolgt in einer Reihe von (einigen hundert bis mehreren tausend) Photodioden. Die Abmessungen der typischen Fläche einer solchen Diode betragen zum Beispiel 13 µm · 13 µm. Ein Sensor mit 1024 solcher Dioden hat eine Länge von etwa 13 mm.

Parallel zu dieser Diodenzeile verlaufen CCD-Schieberegister. In sie werden die in den Dioden gebildeten Ladungen übertragen und zu einem Ausgangsverstärker transportiert, der im allgemeinen ebenfalls auf dem CCD-Chip integriert ist.

Bei Belichtung werden in den Dioden während einer bestimmten Integrationszeit die Ladungen aufsummiert und anschließend über Transfer-Gates in die den Dioden zugeordneten Zellen des Schieberegisters übertragen (Bild 1). Während der nächsten Integrationsperiode werden dann die Ladungen über die →Schieberegister mit einer bestimmten Taktrate ausgelesen.

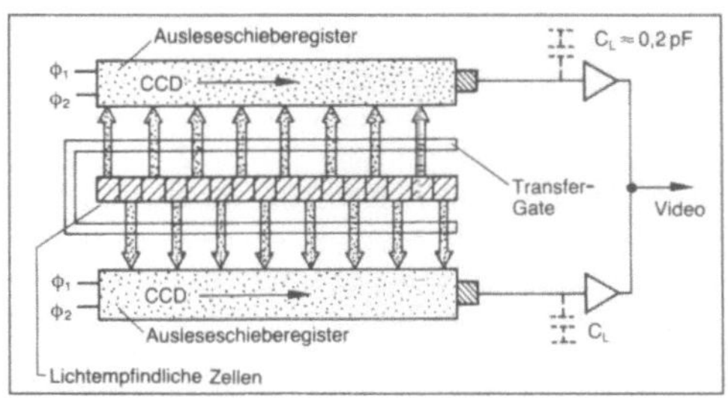

Festkörper-Linearsensor 1: Halbleiter-Zeilensensor.

Durch diese Trennung von Diodenzeile und Schieberegister wird ein Verschmieren der Ladung während des Transports vermieden. Die Anordnung von zwei Schieberegistern auf beiden Seiten der Diodenzeile erlaubt eine Halbierung der Taktrate beim Auslesen der Ladungen, wobei die Signale allerdings nach dem Auslesen wieder richtig verkämmt zusammengefügt werden müssen. Nach der Zusammenfügung des Signals kann man über einen Tiefpaß ein kontinuierliches Signal erzeugen, das die Helligkeitsverteilung während der Belichtung wiedergibt.

Die spektrale →Empfindlichkeit eines solchen Linearsensors entspricht der einer Silicium-Diode.

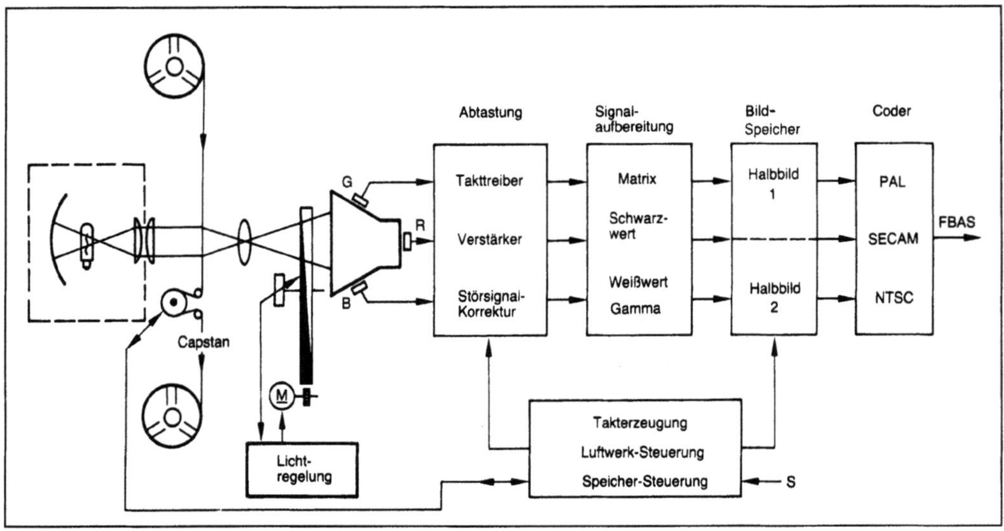

Festkörper-Linearsensor 2: Schema eines Filmabtasters mit drei CCD-Linearsensoren.

Sie reicht vom kurzwelligen Blau bis ins Infrarot, überdeckt also das ganze sichtbare Spektrum.

In der →Fernsehtechnik werden die F.-L. bei der Filmabtastung eingesetzt und haben die älteren Verfahren mit Lichtpunktabtastung oder Kameraabtastung weitgehend verdrängt (Bild 2).

Der Film bewegt sich kontinuierlich und wird von einer Halogenlampe mit einem schmalen horizontalen Lichtstreifen beleuchtet. Das durchgelassene Licht wird über den Lichtteiler auf drei Linearsensoren verteilt. Diese bilden jeweils gleichzeitig Zeilensignale für Rot-, Grün- und Blaukanal. Die verstärkten und aufbereiteten Signale werden zunächst digital gespeichert. Da die Zeilensignale, durch den kontinuierlichen Filmtransport bedingt, in progressiver Reihenfolge erzeugt werden, werden sie aus dem Speicher in der durch das Zwischenzeilenverfahren vorgeschriebenen Reihenfolge halbbildweise ausgelesen und anschließend codiert.

Hausdörfer/Lang

Literatur: *Poetsch, D.:* FDL 60 – Ein System zur fortschrittlichen Filmabtastung. RTM (1984) Nr. 1, S. 10–22.

Festkörpermechanik. Frühere Bezeichnung für den Teil der →Festkörperphysik, der hauptsächlich das Atomgitter und die von ihm wesentlich bestimmten mechanischen Eigenschaften des Festkörpers behandelt. *Heinz*

Festkörperphysik. Junge Teildisziplin der Physik, die sich mit den strukturellen, mechanischen, elektrischen, optischen, magnetischen und allen anderen Eigenschaften der festen Materie befaßt und diese durch mikroskopische Modelle quantitativ zu beschreiben versucht.

Während viele der o. g. makroskopischen Eigenschaften fester Körper seit langem phänomenologisch bekannt waren, ist ihr mikroskopisches Verständnis auf der Basis des atomaren Aufbaus der Materie erst in diesem Jahrhundert entweder bereits gelungen oder noch Gegenstand der Forschung. Grundlegend ist dabei die Kenntnis des geometrisch-atomaren Aufbaus, d. h. der Struktur, die hauptsächlich mit der Röntgenbeugung zugänglich wurde und Gegenstand der Kristallographie ist. Ganz grob unterscheidet man in diesem statischen Grundzustand zwei Klassen der Festkörper, die Kristalle mit ihrer idealen Periodizität im Aufbau und die amorphen Festkörper, bei denen die Atome statistisch – unter Beibehaltung einer gewissen Nahordnung – angeordnet sind. Diese beiden Klassen sind jedoch mehr als Grenzfälle aufzufassen, zwischen denen die breite Palette des Aufbaus realer Festkörper liegt, wie Kristalle mit Defekten oder polykristallines Material.

Die experimentell ermittelten Strukturdaten können mit den Mitteln der →Quantenmechanik und mit Kenntnis nur der beteiligten Atomsorten bereits für viele Festkörper reproduziert und die Bindungsenergie berechnet werden (Bindungsenergie). Atome mit magnetischen Momenten bilden zusammen mit deren Wechselwirkung die Basis zur Beschreibung der magnetischen Eigenschaften. So wird z. B. der Ferromagnetismus auf die Gleichrichtung aller Momente zurückgeführt, der zugehörige Ordnungsprozeß beschreibt den ferromagnetischen Phasenübergang.

Die Wechselwirkung zwischen den atomaren Bindungspartnern, d. h. ihre Antwort auf z. B. äußeren Druck oder Zug, bestimmt die mechanischen Eigenschaften, wie z. B. die Elastizität oder die Schallgeschwindigkeit (→Festkörpermechanik). Die Werte für Grenzbelastungen sind dabei allerdings meist durch Defekte im Gitteraufbau gegeben und theoretisch noch schwer zugänglich. Mit dem Verhalten der geladenen Atomkerne und Atomelektronen unter dem Einfluß eines elektromagnetischen Felds können u. a. dielektrische bzw. optische Eigenschaften, wie Reflexion und Brechung sowie deren Frequenzverhalten beschrieben werden. Dabei spielt auch die Kopplung der Atome untereinander eine Rolle. Diese interatomaren Kräfte bestimmen auch die thermischen Schwingungen der Atome um ihre Gleichgewichtslage bzw. die Ausbildung der Schwingungszustände des Gitters (Gitterdynamik), womit sich der Zugang zu den thermischen Eigenschaften eröffnet. Insbesondere die spezifische Wärme, die Wärmeausdehnung und die →Wärmeleitung des Atomgitters sind heute quantitativ verstanden. Scheinbar unabhängige Phänomene erweisen sich oft als mikroskopisch zusammenhängend, wie z. B. →Ferroelektrizität und Gitterschwingungen, wobei Auslenkungen von Gitterionen einfrieren (soft phonon).

Die Quantenmechanik beschreibt, ob beim Zusammenfügen des Festkörpers aus Atomen äußere Elektronen der Atome delokalisiert werden, d. h. sich frei im Festkörper bewegen können. Damit gelingt die mikroskopische Klassifizierung in Metalle und Isolatoren (→Bändermodell), wobei sich Halbleiter als Isolatoren mit kleinem →Bandabstand herausstellen. Das Verständnis der elektronischen Rolle von Fehlstellen im Halbleiter und deren kontrollierter Einbau (→Dotierung, →Donator, →Akzeptor, →Rekombinationszentrum) war Voraussetzung zur Entwicklung der →Halbleitertechnologie.

Das Verhalten der delokalisierten Elektronen unter dem Einfluß eines elektrischen Felds führt zur elektrischen →Leitfähigkeit. Dabei erweisen sich Energie-Impuls-Zusammenhang der Elektronen (→Bandstruktur) und ihre Stöße mit Defekten und dem thermisch schwingenden Gitter als dominierende Faktoren. Die durch ein Magnetfeld zusätzlich bewirkte Lorentz-Kraft resultiert in i. A. komplizierten galvanomagnetischen Effekten, wie z. B. dem →Hall-Effekt (→Hall-Effekt, quantisierter).

Das Verständnis der Elektronen als →Elektronengas gestattet die Interpretation ihrer Beiträge zu thermischen Eigenschaften, wie z. B. die Wärmeleitfähigkeit oder spezifische Wärme, aber auch z. B. ihren Spin-bedingten Beitrag zum Paramagnetismus. Die Wechselwirkung von Photonen mit den freien Elektronen eines Metalls führt zur Deutung z. B. des metallischen Glanzes, beim Halbleiter z. B. zur Deutung der →Photoleitung bzw. der Lumineszenz.

Die quantitative Behandlung der Festkörpereigenschaften ist ein kompliziertes Vielteilchenproblem. So enthält z. B. 1 cm^3 eines Metalls ca. 10^{23} Metallionen und ebensoviele bewegliche Elektronen. Hier können nur Näherungen helfen, wobei verschiedene Teilgebiete oft verschiedene Wege beschreiten. Grundlegend ist die sog. adiabatische Näherung, die benutzt, daß sich die leichten Elektronen praktisch momentan auf eine Änderung der Konfiguration der schweren Ionen einstellen. Trotz der damit erreichten weitgehenden Entkopplung von Elektronen- und Gittersystem bleiben die Teilsysteme kompliziert genug und weitere Näherungen sind notwendig. Beim Gittersystem vernachlässigt man z. B. die Wechselwirkung zwischen weiter entfernten Ionen, beim Elektronensystem betrachtet man ein Elektron im gemittelten Feld aller anderen (Einelektronnäherung). Von hier führt das Konzept der elementaren Anregungen oder Quasiteilchen weiter. Am Beispiel des Gitters verdeutlicht bedeutet dies, daß die Bewegung (Anregung) der Ionen in einem Teilchenbild beschrieben wird, das durch die quantenmechanisch bedingte energetische →Quantisierung der Gitterschwingungen gestützt ist. Die damit eingeführten Phononen können unter sich und mit anderen (Quasi)Teilchen (z. B. Exzitonen, Magnonen, Plasmonen, Photonen) streuen, d. h. Energie und Impuls austauschen und sich gegenseitig vernichten oder erzeugen. Die →Transportgleichung beschreibt dies quantitativ und gibt entsprechende Resultate für die Transportgrößen, wie elektrische oder Wärmeleitfähigkeit oder die galvanomagnetischen Effekte.

Die Wechselwirkung zwischen (Quasi)Teilchen kann zu neuen Quasiteilchen führen, z. B. dem *Cooper*-Paar, das die mikroskopische Beschreibung der →Supraleitung gestattet. Fast immer machen die mathematischen Formalismen zur Durchführung der Näherungen vom kristallinen Aufbau Gebrauch und können daher auch Anisotropien wiedergeben. Dennoch ist die periodische Atomanordnung mehr eine mathematische Erleichterung als eine physikalische Voraussetzung für bestimmte Eigenschaften. Letztere sind im amorphen Festkörper meist zwar nicht unerheblich modifiziert, aber doch im Grundsatz ähnlich und mehr auf Nahwechselwirkungen zurückzuführen. So zeigen bereits Cluster von vergleichsweise wenigen Atomen wichtige Festkörpereigenschaften. *Heinz*

Literatur: *Haken, H.*: Quantenfeldtheorie des Festkörpers. Stuttgart 1973. – *Hellwege, K.-H.*: Einführung in die Festkörperphysik. Berlin, Heidelberg, New York 1976. – *Ibach, H.* und *H. Lüth:* Festkörperphysik, Berlin, Heidelberg, New York 1990. – *Kittel, Ch.*: Einführung in die Festkörperphysik, München, Wien 1980. – *Madelung, O.*: Festkörpertheorie. I–III. Heidelberger Taschenbücher. Berlin, Heidelberg, New York 1972. – *Weißmantel, Ch.* und *C. Hamann:* Grundlagen der Festkörperphysik. Berlin, Heidelberg, New York 1979.

Festkörperschaltkreis. Verbreitet auch als mono lithisch integrierte Schaltung, oder Halbleiterblockschaltung bezeichnet (integrierte →Schaltung). Integrierte, d. h. mechanisch zerstörungsfrei nicht mehr trennbare Anordnung verschiedenartiger, zu einer bestimmten Schaltung gehörender elektronischer Funktionselemente, die innerhalb eines Festkörpers mit Halbleitereigenschaften erzeugt werden, der gleichzeitig als gemeinsamer Träger (Substrat) dient (Bild). Die Herstellung der Funktionselemente (z. B. Dioden, Transistoren, Widerstände und Kondensatoren) erfolgt durch Erzeugung geometrisch begrenzter Zonen und Schichten mit verschiedenen Störstellenkonzentrationen (Leitfähigkeiten) und -arten (Leitungstyp, n-, p-Leitung) im oder auf dem Halbleitersubstrat in einer für den Herstellungsprozeß (meist →Planartechnologie) typischen Reihenfolge. So entstehen örtlich begrenzte Bereiche mit gezielt beeinflußter Leitfähigkeit und Leitungstyp. Die schaltungsgerechte Verbindung der einzelnen Funktionselemente erfolgt z. T. im Halbleitersubstrat durch niederohmige Bereiche, hauptsächlich aber durch Leiterzüge, die auf die Substratoberfläche unter Zwischenschaltung einer Isolierschicht aus →Siliciumdioxid (meist) in Form aufgedampfter Leiterbahnen aus Metall (Aluminium, Gold) oder polykristallinen Halbleiterwerkstoffen aufgebracht werden. Unerwünschte gegenseitige Verkopplungen der Funktionselemente über das Halbleitersubstrat müssen durch zusätzliche Isolationstechniken (meist in Form gesperrter pn-Übergänge) unterbunden werden. Dadurch kommt es zur Ausbildung parasitärer Elemente. Der Gegensatz zum F. ist der →Hybridschaltkreis (→Hybridtechnik). *R. Paul*

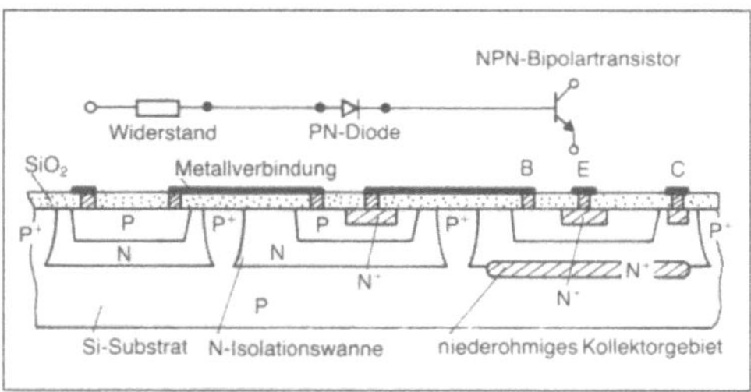

Festkörperschaltkreis: Beispiel von Funktionselementen, die in Bipolartechnik ausgeführt wurden.

Festkörper-Übergitter. Periodische Folge von dünnen (einige Atomlagen) Halbleiterschichten verschiedener Zusammensetzung, die einen synthetischen, eindimensionalen Festkörper mit neuen Eigenschaften bilden, der sowohl für die Grundlagenforschung (Theorie des Festkörpers) als auch für elektro-optische Bauelemente von Bedeutung ist.

Kompositionelle Übergitter (Bild 1) bestehen aus Halbleitern unterschiedlicher →Bandlücke (Heterostruktur-Übergitter). Das Material mit dem kleineren →Bandabstand bildet sog. Potentialtöpfe, in denen die →Ladungsträger (Elektronen und Löcher) entsprechend den Gesetzen der →Quantenmechanik nur bestimmte diskrete Energiezustände einnehmen können (→Quantum-Well). Sind die Barrieren durch das Material höheren Bandabstandes schmal genug, um eine Wechselwirkung zu ermöglichen, überlagern sich die Zustände der einzelnen Potentialtöpfe zu sog. Minibändern (Bild 1 b). Das entspricht theoretisch dem atomaren Halbleiter, in dem sich die energetisch schmalen Zustände der Atome durch die Wechselwirkung im kristallinen Verbund zu Bändern überlagern. Der Abstand der Minibänder ist um so größer, je schmaler die Potentialtöpfe sind, ihre Breite schrumpft mit zunehmender Barrierenhöhe und Breite. Der effektive Bandabstand dieser synthetischen eindimensionalen Halbleiter wird also allein durch die Geometrie bestimmt, so daß sich Festkörper zur Verifizierung der Quantentheorie herstellen lassen.

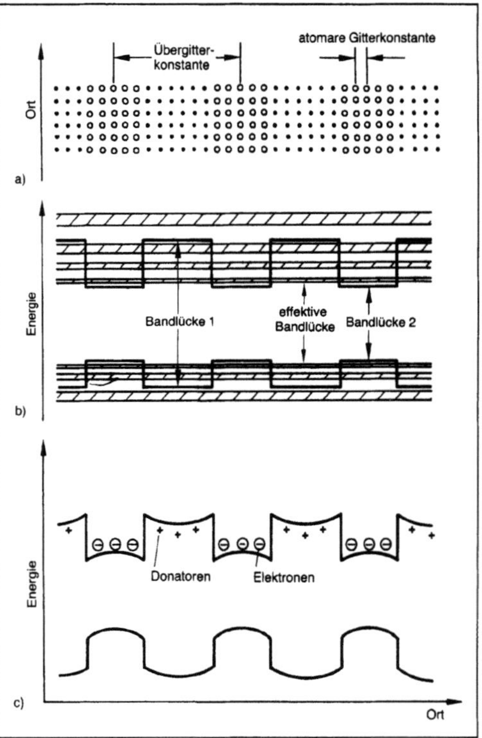

Festkörper-Übergitter 1: Kompositionelles Übergitter.
a) Mikroskopischer Aufbau
b) Potentialverlauf und Minibänder
c) Ladungsträgertrennung bei Dotierung.

Viele Eigenschaften von Festkörpern werden erst durch →Dotierung erreicht, dabei weisen kompositionelle Übergitter erhebliche Vorteile auf. Wird nämlich das Material des höheren Bandabstandes dotiert, so sammeln sich die Ladungsträger in den energetisch günstigeren Zuständen der Potentialtöpfe (Bild 1c). Rumpfionen und Ladungsträger sind somit räumlich getrennt, was ihre Coulomb-Wechselwirkung stark reduziert und sich in einer bis zu 100 mal höheren →Leitfähigkeit im Vergleich zum Volumenmaterial gleicher Dotierung widerspiegelt. Durch äußere elektrische Felder werden die Ladungsträger in die Schichten geringerer Leitfähigkeit injiziert; die Folge ist ein negativer differentieller Widerstand.

Kompositionelle Übergitter kommen in sog. Quantum-Well- oder Multi-Quantum-Well-Bauelementen zur Anwendung.

Dotierungs-Übergitter bestehen aus n- und p-dotierten Schichten des gleichen Halbleiters (Bild 2a). Dazwischen können sich undotierte (i-) Schichten befinden, was zur Bezeichnung nipi-Strukturen geführt hat. Ein Teil der Ladungsträger rekombiniert, zurück bleiben die Rumpfionen (positive Donatoren in der n-Schicht und negative Akzeptoren in der p-Schicht). Sie erzeugen ein elektrostatisches Potential, das das Leitungs- und Valenzband moduliert ähnlich wie in einem kompositionellen Übergitter (Bild 2b). Die effektive Bandlücke wird deutlich geringer als die des Ausgangsmaterials; sie kann bei gleicher Dotierung und gleichen Dicken der p- und n-Schichten bis auf 0 zusammenschrumpfen. Eine Besonderheit der Dotierungsgitter besteht darin, ihre Eigenschaften nachträglich zu ändern, z. B. durch Lichtabsorption oder Ladungsträgerinjektion. Freie Ladungsträger werden durch die internen Potentiale entsprechend ihrer Ladung in verschiedene Schichten separiert, so daß sie – abgesehen von Tunneleffekten – nicht direkt rekombinieren können. Je nach Potentialtiefe haben sie daher Lebensdauern von wenigen Nanosekunden bis zu Stunden. Zusätzliche freie Ladungsträger kompensieren aber die Rumpfionen, die Potentiale verflachen sich, der effektive Bandabstand wächst, und die Lebensdauer nimmt ab (Bild 2c).

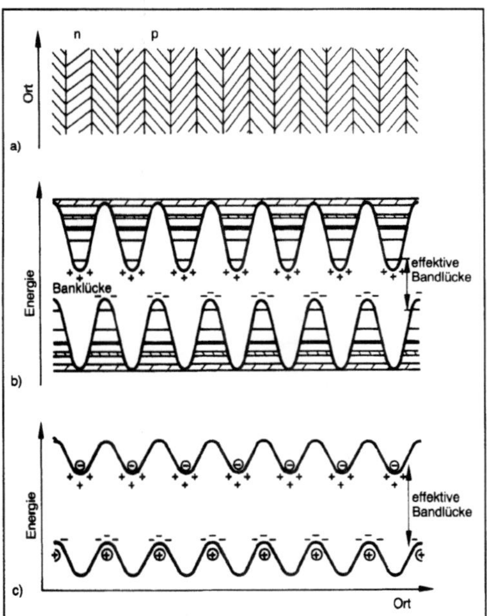

Festkörper-Übergitter 2: Dotierungs-Übergitter.
a) Schematischer Aufbau
b) Potentialverlauf und Minibänder
c) Potentialverlauf bei äußerer Anregung.

Dotierungs-Übergitter dienen z. Zt. vor allem der Grundlagenforschung. Die durch äußere Bedingungen manipulierbaren optischen und elektrischen Eigenschaften beinhalten aber ein breites Anwendungsspektrum in der →Optoelektronik (→nipi-Bauelemente). *Rosenzweig*

Literatur: *Döhler, G. H.:* Festkörper-Übergitter. Spektrum der Wissenschaft **1** (1984) Nr. 32.

Festphasenepitaxie. F. ist ein Verfahren, bei dem eine →amorphe oder polykristalline Schicht – ohne geschmolzen zu werden – (re-)kristallisiert wird. Die wichtigsten Teilgebiete der F. sind: Rekristallisation (→Ausheilen) durch →Ionenimplantation amorphisierter Schichten, und die Herstellung von →SOI-(Silicon on Insulator)Strukturen.

Die Rekristallisation nach der →Implantation hängt davon ab, wie stark der Kristall geschädigt wurde. Die Rekristallisation einer sehr stark zerstörten oder amorphisierten Schicht geht vom Grundkristall aus. Die Rekristallisation einer nur teilweise geschädigten Schicht kann viel mehr Energie benötigen, als die einer vollständig amorphisierten Schicht. Reicht die für die →Dotierung notwendige Implantation für die vollständige Amorphisierung des Substrats nicht aus, ist es also zweckmäßig, die Schicht vor der Dotierung mit einem zusätzlichen Implantationsschritt (z. B. bei Silicium mit Si und Ge, die elektrisch inaktiv sind) zu amorphisieren. Die Geschwindigkeit der Rekristallisierung hängt von der →Kristallorientierung der Oberfläche ab (für Silicium $v_{100} > v_{110} > v_{111}$), und erfolgt nach dem Arrhenius-Gesetz mit derselben →Aktivierungsenergie für den ganzen Geschwindigkeitsbereich zwischen 10^{-10} – 1 cm·sec^{-1}.

Wenn mit sehr hoher Energie implantiert wurde (MeV-Bereich), liegt die zerstörte Schicht unter der Oberfläche „vergraben", und die Rekristallisation läuft gleichzeitig von dem Grundkristall und von der ungestörten Oberfläche. In diesem Fall ist es schwieriger, eine perfekte Rekristallisierung zu erreichen. Durch Implantation hoher Dosen von O- und N-Ionen in Silicium können vergrabene Siliciumoxid- bzw. Siliciumnitrid-Schichten hergestellt werden. Um davon SOI-Schichten (→SOI-Technik) von guter Qualität zu bekommen, ist ein Hochtemperatur-Prozeß notwendig. Dies führt zur guten Kristallqualität in der obersten Silicium-Schicht und gehört auch zur F.

SOI-Strukturen können auch durch F. von auf amorphe Isolatorschichten (SiO_2, Si_3N_4) abgeschiedenem polykristallinem Silicium hergestellt werden. In diesem Fall beginnt die Kristallisierung entweder in den in die Isolatorschicht geätzten Löchern, wo die Schicht Kontakt mit dem einkristallinen →Substrat hat, oder es wird in die Oberfläche der Isolatorschicht eine regelmäßige Struktur geätzt, die das Kristallwachstum ermöglicht. Diese letzte Methode wird →Graphoepitaxie genannt. *Ryssel*

Feststoffelektrolyt. Ein F. ist ein Festkörper, der den elektrischen Strom überwiegend durch Ionen transportiert. Die →Leitfähigkeit von guten, technologisch wichtigen F. ist von vergleichbarer Größenordnung wie die von flüssigen Elektrolyten oder – als elektronische Leitung – von Halbleitern.

Die Ionenleitung in Festkörpern beruht auf dem Vorhandensein von Punktdefekten, insbesondere von unbesetzten Gitterplätzen (Leerstellen) oder überschüssigen Ionen (Zwischengitterteilchen). Sie resultieren aus der Erhöhung der Entropie, die der kristallinen Ordnung – selbst in thermodynamischem Gleichgewicht – ein temperaturabhängiges Maß an Unordnung entgegenstellt. Die Bewegung der Ionen in einem Festkörper erfolgt durch den Sprung eines regulären Gitterions in eine benachbarte Leerstelle (Leerstellenmechanismus) oder eines Zwischengitterteilchens in eine benachbarte leere Zwischengitterposition (Zwischengittermechanismus). Komplexere Prozesse involvieren gleichzeitig mehrere Ionen, beispielsweise stößt ein Zwischengitterteilchen ein benachbartes reguläres Gitterion ins Zwischengitter und besetzt selbst den Gitterplatz (indirekter Zwischengittermechanismus) oder die Fortpflanzung einer verdichteten Packung der Ionen (Caterpillar-Mechanismus). Der Leerstellenmechanismus stellt – ähnlich zur Bewegung eines →Defektelektrons in Halbleitern – die Bewegung eines fehlenden Teilchens dar und ist der entgegengesetzten Bewegung eines Ions äquivalent. Die Wechselwirkung mit der unbeweglichen Gitterkomponente wird im Falle des Leerstellenmechanismus im wesentlichen durch elektrostatische Kräfte und im Falle des Zwischengittermechanismus im wesentlichen durch repulsive Kräfte bestimmt.

Sowohl die Bildung als auch die Bewegung der Defekte sind thermisch aktivierte Prozesse, die zu einem Arrhenius-Verhalten führen. Je nachdem, ob die →Beweglichkeit oder der →Diffusionskoeffizient als aktiviert betrachtet wird, besteht ein linearer Zusammenhang von log σ-1/T oder von log (σT)-1/T (σ: Leitfähigkeit, T: absolute Temperatur).

Neben den aus Gründen der Entropieerhöhung vorhandenen (intrinsischen) Defekten werden Defekte auch durch Verunreinigungen oder Dotierungen erzeugt. Ein wichtiges Beispiel ist der Sauerstoffionenleiter ZrO_2, bei dem durch Substitution des vierwertigen Zirkoniums durch verschiedene drei- oder zweiwertige Kationen (Yttrium, Calcium) unter Bildung von Sauerstoffleerstellen eine gerin-

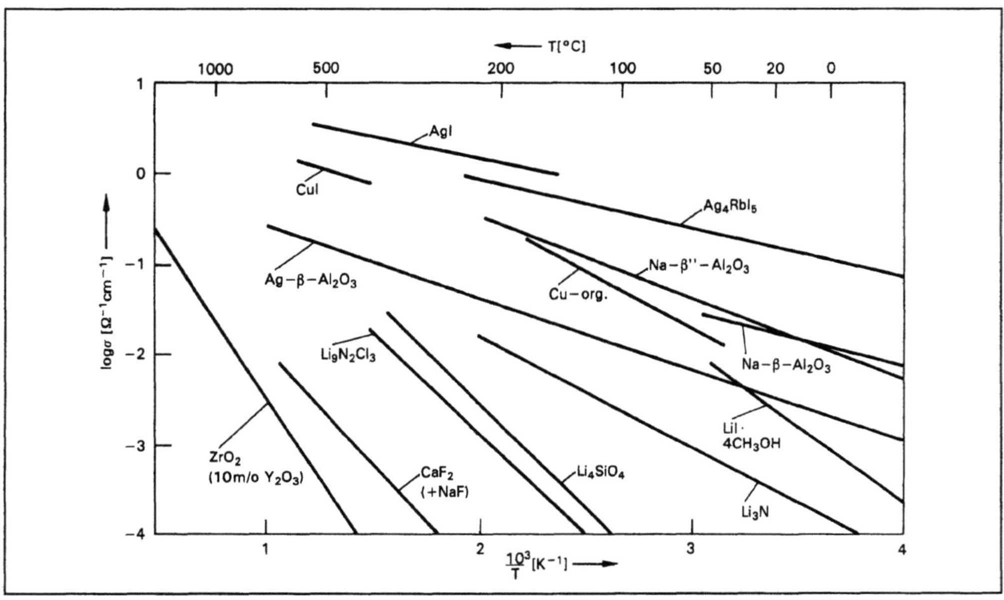

Feststoffelektrolyt: Leitfähigkeit der besten bekannten F. als Funktion der inversen absoluten Temperatur.

gere Zahl von Sauerstoffionen benötigt wird. Eine gute Leitfähigkeit läßt sich meist erst bei höheren Temperaturen erreichen, da die Bewegung der Defekte eine hohe →Aktivierungsenergie (>0.8 eV) aufweist.

Für eine hohe ionische Leitfähigkeit ist eine strukturelle Fehlordnung erforderlich, d. h. ein wesentlicher Teil der beweglichen Ionensorte ist durch strukturelle Besonderheiten fehlgeordnet. Für jedes bewegliche Ion sind mehrere energetisch nahezu gleichwertige Positionen vorhanden. Beispiele sind:

□ Dreidimensional: α-AgI, in dem jedes Silberion nahezu statistisch über sechs Plätze verteilt ist („geschmolzenes Untergitter" der Silberionen in der Matrix der Jodionen) und das am Schmelzpunkt im festen Zustand eine höhere Leitfähigkeit zeigt als in der Schmelze,

□ Zweidimensional: β-Al_2O_3 ($NaAl_{11}O_{19}$), das eine Schichtstruktur aus dichtgepackten Spinellblöcken und im Abstand von 11 Å relativ offene Schichten mit beweglichen Natriumionen und Sauerstoffionen als Brücken zwischen den Spinellblöcken aufweist. Natrium läßt sich durch Ionenaustausch leicht durch andere Alkaliionen, Silberionen und auch zwei- und dreiwertige Erdkali- und Seltenerdionen ersetzen. Strukturell fehlgeordnete Feststoffelektrolyte zeigen meist kleine Aktivierungsenergien (0,1 bis 0,3 eV).

Beispiele von guten Feststoffionenleitern sind im Bild dargestellt. Elektronen sind Minoritätsladungsträger, die ihre Konzentration bei Änderung der Ionenkonzentration zur Kompensation der Ladung in relativ hohem Maße ändern. Sie beschränken den Bereich der Aktivität der beweglichen Komponente, in dem überwiegende Ionenleitung herrscht (Aktivitätsfenster).

Neben kristallinen Materialien werden auch amorphe Phasen (Gläser) und Polymere als F. angesehen. Deren hohen spezifischen Widerstände machen im allgemeinen die Verwendung dünner Filme notwendig. *Weppner*

Festwertspeicher. (*engl.* ROM, Read Only Memory)

1. Allgemein: →Speicher zur Speicherung von unveränderlichen oder nur selten veränderlichen Daten, d. h. ein nichtflüchtiger Speicher, bei dem Daten nur einmal (oder sehr selten wiederholt) eingeschrieben werden, der aber häufig ausgelesen wird. Beispielsweise im weitläufigen Sinne sind das Buch, das Foto, die Schallplatte u. a. m.

Nach dem Speichermedium, dem →Speichereffekt und der konstruktiven Auslegung unterscheidet man u. a. (Bild 1) mechanische F. (Lochkarte, Lochband), magnetische F. (→Magnetplatte, -band, -trommel, -kern, -blasen), optische Speicher (derzeit in Entwicklung) und →Halbleiterspeicher.

2. Im engeren Sinne Halbleiterspeicher (Bild 2), die je nach der Ausführung (nichtprogrammierbar, mit verschiedenen Verfahren programmierbar) als ROM, →PROM, →EPROM, →EAROM oder E^2PROM, aber auch als →PLA, →FPLA, bezeichnet werden. *R. Paul*

Festwiderstand →Widerstand

FET →Feldeffekttransistor

Feuchtemessung. Die Feuchte gibt den Wasserdampfgehalt von Luft oder Gasen an. Man unterscheidet die absolute und die relative Feuchte. Die absolute Feuchte f_a ist gleich der Masse des Was-

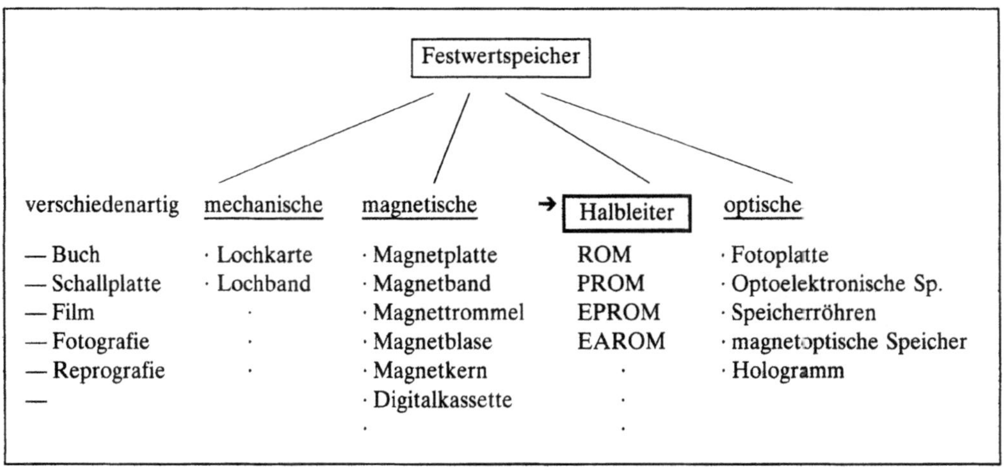

Festwertspeicher 1: Einteilung

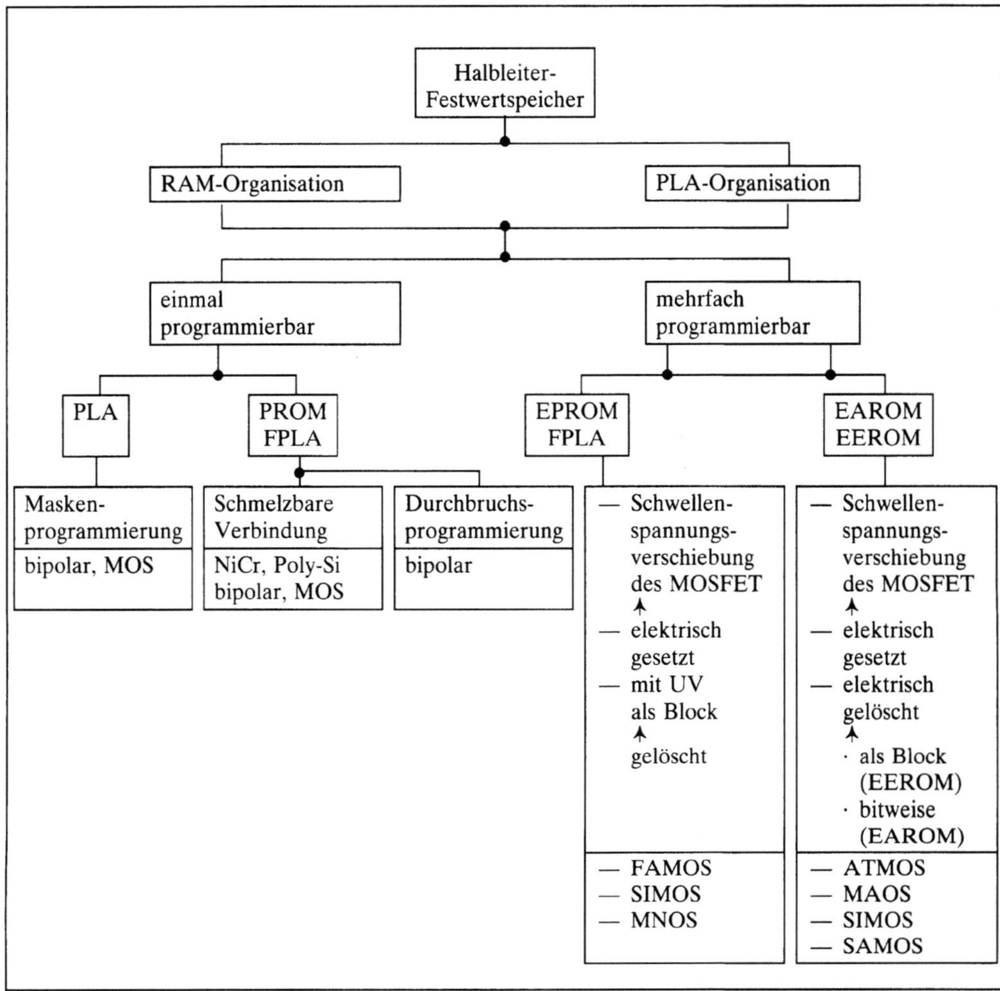

Festwertspeicher 2: Halbleiter-Festwertspeicher

serdampfs m_w bezogen auf das Volumen V, in dem sich dieser befindet:

$$f_a = \frac{m_w}{V} \cdot \frac{g}{m^3}$$

Ihre Kenntnis ist notwendig, um Trockenvorgänge zu steuern und Wärmebilanzen durchführen zu können. Die relative Feuchte f_r ist das Verhältnis aus der absoluten Feuchte f_a und der maximal möglichen Feuchte $f_{a,max}$; sie ist eine dimensionslose Zahl:

$$f_r = \frac{f_a}{f_{a,\,max}}$$

Sie ist von Bedeutung, wenn Stoffe gelagert oder verarbeitet werden, die mit der umgebenden Luft im Feuchteausgleich stehen.

Die Luft (oder ein Gas) kann bei einer bestimmten Temperatur nur eine gewisse Menge Wasserdampf aufnehmen. Diese Sättigungsfeuchte ist im Bild in Abhängigkeit von der Temperatur dargestellt. Enthält die Luft mehr Wasserdampf als es dieser Kurve entspricht, so wird der Taupunkt unterschritten und ein Teil des Wasserdampfs kondensiert. Die Temperatur, bei der die Luft mit Wasserdampf gesättigt ist, wird Taupunkt-Temperatur genannt. Bei 50 °C z. B. können in 1 m³ Luft max. 83 g Wasserdampf enthalten sein. Ist bei dieser Temperatur der tatsächliche Wasserdampfgehalt 50 g/m³, so hat die Luft eine relative Feuchte von 50/83 = 0,60.

Für den Wassergehalt fester oder flüssiger Stoffe gibt es drei Definitionen. Am gebräuchlichsten ist die Feuchte f

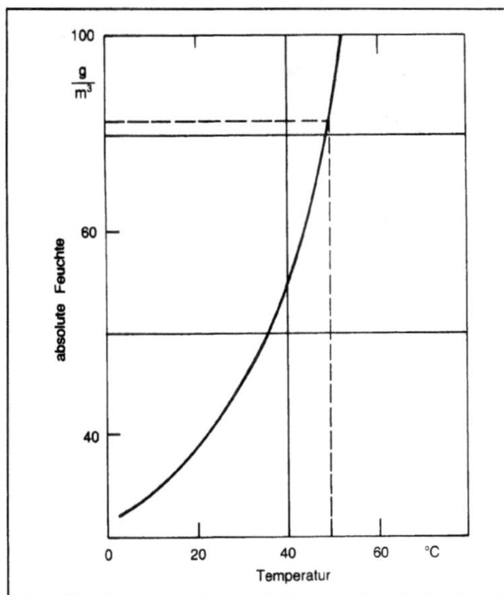

Feuchtemessung: Sättigungsfeuchte der Luft.

$$f = 100 \cdot \frac{m_w}{m_{tr} + m_w} \quad [\%]$$

mit m_W Masse des eingelagerten Wassers,
m_{tr} Masse der darrtrockenen Substanz.
In der Holz- und Zellstoffindustrie ist die Feuchteangabe f_{tr} üblich

$$f_{tr} = 100 \cdot \frac{m_w}{m_{tr}} \quad [\%].$$

Daneben gibt es noch den sog. Trockengehalt TG

$$TG = 100 \cdot \frac{m_{tr}}{m_{tr} + m_w} \text{ [\% Atro = abs. Trockenheit].}$$

Schon *Leonardo da Vinci* (um 1500) baute →Hygrometer. Heutzutage gibt es eine große Anzahl von Verfahren zur F., und zwar für die relative und absolute Feuchte in Luft und in anderen Gasen, bzw. zum Bestimmen des Feuchtegehalts in festen oder flüssigen Stoffen.

□ Luftfeuchtemeßverfahren.

Beim Taupunkthygrometer wird ein kleiner Metallspiegel im Meßgasstrom durch Peltierelemente stets so gekühlt, daß die regelnden Photozellen gerade einen Tau- oder Eisniederschlag auf dem Spiegel feststellen. Die mit Thermoelementen gemessene Spiegeltemperatur ist etwa die Taupunkttemperatur. Die Einstellzeit beträgt nur wenige Sekunden; es wird kontinuierlich gemessen.

Beim →LiCl-Feuchtemeßgeber wird zum Bestimmen der Feuchte die Umwandlungstemperatur einer Lithiumchlorid-Lösung in Lithiumchlorid-Salz ausgenutzt. Beim (belüfteten) Psychrometer wird die Abkühlung durch Verdunsten als Differenz zwischen der Lufttemperatur ϑ und der Temperatur eines befeuchteten und folglich abgekühlten Thermometers ϑ_f gemessen. Damit läßt sich die absolute Feuchte auf ±0,3 °K Taupunkt und die relative Feuchte auf ±2% genau messen. Beim Haarhygrometer wird die über den relativen Luftfeuchtebereich um etwa 25% betragende Längsquellung von Haaren mechanisch übersetzt und angezeigt.

Beim kapazitiven Feuchtemesser (→Meßaufnehmer, kapazitiver) verwendet man einen speziellen Kunststoff als →Dielektrikum, bei dem ein eindeutiger Zusammenhang zwischen der relativen Feuchte der Luft und dem durch den Kunststoff molekular aufgenommenen Wasser besteht. Infolge der hohen Dielektrizitätszahl von Wasser ($\varepsilon_r = 81$) läßt sich aus der gemessenen Kapazität die relative Feuchte der umgebenden Luft bestimmen.

□ Materialfeuchtemeßverfahren.

Die Dörr-Wäge-Methode, bei der eine Probe thermisch getrocknet und vorher und hinterher gewogen wird, ist die klassische Feuchtigkeitsbestimmungsmethode. Die Calciumcarbid- und die *Karl-Fischer*-Methode gehören zu den chemischen Wasserbestimmungsmethoden, bei denen eine Probe des feuchten Meßguts mit Chemikalien zusammengebracht wird, die mit dem Wassergehalt der Probe reagieren. Das Reaktionsprodukt ist der Probenfeuchte mengenproportional. Kleine Wassergehalte lassen sich auch gaschromatographisch (Gaschromatographie) bestimmen. Die elektrische Leitfähigkeitsmessung nimmt bei der Feuchtebestimmung einen bevorzugten Platz ein, wenn es sich um Stoffe handelt, die in trockenem Zustand nichtleitend sind, die aber hygroskopisch sind. Zwischen der Feuchte und der elektrischen →Leitfähigkeit besteht ein logarithmischer Zusammenhang. Auch die Änderung der Dielektrizitätszahl durch Feuchtigkeit (→Aufnehmer, kapazitiv) läßt sich zur F. verwenden. Ist die Feuchte von festen, nichtleitenden Stoffen wie z. B. Getreide, Textilien, Holz oder Kohle festzustellen, so werden diese Stoffe durch die Platten eines Kondensators geführt. Aus der gemessenen Kapazität wird dann auf den in diesen Stoffen enthaltenen Wassergehalt geschlossen.

F. Schneider

Literatur: *Lück, W.:* Feuchtigkeit Grundlagen Messen Regeln. München 1964. – *Schrüfer, E.:* Elektrische Meßtechnik. München, Wien 3. Auflage, 1988.

Feuchtesensor. F. dienen zur Messung der Feuchte in Gasen bzw. in festen oder flüssigen Phasen, überwiegend aber zur Bestimmung der relativen Luftfeuchtigkeit (r.F.) in Raumluft oder in der Atmosphäre. Hierzu werden meist kapazitive F. verwendet, die mit Hilfe der →Dünnschichttechnik hergestellt werden. Kapazitive F. bestehen aus einem porösem →Dielektrikum, das bei Wasseraufnahme die →Dielektrizitätskonstante verändert. Es werden Plattenkondensatorstrukturen mit einer porösen Elektrode oder Streufeldkondensatoren verwendet. Als Dielektrika werden hauptsächlich organische Polymere, aber auch poröse Metalloxide eingesetzt. Kapazitive F. liefern ein zur relativen Feuchte abhängiges Signal mit Empfindlichkeiten im Bereich von 1 pF/% r.F. mit einer reproduzierbaren Auflösung >2% r.F. Wichtige Kriterien sind auch der Verlustfaktor, der zulässige Arbeitsbereich (Feuchte und Temperatur), die Stabilität und Hysterese.

Bei hohen absoluten Feuchten werden vorteilhaft F. eingesetzt, welche die Dielektrizitätskonstante der Luft direkt messen. Dünnschicht-F. haben bei Raumtemperatur Ansprechzeiten bei einem Feuchtewechsel im Sekundenbereich. Jedoch nimmt die Ansprechzeit mit fallender Temperatur logarithmisch zu. Häufig machen Langzeitdrift und Verschmutzung des Sensorelements eine Neukalibration oder Austausch im Feld notwendig. Weitere Dünnfilm-F. arbeiten mit feuchteabhängigen Widerständen (resistive F.). Bei Taupunkt-F. wird das Sensorelement so weit abgekühlt, bis eine meßbare (optisch oder resistiv) Kondensation auftritt. Es werden auch monilithisch integrierte F. entwickelt, die direkt ein digitales Ausgangssignal liefern.

A. Richter

FIFO-Modus. (*engl.* First in – First out, zuerst hinein, zuerst heraus).

1. Begriff aus der Bedienungstheorie: Eintreffende Forderungen werden in der Reihenfolge ihres Eintreffens abgearbeitet, ggf. nach einer Wartezeit.

2. →Halbleiterspeicher, der nach dem FIFO-M. arbeitet. Es handelt sich dabei um ein spezielles →Schieberegister, bei dem die Daten in der gleichen Weise am Ausgang erscheinen, in der sie eingegeben worden sind. Grundsätzlich wirkt der FIFO-M. in einer Richtung, d. h. vom Eingang nach dem Ausgang. Deshalb wird er mitunter auch als SILO-Modus bezeichnet (Silo-Prinzip) (Bild). Da diese Schaltung – im Gegensatz zum Schieberegister – auch asynchron arbeiten kann, d. h. der Auslesetakt unabhängig vom Einlesetakt ablaufen darf, liegt im Grunde ein →Pufferspeicher vor mit einem warteschlangenähnlichem Verhalten: die eingegebenen Daten bleiben solange im →Register, bis die vorhergehenden ausgegeben sind.

Schaltungstechnisch kann man einen →Speicher mit FIFO-M. sehr verschieden realisieren. Eine einfache Form ist die mit Schieberegisterzellen, d. h. einzelnen Latch-Zellen, deren Steuerung durch eine Steuerlogik so wirkt, daß ein eingegebenes Datenwort bis zu den niedrigsten freien Speicherplätzen durchfällt. Eine andere Realisierungsart besteht darin, nicht die Daten zu verschieben, sondern die

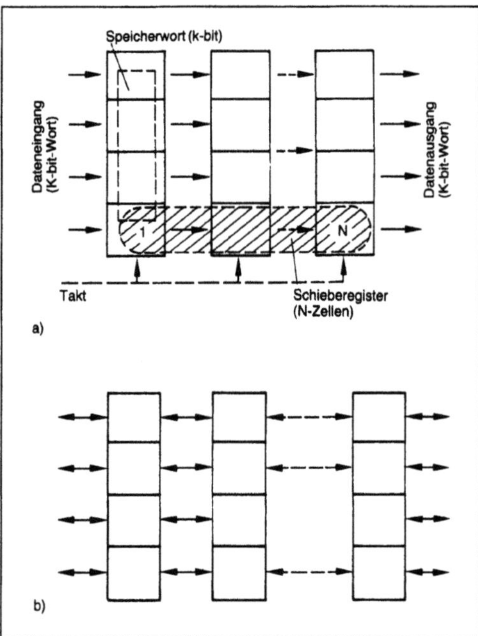

FIFO-Modus: schematische Darstellung.
a) FIFO-Speicher – K Schieberegister mit je N-Zellen die Daten nur in eine Richtung verschieben können.
b) LIFO-Speicher – wie a), jedoch Eingabe der Daten in einer Richtung und Ausgabe in der Gegenrichtung.

beiden Zeiger für die Eingabe- und Ausgabeadresse eines →RAM. Dafür eignen sich besonders gut Dual-Port-RAM, die sich asynchron lesen und beschreiben lassen.

Der FIFO-Speicher läßt sich ausgezeichnet als Pufferspeicher z. B. für den Anschluß der Tastatur an einen Mikrorechner und überhaupt für Schnittstellen mit verschieden schnell arbeitenden Geräten verwenden.

Die beim FIFO-Speicher einseitig wirkende Verschieberichtung kann man auch umkehren, z. B. für die Eingabe zum Ende hin, für die Ausgabe jedoch zum Anfang hin: First in – Last out, und man spricht vom FILO-Speicher oder auch vom „Last in – First out"-Modus (LIFO-Modus), d. h. die zuletzt eingespeicherten Daten erscheinen zuerst am Ausgang. Derartige Speicher werden üblicherweise als Keller- oder Stapelspeicher (Stack-Speicher) bezeichnet. Während im RAM alle Speicherzellen gleichberechtigt sind, d. h. ein wahlfreier Zugriff zur Zelle mit einer konkreten Adresse erfolgt, wird beim Kellerspeicher mit einer Startadresse im Anzeigeregister zunächst nach dem RAM-Prinzip gearbeitet, und anschließend durch die Implementierung eines Folgeaufrufalgorithmus im Kellerspeicher die Folgeadresse speicherintern automatisch erzeugt.

Solche Stapelspeicher dienen z. B. zur Bearbeitung von Unterprogrammen, für die Umsetzung von höheren Programmiersprachen in die Maschinensprache u. a. m. *R. Paul*

Filmmode →PALplus

Filmschaltkreis →Mikromodultechnik

FILO-Modus →FIFO-Modus.

Filter. Ein F. ist eine Siebschaltung, um aus den in einem Signal enthaltenen Frequenzen bestimmte Bereiche durchzulassen oder zu sperren. Dabei werden Tiefpaß-, Hochpaß-, Bandpaß- oder Bandsperre-F. unterschieden (Bild 1). Kriterien bei der Filterauslegung sind die erreichbare Sperrdämpfung, die →Flankensteilheit und gegebenenfalls auch die Welligkeit im Durchlaß- und im →Sperrbereich. F. können als rein passive Netzwerke mit Widerständen, Induktivitäten und Kapazitäten aufgebaut sein oder auch aktive Komponenten wie →Verstärker enthalten. Die erstgenannten *passiven* F. dämpfen unter Umständen auch das Signal im →Durchlaßbereich. Diese Verluste lassen sich bei den *aktiven* F. mit Verstärker wieder ausgleichen. Letztere haben im allgemeinen auch eine stärkere Flankensteilheit.

Je nach dem, ob ein bestimmter Frequenzbereich amplitudenrichtig übertragen wird oder ob Impulse

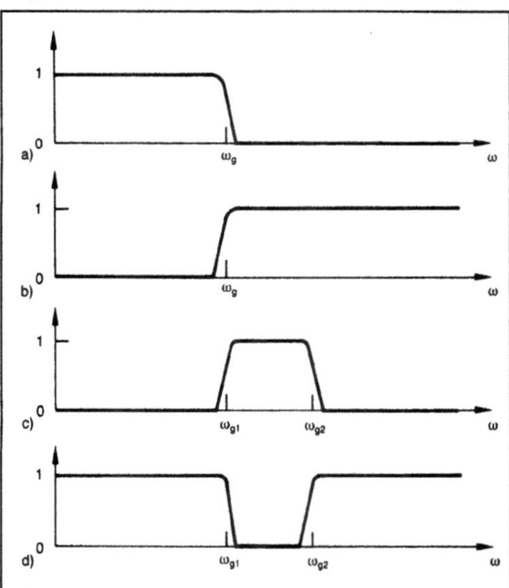

Filter 1: Durchlaßkurven der vier Grundtypen von Frequenzfiltern.
a) Tiefpaß
b) Hochpaß
c) Bandpaß
d) Bandsperre.

verarbeitet werden sollen, sind unterschiedliche Filtertypen gebräuchlich:

□ Das *Butterworth*-F. oder *Potenz*-F. ist optimiert auf einen maximal flachen Amplitudengang im Durchlaßbereich. Überschwinger treten nicht auf. Die →Steilheit nimmt mit der Ordnung des F. zu. Die Sprungantwort schwingt merklich über. Das Butterworth-F. kann Impulse nicht formgetreu übertragen (Bild 2).

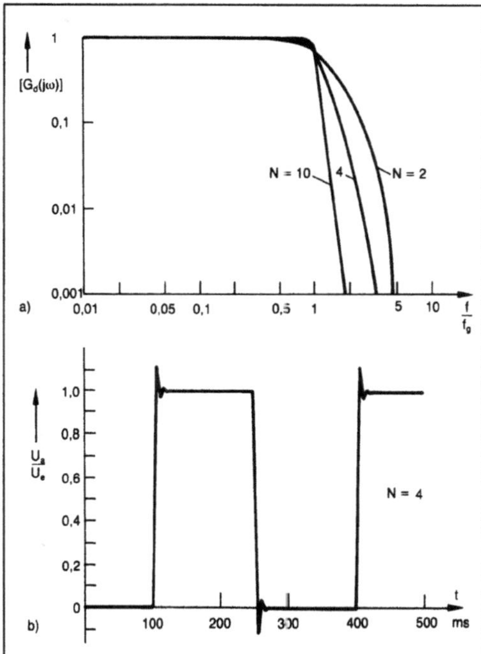

Filter 2: Butterworth-Tiefpässe der Ordnung N
a) Amplitudengang
b) Impulswiedergabe.

□ Beim *Bessel*-F. ist die Phasenverschiebung der einzelnen Frequenzen proportional zur Frequenz. Die Gruppenlaufzeit ist konstant. Damit hat das Bessel-F. das beste Rechteck-Übertragungsverhalten. Der Amplitudengang fällt weniger steil ab als beim Butterworth-F. (Bild 3).

□ Das *Tschebyscheff*-F. hat entweder im Durchlaßbereich oder im Sperrbereich eine Welligkeit mit definierter maximaler Amplitude. Der Übergang vom Durchlaß- zum Sperrbereich erfolgt steiler als bei den vorgenannten F. Die Sprungantwort schwingt stark über.

□ Das *Cauer*-F. hat zwar eine Welligkeit sowohl im Durchlaß- als auch im Sperrbereich, dafür aber die größtmögliche Flankensteilheit. Um ein gegebenes Toleranzschema einzuhalten, kann die Ordnung eines Cauer-F. im allgemeinen niedriger bleiben, als die der anderen Filtertypen. Für die Impulswiedergabe ist das Cauer-F. nicht geeignet (Bild 4).

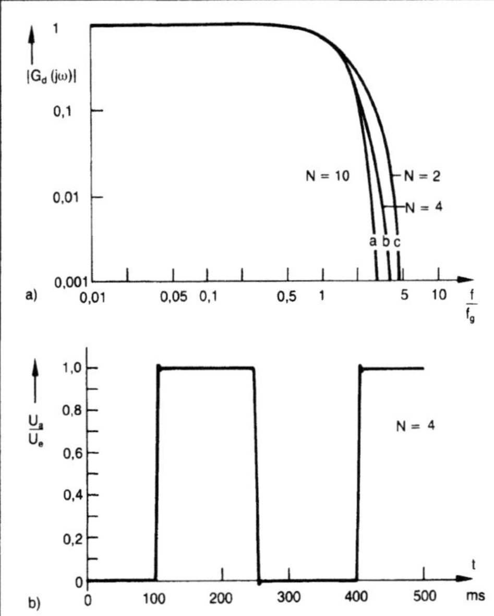

Filter 3: Bessel-Tiefpässe der Ordnung N
a) Amplitudengang
b) Impulswiedergabe.

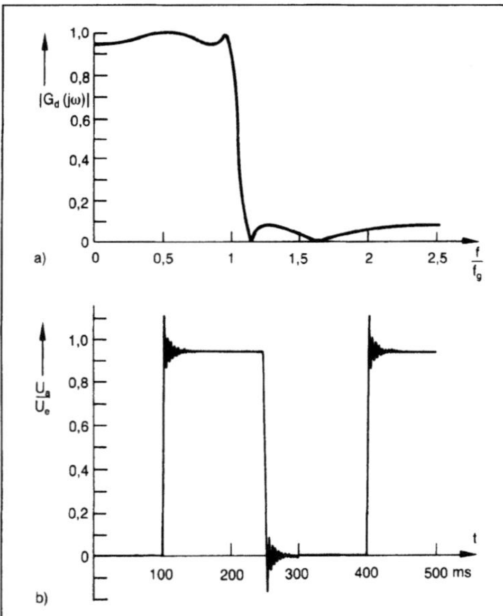

Filter 4: Cauer-Tiefpaß 4. Ordnung C 04 50 35 c
a) Amplitudengang
b) Impulswiedergabe.

Analoge, wertkontinuierliche Signale können zeitkontinuierlich oder zeitdiskret gefiltert werden. Zu der letzten Gruppe der sogenannten Abtastanalogfilter gehören die Schalter-Kondensator-F. (Switched Capacitor Filter, SCF) und die Schaltungen mit Ladungsverschiebung (Charge Transfer Devices, CTD) wie →Eimerkettenschaltungen (Bucket Brigade Devices, BBD) und ladungsgekoppelte Strukturen (Charge Coupled Devices, →CCD). Werden wertdiskrete Signale auch zeitdiskret verarbeitet, so geschieht dies in den Digitalfiltern. *Schrüfer*

Literatur: *Christian, E.* and *E. Eisenmann:* Filter Design Tables and Graphs. London 1966. – *Entenmann, W.:* CCD-Filter, München 1980. – *Rienecker, W.:* Elektrische Filtertechnik. München 1981. – *Saal, R.:* Handbuch zum Filterentwurf. Berlin 1979. – *Tietze, U.* und *Ch. Schenk:* Halbleiter-Schaltungstechnik. Berlin-Heidelberg-New York 1980. – *Unbehauen, R.:* Synthese elektrischer Netzwerke und Filter. München 1988.

Finite state machine. Beschreibungsmethode für digitale nicht-kombinatorische Schaltungen. Die FSM. beschreibt die Zustandsübergänge zwischen einzelnen Registern zunächst in graphischer Form. Diese Darstellung kann z. B. in eine VHDL-Darstellung umgesetzt und mit Syntheseprogrammen weiterverarbeitet werden (→Hochsprachenentwurf, →VHDL). *K. Winter*

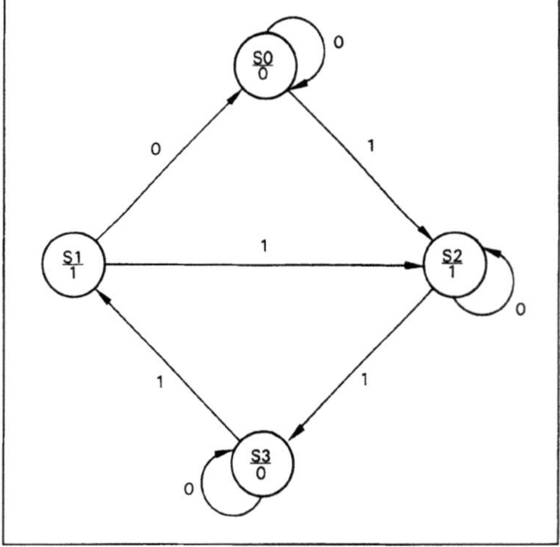

Finite state machine: Graphische Darstellung der Zustandsübergänge bei einer F. mit vier Zuständen. Jeder Kreis entspricht einem bestimmten Zustand der F. Die Pfeile deuten an, wie die Zustände abhängig vom Eingang (0 oder 1) aufeinanderfolgen.

FIR-Laser (Abk. Ferninfrarot-Laser). Optisch oder elektrisch gepumpte Gasmoleküllaser für den spektralen Bereich von 50 μm bis 1 mm.

Als laseraktives Material werden Wasser und Kohlenwasserstoff-Verbindungen verwendet. Die Laseremission entsteht durch strahlende Übergänge zwischen Vibrations- und Rotationszuständen des gleichen elektronischen Niveaus des Moleküls. Entsprechend sind einige Hundert Emissionslinien bekannt. Die häufigsten und kommerziell angebotenen FIR-L. sind in Tabelle 1 aufgeführt. Die Anregung erfolgt meistens optisch durch das infrarote Licht eines CO_2-Lasers (9,55 μm), der als Pumpquelle in kommerziellen Lasern enthalten ist. Eine elektrische Anregung durch eine transversale Gasentladung ist nur bei einfachen stabilen Molekülen wie H_2O und HCN möglich, da größere Moleküle im elektrischen Feld dissoziieren. Tabelle 2 zeigt das gesamte Spektrum von FIR-L.

FIR-Laser. Tabelle 1: Leistungsdaten kommerzieller FIR-L.

Laserstoff	Anregung	Wellenlänge	Leistung/ Energie
H_2O	elektrisch	28 μm 78 μm 119 μm	10 mW 6 mW
D_2O	optisch	66 μm	40mJ/2,5μs
CH_3OH	optisch	112 μm	100 mW
HCN	elektrisch	337 μm 311 μm	100 mW 3 mW
CH_3F	optisch	496 μm	50mJ/50ns

FIR-Laser. Tabelle 2: Wellenlängen verschiedener in FIR-L. eingesetzter Stoffe.

Laserstoff	Wellenlänge (μm)
CD_3 OD	41,0 184,0 229,1 255,0
CH_3 OD	46,7 57,0
CH_3 OH	70,6 96,5 118,8 163,0 570,0 599,0
CH_3 NH_2	148,5 198,0
C_2 H_2 F_2	375,0 764,0 890,0 1 020,0
HCOOH	433,0
CD_3 J	460,0
CH_3 F	496,0
C_{13} H_3 F	1 022,0

FIR-L. erreichen Ausgangsleistungen von 100–1 000 mW. Sie werden hauptsächlich in der Spektroskopie und anderen wissenschaftlichen Anwendungen eingesetzt. *Rosenzweig*

Literatur: *Eichler, J. und H.-J. Eichler:* Laser. Berlin–Heidelberg, 1990.

fit. (*engl.* failure in time). Zahlenbehaftete Einheit der →Ausfallrate. Bei der Ausfallrate 1 fit = $1 \cdot 10^{-9}$ h^{-1} tritt ein Ausfall pro 10^9 Bauelement-Stunden auf. *Schrüfer*

Flachbildröhre mit Plasmaentladung. Bei den bisher beschriebenen flachen Röhren wurde der →Leuchtschirm von einem →Elektronenstrahl angeregt. *W. Veith* schlug die Konstruktion eines großflächigen Bildschirms vor, dessen einzelne Bildpunkte von je einem Elektronenstrahl angeregt werden. Die Elektronen sollten dabei aus einer Plasmaentladung gezogen, durch eine →Matrix von Steuerelektroden moduliert und schließlich, ehe sie auf den Bildschirm treffen, noch einmal auf eine ausreichend hohe Energie nachbeschleunigt werden.

Die wesentlichen Baugruppen dieses Bildschirms (Bild 1) sind:
- die Plasmaentladungsstrecke als Elektronenemitter
- die matrixartig angeordneten Steuerelektroden auf der Steuerscheibe
- der Leuchtpigmentschirm
- die Elektronik zur Ansteuerung der Elektroden.

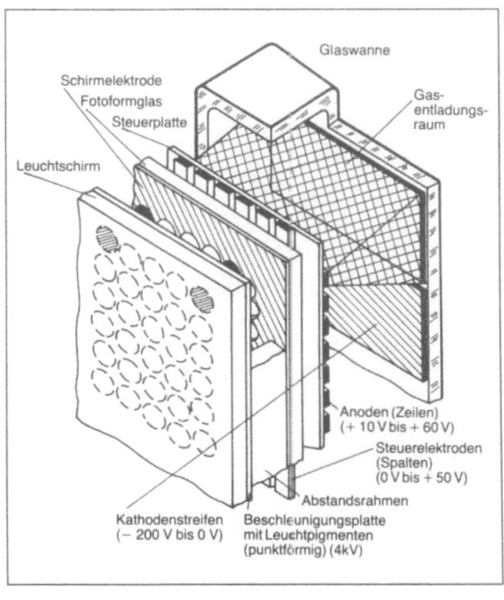

Flachbildröhre mit Plasmaentladung 1: Grundaufbau.

Der Bildschirmkörper ist aus dickwandigem Glas aufgebaut, der mit einem Edelgasgemisch gefüllt ist. Der Druck des Gases beträgt ca. 10 Torr.

Beim Anlegen einer ausreichend hohen Spannung (ca. 150 V) brennt zwischen einem der Kathodenstreifen und der angesteuerten Zeilenelektroden eine Plasmaentladung. Die positive Spannung an der Zeilenelektrode zieht Elektronen in Richtung auf die Elektrode. Durch kleine Bohrungen tritt ein Teil der Elektronen in den Modulationsraum ein, wo sie als Strahl moduliert und auf ca. 4 kV nachbeschleunigt werden. Diese Energie genügt für die Anregung des Leuchtschirms.

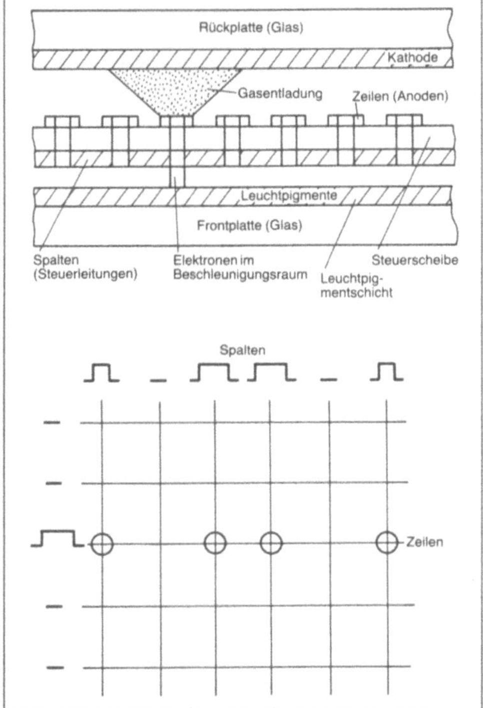

Flachbildröhre mit Plasmaentladung 2: Schnittzeichnung und Funktionsprinzip.

Die Ansteuerung der nachfolgenden Bildzeile erfolgt durch Weiterschalten der Brennspannung für die Plasmaentladung. Gleichzeitig wird das Modulationssignal für die Bildpunkte dieser Zeile an die Steuerelektroden angelegt. Die Bilderzeugung erfolgt demnach zeilensequentiell. Dieses Verfahren entspricht dem von den Plasma-Bildschirmen oder den Flüssigkristall-Bildschirmen her bekannte Prinzip der Matrix-Ansteuerung.

Farbbilder lassen sich mit dem Bildschirm in der gleichen Weise wie bei einer der üblichen Farbbildröhren erzeugen. Die Farbpigmente sind in einem Abstand von ca. 0,3 mm nebeneinander aufgebracht und werden von drei Elektronenstrahlen angeregt. Das menschliche Auge integriert dann die drei Farbpunkte zu einem Farbeindruck. *Pottharst*

Flachbildröhre. Tabelle: Leistungsmerkmale eines monochromen Flachbildschirms mit Plasmaentladung

Außenabmessungen	320 × 257 mm^2
Bildschirmfläche	230 × 179 mm^2
Bautiefe	60 mm
Zahl der Zeilen	448
Zahl der Spalten	720
Zahl der Bildpunkte	322 560
Helligkeit	200 cd/m^2
Spitzenhelligkeit	1 000 cd/m^2
Wirkungsgrad	6 lm/W
Bildwiederholfrequenz	80 Hz
Leistungsbedarf	30 W

Flächendiode →Halbleiterdiode

Flächenladung, elektrische. Fläche mit kontinuierlich verteilter elektrischer Ladung der Flächenladungsdichte σ_e. Am Ort der Flächenladung ändert sich die Komponente des elektrischen Feldes senkrecht zur Fläche um

$$\Delta E = \frac{\sigma_e}{\varepsilon},$$

wobei ε die Permittivität des umgebenden Mediums ist. Zwei Flächenladungen gleicher Dichte jedoch entgegengesetzten Vorzeichens mit konstantem Abstand bilden eine elektrische Doppelschicht. *Claassen*

Flächentransistor →Bipolartransistor

Flachgehäuse →Umhüllung

Flammen-Ionisationsdetektor. Der F.-I. ist ein Gerät zum Nachweis von Kohlenwasserstoffen in Luft.

Das zu analysierende Gasgemisch (Meßgas) wird einer H_2-Flamme zugeführt, in der die im Meßgas enthaltenen Kohlenwasserstoffe verbrennen (Bild). Der für die →Oxidation notwendige Sauerstoff wird von der Raumluft geliefert. Vor der Brennerdüse befindet sich eine gitterförmige Auffang-Elektrode. Brennerdüse und Auffang-Elektrode bilden die Elektroden einer Ionisationskammer. Bei Anlegen einer Spannung fließt zwischen den Elektroden ein Strom proportional zur Konzentration der Kohlenwasserstoffe im Meßgas. *Schrüfer*

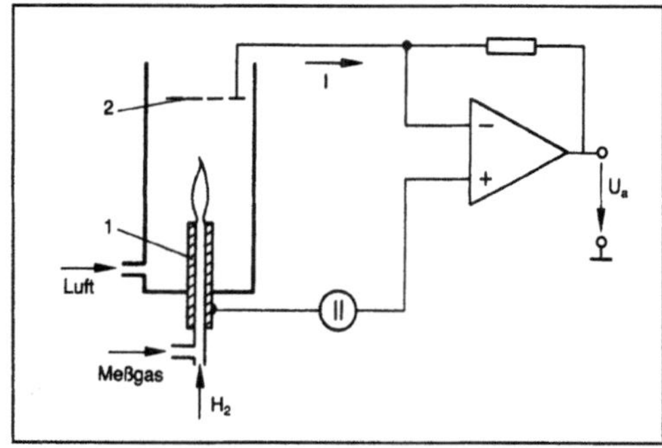

1) Brennerdüse, 2) Auffang-Elektrode, 3) Stromverstärker.

Flammen-Ionisationsdetektor: Die Ausgangsspannung U_a des Verstärkers ist proportional der Konzentration an Kohlenwasserstoffen im Meßgas.

Flankenanstiegszeit/-abfallszeit →Anstiegszeit

Flankensteilheit. (*engl.* slope) Maß für die Änderungsgeschwindigkeit für den Spannungswert insbesondere bei logischen Zustandswechseln oder bei der Reaktion von Verstärkern auf schnelle Signalwechsel am Eingang. Die F. wird häufig ausgedrückt in Einheiten von V/μs (→Steilheit). *K. Winter*

Flash-Converter →A/D-Umsetzer mit parallelen Komparatoren

Flash-EPROM. Elektrisch löschbarer Speicher (→EPROM), dessen Speicherzellen – im Gegensatz zum →EEPROM – nicht einzeln, sondern insgesamt in sehr kurzer Zeit elektrisch löschbar sind.

Wie der EEPROM arbeitet der F.-E. mit einem Floating-Gate-Transistor als →Speicherzelle. Während die EEPROM-Speicherzelle im Regelfall aus zwei Transistoren (oder einer verschmolzenen Anordnung) besteht, wobei einer der beiden Transistoren unter Nutzung des Tunnelprinzips gelöscht werden kann, arbeitet der F.-E. nur mit der Ein-Transistor-Speicherzelle. Das Bild zeigt den Zellenaufbau. Beim „Schreiben" (Bild a) wird an G, D eine relativ hohe positive Spannung angelegt, so daß bei Stromfluß vor dem →Drain Heißelektronen im →Gateoxid entstehen, die das Schwebegate negativ aufladen: Speicherung der Elektronenladung. Zum „Löschen" würde man beim EPROM das →Gate durch UV-Bestrahlung entladen, beim EEROM durch den →Tunneleffekt. Die F.-E.-Zelle arbeitet mit Fowler-Nordheim-Tunnelung (Bild b). Dazu wird an den Source-Kontakt eine hohe Spannung gelegt. Drain liegt an Masse. Die Folge ist ein Elektronenübergang vom Schwebegate zum Source-Kontakt durch thermisch unterstütztes Tunneln. Da hierfür die Spannung etwas höher als beim normalen Tunneln sein kann und außerdem die Tunnelstrecke nicht optimiert sein muß, erfolgt der Entladevorgang etwas langsamer als bei EEPROM. Dafür läßt sich das gesamte Chip in einem Zyklus löschen. Die Vorteile des F.-E. sind (Tabelle) größere Speicherdichte (geringerer Preis), Chiplöschung, deutlich größere Zahl von Programmzyklen (10^4–10^5 gegen einige 103 bei EEPROMs). F.-E. werden von verschiedenen Herstellern mit schon beträchtlichen Kapazitäten angeboten. *R. Paul*

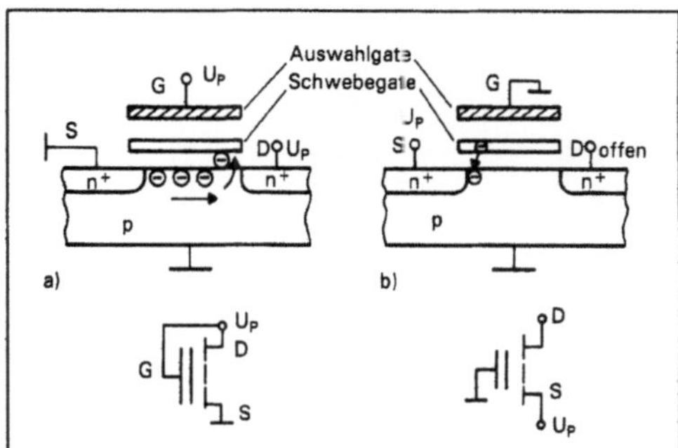

Flash-EPROM: Aufbau einer F.-E.-Zelle
a) Schreiben, Programmieren
b) Löschen.

Flash-EPROM. Tabelle: Eigenschaften des F.-E. im Vergleich zu anderen Speichereffekten.

	EPROM	EEPROM	Flash-EPROM
Programmieren	Programmiergerät	in der Schaltung	
Prinzip	Heißelektronen-Prinzip	Tunnelprinzip	Heißelektronen-Prinzip
Auflösung	Byte	Bit, Byte	
Zeit	≈ < 1 ms	< 1 ms	< 10 μs
Löschen	UV-Löschen	in der Schaltung	
Prinzip	UV-Strahlung	Tunnelvorgang	thermisch unterteiltes Tunneln
Auflösung	Chip	Zelle	Chip
Zeit	20 min	1 ms	100 ms

Flat →Kristallorientierung

Flat-and-Square-Farbbildröhre. (auch FS-Farbbildröhre). Farbbildröhren mit einem relativ flachen und rechteckigen →Bildschirm. Die Namensgebung FS erklärt sich aus dem Vergleich der FS-F. mit älteren Bildröhrentypen. In den Bildformaten ≥ 15″ (36 cm) werden heute praktisch nur noch FS-F. und Weiterentwicklungen davon eingesetzt. Eine FS-F. hat typisch einen Bildschirmkrümmungsradius von etwa dem 2,3fachen der Diagonale des sichtbaren Bildes. *Keitel/Nerstheimer*

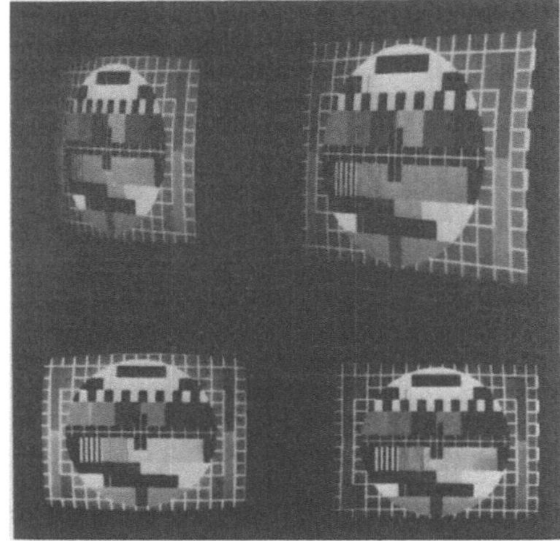

Links oben: konventionelle Farbbildröhre mit einer Leuchtschirmdiagonale von 63 cm und einem Schirmkrümmungsradius von ca. 1 m, seitliche Ansicht, rechts oben: Flat-and-Square-Röhre mit Leuchtschirmdiagonale von 66 cm und Schirmkrümmungsradius von ca. 1,7 m seitliche Ansicht, links unten: Obige konventionelle Röhre frontal gesehen, rechts unten: obige FS-Röhre frontal gesehen.

Flat-and-Square-Farbbildröhre 1: Ausführungen im Vergleich.

Literatur: Tradition in Qualität: Bildröhrenfertigung in Aachen. Hrsg. Philips, Hamburg.

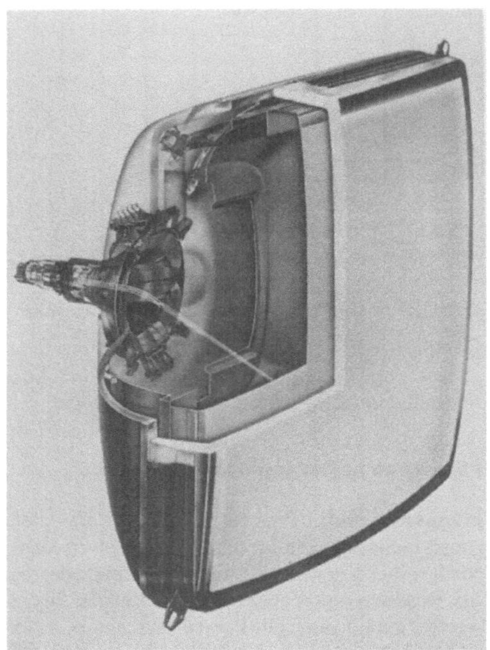

Flat-and-Square-Farbbildröhre 2: Schnittbild einer modernen Röhre. (Quelle: Philips Components)

Flat-Pack →Umhüllung

Flip-Chip-Technologie. Bei der F. C. T. wird der Chip mit der Schaltungsanlage nach unten auf die Leiterplatte aufgebracht. Verbindungsverfahren sind da Festkörperschweißen mit Nagelköpfen (die Bonddrähte werden nach dem Setzen des Kopfes auf dem Chip abgeschert), Lothügel und mit Leitpulver gefüllte Klebeverbindungen. Die F. C. T. eignet sich infolge der kurzen Leiterbahnführung zum Aufbau von →Chips in hoher Packungsdichte (→COB-Technik, Multichipmontage). Die Flip-Chip-Kontaktierung ist ein konstengünstiges Montageverfahren, vor allem für die Massenfertigung von Systemen mit hochpoligen Chips z. B. für die Rechentechnik und Kommunikationstechnik. Nachteile der Flip-Chip-Montage ist die schlechte Wärmeableitung durch die elektrischen Kontakte, so daß besondere Kühlkörper auf die obenliegende Rückseite der wärmedissipierenden Chips aufmontiert werden müssen. *Hieber/Ryssel*

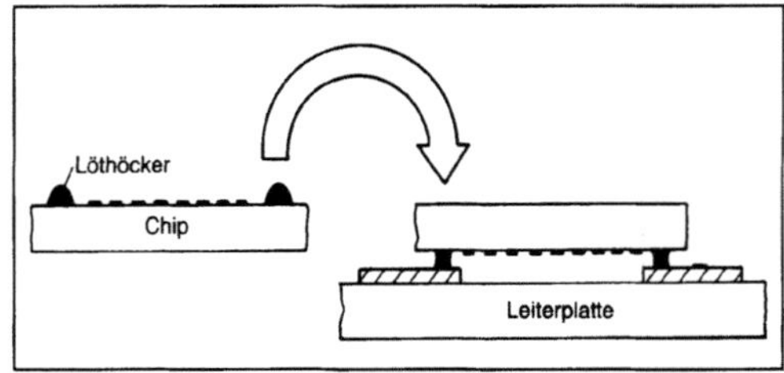

Flip-Chip-Technologie: Flip-chip-Aufbau auf Leiterplatte.

Literatur: *Hacke, H.-J.:* Montage integrierter Schaltungen. Berlin–Heidelberg–New York 1987.

Flip-Flop.

1. Generell Gruppe von rückgekoppelten Schaltungen, die als Flips oder auch Multivibratoren bezeichnet werden und die zwei Zustände einnehmen können. Dazu zählen

□ astabile FF (Multivibratoren), die ohne Eingangssignal Rechteckimpulse am Ausgang abgeben,
□ monostabile FF. die nach jedem Eingangsimpuls einen Ausgangsrechteckimpuls konstanter Dauer abgeben,
□ bistabile FF, die nach jedem Eingangsimpuls in einen anderen Zustand umschalten und deshalb einen Zustand speichern können.

2. Im engeren Sinne versteht man unter einem Flip-Flop das bistabile FF, auch bistabile Kippstufe, bistabiler Trigger oder Speicher-FF benannt. Es ist eine Schaltung aus zwei Verstärkerbauelementen und Steuereingängen, die so rückgekoppelt ist, daß am Ausgang zwei stabile Zustände (gewöhnlich mit 0 und 1 oder L und H bezeichnet) auftreten können. Grundsätzlich läßt sich das FF deshalb auch aus Gattern aufbauen. Die beiden stabilen Zustände werden über die Steuereingänge erzeugt (Setz-, Löschvorgänge) und dann im Flip-Flop gespeichert: Speicherung eines →Bit.

Das Flip-Flop ist das Grundelement sequentieller logischer Schaltungen (oder Folgeschaltungen) und dient als →Speicherelement für ein Bit. Deshalb findet es breiteste Anwendung als →Speicherzelle z. B. in Registern, Zählern, Teilern, Speichern (→RAM). In dieser Eigenschaft wird das F. oft auch als →Latch bezeichnet.

Es gibt eine Vielzahl von FF, die man nach ihrer Betriebsart und der Steuerung einteilen kann. Deshalb sind die Eingänge eines FF in zwei Gruppen zu unterteilen:
- Informationseingänge, an denen die Eingangssignale auf verschiedene Weise wirken können. Sie werden mit R, S, T, JK und Z bezeichnet (letztere für Zähl-FF).
- Vorbereitungs- bzw. Takteingänge, die dafür maßgebend sind, ob die anliegenden Signale an den Informationseingängen wirksam werden oder nicht. Übliche Bezeichnungen sind C (clock), unvorteilhafter T (s. o.) oder V.

Das Grund-FF ergibt sich sofort aus zwei gleichstrommäßig stark mitgekoppelten Transistoren T_1, T_2, es hat zwei stabile Zustände (Bild 1):

T_1 leitend, T_2 gesperrt: Q = L, Q = H

T_1 gesperrt, T_2 leitend: Q = H, Q = L,

die den Werten 0, 1 zugeordnet werden können. Zwischen den beiden Zuständen gibt es allgemein (d. h. auch bei beliebiger Ansteuerung) vier mögliche Übergänge oder Funktionen:
□ E: Erinnern: das FF befindet sich in den Zuständen 0 oder 1 und verbleibt auch dort bei einem Eingangsimpuls.
□ S: Setzen: das FF befindet sich im Zustand 0 und wird durch einen Eingangsimpuls in den Zustand 1 überführt (*engl.* Set, preset).
□ R: Rücksetzen: das FF wird durch einen Eingangsimpuls aus dem Zustand 1 nach 0 überführt (*engl.* reset, clear).

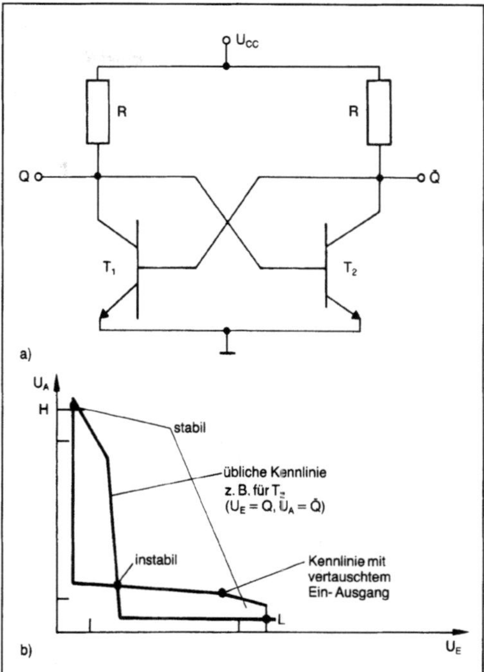

Flip-Flop 1: Prinzip des (bistabilen) FF.
a) Aufbau aus zwei rückgekoppelten Transistorstufen
b) Übergangskennlinie mit zwei stabilen Punkten (L, H) und einem instabilen Punkt.

□ K: Kippen: das FF befindet sich in den Zuständen 0 oder 1 und wird durch den Eingangsimpuls in den anderen Zustand überführt.

Das in Bild 2 dargestellte RS-FF aus NOR-Gliedern hat nur die drei Funktionen E, S und R. Sie treten für die dargestellten Eingangskombinationen auf. Die Kombination 1, 1 ist verboten, weil sie einen unbestimmten Zustand ergeben würde. Das Grund-FF läßt sich nicht nur durch Verstärkerelemente, sondern auch durch Grundgatter (NOR, NAND) realisieren.

Aus dem Grund-FF geht durch Vorschalten einer kombinatorischen Schaltung das universelle FF hervor (Bild 3a). Zwei Sonderfälle daraus mit nur einem Eingang sind das D- und T-FFF

Beim D-Flip-Flop (delay, Verzögerung) (Bild 3b) folgt der Q-Ausgang dem Signal des D-Einganges. Es heißt Auffang- oder Zwischenspeicher-FF Hierbei ist der S-Eingang über einen →Inverter mit dem R-Eingang verbunden. Das E-FF (Trigger-FF) (Bild 3c) schaltet immer bei anliegender 1 am T-Eingang. Deshalb entsteht am Ausgang die halbe Frequenz des Eingangssignals, und es wird als Teil-FF bezeichnet.

Die bisher erwähnten FF arbeiten ohne ein Taktsignal, was einige Nachteile mit sich bringt: z. B.

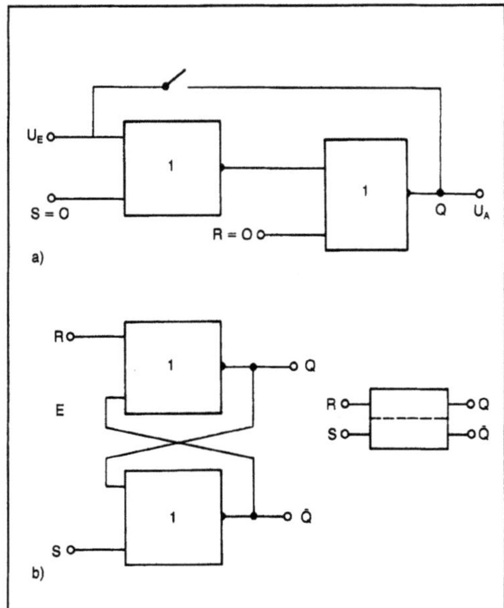

Flip-Flop 2: Grund-FF
a) Realisierung als RS-NOR-FF aus zwei NOR-Glieder
b) Äquivalente Darstellung mit Symbolen.

Hazards durch Laufzeitdifferenzen beim Zusammenschalten mehrerer FF, Zustandsänderungen bei kurzzeitigem Ausfall des Eingangssignals u. a. m.

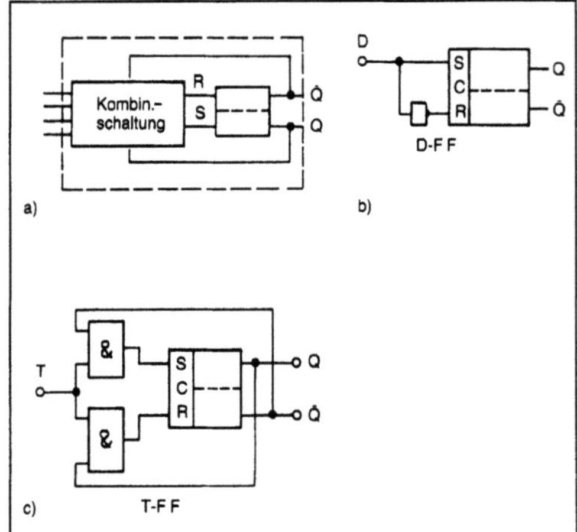

Flip-Flop 3: Grund-FF mit vorgeschalteter kombinatorischer Logik.
a) Prinzipaufbau
b) D-FF
c) T-FF

Hauptzweck eines Taktsignals ist es daher, das FF nur für bestimmte Zeitintervalle für das Eingangssignal zu sensibilisieren, entweder über den Taktzustand oder die Taktflanke. Man spricht dann von getakteten RS-, D-Flip-Flop, usw.

Schaltet man vor ein getaktetes RS-FF zwei UND-Gatter, von denen je ein Eingang das komple-

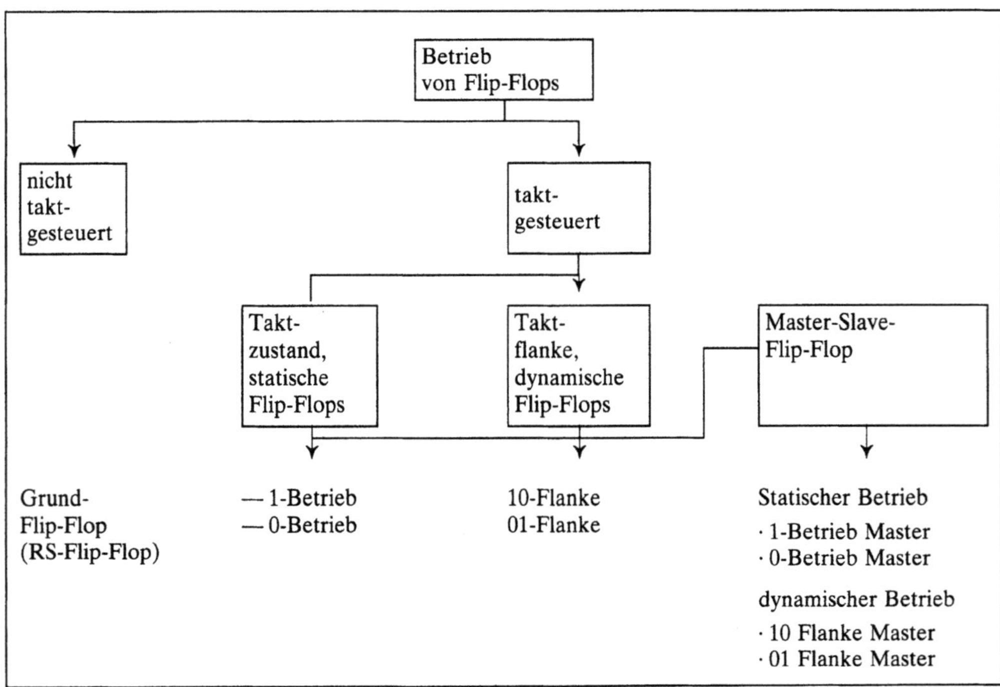

Flip-Flop 4: Betriebsarten. Übersicht.

mentäre Ausgangssignal erhält, so entsteht das JK-FF Es hat im Unterschied zum RS-FF alle vier Funktionen E, S, R, K (s. o.) und ist so eine vorteilhafte Erweiterung des RS-Flip-Flops.

Werden schließlich zwei taktgesteuerte RS-FF in Kette geschaltet und durch das Taktsignal gegenphasig gesteuert, so entsteht das RS-MS-FF (Master-Slave-FF) oder üblicher auch als JK-MS-Flip-Flop ausgeführt. Während des ersten Taktteiles (auf der ansteigenden Flanke) wird zunächst der JK-Eingang vom Master getrennt und anschließend der Slave sensibilisiert, so daß er den im Master gespeicherten Zustand übernehmen kann. Auf diese Weise sind Eingangs- und Ausgangsvariable getrennt und eine Fülle von Störungen lassen sich so vermeiden.

JK-FF haben meist noch einen Setz-S und Rücksetzeingang R, über den sie auch ohne Takt in eine der beiden Stellungen gesetzt werden können.

Zusammenfassend ergibt sich so die in Bild 4 gegebene Zusammenstellung der typischen Betriebsarten von FF.

FF werden als speichernde Grundelemente in allen digitalen Schaltkreistechniken angeboten, sie sind darüber hinaus auch in allen sequentiellen Schaltungen enthalten, insbesondere z. B. als Speicherzellen in statischen Halbleiterspeichern (→SRAM). *R. Paul*

Literatur: *Millman, J.* and *A. Grabel:* Microelectronics. New York 1986. – *Tietze, U.* und *Ch. Schenk:* Halbleiterschaltungstechnik. Berlin 1985.

Float zone →Kristallziehen

Floating Gate →EAROM

Floppy-Disk. F.-D. ist ein magnetischer →Massenspeicher mit motorischem Antrieb für Computer. Es besteht aus dem Laufwerk (*engl.* Floppy-Disc-Drive), in das die Speicherplatte (→Diskette oder F.-D.) eingeschoben wird und der Steuerung (*engl.* Floppy-Disc-Controller), die für den Betrieb des Laufwerks verantwortlich ist.

Die Diskette ist eine flexible Kunststoffscheibe, die in der Regel beidseitig mit einer Magnetschicht versehen ist. Sie steckt auch während des Schreib/Lesebetriebes in einer quadratischen Schutzhülle. Diese ist u. a. mit verschiedenen Öffnungen (Fenster) für den Antrieb der Scheibe, für die Abtastung des Speicherinhaltes und für die Abtastung des Spuranfangs, markiert durch das Indexloch, versehen. Reibung der rotierenden Scheibe in der Hülle wird durch ein sich aufbauendes Luftpolster weitgehend verhindert.

Die Datenspeicherung erfolgt auf konzentrischen Spuren, die von einem radial bewegten Magnetkopf dem Schreib/Lesekopf abgetastet werden. Beim Schreibvorgang erzeugt der Schreibkopf Magnetisierungswechsel auf der Magnetschicht der Diskette, die die gespeicherte Information repräsentieren. Beim Lesevorgang werden diese durch Induktionswirkung im Magnetkopf wieder in Spannungsimpulse umgewandelt (gelesen). Die Aufzeichnung der Daten erfolgt frequenzmoduliert (FM) bei einfacher Schreibdichte und mit einem modifizierten FM-Verfahren (MFM, M²FM) bei doppelter Schreibdichte. Da die Speicherkapazität einer der nummerierten konzentrischen Spuren relativ groß ist, werden die Disketten zweckmäßigerweise zusätzlich in Sektoren eingeteilt. Diese können durch sog. Sektorlöcher auf der Diskette hardwaremäßig oder softwaremäßig durch entsprechende Formatierung gekennzeichnet sein. Anhand der Sektormarken erfolgt die Orientierung des Schreib/Lesekopfes und die Adressierung der Datenblöcke. Jeder Sektor ist in Adreßfeld, Datenfeld und verschiedene Lücken (Gaps) aufgeteilt. Je nach verwendetem Format werden bis zu 30% der Speicherkapazität zur Datenorganisation benötigt.

Die gebräuchlichsten Größen von F.-D. sind in nachstehender Tabelle zusammengestellt.

Floppy-Disk. Tabelle: Diskettengrößen nach Maxell

Bezeichnung	Diskettengröße
Standard Floppy-Disk	(8″)
Mini Floppy-Disk	(5¼″)
Micro Floppy-Disk	(3½″)
Compact Floppy-Disk	(3″)

Die maximale Speicherkapazität liegt derzeit bei 1,2–1,44 MByte; in Sonderausführungen und mit besonderem Diskettenmaterial werden 2,80–20 MByte erzielt. Die mittlere Datentransferrate beträgt 250–500 Kbit/s.

F. sind billige Massenspeicher mit mittlerer Kapazität und →Zugriffszeit, die in allen Bereichen der Datenverarbeitung und Steuerungstechnik einen festen Platz haben. *Freyberger*

Flußkennlinie →Halbleiterdiode

Flußmittel →Reflow-Löten, →Weichlöttechnik, →Wellenlöten

Flüssigkeitslaser →Farbstofflaser

Flüssigkeitsszintillator →Szinillationsmeßkopf

Flüssigkristall-Anzeige. (*engl.* LCD, Liquid Crystal Display). Der Begriff Flüssigkristall beschreibt zunächst die Eigenschaft vieler natürlicher, aber auch künstlich hergestellter Substanzen. In einem festen Temperaturbereich verhalten sie sich auf der einen Seite wie eine Flüssigkeit, das heißt z. B., daß sie ein durch ein Gefäß angebotenes Volumen ausfüllen; auf der anderen Seite verhalten sich die einzelnen Moleküle jedoch wie die eines Kristalls. Sie nehmen in Bezug auf ihre Nachbarmoleküle in mindestens einer Richtung feste Positionen ein. Flüssigkristalline Substanzen verbinden damit die Eigenschaften einer Flüssigkeit mit der eines Kristalls (→Flüssigkristallphasen).

Entdeckt wurden diese Eigenschaften von *Reinitzer* (1888) und *Lehmann* (1890). Der breite technische Einsatz begann allerdings erst mit der Entwicklung der verdrillt nematischen Zelle (TN-Zelle, *engl.* TN, twisted nematic) zu Beginn der siebziger Jahre.

Flüssigkristalline Moleküle haben meist eine zylinderförmige Gestalt. Wegen ihrer polaren Eigenschaften bilden sich weitreichende Kräfte innerhalb eines kritischen Temperaturbereiches aus, die zu der ausgeprägten →Orientierung der Moleküle führen. Optisch verhalten sich diese Moleküle und damit auch dünne Schichten dieser Substanzen, wie optisch einachsige Kristalle. Die heute gebräuchlichen Substanzen sind meist Mischungen, die auf die Gegebenheiten der Zelle optimiert sind.

Die Flüssigkristall-Zellen sind aus zwei Glasplatten aufgebaut, deren Abstand weniger als 10 µm beträgt, aufgebaut. Die erlaubten Toleranzen liegen im Bereich von 0,2 µm. Auf den Innenseiten sind sie mit transparenten Elektroden und einer speziellen →Orientierungsschicht bedeckt. Als Orientierungsschicht wird heute meist eine Polyimmidschicht verwendet. Bei der Herstellung wird die Schicht durch Reiben z. B. mit einem feinen Tuch so aufbereitet, daß sie die angrenzende Schicht der Flüssigkristall-Moleküle in eine Vorzugsrichtung zwingt. Von hier aus bilden die Moleküle durch die gesamte Schichtdicke hindurch eine Helix. Auf der gegenüberliegenden Grenzschicht sind die Moleküle um 90° verdrillt. Diese Anordnung hat zur Bezeichnung *verdrillt nematische Zelle* (TN-Zelle) geführt. Die Orientierung der ersten Molekülschicht erhält bei den konventionellen TN-Zellen (Bild 1) einen Inklinationswinkel zwischen typisch 1 und 3°.

Als transparentes Elektrodenmaterial wird heute nahezu ausschließlich Indium-Zinnoxid (→ITO-Schicht) eingesetzt.

Der Vektor des Lichtes, das die Flüssigkristall-Zelle passiert, wird in der Schraube der Moleküle mitgeführt.

Legt man an die Elektroden der Zelle eine geeignete Spannung an – meist ein Wechselspannungssignal von 2–10 V – dann werden die Flüssigkristall-Moleküle aus ihrer Schraubenorientierung in die Feldrichtung gedreht. Die Flüssigkristall-

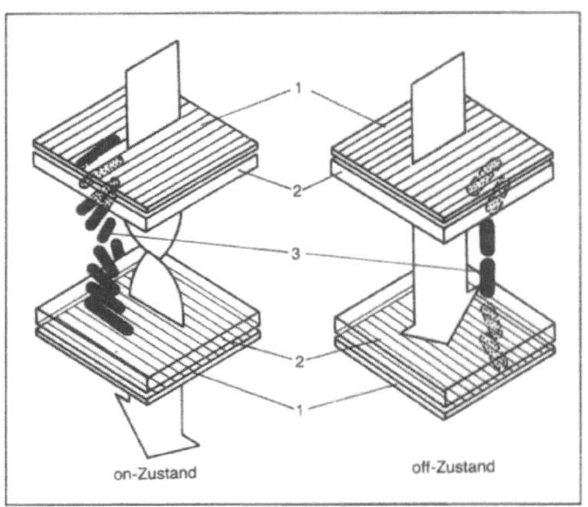

1) Polarisationsfolie, 2) Glasplatte mit transparenten Elektroden und Orientierungsschicht, 3) Polarisationsfolie

Flüssigkristall-Anzeige 1: Grundaufbau einer verdrillt nematischen Flüssigkristall-Zelle (TN-LCD).

schicht – nicht aber das einzelne Molekül – verliert damit die Eigenschaft den Polarisationsvektor des Lichtes zu verdrillen; das Licht passiert die Zelle ohne Änderung der Richtung der Schwingungsebene.

Nun ist aus der klassischen Optik bekannt, daß derartige Vorgänge mit Hilfe von polarisiertem Licht sichtbar gemacht werden können. Deshalb verklebt man die Flüssigkristall-Zellen auf den Außenseiten mit einer →Polarisationsfolie. Der Vektor des Lichtes, das die Flüssigkristall-Zelle erreicht, schwingt deshalb nur in der durch die Folie vorgegebenen Ebene. Je nach Ausrichtung der beiden Polarisationsfolien auf Front- und Rückseite (parallel oder um 90° gegeneinander verdreht) kann Licht die Zelle im Ruhezustand passieren oder wird in der als Analysator wirkenden Polarisationsfolie absorbiert (Dunkelzustand). Im geschalteten Zustand ergibt sich dabei der inverse Helligkeitszustand. F. bieten deshalb die Möglichkeit, Informationen als helle Zeichen auf dunklem Feld (→Dunkelfeldanzeige) oder dunkle Zeichen in hellem Feld (→Hellfeldanzeige) darzustellen.

Die Verdrillung der Moleküle in der Zelle zeigt eine ausgeprägte, nichtlineare Kennlinie (Bild 2). Die →Steilheit der Kennlinie hängt entscheidend von der Zellenkonstruktion und der Anpassung der Flüssigkristall-Mischung ab. Eine Spannung, die geringer als der →Schwellwert ist, führt zu keiner merklichen Änderung der Transmission. Dies ist eine der wichtigen Voraussetzungen zum Aufbau von Zellen mit einer →Multiplexansteuerung.

Typische Werte für die Ansteuerungssignale einer Flüssigkristall-Zelle sind:

□ Spannungspegel: 2–10 V

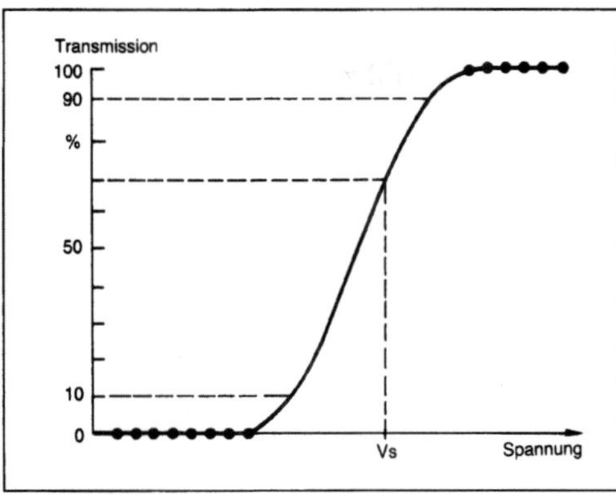

V_3-Schwellspannung.

Flüssigkristall-Anzeige 2: Typische elektrooptische Kennlinie einer verdrillt nematischen LCD-Zelle.

□ Wechselfrequenz: 25–100 Hz, heutige Ansteuerungs-IC's verwenden Rechteckimpulse

□ Die Gleichspannungskomponente darf einen Pegel von ca. 50 mV nicht überschreiten, da sonst langfristig elektrolytische Effekte zu einer Zerstörung der Zelle führen.

Der darstellbare Informationsinhalt einer Flüssigkristall-Zelle wird durch die Strukturierung der transparenten Elektroden bestimmt. So sind die Elektroden in Anzeigen numerische Zeichen meist als 7-Segmentelektroden ausgeführt, während sie in Zellen für die Darstellung alphanumerischer Zeichen entweder als Blöcke mit 5 × 7 Bildpunkten oder gar in graphikfähige Anordnung hergestellt sind. Beim Design der Elektroden ist darauf zu achten, daß nur die Bereiche einer Zelle angesteuert werden können, deren Elektroden auf Front- und Rückseite sich überlappen.

Das typische Erscheinungsbild von Flüssigkristallen bietet dunkle Zeichen auf hellem Feld, oder helle Zeichen auf dunklem Feld. Am bekanntesten sind reflektive Anzeigen. Bei ihnen ist auf die Rückseite ein Reflektor aufgeklebt. Dieser Reflektor kann jedoch auch so ausgeführt sein, daß der Reflexionsgrad merklich weniger als 100% beträgt.

Man spricht in diesem Fall von einer transflektiven Zelle. Ihre Reflexion beträgt typisch 50%. Vorteil dieser Anordnung ist, daß die Zelle bei hohen Intensitäten des Umgebungslichtes das Feld ausreichend hell erscheint, während für den Betrieb bei Dunkelheit eine Hilfslichtquelle auf der Rückseite der Zelle für eine Ausleuchtung des Anzeigefeldes sorgt. Die Farbe dieses Feldes kann in weiten Grenzen variiert werden.

Zur Darstellung von Informationen in Farbe werden heute meist transmissive Zellen als Dunkelfeldanzeigen verwendet. Auf der Rückseite befindet sich dann eine intensive Lichtquelle, deren Farbspektrum kombiniert mit der Dunkelfarbe eines Farbfilters, die Farbe der dargestellten Information bestimmt.

Die gestiegenen Anforderungen hinsichtlich der darzustellenden Informationsmenge, des Arbeitstemperaturbereichs, der Winkelabhängigkeit etc. haben zu einer bemerkenswerten Weiterentwicklung der Zellentechnologie geführt.

So wurden Techniken entwickelt, bei denen die Flüssigkristall-Mischung dichroitische Farbstoffe enthält. Man spricht in diesen Fällen von Farbstoff-Zellen. Vorteil dieser Zellen ist, daß auf der einen Seite der →Kontrast und die Winkelabhängigkeit verbessert werden kann. Im Fall einer hohen Farbstoffkonzentration kann sogar erreicht werden, daß die Polarisationsfilter teilweise oder gar gänzlich entfallen können. Hauptproblem dieser Zellen ergeben sich bei tiefen Temperaturen. Hier verringert sich die →Löslichkeit der dichroitischen Farbstoffe merklich, so daß sie ausfallen. Weitere Nachteile bestehen in einer verlängerten →Schaltzeit und einer Abflachung der elektrooptischen Kennlinie. Die Multiplexansteuerung wird dadurch weitgehend verhindert.

Ein spektakulärer Entwicklungsschritt wurde durch Zellen mit einer Schraubenverdrillung von 180–270° erreicht. Damit verbunden ist eine sehr steile Kennlinie, die die Multiplexansteuerung mit sehr hoher Multiplexrate erlaubt. Zellen dieses Typs sind heute unter den Bezeichnungen STN (*engl.* super twisted nematic), HBE (*engl.* highly-twisted birefringence effect) oder SBE (*engl.* super-twisted birefringence effect)-Zellen (Bild 3) am Markt. Die Multiplexrate dieser Produkte liegt im Bereich bis zu 1:200. Damit werden heute Zellen mit einer Bildpunktzahl von ca. 640 × 720 als Serienprodukt gefertigt.

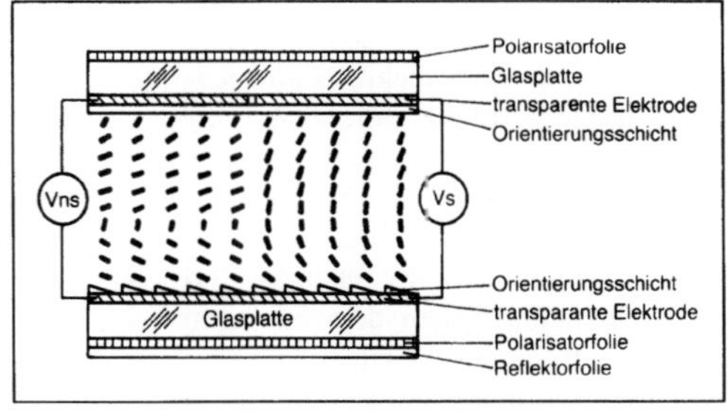

Flüssigkristall-Anzeige 3: Grundaufbau einer reflektiven Flüssigkristall-Zelle (SBE-Zelle) in nicht angesteuertem (links) und angesteuertem (rechts) Zustand.

Verbesserungen des Kontrastes mit dem Ziel einer Schwarz-Weiß-Darstellung der Information, lassen sich mit speziellen Zellenanordnungen erreichen. So bietet die OMI-Zelle (*engl.* Optical Mode Interference) bereits sehr geringe Wellenlängenabhängigkeiten der Transmission im Ruhezustand sowie geringe Temperaturabhängigkeiten und Erleichterungen der Herstelltoleranzen für die Zelle. Nachteil dieser speziellen Zelle ist die geringe Transmission, so daß die →Helligkeit hinterleuchteter Zellen prinzipiell gering sein wird. Zellen dieses Typs werden bisher nicht am Markt angeboten.

Eine weitere Alternative besteht in einer Anordnung, bei der zwei STN-Zellen mit entgegengesetzter Verdrillungsrichtung zu einer Einheit zusammengefaßt werden. Man spricht hier von Doppelzellen oder *Double-layer* STN-Zellen. Der Vorteil dieser Anordnung besteht in der nahezu farbunabhängigen Transmission des Lichtes bei gleichzeitig hohen Transmissionswerten. Allerdings wird dieser Vorteil mit höheren Herstellkosten erkauft.

Beträgt der Inklinationswinkel der Flüssigkristall-Moleküle in einer TN- oder STN-Zelle an der Grenzschicht zur Orientierungsschicht nur wenige Grad, so erreicht man durch Vergrößerung dieses Winkels auf 90° (die zylinderförmigen Moleküle stehen dann auf ihrer Spitze), daß die elektrooptische Kennlinie sehr steil wird. Zellen dieses Typs werden als ECB-Zellen (*engl.* electrically controlled birefringence) bezeichnet. Dieser Zustand entspricht bei gekreuzten Polarisatoren einem dunklen, nicht transparenten Zustand der Zelle. Bei Anlegen eines elektrischen Feldes werden die Moleküle so gedreht, daß ihre Zylinderachse senkrecht zur Feldrichtung steht. Sind die beiden Polarisationsfilter gekreuzt, so entspricht dies einem Hellzustand. Die Änderung der effektiven →Doppelbrechung der Zelle und damit der Transmission ist proportional zur anliegenden Spannung.

Flüssigkristall-Substanzen zeigen neben der oben beschriebenen nematischen Phase auch eine sogenannte smektische Phase. Sie zeichnet sich dadurch aus, daß die Moleküle schichtförmig angeordnet sind. Benachbarte Schichten sind leicht gegeneinander versetzt. Substanzen dieser Art zeigen als dünne Schicht ein ausgeprägtes Speicherverhalten. Dies ähnelt den dielektrischen Eigenschaften ferroelektrischer Kristalle. Man bezeichnet entsprechende Flüssigkristalle deshalb auch als ferroelektrische Flüssigkristalle. Neben dem Speichereffekt zeichnen sie sich durch sehr kurze Schaltzeiten (μsec im Vergleich zu den Schaltzeiten einer typischen TN-Zelle im Bereich msec) aus. Zellen mit ferroelektrischen Flüssigkristallen werden deshalb derzeit als besonders aussichtsreich für Anzeigen mit hohem Informationsinhalt betrachtet. Da jedoch die Zellentechnologie und die Herstellung von Mischungen mit optimierten Eigenschaften besondere – noch nicht komplett gelöste – Probleme aufwirft, sind diese Anzeigen noch nicht am Markt erhältlich.

Für den Benutzer sind meist die folgenden Eigenschaften von herausragendem Interesse:

- angepaßte Informationsmenge,
- hoher Kontrast der Anzeige,
- angepaßter Temperaturbereich,
- kostengünstige Herstellung des Gesamtsystems,
- gutes optisches Erscheinungsbild der Information.

Als kritischer Parameter – neben der Technologie der Zelle – stellt sich in der Praxis immer wieder die Ansteuerungsschaltung heraus. Je geringer die Multiplexrate ist, desto besser werden Kontrast, Winkelabhängigkeit, Temperaturverhalten.

Für viele Anwendungen ist im Interesse eines hohen Kontrastes und hoher Transmission im geschalteten Zustand der Flüssigkristall-Zelle eine statische Ansteuerung wünschenswert. Dies läßt sich bei Zellen für hohen Informationsinhalt und geringer Bildpunktgröße nicht realisieren. Deshalb arbeiten viele Laboratorien seit mehr als zehn Jahren an der Entwicklung von Ansteuerungsschaltungen, die direkt in die Flüssigkristall-Zelle integriert werden können. Als besonders aussichtsreiche Techniken haben sich bisher Schaltungen mit Dünnschicht-Transistoren (TFT-Matrix) und nichtlineare, passive Schaltungen mit einer Schichtfolge Metall-Isolator-Metall (MIM) erwiesen. Jeder Bildpunkt wird mit einem derartigen Element in der Flüssigkristall-Zelle integriert. Es bewirkt, daß nach Ansteuerung des elektrischen Schaltelementes (der Dünnschichttransistor oder das MIM-Element) der betreffende Bildpunkt in der Flüssigkristall-Schicht „statisch" angesteuert wird. Damit erreicht man auf der einen Seite hohe Multiplexraten – die Speichereigenschaften werden von der elektronischen Schaltung übernommen – und auf der anderen Seite vorteilhafte optische Eigenschaften.

Der derzeitige Stand der Technik läßt eine abschließende Beurteilung, welche der sehr unterschiedlichen technischen Ansätze (TFT oder MIM) einer optimalen Flüssigkristall-Technik letztlich die künftige Entwicklung bestimmen wird, nicht zu. Man kann jedoch davon ausgehen, daß die Flüssigkristall-Techniken insgesamt eine der den Markt für elektronische Anzeigen bestimmende Technik sein werden. Der Ersatz der →Kathodenstrahlröhre durch eine der Flüssigkristall-Techniken ist auf diesem Wege ein wichtiger Meilenstein. *Potthast*

Flüssigkristall-Farbstoffzelle. In einer verdrillt nematischen Flüssigkristall-Zelle, der TN-Zelle, erfolgt die Lichtabsorption in den Polarisationsfiltern. Die Flüssigkristall-Schicht dient der Drehung der Polarisationsrichtung des hindurchtretenden Lichtes. Die bei vielen Anwendungen störende Winkelabhängigkeit des Kontrastes bei Einsatz der TN-Technik führte zu Überlegungen, das absorbierende Medium direkt in die Zelle zu integrieren. Dazu löst man dichroitische Farbstoffmoleküle als Gast (*engl.* guest) in einem nematischen oder cholesterinischen Flüssigkristall als Wirt (*engl.* host). Daraus entstand für F.-F. dieses Typs die Bezeichnung Guest-Host-Zelle.

Die dichroitischen Farbstoffmoleküle sind an die Flüssigkristall-Moleküle gekoppelt und führen deren elektrisch induzierte Drehbewegungen mit aus. Die dichroitischen Moleküle steuern damit die Lichtabsorption in Abhängigkeit vom anliegenden elektrischen Feld.

Der Aufbau einer Farbstoffzelle entspricht weitgehend dem einer TN-Zelle. Unterschiede ergeben sich vornehmlich bei der →Orientierungsschicht und den Polarisationsfiltern.

So wird in der einen Version der Zelle die →Orientierung ohne Verdrillung der Flüssigkristall-Moleküle zu einer Schraube ausgeführt. Die Moleküle sind parallel zur Glasoberfläche angeordnet (*Heilmeier*-Zelle). Die Polarisatorfolie an der Grenzfläche des Lichteintritts ist so mit der Zelle verklebt, daß die Schwingungsrichtung des Lichtes parallel zur Richtung der Molekülachsen ist. Licht wird auch ohne eine zweite Polarisatorfolie am Lichtaustritt in der Zelle absorbiert.

Beim Anlegen einer elektrischen Spannung werden die Moleküle in Feldrichtung gedreht. Die Absorption des Lichtes durch die dichroitischen Moleküle wird merklich schwächer. Das optische Erscheinungsbild der Zelle ergibt damit ein helles Zeichen in einem dunklen Feld (→Dunkelfeldanzeige). Die Farbe der Zeichen kann durch Farbfilter in weiten Grenzen variiert werden. Damit läßt sich gleichzeitig – bei optimaler →Anpassung der Farben von Lichtquelle, bzw. Farbfilter und Absorption der Zelle im nicht angesteuerten Zustand – die →Helligkeit des Anzeigefeldes reduzieren.

Die Heilmeier-Zelle kann ebenfalls als Doppelzelle ausgeführt werden.

Vorteile dieser Anordnung beruhen vor allem in der verringerten Winkelabhängigkeit und der Einsparung einer der Polarisationsfolien, sowie einer Verringerung von Farbverschiebungen bei Schichtdickenschwankungen der Zelle.

In einer anderen Anordnung wird eine cholesterinische Flüssigkristall-Mischung als Wirt gewählt. Im spannungslosen Zustand sind dann die Richtungen der dichroitischen Farbstoffmoleküle willkürlich verteilt. Dies wird durch eine homöotrope Ausrichtung der Flüssigkristall-Moleküle erreicht. Dabei stehen diese Moleküle nahezu senkrecht zur Glasplatte; die Orientierungsschicht wird in diesem Fall unter Verwendung von langkettigen Silanen gebildet (*White-Taylor*-Zelle). Die Funktion dieser Zelle erfordert keine Polarisationsfilter. Dadurch wird die Transmission im geschalteten Zustand im Vergleich zur Heilmeier- oder zur TN-Zelle deutlich höher. Jedoch sind zur Ansteuerung der Zelle deutlich höhere Spannungen erforderlich.

Die F. machen eine statische Ansteuerung erforderlich. Dadurch sind sie vornehmlich für Anzeigen mit relativ geringer Informationsdichte, wie Großanzeigen und numerische Anzeigen, geeignet. Die Abnahme der →Löslichkeit der dichroitischen Farbstoffe in den Flüssigkristall-Molekülen nimmt bei tiefen Temperaturen merklich ab. Dieser Effekt begrenzt daher die erreichbaren Kontrastwerte und/oder den Arbeitstemperaturbereich der F.

Pottharst

Flüssigkristallphasen. →Flüssigkristall-Anzeigen bestehen aus einer dünnen Glaszelle, auf deren Innenflächen transparente Elektroden zur Zuführung der Steuersignale aufgebracht sind (ITO-Elektroden). Die eigentliche elektrisch aktive Schicht wird jedoch aus einer Mischung von organischen Substanzen gebildet, deren Eigenschaften *flüssigkristallin* genannt werden.

Chemisch handelt es sich bei diesen Substanzen um *Schiff'sche* Basen, Ester, Azoxy-Verbindungen und/oder Biphenyle. Wurden bei den älteren Flüssigkristall-Anzeigen meist Schiff'sche Basen verwendet, so sind moderne Mischungen meist sehr speziell auf die Anwendung und die Zellentechnologie optimierte Verschnitte unter Verwendung von Estern und Biphenylen.

Die einzelnen Moleküle haben eine gestreckte Form, die oft als zigarrenförmig umschrieben wird. Damit verbunden sind anisotrope dielektrische und optische Eigenschaften; d. h. die entsprechenden Stoffkonstanten sind in den verschiedenen Molekülachsen unterschiedlich groß (Tabelle).

Flüssigkristallphasen. Tabelle: Typische Eigenschaften einer Flüssigkristall-Mischung

Schmelzpunkt	– 40°C
Klärpunkt	+ 95°C
Δ E	+ 8
$E_{\parallel}$	11,7
Δ_n	0,1400
n_e	1,6440

Bei tiefen Temperaturen sind flüssigkristalline Substanzen Festkörper. Die Moleküle bilden ein Kristallgitter; d. h. sie befinden sich bezüglich ihrer Nachbarmoleküle an fest vorgegebenen Positionen mit fest vorgegebenen Richtungen der Molekülachsen.

Oberhalb des Schmelzpunktes können sich die Moleküle weitgehend frei verschieben. Die weitreichenden Wechselwirkungen zwischen den Flüssigkristallmolekülen sorgen jedoch noch innerhalb eines breiten Temperaturbereichs – den Mesophasen – für eine Ausrichtung. Dabei sind mehrere Phasen mit unterschiedlicher Symmetrie der Molekülanordnung zu unterscheiden:

□ In den smektischen Phasen sind die langen Molekülachsen in Ebenen orientiert
– zweiachsige Symmetrie;
□ die Ebenen sind gegeneinander verschiebbar. In den nematischen Phasen sind die Achsen weitgehend parallel zueinander orientiert
– einachsige Symmetrie; die Moleküle können sich jedoch frei in Richtung der Längsachsen bewegen.

Füllt man flüssigkristalline Substanzen in ein größeres Gefäß, so sehen sie weißlich-trübe aus. Dies ist auf die Ausbildung von kleinen Bereichen mit einheitlicher →Orientierung zurückzuführen. An den jeweiligen Grenzflächen wird Licht gestreut.

Bei weiterer Erhöhung der Temperatur werden die Wechselwirkungen geringer. Die Moleküle verlieren die orientierenden Eigenschaften, so daß sie sich wie übliche Flüssigkeiten verhalten; die Verteilung der Molekülachsen ist hier willkürlich. Man bezeichnet die flüssige Phase deshalb als isotrop. Die Temperatur dieses Phasenwechsels ist mit dem Verschwinden der flüssigkristallinen Phasen verbunden (→Klärpunkt).

Technische Bedeutung in Anzeigen haben bisher vornehmlich Mischungen mit nematischen oder smektischen Eigenschaften erworben.

So werden in den konventionellen Flüssigkristall-Zellen, für numerische Anzeigen, oder Anzeigen mit geringem Informationsinhalt, nematische Mischungen eingesetzt. Dabei wird die Richtung der Molekülschichten, die die Grenzschichten zur Zelle bilden, durch Orientierungsmaßnahmen (→Orientierungsschicht aus aufgedampften Oxidschichten, oder aus Polyimmidschichten) in bestimmten Richtungen bezüglich der Glasplatten fest verankert. In den weiteren Schichten sind die Moleküle helixartig angeordnet. Auf der gegenüberliegenden Glasplatte sind die Moleküle um 90 Grad verdrillt.

In den als STN- und SBE-LCD bezeichneten Zellen für Anzeigen mit hohem Informationsinhalt beträgt die Verdrillung dagegen zwischen 180 und 270 Grad.

Zur Herstellung von Anzeigen mit inhärenten Speichereigenschaften werden seit Mitte der siebziger Jahre Flüssigkristall-Mischungen mit ferroelektrischen Eigenschaften betrachtet. Darunter versteht man Molekülanordnungen mit einer permanenten →Polarisation. Sie alle gehören zu einer monoklinen Punktgruppe (C_2).

Eine weitere Untergruppe der flüssigkristallinen Substanzen stellen die sogenannten *blauen Phasen* dar. Sie treten in cholesterinischen Systemen mit kleiner Ganghöhe in einem eng begrenzten Temperaturbereich unterhalb des Klärpunktes auf. Sie zeichnen sich durch selektive elektrisch steuerbare Reflexion aus. Damit sind sie Kandidaten für die Herstellung von reflektiven farbigen Anzeigen. *Pottharst*

Flüssigphasenepitaxie. Bei der F. wird der Halbleiter bei Temperaturen weit unter seinem Schmelzpunkt zusammen mit der gewünschten →Dotierung in einem geeigneten Metall gelöst, in Kontakt mit der Probe gebracht, auf der die epitaktische Schicht aufwachsen soll, und die Temperatur erniedrigt. Hierdurch wird die →Löslichkeit des Halbleiters im Metall überschritten und die gewünschte Schicht wächst auf.

Praktisch keine Bedeutung hat die F. in der Siliciumtechnologie; lediglich zur Herstellung billiger Solarzellen wird sie untersucht, ohne bisher breite Anwendung zu finden. Als Lösungsmittel kommen →Zinn, →Aluminium und Gallium in Frage.

Auf dem Gebiet der →Verbindungshalbleiter hat die F. eine sehr große Rolle erlangt, da dort die bei →Silicium üblichen gasphasenepitaktischen Verfahren wegen der im allgemeinen stark unterschiedlichen Partialdrücke der einzelnen Komponenten relativ schwierig sind. Im allgemeinen ist das Lösungsmittel die metallische Komponente des Halbleiters, also Gallium bei der F. von →GaAs, aber auch andere Metalle, z. B. Blei oder Zinn sind möglich. Im letzten Fall ergeben sich jedoch stark n-dotierte Schichten, da Zinn bei GaAs auf As-Gitterplätze eingebaut wird und dort als →Donator wirkt.

Bei der F. nach dem Kippverfahren (Bild) wird eine gesättigte Schmelze über die Probe gekippt und nach Beendigung der →Epitaxie die Restschmelze abgekippt. Dieses Verfahren ist besonders geeignet, komplizierte Schichtfolgen, wie man sie z. B. für Doppelheterostrukturlaser benötigt, herzustellen. Außerdem gibt es Schleuderverfahren für extrem dünne Epitaxieschichten, sowie vor allem Schiebeverfahren, bei denen verschiedene Schmelzen in einzelnen Behältern über das Substrat (→Halbleiterscheibe) geschoben werden, um auf diese Weise Mehrschichtstrukturen, wie z. B. Heterostrukturen abzuscheiden.

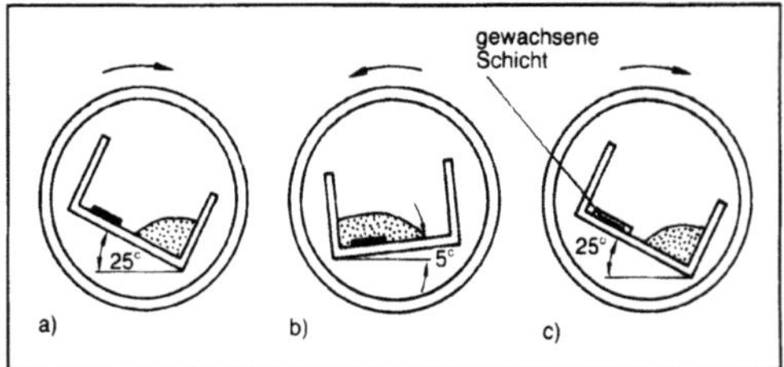

Flüssigphasenepitaxie: Herstellung einer Epitaxieschicht mit Hilfe der F. nach dem Kippverfahren.

Großtechnisch wird das Verfahren zur Herstellung von GaAs- und GaP-Lumineszenzdioden verwendet, die auf diese Weise mit wesentlich höheren Lumineszenzwirkungsgraden herstellbar sind als mit Diffusionsverfahren. *Ryssel*

Literatur: *Mitsuhata, T.:* Phenomenological Theory on Liquid Phase Epitaxy. Japanese J. of Appl. Phys., 9 (1970) No. 1, S. 90–94.

Fokussierung.

Vakuumröhren. F. ist die Steuerung der Bündelung eines Elektronenstrahls in der Weise, daß ein kleinster oder ein optimaler Querschnitt in einem gegebenen Punkt erreicht wird. Fokussiert werden im allgemeinen Elektronenstrahlen für abbildende Systeme, sowie solche mit hoher Strahlstromstärke, um eine Strahlaufspreizung infolge der Abstoßungskräfte zu vermeiden.

Die Strahlaufspreizung hat z. B. bei →Elektronenröhren mit einem langgestreckten Elektronenstrahl negative Auswirkungen. In der Praxis läßt sich ein Elektronenstrahl durch ein homogenes axiales Magnetfeld oder durch periodische elektrische oder magnetische Felder fokussieren.

Beim fokussieren durch ein achsenparalleles magnetisches Feld muß dafür gesorgt werden, daß die Elektronen im Strahl mit einer bestimmten Winkelgeschwindigkeit um die Strahlachse rotieren. Aus der Bahngeschwindigkeitskomponente in Umfangsrichtung und dem Magnetfeld in Achsenrichtung entsteht die radial nach innen gerichtete *Lorentz*-Kraft. Diese kompensiert bei richtiger Einstellung der Parameter gerade die Summe aus Raumladungskraft und Fliehkraft der Elektronen. Einen derartigen Elektronenstrahl nennt man *Brillouin*-Strahl (→Brillouinströmung).

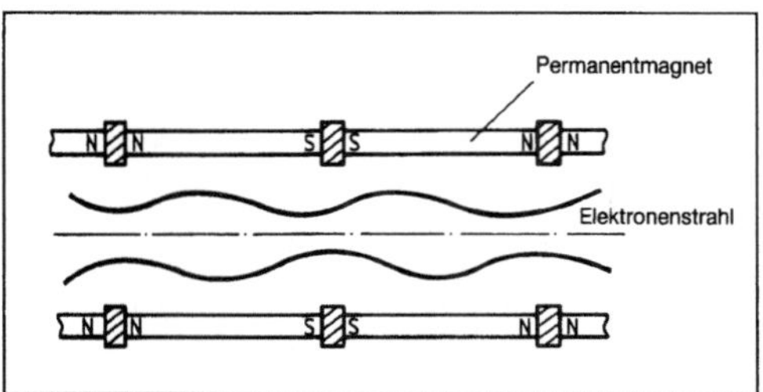

Fokussierung: Funktionsprinzip mit periodischen Permanentmagneten.

Die F. durch periodische Systeme wird heute besonders bei Mikrowellenröhren angewendet. Diese Art der →Strahlführung kann mit wesentlich kleineren und leichteren Magneten realisiert werden. Die F. geschieht durch aneinandergereihte elektrische oder magnetische Sammellinsen. Da sich der Strahl zwischen zwei Linsen jeweils wieder aufspreizt, erhält er eine wellige Struktur. *Kiesel*

Literatur: *Eichmeier, J.:* Moderne Vakuumelektronik. Berlin–Heidelberg–New York 1981.

Kathodenstrahlröhren. Zum Fokussieren des Elektronenstrahls bei →Kathodenstrahlröhren können sowohl elektrostatische als auch magnetische elektronenoptische Linsensysteme verwandt werden. Ihr Prinzip ist dasselbe.

Die elektrostatische elektronenoptische Linse ist integrierter Teil des Strahlsystems. Das magnetische System hingegen umgibt den Röhrenhals und damit das Strahlsystem von außen. In beiden Fällen wirkt das Linsensystem wie ein Engpaß, wodurch die auseinanderstrebenden Elektronenbahnen des Strahlenbündels so zusammen geführt werden, daß der Strahlenquerschnitt am →Leuchtschirm hinreichend klein wird.

Bei Kathodenstrahlröhren für das Fernsehen oder für Monitoranwendungen wird heute ausschließlich die elektrostatische F. angewandt.

Nerstheimer

Literatur: Die Fernseh-Bildröhre. Hrsg. Telefunken, Ulm. – Farbfernsehtechnik I. Hrsg. Telefunken, München. – Farbfernsehtechnik II. Hrsg. Telefunken, Berlin.

Folgeausfall. Der F. ist der →Ausfall einer Komponente als Folge eines vorausgegangenen Ausfalls einer anderen Komponente. Der F. ist also ein deterministisches und nicht ein zufälliges Ereignis.

Schrüfer

Folgerschaltung. →Grundschaltung eines Verstärkerbauelementes, insbesondere des Transistors, bei der die Ausgangsspannung stets geringfügig kleiner als die Eingangsspannung bleibt (Spannungsverstärkung ≤ 1), d. h. die Ausgangsspannung stets der Eingangsspannung „folgt". Typische Beispiele sind der →Emitterfolger (Grundschaltungen, Kollektorschaltung) und der →Sourcefolger. *R. Paul*

Folienkondensator →Kunststoffolien-Kondensator

Foliensteckverbinder. Zur elektrischen Verbindung von beweglichen Aggregaten sowie in der Steuerungselektronik werden häufig Leiterfolien eingesetzt. Werden lösbare Verbindungen benötigt, müssen die Folien an →Steckverbinder angeschlossen werden. Es bestehen dazu Ausführungen in Löttechnik, Crimptechnik und Andrucktechnik. Typischer Anwendungsfall ist der Anschluß des Typenrades eines Druckers. *Pagnin*

Format von Prüfbitmustern. Das F. v. P. ist die Beschreibung der qualitativen Aufeinanderfolge logischer/elektrischer Zustände der Treiberpins der digitalen →Pinelektronik innerhalb eines →Prüfzyklus. Mit dem F. v. P. wird die Zustandsfolge ‚logisch aktiv'/‚logisch inaktiv' (Driver-Format) und ‚elektrisch aktiv'/‚elektrisch inaktiv' (Inhibit-Format) ohne Rücksicht auf das aktuelle Timing und den momentanen logischen Wert dargestellt. Die Aufeinanderfolge kann zeitlich äquidistant oder unterschiedlich sein. Sinn der Verwendung von F. v. P.

und ihrer hardwaremäßigen Umsetzung in der Pinelektronik ist eine vereinfachte Signalerzeugungsmöglichkeit in Hard- und Software. Zusammen mit dem aktuellen logischen Wert und den aktuellen Werten des Timing-Generators für einen bestimmten Prüfzyklus kann der komplette elektrische Signalverlauf innerhalb eines Zyklus' beschrieben werden. Die aktuellen Werte für das Driver- und das Inhibit-Format, den logischen Zustand und ggf. das Timing werden im Pinspeicher der Pinelektronik abgespeichert.

Da sowohl das F. v. P. wie auch das Timing für jeweils bestimmte Klassen von Pins typisch bzw. weitgehend konstant ist, lassen sich durch die Anwendung des Format-Mechanismus Aufwände einsparen bezüglich der Funktionen der Pinelektronik wie auch hinsichtlich des Volumens der compilierten Prüfprogramme. Typische Driver-Formate von Testsignalen sind ‚return to zero', ‚delayed return to zero', ‚non return to zero', ‚surrounded by complement', constant HI, constant LO usw. (Bild 1).

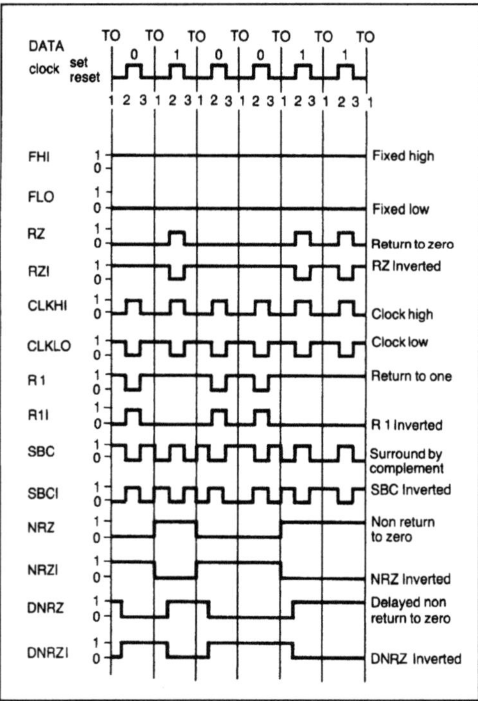

T_0-Zyklusgrenze

Format von Prüfbitmustern 1: Treiber-Formate. (Quelle: Siemens)

Typische Inhibit-Formate sind ‚always inhibit', ‚never inhibit', ‚return to inhibit', ‚return to inhibit inverted' usw. (Bild 2).

Die Format-Angaben im →Prüfprogramm werden zusammen mit den Timing-Informationen und

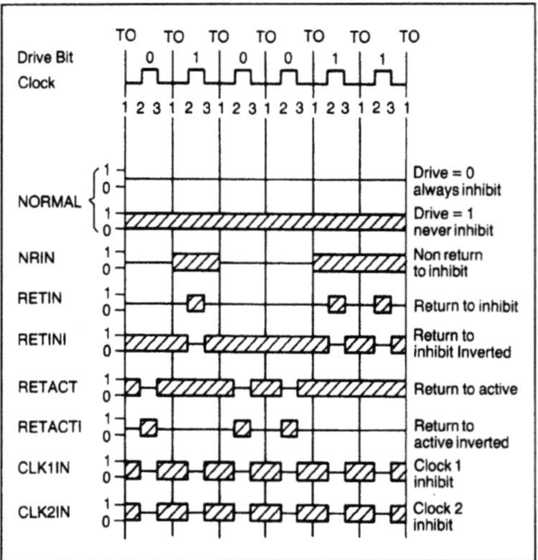

T_0-Zyklusgrenze. Die schraffierten Flächen zeigen den jeweils aktiven elektrischen Zustand an.

Format von Prüfbitmustern 2: Typische Inhibit-Formate. (Quelle: Siemens)

den Prüfbitmusterangaben mit Hilfe des „Formatters" in das physikalische Signal, das an den Prüfling angelegt wird, umgesetzt. *K. Winter*

Formfaktor. Der F. F bei Stromrichtern ist definiert als das Verhältnis von Effektivwert des Stromes I_{eff} zu seinem Mittelwert I_{ar}

$$F = \frac{I_{eff}}{I_{ar}}$$

Der F. ist abhängig vom Stromflußwinkel in der Stromrichterschaltung und der Stromform (Rechteck, Sinus, angeschnittener Sinus).

Der F. ist bei der Auslegung von Gleichstrommaschinen mit Stromrichterspeisung zu beachten. Das zulässige abgebbare Drehmoment eines Gleichstrommotors ist zu reduzieren nach der Beziehung

$$M_{red} = \frac{M_N}{F}$$

M_N Nennmoment des Motors bei reinem Gleichstrom *H. Stüben*

→Meßgleichrichter

Formiergas →Metallisierung

Fotolack →Photolack

Fotolithographie →Photolithographie

Fourier-Spektrometer. Das F.-S. ist ein optisches Spektrometer, bei dem die spektrale Zerlegung des

Lichts nicht über dispersive Bauteile (Gitter, Prismen), sondern mittels der Fouriertransformation erfolgt.

Das F.-S. enthält dieselben Komponenten wie ein Michelson-Interferometer, nämlich die Lichtquelle, den Strahlteiler, einen festen Spiegel, einen beweglichen Spiegel und einen Detektor zur Messung der Lichtintensität (Bild 1). Bei dem →Interferometer ist die Wellenlänge λ des monochromatischen kohärenten Lichts bekannt, und aus dem Detektorsignal wird der Weg s des bewegten Spiegels berechnet. Beim F.-S. hingegen wird der Weg s des Spiegels vorgegeben. Aus dem Signal des Detektors, dem sog. Interferogramm, wird dann in Abhängigkeit vom Weg s über die Fourier-Transformation (→Frequenzanalyse) das Spektrum des oft polychromatischen nichtkohärenten Lichts ermittelt (Bild 2). Befindet sich im Strahlengang zwischen Lichtquelle und Detektor eine absorbierende Substanz, so läßt sich diese auf Grund ihres Absorptionsspektrums identifizieren. Das F.-S. dient so zum Nachweis flüssiger oder gasförmiger Substanzen.

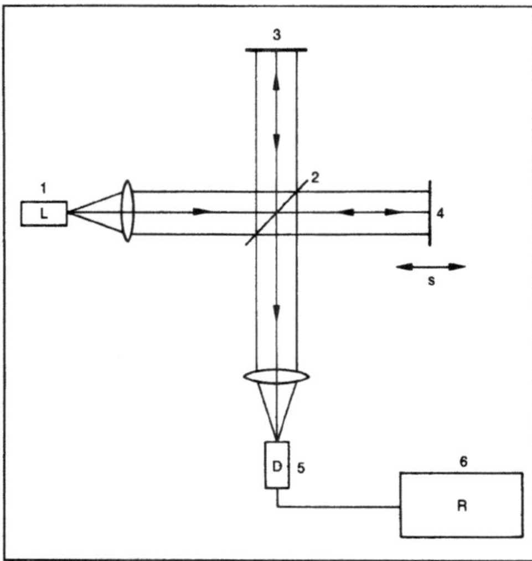

1) Lichtquelle, 2) Strahlteiler, 3) feststehender Spiegel, 4) beweglicher Spiegel, 5) Detektor zur Aufnahme des Interferogramms in Abhängigkeit von der Stellung s des beweglichen Spiegels, 6) Rechner zur Ermittlung des Spektrums aus dem Interferogramm.

Fourier-Spektrometer 1: Prinzip eines F.-S.

Vorteile des F.-S. sind die große spektrale Auflösung, die mit dem Hub des bewegten Spiegels steigt, und seine geringe Meßzeit. Das Signal des Detektors setzt sich aus den Amplituden aller Wellenlängen zusammen, die also nicht nacheinander ausgemessen werden müssen. Es ist so auch zur Untersuchung der Kinetik chemischer Reaktionen geeignet. *Schrüfer*

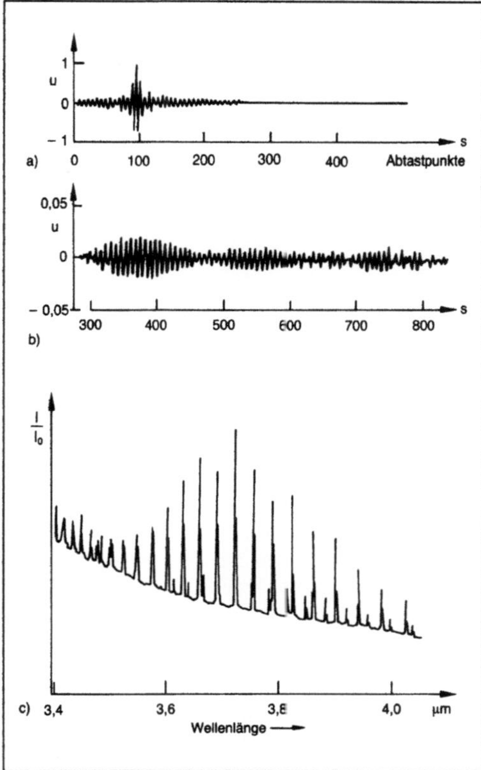

Fourier-Spektrometer 2: Signale des F.-S. mit einer brennenden PVC-Folie als Lichtquelle.
a) Interferogramm; Ausgangsspannung des Detektors in Abhängigkeit von der Auslenkung s des beweglichen Spiegels
b) Bei einer höheren Verstärkung der Detektorspannung werden auch bei größeren Spiegelauslenkungen noch Strukturen im Interferogramm erkennbar
c) Aus dem Interferogramm berechnetes Spektrum (Ausschnitt).

Fowler-Nordheim-Gerade. Zusammenhang zwischen Strom und Feld bei der →Feldemission von Elektronen, der sich bei geeigneter Auftragung graphisch als Gerade ergibt. *Heinz*

FPLA. (*engl.* Field Programmable Logic Array, elektrisch programmierbares logisches Feld) Programmierbare matrixartige Halbleiterstruktur, die vom Anwender mit elektrischen Methoden zur Realisierung einer logischen Verknüpfungsfunktion programmiert werden kann. Sie ist eine spezielle Form der →PLA. *R. Paul*

Frame-Interline-Sensor →Bildaufnehmer

Frame-Transfer-Sensor →Bildaufnehmer

Framework. Rahmenprogramm bei CAD-/CAE-Systemen zur optimalen Nutzung dieser Systeme. F.-Programme verwalten die entstehenden Daten und steuern die Nutzung der einzelnen Softwarekomponenten hinsichtlich korrekter Reihenfolge. Vermieden wird dabei, daß bestimmte Tools im Gesamtablauf nicht benutzt werden (z. B. →Verifikation) oder auch überflüssigerweise mehrfach angewandt werden. Ziel ist u. a. auch die Nutzung von Softwarekomponenten unterschiedlicher Hersteller an einem Rechner. Dazu werden entsprechende Daten- und Programmschnittstellen einheitlich festgelegt.

Zu F. gibt es eine internationale Kooperation zwischen Firmen und Universitäten: CFI = CAD Framework Initiative (→Datenaustauschformate).

K. Winter

Franz-Keldysh-Effekt. Änderung der optischen Absorption oder Transmission eines Halbleiters oder Isolators unter dem Einfluß eines elektrischen Feldes. Als deutlichste Erscheinung tritt eine Verschiebung der Absorptionskante zu kleineren Photonenenergien bzw. längeren Wellenlängen hin auf. *Heinz*

Fraunhofer-Gesellschaft zur Förderung der angewandten Forschung e. V. (FhG). Am Markt operierende Trägerorganisation für Einrichtungen der angewandten Forschung. Vertragsforschung für Wirtschaft und öffentliche Hand, wissenschaftliche Dienstleistungen, verteidigungsbezogene Forschung.

Die FhG wurde 1949 in München als Fördereinrichtung für angewandte Wissenschaft von 150 Vertretern aus Wissenschaft, Wirtschaft und Staat gegründet. Sie trägt den Namen von *Joseph von Fraunhofer* (1787–1826), der u. a. die Grundlagen der Münchener optischen Industrie und der Spektralanalyse geschaffen hatte. 1953 begannen die Gründungen eigener Fraunhofer-Institute (FhI), zunächst vor allem für verteidigungsorientierte Forschung. Seit 1974 werden die zivilen Vertragsforschungsinstitute institutionell von Bund und Ländern gefördert, z. Z. rd. 30% der Aufwendungen.

In derzeit 37 Forschungs- und Dienstleistungseinrichtungen und einer Außenstelle in 9 alten sowie 9 Fh-Einrichtungen und 10 Außenstellen in 5 neuen Bundesländern wird marktorientierte Vertragsforschung für Wirtschaft und Staat sowie zunehmend für die EG betrieben. Schwerpunkte sind FuE für mittelständische Unternehmen, multidisziplinäre Lösung komplexer Aufgaben sowie Verbundforschung innerhalb der FhG, mit Wirtschaftsunternehmen und anderen Forschungseinrichtungen.

In den neuen Bundesländern werden seit Beginn 1992 befristete Wissenschaftliche Einrichtungen (BWE) der FhG in 3 verschiedenen Organisationsformen und Zielen eingerichtet: ab 1. 7. 1994 ein eigenständiges FhI, Teil-FhI oder Institut eines Fh-Verbundes zu werden; dauerhaft als Außenstelle eines bestehenden FhI; zunächst Außenstelle, die später in das Mutter-FhI integriert wird.

Die Einrichtungen der FhG sind 9 Fachbereichen zugeordnet (mit aktuellen Änderungen und einigen Mehrfachzuordnungen; bei Wiederholungen werden nur die Abkürzungen, die Außenstellen nur einmal genannt).

□ „Fraunhofer-Verbund Mikroelektronik“: alte Bundesländer 1990 815 Mitarbeiter in 10 Einrichtungen, neue Bundesländer 1992 146 Mitarbeiter in 2 Einrichtungen. Fertigungstechniken von integrierten Schaltungen auf Si- und GaAs-Basis, innovative anwendungsspezifische Schaltkreise und Mikrosysteme.

FhI für Angewandte Festkörperphysik (IAF), Freiburg; Integrierte Schaltungen (IIS), Erlangen, mit Außenstelle für Automatisierung des Schaltkreis- und Systementwurfs, Dresden; Festkörpertechnologie (IFT), München; Mikroelektronische Schaltungen und Systeme (IMS), Duisburg und Dresden; Physikalische Meßtechnik (IPM), Freiburg; Produktionstechnik und Automatisierung (IPA), Stuttgart; Naturwissenschaftlich-Technische Trendanalysen (INT), Euskirchen; Siliziumtechnologie (ISit), in Gründung, Itzehoe, derzeit Berlin; Fh-Arbeitsgruppe für Integrierte Schaltungen – Bauelementtechnologie (AIS), Erlangen; BWE für Zuverlässigkeit und Mikrointegration (IZM), Berlin.

□ Informationstechnik: 405 in 8 und 210 Mitarbeiter in 6 Einrichtungen. Komplexe, vernetzte und rechnergestützte Automatisierungssysteme; Mustererkennung und automatische Bildauswertung; hochleistungsfähige Graphiksysteme zum Erzeugen von Fest- und Bewegtbildern.

FhI für Informations- und Datenverarbeitung (IITB), Karlsruhe, mit Außenstellen für Prozeßoptimierung, Berlin, und für Prozeßsteuerung, Dresden; Arbeitswirtschaft und Organisation (IAO), Stuttgart; Produktionsanlagen und Konstruktionstechnik (IPK), mit Außenstellen für Robotersystemtechnik und für Bildverarbeitung, Berlin; Systemtechnik und Innovationsforschung (ISI), Karlsruhe; BWE für Software- und Systemtechnik (ISST), Berlin; Graphische Datenverarbeitung (IGD), Darmstadt, mit Außenstelle Rostock; IPM, IMS, IFT.

□ Produktionsautomatisierung: 645 in 9 und 145 Mitarbeiter in 5 Einrichtungen. Ganzheitliche Ansätze unter Berücksichtigung konstruktiver, produktionsorientierter, logistischer, organisatorischer und personeller Aspekte.

FhI für Materialfluß und Logistik (IML), Dortmund; Produktionstechnologie (IPT), Aachen; Lasertechnik (ILT), Aachen; BWE für Angewandte

Optik und Feinmechanik (IOF), Jena; Fabrikbetrieb und -automatisierung (IFF), Magdeburg; Technologie-Entwicklungsgruppe (TEG-S), Stuttgart; IITB, IAO, IPK, IPA, IPM.

□ Fertigungstechnologien: rd. 360 in 7 und 357 Mitarbeitern in 7 Fh-Einrichtungen. Bearbeitung metallischer und Faserverbund-Werkstoffe, Glas, Keramiken und spezielle Legierungen.

FhI für Schicht- und Oberflächentechnik (IST), Braunschweig; Werkstoffmechanik (IWM), Freiburg, mit Außenstelle für Mikrostruktur von Werkstoffen und Systemen, Halle; angewandte Materialforschung (IfaM), Bremen, mit Außenstellen für Polymerverbunde, Teltow, sowie für Pulvermetallurgie und Verbundwerkstoffe, Dresden; Betriebsfestigkeit (LBF), Darmstadt; BWE für Elektronenstrahl- und Plasmatechnik (FEP), Dresden; Keramische Technologien und Sinterwerkstoffe (IKTS), Dresden; Umformtechnik und Werkzeugmaschinen (IUW), Chemnitz; IPT, ILT, IPA; Forschungsgruppe für Hydroakustik (FHAK), Ottobrunn.

□ Werkstoffe und Bauteile: rd. 540 Mitarbeiter in 10 Einrichtungen. Charakterisierung von Werkstoff- und Bauteileigenschaften mit den Zielen einer optimalen konstruktiven Auslegung, guter Gebrauchseigenschaften und wirtschaftlicher, ökologischer Fertigungsverfahren.

FhI für zerstörungsfreie Prüfverfahren (IzfP), Saarbrücken; Kurzzeitdynamik „Ernst-Mach-Institut“ (EMI), Freiburg; Silicatforschung (ISC), Würzburg; Fh-Arbeitsgruppe für Holzforschung „Wilhelm-Klauditz-Institut“ (WKI), Braunschweig; BWE für angewandte Polymerforschung (IAP), Teltow-Seehof; Werkstoffphysik und Schichttechnologie (IWS), Dresden; IWM, IfaM, LBF, IST, IPT, IKTS, FHAK.

□ Verfahrenstechnik: rd. 480 Mitarbeiter in 7 Einrichtungen. Verbesserung von Funktionalität, Nutzungsqualität mit geschlossenen Kreisläufen für Zwischenprodukte und Energie sowie der Entsorgungsfähigkeit der Produkte, life-cycle engineering.

FhI für Lebensmitteltechnologie und Verpackung (ILV), München; Grenzflächen- und Bioverfahrenstechnik, (IGB), Stuttgart; Chemische Technologie (ICT), Pfinztal; ISC, WKI, ISI, IAP.

□ Energie- und Bautechnik: rd. 230 Mitarbeiter an 4 Instituten. Solarenergie, Energieeinsparung.

FhI für Bauphysik (IBP), Stuttgart; Solare Energiesysteme (ISE), Freiburg; EMI, ISI.

□ Umwelt und Gesundheit: rd. 400 Mitarbeiter an 6 und 15 an einer Einrichtung. Interdisziplinäre Vorsorgeforschung in den Bereichen Meßtechnik, Risikobeurteilung, Wirkungsforschung, integrierte Systeme zur Emissionsüberwachung.

FhI für Toxikologie und Aerosolforschung (ITA) mit 2 Teilinstituten, Hannover; Umweltchemie und Ökotoxikologie (IUCT), Schmallenberg, mit Außenstelle für biochemische Ökotoxikologie, Bergholz-Rehbrücke; Atmosphärische Umweltforschung (IFU), Garmisch-Partenkirchen; IzfP, ISI.

□ Technisch-Wirtschaftliche Studien, Fachinformation: rd. 250 Mitarbeiter an 4 Einrichtungen; technisch-wirtschaftliche Studien im öffentlichen Auftrag, Bauinformationsdienste, Betreuung von Patenten.

Informationszentrum Raum und Bau (IRB), Stuttgart; Patentstelle für die Deutsche Forschung (PST), München; ISI, INT.

Im Leistungsbereich Verteidigungsforschung arbeiteten 1991 6 FhI: IAF, ICT, EMI, IfaM, INT sowie die FHAK. Es ist geplant, die FHAK mit der Forschungsanstalt der Bundeswehr für Wasserschall und Geophysik, Kiel, zusammenzulegen. Das IfaM ist seit 1. 1. 1992 ein überwiegend ziviles Vertragsforschungsinstitut der FhG.

Organe, Gremien: Mitgliederversammlung (1991: 650 Mitglieder), Senat (Grundzüge der Forschungspolitik, Forschungs- und Ausbauplanung, Errichtung bzw. Auflösung der Institute), Vorstand (Präsident und 2 weitere Vorstandsmitglieder), Hauptverwaltung, Wissenschaftlich-Technischer Rat (Mitglieder der Institutsleitungen und Vertreter der technisch-wissenschaftlichen Mitarbeiter), Institutskuratorien.

Ressourcen (1991): Aufwand 821 Mio. DM, davon 72% eigene Erträge aus der Auftragsforschung, 28% Grundfinanzierung (90% Bundesministerium für Forschung und Technologie, 10% aus 8 Ländern). Aufwand 1992 in den neuen Ländern rd. 200 Mio. DM, davon 10% eigene Erträge. Aufwand für die 6 FhI im Leistungsbereich Verteidigungsforschung (76 Mio. DM) zu 80% institutionell vom Bundesministerium der Verteidigung, zu 20% aus Projekten für dieses Ministerium finanziert. 4 195 Mitarbeiterinnen und Mitarbeiter als Stammpersonal, darunter 1 935 Wissenschaftler; dazu 2 903 studentische und wissenschaftliche Hilfskräfte sowie Aushilfskräfte und Praktikanten. Neue Länder ab 1. 1. 1992 rd. 1 100 Mitarbeiterinnen und Mitarbeiter.

(Fraunhofer-Gesellschaft zur Förderung der angewandten Forschung e. V., Leonrodstraße 54, W-8000 München 19). *Altenmüller*

Free-Electron-Laser. Eine Anordnung zur Erzeugung kohärenter elektromagnetischer Strahlung durch Wechselwirkung mit einem durch ein sinusförmiges Magnetfeld laufenden hochenergetischen Elektronenstrahl. Dieses sinusförmige Feld wird mit Hilfe eines Undulators erzeugt. Der Teilchenstrahl führt dann Schwingungen um die Idealbahn aus, was zu transversalen Geschwindigkeitskomponenten führt. Diese transversale Komponente kann durch das ebenfalls transversale elektrische Feld der dabei entstehenden und mit dem Strahl mitlaufenden

→Synchrotronstrahlung verändert werden. Um eine Laserverstärkung zu erhalten, muß für die Wellenlänge λ der Strahlung folgende Kohärenzbedingung erfüllt sein:

$$\lambda = \frac{\lambda w}{2\gamma^2}\left(1+\frac{K^2}{2}\right)$$

wobei K der Undulatorparameter, γ die normierte Teilchenenergie und λ_w die Periodenlänge des Wigglers ist. Bei richtiger Phasenlage zwischen dem Undulator- und dem Strahlungsfeld kann so Energie vom Elektronenstrahl in die elektromagnetische Strahlung übertragen werden. Durch Reflexion dieser Strahlung zwischen zwei Spiegeln kann dieser Effekt so verstärkt werden, daß schließlich der →Lasereffekt einsetzt. Vorteil des F.-E.-L. ist die völlig freie Wahl der Wellenlänge λ, die von einigen cm bis etwa 100 Å reichen kann und die in relativ großen Bereichen durchstimmbar ist. *Wille*

Freilaufdiode. F. sind Dioden, die in elektronischen Schaltungen der →Leistungselektronik bei Abschalt- oder Umschaltvorgängen der in Induktivitäten gespeicherten elektrischen Energie einen Stromweg zur Energieabgabe bieten. Sie werden z. B. in halbgesteuerten, symmetrischen Brückenschaltungen (→Stromrichterschaltungen) eingesetzt, um bei induktiver Last die Stromführung der Thyristoren am Ende einer jeden Netzhalb-Periode zu beenden und diese zu entlasten (Bild). Bei Abschaltung kann sich der Strom über die F. abbauen. Dies führt bei Gleichstrommotoren zu einer schnelleren Stillsetzung. *H. Stüben*

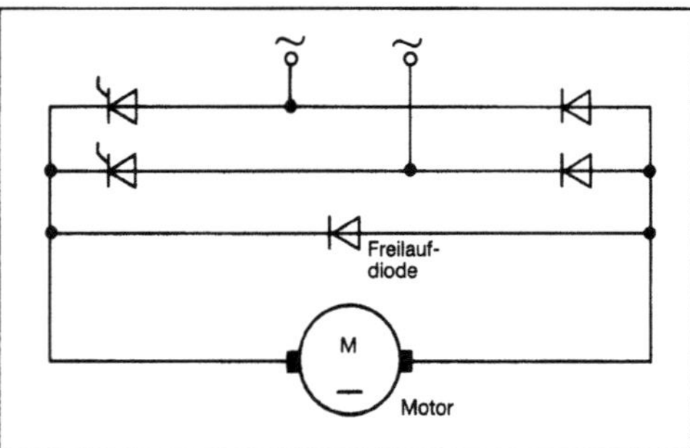

Freilaufdiode: Halbgesteuerte, symmetrische Brükkenschaltung mit F.

Freilaufzweig. Als F. wird ein Schaltungspfad bezeichnet, über den z. B. mittels einer →Freilaufdiode nach Abschaltung eines Hauptpfades (z. B. eines Thyristors oder einer Stromrichterbrücke) ein Strom abklingen kann. Der z. B. über eine →Induktivität fließende Strom wird auf diese Weise abgebaut. Schädliche Überspannungen, die beim abrupten Abschalten entstehen, werden vermieden. *H. Stüben*

Freiwerdezeit. Zeit, die beim →Thyristor zwischen dem Nulldurchgang des Anodenstromes vom →Durchlaß- in den →Sperrbereich und dem erneuten Anlegen einer positiven →Anodenspannung mindestens verstreichen muß, um ein vorzeitiges Einschalten (Zünden) zu vermeiden. Sie bestimmt die obere Betriebsfrequenz des Thyristors. *R. Paul*

Frenkel-Defekt. Störstelle in einem idealen Kristallgitter (→Defekt). *Heinz*

Frequenz-Domänen-Verfahren. Das F.D.V. oder Optische Frequenz-Domänen-Speicherung ist eine Technik im Stadium der Erforschung, die ein Potential von bis zu 15.5 Milliarden Zeichen pro cm^2 (100 Milliarden Zeichen pro Quadratzoll) bieten kann. Das wäre die höchste je erreichte Dichte mit einem Speichermedium, das schreiben, lesen und löschen zuläßt.

Bei den seit Jahren laufenden Experimenten wurden zunächst die Signale nach mehrfachem Lesen wieder zerstört. Im Jahre 1986 wurden sogenannte photongeschaltete Moleküle oder Ionen entdeckt, die Lesen ohne gleichzeitiges Löschen ermöglichen, und zwar anorganische (Alkalifluorid-Kristalle, die Ionen seltener Erde enthalten) und organische Stoffe (Carbazolmoleküle eingebaut in eine Glasmatrix aus Borsäure). Die neuen Stoffe wurden – in einem Trägermaterial gleichmäßig verteilt – auf etwa –270 °C gekühlt. Dann wurde ein roter Laserstrahl als Lese-/Schreibstrahl auf einen etwa 1 mm dicken und 50 μm breiten Fleck gerichtet, der eine kleine Gruppe für seine spezifische Farbe sensitiver Moleküle erregte. Ein auf den gleichen Fleck gerichteter grüner Laserstrahl lieferte genügend Energie, um eine schnelle chemische Veränderung der erregten Moleküle zu bewirken, die als *Bleichen* (*engl.* bleaching) bezeichnet wird. Danach wurde die Farbe des Lese-/Schreibstrahles nicht mehr absorbiert. Ein →Bit war geschrieben.

Ohne auf einen anderen Fleck zu wechseln, wiederholte man den Vorgang mit geringfügig vom ursprünglichen Rot abweichender Farbe. Es reagierte eine andere Molekülgruppe. Ein zweites Bit war geschrieben. Die Information war mit dem roten Strahl ohne erkennbare Abschwächung lesbar. Zum Löschen verwendete man einen blauen Strahl.

Dieser Nachweis photongeschalteter Substanzen stellt einen wichtigen Schritt zu einer möglichen neuen Speicherdimension dar. Bis zur technischen Realisierung wird sicher noch viel Zeit vergehen. Die Experimente fanden im Almaden Forschungszentrum, San Jose, Kalifornien, der IBM statt. *Voss*

Frequenzanalyse. Die F. ermittelt mit Hilfe der Fourier-Transformation die in einem in Abhängigkeit von der Zeit aufgenommenen Signal enthaltenen Frequenzen und deren Amplituden (harmonische Analyse, Fourier-Analyse, →Signalanalyse, digitale Signalanalyse, Spektralanalyse). Das hinsichtlich seines Frequenzinhalts auszuwertende Signal f(t) kann z. B. von einem Beschleunigungsaufnehmer, Wegaufnehmer, Druckaufnehmer, optoelektronischen Aufnehmer oder auch von einem →Oszillator stammen.

□ Kontinuierliche Fourier-Transformation eines zeitbegrenzten Signals. Kann das Meßsignal f(t) in Form eines geschlossenen mathematischen Ausdrucks angegeben werden, wie z. B. in Bild 1a, so kann mit Hilfe der Fourier-Transformation die Fourier-Transformierte F(jω) berechnet werden aus (Bild 2a)

$$F(j\omega) = \int_{-\infty}^{+\infty} f(t)\, e^{-j\omega t}\, dt. \qquad (1)$$

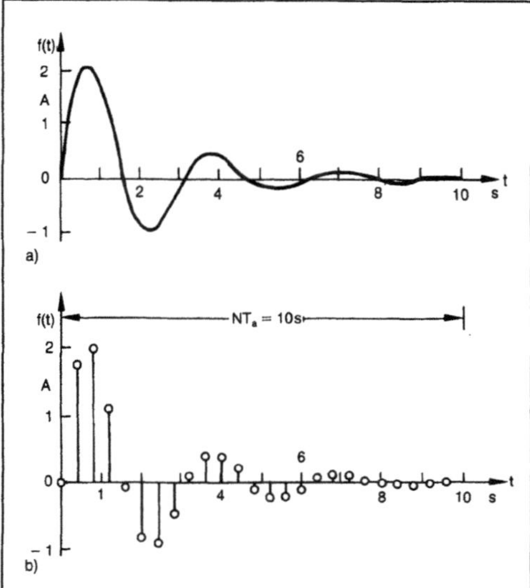

Frequenzanalyse 1: Die transiente Zeitfunktion $f(t)=3e^{-t/T} \sin 2\pi ft$ mit der Dämpfungszeitkonstante $T=2$ s und der Frequenz $f=\frac{1}{\pi}$ s^{-1}.
a) zeitlicher Verlauf
b) Abtastsatz (Abtastintervall $T_a=0{,}4$ s, Zahl der Abtastpunkte $N=25$, Gesamte Meßzeit $NT_a=10$ s).

□ Diskrete Fourier-Transformation (DFT) eines zeitbegrenzten Signals. In der Mehrzahl der Fälle kann das Meßsignal jedoch nicht analytisch angegeben werden. In diesem Fall wird es abgetastet und mit Hilfe eines Analog/Digital-Umsetzers digitalisiert. Mit der Abtastfrequenz f_a, dem Abtastintervall $T_a=1/f_a$ und einem Zählparameter n entsteht aus dem kontinuierlichen Signal f(t) der Abtastsatz, der die zu den diskreten Zeitpunkten nT_a gewonnenen

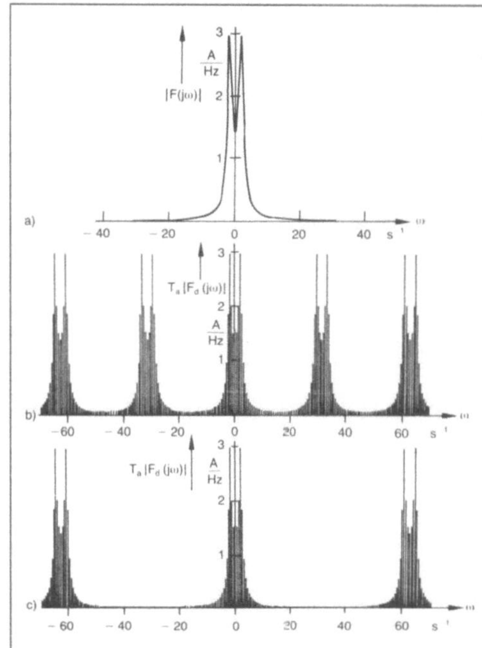

Frequenzanalyse 2: Spektrum der Zeitfunktion von Frequenzanalyse 1
a) Fourier-Transformierte nach Gl. (1)
b) Diskrete Fourier-Transformierte bei einem Abtastintervall $T_a=0{,}2$ s
c) Diskrete Fourier-Transformierte bei einem Abtastintervall $T_a=0{,}1$ s.

abgetasteten Werte $f(nT_a)$ enthält. Dieser Abtastsatz (Bild 1b) mit insgesamt N Meßwerten wird in einen Rechner eingelesen, der dann für diskrete Frequenzen ω_k die zugehörigen Amplituden $F_d(j\omega_k)$ mit Hilfe des Algorithmus der Diskreten Fourier-Transformation DFT berechnet,

$$F_d(j\omega_k) = \sum_{n=0}^{N-1} f(nT_a)\, e^{-j\omega_k n T_a} \qquad (2)$$

Die diskrete Fourier-Transformierte nach Gl. (2) unterscheidet sich dabei von der kontinuierlichen Fourier-Transformierten nach Gl. (1) hauptsächlich in den folgenden Punkten:
- Bei der DFT werden die Amplituden nur für diskrete Frequenzen ω_k bzw. f_k berechnet.
- Das diskrete Spektrum wiederholt sich periodisch bei den Frequenzen $z \cdot 2\pi f_a$, bzw. bei $z \cdot f_a$.
- Die Amplituden der DFT sind erst nach Multiplikation mit dem Abtastintervall T_a der Größe und der Einheit nach gleich der Amplitude der kontinuierlichen Fourier-Transformation:

$$|F_d(j\omega)| \cdot T_a = |F(j\omega)|.$$

Die diskreten Amplituden liegen im Abstand

$$\omega_{k+1} - \omega_k = \frac{2\pi}{NT_a}, \text{ bzw. } f_{k+1} - f_k = \frac{1}{NT_a}.$$

Je größer also die gesamte Meßzeit NT_a ist, desto besser ist das →Auflösungsvermögen, desto schärfer lassen sich benachbarte Frequenzen trennen.

Die sich periodisch fortsetzenden diskreten Spektren sollen sich nicht überlappen (Bild 2b, c). Dies ist nicht der Fall, falls die Abtastfrequenz f_a größer ist als das doppelte der maximalen im Signal enthaltenen Frequenzkomponente f_{max}. Das Abtasttheorem der kontinuierlichen Fourier-Transformation ist also auch bei der diskreten einzuhalten.

□ Diskrete Fourier-Transformation eines nicht zeitbegrenzten Signals. Bei einer F. werden die Meßwerte nur während der Meßzeit NT_a abgetastet. In Bild 1 ergeben sich keine Schwierigkeiten, da das betrachtete Meßsignal außerhalb des Meßfensters nicht vorhanden ist. Im allgemeinen Fall sind jedoch die Amplituden des Meßsignals vor und nach dem Meßfenster von null verschieden. Der Rechner kennt aber nur die abgetasteten Werte und nicht die außerhalb des Zeitfensters liegenden. Mathematisch läßt sich dieser Sachverhalt berücksichtigen, indem die Meßwerte $f(nT_a)$ mit einer Fensterfunktion $w(nT_a)$ multipliziert werden. Im Falle des Rechteckfensters ist $w=0$ vor und nach der Messung und $w=1$ innerhalb des Meßfensters. Diese Multiplikation der beiden Funktionen im Zeitbereich führt zu einer Faltung ihrer Spektren im Frequenzbereich. Das bedeutet, die DFT liefert nicht das Spektrum des interessierenden Meßsignals für sich allein, sondern immer gefaltet mit dem Spektrum des Fensters. Dieses wirkt sich aus in einer Verbreiterung des Spektrums. Die scharfen Kanten des Rechteckfensters sind in dieser Beziehung besonders ungünstig. So werden eine Reihe anderer Datenfenster eingesetzt, die den Amplitudensprung am Anfang und am Ende vermeiden.

Die F. wird häufig angewendet; so z. B. bei der Schwingungsüberwachung und beim →Fourier-Spektrometer. *Schrüfer*

Literatur: *Beauchamp, K. G.; u. C. K. Yuen:* Digital Methods for Signal Analysis. London 1979. – *Leonhard, W.:* Digitale Signalverarbeitung in der Meß- und Regelungstechnik. Stuttgart 1989. – *Marko, H.:* Methoden der Systemtheorie. Berlin–Heidelberg–New York 1982. – *Oppenheim, W. and R. W. Schafer:* Digital Signal Processing. *Englewood Cliffs 1975.* – *Rabiner, L. R. u. B. Gold:* Theory and Application of Digital Signal Processing. Wood Lane End. – *Schrüfer, E.:* Signalverarbeitung; Numerische Verarbeitung digitaler Signale. München 1990. – *Schüßler, W.:* Digitale Signalverarbeitung. Berlin–Heidelberg–New York 1988. – *Stearns, D. D.:* Digitale Verarbeitung analoger Signale. München 1987. – *Unbehauen, R.:* Systemtheorie. München–Wien 1971.

Frequenzgang →Frequenzgangkompensation

Frequenzgangkompensation. Schaltungstechnische Maßnahmen, um den Frequenzgang der Leerlaufverstärkung eines →Operationsverstärkers so zu beeinflussen, daß zusammen mit einem Gegenkopplungsnetzwerk keine Gefahr der →Selbsterregung besteht.

Beim gegengekoppelten →Verstärker besteht die Gefahr der (dynamischen) Instabilität dann, wenn in einem bestimmten Frequenzbereich aus der vorgesehenen →Gegenkopplung eine →Mitkopplung wird. Die dynamische Stabilität des gegengekoppelten Verstärkers hängt allein vom Frequenzgang der Schleifenverstärkung ab. Nach dem Nyquist-Kriterium ist der Verstärker stabil, wenn der kritische Punkt $(-1+j0)$ beim Durchlauf der Ortskurve die Schleifenverstärkung mit wachsender Frequenz links von der Ortskurve bleibt. Eine gleichwertige Aussage läßt sich aus dem Verlauf der Schleifenverstärkung im →Bode-Diagramm herleiten und ergibt: Ein Abfall des Amplitudenganges von $n \cdot 20$ dB/Dekade ist mit einer Phasendrehung von $-n \cdot 90°$ verknüpft (grob springt die Phase bei jeder Eckfrequenz um $-90°$, einfache Pole angenommen). Deshalb ist ein gegengekoppelter Verstärker mit drei Polfrequenzen instabil. Umgekehrt bleibt ein gegengekoppelter Verstärker dann dynamisch stabil, wenn der 0-dB-Durchgang der Schleifenverstärkung bei der sog. Schnittfrequenz f_s (0 dB) mit einer Neigung <40 dB/Dekade erfolgt (Bild 1). Aus Sicherheitsgründen läßt man jedoch meist nur eine Neigung von 20 dB/Dekade in der Umgebung von f_s zu.

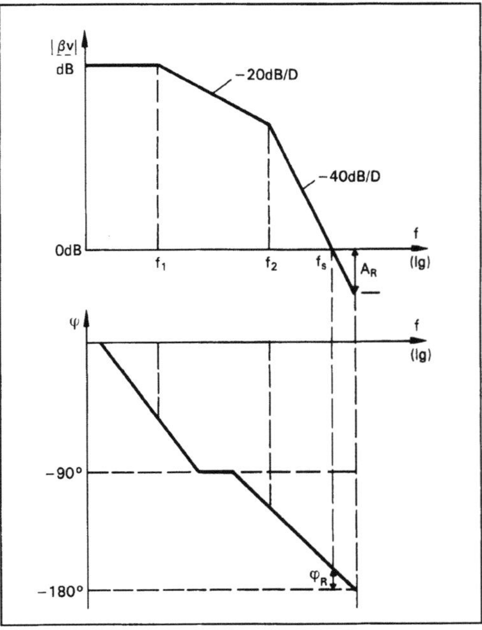

Frequenzgangkompensation 1: Amplituden- und Phasengang der Kreisverteilung $\underline{\beta v}$.

Die Sicherung der dynamischen Stabilität erfolgt durch Zuschalten eines frequenzgangkompensierenden Netzwerkes. Sie bezweckt, den Frequenzgang der Schleifenverstärkung so zu beeinflussen, daß der Betrag kleiner 1 wird, bevor der Phasenwinkel $\varphi = -180$ erreicht hat. Diese Kompensation kann entweder im Verstärker (intern, meist bevorzugt) oder extern erfolgen. Drei typische Korrekturmethoden sind:

□ Kompensation mit dominierendem Pol (Lag-Kompensation). Dabei wird durch einen Tiefpaß (im Verstärker oder Verstärkerausgang) ein dominierender Pol erzeugt, allerdings auf Kosten der →Bandbreite (Bild 2).

□ Pol-Nullstellenkompensation (Lag-Lead-Kompensation). Man fügt hier zur Übertragungsfunktion des nichtkompensierten Systems sowohl einen Pol aus auch eine Nullstelle hinzu und legt die Nullstellenfrequenz auf die tiefste Eckfrequenz des nichtkompensierten Systems (Bild 3).

□ Phasenvoreilung (Lead-Kompensation). In diesem Fall wird zur Schleifenverstärkung eine Nullstelle hinzugefügt, so daß sich der Phasenwinkel in Nähe der Schnittfrequenz f_s reduziert. *R. Paul*

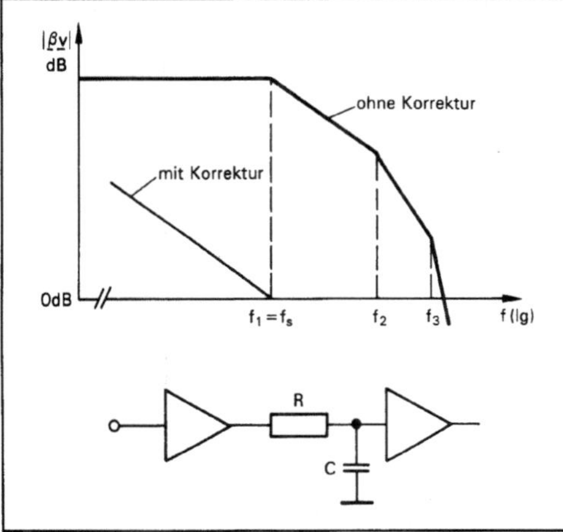

Frequenzgangkompensation 2: Kompensation mit dominierenden Pol.

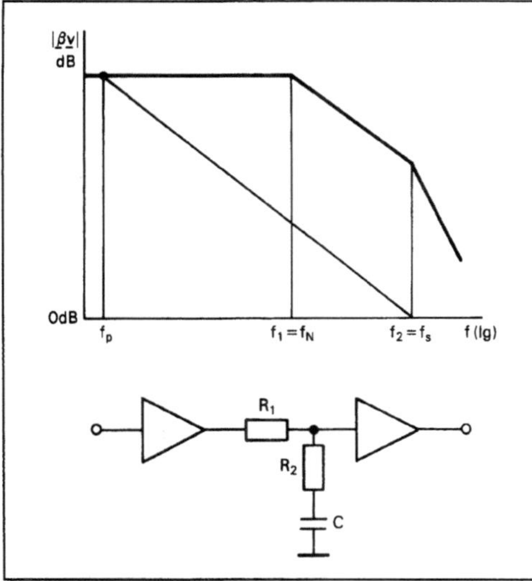

Frequenzgangkompensation 3: Poll-Nullstellenkompensation.

Frequenzmessung. Gemäß Definition entspricht die Frequenz f_x der Anzahl N_x der Schwingungen oder Ereignisse, die in einer bestimmten Zeitdauer T auftreten, dividiert durch diese Zeit: $f_x = N_x/T$. Setzt man T in Sekunden ein, ergibt sich die Frequenz in der SI-Einheit Hertz (Hz).

Diese Definition ist direkt in den elektronischen Digitalzählern verwirklicht (→Zähler). Das Prinzip ergibt sich aus dem Bild. Die mit f_x periodische elektrische Größe wird durch einen Impulsformer in eine Rechteckschwingung umgewandelt und auf einen elektronischen Schalter gegeben. Ein Quarzgenerator erzeugt eine hochgenaue Normalfrequenz f_N von z. B. 1 MHz, deren relative Abweichung 10^{-4} und weniger betragen kann (→Zeitmessung). Die Frequenz f_N wird über einen →Teiler mit dem Teilerfaktor N_T von z. B. 10^6 geteilt, so daß f_T z. B. dann noch 1 Hz beträgt, woraus sich eine Torzeit $T = 1/f_T = 1$ s ergibt. Nach dem Start wird die Steuerlogik das Tor für die Zeit T, d. h. nach obigem Beispiel für 1 s schließen, so daß dann $N_x = T\ f_x$ Impulse im Zähler erfaßt werden und die Frequenz direkt in Hz angezeigt wird. Als Torzeiten sind auch 10 ms, 0,1 s und 10 s üblich.

Für die Meßunsicherheit ergibt sich hier lediglich ±1 Schritt in der letzten Stelle von N_x, dazu kommt der Fehler der Normalfrequenz f_N, der aber sehr klein gehalten werden kann. Nach diesem Prinzip sind direkte F. für Frequenzen bis über 10 GHz möglich. Um zu Meßzeiten von unter 1 s zu kommen und trotzdem eine Auflösung von 1 Hz zu erreichen, führt man in der Praxis eine Multi-Periodendauermessung durch und errechnet daraus die Frequenz. Mit Zusatzeinrichtungen (Frequenzvervielfacher, →Mischer) lassen sich Frequenzen bis über 100 GHz indirekt digital messen. Für Messungen von Frequenzen f_x unter 10 kHz wird das direkte Verfahren bei den üblichen Meßzeiten zu ungenau. Will man eine Verlängerung der Meßzeit vermeiden, vertauscht man in der Schaltung (Bild) Meßfrequenz und Normalfrequenz und mißt mit dem digitalen Universalzähler die Periodendauer $T_x = 1/f_x$. Diese Zähler enthalten zwei komplette Zählkanäle. Über Schalter können verschiedene Betriebsarten gewählt werden, z. B. auch die digitale Messung der Differenz oder des Quotienten zweier Frequenzen sowie die Messung von Zeitintervallen, Impulsbreiten und Periodendauern.

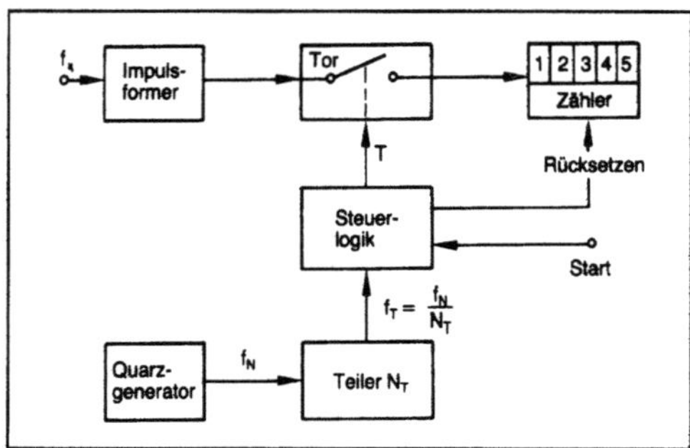

N_x Zählerstand
N_T Teilerfaktor
f_x unbekannte Frequenz
f_N Normalfrequenz
f_T geteilte Normalfrequenz
T Meß- oder Torzeit

$$N_x = T \cdot f_x \tag{1}$$

$$T = \frac{1}{f_T} = N_T \cdot \frac{1}{f_N} \tag{2}$$

aus (1) und (2) $$f_x = \frac{N}{t} = \frac{f_N}{N_T} \cdot N_x = \text{const.} \cdot N_x$$

Frequenzmessung: Digitale F.

Mit dem →Elektronenstrahl-Oszilloskop ist bei kalibrierter Zeitablenkung eine ungefähre Frequenzbestimmung möglich, indem man die Periodendauer T_x des dargestellten Signals abliest und die Frequenz $f_x = 1/T_x$ berechnet. Eine genauere Messung ist möglich, wenn man in Zweikanaldarstellung eine Normalfrequenz zusätzlich schreibt. Gibt man die unbekannte Frequenz f_x auf den Y-Eingang und die einstellbare Normalfrequenz f_N auf den X-Eingang (XY-Betrieb), erhält man als Schirmbild einen Kreis, wenn $f_N = f_x$ gemacht wird, die Amplituden an beiden Ablenkplattenpaaren gleichgroß sind und die Phasenverschiebung 90° beträgt. Ist die Phasenverschiebung ≠ 90°, erhält man Ellipsen, aus denen man die Größe der Phasenverschiebung errechnen kann. Diese Schirmbilder werden *Lissajous*-Figuren genannt. Auch dann, wenn $f_x/f_N = n/m$ ist, wobei n und m kleine ganze Zahlen sind, erhält man wieder stillstehende, auswertbare Lissajous-Figuren.

Bei sehr hohen Frequenzen, insbesondere bei Mikrowellenschaltungen, kann man zur F. auch →Wellenleiter, z. B. Lecher-Leitungen, einsetzen, auf denen man aus dem Abstand der Spannungsmaxima die Wellenlänge λ bestimmt. Die Frequenz ist dann $f_x = c/\lambda$ mit c = Lichtgeschwindigkeit. Resonanzverfahren, bei denen man die Daten der Schwingkreisglieder so ändert, daß die unbekannte Frequenz Resonanz hervorruft, arbeiten im Mikrowellenbereich mit abstimmbaren Topfkreisen und Hohlraumresonatoren.

Die verschiedenen analog arbeitenden F. mit Skalenanzeige, die aber durch die digitalen Verfahren kaum noch praktische Bedeutung haben, nutzen entweder die Frequenzabhängigkeit von Scheinwiderständen aus oder sie beruhen auf der periodischen Ladung und Entladung eines Kondensators.

Auch die →Meßbrücke nach *Wien-Robinson* kann als Frequenzmeßgerät verwendet werden, da ihr Abgleich frequenzabhängig ist.

Zungen-F. (Vibrationsmeßwerke) besitzen eine Anzahl abgestimmter Stahlzungen, die durch einen Wechselstrom mit der Frequenz f_x elektromagnetisch zu Resonanzschwingungen angeregt werden. Es schwingt diejenige Zunge in Vollresonanz, deren Eigenfrequenz $2f_x$ beträgt. Auch Zwischenwerte sind ablesbar. Anwendung im Frequenzbereich 15 bis 1 000 Hz. *Hammerschmidt*

Literatur: *Schrüfer, E.:* Elektrische Meßtechnik. München 1992. – *Stöckl, M.* u. *K. H. Winterling:* Elektrische Meßtechnik. Stuttgart 1982.

Frequenzteiler. Schaltung zum Herabsetzen der Frequenz einer Sinusschwingung oder eines Pulses um ein ganzzahliges Verhältnis. Bei feststehenden Frequenzen, z. B. beim Fernsehen für die Ableitung der Bildfrequenz von 25 Hz aus der Zeilenfrequenz von 15 625 Hz (Teilerverhältnis 625 : 1), verwendet man synchronisierbare Multivibratoren. Zur Teilung von variablen Pulsfrequenzen sind – insbesondere für Teilerverhältnisse $2^n : 1$ (n ganze Zahl) – hintereinandergeschaltete Flipflop-Schaltungen geeignet. *Kersten/Schrüfer*

Frequenzumrichter →Umrichter

Frequenzumsetzung, optisch. Die o. F. bezeichnet Verfahren, um aus dem begrenzten Wellenlängenspektrum der verfügbaren laseraktiven Stoffe weitere Wellenlängen kohärenter Strahlung zu gewinnen.

Ausgenutzt werden dazu optisch einachsige Kristalle mit starker nichtlinearer Abhängigkeit der dielektrischen →Polarisation von der elektrischen Feldstärke bzw. Intensität des einfallenden Lichtes. Dabei können einerseits Oberwellen der eingestrahlten Pumpfrequenz entstehen (→Frequenzvervielfachung), oder bei Einstrahlung einer weiteren sog. Signalwelle kann über die Bildung von Differenzfrequenzen Leistung der intensiven Pumpwelle auf die schwächere Signalwelle übertragen werden (optisch parametrischer →Oszillator). Als Signalwellen können auch die Polarisationswellen von Molekülschwingungen ausgenutzt werden, so daß Laserfrequenzen auftreten, die um die Molekülschwingungsfrequenz zur Pumpwelle versetzt sind (→Ramanzelle).

In Farbstofflasern und diodengepumpten Neodymlasern erfolgt zwar ebenfalls eine Umsetzung einer eingestrahlten Laserfrequenz, jedoch ist der primäre Laser als Anregungsquelle anzusehen, der gegebenenfalls durch eine Blitzlampe ersetzt werden kann. *Rosenzweig*

Frequenzverdoppelung, optische →Optik, nichtlineare

Frequenzverdreifachung, optische →Optik, nichtlineare

Frequenzvervielfachung, optische. Erzeugung der Oberwellen von Laserstrahlung durch passive, nichtlineare optische Komponenten.

Das elektrische Feld $E_0 \sin\omega t$ einer Lichtwelle ruft in einem →Dielektrikum eine elektrische →Polarisation hervor

$$P = \varepsilon_0 (\chi_1 E + \chi_2 E^2 + \chi_3 E^3 + \ldots).$$

ε_0 Dielektrizitätskonstante des Vakuums, χ_i Entwicklungskoeffizienten der dielektrischen Suszeptibilität. Als Folge des nichtlinearen Zusammenhanges zwischen P und E entstehen Oberwellen mit dem Vielfachen der Frequenz ω. Die Koeffizienten der höheren Ordnungen sind i. a. sehr klein, so daß nur die doppelte oder die dreifache Frequenz von Bedeutung sind ($\chi_2 \approx 10^{-12}$ m/V, $\chi_3 \approx 10^{-21}$ m²/V²).

$$P = \frac{\varepsilon_0}{2} \chi_2 E_o^2 + \varepsilon_0(\chi_1 E_o + \frac{3}{4} \chi_3 E_o^3) \sin\omega t -$$

$$\frac{\varepsilon_0}{2} \chi_2 E_o^2 \cos 2\omega t - \frac{\varepsilon_0}{4} \chi_3 E_o^3 \sin 3\omega t$$

Diese Oberwellen entstehen an jedem Ort des Stoffes; sie werden sich i. a. gegenseitig durch Interferenz schwächen. Ist allerdings die Ausbreitungsgeschwindigkeit der einlaufenden Grundwelle gleich der Ausbreitungsgeschwindigkeit der Oberwelle

$$n(2\omega) = n(\omega) \text{ bzw.}$$
$$n(3\omega) = n(\omega),$$

so erzeugt die Grundwelle an jedem Ort eine Oberwelle, die sich phasenrichtig den bereits vorhandenen Oberwellen überlagert. Dabei wird mit zunehmender Ausbreitungslänge Energie von der Grundwelle auf die Oberwelle übertragen; eine 100%ige Umwandlung ist theoretisch möglich, wird aber technisch nicht erreicht. Die Gleichheit der Ausbreitungsgeschwindigkeiten wird Phasenanpassung oder Phase-Matching genannt.

Im Photonenbild bedeutet z. B. die Frequenzverdopplung: Zwei Photonen der Energie $\hbar\omega$ erzeugen ein →Photon der Energie $2\hbar\omega$

$$\hbar\omega + \hbar\omega = \hbar\omega' = 2\hbar\omega,$$

was dem Energieerhaltungssatz entspricht ($\hbar = h/2\pi$, h Plancksches Wirkungsquantum). Die beiden Photonen haben jeweils den Impuls $k = 2\pi/\lambda = \omega n(\omega)/c_0$, das entstehende Photon den Impuls $k' = 2\omega n(2\omega)/c_o$ (c_o Lichtgeschwindigkeit des Vakuums). Wegen der Phasenanpassung

$$\frac{\omega n(\omega)}{c_o} + \frac{\omega n(\omega)}{c_o} = \frac{2\omega n(2\omega)}{c_o} = \frac{2\omega n(\omega)}{c_o}$$

bleibt auch der Impuls erhalten.

Die Phasenanpassung ist in doppelbrechenden, d. h. optisch einachsigen Kristallen möglich. In ihnen ist die →Brechzahl des sog. ordentlichen Strahles n_0 richtungsunabhängig, die Brechzahl des sog. außerordentlichen Strahles ändert sich jedoch mit dem Winkel zwischen Ausbreitungsrichtung und optischer Achse (Bild). Für einen ordentlichen Strahl der Grundwelle ω gibt es genau eine Ausbreitungsrichtung, für die der außerordentliche Strahl der Oberwelle 2 ω oder 3 ω die gleiche Brechzahl hat wie die Grundwelle. Dabei sind Grundwelle und Oberwelle senkrecht zueinander linear polarisiert. Es ist nicht möglich, die Phasenanpassung für verschiedene Oberwellen gleichzeitig zu erreichen. Ebenso ist sie nur für eine Grundwellenfrequenz erfüllt, d. h. ein Verdoppler-Kristall für einen Rubin-Laser kann nicht als Verdoppler-Kristall für einen →Nd:YAG-Laser verwendet werden.

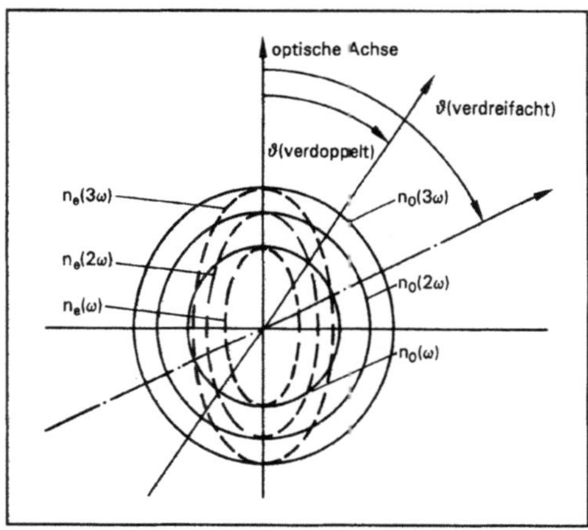

Frequenzvervielfachung, optisch: Phasenanpassung in doppelbrechenden Kristallen (schematisch).

Der Umwandlungsgrad ändert sich quadratisch mit der Intensität der einfallenden Welle; er wird vor allem durch die Zerstörungsschwelle des doppelbrechenden Kristalls begrenzt. Für relativ leistungsschwache Laser (z. B. Dioden-gepumpte Nd:YAG-Laser) ist der Einbau des Frequenz-Vervielfachers in den →Resonator zweckmäßig, da dort eine höhere Leistungsdichte vorliegt.

Gebräuchliche nichtlineare Kristalle sind KDP (KH_2PO_4) und ADP ($NH_4H_2PO_4$) für den spektralen Bereich von 0,2–1,9 µm. Der quadratische Koeffizient beträgt $\chi_2 = 5 \cdot 10^{-13}$ m/V, die Zerstörungsschwelle liegt bei 400 MW/m². Einen höheren quadratischen Term hat $LiNbO_3$ mit $\chi_2 = 6 \cdot 10^{-12}$ m/V, allerdings in Verbindung mit einer niedrigeren Zerstörungsschwelle. KTP ($KTiOPO_4$), ein neuartiges, aber relativ teures Material vereint eine hohe Zerstörungsschwelle und einen großen quadratischen Koeffizienten. Für den ultravioletten Bereich ist BBO (β–BaB_2O) geeignet, für den infraroten Bereich sind Ag_3AsS_2 und CdSe anwendbar.

Die häufigsten Anwendungen liegen beim Rubin- und Nd:YAG-Laser, um aus der roten bzw. infraroten Strahlung sichtbares Licht zum Pumpen von →Farbstofflasern zu bekommen. Kommerzielle Nd:YAG-Laser-Systeme emittieren neben der Grundwelle bei 1,06 μm die Wellenlängen 532 nm (verdoppelt), 355 nm (verdreifacht) und 266 nm (zweifach verdoppelt). *Rosenzweig*

Literatur: *Weber/Herziger:* Laser. Weinheim 1978.

Front End. Unter F. E. versteht man den Teil der Halbleiterfertigungslinie, in dem aus dem Grundmaterial (z. B. Siliciumscheiben) unter Reinraumbedingungen (Klasse 1–100) in meistens mehreren hundert Fertigungsschritten (→Eingangskontrolle, →Reinigung, →Oxidation, →Abscheiden, →Strukturierung, →Ionenimplantation bis zur →Passivierung, →Halbleitertechnologie) prozessierte Halbleiterscheiben werden.

Die kleinste in F. E. gefertigte Einheit ist eine Scheibe (→Wafer) mit zahlreichen Chips auf ihrer Oberfläche und stellt ein halbfertiges Produkt dar, das im Back End Teil der Fertigungslinie zu fertigen Halbleiterbauelementen wird. *Ryssel*

Frühausfall. Der F. einer Komponente tritt infolge nicht entdeckter Material- oder Fertigungsfehler auf (→Badewannenkurve, →Weibull-Verteilung). *Schrüfer*

FTR. (*engl.* Functional Throughput Rate, funktionelle Durchsatzrate, Datendurchsatzrate) Gütefaktor für integrierte Digitalschaltungen, der den Integrationsgrad mit einbezieht. Die FTR kennzeichnet die Datenmenge pro Zeiteinheit, die eine integrierte →Schaltung pro Chipflächeeinheit verarbeitet. Sie ist gleich dem Produkt aus →Integrationsgrad und maximal möglicher Taktfrequenz je →Gatter bezogen auf die vorhandene Chipfläche (oder zwischen →Packungsdichte (flächenbezogen!) und Taktfrequenz). Die FTR zieht damit im Unterschied zum Verlustleistungs-Verzögerungsprodukt den Integrationsgrad bzw. die Packungsdichte mit ein. Sie hat die Dimension Hz · Gatter/cm^2 (bzw. Gatter/scm^2). Ein typischer Wert für eine Gigabit-Logikschaltung beträgt z. B. 10^{11} Hz · Gatter/cm^2. *R. Paul*

Füllfaktor. (*engl.* confinement) Maß für den in einem geometrisch definierten →Wellenleiter eingeschlossenen Anteil der geführten Welle.

In aktiven und passiven Wellenleitern ist das elektromagnetische Feld der geführten Welle nicht vollständig auf den geometrischen Wellenleiter der Dicke d beschränkt, exponentielle Ausläufer klingen in die Randschichten ab. Als confinement- oder F. ist das Verhältnis des eingefangenen Strahlungsflußes zum gesamten Strahlungsfluß definiert (Bild):

$$\Gamma = \frac{\int_{-d/2}^{d/2} \varnothing(x)dx}{\int_{-\infty}^{\infty} \varnothing(x)dx}$$

wobei $\varnothing(x)$ die räumliche Strahlungsflußverteilung ist.

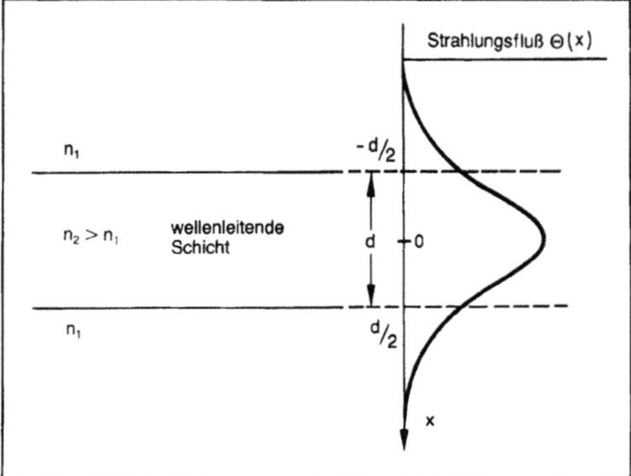

Füllfaktor: Schematische Darstellung und Definition.

Da nur der im aktiven Bereich eines Lasers sich ausbreitende Anteil der Welle zur stimulierten Emission beiträgt, ist ein großer F. zur Senkung der Schwellenstromdichte wünschenswert. Dies erfordert dicke Schichten, was aber eine hohe →Ladungsträgerinjektion zur Erreichung der Schwelle bedeutet. Einen Ausweg bildet die Trennung von optischem und elektrischem confinement im →Separate-Confinement-Heterostructure-Laser. *Rosenzweig*

Functional Test →Funktionsprüfung

Funkenstrecke, gasgefüllte. (*engl.* spark gap) Edelgasgefüllte →Elektronenröhre mit zwei sich gegenüberstehenden Elektroden, zwischen denen sich eine Bogenentladung ausbildet, wenn die anliegende Spannung die →Zündspannung überschreitet. Ihr Hauptanwendungsgebiet ist der Überspannungsschutz (Edelgasgefüllter Überspannungsableiter), doch können sie, wenn eine Triggerelektrode hinzugefügt wird, auch Schaltaufgaben übernehmen.

Aufbau und Wirkungsweise: Zwei sich im Entladungsraum planparallel gegenüberstehende Elektroden werden von einem Isolatorring aus Glas oder Keramik auf Abstand gehalten (Bild). Als Füllgas dient ein Edelgas, meist Neon oder Argon. Gasart und -druck, sowie Elektrodenmaterial und -form bestimmen die Zündspannung und andere Eigenschaften der Röhre. Wird an die Elektroden eine Spannung angelegt, die oberhalb der Zündspannung liegt, so werden die infolge kosmischer Strahlung oder anderer ionisierender Effekte vereinzelt vorhandenen Elektronen so weit beschleunigt, daß sie die Atome der Gasfüllung ionisieren können und damit die Bogenentladung einleiten. Diese zufällige Vorionisation ist starken statistischen Streuungen unterworfen und würde zu Zündverzögerungen führen. Deshalb wird durch Zusatz von Tritium zum Füllgas oder Aufbringen radioaktiver Substanzen auf die Innenseite der Röhre für eine sichere Vorionisation gesorgt. *Golombek*

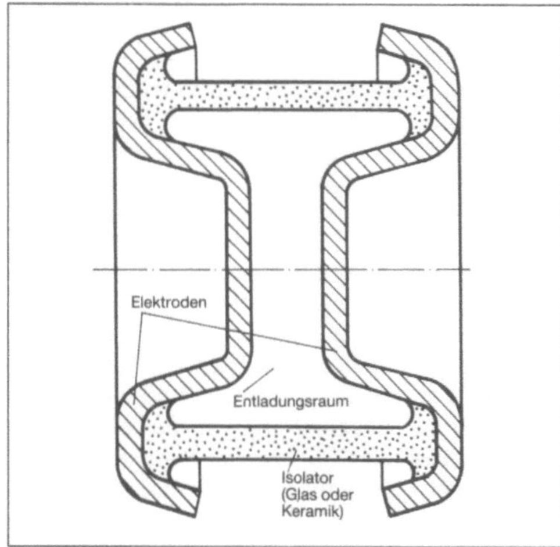

Funkenstrecke, gasgefüllte: Schematischer Aufbau.

Funk-Entstördrossel →Induktivität

Funk-Entstörkondensator. Kondensatoren zum Verringern der Störungen des Funkempfanges. Sie leiten hochfrequente Störsignale, hervorgerufen durch das Betreiben elektrischer Betriebsmittel gegen die Masse oder schließen sie kurz und bewirken damit die Herabsetzung der Störspannung, der Störleistung und der Störfeldstärke.

Nach VDE 0565, Teil 1/Dez. 1979 bzw. DIN 57565 Teil 1, sind Kondensatoren der Klasse X für Anwendungen vorgeschrieben, bei denen ihr →Ausfall durch Kurzschluß nicht zu einem gefährdenden elektrischen Schlag führen kann. Diese *X-Kondensatoren* eignen sich für Zweipolentstörung zwischen den stromführenden Leitungen des elektrischen Betriebsmittels, beispielsweise einer Bohrmaschine oder eines Staubsaugers (Bild).

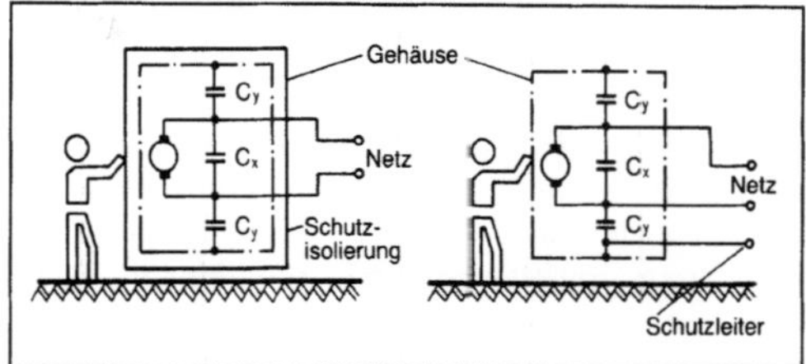

Funk-Entstörkondensator: Beispiele einer Funk-Entstörung mit X- und Y-Kondensatoren eines Gerätes mit und ohne Schutzisolierung.

Kondensatoren der Klasse Y überbrücken Betriebsisolierungen. Für *Y-Kondensatoren* sind nach VDE nur solche Kondensatoren zulässig, die bei begrenzter Kapazität eine überprüfbare erhöhte elektrische und mechanische Sicherheit aufweisen, da bei ihren Anwendungen im Falle eines Versagens durch Kurzschluß eine Gefährdung von Personen oder Tieren durch elektrischen Schlag auftreten kann.

Beide Schutzklassen lassen sich auch in einem gemeinsamen Gehäuse unterbringen. Diese Kombination, der *XY-Kondensator*, ist für Entstörmaßnahmen in vielen Fällen recht zweckmäßig.

F.-E. gibt es als Wechselspannungs- oder als Gleichspannungskondensatoren. Je nach Anwendungsfall kommen →Keramikkondensatoren, →Kunststoffolien-Kondensatoren oder →Metall-Papierkondensatoren zum Einsatz. Auch Mischdielektrika, beispielsweise Polyester/Papier mit aufgedampften Metallbelägen haben sich bewährt.

Da die hochfrequente Entkopplung stark von der Bauweise des Entkoppelelementes abhängt, sind für F.-E. eine Reihe von Ausführungsformen auf dem Markt:

□ Zweipol-Kondensatoren, bzw. Kondensatoren mit zwei Anschlüssen.

□ Vierpol-Kondensatoren, bzw. Kondensatoren, die mindestens für eine Elektrode (Belag) zwei Zuführungen, über die der Leitungsstrom fließt, besitzen.

□ Durchführungs-Kondensatoren, bzw. Vierpol-Kondensatoren mit einem zentralen Leiter für den Betriebsstrom. Der Aufbau kann koaxial oder nichtkoaxial sein. *Both*

Literatur: DIN 57565, Teil 1, Dez. 1979. – *Leucht, K.*: Kondensatorenkunde für Elektroniker. München 1981. – Siemens-Druckschrift EMV – Funk-Entstörbauelemente 1984/85. – Philips-Datenbuch: Kunststoffolien-Kondensatoren. Hamburg 1991.

Funktionselement. Anordnung, die eine elektronische Grundfunktion (z. B. Energiewandlung, Verstärkung, Speicherung, Fortleitung, Schalterfunktion) insbesondere in einem Festkörper realisiert.

Der Begriff F. (im engeren Sinne) dient hauptsächlich zur Kennzeichnung der Einzelelemente innerhalb einer integrierten →Schaltung. Im Gegensatz dazu spricht man von einem (elektronischen) →Bauelement, wenn ein (oder mehrere) F. in einem Gehäuse technisch realisiert sind und unterscheidet das

□ diskrete Bauelement (mit nur einem F. im Gehäuse, z. B. →Diode, →Transistor) und das

□ integrierte Bauelement (oder auch integrierte Schaltung, →Schaltkreis oder Baustein), wenn im Gehäuse zwei oder mehrere F. enthalten sind (z. B. Mehrfachtransistor, →Operationsverstärker, →Gatter).

Sind mehrere F. zu einer funktionellen Einheit zusammengeschaltet, so wird diese Anordnung als elektronische Funktionsgruppe und insbesondere in integrierten Schaltungen als Sub- oder Grundstruktur bezeichnet (z. B. Differenzstufe, →Stromspiegel u. a. m.).

Der Begriff F. dient vorwiegend zur begrifflichen Unterscheidung der einzelnen Dioden, Transistoren, Widerstände innerhalb einer integrierten Schaltung vom Bauelement, der üblicherweise aus der historischen Entwicklung heraus mit dem Einzelelement verbunden wird. *R. Paul*

Funktionsfehler. →Fehler, die sich nur beim Zusammenspiel mehrerer oder aller Komponenten eines Prüflings zeigen. Meist schwierige Fehlerlokalisierung, wenn alle Einzelfunktionen z. B. beim →In-Circuit-Test ordnungsgemäß ablaufen (→Funktionsprüfung). *K. Winter*

Funktionsgenerator. Elektronisches Gerät, mit dem Spannungen oder Ströme mit bestimmten Signalformen (z. B. Sinus, Dreieck, Rechteck, Treppenfunktion), wählbarer Amplitude und Frequenz erzeugt werden können. Moderne F. sind programmierbar/fernsteuerbar. Sie erlauben die Programmierung/Erzeugung beliebig komplexer Signalformen durch entsprechend algorithmische Beschreibung der Eingabeparameter. Eingesetzt werden F. z. B. in Analogprüfautomaten zur Erzeugung der analogen →Stimuli bzw. zur →Simulation beliebiger Signalformen von Elementen; die nicht direkt vorhanden sein müssen, also z. B. Magnetkopfsignale, Zündimpulse, Audiosignale usw. *K. Winter*

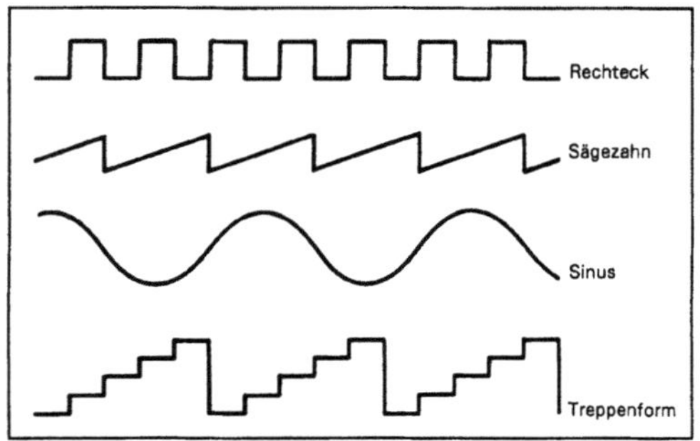

Funktionsgenerator: Signalformen.

Funktionsprüfung. Prüfung der Funktion von Bausteinen oder Baugruppen, also ihrer Reaktion auf vorgegebene Eingangssignale, wie sie beim reellen Betrieb vorkommen, im Gegensatz z. B. zur →Parameterprüfung, wo die Qualität einzelner Signale untersucht wird.

Im Gegensatz zum →In-Circuit-Test wird bei der Baugruppenfunktionsprüfung neben den einzelnen Bausteinfunktionen auch das Zusammenwirken einzelner Bausteine untereinander und ggf. auch zusammen mit der auf der Baugruppe vorhandenen Software überprüft.

Die F. erfordert eine Nachbildung der Eingangssignale und auch der notwendigen Beschaltung des →Prüflings durch den →Prüfautomaten oder durch den →Prüflingsadapter (z. B. Widerstände, Kondensatoren, Induktivitäten). Die Vorgabe der Ausgangssignale entspricht dabei dem tatsächlichen Verhalten des Prüflings. Bei der F. wird darüber hinaus versucht, im späteren Einsatz vorkommende variierende Umweltbedingungen (unterschiedliche Betriebsspannungen, Einsatz bei unterschiedlichen Temperaturen, Eingangssignale mit verändertem Zeitverhalten) zu berücksichtigen.

Die F. ist am vollständigsten unter allen Testverfahren, benötigt jedoch erheblichen Programmieraufwand und zusätzlich im Fehlerfall aufwendige Verfahren zur Lokalisierung von Fehlern. In der Regel, insbesondere im digitalen Bereich, kann die Programmerstellung für die F. nur noch mit Rechnerunterstützung (Simulatoren, →Prüfsimulation) durchgeführt werden. *K. Winter*

Fuzzy Logic. Aufbauend auf der Theorie unscharfer Mengen (Fuzzy Sets), die 1965 von *Zadeh* begründet wurde, werden die vagen, subjektiven und mehrdeutigen Begriffe und Symbole menschlichen Denkens algorithmisch nachvollziehbar. Die Möglichkeit, sich dem menschlichen Denken und den damit verbundenen Entscheidungsprozessen anzunähern, ist durch die Überwindung der Grenzen der starren zweiwertigen Logik (wahr oder falsch) zu einer Logik gegeben, die dem menschlichen Schließen näher kommt. Außerdem wird es möglich, inzwischen erkannte andere Arten der Unsicherheit zu modellieren, als es bisher mit der Wahrscheinlichkeitstheorie möglich war.

Im Gegensatz zur klassischen Mengenlehre, bei der jedes Element zu einer bestimmten Menge

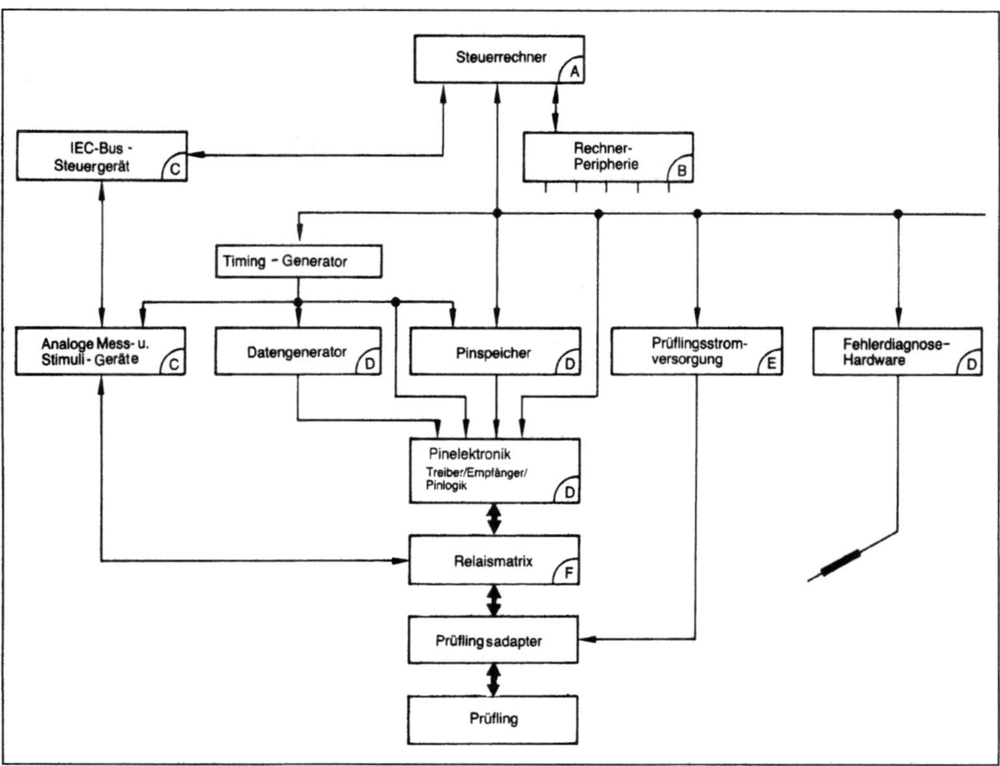

Funktionsprüfung: Blockschaltbild eines Baugruppen-Funktionstesters

gehört oder nicht dazu gehört, können die einzelnen Elemente einer unscharfen Menge dieser auch zu einem bestimmten Zugehörigkeitsgrad, der üblicherweise im Intervall zwischen 0 und 1 liegt, angehören. Dabei bedeutet der Grad 1 die volle Zugehörigkeit und ein Grad von 0 keine Zugehörigkeit zu der betrachteten Menge. Zwischen diesen Werten findet ein kontinuierlicher Übergang von „Element-sein" zu „nicht-Element-sein" statt.

Diese Definition kommt der Abbildung unscharf abgegrenzter Begriffe entgegen. Soll der Begriff „angenehme Raumtemperatur" beschrieben werden, so müssen bei der klassischen Theorie scharfe Schwellwerte angegeben werden. Dieses könnten 19° und 24 °C sein. Diese Einteilung scheint jedoch nicht sinnvoll zu sein, da demzufolge eine Raumtemperatur von 18,9 °C als nicht angenehm eingestuft wird, was dem menschlichen Empfinden und Verhalten in dieser Form nicht entspricht. In dem Beispiel würde man die Temperatur von 18,9 °C als „vielleicht nicht mehr so angenehm" beurteilen, womit diese Temperatur etwa mit dem Zugehörigkeitsgrad 0,8 der unscharfen Menge „angenehme Raumtemperatur" angehören könnte. Der graduelle Übergang der Zugehörigkeit eines Elementes zu einer Menge wird durch die Zugehörigkeitsfunktion (verallgemeinerte charakteristische Funktion) oder den Zugehörigkeitsgrad ausgedrückt. Diese Maße der Zugehörigkeit können auf das Intervall 0 bis 1 normiert werden. Dies ist jedoch nicht zwingend. Je nachdem ob die betrachtete unscharfe Menge abzählbar viele oder unendlich viele Elemente enthält, wird die Zugehörigkeit durch Zugehörigkeitsgrade oder durch eine Zugehörigkeitsfunktion ausgedrückt. Für den ersten Fall kann die unscharfe Menge (hier „angenehme Raumtemperatur") durch die Tupel (Raumtemperatur, Zugehörigkeitsgrad) wie folgt beschrieben werden:

A(t): {(17,0.0); (18,0.6); (19,0.7); (20,0.9); (21,1.0); (22,0.9); (23,0.7); (24,0.5); (25 0.1); (26,0.0)}

Eine denkbare Zugehörigkeitsfunktion für diese unscharfe Menge zeigt Bild 1.

Wesentliche Elemente der F. L. sind die sogenannten linguistischen Variablen, da ihre Werte nicht Zahlen sind, sondern Wörter und Ausdrücke (Terme) der Umgangssprache oder einer natürlichen Sprache. Da Wörter nicht so präzise wie Zahlen sind, werden die einzelnen Werte (Terme) durch Fuzzy Sets repräsentiert. Beispiel für eine linguistische Variable ist die oben bereits angeführte Raumtemperatur. Diese linguistische Variable

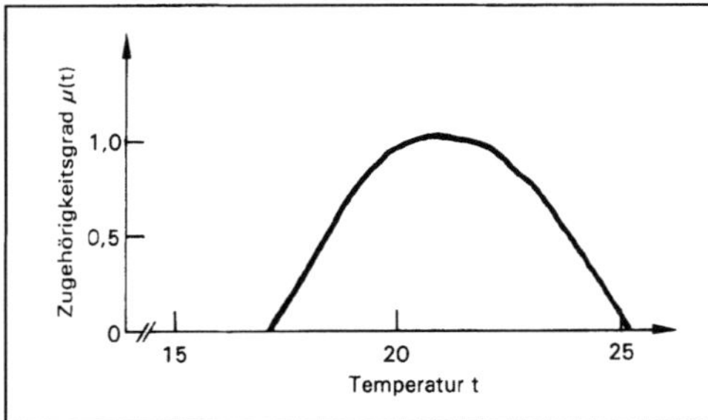

Fuzzy Logic 1: Unscharfe Menge „angenehme Raumtemperatur".

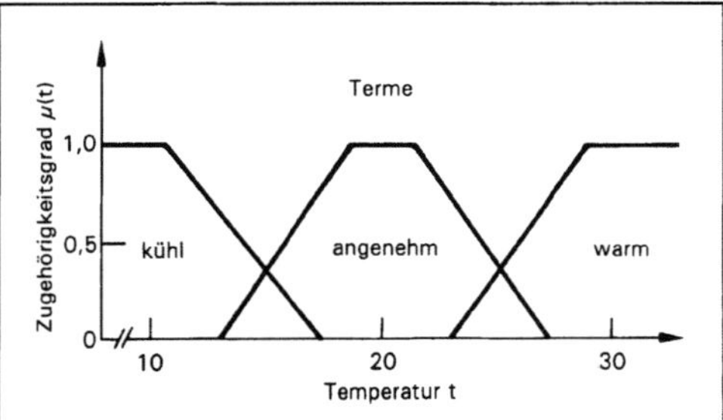

Fuzzy Logic 2: Linguistische Variable „Raumtemperatur".

könnte die Werte einer Menge von Termen wie „kühl", „angenehm", „warm" etc. annehmen. Bild 2 illustriert dies für den Fall, daß die Terme der linguistischen Variablen Raumtemperatur auf der Temperaturskala als unscharfe Mengen definiert werden.

Die Zuhilfenahme dieser Repräsentation der Gegebenheiten reicht jedoch noch nicht aus, um Entscheidungs- oder Steuerungsprobleme zu lösen. Hierzu müssen die unscharfen Mengen entsprechend der problemspezifischen Erfordernisse verknüpft werden. Für die elementaren mengentheoretischen Operationen (Durchschnitt, Vereinigung und Komplement) sind Verknüpfungsoperatoren (Minimum- und Maximum-Operator, t- und s-Normen, kompensatorische Operatoren) angegeben sowie axiomatisch und empirisch abgeleitet worden.

Zur Modellierung des menschlichen Schließens stellt die Theorie unscharfer Mengen unterschiedliche Formen zur Verfügung. Im Gegensatz zur dualen Logik, bei der die Operatoren Disjunktion, Konjunktion, Negation und Implikation durch Wahrheitstafeln mit den Werten 0 oder 1 definiert und die Aussagen scharf formuliert sind, wird bei der F. L. der Wahrheitswert als linguistische Variable (Wahrheit) aufgefaßt, womit das Ergebnis der Aggregation als unscharfe Größe gegeben ist. Als eine weitere Verallgemeinerung kann beim approximativen Schließen die Unschärfe der beteiligten Aussagen berücksichtigt werden.

Diese Art der Logik und des Schließens wird in vielen Bereichen eingesetzt. Das Einsatzgebiet reicht von speicherprogrammierbaren Steuerungen bis hin zu komplexen Regelungsaufgaben.

Die Lösung dieser Problemstellungen kann sowohl software- als auch hardwaremäßig realisiert werden. Für die softwaremäßige Realisierung werden mehrere Tools angeboten. Hardware-Realisierung in Form von „Fuzzy Chips" oder „Fuzzy Computern" (→Analogrechner) existieren in Japan bereits seit Mitte der achtziger Jahre. Der Einsatz von Analogrechnern dieser Art hat sich bisher kaum durchgesetzt. Dagegen ist die Anzahl der angebotenen „Fuzzy Chips" und deren Kombinationen zu ganzen Boards in der Zwischenzeit erheblich angestiegen. *Lieven*

Literatur: *Zadeh, L. A.:* Fuzzy Sets. Information and Control (1965) 8, S. 338–353. – *Zimmermann, H.-J.:* Fuzzy Set Theory And Its Application. 2. Ed. Boston/Dordrecht/London 1991.

FZ-Silicium →Kristallziehen

G

GaAlAs →III-V-Halbleiter

GaAlAs/GaAs-Halbleiterlaser. →Halbleiterlaser für den kurzwelligen Spektralbereich (740 bis 910 nm) mit einer GaAlAs/GaAs-Heterostruktur gewachsen auf GaAs-Substrat.

$Ga_{1-x}Al_xAs$-Mischverbindungen wachsen unabhängig von der Zusammensetzung nahezu mit der gleichen Gitterkonstante a_0 wie das Substrat GaAs (a_0 = 0,5642 nm), so daß relativ einfach Heterostrukturen herstellbar sind. Diese Tatsache zusammen mit der gut beherrschten GaAs-Technologie führte dazu, daß GaAs-Halbleiterlaser heute weit entwikkelt sind.

GaAs hat in diesem Materialsystem (Bild 1) den kleinsten →Bandabstand. Es kann daher als aktive Schicht verwendet werden (Emissionswellenlänge 870 nm); die confinement-Schichten sind dann aus GaAlAs aufzubauen. Es werden aber auch Halbleiterlaser mit aktiver – und confinement-Schichten aus GaAlAs, allerdings verschiedener Zusammensetzung, hergestellt (Bild 2). Die am häufigsten verwendete aktive Schicht enthält 5 % Aluminium, was einer Wellenlänge von 850 nm entspricht. Durch höhere Aluminiumanteile können Emissionswellenlängen bis etwa 740 nm erzielt werden. Kürzere Wellenlängen sind nicht möglich, da bei hohem Al-Gehalt technologische Probleme auftreten, wie abnehmende kristallographische Perfektion der Schichten und wachsender →Wärmewiderstand, die einen Dauerbetrieb unmöglich machen. Schließlich liegt für x>0,37 eine indirekte →Bandstruktur vor. Durch Erweiterung des Materialsystems um In und P (InGaAlP) lassen sich Labormuster mit einer Emissionswellenlänge bis herab zu 590 nm herstellen.

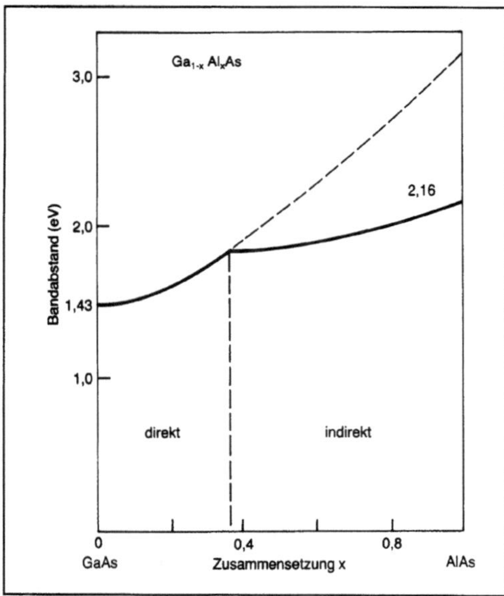

GaAlAs/GaAs-Halbleiterlaser 1: Bandabstand als Funktion des Aluminium-Gehalts für GaAlAs-Mischverbindungen auf GaAs.

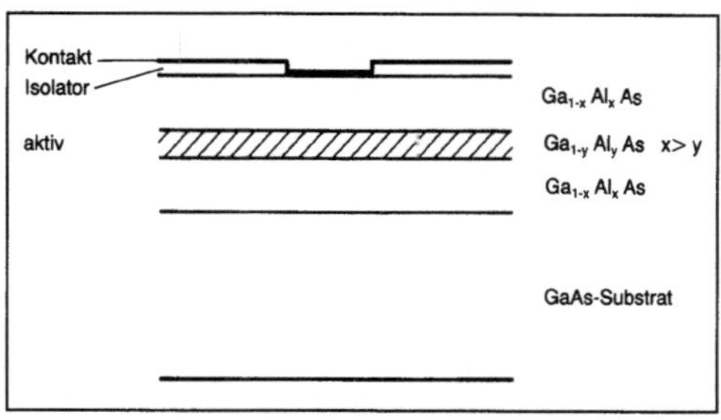

GaAlAs/GaAs-Halbleiterlaser 2: Typische Schichtenfolge am Beispiel eines Oxidstreifen-Lasers.

GaAlAs/GaAs-Halbleiterlaser zeichnen sich aus durch hohe optische Leistungen, geringe Temperaturabhängigkeit des Schwellenstromes (T_0 = 230 K) und kostengünstige Herstellung. Die anfänglich geringe →Lebensdauer konnte durch bessere Substrate und Spiegelvergütungen auf 10^4–10^5 Stunden erhöht werden (→Halbleiterlaser – Lebensdauer).

GaAlAs/GaAs-Laser werden als →Doppelheterostruktur-Laser für cw-Betrieb, als Einfach-Heterostrukturlaser in Einzel- oder Arrayform für Hochleistungs- Puls-Laser und seit einiger Zeit als →Multi-Quantum-Well-Laser für Hochleistungs-Dauerbetrieb hergestellt. Sie finden Anwendung in der Unterhaltungselektronik, in lokalen optischen Übertragungssystemen, in der Medizin, in der →Meßtechnik und als Pumplichtquellen für →Festkörperlaser (Nd:YAG). *Rosenzweig*

GaAs. Galliumarsenid ist der wichtigste →Verbindungshalbleiter aus der III. und V. Gruppe des Periodensystems (→III-V-Halbleiter). Es findet Verwendung zur Herstellung von Lumineszenz- und Laserdioden, sowie für Transistoren und integrierte Schaltungen für höchste Frequenzen (→Halbleiterwerkstoffe). *Ryssel*

GaAsP →III-V-Halbleiter

GaAsP-Diode →Halbleiterdiode, →Optoelektronik

Galvanomagnetischer Effekt. Effekt, der auf dem Zusammenwirken eines magnetischen Feldes mit einem elektrischen Strom beruht. Grundlage aller galvanomagnetischen Erscheinungen ist die Ablenkung eines Elektrons in einem Magnetfeld vermöge der *Lorentz*kraft:

$$K = e\,(v \times B) \qquad (1)$$

Hierbei ist e die Ladung des Elektrons, v seine Geschwindigkeit und B die magnetische Induktion. Die direkte Folge der →Lorentzkraft ist der *Hall*-Effekt: legt man senkrecht zu einem elektrischen Strom ein Magnetfeld an, dann entsteht ein elektrisches Feld senkrecht und proportional zu beiden, das sich in folgender Form darstellen läßt:

$$E_H = R_H\,(j \times B) \qquad (2)$$

j = Stromdichte, B = magnetische Induktion.

Die Spannung $U_H = E_H \cdot d$ (Bild) heißt die →Hallspannung. R_H ist die Hallkonstante und der Winkel ϑ, welchen das elektrische Feld mit der Stromrichtung bildet, heißt der →Hallwinkel. Es gilt $\tan \vartheta = R_H B/\sigma$, σ = elektrische →Leitfähigkeit.

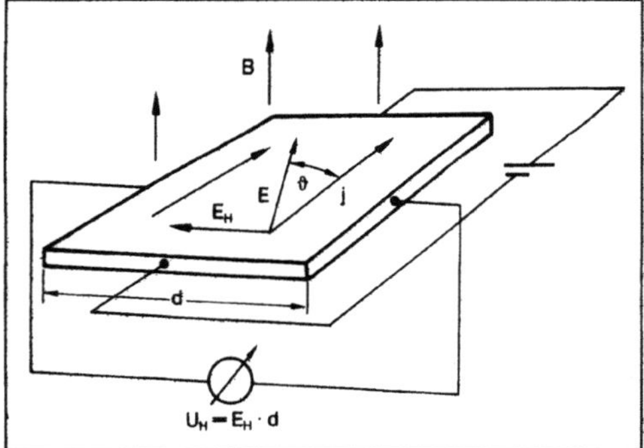

Galvanomagnetischer Effekt: Schema des Halleffekts.

Wird der Strom durch eine Ladungsträgerart der Ladung e und der Dichte n hervorgerufen, dann folgt aus $j = env$ durch Vergleich mit der Formel für die Lorentzkraft die einfache Beziehung

$$R_H = 1/ne \qquad (3)$$

Die Hallkonstante gibt also unmittelbar Auskunft über das Vorzeichen und die Dichte der →Ladungsträger. Analog zum →Hall-Effekt ist der *Ettingshausen-Nernst*-Effekt, nur daß an Stelle der elektrischen →Feldstärke ein Temperaturgradient erzeugt wird.

Zusätzlich zu diesen beiden in B linearen Effekten gibt es quadratische Effekte, nämlich die magnetische Widerstandsänderung und die magnetisch induzierte Änderung der Wärmeleitfähigkeit. In beiden Fällen ist noch der longitudinale und der transversale Effekt zu unterscheiden, je nach der →Orientierung des Magnetfeldes relativ zum Strom. Die Effekte sind in Metallen i. a. klein und erst in extrem großen Magnetfeldern merklich. Lediglich in ferromagnetischen Stoffen können kleine äußere Felder schon zu Widerstandsänderungen in der Größe einiger Prozent führen, wenn dabei die Magnetisierungsrichtung um 90° gedreht wird. Dieser Effekt wird zum Auslesen der Information in magnetischen Speichern genutzt (Magnetoresistive →Sensoren). Um Größenordnungen stärkere Effekte ergeben sich in Halbleitern. Hall-Effekt-Bauelemente auf Halbleiterbasis (→InSb, InAs) dienen zur Messung magnetischer Felder und auch die magnetische Widerstandsänderung in Indiumantimonid kann diesem Zweck dienen, wenn man den dabei störenden Halleffekt durch eingelagerte leitende Nadeln aus Nickelantimonid neutralisiert (→Feldplatte).

Wesentlich stärkere g. E. zeigen sich in reinen Metallen bei tiefen Temperaturen, wenn die freie Weglänge der Elektronen so groß wird, daß sie im Magnetfeld einen vollen Umlauf ohne Streuung durchlaufen können. In diesem Bereich treten auch Quanteneffekte auf, von denen der bekannteste der *de Haas-van Alphen*-Effekt ist. *Hubert*

Literatur: *Weiß, H.:* Physik und Anwendung galvanomagnetischer Bauelemente. Braunschweig 1969.

Galvanometer. Hochempfindliches Meßgerät für sehr kleine Spannungen und Ströme. Einsatz vorzugsweise im Nullzweig von Meßbrücken und Kompensatoren (→Kompensations-Meßverfahren). Für diese Meßaufgaben ist die sehr große →Empfindlichkeit der G. wichtiger als der zu erwartende →Meßfehler. Heute vielfach ersetzt durch elektronische →Verstärker. Eine Sonderform mit sehr kleiner Federkonstante und sehr kleiner Dämpfung, das ballistische G., erlaubt die Messung des Zeitintegrals impulsförmig verlaufender elektrischer Größen. *Hammerschmidt*

GaP →III-V-Halbleiter

Gasentladungsableiter. G. sind Entladungsstrekken mit definierter Ansprechspannung. Sie dienen dem Schutz elektronischer Schaltungen gegen Überspannungen (Transienten), hervorgerufen z. B. durch Blitzschlag in Leitungsnetzen oder induktiven Abschaltspitzen. Vorteil von G. ist die sehr hohe Strombelastung, die es gestattet, auch sehr energiereiche Impulse sicher von der zu schützenden Schaltung fernzuhalten.

Unterhalb der Ansprechspannung sind G. meist sehr hochohmig (etwa $10^{10}\,\Omega$). Die →Zündung (das

Ansprechen) erfolgt, wenn die interne Zündfeldstärke erreicht ist und die internen →Ladungsträger im freien Zündraum eine Gasentladung ermöglichen.

Wegen der oft recht langsamen Ansprechzeit von G. werden diese oft parallel mit den sehr viel schneller ansprechenden →Varistoren, →Suppressordioden und/oder →Z-Dioden betrieben.

G. gehören zu den sogenannten Grobschutz-Bauelementen. Schutzschaltungen und Anwendungsbeispiele sind in folgenden nationalen Normen beschrieben: DIN/VDE 0845 und VG 96 900 (Schutz gegen Nuklear-Elektromagnetischen Puls und Blitzschlag). *Both*

Literatur: *Cordes, H.*: Wirkungsweise von Überspannungsschutz-Bauelementen und Strombegrenzern. elektronik industrie (1990) Nr. 2.

Gasentladungsanzeige →Plasmaanzeige

Gaslaser. Die Gruppe der G. überstreicht mit den möglichen Emissionslinien den gesamten Spektralbereich von der kurzwelligen UV-Strahlung (160 nm) bis zum fernen IR (1 020 μm). Die laseraktiven Stoffe liegen gasförmig als Moleküle, neutrale Atome oder Ionen vor mit Drücken von einigen 10^3 Pa bis hin zum Mehrfachen des Normaldruckes. Sie werden optisch, durch chemische Reaktion, vorwiegend aber in einer Gasentladung angeregt, wobei zwischen der direkten Anregung der laseraktiven Stoffe durch Elektronenstöße und der indirekten Anregung durch Stöße mit den Atomen eines Hilfsgases (meist Helium) zu unterscheiden ist. Angeregt werden dabei elektronische Übergänge, deren stimulierte Rekombination zu relativ energiereichen Photonen im UV- und sichtbaren Bereich führen, oder Vibrations- und Schwingungszustände von Molekülen mit Emissionswellenlängen im IR-Bereich. Die abgestrahlten Leistungen schwanken zwischen einigen mW im kontinuierlichen (cw) Betrieb und einigen GW in kurzen Pulsen (ns).

Die Tabelle gibt die unterschiedlichen G. wieder, aufgelistet nach den Stichworten, unter denen weitere Einzelheiten zu finden sind.

Gaslaser. Tabelle: Übersicht der G. Die angegebenen Leistungen und Pulsenergien sind erreichbare Werte; kommerzielle Laser liegen i. a. darunter.

Typ	aktiver Stoff	Anregung	Zustände	Wellenlänge	Leistung/ Energie
FIR-Laser	Wasser, Kohlenwasserstoffe	(direkt) optisch	Vibrations-, Rotations-schwingungen	20–1 020 μm	10–100 mW 50 mJ/ 3 μs
CO_2-Laser	CO_2-Moleküle	indirekt	Vibrations-, Rotations-schwingungen	9– 11 μm	100 kW 10 kJ/10 ns
CO-Laser	CO-Moleküle	direkt	Vibrations-, Rotations-schwingungen	4– 9 μm	20 W 40 mJ/ 1 μs
chemische Laser	HF-Moleküle J-Atome	chemische Reaktion	Vibrations-, Rotations-schwingungen elektronisch	1– 10 μm	10 kW 1 J/ 1 μs
He-Ne-Laser	Ne-Atome	indirekt	elektronisch	0,5–1,3 μm	60 mW
Metalldampf-Laser	Cu-, Au-Atome Cd-, Se-Ionen	direkt indirekt	elektronisch elektronisch	sichtbar	60 W 10 mJ/30 ns 100 mW
Edelgas-Ionenlaser	Ar-, Kr-Ionen	direkt	elektronisch	sichtbar	60 W
Stickstoff-Laser	N_2-Moleküle	direkt	elektronisch	337 nm	10 mJ/ 1 ns
Excimer-Laser	Edelgas-Halogen-Moleküle	elektrisch angeregte chemische Reaktion	elektronisch	160–350 nm	40 mJ/20 ns

Der G. ist neben dem →Halbleiterlaser die wichtigste technische Anwendung des Laserprinzips.

Ein G. (Bild 1) besteht aus einem optischen →Resonator und einer Gassäule aus dem aktiven Lasermaterial. Der Resonator wird im allgemeinen aus hochreflektierenden sphärischen Spiegeln gebildet. Das Gas befindet sich in einem zylindrischen Gefäß, das entweder durch die Spiegel vakuumdicht abgeschlossen wird oder durch transparente Fenster, die unter dem Brewsterschen Winkel angeordnet sind. Es steht unter niedrigem Druck und wird durch eine Gasentladung oder durch Einstrahlen von Pumplicht angeregt. Tritt nun infolge induzierter Emission eine Verstärkung ein und wird diese größer als die Resonatorverluste, dann kommt es zur Selbsterregung, d. h. Laseroszillation. Wegen der relativ geringen Gasdichte des aktiven Gases sind entsprechend lange Verstärkungswege erforderlich. Übliche Baulängen liegen im Dezimeterbereich.

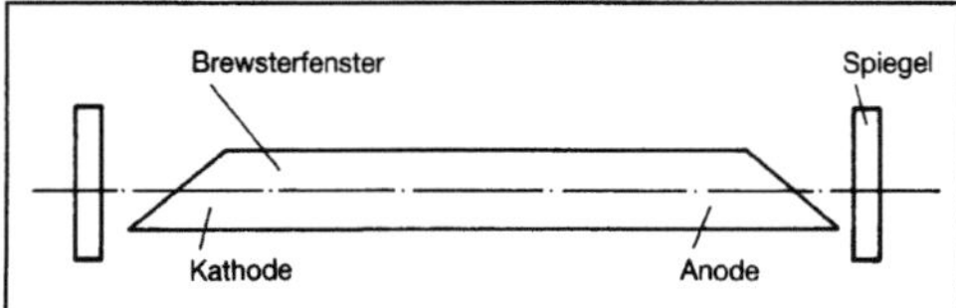

Gaslaser 1: Schematischer Aufbau.

Der G. ist dem →Festkörperlaser vor allem hinsichtlich der Strahlungsqualität eindeutig überlegen. Die aktive Gassäule ist frei von Spannungen, Schlieren und Einschlüssen und besitzt eine homogene →Dotierung an aktiven Atomen. Streuverluste treten deshalb praktisch nur an den Spiegeln und den Abschlußfenstern auf, außerdem ist die Linienbreite der Laserübergänge sehr gering.

Der erste kontinuierlich arbeitende G. wurde mit einem Helium-Neon-Gemisch realisiert, bei dem Neon die aktive Komponente ist. Dieser Laser hat auch heute noch die größte Bedeutung im sichtbaren Bereich. Helium-Neon-Laser werden heute in hohen Stückzahlen gefertigt und wegen ihrer →Zuverlässigkeit, sowie der guten Strahlqualität vielseitig angewendet. Hauptsächlich wird die rote Linie bei 632,8 nm benutzt. Haupteinsatzgebiete für rote HeNe-Laser sind Laser-Scanner mit ca. 1 mW Ausgangsleistung, Laserdrucker mit 5–40 mW Leistung, die Medizin und wissenschaftliche Instrumente.

Beim modernen Helium-Neon-Laser befindet sich das HeNe-Plasma in einer Glaskapillare und wird durch eine Gleichstromentladung angeregt. Ein Spiegel reflektiert nahezu total, der andere hat eine Transmission von typisch 1–2 %. Bei Ausgangsleistungen bis 15 mW sind die Spiegel in das Laserrohr integriert. Ein koaxialer, symmetrischer Aufbau sorgt für hohe Temperaturkonstanz und geometrische Stabilität des Resonators.

Technische Bedeutung hat auch der CO_2-Laser erlangt. Er wird insbesondere zur Erzeugung großer Pulsleistungen bis in den MW-bereich hinein bei Wellenlängen um 10,6 μm verwendet. Hier wird er im Zusammenhang mit Wärmebildgeräten betrieben. Die Laseremission bei diesem Typ beruht auf dem Energieaustausch zwischen Rotations-Schwingungstermen des Elektronengrundzustands, die Anregungsenergien sind sehr gering. Daraus ergeben sich theoretisch sehr hohe Laserwirkungsgrade bis zu 30 %. *Rosenzweig/Kiesel*

Literatur: *Kleen, W.* und *Müller:* Laser. Berlin–Heidelberg–New York 1969. – ITG-Fachber. Nr. 108 Vakuumelektronik und Displays. Berlin–Offenbach 1989.

Gasphasenepitaxie. Die G. *(engl.* Vapor Phase Epitaxy, VPE), das meistbenutzte Verfahren zur Herstellung epitaktischer Schichten (→Epitaxie), basiert auf der CVD (Chemical Vapor Deposition)-Technik (→Schichtabscheidung). Die zu reagierenden Gase werden im laminaren Strom meistens parallel über die zu beschichtenden Scheiben (→Substrat) geführt (Bild 1).

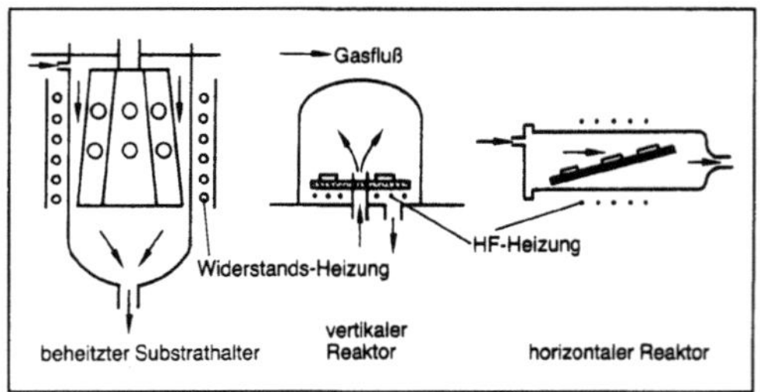

Gasphasenepitaxie 1: Die Schemata verschiedener Epitaxiereaktor-Typen.

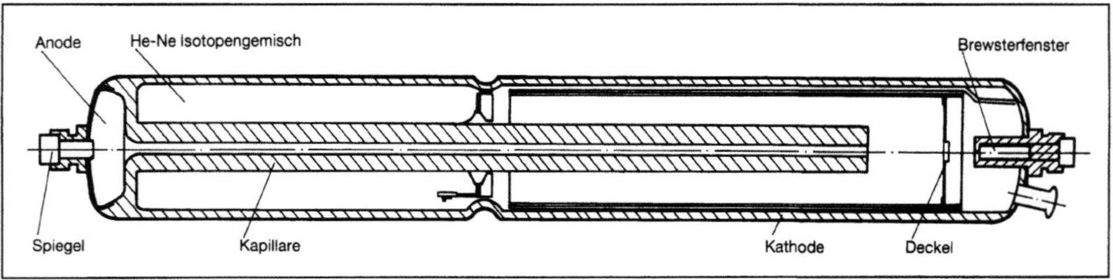

Gaslaser 2: HeNe-Laser in koaxialer Bauweise.

Die wichtigste Anwendung von VPE ist die Herstellung epitaktischer Siliciumschichten auf Silicium-Substrat. Zu diesem Zweck werden vorwiegend chlorierte Silanverbindungen (SiH_2Cl_2, $SiHCl_3$ oder $SiCl_4$) benutzt, die auf der Oberfläche der Substrat-Scheiben vom H_2-Trägergas reduziert werden. Die so entstandenen Silicium-Atome werden auf das Substrat abgeschieden. Die Reduktion besteht aus mehreren sukzessiven Reaktionen, bei denen diverse Zwischenprodukte (SiH_xCl_y) entstehen. Die vereinfachten Reaktionsgleichungen für die verschiedenen Ausgangsgase sind die folgenden:

$$SiH_2Cl_2 \Leftrightarrow Si + 2HCl$$
$$SiHCl_3 + H_2 \Leftrightarrow Si + 3HCl$$
$$SiCl_4 + 2H_2 \Leftrightarrow Si + 4HCl$$

Alle Reduktionen sind reversibel, weshalb – abhängig von Prozeßparametern wie Druck und Temperatur – statt der Abscheidung auch das →Ätzen des Siliciums durch HCl stattfinden kann. Dies kann z. B. für das in situ Ätzen des Substrates (→Halbleiterscheibe) vor der Abscheidung benutzt werden. Die Abscheiderate vom →Silicium bei einer bestimmten Temperatur nimmt mit zunehmendem Chlor-Gehalt der Gase ab.

Eine Alternative gegenüber der Reduktion von Chlorosilan bietet die Zersetzung des Silans (SiH_4) unter hoher Temperatur (Pyrolyse). Die Pyrolyse des Silans hat zwei Nachteile gegenüber der Reduktion von Chlorosilan: Erstens wird im Reaktorrohr viel Silicium abgeschieden, was häufige →Reinigung des Quarzrohres erfordert; außerdem ist das Silan sehr empfindlich gegen Verunreinigungen, schon eine geringe Menge von O_2 oder Wasserdampf kann durch Bildung von Silicium-Oxid-Teilchen Fehler in der Epitaxie-Schicht hervorrufen. Am häufigsten verwendet man ca. 1 % SiH_2Cl_2 in H_2. Die Temperatur darf nicht höher als 1050–1100 °C sein, da Quarzrohre verwendet werden. Die →Dotierung der epitaktischen Schichten kann während der Abscheidung durch das Beimischen von AsH_3, PH_3 bzw. B_2H_6 zu den Reaktionsgasen geschehen. Die ziemlich hohe Temperatur während der G. führt dazu, daß Dotieratome aus dem Substrat in die epitaktische Schicht eindringen und damit das Konzentrationsprofil verändern können (→Autodoping). Dieser Effekt kann durch niedrigere Abscheidetemperaturen (Low-Temperature Epitaxy, LTE), oder durch Abscheidung bei niedrigem Druck (Low-Pressure Epitaxy, LPE) reduziert werden.

G. kann auch zur Abscheidung von III-V-Halbleiterschichten (→Verbindungshalbleiter) benutzt werden. Beim Chlorid-Transport (Bild 2) wird Ga in der Form von $GaCl_3$ über das GaAs-Substrat transportiert, wo die Reaktion mit As stattfindet. Beim Trichlorid-Prozeß (Bild 2, a) wird das As von $AsCl_3$-Gas durch Reduktion durch H_2 produziert und beim Hydrid-Prozeß (Bild 2, b) durch die Pyrolyse von AsH_3. Die MOCVD von GaAs basiert auf der Pyrolyse einer Gasmischung von Arsin (AsH_3) und Trimethylgallium oder Triethylgallium. *Ryssel*

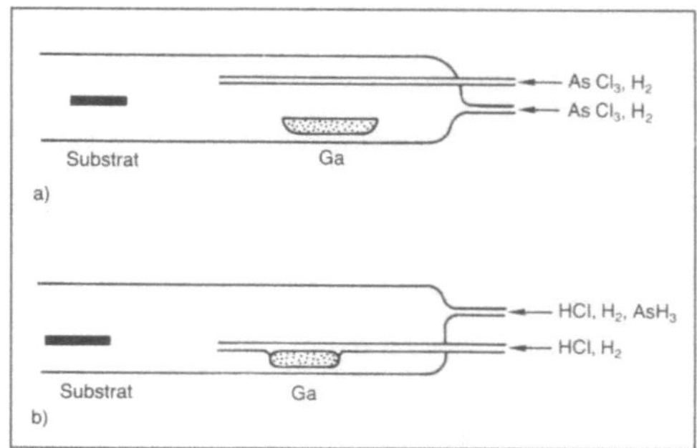

Gasphasenepitaxie 2: Schematische Darstellung der Reaktoren für GaAs-G.
a) Trichlorid-Prozeß
b) Hydrid-Prozeß.

Literatur: *Howes, M. Y.* and *D. V. Morgan:* Gallium Arsenide. Materials, Devices and Circuits. Chichester 1985.

Gassensor. G. sind chemische →Sensoren, die die Anwesenheit und Konzentration von Gasen oder Feuchte detektieren können. Zur Anwendung kommen verschiedene Verfahren: Halbleitergassensor, →Pellistor, Wärmeleitdetektor, Festkörperelektrolyt (z. B. →Lambda-Sonde), elektrochemische Zelle, dielektrischer Sensor, optischer G. (z. B. IR-Absorption).

Bis auf das IR-Verfahren, das Gase direkt mit Hilfe ihrer spezifischen Infrarotabsorption nachweist, und dem Wärmeleitdetektor arbeiten alle anderen G. indirekt: Durch eine chemische Nachweisreaktion werden die physikalischen Parameter eines gassensitiven Materials geändert, die wiederum mit einem physikalischen Sensor gemessen werden.

Die Unterscheidung zwischen einzelnen Gasarten ist je nach Art des G. mit mehr oder weniger guter →Selektivität möglich. Abhängig von der Art der Nachweisreaktion weisen die meisten G. eine mehr oder weniger ausgeprägte →Querempfindlichkeit zu anderen Gasen auf. Insbesondere Feuchte, die neben Sauerstoff und Stickstoff einen erheblichen Anteil an der Luftzusammensetzung hat, tritt hier als Störfaktor auf. Beispielsweise durch Filterung der zu messenden Gase oder die →Kompensation der Störeinflüsse mit anderen Sensoren können diese Querempfindlichkeiten verringert werden (→Sensorarray).

Im Gegensatz zu konventionellen Gasanalysegeräten (IR-Spektrometer, Gaschromatographie,

Massenspektroskopie etc.) haben insbesondere mit halbleitertechnologischen Methoden gebaute G. einen wesentlich geringeren Platzbedarf, allerdings oft auch eine geringere Genauigkeit. Sie werden daher primär zu Warn- und Steuerzwecken eingesetzt, die eine nicht allzu hohe Präzision benötigen. *Endres*

Gate. (*engl.* Tor, Sperre)

1. auch Gateelektrode, Gateanschluß: verbreitet verwendete Bezeichnung für Steueranschluß, im besonderen beim →Feldeffekttransistor und →Thyristor.

2. Englische Bezeichnung für →Gatter. *R. Paul*

Gate Array. G. A. gehören zur Klasse der sog. anwendungsspezifischen integrierten Schaltungen (→ASIC's, Application Specific Integrated Circuits). Sie sind Halbleiterchips, deren Funktion nach den Wünschen des Anwenders unter Einsatz einer vorgegebenen Funktionenbibliothek festgelegt wird.

Der Chip enthält im Mittelfeld (Arrayfeld) untereinander identische Zellen, zum Aufbau von Grundfunktionen z. B. Gatterfunktionen. Aus mehreren Zellen lassen sich komplexere Funktionen, auch als Makros bezeichnet, zusammenschalten. Sie ergeben zusammen mit den Grundfunktionen den Inhalt der Funktionenbibliothek. Um das Arrayfeld gruppieren sich Elemente für den Aufbau von Eingangs- und Ausgangsschaltungen. Durch die individuelle →Verdrahtung (→Maske mit dem Verbindungslayout) werden dann die speziellen Funktionen, Ein-/Ausgangsschaltungen u. a. in einem der letzten Technologieprozesse in der Herstellung realisiert. Der Entwurf erfolgt mit Hilfe von CAD-Systemen meist iterativ und in mehreren Stufen:

□ G.-A.-gerechter→Schaltungsentwurf mit simulativer Überprüfung der Funktion (korrekte Logik etc.), der Teststrategie und Testbarkeit,

□ Entwurf der Verteilung der Macros auf dem Chip und des Verbindungslayouts, simulative Überprüfung des Zeitverhaltens der Schaltung (dynamischer →Test).

Der wirtschaftliche Einsatz dieser hochintegrierten Schaltung liegt derzeit bei Stückzahlen ab ca. 500. Gegenüber herkömmlicher →Schaltungstechnik liegen die Vorzüge in der höheren Verarbeitungsgeschwindigkeit und →Zuverlässigkeit sowie der kleineren Leistungsaufnahme, dem kleineren Bauvolumen, dem geringeren Montageaufwand und nicht zuletzt der Nachbausicherheit solcher Schaltungen.

G. A. werden heute mit über 10 000 äquivalenten Gatterfunktionen in →CMOS und bipolarer Technologie, mit in den nächsten Jahren noch erheblich steigender Integrationsdichte und Anzahl der Schaltelemente, hergestellt. Sie arbeiten mit den üblichen Versorgungsspannungen und Signalpegeln und sind daher kompatibel zu anderen integrierten Schaltkreisfamilien. *Freyberger*

Gateoxid. G. ist ein dünnes →Oxid welches beim →MOS-Transistor (→MOS-Technik) die Steuerelektrode (→Gate) vom Kanal isoliert. Die Dicke des G. ist im Laufe der Entwicklung hin zu kleineren Strukturen und damit Kanallängen der MOS-Transistoren ständig verringert worden. Submikrometer-Technologien verwenden G. einer Dicke von 10–15 nm, früher wurden bis zu 120 nm verwendet.

Der Standard-Prozeß für die Herstellung von G. ist die thermische →Oxidation in trockenem Sauerstoff bei 900–1 000 °C. Aber auch Oxidation in Wasserdampf wird angewandt. Zum →Gettern von Metallverunreinigungen kann dem Oxidationsmittel eine Chlorverbindung zugesetzt werden, wie z. B. HCl Trichlorethan (TCA) oder Trichlorethylen (TCE). Wichtig ist die elektrische Qualität des G. Sie kommt zum Ausdruck durch das Durchbruchverhalten, Leckströme, Oxidladungen und Strahlungsresistenz. *Ryssel*

Gate-turn-off-Thyristor →GTO-Thyristor

Gatter. Gleichwertige Bezeichnung für Torschaltung oder Logikgatter. Das G. ist die elementare Verknüpfungsschaltung der Digitaltechnik mit zwei oder mehreren Eingängen und einem Ausgang.

Schaltungstechnisch werden G. in den unterschiedlichsten Schaltkreistechniken hergestellt. *R. Paul*

Gaugefaktor →k-Faktor

Gauß-Fehlerfortpflanzungsgesetz. Das G.-F. ermöglicht den →Fehler Δy einer berechneten Größe y aus den Fehlern Δx_i der gemessenen Größen x_i zu ermitteln.

□ Rechnen mit den Standardabweichungen: Die Größen x_i sind jeweils mehrmals gemessen. Ihre Meßwerte sind normalverteilt mit den Mittelwerten oder Erwartungswerten $\bar{x}_i$ und den Standardabweichungen s_i. Die Standardabweichungen s_i der Größen x_i werden dabei auch als mittlere quadratische Abweichung der Meßwerte oder auch als mittlere quadratische Fehler der Meßwerte bezeichnet. Aus den gemessenen Größen x_i wird eine Größe y berechnet, $y=f(x_i)$. Wird die Größe y aus allen Kombinationen der gemessenen Werte der Größen x_i berechnet, so ergeben sich verschiedene y-Werte. Diese sind normalverteilt mit dem Erwartungswert $\bar{y}$ und der Standardabweichung s_y. Das G. liefert die Rechenvorschrift zur Ermittlung dieser Größen.

Der Erwartungswert $\bar{y}$ ergibt sich, indem in die Formel zur Berechnung von y die Erwartungswerte $\bar{x}_i$ eingesetzt werden,

$$\bar{y} = f(\bar{x}_i)$$

Die Standardabweichung s_y, bzw. der mittlere quadratische Fehler des berechneten Wertes y wird erhalten, indem die Standardabweichungen der gemessenen Größen mit den an den Stellen $\bar{x}_i$ genommenen partiellen Ableitungen multipliziert und geometrisch addiert werden. Der Schätzwert s_y für die Standardabweichung der y-Werte errechnet sich dementsprechend zu

$$s_y = \sqrt{\sum_{i=1}^{n} \left(\frac{\partial f}{\partial x_i}\right)^2 s_i^2}.$$

□ Rechnen mit den Geräte-Fehlergrenzen: In der Praxis sind häufig nicht die Standardabweichungen der Meßgrößen, sondern die Fehlergrenzen G_i der Meßgeräte bekannt. Aus der Fehlergrenze G_i und dem Meßbereichsendwert X_i berechnet sich die Unsicherheit Δx_i aus

$$\Delta x_i = X_i G_i$$

Auch hier entsteht die Frage, zu welcher Unsicherheit Δy einer berechneten Größe $y = f(x_i)$ die Unsicherheiten Δx_i der gemessenen Größen führen. Dabei wird zwischen der maximal möglichen Unsicherheit Δy^* und der wahrscheinlichen Unsicherheit Δy^{**} unterschieden.

– Maximal mögliche Unsicherheit Δy^*; lineare Addition der Beträge der Fehlergrenzen: Hier wird mit den Beträgen der Geräte-Fehlergrenzen gerechnet und für den Meßbereichsendwert wird die maximal mögliche Unsicherheit des y-Wertes angesetzt als

$$\Delta y^* = \Sigma \left|\frac{\partial f}{\partial x_i}\right| \left|\Delta x_i\right| = \Sigma \left|\frac{\partial f}{\partial x_i} X_i G_i\right|$$

Der Meßwert wird dann angegeben als

$$y_w = y \pm \Delta y^* = y\left(1 \pm \frac{\Delta y^*}{y}\right)$$

Die durch $\pm\Delta y^*$ abgesteckten Grenzen werden als maximale oder sichere Ergebnis-Fehlergrenzen bezeichnet. Die so berechneten Unsicherheiten sind sehr unwahrscheinlich. Es ist nicht zu erwarten, daß eine der Meßgrößen x_i um den vollen Wert der Fehlergrenze G_i falsch ist. Noch unzutreffender ist die der Gleichung zugrunde liegende Annahme, daß jede Einzelgröße x_i ihren maximal möglichen Fehler hat und daß alle Einzelfehler in dieselbe Richtung wirken. Realistischer ist, die statistischen oder wahrscheinlichen Fehlergrenzen zu ermitteln.

– Wahrscheinliche Unsicherheit Δy^{**}; geometrische Addition der Fehlergrenzen: Hier besteht zunächst die Schwierigkeit, daß die Verteilung der Fehler innerhalb der Fehlergrenze eines Geräts meistens nicht bekannt ist. So kann eine wahrscheinliche Fehlergrenze nicht mathematisch begründet angegeben werden. Des weiteren unterscheidet sich die Garantiefehlergrenze G_i als äußerste Abweichung vom wahren Wert von der Standardabweichung s_i als mittlere Abweichung der einzelnen Meßwerte untereinander. Trotzdem ist es üblich, die oben angegebene Rechenvorschrift zur Ermittlung der Standardabweichung für die Bestimmung der statistischen oder wahrscheinlichen Fehlergrenze Δy^{**} zu übernehmen. Diese ergibt sich für den Meßbereichsendwert zu

$$\Delta y^{**} = \sqrt{\Sigma\left(\frac{\partial f}{\partial x_i}\Delta x_i\right)^2} = \sqrt{\Sigma\left(\frac{\partial f}{\partial x_i} X_i G_i\right)^2}$$

Die durch diese Gleichung definierte wahrscheinliche Unsicherheit wird durch praktische Erfahrungen weitgehend bestätigt. Darin kommt zum Ausdruck, daß in der Natur und in der Technik statistisch unabhängige Einflußgrößen zu normalverteilten Merkmalen führen.

Das Meßergebnis wird angegeben als

$$y_w = y \pm \Delta y^{**} = y\left(1 \pm \frac{\Delta y^{**}}{y}\right).$$

Schrüfer

Literatur: DIN 1319: Grundbegriffe der Meßtechnik, Bl. 3: Begriffe für die Fehler beim Messen. – VDE/VDI 2620 Bl. 1 u. 2: Fortpflanzung von Fehlergrenzen bei Messungen.

Gauß-Impuls →Bandbreite

Gaußstrahl. Ein Lichtstrahl, dessen elektrisches Feld E senkrecht zur Strahlausbreitungsrichtung durch eine Gaußverteilung beschrieben werden kann, wird G. genannt:

$$E = E_0 e^{-\frac{r^2}{w^2}}$$

mit E_0: maximale Feldstärke bei $r = 0$, w: Strahlradius, der Abstand von der Achse, bei dem die Feldstärke auf den Betrag $1/e = 37\,\%$ der maximalen Intensität gefallen ist. Für die Intensität gilt:

$$I = I_0 e^{-2\frac{r^2}{w^2}}$$

mit I_0: maximale Intensität bei $r = 0$, w: Feldradius, der Abstand von der Achse, bei dem die Lichtintensität auf den Betrag $1/e^2 = 13{,}5\,\%$ der maximalen Intensität gefallen ist.

Die radial symmetrische Feld-/Intensitätsverteilung des G. (Bild 1) hat die Eigenschaft, daß die Fouriertransformation wiederum eine Gaußverteilung ist. In einem optischen System bleibt die

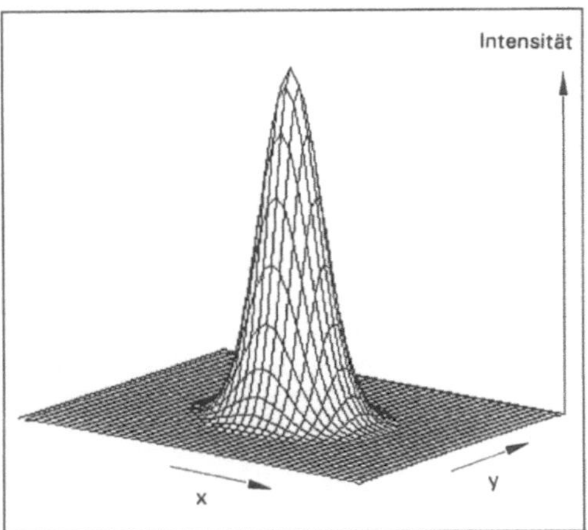

Gaußstrahl 1: 3 D-Darstellung.

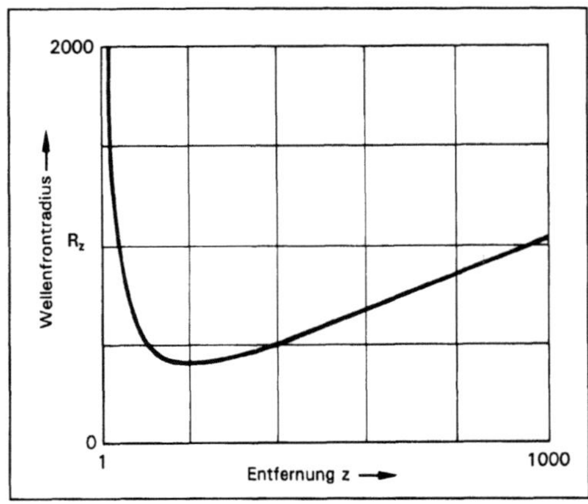

Gaußstrahl 3: Wellenfrontradius in Abhängigkeit von der Ausbreitungsrichtung z für λ=1,55 μm, w(0)=10 μm.

Gaußverteilung entlang der Ausbreitungsrichtung erhalten. Die Halbwertsbreite einer Gaußkurve errechnet sich mit $I = I_0/2$ zu

$$\Delta\, r_{FWHM} = 2 \cdot 0{,}59\ w$$

G. spielen eine wichtige Rolle bei der Analyse optischer Strahlen im freien Raum, in Laserresonatoren und in optischen Wellenleitern (→Monomodefaser).

Bei der Ausbreitung des G. ändern sich der Strahlradius und die Krümmung der Wellenfront. Der Strahlradius w(z) steigt zunächst langsam, dann schneller an (Bild 2) und wächst schließlich näherungsweise proportional mit der Entfernung z.

$$w\,(z) = w\,(0) \cdot \sqrt{1 + \left(\frac{\lambda\, z}{\pi\, w\,(0)^2}\right)^2}$$

Der Wellenfrontradius nimmt zunächst ab, steigt aber mit wachsendem z wieder an (Bild 3):

$$R\,(z) = z \cdot \left[1 + \left(\frac{\pi \cdot w\,(0)^2}{\lambda \cdot z}\right)^2\right]$$

Das Verhalten des G. wird durch die beiden Parameter w(0) (Strahlentaillendurchmesser) und der Wellenlänge λ beschrieben. Beide Größen werden bei der Definition des Rayleighbereich z_R berücksichtigt:

$$z_R = \frac{\pi w(0)^2}{\lambda}$$

Bei $z = z_R$ gilt $w(z_R) = \sqrt{2 \cdot w(0)}$. Für größere Entfernungen weiten sich die Strahlen kegelförmig auf, woraus der Divergenzwinkel im →Fernfeld ermittelt werden kann:

$$\Theta = \frac{w(0)}{z_R}$$

Je kleiner w(0) ist, desto größer ist die Aufweitung im Fernfeld. *Krauser*

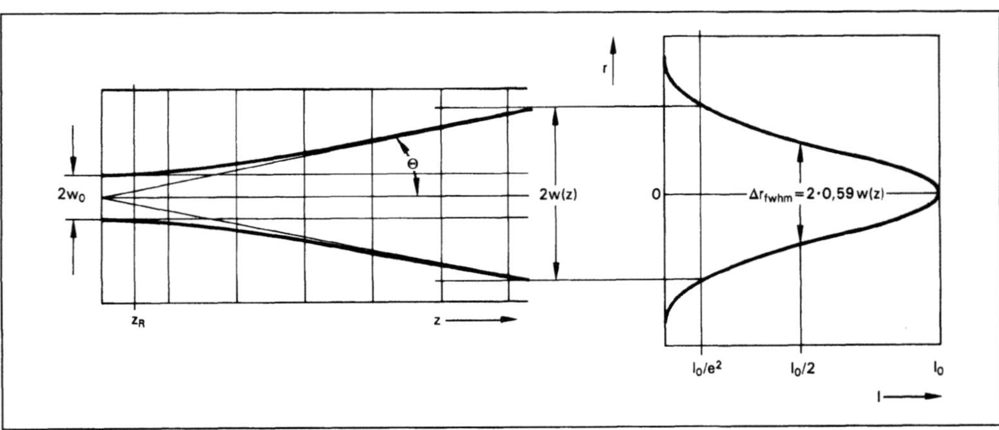

Gaußstrahl 2: Ausbreitung eines G.

Literatur: *Koppelmann, G.* u. *Linke:* Eigenschaften und Transformation von Laserlichtbündeln. Praxis d. N. (Physik) 1 (1992) Nr. 41.

Gauß-Verteilung →Normalverteilung

Gefüge. Einkristalline, aus mehreren Einzelkristallen zusammengesetzte Polykristalle und amorphe Werkstoffe besitzen eine Mikrostruktur, die bei Auslagerung sich zwar verändert, aber nicht vollständig ausheilt. Dieses dem thermodynamischen Gleichgewichtszustand des Werkstoffes überlagerte G. bildet die Grundlage für viele physikalische und chemische und somit auch technische Eigenschaften der Werkstoffe: Plastische Verformung, Schädigung wie Bruch und →Korrosion, Elektro- und Thermotransport. Das G. ist die Grundlage der physikalischen →Zuverlässigkeitsbewertung der Werkstoffe. Besonders kritisch sind Schwachstellen in Mikroverbindungen, in denen die geometrischen Abmessungen und Schichtdicke der Leiterbahnen in der Größenordnung der Gefügeelemente (Korngröße) liegen (→Alterung, →Zuverlässigkeit). *Hieber*

Gegenkopplung. Form der →Rückkopplung (negative Rückkopplung), bei der ein Teil der Ausgangsgröße eines Verstärkers auf den Eingang so rückgeführt wird, daß sich die Eingangsgröße verkleinert (gegenphasige Überlagerung der Eingangssignale).

Durch G. ($\underline{kv}<0$, Rückkopplung) werden Nichtlinearitäten der →Verstärker linearisiert (Senkung der Verzerrungen), wobei die Gesamtverstärkung sinkt und der Aussteuerbereich der Verstärkerstufen steigt.

Die G. beeinflußt außerdem die Ein-/Ausgangswiderstände des Verstärkers so wie den Frequenzgang: sie vergrößert die →Bandbreite. Dabei kann sich die G. auf den gesamten Übertragungsbereich gleichmäßig auswirken oder nur auf bestimmte Frequenzbereiche (selektive G.).

Weitere Vorteile der G. sind
- Stabilisierung der Verstärker gegenüber Parameterstreuungen,
- bequeme Möglichkeit der Verstärkungseinstellung,
- leichte Realisierbarkeit der vier Verstärkergrundtypen.

Ein Problem bei gegengekoppelten Schaltungen ist immer die Gefahr der →Instabilität (→Selbsterregung).

Schaltungstechnisch erfolgt die G. über ein (lineares oder nichtlineares) Rückkopplungsnetzwerk. Je nachdem, ob ein Teil der Ausgangsspannung oder des Ausgangsstromes rückgekoppelt wird und der Eingangsstrom oder die Eingangsspannung zugeführt wird, gibt es vier grundsätzliche G.-Arten (Bild 1): Serienspannungsgegenkopplung, Parallel-

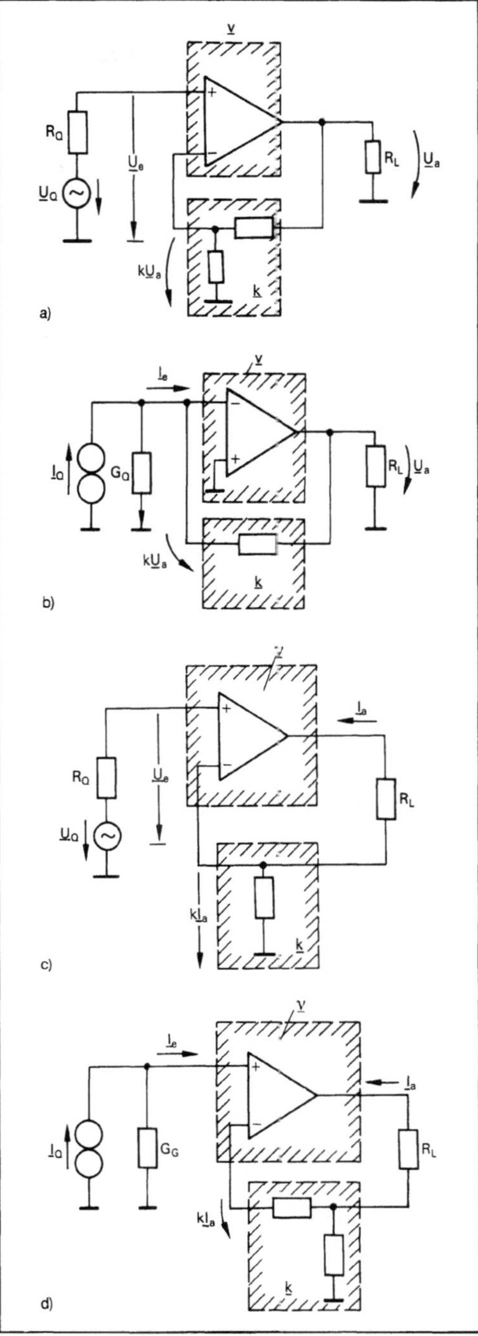

Gegenkopplung 1: Grundschaltungen mit Operationsverstärker.
a) Serienspannungs-G. (nichtinvertierender Operationsverstärker)
b) Parallelspannungs-G. (invertierender Operationsverstärker)
c) Serienstrom-G.
d) Parallelstrom-G.

spannungsgegenkopplung, Serienstromgegenkopplung und Parallelstromgegenkopplung. Bei der Serienstromgegenkopplung werden die Spannungen im Eingangskreis addiert, bei der Parallelstromgegenkopplung die Ströme.

Die G. läßt sich z. T. relativ leicht in Stufengrundschaltungen realisieren, z. B. als Spannungsgegenkopplung und Stromgegenkopplung der Emitterstufe (Bild 2): Spannungsgegenkopplung (Widerstand zwischen →Basis und →Kollektor), Stromgegenkopplung mit Emitterwiderstand.

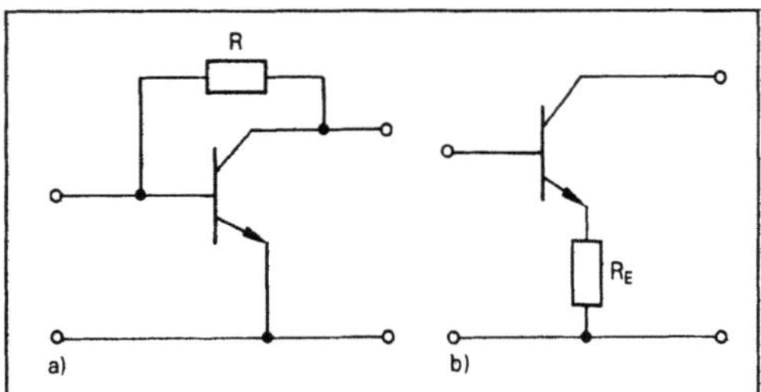

Gegenkopplung 2: G. in Emittergrundschaltung
a) Spannungs-G.
b) Strom-G.

G. ist eine notwendige Schaltungsmaßnahme für den Betrieb des Operationsverstärkers, der nie ohne sie betrieben wird. Dort ist die G. so stark, daß allein diese die Übertragungseigenschaften des Gesamtsystems bestimmt. Dann geben z. B. Exemplarschwankungen der Verstärkung nicht mehr ein. Auf den unterschiedlichen Auslegungen dieses Gegenkopplungsnetzwerkes beruht die große Anwendungsbreite des →Operationsverstärkers. *R. Paul*

Gegentaktschaltung. (*engl.* Push-Pull-Circuit) Elektronische Schaltung, die ein Eingangssignal in zwei Teile mit entgegengesetzter Phasenlage aufspaltet, die anschließend durch zwei identisch aufgebaute Verstärkerstufen verarbeitet und dann am Ausgang wieder zusammengesetzt werden. Dadurch entsteht ein hoher Wirkungsgrad für den Leistungsumsatz, weshalb diese Technik häufig bei Leistungsverstärkern Anwendung findet.

Nach der Lage des Arbeitspunktes (Bild) unterscheidet man Klasse B- und AB-Stufen, Klasse C-Stufen sind seltener und Klasse D-Stufen dienen als →Schaltverstärker (Tabelle). Als Verstärkerelemente kommen durchweg Transistoren entweder vom gleichen Leitungstyp oder Komplementärstufen in Frage. Letztere sind besonders vorteilhaft, weil Eingangs- und Ausgangsübertrager entfallen (übertragerlose Schaltungen). Schaltungstechnisch sind Parallel- oder Serienanordnungen der beiden Transistoren üblich. Parallelschaltungen erfordern durch den angezapften Lastwiderstand durchweg eine Transformatorauskopplung, wegen des dadurch bedingten höheren Aufwandes und der Kosten nehmen diese Schaltungen ab.

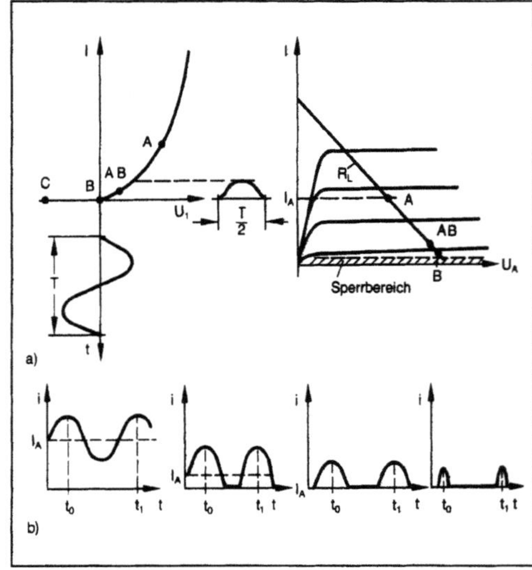

Gegentaktschaltung: Lage des Arbeitspunktes.
a) Übertragungskennlinie und Ausgangskennlinienfeld
b) Zeitverlauf des Ausgangsstromes im Verstärkerbauelement.

Gegentaktschaltung. Tabelle: Arbeitspunkte von Verstärkerstufen (bei Sinusaussteuerung)

Betriebsart	Verstärkung	Lage des Arbeitspunktes
A	beider Halbwellen	im mittleren Teil des aussteuerbaren Bereiches
B	nur einer Halbwelle	an der unteren Grenze (Sperrbereich) des aussteuerbaren Bereiches
A B	nur einer Halbwelle	jedoch Einstellung eines kleinen Ruhestromes
C	nur Spitzen einer Halbwelle	weit im Sperrbereich
D	Modulations-Verfahren, beide Halbwellen	

Bei den Serienschaltungen liegt der Verbraucherwiderstand in der Brückendiagonalen der aus den Transistoren und den beiden Spannungsquellen gebildeten Brücke. Schaltungen mit gleichen Transistoren erfordern eine gegenphasige Ansteuerung, z. B. durch eine →Phasenumkehrstufe. *R. Paul*

Gehäusetechnik →Umhüllung

Gehäusung. Zum Schutz vor ungewollten mechanischen und chemischen Einflüssen sowie zum Abführen und Verteilen von Verlustwärme ist es notwendig, die →Chips mit einem Gehäuse zu umhüllen, wobei die Verkapselungsmethode von der Wahl des Gehäusetyps abhängt.

Am häufigsten verbreitet ist das Umspritzen mit Plastikmasse in einer Form. Die schwarze Einfärbung dieser Masse schützt den Chip gegen Lichteinfall und erhöht die Wärmeabstrahlung. Für höhere Betriebstemperaturen und wenn es auf einen besonderen Schutz gegen Feuchtigkeit ankommt, werden Metall- und Keramikgehäuse den Kunststoffgehäusen vorgezogen (Bild).

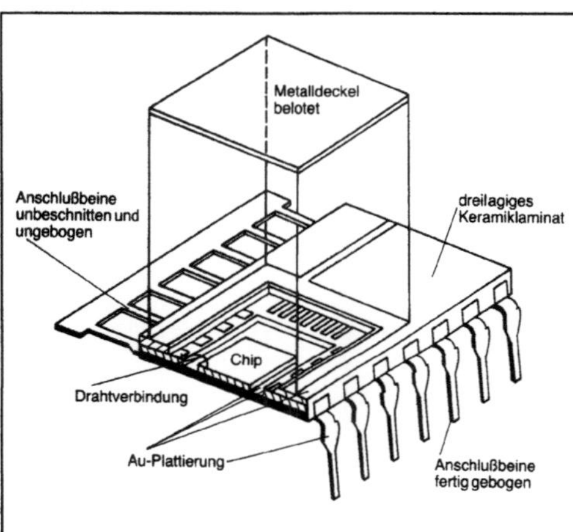

Gehäusung: Prinzipieller Aufbau eines mehrlagigen Keramikgehäuses.

Der untere Teil des Gehäuses besteht aus einer keramischen oder metallischen Trägerplatte, auf welcher der Chip montiert wird (→Bonden). Nach dem Bonden wird das Gehäuse durch Metall- oder Keramikdeckel verschlossen, wobei Löten, Schweißen oder Verglasen mit Lotglas angewendet wird. Wichtig ist in jedem Fall eine hohe Auszugskraft der Anschlußbeinchen für den späteren Einsatz der integrierten →Schaltung. Dies wird erreicht sowohl durch gute Haftung der Anschlußkontakte am Gehäuse als auch durch Anpassung der thermischen Ausdehnungskoeffizienten der verwendeten Materialien.

Häufig verwendete Gehäusetypen sind:

□ TO – Metallgehäuse

□ Keramik- oder Plastikgehäuse mit zwei parallelen Anschlußreihen, DIL = dual in line, DIP = dual in parallel

□ PGA pin grid array, mit vielen Anschlüssen

□ Chipcarrier mit und ohne Anschlußbeinchen.

Ryssel

Literatur: *Hacke, H.-J.*: Montage Integrierter Schaltungen. Berlin–Heidelberg–New York 1987.

Geiger-Müller-Zählröhre. Eine von *H. Geiger* und *W. Müller* entwickelte gasgefüllte →Elektronenröhre zum Nachweis und Messen ionisierender Strahlung.

In einen dünnwandigen Metallzylinder als Kathode taucht axial ein Metallstab als Anode und ist im Deckel durch eine Glaseinschmelzung isoliert gehalten. Der Boden des G.-M.-Z. ist entweder ebenfalls aus Metall oder aber es ist ein Glimmerfenster eingesetzt, das β- und, wenn es dünn genug ist, auch α-Strahlung nur wenig geschwächt durchläßt (γ-Strahlung kann durch alle Wandungen des Zählrohrs eindringen). Die Röhre enthält meist Edelgase unter niedrigem Druck, denen zur Selbstlöschung meist Halogen-Verbindungen in geringem Maße zugesetzt werden.

Wird eine kleine Spannung an die G.M.Z. gelegt, so werden die von der ionisierenden Strahlung erzeugten Ladungen an den Elektroden gesammelt: die Röhre arbeitet als Ionisationskammer (Bild). Mit steigender Spannung wird dieser Bereich verlassen; die von der Strahlung erzeugten Ionen werden so stark beschleunigt, daß sie weitere Ionisationsvorgänge auslösen können, der durch die Elektroden fließende Strom ist proportional der primären Ionisation: Proportionalbereich. Mit weiter zunehmender Spannung gelangt man an einen Punkt, von dem ab bei jedem ionisierenden Ereignis praktisch das gesamte Füllgas der Röhre ionisiert

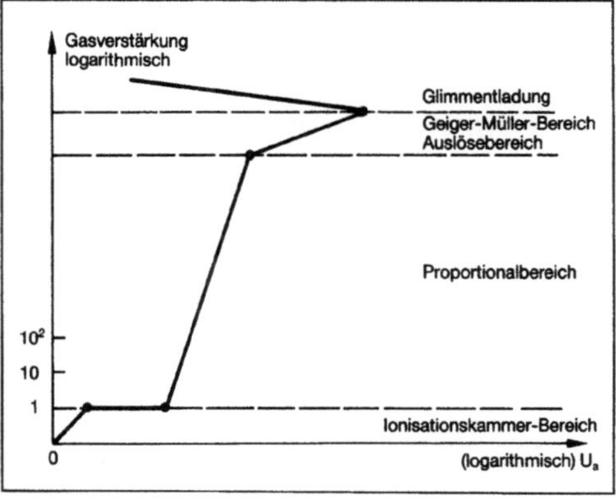

Geiger-Müller-Zählröhre: Gasverstärkung in Abhängigkeit von der angelegten Anodenspannung.

wird, d. h. man erreicht den Geiger-Müller-Bereich (auch Auslösebereich genannt), den eigentlichen Arbeitsbereich der Röhre. Hier steigt die Pulsrate nur noch geringfügig mit der Spannung (Geiger-Müller-Plateau). Wird die Spannung noch weiter gesteigert, dann bildet sich schließlich in der Röhre eine →Glimmentladung aus, die die Röhre schnell schädigen kann.

Bei Betrieb im Geiger-Müller-Bereich muß die Röhre nach jeder Entladung entionisieren und ist während dieser Zeit für Strahlung unempfindlich. Die Länge dieser →Totzeit hängt nicht nur von Konstruktion, Gasfüllung und Löschsubstanz der Röhre, sondern auch von der äußeren Beschaltung ab. *Golombek*

Literatur: *Neuert:* Kernphysikalische Meßverfahren. Karlsruhe 1966.

Genauigkeit. Mit diesem Begriff wird gelegentlich die Qualität eines Meßgeräts oder eines Meßergebnisses gekennzeichnet. In Verbindung mit Zahlenangaben sollte dieser nicht exakt definierte Begriff jedoch nicht verwendet werden. An seine Stelle sollten je nach Anwendungsfall die Begriffe Meßabweichung, →Vertrauensbereich, Meßunsicherheit, Fehlergrenzen und Toleranz treten. (→Meßfehler). *Hammerschmidt*

Generation (Ladungsträgererzeugung). Grundprozeß in einem Halbleitermaterial, mit dem durch Zufuhr von Energie die Zahl freier →Ladungsträger zunimmt.

Bei thermischer Anregung entstehen →Loch-Elektronen-Paare durch Aufbrechen von Valenzbindungen des Kristallgitters. Im →Bändermodell (Bild) wird dabei ein Elektron vom Valenz- ins Leitband gehoben, im →Valenzband bleibt ein →Loch oder →Defektelektron zurück. Die G. von Ladungsträgerpaaren kann auch durch andere als thermische Anregungsprozesse zustande kommen: optische G. durch Strahlungsenergie (innerer photoelektrischer Effekt), durch Stoßionisation (→Avalancheeffekt), um die für Halbleiter typischen Vorgänge zu nennen.

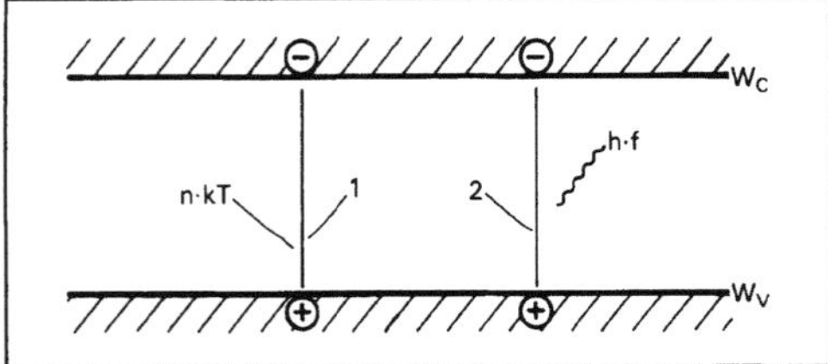

1) Thermische G.; 2) optische G.

Generation: G. von Ladungsträgerpaaren im Bändermodell.

Die G. wird quantitativ durch die →Generationsrate gekennzeichnet. Sie ist proportional der Zahl der pro Zeit- und Volumeneinheit entstehenden Ladungsträgerpaare. Sie hängt bei der thermischen G. vom →Bandabstand des Halbleiters ab, bei der optischen G. vom Absorptionskoeffizienten des Halbleiters und der einfallenden Strahlungsenergie und bei der Stoßionisation von der elektrischen Feldenergie (→Feldstärke) und dem Ionisierungskoeffizienten.

Der Umkehrprozeß zur G. heißt →Rekombination. Im thermodynamischen Gleichgewicht stimmen thermische G. und Rekombination als gegeneinander wirkende Prozesse überein.

Mitunter wird auch die Ionisierung von →Störstellen als G. von Ladungsträgern aus Störstellen bezeichnet. *R. Paul*

Generationsrate. Rate, d. h. Zahl pro Volumen- und Zeiteinheit, mit der freie →Ladungsträger in einem Halbleiter durch thermische, elektrische, optische oder andere Anregungsmechanismen erzeugt werden (übliche Einheit: $cm^{-3}s^{-1}$). Bei z. B. optischer Ladungsträgergeneration mit Photoenergien oberhalb des Bandabstands ist die G. gleich der Zahl pro Volumen- und Zeiteinheit in den Halbleiter eingestrahlten Photonen, da jedes →Photon einen freien Ladungsträger (bzw. ein Ladungsträgerpaar) generiert. Im stationären Zustand ist die G. gleich der →Rekombinationsrate (→Rekombination). *Heinz*

Geradeaus-Stromrichter →Stromrichterarten

Gerbercode →Datenaustauschformate im CA-Bereich

Germanium. G. (Ge, Ordnungszahl 32, Atomgewicht 72,6, Bandabstand 0,66 eV) ist ein →Elementhalbleiter aus der IV. Gruppe des Periodensystems, der ebenso wie →Silicium im Diamantgitter kristallisiert. G. war der erste einkristalline Halbleiter, der Anfang der 50er Jahre technische Anwendung fand. Wegen seiner hohen Minoritätsträgerbeweglichkeit ist es für Anwendung bis in den GHz-Bereich bei Strukturgrößen von einigen μm geeignet. Wegen des Fehlens eines natürlichen Oxids mit guten isolierenden Eigenschaften und wegen seines geringen Bandabstandes von 0,66 eV wurde Germanium ab ca. 1960 von Silicium abgelöst. Es wird derzeit nur noch für einige wenige Spezialanwendungen verwendet, wie z. B. →Lawinenphotodioden oder Kernstrahlungsdetektoren (Tabelle). *Ryssel*

Germanium. Tabelle: Eigenschaften von Germanium bei T = 300K

Parameter	Wert
Schmelzpunkt	958 °C
Dichte	5,32 g/cm³
Gitterkonstante a	5,65 Å
Zahl der Atome im Volumen	ca. $4{,}4 \cdot 10^{22}$ cm^{-3}
Bandabstand E_g	0,66 eV
Bandübergang	indirekt
Eigenleitungskonzentration n_i	$2{,}5 \cdot 10^{13}$ cm^{-3}
Max. Elektronenbeweglichkeit μ_n	3800 cm^2/V·s
Max. Löcherbeweglichkeit μ_P	1800 cm^2/V·s

Germanium-Strahlendetektor →Halbleiter-Strahlungsdetektor

Geschwindigkeitsmodulation. G. ist bei Laufzeitröhren sowohl der Vorgang, durch den die Geschwindigkeit von Ladungsträgern in Abhängigkeit von der Zeit geändert wird, als auch der Zustand, der in einem Ladungsträgerstrom als Folge des obigen Vorgangs herrscht.

Die G. entsteht in einem gleichförmigen →Elektronenstrahl durch wechselweises beschleunigen und abbremsen von Elektronen, z. B. durch ein Hochfrequenzfeld. Durch Phasenfokussierung geht sie in →Dichtemodulation über. Dabei holen schnellere Elektronen langsam voranlaufende ein und formen so Elektronenpakete. Diese driften jedoch infolge der unterschiedlichen Geschwindigkeit, verstärkt durch Abstoßungskräfte, wieder auseinander. Den wechselseitigen Übergang zwischen Geschwindigkeits- und Dichtemodulation zeigt das Weg-Zeit-Diagramm für Elektronen mit verschiedener Startgeschwindigkeit, der sog. Elektronenfahrplan (Bild). Wegen der Raumladungsabstoßung überschneiden sich die Kurven nicht tatsächlich, sie erreichen nur einen minimalen Abstand voneinander.

Die rechnerische Behandlung des Vorgangs ergibt zwei Raumladungswellen, von denen eine etwas langsamer, die zweite etwas schneller läuft als der ungestörte Elektronenstrahl.

Ausgelöst wird eine G. z. B. im Steuerresonator eines Klystrons. Dort wirkt die elektrische →Feldstärke eines Hochfrequenzfeldes auf die Elektronen ein, wobei sie abwechselnd beschleunigt und abgebremst werden. Im anschließenden Triftraum entsteht dann die Dichtemodulation. Bei →Wanderfeldröhren mit einer Wendel als Verzögerungsleitung laufen diese Vorgänge kontinuierlich längs des ganzen Wechselwirkungsraumes ab. *Kiesel*

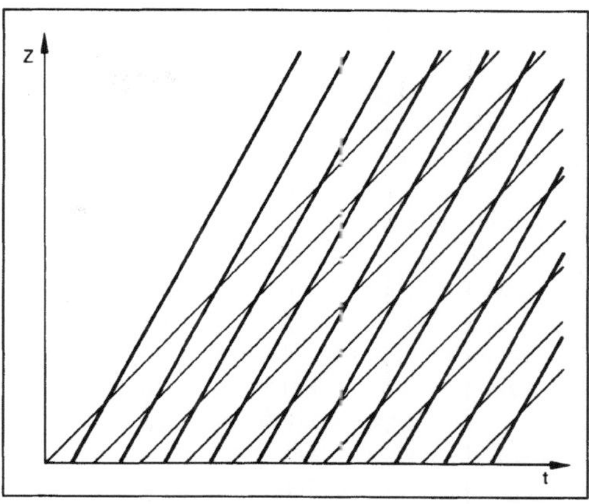

Geschwindigkeitsmodulation: Elektronenfahrplan, schematisch.

Literatur: *Eichmeier, J.:* Moderne Vakuumelektronik. Berlin–Heidelberg–New York 1981.

Getter, Gettern.

Elektronenröhren. Stoffe, die durch Adsorption oder chemische Umsetzung erhebliche Mengen Gas binden können und zum Aufrechterhalten oder Verbessern des Vakuums in abgeschlossenen Systemen wie Elektronenröhren dienen. Man kann sie in drei Gruppen einteilen

- □ Verdampfungsgetter
- □ Volumengetter und
- □ Schichtgetter.

Für die Verdampfungsgetter verwendet man chemisch aktive Metalle, die sich leicht verdampfen lassen wie Natrium, Kalium, Magnesium, Calcium, Strontium und Barium. Die technisch größte Bedeutung haben Barium, Bariumlegierungen und Magnesium, die zunächst als Pillen in Hüllen aus anderen Metallen (z. B. Nickel), als Band, Draht, Pulver oder Belag auf einem Tantalband vorliegen. Während des Evakuierens der Gefäße werden sie je nach Material bei 400 °C bis 1000 °C entgast. Nach dem Abschmelzen der Gefäße von der Pumpe wird das Gettermaterial bei 100–200 °C höheren Temperaturen verdampft. Die Gasaufzehrung erfolgt zum einen während des Verdampfungsprozesses und beim Kondensieren des G. an der kältesten Stelle des Vakuumgefäßes, zum anderen, über sehr lange Zeiten, durch Absorption im kondensierten G. Dieses Gettern geschieht bei Temperaturen bis maximal 200 °C.

Als Volumengetter verwendet man vorzugsweise Tantal, Zirkon, Thorium und Titan, die in Form von Blechen, Drähten, Pulver oder als Sinterkörper (wobei z. B. Zirkon- und Kohlepulver zusammengesintert wurden) eingebracht werden. Ihre Getterwirkung setzt erst bei Temperaturen oberhalb von 300 °C bis 700 °C ein. Sie beruht darauf, daß die gegetterten Gase langsam in das Volumen des

Getters eindiffundieren. Die Gettergeschwindigkeit und Getterkapazität kann für verschiedene Gase sehr unterschiedlich sein.

Die Schichtgetter entsprechen weitgehend den Volumengettern, wobei die Getterwerkstoffe in Pulverform durch Spritzen, Tauchen oder elektrophoretisch auf Elektroden aufgebracht werden, die im Betrieb eine Temperatur zwischen 300 und 700 °C annehmen.

Daneben haben sich für die Erzeugung und Aufrechterhaltung von Hochvakuum und Ultrahochvakuum Ionengetterpumpen durchgesetzt. Zwischen zwei als Kathode dienenden Titanblechen ist ein Zylinder oder eine Wabenkonstruktion als Anode angebracht. Bei einer Spannung von einigen kV wird durch ein Magnetfeld, das axial zum Zylinder bzw. senkrecht zu den Öffnungen der Waben steht, erreicht, daß eine Gasentladung bis zu extrem niedrigen Drücken noch brennt. Die auf die Kathode auftreffenden Ionen machen dort durch Zerstäubung Titanatome frei, die sich auf der Anode niederschlagen und dabei die Gase gettern. *Golombek/Wedler*

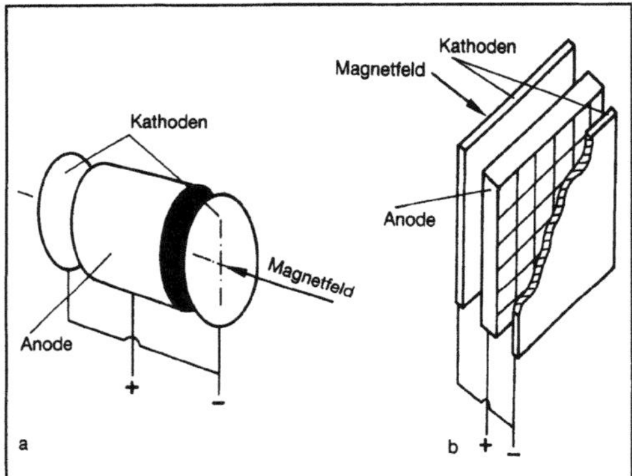

Getter: Ionengetterpumpe
a) nach Klopfer
b) nach Hall.

Halbleitertechnologie. Der Begriff G. kommt aus der Herstellung von →Elektronenröhren. Dort wird durch Anlegung eines hochfrequenten Feldes nach dem Auspumpen der Röhre eine geringe Menge Titan verdampft, die Gasmoleküle an der Glaswand festhält, „gettert", und so das Vakuum verbessert. Analog bezeichnet man in der →Halbleitertechnologie als G., wenn durch einen geeigneten Prozeßschritt unerwünschte Verunreinigungen im Kristall „gegettert" und damit unschädlich gemacht werden. Bei den unerwünschten Verunreinigungen handelt es sich um Metallatome, vorwiegend der Übergangsmetalle Eisen oder Zink, aber auch Gold, Platin und die Alkali- und Erdalkalimetalle. Diese Elemente haben in →Silicium und teilweise in Verbindungshalbleitern wegen ihres kleinen Atomradius einen sehr hohen Diffusionskoeffizienten (Zwischengitterdiffusion), und sie haben Niveaus in der Mitte des verbotenen Bandes, wodurch sie als Rekombinationszentren wirken und die Minoritätsträgerlebensdauer erniedrigen.

□ Intrinsisches G. wird durch Sauerstoffausscheidungen in CZ-Silicium (→Kristallziehen) hervorgerufen, die bei geeigneter Temperaturführung aus gelöstem Sauerstoff entstehen (→Denuded Zone). Diese Sauerstoffausscheidungen dienen als Senke für Metallatome, die bei hohen Prozeßtemperaturen leicht beweglich sind und dort gegettert werden.

□ Extrinsisches G. kann durch verschiedene zusätzliche Prozeßschritte hervorgerufen werden, die zu Kristalldefekten führen, die ebenfalls Metalle gettern können. Solche Defekte werden hervorgerufen durch mechanische Schäden auf der Scheibenrückseite durch →Läppen, →Strahlenschäden durch →Ionenimplantation von Argon (diese Strahlenschäden heilen wegen des großen Radius der Argonatome nur schlecht aus; →Ausheilen), Phosphordiffusion mit hoher Konzentration, und durch die Abscheidungen von →Polysilicium.

□ Eine weitere Art der Getterung erreicht man während der thermischen →Oxidation durch Beifügung geringer Mengen eines chlorhaltigen Gases (HCl, Cl_2, Trichlorethylen). Hierdurch bilden sich mit den im Prozeßrohr vorliegenden Metallatomen flüchtige Halogenide, die durch den Gasstrom abtransportiert werden und so nicht in den →Halbleiter diffundieren können. Gleichzeitig ergibt sich eine wesentlich verbesserte Oxidqualität und eine Reduktion der oxidationsinduzierten →Stapelfehler. *Ryssel*

Gigabit-Logik. Sammelbegriff für sehr schnelle integrierte Digitalschaltungen, die mit Taktfrequenzen größer als 1 GHz bzw. Bitraten oberhalb 1 Milliarde bit pro Sekunde (1 Gbit/s) arbeiten.

Zur G.-L. rechnet man heute folgende Bereiche der integrierten →Schaltungstechnik, die sich in Funktion und Einsatzgebieten unterscheiden:

- Logikschaltungen mit Taktfrequenzen jenseits von 1 GHz bzw. Bitraten >1 Gbit/s,
- Logikschaltungen mit extrem kleinen Gatterverzögerungszeiten im Subnanosekunden-Bereich ($\lessapprox$ 1 ns), auch wenn sie mit Taktfrequenzen unter 1 GHz betrieben werden,
- extrem schnelle Analog- und Digitalschaltungen (z. B. schnelle AD-DA-Wandler, Impulsverstärker u. a.).

Von der Konzeption her besteht bei der G.-L. eine enge Verwandtschaft zu Mikrowellenschaltkreisen, auch hier müssen z. B. für längere Verbindungsleitungen Gesichtspunkte der Leitungstheorie beachtet werden. Auch die verwendeten Bauelemente sind die gleichen: Mikrowellenbipolartransistoren, GaAs-MESFET, →HEMT und (bisher in

Ausnahmefällen) kyroelektronische Elemente. In der technischen Realisierung der G.-L. dominiert immer stärker die monolithische Technik mit der deutlichen Tendenz, anstelle von →Silicium das →GaAs wegen seiner besseren Eigenschaften für die Realisierung schneller Bauelemente einzusetzen.

Haupteinsatzgebiete der G.-L. sind Breitbandnachrichtensysteme, die Echtzeitsignalverarbeitung mit hohen Durchsatzraten (z. B. →Frequenzanalyse), Satellitenkommunikation, Lichtleiter-Langstreckenübertragung, Hochgeschwindigkeitsrechner in Echtzeitbetrieb, schnelle Meß- und Prüfsysteme, Raumfahrt und Militärelektronik. *R. Paul*

Gitter →Elektronenröhre

Gitterfehlstelle. Der Begriff bezeichnet lokalisierte Abweichungen von der perfekten Ordnung im Raumgitter kristalliner Werkstoffe. Man unterscheidet je nach geometrischer Ausdehnung

□ Punktfehlstellen, d. h. Leerstellen, Zwischengitteratome. Hierzu zählen auch Doppelleerstellen und Leerstelle-Fremdatom-Paare, welche energetisch günstiger sein können als zwei getrennte Leerstellen bzw. ein Fremdatom und eine ungekoppelte →Leerstelle.

□ Linienhafte Defekte, d. h. Versetzungen

□ Flächenhafte (zweidimensionale) Defekte, d. h. Korngrenzen, Subkorngrenzen, Zwillingsgrenzen, Antiphasengrenzen, →Stapelfehler.

Sämtliche G. benötigen zu ihrer Entstehung aus dem energetisch optimalen perfekten Gitter zusätzliche Bildungsenergie bzw. Linienenergie bzw. Grenzflächenenergie. Die Bildungsenergie der Punktfehlstellen wird durch thermische →Aktivierung, durch Strahlungsschäden oder durch mechanische Prozesse (Schneiden von Versetzungslinien) aufgebracht; die Linienenergie der Versetzungen, deren Gesamtlänge und räumliche Anordnung nicht einem thermodynamischen Gleichgewicht entspricht, wird durch äußere Arbeitsleistung während der Verformung oder durch kinetisch bedingte Spannungen bei der Kristallisation aufgebracht. Flächenhafte Gitterdefekte entstehen während des Kristallwachstums durch Aneinanderstoßen verschiedener Keime oder nachträglich durch Rekristallisation, wobei sich die Linienenergie von Versetzungen in Grenzflächenenergie umsetzt.

Sämtliche G. sind als Störungen von Verzerrungsfeldern umgeben, welche eine elastische Wechselwirkung mit anderen G. sowie mit Fremdatomen verursachen, die z. B. zur Segregation führen (Seigerung). In Ionenkristallen stellen Punktfehlstellen, die an die Stelle von Ionen treten, lokalisierte Ladungszustände dar; auch Versetzungen und Grenzflächen in Ionenkristallen können von Raumladungsrandschichten umgeben sein.

Punktfehlstellen sind für →Diffusion und Ionenleitung in Festkörpern verantwortlich, Versetzungen für den Gesamtbereich der plastischen Verformung und Festigkeit; innere Grenzflächen treten mit beiden anderen Gitterdefekt-Typen in Wechselwirkung und übernehmen ebenfalls Funktionen als Stofftransportwege sowie bei Verformung und Bruch. Die praktische Bedeutung der G. ist daher außerordentlich groß, die Kontrolle ihrer Konzentration und Anordnung ein zentrales Thema der Werkstofftechnik. *Ilschner*

Gitterkoppler. Ein G. dient zur selektiven Ein- und/oder Auskopplung von optischen Wellen in eine planare Wellenleiterstruktur (→Schichtwellenleiter, →Streifenwellenleiter). Seine Funktion ist der eines Prismenkopplers ähnlich.

In einem planaren →Wellenleiter wird ein Gitter mit geeigneter Periodizität hergestellt (Bild). Es wird eine →Phasenanpassung zwischen einem Wellenleitermodus und einer nicht geführten Welle vermittelt, die unter einem bestimmten Winkel θ einfällt.

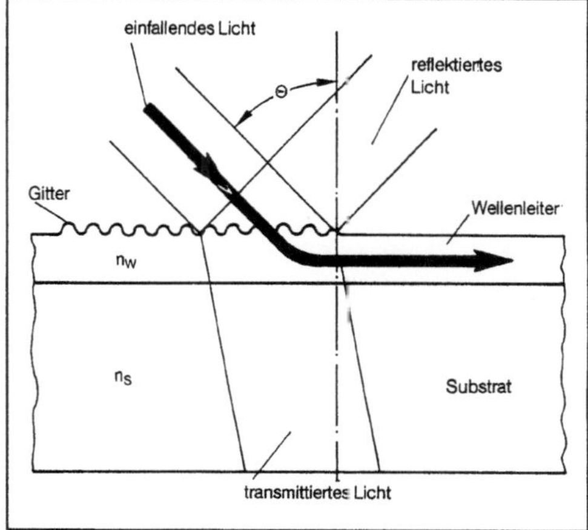

Gitterkoppler: Einkopplung optischer Wellen in eine planare Wellenleiterstruktur mit Hilfe eines Gitters.

Mit symmetrischen Gitterprofilen wird eine Koppeleffizienz von 10%–30% erreicht, da ein Teil des Lichtes durch den Wellenleiter hindurchtritt, ohne in ihm geführt zu werden, ein anderer Teil wird in die höheren Beugungsordnungen abgestrahlt. Durch Herstellung eines sägezahnförmigen Gitterprofils kann der Koppelwirkungsgrad auf mehr als 95% gesteigert werden.

Im Vergleich zum →Prismenkoppler bietet ein G. den Vorteil, daß das Gitter in einem Wellenleiter fest integriert ist, so daß der Koppelwirkungsgrad konstant ist und nicht von mechanischen Schwingungen beeinflußt wird. Ein wesentlicher Nachteil ist das komplizierte Herstellungsverfahren. Außer zur Ein- und Auskopplung können G. auch zur

Modenspektroskopie sowie als →Wellenlängen-Multiplexer/Demultiplexer eingesetzt werden.
Krauser

Gittersperre. Unter G. versteht man eine elektronische Schaltung bei →Stromrichtern, die das Zünden von →Thyristoren bei nicht erlaubten Betriebszuständen, z. B. bei Überströmen, verhindert. Diese Schaltung kann auch zur Abschaltung von Stromrichtern durch Überwachungseinrichtungen aller Art entsprechend der Anwendung des Stromrichters benutzt werden. *H. Stüben*

Glas-Metall-Durchführung →Substrattechnik, →Umhüllung

Glasfaser, Übertragungsgrenzen. Die Übertragung von Daten über eine Glasfaser wird begrenzt durch die Dämpfung des Lichtes unter die Nachweisgrenze des Empfängers und durch das zeitliche Auseinanderlaufen der Signale infolge verschiedener Dispersionseffekte.

Normale Stufenindexprofil-Fasern haben als dominierende Begrenzung die sog. →Modendispersion mit einer Pulsverbreiterung von 10–100 ns/km. In Gradientenindex-Fasern wird diese Modendispersion auf 50–200 ps/km reduziert. In der sog.

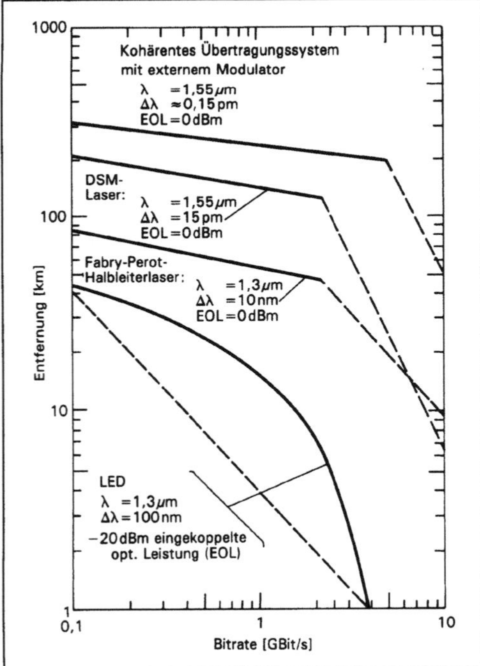

Glasfaser, Übertragungsgrenzen: Übertragungsgrenzen einer Monomodefaser (Dämpfungseinfluß durchgezogene Linien, Dispersionseinfluß gestrichelte Linien).

→Monomodefaser entfällt die Modendispersion völlig; es bleibt aber die normale →Materialdispersion $dn/d\lambda$. Sie ist für eine Trägerwellenlänge von 1,3 µm Null mit einem Gradienten von 0,1 ps/nm² km; im Dämpfungsminimum der Faser bei 1,55 µm beträgt sie 17 ps/nmkm mit einem Gradienten von 0,04 ps/nm² km. Für niedrige Frequenzen bildet allein die Nachweisempfindlichkeit des Empfängers die Grenze. Die Dämpfung der Faser beträgt $\alpha=0{,}5$ dB/km für $\lambda=1{,}3$ µm und $\alpha=0{,}2$ dB/km für $\lambda=1{,}55$ µm (Bild). *Rosenzweig*

Literatur: *Mozer, A. P.*: Optical Fiber Communication Systems, and their Physical Limitation Effects. J. of Optical Communications Vol. 7 (1986) p.p. 2.

Glasfaserdämpfung. Als G. wird die exponentielle Abnahme der optischen Leistung zwischen zwei Querschnittsflächen einer Glasfaser im Abstand (z_2-z_1) voneinander auf Grund von Absorptions-, Streu- und Strahlungsverlusten bezeichnet.

Die Dämpfung wird durch den Dämpfungskoeffizienten α in dB/km angegeben:

$$\alpha = \frac{10}{z_2-z_1}\lg\left(\frac{P(z_2)}{P(z_1)}\right)$$

mit $P(z_1)$ bzw. $P(z_2)$ optische Leistung in der Faserquerschnittsfläche an der Stelle z_1 bzw. z_2, (z_2-z_1) in km.

Die Gesamtdämpfung ist gegeben durch

$$\alpha=\alpha_R+\alpha_{IR}+\alpha_{UV}+\alpha_{ST}+\alpha_K+\alpha_{MK}$$

Den Hauptbeitrag zur Dämpfung liefert die *Rayleigh*streuung α_R, deren Streuintensität mit der vierten Potenz der Wellenlänge abnimmt:

$$\alpha_R \sim \frac{1}{\lambda^4}.$$

Bei der Absorption wird zwischen instrinsischen (Eigenabsorption) und extrinsischen Verlusten α_{ST} (verursacht durch →Störstellen) unterschieden.

Die Eigenabsorption ist durch elektronische Übergänge im ultravioletten α_{UV} und durch Anregung von Molekülschwingungen im infraroten Spektralbereich α_{IR} bedingt.

Die extrinsische Absorption α_{ST} wird von Übergangsmetallionen und durch OH^--Ionen verursacht. In einer SiO_2-Faser liegt die Grundabsorption der OH^--Ionen bei der Wellenlänge $\lambda=2{,}78$ µm. Oberschwingungen treten bei $\lambda=1{,}39$ µm, 1,24 µm und 0,95 µm auf. OH^--Ionen-Verunreinigungen haben im wesentlichen ihre Ursache in der Verwendung eines Knallgasbrenners bei der Herstellung der Glasfaservorform (→Glasfaserherstellungsverfahren).

Beim Beschichten, Verkabeln und Verlegen können Abweichungen von der geradlinigen Faserachse in der Größenordnung von Mikrometern auftreten (Mikrokrümmungen), die ebenfalls zu Verlusten

α_{MK} führen. Auch zu geringe Krümmungsradien der Glasfaser ergeben zusätzliche Verluste α_K.

Im Bild ist der spektrale Dämpfungsverlauf einer SiO_2-Faser mit den OH^--Absorptionsbanden, der intrinsischen UV- und IR-Absorption sowie der Rayleighstreuung dargestellt. Die Bereiche minimaler Dämpfung liegen bei $\lambda = 1{,}3\ \mu m$ und $\lambda = 1{,}55\ \mu m$. Als derzeit niedrigste Dämpfungswerte werden ca. 0,29 dB/km bei 1,3 µm und 0,154 dB/km bei $\lambda = 1{,}55\ \mu m$ angegeben. Standardmäßig werden in der industriellen Produktion 0,2–0,17 dB/km bei $\lambda = 1{,}55\ \mu m$ für Monomodefasern erreicht. Da in diesem Wellenlängengebiet auch das Dispersionsminimum der SiO_2-Faser liegt, stellt dies den favorisierten Bereich für optische Übertragungssysteme dar. Das theoretische Dämpfungsminimum ist mit 0,154 dB/km bei $\lambda = 1{,}55\ \mu m$ fast erreicht.

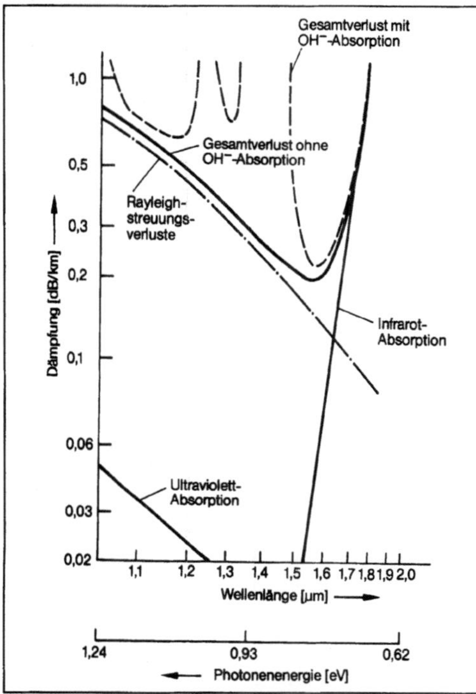

Glasfaserdämpfung: Spektraler Dämpfungsverlauf einer SiO_2-Faser

Derzeit werden Fluorid- und Chalkogenidgläser untersucht, von denen Dämpfungswerte kleiner 0,01 dB/km erwartet werden. Die Wellenlänge minimaler Dämpfung ist im Vergleich zu SiO_2-Fasern weiter in den IR-Bereich verschoben. Ein vielversprechendes Material ist ZrF_4 (Zirkonfluorid), mit dem bisher Faserdämpfungen von 0,7 dB/km bei 2,63 µm erzielt wurden. *Krauser*

Literatur: *Frank, W.*: Physik zukünftiger optischer Fasern. Der Fernmeldeingenieur **44** (1990) Nr. 3, S. 1–10. – *Heitmann, W.*: Attenuation Analysis of Silica-Based Single-Mode Fibres. J. of Optical Communiations, **11** (1990) Nr. 4, S. 122–129

Glasfaserherstellungsverfahren. Die Herstellung von Glasfasern erfolgt i. a. in zwei Schritten: Zunächst wird eine Vorform gefertigt, die dann zur Faser ausgezogen wird (Bild 1). Die Vorform kann aus Quarzglas (SiO_2) oder Mehrkomponentengläsern (z. B. Na_2O-B_2O_3-SiO_2: Natrium-Borosilikatglas, Na_2O-CaO-SiO_2: Natrium-Calcium-Silikatglas) bestehen. Zur Vorformherstellung werden Abscheideverfahren aus der Gasphase oder Glasschmelzverfahren eingesetzt.

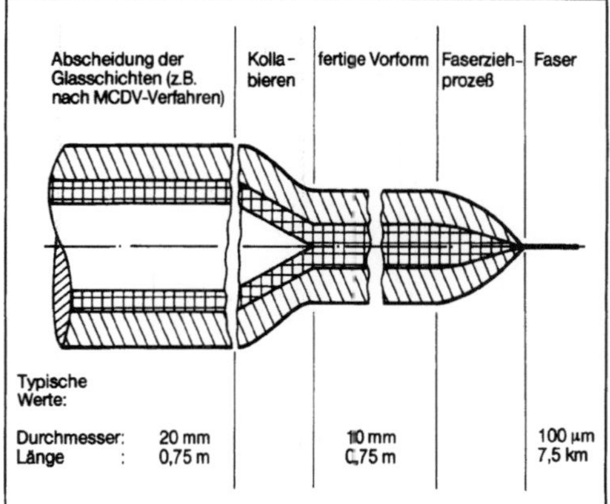

Glasfaserherstellungsverfahren 1: Prinzip der Glasfaserherstellung.

– Abscheidung aus der Gasphase.

Quarzglas hat von allen derzeit bekannten Materialien die niedrigsten Verluste im Nahinfrarot-Spektralbereich. Die →Brechzahl von Quarzglas kann durch Dotieren variiert werden: Zur Brechzahlerniedrigung führt eine Fluor- oder Boroxid-Dotierung, zur Brechzahlerhöhung wird mit Zirkonoxid (ZrO_2), Titanoxid (TiO_2), Aluminiumoxid (Al_2O_3), Germaniumoxid (GeO_2) oder Phosphorpentoxid (P_2O_5) dotiert, ohne daß die Transmissionseigenschaften wesentlich beeinträchtigt werden (Bild 2). GeO_2 als Dotierstoff ist besonders gut geeignet, weil damit Glasfasern mit minimaler Dämpfung (→Glasfaserdämpfung) von weniger als 0,2 dB/km hergestellt werden können. Um den extrem hohen Reinheitsgrad (Verunreinigung $<10^{-9}$) zu erreichen, werden die Vorformen i. a. durch Abscheidung aus der Gasphase auf einem →Substrat erzeugt. Die Ausgangsmaterialien sind hochreine Chloride, die als Gas dem Reaktor zugeführt werden. Die Reaktionsgleichung zur Abscheidung von reinem Quarzglas lautet:

$$SiCl_4 + O_2 \rightarrow SiO_2 + 2\ Cl_2$$

Für dotierte Quarzgläser gelten z. B. folgende Reaktionsgleichungen:

$$SiCl_4 + BCl_2 + O_2 \rightarrow SiO_2 - B_2O_3$$

(Brechzahlerniedrigung für Fasermantel) oder

$SiCl_4 + GeCl_4 + O_2 \rightarrow SiO_2 - GeO_2$

(Brechzahlerhöhung für Faserkern).

Die Reaktionstemperaturen liegen je nach Verfahren i. a. zwischen 1 100 °C und 1 700 °C. Die Gasströme werden mit Ventilen und Durchflußreglern in einer komplexen Gasaufbereitungsanlage durch einen Prozeßrechner gesteuert, so daß die gewünschten Brechzahlprofile mit großer Genauigkeit aufgebaut und während der Vorformherstellung eingehalten werden können.

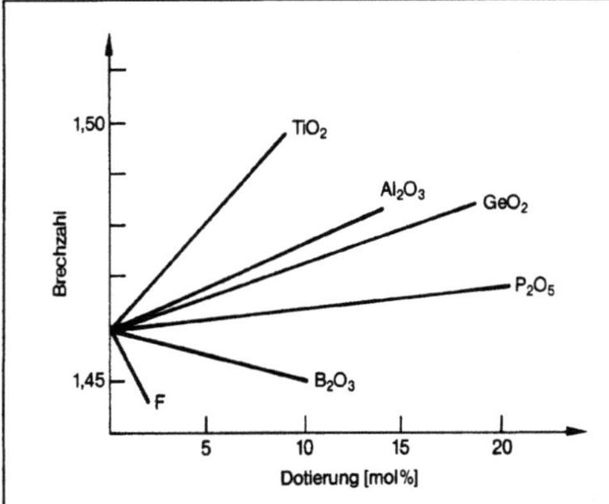

Glasfaserherstellungsverfahren 2: Brechzahlverlauf von Dotierstoffen für die Glasfaservorformherstellung ($\lambda = 600$ nm).

Man unterscheidet zwischen Außen- und Innenabscheidungsprozessen. Beim erst genannten schlagen sich die Glaspartikel durch Flammenhydrolyse auf der Oberfläche eines Glasstabes, beim zweiten durch direkte →Oxidation auf der Innenseite eines Quarzglasrohres nieder. Folgende vier Verfahren werden eingesetzt:

- OVD-Verfahren
- VAD-Verfahren
- MCVD-Verfahren
- PCVD-Verfahren

□ OVD-Verfahren (*engl.* Outside-Vapour-Deposition.

Durch chemische Reaktion scheiden sich kleine Glaspartikel auf der Außenseite eines rotierenden Trägerstabes aus Quarzglas oder Keramik ab (Bild 3).

Die Prozeßgase werden einem Knallgasbrenner zugeführt, der sich in axialer Richtung von einem Ende des Trägerstabes zum anderen bewegt. Auf diesem Stab bildet sich durch Flammenhydrolyse eine poröse Glasschicht, der Stabdurchmesser kann nach mehreren Brennerdurchläufen einige Zentimeter betragen. Das Brechzahlprofil wird durch das Verhältnis von $SiCl_4$ zum jeweiligen Dotierchlorid bestimmt und stufenweise dem gewünschten →Profil angenähert. Der Prozeß findet bei einer Temperatur von ca. 1 500 °C statt; die durchschnittliche Abscheiderate beträgt ca. 2 g/min, die Materialausnutzung weniger als 50%. Anschließend wird der Substratstab herausgezogen, die Vorform gesintert und kollabiert. Während der hohen Temperatur beim Kollabieren verdampft ein Teil der zur Brechzahlerhöhung im Kern eingebauten Dotierstoffe, wodurch in der Kernmitte ein abrupter Abfall der Brechzahl auftritt. Durch die große Oberfläche der porösen Vorform kann eine OH-Konzentration bis zu 200 ppm auftreten, was zur Erhöhung der Glasfaserdämpfung führt. Durch Chlorgaszugabe während des Sinterns kann der OH-Gehalt auf etwa 0,1 ppm abgesenkt werden.

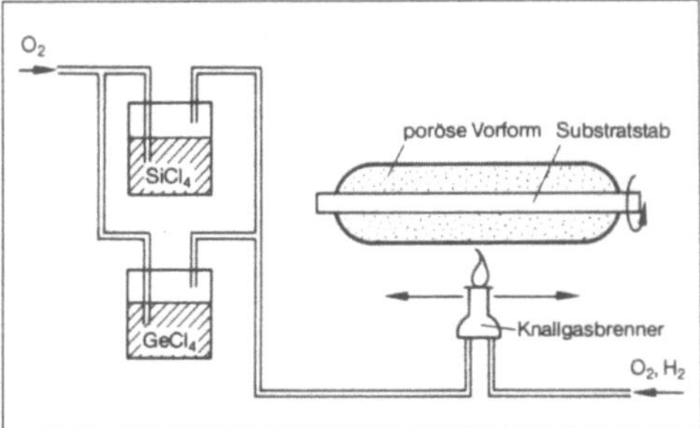

Glasfaserherstellungsverfahren 3: Schematische Darstellung des OVD-Verfahrens.

□ VAD-Verfahren (*engl.* Vapour Phase Axial Deposition).

Mit dem VAD-Verfahren können Vorformen von im Prinzip beliebiger Länge für Quarzglasfasern hergestellt werden. Die Glaspartikel werden durch Flammenhydrolyse auf der Stirnfläche eines rotierenden Quarzstabes abgeschieden (Bild 4).

Der Substratstab wird mit der gleichen Geschwindigkeit (ca. 15 cm/h), mit der das Material sich

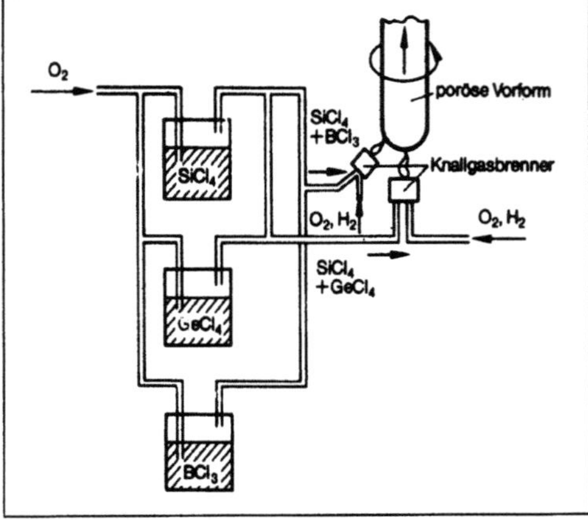

Glasfaserherstellungsverfahren 4: Schematische Darstellung des VAD-Verfahrens.

abscheidet, nach oben gezogen (Bild 4). Am oberen Ende befindet sich eine Heizzone, in der die poröse Vorform gesintert wird. Das Kollabieren der Vorform, das beim MCVD-, PCVD- und OVD-Verfahren erforderlich ist, entfällt. Die Dotiergase werden wie beim OVD-Verfahren den Brennern zugeführt. Das erzeugte Brechzahlprofil hängt im wesentlichen vom Gasgemisch, den Gasflüssen, der Oberflächentemperatur und der Drehzahl des Substratstabes ab. Daher ist die Steuerung des Prozesses sehr aufwendig. Da die Vorform ohne Substratstab wächst, ist auch der Mittenbereich bezüglich der Brechzahl homogen und weitgehend frei von Profilstörungen (center dip). Daher ist dieses Verfahren besonders für Einmodenfasern geeignet. Die Ausgangsmaterialien werden zu etwa 50 % ausgenutzt.

□ MCVD-Verfahren (*engl.* Modified Chemical Vapour Deposition).

Die Glaspartikel werden durch chemische Reaktion auf der Innenseite eines Quarzglasrohres abgeschieden (Innenabscheideverfahren).

Die Reaktionsgase werden in das rotierende Substratrohr geführt, das mit ca. 60–70 U/min um eine horizontale Achse rotiert. Mit einem Knallgasbrenner wird das Rohr auf eine Temperatur von 1 400–1 600 °C erhitzt (Bild 5). Durch die dabei stattfindende Reaktion von Chloriden mit Sauerstoff schlagen sich Glaspartikel auf der Substratwand nieder (Bild 5). Der Brenner ist beweglich angeordnet und wird mit einer Geschwindigkeit von ca. 20 cm/min in Strömungsrichtung der Gase bewegt. Es können 50–100 Schichten für den Faserkern (z. B. für eine →Gradientenfaser mit 50 μm Kerndurchmesser), die bei jedem Durchlauf eine Dicke von 1–10 μm haben, erzeugt werden. Die Abscheiderate beträgt 0,5–1 g/min. Durch Änderung der Dotierstoffanteile im Gasgemisch für jeden Durchlauf des Brenners können die vorgegebenen Brechzahlprofile stufenweise angenähert werden. Danach wird das Substratrohr auf ca. 2 000 °C erhitzt und zu einem Stab kollabiert. Während der hohen Temperatur des Kollabierens verdampft ein Teil der zur Brechzahlerhöhung im Kern eingebauten Dotierstoffe. Dadurch entsteht eine Erniedrigung der Brechzahl in der Mitte des Faserkernes (center dip).

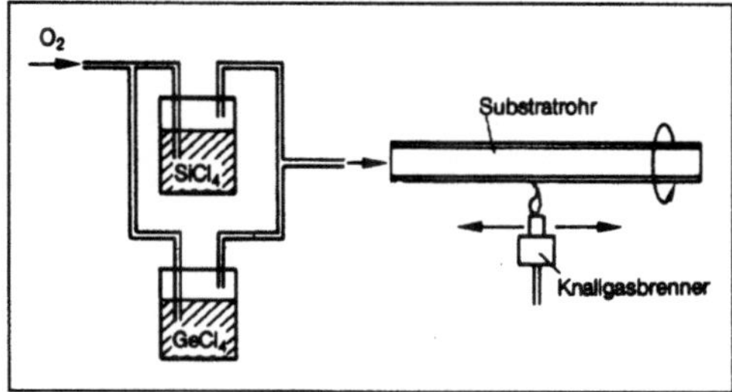

Glasfaserherstellungsverfahren 5: Schematische Darstellung des MCVD-Verfahrens.

□ PCVD-Verfahren (*engl.* Plasma Activated Chemical Vapour Deposition).

Beim PCVD-Verfahren wird das Gasgemisch in das Innere eines Quarzglasrohres geführt, wo ein Mikrowellenresonator ein Plasma erzeugt, das die Abscheidung der Glaspartikel auf der Rohrinnenseite aktiviert (Bild 6).

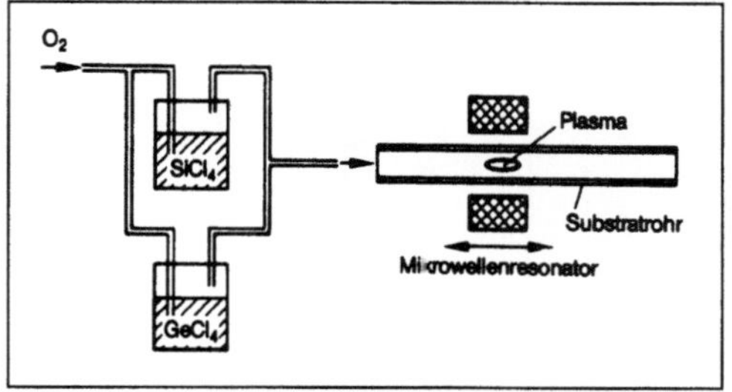

Glasfaserherstellungsverfahren 6: Schematische Darstellung des PCVD-Verfahrens.

Das feststehende Substratrohr ist von einer Heizung umgeben, die die Rohrtemperatur auf etwa 1 200 °C konstant hält. Der das Plasma erzeugende Mikrowellenresonator wird mit einer Geschwindigkeit von ca. 10 cm/s entlang der Rohrachse bewegt. Hierdurch können nacheinander einige 1 000 Kernglasschichten von jeweils 0,1–0,5 μm Dicke aufgebracht werden. Damit läßt sich ein gewünschtes Brechzahlprofil mit hoher Genauigkeit approximieren. Die Abscheiderate beträgt 2,5 g/min, die Materialausnutzung fast 100 %. Die Glaspartikel schlagen sich auf der Innenwand bereits als transparente Glasschicht nieder, so daß der Sinterprozeß entfällt. Wie beim MCVD- und OVD-Verfahren muß auch die PCVD-Vorform kollabiert werden.

Eine Weiterentwicklung des PCVD-Verfahrens ist das PICVD-Verfahren (*engl.* Plasma Impulse Chemical Vapour Deposition). Hierbei befindet sich das gesamte Quarzrohr in einem Mikrowellenresonator. Damit entfallen die mechanisch beweglichen Apparaturen, die beim PCVD-Verfahren erforderlich sind. Durch Impulse von ca. 0,5 ms Dauer wird eine Gasentladung ausgelöst, die ein Plasma mit Temperaturen zwischen 10 000 und 20 000 °C erzeugt. Die Wiederholfrequenz liegt bei typischerweise 100 Hz. Die Abscheiderate beträgt 0,5 g/min, wobei bis zu 10^6 Kernschichten abgeschieden werden können. Somit wird das gewünschte Brechzahlprofil „kontinuierlich“ angenähert.

– Faserziehprozeß

Der zweite Herstellungsschritt ist das Ausziehen der Vorform zur Glasfaser (Bild 7). Die Vorform wird senkrecht in der Faserzieheinrichtung eingespannt und am unteren Ende bis zum Schmelzpunkt erhitzt. Aus dem sich bildenden Tropfen läßt sich die Faser abziehen, die dann durch ein Beschichtungsbad geführt und auf eine Trommel gewickelt wird.

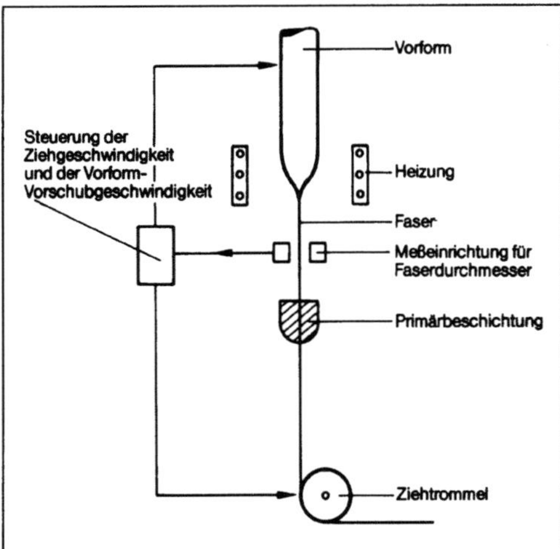

Glasfaserherstellungsverfahren 7: Prinzip einer Glasfaserzieheinrichtung.

Vor dem Beschichtungsbad ist eine Durchmessereinrichtung angebracht. Durch einen Regelkreis wird eine Abweichung vom Sollwert von weniger ± 3 % erreicht. Der Durchmesser der Vorform wird auf den Faserdurchmesser (ca. 100 μm) reduziert. Das Verhältnis von Ziehgeschwindigkeit zum Vorformvorschub ist proportional dem Quadrat des Verhältnisses von Vorformdurchmesser zum Faserdurchmesser. Die Ziehgeschwindigkeit kann bis zu 10 m/s betragen. Die Länge, bis zu der eine Vorform ausgezogen werden kann, hängt von deren Volumen ab: Die Vorformen, die mit dem MCVD-, PCVD- und OVD-Verfahren hergestellt werden, haben eine typische Länge von 0,75–1 m und einen Durchmesser von ca. 10 mm. Daraus kann eine Faser von 100 μm Durchmesser bis zu einer Länge von 7,5–10 km gefertigt werden. Mit Vorformen, die nach dem VAD-Verfahren hergestellt wurden, können größere Faserlängen erreicht werden.

Das Brechzahlprofil der Faser entspricht dem der Vorform.

Im Beschichtungsbad wird die Faser mit dem Primärcoating (Kunststoffmaterial, z. B. Silikonkautschuk, Epoxy-Acrylate) versehen. Diese Schutzschicht soll die Faser vor allem vor der Umgebungsfeuchtigkeit schützen und die Langzeitfestigkeit gewährleisten.

- Vorformherstellung durch Schmelzen.

Doppeltiegelverfahren: Mehrkomponentengläser werden durch Schmelzen der entsprechenden Glassorten hergestellt. Durch Variation der Zusammensetzung kann die Brechzahl in der gewünschten Weise für Kern- und Mantelmaterial eingestellt werden. Die so entstandenen Glasformen werden dann in einem nächsten Schritt nach der Doppeltiegelmethode zur Faser ausgezogen. Der Doppeltiegel besteht aus zwei konzentrisch angeordneten Gefäßen (Bild 8), von denen der innere Tiegel die Kernglasschmelze und der äußere die Mantelglasschmelze enthält. Es ist nicht erforderlich, feste Vorformen zu verwenden, vielmehr können die einzelnen Glaskomponenten in den Tiegeln geschmolzen und direkt zur Faser ausgezogen werden. Aus Mehrkomponentengläsern werden Stufenfasern mit großem Kerndurchmesser und hoher numerischer →Apertur (bis zu 0,6) gefertigt. Sie finden Anwendung für kurze Übertragungsstrecken und geringe Bandbreiten. Das Doppeltiegelverfahren wird besonders zur Herstellung von Dickkernfasern (typischer Kerndurchmesser 200 μm) eingesetzt. Die erreichbaren Dämpfungswerte liegen mit 5–20 dB/km bei 800 nm wesentlich höher als die mit Gasphasenverfahren hergestellten Fasern.

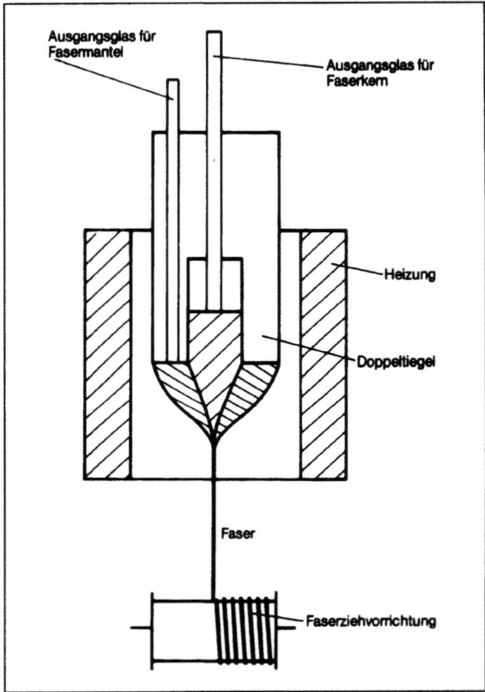

Glasfaserherstellungsverfahren 8: Prinzip des Doppeltiegelverfahrens.

Auch Gradientenfasern können nach dem Doppeltiegelverfahren gezogen werden. Das Brechzahlprofil wird durch →Diffusion geeigneter Ionen im Gebiet zwischen der Düse des inneren und äußeren Tiegels gebildet.

Stab-Rohr-Verfahren: Dabei wird ein Glasstab als Kern in ein Hohlrohr geschoben, dessen Brechzahl etwas geringer als die des Stabes ist und als Mantel dient. Daraus wird nach dem beschriebenen Verfahren eine →Stufenfaser gezogen. Durch unvermeidliche Verunreinigungen und Störungen an der Grenzfläche Stab-Rohr zeigen derartige Fasern hohe Verluste (500–1 000 dB/km). *Krauser*

Literatur: *Haist, W.:* Optische Telekommunikationssysteme. Bd. 1: Physik und Technik. Gelsenkirchen 1989.

Glasfaserkabel. G. bestehen aus einer oder mehreren Glasfasern, die außer mit der Primärbeschichtung (→Glasfaserherstellungsverfahren) von weiteren geeigneten Materialien umgeben sind, die einen Schutz gegen äußere Einflüsse bieten, eine einfachere Handhabung ermöglichen und die beim Verlegen und durch Temperaturänderungen auftretenden Kräfte auffangen können.

Beim Verlegen eines G. können Mikro- und Makrokrümmungen auftreten, z. B. dann, wenn das Kabel um Ecken gezogen wird. Unter Makrokrümmungen versteht man Abweichungen der Faserachse von einer geraden Linie. Als Folge hiervon kann eine Zusatzdämpfung auftreten (→Glasfaserdämpfung). Mit zunehmender Krümmung werden höhere →Moden nicht mehr im Kern geführt, sondern in Mantel- oder Strahlungsmoden (→Glasfasermoden) umgewandelt. Kernnahe (mit niedriger Ordnungszahl) werden durch Makrokrümmungen gar nicht oder nur geringfügig beeinflußt. Je stärker die Führung im Kern ist, desto geringer ist die Empfindlichkeit gegenüber Mikrokrümmungen. Die Wellenlängenabhängigkeit beider Krümmungsdämpfungen sind unterschiedlich. Während bei Multimodefasern Mikrokrümmungsverluste nur geringfügig von der Wellenlänge abhängen, nehmen bei Monomodefasern die Mikrokrümmungsverluste mit der Wellenlänge exponentiell zu. Dispersionsverschobene und dispersionsflache Fasern sind besonders empfindlich gegenüber Mikrokrümmungen, da das optische Feld relativ weit ausgedehnt ist.

Durch die Kabelkonstruktion dürfen die Übertragungseigenschaften nicht beeinträchtigt werden. Folgende vier Konstruktionsprinzipien sind derzeit gebräuchlich:

- Hohladerkabel
- Kammerkabel
- Volladerkabel
- Bandkabel

Mögliche Quer-, Biege- und Kontraktionskräfte werden gut beherrscht durch Hohladerkonstruktionen. Hierbei liegen eine (Einzelader) oder mehrere Fasern (Bündelader) lose in einem Kunststoffröhrchen, dessen Inneres entweder hohl oder mit einem pastösen Material gefüllt ist, das eine fast kräftefreie Beweglichkeit der Fasern gestattet (Bild 1). Dieser Füllstoff soll die Längswasserdichtigkeit des Kabels gewährleisten. Die Einzel- oder Bündeladern sind um ein zentrales Stützelement (Kunststoff oder Stahldraht) gruppiert. Außer den Glasfaserbündeln werden häufig noch Adernpaare oder Vierer aus Cu-Leitern mitverseilt, um Dienstleitungen (z. B. zum Einmessen des Kabels) zur Verfügung zu haben. Anforderungen gestellt wie an metallische Kabel.

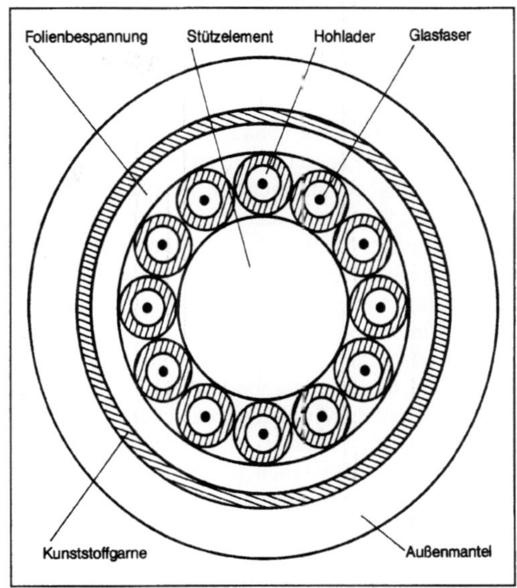

Glasfaserkabel 1: Zwölffaseriges Kabel (typischer Außendurchmesser 15,5 mm).

Durch die Hohladerkonstruktion legen sich die Fasern in die Position mit größtmöglichem Krümmungsradius. Dieser soll 60 mm nicht unterschreiten. Deutliche Änderungen des Übertragungsverhaltens können bereits bei Radien von 30 mm auftreten. Bei Kontraktion oder Dehnung des äußeren Mantels bewegen sich die Fasern nach außen bzw. nach innen, bis sie an den Innenwänden der Hohlader anliegen (Bild 2).

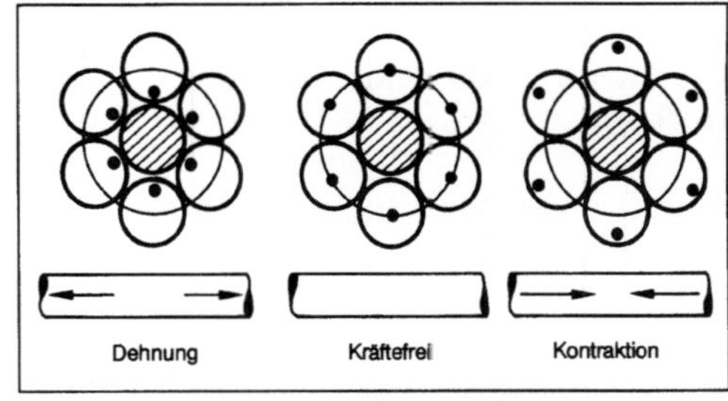

Glasfaserkabel 2: Verhalten eines Glasfaserhohladerkabels bei Kontraktion und Dehnung.

Das Kammerkabel enthält wie das Hohladerkabel ein zentrales Stützelement, das von U- oder V-förmigen Kunststoffkammern umgeben ist, in denen sich die Einzelfasern befinden. Die Kammern sind mit einem wasserabweisenden Gel gefüllt. Die Eigenschaften des Kammerkabels sind mit denen des Hohladerkabels vergleichbar.

In Volladerkabel sind die Glasfasern mit einer festen Kunststoffhülle umgeben, wobei zwischen dieser und dem Primärcoating eine dünne Gleitschicht vorhanden ist, wodurch die Kunststoffhülle leichter entfernt werden kann (z. B. für Verbindungszwecke). Volladerkabel haben den Nachteil, daß alle am Mantel angreifenden Kräfte direkt auf die →Faser einwirken und zu Mikrokrümmungsverlusten führen können. Volladerkabel werden hauptsächlich im Innenbereich eingesetzt.

Im Bandkabel sind mehrere Fasern in planarer Anordnung seitlich zu einem Faserband miteinander verbunden. Mehrere Faserbänder sind in einer zentralen Hohlader eingebettet. Faserbänder bieten den Vorteil von rationell anzufertigenden Mehrfachverbindungen.

In postalischen Fernnetzen werden weltweit Hohl- und Bündeladerkabel mit 10 bis 40 Fasern eingesetzt, mit der Ausnahme, daß in den USA auch Bandkabel im Fernnetz verwendet werden. Im Bereich der DBP werden seit einigen Jahren nur noch Kabel mit Monomodefasern verlegt. Derzeit wird die Übertragung im Bereich von 1 300 nm durchgeführt, wobei Dämpfungswerte von 0,38 dB/km und ca. 3,5 ps/km/nm Dispersion erreicht werden. Damit wird eine Bitrate von 565 Mbit/s über eine Länge von 36 km ohne →Regenerator übertragen.

Die zulässigen Kabelbiegeradien liegen im Bereich des ca. 20fachen vom Kabelaußendurchmesser.

Die üblichen Lieferlängen liegen zwischen 0,5 km und 2 km. *Krauser*

Literatur: *Mahlke, G.* und *P. Gössing:* Lichtwellenleiterkabel 1988 Berlin–München.

Glasfaserkoppler →Glasfaserverzweiger

Glasfaserlichtwellenleiter, einwelliger →Monomodefaser

Glasfaserlichtwellenleiter, mehrwelliger →Multimodefaser

Glasfaserlichtwellenleiter, polarisationserhaltender. In polarisationserhaltenden Glasfasern bleibt aufgrund ihres doppelbrechenden Verhaltens der →Polarisationszustand des Lichtes über größere Entfernungen konstant.

In einer perfekt zylindersymmetrischen →Monomodefaser breiten sich die beiden orthogonalen Polarisationszustände TE (transversal elektrisch) und TM (transversal magnetisch mit gleicher Geschwindigkeit aus (Bild 1). Durch geringfügige Abweichungen des Kernes von der Zylindersymmetrie bei realen Fasern entsteht eine ungewollte →Doppelbrechung, die dazu führt, daß der eingestrahlte Polarisationszustand sich entlang der Faser ändert, da die beiden orthogonalen Komponenten sich unterschiedlich schnell fortpflanzen.

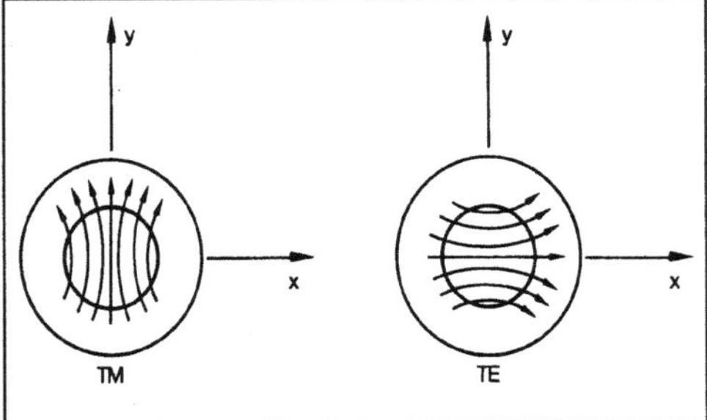

Glasfaserlichtwellenleiter, polarisationserhaltend 1: TE- und TM-Polarisation in einer Glasfaser.

Für einige Anwendungen, z. B. kohärente optische →Übertragungssysteme, ist es aber erforderlich, daß die Polarisationsrichtung des Lichtes auf der Übertragungsstrecke erhalten bleiben muß. Dazu wird bei der Faserherstellung kontrolliert eine Doppelbrechung erzeugt, z. B. durch einen elliptisch geformten Kern (Bild 2a) oder Einbau von Materialien mit sehr unterschiedlichem thermischen Ausdehnungskoeffizienten. Fasern mit elliptischen Kernen haben relativ hohe Dämpfungswerte, da die Spannungsdoppelbrechung direkt im Kern erzeugt wird. Bei Fasern, die einen elliptisch ummantelten Kern aufweisen (Bild 2b), bei PANDA (*engl.* Polarization-maintaining AND Absorption reducing (Bild 2d) – und Bow-Tie-Fasern (Bild 2c) liegt der spannungserzeugende Bereich in einigem Abstand vom Kern.

Fällt die Polarisationsrichtung des eingestrahlten Lichtes mit der „schnellen“ oder „langsamen“

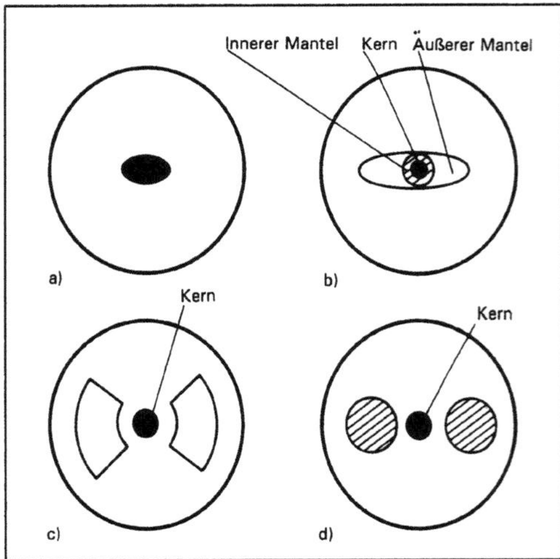

Glasfaserlichtwellenleiter, polarisationserhaltend 2: Erzeugung der Doppelbrechung
a) durch elliptisch geformten Kern
b) durch elliptischen Mantel
c) Bow-Tie-Faser
d) PANDA-Faser.

Achse der Faser zusammen, bleibt sie über große Strecken erhalten. Wird unpolarisierte Strahlung eingekoppelt, so wird nur die mit der schnellen oder langsamen Achse zusammenfallende Polarisationsrichtung geführt. Typische Werte für das Auslöschungsverhältnis liegen bei 30 dB für 1 km Länge. Bei 1 550 nm wird für Panda- und Bow-Tie-Fasern eine Dämpfung von weniger als 0,3 dB/km erreicht.

Außer in der Nachrichtentechnik werden polarisationserhaltende Fasern vor allem in der Sensortechnik eingesetzt. *Krauser*

Literatur: *Grau/Freude:* Optische Nachrichtentechnik. Berlin-Heidelberg-New York 1991.

Glasfasermoden. G. sind die in Multimode- oder Monomodefasern auftretenden verschiedenen optischen Wellenformen. Sie werden im Faserkern geführt oder breiten sich außerhalb des Kernes als Verlustwellen aus.

Die Ausbreitung des Lichtes in einer Glasfaser wird mit den *Maxwell*-Gleichungen beschrieben. Durch Lösen der skalaren Wellengleichung erhält man die in einem zylindrischen Wellenleiter möglichen Verteilungen des elektromagnetischen Feldes (→Moden). Aus den sich ergebenden Eigenwerten wird der Strukturparameter (Strukturkonstante, normalisierte Frequenz, V-Parameter) definiert:

$$V = 2\pi a A_N/\lambda,$$

A_N: numerische →Apertur, a: Kernradius, λ: Wellenlänge.

Mit Hilfe des V-Parameters läßt sich die Gesamtzahl N der ausbreitungsfähigen Moden bestimmen:

$$N \approx \frac{1}{2} V^2 \frac{g}{g+2},$$

g: Profilexponent (→Stufenfaser, →Gradientenfaser).

Verlustwellen werden mehr oder weniger stark gedämpft und sind für die Signalübertragung unerwünscht, während die Kernwellen in einer idealen Faser (Absorption und →Streuung 0) ungedämpft übertragen werden. Die Kernwellen existieren als Meridionalstrahlen und schiefe Strahlen. Meridionalstrahlen breiten sich in einer Ebene aus, die die Faserachse enthält, schiefe Strahlen verlaufen windschief in Stufenfasern, in Gradientenfasern auf gekrümmten Bahnen, ohne die Faserachse zu schneiden. In Gradientenfasern können Helixstrahlen auftreten, die Schraubenbahnen um die Faserachse vollführen.

Die Verlustmoden werden entweder abgestrahlt (Strahlungsmoden) oder im Fasermantel geführt (Mantelmoden). Durch Einsatz eines Mantelmodenfilters können Mantelmoden eliminiert werden.

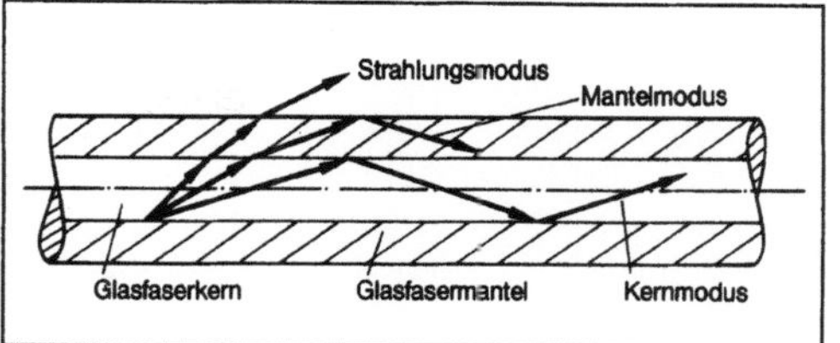

Glasfasermoden 1: Kernwellen und Verlustwellen in einer Stufenfaser.

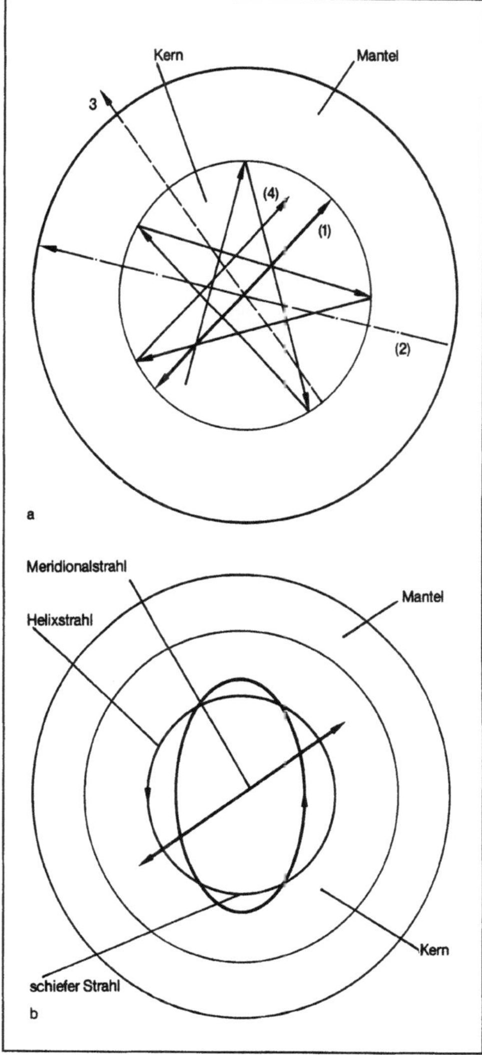

1. Meridionaler Kernstrahl, 2. meridionaler Mantelstrahl, 3. meridionaler Strahlungsmodus, 4 schiefer Kernstrahl

Glasfasermoden 2: Projektion verschiedener Strahlen auf den Querschnitt
a) einer Stufenfaser
b) einer Gradientenfaser mit parabolischem Brechzahlprofil.

Die auftretenden Moden werden durch Modenkennzahlen charakterisiert: LP_{nm}, wobei LP linear polarisiert, n die azimutale Modenkennzahl und m die radiale Modenkennzahl bedeuten.

Die azimutale Modenkennzahl gibt die Anzahl der Lichtpunkte je konzentrischen Halbring an ($n = 0, 1, 2, 3, \ldots$), wobei $n = 0$ bedeutet, daß der Ring nicht unterteilt ist.

Die radiale Modenkennzahl gibt die Anzahl der konzentrischen Ringe an ($m = 1, 2, 3, \ldots$) (Bild 3). Der Grundmodus hat danach die Bezeichnung LP_{01} und besitzt näherungsweise eine gaußförmige Feldverteilung (→Monomodefaser). *Krauser*

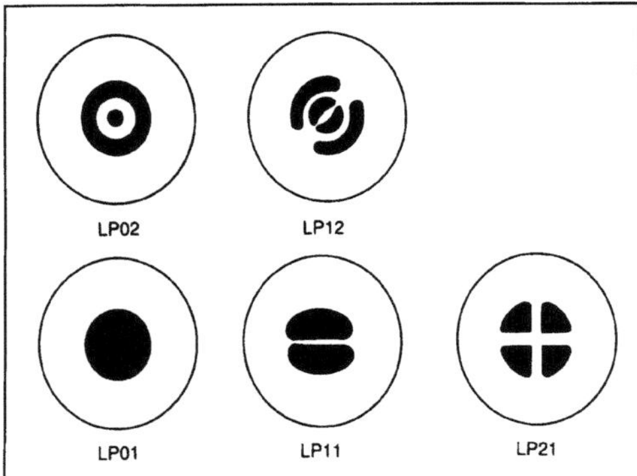

Glasfasermoden 3: Die ersten LP_{nm}-Moden in Glasfasern.

Glasfasermodenfilter. G. ermöglichen die Unterdrückung höherer Kern- und/oder Mantelmoden (→Glasfasermoden).

Taucht man den von der Primärbeschichtung freigelegten Fasermantel in eine Flüssigkeit, deren →Brechzahl größer als die Mantelbrechzahl ist (z. B. Immersionsöl, Glyzerin), treten die Mantelmoden in die Flüssigkeit über (Mantelmodenabstreifer). Eine andere Möglichkeit besteht in der Verwendung stark absorbierender Lacke.

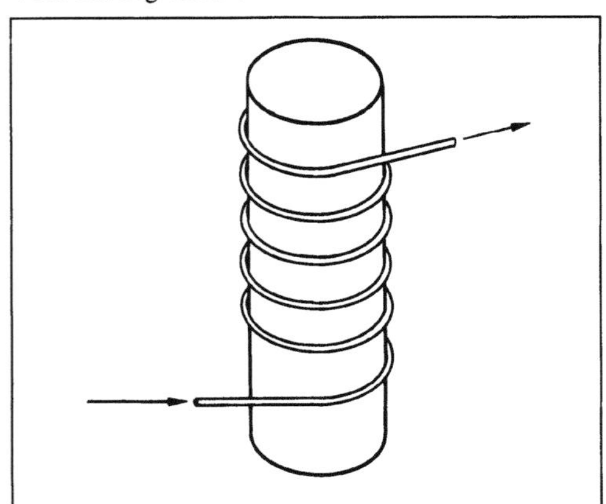

Glasfasermodenfilter: Prinzipielle Ausführung.

Die Abstrahlung höherer Kernmoden kann dadurch erreicht werden, daß die Glasfaser über Rollen gezogen oder auf einen Stab gewickelt wird (Bild). Durch die Krümmung der →Faser können die höheren →Moden an der Kern-Mantelfläche nicht mehr total reflektiert werden; sie werden abgestrahlt. Experimentell zeigt sich, daß der Rollen- bzw. Stabdurchmesser 8–10 mm betragen sollte.

Derartige Modenfilter werden bei Präzessionsmessungen an Glasfasern eingesetzt. *Krauser*

Glasfasermodenmischer. G. werden bei Messungen an Glasfasern eingesetzt, um die vorhandene Lichtleistung gleichmäßig auf alle ausbreitungsfähigen →Moden in der Glasfaser zu verteilen.

Dies kann z. B. dadurch erreicht werden, daß eine Folge von Stufenindex-, Gradienten- und Stufenindexfaser aneinandergespleißt wird (→Spleißen). Die einzelnen Faserstücke sind typischerweise 1 m lang und haben die gleiche numerische →Apertur (→Akzeptanzwinkel) und den gleichen Kerndurchmesser wie die zu messende Faser. *Krauser*

Glasfaserschalter. G. bestehen aus einer oder zwei ankommenden Fasern, deren Stirnflächen einem abgehenden Faserpaar gegenüberstehen. Die Position zueinander kann elektromechanisch geschaltet werden (Bild).

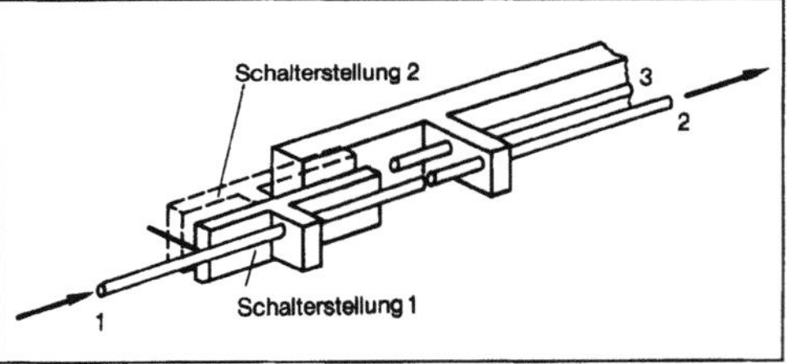

Glasfaserschalter: Prinzip eines optischen Schalters.

Im Schaltzustand 1 koppelt das Licht von Faser 1 nach Faser 2, im Schaltzustand 2 von Faser 1 nach Faser 3. Die wesentlichen Dämpfungsbeiträge sind durch Winkel- und Abstandsfehler, radialen Versatz der Faserenden sowie durch Reflexionsverluste an den Stirnflächen gegeben (→Glasfasersteckverbindungen). Derartige Schalter werden mit Multimodefasern (sowohl Gradienten- als auch Stufenfasern) realisiert. Die Durchgangsdämpfung beträgt ca. 1 dB, die Übersprechdämpfung ≥ 40 dB. Das Haupteinsatzgebiet sind lokale optische Netze (Local Area Network, LAN). *Krauser*

Glasfasersteckverbindung. Eine G. ist im Gegensatz zum Spleiß eine lösbare, wieder zu verwendende Koppelkomponente. Die Stirnflächen zweier Glasfaserenden werden so zueinander justiert, daß eine maximale Überkopplung der optischen Leistung gewährleistet ist.

Man unterscheidet zwischen direkter Kopplung, wobei die Faserenden möglichst nahe aneinandergebracht werden, und indirekter Kopplung, bei der die aus der einen →Faser austretende Strahlung über ein (mikro)optisches System in die andere Faser eingekoppelt wird (Bild 2b).

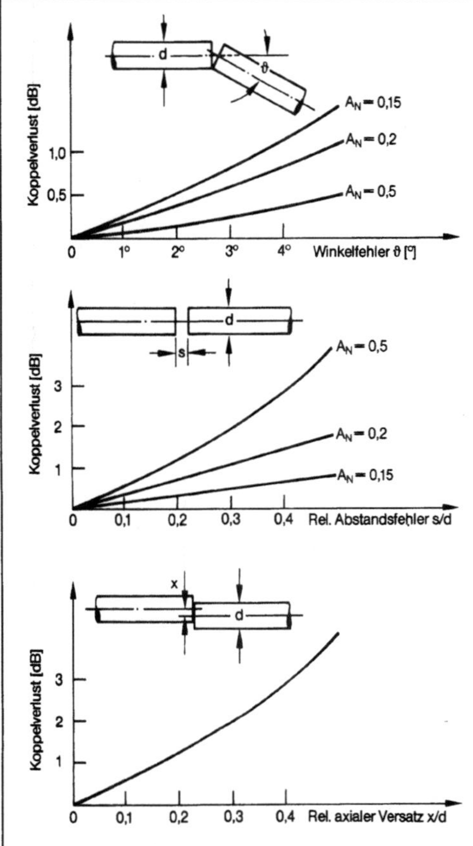

Glasfasersteckverbindung 1: Einflußgrößen auf die Dämpfung einer optischen Steckverbindung.

An die Steckverbindung, die ein rein mechanisches Zentrierelement darstellt, werden folgende Anforderungen gestellt: Niedrige und nach häufigem Verbinden und Lösen reproduzierbare Dämpfung, einfache Montage und Handhabung, hohe mechanische Belastbarkeit, geringe Kosten.

Die Zusatzdämpfungen an Steckverbindungen können durch unterschiedliche Eigenschaften (z. B. geometrische Abmessungen, verschiedene Brechzahlprofile) der zu verbindenden Fasern, durch unzureichende Justierung im mechanischen Aufbau der Faserenden, durch Reflexions- und Streuverluste auftreten.

Im mechanischen Aufbau sind folgende →Fehler möglich: Winkel-, Abstandsfehler und radialer Versatz der Fasermittelachsen (Bild 1). Die erforderliche Genauigkeit der Faserzentrierung liegt für Multimodefasern mit 50 μm Kerndurchmesser bei einigen μm, für Monomodefasern bei weniger als 1 μm. Bild 2a zeigt das Prinzip einer optischen Steckverbindung mit Zwangspositionierung. *Krauser*

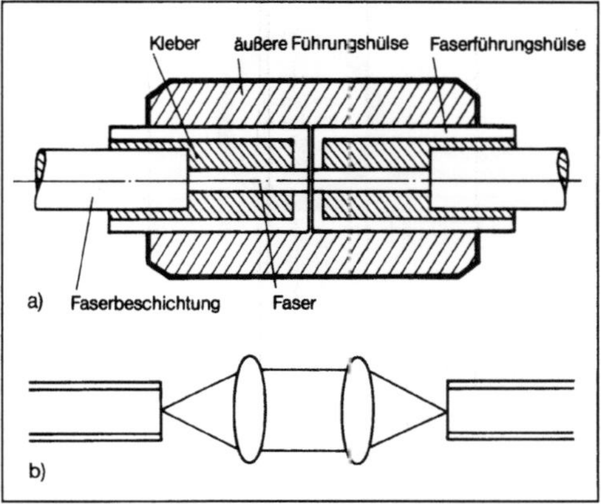

Glasfasersteckverbindung 2: Funktionsprinzip.
a) Optische Steckverbindung mit Zwangspositionierung (nicht justierbar)
b) Linsenstecker.

Literatur: *Roßberg, R.:* Lichtwellenleiterverbindungstechniken, Telekom Praxis **4** (1991) Nr. 6, S. 18–33.

Glasfaserverstärker. G. sind optische Verstärker (Halbleiterlaserverstärker), die aus einer Pumplichtquelle und einer Einmodenglasfaser bestehen, deren Kern mit Erbium dotiert ist (Erbium doped fibre amplifier: EDFA).

Als Pumplichtquelle wird i. a. eine Laserdiode eingesetzt, die im Absorptionsbereich der Erbiumatome (0,98 μm oder 1,48 μm) emittiert. Durch diese Strahlung werden Elektronen in den Erbiumatomen in einen höheren Energiezustand angeregt. Wird das Nutzsignal in die Er-dotierte Faser eingekoppelt, entsteht durch induzierte Emission der Erbiumatome eine Signalverstärkung (Bild 1).

Das Maximum der Verstärkung liegt bei $\lambda = 1{,}536$ μm; die Verstärkung weist eine Bandbreite von ca. 30 nm (=3,81 THz) auf. Die auf die

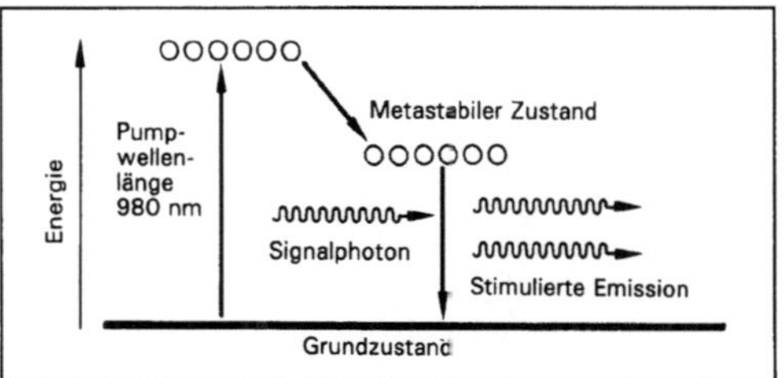

Glasfaserverstärker 1: Energieniveauschema

Pumpleistung bezogene Verstärkung beträgt für $\lambda=0{,}98$ µm bzw. $\lambda=1{,}48$ µm 4dB/mW bzw. 2dB/mW.

Das Licht der Pumplichtquelle wird über einen Koppler in die Faser eingekoppelt (Bild 2). Am Eingang und Ausgang des G. sind optische Isolatoren angebracht, um unerwünschte Rückwirkungen zu vermeiden.

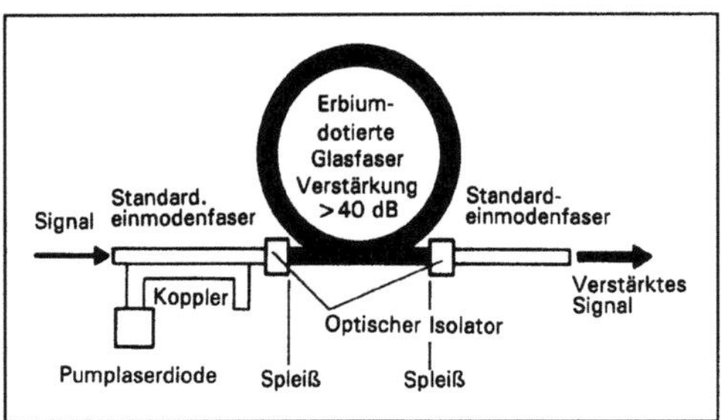

Glasfaserverstärker 2: Funktionsprinzip.

Die Fasern haben eine typische Länge von ca. 10 m und werden in die Übertragungsstrecke eingespleißt, wodurch die Kopplungsverluste sehr gering sind. Es wird eine polarisationsunabhängige Verstärkung von mehr als 40 dB erreicht. Typische Verstärkungswerte für kommerziell erhältliche Faserverstärker liegen bei 30 dB. *Krauser*

Literatur: *Unger, H. G.:* Optische Nachrichtentechnik. Tl. 2. Heidelberg 1992.

Glasfaserverzweiger. G. verteilen möglichst verlustarm optische Leistung von einer ankommenden Faser auf zwei oder mehr abgehende Fasern oder in umgekehrter Richtung. Sie werden z. B. in optischen Komunikationsnetzen und Datenbussystemen eingesetzt.

Man unterscheidet zwischen T-Kopplern und Mehrfachverzweigern (→Sternkoppler). Ein T-Koppler kann nach folgenden Prinzipien aufgebaut sein: Stirnflächen-, Oberflächen- und Strahlteilerkoppler.

Beim Stirnflächenkoppler nach dem Versatzprinzip (Bild 1) wird durch Überlappung der Kernquerschnittsflächen der Fasern 2 und 3 mit der Faser 1 der Grad der Aufteilung der optischen Leistung festgelegt. Stirnflächenkoppler werden in der Regel mit Stufenindexfasern aus Gründen der modenunabhängigen Kopplung realisiert. Die Verluste liegen um 1 dB.

Beim Gabelkoppler werden zwei Fasern auf einer Länge von einigen cm unter kleinem Winkel zur Faserachse (1°–3°) angeschliffen und miteinander sowie mit einer ungestörten Faser verklebt (Bild 1). Es werden Dämpfungswerte von 0,5 dB erreicht.

Oberflächenkoppler (→Glasfaserkoppler) können nach dem Kernverschmelzungs-, dem Taper- oder Kernanschliffsprinzip hergestellt werden.

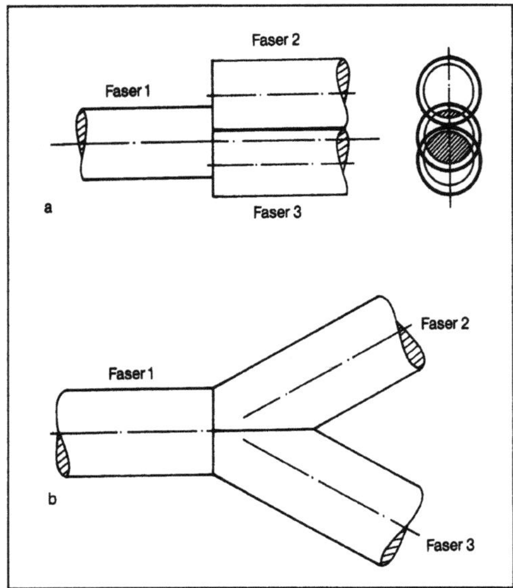

Glasfaserverzweiger 1: Stirnflächenkoppler.
a) nach dem Versatzprinzip
b) nach dem Gabelprinzip.

Beim Strahlteilerkoppler wird ein Miniaturstrahlteilerwürfel verwendet, wobei durch eine

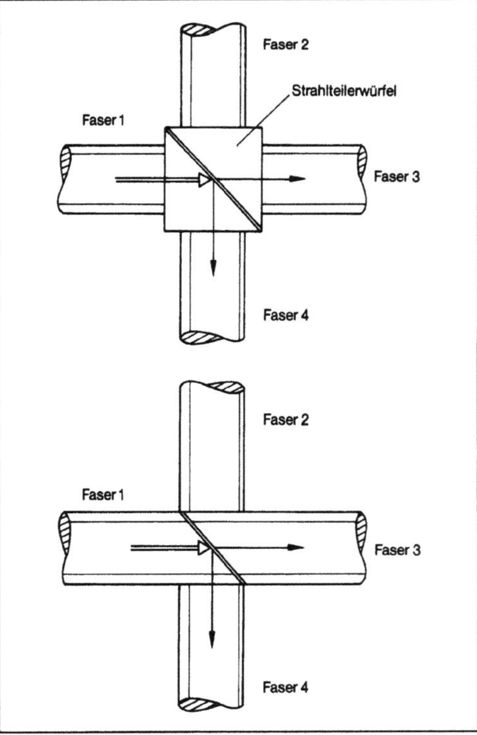

Glasfaserverzweiger 2: Strahlteiler-Verzweiger.

dielektrische Zwischenschicht die Aufteilung der optischen Leistung vorgenommen wird. Die Glasfasern werden direkt an den Würfel angebracht (Bild 2).

Es können aber auch zwei Fasern unter 45° angeschliffen, mit einer Teilerschicht versehen und wieder zusammengekittet werden (Bild 2). Die Fasern 2 und 4 stoßen senkrecht auf die zusammengefügten →Lichtwellenleiter und sammeln so die an der Zwischenschicht reflektierte Leistung. Die Verluste werden mit 0,5 dB angegeben.

Auch mit →Gradientenlinsen lassen sich optische Verzweiger aufbauen (Bild 3). Durch die Abbildungseigenschaften der →Gradientenlinse wird das Licht von der Faser 1 zum Teil in die Faser 4 eingekoppelt bzw. an der Teilerschicht reflektiert und zur Faser 2 geführt. Auch hier liegen die Verluste bei 0,5 dB. *Krauser*

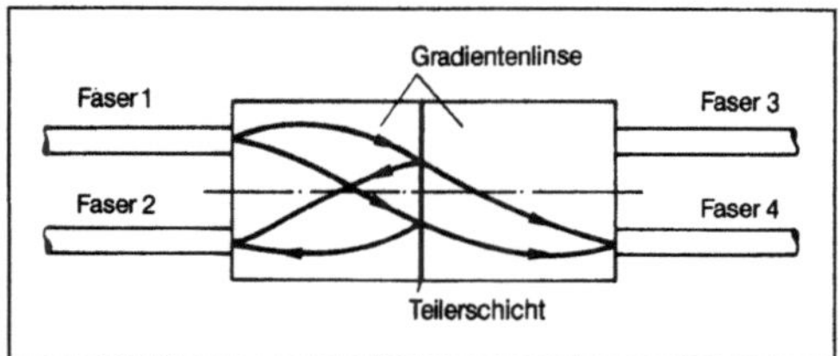

Glasfaserverzweiger 3: Gradientenlinsen-Verzweiger.

Glasfaserziehverfahren. Glasfasern werden aus Vorformen (→Glasfaserherstellungsverfahren) in einer Faserzieheinrichtung gezogen (Bild). Die Vorform wird senkrecht eingespannt und am unteren Ende bis zum Schmelzpunkt erhitzt. Aus dem sich bildenden Tropfen läßt sich die →Faser ziehen, die dann durch ein Beschichtungsbad geführt und auf eine Trommel gewickelt wird.

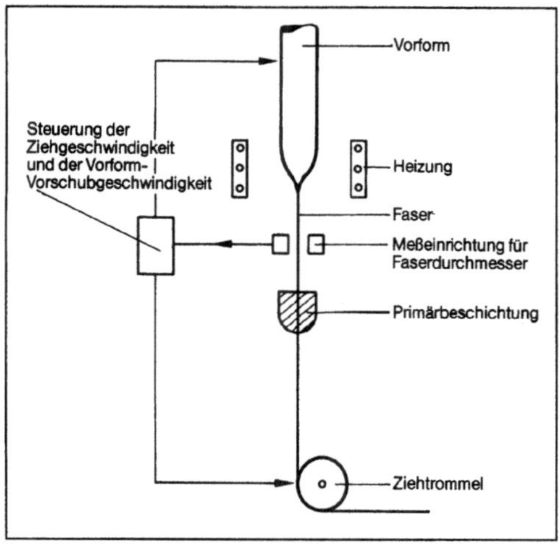

Glasfaserziehverfahren: Schematische Darstellung einer Faserzieheinrichtung.

Vor dem Beschichtungsbad ist eine Durchmessermeßeinrichtung angebracht. Durch einen Regelkreis wird eine Abweichung vom Sollwert von weniger als ±3% erreicht. Der Durchmesser der Vorform wird auf den Faserdurchmesser (ca. 100 μm) reduziert. Das Verhältnis von Ziehgeschwindigkeit zum Vorformvorschub ist proportional dem Quadrat des Verhältnisses von Vorformdurchmesser zum Faserdurchmesser. Die Ziehgeschwindigkeit kann bis zu 10 m/s betragen. Die Länge, bis zu der eine Vorform ausgezogen werden kann, hängt von deren Volumen ab: Die Vorformen, die mit dem MCVD-, PCVD- und OVD-Verfahren hergestellt werden, haben eine typische Länge von 0,75 m und einen Durchmesser von 10 mm. Daraus kann eine Faser von 100 μm Durchmesser bis zu einer Länge von 7,5 km gefertigt werden. Mit Vorformen, die nach dem VAD-Verfahren hergestellt wurden, können Faserlängen von über 100 km erreicht werden.

Das Brechzahlprofil der Faser entspricht dem der Vorform.

Im Beschichtungsbad wird die Faser mit dem Primärcoating (Kunststoffmaterial, z. B. Silikonkautschuk, Epoxy-Acrylate) versehen. Diese Schutzschicht soll die Faser vor allem vor der Umgebungsfeuchtigkeit schützen und die Langzeitfestigkeit gewährleisten. *Krauser*

Glättungsdrossel. G. werden in →Stromrichterschaltungen zur Stromglättung eingesetzt. Die G. dienen als Energiespeicher in den stromlosen Pausen, die z. B. bei einpulsiger Gleichrichtung entstehen. Auch bei zwei- und dreipulsigen Schaltungen ist die Stromwelligkeit (Gleichspannungsoberschwingungen) oft so hoch, daß eine Glättung des Stromes notwendig ist.

Zur Ermittlung der erforderlichen →Induktivität der G. wird zunächst die erforderliche Gesamtinduktivität des Gleichstromkreises aus der Oberschwingungsspannung $U_{\ddot{u}\,eff}$, der →Pulszahl p, der Frequenz f und dem zulässigen Oberwellenstrom $I_{\ddot{u}}$ ermittelt:

$$L_{ges} = \frac{U_{\ddot{u}eff}}{2\,\pi\,f \cdot p \cdot I_{\ddot{u}}}$$

Die Induktivität der →Drosselspule muß dann sein:

$$L_D = L_{ges} - L_{Kreis}$$

L_{Kreis} Summe der im Gleichstromkreis vorhandenen Induktivitäten z. B. des Motorankers

Die G. werden praktisch ausschließlich als Spulen mit Eisenkern und Luftspalt hergestellt. Sie werden mit Gleichstromvormagnetisierung betrieben. *H. Stüben*

Glättungsdrosselspule →Glättungsdrossel

Glättungskondensator. G. dienen zum Herabsetzen des Wechselspannungsanteils technischer (pulsierender) Gleichspannung (Bild).

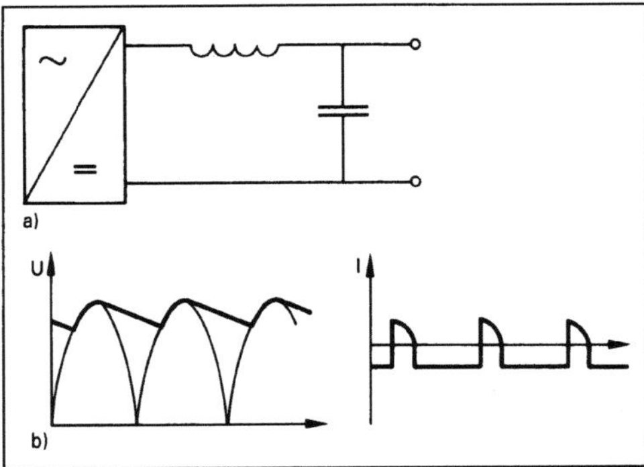

Glättungskondensator: Prinzipielle Darstellung.
a) Schaltbild
b) Spannungs- und Stromform.

Einsatzbereiche von kleineren G. sind die Regel-, Meß- und Nachrichtentechnik, sowie bei höheren Spannungen bzw. Leistungen in der Funk- und →Fernsehtechnik, außerdem in Kaskadenschaltungen und in Hochspannungs-Prüfgeräten, wobei teilweise eine erhebliche Anzahl erforderlich ist. In diesem Fall müssen ganze Kondensatorbatterien aufgebaut werden. *Krös*

Gleichrichter. Umgangssprachlich oft verwendete Bezeichnung für folgende Begriffe:

1. →Gleichrichterschaltung als Schaltung aus Halbleiterbauelementen, insbesondere Halbleitergleichrichterbauelementen (→Dioden, →Thyristoren), um einen Wechselstrom (Einphasen-, Mehrphasenwechselstrom) in einen Gleichstrom umzuwandeln. Häufig wird diese Gruppe als Netzgleichrichter bezeichnet.

2. Gleichrichterschaltung als Schaltung aus Halbleitergleichrichterbauelementen, um eine modulierte Hochfrequenzspannung gleichzurichten, d. h. den Modulationsinhalt zu gewinnen (Demodulation).

3. Sammelbezeichnung für Gleichrichterdioden, die in einer Gleichrichterschaltung erforderlich sind. Andere Begriffe sind Ventil (→Leistungselektronik), Gleichrichterelement, oft auch nur →Diode (→Stromrichterarten).

4. →Meßgleichrichter *R. Paul*

Gleichrichterdiode. Verbreitet verwendete Kurzbezeichnung für →Halbleitergleichrichterdiode, →Halbleitergleichrichter. *R. Paul*

Gleichrichterschaltung. Schaltungsanordnung zur Umformung von Wechselspannung bzw. Wechselstrom in Gleichspannung bzw. Gleichstrom durch Anwendung von Gleichrichterdioden, insbesondere Halbleitergleichrichterdioden (nicht steuerbar oder steuerbar: →Thyristoren).

G. unterscheiden sich hauptsächlich nach der Anwendung und der Schaltungstechnik; daraus ergeben sich auch die jeweiligen Anforderungen an die Gleichrichterdioden.

Nach der Anwendung lassen sich G. einteilen in:

- G. mit möglichst konstanter Gleichrichtereigenschaft in einem großen Frequenz- und Amplitudenbereich, z. B. für die Meßtechnik, für Gleichrichtermeßinstrumente u. a.
- G. zur Demodulation von modulierten HF-Spannungen. Merkmal der beiden Anwendungen ist die verhältnismäßig kleine umgesetzte Leistung.
- G. zur Umwandlung größerer Leistungen als sog. Netzgleichrichter für den Frequenzbereich von 50 Hz bis zu einigen kHz (Schaltnetzteile). Derartige G. heißen *Leistungsgleichrichter,* in der →Leistungselektronik auch →Stromrichter. Hier werden vor allem Gleichrichterdioden mit hoher →Sperrspannung eingesetzt, für Gleichrichter bei höheren Frequenzen meist Schottky-Dioden wegen der geringeren Schaltverluste. Soll die gleichgerichtete →Ausgangsleistung steuerbar sein, so werden steuerbare Gleichrichterdioden (Thyristoren) verwendet.

Nach den Grundschaltungen unterscheidet man Einweg- und Zweiweg-G., Spannungsverdoppler, aber auch Sonderformen wie Effektivwert-G., Spitzenwert-G., Präzisions-G., u. a.

□ Bei der Einweg-G. (kurz Einweg- oder Halbwellenschaltung) führt die Gleichrichterdiode nur während einer Halbwelle (hier der positiven) Strom (Bild). Die abgegebene Spannung weist einen hohen Oberwellengehalt auf, außerdem hat die gleichgerichtete Spannung noch eine große Welligkeit. Durch Parallelschaltung eines Siebkondensators zum Lastwiderstand wird die Gleichspannung „geglättet“. Sie kann dabei bis auf den Spitzenwert der Wechselspannung ansteigen, gleichzeitig muß die Gleichrichterdiode während des jetzt kürzeren Flußintervalls einen entsprechend größeren Strom führen. Die Einweg-G. stellt die einfachste Art des Netzgleichrichters dar.

□ Die Zweiweg-G. (Vollwellengleichrichter, Doppelwegschaltung) richtet beide Halbwellen der Wechselgröße gleich. Zu unterscheiden ist dabei zwischen der Mittelpunktschaltung und der →Brückenschaltung (Bild b, c). Die erste Schaltung kann als Parallelschaltung zweier Einweg-G. aufgefaßt werden, deren steuernde Wechselspannungen um 180 °C versetzt sind. Die entstehende Gleichspannung setzt sich aus beiden Halbwellen zusammen.

□ Die Brückenschaltung (auch Gleichrichterbrücke oder *Graetz*schaltung genannt) kann als Hinterein-

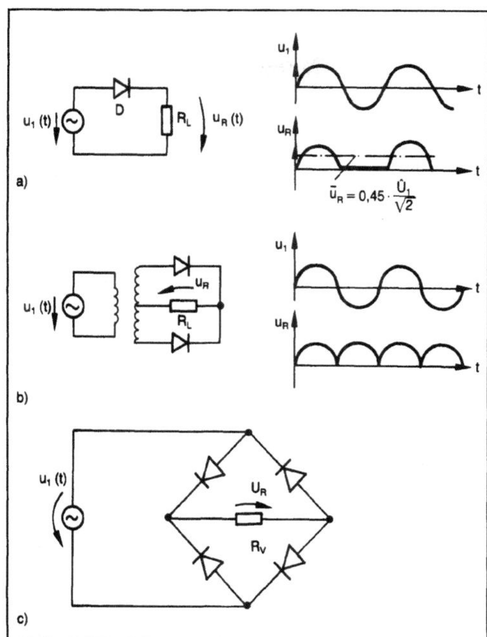

Gleichrichterschaltung: Grundschaltungen.
a) Einweg-G.
b) Zweiweg-G., Mittelpunktschaltung
c) Zweiweg-G., Brückenschaltung.

anderschaltung zweier Mittelpunktschaltungen verstanden werden. Sie liefert die gleiche Welligkeit der Ausgangsspannung, benötigt aber keine Wechselspannungsquelle mit Mittelanzapfung, wie im vorhergehenden Fall. Die vier Dioden einer Brückenschaltung werden üblicherweise als Modul vereint. Die Brückenschaltung stellt eine heute in der Elektronik weit eingesetzte Schaltung dar.

In allen Fällen kann die am Lastwiderstand entstehende (pulsierende) Gleichspannung durch einen Siebkondensator geglättet werden, durch Zuschalten eines Tiefpasses oder noch besser einer Spannungsreglerschaltung läßt sich die Ausgangsspannung weiter sieben oder im letzten Fall sogar stabilisieren. *R. Paul*

Literatur: *Millman, J.* and *Grabel A.*: Microelectronics. New York 1986. – *Tietze, U.* und *Schenk Ch.*: Halbleiterschaltungstechnik. Berlin 1985.

Gleichspannungsabfall in Stromrichterschaltungen →Spannungsabfall in →Stromrichterschaltungen.

Gleichspannungsabfall, induktiver →Spannungsabfall in →Stromrichterschaltungen.

Gleichspannungskompensator →Kompensations-Meßverfahren

Gleichspannungs-/Gleichstrom-Oberschwingungen. Bei gesteuerten Gleichrichtern ist die abgegebene Spannung in eine Gleichspannung und eine überlagerte Wechselspannung zerlegbar. Letztere besteht aus einzelnen Oberschwingungen. Amplitude und Frequenz der Oberschwingungen hängen im wesentlichen von der →Pulszahl und der Art des Betriebes ab. Meist kommen die Pulszahlen 2, 3, 6 und 12 in den gebräuchlichen →Stromrichterschaltungen vor. Je höher die Pulszahl ist, um so kleiner ist der Oberschwingungsgehalt der Gleichspannung. Durch die →Anschnittsteuerung werden die Oberschwingungen vor allem der höheren Frequenzen wesentlich vergrößert. Zur Beurteilung der Wirkung werden sämtliche Oberschwingungen in der Gleichspannung zur Welligkeitsspannung zusammengefaßt. Es treten nur Oberschwingungen auf, deren Ordnungszahl ν ein Vielfaches der Pulszahl ist ($\nu = k \cdot p$, $k = 1, 2, 3 \ldots$). Der Gesamteffektivwert der Oberschwingungsspannungen ist

$$U_{\ddot{U}} = \sqrt{U_{\nu 1} + U_{\nu 2} + U_{\nu 3} + \ldots}$$

$U_{\nu x}$ Spannung der x. Oberwelle

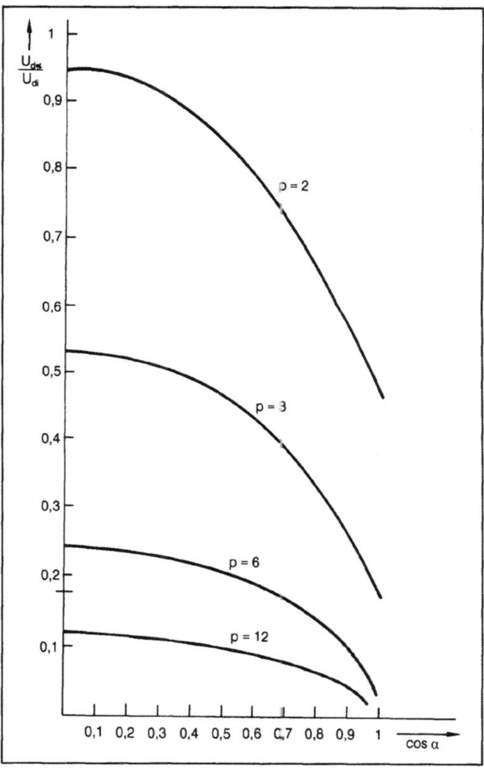

Gleichspannungs-/Gleichstrom-Oberschwingungen 1: Oberschwingungsspannung auf der Gleichstromseite einer Stromrichteranlage als Funktion des Steuerwinkels und der Pulszahl.

Diese Spannung, bezogen auf die ideelle Ausgangsspannung U_{di} des Stromrichters, wird als Spannungswelligkeit bezeichnet.

$$w_u = \frac{U_{ü}}{U_{di}} \cdot 100 \text{ in } \%$$

Bild 1 zeigt die bezogene Oberschwingungsspannung Udiα/Udi auf der Gleichstromseite als Funktion des Steuerwinkels α und der Pulszahl p.

Die Spannungsoberschwingungen führen auf der Gleichstromseite zu Stromoberschwingungen, die sich dem reinen Gleichstrom überlagern. Diese Oberschwingungen sind unerwünscht, da sie die Reaktanzspannung von Motorkollektoren und die Ankerverluste vergrößern. Als Maß dient die Stromwelligkeit (Bild 2).

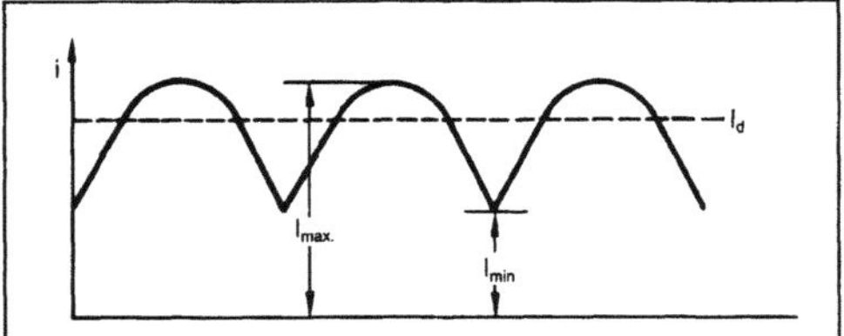

Gleichspannungs-/Gleichstrom-Oberschwingungen 2: Darstellung der Stromwelligkeit.

$$w_i = \frac{I_{max} - I_{min}}{2 \cdot I_d}$$

Je nach zulässiger Stromwelligkeit des Motors ist eine →Glättungsdrossel zur Herabsetzung der Welligkeit, d. h. zur Stromglättung, vorzusehen. Dies ist bei allen zwei- und dreipulsigen sowie allen halbgesteuerten Stromrichterschaltungen notwendig. *H. Stüben*

Gleichspannungssteller. (Oft auch Gleichstromsteller genannt). Schaltung der →Leistungselektronik, die eine stetig veränderbare Gleichspannung an einen Verbraucher bei gegebener fester Gleichspannung ermöglicht (Bild). Dazu bestimmt ein periodisch schließender Schalter mit veränderbarem Tastverhältnis k den Mittelwert der Verbraucherspannung: $U_A = U_N \cdot k$. Liegt am Verbraucher noch eine große →Induktivität in Reihe (z. B. Motor als Belastung) so schwankt auch der Laststrom nur wenig um seinen arithmetischen Mittelwert. Üblicherweise wird als Schalter bei kleineren Leistungen ein →Transistor, bei größeren ein →Thyristor mit Löschschaltung verwendet. Vertauscht man Diode und Schalter miteinander, so kann der G. aus dem jetzt als Generator arbeitenden Motor in die Batterie rückspeisen. Hauptanwendungsgebiete des G. sind mobile und feste Antriebe. *R. Paul*

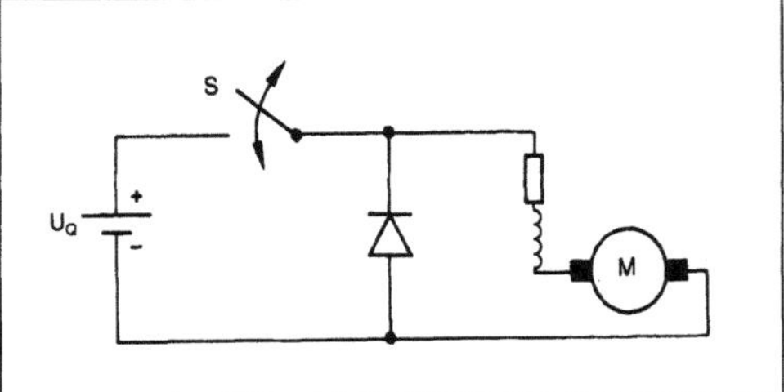

Gleichspannungssteller: Funktionsprinzip.

Gleichspannungswandler. (oft auch Transverter genannt) G. dienen zur Bereitstellung einer (beliebigen) Gleichspannung aus einer anderen vorgegebenen Gleichspannung mit oder ohne Polaritätsumkehr.

Im G. wird eine gegebene Gleichspannung – oft die einer Batterie – zunächst durch einen →Transistor im Schalterbetrieb in eine periodische Impulsspannung umgesetzt, diese anschließend transformiert, gleichgerichtet und gesiebt (und evtl. in einer Regelschaltung stabilisiert). Häufig benötigte Ausgangsspannungen sind Versorgungsspannungen von Schaltkreisfamilien (z. B. TTL 5 V +/– 0,25 V, CMOS 3 ... 15 V, →Operationsverstärker +/– 12 ... +/– 18 V).

Als G. haben sich drei Grundtypen durchgesetzt (Bild):

□ Der Sperrwandler für kleinere Leistungen (<100 W). Hier wird die Energie aus dem Eingangskreis während der Sperrphase des Schalttransistors in den Ausgangskreis übertragen, also muß die gesamte zu übertragende Energie im Transformator zwischengespeichert werden (Bild a).

□ Der Flußwandler (bei mittleren Leistungen ≈100–200 W), bei dem die Energieübertragung in den Ausgangskreis bei leitendem →Schalttransistor erfolgt (Bild c).

□ Der Gegentaktwandler (bei großen Leistungen >200 W), bestehend aus zwei im Gegentakt arbeitenden Durchflußwandlern.

Breite Anwendung finden G. in den netztransformatorlosen Stromversorgungen, den sog. Schaltnetzteilen. Dabei wird die Netzspannung direkt gleichgerichtet. Ein nachfolgender G. zerhackt diese Spannung in eine periodische Rechteckimpulsfolge (Frequenzbereich 10–20 kHz), die in einem Ferritübertrager entsprechend transformiert und anschließend wieder gleichgerichtet und gesiebt wird. Durch Regelung des Tastverhältnisses des Schaltertransistors läßt sich die Ausgangsspannung konstant halten.

Die Vorteile der Schalternetzteile sind vor allem

– Wegfall des teueren und schweren 50 Hz-Netztransformators,

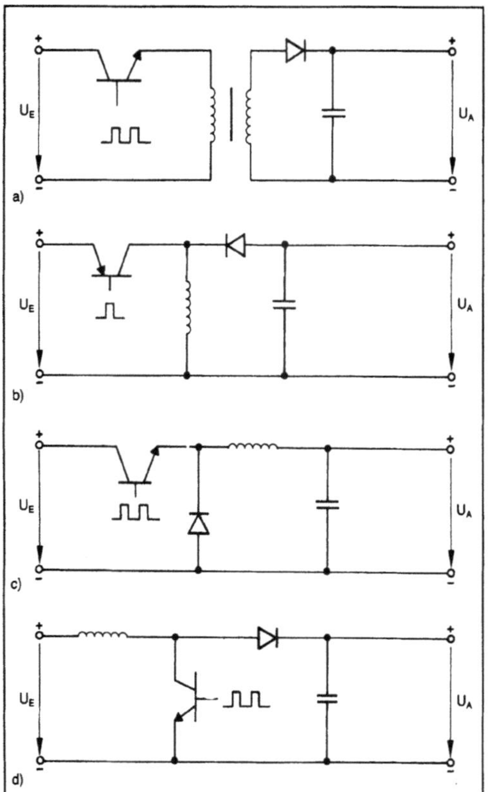

Gleichspannungswandler: Prinzipielle Schaltungen.
a) Sperrwandler aufwärts ($U_A \geq E\, U_E$).
b) Sperrwandler invertierend ($U_A < o$).
c, d) Durchflußwandler.

- hoher Wirkungsgrad (bis 90%) gegenüber etwa 30–40% bei konventionell geregelten Netzteilen,
- geringer Aufwand an Siebmitteln,
- großer Schwankungsbereich der Eingangsspannung zulässig (z. B. 110/220V ohne Umschaltung).

Die Vorteile der G. werden jedoch mit einigem Aufwand erkauft: größerem Schaltungsaufwand, die Forderung nach hochspannungsfesten Leistungsschalttransistoren mit großer Geschwindigkeit, schnelle Gleichrichterdioden (→Schottky-Dioden), der erforderliche Ansteuerschaltkreis sowie die auftretenden starken HF-Störungen, die zusätzliche Schirmung erfordern. *R. Paul*

Gleichstromkompensation →Kompensations-Meßverfahren

Gleichstromrelais. Elektromechanisches (Schalt-) →Relais, das mit Gleichstrom (oder Gleichspannung) angesteuert (erregt) wird. Dabei kann es sich um länger anhaltenden oder impulsförmigen Gleichstrom handeln. Der zu schaltende Strom (Gleich- oder Wechselstrom) ist von dieser Bezeichnung unabhängig.

G. können z. B. als mono- oder bistabile, als gepolte oder ungepolte, als Remanenz- oder →Reedrelais ausgeführt sein. *Rauterberg*

Gleichstromsteller. Der G. ist ein verlustarmes Stellglied der →Leistungselektronik zwischen einer Gleichspannungsquelle und einem Gleichspannungsverbraucher.

Die Spannung der Gleichstromquelle wird durch den Steller impulsweise auf den Verbraucher geschaltet. Je nach Dauer und Anzahl der Impulse je Zeiteinheit entsteht ein Spannungsmittelwert am Verbraucher, der stufenlos eingestellt werden kann.

Der Einsatz von G. bietet insbesondere zur Steuerung von Gleichstrom-Triebfahrzeugen sowie von elektrischen Antrieben für Elektro-Autos Vorteile:

□ Bei elektrischen Triebfahrzeugen wird dem Fahrdraht – abgesehen von geringen Verlusten – nur die tatsächlich im Motor benötigte Energie entnommen. Die Belastung des Fahrleitungsnetzes auch beim gleichzeitigen Anfahren mehrerer Fahrzeuge wird gleichmäßiger.

□ Zug- und Bremskraft sind schnell und stufenlos verstellbar.

□ G. der Leistungselektronik sind verschleiß- und wartungsfrei.

Prinzip des G. (Bild 1): Der G. ist ein selbstgeführter Stromrichter (→Kommutierung von Stromrichtern). Die Ein- und Ausschaltung des Hauptthyristors T_1 in der gewünschten Impulsfolge muß durch die eigene Steuerung erfolgen. Dazu muß eine besondere Löscheinrichtung zum Sperren des Hauptthyristors vorgesehen werden, da Thyristoren üblicher Ausführung nicht selbsttätig gesperrt werden können. Hierzu schaltet man einen auf richtige Polarität und Spannungshöhe aufgeladenen →Kondensator über einen Löschthyristor T_2 auf den Hauptthyristor T_1 auf. Der Strom des Thyristors T_1 wird bei →Zündung des Löschthyristors T_2 auf T_2 kommutiert. Es fließt nun ein Ladestrom über T_2 und C und lädt den Kondensator auf entgegengesetzte Polarität auf. Am Ende des Ladevorganges ist $U_c = U_d$, der Verbraucherstrom wird Null. Um den Kondensator wieder auf die Ausgangspolarität aufzuladen, wird die Umschwingdiode D_1 vorgesehen. Wird T_1 wieder gezündet, ergibt sich außer dem Laststrom (über T_1, L_2, R_2) ein zweiter Strom über den Umschwingkreis C, T_1, R_1, L_1 und D_1. Dieser führt zur Umladung des Kondensators auf entgegengesetzte d. h. Ausgangspolarität. Der Löschkreis ist wieder funktionsfähig.

Der Aufwand der Löscheinrichtungen reduziert sich beim Einsatz von rückwärtsleitenden Thyristoren (RLT), bei denen Thyristoren und Dioden auf

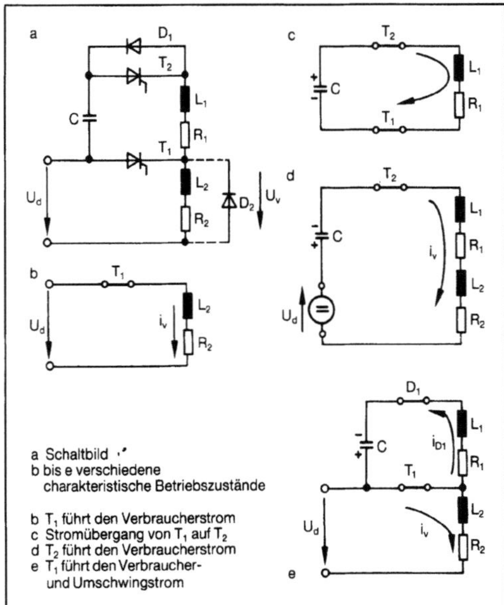

Gleichstromsteller 1: Grundschaltung des G.

einem Chip und in einem Gehäuse zusammengefaßt sind. Die Größe des Löschkondensators und der Induktivität L_1 verringert sich wegen Verkürzung der Freihaltezeit t_h.

Durch Einsatz von abschaltbaren Thyristoren (→GTO-Thyristoren, GTO = Gate-turn-off), die seit etwa 1985 verfügbar sind, läßt sich der Aufwand für die Löscheinrichtungen (Bild 2) vermeiden. Es muß allerdings eine größere Zündleistung für den Abschaltkreis zur Verfügung gestellt werden.

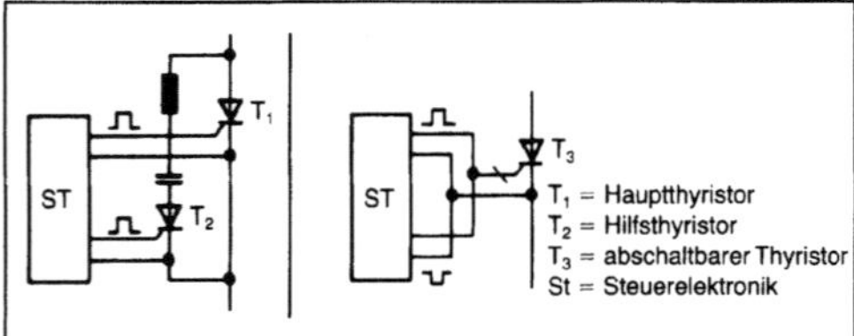

Gleichstromsteller 2: Ersatz des Löschkreises durch die Ansteuerung eines abschaltbaren Thyristors.

Der prinzipielle Verlauf der getakteten Spannung und der Ströme ist in Bild 3 dargestellt. Das Einstellen des Mittelwertes erfolgt durch das Verändern des Tastverhältnisses V:

$$V = \frac{t_1}{t_1 + t_2} = \frac{t_1}{T} = t_1 \cdot f$$

$$\text{f Frequenz } (s^{-1}) = \frac{1}{T}$$

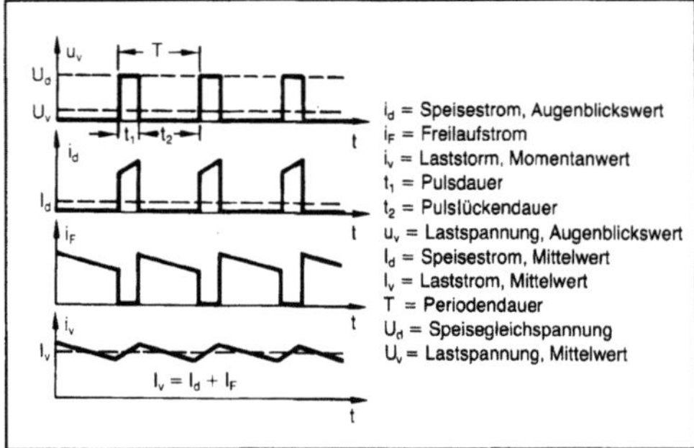

Gleichstromsteller 3: Prinzipieller Verlauf der Ströme und Spannungen im Speise-, Last- und Freilaufkreis des G.

Der Mittelwert der Verbraucherspannung U_v beträgt

$$U_v = U_d \cdot V = U_d \cdot t_1 \cdot f$$

Das Tastverhältnis läßt sich auf verschiedene Arten ändern. Die möglichen Steuerarten zeigt Tabelle 1.

Der bisher beschriebene Steller kann elektrische Energie nur in einer Richtung von der Speisequelle zum Verbraucher übertragen. Er ist nur für den Betrieb im 1. Quadranten des →Betriebsdiagramms für Antriebe einsetzbar. Durch Erweiterung ist auch Energierückspeisung und Drehrichtungsumkehr möglich. Die Grundschaltungen für G. zeigt Tabelle 2. *H. Stüben*

Literatur: *Korb, F.:* Leistungshalbleiter und ihre wichtigsten Anwendungen. Würzburg 1978 – Silizium-Stromrichter-Handbuch. Hrsg. v. BBC, Baden/Schweiz.

Gleichstromsteller: Tabelle 1. Steuerarten des G. (Quelle: ABB)

Art	$T = \frac{1}{f}$	t_1	t_2	Bemerkung
I	fest	variabel	variabel	Pulsbreitensteuerung
II	variabel	fest	variabel	Frequenzsteuerung
III	variabel	variabel	fest	bisher unbedeutend
IV	variabel	variabel	variabel	*I + II* kombiniert. Anwendung bei der Zweipunktregelung des Laststromes

Gleichstromsteller: Tabelle 2. Grundschaltungen der G.

Prinzipschaltplan	Stromrichterschaltung Benennung und Beschreibung	Kurzzeichen
+E, −E, +A, −A	Einpulsige Gleichstromsteller-Schaltung mit Freilaufzweig	M 1 Q F
+E, −E, +A, −A	Zweifach-Gleichstromsteller-Schaltung	M 1.2 Q F
+E, −E, +A, −A	Gleichstromsteller-Schaltung für zwei-Quadrant-Betrieb	2 M 1 Q R S
+E, −E, +A(−A), −A(+A)	Umkehr-Gleichstromsteller-Schaltung	(2M 1 Q R S) A(2M 1 Q R S) oder kurz B 2 Q R
Das Symbol stellt einen Hauptzweig mit einem ihm zugeordneten Löschzweig dar. z.B.		

Gleichstrom-Umrichter. G.-U. sind Stromrichterkombinationen (→Stromrichter) zur Umformung hoher in niedrige Gleichspannungen. Sie werden häufig auf elektrischen Triebfahrzeugen eingesetzt, um deren Hilfsbetriebsmotoren mit Standardspannungen (110 V, 220 V) aus dem Fahrdraht-Gleichspannungsnetz (600–3 000 V) zu versorgen. Dazu werden →Gleichstromsteller eingesetzt, die die hohe Gleichspannung in eine impulsförmige Spannung umwandeln. Diese Spannung wird über einen →Transformator herabgesetzt und gleichgerichtet (Bild). Der Transformator dient dabei zur Potentialtrennung zwischen Fahrdrahtspannung und Hilfsnetz. An das Hilfsnetz werden die Verbraucher angeschlossen. Außerdem wird aus dem Hilfsnetz eine Batterie zur Notstromversorgung geladen.

H. Stüben

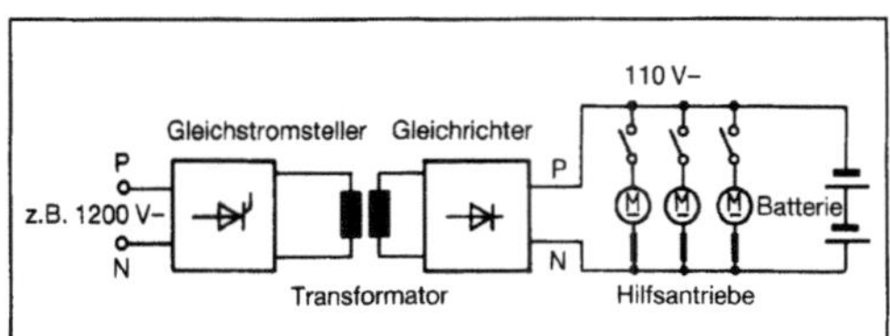

Gleichstrom-Umrichter: Prinzipschaltbild eines G.-U. für ein elektrisches Triebfahrzeug.

Literatur: *Müller, S.:* Elektrische u. dieselelektrische Triebfahrzeuge. Basel 1979.

Gleichstromzwischenkreis →Zwischenkreis-Umrichter

Gleichtaktunterdrückung →Gleichtaktverstärkung

Gleichtaktverstärkung. Der →Operationsverstärker (Bild) mit dem Verstärkungsfaktor k′ verstärkt zunächst die Differenzspannung u_D (Gegentaktspannung) auf

$$u_a = k'(u_p - u_n) = k'u_D.$$

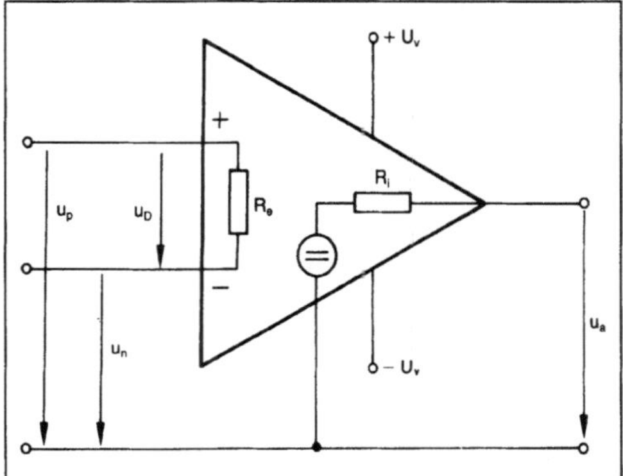

Gleichtaktverstärkung: Schaltbild eines Operationsverstärkers.

Wird an den p- und an den n-Eingang dieselbe Spannung, nämlich die Gleichtaktspannung $u_{Gl} = u_p = u_n$ gelegt, so ist die Differenz der Eingangsspannungen null, $u_p - u_n = 0$. Dementsprechend sollte bei dieser Gleichtaktaussteuerung auch keine Ausgangsspannung auftreten. Dies ist jedoch bei realen Verstärkern nicht der Fall. Die Ausgangsspannung ändert sich auch bei einer gleichsinnigen Änderung der an den Eingängen liegenden Spannung u_{Gl}. Eine G. k'_{Gl} läßt sich definieren mit

$$k'_{Gl} = \frac{\Delta U_a}{\Delta U_{Gl}}.$$

Die Ausgangsspannung u_a des Operationsverstärkers hängt somit von der Gegentaktspannung u_D und der Gleichtaktspannung u_{Gl} ab:

$$u_a = k'u_D\big|_{u_{Gl} = \text{konst}} + k'_{Gl}u_{Gl}\big|_{u_D = \text{konst}}$$

Die G. k'_{Gl} ist sehr viel niedriger als die Gegentaktverstärkung k′. Das Verhältnis $\frac{k'}{k'_{Gl}}$ wird als Gleichtaktunterdrückung bezeichnet (*engl.* common mode rejection ratio). Die Zahlenwerte liegen zwischen 10^4 und 10^6. Beim invertierenden Verstärker ist der p-Eingang mit dem Massepotential verbunden und eine Gleichtaktaussteuerung tritt dementsprechend nicht auf.

Schrüfer

Glimmentladung. Gasentladungen mit nicht zu geringem Entladungsstrom (Größenordnung mA bis einige A) sind mit intensiven Leuchterscheinungen verbunden. Eine solche Entladung wird daher als G. bezeichnet. Bei hohem Gasdruck nimmt der Strom und die Leuchterscheinung noch erheblich zu. Die G. geht dann in die Bogenentladung über.
Claassen

Glimmentladung, anormale. Ist die Spannung einer Gasentladung unabhängig von Druck und Stromstärke, so spricht man von einer normalen Glimmentladung. Die Spannung zwischen Kathode und Glimmsaum ist dann nur von Kathodenmaterial und Gasart abhängig. Die an der Entladung beteiligte Querschnittsfläche stellt sich dabei so ein, daß das Verhältnis von Stromdichte zum Quadrat des Druckes i/p^2 den charakteristischen Wert erreicht, bei dem bei gegebenen Kathodenmaterial und Gasart der Kathodenfall ein Minimum erreicht. Steigert man den Strom soweit, daß bei Bedeckung der gesamten Kathodenfläche dieser Wert von i/p^2 überschritten wird, so nimmt der Kathodenfall mit dem Strom zu. Man spricht dann von einer a. G.
Claassen

Glimmerkondensator. Glimmer ist ein natürlich vorkommendes Mineral mit hoher Spannungsfestigkeit und mit Schichtstruktur. Es besteht aus Kalium-Aluminium-Silikaten mit chemisch gebundenem Kristallwasser und ist spaltbar in dünne Blättchen bis hinab zu etwa 0,02 mm Dicke.

Glimmer wurde schon recht frühzeitig in der Elektronik als →Dielektrikum von →Kondensatoren verwendet und hat auch heute noch, vor allem in den USA, als MYCA-Capacitor große Bedeutung.

Glimmer besitzt eine relative Dielektrizitätskonstante von ca. 7, einen Verlustfaktor von etwa 0,2 bis $0{,}5 \times 10^{-3}$, eine spezifische Spannungsfestigkeit von 25 bis 70 kV/mm und eine Temperaturfestigkeit (Kalzinierungstemperatur) bis etwa +600 °C.

G. werden meist aus gestapelten, metallisierten Glimmerplättchen gleicher Größe hergestellt. Die besonderen Eigenschaften des Materials bestimmen im wesentlichen die bevorzugten Anwendungsgebiete. Diese sind wegen des niedrigen, nahezu frequenzunabhängigen Verlustfaktors und der hohen Spannungsfestigkeit Einsatzbereiche in der Sendertechnik als Hochfrequenzkondensator und wegen der großen zeitlichen Kapazitätskonstanz Einsatzfälle in Meßnormalen und in Filter- und Schwingkreisanwendungen für hohe Anforderungen.
Both

Literatur: *Liebscher/Held:* Kondensatoren. Berlin 1968. – *Zinke, O.* und *H. Seither:* Widerstände, Kondensatoren, Spulen und ihre Werkstoffe. Berlin 1982.

Glimmstabilisatorröhre. Eine gasgefüllte →Elektronenröhre, bei der die Konstanz des Kathodenfalls einer →Glimmentladung zur Spannungsstabilisierung von Gleichspannungen oder als →Referenzspannung, z. B. in durch Röhren stabilisierten Netzgeräten benutzt wird.

In einem Glaskolben sind ein als Zylinder oder Halbzylinder gebogenes Blech als →Kathode und axial dazu ein Metallstab als →Anode befestigt. Die Röhre ist mit Edelgasen bei einem Druck zwischen 0,5 und 50 mbar gefüllt.

Wird über einen Vorwiderstand eine Gleichspannung an die Röhre gelegt, die größer als die →Zündspannung ist, so zündet die Glimmentladung in der Röhre und die Spannung zwischen Kathode und Anode geht auf die Brennspannung zurück, deren Höhe im wesentlichen von der Röhrengeometrie, Gasdruck und -art sowie dem Elektrodenmaterial bestimmt wird und im allgemeinen bei 70–150 V liegt. Die Glimmentladung bedeckt bei kleinen Strömen nur einen kleinen Teil der Kathode. Der Bedeckungsgrad nimmt mit steigendem Strom zu, wobei die Brennspannung oberhalb eines Minimalstroms I_{min} nahezu konstant bleibt (Bild). Erst wenn die Glimmentladung die gesamte Kathode bedeckt und der Strom weiter gesteigert wird, steigt auch die Brennspannung: der nutzbare Strombereich der G. ist überschritten. Steigt der Strom weiter an, so kann die Glimmentladung in eine Bogenentladung übergehen und die Röhre zerstören.
Golombek

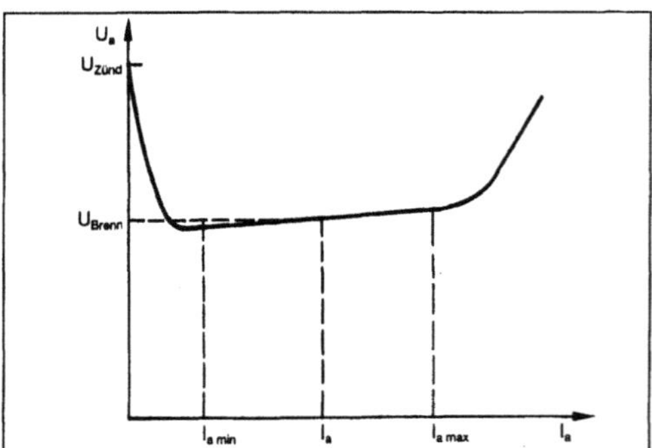

Glimmstabilisatorröhre: Kennlinie.

Literatur: *Kretzmann:* Handbuch der industriellen Elektronik. Berlin–Borsigwalde 1954.

Glitch. Unter G. versteht man sehr kurze Störpulse, die sowohl positiv (während einer logischen „Null") als auch negativ (während einer logischen „1") entstehen können. Obwohl sie nur wenige Nanosekunden lang sind, können sie die nachfolgenden →Gatter zum Umschalten veranlassen. Da diese G. ungewollte Signale sind, sorgen sie immer für eine Störung im digitalen Signalablauf.

Sie bestehen im wesentlichen aus einer ansteigenden und einer abfallenden Flanke (die Pulsbreite ist vernachlässigbar klein), wodurch sie mit normalen Meßmethoden oft gar nicht zu erkennen sind. Nur sehr schnelle Oszilloskope sind in der Lage, diese kurzen Ereignisse sichtbar zu machen. *G.*

Glockenzählrohr →Auslösezählrohr

GMA. VDI/VDE-Gesellschaft Meß- und Automatisierungstechnik (GMA), Düsseldorf, technisch/wissenschaftliche Fachgesellschaft des →VDI und des →VDE mit über 16 000 Mitgliedern.

Die Aufgaben der GMA sind:

□ Austauschen und Auswerten von Erfahrungen und Informationen,
□ Durchführen von Kongressen, Fachtagungen und Aussprachetagen,
□ Zusammenarbeit mit in- und ausländischen Vereinigungen des Fachgebietes,
□ Anregen und Unterstützen von Forschungsarbeiten,
□ Herausgeben und Fördern technisch-wissenschaftlichen Schrifttums,
□ Erarbeiten von Richtlinien und anderen Empfehlungen,
□ Fördern junger Ingenieure,
□ Mitwirken in der Aus- und Weiterbildung.

In der GMA gibt es folgende Fachbereiche:

- Grundlagen, Theorie
- Meßverfahren, Aufnehmer/Sensoren
- Meß-, Steuer- und Regelgeräte und Basisfunktionen
- Informationstechnik in der Automatisierung
- Betrieb von Automatisierungssystemen
- Angewandte Leittechnik
- Meßtechnik für die automatisierte Fertigung.

Die VDI/VDE-GMA ist die deutsche Mitgliedsorganisation in der IMEKO – Internationale Meßtechnische Konföderation sowie in der IFAC – International Federation of Automatic Control.

Wiefels

GME. Die GME, VDE/VDI-Gesellschaft Mikroelektronik wurde am 1. 1. 1987 gegründet. Sie ist hervorgegangen aus dem Fachkreis Mikroelektronik (FKME) der NTG (ITG). Sie hat z. Zt. (Aug. 92) ca. 6 300 Mitglieder.

Ihre Organe sind:

- Vorstand (max. 10 Personen)
- Beirat (z. Zt. ca. 70 Personen)
- Mitgliederversammlung
- Geschäftsführung.

Sitz der Geschäftsstelle ist das VDE-Haus in Frankfurt/M., Stresemannallee 15.

Die Aufgaben und Ziele der GME sind:

□ Förderung der technisch-wissenschaftlichen Entwicklung der Mikroelektronik in der Bundesrepublik Deutschland.
□ Initiierung des dazu erforderlichen Dialogs zwischen Herstellern und Anwendern
□ Vertretung der beruflichen Interessen der auf dem Gebiet der Mikroelektronik tätigen Ingenieure und Wissenschaftler
□ Bildung eines Forums für die Diskussion von Fragen der Mikroelektronik in der Öffentlichkeit.

Die dazu erforderliche Facharbeit vollzieht sich in z. Zt. 40 Fachausschüssen, die in sieben Fachsektoren zusammengefaßt sind:

- Mikroelektronik und Gesellschaft
- Bauelemente der Mikroelektronik
- Anwendungen
- Mikroelektronik und Mikrotechnik
- Software für Mikroelektronik
- Halbleiterfertigungsgeräte und
- Qualität, Zuverlässigkeit und Testen.

R. Theobald

GMF. Die GMF, VDI/VDE-Gesellschaft Mikro- und Feinwerktechnik, ist eine Fachgesellschaft der beiden Ingenieurverbände Verein Deutscher Ingenieure (→VDI) und Verband Deutscher Elektrotechniker (→VDE) mit über 4 000 persönlich zugeordneten Mitgliedern.

Auf den Ingenieur der Feinwerk- und Mikrotechnik kommen durch rasante technische Entwicklungen immer neue Anforderungen zu, denen er mit ständig neuen Methoden und erweiterten Kenntnissen gerecht werden muß. Der Ingenieur dieses Fachgebietes ist heute stärker denn je auf fachliche Unterstützung, aktuelle Information, Erfahrungsaustausch, Weiterbildung in seinem Fach und Richtlinien für seine Arbeit angewiesen. All dies bietet die GMF, die sich in Richtung Mikrotechnik erweitert hat.

Ihre Aufgaben erfüllt die GMF durch:

- Veranstalten von Kongressen und Seminaren
- Mitwirken bei der Aus- und Weiterbildung
- Austauschen und Auswerten von Erfahrungen und Informationen
- Erarbeiten von Richtlinien und anderen Empfehlungen
- Herausgeben und Fördern technisch-wissenschaftlichen Schrifttums
- Einflußnahme auf bildungspolitische Entscheidungen
- Fördern junger Ingenieure
- Anregen und Unterstützen von Forschungsarbeiten
- Zusammenarbeit mit in- und ausländischen Vereinigungen

550 Fachleute arbeiten ehrenamtlich in rund 35 Ausschüssen der Gesellschaft. Das Themenspektrum der Ausschußarbeit ist in sieben Fachbereichen weit gespannt: Information und Bildung, Methoden der Produktentwicklung, Technologie

und Fertigungsverfahren, Werkstoffe, Leiterplattentechnik, Mikrotechnik, Medizinische Technik.
Lauruschkat

Golddampf-Laser →Metalldampflaser

GO/NOGO-Test. Produktionstest, bei dem der Prüfling nur gegenüber der gültigen Spezifikation geprüft wird. Vereinfacht ausgedrückt wird nur eine Gut-/Schlecht-Aussage getroffen und keine Charakterisierung bestimmter Eigenschaften z. B. abhängig von der angelegten Betriebsspannung durchgeführt. Es wird auch keine Fehlersuche durchgeführt.
K. Winter

Grabenisolation. Seitliche Isolation von Funktionselementen (in Si-Substrat) durch ausgeätzte Gräben, die mit einem →Isolator (im Regelfall SiO_2) aufgefüllt sind. Diese →Isolationstechnik wird verbreitet zur Realisierung von Speicherkondensatoren in dynamischen Speichern höchster Kapazität (→DRAM) verwendet. *R. Paul*

Graded-gap Avalanche-Photodiode. →Avalanche-Photodiode, bei der im undotierten Multiplikationsgebiet zwischen n- und p-Bereich eine stetige Zunahme des Bandabstandes erfolgt (Bild), was durch Mischkristalle sich ändernder Zusammensetzung erreicht wird. Infolge des zwischen n und p stetig zunehmenden Bandabstandes sind die Steigungen des Leitungs- und Valenzbandes unterschiedlich, so daß (i. a.) die Elektronen ein größeres Ionisationsvermögen (α) haben als die Löcher (β). Dadurch reduziert sich das aus dem statistischen Verstärkungsprozeß resultierende Multiplikationsrauschen (→Photodetektor-Rauschen), das mit wachsenden $k=\alpha/\beta$ abnimmt.

In einer APD mit einer graduellen Zusammensetzungsänderung von $Al_{0.45}Ga_{0.55}As$ zu GaAs über eine Länge von 0,4 µm wurde $k=7$ bei einer Multiplikation von $M=5$ erreicht; eine weitere Erhöhung von M durch eine höhere Spannung führt zu einer Abnahme von k. *Rosenzweig*

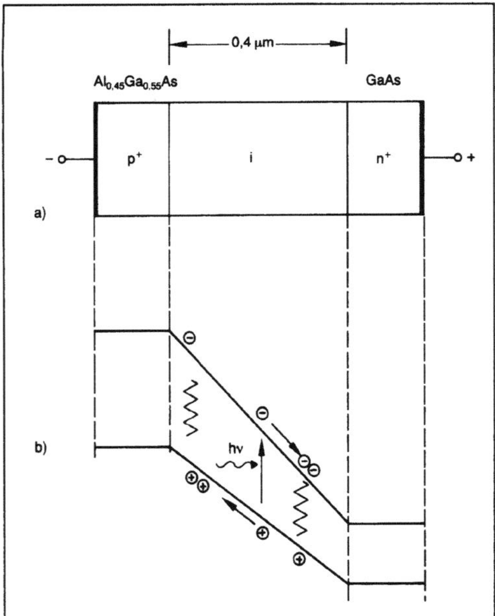

Graded-gap Avalanche Photodiode: Schematische Darstellung.
a) Aufbau
b) Bandenenergieverlauf und Multiplikationsprinzip.

Literatur: *Dingle, R.:* Applications of Multiquantum Wells, Selective Doping and Superlatices. London 1987. Vol. 24 aus der Reihe: *Willardson, R. K.* and *A. C. Beer* (Ed.): Semiconductors and Semimetals.

Graded gap separate absorption and multiplication Avalanche-Photodiode (SAM – APD). →Avalanche-Photodiode mit getrennten Absorptions- und Multiplikationsbereichen, zwischen denen zusätzlich ein Gebiet stetiger Bandabstandsanpassung eingefügt ist, um die Signal-Abklingzeit zu verringern.

In $_{0.53}Ga_{0.47}As/InP$ – SAM-APDs haben den Nachteil eines extrem langsamen Signalabfalls (Bild 1 a) infolge einer Loch-Anreicherung in der

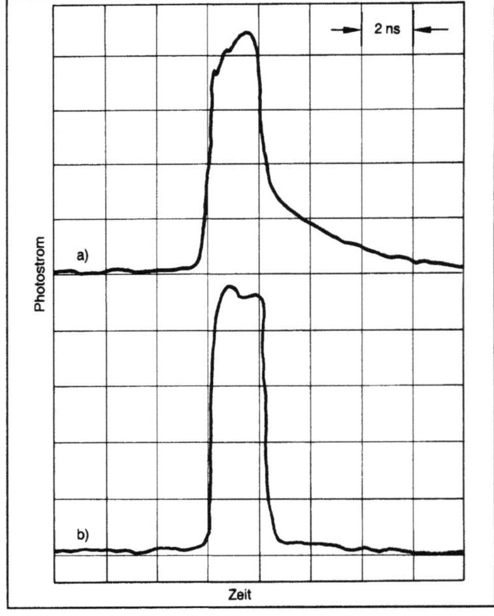

Graded-gap Separate Absorption and Multiplication Avalanche-Photodiode 1: Pulsantwort
a) ohne stetigen Übergang
b) mit graded-gap Multi-Quantum-Well.

großen Valenzband-Diskontinuität des InP/InGaAs-Heteroüberganges. Dies kann durch einen kontinuierlichen Bandabstandsübergang verhindert werden.

Der stetige Übergang läßt sich gitterangepaßt zum →Substrat (→InP) durch einen Bereich aus quaternärem Material $In_xGa_{1-x}As_{1-y}P_y$ sich örtlich ändernden Mischungsverhältnisses erreichen (Bild 2a). Die Hinzunahme der vierten Materialkomponente (→Phosphor) bedeutet aber einen erhöhten technologischen Aufwand.

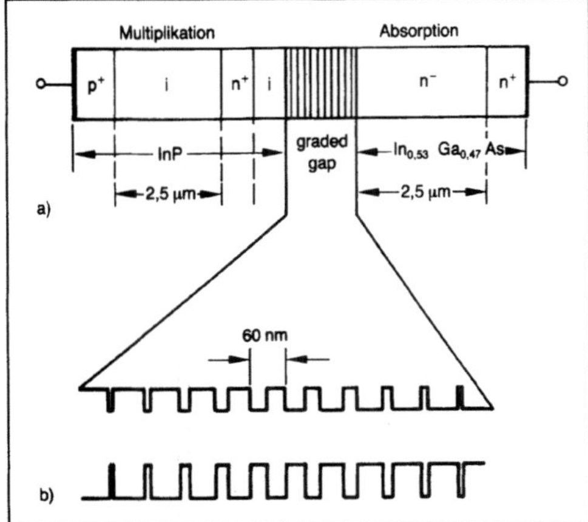

Graded-gap Separate Absorption and Multiplication Avalanche-Photodiode 2: Schematische Darstellung.
a) Aufbau
b) Bandenergieschema des graded-gap-MQW-Bereiches.

Eine andere Möglichkeit unter Beibehaltung des ternären Mischkristalls ist eine Multi-Quantum-Well-Schichtfolge, deren Gesamtperiode (60 nm) konstant bleibt, das Breitenverhältnis $In_{0.53}Ga_{0.47}As$ zu InP aber stetig abnimmt (Bild 2b). Die Periodenzahl liegt bei 10 bis 20. Mit einer derartigen Struktur konnte unter gleichen Betriebsbedingungen das Signalabklingen im Verhältnis zur ursprünglichen Struktur deutlich reduziert werden (Bild 1b). *Rosenzweig*

Literatur: *Dingle, R.:* Applications of Multiquantum Wells, Selective Doping and Superlatices. London 1987. Vol. 24 aus der Reihe: *Willardson, R. K.* and *A. C. Beer* (Ed.): Semiconductors and Semimetals.

Gradientenfaser. Eine G. ist ein zylindersymmetrischer →Wellenleiter, der aus einem Kerngebiet mit einem radiusabhängigen Brechzahlprofil $n_k(r)$ und einem Mantelbereich mit konstanter →Brechzahl n_m aufgebaut ist.

Der Brechzahlverlauf im Kern wird beschrieben durch:

$n_k(r) = n_k(0) \cdot [1 - 2 \cdot \delta \cdot f(r)]^{1/2} \approx n_k(0) \cdot [1 - \delta \cdot f(r)]$, mit $\delta \approx (n_k - n_m)/n_k$ und der Profilfunktion f(r), für die gilt:

$f(r) = 0$ bei $r = 0$ und

$f(r) = 1$ bei $r \geq a$ (Kernradius).

f(r) ist in der Regel von der Form $f(r) = (r/a)^g$, mit g: Profilexponent, a: Kernradius.

In Multimode-G. (→Multimodefaser) kann durch Optimierung von g die Modenlaufzeitdifferenz auf 30–200 ps/km reduziert werden. Der Laufzeitausgleich kommt dadurch zustande, daß achsennahe →Moden zwar einen kürzeren Weg als achsenferne zurücklegen, dafür aber das Gebiet mit der größeren Brechzahl durchlaufen und somit eine längere →Laufzeit als achsenferne Moden haben (Bild 1).

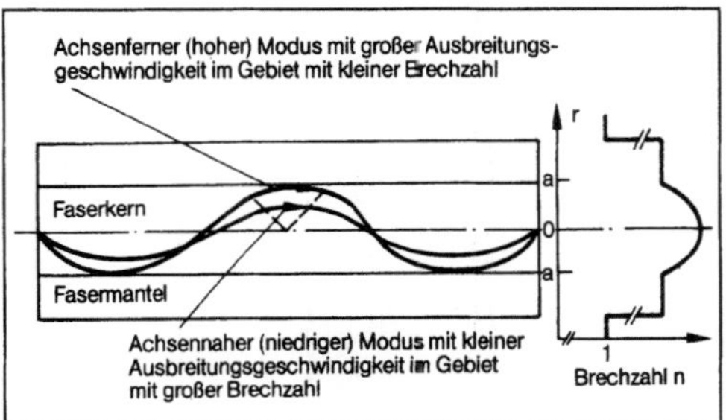

Gradientenfaser 1: Ausbreitung optischer Wellen in einer Gradientenfaser mit einem Brechzahlprofil g≈2, wodurch die Laufzeitdifferenz zwischen hohen und niedrigen Moden kompensiert wird.

Die numerische →Apertur (→Akzeptanzwinkel) einer G. ist ortsabhängig. Die lokale numerische Apertur ist für ein parabolisches Brechzahlprofil (g=2) (Bild 2):

$A_N = n_k(0) \cdot 2 \cdot \delta \cdot (1 - (r/a)^2)$

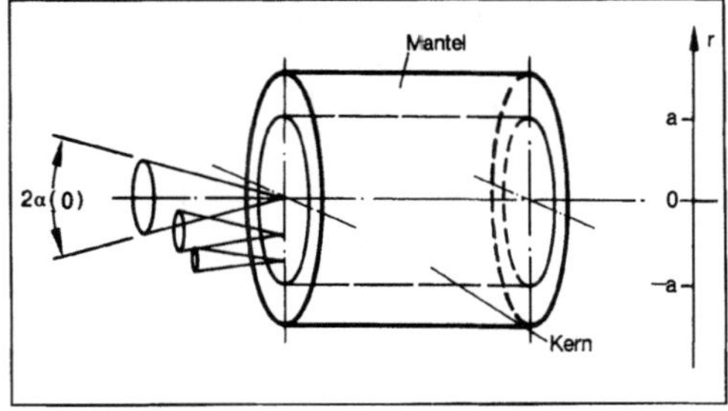

Gradientenfaser 2: Schematische Darstellung des lokalen Akzeptanzwinkels α(r) einer Gradientenfaser.

Für die Anzahl der ausbreitungsfähigen Moden M (→Glasfasermoden) gilt für parabolisches Brechzahlprofil näherungsweise: $M \approx \frac{1}{4} \cdot V^2$, mit $V = 2\pi a A_N/\lambda$ (λ: Wellenlänge).

Die Monomodegrenze für ein →Profil mit g=2 liegt bei V≤3,5.

Typische Werte für Multimode-G. sind:

Kerndurchmesser 2a	40 μm–100 μm
Manteldurchmesser d	100 μm–200 μm
relative Brechzahldifferenz δ	≈ 0,01
maximaler Akzeptanzwinkel α_{max}	≈ 12°.

Krauser

Gradientenlinse. Eine G. besteht aus einem zylinderförmigen, transparenten Glasstab mit einer über die Querschnittsfläche variierender →Brechzahl (Bild 1).

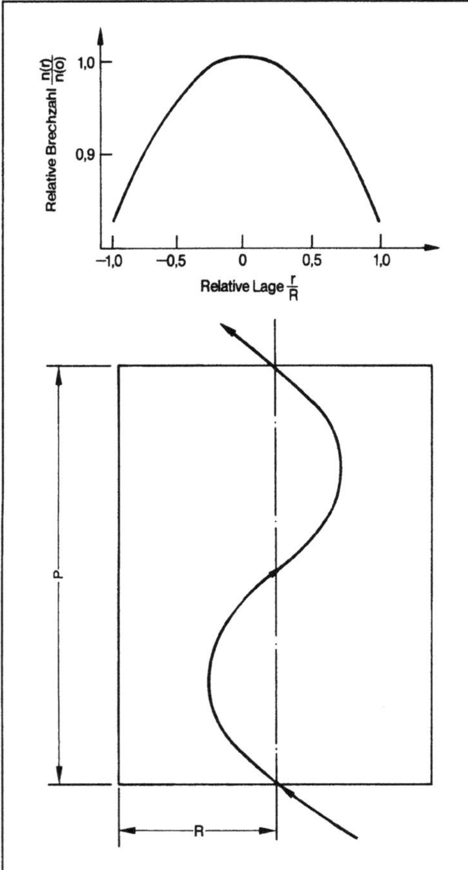

Gradientenlinse 1: Funktionsprinzip.
a) Brechzahl n(r) und
b) Strahlengang des Lichtes.

Eine Periode des sinusförmigen Verlaufs wird mit *Pitch-Länge* bezeichnet. Die gewünschten Abbildungseigenschaften, die stark mit der Wellenlänge variieren, werden durch Änderung der Linsenlänge erreicht (Bild 2). So wird bei einer Viertel-Pitch-Länge (0,25 P) parallel eintretendes Licht auf die Austrittsfläche fokussiert. Bei 0,23 P bzw. 0,29 P liegen die Brennebenen außerhalb der Linse. Derartige Anordnungen sind wegen ihrer kleinen Abmessungen besonders für den Einsatz in Glasfasersystemen geeignet, z. B. für die Kollimierung des Lichtes von Laserdioden (0,23 P) bzw. zur Laser-Faser-Kopplung (0,29 P). *Krauser*

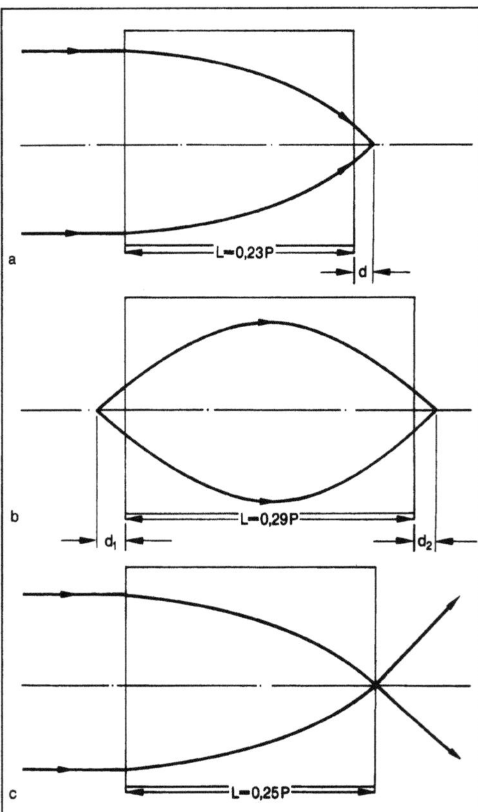

Gradientenlinse 2: Abbildungseigenschaften für unterschiedliche Linsenlängen.

Graetz-Schaltung →Meßgleichrichter

Granat, magnetischer. Klasse der ferrimagnetischen Oxide. Bekanntester Vertreter dieser Selten-erd-Eisen-Granate ist der Yttrium-Eisen-Granat (YIG). Besondere Bedeutung haben magnetische G. in der Form von dünnen (einige Mikrometer), einkristallinen Filmen auf nicht-magnetischen Granat-Substraten gewonnen. Zur Herstellung derartiger Filme wird die →Flüssigphasenepitaxie eingesetzt, neuerdings auch die Sputterepitaxie.

Die Hauptanwendungen der m. G., insbesondere auch der Filme, liegen in der →Mikrowellentechnik und der optischen Nachrichtentechnik (→Isolatoren), bei den →Magnetblasenspeichern, den optischen →Speichern und den magnetooptischen Displays. *Dammann*

→Weichmagnetische Werkstoffe

Graphikanzeige. Der Begriff der graphikfähigen Anzeige hat durch das Angebot von zeichenorientierten Anzeigen am Markt besondere Bedeutung erlangt. Bei einer graphikfähigen Anzeige oder G., sind die Bildpunkte so angeordnet, daß sowohl alphanumerische Zeichen, als auch Linien und Flächen dargestellt werden können. Die einzelnen Bildpunkte haben meist gleiche Abstände. Typische Beispiele sind die heute am Markt erhältlichen, flachen Anzeigen mit z. B. 64×240 oder 200×640 Bildpunkten, aber auch Großanzeigen in Stadien sowie die meisten Anzeigen in Elektrolumineszenz- oder Plasma-Technologie. Die Bildpunkte ergeben sich oft aus den sich kreuzenden streifenförmigen Elektroden als Rechtecke.

Ihren Einsatz finden graphikfähige Anzeigen meist zur Darstellung von Graphiken, Texten und allgemeinen Informationen in Meßgeräten, oder Datenterminals. Die Fähigkeit zur Darstellung von Graustufen wird von diesen Anzeigen nicht gefordert. Damit entfällt die Möglichkeit zur Darstellung von Bildern.

Bei den zeichenorientierten Anzeigen sind dagegen die Bildpunkte meist als Block so angeordnet, daß Zeichen nur an dafür vorgesehenen Plätzen angesteuert und damit sichtbar gemacht werden können. Typische Beispiele für diese Anzeigen sind kleine Textanzeigen mit 2×16 oder 2×40 Zeichen. Bei ihnen werden die einzelnen Zeichen mit Hilfe einer 5×7 oder 5×8 Punktmatrix dargestellt. Diese Anordnung der Bildpunkte wird aus Kostengründen gewählt. *Pottharst*

Graphikeditor. Teilkomponente von CAD-/CAE-Systemen. Der G. ermöglicht die Darstellung bestimmter geometrischer Gebilde (Gerade, Kreis, Dreieck) in wählbarer Größe (Zoomeffekt) und Farbgebung sowie ihre Beschriftung auf dem Bildschirm einer CAE-Station. Darüber hinaus ermöglicht er die →Plazierung von komplizierteren Elementen, z. B. von Stromlauf- oder Layout-Symbolen, die in einer CAD-Bibliothek hinterlegt sind, an beliebiger Position, bzw. auch deren Kopieren, Löschen oder Verschieben. Der G. wird angewandt als Teil von Stromlauferfassungssystemen, von Bibliothekserstellungstools, Layoutsystemen und →Patterneditoren. *K. Winter*

Graphoepitaxie. Die G. ist eine Variante der →Epitaxie, bei der die →Kristallorientierung im Anfang des Wachstums durch eine regelmäßige, durch →Lithographie erzeugte Struktur an der Oberfläche erzwungen wird. Im allgemeinen wird das Verfahren verwendet, um einkristalline Schichten auf Isolatoren zu erzeugen. Bei →Silicium und →III-V-Halbleitern lassen sich jedoch keine befriedigenden Schichten herstellen. *Ryssel*

Graustufe. Auf einem Monitor werden Informationen so dargestellt, daß ausgewählte Bildpunkte ein- bzw. ausgeschaltet werden. Sie erscheinen damit weitgehend einheitlich hell, bzw. mit einheitlichem →Kontrast. Die Darstellung von Bildern erfordert demgegenüber jedoch auch Zwischenstufen zwischen dem gerade noch erkennbaren und dem maximalen Kontrast eines jeden Bildpunktes. Je feiner diese Abstufungen sind, desto mehr Details werden in dem dargestellten Bild erkennbar.

Helligkeitsstufungen oder auch Kontraststufungen werden bei elektronischen Anzeigen als deren G. bezeichnet.

Die Ansteuerung der G. kann generell durch zwei unterschiedliche Verfahren erfolgen. Bei Anzeigeelementen, deren elektrooptische Kennlinie flach verläuft, wird das Ansteuerungssignal in Stufen variiert. Dadurch wird das Element so angesteuert, daß nur ein bestimmter Kontrast- oder Helligkeitswert erreicht wird. Bei Anzeigeelementen, deren Kennlinie dagegen steil verläuft, würden bereits geringe Unterschiede in der Signalspannung, wie sie entlang der Elektronenbahnen entstehen können, zu deutlichen Kontrastvariationen innerhalb der Anzeige führen. Bei Anzeigen mit hoher →Multiplexrate benötigt man sogar eine steile Kennlinie.

Man wählt in diesen Fällen deshalb ein Verfahren, bei dem die zeitliche Dauer der Wirkung des Ansteuerungssignals variiert wird. So wird bei der Ansteuerung von G. in →Flüssigkristall-, →Elektrolumineszenz- und →Plasmaanzeigen die Impulsbreitenregelung mit Erfolg eingesetzt. *Pottharst*

Graustufenregelung →Ansteuerung von Anzeigen, →Graustufe

Gray-Code-Test. →Testverfahren für digitale kombinatorische Schaltungen, bei dem die Inhalte der →Wahrheitstabelle entsprechend dem Gray-Code-Algorithmus (Änderung jeweils nur an einer Bitstelle zwischen zwei Prüfzyklen) an den Eingängen des Prüflings angelegt werden. *K. Winter*

Grenzfrequenz.

1. Frequenz, bei der eine Übertragungseigenschaft eines Übertragungsgliedes oder Bauelementes (z. B. →Verstärker, →Filter, →Wandler, Übertragungsleitung u. a. m.) einen bestimmten Wert gegenüber einem Bezugswert hat. Sind dabei Eingangs- und Ausgangsgröße eines Übertragungsgliedes von gleicher Größenart, so definiert man die G. oft so, daß die übertragene Leistung auf die Hälfte, die übertragene Spannung also auf den $1/\sqrt{2}$-fachen Bezugswert gefallen ist (dem entspricht in logarithmischer Angabe die sog. 3 dB-G.).

2. Speziell bei Halbleiterbauelementen werden G. (3 dB-G.) für eine Reihe typischer Übertragungsgrößen angegeben: →Steilheit, Kurzschlußstromverstärkung (in verschiedenen Grundschaltungen) u. a. Beim Betrieb in der Schaltung können G. von der Beschaltung abhängen.

Neben diesen sog. 3dB-G. gibt es auch noch andere Festlegungen, z. B. die Schwinggrenzfrequenz als diejenige Frequenz, bei der die Leistungsverstärkung eines Vierpols (Bauelement als solches aufgefaßt) bei beiderseitiger Leistungsanpassung den Wert eins erreicht. *R. Paul*

Grenztaster. G. sind →Schalter die nicht von Hand sondern von einem Teil eines Gerätes oder einer Maschine betätigt werden um z. B. einen Elektromotor ein- bzw. auszuschalten und damit eine Bewegung auszulösen bzw. zu stoppen. Hierbei werden oft →*Schnappschalter* verwendet, die mit einem spezifischen Betätigungshebel und evtl. mit einer Rolle ausgerüstet sind, um die Abnutzung des Hebels und des Geräte- oder Maschinenteiles zu vermeiden.

Anwendungsbeispiel für G. ist die Sicherung der Tür einer Waschmaschine oder einer Geschirrspülmaschine; bei versehentlichem Öffnen der Tür während des Betriebes wird die Maschine zum Stillstand gebracht. Hier werden die Schaltzustände des G. (ein-/ausgeschaltet) und damit auch die Stromzufuhr zu den Aggregaten der Maschine durch die zwei Zustände der Tür (zu/offen) gesteuert. *Pagnin*

Grenzwellenlänge. In einem →Lichtwellenleiter ist jede geführte Eigenwelle – außer der Grundwelle im symmetrischen →Wellenleiter (z. B. in der Glasfaser) – nur unterhalb einer bestimmten G. λ_{gr} ausbreitungsfähig. (Cut-Off-Wellenlänge).

Die Betriebswellenlänge λ muß kleiner als λ_{gr} sein, damit ein bestimmter Modus im Wellenleiterkern geführt werden kann. Für den Grenzfall λ->0 ist die optische Leistung vollständig auf die Wellenleiterachse konzentriert.

Die G. des Grundmodus ist $\lambda_{gr}=0$. Mit zunehmendem λ wird die Wellenführung im Kern schwächer, so daß die Welle immer weiter in den Mantelbereich eindringt, bis zum Grenzfall λ->∞. Bei zu starker Krümmung des Wellenleiters kann es aus diesem Grunde zu Abstrahlverlusten kommen. Daher sollten die Wellen möglichst nahe der Wellenleiterachse geführt werden. Bei Glasfasern ergibt sich die praktische Konsequenz, daß beim Verlegen ein bestimmter Biegeradius nicht unterschritten werden darf.

Die G. für die Modenausbreitung in Glasfasern wird aus dem Strukturparameter V, dem Kernradius a und der numerischen Apertur A_N (→Akzeptanzwinkel) berechnet:

$$\lambda_{gr}=2\pi a A_N/V$$

In einer Monomodefaser ($V \leq 2{,}405$) mit $a=5\,\mu m$ und $A_N=0{,}1$ beträgt die G., unterhalb derer sich der nächsthöhere Modus ausbreiten kann, $\lambda_{gr}\approx 1{,}3\,\mu m$.

In der Praxis bestimmt man die G. von Monomodefasern durch eine Dämpfungsmessung: Wird außer der Grundwelle auch der nächst höhere Modus angeregt, erhöht sich bei Annäherung an die G. dieses Modus die Dämpfung, da die Welle immer weiter in den Mantel eindringt. Die so ermittelte G. liegt im allgemeinen einige 10 nm unterhalb des berechneten Wertes, bei dem von einem unendlich ausgedehnten Mantel und einer nicht gekrümmten Faser ausgegangen wird.

Für die G. im →Schichtwellenleiter gilt:

$$\lambda_{gr} = p2\pi d(n_w^2-n_s^2)^{1/2}b/$$

$$pN\pi+\arctan[q(n_s^2-n_d^2)^{1/2}/(n_w^2-n_s^2)^{1/2}]b$$

d: Wellenleiterdicke, n_w: Wellenleiterbrechzahl, n_s: Substratbrechzahl, n_d: Brechzahl der oberen Deckschicht, N: Modenzahl (0,1,2,..), q=1 für TE-Wellen, $q=n_w^2/n_d^2$ für TM-Wellen. *Krauser*

GRINSCH-Halbleiterlaser. (Abk. *engl.* Graded Index Separate Confinement Heterostructure) →Halbleiterlaser mit einer extrem dünnen aktiven Schicht (elektrisches confinement) und einem umgebenden Wellenleiter mit linearer oder parabolischer Bandabstands- bzw. Brechungsindexänderung (optisches confinement) (Bild 1).

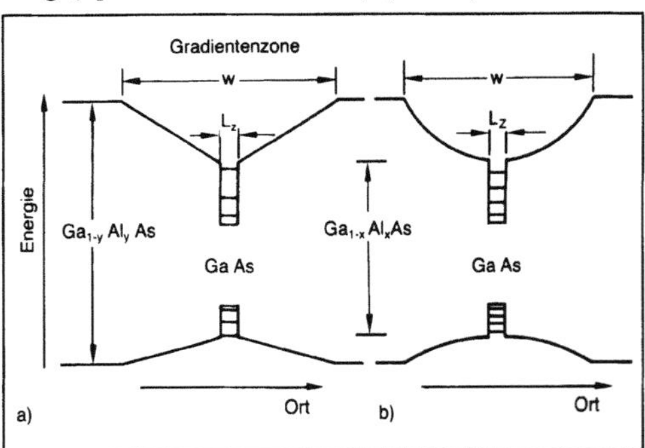

GRINSCH-Halbleiterlaser 1: Energiebandverlauf der GRINSCH-Struktur;
a) lineares Bandabstandsprofil
b) parabolisches Bandabstandsprofil.

Die Schwellenstromdichte von Halbleiterlasern wird durch drei Größen beeinflußt: intrinsische-, Streu- und Auskoppelverluste. Die intrinsischen Verluste steigen linear mit der Dicke d der aktiven Schicht an und überwiegen für $d>0{,}15\,\mu m$. Die Streu- und Auskoppelverluste wachsen mit d/Γ. Da andererseits das optische confinement Γ für dünne Schichten überlinear abnimmt, dominieren diese

Verluste in Schichten unter 70 nm. In der GRINSCH-Struktur wird durch den äußeren Wellenleiter mit graduellem Brechungsindexprofil ein etwa zwölfmal höheres optisches confinement in der aktiven Schicht erreicht, so daß die Schichtdicken unter 70 nm abgesenkt werden können. Mit Dicken von d_z=5–6 nm wurden in GaAlAs/GaAs-GRINSCH-Strukturen Schwellenstromdichten von 200 A/cm^2 und externe differentielle Quantenwirkungsgrade von bis zu 45 % pro Fläche erreicht.

Vergrabene (buried) GRINSCH-Strukturen ermöglichen bei einer Streifenbreite von 3 μm sogar Schwellenströme von 2,5 mA und eine ausgekoppelte optische Leistung von mehr als 20 mW pro Spiegel. Das sind bezüglich der Betriebsströme Spitzenwerte, so daß Buried-GRINSCH-Laser ideale Voraussetzungen für die optoelektronische Integration haben.

GRINSCH-Schichten werden vor allem für Halbleiterlaser mit einem oder wenigen →Quantum-Well(s) in der aktiven Region verwendet.

Eine echte graduelle Bandabstandsänderung wurde bisher nur in GaAlAs/GaAs-Quantum-Well-Strukturen realisiert, da GaAlAs in jeder Zusammensetzung (d. h. →Bandabstand) gitterangepaßt auf GaAs wächst. Für InGaAsP/InP bereitet der graduelle Bandübergang im Wellenleiter technologische Schwierigkeiten, da jeweils zwei Material-Komponenten variiert werden müssen, um Bandabstand und Gitteranpassung zu gewährleisten.

Eine erste Näherung bildet ein Kastenprofil für den Brechungsindex (→Separate-Confinement-Heterostructure-(SCH-)Laser). Zunehmend werden aber Stufenprofile mit mehreren Schichten unterschiedlichen Bandabstandes angewendet (Bild 2). *Rosenzweig*

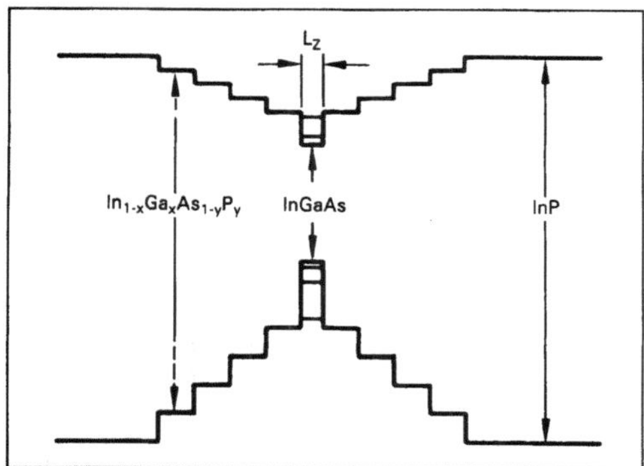

GRINSCH-Halbleiterlaser 2: Genäherte GRINSCH-Struktur in langwelligen QW-Lasern.

Literatur: *Dingle, R.:* Applications of Multiquantum Wells, Selective Doping and Superlattices. London 1987. – Vol. 24 der Reihe: *Willandson, R. K.* and *A. C. Beer* (Ed.): Semiconductors and Semimentals.

Großbildfernsehen. Wiedergabe von Fernsehbildern auf einem großen Bildschirm. Der Begriff wird heute überlicherweise für Bildschirme mit Diagonalen des sichtbaren Bildes von 80 cm und größer verwendet. Dabei werden bis zu Diagonalen von etwa 90 cm, vereinzelt auch bis zu 100 cm Farbbildröhren verwendet. Bei noch größeren Bildabmessungen wird →Projektionsfernsehen eingesetzt. *Keitel*

Großintegration →Integrationsgrad

Großsignalbetrieb. Betrieb eines Bauelementes, Übertragungsgliedes oder Verstärkers bei Werten der Eingangsgröße, die in die Größenordnung des zur vollen →Aussteuerung möglichen Wertebereiches kommen und/oder das Bauelement wesentlich nichtlineares Verhalten zeigt (Gegensatz: →Kleinsignalbetrieb). Der G. ist typisch für Leistungsstufen (→Leistungsverstärker, Sendeverstärker, oft auch →Oszillatoren), also überall dort, wo es auf großen Leistungswirkungsgrad ankommt. Ein spezieller Fall des G. ist der Schalterbetrieb (→Schalttransistor), bei dem das Bauelement zwischen zwei Zuständen (Ein-Aus) betrieben wird. *R. Paul*

Grundschaltung. Man versteht unter einer G.:

1. allgemein eine Schaltungsanordnung mit bestimmten elektrischen Eigenschaften, die aus wenigen Bauelementen besteht. Einfache Beispiele sind die Reihen-/Parallelschaltung von Bauelementen, Zusammenschaltungen zu einfachen Übertragungsvierpolen u. a.

2. im Zusammenhang mit elektronischen Bauelementen, insbesondere Halbleiterbauelementen, die Zusammenschaltung dieses Bauelementes mit derjenigen minimal konfigurierten Schaltung, die zur Arbeitspunkteinstellung und prinzipiellen Funktionsweise erforderlich ist. Beispiele sind die →Gleichrichterschaltung mit einer →Halbleiterdiode oder eine einfache Verstärkerschaltung mit einem →Bipolartransistor (Bild).

3. Spezielle Transistoren (und andere steuerbare Mehrpolbauelemente, z. B. →Elektronenröhre) haben grundsätzlich einen Anschluß, der dem Eingangs- und Ausgangsstromkreis gemeinsam ist (Bild). Man benennt die G. dann nach dieser Elektrode: Basis-, Emitter-, Kollektor-(grund-)schaltung, entsprechend der Kathodenbasis-, Gitterbasis- und Anodenbasisschaltung der Elektronenröhre.

Der Kathodenbasisverstärker war die meist verwendete Verstärkerschaltung, gekennzeichnet durch hohe Spannungsverstärkung, hohen Ausgangs- und Eingangswiderstand, jedoch kapazitiver Rückwirkung durch den *Miller*-Effekt, der die obere →Grenzfrequenz herabsetzt. Der Gitterbasisverstärker mit sonst gleichen Daten (mit dem Unter-

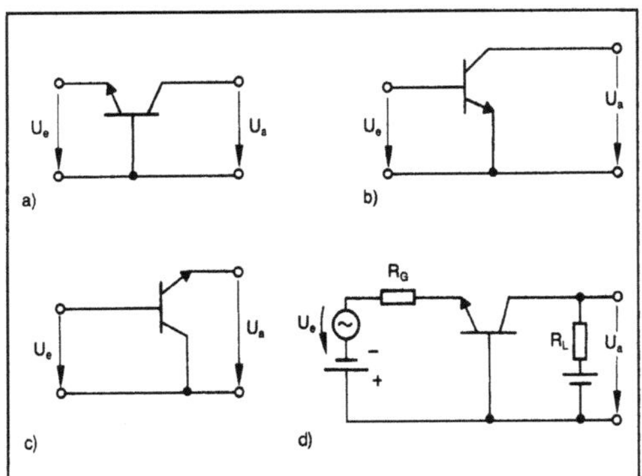

Grundschaltung: Ausführungen am Beispiel eines Bipolartransistors.
a) Basisschaltung
b) Emitterschaltung
c) Kollektorschaltung
d) Schaltung (nach a) mit Spannungsversorgung und Signalquelle.

schied des kleinen Eingangswidestandes) vermied diese große kapazitive Rückwirkung und wurde deshalb für hohe Frequenzen verwendet.

Der Anodenbasisverstärker (Kathodenfolger) hat bei großem Eingangswiderstand und sehr kleinem Ausgangswiderstand eine Spannungsverstärkung von etwa eins, er wurde deshalb als →Impedanzwandler verwendet.

Ganz analoge Verhältnisse ergeben sich für die drei G. des Bipolartransistors. Der am häufigsten verwendete Emitterverstärker – kurz die Emitterschaltung – hat bei hoher Spannungs- und Stromverstärkung einen mittleren Eingangs- und hohen Ausgangswiderstand; er wird gewöhnlich als Äquivalenz zum Kathodenverstärker angesehen.

Der Basisverstärker – dem Gitterbasisverstärker äquivalent – hat eine hohe Spannungsverstärkung, eine Stromverstärkung sehr nahe an eins (≦0,99), einen kleinen Eingangs- und hohen Ausgangswiderstand und die höchste Grenzfrequenz der Kurzschlußstromverstärkung.

Der Kollektorverstärker (→Emitterfolger) schließlich – dem Anodenbasisverstärker entsprechend – hat bei großer Stromverstärkung eine Spannungsverstärkung unter eins, einen großen Eingangs- und sehr kleinen Ausgangswiderstand.

Entsprechende G. gibt es auch beim →Feldeffekttransistor: Source-, Gate- und Drainverstärker (→Sourcefolger). *R. Paul*

Literatur: *Müller, R.:* Bauelemente der Halbleiterelektronik. Berlin 1979. – *Paul, R.:* Transistoren und Thyristoren. Heidelberg 1978.

Gruppengeschwindigkeit →Brechzahl

GTO-Thyristor. (auch Gate-turn-off-Thyristor oder abschaltbarer Thyristor) GTO-T. können im Gegensatz zu normalen Netzthyristoren (→Thyristor) durch einen negativen Steuerimpuls über einen zusätzlichen Steueranschluß gelöscht werden. Hierdurch erspart man bei selbstgeführten →Stromrichterschaltungen (→Gleichstromsteller, →Wechselrichter, →Umrichter) aufwendige Löscheinrichtungen. Durch Einwirken des negativen Steuerimpulses werden →Ladungsträger aus der inneren p-Zone abgesaugt, sodaß der Übergang zwischen den beiden schwach dotierten n- und p-Zonen in den Sperrzustand übergeht (Bild). Zum Abschalten wird ein kurzer Steuerimpuls benötigt, dessen Amplitude etwa 20% des abzuschaltenden Stromes erreichen muß.

Sein Einsatzgebiet liegt in Bereichen, die durch Bipolartransistoren, Mosfet's und IGBT-Transistoren nicht überdeckt werden. Das sind vor allem Einsatzfälle mit hohen Dauergrenzströmen über ca. 800 A bis ca. 3 000 A und Sperrspannungen über

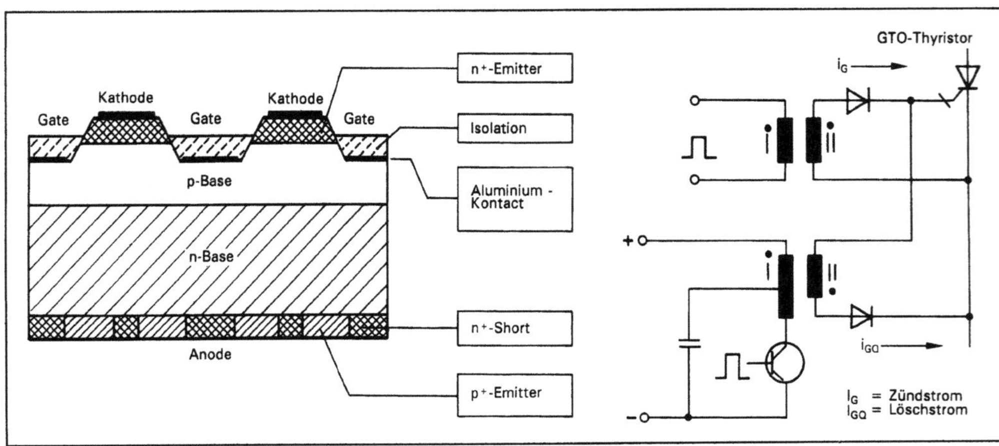

GTO-Thyristor: Strukturbild (links) und Steuerkreis (rechts).

1 200 V bis etwa 4 500 V. Die obere Schaltfrequenz liegt gegenüber den genannten Transistoren nur bei ca. 1 kHz. *H. Stüben*

Gunn-Diode. (auch Elektronentransferelement) Mikrowellenzweipolelement, das auf dem Gunn-Effekt beruht und insbesondere einen dynamischen negativen differentiellen Widerstand aufweist, der zur Erzeugung und Verstärkung von →Mikrowellen verwendet wird. Die G.-D. leitet ihren Namen aus der Klemmenzahl ab, nicht der Kennlinie. Sie besteht aus einem homogenen Halbleitergebiet mit zwei Anschlüssen, besitzt also keine →Sperrschicht und damit keine →Diodenkennlinie, sondern eine von der Polung unabhängige Gleichstromkennlinie (Bild).

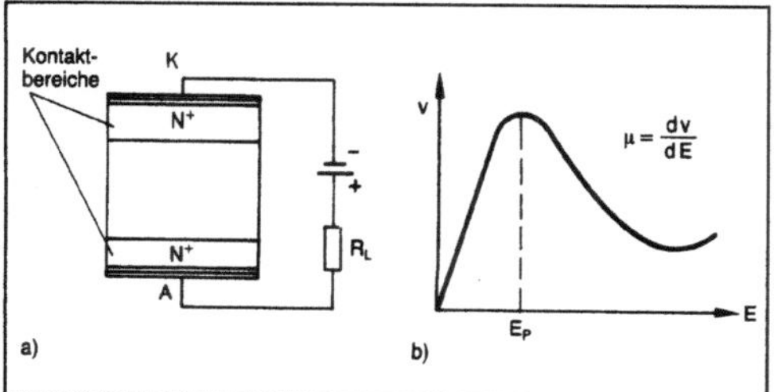

Gunn-Diode: Schematische Darstellung.
a) Aufbau
b) Geschwindigkeits-Feldstärke-Charakteristik von GaAs.

Grundlage des Gunn-Elementes ist der Transfer von Elektronen aus einem Leitungsbandminimum mit geringer Energie in ein solches mit höherer Energie (und kleinerer →Beweglichkeit), wenn die Elektronen energetisch angeregt werden. Dies kann z. B. durch ein elektrisches Feld erfolgen. Im Ergebnis stellt sich eine Geschwindigkeits-Feldstärke-Kennlinie mit einem ausgeprägten Maximum und einen fallenden Bereich ein. Letzterer hat „negative differentielle" Beweglichkeit. Dieser Elektronentransfer ist an einen bestimmten Typ der →Bandstruktur gebunden, der für einige →Verbindungshalbleiter (z. B. →GaAs, →GaAsP, →InP u. a.) zutrifft. Wegen der großen Bedeutung des GaAs z. B. für die Optoelektronik sind GaAs-G.-D. am verbreitesten.

Der Elektronentransfer ist für eine Reihe typischer Eigenschaften der G.-D. maßgebend. So erzeugt er im →Kleinsignalbetrieb eine Raumladungsinstabilität: Raumladungsstörungen, die in der Diode entstehen, wachsen durch die negative differentielle Beweglichkeit (→Leitfähigkeit) zeitlich an und führen letztlich zu einem negativen differentiellen Wirkwiderstand der Diode, wie er für Verstärker- und Oszillatoranwendungen erforderlich ist.

Im →Großsignalbetrieb führen solche Störungen zu sog. *Domänen.* Das sind trägerangereicherte oder verarmte Gebiete, die zeitlich durch die G.-D. wandern und sich dabei i. a. aufbauen. Ihre Dynamik (Zeit- und Ortsverhalten, Auf- und Abbau) bestimmen die verschiedenen Betriebsarten der G.-D. *R. Paul*

Gunn-Element. Synonym für →Gunn-Diode.

Gunn-Oszillator. Mikrowellen-Oszillator, der eine →Gunn-Diode verwendet, die als Resonanzkreis einen Hohlraum-, Koaxialleitungs- oder Streifenleiter benutzt und in diesen eingefügt ist. Die Frequenzabstimmung kann z. B. durch vormagnetisierte Yttrium-Eisen-Granat-Kugeln erfolgen. G.-O. werden heute bis zu etwa 100 GHz verwendet. *R. Paul*

Gütebestätigung für elektronische Bauelemente. Die Bestätigung durch eine vom Hersteller unabhängige Prüfstelle, daß das Produkt nach geprüften Spezifikationen gefertigt ist und die zugesicherten Daten aufweist.

Für den Anwender ist es vorteilhaft, nach einheitlichen Richtlinien gefertigte und geprüfte Bauelemente gleichbleibender Qualität von verschiedenen Herstellern beziehen zu können. In den USA ist dieses Ziel durch das Military Specification System (MIL) erreicht. Im europäischen zivilen Bereich fehlten entsprechende firmen- und länderübergreifende Normen. So einigten sich 1968 Großbritannien, Frankreich und die Bundesrepublik Deutschland, ein gemeinsames System der G. für die Bauelemente der Elektronik auszuarbeiten. Die Durchführung ist dem europäischen Komitee für die elektrotechnische Normung CENELEC (Comité européen de normalisation électrotechnique) übertragen. Vereinbart wurde das CECC-System (CENELEC Electronic Components Committee), dem sich inzwischen mehrere Länder angeschlossen haben.

Die Elemente dieses G.-Systems sind
- die zwischen den einzelnen Ländern harmonisierten Normen
- die Anerkennung der Hersteller, der Prüflaboratorien und der Auslieferungsläger
- die Bauartzulassung und die Prüfung der Bauelemente in Übereinstimmung mit den harmonisierten Normen
- die Aufzeichnung der Prüfergebnisse.

In der Bundesrepublik Deutschland nimmt die VDE-Prüfstelle in Offenbach die Funktion einer nationalen Überwachungsstelle wahr. Sind die Qualifikationsprüfungen bestanden, so wird das Produkt in die Liste der zugelassenen Erzeugnisse der CECC aufgenommen und darf das VDE-Electronik-Prüfzeichen tragen. Das CECC-Gütebestätigungssystem schließt keine Lebensdaueruntersuchungen ein und gibt keine Ausfallraten an. *Schrüfer*

Literatur: *Becker, P.:* Das europäische Gütebestätigungssystem für Bauelemente der Elektronik. Elektronik (1976) H. 1, S. 57–60. – *Hofmann, D.:* Handbuch der Meßtechnik und Qualitätssicherung. Braunschweig 1983, Ost-Berlin 1980. – ZVEI: CECC-Gütebestätigungssystem für Bauelemente der Elektronik. ZVEI-Bauelemente-Symposium 1983. Berlin, Offenbach.

Güteschaltung (Q-switch). Verfahren der Lasertechnik zur Erzeugung intensiver, kurzzeitiger Pulse.

Der →Resonator des Lasers wird zunächst mit sehr hohen Verlusten behaftet (Güte Q→0). Das kann geschehen durch sättigbare Absorber, durch Pockelszellen in Verbindung mit linearen Polarisatoren oder durch Strahlablenkung mit akustooptischen Modulatoren. Durch die Unterbrechung der optischen →Rückkopplung wird die stimulierte →Emission unterbunden, und es stellt sich eine sehr hohe Besetzungsinversion ein. Werden jetzt die Verluste schlagartig reduziert, so folgt ein kurzer, intensiver Laserpuls.

In der theoretischen Beschreibung des Laserprozesses durch die Bilanzgleichungen (→Lasereffekt) kann der Umschaltprozeß als so schnell angenommen werden, daß der Pumpterm und die Relaxationsterme zu vernachlässigen sind. Es resultiert für die Änderung der Photonenzahl $N_{ph}(t)$ mit der Änderung der Zahl invertierter Elektronen $N_i(t)$ die Gleichung

$$\frac{dN_{ph}(t)}{dN_i(t)} = -\frac{1}{2} + \frac{N_{isch}}{2\,N_i(t)}$$

(N_{isch}-Zahl der invertierten Elektronen an der Schwelle)

Das Maximum der optischen Leistung ($dN_{ph}/dN_i = 0$) wird zum Zeitpunkt t_m erreicht, wenn die Inversion auf die Schwelleninversion abgesunken ist ($N_i(t_m) = N_{isch}$). Die Photonenzahl beträgt dann

$$N_{ph}(t) = N_{ph}(0) + \frac{1}{2}\left[N_i(0) - N_{isch}\left(1 + \ln\frac{N_i(0)}{N_{isch}}\right)\right]$$

Die Gleichung zeigt, daß eine G. nur sinnvoll ist, wenn die akkumulierte Inversion zum Zeitpunkt der Güteumschaltung wesentlich höher ist als die Schwelleninversion ($N_i(0) \gg N_{isch}$). Dann werden etwa 50 % der überhöhten Besetzung in optische Leistung umgewandelt

$$P(t_m) = \frac{N_i(0)}{2\,\tau_{ph}}\,hf.$$

(f Frequenz des emittierten Lichtes, τ_{ph} Lebensdauer der Photonen, h Plancksches Wirkungsquantum). *Rosenzweig*

Literatur: *Grau, G. K.:* Quantenelektronik. Braunschweig 1978.

Gyrator. Der G. gehört wie der →Zirkulator zu den Impedanzkonverter-Schaltungen. Er wird i. d. R. mit Hilfe von Operationsverstärkern aufgebaut.

G. werden zur →Simulation großer Induktivitätswerte mit Hilfe von Kondensatoren und damit zum Bau spulenloser Filter bzw. →Filter hoher Güte eingesetzt. *K. Winter*

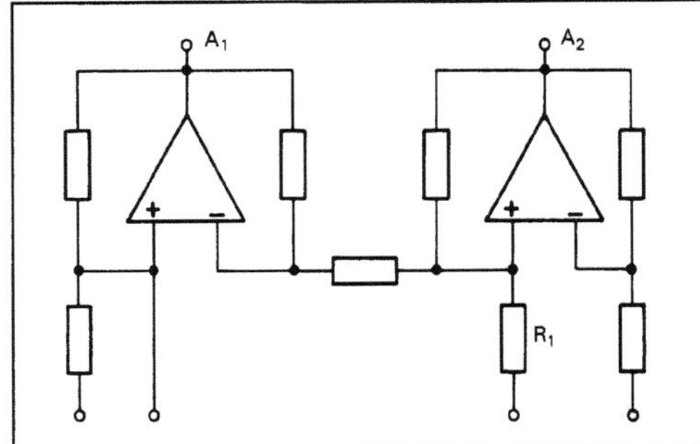

Gyrator: Grundschaltung. Der Impedanzwert des mit R1 symbolisch bezeichneten Bauelementes wird mit seinem dualen Impedanzwert auf den Eingang projeziert.

Literatur: *Tietze, U.; Schenk Ch.:* Halbleiter-Schaltungstechnik Berlin, 1989.

Gyroskop, faseroptisches. (*engl.* Fibre Optic Gyroscope, FOG). Ein faseroptisches →Interferometer vom *Sagnac*-Typ mißt die Phasendifferenz ξ zwischen zwei Lichtsignalen, die dasselbe Stück aufgespulter, optischer Glasfaser in entgegengesetzten Richtungen durchlaufen. Aufgrund des *Sagnac*-Effektes ist diese Phasendifferenz ξ proportional zur absoluten Drehrate (Winkelgeschwindigkeit) Ω der Faserspule um ihre Achse. Wenn A die Fläche der Spule bezeichnet, m ihre Windungszahl, λ die Vakuumwellenlänge des Meßlichtes und c die Lichtgeschwindigkeit im freien Raum, so gilt $\xi = 8\pi m A\Omega/\lambda c$. Aus einer Messung dieser Phasendifferenz wird die Drehrate Ω ausgewertet und angezeigt.

Das f. G. findet Anwendungen in der Navigation von Land-, Luft- und Seefahrzeugen, anstelle herkömmlicher, schnell rotierender mechanischer Krei-

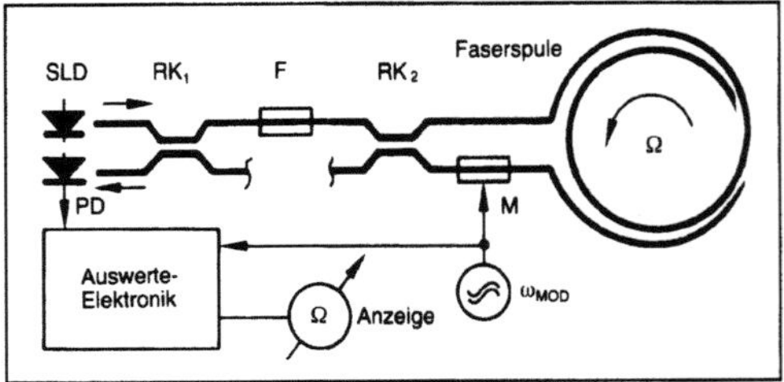

SLD: Superlumineszenzdiode, PD: Photodiode, RK: Richtkoppler, M: Modulator, F: Polarisations- und Modenfilter

Gyroskop, faseroptisches 1: Schematische Darstellung.

sel. Ein Hauptvorteil des f. G. ist dabei die Abwesenheit mechanisch bewegter Teile, woraus eine sehr viel größere Lebensdauererwartung resultiert. Wegen seines robusten, kompakten Aufbaues (insbesondere in integriert-optischer Form) ist das f. G. speziell auch für militärische Anwendungen von Interesse.

Von seiner Wirkungsweise her kann das Sagnac-Interferometer als ein in sich gefaltetes faseroptisches Interferometer vom *Mach-Zehnder* Typ aufgefaßt werden (Bild 2). Das von der Lichtquelle (SLD) in die Faser gekoppelte Licht wird in dem faseroptischen Richtkoppler RK_2 in zwei Teillichtströme aufgespalten, die in die beiden Enden der Faserspule gespeist werden. Nach Durchlaufen der Faser werden sie in RK_2 wieder überlagert und am Photodetektor PD zur Interferenz gebracht. Durch besondere Modulations- und Auswerteverfahren kann aus dem Detektorsignal die Sagnacphase ξ bestimmt werden.

Gyroskop, faseroptisches 2: Ansicht eines geöffneten Gyroskops. Deutlich zu erkennen im Inneren der Faserspule (100 m Faser) sind als Baublöcke die Halbleiter-Lichtquelle (oben) und ein Elektronik-Modul (unten). Außendurchmesser 80 mm, Höhe 35 mm. (Quelle: SEL-Alcatel)

In einem typischen f. G. hat die Faserspule einen Durchmesser von 5–10 cm, die Faserlänge beträgt 50–500 m. Die erzielbare Meßgenauigkeit, ausgedrückt als die kleinste meßbare Drehrate, ist praktisch durch die Nullpunktsdrift des Ausgangssignales begrenzt. Zahlreiche Einzelprobleme mußten gelöst werden (Arbeitspunktseinstellung, Reziprozität, Polarisations- und Modenfilterung, Störreflexionen, Rückstreuung, →Doppelbrechung, Temperatursymmetrie, Leistungssymmetrie, Magnetfelder, Skalenfaktor-Konstanz, etc. . .), um die Nullpunktsdrift soweit zu vermindern, daß sie bei einem guten f. G. nur noch 10^{-2}–10^{-3} der Erddrehrate (15 /h) beträgt. Dies ist für viele Anwendungen ausreichend. Zahlreiche Ausführungsformen des f. G. unterscheiden sich funktionell in der Art der Modulation und der Signalauswertung, sowie konstruktiv in der Verwendung faseroptischer bzw. integriert-optischer oder mikro-optischer Komponenten. *Ulrich*

Gyrotron. Eine →Laufzeitröhre, bei der ein linearer Elektronenhohlstrahl mit den schnellen Feldkomponenten einer Hochfrequenzleitung in Wechselwirkung tritt (Linearstrahlröhre, O-Typ-Röhre).

G. sind Leistungsröhren für den höherfrequenten Mikrowellenbereich (30–300 GHz). Ihr Hauptanwendungsgebiet ist z. Zt. die Plasmaerwärmung in der Grundlagenforschung.

Aufbau und Wirkungsweise: Die Elektronen in einem von einer Magnetroninjektionselektronenkanone (*engl.* magnetron injection gun) erzeugten Elektronenhohlstrahl beschreiben aufgrund des in Strahlrichtung angelegten Magnetfeldes B (Bild 1) wegen der auf sie wirkenden →Lorentzkraft Wendelbahnen, deren Zyklotronfrequenz fc durch die Stärke des Magnetfeldes gegeben ist:

$$fc = \frac{eB}{2\pi m} = \frac{e\sqrt{1-\left(\frac{v}{c}\right)^2}}{2\pi m_0} B$$

mit B Stärke des achsialen Magnetfeldes, e Elektronenladung, m Elektronenmasse, m_0 Elektronenruhemasse, v Geschwindigkeit des Elektrons und c Lichtgeschwindigkeit.

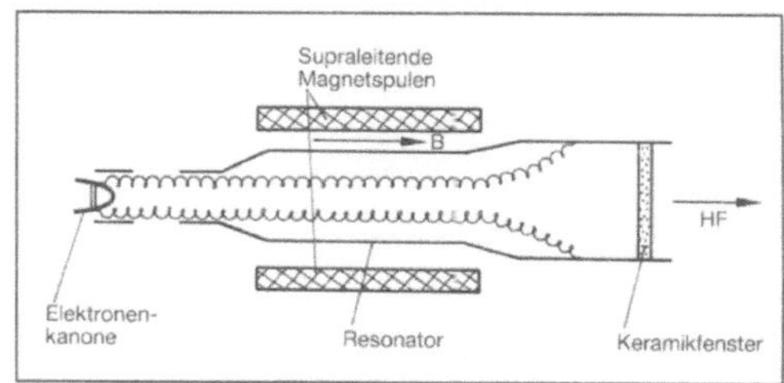

Gyrotron 1: Prinzipieller Aufbau.

Im →Resonator tritt der Hohlstrahl in Wechselwirkung mit den radialen elektrischen Feldkomponenten, die die ursprünglich gleichmäßig verteilten Elektronen durch Beschleunigen und Verzögern ähnlich wie beim →Klystron phasenfokussieren (Bild 2). Die entstehenden Elektronenpakete geben Energie an das Hochfrequenzfeld ab und fachen die Schwingung damit an. Nach Durchlaufen des Resonators spreizt der Elektronenstrahl wegen des wesentlich geringeren Magnetfeldes auf und trifft auf die Wandung des Rundhohlleiters, der in diesem Bereich ebenfalls vergrößert und als →Kollektor ausgebildet ist. Die Hochfrequenzenergie wird über ein Keramikfenster am Ende der Röhre ausgekoppelt. Für sehr hohe Ausgangsleistungen werden aber auch quasioptische Auskopplungen benutzt, bei denen Strahl- und Hochfrequenzenergie nach dem Resonator getrennte Wege gehen (Bild 3).

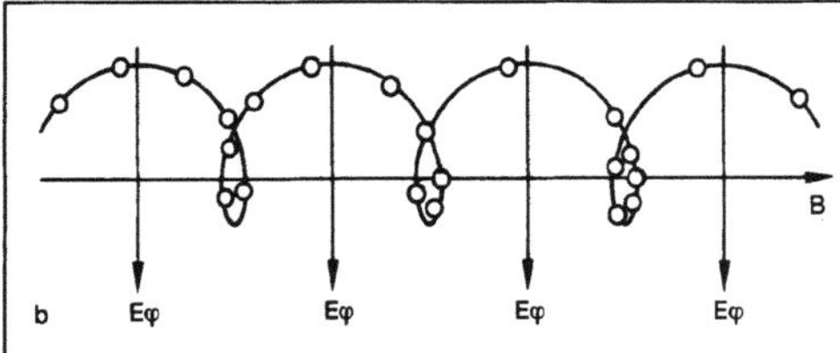

Gyrotron 2: Phasenfokussierung der Elektronen auf ihren Spiralbahnen.

Die erzeugte Frequenz ist durch die Zyklotronfrequenz und die Frequenz einer Resonatoroberschwingung (z. B. H_{02}-Mode) gegeben und läßt sich mit Hilfe des Magnetfeldes geringfügig ändern. Die hohen Magnetfelder werden von supraleitenden Magneten aufgebracht. Erreicht werden Ausgangsleistungen bis zu 1 MW bei 140 GHz im Langpulsbetrieb von einigen Sekunden.

Die bisher beschriebene Röhre, die im allgemeinen unter G. verstanden wird, ist genaugenommen ein Gyromonotron und arbeitet als →Oszillator. Man hat daneben auch Gyroklystrons und Gyrowanderfeldröhren als →Leistungsverstärker entwickelt, die bisher jedoch kaum praktische Bedeutung gewonnen haben. *Golombek*

Literatur: *Döring:* Stand der Gyrotronentwicklung. NTG-Fachberichte Nr. 85 (1983) S. 112–117. – *Symons und Jory:* Cyclotron Resonance Devices. Advances in Electronics and El. Phys. (1981) Nr. 55 S. 1–75.

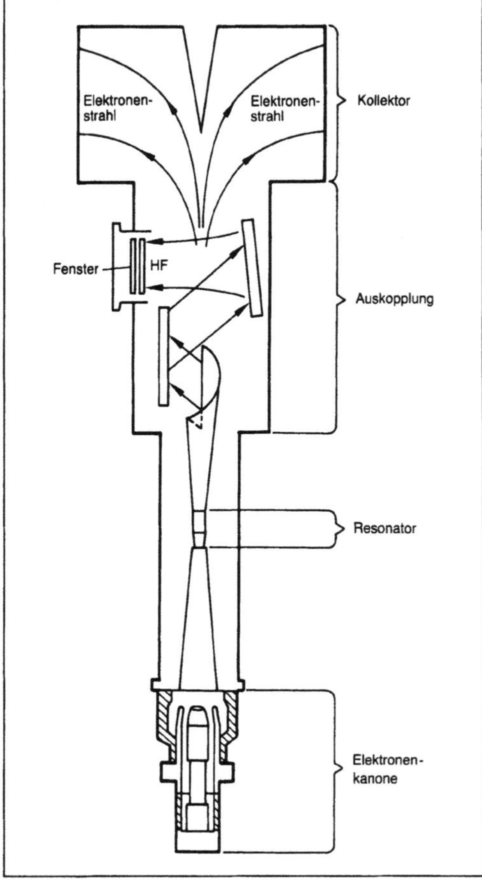

Gyrotron 3: Ausführung mit quasioptischer Auskopplung.

H

H-Schaltung →Umkehrstromrichter (kreisstrombehaftete Schaltung)

Haftstelle. (*engl.* trap) Störstelle in einem →Halbleiter, die Elektronen aus dem →Leitungsband oder Löcher aus dem →Valenzband einfangen kann.

Im Gegensatz zu den →Donatoren bzw. →Akzeptoren ist der energetische Abstand ihrer Energieniveaus vom Leitungs- bzw. Valenzbandrand nicht mehr klein gegen die Breite des verbotenen Bandes. Die H. liegt tiefer in der verbotenen Zone, so daß ein einmal eingefangener →Ladungsträger lange in der H. verweilt, bevor er wieder in sein ursprüngliches →Band thermisch emittiert wird. Eine Weitergabe an das tiefer liegende Band wie bei den Rekombinationszentren (→Rekombination), die noch näher zur Bandmitte liegen, ist aber praktisch ausgeschlossen.

H. spielen z. B. in der →Photoleitung eine wichtige Rolle, indem sie z. B. die →Lebensdauer der Ladungsträger stark erhöhen können. Die Rekombination der durch eingestrahlte Photonen erzeugten →Elektron-Loch-Paare wird durch den Einfang von z. B. Elektronen in H. reduziert. Die Löcher im Valenzband »leben« daher länger, die Photoleitfähigkeit steigt. Da die »getrapten« Elektronen jetzt jedoch aus dem Ladungstransport herausgenommen sind, sinkt die mittlere →Beweglichkeit des Elektronenensembles. *Heinz*

Halbbild →Fernsehnormen

Halbleiter. Stoffe, deren elektrische →Leitfähigkeit bei tiefen Temperaturen im Gegensatz zu den Metallen verschwindet und bei endlichen Temperaturen, etwa bei Zimmertemperatur, zwischen der der Metalle und Isolatoren liegt.

Die Abgrenzung zu den Isolatoren kann nicht scharf gezogen werden. Die Leitfähigkeit kommt jedoch durch Elektronen zustande, so daß Stoffe mit überwiegend Ionenleitung ausgeschlossen sind (deshalb oft auch elektronische H.).

Im Periodensystem der Elemente liegen die →Elementhalbleiter schwerpunktmäßig in den Hauptgruppen III–VI, wobei →Silicium, →Germanium und →Selen die größte Bedeutung erlangt haben. Unter der großen Zahl der →Verbindungshalbleiter treten die der III–V-Verbindungen (z. B. →GaAs) und der II–VI-Verbindungen hervor, wobei zu letzteren auch einige wichtige →Photoleiter gehören, deren Leitfähigkeit unter Belichtung stark ansteigt z. B. CdS, ZnS (→Photoleitung). H. zeigen einen hohen Anteil kovalenter chemischer Bindung, jedoch ist eine a priori Aussage darüber, ob die Bindung zu einem metallischen, halbleitenden oder isolierenden Festkörper führt, nicht leicht möglich.

Die große technische und physikalische Bedeutung der H. resultiert in der Hauptsache aus ihren ungewöhnlichen elektronischen Eigenschaften. Insbesondere spielt dabei die Beeinflussung der elektrischen Leitfähigkeit durch Fremdatome (→Dotierung) eine große Rolle. Die Dotierung mit →Donatoren führt dabei zum Ladungstransport durch Elektronen (n-Typ Halbleiter, n-Leiter), bei →Akzeptoren durch fehlende Elektronen oder Defektelektronen bzw. Löcher (p-Typ Halbleiter, p-Leiter). Die Kombination von p- und n-Leitern führt zu Sperrschichten (pn-Übergang), die Grundlage der verschiedensten elektronischen Bauelemente sind (z. B. →Dioden, →Transistoren, →Thyristoren). Randschichten zwischen H. und Metallen leisten ähnliches.

Die Beeinflussung der Leitfähigkeit durch ein elektrisches Steuerfeld führt zum →Feldeffekttransistor (FET). Auch die Erzeugung beweglicher →Ladungsträger durch hohe elektrische Felder (→Lawinendurchbruch, →Zener-Effekt) wird ausgenutzt. Besonders die Entwicklung immer kleinerer Elemente bzw. ihre Kompaktierung und →Miniaturisierung in integrierten Schaltungen (*engl.* integrated circuit, IC) machen immer raffiniertere und komplexere Systeme in Datenverarbeitung und Nachrichtentechnik möglich. Die starke Temperaturabhängigkeit der Leitfähigkeit führte zur Entwicklung von Kalt- und Heißleitern (→Thermistoren) zur Temperatursteuerung in der Regelungstechnik, die Beeinflussung von Elektronen und Löchern in einem Magnetfeld zur →Feldplatte und →Hall-Generator. Die Änderung der Leitfähigkeit durch eingestrahltes Licht ermöglicht den →Photowiderstand und bei Bestrahlung von Sperrschichten das →Photoelement (speziell auch die →Solarzelle) und den →Phototransistor (→Photoleitung). Der Einsatz von H. in Wissenschaft und Technik nimmt immer noch stark zu.

Die physikalischen Eigenschaften der H., die all diese Anwendungen ermöglichen, werden am besten an Hand des →Bändermodells verständlich. Die Energiebänder entstehen aus der Verbreiterung der atomaren Energieniveaus beim Zusammenschluß der Einzelatome zum Festkörperverband.

Beim H. und →Isolator sind bei der Temperatur T=0 entweder alle Energiebänder mit Elektronen voll gefüllt oder vollkommen leer. Das oberste gefüllte Band heißt →Valenzband. Die Valenzelektronen vermitteln die Bindung der Atome untereinander. Das niedrigste leere Band heißt →Leitungsband. Die →Fermi-Energie W_F, die über die Fermi-Dirac-Statistik die Besetzung der Bänder regelt, liegt daher dazwischen im verbotenen Band, dessen Breite mit →Bandabstand ΔW (auch *gap*) bezeichnet wird (Bild 1a).

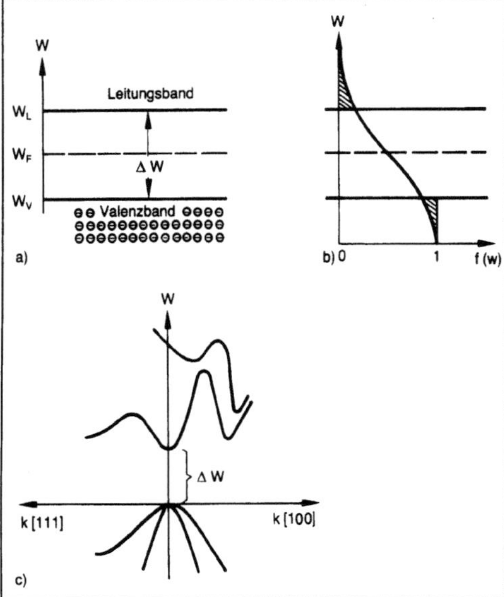

Halbleiter 1: Halbleiter-Bändermodell.
a) Leeres Leitungsband und mit Elektronen Θ voll gefülltes Valenzband bei der Temperatur T=0
b) Anregung von Elektronen und Löchern ins Leitungsband bzw. ins Valenzband bei T<O (schraffierte Bereiche)
c) Ausschnitt aus der Bandstruktur von GaAs für zwei kristallographische Richtungen (schematisch).

In einem voll gefüllten Band können Elektronen keine kinetische Energie aufnehmen, da alle Energieniveaus dieses Bandes besetzt sind und das *Pauli*-Prinzip eine Vielfachbesetzung verbietet. Deshalb ergibt sich bei T=0 keine Leitfähigkeit. Bei T>0 können jedoch Elektronen aus den Wärmeschwingungen des Gitters Energie in Höhe ΔW aufnehmen, ihre Bindung damit aufbrechen und ins Leitungsband gelangen, um dort in einem angelegten elektrischen Feld Energie aufzunehmen und einen elektrischen Strom zu ermöglichen. Das Ausmaß dieser thermischen Band-Band-Übergänge regelt wieder die Fermi-Dirac-Verteilung f(W), (Bild 1b). Man erkennt, daß bei großen ΔW die Zahl der übergewechselten Elektronen verschwindend klein ist (Isolator) und erst bei kleinerem Bandabstand nennenswert wird (ΔW <2–3 eV). In diesem Fall liegt ein H. vor, wobei die fließenden Grenzen zum Isolator deutlich werden. Vereint man gedanklich alle Leitungsbandzustände am unteren Leitungsbandrand W_L mit einer effektiven →Zustandsdichte N_L, so ergibt die Fermi-Dirac-Statistik eine Elektronendichte im Leitungsband $n = N_L \exp((W_F - W_L)/kT)$. Dabei ist k die Boltzmann-Konstante, bzw. kT die mittlere thermische Energie. Außerdem wurde davon Gebrauch gemacht, daß $W_L - W_F \gg kT$ und damit $n \ll N_L$ ist. Diese *Boltzmann*-Näherung ist meist gültig, da bei Zimmertemperatur $kT \approx 0{,}025$ eV und $W_L - W_F$ in der Größenordnung von eV liegt. Man spricht dann von einem nicht entarteten H. (→Entartung).

Die somit für T>0 entstehende →Eigenleitung (Leitfähigkeit des reinen, störstellenfreien H.) beruht jedoch nicht allein auf den Leitungsbandelektronen. Diese haben bei ihrem Übergang im Valenzband Lücken zurückgelassen (→Löcher, →Defektelektronen), die nun eine Bewegung der restlichen Elektronen ermöglichen. Wegen deren großen Anzahl ist es jedoch geschickter, die Bewegung der Löcher zu betrachten, was der formalen Annahme positiver Ladungsträger gleichkommt (Konzept der →Löcherleitung). Ist N_V die effektive Zustandsdichte des Valenzbandes an dessen →Bandkante W_V, so liefert die Statistik die Löcherkonzentration p für $W_F - W_V \gg kT$ zu $p = N_V \exp((W_V - W_F)/kT)$. Da im betrachteten Eigenleitungsfall p = n sein muß, liegt die Fermi-Energie für $N_L = N_V$ exakt in der Mitte des verbotenen Bandes, $W_F = (W_V + W_L)/2$. Damit ergibt sich $pn = n^2 = p^2 = n_i^2 = N_L N_V \exp(-\Delta W/kT)$, wobei n_i die Intrinsic-Dichte ist (auch Eigenleitungsdichte, Inversionsdichte). Bei Zimmertemperatur ergibt sich z. B. für Ge (ΔW = 0,7 eV) $n_i = 2{,}5\ 10^{13}\,\text{cm}^{-3}$, für Si (ΔW = 1,1 eV) $n_i = 1{,}5\ 10^{10}\,\text{cm}^{-3}$ und für GaAs (ΔW = 1,4 eV) $n_i = 9 \cdot 10^{6}\,\text{cm}^{-3}$.

Mit n_i gehorcht auch die Leitfähigkeit $\sigma_i = en_i(b_n + b_p)$ (wobei e die Elementarladung, b_n und b_p die →Beweglichkeit der Elektronen bzw. Löcher ist) einem Exponentialgesetz in Abhängigkeit von 1/T (Bild 2a). Dies geht darauf zurück, daß jedes →Leitungselektron zu einem Sprung über das verbotene Band aktiviert werden muß (aktivierte Leitfähigkeit, ΔW = →Aktivierungsenergie). Die Abweichung von einer exakten Geraden geht auf eine geringe Temperaturabhängigkeit von ΔW zurück (etwa $-2 \cdot 10^{-4}$ eV/K), die zum erheblichen Teil durch die Wärmeausdehnung des Gitters bewirkt wird. Aus der negativen Steigung der Geraden kann der Bandabstand entnommen werden. Extrapoliert man sie zu $n_i \approx 10^{23}\,\text{cm}^{-3}$, so ergibt sich eine Temperatur bei etwa 1400 °C, also etwa der Schmelztemperatur von Silicium. Dies ist konsistent mit der Tatsache, daß bei diesem Wert von n_i praktisch alle Valenzbindungen aufgebrochen sein

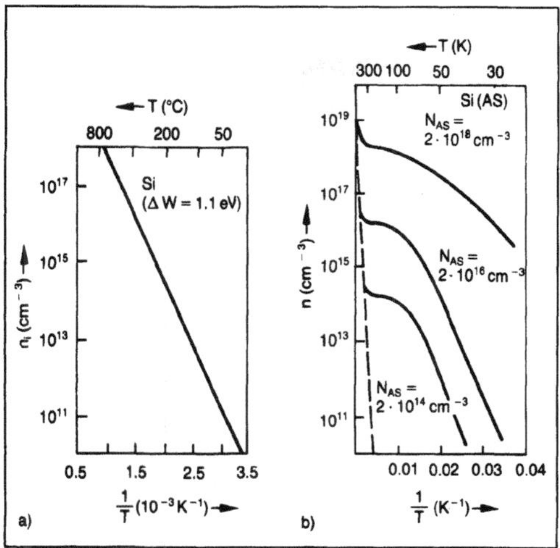

Halbleiter 2:
a) Eigenleitungsdichte von Si über der reziproken Temperatur
b) Elektronendichte in Si bei Dotierung mit As über der reziproken Temperatur und der Dotierungsdichte als Parameter. Bei hohen Temperaturen wird die Eigenleitungsdichte erreicht (gestrichelte Linie).

Halbleiter. Tabelle 1: Übersicht über Daten einiger Halbleiter (nach Madelung).

Halbleiter	Schmelzpunkt (°C)	Gitterkonstante (10^{-8} cm)	Bandabstand bei 300 K (eV)	Beweglichkeit Elektronen (cm^2/Vsec)	Beweglichkeit Löcher (cm^2/Vsec)
Si	1 410	5.43	1.12	1 450	500
Ge	937	5.65	0.665	3 800	1 800
InSb	536	6.48	0.18	77 000	700
InAs	942	6.06	0.36	27 000	450
InP	1 058	5.87	1.26	4 500	150
GaSb	712	6.09	0.7	2 500	1 420
GaAs	1 238	5.65	1.43	8 500	435
GaP	1 467	5.45	2.24	130	150
AlSb	1 050	6.13	1.6	200	400
CdS	1 475	5.84	2.4	350	
CdSe	1 239	6.06	1.67	650	
CdTe	1 092	6.47	1.44	1 050	80
ZnS	1 830	5.41	3.6	140	5
ZnSe	1 520	5.66	2.7	530	28
ZnTe	1 295	6.09	2.26		110

müssen und der feste Zustand daher nicht mehr aufrecht erhalten werden kann.

Die Energie- und Impulsaufnahme von Elektronen und Löchern (z. B. in einem elektrischen Feld) regelt sich nach der →Bandstruktur des H., d. h. nach dem W(k)-Zusammenhang (W = Energie, k = Gitterimpuls, →Bändermodell), wobei die scheinbare Masse von Elektronen und Löchern eine wichtige Rolle spielt (effektive →Masse). Der Bandabstand ΔW ist der kleinste Abstand zwischen den W(k)-Verläufen von Leitungs- und Valenzband. Liegt das Minimum des Leitungsbandes und das Maximum des Valenzbandes bei gleichen k-Wert (Bild 1 c), so spricht man von einem direkten H. (z. B. GaAs), im anderen Fall von einem indirekten H. (z. B. Ge, Si). Entsprechende Elektronenübergänge heißen daher auch direkte bzw. indirekte Übergänge (Tabelle 1).

Die Bedeutung der H. liegt jedoch weniger in ihrer stark temperaturabhängigen Eigenleitung als in der Beeinflussung ihrer Leitfähigkeit durch den Einbau von Fremdatomen (→Dotierung). Baut man z. B. ein Atom ein, das ein Valenzelektron mehr als das Wirtsgitteratom besitzt, so wird dieses für die Festkörperbindung nicht benötigt. Es ist nur schwach an die Störstelle gebunden und kann durch relativ geringe Energieaufnahme an das Leitungsband abgegeben werden, wobei das Störstellenzentrum positiv geladen zurückbleibt. Das →Energieniveau dieses Donators liegt daher nahe an der Leitungsbandunterkante (Bild 3 a) und sein Abstand ΔW_D davon übernimmt jetzt die Rolle des Bandabstands bei der Eigenleitung. Wie Abb. 2 b für den Einbau von As in Silicium ($\Delta W_D = \Delta W_{As}$ = 0,049 eV) an Hand der Leitungselektronendichte zeigt, ist die entstehende Störstellenleitung bei nicht zu hohen Temperaturen wesentlich höher als die Eigenleitfähigkeit (gestrichelt eingezeichnet) und hängt von der Dotierungskonzentration $N_D = N_{As}$ ab, kann also mit dieser eingestellt werden. Die Störstellenleitfähigkeit steigt mit der Temperatur jedoch nur so lange, bis alle →Donatoren ihr überzähliges Elektron abgegeben haben. Im darauf folgenden Temperaturbereich sind alle →Störstellen erschöpft, d. h. $n = N_D$ (→Störstellenerschöpfung). Bei weiterer Temperaturerhöhung überholt die bisher viel geringere Eigenleitungsdichte die Störstellenelektronendichte, der Halbleiter wird wieder zum Eigenleiter. In der Regel werden Halbleiter jedoch im fast temperaturunabhängigen Erschöpfungsbereich betrieben. Da die Elektronendichte n die der Löcher bei weitem überwiegt, spricht man von n-Leitung (n-Typ Halbleiter). Die Elektronen heißen in diesem Fall →Majoritätsträger, die Löcher →Minoritätsträger. Konzentrationsunterschiede von über zehn Zehnerpotenzen können zwischen ihnen auftreten.

Baut man statt Donatoren Störatome mit einem Valenzelektron weniger als das Wirtsgitteratom ein, so müssen diese zu Absättigung aller Bindungen je ein Elektron aus dem Valenzband aufnehmen (→Akzeptor) und erzeugen dort Löcher. Dazu ist nur wenig Energie notwendig, so daß das zugehörige elektronische Energieniveau nahe an der Valenz-

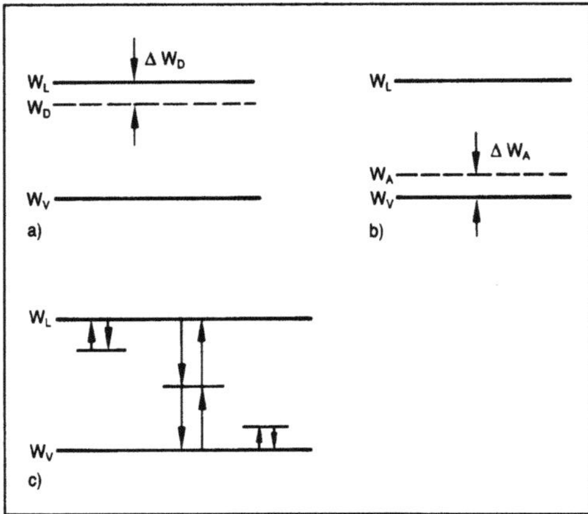

Halbleiter 3: H. mit Störstellen (Bändermodell).
a) Donatoren
b) Akzeptoren
c) Traps und Rekombinationszentren.

bandkante liegt (Bild 3b). Damit werden die Löcher zu Majoritätsträgern und die Elektronen zu Minoritätsträgern, es herrscht p-Leitung (p-Typ Halbleiter). Bei gleichzeitigem Einbau von Donatoren und Akzeptoren spricht man von →Kompensation. Bleibt $N_D - N_A \gg n_i$, so ergibt sich im Erschöpfungsfall für $N_D > N_A$ für die Majoritätsträger $n = N_D - N_A$ und für die Minoritätsträger $p = n_i^2/(N_D - N_A)$. Im Fall $N_A > N_D$ erhält man analog $p = N_A - N_D$ und $n = n_i^2/(N_A - N_D)$. Bei $N_a = N_D$ spricht man von vollständiger Kompensation.

Bei sehr hoher Dotierung kann die Elektronen- oder Löcherkonzentration so sehr anwachsen, daß die Fermi-Energie sehr nahe an das jeweilige erlaubte Band zu liegen kommt. Dann ist die Annäherung der Fermi-Dirac-Statistik durch die Boltzmann-Statistik nicht mehr erlaubt. Außerdem kann das Energieniveau der Störatome durch deren Wechselwirkung untereinander zu einem Band aufspalten, das mit einem erlaubten Band überlappt. W_F liegt dann sogar im Band selbst, so daß auch bei $T=0$ die Leitfähigkeit nicht verschwindet. In diesen Fällen spricht man von Entartung. Entartete H. finden z. B. bei der →Tunneldiode Anwendung.

Unterschiedliche Dotierungsatome können sehr unterschiedliche Energieniveaus im verbotenen Band erzeugen (Tabelle 2). Auch eine Störstellenart allein kann verschiedene Energieniveaus zur Besetzung anbieten. Ebenso rufen Störungen im Gitteraufbau (z. B. Fehlstellen) zusätzliche Niveaus hervor. Dabei gibt es neben den Donator- und Akzeptorniveaus, die bis zu einigen 1/100 eV von den Bandkanten entfernt sind, auch tiefer liegende Terme.

Diese Haftstellen (*engl.* traps) können Majoritätsträger einfangen und so die Leitfähigkeit herabsetzen. Niveaus nahe der Bandmitte wirken meist als

Halbleiter. Tabelle 2: Energieniveaus einiger Fremdatome in Silicium.

Element	Niveauabstand in eV vom	
	Leitungsband	Valenzband
Si	0.033	
B		0.045
O		0.03
Al		0.057
P	0.044	
S	0.18, 0.37	
Mn	0.53	
Fe	0.55	0.40
Co		0.39
Ni	0.35	
Cu		0.24, 0.37, 0.52
Zn		0.31, 0.55
Ga		0.065
As	0.049	
Ag	0.33	0.34
In		0.16
Sb	0.039	
Pt	0.37	
Au	0.54	0.35
Hg	0.33	0.36
Tl		0.26
Bi	0.069	

Rekombinationszentren (→Rekombination), die sowohl Elektronen als auch Löcher einfangen können und somit Ladungsträgerpaare vernichten (z. B. Au in Si). Die scheinbar stationär vorhandene Elektronen- und Löcherkonzentrationen gehen daher aus einem dynamischen Gleichgewicht zwischen Rekombination und →Generation hervor. Dies gilt für jede Störstellenart im H. und wird Prinzip des detaillierten Gleichgewichts genannt (Massenwirkungsgesetz in der Chemie). Es ist besonders einfach auch auf den Eigenleitungsfall anwendbar, wo die thermische →Generationsrate g die →Rekombinationsrate (beides →Band-Band-Übergänge) egalisieren muß. Letztere verifiziert sich durch einen Rücksprung des Elektrons in ein Loch mit der Rekombinationswahrscheinlichkeit r und ergibt sich zu rnp. Damit wird $np = g/r$, d. h. $n_i^2 = g/r$, womit der Zusammenhang mit der Statistik hergestellt wird.

Bei H. mit mehreren Störstellen (Bild 3c) (*Shockley-Read*-Modell), müssen die Übergänge von und zu jedem Band unter Verwendung der entsprechenden Wahrscheinlichkeiten (Einfangquerschnitte der Zentren) berücksichtigt werden, so daß die resultierende Reaktionskinetik schnell sehr kompliziert wird. Im thermischen Gleichgewicht kann sie zwar auch hier durch die Statistik ersetzt werden. Bei H. jedoch, die durch äußere Beeinflussung außerhalb des thermischen Gleichgewichts geraten sind, z. B. durch →Injektion von Ladungsträgern von außen oder durch nicht thermische Erzeugung von →Elektron-Loch-Paaren (z. B. Photoleitung), muß jedoch eine Lösung der Reaktionskinetik angestrengt werden. Sie bestimmt die →Lebensdauer der überschüssigen Ladungsträger.

Die bei der Rekombination frei werdende Energie kann entweder vom →Gitter aufgenommen werden (nicht strahlende Übergänge) oder durch ein →Photon aus dem H. herausgetragen werden (strahlender Übergang). Die zu beobachtende Lichtemission heißt →Lumineszenz (auch Phosphoreszenz, wenn durch Zwischeneinfang der Ladungsträger in Haftstellen das Leuchten verlängert und zum →Nachleuchten wird). Eine Anwendung ist die →Lumineszenzdiode, die große Verbreitung in Anzeigeinstrumenten gefunden hat. Die Erzeugung kohärenter Rekombinationsstrahlung führt zum →Halbleiterlaser. Insgesamt haben die optischen Eigenschaften der H. zu einer eigenen Disziplin der Elektronik geführt, der →Optoelektronik.

Bisher sind H. meist in kristalliner Form Gegenstand von Forschung und Technik. Deshalb hat sich die Zucht (→Kristallzüchtung) von Halbleiterkristallen zu einer wichtigen Technologie entwickelt. Jedoch hat man in den letzten Jahren immer deutlicher erkannt, daß die grundlegenden Halbleitereigenschaften weniger aus der periodischen Anordnung der Atome als vielmehr aus der Natur ihrer chemischen Bindung resultieren und der kristalline Aufbau im wesentlichen nur eine einfache Beschreibung ermöglicht. Deshalb finden zunehmend auch amorphe H. Anwendung, bei denen keine langreichweitige Ordnung zwischen den Atomen besteht. Ein sehr frühes Beispiel einer solchen Anwendung ist die Xerographie. *Heinz*

Literatur: *Enderlein, R.* u. *R. Schenk:* Grundlagen der Halbleiterphysik, Akademie Verlag, Berlin 1992 – *Heywang, W.* u. *R. Müller* (Hrsg.): Halbleiter-Elektronik (mehrere Teilbände). Berlin, Heidelberg, New York 1979, 1986. – *Moss, T. S.:* Handbook on Semiconductors. Bd. 1–4. Amsterdam 1980–82. – *Seeger, K.:* Semiconductor Physics, Berlin, Heidelberg, New York 1988.

Halbleiter, amorphe. Viele Materialien zeigen halbleitende Eigenschaften auch im amorphen Zustand. Unter dem amorphen Zustand versteht man nicht eine vollkommen ungeordnete Struktur. In a. H. schwankt die Gitterkonstante um einen Mittelwert. Um Halbleitereigenschaften zu besitzen, müssen a. H. vorwiegend homöopolare Bindungen aufweisen. Auch der erste bekannte →Halbleiter war das amorphe bzw. mikrokristalline (hexagonale) →Selen, das immer noch für Photoelemente und Meßgleichrichter verwendet wird. Man fand heraus, daß für diese Effekte Heteroübergänge in den Kontaktgebieten verantwortlich sind, die sich während der Herstellung selbst formen. Die Anwendung von a. H. ist deshalb attraktiv, weil ihre Herstellung wesentlich einfacher als die von kristallinen Halbleitern ist.

A. H. mit ohmschen Kontakten dienen als Photowiderstände, →pn-Übergänge zeigen eine →Photospannung und wirken als Gleichrichterdioden oder Lichtsensoren, z. B. für Belichtungsmesser.

Bei Bauelementen zeigen aber die a. H. auch ungünstige Eigenschaften:

□ Lebensdauer und Beweglichkeit der →Ladungsträger sind geringer als im kristallinen Zustand, deswegen weisen die a. H. als Lichtsensoren kleinere Empfindlichkeiten auf;

□ Der amorphe Zustand ist weniger stabil als der kristalline, damit erwartet man eine begrenzte Lebensdauer.

Durch den heutigen Stand des Verfahrens der →Planartechnologie ist auch die Herstellung von Dünnschichttransistoren möglich. Solarzellen und Photokopiertrommeln sind die Hauptanwendungen von a. H.

Für fast alle Arten von Anwendungen bietet sich das amorphe →Silicium als wichtigstes Material an. Es hat günstige Eigenschaften und bei Silicium sind die technologischen Probleme am besten gelöst. Früher wurde bei Kopierern vorwiegend Selen verwendet. Als →Photoempfänger, auch im fernen infraroten Wellenlängengebiet, sind auch IV-VI und II-VI Verbindungshalbleiter geeignet. *Ryssel*

Literatur: *Heywang, W.:* Amorphe und polykristalline Halbleiter. Halbleiter Elektronik, Bd. 18, Berlin–Heidelberg–New York 1984.

Halbleiter, amphotere. Gruppe von Halbleitern aus Verbindungen (→Verbindungshalbleiter), bei denen der Leitungstyp durch Abweichungen von der Stöchiometrie festgelegt wird. Ein Beispiel ist PbS, das bei Bleiüberschuß Elektronenleitung (n-Typ) und bei Schwefelüberschuß →Löcherleitung (p-Typ) zeigt. *Heinz*

Halbleiter-Metall-Kontakt. (Auch Metall-Halbleiter-Kontakt, oder *Schottky*-Kontakt). Halbleitergrundstruktur, die durch eine Grenzfläche Metall-Halbleiter und deren elektronisches Verhalten gekennzeichnet ist. Dabei entsteht an der Grenzfläche durch die Differenz der Austrittsarbeiten der beiden Festkörper eine →Raumladungszone, die zusammen mit den Materialeigenschaften, insbesondere der Halbleiterdotierung, bei anliegender Spannung den Stromfluß bestimmt. Aus den vier Möglichkeiten (p-, n-Halbleiter, Austrittsarbeitsdifferenz positiv oder negativ) ergeben sich zwei wichtige Fälle:

□ Sperrender Kontakt, verbreiteter als →Schottky-Kontakt, →Schottky-Barriere, Schottky-Übergang bezeichnet. Hier entsteht z. B. bei positiver Differenz der Metall-Halbleiteraustrittsarbeit und n-Halbleiter eine →Verarmungsrandschicht mit einer →Diodenkennlinie, die ausgeprägte Fluß- und Sperrbereiche besitzt (→Schottky-Diode). Im Gegensatz zum pn-Übergang kommt es hier in Flußrichtung zur →Injektion von Majoritätsträgern.

□ Nichtsperrender oder ohmscher Kontakt. Hier bildet sich z. B. beim n-Halbleiter und negativer Differenz der Austrittsarbeiten eine Anreicherungszone mit linearer Strom-Spannungskennlinie. Dieser Fall wird immer begünstigt, wenn der Halbleiter in Grenzschichtnähe sehr hoch dotiert ist. Dadurch kommt es zu einem Tunnelvorgang durch die →Sperrschicht und die Sperreigenschaften unterbleiben. Solche Kontakte sind zur elektrischen Verbindung von Halbleitergebieten mit der äußeren Schaltung in jedem Halbleiterbauelement erforderlich.

Schottky-Kontakte werden sowohl direkt zu Bauelementen eingesetzt (Schottky-Diode, →MESFET), oft dienen sie aber auch nur zur Eigenschaftsverbesserung anderer Halbleiterbauelemente und integrierter Schaltungen (Schottky-Kollektortransistor, Schottky-Klammer-Diode, →Schottky-TTL u. a.). Der H.-M.-K. zählt neben dem pn-Übergang und dem →MIS-Übergang zu den wichtigsten Grundstrukturen der Halbleitertechnik, die in Halbleiterbauelementen eingesetzt werden. *R. Paul*

Halbleiterbauelement. →Festkörperbauelement, dessen charakteristische Eigenschaften vorzugsweise auf typischen Merkmalen von Halbleitermaterialien (sog. Halbleitereffekte) beruhen. Dazu zählen vor allem Effekte, die auf der Wechselwirkung von Ladungsträgern mit den Atomen des Halbleitermaterials, mit anderen Teilchen (Photonen, Phononen) und unter sich selbst bei Anwesenheit elektromagnetischer Felder und anderer Bewegungsursachen (z. B. Temperaturgradienten) beruhen. Solche Effekte treten sowohl im Halbleitervolumen als auch an Grenzflächen (→pn-Übergang, →Metall-Halbleiter-Übergang, Isolator-Phasengrenze u. a.) auf.

Zu den wichtigsten H. zählen vor allem Halbleiterdioden, Transistoren, Thyristoren, Halbleiter-Leistungsbauelemente, integrierte Schaltungen, viele Sensorbauelemente sowie die meisten optoelektronischen Bauelemente.

H. sind seit langem die wichtigsten Bauelemente der Elektronik. Durch integrierte Schaltungen kann heute nahezu jedes informationstechnische System realisiert werden. *R. Paul*

Halbleiter-Bildsensor →CCD

Halbleiterdiode. Zweipolbauelement mit einer stark asymmetrischen Funktionskennlinie – in der Regel die Strom-Spannungskennlinie – als Hauptmerkmal. Die beiden Anschlüsse werden häufig als Anode und Kathode bezeichnet (Begriffe von der →Elektronenröhre übernommen). Die Spannung zwischen den Anschlüssen heißt →Diodenspannung, der zugeordnete Strom →Diodenstrom. Abhängig von der Richtung der anliegenden Spannung gibt es die

– Durchlaß-, Fluß- oder Vorwärtsrichtung (großer Strom (→Durchlaßstrom) bei relativ kleiner Spannung) und die

– Sperr- oder Rückwärtsrichtung (sehr kleiner Strom (→Sperrstrom) bei relativ großer Spannung).

Diese Haupteigenschaft kommt in der →Diodenkennlinie (Bild 1) zum Ausdruck und wird zur Gleichrichtung in sog. Universaldioden, zur Mischung (Mischdiode) sowie zum elektronischen Schalten (Schalterdiode) umfangreich angewendet. Dioden für extrem hohe Strom- und Spannungsbelastbarkeit heißen Leistungsdioden, sie werden vor allem für die →Leistungselektronik benötigt.

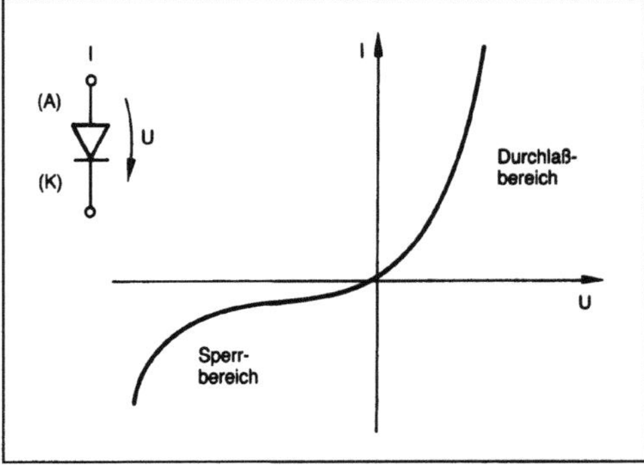

Halbleiterdiode 1: Schaltbild und Kennlinie.

Nicht alle H. haben die im Bild dargestellte Kennlinie (z. B. →Tunnel-, →Z-Diode), auch interessiert für bestimmte Anwendungen weniger diese Kennlinie als vielmehr eine andere typische Eigenschaft der H., z. B.:

– die →Sperrschichtkapazität bei Kapazitätsdioden,
– der Spannungsdurchbruch für Z-Dioden. Übersteigt nämlich die →Sperrspannung einen bestimmten Wert – den der Durchbruchspannung –, so steigt der Strom zufolge des Durchbruchs stark an und die H. geht trotz der Sperrspannung in den niederohmigen Zustand über,
– die Strahlungserzeugung in Lumineszenz- und Laserdioden,
– die Spannungserzeugung durch Lichteinstrahlung in Photodioden und Solarzellen,
– die Schwingungserzeugung etwa durch Mikrowellendioden,
– die Magnetfeldabhängigkeit bei der Magnetdiode,
– die Druckabhängigkeit bei Piezodioden u. a.

H. kann man nach sehr verschiedenen Gesichtspunkten unterteilen, z. B.

– nach dem verwendeten Halbleiterwerkstoff. →Silicium ist gegenwärtig das meist eingesetzte Material, für viele Spezialanwendungen (Mikrowellenbauelemente, optoelektronische Bauelemente) sind aber →III–V-Halbleiter (→GaAs, →GaP, $Ga_{1-x}Al_xAs$, $GaAs_xP_{1-x}$) eine notwendige Voraussetzung. Vor Jahren wurden vorwiegend Germanium-H. eingesetzt; heute finden sie kaum noch Anwendung,

– nach der Art und Weise, wie die betreffende Klemmeneigenschaft zustande kommt, also dem Stromflußmechanismus. Grundsätzlich entsteht die nichtlineare Zweipoleigenschaft (Diodenkennlinie, Kapazitätsverlauf über der Spannung u. a.) stets im Zusammenhang mit spannungsbeaufschlagten Grenzflächensystemen, wie pn-, pin-Übergang (→Halbleiterübergang), Schottky-Übergang, →MIS-Übergang.

Deshalb ist der Begriff H. sinnvollerweise in Verbindung mit dem verwendeten Übergang zu verwenden. So kann etwa eine bestimmte Eigenschaft – z. B. eine Kapazitätsdiode – durch einen pn-, Schottky- oder MIS-Übergang realisiert werden (Bild 2).

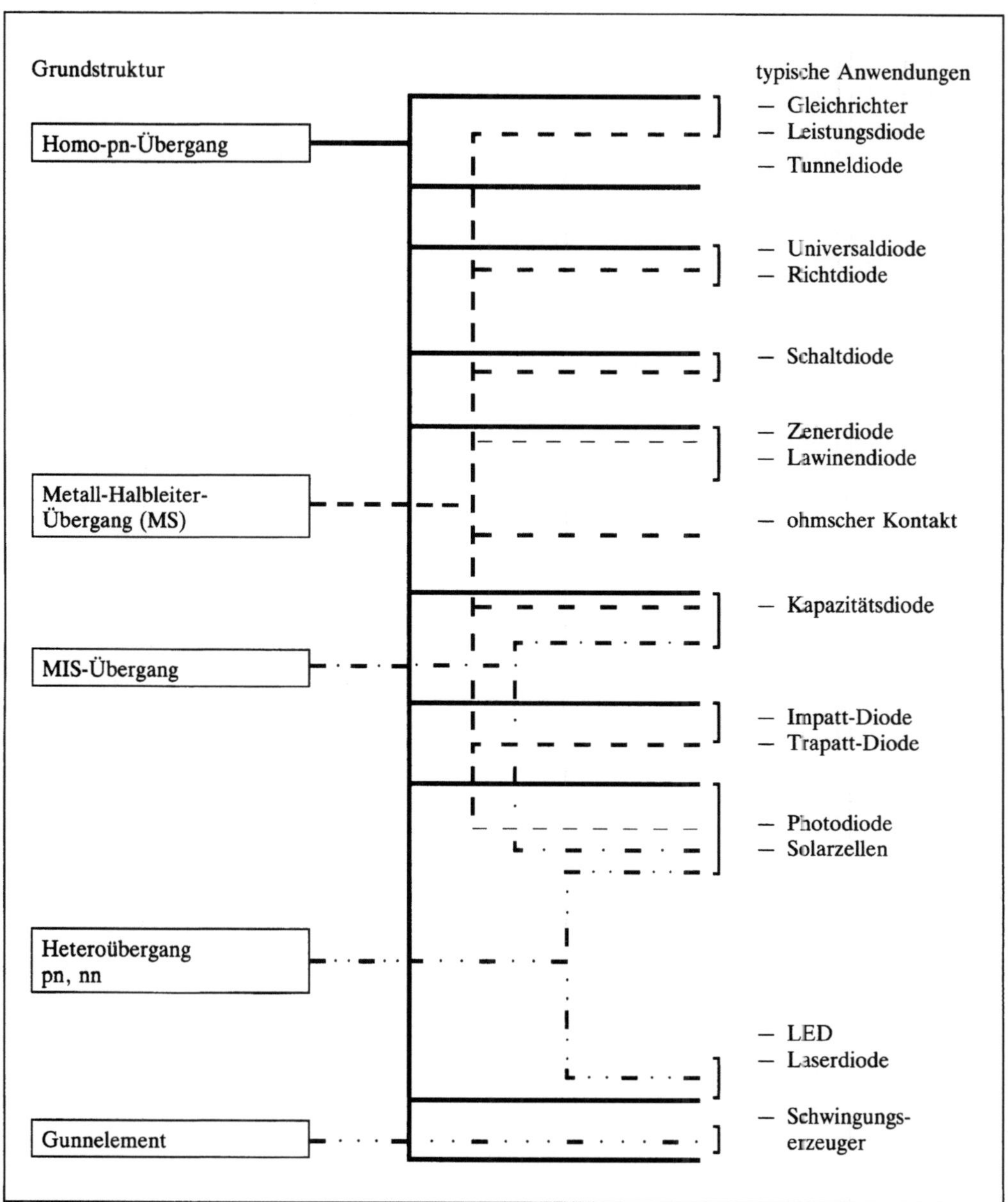

Halbleiterdiode 2: Durch verschiedene Grundstrukturen realisierte H. und deren typischen Anwendungen.

Die betreffenden Grundstrukturen – z. B. pn-Übergang können dabei als Homo- oder Heteroübergänge auftreten, im letzteren Falle typisch für optoelektronische Bauelemente.

Als H. werden auch Zweipolanordnungen mit mehr als einem Übergang bezeichnet (z. B. Vierschichtdioden mit einer Zonenfolge pnpn). Neben diesen an Grenzflächensysteme gebundenen typischen Eigenschaften der H. gibt es auch Anordnungen, die im Sprachgebrauch als H. bezeichnet werden, in denen aber keine Grenzflächensysteme enthalten sind: z. B. →Gunn-Diode (ein reiner Volumeneffekt), bestimmte dielektrische Dioden und auch bestimmte Magnetdioden.

Weitere Einteilungskriterien für H. können auch Bauformen und Herstellungstechnik sein, z. B. Epitaxial-Planar-Diode, Mesa-, Spitzen-, Flächen-, Mehrfachdiode.

Auch Anwendungsmerkmale dienen oft zur näheren Kennzeichnung der Funktion einer H.: Begrenzer-, Gleichrichter-, Klammer-, Freilauf-, Abstimm-, Referenz-, Mischdiode u. a.

Als sehr verbreitetes Einteilungsschema dienen jedoch typische Merkmale einer H., mit denen sich zugleich auch bestimmte Hauptanwendungen verbinden:

– →Avalanchediode mit lawinenartigem Spannungsdurchbruch,

Halbleiterdiode. Tabelle: Eigenschaften und Anwendungsgebiete.

	Schaltbild	Struktur	spezielle Eigenschaften	Hauptanwendungen
Universaldiode		p^+n	stark asymetrische Kennlinie, gutes Durchlaß-Sperrverhältnis	– Allgemeine Gleichrichtung – HF-Gleichrichter, Modulator – Mischer, Begrenzer – Digitale Schaltungstechnik
Leistungs-gleichrichter		psw	hohe Sperrspannung, hoher Flußstrom	– Leistungsgleichrichterschaltungen
Schaltdiode		p^+n	kurze Schaltzeiten, steile Flußkennlinie	– Impulsanwendungen, – elektronische Schalter – Schalter, Pulsformer
pin-Diode		pin	Auslegung mit schmalem oder breitem Mittelgebiet, geringe Spannungsabhängigkeit der Sperrschichtkapazität	– Mikrowellenschalter und -modulator, – Schaltdiode – Frequenzvervielfacher
Speichervaractor		psn		– Pulsformer – Frequenzvervielfacher
Varactor-Kapazitätsdiode		p^+np^+ (kurz) mis	pn-Übergang mit speziellem Dotierprofil für eine gewünschte c(U)Abhängigkeit	– Ersatz mechanisch abgestimmter Kapazitäten – Modulator – Frequenzumsetzung
Z-Diode		pn p^+np^+	pn-Übergang mit speziellem Dotierungsprofil für definierte Durchbruchskennlinie	– Spannungsreferenzquelle – Begrenzerfunktion – Kopplungsdiode – Schutzdiode
Lawinendiode		pn psn	Diode mit hoher reversibler Durchbruchspannung	– Hochspannungsgleichrichter – Spannungsreferenzquelle
Step-recovery-Diode		p^+n	pn-Übergang entworfen für große Ladungsspeicherung, die rasch abführbar ist	– Frequenzvervielfacher
Tunneldiode		p^+n^+	pn-Übergang mit entarteten Bahnbieten. Hat fallenden Kennlinienbereich durch Tunnelvorgang in Flußrichtung	– HF-Oszillator – Verstärker, Schalter – bistabile Schaltungen

noch: Halbleiterdiode. Tabelle: Eigenschaften und Anwendungsgebiete.

	Schaltbild	Struktur	spezielle Eigenschaften	Hauptanwendungen
Rückwärts-diode		pn	wie Tunneldiode, aber mit geringem Höckerstrom und Tunnelvorgang in Sperrichtung, sehr geringe Sperrspannung ($U_{BR} \to 0$)	- HF-Gleichrichter für sehr kleine Eingangsspannung
Impatt-Diode	((p^+inp^+))	p^+nin^+	durch Lawineneffekt und Laufzeit entsteht negativer Wirkwiderstand	- Hf-Schwingungserzeugung - HF-Verstärker
Baritt-Diode		p^+np^+	Stromfluß durch die ausgedehnte Potentialbarriere einer Raumladungszone. Durch Laufzeiteffekt entsteht negativer Wirkwiderstand	- HF-Schwingungserzeugung - HF-Verstärker
Volumenbar-rierendiode		npn	Steuerung des Stromes über eine intern erzeugte Potentialbarriere	- allgemeiner Gleichrichter - Detektor
Schottkydiode		mnn^+	sehr gute dynamische Eigenschaften durch Wegfall von Minoritätseffekten	- HF-Diode - Mischer, Modulator - Impulsformung - schnelle Impulstechnik
Heterodiode		p^+n, nn	stark asymmetrische Kennlinie mit guten dynamischen Eigenschaften	- Anwendung vorwiegend in der Optoelektronik sowie zu neuen Bauelementekonzepten
MIS-Varactor-diode		MIS	feldgesteuerte Kapazität, abhängig von der Isolatordicke: Kapazität oder stromdurchflossener Übergang	- Einsatz als abstimmbare Kapazität - Frequenzvervielfacher - Anwendung in der Optoelektronik - Anwendung als Speicherstruktur
Gunnelement		GaAs-Volumen-halbleiter	durch fallende V-E-Kennlinie (Elektronentransfer), Bildung von Raumladungsinstabilitäten, die zu negativem Widerstand führen	- Mikrowellen-Schwingungserzeugung - Mikrowellenverstärker - Impulserzeugung und -formung

- →Avalanche-Photodiode mit Trägervervielfachung optisch erzeugter Ladungsträger durch den →Lawineneffekt,
- Backward-Diode mit niederohmigem Verhalten im →Sperrbereich,
- →Diac, Wechselstromschaltdiode,
- →Doppelbasisdiode,
- Doppeldrift-Impatt-Diode: Sonderausführung der →Impatt-Diode,
- →Feldeffektdiode,
- Impatt-Diode zur Mikrowellenerzeugung,
- Kapazitätsdiode, bei der die Spannungsabhängigkeit der Kapazität ausgenutzt wird,
- →LED, →Lumineszenzdiode,
- →Schottky-Diode,
- pin-Diode als Diode mit sehr hoher Sperrspannung,
- →Schaltdiode für Schalterzwecke,
- →Speicherschaltdiode,
- →TRAPATT-Diode,
- →Tunneldiode,
- →Varaktordiode,

- →Vierschichtdiode als →Triggerdiode,
- →Z-Diode zur Referenzspannungserzeugung.

Eine zusammenfassende Übersicht ist in der Tabelle gegeben. *R. Paul*

Literatur: *Hart, W.* und *M. Claassen:* Aktive Mikrowellendioden. Berlin 1981. – *Kesel, G.* und *J. Hammerschmitt; F. Lange:* Signalverarbeitende Dioden. Berlin 1982. – *Paul, R.:* Halbleiterdioden. Heidelberg 1977.

Halbleiterelektronik. Gebiet der →Elektronik, das die Nutzung elektrophysikalischer Eigenschaften von Halbleitern, Isolatoren und Metallen sowohl im Volumen als auch vor allem an Grenzflächen zur Realisierung elektronischer →Funktionselemente für die Erzeugung, Weiterleitung, Speicherung elektrischer Signale und ihre Wandlung in nichtelektrische, insbesondere für Halbleiterbauelemente und integrierte Schaltungen benutzt und die erforderlichen Modellbildungen, Analyse- und Entwurfsverfahren umfaßt.

Der Begriff H. ist historisch entstanden, als zunächst nur Halbleitermaterialien zur Realisierung von Dioden und Bipolartransistoren benutzt wurden. Aus heutiger Sicht wäre der Begriff Festkörperelektronik zweckmäßiger.

Gegenstand der H. sind damit zunächst diejenigen elektrophysikalischen Effekte, die sich zur Konzeption elektronischer Funktionselemente ausnutzen lassen. Dazu zählen solche an das Halbleitervolumen gebundenen Effekte und Erscheinungen, wie der Dotierungseinfluß, Rekombinations- und Generationsvorgänge (z. B. Lawinen-, innerer Photoeffekt), Gunn-, Wandlereffekte (z. B. →Hall-Effekt, Magnetowiderstand, Piezoeffekt, piezoresistiver, akustoelektrischer →Effekt, →Seebeck-Effekt), quantenmechanische Effekte (z. B. →Tunnel-, →Josephson-Effekt, kryoelektronische Effekte, zweidimensionales Elektronengas, Quanten-Hall-Effekt) sowie die Eigenschaften der wichtigsten Halbleitermaterialien selbst (z. B. Silicium, Germanium, III-V-, II-VI-Verbindungen) in einkristalliner Form, aber zunehmend auch als amorphe und polykristalline Substanzen.

Gegenstand der H. sind auch die Eigenschaften und Effekte dieser Materialien, wenn sie in Form dünner Schichten vorliegen, deren Merkmale sich erheblich vom volumenhaften Material unterscheiden. Immer stärker sind zum Gegenstand der H. in den letzten beiden Jahrzehnten – ausgelöst durch die Planartechnik und vor allem den →Feldeffekttransistor – die Eigenschaften bestimmter dünner Isolatorschichten (z. B. Siliciumdioxid, -nitrid, Al_2O_3, Tantalpentoxid u. a.) geworden. Hier beeinflussen neben den dielektrischen Schichteigenschaften, vor allem Durchbruchsverhalten, Ladungsverteilungen, Ladungshaftmechanismen und Tunnelmechanismen das Verhalten der Halbleiterbauelemente z. T. grundlegend.

Da Halbleiterbauelemente jedoch zum überwiegenden Teil Phänomene an oder in Grenzflächen zwischen Festkörpermaterialien mit verschiedenen Eigenschaften nutzen, stehen diese Erscheinungen ganz besonders im Mittelpunkt der H. Die wichtigsten Grenzflächensysteme sind die zwischen homogenen, aber unterschiedlich dotierten Halbleitern (pn-, Dichteübergänge), →Heteroübergänge zwischen verschiedenen Halbleitermaterialien, Metall-Halbleiter-, Metall-Isolator- und Isolator-Halbleiter-Übergängen. Aus diesen Grundstrukturen und Folgen von ihnen (z. B. pnp-, pnpn-, MIS-, MSS-Anordnungen) leiten sich direkt die wichtigsten Funktionselemente der H. wie Dioden, Transistoren, Photodioden, Phototransistoren, Speicherfeldeffekttransistor u. a. ab.

Gemeinsames Merkmal dieser Grenzflächen ist, daß dort – auch ohne Stromfluß – eine →Raumladungszone auftritt, die stets mit einer Potentialbarriere gekoppelt ist. In einer solchen Raumladungszone kann es – abhängig von der Materialkombination – Gebiete mit ausgesprochener Trägeranreicherung oder -verarmung geben, auch eine Umkehr des Leitungstyps (sog. Inversion) ist möglich. Insbesondere der Zusammenhang zwischen dieser Potentialbarriere, ihrer Veränderung durch ein von außen angelegtes elektrisches Feld und die eintretenden Ladungsträgerströme unter stationären und nichtstationären Bedingungen sind der vermittelnde Kern zwischen den elektrophysikalischen Effekten und dem elektrischen Verhalten eines Halbleiterbauelementes. Beschrieben wird dieses Verhalten im einfachsten Fall durch die sog. Halbleitergrundgleichungen, die die typischen Feldgrößen mit den Ladungsträgerdichten verknüpfen:

□ die Stromdichte- oder →Transportgleichung (verallgemeinert auch *Boltzmann*-Gleichung). Sie beschreibt im einfachsten Fall das gleichzeitige Auftreten von Feld- und Diffusionsstromdichten

$$\vec{S}_n = qn\mu_n \vec{E} + qD_n \operatorname{grad} n$$

$$\vec{S}_p = qp\mu_p \vec{E} - qD_p \operatorname{grad} p,$$

□ die Kontinuitätsgleichungen

$$\frac{\delta p}{\delta t} + \frac{1}{q} \operatorname{div} \vec{S}_p + R_p - G = 0$$

$$\frac{\delta n}{\delta t} - \frac{1}{q} \operatorname{div} \vec{S}_n + R_n - G = 0$$

(R Rekombinationsüberschuß, G Generationsrate)

□ die *Poisson*-Gleichung

$$\Delta\varphi = -\rho/\varepsilon, \qquad \vec{E} = -\operatorname{grad}\varphi,$$

$$\rho = q \cdot (p - n + N_D^+ - N_A^-)$$

für wirbelfreie elektrische Felder mit der Raumladungsdichte ρ, die aus Ladungsträgern und festen →Störstellen gebildet wird.

Diese Gleichungen können zum Einbezug weiterer Effekte (z. B. Temperatur, Magnetfeld, Schallfeld, andere Stoßprozesse und Energieaustausch) jeweils erweitert werden. Ihre Lösung, z. B. das Potential und die Trägerdichten als Funktion von Ort und Zeit, jeweils durch Rand- und Anfangswerte an Aufbau und Geometrie des jeweiligen Funktionselementes angepaßt, bildet die Grundlage der Analyse und liefert zugleich das elektrische Verhalten eines Halbleiterbauelementes. Ausgang ist somit die elektrophysikalische Modellvorstellung. Im Ergebnis entsteht das elektronische Modell des Halbleiterbauelementes. Der Schritt vom elektrophysikalischen Modell über die Analyse zum elektronischen Modell kann in einfachen Fällen durch eine „Analyse per Hand" (meist mit eindimensionaler Betrachtung) vollzogen werden, für zwei- und dreidimensionale Untersuchungen – wie sie moderne Strukturen besonders in integrierten Schaltungen erfordern – sind dagegen rechnergestützte Methoden notwendig. Mittels eines Rechners wird dabei das Halbleitergleichungssystem numerisch gelöst, das Ergebnis simuliert das →Halbleiterbauelement. Diese Bauelemente- oder Device-Simulation ist zu einem der wichtigsten Werkzeuge für den Entwurf von Halbleiterbauelementen und mikroelektronischen Schaltungen geworden.

Zur H. gehört heute auch das Zusammenwirken einzelner Halbleiterbauelemente in einer →Schaltung, heute fast ausnahmslos als integrierte Schaltung mit fast beliebiger Komplexität ausgeführt. Deshalb schließt die H. auch die Probleme mit ein, die mit Entwicklung, Entwurf, Modellierung analoger und digitaler Schaltungen und Systeme verbunden sind. Das dabei computerunterstützte Verfahren der →Simulation und →Verifikation auf unterschiedliche Betrachtungsebenen (z. B. Schaltung, Logik, System) die Hauptrolle spielen, sei nur am Rande erwähnt. All diese Verfahren faßt man unter dem Begriff →Schaltungsentwurf zusammen.

R. Paul

Literatur: *Müller, R.:* Bauelemente der Halbleiterelektronik. Berlin 1979.

Halbleiter-Festkörperlaser. →Halbleiterlaser, in dem die Anregung direkt durch Strominjektion über einen pn-Übergang in die Bänder des Halbleiters, die stimulierte Emission aber über die diskreten Niveaus von im Halbleiter-Wirtsgitter eingebetteten atomaren →Störstellen erfolgt.

Derartige Halbleiterlaser werden realisiert durch →Dotierung quaternärer III-V-Mischkristalle (InGaAsP) mit Atomen der Seltenen Erden, (z. B. Erbium zu 0,5 Vol.%). Die Zusammensetzung des Wirtsgitters ist so gewählt, daß der angeregte atomare Zustand zwischen der Unterkante und dem Quasiferminiveau F_L des Leitungsbandes und der atomare Grundzustand oberhalb der Valenzbandkante liegen (Bild 1). Dadurch relaxieren Elektronen in den angeregten Zustand und Löcher in den Grundzustand der Störstelle, so daß für diesen Energieabstand zuerst die Besetzungsinversion erreicht wird und damit die stimulierte Emission einsetzt (Bild 2). Es resultiert bei Schwellenströmen von 50–100 mA eine spektral schmale, longitudinal einmodige Emission, deren Wellenlänge allein durch die Störstelle festgelegt ist. Die Unterdrükkung der Bandübergänge (Seitenmoden) beträgt über 30 dB.

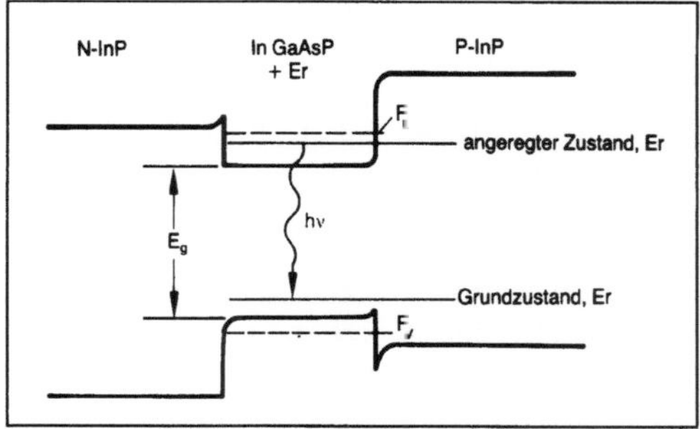

Halbleiter-Festkörperlaser 1: Bandenergieverlauf des erbiumdotierten Halbleiters.

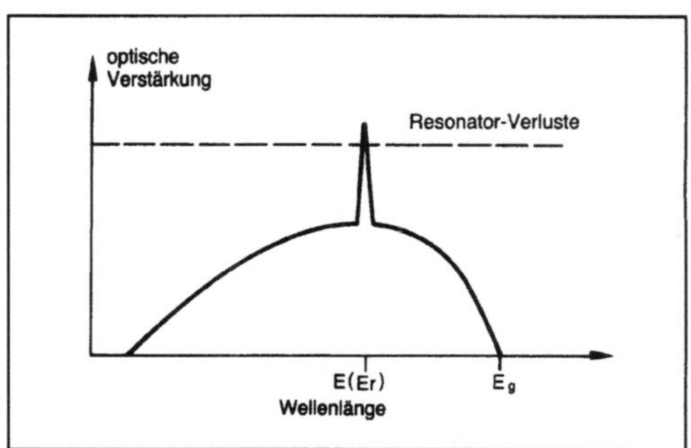

Halbleiter-Festkörperlaser 2: Spektraler Verlauf der optischen Verstärkung.

H.-F. bilden daher eine technologisch relativ einfach herstellbare Alternative zu den dynamisch einmodigen Lasern (→DSM-Halbleiterlaser) auf der Basis gekoppelter →Resonatoren bzw. spektral selektiver Resonatoren. *Rosenzweig*

Literatur: *Tsang, W. T.* und *R. A. Logan:* Erbium-Doped Semiconductor Injection Lasers. 10th IEEE Int. Sem. Laser Conf. 1986.

Halbleiter-Festwertspeicher. *engl.* Read Only Memory, →ROM

Halbleitergleichrichter.

1. Häufig verwendete Bezeichnung für →Gleichrichterschaltung unter Verwendung einer →Halbleitergleichrichterdiode insbesondere für die Speisespannungsversorgung. Für Gleichrichterschaltungen der Hochfrequenztechnik ist die Bezeichnung HF-Gleichrichter oder Demodulator üblich.

2. Bauelement (auch Gleichrichterelement oder Ventil in der →Leistungselektronik), dessen Strom-Spannungsverhalten richtungsabhängig ist und insbesondere einen Fluß- und Sperrbereich hat. H. oder besser Halbleitergleichrichterdioden sind Halbleiterdioden, die besonders für Gleichrichterzwecke optimiert wurden.

3. Thyristoren werden oft als gesteuerte →Gleichrichter bezeichnet, weil durch ein Steuersignal die Durchflußzeit des Stromes beeinflußt werden kann. *R. Paul*

Halbleitergleichrichterdiode. Eine für die Gleichrichtung entwickelte →Halbleiterdiode. Dazu werden meist Dioden mit →pn-Übergang, pin-Übergang für höhere Sperrspannungen oder Schottky-Übergänge für höhere Frequenzen (→Gleichspannungswandler) und größere Ströme, aber nicht allzu hohe Spannungen verwendet. *R. Paul*

Halbleiter-Kühlelement →Peltier-Element

Halbleiterlaser. In Flußrichtung betriebene →Halbleiterdiode, die durch stimulierte Emission kohärentes, spektral schmalbandiges Licht erzeugt und gerichtet abstrahlt.

Die für den Laserprozeß notwendige Besetzungsinversion wird erreicht durch eine hohe →Dotierung des Ausgangsmaterials (10^{18}cm^{-3}, entarteter Halbleiter) und Strominjektion in einen pn-Übergang. Der H. ist als *Vier-Niveau-System* (→Lasereffekt) anzusehen. Durch den Strom werden Elektronen im →Leitungsband des n-Gebietes und Löcher im →Valenzband des p-Gebietes oberhalb bzw. unterhalb der Quasi-Ferminiveaus F_L, F_V injiziert; sie relaxieren anschließend zur Unter- bzw. Oberkante der Bänder. Im Bereich des pn-Überganges, in dem Elektronen und Löcher räumlich benachbart vorliegen, erfolgt dann die induzierte strahlende →Rekombination, wobei das emittierte →Photon ungefähr die Energie des Bandabstandes E_g hat (Bild 1). Die Laserbedingung für den H. ist somit $F_L - F_V > E_g$

Der optische Resonator wird im einfachsten Fall aus zwei gegenüberliegenden, zum pn-Übergang senkrecht stehenden, gespaltenen Endflächen des Bauelementes gebildet (*Fabry-Perot*-Typ, →Halbleiterlaser-Resonatorspiegel). Die Resonatorlänge beträgt typisch 150–400 µm (Bild 2).

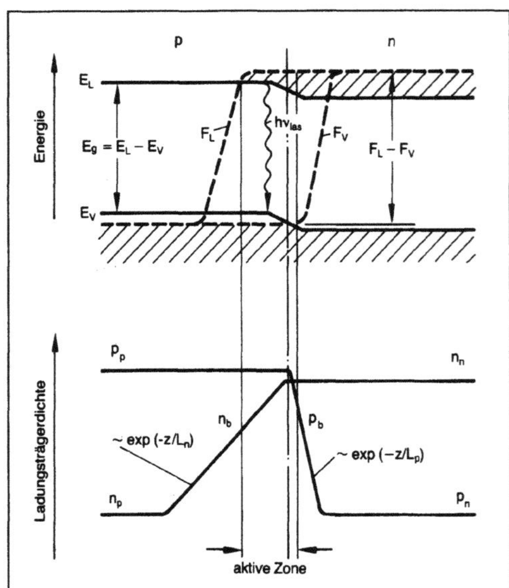

Halbleiterlaser 1: Bandenergieverlauf und Ladungsträgerdichte eines entarteten pn-Überganges.

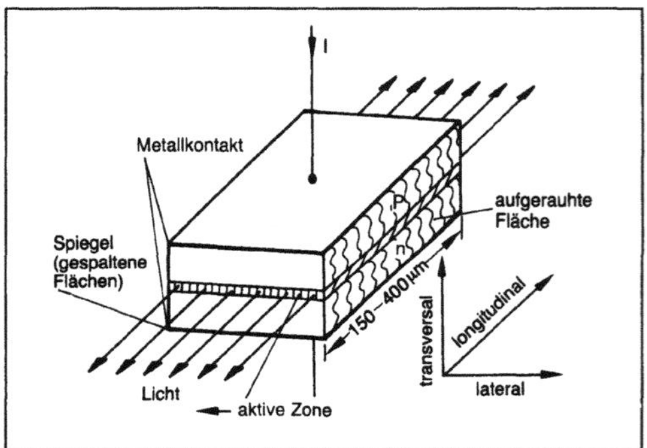

Halbleiterlaser 2: Schematischer Aufbau.

Die Laseremission setzt ein, wenn die Absorptions- und Auskoppelverluste des Resonators durch die Lichtverstärkung (Gain) kompensiert sind. Unterhalb dieser →Schwellenstromdichte emittiert der H. Licht wie eine →Lumineszenzdiode, oberhalb wird mit einem differentiellen →Quantenwirkungsgrad von bis zu 70% Strom direkt in Licht verwandelt. →Homostruktur-Laser haben infolge der Diffusion der →Ladungsträger in Gebiete ohne Besetzungsinversion hohe Schwellenstromdichten bis zu 500 kAcm^{-2} und geringe Quantenwirkungsgrade. →Hetero- und →Doppelheterostruktur-Laser, bei denen die Ladungsträger auf eine dünne Schicht (0,1–0,4 µm) konzentriert werden, erreichen Schwellenstromdichten von einigen 100 Acm^{-2}.

Die Schwellenstromdichten, die sowohl vom Material als auch der Schichtstruktur abhängen, werden aus den Schwellenströmen sog. Broad-area-Laser verschiedener Resonatorlänge L für den

Grenzfall L $\rightarrow \infty$ extrapoliert. Broadarea-Laser sind H. mit einer lateralen Ausdehnung von mehr als 70 μm, so daß der Einfluß der Absorption der optischen Welle in nicht angeregten Randbereichen sowie die Ladungsträgerdiffusion zu vernachlässigen sind. Broad-area-Laser werden außerdem als H. hoher Leistung verwendet, sofern das streifenförmige Strahlungsprofil nicht stört (Bild 3).

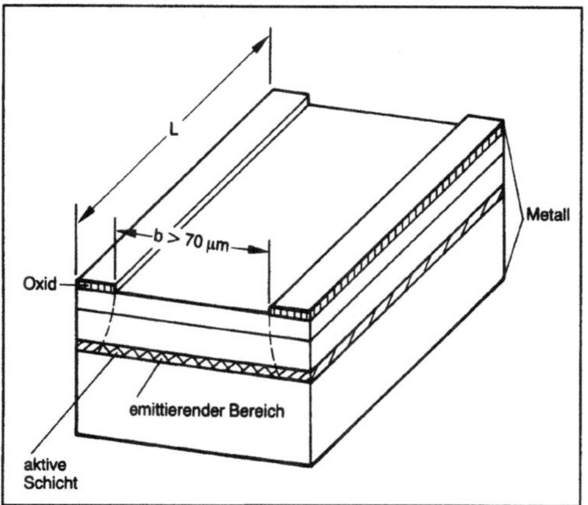

Halbleiterlaser 3: Broad-Area-Laser als Oxid-Streifenlaser mit einem Kontaktfenster größer als 70 μm.

Die häufigsten Anwendungen, vor allem in der optischen Nachrichtentechnik, erfordern eine nahezu rotationssymmetrische Abstrahlung, so daß der aktive Bereich auf einen Streifen von 2–10 μm Breite begrenzt werden muß (→Streifenlaser), was gleichzeitig zu einer Reduzierung der Schwellenströme führt.

Die Realisierung des Streifens kann erfolgen durch

□ räumliche Begrenzung des Strompfades durch einen Streifenkontakt (Gewinn- oder gain-geführte →Halbleiterlaser) (Bild 4a),

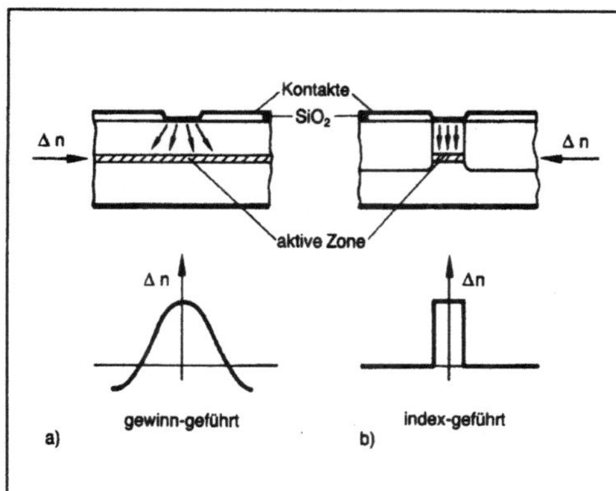

Halbleiterlaser 4: Ausführungsform von Streifenlasern. a) Räumliche Begrenzung des Strompfades durch Oxidfenster
b) Reale Streifenwellenleiter durch horizontale und vertikale Heteroübergänge.

□ durch Einbau eines realen Streifenwellenleiters (→Halbleiterlaser, index-geführte) (Bild 4b).

Die beiden Ausführungsformen unterscheiden sich in ihren Eigenschaften, die nachstehend verglichen sind:

Eigenschaft	gain-geführt	index-geführt
Herstellung	einfach	aufwendig
Schwellenstrom	50–150 mA	10–50 mA
Spektrum	viele Moden	wenige Moden
Astigmatismus	stark	sehr gering
Fernfeld	20–40°	15–30°
Modenrauschen	gering	groß
Kohärenzlänge	gering	groß
Rückkopplungs-empfindlichkeit	gering	groß

Streifenlaser sind die gängigen Ausführungsformen von H. Sie erreichen Ausgangsleistungen von 3–30 mW im kontinuierlichen- oder 1 bis 10 W im Pulsbetrieb; eine weitere Steigerung ist durch Zusammenschalten mehrerer Laser in sog. Arrays möglich.

In der beschriebenen Form bildet der H. den kleinsten, technisch einfachsten und mit höchstem Wirkungsgrad arbeitenden Laser, der zudem geringe Alterungserscheinungen (→Halbleiterlaser-Alterung) aufweist.

Die kleinen Dimensionen beeinflussen die optischen Eigenschaften des H. deutlich. Durch Beugungseffekte an den extrem kleinen Austrittsfenstern erfolgt die Lichtaussendung (→Abstrahlcharakteristik) in Form einer asymmetrischen Keule (Bild 5). Die kurze Baulänge des Resonators bedingt einen spektralen Abstand zwischen resonanzfähigen Moden von 0,3–1,3 nm, so daß innerhalb des 10 bis 20 nm breiten Verstärkungsprofils (Gain) des Halbleitermaterials mehrere longitudinale Moden anschwingen (→Halbleiterlaser-Spektrum). Dieses Spektrum ändert sich mit der Stromstärke und der Temperatur.

Eine Modulation der Lichtemission kann grundsätzlich direkt über den Strom erfolgen (→Halbleiterlaser-Modulationsverhalten); die Grenzfrequenzen (bis zu 16 GHz) ergeben sich aus den Lebensdauern der Ladungsträger und den parasitären Kapazitäten der Schichtstruktur. Mit der Strommodulation ist i. a. auch eine Modulation des Spektrums verknüpft. Dynamisch einmodige Laser (Dynamic Single Mode, →DSM-Laser) lassen sich realisieren durch Kopplung von Resonatoren oder den Einbau selektiver Elemente (z. B. Bragg-Gitter). Die Breite der Verstärkungskurve bietet die Möglichkeit des spektral durchstimmbaren Halbleiterlasers.

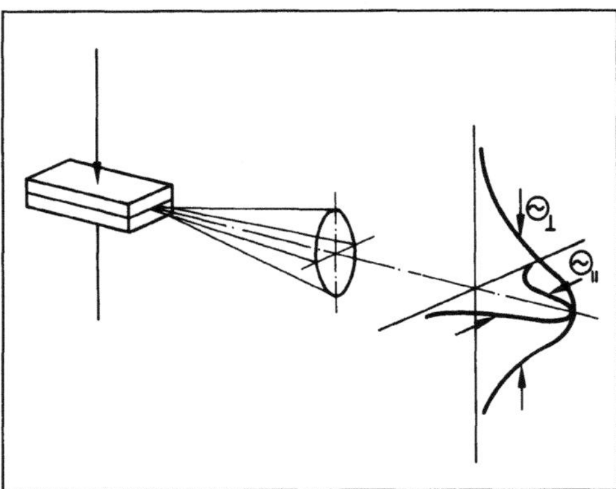

Halbleiterlaser 5: Abstrahlcharakteristik.

H. werden aus epitaktischen Schichten nach Verfahren der →Halbleitertechnologie aus den III-V-Lumineszenzhalbleitern Ga, In, As, P, Sb und Al sowie den Bleichalkogeniden Pb:S, Se, Te, Sn hergestellt (→Halbleiterlaser-Herstellung). Laser des Materialsystems →GaAlAs gewachsen auf →GaAs emittieren im kurzwelligen IR (750 bis 950 nm) und werden verwendet für CD-Plattenspieler, Laserdrucker und lokale optische Nachrichtensysteme sowie in der Medizin. Laser des quaternären Systems InGaAsP auf InP decken den Bereich von 1,0 bis 1,6 μm ab und werden speziell für die optische Nachrichtentechnik mit den Wellenlängen 1,3 μm und 1,55 μm (Dämpfungsminima der Glasfaser) hergestellt. Die Bleichalkogenide dienen meßtechnischen Aufgaben im ferneren IR von 3 bis 30 μm.

Neuere Entwicklungen bauen den aktiven Bereich aus einer oder mehreren extrem dünnen Schichten auf (→Quantum-Well-Halbleiterlaser). Im Hinblick auf die spektrale Einmodigkeit bietet die Dotierung der aktiven Zone mit Atomen der Seltenen Erden eine Alternative zum selektiven Resonator (→Halbleiter-Festkörperlaser).

Rosenzweig

Literatur: *Bleicher, M.:* Halbleiter-Optoelektronik, Heidelberg 1986; – *Kersten, R. Th.:* Einführung in die optische Nachrichtentechnik, Berlin–Heidelberg–New York 1983; – *Lutzke, D.:* Lichtwellenleiter Technik, München 1986; – *Paul, R.:* Optoelektronische Halbleiterbauelemente, Stuttgart 1985.

Halbleiterlaser, broad-area →Halbleiterlaser

Halbleiterlaser, durchstimmbarer. Halbleiterlaser mit nur einer longitudinalen Mode, deren spektrale Lage über einen Bereich von einigen nm variiert werden kann.

D. H. basieren auf den dynamisch einmodigen Lasern (→DSM-Laser). Es ist zu unterscheiden zwischen Lasern mit externer Selektion (Ankopplung eines externen Resonators) und solchen mit interner Selektion.

Im ersten Fall können durch Variation der Geometrie des externen Resonators die einzelnen →Moden des Fabry-Perot-Spektrums des Lasers selektiert werden. Die Durchstimmung erfolgt in Sprüngen über den Gain-Bereich des Lasers. Wird allerdings ein einseitig entspiegelter Laseroszillator mit einem externen Reflexionsgitter als zweiten Resonatorspiegel gekoppelt, so ist auch eine kontinuierliche Durchstimmung möglich (→External Cavity-Laser).

Im zweiten Fall erfolgt die Konzentration der stimulierten Emission auf nur eine Mode durch ein optisches Gitter entsprechender Periode Λ, die sich zusammensetzt aus der Gitterkonstante des mechanischen Gitters Λ_0 und dem Brechungsindex n* ($\Lambda = n^* \cdot \Lambda_0$. Für eine spektrale Durchstimmung scheidet eine Änderung von Λ_0 praktisch aus, da alle möglichen Effekte zu klein sind. Dagegen läßt sich n* verändern

- elektrostatisch, durch die aus dem Stark-Effekt resultierenden elektrooptischen Effekte wie Kerr- und →Pockelseffekt oder
- durch Erhöhung der →Ladungsträgerdichte mittels Strominjektion.

In den für Halbleiterlaser verwendeten III-V-Verbindungen sind die elektro-optischen Effekte sehr klein; sie erlauben eine Änderung von $\Delta\lambda/\lambda < 0{,}1\,\%$. Durch →Ladungsträgerinjektion sind immerhin $\Delta\lambda/\lambda < 1\,\%$ möglich.

Da im aktiven Bereich oberhalb des Schwellenstromes sowohl die elektrische Feldstärke als auch die Ladungsträgerdichte konstant sind, erfordern elektrisch durchstimmbare Laser mindestens zwei elektrisch unabhängige Sektionen, wobei die Durchstimmsektion unterhalb der Schwelle betrieben werden muß. Durch weitere isolierte Sektionen lassen sich die Eigenschaften der Laser noch verbessern.

Zwei-Sektions-DFB-Laser (Bild) sind technisch einfach zu realisieren, da beide Sektionen den gleichen Schichtaufbau haben. Der Nachteil besteht darin, daß die Durchstimmsektion unterhalb der Schwelle absorbiert, was einerseits die Schwelle in die Höhe treibt und andererseits den Durchstimmbereich $\Delta\lambda$ einschränkt ($\Delta\lambda \leq 2$ nm). Durch eine dritte Sektion läßt sich die spektrale Verbreiterung bei Amplitudenmodulation (→Halbleiterlaser, chirp) verringern.

Physikalisch sinnvoller sind Zwei-Sektions-DBR-Laser (Bild), da hier Emission und spektrale Selektion funktionell voneinander getrennt sind. Die Gitterkonstante wird nur im optisch transparenten →Bragg-Reflektor variiert, während der aktive Bereich nahezu unbeeinflußt bleibt. Der Durchstimmbereich ist daher größer, er läßt sich durch eine dritte Sektion noch erweitern ($\Delta\lambda \leq 6$ nm).

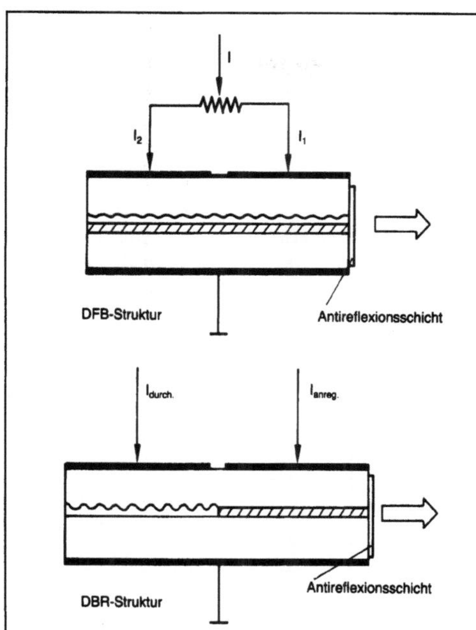

Halbleiterlaser, durchstimmbarer: Elektrisch durchstimmbare Laser auf der Basis der DFB- und DBR-Struktur.

Nachteilig ist hier vor allem der technologische Aufwand durch die axiale Kopplung verschiedener Schichtfolgen.

Eine nahezu ideale Lösung bildet der →TTG-Laser (Tunable Twin-Guide-Laser), bei dem die aktive Schicht und die Durchstimmschicht übereinander angeordnet sind. Sie bilden zwei gegeneinander gepolte Dioden und ermöglichen eine unabhängige Variation von Emissionswellenlänge und abgestrahlter optischer Leistung. Der bisher erzielte Durchstimmbereich liegt bei $\Delta\lambda =$ 8 nm.

Grundsätzlich läßt sich die Emissionswellenlänge von Halbleiterlasern auch mit der Temperatur durchstimmen (→Halbleiterlaser-Spektrum). Diese Methode hat praktisch keine Bedeutung, da sie einerseits sehr träge ist und andererseits die Betriebsbedingungen des Lasers verschlechtert und damit seine →Lebensdauer reduziert.

Elektrisch durchstimmbare Laser finden ihre Anwendung in einem zukünftigen Coherent Multi-Carrier-Verteilsystem als Sender definierter Wellenlänge (elektrische Feinabstimmung) und als →Lokaloszillator im optischen Tuner des Empfängers. *Rosenzweig*

Literatur: *Cameron, K. H., M. R. Matthews,* and *R. Wyatt:* Tunable narrow line external cavity lasers for coherent optical systems, Br. Telecom. Technd. J. 3 (1985) 5; – *Coldre, L. A.* and *S. W. Corzine:* Continuously – tunable single Frequency Semiconductor lasers IEEE J. quant. Electronics QE 23 (1987), S. 903.

Halbleiterlaser, gain-geführter. Halbleiterlaser, in dem der aktive Bereich lateral (d. h. in der Breite) durch die →Ladungsträgerinjektion (Strom) auf einen Streifen begrenzt ist.

Typische Vertreter sind der Oxidstreifen- und der V-Nut-Laser. Der Kontakt wird durch ein Fenster (5–15 µm breit) in einem isolierenden Oxid an das p-leitende Halbleitermaterial herangeführt (Bild) bzw. es erfolgt durch Zn-Diffusion eine Umdotierung von n-leitendem Material, so daß am Boden einer zuvor geätzten V-Nut (2–4 µm breit) die Verbindung zum p-Material geschaffen wird.

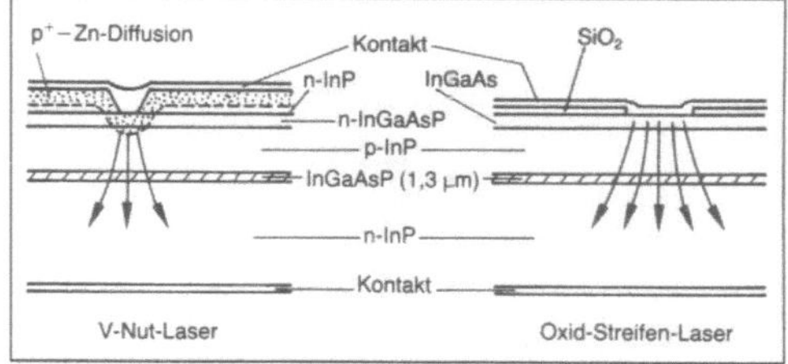

Halbleiterlaser, gain-geführter: Schematische Darstellung von gain-geführten Streifenlaser.

In der ganzflächigen aktiven Schicht der Doppelheterostruktur entsteht lateral ein der Stromdichte proportionales Verstärkungsprofil g(x), mit dem eine Erniedrigung des Brechungsindex n(x) verbunden ist. Im Bereich größter Verstärkung, d. h. höchster stimulierter Emission, wird der Brechungsindex als Folge verringerter Ladungsträgerkonzentration etwas angehoben, so daß die optische Welle durch diesen strominduzierten →Wellenleiter auf das Gebiet größter Verstärkung konzentriert wird (aktive Wellenführung).

Vorteile gain-geführter Laser sind einfache Herstellung und hohe optische Leistungen. Hauptnachteile sind die durch die laterale →Diffusion der →Ladungsträger bedingten hohen Schwellenströme (50–150 mA), die mit dem Strom sich ändernden Wellenführungseigenschaften (→Nahfeld) und der durch den ortsabhängigen Brechungsindex verursachte starke →Astigmatismus, der zu einem Abstrahlungsminimum in Richtung der Laserachse führt (→Fernfeld). *Rosenzweig*

Literatur: *Grau, G.:* Optische Nachrichtentechnik, Berlin-Heidelberg-New York-Tokio 1986.

Halbleiterlaser, index-geführter. Halbleiterlaser, in dem der aktive Bereich lateral durch Brechungsindexsprünge auf einen Streifen begrenzt ist. Die optische Welle wird in einem realen →Wellenleiter geführt und kann nur darin die induzierte →Emission anregen. Die Ausbildung des Wellenleiters erfolgt durch:

□ Materialunterschiede: Auch in lateraler Richtung wird eine Doppelheterostruktur aufgebaut, so daß der aktive Streifen allseitig vom Material kleineren Brechungsindex umgeben ist (→Buried-heterostructure-Laser).

□ Geometrie: Durch unterschiedliche Schichtdikken und/oder Schichtfolgen ergeben sich innerhalb und außerhalb des Streifens verschiedene effektive Brechungsindizes, z. B. MCRW- (Metall Clad Ridge Waveguide), CSP- (Channeled Substrate Planar) und CDH- (Constricted Double Heterostructur) Laser (Bild). Zur Verbesserung des lektrischen confinements wird der Kontakt zusätzlich als Streifen ausgebildet. Der Vorteil dieser Laser ist die Herstellung mit nur einem Epitaxieschritt.

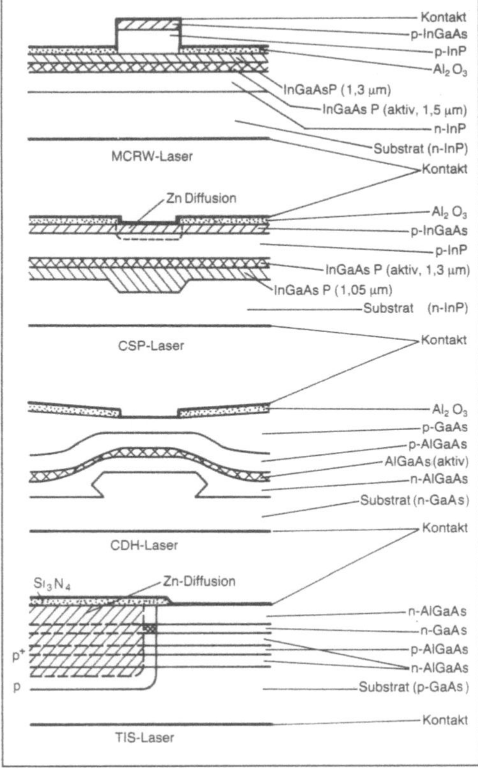

Halbleiterlaser, index-geführter: Schematische Darstellung verschiedener Strukturen.

Eine Besonderheit stellt der TJS- (Transverse Junction Stripe) Laser dar, der im Gegensatz zu allen anderen für den lateralen Betrieb ausgelegt ist. In vertikaler Richtung liegt der Wellenleiter der ursprünglichen Doppelheterostruktur vor; in lateraler Richtung wird der dotierungsabhängige Brechungsindex eines Homojunction ausgenutzt.

Rosenzweig

Literatur: *Paul, R.:* Optoelektronische Halbleiterbauelemente, Stuttgart 1985.

Halbleiterlaser-Abstrahlcharakteristik →Halbleiterlaser-Nahfeld, →Halbleiterlaser-Fernfeld

Halbleiterlaser – Alterung →Halbleiterlaser – Lebensdauer

Halbleiterlaser-Array. Monolithische Integration mehrerer →Halbleiterlaser mit dem Ziel des kompakten Aufbaus mehrerer unabhängiger Strahlungsquellen und/oder hoher →Ausgangsleistung.

Derartige →Arrays werden durch spezielle Strukturierung (→Lithographie und →Ätzen) aus einer gemeinsamen epitaktischen Schichtenfolge in gleicher Weise wie Einzellaser hergestellt (→Halbleiterlaser-Herstellung).

Im ersten Fall ist der Abstand der einzelnen Halbleiterlaser groß genug um eine gegenseitige optische Beeinflussung zu vermeiden; typisch sind 100 bis 150 µm. Es entstehen Zeilen von unabhängigen Lichtquellen auf gemeinsamer Wärmesenke zum Ankoppeln mehrerer Fasern wie sie für die Parallelübertragung von Daten benötigt werden. Speziell für →DFB-Halbleiterlaser können die Braggitter der einzelnen Halbleiterlaser unterschiedliche Gitterkonstanten haben (herstellbar mit der Elektronenstrahl-Lithographie), so daß ein Array von Lasern unterschiedlicher Emissionswellenlängen vorliegt. Realisiert wurden fünf DFB-Laser aus InGaAsP mit einer Wellenlängendifferenz von 5 nm im Bereich von 1300 nm (Bild 1). Jeder Laser ist einzeln ansteuerbar.

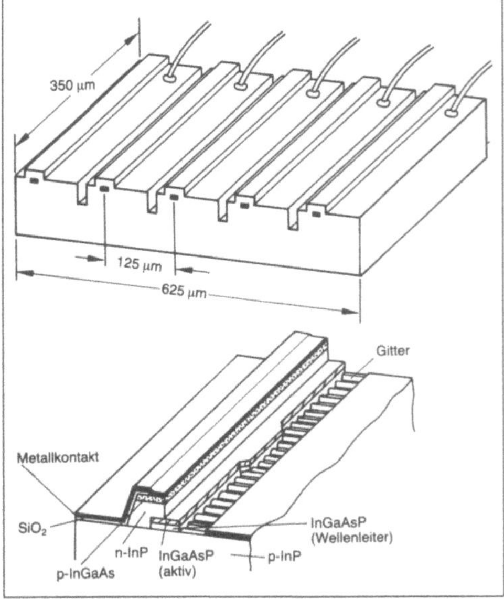

Halbleiterlaser-Array 1: Struktur eines Arrays aus fünf individuellen DFB-Lasern.

Arrays individueller Laser werden bevorzugt für den langwelligen Bereich auf InGaAsP-Basis für die optische Nachrichtentechnik hergestellt, allerdings z. Z. noch als Labormuster.

Die Ausgangsleistung läßt sich durch Parallelschaltung individueller Laser über gemeinsame Kontakte erhöhen, z. B. wurden mit zehn Lasern 320mW cw-Leistung oder 3,6W Pulsleistung (100ns, 1kHz) erreicht. Ist die Erhöhung der optischen Leistung der primäre Wunsch, so ist es sinnvoll, die einzelnen Laser so dicht nebeneinander zu plazieren, daß sich die Wellenfelder überlappen (5 bis 15μm) (Bild 2). In diesem Fall erfolgt eine Phasenkopplung der Einzelemissionen, so daß eine kohärente Strahlung ähnlich einem Einzellaser ausgesendet wird. Dabei werden ebenfalls mit zehn Laserstreifen Leistungen von 300–500mW im kontinuierlichen Betrieb erreicht. Infolge der größeren effektiven Gesamtbreite des Lasers parallel zur Schichtenfolge werden die Beugung und damit die Divergenz des emittierten Strahlungskegels deutlich verringert, so daß der Halbwertswinkel in dieser Ebene nur 3–5° beträgt. Diese Form der Abstrahlung resultiert aus einer Kopplung benachbarter Elemente mit der Phasendifferenz 0. Es ist auch eine Kopplung mit der Phasendifferenz 180° denkbar. Dann werden zwei Maxima mit geringem Halbwertswinkel von 3 bis 5° und einem Abstand von 20–25° abgestrahlt (Bild 3).

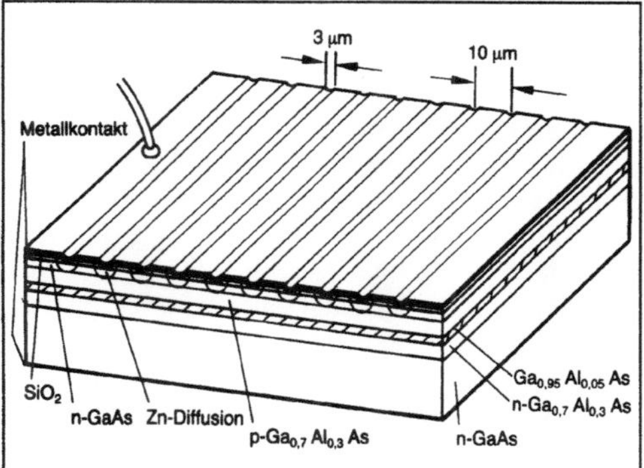

Halbleiterlaser-Array 2: Schematischer Aufbau eines phasengekoppelten Laserarrays.

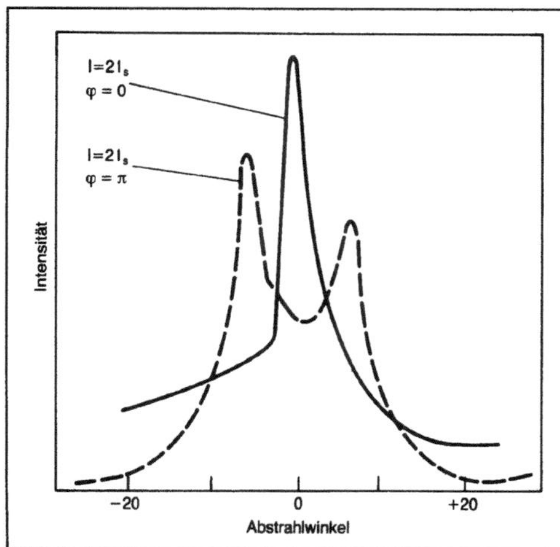

Halbleiterlaser-Array 3: Fernfeld für den Betrieb mit gleicher Phase (φ = o) und entgegengesetzter Phase (φ = π).

Derartige gekoppelte Arrays werden vor allem aus →GaAlAs/GaAs-Lasern für hohe optische Leistungen für Meß- und Beleuchtungszwecke hergestellt und kommerziell vertrieben. *Rosenzweig*

Literatur: *Okuda, H. et. al.*: S-Wavelength integrated DFB-laser arrays with quarter wave shifted structures, 10th IEEE Int. Sem. Laser Conf. 1986.

Halbleiterlaser-Bistabilität. Die Strahlungseigenschaften eines Halbleiterlasers können für gegebene Betriebsbedingungen zwei gleichberechtigte stabile Zustände haben; der jeweils eingenommene Zustand hängt von der Vorgeschichte ab (Hysteresis). Bistabiles Verhalten tritt am häufigsten in der emittierten optischen Leistung auf. Daneben wurden aber auch bistabile Zustände in der →Polarisation, in der Wellenlänge und im →Nahfeld beobachtet.

Bistabiles Verhalten in der P-I-Charakteristik (→Halbleiterlaser) tritt in Einzellasern auf durch inhomogene optische Verstärkung infolge von Absorptionen an Kristallfehlern oder inhomogener Strominjektion. Dabei wirken die Bereiche fehlender Verstärkung als sättigbare Absorber, so daß je nachdem, ob der Strom hinauf- oder heruntergeregelt wird, eine geringe oder hohe Leistung emittiert wird (Bild 1). Derartige Bistabilitäten sind i. a. mit heftigen Selbstpulsationen (→Halbleiterlaser-Selbstpulsation) verbunden. Bistabiles Verhalten kann auch gezielt erzeugt werden, indem der Injektionskontakt in mindestens zwei isolierte Bereiche unterteilt wird. Eine Sektion wird über der Schwelle betrieben, die andere darunter. Sie wirkt als einstellbarer sättigbarer Absorber. Unter Ausnutzung der negativen Widerstandscharakteristik des absorbierenden Bereiches können die Pulsationen unterbunden werden.

Polarisationsbistabilität tritt in InGaAsP/InP-Lasern im Bereich der sog. Polarisations-Umkehr-Temperatur auf (T_K~240K). Bei Zimmertemperatur ist die Strahlung TE-polarisiert. Durch die mechanische Verspannung infolge einer Abkühlung wird unterhalb der Temperatur T_K TM-Emission favorisiert. Im Bereich dieser Umkehrtemperatur ist ein bistabiles Verhalten in Abhängigkeit vom Strom zu beobachten (Bild 2) (→Halbleiterlaser-Polarisation).

Weitere bistabile Zustände treten in gekoppelten Systemen auf:

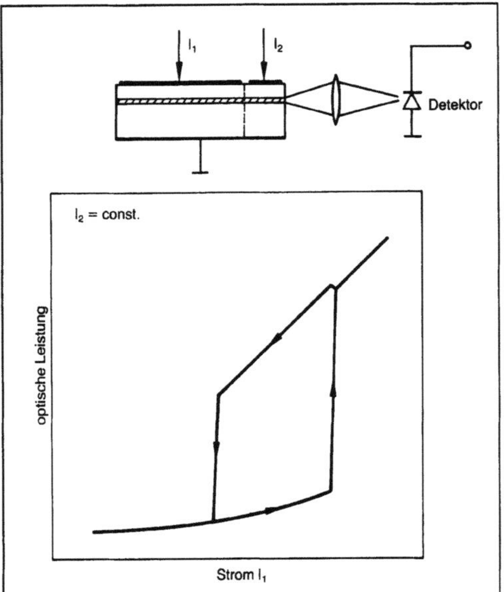

Halbleiterlaser-Bistabilität 1: Schematische Darstellung der Leistungsbistabilität.

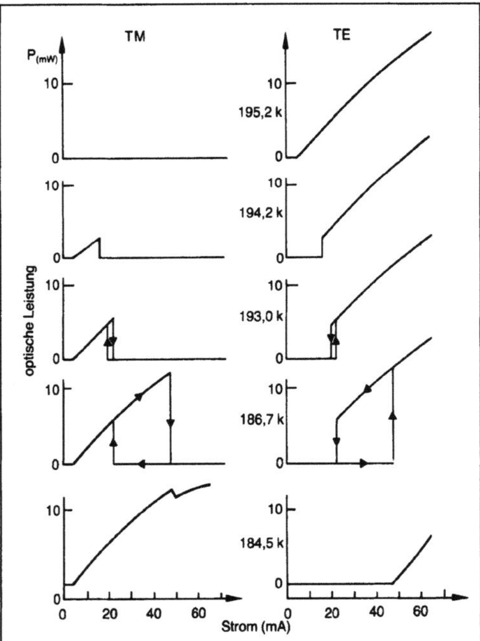

Halbleiterlaser-Bistabilität 2: Polarisations-Bistabilität eines InGaAsP-Lasers.

Im C³-Laser kann die Strominjektion so eingestellt werden, daß zwei longitudinale →Moden gleichberechtigt sind. Je nach Vorgeschichte des Stromes der Steuersektion, schwingt die eine oder andere Mode an.

In lateral gekoppelten Lasern (Twin-stripe-Laser) kann die maximale Leistung von einem auf den anderen Streifen umgeschaltet werden, so daß im Nahfeld ein bistabiler Zustand entsteht.

Das Umschalten zwischen den beiden bistabilen Zuständen kann durch kurze Strompulse erfolgen; im Falle der Leistungs- und der Nahfeld-Bistabilität auch durch kurze Lichtpulse. Insbesondere diese Möglichkeit erlaubt eine Anwendung als optische Verstärker und Schalter. *Rosenzweig*

Literatur: *Chen, Y. C.* and *J. M. Liv:* Polarization bistability in semiconductor lasers, Appl-Phys. Lett. 46, (1985) S. 16; - *Lau, K. Y.,* and *Harder, Ch., Yariv, A.:* Interaction at a bistable injection laser with an external optical cavity, Appl. Phys. Lett. 40 (1982) S. 369.

Halbleiterlaser – chirp. Vergrößerung der spektralen Breite der emittierten Mode bei Lasern mit verteilter Rückkopplung (DFB-, DBR-Laser, →DSM-Laser) als Folge der direkten Modulation durch den Strom.

Die Emissionswellenlänge wird bei Lasern mit verteilter Rückkopplung bestimmt durch die effektive Gitterkonstante $\Lambda = n^* \cdot \Lambda_0$, die sich zusammensetzt aus dem effektiven Brechungsindex n* und der geometrischen Gitterkonstante Λ_0 des Bragg-Gitters. Der Brechungsindex ist abhängig von der →Ladungsträgerdichte N. Sie ist oberhalb des Schwellenstromes konstant N_0, da jedes weitere →Elektron-Loch-Paar durch die stimulierte Emission in ein →Photon umgewandelt wird. Zwischen Erhöhung der Ladungsträgerdichte und Einsetzen der stimulierten Emission besteht infolge der Lebensdauer der →Ladungsträger eine Verzögerung (→Halbleiterlaser-Modulationsverhalten),

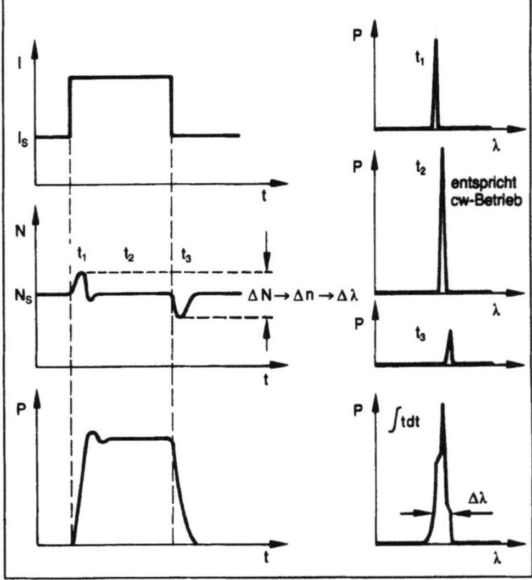

Halbleiterlaser-chirp: Schematische Erläuterung des chirp-Effektes.

ebenso zwischen Erniedrigung der Ladungsträgerdichte und Abbruch der stimulierten Emission. Bei direkter Modulation durch den Injektionsstrom I (i. a. oberhalb des Schwellenstromes I_s) ist daher zu Beginn des Pulses kurzzeitig $N>N_0$ und nach Beendigung des Pulses $N<N_0$, was mit einer entsprechenden Änderung des Brechungsindex n und damit der effektiven Gitterkonstante verbunden ist. Die spektrale Breite des Modes ist somit bei Pulsbetrieb größer als bei cw-Betrieb des Halbleiterlasers (Bild). *Rosenzweig*

Halbleiterlaser-confinement (*engl.* confinement, Einsperrung) Bezeichnung für die Konzentration der →Ladungsträger bzw. der Lichtquanten (Photonen) auf die aktive Schicht eines →Halbleiterlasers.

Technisch wird die Konzentration erreicht durch die Verwendung von Doppelheterostrukturen:

□ das elektrische confinement resultiert aus den Potentialbarrieren der →Heteroübergänge, die die →Diffusion der injizierten Ladungsträger (Elektronen und bzw. oder Löcher) aus der aktiven Schicht verhindern (Bild).

□ das optische confinement (Bild) entsteht durch die Brechungsindexsprünge der Heteroübergänge, die die optische Welle in der aktiven Schicht führen (aktiver →Wellenleiter).

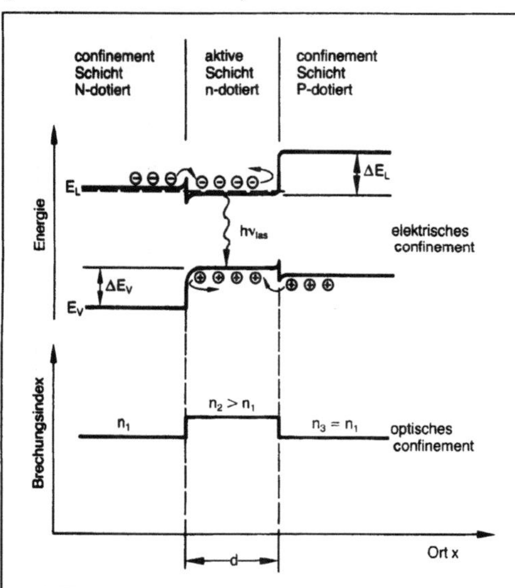

Halbleiterlaser-confinement: Elektrisches und optisches confinement einer Doppelheterostruktur.

Elektrisches- und optisches confinement tragen entscheidend zur Reduzierung der Schwellenstromdichten von Halbleiterlasern bei. *Rosenzweig*

Halbleiterlaser-Fernfeld. Verteilung der optischen Leistung eines Halbleiterlasers über den Abstrahlwinkel.

Beim →Halbleiterlaser tritt das Licht aus einer extrem kleinen Öffnung aus (typ. 0,2 μm · 2,0 μm), so daß es durch die Beugung zu einer Strahlaufweitung kommt. Aufgrund der unterschiedlichen Dimensionen des Fensters lateral und transversal zur Schicht, ist die Aufweitung in den beiden Richtungen unterschiedlich; die Abstrahlung erfolgt in Form einer elliptischen Keule, charakterisiert durch die Halbwertswinkel $\Theta_{\|}$ und $\Theta_{\perp}$ (Bild 1). Das Fernfeld ist als Fourier-Transformierte des Nahfeldes anzusehen entsprechend der mathematischen Beschreibung der Beugung am Spalt.

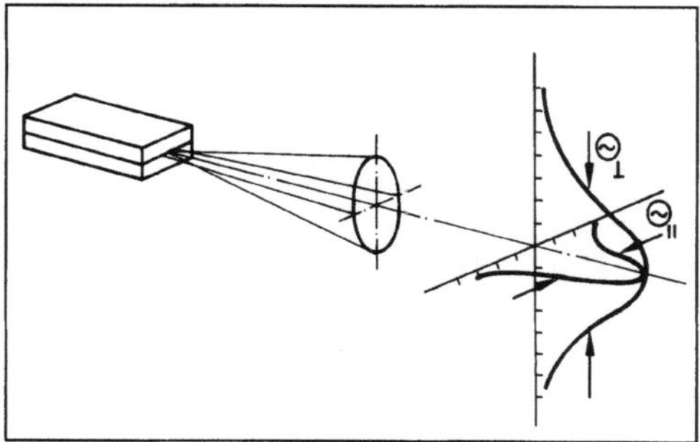

Halbleiterlaser-Fernfeld 1: Halbleiterlaser-Abstrahlcharakteristik.

Senkrecht zur Schichtfolge ist die Dicke d der aktiven Schicht kleiner als die Wellenlänge λ. Für die Halbwertsbreite gilt:

$$\Theta_{\perp} = \frac{ad}{\lambda\left(1 + a\left(\frac{d}{\lambda}\right)^2\right)}$$

$$a = 0{,}41\ \pi^2\ (n_{ak}^2 - n_{con}^2)$$

(n_{ak} und n_{con} Brechungsindizes der aktiven- und der confinement-Schichten.) Dieser Zusammenhang ist streng erfüllt, so daß über den transversalen Halbwertswinkel die Dicke der aktiven Schicht bestimmt werden kann.

In der Schichtebene ist die Fourier-Transformierte direkt anzuwenden. Im Falle index-geführter →Halbleiterlaser ist eine Intensitätsverteilung entsprechend der Spaltbeugung zu beobachten (Bild 2). Bei gain-geführten Halbleiterlasern mit gaußförmigem →Nahfeld ist auch das Fernfeld gaußförmig, sofern schwache gain-Führung vorliegt (Bild 2). Im Falle starker gain-Führung bedingt die Ortsabhängigkeit des Brechungsindex konvex gekrümmte Wellenfronten (→Astigmatismus-Faktor). Die Krümmung der Phasenfronten verursacht eine verstärkte seitliche Abstrahlung, was sich durch sog. „Ohren“ im Fernfeld parallel zur Schicht widerspiegelt (Bild 3). Abweichungen von einer gaußförmigen Verteilung treten aber auch durch das Anschwingen weiterer lateraler →Moden auf.

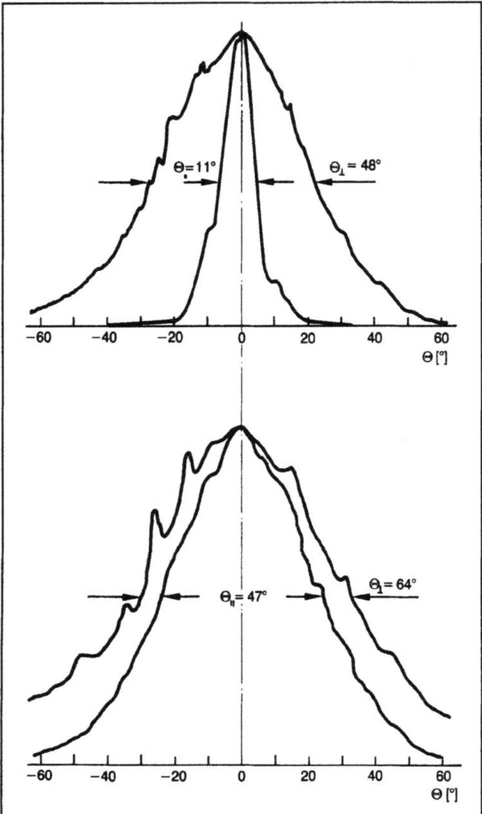

Halbleiterlaser-Fernfeld 2: Fernfelder von gain- und index-geführten Lasern.

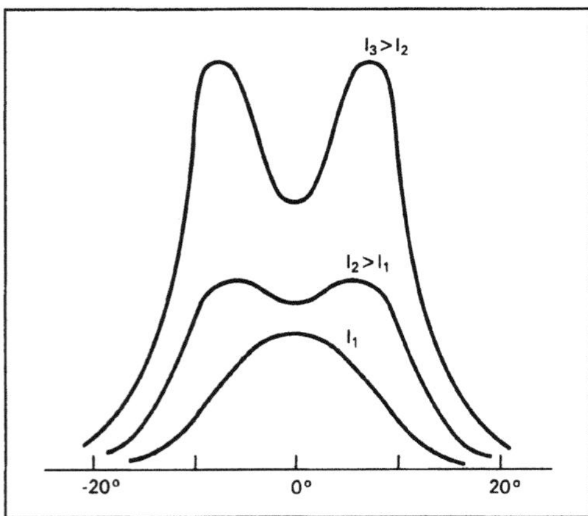

Halbleiterlaser-Fernfeld 3: Fernfeld eines gain-geführten Lasers für verschiedene Injektionsströme.

Im Fernfeld unterscheiden sich Halbleiterlaser deutlich von anderen Lasern, die durch ihren langen →Resonator und große Austrittsöffnungen einen Parallelstrahl geringen Durchmessers und geringer Divergenz emittieren. Halbleiterlaser benötigen dazu eine zusätzliche Kollimatoroptik. *Rosenzweig*

Literatur: *Grau, G.:* Optische Nachrichtentechnik, Berlin-Heidelberg-New York-Tokio 1986.

Halbleiterlaser - gain. (*engl.* gain, Gewinn). Gain bezeichnet die durch stimulierte →Rekombination erzielte Verstärkung von Licht während der Ausbreitung in einem Medium; der Gain-Koeffizient g ist Wellenlängen-abhängig und beschreibt die Verstärkung je Längeneinheit (i.a.cm); $I(x) = I(x=0)\,e^{g\,x}$ (vgl. Analogie Absorptionskoeffizient α : $\alpha<0$, $g>0$.)

Im Halbleiter hängt der gain-Koeffizient von der →Bandstruktur des Materials und der Anregungsdichte (Elektronenstrahlen, Licht, Strom) ab. Er läßt sich durch →Dotierung vergrößern; deutlich mindernd dagegen wirken sich Gitterfehler, Hintergrund-Dotierung und Grenzflächenzustände aus, die die nichtstrahlenden Rekombinationsprozesse zu Lasten der strahlenden vergrößern. Verstärkung ist möglich im spektralen Bereich oberhalb der Bandkante eines Halbleiters. Mit wachsender Injektionsstromdichte nehmen der Gain betragsmäßig zu, die Breite des Gainspektrums wächst, und das Gain-Maximum verschiebt sich zu höheren Energien (Bild).

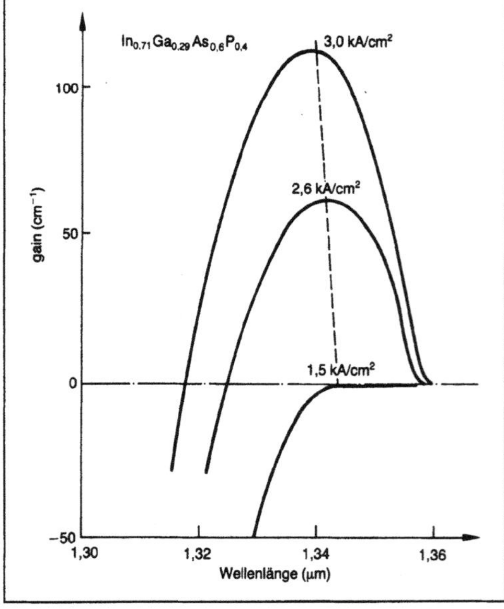

Halbleiterlaser-gain: Spektrale Verteilung des gains für verschiedene Injektionsströme am Beispiel einer InGaAsP-Doppelheterostruktur für eine Emissionswellenlänge von 1,33 μm.

Der Zusammenhang zwischen dem Maximalwert des Gains g_{max} und der Stromdichte J ist i. a. nicht linear. Für konventionelle →Doppelhetrostrukturen mit relativ dicken aktiven Schichten (Volumen-Material) und hoher Führung der optischen Welle (optisches confinement) läßt sich eine lineare Näherung anwenden:

$$g_{max} = \beta\,(J_{nom} - J_o)$$

Für →Quantum-Well-Strukturen mit einer geringen Führung der optischen Welle in der extrem dünnen aktiven Schicht läßt sich die Näherung

$$g_{max} = \beta J_o \ln (J_{nom}/J_o)$$

ausnutzen.

Dabei sind der →Verstärkungsfaktor β und die sog. Transparenzstromdichte J_o material- und strukturspezifische Parameter. J_{nom} ist die tatsächlich wirksame Stromdichte; sie ergibt sich aus der extern eingespeisten Stromdichte und dem Injektionswirkungsgrad η_{inj}.

$$J_{nom} = \eta_{inj}\,J$$

In Halbleiterlasern trägt zur effektiven Verstärkung G nur der in der aktiven Schicht geführte Anteil der elektromagnetischen Welle bei, was durch den confinement Faktor Γ berücksichtigt wird.

$$G = \Gamma\,g.$$

In Doppelheterostrukturen liegt Γ bei 25–40% in Quantum-Well-Strukturen bei 1–3% pro Well.

Rosenzweig

Literatur: *Kressel, H.* and *Butler, J. K.*: Semiconductor Lasers and heterojunction LEDs, New York–San Francisco–London 1977.

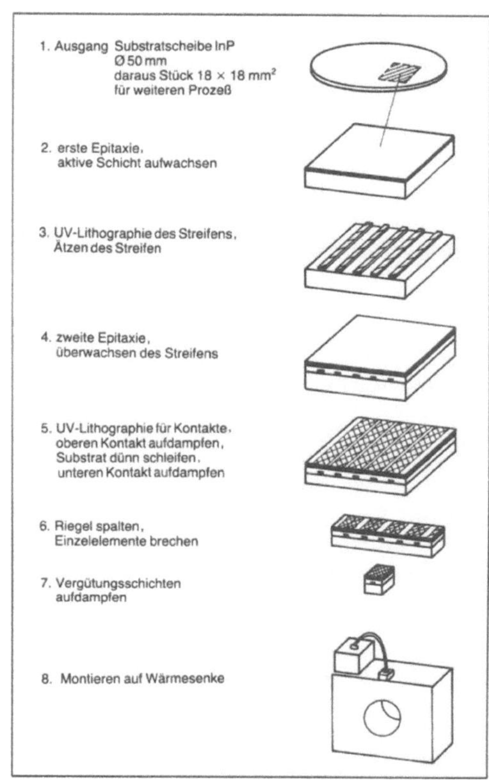

Halbleiterlaser-Herstellung: Schematischer Ablauf am Beispiel eines InbaAsP-Buried Heterostructure Lasers.

Halbleiterlaser-Herstellung. →Halbleiterlaser werden aus Heterostrukturen von III-V-Lumineszenzhalbleitern, die epitaktisch auf Substrate aufgewachsen sind, mit den in der Mikroelektronik verwendeten Verfahren (→Lithographie, →Ätzen, →Diffusion, →Metallisierung und Kontaktierung) hergestellt (Bild).

Als mechanische Träger der dünnen epitaktischen Schichten und als Gittermatrix für die kristallographische Struktur dienen Substrate, z. B. →GaAs für kurzwellige GaAlAs-Laser und →InP für langwellige GaInAsP-Laser. GaAs und InP werden nach dem →*Czochralski*-Verfahren als Einkristalle aus der Schmelze gezogen mit einem Durchmesser von 5–8cm und einer Länge bis zu 20cm, anschließend in Scheiben von 0,3–0,5 μm Dicke geschnitten und poliert.

Das Aufwachsen der Heterostrukturen, d. h. der Schichten unterschiedlicher Zusammensetzung (→Bandabstandes) mit einheitlicher Gitterkonstante erfolgt durch →Flüssigphasenepitaxie (LPE), →Gasphasenepitaxie (VPE), Gasphasenepitaxie mit metallorganischen Verbindungen als Ausgangsstoffe (MOVPE) oder →Molekularstrahlepitaxie (MBE).

Die aktiven Bereiche der →Streifenlaser werden durch UV-Lithographie, optische Gitter in dynamisch einmodigen Lasern durch holographische Belichtung, zunehmend auch durch Elektronenstrahl-Lithographie zunächst in →Photolack strukturiert. Die Übertragung in das Halbleitermaterial geschieht durch selektives naßchemisches Ätzen, durch Ionenstrahlätzen oder durch reaktives Ionenätzen, wobei die letzten beiden Trockenätzverfahren feinste Strukturen (<1 μm) mit senkrechten Seitenwänden erlauben. Anschließend ist i. a. ein zweiter Epitaxieschritt zum Überwachsen der Streifen und Gitter notwendig.

Zuletzt werden Kontakte diffundiert, Metalle aufgedampft und legiert. Um ein einwandfreies Spalten zu gewährleisten, wird das →Substrat auf 60–100 μm Dicke heruntergeschliffen.

Der fertige →Wafer wird dann in Einzelelemente zerlegt durch Anritzen mit einem Diamantmeißel und anschließendem Spalten (Spiegelflächen) bzw. Brechen (rauhe Seitenflächen). In diesem Stadium können Aufdampfschichten zur Oberflächenpassivierung, Erhöhung oder Verminderung der Reflexion aufgebracht werden. Abschließend werden die Einzeldioden (typ. Größe: Länge 250 µm, Breite 200 µm und Dicke 60–100 µm, s. o.) auf Wärmesenken mit speziellen Loten wie Indium oder Gold/Zinn gelötet und mit Bonddrähtchen versehen.

Wegen der Vielzahl der Prozeßschritte und ihrer Komplexität ist die →Ausbeute bei der Laserherstellung relativ gering (5–25 %). *Rosenzweig*

Literatur: *Kersten, R. Th.:* Einführung in die optische Nachrichtentechnik, Berlin–Heidelberg–New York 1983.

Halbleiterlaser – Integration. Kombination eines Halbleiterlasers mit weiteren optischen und elektronischen Komponenten auf einem gemeinsamen →Substrat (→Integrierte Optik, monolithische) zu einem sog. opto-elektronischen integrierten Schaltkreis (→OEIC).

→Halbleiterlaser werden in zukünftigen optischen Nachrichtensystemen verwendet
- in der Sendestufe als eigentlicher elektro-optischer Wandler und
- in der Empfangsstufe als →Lokaloszillator für den kohärenten →Überlagerungsempfang.

Im ersten Fall ist der Halbleiterlaser zu kombinieren mit einer Transistor-Treiberstufe, einer →Monitordiode zur Leistungskontrolle, einem →Verstärker für den →Photostrom, einem optischen Anpaßglied zur Phasen- bzw. Wellenlängenstabilisation und gegebenenfalls einem optischen →Modulator. Im zweiten Fall gehören zur kompletten Einheit die Treiberstufe, die Monitordiode und deren Verstärker, ein →Richtkoppler, die eigentliche Empfangsdiode und deren Verstärker.

Während die elektrische Kopplung auf die bekannten Leiterbahnen der Mikroelektronik zurückgreifen kann, stellt die optische Verbindung neue Probleme dar; es sind dielektrische Wellenleiter nötig. Abgesehen von Transistoren, die durchaus neben oder gar unter dem Laser angeordnet sein können, müssen die optischen Komponenten axial hintereinander gereiht werden, da Wellenleiterkrümmungen und Spiegel zu erheblichen Verlusten führen. Das bedingt i. a. räumlich lange Bauelemente (einzelne Komponenten sind durchschnittlich 100–300 µm lang). Größer sind aber die technologischen Probleme: Wellenleiter, Koppler, Modulator und Anpaßglied müssen für die Laserstrahlung transparent sein, die Photodioden wiederum stark absorbierend. Das bedeutet, daß in der optischen Ebene, die der Schichtenwachstumsebene entspricht, unterschiedliche Materialzusammensetzungen neben- bzw. hintereinander angeordnet sein müssen, so daß viele Epitaxieschritte mit entsprechenden Strukturierungsschritten (→Lithographie und →Ätztechnik) dazwischen nötig sind. Die optische Kopplung muß außerdem stoßfrei, d. h. ohne Reflexionen erfolgen, so daß gegebenenfalls zusätzliche Schichten zur Anpassung der Brechungsindizes oder Glieder zur Anpassung der Geometrie (sog. Taper) notwendig werden.

Die Entwicklung von OEICs mit einem ähnlichen Preis/Leistungsverhältnis wie in der eingefahrenen Silicium-Technologie erscheint zum gegenwärtigen Zeitpunkt als unrealistisch aufgrund des materialbedingten hohen technologischen Aufwandes. Die Integration des Halbleiterlasers mit rein elektronischen Komponenten wird wegen der vergleichsweise schlechten Eigenschaften von Bipolartransistoren auf InP-Basis weitgehend aufgegeben; eine →Hybridtechnik unter Nutzung der verfügbaren elektronischen Bauteile erscheint leistungsfähiger.

Die Kombination von Halbleiterlasern mit Komponenten gleicher oder ähnlicher Schichtfolge (durchstimmbarer DFB-Laser, Modenselektor, Monitordiode oder optischer Schalter) läßt sich durch →Mehrsektions-Halbleiterlaser realisieren. Die Verknüpfung von Halbleiterlasern und Bauteilen extrem unterschiedlicher Schichtstrukturen (Modulator, durchstimmbarer DBR-Laser) lassen sich nur mit einem verbindenden Wellenleiter erreichen, so

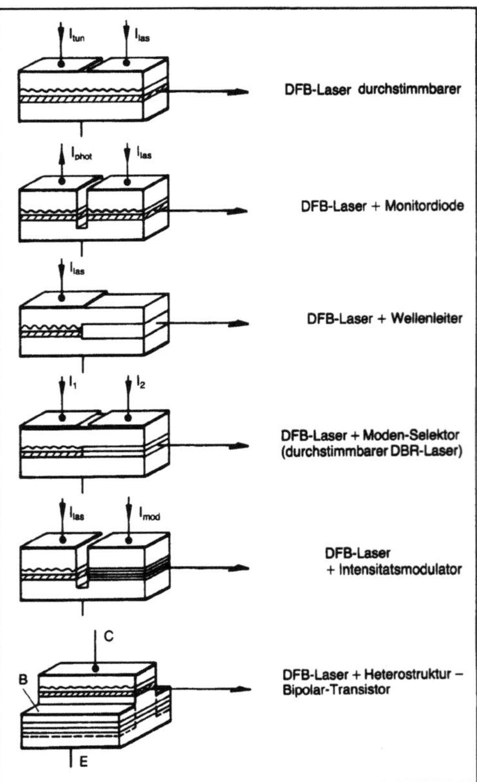

Halbleiterlaser-Integration: Integration eines Halbleiterlasers mit einem optoelektronischen Bauelement.

daß die →Laser-Wellenleiter-Kopplung das zentrale Problem darstellt.

Die H.-I. reduziert sich somit auf →Mehr-Sektions-Halbleiterlaser und die Halbleiterlaser-Wellenleiter-Kopplung. *Rosenzweig*

Halbleiterlaser-Kennlinie. Zusammenhang zwischen Spannung U bzw. optischer Leistung P und Strom I einer Laserdiode (Bild 1).

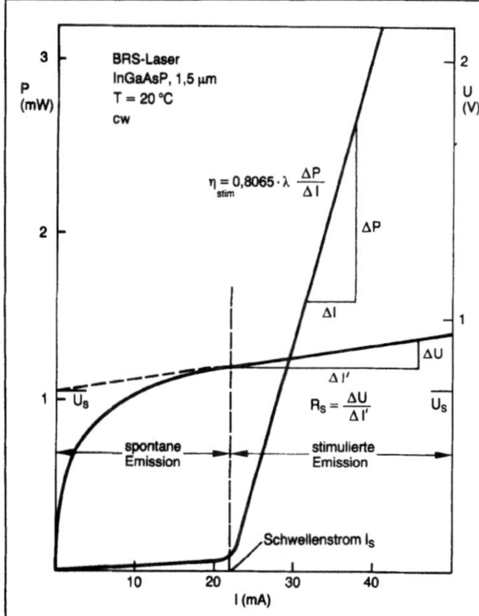

Halbleiterlaser-Kennlinie 1: U-I- und P-I-Kennlinie eines BSR-Lasers für 1,5 μm.

Die U-I-Kennlinie entspricht der einer normalen pn-Diode, d. h. der Stromfluß steigt zunächst exponentiell an und geht dann, bedingt durch den Serienwiderstand R_S aus Material-, Grenzflächen- und Kontaktwiderständen, in eine lineare Funktion über, die einem Widerstand vom Typ 2–6 Ω entspricht.

$$U = U_S + R_S I = E_g/e_o + R_S I = \frac{hc_o}{\lambda e_o} + R_S I$$

Der aus dem linearen Teil der Kennlinie extrapolierte Spannungswert wird Schleusenspannung U_S genannt; U_S ist direkt proportional zum Bandabstand E_g bzw. umgekehrt proportional zur Emissionswellenlänge λ (h-Planchsches Wirkungsquantum, c_o-Vakuum-Lichtgeschwindigkeit, e_o-Elementarladung).

In der P-I-Kennlinie steigt die optische Leistung bis zum Schwellenstrom I_S sehr schwach mit dem Strom an (Bereich der spontanen Emission), oberhalb dagegen sehr steil (stimulierte Emission). Die Steigungen werden durch die externen differentiellen Quantenwirkungsgrade η_{spon} und η_{stim} ausgedrückt

$P = (0{,}8065 \cdot \lambda)^{-1} (\eta_{spon} I + \eta_{stim} (I - I_s))$

Typische Werte liegen bei $\eta_{spon} < 0{,}05\,\%$ und $\eta_{stim} = 10$–$35\,\%$ pro Spiegelfläche. Die maximalen Ausgangsleistungen von Einzellasern liegen bei 10–30 mW, von speziell strukturierten bei 1 W, im kontinuierlichen Betrieb bzw. bei 1–25 W im Pulsbetrieb.

Die optische Kennlinie ist stark temperaturabhängig (Bild 2); mit wachsender Temperatur steigt der Schwellenstrom und sinkt der Quantenwirkungsgrad. Abweichungen vom linearen Verhalten treten auf in Form einer Sättigung der optischen Leistung durch unzureichende Wärmeabfuhr oder von Stufen (sog. kinks) durch Modensprünge, durch Selbstpulsation oder durch optische Rückkopplung infolge externer Reflexionen *Rosenzweig*

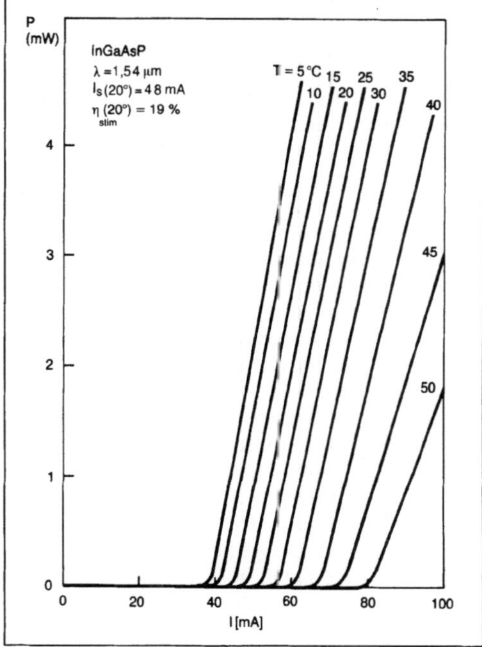

Halbleiterlaser-Kennlinie 2: P-I-Kennlinie eines index-geführten Halbleiterlasers für verschiedene Temperaturen.

Literatur: *Lutzke, D.:* Lichtwellenleiter Technik, München 1986.

Halbleiterlaser-Lebensdauer. Die Lebensdauer von Halbleiterlasern beträgt 10^4–10^5 Stunden (1 bis 10 Jahre). Sie wird begrenzt durch irreversible elektrische, thermische und optische Degradationsprozesse, die mit zunehmender Betriebsdauer den →Schwellenstrom erhöhen und den →Quantenwirkungsgrad mindern.

Die Hauptursache für die →Alterung sind kristallographische Defekte (→Versetzungen, Stapelfehler, →Punktdefekte). Versetzungen wachsen während des Betriebes aus dem →Substrat in die aktive Schicht oder entstehen dort. Sie bilden parallel laufende sog. dunkle Linien (*engl.* dark line defects), die mit zunehmender Betriebsdauer zu einem dreidimensionalen Versetzungsnetzwerk auswachsen. Solche Linien sind Bereiche erhöhter nichtstrahlender Rekombinationen, die zu einer Erwärmung und damit weiterer Absorption führen. Die Ausbreitung der Versetzungen kann durch Einbau gezielter Punktdefekte verhindert werden (z. B. Al in GaAs). Im Bereich kristallographischer Fehler tritt in Mischkristallen eine bevorzugte →Diffusion einzelner Komponenten zur Oberfläche auf (z. B. Phosphor in InP), so daß sich die stöchiometrische Zusammensetzung ändert. Diese sog. thermische Degradation führt ebenfalls zu Bereichen stark verminderter strahlender →Rekombination. Sie tritt vor allem auf an Oberflächen, die ungeschützt einer thermischen Behandlung ausgesetzt waren.

Weitere Alterungsursachen liegen in der Bauelementemontage und der Kontaktierung. Unterschiedliche Ausdehnungskoeffizienten des Chips und der Wärmesenke führen zu mechanischen Spannungen, die das Entstehen von Defekten fördern. Inhomogene Wärmeableitung durch unterschiedlich dicke Lotschichten auf rauhen Oberflächen, Absorptionszentren durch Diffusion von Fremdatomen in die aktive Schicht (z. B. Gold aus den Kontakten) und zunehmende Kontaktwiderstände führen zu einer Erhöhung der Schichttemperatur und damit des Schwellenstromes.

Kritisch sind außerdem die Spiegelflächen, die als Spaltflächen viele Gitterfehler enthalten. Anwachsen der Fehler sowie photochemische Reaktionen (→Oxidation) bedingen eine allmähliche Verminderung der Reflexion und damit Erhöhung des Schwellenstromes. Demgegenüber steht die Zerstörung der Spiegel durch hohe optische Leistungen (cw, $P > 1\,MW/cm^2$), was als *catastrophic degradation* bezeichnet wird. Es ist noch nicht eindeutig geklärt, ob durch lokale Absorptionserhitzung oder durch nichtlineare optoakustische Effekte das Material zum Schmelzen gebracht wird. Durch eine Oberflächenpassivierung (Al_2O_3) und durch geometrische Gestaltung der Austrittsfenster (z. B. Verbreiterung des aktiven Streifens zum Austrittsfenster hin) kann dieser Prozeß weitgehend verhindert werden.

Dark-line defects und catastrophic degradation waren die Hauptursachen für die Alterung von GaAlAs/GaAs-Lasern. Die Verwendung versetzungsarmer Substrate ($< 10^3/cm^2$) und Passivierungsschichten erhöhen aber auch hier die Lebensdauern auf mehr als 10^5 Stunden. Beide Effekte sind von geringer Bedeutung in InGaAsP/InP-Lasern, so daß generell höhere Lebensdauern zu erwarten sind. Nach bisherigen Beobachtungen spielt die thermische →Degradation hier die entscheidende Rolle für die Alterung.

Als Lebensdauer wird i. a. nicht die Zeit bis zum →Totalausfall definiert, sondern die Zeit, bis zu der sich bei konstantem Betriebsstrom die optische Leistung halbiert oder der Betriebsstrom bei konstanter optischer Leistung um 50% zugenommen hat. Alterungsuntersuchungen werden unter sog. Streßbedingungen, d. h. bei erhöhter Temperatur ($50\,°C < T < 70\,°C$) und Leistung ($P > 5\,mW$) vorgenommen und dann auf die Raumtemperatur extrapoliert ($t_{leb} \sim \exp(\Delta E/kT)$, wobei ΔE eine materialspezifische →Aktivierungsenergie ist ($0{,}7\,eV < \Delta E < 0{,}9\,eV$). Der Anwender kann die Lebensdauer erheblich beeinflussen; je höher die optische Leistung und die Temperatur, um so rascher verläuft die Alterung. *Rosenzweig*

Literatur: *Lutzke, D.*: Lichtwellenleiter-Technik, München 1986.

Halbleiterlaser-Modulationsverhalten. Bei direkter Modulation eines →Halbleiterlasers durch den Injektionsstrom ist die Frequenz begrenzt durch Ansprechverzögerungen und durch Relaxationsschwingungen.

□ Die Ansprechverzögerung t_a ist die Zeit, die nötig ist, um nach dem Einschalten des Stromes I die Besetzungsinversion aufzubauen und die stimulierte →Emission zu entfachen (Bild 1). Es gilt

$$t_a = \tau_s \ln (I/(I - I_S))$$

τ_s Lebensdauer der Ladungsträger für spontane Emission (ca. 1 ns), I_S Schwellenstrom. t_a läßt sich herabsetzen, indem dem Modulationsstrom I ein Gleichstrom I_B unterlegt wird.

$$t_a = \tau_s \ln ((I - I_B)/(I - I_S))$$

Mit zunehmendem I_B überwiegt die stimulierte Emission mit einer kürzeren Ladungsträgerlebensdauer ($\tau_{stim} \approx 30\,ps$). Für $I_B = I_S$ verschwindet die Ansprechverzögerung. Die Ansprechverzögerung ist vor allem bei Pulsmodulation mit Strömen $I > I_S$ zu beachten. Im Falle der Puls-Code-Modulation kann je nach Unterlegstrom das Signal verfälscht werden (Bitmuster-Effekt), da Amplitude und Zeitverhalten des Lasers von der Vorgeschichte abhängen.

□ Relaxationsschwingungen entstehen durch Wechselwirkung zwischen Ladungsträgern und Photonen. Sie klingen exponentiell mit der Zeitkonstanten $t_R = 2\,\tau_s\,I_S/I$ ab (Bild 1). Dieses Einschwingen stört vor allem bei Analogmodulation, da es sich im Frequenzgang des Halbleiterlasers als Resonanzüberhöhung bemerkbar macht. Die Resonanzfrequenz läßt sich durch einen Unterlegstrom $I_B > I_S$

erhöhen (Bild 2). Für Kleinsignalmodulation $I_{MOD} < I_B - I_S$ gilt

$$f_r = \frac{1}{2\pi}\sqrt{\frac{1}{\tau_s\,\tau_{pho}}\left(\frac{I_B}{I_s} - 1\right)}$$

τ_{pho} Lebensdauer der Photonen im →Resonator $\tau_{pho} \approx 12$ ps. Oberhalb von f_R fällt die Modulationsamplitude mit 40 dB/Dekade ab. Eine deutliche Resonanzüberhöhung tritt vor allem bei Lasern großer Streifenbreite (z. B. Oxidstreifenlaser) auf.

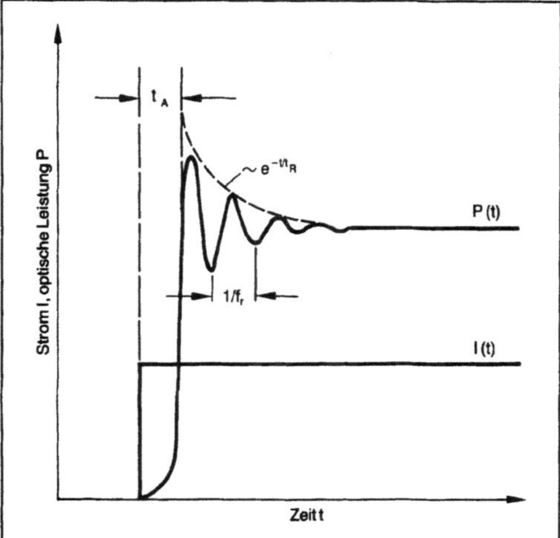

Halbleiterlaser-Modulationsverhalten 1: Zeitlicher Verlauf der optischen Leistung nach Einschalten des Injektionsstromes.

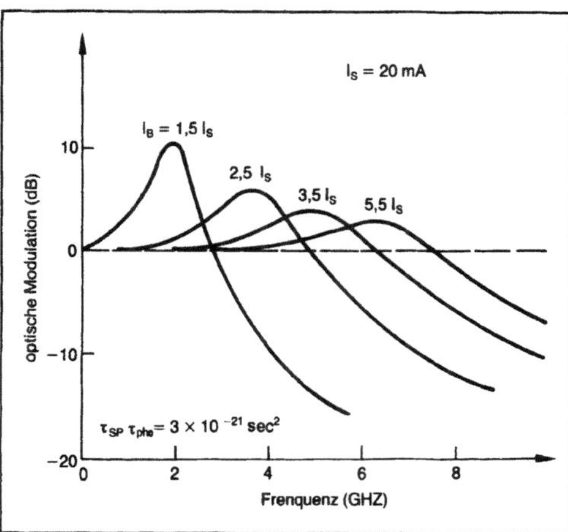

Halbleiterlaser-Modulationsverhalten 2: Modulation des optischen Signals eines Streifenlasers für verschiedene Unterlegströme I_B.

In Halbleiterlasern mit selektiven Resonatoren (→DSM-Halbleiterlaser) ist infolge der endlichen Lebensdauer der Ladungsträger jede Amplitudenmodulation mit einer Verschiebung der Emissionswellenlänge verbunden (→Halbleiterlaser – chirp). Dieser Effekt kann zur Frequenz-(Wellenlängen-)Modulation ausgenutzt werden. Es lassen sich Frequenzhübe von 2,3 GHz bei einer Modulationsstromdichte von 1 kAcm^{-2} erreichen.

Eine eindeutige Frequenz- oder Amplitudenmodulation ist nur mit Mehr-Sektions-DFB-Lasern möglich. Eine Amplitudenmodulation mit vernachlässigbarer Änderung der Linienbreite erfordert drei elektrisch unabhängige Sektionen, von denen eine mit konstantem Strom betrieben wird, während die beiden anderen gegenphasig moduliert werden. Eine Frequenzmodulation ohne Amplitudenänderung ist bereits mit zwei elektrisch unabhängigen Sektionen erreichbar. Dabei werden Frequenzhübe von 55 GHz bei einer Modulationsstromdichte von 1 kAcm^{-2} (Bild 3) und Modulationsfrequenzen von mehr als 3 GHz erzielt. *Rosenzweig*

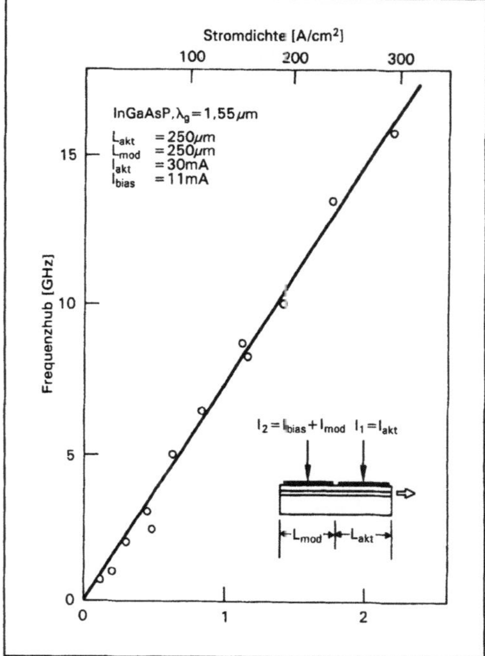

Halbleiter-Modulationsverhalten 3: Frequenzhub eines Zweisektion-DFB-Lasers als Funktion des Modulationsstromes.

Literatur: *Grau, G.*: Optische Nachrichtentechnik, Berlin-Heidelberg-New York-Tokio 1986.

Halbleiterlaser-Nahfeld. Verteilung des Strahlungsflusses eines Halbleiterlasers über seine Austrittsfläche.

Das Nahfeld wird bestimmt:

– bei broad-area-Lasern durch Materialeigenschaften und
– bei →Streifenlasern durch den →Wellenleiter.

□ Bei einem breitflächigen Halbleiterlaser (broad-area-) bilden sich nach dem Überschreiten des Schwellenstromes laseraktive Fäden von 2 bis 10 μm Breite aus, deren Zahl und Lage sich mit wachsender Stromstärke ändern. Ursache dafür sind kleinste Inhomogenitäten in Geometrie, Stromverteilung, Absorption und Gain infolge kristallographischer →Fehler. Jeder Faden bildet einen Wellenleiter, der sich selbst stabilisiert, da im Inneren des Fadens die Absenkung der →Ladungsträgerdichte durch stimulierte Emission zu einer Anhebung des Brechungsindex führt (→Laser, gain-geführte) (Bild).

□ Bei Streifenlasern ist die Breite des aktiven Streifens i. a. so gewählt, daß nur ein „Faden" auftritt, die Abstrahlung erfolgt in einer lateralen Mode. Insbesondere bei gain-geführten Lasern können sich bei höheren Strömen dennoch mehrere laterale →Moden ausbilden, da der aktive Streifen nicht scharf begrenzt ist.

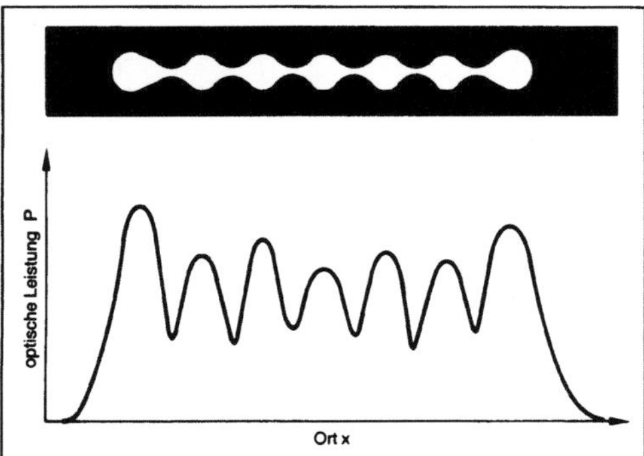

Halbleiterlaser-Nahfeld: Intensitätsverteilung auf der Austrittsfacette eines broad-area-Lasers.

Das Strahlungsprofil im Austrittsfenster ist senkrecht zur Doppelheterostruktur innerhalb der aktiven Schicht kosinusförmig mit einem exponentiellen Abfall in den Randbereichen. Dies gilt lateral auch für indexgeführte Streifenlaser. Bei gain-geführten Lasern ist das laterale Profil gaußförmig. *Rosenzweig*

Literatur: *Kressel, H.* und *J. K. Butler:* Semiconductor lasers and Heterojunction LEDs, New York–San Francisco–London 1977.

Halbleiterlaser-Oberflächenstrahler. →Halbleiterlaser, bei dem die optische Leistung senkrecht zur Schichtenfolge bzw. zum →Substrat abgestrahlt wird.

Oberflächenstrahler bestehen ebenfalls aus einer Doppelheterostruktur-Schichtenfolge, allerdings mit relativ dicker aktiver Schicht von 2–3 μm (Bild 1). Die Elektroden werden ringförmig ausgebildet mit einem hochreflektierenden Metallspiegel (R > 80 %) im Zentrum. Schichtseitig beträgt der Spiegeldurchmesser typisch 20 μm, substratseitig 30 bis 50 μm, wobei das Substrat zuvor bis zur epitaktischen Schichtenfolge weggeätzt wird. Durch die Spiegelanordnung ober- und unterhalb der Schichtenfolge ergeben sich kurze Cavity-Längen von 7 bis 10 μm, als deren Folge der spektrale Abstand der Eigenmoden so groß wird, daß nur eine longitudinale Mode anschwingen kann.

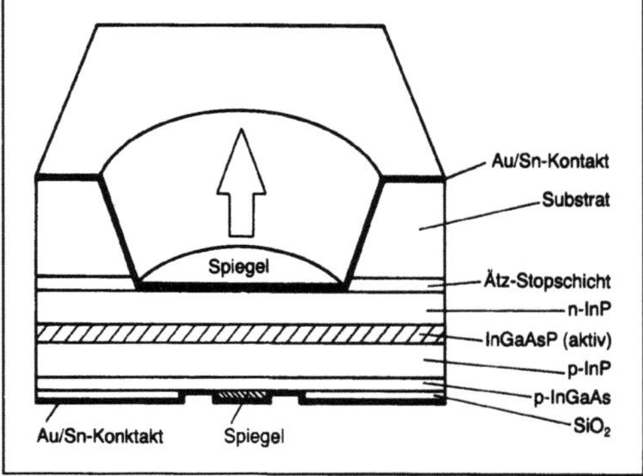

Halbleiterlaser-Oberflächenstrahler 1: Schematische Darstellung.

Um ein radiales Stromconfinement zu erreichen, wird der schichtseitige Spiegel als Mesa ausgebildet (Bild 2) oder eine zirkulare Buried Heterostructure realisiert. Dennoch liegen die Schwellenstromdichten infolge der kurzen Wege durch das verstärkende Medium sehr hoch; sie betragen 3–12 kA/cm² bei T = 77 K. Bisher wurde ein kontinuierlicher Betrieb nur bei T = 77 K erreicht, ein Pulsbetrieb dagegen

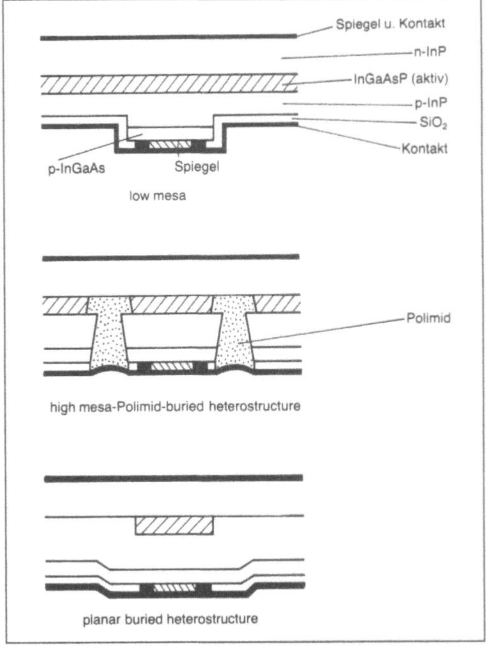

Halbleiterlaser-Oberflächenstrahler 2: Verschiedene Formen des radialen Strom-confinements.

schon bis T=252 K. H.-O. haben daher für die Anwendung noch keine praktische Bedeutung.

Rosenzweig

Literatur: *Uchiyama, S.*, and *Y. Ohmae, S. Shimizu, K. Iga:* GaInAsP/InP-Surface emitting lasers with current contining structure, J. Lightwave Techn. **LT 4** (1986) S. 846.

Halbleiterlaser-Polarisation. Das von einem →Halbleiterlaser emittierte Licht ist vorzugsweise parallel zur Schichtenebene bzw. zum →pn-Übergang polarisiert (TE-Welle); eine →Polarisation senkrecht zur Schichtebene (TM-Welle) tritt nur in Sonderfällen auf.

Im aktiven →Wellenleiter des Lasers mit rechteckigem Querschnitt haben TE- und TM-Wellen unterschiedliche Ausbreitungsgeschwindigkeiten bzw. Brechungsindizes (i. a. $n_{TE} > n_{TM}$). Entsprechend den *Fresnel*-Formeln werden TE- und TM-Wellen an den Austrittsflächen unterschiedlich stark reflektiert. Aus der Kristallsymmetrie resultieren außerdem unterschiedliche Verstärkungskoeffizienten für beide Wellentypen. Reflexion und Verstärkung favorisieren die TE-Wellen. Durch Änderung der Wellenleitergeometrie können aber auch TM-Wellen bevorzugt werden.

In einem Halbleiterlaser mit TE-Polarisation werden durch mechanische Spannung sowohl die optische Verstärkung als auch der Reflexionskoeffizient der TM-Wellen erhöht, so daß auch TM-Wellen anschwingen. Verspannungen können während der Verarbeitung des Halbleiters eingebaut werden, z. B. →Aufdampfen von Kontakten, Montieren auf der Wärmesenke oder →Bonden. In diesem Fall werden zunächst TE-Wellen und mit höheren Strömen auch TM-Wellen angeregt, was sich in einem Knick in der P-I-Kennlinie widerspiegelt. Verspannungen treten auch beim Abkühlen des Lasers als Folge der unterschiedlichen Ausdehnungskoeffizienten von Laser und Wärmesenke auf. Speziell in InGaAsP-Lasern wurde bei Temperaturen unter –50 °C eine bevorzugte TM-Emission beobachtet (→Halbleiterlaser-Bistabilität). *Rosenzweig*

Halbleiterlaser-Quantenwirkungsgrad. Der →Quantenwirkungsgrad eines →Halbleiterlasers ist definiert als das Verhältnis der Zahl der emittierten Photonen zur Zahl der injizierten →Ladungsträger.

$$\eta_{tot} = \frac{N_{phot}}{N_{elekt}} = 0{,}806 \cdot A\,(W\mu m)^{-1} \cdot \frac{\lambda\, P_{opt}}{I} \approx \frac{P_{opt}}{P_{el}}$$

$$\eta_{dif} = 0{,}806 \cdot A\,(W\mu m)^{-1} \cdot \frac{\Delta P_{opt}}{\Delta I}$$

(λ – Emissionswellenlänge, P_{opt} – emittierte optische Leistung, I – injizierter Strom, P_{el} – aufgebrachte elektrische Leistung).

Der totale Quantenwirkungsgrad η_{tot} berücksichtigt den gesamten Betriebsstrom; bis zum Schwellenstrom I_s ist $\eta_{tot} = 0$ und steigt dann an. Der differentielle Quantenwirkungsgrad η_{dif} beinhaltet die Steigung der P-I-Kennlinie oberhalb des Schwellenstromes und ist ein Maß für die Umsetzung elektrischer in optische Leistung bei Modulation.

Außerdem ist zu unterscheiden zwischen dem internen- und dem externen Quantenwirkungsgrad. Der interne η_{int} hängt von der Art und Qualität des Materials ab und beschreibt den Anteil der strahlenden Rekombinationsprozesse an der Gesamtzahl aller Rekombinationsprozesse; er kann maximal 1 werden. Der externe Quantenwirkungsgrad η_{ext} berücksichtigt die Verluste des Resonators wie Absorption und Reflexion. Er ist i. a. deutlich kleiner als 1. η_{int} kann aus η_{ext} als Funktion der Resonatorlänge L für L→0 extrapoliert werden.

$$\frac{1}{\eta_{ext}} = \frac{1}{\eta_{int}}\left(1 - \frac{2L}{\ln\,(1/R_1R_2)}\right)$$

(R_1, R_2 – Reflexion der Laser-Austrittsflächen).

In den Datenblättern wird meist der differentielle Quantenwirkungsgrad für eine Austrittsfläche, also der halbe Wert angegeben. *Rosenzweig*

Literatur: *Lutzke, D.:* Lichtwellenleiter Technik, München 1986.

Halbleiterlaser-Rauschen. Statistische Schwankungen der emittierten Lichtleistung eines Halbleiterlasers durch die Quantenstruktur des Injektionsstromes, des Lichtes, der Wechselwirkung von Elektronen und Photonen und der Wechselwirkung verschiedener →Moden miteinander.

Im →Halbleiterlaser treten zunächst die gleichen Rauschphänomene wie in anderen elektronischen Bauelementen auf: thermisches-, Schrot- oder Quanten- und 1/f-Rauschen. Hauptbestandteil bildet das →*Quantenrauschen.* Für niedrige Frequenzen, die für die optische Nachrichtentechnik aber keine Bedeutung haben (f < 1 MHz) dominiert der 1/f-Rauschanteil. Er ist direkt dem Injektionsstrom proportional und kann durch geeignete elektronische Schaltkreise am Detektor kompensiert werden.

Für höhere Frequenzen überlagert sich dem Quantenrauschen das sog. Oszillatorrauschen, das aus der Wechselwirkung von Elektronen und Photonen resultiert (die Lebensdauern der →Ladungsträger sind statistische Mittelwerte). Das Maximum liegt im Bereich der Eigenfrequenz der Relaxationsschwingungen und verschiebt sich mit wachsendem Betriebsstrom zu höheren Frequenzen (Bild 1). Gleichzeitig nimmt die →Rauschleistung mit wachsendem Strom ab; sie hat ihr Maximum im Bereich des Schwellenstromes infolge der linearen Verstärkung der spontanen Emission; für höhere Ströme dominiert die induzierte Emission (Bild 2).

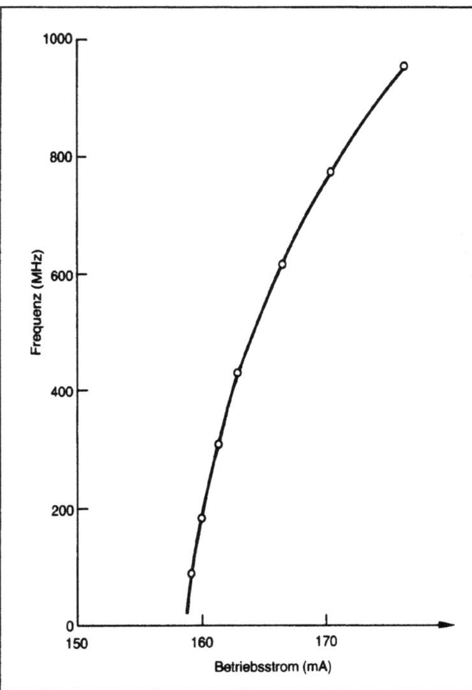

Halbleiterlaser-Rauschen 1: Rauschmaximumfrequenz eines 20 μm-Oxidstreifenlasers als Funktion des Betriebsstromes.

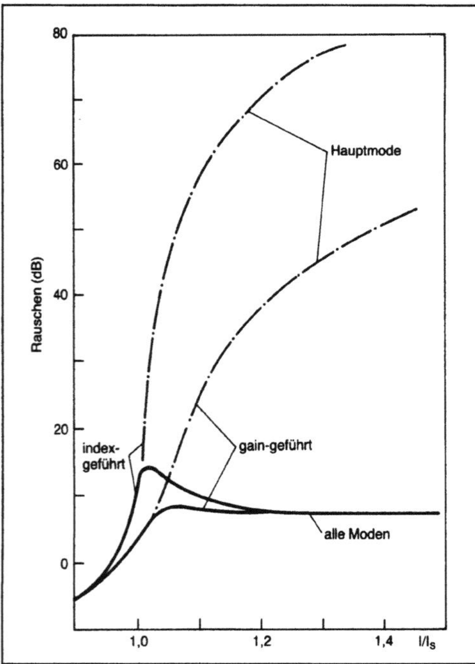

Halbleiterlaser-Rauschen 2: Intensitätsschwankungen als Funktion des Betriebsstromes für index- und gain-geführte Laser.

Während die Rauschleistung der gesamten emittierten Strahlung (alle Moden des Spektrums) für höhere Ströme konstant bleibt, nehmen die Schwankungen einer einzelnen Mode zu. Es findet ein zunehmender Austausch optischer Leistung zwischen benachbarten Moden statt (Modenverteilungsrauschen bzw. mode partition noise). Dabei ist das Intensitätsmaximum einer Mode mit einem Minimum der Nachbarmode korreliert, so daß die Summe konstant bleibt. Das →Rauschen einer einzelnen Mode ist unterhalb der Resonanzfrequenz bis zu 40 dB größer als das Rauschen aller Moden. Im Bereich der Resonanzfrequenz ist es jedoch gleich; hier liegt offensichtlich eine Phasenkopplung aller Moden vor. Das Modenverteilungsrauschen tritt praktisch nur in Erscheinung, wenn während des Übertragungsvorganges einzelne Moden unterdrückt werden (z. B. durch Dämpfung) oder eine zeitliche Trennung erfolgt (z. B. durch →Dispersion).

Die Wechselwirkung mit dem Übertragungsmedium führt zu einer weiteren Rauschquelle, das sog. →*Modenrauschen,* das allerdings nur bei →Multimodefasern auftritt. Es entsteht durch an Faserenden bzw. Stoßstellen reflektierte Wellen, die sich den emittierten Lichtwellen überlagern. Durch die Ankopplung dieses Faserresonators ergeben sich zwei Effekte:

□ Bei kurzen Resonatoren wird die effektive →Lebensdauer der Photonen im Gesamtresonator erhöht, so daß sich die Resonanzfrequenz und damit das Rauschmaximum zu niedrigeren Frequenzen verschiebt.

□ Bei langen Resonatoren wird jede Lasermode in weitere Untermoden mit einem Abstand f_R entsprechend der Faserresonatorlänge zerlegt. Im Rauschspektrum treten Maxima bei ganzzahligen Vielfachen von f_R auf.

Modenrauschen kann bereits bei Reflexionen von $R > 10^{-6}$ bei index-geführten und $R > 10^{-4}$ bei gain-geführten Lasern auftreten.

Generell neigen index-geführte Laser zu einem stärkeren Oszillator- und Modenrauschen.

Rosenzweig

Literatur: *Grau, G.:* Optische Nachrichtentechnik, Berlin–Heidelberg–New York–Tokio 1986.

Halbleiterlaser-Resonatorspiegel. Beim →Halbleiterlaser vom Fabry-Perot-Typ werden die Resonatorspiegel durch die Begrenzungsflächen des aktiven Materials gebildet.

Infolge der hohen optischen Verstärkung des Halbleitermaterials (gain) reichen die Reflexionskoeffizienten dieser Flächen von ca. 30 % entsprechend der *Fresnel*-Gesetze völlig aus. Entscheidend für den Reflexionskoeffizienten ist allerdings nicht der Material-Brechungsindex, sondern der effektive

Brechungsindex des aus dem aktiven Streifen gebildeten Wellenleiters. Die effektiven Brechungsindizes von TE- und TM-Wellen sind i. a. verschieden (→Halbleiterlaser-Polarisation).

Optisch einwandfreie Spiegel, die keiner Nachbehandlung bedürfen, entstehen durch Spalten entlang kristallographischer Achsen (die Laserstreifen müssen natürlich senkrecht zu diesen Achsen ausgerichtet sein). Spalten ist heute die übliche Methode. Neuere Entwicklungen verwenden Trokkenätzverfahren (Reaktives Ionenätzen, Ionenstrahlätzen), die im Gegensatz zu den üblichen anisotrop arbeitenden naßchemischen →Ätzen senkrechte Wände liefern. Allerdings hinterläßt die Ätze eine mikroskopische Rauhigkeit, die den Reflexionskoeffizienten etwas mindert. Als Folge steigt der →Schwellenstrom und sinkt der →Quantenwirkungsgrad geringfügig. *Rosenzweig*

Halbleiterlaser-Selbstpulsation. →Halbleiterlaser neigen zur Erzeugung kurzer Pulse ohne äußere Modulation des Injektionsstromes. Ursache dafür sind: absorbierende Bereiche im aktiven Streifen, die als sättigbare Absorber wirken, oder Kopplung verschiedener →Moden.

□ Wird der Halbleiterlaser mit konstantem Injektionsstrom größer als der →Schwellenstrom betrieben, so setzt in den einwandfreien Bereichen die stimulierte Emission ein. In defekten Bereichen werden aber Photonen absorbiert, so daß keine Lichtemission erfolgt. Mit zunehmender Zeit wird dort das →Leitungsband mit Elektronen aufgefüllt, die Absorption sinkt (gesättigter Absorber); der Bereich wird transparent, und die Emission kann erfolgen. Dabei entleert sich das Leitungsband, die Absorption setzt wieder ein, die stimulierte Emission bricht ab. Der Vorgang beginnt erneut. Die Wiederholrate ist dem Injektionsstrom direkt proportional; es sind Frequenzen bis zu einigen GHz möglich. Derartige Absorber können als →Fehler auftreten, aber auch in einer sog. Doppeldiode (→Mehrsektions-Halbleiterlaser) eingebaut und zur Erzeugung hochfrequenter Signale ausgenutzt werden (Bild).

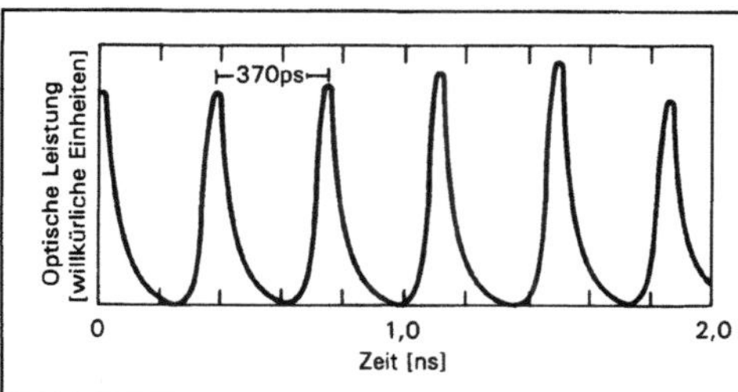

Halbleiterlaser-Selbstpulsation: Zeitliche Verteilung der optischen Leistung eines selbstpulsierenden Halbleiterlasers bestehend aus einer über der Schwelle und einer unter der Schwelle gepumpten Sektion.

□ Überlagerung der Relaxationsschwingungen verschiedener longitudinaler Moden nach dem Prinzip des →*mode-locking*, das in Festkörper- und Gaslasern zur Erzeugung kurzer Pulse ausgenutzt wird. *Rosenzweig*

Halbleiterlaser-Spektrum. Die emittierte optische Leistung eines →Halbleiterlasers verteilt sich i. a. auf mehrere Linien (Fabry-Perot-Typ), kann aber durch entsprechenden Aufbau auf eine Linie konzentriert werden (→DSM-Laser).

Das Spektrum eines Fabry-Perot-Lasers hängt ab von der aus →Bandabstand und Injektionsstrom resultierenden gain-Kurve des Halbleitermaterials (typ. 15–25 nm breit) und den Resonatoreigenwerten $m\lambda = 2nL$, m ganze Zahl, λ Wellenlänge, n Brechungsindex, L Resonatorlänge (typ. 150 bis 500 μm)). Der Abstand dieser axialen oder longitudinalen Moden ist

$$\Delta\lambda = \lambda^2 (2 L n_o (1 - dn_o/d\lambda))^{-1}$$

(z. B. L = 300 μm, $n_o = 3{,}6$, $dn_o/d\lambda = 10^{-4}\,nm^{-1}$, λ = 850 nm bzw. λ = 1,5 μm : Δλ = 0,36 nm bzw. Δλ = 1,11 nm.

Gain-geführte →Laser haben ein breites Modenspektrum mit einer Einhüllenden entsprechend der Gain-Kurve, während index-geführte Laser dazu tendieren, sich mit zunehmender Leistung auf wenige Moden zu beschränken (Bild). Dieses durchaus erwünschte Verhalten wird allerdings durch →Rückkopplung infolge externer Reflexionen und durch direkte Strommodulation aufgehoben.

Neben der axialen Resonanzbedingung sind aber auch transversal und lateral Eigenwerte zu erfüllen. Sie spiegeln sich vor allem in der Intensitätsverteilung in der Austrittsfläche (→Nahfeld) wieder. Die sehr dünnen aktiven Schichten (d<0,5 μm) der Doppelheterostruktur bedingen grundsätzlich eine Abstrahlung im transversalen Grundmodus. Lateral erfolgt dies nur bei schmalen Streifen von w = 1 bis 5 μm, wie sie i. a. in index-geführten Lasern auftreten. In den breiten Streifen (w>10 μm) der gaingeführten Laser können mit wachsendem Injektionsstrom mehrere laterale Moden anschwingen, was sich in Sprüngen der →Halbleiterlaser-Kennlinie und in einer Feinstruktur der longitudinalen Moden wiederspiegelt (Bild).

Bei transversal und lateral einmodiger Abstrahlung ist die Halbwertsbreite Δf einer longitudinalen Mode umgekehrt proportional zur optischen Leistung P

$$\Delta f = \pi h f_R (\Delta f_R)^2 (1 - N_\mu/N_o)^{-1} P^{-1}$$

(Δf_R Halbwertsbreite des ungepumpten Resonators, N_u/N_o Verhältnis der rekombinierenden Elektronen zur Gesamtzahl ($N_u/N_o \ll 1$), h Plancksches Wirkungsquantum). Halbwertsbreiten von weniger als 10 MHz wurden erreicht.

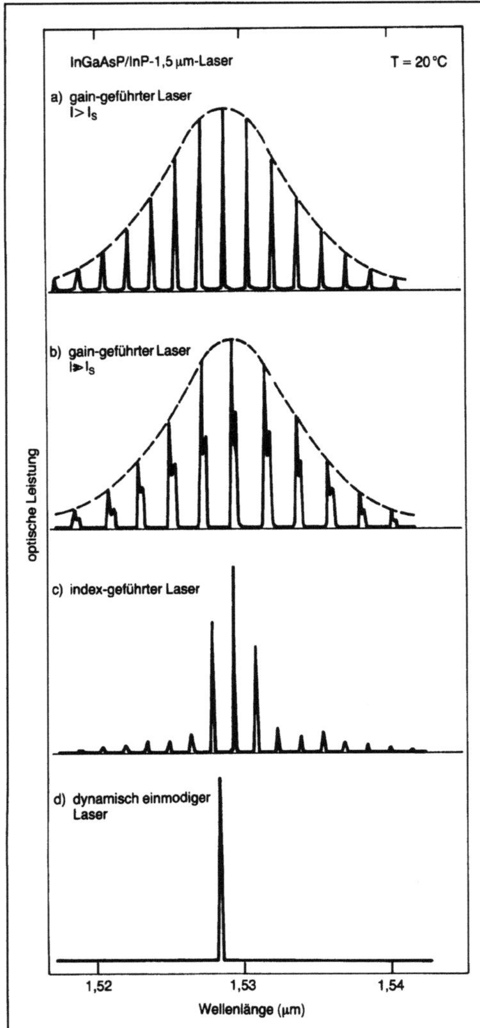

Halbleiterlaser-Spektrum: Spektren verschiedener Lasertypen.

Das Spektrum eines Halbleiterlasers verschiebt sich entsprechend der Bandkante des Materials mit wachsender Temperatur zu größeren Wellenlängen, z. B. GaAlAs $d\lambda/dT$ 0,2 nm/K; InGaAsP (λ=1,5 μm) $d\lambda/dT$ 0,3 nm/K). Während bei gain-geführten Lasern eine Verschiebung des gesamten Modenkammes erfolgt, treten bei index-geführten Lasern Intensitätsverschiebungen von einer Mode zur anderen auf (mode-hopping).

Dynamic-single-mode-Laser emittieren unabhängig von der Modulationsfrequenz eine longitudinale Mode, die sich allerdings mit wachsender Frequenz verbreitert (→Halbleiterlaser-chirping).

Bei selektiven Resonatoren (DBR, DFB-Laser, →DSM-Halbleiterlaser) wird die Temperaturabhängigkeit der Emissionswellenlänge durch die Änderung des Brechungsindex dn/dT bestimmt. Sie beträgt bei GaAs und InGaAsP 0,06–0,1 nm/K. Da sich die Gain-Kurve mit 0,3 nm/K verschiebt, fällt die selektive Resonatorwellenlänge nur innerhalb eines begrenzten Temperaturbereiches mit der gain-Kurve zusammen; außerhalb kann ein Fabry-Perot-Verhalten auftreten. In gekoppelten Systemen (z. B. →C³-Laser, →LCC-Laser, externe Spiegel) verschiebt sich die Emissionswellenlänge innerhalb sehr enger Bereiche entsprechend dn/dT, dann erfolgt ein mode-hopping, so daß eine Gesamtverschiebung entsprechend der gain-Kurve erfolgt.

Rosenzweig

Literatur: *Paul, R.:* Optoelektronische Halbleiterbauelemente, Stuttgart 1985.

Halbleiterlaser-Wärmesenke. Vergoldeter Kupferblock, der sowohl als mechanischer Träger für den winzig kleinen Halbleiterlaser-Chip (typ. Dimensionen: 0,2 mm *0,25 mm *0,1 mm) als auch als Kühlkörper dient.

Die Differenz zwischen eingespeister elektrischer Leistung und der emittierten optischen Leistung wird in Wärme umgewandelt, die aus dem extrem kleinen aktiven Volumen (0,2 μm *2,0 μm *250 μm) abgeführt werden muß. Dazu wird der →Halbleiterlaser entweder direkt oder über einen Zwischenträger aus Diamant oder Silicium auf einen vergleichsweise großen Metallkörper (i. a. vergoldeter Kupferblock) mit entsprechenden Lotmaterialien (z. B. Indium oder Gold-Zinn-Legierungen) aufgelötet (Bild).

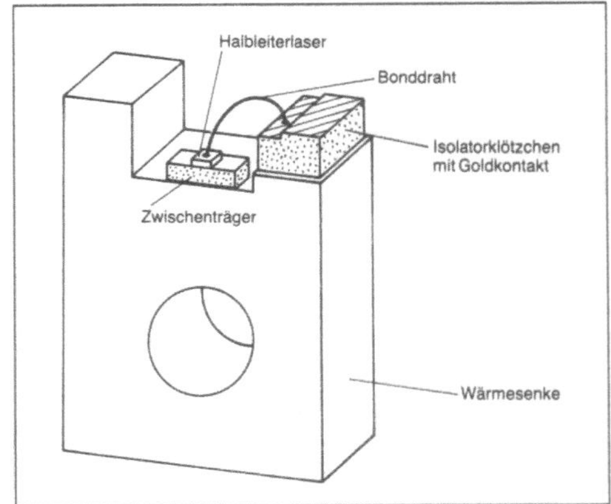

Halbleiterlaser-Wärmesenke: Prinzipieller Aufbau.

Üblicherweise wird der Halbleiterlaser mit der Schichtseite zur Wärmesenke aufgelötet, um den Weg durch die vergleichsweise schlecht leitende Substratschicht zu vermeiden. Der Zwischenträger dient zur Anpassung der thermischen Ausdehnungskoeffizienten von Halbleitermaterial, Metall und Lot. Gleichzeitig erhöht er die Wärmeableitung, da der →Wärmewiderstand zwischen den extrem glatten Kristallflächen (Halbleiterlaser/Zwischenträger) geringer ist als zwischen Kristall und Metall; am Übergang Zwischenträger/Metall ist dann die Fläche größer.

Der resultierende Wärmewiderstand läßt sich ermitteln aus den Schwellenströmen für Puls- und kontinuierlichen Betrieb I_S^{cw}, I_S^{Puls}, der Temperaturabhängigkeit des Schwellenstromes ausgedrückt durch T_0 und den Serienwiderstand R_s

$$R_T = T_0 \frac{\ln (I_S^{cw}/I_S^{Puls})}{U_{pn} I_S^{cw} + R_s (I_S^{cw})^2}$$

Typische Werte liegen zwischen 20 K/W und 40 K/W. Ein zu hoher Wärmewiderstand führt zu einer Erwärmung der Laserschicht, was sich in unerwünschten Nichtlinearitäten in der P-I-Kennlinie widerspiegelt.

Technologisch problematisch ist das Auflöten der Halbleiterlaser. Es müssen Lotmaterialien benutzt werden, die eine geringe thermische Belastung erfordern. Zusätzlich sind in den Laserkontakten Diffusionbarrieren nötig, die eine Diffusion des Lotmaterials in die aktive Schicht verhindern.

Rosenzweig

Halbleiter-Photodiode. Die H.-P. gehört zur Gruppe der Quanten- Photodetektoren und ist eine in Sperrichtung betriebene →Halbleiterdiode, die bei Beleuchtung unter Ausnutzung des inneren photoelektrischen Effektes einen Photostrom erzeugt.

Durch einen speziellen Aufbau der Diode und bei einer ausreichend hohen →Sperrspannung ist ferner eine Verstärkung des Photostromes durch Ladungsträgervervielfachung zu erreichen (→Lawinenphotodiode).

□ Aufbau, Wirkungsweise und Eigenschaften von H.-P.:

Sie bestehen im einfachsten Fall (Bild 1) aus zwei gleichen, jedoch unterschiedlich dotierten Halbleitermaterialien (p, n), an deren →Kontaktfläche eine →Raumladungszone RLZ (→Sperrschicht) mit einem elektrischen Feld $\vec{E}$ ausgebildet ist (Homopn-Übergang). Durch Anlegen einer Betriebsspannung $U_B < o$ (Sperrspannung) läßt sich die Breite der Raumladungszone vergrößern. Bei Beleuchtung einer solchen Anordnung wird ein Teil der eingestrahlten Lichtleistung P_O an der Oberfläche reflektiert (Fresnel-Reflexion, $R \cdot P_0$ im Bild 1). Dieser Anteil kann in der Praxis durch das Aufbringen spezieller Antireflexionsschichten vermindert werden. Die in den Halbleiter eindringenden Photonen werden absorbiert und erzeugen innerhalb und außerhalb der RLZ Elektron-Loch-Paare, wenn die Photonenenergie W_{PH} größer als der →Bandabstand E_G des Halbleiters ist ($W_{PH} > E_G$). Der örtliche Verlauf der Absorption wird vom wellenlängenabhängigen Absorptionskoeffizienten α des Materials bestimmt (Bild 1). Die in der RLZ generierten →Ladungsträger werden augenblicklich durch das vorhandene elektrische Feld räumlich getrennt. Ladungsträgerpaare, die außerhalb der RLZ aber innerhalb sogenannter Diffusionsbereiche entstehen, erfahren ebenso eine räumliche Trennung, wenn der jeweilige Minoritätsladungsträger bis an den Rand der RLZ diffundierten und von dort durch das lokale elektrische Feld zur anderen Seite des Überganges beschleunigt wird. Minoritätsladungsträger sind diejenigen Ladungsträger, die in einem Halbleitertyp die Minderheit repräsentieren (d. h. Elektronen im p-Halbleiter, Löcher im n-Halbleiter). All diejenigen Minoritätsladungsträger, die vor Erreichen der RLZ rekombinieren, tragen nicht zur →Photoempfindlichkeit des Detektors bei.

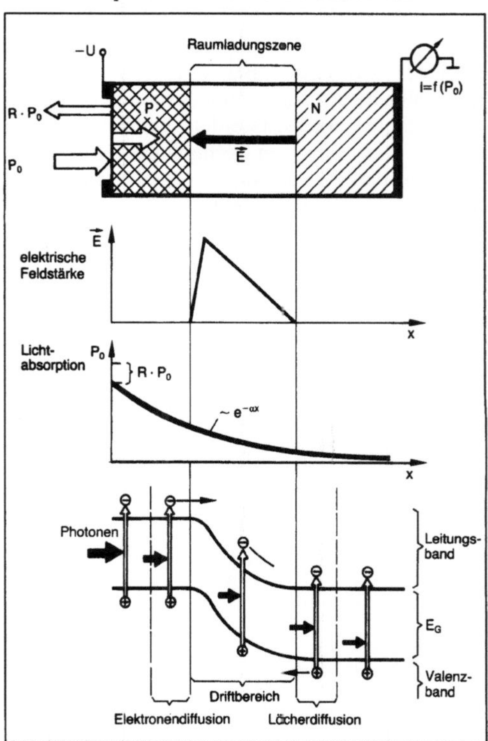

Halbleiter-Photodiode 1: Aufbau, elektrische Feldstärkeverteilung, Lichtabsorption und Bändermodell einer pn-Homostruktur-Photodiode (R: Reflexionskoeffizient des Halbleitermaterials, E_F: Fermienergie, I: Photostrom, U_B: Betriebsspannung $< 0\,V$).

pn-Photodioden sind im allgemeinen schnelle Photodetektoren, deren zeitliches →Auflösungsvermögen außer von der →Sperrschichtkapazität und dem vorhandenen Lastwiderstand, allein durch die Zeiten bestimmt wird, die die generierten Ladungsträger für die →Diffusion zur RLZ (Diffusionszeit) und zu deren Durchquerung (Driftzeit) benötigen. Da die mittleren Diffusionsgeschwindigkeiten wesentlich kleiner als die Driftgeschwindigkeiten in der RLZ sind, wird das Zeitverhalten einer →Photodiode entscheidend von der relativ langsamen Diffusion der Minoritätsladungsträger beeinflußt. Zur Erzielung maximaler Photoströme und optimaler Zeitauflösung wird daher die vollständige Absorption von Photonen innerhalb der RLZ angestrebt. Bessere Eigenschaften im Vergleich zur einfachen pn-Photodiode weist i. allg. die sogenannte →pin-Photodiode auf.

□ Herstellung von H.-P.:

H.-P. sind – wie viele andere Halbleiter-Photodetektoren auch – in Planar- oder Mesabauweise (Bild 2) als Homo- oder Heterostrukturen in den verschiedensten Ausführungen herstellbar. Den Ausgangspunkt für ihre Produktion bildet ein Träger-Halbleitermaterial (→Substrat), auf welches mittels unterschiedlicher Epitaxie-Verfahren (LPE, MOCVD, MBE, MOMBE, VPE) eine oder mehrere Halbleiterschichten mit möglichst gleicher Gitterkonstante gewachsen werden. Anschließend wird in mehreren einzelnen technologischen Prozeßschritten die Photodiode aus der vorliegenden Schichtenfolge herausgebildet (z. B. →Diffusion oder →Ionenimplantation zur Erzeugung von p-Gebieten, Herstellung von Metallkontakten, Deposition von Passivierungsschichten).

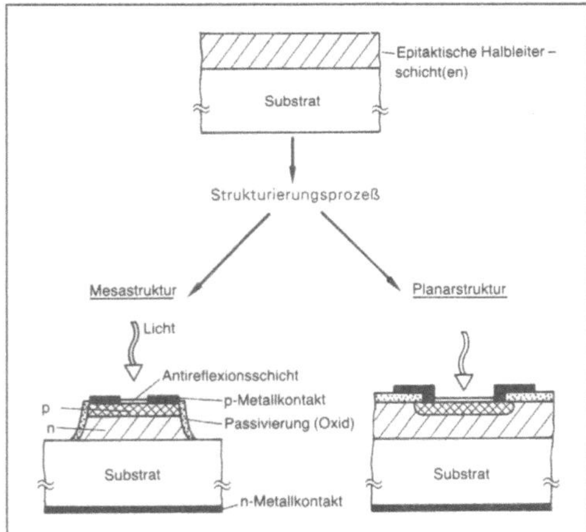

Halbleiter-Photodiode 2: Technologische Grundstrukturen.

Als besonders vorteilhaft zur Herstellung leistungsfähiger Photodioden erweist sich der Aufbau als Heterostrukturen. In diesem Fall besteht eine Photodiode aus verschiedenen Halbleiterschichten mit unterschiedlichen Bandabständen E_G. Voraussetzung hierfür ist die Verfügbarkeit von Mischkristallhalbleitern wie z. B. $In_{1-x}Ga_xAs_yP_{1-y}$ oder $Ga_{1-x}Al_xAs$ (x, y: Mischungsparameter), die sich gitterangepaßt auf einem Substratmaterial (z. B. →InP oder →GaAs) wachsen lassen. Derartige Strukturen sind nicht nur für die Herstellung leistungsfähiger H.-P., sondern allgemein für die moderne Bauelemententwicklung auf Halbleiterbasis von sehr großer Bedeutung.

Die ausgezeichneten Eigenschaften, die geringen geometrischen Abmessungen, die Möglichkeit einer kostengünstigen Massenherstellung und die Integrierbarkeit mit anderen Bauelementen auf einem Substrat favorisieren die H.-P. gegenüber anderen Photodetektoren für zahlreiche Anwendungen in der modernen →Optoelektronik. *R. Kaiser*

Literatur: *Sze, S. M.*: Physics of Semiconductor Devices, New York–Chichester–Brisbane–Toronto-Singapore, 1981. – *Winstel, G.* und *C. Weyrich:* Optoelektronik II, Reihe: Halbleiter-Elektronik, Berlin–New York–Wien–Tokio, 1986.

Halbleiter-Pulslaser. →Halbleiterlaser zur Erzeugung kurzer und/oder intensiver optischer Impulse.

Halbleiterlaser lassen sich prinzipiell durch den Strom direkt pulsen, wobei im Vergleich zum kontinuierlichen Betrieb (cw) weit höhere Spitzenleistungen möglich sind, wenn die Pulsfolgefrequenz so gewählt ist, daß die durchschnittliche Leistung unter dem cw-Wert bleibt. Es gibt verschiedene Verfahren:

□ Einem konstanten Vorstrom (Biasstrom) wird ein Strompuls überlagert (Bild a). Eine Erhöhung des Biasstromes weit über den →Schwellenstrom verringert die Pulsbreite. Mit diesem Verfahren wurden für GaAlAs-Laser 85ps erreicht. Hauptnachteil des Verfahrens ist die konstante Untergrundstrahlung durch den Biasstrom. Die Pulsfolgefrequenz ist durch die Strompulsquelle und die geforderte Pulsleistung festgelegt, typisch sind 200–1000mW bei 10–50kHz.

□ Einem kleinen Vorstrom unterhalb der Schwelle wird ein intensives Mikrowellensignal im Bereich

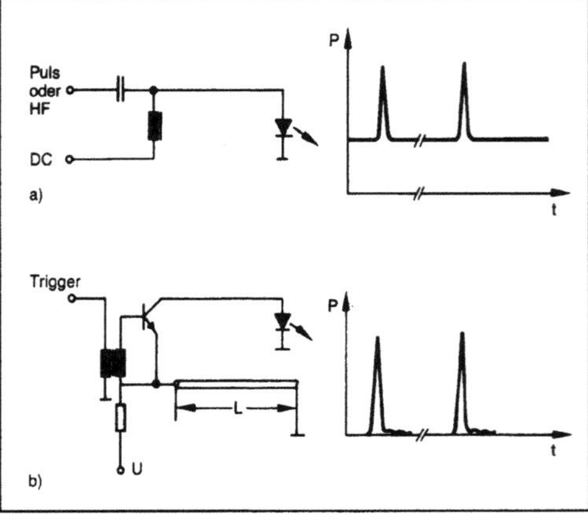

Halbleiter-Pulslaser: Pulserzeugung durch Strompulse (gain-switching).

von 0,5–2,5 GHz überlagert. Durch die Wechselwirkung zwischen Ladungsträgern und Photonen resultieren Pulse von bis unter 28 ps mit einer Folgefrequenz entsprechend dem sinusförmigen Mikrowellensignal und einer Leistung von einigen zehn mW. Die Pulsbreite ist umgekehrt proportional zum Biasstrom und zum Spitzenstrom.

□ Besonders kurze Einzelpulse werden erzielt, wenn die Eigenfrequenz der Relaxationsschwingungen (→Halbleiterlaser-Modulationsverhalten) ausgenutzt und die Strominjektion nach der ersten Periode abgeschaltet werden. Technisch kann dies durch Entladung eines Koaxialleiters über den Halbleiterlaser erreicht werden, wobei die Länge des Leiters so gewählt ist, daß der Strompuls nach der ersten Schwingung abbricht (Bild b). Die Pulsbreite ist durch den Maximalstrom im Verhältnis zum Schwellenstrom bestimmt. Auf diese Weise wurden Pulsbreiten von 23 ps in →GaAlAs und 15 ps in InGaAsP (λ = 1,3 μm) Lasern mit Leistungen von 300 bzw. 200 mW und Pulsfolgefrequenzen von 10 bis 50 MHz erzielt.

Neben diesen für Halbleiterlaser spezifischen Methoden des gain-switching lassen sich Folgen kurzer Pulse durch die für konventionelle →Laser bekannten Methoden des Modenkoppelns (→Modelocking) erreichen. Die Modenkopplung erfolgt entweder passiv durch externe oder in den Laser eingebaute sättigbare Absorber oder aktiv durch elektro-optische Modulatoren. Im ersten Fall werden spezielle absorbierende Halbleiterschichten auf einen externen Spiegel aufgedampft oder intern die kristallographische Struktur des Lasers im Bereich eines Austritt-Spiegels durch Protonenimplantation zerstört bzw. eine zweite Stromsektion mit steuerbarer Absorption eingebaut (→Halbleiterlaser-Selbstpulsation). Es resultieren Pulsbreiten von 0,56 ps mit GaAlAs-Lasern im Ringresonator und internem Absorber bzw. 1,6 ps bei externem Absorber. Die Pulsfolgefrequenzen liegen bei 0,5–1 GHz. Aktive Modenkopplung kann durch einen elektrooptisch gesteuerten →Richtkoppler erfolgen. Hieraus ergeben sich Pulsbreiten von 22 ps mit einer Folgefrequenz von 7,2 GHz in InGaAsP-Lasern.

Alle bisherigen Verfahren hatten extrem kurze Pulse zum Ziel. Hohe Pulsleistungen werden erreicht durch Stapel von Einzellasern bzw. von Arrays (→Halbleiterlaser-Array). Es sind kommerziell Stapel mit Pulsleistungen bis zu 1,2 kW erhältlich. Die Pulsdauer wird infolge der für die parallel geschalteten Laser hohen Ströme durch die →Stromquelle bestimmt. Sie liegen im Bereich von 50 bis 200 ns bei Folgefrequenzen von 12–50 kHz.

Während Laser mit ultrakurzen Pulsen in erster Linie für zeitaufgelöste Untersuchungen verwendet werden, kommen Hochleistungs-Pulslaser für Entfernungsmessungen, in der Medizintechnik, als Lichtschranken, zur Nachrichtenübertragung ohne Fasern oder als Infrarot-Beleuchtungsquellen zur Anwendung. *Rosenzweig*

Halbleiterrelais →Relais, statisches

Halbleiterscheibe. (*engl.* wafer) Halbleiter werden üblicherweise als Einkristalle aus einer Schmelze gezogen (→Kristallziehen). Durch →Sägen werden sie in einzelne Scheiben getrennt und anschließend durch →Läppen und →Polieren zu H. weiterverarbeitet. Diese Scheiben sind das Ausgangsmaterial für die weiteren Prozeßschritte der →Halbleitertechnologie auf dem Weg zu Halbleiterbauelementen (Tabelle). Bauelemente aus →Silicium werden vorwiegend aus 100 und 125 mm Scheiben gefertigt, erste Linien für 200 mm werden aufgebaut. GaAs-Scheiben sind bis zu Größen um 100 mm erhältlich. Alle anderen einkristallisierten Halbleiter haben kleinere Abmessungen. H. werden auch oft als Substrate bezeichnet. Substrat nennt man allgemein jede Unterlage für einen halbleitertechnologischen Prozeß, z. B. auch einkristalline Siliciumscheiben. *Ryssel*

Halbleiterscheibe. Tabelle: Typische Durchmesser und Dicken von Siliciumscheiben

Durchmesser	Dicke (μm)
2″	280±10
3″	381±10
100 mm	525±10
125 mm	625±10
150 mm	675±10

Halbleiterschutzgesetz. Durch das H. wird die geometrische Struktur – Topographie – eines Halbleitererzeugnisses – Mikrochip – geschützt. Schutzgegenstand können im Gegensatz zur entsprechenden Regelung in den USA nicht nur der Halbleiterchip als solcher, sondern z. B. auch die →Masken oder das →Layout zu dessen Entwicklung sein.

Das neue Schutzrecht kann für die Bundesrepublik Deutschland von EG-Staatsangehörigen erlangt werden, die eine Niederlassung im EG-Bereich haben. Es stellt damit einen Investitionsschutz für eine im Bereich der EG erbrachte Leistung dar.

Im Unterschied zu technischen Schutzrechten, wie Patent oder Gebrauchsmuster, wird ausschließlich die geometrische Gestaltung des Mikrochips geschützt und nicht seine technische Funktion oder sein technologischer Aufbau. Voraussetzung für den Schutz einer Topographie ist nach § 1, Abs. 1, S. 1, daß diese „Eigenart“ aufweist. Hierbei ist nach § 1, Abs. 2 vorausgesetzt, daß die Topographie selbst das Ergebnis geistiger Arbeit ist und nicht die reine Nachbildung einer fremden Topographie. Darüber hinaus beinhaltet der Begriff „Eigenart", daß die Topographie nicht alltäglich sein darf, d. h. nicht nur dem in der Halbleiterindustrie üblichen Standard entspricht.

„Neuheit" im patentrechtlichen Sinne ist dagegen für die Topographie nicht Schutzvoraussetzung. Die unabhängige Schöpfung einer bereits existierenden Topographie und vor allem die Weiterentwicklung eines Halbleitererzeugnisses auf der Grundlage der Analyse einer geschützten Topographie - sogenanntes „Reverse Engineering" - wird für zulässig angesehen. Auch verlangt die Schutzfähigkeit nicht eine persönliche geistige Schöpfung oder eine das Können eines Durchschnittsfachmanns übersteigende Maßnahme entsprechend den Vorschriften des Urheberrechtsgesetzes „Werkshöhe" bzw. des Patentgesetzes „erfinderische Tätigkeit". Da es sich um ein reines Registerrecht handelt, erfolgt durch das Deutsche Patentamt keine Prüfung der Anmeldung, hinsichtlich des Vorhandenseins einer Eigenart oder der Richtigkeit der vorgebrachten Tatsachen.

Mit der Anmeldung beim Deutschen Patentamt ist ein Eintragungsantrag einzureichen, der die Daten zur Identifizierung des Anmelders und die Bezeichnung der Topographie enthalten muß, sowie Unterlagen zur Identifizierung bzw. Veranschaulichung der Topographie. Bei den Unterlagen ist in erster Linie an Zeichnungen bzw. Fotografien der zu schützenden Topographie gedacht, z. B. Layouts, Masken/Teilmasken oder andere Abbildungen von Schichten des Mikrochips. Zur Ergänzung können Datenträger oder Ausdrucke davon oder der Chip selbst sowie seine Funktionsbeschreibung zur erläuternden Darstellung mit eingereicht werden.

Cohausz

Halbleiterspeicher. Monolithisch integrierte Schaltung für die kurz- oder langzeitige Speicherung von digitalen Informationen kleineren bis größten Umfanges, der hauptsächlich vom →Integrationsgrad bestimmt ist.

Grundsätzlich besteht ein H. aus Speicherzellen, die so organisiert sind, daß von außen zu jeder Zelle Zugriff besteht. Jede Zelle vermag 1 bit zu speichern. Mehrere Zellen lassen sich zu einem Wort (Datenbreite z. B. 4 oder 8 bit) zusammenfassen. Die Bits eines Wortes werden gleichzeitig adressiert sowie parallel eingeschrieben oder ausgelesen. Im Gegensatz zu so einem wortorganisierten Speicher wird beim bitorganisierten jede →Speicherzelle einzeln adressiert.

Hinsichtlich der Speicherorganisation unterscheidet man verschiedene Gruppen:
□ Speicher mit seriellem (sequentiellem) Zugriff, dann hängt die →Zugriffszeit zu einer Zelle von deren räumlicher Lage ab,
□ Speicher mit beliebigem Zugriff, dann ist die Zugriffszeit zu jeder Zelle etwa gleich.
□ Speicher mit inhaltsorientiertem oder assoziativem Zugriff. Im Gegensatz dazu nennt man die ersten beiden Gruppen ortadressiert (Adreßspeicher).

Aufbaumäßig enthält der H. deshalb außer den Speicherzellen noch Schaltungen zum Auffinden der Information (Adressenauswahl und -dekodierung, Lese- und Pufferverstärker) sowie Steuereinheiten, die alle auf dem Chip mit integriert sind. Die wichtigsten Kenngrößen eines H. sind:
– Die *Speicherkapazität,* die die speicherbare Informationsmenge angibt. Sie wird in →Bit oder →Byte angegeben, je nach der Organisationsform. Die Speicherkapazität ist der Zellenzahl proportional. Man verwendet zur Angabe die Potenzen 2^{10}, 2^{20}, 2^{30} (oder die entsprechenden Vorsätze K, M, G, z. B. 1 Mbit = 2^{20} bit = 1 024 000 bit (zum Vergleich: eine Schreibmaschinenseite DIN A4 enthält etwa die Informationsmenge 16 Kbit = 2 Kbyte).
– Die *Zugriffszeit* als Maß für die Geschwindigkeit der Informationsverarbeitung: Zeit zwischen dem Anlegen einer Speicheradresse und dem Zugriff zur gespeicherten Information.
– Die *Zykluszeit* als mindestens erforderliche Zeit zwischen zwei aufeinanderfolgende Speicherzugriffe. Ihr Kehrwert entspricht bei Speichern mit frei wählbarem Zugriff – etwa einem →RAM der maximalen Datenrate (z. B. RAM mit einer Wortlänge 4 bit und einer Zykluszeit von 1 μs hat eine maximale Datenrate von 4 bit/1 μs = 4 Mbit/s).

Andere Merkmale eines H. beziehen sich auf elektrische Größen: →Verlustleistung, Betriebsspannung, Zahl der Anschlüsse. Ein weiteres wichtiges Kennzeichen der H. ist ihr Verhalten beim Abschalten der Betriebsspannung. Danach unterscheidet man flüchtige und nichtflüchtige Speicher. Im ersten Fall geht die Information verloren, im letzten nicht. Eng damit zusammen hängt die Löschbarkeit des Speichers. Sie kann gewollt sein (wenn der Speicher z. B. zur Aufnahme neuer Informationen bereit sein soll) oder ungewollt (nicht löschbar, wenn die Information auch bei →Spannungsabfall erhalten bleiben soll).

Bei H. unterscheidet man deshalb folgende typische Gruppen (Bild 1):
□ →Schreib-Lese-Speicher (RWM). Hier kann die Information beliebig oft ein- und ausgelesen werden. Sie dienen zum schnellen Datenaustausch (deshalb oft auch Variablenspeicher genannt) und zählen zu den flüchtigen Speichern, da sie ihre Information bei Spannungsausfall verlieren. RWM werden entweder als statische oder dynamische Speicher ausgeführt. Im letzten Fall muß die Information im Speicher periodisch aufgefrischt werden, weil sie in Kondensatoren gespeichert wird. Diese Technik hat deutliche Vorteile bei der Integration gegenüber statischen Speicherzellen, wo die Spei-

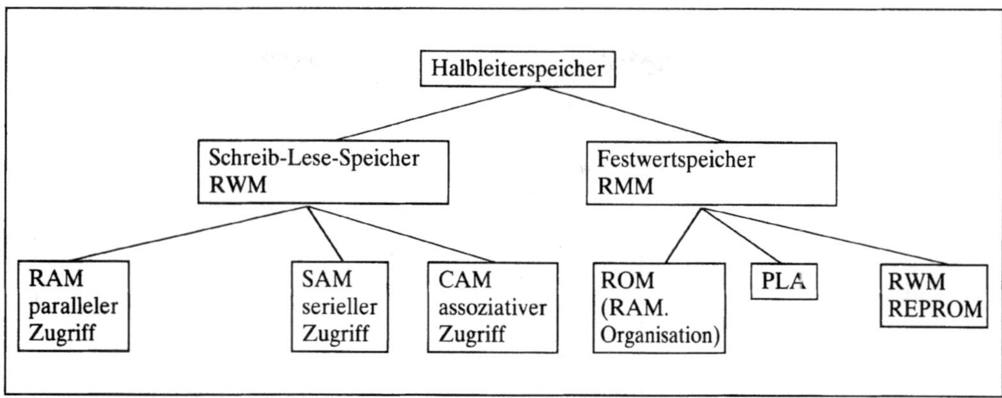

Halbleiterspeicher 1: Einteilung und Übersicht.

cherzelle aus Flip-Flops besteht. Nach der Zugriffszeit lassen sich diese Speicher weiter unterteilen.

□ Vorwiegend-Lese-Speicher (RMM, Read mostly Memories). Der Speicherinhalt ist beliebig oft lesbar, das Einschreiben jedoch nur begrenzt oft und erheblich langsamer möglich. Besonders wichtige Untergruppen sind hierbei die ROM's (→Nur-Lese-Speicher) und PLAs (Programmierbare Felder). Im ersten Fall kann die Information beliebig oft gelesen, aber nur einmal (z. B. durch den Schaltkreishersteller oder Anwender) eingeschrieben werden. Weil dies eine sehr starke Einschränkung bedeutet, hat man andere Formen – sog. programmierbare ROM's (→PROM, →EPROM, EEROM) entwickelt, die vom Anwender z. T. mehrfach beschrieben werden können (Tabelle).

Halbleiterspeicher. Tabelle: Zusammenstellung typischer Prinzipien von Halbleiterspeichern mit Matrixstruktur.

Speicherart		Ort und Art der Informationsspeicherung	Schreiben	Lesen	Bemerkungen
RAM	SRAM	Flip-Flop (Schaltung), Strom-Spannungszustand	Ladungsimpuls auf Schreibleitung	Nichtzerstörende Messung der Ladung	
	DRAM	Kapazität der Speicherzelle, Ladung		Zerstörende Messung der Ladung	Periodische Informationsauffrischung erforderlich
RMM	ROM	Leitungsverbindung (oder Unterbrechung)	Leitungsverbindung	Nicht zerstörendes Lesen der Verbindung	nicht löschbar
	(PROM)		(vom Anwender durchführbar)		
	EPROM	Floating-Gate-Transistor, Schwellspannungsänderung	Ladungsinjektion auf Floating-Gate	Nichtzerstörende Bezugnahme auf eingestellte Schwellenspannung	Löschen des ganzen Speichers durch UV-Bestrahlung
	EEROM	Floating-Gate Transistor (auch MNOS-Transistor), Schwellspannungsänderung	Tunnel-Injektion auf Floating-Gate	Nichtzerstörende Bezugnahme auf eingestellte Schwellenspannung	Löschen der Einzelzelle durch Ladungsabsaugen über Tunneleffekt

Nach der Schaltungsstruktur lassen sich H. unterteilen in Umlaufspeicher und Matrixspeicher, die sich in der Wirkungsweise grundsätzlich unterscheiden. Umlaufspeicher bestehen aus Schieberegistern (wobei mehrere parallel angeordnet sein können), in denen die gespeicherte Information zyklisch umläuft. Dieses Speicherkonzept findet sich – außer in den Schieberegistern – vor allem bei Ladungstransportspeichern (CCD-, BBD-Schaltungen), bestehend z. B. aus dicht nebeneinander liegenden MOS-Kapazitäten, in denen Ladungen gespeichert sind und die durch ein Taktsignal verschoben werden. Die gespeicherte Information ist dabei in den Ladungspaketen enthalten, und es liegt ein dynamisches Speicherprinzip vor.

Die Matrixspeicher lehnen sich in ihrer Aufbaustruktur an die →Kernspeicher an. In den Schnittpunkten der x-y-Adreßleitungen sitzen die Speicherzellen mit der gespeicherten Information (Bild 2).

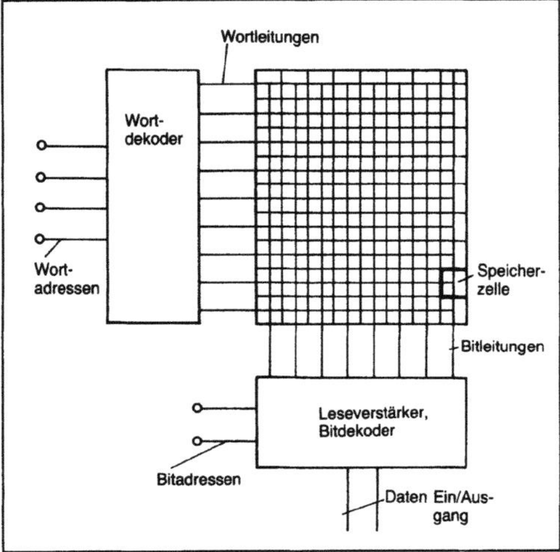

Halbleiterspeicher 2: Prinzipieller Aufbau im Falle der Matrixform.

Vom Schaltungskonzept her gesehen werden die Halbleiterspeicher in nahezu allen wesentlichen Realisierungstechniken ausgeführt:
- in →Bipolartechnik als RAM mit kleinerer Speicherkapazität (wegen des Fehlens einer bipolaren Höchstintegrationstechnik mit hoher →Packungsdichte, auch nur statische Technik, sehr breit in →MOS-Technik (Einkanal-, zunehmend →CMOS-Technik) für größte Speicherkapazitäten in statischer und vor allem dynamischer Technik,
- zunehmend in GaAs-MESFET-Technik, jedoch mit kleinerer Speicherkapazität.

Je nach der Speicherart (→SRAM, →DRAM, →ROM, PROM, →EEPROM) unterscheiden sich die einzelnen H. schaltungstechnisch z. T. deutlich, obwohl nur eine relativ begrenzte Zahl von Wirkprinzipien, Lese- und Schreibverfahren Anwendung findet.

Trend: H. zählen wegen ihres regelmäßigen Aufbaus, der großen Einsatzbreite und ihrer großen wirtschaftlichen Bedeutung für die Computerindustrie zu den technisch wie wirtschaftlich interessantesten Produkten der Mikroelektronik. Vor allem aus wirtschaftlichen Gründen sind sie deshalb schon sehr früh zum Schrittmacher für die Erhöhung des Integrationsgrades geworden; ein Trend, der heute noch anhält. Die Speicherkapazität pro Chip (DRAM) hat sich bei MOS-Speichern in der Vergangenheit etwa alle drei Jahre vervierfacht. Gegenwärtig befinden sich 4-Mbit-Speicher (DRAM) in einem ausgereiften Entwicklungsstadium und für Mitte der 90er Jahre werden 64-Mbit-Speicher erwartet. Bei Bipolarspeichern verlief die Entwicklung weniger stürmisch, weil die Packungsdichte geringer ist.

Die Erhöhung der Speicherkapazität wird hauptsächlich durch drei Maßnahmen verfolgt:
- schaltungstechnische Vereinfachung der Speicherzelle, wobei die derzeit für DRAM verwendeten Ein-Transistor-Kondensatorzellen kaum noch Vereinfachungen erlauben,
- Verkleinerung der Speicherzellenfläche (→Lateralstruktur) durch verbesserte technologische Verfahren mit kleinerer minimaler Strukturgröße. Galten für 16-Kbit-Speicher noch 5 μm als typische Strukturbreite, so hat sich diese Zahl mit jeder neuen Speichergeneration (64 Kbit (3), 256 Kbit (2), 1 Mbit (1)) verkleinert (DRAM).

Für das Gebiet jenseits von 1 Mbit rechnet man mit Strukturen unter 1 μm und betritt damit den Submikrometerbereich. Die Zellenfläche sank von →Generation zu Generation um etwa ein Drittel. Das dabei eine Reserve in der dreidimensionalen Integration gesehen wird, liegt auf der Hand. Tatsächlich haben moderne Ein-Transistorzellen schon einen →Kondensator, der in die Tiefe reicht und damit die dritte Dimension beansprucht.
- Durch Ausbeutesteigerung, um einerseits die Herstellung wirtschaftlich zu machen, andererseits nicht durch Einbau fehlerorientierender Maßnahmen einen Teil des durch die Strukturverkleinerung erzielten Flächengewinns wieder zu verlieren.

Die Kosten pro Bit fielen während des gesamten Zeitraums ständig. Hieraus erkennt man zugleich die wirtschaftliche Ursache der Höchstintegration: es ist nicht allein die technische Forderung an sich.

Weitere wichtige Kennwerte sind die Verlustleistung der Zelle (Leistungsaufnahme pro Bit) sowie die Höhe der Versorgungsspannungen. Geht man davon aus, daß die Gesamtverlustleistung eines H. gehäusebestimmt ist und einige wenige Watt (1–3 W) beträgt, so folgt daraus über der Zeit eine kontinuierliche gesunkene Verlustleistung pro Zelle.

Die Höhe der Betriebsspannung ergibt sich seit langem aus der Forderung nach Kompatibilität zu TTL-Schaltungen (5 V). Weil diese Spannung vor allem bei Kurzkanaltransistoren zu Heißelektroneneffekte führt, die die →Zuverlässigkeit stark beeinträchtigen, ist die Forderung nach kleinerer Betriebsspannung stark gestiegen, obwohl damit z. B. die Empfindlichkeit der Leseverstärker erhöht werden muß. Spannungsumsetzerschaltungen auf dem Chip sind vorgeschlagene Wege, das Betriebsspannungsproblem unter Beibehaltung der TTL-Kompatibilität zu lösen.

Der allgemeine Trend der Speicherentwicklung zielt ab auf:

□ Eine weitere Vergrößerung der Speicherkapazität aus wirtschaftlichen Gründen. Dabei sind 16-Mbit- und 64-Mbit-Speicher durchaus mit den jetzigen Mitteln der Halbleitertechnik machbar.

□ Forcierte Maßnahmen zur Erreichung hoher →Ausbeute und Zuverlässigkeit (Fehlertoleranz, Beherrschung verschiedener Degradationseffekte).

□ Intensive Weiterentwicklung der EEPROM zu größerer Zuverlässigkeit, bequemer Löschbarkeit und hoher Datenstandzeit.

□ Maßnahmen zur Erhöhung der Datendurchsatzrate (RAM durch andere Betriebsmoden).

□ Einsatz sehr verlustarmer und schneller Schaltungstechniken. So tendiert die Entwicklung der SRAM eindeutig zur →CMOS-Technik im VLSI-Bereich, doch gibt es für die Peripherie Schaltungsteile, die zweckmäßig in Mischtechnik ausgeführt werden.

Insgesamt ist aus heutiger Sicht abzusehen, daß die Entwicklung der H. auch weiterhin die Haupttriebkraft für die weitere Entwicklung der Mikroelektronik sein wird. *R. Paul*

Literatur: *Millman, J.* and *A. Grabel:* Microelectronics. New York 1986. – *Paul, R.:* Mikroelektronik – eine Übersicht. Berlin 1990. – *Tietze, U.* und *Ch. Schenk:* Halbleiterschaltungstechnik. Berlin 1985.

Halbleiter-Strahlungsdetektor. Die bei der Absorption eines ionisierenden Photons oder Teilchens in einem geeigneten →Halbleiter freigesetzten und gesammelten Ladungen führen bei ladungsempfindlicher Verstärkung des Signals zu diskreten Impulsen, deren Höhe proportional der absorbierten Strahlenenergie ist. Wird die gesamte Energie eines Teilchens oder Photons im Detektor abgegeben (Totalabsorbtion), entstehen Impulse, deren Höhe der Teilchen- oder Photonenenergie proportional sind (→Silicium-Dosimeter).

Als Halbleitermaterialien werden →Germanium (in Reinstform oder Lithium dotiert), →Silicium (mit Lithium dotiert) oder III-V-Verbindungen (wie Galliumarsenid oder Cadmiumtellurid) verwendet. Die Bauweise der Halbleiterdetektoren und das Material sind der Meßaufgabe angepaßt.

Geladene Teilchenstrahlen (z. B. Alphastrahlen) oder sehr niederenergetische Photonen werden mit Silicium-Detektoren nachgewiesen, deren empfindliche Schicht, der →pn-Übergang, an der Oberfläche liegt. Diese Schicht wird durch Oberflächenoxidation (Oberflächensperrschichtdetektoren) oder →Ionenimplantation (PIPS-Detektoren) hergestellt. Die erreichbare Energieauflösung liegt bei der Alphaspektrometrie bei etwa 20 keV.

Zum Nachweis von Photonenstrahlung (Röntgen- oder Gammastrahlung) dienen Einkristalle aus Reinstgermanium (High-purity-Ge-Detektoren) oder lithiumdotiertem Germanium (Ge(Li)-Detektoren). Sie müssen allerdings während des Betriebs (die Ge(Li)-Detektoren auch bei Lagerung) auf tiefe Temperatur gekühlt werden. Die Detektoren werden in verschiedenen Bauformen (Planar-, Koaxial- oder Bohrlochversion) mit unterschiedlichem Volumen und damit auch unterschiedlicher Empfindlichkeit hergestellt.

Photonenstrahlung von 3 keV bis zu mehreren MeV wird mit hoher Empfindlichkeit und guter Energielinearität nachgewiesen. Der große Vorteil der Germanium-Detektoren liegt in ihrer extrem guten Energieauflösung; 2 keV-Auflösung bei 1 MeV Gammastrahlenenergie sind möglich. Sie übertreffen merklich das Energieauflösungsvermögen von Szintillationszählern. Ein weiterer wichtiger Vorteil der Germaniumdetektoren ist das günstige Verhältnis zwischen der Höhe des Photopeaks und der Höhe des Compton-Untergrunds. Diese Eigenschaften machen es möglich, mit Germaniumdetektoren auch die Spektren komplexer Nuklidgemische analysieren zu können. Allerdings haben Germaniumdetektoren einen hohen Anschaffungspreis und benötigen wegen der Kühlung einen hohen Unterhaltsaufwand. *Wachsmann*

Halbleitertechnologie. Unter H. versteht man die Gesamtheit der Prozeßschritte, die benötigt werden, um aus einer →Halbleiterscheibe Halbleiterbauelemente wie →Dioden, →Transistoren, auf dem Halbleiterprinzip beruhende →Sensoren, →Integrierte Schaltungen, →Thyristoren, etc. herzustellen, unabhängig vom Halbleitermaterial (→Silicium, →Germanium, →Verbindungshalbleiter). Das Herstellen des Ausgangsmaterials durch →Kristallziehen, →Sägen, →Läppen und →Polieren, die →Kontaktierung der fertigen Bauelemente durch →Bonden sowie der Einbau in Gehäuse (→Gehäusung) wird im engeren Sinn nicht zur H. gerechnet. Die Prozeßschritte der H. sind →Reinigung, →Ätzen, →Oxidation, →Ionenimplantation, →Lithographie, →Epitaxie, →Schichtabscheidung und →Aufdampfen.

Bei einkristallinen Halbleitern geht man in der H. von polierten Halbleiterscheiben aus, die von einem Materialhersteller bezogen werden. Polykristalline oder amorphe →Halbleiter werden durch CVD-Verfahren, PVD-Verfahren oder Aufdampfen auf einem Substrat in dünnen Schichten aufgebracht.

Früher wurden Halbleiter vorwiegend nach ganzflächiger →Dotierung durch Ätzung (sog. Mesaätzung) strukturiert (Bild a). Moderne Halbleiterbauelemente aus Silicium werden ausschließlich mit Hilfe der →Planartechnologie durch selektive Dotierung hergestellt (Bild b). *Ryssel*

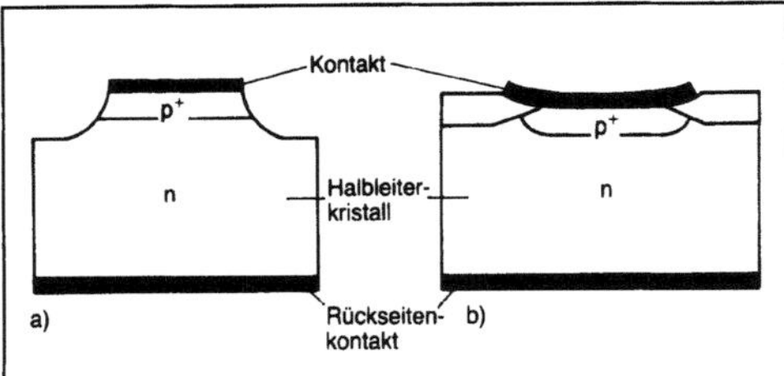

Halbleitertechnologie: Schematischer Querschnitt durch
a) eine Mesadiode
b) eine Planardiode.

Halbleiterübergang. Kristallographisch innige, elektrisch leitende Verbindung einer Grenzfläche zwischen zwei Halbleitermaterialien unterschiedlichen Leitungstyps oder verschiedener →Leitfähigkeit bzw. zwischen einem Halbleiter und Metall (→Metall-Halbleiter-Übergang).

Am H. entsteht im stromlosen Zustand durch ein Wechselspiel von Ladungsträgerausgleich und entgegenwirkender Feldkraft in Umgebung der Grenzfläche eine →Raumladungszone, die i. a. bei Stromfluß zu einer nichtlinearen Strom-Spannungs-Beziehung führt. Sie bestimmt – wie weitere grenzflächenbedingte Effekte – das Wirkprinzip vieler Halbleiterbauelemente entscheidend. Wichtige Beispiele solcher H. mit unterschiedlichem Leitungstyp sind der pn-, der pi- und ni-Übergang (pin), solche mit verschiedener Leitfähigkeit z. B. n^+n-Übergänge. Hier ändert sich die Dotierungsdichte an der Grenzfläche.

H. können als Homo- oder Heteroübergänge ausgeführt werden, ebenso als Metall-Halbleiterübergänge. Der →Homoübergang in Form des pn-Überganges ist das Grundelement sog. bipolarer Halbleiterbauelemente, er kommt aber auch in Unipolarbauelementen (z. B. Steuerstrecke des SFET-, Drain-Source-Bereiche des →MOSFET) sehr verbreitet vor. Metall-Halbleiter-Übergänge finden sich als Schottky-Übergänge in sehr vielen Halbleiterbauelementen und als sog. ohmscher →Kontakt in jedem →Halbleiterbauelement, um die Verbindung zur äußeren Schaltung zu gewährleisten. *R. Paul*

Halbleiterverstärker, optischer. →Halbleiterbauelement, in dem eingekoppeltes Licht während seiner Ausbreitung durch Strominjektion verstärkt wird. Es wird unterschieden zwischen *Fabry-Perot-* (FP-) Verstärker, *Wanderwellen-* (Travelling-Wave-, TW-) Verstärker und als Sonderform das *Injection-Locking.*

□ Fabry-Perot-Verstärker sind in ihrer Struktur →Halbleiterlaser, die unterhalb der Schwelle betrieben werden (Bild 1). Infolge der teilreflektierenden Austrittsfenster durchläuft das Licht den Verstärker mehrfach, so daß relativ hohe Verstärkungen von 30dB (GaAlAs, InGaAsP) erreicht werden. Allerdings tritt durch die vergleichsweise geringe Besetzungsinversion eine rasche Sättigung auf, die die verfügbare Leistung auf –8 bis –10dBm begrenzt. Die zu verstärkende Welle muß mit den Eigenmoden des Fabry-Perot-Resonators übereinstimmen, was Verstärkungsbandbreiten von nur 10GHz bedeutet und erhebliche Anforderungen an Strom- und Temperaturstabilisierung des Verstärkers stellt. Der aus der spontanen →Emission resultierende und mitverstärkte Untergrund ist ebenfalls in den Resonatormoden konzentriert (Bild 2) und bildet damit die primäre Rauschquelle (beat-noise). Die unterschiedlichen Reflexionskoeffizienten von TE- und TM-Wellen erhöhen die ohnehin vorhandene Differenz in der Verstärkung von TE- und TM-Wellen von 2,5dB auf 10 bis 12dB.

□ Wanderwellen-Verstärker sind in ihrer Struktur ebenfalls Halbleiterlaser, jedoch mit entspiegelten Endflächen (Bild 1). Die Verstärkung muß während eines einzelnen Durchlaufes erreicht werden. Da

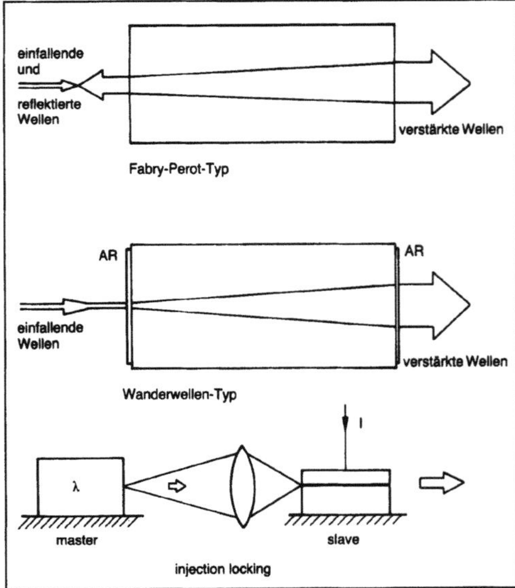

Halbleiterverstärker, optischer 1: Schematische Darstellung der verschiedenen Typen.

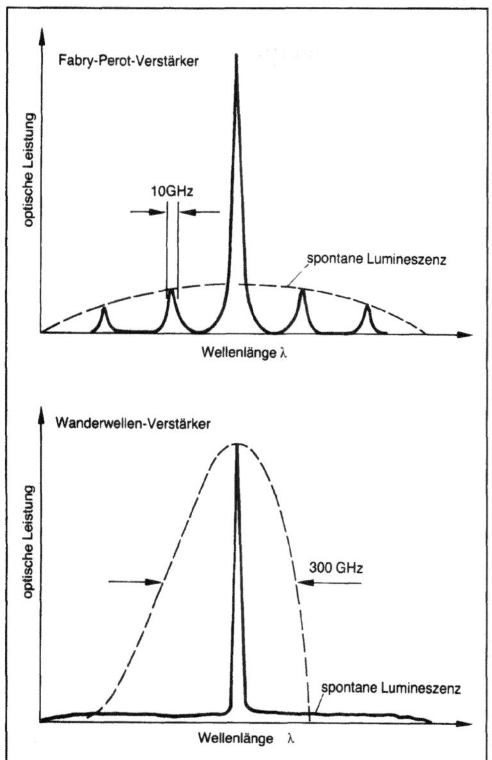

Halbleiterverstärker, optischer 2: Verstärkungsbandbreite und spontane Emission.

aber der Injektionsstrom ohne die Gefahr einer Laseroszillation deutlich angehoben werden kann (im Vergleich zum FP-Verstärker), werden dennoch Verstärkungen von 22 dB erreicht. Gleichzeitig ist die optische Sättigungsleistung mit +5 dBm deutlich höher. Die fehlenden Eigenresonanzen erlauben die gleichzeitige Verstärkung mehrerer Trägerfrequenzen innerhalb einer Bandbreite von ca. 300 GHz. Die spontane Emission ist ebenfalls über diese Bandbreite verteilt, so daß das aus ihr resultierende →Rauschen im Signal geringer ist (Bild 2). Der Verstärkungsunterschied zwischen TE- und TM-Moden beträgt nur ca. 2,5 dB. Insbesondere durch die Verteilung des Rauschens auf die gesamte spektrale Breite ist das Signal-Rauschverhältnis beim TW-Verstärker bis hin zu hohen Verstärkungen günstiger. Die Entwicklung spezieller Verstärkerstrukturen ist in Arbeit, wobei schräge Facetten zur Reduzierung der Reflexion, schmale und dicke aktive Schichten in Verbindung mit separaten Wellenleitern zur Aufhebung der Polarisationsunterschiede und Mehrsektions-Elemente zur Erhöhung der Sättigungs-Ausgangsleistung im Vordergrund stehen.

□ Während beim FP- und TW-Verstärker eine Laseroszillation vermieden wird, wird im Falle des Injektion-Locking der verstärkende Halbleiterlaser (slave) über der Schwelle betrieben. Bei ausreichender Kopplung mit dem Master wird er zur bevorzugten Emission der eingestrahlten Welle gezwungen.

O. H. existieren z. Zt. als Labormuster. Mögliche Anwendungen sind in der optischen Nachrichtentechnik anzusiedeln, und zwar als Schaltelement in optischen Verteilsystemen und als →Leistungsverstärker zur Kompensation der Faserverluste und zur Erhöhung der Sendeleistung bzw. der Empfängerempfindlichkeit. Für die Leistungsverstärkung bilden allerdings die →Faserverstärker eine vielversprechende Alternative. *Rosenzweig*

Literatur: *O'Mahony, M. J.:* Semiconductor Laser Optical Amplifiers for Use in Future Fiber Systems, J. Lightwave Technology **6** (1988) S. 531.

Halbleiterwerkstoffe. Die wichtigste Eigenschaft der →Halbleiter für die Anwendung ist die Tatsache, daß sich ihre an sich geringe elektronische →Leitfähigkeit durch Zusätze und andere Einflüsse (Licht, elektrische Felder, Ladungsträger-Injektion) um viele Zehnerpotenzen erhöhen läßt. Die moderne Festkörperelektronik, die von der Erfindung des Transistors (1949) ihren wesentlichen Anstoß erhielt, basiert vor allem auf dieser Möglichkeit. Für die Nutzbarkeit eines H. sind daher die Dotierbarkeit und die richtigen Eigenschaften der Elektronen in der Nähe der →Energielücke entscheidend.

Aus der großen Vielfalt halbleitender Substanzen haben sich für die Praxis fast ausschließlich Elemente und Verbindungen von einem einzigen Gittertyp durchgesetzt: Die Elemente →Silicium und →Germanium, die im Diamantgitter kristallisieren, und die III-V-Verbindungen, die im dazu analogen Zinkblende-Gitter auftreten (→GaAs, →InSb etc.). Die ersten Transistoren wurden aus Germanium gefertigt. Heute beherrscht Silicium über 90 % des Halbleitermarktes in der Elektronik. Das hat vor allem drei Gründe:

□ Silicium besitzt eine größere Energielücke als Germanium. Deshalb kann Silicium noch bei höheren Temperaturen (150 °C) eingesetzt werden als Germanium (75 °C), ohne daß thermisch angeregte Elektronen alle Dotierungsstrukturen überschwemmen.

□ Die →Reinigung und Kristallzüchtung (s. u.) werden sicher beherrscht, was natürlich dadurch begünstigt wird, daß nur ein Element beteiligt ist.

□ Silicium verfügt über ein chemisch und elektrisch außerordentlich stabiles Oxid, das SiO_2, welches bei hohen Temperaturen als dichte isolierende Schicht auf den Kristall aufwächst. Ohne dieses natürliche Oxid wäre die integrierte Silicium-Technologie undenkbar.

Es gibt Anwendungsbereiche, in denen Silicium aus physikalischen Gründen Beschränkungen aufweist. Nur in diesen Bereichen werden andere Halbleiter eingesetzt: Germanium für spezielle Anwendungen vor allem bei sehr hohen Frequenzen, →Verbindungshalbleiter für Anwendungen in der →Optik, →Meßtechnik und →Mikrowellentechnik. Wichtigster Vertreter der Verbindungshalbleiter ist das Galliumarsenid GaAs, das sich von Silicium und Germanium durch eine höhere →Bandlücke und vor allem durch die Tatsache auszeichnet, das der Bandübergang vom →Valenzband zum →Leitungsband ein direkter Übergang ist. Das bedingt einen hohen Wirkungsgrad bei der Lichtemission, weshalb Galliumarsenid allein und in Mischungen mit GaP in der Optoelektronik unentbehrlich ist. Galliumarsenid spielt auch in der Mikrowellentechnik eine Rolle, einerseits wegen der gegenüber Silicium erhöhten →Elektronenbeweglichkeit, andererseits wegen bestimmter, mit der Struktur des Leitungsbandes zusammenhängender nichtlinearer Effekte (Gunn-Effekt). Die höhere Elektronenbeweglichkeit ist auch der Grund für die Entwicklung schneller integrierter digitaler und analoger Schaltungen auf der Grundlage des Galliumarsenids.

Andere →III-V-Halbleiter wie InSb und InAs dienen zum Nachweis magnetischer Felder, wobei besonders die im Vergleich zu Silicium sehr hohe Elektronenbeweglichkeit zum Tragen kommt. Isomorph zu den III-V-Halbleitern sind die II-VI-Halbleiter (ZnS, CdS usw.), jedoch haben sie bisher vor allem wegen Schwierigkeiten bei der →Dotierung zu keinen vergleichbaren technischen Anwendungen geführt.

Alle genannten H. lassen sich dadurch dotieren, daß in sie im Periodensystem benachbarte Elemente mit unterschiedlicher Wertigkeit eingebaut werden. Bringt man z. B. ein fünfwertiges Atom wie →Phosphor in ein Siliciumgitter, dann werden für die Bindungen nur vier Elektronen gebraucht. Das fünfte Elektron tritt durch Wärmeanregung ins Leitungsband über und wird dort frei beweglich. Phosphor wirkt deshalb im Silicium als →Donator, das dreiwertige →Bor entsprechend als →Akzeptor. In analoger Weise lassen sich III-V-Halbleiter durch zweiwertige und sechswertige Atome dotieren.

Die für aktive Bauelemente eingesetzten H. müssen in der Regel in Form hochreiner Einkristalle hergestellt werden. Bei der Reinigung ist denjenigen Verunreinigungen besondere Aufmerksamkeit zu widmen, die elektrisch wirksam sind. Es sind dies zunächst die gleichen Elemente, die auch zur Dotie-

Halbleiterwerkstoffe. Tabelle: Daten der wichtigsten Halbleiterstoffe

Material	Bandlücke [eV]	Beweglichkeit [m²/Vs] Elektr.	Löcher	Schmelzpunkt [°C]	Herstellungsverf. (Kristallzüchtung)	Anwendung
Si	1,12 (i)	0,15	0,06	1 420	Czochralski-V. Tiegelfr. Zonenziehen	Dioden, Transistoren, Integr. Schaltungen, Thyristoren, Solarzellen etc.
Ge	0,66 (i)	0,39	0,19	937	Czochralski, Zonenziehen	Hochfrequenz-Transistoren, γ-Detektoren
GaAs	1,40 (d)	0,85	0,04	1 238	Czochralski, Epitaxie	Leuchtdioden, Laser Gunn-Dioden, HF-Transistoren, sehr schnelle integrierte Schaltungen
GaP	2,3 (i)	0,011	0,0075	1 467	Czochralski, Epitaxie	Leuchtdioden
InSb	0,18 (d)	7,7	0,1	523	Horizontales Zonenziehen	Magneto-Wiederstände („Feldplatte“)
InAs	0,34 (d)	3	0,05	940	Horizontales Zonenziehen	Hall-Generatoren
CdS	2,5 (d)	0,03	0,005	1 750	Meist polykrist. oder durch Gasphasenreaktion	Photowiderstände Solarzellen
β-SiC	3,0 (i)	0,04	0,005	2 600	Meist polykrist. oder durch Sublimation	Heizleiter, Varistoren Leuchtdioden für blaues Licht

(i), (d): indirekter, direkter Bandübergang

rung dienen können. Daneben sind aber auch solche →Störstellen zu beachten, die Elektronen einfangen oder abgeben können, energetisch aber so weit von den Bandkanten entfernt sind, daß sie thermisch nicht ionisiert werden. Solche Fehler nennt man →Rekombinationszentren, da mit ihrer Hilfe Elektronen und Löcher sich gegenseitig annihilieren können. In Silicium wirken vor allem Übergangsmetalle als Rekombinationszentren, außerdem aber auch Versetzungen, weshalb auch plastische Deformationen bei der Kristallzüchtung so weit wie irgend möglich unterdrückt werden müssen.

Im Fall des Siliciums erfolgt die Kristallzüchtung bei höchsten Ansprüchen bevorzugt durch die Methode des tiegelfreien Zonenziehens im Vakuum. Normales Halbleiter-Silicium läßt sich mit dem etwas weniger aufwendigen →Czochralski-Verfahren (Kristallzüchtung) herstellen. Verbindungshalbleiter bereiten i. a. größere Schwierigkeiten bei der Kristallzüchtung als →Elementhalbleiter, da die →Löslichkeit der eigenen Bestandteile in der Verbindung beim Schmelzpunkt in der Regel so hoch ist, daß es nicht gelingt, stabile stöchiometrische Verhältnisse an der Erstarrungsfront einzustellen. Der hohe Dampfdruck von Komponenten wie Phosphor und →Arsen bedingt zudem besondere Vorkehrungen in Form von Überdruck-Behältern und flüssigen Deckschichten, was die Reinheit und Perfektion der gebildeten Kristalle ebenfalls einschränkt. Aus der Schmelze gezogene Kristalle dienen aus den genannten Gründen oft nur als Substrat für bei geringeren Temperaturen epitaktisch aufgebrachte perfektere Schichten.

Halbleiter werden auch als →Widerstandswerkstoffe (→Leiterwerkstoffe) eingesetzt, und in diesen Fällen meist auf konventionellem Wege keramisch oder als dünne Schicht, also polykristallin, hergestellt. Genannt seien in diesem Zusammenhang das SiC als Heizleiter, $BaTiO_3$ als →Kaltleiter, verschiedene Oxide als →Heißleiter und Masse-Widerstände oder Varistoren, CdS und PbS sowie amorphes →Selen als →Photoleiter. Ebenfalls polykristallin ist das Selen im klassischen Selen-Gleichrichter. Chemisch abgeschiedenes und mit Wasserstoff gesättigtes amorphes Silicium wird als Grundmaterial in preisgünstigen Solarzellen eingesetzt. Ebenfalls amorph ist die photoleitfähige Schicht im elektrostatischen Kopierverfahren (Xerox-Verfahren), das aus einem Glas auf Selenbasis besteht.

Hubert

Literatur: *Hadamovsky, H. F.* (Hrsg): Halbleiterwerkstoffe. Leipzig 1972. – *Harth, W.:* Halbleitertechnologie. Stuttgart 1972. – *Sze, S. M.:* Physics of Semiconductor Devices. New York 1969.

Hall-Effekt. Auftreten einer elektrischen Spannung (Hallspannung) senkrecht zu einem elektrischen Strom in einem Festkörper, wenn dieser sich in einem Magnetfeld befindet. Sie hängt von der Konzentration und Polarität der →Ladungsträger ab.

Ein bewegter Ladungsträger (Geschwindigkeit $\underline{v}$) mit der Ladung q erfährt in einem Magnetfeld $\underline{B}$ die →Lorentzkraft $\underline{F} = q\,(\underline{v}\times\underline{B})$. Bei einem Strom der Dichte $\underline{j} = qn\underline{v}$ (n = Ladungsträgerkonzentration, z. B. von Elektronen in einem Metall) werden daher die Ladungsträger abgelenkt, sodaß transversal zu $\underline{v}$ und $\underline{B}$ ein elektrisches Feld (Hall-Feld $\underline{E}_H$) entsteht (Bild). Dessen Kraft $q\underline{E}_H$ auf die Ladung egalisiert im Gleichgewicht die Lorentzkraft, so daß sich

$$\underline{E}_H = \frac{1}{qn}\,(\underline{j}\times\underline{B}) = R_H\,(\underline{j}\times\underline{B})$$

ergibt, wobei $R_H = 1/qn$ Hall-Koeffizient (auch Hallkonstante) heißt. Die Hall-Spannung ergibt sich als transversales Integral über das Hall-Feld, erstreckt über die Probenbreite d, $U_H = E_H d$. Da der Strom durch ein von außen angelegtes elektrisches Feld $\underline{E}_a$ getrieben wird ($\underline{j} = \sigma\underline{E}_a = qbn\underline{E}_a$, σ = Leitfähigkeit, b = Beweglichkeit), ergibt sich das resultierende innere Feld E als Überlagerung $\underline{E} = \underline{E}_H + \underline{E}_a$. Zwischen $\underline{E}$ und $\underline{E}_H$ (bzw. $\underline{j}$) besteht der Hallwinkel ϑ mit $\tan\vartheta = R_H B\sigma = bB$, wenn Strom und Magnetfeld aufeinander senkrecht stehen. Während also ϑ von der Beweglichkeit b abhängt, geht in R_H nur die Ladungsträgerkonzentration und ihr Vorzeichen ein. Für Elektronenleitung in Metallen ($q = -e$, $e = 1{,}602 \times 10^{-19}$ As = Elementarladung) ist daher $R_H < 0$ (normaler H.-E.), für reine →Löcherleitung in Halbleitern ($q = +e$) ist $R_H > 0$ (anomaler H.-E., diese Bezeichnung wird aber auch für den besonders starken H.-E. in Ferromagneten benutzt).

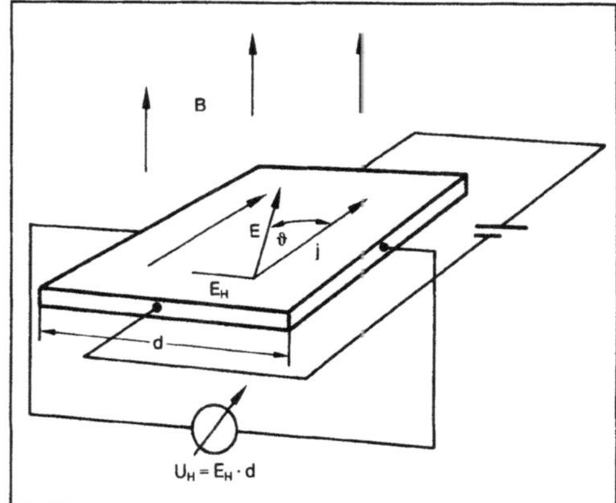

Hall-Effekt: Geometrische Anordnung.

Mit dem H.-E. läßt sich also auf den Leitungstyp schließen. Allerdings sind bei Halbleitern die Verhältnisse komplizierter als im Metall. Während bei letzterem praktisch nur Elektronen bei der Energie des Fermi-Niveaus am Ladungstransport teilnehmen, muß bei Halbleitern über die Energieverteilung der Träger in den Bändern integriert werden. Selbst bei Vorherrschen eines Leitungstyps (p- oder n-Leitung, d. h. q = +e bzw. q = −e) muß daher der Hallkoeffizient mit einem Faktor A korrigiert werden (1 < A < 2), so daß sich $R_H = A/ep$ bzw. $R_H = -A/en$ ergibt (p = Löcherkonzentration, n = Elektronenkonzentration). Komplizierter sind die Verhältnisse bei gemischter n- und p-Leitung, wobei i. A.

$$R_H = \frac{A_p e p b_p^2 - A_n e n b_n^2}{(e p b_p + e n b_n)^2}$$

resultiert. Wert und Vorzeichen von R_H hängen dabei kompliziert von Beweglichkeiten und Konzentrationen ab, was auch für den Hall-Winkel

$$\tan \vartheta = \frac{A_p p b_p^2 - A_n n b_n^2}{p b_p + n b_n}$$

gilt. In Kristallen ergibt sich zudem noch eine Abhängigkeit von der relativen →Orientierung zwischen Gitter und Magnetfeld. Bei kleinen Proben ist auch deren Geometrie von Einfluß.

Aus dem H.-E. sind Rückschlüsse auf Konzentration und Beweglichkeit (Hall-Beweglichkeit) der Ladungsträger einer Substanz möglich. Umgekehrt kann er wegen seiner Abhängigkeit vom Magnetfeld auch zu dessen Messung verwendet werden (→Hall-Sonde). Bei tiefen Temperaturen und für Elektronen in sehr dünnen Schichten können sich von dem oben skizzierten Erscheinungsbild des H.-E. spektakuläre Abweichungen ergeben (→H.-E., quantisierter). *Heinz*

Hall-Effekt, quantisierter. Erscheinung im zweidimensionalen →Elektronengas eines Festkörpers bei tiefen Temperaturen und hohen Magnetfeldern, bei der die Hallspannung als Funktion der Elektronendichte oder der Magnetfeldstärke nur bestimmte (quantisierte) Werte annimmt. (*K. v. Klitzing*, Nobelpreis Physik 1985).

Wie beim klassischen →Hall-Effekt werden auch hier die Elektronen eines Festkörpers durch die Lorentz-Kraft in einem Magnetfeld B abgelenkt und erzeugen dadurch eine Hall-Spannung. Besonderheiten treten im zweidimensionalen Elektronengas auf, das z. B. im n-Kanal eines MOS-Feldeffekttransistors (→MOSFET) realisiert werden kann (Bild 1). Dabei wird eine dünne Schicht (ca. 10 nm) von Elektronen unterhalb des Gates erzeugt, wobei die Elektronendichte n durch die Gatespannung V_g variiert werden kann. Senkrecht zur Schichtfläche können sich die Elektronen nicht bewegen. Legt man nun in diese Richtung ein hohes Magnetfeld (ca. 10–20 T) an, so werden die Zustände der Elektronen stark modifiziert – sie können nur noch *Landau*-Niveaus besetzen. Dies tritt ohne Störungen jedoch nur bei tiefen Temperaturen ein (etwa unterhalb 10 K). Prägt man im n-Kanal einen Strom I ein durch Anlegen einer Spannung U zwischen →Source und →Drain, so tritt senkrecht dazu die Hall-Spannung U_H auf. Variiert man n mittels V_g, so müßte sich nach dem klassischen Hall-Effekt $U_H \sim 1/n \sim 1/V_g$ ergeben. Bild 2 (durchgezogene Linie) demonstriert jedoch, daß statt dessen eine stufenförmige Funktion mit diskreten (quantisierten) Werten $U_H = (h/e^2 j)\, I$ resultiert, mit dem Hall-Widerstand (Hall-Koeffizient)

$$R_H = \frac{h}{e^2} \cdot \frac{1}{j}$$

(j = 1, 2, 3, ... h = Plancksches Wirkungsquantum, e = Elementarladung). Gleichzeitig zeigt die zum Einprägen des Stroms notwendige Spannung Nullstellen, d. h. der longitudinale Widerstand verschwindet (gestrichelte Kurve, wobei die Zwischenmaxima durch andere, hier weniger wichtige Effekte bedingt sind).

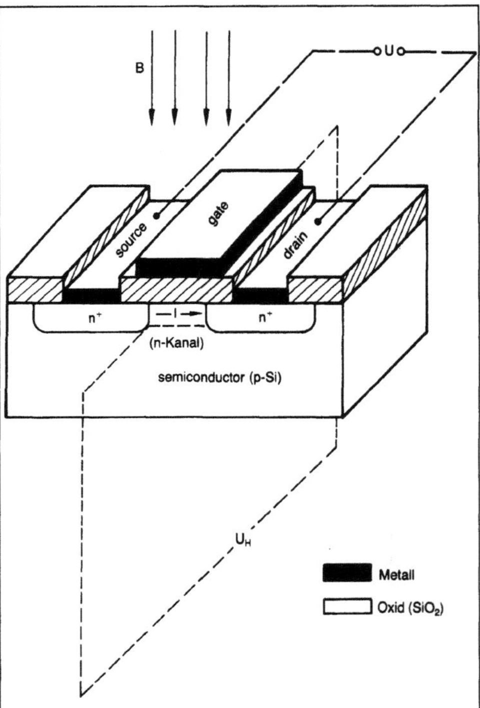

Hall-Effekt, quantisierter 1: Zweidimensionales Elektronengas im n-Kanal eines MOSFET's, in dem die Spannung U den Strom I treibt und dabei die Hall-Spannung U_H erzeugt wird.

Am Verständnis dieses Quanten-Hall-Effektes wird noch intensiv gearbeitet. Der Schlüssel dazu liegt in der Konzentration der Elektronenzustände auf die Landau-Niveaus, die bei genügend hohem Magnetfeld energetisch weit auseinanderliegen.

Sind bei einer bestimmten Elektronendichte nur völlig gefüllte oder ganz leere Landau-Niveaus vorhanden, so können die Elektronen bei ihrer Streuung keine neuen Zustände in energetischer Nähe finden, d. h. es findet gar keine Streuung statt. Der Widerstand verschwindet und die Hall-Spannung nimmt ein konstantes Niveau ein. Dies tritt mit der Füllung jedes Landau-Niveaus mit zunehmender Elektronendichte (Bild 2) auf, aber auch – wie in anderen Experimenten – als Funktion des Magnetfelds. Die Landau-Niveaus sind nicht ideal scharf, sondern durch →Störstellen verbreitert, wobei man jedoch annimmt, daß Elektronen in diesen Verbreiterungsbereichen lokalisiert sind. Auch gebrochen rationale Werte von j sind (abweichend vom obigen ganzzahligen Wert) festgestellt worden (*Fraktionierter Quanten-Hall-Effekt*), deren Ursache in der Wechselwirkung zwischen Elektronen vermutet wird.

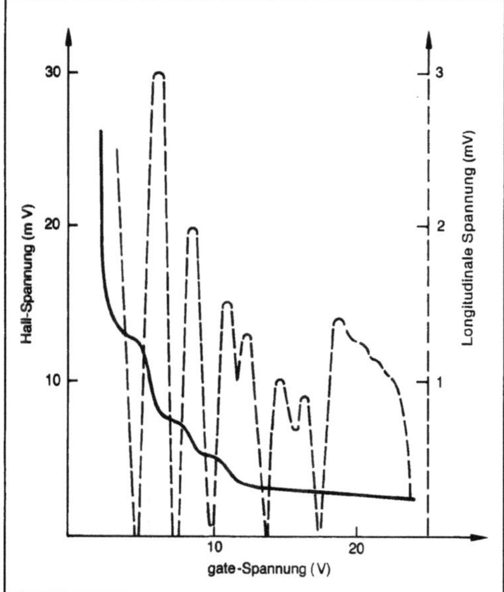

Hall-Effekt, quantisierter 2: Verhalten der Hall-Spannung (U_H) und longitudinalen Spannung (U) als Funktion der Elektronendichte, die durch die Gate-Spannung V_g variiert wird (nach K. v. Klitzing).

Die quantisierten Werte von R_H treten immer scharf auf und völlig unabhängig von der genaueren experimentellen Anordnung. Die erreichte Reproduzierbarkeit ist besser als 10^{-8}, d. h. die Resultate verschiedener Experimente stimmen besser als bis auf 1/100 eines Millionstel überein. Damit lassen sich die Normale für den elektrischen Widerstand überwachen bzw. ersetzen. Mit $h/e^2 = 25\,812{,}79\ \Omega$ wird eine natürliche Einheit des elektrischen Widerstands etabliert. Umgekehrt kann durch Vergleich mit dem herkömmlichen Widerstandsnormal der Quotient h/e^2 bestimmt werden, woraus die *Sommerfeld*sche Feinstrukturkonstante $\alpha = (e^2/h)(\frac{1}{2}c\ \varepsilon_0)$ folgt (c = Lichtgeschwindigkeit, ε_0 = Influenzkonstante). Da diese auch aus der Feinstruktur atomarer Spektrallinien mittels der Quantenelektrodynamik folgt, läßt sich letztere mit der Präzisionsmessung von α testen. Quantenelektrodynamik und →Festkörperphysik berühren sich also hier. Aufgrund des fundamentalen Charakters des Quanten-Hall-Effekts wird auch eine weitreichende Bedeutung für das Verständnis verwandter Bereiche durch ihn erwartet. *Heinz*

Literatur: *v. Klitzing, K.:* Der Quanten-Hall-Effekt. Spektrum der Wissenschaft Nr. 3. 1986. – *Prange, R. E.* and *S. M. Girvin:* The Quantum Hall-Effect. Berlin, Heidelberg, New York 1990.

Hall-Element. →Wandler zum Nachweis und Messung magnetischer Felder über den →Hall-Effekt (→Hall-Sensor). H.-E. aus Silicium und GaAs lassen sich zusammen mit einer Auswerteelektronik (z. B. →Differenzverstärker) monolithisch integriert fertigen (Bild).

Wenn als H.-E. der Kanal eines →MOS-Transistors dient, spricht man von einem MOS-H.-E.

Es gibt flächenartige H.-E.-Arrays zur Messung von Magnetfeldern, sowie miniaturisierte H.-E. zum Auslesen von magnetischen Datenträgern. *Haberger/Schaumburg*

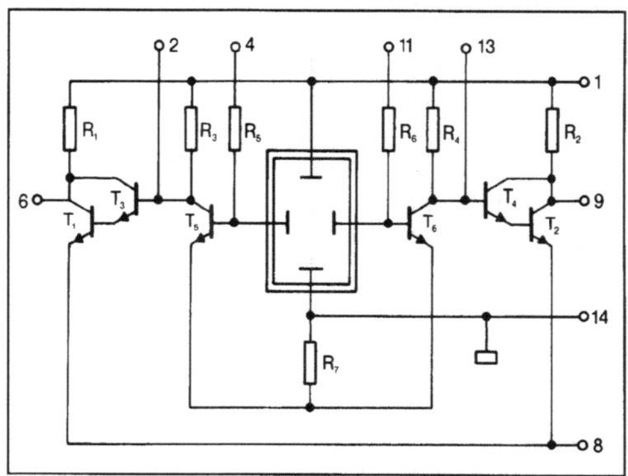

Hall-Element: Schaltung mit integriertem Differenzverstärker (TCA 450A).

Literatur: Sensoren (Hrgs. Valvo). Hamburg 1980.

Hall-Generator →Hall-Sensor

Hall-Koeffizient →Hall-Effekt

Hall-Sensor. Bekannt auch unter dem Namen Hall-Generator. Bauelement zur Messung des Magnetfeldes durch den →Hall-Effekt (→Hall-Element). Besteht aus einer Schicht, die durch zwei Elektrodenpaare den Meßstrom einführt bzw. die Hallspannung aufnimmt. Das Herstellungsmaterial muß eine hohe →Ladungsträgerbeweglichkeit wie auch eine schwache Temperaturabhängigkeit der elektrischen Eigenschaften zeigen. Die laterale Form des H.-S. ist durch die Geometrie hinsichtlich der Anpassung an den Auswerteverstärker optimierbar. Bei der rechteckigen Ausführungsform (Bild) sollte zur Vermeidung von Meßfehlern die Kontaktbreite s möglichst viel kleiner als der Kontaktabstand w gewählt werden, die kreuzförmige Ausführungsform ist in dieser Hinsicht weniger kritisch.

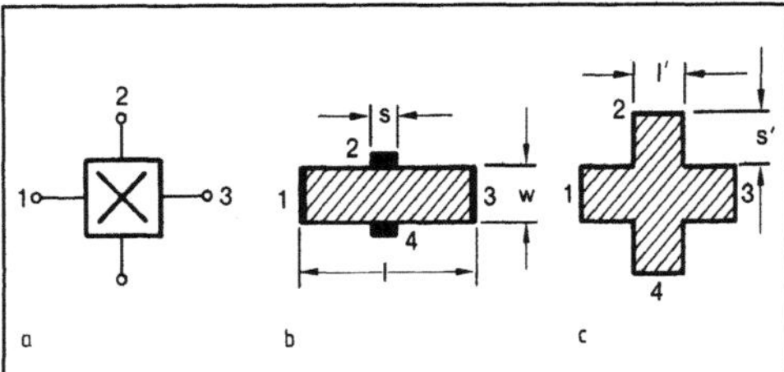

Hall-Sensor: Schaltungssymbol (a) und Definition der geometrischen Größen bei rechteckigen (b) und kreuzförmigen (c) Ausführungen. (Quelle: Heywang)

Die Widerstandsbahnen von H.-S. haben bei monokristallinem Hall-Material Werte von einigen Ohm, bei aufgedampften H.-S. von einigen Hundert Ohm und bei ionenimplantierten H.-S. von einigen Kiloohm.

Nicht zu vernachlässigende Nebeneffekte bei H.-S. sind die Temperatureffekte, z. B. durch Aufheizung des H.-S. durch den Steuerstrom, sowie magnetische Widerstandsänderung.

Die Strukturen von H.-S. lassen sich in vielen Fällen vorteilhaft durch →Aufdampfen der aktiven Schicht auf ein isolierendes →Substrat mit einer anschließenden →Strukturierung, z. B. über →Photolithographie, herstellen. Die Schichtdicken betragen dabei 5–6 μm. Als Material für aufgedampfte H.-S. werden häufig, wegen ihrer hohen Ladungsträgerbeweglichkeit, InSb oder InAs eingesetzt. Als H.-S. kann auch der Kanal eines →MOSFET dienen. Die Hall-Spannung wird in diesem Fall durch folgenden Ausdruck angegeben:

$$U_H = g \cdot \frac{b}{L} \cdot \mu_H(U_G) \cdot U_D \cdot B$$

wobei g ein Geometriefaktor, b und L die Breite bzw. die Länge des Kanals, μ_H (U_G) · die Abhängigkeit der Hall-Beweglichkeit von der Gatespannung, U_D die Drainspannung und B die magnetische Induktion sind. Die Hall-Spannung wird in diesem Fall an zwei symmetrisch diffundierten Elektroden gemessen, die sich unter der Gateelektrode befinden. *Schaumburg/Haberger*

Literatur: *Heywang, W.:* Sensorik. Berlin 1984.

Hall-Sonde →Hall-Generator

Hallspannung →Hall-Effekt

Hallwinkel →Hall-Effekt

Haltestrom →Thyristor

Handler. Vorrichtung zur Zuführung der Prüflinge bei der →Bauelemente- oder →Chipprüfung. Der H. greift automatisch gesteuert Bausteine aus einem Magazin, fügt sie in einen passenden Sockel ein, gibt den Start zur Prüfung und legt die geprüften Bausteine abhängig vom Prüfergebnis in unterschiedlichen Prüflingsmagazinen ab (Binning). *K. Winter*

Hartferrit →Permanentmagnet

Hartmagnet →Permanentmagnet

HBT →Hetero-Bipolar-Transistor

HCMOS-Technik. (*engl.* High-Speed-Complementary-MOS, Hochgeschwindigkeits-CMOS-Technik) Das Konzept der dreidimensionalen Abmessungsverringerung des →MOSFET durch Anwendung der Skalierung (→HMOS-Technik) wurde im Verlaufe der Zeit auch auf die CMOS-Technik übertragen mit dem Bemühen, die elektrischen Eigenschaften der Schaltung, vor allem die Geschwindigkeit, deutlich zu verbessern und sie insbesondere mit der →TTL und Low Power Schottky-TTL (LS-TTL) kompatibel zu machen (höherer Ausgangslastfaktor, Schaltgeschwindigkeit, Betriebsspannung).

Das Ergebnis war die HCMOS. Sie wurde systematisch genutzt, viele LS-TTL-Schaltkreise in Funktion, Anschlußwerten und Anschlußbelegungen zu ersetzen und zusätzlich den CMOS-typischen Vorteil des kleineren Leistungsverbrauches auszuschöpfen. *R. Paul*

HDMAC. (*engl.* High Definition Multiplexed Analogue Components, im →Zeitmultiplex übertragenes analoges Video-Komponentensignal hoher Auflösung). Empfängerkompatible Erweiterung der D2MAC-Codierung zur Übertragung von HDTV-Bildern mit 50 Hz Bildwechselfrequenz, 1 250 Zeilen pro Vollbild und 2:1 Zeilensprung (Vollbilder mit zwei Teilbildern, die sich jeweils aus den geraden oder den ungeraden Vollbildzeilen zusammensetzen).

Zur Reduktion der HDTV-Bildvorlage auf die D2MAC-Kanalkapazität wird das Konzept der diagonalen Vor- und Nachfilterung mit Offsetabtastung angewendet. Abhängig von der lokalen Bewegung im Bild findet ein Austausch zwischen örtlicher und zeitlicher Auflösung in drei Stufen statt (Bild 1). Diese sind für das digitale Luminanz- (Helligkeits-)signal:

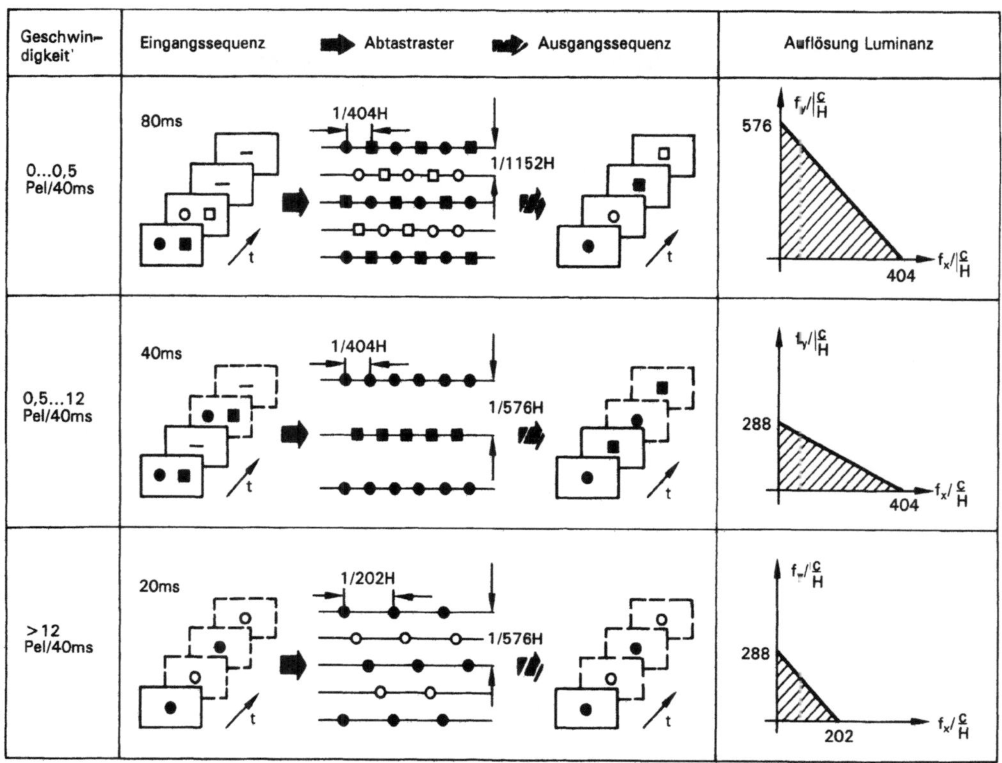

HDMAC 1: Luminanzabtastung und Auflösungsgrenzen.

□ Bewegungen zwischen 0 und 0,5 Bildpunkten pro Vollbild: Je eines von zwei Vollbildern wird örtlich diagonal mit hoher Auflösung vorgefiltert, mit Zeilen-, Teil- und Vollbild-Offset unterabgetastet sowie anschließend in vier Teilbildern über eine Dauer von 80 ms übertragen. Hierdurch wird eine Auflösung von horizontal maximal 404 c/H (Schwingungen pro Bildhöhe), vertikal 576 c/H und zeitlich 12,5 Hz erreicht. Empfängerseitig wird durch Zusammensetzung der vier übertragenen Teilbilder und diagonale Nachfilterung das hochaufgelöste Vollbild rekonstruiert und zweimal hintereinander wiedergegeben.

□ Bewegungen zwischen 0,5 und 12 Pel pro Vollbild: Übertragung eines von zwei Eingangsteilbildern innerhalb von 40 ms. Dazu wird das Eingangsteilbild bei mittlerer Auflösung diagonal vorgefiltert und mit Zeilenoffset unterabgetastet. Anschließend erfolgt zur kompatiblen Übertragung eine Zerlegung in zwei Ausgangsteilbilder mit jeweils 288 Zeilen, auch als synthetischer Zeilensprung bezeichnet. Zusätzlich wird noch ein der lokalen Bewegung in der Bildszene entsprechender Verschiebungsvektor ermittelt und übertragen, der es dem →Empfänger ermöglicht, das fehlende zweite Originalteilbild bewegungsrichtig zu interpolieren (Bild 2). Dadurch wird zum einen die volle horizontale Auflösung bei halbierter vertikaler Auflösung beibehalten, zum anderen ist bei einer zeitlichen Auflösung der übertragenen Bilder von 25 Hz die Darstellung von 50 Bewegungsphasen im Empfänger möglich.

□ Bewegungen mit mehr als 12 Bildpunkten pro Vollbild: Es wird ohne zeitliche Vorverarbeitung jeweils in den einzelnen Teilbildern mit niedriger Auflösung diagonal vorgefiltert und zur Übertra-

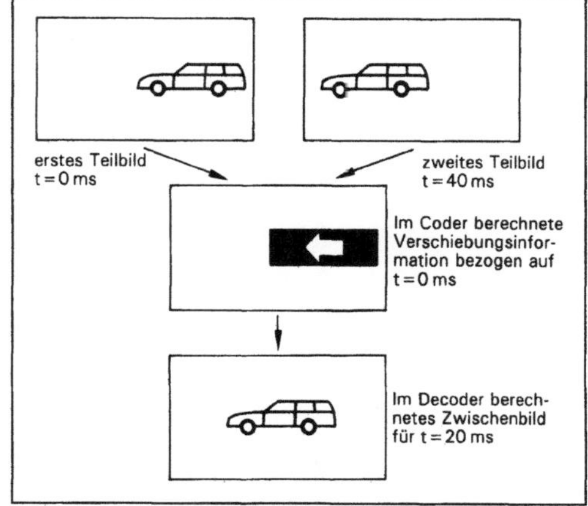

HDMAC 2: Verschiebungsvektoradaptive Interpolation im 40-ms-Zweig.

gung mit Teilbild- und Zeilenoffset unterabgetastet. Im Empfänger führt dann eine entsprechende diagonale Nachfilterung zu einer Bildfolge mit einer Auflösung von vertikal maximal 288 c/H, horizontal 202 c/H, sowie einer echten zeitlichen Auflösung von 50 Hz zur störungsfreien Wiedergabe von schnellen Bewegungsabläufen.

Bild 3 zeigt den Kern des HDMAC-Coders für den Luminanzteil. Die drei Verarbeitungszweige weisen jeweils getrennte diagonale Vorfilter und Unterabtaster mit Offsetraster auf. Für den 20- und 80-ms-Zweig ist aus Kompatibilitätsgründen eine Reduktion der Zeilenzahl um den Faktor 2 auf 288 Zeilen pro Teilbild durchzuführen. Dies wird durch die Line Shuffling Technik (direkt übersetzt: Zeilen mischen) erreicht, eine Technik, bei der die Pixel zweier benachbarter Zeilen im Reißverschlußverfahren zu einer Zeile zusammengefaßt werden (Bild 4). Für den 40-ms-Zweig ist kein Lineshuffling erforderlich, da die Teilbilder im synthetischen Interlace mit 288 Zeilen übertragen werden. Zusätzlich ist für den 40-ms-Zweig eine Bewegungsschätzung erforderlich, zum einen für die Übertragung der Bewegungsinformation zum Empfänger über den DA-Kanal (*engl.* Digital Assistance, digitaler Hilfskanal), zum anderen, um im Coder durch Vergleich von zeitlich interpoliertem und Originalbild die Bildqualität zu beurteilen. Auch für den 80-ms- und den 20-ms-Zweig werden im Coder die Signale analog zum →Decoder rekonstruiert und mit dem Originalsignal verglichen. Der Zweig mit der geringsten Abweichung wird über den →Multiplexer an den Ausgang durchgeschaltet. Die Entscheidung über die gewählte Verarbeitung fällt dabei blockweise für kleine Teilausschnitte des Bildes. Nach diesem a posteriori Vergleich der drei Zweige wird zusätzlich noch eine Konsistenzprüfung der Modi benachbarter Blöcke vorgenommen, die örtlich isolierte Blöcke eliminiert und die zeitliche Abfolge der Modi innerhalb einer Periode von 80 ms auf fünf verschiedene sinnvolle Kombinationen von Zweigen einschränkt.

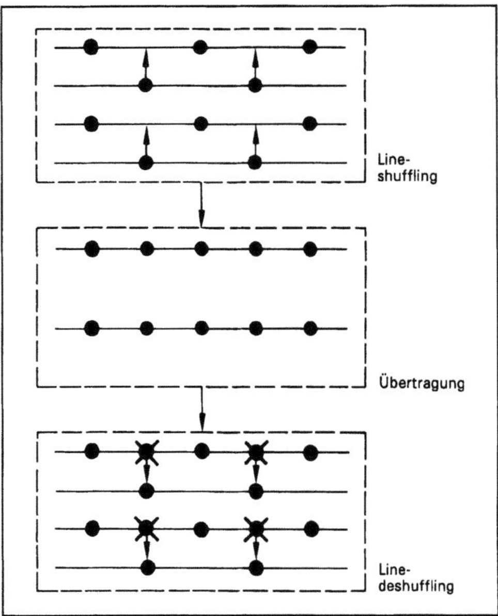

HDMAC 4: Line Shuffling für 80- und 20-ms-Zweig.

Zur Gewährleistung einer hinreichenden Bildqualität bei HDMAC-Empfang durch konventionelle D2MAC-Empfänger existieren im HDMAC-Coder noch eine Reihe von kompatibilitätsverbessernden Maßnahmen. Dazu gehören eine Abschwächung der Bewegungseffekte des synthetischen Zei-

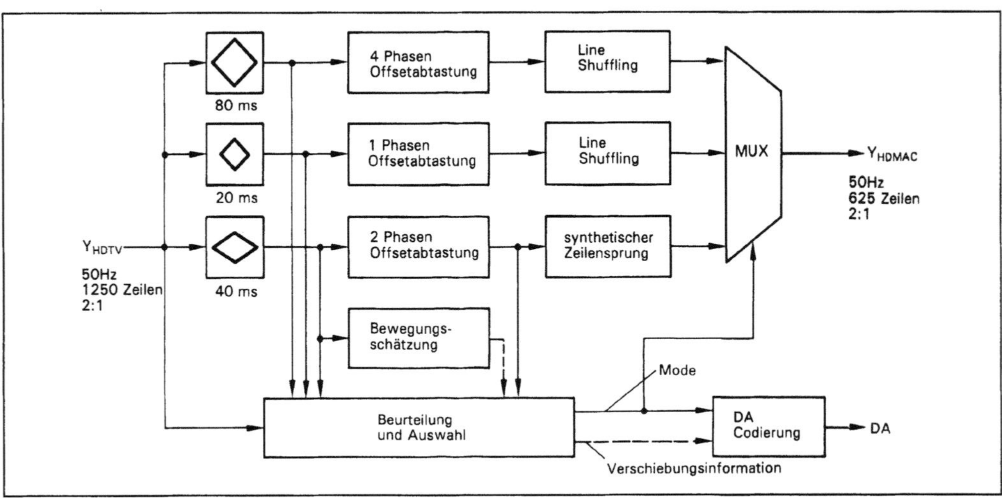

HDMAC 3: HDMAC-Coder.

lensprungs im 40-ms-Verarbeitungszweig, sowie eine Bedämpfung örtlich höherfrequenter Spektralanteile des Videosignals zur Unterdrückung von örtlichen und zeitlichen Aliaseffekten im normalauflösenden D2MAC-Empfänger. Bei den angewandten Verfahren handelt es sich um lineare Filterungen, deren Auswirkungen im HDMAC-Empfänger durch entsprechend inverse Operationen wieder ausgeglichen werden.

Ähnlich der →Luminanz wird auch die Chrominanz (Farbinformation) abhängig von der Dynamik des Bildinhaltes in drei verschiedenen Auflösungsstufen verarbeitet und an die gewählte Luminanzauflösung angepaßt. Vor der Frequenzmodulation zur Satellitenübertragung des HDMAC Basisbandsignals durchlaufen Luminanz- und Chrominanzsignale noch folgende Verarbeitungsstufen:

- MAC – Kompression: zeitliche Kompression des Bildsignals entsprechend →D2MAC Spezifikation (Luminanz: Faktor 3:2, Chrominanz: Faktor 3:1).
- Nichtlineare Preemphase: nichtlineare Anhebung hochfrequenter Signalamplituden auf digitaler Ebene zur Verbesserung des Signal/Rauschabstandes; diese ist für die Satellitenübertragung erforderlich, da das HDMAC-Basisband gegenüber D2MAC vergrößert ist.
- Halbnyquistfilterung auf –3 dB bei 10,125 MHz; im Empfänger wird das Signal nocheinmal derselben Filterung unterzogen, so daß das übertragene HDMAC-Signal zur exakten Rekonstruktion insgesamt einer Nyquistfilterung (–6 dB bei 10,125 MHz) unterworfen ist.
- Zeitmultiplex von Luminanz und Chrominanz, sowie duobinär codierten Tonkanälen und DA-kanal.
- Digital zu analog Wandlung des Zeitmultiplex-Signals inklusive Tiefpaß und si-Entzerrung.
- MAC Preemphase.

Analog hierzu erfolgt im Decoder die FM-Demodulation, sowie eine Umkehrung der Verarbeitungsschritte im Coder. Bild 5 zeigt das Blockschaltbild des Decoders für den Luminanzanteil. 80- und 20-ms-Zweig bestehen aus je einem Deshuffler, der die im Reißverschlußverfahren zusammengefügten Zeilen wieder separiert, sowie einem diagonalen Rekonstruktionstiefpaß. Im 40 ms-Zweig ist nach der Bildrekonstruktion noch die bewegungsrichtige Interpolation des fehlenden zweiten Teilbildes der Coder-Eingangssequenz erforderlich (Bild 2). Hierzu wird die Information über die Verschiebungsvektoren aus dem DA-Kanal benötigt. Teilbildweise erfolgt dann in diesem Zweig die Umschaltung zwischen rekonstruiertem originalen und interpolierten Teilbild. Die Information, welcher Verarbeitungszweig gerade vom Coder übertragen wird, ist ebenfalls über den DA-Kanal verfügbar und dient zur Steuerung des Multiplexers am Decoderausgang, der das rekonstruierte HDTV-Bildsignal zur Verfügung stellt. Dieses kann nun noch – zur Reduktion von Flimmereffekten – nachfolgend einer Erhöhung von 50 nach 100 Hz Bildwechselfrequenz unterzogen werden. Abschließend erfolgt dann wiederum eine Wandlung der digitalen Signale in analoge, sowie die Umrechnung der Luminanz- und Chrominanzkomponenten in Rot-, Grün- und Blau-Farbauszüge zur Wiedergabe auf dem →Display.

Mit der Entwicklung des HDMAC-Standards wurde 1986 in Europa im Rahmen des →EUREKA 95 Forschungsprojektes begonnen. Erste Ausstrahlungen im größeren Umfang fanden zu den olympischen Spielen 1992 statt, die Markteinführung von HDMAC in Europa ist 1995 geplant. *Ibenthal*

Literatur: *Boie, W.:* TV-Systeme mit erhöhter Bildqualität (II), Fernseh- und Kinotechnik (1992) Nr. 1. – *Wendland, B.* und *H. Schröder:* Fernsehtechnik Band II, Heidelberg 1991.

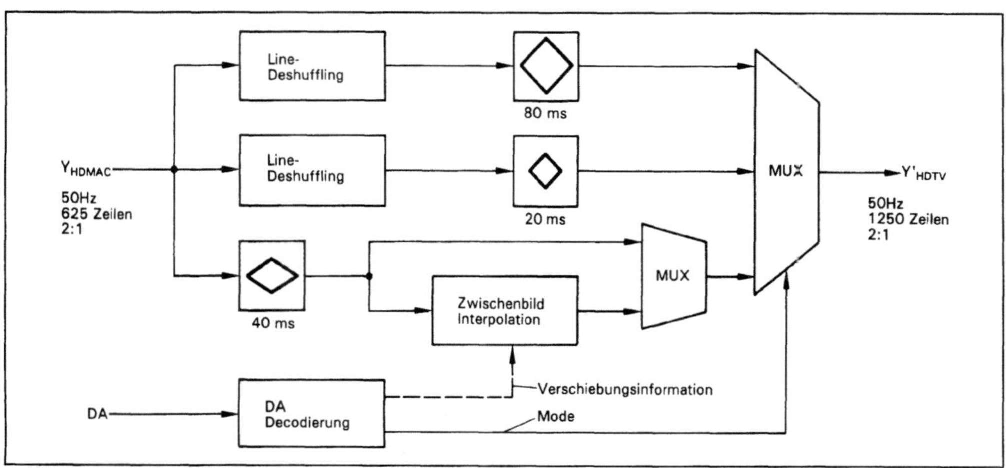

HDMAC 5: HDMAC-Decoder.

HDTV. (Abk. *engl.* High Definition Television) Bedeutet Fernsehen hoher Detailtreue und stellt die Weiterentwicklung des Fernsehsystems in Richtung Kinoqualität dar. Gemeint ist hier das Kinoerlebnis, das Gefühl in der Bildszene zu sitzen. Dieses wird erreicht durch ein wesentlich vergrößertes, das Gesichtsfeld füllendes Display. Als Kameraeinstellung überwiegt nicht mehr die Detaildarstellung in Großaufnahme sondern die Totale. Hierdurch wird dem Zuschauer ein bisher vom →Fernsehsystem nicht erreichter Überblick über die Szene gegeben.

Wesentliches technisches Merkmal ist eine deutlich erhöhte Bildpunktzahl pro Bild. Die Kanalbandbreite wird jedoch nur geringfügig erhöht. Schlüsselprobleme für HDTV sind daher hochauflösende →Bildaufnehmer (> 1 Mio. Pixel), die hochgradige Bilddatenkompression um mindestens Faktor 100 für digitale Übertragung und Speicherung sowie große, flache Displays mit Diagonalen über 1,5 m. Diese Probleme sind bisher nur in Ansätzen gelöst. Der Wert der HDTV-Geräte wird wesentlich durch deren zahlreiche komplexe Mikroelektronik-Bauelemente einschließlich Display bestimmt sein.

Die HDTV-Geräte sollen ein kinoähnliches Bildseitenverhältnis 16:9 gegenüber 4:3 heute, doppelte Auflösung in vertikaler und horizontaler Richtung, keine sichtbare Zeilenstruktur, keine Flimmer-, Flacker- oder Bewegungsstörungen, kein Übersprechen zwischen →Luminanz und Chrominanz (Cross-Effekte zwischen Helligkeits- und Farbinformation) und mehrkanaligen Ton besitzen. Kein Qualitätsmerkmal darf hinter heutigen Empfängern zurückbleiben.

Die Rundfunkanstalten erwarten von HDTV einen für 35 mm-Film und Fernsehen gemeinsamen weltweiten Produktionsstandard. Hierzu wäre ein weltweiter HDTV-Standard hilfreich, der jedoch durch die verschiedenen Teilbildfrequenzen (50 Hz Europa und 60 Hz USA, Japan) erschwert wird.

Vorstufen zu HDTV sind IDTV (Improved Definition TV) und EDTV (Extended Definition TV). IDTV enthält Maßnahmen zur Qualitätsverbesserung nur im →Empfänger. Dies sind z. B. →Bildspeicher zur Reduktion des Großflächenflimmerns durch 100 Hz Teilbildfrequenz, zur Rauschreduktion, Versteilerung vertikaler Kanten oder zur Kantenflackerreduktion. Weitere Betriebsmodi sind Bild im Bild oder Zoom.

Bei EDTV werden Maßnahmen der Qualitätsverbesserung in Sender und Empfänger ergriffen. Beim Sender können Kameras ohne →Zeilensprung (625 Z., 1:1) oder mit doppelter Zeilenzahl (1 250 Z., 2:1) eingesetzt werden. In Verbindung mit mehrdimensionalen Filtertechniken lassen sich Bildstörungen (Alias, Cross-Effekte, siehe Fernsehsystem) deutlich reduzieren. Ein weiteres Merkmal wird bereits das Bildformat 16:9 sein. Wichtige EDTV-Systeme sind →PALplus und →D2MAC.

Wesentlich für ein HDTV-System ist der zugehörige Übertragungsstandard. Voraussichtlich wird es weltweit drei Standards geben. In Japan wurde seit 1970 das MUSE-System entwickelt. Alle Kompo-

HDTV. Tabelle: Grobvergleich der HDTV-Übertragungsverfahren. c/h bedeutet Schwingungen (cycles c) pro Bildhöhe h. (→HDMAC)

System	HDMAC	MUSE	USA-System
Signalverarbeitung	digital	digital	digital
Übertragung	analog	analog	digital
Zeilenzahl	1 250	1 125	1 050
Bandbreite/MHz	10,125	8,1	6
Kompressionsfaktoren	Zeitkompr.	Zeitkompr.	Datenkompr.
Luminanz	1,5	1	>100
Chrominanz	3	4	>200
Übertragung	Zeitmultiplex	Zeitmultiplex	
Bewegungsmode 1: Schnelle Bewegung, 1 TB-Mode			
Auflösungsgr. vert./hor.	288/202 c/h	258/157 c/h	
Bewegungsmode 2: Langsame Bewegung, 2 TB-Mode, 0,2–12 px/40 ms			
Auflösungsgr. vert./hor.	288/404 c/h	–	
Bewegungsmode 3: Ruhe, 4 TB-Mode, < 0,2 px/40 ms			
Auflösungsgr. vert./hor.	576/404 c/h	516/314 c/h	

nenten für Studio und Heimempfang sind lieferbar. Das europäische System →HDMAC ist kompatibel zu D2MAC. HDMAC wurde mit allen Komponenten anläßlich der Olympiade 1992 erstmalig in großem Rahmen eingesetzt. Während MUSE und HDMAC Analogsignale übertragen, haben sich die USA für digitale Übertragung in den bestehenden 6-MHz-Kanälen entschieden. Einen Vergleich zeigt die Tabelle.

Die Datenkompression von HDMAC und MUSE erfolgt durch einen Austausch von Orts- und Zeitauflösung. Hierbei wird ausgenutzt, daß das Auge bei bewegten Bildinhalten weniger Details wahrnehmen kann, als bei ruhenden Bildinhalten. Es wird entweder feine Struktur oder Bewegung erkannt, nicht jedoch beides gleichzeitig. Bei bewegtem Bildinhalt braucht daher nur die reduzierte herkömmliche Bildpunktzahl übertragen zu werden (1 TB-Mode). Bei ruhendem Bildinhalt wird dagegen bei gleicher Kanalbandbreite die vierfache Bildpunktzahl für ein Display-Teilbild dargestellt. Zur Übertragung muß diese Information auf vier Übertragungs-Teilbilder verteilt werden (4 TB-Mode). Hierdurch sinkt die Zeitauflösung auf ¼, die Ortsauflösung steigt um Faktor 4. Bei HDMAC existiert noch ein Zwischenmode (2 TB-Mode) für mittlere Geschwindigkeiten. Bei HDMAC gelangt die Information über den gewählten Mode mit 1 Mbit/s über den DATV-Kanal (Digital Assisted TV) zum Empfänger. *Grigat*

Literatur: *Boie, W.*: TV-Systeme mit erhöhter Bildqualität. Fernseh- und Kinotechnik. (1991) Nr. 12, (1992) 1, 2.

He-Cd-Laser →Metalldampf-Laser

He-Ne-Laser. Häufigster und wirtschaftlichster →Gaslaser im sichtbaren Spektralbereich (633 nm), er wird durch eine Gasentladung gepumpt.

Das laseraktive Medium ist ein Gasgemisch aus Helium und Neon im Verhältnis von 5:1 bis 10:1, wobei das Helium mit seinen metastabilen Zuständen der Energiespeicherung und Anregung dient. Die Anregung der He-Atome erfolgt durch Elektronenstöße in einer Gasentladung. Die so gespeicherte Energie wird durch Stöße II. Art auf die Ne-Atome übertragen, wodurch eine selektive Anregung der 3s- und 2s-Niveaus erreicht wird. Die Laseremission resultiert aus den Übergängen 3s → 3p, 3s → 2p und 2s → 2p (Bild). Da die einzelnen Niveaus durch Spin-Bahn-Kopplung in mehrere Unterniveaus aufgespalten sind, können mehrere Linien im sichtbaren und nahen infraroten Spektralbereich auftreten.

Die gebräuchlichste Emissionswellenlänge von $\lambda = 633$ nm entspricht dem $3s_2 \rightarrow 2p_4$-Übergang; sie hat eine geringe Verstärkung von 10 % pro Meter, so

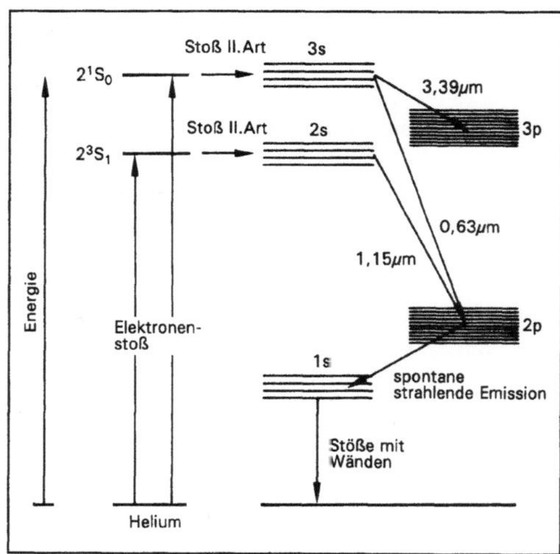

He-Ne-Laser: Energieniveaus und Übergänge.

daß hochreflektierende Resonatorspiegel notwendig werden ($R_A > 0{,}96$; $R_R > 0{,}99$).

Laser mit Emissionslinien weiterer Übergänge im sichtbaren Spektralbereich (612 nm, 594 nm, 543 nm) wurden erst in den letzten Jahren durch die Entwicklung verlustarmer teildurchlässiger Spiegel mit $R > 0{,}98$ möglich, die trotz der geringen Verstärkung von nur 2 % pro Meter ein Anschwingen dieser Wellenlängen erlauben.

Die Entleerung der unteren Laserniveaus erfolgt innerhalb von 10 ns durch spontane strahlende Übergänge in das ls-Niveau, das sich seinerseits durch Stöße mit den Wandungen des Entladungsrohres entleert, deren Wahrscheinlichkeit mit wachsendem Rohrdurchmesser abnimmt. Der Rohrdurchmesser ist daher auf ca. 1 mm beschränkt, was wiederum die optische Leistung auf einige 10 mW für die stärksten Linien begrenzt.

Die für die Anregung der Helium-Atome benötigten Elektronen werden in einer Niederdruck-Gasentladung (p = 500 Pa, 1,5–2,5 kV, 5–10 mA) erzeugt. Die Entladungslänge variiert von L = 100 mm für leistungsschwache Laser (P < 1 mW) bis zu L = 1 m für leistungsstärkere Ausführungsformen. Die →Lebensdauer eines He:Ne-L. liegt bei 20 000 Betriebsstunden. Der Wirkungsgrad ist mit 0,1 % gering.

He:Ne-L. finden Anwendung als Lichtzeiger, als Justierlaser in optischen Labors, als kohärente Lichtquelle in der Interferometrie und Holographie, in der Meßtechnik und als Demonstrations- und Übungslaser in Schulen und Hochschulen. *Rosenzweig*

Literatur: *Eichler, J. und H.-J. Eichler:* Laser. Berlin–Heidelberg, 1990.

He-Se-Laser →Metalldampf-Laser

Heißleiter. H. sind elektrische Widerstände mit stark negativem Temperaturkoeffizienten, die auch als NTC-Widerstände (*engl.* NTC, negative temperature coefficient) oder auch Thermistoren (*engl.* TSR, thermally sensitive resistors) bezeichnet werden.

Die H.-Keramik besteht aus einer Mischung von Schwermetall-Oxiden, wie z. B. Mn_3O_4 oder Fe_2O_3 oder NiO usw. Zum Teil werden diesem Stoff noch stabilisierende Oxide beigegeben, um eine bessere Produzierbarkeit und Stabilität der Kennlinien zu erreichen. Aufgrund vieler unterschiedlicher Anwendungsforderungen wird die H.-Keramik im Sinterverfahren in die verschiedenen H.-Bauformen gebracht. Die gebräuchlichsten sind:

□ scheibenförmige H. mit und ohne Anschlußdrähten

□ stabförmige H.

□ Miniatur-H.

□ konfektionierte H.

Das Temperaturwiderstandsverhalten eines H. kann durch die nachfolgende Gleichung näherungsweise beschrieben werden.

$$R_T = R_N \, e^{B\left(\frac{1}{T} - \frac{1}{T_N}\right)}$$

R_T = NTC-Widerstandswert in Ohm bei der Temperatur T in Kelvin

R_N = NTC-Widerstandswert in Ohm bei der Temperatur T_N in Kelvin

T, T_N = Temperatur in Kelvin

B = temperaturabhängige Materialkonstante des H. in Kelvin

e = Basis des natürlichen Logarithmus (e = 2,7182 . . .)

Üblicherweise wird für die Referenzgrößen R_N und T_N der Temperatur- und Widerstandswert bei 25 °C (= 298,15K) verwendet.

Die prozentuale Änderung des Widerstandswertes pro Grad Kelvin wird als →Temperaturkoeffizient bezeichnet. Dieser Wert ist aufgrund der ausgeprägten Nichtlinearität der R = f (T)-Kennlinie stark temperaturabhängig (Bild 1). Spezifiziert wird dieser Wert üblicherweise auf dem Kennlinienpunkt bei 25 °C und liegt dort zwischen –2 und –5 % / Kelvin.

Eine Änderung des Widerstandswertes wird durch folgende Einwirkungen erreicht:

□ Änderung der Umgebungstemperatur

□ Eigenerwärmung infolge elektrischer Belastung

Somit ergeben sich für H. Applikationsmöglichkeiten in einem sehr breit gefächerten Ersatzbereich, z. B. in der Industrieelektronik, in der Heizungs- und Klimatechnik, in der Kraftfahrzeugstechnik, bei Haushaltsgeräten sowie chemische, physikalische und medizinische Anwendungen.

J. Jessen

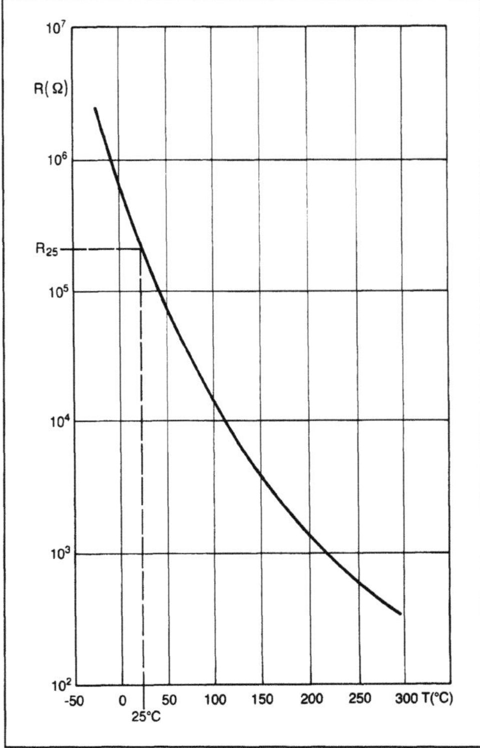

Heißleiter 1: Typische R = f (T)-Kennlinie.

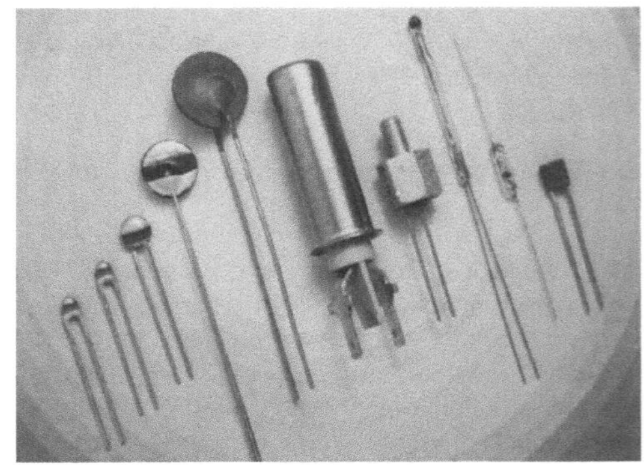

Heißleiter 2: Spektrum verschiedener Heißleiter-Bauformen. (Quelle: Philips Components)

Literatur: *Bauer / Wagner:* Bauelemente und Grundschaltungen der Elektronik. Bd. 1 – Bauelemente. München 1984 – *Benth, K.:* Elektronik. Bd. 2 – Bauelemente. Würzburg 1980 – *Müseler / Schneider:* Elektronik. München 1978 – *Völz, H.:* Elektrotechnik – Grundlagen, Prinzipien, Zusammenhänge. Berlin 1978

Heizung der Kathode. Um eine hinreichende →Emission zu gewährleisten, muß bei den heute üblichen Oxidkathoden die →Kathode, zumindest deren emittierender Teil, auf eine Temperatur von 700 bis 750 °C aufgeheizt werden. Die für die jeweilige Kathodenausführung erforderliche Temperatur muß auf einige Grade genau eingehalten werden. Größere Abweichungen von diesem Sollwert verschlechtern Bildgüte und →Lebensdauer der Kathode.

Als Standard-Heizspannung hat sich ein Wert von 6,3 V herausgebildet. Diese Spannung kann von einem Netztransformator genommen werden. Günstiger – da bereits teilstabilisiert – ist, diese Spannung vom Zeilentransformator der →Horizontalablenkung zu nehmen.

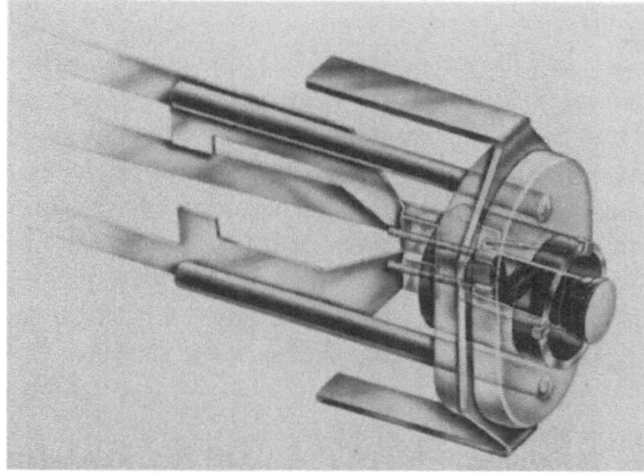

Heizung der Kathode: Prinzipieller Aufbau mit einer modernen Schnellheizung.

Die H. d. K. bei Kathodenstrahlröhren ist eine „indirekte Heizung", d. h., daß die Kathode von der Heizwendel durch eine Lage Aluminiumoxid isoliert ist.

Um die Heizleistung zu begrenzen, die benötigt wird, um die Kathodentemperatur aufrecht zu halten, müssen Wärmeabstrahlung und -ableitung minimiert werden. Moderne Kathodenstrahlröhren kommen daher mit einer Heizleistung von 0,65 W je Kathode aus, d. h. für die ganze Röhre werden nur 2 W Heizleistung benötigt.

Um beim Einschalten eines Gerätes möglichst schnell ein Bild zu sehen, werden *Schnellheizkathoden* eingesetzt. Das sind Kathoden mit geringer Wärmekapazität, bei denen die Solltemperatur schnell erreicht wird. So erscheint bereits nach ca. 6 s ein sichtbares Bild auf dem Bildschirm.

Nerstheimer

Literatur: Bildröhren und Ablenkmittel 1966. Hrsg. SEL, Eßlingen. – Die Fernseh-Bildröhre. Hrsg. Telefunken, Ulm. – Farbfernsehtechnik I. Hrsg. Telefunken, München. – Farbfernsehtechnik II. Hrsg. Telefunken, Berlin.

Hellfeldanzeige. Das vom Buchdruck her bekannte Erscheinungsbild dunkler Zeichen auf einem hellen Untergrund wird oft als Positivdarstellung, oder auch als Hellfelddarstellung, bezeichnet. Entsprechend bezeichnet man elektronische Anzeigen mit diesem optischen Erscheinungsbild als H. Bekanntestes Beispiel sind die üblichen reflektiven →Flüssigkristall-Anzeigen in Armbanduhren, Meßgeräten etc. Bei ihnen erscheinen die angesteuerten Zeichen dunkel auf dem silbergrau bis grüngrau erscheinenden Feld. Der große transparente Flächenanteil trägt bei den Flüssigkristall-Anzeigen wesentlich dazu bei, daß die Anzeige ausreichend hell erscheint.

In der gleichen Darstellungsart können auch hinterleuchtete Anzeigen betrieben werden. Bei ihnen erscheint dann das helle, nicht angesteuerte Feld, in der Farbe der Hintergrundausleuchtung. Ein zusätzlicher Reflektor, bzw. eine Streuschicht, bewirkt, daß von außen auftreffendes Licht zusätzlich zur Aufhellung des Feldes beiträgt. Angesteuerte Zeichen erscheinen dunkel. Die Farbe des Feldes kann bei Verwendung von geeigneten Farbfiltern in jeder beliebigen Farbe erscheinen. Als besonders kontrastreich hat sich die Darstellung der dunklen Zeichen auf gelbem oder orangefarbenem Feld erwiesen.

H. sind für den Einsatz in einer Umgebung mit wechselnder Intensität, wie Außenanwendungen, besonders geeignet.

Um eine H. in dunkler Umgebung nicht störend erscheinen zu lassen, empfiehlt sich die Regelung der Intensität der Hintergrundlichtquelle.

Pottharst

HEMT. (*engl.* High Electron Mobility Transistor). Extrem schneller und rauscharmer Feldeffekttransistor, der die hohe Beweglichkeit eines zweidimensionalen →Elektronengases ausnutzt.

Grundprinzip ist ein →Heteroübergang (Bild 1 a) zwischen einem stark n-dotierten Halbleiter großen Bandabstandes und einem undotierten Halbleiter niedrigen Bandabstandes (→Modulationsdotierung, →Quantum Well). Die Elektronen sammeln sich im Potentialtopf der Banddiskontinuitäten des Heteroüberganges im undotierten Material (Bild 1 b). Durch die räumliche Trennung von den Rumpfionen erreichen sie dort Beweglichkeiten von bis zu $2 \cdot 10^6$ cm²/Vs bei tiefen Temperaturen, was um Größenordnungen höher ist als im Volumenmaterial gleicher →Ladungsträgerdichte. Die →dünne Schicht des zweidimensionalen Elektronengases bildet den Kanal des Feldeffekttransistors. HEMTs können sowohl im Anreicherungs- als auch im Verarmungsmodus betrieben werden, lediglich die Schichtfolge für die Gate-Elektrode muß entsprechend angepaßt werden.

HEMTs werden in Logik-Schaltkreisen verwendet; sie haben kürzere Schaltzeiten und geringere Verlustleistungen als MESFETs. So erreichen statische →Speicher mit 4 kBit Zugriffszeiten von 4,4 ns und Verlustleistungen von 0,85 W für den gesamten Chip. Parallel dazu werden HEMTs in →Verstär-

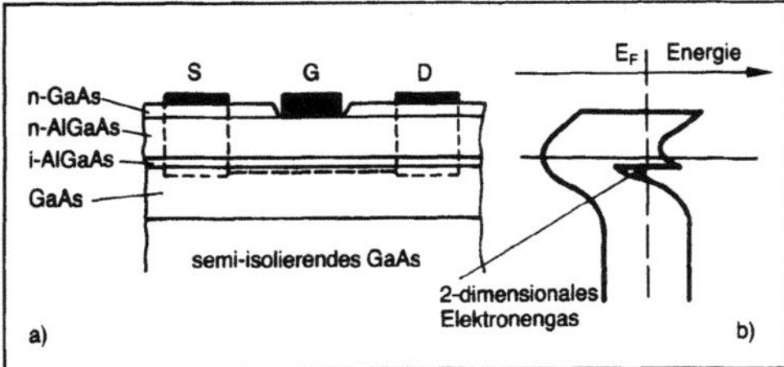

HEMT 1: Funktionsprinzip. (E_F: Fermienergie).
a) Struktur
b) Bandenergieverlauf.

kern der →Mikrowellentechnik eingesetzt. Sie liefern eine hohe Verstärkung bei vergleichsweise geringem Eigenrauschen (Bild 2). Die Grenzfrequenzen kommerzieller Typen liegen bei 40 GHz, Labormuster erreichen 80 GHz.

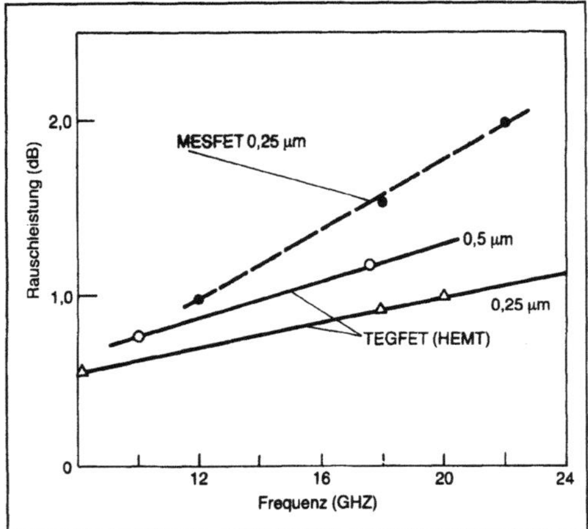

HEMT 2: Vergleich der Frequenzabhängigkeit des Rauschens für verschiedene FETs (Zahl gibt Gatelänge an).

Entsprechend der Parallelentwicklung in verschiedenen Laboratorien sind für Transistoren ähnlichen Aufbaus unterschiedliche Bezeichnungen im Gebrauch, z. B.:

- TEGFET – two-dimensional electron gas field effect transistor,
- MODFET – modulation doped field effect transistor oder
- SDHT – selective doped heterostructure transistor.

Rosenzweig

Literatur: *Dingle, R.*: Applications of Multiquantum Wells, Selective Doping and Superlatices. London 1987. Vol. 24 aus der Reihe: *Willardson, R. K.* and *A. C. Beer* (Ed.): Semiconductors and Semimetals.

Hetero-Bipolar-Transistor (HBT). →Bipolartransistor, bei dem mindestens der Emitter-Basis-Übergang als Hetero-pn-Übergang ausgeführt ist. Beim Bipolartransistor wird die Höhe der erzielbaren →Stromverstärkung u. a. durch den Emitterwirkungsgrad begrenzt. Guter Emitterwirkungsgad verlangt hohe Emitterdotierung (wobei aber durch Bandabstandsverkleinerung der Effekt reduziert wird) und/oder hohen Basiswiderstand (nachteiliger Anstieg des Basiswiderstandes). Abhilfe schafft der sog. Breitbandemitter mit breitbandigem Emitter- und schnellbandigem Basismaterial, also Einsatz eines Emitter-Hetero-Überganges. Weit verbreitete Materialsysteme sind AlGaAs/GaAs-, AlGaAs/Ge-, besonders auch Si-Ge-Emitterübergänge. Eine weitere Eigenschaftsverbesserung (Schaltverhalten!) brachte der Doppel-Hetero-Bipolartransistor, bei dem auch der Kollektor-Basis-Übergang als Heterostruktur ausgebildet ist (Verbesserung im Schaltverhalten durch Reduktion der Speicherladung). Die Vorteile des HBT werden hauptsächlich im Mikrowellenbereich deutlich. So wurde mit SiGeSi-Anforderungen bereits Grenzfrequenzen über 100 GHz erreicht, mit verschiedenen A^{III}-B^{B}-Verbindungen Werte noch deutlich darüber. *R. Paul*

Heterodiode. →Halbleiterdiode mit wenigstens einem →Heteroübergang. *R. Paul*

Heterodynempfänger, optischer →Überlagerungsempfänger, optischer

Heteroepitaxie →Epitaxie

Heterojunction →Heteroübergang

Heterostrukturlaser, einfach. →Halbleiterlaser, bei dem die aktive Schicht einseitig von Material höheren Bandabstandes begrenzt wird.

Diese Laserdiode wird epitaktisch aus hoch dotiertem Material (entartete Halbleiter) als npp-Schichtfolge hergestellt, wobei die innere p-Schicht relativ dünn und die äußere p-Schicht aus Material höheren Bandabstandes ausgebildet sind (Bild). Durch die Potentialbarriere am pp-Heteroübergang wird die Minoritätsträgerdiffusion einseitig begrenzt. Die Begrenzung erfolgt i. a. für die Elektronen, da sie eine größere Diffusionslänge als die Löcher haben. Der (für die Emissionswellenlänge) kleinere Brechungsindex des Materials höheren Bandabstandes bewirkt am pp-Heteroübergang eine deutliche Führung der optischen Welle, während am np-Homoübergang nur eine schwache Führung durch den geringen Brechungsindexsprung infolge der unterschiedlichen Ladungsträgerkonzentrationen vorliegt.

Einfach-Heterostrukturen werden für GaAlAs-Puls-Laser im nahen IR (~900 nm) mit optischen Leistungen bis zu 25 W verwendet. Die Schwellenstromdichten betragen bei einer Dicke der aktiven

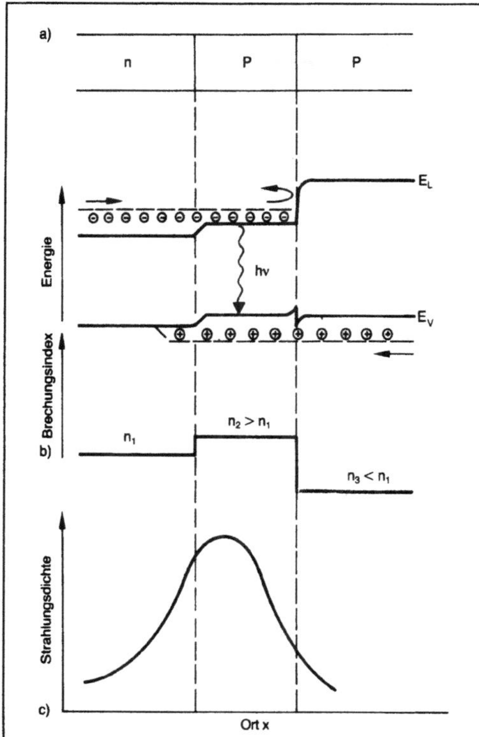

Heterostrukturlaser, einfach: Funktionsprinzip.
a) Bandenergieverlauf
b) Brechungsindex-Profil
c) Strahlungsdichteverlauf.

Schicht von 1,5–2,0 μm 10 kAcm^{-2}; eine weitere Reduzierung dieser Schicht hätte den Verlust der optischen Führung zur Folge. *Rosenzweig*

Literatur: *Kersten, R. Th.:* Einführung in die optische Nachrichtentechnik. Berlin–Heidelberg–New York 1983.

Heteroübergang. →Halbleiterübergang, bei dem die Gebiete beiderseits der Grenzfläche Halbleiter – Halbleiter aus zwei verschiedenen Halbleiterwerkstoffen, insbesondere mit unterschiedlichen Energiebandabständen zwischen →Valenz- und →Leitungsband bestehen. Dadurch treten im →Bändermodell Diskontinuitäten (sog. Spikes) auf, die zu einer Reihe besserer elektrischer Eigenschaften solcher Übergänge im Vergleich zu Homoübergängen führen. Besonders geeignet sind für H. Mischverbindungen aus →III-V-Halbleitern, aber auch zwischen →Silicium und solchen III-V-Halbleitern.

H. werden als n^+n-, pn- und pp-Übergänge ausgeführt. Angewendet werden sie sehr umfangreich vor allem in optoelektronischen Bauelementen: →Halbleiterlaser (Doppelheterolaser), Photodioden und Phototransistoren, Solarzellen, aber auch als sehr schnelle Schaltdioden sowie in speziellen Höchstfrequenzbauelementen: beim →Hetero-Bipolartransistor (HB, JT), beim Hetero-Sperrschichtfeldeffekttransistor (HJFET) und →HEMT. *R. Paul*

HF-Drossel →Drossel

HF-Laser →Laser, chemischer

HF-Transistor. →Transistor mit sehr hoher →Grenzfrequenz, d. h. kleinen Signalverzögerungszeiten, der besonders für die Verarbeitung hochfrequenter Signale bei möglichst geringem →Rauschen ausgelegt ist. *R. Paul*

High-Speed-Pinelektronik. Digitale →Pinelektronik, die den durch das Format, das Timing und den logischen Zustand (→Prüfbitmuster) beschriebenen Signalverlauf für mehrere Pins und über mehrere Zyklen zwischenspeichern und hardwaremäßig mit hoher Geschwindigkeit (bis in den Megahertz-Bereich) in ein reales Signal u. U. auch prüflingssynchron umsetzen kann. Analog dazu können mit gleicher Geschwindigkeit digitale Signale aufgezeichnet werden. *K. Winter*

Hintergrund-Leuchtdichte →Flüssigkristall-Anzeige

Hitzdraht-Anemometer →Anemometer

HMOS-Technik. (*engl.* High-Performance-MOS, Hochleistungs-MOS-Technik) Form der →MOS-Technik, bei der die Strukturverkleinerung des →MOSFET, insbesondere die Kanalverkürzung (Kurzkanaltransistor), durch Skalierung einer größeren Transistorgeometrie und Einsatz stark verbesserter Produktionsverfahren erfolgt.

Die HMOS-T. ergab sich direkt aus der Forderung nach größerem →Integrationsgrad. Obwohl die Transistorverkleinerung zunächst nur eine Verringerung lateraler Abmessungen erfordert und damit hauptsächlich die →Lithographie (→Elektronenstrahllithographie) und Ätztechnik (physikalische Ätzverfahren) betraf, folgte jedoch aus dem Skalierungsprinzip auch eine Verringerung von Vertikalabmessungen (dünnerer Gateisolator, flachere Source-, Drain-pn-Übergänge, z. B. durch Einsatz der →Implantation), also insgesamt eine dreidimensionale Verkleinerung des Transistors. So bündelte die HMOS nicht nur die Bemühungen um das tiefere Verständnis und die Beherrschung des MOSFET mit kleineren Abmessungen, sondern löste auch einen Technologieschub aus. Die Tabelle gibt einen Tendenzverlauf der Entwicklung typischer Abmessungen und Eigenschaften eines MOS-Gattes unter dem Einfluß der Skalierung. *R. Paul*

HMOS-Technik. Tabelle: Zeitliche Entwicklung durch Skalierung (Richtwerte).

	HMOS I 1976	HMOS II 1979	HMOS III 1982	HMOS IV >1990
Kanallänge (μm)	3	2—2,2	1,4—1,6	0,25
Gateoxiddicke (nm)	75	40—50	20—30	6—10
Minimale Gatterverzögerung ns	≤100	≤30	≈10	<1
Verlustleistungs-Verzögerungsprodukt (pJ)	1	0,5—0,6	0,2—0,3	0,01

Hochdruckoxidation →Oxidation

Hochgeschwindigkeits-Schaltkreisfamilie →HSIC

Hochleistungs-Lumineszenzdioden. →Lumineszenzdioden mit hoher Strahldichte; sie wird erreicht durch Verwendung von Doppelheterostrukturen in Verbindung mit eng begrenzten Lumineszenzvolumina.

Die *Burrus*-Diode (Bild 1) verwendet eine Doppelheterostruktur aus GaAs/GaAlAs/GaAs. Dabei werden die Kontakte als Kreis von ca. 30–100 μm Durchmesser und als gegenüberliegender Ring ausgebildet. Das GaAs-Substrat wird innerhalb des Ringes weggeätzt, um so die Faser dicht an die aktive Schicht heranzuführen und Absorptions- und Einkoppelverluste zu reduzieren. Die Abstrahlung erfolgt senkrecht zur Schichtenfolge (Oberflächenstrahler) mit einer →Abstrahlcharakteristik ähnlich der eines Lambertstrahlers. Mit Stromdichten von 7 $kAcm^{-2}$ können etwa 1,7 mW optische Leistung erreicht werden, was einer Strahldichte von ca. 100 $Wsr^{-1}cm^{-2}$ entspricht.

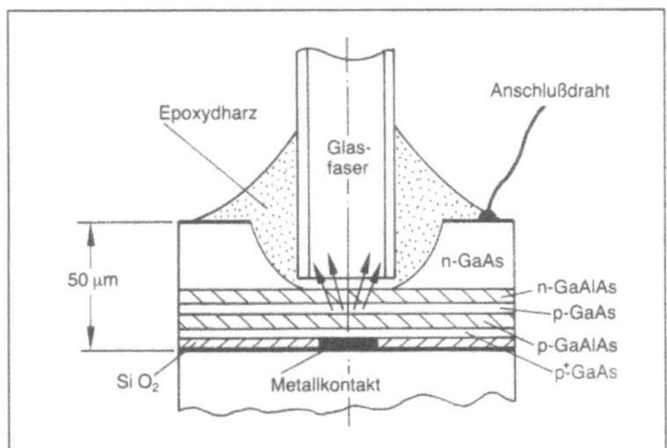

Hochleistungs-Lumineszenzdiode 1: Burrus-Diode.

Super-LED's (Bild 2) verwenden ebenfalls Doppelheterostrukturen, entsprechen in ihrem Aufbau aber →Halbleiterlasern. Der Strom wird auf einen Streifen von 10–80 μm Breite begrenzt. Die Abstrahlung erfolgt in Streifenrichtung aus der Schichtenkante (Kantenstrahler). Durch die sehr unterschiedlichen Abmessungen von Dicke (0,3 μm) und Breite (10–80 μm) sind die Abstrahlcharakteristiken senkrecht und parallel zur Schichtenfolge sehr verschieden. Mit Stromdichten von 4 $kAcm^{-2}$ können 1 mW optische Leistung erreicht werden, was einer Strahldichte von bis zu 1000 $Wsr^{-1}cm^{-2}$ entspricht.

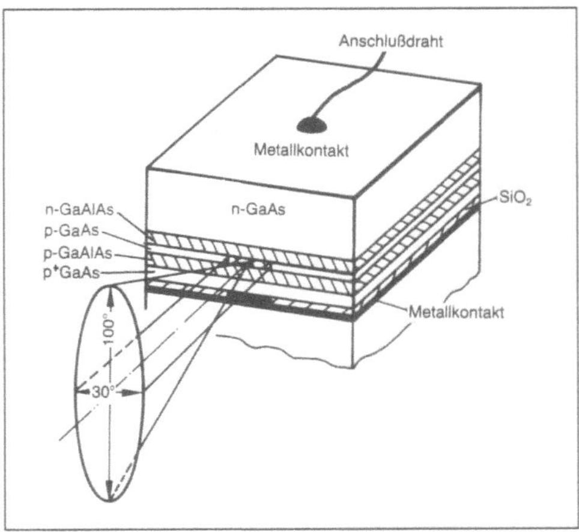

Hochleistungs-Lumineszenzdiode 2: Super-LED.

Beide Strukturen können auch im Materialsystem InGaAsP/InP für den Bereich oberhalb von $\lambda \geq 1{,}0\,\mu m$ benutzt werden.

H.-L. finden ihre Anwendung in der optischen Nachrichtentechnik und als Pumplichtquellen für kleine Festkörper-Kristall-Laser. *Rosenzweig*

Literatur: *Grau, G.*: Optische Nachrichtentechnik, Berlin-Heidelberg-New York-Tokio 1986.

Hochleistungsthyristor. H. sind Thyristoren mit Dauergrenzströmen I_{TAVM} von ca. 800 A aufwärts und Sperrspannungen U_{RRM}, U_{DRM} mit Werten über 1 600 V. *H. Stüben*

Hochpaßfilter →Filter

Hochspannungserzeugung. Bei Fernsehgeräten und Monitoren mit einer →Kathodenstrahlröhre wird die zum Betrieb der Röhre erforderliche →Anodenspannung aus der Gleichrichtung des Zeilenrückschlagimpulses gewonnen.

Der Zeilenrückschlagimpuls bildet sich am Zeilentransformator, wenn am Ende des Hinlaufes bzw. Beginn des Rücklaufes der →Horizontalablenkung der Ablenkstrom abgeschlatet wird. Der Zeilenrückschlagimpuls wird gleichgerichtet, entweder

- mit Transformation auf die erforderliche Impuls-Amplitude
- oder mit niedrigeren Impulsamplituden und Vervielfacherkaskaden
- oder nach dem *Diodensplit*-Prinzip, wo eine Lagenspannung eines Hochspannungswinkels gleichgerichtet wird. Dieser Spannung wird wieder eine Lagenspannung überlagert und gleichgerichtet.

Angestrebt wird in jedem Fall eine stabile Hochspannung und ein niedriger Innenwiderstand.

Um dies zu erreichen, gibt es eine Reihe von Möglichkeiten:

□ Abstimmung des Transformators auf höhere harmonische Zeilenfrequenz z. B. 3. oder 5.

□ Ballastschaltung: Dabei wird die Anodenspannung mittels einer →Triode immer maximal belastet, so daß die Summe aus Strahlstrom und Ballaststrom konstant ist.

□ Über einen *bleeder*-Widerstand immer eine Minimalbelastung (z. B. 100 µA) wirksam werden zu lassen. Durch diese Vorlast wird der Bereich sehr kleiner Strahlströme und sehr hoher Innenwiderstände ausgespart.

Der *bleeder*-Zweig als Spannungsteiler liefert gleichzeitig die Fokusspannung und die Schirmgitter-Spannung (U_{G2}). Diese Schaltung hat zwei Vorteile:

□ konstantes Verhältnis zwischen Schirmgitter-Spannung, Fokusspannung und Hochspannung.

□ Bei Abschalten des Gerätes werden alle Hochspannung führenden Teile einschließlich der Bildröhre entladen. *Nerstheimer*

Literatur: *Boers, C. J.*: Hochspannungserzeugung aus dem Zeilenrücklaufimpuls. Valvo Ber. Bd. XV (1969), Nr. 3, S. 93–108. – Elektronik-Taschenbuch. Bd. II. Bonn. – Farbfernsehtechnik I. Hrsg. Telefunken, München. – Farbfernsehtechnik II. Hrsg. Telefunken, Berlin.

Hochsprachenentwurf.Der sog. H. erlaubt den Entwurf einer digitalen elektronischen Schaltung auf einem sehr hohen Beschreibungsniveau ohne konkrete Vorstellung hinsichtlich der künftigen Realisierung und vor allem ohne Rücksicht auf irgendein vorhandenes herstellerabhängiges Entwurfs-Instrumentarium. Die Beschreibung der zu realisierenden Schaltung erfolgt mit →VHDL, wobei beliebige Formen der Darstellung möglich sind. Die Beschreibung wird verifiziert und ist letztlich Basis für das Generieren einer funktionsfähigen Schaltung nach einem Ablaufschema (Bild, S 456).

H. ist die eleganteste und zukunftsträchtigste Form der Schaltungsentwicklung: Der Ingenieur wird von routinemäßigen Vorgängen entlastet und kann sich vollständig auf die Eingabe und Umsetzung seiner Idee konzentrieren. Ein weiterer Trend wird hier erkennbar: Die reine hardwareorientierte Entwicklung wird immer mehr durch softwareorientierte Verfahren abgelöst. *K. Winter*

Literatur: *Carlson, S.*: Introduction to HDL-Based Design Using VHDL. Synopsis Inc. Mountain View, California.

Höchstfrequenz-Halbleiterbauelement →Mikrowellen-Halbleiterbauelement

Höchstfrequenzschaltung, integrierte →MIC.

Hochtemperaturelektronik. Elektronische Schaltkreise mit Dauerarbeitstemperatur oberhalb 125 °C werden als H. bezeichnet. Anwendungen liegen bis zu rd. 180 °C z. B. in der Fahrzeug- und Motorentechnik, bis zu rund 250 °C in der Verfahrenstechnik und in Verbrennungskraftmaschinen, bis zu rund 350 °C und in Einzelanwendungen bis über 450 °C z. B. in der Prozeßtechnik.

Als Halbleiterbauelemente für H. eignen sich insbesondere epitaktisches Silicium auf →Isolator (SOI), bei denen der aktive Kanal durch einen hochwertigen Isolator begrenzt wird. Der Isolator wird erzeugt entweder durch eine →Implantation von Sauerstoff (→SiMOX), epitaktisches Aufwachsen der dünnen Si-Schicht auf einem Saphir-Substrat (SOS) oder das BESOI-Verfahren, bei dem die isolierende Schicht durch zwei aufeinander gebondete thermisch oxidierte Si-Wafer erzeugt wird. Der eine Wafer wird anschließend bis auf eine dünne aktive Schicht abgeätzt. SOI-Bauelemente können bis knapp unter 300 °C betrieben werden. Oberhalb 300 °C bis etwa 400 °C können Bauelemente mit GaAs-Halbleiter verwendet werden. Grund ist der gegenüber Si höhere →Bandabstand. In Zukunft werden auch optoelektronische Bauelemente bei hohen Temperaturen möglich sein, in denen die Wellenlängen-Empfindlichkeit mit Hilfe von Heterostrukturen eingestellt wird. Das Beta-SiC kann z. Z. noch nicht im industriellen Umfang mit ausreichender elektrischer Qualität hergestellt

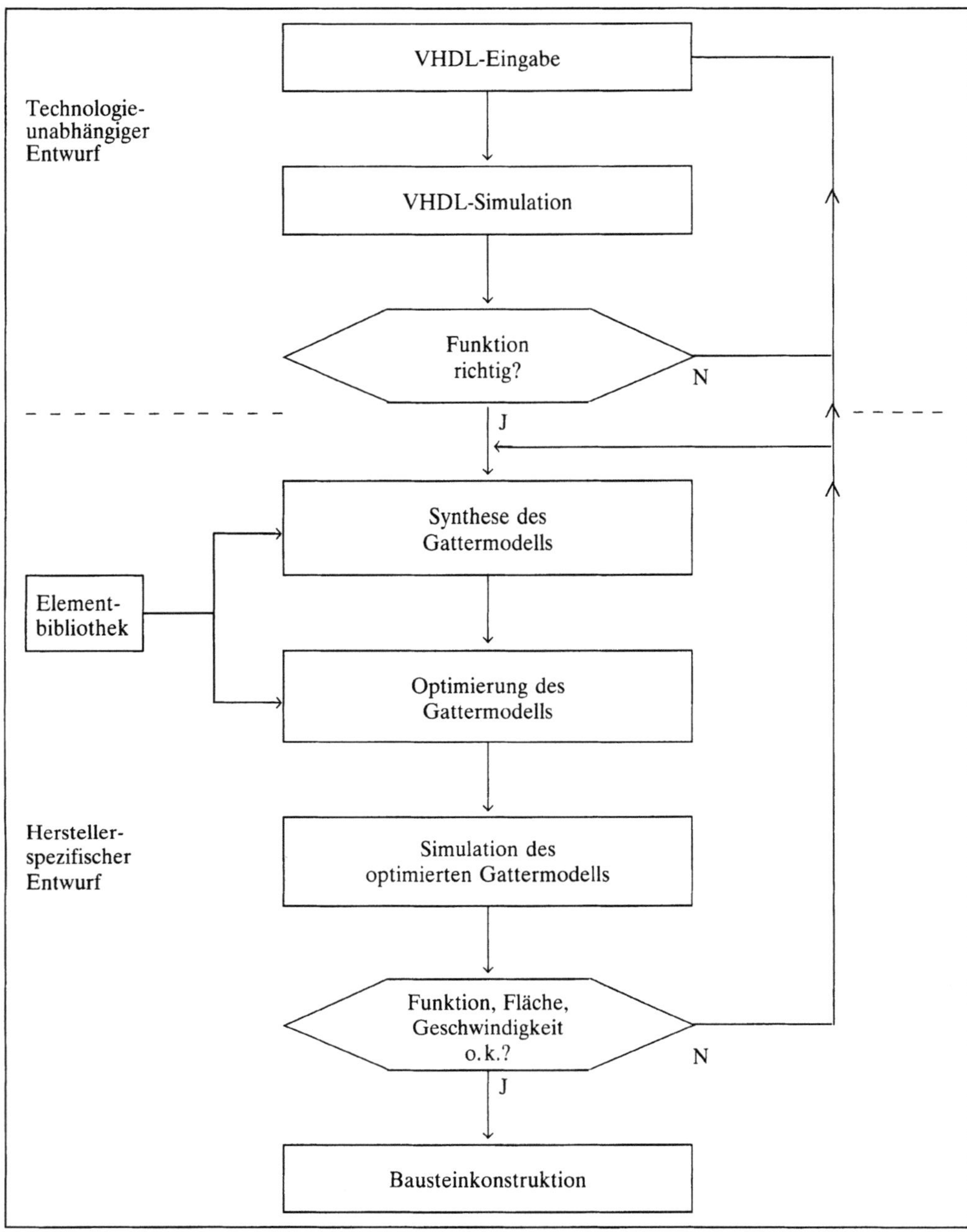

Hochsprachenentwurf: Ablaufschema beim H. (Quelle: Synopsis).

werden. Aufgrund seiner physikalischen Eigenschaften eignet sich der SiC-Halbleiter bei ausreichendem Schutz gegen chemische Beeinflussung bis zu Temperaturen von etwa 600 °C. Noch höhere Temperaturen können mit Diamant-Halbleiter erreicht werden: Naturdiamanten oder epitaktisch auf anderen Halbleitern, z. B. Si aufgewachsene Diamantschichten ergeben im Labor bisher Schottky Dioden. Aufgrund ihrer physikalischen Eigenschaften versprechen Bauelemente auf und mit →Diamant gute Hochfrequenzeigenschaften und ausgezeichnete Eigenschaften als Leistungsbauelemente.

Das Grundproblem der H. liegt in der noch wenig entwickelten →Aufbau- und Verbindungstechnik. Oft wird deshalb das für die Hochtemperaturanwendung erforderliche aktive oder passive →Funktionselement exponiert und mit Speise- und Signalleitungen mit den Bauelementen der Signalwandlung und Datenverarbeitung verbunden. Nachteile dieser Konstruktion liegen in der Störanfälligkeit. Neue Konstruktionen sollen die Kombination der Funktionselemente und der Bauelemente zur Signal- und Datenverarbeitung an exponierter Stelle mit Zu- und Abführung von Signalen ausreichender Strom- und Spannungsamplitude ermöglichen. *Hieber*

Hochtemperaturlagerung →Qualitätsklasse

Hochtemperatur-Supraleitung. Pauschale Bezeichnung von →Supraleitung mit Sprungtemperaturen, die höher als das langjährige Maximum von ca. 30 K oder gar höher als die Temperatur des flüssigen Stickstoffs (77 K) liegen. Sie verspricht für den letzteren Fall besondere technische Bedeutung, denn erst mit ihr wird der Aufwand für die notwendige Kühlung erträglich und möglicherweise wirtschaftlich, da statt des teuren flüssigen Heliums flüssiger Stickstoff als Kühlmittel eingesetzt werden kann. Bei einer möglich erscheinenden Entwicklung von Supraleitern mit Sprungtemperaturen höher als Zimmertemperatur wäre keine Kühlung mehr notwendig.

Eine stürmische Entwicklung auf dem Gebiet der H.-S. setzte 1986 ein, als *J. G. Bednorz* und *K. A. Müller* (Nobelpreis für Physik 1987) Supraleitung an Kupferoxidverbindungen des Typs Ba-La-Cu-O entdeckten (deshalb auch oxidische Hochtemperatur-Supraleiter). Zwar war die für die Substanz $Ba_{0.75}La_{4.25}Cu_5O_{5(3-y)}$ $(y>0)$ gefundene →Sprungtemperatur mit etwa 30 K nicht sensationell hoch, aber es war eine völlig neue Stoffklasse für Supraleitung gefunden. In der Tat gelang es schon wenig später, an Keramiken vom Typ der Perowskit-Schichtstruktur, Sprungtemperaturen oberhalb der Temperatur des flüssigen Stickstoffs nachzuweisen (z. B. etwa 90 K für $Ba_{0.6}Y_{0.4}CuO_{3-y}$). Die Herstellung makroskopisch-großer Proben ist allerdings schwierig und man versucht, dünne Schichten auf Träger aufzubringen. Bei epitaktisch-kristallinen Schichten wurden dabei bereits kritische Stromdichten (Supraleitung) der Größenordnung 10^7 A/cm^2 erreicht, d. h. eine nur 1 μm dicke und 1 cm breite Schicht kann einen Strom der Größenordnung 1 000 A verlustfrei tragen. Jedoch ist das Aufwachsen epitaktisch-kristalliner Schichten teuer, so daß vielfach Anstrengungen unternommen werden, polykristallines Material auf technischen Trägern wie Stahlbändern aufzubringen. Die dabei bisher erreichten kritischen Stromdichten sind jedoch wesentlich geringer als für kristalline Schichten.

Praktisch immer handelt es sich unterhalb der Sprungtemperatur um Mischphasen zwischen supra- und normalleitenden Phasen, was die Vermessung der Lückenenergie der den Suprastrom tragenden Cooper-Paare (Supraleitung) erschwert. Es scheint, daß das Strukturelement aus Cu-Ion mit es umgebenden Sauerstoffionen für die H.-S. essentiell ist und eine gemischte Valenz der Cu-Ionen zwischen dem zweiwertigen (Cu^{2+}) und dreiwertigen (Cu^{3+}) Zustand eine wichtige Rolle spielt. Die Klärung des Mechanismus, mit dem es zur Bildung von den Suprastrom tragenden Cooper-Paaren kommt, ist z. Zt. Gegenstand intensiver Forschung, ebenso die Suche nach Supraleitern mit Sprungtemperaturen oberhalb 300 K. *Heinz*

Literatur: *Freyhardt H. C., R. Flükiger* u. *M. Peukert:* „High Temperature Superconductors", DGM, Oberursel (1991). – *Rietschel, H.:* Physikalische Blätter 46 (1990) 419.

Holmium-Laser →Erbium-Laser

Holographie-Speicher. H.-S sind optische Einheiten, deren →Speicherfähigkeit auf den Eigenschaften von Hologrammen beruht. Die Technik der Holographie wurde in den siebziger Jahren intensiv erforscht, als man nach Materialien und Verfahren zu suchen begann, um mit einem Laserstrahl adressierte Informationen zu speichern. Bisher sind weder Serienprodukte angekündigt worden, die Eigenschaften von Hologrammen für die Realisierung von Massenspeichern nutzen, noch sind aussichtsreiche Prototypen bekannt.

Der Grundgedanke bei dieser Technik:
Man will die Überlagerung von mehreren optischen Informationen auf der Fläche eines Hologrammes auch für die Aufzeichnung digitaler Daten verwenden. Jedes →Bit wird dargestellt als ein Interferenzmuster, das von zwei Quellen für kohärentes Licht gebildet – geschrieben – wird. Man verwendet für das Lesen ebenfalls kohärentes Licht und Photodioden oder vergleichbare Wandler, um aus optischen Signalen (hell/dunkel) elektrische Impulse zu gewinnen.

Mit Flächenhologrammen wären – theoretisch – bis zu etwa 1 Million Bits pro mm^2 erreichbar. Wenn es gelingt, Volumenhologramme in dickeren Schichten zu realisieren und für unterschiedliche Schichttiefe unterschiedliche Lichtwellenlängen zu verwenden, gelten auch 1 Milliarde Bits je mm^3 als denkbar.

Hologramme lassen sich auch in sogenannten „photorefraktiven" Kristallen (etwa Bariumtitanat oder Lithiumniobat) durch Ladungsverschiebung speichern. Dazu wird die photonische Interferenzverteilung der Hologramme detektiert. Dieses geschieht durch das Mischen eines Referenzstrahles mit dem am aufzunehmenden Objekt gestreuten Objektstrahl, nachdem beide aufgefächert und linear überlagert wurden. Referenz- und Objektstrahl stammen aus einer einzigen, kohärent strahlenden Lichtquelle (meistens ein →Laser) und sind daher phasenkohärent.

In dem photorefraktiven Kristall wird das Abbild als Volumen-Hologramm gespeichert. Durch Veränderung des Winkels, mit dem der Referenzstrahlfächer auf die holographische Ebene trifft, kann die interferenzfreie Speicherung einer ganzen Reihe von Volumenhologrammen in einem Kristall durchgeführt werden. In einem Kubikzentimeter eines Kristalls lassen sich mehrere tausend Hologramme abspeichern.

Das Auslesen der Informationen erfolgt durch kohärentes Scannen der einzelnen Schichten des Kristalls mit einem zum Referenzstrahl antiparallelen Strahlfächer. Das Objekt wird in der Ausgabe-Ebene durch die Interferenzverteilung rekonstruiert.

Die H.-S. befinden sich z. Z. noch in der Entwicklungsphase, marktreife Produkte für den Einsatz als Datenspeicher existieren noch nicht. Neben der Beherrschung der Technologie ist vor allem das Problem des Medienbruches zwischen der elektronischen und der optischen Welt relevant. Die Steuerung, Verwaltung und Übertragung solcher Datenmengen wird erst mit Computern möglich sein, die ebenfalls auf optischer Technologie basieren. Deren Serienreife wird erst für das nächste Jahrzehnt erwartet, daher bleiben die Anwendungen von H.-S. in naher Zukunft auf einige wenige Spezialgebiete beschränkt. *Pott/Voss*

Literatur: *Schempp, W.*: Quantensprung, Holographische Grundkomponenten optischer Neurocomputer. iX (1991) Nr. 9. – *Soell, W.* und *H. Kirchner:* Digitale Speicher. Würzburg 1987.

Homodynempfänger, optischer →Überlagerungsempfänger, optischer

Homoepitaxie →Epitaxie

Homostrukturlaser. →Halbleiterlaser aus einem einzigen Halbleitermaterial mit hoch n- und p-dotierten Bereichen.

In dieser einfachsten Laserdiode wird die Dicke der aktiven (lichtemittierenden) Schicht bestimmt durch die Diffusionslängen der →Ladungsträger und durch die Injektionsstromdichte (Bild a). Ein höherer Strom verbreitert die aktive Zone und erhöht wiederum die Schwellenstromdichte. Außerdem diffundieren Ladungsträger in Gebiete ohne Besetzungsinversion, in denen sie nicht zur stimulierten Emission beitragen. Die optische Welle wird nur mangelhaft innerhalb der aktiven Schicht geführt, deren Brechungsindex durch die niedrigere Ladungsträgerkonzentration geringfügig höher ist (Bild b). Das Licht dringt daher weit in die passiven Randgebiete ein, in denen es vollständig absorbiert

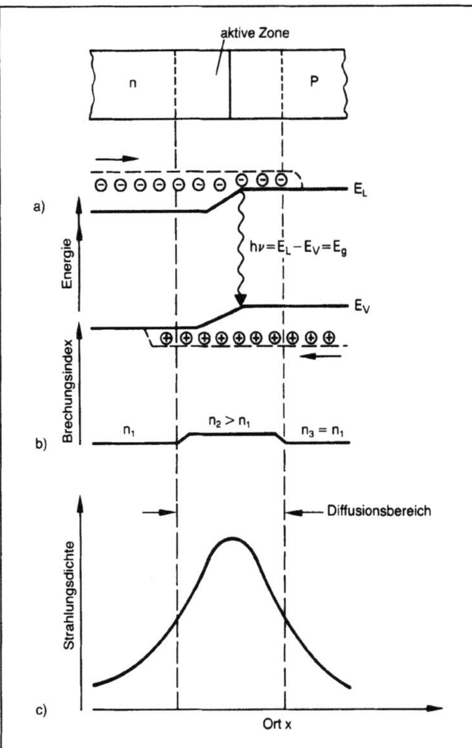

Homostrukturlaser: Diffundierter H.
a) Bandenergieverlauf
b) Brechungsindexprofil
c) Strahlungsdichte.

wird. Ladungsträgerdiffusion und Absorption bedingen die extrem hohen Schwellenstromdichten der Homostrukturlaser von 50 bis 100 $kAcm^{-2}$ bei Raumtemperatur, die einen kontinuierlichen Betrieb nicht zulassen.

Eine kleine Verbesserung bringt der Einbau einer epitaktischen p-Schicht zu einer p^+pn-Struktur. Hier wird die optische Welle in der schwächer dotierten p-Schicht durch deren höheren Brechungsindex geführt. Ein Dauerbetrieb ist allerdings auch damit nicht möglich.

H. haben für die Anwendung keine Bedeutung. *Rosenzweig*

Literatur: *Kersten, R. Th.:* Einführung in die optische Nachrichtentechnik, Berlin–Heidelberg–New York 1983.

Homoübergang. →Halbleiterübergang, bei dem die Bereiche beiderseits der Halbleiter-Halbleiter-Grenzfläche aus gleichem Halbleiterwerkstoff bestehen. Dann liegen beiderseits der Grenzfläche gleiche Energiebandabstände zwischen →Valenz- und →Leitungsband vor. Der klassische Fall eines H. ist der →pn-Übergang als Halbleiterstruktur für die meisten Halbleiterbauelemente. *R. Paul*

Hopping. Bezeichnung für einen speziellen Prozeß des Ladungstransports in ungeordneten Festkörpern und polaren Substanzen, wobei die →Ladungsträger von einem lokalisierten Zustand zum anderen hüpfen.

In ungeordneten Gittern, z. B. amorphen Halbleitern oder stark dotierten kristallinen Halbleitern, gibt es eine Vielzahl von lokalisierten Elektronenzuständen. Ein Elektron in einem solchen Zustand kann sich nicht mehr frei im →Gitter bewegen, sondern ist mehr oder minder stark lokal gebunden. Ein Sprung von einem lokalisierten Zustand zu einem benachbarten wird als H.-Prozeß bezeichnet (Bild). Da zwischen den beiden lokalisierten Niveaus eine sie trennende Potentialbarriere besteht, handelt es sich bei dem Übergang um einen Tunnelprozeß. Die Energiedifferenz zwischen den beiden Zuständen, ΔW, muß thermisch ausgeglichen werden, d. h. durch Erzeugung ($\Delta W < 0$) oder Vernichtung (Absorption, $\Delta W > 0$) eines Phonons (quantisierte Gitterschwingung). Deshalb spricht man bei H.-Prozessen genauer auch von thermisch aktiviertem Tunneln. Für $kT \ll W$ (k = Boltzmann-Konstante, T = absolute Temperatur) ist die Zahl der zur Verfügung stehenden Phononen der Energie $W = \Delta W$ durch den Boltzmann-Faktor $\exp(-W/kT)$ bestimmt ($W > 0$). Die Tunnelwahrscheinlichkeit ist dem Überlapp der Wellenfunktionen des Elektrons im Ausgangs- und Endzustand proportional. Fallen diese mit der gleichen charakteristischen Länge a mit dem Abstand r um das Zentrum von Ausgangs- bzw. Endzustand ab, so ergibt sich für einen Abstand R der Zentren der Überlapp proportional zu $\exp(-2R/a)$. Für $W > 0$ wird dann die H.-Wahrscheinlichkeit

$$w \sim \exp(-2\,R/a)\,\exp(-W/kT).$$

Für $W < 0$ ist die zweite Exponentialfunktion 1 zu setzen.

Für die tatsächlichen Übergangsraten ist noch mit Hilfe der Fermi-Dirac-Statistik zu berücksichtigen, daß der Ausgangszustand besetzt und der Endzustand unbesetzt sein muß. Letzteres ist für $W > 0$ wahrscheinlicher als für $W < 0$. Geht man davon aus, daß die Energieniveaus aller lokalisierten Zustände mit der räumlichen Dichte n auf der Energieskala gleichmäßig über einen Bereich der Ausdehnung $\overline{\Delta W}$ verteilt sind, so ergibt sich im Mittel für den kleinsten Energieabstand W innerhalb eines Abstands R um ein Ausgangszentrum $W = \overline{\Delta W}/nR^3$. Damit nimmt zwar der zweite Faktor im Ausdruck für die H.-Wahrscheinlichkeit mit wachsendem R zu, der erste jedoch ab. Das Produkt wird maximal für $R^4 = \overline{R}^4 = 3\,a\,\overline{\Delta W}/2\,n\,kT$, so daß sich $\ln(w) \sim T^{-1/4}$ ergibt (*Mott*sches $T^{-1/4}$-Gesetz). Für hohe Temperaturen kann jedoch $\overline{R}$ nicht unter den mittleren Abstand R_0 nächster Nachbarn sinken, so daß sich in diesem Temperaturbereich $w \sim \exp(-2\,R_0/a)\,\exp(-W_0/kT)$ ergibt, wobei W_0 der mittlere energetische Abstand direkt benachbarter Zustände ist.

H.-Prozesse können auch als Diffusionsprozeß verstanden werden, bei denen sich die Diffusionskonstante D aus dem Produkt der H.-Wahrscheinlichkeit w mit dem Quadrat der mittleren Hoppingweite $\overline{R}^2$ und der Zahl der beteiligten Elektronen zusammensetzt. Damit läßt sich eine H.-Beweglichkeit $b = e\,D/kT$ definieren (→Einstein-Beziehung, e = Elementarladung), deren höchste Werte etwa bei $\approx 10^{-2}\,cm^2/Vs$ liegen.

Der Begriff H. spielt auch in kristallinen Strukturen eine Rolle. Bei polaren Festkörpern kann die →Polarisation des Gitters durch ein Elektron zu einer Lokalisierung des Elektrons führen, sozusagen in einer selbst gegrabenen Grube. Dieser Zustand, Elektron + Gitterverzerrung, entspricht einem Quasiteilchen, dem kleinen Polaron. Es kann sich durch H.-Prozesse im Kristall bewegen. *Heinz*

Literatur: *Böttger, H.* and *V. V. Bryksin:* Hopping Conduction in Solids. Weinheim 1985. – *Overhof, H.:* Hopping Conductivity in Disordered Solids. Festkörperprobleme Bd. XVI (Hrsg. J. Treusch) Wiesbaden 1976.

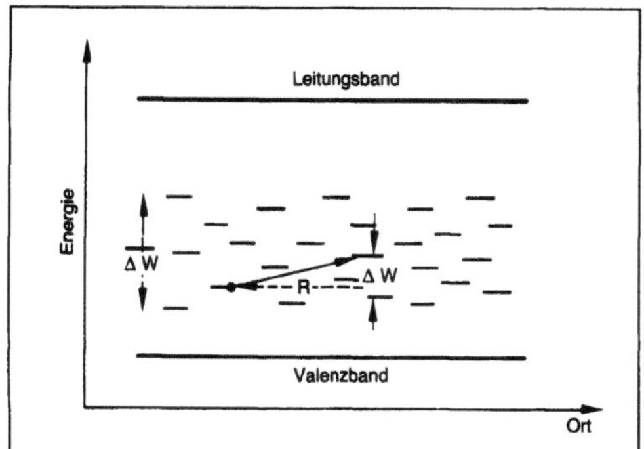

Hopping: H.-Prozeß zwischen lokalisierten Zuständen im verbotenen Band eines Halbleiters.

HSIC. (*engl.* High Speed Integrated Circuit, Hochgeschwindigkeits-Schaltkreisfamilie).

1. Ursprünglich durch verbesserte Dimensionierung aus der TTL-Schaltkreisfamilie hervorgegangen: →Schaltungstechnik für Taktfrequenzen über 30 MHz, heute weitgehend durch die →Schottky-TTL mit deutlich besseren Eigenschaften abgelöst.

2. Heute übliche Bezeichnung für sehr schnelle Digitalschaltungen z. B. in ECL- oder GaAs-MESFET-Technik. *R. Paul*

Hybriddiode. →MIS-Diode der ein →pn-Übergang so parallel geschaltet ist, daß das oberflächennahe Randfeld die Entstehung einer Inversionszone verhindert. Dadurch entsteht eine ausgeprägte

Abhängigkeit der Kapazität von der Klemmenspannung, die die H. besonders als →Varaktordiode geeignet macht (Bild). *R. Paul*

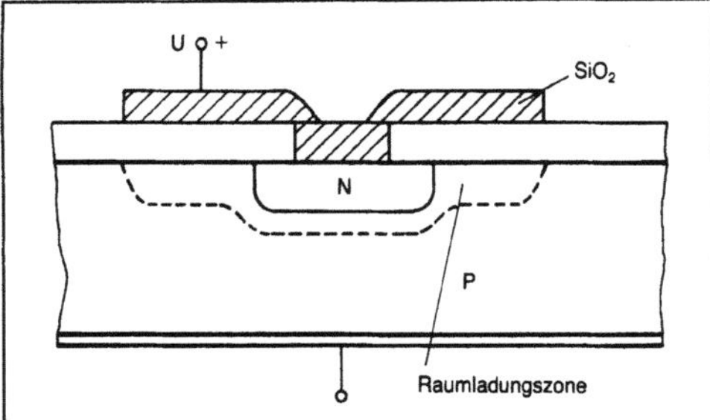

Hybriddiode: Strukturschema.

Hybridintegration. Schaltkreise der →Mikroelektronik mit hoher Flächendichte von Bauelementen werden im Zuge der fortschreitenden →Miniaturisierung auf Substraten mit 1 bis 4″ (″, Inch=25,4 mm) Kantenlänge aufgebaut. Die Bauelemente werden meist in Oberflächenmontage-Technik eingesetzt, passive Bauelemente werden in →Schichthybridtechnik in die Leiterbahnen auf dem →Substrat integriert (hybridintegriertes Bauelement). Verfahren sind vorwiegend die →Dickschichttechnik und für spezielle Anwendungen mit besonders hohen Anforderungen an die Maßhaltigkeit die →Dünnschichttechnik. Aktive Bauelemente, vor allem hochintegrierte Schaltkreise (→VLSI), werden auf starre keramische oder flexible →Zwischenträger aus thermisch stabilen Polymeren (z. B. Polyimidfolie) gesetzt.

Der Vorteil der H. besteht darin, die Vorzüge einzelner Realisierungstechniken (z. B. Präzision, Linearität und kleine Temperaturkoeffizienten von Schichtschaltungen) mit denen von Halbleiterschaltungen so zu verkoppeln, daß deutlich bessere Eigenschaften gegenüber den Grundtechnologien entstehen. Eine weitere Einsatzdomäne von Hybridschaltungen liegt dort, wo nur kleine Stückzahlen die Entwurfskosten monolitischer Schaltungen nicht tragen. *Paul/Hieber*

Hybridprüfung. Prüfung von Bausteinen oder Baugruppen, die sowohl analoge wie digitale Funktionen beinhalten. H. setzt voraus, daß der verwendete →Prüfautomat alle Meß- und Stimuli-Einheiten beinhaltet, wie sie zusammengenommen in einem Digitalprüfautomat und einem Analogprüfautomat installiert sind. Die H. erfordert eine exakte Synchronisierung zwischen den digitalen und analogen Funktionseinheiten. Hierzu ist u. a. im →Prüfautomatenbetriebssystem die Zu- und Abschaltung der digitalen und analogen →Stimuli sorgfältig zu überwachen. Da es keinen →Prüfprogrammgenerator gibt, der digitale und analoge Prüfprogramme und insbesondere ihr Zusammenwirken gleichzeitig bearbeiten kann, muß die Programmierung weitgehend manuell erfolgen. *K. Winter*

Hybridrelais. →Relais, insbesondere →Schaltrelais, das sowohl mechanisch bewegte Teile (wie das elektromechanische Relais) als auch elektronische Schaltungen wie das statische Relais enthält.

Als H. gelten sowohl Relais mit elektronischem Eingangsteil und schaltenden Kontakten im Ausgangsteil, als auch solche, die auf der Eingangsseite ein elektromechanisches Relais und am Ausgang einen Leistungshalbleiter als Schaltbauteil enthalten.

Auch Relais, die abgesehen von einem →Reedrelais zum Zweck der elektrischen Trennung zwischen Eingang und Ausgang nur elektronische Bauteile enthalten, sind den H. zuzurechnen.

Ziele beim Einsatz von Elektronik im Relais sind z. B.: Erhöhung der Schaltlebensdauer, Wahl des jeweils günstigsten Schaltzeitpunktes beim Schalten von Wechselstrom, Anpassung an Steuersignale von Logikbauteilen, elektronische Rückmeldung des Schaltzustandes, Selbstabschaltung im Störungsfall und Realisierung verschiedener Schaltfunktionen, abhängig von der externen Beschaltung (z. B. mono- oder bistabile Funktion). *Rauterberg*

Hybridschaltkreis →Hybridintegration, →Mikrowellentechnik

Hybridsimulation. →Simulation von gemischten digitalen/analogen Schaltungen. Die H. wird durch eine passende Koppelung eines Digitalsimulators mit einem →Analogsimulator erreicht. Bei einem geringfügigen Anteil der digitalen Schaltung an der Gesamtschaltung kann die H. auch von einem Analogsimulator allein durchgeführt werden. *K. Winter*

Hybridtechnik →Hybridintegration

Hygrometer →Feuchtesensor

I

I²L. (*engl.* Integrated Injection Logic, integrierte Injektionslogik). →Schaltkreisfamilie bipolarer Digitalschaltungen mit hoher →Packungsdichte, bei der die logische Verknüpfung durch Multikollektortransistoren am Ausgang erfolgt. Das Grundelement, der →Inverter (Bild) wird nicht, wie bei anderen Schaltkreisfamilien, über einen Lastwiderstand aus der Speisespannungsquelle versorgt, sondern über einen →Lateraltransistor, dem sog. Injektor (→Konstantstromquelle). Dadurch entfallen Widerstände (Flächenaufwand, →Verlustleistung) und Speisespannungsleitungen (Flächenaufwand). Der nachgeschaltete Transistor ist stromgesteuert, wobei der Injektorstrom ihn entweder einschaltet (bei H-Pegel am Eingang) oder bei L-Pegel nach Masse abgeleitet wird. Dadurch liegen alle Kollektoren der Vorstufe auf L. Die logische Verknüpfung erfolgt so durch →Verdrahtung (Wired-OR) der Kollektoren. Der vertikale →Schalttransistor kann leicht mit mehreren Kollektoren (Multikollektortransistor) ausgelegt werden.

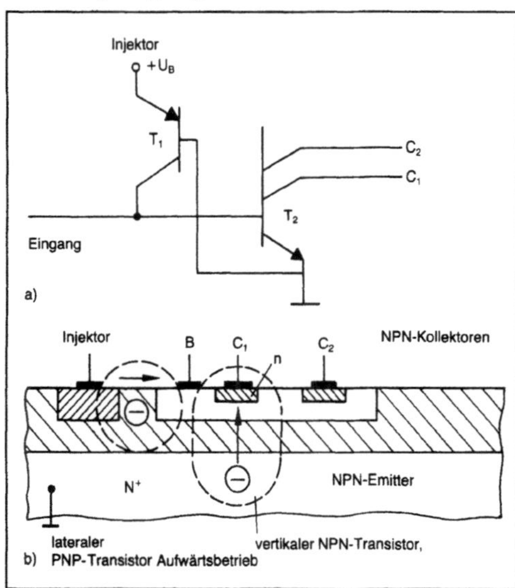

I²L: Aufbau und Schaltung (a) eines I²L-Gatters.

I²L-Gatter erfordern im Vergleich zu anderen Gattern (z. B. →ECL, →TTL) sehr wenig Fläche, ergeben durch die gemeinsame Nutzung eines Injektors für eine größere Gatterzahl ein einfaches Layout und arbeiten mit sehr geringen Strom-Spannungswerten. Sie haben daher eine sehr hohe Packungsdichte, kleine →Schaltzeit (um 10 ns) und niedrige Verlustleistung (1 nW–1 mW). Solche Schaltungen eignen sich deshalb für den LSI-Bereich, dort etwa für Mikroprozessoren und AD-Wandler, auch Bildaufnahmeeinheiten. Die Weiterentwicklungen gehen vor allem zu

- noch größerer Packungsdichte: →SFL (Substrate Fed Logic), SSL (Self-aligned Super-Integration) und
- größerer Geschwindigkeit durch Einsatz von Schottky-Übergängen: Schottky-I²L. *R. Paul*

IC →Schaltung, integrierte

IDTV →HDTV

IEC-Bus. Der IEC-B. ist ein byteserieller, bitparalleler →Bus zur Verbindung programmierbarer Meßgeräte. Er ist in DIN IEC 625 Teil 1 und 2 genormt und kommt in zwei unterschiedlichen Ausführungsformen vor, da neben dieser Norm noch die amerikanische Norm IEEE 488 existiert, die in ihren elektrischen und funktionellen Spezifikationen völlig gleich ist. Der Unterschied liegt in der Verwendung zweier unterschiedlicher Stecker-systeme, der eine (gemäß IEEE 488) ist 24polig, der andere 25polig, wobei sowohl die Pinbelegung wie auch die Steckerform unterschiedlich sind.

Der IEC-B. ist neben den genormten Bezeichnungen auch unter den Firmenbezeichnungen GPIB (General Purpose Interface-Bus) und HP-IB (Hewlett-Packard Interface-Bus) bekannt. Er ist heute der Standard-Bus in der Laborautomatisierung.

IEC-Bus: Grundgerät für den modularen Aufbau der Meßelektronik auf Bus-Basis. (Quelle: Hewlett Packard)

Das IEC-B. Schnittstellensystem besteht aus insgesamt 16 Leitungen, acht dieser Leitungen dienen zur (parallelen) Datenübertragung und bilden den Datenbus, fünf dienen zur Schnittstellensteuerung und drei als Übergabesteuerbus. An diesem Bus können Geräte mit folgenden drei grundlegenden Funktionsblöcken angeschlossen werden, wobei in einem Gerät durchaus mehr als ein Funktionsblock enthalten sein kann:

- Steuereinheit (Controller)
- Sprecher (Talker)
- Hörer (Listener).

Die Steuereinheit ist heute in der Regel als Einschubkarte zu einem PC realisiert, sie darf in einem System zur gleichen Zeit nur einmal aktiv sein. Sie adressiert die angeschlossenen Geräte als Sprecher und Hörer und überwacht den Informationsfluß.

Der Hörer wird von der Steuereinheit über eine Schnittstellennachricht adressiert und kann dann Gerätenachrichten von einem anderen an das System angeschlossenen Gerät empfangen. Der Nur-Hörer kann weder den Informationsfluß überwachen, noch kann er Gerätenachrichten an andere Geräte übertragen. Der Sprecher wird ebenfalls von der Steuereinheit adressiert und sendet Gerätenachrichten an andere Geräte, die als Hörer adressiert sind. Zur selben Zeit kann in einem System immer nur ein Gerät als Sprecher adressiert sein.

Über den IEC-B. werden zwei grundsätzliche unterschiedliche Nachrichtenarten ausgetauscht:

□ Gerätenachrichten.
Diese werden von Schnittstellensystemen zwar übertragen, beeinflussen aber nicht die Verarbeitung. In den adressierten Geräten werden sie ausgewertet und weiterverarbeitet.

□ Schnittstellennachrichten.
Diese dienen nur zur Steuerung des Systems.

In der Norm sind sowohl mechanische, elektrische und logische Festlegungen enthalten, wie auch die Schnittstellenfunktionen und Nachrichten genau spezifiziert sind.

Die Daten werden byteparallel übertragen und zwar in der Regel als ASCII-Zeichen. Die maximale Übertragungsrate hängt von der maximalen Kabellänge und der Kabellänge von Gerät zu Gerät und den verwendeten Treiberbausteinen ab; so ist die maximale Kabellänge bei 250 000 Byte/s 20 m, dabei 2 m pro Gerät bei einem 48 mA Open-Collector Treiber. Bei 1 000 000 Byte/s sind die Werte 10 m, dabei 1 m pro Gerät bei einem 48 mA Tri-State-Treiber. *F. Schneider*

Literatur: DIN IEC 625: Ein byteserielles, bitparalleles Schnittstellensystem für programmierbare Meßgeräte. Teil 1: Funktionelle, elektrische und mechanische Festlegungen, Anwendungen des Systems und Richtlinien für Entwickler und Anwender. Berlin 1981. – DIN IEC 625 Teil 2: Vereinbarungen über Codes und Datenformate. Berlin 1980.

IEEE. Abk. für *engl.* Institute of Electrical and Electronics Engineers. Organisation amerikanischer Ingenieure (USA) – ähnlich →VDE; Träger u. a. von Normungsvorhaben. *K. Winter*

IGBT (Abk. *engl.* Insulated Gate Bipolar Transistor). IGBT-Transistoren vereinigen in sich die in der Anwendung von Leistungshalbleitern erwünschten, günstigen Eigenschaften der MOSFET- und Bipolartransistoren. In ihnen sind kombiniert die Steuereigenschaften und das schnelle Schalten der →MOSFET mit der niedrigen Sättigungsspannung des Bipolartransistors. Sie zeichnen sich daher aus durch

- hohe Stromdichte,
- Frequenzbereich bis 20 kHz,
- sehr kleine Steuerleistung,
- hohe Kurzschlußfestigkeit und
- niedrige Schaltverluste.

Die Eigenschaften werden erreicht durch den speziellen Aufbau, wobei auf einem Chip eine Vielzahl von Zellen parallelgeschaltet wird. Im Bild a ist eine Zelleneinheit im Querschnitt dargestellt. Ohne die untere p^+-Schicht entsteht eine MOSFET-Struktur (MOSFET) sowie die vom MOSFET bekannte „Body"-Diode mit ihren ungünstigen Schalteigenschaften. Durch die untere p^+-Schicht wird ein asymmetrisch rückwärtssperrendes Bauelement erreicht, sodaß eine optimal dimensionierte schnelle →Freilaufdiode eingesetzt werden kann. Im Ersatzschaltbild (Bild b) ist der MOSFET für die Steuerfunktion (spannungsgesteuert) und der →Bipolartransistor für die Stromleitfunktion dargestellt. Beide sind in Darlingtonschaltung ausgeführt. Der parasitäre NPN-Transistor ist durch die Struktur bedingt. Das von diesem verursachte ungewünschte Zünden (sog. Latching) ist durch die Integration des zu R_B gegengekoppelten Widerstandes R_E behoben.

Eckdaten und Eigenschaften sind in der Tabelle zusammengefaßt.

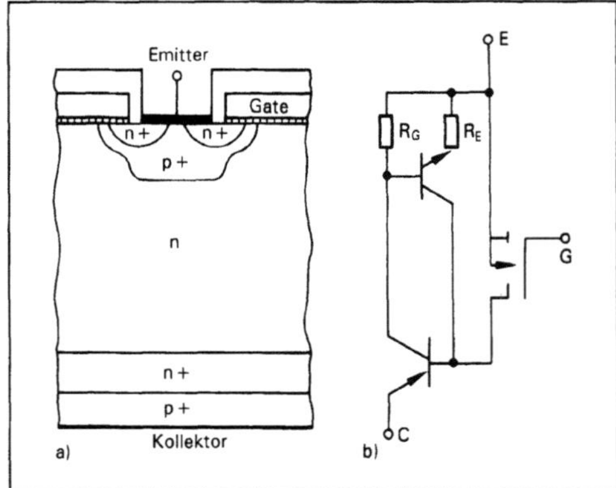

IGBT: Schematische Darstellung.
a) Querschnitt einer Zelleneinheit
b) Ersatzschaltbild.

IGBT. Tabelle: Abschaltbare Leistungshalbleiter im Vergleich (Quelle: ABB)

Eckdaten und Eigenschaften				
Abschaltbare LH / Merkmale	IGBT	Bipolar Transistor Darlington	MOSFET	GTO-Thyristor
Sperrspannung	1 000 V (→ 1 200 V)	1 200 V	1 000 V	4 500 V
Stromtragfähigkeit	200 A (→ 400 A)	400 A	28 A	3 000 A
Stromdichte	0,6 A/mm^2	0,25 A/mm^2	0,17 A/mm^2	5 A/mm^2
Ausnutzung der Chipfläche	gut	mäßig	schlecht	sehr gut
Einschaltzeit t_{on}	200 ns	2 µs	100 ns	3–5 µs
Abschaltzeit t_{off}	1 µs	15–25 µs*)	0,3–0,5 µs	10–25 µs
Durchlaßverhalten	gut	gut	mäßig	sehr gut
Schaltfrequenz	1–20 kHz	2–5 kHz	10–50 kHz**)	1 kHz
Ansteuerungsaufwand	sehr gering	mäßig	gering	hoch
Steuerleistung im Vergleich				
Spannung	600 V	800 V	500 V	1 200 V
Strom	25 A	100 A	20 A	600 A
Frequenz	20 kHz	3 kHz	20 kHz	1 kHz
Steuerleistung	1,8 W	52 W	2,7 W	90 W

*) monolithischer Darlington
**) abhängig von parasitärer Diode (Body-Diode)

Die IGBT's werden auch in Modultechnik als Zweigpaare für ein- und dreiphasige Brückenschaltungen angeboten, z. B. zwei IGBT in Reihe mit jeweils einer parallelgeschalteten, schnellen Freilaufdiode für Wechsel- und Umrichterschaltungen. Die Bauelemente sind in Kunststoffgehäuse eingebaut, vergossen und mit Löt- oder Schraubanschlüssen versehen, sodaß die weitere Verschaltung (Verdrahten oder Verschienen) vereinfacht ist. Die Wärmeabfuhr zum meist erforderlichen Kühlkörper erfolgt über einen Metallboden oder DCB-Keramiksubstrate (→DCB-Verfahren).

Hauptanwendungsgebiete der IGBT sind
- drehzahlveränderliche, elektrische Antriebe mit Umrichterspeisung,
- Stromversorgungsanlagen z. B. für Computer und
- Industrieanlagen mit Schwingkreis-Wechselrichtern. *H. Stüben*

Literatur: Sonderdruck der ABB-IXYS Semiconductor GmbH, 6840 Lampertheim in „Maschine + Werkzeug" Heft 23/89, Coburg

IGFET. (*engl.* Insulated Gate Field Effekt Transistor, →Feldeffekttransistor mit isolierendem Gate) (auch Isolierschicht-FET, Oberflächen-FET). Feldeffekttransistor, bei dem die →Leitfähigkeit eines stromführenden Kanals zwischen Source und Drain durch Ladungsträgerinfluenz zufolge eines senkrecht auf dem Kanal auftreffenden elektrischen Feldes gesteuert wird. Das Steuerfeld entsteht durch eine Steuerspannung, die zwischen einem durch eine Isolatorschicht vom Kanal getrennten Gate und dem Kanal liegt.

Je nach dem Aufbau unterscheidet man beim IGFET:

□ Den Dünnschichttransistor. Dabei wird der stromführende Kanal als dünne halbleitende Schicht auf eine isolierende Unterlage gebracht und mit Source- und Drainbereiche, der Isolierschicht sowie der Gateelektrode versehen. In diesem Konzept gibt es zwei Richtungen:
- die ältere (den eigentlichen Dünnschichttransistor), bei der als Kanal eine polykristalline aufgedampfte Schicht aus Verbindungshalbleitern (CdSe, Te, InSb, CdS, PbS u. a.) auf einem Glas- oder

Keramik-Substrat verwendet wurde. Wegen der geringen Parameterstabilität hat sich dieses Konzept nicht durchsetzen können.

– Die neuere (dem Wirkprinzip nach mehr dem →MISFET verwandte), bei der der Kanal als polykristalline, aber zum Einkristallverhalten tendierende Schicht (auf Saphir oder Spinell, Silicon on Saphir, →SOS-Technik) oder neuerdings auf einem Isolierfilm SiO_2, der sich auf einem Si-Substrat befindet (Silicon on Insulator, →SOI-Technik), ausgebildet wird. Im letzten Fall ist eine nachträgliche Rekristallisation der Halbleiterschicht durch Elektronen- oder Laserbestrahlung möglich.

□ Den nach dem Verfahren der →MIS-Technik hergestellten MIS-Transistor (Metal Insulator FET) oder wegen der überwiegenden Verwendung eines Oxids als →Isolator meist als →MOS-Transistor bezeichnet. Als Oxid dienen sehr verbreitet SiO_2, seltener Al_2O_3, aber auch Doppelisolatorschichten (z. B. SiO_2–Si_2N_4). Besonders der MISFET setzte sich von Anfang an nicht nur als diskretes Bauelement, sondern vor allem als →Funktionselement für integrierte Schaltungen (→MOS-Technik) durch. Seine Integrationsvorteile sind heute so überzeugend, daß höchstintegrierte Schaltungen ausschließlich die MOS-Technik nutzen. *R. Paul*

Literatur: *Kellner, W.* und *H. Kniepkamp:* GaAs-Feldeffekttransistoren. Berlin 1984. – *Müller, R.:* Bauelemente der Halbleiterelektronik. Berlin 1979. – *Paul, R.:* MOS-Transistoren. Berlin 1990.

Ignitron. Eine gasgefüllte →Elektronenröhre mit Teichkathode, bei der die →Zündung einer Bogenentladung über einen Zündstift eingeleitet wird.

Die Röhrenhülle eines I. ist ein wassergekühlter Metallzylinder, an dessen Deckel eine Grafitanode über eine Glasdurchführung befestigt ist und an dessen Boden ein Zündstift aus einer Mischung von Bor-, Silicium- und anderen -karbiden in eine Quecksilberpfütze (Teichkathode) eintaucht. Bei angelegter positiver Spannung an die Anode wird durch einen Stromimpuls durch den Zündstift das Quecksilber am Stift stark erhitzt, so daß ein kleiner Lichtbogen entsteht, der die Zündung der Hauptentladung einleitet. Die Bogenentladung löscht erst wieder, wenn die →Anodenspannung unter die Bogenspannung absinkt.

I. haben ein ähnliches Einsatzgebiet wie Thyratrons, doch sind sie für wesentlich höhere Ströme und Leistungen ausgelegt (bis ungefähr 350 A und ungefähr 2400 kVA bei Antiparallelschaltung zweier Röhren). Sie eignen sich deshalb besonders für die Steuerung großer Wechselströme, z. B. für Punktschweißgeräte, und die Gleichrichtung großer Ströme. *Golombek*

Ikonoskop. Eine Fernsehaufnahmeröhre aus der Frühzeit des Fernsehens.

Aufbau und Wirkungsweise: Eine dünne Glimmerfolie ist auf der einen Seite metallisiert (Signalelektrode) und auf der anderen Seite mit einer rasterförmigen →Photokathode versehen. Das zu übertragende Bild wird auf diese Mosaikphotokathode abgebildet und erzeugt ein Ladungsrelief. Ein von einer →Elektronenkanone erzeugter Strahl schneller Elektronen (≥1000 V) tastet die Photokathode zeilenförmig ab und erzeugt dabei mehr Sekundärelektronen als Primärelektronen auftreffen (Sekundäremissionsfaktor $\delta > 1$). Die einzelnen Photozellen werden während des Abtastens durch den Elektronenstrahl kurzzeitig auf etwa 3 V über Anodenpotential angehoben, doch sinkt das Potential durch auftreffende Sekundärelektronen gleich wieder ab. Emittierte Photoelektronen heben das Potential wieder an und zwar umso mehr, je mehr Licht auf die einzelnen Elemente fällt. Der Potentialanstieg bei der nächsten Strahlabtastung ist deshalb beim stärker belichteten Element kleiner als bei schwächer belichteten. Der dabei in der Signalelektrode erzeugte Strom ergibt am Außenwiderstand ein mit dem Bildinhalt moduliertes Signal.

Durch die schräge Abtastung würde das Bild trapezförmig verzerrt. Dies wird durch eine entsprechende Vorverzerrung der →Ablenkung des Abtaststrahls vermieden.

Das I. wurde zum Superikonoskop fortentwickelt. Bei ihm sind die photoemittierende Schicht und die Sekundäremissionen erzeugenden Elemente voneinander getrennt, wodurch die Lichtempfindlichkeit der Röhre wesentlich erhöht werden konnte (Bild).

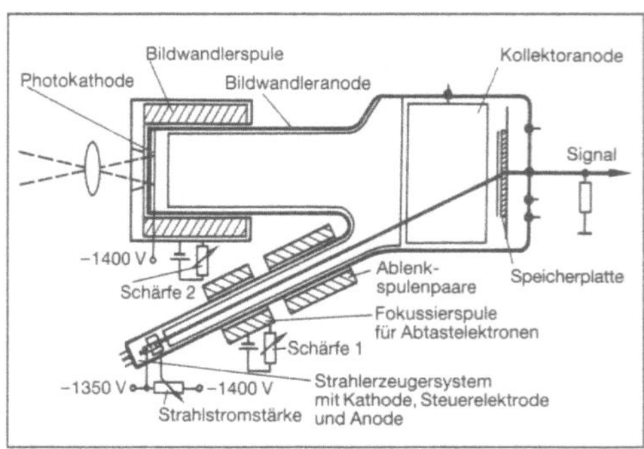

Ikonoskop: Schematischer Aufbau eines Superikonoskops.

Das zu übertragende Bild wird auf eine durchsichtige Photokathode projiziert und die emittierten Photoelektronen durch eine magnetische Linse elektronenoptisch auf eine dünne Glimmerfolie fokussiert, deren eine Seite metallisiert ist und die andere, den Elektronen zugekehrte Seite Rasterelemente mit hoher Sekundäremissionsausbeute trägt

(Speicherplatte). Die elektronische Abtastung geschieht wie beim I. *Golombek*

IMPATT-Diode. (*engl.* Impact-Ionisation by Avalanche and Transit-time, Lawinenlaufzeitdiode, auch Read-Diode benannt). →Avalanche-Diode für den Mikrowellenbereich, wobei die Kombination von →Lawinendurchbruch und Laufzeiteffekt in einem eigenleitenden Gebiet oder pn-Übergang zur Erzeugung eines negativen differentiellen Widerstandes benutzt wird (Bild 1). Sie besteht entweder aus einem pin-, p^+ipn- oder p^+nn^+-Übergang (auch andere Strukturen wurden angegeben). Durch den in →Sperrichtung betriebenen pn-Übergang tritt dort Lawinenvervielfachung durch Stoßionisation (abhängig vom Vorzeichen der überlagerten Wechselspannung) auf. Durch Laufzeitverzögerung der erzeugten Träger in einem angeschlossenen Laufraum entsteht zwischen anliegender Spannung und Strom ein Phasenunterschied von $>90°$, d. h. ein negativer Wirkwiderstand. Sobald die anliegende →Sperrspannung den kritischen Feldwert E_{Br} überschreitet, setzt Lawinenbildung ein. Mit wachsender (Wechsel-) Spannung schwillt dieser Vorgang an (Bild 2, Zustand b). So erreicht der Löcherimpuls den größten Wert nicht im Spannungsmaximum, sondern erst, wenn die kritische Feldstärke wieder unterschritten wird (Zustand c). Auf diese Weise entsteht beim Lawinenprozeß eine Phasenverschiebung um $\pi/2$ zwischen anliegender Spannung U und erzeugtem Trägerimpuls, d. h. dem Generationsstrom. Der Löcherimpuls tritt anschließend in die Laufzone, wo er während des Spannungsminimums (Zustand d) maximal mit Sättigungsgeschwindigkeit $\bar{v}_{th}$ driftet. Dabei erzeugen die bewegten Träger einen annähernd konstanten Influenzstrom, der sich an den äußeren Klemmen als →Diodenstrom fortsetzt. Er hat seinen Maximalwert dann, wenn die Spannung (Zustand c d a) gerade ein Minimum durchläuft: Phasenverschiebung von π zwischen Strom und Spannung und damit negativer Wirkwiderstand an den Diodenklemmen. Der negative Widerstand kann zur Verstärkung und Schwingungserzeugung benutzt werden, wozu die Diode in einen Resonanzkreis (Hohlraumresonator) eingefügt wird. Es lassen sich Frequenzen bis zu 100 GHz erzeugen. Besonders hohe Wirkungsgrade über 50 % sind beim ARP- (Avalanche Resonance Pumped) und TRAPATT- (Trapped Plasma Avalanche Triggered Transit) möglich, allerdings auf Kosten der erreichbaren Frequenz. *R. Paul*

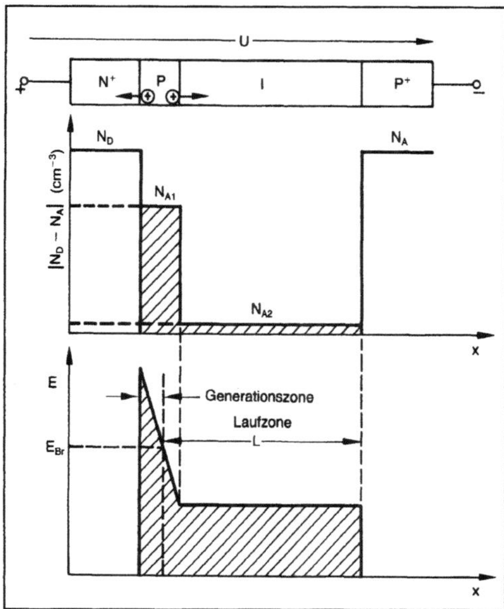

IMPATT-Diode 1: Struktur, Störstellenprofil und Feldverteilung in der Generations- und Laufzone.

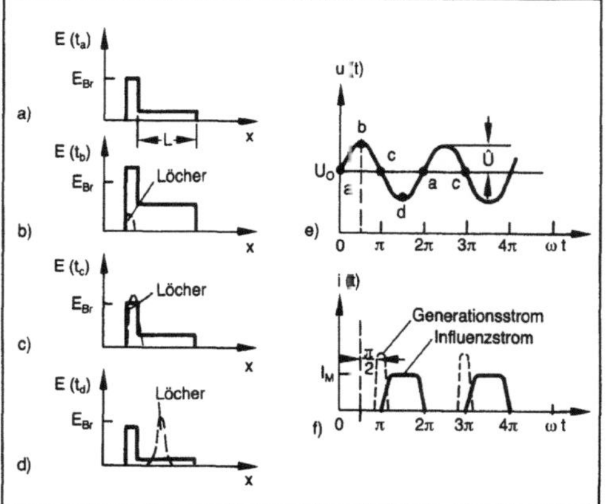

IMPATT-Diode 2: Feldverteilung und Strom-Strom-Spannungsverluste zu verschiedenen Zeitpunkten t_a . . t_d.

Impedanzmessung. Messung der komplexen Impedanzen, also die Kombination aus reellem und imaginärem Widerstand an Bauelementen, Baugruppen und Kabeln. Bei der I. werden zusätzlich die sog. Z-, S-, Y-Parameter erfaßt.

Meßprinzip: Es werden hochfrequente Wechselströme an einem →Schaltungsknoten des Prüfobjektes eingespeist und unter Verwendung der nachstehenden Schaltung (Bild) werden Betrag und Phase (Phasenmessung) am zu messenden Objekt gemessen.

Die komplexe Impedanz Z_X ergibt sich dann – unabhängig von der Generatorspannung – aus nachstehender Formel:

$$\frac{U_{meß}}{U_{Ref}} = \frac{2 \cdot Z_x}{Z_x + R}$$

Die I. wird mit einer Serie unterschiedlicher Frequenzen durchgeführt. Sie wird angewandt

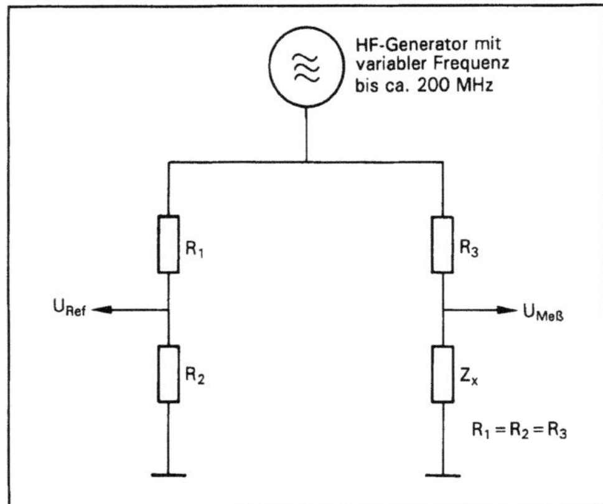

Impedanzmessung: Prinzipschaltung.

- bei der Bauelementecharakterisierung von Induktivitäten, Kondensatoren, Filtern,
- zur Ermittlung von Resonanzfrequenzen z. B. bei Schwingkreisen,
- in der Anpassungsmeßtechnik bei Kabeln, Baugruppen, Antennen,
- allgemein bei der Kabelprüfung und
- zur automatisierten Fehlersuche an Baugruppen mit analogen Elementen (→In-Circuit-Test).

K. Winter

Impedanzwandler →Spannungsfolger

Implantation →Ionenimplantation

Implosion. Bei einer evakuierten →Kathodenstrahlröhre belastet der äußere Luftdruck das Schirmglas z. B. bei einer 66-cm-Farbbildröhre mit einer Kraft von ca. 20 kN. Das entspricht dem Gewicht eines großen Mittelklassewagens. Entsprechend belastet werden Konus und Hals der Röhre.

Wenn bei diesen Druckverhältnissen das Bildröhrenglas an einer kritischen Stelle beschädigt wird (Stoß, Kratzer) oder die mechanischen Spannungen im Glas zu groß werden, z. B. durch abrupten Temperaturwechsel, kann es zu einer I. kommen. Dabei fällt die Röhre zunächst in sich zusammen, bevor die Glasbruchstücke dann mit großer Wucht in alle Richtungen geschleudert werden. Um abrupte I. zu verhindern, werden Schutzmaßnahmen ergriffen, die bewirken:

□ daß eine Röhre nicht spontan, d. h. ohne erkennbaren Anlaß implodieren kann.

□ Wenn eine Röhre durch unsachgemäße Behandlung zur I. gebracht wird oder stark beschädigt wird, z. B. zu Prüfzwecken beim sog. Kugelfalltest am Schirm, darf das Glas brechen, aber das Brechen soll so zeitverzögert erfolgen, daß die Röhre dann schon Luft gezogen hat und die Gefahr einer I. nicht mehr gegeben ist.

Erreicht werden kann der erforderliche Schutz durch folgende Maßnahme:

□ Anbringen eines Spannbandes rund um den „hochstehenden" Rand des Schirmglases. Dieses kann mechanisch gespannt montiert oder aber thermisch aufgeschrumpft werden. An diesem Spannband sind in fast allen Fällen auch die vier Befestigungswinkel für die Röhre angebracht.

Das unter mechanischer Spannung auf der →Bildröhre sitzende Spannband wirkt der Deformierung des Glases durch den Luftdruck entgegen und gleicht dadurch die mechanischen Spannungen im Glas aus.

Einen wesentlichen Beitrag zur Implosionssicherheit liefern natürlich die Glasstärke und deren Verlauf über den Schirm. Dem heutigen Trend zu immer größeren und flacheren Bildschirmen trägt man Rechnung durch CAD-Unterstützung bei der Dimensionierung der Glasteile, wobei nach wie vor das Schirmglas am kritischsten ist.

Man kann davon ausgehen, daß Kathodenstrahlröhren heute sicher sind gegen spontane I. Die diesbezüglichen Eigenschaften der Röhren werden bei jedem neuen Typ vom →VDE in einer Freigabeprozedur überprüft. Jedoch sind im Umgang mit ihnen doch bestimmte Regeln einzuhalten. Diese sind den Datenbüchern der Röhrenhersteller zu entnehmen, oder auch einem Merkblatt der Berufsgenossenschaft der Feinmechanik und Elektrotechnik. *Keitel/Nerstheimer*

Literatur: Elektronik-Taschenbuch. Bd. II, Bonn.

Impulshöhenanalyse. Gewisse →Strahlendetektoren, z. B. Ionisationskammern, →Proportionalzählrohre, Szintillationszähler und Halbleiterdetektoren liefern Signale, deren Höhe von der Energie der einfallenden Quanten oder Teilchen abhängt. Damit lassen sich über eine Messung der Impulshöhe die die Strahlung aussenden Nuklide identifizieren.

Die I. ermittelt, welche Impulshöhen mit welcher Häufigkeit auftreten. Im einfachsten Fall werden für diese Aufgaben Diskriminatoren verwendet. Ein größeres →Auflösungsvermögen bietet der Vielkanalanalysator. In ihm wird der Maximalwert eines Impulses gespeichert, abgetastet und ins digitale Datenformat umgesetzt. Jedem digitalen Wert sind Speicherzellen zugeordnet, in denen die Anzahl der aufgetretenen Impulse einer bestimmten Höhe festgehalten wird (Amplitudenverteilung, Gamma-Spektroskopie). Auf einem Bildschirm oder mit einem Plotter können die in einer bestimmten Zeit aufgelaufenen Speicherinhalte in Abhängigkeit von den Impulshöhen dargestellt werden. Auf diese Weise erhält man eine Darstellung der Impulshöhenverteilung in Form eines Histogramms (Impulshöhen-Spektrum) (Bild). Für genaue quantitative

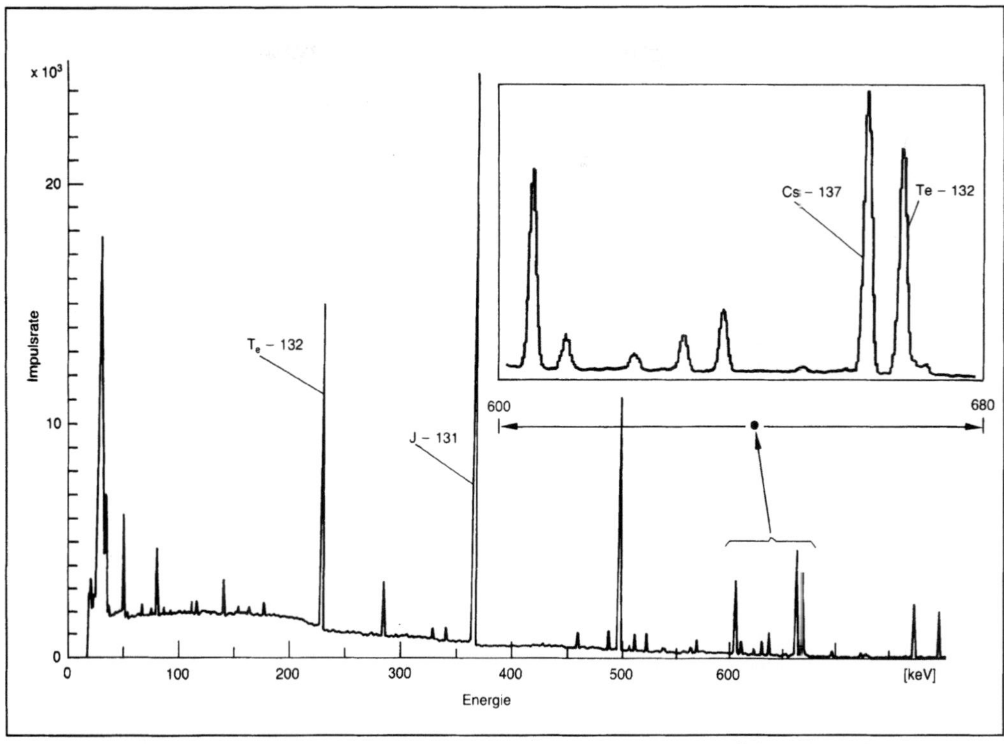

Detektor: Reinstgermanium, Auflösung 1,83 keV, Kanalzahl 8000, Kanalspeicherkapazität 2^{23} (= etwa $8 \cdot 10^6$)

Impulshöhenanalyse: Gammaspektrum aufgenommen mit einem Vielkanalanalysator. (Quelle: EG & G Ortec)

Auswertungen können die einzelnen Kanäle ausgewählt und der Speicherinhalt digital angezeigt werden. *Wachsmann*

Impulskondensator. I. sind Gleichspannungskondensatoren und dienen zur Abgabe eines äußerst kurzen, starken Stromimpulses.

Derartige (Leistungs-)I. werden als Energiespeicherbauteile auf folgenden Gebieten benötigt:

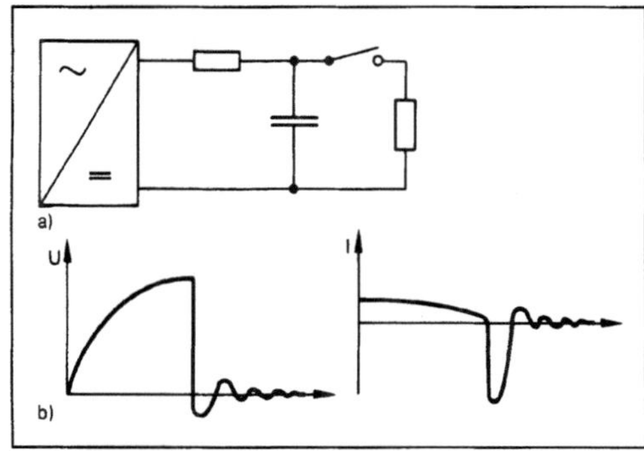

Impulskondensator: Prinzipielle Darstellung.
a) Schaltbild
b) Spannungs- und Stromform.

- Plasmaforschung und Kernfusion
- Höchstenergetische Röntgenblitze
- Kabelfehler-Ortungsgeräte
- Impuls-Schweißmaschinen
- Hochtemperaturforschung
- Impuls-Lichtblitze für Luft- und Seefahrt. *Krös*

Impulslängenmessung. Messung der Zeit zwischen zwei unterschiedlich gerichteten Flanken eines digitalen Signales.

Technische Realisierung: Die I. wird realisiert mit Hilfe eines schnellen digitalen Zählers und einer Kontrolleinrichtung. Die Vorderflanke des zu messenden Impulses startet diesen →Zähler und die Rückflanke stoppt ihn. Der Zähler läuft dabei mit einer bestimmten von außen eingespeisten Taktfrequenz. Die Wahl der Flankenrichtung für Start und Stop (positiver Impuls = mit steigender Flanke beginnend bzw. negativer Impuls) ist wählbar, ebenfalls ob ein oder mehrere Impulse nacheinander gemessen – und die Zeit aufaddiert – werden sollen. Die Impulslänge t ergibt sich aus dem Produkt

t = Taktperiode · Zählstand

Die Taktfrequenz ist frei wählbar. Sie wird bei kleinen zu erwartenden Pulslängen möglichst hoch gewählt, um ausreichende Genauigkeit zu erreichen und wird reduziert, wenn bei langen Impulsen ein Zählerüberlauf zu erwarten ist.

Die I. ist Bestandteil von Zeitmeßeinrichtungen oder auch der analogen Meßmöglichkeiten von →Prüfautomaten. Bei Zeitmeßeinrichtungen erfolgen die notwendigen Einstellungen von Hand, bei Prüfautomaten automatisch entsprechend den Angaben im →Prüfprogramm. *K. Winter*

Impulsübertrager →Übertrager

Impulsverschiebung. Die I. wird bei der →Anschnittsteuerung von Stromrichtern zur stufenlosen Steuerung der Stromrichter-Ausgangsspannung benutzt. Es wird innerhalb eines Zeitraumes der Netzperiode der Zündzeitpunkt für ein Stromrichterventil (→Thyristor) durch Verschiebung des Zündimpulses bestimmt. (→Zündimpuls, →Steuerwinkel, →Steuerverfahren für Stromrichter). *H. Stüben*

In-Circuit-Test. Verfahren zur Prüfung von Elektronikbaugruppen, bei dem die Einzelbauelemente nacheinander überprüft werden.

Das Prinzip des I.-C.-T. besteht darin, die Bauelemente einer Baugruppe einzeln nacheinander zu überprüfen. Ziel ist das Auffinden von Fertigungsfehlern wie Bestückungsfehler (fehlende, falsche, verdrehte Bauelemente), Verbindungsfehler (Kurzschlüsse, Unterbrechungen) und Bauelementedefekte durch die Fertigung (Überhitzung, statische Aufladung, mechanische Beschädigung) oder →Fehler bereits an den unbestückten Bauelementen (ungenügende Wareneingangskontrolle). Mit dem Fehler ist der Fehlerort und damit das defekte Bauelement gefunden (Fehlersuche). Da jedoch das Verhalten der Bauelemente zueinander nicht geprüft werden kann, bleibt ein →Restfehleranteil von bis 10–20 % der möglichen Gesamtfehler übrig. Diese Fehler liegen vor allem im parametrischen und dynamischen Bereich und sind nur über eine →Funktionsprüfung zu erfassen.

Um das einzelne Bauelement gegenüber den anderen im Schaltungsverbund für die Prüfung zu isolieren, sind verschiedene Verfahren im Einsatz: Knotenimpedanz-Messung (Bestückungsprüfung) und Guarding-Technik für Analogprüfungen sowie Backdriving und digitales Guarding (Guarding-Technik) für Digitalprüfungen. Alle Verfahren haben gemeinsam, daß zur →Kontaktierung der Bauelementeanschlüsse auf der Baugruppe →Nadeladapter verwendet werden.

Die Prüfperipherie (→Prüfautomaten) der In-Circuit-Test-Automaten besteht im wesentlichen aus dem drei- bis sechspoligem Schaltfeld und der Meßeinheit für Analogprüfungen sowie der →Pinelektronik, der Prüflingsstromversorgung und einer Meßeinheit für Zeit- und Frequenzmessungen für Digitalprüfungen (Bild). Für große Baugruppen sind über 1000 Anschlüsse an Schaltfeld (Relais-Matrix) bzw. Pinelektronik vorhanden.

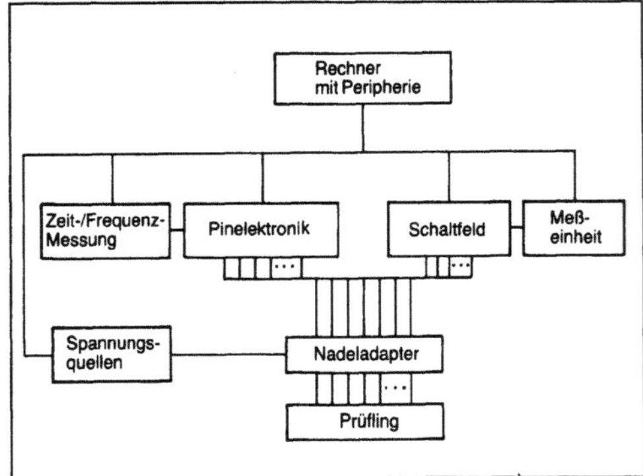

In-Circuit-Test: Prüfperipherie.

Das →Prüfautomaten-Betriebssystem enthält für die Prüfvorbereitung automatische Prüfprogrammgeneratoren, Bauelementebibliotheken mit den Testroutinen der Standardbauelemente (besonders digitale IC) und Netzwerkanalysatoren zur automatischen Auffindung der Guardpunkte. Die Eingabe der Schaltungsparameter (Knoten, Bauelementewerte, Toleranzen, Adapterzuordnung) erfolgt mit einer einfachen Beschreibungssprache. *Mettler*

Literatur: *Reuber, W.*: In-Circuit-Testen mit Konzept. ELEKTRONIK 23 (1982), S. 49–52 und ELEKTRONIK 24 (1982), S. 75–79.

In-Circuit-Test, digitaler. Anwendung des In-Circuit-Tests im digitalen Bereich. Es werden digitale Signale an den Eingängen der einzelnen Bausteine einer Leiterplattenbaugruppe eingeprägt (Backdriving) und die Ausgänge überprüft. Der d. I.-C.-T. erfolgt bei angelegter Betriebsspannung. Analog zu den Guarding-Techniken im analogen Bereich wird ein ‚digitales Guarding' angewandt, d. h. es werden z. B. mit zusätzlichen Adapterpins Bausteine, die das Einspeisen von Signalen an Bus-Leitungen u. U. stören, inaktiv geschaltet (‚disabled', ‚inhibited') oder es werden z. B. Rückkopplungsschleifen in einer Schaltung unterbrochen. Bestimmte Design-for-testabilty (DFT)-Maßnahmen werden bei der Anwendung des d. I.-C.-T. vorausgesetzt.

Die Prüfprogrammerstellung erfolgt jeweils bausteinspezifisch. Diese einzelnen Prüfprogramme werden in einer eigenen →Prüfprogrammbibliothek zur Verfügung gestellt, so daß der Aufwand für die Prüfprogrammerstellung erheblich reduziert werden kann. Beim d. I.-C.-T. dürfen bezüglich des backdriving bestimmte Ströme/Zeiten nicht über-

In-Circuit-Test, digitaler: Baugruppenprüfung mit einem In-Circuit-Prüfgerät. (Quelle: Schlumberger)

schritten werden, um Schädigungen des Prüflings auszuschließen.

Die auf die einzelnen Bausteine bezogene Prüfung ist in der Regel unvollständig, sie muß i. d. R. um eine →Funktionsprüfung oder einen →Systemtest ergänzt werden. *K. Winter*

Indexröhre. Die I. gehört zu der Gruppe der Einstrahl-Farbbildröhren. Sie hat einen →Leuchtschirm aus vertikal verlaufenden Farbstreifen und einen vertikal stark ekliptisch verzerrten Spot. Wenn der →Elektronenstrahl horizontal abgelenkt wird, wird an die Kathoden jeweils das Signal der →Farbe geschaltet, auf deren Leuchtstoffstreifen der Strahl sich gerade befindet. Um diese Zuordnung zu synchronisieren, hat die Röhre an bestimmten Stellen des Leuchtschirmes *Index*-Streifen. Diese geben ein Signal ab, wenn der Elektronenstrahl über sie hinwegläuft. Das Signal kann verschiedener Art und Form sein.

Der Elektronenstrahl muß in horizontaler Richtung deutlich schmaler sein als die Leuchtstoffstreifen, damit der Strahl hinreichend lange auf dem Leuchtstoffstreifen einer Farbe verweilen kann. Wird der Strahl zu breit, regt er gleichzeitig mehrere Farben an, was zu Farbfälschungen führt.

Trotz der technisch brillanten Lösung haben die I. sich gegen die Dreistrahl-Schattenmasken-Röhren nicht durchsetzen können. Grund dafür war die erforderliche komplexe Steuerelektronik.

Keitel/Nerstheimer

Literatur: Einführung in die Farbfernsehservicetechnik. Bd. I: Grundlagen der Farbfernsehtechnik. Hrsg. N. V. Philips Gloeilampenfabrieken Eindhoven, Niederlande.

Indiumantimonid →III-V-Halbleiter

Indiumphosphid →III-V-Halbleiter

Induktions-Drehzahlgeber →Drehzahlmessung

Induktions-Durchflußmesser. Der I.-D. verwendet als Meßprinzip das Induktionsgesetz. Im Fluid vorhandene →Ladungsträger (Ionen) mit der Ladung q werden durch ein senkrecht zur Bewegungsrichtung liegendes Magnetfeld mit der Kraft $F_m = q \cdot v \cdot B$ zur Seite abgelenkt (Bild). Dadurch entsteht ein elektrisches Feld E, das auf die Ladungsträger die Kraft $F_e = q \cdot E$ ausübt und an zwei senkrecht zum Magnetfeld angebrachten Elektroden (im Abstand des Rohrdurchmessers D) als Spannung U abgegriffen werden kann. Ist die Strömungsgeschwindigkeit v konstant, so läßt sich der Durchfluß Q als Produkt dieser Geschwindigkeit und dem Rohrquerschnitt berechnen. Es ergibt sich

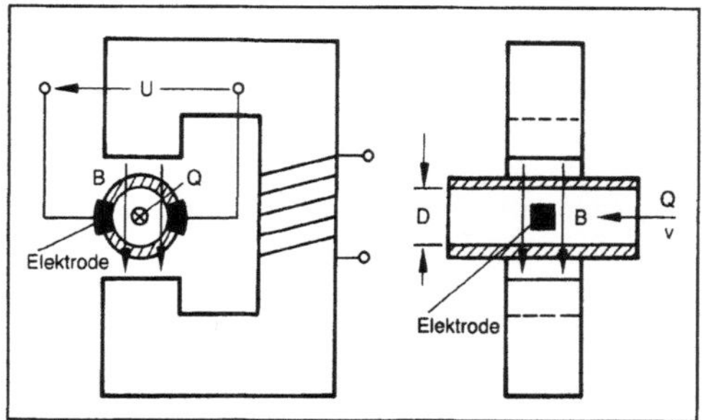

Induktions-Durchflußmesser: Prinzipieller Aufbau.

$$Q = \frac{\pi}{4} \cdot \frac{D}{B} \cdot U$$

d. h. ein linearer Zusammenhang zwischen abgegriffener Spannung und Durchfluß. Die Spannung U liegt in der Größenordnung von einigen mV. Erschwerend kommt hinzu, daß I. hochohmige Quellen sind, so daß der nachfolgende →Meßverstärker einen sehr großen Eingangswiderstand besitzen muß. Ist das Magnetfeld ein Gleichfeld, so überlagern sich der induzierten Meßspannung Polarisationsspannungen, die u. U. ein Mehrfaches des Nutzsignals betragen können. Zum Ausschalten dieser Störsignale verwendet man neben Wechselfeldern getaktete, umgeschaltete Gleichfelder, deren Periodendauer groß ist gegenüber der Netzfrequenz, aber kurz genug, daß noch keine Polarisationsspannungen auftreten. Ferner wird die Meßzeit so gewählt, daß die während des Umschaltens auftretenden Störspannungen vorher abgeklungen sind. Neben der Linearität hat der I.-D. den Vorteil, daß kein Druckverlust durch Blenden oder Düsen eintritt. Die Meßgenauigkeit ist hoch (<1% vom angezeigten Wert zwischen 10 und 100% des Meßbereichs). Besonders hervorzuheben ist die Möglichkeit, auch stark verschmutzte Flüssigkeiten, Flüssigkeiten mit hohen Festkörperanteilen, Pasten, Säuren und Basen zu messen (so lange sie eine Mindestleitfähigkeit von ca. 0,05 μS/cm nicht unterschreiten). *F. Schneider*

Induktionsmeßwerk →Arbeitsmessung

Induktivität. (auch Festinduktivität) Technische I. für die Elektronik sind im engeren Sinne passive elektronische →Bauelemente mit fester oder einstellbarer I. Diese Bauteile werden als Festinduktivitäten hergestellt und z. T. in engen Induktivitäts-Toleranzgrenzen oder bei HF-Drosseln in engen Impedanzgrenzen bzw. mit definierter Einfügungsdämpfung geliefert.

Festinduktivitäten werden in elektronischen Schaltungen sowohl als HF-Drosseln zur Funk-Entstörung und Siebung von Versorgungsspannungen wie auch als HF-I. zur Entkopplung von Signalkreisen, zum Einsatz in Schwingkreisen und in Frequenzfiltern benötigt. Die Bezeichnungen für solche Festinduktivitäten sind uneinheitlich und weisen oftmals auf die jeweilige Applikation oder die Bauform hin, z. B. HF-Drosseln, Breitband-Drosseln, Funk-Entstördrosseln, Motor-Entstördrosseln, Mikroinduktivitäten, UKW-Drosseln, Dämpfungsperlen, Ringkerndrosseln, Stabkerndrosseln u. a.

Allen handelsüblichen Festinduktivitäten gemeinsam ist die Verwendung eines weichmagnetischen Kernmaterials aus einem Ferrit-Werkstoff oder aus Eisenpulver. Dadurch können kleine Bauformen realisiert und die Wirbelstromverluste in diesen Induktivitäten recht gering gehalten werden. Je nach Anwendungszweck ist die Wahl des Kernmaterials ausschlaggebend für die elektrischen Eigenschaften des Bauelementes (→Ferritkern).

Bei Festinduktivitäten mit hoher Güte für Schwingkreis- oder Filter-Anwendungen kommen daher meist Schalenkerne zur Anwendung.

Die Kernform bestimmt die Weiterverarbeitbarkeit des Bauteils. Bei geringen Anforderungen an die Güte einer I. und wegen vorhandener automatischer Bestückungsanlagen besitzt deshalb die axiale Lieferform von Festinduktivitäten (Wicklung mit Stabkern, Bauform ähnlich der Widerstände) die weiteste Verbreitung bei den Serienlieferteilen. Diese oft *Mikroinduktivität* genannte Form kann ohne oder mit magnetischer Abschirmung hergestellt werden. Sie findet sowohl als →Spule in frequenzbestimmenden Kreisen als auch als →Drossel mit dämpfender bzw. speichernder Schaltungseigenschaft in elektronischen Schaltungen Verwendung.

Festinduktivitäten als HF-Drosseln müssen neben großer HF-Dämpfungswirkung im Frequenzbereich von 10 bis etwa 500 MHz auch geringe Eigenverluste aufweisen, weil durch die Wicklung dieses Bauelementes der volle Laststrom der nachfolgenden Schaltung fließt. Deshalb ist die Wicklung von HF-Drosseln meist mit einem recht großen Leiterbahnquerschnitt versehen. HF-Drosseln gibt es in zahlreichen Ausführungsformen als Stabkerndrosseln und Ringkerndrosseln vorzugsweise zur Verringerung der Störungen des Funkempfangs. Diese Drosseln, auch *Funk-* oder *Motor-Entstördrosseln* genannt, dämpfen hochfrequente Störsignale bis etwa 500 MHz, hervorgerufen durch das Betreiben elektrischer Betriebsmittel, und bewirken somit die Herabsetzung der Störspannung und der Störfeldstärke.

Eine Besonderheit im Bereich der Festinduktivitäten sind stromkompensierte Ringkerndrosseln. Diese HF-Drosseln besitzen eine gegenläufig-symmetrische Wicklung (*Bifilar-Wicklung*). Dadurch heben sich die magnetischen Durchflutungen gegenseitig auf. Durch stromkompensierte Ringkerndrosseln kann ein bis zu hundertfach höherer Leitungsstrom als durch eine nichtstromkompensierte Drossel fließen. Stromkompensierte Ringkerndrosseln werden für allgemeine Netzentstörung, beispielsweise in größeren Haushaltsgeräten eingesetzt.

Abgleichbare technische I. tragen die Wicklung der Spule auf einem Spulenkörper mit einer oder mehreren Kammern. Der Abgleich erfolgt durch einen →Schraubkern (ein Ferritkörper mit Außengewinde der in den Spulenkörper hineingedreht werden kann). Abgleichbare technische I. werden meist mit Schalenkernen hergestellt, um die magnetische Streuung gering zu halten und werden für Schwingkreise und für Frequenzfilter benötigt.

Both

Literatur: *Morgenstern, B.*: Elektronik, Bd. 1 – Bauelemente UNI-Text. Braunschweig 1985. – *Pütz, J.*: Einführung in die Elektronik. Frankfurt 1981. – *Zinke, O.* und *H. Seither*: Widerstände, Kondensatoren, Spulen und ihre Werkstoffe. Berlin 1982. – Philips Datenbuch, Ferroxcube. Hamburg 1991.

Induktivitätsmessung. Die Induktivität einer →Spule mit konstanter Permeabilität im Bereich des Magnetfelds (also z. B. ohne Eisenkern) hat einen festen Wert L. Einem Wechselstrom mit der festen Frequenz f setzt die Spule den Blindwiderstand $X = 2\pi f \cdot L$ entgegen. Bei ferromagnetischem Kern ist die Induktivität der Spule vom →Arbeitspunkt abhängig. Der Wicklungswiderstand der Spule liefert einen gewissen Beitrag zum Scheinwiderstand, so daß man eigentlich die Blind- und die Wirkkomponente einer Spule gesondert erfassen müßte.

Ähnliches gilt für den Ableitwiderstand eines nichtidealen Kondensators. Bei den induktiven und den kapazitiven Aufnehmern wird allerdings nur der Betrag des Blindwiderstands ($2\pi f \cdot L$ bzw. $1/(2\pi f \cdot C)$) als Maß für die nichtelektrische Größe genommen. Der →Verlustwinkel beschreibt die Größe der Abweichung vom idealen Blindwiderstand.

Die Messung von Blindwiderständen ist durch Anlegen einer Sinusspannung bekannter und konstanter Frequenz möglich. Wenn man ähnlich wie bei der →Widerstandsmessung gleichzeitig die angelegte Spannung U und den durchfließenden Strom I mißt, erhält man bei hinreichend kleinem Verlustwinkel

$$|Z_x| = |\frac{U}{I}| = 2\pi f \cdot L_x \text{ bzw. } = \frac{1}{2\pi f \cdot C_x}$$

und daraus die Größe von L_X bzw. C_X.

Wenn ein →Referenzelement (L_{ref}, C_{ref}) zur Verfügung steht, so kann der gesuchte Blindwiderstand bei gegebener Wechselspannung aus einem Vergleich der Ströme oder bei gegebenem Wechselstrom aus einem Vergleich der abfallenden Spannungen ermittelt werden.

Mit Hilfe verschiedener Meßbrücken lassen sich Blindwiderstände gut erfassen. Diese Meßbrücken arbeiten entweder im Ausschlagverfahren (meist angewandt, wenn der Blindwiderstand Abbild einer anderen Meßgröße ist, die weiterverarbeitet werden muß), oder im Abgleichverfahren (eher für Anwendungen im Labor).

Der Abgleich kann auch automatisch sein, z. B. bei den käuflichen RLC-Meßbrücken, die gleichzeitig alle interessierenden Parameter einer Impedanz messen und anzeigen.

Man kann den unbekannten Blindwiderstand (L_x, C_x) auch zusammen mit einem Referenzelement (C_{ref}, L_{ref}) in einem →LC-Oszillator betreiben und aus der Resonanzfrequenz $f_r = \frac{1}{2\pi\sqrt{L \cdot C}}$ auf L_x bzw. C_x schließen. *Hammerschmidt*

Infrarotdetektor →Photodetektor

InGaAsP/InP-Halbleiterlaser. Halbleiterlaser für den langwelligen Spektralbereich (1,0–1,65 μm) mit einer InGaAsP/InP-Heterostruktur gewachsen auf InP.

$In_{1-x}Ga_xAs_{1-y}P_y$-Mischverbindungen ändern die Gitterkonstante und den →Bandabstand (Emissionswellenlänge) mit der Zusammensetzung. Durch Variation der Anteile innerhalb der III- und der V-Komponenten können sowohl der Bandabstand als auch die Gitterkonstante gleichzeitig beeinflußt werden, so daß Schichten mit Emissionswellenlängen von 0,93 μm (InP) bis zu 1,65 μm (InGaAs) gitterangepaßt auf InP (Gitterkonstante a_o = 0,5868 nm) hergestellt werden können. Da InP den größten Bandabstand hat, wird es i.a. als confinement-Schicht verwendet, so daß allein die aktive Schicht eine quaternäre Zusammensetzung hat (Bild). Aus technologischen Gründen können weitere Schichten aus quaternären und ternären Mischverbindungen nötig sein, z. B. eine Antimeltback-Schicht ($In_{0,72}Ga_{0,28}As_{0,6}P_{0,4}$) über einer 1,55 μm aktiven Schicht ($In_{0,62}Ga_{0,38}As_{0,82}P_{0,18}$) zur Verhinderung des Anlösens beim InP-Überwachsen in der LPE oder eine Kontaktschicht ($In_{0,55}Ga_{0,45}As$) zur Reduzierung des Kontaktwiderstandes.

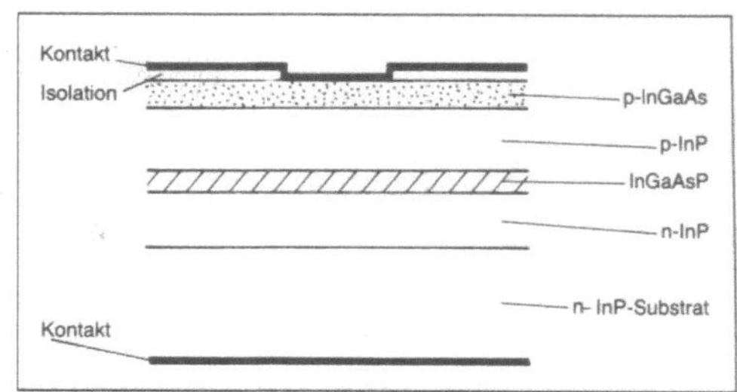

InGaAsP/InP-Halbleiterlaser: Typische Schichtenfolge am Beispiel eines Doppelheterostruktur-Oxidstreifen-Lasers.

I. haben den Vorteil geringer Schwellenströme und langer Lebensdauer. Versetzungen im Substrat und Zerstörung der Spiegelflächen durch hohe Ausgangsleistungen spielen eine untergeordnete Rolle. Kritischer ist die herstellungsbedingte thermische →Degradation (→Halbleiterlaser-Lebensdauer). Hauptnachteil bildet die starke Abhängigkeit des →Schwellenstromes von der Temperatur (T_o = 65 K). Da die Technologie noch nicht so beherrscht wird wie für →GaAlAs, befinden sich InGaAsP-Laser im Übergang zwischen der Entwicklungs- und der Produktionsphase; sie sind daher noch vergleichsweise teuer.

I. werden als index-geführte Doppelheterostrukturlaser vor allem für die optische Nachrichtentechnik hergestellt, und zwar mit den Emissionswellenlängen λ = 1,3 μm ($In_{0.72}Ga_{0,28}$ $As_{0,57}P_{0,43}$) und λ = 1,55 μm ($In_{0,62}Ga_{038}As_{0,82}P_{0,18}$), dem Dispersions- bzw. Dämpfungsminimum herkömmlicher Lichtleitfasern. Weitere Anwendungen liegen in der Meßtechnik. *Rosenzweig*

Injektion. Einbringen von zusätzlichen Ladungsträgern in einen →Halbleiter von außen, etwa aus einem metallischen →Kontakt oder einem weiteren, konträr dotierten Halbleiter (z. B. beim →pn-Übergang bzw. →Transistor).

Dabei ist zu unterscheiden, ob die injizierten →Ladungsträger im Halbleiter →Majoritäts- oder →Minoritätsträger darstellen. In beiden Fällen wird zunächst im Injektionsgebiet eine elektrische →Raumladung erzeugt, die ihrerseits wieder ein elektrisches Feld bewirkt. Dieses erzeugt einen Strom, der fast ausschließlich von Majoritätsträgern getragen wird und die Raumladung ausgleicht.

Bei Majoritätsträger-I. fließen daher die überschüssigen Ladungsträger sofort ab und zwar innerhalb der dielektrischen Relaxationszeit τ_d, die durch das Produkt aus Widerstand R und Kapazität C des Injektionsgebiets gegeben ist, $\tau_d = RC = \varepsilon\varepsilon_o/\sigma$ (σ =

elektrische →Leitfähigkeit, ε = Dielektrizitätskonstante, ε_0 = Influenzkonstante). Für Silicium mit $\sigma = 1\,\Omega^{-1}\text{cm}^{-1}$ ergibt sich die extrem kurze Zeit $\tau_d = 10^{-12}$s, d. h. die Überschußträger fließen, ohne sehr wirksam werden zu können, praktisch sofort ab (bei Isolatoren können allerdings wesentlich größere Zeiten entstehen).

Anders liegen die Verhältnisse bei Minoritätsträger-I. Hier baut sich zwar die Raumladung ebenso schnell ab, jedoch durch Zufluß von Majoritätsträgern, so daß örtlich ein gleich großer Überschuß beider Ladungsträgersorten entsteht. Diese Situation ist mit dem Fall gleichzeitiger I. beider Ladungsträger äquivalent (in diesem Sinne wird manchmal auch die Erzeugung von Elektronen und Löchern durch den inneren →Photoeffekt als I. bezeichnet). Der Überschuß wird durch →Rekombination der Träger miteinander abgebaut, womit das System ins thermische Gleichgewicht zurückkehrt. Die charakteristische Zeit dazu ist durch die Lebensdauer der Minoritätsträger gegeben, die bis zu 10^{-3}s groß sein kann. Damit lebt die Injektionsstörung lange genug, um z. B. die Diffusion der Minoritätsträger über die →Basis eines Transistors zu ermöglichen und den Kollektorstrom zu steuern. *Heinz*

In-line-Farbbildröhre →Bildröhre, →Delta-Röhre

In-line-Röhre →Delta-Röhre, →Bildröhre

InP →III-V-Halbleiter

InSb →III-V-Halbleiter

Instabilität, thermische. Rückkopplungsmechanismus in elektronischen Bauelementen, besonders Halbleiterbauelementen zwischen elektrisch zugeführter Leistung (→Verlustleistung), Wärmeableitung und sich einstellender Temperaturerhöhung im Kristall und der Rückwirkung auf das elektrische Klemmenverhalten (und damit wiederum die Leistung) durch den Temperaturkoeffizienten des Bauelementes. So kann z. B. durch die Temperaturerhöhung eine Strom- und damit Leistungserhöhung vergrößert werden. Durch die Wechselwirkung steigt die Temperatur ständig und zerstört schließlich das Bauelement (sog. thermischer Selbstmord). Maßnahmen zur Vermeidung der Instabilität sind gute Wärmeabfuhr, eine Stabilisierung des Arbeitspunktes durch →Gegenkopplung (Schaltungsmaßnahme) und Bauelemente mit möglichst kleinem Temperaturkoeffizienten. Abhängig von der Schaltungsauslegung und dem Temperaturkoeffizienten gibt es immer einen Bereich, der thermisch stabil ist, der aber für die Schaltungsaufgabe nicht unbedingt der geeigneteste sein muß. Die Gefahr der t. I. läßt sich weitgehend durch Betrieb des Transistors im „sicheren Arbeitsbereich" (→SOA) verringern. *R. Paul*

Instantiierung. Begriff aus der Stromlauferfassung bzw. CAE-Techniken allgemein: Ein Stromlaufplanelement (Schaltelement, Teilschaltung) wird an passender Stelle des Stromlaufplanes plaziert und z. B. durch Zuordnung eines Namens individualisiert. *K. Winter*

Instrumentenverstärker. Der I. (*engl.* instrumentation amplifier, Instrumentationsverstärker, Instrumentierungsverstärker) dient zur hochohmigen Messung der Differenz zweier Spannungen. Er ist aus gegengekoppelten Operationsverstärkern, aus zwei Elektrometer-Verstärkern und einem Subtrahier-Verstärker aufgebaut (Bild). Häufig wird er z. B. in Brückenschaltungen zur Verstärkung der Diagonalspannung eingesetzt.

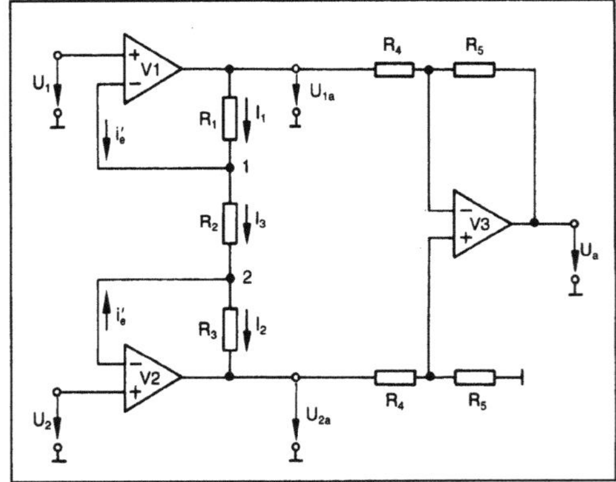

Instrumentenverstärker: Prinzipieller Aufbau.

Die Ausgangsspannung U_a des I.-V. ist proportional der Differenz der Eingangsspannungen U_1 und U_2. Für $R_1 = R_2$ wird

$$U_a = -\frac{R_5}{R_4}\left(1 + \frac{2R_1}{R_3}\right)(U_1 - U_2).$$

Die drei Verstärker des instrumentation amplifier sind auf einem Chip integriert. Sie sind weitgehend gleich aufgebaut und im Betrieb denselben Umgebungs- und Temperaturbedingungen ausgesetzt. Die Offsetgrößen werden sich daher nach dem Abgleich nur gleichsinnig ändern (→Offset). Die Offsetspannungen der →Elektrometer-Verstärker V_1 und V_2 gehen als Differenz in das Gesamtergebnis ein und kompensieren sich so weitgehend. Damit kann nur noch die →Offsetspannung des Verstärkers V_3 zu einem Fehler führen. Um ihn gering zu halten, ist die Verstärkung von V_3 (R_5/R_4) klein und die der Elektrometer-Verstärker ($1+2R_1/R_3$) möglichst groß zu wählen. Dies ist durch eine geeignete Dimensionierung der Widerstände leicht möglich. *Schrüfer*

Insulated Gate Bipolar Transistor →IGBT

Integration, dreidimensionale. Integrationskonzept, bei dem die bisher nur flächenhafte Schaltungsintegration wesentlich ins Volumen des Substrates ausgedehnt wird, also der Schaltungsaufbau auch noch vertikal erfolgt (Vertikalintegration).

Die gegenwärtigen integrierten Schaltungen nutzen für die Funktionselemente nur die obere Chipoberfläche, stellen also eine flächenhafte Integration dar. Die Funktionselemente selbst nehmen vom Substrat nur etwa eine Schicht von weniger als 10 μm Tiefe in Anspruch, die restlichen 90–95 % der Substratdicke haben keine elektrische Aufgabe, sondern nur mechanische Trägerfunktion.

Eine weitere Steigerung des Integrationsgrades, bzw. besser der →Packungsdichte, erwartet man durch Inanspruchnahme der dritten Dimension, z. B. zunächst durch dreidimensionale Funktionselemente. Ein erster Schritt hierzu sind vertikal und lateral stark verschmolzene (funktionsintegrierte) Halbleiterstrukturen. Beispiele dafür sind →I^2L und verwandte Konzepte, die Eintransistor-Speicherzelle →DRAM) mit einem Stapelkondensator über dem Transistor oder mit einem Speicherkondensator, der in die Tiefe reicht sowie das Konzept übereinanderliegender p- und n-Kanaltransistoren in der →CMOS-Technik.

Die nächsten Schritte gehen nun dahin,
- Stapelanordnungen von Funktionselementen zu konzipieren und ggf. zusammengehörende Gruppen direkt zu verbinden, wodurch sich das elektrische Verhalten verbessert,
- Leiterbahnen direkt ins Volumen zu versenken, um die Zahl der Kreuzungen zu reduzieren und die Substratoberfläche zu entlasten,
- mehrere solcher bauelementetragender Schichten übereinander anzuordnen (bis zehn) und miteinander zu verbinden (elektrisch, optisch).

Wenn bei der dreidimensionalen Integration auch heute noch viele Probleme ungelöst sind, so bieten sich doch mit der →SOI-Technik reale Möglichkeiten, auf diesem Wege schrittweise voranzukommen. *R. Paul*

Integrationsgrad. Maß für die Zahl der auf einem Chip realisierten Bau- bzw. Funktionselemente (FE), das mit der →Packungsdichte im Zusammenhang steht.

Aus der zeitlichen Entwicklung der Technik integrierter Schaltungen heraus entstanden folgende Stufen (Bild) des I.:
- Kleinintegration, →SSI (*engl.* Small Scale Integration) mit bis zu 100 FE pro Chip

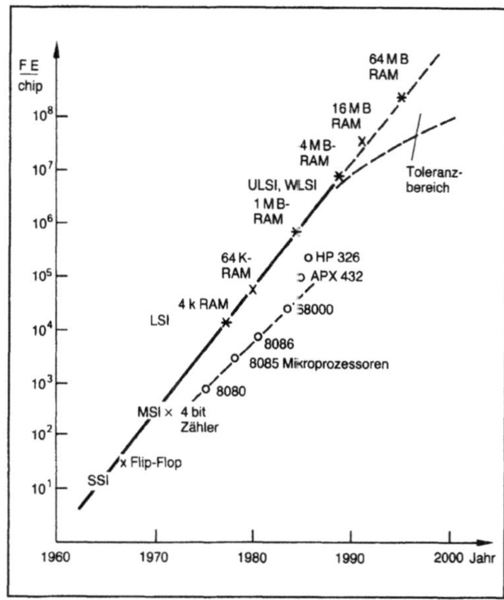

Integrationsgrad: Zeitlicher Verlauf der Funktionselemente (FE) pro Chip.

- Mittelintegration, →MSI (*engl.* Medium Scale Integration) mit bis zu 1000 FE pro Chip
- Großintegration, →LSI (*engl.* Large Scale Integration) mit bis zu 10^5 FE pro Chip
- Größtintegration, →VLSI (*engl.* Very Large Scale Integration) mit etwa 10^6 FE pro Chip
- Ultragrößtintegration, →ULSI, V^2LSI (*engl.* Ultra Large Scale Integration bzw. Very Very Large Scale Integration) mit deutlich mehr als 10^6 FE pro Chip
- Scheibenintegration, →WSI (*engl.* Wafer Scale Integration). Hier nimmt die integrierte →Schaltung die ganze →Halbleiterscheibe ein. Dabei liegt die Zahl der FE im LSI- oder VLSI-Bereich.

Der I. stieg seit der Entwicklung der ersten integrierten Schaltungen um 1960 ständig, im Verlaufe von 20 Jahren in die Größenordnung von 10^6. Er hängt hauptsächlich von der Chipfläche und der Packungsdichte der Funktionselemente ab, wobei letztere von den Abmessungen der Funktionselemente und damit der technologisch möglichen Streifenbreite bestimmt wird. Auch die Größe und Anzahl der Anschlußkontakte (schaltungsbedingt) gehen ein. Eine grundlegende Maßnahme zur Erhöhung des I. ist deshalb die ständige Strukturverkleinerung durch Verbesserung der halbleitertechnologischen Prozesse. Höchste I. werden hauptsächlich für →Halbleiterspeicher gefordert, weshalb gerade sie eine Schrittmacherfunktion in der Entwicklung der →Mikroelektronik einnehmen.

Der Trend zu immer größeren I. ist in erster Linie nicht technisch, sondern wirtschaftlich bedingt. Der Preis einer integrierten Schaltung bildet sich in erster Linie durch die Chipfläche und die Gehäusekosten. Deshalb müssen auf einer gegebenen Fläche möglichst viele FE untergebracht werden (Forderung nach Strukturverkleinerung). Weil aber mit sinkenden FE-Abmessungen die Komplexität des technologischen Prozesses steigt und damit die →Ausbeute sinkt, gibt es ein wirtschaftliches Optimum bei einem bestimmten I. Der Preis des Einzelbauelementes wird dann nur günstiger, wenn man gleichzeitig den I. erhöht und die Strukturabmessung senkt.

Wenn der I. auch vorwiegend nur auf digitale Schaltkreise angewendet wird, so kommt er doch ebenso für analoge Schaltungen zur Anwendung. Dort liegt er – bedingt durch den kleineren Schaltungsumfang solcher Systeme – deutlich niedriger.

R. Paul

Literatur: *Millman, J.* and *A. Grabel:* Microelectronics. New York 1986. – *Paul, R.:* Mikroelektronik – eine Übersicht. Berlin 1990.

Integrationsverstärker. Der I. ist ein →Meßverstärker (invertierender →Operationsverstärker) mit einer Kapazität C in der →Gegenkopplung (Bild), so daß seine Ausgangsspannung u_a proportional dem über die Zeit integrierten Eingangsstrom i_e bzw. der über die Zeit integrierten Eingangsspannung u_e ist:

$$u_a = -\frac{1}{C}\int_0^t i_e dt,$$

$$u_a = -\frac{1}{RC}\int_0^t u_e dt.$$

Da das Produkt aus Strom und Zeit eine Ladung ergibt, wird der Integrierer auch als ladungsempfindlicher Verstärker oder Ladungsverstärker bezeichnet.

Schrüfer

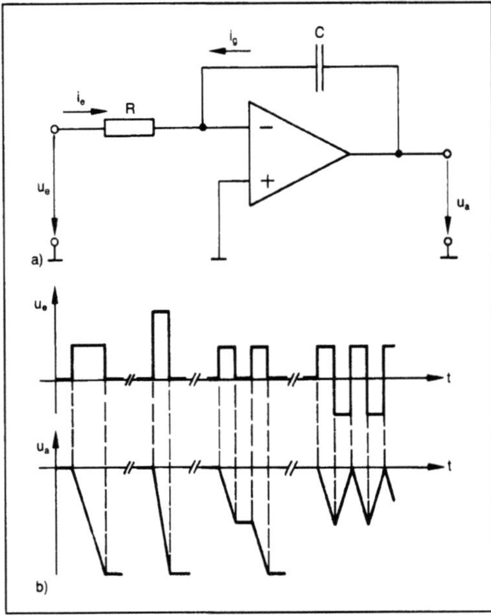

Integrationsverstärker: Integrieren mit dem Umkehrverstärker.
a) Schaltung
b) Signale.

Integrierte Optik. Ziel der I. O. ist der Aufbau mikrooptischer Bauelemente in Planartechnik, die zu integriert optischen Schaltungen (*engl.* Integrated Optical Circuits – IOC) zusammengefügt werden, in denen Licht erzeugt, weitergeleitet, verteilt und detektiert wird (→Integrierte Optik, monolithisch).

Der Vorteil solcher Anordnungen im Vergleich zu entsprechenden optischen Aufbauten aus Einzelelementen ist in der →Zuverlässigkeit, Kompaktheit und einer – in Zukunft erwarteten – kostengünstigen Herstellung zu sehen. Die Wellenleiterstrukturen (→Lichtwellenleiter, →Schichtwellenleiter, →Streifenwellenleiter) haben Querschnittsabmessungen, die im Bereich einiger Wellenlängen liegen. Somit läßt sich das Licht sehr präzise führen und mit geringer Leistung von außen beeinflussen.

Die Haupteinsatzgebiete sind die optische Nachrichtentechnik, Signalverarbeitung und Sensortechnik.

Rein passive Komponenten basieren häufig auf Glas als Substratmaterial. Dieses ist preiswert und in genügender Menge und Qualität vorhanden. Es lassen sich mit relativ einfachen technologischen Prozessen dämpfungsarme →Wellenleiter herstellen. Da Glasfaser und Glaswellenleiter nahezu die gleiche →Brechzahl aufweisen, können störende Reflexionen bei der Faser-Chip-Kopplung weitgehend vermieden werden. Da der elektrooptische und der magnetooptische Effekt in Glas sehr gering sind, werden Glaswellenleiter nur passiv eingesetzt. Es können Wellenleiter, Verzweiger, Koppler (→Richtkoppler), Wellenlängenfilter, Spiegel, Linsen, Polarisatoren hergestellt werden. Vielversprechend sind die Eigenschaften von SiO_2-Wellenleitern auf Si-Substrat, da hierbei auf die gut entwickelte Si-Technologie zurückgegriffen werden kann.

In einer nächsten Integrationsstufe ist die Beeinflussung des Lichtes durch ein von außen wirkendes Feld (z. B. magnetisches oder elektrisches Feld) möglich. Wichtige Ausgangsmaterialien sind magnetische Granate und $LiNbO_3$. Mit Polymeren können passive, elektrooptische und verstärkende Bauelemente realisiert werden. Wegen des ausgeprägten elektrooptischen Effektes gestattet $LiNbO_3$ den Aufbau von elektrisch ansteuerbaren Wellenleiterstrukturen, wie z. B. elektrooptischer →Schalter, →Modulatoren (→Mach-Zehnder-Interferometer, integriert optisches, Richtkoppler), Polarisationskonverter.

Bei Wahl eines geeigneten Substratmaterials – z. B. →InP, →GaAs – können auch aktive optische (→Laser, →Verstärker, Detektoren) und elektronische Funktionselemente realisiert und zu optoelektronischen Schaltkreisen (→OEIC – Optoelectronic Integrated Circuit) integriert werden (Integrierte Optik, monolithisch).

In Glas kann durch Ionenaustausch (z. B. K^+ gegen Na^+) an der Oberfläche die Brechzahl erhöht und somit ein wellenleitender Bereich erzeugt werden. In $LiNbO_3$ werden hierfür Diffusionsverfahren, bei Halbleitermaterialien Epitaxieverfahren eingesetzt. Mit Lithographieprozessen (Elektronenstrahl-, Röntgenstrahllithographieverfahren) werden die gewünschten Wellenleiter- und Elektrodenstrukturen definiert. An die Strukturierungsverfahren werden wegen der Wellenleiterdimensionen mit typischerweise einigen μm Tiefe und Breite, aber mehreren mm Länge sehr hohe Anforderungen gestellt (Tabelle).

Ein Beispiel für eine hoch komplexe integriert optische Wellenleiterstruktur ist die 8 × 8 Schaltmatrix in $LiNbO_3$ (Bild), die aus 64 Richtkoppler-Schaltern besteht, welche untereinander durch gekrümmte Wellenleiter verbunden sind. Die Schaltmatrix ist auf einer Fläche von 60 mm × 5,4 mm untergebracht. Ein integriert optischer →Spektrumanalysator auf der Basis von $LiNbO_3$ wird unter akustooptischer →Modulator beschrieben. *Krauser*

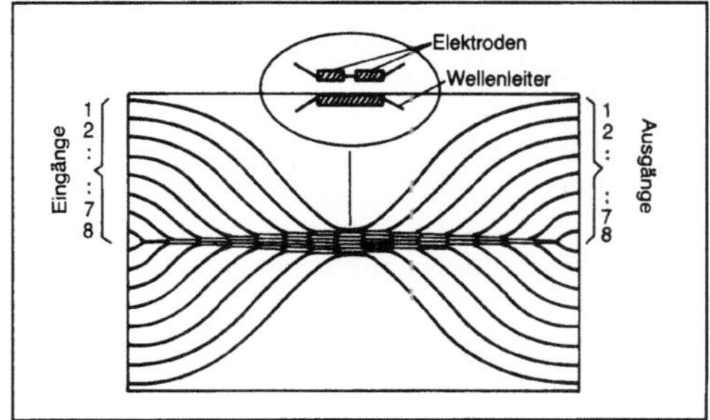

Integrierte Optik: 8 × 8 Schaltmatrix in $LiNbO_3$ (Quelle: Granestrand).

Integrierte Optik. Tabelle: Übersicht wichtigster Materialien und deren Parameter

Material / Funktionselemente, Eigenschaften	Halbleiter	$LiNbO_3$	Glas	Polymer
passiv	X	X	X	X
aktiv	Laser, Verstärker	—	—	Verstärker
elektrooptisch	X	X	—	X
Substratfrage	GaAs, InP (ca. 100 DM, 500 DM für 2-Zoll-Wafer)	$LiNbO_3$ 500–1 000 DM für 3-Zoll-Wafer	Glas (100–500 DM für 50 × 50 mm)	Glas, Si (ca. 20 DM/50 × 50, 10 DM/4-Zoll-Wafer)
Herstellungsprozeß	Epitaxie (aufwendig)	Diffusion (einfach)	Diffusion (einfach)	Aufschleudern (einfach)
Kosten	hoch	mittel	niedrig	niedrig
Betriebswellenlänge	0,8 μm, 1,3 μm, 1,55 μm	vom Sichtbaren bis 1,55 μm	vom Sichtbaren bis 1,55 μm	vom Sichtbaren bis 1,55 μm
Kopplung an die Faser	schwierig	mittel	einfach	einfach
Dämpfung	< 0,5 dB/cm	< 0,1 dB/cm	< 0,1 dB/cm	derzeit 1–2 dB/cm bei 1,55 μm, zu erwarten: < 0,1 dB/cm. Im Sichtbaren günstigere Werte
Besonderheiten	monolithische Integration möglich	Integration von passiven und elektrooptisch beeinflußbaren Strukturen mögl.	passive Elemente	

Literatur: *Eberhard, D.:* Technologien integriert optischer Bauelemente. In Laser in der Technik, Berlin-Heidelberg 1992. - *Ebeling, J. K:* Integrierte Optoelektronik, Berlin-Heidelberg 1989. - *Granestrand, P.* et al: Electr. Lett. (1986) Nr. 22, S. 816.

Integrierte Optik, monolithisch. Ziel der m. I. O. ist die Herstellung von aktiven und passiven optischen, optoelektronischen und elektronischen Komponenten, die zu einem optoelektronischen Schaltkreis (Optoelectronic Integrated Circuit, →OEIC) auf einem Substrat kombiniert werden.

Vorteile einer m. I. O. gegenüber einer →Hybridtechnik, bei der verschiedene Substrate verwendet werden, sind:

- Mechanisch stabile und optisch effiziente Verbindung mehrerer optischer, monomodaler Bauelemente
- Reduktion optischer Reflexionen
- Aufwendige Justierungen werden durch hochauflösende Lithographieverfahren ersetzt
- Hohe →Zuverlässigkeit
- Kompakter Aufbau
- Größere →Bandbreite
- Kostengünstige Produktion - für die Zukunft erwartet

Die Funktionselemente der optischen Integration lassen sich aus physikalischer Sicht in folgende Gruppen einteilen:

Funktion	Physikalische Effekte
1. Licht erzeugen, verstärken	Lumineszenz
2. Licht führen, schalten, modulieren	Totalreflexion, Ausbildung von Modenstrukturen, Transparenz, elektrooptischer Effekt, Elektroabsorption
3. Licht empfangen	Absorption

Für die drei Gruppen müssen Materialzusammensetzungen mit unterschiedlichem Energiebandabstand E_g gewählt werden: Die Wellenlänge des vom Laser emittierten Lichtes entspricht etwa dem Bandabstand E_g des verwendeten Halbleitermaterials. Für diese Betriebswellenlänge muß der →Wellenleiter und der Modulator/Schalter (abgesehen vom →Absorptionsmodulator) hohe Transparenz aufweisen, während das Detektormaterial (→Photodetektor) stark absorbierend sein sollte. Außerdem werden noch weitere Materialien als Hilfsschichten benötigt, z. B. als Begrenzungsschichten in Lasern (→Halbleiterlaser), um die →Ladungsträger und Photonen in der aktiven Schicht einzuschließen (optisches bzw. elektrisches Confinement).

Für die Auswahl des Materialsystems für die m. I. O. ist der gewünschte Wellenlängenbereich entscheidend. Bild 1 gibt eine Übersicht über die geeigneten Materialsysteme: Für die binären Verbindungen (Eckpunkte) sind Bandabstand und Gitterkonstante von der Natur vorgegebene Größen, während für ternäre Verbindungen (diese liegen auf den Verbindungslinien der Eckpunkte) die Energiebandlücke mit der Gitterkonstanten in einer festen Beziehung steht und entsprechend variiert werden kann. Bei den quaternären Verbindungen (umschlossene Flächen) können Bandabstand und Gitterkonstante unabhängig voneinander gewählt werden. Aus praktischen Erwägungen muß für die erforderlichen Schichten ein Trägermaterial gewählt werden, das in genügender Menge und hinreichender Qualität zur Verfügung steht. Prinzipiell sind nach den genannten Forderungen die beiden Materialsysteme →GaAs und →InP geeignet.

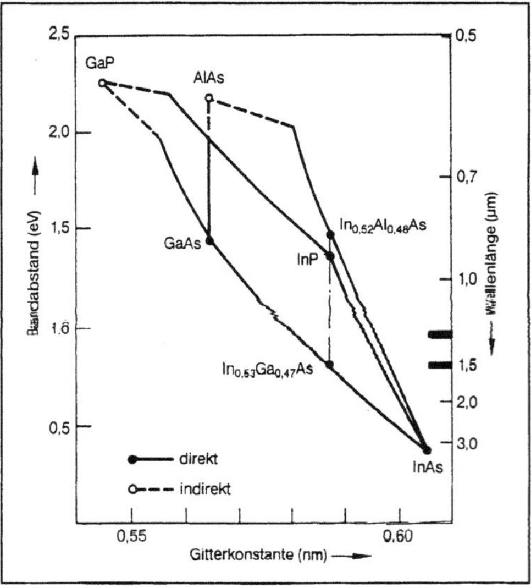

Integrierte Optik, monolithisch 1: Energiebandabstands-Gitterkonstantendiagramm für das GaAs- und InP-Materialsystem.

Da der für die optische Nachrichtentechnik günstigste Bereich wegen des Dämpfungs- (→Glasfaserdämpfung) und Dispersionsverhaltens (→Dispersion) der Glasfaser zwischen 1,3 µm und 1,55 µm liegt, werden für derartige Anwendungen die auf InP basierenden Materialsysteme InGaAsP und InGaAlAs eingesetzt. Wegen der hochentwickelten Si-Technologie wird mit →Silicium als Substratmaterial experimentiert. Dabei ist es aber erforderlich durch Aufwachsen spezieller Schichtensysteme eine Anpassung der Gitterkonstanten zu gewährleisten. Alle Komponenten der m. I. O. auf Halbleiterbasis bestehen aus einer oder mehreren Schichten, die auf

ein Substrat einkristallin aufgewachsen werden. Folgende Epitaxieverfahren sind dazu geeignet:
□ Gasphasenapitaxie (Chloridtransport VPE, mit metallorganischen Verbindungen MOVPE)
□ →Molekularstrahlepitaxie (MBE)

Aufgabe dieser Verfahren ist es, Schichtstrukturen für Bauelemente herzustellen, wobei die Dicke, Zusammensetzung und Höhe der →Dotierung für die einzelnen Schichten kontrolliert eingestellt werden müssen.

Eine monolithisch integrierte optische Schaltung besteht z. B. aus Laser, Monitordiode, passivem Wellenleiter und Modulator (Bild 2).

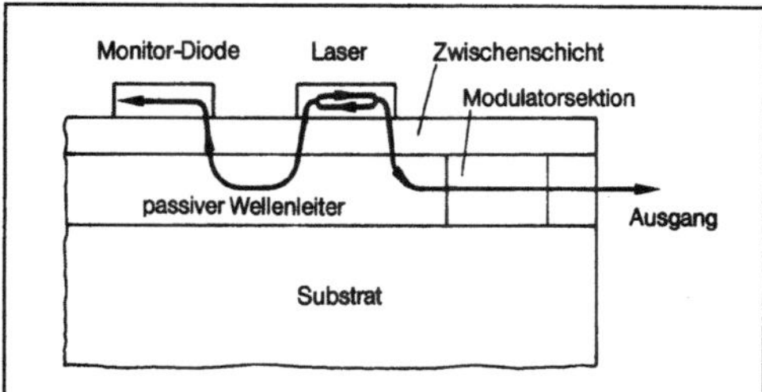

Integrierte Optik, monolitisch 2: Schema einer monolithisch integrierten Schaltung.

Die Struktur rein elektronischer (EICs) und optoelektronischer Schaltungen (OEICs) weist bedeutende Unterschiede auf:
- Verkopplung elektronischer und optoelektronischer Komponenten untereinander
- Für EICs ist nur eine Materialstruktur erforderlich, für die optischen Funktionselemente müssen unterschiedliche Materialzusammensetzungen benutzt werden
- EICs bestehen aus gleichartigen, OEICs aus mehreren verschiedenen Funktionselementen
- Längen-Seiten-Verhältnis beträgt bei EICs ca. 1:1, bei OEICs bis zu 1000:1
- →Integrationsgrad in OEICs ist sehr niedrig, bei EICs u. U. sehr hoch
- Zur Minimierung von Störeffekten dürfen nur Techniken angewendet werden, durch die die optischen Eigenschaften der Wellenleiter gar nicht oder nur unbedeutend beeinflußt werden.

Der derzeitige Stand der m. I. O. läßt sich dadurch charakterisieren, daß zwei oder auch drei unterschiedliche Funktionselemente auf einem Substrat realisiert wurden (→PIN-FET-Empfänger, PIN-Wellenleiter-Integration, Distributed-Bragg-Reflector-Laser, Halbleiterlaser, Integration). Generell ist die Entwicklung der Integration auf GaAs-Basis gegenüber der InP-Integration weiter fortgeschritten, was sich aus dem zeitlichen Entwicklungsvorsprung des GaAs-Systems erklärt. *Krauser*

Literatur: *Hayashi, I.:* IEE Proceedings, 133, (1986) Pt. J No. 3, S. 237–244. – *Krauser, J.* und *Grote, N.:* Proceedings Laser 85, (1986), S. 541–547. – *Tomlinson, W. J.* und *C. A. Brackett:* Proc. IEEE. (1987) Nr. 11.

Integrierte Schaltung →Schaltung, integrierte

Intensitätsmodulator, optischer. →Modulator, der für optische Signalübertragungen die Intensität (Leistung) einer als Träger dienenden Lichtwelle moduliert (Intensitätsmodulation).

Für eine unverfälschte Signalübermittlung ist eine zeitlich konstante Intensität der nicht modulierten Lichtwelle Voraussetzung. Die Intensitätsmodulation spielt in der direkten optischen Signalübertragungstechnik eine wichtige Rolle, da viele Photodetektoren Ausgangssignale liefern, die der eingestrahlten Lichtintensität proportional sind.

Intensitätsmodulatoren (IM) können als direkte oder indirekte Lichtmodulatoren hergestellt werden. Der zuerst genannte Typ beeinflußt unmittelbar bei der Lichterzeugung die abgestrahlte Lichtleistung. Dies geschieht meist auf elektrischem Wege, z. B. durch die Modulation des Injektionsstromes bei lichtemittierenden Dioden (→LEDs) oder →Halbleiterlasern. Zur Realisierung indirekter IM bieten sich mehrere Möglichkeiten an. Das einfachste und älteste Verfahren ist die mechanische Unterbrechung eines Lichtstrahles. Einfache periodische Modulatoren dieser Art sind z. B. rotierende Schlitzscheiben (Chopper) oder schwingende, stimmgabelähnliche Komponenten. Die mechanischen Systeme sind durch unvermeidbare Massenträgheiten im allgemeinen langsam. Wesentlich schnellere IM lassen sich durch die Ausnutzung bestimmter physikalischer Effekte, wie z. B. des elektrooptischen, magnetooptischen, akustooptischen oder des *Franz-Keldysh*-Effektes aufbauen.
□ Elektrooptischer IM: Zwischen zwei Polarisatoren, deren Polarisationsrichtungen ($\vec{P}_1$, $\vec{P}_2$) parallel oder senkrecht zueinander stehen, ist ein elektrooptischer →Polarisationsmodulator angeordnet (Bild). In Abhängigkeit von der am Modulatorkristall anliegenden elektrischen Spannung U ändert sich der →Polarisationszustand des Lichtes von $\vec{P}_L$ nach $\vec{P}_{LM}$ (Bild). Die vom Polarisator 2 (Analysator)

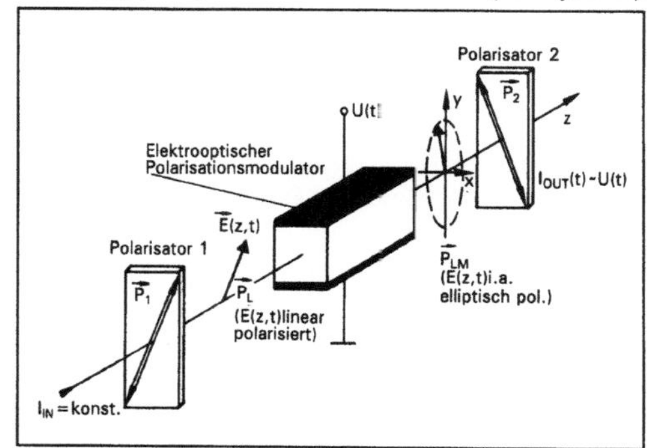

Intensitätsmodulator, optischer: Aufbau und Funktionsprinzip eines elektrooptischen Intensitätsmodulators ($\vec{E}$: Elektrischer Feldstärkevektor der Lichtwelle, t: Zeit).

hindurchgelassene Intensität I_{out} ist dann abhängig vom erzeugten Polarisationszustand $\vec{P}_{LM}$ (im Bild: $I_{out} = I_{max}$ für $\vec{P}_{LM} = \vec{P}_2$, $I_{out} = I_{min}$ für $\vec{P}_{LM} = \vec{P}_1$, mit $\vec{P}_1$; senkrecht auf $\vec{P}_2$, Bild). Die zeitliche Veränderung von U bewirkt die gewünschte IM →$I_{out}(t) = f[u(t)]$; t: Zeit.

□ Magnetooptischer IM.: Ein magnetooptischer →Polarisationsmodulator befindet sich zwischen zwei Polarisatoren (Aufbau analog wie beim elektrooptischen IM). Die von dieser Anordnung hindurchgelassene Lichtintensität I_{out} ist abhängig vom Winkel φ zwischen der linearen Polarisationsrichtung der Lichtwelle hinter dem magnetooptischen Polarisationsmodulator und der des zweiten Polarisators P_2. ($I_{out} = I_o \cdot \cos\varphi$, I_o: Lichtintensität hinter dem Polarisationsmodulator). Die zeitliche Veränderung des durch den Modulator fließenden Stromes I_M beeinflußt φ und bewirkt damit die geforderte Intensitätsmodulation $I_{out}(t)$.

□ Akustooptischer IM: Die Transmission T eines akustooptischen Modulatorkristalles (akustooptischer →Effekt) wird bei geeigneter Lichteinstrahlung durch die zeitliche Veränderung einer eingekoppelten akustischen Leistung $P_a(t)$ gemäß $T(\lambda, t) = T_O(\lambda)\cos^2(C \cdot \sqrt{P_a(t)} \cdot \lambda^{-1})$ moduliert (C: Material- und Geometrieparameter, λ: Wellenlänge des Lichtes, $T_O(\lambda)$: maximale Transmission. Dies führt bei konstanter Wellenlänge λ zur gewünschten Intensitätsmodulation eines Lichtstrahles gemäß $I_{out}(t) = f[T(t)] = f[Pa(t)]$.

□ Elektroabsorptions IM: Die Transmission T eines Halbleiterkristalles wird unter Ausnutzung des →Franz-Keldysh Effektes moduliert.

Die einen solchen Elektroabsorptionsmodulator verlassende Lichtintensität I_{out} ergibt sich bei konstanter Wellenlänge zu $I_{out}(t) = f[T(t)] = f[C1-R\text{-}d(t)]$ wobei $\alpha(t) = f[E(t)]$ und $E(t) \sim U(t)$, mit t: Zeit, α: →Absorptionskoeffizient des Modulatorkristalles, E: elektrisches Feld im Kristall, U: angelegte elektrische Spannung, R: Reflexionsverluste bei der Ein- und Auskopplung des Lichtes. Für einen optimalen Modulationsgrad ist eine maximale Überlappung zwischen optischem und elektrischen Feld erforderlich. *R. Kaiser*

Interband-Übergang. Zustandsänderung eines Elektrons in einem Festkörper, bei dem Ausgangs- und Endenergie in verschiedenen Energiebändern liegen (→Übergang, elektronischer). *Heinz*

Interface. (*engl.* Schnittstelle, Trennfläche, Anpaßschaltung).

1. Der Begriff I. wird allgemein bei technischen Systemen für die Gesamtheit aller vereinheitlichten Bedingungen zum sicheren Zusammenwirken und die Zusammenschaltbarkeit von Teilsystemen verwendet, er enthält insbesondere die Funktion, Signalart, physikalische Darstellung und konstruktive Einzelheiten der Schnittstellen. Typische Schnittstellen treten in Nachrichtennetzen an Datenend- und Übertragungseinrichtungen sowie zwischen Analog- und Digitalnetzen auf. Ohne Schnittstellenfestlegungen wäre eine weltweite Kommunikation nicht möglich. Übertragungsprozeduren und Nachrichtenformate werden dabei durch Protokolle festgelegt, z. B. CCIC.

2. Allgemein wird der Begriff I. für jedes Objekt verwendet (real, abstrakt), durch das Teilsysteme einander angepaßt werden sollen. So kann z. B. auch der Parametersatz eines Unterprogramms als Schnittstellenbeschreibung zwischen ihm und seiner Umgebung aufgefaßt werden.

3. In integrierten →Schaltungen versteht man unter I. die Übergänge zwischen zwei integrierten Schaltungen:

– z. B. unterschiedlicher Kategorien, etwa mit verschiedener Logikpegellast oder Taktverhältnissen, z. B. eine CMOS-Logik mit einer ECL-Logik. Es handelt sich schlechthin um die Zusammenschaltung unterschiedlicher Schaltkreisfamilien, die miteinander nicht kompatibel sind. Dafür stehen die sog. Interfaceschaltkreise bereit.

– Zur Anpassung einer Peripherie an einen Mikrorechner. Dafür vorbereitete Schaltkreise werden als E/A-Schaltungen bezeichnet. Es gibt sie mit standardisierten E/A-Bedingungen, aber auch für ganz spezielle Forderungen. *R. Paul*

Interferometer, faseroptisches. Ein optisches Interferometer, bei dem die interferierenden Lichtströme in Glasfasern geführt werden. Seine wichtigsten Anwendungen findet es in der Form intrinsischer faseroptischer Sensoren, z. B. für Druck oder Druckänderungen (Hydrophon), für elastische Faserdehnungen (Magnetometer) sowie für Drehungen (→Gyroskop).

Die Grundform eines Zweistrahl-f.I. entspricht der klassischen Interferometer-Anordnung nach Mach-Zehnder (Bild). Der Lichtstrom einer Quelle wird in einem faseroptischen →Richtkoppler in zwei Teillichtströme aufgespalten, die sich in zwei Glasfasern entlang verschiedener Wege ausbreiten. Signalfaser und Referenzfaser stellen die Arme des Interferometer dar. Die Meßgröße wirkt nur auf die Signalfaser ein. Jede Änderung der Meßgröße erzeugt eine Phasendifferenz ξ der Teillichtströme. In einem zweiten Richtkoppler werden diese wieder überlagert und zur Interferenz gebracht. Dadurch wird ξ in entsprechende Leistungsänderungen der Ausgangslichtströme $I_1 = I \sin\xi$ und $I_2 = I \cos\xi$ umgesetzt. Diese werden von Photodioden detektiert und zur →Anzeige gebracht. Eine Phasenänderung der Größe 2π (verursacht etwa durch eine Längenänderung der Signalfaser entsprechend einer optischen Wellenlänge in der Faser) ergibt also einen vollen Hell/Dunkel-Wechsel der Ausgangslichtströme.

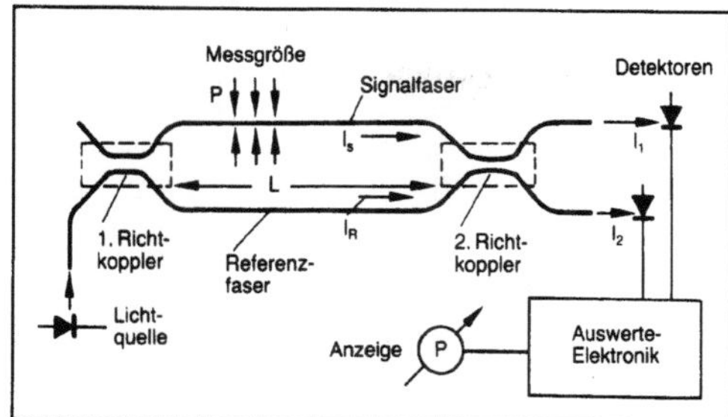

Interferometer, faseroptisches: Schematischer Aufbau eines f. I. als faseroptischer Sensor zur Erfassung hydrostatischer Druckänderungen. Eine Druckänderung p bewirkt in der Signalfaser eine elasto-optische Phasenänderung ξ, die interferometrisch ausgewertet und angezeigt wird.

Wegen dieser periodischen Abhängigkeit von ξ stellt ein f. I. allgemein einen inkrementalen Sensor dar. Durch Zählung ganzer Perioden und Interpolation von Perioden-Bruchteilen werden sehr hohe Auflösungen erreicht. Zur Erfassung der Richtung von Signaländerungen kann ein Quadratursignal verwendet werden.

Für einen hohen →Kontrast der Interferenz ist es typisch erforderlich, für die Arme eines f. I. Monomodefasern zu verwenden und als Lichtquelle einen Laser.

Andere Formen f. I. entsprechen den klassischen Zweistrahl-Anordnungen nach *Michelson* und *Sagnac* (Gyroskop), sowie der Vielstrahl-Interferometer-Anordnung nach *Fabry-Perot.* Ferner können auch faseroptische Sensoren mit polarisations-optischer Modulation als f. I. aufgefaßt werden, bei denen die beiden Arme des Interferometers räumlich zusammenfallen, sich aber durch ihre Polarisationszustände unterscheiden. *Ulrich*

Interlace →Fernsehsystem

Interline-Transfer-Sensor →Bildaufnehmer

Intraband-Übergang. Zuständsänderung eines Elektrons in einem Festkörper, bei dem Ausgangs- und Endenergie im gleichen →Energieband liegen (→Übergang, elektronischer). *Heinz*

Invar-Lochmasken. Lochmasken aus Invar für Farbbildröhren. Lochmasken in Farbbildröhren sind hohen thermischen Belastungen ausgesetzt. Die dadurch hervorgerufene Erwärmung der →Lochmaske führt zu Verformungen, dem →Doming. Um die negativen Auswirkungen des Doming klein zu halten, wird bei Hochleistungs-Bildröhren Invar als Lochmaskenmaterial verwendet. Invar ist eine Legierung aus 36 % Nickel und 68 % Eisen und zeichnet sich durch einen extrem kleinen thermischen Expansionsquoeffizienten aus. Die I.-L. bleibt daher auch unter hohen thermischen Belastungen relativ stabil. *Keitel*

Inversionsschicht. Schicht eines Halbleiters, in der eine normalerweise vorhandene n-Leitfähigkeit (→Leitfähigkeit durch Elektronen) in eine p-Leitfähigkeit (Leitfähigkeit durch Defektelektronen oder Löcher) invertiert ist oder umgekehrt.

Dies kann besonders in Randschichten von Halbleitern auftreten, insbesondere beim →Metall-Halbleiter-Kontakt, aber auch an freien Oberflächen mit Oberflächenzuständen. Durch Elektronen in Oberflächenzuständen bzw. auf der Metallelektrode können sich die Bänder des Halbleiters verbiegen, so daß das →Fermi-Niveau im verbotenen →Band als Funktion dieser Verbiegung sich verschiebt und den Leitungstyp ändert (→Randschicht). *Heinz*

Inverter. Zusammenschaltung eines Verstärkerelementes (→Transistor) mit dem Belastungselement so, daß zwischen der Ausgangsgröße und der steuernden Eingangsgröße stets eine Phasenverschiebung von ±180° herrscht.

Die typische Grundform des I. (Bild 1) besteht aus einem in Emitterschaltung (→Grundschaltung) betriebenen →Bipolartransistor mit ohmschen Lastwiderstand (analog: Schaltung mit →Feldeffekttransistor). Die Übertragungseigenschaften des I. ergeben sich aus der →Übertragungskennlinie Ausgangsgröße = f (Eingangsgröße) z. B. Ausgangsspannung U_A = f (Eingangsspannung U_E) (Bild 2), die sich direkt aus dem Kennlinienfeld mit der eingetragenen Lastwiderstandsgerade herleiten lassen. Je nach →Aussteuerung (Größe des Eingangssignals) unterscheidet man beim I.

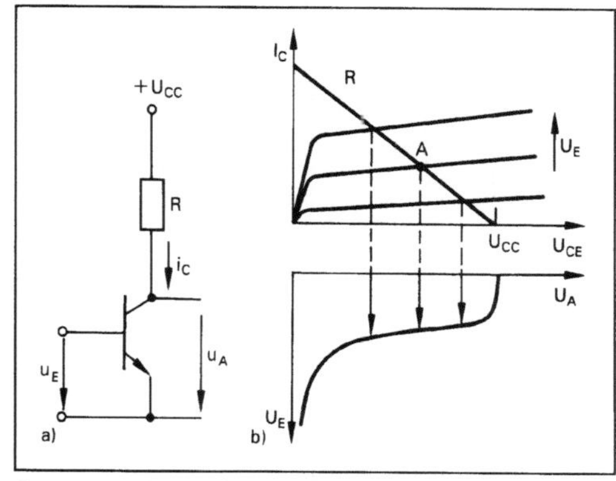

Inverter 1: Typische Ausführung.
a) Grundschaltung
b) Ausgangskennlinie mit Lastkennlinie und Übertragungskennlinie.

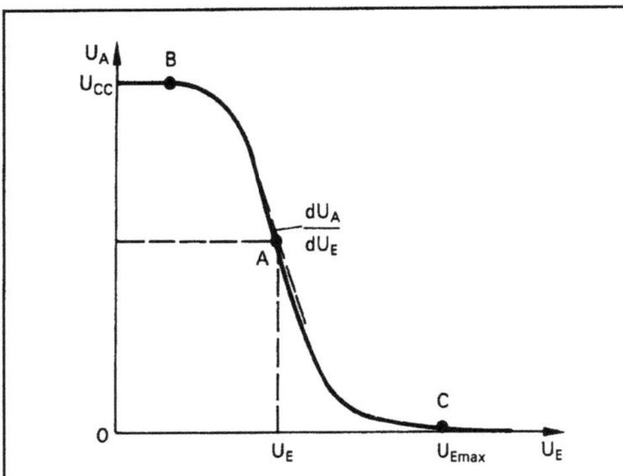

Inverter 2: Übertragungskennlinie mit Angabe typischer Arbeitspunkte.

- den →Kleinsignalbetrieb, wenn im Arbeitspunkt A die Übertragungskennlinie etwa durch eine Gerade mit der Spannungsverstärkung

$A_u = \frac{dU_A}{dU_E}$ (<0) angenähert werden kann.

- den →Großsignalbetrieb, wenn die Eingangsspannung zwischen etwa $U_E = 0$ und U_{Emax} schwankt und damit U_A zwischen den Punkten B und C: der I. arbeitet etwa als gesteuerter Schalter (→Gatter).

Besonders in integrierten Schaltungen wird der I. durchweg mit einem sog. Transistorlastelement (aus als aktive Last bezeichnet) anstelle von R betrieben (nichtlineare ohmsche Last) (Bild 3). Man erhält auf diese Weise höhere Verstärkungen bei gleichzeitiger Einsparung an Chipfläche.

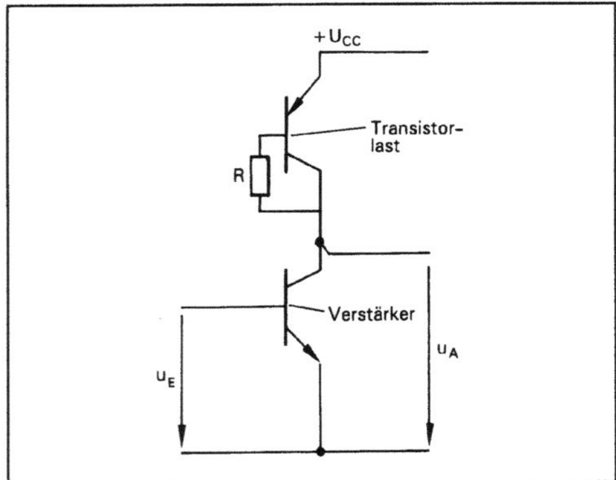

Inverter 3: I. mit Transistorlast (Komplementärtransistor).

Eine besondere Form ist der CMOS-Inverter, bei dem der Lasttransistor vom Eingangssignal zusätzlich noch gesteuert wird.

Der I. ist die Grundschaltstruktur der Analog- und Digitalschaltungstechnik und findet daher in vielfältigen Ausführungsformen Anwendung.

R. Paul

Ionenfalle. Bei früheren Schwarz-Weiß-Bildröhren gab es noch keine Aluminiumschicht auf der dem Röhreninneren zugewandten Seite des Leuchtschirmes. Daher konnten im Kathodenraum entstehende negative Ionen wie Elektronen beschleunigt werden und auf den →Leuchtschirm aufprallen und diesen beschädigen.

Davor schützt die I. Bei dieser ist der Anodenzylinder geknickt. An der Stelle des Knickes befindet sich ein →Dauermagnet. Dieser ist so geformt und magnetisiert, daß er die leichteren Elektronen zwingt, dem Knick und damit der Röhrenachse zu folgen. Die schweren Ionen hingegen fliegen geradeaus weiter und prallen im →Elektronenstrahlsystem auf die Innenwand des Anodenzylinders. Heute besteht die Gefahr der Schäden durch negative Ionen nicht mehr, da alle Röhren alluminisierte Leuchtschirme haben und die Röhren deutlich bessere Vakuumwerte haben. Es gibt mithin weniger Restgase, deren Atome durch Zusammenprall mit Elektronen ionisiert werden können.

Probleme mit Ionen gibt es heute allenfalls in umgekehrter Richtung. Hat eine Röhre etwas Gas gezogen, können auch positive Ionen entstehen. Werden diese über das Potentialgefälle zur Kathode hin beschleunigt, können sie die Kathodenoberfläche zerstören und so die →Emission beeinträchtigen.

Nerstheimer

Literatur: Die Fernseh-Bildröhre. Hrsg. Telefunken, Ulm.

Ionenimplantation. Die I. ist das wichtigste Verfahren zur →Dotierung in der Halbleitertechnologie und hat die klassischen Verfahren, zumindest als Vorbelegungsverfahren, bei →Silicium und den →III-V-Halbleitern verdrängt. Die I. erfolgt in einem Ionenbeschleuniger. Ein Ionenbeschleuniger besteht aus der →Ionenquelle, in der Ionen der gewünschten Dotiersubstanz (z. B. →Bor, →Arsen, →Phosphor, Silicium, etc.) hergestellt werden. Dies geschieht meist durch Beschuß eines eingeleiteten Gases oder Dampfes (z. B. BF_3, AsH_3, PH_3, SiH_4, etc.) mit Elektronen, die von einer Glühkathode emittiert werden. Aus der Quelle werden die positiven Ionen durch eine negative Spannung extrahiert, fokussiert, massensepariert und rasterförmig über die →Halbleiterscheibe gelenkt (Bild 1).

Bei dem Verfahren der I. sind beliebige Ion-Substrat-Kombinationen (z. B. Bor in Silicium, Silicium in Silicium, Tellur in Galliumarsenid, Platin in Eisen) möglich. Die Beschleunigungsenergie kann zwischen einigen Kiloelektronenvolt (keV) und einigen Millionen Elektronenvolt (MeV) liegen. Die Eindringtiefe der Ionen hängt außer von der Energie auch von der Masse der Ionen und der Masse der Atome des Festkörpers ab. So beträgt etwa die mittlere Reichweite von 10 keV Phosphorionen in

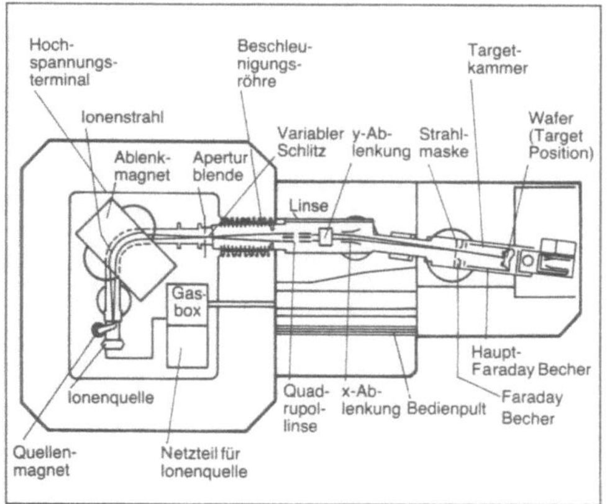

Ionenimplantation 1: Schematische Darstellung einer Implantationsanlage (Ionenbeschleuniger).

Silicium 14 nm und von 1 MeV Borionen 1756 nm.

In den letzten Jahren ist die I. als neues Verfahren zur Dotierung von Halbleiterkristallen entwickelt worden. Die bisher gebräuchlichsten Verfahren sind die Dotierung durch →Epitaxie, →Diffusion und →Legieren.

Das Implantationsverfahren ist seinem Wesen nach zunächst unabhängig von chemischen Löslichkeitsgrenzen, der Temperatur während der Implantation und der Konzentration des Dotierstoffes an der Oberfläche des Halbleiters. Die eingebrachten Dotierungsatome haben ein Konzentrationsprofil, das im allgemeinen durch eine gaußförmige Verteilung mit einer mittleren projizierten Reichweite R_p und einer Standardabweichung ΔR_p beschrieben wird.

Die Implantation hat eine Reihe technologischer und für den Entwurf von elektronischen Bauelementen wichtiger Vorzüge:

□ Schnelligkeit, Homogenität und Reproduzierbarkeit des Dotierungsvorganges,

□ exakte Kontrollierbarkeit der Menge der eingebrachten Dotierungsatome durch einfache Stromintegration, was besonders für niedrige Konzentrationen wesentlich ist (z. B. Verschiebung der Einsatzspannung bei MOS-Transistoren),

□ geringere Anforderungen an die Reinheit der Dotierstoffe, da sie nach ihrer Masse separiert werden,

□ Vermeidung hoher Prozeß-Temperaturen während der Implantation,

□ einfache Maskierungsverfahren, z. B. durch Verwendung dicker Oxid-, Nitrid-, Metall- oder Photolackschichten,

□ Möglichkeit der Implantation durch dünne passivierende Schichten (z. B. SiO_2, Si_3N_4),

□ geringe Eindringtiefe der Ionen (im allgemeinen kleiner als ein μm); es ist die Dotierung schmaler, oberflächennaher Schichten mit sehr steilen Dotierungsgradienten möglich (z. B. IMPATT-Dioden, Mikrowellentransistoren).

□ Durch die geringe laterale →Streuung ist es möglich, Bauelemente mit sehr kleinen Dimensionen herzustellen und parasitäre Kapazitäten niedrig zu halten (z. B. selbstjustierendes Gate bei MOS-Transistoren).

Jedoch hat die I. auch eine Reihe von Nachteilen, die ihren Anwendungsbereich einschränken.

– Durch den Beschuß mit schweren Teilchen werden →Strahlenschäden erzeugt, die wegen der Veränderung der elektrischen Eigenschaften von Halbleitern im allgemeinen unerwünscht sind; außerdem kommen die Dotierungsatome nach der Implantation zum großen Teil nicht auf regulären Gitterplätzen zur Ruhe und sind deshalb elektrisch nicht aktiv. Durch geeignete Temperaturbehandlung (Temperung, →Ausheilen) ist es deshalb nötig, einmal das Kristallgitter zu restaurieren und zum anderen die eingebrachten Atome auf elektrisch aktive Gitterplätze zu bringen.

– Die Dotierung durch Implantation ist auf oberflächennahe Schichten begrenzt. Durch höhere Beschleunigungsspannungen werden zwar größere Eindringtiefen erreicht, die elektrischen Eigenschaften sind aber bis jetzt noch nicht befriedigend.

– Aufgrund zusätzlicher Effekte während oder nach der Implantation (z. B. →Channeling, Diffusion) ist es im allgemeinen nicht möglich, die theoretisch vorausgesagten Profile zu erreichen. Meist äußern sich solche Effekte in einem tieferen Eindringen der Dotierungsatome.

Ionen werden beim Eindringen in einen Halbleiter durch unelastische Stöße mit Elektronen (elektronische Abbremsung) und elastischen Kernstößen abgebremst. Welcher der beiden Effekte überwiegt, hängt ab von der Energie und Masse der beschleunigten Teilchen sowie von Masse und Ordnungszahl des Mediums. Zur Berechnung der Abbremsung definiert man Bremsquerschnitte für elektronische und Kernabbremsung $S_{e,n}$ zu

$$S_{e,n} = -\frac{1}{N}\left(\frac{dE}{dx}\right)_{e,n}$$

In Bild 2 ist der prinzipielle Verlauf der beiden Bremsquerschnitte abhängig von der Energie aufgetragen. Werte der Energien E_1, E_2, E_3 von für verschiedene Massen sind in der Tabelle angeführt. Die Energien der I. liegen im allgemeinen unter einem MeV, also stets im Bereich unter E_3.

Mit der Annahme, daß elektronische Abbremsung und Kernabbremsung voneinander unabhängig sind, ergibt sich für den Energieverlust pro Wegeinheit

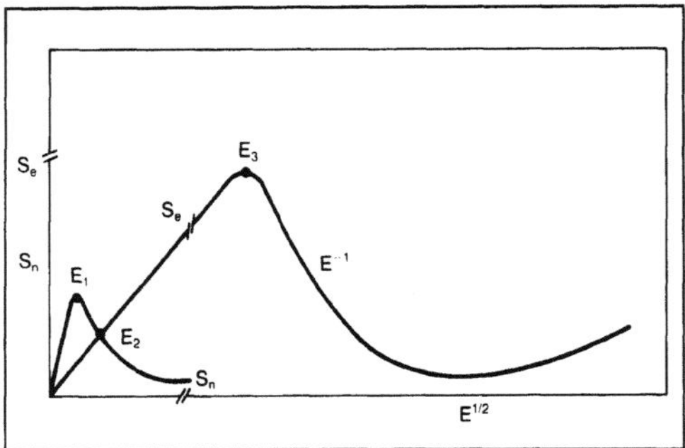

Ionenimplantation 2: Prinzipieller Verlauf der Bremsquerschnitte S_e und S_n in Abhängigkeit von der Energie.

$$\frac{dE}{dx} = N\,[S_n(E) + S_e\,(E)]$$

Bei bekannten $S_n(E)$ und $S_e(E)$ kann diese Gleichung integriert werden, und man erhält die Reichweite

$$R = \frac{1}{N}\int_0^E \frac{dE}{S_n\,(E) + S_e\,(E)}$$

R ist die mittlere Gesamtweglänge eines Teilchens der Anfangsenergie E in einem amorphen Medium. Die projizierte Reichweite R_p und die →Reichweitestreuung ergibt sich durch relativ aufwendige Berechnungen (Bild 3).

Die Reichweiteverteilung implantierter Ionen ergibt sich aus den Werten der mittleren Reichweite R_p, der Standardabweichung ΔR_p und der implantierten Dosis $N_\Box$ zu

$$N(x) = \frac{N_\Box}{\sqrt{2\pi}\,\Delta R_p}\exp\left[-\frac{(x - R_p)^2}{2\Delta R_p^2}\right]$$

Die Maximaldotierung ist:

$$N_{max} = \frac{N_\Box}{\sqrt{2\pi}\,\Delta R_p}$$

Mit wachsender Energie und Eindringtiefe nimmt die Maximaldotierung wegen der größer werdenden Reichweitestreuung ab. Normalerweise wird in der Halbleitertechnologie nicht die lineare Auftragung der Dotierung über der Tiefe verwendet, sondern eine halblogarithmische, da man an dem Dotierungsverlauf über mehrere Zehnerpotenzen interessiert ist. Die theoretischen Profile sind in dieser Darstellung Parabeln (Bild 4). Berücksichtigt man in der Berechnung der Reichweite Momente höherer Ordnung, so ergeben sich kompliziertere Verteilungen.

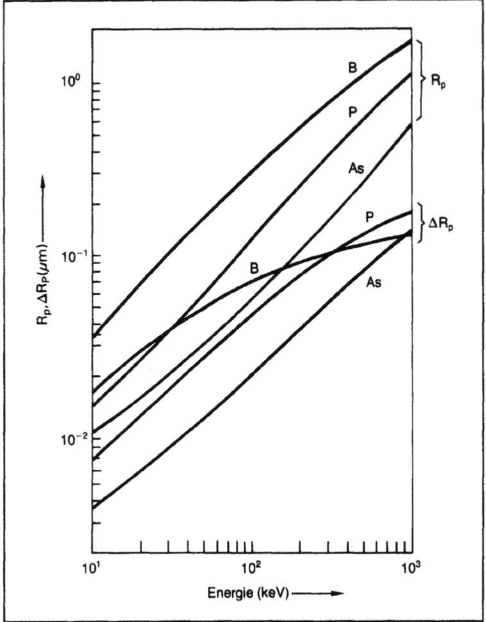

Ionenimplantation 3: Reichweite R_p und Reichweitestreuung ΔR_p von Arsen, Bor und Phosphor in Silicium.

Durch Implantation werden Strahlenschäden erzeugt, die durch Ausheilen bei erhöhten Temperaturen verschwinden. Teilweise bleiben danach Kristalldefekte zurück. Bei hohen Implantationsdosen kann der Halbleiter an der Oberfläche amorph werden. Eine solche amorphe Schicht rekristallisiert beim Ausheilen durch →Festphasenepitaxie. Gleichzeitig werden die Dotieratome auf Gitterplätze eingebaut.

Ionenimplantation. Tabelle: Energien E_1, E_2 und E_3 für Silicium, Germanium, Zinn (Bild 2)

Ion	E_1 (keV)			E_2 (keV)			E_3 (keV)
	in Si	in Ge	in Sn	in Si	in Ge	in Sn	
B	3	7	12	17	13	10	3×10^3
P	17	29	45	140	140	130	3×10^4
As	73	103	140	800	800	800	2×10^5
Sb	180	230	290	2 000	2 000	2 000	6×10^5
Bi	530	600	700	6 000	6 000	6 000	2×10^6

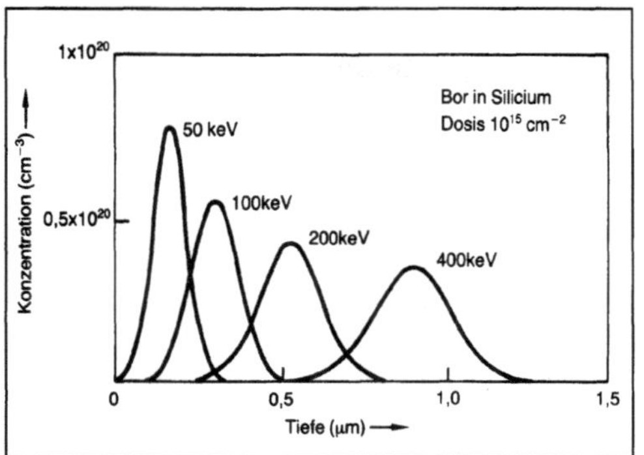

Ionenimplantation 4: Theoretische Darstellung von Bor in Silicium; in linearer Darstellung ergeben sich kompliziertere Verteilungen.

Wegen der kristallinen Natur der meisten Halbleiter kommt es zu einem tieferen Eindringen der Ionen durch Channelling entlang von offenen Kristallrichtungen (→Kristallorientierung).

Da dieser Effekt schwer beherrschbar ist, werden die Proben üblicherweise um 7° während der Implantation verkippt, um Channeling möglichst zu vermeiden. Entsteht durch die Implantation eine amorphe Schicht, so wird hierdurch der Channeling-Effekt unterdrückt. Durch Bor lassen sich wegen seiner geringen Masse keine amorphen Schichten erzeugen. Man kann in diesem Fall das schwerere Molekül BF_2 implantieren oder durch eine zusätzliche Implantation von Silicium oder Germanium eine amorphe Schicht herstellen.

Wegen der statistischen Natur der Abbremsvorgänge während der Implantation mit zahlreichen Stößen mit Atomen des Substrats werden Ionen an Maskenkanten auch unter diese gestreut. Bemerkenswert ist, daß die laterale Streuung von der gleichen Größenordnung wie die Reichweitestreuung ist. Hierdurch werden die minimalen Dimensionen von Bauelementen limitiert.

Ein anderer ebenfalls meist parasitärer Effekt ist die sekundäre Implantation. Damit bezeichnet man die Implantation von Atomen einer dünnen Schicht auf dem Halbleiter, z. B. eines Schutzoxids, durch Stöße mit den implantierten Ionen in das Substrat. Am wichtigsten ist hier die sekundäre Implantation von Sauerstoff-Atomen in den Halbleiter, die aus dem praktisch immer vorhandenen Oberflächenoxid stammen. Die Konzentration von Sauerstoff kann sehr groß sein. Aber die Reichweite beträgt nur einige zehn nm. Dieser Sauerstoff kann infolge des Ausheilens eine Kristalldefektstruktur verursachen, die das Aufwachsen von epitaktischen Schichten behindern. Im allgemeinen gibt es jedoch kaum Nachteile durch diesen Effekt.

In letzter Zeit wurde die Sekundärimplantation bei dünnen Metallfilmen absichtlich verwendet, um Metallsilicide herzustellen (→Silicide). In diesem Fall spricht man von →Ionenstrahlmischen oder Ion Beam Mixing.

Moderne Halbleiterprozesse enthalten zahlreiche Implantationsschritte, z. B. zur Herstellung von →Subkollektor, →Basis und →Emitter in der →Bipolartechnik oder von →Wanne, →Source, →Drain, Einsatzspannung, Feldinversionsspannung und →Gettern in der →MOS- und →CMOS-Technik. Bei integrierten →Schaltungen aus III-V-Halbleitern ist die Implantation ebenfalls das wichtigste Dotierverfahren.

Ionen können weiterhin zur Belichtung von →Photolack und zur Reparatur von Photomasken verwendet werden (→Ionenstrahllithographie). Die direkte, schreibende Implantation mittels fokussierten Ionenstrahlen ohne die Verwendung von Maskierungsschichten ist über das Versuchsstadium bisher nicht hinausgekommen. *Ryssel*

Literatur: *Ryssel H.* und *I. Ruge:* Ionenimplantation, Teubner, Stuttgart 1978. – *Mayer J. W.* und *L. Erikson, J. A. Dawies:* Ion-Implantation in Seminarductors, New York 1970.

Ionenleiter. I. für Sensoren sind rein ionisch leitende Filter, die bei einem vorliegenden Konzentrationsunterschied der ionisch beweglichen Komponente eine Spannung erzeugen, deren elektrisches Feld die →Diffusion der Ionen kompensiert (Potentiometrie), oder einen Fluß atomarer oder molekularer Teilchen in einen elektrischen Strom umsetzen, der als elektronisches Äquivalent in einem äußeren Stromkreis meßbar ist (Amperometrie).

In Sensoren des Typs I ist die bewegliche Ionensorte identisch mit den nachzuweisenden Spezies (Beispiel: stabilisiertes ZrO_2 als Sauerstoffionenleiter zum Nachweis von O_2). Durch Austausch der Teilchen stellt sich ein Gleichgewicht ein, der das Fermi-Potential (= elektrochemisches Potential der Elektronen) festlegt und die meßbare Spannung bestimmt.

In Sensoren des Typs II erfolgt der Austausch mit der unbeweglichen Komponente des I. und – wegen der *Duhem-Margules*'schen Beziehung – eine Einstellung der Aktivität der beweglichen Komponente und des Fermi-Potentials (Beispiel: Ag_2SO_4 als reiner Silber-I. dient dem Nachweis von SO_2/SO_3; bei definiertem Sauerstoffdruck entspricht die Zunahme des SO_2/SO_3-Druckes einer definierten Abnahme der meßbaren Silberaktivität).

In Sensoren des Typs III werden I. verwendet, die die zu messenden Spezies nicht enthalten; der Nachweis erfolgt durch eine (eventuell mehrphasige) Oberflächenmodifikation, die die Aktivität der beweglichen Komponente des Ionenleiters nach der Duhem-Margules'schen Beziehung zwischen dem Analyten und dem Ionenleiter vermittelt. Auf diese Weise werden die zahlreichen bekannten schnellen

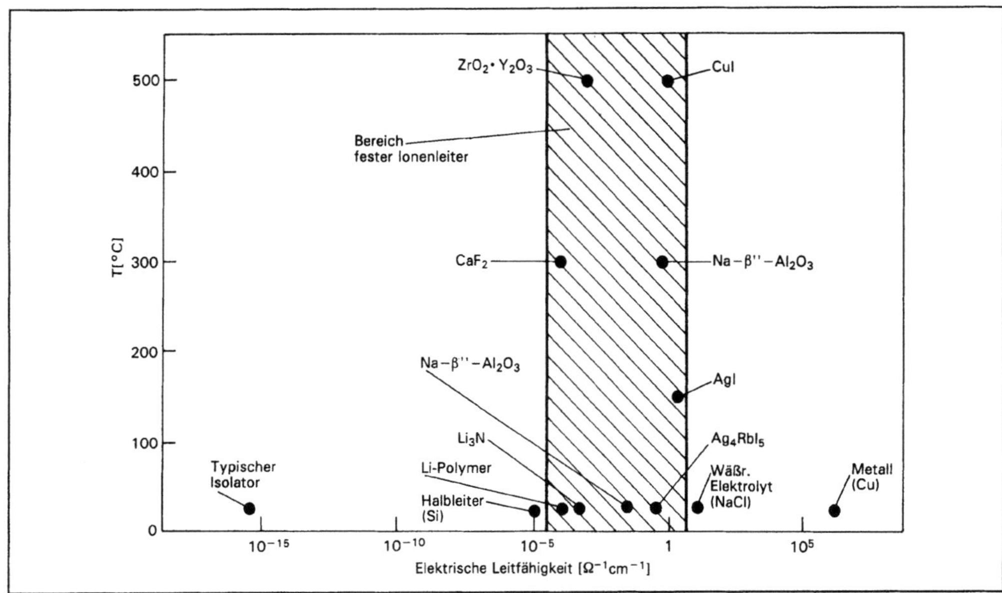

Ionenleiter: Bereich der für Sensoren anwendbaren Leitfähigkeit (schraffiert) im Vergleich zur Leitfähigkeit von Elektronen in Isolatoren, Halbleitern und Metallen sowie von guten flüssigen Elektrolyten.

I. für ein-wertige Kationen, z. B. Li, Ag, K oder H, für deren Anwendung in Sensoren verfügbar.

Die Meß- oder Steuerelektronik verlangt Innenwiderstände der I. ≤ 1 MΩ. Während diese Werte früher nur bei höheren Temperaturen erreicht wurden, stehen seit Mitte der 60er Jahre schnelle I. schon bei Umgebungstemperatur zur Verfügung, insbesondere Ag_4RbI_5 und die β- und β"-Aluminate für Li, K, Rb, Ag, Na, Ca oder Sr. Die Abbildung zeigt eine Übersicht der in der →Sensorik verwendbaren festen I. (schraffiertes Gebiet) und guten flüssigen Elektrolyten im Vergleich zu anderen Leitertypen. Die →Leitfähigkeit ist logarithmisch als Funktion der Temperaturen für einige I. dargestellt. Eine hinreichend hohe Leitfähigkeit verlangt unter Umständen eine Temperaturerhöhung. Es sind jedoch auch zahlreiche I. bekannt, die bereits bei Umgebungstemperatur einsetzbar sind (→Feststoffelektrolyt). *Weppner*

Ionenquelle. Eine Apparatur zur Erzeugung von Strahlen aus ionisierten Atomen für →Teilchenbeschleuniger. Generell werden derartige Ionenstrahlen aus der Gasphase erzeugt. Dazu läßt man das entsprechende Gas bei niedrigem Druck in eine unter Vakuum stehende Kammer eintreten, in der ein starkes elektrisches Gleichfeld oder ein elektromagnetisches Hochfrequenzfeld wirkt. Es entsteht dabei ein Plasma, dessen Dichte durch den Gasdruck geregelt werden kann. Durch eine Öffnung in der Entladungskammer treten die Ionen ins Vakuum aus und können dann durch ein zusätzliches elektrisches Feld beschleunigt werden.

Da dabei Ionen mit sehr unterschiedlicher Ladung entstehen, je nachdem wieviele Elektronen aus der Hülle entfernt wurden, ist es erforderlich, bestimmte Ionenladungen auszuwählen. Das geschieht im allgemeinen mit einem Ablenkmagneten, den die vorbeschleunigten Ionen durchlaufen müssen. Ionen mit verschiedenen Ladungen haben dabei verschiedene Ablenkwinkel und können somit hinter dem Magneten sortiert werden.

Derartige I. werden heute eingesetzt zur Erzeugung aller denkbarer Ionen. Das Spektrum reicht von den Protonen bis zu Uranionen. Normalerweise sind die Ionen positiv geladen, d. h. sie haben Elektronen aus der Hülle verloren. Es entstehen aber auch negative Ionen, die einen Überschuß an Elektronen haben. So werden bei Protonenbeschleunigern gelegentlich H^--Ionen verwendet. *Wille*

Literatur: *Livingston, M.* und *J. Blewett:* Particle Accelerators. New York 1962.

Ionenstrahllithographie. Die Eigenschaft der in Materialien eingeschossenen Ionen, ihre Energie in einem relativ kleinen Festkörpervolumen abzugeben und in einer im Vergleich zu Elektronen begrenzten →Reichweite wird ausgenutzt um →Photolack oder Substrate (→Halbleiterscheibe) direkt durch Wechselwirkung mit Ionen strukturieren zu können. Dies bietet die Möglichkeit einer hohen Auflösung (<0,1 μm) und einer größeren Photolackempfindlichkeit als andere Methoden der →Lithographie. Hinzu kommt, daß durch die

Anwendung des fokussierten Ionenstrahles direktschreibend gearbeitet und damit auf eine →Maske verzichtet werden kann. Darüberhinaus lassen sich noch die unterschiedlichsten Schichtmaterialien als „Lacke“ verwenden, je nachdem, welche Funktion die auf dem Substrat erreichte Struktur für den nachfolgenden Prozeß erfüllen soll. Zu den typischen Ionenquellen gehören Duoplasmatron (z. B. für H^+,He^+,Ne^+), Feldionenquelle (z. B. für H^+,He^+,Ne^+,Ar^+) und Flüssigmetallionenquelle (z. B. für Si^+,Si^{2+},Be^+,Ga^+,Ge^+,As^+). Die Auflösung der I. wird durch die Streuung der Ionen und Photolacke begrenzt. Unter optimalen Bedingungen sollten Strukturen bis herab zu 10 nm herstellbar sein.

In der I. kommen drei verschiedene Arten der Belichtung zum Einsatz: 1:1 Ionen-Proximity-Belichtung, Projektionsbelichtung und Rasterbelichtung mit fokussiertem Ionenstrahl.

□ Die Strukturübertragung von einer Maske in die Photolackschicht eines Substrats in einer 1:1 Ionen-Proximity-Technik (Schattenprojektion) erfolgt mit einem Abstand Maske-Wafer von ca. 100 μm (Bild 1), wobei ein Step- and Repeat-Verfahren eingesetzt werden kann. Die Justierung erfolgt auf optischer Basis.

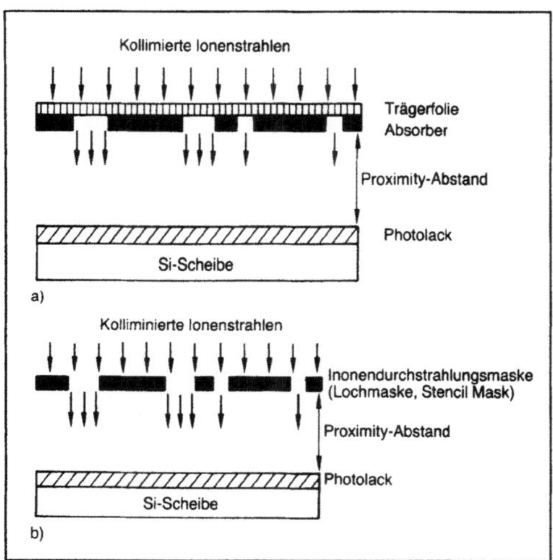

Ionenstrahllithographie 1: 1:1-Ionen-Proximity mit einer
a) Trägerfolie-Ionenmaske und
b) Ionendurchstrahlungsmaske(-Lochmaske).

□ Ionen-Projektionslithographie bildet dagegen verkleinert (fünf oder zehnmal) Strukturen eines Durchstrahlungsreticles (3 cm Durchmesser) auf ein Substrat ab (Bild 2). Ionen (5–10 keV auf der Maskenebene) werden aus einer Duoplasmatron-Quelle extrahiert. Die durch die Maskenöffnungen hindurchtretenden Ionen werden durch eine Immersionslinse beschleunigt (60–90 keV) und mittels eines Projektionslinsensystems auf das Substrat projiziert. Reticle-Strukturen werden dabei verkleinert abgebildet (2·2 mm² Chipfläche). Belichtet wird mit einem Step- and Repeat Verfahren. Zu den Hauptvorteilen der Ionen-Projektion gehört hohe Auflösung (<0,1 μm) und extrem große Tiefenschärfe (theoretisch bis 1 mm), die aus den geringen numerischen Aperturen des Systems resultiert.

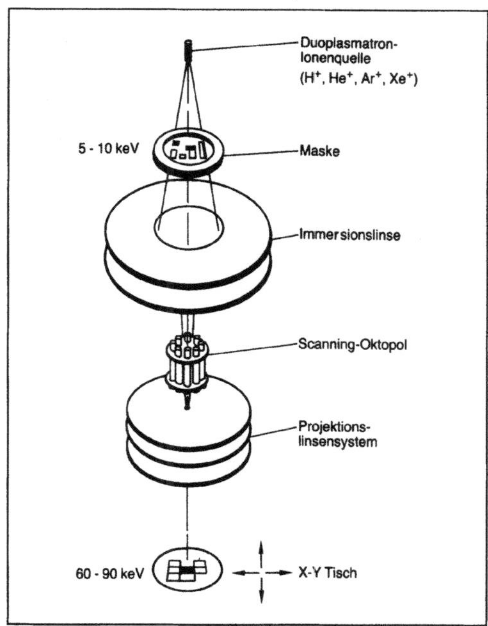

Ionenstrahllithographie 2: Ionen-Projektionslithographie.

□ Mit Ionen kann auch direkt auf Si-Scheiben geschrieben werden. Hierfür wurde die FIB-Technik (*engl.* Focused Ion Beam, fokussierte Ionenstrahlen) entwickelt. Diese Belichtungsart gestattet die größte Vielfalt in der Strukturübertragung durch die Wechselwirkung der Ionen mit dem Material, das der Strukturübertragung dient. Gleichzeitig kann durch geeignete Material- und/oder Ionenauswahl eine positive oder negative Abbildung erzielt werden. Durch selektive Abscheidung können z. B. direkt auf dem Substrat Isolationsstrukturen erzeugt werden. Eine besondere Bedeutung hat diese Belichtungsart für die Herstellung und Reparatur von Masken.

Für die Ionen-Proximity-Belichtung werden zwei Typen von Ionenmasken verwendet: Trägerfolien-Ionenmasken und Ionendurchstrahlungsmasken. Für die Ionenprojektion werden ausschließlich Ionendurchstrahlungsmasken verwendet. Trägerfolien-Ionenmasken sind ähnlich wie auch Röntgenmasken (→Röntgenlithographie) dünne Folien (Träger) mit Absorber- oder Streustrukturen (Bild 1, a). Nimmt man als Träger eine extrem dünne

Al_2O_3-Folie (0,1 μm), die auf dem Wege der anodischen Oxidation von Aluminium und dem anschließenden, selektiven, naßchemischen →Ätzen des Aluminiumsubstrats hergestellt ist, so spricht man von Trägerfolien-Ionenmasken mit amorphem Folienmaterial. Als Absorber wird hier eine Goldschicht (1 μm) verwendet.

Channeling-Masken mit Absorberstrukturen sind dünne (1 μm) Maskenfolien aus kristallinem <100> und <110> Siliciummaterial mit etwa 1 μm dicker Absorberschicht (Gold, Wolfram) und einer Haftschicht dazwischen (Bild 1). Channelling-Masken mit Streustrukturen sind dicke (6 μm) <100> Silicium-Folien mit Gold-Zerstreuungs-Maskenmuster, die die Ionenstrahlen aus dem Channellingbereich ablenken (Bild 3). Für die Durchstrahlung dieser Ionenmasken sind relativ hohe Ionenenergien (100 keV für H^+, 1 MeV für He^+) erforderlich. Die Reichweiten der Ionen entlang der Channelling-Richtungen (→Implantation) sind wesentlich größer als bei amorphen Materialien gleicher Dicke. Somit können die Channeling-Masken dicker werden, was zu ihrer größeren mechanischen Stabilität beiträgt. Nachteilig bei den Channeling-Masken ist die Erwärmung der Maskenfolie während des Ionenbeschusses und der damit verbundene Streß zwischen Absorberstrukturen und Trägerfolie, der zu den Verzerrungen führt. Da es bis jetzt keine effektive Kühlmethode für die Maskenfolie gibt, muß die Bestrahlungszeit kurz sein, was die Verwendung von höchstempfindlichen Lacken voraussetzt.

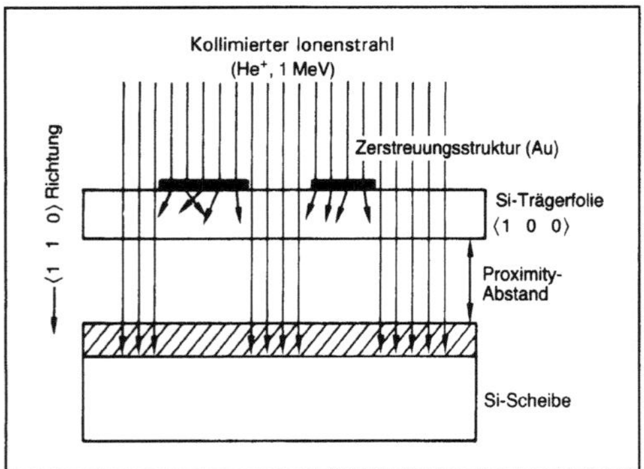

Ionenstrahllithographie 3: Ionen-Proximity mit Channelling-Maske mit Zerstreuungsstrukturen.

Ergebnisse der I. mit Channelling-Masken hängen stark vom Winkel zwischen der Channelling-Richtung der Folie und der Richtung der einfallenden Ionenstrahlen ab. Bereits eine Abweichung von 1° führt zu einer erheblichen Beeinträchtigung der Musterübertragung. Zu den weiteren Nachteilen dieser Lithographieart gehören schwer detektierbare Maskensubstratfehler und ihre problematische Reparatur.

Ionendurchstrahlungsmasken (Transmissionsmasken) sind entweder dünne, mit einer Metallschicht (Ni) bedampfte Si-Folien mit Öffnungen (Si-Ionendurchstrahlungsmasken), oder die sog. Siliciumnitrid-Gittermasken. In Gittermasken werden durch Ätzprozesse periodische Gitterstrukturen im Siliciumnitrid erzeugt. Sie ersetzen die echten Löcher dort, wo sich die Fensteröffnungen befinden sollten, und werden beim Belichten mit Ionen durch eine Variation des Bestrahlungswinkels zum Verschwinden gebracht. *Ryssel*

Literatur: *Csepregi, L.* and *F. Iberl, P. Eichinger:* Microcircuit Engineering 80. Amsterdam 1980. – *Moreau, W. M.:* Semiconductor Lithography, Principles, Practices and Materials. New York–London 1988. – *Prewett, P. D.* and *E. M. Kellog:* Liquid metal ion sources for FIB microfabrication systems – recent advances, Nucl. Instr. Methods, Vol. 6 (1985) S. 135. – *Ryssel, H.* und *K. Haberger:* Ion-Beam Lithography. in: Ion Implantation: Equipment and Techniques (Ed. H. Ryssel and H. Glawischnig). Berlin–Heidelberg 1983. S. 241–253. – VDI-Ber. Nr. 555 (1985), 584 (1986, 621 (1986), 666 (1987): Maskentechnik für Mikroelektronikbausteine.

Ionenstrahlmischen. Beim I. (*engl.* Ion Beam Mixing) wird durch eine dünne Schicht in ein Substrat (→Halbleiterscheibe) implantiert. Durch Kernstöße werden Atome aus der Schicht in das Substrat und aus dem Substrat in die Schicht gestoßen. Dadurch vermischt sich die Grenzschicht und wird unscharf. Auf diese Weise lassen sich die Haftung von Schichten erhöhen oder neue Verbindungen herstellen, z. B. bei der →Ionenimplantation von Silicium durch Molybdän auf Silicium entsteht $MoSi_2$ (→Silicide). *Ryssel*

Ionisationskammer-Dosimeter. Ein I.-D. besteht aus einer Ionisationskammer und dem zugehörigen Anzeigegerät für die erhaltene Dosis.

Die Ionisation in Luft ist ein gutes Maß für die Ionisation in Weichteilgeweben des Körpers (Muskel oder Organgewebe), da die effektive Ordnungszahl der Luft mit 7,64 nahezu gleich der von Wasser mit 7,42 ist und diese weitgehend der von Weichteilgeweben entspricht. Um Wandeinflüsse zu vermeiden, wird die Ionisationskammer vorwiegend aus sog. gewebeäquivalentem Material gefertigt, aus einem Material, dessen effektive Ordnungszahl auch praktisch gleich der von Luft oder Wasser ist.

Das zum I.-D. gehörende Anzeigegerät enthält die Vorrichtung zur Spannungsversorgung der Ionisationskammer, die elektrischen oder elektronischen Mittel zum Messen der von der Dosimetersonde gesammelten Ionenladung, entweder nach der Auflademethode, Entlademethode, Strommeßmethode oder Kompensationsmethode, und die Vorrichtung zum Anzeigen des Meßwerts.

Gemessen wird der von der Meßkammer gelieferte Strom, der der →Dosisleistung proportional ist. Wird der Strom integriert, das heißt z. B. zum Auf- oder Entladen eines Kondensators benützt, so kann die aufgelaufene Dosis direkt angezeigt werden.

Ionisations-Dosimeter sind je nach ihrer Bauart für Photonenstrahlung im Energiebereich von 5 keV bis 50 MeV, für Elektronenstrahlung im Energiebereich von 200 keV bis 50 MeV und für Energiedosisleistungen von etwa 1 mGy/h bis 10 000 Gy/h geeignet. Die Energieabhängigkeit der Ionisationskammern und ihre Genauigkeit muß dabei den in DIN 6817 und 1818/2 vorgegebenen Fehlergrenzen genügen (Bild 1).

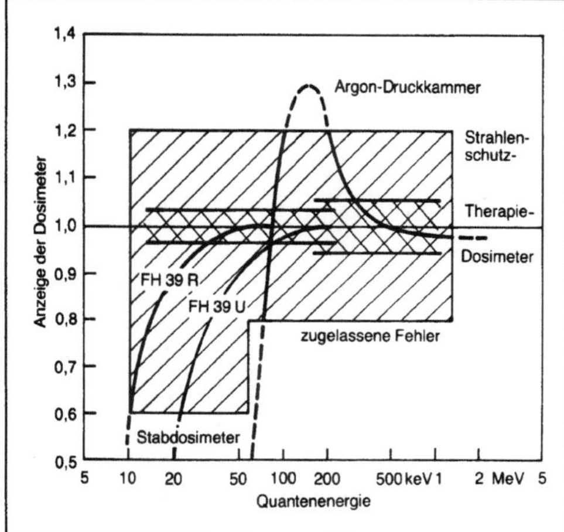

Ionisationskammer-Dosimeter 1: Nach DIN 6817 und 1818/2 für verschiedene Ionisationsdosimeter zugelassene Fehlergrenzen und Beispiele der Energieabhängigkeit einiger handelsüblicher Strahlenschutz- und Therapiedosimeter.

In der medizinischen Strahlenschutzdosimetrie werden hauptsächlich folgende Arten von Ionisationskammern benützt:

□ Fingerhutkammern, die eine fingerhutförmige zylindrische Form haben mit dem Vorteil, daß ihre Anzeige von der Strahleneinfallsrichtung unabhängig ist. Das Volumen der Fingerhutkammern liegt zwischen etwa 0,1 und 1 000 cm^3.

□ Die Weichstrahlkammer mit besonders dünnem Strahleneintrittsfenster bis unter 10 μm Dicke zum Messen von Quantenstrahlung ab etwa 5 keV oder relativ energiearmer Beta- oder Elektronenstrahlung bis herunter zu etwa 200 keV Energie;

□ Die Phantomkammer bei der das empfindliche Luftvolumen in wasseräquivalente Phantommasse eingebettet ist, um auch die rückgestreuten Strahlenanteile zu erfassen, sowie

□ Die Kondensatorkammer, bei der die Ionisationskammer mit einem vor der Messung elektrisch aufgeladenen hochisolierten Kondensator zusammengebaut ist, dessen nach Bestrahlung verbleibende Restladung als Maß für die aufgelaufene Dosis dient. Bei dem Verwenden dieser ist besonders auf den Selbstablauf infolge endlich hoher Isolation oder gar Isolationsfehler zu achten (Bild 2).

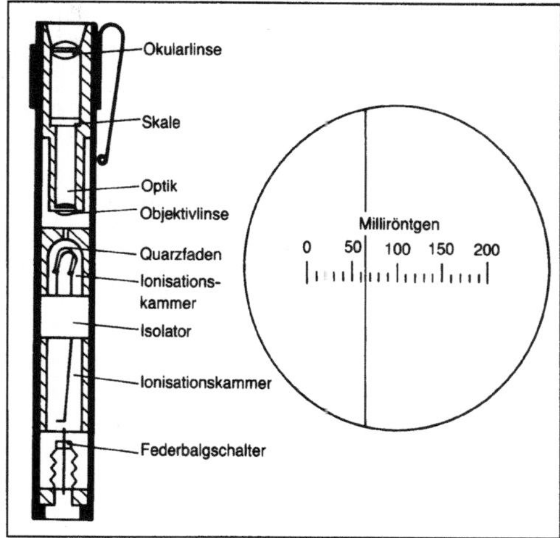

Ionisationskammer-Dosimeter 2: Kondensatorkammer-Taschendosimeter für die Messung von Personendosen im Strahlenschutz.

Bei der Verwendung von Ionisationskammern ist jedenfalls auf die richtige Auswahl der verschiedenen Kammertypen für die vorliegende Meßaufgabe zu sorgen.

Mit Ionisationskammern lassen sich im allgemeinen recht genaue Meßergebnisse erzielen. Die Meßwertschwankung liegt u. U. unter ±1%. In der Strahlentherapie werden z. B. Ionisationskammergeräte benutzt, deren Fehler meist gut innerhalb der für diese geltenden Fehlergrenzen von ±3–5% liegen (Bild 1). Um die richtige Funktion dieser sicherzustellen, unterliegen die in der Strahlentherapie benutzten Dosimeter mit Ionisationskammern gewissen Bauartbedingungen, die in DIN 6817 niedergelegt sind, und der Vorschrift, daß diese in Abständen von zwei Jahren amtlich geeicht werden. Diese Eichungen werden in der Bundesrepublik Deutschland von den staatlichen Eichbehörden durchgeführt.

Zusammengefaßt zeichnen sich die mit Ionisationskammern betriebenen Dosismeßgeräte durch die Einfachheit ihrer Konstruktion, Genauigkeit, →Zuverlässigkeit und →Empfindlichkeit aus. Sie sind für die praktischen Anwendungen und für die Standarddosimetrie die wichtigsten Dosimeter.

Wachsmann

Literatur: DIN 6800 Tl. 2: Dosismeßverfahren in der radiologischen Technik, Ionisationsdosimetrie. Hrsg. Dt. Inst. f. Normung. Juni 1980. – DIN 6817: Dosimeter mit Ionisationskammern für Photonen- und Elektronenstrahlung zur Verwendung in der Strahlentherapie; Regeln für die Herstellung.

Hrsg. Dt. Inst. f. Normung. Okt. 1984. – DIN 6818 Tl. 4: Strahlenschutzdosimeter; Tragbare Ionisationsdosimeter für Gamma- und Röntgenstrahlen. Hrsg. Dt. Inst. f. Normung. Nov. 1979. – *Jaeger, R. G.* u. *W. Hübner:* Dosimetrie und Strahlenschutz. 2. Aufl. Stuttgart 1974.

IRED. (Infrarot emittierende Diode) →Lumineszenzdiode, die im infraroten Spektralbereich ($\lambda >$ 780 nm) Strahlung emittiert.

Die am weitesten verbreitete IRED basiert auf →GaAs, das mit →Flüssigphasenepitaxie auf n-dotiertem GaAs-Substrat ($n = 10^{17}$–10^{18} cm^{-3}) aufgewachsen ist. Der pn-Übergang wird entweder durch Silicium-Dotierung während der →Epitaxie oder durch anschließende Zinn-Diffusion erzeugt.

Im ersten Fall entstehen Dioden mit einer Emission von $\lambda = 940$ nm und einer spektralen Breite von 40 nm. Sie weisen infolge einer geringen Selbstabsorption den bisher höchsten erreichten externen →Quantenwirkungsgrad von ca. 30 % auf, sind aber mit einer →Anstiegszeit von 200 ns relativ langsam. Si-dotierte Dioden kommen mit einer Vergußlinse in den Handel und werden für Fernbedienungen und Lichtschranken verwendet. Im zweiten Fall liegt die Emission bei $\lambda = 900$ nm mit einer Breite von 15–20 nm, sie wird der Donator-Akzeptor-Paar-Rekombination zugeschrieben. Die Selbstabsorption ist relativ hoch. Diese Dioden werden in planarer Form oder in der Domstruktur hergestellt, wobei letztere einen externen Quantenwirkungsgrad von bis zu 5 % erreichen. Die kürzeren Anstiegszeiten von 10 ns ermöglichen die Anwendung diffundierter GaAs-Dioden in Lesegeräten, Optokopplern und begrenzt in der optischen Nachrichtentechnik.

IRED. Tabelle: Eigenschaften.

Material	Wellenlänge	ext. Wirk.Grad
GaAs: Si, epi.	940 nm	15–32 %
GaAS: Zn, diff.	900 nm	0,5–3 %
$Ga_{0,95}Al_{0,05}As$	830 nm	1–3 %
$In_{0,72}Ga_{0,28}As_{0,6}P_{0,4}$	1 300 nm	1–3 %
$In_{0,62}Ga_{0,38}As_{0,82}P_{0,18}$	1 550 nm	1–3 %
$In_{0,15}Ga_{0,85}As$	1 060 nm	

Für die Nachrichtentechnik haben vor allem Dioden aus $Ga_{1-x}Al_xAs$ gewachsen auf GaAs und in zunehmendem Maße $In_{1-y}Ga_yAs_{1-x}P_x$ gewachsen auf InP Bedeutung. Dabei handelt es sich um Doppelheterostrukturen mit hohem Ladungsträgerinjektions-Wirkungsgrad und fehlender Selbstabsorption in den Deckschichten und im Substrat. Sie werden i.a. als →Hochleistungs-Lumineszenzdioden für $\lambda = 830$ nm ($Ga_{0,95}Al_{0,05}As$), $\lambda = 1300$ nm ($In_{0,72}Ga_{0,28}As_{0,6}P_{0,4}$) und $\lambda = 1550$ nm ($In_{0,62}Ga_{0,38}As_{0,82}P_{0,18}$) hergestellt. Aufgrund der geringen verfügbaren Leistung und der Ankoppelprobleme an Glasfasern werden sie aber zunehmend durch →Halbleiterlaser gleicher Zusammensetzung ersetzt. *Rosenzweig*

Literatur: *Bleicher, M.:* Halbleiter-Optoelektronik, Heidelberg 1986.

ISFET →Feldeffekttransistor, ionensensitiver

Isolationsprüfung. Die I. als Teil des Leiterplatten- und Kabeltests stellt sicher, daß bestimmte Isolationswerte zwischen Leiterbahnen/Leitungen eingehalten werden. Die I. wird mit Hilfe der spezifizierten Isolationsspannungen durchgeführt. *K. Winter*

Isolationstechnik. Zusammenfassender Begriff für die verschiedenen Methoden zur gegenseitigen Isolation der Funktionselemente in einer monolithisch integrierten →Schaltung.

Auch in einer integrierten Schaltung müssen die einzelnen Funktionselemente – wie in der diskreten Schaltung – elektrisch (und magnetisch) voneinander entkoppelt sein. Magnetische Kopplung spielt in integrierten Schaltungen wegen der geringen Ströme praktisch keine Rolle (vielleicht mit Ausnahme höher belasteter parallelliegender Leiterbahnen). Zur elektrischen Entkopplung wurden eine Reihe von I. entwickelt (Bild):

– Isolation durch hochohmige bzw. eigenleitende Halbleitergebiete. Hier sind die einzelnen Funktionselemente in ein sehr hochohmiges Halbleitersubstrat eingebettet, eine technologisch einfache Lösung. Das Verfahren hat sich bei Si-Schaltkreisen nicht durchgesetzt, wird aber bei GaAs-IC fast ausschließlich verwendet. Dort befindet sich die dünne Halbleiterschicht mit den Funktionselementen auf einem semiisolierenden Substrat.

– Dielektrische bzw. Luft-Isolation, d. h. Umgebung der FE mit nichtleitenden Bereichen vor allem zum Substrat hin. Als Isolation dienen dabei entweder Luft oder ein Feststoffisolator. Verbreitet nutzt die →Grabenisolation diese Isolationsart.

– Elektronische Isolation durch eine Verarmungsschicht, die das einzelne FE vom Substrat trennt. Diese Methode ergibt sich für Feldeffekttransistoren, insbesondere →MISFET mit der Realisierung der FE, von selbst (Prinzip der Selbstisolation). In anderen Fällen schafft man *Isolierinseln.* Das sind durch einen sperrgepolten pn-Übergang vom Substrat getrennte Halbleiterbereiche für jedes →Funktionselement (pn-Sperrschichtisolation). Diese Technik wird vor allem bei der →Bipolartechnik verwendet.

Sofern die I. durch zusätzliche Herstellungsschritte geschaffen werden muß, erfordert sie in jedem Falle Chipfläche und senkt aus diesem

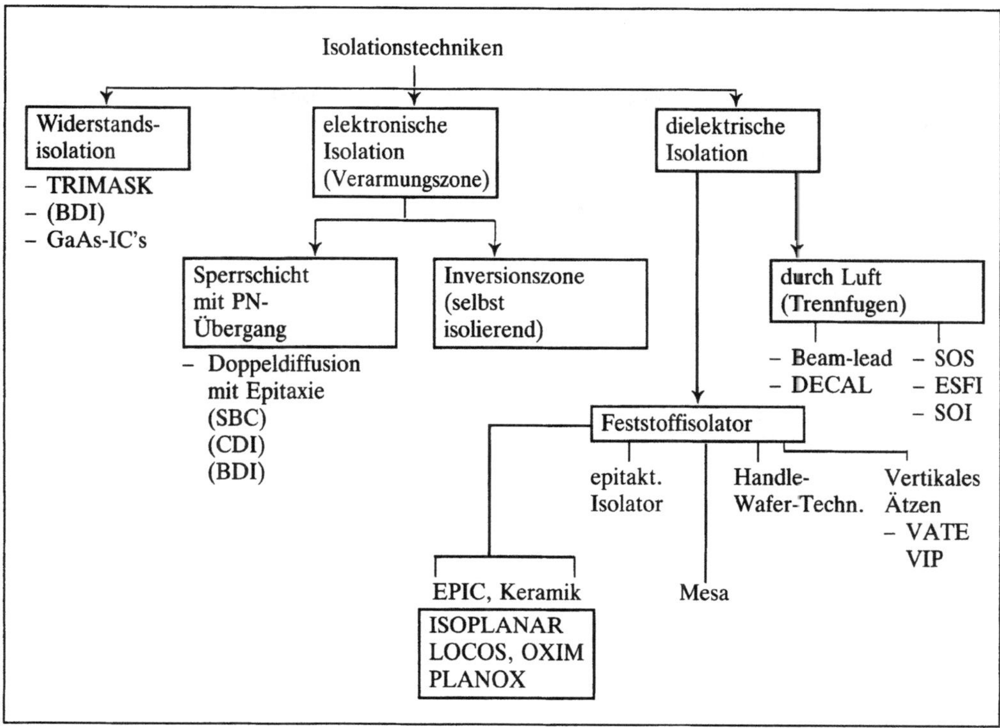

Isolationstechnik: Übersicht der Isolationsverfahren für integrierte Schaltungen.

Grunde die →Packungsdichte. Deshalb spielt die I. bei der Entwicklung hochintegrierter Schaltungen eine bedeutende Rolle; hier liegt einer der wesentlichen Gründe, weshalb sich die →MOS-Technik in diesem Feld durchgesetzt hat. *R. Paul*

Isolator →Dielektrikum

Isolator, optischer. Nicht-reziprokes Bauelement der optischen Nachrichtentechnik, das Lichtwellen nur in einer Richtung durchläßt, in der Umkehrrichtung dagegen sperrt (optische Falle). Es wird hauptsächlich benutzt, um →Halbleiterlaser (optische Sender) gegenüber Reflexen aus der Übertragungsstrecke abzuschirmen.

Unkontrollierte Rückkopplungen aus der Strecke führen zu unerwünschten Frequenz-, Phasen- und Amplitudenschwankungen der Laser und infolgedessen zu einer Vergrößerung der →Bitfehlerrate im →Übertragungssystem. Besonders wichtig sind Isolatoren in kohärenten optischen Systemen mit →Überlagerungsempfang, in denen außerordentlich stabile Laser benötigt werden. Dort wird eine Isolation in der Größenordnung 60 dB verlangt, d. h. ein Leistungsverhältnis von auslaufender zu rücklaufender Welle von $10^6:1$.

Ein I. ist im einfachsten Fall aus einem homogenen, magnetooptischen Festkörper geeigneter Länge zwischen zwei um 45° zueinander gedrehten, optischen Polarisatoren aufgebaut (Bild). Durch Magnetisierung des Festkörpers in Lichtausbreitungsrichtung entsteht ein Faraday-Rotator, der die Polarisationsebene um 45° dreht. Eine Lichtwelle, die von links nach rechts den 0°-Polarisationsfilter passiert, wird dann auch vom 45°-Polarisationsfilter durchgelassen *(→Durchlaßrichtung)*. Dagegen wird eine Lichtwelle, die von rechts nach links den 45°-Polarisationsfilter passiert, wegen der nicht-reziproken 45°-Drehung am 0°-Polarisationsfilter abgeblockt *(→Sperrichtung)*.

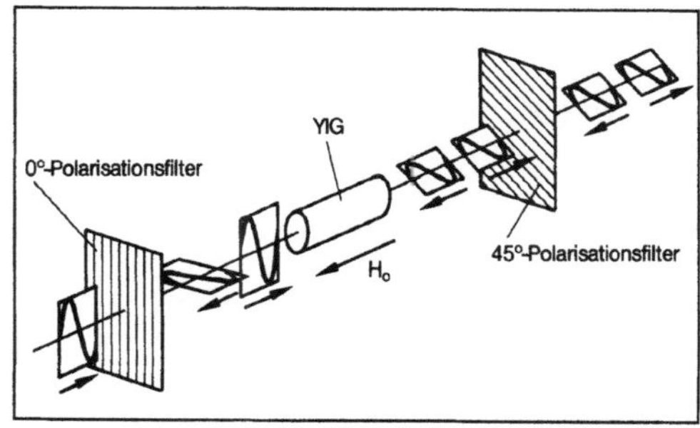

Isolator, optischer: Prinzip des 45°-Faraday-Isolators; H_0 Magnetfeld; YIG Yttrium-Eisen-Granat-Kristall.

Basismaterial für die Faraday-Rotatoren in der optischen Nachrichtentechnik ist Yttrium-Eisen-Granat (YIG, magnetische Granate). Vielfältige Substitutionsmöglichkeiten erlauben es, die Eigenschaften dieser Granate entsprechend den Anwendungen weitgehend einzustellen. Typische Werte für die Verwendung in optischen I. bei $\lambda \geqslant 1.3\,\mu m$ sind: spezifische Faraday-Rotation $\simeq 150°/cm$, Absorption $< 1\,dB/cm$, externes Magnetfeld $< 10\,mTesla$.

Im optischen Nachrichtensystem wird der I. (Bild) in ein paralleles Strahlenbündel zwischen zwei Abbildungslinsen gesetzt. Mit Hilfe dieser Linsen wird z. B. das vom Laser emittierte Licht in eine Glasfaserstrecke eingekoppelt. Derartige mikrooptische Bauelemente liefern zwar ausreichende Isolation bei vertretbaren Verlusten, passen aber schlecht in moderne optische Nachrichtensysteme, die in Wellenleiterstruktur aufgebaut sind. Dafür werden Wellenleiter-I. benötigt, so daß eine Integration mit den anderen Systembauteilen möglich wird. Es gibt im wesentlichen drei Typen von Wellenleiter-I.:

□ *45°-Wellenleiter-I.:* Dies ist eine Nachbildung des oben beschriebenen, mikrooptischen I. in Wellenleiterstruktur, d. h. der magnetooptische Festkörper (YIG) wird durch einen magnetooptischen Wellenleiter ersetzt. An die Stelle der Faraday-Rotation tritt dann die Kopplung zwischen senkrecht zueinander polarisierten Moden. Dies führt zu einer →Modenkonversion, d. h. einer Energieübertragung von einer Mode auf die andere. Eine ausreichende Modenkonversion setzt voraus, daß die Ausbreitungsgeschwindigkeiten der beiden Moden hinreichend übereinstimmen, d. h. sogenannte →Phasenanpassung gegeben ist. Diese Phasenanpassung ist normalerweise nicht erfüllt, sondern muß durch zusätzliche Maßnahmen erzwungen werden.

□ *Leckwellen-I.* (semi-leaky Wellenleiter-Isolator): Bei diesem Typ ist keine genaue Phasenanpassung erforderlich, und auf Polarisationsfilter kann verzichtet werden. Dafür muß der Wellenleiter – neben dem Faraday-Effekt – eine optische →Doppelbrechung in geeigneter Form und Größe aufweisen, so daß

– nur eine der beiden senkrecht zueinander polarisierten Moden geführt, die andere abgestrahlt wird, und

– eine reziproke →Modenkopplung erzeugt wird, die vom Betrag her mit der nicht-reziproken Kopplung (→Faraday-Effekt) übereinstimmt. In Durchlaßrichtung des I. heben sich dann die beiden Koppeleffekte auf, und die geführte Mode kann ungestört passieren, während in umgekehrter Lichtrichtung sich die beiden Kopplungen addieren, so daß laufend Energie auf die nicht-geführte Mode übertragen und somit abgestrahlt wird. Der resultierende Isolationsgrad (in dB) ist proportional zur Länge des Wellenleiters und kann somit in gewissen Grenzen eingestellt werden.

□ *Mach-Zehnder-Strukturen:* Ein integriert-optisches →Mach-Zehnder-Interferometer aus magnetooptischem Material kann als I. betrieben werden. Dazu müssen die optischen Weglängen in den beiden Armen des Interferometers im unmagnetisierten Zustand sich nun exakt $\lambda/4$ unterscheiden entsprechend 90° Phasenverschiebung zwischen den beiden Teilwellen, und zusätzlich wird durch eine Magnetisierung senkrecht zur Lichtausbreitungsrichtung in den magnetooptischen Wellenleitern eine nicht-reziproke Phasenverschiebung von +45° bzw. −45° relativer Phase in den beiden Interferometerarmen erzeugt. Dadurch wird in Durchlaßrichtung die eingebaute Phasenverschiebung von 90° gerade aufgehoben, so daß am Ausgang des Interferometers die beiden Teilwellen sich konstruktiv überlagern und in die abgehende Leitung einkoppeln. In Sperrichtung dagegen ergänzen sich die Phasenverschiebungen zu 180°, und bei der Überlagerung der beiden Teilwellen entsteht eine Feldverteilung, die nicht in die abgehende Leitung „paßt", so daß die Energie abgestrahlt bzw. reflektiert wird.

Bei der Realisierung von Wellenleiter-I. geht man von planaren Lichtwellenleitern in der Form von dünnen, einkristallinen Filmen von magnetischen Granaten aus. Durch geeignete Maskierungs- und Ätzverfahren werden daraus Stegwellenleiter erzeugt, wobei durch nachträgliches Überwachsen dieser Stege mit Mantelschichten auch vergrabene, einmodige →Streifenwellenleiter (*engl.* channel waveguides) hergestellt werden können, die für eine direkte und verlustarme Stirnflächenkopplung mit den anderen Komponenten (z. B. Glasfaserlichtwellenleitern) geeignet sind. *Dammann*

ISOPLANAR-Verfahren →LOCOS-Technik

ITG-Kopplung →Laser-Wellenleiter-Kopplung

ITO-Schicht. Bei allen elektrooptischen Anzeigen benötigt man transparente, elektrisch leitende Bahnen, um die Ansteuerungssignale von den Außenkanten der Anzeige zu jedem einzelnen Bildpunkt zu führen. Als ein besonders gut geeignetes Material hat sich das halbleitende Indium-Zinn-Oxid erwiesen und heute weitgehend durchgesetzt. Andere Materialien mit ähnlichen Eigenschaften sind SnO_2 und In_2O_3.

ITO-S. werden i. a. mit Hilfe der Kathodenzerstäubung auf die Glasplatten aufgebracht. Die Schichten, wie sie für den Einsatz in Anzeigen verwendet werden, haben typischerweise eine Schichtdicke von 0,1–0,3 μm. Die chemische

Zusammensetzung entspricht der Formel 90% In_2O_3; 10% SnO_2.

Mechanische, elektrische und optische Leistungsdaten der ITO-S. hängen entscheidend vom Oxidationsgrad ab. So sind nur teilweise oxidierte Schichten kratzempfindlich und lassen sich sehr leicht auch in verdünnten Säuren ätzen. Man verwendet sie deshalb vielfach, um den Ätzvorgang möglichst schnell und einfach führen zu können. Die abschließende Oxidation wird danach bei einer Temperatur von ca. 450 °C in Sauerstoff durchgeführt. Die Transparenz der ITO-S. liegt meist im Bereich von 95%; der elektrische Leitwert zwischen meist 10 und 500 Ω/□.

Für Anwendungen in besonders schnell schaltenden Anzeigeelementen sind Schichten mit hoher Leitfähigkeit von weniger als 100 Ω/□ erforderlich. Reichen diese Leitwerte nicht aus, so sind die ITO-S. durch zusätzlich aufgebrachte Metallschichten in den nichtsichtbaren Bereichen noch niederohmiger zu machen.

Die Haftung der Schichten auf Glas ist hervorragend. So sind gut hergestellte Schichten nahezu kratzfest. Deshalb können z. B. metallische →Steckverbinder direkt auf die ITO-S. gesteckt werden, ohne sie merklich zu verletzen.

Die Strukturierung der ITO-S. zur Gestaltung der Elektroden, erfolgt mit Hilfe von photolithographischen Prozessen. Als Ätzmittel verwendet man oft eine Mischung aus HCl und HNO_3. Die Ätztoleranzen liegen bei 10 μm. *Pottharst*

IVPS →Cluster tool

J

J-FET. (*engl.* Junction Field Effect Transistor) →Sperrschichtfeldeffekttransistor.

JESSI. (Abk. *engl.* Joint European Submicron Silicon Initiative). →EUREKA-Programm, das die in Europa vorhandenen Forschungspotentiale in der →Mikroelektronik zusammenfaßt und auf strategische Ziele hin orientiert.

Führende europäische Hersteller und Forschungseinrichtungen in der Mikroelektronik aus Belgien, Deutschland, Frankreich, Großbritannien, Italien und den Niederlanden (Robert Bosch, Bull, Alcatel, CNR, Daimler-Benz, Electrotech Research Ltd., Fraunhofer-Gesellschaft, Olivetti, Karl Süss, LETI, Philips, SGS Thomson Microelectronics, Siemens, Stichting voor de Technische Wetenschappen) haben 1988 eine Rahmenvereinbarung über J. getroffen. Die Planungsphase wurde mit einem Grünbuch abgeschlossen. Auf dieser Grundlage verabschiedete die Ministerkonferenz der EG 1989 J. als EUREKA-Projekt. Es ist bis 1996 befristet. Nach Abschluß der 18monatigen Startphase begann im Januar 1992 die Hauptphase, in der J. organisatorisch gestrafft und mit neuen inhaltlichen Akzenten versehen wurde. Ausgangspunkt dafür war die Einsicht, daß Europa nicht in aller Breite die für die Mikroelektronik relevanten Aufgabenbereiche aus eigener Kraft abdecken kann, sondern die internationale Kooperation suchen muß. 1990 wurde IBM Europe zur Mitarbeit in ausgewählten Gebieten eingeladen. Die Kooperation zwischen Siemens und IBM bei der Entwicklung des 64 Mbit-Speicherchips (DRAM) macht eine öffentliche Förderung in diesem Bereich der Technologie nicht mehr notwendig. Der strategische Schwerpunkt von J. wurde auf das Gebiet der anwendungsorientierten integrierten Schaltkreise (ASICs) verlagert. Seit September 1991 arbeitet J. im Bereich der Werkzeuge und Geräte mit der amerikanischen Initiative Semiconductor Manufacturing Technology (SEMATECH), einer Gründung der 14 größten amerikanischen Hersteller von ICs, zusammen.

J. ist ein Forschungsprogramm neuen Typs. Unterschiedliche Aktivitäten werden in ein strategisch auf Anwendungen ausgerichtetes Gesamtkonzept integriert. Neben der Grundlagen- und Langfristforschung besteht dieses aus drei weiteren Unterprogrammen, für die in der Hauptphase 20 „Flaggschiffe“ (aus den insgesamt 76 Vorhaben der Startphase) definiert wurden.

□ Halbleiterfertigungsgeräte und Materialien: →Lithographie, flexible automatisierte Wafer-Produktion, integriertes Vakuum-Produktionssystem, hochreine Chemikalien, hochreine Prozeßgase, Silicium, Tester;

□ Anwendungen, Systementwicklungen: hochauflösendes Fernsehen (→HDTV), mobile Funktelephone, digitaler Hörfunk, sicherheitsrelevante integrierte Schaltkreise für automobile Anwendungen, Telekommunikation, Display Technologie, Unterstützung kleiner und mittelständischer Unternehmen;

□ Basistechnologien: Entwicklung von Basistechnologien, Technologien für 0,25 μm CMOS, Fertigungsprozesse für ASICs, CAD-Frame, Standardisierung, Fertigungstechnologie.

Die „Flaggschiffe“ weisen zwei unterschiedliche Grundstrukturen auf. Bei der vertikalen Kooperation erarbeitet ein Konsortium von IC-Herstellern gemeinsam mit Halbleiterunternehmen die Spezifikationen für die zu entwickelnden Chemikalien. In der horizontalen Kooperation arbeiten System- und IC-Hersteller zusammen.

Organisation: Vorstand (JESSI Board) mit Vorständen von drei IC-Firmen, drei Anwenderfirmen, je einer Fertigungsgeräte- und einer Materialfirma, ein Vertreter des Forschungsbereiches. Entscheidung über die Aufnahme eines Projekts und über allgemeine strategische Fragen. Leitung: Vorsitzender und Vize-Vorsitzender, der Direktor der beratenden Board Support Group ist. – Permanenter Stab: JESSI Office. – Gremien der Mitgliedstaaten und der EG-Kommission: JESSI Committee mit dem Governmental Action Team (GAT), zuständig für Informationsaustausch und Abstimmung.

Ressourcen: 8 Mrd. DM für die gesamte Laufzeit bis 1996. Von den 1992 aufzubringenden 850 Mio. DM tragen die beteiligten mehr als 130 Industriefirmen die Hälfte, die EG-Kommission 15,5%, Deutschland (BMFT) und Frankreich je 10%, Italien 5,5%, Niederlande 5%, Großbritannien 2,5%, Belgien 1,5%. Auf das Unterprogramm Technologie entfallen 46%, Anwendungen 32%, Fertigungsgeräte und Materialien 16%, Grundlagen- und Langfristforschung 6%. Jährlich werden 1992 bis 1996 rd. 3 400 Mannjahre aufgewendet.

Altenmüller

Jitter. Unter J. werden die bei einem Digitalsignal während der Übertragung auftretenden Phasenschwankungen verstanden. Dejitterizer kompensieren diese Schwankungen, reduzieren sie zumindest.

J. macht sich als unregelmäßige, störende Phasenschwankung während der Übertragung von Digitalsignalen und Radar-Impulsen bemerkbar. J. hat zeitlich-statistische Schwankungen der Kennzeitpunkte zur Folge (Bild). Insbesondere Taktsignale, wie sie beispielsweise beim Zeitmultiplex-Verfahren zu Synchronisierungszwecken übertragen werden, erfahren hierdurch unzulässige Schwankungen. Dejitterizer, z. B. Taktkreise sehr hoher Güte (Q>1 000), an den Enden einer Übertragungsstrecke angeschaltet, reichen u. U. aus, um die geforderten J.-Werte einzuhalten. Darüber hinaus sorgen Regeneratoren innerhalb der Übertragungsstrecke für Wiedergewinnung des notwendigen Taktes. Unterbleiben diese schaltungstechnischen Maßnahmen, so ergeben sich durch J. bei der Demodulation Fehlauswertungen, die sich wegen der statistischen Natur der Phasenschwankungen als Geräusch äußern. *Kümmritz*

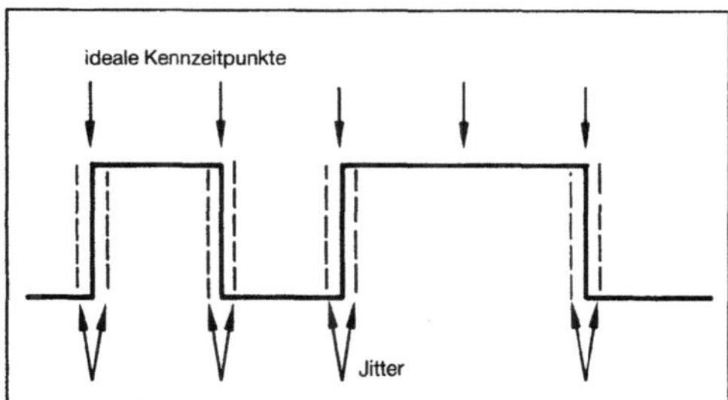

Jitter: Digitales Signal mit J.

Literatur: *Meinke, H.* und *F. W. Gundlach:* Taschenbuch der Hochfrequenztechnik. Berlin–Heidelberg–New York–Tokyo 1986. – *Philippow, E.:* Taschenbuch Elektrotechnik. Bd. 4. Berlin 1985.

JK-Flip-Flop →Flip-Flop

Jodlaser. Ein chemischer →Laser mit einer Emission bei $\lambda = 1{,}315\ \mu m$.

Als laseraktives Material dienen neutrale Jodatome, die indirekt oder direkt durch eine chemische Reaktion angeregt werden bzw. entstehen.

Für militärische Zwecke wird der Sauerstoff-J. herangezogen, der eindeutig zur Klasse der chemischen Laser gehört. In einer primären chemischen Reaktion wird angeregter Sauerstoff erzeugt, der seine Anregungsenergie durch Stöße auf das Jod überträgt.

$$O_2^* + J \rightarrow O_2 + J^*$$

Kommerzielle J. können auch als quasi optisch gepumpte Laser angesehen werden. Durch UV-Strahlung (Hg-Lampe) werden jodhaltige Moleküle aufgebrochen, z. B.

$$C_3F_7J + hf(UV) \rightarrow C_3F_7 + J^*$$

Dabei entstehen mehr Jodatome im angeregten $^2P_{1/2}$-Zustand als im $^2P_{3/2}$-Grundzustand. Nach der induzierten Emission können die Fragmente zum Ausgangsstoff oder komplexeren chemischen Verbindungen reagieren. I. a. werden die Reaktionsprodukte durch einen kontinuierlichen Gasfluß abgebaut.

J. erreichen im kontinuierlichen Betrieb etwa 40 mW Leistung. Sie werden aber häufig im Pulsbetrieb verwendet, wobei Pulsenergien von einigen Joule möglich sind. Im Q-switch-Betrieb (→Güteschaltung) oder durch →Modenkopplung (mode-locking) können Spitzenleistungen im GW-Bereich erzielt werden. Diese Leistungen ermöglichen →Frequenzvervielfachung, so daß sichtbares bis ultraviolettes Licht entsteht (658 nm, 438 nm, 329 nm). Durch zusätzliche Nachverstärkung ergeben sich Pulsenergien im kJ-Bereich mit Spitzenleistungen von TW, so daß Anwendungen in der Kernfusion zu finden sind. *Rosenzweig*

Literatur: *Eichler, J. und H.-J. Eichler:* Laser. Berlin–Heidelberg, 1990.

Josephson-Effekt. Von *B. D. Josephson* (Nobelpreis 1973) vorhergesagter →Tunneleffekt zwischen zwei durch eine dünne Isolationsschicht getrennten Supraleitern. Im Gegensatz zum normalen Tunneleffekt tunneln dabei Paare von Elektronen (Cooper-Paare), der durch diesen Josephson-Kontakt getragene Strom fließt widerstandslos.

Analog zum Tunneln einzelner Elektronen (Tunneleffekt) können auch die die →Supraleitung tragenden Elektronenpaare (Cooper-Paare) durchtunneln. Die isolierende Trennschicht des Josephson-Kontakts (Bild 1 a) muß dazu sehr dünn sein (Größenordnung 10^{-9} m). Das Überraschende hierbei ist, daß bereits ohne einen →Spannungsabfall über den Kontaktbereich (U = 0) ein beträchtlicher Gleichstrom fließt (Josephson-Gleichstrom, Josephson-Gleichstrom-Effekt), wobei seine Richtung durch die Polung im äußeren Stromkreis festgelegt wird. Der widerstandslos fließende Strom (Bild 1 b) wird durch die strenge Phasenkohärenz zwischen den Cooper-Paaren ermöglicht. Ordnet man den Cooper-Paar-Wellenfunktionen in den beiden Supraleitern die Phasen φ_1 bzw. φ_2 zu, so kann $\Delta\varphi = \varphi_1 - \varphi_2$ als Phasendifferenz zwischen zwei schwingenden Systemen interpretiert werden. Da über die Isolierschicht durch die Tunnelmöglichkeit eine schwache Kopplung zwischen den beiden Supraleitern besteht, führt $\Delta\varphi$ ähnlich dem Fall (schwach) gekoppelter Pendel zu einem Energietransfer (Stromfluß), der maximal ist, wenn $\Delta\varphi = \pi/2$. Bei Verwendung von zwei gleichen Supraleitern ergibt sich für diesen ohne Spannungsabfall fließenden Josephson-Gleichstrom

$$I = I_{max} \sin (\Delta\varphi)$$

mit

$$I_{max} = 2\, W_T\, N\, 2e/\hbar$$

wobei W_T die Transferwechselwirkungsenergie zwischen den beiden Supraleitern und N die Zahl der beteiligten Cooper-Paare bezeichnet. Es wird deutlich, daß es wesentlich nur auf die (schwache) Kopplung zwischen den beiden Supraleitern ankommt. Dadurch sind auch Josephson-Kontakte möglich, die ohne isolierende Trennschicht auskommen, z. B. Spitzenkontakte aus Supraleitern mit sehr kleinem Durchmesser der Kontaktstelle ($\approx 10^{-6}$ m) oder Dünnschichtstreifen mit starken Einschnürungen.

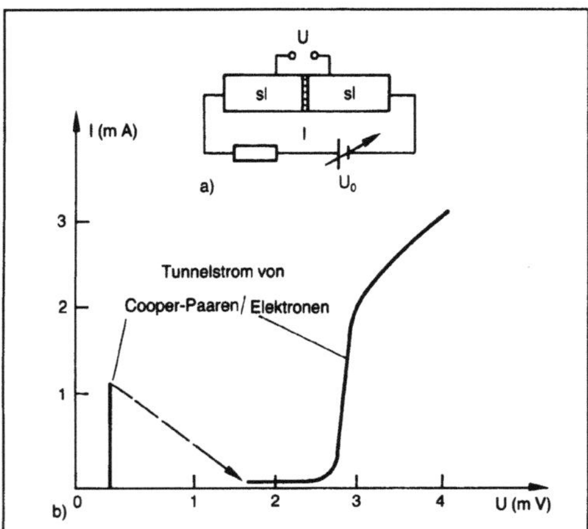

Josephson-Effekt 1: Prinzipielle Darstellung.
a) Josephson-Kontakt aus zwei Supraleitern sl getrennt durch eine dünne Isolierschicht J (schematisch)
b) Die über dem Kontakt abfallende Spannung U ($\neq U_0$) ergibt mit dem fließenden Strom die Strom-Spannungs-Kennlinie.

Erhöht man die äußere Spannung U_0 im Stromkreis des Josephson-Kontaktes, so daß auch eine endliche Spannung U über dem eigentlichen Kontaktbereich abfällt, so nehmen die Cooper-Paare bei dessen Überquerung die Energie 2eU auf. Ist diese größer als ihre Bindungsenergie, so brechen die Paare auf, es erfolgt der Übergang in eine Tunnelkennlinie, die auf dem Tunneln von Einzelelektronen besteht (rechter Teil in Bild 1b). Für kleinere Spannungen kann dies jedoch noch nicht eintreten. Entsprechend ihrem Energiegewinn, beginnt dann die Phase der Cooper-Paare zeitlich zu variieren, $\Delta\varphi = \Delta\varphi_0 + (2eU/\hbar)\, t$. Damit fließt über die Tunnelstrecke ein Wechselstrom (Josephson-Wechselstrom, Josephson-Wechselstrom-Effekt)

$$I = I_{max} \sin \left(\Delta\varphi_0 + \frac{2eU}{\hbar} t\right)$$

mit der Frequenz

$$\nu = \frac{2e}{h} U.$$

Da Frequenzmessungen besonders genau durchführbar sind, wird damit eine besonders genaue Spannungsmessung möglich. Außerdem gelingen sehr präzise Messungen von h/e. Für z. B. U = 1 mV ergibt sie $\nu = 4{,}85 \cdot 10^{11}$ Hz. Das mit dem Wechselstrom erzeugte Strahlungsfeld liegt damit im Frequenzbereich sehr langwelliger Ultrarotstrahlung. Die emittierte Strahlungsleistung ist zwar in der Regel für Anwendungszwecke zu gering, jedoch kann die Rückwirkung eines äußeren entsprechend langwelligen Strahlungsfeldes auf den →Kontakt, die sich in Stufen in der Kennlinie äußert, zum Nachweis des Strahlungsfeldes verwendet werden. So konnten selektive und abstimmbare Strahlungsempfänger mit Empfindlichkeiten von 10^{-14} W gebaut werden.

Ein Magnetfeld, das die Isolierschicht (Dicke d, Höhe l) senkrecht zur Stromrichtung durchsetzt, beeinflußt den Josephson-Gleichstrom drastisch. Beim Durchqueren des Feldgebietes, dessen Ausdehnung sich aus Isolierschichtdicke und Londonschen Eindringtiefen der Supraleiter zusammensetzt, erleiden die Cooper-Paare zusätzliche Phasenänderungen, die den Gleichstrom nach

$$I = I_{max} \frac{\sin(\pi\Phi/\Phi_0)}{\pi\Phi/\Phi_0}$$

modifizieren. Dabei ist Φ der den Kontakt durchsetzende Fluß, $\Phi = B\, l\, (2\lambda + d)$, und Φ_0 das Flußquant $\Phi_0 = h/2e$. In Abhängigkeit des äußeren Feldes (Induktion B) variiert Φ und damit der Strom I (Bild 2). Die Minima ergeben sich immer dann, wenn Φ ein ungeradzahliges Vielfaches von Φ_0 ist.

Damit sind sehr genaue Messungen des magnetischen Flusses möglich, die durch spezielle Bauweisen bzw. Kombinationen von Josephson-Kontakten noch erhöht werden können. So kommt es bei Parallelschaltung von zwei Josephson-Kontakten zu Strominterferenzen ähnlich der Interferenz in einem Michelsoninterferometer. Das das →SQUID (Superconducting QUantum Interference Device) durchdringende Magnetfeld kann mit einer Genauigkeit von besser als 10^{-14} Vs/m^2 bestimmt werden. Entsprechend genau kann auf den das Magnetfeld erzeugenden Strom bzw. die zugrundeliegende Spannung geschlossen werden (z. B. 10^{-16} V). Durch die hohe Empfindlichkeit der SQUIDS auf Magnet-

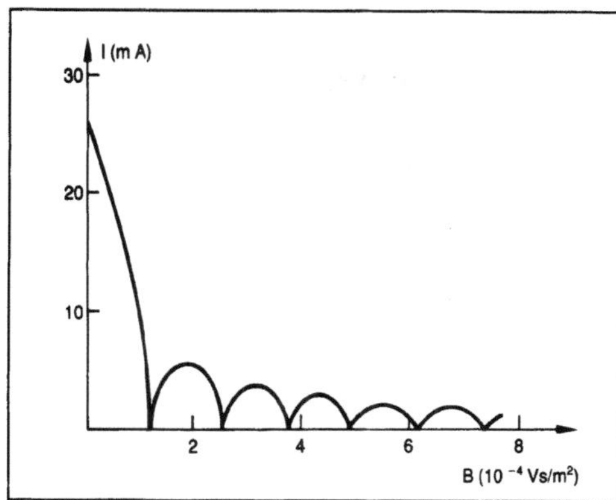

Josephson-Effekt 2: Einfluß eines äußeren Magnetfelds auf den Josephson-Gleichstrom.

felder ergeben sich neue Einsatzmöglichkeiten in der Medizin (z. B. Gehirnforschung) an. *Heinz*

Literatur: *Buckel, W.:* Supraleitung. Weinheim 1984. – *Gallop, J. C.:* SQUIDS, the Josephson Effects and Superconducting Electronics, Bristol 1991.

Josephson-Element. Das J.-E. basiert auf dem →Josephson-Effekt (*Josephson,* 1962): Zwischen zwei supraleitenden Schichten, die durch eine dünne Isolatorschicht (einige nm dick) getrennt sind, tritt ein Stromfluß zufolge des Tunneleffektes auf (Bild). Im Unterschied zum üblichen →Tunneleffekt wird dieser Josephson-Tunnelstrom nicht von einzelnen Elektronen geführt, sondern von ungebundenen Elektronenpaaren (Cooper-Paare), die für die →Supraleitung maßgebend sind. Im Gefolge treten an J.-E. zwei typische Erscheinungen auf:

□ Der supraleitende Tunnelstrom. Unterhalb eines Stromgrenzwertes I_m (der vom einwirkenden Magnetfeld abhängt) verhält sich die Isolatorschicht

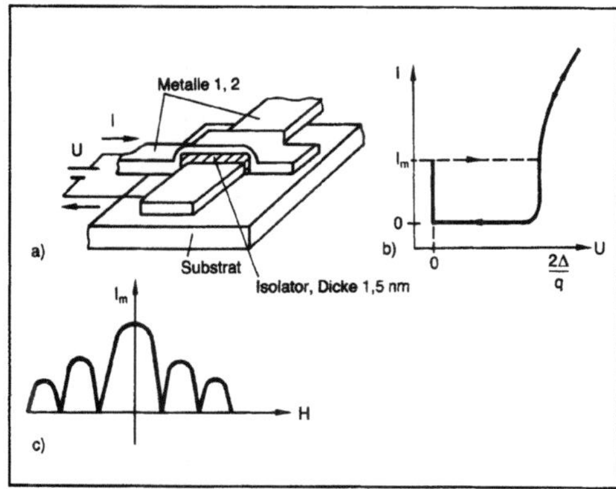

Josephson-Element: Schematische Darstellung.
a) Prinzipaufbau des J.-Tunnelelementes
b) Kennlinie
c) Abhängigkeit des maximalen Tunnelstromes I_m vom Magnetfeld.

wie ein Supraleiter, d. h. bei Stromfluß tritt kein →Spannungsabfall, sondern eine Energielückenspannung U_{SN} auf (sog. Gleichstromeffekt). Für $I > I_m$ liegt Normalleitung vor, und der Tunnelwiderstand kann durch einen ohmschen Widerstand ersetzt werden. Die Energielückenspannung U_{SN} für $I > I_m$ beträgt

$$U_{SN} = \frac{2\Delta}{q}$$

Δ →Energielücke ~ T_c, T_c kritische Temperatur für Supraleitung.

Die Energielückenspannung ist materialabhängig und lag lange Zeit bei üblichen kritischen Temperaturen T_c für Supraleitung bei 0,1–1 meV mit einem sprunghaften Anstieg auf über 90 K bei einigen keramischen Materialien vom Typ Y-Ba-CuO in den letzten Jahren.

Der Maximalstrom I_m hängt vom Magnetfeld ab und zeigt einen resonanzähnlichen Verlauf, der durch Quanteneffekte beeinflußt wird. Bei bestimmten magnetischen Flußwerten (magn. Flußquant)

$$\psi_0 = \frac{h}{2q} \approx 2{,}07 \cdot 10^{-15}\ \text{Vs}$$

(oder ganzzahligen Vielfachen davon) verschwindet der Maximalwert I_m. Dabei gibt es zwei Schwellwerte, die das Element für Schaltzwecke geeignet machen (Gleichstromeffekt).

□ Legt man an das J.-E. eine kleine Gleichspannung (≨ 10 mV), so fließt durch den Übergang ein sinusförmiger Wechselstrom der Amplitude I_m, dessen Frequenz der anliegenden Gleichspannung U proportional ist (Wechselstromeffekt). Es gilt

$$f = 2q/h \cdot U$$

Beispielsweise gehört zu einer Spannung von 1 mV eine Strahlung von 485 GHz (Wellenlänge ≈600 μm, ultrarot). Umgekehrt führt die Absorption von Strahlung im Josephson-Kontakt zur Erzeugung einer Spannung.

Der J.-E. führte sehr bald nach seiner Entdeckung zu zahlreichen bauelementebezogenen Anwendungen. So eignet sich der Gleichstromeffekt zum Aufbau sehr schneller Logik- und Speicheranordnungen (sog. Kryospeicher). Solche Anordnungen haben die kürzesten, bisher an elektronischen Bauelementen nachgewiesenen Schaltzeiten (≤ 10 ps). Sie bieten neben dem Vorteil einer hohen →Pakkungsdichte (etwa 5 · 10^4 FF/cm²), einer sehr geringen →Verlustleistung sowie einer Permanent-Speichermöglichkeit (unabhängig von der Netzspannung) vor allem den der extrem kurzen →Schaltzeit.

Der Gleichstromeffekt läßt sich auch zum Nachweis sehr schwacher Magnetfelder mittels des supraleitenden Quanteninterferrometers (→SQUID) verwenden.

Der Wechselstromeffekt dient vor allem zur Erzeugung, Mischung und Demodulation hoher Frequenzen (bis weit in den THz-Bereich hinein, der mit anderen Bauelementekonzepten derzeit nicht erreichbar ist. Er gestattet auch die Schaffung eines Spannungsnormals über eine →Frequenzmessung.

Seit der Entdeckung des Josephson-Effektes wurde eine Vielzahl elektronischer Bauelemente (auch integrierter Konzepte) entwickelt und untersucht, vor allem zum Bau extrem schneller →Digitalrechner und Mikrowelleneinrichtungen. Die gravierende Barriere für den technischen Einsatz solcher Elemente war bisher noch der hohe Aufwand zur Erzeugung der niedrigen Temperaturen von $T < 20$ K, weil bisher nur Materialien mit Spannungstemperaturen T_c in diesem Bereich verfügbar gewesen sind, die eine Kühlung mit flüssigem Helium erfordern. Die Situation könnte sich aber drastisch ändern, wenn es gelingt, die neuerdings bekanntgewordenen supraleitenden Materialien auf Keramikoxid-Basis mit Sprungtemperaturen von 90 K und deutlich darüber reproduzierbar herzustellen. *R. Paul*

Junction. *Engl.* Ausdruck für den abrupten Übergang zwischen zwei Halbleitern unterschiedlicher →Dotierung (→pn-Übergang). *Heinz*

K

k-Faktor. Proportionalitätskonstante zwischen relativer Widerstands- und Längenänderung (→Gauge-Faktor) eines Dehnungsmeßstreifens oder Widerstands. Neben der Geometrieänderung des Widerstands ändert sich bei den meisten Festkörpern unter Einwirkung einer mechanischen Belastung die Elektronenstruktur (→Bandstruktur), und dies trägt zu der Widerstandsänderung bei. Bei Metallen werden k-F. zwischen 2,0 (Konstantan) und 6,6 (Platin-Iridium) gemessen, bei Halbleitern wie z. B. Silicium ergeben sich teilweise sehr viel größere Werte (Bild). Dieser große k-F. wird bei der Herstellung von Silicium-Drucksensoren mit integrierten Widerständen ausgenutzt. Zu beachten ist allerdings die Temperaturabhängigkeit des k-F. *Schaumburg/Offereins*

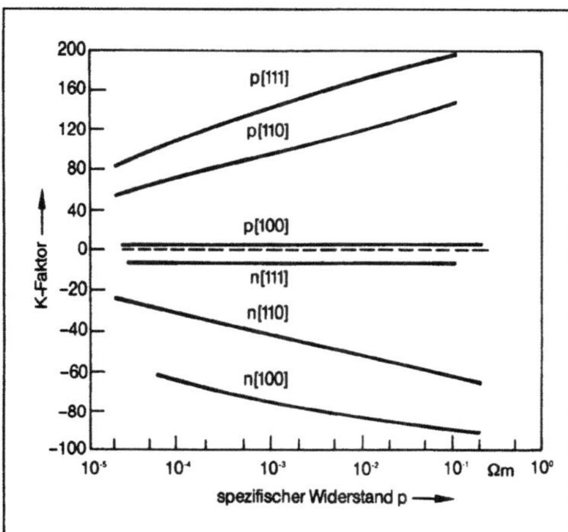

k-Faktor: Werte von n- und p-leitendem Silicium als Funktion des spezifischen Widerstands bei verschiedenen Orientierungen. (Quelle: Heywang)

Literatur: *Heywang, W.:* Sensorik. Berlin 1984.

Kalotten-Lautsprecher →Mehrwege-Lautsprechersystem, →Lautsprecher

Kaltleiter. K. sind elektronische Bauelemente aus halbleitender Keramik, die in einem bestimmten Temperaturbereich durch einen großen positiven Temperaturkoeffizienten des elektrischen Widerstandes gekennzeichnet sind. Sie werden, im Gegensatz zu den Heißleitern mit negativen Temperaturkoeffizienten, auch PTC-Widerstände (*engl.* Positive Temperature Coefficient Resistor) oder PTC-Thermistoren (*engl.* Thermally Sensitive Resistor) genannt.

Die Kaltleiterkeramik besteht aus dotiertem Bariumtitanat und anderen Werkstoffen, deren Zusammensetzung von den gewünschten elektrischen Eigenschaften abhängt. Die Rohstoffe werden gemahlen, gemischt, in geeignete Formen gepreßt und bei hoher Temperatur gesintert.

Der Widerstandsverlauf eines K. (Bild 1) ist begründet in dem Zusammenwirken von Halbleitung und →Ferroelektrizität der polykristallinen Titanat-Keramik.

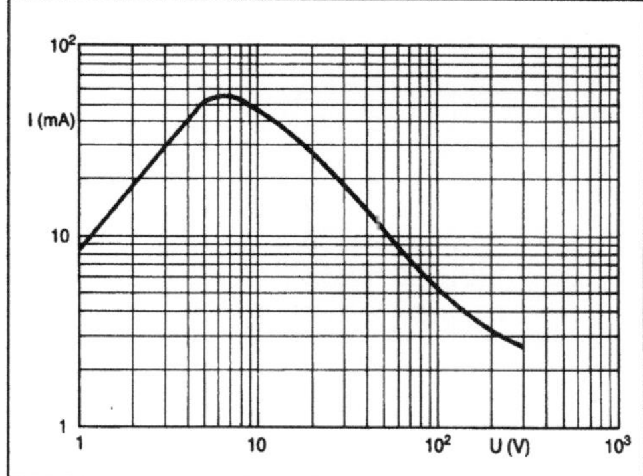

Kaltleiter 1: Widerstand/Temperatur-Kennlinie.

An den Korngrenzen dieser Keramik bilden sich elektrische Potentialbarrieren aus, die aus negativen Oberflächenladungen bestehen und an die sich an beiden Seiten hin dünne Zonen mit positiven Raumladungen von den nicht gesättigten Fremdatomen ausbilden. Diese Potentialbarrieren bewirken neben dem Kornwiderstand einen zusätzlichen temperaturabhängigen Widerstand des K. R_b:

$$R_b \infty e^{e U_b / KT}$$

Darin ist:

U_b = das elektrische Potential einer Barriere
e = die elektrische Elementarladung
K = die Bolzmannkonstante
T = die Temperatur in K

Eine Eigenschaft der ferroelektrischen Werkstoffe, wie z. B. Bariumtitanat, ist die starke Temperaturabhängigkeit der relativen Dielektrizitätskonstante ε_r.

Oberhalb der Curietemperatur lautet der Zusammenhang zwischen relativer Dielektrizitätskonstante und der Temperatur nach dem Curie-Weißschen-Gesetz.

$$\varepsilon_r = \frac{C}{T-T_c}$$

wobei die Konstante C etwa den Wert 10^5 K hat.

Da U_b umgekehrt proportional der Dielektrizitätskonstante ist, ergibt sich für den Widerstand R_b der Anstieg bei Temperaturen oberhalb der Curietemperatur.

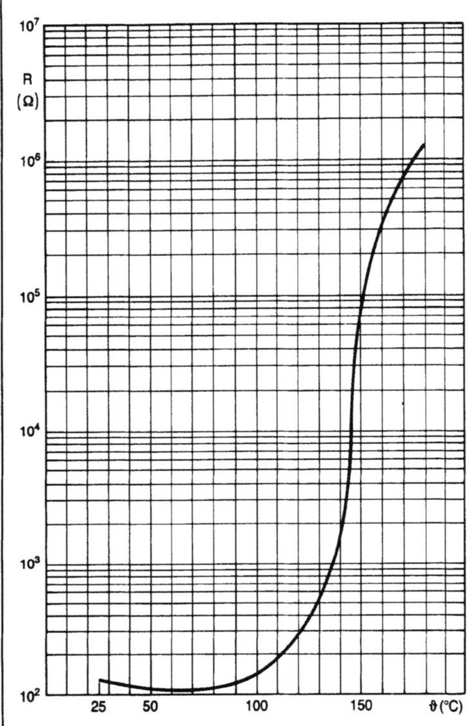

Kaltleiter 2: Strom/Spannung-Kennlinie.

Unterhalb der Curietemperatur sind Potentialbarrieren sehr schwach oder überhaupt nicht vorhanden. Dies ist sowohl auf die hohe Dielektrizitätskonstante in elektrischen Feldern, wie auch auf die spontane →Polarisation und die damit verbundene Ladungskompensation an den Korngrenzen zurückzuführen.

Bei dem breiten Anwendungsspektrum von K. lassen sich grundsätzlich zwei Bereiche unterscheiden:

□ Anwendungen, bei denen die Temperatur des K. durch das Umgebungsmedium bestimmt wird, wie z. B. Übertemperaturschutz, Niveaufühler.

□ Anwendungen, bei denen die Widerstandserhöhung durch Stromerwärmung ausgenutzt wird wie z. B.: Überlastschutz, Verzögerungsschaltungen, Stromstabilisierung, selbstregelnde Heizelemente, Entmagnetisierungsschaltungen. *W. Müller*

Kaltleiter 3: Typische Bauformen. (Quelle: Philips Components)

Literatur: *Zinke, O.* und *H. Seither:* Widerstände, Kondensatoren, Spulen und ihre Werkstoffe. Berlin 1982. – Philips Components Datenbuch Kaltleiter. Hamburg 1989.

Kaltleiter-Temperaturfühler. Temperaturfühler mit Sprungverhalten, dessen Temperatur-Widerstands-Kennlinie in einem bestimmten, von der →Dotierung der als Fühlerwerkstoff verwendeten Keramik abhängigen Bereich, einen steilen Anstieg des elektrischen Widerstandes bereits bei geringer Temperaturerhöhung aufweist. Im Gegensatz zum →Heißleiter ist ein →Kaltleiter ein Widerstand mit positivem Temperaturkoeffizienten (daher auch →PTC-Widerstand von positive temperature coefficient resistor). Als Werkstoff dient dotierte Keramik in polykristalliner Form auf der Basis von Barium-Titanat. Bei Überschreiten der Curie-Temperatur, bei der der Werkstoff seine ferro-elektrischen Eigenschaften verliert und sich wie ein normales →Dielektrikum verhält, steigt der Widerstand um mehrere Zehnerpotenzen steil an.

K.-T. werden in Verbindung mit Steuergeräten oder direkt angesteuerten Schaltgeräten zur Temperaturüberwachung von elektrischen Betriebsmitteln, Wälz- und Gleitlagern oder ähnl. verwendet. Für das Temperaturüberwachungssystem der Ständerwicklung von Drehstrom-Maschinen besteht die bevorzugte Einbauart aus drei in Reihe geschalteten Fühlern. *Rentzsch*

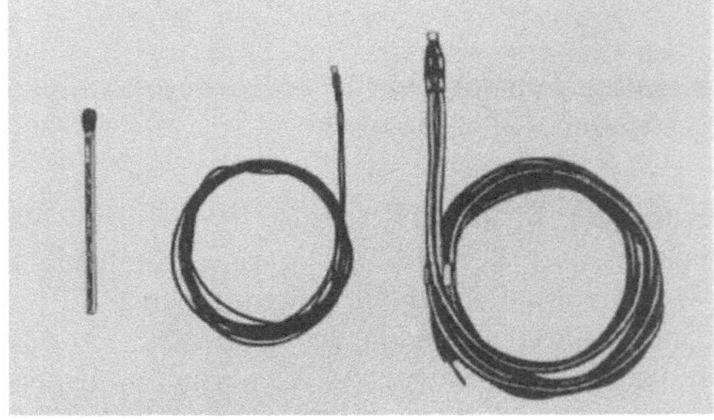

Kaltleiter-Temperaturfühler: Temperaturüberwachungsgerät.

Kamera →Bildaufnehmer

Kameraröhre →Bildaufnehmer

Kanal →MOS-Technik

Kapazitätsdiode →Diode, →PN-Diode, →Varaktor

Kapazitätsmeßbrücke →Meßbrücke

Kapazitätsmessung. Messung eines kapazitiven Blindwiderstands, Verfahren ähnlich wie beim induktiven Blindwiderstand (→Induktivitätsmessung, →Meßbrücke, →LC-Oszillator, →RC-Oszillator). *Hammerschmidt*

Karnaugh-Diagramm. Das K.-D. bzw. die *Karnaugh*-Tafel dient der tabellenartigen Darstellung binärer Verknüpfungsfunktionen in bestimmter, geordneter Form. Sie wird u. a. zur Minimierung des Verknüpfungsaufwandes im Hinblick auf eine schaltungstechnische Realisierung herangezogen.

Die matrixartige Tafel (Bild a) ist in Felder eingeteilt, in die das jeweilige Verknüpfungsergebnis eingetragen wird, das sich aus den Eingangssignalwerten, die den Spalten und Reihen zugeordnet sind, und der darzustellenden Verknüpfungsbeziehung ergibt. Das Ergebnis kann „wahr" (logisch 1), „falsch" (logisch 0) oder auch „unbestimmt" (vom Typ dont care) sein, falls gewisse Kombinationen der Eingangssignale z. B. technisch bedingt, nicht auftreten. Beim Einsatz zur Minimierung ist die Reihenfolge der Spalten und Zeilen so zu wählen, daß sich bei benachbarten Spalten und Zeilen die zugeordneten Eingangssignalwerte nur um einen Wert ändern. Das Bild b zeigt eine Verknüpfung für eine einfache Verriegelungsfunktion in Funktionsplan-Darstellung und als Karnaugh-Tafel. Ohne Verlust an Übersichtlichkeit ist sie sinnvoll nur zur Darstellung von Verknüpfungsfunktionen mit wenigen Eingangssignalen einsetzbar. *Freyberger*

Literatur: *Karnaugh, M.:* The Map Method for Synthesis of Combinational Logic Circuits. Comm. and Electronics **72** (1953) pp. 593–599. – *Veitch, E.:* A Chart Method for Simplifying Truth Functions. Proc. ACM May 1952, pp. 127–133.

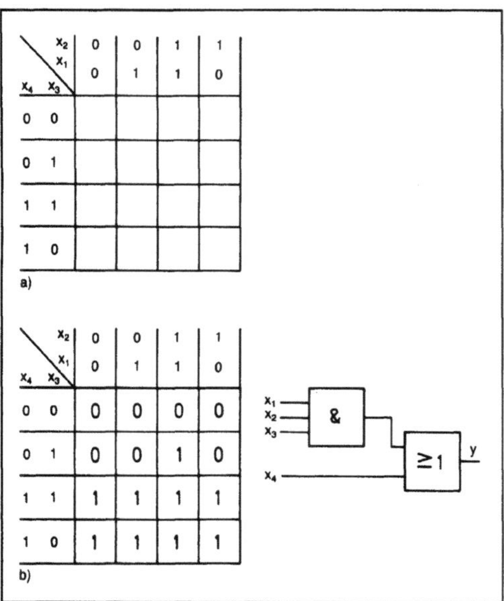

a)

x_4 x_3 \ x_2 x_1	0 0	0 1	1 1	1 0
0 0				
0 1				
1 1				
1 0				

b)

x_4 x_3 \ x_2 x_1	0 0	0 1	1 1	1 0
0 0	0	0	0	0
0 1	0	0	1	0
1 1	1	1	1	1
1 0	1	1	1	1

Karnaugh-Diagramm: Darstellung einer Verknüpfung als Funktionsplan und als Karnaugh-Tafel
a) Grundlegende Anordnung einer Karnaugh-Tafel für vier Eingangssignale $x_1, \ldots x_4$
b) Beispielhafte Gegenüberstellung einer Verknüpfungsfunktion $y = x_1 \wedge x_2 \wedge x_3 \vee x_4$ als Karnaugh-Tafel und als Funktionsplan.

Kaskade. K. ist allgemein die Zusammenschaltung mehrerer gleichartiger Elemente zum Zwecke der Verstärkung der Einzelwirkung. Die Einzelelemente sind dabei so beschaffen, daß die Ausgänge eines Elementes funktional und wertemäßig kompatibel zu den Eingängen des jeweils nachfolgenden Elementes sind. In der Elektronik spricht man z. B. von Gleichrichter-K. (→Spannungsvervielfachern), Filterkaskaden usw. *K. Winter*

Kaskodeschaltung. Die K. gehört zu den Grundschaltungen. Die K. besitzt die niedrige Eingangskapazität der Basisschaltung, verbunden mit dem hohen Eingangswiderstand der Emitterschaltung. *K. Winter*

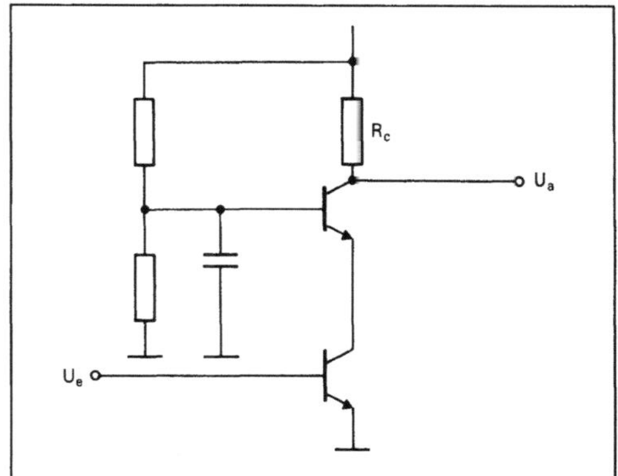

Kaskodeschaltung: Schematische Darstellung.

Literatur: *Tietze, U.; Ch, Schenk:* Halbleiter-Schaltungstechnik Berlin, 1989.

Kathode.

Allgemein. Elektrode, die an ein Leitungsmedium (Elektrolyt, Gasentladung, Vakuum) Elektronen abgibt oder positive Ionen (z. B. Metallionen) aufnimmt.

Bei elektrochemischen Prozessen ist es die Elektrode, an der eine Reduktion stattfindet. Bei der Elektrolyse wandern die positiv geladenen Ionen (Kationen) zu der negativ geladenen K. und werden dort entladen. In der Galvanik ist die K. die negative Elektrode, auf der die Metallschicht abgeschieden wird. Dabei lagern sich die positiven Metallionen an die Elektrode an, während das für die metallische Bindung benötigte →Elektronengas von der →Stromquelle geliefert wird.

Bei galvanischen Elementen in Batterien als Stromquelle ist die K. die positive Elektrode. Auch hier werden positive Ionen entladen, indem sie Elektronen aufnehmen, die im äußeren Stromkreis von der →Anode zur K. geflossen sind.

In Gasentladungsröhren und Vakuumröhren (Elektronenröhren) liegt die K. auf negativem →Potential. *Claassen*

Vakuumröhren. Die K. ist im allgemeinen eine auf negativem Potential befindliche Elektrode, von der Elektronen austreten oder in die ein positiver Strom hineinfließt. Bei der →Elektronenröhre ermöglichen die emittierten Elektronen überhaupt erst einen Betrieb, bei der Elektrolyse (Elektrochemie) werden die positiv geladenen Ionen (Kationen) im Elektrolyten durch die Elektronen an der K. neutralisiert.

Die ersten K. waren Reinmetallkathoden, sie hatten jedoch eine zu hohe →Austrittsarbeit. Verwendet werden sie heute noch in Röntgenröhren. In Senderöhren werden z. T. karburierte Wolfram-Thorium-K. benutzt. Bei der Oxidkathode dagegen wird ein Trägermetall, z. B. Nickel, mit Oxiden von Barium, Strontium und u. U. Calcium bedeckt. Diese werden als Carbonate aufgebracht und teilweise zum reinen Metall, das dann emissionsfähig ist, reduziert. Höhere Strombelastung vertragen sog. Vorratskathoden, bekannt z. B. als L-Kathode oder Metall-Kapillar-(MK)K. (Bild). Bei ihnen diffundiert aus einem Vorratsraum Barium durch einen porösen Sinterkörper (Wolfram) an die Oberfläche und bildet dort einen dünnen aktiven Film. Bei imprägnierten Vorratskathoden ist der Vorrat im Porenvolumen der Wolframscheibe untergebracht. Die Standardkathode arbeitet mit einem Gemisch aus Barium-, Calcium- und Aluminiumoxyd.

Die Emissionseigenschaften können durch einen dünnen Überzug aus Osmium, Iridium, Ruthenium oder Rhenium weiter verbessert werden. Hiermit kann entweder die Kathodentemperatur um bis zu 100 °C abgesenkt werden oder, bei gleicher Temperatur, die →Emission bis zum dreifachen gesteigert werden. Weitere Verbesserungen werden durch den Übergang auf Vorratskathoden auf der Basis einer Mischmetallmatrix erzielt. Hierbei werden die

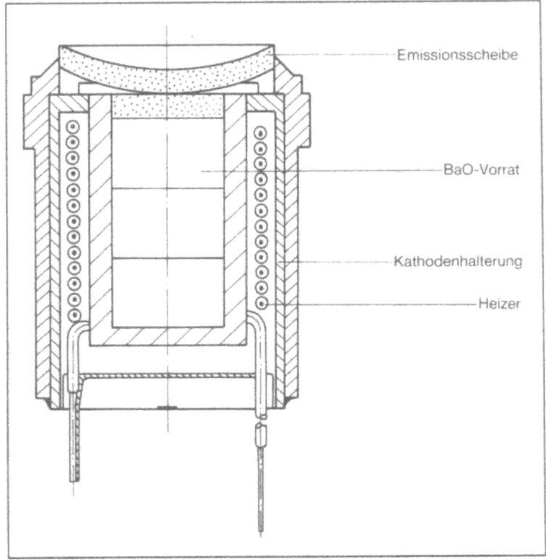

Kathode: Schematischer Aufbau einer Vorratskathode.

Metalle, wie z. B. Osmium, in entsprechenden Teilen mit Wolframpulver vermischt und zum porösen Sinterkörper verpreßt und anschließend mit Emissionsmaterial gefüllt. Die Austrittsarbeit verringert sich dabei um ca. 0,1 eV. *Kiesel*

Literatur: *Cronin, J. L.:* Modern dispenser cathodes. IEE Proc. Vol. 128, Pt. I (1981) No. 1. – *Katz, H.:* Technologische Grundprozesse der Vakuumtechnik. Berlin–Heidelberg–New York 1974.

Kathodensteuerung. Steuerung der Elektronenstrahldichte und damit der →Helligkeit einer Elektronenstrahlröhre. Die K. wird in Lochmasken-Farbbildröhren für jede der drei Farben R, G und B getrennt durchgeführt.

Die Elektronenstrahlemission der einzelnen Elektronenstrahlarmaturen wird über die Strecke K-G_1-G_2 gesteuert. Üblicherweise werden die G_1 der drei Elektronenarmaturen einer →Bildröhre gemeinsam auf Massepotential gelegt. Die Kathoden werden getrennt angesteuert mit Spannungen zwischen beispielsweise +100 V und +150 V. Die G_2-Spannungen werden so gewählt, daß bei einer vorgewählten Kathodenspannung U_K für alle drei Elektronenstrahlen der →Sperrpunkt erreicht ist.

Die Videosteuerspannung wird dann negativ der U_K überlagert. Bei Steuerspannung 0 V ist also der Sperrpunkt erreicht, d. h. der Bildschirm bleibt dunkel. Bei der Videosteuerspannungen, die dem Betrag nach der vorgewählten U_K entspricht, ist maximale →Aussteuerung und damit maximale Helligkeit erreicht. In den Strom/Spannungskennlinien (Bild) wird die Videosteuerspannung üblicherweise nur dem Betrag nach angegeben.

Keitel/Nerstheimer

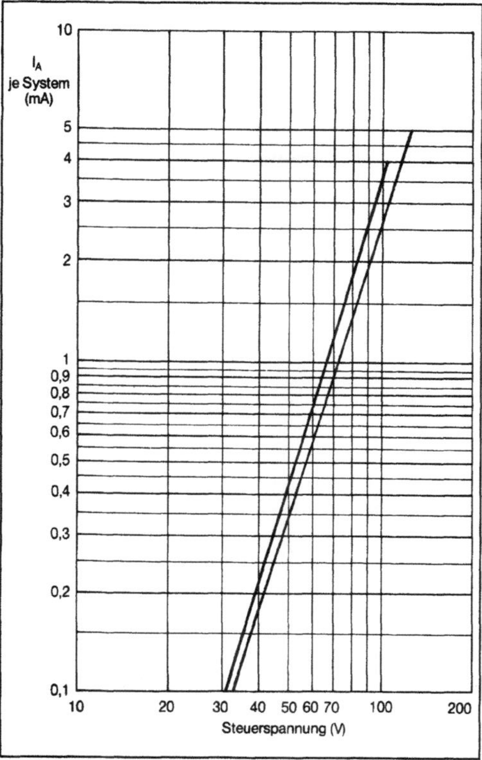

U_A = 25 kV, U_F = 6,3 V
U_{G3} = auf Fokussierung eingestellt
U_{G2} = auf Sperrpunkt eingestellt, bei U_K = 105 V (Kurve a) bei U_K = 130 V (Kurve b)

Kathodensteuerung: Abhängigkeit des Strahlstroms von der Steuerspannung (je System) für zwei verschiedene Kathoden-Sperrspannungswerte von 105 V und 130 V.

Literatur: Philips Comp. (Hrsg.): Datenbuch 1991. Colour Display Components. – Die Fernseh-Bildröhre. Hrsg. Telefunken, Ulm. – Elektronik-Taschenbuch, Bd. II. Bonn. – Valvo Datenbuch 1986: Farbbildröhren-Systeme für Fernsehen. Hrsg. Valvo, Hamburg.

Kathodenstrahlröhre. K. sind die in ihrer wirtschaftlich-technologischen Bedeutung wichtigsten Displays. Sie spielen in der →Fernsehtechnik eine entscheidende Rolle, finden jedoch auch in der professionellen Elektronik wichtige Anwendungsgebiete. Obwohl auf allen Anwendungsgebieten alternative Displaytechniken – z. B. LCD-Anzeigen – zunehmend an Bedeutung gewinnen, wird auch in absehbarer Zukunft die K. ihre Bedeutung behalten.

Zur Geschichte der K. siehe auch →Braunsche Röhre. Die weitere Entwicklung der K. zunächst als Einstrahl-Schwarz-Weiß-Bildröhre und später als Dreistrahl-Farbbildröhre mit →Schattenmaske ist eng mit der Entwicklung des Fernsehen verbunden.

In der Theorie hatte bereits 1902 *Otto von Bronk* ein „Verfahren zum Fernsichtbarmachen von Bildern bzw. Gegenständen unter vorübergehender Auflösung der Bilder in parallele Punktreihen" zum Patent angemeldet. Dieses beschrieb erstmalig in Deutschland das Farbfernsehen.

Die beschriebenen frühen Ideen krankten jedoch alle noch an zwei Stellen:

□ Die mechanische Abtastung mit der Nipkow-Scheibe oder Spiegelrad auf der Sende- und Empfangsseite war zu aufwendig.

□ Sie waren auf das „langsame" Selen angewiesen. Ihre Realisierung führte zu einer sehr langsamen Bildübertragung.

Erst in der ersten Hälfte der dreißiger Jahre wurde ein befriedigend arbeitendes, voll elektronisches Fernsehen demonstriert. Dieses stützte sich auf Sender- und Empfängerseite auf das Prinzip der Braunschen K. ab.

An der Entwicklung der Grundlagen unseres heutigen Fernsehens waren in den 20er und 30er Jahren viele Forscher und Entwickler beteiligt, wie z. B. *Wehnelt, v. Lieben, v. Mihaly, Zworykin, Bredow, Karolus, Baird, F. Kerkhof, Farnsworth, v. Ardenne* und *Schröter.*

Während durch den zweiten Weltkrieg die Entwicklung des Fernsehsystems und seiner Komponenten in Europa nahezu zum Erliegen kam, ging die Entwicklung in den USA weiter. So konnte dort, als Gemeinschaftsleistung der Industrie (→NTSC = National Television System Committee) Anfang der 50er Jahre der Welt erstes funktionierendes Farbfernsehsystem NTSC eingeführt werden. Dazu gehörte auch die von RCA entwickelte Farbbildröhre nach dem Schattenmasken-Prinzip. Diese erst machte das „rückwärts" kompatible NTSC-Farbfernsehsystem brauchbar.

Sie ist das Herzstück aller Farbfernsehsysteme und dient ebenso der mehrfarbigen Darstellung von alpha-numerischen Zeichen (Texten) oder von graphischen und mehrfarbigen Bilddarstellungen der Kommunikationstechnik.

Die ersten Fernsehbildröhren hatten runde Leuchtschirme. Sie waren aufgrund der kleinen Ablenkwinkel (<30°) sehr lang. Die Entwicklung ging weiter bis zu Ablenkwinkeln von 110° und 114°. Entsprechend verringerte sich die Einbautiefe der Bildröhren und erhöhte sich die Akzeptanz der Fernsehgeräte durch den Konsumenten.

Nun ist das Kathodenstrahldisplay nicht nur Farbfernsehröhre. Das technische Grundkonzept ist sehr universell und flexibel anwendbar. Wir finden es daher in einer ganzen Palette ähnlich arbeitender Bauelemente wieder. Mit ihnen lassen sich Informationen der verschiedensten Art darstellen:

- Fernsehbilder
- alpha-numerische Zeichen
- graphische Darstellungen

- Meßwerte in Abhängigkeit von verschiedensten Parametern wie z. B. der Zeit.

Es gibt Kathodenstrahldisplays in verschiedenen Ausführungsformen, die bezüglich bestimmter Parameter auf die jeweilige Anwendung hin optimiert worden sind. Solche Parameter können sein: Größe, Schirmformat, Schirmoberfläche, Bildfarbe, →Helligkeit, →Kontrast, Nachleuchtdauer, Art der →Ablenkung, Ablenkempfindlichkeit, →Schärfe, Auflösung, Rastergüte, Konvergenz usw.

Man kann die Kathodenstrahldisplays in folgenden Arten einteilen:

- Schwarz-Weiß-Bildröhren
- Farbbildröhren
- Monitorröhren (monochrom oder mehrfarbig)
- Oszillographen-Röhren
- Sonderausführungen (Radarbildschirme, Cockpit-Displays für Flugzeuge, Bildverstärkerröhren, Projektionsröhren usw.)

Schwarz-Weiß-Bildröhren gibt es in Schirmabmessungen von wenigen Zentimetern bis hin zu über 60 cm. Sie werden heute praktisch nur noch aufgrund ihrer relativ geringen Kosten und einfachen Anwendung in einfachen Standardmonitoren für z. B. Bahnsteiganzeigen, Spielgeräten und in Meßgeräten eingesetzt.

Farbbildröhren gibt es heute im Formatbereich von ca. 15 cm bis hin zu ca. 1 m Bildschirmdiagonale. Die Hauptanwendung „Fernsehen" liegt allerdings im Bereich von ca. 35 cm bis 80 cm. Die heutigen Farbbildröhren sind in der Regel:

- selbstkonvergierend (Sie brauchen keine Schaltung mehr zur Konvergenzkorrektur)
- und rasterkorrekturfrei: sie brauchen nur noch geringen Aufwand zur Korrektur des abgebildeten Rasters.

Es sind ausschließlich In-line-Röhren, d. h. die drei Elektronenstrahlsysteme Rot, Grün, Blau liegen in einer horizontalen Ebene.

Monitorröhren gibt es in monochromen und mehrfarbigen Ausführungen. Hier werden höhere Anforderungen an Bildgüte gestellt. Dort wo die Monitorröhren in sog. Bildschirmarbeitsplätze einfließen, werden darüber hinaus an bestimmte Parameter ganz besondere ergonomische Anforderungen gestellt. Solche können sein:

- Farbe des Leuchtstoffes
- Kontrast
- Helligkeit
- Auflösung
- Flimmern
- Entspiegelung
- Störstrahlung

Monitorröhren werden auch abweichend von der Fernsehnorm betrieben, d. h. mit höheren Ablenkfrequenzen (bis zu 64 kHz Horizontalablenkfrequenz). Auch wird z. B. der zeilenweise Bildaufbau (Rasterscan) verlassen. Stattdessen kann dann z. B. ein *Vector-scan*-Verfahren angewandt werden. Dabei wird der Elektronenstrahl wie ein Bleistift beim Zeichnen oder Schreiben abgelenkt, geführt und gesteuert.

In nahezu allen Geräten, in denen Signale (analoge oder digitale) auftreten, deren Verlauf gemessen oder überwacht werden soll, können Oszillographen-Röhren eingesetzt werden. Hierzu gehören auch medizinische Therapie- und Überwachungsgeräte, Signalüberwachungsgeräte, nachrichtentechnische Anlagen, Prozeßsteueranlagen, usw. d. h. alle Geräte und Anlagen in denen schnelle Signalverläufe gemessen oder überwacht werden sollen. Natürlich gehören dazu auch die eigentlichen Oszillographen für Service, Entwicklung usw.

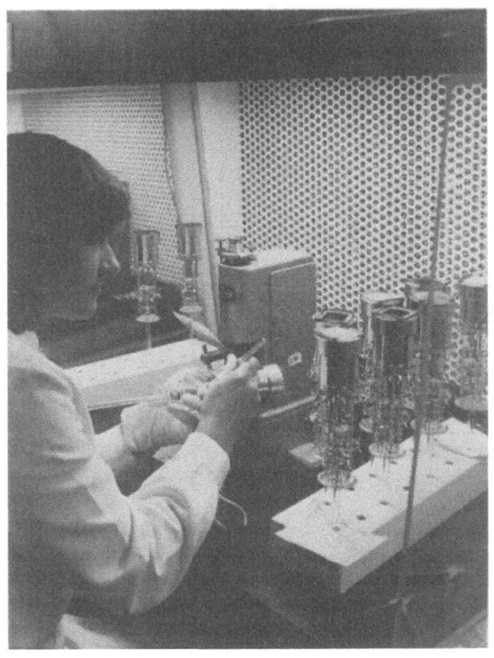

Kathodenstrahlröhre 1: Montage von Elektronenstrahlerzeugern für Oszilloskopröhren. (Quelle: AEG)

Auch die Technik der Oszillographen-Röhren ist einer ständigen Weiterentwicklung unterworfen, was gerade in den letzten Jahren zu deutlichen Verbesserungen geführt hat.

Die Weiterentwicklung geht in Richtung flacher, heller, kontrastreicher, schneller, hohe Ablenkempfindlichkeit.

Die letzte Gruppe der K. bilden vor allem Sonderausführungen der bereits erwähnten Grundtypen. So sind z. B. die Projektionsbildröhren monochromatische Monitorröhren besonderer Bauform mit besonderen Leuchtstoffen.

Eine dieser Sonderausführungen ist auch der Bildverstärker. Man unterscheidet drei Grundtypen mit Lichtverstärkungen zwischen 20-fach und 10^5-fach. Anwendung finden sie z. B. als elektronische Schnellverschlüsse (Öffnungszeiten bis zu 1 ns) oder in Nachtsichtgeräten.

K. haben sich in ihrer langjährigen Geschichte zu sehr vielfältigen Ausführungs- und Anwendungsformen entwickelt. Daher läßt sich die Frage nach ihrer Ablösung durch andere Displaytechnologien, insbesondere durch sog. *flache* Displays nicht generell beantworten.

Die Technologie, der man heute die größte Chance einräumen muß, wenn nach einem flachen Display gefragt wird, ist die LCD-Technologie.

Allerdings ist die Entwicklung des Kathodenstrahldisplays noch nicht am Ende. D. h. für konkurrierende Technologien wird es immer schwieriger, die Bildgüte und die Kostenvorgaben des Kathodenstrahldisplays zu erreichen. Selbst für den „flachen Bildschirm" ist das Kathodenstrahlprinzip nicht auszuschließen.

Kathodenstrahlröhre 2: Bei direktem Sonnenauflicht ablesbare, höchstauflösende Farbmonitorröhren von AEG im „Experimental Aircraft Program" der Fa. British Aerospace. (Quelle: British Aerospace Smith Industries)

In immer stärkerem Maße werden Kathodenstrahldisplays an Arbeitsplätzen eingesetzt, als

- Datendisplays in der EDV
- Grafikdisplays in CAD/CAM-Anwendungen
- Displays in der Prozeßkontrolle

Hier werden z. T. besondere ergonomische Anforderungen gestellt, die z. B. ein ermüdungsfreies Arbeiten mit den Bildschirmen erlauben.

Zusammenfassend ist festzustellen, daß das Kathodenstrahldisplay ein ausgereiftes, vielfältig anwendbares Bauelement ist, das ein noch immer nicht voll ausgeschöpftes Innovationspotential besitzt. *Keitel/Nerstheimer*

Literatur: Bildröhren und Ablenkmittel 1966. Hrsg. SEL, Eßlingen. – Die Fernseh-Bildröhre. Hrsg. Telefunken, Ulm. – Einführung in die Farbfernsehservicetechnik, Bd. I: Grundlagen der Farbfernsehtechnik. Hrsg. N. V. Philips Gloeilampenfabrieken Eindhoven, Niederlande. – Farbfernsehtechnik I. Hrsg. Telefunken, München. – Farbfernsehtechnik II. Hrsg. Telefunken, Berlin. – *Find, G.*: Television Engineering. New York. – Principles of Color Television. Hrsg. Hazeltine Laboratories Staff, New York. – Tradition in Qualität: Bildröhrenfertigung in Aachen. Hrsg. Philips, Hamburg. – Valvo Datenbuch 1986: Farbbildröhren-Systeme für Fernsehen. Hrsg. Valvo, Hamburg.

KC-Kondensator →Polycarbonat-Kondensator

KDP-Kristall →Frequenzvervielfachung, optische

KDPU-Kondensator. Kurzbezeichnung für einen lackumhüllten Vielschicht-Kondensator mit radialen (einseitig herausgeführten) Anschlußdrähten. Die Kurzbezeichnung KDPU geht auf DIN 41930 zurück. *Bensieck*

Kennlinie.

1. Graphische Darstellung des funktionalen Zusammenhangs zwischen zwei Betriebsgrößen eines Systems, z. B. die Drehmoment-Drehzahl-K. eines Motors oder die Strom-Spannungs-K. eines elektronischen Bauelements.

Dabei werden alle anderen Parameter des Systems konstant gehalten. Auch Abhängigkeiten zwischen elektrischen und mechanischen Größen werden dargestellt. In der Regel ist ein rechtwinkeliges Koordinatensystem üblich. K. sind besonders dort vorteilhaft, wo die mathematisch-formelmäßige Darstellung eines Zusammenhangs unübersichtlich oder nicht angebbar ist. In vielen Fällen wird die Darstellung parametrisiert, d. h. für verschiedene Werte einer dritten Größe wird jeweils eine K. dargestellt, so daß ein ganzes Kennlinienfeld entsteht. Oft werden auch die vier möglichen Quadranten eines Achsenkreuzes zur Darstellung verschiedener K. benutzt (Bild 1). *Heinz*

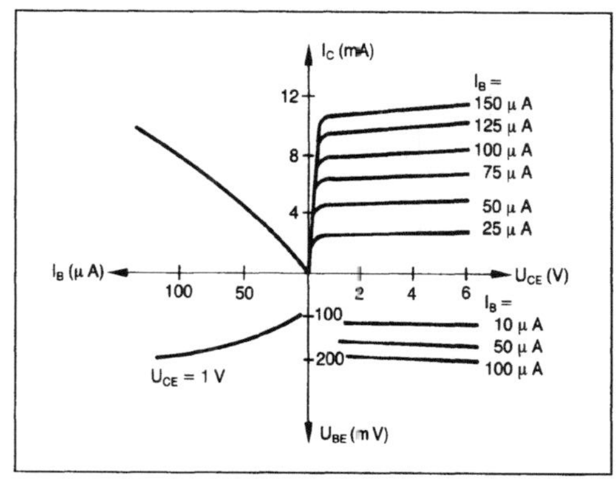

Kennlinie 1: Vier-Quadranten-Kennlinienfeld eines Transistors in Emitterschaltung.

2. Graphische Darstellung des Strom-Spannungs-Verhaltens elektronischer Bauelemente (bei Sensor- und Wandlerbauelementen kann sinngemäß auch jeweils eine andere physikalische Größe vorliegen, z. B. die Strahlung). Wird dabei ein weiterer Parameter einbezogen, so entsteht ein Kennlinienfeld (Bild 2a).

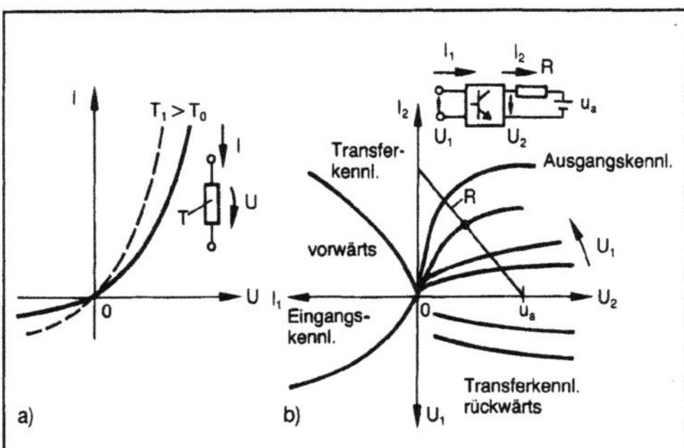

Kennlinie 2:
a) K. eines Zweipolelementes (nichtlinear) unter Einfluß der Temperatur T als Parameter
b) Kennlinienfelder (zusammengesetzte Form) eines Dippolbauelementes mit eingetragenen Lastwiderstand R.

Je nachdem, ob dabei der Ursache-Wirkungszusammenhang proportional ist oder nicht, spricht man von linearer oder nichtlinearer K. Speziell bei steuerbaren bzw. schaltbaren Bauelementen wie Transistoren und Thyristoren gibt es abhängig von den gewählten Strom-Spannungs-Zusammenhängen (Bild 2b)

- Eingangs-K. (-felder), beispielsweise die Abhängigkeit des Emitterstromes von der Emitter-Basis-Spannung mit der Kollektor-Basis-Spannung als Parameter,
- Ausgangs-K. (-felder), beispielsweise die Abhängigkeit des Kollektorstromes von der Kollektor-Basis-Spannung (Parameter Emitterstrom),
- Transfer- oder Übertragungskennlinien (-felder) etwa der Kollektorstrom über der Emitter-Basis-Spannung (Parameter Kollektor-Basis-Spannung).

Namentlich das Ausgangskennlinienfeld gibt Auskunft über →Verlustleistung und zusammen mit dem Lastwiderstand über die Lage des Arbeitspunktes und die Ausgangsgrößen.

K. werden vor allem dann benutzt, wenn sich die Zusammenhänge wegen einer Nichtlinearität nur schwer oder überhaupt nicht analytisch beschreiben lassen. Aus Kennlinienfeldern lassen sich die Kenngrößen eines Bauelementes, insbesondere die Kleinsignalgrößen graphisch bestimmen. *R. Paul*

Kennlinienkorrektur. Nachträgliche Aufarbeitung der experimentell anfallenden Sensorkennlinien. Eine bleibende K. erfolgt häufig durch Trimmen am Sensor selbst oder einem damit eng verbundenen Netzwerk von Bauelementen. Ein typisches Beispiel dafür ist das Lasertrimmen von Dickschichtbauelementen am oder in der Umgebung des Sensors. Häufig erfolgt die K. auch dynamisch in einer nachgeschalteten Auswerteelektronik, z. B. in einem Rechner. *Schaumburg*

Keramik-Chipkondensator →Keramik-Vielschichtkondensator

Keramik-Filter. Frequenzfilter mit einem oder mehreren Keramik-Resonatoren. Häufig auch als monolithisches Filter mit mehreren Vibratoren auf einem Substrat. Hauptanwendung in der →Konsumelektronik als ZF-Filter für 455 kHz und 10,7 MHz. Ausführung auch als Oberflächenwellen-Filter (SAW-F.) für höhere Frequenzen (→Quarzfilter). *Fick*

Keramikkondensator. Ein Kondensator, dessen →Dielektrikum durch einen keramischen Isolierstoff mit hoher Spannungsfestigkeit bei verschieden hoher →Dielektrizitätskonstante (Permittivität) gebildet wird.

Die Elektroden des Kondensators befinden sich, meist als aufgedampfte metallische Schichten (Beläge), beidseitig der Keramik. An die Beläge angelötete Anschlüsse komplettieren den technischen Kondensator.

K. bilden eine große Gruppe von Kondensatoren im unteren Kapazitätsbereich (0,5 pF bis zu einigen μF). Die verwendeten Keramikarten gehören einerseits zu den paraelektrischen Materialien mit feldstärkeunabhängiger relativer Dielektrizitätskonstante, beispielsweise Titandioxid (TiO_2), andererseits zu den ferroelektrischen Materialien mit feldstärkeabhängiger relativer Dielektrizitätskonstante, wie z. B. Bariumtitanat ($BaTiO_3$).

Die Entwicklung von K. erfolgte in den Dreißiger Jahren in Deutschland und basierte auf den Erfahrungen mit Hochspannungsporzellanen. Kleinere Abmessungen gegenüber Glimmer- und Glaskondensatoren und Unabhängigkeit vom Naturprodukt Glimmer beschleunigten die Verbreitung der K. in praktisch allen elektronischen Geräten.

Die am weitesten verbreiteten Ausführungs- und Lieferformen sind:

- Keramik-Scheibenkondensatoren (Einschicht-Kondensatoren) (Bild 1)
- Keramik-Vielschichtkondensatoren
- Keramik-Vielschicht-Chipkondensatoren (Bild 2)
- Keramik-Stabkondensatoren für die →Oberflächenmontage (→MELF)

Daneben werden eine ganze Reihe von Spezialausführungen angeboten, z. B.:

- Keramik-Hochspannungskondendsatoren
- Keramik-Leistungskondensatoren

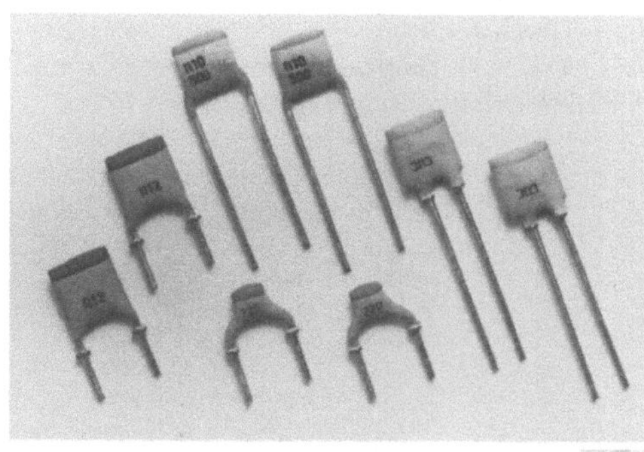

Keramikkondensator 1: Keramik-Rechteckscheibenkondensator mit Drahtanschlüssen. (Quelle: Philips Components)

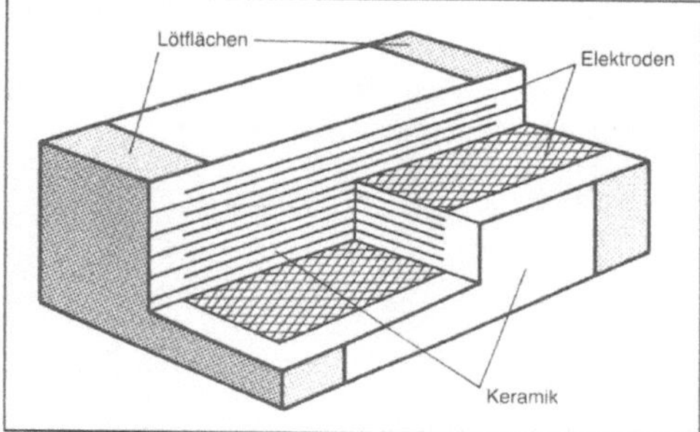

Keramikkondensator 2: Aufbau eines Keramik-Vielschicht-Chip-Kondensators (Multilayer) für die Oberflächenmontage.

- Keramik-Funkentstörkondensatoren
- Keramik-Rohrkondensatoren
- Keramik-Trapezkondensatoren
- Keramik-Sperrschichtkondensatoren

K. werden aus feingemahlenen Granulaten durch Sinterung im Temperaturbereich zwischen 1200 und 1400 °C hergestellt. Durch geeignete Zusatzstoffe (Aluminium-Silikate, Magnesium-Silikate, Aluminiumoxide) kann die relative Dielektrizitätskonstante ε_r eines K. zwischen 6 und 14000 liegen. Bei sonst gleichen Abmessungen steigt der Kapazitätswert eines Kondensators proportional mit der rel. Dielektrizitätskonstante des Dielektrikums an. Dabei ändern sich jedoch andere elektrische Eigenschaften des K. Je größer die rel. Dielektrizitätskonstante ist, desto höher ist zwar bei gegebenem Bauvolumen die Kapazität, aber es muß nachteilig in Kauf genommen werden, daß der Kapazitätswert spannungsabhängig und in nichtlinearer Weise temperaturabhängig wird. Auch nehmen die frequenzabhängigen Verluste zu.

Nach DIN 45910, Teile 16, 17 und 18 (CECC 30600, 30700 und 31100) werden die K. für elektronische Geräte ihren Eigenschaften und Anwendungsklassen entsprechend klassifiziert.

□ *Klasse 1:* Kondensatoren mit definiertem Temperaturkoeffizienten.

Eigenschaften: Annähernd lineare Abhängigkeit des Kapazitätswertes von der Temperatur; es sind K. mit definiertem positivem oder negativem Temperaturkoeffizenten im Handel. Außerdem sind solche K. durch niedrige frequenzabhängige Verluste und durch Spannungsunabhängigkeit der Kapazität charakterisiert.

Anwendungen: Schwingkreise, Filterschaltungen, →Temperaturkompensation, Kopplung und Siebung in HF-Kreisen.

□ *Klasse 2:* Kondensatoren mit hoher Dielektrizitätskonstante.

Eigenschaften: Größere Kapazitätswerte bei gleichen Abmessungen gegenüber *Klasse 1*-Kondensatoren, nichtlineare Abhängigkeit der Kapazität von der Temperatur und der Spannung, Alterungserscheinungen des Kapazitätswertes, höhere frequenzabhängige Verluste.

Anwendungen: Kopplung, Entkopplung, Funkentstörung, Siebung.

□ *Klasse 3:* Sperrschichtkondensatoren.

Eigenschaften: Höchste spezifische Kapazität im Bereich der K., nichtlineare Abhängigkeit der Kapazität von der Temperatur und von der Spannung, höhere frequenzabhängige Verluste, kleine Nennspannungen.

Anwendungen: Kopplung, Entkopplung, Funkentstörung, Siebung.

K. haben hervorragende HF-Eigenschaften. Insbesondere die Vielschichtkondensatoren mit Keramiken der *Klasse 2* werden in sehr großen Stückzahlen als Siebkondensatoren für den MHz-Bereich in elektronischen Schaltungen der Digitaltechnik eingesetzt.

Größte Bedeutung innerhalb der K. haben inzwischen die Keramikvielschicht-Chipkondensatoren erlangt. Zurückzuführen ist dies auf die Vorteile, daß durch den Schichtaufbau (Parallelschaltung vieler Einzelkondensatoren) eine sehr hohe Volumeneffizienz erzielbar ist und dadurch gravierende Beiträge zur →Miniaturisierung elektronischer Schaltungen geleistet werden kann und sich diese Bauelemente hervorragend mit den Bedingungen der Oberflächenmontage vertragen (Bild 2). Aufgrund dieser Eigenschaften wird erwartet, daß die Zuwachsraten von Keramik-Vielschicht-Chipkondensatoren weiterhin höher liegen werden als andere Kondensatorarten.

Bensieck

Literatur: *Leucht, K.:* Kondensatorenkunde für Elektroniker. München 1981. – *Petrick/Nögel/Herwig:* Moderne Kondensator-Technologien. Roederstein 1979. – *Zinke, O.* und *H. Seither:* Widerstände, Kondensatoren, Spulen und ihre Werkstoffe. Berlin 1982. – DIN 45910, Teil 16, 17, 18. – Philips-Datenbuch Keramikkondensatoren. Hamburg 1990.

Keramik-Resonator. Piezoelektrisches zur Frequenzbestimmung und Selektion geeignetes Bauelement (→Piezokeramischer Resonator) Vibrator aus →Piezokeramik mit aufgedampften oder eingebrannten Elektroden mit einer elektrischen Güte von Q ≈ 1000. Wegen des großen piezoelektrischen Kopplungsfaktors unkritische Montage in Kunststoffgehäusen. Temperaturgang und Frequenzinstabilität wesentlich größer als beim →Schwingquarz. Hauptanwendung in Keramik-Filtern und zur Frequenzbestimmung im Selektivruf und IR-Steuerung. *Fick*

Literatur: IEC-Pub. 642.

Keramik-Vielschichtkondensator. Eine besonders wichtige und in den letzten Jahren dominierende Gruppe von Kondensatoren mit Keramik-Dielektrikum. Gebräuchlich ist auch die englisch-amerikanische Bezeichnung „Multilayer-Capacitor".

Das besondere Merkmal von K.-V. ist, daß mehrere Lagen einseitig metallisierter Keramikschichten übereinandergestapelt und zu einem quaderförmigen Block zusammengefügt werden.

Die Innenelektroden (Beläge) werden jeweils an einer Stirnseite abwechselnd für den Außenanschluß herausgeführt. Durch diese Konstruktion erreicht man eine Parallelschaltung von Einzelkapazitäten, also eine große Volumeneffizienz.

Gemäß der Gleichung $C = \varepsilon A/d$ (→Kondensator) für einen Plattenkondensator, kann bei Vielschichtkondensatoren durch Variation der wirksamen Fläche A (Länge × Breite des Quaders und Anzahl der Lagen), durch Wahl des Dielektrikums (Dielektrizitätskonstante ε) und durch die Schichtdicke d ein außerordentlich großer Kapazitätsbereich erzielt werden.

Das heutige Angebot liegt zwischen unter 1pF bis etwa 10 μF für Kondensatoren mit einer Nenngleichspannung von 50/63 V. Typische Dielektrikums-Schichtdicken liegen zwischen 15 und 25 μm (Tendenz: kleiner); die Anzahl der gestapelten Lagen kann für größte C-Werte etwa 50 erreichen.

Zwei Entwicklungstendenzen stehen im Vordergrund:
- Die Volumeneffizienz weiterhin zu steigern und
- auch Kapazitätswerte oberhalb 10 μF in wettbewerbsfähiger Ausführung zu erreichen. Beide Tendenzen werden mit geringeren Nennspannungswerten erkauft (z. B. 25 V und 16 V).

K.-V. werden mit Drahtanschlüssen für die klassische Durchsteckmontage (→Keramikkondensator, Bild 1) und mit stirnseitig angebrachten Metallisierungen für die →Oberflächenmontage angeboten (Keramikkondensator, Bild 2). Die letztgenannte Ausführung ist weltweit marktbeherrschend, ihre gebräuchlichsten Bezeichnungen sind Keramik-Vielschicht-Chipkondensatoren oder Ceramic-Multilayer Chipcapacitors (CMC bzw. MLCC).

Die rasche und erfolgreiche Durchsetzung der Oberflächen-Montagetechnik (→SMT) ist zu einem erheblichen Maße auf Keramik-Vielschicht-Chipkondensatoren zurückzuführen.

Entscheidende Faktoren waren und sind:
- standardisierte Bauformen (daher Austauschbarkeit),
- äußerst breitbandiges Kapazitätsspektrum (bis hinein in das Gebiet von Folien-, Tantal- und Al-Elektrolytkondensatoren),
- extrem klein,
- preiswert
- und sehr gut geeignet für die Prozeßbedingungen der Oberflächenmontage-Technik.

Es sind diverse Standardbaugrößen bekannt und festgelegt (z. B. in CECC 32101-801), aber nur wenige beherrschen heute auf dem Weltmarkt Angebot und Nachfrage, diese sind:

Baugrößenkürzel	Länge × Breite (in mm)
0603	1,6 × 0,8
0805	2,0 × 1,25
1206	3,2 × 1,6

Kennzeichnend für die Entwicklung und Marktbedeutung von Keramik-Vielschicht-Chipkondensatoren ist die Ablösung einer Baugröße durch die jeweils kleinere.

Während noch – im weltweiten Verbrauch – bis Mitte der 80er Jahre die Baugröße 1206 dominierte, wurde sie dann in einer stetigen Entwicklung von 0805 überholt.

Ab Anfang der 90er Jahre gewinnt 0603 steigende Anteile. Zurückzuführen ist dies u. a. darauf, daß die Hersteller durch verbesserte Volumen-Effizienz Kapazitätswerte in der jeweils kleineren Bauform realisieren konnten, die vorher nur in der größeren vorhanden waren und daß die Anwender notwendiges Know-how und Equipment für die Verarbeitung miniaturisierter →SMDs aufgebaut hatten.

Die Tendenz zu kleineren Keramik-Vielschicht-Chipkondensatoren wird anhalten. Ansatzweise werden schon Kondensatoren der Baugröße 0402 (1×0,5 mm) erprobt. Bei fallender Tendenz von 1206 werden auf unserem Inlandsmarkt die Baugrößen 0805 und 0603 in den nächsten Jahren vorherrschen. *Bensieck*

Kernspeicher. Ein Speichermedium, in dem jede Binärstelle durch die Magnetisierungsrichtung eines Ferritkernringes dargestellt wird. Das Ferritmaterial hat eine fast rechteckige Hystereseschleife (Bild 1) und der magnetische Fluß B verbleibt in einem der beiden stabilen Zustände A oder A', wenn kein Strom durch die durch den Ring gefädelten Leitungen fließt. Um eine binäre 1 in dem Kern zu speichern, muß die Schreibleitung von einem Strom durchflossen werden, der das magnetische Feld H_m erzeugt. Nach Abschalten dieses Stromes verbleibt der Kern im Zustand A. Analog kann eine binäre 0 durch einen Strom eingeschrieben werden, der das Feld $-H_m$ anlegt, so daß der Kern anschließend im Zustand A' verbleibt.

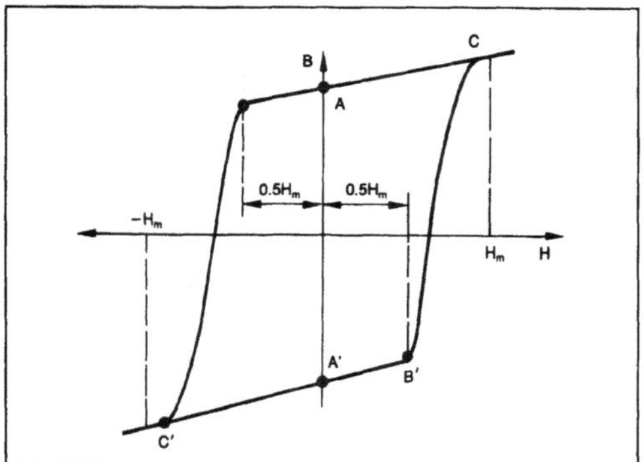

Kernspeicher 1: Hystereseschleife eines Magnetkerns.

Soll der Kern gelesen werden, so ist dies nur dadurch möglich, daß über die Schreibleitung eine binäre 0 eingeschrieben wird. Ändert dabei der Kern seinen Magnetisierungszustand von A nach A', so wird in einer ebenfalls durch den Kern gefädelten Leseleitung eine Spannung induziert. War der Kern zuvor bereits im Zustand A', so fehlt diese. Die auf der Leseleitung induzierte Spannung zeigt also an, ob in dem Kern eine binäre 1 oder 0 gespeichert war. Da beim Lesen die gespeicherte Information zerstört wird, sprechen wir von zerstörendem Lesen, das durch anschließendes Zurückschreiben wieder korrigiert werden muß. Lag eine 0 vor, so wird durch einen umgekehrten Strom auf einer weiteren Leitung, der Inhibitleitung, das Zurückschreiben verhindert.

Um die Anzahl der für den Lese- und den Schreibvorgang benötigten →Verstärker möglichst klein zu halten, werden die Ferritkerne in Form einer →Matrix angeordnet (Bild 2). Die Anwahl eines einzelnen Kernes erfolgt dann nach dem Koinzidenzprinzip, das allen Matrixspeichern gemeinsam ist. Dieses setzt voraus, daß die Hystereseschleife der rechteckigen Form so weit angenähert ist, daß zwar das Feld H_m, nicht aber das Feld 0,5 H_m den Kern umschalten kann. Soll z. B. in den linken oberen Kern (X0, Y1) eine 1 geschrieben werden, so werden die beiden Schreibleitungen, die Spaltenleitung X0 und die Zeilenleitung Y1, mit Strömen gespeist, die jeweils die Feldstärke 0,5 H_m erzeugen. Am Schnittpunkt beider Leitungen, also am auszuwählenden Kern, entsteht dann die Feldstärke H_m; der Kern geht in den Zustand C und nach Abschalten in den Zustand A über. In den übrigen Kernen der Spalte X0 und der Zeile Y1 ergibt sich jedoch nur die Feldstärke 0,5 H_m, so daß diese – falls sie sich im Zustand A' befanden – in den Zustand B' übergehen und nach Abschalten des Stromes nach A' zurückfallen. Alle Kerne außerhalb dieser Zeile und Spalte werden überhaupt nicht beeinflußt. Selbstverständlich entstehen auch durch die geringfügigen Änderungen von A' nach B' und zurück Störspannungen in der Leseleitung, die sich bei großen Matrizen summieren, aber durch die Leseverstärker abgefangen werden können.

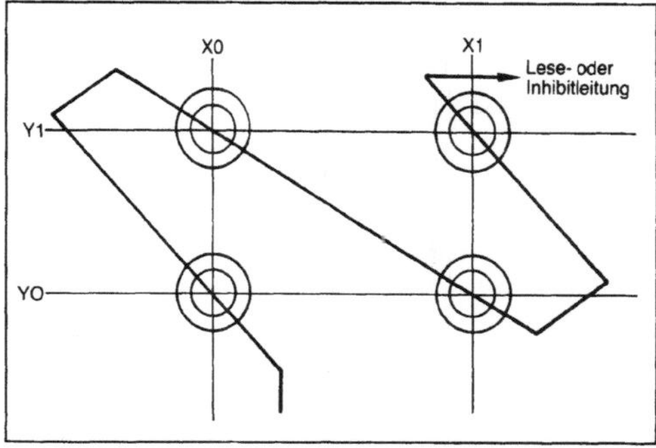

Kernspeicher 2: Ansteuerung nach dem Koinzidenzprinzip in einer zweidimensionalen Matrix.

Als Material werden für Magnetkernspeicher heute meist Mangan-Magnesium-Ferrite oder Lithium-Nickel-Ferrite eingesetzt. Der Außendurchmesser liegt bereits deutlich unter einem Millimeter, obwohl vier Leitungen durch den Kern gefädelt werden müssen. Die Zykluszeit, die von der Kerngröße abhängt, liegt unter 1 µs. Die sich daraus ergebenden Herstellungsschwierigkeiten haben wesentlich zur Ablösung des K. in heutigen Rechenanlagen beigetragen. Das Prinzip der matrixförmigen Anordnung der Binärstellen und das Koinzidenzprinzip als Ansteuerungsmethode sind jedoch erhalten geblieben. *H.-Jürgen Schneider*

Kerr-Effekt

1. Abhängigkeit des Brechungsindex eines Mediums vom Quadrat der anliegenden elektrischen →Feldstärke. Der K.-E. ist daher nicht von der Richtung des elektrischen Feldes abhängig.

2. Drehung der Polarisationsebene des Lichts bei Reflexion an einem magnetischen Material, verwandt mit dem →Faraday-Effekt. Die Drehrichtung hängt vom Vorzeichen der Magnetisierung ab und gestattet so die Beobachtung magnetischer Bereichsstrukturen. Man unterscheidet den polaren K.-E. (Lichteinfall und Magnetisierung senkrecht zur Oberfläche), den longitudinalen (Lichteinfall schräg und Magnetisierung in der Einfallsebene) und den transversalen K.-E. (Magnetisierung quer zur Einfallsebene). Der K.-E. läßt sich mit Interferenzschichten durch Mehrfachreflexion verstärken. *Helbig*

Kerrzelle →Kerr-Effekt

killing defects →Ausbeute

Klärpunkt →Flüssigkristallphasen

Klebetechnik. Zur mechanischen Befestigung von Bauelementen in der →Oberflächenmontage und zur Simultankontaktierung werden flächige oder als Einzelkontakt ausgeführte Klebverbindungen eingesetzt (→Mikroklebetechnik). *Hieber*

Klebspalt →Mikroklebetechnik

Klebstoff, gefüllter →Mikroklebetechnik

Kleinsignalbetrieb. Betrieb eines (im besonderen nichtlinearen) elektronischen Bauelementes, Übertragungsgliedes oder Verstärkers bei so kleinen Signalaussteuerungen in Bezug zu den Arbeitspunktgrößen, daß lineare Strom-Spannungs-Beziehungen vorliegen. Dann läßt sich ein →Transistor z. B. durch →Vierpolgleichungen für die Strom-Spannungsänderungen an seinen Klemmen beschreiben. Üblich sind z. B. die sog. h-, y- oder z-Parameter-Darstellungen (Vierpoltheorie). Die einzelnen Vierpolkoeffizienten stellen die (arbeitspunktabhängigen) Kleinsignalparameter dar. Sie lassen sich durch Ersatzschaltungen interpretieren. *R. Paul*

Klemmdiode. (auch Klammerdiode) Diode, die so in eine Schaltung eingefügt wird, daß ein bestimmter Potentialwert eines Knotens nicht überschritten werden kann. So verhindert z. B. eine →Schottky-Diode zwischen →Kollektor und →Basis eines Bipolartransistors, daß sein Kollektor-Basis-Übergang in den Flußbereich gelangen kann, wodurch sich das Umschaltverhalten deutlich verschlechtert (Bild). *R. Paul*

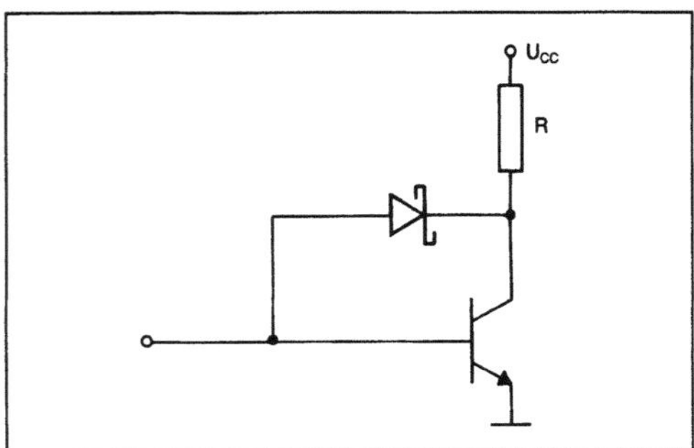

Klemmdiode: Schematische Darstellung.

Klemmenschaltung. (auch Klammer- oder Clampingschaltung) Schaltungsanordnung, die bei einem periodischen Signal (Wechselspannung, Impulsspannung) den positiven oder negativen Maximalwert auf einem konstanten Potential hält. So läßt sich z. B. eine verlorengegangene Gleichspannungskomponente durch Kondensatorkopplung wieder ergänzen. Dioden, die in solchen Schaltungen eingesetzt werden, heißen →Klemmdioden. *R. Paul*

Klemmfehler. Fehler in einer digitalen Schaltung derart, daß ein Signal nicht mehr zwischen den beiden logischen Pegeln niedrig und hoch wechseln kann.

Bei einem K. (logischen Fehler, →Ständigfehler, Stuckfehler, stuck at zero, stuck at one) kann die Spannung an mindestens einer Eingangs- oder Ausgangsklemme nicht mehr der zu realisierenden logischen Funktion folgen, sondern ist auf niedrigem oder hohem Potential *festgeklemmt.* Die Schreibweise x/0 bzw. x/1 bedeutet, daß das Signal x ständig den Wert 0 bzw. 1 führt.

Bauelement-Totalausfälle und logische Fehler werden durch dieselben Testmengen erkannt. *Schrüfer*

Klimaprüfung. Bei der K. für Bauelemente, Leiterplattenbaugruppen und Geräte wird eine →Simulation aller spezifierten klimatischen Umgebungsbedingungen in einem Klimaschrank (Temperatur, Feuchte, Druck) mit bestimmter Variation der einzelnen Werte und gleichzeitiger Prüfung des funktionellen Verhaltens unter diesen Bedingungen vorgenommen. *K. Winter*

Klinkensteckverbinder. K. sind zweipolige →Steckverbinder, die konzentrisch auf einem Stift hintereinander angeordnet sind. Nach dem Einführen des Steckerstiftes in die Klinke und dem Betätigen der beiden Kontakte rasten diese in Ringnuten ein. Die Stecker dienen zum Anschluß von geschirmten oder ungeschirmten Leitungen. Im Falle der geschirmten Leitung ist die Buchse in einer metallischen Hülse eingebaut, die elektrisch mit dem Leitungsschirmgeflecht verbunden ist. K. werden häufig in der Fernsprechvermittlungstechnik eingesetzt. *Pagnin*

Klirrfaktor. Der K. ist ein Maß für die Fähigkeit eines →Verstärkers, Signale originalgetreu wiederzugeben. Er ist definiert als Quotient der Leistung der zusätzlich erzeugten (sinusförmigen) Oberwellen, bezogen auf die Leistung einer bestimmten Grundwelle nach folgender Beziehung:

$$K = \frac{\sqrt{\sum_{n=1}^{\infty} \hat{u}_n^2}}{\hat{u}_0} \cdot 100\%$$

$\hat{u}_n$ = Scheitelwert Oberwellen
$\hat{u}_o$ = Scheitelwert Grundwelle

Die Angabe erfolgt in Prozent. Gute Verstärker haben einen K. von deutlich weniger als 1 %. Der K. muß im Zusammenhang mit der Frequenz (1 kHz im Audiobereich) oder dem Frequenzband angegeben werden, für die er gilt. Der K. kann z. B. mit einem →Spektrumanalysator gemessen werden.

K. Winter

Literatur: *Tietze, U.; Ch. Schenk:* Halbleiter-Schaltungstechnik. Berlin, 1989.

Klystron. Eine →Laufzeitröhre, bei der ein linearer Elektronenstrahl mindestens einen Triftraum durchläuft und mit Hochfrequenzfeldern in Wechselwirkung tritt, die auf Wechselwirkungsspalte begrenzt sind (Linearstrahlröhre, *O*-Typ-Röhre).

Die einfachste Form eines K. ist das Zweikammerklystron (Bild 1). Der von einer →Elektronenkanone erzeugte Elektronenstrahl gelangt zum Wechselwirkungsspalt des ersten Resonators. Die mit gleicher Geschwindigkeit ankommenden Elektronen werden je nach augenblicklicher Richtung des elektrischen Wechselfeldes im Spalt beschleunigt oder abgebremst, der austretende Strahl ist geschwindigkeitsmoduliert. In dem anschließenden feldfreien Triftraum holen die schnelleren die voranfliegenden langsameren Elektronen ein und bilden Elektronenpakete: aus der →Geschwindigkeitsmodulation wird eine →Dichtemodulation (Bild 2). Da, wo die Elektronenpakete am stärksten ausgebildet sind, ist der Wechselwirkungsspalt des zweiten Resonators angeordnet. Der Strahl gibt an das Hochfrequenzfeld des zweiten Spaltes Energie ab und erzeugt damit eine Leistungsverstärkung.

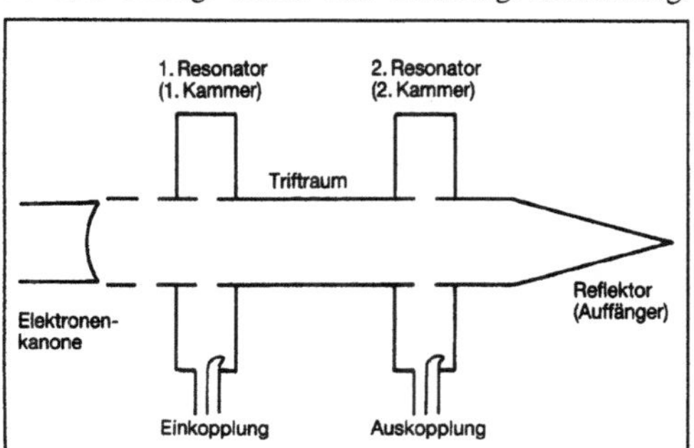

Klystron 1: Prinzipieller Aufbau eines Zweikammerklystrons.

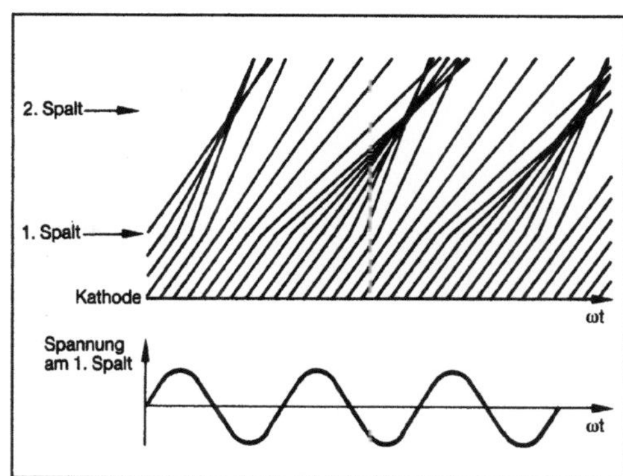

Klystron 2: Elektronen-Fahrplan in einem Zweikammerklystron.

Der durch die Energieabgabe abgebremste Strahl tritt in den →Kollektor ein, seine Restenergie wird in Wärme umgesetzt.

Reicht die Verstärkung eines Zweikammerklystrons nicht aus, so kann sie durch Hintereinanderschalten weiterer Resonatoren und Triftstrecken vervielfacht werden (Mehrkammerklystron). Durch Verstimmen einzelner Kammern gegeneinander und Bedämpfen der Zwischenkreise läßt sich außerdem die →Bandbreite vergrößern.

Der jetzt sehr lange Elektronenstrahl würde durch seine →Raumladung stark aufspreizen und muß fokussiert werden. Das geschieht meist durch statische Magnetfelder, kann jedoch auch durch elektrostatische Linsen erfolgen. Bei der magnetischen →Fokussierung wird entweder ein homogenes, meist von Spulen erzeugtes Magnetfeld oder aber ein durch Permanentmagnete erzeugtes, räumlich periodisch wechselndes Magnetfeld verwendet.

Die Resonatoren bilden entweder einen integralen Bestandteil der Vakuumhülle der Röhre (Innenkammerklystron) (Bild 3) oder Teile von ihnen werden außen an Flanschen der Triftstrecken angesetzt (Außenkammerklystron). Im zweiten Fall ist eine bequeme Durchstimmbarkeit in einem weiten Frequenzbereich möglich.

Da der stark dichtemodulierte Elektronenstrahl viele Oberwellen enthält, eignen sich Klystrons auch als Frequenzvervielfacher.

K. werden für Frequenzen von 200 MHz bis 30 GHz gebaut mit Dauerstrichleistungen bis 1 MW, bzw. Pulsleistungen bis 50 MW bei Wirkungsgraden bis zu 65 %. Hauptanwendungsgebiete sind:

- Fernsehsender oberhalb 470 MHz (Band IV/V, 12 GHz)
- Weitbereichsradar
- Überhorizontverbindungen
- Erzeugung hoher Mikrowellenleistung für die Grundlagenforschung (→Teilchenbeschleuniger usw.).

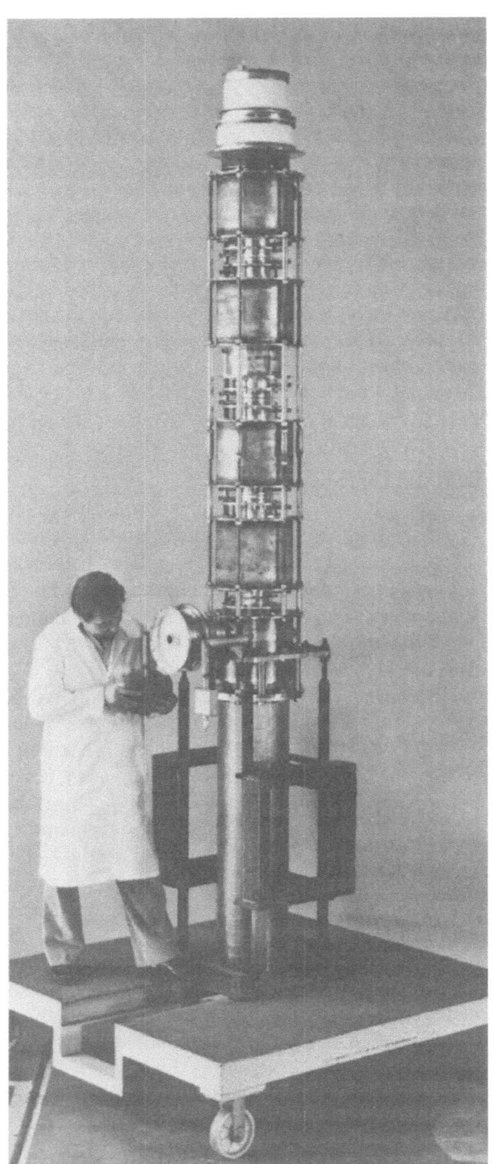

Klystron 3: Innenkammerklystron mit einer Dauerstrich-Ausgangsleistung von 1000kW bei 500MHz für Teilchenbeschleuniger. (Quelle: Philips Components)

Eine spezielle Ausführungsform des K. ist das Reflexklystron. Es enthält nur einen →Resonator (Bild 4). Die Elektronen werden nach Durchtritt durch den Spalt an einer Elektrode mit negativem Potential (Reflektor) reflektiert. Dabei beschreiben die schnelleren Elektronen einen weiteren Weg als die langsameren. Bei geeigneter Wahl der Reflektorspannung treffen sie wieder im Spalt zusammen und bilden Elektronenpakete, die bei richtiger Phasenlage Energie an den Resonator abgeben: das Reflexklystron schwingt. Da die zurückkehrenden Elektronen aber nur dann Energie an das elektrische Feld des Resonators abgeben können, wenn sie abgebremst werden, müssen sie in den Spalt wieder eintreten, wenn die hinauslaufenden Elektronen gerade beschleunigt werden, d. h. bei Schwingungserzeugung ist die Laufzeit der Elektronen im Reflektorraum das (n - 1/4)-fache einer Schwingperiode, wobei n eine ganz positive Zahl ist (Bild 5). Die Schwingfrequenz ist im wesentlichen durch den Resonator bestimmt, doch ist eine elektronische Feinabstimmung über die Reflektorspannung möglich.

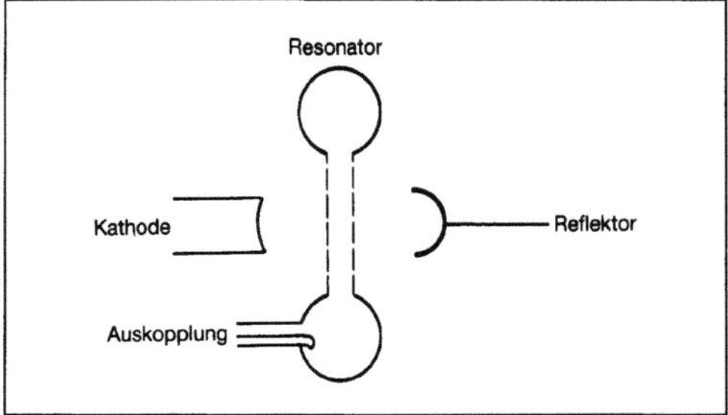

Klystron 4: Prinzipieller Aufbau eines Reflexklystrons.

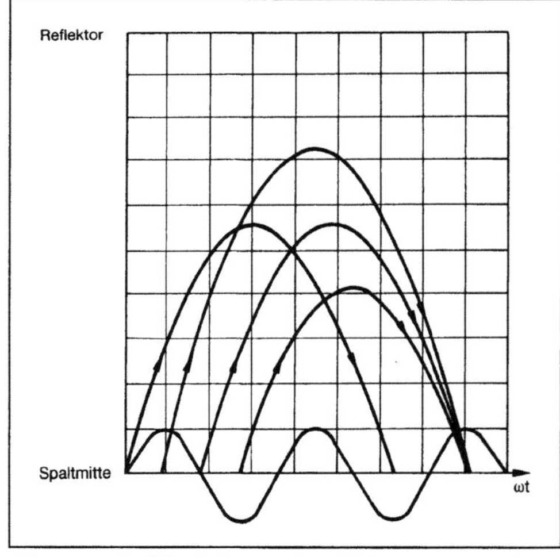

Klystron 5: Flugbahnen der Elektronen in einem Reflexklystron.

Der Wirkungsgrad eines Reflexklystrons ist gering und beträgt weniger als 10%. Früher wurde es viel als Hilfsoszillator in Radargeräten und als →Oszillator in Meßsendern verwendet, heute ist es weitgehend durch Halbleiteroszillatoren ersetzt. *Golombek*

Koaxialleitung. Eine K. besteht aus zwei konzentrisch angeordneten elektrischen Leitern, zwischen denen ein geeignetes Isoliermedium angeordnet ist. Der Außenleiter dient dabei als Rückleiter und liegt in der Regel auf Massepotential. K. erlauben eine verlust- und verzerrungsarme Signalübertragung und werden bei hohen Frequenzen eingesetzt. Störemissionen und Störanfälligkeit sind im Vergleich zu parallel geführten Stromleitern gering. K. werden so ausgeführt, daß ihr Wellenwiderstand den Konventionen bei bestimmten Anwendungen entspricht, z. B. 75 Ohm für den TV-Bereich.

K. Winter

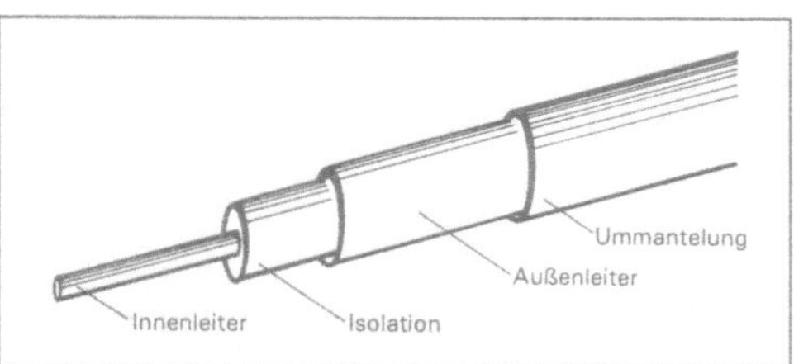

Koaxialleitung: Schematischer Aufbau.

Koaxial-Steckverbinder. K.-S. werden als lösbare Verbindung zwischen koaxialen Leitungen zur Übertragung hochfrequenter elektrischer Signale benutzt. Die Übertragung elektrischer Signale ab etwa 3 MHz erfordert von den Steckverbindern die Einhaltung eines konstanten Wellenwiderstandes. Dieser ist abhängig vom Durchmesserverhältnis des inneren und äußeren Zylinders der Leitung und von der →Dielektrizitätskonstante des Isolationsmaterials zwischen den beiden konzentrischen Leitungen. Die aufgrund von Maßabweichungen auftretende Widerstandsänderung kann sich bei der Übertragung als frequenzabhängige Reflexion bemerkbar machen. Diese Abweichung wird als *Reflexionsfaktor* bezeichnet.

Als weitere Eigenschaft wird vom K.-S. eine gute Abschirmung der Übertragungssignale von äußerer Fremdstrahlung an der Verbindungsstelle gefordert. Als Maß der Wirksamkeit der Abschirmung dient der *Kopplungswiderstand* bei den vorhandenen Frequenzen. Die K.-S. sind im Stift-Buchse-Prinzip (→Steckverbinder) aufgebaut. Der Innen- und der Außenleiter der Verbindung werden jeweils durch runde Stifte und zugehörige federnde Buchsen elektrisch verbunden. Damit kann erreicht werden, daß die elektrischen Eigenschaften des K.-S. und die der →Koaxialleitung möglichst wenig voneinander abweichen. Je nach Verwendungsart werden Kabel-, Gehäuse-, Zwischen- und Bügelstecker unterschieden. Zum Anschluß der Koaxialleitung an die Stecker werden Löt- und Crimpverbindungen hergestellt.

Pagnin

Kohärenz. Sie wird als Maß für die Interferenzfähigkeit von Licht bzw. die Abweichung realer Wellenfelder von der idealen ebenen Welle mit räumlich und zeitlich konstanter Phase und Amplitude verwendet. Es wird zwischen zeitlicher und räumlicher K. unterschieden.

Die Wellen realer Lichtquellen setzen sich aus einer zeitlichen Folge von einzelnen Wellenpaketen zusammen, die jeweils eine Dauer entsprechend der natürlichen Lebensdauer τ_{spon} des emittierenden Energiezustandes haben. Innerhalb dieser Zeit sind die Phasen der →Feldstärke fest zueinander korreliert. Diese Kohärenzzeit t_{koh} läßt sich durch die spektrale Breite des elektronischen Überganges Δf, bzw. $\Delta\lambda$ ausdrücken. In der Praxis ist es sinnvoller, die Strecke anzugeben, die das Licht in dieser Zeit zurücklegt, die sog. Kohärenzlänge L_{koh}

$$L_{koh} = c_0\, t_{koh} = c_0\, (2\pi\, \Delta f)^{-1} = \lambda^2\, (2\pi\, \Delta\lambda)^{-1}$$

Die Kohärenzlänge wird mit einem Michelson-Interferometer als die Weglängendifferenz zwischen beiden Armen bestimmt, für die der Interferenz-Kontrast nur noch 50% beträgt.

Die Phasen der emittierten Wellenzüge verschiedener Atome einer ausgedehnten Lichtquelle sind nur innerhalb eines geringen Abstandes untereinander korreliert. Zur Messung dieser räumlichen K. wird die Interferenz des Lichtes zweier getrennter Punkte einer Lichtquelle genutzt.

Natürliche Lichtquellen sind zeitlich und räumlich inkohärent. Durch Lochblenden und Farbfilter bzw. mit Spektrallampen läßt sich partiell kohärentes Licht erzeugen. Laser mit schmaler spektraler Emission im transversalen Grundmodus sind in hohem Maße zeitlich und räumlich kohärent.

Rosenzweig

Kohle-Schichtwiderstand →Widerstand

Koinzidenzschaltung. Schaltung, um die Gleichzeitigkeit von Ereignissen zu erkennen.

In bestimmten Anwendungsfällen, wie z. B. in der Strahlungsmeßtechnik, ist es wichtig zu wissen, ob die von verschiedenen Detektoren gelieferten Impulse gleichzeitig auftreten. Dazu werden die Impulse normiert und einem UND-Gatter zugeführt (Bild). Dessen Ausgang ist nur für die Zeit mit einer

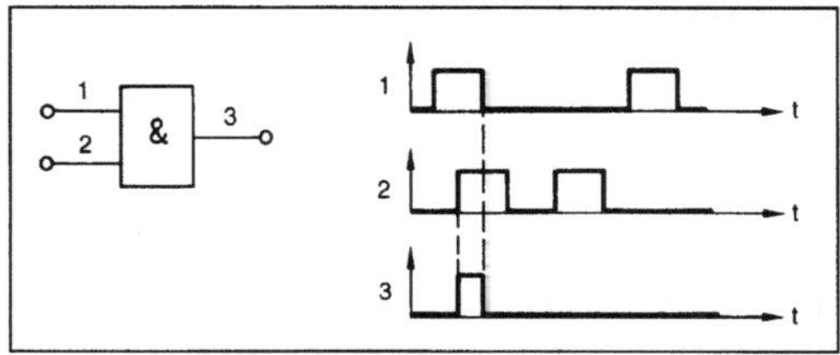

1), 2) Eingangssignale, 3) Ausgangssignal.

Koinzidenzschaltung: Ausführung mit UND-Gatter.

logischen 1 belegt, während der die beiden Impulse sich überlappen. Das UND-Gatter liefert nur dann einen Ausgangsimpuls, wenn die beiden Impulse koinzident sind, wenn sie zusammentreffen. *Schrüfer*

Kolben der Bildröhre. Der K. der →Bildröhre besteht aus Schirmglas, Konus, Hals und Preßteller mit Sockel. Alle vier Teile sind aus Glas und werden in verschiedenen Fertigungsschritten vakuumdicht miteinander verbunden.

Das Schirmglas trägt im Inneren den Leuchtschirm und die Aluminiumschicht, sowie an drei oder vier Stellen in das Glas gepreßte Haltestifte für die →Lochmaske und die Abschirmhaube.

Mittels eines Glaslotes werden im Klebeofen Schirmglas und Konus miteinander verklebt.

In den Konus ist der →Anodenkontakt in das zuvor erwärmte Glas gepreßt. An den Konus wird der Bildröhrenhals geschmolzen. In diesen wird das auf dem Sockel und dem Preßteller montierte →Elektronenstrahlsystem eingeführt und der Glaspreßteller mit dem Hals verschmolzen.

Durch den Preßteller sind die Kontaktstifte des Sockels vakuumdicht geführt. Der Preßteller trägt in seiner Mitte ein dünnes Glasröhrchen, den Pumpstengel, über den die Röhre evakuiert wird. Durch Abschmelzen des Pumpstengels wird zuletzt die evakuierte Röhre geschlossen. *Nerstheimer*

Literatur: Die Fernseh-Bildröhre. Hrsg. Telefunken, Ulm.

Kollektor.

Vakuumröhren. Ein K. oder Auffänger ist in der Technik der →Elektronenröhren eine Elektrode, die Elektronen oder Ionen auffängt, die ihre Aufgabe erfüllt haben. Er muß somit auch die restliche kinetische Energie dieser →Ladungsträger in Form von Wärme aufnehmen und abführen.

Der K. besteht aus einem Material, das sowohl elektrisch als auch gut wärmeleitend ist und sich mit Isolatoren, meist Keramik oder Glas, vakuumdicht verbinden läßt. Er ist in der Regel als Topf ausgeführt mit einer Blende am Eingang. Dadurch soll vermieden werden, daß Sekundärelektronen in den Wechselwirkungsraum eindringen und auf anderen Elektroden landen. Der K. besitzt üblicherweise von allen Elektroden das höchste Potential.

Spezielle Ausführungsformen des K. arbeiten mit einem Gegenfeld, um die auftreffenden Ladungsträger abzubremsen und auf einem niedrigeren Potential aufzufangen. Damit wird die →Verlustleistung einer Röhre vermindert und der Wirkungsgrad erhöht. Die Ladungsträger treffen mit unterschiedlicher Geschwindigkeit auf den K. auf. Deshalb unterteilt man solche Spezialkollektoren in mehrere Stufen, die sich auf unterschiedlichem Potential befinden (Mehrstufenkollektor) und jeweils Elektronen entsprechender Energie auffangen können. *Kiesel*

Halbleitertechnologie. Der K. ist ein Gebiet im Bipolartransistor (→Bipolartechnik). Er ist vom gleichen Leitungstyp, wie der Emitter. Normalerweise wird der K. während der Halbleitertechnologie bei Einzeltransistoren nicht dotiert; je nach gewünschten Eigenschaften wählt man die →Halbleiterscheibe mit entsprechender →Dotierung. Eine hohe Dotierung des Siliciums ist wichtig, um den →Durchlaßwiderstand des Transistors niedrig zu halten. Um die →Basis und den →Emitter herstellen zu können, darf der K. andererseits nicht zu hoch dotiert sein. Deshalb benutzt man oft eine niedrig dotierte Epitaxieschicht (→Epitaxie) auf hochdotiertem Substrat. Bei integrierten Schaltungen werden im allgemeinen Subkollektoren verwendet, um den Serienwiderstand niedrig zu halten. *Ryssel*

Kolloid-Anzeige. Stäbchenförmige oder scheibenartige Kristallite, die Poly-Iodidketten enthalten, zeigen dichroitische Eigenschaften. Sie werden in den sogenannten K.-A. oder auch Suspensionsanzeigen, technisch genutzt. Eines der wesentlichsten Probleme dieser Technik besteht darin, die dichroitischen Kristallite in einem nichtleitenden flüssigen Medium im Schwebezustand in einer Zelle zu halten. Der Zellenaufbau ähnelt der einer →Flüssigkristall-Zelle. Die Richtung der dichroitischen Partikel ist statistisch verteilt. Durch die Zelle hindurchtretendes Licht wird absorbiert; die Zelle erscheint dunkel. Ein elektrisches Feld zwingt die Partikel in eine Vorzugsrichtung (Feldrichtung). Damit wird die Zelle transparent. Die Zelle trägt auf den Innenseiten transparente Elektroden. Zwischen ihnen liegt das elektrische Feld zur Ansteuerung einzelner Bildpunkte.

Die Schichtdicke der Suspensionen in der Zelle der K.-A. liegt im Bereich von 50 bis 100 μm. Je nach Grundeigenschaften und Konzentration der Partikel liegt die Resttransmission bei Werten unter 1%.

Liegt zwischen den Elektroden eine Spannung von ca. 50 V an, so werden die Partikel in Feldrichtung gedreht. Die Absorption erhöht sich auf ca. 50%; die Anzeige erscheint im angesteuerten Bereich transparent. Da die elektrooptische Kennlinie der bekannten Suspensionen flach ist, eignen sie sich nur für eine statische Ansteuerung.

Die wesentlichen Vorteile dieser Anzeigetechnik bestehen in

- ◻ hohem Kontrast,
- ◻ geringer Winkelabhängigkeit,
- ◻ geringer Abhängigkeit der Transmission vom Spektralbereich des hindurchtretenden Lichtes,
- ◻ einfacher Zellenaufbau ohne Polarisationsfolien und ohne hoher Toleranzanforderungen.

Diesen Vorteilen stehen leider die noch nicht gänzlich gelösten Probleme, wie
- Stabilität der Suspension bei hohen Temperaturen sowie
- Randeffekte an den Elektrodenkanten

gegenüber. Die Zukunft dieser im Prinzip guten Anzeigetechnik ist deshalb ungewiß. *Potthars*t

Kommutierung von Stromrichtern. Als K. bezeichnet man allgemein den Stromübergang von einem Stromkreis auf einen anderen. Dies tritt bei allen →Stromrichterschaltungen mit zwei oder mehr Stromzweigen auf. Dabei ist zu beachten, daß die in Stromrichter-Schaltungen eingesetzten Thyristoren jederzeit zündbar (= einschaltbar) sind, jedoch nur für eine Stromrichtung. Ein Löschen (= Ausschalten) erfolgt nur, wenn der durchfließende Strom den relativ kleinen Thyristor-Haltestrom unterschreitet.

In Stromrichterschaltungen muß eine bestimmte Reihenfolge der Thyristor-Einschaltungen (= Pulsfolge) eingehalten werden. Bei →Gleichstromstellern muß der Schaltthyristor mit einer bestimmten Taktfrequenz eingeschaltet und wieder gelöscht werden.

Das Ende der Strompulse wird nur über die Beeinflussung durch eine treibende Spannung, d. h. durch den Übergang zu einer den Stromfluß sperrenden Polarität, bewirkt (Ausnahme →GTO-Thyristoren). Dies kann vom speisenden Netz, vom Lastkreis oder durch eine Löscheinrichtung erfolgen. Man unterscheidet daher:

□ netzgeführte Stromrichter,
□ lastgeführte Stromrichter,
– die beiden ersten werden auch fremdgeführte Stromrichter genannt –
□ selbstgeführte Stromrichter.

Wenn der Laststrom in einem →Thyristor nach dem Zünden des in der Pulsfolge nächsten Thyristors allein durch die Zeitwahl dieser →Zündung erlischt, spricht man von *natürlicher K.*

Werden zur Löschung und Stromübergabe weitere Hilfseinrichtungen erforderlich, wird dies *Zwangskommutierung* genannt.

Einen Überblick über die Kommutierungsverfahren gibt die Tabelle.

□ *Natürliche Kommutierung* (auch wechselstromseitige K.): Diese liegt beim netzgeführten Stromrichter vor. Der Verlauf der Netz-Wechselspannung bestimmt das Ende der Strompulse. Im einfachsten Fall, bei einphasiger Einwegschaltung (Stromrichter-Schaltungen), verlöscht der Strom, wenn die positive Halbwelle der Netzspannung zu Ende geht.

Hat ein Stromrichter mehr als einen Stromzweig mit Stromrichterventilen, so geht der Strom auf ein anderes, bei gesteuerten Gleichrichtern gezündetes Ventil, über, wenn die Spannung des nächsten Zweiges die Spannung des vorherigen Zweiges übersteigt (Bild).

Während der K. sind die kommutierenden Zweige kurzzeitig kurzgeschlossen, bis das übernehmende Ventil den vollen Strom führt. Die Stromgrundschwingung hat gegenüber der Spannung eine

Kommutierung von Stromrichtern. Tabelle: Kommutierungsarten und ihre Anwendungen. (Quelle: ABB)

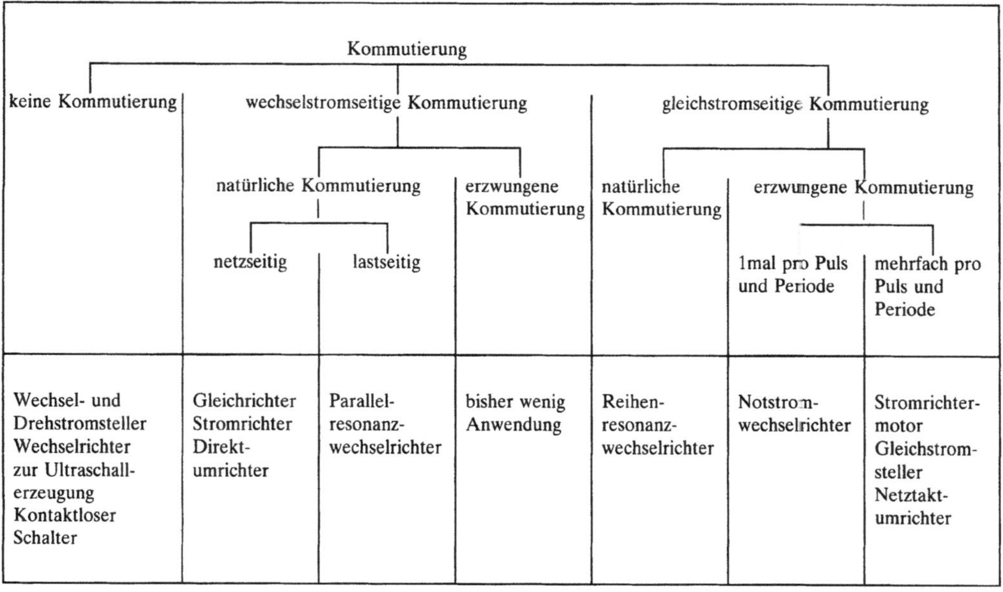

Kommutierung						
keine Kommutierung	wechselstromseitige Kommutierung			gleichstromseitige Kommutierung		
	natürliche Kommutierung		erzwungene Kommutierung	natürliche Kommutierung	erzwungene Kommutierung	
	netzseitig	lastseitig			1mal pro Puls und Periode	mehrfach pro Puls und Periode
Wechsel- und Drehstromsteller Wechselrichter zur Ultraschallerzeugung Kontaktloser Schalter	Gleichrichter Stromrichter Direkt-umrichter	Parallel-resonanz-wechselrichter	bisher wenig Anwendung	Reihen-resonanz-wechselrichter	Notstrom-wechselrichter	Stromrichter-motor Gleichstrom-steller Netztakt-umrichter

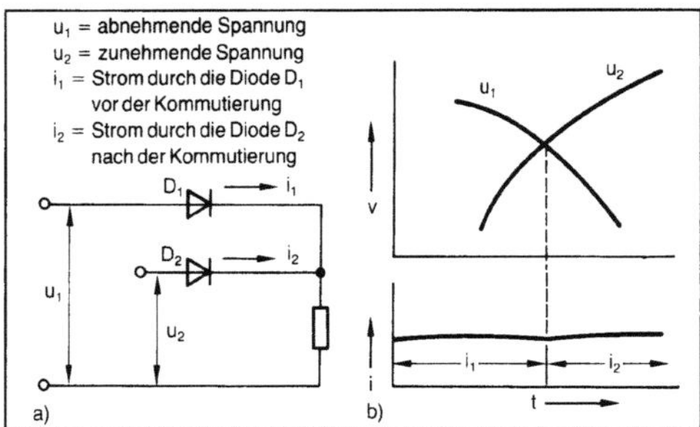

Kommutierung von Stromrichtern: K. bei einem Stromrichter mit mehreren Zweigen.
a) Schaltung
b) Verlauf von Spannung und Strom.

deutlich induktive Verschiebung, d. h. der Stromrichter nimmt →Blindleistung auf. Man nennt sie die →Kommutierungsblindleistung. Des weiteren entsteht bei gesteuerten Stromrichtern eine Blindleistung durch die um den Zündwinkel α verzögerte Zündung der Ventile. Dies ist die →Steuerblindleistung.

□ *Keine Kommutierung* (lückender Strom): Bei relativ kleinen Lastströmen im Leerlaufbereich eines gesteuerten Gleichrichters löscht der Strom im Ventilzweig häufig, noch bevor der nächste Ventilzweig mit der Stromführung beginnen kann: der Strom lückt; es fließt im Gleichstromkreis ein pulsierender Strom (→Lückstrom).

□ *Zwangskommutierung:* Bei Gleichstromstellern oder selbstgeführten Wechselrichtern (→Wechselrichter) ist keine Kommutierungsspannung wie die Netzspannung vorhanden. Das jeweils abzulösende Ventil muß durch einen künstlich erzeugten Stromimpuls in Gegenrichtung zum fließenden Strom gelöscht werden. Das geschieht meist mit Hilfe des Entladestromes eines Kondensators. Die Schaltung muß so aufgebaut sein, daß der →Kondensator zu Beginn des Löschvorganges mit der richtigen Polarität geladen ist. Der Löschvorgang wird durch Einschalten eines Löschthyristors eingeleitet (→Gleichstromsteller). Gegenüber der natürlichen K. mit den üblichen Netzfrequenzen laufen bei den zwangskommutierten Schaltungen die Vorgänge meist vielfach schneller ab, so daß die dynamischen Eigenschaften der Leistungshalbleiter eine wichtige Rolle spielen (Einschaltverluste, Freiwerdezeit der Thyristoren). *H. Stüben*

Literatur: Silizium-Stromrichter-Handbuch. Hrsg. v. BBC, Baden/Schweiz. – *Buri, H.:* Leistungshalbleiter. Eigenschaften und Anwendungen. Essen 1982.

Kommutierungsblindleistung. →Stromrichter beziehen aus dem Netz →Blindleistung, die durch die Kommutierung verursacht wird.

Dies gilt auch für den ungesteuerten Zustand (Steuerwinkel α = 0). Durch die Reaktanzen im Kommutierungskreis sind die Flanken des Anstiegs und des Abfalles eines Ventilstromes abgeflacht. Die Kommutierung benötigt eine gewisse Zeit zum Auf- bzw. Abbau des Stromes. Diese Zeit wird als →Überlappungswinkel u angegeben (Bild). Die Grundschwingung des Netzstromes eilt der Netzspannung um etwa u/2 nach, so daß der Verschiebungswinkel ξ etwa u/2 ist.

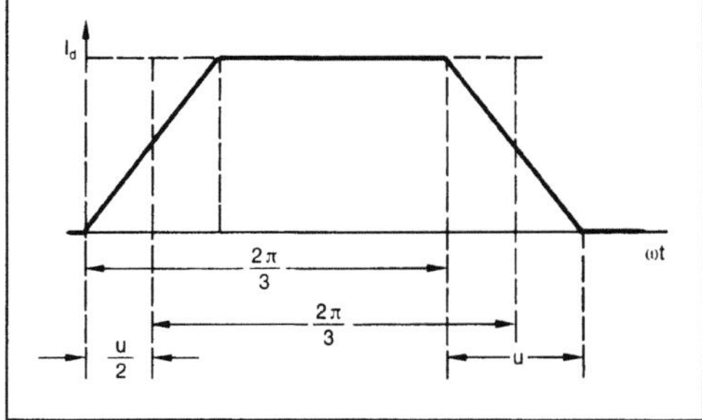

Kommutierungsblindleistung: Verschiebung des Stromblockes um u/2 durch die Kommutierung.

Der durch die K. hervorgerufene Verschiebungsfaktor cos ξ (bei Steuerwinkel α = 0) ist abhängig von der →Kurzschlußspannung eines ggfs. vorhandenen Stromrichtertransformators, der Kurzschlußleistung des Netzes und der Pulszahl p des Stromrichters. Als Maximalwert können etwa 10% der Grundschwingungsscheinleistung angegeben werden. Außer der K. nimmt ein Stromrichter im gesteuerten Zustand →Steuerblindleistung auf.

H. Stüben

Kommutierungseinbruch. Bei den Kommutierungsvorgängen (→Kommutierung) von Stromrichtern führt der Kurzschluß der Netzphasen über die gezündeten Stromrichterventile zu Spannungseinbrüchen, den K. Der Phasenkurzschluß dauert so lange, bis das abkommutierende Ventil stromlos geworden ist. Die Dauer des Kurzschlusses hängt von folgenden Faktoren ab:

□ Höhe des kommutierenden Stromes,
□ im Kommutierungskreis liegende Impedanzen,
□ Höhe der kommutierenden Spannung und damit
□ ggfs. →Steuerwinkel α des Stromrichters.

Im Bild sind die Kurzzeiteinbrüche der Netzwechselspannung zu ersehen, die bei Belastung des Netzes mit Stromrichtern bei Kommutierung auftreten. An den Eingangsklemmen eines Stromrichters kann der Spannungseinbruch bei einem Steuerwinkel α von 90° bis zu 100% betragen. Die Auswirkungen hängen von der Impedanzverteilung im Kurzschlußkreis ab. Bei Anschluß eines Stromrichters ohne Stromrichtertransformator an das Netz sind daher Entkopplungsdrosselspulen vorzusehen.

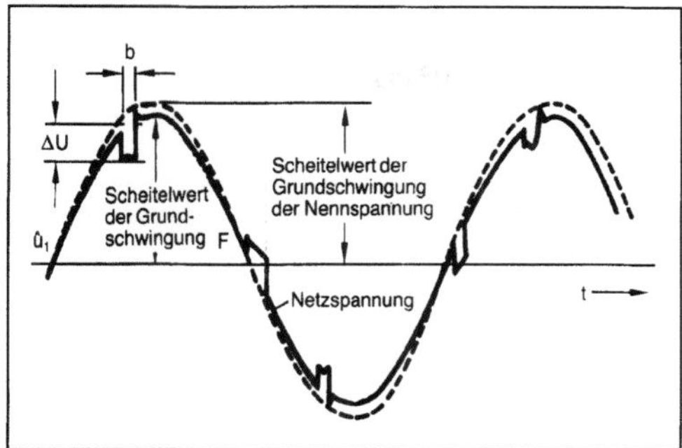

Kommutierungseinbruch: Kurzzeiteinbrüche der Netzspannung durch die Stromrichter-Kommutierung.

Nach VDE 0160 ist der Spannungseinbruch in öffentlichen Netzen auf 20% zu begrenzen. In Industrienetzen werden unter Umständen höhere Werte zugelassen. *H. Stüben*

Literatur: Kondensatoren in Netzen mit Stromrichterbelastung. BBC-Druckschrift DIA 1056 81D.

Kommutierungskondensator. K. sind Wechselspannungs-Kondensatoren, die zur Löschung des leitenden Zustandes in einem Halbleiterelement dienen. Diese Kondensatoren werden periodisch stoßartig aufge- und entladen, wobei der Scheitelwert des hierbei auftretenden Stroms wesentlich höher ist als der Effektivwert (Bild).

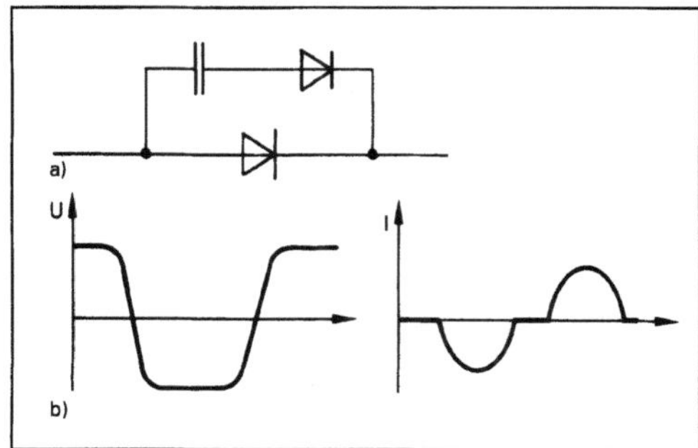

Kommutierungskondensator: Prinzipielle Darstellung.
a) Schaltbild
b) Spannungs- und Stromform.

Um aus einer Gleichspannung mittels Thyristoren eine veränderbare Gleichspannung oder Wechselspannung zu erzeugen, sind Löscheinrichtungen erforderlich, die für eine kurze Zeit den Strom des Hauptthyristors übernehmen. Diese Zeit muß größer sein als die →Freiwerdezeit des Hauptthyristors, damit dieser anschließend bei Wiederkehr der Spannung in einen sicheren Sperrzustand kommt. Die Löscheinrichtung besteht im wesentlichen aus einer →Drossel und einem →Kondensator, der mit einem Hilfsthyristor parallel zum Hauptthyristor geschaltet wird. Wird der Hilfsthyristor gezündet, so fließt der Laststrom über den Kondensator. Durch den konstanten Strom wird nach Abschluß des Kommutierungsvorganges der Kondensator wieder aufgeladen und steht für den nächsten Löschvorgang bereit. Die Beanspruchung eines derartigen K. weicht stark von der bei sinusförmiger Belastung ab. Die Scheitelströme sind während der kurzen Kommutierungszeiten sehr hoch, und somit auch die daraus resultierenden Effektivströme. Durch die nichtsinusförmig verlaufende Spannung am Kondensator werden zusätzliche Verluste hervorgerufen. Indem man die entsprechende Bemessung der Stromwege und Auswahl hochwertiger Dielektrika vornimmt, können die Kondensatorverluste so klein gehalten werden, daß die Kondensatoren den unterschiedlichsten Beanspruchungen optimal genügen.

Bei Thyristoren mit sehr kurzen Freiwerdezeiten sind die Umschwingzeiten ebenfalls sehr kurz. Deshalb muß man die Konstruktion dieser Kondensatoren so auslegen, daß die Eigenfrequenz weit über der höchsten auftretenden Umschwingfrequenz liegt. *Krös*

Kompaktsynchrotron →Synchrotron

Komparator. Ein nichtlinearer →Verstärker, mit dem man feststellen kann, ob der Informationsparameter eines Signals, z. B. die Signalspannung, größer oder kleiner als eine Bezugsgröße ist. K. haben nur zwei mögliche Ausgangszustände, die man in der Digitaltechnik häufig auch mit logisch „0" und logisch „1" bezeichnet. Wenn beim idealen K. die Eingangsgröße die Bezugsgröße erreicht bzw. durchfährt, nimmt der K. den jeweils anderen Ausgangszustand an. K. werden durch elektronische Verstärker mit hoher Verstärkung und hoher Nullpunktstabilität realisiert. Wenn man einen Operationsverstärker ohne →Gegenkopplung betreibt, hat man bereits einen K. (Bild). Falls die Umschaltzeit eines solchen K. mit ca. 10 µs zu groß sein sollte, kann man auf spezielle integrierte K.-Verstärker mit Umschaltzeiten von 1 µs–0,2 ns zurückgreifen.

Bei praktisch ausgeführten K. kann es vorkommen, daß die Umschaltung bei ansteigender Eingangsgröße nicht exakt bei der gleichen Bezugsgröße stattfindet wie bei abfallender Eingangsgröße. Diese Eigenschaft des K. nennt man Hysterese (→Meßgerät, elektrisches).

Anwendung z. B. beim →Analog/Digital-Umsetzer.

Ebenfalls als K. werden digitale Schaltungen zum Vergleich zweier Digitalwörter bezeichnet.

K. werden auch zur genauen →Längenmessung eingesetzt; dabei wird der zu messende Gegenstand

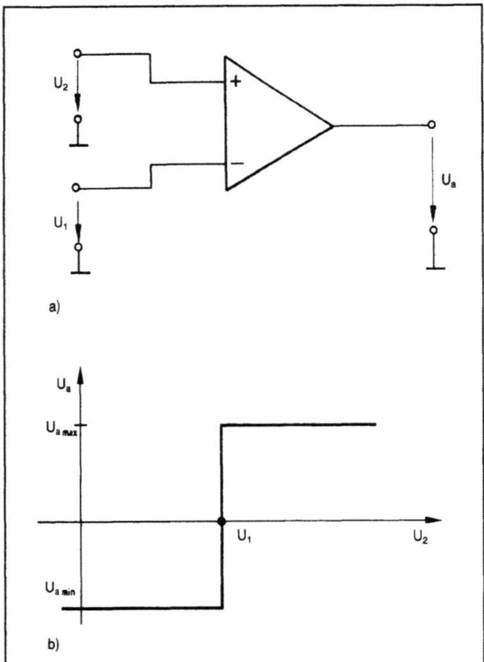

Komparator: Operationsverstärker als K.
a) Schaltung
b) Kennlinie.

mit Hilfe zweier Meßmikroskope mit einem Strichmaßstab hoher Genauigkeit verglichen.

Hammerschmidt

Kompensation. Teilweise oder vollständige Aufhebung der Wirksamkeit von →Donatoren in einem →Halbleiter durch Einbau von →Akzeptoren oder umgekehrt. *Heinz*

Kompensation der Frequenz →Frequenzgangkompensation

Kompensations-Meßverfahren. Meßsysteme können nach ihrer Struktur unterschieden werden in Ausschlagverfahren (Geradeausverfahren) und Kompensationsverfahren (Nullverfahren). Beim Ausschlagverfahren wird der durch die Meßgröße bewirkte Zeigerausschlag mit den bei der Kalibrierung der Skala festgelegten Ausschlägen verglichen (Meßgeräte, elektrische). Der Vergleich mit dem Normal erfolgt hier mittelbar über die vorher stattgefundene Kalibrierung. Die Meßglieder bilden beim Ausschlagverfahren eine Meßkette (Bild 1). Einige praktische Beispiele gibt Bild 2. Ausschlagverfahren sind preisgünstiger zu realisieren. Nachteile sind: Mögliche Verfälschung des Meßergebnisses infolge der Belastung des Meßobjekts durch den

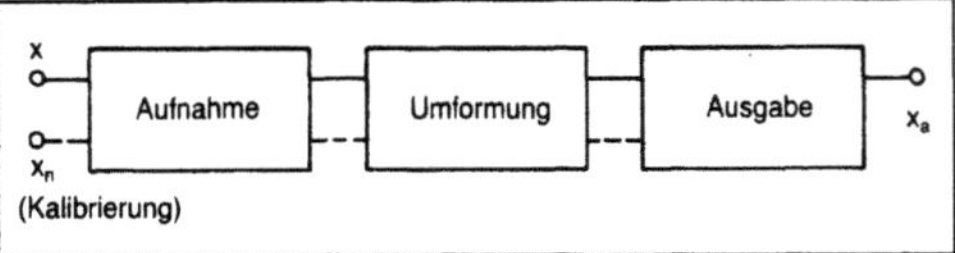

Kompensations-Meßverfahren 1: Kettenstruktur beim Ausschlagverfahren.

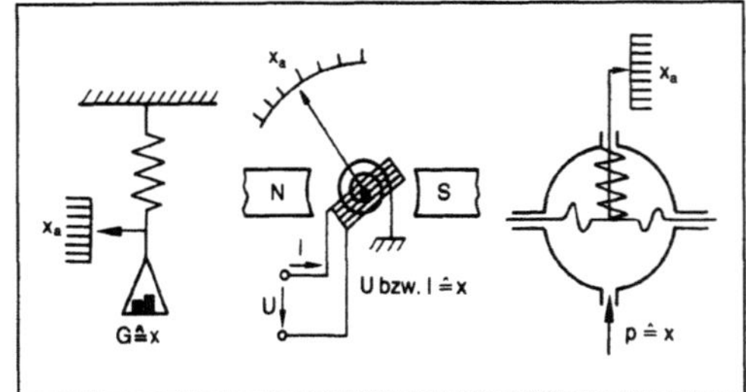

Kompensations-Meßverfahren 2: Beispiele für Ausschlagverfahren.

→Meßaufnehmer, mögliche Veränderung der Skalierung infolge →Alterung von Bauteilen, Defekten u. a., was ohne Nachkalibrierung nicht erkannt werden kann.

Beim K.-M. erfolgt ein unmittelbarer Vergleich mit einem Normal oder einem Referenzglied, in der elektrischen Meßtechnik in der Regel mit einem Spannungsnormal. Hier bilden die Meßglieder einen Regelkreis (Bild 3). Praktische Beispiele gibt Bild 4. Das veränderliche Normal wird solange manuell oder automatisch verstellt, bis am Ausgang der Subtraktionsstelle der Nullindikator die Differenz 0 erkennt. Zur Anzeige des Meßwerts dient dann der eingestellte Wert des Normals. Der Aufwand ist hier größer als beim Ausschlagverfahren, jedoch läßt sich so genauer messen. Der Nullindikator muß nur im Bereich des Nullpunkts gute Eigenschaften (große Empfindlichkeit, kleiner Nullpunktfehler) aufweisen. Ansonsten wird die Meßunsicherheit des Verfahrens durch die Meßunsicherheit des Normals bestimmt. Bei entsprechender Anordnung kann man es erreichen, daß das Meßobjekt überhaupt nicht durch das Meßsystem belastet wird, daß die Messung also leistungslos erfolgt.

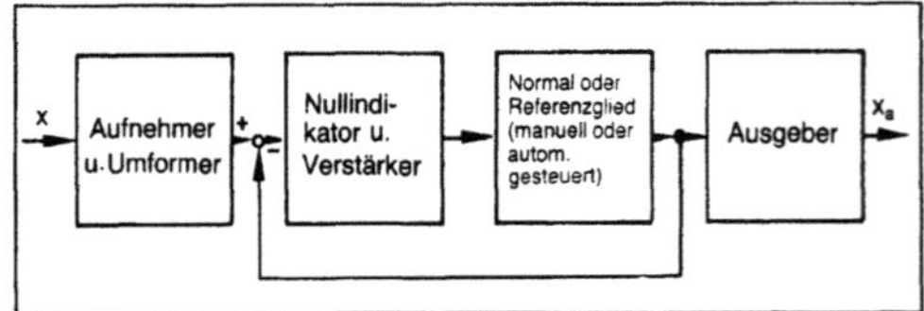

Kompensations-Meßverfahren 3: Kreisstruktur.

Beim →Gleichspannungskompensator nach *Poggendorff* wird eine veränderliche Teilspannung an einem Widerstand abgegriffen, der von einem kon-

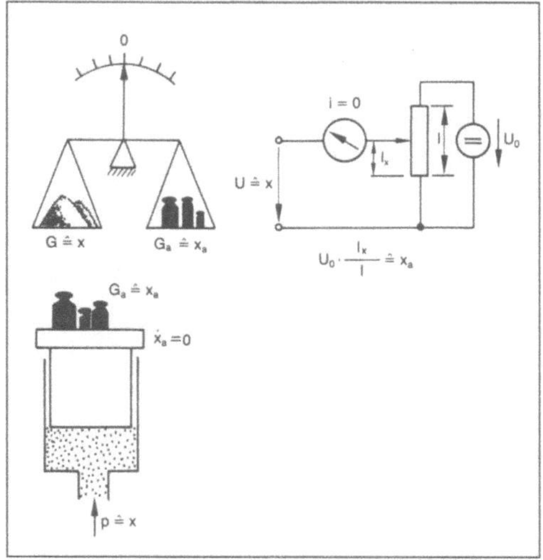

Kompensations-Meßverfahren 4: Beispiele für K.

stanten Hilfsstrom durchflossen ist. Der Kompensator nach *Lindeck-Rothe* verfügt über einen variablen Hilfsstrom, der über einen festen Widerstand geschickt wird. Die Hilfsströme werden in einem gesonderten Arbeitsschritt mit Hilfe von Spannungsnormalen (z. B. Weston-Element) eingestellt. Der Abgleich kann auch automatisch erfolgen, z. B. durch einen Motor wie etwa beim →Kompensationsschreiber (Registriergeräte) oder durch eine digitale elektronische Schaltung (A/D-Umsetzer). Auch Gleichströme lassen sich durch K.-M. völlig leistungslos messen, d. h. ohne jeden Spannungsabfall am Meßsystem. *Hammerschmidt*

Kompensationsschreiber →Registriergerät

Komplementärtechnik. Technik, die in der Schaltung →Komplementärtransistoren verwendet, um besondere Schaltungsvorteile zu erzielen. Eine spezielle Form ist die →CMOS-Technik bei integrierten Schaltungen.

Ausgenutzt wird in der K. die Tatsache, daß z. B. npn- und pnp-Transistoren Spannungsversorgungen entgegengesetzter Polarität benötigen. So folgt etwa bei galvanisch gekoppelten Operationsverstärkern auf jeden npn-Transistor eine pnp-Stufe zur Pegelrückverschiebung.

Komplementärschaltungen werden verbreitet für Gegentaktendstufen (Bild) in Form komplementärsymmetrischer →Emitterfolger verwendet, die in Reihe liegen. Dann wird der Verbraucherstrom (durch R) bei positiver Signalhalbwelle vom npn-, bei negativer vom pnp-Transistor geliefert. Auf diese Weise sind durch Komplementärstufen sog. eisenlose Endstufen möglich. *R. Paul*

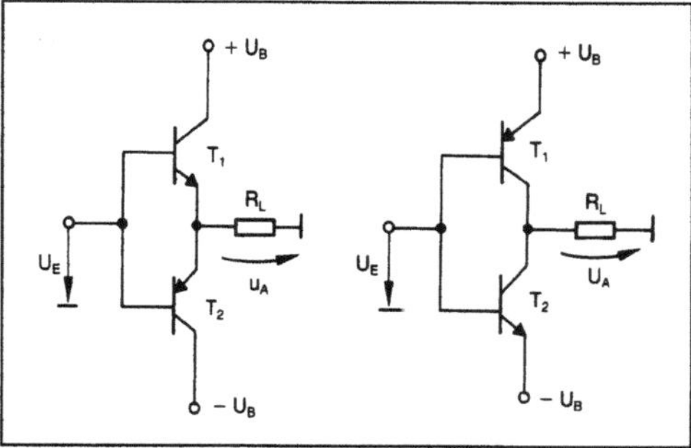

Komplementärtechnik: Darstellung am Beispiel einer Gegentaktstufe mit Bipolartransistoren.

Komplementärtransistor. Zwei Transistoren mit gleichen elektrischen Eigenschaften und Kennwerten, die sich jedoch im Leitungstyp unterscheiden, z. B. bei Bipolartransistoren pnp- und npn-Typen, bei Unipolartransistoren p- und n-Kanal-Typen. K. werden in der →Komplementärtechnik, z. B. CMOS-Schaltungen, Gegentaktschaltungen, Analogschaltern, Transfergates u. a. eingesetzt. *R. Paul*

Komponente, mikro-optische →Isolator, optischer

Komponentenstudio →Fernsehstudio

Komponententest. Test einzelner Komponenten (Bausteintest) aber auch der einzelnen Bausteine auf einer Leiterplattenbaugruppe im Rahmen des →In-Circuit-Test. Der K. gibt noch keine Aussage über das Funktionsverhalten der Baugruppe. *K. Winter*

Kondensator. (auch Festkondensator) Ein K. ist ein Bauelement, dessen spezielle Eigenschaft die Ausnutzung der Influenz im elektrischen Feld ist. Damit wird einerseits die Fähigkeit des K. zur Speicherung elektrischer Ladungsträger, andererseits die Wirkung des K. als kapazitiver Blindwiderstand im Wechselstromkreis technisch genutzt.

Im Prinzip besteht ein K. aus zwei flächenhaft sich gegenüberliegenden elektrisch leitfähigen Materialien, den Elektroden, die durch ein isolierendes Medium, das →Dielektrikum, voneinander getrennt sind (Bild 1). Eine Elektrode kann aus einer Metall-Folie, aus einer aufgedampften Metall-Schicht (Belag) auf einer Trägersubstanz bestehen oder wird aus einem leitfähigen Material (Elektrolyt) gebildet. Die elektrischen und mechanischen Eigenschaften des Dielektrikums bestimmen wesentlich die Kenngrößen von technischen K., wie Spannungsfestigkeit, elektrische Verluste, Temperatur- und Frequenzverhalten, sowie Baugröße.

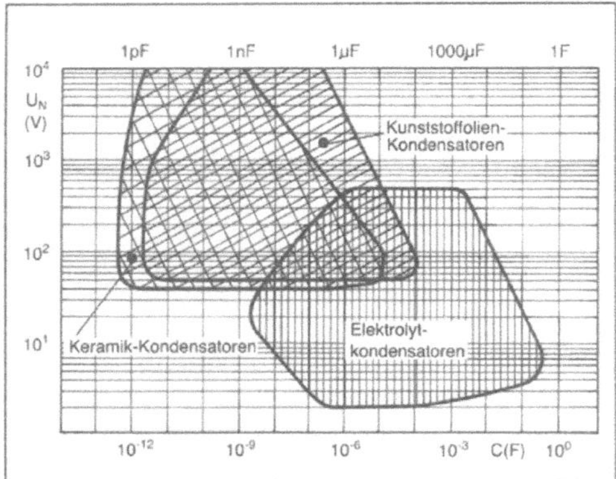

Kondensator 1: Prinzipieller Aufbau.

Ein K. kann elektrische →Ladungsträger speichern. Das Maß für das Speichervermögen heißt Kapazität (C) und wird Farad (F), zu Ehren des englischen Physikers *Faraday* genannt.

Nach DIN 1301 besitzt ein K. die Kapazität 1 Farad, wenn bei einem Ladestrom von 1 Ampere (A) innerhalb 1 Sekunde (s) die Spannung am Kondensator auf 1 Volt (V) ansteigt.

$1\,F = 1\,As/1\,V$

Handelsübliche K. besitzen Kapazitätswerte, die viele Größenordnungen kleiner als 1 F sind:

- Keramikkondensatoren im Bereich Pico-Farad pF ($1\,pF = 10^{-12}\,F$)
- Kunststoffolien-K. im Bereich Nano-Farad nF ($1\,nF = 10^{-9}\,F$)
- Elektrolytkondensatoren im Bereich Mikro-Farad µF ($1\,\mu F = 10^{-6}\,F$)

Die Kapazität (C) eines K. ergibt sich aus der wirksamen Elektrodenoberfläche A, dem Kehrwert des Elektrodenabstandes d und der Permittivität ε des Dielektrikums:

$C = \varepsilon\, A/d$ (F) d. h., die Kapazität eines K. ist um so größer, je größer die wirksame Elektrodenfläche, je höher die Permittivität des Dielektrikums und je kleiner der Elektrodenabstand ist.

Im Gleichstromkreis ist ein K. ein Ladungsspeicher, mit dem Speichervermögen Q (As) proportional zur Kapazität (C) des Kondensators und der anliegenden Spannung U:

$$Q = C \cdot U \text{ (As)}$$

Im Wechselstromkreis bildet der K. einen Blindwiderstand Xc, der umgekehrt proportional dem Produkt der Kreisfrequenz ω (2πf) und der Kapazität ist.

$$Xc = 1/\omega C \ (\Omega)$$

Dieser (kapazitive) Blindwiderstand bewirkt im Wechselstromkreis eine Phasenverschiebung des Stromes gegenüber der Spannung von 90 °C. Der Strom eilt der Spannung um 90 °C voraus.

Technische K. weisen Verluste auf. Als Maß für diese Verluste gilt der Tangens als →Verlustwinkel δ zwischen den ohmschen Verlusten (Rs) eines technischen K. und dem Blindwiderstand Xc.
$\tan \delta = Rs/Xc$

Die Größenordnung von Verlustfaktoren technischer K. beträgt bei
Keramikkondensatoren $\tan \delta \approx 1..200 \cdot 10^{-3}$
Kunststoffolien-K. $\tan \delta \approx 3..20 \cdot 10^{-3}$
Elektrolytkondensatoren $\tan \delta \approx 6..500 \cdot 10^{-3}$

Erfunden wurde der K. (*Leidener Flasche*) 1745 durch *von Kleist* in Pommern und unabhängig davon zeitgleich durch *Cunaeus* und *Muschenbroek* in der holländischen Stadt Leiden. Dieser K., ein Glasgefäß, das innen und außen mit Zinnfolien belegt war, wird in der Elektrostatik auch heute noch zu Unterrichtszwecken verwendet.

Erst mit Beginn der Funktechnik um die Jahrhundertwende wurden mit dem Blockkondensator bzw. dem →Glimmerkondensator, einem Block aus Metallfolien mit Glimmer als Dielektrikum und dem →Drehkondensator neue Kondensatorenbauformen entwickelt.

Die aus der Chemie stammende Entdeckung, daß sich bei der Elektrolyse von Salzsäure auf Aluminium-Elektroden eine isolierende Schicht aus Aluminiumoxid auf der Anode bildet, führte 1896 zur Erfindung des →Elektrolytkondensators.

Die Forderung nach größeren Kapazitätswerten bei vertretbarem Platzbedarf führte dann um die Jahrhundertwende zur Entwicklung des Wickelkondensators, bei dem dünne Metallfolien mit Papier als Dielektrikum zu einem Wickel aufgerollt werden. →Kunststoffolien-K. und →Metall-Papierkondensatoren sind heute übliche Bauformen.

Erst in den Dreißiger Jahren erfolgte durch die Erforschung keramischer Werkstoffe als Ersatz für Glimmer die Entwicklung der →Keramikkondensatoren.

Die in der modernen Elektronik verwendeten K. werden in Festkondensatoren und veränderbaren K. (→Kondensator, variabler) unterteilt. Zu den Festkondensatoren gehören neben anderen die hauptsächlich verwendeten Keramik-, Kunststofffolien- und Elektrolytkondensatoren. Zu den veränderbaren K. gehören Trimmer- und →Drehkondensatoren.

Nicht zu den K. gerechnet werden Bauelemente, die ebenfalls das Influenzprinzip nutzen, wie z. B. Kondensatormikrofon und →Varaktordiode.

K. sind heute und auch zukünftig unverzichtbare Bauelemente in der Elektronik. Aus der Vielzahl der Anforderungen, die K. in elektronischen Schaltungen erfüllen, seien hier einige Beispiele herausgegriffen: Energiespeicherung und Siebung hoher Frequenzen in Stromversorgungen, Pufferung der Stromversorgung bei Impulsbetrieb, Erzeugung von Schaltzeiten (RC-Glieder), Erzeugung von Schwingungen (Schwingkreise), Formen von Impulsen (Differenzier- bzw. Integrierkombinationen), Kopplung von Signalen bei galvanischer Trennung, Entstörung gegenüber Störimpulsen, Störfrequenzen, Filterung bzw. Abblockung definierter Frequenzen bzw. Frequenzbereiche, Beeinflussung von frequenzerzeugenden Bauelementen (→Schwingquarz), Kompensation bei induktiver Blindleistung.

In neuerer Zeit erfolgte bei den K. für die Elektronik eine rasche Entwicklung zu immer kleinerem Bauvolumen bei gleichzeitig verbesserten elektrischen und mechanischen Eigenschaften. Neue Keramiksorten und verbesserte Fertigungstechniken gestatten z. B. die Herstellung von oberflächenmontierbaren (→SMD) Vielschicht-Keramikkondensatoren (→Chips) mit Kapazitätswerten bis etwa 1 μF, einem Kapazitätswert, der weit in den Bereich der Elektrolytkondensatoren hineinragt. (Bild 2). *Both*

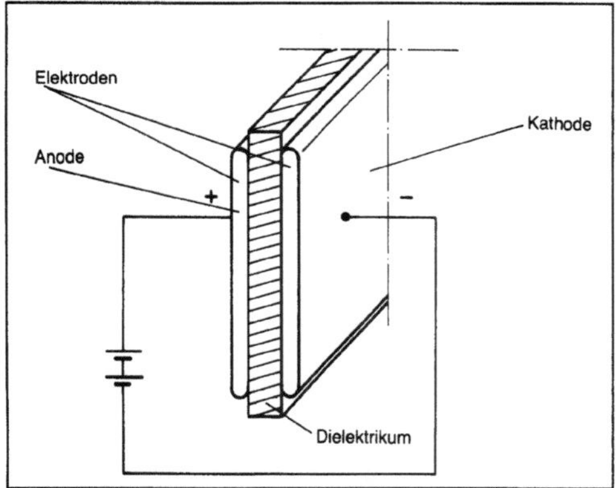

Kondensator 2: K.-Arten und die zugehörigen Kapazitäts- und Spannungsbereiche.

Literatur: *Bensieck, H. J.*: Technologie moderner Kondensatoren. Valvo Berichte 19 Heft 5. – *Liebscher/Held:* Kondensatoren. Berlin 1968. – *Pohl, R. W.*: Elektrizitätslehre. Berlin 1964. – *Zinke, O.* und *H. Seither:* Widerstände, Kondensatoren, Spulen und ihre Werkstoffe. Berlin 1982.

Kondensator, integrierter. Ladungsspeicherndes →Funktionselement in integrierten →Schaltungen. Nach der Integrationstechnik unterscheidet man:

□ Dünnschichtkondensatoren in Dünnschichtschaltungen, bestehend aus einer beiderseits durch Metallschichten kontaktierten dünnen Isolatorschicht. Die ganze Anordnung befindet sich auf einem isolierenden Substrat (Glas, Keramik) und hat lineare Eigenschaften (Bild a)

□ Halbleiterkondensatoren in monolithisch integrierten Schaltungen (Bild b, c), entweder

– als →Sperrschichtkondensator unter Ausnutzung der Sperrschichtkapazität eines (gesperrt betriebenen) pn-Überganges (z. B. im →Bipolartransistor

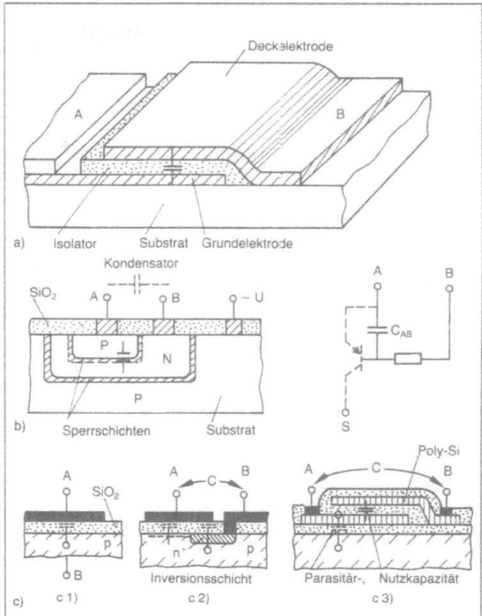

Kondensator, integrierter: Ausführungen.
a) Form für die Filmtechnik
b) Sperrschichtkondensator mit Ersatzschaltung
c) MOS-Kondensator: 1 – Zwischen Metallelektrode und Substrat, 2 – Kondensator zum N^+-Dotierungsgebiet bzw. zur Inversionsschicht, 3 – Doppel-Poly-Si-Kondensator.

oder der Drain-Substrat-Übergang beim →MOSFET) oder

– als →MIS-Kondensator mit der in MIS- bzw. →MOS-Technik stets vorhandenen Isolierschicht (Siliciumdioxid und/oder Siliciumnitrid) und einem Halbleitergebiet als Gegenelektrode (Bild c). Hier dient er als Steuerstrecke des MOSFET oder auch Speicherfeldeffekttransistor (→MNOSFET) oder auch als eigenständiges FE (Kondensatorfunktion).

Halbleiterkondensatoren sind i. a. stark nichtlinear (mit Ausnahme speziell gestalteter MOS-Kondensatoren), erfordern im Betrieb eine Vorspannung und vor allem für größere Kapazitätswerte verhältnismäßig viel Substratfläche. Sie senken deshalb den →Integrationsgrad. Zusätzlich sind sie mit parasitären Elementen behaftet. Deshalb versucht die integrierte Schaltungstechnik ohne sie auszukommen, was z. B. zu der durchweg benutzten Direktkopplung in der Verstärkertechnik führte. Mit bestimmten Entwurfsverfahren gelingt heute die Herstellung von integrierten Präzisionskondensatoren für die Schalter-Kondensator-Technik, die besonders für integrierte Filter verwendet wird. *R. Paul*

Kondensator, variabler. Kondensatoren mit manuell oder motorisch kontinuierlich einstellbarem Kapazitätswert in einem definierten Kapazitätsbereich. Die Einstellung des geforderten Kapazitätswertes erfolgt üblicherweise mit rotatorischem Bewegungsablauf durch Drehung einer Rotor-Elektrode bzw. eines Rotor-Elektrodenpaketes verzahnend in ein Stator-Elektrodenpaket hinein. Der eingestellte Kapazitätswert wird durch den Grad der Überlappung der beiden Elektrodenpakete bestimmt. Begriffe und Prüfverfahren zu v. K. sind genormt (DIN-IEC 418, Teil 1, April 1978).

Soll der Kapazitätswert manuell oder motorisch laufend den Erfordernissen angepaßt werden, z. B. bei der Sendereinstellung in Empfängerschaltungen, dann werden diese Kondensatoren →*Drehkondensatoren* genannt. Erfolgt eine Kapazitätseinstellung im Normalfall nur einmal, z. B. zum Abgleich von →Schwingkreisen, Filtern und Quarzen, kommen →*Trimmerkondensatoren* zum Einsatz. *Both*

Literatur: Fachgrundnorm DIN-IEC 418, Teil 1. April 1978. – Philips Components Datenbuch Variable Kondensatoren. Hamburg 1991.

Konstantspannungsquelle. Galvanische Elemente (Normal) und mit Z-Dioden stabilisierte elektronische Schaltungen werden als K. (Referenzspannungsquellen) verwendet, z. B. bei →Kompensations-Meßverfahren, →Analog/Digital-Umsetzern. Bild 1a zeigt eine einfache Spannungsstabilisierung mit der Z-Diode D. Änderungen bei U_e wirken sich nur zu 10%–1% bei U_{ref} aus. Wegen wechselnder Belastung kann sich die abgegebene Spannung U_{ref} ändern. Durch einen nachgeschalteten Verstärker nach Bild 1b wird die Schaltung in Bild 1a praktisch nicht belastet. Wenn man die Z-Diode nach Bild 2 an der stabilisierten Spannung anschließt, wirken sich Spannungsänderungen bei U_e nur noch mit $\approx 10^{-4}$ bei U_{ref} aus. Größere Änderungen von U_{ref} können sich dann durch den Temperaturkoeffizienten von U_Z ergeben, der bei $\pm 1 \cdot 10^{-3}$/K liegt. Durch Serienschaltung von Dioden läßt sich dieser Einfluß bis auf $1 \cdot 10^{-6}$/K vermindern. Ausgeführte Werte von U_{ref} sind z. B. 10V oder 10,24V.

Man kann im Prinzip auch die →Durchlaßspannung einer Diode oder die Basis-Emitter-Spannung eines Bipolartransistors (→Transistor) als Spannungsreferenz einsetzen. Allerdings ist der →Temperaturkoeffizient mit −2mV/K bei 0,6V recht hoch. Er läßt sich kompensieren, indem man eine Spannung mit einem Temperaturkoeffizienten von +2mV/K hinzuaddiert. Bild 3 zeigt eine solche Schaltung, bei der diese Spannung durch einen

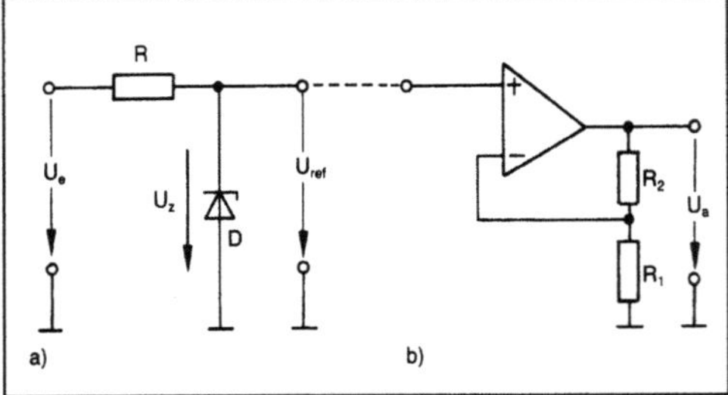

Konstantspannungsquelle 1: Funktionsprinzip
a) Spannungsstabilisierung mit Z-Diode $U_{ref} = U_Z$
b) Enkopplung mittels Spannungsverstärker

$$U_a = \left(1 + \frac{R_2}{R_1}\right) U_{ref}$$

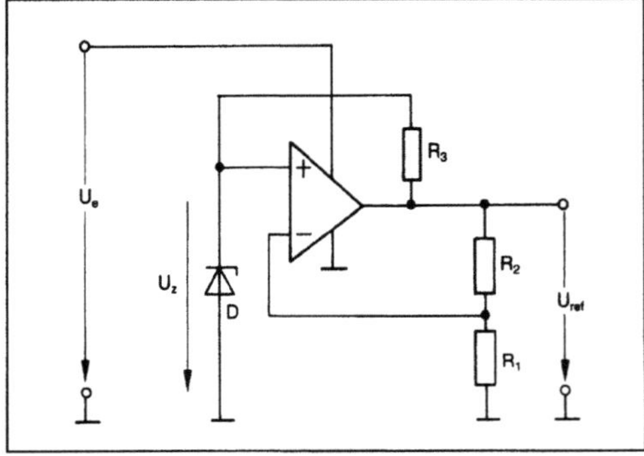

Konstantspannungsquelle 2: Betrieb der Z-Diode aus der geregelten Spannung

$$U_{ref} = \left(1 + \frac{R_2}{R_1}\right) U_Z$$

zweiten Transistor erzeugt wird. Die Transistoren werden mit U_{ref} betrieben, nur ein Teil von U_{ref} wird auf die Basisanschlüsse zurückgekoppelt. So lassen sich auch andere Konstantspannungen als die Bandabstands-Spannung von Silicium erzeugen, welche an R_4 auftritt: U_{BG} = 1,205V. Diese Bandabstands-Referenzen werden in großer Vielfalt als integrierte Schaltungen angeboten. Sie benötigen niedrigere Betriebsspannungen als Referenzen auf der Basis von Z-Dioden. Ausgeführte Werte für U_{ref} sind z. B. 1,2V; 2,5V, 5V; 10V mit Toleranzen zwischen 2% und 0,02%; Temperaturkoeffizienten liegen bei 10^{-5}-2 · 10^{-5}/K. Wenn die enthaltene temperaturabhängige Spannung (−2mV/K) separat herausgeführt ist, kann man diese Schaltungen auch zur →Temperaturmessung verwenden. Soweit Spannungsreferenzen nicht genügend belastbar sind, kann man ihnen einen gegengekoppelten Verstärker wie in Bild 1b nachschalten. *Hammerschmidt*

Literatur: *Tietze, U.* u. *C. Schenk:* Halbleiterschaltungstechnik. Berlin 1986.

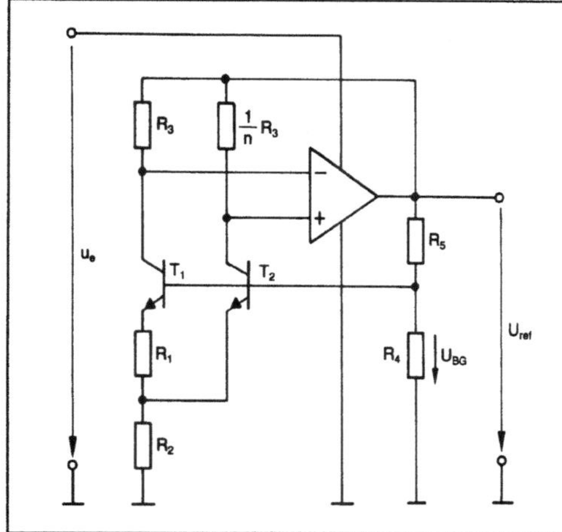

Konstantspannungsquelle 3: Bandabstands-Referenz

$$U_{ref} = \left(1 + \frac{R_5}{R_4}\right) U_{BG}, \text{ mit } U_{BG} = 1{,}205\ V$$

Konstantstromquelle. Auch Präzisionsstromquelle, Stromspiegel, Strombank (letztere für ganz bestimmte Schaltungsanordnungen) genannt. Elektronische Schaltung, die durch ihren sehr großen Innenwiderstand einen konstanten Strom unabhängig von der Ausgangsspannung (und damit der Last) in gewissen Grenzen liefert. Oft läßt sich der Ausgangsstrom definiert einstellen.

Ein weiteres großes Einsatzgebiet der K. sind integrierte Analogschaltungen, wo zur Konstanthaltung des Arbeitspunktstromes einzelner Stufen z. B. innerhalb eines Operationsverstärkers eigenständige Schaltungstechniken, die Stromspiegel (Strombänke), entwickelt wurden. Die →Grundschaltung einer solchen K. ist der →Emitterfolger (Bild), dessen Kollektorstrom unabhängig von der Kollektorspannung gleich dem Emitterstrom ist, der durch die Basis-Emitterspannung eingestellt wird. Ein Referenzstrom erzeugt dann diese Spannung (dabei besorgt die Diode D lediglich eine Temperaturkompensation) und diese wiederum legt den Kollektorstrom des Transistors in gewissen Grenzen unabhängig vom Lastwiderstand fest. Damit wird der Referenzstrom quasi auf den Laststrom „gespiegelt". Stromspiegel dieser Art werden in integrierten Analogschaltungen verbreitet als dynamische Lastwiderstände (die sog. aktive oder →Transistorlast) eingesetzt. *R. Paul*

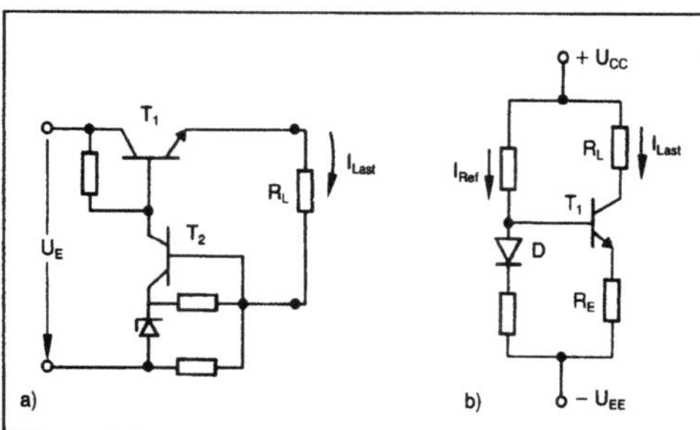

Konstantstromquelle: Grundschaltung.
a) Reglerschaltung
b) Emitterfolger als Referenzquelle.

Konsumelektronik. Besteht ein Gerät zu einem wesentlichen Teil aus elektronischen Bauelementen und ist es potentiell in jedem Haushalt zu finden, so zählt es zur K. Kennzeichnend für diese Geräte sind hohe Zuverlässigkeit und starker Preisdruck.

Die jährlichen Produktionsstückzahlen von Gerätetypen der K. betragen typisch 100000 oder mehr. Die Fortschritte der →Mikroelektronik ermöglichen die Produktion immer größerer Stückzahlen zu immer geringerem Preis. Der Preis des Geräts wird stückzahlbedingt durch die Produktionskosten bestimmt und kaum noch durch den Entwicklungsaufwand. Hierdurch sind oft auch hohe Entwicklungskosten für neue Produkte der K. wirtschaftlich. Die Zuverlässigkeit der Produkte besitzt hohe Bedeutung, da bereits prozentual geringe Reklamationsraten zu erheblichen Kosten führen.

Neben der Unterhaltungselektronik als klassischer K. besitzen Informationstechnik und Telekommunikation zunehmende Bedeutung. Die Unterhaltungselektronik umfaßt z. B. Empfänger für Rundfunk und Fernsehen, Aufzeichnung und Wiedergabe von Ton und Bild, Camcorder, elektronische Musikinstrumente und Videospiele. Zur Informationstechnik und Telekommunikation zählen u. a. Personal Computer, Faxgerät, Telefon, Mobiltelefon, Telefonkarte, Chipkarte, Funkuhr, Armbanduhr und Taschenrechner.

Auch in primär nicht elektronische Konsumprodukte dringt Mikroelektronik vor. Anwendungsgebiete sind z. B. Automobilelektronik, Foto/Optik und Haushalt (Waschmaschine, Energiesparleuchte). Die elektronischen Komponenten dieser Produkte sind somit der K. zuzurechnen. *Grigat*

Kontakt.

1. Berührung zwischen elektrischen Leitern zum Zweck des Stromüberganges.

2. Gesamtheit der Teile, die den aufgrund von 1. fließenden Strom führen. Dazu gehören insbesondere Kontaktfedern, Kontaktträger und Kontaktstücke.

K. befinden sich u. a. in Relais, Schaltern, Tasten, Steckverbindern und Kollektoren von elektrischen Maschinen.

Man unterscheidet verschiedene Kontaktarten:

– Schaltkontakte (in Schaltern, Tasten, Relais und Schützen)

– Steckkontakte (in Steckverbindern aller Art)
– Gleitkontakte (in Stromabnehmern von Elektrofahrzeugen, Kollektoren von elektrischen Maschinen und in Potentiometern).
Die Zusammenfassung mehrerer Schaltkontakte wird als →Kontaktsatz bezeichnet.

3. Häufig gebrauchte Bezeichnung anstelle des Begriffs Kontaktstück. Gemeint ist das häufig aus Edelmetallegierungen (→Kontaktwerkstoff) bestehende Teil bzw. die Materialschicht, an denen der Stromübergang erfolgt. Man unterscheidet zwischen Niet- und Schweißkontakten sowie galvanischen K. *Rauterberg*

Kontaktfläche →Mikrofügeverfahren, →Mikrolöttechnik, →Mikroschweißen

Kontaktieren →Bonden

Kontaktierung →Mikrofügeverfahren, →Kontakt

Kontaktierungsprüfung. Prüfung, ob ein Prüfling korrekt mit dem Prüfadapter verbunden ist. Die Prüfung erfolgt in der Regel vor Beginn weiterer Messungen und wird mittels einer →Strommessung durchgeführt. Das Verfahren ist deshalb nur einsetzbar, wenn z. B. die Eingangswiderstände des Prüflings nicht extrem hoch sind. *K. Winter*

Kontaktprellen. Mechanische Kontakte erzeugen u. U. wegen mechanischer Schwingungen beim Schaltvorgang für kurze Zeit mehrere elektrische Impulse, die bei einem angeschlossenen elektronischen System (auch Rechner) zu Fehlinterpretationen führen können. Eine geeignete elektronische Schaltung unterdrückt diese Impulse und gibt einen Einzelimpuls, bzw. einen einzelnen Signalübergang weiter. *K. Winter*

Kontaktsatz. Zusammenfassung aller Kontakte eines elektromechanischen →Relais oder →Schalters. Ein K. kann mehrere Öffner, Schließer und Wechsler enthalten.

Für erhöhte Sicherheitsanforderungen – z. B. für Maschinensteuerungen – werden, insbesondere bei Relais, K. mit Zwangsführung eingesetzt. Bei diesen ist durch mechanische Vorkehrungen sichergestellt, daß auch im Störungsfall Öffner und Schließer nie gleichzeitig geschlossen sein können. *Rauterberg*

Kontaktwerkstoff. Material, das an der Stromübergangsstelle eines Kontaktes verwendet wird. Je nach Art des Kontaktes (Schaltkontakt, Steckkontakt oder Gleitkontakt) und je nach den Einsatzbedingungen werden verschiedene Werkstoffe, meist Metalle und ihre Legierungen, in massiver Form oder in geschichtetem Aufbau verwendet.

Für Gleitkontakte werden vornehmlich Werkstoffe auf Graphitbasis eingesetzt.

Für Steckkontakte kleiner Belastung wird meist Gold, häufig jedoch auch Palladium und dessen Legierungen verwendet. Bei hoher Belastung (z. B. für →Steckverbinder in Kraftfahrzeugen) wird i. a. Zinn und Silber verwendet.

Für Schaltkontakte werden bei kleiner Belastung Gold und Legierungen mit hohem Goldanteil verwendet. Bei mittleren Lasten kommen vorwiegend Silber und Silber-Palladium, Rhodium und Palladium-Nickel zu Einsatz. Für hohe Belastungen werden u. a. Silber-Nickel, Palladium-Kupfer, Silber-Cadmiumoxid und Wolfram verwendet. Als Ersatz für Silber-Cadmiumoxid wird aus Umweltschutzgründen zunehmend Silber-Zinnoxid eingesetzt.

In →Quecksilberrelais und Quecksilberschaltern wird – vorwiegend für kleine und mittlere Schaltleistungen – der flüssige K. Quecksilber eingesetzt. *Rauterberg*

Literatur: *Keil. A.* und *W. A. Merl, E. Vinaricky:* Elektrische Kontakte und ihre Werkstoffe. Berlin/Heidelberg/New York/Tokio 1984.

Kontamination. K. ist einer der wesentlichen die →Ausbeute begrenzenden Faktoren bei der Herstellung von integrierten Schaltungen.

In der →Halbleitertechnologie versteht man unter K. eine Verunreinigung sowohl der Produktflächen (Prozeßkammern, Geräte, Versorgungssysteme, usw.), als auch der Halbleiterscheiben und des Halbleitervolumens, die die erforderliche Bearbeitung stört, das Prozeßergebnis negativ beeinflußt und die Ausbeute mindert.

In der Praxis wird üblicherweise je nach Ausbildung zwischen partikelhafter, ionischer, atomarer, molekularer K. und Filmen unterschieden, die Übergänge sind jedoch fließend.

Partikelhafte K. entsteht, wenn Partikel, durch gasförmige oder flüssige Medien transportiert, sich auf den Oberflächen ablagern. Verantwortlich für diese Art der K. sind, je nach Größe und Form der Partikel, vorwiegend Gravitations- und elektrostatische Kräfte. Einflußgrößen auf die partikuläre K. sind die Partikelkonzentration im Medium, die Strömungsgeschwindigkeit und -richtung bezogen auf die Oberfläche, die Dichte des Mediums, sowie die Beschaffenheit der Oberfläche. Partikelablagerung auf der Prozeßoberfläche führt zu Lithographie-Defekten, Leiterbahnunterbrechungen oder mikroskopischen Löchern im Oxid (pin holes). Eine Verminderung der Anzahl von Partikeln erfolgt durch Filtern der Medien, Vermeidung von Partikelgeneration, z. B. durch Abrieb und Verwendung glatter Oberflächen bei Geräten. Partikel auf Halbleiterscheiben lassen sich mit Hilfe verschiedenster Reinigungsverfahren (→Reinigung) beseitigen. Die gebräuchlichsten sind Blasen, Spülen, Bürsten und Ultraschall.

Zur Bestimmung der Partikelanzahl und -größe in Medien werden optische Partikelzähler verwendet. Partikel auf Oberflächen werden mit speziellen Partikelmeßgeräten oder Mikroskopen erfaßt.

Ionische, atomare oder molekulare K. entsteht durch chemische und physikalische Adsorption von Ionen, Atomen, Molekülen aus der Umgebung auf die Produktflächen. Diese Arten der K. haben einen wesentlichen Einfluß auf die Ausbeute, da sie die chemischen und elektrischen Eigenschaften der Oberfläche verändern, das Schichtwachstum beeinträchtigen und durch nachfolgende Prozeßschritte, z. B. durch Hochtemperaturprozesse, die Volumeneigenschaften des Halbleitersubstrates beeinflussen und somit die einwandfreie Funktion der Halbleiterschaltung gefährden.

Diese zunächst atomar in Submonolagen verteilten Oberflächenverunreinigungen können bei Hochtemperaturprozessen in das Halbleitermaterial diffundieren, wobei Rekombinationszentren und, in Verbindung mit Defekten, mikroskopische Präzipitate entstehen (z. B. Metallsilicidausscheidungen). Die Folge ist eine →Degradation der elektrischen Bauelementparameter (Refreshtime-Ausfälle, Oxiddurchbrüche, Leckströme); Alkali-Ionen mit hoher Beweglichkeit in Oxidschichten führen zu Instabilitäten bei MOS-Bauelementen.

Die Auswirkungen organischer Oberflächenkontamination sind vergleichsweise noch weitgehend unbekannt. Instabilitäten bei der Oxidation, Fehlstellen im Oxidgrenzflächenbereich und Kristalldefektbildung werden jedoch auch mit Kohlenstoff in Verbindung gebracht.

Kontaminationsquellen sind im gesamten Bereich der Prozeßführung zu suchen. Neben der Partikeldichte im Reinraumbereich und in den Prozeßmedien (Gase, deionisiertes Wasser, Flüssigchemikalien, Photolack, etc.) ist auch die Partikelgeneration in den Fertigungsgeräten und Versorgungssystemen (Abrieb, Reaktionsprodukte, etc.) und im →Reinraum von Bedeutung. Ebenso kann die gesamte Prozeßumgebung einschließlich der Menschen (Schweiß, Hautschuppen, Kosmetik, etc.) als potentielle Quelle für K. betrachtet werden. Eine wichtige Rolle zur Prozeßbeurteilung spielt deshalb die Kontaminationsmeßtechnik in Verbindung mit der Entwicklung von Reinigungsverfahren.

Als Nachweisverfahren dienen die elektrischen Messungen an der Bauelementestruktur, z. B. Kapazitäts-Spannungs-Messungen am Oxid, sowie hochauflösende Analytik, z. B. →SIMS, u. a.

Je nach ihrer Art können oberflächliche K. auf verschiedene Weise reduziert bzw. beseitigt werden, entweder durch eine naßchemische Reinigung, durch Ausheizen, durch Absputtern oder andere Methoden.

K. beeinflussen in starkem Maße die →Ausbeute. Die Beherrschung der K. ist deshalb eine wichtige Voraussetzung für die Weiterentwicklung der Bauelementetechnologien. *Ryssel*

Kontinuitätsgleichung. Allgemeine Gleichung, die für eine Strömung den Zusammenhang zwischen der räumlichen Dichte ρ des strömenden Mediums und der Stromdichte j beschreibt:

$$\frac{\partial \varrho}{\partial t} + \operatorname{div} j = 0$$

Dabei können sowohl die Dichte, als auch die Stromdichte von Ort r und Zeit t abhängen, d. h. $\rho = \rho(r,t)$ bzw. $j = j(r,t)$. Die Stromdichte kann meist als $j = \rho v$ geschrieben werden, wobei v die Strömungsgeschwindigkeit ist. Die K. beschreibt, daß das strömende Medium nicht verloren gehen oder erzeugt werden kann: Nimmt ρ an einem bestimmten Ort zeitlich zu oder ab ($\partial\rho/\partial t \neq 0$), so äußert sich dies in einer Divergenz des Stroms, d. h. zur betreffenden Stelle muß mehr zu- als abfließen, bzw. umgekehrt. Für den elektrischen Stromfluß ist ρ die elektrische Ladungsdichte und j die elektrische Stromdichte. Im stationären Zustand, für den die zeitliche Ableitung verschwinden muß, verlangt die K. eine divergenzfreie Stromdichte, d. h. j ist überall gleich groß. *Heinz*

Kontrast der Farbbildröhre. K. ist das Verhältnis der →Helligkeit der hellsten Teile in einem Bild zu der Helligkeit der dunkelsten Bildpartien.

Während die Helligkeit der hellsten Teile des Bildes durch die zum Leuchten angeregten →Leuchtstoffe bestimmt wird, ist die Helligkeit der dunkelsten Bildteile durch die Körperfarbe des nicht angeregten Bildschirmes bestimmt. Diese wiederum hängt ab von

□ der Umfeldbeleuchtung
□ der Einfärbung des Bildschirmglases
□ der Reflexion des einfallenden Umfeldlichtes an den Leuchtstoffen des Bildschirmes.

Ideal wären hier Leuchtstoffe mit der Eigenfarbe „schwarz", die es aber nicht gibt. Um sich dem Ideal anzunähern, behilft man sich mit:

- pigmentierten Leuchtstoffen für Rot und Blau
- dunkel eingefärbtem Glas: da das Raumlicht das Schirmglas zweimal passieren muß, das Eigenlicht der Röhre jedoch nur einmal, gibt eingefärbtes Glas aufgrund der geringeren Glastransparenz eine Kontrasterhöhung. Allerdings wird auch das Eigenlicht der Röhre, d. h. die Bildhelligkeit vermindert.

Um die Reflexionen am Leuchtstoff zu erniedrigen, wird auch die Black-Matrix-Technologie für Leuchtschirme eingesetzt.

Grobkontrast ist der K. größerer Bildteile. Detailkontrast oder auch Feinkontrast ist der K. von feinen Bildteilen. Dieser beeinflußt auch die subjektive Schärfeempfindung. Bei gutem Grobkontrast kann der Detailkontrast schlecht sein.

Keitel/Nerstheimer

Literatur: Die Fernseh-Bildröhre. Hrsg. Telefunken, Ulm. – Elektronik-Taschenbuch Bd. II, Bonn.

Kontrolleinheit. K. (auch Steuereinheiten oder Steuerungen, *engl.* Controller) sind Funktionselemente innerhalb von Speichersystemen, die zur Anbindung von Speichereinheiten (Magnetplatten-, Magnetbandeinheiten) und anderen Ein-/Ausgabegeräten an Rechnersysteme dienen. Sie bilden ein Bindeglied zwischen der (genormten oder herstellerspezifischen) Rechnerschnittstelle und der (heute größtenteils genormten) Geräteschnittstelle.

Grundsätzlich sind zwei Typen von K. zu unterscheiden: K., die sowohl die mechanischen als auch nicht mechanischen Abläufe innerhalb der Speichereinheiten über Schnittstellensignale steuern, und solche, die über logische Befehle mit diesen kommunizieren. Im letzteren Fall sind an die K. Geräte angeschlossen, die über eine eigene Intelligenz (→Mikroprozessor und Mikroprogramm) verfügen und somit ihre Abläufe selbständig ausführen und kontrollieren.

Die K. im ursprünglichen Sinn steuert und überwacht sämtliche Laufwerksfunktionen, die Ein- und Ausgabe der Daten und überprüft deren Korrektheit durch Redundanzinformationen. Die angeschlossenen Geräte werden über Auswahlleitungen selektiert (Drive Select), über Steuerleitungen werden die einzelnen Funktionen gesteuert. Die Informationsübertragung erfolgt über Datenleitungen. Zu den wesentlichen Aufgaben dieser K. gehören:

- Aufbereitung und Codierung der Daten sowie Erzeugung der →Redundanz (hier: zusätzliche, der Information zum Zwecke der Analyse systematisch beigegebene Signale wie Paritäts- oder CRC (Cycling Redundancy Check)-Zeichen beim Schreiben auf das Speichermedium),
- Decodierung und Überprüfung der Signale anhand der beigegebenen Redundanz beim Lesen,
- Synchronisation der Lesedaten zum Ausgleich von Geschwindigkeitsschwankungen,
- Korrektur von Datenfehlern anhand der beigefügten Redundanz (soweit möglich),
- Analysieren und Aufzeichnen von korrigierbaren und nicht korrigierbaren, ständig oder unregelmäßig auftretenden Fehlern der angeschlossenen Geräte und deren nach Prioritäten gesteuerte sofortige oder periodische Weitergabe an den Rechner,
- Weitergabe von Statusinformationen der angeschlossenen Geräte an den Rechner (bereit/nicht bereit, Stromversorgung eingeschaltet/nicht eingeschaltet usw.)
- Unterstützung der Gerätediagnose durch den Servicetechniker, zunehmend auch Ferndiagnose über öffentliche Netze. Dazu sind in den K. häufig Anschlüsse für Diagnosegeräte und Fernübertragungseinrichtungen (Modems) eingebaut.

Zur Verbesserung des Datendurchsatzes und Antwortzeitverhaltens werden K. zunehmend mit Pufferspeichern (*engl.* buffer) ausgestattet. Diese dienen zur Anpassung der unterschiedlichen Geschwindigkeiten und Übertragungsraten von Rechner- und Geräteschnittstelle.

Die Übertragungsraten von Rechnerschnittstellen liegen heute im Bereich von 5–50 MBytes/s, während die der Speichereinheiten etwa zwischen 100 kBytes/s und mehreren MBytes/s differieren. Dynamische →Pufferspeicher (*engl.* cache), die oft auf der Speichereinheit selbst integriert sind, dienen beim Schreiben und Lesen von Informationen auf bzw. von Speichereinheiten dazu, die mechanisch bedingten relativ langsamen Zugriffszeiten (bei Magnetband- und Magnetplatteneinheiten) zu optimieren, den Verschleiß zu verringern und dadurch die Sicherheit der Daten zu erhöhen. So dient der Cache z. B. bei Magnetbandeinheiten dazu, eine Kette von Informationen in einer einzigen Operation auf das →Magnetband zu schreiben, um die Anzahl der Start- und Stoppvorgänge und damit den Verschleiß des Bandes zu verringern. Umgekehrt schreibt die →Magnetbandeinheit eine größere Menge Daten in den Puffer, die der Rechner in programmbedingten Mengen zu verschiedenen Zeiten abruft. Ein dynamischer Pufferspeicher für Magnetplattenlaufwerke hält Daten, auf die der Rechner mit hoher Wahrscheinlichkeit in kurzer Folge mehrfach zugreifen wird, nach bestimmten Gesetzmäßigkeiten fest. Der Zugriff auf den Pufferspeicher ist für den Rechner um ein Vielfaches schneller als auf die Speichereinheit. Die begrenzte Kapazität des Pufferspeichers wird dadurch sinnvoll genutzt, daß immer diejenigen Daten, auf die über den längsten Zeitraum nicht zugegriffen wurde, von aktuellen Informationen überlagert werden (LRU, Least-Recently-Used-Verfahren). Da bei Stromausfall oder -unterbrechung die Informationen im flüchtigen Pufferspeicher verloren gehen, muß dieser mit einer Batterie gegen Datenverlust abgesichert werden.

Eine weitere Funktion von K. besteht im Verdichten von zu speichernden Informationen zur besseren Ausnutzung der zur Verfügung stehenden Speicherkapazität. Dieses geschieht nach bestimmten Verfahren, bei denen häufig vorkommende Zeichenketten durch kürzere Informationen ersetzt werden. Hierbei entstehen besondere Anforderungen an die Synchronisation der Übertragungsraten, die mit dem Grad der Komprimierung schwanken, und an die Verwaltung der Pufferspeicher.

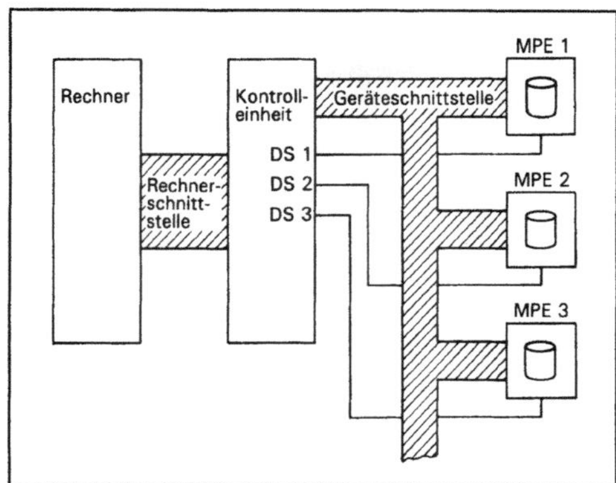

DS1–DS3 Geräteauswahl-Leitungen (Drive-Select) MPE1–MPE3 Magnetplatteneinheiten

Kontrolleinheit 1: K. zur Steuerung gleichartiger Speichereinheiten.

Die Komprimierung von Daten und die entsprechende Dekomprimierung wird zur besseren Ausnutzung externer Speicher oft bereits vom Rechner vorgenommen. Eine größere Bedeutung bei den Speichereinheiten hat sie bei den Magnetbandkassettenlaufwerken erlangt, die dadurch ihre Kapazität um das zwei- bis fünffache steigern können.

Im Laufe der Entwicklung wurden auf die K. immer mehr Funktionen verlagert, um die eigentlichen Rechner mit der Verwaltung und Steuerung der Speichereinheiten und Ein-/Ausgabegeräte zu entlasten. In den letzten Jahren werden diese Funktionen mehr und mehr in die Endgeräte selbst integriert, diese übernehmen somit ihre eigene Steuerung, Datenaufbereitung, Datencodierung und -komprimierung und die Fehleranalyse und -behebung. Die K. selbst kommuniziert über logische Befehle mit den angeschlossenen Einheiten und ist hauptsächlich für das Multiplexen der Datenkanäle, das Überwachen der Einheiten und das Analysieren und Weiterleiten von Fehlermeldungen verantwortlich.

Durch die einheitliche, genormte Struktur der Befehle und des Übertragungsformates kann ein solcher Controller meist mehrere, auch unterschiedliche Typen von Geräten bedienen, wodurch die Vielfalt der K. innerhalb eines Rechnersystems stark reduziert wird. Als Beispiel seien hier die sich in den letzten Jahren etablierten SCSI-Controller (Small Computer System Interface) genannt, an die bis zu sieben Speichereinheiten (Magnetband-, Kassen-, Magnetplatten- und Optische Laufwerke) oder Ein-/Ausgabegeräte (Drucker, Scanner) mit entsprechender SCSI-Schnittstelle angeschlossen werden können. Die SCSI-Schnittstelle besteht aus den Datenleitungen und einigen Steuer- und Handshake-Signalen. Die Auswahl eines Gerätes, die Übermittlung eines Befehles sowie die Datenübertragung erfolgen nach festen Regeln in Form von Phasenprotokollen. Dabei wird der Datenbus in den einzelnen Phasen dazu benutzt, um Befehle, Statusmeldungen und die eigentlichen Daten zu übermitteln. Der SCSI-Chip auf dem Gerät setzt die übermittelten Befehle zur individuellen Ansteuerung der Laufwerksfunktionen um, die dann von einem geräteeigenen Mikroprozessor ausgeführt und überwacht werden. *Pott*

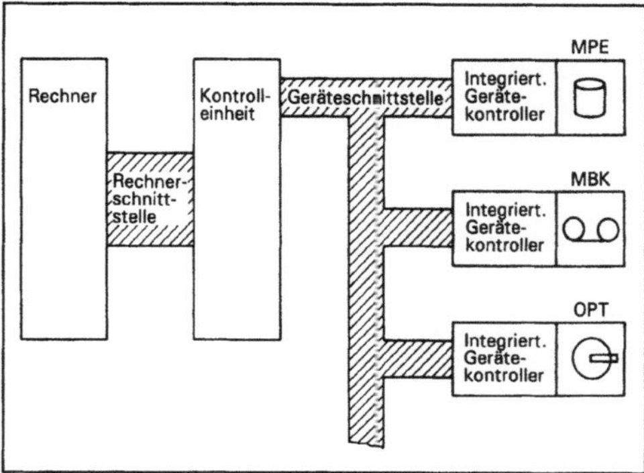

MPE Magnetplatteneinheit, MBK Magnetbandkasseneinheit, OPT optische Speichereinheit

Kontrolleinheit 2: K. zur Steuerung unterschiedlicher Speichereinheiten.

Konus-Lautsprecher →Mehrwege-Lautsprechersystem, →Lautsprecher

Koppelkondensator. →Kondensator, der in einer elektrischen Schaltung verwendet wird, um Wechselstromsignale zwischen zwei Schaltungsteilen zu übertragen, den Gleichstrom jedoch abzublocken. K. werden sehr häufig zwischen Transistor- (oder Röhren-) Verstärkerstufen eingesetzt, damit die Gleichspannung am Ausgang der vorangehenden Stufe nicht den →Arbeitspunkt der nachfolgenden Stufe beeinflußt (Bild). *Claassen*

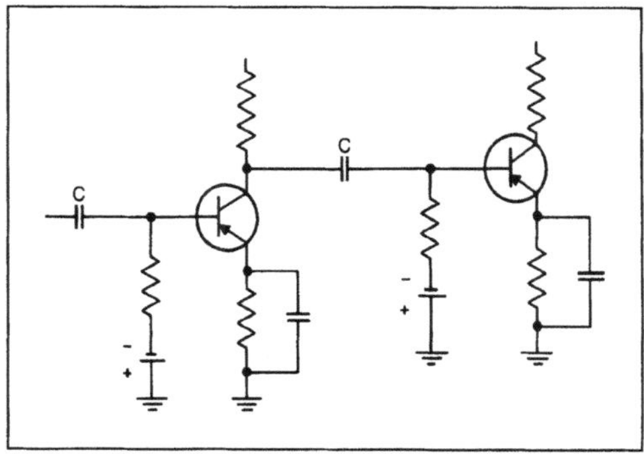

Koppelkondensator: K. C zur Trennung von Gleichstrom und Wechselstromsignal in mehrstufigem Transistorverstärker.

Kopplungsfaktor. Der piezoelektrische K. entspricht dem thermodynamischen Wandlungsgrad, d. h. dem Verhältnis von elektrischer Energiedichte zu mechanisch zugeführter Energiedichte. Für den Längseffekt (→Piezowiderstandseffekt) ergibt sich für den K. der Wert k_{33}^2 (Keramik, piezoelektrisch).

Analog wird der pyroelektrische K. k_π^2 durch das Verhältnis η von elektrischer Energiedichte zu der Dichte der thermisch zugeführten Energie definiert, nach dem Gesetz

$$\eta = \frac{\Delta T}{T_0} k_\pi^2$$

(T_0 ist die Betriebstemperatur, ΔT die Temperaturdifferenz bei der Wärmezuführung). *Schaumburg*

Literatur: *Heywang, W.:* Sensorik. Berlin 1984.

Korngrenze. K. sind flächige, meist facettierte Bestandteile der →Gefüge. In polykristallinen Halbleitern (→Polysilicium) beeinflussen K. den Ladungsträgertransport. K. in polykristallinen Leiterbahnen wirken als Schwachstellen insbesondere bei →Elektromigration. Stabile K. weisen eine hohe Gitteranpassung der aneinanderstoßenden Kristallkörner auf. *Hieber*

Korrelationsmeßtechnik. Die K. ermittelt den Zusammenhang zwischen zwei oder mehreren Meßreihen, ohne daß im deterministischen Sinn die eine Meßreihe als eine Funktion der anderen betrachtet werden könnte. Die Meßreihen werden also nicht als unabhängig und abhängig angesehen, sondern als gleichwertig betrachtet. Im Falle der →Kreuzkorrelation stammen die Meßreihen von unterschiedlichen Größen. Bei der Autokorrelation werden die zeitverschobenen Meßwerte einer einzigen Größe untersucht.

Ist f(t) die eine gemessene Größe und g(t) die andere, so ist die Kreuzkorrelationsfunktion (KKF) Φ_{fg} in Abhängigkeit von der Verzögerungszeit τ erklärt durch

$$\Phi_{fg}(\tau) = \lim_{T\to\infty} \frac{1}{2T} \int_{-T}^{+T} f(t)\, g(t-\tau)\, dt. \quad (1)$$

Um sie zu erhalten, sind also die folgenden Operationen durchzuführen (Bild):

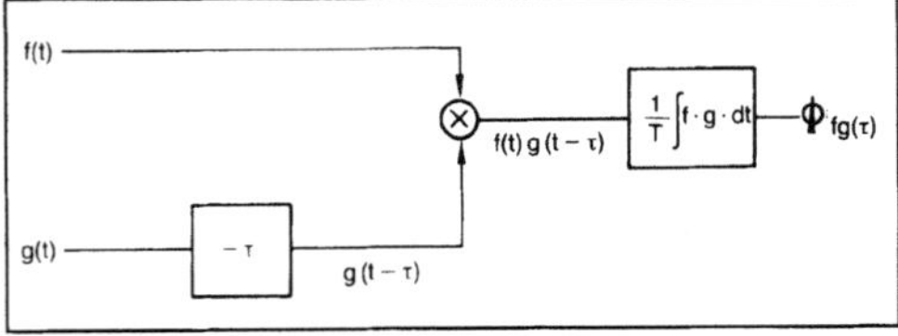

Korrelationsmeßtechnik: Operationen beim Bilden der Kreuzkorrelationsfunktion Φ_{fg}

- das Signal g(t) ist um die Zeit τ zu verzögern
- die beiden Signale f(t) und g(t–τ) sind miteinander zu multiplizieren
- der Mittelwert über diese Produkte ist zu bilden.

Die so entstandene Kreuzkorrelationsfunktion ist dann nicht mehr eine Funktion der Zeit t, sondern der Verzögerungszeit τ.

Dem Stand der Technik entsprechend werden die gemessenen Signale zu diskreten Zeitpunkten im Abstand T_a abgetastet, ins digitale Datenformat umgesetzt, und die KKF wird aus den diskreten, zu den Zeitpunkten nT_a gewonnenen Meßwerten $f(nT_a)$ berechnet. Die Verzögerungszeit kT_a wird ebenfalls als ein Vielfaches des Abtastintervalls ausgedrückt. Für diese diskreten Werte geht das obige Integral in eine Summe über mit

$$\Phi_{fg}(k) = \frac{1}{N} \sum_{n=1}^{N} f(nT_a)\, g([n-k]T_a). \quad (2)$$

Die vorstehend genannten Rechenvorschriften lassen sich auch auf eine einzige Funktion f(t) anwenden, indem sie mit ihrem zeitverzögerten Wert f(t–τ) multipliziert wird. In diesem Fall entstehen die Autokorrelationsfunktionen (AKF) Φ_{ff} mit

$$\Phi_{ff}(\tau) = \lim_{T\to\infty} \frac{1}{T} \int_{-T}^{+T} f(t)\, f(t-\tau)\, dt \quad (3)$$

$$\Phi_{ff}(k) = \frac{1}{N} \sum_{n=1}^{N} f(nT_a)\, f([n-k]T_a). \quad (4)$$

Spektraldarstellung der Korrelationsfunktionen: Die Systemtheorie zeigt, daß unter bestimmten Voraussetzungen im Zeitbereich und im Frequenzbereich die folgenden Funktionen über die Fourier-Transformation oder über die inverse Fourier-Transformation miteinander korrespondieren:
- Die Spektralfunktion F(jω) ist die Fourier-Transformierte der Zeitfunktion f(t).
- Das Autoleistungsdichtespektrum (ALDS, auto power spectral density APSD) $S_{ff}(j\omega)$ ist die Fourier-Transformierte der Autokorrelationsfunktion Φ_{ff}.
- Das Kreuzleistungsdichtespektrum (KLDS, cross power spectral density CPSD) $S_{fg}(j\omega)$ ist die Fourier-Transformierte der Kreuzkorrelationsfunktion Φ_{fg}.

Über die inverse Fourier-Transformation kann dann aus der Spektralfunktion wieder die zugehörige Zeitfunktion berechnet werden. Es gelten also die Beziehungen der Tabelle.

Während früher häufig aus der Zeitfunktion f(t) zunächst die Autokorrelationsfunktion Φ_{ff} und aus dieser die Spektralfunktion S_{ff} berechnet wurde (Sequenz 1a → 4a → 4b), wird heute meistens aus der Zeitfunktion f(t) zunächst die Spektralfunktion F(jω) berechnet, aus dieser das Autoleistungs-

Korrelationsmeßtechnik. Tabelle: Spektraldarstellung der Korrelationsfunktionen.

Zeitbereich		Frequenzbereich	
1a	$f(t)$	1b	$F(j\omega)$
2a	$f(t) = \frac{1}{2\pi} \int_{-\infty}^{+\infty} F(j\omega)\, e^{j\omega t}\, d\omega$	2b	$F(j\omega) = \int_{-\infty}^{+\infty} f(t)\, e^{-j\omega t}\, dt$
3a	$\Phi_{ff}(\tau) = \frac{1}{2\pi} \int_{-\infty}^{+\infty} S_{ff}(j\omega)\, e^{\,j\omega\tau}\, d\omega$	3b	$\lvert S_{ff}(j\omega)\rvert = \frac{\lvert F(j\omega)\rvert^2}{2T}$
4a	$\Phi_{ff}(\tau) = \lim_{T\to\infty} \frac{1}{2T} \int_{-T}^{T} f(t)\, f(t-\tau)\, dt$	4b	$S_{ff}(j\omega) = \int_{-\infty}^{+\infty} \Phi_{ff}(\tau)\, e^{-j\omega\tau}\, d\tau$

dichtespektrum S_{ff} als quadriertes Amplitudenspektrum gewonnen und dann erst auf die Autokorrelationsfunktion Φ_{ff} übergegangen (Sequenz 1a → 2b → 3b → 3a). Auf diesem indirekten Weg läßt sich, mit den zur Verfügung stehenden leistungsfähigen Algorithmen der Fast-Fourier-Transformation, die Korrelationsfunktion im allgemeinen schneller bestimmen. *Schrüfer*

Literatur: *Bendat, J. S.* u. *A. G. Piersol:* Random Data. London 1971. – *Lange, F. H.:* Korrelationselektronik, Ost-Berlin. – *Wehrmann, W.:* Korrelationstechnik. Grafenau 1977.

Korrosion. Werkstoffe, vor allem solche geringer Abmessungen wie →dünne Schichten und Kontaktoberflächen reagieren unter der Einwirkung von Feuchte oft durch Halogenide verschärft und zerfallen unter der Bildung chemischer Verbindungen. K. beeinträchtigt vor allem die Lagerfähigkeit von Bauelementen und Leiterplatten vor dem Bestükken und Mikrolöten (→Alterung, →Zuverlässigkeit). *Hieber*

KP-Kondensator →Polypropylenkondensator

Kraftaufnehmer, piezoelektrischer →Kraftmessung

Kraftmeßdose, magnetoelastische →Kraftmessung

Kraftmessung. Die Kraft ist eine abgeleitete Größe im Internationalen Einheitensystem (Einheiten des SI) und hat die Einheit Newton (N). Ein Newton ist gleich der Kraft, die einem Körper mit der Masse 1 kg die Beschleunigung 1 m/s^2 erteilt: 1 N = 1 kgms^{-2} (≈0,102 kp).

K. kommen im täglichen Leben, in Technik und Handel eine erhebliche Bedeutung zu, insbesondere weil bei vielen Wägevorgängen die Aufgabe der Bestimmung einer Masse auf eine K. zurückgeführt wird.

Zum Messen von Kräften nutzt man verschiedene physikalische Effekte aus, bei denen ein definierter und möglichst linearer Zusammenhang zwischen der Kraft und einer anderen Größe besteht, z. B. Elastizität, Druck, Piezoelektrizität, Magnetostriktion. Am weitesten verbreitet ist die Ausnutzung der Verformung von Federkörpern, soweit diese elastisch erfolgt, also dem Hookeschen Gesetz genügt. Kraft F und Dehnung ε bzw. Längenänderung Δl sind dann proportional:

$$F = k \cdot \frac{\Delta l}{l} = k \cdot \varepsilon.$$

Die Dehnung ε bzw. die Längenänderung Δl werden mit den nachstehend beschriebenen Verfahren erfaßt.

Rein mechanische Kraftaufnehmer werden einerseits für grobe Messungen angewendet (z. B. Federwaage), andererseits haben sie im Eich- und Prüfwesen noch eine gewisse Bedeutung. Im letzten Fall werden die elastischen Verformungen des Verformungskörpers mit Meßuhren oder optischen Verfahren erfaßt, Meßunsicherheiten von 2 % bis <0,1 % vom Nennwert sind erreichbar. Nennkräfte bis 10 MN serienmäßig.

Hydraulische Kraftaufnehmer bestehen aus einem allseitig umschlossenen Druckvolumen und einem Anzeigegerät (Druckmesser). Die Meßunsicherheiten liegen bei 1 bis 2 % vom Nennwert. Nennkräfte 200 N bis 20 MN.

Elektrische Kraftaufnehmer sind für die vielfältigsten Einsatzfälle entwickelt worden. Besonders in der Wägetechnik haben sie eine erhebliche Bedeutung erlangt, seitdem ihre Meßunsicherheit so klein gemacht werden konnte, daß diese Kraftaufnehmer für Waagen eichfähig wurden.

Wichtigste Vertreter der elektrischen Kraftaufnehmer sind die DMS-Kraftaufnehmer. Im einfachsten Fall werden auf einen elastischen Hohlzylinder vier →Dehnungsmeßstreifen (DMS) geklebt,

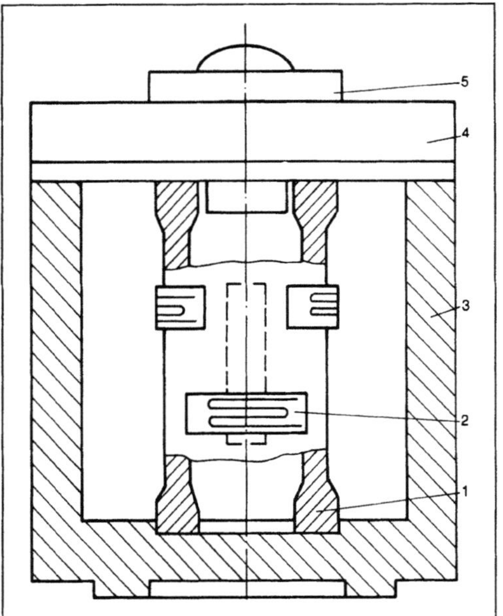

1 Hohlzylinder, 2 Dehnungsmeßstreifen, 3 Gehäuse, 4 Deckel, 5 Druckstück

Kraftmessung 1: Kraftmeßdose mit DMS (schematischer Aufbau).

(Bild 1). Wird der Zylinder durch eine Belastung gestaucht, verändern sich die Widerstände der DMS (Dehnungsmeßstreifen). Die vier DMS werden in einer Wheatstone-Brücke (→Meßbrücke) zusammengeschaltet. Für höhere Nennkräfte werden rohrförmige anstelle von stabförmigen Verformungskörpern eingesetzt.

Bei kleinen Nennkräften nimmt man auch Biegekörper, um einen höheren Meßeffekt zu erhalten. DMS-Kraftaufnehmer lassen sich mit Meßunsicherheiten unter 0,1 % vom Nennwert herstellen. Sie eignen sich für statische und für dynamische Messungen. Nennkräfte von 5 N bis 20 MN. Man kann zur Addition oder Subtraktion von Einzelkräften auch mehrere DMS-Kraftaufnehmer in Serie schalten. Auf diese Weise kann man z. B. die Belastung einer von vier Aufnehmern getragenen Plattform einer elektromechanischen Waage unabhängig von der Lastverteilung bestimmen.

Bei induktiven Kraftaufnehmern wird die Abstandsänderung zwischen zwei Punkten eines Verformungskörpers infolge Krafteinwirkung gemessen, und zwar mittels eines induktiven Aufnehmers für den Weg. Nennkräfte von etwa 10 mN bis 1 MN. Induktive Kraftaufnehmer werden mit einem Trägerfrequenzmeßverstärker betrieben.

Der magnetoelastische Kraftaufnehmer beruht auf dem magnetoelastischen Effekt von ferromagnetischen Materialien, deren Permeabilität sich unter Krafteinwirkung ändert (Bild 2). Die sich

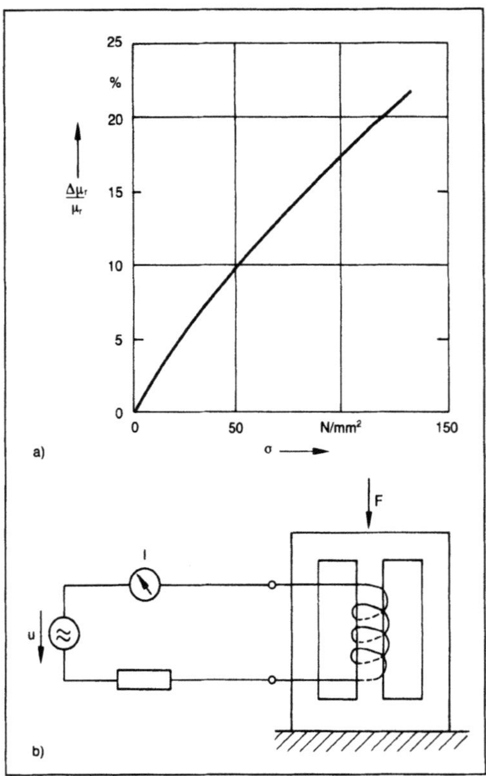

Kraftmessung 2: Magnetoelastische Kraftmeßdose.
a) Änderung der Permeabilität einer Nickel-Eisen-Legierung in Abhängigkeit von der Normalspannung σ
b) Prinzip.

durch die Krafteinwirkung ergebende Induktivitätsänderung ändert den angezeigten Strom I. Meßverstärker sind hier nicht erforderlich. Einsatz besonders für robuste Betriebsmessungen.

Grundlage für die piezoelektrische K. ist der piezoelektrische Effekt, nach dem auf bestimmten Kristallen Ladungen auftreten, wenn diese mechanisch beansprucht werden. Quarzkristalle (SiO_2) haben die höchste Konstanz ihrer Eigenschaften und die beste Isolation, weshalb sie für Meßzwecke am besten geeignet sind. Den Aufbau einer piezoelektrischen Kraftmeßdose zeigt Bild 3. Dabei wirkt die Kraft F auf zwei Piezokristalle, die mechanisch hintereinander, elektrisch aber parallel liegen. Auf diese Weise kann man die erforderliche Isolierung der mittleren Elektrode ohne weiteren Aufwand nur mittels der beiden Piezokristalle erreichen. Piezoelektrische Kraftaufnehmer sind sehr steif und verformen sich bei Belastung nur um wenige μm. Die Ausgangsgröße des piezoelektrischen Kraftaufnehmers ist eine Ladung, die von einem Ladungsverstärker (→Ladungsmessung) in eine entsprechende Spannung umgewandelt wird. Da die Isola-

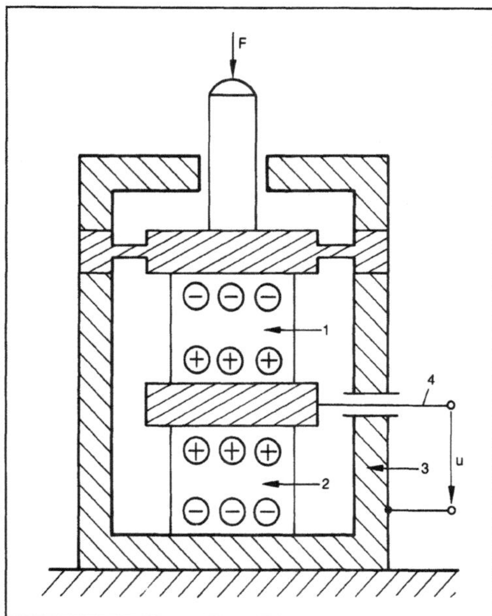

1,2 Quarzkristalle, 3 Metallgehäuse, 4 Abgriff von der isolierten Elektrode

$$U = \frac{Q}{C_{ges}} = k\,F$$

C_{ges} = Kapazität der Anordnung einschließlich Verstärker

Kraftmessung 3: Piezoelektrische Kraftmeßdose.

tion des Gesamtsystems nicht unendlich gut sein kann, fällt die infolge einer konstanten Kraft entstandene Ladung langsam ab. Daraus ersieht man, daß eine statische K. mit diesem Aufnehmer nicht möglich ist. Das Haupteinsatzgebiet der piezoelektrischen Kraftaufnehmer liegt deshalb bei schnellen dynamischen Messungen, bei denen es auf kleine Baugröße bzw. auf Unempfindlichkeit gegenüber Temperaturschwankungen ankommt. Es gibt z. B. spezielle Zündkerzen mit eingebauten Kraftaufnehmern, mit denen man den Kraft- bzw. Druckverlauf im Innern von Verbrennungsmaschinen messen kann. Weitere Merkmale der piezoelektrischen Kraftaufnehmer sind: →Grenzfrequenz für dynamische K. bis über 100 kHz, sehr gute Auflösung (bis 10^{-6}), Meßunsicherheit ca. 1 % vom Nennwert.

Hammerschmidt

Kraftsensor →Kraftmessung

Kreisbeschleuniger. Maschine zur Beschleunigung von Teilchenstrahlen auf hohe Energien, bei der die Teilchen mit Hilfe von Ablenkmagneten auf einer geschlossenen häufig kreisförmigen Bahn geführt werden, so daß die zur Beschleunigung dienenden Hochfrequenzstrukturen vom selben Strahl sehr oft durchlaufen werden. Die im allgemeinen sehr teuren und technisch aufwendigen Beschleunigungsstrukturen werden dabei sehr effizient genutzt. K. sind für Elektronen, Protonen und auch leichte Ionen gebaut worden. Die wichtigsten Vertreter dieses Beschleunigertyps sind das Zyklotron, das →Microtron, das →Betatron, das →Synchrotron und der →Speicherring.

Wille

Literatur: *Courant, E. D.* und *H. S. Snyder:* Theory of the Alternationg Gradient Synchroton. Annals of Physics 3 (1958), S. 1–48. – *Kolomenski, A. A.* und *A. N. Lebedev:* Theory of Cyclic Accelerators. Amsterdam 1966. – *Sands, M.:* The Physiks of Electron Storage Rings. Proceedings of the International School of Physics 1971 „Enrico Fermi". – *Wilson, E. J. N.:* Proton Synchrotron Accelerator Theory. CERN 77–07, Genf.

Kreisstrom bei Stromrichtern. K. tritt bei gegenparallelen Stromrichtern in kreisstrombehafteten Schaltungen auf (→Umkehrstromrichter). Da bei diesen Schaltungen eine Stromrichterbrücke im Gleichrichter-, die andere im Wechselrichterbetrieb arbeitet, treibt die Differenz der beiden Spannungen einen Strom – den K. i_{Kr} – im Kreis durch die jeweils gezündeten Ventile der beiden Brücken (Bild 1). Damit der K. keine unerwünscht hohen Werte annehmen kann, wird er durch Induktivitäten, die Kreisstromdrosseln, begrenzt. Der Verlauf der

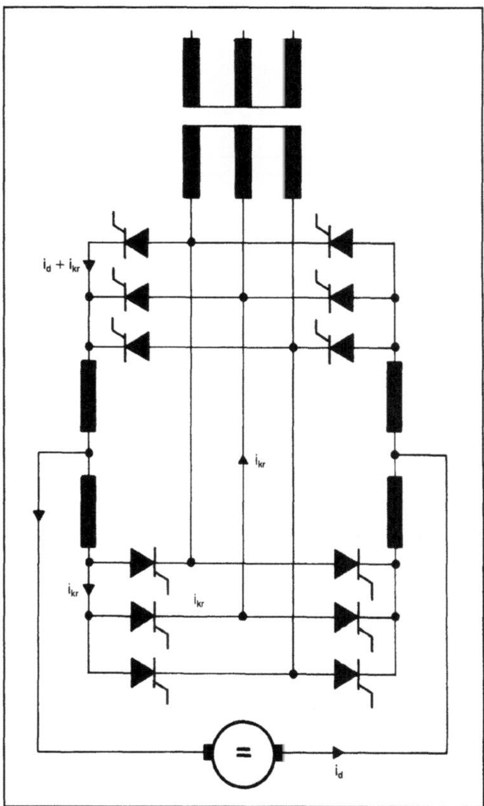

Kreisstrom bei Stromrichtern 1: Kreisstrombehaftete Stromrichterschaltung mit Darstellung des K.

Gleichrichterspannung U_{GR}, der Wechselrichterspannung U_{WR}, der Kreisspannung u_{Kr} sowie des K. i_{Kr} ist aus Bild 2 ersichtlich. Der Mittelwert der Wechselrichterspannung muß dabei größer sein als der Mittelwert der Gleichrichterspannung. Dies ist bei der Stromrichterauslegung auf Grund folgender Bedingungen zu berücksichtigen: Die maximale Wechselrichterspannung ist

$U_{WR} = U_{di} \cdot \cos \beta$

β Voreilwinkel = $180° - \alpha$.

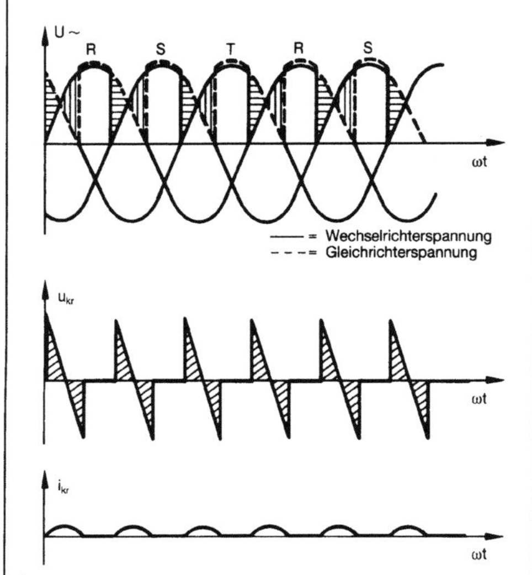

Kreisstrom bei Stromrichtern 2: Darstellung des Stromes i_{Kr} und der Spannung u_{Kr} im Kreisstromkreis.

Daraus ergibt sich gemäß obiger Forderung:

$U_{GR} = U_{WR} = U_{di} \cos \beta$

Die ideelle Gleichspannung des Stromrichters kann also nicht ausgenutzt werden. Dies Problem tritt bei kreisstromfreien Schaltungen nicht auf.

Der K. stellt einen reinen Blindstrom dar, der die im Kreisstromkreis liegenden Elemente zusätzlich belastet. Um den K. klein zu halten, wurden Schaltungen mit Kreisstromregelung entwickelt. Jedem Stromrichtersystem wird ein Stromregler zugeordnet, der je nach Betriebsbedingungen als Last- oder Kreisstromregler arbeitet. *H. Stüben*

Kreisstromdrossel. K. werden in kreisstrombehafteten Schaltungen von Umkehrstromrichtern zur Begrenzung des Kreisstromes eingesetzt.

Da der Kreisstrom i_{Kr} nur für den verzögerungsfreien Übergang von einem Stromrichtersystem auf das andere benötigt wird, soll er möglichst gering gehalten werden. Im allgemeinen wird auf Werte von $i_{Kr} \approx 0{,}1 - 0{,}15\ I_{dN}$ bemessen (I_{dN} = Nennstrom des Stromrichters).

Meist werden eisenbehaftete Drosselspulen mit Luftspalt verwendet. Bei deren Einsatz sind in beiden möglichen Kreisstromwegen gleichgroße Drosselspulen erforderlich. Da die Drosseln betriebsbedingt entweder unter relativ hohem Laststrom mit geringer Induktivität (wegen der Sättigung) oder unter dem geringeren Kreisstrom arbeiten, werden sie wie folgt ausgelegt:

□ Induktivität bei Kreisstrom L_{Kr} = 5/6 L,
□ Induktivität bei Laststrom L_{Id} = 1/6 L.

Bei reinen Luftdrosseln besteht dieses Problem nicht. Im Kreisstromweg würde eine →Drossel genügen. Aus Symmetriegründen für die Regelung wird in jedem Kreisstromweg eine Luftdrossel mit einer Induktivität von ½ L vorgesehen. *H. Stüben*

Kreisstromdrosselspule →Kreisstromdrossel

Kreisstromregelung →Kreisstrom bei Stromrichtern

Kreuzfeldverstärker. (*engl.* crossed field amplifier, CFA) Eine →Laufzeitröhre, bei der die Richtungen der Elektronenströmung, des statischen Magnetfeldes und des statischen elektrischen Feldes senkrecht aufeinanderstehen (Kreuzfeldröhre, M-Typ-Röhre). Sie wird in verschiedenen Ausführungsformen gebaut:

- mit ringförmig geschlossener Elektronenströmung wie beim →Magnetron. Die →Verzögerungsleitung ist dabei entweder nicht in sich geschlossen, sondern besitzt zwischen Ausgang und Eingang eine Driftzone, in der die Modulation des Elektronenstrahls abklingt, und damit eine Kopplung zwischen Ausgang und Eingang weitgehend vermieden wird, oder sie ist in sich geschlossen, so daß sich eine entsprechende →Mitkopplung ergibt. Als Elektronenquelle dient entweder eine indirekt geheizte →Kathode oder, besonders bei hohen Ausgangsleistungen, eine Kaltkathode, bei der die Elektronen durch →Sekundäremission erzeugt werden, hervorgerufen durch die auf die Kathode zurückprallenden, falschphasigen Elektronen.

Mit dieser Konstruktion werden bei 3 GHz bis zu 400 kW Dauerstrich- bzw. 30 MW Pulsleistung bei Wirkungsgraden bis zu 80% und 10—20 dB Verstärkung erreicht.

- mit linearer Elektronenströmung mit Verzögerungsleitungen wie bei der →Wanderfeldröhre. Der Elektronenstrahl wird durch eine Elektronenkanone erzeugt, die der Verzögerungsleitung gegenüberliegende „kalte Kathode" hat häufig ein negatives Potential gegenüber der Kathode, ein →Kollektor fängt den Elektronenstrahl hinter der Verzögerungsleitung auf. Bei dieser Konstruktion liegt die Verstärkung bei 30 bis 40 dB und die Ausgangsleistung bei einigen 10 kW Dauerstrich. *Golombek*

Kreuzkorrelation. Die K. wird zur Lösung schwieriger Meßaufgaben herangezogen (→Korrelationsmeßtechnik), bei denen direktere Methoden versagen. Einige wenige Anwendungen sind im folgenden kurz erläutert.

□ Extraktion korrelierter (Unterdrückung nicht korrelierter) Signalanteile: Bild 1 zeigt als Beispiel für die Unterdrückung nicht korrelierter Signalanteile ein Nutzsignal x(t), das in zwei parallelen Kanälen verstärkt wird. In diesen Kanälen überlagert sich das Rauschen $s_1(t)$ bzw. das Rauschen $s_2(t)$ dem Nutzsignal, so daß an den Verstärkerausgängen die Signale f(t) und g(t) anstehen

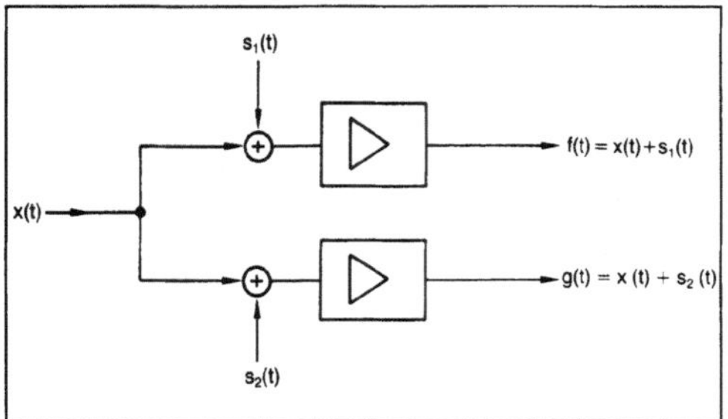

Kreuzkorrelation 1: Zweikanalige Verstärkung des Signals x(t); dem Nutzsignal x(t) überlagern sich die Störsignale $s_1(t)$ und $s_2(t)$.
$f(t) = x(t) + s_1(t)$; $g(t) = x(t) + s_2(t)$.

Unter der Annahme, daß die beiden Rauschsignale voneinander statistisch unabhängig, d. h. nicht korreliert sind, verschwinden in der K.-Funktion Φ_{fg} (KKF) wegen der zeitlichen Mittelung die Rauschanteile. Die KKF Φ_{fg} ist identisch mit der Autokorrelationsfunktion Φ_{xx} (AKF) des Nutzsignals

$$\Phi_{fg}(\tau) = \Phi_{xx}(\tau).$$

Die AKF (Autokorrelation) liefert bei der →Verzögerungszeit $\tau=0$ das Quadrat des Effektivwerts, der damit störungsfrei gemessen wird.

□ Geschwindigkeitsmessung: In Strömungsrichtung eines Mediums liegen versetzt zwei Meßfühler, so daß das Medium erst den Fühler 1 und dann den Fühler 2 passiert (Bild 2). Die Aufnehmer messen eine Stoffeigenschaft wie z. B. Temperatur, Dichte, Reflexion oder Absorption. Diese Größen ändern sich in geringem Maße, so daß z. B. eine Stelle geringerer Dichte (Luftblase) zunächst das Signal f(t) des Fühlers 1 und dann das Signal g(t) des Fühlers 2 beeinflußt. Die beiden Signale werden korreliert und es ergibt sich die KKF Φ_{gf} als die um die Laufzeit T verschobene AKF Φ_{ff} des Aufnehmers 1,

$$\Phi_{gf} = \Phi_{ff}(\tau-T).$$

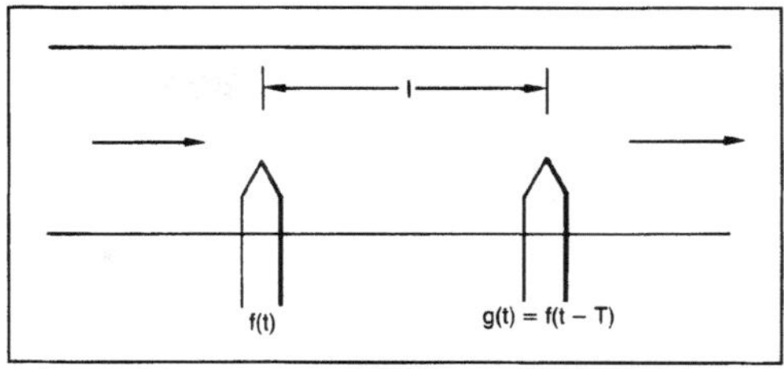

Kreuzkorrelation 2: Rohrleitung mit zwei im Abstand l eingebauten Thermoelementen; der Transport der Wärmeballen vorbei an den Thermoelementen führt zu einem korrelierten Signalanteil, aus dem sich die Strömungsgeschwindigkeit v bestimmen läßt.

Die →Laufzeit T läßt sich aus der Lage des Maximums der KKF ermitteln. Der Abstand l der beiden Aufnehmer ist bekannt, so daß die Geschwindigkeit v des Mediums aus

$$v = \frac{l}{T}$$

bestimmt werden kann. Ein Vorteil dieses Verfahrens ist, daß die Geschwindigkeit berührungslos, z. B. über eine optische Abtastung, gemessen wird.

□ Entfernungsmessung: Zum Zwecke der Ortung wird ein Signal abgestrahlt und von einem Objekt, dessen Position bestimmt werden soll, als f(t) reflektiert (Bild 3). Dasselbe Signal wird auf einem zweiten Weg um die Zeit τ verzögert mit $g(t)=f(t-\tau)$. Die KKF Φ_{fg} der beiden Signale hat ihr Maximum bei der Laufzeit T des Signals. Die Geschwindigkeit v des Signals ist bekannt, so daß sich die Entfernung des gesuchten Objekts aus der ermittelten Laufzeit T ergibt zu

$$l = \frac{v}{T}$$

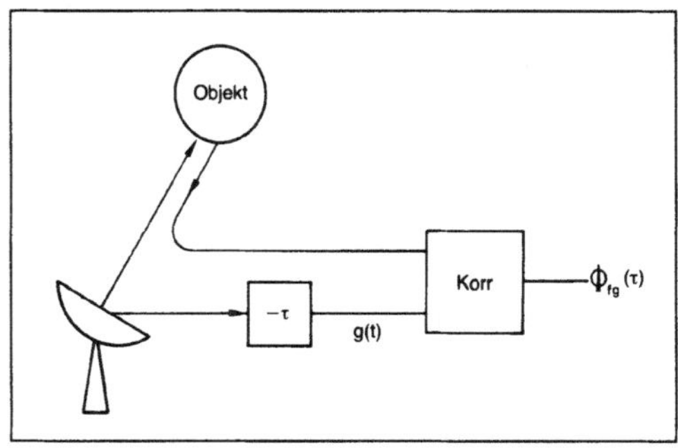

Kreuzkorrelation 3: Das von einem Objekt reflektierte Signal f(t) wird mit dem um die Zeit τ verzögerten formgleichen Signal $g(t) = f(t - \tau)$ korreliert.

Nach derselben Methode lassen sich in Rohrleitungen über Körperschallmessungen z. B. Leckstellen finden.

□ Lärmanalyse: Mit Hilfe der KKF können die Wege festgestellt werden, auf denen von einem oder mehreren Störern Vibrationen oder Geräusche zu einem bestimmten Ort übertragen werden. Dadurch lassen sich Lärmschutzmaßnahmen begründet einsetzen, und ihre Wirksamkeit läßt sich überprüfen.

□ Bestimmung der Übertragungsfunktion: Die Übertragungsfunktion H(jω) eines Geräts mit dem Eingangssignal f(t) und dem Ausgangssignal g(t) läßt sich aus den zugehörigen Spektralfunktionen (Fourier-Transformierten) F(jω) und G(jω) bestimmen

$$H(j\omega) = \frac{G(j\omega)}{F(j\omega)}.$$

Sind die Zeitsignale verrauscht, so werden die Spektralfunktionen nur mit größeren Unsicherheiten gewonnen, die sich in die Übertragungsfunktion fortpflanzen. In diesem Fall ist es vorteilhaft, die Übertragungsfunktion H(jω) aus der Fourier-Transformierten der KKF und der Fourier-Transformierten der AKF zu ermitteln (Bild 4). Mit dem entsprechenden Kreuzleistungsdichtespektrum S_{gf} und dem Autoleistungsdichtespektrum S_{ff} ergibt sich

$$H(j\omega) = \frac{S_{gf}(j\omega)}{S_{ff}(j\omega)}$$

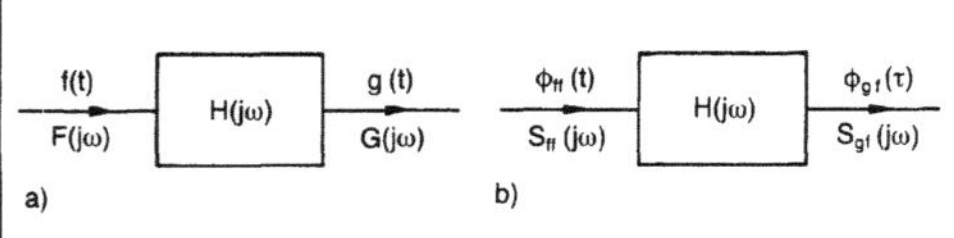

Kreuzkorrelation 4: Die Übertragungsfunktion H(jω) läßt sich bestimmen aus
a) den Spektralfunktionen F(jω) und G(jω) oder
b) den Dichtespektren $S_{ff}(j\omega)$ und $S_{fg}(j\omega)$.

Diese Methode ist unempfindlich gegen Störungen. Besonders einfach wird die Messung, wenn das Gerät mit weißem Rauschen stimuliert wird, dessen Autoleistungsdichtespektrum unabhängig von der Frequenz ist, $S_{ff}=k$. *Schrüfer*

Kreuzschaltung →Umkehrstromrichter

Kristalldefekte. K. sind Unregelmäßigkeiten aller Art die die eigene Periodizität des Kristallgitters stören. K. können einfache, ausgedehnte und komplexe Defekte sein.

Als einfache K. (Punktdefekte) bezeichnet man:

□ fehlende Atome im Kristall (Leerstellen)

□ Fremdatome auf Gitterplätzen,

□ Eigen- oder Fremdatome an unregelmäßigen Plätzen (Zwischengitteratome).

Fehlende Atome des Kristalls können einfache, doppelte oder mehrfache Leerstellen sein, die sich auch im Ladungszustand unterscheiden können. Eigen- oder Fremdatome nennt man, wenn sie nicht auf Gitterplätzen sitzen, Zwischengitteratome. Im →Verbindungshalbleiter werden Eigenatome auf den falschen Gitterplätzen anti-site Defekte genannt. Wenn ein Gitteratom im Elementhalbleiter seine Lage verläßt, entsteht ein Paar, das aus einer →Leerstelle und einem →Zwischengitteratom besteht. Diese sog. *Frenkel*-Paare sind besonders wichtig bei Vorgängen während der →Ionenimplantation. Falls eine der Komponenten des Paares an die Oberfläche diffundiert, spricht man von *Schottky*-Defekt.

Ausgedehnte K. sind:

□ Versetzungen (Stufen- und Schraubenversetzungen)

□ →Stapelfehler (hier fehlt eine ganze Kristallebene)

□ Ausscheidungen (Kristallgebiete, wo die Fremdatomkonzentration die Löslichkeitsgrenze überschritten hat)

□ Einschlüsse, das sind Gebiete anderer chemischer Zusammensetzung, teilweise unter Beteiligung von Matrixatomen

□ Zwillingbildung, Orientierungsfehler, wo ein neuer (Ein)kristallbau anfängt

und, bis zu einem gewissen Maße

□ Störungen mit anderer Periodizität als das Grundgitter (z. B. Übergitter).

Ausscheidungen und Einschlüsse können amorph oder mikrokristallin sein. In Abhängigkeit von der Keimgröße folgen sie der Kristallstruktur des Grundkristalls oder wachsen nach ihrer eigenen Gitterstruktur. Jedes Material enthält eine gewisse Menge von einfachen K. in Abhängigkeit von der Temperatur. In der Halbleitertechnologie sind große Mengen von einfachen K. ebenso schädlich, wie die Bildung von ausgedehnten Defekten.

K. und Gitteratome stehen durch Anregung (infolge Ausheilens oder Bestrahlung, z. B. Implantation) in Wechselwirkung, was durch Defektreaktionen beschrieben werden kann. *Primäre* K., z. B. als Folge der Implantation können durch diese Reaktionen in *sekundäre* Formen übergehen oder sich auflösen. Sekundäre K. weisen oft eine aufwendigere Struktur auf. So formieren sich z. B. während des Ausheilens Defektkomplexe und ausgedehnte Defekte, wie Versetzungen, Stapelfehler usw.

Jede Halbleiterstruktur ist ein heterogenes System, weswegen die Anwesenheit einer gewissen Menge von K. unvermeidbar ist, obwohl sie einen negativen Einfluß auf die elektrischen und anderen

Eigenschaften der Halbleiter ausüben (sie reduzieren →Lebensdauer und →Beweglichkeit der Ladungsträger, bilden mechanische Spannungen, usw.). Eine gute Kenntnis der Defektreaktionen ist ein wichtiges Hilfsmittel in der modernen Halbleitertechnologie und führt zu vielen Lösungen, wie z. B. →Gettern. Defektreaktionen, einschließlich Auflösung, werden vor allem durch →Ausheilen kontrolliert. Entscheidend für den Endzustand ist aber die integrierte thermische Belastung während des gesamten Prozesses. Eine Optimierung ist aber sehr aufwendig. Obwohl die Mehrheit der Defektreaktionen reversibel ist, ist die „Thermische Geschichte" des Halbleiters äußerst wichtig, weil die Prozeßschrittfolge (und damit auch Temperatur- und Zeitverlauf) die zum Endzustand führte, nicht eindeutig ist. *Ryssel*

Literatur: *Mahayan, S.* und *J. W. Corbett* (Ed.): Defects in Semiconductors. MRS Symp. Proc. Vol. 14. North-Holland. 1983.

Kristallin-Amorph-Verfahren. Das K-A-V. (*engl.* phase change) ist eine Technik, die es erlaubt, auf optischen Speicherplatten (Optical Disc) Informationen zu schreiben und zu löschen. Nach dem Löschen ist erneutes Beschreiben möglich.

□ *Schreiben:* Ein scharf gebündelter Laserstrahl bestimmter Energie erzeugt durch Erhitzung in der stark reflektierenden kristallinen Speicherschicht einer optischen Platte kleine Flächen (Pits), in denen das Material in den schwach reflektierenden amorphen Zustand übergegangen ist.

□ *Lesen:* Mit einem relativ schwachen Laserstrahl, der keine Veränderung bewirkt, sondern nur der Auswertung des Wechsels von starker zu schwacher Reflexion dient.

□ *Löschen:* Ein Laserstrahl von niedrigerer Energie als beim Schreiben – stärker als beim Lesen – und diffuser als der Schreibstrahl, erwärmt die amorphen Pits auf eine bestimmte Temperatur unterhalb der Schreibtemperatur, bei der das Material wieder in den kristallinen Zustand übergeht.

Speicherschichtmaterial mit geeigneten Eigenschaften: z. B. Verbindungen und Legierungen aus →Tellur, →Germanium, →Arsen und →Selen.

Im übrigen gilt die Verfahrensbeschreibung unter →Einbrennverfahren.

Der Prozeß läuft schneller als bisherige magnetooptische Prozesse. Deswegen – und wegen der offenbar niedrigen Herstellkosten für Datenträger – räumen Beobachter dem Verfahren gute Chancen ein. Ziel der Forschungs- und Entwicklungsarbeiten sind Speicherschichtmaterialien, die in für die Praxis voll ausreichender Häufigkeit vom kristallinen in den amorphen Zustand – und umgekehrt – übergehen können, ohne daß Materialermüdung zu nicht eindeutigen Signalen führt. *Voss*

Kristallkeim →Kristallziehen

Kristallorientierung. Unter der K. versteht man die Lage der Elementarzelle zur Ziehrichtung bzw. senkrecht zur Scheibenoberfläche. Sie wird mit Hilfe der *Miller*schen Indices angegeben und durch ein oder zwei angeschliffene Abflachungen längs des Kristalls (primary and secondary flat) charakterisiert. Aus der Lage der Abflachungen zueinander kann man jeder Scheibe ihre K. ansehen. Die →Orientierung wird beim →Kristallziehen durch einen geeigneten Keim vorgegeben und kann mit Hilfe von Röntgen- oder →Elektronenbeugung kontrolliert werden.

Alle Halbleiter von technischer Bedeutung sind einkristallin. Ausnahmen sind Halbleiter für photovoltaische Bauelemente (Photoleiter, Photodioden, Solarzellen) und Dünnschichttransistoren. Einkristallinität bedeutet, daß sich eine bestimmte, für den Kristall charakteristische Anordnung der Atome zueinander, die sog. Elementarzelle, in regelmäßigen Abständen, der Gitterkonstanten a, ununterbrochen wiederholt. Zur Beschreibung der Elementarzelle wird ein dreidimensionales Koordinatensystem mit den Vektoren x, y und z aufgespannt. Alle Atompositionen in der Elementarzelle können mit Hilfe der *Miller*schen Indices (hkl) beschrieben werden. Diese besagen, daß das Atom $(h \cdot x \; k \cdot y \; l \cdot z) \cdot a$ vom Nullpunkt des Koordinatensystems entfernt liegt. Bei hexagonalen Gittern ist es üblich, mit 4 Millerindices zu arbeiten. Die verschiedenen Elementarzellen wurden meist nach den Kristallen benannt, in denen sie zuerst identifiziert wurden. So kristallisieren →Silicium und →Germanium im Diamantgitter, die meisten →III-V-Halbleiter im Zinkblendegitter (ZnS kubisch), z. B. →GaAs, →InP; →InSb, BN, →GaP und einige wenige im Wurtzit-Gitter (ZnS hexagonal), z. B. AlN, GaN. *Ryssel*

Literatur: *Wilson, R. G.* and *G. R. Brewer:* Ion Beams. Malakar, Florida 1979.

Kristallziehen. Als Rohmaterial für die Herstellung von Silicium verwendet man Quarzit (Bild 1). Es wird im Bogenofen mit Aktivkohle und Koks zu metallurgischem Silicium mit einem Reinheitsgrad von ca. 98 % reduziert. Dieses wird im Wirbelschichtreaktor bei 350 °C mit Chlorwasserstoff in eine flüssige Verbindung (meist $SiHCl_3$, Trichlorsilan) überführt. Durch Destillation erreicht man die für die Weiterverarbeitung erforderliche Reinheit. An elektrisch erhitzten dünnen Reinst-Siliciumstäben („Seele") wird die Verbindung thermisch bei 1100 °C zersetzt, es scheidet sich polyristallines Reinstsilicium ab. Das vorliegende polykristalline Material wird nun entweder mit dem →Czochralski-Verfahren oder nach der Methode des tiegelfreien

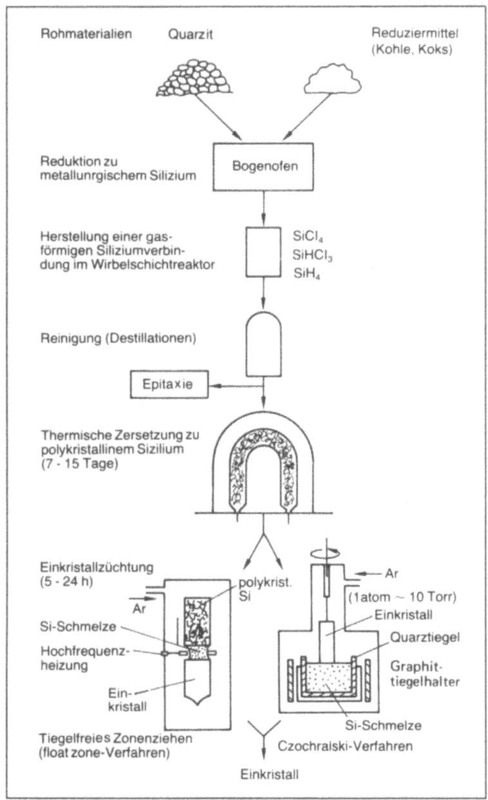

Kristallziehen 1: Schematische Darstellung der Silicium-Einkristallherstellung.

Zonenziehens (float zone) in einen einkristallinen Stab umgewandelt.

Beim Czochralski-Verfahren (CZ-Verfahren) werden Siliciumstücke in einem Quarztiegel, der sich für die Heizung in einem Graphithalter befindet, eingeschmolzen (Bild 2). Ein Keim (Impfkristall) der gewünschten →Kristallorientierung wird ein kleines Stück in die Schmelze getaucht und dann kontrolliert herausgezogen. Durch einen Temperaturgradienten erstarrt die Schmelze am Keim in der vorgegebenen Orientierung. Um rotationssymmetrische Kristalle zu erhalten, können der Keim mit dem wachsenden Kristall und evtl. der Tiegel gegenläufig gedreht werden. Durch Zugabe von Dotierstoffen zur Schmelze kann man eine gezielte Grunddotierung (→Dotierung) des gesamten Kristalls erreichen. Die Dotierstoffe werden gemäß dem Verteilungskoeffizienten eingebaut. Durch die Berührung der Schmelze mit dem Tiegelmaterial (SiO_2) gelangen Sauerstoffatome in den Kristall, aus dem Graphittiegelhalter können Kohlenstoffatome den Kristall verunreinigen. Die an sich unerwünschte Sauerstoffverunreinigung kann in der

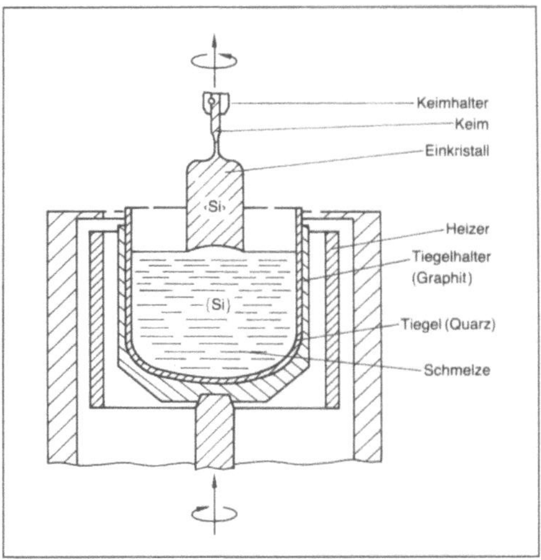

Kristallziehen 2: Schema einer Czochralski-Kristallzuchtapparatur.

Mikroelektronik für das intrinsische →Gettern verwendet werden. Nach einem Temperaturschritt bilden sich SiO_2-Ausscheidungen, die als Getterzentren für metallische Verunreinigungen, die Rekombinationszentren im verbotenen Band darstellen, dienen (→Denuded Zone). Bei geeigneter Prozeßführung wandern die Rekombinationszentren ins Scheibeninnere, wo sie nicht stören, weil die Bauelemente nur in oberflächennahen Bereichen aufgebaut werden.

Zur Zeit ist es möglich, versetzungsfreie Kristalle mit Durchmessern bis 200 mm und Gewichten von mehr als 50 kg zu ziehen.

Beim tiegelfreien Zonenziehen (Float Zone, FZ-Verfahren), wird ein vertikal angeordneter polykristalliner Siliciumstab mit einem Keim in Kontakt gebracht (Bild 3). Um die Kontaktstelle wird eine induktive Heizspule gelegt, die das Keim- und das Stabende aufschmilzt. Dann wird die →Spule berührungslos über den Stab gezogen. Bei der Wiedererstarrung der aufgeschmolzenen Zone bildet sich ein →Einkristall. Verbunden mit diesem Kristallzuchtverfahren ist der Effekt der Zonenreinigung: Die Verunreinigungskonzentrationen im Kristall c_k und in der Schmelze c_s unterscheiden sich, der Verteilungskoeffizient k ist wie folgt definiert: $k = c_k/c_s$. Für $k < 1$ verarmt der wachsende Kristall an Verunreinigungen; diese werden in der Schmelzzone zum Stabende transportiert. Durch mehrfache Wiederholung dieser Prozedur können höchstreine Siliciumkristalle hergestellt werden. Die so hergestellten Kristalle finden in der Leistungselektronik und für hochwertige Solarzellen Anwendung. Zur Zeit können Kristalle mit einem maximalen Durchmesser von 125 mm gezogen werden. *Ryssel*

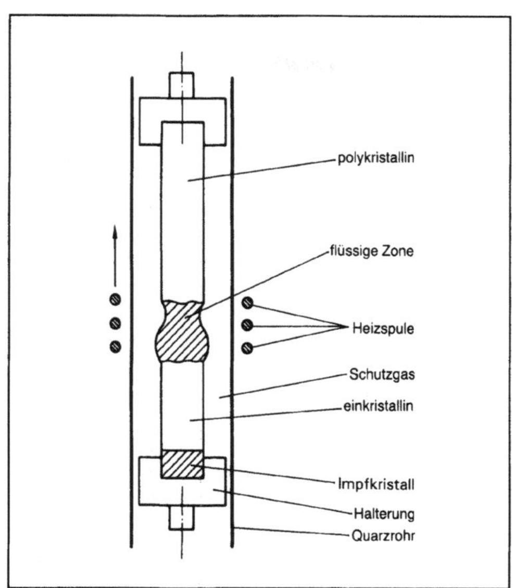

Kristallziehen 3: Tiegelfreies Zonenziehen (float zone).

Literatur: *Guillery, P.* und *R. Hezel, B. Reppich:* Werkstoffkunde für Elektroingenieure. Braunschweig 1978. – *Landolt-Börnstein:* Zahlenwerte und Funktionen aus Naturwissenschaft und Technik, Gruppe III, Bd. 17c. Berlin 1984.

Kristallzüchtung. Verfahren zur Herstellung von Einkristallen. Allgemeine Voraussetzungen für eine erfolgreiche Züchtung sind:

□ Es darf nur ein Keim wirksam sein, entweder, indem man einen Keimkristall anbietet, oder, indem man durch eine geeignete Geometrie (Wachstum aus einer Spitze heraus) nur einem Keim das Wachstum erlaubt.

□ Der Wachstumsprozeß muß so langsam und stetig gesteuert werden, daß die Wachstumsfront stabil bleibt. Eine ebene Wachstumsfront wird durch einen Temperaturgradienten stabilisiert, der durch eine geeignete Ofenanordnung aufrechterhalten werden muß. Ähnliche Überlegungen gelten für Konzentrationsgradienten im Fall von K. aus der Lösung.

Substanzen, die unterhalb der Schmelztemperatur keine Kristallumwandlung erleiden, werden bevorzugt aus der Schmelze gezogen. Zu nennen sind hier die K. in einem spitzen Tiegel (*Bridgeman*-Verfahren, Bild 1), die K. aus einem Tiegel (*Czochralski*-Verfahren, Bild 2), und die Zonen-Schmelzverfahren (Bild 3), die ganz ohne Tiegel auskommen können. Ein Verfahren, mit dem auch hochschmelzende Oxidkristalle wie Saphir (Al_2O_3) tiegelfrei gezüchtet werden können, ist das Flammen- oder *Verneuil*-Verfahren.

Kristallzüchtungsverfahren aus der Lösung oder aus der Dampfphase sind in der Regel langwieriger als Verfahren, die von der Schmelze ausgehen. Sie

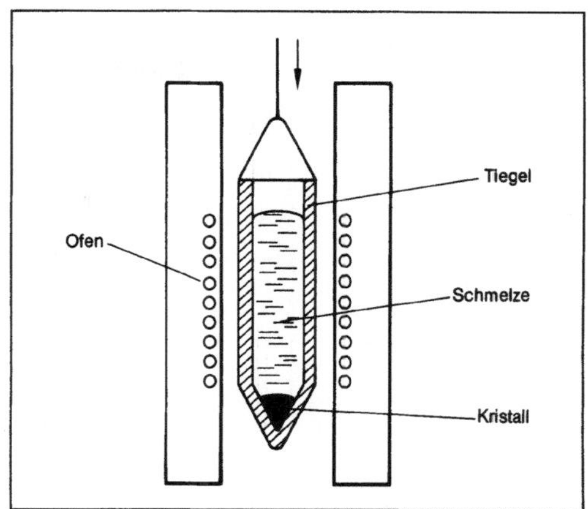

Kristallzüchtung 1: Bridgeman-Methode zur K., die bevorzugte Methode zur Herstellung von Metalleinkristallen. Der Tiegel besteht häufig aus Sinterkorund (Al_2O_3).

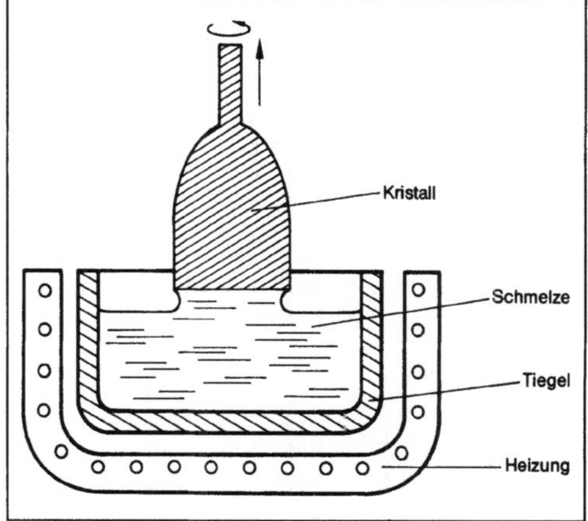

Kristallzüchtung 2: Czochralski-Methode zur Züchtung von Halbleiter-Kristallen. Im Fall des Siliciums besteht der Tiegel aus einem von einem Graphittiegel eingefaßten Quarzglastiegel.

werden bevorzugt für das epitaktische Aufwachsen von Kristallschichten eingesetzt, für massive Kristalle nur dann, wenn die Substanzen unterhalb des Schmelzpunkts eine Umwandlung erleiden oder zerfallen, oder wenn die am Schmelzpunkt gewonnenen Kristalle von ungenügender Qualität sind. Letzteres trifft häufig für chemische Verbindungen im Unterschied zu den reinen Elementen zu.

Benutzt man als Lösungsmittel geschmolzene Salze wie z. B. PbO oder B_2O_3, dann spricht man von Schmelzfluß- oder Flux-Verfahren. Granate werden z. B. sowohl als massive Kristalle wie als epitaktische Schichten nach dem Flux-Verfahren gewonnen. Die →Löslichkeit mancher Substanzen

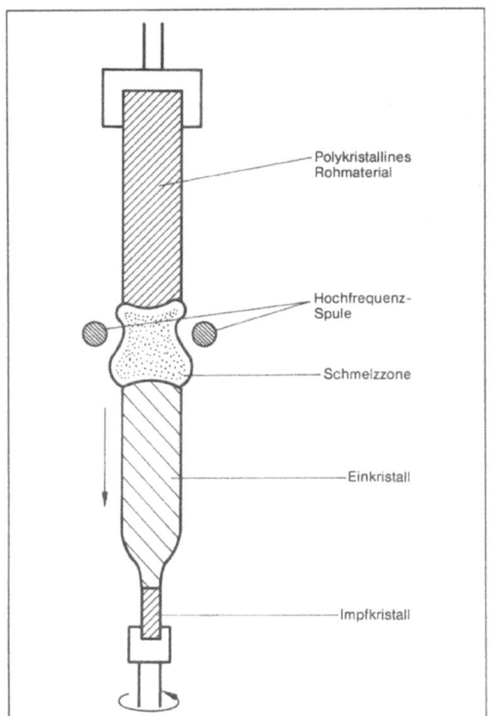

Kristallzüchtung 3: Tiegelfreies Zonenziehen von Siliciumkristallen. Die ganze Anlage befindet sich unter Vakuum, der Kristalldurchmesser beträgt bis zu 15 cm.

in Wasser läßt sich durch die Kombination von hohem Druck und hoher Temperatur erhöhen. Mit einem solchen hydrothermalen Verfahren werden z. B. die Quarzkristalle für Quarzuhren hergestellt.

Schließlich können große Kristalle auch durch Rekristallisation gewonnen werden. So lassen sich z. B. Eisenkristalle züchten, die auf anderem Wege wegen der zweifachen Umwandlung des Kristallgitters des Eisens beim Abkühlen aus der Schmelze schwer zu gewinnen sind. *Hubert*

Literatur: *Gilma, J. J.:* The Art and Science of Growing Crystals. London 1965. – *Pamplin, B. R.:* (Hrsg.). Crystal Growth. Oxford 1975. – *Schildknecht, H.:* Zonenschmelzen. Weinheim 1964. – *Wilke, K.-Th.:* Kristallzüchtung. Berlin 1973.

Kryptographie. Aus dem *griech.*, kryptos = geheim, bzw. Geheimschrift. In der Elektronik: Verfahren, realisiert in Hard- oder Software, um elektronische Nachrichten auf beliebigen Datenübertragungswegen (Kabel, Funk) oder auch Datenspeichern für Unbefugte unlesbar zu machen, bzw. damit auch Verfälschungen/Erweiterungen oder Löschungen erkennen zu können. Die verschlüsselten Daten werden beim Empfänger wieder automatisch entschlüsselt.

□ K. bei analogen Signalen.

Analoge Signale (Sprachsignale) werden u. a. dadurch verschlüsselt, daß das zu übertragende Frequenzspektrum beim Sender in bestimmter Form durch Mischen mit anderen Frequenzen (→Mischer) verzerrt und damit unverständlich gemacht wird. Beim Empfänger wird durch analoge Mischung und Filterung wieder das Originalspektrum zurückgewonnen. Verschlüsselung und Entschlüsselung erfolgen beispielsweise derart, daß statt der Frequenz f eine Frequenz k–f (k = konstante Frequenz) übertragen wird („Frequenzinversion"). Die Entschlüsselung wird u. U. durch weitere Maßnahmen erschwert, z. B. durch

- zusätzliche Übertragung von Steuerinformationen,
- zeitliche Permutation von Signalblöcken nach bestimmten Mustern,
- Permutation von bis zu sechs Frequenzbändern.

Analoge K. wird z. B. beim analogen Mobilfunk angewandt.

□ K. bei digitalen Signalen.

Bei digital zu übertragenden Signalen werden jeweils Blöcke von n Bit's aus dem eingehenden Datenstrom mit Hilfe geeigneter – geheimer – Algorithmen und einem Schlüssel (*engl.* encryption key) in Form einer geheimen Bitkombination der Länge m verschlüsselt und analog dazu beim Empfänger entschlüsselt.

Ver- und Entschlüsselung können per Software oder bei Echtzeitanwendungen per Hardware erfolgen. Die Schlüsselkombination kann beliebig oft verändert werden und kann und darf grundsätzlich – z. B. beim →Selbsttest von Bausteinen – nicht gelesen werden können. Der Verschlüsselungsalgorithmus ist weltweit genormt (DES = Data Encryption Standard).

Die Wahrscheinlichkeit, verschlüsselte digitale Nachrichten in endlicher Zeit zu entschlüsseln, ist im Vergleich zur analogen Verschlüsselung extrem gering. Den Schlüssel mit anderen als den Originalmitteln zu entziffern (*engl.* deciphering), ist selbst bei Vorliegen von Teilen der Originalnachricht auch mit Hilfe schneller Computer praktisch nicht möglich. Die Zahl der alleine für einen Datenblock hierzu notwendigen Versuche bewegt sich bei einer Schlüssellänge m im Bereich von 2^m, d. h. in der Praxis etwa im Bereich von 2^{50}–2^{100}.

Digitale K. wird z. B. in Rechnernetzen oder beim digitalen Mobilfunk angewandt. *K. Winter*

Literatur: *Beth/Heß/Wirl:* Kryptographie. Stuttgart, 1983.

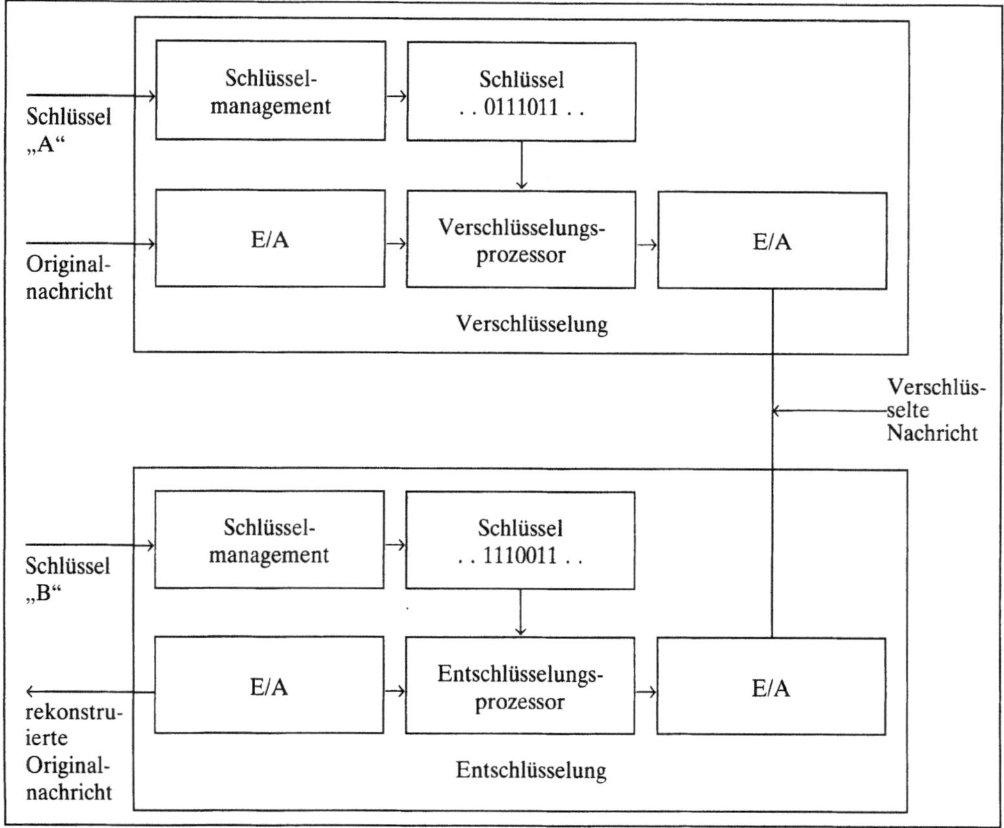

E/A = Ein-/Ausgabe-Puffer

Kryptographie: Verschlüsselung und Entschlüsselung digitaler Signale.

Krypton-Laser →Edelgas-Ionen-Laser

KS-Kondensator →Polystyrolkondensator

KT-Kondensator →Polyesterkondensator

Kugelkondensator. Eine einzeln isoliert aufgestellte Metallkugel vom Radius R_1 hat gegenüber der (theoretisch unendlich weit entfernten) Erde die Kapazität

$$C = 4\pi\varepsilon_0 R_1 .$$

Befindet sich die Kugel 1 konzentrisch im Innern einer metallischen Hohlkugel mit dem Radius R_2, so wird die Kapazität zwischen den beiden Kugeln

$$C = 4\pi\varepsilon_0 \frac{R_1 R_2}{R_2 - R_1} .$$

Claassen

Kundenschaltkreis. (auch Kundenwunschschaltkreis oder kundenspezifischer Schaltkreis) Integrierte →Schaltung für einen speziellen Anwendungsfall, deren Funktion und elektronische Eigenschaften der Anwender fest vorgibt, und wo er insbesondere Einfluß auf den Entwurfsvorgang nimmt.

Der Gegensatz zum K. ist der Standardschaltkreis, der ohne Kundeneinfluß entworfen, hergestellt und angeboten wird. Der K. stellt eine wesentliche Gruppe der anwenderspezifizierbaren IC (→ASIC) dar. Er kann aus sehr verschiedenen Gründen erforderlich sein:

□ Die vom Kunden gewünschte Funktion ist mit Standardschaltkreisen nicht oder nur technisch eingeschränkt und/oder nur unwirtschaftlich realisierbar.

□ Die →Packungsdichte ist zu gering.

□ Der Systeminhalt soll vor Unbefugten geschützt werden.

Im Verlaufe der Zeit haben sich zwei große Gruppen der K. herausgebildet: Vollkunden- (full-custom-) und Semikundenschaltkreise (semi-custom-circuits) (ASIC).

In der ersten Gruppe bestimmen die Kundenforderungen alle Entwurfs- und Herstellungsschritte.

Derartige Schaltkreise gewährleisten optimales Verhalten (durch Entwurf und Technologiewahl), höchsten →Integrationsgrad, maximale →Ausbeute und geringste Kosten des Funktionselementes. Weil die gesamten Entwurfs- und Herstellungskosten hoch sind (und vom Kunden getragen werden müssen), erfordert der Vollkundenentwurf eine große Stückzahl (Richtwert >100 000 Schaltungen). Um vor allem den Entwurfsaufwand zu senken, wird die Entwurfsmethodik ständig verbessert: Tendenz weg vom „Handentwurf" (wobei die Schaltung noch auf Transistorbasis einzeln, mit Rechnerunterstützung entworfen wird) hin zum Entwurf mittels größerer Teilschaltungen – sog. Zellen-, die vorentworfen in einer Entwurfsbibliothek gespeichert sind. Das können *Standardzellen* sein, aber auch größere Einheiten (sog. Makrozellen oder Makros wie ganze →PLA, →PAL, →ALU u. a.). Diese, heute durchweg übliche Ausführungsart ist der zellenbasierende Vollkundenentwurf. Vollkundenschaltungen werden vor allem dort eingesetzt, wo die hohe Stückzahl den Preis trägt: Produkte der →Konsum- und Heimelektronik.

Bei den Semikunden- (oder Halbkunden-)Schaltkreisen beeinflußt der Kunde – im Gegensatz zum Vollkundenschaltkreis – nur einen Teil der Entwurfs- und Herstellungsschritte. Dann können weitgehend vorentworfene und vorgefertigte Gruppen von Funktionselementen in Arrays – oder mehreren Zellen auf dem Chip zusammengefaßt – in größeren Stückzahlen hergestellt werden, der Anwender spezifiziert eine kleine Zahl davon nach seinen Forderungen und läßt den Hersteller die dazu notwendigen Schritte durchführen. Dementsprechend trägt der Anwender hier nur einen Teil der Gesamtkosten und der Einsatz wird bereits bei kleineren Stückzahlen sinnvoll. Gewöhnlich spezifiziert der Anwender bei den Semikundenschaltungen die letzte Metallisierungsebene (oder bei komplexen Schaltungen auch mehrere, →Mehrlagenverdrahtung) gemäß Schaltungsanforderungen.

Von der Schaltungsstruktur her ist die unterste Ebene das Transistor-Array. Darunter versteht man meist matrixartig plazierte Transistoren (die auch als Dioden, Kondensatoren und Widerstände arbeiten können), deren Verbindung vom Anwender entsprechend der Schaltungsanforderung festgelegt wird. Diese Technik kommt vorzugsweise bei Analogschaltungen verbreitet zum Einsatz. Das digitale Gegenstück zu den Transistor-Arrays sind die Gate-Arrays (Bild 1). Darunter versteht man regelmäßig (matrixartig) auf dem Chip angeordnete Bereiche – sog. Zellen – mit einigen Transistoren, die sich leicht zu einem →Gate (NAND oder NOR) verbinden lassen. Typisch ist dabei eine konstante Zellenbreite. Die Zwischenräume bleiben Verbindungsleitungen vorbehalten. Die rasterartige Anordnung der Zellen ist herstellungstechnisch insofern von

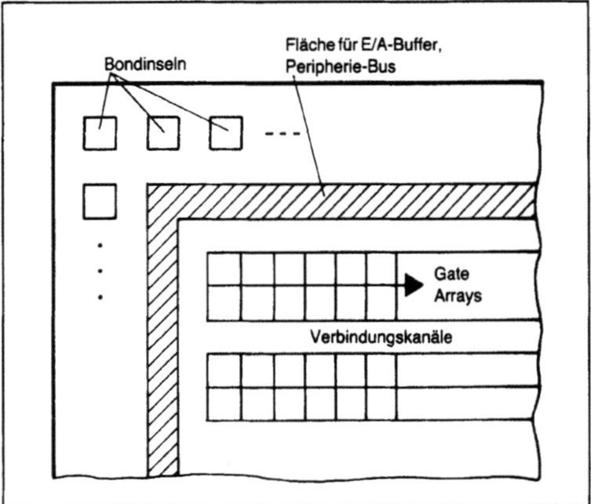

Kundenschaltkreis 1: Gate Array.

Vorteil, als diese wie Standardschaltungen behandelt werden können. Am Rand des Zellenfeldes sind oft noch Peripheriezellen zur Anpassung an die elektrische Umgebung vorhanden.

□ →Gate-Arrays stehen heute in allen Basistechnologien zur Verfügung mit 10 000 Gattern pro Chip und mehr. Sie eignen sich wegen ihrer großen Zahl einfacher Strukturen vorwiegend zur Realisierung nichtregulärer Schaltungen, weniger für regelmäßig aufgebaute (z. B. →RAM). Vorteilhaft sind die geringen Kosten auch schon bei geringen Stückzahlen (>1000), nachteilig die relativ geringe Packungsdichte an sich und die Tatsache, daß nicht alle Zellen ausgenutzt werden können.

□ Standardzellen (Bild 2) sind softwaremäßig definierte Teileinheiten (z. B. NAND-Gatter, →Flip-Flops, →Zähler u. a.), die der Hersteller in einer Bibliothek zur Verfügung stellt. Dabei sind elektronische und physikalische Parameter mit gespeichert. Der Anwender wählt daraus aus, setzt sie zeilenweise aneinander und verbindet sie untereinander (→Layout). Dies erfolgt rechnergestützt. Typisch für dieses Verfahren ist die konstante Zellenbreite. Zellengröße und die Breite der Verbindungskanäle sind u. a. variabel. Peripheriezellen sorgen für die Verbindung zur elektrischen Umwelt.

□ Aus Standardzellen, Gate-Arrays oder Transistor-Arrays lassen sich schließlich Makrozellen (Bild 3) als größere Einheiten (z. B. PLA, →ROM, ALU) mit unterschiedlicher Höhe und Breite bilden, die an beliebiger Stelle des →Chips nach einem Flurplan (Plan der flächensparendsten Anordnung und zweckmäßigsten Verbindung) angeordnet werden. Solche Makros können auch Grundlage für den Vollkundenentwurf sein. Die Vorteile des Standardzellenentwurfs bestehen vor allem in der Ersparnis von Entwurfszeit. Verglichen mit Vollkundenschaltungen bleibt nachteilig die geringere Informationsdichte. Die Kosten liegen höher als bei Gate-Arrays, weil der gesamte Maskensatz auf eine

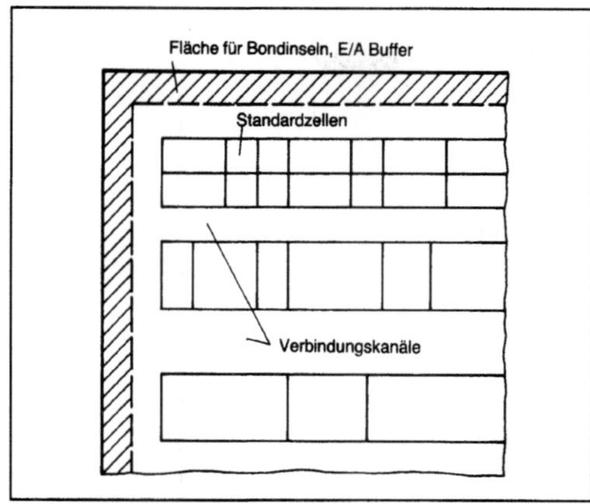

Kundenschaltkreis 2: Standardzellenanordnung.

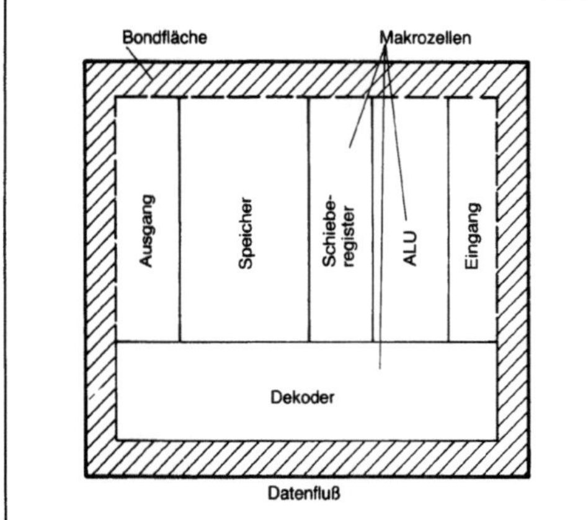

Kundenschaltkreis 3: Makrozellen.

Anwendung zugeschnitten ist. Deshalb wird dieses Verfahren erst ab etwa 10 000 Schaltkreisen wirtschaftlich.

Üblicherweise zählt man auch die sog. feldprogrammierbaren Logikschaltungen (→PLD sowie ROM, PAL, PLA, →FPLA) mit zu Semikundenschaltungen. Dabei gibt es Ausführungen
- die ihre Anwendungsspezialisierung durch eine spezielle →Maske beim Hersteller nach Kundenvorvorgabe erhalten (ROM, PAL, PLA)
- und solche, bei denen der Anwender die Programmierung selbst durchführt (→PROM, FPLA, FPAL), z. B. durch Programmiergeräte. Dabei werden Leitungsverbindungen an gewünschten Stellen durchgeschmolzen. Letztere zählt man oft auch zu den Standardschaltungen, die der Anwender hardwaremäßig programmiert, also spezifiziert.

Die Grenzen zwischen den verschiedenen Varianten der K. verfließen zunehmend. So bieten einige Hersteller „strukturierte Gate-Arrays“ in Form vordefinierter Funktionsblöcke (ALU, →Multiplizierer, →Speicher, Bit-Slice Prozessoren) an, die sonst nur in Standardzellen auftreten. Auch die Möglichkeit, die Breite der Verdrahtungskanäle bei vorproduzierten Gattern flexibel an den Bedarf anzupassen (z. B. „→Sea of Gates“, „Compacted Arrays“) baut den Unterschied zu Standardzellen ab. *R. Paul*

Literatur: *Kern, W.*: Anwendungsspezifische integrierte Schaltungen. Heidelberg 1986. – *Paul, R.*: Mikroelektronik — eine Übersicht. Berlin 1990.

Kunststoffolienkondensator. K. sind Kondensatoren mit hochwertigen Isolierstoffen aus dem Bereich der organischen Chemie in Form von Kunststoffolien als Dielektrika. Sie sind meist als Wickelkondensatoren hergestellt, wobei die Kunststoffolie das →Dielektrikum des Kondensators bildet. Man unterscheidet zwei Arten von K.:

□ K. in Film-/Folientechnologie; Sie enthalten Kunststoffolien als Dielektrikum und Metallfolien als Beläge (Elektroden).

□ Metallisierte K., welche eine als Dielektrikum dienende Kunststoffolie enthalten, auf die eine metallisch leitende Schicht, meist Aluminium, aufgedampft ist.

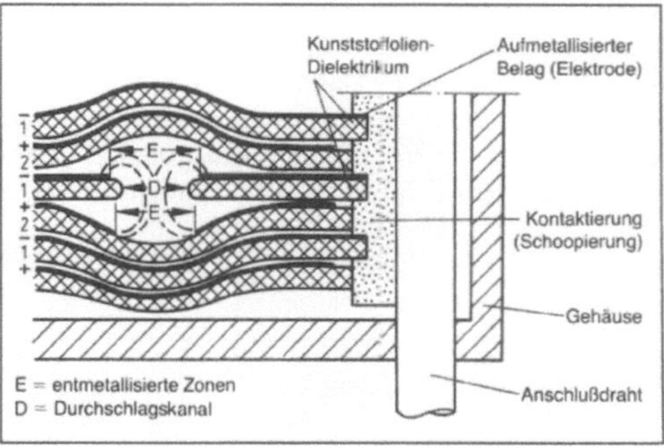

Kunststoffolienkondensator 1: Aufbau eines Kondensators mit metallisierten Belägen und prinzipielle Darstellung einer ausgeheilten Durchschlagstelle.

Die gewickelten bzw. gestapelten Kondensatorzellen werden mit einem nach *Dr. Schoop* genannten Verfahren stirnseitig kontaktiert (*schoopiert*) und je nach Bauform zu liegenden oder zu stehenden Kondensatoren weiterverarbeitet (Bild 4).

Metallisierte K. sind selbstheilend, d. h., bei einem Kurzschluß durch das Dielektrikum verdampfen infolge hoher Lichtbogentemperatur die aufgedampften Metallbelege in der Umgebung der Durchschlagsstelle. Die Kurzschlußursache wird förmlich weggebrannt. Diese Eigenschaft gestattet ein einlagiges Wickeln der metallisierten Folien ohne zusätzlichen Schutz gegen Fehlstellen und führt dadurch zur Verringerung des benötigten Bauvolumens.

Die elektrischen Eigenschaften, das Temperatur- und Frequenzverhalten von K. werden im wesentlichen von der Foliensorte bestimmt, die das Dielektrikum des Kondensators bildet.

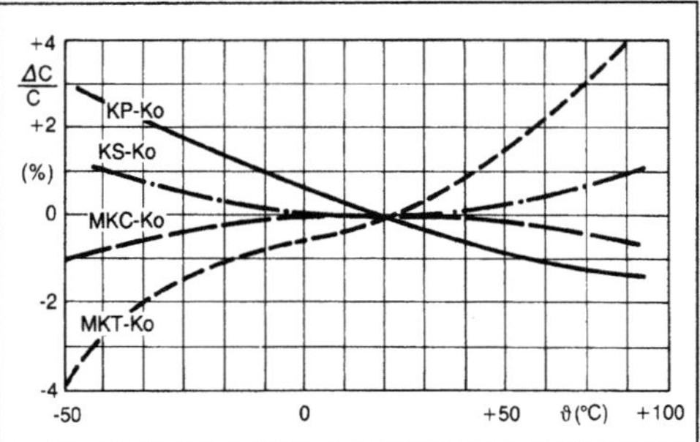

Kunststoffolienkondensator 2: Kapazitätsveränderungen als Funktion der Temperatur unterschiedlicher K.

In erster Linie richtet sich die Auswahl, also die Zuordnung der Folie zu einem Kondensatortyp, nach ihrem Verlustfaktor sowie Temperatur- und Frequenzverhalten. Weniger bestimmend ist die rel. →Dielektrizitätskonstante, sie liegt für die technisch üblichen Kunststoffolien zwischen 2 und 4,5. Außerdem haben Preis und Verfügbarkeit der Folie, insbesondere in Verbindung mit der technischen Möglichkeit, sie in gleichbleibender Qualität immer dünner anzubieten, einen entscheidenden Einfluß auf das Kondensatorangebot.

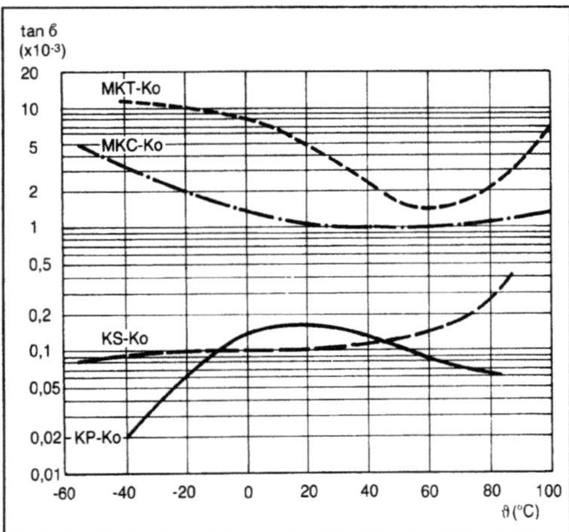

Kunststoffolienkondensator 3: Änderung des Verlustfaktors, gemessen bei 10 kHz, als Funktion der Temperatur.

In der Elektronik kommen heute meist die folgenden Kunststoffolien in Kondensatoren zur Anwendung:

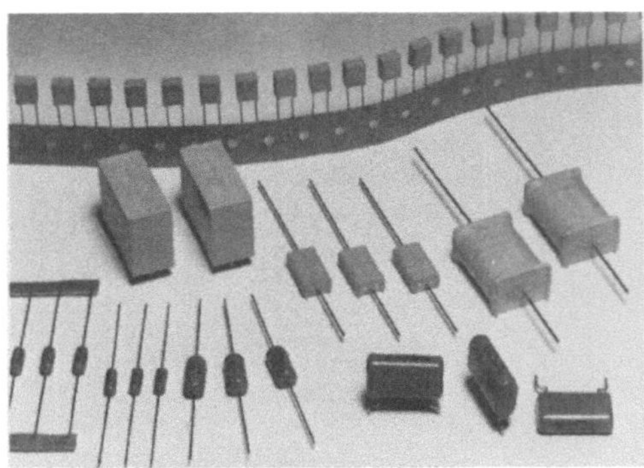

Kunststoffolienkondensator 4: Beispiele üblicher Bauformen. (Quelle: Philips Components)

□ *Polycarbonat:* Durchschlagsfestigkeit ≥ 150 V/μm mit Folienstärken von 2 bis 200 μm. (Polycarbonatkondensator, KC-, MKC-Kondensator)

□ *Polyester* bzw. Polyethylenterephtalat: Durchschlagsfestigkeit > 100 V/μm mit Folienstärken von 1 bis 200 μm. (→Polyesterkondensator, KT-, MKT-Kondensator)

□ *Polystyrol:* Durchschlagsfestigkeit ≥ 75 V/μm mit Folienstärken von 8 bis 20 μm. (Polystyrolkondensator, KS-Kondensator).

□ *Polypropylen:* Durchschlagsfestigkeit ≥ 100 V/μm mit Folienstärken von 4 bis 25 μm. (Polypropylenkondensator, KP-, MKP-Kondensator).

Neben den oben erwähnten und hauptsächlich verwendeten Kunststoffolien kommen für Kondensatoren auch noch Mischdielektrika (z. B. Papier/Polypropylen) und in jüngster Zeit für Spezialanwendungen auch Folien aus Polyphenylsulfid zum Einsatz.

Die Bezeichnung von K. ist entsprechend DIN 41379 mit Kennbuchstaben genormt:
KC: Polycarbonatkondensator
MKC: metallisierter Polycarbonatkondensator
KT: Polyesterkondensator
MKT: metallisierter Polyesterkondensator
KS: Polystyrolkondensator
KP: Polypropylenkondensator
MKP: metallisierter Polypropylenkondensator

Die Hauptanwendungen von K. in elektronischen Schaltungen sind: Frequenzfilter, Abstimmkreise, Schwingkreise und Zeitglieder für die temperaturstabilen KS-, MKP- und KP-Kondensatoren sowie Kopplung, Entkopplung und Siebung für MKT-, KT-, MKC- und KC-Kondensatoren. Wegen des kleineren Bauvolumens wird gegenwärtig jedoch meist den metallisierten K. der Vorzug gegeben.

Bensieck

Literatur: *Zinke, O.* und *H. Seither:* Widerstände, Kondensatoren, Spulen und ihre Werkstoffe. Berlin 1982. – Philips Components Datenbuch Kunststoffolien-Kondensatoren. Hamburg 1991.

Kunststoffolienkondensator, metallisierter →Kunststoffolienkondensator

Kupferdampf-Laser →Metalldampf-Laser

Kurzkanaltechnik. Sammelbegriff für eine Reihe von technologischen und konzeptionellen Maßnahmen zur Herstellung von →MOS-Transistoren mit sehr kleiner Kanallänge.

Die Kanallänge bzw. Gatelänge ist bei allen Feldeffekttransistoren die jeweilige Größe, die Verstärkung und vor allem Frequenzverhalten entscheidend beeinflußt. Der Kanal sollte so kurz als möglich sein, um

- gute dynamische Eigenschaften zu erhalten und
- den Flächenbedarf des Transistors zu senken,

also in beiden Fällen die für hohen →Integrationsgrad erforderlichen Voraussetzungen zu schaffen.

Übliche Kanallängen liegen zwischen 2–10 μm. Kanallängen unter 2 μm bezeichnet man als kurz. Dort liegt derzeit die Menge realisierter MOS-Schaltungen.

Zur Verkürzung der Kanallänge werden zwei Wege eingeschlagen:

□ Beibehaltung der verwendeten Lateralabmessungen (und damit herkömmliche Photolithographie- und Strukturierungsverfahren) und Definition der Kanallänge in einer veränderten Transistorkonstruktion über eine Schichtdicke. Beispiele hierfür sind die sog. VMOS- und DMOS-Technik, die sich für MOS-Leistungstransistoren durchgesetzt haben.

□ Verkleinerung der Lateralabmessungen (durch verbesserte Strukturierungsverfahren), wobei der →MOSFET in seinen elektrischen Belastungen nicht nennenswert geändert wird, wenn alle anderen Abmessungen und Größen durch Skalieren verändert werden. Als Skalierung bezeichnet man die gezielte Abmessungsverringerung unter Einhaltung von Nebenbedingungen. Diesem Konzept liegt zugrunde, daß kritische Feldstärken nicht steigen dürfen, um Durchbrüche usw. zu vermeiden (es gibt auch andere Skalierungsregeln).

Aus solchen Bemühungen gingen verschiedene Realisierungskonzepte (HMOS, HCMOS) hervor.

Ein wesentliches Problem der K. besteht beim praktischen Betrieb des MOSFET darin, daß jetzt eine Reihe von physikalischen Effekten das elektrische Verhalten mitbestimmen, die vorher keine Rolle spielten. Sie werden als *Kurzkanaleffekte* bezeichnet. Dazu gehört z. B. Abhängigkeit der Schwellspannungen von der Kanallänge und Kanalbreite, die Entstehung heißer →Ladungsträger vor dem Drainbereich, die →Injektion heißer Ladungsträger in den Isolator u. a. Diese Vorgänge erschweren die Modellbildung des Transistors deutlich, weil die elektronischen Eigenschaften nur noch durch computergestützte Verfahren analysiert werden können. *R. Paul*

Kurzschlußprüfung. (*engl.* shorts test). Teil der Prüfung der unbestückten oder bestückten Leiterplattenbaugruppe. Die K. stellt sicher, daß alle Versorgungsspannungsanschlüsse eines Prüflings frei von Kurzschlüssen gegenüber jeweils anderen Potentialen bzw. Masse sind und alle Signalpins frei sind von Kurzschlüssen gegeneinander bzw. gegen Versorgungspotentiale. Kurzschlüsse können sowohl am Prüfling wie im →Prüflingsadapter auftreten.

Bei der Prüfung der Versorgungsspannungspins wird in der Regel eine →Strommessung bei niedrigen Spannungen durchgeführt. Eine zu hohe Stromaufnahme läßt auf einen Kurzschluß schließen und führt zum Abbruch der Prüfung.

Die Durchführung der K. bei Signalpins erfolgt prinzipiell so, daß bei nicht angelegter Versorgungsspannung an jeweils einem bestimmten →Pin ein definiertes Potential angelegt wird und an allen anderen Pins überprüft wird, ob dieses Potential auch dort aufgetreten ist. Ist dies der Fall, muß auf einen Kurzschluß geschlossen werden.

Die praktische Durchführung erfolgt z. B. in der Weise, daß alle Signalpins über Widerstände an ein Potential von einigen 100mV gelegt werden und jeweils ein Pin fest auf Masse gelegt wird. Im Fehlerfall wird sich dieses Massepotential an den kurzgeschlossenen Pins durchsetzen und das Meßergebnis läßt damit auf einen Kurzschluß schließen.

Hardwaremäßig wird die K. mit den Meß- und Stimuli-Einrichtungen der →Pinelektronik durchgeführt. Spannungen und Ströme werden dabei so gewählt, daß einerseits eine ausreichende Meßgenauigkeit erreicht wird, weitere Zerstörungen am Prüfling im Fehlerfall jedoch ausgeschlossen werden. Zur Beschleunigung der K. werden bestimmte Algorithmen hinsichtlich der Zuordnung der zwei Potentiale zu bestimmten Pins angewandt, so daß

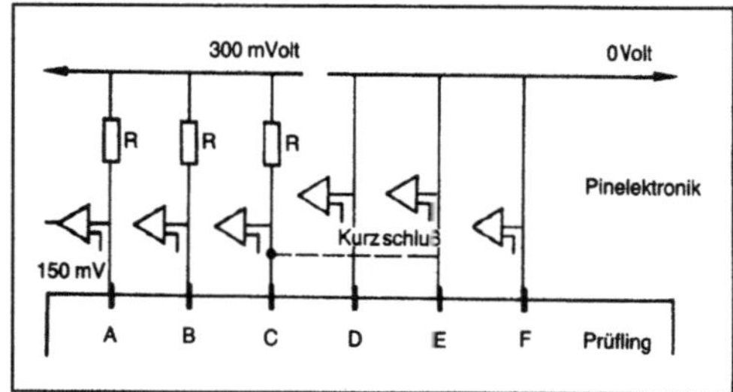

Mit einer Parallelmessung über die Pins A–F werden alle Kurzschlüsse zwischen den Pingruppen A–C einerseits und D–F andererseits, somit also auch der angedeutete Kurzschluß C–E, erkannt.

Kurzschlußprüfung: Schematische Darstellung.

Kurzschlüsse mit 2 exp n (n = Zahl der zu überprüfenden Prüflingsanschlüsse) Parallelmessungen vollständig überprüft werden können (Bild).

K. Winter

Kurzschlußring-Sensor. Der K.-S. ist ein Sensor zur Weg- oder Winkelmessung und besteht aus einem w-förmigen Kern, dessen Mittelschenkel die Erregerspule und den beweglich angeordneten Kurzschlußring trägt (Bild).

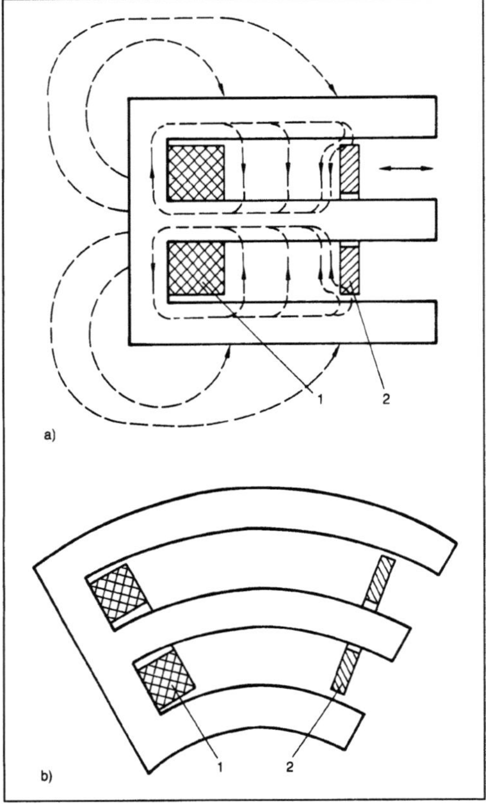

1) Erregerspule, 2) beweglicher Kurzschlußring

Kurzschlußring-Sensor: Ausführungen
a) zur Wegmessung,
b) zur Winkelmessung.

Fließt ein Wechselstrom durch die Erregerspule, so entsteht ein magnetisches Wechselfeld, das in dem Kurzschlußring Wirbelströme zur Folge hat. Diese erzeugen ein magnetisches Gegenfeld, das nur unbedeutend schwächer als das anregende Feld ist. Der den Kurzschlußring durchsetzende magnetische Fluß wird praktisch null und das magnetische Feld der Erregerspule wird auf den Raum zwischen Spule und Kurzschlußring begrenzt. Gemessen wird die Induktivität der Erregerspule, die von dem Abstand zwischen Erregerspule und Kurzschlußring abhängt.

Schrüfer

Kurzschlußspannung, relative. Die r. K. ist eine Kenngröße, die zur Bestimmung der Reaktanz von →Transformatoren benutzt wird. Sie ist definiert durch

$$u_k = \frac{U_K}{U_L} \text{ in } \%$$

U_K Transformatorkurzschlußspannung, U_L Netznennspannung

Die Kurzschlußspannung U_K ist eine leicht meßbare Größe. Es ist die Primärspannung, die erforderlich ist, um bei sekundärem Kurzschluß den primären Nennstrom fließen zu lassen.

In der Stromrichtertechnik wird die r. K. zur Bestimmung des Überlappungswinkels u (→Kommutierung, →Kommutierungseinbruch) bei der Kommutierung, wie auch zur Bestimmung der Spannungsabfälle im Stromrichtertransformator (→Spannungsabfälle in Stromrichterschaltungen) gebraucht.

H. Stüben

Kurzschlußübertragungsleitwert. Verhältnis des Kurzschluß-Transferstromes eines Vierpols zur Klemmenspannung der Steuerseite. Es kann – je nach Betriebsrichtung – für Vorwärts- und Rückwärtsbetrieb definiert werden. Im ersten Fall spricht man auch von →Steilheit, im zweiten von Rückwirkungsleitwert.

R. Paul

Kurzzeitausheilen. (*engl.* Rapid Thermal Annealing, RTA) Neben den klassischen →Ausheilen von →Strahlenschäden nach der →Ionenimplantation in Diffusionsöfen wurden Kurzzeitausheilverfahren entwickelt, deren Einführung in die Fertigung von Halbleiterbauelementen noch aussteht. Gemeinsam ist diesen Verfahren, daß sie jeweils nur eine Scheibe prozessieren und daß die Temperaturbehandlung kurz (einige ns bis einige Sekunden) ist. Grund für die Entwicklung von Kurzzeitausheilverfahren ist der Wunsch nach Verringerung der →Diffusion beim Ausheilen und nach Vermeidung der Eindiffusion unerwünschter Fremdatome. Das K. ermöglicht die Optimierung der Geschwindigkeit der konkurrierenden Prozesse Diffusion und Festphasenepitaxie. Das Ziel ist schnelle →Festphasenepitaxie mit möglichst geringer Diffusion. Thermische Prozesse sind meistens vom sog. Boltzmann-Typ, d. h. jeder Prozeß läßt sich mit einer →Aktivierungsenergie und mit einem Vorfaktor beschreiben. Der Vorfaktor charakterisiert die Geschwindigkeit der elementaren Vorgänge. Da die Vorfaktoren von der Temperatur und der stattfindenden Reaktionen abhängen, ist es möglich, durch die Wahl von Zeit und Temperatur den gewünschten Prozeß zu verstärken.

Man kann zwischen isothermischen und adiabatischen K. unterscheiden, je nachdem, ob die ganze

Scheibe, oder nur die Scheibenoberfläche aufgeheizt wird. Isothermische Verfahren fallen in den Sekundenbereich, adiabatische in den µs-Bereich. (Für K. im ms-Bereich beobachtet man einen Gradienten der Temperatur über die Dicke der Scheibe).

Man unterscheidet Laserausheilen, Lampenausheilen und sonstige Verfahren. Beim adiabatischen Laserausheilen wird die Halbleiterscheibe durch einen fokussierten Laserstrahl, der rasterförmig über die Probe gelenkt wird, lokal auf Temperaturen von ca. 1000–1200 °C erwärmt und die Strahlenschäden heilen aus. Zur Vermeidung von Kristalldefekten aufgrund der lokalen Erwärmung muß die Verweilzeit geringer als einige 10 ms sein. Wegen des geringen Durchsatzes hat das Verfahren praktisch keine Bedeutung; es wird jedoch mit hoheren Energiedichten zum Aufschmelzen von Polysiliciumschichten zur Herstellung von SOI-Strukturen und dreidimensionalen integrierten Schaltungen verwendet. Das Ausheilen mit gepulsten Lasern (fokussiert oder ganzflächig) führt bei Aufschmelzen im Bereich von ns bis µs durch die anschließend bei der Abkühlung erfolgenden Flüssigphasenepitaxie zu perfekten rekristallisierten Schichten, dabei tritt jedoch in der geschmolzenen Schicht eine starke Diffusion auf. Die Diffusionskonstanten der Dotierstoffe im geschmolzenen Silicium liegen im Bereich von 10^{-4}–10^{-5} cm²/s, d. h. fünf bis zehn Größenordnungen über den Werten in festem Silicium. Wegen der schlechten Kontrollierbarkeit der Laserleistung hat dieses Verfahren lediglich Bedeutung für grundlegende Experimente.

Eine wesentlich größere Bedeutung kommt dem isothermischen Lampenausheilen zu. Hierbei wird die Scheibe durch Bestrahlung mit Licht für 1–5 s (selten länger) auf 1000–1200 °C erwärmt. Als Lichtquelle werden Gasentladungslampen, Quecksilberdampflampen oder Halogenlampen verwendet. Die Bestrahlung erfolgt ganzflächig. Vorteilhaft sind besonders der hohe Durchsatz, die Automatisierbarkeit und die geringen Kosten des Verfahrens. Problematisch ist die Ausbildung von Gleitlinien (Kristalldefekte) unter ungünstigen Bedingungen. Lampenausheilöfen können auch zur Kurzzeitoxidation (Rapid Thermal Processing), zum Verfließen von Gläsern (→Passivierung) und zur Herstellung von Siliciden verwendet werden.

Sonstige Verfahren zum K. sind das Elektronenstrahlausheilen, sowie das Ausheilen durch Ionenstrahlen (ebenfalls gepulst oder kontinuierlich), die ähnlich wie das Laserausheilen erfolgen und eine noch geringe Bedeutung haben. *Ryssel*

Literatur: *Gibbons, J. F.* und *L. D. Hess, T. W. Sigmon* (Eds.): Laser and Electron Beam Interactions and Materials Processing. MRS Symp. Proc. Vol. 1, North-Holland, NY, 1981. – *Sze, S. M.* (Ed.): VLSI Technology. New York 1983.

L

Lackveraschen →Trockenätzen

Ladung, elektrische. Gespeicherte Elektrizitätsmenge. Die Eigenschaften der Elektrizität, die durch das Coulomb-Gesetz ausgedrückt werden, können einer solchen in oder auf der Materie gespeicherten Elektrizitätsmenge zugeordnet werden. Es gibt zwei verschiedene Arten der e. L., nämlich positive und negative.

Schon im Bereich der Elementarteilchen besitzen einige der wichtigsten Teilchen eine e. L. (Proton, Elektron). Die Tatsache, ob sie eine Ladung tragen und welche zählt zu den grundlegenden Eigenschaften der Elementarteilchen. Komplexere Systeme, wie z. B. Atome, sind in der Regel nur deshalb nach außen elektrisch neutral, weil sie im Innern die gleiche Menge positiver wie negativer Ladung enthalten.

E. L. kommt grundsätzlich gequantelt vor, d. h. in Beträgen, die ganzzahlige Vielfache der Elementarladung darstellen. E. L. erzeugen mechanische Kraftwirkungen aufeinander (Elektrostatik). Sie stellen die Quellen der dielektrischen Verschiebung dar. Durch bewegte Ladungen (elektrische Ströme) werden magnetische Felder erzeugt. Damit sind e. L. und ihre Bewegungen die Ursache für sämtliche elektromagnetischen Erscheinungen. *Claassen*

Ladungskopplungsspeicher. L. auch ladungsgekoppelte Speicher, *engl.* →CCD, charge coupled device) sind Speichereinheiten, die nach dem Prinzip einer Ladungsverschiebung zwischen dicht gepackten Kondensatoren auf einem Halbleiterchip arbeiten. Diese Technik ist häufig in der Bildverarbeitung eingesetzt (Video- und Infrarotkameras, Scanner), außerdem in der Meßtechnik und auf anderen Gebieten für →Filter und →Verzögerungsleitungen. Der Einsatz als →Massenspeicher in der Datenverarbeitung, in der Hierarchie oberhalb der Magnetplattenspeicher (→Speichertechnologien) wurde nach Versuchen mit Prototypen aufgegeben. Neben technischen Gründen sind wirtschaftliche maßgebend: Die günstige Entwicklung des Preis/Leistungsverhältnisses bei den konkurrierenden Halbleiterspeichern und Magnetplattenspeichern.

□ Grundtechnologie: In einer durchgehenden Zone (Verarmungsraumladungszone) werden durch Spannungsänderungen an darüberliegenden Elektroden elektrische Ladungen – Ladungspakete – verschoben. Die Elektroden können im Abstand von wenigen Mikrometern plaziert sein. Besondere Vorteile dieser Technik:

– Einfachheit, lediglich Kondensatorketten statt aufwendiger Schaltungen zur Bit-Darstellung wie bei anderen Direktzugriffsspeichern auf Halbleiterbasis, leicht in Serie zu fertigen.

– Möglichkeit der taktgebundenen Verarbeitung auch analoger Werte, wobei unterschiedliche Spannung durch unterschiedliche Ladungspakete repräsentiert wird. Dadurch können z. B. →Scanner, bei denen jeder Speicherstelle eines Kopplungsspeichers eine Photodiode zugeordnet ist, auch Graustufen aufnehmen und weitergeben.

Bei Spannungsunterbrechung geht der Inhalt von L. verloren (wie bei Halbleiterspeichern). Außerdem sind die als Träger der Information dienenden Ladungspakete empfindlich gegen Alphastrahlung. Auch diese Gründe stehen dem Einsatz als Massenspeicher entgegen. *Voss*

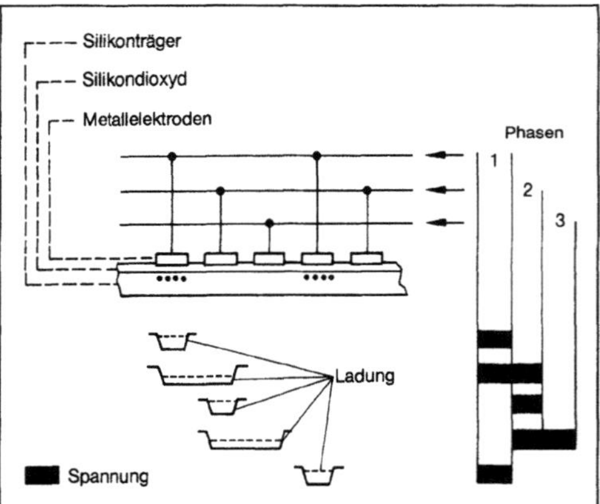

Ladungskopplungsspeicher: Beispiel einer Dreiphasenlösung.

Ladungsmessung. Die elektrische Ladung Q ergibt sich aus dem zeitlichen Integral eines Stromes i: $Q = \int i dt$. Die SI-Einheit der elektrischen Ladung ist das Coulomb (Cb); 1 Cb = 1 As. Der auf dem piezoelektrischen Effekt beruhende Piezo-Kraftaufnehmer, der auf eine sich ändernde Kraft mit einer proportionalen Ladungsänderung reagiert, ist ein wichtiger Anwendungsfall für die elektrische L. Die Ausgangsgröße Ladung wird mittels eines Integrationsverstärkers erfaßt, den man in diesem Zusammenhang auch Ladungsverstärker nennt (Bild). Bei genügend großer Verstärkung v wird die Eingangsspannung $u_e \approx 0$, und es ergibt sich ohne Berücksichtigung des Gegenkopplungswiderstands R_g für die Ausgangsspannung

$$u_a = -\frac{Q}{C_g},$$

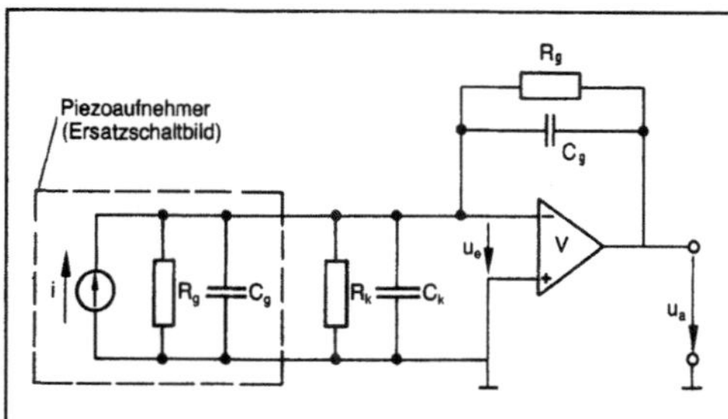

Q = ∫idt Ladung des Piezoaufnehmers, R_q Ableitwiderstand des Aufnehmers, C_q Kapazität des Aufnehmers, R_k Ableitwiderstand des Anschlußkabels, C_k Kapazität des Anschlußkabels, R_g Gegenkopplungswiderstand, C_g Gegenkopplungskapazität

Ladungsmessung: Piezoaufnehmer mit Ladungsverstärker.

woraus sich die Ausgangsgröße Ladung Q des Piezoaufnehmers leicht errechnen läßt. R_q, C_q, R_k, C_k spielen im Ergebnis keine Rolle. In der Praxis wird die Ausgangsspannung so weiterverstärkt, daß direkt die zugrundeliegende Meßgröße (z. B. Kraft, Druck, Beschleunigung) angezeigt werden kann. Wenn man noch den Widerstand R_g (z. B. Ableitwiderstand von C_g) berücksichtigt, so klingt die Anzeige mit der Zeitkonstante $\tau = R_g\, C_g$ exponentiell ab. Dieser Abklingvorgang kann noch überlagert sein durch eine Drift, die vom Offsetstrom des Meßverstärkers herrührt (→Kraftmessung).

Hammerschmidt

Ladungsspeicherdiode →Varaktordiode, →Varaktor

Ladungsträger. Teilchen, das positive oder negative elektrische Ladung trägt und dessen Bewegung einen elektrischen Strom darstellt.

Praktisch wichtig für einen Ladungstransport sind die negativ geladenen Elektronen in einem Metall bzw. zusätzlich die positiven Löcher in einem →Halbleiter. Sie tragen die kleinste stabile Ladungseinheit, die Elementarladung $e = 1{,}602 \times 10^{-19}$ As. Protonen im Atomkern tragen ebenfalls positive Elementarladung und ziehen die Elektronen der Hülle an, was zum Bindungszustand Atom führt. Überzählige oder fehlende Elektronen der Atomhülle machen das Atom zum negativ oder positiv geladenen Ion (ionischer L.), die in Elektrolyten oder Isolatoren bei hohen Temperaturen den elektrischen Strom tragen. Je nach Elektronenzahl kann das Ion ein ganzzahliges Vielfaches der Elementarladung tragen. Auch viele Elementarteilchen sind L. Unter ihnen zeichnen sich die Quarks aus, die ⅓-zahlige Ladung tragen, aber nicht stabil sind.

Heinz

Ladungsträgerbeweglichkeit. Beweglichkeit von Ladungsträgern einer Substanz unter dem Einfluß eines elektrischen Felds E. Sie ist definiert als die durch Stöße erreichte →Driftgeschwindigkeit v, dividiert durch die sie erzeugende →Feldstärke, $b = v/E$ (→Beweglichkeit, elektronische).

Heinz

Ladungsträgerdichte. Räumliche Dichte von elektrischen Ladungsträgern in einer Substanz.

So ist z. B. die Elektronendichte in Metallen von der Größenordnung $10^{23}\,cm^{-3}$ (z. B. Kupfer: $8{,}5 \times 10^{22}\,cm^{-3}$). In Halbleitern ist sie durch →Dotierung in weiten Grenzen (10^{10}–$10^{20}\,cm^{-3}$) einstellbar. Die Ionendichte in Elektrolyten bewegt sich je nach Lösung im Größenordnungsbereich $10^{22}\,cm^{-3}$.

Heinz

Ladungsträgererzeugung →Generation

Ladungsträgerinjektion →Injektion

Lambdadiode. Halbleiterzweipolbauelement, bestehend aus zwei reihengeschalteten komplementären Feldeffekttransistoren, wobei der →Spannungsabfall über dem einen gleichzeitig die Steuerspannung des anderen ist. Dadurch entsteht eine λ-förmige Kennlinie mit einem ausgeprägt fallenden Bereich. Der Kennliniengrundtyp entspricht dem der →Tunneldiode. Das Bauelement wird zur Amplitudenstabilisierung von Oszillatoren, zur Schwingungserzeugung selbst und für Spannungsüberwacherschaltungen eingesetzt.

R. Paul

Lambda-Sonde. Die L.-S. stellt eine galvanische Konzentrationszelle dar, in der unter Verwendung von stabilisiertem Zirkoniumdioxid („Zirkonoxid") der Sauerstoffpartialdruck gemessen wird. Die Keramik trennt gasdicht die Meßseite von der Referenzelektrode. Sauerstoff hat die Tendenz in ionisierter Form (O^-) von der Seite hohen Sauerstoffpartialdrucks zur Seite niedrigen Sauerstoffpartialdrucks zu diffundieren. Diese Ladungsverschiebung bewirkt ein elektrisches Feld, das die →Diffusion der Ionen gerade kompensiert und als partialdruckabhängige Spannung gemessen wird. Der Abgriff erfolgt bei einer Gleichgewichtseinstellung mit einer Gasphase mit Hilfe von porösen Platinschichten, die sogenannte „3-Phasen-Kontakte" des Gases, des Elektrolyten und der Ableitelektroden herstellen, um eine Abgabe des Sauerstoffs als Sauerstoffionen an den →Ionenleiter und gleichzeitig eine Aufnahme der Elektronen von dem Metall zu ermöglichen. Als Referenz dient ebenfalls eine

Gasatmosphäre mit einem definierten Sauerstoffpartialdruck oder eine feste Mischung aus Metallen und Metalloxiden, z. B. Chrom-Chromoxid, die nach der *Gibbs*'schen Phasenregel (n Phasen, n Komponenten) eine definierte Sauerstoffaktivität einstellt, deren Langzeit-Stabilität jedoch vom Zutritt des Sauerstoffs durch Undichtigkeiten oder elektronische Leckströme des Elektrolyten begrenzt ist.

Die Arbeitstemperatur der L.-S. liegt oberhalb 400 °C, wenn eine hinreichend hohe Leitfähigkeit des Elektrolyten und schnelle Elektrodenkinetik (Austausch des Sauerstoffs mit dem Gas) eingestellt sind. Die Temperatur wird durch das Gas eingestellt oder durch eine zusätzliche Heizung erreicht. Zur Unterdrückung der hohen Thermoschockempfindlichkeit des reinen kubischen Zirkonoxids wird meist eine Zwei-Phasen-Mischung mit tetragonalem Zirkonoxid, das selbst ionisch leitend ist, verwendet.

Der Einsatz der L.-S. erfolgt im wesentlichen in drei technologischen Bereichen:

□ zur Messung des Sauerstoffpartialdrucks in Abgasen von Verbrennungsmotoren zur Steuerung des Kraftstoff/Luftverhältnisses (λ-Wert). Der Elektrolyt ist als einseitig geschlossenes Rohr geformt, dessen Außenseite dem Gas ausgesetzt ist und dessen Innenraum Luft als kontinuierlich erneuertes Referenzgas enthält. Die Lebensdauer entspricht heute nahezu der der Verbrennungsmotoren;

□ zur Messung des Reduktionsgrades von Erzen in der Schmelze. Als Referenz dienen i. a. Metall/Metalloxidmischungen. Die Lebensdauer liegt gegenwärtig noch im Minutenbereich. Die Anwendung der Sonde hat als Ersatz der konventionellen chemischen Analyse zu einer wesentlichen Verbesserung der Kontrolle der Qualität von Metallen geführt;

□ zur Kontrolle der Kohlenstoffaktivität bei der Härtung von Metallen. Die Bestimmung erfolgt indirekt aus dem Sauerstoffpartialdruck über die vorhandenen Kohlenoxide.

Die notwendigen Arbeitstemperaturen sind durch die Prozesse vorgegeben. L.-S. in Kraftfahrzeugen enthalten heute meistens eine zusätzliche Heizvorrichtung. Besonders präzise erlaubt die L.-S. die Einstellung des stöchiometrischen Kraftstoff/Luftverhältnisses ($\lambda = 1$), da der Sauerstoffpartialdruck in diesem Bereich eine starke Änderung zeigt. Zur Einstellung anderer Sauerstoffpartialdrucke werden Kombinationen der L.-S. mit ionischen Pumpen (Zirkonoxid zur Verringerung oder Erhöhung des Sauerstoffpartialdrucks einer Meßkammer mit einer Lambdasonde) eingesetzt, die durch Integration des Stromes die Abweichung von der idealen stöchiometrischen Zusammensetzung des Gases messen. *Weppner*

Landung. Mit der L. von →Kathodenstrahlröhren wird beschrieben wie gut der Elektronenstrahl nach Durchlaufen der →Lochmaske auf dem Leuchtstoff der richtigen→Farbe landet. Anzustreben ist über den ganzen →Leuchtschirm eine zentrische L. der durch ein Maskenloch laufenden Elektronen auf dem richtigen →Dot. Da dieses Ideal selten zu 100% erreicht wird, werden die Dots, die Leuchtstoff-Punkte, größer gemacht als die Löcher der Lochmaske. Dieses Mehr an Leuchtstofffläche ergibt die *Landungsreserve.* Diese soll Streuungen der Strahllage des Leuchtschirmes und der Lochmaske auffangen.

Eine *Fehllandung* liegt vor, wenn der Elektronenstrahl teilweise oder ganz auf den Dots einer falschen Farbe landet. Ursache dafür können außer den o. a. Streuungen der Abmessungen auch magnetische Streufelder (Erdfeld) oder temperaturabhängige Maskenverschiebungen sein. *Nerstheimer*

Literatur: Elektronik-Taschenbuch, Bd. II, Bonn. – Farbfernsehtechnik II. Hrsg. Telefunken, Berlin.

Längen- und Winkelmessung mit diskontinuierlichen Verfahren. Oft besteht die Aufgabe, ein Meßsignal für eine Länge oder einen Winkel möglichst direkt in eine digitale Darstellung zu überführen.

Bei einem inkrementalen Meßsystem wird die zu messende Größe, eine Länge oder ein Winkel, in gleichgroße Teilstücke Δx (Inkremente) unterteilt. Ein solcher Rastermeßstab setzt sich dann aus Teilstücken unterschiedlicher physikalischer Eigenschaften zusammen, bei optischen Systemen z. B. aus hellen und dunklen oder durchsichtigen und undurchsichtigen Flächen. Der Abstand zweier gleichartiger Teilstücke wird Teilungsperiode $T = 2 \cdot \Delta x$ genannt (Bild 1). Rastermaßstäbe werden hauptsächlich optisch (→Photodetektoren) oder magnetisch (→Hall-Sonde, →Wiegand-Sensor, →Feldplatte) abgetastet. Wenn sich ein Rastermaßstab um die Strecke $l = n \cdot T$ am Abtaster vorbeibewegt, wird dieser n Impulse liefern, die nach Impulsformung digital gezählt werden und somit die Lageinformation vermitteln. Sobald sich die Bewegungsrichtung des Rasters ändert, muß dafür gesorgt werden, daß sich auch die Zählrichtung im →Zähler ändert. Dazu bringt man zwei um T/4 versetzte Abtaster an, aus deren Signalen die Richtungsinformation gewonnen wird, welche dann den Zähler steuert. Mit acht Abtastelementen kann durch besondere Schaltungen eine Auflösung erreicht werden, die T/16 entspricht.

Beim Längengeber nach Bild 2 wird optisch abgetastet. Im Strahlengang liegt zwischen der Lichtquelle und dem Photodetektor das Raster mit seinen lichtdurchlässigen und lichtundurchlässigen Segmenten. Die Ausgangsspannung des Detektors

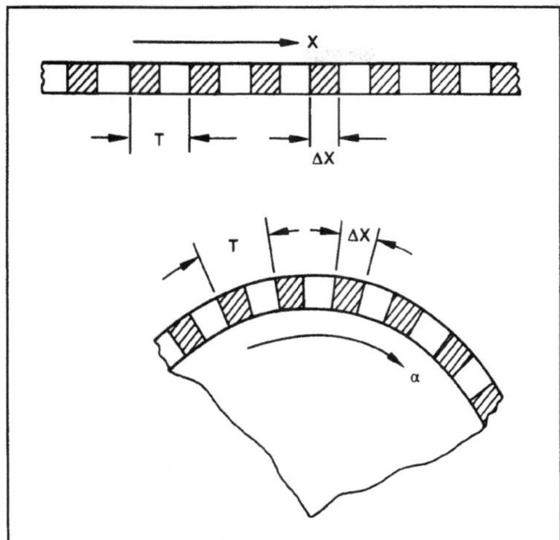

Längen- und Winkelmessung mit diskontinuierlichen Verfahren 1: Raster zur inkrementalen Längen- und Winkelmessung.

ändert sich bei einer Bewegung des Rasters in Abhängigkeit von der Beleuchtung ungefähr dreieckförmig. Sie wird in einem →Komparator mit einem vorgegebenen Schwellwert verglichen und in ein binäres Signal umgesetzt. Die dabei entstehende Folge von rechteckförmigen Impulsen wird auf einen Zähler gegeben, der z. B. die ansteigenden Flanken erfaßt. Der Zählerstand ist dann ein Maß für die Strecke, die das Werkstück zurückgelegt hat. Durch Nullstellen des Zählers kann der Anfangspunkt der Messung beliebig innerhalb des Meßbereichs verschoben werden.

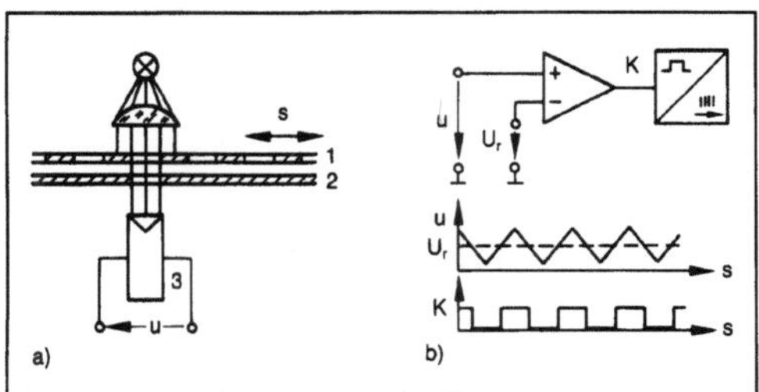

1 Raster, 2 Blende, 3 spannungliefernder Photodetektor

Längen- und Winkelmessung mit diskontinuierlichen Verfahren 2: Optischer inkrementaler Längengeber.
a) Schema
b) Signale.

Inkremental geteilte Maßstäbe mit optischer Abtastung gibt es mit folgenden Eigenschaften: Meßlängen bis zu mehreren Metern, Rasterabstand bis herab zu 1 µm, Auflösung (durch elektronische Vervielfachung) bis zu 0,05 µm, Toleranz der Maßstäbe je nach Länge bis herab zu ±0,5 µm. Bei inkrementalen Winkelgebern lauten die Grenzdaten für die Auflösung 0,00001° und die Toleranz ±0,00006°.

Zu den inkrementalen Verfahren zählt auch das Laser-Interferometer (Bild 3), das auf dem Michelson-Interferometer basiert und als monochromatische Lichtquelle einen Laser benutzt. Wenn sich das Meßobjekt mit dem an ihm angebrachten Spiegel in Pfeilrichtung bewegt, so ergeben sich beim Strahl 3 durch Interferenz der Strahlen 1' und 2' abwechselnd Lichtverstärkungen oder -auslöschungen, die ein Beobachter oder ein Photodetektor registrieren kann. Ein voller Zyklus der Lichthelligkeit entsteht, wenn sich das Meßobjekt lediglich um eine halbe Lichtwellenlänge bewegt. Die Messung des zurückgelegten Weges erfolgt durch Abzählen der vom Photodetektor gelieferten Impulse. Auflösungen bis unter 10^{-6} m sind möglich. Weiterentwickelte Laser-Interferometer benutzen einen Zweifrequenz-Laser und berücksichtigen automatisch die von Luftdruck, -temperatur und -feuchte verursachten Veränderungen der tatsächlichen Lichtwellenlänge.

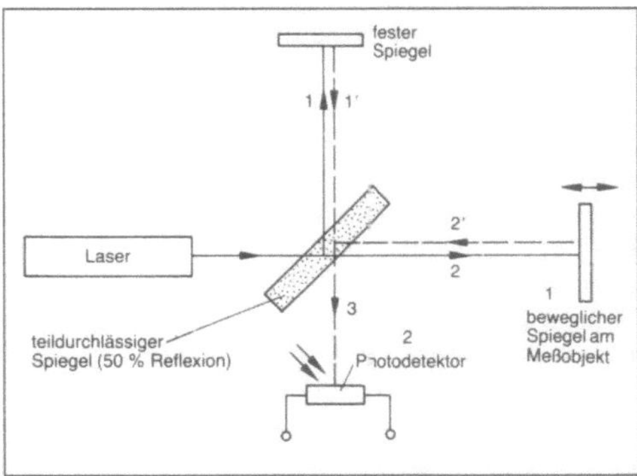

Längen- und Winkelmessung mit diskontinuierlichen Verfahren 3: Prinzip des Laser-Interferometers.

Die inkrementalen Aufnehmer zählen eventuell auch Störimpulse und „vergessen“ bei Netzausfall den Meßwert. Deshalb gibt es auch absolut kodierte Maßstäbe für Absolutaufnehmer, bei denen jeder Schritt über die volle Lage- bzw. Winkelinformation verfügt (Bild 4). Nach einem Netzausfall ist die absolute Lage sofort wieder bekannt.

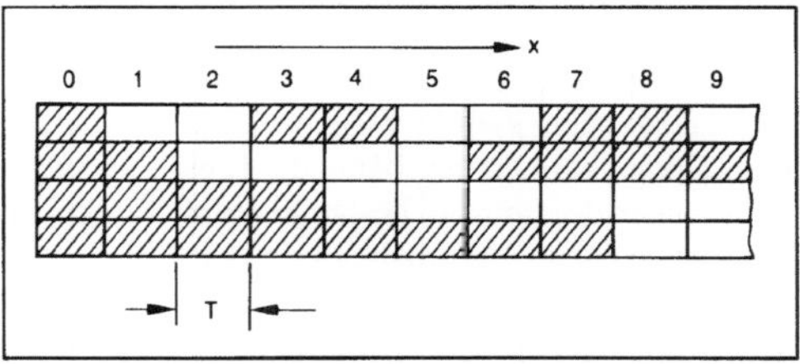

Längen- und Winkelmessung mit diskontinuierlichen Verfahren 4: Raster zur absolut kodierten Längenmessung (Gray-Code).

Neue Möglichkeiten für Längen- und Winkelaufnehmer ergeben sich zum einen durch faseroptische Aufnehmer und Übertragungsstrecken (→Sensoren, faseroptische), zum anderen durch optoelektronische Positionsdetektoren, die linear und diskret (Diodenzeilen, Diodenarrays) arbeiten.

Hammerschmidt

Literatur: *Schrüfer, E.:* Elektrische Meßtechnik. München 1992.

Längen- und Winkelmessung mit kontinuierlichen Verfahren. Meßaufgaben, bei denen das Meßergebnis in den SI-Einheiten Meter (m) oder Radiant (rad) angegeben werden kann, sind Messungen von Längen und Winkeln. Dabei kann sich insbesondere die Längenmessung auch darstellen (oft abhängig davon, ob sich das Meßobjekt bewegt oder nicht) als Messung von Wegen, Abständen, Positionen, Lagen, Dicken, Schichtdicken, Füllständen, Breiten, Durchmessern usw. Mit geeigneten Einrichtungen kann man geradlinige Bewegungen in Drehbewegungen und umgekehrt überführen. Man wird in der Praxis die jeweils günstigste Lösung wählen.

Beim Potentiometer-Aufnehmer (→Potentiometer) wird der Ort des Schleifers auf einer Widerstandsbahn (gerade oder kreisförmig angeordnet) elektrisch erfaßt. Durch Anlegen einer Spannung an das Potentiometer erhält man eine wegabhängige Spannungsteilung.

Beim Potentiometer-Aufnehmer können Schwierigkeiten auftreten durch den →Übergangswiderstand des Schleifers sowie durch Verschleiß der Widerstandsbahn. Der induktive Wegaufnehmer (→Meßaufnehmer, induktiver) hat diese Probleme nicht. In seiner einfachsten Form besteht ein induktiver Wegaufnehmer aus einer →Spule, in die ein verschiebbarer Eisenkern eingetaucht ist (Tauchankergeber, Bild 1).

Der Zusammenhang zwischen der Verschiebung Δs und der Induktivität L ist aus Bild 1 ersichtlich. Die Auswertung von L erfolgt in einer Viertelbrücke (→Meßbrücke). Nur in einem engen Bereich um den Arbeitspunkt s_0 herum darf man angenähert Proportionalität zwischen Δs und L unterstellen. Diesen Nachteil hat der Differential-Tauchankergeber nicht, der aus zwei getrennten Spulen mit einem gemeinsamen Eisenkern besteht. Für die Messung kleiner Wege werden vorwiegend Queranker-Aufnehmer benutzt. Einige Anwendungsbeispiele für die beschriebenen induktiven Längen- (Dicken-) Aufnehmer zeigt Bild 2.

Ein anderes, induktives Verfahren zur Messung kleiner Abstände (mm-Bereich) erzeugt in einer leitenden Ebene des Meßobjekts Wirbelströme, deren Rückwirkung die Induktivität der induzierenden Spule oder die Kopplung zweier Spulen verän-

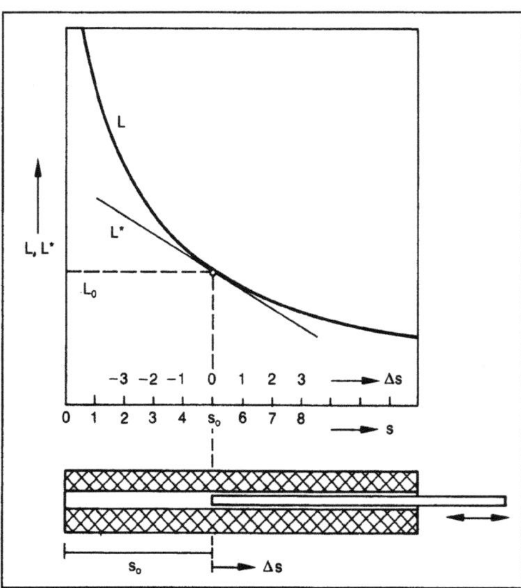

Aufbau und Kennlinie $L = f(\Delta s)$, Tangente $L^* = f(\Delta s)$ im Punkt s_0 eingezeichnet

Längen- und Winkelmessung mit kontinuierlichen Verfahren 1: Tauchankergeber.

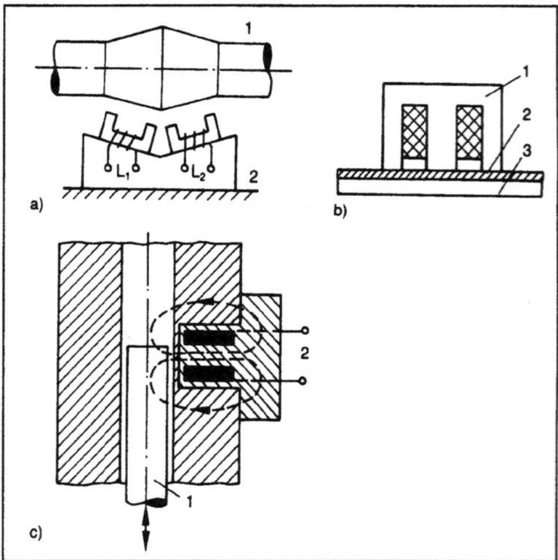

Längen- und Winkelmessung mit kontinuierlichen Verfahren 2: Anwendungen induktiver Längenaufnehmer.

1 Turbinenwelle, 2 Gehäuse

a) Messung der Relativdehnung zwischen Turbinenwelle und Gehäuse

1 Drossel, 2 nichtmagnetische Komponente (Folie, Lackschicht), 3 Eisenkern

b) Messung der Dicke von nichtmagnetischen Schichten

1 Ventilstange, 2 Anschlüsse der Spule

c) Messung der Ventilstellung in einer Hochdruck-Dampfleitung.

dert. Nach Weiterverarbeitung und Linearisierung erhält man ein dem Abstand proportionales Signal.

Der Differential-Transformator zur Wegmessung beruht auf dem Induktionsgesetz. Er besteht aus einer Primärspule und zwei Sekundärspulen, die auf einer Hülse sitzen (Bild 3). Gekoppelt sind die Spulen über einen in der Hülse verschiebbaren Kern. Wird der Kern verfahren, nimmt die Ausgangsspannung der einen Spule zu, die der anderen ab, und die Differenz wächst streng linear mit der Verschiebung s. Mit dem Differentialtransformator kann ohne einen mechanischen Kontakt zwischen Kern und Spule ein Weg in eine Spannung umgeformt werden. Oft werden diese Aufnehmer auch mit der Abkürzung LVDT (*engl.* Linear Variable Differential Transformer) bezeichnet.

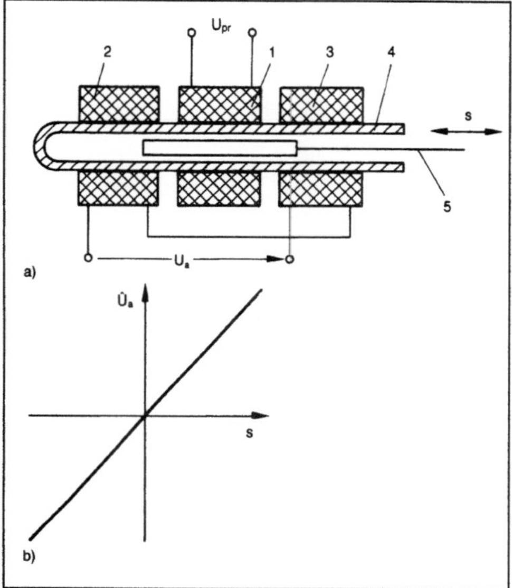

1 Primärspule, 2, 3 Sekundärspulen, 4 Hülse, 5 verschiebbarer Kern

Längen- und Winkelmessung mit kontinuierlichen Verfahren 3: Differential-Transformator.
a) Aufbau,
b) Kennlinie.

Auch mit kapazitiven Aufnehmern (→Meßaufnehmer, kapazitiver) kann man verschleißfrei Längen und Winkel messen. Bei einem Plattenkondensator läßt sich die Kapazität beeinflussen durch Änderung des Plattenabstands, der Plattenfläche sowie der Verschiebung oder Veränderung des Dielektrikums. Anwendungsbeispiel: Messung der Füllhöhe (des Füllstands) einer Flüssigkeit nach Bild 4. In einem Fall befindet sich eine elektrisch leitende Flüssigkeit im Behälter. Die Elektrode 1 und die leitende Flüssigkeit bilden die Kapazität mit der Isolationsschicht 4 als →Dielektrikum. Die Kapazität C dieses Kondensators ist proportional zum Füllstand h. Im anderen Fall befindet sich ein nichtleitendes Material (Flüssigkeit oder Schüttgut) im Behälter, die Isolationsschicht 4 kann entfallen. Es handelt sich hier um einen →Kondensator, der entsprechend der Füllhöhe h mit einem Dielektrikum ausgefüllt ist. Auch hier besteht Proportionalität zwischen h und C.

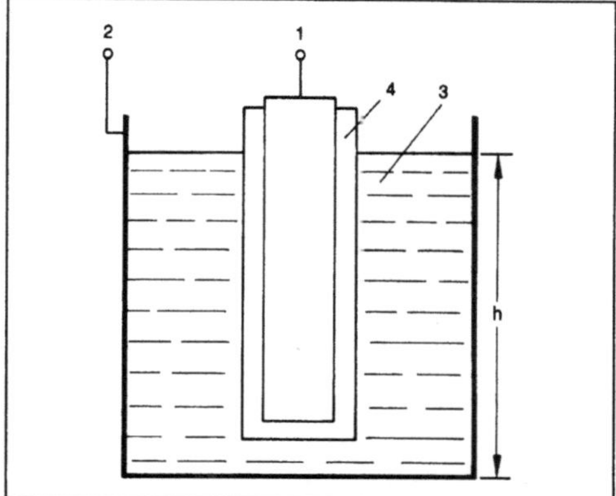

1 Elektrode, 2 Gegenelektrode, 3 Prüfmedium mit leitender Flüssigkeit bzw. mit isolierendem Füllgut ($\varepsilon_r>1$), 4 Isolationsschicht

Längen- und Winkelmessung mit kontinuierlichen Verfahren 4: Kapazitive Füllstandsmessung.

Als kapazitiver Winkelaufnehmer eignet sich auch der früher in Rundfunkgeräten unentbehrliche →Drehkondensator ($C = f(\alpha)$).

Mittels Laufzeitauswertung von Ultraschall ist eine berührungslose Abstandsmessung über mehrere Meter möglich, was z. B. zum automatischen Fokussieren von Photokameras angewendet wird. Das gleiche Prinzip läßt sich auch mittels Laufzeitauswertung von Licht verwirklichen.

Ein Verfahren zum Messen von Geschwindigkeit und Länge von durchlaufendem Warmwalzgut bedient sich zweier Infrarotsensoren, die in geringem Abstand hintereinander in Bewegungsrichtung angeordnet sind und die Eigenstrahlung des Walzguts aufnehmen. Diese Strahlung ist örtlich nicht konstant, sondern hängt vom jeweiligen Oberflächengefüge ab. Der Verlauf der Strahlung, die in den ersten Sensor eintritt, wird mit einem kleinen zeitlichen Versatz auch auf den zweiten Sensor treffen. Der Zeitunterschied zwischen den beiden Signalen läßt sich durch Korrelationsverfahren ermitteln und ist bei konstantem Sensorabstand der Geschwindigkeit proportional. Durch zeitliche Integration der Geschwindigkeit ist die Bandlänge bestimmbar. Das Verfahren kann mit entsprechenden Sensoren auch bei nichtstrahlenden Oberflächen, z. B. Papierbahnen oder Straßenbelägen eingesetzt werden, die man dann beleuchtet. Bestimmung von Geschwindigkeit und Länge bzw. zurückgelegter Strecke erfolgen wie oben beschrieben.

Die Messung von relativen Längenänderungen ist mit →Dehnungsmeßstreifen möglich. Meßverfahren für Dicke und Schichtdicke beruhen auf verschiedenen Prinzipien. Beim Kondensatorverfahren wird die Veränderung der Kapazität eines Plattenkondensators erfaßt (Meßaufnehmer, kapazitiver). Weitere magnetische Verfahren basieren auf der Beeinflussung des Magnetfelds oder des magnetischen Flusses durch das Meßobjekt. Da Ultraschall an Grenzflächen reflektiert wird, kann das Laufzeitprinzip auch hier eingesetzt werden.

Bei bewegten Meßobjekten wie z. B. bei Papier- oder Textilbahnen oder bei Aluminiumbändern mißt man deren Stärke vielfach auch mittels Absorption von Röntgenstrahlung oder radioaktiver Strahlung, wobei ein exponentieller Zusammenhang zwischen Dicke und Intensität der durchgelassenen Strahlung besteht (→Strahlungsmessung).

Hammerschmidt

Läppen →Polieren

Laser. Abk. für *engl.* Light Amplification by Stimulated Emission of Radiation, Lichtverstärkung durch induzierte Strahlungsemission. Andere Bezeichnungen sind optischer Maser (Maser), Lichtverstärker, Quantenverstärker, Quantengenerator (in der sowjetischen Literatur gebräuchlich). Der L. ist ein →Verstärker und Generator von elektromagnetischen Wellen mit Frequenzen im Sichtbaren und angrenzenden Spektralbereichen. Seine Funktionsweise beruht auf der Wechselwirkung von Lichtquanten mit einem quantenmechanisch zu beschreibenden System. In dieser Hinsicht unterscheidet sich der L. von klassischen Verstärkern, deren Funktionsweise durch klassische Felder und Ströme beschrieben wird. Wird das im L. vorhandene aktive Medium in einer Rückkopplungsschaltung (→Resonator) verwendet, so entsteht der Laseroszillator der zur Schwingungserzeugung (Lichtquelle) verwendet wird. Das von einem Laseroszillator erzeugte Licht zeichnet sich durch große Monochromasie (d. h. geringe Bandbreite $\Delta\nu$) und hohen Kohärenzgrad (d. h. große Kohärenzzeit und große Kohärenzlänge) aus (Tabelle 1).

Grundlagen der Funktionsweise: die Möglichkeit zur Verstärkung von Licht beruht auf dem Vorgang der induzierten Emission, der 1917 von *Einstein* bei seiner Ableitung des *Planck*'schen Strahlungsgesetzes (schwarzer Körper) eingeführt wurde. Zur Erläuterung betrachten wir eine große Zahl von quantenmechanischen Systemen (Atome, Moleküle, Ionen in Kristallen u. a.) von denen jedes zwei stationäre Energieniveaus E_1 und E_2 ($E_1 < E_2$) hat. Im thermischen Gleichgewicht wird die Zahl der Systeme N_1 im Zustand E_1 größer sein als die Zahl

Laser. Tabelle 1: Eigenschaften verschiedener Lichtquellen im Vergleich zu Laserlicht.

Strahlungsquelle	Bandbreite $\Delta\nu[s^{-1}]$	Kohärenzzeit $\Delta t[s]$	Kohärenzlänge $l_k = 2 \cdot c\Delta t[cm]$
Sonne	$5 \cdot 10^{14}$	$3 \cdot 10^{-16}$	$2 \cdot 10^{-5}$
Interferenzfilter ($\Delta\lambda = 10$ Å)	$5 \cdot 10^{11}$	$3 \cdot 10^{-13}$	$2 \cdot 10^{-2}$
Spektrallampe	10^9	$1{,}5 \cdot 10^{-10}$	10
Fabry-Perot-Interferometer	10^8	$1{,}5 \cdot 10^{-9}$	10^2
Laser	10^3	$1{,}5 \cdot 10^{-4}$	10^7

der Systeme im Zustand N_2 ($N_1 < N_2$) und aus einem einfallenden Strahlungsfeld wird Energie der Frequenz $\nu_{12} = \frac{E_2 - E_1}{h}$ mit einer Rate von

$$\left.\frac{dU}{dt}\right|_{\text{Absorption}} = N_1 B_{12}\, U(\nu_{12})$$

absorbiert, wobei $U(\nu_{12})$ die spektrale Energiedichte des Strahlungsfeldes ist. Systeme, die im energiereicheren Zustand E_2 sind, können unter Emission von Strahlung in den Zustand E_1 übergehen. Dafür gibt es zwei Möglichkeiten: die spontane Emission, die ohne erkennbare äußere Ursachen erfolgt und die induzierte Emission, bei der die Energiedichte $U(\nu_{12})$ des Strahlungsfeldes den Emissionsprozeß hervorruft, die Emissionsrate ist

$$\left.\frac{dU}{dt}\right|_{\text{Emission}} = \underbrace{B_{12} N_2(\nu_{12})}_{\text{induzierte Emission}} + \underbrace{A\, N_2,\ U(\nu_{12})}_{\text{spontane Emission}}$$

(B_{12} und A sind Konstante)

Die Verstärkung eines Signals der Energiedichte $U(\nu_{12})$ und der Frequenz ν_{12} ist daher nur möglich, wenn $N_2 > N_1$ ist. Im thermischen Gleichgewicht kann diese Bedingung nicht erfüllt werden, da nach der Boltzmannverteilung

$$\frac{N_1}{N_2} = e^{(E_2 - E_1)/kT}$$

ist. Für verschiedene Systeme ist es jedoch möglich durch Einwirkung von Anregungsleistung (Pumpleistung) Nichtgleichgewichtszustände mit $N_2 > N_1$ herzustellen, man spricht dann von einem aktiven Medium, das auch als Medium mit negativer Besetzungstemperatur beschrieben werden kann. Der Verstärkungsprozeß wird durch spontane Emission gestört, die eine Ursache für das →Rauschen des Verstärkungsvorganges darstellt. Bei den verschiedenen Laserarten wird das aktive Medium auf unterschiedliche Weise hergestellt. Unterschiede ergeben sich auch aus der „Beschaltung“ des aktiven Mediums, d. h. die Anordnung in der das Strahlungsfeld und das aktive Medium miteinander gekoppelt werden.

Zur Verstärkung eines Lichtsignals ist es nur notwendig, Lichtbündel durch das passende aktive Material zu schicken, der Verstärkungsfaktor G ergibt sich aus der Länge L des aktiven Materials, dem Besetzungsunterschied $\Delta N = N_1 - N_2$ und Wirkungsquerschnitt σ für den optischen Übergang zu

$$G = e^{-\Delta N \cdot \sigma \cdot L}$$

Zur Erhöhung der Verstärkung ist es zweckmäßig (wie auch in der HF-Technik), einen Teil des Ausgangssignals rückzukoppeln. Durch die →Rückkopplung kann der Laserverstärker zum Laseroszillator (Lasergenerator) werden (→Selbsterregung) (Bild 1). Die Rückkopplung wird im allgemeinen dadurch erreicht, daß das aktive Material in einen Resonator gebracht wird, z. B. in ein Fabry-Perot-Interferometer.

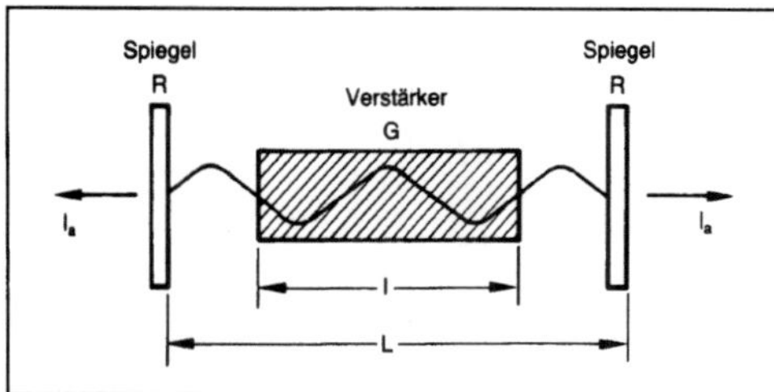

Laser 1: Laseroszillator durch Rückkopplung des Strahlungsfeldes in einem Resonator.

Die Verstärkung G für einen Durchgang durch das aktive Material muß größer sein als Reflexionsverluste R und die sonstigen Verluste V (z. B. durch Auskoppelung), es gilt die Selbsterregungsformel

$$G \cdot R \cdot V > 1$$

Wegen der Kleinheit der Lichtwellenlänge im Vergleich zu den Resonatordimensionen können dabei viele axiale Eigenschwingungen (→Moden) des Resonators angeregt werden (Beispiel: Resonatorlänge L = 10 cm, dann ist der Frequenzabstand zweier stehender Wellen im Resonator $v = \frac{c}{2L} = 1{,}5 \cdot 10^9$Hz, das Emissionsmaximum der Rubinfluoreszenz liegt bei $4{,}32 \cdot 10^{16}$Hz, also wird der Resonator etwa in der 10^6-ten Oberwelle angeregt. Die Halbwertsbreite der Rubinfluoreszenz ist ca. $3 \cdot 10^{10}$Hz und damit können 20 verschiedene stehende Wellen im Resonator angeregt werden). Neben den axialen Eigenschwingungen des Resonators, die allein nur im Fall unendlich großer Spiegeldurchmesser auftreten würden, gibt es wegen der endlichen Spiegelgröße noch transversale Moden, die sich durch ihre Intensitätsverteilung über der Spiegeloberfläche unterscheiden; nur die transversale Grundmode (TEM_{00}) hat eine kreisförmige Intensitätsverteilung bezüglich der Resonatorachse. Durch geeignete Maßnahmen, wie z. B. Verwendung gekrümmter Resonatorspiegel bezüglich der transversalen Moden und Hinzufügen eines zweiten Resonators hoher Güte (z. B. →Fabry-Perot-Etalon) bezüglich der axialen Moden, läßt sich die Schwingung des Laseroszillators in nur einer Mode erreichen. Der Öffnungswinkel des aus dem Resonator austretenden Laserlichtes ist durch die Beugung an der Spiegelbegrenzung gegeben. Bei nachfolgender →Fokussierung mit Hilfe einer Linse kann die gesamte Laserleistung im Grenzfall (TEM_{00}) auf einen Fleck vom Durchmesser der Lichtwellenlänge abgebildet werden. Es können so Leistungsdichten von 10^{15} Watt/cm² (Vergleich: fokussiertes Sonnenlicht $\approx 5 \cdot 10^2$ Watt/cm²) erreicht werden.

Erzeugung kurzer Lichtimpulse durch L.: Die einfachste Methode um mit dem L. kurze Lichtimpulse herzustellen, ist die Modulation der Anregungsleistung für das aktive Medium (Tabelle 2).

Laser. Tabelle 2: Überblick über Leistung und Pulsdauer von mit L. erzeugten Lichtimpulsen.

Verfahren	Spitzenleistung P_{max}[Watt]	Pulsdauer Δt[sec]
kontinuierliche Laser	10^3	∞
gepulster Laser	10^3–10^5	10^{-5}–10^{-7}
Q-switch	10^6–10^8	10^{-7}–10^{-8}
Modenkopplung	10^7–10^{10}	10^{-9}–10^{-12}

Kürzere Zeiten und höhere Leistungen lassen sich mit der Methode der Q-Schaltung (Gütemodulation, Q-switch) erreichen (Bild 2).

Dabei wird in den Resonator ein Güte-Schalter (elektrooptischer Kristall, mechanischer Drehspiegel, selbstbleichender Absorber) eingebracht mit dem die Güte des Resonators zeitlich gesteuert

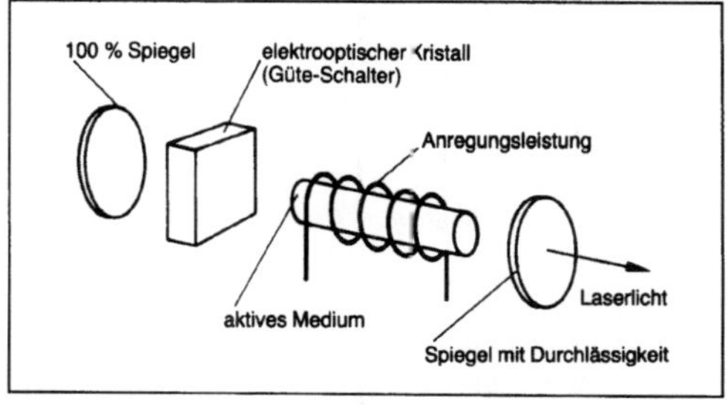

Laser 2: Laseroszillator mit Q-Schaltung (Gütemodulation)

werden kann. Bei undurchlässigem Schalter wird durch die Anregungsleistung ein Besetzungsunterschied erreicht, der weit über dem Wert für Selbsterregung im Resonator bei offenem Schalter liegt. Dann wird der Güte-Schalter geöffnet, innerhalb kürzester Zeit wird die gespeicherte Anregungsenergie durch induzierte Emission in Strahlungsenergie umgewandelt, wobei zum Schluß der Besetzungsunterschied im Medium unter den Wert sinkt, der für die Selbsterregung notwendig ist.

In dem Bereich der Picosekunden (10^{-12} s) für die Dauer der Lichtimpulse stößt man durch die Koppelung von Schwingungsmoden (→mode-Locking) im Resonator vor. Werden n Moden eines Resonators mit gleicher Phase überlagert, so entsteht ein Lichtimpuls der Dauer

$$t = \frac{T}{n}, \text{ wobei } T = \frac{2L}{c}$$

(c = Lichtgeschwindigkeit, L = Resonatorlänge)

die doppelte Laufzeit des Lichtes durch den Resonator ist. Experimentell besteht die Schwierigkeit, die einzelnen Moden mit gleicher Phase anzuregen, dies wird u. a. durch einen periodisch arbeitenden Güte-Schalter im Resonator möglich, der z. B. durch eine stehende Ultraschallwelle in einem Quarzblock realisiert werden kann.

Beispiele für Laseroszillatoren, Laserarten:

□ Optische gepumpte →Festkörperlaser: Zwischen zwei Energieniveaus E_1 und E_2 läßt sich durch Absorption von Licht der Frequenz $v_{12} = \frac{E_2 - E_1}{t}$ höchstens Gleichbesetzung erreichen. Die für Laserbetrieb erforderliche Inversion erreicht man durch optische Absorption z. B. in einem Dreiniveausystem wie es für die Chromionen im Saphir (= Rubin) der Fall ist (Bild 3).

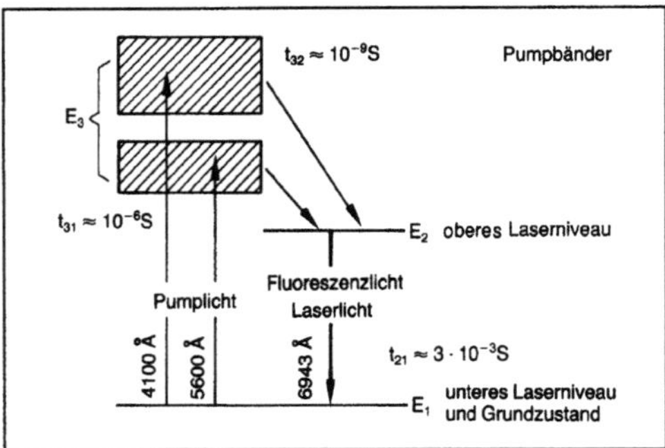

Laser 3: Vereinfachtes Schema eines Dreiniveau-L. (Chromionen im Saphir = Rubin)

Wird ein Rubinkristall mit blauem und/oder grünem Licht bestrahlt, so wird das Licht von den Chromionen absorbiert, sie gehen dabei vom Grundzustand E_1 in die beiden angeregten stark verbreiterten Energiezustände E_3 über. Von dort können die Chromionen in den Grundzustand zurückkehren (Übergangszeit = $3 \cdot 10^{-6}$ sec) oder in den Energiezustand E_2 (Übergangszeit = 10^{-9} sec); d. h. von 1 000 angeregten Chromionen kehren drei in den Grundzustand zurück, die anderen unter Abgabe von Wärmeschwingungen in den Zustand E_2. Im Zustand E_2 haben die Chromionen eine lange Lebensdauer ($3 \cdot 10^{-3}$sec), d. h. die Chromionen werden schneller nach E_2 befördert als sie in den Grundzustand zurückkehren, bei hinreichend intensivem Pumplicht kann daher Inversion erreicht werden (Zahl der Chromionen im Zustand $E_2 >$ Zahl der Chromionen im Zustand E_1) und es liegt ein aktives Medium vor (Bild 4).

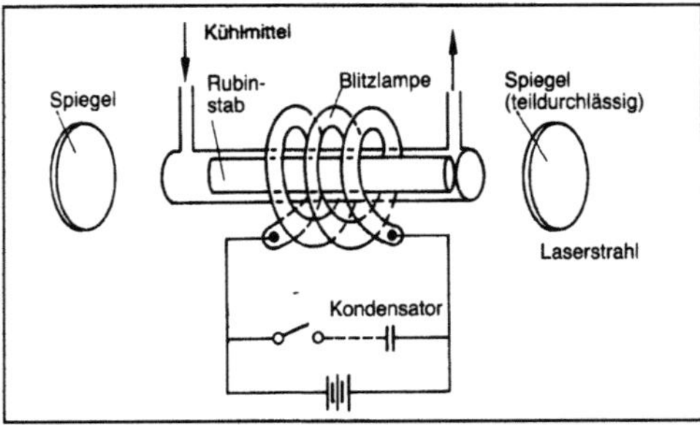

Laser 4: Anordnung eines optisch gepumpten Festkörperlasers (Rubin-L.).

Mit geringerer Pumpleistung kann ein Vierniveausystem betrieben werden, bei dem die induzierte Emission nicht zwischen Grundzustand und oberem Niveau, sondern zwischen oberem Niveau E_2 und einem dicht über dem Grundzustand liegendem Niveau E_1 erfolgt; ein Beispiel dafür ist der Neodym-Glas-Laser.

□ →Gaslaser: Die Anregung erfolgt beim Gaslaser durch Elektronenstoß in einer Gasentladung.

Dabei kann es vorteilhaft sein, eine Mischung verschiedener Gase zu verwenden, da in dem nicht laserwirksamen Gas Anregungsenergie gespeichert wird und durch Stöße 2. Art auf das wirksame Gas übertragen werden kann (→He-Ne-Laser). Neben dem He-Ne-L. (Emissionswellenlängen: 0,6328 μm; 1,15 μm; 3,39 μm) sind die Edelgaslaser mit Argon (Emissionswellenlängen: 514,5 nm, 488 nm, 476 nm) und Krypton (Emissionswellenlängen: 752 nm, 647 nm, 530 nm, 413 nm), →CO_2-Laser (Emissionswellenlänge: 10,6 μ) wegen der hohen Gesamtausgangsleistung (bis einige 10^4 Watt), von Bedeutung.

□ →Farbstofflaser: Als aktives Medium werden hier Farbstoffmoleküle mit sehr großem Molekulargewicht (z. B. Rhodamin, Na-fluorescin u. a.) verwendet, die in Wasser, Alkohol oder anderen Lösungsmittel gelöst werden. Die Anregung erfolgt mit Hilfe einer Blitzlampe oder kontinuierlich arbeitenden anderem L. (z. B. Argon-L.). Wegen der zahlreichen Schwingungszustände des Moleküls ist die Emission eine breite Bande, deswegen kann der

Farbstofflaser über einen größeren Wellenlängenbereich (≈ 10^2 Å) abgestimmt werden, das geschieht z. B. durch Ersetzen des einen Resonatorspiegels durch ein Beugungsgitter. Der Resonator wird dann durch Änderung der Gitterstellung auf die verschiedenen Wellenlängen abgestimmt.

□ →Halbleiterlaser: Die Möglichkeit, in einem Halbleiterkristall durch →Dotierung mit Fremdatomen verschiedene Leitfähigkeitstypen (Elektronen- und →Löcherleitung) zu erzeugen, schafft eine neue bequeme Möglichkeit zur Anregung und Erzeugung eines aktiven Mediums. Wird ein →pn-Übergang in Flußrichtung belastet, so werden Elektronen und Löcher durch die angelegte Spannung aufeinander zugetrieben und können unter Aussendung eines Lichtquants strahlend rekombinieren.

Um Laserbetrieb (Inversion) zu erreichen, muß mindestens bei der einen Seite des pn-Übergangs so starke Dotierung vorliegen, daß das zugehörige Ferminiveau in einem Band liegt.

Anwendungen: L. haben sich in der Technik bei zahlreichen Anwendungen durchgesetzt:

- in der →Optoelektronik als schnell modulierbare Lichtquelle für die Nachrichtenübertragung
- im Vermessungswesen als Justierhilfe und bei der Entfernungsmessung
- bei der Materialbearbeitung (Bohren, Trennen, Abtragen).

In der Meßtechnik werden L. aller Wellenlängen als intensive, monochromatische Lichtquellen z. B. in Verbindung mit den verschiedenen Spektrometern benutzt. L. ermöglichen erst zahlreiche Kurzzeituntersuchungen und die Aufnahme holographischer Bilder. Die Möglichkeiten der Nutzung von Hochleistungslasern bei der Kernfusion über den Trägheitseinschluß werden intensiv untersucht. *Helbig*

Literatur: *Bergman-Schaefer:* Lehrbuch der Experimentalphysik Bd. 3, Berlin 1978. – *Haaken, H.:* Handbuch d. Physik Bd. XXV/2c, Berlin 1970. – *Lengyel, B. A.:* Introduction to Laser Physics, New York 1966. – *Mollwo, E.* und *W. Kaule:* Maser und Laser, Hochschultaschenbücher 71/79a, Mannheim 1966. – *Röss, D.:* Laser, Lichtverstärker und -Oszillatoren, Frankfurt/M. 1966. – *Yariv, A.:* Quantum Electronics, New York 1975.

Laser, chemischer. Laser mit einer Emission im IR-Bereich, bei denen die Anregung durch eine chemische Reaktion erfolgt.

Der Wasserstoff-Fluorid-Laser ist die gebräuchlichste Ausführungsform einer Gruppe von Lasern (Tabelle), die durch Übergänge zwischen den Schwingungs- und Rotationszuständen der zweiatomigen Moleküle ähnlich dem CO_2-Laser strahlen (Bild). Die Anregung der Schwingungs- und Rotationszustände erfolgt durch die bei den chemischen Reaktionen

$$H + F_2 \rightarrow F + HF^* + E_1$$
$$F + H_2 \rightarrow H + HF^* + E_2$$

frei werdenden Energien E_1 und E_2. Die chemischen Reaktionen werden durch die Dissoziation von Fluor- und Wasserstoffverbindungen (SF_6, H_2, C_2H_6) in einer Gasentladung eingeleitet. Die Entladungstechnik ist ähnlich der beim →CO_2-Laser, insbesondere die TEA-Anordnung. Einige Modelle haben zwei getrennte Entladungskammern für die Dissoziation und den Laserresonator. Die verbrauchten Gase müssen aus dem Entladungsraum abgepumpt werden, können aber nach Abtrennung der HF-Verbindungen wieder verwendet werden. Der Fülldruck typischer HF-Laser liegt zwischen 2 10^3–6 10^4 Pa bei einem Verhältnis der Fluor- und Wasserstoffverbindungen von 10:1. Eine kontinuierliche Emission von bis zu 150 W und Pulsenergien von einigen J bei Pulslängen von 50–200 ns sind möglich. Weitere laseraktive Stoffe sind HCl (3,5–4,2 μm), DF (3,5–4,0 μm), HBr (4,0–4,7 μm), CO (4,9–5,8 μm) und CO_2 (10–11 μm). Die stark korrodierenden Gase (HF) beschränken die Lebensdauer der Geräte und damit die Anwendung auf den reinen Laborbetrieb in der Chemie, der Spektroskopie und der Materialanalyse. Großes Interesse besteht allerdings für militärische Anwendungen vor allem im Weltraum. *Rosenzweig*

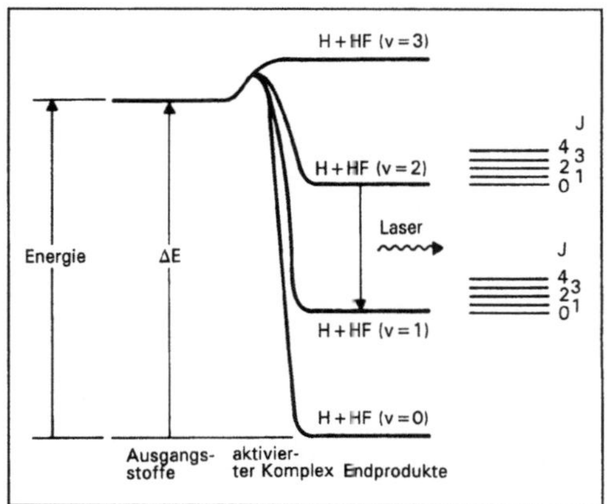

Laser, chemischer: Energieniveaus und Übergänge des HF-Lasers.

Literatur: *Eichler, J. und H.-J. Eichler:* Laser. Berlin–Heidelberg, 1990.

Laserausheilen →Kurzzeitausheilen

Lasereffekt. Der Laser läßt sich theoretisch im Rahmen der →Quantenelektronik beschreiben. Ausgang bildet die Gleichung für die Änderung der elektromagnetischen Leistung P einer Welle beim Durchlaufen eines Volumens V der Brechzahl n durch induzierte Übergänge zwischen zwei elektronischen Zuständen mit den Energien E_1 und E_2, den Entartungsgraden g_1 und g_2 und den Besetzungszahlen N_1 und N_2. Eine optische Verstärkung erfolgt nur, wenn die sog. Besetzungsinversion vorliegt, d. h. der energetisch höhere Zustand stärker besetzt ist als der tiefere, also

$$N_1g_2 < g_1N_2,$$

anderenfalls dominiert der Konkurrenzprozeß der Schwächung (Absorption). Das Verhältnis der Besetzungszahlen wird durch die Boltzmann-Statistik beschrieben

$$\frac{N_1g_2}{N_2g_1} = e^{\frac{E_2-E_1}{kT}}$$

(k Boltzmann-Konstante, T absolute Temperatur).

Theoretisch ließe sich die Besetzungsinversion in einem Zwei-Niveau-System (Bild a) durch eine fiktive negative Temperatur erreichen. In der technischen Anwendung werden Materialien genommen, in denen aufgrund der unterschiedlichen Lebensdauern der Elektronen in einem Mehrniveau-System durch →Pumpen eine Besetzungsinversion möglich wird. Im einfachsten Fall reicht ein Drei-Niveau-System (Bild b), in dem durch optisches Pumpen Elektronen aus dem Grundzustand E_1 in das Hilfsniveau E_3 gehoben werden und von dort sehr schnell in den angeregten Zustand E_2 des Laserüberganges relaxieren. Ist die Lebensdauer für spontane Übergänge (→Quantenelektronik) $\tau_{sp}(2,1) \gg \tau_{sp}(3,2)$, so wird sich durch Ladungsträgerakkumulation eine Besetzungsinversion einstellen, allerdings gegenüber dem Grundzustand E_1 des Systems. Sie bricht durch die induzierten Übergänge aus dem angeregten Laserzustand in den Grundzustand wieder zusammen (Pulslaser). Sehr viel günstiger ist daher ein Vier-Niveau-System (Bild c), bei dem der Lasergrundzustand vom Gesamtgrundzustand getrennt ist. Relaxieren die Elektronen aus dem Hilfszustand E_4 sehr schnell in den angeregten Laserzustand E_3 ($\tau_{sp}(4,3) \ll \tau_{sp}(3,2)$) und entleert sich seinerseits der Lasergrundzustand E_2 sehr schnell in den Pumpgrundzustand E_1, also $\tau_{sp}(3,2) \gg \tau_{sp}(2,1)$, so ist die Besetzungsinversion mit relativ geringer Pumpleistung kontinuierlich aufrecht zu erhalten.

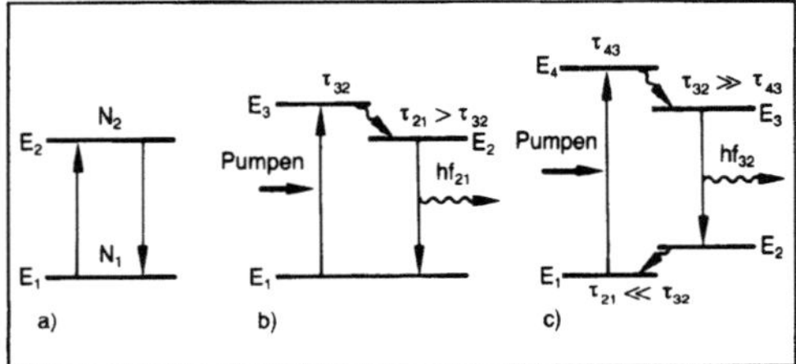

Lasereffekt: Anregungs- und Rekombinationsprozesse in einem
a) Zwei-Niveau-System
b) Drei-Niveau-System
c) Vier-Niveau-System.

Die Signalverstärkung α für die Frequenz f in einem System mit sich rasch entleerenden Lasergrundzustand berechnet sich zu

$$\alpha(f, f_{32}) = \frac{1}{8\pi\tau_{sp}}\left(\frac{c_o}{f_{32}n}\right)^2\left(\frac{N_3^0}{V} - \frac{N_2^0}{V}\frac{g_3}{g_2}\right)\frac{2}{\pi\,\Delta f}\cdot$$

$$\frac{1}{1 + \left(\frac{2(f-f_{32})}{\Delta f}\right)^2 + X}$$

C_o ist die Vakuum-Lichtgeschwindigkeit, N_i^o sind die mittleren Besetzungszahlen vor Einschalten des elektromagnetischen Feldes, Δf und f_{32} sind die Linienbreite und die Frequenz des elektronischen Überganges ($hf_{32} = E_3 - E_2$, h Plancksches Wirkungsquantum), X ist ein Korrekturfaktor, der die Sättigung berücksichtigt. Für kleine Signale gilt $X = 0$; mit wachsender Flußdichte S(f) wird X

$$X = \frac{S(f)\,c_o^2 \cdot \tau}{2\pi^2\,h\,f^3 n^2\,\Delta f\,\tau_{sp}}$$

$$\tau = \frac{\gamma_{31} + \gamma_{21}}{2\gamma_{21}\,(\gamma_{32} + \gamma_{31})}$$

wobei τ eine Abkürzung für das Verhältnis aller Übergangsraten (s. u.) ist.

Ein Laseroszillator besteht aus dem verstärkenden Medium und einer optischen →Rückkopplung in Form eines optischen →Resonators, der durch seine Länge L und die Verluste δ pro Umlauf bzw. die Photonenlebensdauer τ_{ph} charakterisiert ist. Der Laseroszillator schwingt an, d. h. emittiert Licht, wenn die Verluste pro Umlauf durch die Verstärkung kompensiert werden, also $2\alpha(f) \cdot L > \delta$. Daraus resultiert mit $\delta = 2Ln/c_0\tau_{ph}$ die Anschwingbedingung

$$\frac{hf}{V}\left(N_3^0 - N_2^0\frac{g_3}{g_2}\right) B_{32}\,\tau_{ph} > 1$$

Inhaltlich bedeutet die Gleichung, daß die Zahl der während der Lebensdauer eines Photons induzierten Photonen größer als 1 sein muß.

Die Schwingungsfrequenzen des Lasers ergeben sich aus dem Energieabstand der elektronischen Zustände f_{32} und den Eigenfrequenzen des optischen Resonators, wobei aber der Brechungsindex des „heißen" Resonators berücksichtigt werden muß. Der Abstand zweier axialer Moden ist

$$\Delta f_{ax} = \frac{c_o}{2\,nL\left(1 + \frac{\partial n}{\partial f}\frac{f}{n}\right)} = \frac{v_{gr}}{2L}$$

d. h. er ist um so kleiner, je länger der Resonator ist. In typischen Resonatoren von 10–100 cm ist der Linienabstand so gering, daß innerhalb der natürlichen Linienbreite des elektronischen Überganges f_{32} i. a. mehrere axiale Moden anschwingen.

Die spektrale Breite einer axialen Mode df des „kalten“ Resonators ist direkt mit der Güte bzw. den Verlusten verknüpft. Im aktiven Laserresonator wandeln sich die Verluste in Gewinn um, so daß dieser Zusammenhang nicht mehr anwendbar ist. Statt dessen gilt:

$$df = 2\pi hf \left(\frac{c_o \delta}{4\pi nL}\right) \cdot \frac{1}{1 - \dfrac{N_2\, g_3}{N_3\, g_2}} \cdot \frac{1}{P}$$

Die maximale →Ausgangsleistung des Lasers wird erreicht, wenn die Auskoppelverluste δ_T im Verhältnis zu den Absorptions- und Beugungsverlusten (δ_A, δ_B) folgender Bilanz genügen

$$\delta_{Topt} = \sqrt{2\, L\alpha\, (f,f_{32})\, (\delta_A + \delta_B)} - (\delta_A + \delta_B)$$

sie beträgt dann

$$P_{max} = \frac{F}{2} \frac{4\pi hf^3\, n^2\, \tau_{sp}}{c_o^2\, \tau} \delta_{Topt}$$

F Querschnittsfläche des Laserlichtbündels.

Die bisherigen Betrachtungen beziehen sich auf den stationären Betrieb des Laseroszillators. Für die Beschreibung dynamischer Prozesse dienen die Bilanzgleichungen, die die Änderungen aller Teilchenzahlen N(t) durch die Übergangsraten γ und Lebensdauern τ_i sowie die Pumprate γ_p berücksichtigen

$$\frac{dN_3\,(t)}{dt} = N\gamma_p - (\gamma_{32} + \gamma_{31})\, N_3\,(t) - \frac{N_{ph}\,(t)}{\tau_{ph}} \frac{N_i\,(t)}{N_{isch}}$$

$$\frac{dN_2\,(t)}{dt} = \gamma_{32}\, N_3\,(t) - \gamma_{21}\, N_2\,(t) + \frac{N_{ph}\,(t)}{\tau_{ph}} \frac{N_i\,(t)}{N_{isch}}$$

$$\frac{dN_{ph}\,(t)}{dt} = -\frac{N_{ph}\,(t)}{\tau_{ph}} + \frac{N_{ph}\,(t)}{\tau_{ph}} \cdot \frac{N_i\,(t)}{N_{isch}} + \frac{N_3\,(t)}{\tau_{sp}} \frac{1}{N_M}$$

Dabei sind $N_i(t)$ bzw. N_{isch} die invertierte Elektronenzahl zur Zeit t bzw. an der Schwelle und N_M die Anzahl der Moden des Strahlungsfeldes N_M als Abkürzungen verwendet worden:

$$N_i\,(t) = N_3\,(t) - N_2\,(t)\, \frac{g_3}{g_2}$$

$$N_{isch} = \frac{V}{hf\, B_{32}\, \tau_{ph}}$$

$$N_M = \frac{8\pi f^2\, n^3\, V}{c_o^3}$$

Die Bilanzgleichungen sind die Basis für die Berechnungen von →Güteschaltungen, →Relaxationsschwingungen und →mode-locking. *Rosenzweig*

Literatur: *Grau, G. K.:* Quantenelektronik. Braunschweig 1978.

Laser-Interferometer →Längen- und Winkelmessung mit diskontinuierlichen Verfahren

Laserkreisel. Meßgerät zur Bestimmung absoluter Drehungen. Es beruht auf dem sogen. *Sagnac*-Effekt in einem Ringlaser und findet seiner hohen Genauigkeit und Zuverlässigkeit wegen Anwendung in der Flugnavigation. Der L. löst daher bei kritschen Anwendungen den konventionellen mechanischen Kreisel als Rotationssensor ab.

Der optische Strahlengang im L. wird typisch durch drei Spiegel vorgegeben (Bild), die einen dreieckigen, in sich geschlossenen Lichtweg definieren (Laserresonator). Entlang dieses Weges wird durch Gasentladungen in einem Helium-Neon Gasgemisch die Oszillation zweier Laser aufrechterhalten. Die Lichtströme dieser Laser laufen in entgegengesetzten Richtungen auf dem geschlossenen Lichtweg um. Da die Umfangslängen der Lichtwege beider Lichtströme genau gleich lang sind, schwingen die Laser zunächst auf der gleichen optischen Frequenz.

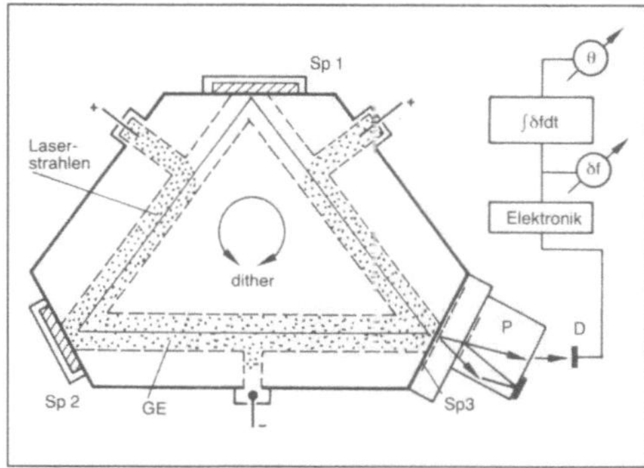

Sp Laserspiegel, davon Sp3 teildurchlässig zur Lichtauskopplung, GE Gasentladung, Prismenoptik zur Überlagerung der Laserstrahlen, D Detektor

Laserkreisel: Dreiecks-Laserresonator mit entgegengesetzt umlaufenden Laseroszillationen.

Diese Situation ändert sich jedoch, wenn der durch die Spiegel definierte Lichtweg eine Drehung um eine zur Dreiecksfläche senkrechte Achse ausführt. Infolge des relativistisch bedingten Sagnac-Effektes entsteht dann zwischen den Laseroszillationen eine Frequenzdifferenz der Größe $\delta f = (4A/\lambda\, U) \cdot \Omega$. In dieser Formel bedeutet A die vom Lichtweg umschlossene Fläche, U deren Umfang, λ die Wellenlänge des Lichtes und Ω die Drehrate (Winkelgeschwindigkeit der Drehung). Die Frequenzdifferenz δf wird gemessen, indem die Lichtströme der beiden Laseroszillationen an einer Ecke aus dem Laserresonator ausgekoppelt und mittels eines teildurchlässigen Spiegels überlagert und zur Interferenz gebracht werden. Die Signale der Detektoren D1, D2 enthalten direkt die Frequenz δf. Sie wird von einer Elektronik im Hinblick auf die gesuchte Drehrate Ω ausgewertet. Durch zeitliche Integration (Zählung der Perioden von δf) wird auch der insgesamt durchlaufene Drehwinkel $\Theta = \int \Omega \cdot dt$ bestimmt.

Zur vollständigen Kursbestimmung eines Flugzeuges müssen fortlaufend die Komponenten der Drehung um drei zueinander orthogonale Achsen gemessen werden. Dafür sind drei L. der beschriebenen Art erforderlich.

Eine besondere Schwierigkeit beim L. ist der sog. *lock-in*-Effekt. Darunter versteht man die unerwünschte gegenseitige Synchronisation der beiden Laseroszillationen, die zum vollständigen Verschwinden des Ausgangssignales bei kleinen Drehraten führt. Diese Störung wird durch eine ständige oszillierende Rotationsbewegung (sog. „dither") des gesamten L. vermieden.

Von der Funktionsweise verwandt mit dem L. ist das faseroptische →Gyroskop. *Ulrich*

Lasermodul. →Halbleiterlaser mit Peltierkühler, →Temperatursensor, →Monitordiode und Faseranschluß in einem gemeinsamen, hermetisch abgeschlossenen Gehäuse (Bild).

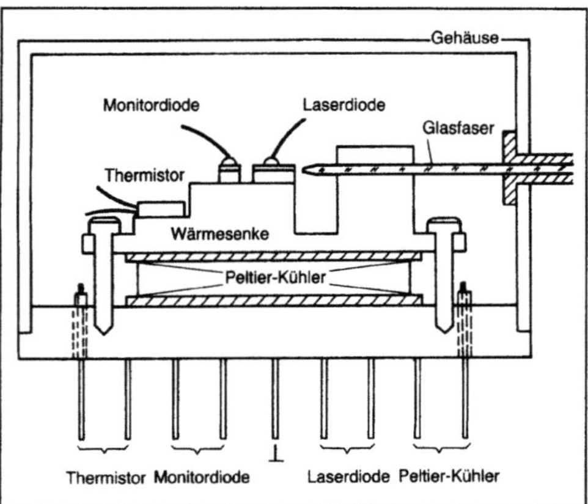

Lasermodul: Schematische Darstellung.

Die Wärmesenke des Halbleiterlasers sitzt unmittelbar auf einem →Peltier-Element und ist außerdem im Kontakt mit einem Temperaturfühler (z. B. →Thermistor). Über einen externen Regelkreis kann somit die Betriebstemperatur des Lasers konstant gehalten werden.

In einer optischen Achse mit dem aktiven Streifen des Lasers befindet sich gegenüber der hinteren Austrittsfacette eine →Photodiode (Monitordiode), mit der ebenfalls über einen externen Regelkreis durch den Betriebsstrom die optische Leistung gesteuert werden kann. Gegenüber der Frontfacette ist i. a. eine Lichtleitfaser angeordnet und mechanisch fixiert *(Pigtail)*, so daß das Licht direkt in die Faser gekoppelt wird. Seltener ist die Ausführung mit einer Abbildungsoptik (z. B. *Selfoc*-Linse), so daß vom Anwender eine Faser in eine vorgesehene Führung gesteckt werden kann. *Rosenzweig*

Laseroszillator →Lasereffekt

Laserstrahlmeßtechnik. Verfahren analog zur →Elektronenstrahlmeßtechnik, um elektrische Vorgänge im mikroskopischen Bereich (Waferstrukturen) analysieren zu können. Ein Laserstrahl wird auf die zu untersuchenden Schaltelemente gerichtet. Durch den entstehenden →Pockelseffekt können die elektrooptischen Reaktionen zum Teil direkt (bei →GaAs) oder unter Zuhilfenahme optischer Anpassungen mit bildgebenden Verfahren umgesetzt werden. Der Vorteil gegenüber der Elektronenstrahlmeßtechnik ist die höhere Arbeitsgeschwindigkeit (Laserpulse im Subnanosekundenbereich), die größere Effektivität bezüglich der zu übertragenden Anregungsenergie, die bessere Fokusierung und die Tatsache, daß kein Vakuum notwendig ist.

Neuere Entwicklungen zielen auf eine Anwendung des Verfahrens beim Baugruppentest zur Lokalisierung von Fehlern. Der Laserstrahl und die verwendete Meßtechnik treten hier anstelle der →Prüfspitze.

Im Falle der IC-Prototypenprüfung können unter bestimmten Voraussetzungen auch Signale eingespeist und auch Reparaturen durchgeführt werden. *K. Winter*

Lasertrimmen →Trimmtechnik

Laser-Triode →Tunable Twin Guide Laser

Laser-Vision-Bildplatte. Andere Bezeichnungen: Video Langspielplatte (VLP) oder Bildplatte. Unter der Bezeichnung Laser-Vision wird eine optische Speicherplatte (Optical Disc) vertrieben, auf der Bild- und Toninformationen für die Wiedergabe über reine Abspielgeräte nach einem analogen Verfahren gespeichert sind.

Die Medien dienen in Verbindung mit Abspielgeräten zu relativ niedrigem Preis ähnlichen Zwecken wie die mit Magnetbandkassetten arbeitenden Videorecorder, mit der Einschränkung, daß der Benutzer nicht aufzeichnen kann. Die Aufnahmekapazität ist bei reinem Abspielen *(Longplay)* höher als beim *Aktivplay* für eher professionellen Einsatz. Aktivplay bietet Standbild, Zeitlupe, Vor- und Rücklauf ohne Synchronisationsprobleme. Teurere Bildplattenspieler mit präziserem Antrieb und EDV-Schnittstellen erlauben schnellen Zugriff auf bestimmte Filmabschnitte oder Bilder.

Anwendung: Außer Unterhaltung auch Schulung, Bildung, Training.

Die Aufzeichnung zur gleichzeitigen Darstellung von Bild und Ton basiert nicht auf der binären Verschlüsselung, bei der gleichförmige winzige Flächen (Pits) logisch 0 oder 1 darstellen – wie z. B. auch bei der digitalen Schallplatte (→Compact Disc). Man arbeitet vielmehr mit einer Art von Pulscodemodulation (*engl.* pulse code modulation, PCM). Auf der Platte befinden sich innerhalb der eingeprägten spiralförmigen Spur Pits (Bild) als winzige Vertiefungen, die alle etwa 0.4 μm breit und 0.1 μm tief sind, deren Abstand und Länge dagegen je nach Informationsinhalt unterschiedlich sind. Daraus leitet das Wiedergabegerät durch Abtasten der Spur mit einem Laserstrahl (→Einbrennverfahren) je ein analoges, frequenzmoduliertes Signal für die Bild- und die Tonwiedergabe ab.

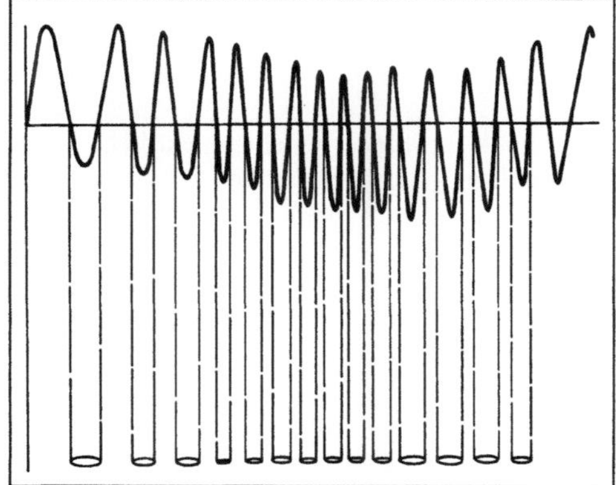

Laser-Vision-Bildplatte: Pits unterschiedlicher Länge auf einer Bildplatte zur Darstellung analoger Signale.

L.-V.-B. werden nach einem Preßverfahren vervielfältigt. Dabei werden die winzigen Vertiefungen (Pits) mit Hilfe einer Matrize in Acrylglasscheiben geprägt. Die informationstragende Fläche wird mit Aluminium bedampft, um die Reflexion zu verbessern. Man versieht die etwa 1.2 mm starken Platten mit einer Schutzschicht und klebt jeweils zwei Platten mit den Rückseiten zu einer Einheit zusammen, deren Vorder- und Rückseite abspielbar sind. *Voss*

Laser-Wellenleiter-Kopplung. Diese wird erforderlich, wenn ein →Halbleiterlaser mit anderen opto-elektronischen Komponenten auf einem gemeinsamen Chip zusammengefaßt werden soll. Sie stellt das zentrale Problem der →Halbleiterlaser-Integration dar.

Für die Integration eignen sich nur Halbleiterlaser mit interner Rückkopplung durch ein Bragg-Gitter (DFB- und DBR-Laser, →DSM-Laser), da die Laserendflächen als Fabry-Perot-Spiegel verloren gehen. Der →Wellenleiter muß transversal einmodig sein und in der Materialzusammensetzung einen höheren Bandabstand λ_g als das Lasermaterial haben, um geringe Verluste für die emittierte Strahlung zu gewährleisten. Angestrebt werden ein hoher Kopplungskoeffizient ($k \rightarrow 1$) und eine geringe Reflexion ϱ an der Nahtstelle, d. h. ein großes Überlappungsintegral der Grundmoden im Laser und im Wellenleiter sowie gleiche effektive Brechungsindizes. Beides läßt sich durch eine geeignete Geometrie des Wellenleiters erreichen und kann durch entsprechende Rechnungen, z. B. Mode-Matching-Methode, simuliert werden.

Es lassen sich drei Kopplungsarten unterscheiden:

□ Die stumpfe Stoßkopplung (*engl.* bundle jointed built-in-(BJB-)coupling genannt), bei der Laser und Wellenleiter aufeinander stoßen (Bild 1a).

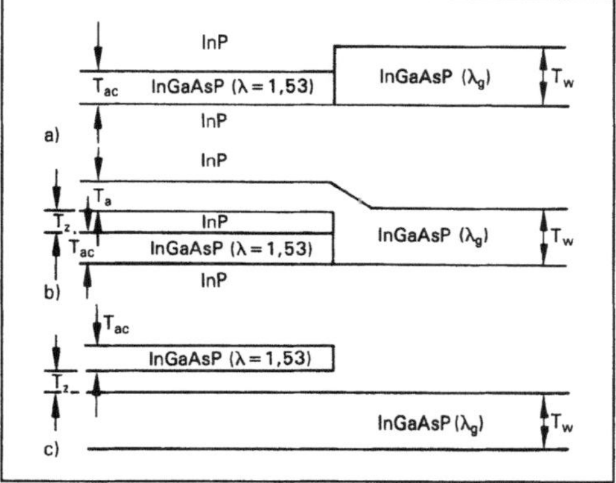

Laser-Wellenleiter-Kopplung 1: Verschiedene Arten der L.-W.-K.
a) BJB-Kopplung
b) BIG-Kopplung
c) ITG-Kopplung.

□ Die übergreifende Stoßkopplung (*engl.* bundle integrated-guide-(BIG-)coupling), bei der der Wellenleiter mit über den Laser gezogen ist (Bild 1b).

□ Die Parallel-Kopplung (*engl.* integrated twin guide-(ITG-)coupling), bei der der Wellenleiter unter dem Laser durchgezogen ist (Bild 1c).

Die größten Kopplungskoeffizienten und geringsten Rückreflexionen lassen sich mit der BJB-Kopplung erreichen; sie stellt aber die höchsten Anforderungen an die Technologie, eine räumlich selektive Epitaxie. Dieses Problem wird in der BIG-Kopplung umgangen. Allerdings lassen sich hier optimale Kopplungsdaten nur erzielen, wenn der Wellenleiter über der aktiven Schicht nur die halbe Dicke wie außerhalb hat, was sich mit LPE, nicht aber mit MOVPE erreichen läßt.

Die ITG-Kopplung hat zwar den geringsten Kopplungskoeffizienten, kann aber technologisch relativ einfach mit großer Zuverlässigkeit hergestellt werden. Bild 2 zeigt berechnete transversale Kopplungs-

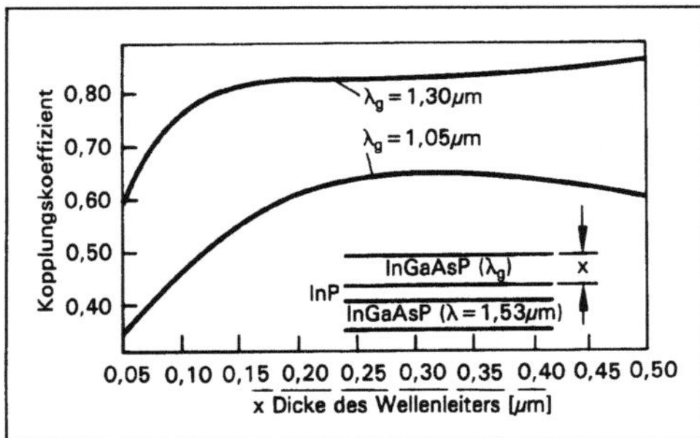

Laser-Wellenleiter-Kopplung 2: Kopplungskoeffizient einer ITG-Kopplung als Funktion der Dicke des Wellenleiters.

koeffizienten als Funktion der Dicke des Wellenleiters für zwei Wellenleiterzusammensetzungen λ_g und einer Laseremissionswellenlänge von $\lambda_{em}=1{,}53$ µm. Oberhalb von d = 0,15 µm ist für $\lambda_g=1{,}3$ µm k > 85% und nahezu unabhängig von der Dicke, die jedoch durch die Forderung der transversalen Einmodigkeit begrenzt ist. Für $\lambda_g=1{,}05$ µm werden deutlich kleinere Kopplungskoeffizienten erreicht.

Einen weiteren Optimierungsparameter bildet die laterale Ausdehnung des Wellenleiters. Ein vergrabener Streifenwellenleiter erreicht k = 89% bei einer Rückreflexion von $\rho=1{,}7\cdot10^{-4}$. Die Welle ist stark geführt, so daß wichtige Elemente der Integration (z. B. Koppler) kleine, schwer reproduzierbare Dimensionen bekommen. Es bieten sich daher vergrabene Rippenwellenleiter an. Der Kopplungskoeffizient wird kaum kleiner (k = 88%), die Rückreflexion sogar um zwei Größenordnungen kleiner (10^{-6}), und die Feldverteilung weitet sich lateral auf, so daß passive Bauelemente größer dimensioniert werden können.

Die vorgestellte Struktur stellt für die Integration eines DFB-Lasers auf einem Chip für die Wellenlänge 1,55 µm eine optimale Lösung dar. Sollen ein durchstimmbarer DBR-Laser (z. B. →Lokaloszillator in einem →Überlagerungsempfänger) verwendet und/oder die Übertragungswellenlänge 1,3 µm parallel verarbeitet werden, so kann der bisher angekoppelte Wellenleiter nicht genutzt werden. Der Wellenleiter eines durchstimmbaren DBR-Lasers ist hoch dotiert und dämpft selbst die 1,55 µm-Strahlung relativ stark, zusätzlich bestehen elektrische Isolationsprobleme gegenüber den anderen Komponenten. Die 1,3 µm-Strahlung wird von dem Wellenleiter der Bandkante $\lambda_g=1{,}3$ µm völlig absorbiert.

Eine Lösung ergibt sich durch eine zweistufige Kopplung (Bild 3). Der hoch dotierte, gitterbehaf-

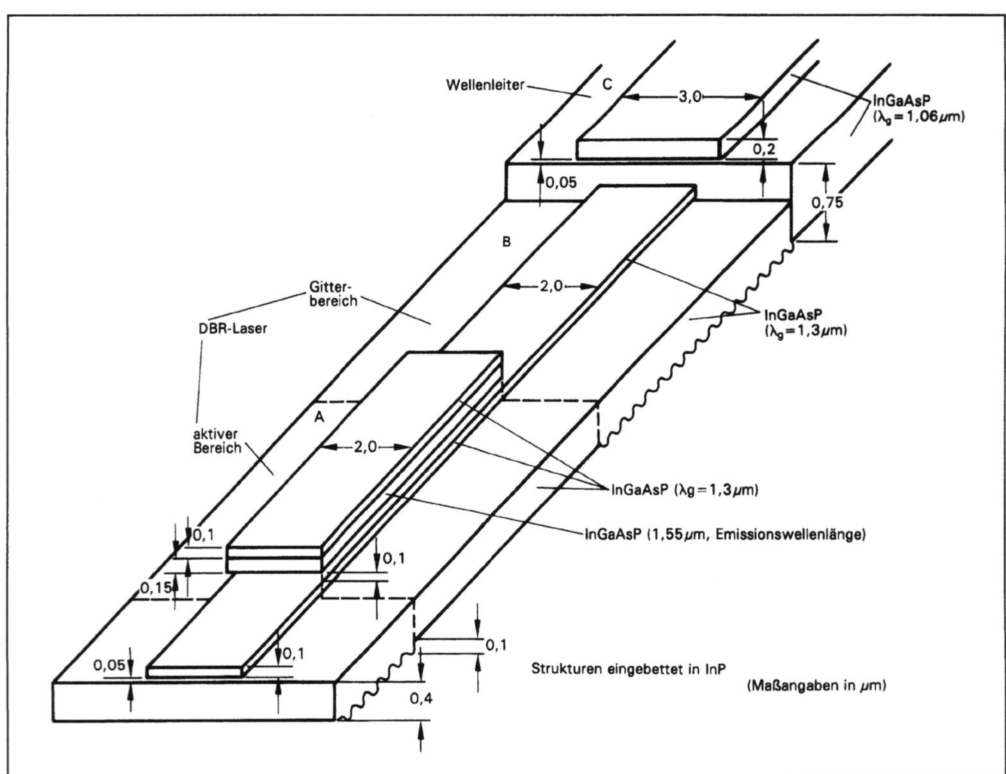

Laser-Wellenleiter-Kopplung 3: Schematische Darstellung einer Kopplung zwischen einem DBR-Laser und einem Standard-Wellenleiter (Quelle: Heinrich-Hertz-Institut, Berlin).

tete Rippenwellenleiter ($\lambda_g = 1{,}3$ µm) stößt stumpf auf einen weiteren Rippenwellenleiter, der von seiner Dimensionierung und Zusammensetzung ($\lambda_g = 1{,}06$ µm) so gestaltet ist, daß er transversal einmodig ist, eine geringe Dämpfung auch für $\lambda = 1{,}3$ µm hat und einen hohen Kopplungskoeffizienten aufweist. Wird als gemeinsame Grundlinie aller drei Bereiche das Substrat angesetzt, so ergibt sich ein Gesamtkopplungskoeffizient von $k = 55\,\%$ (–2,6 dB Verluste). Werden die Wellenleiterschwerpunkte transversal auf eine gemeinsame Achse ausgerichtet, was technologisch möglich ist, so können sogar $k = 75\,\%$ (–1,3 dB Verluste) der Laserleistung eingekoppelt werden. In dieser zweistufigen Ausführung muß der Wellenleiter des Gitterbereiches nicht schwachführend sein, sondern kann als vergrabener Streifenwellenleiter ausgebildet werden. Dann reduzieren sich die Verluste auf –1,1 dB ($k = 78\,\%$). Gleichzeitig wird durch den Einbau semi-isolierender Schichten ein besseres elektrisches Confinement in den stromdurchflossenen Bereichen erzielt. *Rosenzweig*

Literatur: Abschlußbericht zum BMFT-Projekt Tk-0446.

Last, aktive →Transistorlast

Lastfaktor. Zahl der Einheitslasten, mit denen der Ausgang einer Digitalschaltung belastet werden kann (→Fan out) oder die der Eingang einer Digitalschaltung darstellt (→Fan in). Der L. ist dimensionslos und bezieht sich auf die Einheitslast für eine →Schaltkreisfamilie, bisweilen auch auf die Zahl gleichwertiger unabhängiger Eingänge von Digitalschaltungen. *R. Paul*

Latch. (Abk. *engl.* Klinke, Riegel-, Auffangspeicher).

1. Bezeichnung für ein Speicher-Flip-Flop. Es verfügt über einen Daten- und Takteingang. Die Informationsaufnahme erfolgt während des aktiven Taktzustandes. Ein L. hat eine Speicherkapazität von 1 bit.

2. Bezeichnung für einen unidirektionalen →Pufferspeicher zur kurzzeitigen Zwischenspeicherung von Signalen, z. B. in Interface-Schaltungen etwa in einem Bussystem. Damit ist eine zeitlich- und pegelrichtige Signalanpassung zwischen den Funktionseinheiten eines Systems gewährleistet. Die Anzahl der in einem →Bus enthaltenen L. stimmt mit der Busbreite überein. *R. Paul*

Latch-up-Effekt. Auch als Einrast- oder Einklink-Effekt bezeichnete Erscheinung einer sprungartigen Arbeitspunktverlagerung eines Halbleiterbauelementes (oder einer integrierten →Schaltung), die – ohne Abschalten der Betriebsspannung – nicht mehr rückgängig gemacht werden kann und meist zur Zerstörung des Bauelementes führt. Der Effekt tritt insbesondere auf

– an mehrstufigen, stark gegengekoppelten Operationsverstärkern bei Übersteuerung des invertierenden Eingangs und führt zu einem Anstieg der Ausgangsspannung an der Aussteuergrenze. Ursache dafür ist die Umkehr der Gegen- in eine Mitkopplung innerhalb des Verstärkers, die auch durch Störspitzen erfolgen kann. Schutzmaßnahmen sind innere Begrenzungen oder Diodenspannungsbegrenzer am Eingang,

– in CMOS-Schaltungen, weil dort aufbaubedingt eine parasitäre Thyristorstruktur vorliegen kann. Zündet dieser Thyristor, so entsteht ein sehr niederohmiger Widerstand, der die Versorgungsspannung belastet. Der Effekt läßt sich vom Chipentwurf her deutlich mildern, vor allem aber durch Einhalten der zulässigen Betriebsbedingungen und prozeßtechnische Maßnahmen (Epischicht) vermeiden. *R. Paul*

Lateralstruktur. Strukturgestaltung der Substratoberfläche einer integrierten (meist monolithischen) →Schaltung, insbesondere Lateralabmessungen der einzelnen Funktionselemente und Verbindungsleitungen.

Die L. umfaßt die lateralen Abmessungen der einzelnen Funktionselemente und Verbindungsleitungen auf der Oberfläche eines Substrates bei monolithischen Schaltungen. Diese Abmessungen sind ein Ergebnis des Schaltungsentwurfsvorganges. Die jeweils verwendete Technologie sowie ihre Toleranzen (Überdeckungsgenauigkeit zweier Strukturierungsebenen) und die spätere elektrische Anwendung schreiben dazu noch eine Reihe von Bedingungen für die Abmessungen vor, die sog. Entwurfsregeln.

Das →Auflösungsvermögen der einzelnen Prozeßschritte – allen voran die →Lithographie – gibt dabei eine gewisse Mindestgröße an, die minimale Strukturbreite δ. Sie kann nicht unterschritten werden. Ihre Verringerung erfordert vielmehr neue verbesserte technologische Prozeßschritte. Die minimale Strukturbreite wird dominierend bestimmt von den Verfahren und Einrichtungen der Lithographie. Sie ist u. a. in den einzelnen Strukturierungsebenen verschieden. Es ist üblich, Entwurfsregeln und laterale Abmessungen der FE als Vielfache dieser Strukturbreite anzugeben. Auf diese Weise kann auch der Flächenbedarf einzelner Strukturen vergleichend abgeschätzt werden.

Im Verlaufe der Zeit sank die Strukturbreite ständig (Bild), für VLSI-Schaltungen liegt sie derzeit bei 1 µm mit weiter sinkender Tendenz (→Submikrometertechnik).

Die L. ist der Entwurfsfreiraum, der für eine bestimmte Basistechnologie zum Entwurf einer integrierten Schaltung verfügbar ist. Am Ende die-

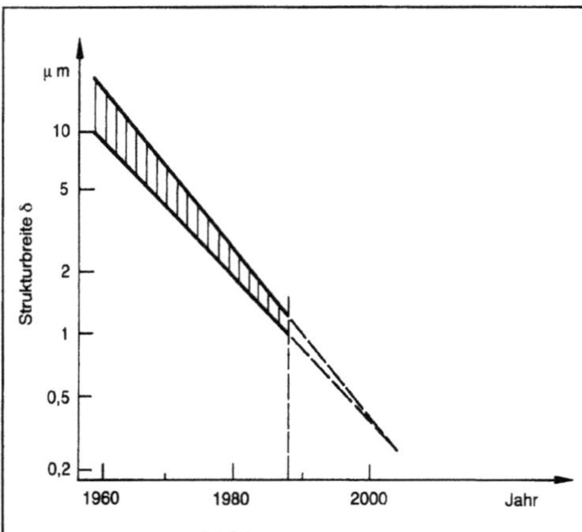

Lateralstruktur: Mittlere Strukturbreite bei produzierten Schaltkreisen.

ses Prozesses ergibt sich das →Layout einer Schaltung. *R. Paul*

Lateraltransistor. Lateral an der Halbleiteroberfläche gebildeter →Bipolartransistor, bei dem die Emitter- und Kollektor-Basis-Übergänge nebeneinander (streifen- oder ringförmig) liegen und der Injektionsstrom parallel (lateral) zur Halbleiteroberfläche fließt (Bild). Er wird vorzugsweise zur Realisierung von pnp-Transistoren in integrierten Schaltungen verwendet, hat aber im Regelfall schlechte elektrische Eigenschaften (kleine →Stromverstärkung, niedrige →Grenzfrequenz). Eine gewisse Verbreitung findet er auch in I^2L-Schaltkreisen. *R. Paul*

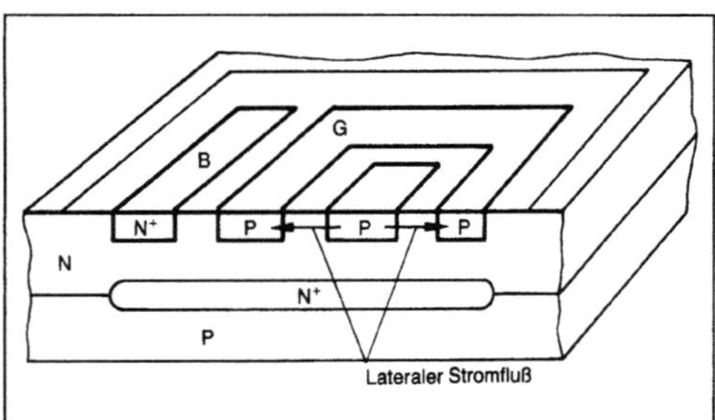

Lateraltransistor: Prinzipieller Aufbau.

Laufzeit.

1. In elektronischen Bauelementen (→Elektronenröhre, →Festkörperbauelement) Zeit, die ein →Ladungsträger oder eine Ladungsträgergruppe benötigt, um einen bestimmten Laufraum (z. B. Kathoden-Anodenstrecke, Sperrschichtbreite, Basisbreite, Kanallänge) unter Einfluß einer antreibenden Kraft (elektrisches Feld, Diffusion) zu durchlaufen. Die L. spielt vor allem für die Analyse des Hochfrequenzverhaltens eine entscheidende Rolle.

2. Allgemein Zeitspanne für die Ausbreitung eines Signals von einem Punkt zu einem anderen. Sie ist grundsätzlich durch die Lichtgeschwindigkeit begrenzt und liegt in elektronischen Bauteilen, Schaltungen, Leitungen u. a. darunter.

3. Speziell für Gatterschaltungen die Signalverzögerungszeit, auch als Lateralverzögerungs- oder Gatterlaufzeit bezeichnet. Sie ist eine wichtige dynamische Kenngröße für den Entwurf digitaler Schaltungen. *R. Paul*

Laufzeitanalyse. Eine erste →Simulation nach der Stromlaufeingabe kann noch keine Leitungslaufzeiten berücksichtigen. Die Leitungslaufzeiten können erst nach Entstehen des Schaltungslayouts ermittelt werden und addieren sich zu den Bauelementeschaltzeiten. Aus diesen nun veränderten Zeitbedingungen kann eine Fehlfunktion der Schaltung resultieren, deren Tendenz durch die L. erkannt wird. *K. Winter*

Laufzeitdecoder →PAL

Laufzeitmessung. Messung der →Laufzeit elektrischer Signale zwischen zwei beliebigen Knoten einer elektronischen Schaltung mittels eines →Prüfautomaten oder in einem Kabel z. B. durch Oszillographieren. Bei der L. mit Zählern wird ähnlich verfahren wie bei der →Impulslängenmessung: Start- und Stopsignale werden durch den Signalwechsel an den beiden Knoten erzeugt. Der Begriff L. wird auch gebraucht in der Radartechnik und allgemein bei Entfernungsmeßsystemen.
→Kreuzkorrelation *K. Winter*

Laufzeitröhre. Hochvakuum-Elektronenröhren, bei denen die →Laufzeit der Elektronen für die Erzeugung oder Verstärkung elektromagnetischer Schwingungen wesentlich ist. Bei ihnen wird die kinetische und/oder potentielle Energie der Elektronen durch Wechselwirkung mit elektromagnetischen Feldern in Hochfrequenzenergie umgewandelt. Je nachdem wie die Richtungen der Elektronenströmung, des statischen elektrischen Feldes und des statischen Magnetfeldes in der Röhre zueinander stehen, unterscheidet man verschiedene Röhrengruppen:

□ Linearstrahlröhren (*O*-Typ-Röhren): Bei ihnen laufen die Richtungen von Elektronenstrahl, statischem elektrischem Feld und eventuell vorhandenem statischem Magnetfeld parallel zueinander (kolinear), die kinetische Energie des Elektronenstrahls wird in Hochfrequenzenergie umgewandelt.

Zu dieser Röhrengruppe gehören Klystrons, Wanderfeldröhren, Gyrotrons, Rückwärtswellen-Oszillatoren und -Verstärker vom *O*-Typ.

□ Kreuzfeldröhren (*M*-Typ-Röhren). Hier stehen die Richtungen des statischen Magnetfeldes, des statischen elektrischen Feldes und der Elektronenströmung senkrecht aufeinander, die potentielle Energie der Elektronen wird in Hochfrequenzenergie umgewandelt. Wichtigster Vertreter dieser Röhrengruppe ist das →Magnetron, aber auch Kreuzfeldverstärkerröhre und Rückwärtswellenoszillator vom *M*-Typ gehören hierher. *Golombek*

Laufzeitspeicher. Speicher, der die Verzögerung bei der Ausbreitung elektrischer oder mechanischer Schwingungen in Leitungsstrukturen (sog. →Verzögerungsleitung) oder auch in ladungsgekoppelten Strukturen (→CCD, BBD) nutzt.

So kann beispielsweise der magnetorestriktive Effekt (beim Verzögerungslinienspeicher mit magnetorestriktiven Wandlern am Anfang und Ende) oder der akustoelektrische Effekt bei akustischen Oberflächenwellenbauelementen (→SAW-Bauelement) für einen L. verwendet werden.

Koppelt man den Ausgang einer solchen Verzögerungsleitung über eine Signalregenerierung auf den Eingang zurück, so entsteht ein Umlaufspeicher. Ein bekanntes Anwendungsbeispiel der L. ist die Bildwiederholung in Bildschirmgeräten.

R. Paul

Lautsprecher. Die Rückwandlung der vom Verstärker gelieferten elektrischen Tonsignale in proportionale akustische Schwingungen geschieht im L. Allgemein gebräuchlich sind Wandlersysteme, die nach dem elektro- bzw. magnetodynamischen Verfahren arbeiten und als Konus- oder Membranlautsprecher bezeichnet werden (Bild 1).

Dynamische L. benötigen ein Magnetfeld, das heute ausschließlich mit hochwertigen Permanentmagneten erzeugt wird. Diese können unterschiedliche Formen haben. Meistens werden Topf- oder Ringmagnete verwendet, die aus Speziallegierungen (Aluminium, Nickel, Kobalt, Titan) oder Hartferriten bestehen. In dem schmalen, ringförmigen Luftspalt des Magneten ist eine zylindrische Schwingspule beweglich angeordnet und einseitig mit dem Konus (Membran) verbunden. Eine Zentrierung am Lautsprecherkorb sorgt dafür, daß die Schwingspule im Luftspalt axial korrekt geführt wird. Ihr Spulenkörper trägt eine Drahtwicklung, deren Enden mit zwei Anschlußösen verbunden sind. Um einen hohen →Füllfaktor zu erreichen, werden bei hochwertigen L. auch Drähte mit rechteckigem Querschnitt verwendet. Schwingspule und Luftspalt sind so ausgelegt, daß die Wicklung auch bei großen Auslenkungen immer im Magnetfeld verbleibt.

Wenn ein Tonfrequenz-Wechselstrom durch die Schwingspule fließt, entsteht ein magnetisches Wechselfeld, das in Verbindung mit dem Magnetfeld des Permanentmagneten eine hin- und hergehende Bewegung der Schwingspule und damit auch der Membran verursacht. Diese auch als Auslenkung oder Hub bezeichnete Membranbewegung löst eine Luftverdichtung und Luftverdünnung aus und setzt den Tonfrequenz-Wechselstrom in hörbaren Schall um. Die Größe der Auslenkung ist der jeweiligen Stromstärke proportional. Ermöglicht wird die axiale Bewegung der Membran durch eine elastische Randeinfassung, die bei Tieftonlautsprechern meist aus gummiartigem Material besteht.

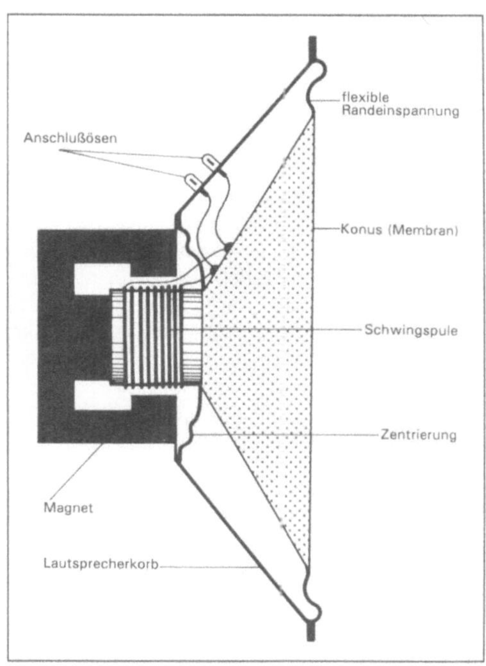

Lautsprecher 1: Querschnitt eines dynamischen Konus-L.

L. mit großer Konusfläche und langem Hub können eine relativ große Luftmenge bewegen und eignen sich deshalb gut für die Wiedergabe tiefer Töne. Die Membran des auch *Woofer* genannten Tieftöners besteht meist aus speziell behandeltem, festem Papier und ist oft mit bestimmten Materialien (Alufolie, Lacke, Schaumstoff) beschichtet, um die Eigenschaften zu verbessern. Mehr und mehr werden auch synthetische Werkstoffe verwendet, z. B. das sehr leichte und besonders feste Polypropylen. Die Steifheit der Membran ist vor allem beim Tieftöner von außerordentlicher Bedeutung.

Mittlere und hohe Töne brauchen nur kleine Membranen mit verhältnismäßig geringen Auslenkungen. Beim Mitteltöner, auch *Squawker* oder *Midrange-Speaker* genannt, kommen normale Konuslautsprecher neben L. mit Kalottenmembran zur Anwendung, während beim Hochtöner oder *Tweeter* praktisch nur diese spezielle, halbkugelförmige

Membran vertreten ist (Bild 2). Man erreicht dadurch einen Abstrahlwinkel von rund 180 Grad und vermeidet so die sonst bei Konuslautsprechern auftretende starke Richtwirkung bei der Hochtonwiedergabe. Der zu den Hochtönern zählende Bändchen-L. arbeitet ebenfalls mit dem starken Magnetfeld eines Permanentmagneten, hat aber keine Membrane oder Kalotte, sondern statt dessen ein schmales Metallbändchen. Über eine besondere Vorrichtung wird die Tonfrequenzspannung dem Bändchen zugeleitet, das dadurch im Magnetfeld zu schwingen beginnt und diese Töne abstrahlt. Durch die fast trägheitslose Schallwandlung wird eine ausgezeichnete Höhenwiedergabe erzielt. *Bahr*

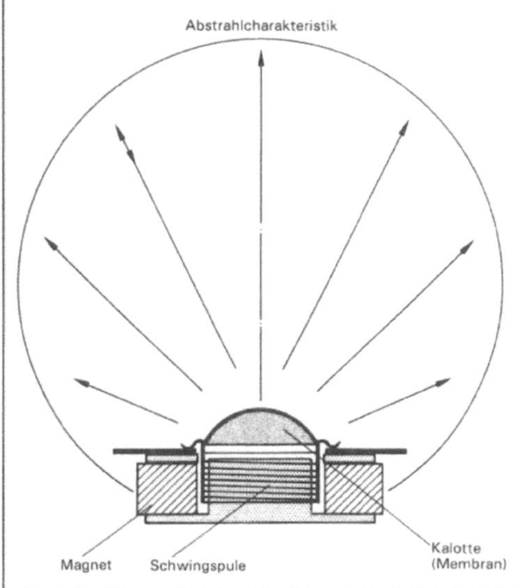

Lautsprecher 2: Abstrahlcharakteristik eines Kalotten-L.

Lawinendiode. (auch Avalanche-Diode) Halbleiterbauelement, in dem der →Lawinendurchbruch (→Durchbruch) im gesamten →pn-Übergang erfolgt.

Im Kennlinienfeld zeigt die L. eine ausgeprägte Spannungsdurchbruchscharakteristik bei der Durchbruchspannung. Deshalb werden sie verbreitet zur Spannungsstabilisierung verwendet (und dort meist als →Z-Dioden bezeichnet).

In Verbindung mit Laufzeiteffekten wird der Lawinendurchbruch oft zur Erzeugung negativer differentieller Widerstände verwendet, wie sie in der Höchstfrequenztechnik vor allem zur Entdämpfung, Verstärkung und Schwingungserzeugung Verwendung finden. Wichtige Vertreter dieser Art sind die Lawinen-Laufzeitdioden, Lawineninjektionsdioden und Lawinenphotodioden. Im letzten Falle dient der Lawineneffekt zur Vervielfachung der optisch erzeugten Ladungsträgerpaare, also zur Empfindlichkeitserhöhung. *R. Paul*

Lawinendurchbruch. Auch Lawineneffekt (*engl.* avalanche effect) oder Lawinendurchschlag. Am häufigsten auftretender elektrischer Durchbruchmechanismus in Halbleitern und Isolatoren.

Dabei werden freie →Ladungsträger in einem anliegenden elektrischen Feld so stark beschleunigt, daß sie beim Stoß mit Gitterdefekten ein →Elektron-Loch-Paar erzeugen können. Der ursprüngliche und die somit neu erzeugten beweglichen Ladungsträger nehmen nun erneut kinetische Energie im elektrischen Feld auf, und der Vorgang wiederholt sich unter lawinenartigem Anwachsen freier Ladungsträger. Damit steigt der Gesamtstrom stark an, man spricht von →Durchbruch oder Durchschlag, der zum Schmelzen des Materials führen kann.

Die Energie zur Anregung eines Elektron-Loch-Paars ist gleich dem Bandabstand ΔW, jedoch muß wegen der zu fordernden Gesamtimpulserhaltung das Primärteilchen eine Mindestenergie $3\Delta W/2$ besitzen. Diese muß zwischen zwei Stößen, d. h. innerhalb der mittleren freien Weglänge l dem elektrischen Feld entzogen werden. Für typische Werte wie z. B. $l = 600$ Å und $\Delta W = 1$ eV ergibt sich eine notwendige Feldstärke von $E = 2.5\ 10^7$ V/m. Da l mit wachsender Temperatur T jedoch stark sinkt, sind bei hohen Temperaturen noch wesentlich höhere Feldstärken notwendig. Da hohe Feldstärken bei Halbleitern bevorzugt im Bereich von Sperrschichten auftreten, sind diese Bereiche auch besonders durchbruchgefährdet. Da die anliegende Spannung dabei praktisch vollständig über der →Sperrschicht abfällt, kann eine Durchbruchspannung angegeben werden, bei der der L. einsetzt. Sie hängt wie die Feldstärke von der Temperatur ab, aber auch von der →Dotierung, da diese die Breite der Sperrschicht bestimmt. So ergibt sich z. B. für eine Siliciumdiode mit einer Dotierung von etwa 10^{17} cm^{-3} und bei Zimmertemperatur eine Durchbruchspannung von etwa 13 V. Ein Durchbruch kann jedoch auch bei kleineren Spannungen eintreten ($U < 6$ V). Hier beruht die Ladungsträgervermehrung auf innerer →Feldemission, meist als →Zener-Effekt bezeichnet. Beide Durchbruchmechanismen werden in speziellen elektronischen Bauelementen (→Avalanche-Diode, Zener-Diode) zur Spannungsstabilisierung eingesetzt. *Heinz*

Lawineneffekt →Avalanche-Effekt, →Lawinendurchbruch

Lawinen-Laufzeitdiode →IMPATT-Diode

Lawinenphotodiode. L. oder Avalanche-Photodioden (APDs) sind intern verstärkende, stark in

Sperrichtung betriebene Halbleiter-Photodioden, in denen eine lawinenartige Vervielfachung der optisch erzeugten elektrischen →Ladungsträger durch Stoßionisation hervorgerufen wird (→Avalanche-Effekt).

Die bei der Absorption eines Photons entstandenen elektrischen Ladungsträger (Elektronen, Löcher) setzen durch Stöße neue Ladungsträger frei (Stoßionisation). Diese rufen ihrerseits weitere Stoßionisationen hervor. Wiederholt sich dieser Vorgang, so entsteht eine Kettenreaktion, wodurch letztendlich ein einzelnes absorbiertes Photon eine Lawine von Ladungsträgern bewirkt.

Um durch Stöße zusätzliche →Elektron-Loch-Paare erzeugen zu können, müssen die Ladungsträger während ihrer Lebensdauer vom elektrischen Feld der →Raumladungszone eine kinetische Energie erhalten, die mindestens so groß ist, wie die zur Stoßionisation im Material erforderliche Schwellenenergie. Diese Mindestenergie ist abhängig vom →Bandabstand E_G des Halbleitermaterials und vom stoßenden Ladungsträgertyp (Elektron oder Loch). Die notwendigen hohen elektrischen Mindestfeldstärken E_{AV} in der Raumladungszone erfordern für einen kontrollierbaren und reversiblen Vervielfachungsmechanismus sowohl ein möglichst reines Halbleitermaterial als auch spezielle konstruktive Maßnahmen bei der Herstellung der APD.

Prinzipiell kann eine einfache pn- oder pin-Photodiode als APD betrieben werden. Zum Schutz vor irreversiblen Felddurchbrüchen, wie sie z. B. an den Rändern selektiv diffundierter p^+-Gebiete entstehen können, sind diese jedoch mit einem zusätzlichen ringförmigen Diffusionsgebiet zu versehen (Schutzring oder *engl.* Guardring, Bild a).

Bessere Eigenschaften bezüglich Durchbruchverhalten, Verstärkung, Zeitverhalten und →Rauschen weisen aber spezielle APD-Bauformen mit perfekter strukturierten →pn-Übergängen, d. h. mit speziellen elektrischen Feldverteilungen in der Raumladungszone, auf. Ein Beispiel hierfür ist die Durchgreif- oder **R**each-through-**A**valanche-**P**hoto-**D**iode (RAPD), bei der sich das elektrische Feld vollständig – wie bei einer →pin-Photodiode – über eine intrinsische oder nur schwach dotierte Übergangszone erstreckt (Bild b). Die spezielle Anordnung unterschiedlich dotierter Halbleiterschichten bewirkt eine elektrische Feldverteilung in der Raumladungszone, die einen schmalen Hochfeldbereich ($E > E_{AV}$: Lawinenzone) und einen breiten Bereich mit geringerer →Feldstärke ($E < E_{AV}$: Driftzone) aufweist. Hierdurch wird speziell eine Verbesserung des Verstärkungs- und Rauschverhaltens der Diode erzielt.

Der Strom, der im äußeren Schaltkreis einer APD bei Beleuchtung fließt, ist in erster Näherung um einen Verstärkungsfaktor M größer als der Photo-

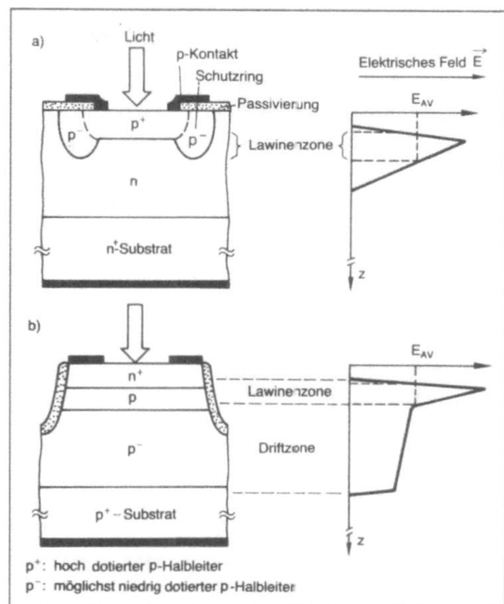

Lawinenphotodiode: Struktur.
a) Planare pn-APD mit Schutzring
b) Mesa-Durchgreif-APD.

strom I_{PHOTO} einer nicht verstärkenden →Halbleiter-Photodiode:

$$I_{APD} = M * I_{PHOTO}$$

Die Größe M wird von der Diodenstruktur und von der Reinheit sowie Art des verwendeten Halbleitermaterials bestimmt. Hieraus resultieren für das jeweilige Bauelement ganz spezielle Abhängigkeiten von unterschiedlichen Parametern:
$M = f(U, T, k_I\ f_M, P_o, R_s, ..)$

U: Versorgungsspannung; T: Temperatur; k_I Ionisierungskoeffizient; f_M: Demodulationsfrequenz; P_o: Lichtleistung; R_s: Serienwiderstand der APD.

Mit wachsender Verstärkung M verringert sich die Bandbreite der Demodulationsfrequenz, da das Produkt dieser beiden Größen nahezu konstant ist (→Verstärkungs-Bandbreite-Produkt).

Der starke Einfluß der Temperatur und der Versorgungsspannung auf die Verstärkung M ist ein großer Nachteil der L., da für die Aufrechterhaltung einer konstanten Verstärkung – wichtig z. B. für den Einsatz in analogen Systemen – eine zusätzliche externe Regelung vorzusehen ist. L. werden dagegen im allgemeinen als ideale →Photodetektoren in digital arbeitenden Empfängersystemen angesehen.

APDs sind in Planar- oder Mesabauweise als Homo- oder Heterostrukturen in verschiedenen Ausführungen realisierbar. Für die Herstellung von leistungsfähigen L. aus Halbleitermaterialien mit kleinen Bandabständen bieten die Heterostrukturen häufig die einzige Möglichkeit (→SAM-APD, z. B. bei L. aus $In_{0,53}Ga_{0,47}As$ in der optischen Nachrichtentechnik).

Der Aufbau von APDs aus komplexeren Schichtenfolgen (Mehrfachschichten, →Übergitter) bietet eine weitere Möglichkeit zur Optimierung der Systemeigenschaften. Ein solches Maßschneidern von pn-Übergängen wird auch als *Bandgap Engineering* bezeichnet und stellt für eine praktische Realisierung extrem hohe Anforderungen an die Herstellungstechnologie für derartige Bauelemente.

R. Kaiser

Literatur: *Capasso, F.*: Graded - Gap and Superlattice Devices by Bandgap Engineering in Semiconductors and Semimetals, Vol. 24 (1987), S. 319–392. – *Winstel, G.* und *C. Weyrich:* Optoelektronik II, Reihe: Halbleiter-Elektronik, Berlin–New York–Wien 1986.

Layer. (*engl.*, Lage, Schicht). Wichtiger Begriff im Zusammenhang mit integrierten →Schaltungen (IC) und Leiterplatten. IC's enthalten u. a. verschiedene Lagen Halbleitermaterial, dito Leiterplatten ein oder mehrere elektrische Lagen zur →Verdrahtung (Multilayer). Man unterscheidet z. B. auch zwischen electric l. und documentation l. In Layout-Systemen können die einzelnen l. gezielt bearbeitet und z. B. durch Färbung entsprechend dargestellt werden. *K. Winter*

Layout. (*engl.*, Skizze, geometrischer Entwurf, Strukturentwurf).

1. Allgemein. Entwurf oder Gesamtplan eines Vorganges, z. B. dargestellt durch Diagramme, Flußdiagramme, Schaltskizze, Ablaufskizze, aber auch die Aufmachung z. B. eines Buches u. a.

2. In der Elektronik im allgemeinen Sinn die optimale Anordnung von Bauelementen und ihrer Verbindungen zu einer Schaltung z. B. auf einer Leiterplatte.

3. Speziell beim Entwurf integrierter →Schaltungen die geometrische Anordnung von Strukturen (→Lateralstruktur) in den verschiedenen technologischen Ebenen im Verlauf des Herstellungsprozesses integrierter Schaltungen, insbesondere jeweils die Größe der einzelnen Halbleitergebiete sowie die Lage und Abmessung der Leiterbahnen.

Das L. ist die Umsetzung der Strukturbeschreibung einer Ebene in entsprechenden Geometriegrößen und ihre Relativlage zueinander, im engeren Sinne die Umsetzung eines elektrischen Netzwerkes in geometrischen Strukturen jeweils zugeordnet zu Schichten (layers) unter Beachtung der Abmessungen der einzelnen Komponenten. Das L. schließt somit den →Schaltungsentwurf ab und bildet zugleich die Schnittstelle zum Prozeß. Es ist auch heute noch der zeitaufwendigste und am meisten fehleranfällige Teil des gesamten Entwurfsvorganges.

Aus den Layoutdaten können die einzelnen Masken direkt gefertigt werden. Ihre Anzahl und der Inhalt hängen stark von der verwendeten Basistechnologie ab, bei modernen Prozessoren sind 10–20 Masken üblich.

Zum L. zählen die globale Flächenplanung (floor planing) der meist rechteckförmigen Chipfläche in schrittweise kleinere Einheiten, wobei unterschiedliche Optimierungskriterien (Fläche, Geschwindigkeit) gelten können. Weiter zählen zum L. der topologische Entwurf (Plazierung), der geometrische Entwurf der Einzelelemente und die globale →Verdrahtung jeweils bei Beachtung entsprechender Entwurfsregeln und der →Verifikation (Design rule check, Electrical rule check, Schaltungsrückgewinnung).

Grundsätzlich arbeitet der Layoutvorgang dreidimensional. Die ersten beiden Dimensionen (x, y) liegen in der Chipoberfläche, die dritte sind die prozeßspezifischen Maskenebenen. Somit legt der topologische Entwurf außer der Relativlage der Einzelelemente auch ihre Maskenebene fest.

Die klassische Form der Layouterstellung ist die Darstellung der betreffenden Strukturen auf Millimeterpapier (sog. Handlayout) zunächst in stark vergrößerter Form, daran anschließender Übertrag durch einen Digitizer in den Rechner bei paralleler Beobachtung auf einem Graphikterminal. Dieses Verfahren wird nur noch selten eingesetzt. Heute erfolgt dieser Schritt durchweg interaktiv am Graphikterminal unter Nutzung von →Graphikeditoren. Das sind Programme zur bildlichen Darstellung von Geometriestrukturen einschließlich erforderlicher Hilfsschritte (Verschieben, Drehen, Maßstabsänderung, Verdoppeln u. a.) von Bibliothekselementen.

Die Nutzung von Graphikeditoren erlaubt eine direkte z. T. automatische Verifikation der entworfenen Geometrie durch Design rule checker. Breit durchgesetzt hat sich heute das symbolische L. oder die Nutzung sog. Stickdiagramme. Hier werden einfache Geometrieobjekte (Rechtecke, Polygone) für Transistoren und Kontakte bei gleichzeitigem Verzicht auf die genaue Geometrieangabe verwendet. Die Elemente werden auf einem virtuellen Raster plaziert, denn nur die Topologie ist von Bedeutung. Anschließend wird das genaue L. durch Kompaktierung unter Einhaltung der Entwurfsregeln erzeugt.

Eine grundsätzliche andere Möglichkeit zur Spezifizierung der Maskengeometrie ist die Verwendung von L.-Beschreibungssprachen. Sie werden zunehmend benutzt, weniger für die Eingabe von Entwürfen vielmehr als maschinenlesbares Format für den Austausch und Speicherung von Entwürfen zwischen Geräten und Programmen. Ein solcher Austausch ist notwendig, weil eine Tendenz besteht,

Layoutentwurf und Prozeß zwischen Anwender und Hersteller zu trennen.

Zu den Beschreibungssprachen zählen neben Sprachen für die Layouteingabe vor allem die Austauschformate

- CIF (Caltech Intermediate Format) zur Geometriedarstellung
- GDSII, ein industrienahes Format
- →EDIF (Electronic Design Interchange Format) ein Format, das neben dem L. auch alle weiteren für den Entwurf wichtigen Informationen enthält.

Zentrale Bedeutung für das L. haben die Entwurfsregeln (Design rules). Das sind Mindestabstände und -abmessungen, die verschiedene geometrische Objekte haben müssen, damit die Schaltung elektrisch sicher arbeitet. Sie beinhalten Abmessungsgrenzen (und Toleranzen) und in ihren strukturellen Bestandteilen auch Aussagen darüber, welche Grundstrukturen für eine bestimmte Technologie überhaupt zulässig sind. Sie werden angegeben entweder als Absolutmaße (μm) oder als sog. Relativ- (-λ-)Regeln, d. h. in Vielfachen eines Parameters, der durch die minimale Strukturbreite eines Prozesses gegeben ist. Obwohl letztere den Entwurf stark vereinfachen (vor allem bei der Skalierung), erlauben die ersteren eine bessere Prozeßausnutzung. Durch die Entwurfsregeln werden Entwurf und Herstellung stark entkoppelt.

Die Verifikation für das L. bietet die letzte Möglichkeit, den gesamten Entwurfsvorgang abschließend vor der aufwendigen Maskenherstellung zu überprüfen. Dementsprechend intensiv wird sie durchgeführt, wobei sie sich zunächst auf die Entwurfsregelüberprüfung (Design rule check, DRC) und die elektrische Parameterüberprüfung (Electrical parameter check, EPC) konzentrieren.

Außer den genannten Verifikationsmethoden ist noch eine Schaltungsextraktion erforderlich, sowohl auf der Transistor- als auch der Logikebene. Sie dienen zum Aufspüren von Verdrahtungs- und Logikfehlern. Auf der Transistorebene z. B. wird damit aus den geometrischen Strukturen die Transistorschaltung zurückgewonnen, so daß sich →Fehler aus dem Vergleich mit der „Sollschaltung" erkennen lassen (z. B. Leitungsverzögerungen, Transistorparameter). Bei automatisch erzeugtem L. kann auf die i. a. sehr rechenintensive Schaltungsrückgewinnung verzichtet werden. *R. Paul*

LC-Oszillator. Der LC-O. ist ein harmonischer →Oszillator mit einem LC-Netzwerk als frequenzbestimmende Komponente (Bild). Die Resonanzfrequenz f_r errechnet sich zu

$$f_r = \frac{1}{2\pi} \frac{1}{\sqrt{LC}} \quad .$$

Schrüfer

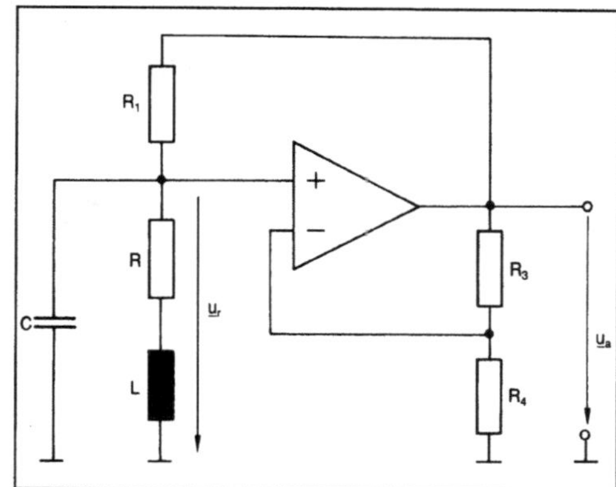

LC-Oszillator: Prinzipieller Aufbau.

LCC-Laser. (*engl.* Laterally-Coupled-Cavity-Laser) →Halbleiterlaser aus drei lateral optisch gekoppelten, aber elektrisch isolierten Streifen unterschiedlicher Länge, die unabhängig von der optischen Leistung und der Modulation eine gemeinsame longitudinale Mode emittieren (Bild).

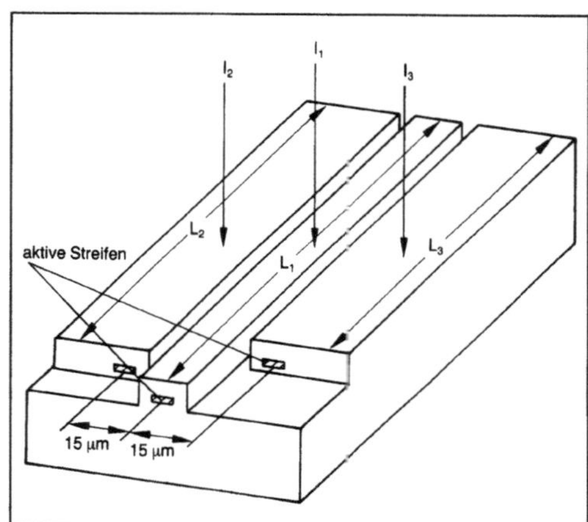

LCC-Laser: Schematische Darstellung.

Die drei Laserstreifen (ca. 2–3 μm breit) der Länge L_1, L_2, L_3 weisen einen lateralen Abstand von ca. 15 μm und getrennte Stromanschlüsse auf. Der mittlere Streifen hat zwei gespaltene Endflächen, die beiden äußeren Streifen sind kürzer und haben jeweils eine durch Trockenätzverfahren hergestellte Endfläche. Entsprechend ihrer unterschiedlichen Längen haben die drei →Streifenlaser unterschiedliche Schwellenströme und Modenabstände. Durch geeignete Stromverhältnisse kann eine Phasenkopplung der drei Wellenfelder erzielt werden, so daß alle drei in einer gemeinsamen longitudinalen Mode schwingen, die dann abgestrahlt wird. Bei einer Modulationsfrequenz von 1 GHz konnte eine Seitenmodenunterdrückung von 20 dB erreicht werden.

LCC-Laser sind als Alternative zu DFB-(Distributed-Feedback-) und DBR-(Distributed-Bragg-Reflector-)Lasern (→DSM-Halbleiterlaser) anzusehen, die als dynamisch einmodige Laser in optischen →Übertragungssystemen verwendet werden. *Rosenzweig*

Literatur: *Kappeler, F.*: Improved dynamic single-frequency low-chirp operation of a laterally coupled ridge waveguide laser. Tagungsband 100C-EC0G 85, S. 771.

LCD-Anzeige →Flüssigkristall-Anzeige

LDD →MOS-Technik, →Transistorherstellung

learning factor. Faktor in der Ausfallratenberechnung, der bei erstmalig eingeführten Prozessen oder Produkten deterministische Ausfälle infolge ungenügender Erfahrung berücksichtigt.

Bei gravierenden Änderungen in der Produktion sind Störungen und Unvollkommenheiten zu erwarten, die durch die Qualitätsüberwachung erkannt und beseitigt werden. Mit zunehmender Erfahrung steigt die →Zuverlässigkeit der Produkte und ihre →Ausfallrate nimmt ab. Bei einer wesentlichen Änderung im Entwurf oder in der Technologie erfolgt dann oft ein Rückschlag, die Qualität der Produkte ist wieder schlechter, bis sie auch hier wieder in mehreren Schritten verbessert wird (Bild). Dieser Lerneffekt ist bei der Berechnung der Ausfallrate nach den Modellen des MIL-HDBK-217 Handbuchs durch den l. f. π_L berücksichtigt, der unter gewissen Bedingungen bei integrierten Schaltkreisen z. B. den Wert 10 hat. *Schrüfer*

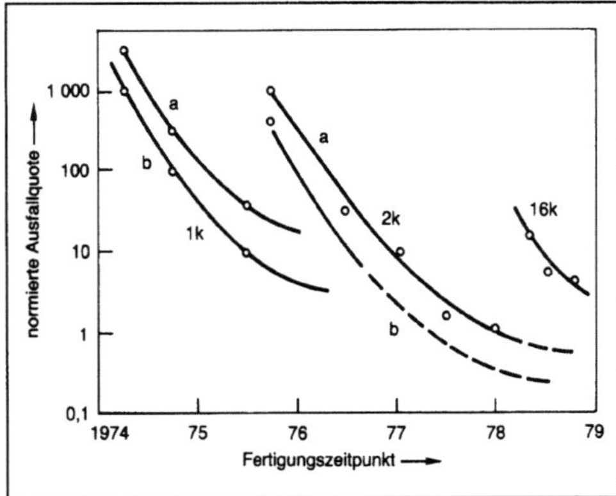

a) ohne Vorbehandlung, b) mit Vorbehandlung

learning factor: Lernkurve für LSI-Speicherschaltungen.

Lebensdauer. Mittlere Verweilzeit eines Elektrons oder →Defektelektrons eines Halbleiters in einem Nichtgleichgewichtszustand, nach der es wieder in den Gleichgewichtszustand zurückkehrt. Diese Verweilzeit streut um einen Mittelwert, weshalb oft auch von mittlerer L. gesprochen wird.

Im thermischen Gleichgewicht werden die Elektronen- und Defektelektronenkonzentrationen im Leitungs- bzw. →Valenzband eines Halbleiters durch die Fermi-Dirac-Statistik bestimmt, die die Verteilung der vorhandenen Elektronen auf die elektronischen Zustände (intrinsische Zustände und Störstellenniveaus) abhängig von der absoluten Temperatur regelt. Diese Gleichgewichtskonzentrationen n_0 bzw. p_0 können durch →Generation zusätzlicher →Ladungsträger gestört werden, z. B. durch einfallende elektromagnetische oder Teilchen-Strahlung, oder durch →Injektion bzw. Extraktion von Ladungsträgern. Dabei werden z. B. Elektronen aus dem Valenzband oder aus Störniveaus des verbotenen Bands ins →Leitungsband angeregt bzw. von außen durch einen Kontakt in einen Teilbereich des Halbleiters injiziert. Als Folge davon entstehen →Überschußladungsträger mit den Konzentrationen Δn bzw. Δp. Ihre Werte ergeben sich aus dem sich einstellenden Gleichgewicht zwischen der →Generationsrate g und der →Rekombinationsrate r (→Rekombination), wobei r die Zahl der pro Zeit- und Volumeneinheit in den Gleichgewichtszustand zurückkehrenden Träger ist. Hängt r linear von der Überschußkonzentration ab (lineare Rekombination), so kann mit $r = \Delta n/\tau_n$ eine Lebensdauer τ_n für die Überschußelektronen definiert werden (entsprechend τ_p für Defektelektronen). Die zeitliche Änderung der Überschußkonzentration ergibt sich dann (für Elektronen) zu

$$\frac{d(\Delta n)}{dt} = g - r_n = g - \Delta n/\tau_n,$$

so daß sich im stationären Gleichgewicht die Überschußkonzentrationen $\Delta n = g\tau_n$ bzw. $\Delta p = g\tau_p$ ergeben.

Für z. B. eine hohe Photoleitfähigkeit (→Photoleitung), für die g die durch einfallendes Licht bewirkte Generationsrate darstellt, ist also eine hohe L. wichtig. Dabei können die L. n für Elektronen und Defektelektronen, τ_n bzw. τ_p, um Größenordnungen verschieden sein. Schaltet man g ab, so ergibt sich ein exponentielles Abklingverhalten $\Delta n = \Delta n(0)\exp(-t/\tau_n)$, mit der L. als charakteristische Abklingzeit.

Die für die Definition einer konstanten L. notwendige Bedingung der linearen Rekombination kann z. B. durch Rekombinationszentren (Fehlstellen des Kristalls) eingehalten werden. Ist deren Dichte R (Bild a), so ist $r_n = R_p r_{Rn} \Delta n$, wobei r_{Rn} der Rekombinationskoeffizient für Elektronen ist und R_p die Konzentration der nicht mit Elektronen besetzten Zentren bezeichnet. Damit ergibt sich $\tau_n = 1/(R_p r_{Rn})$ bzw. entsprechend für die Defektelek-

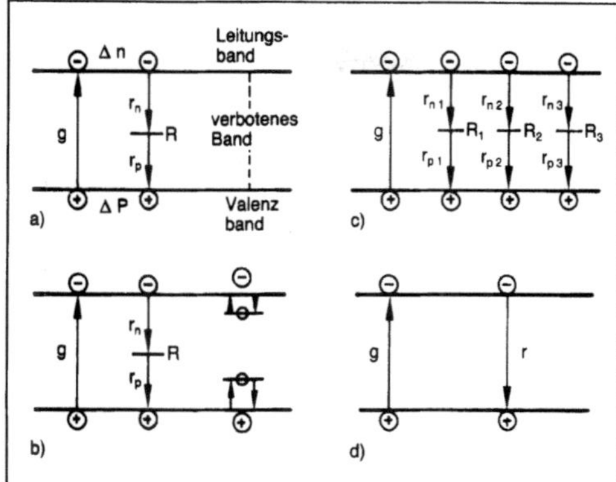

Lebensdauer: Rekombinationsprozesse, dargestellt im Bändermodell eines Halbleiters, die die L. von Überschußladungsträgern bestimmen.

tronen $\tau_p = 1/(R_n r_{Rp})$, wobei für die L. Werte zwischen 10^{-10}s und 10^{-3}s beobachtet werden. Im Fall $\Delta n = \Delta p$ müssen die L. für Elektronen und Defektelektronen gleich groß sein.

Sind im Halbleiter Haftstellen vorhanden (Bild b), so ergibt sich $\tau_n = \tau_p \Theta_n/\Theta_p$, wobei $\Theta_n(\Theta_p)$ das Verhältnis von freien zu in Haftstellen befindlichen Elektronen (Defektelektronen) angibt, so daß sich stark unterschiedliche Werte für τ_n und τ_p ergeben können. In der Regel wird die L. durch mehrere Rekombinationskanäle bestimmt (Bild c), wobei sich die L., die mit jedem einzelnen Kanal verbunden sind, reziprok zur Gesamtlebensdauer addieren, $1/\tau = {}_i\Sigma 1/\tau_i$. Die kürzeste L. erweist sich dabei als dominierend. Die räumliche Verteilung der einzelnen Zentrensorten kann inhomogen sein, z. B. wirken an der Oberfläche des Halbleiters zusätzliche Oberflächenrekombinationszentren, die die L. dort gegenüber dem Volumen herabsetzen.

Bei nicht-linearer, z. B. bimolekularer (quadratischer) Rekombination (Bild d) ist $r \sim \Delta n\, \Delta p \sim \Delta n^2$, so daß sich keine konstante, d. h. konzentrationsunabhängige L. mehr ergibt und damit eigentlich von einer L. nicht mehr gesprochen werden kann. Nach Abschalten der Generation ergibt sich dann statt eines exponentiellen ein hyperbolischer Konzentrationsabfall.

Das Konzept der L. läßt sich im Prinzip auf alle Quasiteilchen eines Festkörpers anwenden. So ist z. B. die L. eines Phonons die mittlere Zeit, nach der es durch anharmonische Wechselwirkung mit anderen Phononen verschwindet. *Heinz*

Literatur: *Schultz, W.*: Rekombinations- und Generationsprozesse in Halbleitern. Festkörperprobleme V S. 165 (Hrsg. F. Sauter) Braunschweig 1966.

Lebensdauer, charakteristische →Weibull-Verteilung

Lebensdauer, mittlere. →Lebensdauerverteilung

Lebensdauernetz →Weibull-Verteilung

Lebensdauertest. Test zur Ermittlung der →Lebensdauer von Komponenten (→Lebensdauerverteilung).

Bei Komponenten mit Verschleißausfällen (→Normalverteilung) läßt sich ein Los bis zum →Ausfall der letzten Einheit prüfen. Bei dieser *vollständigen* →Stichprobe ergibt sich der Schätzwert $\bar{t}$ der mittleren Lebensdauer als arithmetisches Mittel der Lebensdauern t_i der n eingesetzten Komponenten

$$\hat{t} = \frac{1}{n} \sum_{i=1}^{n} t_i.$$

Bei Komponenten mit Zufallsausfällen (→Exponentialverteilung) ist es nicht zweckmäßig, das Los bis zum Ausfall der letzten Einheit zu prüfen, da dieser Ausfall unter Umständen erst nach sehr langer Zeit stattfindet. In diesem Fall wird der Test als zensierte oder gestutzte Stichprobe ausgeführt (Bild 1, 2).

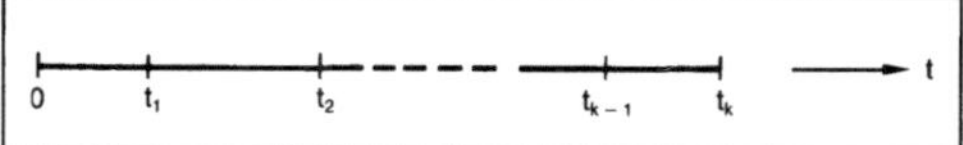

Lebensdauertest 1: Zensierte Stichprobe; der Versuch endet zum Zeitpunkt t_k des Ausfalls der k-ten Einheit.

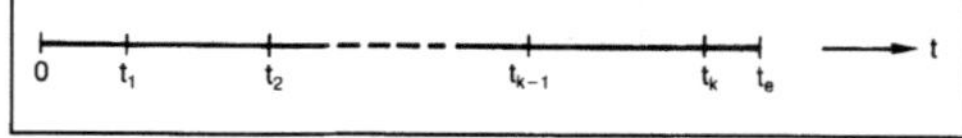

Lebensdauertest 2: Gestutzte Stichprobe; der Zeitpunkt t_e des Versuchsendes fällt nicht mit dem Zeitpunkt t_k des Ausfalls der k-ten Einheit zusammen.

Bei der zensierten Stichprobe endet der L. zum Zeitpunkt t_k des Ausfalls der k-ten Einheit. Bei der *gestutzten* Stichprobe wird das Experiment zu einem vorher festgelegten Zeitpunkt t_e beendet. Hier fällt der Zeitpunkt t_k des Ausfalls der k-ten Einheit nicht mit dem Ende des Tests t_e zusammen. Der Schätzwert λ der →Ausfallrate errechnet sich zu

$$\hat{\lambda} = \frac{k}{n t_k}, \text{ bzw. } \hat{\lambda} = \frac{k}{n t_e}.$$

Bei der Bestimmung der oberen Grenze des Vertrauensbereichs dieser Schätzwerte wird bei der gestutzten Stichprobe von (k – 1) ausgefallenen Einheiten ausgegangen, da eventuell eine Einheit direkt nach t_k hätte versagen können. *Schrüfer*

Lebensdauerverteilung. L. beschreiben die →Zuverlässigkeit, →Ausfallwahrscheinlichkeit, →Ausfalldichte und →Ausfallrate von Komponenten. Die entsprechenden Informationen werden aus Lebensdauertests im Prüffeld oder aus der Auswertung von Betriebsdaten gewonnen. Wurden zum Zeitpunkt t_0 insgesamt n_0 Einheiten in Betrieb genommen und sich zum Zeitpunkt t noch n(t) Einheiten funktionsfähig, so wird der Quotient $n(t)/n_0$ als *Überlebenswahrscheinlichkeit* oder *Zuverlässigkeit* (survivability, reliability) R(t) definiert:

$$R(t) = \frac{n(t)}{n_0}$$

Das Einserkomplement der Überlebenswahrscheinlichkeit ist die *Ausfallwahrscheinlichkeit* (failure probability) F(t). Sie gibt die Wahrscheinlichkeit an, daß die Zufallsvariable „Lebensdauer X" kleiner oder gleich der Zeit t ist:

$$w(X \leqq t) = F(t)$$
$$F(t) = 1 - R(t)$$

Hat die Funktion F(t) keine Sprungstellen, so ist sie mindestens abschnittsweise differenzierbar und damit eine Stammfunktion der Ausfalldichte f(t):

$$f(t) = \frac{dF(t)}{dt} = -\frac{dR(t)}{dt}$$

Wird die Ausfalldichte f(t) auf den Teil der noch funktionsfähigen Elemente $n(t)/n_0$, d. h. auf die Überlebenswahrscheinlichkeit R(t) bezogen, so ergibt sich die *Ausfallrate* (failure rate, hazard rate) *z(t):*

$$z(t) = \frac{f(t)}{R(t)} = -\frac{1}{R(t)}\frac{dR(t)}{dt}$$

Der jeweilige Verlauf der Überlebens- und Ausfallwahrscheinlichkeit hängt natürlich von den betrachteten Einheiten ab und ist von Komponente zu Komponente verschieden. Zufallsausfälle folgen der →Exponentialverteilung, während Verschleißausfälle durch die →Normalverteilung beschrieben werden. Häufig wird auch mit der *Weibull*-Verteilung gerechnet.

Charakteristische Größen für die L. sind
- der Modalwert t_w,
- der Median t_{50} und
- die mittlere Lebensdauer $\bar{t}$.

Der Modalwert der Lebensdauer ist diejenige Lebensdauer, bei der die Ausfalldichte ein Maximum hat. Der Median t_{50} ist die Lebensdauer, die von der Hälfte der Komponenten erreicht wird. Die mittlere Lebensdauer $\bar{t}$ errechnet sich als Erwartungswert E(t) aus der folgenden Gleichung

$$E(t) = \bar{t} = \int_0^\infty t\, f(t)\, dt,$$

die nach einer partiellen Integration übergeht in

$$\bar{t} = \int_{t=0}^{\infty} R(t)\, dt$$

Als Beispiel zeigt das Bild die L. der Menschen in der Bundesrepublik Deutschland. Die Überlebenswahrscheinlichkeit R geht infolge der Säuglingssterblichkeit zunächst zurück, vermindert sich noch geringfügig bis zum Alter von etwa 50 Jahren und strebt dann steil dem Wert 0 zu. Die Sterbewahrscheinlichkeit (Ausfallwahrscheinlichkeit F) der Männer ist im gesamten Altersbereich höher als die der Frauen. Die Statistiker bezeichnen die Männer als *übersterblich.* Jeder zweite männliche Neugeborene erreicht ein Alter von 71 Jahren (Medianwert), jeder zweite weibliche Neugeborene 77 Jahre. Die durchschnittliche Lebenserwartung, die mittlere Lebensdauer, beträgt für Jungen 67,4 und für Mädchen 73,8 Jahre.

Die Sterbewahrscheinlichkeit pro Jahr (Ausfallrate z) ist getrennt herausgezeichnet. Nach einer

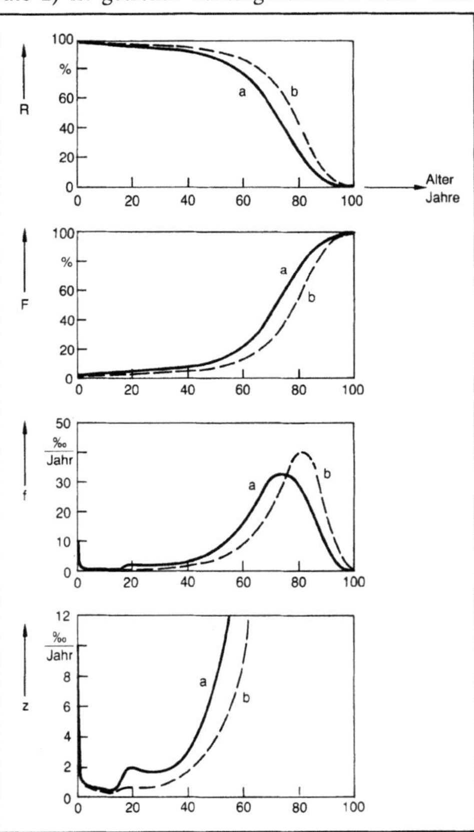

R) Überlebenswahrscheinlichkeit, F) Ausfallwahrscheinlichkeit, f) Dichtefunktion der Ausfallwahrscheinlichkeit, z) Ausfallrate: a) männliche, b) weibliche Bevölkerung

Lebensdauerverteilung: L. bei Menschen. (Quelle: Statistisches Bundesamt)

relativ hohen Sterblichkeit im ersten Lebensjahr sinken die Sterbewahrscheinlichkeiten bis zu einem Minimum bei den elfjährigen Kindern und steigen bei den 15- bis 20jährigen steil an. In dieser Altersgruppe gehen 80% der Sterbefälle auf unnatürliche Todesursachen zurück (50% Kraftfahrzeugunfälle). Die Höhe der Säuglingssterblichkeit der Knaben wird erst von den über 63jährigen Männern, die der Mädchen von den über 68jährigen Frauen erreicht und übertroffen. *Schrüfer*

Literatur: *Schrüfer, E.*: Zuverlässigkeit von Meß- und Automatisierungseinrichtungen. München 1984. – Statistisches Bundesamt Wiesbaden: Allgemeine Sterbetafel für die Bundesrepublik Deutschland, 1970/72. Stuttgart.

Leckstrom. Unerwünschter Strom durch Isolationen beliebiger Art, insbesondere bei Elektrolytkondensatoren. *K. Winter*

LED (Abk. Lichtemittierende Diode). →Lumineszenzdiode, die für das menschliche Auge sichtbare Strahlung ($380<\lambda<780$ nm) emittiert.

Die ersten und heute noch in großen Stückzahlen hergestellten LEDs basieren auf $GaAs_{1-x}P_x$. Sie werden durch →Gasphasenepitaxie auf GaAs-Substraten gewachsen, wobei eine Pufferschicht zur kontinuierlichen Anpassung der Gitterkonstante zwischen Substrat und aktiver Schicht nötig ist. Bestimmender Faktor für Farbe, →Helligkeit und →Quantenwirkungsgrad ist das Mischungsverhältnis x. Sichtbares Licht emittierende Dioden ergeben sich für $x>0{,}2$; jedoch nimmt ab $x=0{,}35$ der externe Quantenwirkungsgrad durch nichtstrahlende Prozesse ab. Für $x > 0{,}45$ resultiert ein indirekter Halbleiter. Da andererseits die Augenempfindlichkeit steigt, wird der höchste Leuchtwirkungsgrad für $x=0{,}4$ ($\lambda=660$ nm) erreicht.

Der Einbau von Stickstoff-Störstellen (N-Traps) ermöglicht aber auch in Mischkristallen mit indirekten Bandübergängen ($x>0{,}45$) eine effiziente →Lumineszenz. In diesem Fall werden die Schichten mit der Gasphasenepitaxie auf GaP aufgewachsen, ein Material, das für die emittierte Strahlung transparent ist. Derartige TSN-(transparent substrate N-doped-) Elemente gibt es als orange-rot- ($x=0{,}6$), orange- ($x=0{,}7$) und gelb ($x=0{,}85$) emittierende Dioden.

Neben →GaAsP ist →GaP das am weitesten verbreitete Material; es hat eine indirekte →Bandstruktur. Der Einbau sog. isoelektrischer →Störstellen (Stickstoff oder Zink und Sauerstoff) führt zur strahlenden →Rekombination von an diesen Störstellen gebundenen Exzitonen. Stickstoff mit einer Konzentration $N<10^{19}\,cm^{-3}$ (N-Zentren) ergibt grüne-, eine höhere Konzentration $N>10^{19}\,cm^{-3}$ (NN-Paare) gelbe Lumineszenz. Der →pn-Übergang wird durch Zn-Diffusion in Stickstoff angereicherte, mit Gasphasenepitaxie gewachsene GaP-Schichten hergestellt. Die Selbstabsorption ist sehr hoch. Spezielle, mit →Flüssigphasenepitaxie gewachsene Dotierungsprofile, zeigen eine deutlich geringere Selbstabsorption, insbesondere für grün leuchtende Dioden.

Mit der Flüssigphasenepitaxie können durch Zugabe von Zink und Sauerstoff (→Dotierung der ZnO-Komplexe etwa $10^{16}\,cm^{-3}$) auch rot emittierende Dioden hergestellt werden. Sie erreichen mit etwa 15% einen der höchsten externen Quantenwirkungsgrade (→Lumineszenzdiode-Wirkungsgrad).

Zweifarbig emittierende Dioden entstehen durch N-Dotierung auf der Oberseite und ZnO-Dotierung auf der Rückseite eines gemeinsamen Substrates. Je nach Ansteuerung einzelner bzw. beider Dioden entsteht grüne, rote oder gelbe Lumineszenz, da das Substrat für die rote Strahlung durchlässig ist (Bild 1).

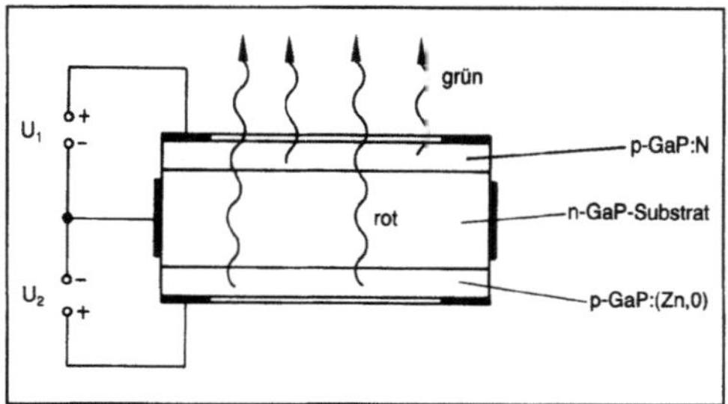

LED 1: Zweifarbige emittierende Diode, Aufbau.

Durch den Fortschritt der $Ga_{1-x}Al_xAs$-Lasertechnologie werden zunehmend auch $Ga_{0,6}Al_{0,4}As$-Lumineszenzdioden mit ($\lambda=670$ nm) hergestellt. Dabei handelt es sich um Einfach- oder Doppelheterostrukturen mit hohem Injektionswirkungsgrad und geringer Selbstabsorption, so daß hohe Leuchtwirkungsgrade erzielt werden. Sie sind als die *sichtbaren* Varianten der infraroten Hochleistungs-Lumineszenzdioden anzusehen.

$In_{1-x}Ga_xP$ und $In_{1-x}Al_xP$ auf GaAs sind ebenfalls potentielle Mischkristalle für die Herstellung von LEDs, jedoch lassen die erheblichen technologischen Schwierigkeiten einen baldigen kommerziellen Einsatz nicht erwarten.

Ein besonderes Problem stellen blau emittierende LEDs dar; sie erreichen bezüglich Wirkungsgrad und Preis bei weitem nicht den für gelb, grün und rot leuchtende Dioden bekannten Standard. Zur Anwendung kommen Galliumnitrid (GaN) und Siliziumkarbid (SiC).

GaN ist ein direkter Halbleiter ($E_{gap}=3{,}5$ eV); Lithium, Cadmium und Zink-Störstellen sind für gelbe, grüne und blaue Lumineszenz verantwortlich. Hauptprobleme bilden die Herstellung größerer Einkristalle (Substrate) und die p-Dotierung. Technologisch möglich sind kleinflächige einkristalline Schichten auf Saphir oder Spinell und semiisolierendes Material (Kompensation der n-Leitung durch Zink und Mangan-Dotierung) (Bild 2). Die Herstellung erfolgt mit der Gasphasenepitaxie. Die Leuchtwirkungsgrade liegen bei weniger als 30 mlm/W.

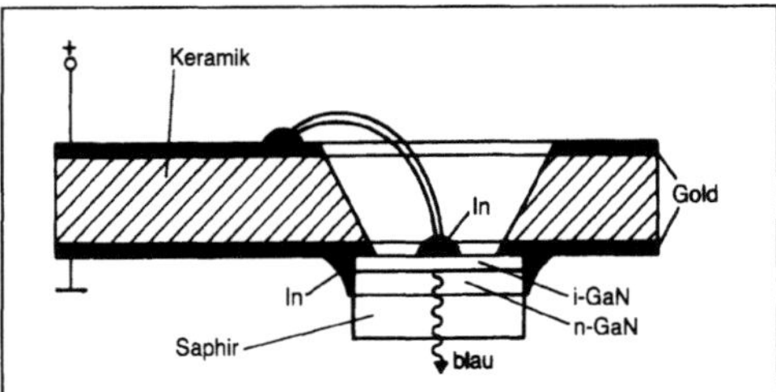

LED 2: GaN-Lumineszenzdiode, Aufbau.

SiC in der sog. α-Modifikation hat eine indirekte Bandstruktur mit einem Abstand von $E_{gap} = 3{,}02$ eV. Bipolare Leitfähigkeit ist möglich durch Bor- (n-) oder Al- (p-) Dotierung. Blaue SiC-Dioden werden mit der Flüssigphasenepitaxie hergestellt mit einem epitaktisch gewachsenen oder diffundierten pn-Übergang. Es gibt z. Zt. keine Vorstellung von dem der Lumineszenz zugrunde liegenden Übergangsprozeß.

II-VI-Verbindungen haben trotz ihrer direkten Bandstruktur und ihres Potentials, den gesamten sichtbaren Bereich abzudecken, keine praktische Bedeutung, da es nicht möglich ist, p- und n-leitende Bereiche des gleichen Materials herzustellen.

LEDs werden vor allem einzeln als Leuchtindikatoren oder als Arrays zur Darstellung alphanumerischer Zeichen (→LED-Anzeige) verwendet. Infolge der geringen Lichtleistung verbunden mit der Farbigkeit haben sie für Beleuchtungszwecke keine Bedeutung.

Die einzelne LED hat meist quadratische Form mit einer Kantenlänge von 300–700 μm. Die Rückseite ist i. a. ganz, die Abstrahlseite teilweise metallisiert. Der Halbleiter wird auf einen entsprechenden Träger montiert und mit einem farbigen Kunststoff mit angesetzter Linse vergossen (Bild 3). Auf diese Weise werden die leuchtende Fläche, der optische Wirkungsgrad, die →Abstrahlcharakteristik (→Lumineszenzdiode-Abstrahlcharakteristik) und der Farbenkontrast verbessert. Daneben gibt es eine Vielzahl planarer geometrischer Formen als Anzeige- und Hinweiselemente. In jüngster Zeit werden auch unvergossene Elemente auf Keramikträgern ohne Anschlüsse angeboten, um die Flexibilität für den Anwender zu erhöhen.

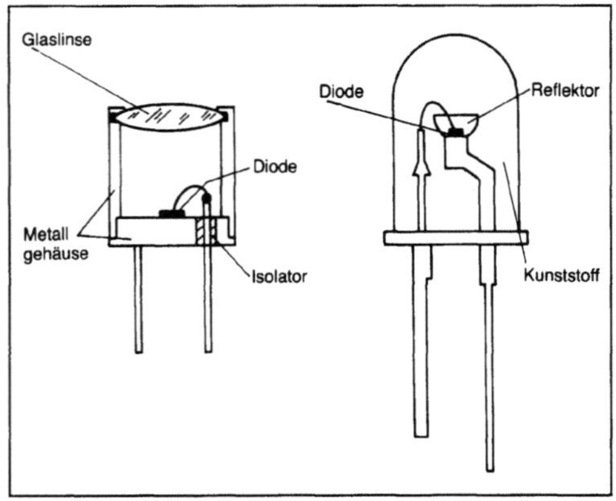

LED 3: Ausführungsformen.
a) TO-18 Gehäuse mit aufgesetzter Linse oder Abschlußplatte
b) Vergossenes Kunststoffgehäuse mit Kugellinsenfläche.

LED. Tabelle: Eigenschaften

Material	Wellenlänge	Leuchtwirk. Grad.
$GaAs_{0,6}P_{0,4}$	660 nm	400 mlm/W
$GaAs_{0,6}P_{0,4}$: N	650 nm	
$GaAs_{0,3}P_{0,7}$: N	630 nm	1 200 mlm/W
$GaAs_{0,15}P_{0,85}$: N	590 nm	1 400 mlm/W
GaP : N	565 nm	4 000 mlm/W
GaP : NN	580 nm	450 mlm/W
GaP : Zn, O	690 nm	3 000 mlm/W
$Ga_{0,6}Al_{0,4}As$	670 nm	9 000 mlm/W
GaN	440 nm	30 mlm/W
SiC	480 nm	15 mlm/W

Vorteile der LEDs sind: klein, leicht, robust, niedrige Betriebsspannung, hohe Lebensdauer ($>10^5$ Stunden). Hauptnachteil ist der geringe Wirkungsgrad. *Rosenzweig*

Literatur: *Bleicher, M.*: Halbleiter-Optoelektronik. Heidelberg 1986; – *Paul, R.*: Optoelektronische Halbleiterbauelemente. Stuttgart 1985.

LED-Anzeige. Einrichtung zur Anzeige von Gerätefunktionen durch Ziffern, Buchstaben und Zeichen (*engl.* LED, Light Emitting Diode). Das Halbleiter-Bauelement wird auch Leuchtdiode oder →Lumineszenzdiode genannt. Die LED wandelt zugeführte elektrische Energie in sichtbare Lichtstrahlung um, sie entsteht beim Stromfluß in →Durchlaßrichtung am pn-Übergang. Die Farbe des emittierten Lichts ist abhängig vom Halbleitermaterial, bei Galliumarsenid (→GaAs) oder Galliumarsenidphosphid (→GaAsP) liegt das Strahlungsmaximum im roten, bei Galliumphosphid (→GaP) mehr im grünen Spektralbereich (auch abhängig von der →Dotierung mit anderen Stoffen). LED-A. haben nur eine geringe Trägheit und eine niedrige Leistungsaufnahme. *Bahr*

LEED. (*engl.* Low Energy Electron Diffraction, Beugung niederenergetischer „langsamer" Elektronen) Methode der Oberflächenphysik zur Untersuchung des atomaren Aufbaus kristalliner Festkörperoberflächen. Es kann eine Genauigkeit von etwa 10^{-11} m erreicht werden.

Dabei trifft ein möglichst parallel gebündelter und monoenergetischer →Elektronenstrahl (Stromstärke etwa 10^{-6} A) mit relativ niedriger Elektronenenergie ($W < 1000$ eV) auf die zu untersuchende Probe. Die Atome der Probe streuen einen Teil der einfallenden Elektronen kohärent und elastisch (d. h. ohne Energieverlust) zurück. Diese Streubeiträge überlagern sich, d. h. im Bild der Materiewellen gesprochen, die zugehörigen Elektronenwellen interferieren. Analog der optischen Beugung an einem →Gitter erzwingt dabei die periodische Anordnung der Atome im Kristallgitter, daß konstruktive Interferenz nur in bestimmten Richtungen auftreten kann, d. h. nur in diesen Beugungsrichtungen kann ein Detektor Elektronen nachweisen. Häufig verwendet man als Detektor einen Lumineszenzschirm, auf dem die nach der Beugung auf einige keV nachbeschleunigten Elektronen wie in einer →Bildröhre Lichtreflexe erzeugen, die durch ein Fenster der Experimentierkammer von außen beobachtet werden können (Bild 1). Inelastisch, d. h. mit Energieverlust zurückgestreute Elektronen werden dabei durch ein System elektrostatischer Netze zurückgehalten und gelangen nicht auf den →Leuchtschirm. Um die zu untersuchende Oberfläche von störend adsorbierenden Gasatomen der Umgebung freizuhalten, muß die Untersuchung im Ultrahochvakuum (UHV) durchgeführt werden (typischer Druck: 10^{-8} Pa).

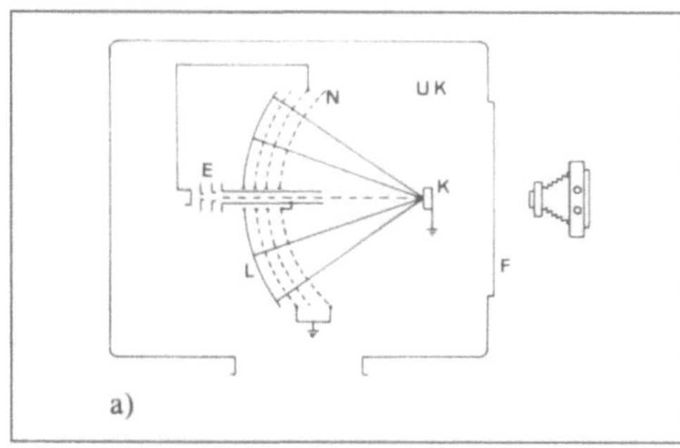

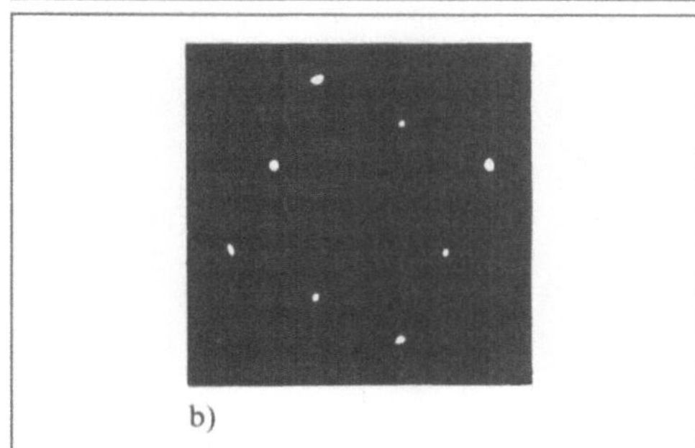

K – Kristall, E – Elektronenkanone, L – Leuchtschirm, N – Netze, UK – Ultrahochvakuumkammer, F – Fenster.

LEED 1: Apparatur (a) zur Erzeugung eines LEED-Bildes (b)

Zur Erzeugung drastischer Beugungserscheinungen, d. h. großer Beugungswinkel muß die Wellenlänge der Elektronen, die de Broglie-Wellenlänge $\lambda = \sqrt{2mW}/h$ (mit m = Elektronenmasse, h = Plancksches Wirkungsquantum) in der Größenordnung des Periodizitätsabstands der atomaren Streuer liegen. Dieser liegt im Bereich von einigen Ångström (1 Å = 10^{-10} m) und für $\lambda = 1$ Å ergibt sich eine Elektronenenergie von $W = 150$ eV. Elektronen in diesem Energiebereich wechselwirken jedoch intensiv mit Materie, so daß sie nur wenig in den Festkörper eindringen können, die zugehörige Elektronenwelle wird also stark gedämpft. Dies erklärt, warum LEED eine oberflächenspezifische Methode ist, d. h. Informationen nur über die ersten paar Atomlagen des Oberflächenbereichs einer kristallinen Probe gibt. Dies ist ein prinzipieller, über das Methodische hinausgehender Unterschied zur Strukturanalyse durch Röntgenbeugung.

Aus der Periodizität der Anordnung der Beugungsreflexe kann auf die Periodizität der Anordnung der Oberflächenatome geschlossen werden. Die Bedingung konstruktiver Interferenz für die zurückgestreuten Elektronenwellen ist gleichbedeutend mit der Tatsache, daß die einfallenden Elektronen nur bestimmte diskrete Impulse mit dem periodischen Gitter austauschen können – eine Folge der grundlegenden Wechselbeziehung zwischen Translationsinvarianz und Impulserhaltung. Da die Translationsinvarianz nur parallel zur Oberfläche besteht, gilt dies auch nur für die dazu parallelen Impulskomponenten. Üblicherweise wird dies mit Hilfe des Wellenvektors k ausgedrückt ($k = 2\pi/\lambda$), der sich aus dem Impuls p mit $p = \hbar k$ ergibt ($\hbar = h/2\pi$). Die Beugungsbedingung formuliert sich dann zu $(k'-k)_\parallel = g_\parallel$ (*Laue*-Bedingung), wobei k und k' die Wellenvektoren in Richtung der einlaufenden bzw. gebeugten Elektronen sind und $g_\parallel$ der parallel zur Oberfläche mit dieser ausgetauschte Impuls (dividiert durch $\hbar$) ist. Der Vektor g ist ein Vektor des sog. reziproken Gitters, das aus dem realen Gitter auf eindeutige Weise durch Fouriertransformation hervorgeht. Besteht die Oberfläche angenähert aus nur einer ebenen Atomlage (Monolage), in der die Atome beispielsweise im Abstand a quadratisch angeordnet sind, so liegen die Vektoren des dazu reziproken Gitters auf zur Monolage senkrechten und zueinander parallelen Geraden im Abstand $g_{0x} = g_{0y} = 2\pi/a$.

Da nur elastisch gestreute Elektronen betrachtet werden, muß $|k| = |k'|$ sein, d. h. k und k' liegen auf einer Kugel um ihren gemeinsamen Ursprung mit dem Radius $|k|$. Die Schnittpunkte dieser Ewald-Kugel mit den Gitterstangen definieren in diesem Bild die Beugungsrichtungen, d. h. das entstehende Beugungsbild entspricht einem Schnitt durch das reziproke Gitter.

Die Symmetrie des Beugungsbilds gibt also – auf reziproke Weise – die Symmetrie der Anordnung der Oberflächenatome wieder, d. h. die Gestalt der Einheitszelle, die sich durch diskrete Translationen parallel zur Oberfläche periodisch wiederholt. Daran ändert sich auch nichts, wenn – wie real der Fall – zwei oder mehr (gleiche) Lagen am Elektronenrückstreuprozeß beteiligt sind. Die von jeder Lage dabei in gleiche Richtungen gebeugten Elektronen interferieren dann miteinander zusätzlich und beeinflussen somit lediglich die Intensität (Strom) des gebeugten Strahls. Ähnliches gilt für den Fall, daß die Einheitszelle mehr als ein Atom besitzt, d. h. eine Struktur vorliegt. Auch hier bleiben bei unveränderter Gestalt der Einheitszelle die Richtungen, in denen Beugungsreflexe auftreten können, unverändert. Die zusätzliche Interferenz zwischen den Streubeiträgen der verschiedenen Einheitszellenatome modifiziert lediglich die Reflexintensität.

Bei speziellen Positionen der Atome in der Einheitszelle können Auslöschungen vorkommen, d. h. bestimmte Beugungsreflexe erhalten unabhängig von der Wellenlänge durch destruktive Interferenz keine Intensität mehr. In diesem Fall ist jedoch häufig eine kleinere Einheitszelle wählbar, deren Gestalt wieder aus der Symmetrieanordnung der verbliebenen Reflexe ablesbar ist.

Während also die Geometrie des Beugungsbilds über die Gestalt der Einheitszelle informiert, liegt die Information über die Struktur der Einheitszelle und die wechselseitige Anordnung aufeinanderfolgender Lagen in den Reflexintensitäten. Ihre Auswertung gestaltet sich jedoch sehr kompliziert. Infolge der bereits erwähnten intensiven Wechselwirkung der Elektronen mit dem Festkörper streuen die Elektronen mehrfach mit Oberflächenatomen, bevor sie die Oberfläche wieder verlassen. Die Vielfachstreuungen lassen im Unterschied zur Röntgenbeugung eine kinematische Behandlung der Beugung scheitern, eine dynamische Theorie ist notwendig. Diese wurde erst in den siebziger Jahren mit der notwendigen Genauigkeit entwickelt, erlaubt z. Z. jedoch trotz vieler Erfolge eine erfolgreiche Anwendung nur auf relativ einfache Oberflächenstrukturen. Üblicherweise werden ganze Intensitätsspektren ausgewertet, d. h. der Verlauf der Intensität einzelner Reflexe als Funktion der Elektronenenergie oder der Elektroneneinfallsrichtung. Das dabei auftretende Wandern der Reflexe macht die Intensitätsmessung zu einem aufwendigen Verfahren. Gemessene Spektren werden dann mit berechneten verglichen, wobei man zur Rechnung von Modellgeometrien der Oberfläche ausgeht, die bis zu einer befriedigenden Übereinstimmung mit dem Experiment variiert werden. Dabei müssen auch nichtstrukturelle Eigenschaften des Festkörpers berücksichtigt werden, wie z. B. die Streueigenschaften der atomaren Einzelstreuer oder die Temperaturbewegung der Atome (*Debye-Waller*-Faktor).

Die Dynamik der Beugung äußert sich bei den Intensitätsspektren u. a. im Auftreten ungewöhnlich vieler Maxima. Kinematische Beugung würde Maxima nur bei Energien erlauben, deren zugehörige Wellenlängen konstruktive Interferenz der Einfachbeugungsbeiträge benachbarter Atomanlagen ermöglichen (*Bragg*-Maxima).

Bei der Adsorption von Atomen oder Molekülen auf einer kristallinen Oberfläche kommt es häufig vor, daß die Adsorptionsschicht eine andere Symmetrie und Struktur als die Unterlage besitzt, man spricht von einer Überstruktur. Dann treten im Beugungsbild zusätzliche Reflexe auf, die durch die meist größere Einheitszelle der Überstruktur erzeugt werden. Im Gegensatz zu einfachen Adsorbaten ist die Klärung komplizierter Strukturen z. Z. noch durch den erheblichen numerischen Aufwand

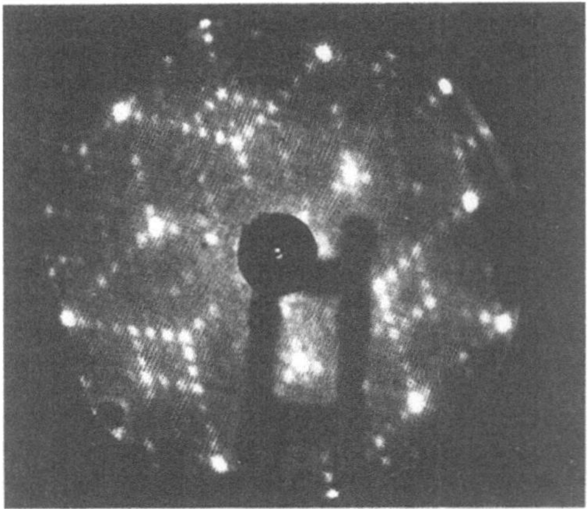

a)

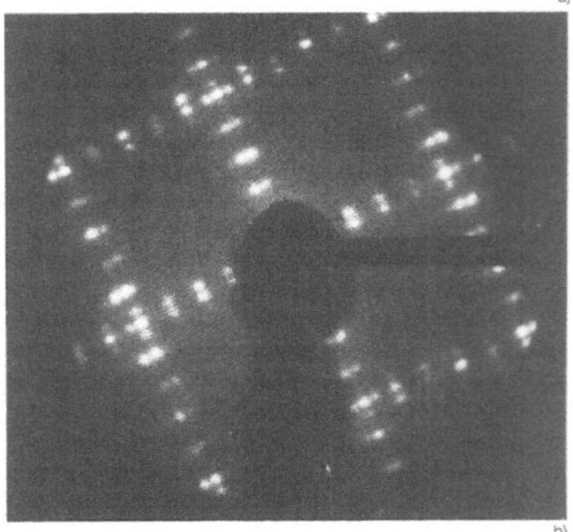

b)

LEED 2: Darstellung von Überstrukturen.
a) »7×7« – Überstruktur der Si(111)-Oberfläche
b) Überstruktur der Pt(100)-Oberfläche.

der Intensitätsauswertung erschwert, wie z. B. bei der Si(111)-Oberfläche, bei der die erste Siliciumlage eine siebenfache Überstruktur auf den folgenden Lagen bildet und zu einem ganzen „Sternenhimmel“ von Reflexen führt (Bild 2).

In selteneren Fällen kann die Dynamik der Beugung beim Vorliegen einer Überstruktur auch Einfluß auf die Geometrie der Beugungserscheinung nehmen. Dies beobachtet man dann, wenn Überstrukturlage und Unterlage inkommensurable Translationssymmetrien besitzen. Dies führt zu zusätzlichen Reflexen, die keiner Lage allein zuzuordnen sind. Es können so sehr komplizierte Beugungsbilder entstehen. Ein Beispiel hierfür ist die (100)-Oberfläche von Platin (Bild 2b), bei der die oberste Lage als quasihexagonal und die Lagen darunter als quadratisch geordnet angenommen werden.

In den letzten Jahren kommt zunehmend auch die Beugung Spin-polarisierter Elektronen zur Anwendung (SPLEED). Sie erlaubt u. a. Aussagen über die magnetische Ordnung ferromagnetischer Oberflächen und ihre Anregungen. *Heinz*

Literatur: *Ertl, G.* and *J. Küppers:* Low Energy Electrons and Surface Chemistry, Weinheim 1985. – *Van Hove, M. A., W. H. Weinberg* and *C.-M. Chan:* Low Energy Electron Diffraction. Berlin, Heidelberg, New York 1986.

Leerlaufempfindlichkeit. →Empfindlichkeit eines Sensors unter der Annahme, daß der elektrische Ausgang des Sensors nicht durch einen Wirk- oder Scheinwiderstand belastet wird. Diese Annahme wird im allgemeinen bei Anwendung potentiometrischer Ausgangsstufen realisiert. *Schaumburg*

Leerlaufgleichspannung bei Stromrichtern →Leerlaufgleichspannung, ideelle

Leerlaufgleichspannung, ideelle (U_{dio}). Das ist die theoretische Leerlaufgleichspannung eines Stromrichters bei →Vollaussteuerung ohne Berücksichtigung der inneren Spannungsabfälle des Stromrichters. Sie ist schaltungsabhängig. (→Stromrichter) *H. Stüben*

Leerlaufspannungsverstärkung. Spannungsverstärkungsfaktor einer Verstärkerschaltung bei ausgangsseitigem Leerlauf. *R. Paul*

Leerlaufverstärkung. Abkürzung für →Leerlaufspannungsverstärkung

Leerstelle →Punktdefekt

Legieren. Beim L. handelt es sich um eines der ältesten Verfahren zur Herstellung von →pn-Übergängen. Bringt man ein geeignetes Metall in Kontakt mit einem Halbleiter und erhitzt die Probe über die eutektische Temperatur, so löst sich der Halbleiter im Metall und/oder das Metall im Halbleiter. Bei der folgenden Abkühlung ergibt sich eine hochdotierte Halbleiterschicht und damit ein pn Übergang. Geeignete Metalle sind z. B. Indium und →Aluminium, um bei →Silicium und →Germanium p-dotierte Gebiete zu erzeugen. Besonders bei Germanium wurden früher Dioden und Transistoren mittels L. hergestellt. In der modernen Siliciumtechnologie erfolgt die →Dotierung durch →Diffusion und →Ionenimplantation.

Bei Verbindungshalbleitern werden häufig ohmsche Kontakte durch L. nach dem oben beschriebenen Verfahren hergestellt. Dabei verwendet man oft eine Legierung aus einem Metall mit einer Beimischung eines Dotierelementes, z. B. AuGe bei GaAs. *Ryssel*

Legierungstransistor. →Bipolartransistor auf Germanium-Basis (n-leitend), bei der die Emitter- und Kollektorbereiche durch beiderseitiges Einlegieren von Indium gebildet werden. Dieser Transistor wurde früher sehr verbreitet hergestellt, ist aber heute kaum noch im Einsatz. *R. Paul*

Leistungselektronik. Bereich der →Elektronik, der das Schalten, Umformen und Steuern elektrischer Energie (zwischen Leistungen von einigen Watt bis zu Hunderten von Megawatt) unter Verwendung elektronischer Bauelemente, insbesondere Halbleiterbauelemente in allen Industriezweigen umfaßt, einschließlich der zugehörigen Meß-, Steuer- und Regeleinrichtungen. Typische Bauelemente sind hierbei Leistungsdioden, -transistoren und Thyristoren sowie zugehörige Steuer- und Leistungsschaltkreise. *R. Paul*

Leistungshalbleiterbauelement. →Halbleiterbauelement ausgelegt für eine →Verlustleistung von mehr als einem Watt, insbesondere für höhere Ströme (Bereich Ampere bis zu einigen Tausend Ampere) und/oder Spannungen (Bereich einige zehn Volt bis zu einigen 100 Volt). Man spricht auch verbreitet von Hochstrom- oder Hochspannungsleistungs-Halbleiterbauelementen. Die in L. verwendeten Stromdichten liegen zwischen 1–100 A/cm², während sie bei Halbleiterbauelementen für sehr viel kleinere Leistungen deutlich höher gewählt werden können. Typische L. sind Leistungsdioden, -transistoren, Thyristoren, DIACs und TRIACs, aber auch Leistungsschaltkreise. Ein zentrales Problem der L. ist eine ausreichende Wärmeabfuhr, wozu ausgefeilte Kühlmaßnahmen erforderlich sind. Auch der SOA-Bereich muß eingehalten werden. Leistungsschaltkreise werden durchweg als →Smart-Power-IC's bezeichnet. *R. Paul*

Leistungskondensator. L. sind Wechselspannungs-Parallel-Kondensatoren zum Verbessern des Leistungsfaktors (cos φ) in Starkstromanlagen. L. sollen Blindstromanteile, die durch induktive Verbraucher erzeugt werden, von den Energieerzeugungs- und Energieübertragungs-Anlagen fernhalten. Die Spannungsbelastung der Kondensatoren ist nahezu sinusförmig, durch Verbraucher mit nicht sinusförmiger Stromaufnahme können jedoch hohe Oberschwingungsanteile im Kondensatorstrom auftreten, da diese Anteile bestimmungsgemäß mit dem →Kondensator kurzgeschlossen werden (Bild).

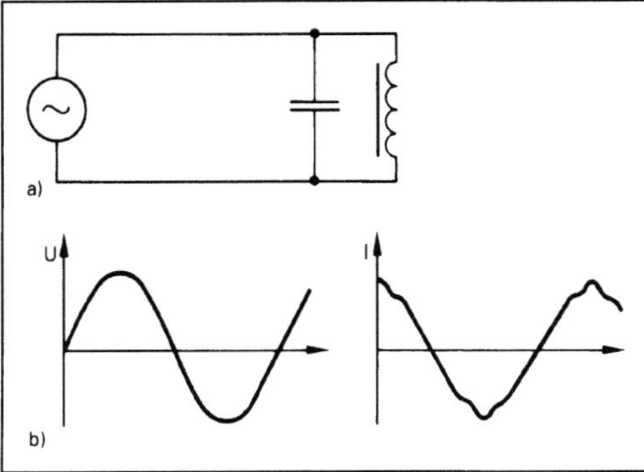

Leistungskondensator: Prinzipielle Darstellung.
a) Schaltbild
b) Spannungs- und Stromform.

In Wechsel- und Drehstromkreisen ist der Leistungsfaktor cos φ=1 solange Strom und Spannung „in Phase" liegen. Dies trifft bei ohmschen Verbrauchern (Elektroheizung, Glühlampen) zu. Die zugeführte Energie wird weitgehend umgesetzt, z. B. in Wärme. Wir haben es mit einer reinen „Wirk"-Leistung zu tun.

Ist jedoch bei der Umsetzung der Energie Induktion im Spiel, wobei in Spulen/Wicklungen Magnetfelder auf- und abgebaut werden (Motoren, Transformatoren), ergeben sich andere Verhältnisse: Zum Aufbau der Magnetfelder wird ein Energieanteil benötigt, der nicht in eine Wirkleistung umgesetzt wird, sondern beim Abbau der Magnetfelder (→Transformator, Generator) an das Netz zurückgegeben wird. Im Gegensatz zur Wirkleistung P spricht man hier von einer Blindleistung Q.

Dabei kommt es durch den induktiven Widerstand der Spulen und Wicklungen (Gegen-EMK) zu einer Verschiebung zwischen Strom und Spannung. Der Strom eilt der Spannung – verschoben um den Winkel φ – nach. Je größer dabei der Anteil der Blindleistung wird, um so größer wird dieser Winkel, bei einer reinen Blindleistung kommt es zu einer Verschiebung von 90°. Da trotzdem ein Stromfluß vorhanden ist, müssen Leitungen, Transformator und Generator auch für diesen Stromanteil bemessen und deshalb überdimensioniert werden.

Kondensatoren haben genau die entgegengesetzte Wirkung auf den Strom wie Induktivitäten. Sie bewirken einen voreilenden Strom bzw. eine nacheilende Spannung, bei *reinem* kapazitivem Widerstand ebenfalls um 90°.

Sind in einem Stromkreis induktiver Widerstand X_L und kapazitiver Widerstand $X_C = \frac{1}{\omega \cdot C}$ gleich groß, heben sich die Wirkungen (Verschiebung) auf den Strom auf.

Leitungen und Anlagen werden nur mit Wirkstrom belastet und können somit höher ausgelastet oder kleiner dimensioniert werden, der Blindstrom pendelt zwischen →Induktivität (Transformator, Motor) und Kondensator hin und her.

Da elektrische Verbraucher im Netz normalerweise induktiv sind, lassen sich durch Zuschalten von Kondensatoren die Netzverhältnisse verbessern, d. h., der induktive Blindstromanteil verringern. Die benötigte kapazitive Blindleistung wird von den L. bereitgestellt. *Krös*

Leistungsmessung, elektrische. Die Leistung ist der Differentialquotient aus Arbeit (Energie) W und Zeit t:

$$P = \frac{dW}{dt}$$

Soweit W keine Funktion der Zeit t ist, kann man auch schreiben:

$$P = \frac{W}{t}$$

Für die elektrische Leistung ergibt sich zunächst für Gleichstrom $P = U \cdot I = I^2 \cdot R = U^2/R$. Bei Wechselstrom ist die Leistung zeitabhängig. Man gibt daher ihren zeitlichen Mittelwert über eine Periode an: Mittelwert einer periodischen Zeitfunktion. Allgemein gilt hier:

$$S = P + jQ$$

mit $S = U \cdot I$ (Scheinleistung),
$P = U \cdot I \cos\varphi$ (Wirkleistung),
$Q = U \cdot I \sin\varphi$ (Blindleistung).

U und I sind die Effektivwerte von Spannung und Strom, φ ist der Phasenwinkel zwischen U und I. Maßgebend für den Energieumsatz ist die Wirkleistung P. Ihre SI-Einheit ist das Watt (W). Die Blindleistung Q beschreibt den Strombedarf (nicht Energiebedarf) für den Blindanteil des Verbraucherwiderstands. Die Scheinleistung $S = U \cdot I = \sqrt{P^2 + Q^2}$ faßt beide Anteile zusammen. Sie ist ein Maß für den technischen Aufwand, da die Spannung U eine bestimmte Isolation, der Strom I einen bestimmten Leiterquerschnitt erfordert.

Die vorstehenden Gleichungen zeigen, daß man zur L. zwei Größen miteinander multiplizieren muß, wobei U und I im Falle von Wechselstrom zeitveränderlich sind. Hierzu bieten sich folgende Möglichkeiten:

□ Getrennte Messung von U und I und anschließende Produktbildung (bei Gleichstrom und bei Wechselstrom mit Verbraucher ohne Blindanteil): →Spannungsmessung, elektrische, →Strommessung, elektrische.

□ Wenn der Widerstand R des Verbrauchers bekannt ist: Messung entweder von U oder von I und Berechnung von P aus U^2/R oder $I^2 \cdot R$.

□ Einsatz eines Multiplizierers. Dabei ist zu bemerken, daß alle →Multiplizierer, die die Momentanwerte von Spannung und Strom miteinander multiplizieren und anschließend den Mittelwert über eine Periode bestimmen, die Gleichung $P = U \cdot I \cdot \cos\varphi$ realisieren, also die evtl. vorhandene Phasenverschiebung zwischen Spannung und Strom berücksichtigen und somit die Wirkleistung liefern. Auch bei nichtsinusförmigen Spannungen und Strömen wird die Wirkleistung ermittelt.

Im einzelnen seien hier für Zwecke der L. folgende Multiplikationsverfahren genannt:

– Elektrodynamisches Meßwerk (→Meßgerät, elektrisches). Prinzip: Multiplikation über magnetische Wirkungen des elektrischen Stroms, Mittelwertbildung für Frequenzen >10 Hz durch mechanische Trägheit des beweglichen Organs. Anwendungen von 10 Hz bis etwa 10 kHz.

– Hall-Generator (→Hall-Sonde). Prinzip: Ausnutzung des Halleffekts bei Halbleitern, Mittelwertbildung über angeschlossenes Drehspulinstrument (Multiplizierer).

– Thermischer Leistungsmesser. Multiplikation mittels Thermoumformer, einer Kombination von Heizdraht und →Thermoelement (Multiplizierer). Mittelwertbildung erfolgt durch thermische Trägheit der Thermoumformer. Anwendung für Frequenzen von 5 Hz bis über 400 kHz.

– Ausnutzung des logarithmischen Zusammenhangs zwischen →Spannungsabfall und →Durchlaßstrom von Silicium-Diodenstrecken (Bild 1).

Zur Wirkleistungsmessung bei Wechselstrom kann man die Schaltungen nach Bild 2a benutzen. Es ist hier für den Leistungsmesser jeweils das →Schaltzeichen für ein elektrodynamisches Meßwerk eingesetzt, obwohl sich auch die anderen angeführten Multiplikationsverfahren zur L. verwenden lassen. Bei Schaltung a) fließt durch den Leistungsmesser der gleiche Strom wie durch den Verbraucher Z. Dagegen ist die am Leistungsmesser anliegende Spannung um den Spannungsabfall im Strompfad des Leistungsmessers U_I größer als die Spannung U am Verbraucher. Vom Verbraucher Z aus gesehen ist die Schaltung a) „stromrichtig“; die angezeigte Leistung P_a ist größer als die in Z

Leistungsmessung, elektrische 1: Leistungsmesser mit analogem Multiplizierer. (Quelle: Marek)

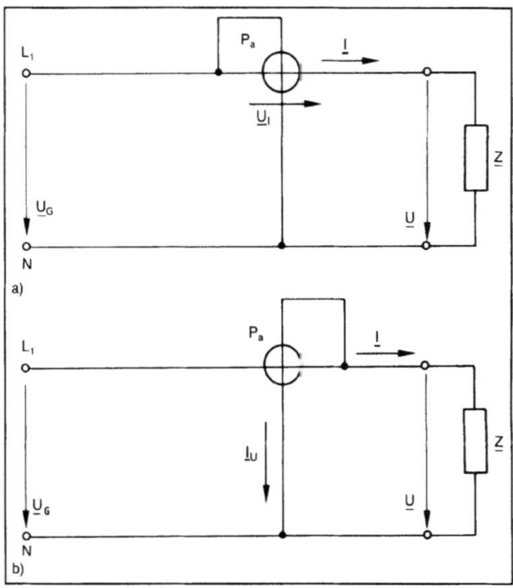

Leistungsmessung, elektrische 2: Leistungsmesserschaltungen. Vom Verbraucher Z aus gesehen.
a) Stromrichtig
b) Spannungsrichtig.

umgesetzte Leistung P. Ob der entsprechende Fehler korrigiert werden muß, hängt von U_I und damit vom Widerstand des Strompfads ab. Ähnliche Überlegungen gelten für die „spannungsrichtige“ Schaltung nach Bild 2b). Für Spannungen über etwa 1 kV und Ströme über etwa 10 A schaltet man →Spannungswandler und →Stromwandler vor die Leistungsmesser.

Zur Blindleistungsmessung bei Wechselstrom muß der durch den Spannungspfad des Leistungsmessers fließende Strom gegenüber der ihn verursachenden Spannung um 90° phasenverschoben sein. Diese erreicht man durch Zwischenschaltung spezieller Phasenschieberschaltungen, z. B. der Hummelschaltung.

Will man die Scheinleistung bestimmen, muß man die Phasenverschiebung zwischen U und I eliminieren. Man formt dann die Effektivwerte in Gleichströme um und zeigt die Scheinleistung z. B. auf einem elektrodynamischen Meßwerk an.

Zur Wirkleistungsmessung bei Drehstrom benötigt man drei Leistungsmesser, wenn es sich um ein Vierleitersystem mit beliebig belasteten Phasen handelt (Bild 3). Bei einem Dreileitersystem sind zwei Leistungsmesser erforderlich (Bild 4). Ist ein Drehstromsystem symmetrisch belastet, genügt nur ein Leistungsmesser, dessen Anzeige man verdreifacht.

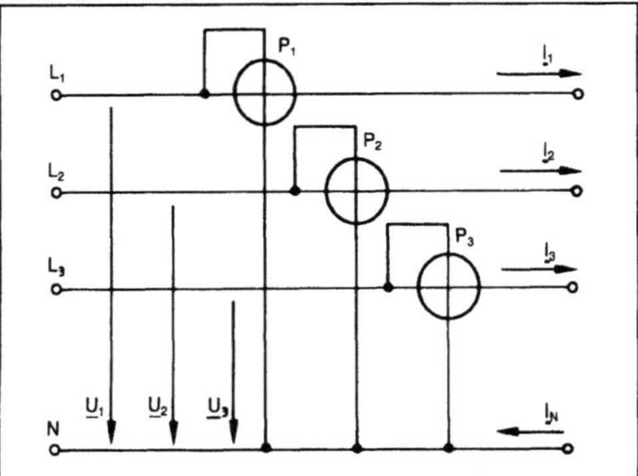

Leistungsmessung, elektrische 3: Wirkleistungsmessung für Vierleitersystem und beliebig belasteten Phasen.

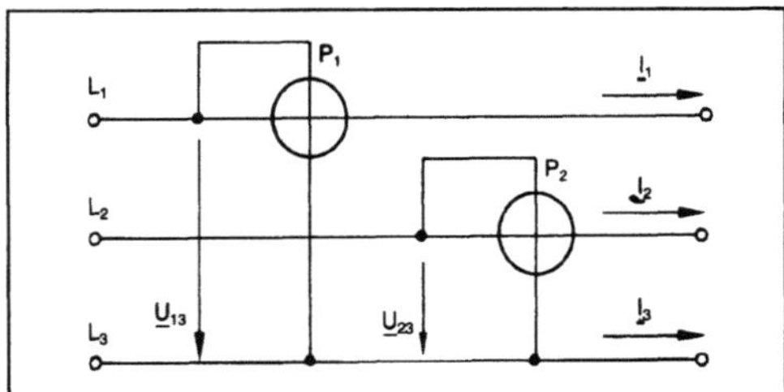

Leistungsmessung, elektrische 4: Wirkleistungsmessung für Dreileitersystem mit beliebig belasteten Phasen (Aronschaltung).

Zur Blindleistungsmessung bei Drehstrom braucht man keine gesonderten Phasenschieberschaltungen. Man nutzt hier die 90°-Phasenverschiebung zwischen den Sternspannungen und den entsprechenden Dreieckspannungen des Drehstromsystems aus.

Abschließend sei noch erwähnt, daß man auch nichtelektrische Leistungen (mechanisch, thermisch) auf elektrische bzw. elektronische Weise messen kann. *Hammerschmidt*

Literatur: *Schrüfer, E.:* Elektrische Meßtechnik. München 1992.

Leistungsmodul. Als L. werden Baugruppen bezeichnet, in die mehrere Leistungshalbleiter (z. B. Dioden, Transistoren, Thyristoren) eingebaut sind. Sie sind z. B. als Zweigpaare (→Stromrichterschaltungen) verschaltet, sodaß der Aufbau von ein- oder dreiphasigen Brückenschaltungen sehr vereinfacht wird. Meist sind sie in Kunststoffgehäuse elektrisch isoliert eingebaut und darin vergossen. Für die Wärmeabfuhr sind sie mit Metallboden oder DCB-Keramiksubstraten (→DCB-Verfahren) ausgerüstet. Das Volumen der meist erforderlichen Kühlkörper kann gegenüber der Einzelmontage der Leistungshalbleiter reduziert werden. *H. Stüben*

Leistungsthyristor. Als L. bezeichnet man Thyristoren mit Dauergrenzströmen I_{TAVM} von 1 A bis etwa 800 A sowie Sperrspannungen U_{RRM}, U_{DRM} von 200–1 600 V. Thyristoren mit höheren Werten werden als Hochleistungsthyristoren bezeichnet. Aufbau, Wirkungsweise und Anwendungen: →Thyristoren. *H. Stüben*

Leistungstransistor. →Transistor mit einer →Verlustleistung von mehr als einem Watt mit besonders großflächigem Aufbau und umfangreichen Maßnahmen zur guten Wärmeabfuhr.

L. stehen seit langem als Bipolartransistoren, seit einiger Zeit auch als →MOSFET zur Verfügung. Bipolare L. haben besonders großflächige pn-Übergänge und bieten so eine gute konstruktive Grundlage für die bequeme Wärmeableitung zum Gehäuse. Häufig wird ihr Kollektorübergang für hohe Sperrspannungen (bis 2 kV) ausgelegt. Besonders gefährdet sind sie durch Überspannungen und Überlastungen, weil sie zum zweiten →Durchbruch neigen. Obwohl an solchen Transistoren extreme Anforderungen (in nahezu jeder Hinsicht) gestellt werden, ist eine Optimierung gewöhnlich nur in einer Richtung (hoher Strom, Spannung, Frequenz) sinnvoll.

MOS-L., die seit einiger Zeit verfügbar sind, haben gegenüber Bipolartransistoren eine Reihe von prinzipiellen Vorteilen:
- um ein oder zwei Größenordnungen kleinere Schaltzeiten (bei vergleichbarer Leistung)
- extrem geringe Steuerleistung und hochohmiger Eingang, wodurch sie direkt durch MOS-Logikschaltungen gesteuert werden können,
- gutes Frequenzverhalten,
- kaum Gefahr eines zweiten Durchbruchs.

Aus konstruktiven Gründen werden solche Transistoren aus einzelnen regelmäßigen Zellen kompakt aufgebaut, die durch Integration auf dem Chip parallelgeschaltet sind (Bild). Dadurch entsteht meist eine Kombination von MOS-FET und →Bipolartransistor bzw. →Diode. Vor allem das gute Frequenzverhalten dieser Transistoren führte zu einer neuen Generation von Stellgliedern, namentlich für höhere Frequenzen. Ansteuer- und Schutzschaltungen, die häufig erforderlich sind, werden bei den sog. „intelligenten Leistungshalbleiterbauelementen" mittelbar mit auf dem Chip integriert.

R. Paul

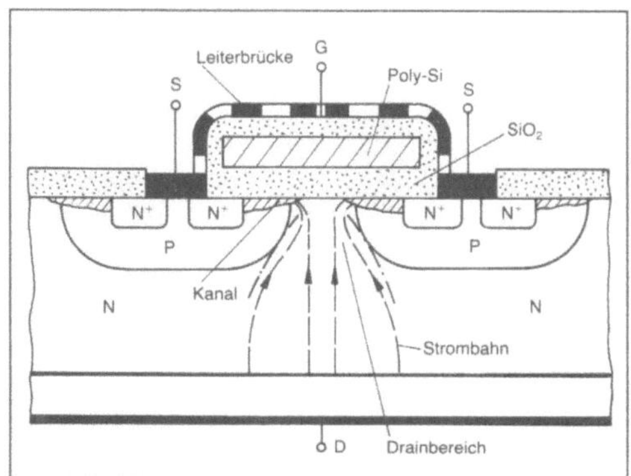

Leistungstransistor: Prinzipieller Aufbau eines MOS-L.

Leistungsverstärker. →Verstärker, dessen Endstufe für den →Großsignalbetrieb ausgelegt ist, um an einen angepaßten Verbraucher möglichst viel →Ausgangsleistung bei hohem Wirkungsgrad und geringen Verzerrungen abzugeben.

Für kleinere Ausgangsleistungen genügen oft Eintaktendstufen im sog. A-Betrieb, für größere werden durchweg Gegentaktschaltungen benutzt. Dabei ergeben sich auch Klassifizierungsmerkmale nach der Lage des Arbeitspunktes (Klasse AB, B, C). Die am L. angeschlossenen Verbraucher sind in vielen Fällen Energiewandler (z. B. →Lautsprecher, →Bildröhre, →Antenne, Elektromotor), deshalb richtet sich ihre Auslegung oft nach dem jeweiligen Anwendungszweck.

Zunehmend werden L. als integrierte Schaltungen unter Entwurfsgesichtspunkten von Leistungshalbleiterelementen ausgeführt. Dabei spielt das Wärmeabfuhrproblem eine große Rolle. *R. Paul*

Leiter, elektrischer. Material, in dem ein Strom durch elektrischen Ladungstransport fließen kann. Die besten Leiter sind die Metalle (Silber, Kupfer, Gold, Aluminium). In ihnen findet der Stromtransport durch die quasi freien Elektronen statt, die bei der metallischen Bindung das →Elektronengas bilden. Die →Leitfähigkeit steigt mit zunehmender Reinheit der Metalle und nimmt mit der Temperatur ab. Bei einigen Metallen und metallähnlichen Verbindungen verschwindet der Widerstand des Leiters bei Unterschreiten einer kritischen Temperatur vollständig (→Supraleitung).

→Ionenleiter sind gelöste oder geschmolzene Verbindungen aus Ionen (z. B. Salze), die dabei in ihre ionischen Bestandteile zerfallen. Die positiven und negativen Ionen können sich bei Anlegen eines elektrischen Feldes in der Flüssigkeit bewegen und so Ladung transportieren. Ionische Festkörper besitzen dagegen nur eine sehr geringe elektrische Leitfähigkeit aufgrund von Ionen, die ihren Platz im Gitter wechseln. Dazu sind Gitterleerstellen erforderlich.

Auch in Gasen kommt es zu einem Stromtransport durch Ionen, die thermisch, durch Strahlung oder durch Stoßionisation entstehen können. Daneben können bei der Ionisation auch freie Elektronen entstehen, die gleichfalls zum Stromtransport beitragen.

Weitere Festkörper, die einen Strom leiten können, sind die →Halbleiter. *Claassen*

Leiterbahn →Dickfilm, →Dünnschichttechnik

Leiterplattenprüfung. Prüfung, ob alle Verbindungen auf einer unbestückten Baugruppe oder einer ihrer einzelnen Lagen vorhanden sind und ob alle Leitungen und Einzelanschlüsse (isolierte Punkte) voneinander elektrisch getrennt (isoliert) sind.

Als Meßverfahren wird häufig die elektrische Prüfung mit Strom- und →Spannungsmessung, jedoch werden auch, vornehmlich bei Innenlagen, optische Verfahren eingesetzt (optische L.).

Die Prüfprogrammerstellung bei der elektrischen Prüfung erfolgt entweder durch ‚Selbstgenerieren' (Lernverfahren), durch Generieren des Programmes aus den Daten des zur Baugruppenentwicklung eingesetzten Layout-Systemes oder manuell. Beim Selbstgenerieren werden alle galvanisch zusammenhängenden Anschlußpunkte sowie Einzelanschlüsse automatisch erkannt und diese Information in die entsprechenden Prüfbefehle umgesetzt. Hierzu muß bereits ein fertiger →Prüflingsadapter vorliegen. Bei der Generierung aus den Daten des Layoutsystemes werden zusammen mit der Adapterdatengenerierung Prüfprogramme vollautomatisch erzeugt. In der Regel nur bei Prüfprogrammänderungen wird manuelle Prüfprogrammerstellung praktiziert.

Die →Kontaktierung bei der Prüfung kann abhängig von der Baugruppe von jeweils einer Seite oder beidseitig erfolgen. Dabei werden entweder prüflingsindividuell gefertigte Adapter oder sogenannte Universaladapter angewandt. In besonderen Fällen kommen auch sogenannte Streifenadapter zum Einsatz.

Leiterplattenprüfung 1: Adaptiervorrichtung für unbestückte Leiterplatten. (Quelle: Luther & Maelzer)

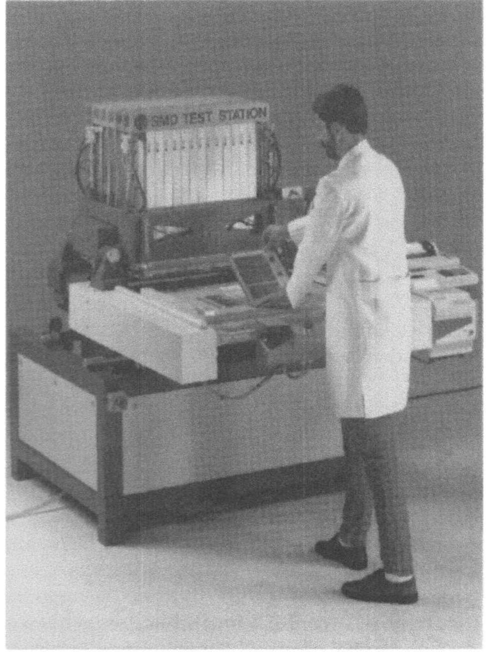

Leiterplattenprüfung 2: Leiterplatten-Prüfautomat mit Adaptiervorrichtung für doppelseitige Leiterplatten.

□ L., optisch: Bei der optischen Prüfung wird das Bild der Leiterplatte von einer Fernsehkamera aufgenommen und die gewonnenen Bildsignale hardwaremäßig mit den Signalen, die von einer als gut erkannten Leiterplatte aufgenommen wurden, verglichen oder hinsichtlich allgemeiner Design-Regeln (Gerade, Kreis, rechter Winkel) kontrolliert. Die optische Prüfung läuft in der Regel schneller ab als die elektrische, erkennt jedoch z. B. keine →Fehler innerhalb Durchkontaktierungen oder Fehler durch ungenügende Isolation.

□ Streifenadapter: Bei Baugruppen mit vielen Kontaktpunkten oder sehr feinem Raster wird bei der L. die Prüfung mit Hilfe eines Streifenadapters durchgeführt. Dabei wird jeweils ein Teilbereich einer Baugruppe überprüft und danach der Streifenadapter automatisch zu einer neuen Position verfahren, wobei sich die einzelnen Positionen immer um einen bestimmten Betrag überlappen, um eine vollständige Prüfung sicherzustellen. Für jede Position des Streifenadapters wird ein bestimmter Teilabschnitt eines Prüfprogrammes benötigt. Voraussetzung für die Prüfung mit Streifenadapter ist, daß alle zu kontaktierenden Punkte in einem einheitlichen Raster liegen. Bei Verwendung eines Streifenadapters werden seitens des Verdrahtungsprüfautomaten wesentlich weniger Automatenpins benötigt im Vergleich zur gleichzeitigen Adaptierung aller Kontaktpunkte. Die mechanische Bewegung des Adapters während der Prüfung wirkt sich allerdings auf die →Prüfzeit aus. *K. Winter*

Leiterplattensteckverbinder →Steckverbinder für gedruckte Schaltungen

Leiterplattentechnik. Schaltkreise der →Mikroelektronik werden überwiegend auf elektrisch isolierenden, mit strukturierten Leiterbahnen versehenen Platten aufgebaut. Die Leiterplatte bildet die untere Ebene elektronischer Aufbauten in Schaltkreisebenen. Formate bis zu mehreren dm^2 werden aus Polymeren (z. B. Epoxidharz) mit eingewalzter Verstärkung aus Glasfaser hergestellt und meist mit Kupfermetallisierung beschichtet. Bei Zwei- und Mehrlagenverdrahtung (→Substrattechnik) sind Löcher zu stanzen und durchgehend zu metallisieren, damit an den gewünschten Stellen elektrische Verbindungen durchreichen.

Im Gegensatz zur →Hybridintegration ist die Integrationsdichte für Bauelemente auf Leiterplatte auf größere Maße begrenzt. Die sog. Feinleitertechnik umfaßt Leiterplatten-Layouts mit bis zu sechs Leiterbahnen/mm. Üblich sind etwa zwei Leiterbahnen/mm. Die Strukturierung der →Metallisierung auf Leiterplatte geht vom →Schaltungsentwurf aus (→CAD), der über einen Photoplotter auf ein photographisches Negativ (oder Positiv) übertragen wird. Mit den Filmen werden dann lichtempfindliche Photoresistschichten belichtet, nach deren teilweisem Entfernen die gewünschte Struktur in die

Leiterplattentechnik. Tabelle 1: Trägerwerkstoffe für Leiterplatten für Oberflächenmontage (Quelle: Philips Components)

Träger-werkstoff	Relative Kosten[2]	Übergangstemperatur T_G des Glases °C	Wärmeausdehnungskoeffizient 10^{-6}/K	Wärmeleitfähigkeit W/mK	Maximale Betriebstemperatur °C	Feuchteaufnahme %	Durchgangswiderstand[4] Ω	Oberflächenwiderstand[4] Ω	Dielektrizitätszahl[4] bei 1 MHz
Papier/ Phenolharz	– –	–	–	–	70 bis 105	0,5	10^{11}	10^{10}	≈4,5
Papier/ Epoxidharz	–	125	–	–	90 bis 110	0,5	10^{11}	10^{10}	≈4,5
Glas/ Epoxidharz		125	13 bis 17	0,15	bis 125	0,2	10^{12}	10^{11}	≈4,8
Glas/ Polyimid	++	250	12 bis 16	0,35	bis 250	0,5	10^{12}	10^{11}	≈4,8
Glas/ Epoxidharz mit anpassungsfähiger Beschichtung	+	125	–	0,15 bis 0,2	–	0,2	10^{12}	10^{11}	≈4,8
Glas/ Polyimid mit anpassungsfähiger Beschichtung	++	250	–	0,15 bis 0,3	–	0,5	10^{12}	10^{11}	≈4,8
Glas/ Epoxidharz mit Metallkern	++	125	abhängig v. Aufbau	abhängig v. Aufbau	bis 125	0,2	10^{12}	10^{11}	–
Glas/ Polyimid mit Metallkern	++	250	abhängig v. Aufbau	abhängig v. Aufbau	bis 250	0,5	10^{12}	10^{11}	–
Glas/ Epoxidharz mit hohem T_G-Wert	+	150 bis 190	–	0,15	bis 125	0,2	10^{12}	10^{11}	≈4,8
Glas/ Teflon®	++	75	6 bis 10	0,25	340	1,3	2 10^{13}	3 10^{14}	≈2,2
Aluminiumoxid-Keramik	++	–	5 bis 7	21	–	–	10^{14}	10^{12}	~8

1) Zur Erfüllung hoher professioneller Anforderungen werden zur Zeit die neuen Werkstoffe Polyimid/Quarzfaser und Polyimid/Kevlar® entwickelt.

2) Hinweis auf die relativen Kosten: – –/ –/O/+/++.

3) Kupfer, Kupfer-Invar oder andere Metalle sind als innere und/oder äußerer Kühlkörper/Träger verwendbar.

4) nach MIL-P-13949.

Leiterplattentechnik. Tabelle 2: Technische Daten von Isolierstoffen für die Leiterplattentechnik (Quelle: Philips Components)

	einseitig, starr	zweiseitig, starr	mehrlagig	flexibel und starr-flexibel
Trägerwerkstoff	Papier/Phenolharz Papier/Epoxidharz Glas/Epoxidharz Glas/Polyester	Papier/Phenolharz Papier/Epoxidharz Glas/Epoxidharz Glas/Polyester Glas/Polyimid, Teflon®	Glas/Epoxidharz Glas/Polyimid	Glas/Epoxidharz Polyimid (kupferkaschiert)
Plattendicke Dicke der Kupfer-kaschierung	0,6 mm bis 3,2 mm 105 μm, 70 μm, 35 μm,	0,6 mm bis 3,2 mm 105 μm, 70 μm, 35 μm 17,5 μm	0,6 mm bis 3,2 mm 70 μm, 35 μm, 17,5 μm	0,1 mm bis 3,2 mm 70 μm, 35 μm, 17,5 μm
Standardgröße [1]) (max.)	540 mm × 460 mm	540 mm × 460 mm	540 mm × 460 mm	540 mm × 460 mm
Lochdurchmesser (min.) – gebohrt – gestanzt	0,3 mm halbe Plattendicke	0,3 mm halbe Plattendicke	0,3mm	0,5 mm
Lochdurchmesser-Toleranz (min.)	± 50 μm	± 50 μm	± 50 μm	± 50 μm
Max. Verhältnis von Dicke: Lochdurchmesser		4:1	4:1	4:1
Leiterbahnbreite/ Leiterbahnabstand (min.)	80 μm/125 μm	80 μm/125 μm	80 μm/125 μm	80 μm/125 μm
Minimale Toleranz von Leiterbahnbreite/ Leiterbahnabstand	± 30 μm	± 30 μm	± 30 μm	[2])
Oberflächenbehandlung der äußeren Schichten	PbSn (galvanisch oder durch Heißverzinnen, mit oder ohne Anschmelzen, ganzflächig oder selektiv), Schwarzoxidation, Konservierung durch Lötlacke, Rollverzinnung			
Aufbringen des Lötstopplacks	durch Siebdruck oder Fotoprozeß (Folie oder Lack)			
Aufbringung der Beschriftung	durch Siebdruck			
Zerlegen in Endgröße	durch Schneiden, Sägen, Stanzen, Fräsen			
elektrische Prüfung	100%-Prüfung auf Kurzschluß und Unterbrechung mit speziell entwickelten oder standardisierten Testadaptern			

[1]) größere Platten auf Anfrage
[2]) abhängig von Werkstoff und Aufbau
® eingetragenes Warenzeichen der E. I. du Pont den Nemours & Co

Kupferschicht übertragen wird. Ohne Photoprozeß kommt die Technik des Heißpressens von Leiterbahnstrukturen aus, erreicht jedoch nicht die Herstellungsqualität der photographisch-chemischen Technik.

Neben den konventionellen Basiswerkstoffen für Leiterplatten werden Polyimide (PI) und Poly-Tetrafluor-Etilen (PTEE) für Aufbauten mit hochpoligen, auf keramischen Chipträgern oder mit Polymer umhüllten Chips verwendet (Multichip-Montagetechnik, Substrattechnik). Ungehäuste Chips werden dicht an dicht auf dünne, mit mehreren Lagen Cu-Metallisierung versehenen, flexiblen Pi-Folien montiert. Leiterplatten aus Metallkernträger (Al-Legierung oder Stahl) mit elektrophoretisch aufgebrachter und eingebrannter keramischer Isolierschicht (Emaillierung) eignen sich für Aufbauten hoher elektrischer →Verlustleistung. *Hieber*

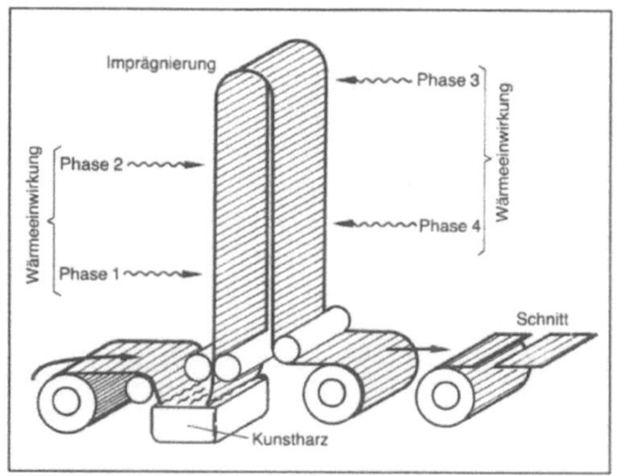

Leiterplattentechnik 1: Imprägnier-Prozeß der Glasfasermatte mit Kunstharz. (Quelle: D. P. Seraphim et al.)

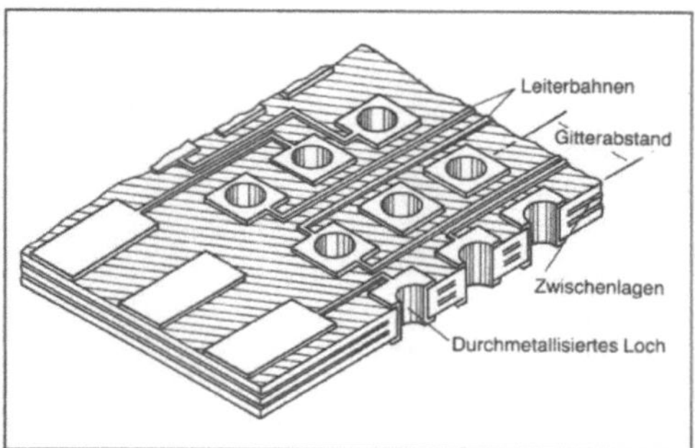

Leiterplattentechnik 2: Strukturierung von Leiterbahnen - Durchmetallisierte Löcher verbinden Schaltkreiselemente auf verschiedenen Schaltkreisebenen. (Quelle: D. P. Seraphim)

Leiterrahmen →Bauelement, →Eigenspannung, →Leiterplattentechnik, →Mikroschweißen, →Schaltungsebene, →Substrattechnik

Leiterstrom. Als L. wird in der Stromrichtertechnik der Strom in den Zuleitungen zu den Transformatoren bzw. den Stromrichtern bezeichnet. Nach VDE 0558 wird bezogen auf einen Stromrichtertransformator der netzseitige L. mit I_L, der stromrichterseitige L. mit I_v bezeichnet. *H. Stüben*

Leiterwerkstoffe. Im engeren Sinne die Metalle mit hoher elektrischer →Leitfähigkeit, deren wesentliche Funktion ein möglichst verlustarmer Transport elektrischer Energie ist. Im weiteren Sinne zählen zu den L. auch die Widerstandslegierungen, die Heizleiter, die Werkstoffe der elektrischen Kontakte, schließlich alle in der Praxis zum Zweck der Stromleitung eingesetzten Stoffe.

Während fast alle metallischen Elemente und viele Nichtmetalle in der einen oder anderen Form der Elektrizitätsleitung dienen, ist der Bereich der eigentlichen hochleitfähigen Metalle und Legierungen relativ eng begrenzt (Tabelle). Kupfer und Aluminium sind die bei weitem wichtigsten L. Während Kupfer (nach Silber) die höchste Leitfähigkeit, also den geringsten Widerstand bei gegebener Leiterform besitzt, zeichnet sich Aluminium durch einen geringeren Widerstand bei gegebenem Leitergewicht aus. (Aus den Werten der Tabelle ergibt sich, daß ein Aluminiumleiter nur halb so schwer wie ein gleichwertiger Kupferleiter ist.) Auch der Preis bei gegebenem Leitungswiderstand ist bei Aluminium in der Regel geringer. Noch günstiger in bezug auf Gewicht und Preis wäre das Alkalimetall Natrium, jedoch ist es nicht gelungen, aus diesem niedrigschmelzenden Metall für die Praxis stabile Kabel herzustellen.

Leiterwerkstoffe. Tabelle: L., insbesondere hochleitfähige Elemente und Legierungen

Werkstoff	Spez. Leitfähigkeit [10^6 S/m] bei 20 °C	Dichte [t/m³]	Zugfestigkeit [10^6 N/m²] (max.)
Silber	62,6	10,5	~400
Kupfer (rein)	59,3	8,9	-
E-Cu (≥ 99,9)	57–58	~8,9	~45
hartgezogen	56		
Aluminium (rein)	36,9	2,7	-
E-Al (≥ 99,5 %)	35–36	2,7	~220
Gold	45,8	19	300
Zink	17	6,9	~50
Eisen	10,3	7,9	~850
Natrium	21,2	0,97	-
CuBe 0,6 %	30	8,8	~1000
CuBe 2 %	14	8,3	~1500
Aldrey (AlMgSi)	~32	2,69	~360
Messing (58 CuZn)	18	8,4	~700

Die Vorteile des Kupfers gegenüber dem Aluminium liegen neben der höheren Leitfähigkeit in der größeren Korrosionsbeständigkeit, vor allem beim Kontakt mit anderen Metallen und in der Unempfindlichkeit gegenüber plastischen Verformungen. Man verwendet daher auch heute noch bevorzugt Kupfer bei allen offenliegenden und beweglichen Leitungen der Niederspannungs- und der Nachrichtentechnik. Hochspannungskabel und geschlossene Starkstromkabel werden dagegen fast ausschließlich aus Aluminium gefertigt, wobei der Übergang zu den Kupferleitungen besonders geschützt werden muß.

Die übrigen in der Tabelle aufgeführten L. spielen nur in Randbereichen eine Rolle: Gold wegen seiner besonderen Korrosionsbeständigkeit in elektrischen Kontakten und bei der →Kontaktierung von mikroelektronischen Bauteilen, Silber z. B. als Überzug über Kupferdrähten in der Hochfrequenztechnik, Eisen (Stahl) als tragender Bestandteil der Hochspannungskabel und als stromführende Schienen bei elektrischen Verkehrsmitteln.

Die Festigkeitseigenschaften von Kupfer und Silber lassen sich durch geringe Legierungszusätze wesentlich verbessern, wenn diese Zusätze in Form von Ausscheidungen die plastische Verformung behindern. Die Leitfähigkeit wird durch solche ausgeschiedenen Partikel kaum verringert. Die Tabelle zeigt einige solcher Legierungen, die z. B. für Gleitkontakte und Kontaktfedern eine Rolle spielen.

Eine nützliche Anwendungsform der L. stellen die Leitlacke dar, mit leitfähigen Partikeln (Silber, Kupfer, Graphit) gefüllte Lacke oder Harze, die nach dem Trocknen oder Aushärten einen leitfähigen Überzug bilden. Leitlacke dienen z. B. zur elektrostatischen Abschirmung von Kunststoffgehäusen, zum Schutz vor elektrostatischer Aufladung und zur Herstellung elektrischer Verbindungen, wenn die zu verbindenden Werkstoffe nicht gelötet werden können oder wenn Löten wegen der thermischen Belastung nicht möglich ist.

Elektrische Widerstände werden aus einer Vielzahl verschiedener Werkstoffe gefertigt. Neben speziellen Legierungen finden →Halbleiter und Halbmetalle sowie inhomogene Widerstandsmassen Verwendung.

Die Widerstandslegierungen zeichnen sich durch besondere Konstanz und Stabilität des Widerstandswertes aus. Die Konstanz bei Temperaturerhöhung beruht auf speziellen reversiblen Vorgängen (Ordnungs-Unordnungs-Umwandlungen) im →Gefüge dieser Werkstoffe, welche die normale Erhöhung des spezifischen Widerstands der Metalle mit der Temperatur in einem bestimmten Temperaturbereich kompensieren. So besitzt die bekannte Widerstandslegierung Manganin ($CuMn_{12}Ni_{12}$) einen Temperaturkoeffizienten des Widerstands von weniger als 10^{-6} pro Grad.

Es gibt zwei Bauformen der Legierungswiderstände, nämlich Draht- und Schichtwiderstände. Widerstandsdrähte werden aus massivem Material gezogen. Sie besitzen die höchste Konstanz und Stabilität. Schichtwiderstände werden mit Dünnschichtverfahren (dünne Schichten) hergestellt, sie erreichen höhere Nennwerte bei noch guter Stabilität. Metallegierungen sind jedoch nicht für alle Anwendungen von Widerständen geeignet. Eine grundsätzliche Beschränkung liegt in der Höhe des erreichbaren Widerstandswertes, des „Nennwertes“. Mit Metallschichten sind Widerstände mit mehr als 2 MΩ nicht praktikabel. Für höhere Nennwerte kommen nur noch Werkstoffe mit einem höheren spezifischen Widerstand in Frage.

Sehr verbreitet sind Schichtwiderstände auf der Basis von Kohle- und Metalloxid-Schichten. Der Vorteil dieser Schichtwiderstände liegt in der kompakten Bauweise. In Kauf zu nehmen sind höhere Temperaturkoeffizienten und geringere Stabilität. Auch zeigen alle →Widerstandswerkstoffe außer den Legierungen einen unerwünschten Effekt, das sogenannte Stromrauschen. Es besteht in einer temperaturabhängigen Fluktuation des Widerstandswertes, welche auf Änderungen des Strompfades in den mehr oder weniger inhomogenen Werkstoffen zurückzuführen ist. Das gleiche gilt in verstärktem Maße für die Widerstandsmassen, die aus Partikeln hoher Leitfähigkeit in einer Matrix geringerer Leitfähigkeit bestehen. Beispiele für Massewiderstände sind die Metallglasurwiderstände, die aus in einer Glasmasse gebundenen Metallteilchen bestehen.

Eine besondere Form der Widerstandswerkstoffe sind die Heizleiter, die zur Erzeugung von Elektrowärme dienen. Entscheidendes Kriterium ist die Temperaturbeständigkeit des Werkstoffs. Für Einsatztemperaturen unterhalb etwa 1300 °C haben sich Ni-Fe-Cr- und Al-Fe-Cr-Legierungen bestens bewährt. Diese Legierungen bilden festhaftende Oxid-Schichten, die den Leiter vor weiteren Angriffen der Atmosphäre schützen. Höhere Temperaturen erfordern entweder keramische Heizstäbe wie SiC (bis 1500 °C) oder $MoSi_2$ (bis 1700 °C), oder den Einsatz hochschmelzender Metalle wie Mo (bis 1500 °C) oder W (bis 1700 °C), die allerdings im Wasserstoff oder im Vakuum betrieben werden müssen, da sie an Luft schnell verzundern. In nicht oxidierender Atmosphäre läßt sich schließlich auch Graphit als Heizleiter einsetzen, und zwar für Arbeitstemperaturen bis zu 3000 °C.

Eine spezielle Form der Heizleiter sind die Glühdrähte der Glühlampen. An Stelle des ursprünglich von *Edison* benutzten Kohlefadens wird heute fast ausschließlich Wolfram (Schmelzpunkt 3410 °C) eingesetzt. Die 0,01–0,02 mm dicken gewendelten Fäden bilden sich bei der Herstellung als meterlange Einkristalle heraus. Korngrenzen würden die →Lebensdauer der Drähte beträchtlich verkürzen, da an ihnen lokal verstärktes Verdampfen und Verspröden auftreten würde. Gegen das Abdampfen des Metalls schützt eine Edelgasatmosphäre (Argon oder Krypton). Die Glühtemperatur beträgt 2400–2500 °C. In der Halogenlampe wird zusätzlich durch die chemische Reaktion mit Jod das abgedampfte Wolfram von der Glaskolbenwand zurück zum heißen Glühdraht transportiert, wodurch die

Schwärzung des Kolbens verhindert wird und somit eine noch höhere Glühdrahttemperatur und ein besserer Wirkungsgrad oder, alternativ, eine höhere Lebensdauer möglich wird.

Zu den Widerständen mit besonderen Eigenschaften zählen die →Varistoren, spannungsabhängige Widerstände, die vor allem zum Schutz gegen Überspannungen verwendet werden. Varistoren bestehen aus keramischen, also polykristallinen Halbleitermassen vor allem auf Siliciumkarbid- und Zinkoxid-Basis. Zwischen den durch entsprechende Dotierung gutleitenden Kristallkörnern bilden sich schlechtleitende Sperrschichten aus, die den Widerstand bestimmen. Dieser bricht bei erhöhter Spannung jedoch aufgrund elektronischer Durchbruchserscheinungen zusammen, der Widerstand ist also spannungsabhängig. Das Phänomen ist demjenigen in einer Zenerdiode verwandt, nur daß die Varistorkennlinie unabhängig vom Vorzeichen der Spannung ist. (Ein Varistor entspricht also in etwa zwei gegeneinander geschalteten Zenerdioden.)

Die nichtlineare Kennlinie eines Varistors läßt sich in guter Näherung durch die Formel $U=c|I|^{\beta}$ darstellen. Je kleiner β ist, um so steiler ist der Übergang vom isolierenden zum leitenden Zustand. Während β bei SiC-Varistoren bei etwa 0,3 liegt, zeichnen sich ZnO-Varistoren durch eine sehr steile Kennlinie ($\beta=0{,}03$) und zugleich durch eine sehr kurze Ansprechzeit im Bereich von 30 ns aus, was sie besonders zum Schutz elektronischer Schaltungen geeignet macht.

Widerstände mit negativem Temperaturkoeffizienten des elektrischen Widerstands werden →Heißleiter genannt (oder auch NTC-Widerstände, *engl.* negative temperature coefficient resistors). Als Werkstoffe dienen halbleitende Oxide der Übergangsmetalle Fe, Ti, Ni u. a. in verschiedenen Kombinationen. Im Einsatzbereich von 0 bis 150 °C sinkt der Widerstand exponentiell um mehr als einen Faktor 100. Anwendungen liegen in der →Temperaturmessung, -regelung und -kompensation sowie in vielfältigen Schutz- und Steuereinrichtungen.

Die →Kaltleiter sind Widerstände, die in einem bestimmten Temperaturbereich einen stark zunehmenden spezifischen Widerstand aufweisen (daher auch PTC-Widerstände, *engl.* positive temperature coefficient resistors). Es handelt sich um dotierte, halbleitende ferroelektrische Keramiken (Bariumtitanat), die an den Korngrenzen Sperrschichten ausgebildet haben. Solange das Material ferroelektrisch ist, wirkt sich die →Sperrschicht dank der hohen Dielektrizitätszahl des Ferroelektrikums nicht aus. Oberhalb des Curiepunkts (meist zwischen 80–120 °C) steigt der mittlere Widerstand um mehr als den Faktor 1000. Kaltleiter werden ähnlich wie die Heißleiter in Schutz- und Regeleinrichtungen genutzt, als Überhitzungsschutz in Motoren und als Tank-Flüssigkeitsstandanzeiger. *Hubert*

Leitfähigkeit, elektrische. Vermögen einer Substanz, unter dem Einfluß eines elektrischen Feldes einen elektrischen Strom zu führen. Der Quotient aus Stromdichte und elektrischer →Feldstärke ist die e. L.

Besteht in einer Substanz (Gas, Flüssigkeit oder Festkörper) durch Anlegen einer elektrischen Spannung ein elektrisches Feld $\underline{E}$, so wird ein elektrischer Strom I der Flächendichte $\underline{j} = \sigma\,\underline{E}$ erzeugt, wobei σ die e. L. ist, deren reziproker Wert $\rho = 1/\sigma$ spezifischer Widerstand heißt. Betrachtet man einen Quader mit Seitenflächen A und Länge L, über die die Spannung U anliegt, so ergibt sich mit $E = U/L$ und $j=I/A$ die äquivalente Beziehung $U = IR$ mit dem elektrischen Widerstand $R = L/A\sigma = \rho\, L/A$. Mit den Einheiten Volt(V) für U bzw. Ampère (A) für I ergibt sich die Dimension von σ zu $A/Vm = 1/\Omega m = S/m$ (S = Siemens = $1/\Omega$) und von R zu $V/A = \Omega$ (= Ohm). Ist σ (bzw. ρ oder R) unabhängig von Strom und Spannung, so bezeichnet man die Beziehung $\underline{j} = \sigma\underline{E}$ (bzw. $U = IR$) als das *Ohm*sche Gesetz. Bei Kristallen kann σ von der Richtung des elektrischen Felds abhängen und wird damit zum Tensor.

Die e. L. kommt durch bewegliche →Ladungsträger zustande, die im elektrischen Feld beschleunigt werden (es gibt aber auch Beiträge lokalisierter Elektronen, was als Hopping-Leitfähigkeit (→Hopping) bezeichnet wird). Durch Stöße an Defekten und Phononen resultiert dabei als Grenzgeschwindigkeit die sog. →Driftgeschwindigkeit $\underline{v} = b\underline{E}$, wobei $b = q\tau/m$ die Beweglichkeit ist (q bzw. m = Ladung bzw. Masse der Ladungsträger, τ = Stoßzeit = mittlere Zeit zwischen zwei Stößen) (→Beweglichkeit, elektronische). Da die Stromdichte proportional zur Konzentration n der Ladungsträger ist, $\underline{j} = qn\underline{v}$, ergibt sich $\sigma = qnb$ als mikroskopische Beziehung für die L. Konzentration n und (weniger drastisch) Beweglichkeit b können von Substanz zu Substanz stark variieren, sodaß sich ein weites Spektrum für die Werte der L. ergibt (Bild 1).

Sind die Ladungsträger Elektronen (Ionen), so spricht man von elektronischen (ionischen) Leitern. Ganz grob kann man die elektronischen Leiter in Metalle, Halbleiter und Isolatoren einteilen. Die Hohe L. der Metalle beruht auf der hohen Elektronendichte ($n = 10^{22}$–$10^{23}\,cm^{-3}$). Ein Wert $\sigma = 5{,}8 \times 10^{7}/\Omega m$ (Kupfer) bedeutet z. B. für einen Würfel der Kantenlänge 1 cm und der Spannung 1 V eine Stromstärke von 580 000 A. Die Elektronendichte fällt bei Halbleitern wesentlich geringer aus, kann stark temperaturabhängig sein und hängt von der →Dotierung ab. Außerdem addiert sich hier der Beitrag σ_n von Elektronen im →Leitungsband zu dem von Löchern im →Valenzband, σ_p, sodaß sich $\sigma = \sigma_n + \sigma_p$ ergibt. Bei den Isolatoren existieren nur sehr wenige

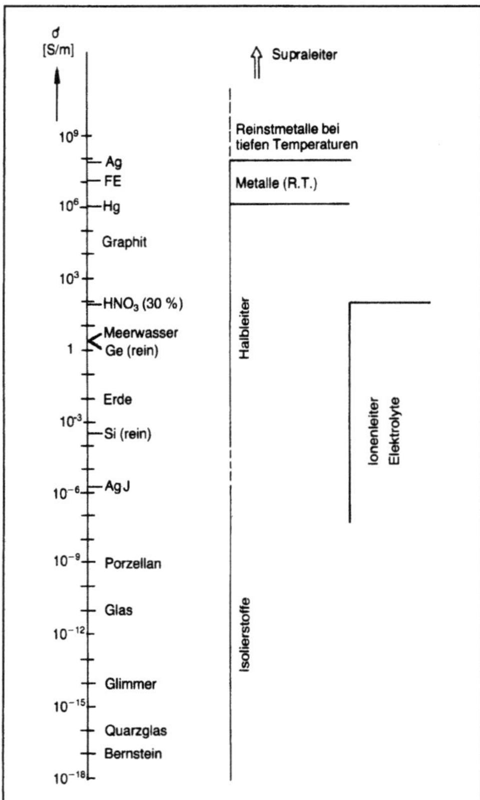

Leitfähigkeit, elektrische 1: Übersicht über die Variation der e. L.

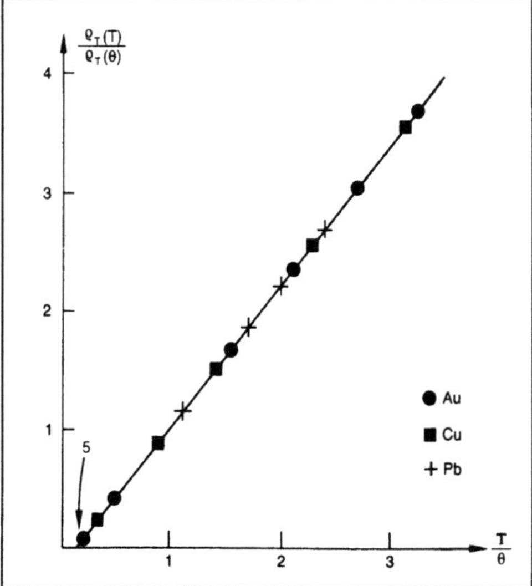

Leitfähigkeit, elektrische 2: Reduzierter spezifischer Widerstand als Funktion der auf die Debye-Temperatur Θ normierten Temperatur einiger Metalle.

freie Elektronen, so daß die L. praktisch vernachlässigbar ist, aber erst bei tiefen Temperaturen wirklich verschwindet. Letzteres gilt auch für die Halbleiter, jedoch nicht für Metalle. Deren spezifischer Widerstand gehorcht der Regel von Matthiessen, $\rho = \rho_0 + \rho(T)$, wobei $\rho(T)$ der durch Streuung der Ladungsträger an thermischen Gitterschwingungen bewirkte temperaturabhängige Anteil ist. Normiert man diesen auf den Wert bei der Debye-Temperatur, so ergibt sich über der reduzierten Temperatur eine praktisch materialunabhängige lineare Beziehung (Bild 2). Für tiefe Temperaturen nimmt ρ den spezifischen →Restwiderstand ρ_0 an, der durch Streuung an Defekten zustande kommt.

Es gibt jedoch viele Abweichungen von der Matthiessen-Regel, z. B. durch Streuung der Elektronen an magnetischen Momenten (Kondo-Effekt), an Magnonen und anderen Quasiteilchen oder unter dem Einfluß von Phasenübergängen im Festkörper. Bei vielen Substanzen tritt – vorwiegend bei sehr tiefen Temperaturen – das Phänomen →Supraleitung auf, das einer idealen L. ohne Ladungsträgerstreuung entspricht ($\sigma = \infty$).

Bei Anlegen eines Wechselfelds (Wechselspannung) wird die L. von der Kreisfrequenz ω abhängig, $\sigma(\omega) = \sigma(O)\,(1 + i\omega\tau)\,/\,(1 + \omega^2\tau^2)$, wobei σ(O) die Gleichstromleitfähigkeit ist ($i = \sqrt{-1}$). Die komplexe Schreibweise drückt die eintretende Phasenverschiebung zwischen Strom und Spannung aus.

Bei den ionischen Leitern, wie elektrolytischen Lösungen, Schmelzen oder ionisierten Gasen (Plasmen), hängt die Beweglichkeit der Ladungsträger mit der Viskosität zusammen, die exponentiell mit der reziproken Temperatur abnimmt. Die Konzentration der Ionen und damit die L. kann stark variieren. Man definiert daher die Äquivalenzleitfähigkeit, indem man auf die Konzentration normiert. Bei hoher Ionendichte beeinflussen sich die Ionen gegenseitig und komplizieren damit den Transportmechanismus.

Das Ohmsche Gesetz gilt nicht immer und ist z. B. in nichtlinearen Halbleiterbauelementen (z. B. →Diode, →Transistor) drastisch verletzt. Aber auch in homogenen Halbleitern können sich Abweichungen ergeben, namentlich bei hohen elektrischen Feldern, bei denen die Elektronen sehr schnell werden (→Elektronen, heiße). Hohe Felder können auch freie Ladungsträger erzeugen (→Feldemission, Durchschlag, →Feldeffekt). Auch unter Lichteinfluß kann die L. von Halbleitern variieren (→Photoleitung). Allgemein wird sie auch von Magnetfeldern beeinflußt (→Galvanomagnetische Effekte). *Heinz*

Literatur: *Gerritsen, A. N.:* Metallic Conductivity. Handbuch der Physik, Bd. XIX, Berlin, Heidelberg, New York 1956. – *Jones, H.:* Theory of electrical and thermal conductivity in metals. Handbuch der Physik Bd. XIX, Berlin, Heidelberg, New York 1956. – *Justi, E.:* Leitungsmechanismus und Energieumwandlung in Festkörpern. Göttingen 1968. – *MacDo-*

nald, D. K. C.: Electrical conductivity of metals and alloys at low temperatures. Handbuch der Physik. Bd. XIV, Berlin, Heidelberg, New York 1956. – *Suchet, J. P.:* Electrical Conduction in Solid Materials. Oxford 1975.

Leitfähigkeit, intrinsische. Elektrische →Leitfähigkeit von undotierten Halbleitern (→Eigenleitung). *Heinz*

Leitkleber →Mikroklebetechnik

Leitungsband. →Energieband der elektronischen Zustände in einem Festkörper, das von zur elektrischen →Leitfähigkeit beitragenden Elektronen (→Leitungselektronen) besetzt ist. Es ist das unterste Energieband, das bei der Temperatur T = 0 unbesetzt oder teilweise besetzt ist (→Bändermodell). *Heinz*

Leitungselektron. Elektronen im →Leitungsband (→Bändermodell) eines Festkörpers heißen L., da sie dort praktisch frei beweglich sind und so zur elektrischen Leitfähigkeit beitragen können.

Bei Metallen sind bereits ohne äußere Anregung und auch bei tiefen Temperaturen L. mit hoher Dichte vorhanden (Freie →Elektronen-Theorie der Metalle). Bei Halbleitern werden Elektronen thermisch aus →Störstellen oder weniger zahlreich aus dem →Valenzband ins Leitungsband angeregt oder durch Anregung von außen (z. B. durch Licht, →Photoleitung) bzw. durch →Injektion ins Leitungsband gebracht. Beim →Isolator ist die Zahl der thermisch angeregten L. so gering, daß sie praktisch keine Rolle spielen.

L. sind gegenüber freien Elektronen im Vakuum zusätzlich den inneren Feldern des Festkörpers ausgesetzt, was näherungsweise durch Zuordnung einer effektiven Masse beschrieben werden kann. Bei ihrer Bewegung durch den Kristall, z. B. unter dem Einfluß eines äußeren elektrischen Feldes, werden sie an Störungen des idealen Gitters (Störstellen, thermische Gitterschwingungen) gestreut, so daß sich eine mittlere →Driftgeschwindigkeit ergibt (→Leitfähigkeit, elektrische). *Heinz*

Leuchtdichte →Fernsehsystem

Leuchtdiode →Lumineszenzdiode

Leuchtpigment →Elektrolumineszenz-Anzeige

Leuchtpunkttripel. Ein Tripel umfaßt jeweils die drei nebeneinander liegenden Dots in den drei Primärfarben Rot, Grün, Blau, die durch ein gemeinsames Maskenloch vom →Elektronenstrahl angeregt werden. Sie sind diesem quasi zugeordnet. Ein L. ist auch das kleinste →Bildelement (Pixel), aus dem sich das wiederzugebende Bild zusammensetzt. Wird in der →Kathodenstrahlröhre durch z. B. ein loses Teil ein Maskenloch verstopft, so wird dadurch ein L. ausgeblendet.

L. hat man nur bei den Dreistrahl-Farbbildröhren nach dem Schattenmaskenprinzip. Bei Einstrahlfarbbildröhren wie z. B. dem →Chromatron, der →Indexröhre oder dem Penetron hat man andere Leuchtschichtkonfigurationen. *Nerstheimer*

Literatur: Farbfernsehtechnik I. Hrsg. Telefunken, München. – Farbfernsehtechnik II. Hrsg. Telefunken, Berlin.

Leuchtschicht. Die L. ist die auf der Innenseite des Schirmglases aufgebrachte Schicht aus Leuchtstoffen. Bei monochromatischen Kathodenstrahlröhren ist es eine weitgehend homogene Schicht aus z. B. →Leuchtstoff für weiß. Bei Farbbildröhren nach dem Schattenmaskenprinzip ist die L. eine Schicht, die aus den nebeneinander liegenden Farbtripeln gebildet wird. Anders aufgebaut ist die L. bei Farbbildröhren wie z. B. →Chromatron, →Indexröhre oder Penetron. *Nerstheimer*

Literatur: *Bathelt, R. R.* und *G. A. W. Vermeulen:* Ein experimenteller Leuchtschirm in Direktsichtröhren für Farbfernsehen. Philips Techn. Rdsch. 23 (1961/62) Nr. 5. – Die Fernseh-Bildröhre. Hrsg. Telefunken, Ulm. – Einführung in die Farbfernsehservicetechnik. Bd. I: Grundlagen der Farbfernsehtechnik. Hrsg. N. V. Philips Gloeilampenfabrieken Eindhoven, Niederlande. – Elektronik-Taschenbuch, Bd. II, Bonn. – Farbfernsehtechnik I. Hrsg. Telefunken, München. – Farbfernsehtechnik II. Hrsg. Telefunken, Berlin. – – Physikalisch-Chemische und chemische Vorgänge bei der Herstellung von Farbbildröhren (Sonderdruck 750513, Valvo Hamburg). – Tradition in Qualität: Bildröhrenfertigung in Aachen. Hrsg. Philips, Hamburg.

Leuchtschirm. Eine Glas- oder Metallfläche, die mit Leuchtstoffen dünn beschichtet ist. Auftreffende Elektronen regen die →Leuchtstoffe zu Luminiszenz an.

L. dienen zum Sichtbarmachen von Elektronenstrahlen in Oszilloskop-, Bild- und Radarröhren, Fluoreszenzanzeigen und magischen Augen oder den von Photokathoden ausgesandten Elektronen in Bildverstärkern oder Bildwandlern.

L. werden hergestellt, indem man Leuchtstoffe mit Bindemittelzusatz auf die innere Glasfläche durch Sedimentation (Absetzen suspendierter Leuchtstoffteilchen in Wasser oder Alkohol), →Aufdampfen, Aufdrucken oder Spritzen aufbringt. Als Leuchtstoffe werden ZnO, ZnS, CdS sowie $CaWO_4$ verwendet, die mit Ag, Zn, Cu, Mn oder Cd als Aktivatoren dotiert sind. Die Aktivatoratome bilden Elektronenhaftstellen im verbotenen →Band des Leuchtstoffs. Bei der Anregung mit beschleunigten Elektronen (oder anderer energiereicher Strahlung) werden Elektronen aus dem →Valenzband des Leuchtstoffes ins →Leitungsband gehoben. Die so entstandenen Leitungsbandelektronen können mit unbesetzten Elektronenzuständen der Aktivatoratome rekombinieren und senden dabei Licht einer Wellenlänge aus, die dem Energieabstand der Aktivatorzustände vom Leitungsband entspricht. Die lichtemittierenden Elektronenübergänge haben relativ lange Zeitkonstanten (einige hundertstel bis zehntel Sekunden), so daß die Lichtabstrahlung noch einige Zeit anhält, nachdem die Anregung durch den →Elektronenstrahl erfolgte. Die abgegebene Lichtintensität L als Funktion der Stromdichte I und der Beschleunigungsspannung V kann man beschreiben als

$$L = f(I)\ (V-V_0)^n$$

wobei die unwirksame oder →Schwellenspannung V_0 für die einzelnen Leuchtstoffe zwischen 0 und einigen 100 Volt liegt und der Exponent n sich zwischen 1 und 3 bewegt. Bei kleinen Stromdichten steigt die abgegebene Lichtmenge proportional mit I, erreicht aber bei höheren Stromdichten einen Sättigungswert, wenn schließlich alle verfügbaren Leuchtzentren angeregt sind.

Die elektrischen und optischen Eigenschaften von L. lassen sich verbessern, wenn man sie auf der Innenseite mit einer dünnen (etwa 0,1 μm), für hochenergetische Elektronen durchlässigen Aluminiumschicht bedeckt. Dadurch lädt sich der L. nicht durch Sekundärelektronen auf, weil sie von der Aluminium-Schicht abgeleitet werden, und das vom Leuchtstoff ins Röhreninnere emittierte Licht wird reflektiert und erhöht so die Leuchtdichte. Negative Ionen, die durch Ionisation der Restgasatome entstehen und beim Aufprall den Leuchtstoff zerstören würden (dadurch entsteht der Ionenfleck bei L. ohne Al-Beschichtung), werden durch die Al-Schicht abgefangen. Die Al-Schicht kann außerdem als Nachbeschleunigungselektrode verwendet werden.

Es werden auch L. mit zwei Schichten verschiedener Leuchtstoffe hergestellt. Die der →Kathode zugewandte Schicht wird durch Strahlelektronen angeregt und emittiert ultraviolette Strahlung, die die zweite Schicht stärker anregt als es die Elektronen vermöchten. Diese zweite Schicht emittiert die sichtbare Strahlung, meist mit langer Nachleuchtdauer.

Gelegentlich werden die zwei Schichten auch aus Leuchtstoffen verschiedener Farbe hergestellt. Werden bei ihnen die Elektronen unterschiedlich stark beschleunigt, so daß sie einmal nur in die kathodennähere Schicht eindringen, das andere Mal aber bis zur kathodenferneren Schicht gelangen, so kann man Bilder unterschiedlicher Farbe erzeugen. *Golombek*

Leuchtstoffe. Es gibt eine Vielzahl von unterschiedlichen L. Sie unterscheiden sich voneinander durch: Farbe, Leuchtstoffwirkungsgrad und Nachleuchtdauer.

Die L. mit ihren charakteristischen Eigenschaften sind registriert (in Europa bei Pro Electron in Brüssel).

Die am häufigsten eingesetzten L. sind Sulfide, z. B. bei Farbbildröhren: Zink-Sulfid und Yrtrium-Oxy-Sulfid. Der Leuchtstoffwirkungsgrad wird angegeben in Lumen/W (Lichtausbeute = Lichtstrom durch zugeführte Leistung). Die zugeführte Leistung ist dabei die Hochspannungsleistung: Hochspannung mal Strahlstrom z. B. 25 W.

Zur Kontrastverbesserung werden bei modernen Farbbildröhren pigmentierte L. eingesetzt. Dabei sind die roten und blauen Leuchtstoffkörnchen mit einem Stoff (Pigment) umhüllt, der nur das Licht der Wellenlänge der eigenen Farbe durchläßt. Licht kleinerer oder größerer Wellenlänge wird gedämpft, d. h. die Anteile des Umgebungslichtes, die an den L. reflektiert wurden und bisher den Kontrast verringert haben, werden durch die Pigmente selektiv gedämpft (Rot und Blau, für Grün gibt es kein Pigment). So fehlen in dem reflektierten Umgebungslicht die entsprechenden Anteile, was den Kontrast verbessert. *Nerstheimer*

Literatur: *Bathelt, R. R.* und *G. A. W. Vermeulen:* Ein experimenteller Leuchtschirm in Direktsichtröhren für Farbfernsehen. Philips Techn. Rundschau 23 (1961/62) Nr. 5. – Elektronik-Taschenbuch, Bd. II, Bonn. – Farbfernsehtechnik II. Hrsg. Telefunken, Berlin. – Physikalisch-Chemische und chemische Vorgänge bei der Herstellung von Farbbildröhren. Sonderdruck 750513, Valvo Hamburg. – Tradition in Qualität: Bildröhrenfertigung in Aachen. Hrsg. Philips, Hamburg.

Lichtdurchlässigkeit. Die L. des Frontglases bestimmt →Helligkeit und →Kontrast der →Bildröhre. Sie gibt an, welcher Anteil der in der →Leuchtschicht erzeugten Helligkeit nach draußen abgestrahlt wird. Außerdem bestimmt sie, welcher Anteil der Umgebungsleuchtdichte von draußen in die Bildröhre gelangt, dort die Leuchtschicht von der Glasseite her aufhellt und dadurch den Kontrast verschlechtert.

Die L. wird beeinflußt durch mehr oder weniger starke Einfärbung des Frontglases. *Nerstheimer*

Literatur: Die Fernseh-Bildröhre. Hrsg. Telefunken, Ulm. – Farbfernsehtechnik II. Hrsg. Telefunken, Berlin.

Lichtemittierende Diode →LED

Lichtpunktabtaströhre. Eine kleine magnetisch abgelenkte →Kathodenstrahlröhre, deren Elektronenstrahl auf dem →Leuchtschirm eine helle, nahezu punktförmige Lichtquelle erzeugt, die durch entsprechende →Ablenkung des Strahls über die gesamte Schirmfläche geführt werden kann.

L. werden dazu verwendet, um über eine Abbildungsoptik Dias oder Filme rasterförmig abzutasten. Das durchfallende Licht wird von Photovervielfachern in elektrische Signale umgesetzt, die als

Bildsignal, z. B. im Fernsehen, dienen (Dia-Abtaster, Film-Abtaster). *Golombek*

Lichtschranke. Einfacher optischer Sensor, der im einfachsten Fall aus einer Lichtquelle besteht, die auf einen Lichtdetektor gerichtet ist. Die Einstrahlung kann durch optisch nicht transparente Gegenstände unterbrochen werden. In einer anderen Ausführung ist auf dem Gegenstand ein reflektierender Körper angebracht, der das Licht auf den Detektor lenkt. *Schaumburg*

Lichtschranke, faseroptische. Sammelbegriff für eine Vielzahl optischer Sensoren mit optischen Glasfasern für die Zu- und Abführung des Lichtes. Die f. L. ist die einfachste Form eines extrinsischen faseroptischen →Sensors.

Ihre Funktion ist es, die Anwesenheit bzw. Abwesenheit optisch markanter Objekte zu detektieren. Wesentliches Merkmal ist es dabei, daß sie berührungslos arbeitet. Anwendungsbreite und Typenvielfalt der f. L. sind groß: Zähl-, Prüf-, und Sicherheitseinrichtungen, Grenzwertgeber, Taktgeber, Bewegungsmelder, etc.

Entsprechend dem Verlauf des Lichtweges unterscheidet man Transmissions- und Reflexionstypen, wobei die letzteren entweder mit zwei getrennten Fasern oder Faserbündeln arbeiten können oder mit einer Einzelfaser und einem Y-Koppler zur Trennung von Ein- und Ausgangssignal. Die benutzten Faserlängen liegen im Bereich von cm bis km.

Als Lichtquelle dient typisch eine Leuchtdiode (→LED); bevorzugte Wellenlängen liegen bei 850 nm, also im infraroten Teil des Spektrums. Der Detektor ist meist eine →PIN-Photodiode. Außer diesen Elementen und den Glasfasern gehört zu einer f. L. grundsätzlich noch ein elektronischer Schwellwertentscheider für die Auswertung. Er vergleicht das vom Detektor kommende, stetig veränderliche Analogsignal mit einem voreingestellten →Schwellwert und erzeugt bei Über- bzw. Unterschreitung das digitale Ausgangssignal der f. L. (Bild). *Ulrich*

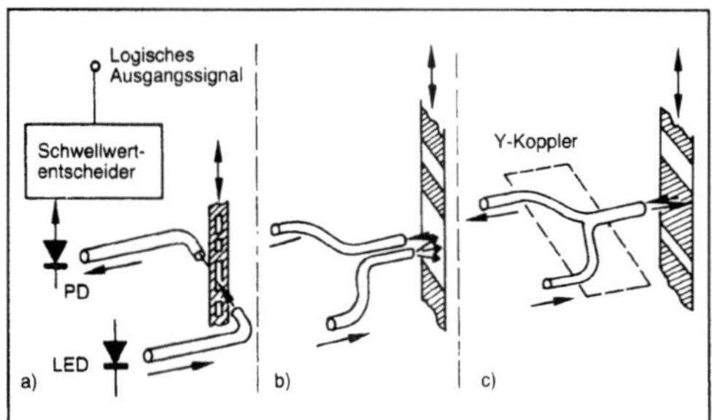

Lichtschranke, faseroptische: Schematische Darstellung
a) in Transmission
b), c) in Reflexion.

Lichtventil. *(engl.* light valve) L. sind elektrooptische Elemente oder Baugruppen, die je nach ihrem Schaltzustand mehr oder weniger Licht passieren lassen.

Unter der Bezeichnung L. wurden mehrere Anordnungen veröffentlicht. Gemeinsames Merkmal aller ist, daß die Transmission eines elektrooptischen Elementes punktweise verändert werden kann. Die „Transmissions-Struktur" des Elementes wird dann mit Hilfe eines Projektors vergrößert dargestellt.

So wurde unter dem Namen TITUS eine kleine Projektionsröhre veröffentlicht *(G. Marie),* die als elektrooptisches Element eine dünne Einkristall-Platte aus Kalium-Dihydrogen-Phosphat (KDP) verwendet. Mit Hilfe eines Elektronenstrahls wird in die KDP-Platte zunächst die →Doppelbrechung punktweise verändert. Sie wird dann mit Hilfe von polarisiertem Licht vergrößert. Die Anordnung diente der flimmerfreien Darstellung von Fernsehbildern auf eine Fläche von mehreren m^2.

Optimale Schaltbedingungen weist KDP im Temperaturbereich wenige Grad oberhalb des Curie-Punktes von ca. –50°C auf.

Eine andere Variante wurde unter Einsatz einer Flüssigkristall-Zelle veröffentlicht (Bild). Auf der einen Seite ist die LCD-Zelle zusätzlich zu den Elektroden mit einem Photohalbleiter beschichtet. Sein elektrischer Widerstand verringert sich, wenn Licht auf ihn fällt.

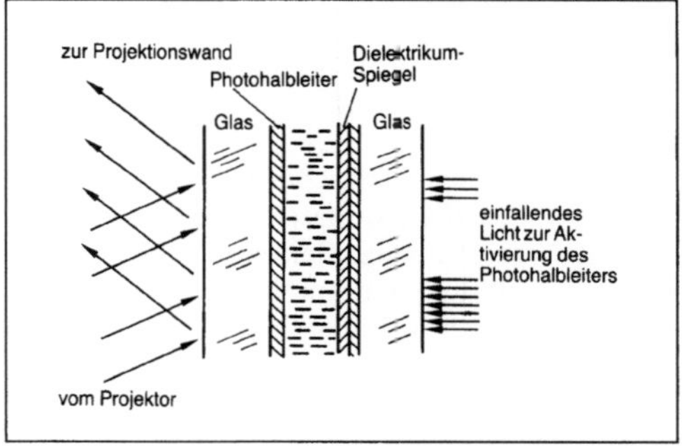

Lichtventil: Grundanordnung einer Anordnung mit Flüssigkristall-Zelle.

Zur Ansteuerung des L. legt man an die Elektroden eine Spannung. Der Photohalbleiter wird an ausgewählten Stellen beleuchtet; an diesen Stellen reduziert sich dessen Widerstand und die Zelle wird durchgeschaltet. Das Strukturbild der LCD-Zelle wird projiziert.

In einer sehr ähnlichen Anordnung wurde die LCD-Zelle durch eine PLZT-Platte ersetzt.

In weiteren L.-Anordnungen wurde das Schaltelement durch Beschuß mit einem Elektronenstrahl, oder durch thermische Aktivierung geschaltet.

Keine der beschriebenen Anordnungen wurde bisher trotz interessanter Eigenschaften zu einem Serienprodukt entwickelt.

→Fernseh-Bildwiedergabe *Pottharst*

Literatur: SID-Symposium 1973. Vol. VII.

Lichtwellenleiter. L. sind dielektrische optische Leiter mit rechteckigem oder kreisförmigen Querschnitt, in denen sich optische Wellen in Richtung der Längsachse ausbreiten. Sie bestehen aus einem Wellenleiterkern mit der Brechzahl n_k und einem Wellenleitermantel mit der Brechzahl n_m, wobei $n_k > n_m$ sein muß, damit eine Wellenführung erfolgen kann.

Die Ausbreitung von optischen Wellen im L. wird mathematisch mit der *Maxwell*-Theorie beschrieben. In vielen Fällen ist aber die strahlenoptische Betrachtungsweise ausreichend, nach der sich die Strahlen durch Totalreflexion am Wellenleitermantel, dem optisch dünneren Medium, ausbreiten.

Die wichtigsten Größen, mit denen L. beschrieben werden, sind Brechzahlprofil, →Akzeptanzwinkel, geometrische Abmessungen des Lichtwellenleiterkernes, Dämpfung (→Glasfaserdämpfung) und →Dispersion. Man unterscheidet zwischen ebenen (→Schichtwellenleiter) und zylindersymmetrischen Wellenleitern (Glas- und Kunststoffasern).

→Glasfaserlichtwellenleiter sind aus Gläsern verschiedener Brechzahlen aufgebaut, so daß ein Stufen- oder Gradientenbrechzahlprofil (→Stufenfaser, →Gradientenfaser) entsteht. Im Wellenleiterkern können sich ein (→Monomodefaser) oder mehrere →Moden (→Multimodefaser, →Glasfasermoden) ausbreiten.

In der optischen Nachrichtentechnik werden als L. Glas- oder Kunststoffasern eingesetzt, wobei Kunststoffasern für kurze Reichweiten und niedrige Übertragungsraten eine preiswerte, mechanisch weniger empfindliche Lösung darstellen, Glasfasern (i. a. auf SiO_2-Basis) für große Entfernungen und hohe Übertragungsraten geeignet sind.

Das elektrische analoge oder digitale Nachrichtensignal wird in einem elektrooptischen →Wandler in ein optisches Signal – i. a. im nahen infraroten Spektralbereich – umgewandelt, vom L. übertragen und von einem optoelektronischen Wandler zurückverwandelt. Im Vergleich zur Nachrichtenübertragung auf Kupferleitungen oder über Funk bieten Glasfaser- bzw. Kunststoffwellenleiter folgende Vorteile:

- Kleine Abmessungen und geringes Gewicht (1 g Glas ersetzt ca. 15 g Kupfer)
- Korrosionsfestigkeit
- hohe Flexibilität
- unempfindlich gegenüber elektromagnetischen Feldern
- kein Übersprechen, abhörsicher, keine Streustrahlung nach außen
- galvanische Trennung von Eingang und Ausgang der Übertragungsstrecke, keine Erdschleifen
- keine Funkenbildung bei Kabelbruch oder an Verbindungsstellen
- verlustarm herstellbar und daher große Regeneratorabstände
- hohe Übertragungskapazität (speziell mit Monomodefasern).

Die derzeitigen Nachteile sind vor allem in der schwierigen Verbindungs- und Verzweigungstechnik (→Glasfasersteckverbindung, →Glasfaserverzweiger) zu sehen, da hier ein hohes Maß an optomechanischer Stabilität gewährleistet sein muß. Der technologische Fortschritt auf den genannten Gebieten wird diese Probleme in den Hintergrund treten lassen.

Für die Zukunft ist zu erwarten, daß →Glasfaserkabel für viele Anwendungsgebiete die heute noch bevorzugten Kupferkabel ersetzen werden, da der weltweit wachsende Bedarf an hoher Übertragungskapazität der Nachrichtennetze nur mit Glasfaserübertragungssystemen wird gedeckt werden können.

Auf folgenden Gebieten finden L. praktische Anwendungen: Öffentliche und private Fernsprechnetze, Kabelfernsehen, Computersysteme, Meßwertübertragungen, Unterseekabel, Einsatz in Flugzeug, Auto, Bergwerk, Schiffen, Sensortechnik.

Krauser

Literatur: *Glaser, W.*: Lichtwellenleiter. Berlin 1990.

Lichtwellenleiter, planarer →Schichtwellenleiter

Lichtwellenmodulation. Die Modulation einer als Träger dienenden Lichtwelle für optische Signalübertragungen.

Im allgemeinen sind hierbei folgende Modulationsarten zu nennen, die durch den Einsatz entsprechender Modulatoren erzeugt werden:

- Intensitätsmodulation (→Intensitätsmodulator)
- Amplitudenmodulation (→Amplitudenmodulator)
- Phasenmodulation (→Phasenmodulator)
- Frequenzmodulation (Frequenzmodulator)
- Polarisationsmodulation (→Polarisationsmodulator).

Für die Übermittlung optischer Signale steht zur Zeit die Intensitäts- oder Leistungsmodulation eindeutig im Mittelpunkt des Interesses, da diese Modulationsart mit einem relativ einfachen Aufbau von Sende- und Empfangseinheiten verbunden ist. So lassen sich z. B. →Halbleiterlaser oder →LEDs auf der Sendeseite direkt durch den Steuerstrom modulieren und die →Photodetektoren in den

Empfängereinheiten überführen die empfangenen Lichtsignale wieder unmittelbar in entsprechende Stromsignale. Aufwendiger dagegen ist der Einsatz der Frequenz-, Phasen- oder Polarisationsmodulation, da diese i. a. eine komplizierte phasen- und frequenzempfindliche Signalverarbeitung, speziell auf Empfängerseite, erfordern.

Abhängig vom Ort der vorgenommenen Modulation unterscheidet man zwischen der direkten und der indirekten (externen) Modulation. Bei der *direkten* Modulation erfolgt die Aufprägung des Signals unmittelbar bei der Lichterzeugung an der Lichtquelle, z. B. auf elektrischem Wege (→Halbleiterlaser, →LED). Die *indirekte* Modulation setzt dagegen einen bereits erzeugten Lichtstrahl voraus und benötigt einen zusätzlichen separaten →Modulator zur Signalüberlagerung. Derartige Modulatoren bestehen zumeist aus Materialien, deren optische Brechzahlen oder Absorptionskoeffizienten in Abhängigkeit des aufzuprägenden Signals verändert werden. Die Beeinflussung dieser Größen geschieht unter Ausnutzung bestimmter physikalischer Effekte (elektrooptischer →Effekt; akustooptischer →Effekt; →magnetooptischer Effekt; photoelastischer →Effekt; →Franz-Keldysh-Effekt). Für die praktische Anwendung steht der elektrooptische Effekt eindeutig im Vordergrund. Zur Herstellung indirekter optischer Lichtmodulatoren sind daher hauptsächlich Materialien gefragt, die im gewünschten spektralen Arbeitsbereich eine gute Transparenz und einen möglichst großen linearen elektrooptischen Effekt aufweisen. Eine besondere Art indirekter optischer Modulatoren stellen die Wellenleitermodulatoren dar, denen z. B. in der Integrierten →Optik bei der Entwicklung optischer Nachrichtensysteme eine große Bedeutung zukommt. Bedingt durch die geringen geometrischen Dimensionen liegen ihre entscheidenden Vorteile in den kleinen Modulatorleistungen und in der Integrierbarkeit zur Herstellung optoelektronischer integrierter Schaltkreise (*engl.* Opto-Electronic-Integrated-Circuits, OEICs). *R. Kaiser*

Literatur: *Kersten, R., Th.:* Einführung in die optische Nachrichtentechnik: Berlin–Heidelberg–New York, 1983. – *Tamir, Th.:* Guided-Wave Optoelectronics, Electronics and Photonics, Nr. 26, Berlin–New York–Heidelberg–London–Paris–Tokio, 1988. – *Unger, H. G.:* Optische Nachrichtentechnik, Teil II., Heidelberg, 1985.

LiCl-Feuchtemeßgeber. Mit dem L.-F. läßt sich die (absolute) Feuchte von Luft oder anderen Gasen messen (→Feuchtemessung). Grundlage hierfür ist, daß eine LiCl-Lösung hygroskopisch ist und Wassermoleküle anzieht. Bei einer gesättigten Lösung von LiCl stellt sich ein Gleichgewicht zwischen dem Dampfdruck des Wassers in der Luft und dem in der Lösung ein. Fließt ein elektrischer Strom durch die Lösung, so erwärmt sie sich, und Wasser wird bis zur Sättigungskonzentration verdampft. Dabei heizt sich die Lithiumchlorid-Lösung selbsttätig bis zur Umwandlungstemperatur auf, bei der die den elektrischen Strom leitende Lösung in ein nichtleitendes Salz übergeht. Die Umwandlungstemperatur des LiCl ist streng mit dem Wasserdampfgehalt in der Luft gekoppelt (Kurve 2 von Bild 1). Zum Bestimmen der absoluten Feuchte ist nur die LiCl-Temperatur zu messen. Wird diese z. B. zu 80 °C ermittelt, so ist die absolute Feuchte 30 g/m^3, und die zugehörige Taupunkttemperatur beträgt 28 °C.

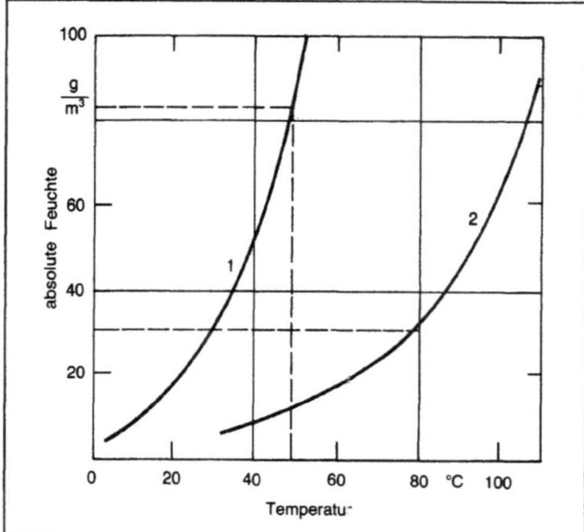

LiCl-Feuchtemeßgeber 1: Zusammenhang zwischen der Sättigungsfeuchte der Luft (1) und der Umwandlungstemperatur von LiCl (2).

Beim L.-F. (Bild 2) ist ein Gewebe aus Glasseide mit der LiCl-Lösung getränkt. In dem Gewebe liegen Elektroden, über die der zur Heizung des Lithiumchlorid nötige Wechselstrom fließt. Die Temperatur des LiCl wird mit einem →Widerstandsthermometer erfaßt und z. B. auf einem

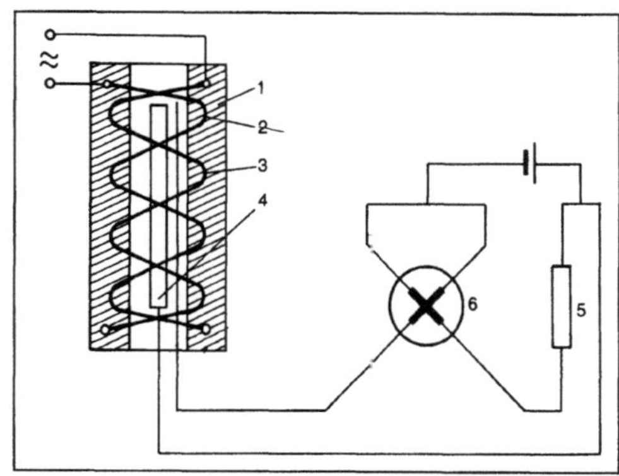

1 LiCl-getränktes Glasgewebe, 2, 3 Elektroden, 4 Widerstandsthermometer zur Messung der LiCl-Temperatur, 5 Festwiderstand, 6 Quotientenmesser

LiCl-Feuchtemeßgeber 2: Messung der absoluten Feuchte.

→Meßgerät mit Quotientenmeßwerk angezeigt. Dessen Skale kann direkt in Einheiten der absoluten Feuchte (g Wasserdampf/m³ Luft) ausgeführt werden. Wird ein zweites Widerstandsthermometer zum Messen der Lufttemperatur verwendet, so kann dieses Widerstandsthermometer anstelle des Festwiderstands 5 in den zweiten Strompfad des Quotientenmessers gelegt werden. Dessen Anzeige hängt dann von dem Verhältnis aus der LiCl- und der Lufttemperatur ab, aus dem sich die relative Feuchte errechnen läßt. *F. Schneider*

Literatur: *Schrüfer, E.*: Elektrische Meßtechnik. München, Wien 3. Auflage, 1988.

LIFO-Modus →FIFO-Modus.

Lift-off →Abhebetechnik

Liga-Verfahren. Die Methode der Licht-induzierten galvanischen Abscheidung (LIGA) eignet sich zur hochpräzisen Fertigung mikrosystemtechnischer Komponenten und mikroelektronischer Steckverbindungen. *Hieber*

Line Shuffling Technik →HDMAC

Linearbeschleuniger (auch Linac = *engl.* Linear Accelerator). Eine Maschine zur Erzeugung hochenergetischer Elektronen-, Protonen- oder Schwerionenstrahlen, bei der die zur Beschleunigung benutzten Hochfrequenzstrukturen in einer Linie hintereinander angeordnet sind. Das grundsätzliche Prinzip des L. (Linac) wurde 1925 von *Ising* vorgeschlagen und 1928 erfolgreich von *R. Wideröe* getestet. Ab Anfang der 30er Jahre wurden von *W. Hansen* und *J. Wakefield* Untersuchungen mit ersten Hohlleiterstrukturen (→Runzelröhre) für Linacs begonnen wobei erstmals Klystronröhren als Treiber eingesetzt wurden. Seither wird das Linacprinzip zur Beschleunigung aller wichtigen stabilen Elementarteilchen und Ionen eingesetzt. Die wichtigsten Formen sind der →Elektronenlinac, der →Protonenlinac und der →Schwerionenlinac. *Wille*

Linse, elektronenoptische. E. L. sind Konfigurationen von Elektroden mit elektrostatischen Feldern, die sich auf die Bahn, den Durchmesser und den Querschnitt eines Elektronenstrahles auswirken wie optische Linsen auf einen Lichtstrahl. Auch die aus der Lichtoptik bekannten →Abbildungsfehler treten weitgehend analog bei e. L. und Linsensystemen ebenfalls auf (→Elektronenstrahlsystem). *Nerstheimer*

Literatur: Elektronenoptik in Fernsehbildröhren. (Sonderdruck 740402, Valvo Hamburg). – Die Fernseh-Bildröhre. Hrsg. Telefunken, Ulm.

Lithographie. Im Rahmen der Bauelementetechnologie hat der Prozeßschritt L. die Aufgabe, die vom Designer vorgesehenen Strukturen auf die →Halbleiterscheibe oder die →Maske zu übertragen (Bild). Je nach Komplexität der Bauelemente durchlaufen die Halbleiterscheiben bis zu 14mal diesen Strukturierungsprozeß. Dabei unterteilt sich der Lithographieprozeß selbst in eine Reihe von erforderlichen Einzelschritten, wie →Reinigung, Ausheizen zur Dehydration, Aufbringen des Haftvermittlers, Auftragen des Lackes, Ausheizen, Justieren, Bestrahlen, Entwickeln, Spülen, Trocknen, Ausheizen, Inspizieren, Messen. Mit zunehmendem Trend zu kleineren Strukturen erhöht sich die Empfindlichkeit aller technologischen Einzelschritte im L.-Prozeß und damit des Gesamtprozesses L.

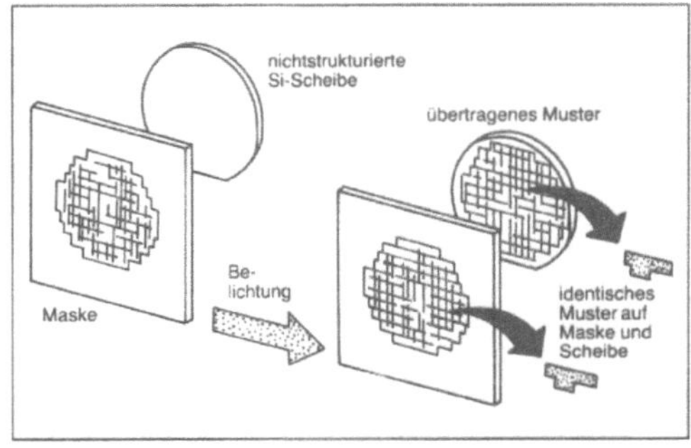

Lithographie: Übertragung von Strukturen von einer Maske auf die Siliciumscheibe.

Während des Lithographieprozesses passiert üblicherweise die von einer Strahlungsquelle emittierte Strahlung eine Maske, deren beschichtete Gebiete die Strahlung absorbieren und die unbeschichteten die Strahlung durchlassen. Diese Strahlen treffen auf eine strahlenempfindliche Schicht (→Photolack), die vorher auf das Substrat aufgebracht wurde. Die Gebiete dieser Schicht, auf denen die Strahlung auftrifft, werden physikalisch oder chemisch umgewandelt. Diese Umwandlung verändert ihre Materialeigenschaften und erlaubt eine selektive Entfernung der bestrahlten (Positiv-Verfahren) oder der unbestrahlten Gebiete (Negativ-Verfahren). Die nach der selektiven Ablösung auf dem Substrat (Halbleiterscheibe) verbleibende Schicht hat die Funktion, das darunter befindliche Material vor den technologischen Einflüssen der nachfolgenden Prozeßschritte zu schützen.

In der L. werden fünf verschiedene Strahlungsarten verwendet: UV-Licht ($\lambda \approx 400$ nm), kurzwelliges UV-Licht ($\lambda \approx 250$ nm), Röntgenstrahlen ($\lambda \approx 0{,}4$ bis 5 nm), Elektronen ($\lambda < 0{,}02$ nm) und Ionen ($\lambda \ll 0{,}001$ nm). Ausgehend von der Größe der abzubildenden Strukturen ist die Bestrahlungsart auszuwählen, wobei gilt, daß kleinere Strukturen kürzere Wellenlängen erfordern, um die Beugungseffekte zu reduzieren. Die Wellenlänge der einzelnen Strahlungsarten ergibt sich zu

$$\lambda = \frac{h}{mv}$$

mit h Planksche Konstante, m Masse und v Geschwindigkeit.

Die Auflösung der einzelnen Verfahren wird jedoch zusätzlich durch Streueffekte begrenzt (siehe die einzelnen Lithographieverfahren).

Aus ökonomischen Gründen und aus Gründen der prozeßtechnischen Beherrschbarkeit wird jedoch die Bestrahlungsart gewählt, die beiden Bedingungen am besten gerecht wird, das ist derzeit die optische L. (→Photolithographie), die Strukturen (Linien und Gräben) von einer Größe bis zu 0,8 μm zu übertragen erlaubt. Für spezielle Anwendungen, z. B. für die Herstellung einer Maske und in Forschung und Entwicklung sind bereits heute die kurzwelligen und energiereicheren Strahlen wie Röntgen (→Röntgenlithographie), Elektronen- (→Elektronenstrahllithographie) und Ionenstrahlen (→Ionenstrahllithographie) zunehmend im Einsatz.

Bei der Entwicklung von Halbleiterbauelementen werden die →Layouts für die verschiedenen Schichten und die dazu gehörigen Strukturdaten (Abmessungen, Materialart und -qualität usw.) festgelegt. Die Übertragung dieser Daten auf die entsprechenden Maskensätze (Muttermasken und Arbeitsmasken) werden im Prinzip mit den gleichen lithographischen Methoden durchgeführt, wie die, die bei den Halbleitersubstraten angewendet werden. Die Besonderheiten bei der →Maskentechnik liegen aber in den speziellen Absorptionsschichten, ihrer selektiven Bearbeitung, in den Anforderungen an die Maßhaltigkeit der Strukturen und deren physikalischen und geometrischen Forderungen an das Maskensubstrat. Mit Hilfe dieser Masken oder durch direktschreibende Verfahren werden dann diese Strukturen mit den unterschiedlichsten Belichtungsmethoden auf das Halbleitersubstrat übertragen. *Ryssel*

Literatur: *Brodie, I.* and *J. J. Muray:* The Physics of Microfabrication. New York–London 1984. – *Moreau, W. M.:* Semiconductor Lithography, Principles, Practices and Materials. New York–London 1988. – *Stengl, G.* and *H. Löschner, J. J. Muray:* Ion Projection Lithography. Solid State Techn., (1986) Feb. S. 119–125.

Local doming →Doming

Local Oxidation Technology →LOCOS-Technik

Loch. (Auch: →Defektelektron). Fehlendes Elektron im →Valenzband eines Halbleiters (→Bändermodell; →Halbleiter; →Löcherleitung). *Heinz*

Löcherleitung. (Auch p-Leitung). Leitfähigkeitsmechanismus in Halbleitern, wobei der elektrische Strom durch Löcher im →Valenzband getragen wird.

Werden Elektronen aus dem Valenzband eines Halbleiters ins →Leitungsband oder in Störstellenniveaus des verbotenen Bands angeregt, so ist das Valenzband nicht mehr voll gefüllt, es sind dort Löcher oder Defektelektronen entstanden. Die im Valenzband verbliebenen Elektronen können nun in einem elektrischen Feld Bewegungsenergie aufnehmen indem sie die jetzt freien Zustände besetzen. Deren Zahl ist daher gleich der Zahl der beweglichen Ladungen. In einem komplementären Bild betrachtet man deshalb die Löcher als (fiktive) →Ladungsträger mit gegenüber den Elektronen entgegengesetzter (positiver) Ladung und Bewegungsrichtung. Da die Konzentration der Löcher üblicherweise mit p bezeichnet wird, spricht man bei Löcherleitung auch von p-Leitung. *Heinz*

Lochmaske. Die L. oder Schattenmaske ist eines der wichtigsten Unterteile des nach wie vor wichtigsten elektronischen Farbdisplays, der →Kathodenstrahlröhre. Von dieser werden jährlich weltweit ca. 100 Millionen Stück Schattenmasken-Farbbildröhren produziert und angewandt.

Die L. besteht aus dünnem, kohlenstoffarmen Eisenblech oder Eisenlegierungen (150–300 μm). In dieses werden zunächst über 300 000 Löcher geätzt. Dann wird die *Flachmaske* in einer hydraulischen Presse auf eine Form gebracht, die der Schirmkrümmung der Innenseite des Frontglases angepaßt ist. Aufgabe der Schattenmaske ist es, nur den Teil des Elektronenstrahles durchzulassen, der von dem Strahlsystem einer der drei Primärfarben (Rot, Grün und Blau) kommt und durch die L. hindurch auf den Leuchtstoff-Dots der nämlichen Farbe landet. Die anderen Elektronen werden „abgeschattet“ und landen auf der L., die dadurch erwärmt wird. Die Transparenz der L. beträgt ca. 20%. Die restlichen 80% erwärmen die L. mit dem entsprechenden Anteil der Strahlleistung, das sind bis zu 30 W. Diese gibt die L. hauptsächlich durch Wärmestrahlung wieder ab.

Die Löcher in der L. haben Abmessungen von 200–300 μm. Bei kleineren Bildformaten entsprechend weniger. Der Abstand der Maskenlöcher voneinander (→Pitch) ist auch formatabhängig. Darüber hinaus bestimmt der Maskenpitch die mögliche Auflösung mit. Bei 36 cm Farbbildröhren gilt ungefähr folgende Einteilung:

Auflösung	Pitch (mm)
Standard (Fernsehen)	0,5
mittel	0,4
hoch	0,3
sehr hoch	0,2

Um der dünnen L. eine gewisse mechanische Stabilität und Handhabbarkeit zu geben, wird die gekrümmte L. auf den Maskenrahmen geschweißt. Dieser ist bei modernen Farbbildröhren ebenfalls aus dünnem Blech und dient gleichzeitig als Diaphragma. Die L. mit Rahmen und Aufhängung muß zumindest so stabil sein, daß die Bildröhre die max. zulässige Beschleunigung von 35 g erträgt.

Keitel/Nerstheimer

Literatur: *Barten, P. G. J.:* Theorie des Moiré bei Schattenmasken Farbbildröhren. Valvo Ber., Bd. XV (1969), Nr. 3, S. 79–192. – Einführung in die Farbfernsehservicetechnik. Bd. I: Grundlagen der Farbfernsehtechnik. Hrsg. N. V. Philips Gloeilampenfabrieken Eindhoven, Niederlande. – Elektronik-Taschenbuch, Bd. II. Bonn. – Farbfernsehtechnik I. Hrsg. Telefunken, München. – Farbfernsehtechnik II. Hrsg. Telefunken, Berlin.

Lochmasken-Farbbildröhre →Bildröhre

LOCOS-Technik. In der →Planartechnologie sind Gebiete mit dicken Oxiden (Feldoxid, ca. 0,5 bis 1 µm) und dünnen Oxiden (ca. 10 bis 100 nm) notwendig. Um die Höhe der Stufe niedrig zu halten, wird der LOCOS-Prozeß (LOCal Oxidation of Silicon) verwendet. Hierdurch erreicht man eine Struktur (Bild a) mit einem sanften Übergang und geringer Stufenhöhe vom Dünnoxidbereich zum Dickoxidbereich. Der Prozeß beginnt mit dem Aufwachsen einer dünnen Oxidschicht von ca. 50 nm (Padoxid), anschließendem Aufbringen einer Nitridschicht (Si_3N_4) von ca. 150 nm (→Schichtabscheidung mit LPCVD) und deren Strukturierung.

Bei der anschließenden feuchten Oxidation für das →Dickoxid auf den Feldbereich (Feldoxid) verhindert die Nitridschicht die →Diffusion der

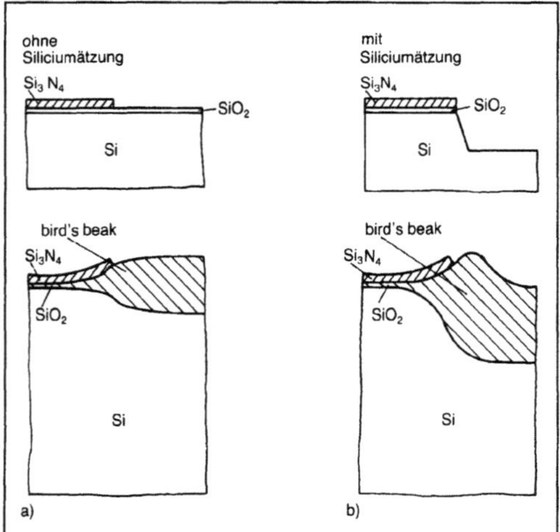

LOCOS-Technik: Schematische Darstellung.
a) LOCOS-Prozeß
b) recessed-LOCOS-T.

Wassermoleküle. Hierdurch kann das Feldoxid nur in den Bereichen aufwachsen, die nicht von der Nitridschicht bedeckt sind. Wegen der ungerichteten Diffusion des Oxidationsmittels wächst das Oxid auch lateral unter die Ränder der Nitridabdeckung, wodurch der bird's beak (Vogelschnabel) entsteht. Durch Abätzen der Nitridschicht und des darunterliegenden Dünnoxids wird das Silicium-Grundmaterial der aktiven Bereiche freigelegt. Das →Gateoxid wird anschließend aufgewachsen.

Bei einer Weiterentwicklung der LOCOS-T. wird von der Oxidation das nicht mit Nitrid abgedeckte →Silicium um ca. die halbe Dicke der Feldoxiddicke abgeätzt. Mit dieser sog. recessed-LOCOS-T. lassen sich noch planere Oberflächen erzielen (Bild b).

Ryssel

LOC-Laser (Abk. *engl.* Large Optical Cavity-Laser) →SCH-Laser

Logik.

Allgemein. Wissenschaft der Gesetze, Formen, des folgerichtigen Aufbaus und der Struktur widerspruchsfreien Denkens.

Mathematische Logik. Formale mathematische Sprache, um mit Symbolen und Regeln die Verknüpfung von mathematischen Symbolen auszudrücken. Die Gesetze, Formeln und Symbole der mathematischen L. werden in der Elektronik angewendet (z. B. Schaltungsalgebra, Boolsche Algebra, Logikschaltungen). Dabei ist eine Zuordnung zwischen logischen Zuständen und physikalischen Größen der Schaltung (z. B. Spannungspegel) erforderlich.

Elektronik. Gesamtheit der Schaltungen und Systeme, die Logikfunktionen ausführen (dafür wird häufig der Ausdruck logische Schaltung verwendet). Die zu verknüpfenden Signale werden durch zwei verschiedene Spannungs- (seltener Strom-)pegel gekennzeichnet (→Logikpegel), die den logischen Zuständen „1“ (logisch aktiv) und „0“ (logisch inaktiv) zugeordnet sind (Bild). Die Spannungspegel bedeuten: positiverer Pegel H-Pegel, negativerer L-Pegel (Tabelle). Nach der Zuordnung zwischen logischen Zuständen und Spannungspegel unterscheidet man:
positive L.: H = 1, L = 0,
negative L.: L = 1, H = 0.

Die Absolutwerte der Logikpegel und die Zuordnung hängt von der jeweiligen Schaltungsfamilie ab. Sehr verbreitet ist die positive L. Wechselt man bei einer logischen Schaltung die Pegelzuordnung, so kehren sich ODER- in UND-Funktion um und umgekehrt.

Wegen unvermeidlicher Toleranzen der Schaltung, der Versorgungsspannungen u. a. werden anstelle der Pegel zulässige Pegelbereiche (Toleranzbereiche) angegeben. Der zwischen beiden

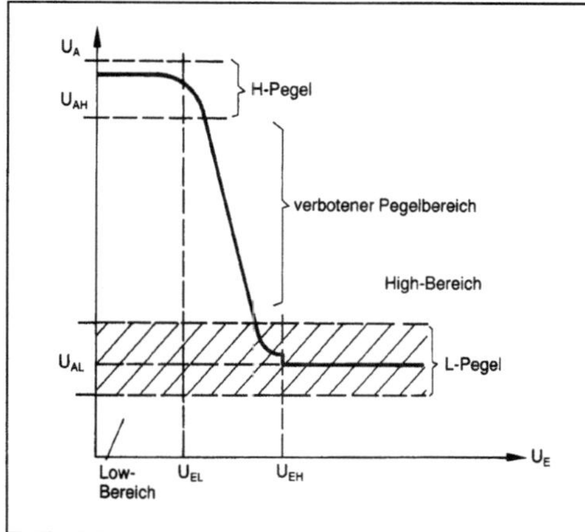

Logik: Logikpegel-Übertragungskennlinie.

Logik. Tabelle: H- und L-Pegel wichtiger digitaler Schaltkreisfamilien.

Schaltkreis-familie	U_L V	U_H V
T^2L	0 . . . 0,5	2,5 . . . 5
ECL	≈ 3	≈ 4 . . . 5
I^2L	≈ 1	2 . . . 5
NMOS	–1 . . . +1	5 . . . 10
CMOS	1 . . . 2	4 . . . 15

Pegelbereichen liegende Bereich ist verboten, weil sonst eine einwandfreie Ausführung der →Logikfunktion nicht gewährleistet ist. *R. Paul*

Logik, festverdrahtete. Schaltungen zur Ausführung logischer (und arithmetischer) Verknüpfungen, deren einzelne Gatteranschlüsse fest miteinander verbunden sind, also zerstörungsfrei nicht getrennt werden können.

Die →Verdrahtung kann bei integrierten Schaltungen (Bild, S. 594) einmal durch den Hersteller für fest vorgegebene Funktionen oder vom Anwender nach dessen Vorgaben erfolgen (z. B. →ROM). Im Gegensatz dazu führt der Anwender bei der programmierbaren L. (→PLA, →PAL) die engültige Funktionsbestimmung der L. selbst durch. Auch diese kann dann nicht mehr verändert werden.

Das Gegenstück zur f. L. ist die variable L. Hier werden die durchzuführenden logischen Verknüpfungen in Art und Reihenfolge durch ein Programm (Software) festgelegt. So läßt sich z. B. eine Multiplikation einmal direkt durch Multiplikationsschaltungen (festverdrahtet) besorgen, aber auch durch ein Programm unter Verwendung von Addierern. F. L. arbeiten i. a. schneller und kommen mit weniger Funktionselementen aus, haben aber den Nachteil der einmal für eine bestimmte Aufgabe festgelegten Funktion. *R. Paul*

Logik, gesättigte. Digitale Schaltung mit →Bipolartransistoren, deren Arbeitspunkte bei Ansteuerung mit L-Pegel im →Sperrbereich und bei Ansteuerung mit H-Pegel im →Sättigungsbereich liegen. Dadurch wird der Basisraum mit →Ladungsträger überschwemmt, die später beim Übergang zum L-Pegel wieder entfernt werden müssen. Dadurch vergrößert sich die Abschaltzeit. Das bekannteste Beispiel einer solchen L. ist die Transistor-Transistor-Logik (→TTL). *R. Paul*

Logik, kombinatorische. Digitale Schaltung, bei der keine speichernden Elemente, wie z. B. →Flip-Flops oder Rückkoppelungen vorhanden sind. Bei k. L. kann jedem Eingangsvektor ohne Rücksicht auf die Vorgeschichte ein Ausgangsvektor eindeutig zugeordnet werden. Alternative: →Logik, sequentielle. *K. Winter*

Logik, negative/positive →Logik

Logik, programmierbare →PLD

Logik, sequentielle. Während kombinatorische Logikfunktionen zeitlich sofort ausgeführt werden, hängen sequentielle Logikfunktionen (oder Folgefunktionen) von der Zeit ab, da sie Logikelemente mit Speicherverhalten oder anderen zeitabhängigen Merkmalen (z. B. getaktete L., monostabile Multivibratoren) enthalten. Das sequentielle logische Grundelement ist das →Flip-Flop. Es speichert das logische Ausgangssignal, so daß es auch dann noch zur Verfügung steht, wenn sich die Eingangsbelegung bereits verändert hat. *R. Paul*

Logik, störsichere. Integrierte →Schaltung mit besonders großer →Störsicherheit. Lange Zeit wurden dafür Schaltkreisfamilien wie →DZTL, HTL und LSL benutzt, die aber heute bezüglich des Störabstandes alle von der CMOS-Logik übertroffen werden. Sie hat außerdem noch eine Reihe weiterer Vorteile. *R. Paul*

Logik, ungesättigte. Digitale Logikschaltungen mit Bipolartransistoren, die bei Ansteuerungen mit H-Pegel nicht in den →Sättigungsbereich gelangen können. Dadurch treten keine typischen Ladungsspeichereffekte durch Übersteuerung auf, und es ergeben sich hohe Schaltgeschwindigkeiten, jedoch meist mit höheren Verlustleistungen gekoppelt. Die schaltungstechnischen Maßnahmen zur Verhinde-

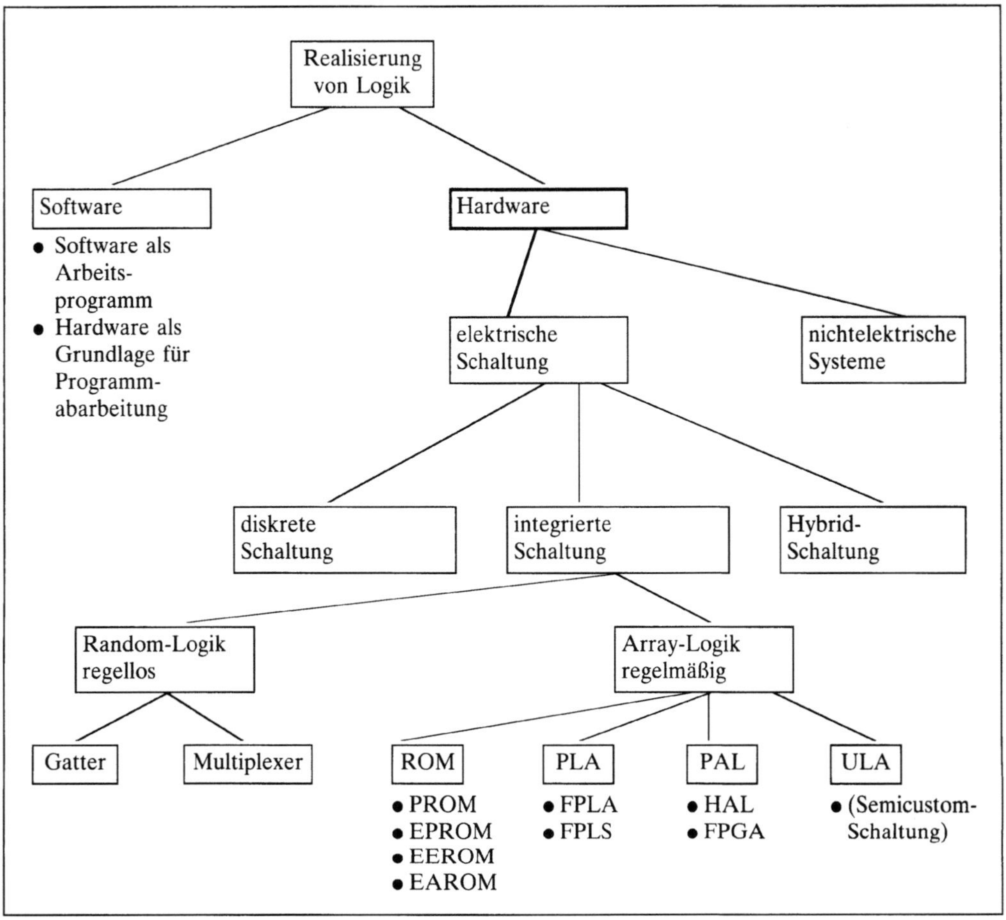

Realisierung von Logik
Software
• Software als Arbeitsprogramm
• Hardware als Grundlage für Programmabarbeitung
Hardware
elektrische Schaltung
nichtelektrische Systeme
diskrete Schaltung
integrierte Schaltung
Hybrid-Schaltung
Random-Logik regellos
Array-Logik regelmäßig
Gatter
Multiplexer
ROM
• PROM
• EPROM
• EEROM
• EAROM
PLA
• FPLA
• FPLS
PAL
• HAL
• FPGA
ULA
• (Semicustom-Schaltung)

Logik, festverdrahtete: Realisierungsschema.

rung der Sättigung bestehen entweder in der Begrenzung des Emitterstromes (zusammen mit dem gewählten Lastwiderstand, →ECL) oder im Einsatz von Schottky-Dioden als Klammerdiode (→Schottky-TTL). *R. Paul*

Logikanalysator. L. sind aus den →Elektronenstrahl-Oszilloskopen hervorgegangen, sind z. T. aus denselben Funktionselementen aufgebaut, dienen aber zum Untersuchen digitaler Schaltungen.

Der wesentliche Unterschied zum Oszilloskop liegt darin, daß die über die Tastköpfe gemessenen Signale (Bild) auf dem Bildschirm nicht direkt angezeigt, sondern in einem →Halbleiterspeicher zwischengespeichert werden. Die wichtigsten Funktionselemente eines L. sind die Tastköpfe, der Halbleiterspeicher, die Takterzeugung, die Triggerung, der Bildschirm und die zugehörigen Datenverarbeitungs- und -darstellungsfunktionen.

Der L. dient zum genauen Untersuchen des zeitlichen Ablaufs von digitalen Funktionen (Timing-Analyse) und zum Erfassen und Darstellen des Ablaufs komplexer digitaler Ereignisse (Zustandsanalyse). Im ersten Fall werden möglichst hohe Abtastfrequenzen (bis 1 GHz), hohe Speichertiefe je Kanal (mindestens 1 024 Worte), aber eine relativ geringe Anzahl von Kanälen (Eingängen) verwendet. Im zweiten Fall werden nur mittlere Abtastfrequenzen (bis 25 MHz), dafür aber eine

Clips
Anschlußleitungen
Tastköpfe
Trigger
Speicher
Takt
Bildschirm

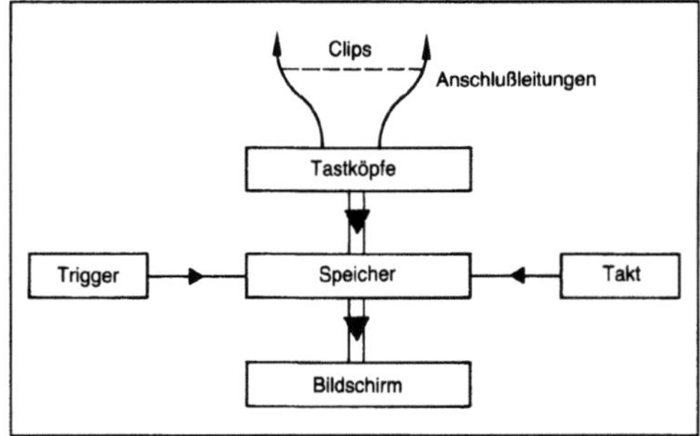

Logikanalysator: Blockschaltbild.

große Anzahl von Kanälen (bis 96) und umfangreiche Triggermöglichkeiten benötigt.

Das Messen der n ausgewählten Signale erfolgt über die Tastköpfe. Diese haben die Aufgaben, die analogen Eingangssignale bei möglichst geringer Belastung des Meßobjekts in digitale Signale umzuwandeln. Entsprechende Eingangsverstärker sorgen für Eingangsimpedanzen von 1 MΩ/≤5 pF. Mit Hilfe eines Komparators wird der Schalt- oder Entscheidungspegel (Threshold) festgelegt. Wird der Schaltpegel überschritten, schaltet der Komparatorausgang auf logisch „1".

Die so erzeugten „0"- oder „1"-Pegel der n Kanäle werden sequentiell an die Eingänge eines Schreib-Lesespeichers gelegt und mit Hilfe eines zusätzlichen Takts in diesen Speicher nach Art eines Schieberegisters hineingeschoben. Die Tiefe des Datenaufnahmespeichers beträgt je nach Anwendungsgebiet und Gerät zwischen 256 und 4 096 bit pro Kanal. Es gibt auch L., bei denen die Speichertiefe durch Hintereinanderschalten von Speichern auf Kosten der Anzahl der Kanäle verändert werden kann. Dieser Vorgang des sequentiellen Durchschiebens von Daten dauert so lange, bis die Triggerung erfolgt und das Speichern angehalten wird. Erst danach erfolgt die Ausgabe auf dem Bildschirm.

Der Takt, der die Daten sequentiell in den Speicher lädt, wird entweder mittels internen Taktgenerators erzeugt, oder es wird der Systemtakt des zu untersuchenden Systems verwendet. Im ersten Fall spricht man von einer asynchronen Datenaufnahme. Sie ist erforderlich, wenn das genaue Zeitverhalten (hohe Abtastrate) einer Signalfolge oder Störimpulse untersucht werden. Die synchrone Datenaufnahme wird insbesondere bei der Analyse von Mikrorechnern verwendet, da hier alle Daten mit dem Systemtakt gesteuert werden. Um aus der Datenflut z. B. eines Mikrorechners die interessierenden Bereiche herauszufiltern, benützt man sog. Takt- und/oder Datenqualifizierer. Bei der Triggerung wird die Beendigung der Datenaufnahme dann eingeleitet, wenn ein eingestelltes Triggerwort mit einem Eingangssignal auf n Kanälen (Datenwort) übereinstimmt. Dieser sog. Worterkenner gibt in diesem Fall ein Ausgangssignal ab und löst die Triggerung flanken- oder pegelsensitiv aus. Die Stelle des Datenwortes im Speicher, wo dieser Vergleich stattfinden soll, läßt sich frei wählen. Durch die Triggerpositionen „Begin, End, Center" wird eingestellt, ob nur die Vorgeschichte, nur die Nachgeschichte oder beides eines Ereignisses interessiert.

Neben dieser einfachsten Triggermöglichkeit besitzen moderne L. noch eine Vielzahl von weiteren Triggermöglichkeiten. Stehen mehrere Worterkenner zur Verfügung, so lassen sich diese in ihrer Funktion logisch verknüpfen (kombinatorische Triggerung). Weiterhin gibt es „IF-THEN-ELSE"-Worterkennung, Zeit- und Ereigniszähler, automatische Vergleichsfunktion (Referenzspeicher) u. a.

Ist der Speicher nach erfolgter Datenaufnahme voll, schaltet der L. automatisch in den Datendarstellungsbetrieb um. Die verschiedenen Darstellungen werden von einem Formatierer erzeugt und an den Bildschirm, meistens eine Rasterröhre, ausgegeben. Im Timing-Diagramm werden die gespeicherten Binärinformationen der n Kanäle als 1-0-Impulsdiagramm untereinander mit der entsprechenden Kanalbezeichnung ausgegeben. Als Hilfsmittel zum Untersuchen der Gleichzeitigkeit von Flanken lassen sich ein oder mehrere Leuchtmarken (Cursor) einblenden. Im Timing-Diagramm ist dies eine senkrechte Linie.

Für die synchrone Datenaufnahme wird i. a. die Tabellendarstellung gewählt. In der einfachsten Form zeigt man die Daten, so wie sie im Speicher stehen, im Binärformat an. Die Informationen aller Kanäle auf der gleichen Speicherstelle werden nebeneinander und die verschiedenen Speicherplätze untereinander dargestellt. Da immer nur ein kleiner Ausschnitt aus dem Speicher gleichzeitig darstellbar ist, kann sich der Bedienende den Gesamtbereich mittels Durchrollen der Daten oder seitenweise ansehen, bzw. mittels Such- und Vergleichsfunktionen den interessierenden Bereich ermitteln. Insbesondere bei der Analyse von Mikrorechnerdaten ist die hexadezimale Darstellung üblich.

Die Fehleranalyse in Mikroprozessorsystemen wird vereinfacht, wenn man statt der Hexadezimaldarstellung von Befehlen und Daten die symbolischen Namen der Befehle und Operanden darstellt. Diesen Vorgang des Zuordnens zwischen symbolischer Schreibweise und den aufgenommenen Daten nennt man Disassemblierung, das Programm hierzu Disassembler. Neben diesem für jeden gängigen Mikroprozessor vorhandenen Software-Modul benötigt man einen entsprechenden Hardware-Adapter für jeden Prozessor, der die Pinbelegung durchführt. Für 8-bit-Prozessoren reichen meistens die sog. mehrpoligen Clip-Adapter, die man direkt über den Prozessor klemmt. Für 16-bit-Prozessoren sind wegen ihrer komplexeren Struktur sog. Personality-Moduln erforderlich. Das Modul wird statt des Prozessors in dessen Sockel eingesteckt; der Prozessor hingegen kommt in einen Stecker auf dem Modul. Mittels Personality-Modul kann man z. B. die richtige Befehlsfolge erkennen, selbst wenn diese durch einen Interrupt unterbrochen wird.

Ein wichtiges Anwendungsgebiet der L. ist schließlich die Software-Leistungsanalyse, mit deren Hilfe sich die Effizienz eines laufenden Programms bestimmen läßt. *F. Schneider*

Logikfamilie. Mitunter verwendete Bezeichnung für eine →Schaltkreisfamilie *R. Paul*

Logikfunktion. (auch Schaltfunktion) In der Schaltalgebra eine logische Funktion im mathematischen Sinn, die die Schaltvariablen nach Methoden der →Logik mit Funktionswerten verknüpft.

Die L. wird entweder durch einen analytischen Ausdruck oder eine Schaltungsbelegungstafel dargestellt. Die wichtigsten L. (Grundformen) sind Negation, Disjunktion und Konjunktion, aus denen sich weitere Formen ableiten lassen (z. B. Identität, Implikation u. a.). Sie bilden die drei grundlegenden logischen Verknüpfungselemente: Negator (Negation), UND-Gatter (AND-Gatter und ODER-Gatter (OR-Gatter) der kombinatorischen Logik. Nach dem Satz von *De Morgan* ergibt die Verknüpfung einer Disjunktion mit der Negation die Konjunktion, die Verknüpfung der Konjunktion mit der Negation die Disjunktion.

Die logischen Grundelemente können beliebig miteinander kombiniert werden. Auf diese Weise dienen sie zur Realisierung beliebig komplizierter L. Schaltungstechnisch lassen sich die logischen Grundfunktionen sehr unterschiedlich realisieren. Daraus leiten sich die verschiedenen Schaltkreisfamilien ab. *R. Paul*

Logikpegel →Logik

Logikplan. Schaltplan mit symbolischer Darstellung der Zusammenschaltung logischer Verknüpfungsglieder, oft durch Schaltungsbelegungstafeln oder die →Logikfunktion ergänzt. Der L. ist die Grundlage für den Aufbau einer →Logikschaltung. *R. Paul*

Logikschaltung. Digitalschaltung, die eine Verarbeitung digitaler Signale nach den Regeln der Boolschen Algebra ausführt. Sie kann auch sequentielle Elemente enthalten. Die Grundlage für den Entwurf der L. ist der →Logikplan. *R. Paul*

Logiksimulation. Simulationsverfahren zu Entwurf und Überprüfung der logischen Funktion eines digitalen Systems oder Funktionsblockes unter Verwendung logischer Grundelemente, insbesondere zur Erkennung logischer Entwurfsfehler, der Analyse kritischer Laufzeiten und zur →Fehlersimulation (Prüfung von Testmustern). Ziel ist dabei eine →Simulation logischer Signalwerte über der Zeit unter möglichst realistischen Bedingungen, wie sie später durch die ausgeführte Schaltung gegeben sind.

Im weitesten Sinne umschließt die L. folgende Simulationsebenen:

□ Schalter-Simulation (*engl.* Switch-level-Simulation): Hier wird der →Transistor durch einen einfach spannungsgesteuerten Schalter ersetzt, Verbindungsstrukturen (RC-Leitungen) einbezogen und so eine Brücke zwischen Gatter- und Schaltungsebene hergestellt.

□ Gatter-Simulation (*engl.* Gate level Simulation): Sie geht von Grundgattern (NAND, NOR) als logische Modellelemente aus und berücksichtigt in vielen Fällen auch Zeitverzögerungen (Gatterlaufzeiten).

□ Register-Transfer-Simulation: Hier dienen Funktionsblockbeschreibungen (insbesondere →Register und →Zähler) als Ausgangselemente für den Daten-Transfer und die Daten-Transformation zwischen synchron getakteten Registern. Der innere Aufbau des Schaltwerkes aus Gattern bleibt dabei unberücksichtigt. Verfahrensmäßig erfolgt die RT-Simulation

- durch Transformation der RT-Beschreibung in eine Programmiersprache und Programmausführung
- durch Überführung der RT-Beschreibung in eine Form, die nur noch →Gatter und →Speicherelemente enthält und mit einer L. abgearbeitet werden kann.

Die L. im engeren Sinne umfaßt nur die Simulation auf Gatterebene. Sie läuft entweder compilierend oder ereignisorientiert ab.

Beim älteren compilierenden Verfahren wird zunächst die Schaltung strukturiert, den Grundelementen Ebenen (nummeriert) zugewiesen und anschließend von den Eingangsbelegungen her ein Code generiert, der die Grundfunktionen der Modellelemente ausführt und Grundlage der Simulation ist. Die neuere ereignisorientierte Simulation berücksichtigt, daß während der einzelnen Zeitschritte in einer logischen Schaltung nur ein Bruchteil (20%) aller zum System gehörenden Gatter arbeitet. Deshalb ist es vorteilhafter, nicht alle Elemente für jeden Zeitschritt zu berechnen, sondern nur von den Zustandswechseln als Basiselemente eines zeitschrittorientierten Simulators auszugehen.

Bekannte Logiksimulatoren sind TEGAS, DLASAR, LOGCAP, DISIM u. a. Mit zur L. wird auch die Timing-Analyse gezählt. Sie dient als Zwischenstufe zur Schaltungssimulation zur Analyse von zeitkritischen Bereichen (Blöcke, Signalpfade). Dazu wird die Schaltung durch Bauelemente beschrieben. Die Signale können kontinuierlich sein, so daß sich genauere Zeitverläufe z. B. zur Beachtung von Anstiegs- und Abfallzeiten ergeben. Durch vereinfachte Bauelemente und einfache Iterationsverfahren ergeben sich kürzere Rechenzeiten als bei der Schaltungssimulation, jedoch mit demgegenüber etwas reduzierter Genauigkeit.

Die Timing-Simulation eignet sich daher für größere Schaltungsanordnungen, für die die Schaltungssimulation zu umfangreich würde und bei denen nur das Zeitverhalten interessiert. Bekannte Timing-Simulatoren sind MOTIS und SIMPL, mehr schaltungsorientierte MOSTAP, DIANA und mehr logikorientierte z. B. MASCOT. Timing-Analyse kann auch in anderen Simulatoren eingeschlossen sein, man spricht dann von Mixed-Mode-Simulation (z. B. SPLICE). *R. Paul*

Logiksynthese. (auch Digitalsynthese). Automatisierte Erstellung der Entwicklungsdaten von elektronischen Schaltungen, deren Funktion, nicht aber deren Aufbau zunächst bekannt ist.

Die Eingabe des Verhaltens der Schaltung erfolgt mit →VHDL oder einer anderen Hardwarebeschreibungssprache. Nach bestimmten Algorithmen wird daraus eine Schaltung synthetisiert, die nachfolgend noch optimiert werden kann. Ergebnis der L. ist eine Netzliste, die von anderen CAD-/CAE-Verfahren weiterverarbeitet werden kann (→Hochsprachenentwurf). *K. Winter*

Logiktreiber. Die L. als Teil der →Pinelektronik eines Prüfautomaten setzen die im →Prüfprogramm vorgegebenen logischen →Bitmuster, ihr Zeit- und Spannungsverhalten in physikalische Signale um, wie sie zur Prüfung jeweils einer bestimmten →Logikfamilie gebraucht werden.

Einfache L. können nur für eine bestimmte Logikfamilie verwendet werden und erlauben z. B. auch nicht die Einstellung des Tristate-Zustandes. Als preisgünstige L. werden daher z. B. Leitungstreiber der jeweiligen Logikfamilie verwendet.

Aufwendige L. erlauben zahlreiche Programmiermöglichkeiten: Freie Wahl der logischen Spannungspegel für log. 0 und log. 1., Einstellung des Tristate-Zustandes, Einstellung der →Flankensteilheit, programmierbare →Strombegrenzung, Variation des Innenwiderstandes. *K. Winter*

Lokaloszillator. Bauteil der Nachrichtentechnik, das am Ort des Empfängers eine elektromagnetische Schwingung oder Welle zeitlich konstanter Amplitude und Frequenz ω_{loc} gleich oder nahe der zu empfangenden Signalfrequenz ω_s erzeugt. Die unmodulierte Frequenz bzw. Welle wird dem Signal überlagert, wodurch eine Steigerung der Nachweisempfindlichkeit erfolgt: Das Modulationssignal erhöht sich mit der Leistung des L. (→Überlagerungsempfang, optisch), und die weitere Signalverarbeitung wird auf eine feste Frequenz begrenzt (Rauschunterdrückung). Letzteres ist aber nur möglich, wenn sich die Frequenz des Lokaloszillators auf die Signalfrequenz abstimmen läßt.

In der Rundfunk- und →Fernsehtechnik wird ein durchstimmbarer L. durch einen →Schwingkreis mit einem →Drehkondensator realisiert. In der optischen Nachrichtentechnik entspricht dem L. eine Lichtquelle zeitlich konstanter, spektral schmalbandiger →Emission variabler Wellenlänge. Wird davon ausgegangen, daß im spektralen Bereich des Dämpfungsminimums der Glasfaser 100 Kanäle im Abstand von 10 GHz und einer Übertragungsrate von 1 Gbit/s durch Frequenz- oder Amplitudenmodulation übertragen werden sollen, so ergeben sich für den L. folgende Anforderungen:

zentrale Emissions-wellenlänge/-frequenz	1,550	μm	$1{,}93 \cdot 10^{14}$ Hz
Durchstimmbereich	±4,0	nm	±500 GHz
spektrale Breite	0,8	pm	100 MHz
optische Leistung		>1 mW	

Als optische L. bieten sich durchstimmbare →Halbleiterlaser an, wobei wegen der elektrischen, weiten Durchstimmung der DBR-Laser (→DSM-Laser) und der →TTG-Laser favorisiert sind. Für eine Phasenmodulation müßte sich die spektrale Breite noch einmal um zwei Größenordnungen verringern, was z. Zt. mit elektrisch durchstimmbaren Halbleiterlasern nicht zu erreichen ist.

Rosenzweig

Lorentzkraft. Nach *H. A. Lorentz* benannte Kraft, die auf ein sich in einem Magnetfeld bewegendes elektrisch geladenes Teilchen wirkt.

Bewegt sich ein Teilchen, das die Ladung q trägt, mit der Geschwindigkeit v in einem Magnetfeld der magnetischen Induktion B, so wirkt es auf die L. $F = q(v \times B)$. Die L. steht damit senkrecht auf der Richtung sowohl der Geschwindigkeit, als auch des Magnetfelds und verschwindet für v parallel B. Die L. ändert nur den Impuls, nicht aber die kinetische Energie und eignet sich daher zum Ablenken oder Fokussieren bewegter Ladungen. Da elektrische Ströme fließenden Ladungen entsprechen, erklärt die L. z. B. die Wirkung von Magnetfeldern auf stromdurchflossene Leiter, den →Hall-Effekt und Skin-Effekt oder die Erzeugung von Wirbelströmen. *Heinz*

Löschdiode. (auch Freilaufdiode) Halbleiterdiode, die einer induktiven Last des Transistors oder Thyristors parallel so geschaltet wird, daß sie durch die Speisespannung im →Sperrbereich arbeitet. Dadurch werden Überspannungen beim Abschalten des Transistors/Thyristors vermieden. Ein solcher Löschzweig kann durch Vertauschen der Halbleiterdiode mit einem Thyristor auch steuerbar gemacht werden (Bild). *R. Paul*

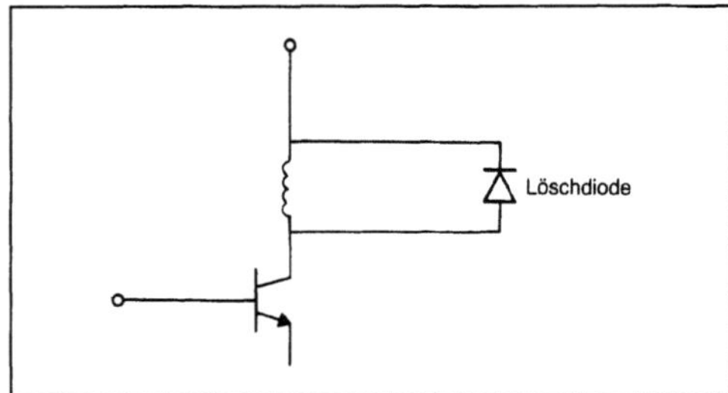

Löschdiode: Schema.

Löschverfahren. Bei →Wechselrichtern muß wie bei getakteten Gleichstromstellern die Stromführung der Hauptthyristoren periodisch entsprechend der Phasenfolge und der gewünschten Frequenz unterbrochen werden, d. h. der →Thyristor muß gelöscht und für eine Wiedereinschaltung vorbereitet werden.

Es werden folgende Verfahren unterschieden:
- Einzellöschung,
- Summenlöschung,
- Phasenfolgelöschung.

□ Einzellöschung. Diese wird bei Zwischenkreis-Umrichtern mit →Spannungszwischenkreis im oberen Leistungsbereich angewendet. Funktionsweise und Schaltung: →Gleichstromsteller.

□ *Summenlöschung* (Bild 1). Hier erfolgt gemeinsame Löschung aller Thyristoren des Wechselrichters nach jeweils 60° durch den Löschthyristor T_7 und seinen Löschkreis. Dieses Löschverfahren wird meist bei Wechselrichtern für Umrichter mit Spannungszwischenkreis eingesetzt, die im Rechteck-Steuerverfahren (→Wechselrichter) arbeiten.

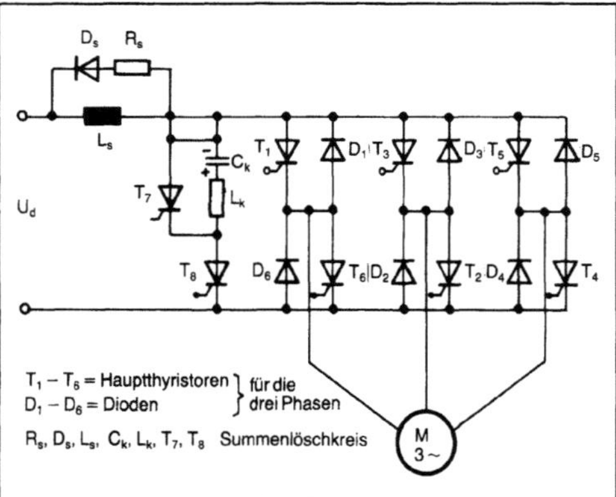

Löschverfahren 1: Prinzipschaltung der Summenlöschung.

□ Phasenfolgelöschung. Diese wird oft bei Strom-Zwischenkreis-Umrichtern und Spannungszwischenkreis-Umrichtern (→Zwischenkreis-Umrichter) mit →Pulsbreitenmodulation angewendet. Der Ablauf der Kommutierungs- und Löschvorgänge ist nachstehend beschrieben (Schaltbild): Ausgangssituation, der Hauptthyristor T_1 ist gezündet. Der Strom fließt über T_1-D_1-Wicklung, U-Wicklung W-D_2-T_2 in den Zwischenkreis zurück. Die →Kommutierung verläuft in folgenden Schritten:

1. Schritt: Kommutierung auf Thyristor T_3 durch Löschen von T_1 durch Kondensator C_1 (Thyristorkommutierung).

2. Schritt: Umladung der Kondensatoren C_1, C_3 und C_5, Strom von T_3 parallel über C_1, C_3, C_5 zu D_1-Wicklung, U-Wicklung W-D_2-T_2.

3. Schritt: Kommutierung auf Diode D_3, Löschen der Diode D_1, D_3 wird leitfähig, sobald die Spannung an C_1 entsprechend hoch ist (Diodenkommutierung).

4. Schritt: Die Kommutierung ist beendet, der Strom fließt jetzt über T_3, D_3, Wicklung, V-Wicklung, W-D_2-T_2 zurück in den Zwischenkreis.

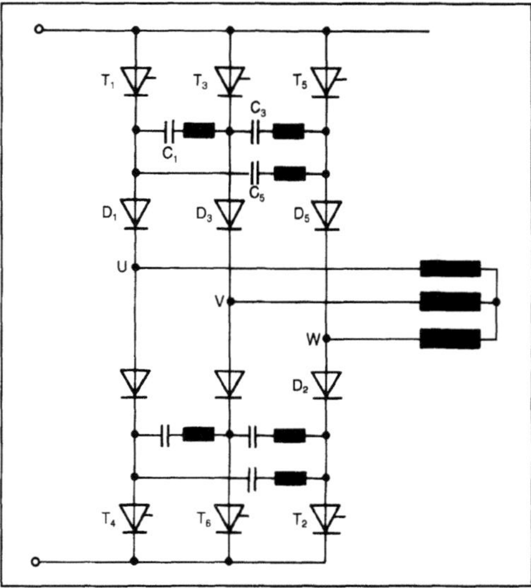

Löschverfahren 2: Schaltung zur Phasenfolgelöschung.

Die Zündfolge der Thyristoren ist die gleiche wie bei einer gesteuerten Drehstrombrückenschaltung (→Stromrichterschaltungen). Kommutierung und Löschung lösen sich dabei in der erforderlichen Phasenfolge ab. *H. Stüben*

Literatur: *Stüben, H.:* Elektrische Antriebstechnik. Formeln, Schaltungen, Diagramme, Tabellen. Hrsg. v. Brown, Boveri & Cie AG, Mannheim. Essen 1987.

Löschwinkel. Der L. γ ist eine Größe, die bei Stromrichtern im Wechselrichterbetrieb beachtet werden muß. Der L. γ entspricht der Zeit, während der im Wechselrichterbetrieb negative Spannung am abgelösten Ventil nach erfolgter →Kommutierung anliegt (Bild). Er geht in die Bemessung des Wechselrichter-Respektabstandes (→Steuerverfahren für Stromrichter) ein, der zur Vermeidung des Wechselrichterkippens festgelegt wird. Der maximal zulässige →Steuerwinkel wird hierzu festgelegt nach der Beziehung:

$\alpha_{max} = 180° - (u + \gamma)$

u Überlappungswinkel.

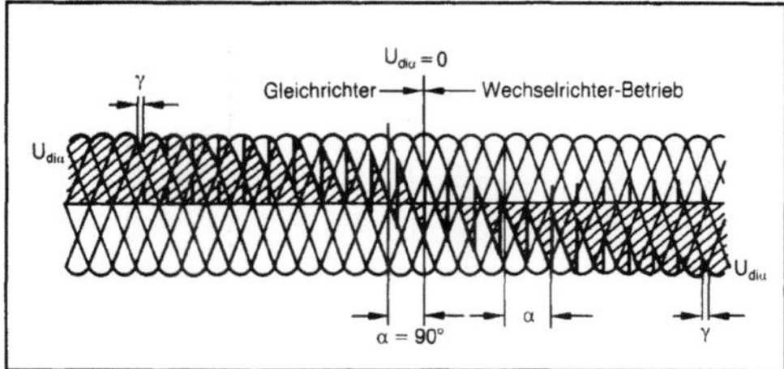

Löschwinkel: Verlauf der Gleichspannung eines dreipulsigen Stromrichters mit Kennzeichnung des L.

Der zulässige Löschwinkel selbst muß sein:

$\gamma > \varsigma \cdot t_q.$

$\omega = 2\pi f$, t_q größte Freiwerdezeit der eingesetzten Thyristoren *H. Stüben*

Löslichkeit. Beim Begriff L. unterscheidet man in der Regel chemische und elektrische L.

Die chemische L. ist jene Grenzkonzentration der Dotierstoffe, ab der man nicht mehr von einer reinen Phase sprechen kann. In der Regel bilden sich bei Überschreitung dieser Grenze Mischkristalle bzw. Ausscheidungen. Die L. weist ein Maximum bei einer bestimmten Temperatur auf (Bild). Im wesentlichen kann sie für Dotierstoffe nur durch →Ionenimplantation überschritten werden. Bei CZ-Silicium wird jedoch bereits beim →Kristallziehen eine Sauerstoffkonzentration erreicht, die über der chemischen L. von Sauerstoff bei den nachfolgenden Prozeßschritten liegt. Die Bildung von Ausscheidungen wird auch als Präzipitation bezeichnet. Diese ist nicht als thermodynamischer Gleichgewichtsprozeß zu sehen und kann deshalb nach einer Theorie von *Landau* nur reaktionskinetisch in Form einer *Fokker-Planck*-Gleichung beschrieben werden.

Bereits bei Konzentrationen unterhalb der chemischen L. beobachtet man, daß die Ladungsträgerkonzentrationen deutlich unter den Dotierstoffkonzentrationen liegen (elektrische L.). In der Regel wird diese Abweichung der Bildung von Komplexen von Dotierstoffatomen zugeordnet. Dieser Vorgang wird auch als Clustering bezeichnet. Dabei wird angenommen, daß die Atome in den Clustern unbeweglich sind (→Diffusion) und sich mit den beweglichen Atomen im thermodynamischen Gleichgewicht befinden. *Ryssel*

Literatur: *Ryssel, H.* und *I. Ruge:* Ion Implantation. Chichester 1986.

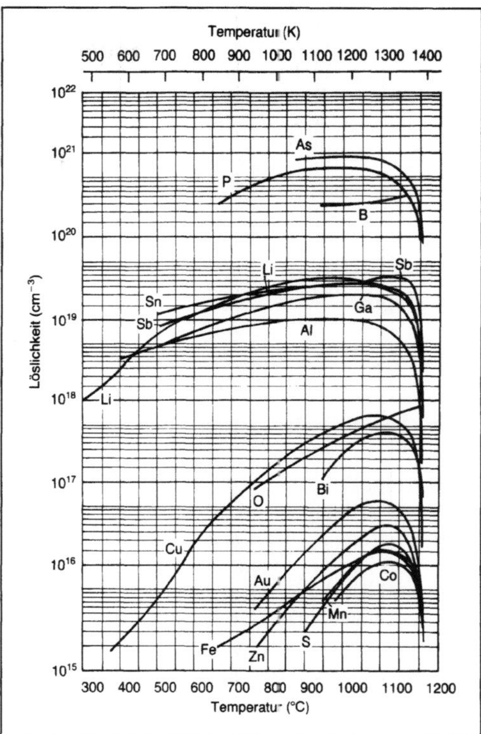

Löslichkeit: Chemische L. der wichtigsten Elemente in Silicium.

Low Doped Drain →MOS-Technik

Low-power-transistor-logic (LPTTL). →TTL

Low Pressure Chemical Vapour Deposition →Schichtabscheidung

Low Temperature Oxide →Schichtabscheidung

LPCVD →Schichtabscheidung

LPL. *engl.* Low Power Logic oder LPTTL →TTL.

LSI. (*engl.* Large Scale Integration, Großintegration) Bezeichnung für integrierte Schaltungen mit großem →Integrationsgrad. In den LSI-Bereich fallen integrierte Schaltungen mit 1000 bis 100 000 integrierten Funktionselementen, etwa entsprechend bis zu größenordnungsmäßig 10 000 äquivalenten Gatterfunktionen.

Zu dieser Kategorie gehören hauptsächlich sehr komplexe Digitalschaltungen in →Siliciumtechnik, wie sehr viele →Mikroprozessoren, →Halbleiterspeicher (mit Speicherkapazitäten bis zum Bereich 16–64 Kbit), ferner →PLA, →Gate-Arrays, →Multiplizierer, CCD-Schaltungen u. a. m. Typisch für diese Kategorie sind Strukturabmessungen im Bereich 1,5–4 μm, mit denen sich Packungsdichten von bis zu 1500 FE/mm² (→Bipolartechnik) oder 4500 FE/mm² (→MOS-Technik) erreichen lassen. In zunehmendem Maße dringen auch integrierte GaAs-Schaltungen in den unteren LSI-Bereich ein. *R. Paul*

LTO →Schichtabscheidung

Lückadaption →Lückstrom

Lückdrossel →Lückstrom

Lückerfassung →Lückstrom

Lückstrom. Bei Stromrichtern mit ohmscher oder nur schwach induktiver Last setzt der Strom bei Überschreitung bestimmter Steuerwinkel α aus, er lückt (Bild 1). Der →Steuerwinkel, ab dem bei rein ohmscher Last der Strom zu lücken beginnt, ist der kritische Steuerwinkel. Er hängt von der →Pulszahl p des Stromrichters ab. Hier wird die Gleichspannung $U_{di\,\alpha}$ des Stromrichters gerade Null, bevor sie wieder auf den Momentanwert des neugezündeten Ventils springt. Die Lückgrenze, d. h. der kritische Steuerwinkel, ergibt sich für eine p-pulsige Schaltung aus der Beziehung:

$$\alpha_{krit.} = \frac{\pi}{2} - \frac{\pi}{\varrho}$$

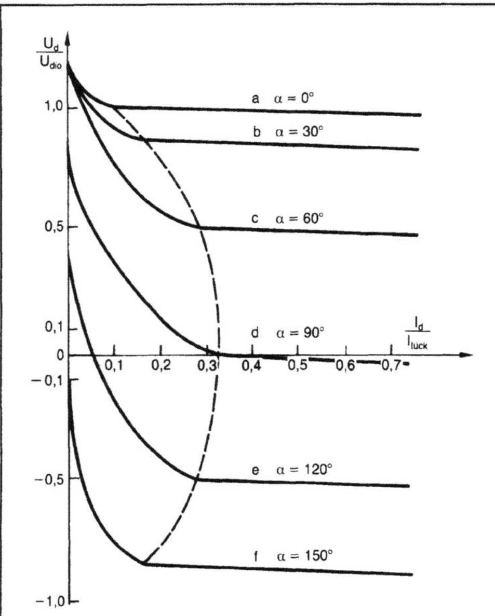

Lückstrom 1: Beispiel einer Strom-Spannungs-Kennlinie eines dreipulsigen Stromrichters bei Betrieb auf Gegenspannung. g = Grenzkurve für Lückbereich.

Für die dem Bild zugrundeliegende dreiphasige Mittelpunktschaltung (→Stromrichterschaltungen) ist $\alpha_{krit.}$ = 60°. Für $\alpha_{krit.}$ gibt es bei ohmscher Last keine Kommutierung des Stromes mehr, da er Null wird, bevor das Folgeventil gezündet wird. Der Strom kann auch bei induktiv/ohmscher Last lükken. Die Lückgrenze hängt dann vom Verhältnis L/R ab. Bei elektrischen Antrieben stört der lükkende Strom, da sich bei sonst gleichen Daten höhere Antriebsdrehzahlen einstellen. Die Drehzahl stellt sich hier nicht entsprechend dem Mittelwert der Spannung, sondern entsprechend dem Scheitelwert ein.

Der lückende Strom wird durch Lückdrosseln vermieden, die in den Ankerkreis des Gleichstrommotors geschaltet werden. Die erforderliche →Induktivität wird meist mit Hilfe eines schaltungsabhängigen Lückfaktors ermittelt.

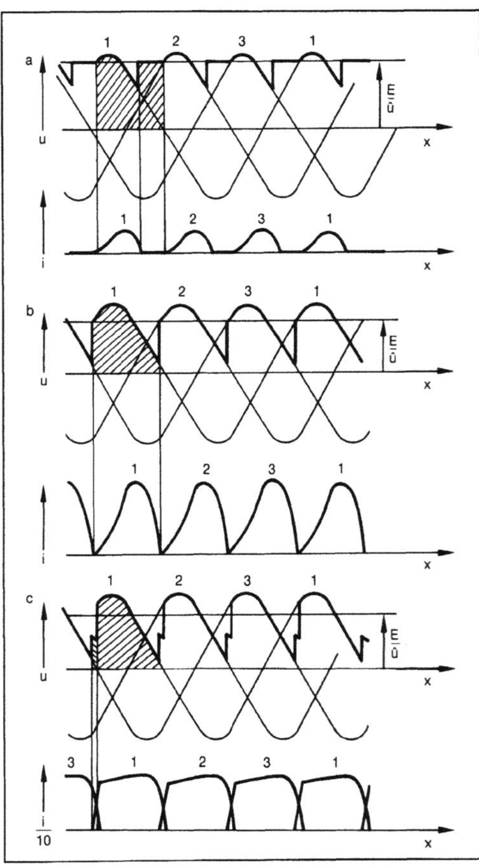

E Gegenspannung, û Scheitelwert der Netzwechselspannung

Lückstrom 2: Strom- und Spannungsverlauf eines dreipulsigen Stromrichters bei Gegenspannung:
a) im Lückbereich
b) an der Lückgrenze
c) bei nicht lückendem Strom.

Lückender Strom tritt bei Gleichstromantrieben mit Stromrichterspeisung auf, wenn die Gegenspannung des Motors (EMK) größer wird als der Scheitelwert Û der die Gleichspannung bildenden Wechselspannung. Es fließt dann kein Strom. Erst wenn die EMK kleiner ist als Û, fließt ein kleiner L. An der Lückgrenze wird der Strom gerade im Zündaugenblick des folgenden Ventils zu Null (Bild 2).

Im Lückbereich ergeben sich relativ große Spannungsänderungen. Für die →Stromregelung bedeutet dies Änderung der Verstärkung, der unter Umständen durch adaptive Regler begegnet werden muß. Die Lückstromgrenze wird hierbei empirisch erfaßt. Bei stillstehendem Motor wird durch Verändern des Stromreglers im gesteuerten Betrieb der Strom ermittelt, bei dem der Übergang vom lückenden zum nichtlückenden Betrieb stattfindet. Der entsprechende Strom-Istwert wird der Lückadaption als Sollwert für die Umschaltung der I-Verstärkung zugeführt. *H. Stüben*

Literatur: *Kolb O.*: Einführung in die Stromrichtertechnik. Aarau/Schweiz 1976. – *Korb, F.*: Leistungshalbleiter und ihre wichtigsten Anwendungen. Würzburg 1978.

Lückstromdrossel →Lückstrom

Luminanz →Fernsehsystem, →PAL

Lumineszenz. L. ist die zusätzlich zur Temperaturstrahlung auftretende elektromagnetische Strahlung eines Körpers von endlicher Dauer, wobei die Dauer wesentlich größer als die Periode der Schwingung der Strahlung ist. Diese Definition beinhaltet die Abgrenzung zur Temperaturstrahlung (thermisches Gleichgewicht, schwarzer Strahler), zur →Streuung (z. B. Raman- oder Brillouinstreuung) und zu anderen Emissionsprozessen. Ursache für die L. ist immer ein vorangegangener Anregungsprozeß.

Während die Temperaturstrahlung in der Regel aus breiten Emissionsbanden besteht, die wenig materialspezifisch sind, besteht das Lumineszenzspektrum, insbesondere bei tiefen Temperaturen aus schmalen Banden, durch die sich die verschiedenen Materialien voneinander unterscheiden (Bild).

Allgemein gilt für die L. die *Stokes*'sche Regel, die besagt, daß die Wellenlänge λ des Lumineszenzlichtes langwelliger oder gleich der des anregenden Lichtes ist. Nach der Entdeckung der *Planck*'schen Beziehung $E = h\frac{c}{\lambda}$ wurde sie sofort als Formulierung des Energiesatzes verständlich. Es werden aber auch Anti-Stokes'sche Lumineszenzbanden beobachtet, bei denen ein Teil der inneren Energie des angeregten Körpers beim Lumineszenzprozeß mit abgegeben wird. Die antistokessche L. muß aber mit Annäherung der Temperatur an den abs. Nullpunkt

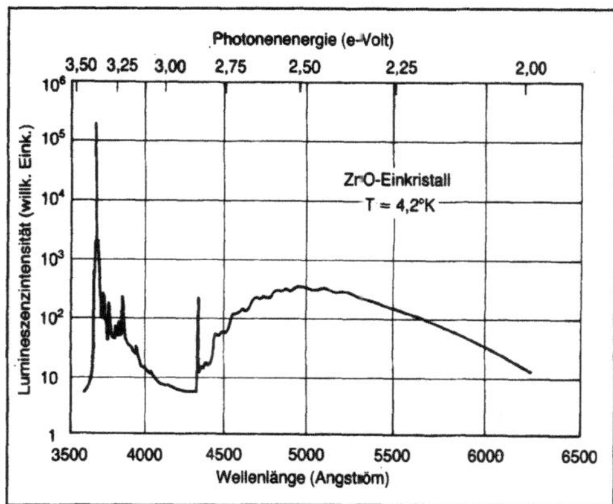

Lumineszenz: Lumineszenzspektrum eines ZnO-Kristalls (nach Mollwo und Solbrig).

verschwinden, eine verständliche Folge des 3. Hauptsatzes der Thermodynamik.

Den gesamten Lumineszenzvorgang kann man in einzelne Stufen zerlegen:

- □ Absorption der Anregungsenergie,
- □ Emissionsprozeß.

Danach ergibt sich eine Möglichkeit verschiedene Lumineszenzarten nach der Quelle der Anregungsenergie zu unterscheiden (Tabelle).

Lumineszenz. Tabelle: Lumineszenzarten, unterschieden nach der Anregungsenergie.

Lumineszenzart	Quelle der Anregungsenergie
Photolumineszenz	elektromagnetische Strahlung
Kathodolumineszenz	Elektronenstrahlung (Kathodenstrahlen)
Radiolumineszenz	radioaktive Strahlung
Elektrolumineszenz	elektrisches Feld
Chemilumineszenz	chemische Reaktion
Biolumineszenz (s. d.)	biochemische Reaktion
Tribolumineszenz	mechanische Reibung
Thermolumineszenz	Temperaturerhöhung nach vorangegangener Anregung bei tiefer Temperatur

Technisch genutzt werden die Kathodolumineszenz bei den Fernseh- und Oszillographenröhren, die Elektrolumineszenz (*Destriau*effekt) bei den Lumineszenzdioden, die Photolumineszenz bei Lasern und Leuchtstoffröhren (Quecksilberlampe), die Radiolumineszenz bei den Szintilisationszählern zum Nachweis radioaktiver Strahlung und die Thermolumineszenz zur →Dosismessung. Bei den aufgeführten Lumineszenzarten können ganz verschiedene Emissionsprozesse auftreten, z. B. die →Emission durch angeregte Atome oder Moleküle in Gasen, Emission durch angeregte →Störstellen in

Festkörpern, die →Rekombination freier →Ladungsträger (Elektronen, Löcher) oder die Rekombination freier Ladungsträger an Störstellen. Auch andere elektronische Anregungen des Festkörpers wie exzitonische Polaritonen oder gebundene Exzitonen können zur L. beitragen.

Der angeregte Zustand eines Festkörpers kann aber auch durch die Anregung von Gitterschwingungen (Phononen) ohne Abgabe elektromagnetischer Strahlung zerfallen (strahlungslose Rekombination). Der Anregungsprozeß hat dann nicht zur L., sondern zur Temperaturerhöhung der Probe geführt. Die strahlungslose Rekombination führt dazu, daß die Lumineszenzausbeute

$\eta \left(\eta = \frac{\text{Lumineszenzleistung}}{\text{Anregungsleistung}}\right)$ für die meisten Festkörper nur wenige Prozent ist. Oft wird die L. durch den Einbau bestimmter Störstellen (Aktivatoren, z. B. KCl: Tl) erst hervorgerufen, andere Störstellen (Coaktivation) tragen durch Beeinflussung des Ladungsgleichgewichtes im Festkörper zur Erhöhung der Lumineszenzausbeute bei. Manche Störstellen (Löschzentren, Killer) fördern die strahlungslose Rekombination. (Elektroluminiszenz; Fluoreszenz; Phosphoreszenz) *Helbig*

Literatur: *Curie, D.*: Luminescence in Crystals Methuen, London, 1963 - *Riehl, N. (Ed.)*.: Einführung in die Lumineszenz, Stuttgart 1971.

Lumineszenzdiode. →Halbleiterdiode, die durch die strahlende Rekombination elektrisch injizierter →Ladungsträger Licht erzeugt und aussendet.

Eine L. besteht i. a. aus einem →pn-Übergang hoher Dotierung (10^{17}–10^{18} cm^{-3}), der in Flußrichtung betrieben wird. Dabei werden Elektronen aus dem n-Gebiet und Löcher aus dem p-Gebiet als Minoritätsladungsträger in das jeweils anders dotierte Gebiet injiziert. Im Grenzgebiet sind dann beide Ladungsträger vorhanden und können miteinander rekombinieren; die Energiedifferenz wird als →Photon ausgesendet. Diese Injektionslumineszenz tritt in Homo- und Heteroübergängen, aber auch in Schottky- und MIS-Übergängen der typischen →Lumineszenzhalbleiter auf.

In Homoübergängen wird das lumineszierende (aktive) Volumen begrenzt durch die Diffusionslängen der Ladungsträger (Bild 1). Da die emittierte Strahlung außerhalb des aktiven Volumens wieder zur Erzeugung von →Elektron-Loch-Paaren herangezogen werden kann (Selbstabsorption), sollte der pn-Übergang dicht unterhalb der Oberfläche liegen.

Hetero- und Doppelheteroübergänge bieten deutliche Verbesserungen. Eine dünne Schicht (dünner als die Diffusionslängen) des aktiven Materials ist eingebettet zwischen dickeren Schichten eines Materials größeren Bandabstandes (Bild 2). Ladungsträger werden über die Bereiche des größeren Bandabstandes in die aktive Schicht injiziert, können sie durch die Potentialbarrieren aber nicht verlassen, so daß bereits bei geringen Stromdichten eine ausreichende Ladungsträgerkonzentration für eine effiziente strahlende Rekombination erreicht wird. Die →Lumineszenz ist auf die aktive Schicht begrenzt und wird von den angrenzenden Schichten nicht absorbiert, da diese einen höheren Bandabstand haben. Heteroübergänge lassen so generell einen höheren Wirkungsgrad erwarten.

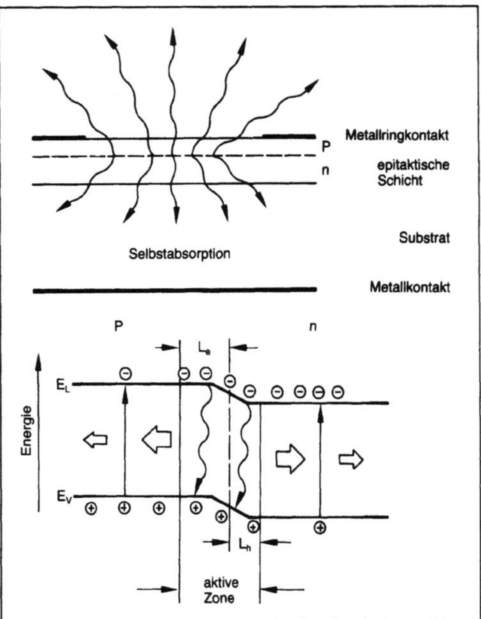

Lumineszenzdiode 1: Homojunction-L.: schematischer Aufbau und Bandenergieverlauf bei geringer Vorspannung in Flußrichtung (unten).

Können Halbleiter nicht gleichzeitig in n- und p-leitender Form hergestellt werden (z. B. GaN und II-VI-Halbleiter), so bilden Metall-Halbleiter-Übergänge eine Alternative. In diesem Fall werden →Minoritätsträger vom Metall in den Halbleiter injiziert, um dort strahlend zu rekombinieren (in Flußrichtung betriebene →Schottky-Diode). Problematisch ist allerdings der sehr viel größere Minoritätsträgerstrom aus dem Halbleiter heraus. Er kann durch Inversions- oder dünne isolierende Zwischenschichten verringert werden (MIS-Struktur). Die Wirkungsgrade derartiger L. sind gering. Durch Tunneleffekte ist Injektionslumineszenz auch in Schottky-Dioden und MIS-Strukturen möglich, die in →Sperrichtung betrieben werden.

L. werden mit aufwendigen Verfahren hergestellt. Die mit den typischen Kristallzuchtverfahren gewachsenen Halbleiterkristalle enthalten zu viele Störungen, die zu nichtstrahlenden Rekombinationen führen. Sie können daher nur als →Substrat verwendet werden, auf das die aktiven Schichten mit

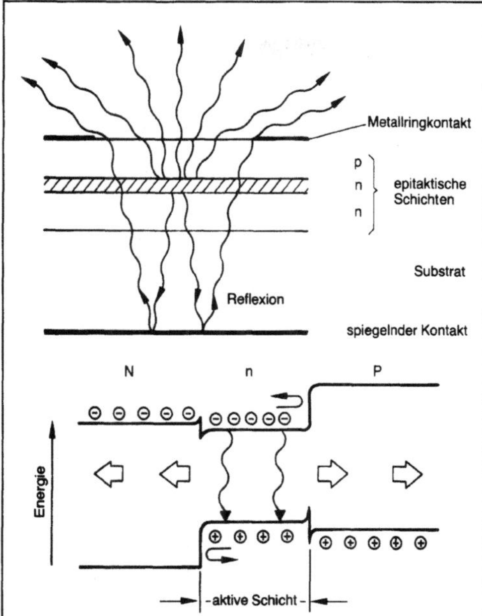

Lumineszenzdiode 2: Heterojunction-L.: schematischer Aufbau und Bandenergieverlauf bei geringer Vorspannung in Flußrichtung.

verschiedenen Epitaxieverfahren aufgewachsen werden. Anschließend erfolgen (gegebenenfalls) Diffusion, lithographische Strukturierung und Ätzprozesse.

Aus den Herstellungsverfahren resultiert meist eine planare Bauform. Der schichtseitige Kontakt wird transparent oder ringförmig ausgebildet, der substratseitige spiegelnd, sofern das Substrat für die emittierte Strahlung transparent ist.

Auch ohne Selbstabsorption verläßt nicht die gesamte Lumineszenzstrahlung den Kristall. Die zunächst in alle Raumrichtungen emittierte Strahlung wird an der Grenzfläche des Halbleiters zur Luft zu einem großen Teil in den Kristall zurückreflektiert (→Lumineszenzdiode-Wirkungsgrad). Verbesserungen bringen günstige Formgebung oder das Einbetten des Kristalls in ein optisches Material geeigneter Form, wodurch sich auch die →Abstrahlcharakteristik (prinzipiell Lambert-Strahler) beeinflussen läßt. Besondere Bauformen haben L. für die optische Nachrichtentechnik (→Hochleistungs-Lumineszenzdioden); sie sind entweder als Flächen- oder als Kantenstrahler aufgebaut. Das aktive Volumen wird dabei durch Verwendung von Heteroübergängen und kleine Kontakte begrenzt, so daß hohe Leuchtdichten entstehen, die direkt in die optische Faser eingekoppelt werden können.

Die von einer L. emittierte Leistung steigt linear mit dem Strom an bis zu einigen 10 μW bzw. einigen mW, je nach Typ (→Lumineszenzdiode-Kennlinie), bis bei höheren Strömen Sättigung infolge der Erwärmung auftritt. Der Strahlungsfluß läßt sich durch den Strom direkt modulieren (→Lumineszenzdiode-Modulation).

Die spektrale Verteilung der Lumineszenz wird bestimmt durch den energetischen Abstand der Bänder bzw. der beteiligten Störstellenniveaus des aktiven Materials (→Lumineszenzdiode-Spektrum). Je nachdem, ob die Strahlung für das menschliche Auge sichtbar ist oder nicht, wird zwischen Licht-emittierenden Dioden (→LED) und Infrarot-emittierenden Dioden (→IRED) unterschieden. LEDs finden ihre Anwendung als Anzeigeelemente einzeln oder in Arrays, IREDs dagegen in der optischen Nachrichtentechnik, Medizin und Meßtechnik. *Rosenzweig*

Literatur: *Bleicher, M.*: Halbleiter-Optoelektronik. Heidelberg 1986; – *Paul, R.*: Optoelektronische Halbleiterbauelemente. Stuttgart 1985.

Lumineszenzdiode – Abstrahlcharakteristik. Verteilung der emittierten Leistung einer →Lumineszenzdiode über den Abstrahlwinkel. Sie hängt in erster Linie von der Bauform ab, denn nach ihren Entstehungsprozeß ist die Strahlung zunächst ungerichtet.

Planare Dioden haben die Verteilung eines *Lambert*-Strahlers ($I = I_O \cos \Theta$) (Bild 1). Kantenstrahler zeigen diese Verteilung nur in der Schichtenebene; senkrecht dazu ergibt sich infolge der Beugung am spaltförmigen Austrittsfenster eine keulenförmige Charakteristik (Bild 1).

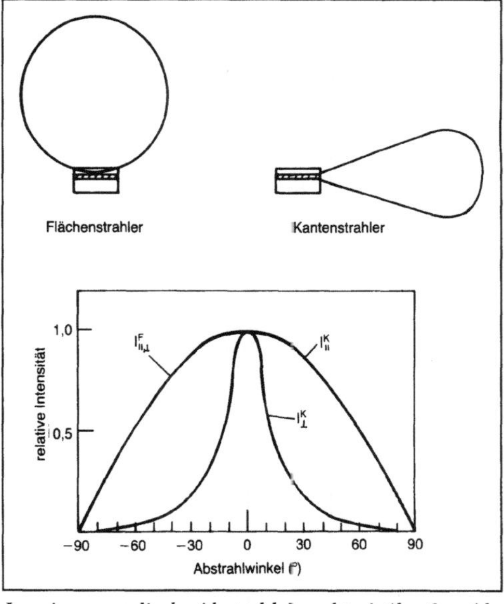

Lumineszenzdiode-Abstrahlcharakteristik 1: Abstrahlcharakteristik für Flächen- $\left(I^F_{\perp}, I^F_{\parallel}\right)$ *und Kantenstrahler* $\left(I^K_{\perp}, I^K_{\parallel}\right)$.

Eine Änderung der →Abstrahlcharakteristik, i. a. verbunden mit einer Erhöhung des optischen Wirkungsgrades, ergibt sich durch spezielle Formgebung des Halbleitermaterials wie kugelförmige oder parabolische Flächen (Bild. 2). Dies erfordert aber eine aufwendige Bearbeitung der einzelnen Elemente. Lumineszenzdioden für Anzeigezwecke werden einfacher in geformte Epoxidharze eingebettet, die dann die Richtcharakteristik bestimmen.

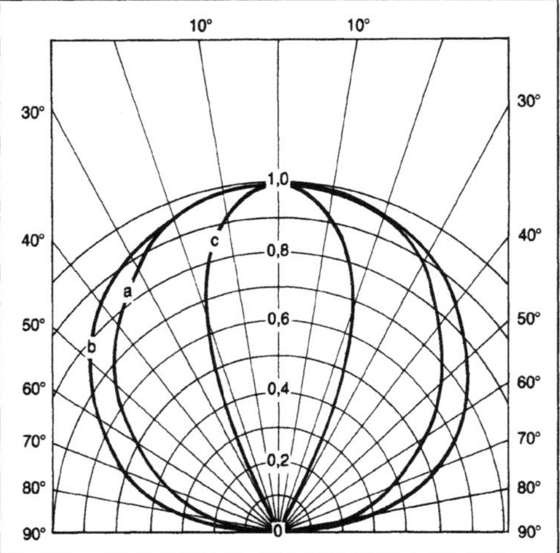

Lumineszenzdiode-Abstrahlcharakteristik 2: Abstrahlcharakteristik.
a) Für Flächenstrahler
b) Für kugelförmige Abstrahlfläche
c) Für parabolische Abstrahlfläche.

Für Infrarot-lumineszierende Dioden, die speziell für die optische Nachrichtentechnik verwendet werden, stellt die Kopplung mit einer Faser ein Problem dar. Nach Möglichkeit wird die direkte Kopplung (Stoßkopplung) angestrebt. Dabei haben Kantenemitter deutliche Vorteile, da wenigstens in einer Richtung die Abstrahlung begrenzt ist. Im Falle des Flächenemitters wird die Faser dicht herangeführt (→Hochleistungs-Lumineszenzdioden). Dennoch begrenzt der →Akzeptanzwinkel der Faser den Anteil der aufgenommenen Strahlung. Eine Alternative bilden Linsen. Auch damit wird nicht die gesamte Leistung der Diode eingekoppelt, sondern nur der Anteil, der in den Öffnungskegel der Linse fällt. Von Vorteil ist dabei die Konzentration des Lichtes in einem Punkt, nachteilig dagegen die notwendige Justierung eines zusätzlichen optischen Elementes. *Rosenzweig*

Literatur: *Lutzke, D.:* Lichtwellenleiter Technik. München 1986.

Lumineszenzdiode - Kennlinie. Zusammenhang zwischen Strom und Spannung (U-I) bzw. optischer Leistung und Strom (P-I) einer →Lumineszenzdiode.

Die I-U-Kennlinie einer Lumineszenzdiode entspricht der eines normalen →pn-Überganges. Der Strom I steigt exponentiell mit der angelegten Spannung U an

$$I = I_o \exp\left(\frac{e_o\,(U - R_S I)}{n_i k T}\right)$$

(I_o Sättigungsstrom, e_o Elementarladung, R_S Serienwiderstand, k Boltzmann-Konstante, T Temperatur und n_i sog. Ideality-Faktor, der die Abweichung der Kennlinie von der Theorie ($n_{ith} = 2$) angibt). Die für die praktische Beschreibung der U-I-Kennlinie übliche Schleusenspannung ist direkt proportional zum →Bandabstand, d. h. umgekehrt proportional zur Wellenlänge der emittierten Strahlung (Bild 1).

Die optische Leistung (P-I-Kennlinie) steigt, abgesehen von geringen Nichtlinearitäten bei geringen Strömen, linear mit dem Strom an (Bild 2); die

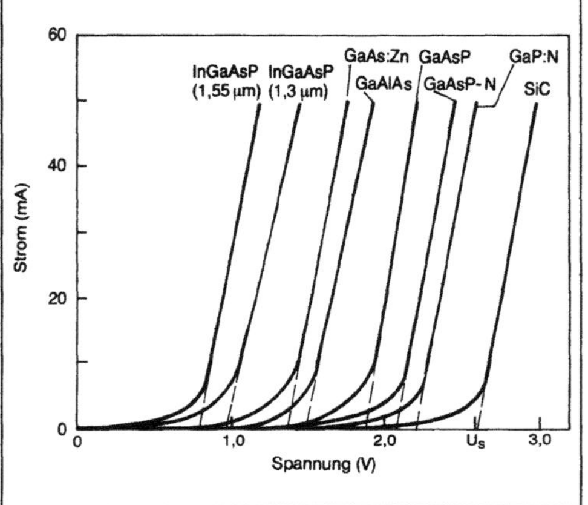

Lumineszenzdiode-Kennlinie 1: Strom-Spannungskennlinien von Lumineszenzdioden verschiedener Materialien.

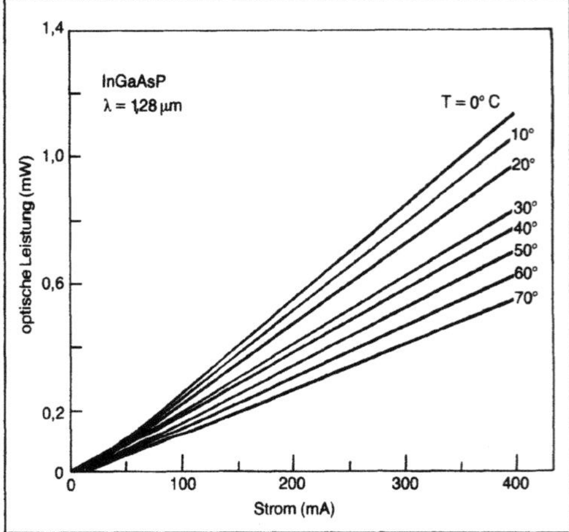

Lumineszenzdiode-Kennlinie 2: P-I-Kennlinien einer infraroten InGaAsP-Lumineszenzdiode für verschiedene Temperaturen.

Steigung entspricht dem externen →Quantenwirkungsgrad (→Lumineszenzdiode - Wirkungsgrad). Bei höheren Strömen treten Sättigungserscheinungen infolge der Erwärmung des Halbleiters auf. Die maximal erreichbare Leistung hängt vom Material und der Bauform der Diode ab. Sie beträgt einige 10 μW für einfache Anzeigedioden und bis zu 10 mW für Hochleistungs-Lumineszenzdioden. Mit wachsender Temperatur nimmt die Steigung der P-I-Kennlinie um ca. (1–2) % K^{-1} ab, da der interne Quantenwirkungsgrad sinkt. *Rosenzweig*

Literatur: *Paul, R.:* Optoelektronische Halbleiterbauelemente. Stuttgart 1985.

Lumineszenzdiode - Modulationsbandbreite. Die Modulationsbandbreite einer →Lumineszenzdiode wird beeinflußt durch die Kapazität und den Serienwiderstand des gesamten Bauelementes (charakterisiert durch die Zeitkonstante τ_{CR}) und die →Lebensdauer der Minoritätsladungsträger τ, die wiederum von der →Dotierung in der Rekombinationszone, der Injektionsstromdichte und der räumlichen Begrenzung der Ladungsträgerdiffusion abhängt.

Für die Modulationsamplitude P als Funktion der Frequenz ω gilt

$$P(\omega) = P(0) \frac{1}{1 + i\omega\,(\tau + \tau_{CR}\sqrt{1 + i\omega\tau})}$$

τ_{CR} läßt sich durch die Struktur der →Diode minimieren. Eine Reduzierung von τ ist nur sinnvoll, wenn $\tau_{CR} \ll \tau$.

Die Lebensdauer der Minoritätsladungsträger τ setzt sich zusammen aus einer Komponente für strahlende τ_{st} und eine für nichtstrahlende →Rekombination τ_{nst}:

$$\frac{1}{\tau} = \frac{1}{\tau_{st}} + \frac{1}{\tau_{nst}}$$

Sie läßt sich durch zwei Möglichkeiten verkürzen:

□ durch Erhöhung der Dotierung. Es gilt näherungsweise

$$\tau_{st} = \frac{1}{Bn_A}$$

wobei B der Rekombinationskoeffizient $(1\text{–}7 \cdot 10^{-10}\ cm^3s^{-1})$ und n_A die Dotierungsdichte $(10^{18}\text{–}10^{19}\,cm^{-3})$ sind. Die daraus resultierenden Grenzfrequenzen liegen bei 20–200 MHz. Allerdings nehmen mit wachsender Dotierung die nichtstrahlenden Prozesse und die Absorption zu, so daß der Wirkungsgrad sinkt (Bild). Das Produkt aus Leistung und →Bandbreite ist nahezu konstant.

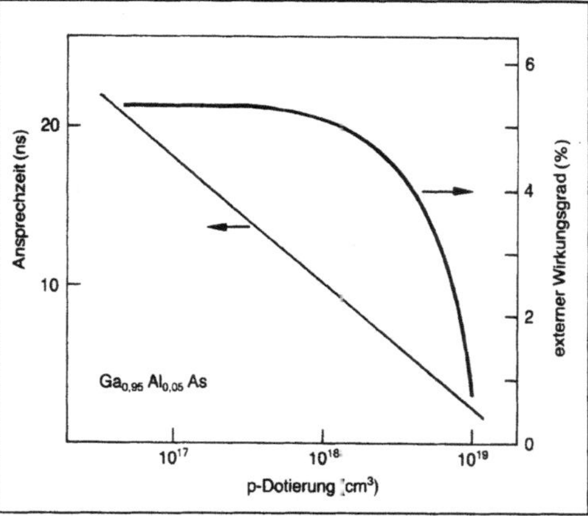

Lumineszenzdiode-Modulationsbandbreite: Abhängigkeit der Ansprechzeit und des externen Wirkungsgrades von der Dotierung.

□ durch hohe Injektionsstromdichten J und Begrenzung der Rekombinationszone auf die Dicke d durch Doppelheterostrukturen

$$\tau_{st} = \sqrt{\frac{ed}{BJ}}$$

Mit Dicken d = 2–3 μm lassen sich bei Strömen um 100 mA Grenzfrequenzen von 600–1200 MHz erreichen. Allerdings nehmen auch hier die nichtstrahlenden Rekombinationsprozesse an Grenzflächenzuständen zu, so daß ebenfalls der Wirkungsgrad sinkt. Die Stromabhängigkeit der →Grenzfrequenz beinhaltet einen zusätzlichen →Klirrfaktor.

Generell emittiert eine für hochfrequente Modulation optimierte Diode weniger Licht als eine langsamere bei gleicher Injektionsstromdichte. *Rosenzweig*

Literatur: *Grau, G.:* Optische Nachrichtentechnik. Berlin–Heidelberg–New York–Tokio 1986

Lumineszenzdiode - Spektrum. Die spektrale Verteilung der emittierten Strahlung einer →Lumineszenzdiode hängt ab vom verwendeten Material, der Bauform und den Betriebsbedingungen.

Die spektrale Lage der →Lumineszenz wird in erster Linie bestimmt durch den →Bandabstand des Materials bzw. den Energieabstand der an der strahlenden →Rekombination beteiligten Störstellenzustände (→Lumineszenzhalbleiter). Die Halbwertsbreite der in erster Näherung gaußförmigen, i. a. unstrukturierten Bande beträgt 20–50 nm im sichtbaren Spektralbereich (→LED) bis zu 100 bis 120 nm im infraroten Bereich (→IRED) (Bild). Sie nimmt mit wachsender →Dotierung zu.

Die insbesondere bei Homodioden auftretende Selbstabsorption ist stark wellenlängenabhängig. Sie schwächt vor allem den kurzwelligen Anteil der Strahlung, so daß mit zunehmender Materialdicke

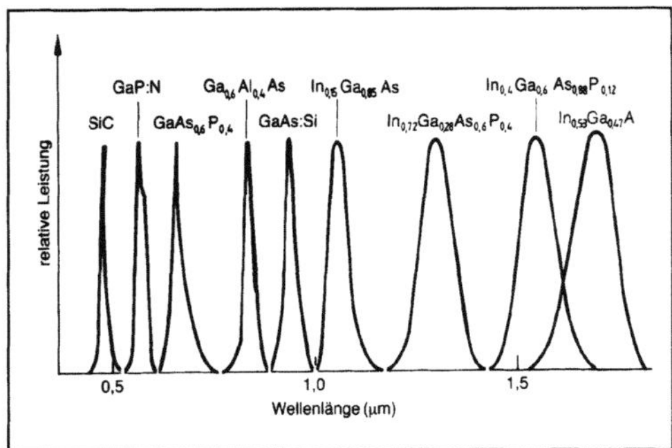

Lumineszenzdioden-Spektrum: Spektrale Lichtverteilung verschiedener Lumineszenzdioden.

über dem pn-Übergang eine Verschiebung des Maximums zu längeren Wellen erfolgt. Die Absorption nimmt außerdem mit der Höhe der Dotierung zu.

Entsprechend der Temperaturabhängigkeit der →Bandkante eines Halbleiters verschiebt sich die Lumineszenzbande im Bereich der Zimmertemperatur um 0,3–0,5 nm/K zu längeren Wellen. Gleichzeitig nimmt die Halbwertsbreite geringfügig zu. Eine Erhöhung des Betriebsstromes zur Steigerung der optischen Leistung verschiebt die Bande ebenfalls zu längeren Wellen infolge der zunehmenden Erwärmung des Halbleiters. *Rosenzweig*

Literatur: *Kersten, R. Th.*: Einführung in die optische Nachrichtentechnik. Berlin–Heidelberg–New York 1983.

Lumineszenzdiode – Wirkungsgrad. Der Quantenwirkungsgrad einer →Lumineszenzdiode gibt das Verhältnis zwischen emittierten Photonen und eingespeisten Elektronen an; der *Leuchtwirkungsgrad* berücksichtigt zusätzlich die spektrale Empfindlichkeit des menschlichen Auges.

Der externe Quantenwirkungsgrad η_{ex} setzt sich zusammen aus dem internen Quantenwirkungsgrad η_{int} und der Auskopplung der optischen Leistung η_{opt}. Dabei beschreibt η_{int} die Umwandlung der injizierten Elektronen in Photonen. Er ist i. a. kleiner als 1, da einerseits nicht der gesamte Strom zur →Ladungsträgerinjektion in das aktive Volumen führt und andererseits nicht alle Elektronen strahlend rekombinieren. Die Hauptminderung erfolgt durch nichtstrahlende Prozesse

$$\eta_{int} = \frac{\tau_{nst}}{\tau_{nst} + \tau_{st}}$$

(τ_{nst}, τ_{st} Lebensdauer der Ladungsträger für nichtstrahlende und strahlende Prozesse). Theoretische Werte liegen bei η_{int} = 90%, in realen Kristallen werden durch herstellungsbedingte Fehler η_{int} = 50% erreicht, wobei mit zunehmender →Dotierung die nichtstrahlenden Prozesse zunehmen. Der interne Quantenwirkungsgrad nimmt mit wachsender Temperatur relativ um $\Delta\eta_{int}/\eta_{int}$ = (1–2)% K^{-1} ab. Ebenso sinkt er mit wachsender Stromstärke infolge der Erwärmung der aktiven Zone. Mit zunehmender Betriebsdauer treten parasitäre Tunnel- und Oberflächenströmen auf sowie nichtstrahlende Rekombinationen durch →Diffusion von Fremdatomen bzw. das Wachsen von Kristallstörungen (→Versetzungen) in die aktive Schicht (→Alterung).

Die Lichterzeugung erfolgt im Inneren der Diode richtungsunabhängig. Aber nur ein Teil der Strahlung kann austreten. Infolge des großen Brechungsindex (n ≈ 3,5) des Halbleitermaterials kann nur Licht, das in einem Winkel von weniger als 17° gegen die Oberfläche fällt, austreten; der Rest wird totalreflektiert, zurück in das Innere der Diode (Bild 1 a). Auch der austretende Teil unterliegt einer Absorption von bis zu 85% und der normalen Fresnel-Reflexion von 31%. Daraus resultiert ein optischer Wirkungsgrad von nur η_{opt} = (1–2)%.

Eine Erhöhung des optischen Wirkungsgrades ist möglich durch entsprechende Formgebung, so daß

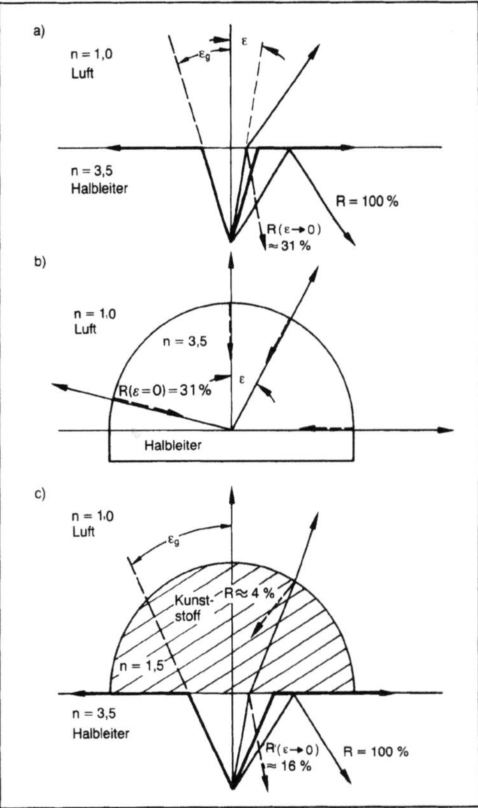

Lumineszenzdiode-Wirkungsgrad 1:
a) Darstellung
b) Erhöhung des optischen Wirkungsgrades durch Formgebung
c) durch Werkstoff-Einbettung.

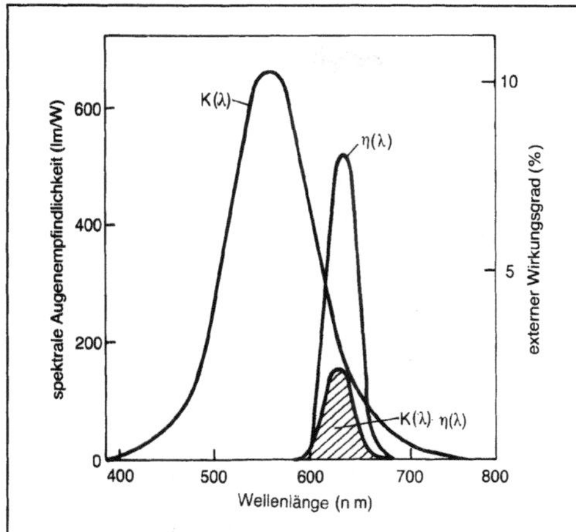

Lumineszenzdiode-Wirkungsgrad 2: Ermittlung des Leuchtwirkungsgrades.

die Strahlung nahezu senkrecht auf die Grenzfläche fällt (Domstruktur) (Bild 1b). Eine andere kostengünstigere, aber weniger effiziente Methode ist das Einbetten des Halbleiters in ein Epoxidharz (n = 1,5) geeigneter Form, wodurch der Austrittswinkel auf etwa 25° aufgeweitet und die ausgekoppelte Leistung verdreifacht werden (Bild 1c).

Der externe Quantenwirkungsgrad ist ein physikalisches Maß. Für die Anwendung sichtbarer Lumineszenzdioden ist die empfundene →Helligkeit entscheidend, d. h. der vom Auge wahrgenommene Strahlungsfluß. Als Maß für die Helligkeit wird daher der sog. Leuchtwirkungsgrad η_L

$$\eta_L = \frac{\int I(\lambda)\, K(\lambda)\, d\lambda}{\int I(\lambda)\, d\lambda}$$

definiert, wobei I(λ) der Strahlungsfluß und K(λ) die spektrale Hellempfindlichkeit des menschlichen Auges sind (Bild. 2). Für Anzeigedioden wird i. a. dieser physiologische Wirkungsgrad $\eta = \eta_{int}\, \eta_{opt}\, \eta_L$ angegeben. Er kann für eine grüne Lumineszenzdiode mit kleinem η_{int} durchaus größer sein als für eine rote Lumineszenzdiode mit hohem η_{int}. Für infrarot-emittierende Dioden ist $\eta = 0$.

Rosenzweig

Literatur: *Bleicher, M.:* Halbleiter-Optoelektronik. Heidelberg 1986; – *Paul, R.:* Optoelektronische Halbleiterbauelemente. Stuttgart 1985.

Lumineszenzhalbleiter. Halbleiter, die nach geeigneter Anregung durch strahlende →Rekombination von Elektronen und Löchern Licht aussenden (→Lumineszenz).

Je nach Anregungsart wird unterschieden zwischen Photo-, Elektro- und Kathodolumineszenz. Die Rekombination kann erfolgen zwischen freien →Ladungsträgern in den Bändern, zwischen an →Störstellen (Lumineszenzzentren) gebundenen Ladungsträgern sowie zwischen freien und gebundenen Ladungsträgern in Bändern und Störstellen oder durch die Zerstrahlung freier oder gebundener Exzitonen. In direkten Halbleitern ist die strahlende Rekombination i. a. wahrscheinlicher als in indirekten, in denen zusätzlich Phononen zur Energie- und Impulserhaltung beteiligt sind. Die Wellenlänge der emittierten Strahlung entspricht dem energetischen Abstand der beteiligten Energieniveaus.

Die klassischen Halbleiter →Silicium und →Germanium haben wegen ihrer indirekten →Bandstruktur eine geringe Bedeutung als L.

Die II-VI-Halbleiter (CdTe, CdSe, CdS, ZnTe, ZnSe, ZnS) werden in polykristalliner Form (Pulver) vor allem als →Leuchtstoffe für Fernseh- und →Oszilloskopröhren, angeregt durch Elektronenstrahl, und für Leuchtstoffröhren, angeregt durch UV-Licht, eingesetzt. In jüngster Zeit werden sie als Elektronenstrahl-gepumpte Laser für die Großbildprojektion benutzt. Obwohl alle II-VI-Verbindungshalbleiter von direkter Bandstruktur sind (Tabelle 1), ähneln sie in ihrem Verhalten sehr den indirekten Halbleitern, da zahlreiche nicht-strahlende Prozesse die Lumineszenz einschränken. Erst der Einbau von Lumineszenzzentren wie Cu, Mn, Ag, Au oder P führt zu nennenswerten Lumineszenzausbeuten. Die Anwendung der II-VI-Verbindungen als leistungsfähige Lumineszenz- und Halbleiterlaserdioden für den sichtbaren Spektralbereich scheitert daran, daß p- und n-leitende Materialien nicht gleichzeitig hergestellt werden können. Eine Ausnahme bildet das Mischkristallsystem CdZnTe (grüne Emission), das bei tiefen Temperaturen hohe Lumineszenzausbeuten zeigt.

Als wichtigste Gruppe sind die →III-V-Verbindungshalbleiter zu nennen, die die Basis für optoelektronische Bauelemente wie Lumineszenz- und Laserdioden im sichtbaren und nahen infraroten Spektralbereich bilden. Neben den binären Verbin-

Lumineszenzhalbleiter. Tabelle 1: Bandabstand für II-VI-Verbindungshalbleiter

Verbindung	CdTe	CdSe	CdS	ZnTe	ZnSe	ZnS/kub.	ZnS/hex.
Bandabstand							
(eV)	1,5	1,7	2,5	2,3	2,6	3,2	3,6
nm	825	730	495	540	475	390	345
Leitungstyp	p, n	n	n	p	n	n	n

dungen kommen dabei zunehmend Mischkristalle aus drei oder vier Komponenten zur Anwendung, in denen der →Bandabstand und damit die Emissionswellenlänge durch das Mischungsverhältnis variiert werden kann (Bild).

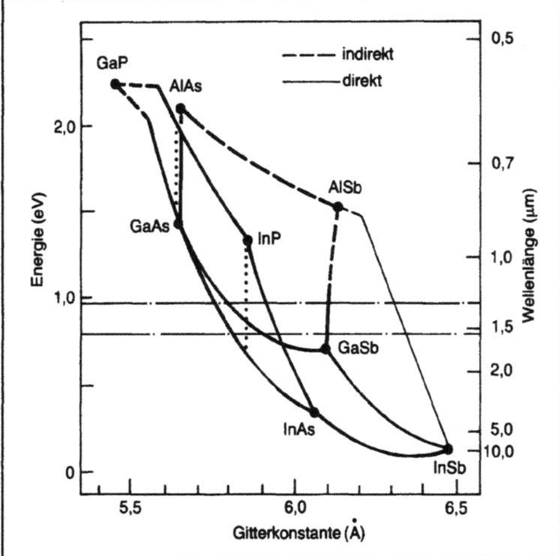

Lumineszenzhalbleiter: Bandabstand und Gitterkonstante von III-V-Verbindungen.

Die binären Halbleiter GaAs, GaP und GaN sind relativ einfach herzustellen; hier ist der Einbau von Störstellen entscheidend für Wellenlänge und Effizienz der Lumineszenz (Tabelle 2). Hervorzuheben ist GaP mit einem indirekten Bandabstand von 910 nm. Die Lichtemission erfolgt durch den strahlenden Zerfall von Exzitonen an isoelektrischen Störstellen (N, Zn, O).

Lumineszenzhalbleiter. Tabelle 2: Bandabstand für III-V-Verbindungshalbleiter und SiC

Verbindung	Dotierung	Bandabstand (nm)
SiC		480
GaN		440
GaP	N wenig	565
GaP	N stark	580
GaP	Zn, O	690
$GaAs_{0,6}P_{0,4}$		650
$GaAs_{0,3}P_{0,7}$	N	630
$GaAs_{0,15}P_{0,85}$	N	590
$In_{0,4}Ga_{0,6}P$		615
$Ga_{0,6}Al_{0,4}As$		670
GaAs	Si	660
GaAs	Si, epi	940
GaAs	Zn	900
$In_{0,15}Ga_{0,85}As$		1 060
$In_{0,53}Ga_{0,47}As$		1 650
$In_{0,72}Ga_{0,28}As_{0,6}P_{0,4}$		1 300
$In_{0,4}Ga_{0,6}As_{0,88}P_{0,12}$		1 530

Die ternären Mischkristalle (Verbindungslinien im Bild) erlauben eine Variation der Emissionswellenlänge mit der Zusammensetzung, sofern sie als eigenständige Kristalle hergestellt werden können. Wichtigster Vertreter ist $GaAs_{(1-x)}P_x$, mit einem direkten Bandabstand für $x<0,45$. Für $x>0,45$ kann N wieder als isoelektrische Störstelle benutzt werden (Tabelle 2). Zur Herstellung hochreiner Kristalle und zur Ausbildung von Heteroübergängen werden die Mischverbindungen i. a. epitaktisch auf Trägermaterialien (Substrate) aufgewachsen, so daß die Kristallgitterkonstante durch das Substrat festgelegt ist (gepunktete Linie). Der durch die Zusammensetzung gewonnene Freiheitsgrad ist dann für die Gitteranpassung vergeben, so daß wiederum nur ein fester Bandabstand möglich ist. Eine Ausnahme bildet der direkte Halbleiter $Ga_{(1-x)}Al_xAs$, der unabhängig von der Zusammensetzung gitterangepaßt auf GaAs wächst und somit eine Variation der Lumineszenz von 690 bis 870 nm zuläßt ($0<x<0,3$ für einen direkten Übergang), was für die Herstellung von Halbleiterlasern genutzt wird.

Die quaternären Verbindungen (Flächen im Bild) erlauben auch bei einer vom Substrat gegebenen Gitterkonstante eine Variation der Emissionswellenlänge. Wichtigster Vertreter hier ist $In_{(1-x)}Ga_xAs_yP_{(1-y)}$ gewachsen auf InP; es überstreicht den weiten Bereich von 920 bis 1650 nm, in dem sich die Absorptions- und Dispersionsminima herkömmlicher Lichtleitfasern befinden. Begrenzte Bedeutung für den Bereich 1,5–1,8 µm hat das System $Ga_{(1-x)}Al_xAs_ySb_{(1-y)}$ gewachsen auf GaSb.

Aus der IV-IV-Gruppe ist nur die Verbindung SiC zu nennen, die blaue Elektrolumineszenz gestattet.

Die Blei-Chalkogenide PbS, PbSe, PbTe, $Pb_{(1-x)}Cd_xS$, $PbS_{(1-x)}Se_x$, $Pb_{(1-x)}Sn_xTe$ und $Pb_{(1-x)}Sn_xSe$ können für den fernen Infrarot-Bereich von 3,0–30 µm herangezogen werden. Ihre Hauptanwendung liegt in Halbleiterlasern für meßtechnische Aufgaben. *Rosenzweig*

Literatur: *Bleicher, M.*: Halbleiter-Optoelektronik, Heidelberg 1986 – *Lutzke, D.*: Lichtwellenleiter Technik, München 1986.

Lumineszenzplatte. Kondensatorähnliches Bauelement, in dem durch Elektrolumineszenz Licht erzeugt wird (auch Leuchtkondensator oder Kondensatorlampe genannt).

Die L. ist im Prinzip ein Plattenkondensator mit einer transparenten und einer reflektierenden Metallelektrode (Bild). Zwischen beiden befindet sich als →dünne Schicht das aktive Material, entweder als Mikrokristallite eingebettet in einem →Dielektrikum oder als Pulver mit einem Binder zusammengehalten. Zur Anwendung kommen i. a. ZnS aktiviert mit Cu oder Mn, aber auch CdS, CuS, SrS, GaAs, GaP. Durch Stoßionisation in einem

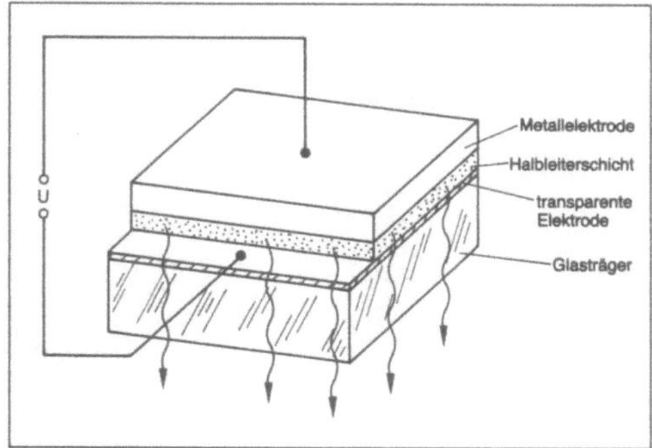

Lumineszenzplatte: Schematischer Aufbau.

äußeren Feld von 10^4–10^5 V/cm (10–100 V) wird die →Lumineszenz angeregt. Die Farbe des emittierten Lichtes reicht vom blauen bis zum gelben Spektrum, je nach Material, Herstellungs- und Betriebsbedingungen. Der Betrieb kann durch Gleichspannung (*Vacht*-Zellen, Pulvermaterial) oder durch Wechselspannung (*Destriau*-Zellen, Mikrokristallite im Dielektrikum) erfolgen. Die Wirkungsgrade bzw. Leuchtdichten liegen bei 0,1 bis 0,3 % bzw. 10–15 cdm^{-2} bei Vacht-Zellen und bis zu 5 % bzw. 1000 cdm^{-2} bei den Destriau-Zellen. Hohe Leuchtdichten reduzieren die →Lebensdauer von einigen 1000 h auf weniger als 100 h.

L. finden Anwendungen als großflächige homogene Lichtquellen (bis zu 1000 cm^2) und als Display-Elemente für Großanzeigen. *Rosenzweig*

Literatur: *Bleicher, M.:* Halbleiter-Optoelektronik, Heidelberg 1986.

Lyot-Filter. Optische Filter aus doppelbrechenden Kristallplättchen in Kombination mit linearen Polarisatoren.

In doppelbrechenden Kristallen spaltet eine einfallende optische Welle in zwei Teilstrahlen auf (ordentlicher und außerordentlicher Strahl), die senkrecht zueinander polarisiert sind und unterschiedliche Brechungsindizes haben (n_o, n_e). Wird linear polarisiertes Licht der Wellenlänge λ so eingestrahlt, daß beide Teilwellen zu Beginn des doppelbrechenden Kristalls gleiche Intensitäten haben, so liegt am Ende des Kristalls der Dicke d i. a. elliptisch polarisiertes Licht vor, das von einem Linear-Polarisator geschwächt wird (Bild, durchgezogene Pfeile). Gilt allerdings

$$|n_o - n_e| \cdot d = m\,\lambda_o,\ m \varepsilon \mathbb{N},$$

so entsteht wieder linear polarisiertes Licht, das den Polarisator ungeschwächt passiert (Bild, gestrichelte Pfeile). Durch Kippen kann die effektive Dicke und damit λ_o variiert werden, was zur Durchstimmung von Lasern ausgenutzt wird.

Um eine spektral schmalbandige Selektion zu erreichen, werden im L.-F. mehrere Kristallplättchen und Polarisatoren hintereinander angeordnet. *Rosenzweig*

Literatur: *Eichler, J. und H.-J. Eichler:* Laser. Berlin–Heidelberg, 1990.

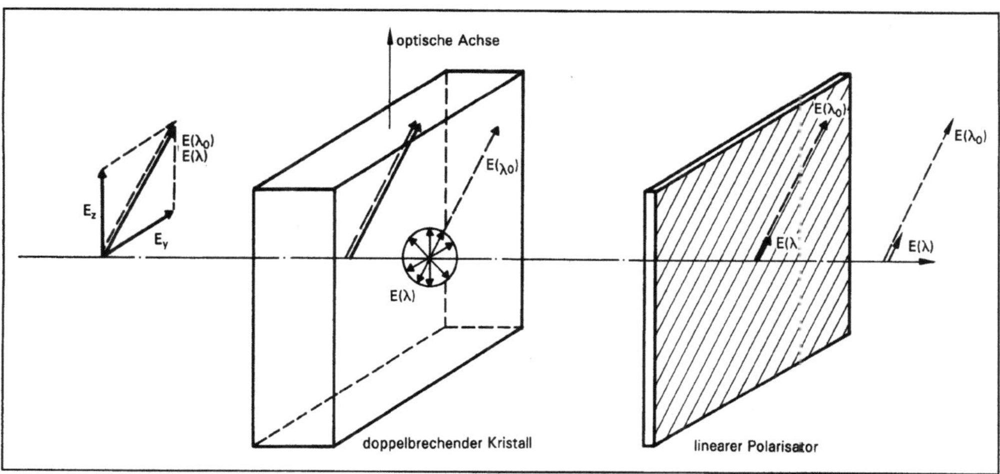

Lyot-Filter: Wirkungsweise.

M

Mach-Zehnder-Interferometer, integriert optisches. In einem integriert optischen M-Z-I. werden die in einem monomodalen Eingangswellenleiter sich ausbreitenden Wellen durch einen Y-Verzweiger (→Glasfaserverzweiger) auf die beiden Interferometerarme aufgeteilt und nach einer Lauflänge l wiederum durch einen Y-Verzweiger im monomodalen Ausgangswellenleiter vereinigt. Je nach Phasenlage der beiden Wellen kommt es zu konstruktiver oder destruktiver Interferenz (Bild). Das Umschalten kann durch ein elektrisches Feld unter Ausnutzung des elektrooptischen Effektes (→Schalter, elektrooptischer) erreicht werden.

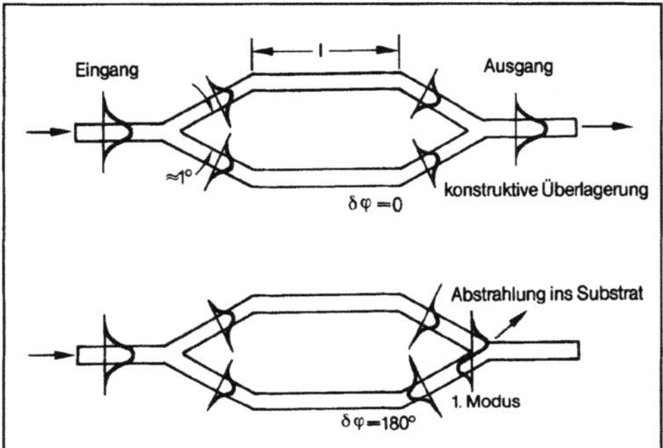

Mach-Zehnder-Interferometer: Das elektrische Feld des Lichtes im integriert-optischen M.-Z.-I. für die Phasendifferenz $\delta\Phi = 0°$ und $\delta\Phi = 180°$.

Bei konstruktiver Interferenz überlagern sich die beiden Teilwellen phasengleich zum Grundmodus (→Schichtwellenleiter) mit der ursprünglichen Amplitude, während bei destruktiver Interferenz der erste Modus entsteht. Dieser ist aber im monomodalen Ausgangswellenleiter nicht ausbreitungsfähig und wird daher ins →Substrat abgestrahlt.

Integriert optische M-Z-I. werden als elektrooptische Modulatoren eingesetzt. Sie können sowohl aus $LiNbO_3$ als auch aus Halbleitermaterialien (wie z. B. →GaAs, →InP) als Substratmaterial bestehen. Mit $LiNbO_3$ werden Modulationsbandbreiten von mehr als 10 GHz erreicht. *Krauser*

Magnet →Permanentmagnet

Magnetband. M. (auch Magnetbandrollen) sind Datenträger zur sequentiellen Aufzeichnung von Informationen nach dem Prinzip der magnetischen Speichertechnologie. Die in der EDV gebräuchlichen M. haben eine Breite von 0,5 Zoll und sind auf Kunststoffspulen von 7, 8,5 oder 10,5 Zoll Durchmesser gewickelt. Die Standardlängen des Bandes betragen 183, 366, 732 und 1 100 m.

Auf einem Trägermaterial, meist Polyester, befindet sich einseitig eine dünne Schicht magnetisierbaren Materials feinster Körnung (Eisen(III)-Oxid), welches mit einem organischen Bindemittel versetzt ist. Während des Produktionsprozesses wird das Trägermaterial in breiten Bahnen beschichtet, auf Defekte in der Beschichtung, die zu Datenfehlern führen können, geprüft und anschließend in die 0,5 Zoll breiten Bänder geschnitten. Zur Erkennung des (logischen) Bandanfangs und -endes werden schmale reflektierende Folienmarken auf das Band geklebt, die von der Magntbandeinheit durch optische Sensoren erkannt werden. Durch die Verwendung von organischen Materialien sind die M. in hohem Maße abhängig von Temperatur und Luftfeuchte. Archivierte M. müssen in regelmäßigen Zeitabständen umgespult werden, um die auftretenden Kräfte im Wickel, die zu dauerndem Datenverlust führen können, abzubauen.

Die nahezu beliebig oft beschreib- und wieder löschbaren M. haben in der Vergangenheit eine große Rolle in der Datenverarbeitung gespielt. Wegen ihrer Auswechselbarkeit, Transportierbarkeit und vor allem des einheitlichen physikalischen und logischen Aufschriebformates wegen waren sie die bevorzugten Datenträger für Archivierung, Datensicherung und Datenaustausch zwischen verschiedenen Rechnern. Ihre Bedeutung hat erst in den letzten Jahren durch die Entwicklung preiswerterer, kleinerer und schnellerer Geräte und Medien an Bedeutung verloren (z. B. →Magnetbandkassette), jedoch existieren weltweit noch große Datenbestände auf einigen 100 Millionen Magnetbändern. *Pott*

Magnetbandeinheit. M. sind Komponenten von Rechneranlagen, die von einer →Kontrolleinheit gesteuert, Signale zur Speicherung von Informationen auf Magnetbänder schreiben bzw. von ihnen lesen. Sie gehören in die Klasse der magnetomotorischen →Speicher, in der Speicherhierarchie heutiger Computersysteme werden sie zu den Sekundärspeichern gezählt. Sie dienen in erster Linie dem Datenaustausch, der Datensicherung und der Archivierung von Informationen. Die M. arbeiten im sog. Parallelaufschriebverfahren. Das →Magnetband wird an einer Kopfeinheit vorbeigeführt, die für Schreiben und Lesen je neun parallele Köpfe besitzt, ein →Byte (= 8 bit) plus dem dazugehörigen Paritäts-Bit für die Fehlererkennung werden jeweils gleichzeitig geschrieben bzw. gelesen. Die Aufzeichnungsdichte hängt von der Art der Datencodierung ab. Sie liegt bei den heutigen Geräten zwischen 800 Bits pro Zoll (bpi) im veralteten NRZI-Modus, 1600/3200 bpi beim Phase Change (PE)/Double Density PE-Verfahren und 6 250 bpi beim GCR-Gruppencodierverfahren. Durch den Parallelaufschrieb gelten die gleichen Werte auch für die Angabe „Bytes pro Zoll". Die Informationen werden blockweise aufgezeichnet, zwischen zwei Blöcken befindet sich eine Blocklücke von 0,3 bis 0,6 Zoll Länge. Abhängig vom Aufzeichnungsverfahren und der verwendeten Blocklänge beträgt die Kapazität eines 2 400 Fuß-Bandes (732 m) zwischen 32 MB im PE- und 140 MB im GCR-Modus.

Man unterscheidet zwei grundsätzliche Typen von M.: die Start/Stopp- sowie die Streamer-Laufwerke (*engl.* stream, gleichmäßig strömen). Bedingt durch die anfangs langsamen Übertragungsraten der Computersysteme sowie die fehlenden Zwischenspeicher waren die Start/Stopp-Geräte so konstruiert, daß sie nach dem Schreiben bzw. Lesen eines Blockes in der kurzen Blocklücke anhalten und wieder auf Sollgeschwindigkeit hochfahren konnten. Mit zunehmender Leistungsfähigkeit und Schnelligkeit der M. wuchsen die Anforderungen an die Mechanik enorm. Bandpufferung durch Vakuumkammern oder aufwendig geführte Spannarme waren notwendig, um die durch den Schrittmotor (Capstan) gesteuerten Start/Stopp-Vorgänge von der trägeren Bewegung der Spulmotoren zu entkoppeln. Die heutigen Start/Stopp-Geräte zeichnen mit einer Band-zu-Kopf-Geschwindigkeit von 200 Zoll pro Sekunde (ips), entsprechend 5 m/s auf, der Capstan stoppt und beschleunigt dabei das Band auf einer Strecke von etwa 7,5 mm.

Die Streamer-Laufwerke verzichten auf die Eigenschaft, innerhalb einer Blocklücke zu stoppen und wieder zu starten. Sie sind auf eine der Bandgeschwindigkeit entsprechende Datentransferrate ausgelegt, die sie „streamen", d. h. stetig vorwärts laufen läßt. Zur Unterstützung dieses Betriebes sind die Streamer-Laufwerke meistens mit großen Zwischenspeichern (Buffer, Cache) ausgerüstet. Muß trotzdem ein Start/Stopp-Vorgang durchgeführt werden, bremst das Gerät das Band langsam ab und positioniert in die letzte Blocklücke zurück. Die geringeren Anforderungen an die Mechanik erlauben eine kompaktere, sehr viel kostengünstigere Bauweise als bei den Start/Stopp-Geräten. Die heutige, wahrscheinlich letzte Generation der M. unterstützt sowohl das PE- als auch das GCR-Format, besitzt eine automatische Bandeinfädelung und wird als kompaktes Tischgerät angeboten.

Pott

Magnetbandkassette. M. bestehen aus einem Gehäuse, in dem sich ein oder zwei Spulen befinden, die das →Magnetband aufnehmen. Das Band wird durch einen externen Antrieb entweder auf eine im Laufwerk befindliche Aufnahmespule oder innerhalb der M. auf die zweite Spule gewickelt. Im Datenverarbeitungsbereich werden sowohl speziell für diese Zwecke entwickelte M. (½" IBM-Kassette, ¼" QIC-Cartridge) als auch aus der Unterhaltungselektronik abgeleitete M. wie die Philips/Data-Cassette, das 8 mm Videotape oder die 4 mm DAT-Cassette benutzt. Durch die unterschiedlichen Aufzeichnungstechnologien ergeben sich momentan Speicherkapazitäten von einigen 100 MB (IBM-Kassette, QIC-Cartridge) bis zu mehreren GB pro Cassette (DAT, 8 mm) (Tabelle).

Die M. sind im Gegensatz zu den Magnetbandrollen für die automatische Montage in Wechselmagazinen und robotergesteuerten Bandbibliotheken geeignet. Aufgrund der Kapazitäts- und Handhabungsvorteile verdrängen die M. die Bandrollen in weiten Bereichen.

Pott

Magnetbandkasseteneinheit. Wie die →Magnetbandeinheiten gehören die M. zu den Sekundärspeichern innerhalb der Speicherhierarchie von Computersystemen. Ihre Einsatzgebiete sind die Datensi-

Magnetbandkassette. Tabelle: Übersicht über die wichtigsten Kenndaten der einzelnen Typen.

Typ	Anz. Spulen	Bandbreite in mm	Bandlänge in m	Bitdichten in bits/in	Spurdichten in tpi	Kapazitäten in MBytes
IBM-Kassette	1	12,7 (1/2")	ca. 200	38 000	36 ... 72	200 ... 400
Data Cartridge	2	6,35 (1/4")	180 ... 310	36 000	72 ... 120	150 ... 1 000
Mini Data Cartridge	2	6,35 (1/4")	62 ... 94	12 500	96 ... 128	40 ... 120
Data-Cassette	2	3,81	150/180	38 000	60 ... 140	150 ... 600
Videotape	2	8	112	43 000	819/1 638	2 300 ... 5 000
DAT-Cassette	2	4	60/90	61 000	1 869	1 300 ... 2 000

cherung, -auslagerung und -archivierung sowie der Datenaustausch.

Die Technologie der M. wurde später als die der Magnetbandeinheiten entwickelt. Seit den 70er Jahren wurde eine Vielzahl unterschiedlicher Typen mit wechselnden Markterfolgen zur Serienreife gebracht. Im folgenden die wichtigsten Gerätetypen:

□ Halbzoll-M.: von IBM entwickeltes →Speichersystem, welches auf den ½″ Cartridges die Daten mittels eines Schreib-/Lesekopfes in Dünnfilmtechnologie mit 18 parallelen Spuren aufzeichnet, die neueste Generation sogar mit 36-Spur-Kopf. Das Band wird nach dem Einlegen der Cartridge automatisch auf die Aufnahmespule im Gerät gewickelt und während des Transportes durch Überdruck berührungslos geführt. Bedingt durch den Parallelaufschrieb, die hohe Bitdichte und Geschwindigkeit des Bandes ergeben sich Datenraten von 3 MBytes/s, die momentan nur von Rechnern höherer Leistungsklassen bereitgestellt werden können. Aufgrund des hohen mechanischen und elektronischen Aufwandes sind diese Speicherlaufwerke sehr teuer.

□ Data-Cartridge-M.: Die Data Cartridge- und Mini Data-Cartridge-Laufwerke benutzen eine speziell für den Computereinsatz entwickelte Kassette mit einem 0,25″ breiten Band. Der Gerätemotor treibt über ein Reibrad einen in der Kassette befindlichen Riemen an, der seinerseits die Bandwickel antreibt. Der Riemen sorgt dabei für eine gleichmäßige mechanische Bandspannung. Der Aufschrieb erfolgt im sog. Serpentinenverfahren, wobei jeweils in Vorwärts- und Rückwärtsrichtung eine Spur sequentiell aufgezeichnet bzw. gelesen wird. Am Bandende wird auf einen anderen Kopf umgeschaltet, am Bandanfang wird die gesamte Kopfeinheit um eine bestimmte Strecke senkrecht zum Band hoch- oder heruntergefahren. Auf diese Weise werden bis zu 30 Spuren aufgezeichnet, in einigen Jahren sollen mit Hilfe von Servospuren und Nachführmechanismen etwa 150 Spuren erreichbar sein. Die Data Cartridge-Laufwerke haben sich im Bereich mittlerer bis kleiner Computersysteme (Mehrplatzsysteme, Personal Computer) bewährt und werden dort hauptsächlich für die Datensicherung sowie die Verteilung von Informationen und Software-Programmen verwendet.

□ Data Kassette-M.: Die Data- oder Philips Kassette-Laufwerke basieren auf der aus dem Audio-Bereich bekannten Musi-Cassette. Durch Serpentinenaufschrieb werden heute bis zu 600 MB pro Kassette erreicht. Obwohl die Geräte sehr kompakt und kostengünstig sind, haben sie nur einen geringen Marktanteil.

□ 8 mm Videotape: Dieser Typ der M. basiert auf der Technologie der Video-8-Recorder. Das *Helical Scan*-Verfahren arbeitet mit Schrägspuraufzeichnung mittels eines rotierenden Kopfes und einer sehr langsamen Bandgeschwindigkeit. Dadurch wird eine sehr große Spurdichte erreicht, die zusammen mit der hohen Bitdichte zu Kapazitäten von 2–5 Gigabytes pro Kassette führt. Das Videotape hat sich überall dort etabliert, wo große Festplattenkapazitäten bedienerlos gesichert werden müssen.

□ 4 mm DAT-M.: Die jüngsten Entwicklungen bei den Magnetbandkassetten-Laufwerken basieren ebenfalls auf einer aus dem Konsumbereich stammenden Technologie. Das Digital Audio Tape (DAT) wurde Mitte der 80er Jahre als Pendant zu den Compact Disks entwickelt, hat sich aber im Audio-Bereich nicht durchsetzen können. Die daraus entwickelten DAT-M. verwenden ebenfalls die *Helical Scan*-Aufzeichnungstechnik, mit der auf einer Kassette von der Größe einer doppelten Streichholzschachtel bis zu 2 Gigabytes aufgezeichnet werden können. Die Geräte können sehr kompakt gebaut werden (3,5″-Formfaktor) und sind daher für Arbeitsplatzcomputer geeignet.

Da die M. aufgrund ihrer relativ langen Zugriffszeiten im Sekunden- bis Minutenbereich zu den Sekundärspeichereinheiten zählen, ist ihr Haupteinsatzgebiet die Datensicherung von Magnetplatten, die Datenverteilung sowie die Archivierung. Durch ihr günstiges Preis-/Leistungsverhältnis werden sie auch zukünftig eine große Rolle in der Informationsverarbeitung haben und nur in Teilbereichen durch z. B. Optische Speichermedien verdrängt werden. *Pott*

Magnetblasenspeicher. M. (*engl.* magnetic bubble memory) benutzen zur Darstellung von Informationen zylindrische magnetische Bereiche, die sich in dünnen ferromagnetischen Schichten bilden und bewegen lassen. Anfangs galt diese Technologie als aussichtsreiches Verfahren, um in der Speicherhierarchie von Datenverarbeitungsanlagen zwischen den Magnetplattenspeichern und dem Arbeitsspeicher im Rechner eine Lücke zu schließen. Die Entwicklung zur Serienreife in den siebziger Jahren fiel zeitlich mit entscheidenden Verbesserungen des Preis-/Leistungsverhältnisses bei Halbleiterspeichern und Magnetplattenspeichern zusammen. Wegen ihres verhältnismäßig hohen Preises setzte man M. nur für Spezialanwendungen ein, z. B. Werkzeugmaschinensteuerungen, Vermittlungssysteme.

□ Grundtechnologie: Beim Anlegen eines starken externen Magnetfeldes schrumpfen in bestimmten ferromagnetischen Schichten (z. B. Gadolinium-Kobalt) bestehende magnetische Domänen zu kleinen zylindrischen Bereichen mit 1–5 μm Durchmesser. Sie lassen sich in Bahnen, die durch auf den Träger der Schicht (meist) aufgedampfte Muster vorgegeben sind, leicht durch ein äußeres rotierendes Magnetfeld bewegen.

Im Gegensatz zu Magnetplattenspeichern: Der Träger steht, die Signale wandern im Träger. Ohne jegliche Mechanik findet eine Relativbewegung der Signale zu den Detektoren statt, die normalerweise das Vorhandensein einer Blase als logische Eins werten (Bild).

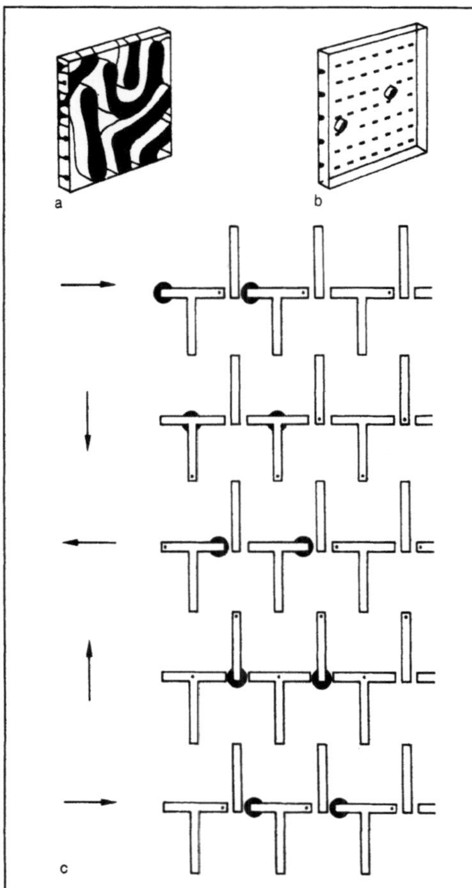

Magnetblasenspeicher: Magnetblasen.
a) Originalzustand
b) Zustand nach Anlegen eines starken äußeren Magnetfeldes
c) einfachstes Prinzip der Bewegung in Bahnen durch ein rotierendes äußeres Magnetfeld.

M. werden wie Halbleiter – mit ähnlichen Verfahren – in Serien hergestellt. Sie zählen zu den nicht flüchtigen (*engl.* non volatile) Speichern, – wie z. B. Magnetplatten und Magnetbänder –, die ihre Informationen auch ohne Spannung oder Energiezufuhr bewahren. *Voss*

Literatur: *Jouve, H.:* Magnetic Bubbles. New York, 1986. – *Schultze, A.:* Technologie und Einsatz von Magnetblasenspeichern. München, 1981.

Magnetfeldmessung. Kennzeichnende Größe für ein Magnetfeld ist die magnetische Flußdichte oder Induktion B mit der SI-Einheit Tesla: 1 T = 1 Vs/m².

Die Induktion B_0 im Vakuum ergibt sich aus der magnetischen Feldstärke H (SI-Einheit A/m) über die magnetische Feldkonstante μ_0:
$B_0 = \mu_0 \cdot H$ mit $\mu_0 = 4\pi \cdot 10^{-7}$ Vs/Am.
Bei Anwesenheit eines Stoffs im Magnetfeld verändert sich die Induktion von B_0 auf $B = \mu_r \cdot B_0$. Darin ist μ_r die Permeabilitätszahl.

Man kann unterscheiden:
- Stoffe mit $\mu_r \gg 1$ sind ferromagnetisch,
- Stoffe mit $1 < \mu_r < 2$ sind paramagnetisch,
- Stoffe mit $\mu_r < 1$ sind diamagnetisch.

Besondere praktische Bedeutung haben die ferromagnetischen Materialien mit ihrem besonders großen, aber nicht konstanten μ_r. Der Zusammenhang zwischen H und B wird durch die Hystereseschleife (Bild 1) beschrieben, aus der man alle wesentlichen magnetischen Eigenschaften des Materials entnehmen kann, wie z. B. die Koerzitivfeldstärke H_c, die Sättigungsinduktion B_s und die nach Wegnehmen der magnetischen Feldstärke verbleibende Remanenz-Induktion B_r. Mit einer Meßeinrichtung nach Bild 2 kann man die Hystereseschleife einer ferromagnetischen Materialprobe direkt auf dem Schirmbild eines Elektronenstrahl-Oszillo-

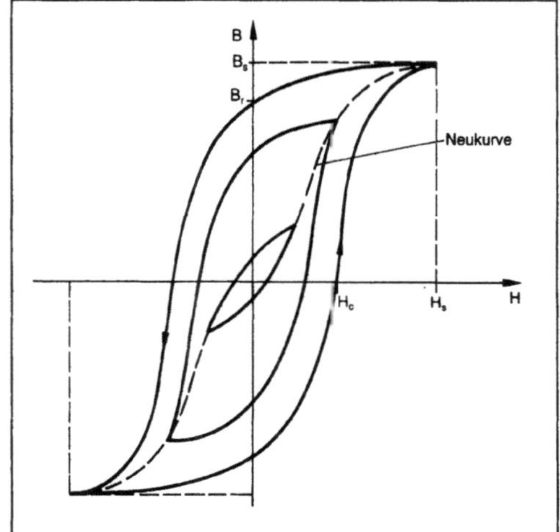

Magnetfeldmessung 1: Hystereseschleife.

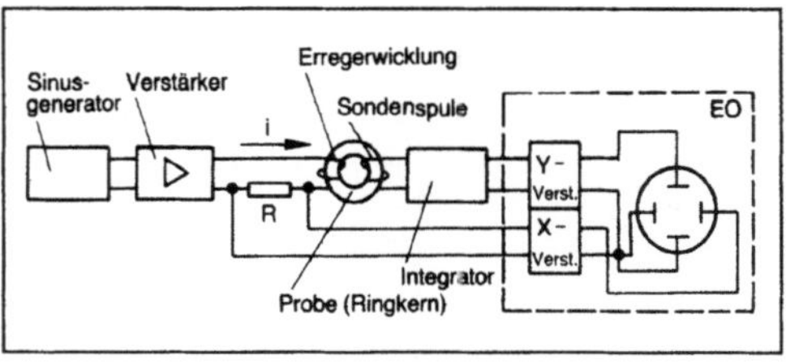

Magnetfeldmessung 2: Meßschaltung zum Darstellen der Hystereseschleife auf dem Bildschirm eines Elektronenstrahl-Oszilloskops (EO).

skops (EO) darstellen. Ist das Magnetfeld im ganzen (Ring-)Kern räumlich konstant, so läßt sich die Feldstärke H mit Hilfe des Durchflutungsgesetzes aus dem Strom i durch die Erregerwicklung errechnen:

$H(t) \cdot l_e = i(t) \cdot N_E$;

l_e mittlere Eisenweglänge des Kerns, N_E Windungszahl der Erregerspule.

Der Spannungsabfall an R ist zu i und damit zu H proportional und wird nach Verstärkung als U_x an die X-Platten des Elektronenstrahl-Oszilloskops angelegt.

Die in der Sondenspule induzierte Spannung u_i ergibt sich nach dem Induktionsgesetz zu

$$u_i(t) = -N_s \cdot A \cdot \frac{dB(t)}{dt};$$

N_s Windungszahl der Sondenspule, A Fläche, die von der Induktion B durchsetzt ist.

Aus $u_i(t)$ ermittelt der Integrator B(t):

$$B(t) = -\frac{1}{N_s \cdot A} \int u_i(t)\, dt.$$

Die Ausgangsspannung des Integrators wird verstärkt und als U_Y an die Y-Platten des EO angelegt. Bei entsprechender Veränderung des mit f periodischen Stroms i durch die Erregerspule kann man alle Teilkurven in Bild 1 am Bildschirm des Elektronenstrahl-Oszilloskops sichtbar machen.

Bei einem rechnergestützten Meßplatz, der auf dem gleichen Prinzip beruht, ergeben sich u. a. folgende Modifizierungen: Steuerung der Erregung vom Rechner aus, Erfassung des Erregerstroms und der induzierten Spannung über →Analog/Digital-Umsetzer, Integration der induzierten Spannung im Rechner, Ausgabe auf Bildschirm oder Plotter, Daten beliebig speicherbar.

Wenn nicht wie vorstehend die Eigenschaften eines Ferromaterials, sondern lediglich ein Magnetfeld wie in Bild 3 erfaßt werden soll, bieten sich verschiedene →Meßaufnehmer an.

Eine Spannung im mV-Bereich proportional zu B liefert die Hallsonde. Bei der →Feldplatte (→Sensor, magnetoresistiver) hängt der elektrische Widerstand ungefähr quadratisch von B ab. Mit der Feldplatte läßt sich demnach zunächst nicht die Richtung eines Magnetfelds feststellen. Ist dies erforderlich, kann man die Feldplatte durch einen Dauermagneten magnetisch vorspannen. Wenn das zu messende Magnetfeld seine Richtung wechselt, ändert sich das Vorzeichen des resultierenden Magnetfelds nicht und ermöglicht so eine eindeutige Messung. Neben der direkten Bestimmung von Magnetfeldern werden Feldplatten hauptsächlich als Endlagenschalter (Positionserkennung) und zur kontakt- und berührungslosen →Längen- und Winkelmessung eingesetzt.

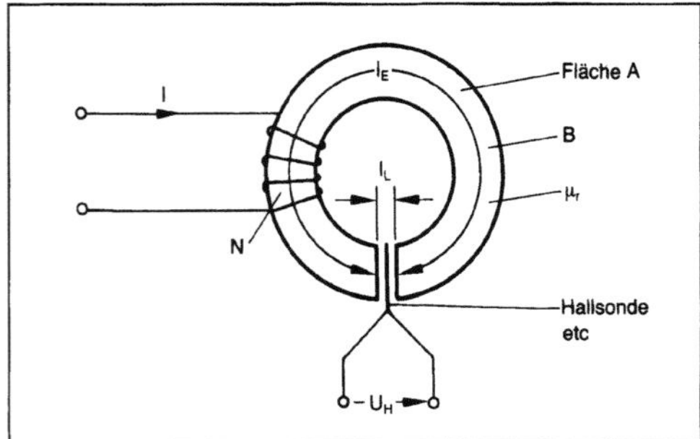

Magnetfeldmessung 3: Messung der Induktion B.

Die in Bild 3 enthaltene Anordnung Sondenspule und Integrator ist natürlich auch allgemein zum Messen der magnetischen Induktion geeignet.

Wenn man einer unbekannten magnetischen Feldstärke H_x eine einstellbare bekannte Feldstärke H_1 so entgegenschaltet, daß sich die Wirkungen gegenseitig aufheben (B = 0, z. B. über Hallgenerator zu messen), so ist $H_x = H_1$ (→Kompensations-Meßverfahren).

Die Weiterentwicklung einer Magnetfeldsonde nach dem Sättigungskernprinzip (*Förster*sonde) unter Verwendung weichmagnetischer amorpher Metalle führte zu einem miniaturisierten Low-cost-Magnetfeldsensor mit extrem hoher →Empfindlichkeit (ab ca. 10 nT). Messung kleinster Magnetfelder (bis herab zu 10^{-15} T) mittels →SQUID.

Käufliche Meßgeräte erfassen je nach Typ magnetische Induktionen zwischen ca. 100 nT und ca. 10 T. *Hammerschmidt*

Magnetfeldsensor. M. werden sowohl als Magnetometer für die direkte Messung von Magnetfeldern, z. B. in der Geophysik, Astrophysik und Navigation, wie auch für die Erfassung von anderen physikalischen Größen z. B. Weg, Position, Drehzahl, Drehwinkel, Drehmoment, Geschwindigkeit, Strom etc. verwendet. Vorteilhaft ist bei diesen verschleißfrei arbeitenden Sensoren ihre hohe →Zuverlässigkeit und Stabilität.

Zur Messung von Magnetfeldern werden mehrere physikalische Effekte und Methoden herangezogen: Induktion in Spulen (→Magnetfeldmessung), die Messung der Sättigung in weichmagnetischen Kernen, Zeeman-Effekt, Kernspinresonanz, →SQUID, →Hall-Effekt (Hall-Sensor), der magnetische Widerstandseffekt (→Widerstandsänderung, magnetische), die Magnetfeldabhängigkeit des Grenzflächentransportes von Ladungsträgern, der magnetostriktive Effekt und der magnetooptische Effekt. Ein Vergleich der Meßbereiche der M. ist in der Abbildung wiedergegeben.

Das Sättigungskernverfahren ist auch unter der Bezeichnung Sättigungskernsonde, Förstersonde oder Fluxgate-Magnetometer als hochempfindliches Verfahren zur Magnetfeldmessung bekannt.

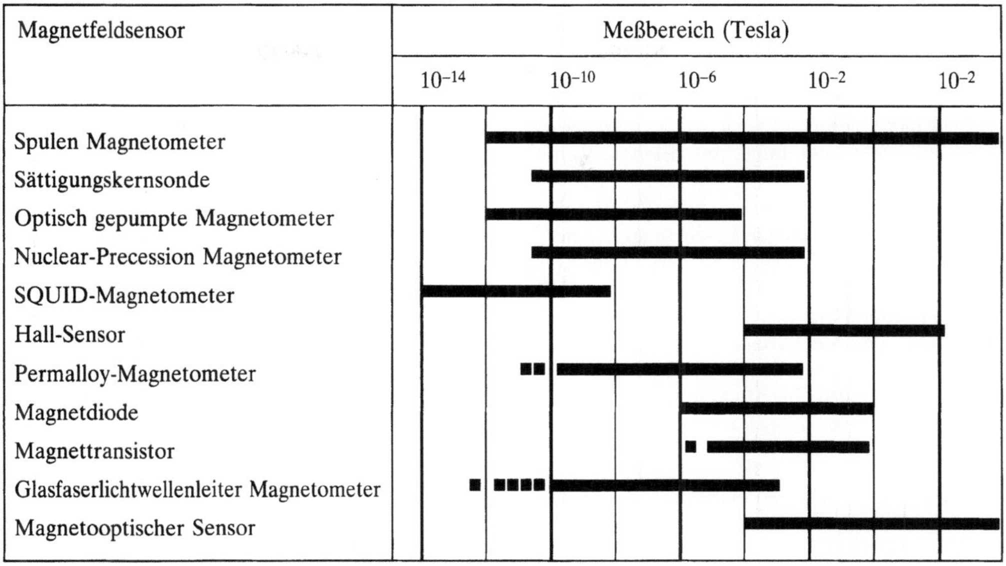

Magnetfeldsensor	Meßbereich (Tesla)				
	10^{-14}	10^{-10}	10^{-6}	10^{-2}	10^{-2}
Spulen Magnetometer					
Sättigungskernsonde					
Optisch gepumpte Magnetometer					
Nuclear-Precession Magnetometer					
SQUID-Magnetometer					
Hall-Sensor					
Permalloy-Magnetometer					
Magnetdiode					
Magnettransistor					
Glasfaserlichtwellenleiter Magnetometer					
Magnetooptischer Sensor					

Magnetfeldsensor: Vergleich zwischen Magnetfeldsensoren. (Quelle: Lenz)

Der Sensor besteht aus einer Spule mit weichmagnetischem Kern, dessen Permeabilität durch externe Magnetfelder beeinflußt werden kann. Aufgrund der hohen Permeabilität genügen bereits äußere Felder von 0,1 bis 1 mT, um den Kern bis in den Bereich der Sättigung vorzumagnetisieren und damit eine drastische Induktivitätsabnahme hervorzurufen, die elektronisch ausgewertet werden kann. Die optisch gepumpten M. basieren auf der besonderen Stärke des Zeeman-Effekts in alkalischen Elementen. Der *Zeeman*-Effekt bewirkt eine Spaltung des Energieniveaus der Elektronen, wenn das Material im Magnetfeld liegt (→Magnetoptische Effekte). Die energetische Spaltung ist der magnetischen Induktion proportional und liegt in dem Bereich der Radiofrequenzen. Durch die Resonanz zwischen Lichtabsorption in einem Caesium-Dampf und eine durch eine Spule induzierte elektromagnetische Schwingung kann diese Frequenz bestimmt und die magnetische →Feldstärke gemessen werden.

Ein prinzipiell ähnlicher M., das sogenannte *nuclear precession* Magnetometer, verwendet statt Elektronen die Bewegung von Protonen in einem Magnetfeld. Die Kernspinresonanz wird in Flüssigkeiten gemessen, die einen stärkeren Effekt als die Elektronenspinresonanz in Gasen zeigen. Der magnetische Widerstandseffekt wird nicht nur in Halbleitern (→Feldplatte) sondern auch in ferromagnetischen Schichten verwendet. Bekannt sind die sogenannten Permalloy-Magnetometer, die eine höhere →Empfindlichkeit als die Feldplatten zeigen.

Die Magnetfeldabhängigkeit des Grenzflächentransportes von Ladungsträgern wird in Magnetdioden, Magnettransistoren und Ladungsträgerdomänen-Magnetometern verwendet. In einer Magnetdiode erfahren die →Ladungsträger, die in Flußrichtung injiziert werden, durch die Lorentz-Kraft eine →Ablenkung in Richtung Diodenoberfläche. Das führt zu einer Veränderung des transversalen Ladungsträgerprofils der Diode (Magnetokonzentrationseffekt) und somit zur Veränderung des Diodenwiderstandes. In Magnettransistoren ändert die Lorentz-Kraft die Stromflußrichtung im Gebiet zwischen Emitter- und zwei Kollektoranschlüssen. Für kleine Magnetfelder ($B<1$ T) ist die Differenz der Kollektorströme proportional zur Feldstärke.

Ladungsträgerdomänen-Magnetometer (CDM) besitzen in den meisten Fällen pnpn- bzw. npnp-Strukturen mit komplizierten Stromflußmechanismen. In diesen Bauelementen verteilt sich der Strom nicht über die gesamte Struktur, sondern ist in feinen „Stromfäden", sog. Ladungsträgerdomänen konzentriert. Liegt ein Magnetfeld senkrecht zu den Stromfäden an, beginnt die Ladungsträgerdomäne zu rotieren, wobei die Rotationsfrequenz ein Maß für die magnetische Induktion ist.

Das magnetostriktive Verfahren wird im Glasfaserlichtwellenleiter-Magnetometer verwendet: Ein →Glasfaserlichtwellenleiter ist im festen Verbund mit einem magnetostriktiven Material, etwa durch Aufwickeln oder auch Plattieren gebracht. Das magnetostriktive Material ändert im Magnetfeld seine Länge und dehnt den Glasfaserlichtwellenleiter. Die Auswertung erfolgt interferometrisch.

Haberger

Literatur: *Forkel, W.* in: Sensoren 86/87 S. 105. Düsseldorf 1988. – *Göpel, W., J. Hesse, J. N. Zemel* (Eds.): Sensors Vol. 5, Magnetic Sensors. Weinheim 1990. – *Lenz, J. E.*: Proceedings of the IEEE Vol. 78 (1990) p. 973. – *Schmidt, B., D. Schubert:* Siliciumsensoren. Berlin.

Magnetismus. Lehre von den magnetischen Erscheinungen im Vakuum und in der Materie. Die Beschreibung des M. benutzt zwei vektorielle Feldgrößen H und B. H nennt man die magnetische →Feldstärke (Einheit A/m), B die magnetische Kraftflußdichte oder Induktion (Einheit Vs/m^2 = Tesla).

Wir betrachten die magnetische Feldstärke als die Ursache der magnetischen Erscheinungen und die magnetische Kraftflußdichte als deren Folge. (Andere Bezeichnungen und Interpretationen der Feldgrößen H und B kommen in der Literatur vor, seien aber hier, um Verwirrung zu vermeiden, nicht diskutiert). Allgemein kann man den Beitrag der Materie zur Kraftflußdichte abtrennen:

$$B = \mu_0 H + J,\ \mu_0 = 4\pi \cdot 10^{-7}\ \mathrm{Vs/Am} \qquad (1)$$

J ist die magnetische →Polarisation der Materie, also die Dichte der durch H verursachten oder spontan vorhandenen magnetischen Momente. (Eine solche kontinuumstheoretische Beschreibung, die eine räumlich gemittelte Dipoldichte benutzt, wird natürlich in atomaren Dimensionen sinnlos.)

Die Feldstärke H und die Kraftflußdichte B sind über die *Maxwell*schen Gleichungen mit den entsprechenden elektrischen Größen verknüpft:

$$\mathrm{rot}\, H = j + \dot{D} \qquad (2)$$
$$\mathrm{rot}\, E = -\dot{B} \qquad (3)$$

Die erste Gleichung besagt, daß ein elektrischer Strom j (und damit gleichwertig eine sich verändernde elektrische Verschiebungsdichte D) ein magnetisches Feld erzeugt (*Oersted* 1820). Die zweite Gleichung formuliert das *Faradaysche* Induktionsgesetz (1831), nach dem eine sich ändernde magnetische Flußdichte ein elektrisches Feld E induziert. Die Symmetrie der beiden Gleichungen wird gestört durch das Fehlen eines magnetischen Stromes in der zweiten Gleichung. Das liegt daran, daß es keine magnetische Ladungen gibt. (Jedenfalls hat man bisher keine dieser hypothetischen magnetischen Monopole gefunden.) Daher gilt auch

$$\mathrm{div} B = 0 \qquad (4)$$

im Gegensatz zu $\mathrm{div} D = \rho$ im elektrischen Fall. Die elementare Quelle der magnetischen Erscheinungen sind also keine Ladungen, sondern die magnetischen (Dipol-)Momente. Magnetische Felder können nicht nur durch elektrische Ströme erzeugt werden, sondern bekanntlich auch durch Dauermagnete, deren Polarisation Quellen und Senken, also Pole besitzen. Wir sehen das, wenn wir Gleichung (1) in (4) einsetzen:

$$\mathrm{div} H = -1/\mu_0\ \mathrm{div} J$$

Senken der Polarisation sind also Quellen eines magnetischen Feldes und umgekehrt. Dieses Feld nennt man das entmagnetisierende Feld oder Streufeld.

Die Ausbildung einer magnetischen Polarisation als Reaktion auf ein magnetisches Feld ist eine allgemeine Eigenschaft der Materie. In allen Stoffen induziert das angelegte Feld in den abgeschlossenen Elektronenschalen eine negative, diamagnetische Polarisation (Diamagnetismus). Existieren auch nicht abgeschlossene Schalen, also magnetische Momente, dann ergibt sich eine positive, paramagnetische Polarisation auf Grund der Ausrichtung dieser Dipole (Paramagnetismus). Dies gilt allerdings nur, wenn die Momente thermisch ungeordnet sind. Existiert eine Wechselwirkung zwischen den Elementarmomenten, die stärker ist als die thermische Anregungsenergie, dann ergibt sich ein magnetisch geordneter Zustand. Ferromagnetismus, Ferrimagnetismus und Antiferromagnetismus sind verschiedene Arten magnetischer Ordnung.

Nach *L. Néel* (1923) wird ein Zustand der Materie antiferromagnetisch genannt, wenn er eine geordnete Anordnung magnetischer Elementardipole enthält, ohne daß in größeren Bereichen ein magnetisches Moment resultiert. Wie bei den Ferromagnetika (Curietemperatur) gibt es eine Ordnungstemperatur, den Néelpunkt. Charakteristisch für Antiferromagnetika ist, daß die magnetische Suszeptibilität nach einem scharfen Maximum am Néelpunkt zu tieferen Temperaturen wieder abfällt. Der Nachweis der antiferromagnetischen Ordnung gelang mit Hilfe der Neutronenbeugung. Es gibt eine große Vielzahl antiferromagnetischer Spinanordnungen; einige Beispiele sind in der Tabelle angedeutet.

Mikroskopisch wird der Antiferromagnetismus auf ein negatives Vorzeichen der elementaren Austauschwechselwirkung zurückgeführt. So ist z. B. die

Magnetismus. Tabelle: Antiferromagnetische Spinanordnungen

Substanz	T_N[K]	Kristallklasse
MnO	122	kubisch
FeO	185	kubisch
CoO	291	kubisch
NiO	515	kubisch
Cr_2O_3	307	rhomboedrisch
α-Fe_2O_3	950*	rhomboedrisch
FeS	613	hexagonal
Tb	230	hexagonal
Cr	308	kubisch
Mn	100	kubisch

* verkantet oberhalb 263K

durch Sauerstoffionen vermittelte Superaustauschwechselwirkung antiferromagnetischen Charakters, weshalb viele magnetische Oxide antiferromagnetisch sind. Aber auch die durch Leitungselektronen vermittelte indirekte Austauschwechselwirkung führt z. B. in den Metallen der seltenen Erden zu komplizierten antiferromagnetischen Strukturen. Eine antiferromagnetische Substanz, die in einem starken Magnetfeld in die ferromagnetische Ordnung überführt werden kann, wird als metamagnetisch bezeichnet. Besteht, durch die Kristallsymmetrie bedingt, zwischen den Magnetisierungsrichtungen der Untergitter eines Antiferromagneten eine kleine Abweichung von der antiparallelen Ausrichtung, dann spricht man vom verkanteten Antiferromagnetismus oder vom schwachen Ferromagnetismus.

Der Ferrimagnetismus ist ein magnetischer Ordnungszustand, bei dem die atomaren Momente wie beim Antiferromagneten antiparallel ausgerichtet sind, die magnetischen Untergitter sich aber auf Grund unterschiedlicher Stärke oder Anzahl der beteiligten Momente nicht kompensieren, so daß ein resultierendes magnetisches Moment entsteht. Ein Ferrimagnet verhält sich demnach nach außen wie ein Ferromagnet, lediglich die Größe der Sättigungsmagnetisierung ist meist kleiner und die Temperaturabhängigkeit der Sättigung ist stärker. In bestimmten Fällen gibt es eine Temperatur, bei der sich die Magnetisierungen der beiden Untergitter gerade aufheben (Kompensationstemperatur). Beim Durchtritt durch diese Temperatur kehrt sich die remanente M. eines Stoffes ohne Einwirkung eines äußeren Feldes um. Praktisch alle oxidischen Magnetwerkstoffe, insbesondere die Ferrite und die magnetischen Granate sind ferrimagnetisch, darunter auch alle in der Natur vorkommenden magnetischen Substanzen wie z. B. der Magnetit.

Im Fall der Ferro- und Ferrimagnetika ist der Zusammenhang zwischen Polarisation und Feldstärke i. a. nichtlinear und von der Vorgeschichte abhängig (Magnetisierungskurve). Der Spinglaszustand stellt einen zwar ungeordneten, aber magnetisch erstarrten Zustand der Materie dar, der auf einander widersprechenden, fluktuierenden Wechselwirkungen beruht. Der superparamagnetische Zustand schließlich ist durch sehr kleine, magnetisch voneinander isolierte Teilchen gekennzeichnet, die in sich magnetisch geordnet sind, ihre Magnetisierungsrichtung jedoch thermisch aktiviert verändern. Es resultiert eine lineare Magnetisierungskurve wie bei einem Paramagneten, nur mit stark erhöhter Suszeptibilität. Auch magnetische Flüssigkeiten verhalten sich superparamagnetisch.

Magnetische Erscheinungen spielen nicht nur in der Materialwissenschaft, sondern auch in vielen anderen Bereichen der Wissenschaft und der Technik eine Rolle. Die Messung der magnetischen Momente der Elementarteilchen und die Erzeugung magnetisch polarisierter Teilchenstrahlen sind wichtige Aspekte der Elementarteilchen-Physik. Bewegte ionisierte Gase (Plasmen) sind mit magnetischen Feldern nicht verträglich: Das Magnetfeld würde die verschieden geladenen Teilchen in verschiedene Richtungen ablenken und so die Ladungen trennen. Als Folge verdrängen sich Magnetfelder und Plasmaströme gegenseitig. Die Wechselwirkungen zwischen Magnetfeldern und Plasmen sind daher das zentrale Thema der Plasmaphysik. In diesem Zusammenhang sind Versuche, auf der Erde durch Einschluß eines Plasmas in ein Magnetfeld eine kontrollierte nukleare Fusion zu erzielen, ebenso zu nennen, wie der Bereich der Astrophysik, wo magnetische Felder (zum Teil ungeheurer Stärke) das Erscheinungsbild bestimmter Sterne ebenso bestimmen wie die Struktur ganzer Galaxien. Das Magnetfeld der Erde bildet einen Schutzschirm gegen die aus dem Weltall einströmende Strahlung, ohne den das Leben in der heutigen Form auf der Erde kaum möglich wäre. Es ist daher wichtig, den Ursprung und die Eigenschaften des Erdmagnetfelds (Erde) zu erforschen. Dazu gehört auch das Studium der Erdgeschichte anhand des in den Gesteinen eingeprägten remanenten M. (Paläomagnetismus), der zum Beispiel Auskunft über die Entstehung der Meere und die Bewegung der Kontinente gibt. Die Wirkung magnetischer Felder auf Lebewesen ist sicherlich sehr schwach (obwohl viele bis heute vom Gegenteil überzeugt sind). Es gibt aber wissenschaftlich erwiesene biologische Reaktionen auf Magnetfelder, so z. B. bei Zugvögeln, Insekten, Schnecken und Bakterien. Schwache magnetische Felder werden andererseits auch durch biologische Aktivitäten etwa des Herzens oder des Gehirns erzeugt, und sie können ähnlich wie das Elektro-Enzephalogramm oder das Elektro-Kardiogramm zu Diagnosezwecken dienen. Die Entstehung magnetischer Momente in den Atomen, Molekülen und im Kristallverband ist eine zentrale Frage der Atom- und →Festkörperphysik, also der theoretischen und experimentellen Erforschung der Elektronenstruktur der Materie. So sind die chemischen Bindungen und Valenzen eng mit magnetischen Erscheinungen verknüpft, was z. B. darin zum Ausdruck kommt, daß Moleküle mit unabgesättigten chemischen Bindungen (freie Radikale) an ihrem magnetischen Moment zu erkennen sind.

Magnetische Substanzen bilden auch ein bevorzugtes Modell für das theoretische und experimentelle Studium von Phasenübergängen. Die →Supraleitung kann durch magnetische Felder oder magnetische Verunreinigungen unterdrückt werden; umgekehrt können Supraleiter zur Erzeugung starker Magnetfelder dienen. Schließlich sei der weite Bereich des Elektromagnetismus genannt, der von der Hochfrequenztechnik bis zu den aktuellen Versuchen reicht, mit Hilfe elektrodynamischer Kräfte getragene Verkehrsmittel zu konstruieren (Magnetschwebetechnik). *Hubert*

Literatur: *Chikazumi, S.*: Physics of Magnetism, New York 1964. – *Kneller, E.*: Ferromagnetismus. Berlin 1962. – *Martin, D. H.*: Magnetism in Solids. Cambridge (Mass.) 1967. – *Morrish, A. H.*: The Physical Principles of Magnetism. New York 1965.

Magnetooptische Effekte. Die Beeinflussung des (sichtbaren oder auch infraroten) Lichtes durch ein magnetisches Feld oder eine magnetische Polarisation.

Der wichtigste Effekt, der *Faraday*-Effekt, der eine Drehung der Polarisationsebene des Lichtes bei der Transmission beschreibt, läßt sich formal auf einen unsymmetrischen Beitrag im Tensor der →Dielektrizitätskonstante ε zurückführen. Die Drehrichtung wechselt mit dem Vorzeichen der Magnetisierung, ist aber unabhängig von der Fortpflanzungsrichtung des Lichts. Spiegelt man das Licht nach dem Durchtritt durch das magnetische Medium, so hebt sich die Drehung nicht wie im Fall der optischen Aktivität wieder auf, sondern verdoppelt sich. Auf Grund dieser Eigenschaft lassen sich nicht-reziproke Bauelemente konstruieren, bei denen die Transmission eines Lichtstrahls von der Fortpflanzungsrichtung abhängt. Besonders stark ist der →Faraday-Effekt im optischen Bereich in transparenten ferrimagnetischen Oxiden wie z. B. den Granaten (bis zu 30 000 °/cm).

Der magnetooptische *Kerr*-Effekt beschreibt eine Drehung der Polarisationsebene des Lichts bei der Reflexion an einer magnetischen Probe. Er dient vor allem der Beobachtung magnetischer Bereichsstrukturen und läßt sich mit Interferenzschichten durch Mehrfachreflexion verstärken. Bei der magnetooptischen Aufzeichnung (→Magnetspeicher) dient der →Kerr-Effekt zum Auslesen der Informationen aus der Speicherschicht.

Weitere m. E. sind der *Cotton-Mouton*-Effekt, eine magnetisch induzierte →Doppelbrechung, und der *Zeeman*-Effekt, eine Verschiebung und Aufspaltung der Spektrallinien in einem magnetischen Feld. *Hubert*

Magnetplatte. M. sind die Datenträger in Magnetplattenlaufwerken, auf denen die Signale in Form sehr kleiner magnetischer Felder aufgezeichnet werden. Üblicherweise ist auf einer oder beiden Seiten einer runden Scheibe aus einem nicht magnetisierbarem Stoff eine dünne Schicht aus magnetisierbarem Material aufgebracht. Häufigste Materialien sind für die Platte: Aluminium und für die Beschichtung: Winzige Teilchen aus Eisenoxid, Chromdioxid – seltener Eisen – in einem organischen Bindemittel.

Es ist Voraussetzung für die Funktion, daß die Speicherschicht hartmagnetische Eigenschaften (eine hohe Remanenz) besitzt:

Die durch den Schreib-/Lesekopf im →Magnetplattenlaufwerk als Signale erzeugten kleinen Felder mit unterschiedlicher Magnetisierungsrichtung, auch Bitzellen genannt, müssen über lange Zeiträume für ein eindeutiges Nutzsignal eine hohe Stärke bewahren.

Weitere Voraussetzungen: Eine bestimmte Koerzitivkraft, die Eigenschaft, bei einem entgegengesetzten äußeren magnetischen Feld die vorhandene Magnetisierungsrichtung beizubehalten. „Bestimmte Koerzitivkraft" heißt, ab einer bestimmten Stärke muß ein entgegengesetztes Magnetfeld die Koerzitivkraft aufheben und die Magnetisierungsrichtung ändern. Auf diese Weise werden Signalmuster geändert, wird geschrieben. Beim Schreiben soll die Magnetisierungsrichtung vom *Sättigungszustand* – der höchstmöglichen Remanenz des Materials – in der einen Richtung, in den Sättigungszustand in der anderen Richtung übergehen. Sättigungsmagnetisierung und Remanenz des Materials sollten sich möglichst wenig voneinander unterscheiden (gilt allgemein für magnetische Aufzeichnung binärer Informationen). Das Verhalten unterschiedlicher Materialien wird graphisch als Hystereseschleife (Bild) dargestellt. Sie sollte dem Ideal des Rechtecks weitgehend angenähert sein. Unter Magnetplattenlaufwerk ist beschrieben, wie die Platte mit einer Beschichtung aus magnetisch remanentem Material und der Schreib-/Lesekopf mit einem Magnetkern ohne Remanenz beim Lesen und Schreiben von Informationen zusammenwirken.

Gängige Durchmesser bei M. werden meist in Zoll (1 Zoll = 2,54 cm) angegeben: 3½, 5¼, 8, 9 und 14 Zoll. In den letzten Jahren wurden M. mit 2,5 und

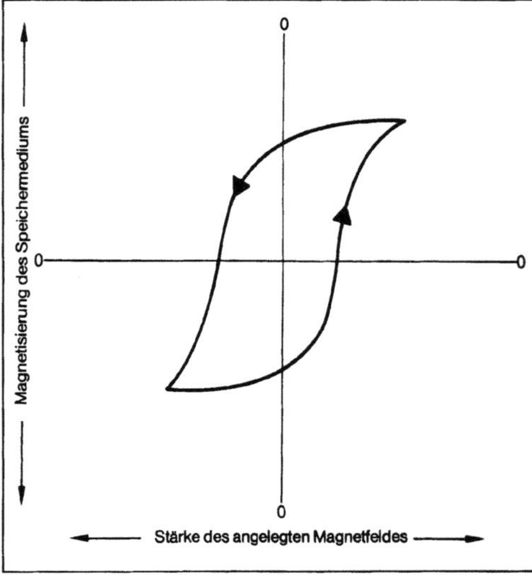

Magnetplatte: Hystereseschleife.

1,8 Zoll Durchmesser entwickelt, die den Bau kleiner und leichter Magnetplattenlaufwerke für tragbare Computersysteme zulassen. In der Regel werden mehrere M. auf einer Achse zu →Magnetplattenstapel montiert. Eine Sonderform bilden M. in Kunststoffhüllen (ähnlich der Disketten), die als wechselbare Datenträger eine M. enthalten und in entsprechenden Wechselplattenlaufwerken verarbeitet werden.

Die Speicherdichten der M. haben sich in den letzten zehn Jahren kontinuierlich entwickelt. Etwa alle 18 bis 20 Monate wurde eine Verdoppelung erreicht, so daß sich die Kapazität eines Magnetplattenlaufwerkes von 1982 bis heute um etwa das 100fache vergrößert hat. Der heutige Entwicklungsstand bei den M. läßt Bitdichten von etwa 50 000 Bits pro Zoll (bpi) und 2 000 Spuren pro Zoll (tpi) zu. Damit wird eine Flächenbitdichte (→Datendichte) von über 100 Megabits pro Quadratzoll (Mb/in^2) oder 150 000 bits/mm^2 erreicht.

Homogenität der Beschichtung einer Plattenoberfläche mit geeignetem Material ist ein entscheidender Beitrag zu leistungsfähigeren Magnetplattenspeichern mit höherer Datendichte.

Die Beschichtung mit magnetisierbaren Partikeln im organischen Bindemittel wurde ständig verbessert, um durch Oberflächenbehandlung zu erreichen:
- Schichthöhe vom Mittelpunkt zum Rand der Platte ansteigend, weil der Schreib-/Lesekopf mit zunehmendem Abstand vom Zentrum höher fliegt (ideales Verhältnis Flughöhe/Schichtstärke = 1:1).
- Oberfläche rauh genug, damit ein tragfähiger Luftstrom – angepaßt an die aerodynamischen Eigenschaften des Schreib-/Lesekopfes – entsteht, andererseits nicht zu rauh, damit der Kopf nicht zu hoch fliegt.

Die magnetischen Eigenschaften werden durch Ausrichtung der Magnetpartikel in tangentialer Richtung durch starke Magnetfelder – vor dem Aushärten des Bindemittels – verbessert. Trotzdem ist innerhalb einiger Spuren auf einer Platte manchmal die Partikelkonzentration niedrig. Es treten schwache Nutzsignale auf. Bei einer Oberflächenprüfung werden die Schwachstellen erkannt und ihre Lage – relativ zum Anfang der Spur – in durch die Schreibprogramme auswertbarer Form festgehalten. Diese Stellen werden nicht zur Speicherung benutzt. Man weicht deswegen aber nicht auf Reservespuren aus, die für den Fall von Spurdefekten vorgesehen sind. Von jüngeren, aufwendigeren Beschichtungsverfahren wird eine Homogenität erwartet, die auch bei wesentlich höherer Aufzeichnungsdichte weniger Korrekturen verlangt:
- naßchemisch erzeugte Filme (z. B. mit Nickel/Kobaltlegierungen, polykristallin)
- →Sputtern, ein Kathodenzerstäubungsverfahren (z. B. mit einer Kobalt/Chromlegierung)
- Bedampfen (z. B. mit Kobalt/Samarium)

Neben Kobalt/Chromlegierungen eignet sich Bariumferrit für *vertikale Aufzeichnung,* bei der (bisher überwiegend im Laborversuch) die Magnetfelder parallel zur Achse ausgerichtet sind und dichter gepackt sein können.

Diese als Dünnfilmmedia bezeichneten M. haben eine Beschichtung, deren Kristallite eine einheitliche Magnetisierungsrichtung aufweisen. Die nur noch etwa 50–100 nm dicke Schicht (z. B. Kobaltlegierung) mit einem 20–40 mm starken Schutzüberzug aus Kohlenstoff hat eine extrem glatte Oberfläche, die Flughöhen der Schreib-/Leseköpfe von weniger als 250 nm zuläßt.

In Laborversuchen wurde durch eine vertikale Magnetisierung (*engl.* Perpendicular Recording) der Magnetschicht bereits eine Aufzeichnungsdichte von 500 Mbits/in^2 (775 kbits/mm^2) erreicht, die damit höher liegt als die der heutigen optischen →Speicher. Im Jahre 2000 sollen M. mit einer Speicherdichte von 1 Gigabit pro Quadratzoll serienreif sein, die dann Magnetplattenlaufwerke mit einer Kapazität von 10 GBytes im 3.5″ Formfaktor erlauben werden. *Pott/Voss*

Magnetplattenlaufwerk. M. sind Einheiten innerhalb eines Speichersystems, die nach dem Prinzip der magnetomotorischen →Speicher (Bild 1) arbeiten. Unter den Massenspeichern, auf die moderne Informationssysteme zugreifen, nehmen sie nach Anschaffungswert weltweit die erste Stelle ein, mit großem Abstand vor →Magnetbandeinheiten.

Magnetplattenspeicher sind universell für die Aufzeichnung kodierter und nicht kodierter Informationen einsetzbar und eignen sich für Anwendungen, bei denen gestreut und direkt auf Informatio-

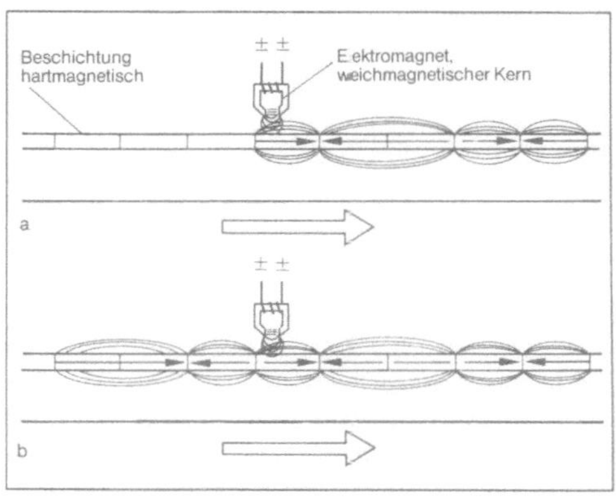

a Schreiben: Stromfluß in der Spule des Elektromagneten erzeugt permanente Magnetfelder in der magnetisierbaren Schicht; b Lesen: In der magnetisierten Schicht vorhandene Felder induzieren Stromfluß in der Spule des Elektromagneten

Magnetplattenlaufwerk 1: Funktionsprinzip magnetomotorischer Speicher.

nen zugegriffen wird (*engl.* random access), wie für Anwendungen, bei denen Informationen in der Reihenfolge ihrer Aufzeichnung (sequentiell) verarbeitet werden. Ein besonderer Vorzug ist die Möglichkeit, auf einfache Art Informationen zu schreiben, zu löschen und zu überschreiben.

□ Funktionsprinzip: Datenträger ist eine mit einer magnetisierbaren Schicht versehene, an einer drehbar gelagerten Achse befestigte Platte, die →Magnetplatte. Der Schreib-/Lesekopf ist ein Elektromagnet über der Platte mit einem in etwa ringförmigen Kern, dessen Spalt – und damit die Magnetpole – gegenüber dem Datenträger liegen.

□ Schreiben: Kurze, durch die Spule des Elektromagneten fließende Stromimpulse erzeugen zwischen den Polen ein magnetisches Feld, das auch in die magnetisierbare Schicht der rotierenden Platte austritt und dort auf begrenzter Fläche ein bleibendes Feld erzeugt, das im rechten Winkel zur Achse liegt. Man kann diese Fläche mit einem Stabmagneten vergleichen. Abhängig von der Richtung des Stromimpulses ist er unterschiedlich gepolt.

□ Lesen: Die beim Schreiben entstandenen Magnetfelder induzieren in von ihrer Polung abhängigen Richtungen elektrische Spannungsimpulse in der Spule des Elektromagneten. Zur Identifizierung der Informationen dienen meistens die Flußwechsel zwischen hintereinander liegenden magnetischen Flächen (z. B. Flußwechsel während der Taktzeit = logisch 1, kein Flußwechsel = logisch 0). Die der Signaldarstellung dienenden Magnetfelder sind in Form von konzentrischen Kreisen, den *Spuren*, auf der Platte angeordnet. Spuren werden heute meistens mit Hilfe eines geregelten Linearmotors angesteuert (Bild 2).

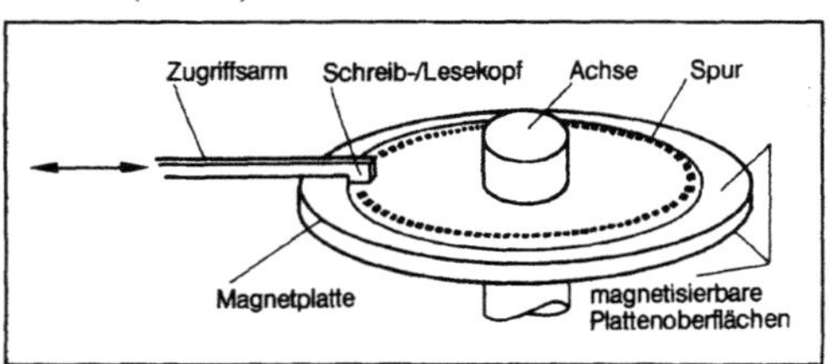

Magnetplattenlaufwerk 2: Funktionsprinzip des Magnetplattenspeichers.

□ Funktionsprinzip: Eine bestimmte Plattenoberfläche eines Magnetplattenstapels wird vom Hersteller einmalig mit speziellen Servospuren (einem Pulsraster) beschrieben. Der Servokopf am Zugriffskamm leitet von diesen Spuren ab, wo der Kamm steht und gibt diese Information an eine elektronische Steuerung weiter. Beim Suchen (Bild 3) ändert die Steuerung den Stromfluß in einer in einem Permanentmagneten befindlichen Tauchspule und variiert so die Stärke eines dem Feld des Permanentmagneten entgegengesetzten Feldes. Dementsprechend wird die Tauchspule solange vorwärts oder rückwärts bewegt, bis der starr mit ihr verbundene Kamm, genauer, die an ihm befestigten Schreib-/Leseköpfe, die vorgegebene Position erreichen. Dort wird der Zugriffskamm durch ständige Regelung zuverlässig gehalten. Es liest oder schreibt außer dem ständig aktiven Servokopf nur ein weiterer Kopf Daten nach einem von der Servoplatte abgeleiteten Taktsignal. Dadurch werden Drehzahlschwankungen ausgeglichen und die Signale exakt abgegrenzt.

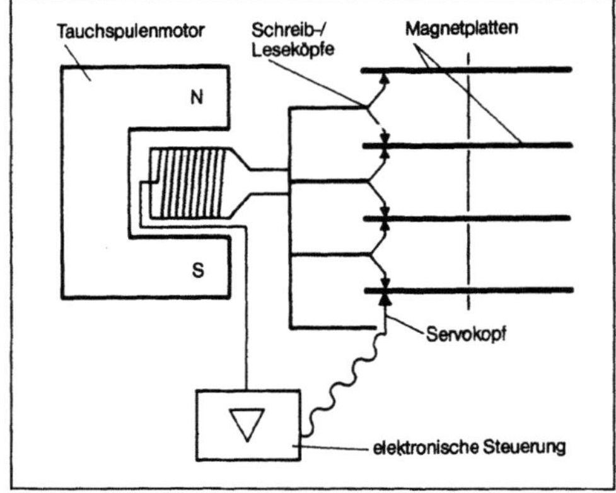

Magnetplattenlaufwerk 3: Prinzip des Servomechanismus für die Suchbewegung.

Ausführungen von M.:

□ Festeingebaute oder auswechselbare Magnetplatten oder →Magnetplattenstapel

□ Antrieb für Plattenumdrehung: Elektromotor

□ Zugriffsmechanismus:

– Feststehende Schreib-/Leseköpfe über jeder Spur (weniger gebräuchlich).

– bewegliche Schreib-/Leseköpfe, meist als Zugriffskamm ausgebildet, Parallelführung in radialer Richtung oder am Schwenkarm (Rotationszugriffsmechanismus).

– Antrieb für Kopfpositionierung: Außer dem geregelten Linearmotor auch Mechanik mit fest vorgegebenen Spurpositionen (Zahnkreuz, Zahnstange und dergleichen, Hydraulik).

Bei Hochleistungsspeichern schweben die Schreib-/Leseköpfe über der rotierenden Platte. Die Laufwerksachsen stehen senkrecht oder liegen horizontal und sind einseitig oder beidseitig gelagert. In die zugehörigen Plattenstapel greifen ein oder mehrere (einzeln adressierbare) Zugriffskämme. Eine Einheit kann ein oder mehrere Laufwerke enthalten und oft sind mehrere Einheiten zu einem „Laufwerkstrang" zusammengeschraubt, dessen Kopfeinheit zusätzlich Kontrolleinheitenelemente enthält.

Kapazitäten: Die Kapazität eines M. hängt von seiner Größe ab, die den Durchmesser der Magnetplatten beschrieben und als →Formfaktor bezeichnet wird. In der folgenden Tabelle sind die in 1992 verfügbaren Kapazitäten für die einzelnen Formfaktoren aufgelistet:

Formfaktor	Kapazität
8"/9"/14"	3...5 GB
5.25"	2 GB
3.5"	1 GB
2.5"	120 MB
1.8"	40 MB

□ Adressierung: M. werden innerhalb eines Speichersystems von einer →Kontrolleinheit gesteuert, an die häufig mehrere Laufwerke oder Laufwerkstränge angeschlossen sind.

Als physikalische Adreßangaben stellt der Rechner zur Verfügung:
- →Steuereinheit, Zugriffsmechanismus
- Suchposition, auch „Zylinder" als Bezeichnung für die Summe aller Spuren, die in jeweils einer von z. B. 2 226 möglichen Positionen gleichzeitig unter den Schreib-/Leseköpfen liegen.
- Spur (aktiv wird nur der Kopf, der zur in der Adresse definierten Spur eines Zylinders gehört).
- Sektor – bestimmter Abstand vom Spuranfang, auf dem Datenträger vorgezeichnet.

Aktivierung des Kopfes meist im Sektor vor dem Zielsektor. Die Zahl der zu übertragenden Zeichen ist im Programm definiert und wird vom Speichersystem eingehalten. Bezeichnung für eine solche Informationskette: Satz oder Block, muß für jede Datei definiert sein.

Adressierbare Informationsmengen, die auch geschlossen übertragen werden können, sind bei Laufwerken für variable Satzlänge der Zylinder, ein oder mehrere Spuren oder ein physischer Satz aus vom Benutzer definierter beliebiger Anzahl Zeichen. Daneben gibt es, vor allem an mittleren Datenverarbeitungsanlagen, Magnetplattensysteme mit fester Blockung, bei denen z. B. physische Sätze von 512 Zeichen oder Vielfache davon übertragen werden. Das führt zu vereinfachter Steuerung mit einfacheren Kontrolleinheiten.

□ →Redundanz: Steigende Aufzeichnungsdichte und immer höhere Signalfrequenz führen bei M. zu einer Verschiebung des Signal-zu-Rauschen-Verhältnisses, das von Anfang an eine Rolle spielte. Es treten also nicht eindeutige oder fehlerhafte Signale auf. Deswegen werden normalerweise der kleinsten übertragbaren Informationsmenge (physischer Satz) systematisch zusätzliche Signale (Redundanz – Größenordnung 100 bis 300 Zeichen) beigegeben, um auftretende Fehler mit entsprechenden Routinen der Mikroprogramme in den Kontrolleinheiten zu beheben. Nicht korrigierbare Fehler werden erkannt, dem Rechner angezeigt und führen üblicherweise zur Programmunterbrechung.

□ Verbindung: Kupferkabel, →Glasfaserkabel später denkbar.

□ Leistung: Moderne M. benötigen die Verbindungen zu Kontrolleinheit und Rechner nur noch, solange sie Steuerungsinstruktionen empfangen und Daten übertragen, nicht mehr während der gesamten Operation. Ihre Leistung hängt von der Geschwindigkeit ab, mit der folgende Funktionen ausgeführt werden:
- Suchen: den definierten Zylinder mit dem Zugriffskamm je nach Weglänge bei Hochleistungseinheiten in Zeiten zwischen etwa 1.5 und 23 ms ansteuern.
- den Sektor aufsuchen (durchschnittlich etwa eine halbe Plattenumdrehung, bei 4 200 U/min z. B. ca. 7.1 ms).
- Übertragen, bei 4.2 Millionen Zeichen/s für z. B. einen physischen Satz von 4 000 Zeichen: 1.1 ms, eine volle Spur von ca. 56 700 Zeichen: 14.1 ms, einen vollen Zylinder, 850 000 Zeichen: 202 ms.

Die nutzbaren Zeichen, die im Rechner ankommen, sind immer um die Redundanz zu vermindern. Deswegen liegt die nutzbare (systemeffektive) Datenrate an einer Schnittstelle des Speichersystems mit beliebig vielen, überlappt arbeitenden Einheiten zum Rechner immer unter der Übertragungsgeschwindigkeit der Laufwerke. Die Übertragungsgeschwindigkeit ist ein technisches Maß: die Zahl der Bits oder Zeichen, die pro Zeiteinheit unter einem Schreib-/Lesekopf hindurchlaufen (Angabe meist in Zeichen [Bytes] pro Sekunde).

In der Vergangenheit waren Wartezeiten in besonderem Maße auf hochbelastete Datenpfade zurückzuführen. Wenn der Datenpfad beim Erreichen eines Zielsektors von einem anderen Laufwerk im gleichen Speichersystem belegt ist, vergeht eine volle Umdrehung, bis die Übertragung wieder versucht werden kann. Heute führen in der höchsten Leistungsklasse bis zu vier alternative Datenpfade zu einem Zugriffsmechanismus und die Wahrscheinlichkeit einer zusätzlichen Umdrehung wird sehr gering.

□ Technische Besonderheiten, Entwicklungstrend: Die Weiterentwicklung bei M. hat höhere Kapazität, Leistung und →Zuverlässigkeit zum Ziel. Bei gleicher Umdrehungsgeschwindigkeit führt höhere Signaldichte innerhalb der Spur automatisch zu höherer Übertragungsleistung. (→Winchesterfestplatte, →Magnetplatten).

Verbesserte Suchzeiten sind vor allem auf leichtere Materialien für den servogesteuerten Zugriffsmechanismus zurückzuführen.

Einige Hersteller sind darum bemüht, die Aufzeichnungsdichte durch andersartige Schreib-/Leseknöpfe und Plattenbeschichtungen für parallel zur Antriebsachse ausgerichtete (vertikale) Magnetfelder zu steigern. Die Entwicklungsmöglichkeiten der (üblichen) horizontalen Aufzeichnung sind im Jahre 1992 bei weitem nicht ausgeschöpft.

Zunehmende Präzision der Schreib-/Leseköpfe und Platten lassen schnell zunehmende Aufzeichnungsdichte und damit Leistung der Magnetplattenspeicher erwarten. Die Kosten für das gespeicherte Zeichen werden weiter sinken. Gegenwärtig ist keine Technologie erkennbar, die Magnetplattenspeicher kurzfristig ablösen könnte. *Pott/Voss*

Literatur: *Diebold:* Markt- und Anwenderstudium: Massenspeicher für Daten-, Text- und Bildspeicherung. Frankfurt 1988. – *Kryder, M. H.:* Spektrum der Wissenschaft (1987) Nr. 12.

Magnetplattenstapel. M. bestehen aus mehreren Magnetplatten, die auf eine gemeinsame Achse montiert sind. Die Mehrzahl der heute eingesetzten größeren →Magnetplattenlaufwerke arbeitet mit solchen Plattenstapeln, meist fest eingebaut, manchmal auswechselbar.

Wegen der begrenzten Kapazität je Plattenoberfläche (z. B. im oberen Bereich ca. 126 Millionen Zeichen, je beidseitig nutzbare Platte mit 8 Zoll Durchmesser 252 Millionen Zeichen), werden mehrere Platten zu einem Plattenstapel zusammengefaßt, damit sie von nur einem gemeinsamen Antrieb in Rotation versetzt werden können und ein Zugriffskamm mit einer Vielzahl von Schreib-/Leseköpfen, aber nur einem Servomechanismus, auf eine Vielzahl von Oberflächen zugreift. Auf diese Weise erreicht man zweierlei:

- Weniger (relativ teure) Laufwerkskomponenten bezogen auf die gespeicherte Einheit, günstigere Kosten – auch durch reduzierten Platz- und Energiebedarf.

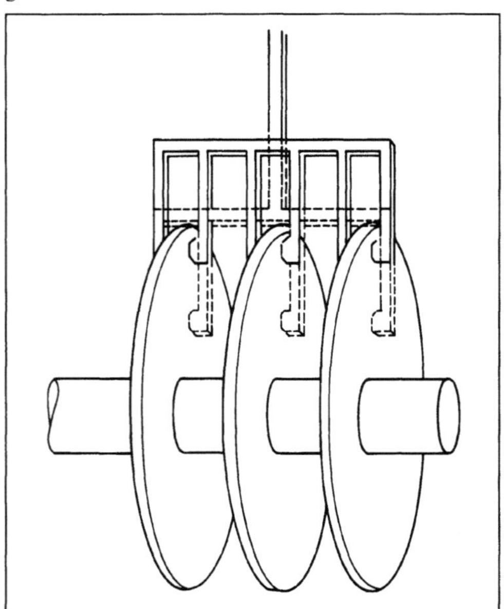

Magnetplattenstapel: Horizontal gelagerter Plattenstapel.

- Größeres Datenvolumen ohne Suchbewegung im Zugriff (Leistung).

M. werden mit vertikal oder horizontal stehender Achse (Bild) in →Magnetplatteneinheiten eingebaut und im Interesse hoher Dichte der parallelen Datenspuren sorgfältig ausgewuchtet und zunehmend beidseitig gelagert. *Voss*

Magnetron. Eine →Laufzeitröhre, bei der die Richtungen der Elektronenströmung, des statischen Magnetfeldes und des statischen elektrischen Feldes senkrecht aufeinander stehen (Kreuzfeldröhre, M-Typ-Röhre). Da Elektronenströmung und →Verzögerungsleitung ringförmig geschlossen sind, arbeitet das M. grundsätzlich als →Oszillator.

M. werden sowohl für den Dauerstrichbetrieb mit wenigen 10 W bis 30 kW Ausgangsleistung (Dauerstrichmagnetrons) als auch für den Pulsbetrieb mit Spitzenausgangsleistungen von einigen kW bis 5 MW (Pulsmagnetrons) im Frequenzbereich von etwa 900 MHz bis über 50 GHz gebaut. Der Wirkungsgrad dieser Röhren kann bis über 80 % betragen. Die Hauptanwendungsgebiete sind:

- Radar
- Mikrowellenherd zur schnellen Erwärmung von Nahrungsmitteln in der Küche
- Industrielle Erwärmung, z. B. Vulkanisieren von Gummiprofilen, Trocknen von Papierbahnen und beschichteten Folien
- Diathermie.

Aufbau und Wirkungsweise: Eine zylindrische →Kathode ist ringförmig von einer →Anode umgeben, die eine gerade Zahl von Hohlraumresonatoren (i. a. zwischen vier und 38) enthält. Die Schlitze der Resonatoren öffnen sich zum Anoden-Innenraum und sind über ihn sowie meist über zusätzliche Koppelringe miteinander verkoppelt (Bild 1).

Dadurch können sich verschiedene Schwingungsformen ausbilden. Die für den Betrieb bevorzugte Schwingungsform ist der π-Modus, bei dem benachbarte Schlitze gerade in Gegenphase schwingen. Er hat bei den meisten Resonatorsystemen bei bestem Wirkungsgrad die niedrigste →Anodenspannung.

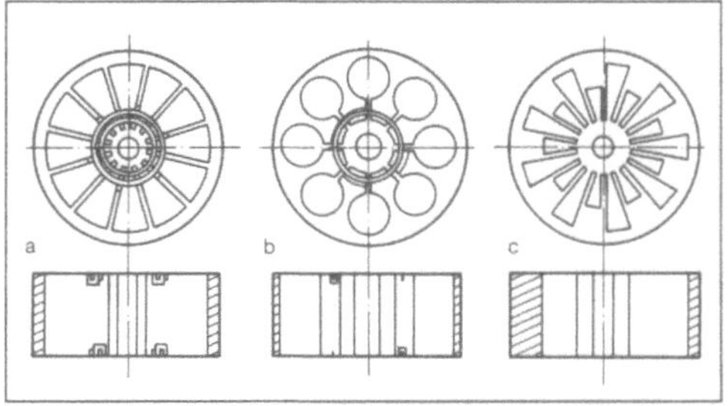

Magnetron 1: Resonatorsysteme
a) Kreissektorresonator (vane-type)
b) Spalthohlraumresonator (hole-and-slot-type)
c) Mehrfachresonator (rising-sun-type).

Die Auskopplung der Hochfrequenzleistung erfolgt entweder über eine Koppelschleife in eine →Koaxialleitung oder, besonders bei hohen Frequenzen, über einen Koppelschlitz in einen Hohlleiter.

Das von einem äußeren Magneten erzeugte achsparallele statische Magnetfeld B_z lenkt die aus der Kathode austretenden Elektronen vermöge der *Lorentz*-Kraft auf Spiralbahnen um die Kathode ab. Überschreitet die angelegte Anodenspannung U_a die Schwellenspannung U_s

$$U_s = \frac{\omega_0}{N}(r_a^2 - r_k^2)\,B_z - 2\,\frac{m}{e}\left(\frac{\omega_0\,r_a}{N}\right)^2$$

(ω Kreisfrequenz der π-Schwingung, N Anzahl der Hohlraumresonatoren, r_a Anodenradius, r_k Kathodenradius, B_Z Stärke des achsparallelen statischen Magnetfeldes, m Elektronenmasse und e Elektronenladung) dann regt die vor den Anodenschlitzen vorbeistreichende Elektronenströmung Schwingungen in den Resonatoren an. Die Tangentialkomponente des in den Anoden-Kathodenraum reichenden Hochfrequenzfeldes tritt in Wechselwirkung mit den Elektronen und führt zu einer Phasenaussortierung:

□ Diejenigen Elektronen, die durch das Hochfrequenzfeld beschleunigt werden, beschreiben infolge des statischen Magnetfeldes stärker gekrümmte Bahnen und kehren zur Kathode zurück (*falschphasige* Elektronen). Die vom Hochfrequenzfeld aufgenommene Energie geben sie dabei an die Kathode als Wärme ab (Rückheizung der Kathode).

□ Die Elektronen jedoch, die abgebremst werden, geben an das Hochfrequenzfeld Bewegungsenergie ab und werden dadurch langsamer (*richtigphasige* Elektronen). Sie werden deshalb durch das statische Magnetfeld nicht mehr so stark abgelenkt, nähern sich also mehr der Anode und nehmen dadurch aus dem angelegten elektrischen Gleichfeld Energie auf. Schließlich landen sie mit ihrer Restenergie auf der Anode und erzeugen so die Anoden-Verlustleistung.

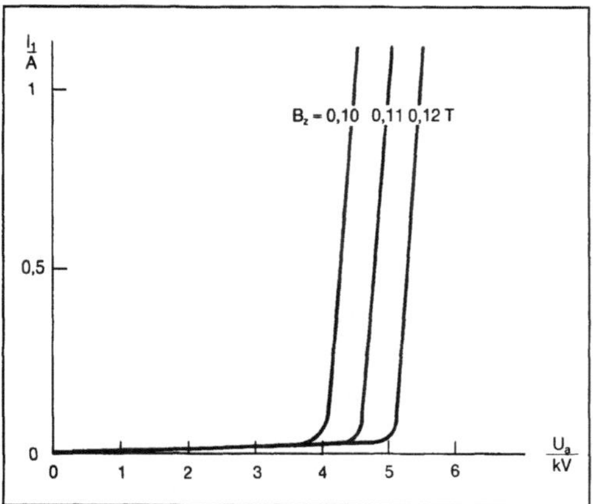

Magnetron 2: Strom/Spannungs-Kennlinie.

Da die Phasenaussortierung schon ziemlich nahe an der Kathode beginnt, bilden sich Elektronenspeichen aus; die Elektronen in ihnen führen zykloidenförmige Bewegungen durch. Die Strom/Spannungs-Kennlinie eines M. ähnelt der einer vorgespannten Diode: bei steigender Anodenspannung fließt zunächst ein sehr geringer Fehlemissionsstrom, sobald jedoch die von der Stärke des angelegten statischen Magnetfeldes abhängige Schwingeinsatzspannung überschritten wird, steigt der Anodenstrom stark an (Bild 2). *Golombek*

Literatur: *Collins, G. B.:* Microwave Magnetrons. New York 1948. – *Hinkel, K.:* Magnetrons. Eindhoven 1961.

Magnetspeicher. Magnetische Speicher spielten in der Entwicklung der digitalen Datentechnik bis heute eine entscheidende Rolle. Alle magnetischen Speicher beruhen auf der Tatsache, daß magnetische Werkstoffe verschiedene Magnetisierungszustände praktisch unbegrenzt beibehalten können. Man hat zu unterscheiden zwischen M., in denen die Information in einem geschlossenen magnetischen Kreis gespeichert ist, und solchen, die offene magnetische Strukturen benutzen. Die erste Gruppe, zu denen die Ringkernspeicher und die Dünnschicht-Drahtspeicher gehören, können nur induktiv ausgelesen werden. Die zweite Gruppe, zu denen die magnetische Aufzeichnung (Tonband, Platte etc.) sowie der Magnetblasenspeicher gehören, lassen sich mit Hilfe ihres Streufeldes auslesen. Die Werkstoffe der Speicher mit geschlossenem Flußverlauf müssen als wesentliche Forderung eine rechteckige Hystereseschleife besitzen. Offene Speicher benötigen darüber hinaus eine gewisse Koerzitivfeldstärke, da sich die einzelnen Informationselemente sonst gegenseitig entmagnetisieren würden. Im Fall der Aufzeichnung wird das durch die inhomogene Struktur der Magnetschicht erreicht. Im →Magnetblasenspeicher erzeugt das aufgedampfte Steuermuster eine entsprechende Behinderung der Ummagnetisierung.

Der Zugriff zu einzelnen Daten geschieht in den verschiedenen Speichertypen unterschiedlich: vom mechanischen Transport des Speichermediums zu einem Lesekopf bei den Aufzeichnungsverfahren, über die Verschiebungen von Domänen im Magnetblasenspeicher bis zur Koinzidenzansteuerung im →Kernspeicher. Entsprechend unterschiedlich sind die Zugriffszeiten: Von Minuten beim Bandspeicher über einige 10 ms beim Plattenspeicher, einige ms beim Magnetblasenspeicher bis zu einigen Zehntel µs beim Kern- oder Drahtspeicher. Umgekehrt verhalten sich die Kosten: Beim Ferrit-Kernspeicher muß jeder Kern einzeln gebrannt und verdrahtet werden, beim Magnetblasenspeicher kann das Steuermuster für alle Speicherpositionen gemeinsam hergestellt werden, bei den Aufzeichnungsverfahren wird nur noch eine homogene Magnetschicht hergestellt.

Vor allem aus den zuletzt genannten Kostengründen spielen die langsameren M. eine größere Rolle. Die magnetische Aufzeichnungstechnik ist von erheblicher wirtschaftlicher Bedeutung, die z. B. derjenigen der Silicium-Halbleitertechnik weder im Marktvolumen noch in den Zuwachsraten nachsteht. Dagegen wurden die schnellen Kernspeicher von den integriert zu fertigenden Halbleiterspeichern weitgehend verdrängt. Die heutige Anwendung der Kernspeicher konzentriert sich auf die Fälle z. B. in der Prozeßsteuerung, in denen die Ausfallsicherheit der M. das entscheidende Kriterium ist.

Das Verfahren der magnetischen Aufzeichnung wurde zuerst Ende des vorigen Jahrhunderts an Stahldrähten demonstriert. Im Jahre 1935 wurde das heute noch verwendete Magnetophonbandprinzip erfunden. Es benutzt ein in Kunststoff gebundenes Magnetpulver als Tonträger, zuerst noch Eisenpulver, sehr bald aber wegen der größeren Stabilität Eisenoxid γ-Fe_2O_3 (Maghemit). Die magnetisierbare Schicht kann auf verschiedene Substrate aufgebracht sein. Zu unterscheiden sind das Ton- oder →Magnetband mit einem Kunststoffband als Träger, die →Magnetplatte mit einer Aluminiumscheibe als Träger und der Folien- oder Diskettenspeicher mit einer scheibenförmigen Folie als Träger.

Die Magnetschicht besteht in den meisten Fällen aus in Kunststoff eingebetteten Fe_2O_3-Partikeln, die etwa 0,1 µm lang und nadelförmig sind. Die Koerzitivfeldstärke einer solchen Dispersion beträgt 250–300 A/cm, ist also wesentlich größer als das etwa 0,4 A/cm starke Erdfeld. Die Koerzitivfeldstärke bestimmt auch die mögliche Aufzeichnungsdichte. Daher werden zum Teil andere Werkstoffe wie z. B. CrO_2 und mit Kobalt behandelte Eisenoxide eingesetzt, wodurch Koerzitivfeldstärken von 400–600 A/cm erreicht werden. Speichermedien mit metallischen Eisenpartikeln werden Reineisenbänder genannt. Es ist gelungen, beim Reineisenband mit seiner wesentlich größeren remanenten Magnetisierung das Problem eines dauerhaften Schutzes der Eisenteilchen vor →Oxidation zu lösen. Auch metallische Schichten werden heute eingesetzt. Nickel-Kobalt mit ca. 15 At% Phosphor ergibt eine Metallschicht, die durch feinverteilte Ausscheidungen eine hinreichend hohe Koerzitivfeldstärke besitzt, um die magnetische Aufzeichnung zu gestatten. Eine noch höhere Aufzeichnungsdichte verspricht das Verfahren der sog. vertikalen Aufzeichnung, bei dem Schichten aus Kobalt-Chrom mit einer Vorzugsrichtung senkrecht zur Oberfläche eingesetzt werden.

Aufzeichnung und Wiedergabe der Informationen erfolgt mit sogenannten Magnetköpfen (Bild 1). Sie bestehen aus einem weichmagnetischen Kreis mit einer Spule und einem schmalen Luftspalt. Beim Schreiben wird der Kopf als Elektromagnet eingesetzt, welcher durch am Luftspalt austretende Feld die Magnetschicht aufmagnetisiert. Beim Lesen tritt umgekehrt das Streufeld der Magnetschicht in den Kopf ein und induziert in der Spule eine Spannung, die verstärkt und verarbeitet wird.

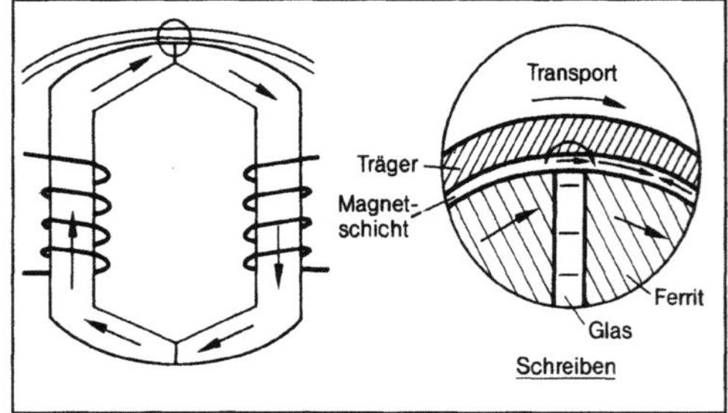

Magnetspeicher 1: Prinzip eines Ferrit-Magnetkopfs mit Details des Schreibvorganges.

Für die digitale Datenaufzeichnung wird nur die positive und die negative Remanenz der Hystereseschleife zur Informationsspeicherung herangezogen. Um jedoch bei der analogen Ton- oder Bildaufzeichnung eine dem Signal proportionale Magnetisierung zu erzielen, muß ein Kunstgriff benutzt werden. Man arbeitet mit der Wechselfeld-Vormagnetisierung, indem dem Signal ein genau bemessener höherfrequenter Wechselstrom überlagert wird. Im Prinzip gelangt man so auf die anhysteretische, idealisierte →Kennlinie des Magnetwerkstoffs (Magnetisierungskurve).

Die Magnetwerkstoffe der Köpfe müssen eine hohe magnetische Permeabilität besitzen, sie müssen jedoch gleichzeitig mechanisch hart und abriebfest sein, um durch das Speichermedium nicht zerstört zu werden. Bewährte Lösungen sind für niedrige Frequenzen Nickel-Eisen-Legierungen (Permalloy-Legierungen) mit speziellen härtefördernden Zusätzen und für hohe Frequenzen (Magnetplatten, Videoaufzeichnung) Ferrite (Bild 1). Neuerdings werden für niedrige Frequenzen auch andere mechanisch harte weichmagnetische Legierungen wie Sendust (Fe 9,6%Si 5,4%Al) und amorphe Ferromagnetika, die den Vorteil einer höheren Sättigungsmagnetisierung besitzen, als Magnetkopfwerkstoffe eingesetzt. Im Bereich der Digitalanwendungen dringen anstelle der Ferritköpfe in integrierter Technik (Dünnschichtbauweise) gefertigte Magnetköpfe vor. Auf einem ganz anderen Prinzip beruhen magnetoresistive Leseköpfe, die ebenfalls in →Dünnschichttechnik gefertigt werden. Der Hauptvorteil dieses Prinzips besteht darin, daß die als Signal dienende magnetische Widerstandsänderung von der Bandgeschwindigkeit unabhängig ist. Im Gegensatz dazu wird das Signal beim induktiven Leseverfahren mit abnehmender Bandgeschwindigkeit immer kleiner.

Die Magnetblasenspeicher sind elektronische Datenspeicher auf der Basis verschiebbarer, zylindrischer magnetischer Domänen. Das aktive Element des Speichers ist eine magnetische Schicht von einigen µm Dicke, deren magnetisch leichte Achse senkrecht auf der Oberfläche steht und in der sich bei Anlegen eines Stützfeldes in der gleichen Richtung die Zylinderdomänen ausbilden (Bild 2). Die Domänen werden durch ein äußeres, parallel zur Schichtebene rotierendes Feld auf der Spur eines aufgedampften periodischen Musters aus Nickeleisen (Permalloy) transportiert (Bild 3).

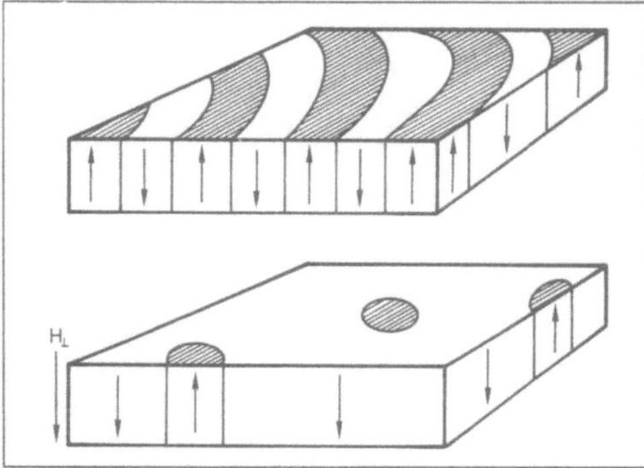

Magnetspeicher 2: Zur Entstehung von Magnetblasen. Durch das Feld H_l wird die Schicht fast gesättigt. Die verbleibende Zylinderdomänen sind frei beweglich und werden Magnetblasen (Bubbles) genannt.

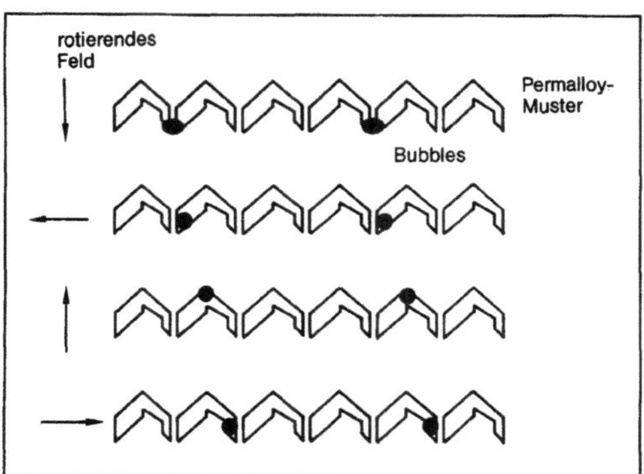

Magnetspeicher 3: Transport von Magnetblasen in einem rotierenden Feld entlang eines aufgedampften Musters aus NiFe.

Zum Nachweis der Magnetblasen dient die magnetische Widerstandsänderung in einem dünnen Permalloystreifen. Spezielle Strukturen können – durch Stromschleifen gesteuert – Magnetblasen erzeugen, vernichten oder umleiten. Als magnetische Schicht dienen epitaktisch aufgebrachte Einkristallschichten magnetischer Granate, wobei die notwendige Anisotropie durch eine wachstumsinduzierte Anisotropie erzeugt wird. Mit Magnetblasen von ca. 1 µm Durchmesser und 100–200 kHz Umlauffrequenz des rotierenden Magnetfeldes werden beim heutigen Stand der Technik 4–16 Millionen Bit auf einem Kristallplättchen von ca. 1 cm^2 untergebracht, die mit Zugriffszeiten in der Größenordnung Millisekunden abgerufen werden können.

Magnetblasenspeicher zielen vor allem auf die Ergänzung der magnetischen Aufzeichnungsverfahren. Sie sind wie alle magnetischen Speicher nichtflüchtig, also unabhängig von der Stromversorgung, weisen aber im Gegensatz zu den Aufzeichnungsgeräten keinerlei bewegte Teile auf. Ihr Einsatz konzentriert sich auf Fälle, in denen der höhere Preis durch ihre gegenüber den Aufzeichnungsgeräten höhere Ausfallsicherheit, Robustheit und geringere Leistungsaufnahme ausgeglichen wird. *Hubert*

Literatur: *Bobeck, A. H.* und *E. Della Torre:* Magnetic Bubbles. Amsterdam 1975. – *Eschenfelder, A. H.:* Magnetic Bubble Technology. Berlin 1980. – *Proebster, W. E.:* (Hrsg.): Digital Memory and Storage. Braunschweig 1978. – *Winkel, F.:* Technik der Magnetspeicher. Berlin 1977.

Magnettrommelspeicher. M. stellen die früheste Form eines magnetomotorischen →Speicher mit direktem Zugriff dar. Sie dienten in früheren Großrechenanlagen als schneller →Pufferspeicher mit wahlfreiem Zugriff, sind jedoch dort wie in anderen Anwendungen inzwischen durch Halbleiter- und Magnetplattenspeicher verdrängt worden. Die speicherfähige Magnetschicht ist beim M. auf einem mit einer konstanten Geschwindigkeit rotierenden Zylinder aufgebracht. Die Trommeloberfläche ist in Spuren eingeteilt, jeder Spur ist dabei ein Magnetkopf zuordnet. Die Informationen sind bitseriell längs der Spuren gespeichert, so daß stets mit einem Kopf geschrieben oder gelesen wird.

Der Zugriff zu den Informationen kann als quasiwahlfrei bezeichnet werden. Die Auswahl der gewünschten Spur erfolgt durch elektronische Ansteuerung des entsprechenden Magnetkopfes und ist somit unabhängig von der zuvor bearbeiteten Spur. Innerhalb einer Spur muß jedoch gewartet werden, bis der gesuchte Sektor durch die Trommeldrehung unter den Kopf gelangt. Zur Kontrolle des zweiten Schrittes werden Taktspuren verwendet, deren Impulse an den Sektoranfängen einen Zähler fortschalten, der von einem Spuranfangsimpuls auf Null gesetzt wird. Der Anfang des gesuchten Sektors befindet sich unter dem Kopf, wenn der Zähler mit der Sektoradresse übereinstimmt.

→Zugriffszeit und Transferrate hängen wesentlich von der Drehzahl der Trommel ab. Sie liegt üblicherweise bei 25–300 U/s. Da im Mittel eine halbe Umdrehung auf den gewünschten Sektor gewartet werden muß, ergibt sich eine mittlere Zugriffszeit von 20–1,7 ms. Die M. sind mit bis zu 1 500 Spuren versehen, die Gesamtkapazität liegt zwischen 0,5 und 12 Millionen Zeichen. *Pott*

Literatur: *Müller, P.*: Lexikon der Datenverarbeitung. 1986.

Majoritätsträger. Die von den zwei Ladungsträgersorten eines Halbleiters (Elektronen und Löcher) dominierende Sorte, d. h. die mit der höheren Dichte.

In einem undotierten →Halbleiter ist die Konzentration der Elektronen im →Leitungsband und die der Löcher (Defektelektronen) im →Valenzband gleich groß. Wird der Halbleiter dotiert (→Dotierung), so steigt in der Regel die Konzentration einer Ladungsträgersorte stark an, während die der anderen Sorte um den gleichen Faktor sinkt. Die in der Überzahl befindlichen →Ladungsträger heißen dann M., die in der Minderzahl befindlichen →Minoritätsträger. *Heinz*

Mantelthermoelement →Thermoelement

Maske. Zur Herstellung von Hartschichtmasken werden sog. Blanks verwendet. Ein Blank stellt ein →Substrat (z. B. Glas) dar, das mit einer dünnen, relativ harten, für ultraviolettes (UV) Licht undurchlässigen Schicht (z. B. Chrom) beschichtet ist. Auf diese Schicht wird üblicherweise ein →Photolack aufgebracht. Der Lack und die darunter liegende Hartschicht sind noch nicht strukturiert. In der Absorptionsschicht werden nach der Strukturierung des Photolacks (im Naß- oder Trockenätzprozeß) Fenster geöffnet. Dadurch enthält sie die durch einen Entwurf festgelegten geometrischen Muster der Bauelemente in Form von Bereichen mit lateral stark unterschiedlichen Transmissionsgraden.

Als Muttermaske (*engl.* Master) wird eine Originalmaske bezeichnet, auf der die Strukturen in endgültiger Größe vorhanden sind und die direkt mittels Step- and Repeat-Verfahren oder Elektronenstrahlschreiben (→Elektronenstrahllithographie) hergestellt wurde. Von einer Muttermaske können in beschränkter Anzahl Kopien hergestellt werden (Tochtermasken, *engl.* Submasters), die zur Herstellung von Arbeitsmasken (*engl.* Working Plates) größerer Zahl dienen. Arbeitsmasken sind üblicherweise spiegelverkehrt und werden direkt zur Belichtung verwendet. Eine M., die nur eine kleine Anzahl von Chipbereichen in endgültiger Größe oder vergrößert (üblicherweise 2- bis 20fach) enthält und als Original in Step- and Repeat-Kameras verwendet wird, nennt man *Reticle.* Zum Schutz von Reticles werden häufig Pellicles verwendet. Ein *Pellicle* ist ein Nitrozellulosehäutchen (etwa 3 μm dick), das auf einen Ring im Abstand von 3 mm über die Chromstruktur auf die M. gebracht wird (Bild). Der auf die M. fallende Staub wird durch Pellicles aufgefangen und außerhalb des Tiefenschärfebereiches der Abbildungsoptik gehalten. Die Abbildungsqualität bleibt praktisch unverändert.

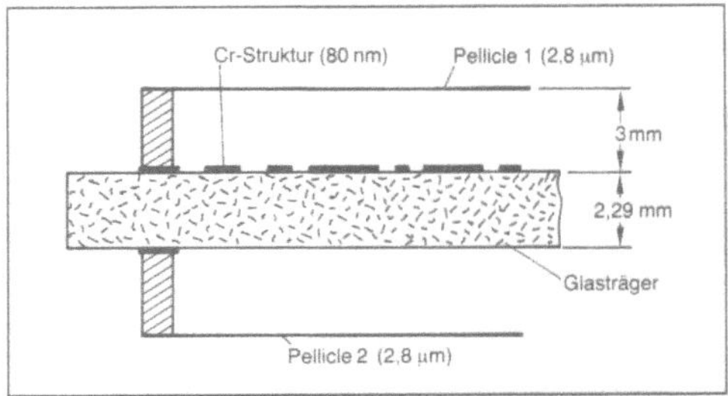

Maske: Reticle mit Pellicles; Anwendung: verkleinernde Projektion.

Im Gegensatz zu den üblichen Chrommasken in den optischen Belichtungssystemen verwenden die Röntgen- (→Röntgenlithographie), Elektronen- (→Elektronenstrahllithographie) und Ionenstrahl-Systeme (→Ionenstrahllithographie) dünne Folien (Membranen), die meist aus →Silicium bestehen.

Als M. kann man praktisch jede strukturierte Abdeckschicht (maskierende Schicht) bezeichnen (z. B. →Siliciumdioxid), die eine selektive →Ionenimplantation, →Diffusion, →Oxidation, ein selektives →Ätzen oder →Aufdampfen einer darunter liegenden Schicht (z. B. Silicium) ermöglicht. Oft ist das ein Photolack, der im Prozeß der →Lithographie durch Belichtung und nachträgliche Entwicklung strukturiert wird. Das Material einer maskierenden Schicht richtet sich jeweils nach dem zu maskierenden Prozeß. Zur Maskierung von implantierten Ionen kann im Prinzip jedes vakuumbeständige Material verwendet werden, sofern die Schichtdicke größer ist als die Reichweite der Ionen in diesem Material. So wird z. B. die Gate-Elektrode eines MOS-Transistors zu einer Implantationsmaske, während Source- und Drain-Zonen mittels →Implantation erzeugt werden. Auf diese Weise erzielt man perfekte Justierung zwischen Gate und Source- bzw. Drainelektroden – man spricht von sog. →Selbstjustierender Technik. *Ryssel*

Literatur: *Thomson, L. F.* and *M. J. Bowden:* The Lithographic Process: The Physics, in „Introduction to Microlithography", ed. by L. F. Thomson, C. G. Wilson, and M. J. Bowden, American Chemical Society, 1983. – VDI-Ber. Nr. 555 (1985), 584 (1986), 621 (1986), 666 (1987): Maskentechnik für Mikroelektronikbausteine.

Maskenaufhängung. Die M. ist in der →Bildröhre am hochstehenden Rand des Schirmglases befestigt. Die Befestigung erfolgt an Metallstiften, die in das zuvor örtlich erwähnte Glas gepreßt werden. An diesen Metallstiften an den vier Seiten des Schirmglases klemmen die vier oder auch drei Bimetallfedern, die am Maskenrahmen angeschweißt sind. Sie klemmen mittels einem Loch auf der kegelförmigen Stiftoberfläche. Damit halten Sie die →Lochmaske in einer auch nach mehrfachem Ein- und Ausbau reproduzierbaren Position im Vergleich zum →Leuchtschirm.

Bei moderneren Kathodenstrahlröhren wie, z. B. den →Flat-and-Square-Farbbildröhren, benutzt man die *Eckenaufhängung* der Lochmaske. Dabei sind die vier Befestigungsstifte in den vier Ecken des Schirmglases in den hochstehenden Rand gepreßt. Die Befestigung der Lochmaske an den Stiften erfolgt hier nicht mittels Bimetallfedern, vielmehr über je eine Schwinge, die gleichzeitig die Kompensation von Maskenverschiebungen übernimmt (→Doming). Sie führt die Lochmaske an den vier Ecken so, daß die resultierende Verschiebung in Richtung des Elektronenstrahles erfolgt. Bei der fertigen Schirm-Masken-Kombination wird der feststehende Teil der Schwinge mittels Laser auf dem Eckenstift festgeschweißt. *Nerstheimer*

Maskenaufhängung: Eckenaufhängung bei einer FS-Farbbildröhre. Die Lochmaske wird an den vier in den Ecken befindlichen Haltestiften mittels einer mechanischen Konstruktion aufgehängt. Letztere kompensiert Temperatur-Ausdehnungen der Lochmaske durch Verschiebung derselben in axialer Richtung. (Quelle: Philips)

Literatur: Elektronik-Taschenbuch. Bd. II, Bonn. – Farbfernsehtechnik I. Hrsg. Telefunken, München. – Farbfernsehtechnik II. Hrsg. Telefunken, Berlin.

Maskentechnik. In der M. stellt die →Maske das wesentliche Grundwerkzeug der →Lithographie zur Herstellung von Halbleiterbauelementen dar. Sie wird zur Strukturübertragung in strahlungsempfindliche Photolacke verwendet. Die direktschreibenden Methoden – Strahlschreiben mit Elektronen (→Elektronenstrahllithographie) oder Ionen (→Ionenstrahllithographie) kommen ohne Masken aus. Praktisch alle Bestrahlungsmethoden der Lithographie finden heutzutage Anwendung bei der Strukturerzeugung auf Masken: Kontakt- und Proximity-Belichtung 1:1 (UV-Licht, Elektronen, Ionen), Projektionsbelichtung X:1 (UV-Licht, Elektronen, Ionen), Direktschreiben mit geformtem Strahl (Elektronen und Ionen) und →Röntgenlithographie. *Ryssel*

Literatur: *Elliot, J.:* Integrated Circuit Mask Technology. New York 1985. – VDI-Ber. Nr. 555 (1985), 584 (1986), 621 (1986), 666 (1987): Maskentechnik für Mikroelektronikbausteine.

Maskierung. Ausgangspins, deren logischer Zustand zu bestimmten Zeiten während der Prüfung nicht bekannt ist oder nicht eindeutig hergestellt werden kann, werden für diese Zeit maskiert, d. h. bei der Fehlerbewertung ausgenommen. Der Zustand wird meistens mit ‚X' (unknown) oder ‚non relevant' im →Prüfprogramm beschrieben.
→Maske, →Oxid *K. Winter*

Maßnahme, sicherheitsgerichtete / nicht sicherheitsgerichtete. Eine eindeutig sicherheitsgerichtete M. ist eine M., die bei Fehlauslösung keine andere für die Sicherheit notwendige M. verhindern kann.

Eine nicht eindeutig sicherheitsgerichtete M. ist eine M., die bei Fehlauslösung eine andere für die Sicherheit notwendige M. verhindern kann.

M., die einen Prozeß in den energielosen, ungefährlichen Zustand überführen (z. B. durch eine Abschaltung), sind sicherheitsgerichtet. In der Praxis sind aber häufig auch Schalthandlungen durchzuführen, die je nach dem Betriebszustand der technischen Anlage entweder als gefährlich oder ungefährlich angesehen werden müssen. In diesen Fällen werden unter Umständen M. ergriffen, die andere Schutzaktionen blockieren und verhindern können. Diese sind dann nicht sicherheitsgerichtet. *Schrüfer*

Masse, effektive. Scheinbare Masse von Elektronen oder Defektelektronen in einem Kristallgitter. Sie erlaubt, die Bewegung unter dem Einfluß einer von außen wirkenden Kraft F formal wie für ein freies Elektron zu beschreiben, für das die Bewegungsgleichung $F = m_0\, dv/dt$ gilt. Die Masse m_0 des freien Elektrons ist dabei nur durch die effektive Masse m^* zu ersetzen. (v = Geschwindigkeit, t = Zeit).

Die beweglichen Elektronen in einem Festkörper sind nicht völlig frei, sie sind noch an das Kristallgitter gebunden, wodurch ihre Wellenfunktion mit der Gitterperiodizität moduliert wird (Bloch-Theorem; →Bändermodell). Ihre Bewegung wird daher auch durch das →Gitter beeinflußt. Ist die äußere Kraft F klein gegen die Gitterkräfte, so entsprechen die Energieniveaus, in die ein Elektron angehoben werden kann, näherungsweise Quantenzuständen des ungestörten Systems. Sie werden jeweils mit dem Wellenvektor k und der zugehörigen Energie W(k) angegeben.

Schreibt man formal und in Analogie zum freien Elektron dv/dt = F/m*, so ergibt sich ein symmetrischer Tensor

$$\left(\frac{1}{m^*}\right)_{ij} = \hbar^{-2} \frac{\partial^2 W(k)}{\partial k_i \, \partial k_j}$$

m* heißt e. M. Sie ist umgekehrt proportional zur Krümmung des W(k)-Verlaufs, also direkt mit der →Bandstruktur verknüpft (Bild). Sie ist i. allg. von der Masse des freien Elektrons verschieden und nimmt am oberen und unteren Ende eines Energiebandes verschiedene Vorzeichen an, wobei ein negatives m* bedeutet, daß eine äußere Kraft eine ihr entgegengesetzte Beschleunigung bewirkt. Dazwischen liegt eine Singularität, bei der m* divergiert und die Beschleunigung verschwindet, d. h.

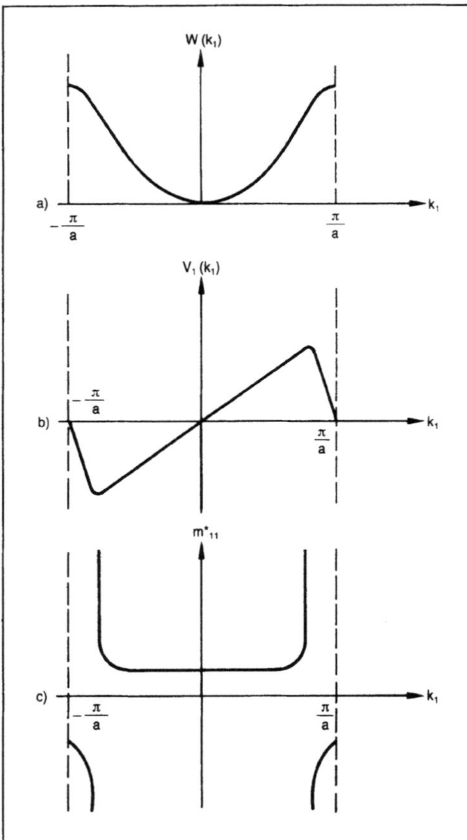

Masse, effektive: Energie (a), Geschwindigkeit (b) und effektive Masse (c) eines Elektrons in einem in l-Richtung (z. B. x-Richtung) ausgedehnten eindimensionalen Kristall (a = Gitterkonstante). Die gestrichelten Begrenzungslinien stellen die Ränder der 1. Brillouinzone dar.

dort wird eine äußere Kraft durch Gitterkräfte kompensiert. Die Summe der e. M. aller Zustände eines Energiebandes ergibt Null, d. h. ein voll besetztes Band ergibt keine resultierende Elektronenbewegung und trägt daher nicht zur elektrischen →Leitfähigkeit bei.

Im Bereich um k = O weicht W(k) kaum von einem parabolischen Verlauf ab, so daß sich ein konstantes m* ergibt wie im Fall freier Elektronen. Am Rand der →Brillouin-Zone verschwindet v trotz k ≠ O, da durch Bragg-Reflexion an Gitterebenen eine zusätzliche, entgegengesetzt laufende Elektronenwelle erzeugt wird. In schmalen Energiebändern nimmt W(k) kleinere Krümmungen an, so daß sich dort größere e. M. ergeben als bei breiten Bändern. Dies stimmt mit der Vorstellung des Bändermodells überein, wonach Bänder um so schmaler sind je stärker die Elektronen noch atomar gebunden sind.

Da verschiedene Bänder verschiedene W(k)-Verläufe besitzen, muß bei Angabe der effektiven Masse auch das zugehörige Band benannt werden. Meist handelt es sich dabei um das →Leitungsband. Bei Halbleitern tragen auch Defektelektronen aus dem →Valenzband zur Leitfähigkeit bei, so daß deren Massenangabe sich auf das Valenzband bezieht. Meist wird der Quotient m^*/m_0 angegeben, wobei von 1 stark verschiedene Werte auftreten können.

Im allgemeinen ist m* ein von der Kristallsymmetrie abhängiger Tensor, d. h. aufgrund der Gitterkräfte muß die erzeugte Beschleunigung nicht parallel zur äußeren Kraft sein, und die Angabe eines Skalars für m* genügt nicht. Wichtige Methoden zur Messung der e. M. sind z. B. der *de Haas-van Alphen* Effekt oder die Zyklotronresonanz. *Heinz*

Literatur: *Busch, G. A.:* Experimentelle Methoden zur Bestimmung effektiver Massen in Metallen und Halbleitern. Halbleiterprobleme, Bd. VI. Braunschweig 1961. – *Hellwege, K. H.:* Einführung in die Festkörperphysik. Berlin-Heidelberg-New York 1976. – *Kittel, C.:* Einführung in die Festkörperphysik. München-Wien 1980. – *Madelung, O.:* Halbleiter. Handbuch der Physik, Bd. XX/I (Hrsg.: S. Flügge). Berlin-Heidelberg-New York 1957.

Massenspeicher. M. sind Einheiten innerhalb von Speichersystemen, die hohe Speicherkapazität bieten. Im engen Sinne wird diese Bezeichnung angewendet auf Speicher, die es erlauben, innerhalb von Informationsverarbeitungssystemen große Datenmengen ökonomisch bei angemessener →Zugriffszeit aufzunehmen. Dabei sind magnetomotorische Speicher und optische Speicher von Bedeutung (→Speichertechnologien).

Die als Arbeitsspeicher der Rechner (Primärspeicher) heute üblichen →Halbleiterspeicher (früher Magnetkernspeicher) zählen auch bei hoher Kapazität nicht zu den M. Nur äußere, an Rechner angeschlossene (externe, sekundäre) Speicher fallen unter diesen Begriff.

Der Ausdruck M. bzw. Massenspeichersystem wird gelegentlich von Herstellern als Produktbezeichnung für Anlagen verwendet, die unter Programmsteuerung Magnetbandkassetten automatisch gezielt aus Regalen entnehmen, in Schreib-/Leseeinrichtungen einführen, entnehmen und wieder zurückbringen können. *Voss*

Master-Slave-Flip-Flop →Flip-Flop

Master-Slave-Prüfung. Verfahren in der →Prüftechnik, bei dem der Soll-Ist-Vergleich zwischen einem Referenzprüfling und dem eigentlichen Prüfling vorgenommen wird.

Besonders die Digitalprüftechnik ist gekennzeichnet durch eine große Menge an Prüfdaten. Für alle zu prüfenden Zustände und Signalfolgen müssen die Solldaten vorliegen. Zur Vermeidung der Speicherung dieser Datenmenge werden bei der M.-S.-P. die Solldaten an dem Referenzprüfling erst während des Prüfablaufes abgegriffen und für den Vergleich benutzt. Es erfolgt auch keine Abspeicherung der Istdaten. Dazu werden Referenzprüfling als Master und der eigentliche Prüfling als Slave völlig synchron parallel mit identischen Stimulidaten versorgt und die Ausgangsdaten beider Prüflinge verglichen.

Das Verfahren ist auch in anderen Bereichen anwendbar, sofern keine großen Genauigkeitsansprüche an Signalparameter gestellt werden (→Pinelektronik). *Mettler*

Materialdispersion. Mit M. wird die Änderung der Ausbreitungsgeschwindigkeit des Lichtes in einem Stoff in Abhängigkeit von der eingestrahlten Wellenlänge beschrieben.

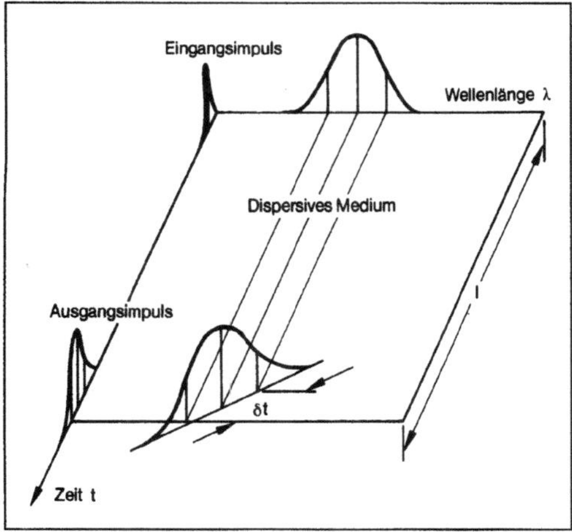

Materialdispersion 1: Impulsaufweitung in einem dispersiven Medium durch M.

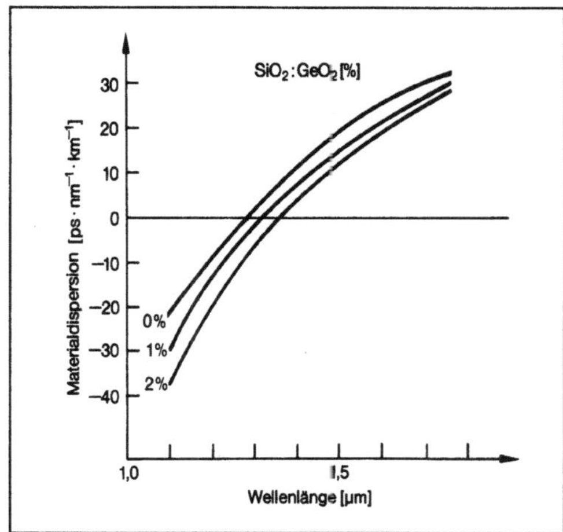

Materialdispersion 2: M. von SiO_2 in Abhängigkeit von der Wellenlänge für verschiedene GeO_2-Dotierungen.

Wird in eine Glasfaser ein kurzer optischer Impuls eingekoppelt, breiten sich die einzelnen spektralen Anteile mit unterschiedlichen Geschwindigkeiten aus, wobei eine zeitliche Verbreiterung des Eingangsimpulses auftritt. Diese Laufzeitstreuung ist proportional der spektralen Breite des Eingangsimpulses und der durchlaufenden Länge. Die M. wird in ps/km/nm angegeben. Sie liefert bei →Gradientenfasern und bei →Monomodefasern wesentliche Beiträge zur Gesamtdispersion (→Dispersion). In reinem Quarzglas wird die M. im Wellenlängenbereich um 1300 nm zu Null. Dieser Nulldurchgang kann durch geeignete →Dotierung (z. B. Germanium) geringfügig in der spektralen Lage beeinflußt werden. *Krauser*

Materiewellenlänge. Wellenlänge, die einem Strom von Materieteilchen mit einheitlichem Impuls zugeordnet werden kann (→de Broglie-Wellenlänge). *Heinz*

Matrix →Black Matrix

Matrix, aktive. Die elektrooptischen Leistungsmerkmale von →Elektrolumineszenz- und →Flüssigkristall-Anzeigen hängen entscheidend von der →Multiplexrate ab, mit der die Anzeige angesteuert wird. Optimale Helligkeit, Kontrastwerte etc. werden jedoch nur bei statischer Ansteuerung erreicht. Eine statische Ansteuerung setzt den direkten Anschluß jedes einzelnen Bildpunktes an die Ansteuerungsschaltung voraus. Vom Rand z. B. der Flüssigkristall-Zelle, liegt in diesem Fall eine transparente Elektrode bis zu jedem einzelnen Bildpunkt der Zelle. Bei Großanzeigen, wie einer numerischen Anzeige mit z. B. 60 oder 70 mm Zeichenhöhe, ist dies das übliche Verfahren. Bei Anzeigen mit hohem Informationsinhalt und hoher Auflösung ist diese Anordnung aus Platzgründen jedoch nicht realisierbar, da die Elektroden zwischen den eng liegenden Bildpunkten nicht hindurchgeführt werden können. Anzeigen mit hohem Informationsinhalt und kleinen Bildpunktabmessungen verwenden deshalb eine →Multiplexansteuerung. Dabei muß die Verschlechterung der optischen Leistungsmerkmale der Anzeigen bewußt in Kauf genommen werden.

Bereits zu Beginn der siebziger Jahre wurde deshalb der Vorschlag gemacht, jeden Bildpunkt einer Anzeige mit einem nichtlinearen Schaltelement - z. B. einem Transistor - zu integrieren. Die einzelnen Schaltelemente müssen dann in der Form einer Matrix angesteuert werden.

Als Realisierungsweg wurden in der Folgezeit folgende Wege beschritten

□ Aufbau von Transistoren auf einer Si-Scheibe und Integration dieser Scheibe in eine Flüssigkristall- oder in eine Elektrochrom-Anzeige. In beiden Fällen wurde die Si-Platte als rückwärtige Wandung der Anzeige verwendet. Die Anzeigen sind nur als reflektive Anzeige einzusetzen, da die Si-Platte nicht transparent ist.

□ Aufbau von Metall-Isolator-Metall (MIM)-Elementen oder von einer Dünnschicht-Transistor-Matrix (TFT-Matrix) auf einer Glasplatte und Integration dieser Platte in eine Elektrolumineszenz- oder Flüssigkristall-Anzeige

Als besonders aussichtsreich erweisen sich die Lösungen in →Dünnschichttechnik (MIM und TFT) in Kombination mit einer Flüssigkristall-Anzeige.

Die Dünnschicht-Transistorschaltungen wirken hier sowohl als nicht-lineares Schaltelement, als auch als Informationsspeicher für je ein bit. Man bezeichnet sie deshalb als a. M.

Dabei sind alle Transistoren (Bild 1) an vertikal bzw. horizontal verlaufende Elektroden angeschlossen und können nur durch Signale angesteuert werden, die gleichzeitig über beide Leitungen eintreffen (Multiplexansteuerung).

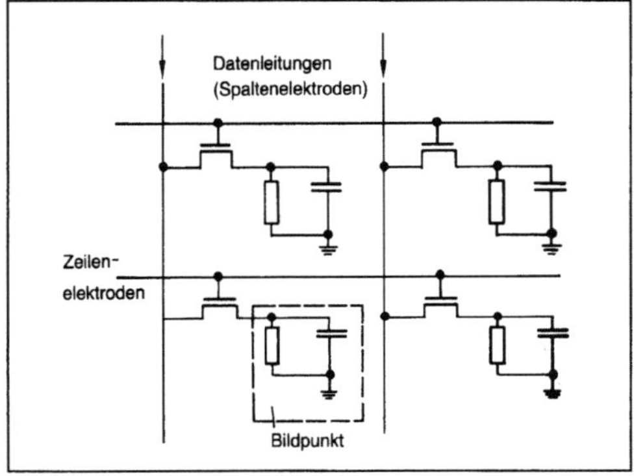

Matrix, aktive 1: Schaltbild für vier benachbarte Bildpunkte einer TFT-Matrix.

Für die vertikalen Leitungen ist ein →Schieberegister mit Datenspeicher und die horizontal verlaufenden Elektroden ein Schieberegister mit Schaltfunktion vorgesehen. Ein Bild wird dann in der folgenden Weise aufgebaut:

- Einschreiben von Bilddaten für eine Zeile in das Schieberegister
- Freigabe der entsprechenden Zeilenelektrode
- Übergabe der Daten aus dem Schieberegister auf die Transistoren der angesteuerten Zeile

Das Bild wird also Zeile für Zeile aufgebaut. Zur Darstellung von bewegten Bildern, z. B. Fernsehbilder, beträgt die Bildwiederholfrequenz mindestens 25 Hz. Dies bedeutet, daß die Schaltzeiten der Dünnschicht-Transistoren im µs-Bereich liegen müssen.

Bei einer Anzeige mit integrierter TFT-Matrix (Bild 2), werden alle Schichten unter Einsatz von Dünnschichttechniken, wie →Aufdampfen, Kathodenzerstäubung und photolithographische Strukturierung hergestellt. Die Transistormatrix und die Ansteuerungselektroden der →Anzeigeelemente sind auf einer Wandung der Anzeige integriert. Die kleinen Transistoren erhalten ihre Ansteuerungssignale über die horizontal und vertikal verlaufenden Buselektroden. Sie steuern direkt die großflächigen, transparenten Elektroden der einzelnen Anzeigeelemente. Deren Gegenelektroden sind auf der gegenüberliegenden Wandung der Anzeige aufgebracht. Damit wird die Flüssigkristall-Schicht von beiden Seiten durch eine Elektrode begrenzt; die a. M. ist in die Flüssigkristall-Zelle integriert.

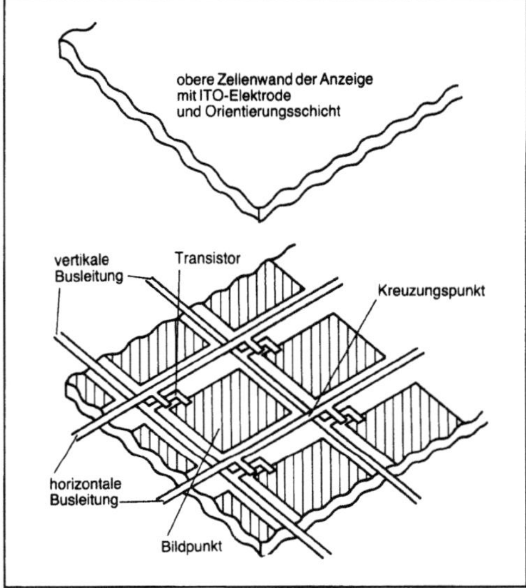

Matrix, aktive 2: Grundaufbau einer Anzeige mit integrierter TFT-Matrix.

Als halbleitendes Material werden meist amorphes Silizium (a-Si), polykristallines →Silicium (poly-Si) oder polykristallines Cadmium-Selenid (CdSe) eingesetzt. Zur Zeit hat jedoch keines dieser Materialien alle Leistungserwartungen erfüllt.

Obwohl bereits Serienprodukte mit amorphen, bzw. mit polykristallinen Siliziumschichten auf dem Markt angeboten werden, kann keines der halbleitenden Materialien alle an es gestellten Anforderungen erfüllen. Die Schwachpunkte bestehen entweder in einem zu geringen Widerstandsverhältnis zwischen geschaltetem und nicht-geschaltetem Zustand, oder in zu geringer Schaltzeit für TV-Anwendungen, oder in der Reproduzierbarkeit der Leistungsmerkmale (→Ausbeute).

Entwicklungsarbeiten auf dem Gebiet der in die Flüssigkristall-Zelle integrierten a. M. werden in japanischen, amerikanischen und in wenigen europäischen Labors durchgeführt. Dabei konzentrieren sich die japanischen Labors ausschließlich auf die Anwendung von Silicium-Schichten, da aus Gründen des Umweltschutzes das Arbeiten mit Cd in Japan nur in begrenztem Maße möglich ist.

Anzeigen mit einer integrierten a. M. werden bereits seit mehreren Jahren als kleine TV-Empfänger und als Monitore in Geräten am Markt angeboten. Als kritische Probleme bei der Serienfertigung haben sich die →Verfügbarkeit von Fertigungsgeräten für große TFT-Flächen und die Ausbeute herausgestellt.

Großflächige flache Bildschirme als →Fernsehempfänger oder als Datenterminal werden dennoch in wenigen Jahren am Markt sein. Mit diesen Produkten dürfte dann der →Kathodenstrahlröhre eine ernsthafte Konkurrenztechnologie erwachsen. *Pottharst*

Matrixanzeige. Elektrooptische →Anzeige, bei der die Bildpunkte in jeweils parallele und äquidistanten Zeilen und Reihen angeordnet sind. Sie dient der Darstellung von Schriften, Zeichen, Graphiken oder Bildern.

M. können mit allen heute gebräuchlichen elektronischen Anzeigetechniken hergestellt werden. Dabei sind jedoch Grenzen des Verhältnisses von Größe der Bildpunkte, Abstände der Bildpunkte und Größe der Anzeigefläche zu beachten. Soll nämlich eine Anzeigefläche aufgebaut werden, die größer als die der einzelnen Anzeige – z. B. einer →Kathodenstrahlröhre, oder einer Flüssigkristall-Zelle – ist, so ergeben sich nicht schaltbare Linien zwischen benachbarten Einheiten. Sie können durch eine geschickte Anpassung der vorher genannten Größen weitgehend unsichtbar gestaltet werden.

Bei Verwendung von Kathodenstrahlröhren wird die Matrix-Struktur der Anzeigefläche durch ein Helltasten des Elektronenstrahls in gleichen Abständen erzeugt. Diese Abstände müssen größer sein, als der Durchmesser des Elektronenstrahls, da sonst ein zu geringer →Kontrast zwischen benachbarten Bildpunkten entsteht, bzw. benachbarte Bildpunkte nicht mehr getrennt erkannt werden können. Außerdem sind die →Abbildungsfehler der →Bildröhre, wie Kissen- und Tonnenverzeichnung, sowie merkliche Änderungen der Strahlgeometrie unmerklich klein zu halten.

Bei allen flachen Anzeigetechnologien wird die Bildpunktstruktur durch die Lage der Elektroden gegeben und damit bereits bei der Herstellung der Anzeige festgelegt. Die gebräuchlichste Anordnung ergibt sich aus streifenförmigen Elektroden, die orthogonal zueinander auf beiden Seiten der aktiven Schicht aufgebracht sind. Bei den zellenartig aufgebauten Anzeigen, wie Flüssigkristall-Anzeigen oder Plasmaanzeigen, bedeutet dies, daß jede Innenseite der Zellenwandungen eine Elektrodenstruktur in Form eines Streifenmusters trägt. Dabei ist mindestens eine der Elektroden aus einem elektrisch leitenden transparenten Werkstoff – z. B. Zinn-Indium-Oxid (ITO) – hergestellt.

Zur Aktivierung der Bildpunkte wird das Ansteuerungssignal an die z. B. vertikal und horizontal verlaufenden Elektroden angelegt. Dadurch wird nur der Bildpunkt aktiviert, der im Kreuzungspunkt beider Elektroden liegt. Voraussetzung dafür sind ausgeprägte nicht-lineare elektrische Eigenschaften der aktiven Schicht mit einer definierten →Schwellenspannung für die Erzeugung eines optischen Signals. Für das Ansteuerungssignal unter den Kreuzungspunkten der Elektroden – es ergibt sich aus der Summe des Signals an der zugehörigen Zeile und Spalte – muß man einen Wert oberhalb, an allen anderen Punkten jedoch einen Wert unterhalb des Schwellenwertes erreichen. Die Zeilenelektroden werden durch Signale sequentiell nacheinander freigegeben und gleichzeitig werden die Signale an alle diejenigen Bildpunkte dieser Zeile gelegt, die aktiviert werden sollen (zeilensequentielles Ansteuerungsverfahren). Dieses Ansteuerungsverfahren wird oft auch als →Multiplex-Ansteuerung von Flachanzeigen bezeichnet. Zur Erzeugung eines flimmerfreien Bildes sind alle Zeilen so schnell nacheinander anzusteuern, daß das Betrachterauge einen Wechsel zwischen Ein- und Ausschalten nicht wahrnehmen kann. Daraus ergibt sich eine Bedingung für die Schaltgeschwindigkeit der Anzeige von $=1/N$, wobei N die Zahl der Zeilen der Anzeige bedeutet. Diese Anforderung läßt sich durch inhärente, bistabilen Speichereigenschaften der aktiven Schicht vermeiden.

Der wesentliche Vorteil der Multiplex-Ansteuerung besteht in der Tatsache, daß für die Ansteuerung von $n \times m$ Bildpunkten einer Anzeige (n – Zahl der Spalten; m – Zahl der Zeilen) nur $n+m$ Elektroden und damit $n+m$ elektrische Schalter erforderlich sind. Auf der anderen Seite erfordert dieses Verfahren eine nichtlineare Kennlinie und eine ausreichend hohe Schaltgeschwindigkeit der aktiven Schicht. Die gleichzeitige Optimierung dieser elektrischen und der optischen Leistungsmerkmale zur Erzielung optimaler Kontraste stellt Anforderungen, die nur bei optimaler Anpassung mehrerer Grundeigenschaften der aktiven Schicht erfüllt werden können. Einen realisierbaren Ausweg aus dieser doppelten Anforderung besteht in der Integration einer elektrischen Ansteuerungsschaltung in den elektrooptischen →Wandler z. B. in Form einer Schaltung auf einer Si-Halbleiterscheibe, einer Dünnschicht-Transistor-Schaltung (TFT-Ansteuerung), oder einer nichtlinearen elektrischen Schicht (MIM-Ansteuerung). Diese Schaltungen können dann zur Erfüllung der elektrischen Anforderungen optimiert werden.

Eine weitere Erschwerung der Anforderungen an die flachen M. mit Multiplex-Ansteuerung ergibt sich, wenn eine →Graustufenregelung, oder sogar eine Farbtauglichkeit gefordert wird, wie z. B. bei der Darstellung von Farbgraphiken oder Farbbildern erforderlich ist. Für die Ansteuerung der Graustufen wird entweder die elektrooptische Kennlinie der Anzeige in Stufen angesteuert, oder es wird ein Impulslängen-Modulationsverfahren angewendet. Bei Ausnutzung der Kennlinie werden bei steilen Kennlinien, wie sie für Anzeigen mit Multiplex-Ansteuerung notwendig sind, besonders hohe Anforderungen an die Konstanz der Ansteuerungssignale gestellt. Wird jedoch eine aktive Schicht mit flacher Kennlinie verwendet, so ist die →Multiplexrate und damit die maximal darstellbare Informationsmenge begrenzt. Deshalb wird bei den meisten flachen Anzeigetechnologien auf das Impulslängen-Modulationsverfahren zurückgegriffen. Aber auch dabei werden wegen der zusätzlich geforderten hohen Schaltgeschwindigkeiten weitere Anforderungen an die Leistungsmerkmale der aktiven Schicht gestellt. Auf die Verfahren zur Erzeugung von Farbsignalen wird auf die Diskussion der einzelnen Anzeige-Technologien verwiesen.

Für M. werden nahezu alle modernen Technologien eingesetzt. So verwendet man für Anzeigen mit hohem Informationsinhalt mit mehr als 640×640 Bildpunkten bisher nahezu ausschließlich Kathodenstrahlröhren. Plasmaanzeigen eignen sich besonders für die Darstellung von monochromen Graphik-Informationen unter erschwerten Einsatzbedingungen, wie militärische Anwendungen, oder Anwendungen in Schienenfahrzeugen. →Elektrolumineszenz-Anzeigen werden vornehmlich in der Industrie als monochrome Anzeigen oder im militärischen Gerät eingesetzt, während die →Flüssigkristall-Anzeigen vornehmlich Anwendungen bedienen, bei denen der Leistungsbedarf – wie in batteriebetriebenen Geräten – begrenzt werden muß. Das größte Entwicklungspotential für nahezu alle Anwendungen wird aus heutiger Sicht den Flüssigkristall-Anzeigen zugeschrieben. *Potthars*t

Max-Planck-Gesellschaft zur Förderung der Wissenschaften e. V. (MPG). Selbstverwaltungsorganisation der Wissenschaft. Träger von über 60 Forschungsinstituten und zahlreichen anderen Einrichtungen vorwiegend der Grundlagenforschung in Natur- und Geisteswissenschaften.

Die MPG wurde 1948 gegründet als Nachfolgerin der Kaiser-Wilhelm-Gesellschaft (KWG, gegründet 1911 als Ergänzung zur Forschung an den Hochschulen). Sie trägt den Namen von *Max Planck,* Präsident der KWG 1930–1937 und 1945/46. Als gemeinnützige Organisation des privaten Rechts fördert die MPG Wissenschaften im Dienste der Allgemeinheit. Sie betriebt dazu eigene Forschungsinstitute (Max-Planck-Institute, MPI) und andere Einrichtungen. Sie widmen sich insbesondere neuen Aufgaben, die für die Hochschulen noch nicht reif oder weniger geeignet sind. Schwerpunkte liegen im medizinisch-biologischen Bereich, in verschiedenen physikalischen und chemischen Arbeitsrichtungen sowie in den vergleichenden Rechtswissenschaften. Einige MPI erfüllen auch Service-Funktionen für die Hochschulen; externe Forscher können besonders aufwendige Einrichtungen und Geräte mitbenutzen. In zunehmendem Maße werden an Universitäten MPG-Arbeitsgruppen eingerichtet.

Die MPG hat sich frühzeitig in den neuen Bundesländern engagiert mit zunächst 2 MPI, 29 Arbeitsgruppen an Universitäten, der Außenstelle eines MPI und – über eine Tochtergesellschaft – der Betreuung von 7 geisteswissenschaftlichen Forschungszentren.

Gemessen an den Anteilen an den Gesamtausgaben ergibt sich folgende Reihenfolge der Forschungsbereiche in der MPG (1991): Physik 32,0%, biologisch orientierte Forschung 23,5%, Astronomie und Astrophysik 11,5%, Chemie 9,6%, medizinisch orientierte Forschung 9,5%, atmosphärische Wissenschaften/Geowissenschaften 4,7%, Rechtswissenschaften 3,4%, Psychologie 1,8%, Geschichtswissenschaft 1,1%, Soziologie 1,0%, Informatik 0,9%, Mathematik 0,4%, Linguistik und Erziehungswissenschaft je 0,3%.

Die MPI, deren Existenz in besonderer Weise nicht nur an den Bedürfnissen der betreffenden Forschungsrichtung, sondern auch daran hängt, ob sich für eine aussichtsreiche wissenschaftliche Aufgabe eine geeignete Forscherpersönlichkeit gewinnen läßt, sind über die ganze Bundesrepublik Deutschland – mit Schwerpunkten in Baden-Württemberg und Bayern – verteilt und 3 Sektionen zugeteilt. Die Instituts- und Abteilungsnamen lassen nicht immer die aktuelle Forschungsthematik erkennen.

□ Biologisch-Medizinische Sektion:
- MPI für Biochemie, Martinsried: Abteilungen (Abt.) Bindegewebsforschung, Membranbiochemie, molekulare Biologie der Genwirkungen, Struktur-, Viroid-, Virusforschung, Zell-, molekulare Struktur-, Molekularbiologie; Nachwuchsgruppen (NG) intrazellulärer Membrantransport, molekulare Biologie von infektiösen Erregern; Gentechnologische AG (vom BMFT finanziert, mit Universitätsgruppen im Münchener Genzentrum), AG Proteindynamik (Hamburg);
- Biologie, Tübingen: Abt. Immungenetik, Infektions-, Mikrobiologie, Membranbiochemie; Max-Planck-Haus;
- Biophysik, Frankfurt a. Main: Abt. Physiologie, Zellphysiologie, molekulare Membranbiologie;
- experimentelle Endokrinologie, Hannover: u. a. Steroidhormone;
- Entwicklungsbiologie, Tübingen: Abt. Biochemie, Genetik, physikalische, Molekular-, Zellbiologie;
- Ernährungsphysiologie, Dortmund: Nichtlineare Dynamik chemischer und biochemischer Prozesse, Dynamik molekularer Transportprozesse;
- molekulare Genetik, Berlin: 3 Abt.: u. a. DNA-Replikation,
- Synthese, Ribosomen, Proteinbiosynthese; Otto-Warburg-Laboratorium: 3 selbständige AG: RNA;
- Hirnforschung, Frankfurt a. Main: Abt. Neuroanatomie, -chemie, -physiologie;
- Immunbiologie, Freiburg: 3 Abt. zelluläre, molekulare Immunologie, Entwicklungsbiologie; Hans-Spemann-Laboratorium: Onkogene; 3 NG: Viren, Onkogenzellen, Leukozyten; AG: Onkogene;
- biologische Kybernetik, Tübingen: 4 AG: u. a. Lichtsinneszellen, Informationsaufnahme und -verarbeitung, Großhirnrinde, Neuronenverbände;
- Limnologie, Plön/Holstein: Arbeitsbereiche: N. N. mit limnologischer Flußstation Schlitz, Ökophysiologie; AG Tropenökologie; Außenstelle Manaus (Brasilien);
- experimentelle Medizin, Göttingen: Abt. Physiologie, Immunchemie, molekulare Neuroendokrinologie;
- medizinische Forschung, Heidelberg: Abt. organische Chemie, Biophysik, Zellphysiologie; AG Zytoskelett, Hamburg;
- marine Mikrobiologie, Bremen (im Aufbau);
- terrestrische Mikrobiologie, Marburg (im Aufbau);
- neurologische Forschung, Köln: Abt. allgemeine, experimentelle Neurologie;
- physiologische und klinische Forschung, W. G.-Kerckhoff-Institut, Bad Nauheim: Abt. Physiologie, experimentelle Kardiologie; Kerckhoff-Klinik;
- Psychiatrie (Deutsche Forschungsanstalt für Psychiatrie), München: Theoretisches Institut: molekulare Neurobiologie, Neuromorphologie, -physiologie, -chemie, -immunologie mit NG: molekulare Genetik, Zellbiologie der Hirngefäße); Klinisches Institut.
- Psycholinguistik, Nijmwegen (Niederlande): Sprachentwicklung, -verstehen, -produktion; NG: Computermodellierung; Forschungsgruppe (FG): kognitive Anthropologie;
- Systemphysiologie, Dortmund: Abt. Physiologie I, II, u. a. Austausch Sauerstoff, Funktion von Epithelien;
- Verhaltensphysiologie, Seewiesen: 4 Abt., u. a. Neuroethologie, Kybernetik der Raumorientierung, Evolution, Öko-Soziologie; Vogelwarte Radolfzell;
- Zellbiologie, Ladenburg: 2 Abt. u. a. circadiane Periodik, Protein-, Nukleinsäuresynthese;
- Züchtungsforschung (Erwin-Baur-Institut), Köln: Abt. Genetische Grundlagen der Pflanzenzüchtung, molekulare Pflanzengenetik, Biochemie, Pflanzenzüchtung und Ertragsphysiologie;
- Klinische AG für Blutgerinnung und Trombose, Gießen;
- AG für strukturelle Molekularbiologie, Hamburg: Proteindynamik, Ribosomenstruktur, Zytoskelett;
- Klinische AG Biologische Regulation der Wirt-Tumor-Interaktion, Göttingen;
- AG für Rheumatologie, Erlangen-Nürnberg: Bindegewebsforschung, Immunologie;
- Friedrich-Miescher-Laboratorium in der MPG, Tübingen (für besonders qualifizierte jüngere Wissenschaftler): 5 AG: u. a. Zellmotilität im Nervengewebe, Hirnrinde, Ubiquitin-System, Zellzyklus-Regulation, Tumorimmunologie;
- Forschungsstelle für Humanethologie in der MPG, Andechs, u. a. stammesgeschichtliche Anpassungen;
- Max-Delbrück-Laboratorium in der MPG, Köln: 6 AG: Molekulargenetik, Gentechnologie;
- AG an Universitäten im Aufbau: Berlin: Zellteilungsregulation und Gensubstitution; Erfurt: Molekulare und zelluläre Physiologie; Halle: Enzymologie der Peptidbindung; Jena: Regulation der DNA-Replikation bei bacillus subtilis, Modulation der Signalübertragung von Wachstumsfaktoren, Pharmakologische Hämostaseologie.

□ Chemisch-Physikalisch-Technische Sektion:
- MPI für Aeronomie, Katlenburg-Lindau: 2 Abt.: u. a. Physik des Sonnensystems, Ionosphäre;
- Astronomie, Heidelberg: u. a. Geräte, Stellarastronomie, extragalaktische Forschung, extraterrestrische Astronomie; Außenstellen: Deutsches Astronomisches Zentrum, Calar Alto Observatorium, Almeria (Spanien);
- Astrophysik, Garching: u. a. Galaxien;
- Chemie (Otto-Hahn-Institut), Mainz: Geo-, Kosmochemie, Chemie der Atmosphäre und Biogeochemie; AG: Kernphysik;

– biophysikalische Chemie (Karl-Friedrich-Bonhoeffer-Institut), Göttingen-Nikolausberg: Spektroskopie, Laserphysik, Kinetik der Phasenbildung, experimentelle Methoden, molekulare Biologie, biochemische Kinetik, Biochemie, Neurobiologie, Membranbiophysik, molekulare Genetik, Zellbiologie, Entwicklungsbiologie; AG: Biomedizinische NMR;
– Eisenforschung, Düsseldorf: Metallurgie, Werkstoffkunde, Umformtechnik, angewandte Metallkunde, physikalische Metallkunde, physikalische Chemie;
– Festkörperforschung, Stuttgart: je 3 Abt. Theoretische Physik, Chemie fester Stoffe; 4 Abt. Experimentalphysik, Außenstelle Hochfeld-Magnetlabor Grenoble (Frankreich);
– Fritz-Haber-Institut der MPG, Berlin: Elektronenmikroskopie, Grenzflächenreaktionen, Oberflächenphysik, physikalische Chemie, Theorie;
– Gmelin-Institut für Anorganische Chemie und Grenzgebiete der MPG; Frankfurt a. Main: Handbuch, Datenbank;
– MPI für Informatik, Saarbrücken: Abt. Datenstrukturen und Algorithmen, Logik der Programmierung;
– Kernphysik, Heidelberg: Kern- und Teilchen-, Kosmophysik;
– Kohlenforschung, Mülheim a. d. Ruhr (selbständige rechtsfähige Stiftung von MPG, Kohlenbergbau und Stadt Mülheim): metallorganische Chemie, Chemie der Kohle, Stofftrennung, Analysenmethoden;
– Mathematik, Bonn: hauptsächlich für Gastforscher;
– Metallforschung, Stuttgart: Institute für Physik, Werkstoffwissenschaft; Außenstellen: Pulvermetallurgisches Laboratorium (Stuttgart), Laboratorium für Reinststoffanalytik (Dortmund);
– Meteorologie, Hamburg: Physik des Meeres und Klimadynamik, Physik der Atmosphäre;
– Physik (Werner-Heisenberg-Institut), München: 2 experimentelle, 1 theoretische Abt.: Quanten-, Gravitationstheorie, Vielteilchensysteme;
– extraterrestrische Physik, Garching: erdnaher Weltraum und Sonnensystem, Infrarot- und Submillimeter-, Röntgen-, Gamma-Astronomie, Labor-Astrophysik;
– Plasmaphysik, Garching (IPP, Großforschungseinrichtung); Grundlagen für einen Fusionsreaktor: 3 Abt. Experimentelle Plasmaphysik, 2 Abt. Theorie; Tokamak-, Oberflächenphysik, Technologie, Informatik; Außenstelle Berlin (im Aufbau);
– Polymerforschung, Mainz: präparative makromolekulare Chemie, Festkörperchemie der Polymere, Physik der Polymere, Polymerspektroskopie;
– Quantenoptik, Garching: Laserspektroskopie, Laserchemie, Laserphysik, Laserplasma und Hochleistungslaser;
– Radioastronomie, Bonn: Betrieb der Radiosternwarte Effelsberg, Rechen-, Auswertezentrum;
– Strahlenchemie, Mülheim a. d. Ruhr: DNA-S., Photobiochemie, Photobiologie, Photochemie, Photophysik;
– Strömungsforschung, Göttingen: Abt. Dynamik kompressibler Medien, Atom- und Molekülphysik, molekulare Wechselwirkungen, Reaktionskinetik;
– Forschungsstelle Gottstein in der MPG, Starnberg: Grenzbereich zwischen Wissenschaft und Politik;
– MPI für Mikrostrukturphysik, Halle (in Gründung);
– Kolloid- und Grenzflächenforschung, Berlin-Adlershof/Teltow-Seehof/Freiberg (in Gründung);
– AG an Universitäten im Aufbau: Berlin: Theorie dimensionsreduzierter Halbleiter, Quantenchemie, nichtklassische Strahlung, Röntgenbeugung an Schichtsystemen, algebraische Geometrie und Zahlentheorie; Dresden: Mechanik heterogener Festkörper, Theorie komplexer und korrelierter Elektronensysteme; Halle: Synthese, Struktur und Eigenschaften von flüssigkristallinen Systemen; Jena: CO_2-Chemie, Röntgenoptik, Gravitationstheorie, Staub in Sternentstehungsgebieten; Leipzig: zeitaufgelöste Spektroskopie; Potsdam: fehlertolerantes Rechnen, partielle Differentialgleichungen und komplexe Analysis, Nichtlineare Dynamik in der Astrophysik; Rostock: Komplexkatalyse, asymmetrische Katalyse, theoretische Vielteilchensysteme.

□ Geisteswissenschaftliche Sektion:
– Bibliotheca Hertziana – MPI –, Rom: Kunst- und Kulturgeschichte;
– MPI für Bildungsforschung, Berlin: Bildung/Arbeit/gesellschaftliche Entwicklung, Entwicklung/Sozialisation, Psychologie/Humanentwicklung, Schule/Unterricht;
– psychologische Forschung, München: Kognitions-, Motivations-, Entwicklungspsychologie;
– Geschichte, Göttingen: Germania Sacra, Bibliographien, Pfalzen, gesellschaftliche Entwicklungen Mittelalter und frühe Neuzeit, EDV-Methoden;
– Gesellschaftsforschung, Köln: Interaktion Staat-Gesellschaft in Gesundheitswesen, Forschung, Telekommunikation; Steuerungschancen des politisch-administrativen Systems;
– ausländisches und internationales Patent-, Urheber- und Wettbewerbsrecht, München;
□ Privatrecht, Hamburg,
□ Strafrecht, Freiburg: FG Strafrecht, Kriminologie;
– europäische Rechtsgeschichte, Frankfurt a. Main;
– ausländisches öffentliches Recht und Völkerrecht, Heidelberg;
– AG an Universitäten im Aufbau: Berlin: strukturelle Grammatik, Transformationsprozesse in den

neuen Bundesländern; Halle: Umweltrecht; Potsdam: Ostelbische Gutsherrschaft als sozialgeschichtliches Phänomen;
- Förderungsgesellschaft Wissenschaftliche Neuvorhaben mbH: Betreuung von 7 wissenschaftlichen Forschungsschwerpunkten in den neuen Bundesländern: zeithistorische Studien, Wissenschaftsgeschichte und -theorie, europäische Aufklärung; moderner Orient, allgemeine Sprachwissenschaft/Sprachtypologie/sprachliche Universalienforschung, Literaturforschung, Geschichte und Kultur Ostmitteleuropas.
□ Weitere Einrichtungen: BESSY - Berliner Elektronenspeicherring-Gesellschaft für Synchrotronstrahlung mbH, Berlin (Mitgesellschafter); Bibliothek und Archiv zur Geschichte der MPG, Berlin; EISCAT - European Incoherent Scatter Scientific Association, Kiruna/Schweden (Beteiligung an Stiftung), geophysikalische Forschungseinrichtung; Garching-Instrumente - Gesellschaft zur industriellen Nutzung von Forschungsergebnissen mbH, München (Alleingesellschafter), Technologietransferstelle; Gesellschaft für wissenschaftliche Datenverarbeitung mbH, Göttingen (MPG und Niedersachsen); IRAM - Institut für Radioastronomie im Millimeterwellenbereich, Grenoble (MPG und Centre National de la Recherche Scientifique, Frankreich); Minerva Gesellschaft für die Forschung mbH, München (Alleingesellschafter), Betrieb von Hilfseinrichtungen, Wissenschaftsbeziehungen zu Israel; Kerckhoff-Klinik Bad Nauheim; Deutsches Klimarechenzentrum GmbH, Hamburg (zusammen mit Stadt Hamburg und GKSS); Tagungsstätten Max-Planck-Haus Heidelberg, Schloß Ringberg.

Organisation: eingetragener Verein, Hauptversammlung, Senat (zentrales Entscheidungsgremium), Präsident, Verwaltungsrat, Generalverwaltung mit Generalsekretär, Wissenschaftlicher Rat (zentrales wissenschaftliches Gremium).

Finanz-Ressourcen (1991): 1 037 Mio. DM (Bund und Länder je 50%), einschl. Projektförderung und IPP 1,34 Mrd. DM. Personal (1992): 8 700 Planstellen, einschl. Gastwissenschaftler, Stipendiaten und Projektmitarbeiter rd. 13 000 Personen.

(Max-Planck-Gesellschaft, Residenzstraße 1a, W-8000 München 2). *Altenmüller*

Maxwell-Boltzmann-Verteilung. Von *J. C. Maxwell* aufgestellte und von *L. Boltzmann* begründete Geschwindigkeitsverteilung klassischer Teilchen (z. B. Moleküle eines idealen Gases). Sie gibt die Wahrscheinlichkeit $w = f(v)dv$ an, für ein Teilchen eine Geschwindigkeit zwischen den Werten v und $v+dv$ zu finden und ergibt sich zu

$$w = f(v)dv = 4\pi v^2\ (m/2\pi kT)^{3/2} \exp(-mv^2/2kT)\ dv$$

wobei m die Teilchenmasse, T die absolute Temperatur und k die Boltzmann-Konstante sind. Als wahrscheinlichste Geschwindigkeit ergibt sich danach $v_w = (2kT/m)^{1/2}$, als mittlere Geschwindigkeit $v_m = (8kT/\pi m)^{1/2}$ und als maximale Geschwindigkeit $v_{max} = (3/2)^{1/2}\ v_w$. Obwohl die M.-B.-V. streng genommen nur für klassische Teilchen gilt, kann sie näherungsweise auch für die Leitungselektronen in einem nicht-entarteten Halbleiter (→Halbleiter) angewandt werden. Sie gilt jedoch nicht für Elektronen in Metallen und entarteten Halbleitern. *Heinz*

MBE. Abk. für *(engl.)* Molecular Beam Epitaxy, →Molekularstrahlepitaxie

MCVD-Verfahren. (Abk. *engl.* Modified Chemical Vapour Deposition) →Glasfaserherstellungsverfahren

Medienkosten. Unter M. versteht man die Herstellungs- bzw. Anschaffungskosten für →Massenspeicher und Datenträger. Sie sind Bestandteil der Verfahrenskosten von Informationssystemen. Die M. der in den Informationssystemen fest eingebauten Speichereinheiten wie Magnetplatten sind dabei anders zu bewerten wie die von auswechselbaren Datenträgern wie →Disketten, →Magnetbändern, →Magnetbandkassetten oder Optischen Speichermedien, bei denen die Anschaffungskosten der Speichereinheit getrennt von denen der Medien zu berechnen sind. Bei den →Magnetplattenlaufwerken hat die stetige Entwicklung der Kapazitäten und der Trend zu kleineren Baugrößen dazu geführt, daß die Anschaffungskosten seit Mitte der siebziger Jahre von einigen 100 DM pro Millionen Zeichen (MBytes) auf bis zu 5 DM/MByte gefallen sind.

Die folgende Tabelle enthält Anhaltswerte der Kosten pro Millionen Zeichen der heute gebräuchlichen auswechselbaren Datenträger:

Magnetwechselplatte:	ab 2,50 DM/MB
Diskette:	ab 1,00 DM/MB
Magnetband (Rollenband):	ab 0,30 DM/MB
Magnetbandkassette (½″):	ab 0,10 DM/MB
Magnetbandkassette (¼″):	ab 0,15 DM/MB
Magnetbandkassette (8 mm):	ab 0,02 DM/MB
Magnetbandkassette (4 mm DAT):	ab 0,10 DM/MB
Optische Speicherplatte (WORM):	ab 0,50 DM/MB
Optische Speicherplatte (ROD):	ab 0,60 DM/MB

Bei der Ermittlung der Verfahrenskosten müssen zu den oben angegebenen M. die Anschaffungskosten für die entsprechenden Speicherlaufwerke und eventuell die der automatischen Zuführsysteme hinzugerechnet werden. Betrachtet man ein optisches Wechselmagazin *(Jukebox)* mit einer Gesamtkapazität von 30 GBytes, so ergeben sich inklusive der M. Speicherkosten von etwa 2,50–3,00 DM/MB.

Weitere Kriterien bei der Kalkulation der M. sind der Raumbedarf, Personal etc.

Für Anwender von Personalcomputern mit niedrigem Kapazitätsbedarf ist z. B. das →Diskettenlaufwerk mit einigen Datenträgern trotz der relativ hohen M. sehr oft die günstigste Lösung, während für Archivierungen großer Datenbestände, wie sie z. B. bei Versicherungen anfallen, Kassetten- oder optische →Speicher wegen der automatischen Zuführsysteme und der hohen Kapazitäten sinnvoll sind.

Technische Aspekte (löschbarer/wiederverwendbarer Datenträger, direkter Zugriff, Datendurchsatz usw.) sind weitere Kriterien bei Verfahrensentscheidungen.

Die M. sind in den vergangenen Jahren ständig gesunken. Dieses wird auch in den kommenden Jahren mit neuen Medien geschehen, so daß z. B. optische Speicher im Verhältnis zu anderen Speichermedien kostengünstiger werden dürften. *Pott*

Mehrebenensimulation. →Simulation von digitalen elektronischen Schaltung unter Einbeziehung von Simulationsmodellen unterschiedlicher Darstellungstiefe, die jeweils gemischt bei einer bestimmten Schaltung abhängig von deren Komplexitätsgrad in bestimmten Teilbereichen eingesetzt wird. Man unterscheidet mit steigendem Abstraktionsverhalten Simulation auf Gatterebene, Register-Transfer-Simulation und Simulation auf Verhaltensebene. *K. Winter*

Mehremittertransistor →Multiemitter-Transistor

Mehrfachdiode. Anordnung mehrerer →Halbleiterdioden in einem gemeinsamen Gehäuse, entweder für sich getrennt oder gemeinsam auf einem Chip. Verbreitet wird die M. für Gleichrichterzwecke, insbesondere als Brückengleichrichter eingesetzt. *R. Paul*

Mehrfach-Heterostruktur-Laser →SCH-Laser

Mehrfachkommutierung. Bei selbstgeführten Wechselrichtern kann bei falscher Auslegung der Kommutierungskondensatoren eine M. der Hauptthyristoren wie auch der parallelgeschalteten Dioden auftreten. Bei zu langer Zeitdauer der erforderlichen Umschwingvorgänge (→Löschverfahren von Wechselrichtern) kann der Folgethyristor schon vor Ablauf der →Kommutierung des vorhergehenden Thyristors gezündet werden. Dadurch entstehen Störungen der Wechselrichter-Ausgangsspannung. M. werden durch geeignete Auslegung der Kondensatoren vermieden. *H. Stüben*

Mehrlagenverdrahtung →Leiterplattentechnik, →Substrattechnik

Mehrpoleinheit, Mehrpolfeld. In einer Einheit zusammengefaßte Magnete zur statischen Einstellung verschiedener Strahllage-Werte.

Eine Reihe von Einstellungen und Korrekturen zur Strahllage können mit permanenten Magnetfeldern vorgenommen werden. Die Einstellungen betreffen

- die Farbreinheit, d. h. die genaue Lage des Elektronenstrahls des einzelnen Strahlsystems auf den zugehörigen Leuchtstoffpunkten,
- die Rastersymmetrie und
- die statische Konvergenz, d. h. die genaue Dekkung der drei Elektronenstrahlen in der Mitte des Bildschirms.

Bei älteren Farbbildröhrensystemen vereinigt die M. sechs Magnetringe, die paarweise zweipolig für die Farbreinheitseinstellung, vierpolig für die Rastersymmetrie und sechspolig für die statische Konvergenz magnetisiert sind. Die M. wird auf dem Bildröhrenhals montiert, so daß die Magnetringe drehbar um die Bildröhrenachse angeordnet sind. Durch Drehung der beiden Magnetringe in entgegengesetzter Richtung wird die Stärke des resultierenden Magnetfeldes verändert; eine Drehung der beiden Magnetringe eines Magnetringpaares in gleicher Richtung gibt die Richtung des resultierenden Magnetfeldes.

Bei modernen Farbbildröhrensystemen wird die Funktion der außen auf dem Bildröhrenhals angeordneten M. in den Bildröhrenhals verlagert. An die Stelle der M. mit mehreren Magnetringen tritt dabei ein einzelner Drahtring aus magnetischem Material. Dieser im →Elektronenstrahlsystem montierte Ring wird während des letzten Schrittes im Fertigungsprozeß der →Bildröhre zur Korrektur der Richtung der Elektronenstrahlen aufmagnetisiert.

Mehrpoleinheit: Verschiedene Ausführungen: Links mit Plastoferrit Ring-Paaren und Mechanik zum Verdrehen und Befestigen, rechts mit moderner M. bestehend aus einem Drahtring, der in das Elektronen-Strahlsystem eingefügt ist. Er wird von außen bei der fertigen Röhre aufmagnetisiert. (Quelle: Philips Components)

Diese Magnetisierung erfolgt so, daß das Magnetfeld des Ringes dem resultierenden Feld der bisher benötigten M. nach deren Abgleich entspricht. Diese wird daher überflüssig. Ihr Abgleich wird ersetzt durch die computergesteuerte Magnetisierung des in der Röhre befindlichen Ringes.

Keitel/Nerstheimer

Literatur: Elektronik-Taschenbuch, Bd. II, Bonn.

Mehrquadrantbetrieb →Betriebsdiagramm für Stromrichter

Mehrschicht-Kondensator. Gelegentlich benutzte Bezeichnung für eine Kondensator-Technologie, bei der abwechselnd ebene Lagen aus Dielektrikum und Elektroden (Metallisierung, Belag) übereinandergestapelt und zu einem meist quaderförmigen Block zusammengefügt werden.

Die Elektroden werden an gegenüberliegenden Stirnseiten abwechselnd für den Außenanschluß herausgeführt.

Bekannt ist diese Konstruktion vor allem bei →Keramik-Vielschicht-Chipkondensatoren; sie wird aber auch auf →Kunststoffolienkondensatoren angewandt.

Angeboten werden derartige Kondensatoren mit Anschlußdrähten für die Durchsteckmontage und mit Anschlußmetallisierungen für die →Oberflächenmontage-Technik. *Bensieck*

Mehrsektions-Halbleiterlaser. →Halbleiterlaser, dessen →Resonator in mehrere elektrisch gegeneinander isolierte Bereiche unterteilt ist (Bild). Der Aufbau bzw. die Zusammensetzung der Schichtstruktur in den einzelnen Sektionen ist häufig gleich, kann aber durchaus unterschiedlich sein.

Die Trennung erfolgt i. a. durch eine grabenförmige Unterbrechung des schichtseitigen Metallkontaktes und der darunterliegenden hochdotierten Kontaktschicht. Die Grabenbreite muß so dimensioniert sein, daß einerseits eine ausreichende Isolierung (R>200 Ω) erfolgt, aber die optische Welle in der ungepumpten aktiven Schicht unter dem Graben nicht zu stark absorbiert wird.

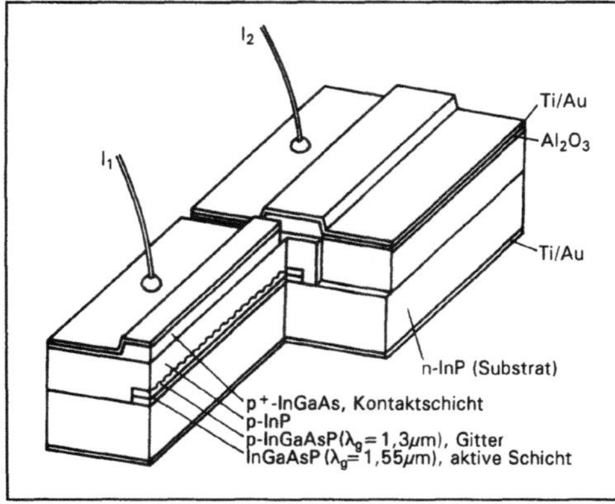

Mehrsektions-Halbleiterlaser: Zwei-Sektions-Buried-Ridge-Stripe-(BRS)-Laser (schematisch) (Quelle: Heinrich-Hertz-Institut, Berlin).

Mit geeigneten Strömen in den einzelnen Sektionen können verschiedene Betriebsarten des Lasers oder unterschiedliche Funktionselemente realisiert werden.

□ Ausnutzung einer oder mehrerer Sektionen zur Wellenlängenänderung:
- Spektrale Durchstimmung eines kontinuierlich emittierenden Lasers (→Lokaloszillator)
- Feinjustierung und Frequenzmodulation (Sendelaser in einer Übertragungsstrecke mit mehreren festen Trägerfrequenzen)
- Reine Frequenz- oder reine Amplitudenmodulation

□ Ausnutzung einer Sektion als steuerbarer Absorber:
- Externer Amplitudenmodulator (Sendelaser, Schalter in einem Verteilsystem)
- Selbstpulsierender Laser (clock-recovery eines rein optischen Repeaters)
- →Diskriminator (optisch steuerbarer Schalter)

□ Nutzung einer Sektion als Lichtempfänger:
- →Monitordiode (Leistungsstabilisierung)

Mit der Sektionierung des Laserresonators läßt sich die Kombination verschiedener Elemente der optischen Nachrichtentechnik mit einem Laser realisieren. Sie stellt damit einen wesentlichen Beitrag zur →Halbleiterlaser-Integration dar. *Rosenzweig*

Mehrwegeausbreitung.

Funktechnik. Phänomen, nach dem von einem Sender ausgesandte (elektromagnetische) Wellen nicht nur auf dem direkten Weg zum →Empfänger gelangen, sondern auch über Umwege. Letztere entstehen durch Reflexionen zwischen Sender und Empfänger, etwa im Gelände oder an der Ionosphäre, und verursachen Intensitätsschwankungen beim Empfänger.

Röntgenbeugung. Während beim Eindringen von Licht in Materie in der Regel ein einziges neues Wellenfeld mit veränderter Ausbreitungsrichtung entsteht (Brechung), können bei Röntgenstrahlung aufgrund der Beugung am Festkörpergitter mehrere Wellenfelder unterschiedlicher Amplitude und Ausbreitungsrichtung erzeugt werden. M. bezeichnet dabei die Tatsache, daß sich das Gesamtwellenfeld auf mehreren Wegen ausbreitet. *Heinz*

Mehrwege-Lautsprechersystem. Wenn Lautsprecherboxen mit mehreren Lautsprechersystemen ausgerüstet sind, erhält jedes System den für ihn bestimmten Tonbereich über Frequenzweichen (Schaltungen aus Spulen und Kondensatoren) vom Verstärkerausgang zugeführt. Die Zahl dieser Weichen oder Frequenzwege ist für die Bezeichnung Zwei-Wege-, Drei-Wege- oder sogar Vier-Wege-Lautsprecherbox maßgebend.

Mehrwege-Lautsprecherboxen enthalten in der Regel drei Lautsprecher-Grundtypen: Baß- oder Tieftöner (*engl.* Woofer) Mitteltöner (*engl.* Squawker) und Hochtöner (*engl.* Tweeter). Der →Konus-Lautsprecher ist mit seiner typischen Membranform zur Wiedergabe aller Tonfrequenzen geeignet (er ist ein Breitbandstrahler), wird aber in höherwertigen Boxen vor allem für den Baß- und Mitteltonbereich eingesetzt. Hier findet man ebenfalls den sog. Flachmembranlautsprecher mit seiner völlig ebenen Abstrahlfläche. Der Hochtonbereich ist dem →Kalotten-Lautsprecher wegen seiner guten kugelförmigen →Abstrahlcharakteristik vorbehalten. *Bahr*

MELF. Abk. für *engl.* Metal Electrode Face Bonding. Eine Bauform-Bezeichnung für zylinderförmige →SMD's mit stirnseitigen Lötanschlüssen.

Die Kurzform M. wird im Zusammenhang mit unterschiedlichen Bauelemente-Technologien gebraucht, z. B. M.-Widerstand, M.-Keramikkondensator, M.-Diode.

Der Tendenz zu kleineren Bauformen wird durch die Kombination Mini-M. Ausdruck gegeben. *Bensieck*

Membranschalter. M. sind →Schalter, die nicht von Hand sondern mittels einer eingebauten Membrane betätigt werden; die benötigte Bewegung der Membrane wird durch Druck, bzw. Unterdruck eines Medium (z. B. Öl, Preßluft) ausgelöst. Daher sind die Schalter auch mit Anschlußvorrichtung für Über- bzw. Unterdruck-Systeme ausgerüstet (z. B. mit Gewindeansatz und Dichtring).

Typisches Anwendungsbeispiel für einen M. ist der Bremslichtschalter eines Automobils. Der Druck auf das Bremspedal wird über die im Bremssystem vorhandene Bremsflüssigkeit auf die Membrane des hier angeschlossenen M. übertragen und bringt diese zur Bewegung. Durch die Bewegung der Membrane werden die Kontakte des Schalters geschlossen und das Bremslicht eingeschaltet. Läßt der Druck nach, werden die Membrane und die Kontakte des Schalters durch eine eingebaute Rückholfeder in ihre Ausgangslage gebracht; das Bremslicht erlöscht. *Pagnin*

Mesadiode. →Halbleiterdiode, zu deren Herstellung die Mesatechnik verwendet wird. Hierbei werden Halbleiterschichten bzw. -zonen als Chip so aufgebaut, daß beim seitlichen Abätzen der pn-Übergänge die Form eines Tafelberges (Mesa = Tafelberg) entsteht. Ziel dieser Maßnahme ist, die Fläche des pn-Überganges zu senken (→Sperrschichtkapazität!), um die Hochfrequenzeigenschaften zu verbessern. Durch die Fortschritte der Planartechnik hat die Mesatechnik an Bedeutung verloren. *R. Paul*

Mesatransistor. →Bipolartransistor, zu dessen Herstellung die Mesatechnik (→Mesadiode) verwendet wird. Ursprünglich weit verbreitete Form für Hochfrequenztransistoren, heute nicht mehr produziert. *R. Paul*

MESFET. (*engl.* Metal Semiconductor Field effect Transistor, Metall-Halbleiter-Feldeffekttransistor, auch Schottky-FET oder Schottky-Gate-FET genannt). →Feldeffekttransistor nach dem Prinzip des Sperrschichtfeldeffekttransistors, bei dem anstelle des steuernden pn-Überganges ein Schottky-Übergang verwendet wird (Bild). Nach dem Grundprinzip des FET wird der Stromfluß durch einen dünnen, an den Enden ohmisch kontaktierten Kanal (→Source, →Drain), hier durch Veränderung des wirksamen Kanalquerschnittes über die Verarmungsschicht eines Schottky-Überganges gesteuert. Üblicherweise arbeitet der MESFET mit n-leitendem Kanal, wegen der hohen →Elektronenbeweglichkeit. Vom Steuermodus (FET) her sind sowohl Verarmungs- als auch Anreicherungstransistoren möglich. Ist die Dicke des ungesteuerten Kanals groß gegen die Verarmungszone (ohne Steuerspannung am Schottky-Übergang), so fließt der maximale Kanalstrom. Eine ins Negative wachsende Gate-Sourcespannung vergrößert die Verarmungszone, verkleinert den Kanalquerschnitt und damit auch den Kanalstrom. Es liegt Verarmungssteuerung vor. Wählt man hingegen die Kanalschichtdicke a kleiner als die Dicke der Verarmungsschicht bei Gatespannung Null, so ist der Kanal bereits voll verarmt und ein Stromfluß unterbleibt: Normally off (Enhancement-Transistor). Erst mit positiv steigender Gatespannung sinkt die Breite der Verarmungszone, vergrößert sich also der stromführende Kanalquerschnitt, und der Strom steigt.

MESFETs finden hauptsächlich Anwendung als Mikrowellentransistoren und für sehr schnelle Logikkonzepte auf Silicium-, vor allem A^{III}-B^{V}-Basis. Entwickelt wurde insbesondere der GaAs-

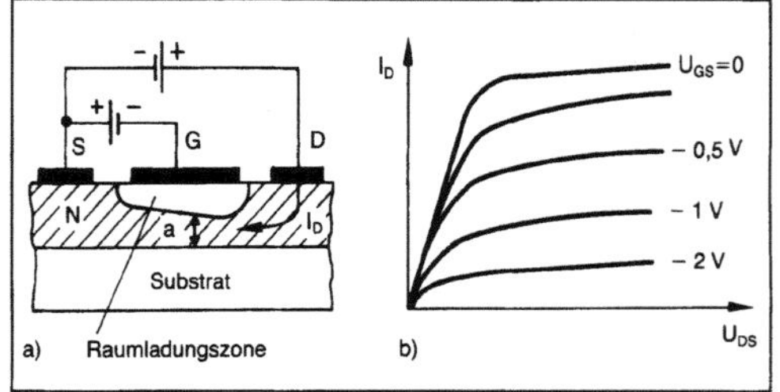

MESFET: Prinzipielle Darstellung.
a) Aufbau eines Transistors mit Depletion-Steuerung
b) Ausgangskennlinie.

MESFET, sowohl als diskretes, aber auch als integriertes Bauelement. Als integriertes →Funktionselement bildet er die Grundlage der →MESFET-Technik. *R. Paul*

Literatur: *Kellner, W.* und *H. Kniepkamp:* GaAs-Feldeffekttransistoren. Berlin 1984.

MESFET-Technik. Monolithisch integrierte →Unipolartechnik, die den →MESFET als grundlegendes →Funktionselement und darüber hinaus auch Schottky-Dioden nutzt, insbesondere auf der Basis n-leitender →III-V-Halbleiter (derzeit überwiegend →GaAs wegen der hohen →Elektronenbeweglichkeit) zur Realisierung sehr schneller integrierter Schaltungen.

Ausgang ist dabei ein semiisolierendes GaAs-Substrat mit epitaktisch aufgewachsener GaAs-Schicht, in der später die Funktionselemente realisiert werden. Zur Anwendung kommen viele Schritte der Planartechnik, für die →Dotierung aber überwiegend selektive →Implantation (da hier Diffusionsverfahren nicht geeignet sind). Kritisch sind die Abmessungen (z. B. Kanallänge), die wegen der schnellen →Signalverarbeitung im Bereich um 1 µm und darunter liegen (→Kurzkanaltechnik).

Die →Packungsdichte der MESFET ist groß, weil einerseits wegen des semiisolierenden Substrates Isolationsmaßnahmen (→Isolationstechnik) entfallen, parasitäre Elemente nur geringen Einfluß haben und zum anderen die Abmessungen der Funktionselemente selbst klein sind. Für den digitalen Anwendungsbereich wurden eine Reihe typischer Logikgatter der MESFET entwickelt (→BFL, →DCFL, →SDFL). Der →Integrationsgrad solcher Schaltkreise reicht heute bereits bis ins LSI-Gebiet. Typische Schaltkreise wie →Halbleiterspeicher, AD-Wandler, Mikrorechner kleinerer Leistung sind bereits im Angebot. Auf dem Analogsektor gibt es derzeit verschiedene Mikrowelleneinheiten – z. B. →Breitbandverstärker – in MESFET im Schaltkreisangebot, doch wird das Aufkommen zunehmend größer (→Multiplexer, →Operationsverstärker).

Hauptanwendungsgebiete der MESFET sind – wie erwähnt – die →Mikrowellentechnik und die extrem schnelle Digitaltechnik (→Gigabit-Logik). Perspektivisch erlaubt sie auch den Einbezug anderer Funktionselemente, wie →HEMT, →Heterostrukturen, optoelektronische FE, nicht zuletzt eignet sie sich auch sehr gut für integrierte optische Schaltkreise. *R. Paul*

Meßaufnehmer, induktiver. Die Induktivität einer →Spule ergibt sich unter Vernachlässigung von Streufeldern zu

$$L = \frac{N^2 \cdot \mu_o \cdot \mu_r A}{\varrho}$$

Die Induktivität L läßt sich also über den Querschnitt A, die Länge l oder die Permeabilitätszahl μ_r des magnetischen Kreises ändern. Bei i. M. wird meist der Einfluß einer Änderung s der Länge des magnetischen Kreises oder einer Änderung von μ_r infolge mechanischer Beanspruchung (z. B. beim magnetoelastischen Kraftaufnehmer) ausgenutzt (Bild).

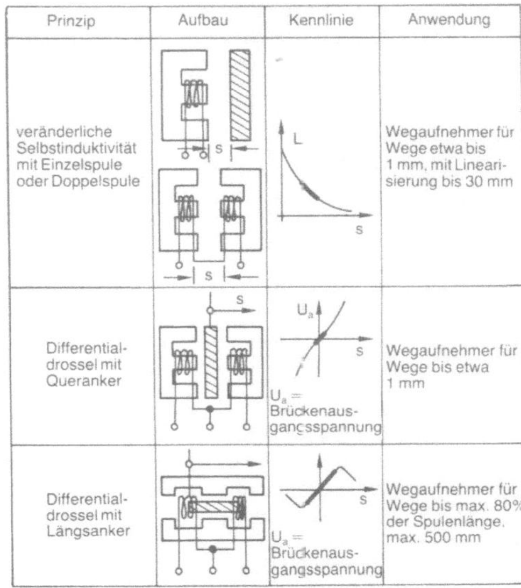

Meßaufnehmer, induktiver: Passive induktive Aufnehmer.

Differentialtransformatoren bestehen aus drei Spulen, von denen eine mit einer Wechselspannung gespeist wird, während in den beiden anderen Spulen Spannungen induziert werden, deren Größe von der Stellung eines verschieblichen Ankers abhängen. Ebenfalls zur Gruppe der i. M. gehören Drehmelder zur Fernmessung und Fernübertragung von Drehwinkeln (→Längen- und Winkelmessung). *Hammerschmidt*

Literatur: *Schrüfer, E.:* Elektrische Meßtechnik. München 1992. – *Stöckl, M.* u. *K.-H. Winterling:* Elektrische Meßtechnik. Stuttgart 1978.

Meßaufnehmer, kapazitiver. Die Kapazität eines Plattenkondensators ergibt sich unter Vernachlässigung von Randeffekten zu

$$C = \varepsilon_0 \, \varepsilon_r \, \frac{A}{d}$$

Die Kapazität C läßt sich demnach über den Plattenabstand d, die wirksame Plattenoberfläche A oder die Dielektrizitätszahl ε_r beeinflussen. Die Kapazitätsänderung des Kondensators wird mittels Meßbrücken und Resonanzkreisen erfaßt (Bild). Eingangsgröße ist ein Weg oder ein Winkel, Ausgangs-

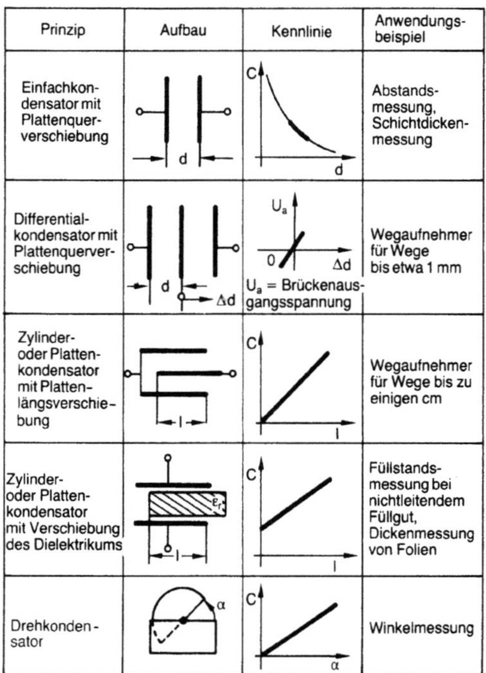

Prinzip	Aufbau	Kennlinie	Anwendungsbeispiel
Einfachkondensator mit Plattenquerverschiebung	d	C, d	Abstandsmessung, Schichtdickenmessung
Differentialkondensator mit Plattenquerverschiebung	d, Δd	U_a, 0, Δd; U_a = Brückenausgangsspannung	Wegaufnehmer für Wege bis etwa 1 mm
Zylinder- oder Plattenkondensator mit Plattenlängsverschiebung	l	C, l	Wegaufnehmer für Wege bis zu einigen cm
Zylinder- oder Plattenkondensator mit Verschiebung des Dielektrikums	ε_r, l	C, l	Füllstandsmessung bei nichtleitendem Füllgut, Dickenmessung von Folien
Drehkondensator	α	C, α	Winkelmessung

Meßaufnehmer, kapazitiver: Übersicht möglicher Verfahren und Anwendungen.

größe ist die Kapazitätsänderung (→Längen- und Winkelmessung). *Hammerschmidt*

Literatur: *Rohrbach, Chr.:* Handbuch für elektrisches Messen mechanischer Größen. Düsseldorf 1967. – *Schrüfer, E.:* Elektrische Meßtechnik. München 1992. – *Stöckl, M.* u. *K.-H. Winterling:* Elektrische Meßtechnik. Stuttgart 1978.

Meßbrücke. M. dienen dem meßtechnischen Erfassen von Widerständen, Induktivitäten, Kapazitäten und gelegentlich auch Frequenzen sowie von Änderungen der vorstehenden Größen gegenüber einem Bezugswert. In der Grundstruktur einer M. (Bild 1) werden aus einer gemeinsamen Spannungs- oder →Stromquelle die jeweils in Reihe geschalteten Impedanzen Z_1 und Z_2 sowie Z_3 und Z_4 gespeist. Die Spannung U_d zwischen den Punkten A und B wird

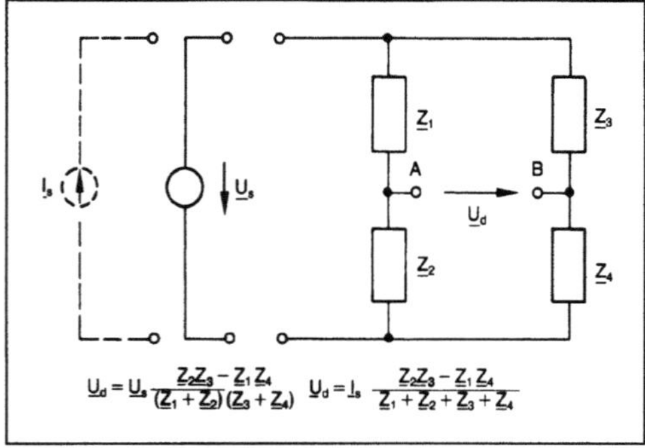

Meßbrücke 1: Grundstruktur.

auch Spannung im Nullzweig oder in der Brückendiagonalen genannt. Sie ist für die leistungslose Messung (d. h. $I_d = 0$) bei Speisung der Brücke mit eingeprägter Spannung U_s bzw. mit eingeprägtem Strom I_s angegeben.

Bei Brücken unterscheidet man zwei Betriebsarten. Wenn man die Impedanzen Z_1 bis Z_4 so abgleicht, daß der im Nullzweig eingesetzte Nullindikator $U_d = 0$ anzeigt, kann man durch Auswerten von $Z_2Z_3 - Z_1Z_4 = 0$ die gewünschte Größe ermitteln, z. B. eine unbekannte Impedanz (Abgleichbrücke). Im Gegensatz dazu verwendet man in der industriellen Meßtechnik sehr häufig Brückenschaltungen, bei denen in mindestens einem Brückenzweig Meßaufnehmer eingeschaltet sind, die einer Impedanzänderung unterliegen. Nur im Ruhezustand ist die M. abgeglichen. Wirkt nun eine Meßgröße, so ist die Brücke nicht mehr im Abgleich, und das im Diagonalzweig eingesetzte Meßgerät wird ausschlagen (Ausschlagbrücke). Der Ausschlag ist der Meßgröße genau oder näherungsweise proportional.

□ Abgleichbrücke für Gleichstrom. Nachstehend werden einige wichtige Abgleichbrücken dargestellt. Setzt man in der M. nach Bild 1 für Z_1 bis Z_4 ohmsche Widerstände R_1 bis R_4 ein, so erhält man die Wheatstone-Brücke. Wenn $R_2 = R_x$ ein unbekannter Widerstand ist und bei R_1 ein einstellbarer Widerstand sowie bei R_3 und R_4 konstante Widerstände eingesetzt werden, erhält man bei Abgleich ($U_d = 0$):

$$R_x = R_1 \cdot \frac{R_3}{R_4}$$

Abgleich ist auch möglich für konstantes R_1, wenn das Verhältnis R_3/R_4 variabel ist. Bei entsprechend kleinen Fehlergrenzen von R_1 und R_3/R_4 und großer Empfindlichkeit des Nullindikators sind mit der Wheatstone-Brücke sehr genaue Widerstandsmessungen möglich. Für Präzisionsmessungen an Widerständen unter etwa 10Ω setzt man statt der Wheatstone- die Thomson-Brücke ein, die es erlaubt, den Einfluß des Widerstands der Anschlußleitungen bei der Messung zu eliminieren.

Abgleichbrücken für Widerstandsmessungen im Betrieb und im Labor werden vielfach durch digitale elektronische Meßgeräte verdrängt. (→Multimeter; →Widerstandsmessung).

□ Abgleichbrücke für Wechselstrom. Die bisher beschriebenen Abgleichbrücken werden meist mit Gleichstrom betrieben. Zum Messen von Impedanzen wird eine Brücke gemäß Bild 1 mit Wechselspannung bzw. Wechselstrom gespeist. Für die abgeglichene Brücke gilt

$$\frac{\underline{Z}_1}{\underline{Z}_2} = \frac{\underline{Z}_3}{\underline{Z}_4}$$

Nach den Gesetzen für die komplexe Rechnung folgt daraus für die Beträge

$$\frac{Z_1}{Z_2}=\frac{Z_3}{Z_4}$$

und für die Phasenwinkel

$$\varphi_1-\varphi_2 = \varphi_3-\varphi_4$$

Jede der beiden Gleichungen muß für sich erfüllt werden, so daß man mindestens zwei veränderliche Brückenelemente benötigt, die man abwechselnd in Richtung auf den Abgleich betätigt.

Aus der Vielzahl von M. für Impedanzen sollen hier einige Beispiele gebracht werden. Die Induktivitäts-M. nach *Maxwell* und *Wien* (Bild 2) besitzt neben zwei Widerständen R_2 und R_3 eine feste Vergleichskapazität C_4 mit Parallelwiderstand R_4. Bei Abgleich gilt für die unbekannte verlustbehaftete Induktivität:

$$L_x = R_2\, R_3\, C_4$$

$$R_x = R_2\,\frac{R_3}{R_4}$$

Vertauscht man in der Schaltung nach Bild 2 die Brückenzweige 2 und 4 miteinander (Bild 3), kann man statt L_x und R_x eine verlustbehaftete Kapazität (Parallelschaltung von C_x und R_x) ausmessen. Die Abgleichbedingungen lauten hier:

$$C_x = C_2\,\frac{R_4}{R_3}$$

$$R_x = R_2\,\frac{R_3}{R_4}$$

Weitere Wechselstrom-M. werden eingesetzt z. B. zum Messen von Gegeninduktivitäten, bei Elektrolytkondensatoren, zur Verlustfaktormessung bei Hochspannungseinrichtungen (*Schering*-Brücke), zum Fehlerortbestimmen bei Kabelfehlern, zum Frequenzmessen (*Wien-Robinson*-Brücke), zum Bestimmen von Impedanzunterschieden.

□ Ausschlagbrücke. Wichtigster Einsatzbereich für Ausschlagbrücken sind industrielle →Meßumformer (Meßgeräte). Viele Meßgrößen lassen sich über Widerstands-, Induktivitäts-, Kapazitäts- und manchmal auch Frequenzänderungen mittels einer Ausschlagbrücke in eine Brückendiagonalspannung umformen. Von den Meßaufnehmern, die auf einer Widerstandsänderung beruhen, seien der →Dehnungsmeßstreifen (DMS) und das →Widerstandsthermometer genannt. Wenn nur einer der vier Brückenwiderstände (Viertelbrücke) von der Meßgröße x (z. B. Dehnung oder Temperatur) gemäß $R = R_0\,(1 + \alpha x) = R_0 + \Delta R$

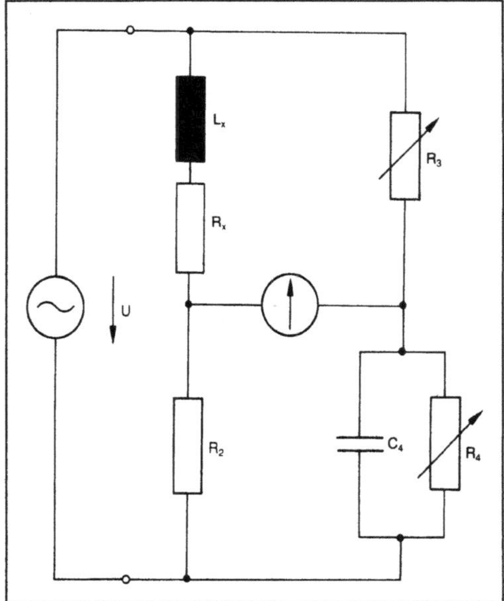

Meßbrücke 2: Induktivitäts-M. nach Maxwell und Wien.

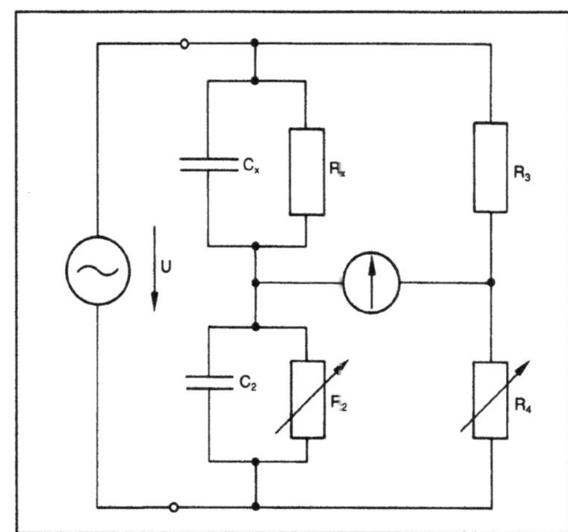

Meßbrücke 3: Kapazitäts-M. nach Wien.

abhängt, ergibt sich die Brückendiagonalspannung unter der Voraussetzung, daß $Z_1 = R$ und $Z_2 = Z_3 = Z_4 = R_0$ (Bild 1), zu

$$U_d \approx \frac{1}{4}\,U_s\,\frac{\Delta R}{R_0} \text{ bzw. } U_d \approx \frac{1}{4}\,I_s\,\Delta R.$$

Bei Dehnungsmessungen schaltet man mehr als einen DMS in die Brücke. Wenn es gelingt, den ersten DMS einer Dehnung und einen zweiten einer Stauchung auszusetzen (z. B. bei →Biegebalken), hat man gegenüber der Viertelbrücke den doppelten Meßeffekt und außerdem störende Temperatureinflüsse eliminiert (Bild 4, Halbbrücke):

$$U_d = \frac{1}{2} U_s \frac{\Delta R}{R_0} \quad \text{bzw.} \quad U_d = \frac{1}{2} I_s \Delta R$$

Vier passend verschaltete DMS ergeben eine Vollbrücke. Bei allen Ausschlagbrücken ist wichtig, daß Speisespannung bzw. Speisestrom sehr genau konstant gehalten werden, da sie direkt in die Diagonalspannung U_d eingehen. Weiterhin soll die Diagonalspannung leistungslos ($I_d = 0$) abgenommen werden, was z. B. mit Meßverstärkern möglich ist. Die Ausgangssignale von →Meßaufnehmern (induktive und kapazitive) werden ebenfalls mit Hilfe von Ausschlagbrücken erfaßt. *Hammerschmidt*

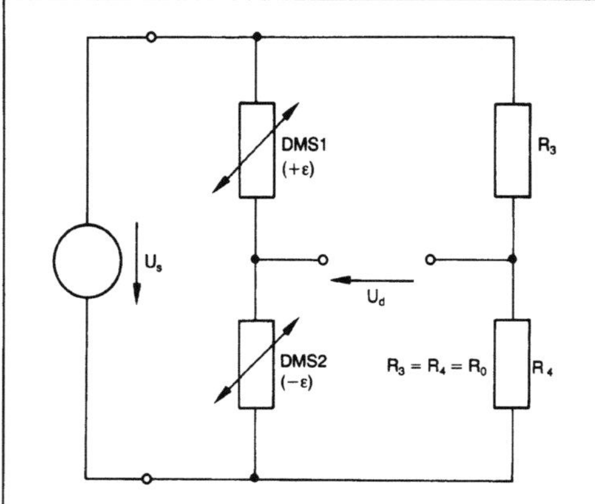

Meßbrücke 4: DMS-Halbbrücke.

Meßeinrichtung. Die Aufgabe einer M. ist die Aufnahme einer den Meßwert repräsentierenden physikalischen Größe, deren Weiterleitung und Umformung und die Ausgabe des gesuchten Meßwerts. Eine M. besteht aus einem Meßgerät oder mehreren zusammenhängenden Meßgeräten mit zusätzlichen Einrichtungen, die ein Ganzes bilden (Bild).

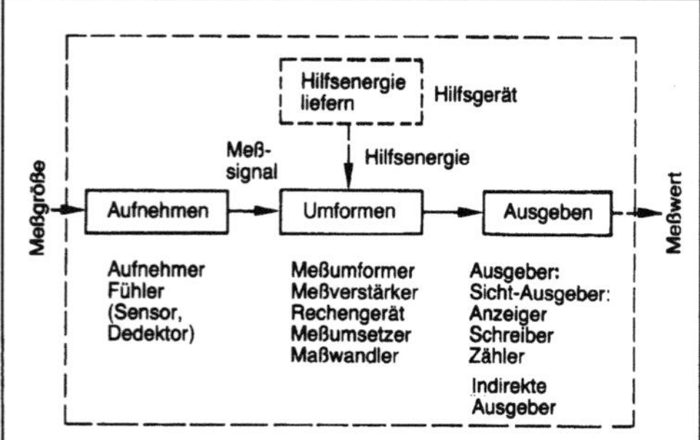

Meßeinrichtung: Benennung von Meßgeräten nach Aufgaben im Rahmen der Meßeinrichtung. (Quelle: VDI/VDE 2600 Bl. 3)

Das erste Glied in einer M. wird oft Meßaufnehmer (Aufnahmewandler) genannt; es wandelt die zu messende physikalische Größe in ein Meßsignal um. Dabei wird derjenige Teil des Aufnehmers, der die Meßgröße unmittelbar erfaßt und auf diese empfindlich ist, Fühler genannt. Gelegentlich werden Fühler auch als Detektoren oder Sensoren bezeichnet. Das letzte Glied heißt Ausgabegerät oder Ausgeber und kann ein direkter Ausgeber (z. B. ein anzeigendes Meßgerät oder ein Schreiber) oder ein indirekter Ausgeber (z. B. Speichergerät) sein.

Die Übertragungsglieder jeder Art zwischen →Aufnehmer und Ausgeber bilden die wesentlichen Teile der Übertragungsstrecke, sie heißen →Meßumformer. Sie haben die Aufgabe, die Information über den Meßwert durch vorhandene Meßsignale in andere geeignete Meßsignale umzuformen und bis zum ausgebenden (oder weiterverarbeitenden) Gerät weiterzuleiten. Die Information über den Meßwert muß dabei eindeutig und unverfälscht erhalten bleiben.

Meßumsetzer (Codeumsetzer) sind Meßgeräte, die im Ein- und Ausgang verschiedene Signalstruktur (analog-digital; digital-analog) oder nur digitale Signalstruktur haben.

Eine M. wird als ein System, das vor allem aus Aufnehmer, in Kette geschalteten Übertragungsgliedern (Meßumformer) und Ausgeber zusammengesetzt ist, auch Meßkette genannt.

Eine Meßanlage umfaßt mehrere, voneinander unabhängige M., die in räumlichem oder funktionalem Zusammenhang stehen. *Hammerschmidt*

Literatur: VDI/VDE 2600: Richtlinien Metrologie (Meßtechnik). (Ausg. Nov. 1973).

Meßfehler (auch Meßabweichung). Es ist das Ziel jeder Messung, den wahren Wert einer Meßgröße zu ermitteln. Doch wird jedes Meßergebnis verfälscht, durch Unvollkommenheiten des Meßgegenstands, der Meßgeräte und der Meßverfahren, außerdem durch Einflüsse der Umwelt wie auch des Beobachters, sowie durch zeitliche Veränderungen bei allen derartigen Fehlerquellen.

Einflußgrößen sind veränderliche physikalische Größen, die auf die Verknüpfung von Eingangs- und Ausgangsgrößen in Meßgeräten von außen einwirken. Wichtige Einflußgrößen sind: Temperatur, Feuchte, Luftdruck, Lage des Meßgeräts, Erschütterungen und Stöße, elektrisches →Rauschen, elektrische und magnetische Störfelder, Hilfsenergie, Störspannungen, Belastung des Meßgeräts, Fremdlicht.

Man muß stets mit Meßabweichungen rechnen (hier nur Abweichungen genannt, früher auch mit →Fehler bezeichnet). Dabei unterscheidet man systematische und zufällige Abweichungen. Wenn man Abweichungen nach Betrag und Vorzeichen angeben kann, handelt es sich um bekannte systematische Abweichungen, die man durch Korrektionen ausschalten sollte, denn sonst würde das Ergebnis unrichtig. Es gibt auch systematische Abweichungen, die aufgrund experimenteller Erfahrungen vermutet oder deutlich werden, deren Betrag und Vorzeichen aber nicht eindeutig angegeben werden können. Solche unbekannten systematischen Abweichungen können in vielen Fällen abgeschätzt werden. Nicht beherrschbare, nicht einseitig gerichtete Einflüsse während mehrerer Messungen am selben Meßobjekt innerhalb einer Meßreihe führen zu einer Streuung der Meßwerte um den Mittelwert einer Meßreihe und damit zu zufälligen Abweichungen der Meßwerte vom wahren Wert. Sie machen das Meßergebnis unsicher. Wegen der verschiedenen Einflüsse gibt es keine Möglichkeit, den wahren Wert x_w zu finden. Man geht deshalb gedanklich davon aus, daß die bei mehreren Einzelmessungen einer Meßreihe erhaltenen Werte, die Meßwerte x_i, Realisierungen einer Zufallsgröße X sind. Diese Zufallsgröße X folgt einer Wahrscheinlichkeitsverteilung, die insbesondere durch die beiden Parameter Erwartungswert μ und Standardabweichung σ gekennzeichnet ist. Bei Abwesenheit von systematischen Abweichungen stimmt der Erwartungswert μ mit dem wahren Wert x_w der Meßgröße überein. Die Standardabweichung σ ist ein Streuungsmaß für die zufällige Abweichung eines einzelnen Meßwerts vom Erwartungswert der Meßgröße.

Die Parameter μ und σ der Wahrscheinlichkeitsverteilung sind i. a. nicht bekannt. Es besteht die Aufgabe, aus einer Meßreihe Schätzwerte für sie zu ermitteln. Üblicherweise werden der arithmetische Mittelwert $\bar{x}$ als Schätzwert für μ und die (empirische) Standardabweichung s der Meßreihe als Schätzwert für σ benutzt.

$$\bar{x} = \frac{1}{n} \sum_{i=1}^{n} x_i \tag{1}$$

$$s = \sqrt{\frac{1}{n-1} \sum_{i=1}^{n} (x_i - \bar{x})}$$

$$= \sqrt{\frac{1}{n-1}\left[\sum_{i=1}^{n} x_i^2 - \frac{1}{n}\left(\sum_{i=1}^{n} x_i\right)^2\right]} \tag{2}$$

Weil die Meßwerte Realisierungen einer Zufallsgröße sind, werden x von μ und s von σ zufällig abweichen. Geht man von einer Annahme über den Verteilungstyp der Meßwerte aus (DIN 1319/Tl. 3 setzt →Normalverteilung voraus), so läßt sich mit Hilfe von x und s ein →Vertrauensbereich angeben, der mit einer vorgegebenen Wahrscheinlichkeit – dem Vertrauensniveau (1–α) – den Erwartungswert μ überdeckt. Durch diesen Vertrauensbereich wird der Einfluß der zufälligen Abweichungen auf das Meßergebnis erfaßt. Wenn nichts anderes vereinbart ist, soll das Vertrauensniveau $1-\alpha = 95\%$ benutzt werden. Mit 95% Wahrscheinlichkeit liegt dann der Erwartungswert μ je nach der Anzahl n der Einzelmeßwerte in dem Vertrauensbereich

$$\bar{x} - \frac{t}{\sqrt{n}} s \leq \mu \leq \bar{x} + \frac{t}{\sqrt{n}} s$$

mit $\frac{t}{\sqrt{n}}$ nach folgender Tabelle und μ sowie s nach Gl. (1) und (2):

n	2	5	10	50	> 200
$\frac{t}{\sqrt{n}}$	8,98	1,24	0,71	0,28	$\frac{1,96}{\sqrt{n}}$

Man sieht, daß man bei unbekanntem σ und kleinem n einen weiten Vertrauensbereich in Kauf nehmen muß. Ist die Standardabweichung σ aus früheren Messungen ausreichend bekannt, so ergibt sich für das Vertrauensniveau 95% folgender Vertrauensbereich:

$$\bar{x} - \frac{1,96\,\sigma}{\sqrt{n}} \leq \mu \leq \bar{x} + \frac{1,96\,\sigma}{\sqrt{n}}$$

Rechnet man statt mit $1,96\sigma$ mit dem glatten Wert 2σ, so beträgt das Vertrauensniveau 95,5%.

Das endgültige Meßergebnis x_w aus einer Meßreihe ist der um die bekannten systematischen Abweichungen berichtigte Mittelwert $\bar{x}_E$, verbunden mit einem Intervall, dessen Grenzen um $\pm u$ um $\bar{x}_E$ herumliegen: $x_w = \bar{x}_E \pm u$. Dabei beträgt die Meßunsicherheit u i. a. die Hälfte des obenangegebenen Vertrauensbereichs, der erweitert ist um einen Zuschlag für die unbekannten systematischen Abweichungen. Dieser Zuschlag sollte nach Erfahrungen bzw. Herstellerangaben festgelegt werden.

Fehlergrenzen sind vereinbarte Höchstbeträge für (positive oder negative) Abweichungen der Anzeige oder Ausgabe von Meßgeräten. Fehlergrenzen werden im Hinblick auf systematische Abweichungen der Meßwerte vom richtigen oder einem anderen festgelegten vereinbarten Wert der Meßgröße vorgegeben; sie dürfen auch durch zufällige Abweichungen nicht überschritten werden! Häufig sind obere und untere Fehlergrenze gleich. Man spricht dann von symmetrischen Fehlergrenzen. Fehlergrenzen dürfen in Einheiten der betreffenden Größe oder bezogen auf den Endwert des Meßbereichs oder bezogen auf einen anderen Wert angegeben werden. Die relative Angabe erfolgt meist in %, beispielsweise in % des Endwerts des Meßbereichs eines elektrischen Meßgeräts. Die Angabe 1,5 bedeutet z. B., daß der angezeigte

Meßwert um ±1,5% des Endwerts vom wahren Wert abweichen darf.

Bei Meßgeräten mit →Ziffernanzeige kommt hier noch der →Quantisierungsfehler hinzu (±1 in der letzten Stelle der Anzeige). Eichfehlergrenzen sind durch den Gesetzgeber in der Eichordnung vorgeschrieben. *Hammerschmidt*

Literatur: DIN 1319: Grundbegriffe der Meßtechnik. Tl. 3 (Aug. 1983). – VDI/VDE 2600: Richtlinien Metrologie (Meßtechnik), Bl. 1 bis 6, (Ausg. Nov. 1973).

Meßgerät. M. sind die im Signalfluß liegenden Geräte einer →Meßeinrichtung. Die zwischen den M. ausgetauschten Meßsignale enthalten die Information über die zu messende Größe. Beispiele für nichtelektrische M. sind Meterstab und Waage, für elektrische bzw. elektronische M. der häusliche Elektrizitätszähler bzw. eine Quarzuhr.

Die meßtechnischen Eigenschaften eines M. werden durch sein statisches und dynamisches Verhalten sowie durch die Größe der unvermeidlichen Meßabweichungen charakterisiert.

Der stationäre Zustand (oder Beharrungszustand) eines M. ist bei zeitlicher Konstanz aller Eingangsgrößen nach Ablauf aller Ausgleichsvorgänge erreicht. Für diesen Zustand beschreibt die Kennlinie (Bild 1) die Abhängigkeit des Ausgangssignals x_a vom Eingangssignal x_e:

$x_a = f(x_e)$

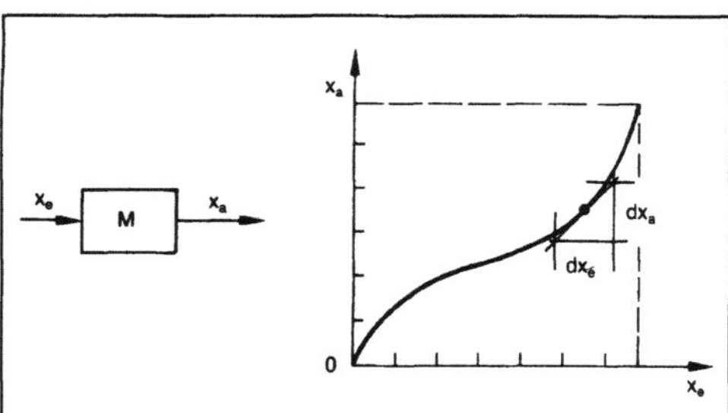

M Meßgerät

Meßgerät 1: Kennlinie.

Aus der Kennlinie ergibt sich die →Empfindlichkeit E eines M. Sie ist der Quotient aus einer beobachteten Änderung des Ausgangssignals (oder der Anzeige) dx_a und der sie verursachenden kleinen Änderung des Eingangssignals (oder der Meßgröße) dx_e:

$$E = \frac{dx_a}{dx_e}$$

Ein M. hat eine lineare Kennlinie und eine konstante Empfindlichkeit, wenn der Zusammenhang zwischen der Eingangsgröße und der Ausgangsgröße durch eine Gerade (lineare Funktion) dargestellt wird. Dabei werden lineare Maßstäbe auf Abszisse und Ordinate vorausgesetzt. Eine Kennlinie ist nichtlinear, wenn sie keine Gerade darstellt.

Bei M. mit →Skalenanzeige ist die Empfindlichkeit E der Quotient aus der Änderung ΔL der Anzeige und der sie verursachenden Änderung ΔM der Meßgröße, also $E = \Delta L/\Delta M$.

Beispiel: Ein Fieberthermometer, dessen Quecksilbersäule bei 38 °C um 9 mm länger ist als bei 37 °C, hat eine Empfindlichkeit E = 0,9 mm/K.

Bei M. mit →Ziffernanzeige ist die Empfindlichkeit E der Quotient aus der Anzahl ΔZ der Ziffernschritte, um die sich die Anzeige ändert, und der sie verursachenden Änderung ΔM der Meßgröße, also $E = \Delta Z/\Delta M$.

Der Quotient aus einem ersten deutlich erkennbaren Unterschied der Anzeige und der sie verursachenden Änderung der Meßgröße ist keine Empfindlichkeit im vorstehend definierten Sinn, sondern er wird als Ansprechschwelle bezeichnet. In manchen Bereichen der →Meßtechnik benutzt man bevorzugt den Kehrwert der Ansprechschwelle und bezeichnet diesen als Auflösung. Die Auflösung ist die erforderliche Änderung der Eingangsgröße, um eine festgelegte geringe Änderung der Anzeige zu bewirken. Bei Geräten mit Ziffernanzeige versteht man unter Auflösung oft den Ziffernschritt.

Beispiel: Ein Strommesser mit vierstelliger Ziffernanzeige und einem Anzeigebereich bis 2 A kann Änderungen des zu messenden Stroms bis zu 1 mA herab erkennen. Die Auflösung beträgt hier also 1 mA pro Ziffernschritt. Es sei hier ausdrücklich darauf verwiesen, daß diese Auflösung nicht zu verwechseln ist mit der →Genauigkeit oder Meßunsicherheit der hier vorgenommenen Messung. Der →Meßfehler, der bei Messungen mit dem beschriebenen Gerät gemacht wird, hängt von den Eigenschaften des Geräts und den Einsatzbedingungen ab und kann wesentlich größer als 1 mA sein.

Das dynamische Verhalten oder Zeitverhalten kennzeichnet den zeitlichen Verlauf der Ausgangsgröße bei einem vorgegebenen Verlauf der Eingangsgröße. In der Meßtechnik werden zur Kennzeichnung des Zeitverhaltens vorwiegend sprungförmige oder sinusförmige Änderungen der Eingangsgrößen verwendet, die mathematisch ineinander überführbar sind. Viele M. benötigen nach einer sprungförmigen Änderung des Wertes der Eingangsgröße eine gewisse Einstellzeit, bis der Wert der Ausgangsgröße dauernd innerhalb vorgegebener Grenzen eingeschwungen ist (Bild 2). Diese Einstellzeit ist bei Messungen abzuwarten.

Beispiel: Ein Thermometer mag zeitlich konstante Temperaturen relativ genau erfassen können, infolge seiner Trägheit kann es aber einer rasch veränderlichen Temperatur nur ungenau folgen.

Bei abtastenden (diskontinuierlichen) Verfahren können Abweichungen dadurch entstehen, daß die

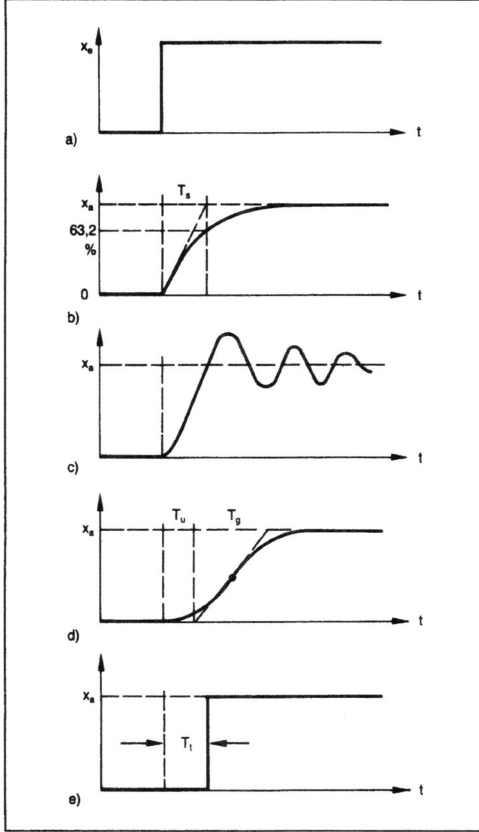

T_s Zeitkonstante, T_u Verzugszeit, T_g Ausgleichszeit

Meßgerät 2: Sprungantworten.
a) Sprungförmig sich änderndes Eingangssignal x_e
b) Ausgangssignal x_a eines M. mit Zeitverhalten 1. Ordnung
c) Ausgangssignal x_a eines M. mit Zeitverhalten höherer Ordnung; schwingende Annäherung an den neuen Endwert
d) Ausgangssignal x_a eines M. mit Zeitverhalten höherer Ordnung; kriechende Annäherung an den neuen Endwert
e) Ausgangssignal x_a eines M. mit der Totzeit T_t.

Abtastrate nicht der Änderungsgeschwindigkeit der Meßgröße angepaßt ist.

□ Meßgeräte mit direkter Ausgabe (Sichtausgeber). Von einem anzeigenden M. kann der Meßwert unmittelbar abgelesen oder abgenommen werden.

Ein registrierendes M. zeichnet einzelne Meßwerte oder den Verlauf – und zwar meist den zeitlichen Verlauf – von Meßwerten auf (Schreiber, Drucker, →Registriergerät).

Ein zählendes M. (z. B. Stückzähler, Meßeinrichtung zum Zählen von Alphateilchen) gibt als Meßwert eine Anzahl aus, oder es gehört zu den meist ebenfalls →Zähler genannten, eine Meßgröße über die Zeit integrierenden M. (z. B. Elektrizitätszähler, Gasdurchfluß-Integratoren).

Bei den M. mit Skalenanzeige (Bild 3a) stellt sich eine Marke (z. B. eine bestimmte Stelle eines körperlichen Zeigers oder eines Lichtzeigers) meist kontinuierlich auf eine Stelle der Skale (Teilung) des Geräts ein oder die Skale wird darauf eingestellt. M., elektrische.

Bei den M. mit Ziffernanzeige ist die Ausgangsgröße eine mit fest gegebenem kleinsten Schritt quantisierte zahlenmäßige Darstellung der Meßgröße. Der Meßwert erscheint diskontinuierlich als Summe von Quantisierungseinheiten oder als Summe von Impulsen, z. B. in einer Ziffernfolge. Solche M. haben daher keine stetig ablesbare Skale (Bild 3b).

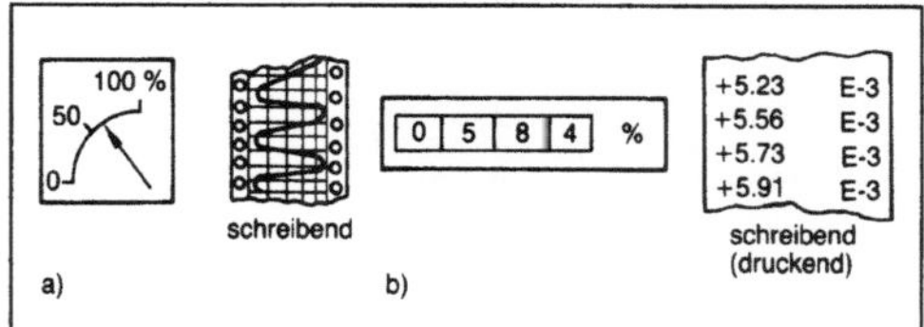

Meßgerät 3: Direkte Meßwertausgabe.
a) Meßwertausgabe mit Skalenanzeige
b) Meßwertausgabe mit Ziffernanzeige.

Maßverkörperungen sind M., die bestimmte, i. a. unveränderliche einzelne Werte oder auch eine Folge von Werten einer Meßgröße verkörpern (z. B. Endmaße, Meßkolben, Gewichtstücke, Widerstandsnormale). Sie haben keine während der Messung beweglichen Marken.

□ Anzeigebereich, Meßbereich. Der Anzeigebereich ist der Bereich aller Werte der betrachteten Meßgröße, die an einem M. abgelesen werden können. Bestimmte M., z. B. Thermometer mit Erweiterungen, können mehrere Teilanzeigebereiche haben.

Der Meßbereich ist derjenige Bereich von Meßwerten der Meßgröße, in dem vorgegebene, vereinbarte oder garantierte Fehlergrenzen nicht überschritten werden.

Bei M. mit mehreren Meßbereichen können für die einzelnen Bereiche unterschiedliche Fehlergrenzen gelten (Beispiel: Mehrbereich-M.).

Der Meßbereich wird durch seine Grenzen, Meßanfang und Meßende, angegeben. Die Differenz zwischen Meßende und Meßanfang heißt Meßspanne (Bild 4).

Bei anzeigenden M. ist der Meßbereich ein Teil des Anzeigebereichs. Er kann den ganzen Anzeigebereich umfassen, wird aber oft nur aus einem oder mehreren Teilen des Anzeigebereichs bestehen.

Hammerschmidt

Literatur: *Schrüfer, E.*: Elektrische Meßtechnik. München 1992. – VDI/VDE 2600: Richtlinien Metrologie (Meßtechnik). (Ausg. Nov. 1973).

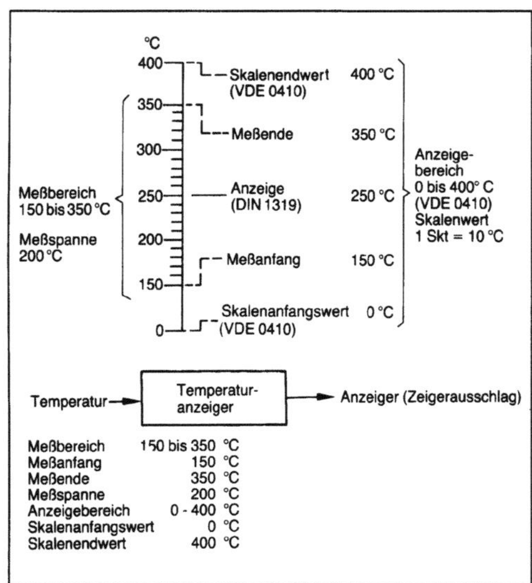

Meßgerät 4: Beispiel für ein M. mit Skalenanzeige.

Meßgerät, elektrisches. Wenn die Eingangs- und/oder Ausgangssignale von Meßgeräten durch elektrische Größen dargestellt werden, spricht man von e. M. Soweit dabei auch elektronische Bauelemente eingesetzt sind, deren Eigenschaften bestimmend für die Funktion des Geräts werden, handelt es sich um elektronische Meßgeräte (Bild 1).

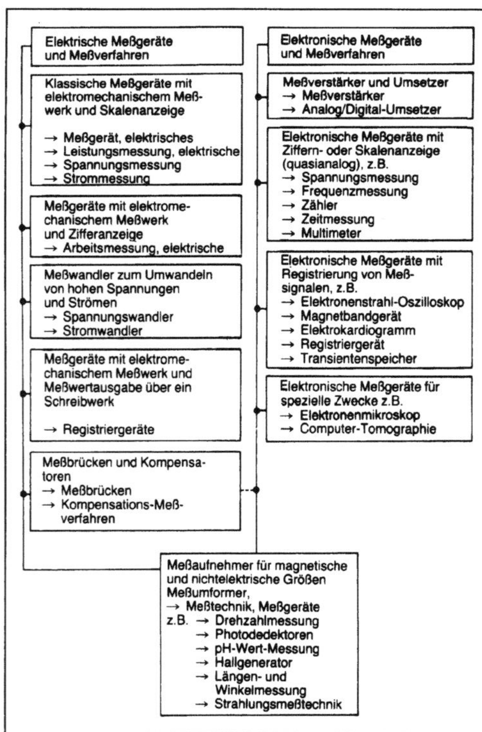

Meßgerät, elektrisches 1: Übersicht.

Als e. M. versteht man die klassischen Meßgeräte, d. h. jene Bauarten zum Messen von Gleich- und Wechselstromgrößen, die über ein elektromechanisches Meßwerk verfügen, das feinwerktechnisch gefertigt ist. Ein Meßwerk besteht aus den eine Bewegung erzeugenden Teilen (z. B. →Magnet, →Spule) und dem beweglichen Organ (z. B. Spulen, Eisenteile, Zeiger), dessen Lage von dem Wert der Meßgröße abhängt. Die feststehenden Teile tragen üblicherweise die Skale, während das bewegliche Organ den Zeiger oder den Drehspiegel für eine Lichtzeigeranordnung trägt. Das bewegliche Organ wird durch Spiralfedern oder Torsionsbänder (bei der Spannbandlagerung) in seine Ruhelage gebracht. Beim ausgelenkten beweglichen Organ sind elektrisch erzeugtes Drehmoment und das durch die Federn aufgebrachte Rückstellmoment im eingeschwungenen Zustand gleichgroß. Um Schwingungen beim Einstellvorgang klein zu halten, muß man die Bewegung dämpfen. Zum Schutz gegen den Einfluß magnetischer Fremdfelder kann man die Meßwerke mit einer Abschirmung aus hochpermeablem Nickeleisenblech umgeben.

Die wichtigsten in klassischen Meßgeräten eingesetzten Meßwerke werden nachfolgend kurz beschrieben.

□ Drehspulmeßwerke enthalten einen feststehenden Dauermagneten (Magnete), dessen Pole man häufig so ausbildet, daß sich ein radialhomogenes Magnetfeld ergibt. In diesem Magnetfeld ist eine rahmenförmige Drehspule angeordnet, in die der Meßstrom über zwei Spiralfedern oder zwei Spannbänder geleitet wird (Bild 2). Bei linearer Charakteristik der Federn ist der Ausschlag dem Mittelwert (Mittelwerte einer periodischen Zeitfunktion) des durchfließenden Stroms proportional, die Skale kann linear geteilt sein.

Man wendet Drehspulmeßwerke zur →Spannungsmessung, →Strommessung bei Gleichstrom, in Verbindung mit Gleichrichtern (Halbleiterdioden) auch bei Wechselstrom an. Die handelsüblichen Vielfachinstrumente mit →Skalenanzeige enthalten Drehspulmeßwerke, umschaltbare Vor- und Nebenwiderstände sowie →Gleichrichter, so daß sich eine Vielzahl von Meßbereichen für Gleichspannung, Gleichstrom, Wechselspannung und Wechselstrom ergibt.

□ Drehmagnetmeßwerke haben einen drehbar gelagerten Dauermagneten, der im Magnetfeld feststehender Spulen ausgelenkt wird. Sie sind sehr robust, weil sie keine bewegliche Stromzuführung benötigen.

□ Drehspulquotientenmeßwerke (Kreuzspulmeßwerke) haben zwei gekreuzte, starr miteinander verbundene Drehspulen. Das Magnetfeld ist durch entsprechende Gestaltung der Polschuhe inhomogen ausgeführt. Rückstellfedern sind nicht vorhanden (Bild 3). Bei Stromdurchgang durch die beiden

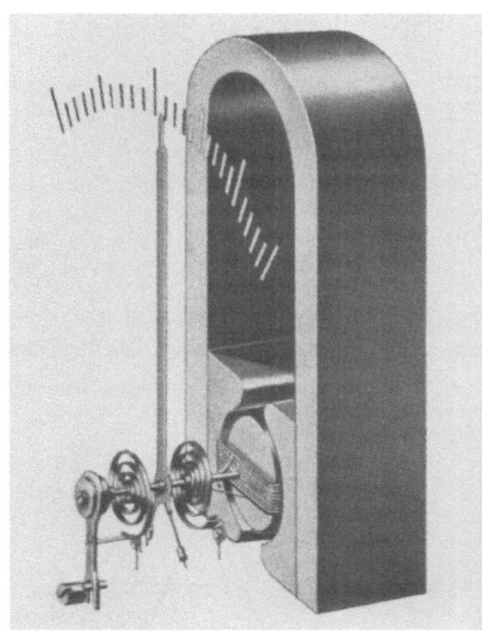

Meßgerät, elektrisches 2: Drehspulmeßwerk mit Außenmagnet. (Quelle: H & B)

Meßgerät, elektrisches 3: Kreuzspulmeßwerk. (Quelle: H & B)

Drehspulen entstehen zwei entgegengesetzt gerichtete Drehmomente. Der Zeigerausschlag hängt vom Quotienten der beiden Ströme ab. Anwendung zur →Widerstandsmessung.

□ Das Prinzip des elektrodynamischen Meßwerks ist gleich dem des Drehspulmeßwerks, wenn der →Permanentmagnet durch einen Elektromagneten ersetzt wird. Der Ausschlag ist proportional dem Produkt der beiden Ströme, die durch die Drehspule bzw. den Elektromagneten fließen. Mit diesem Meßwerk kann man z. B. die elektrische Leistung ($P = U \cdot I \cdot \cos \alpha$) messen (→Leistungsmessung, elektrische). Bei entsprechender Beschaltung läßt sich auch der quadratische Mittelwert einer zeitveränderlichen elektrischen Größe bestimmen (→Effektivwertmessung).

□ Beim Dreheisenmeßwerk (Rundspulausführung) sind in einer ringförmigen Spule zwei Eisenbleche angeordnet. Fließt ein Strom durch die Spule, entsteht zwischen den Eisenblechen eine abstoßende Kraft, die proportional dem Quadrat des Stroms ist. Das eine Eisenblech wird fest, das andere drehbar angebracht. Das Instrument ist für Gleich- und für Wechselstrom geeignet, bei Wechselstrom ist der Ausschlag dem quadratischen Mittelwert (Effektivwert) des durchfließenden Stroms proportional (Induktionsmeßwerk, →Arbeitsmessung, elektrische).

□ Das Bimetallmeßwerk beruht auf der thermischen Wirkung des zu messenden Stroms. Ein Bimetallstreifen (zwei fest miteinander verbundene Metallstreifen mit unterschiedlichen Wärmeausdehnungskoeffizienten) krümmt sich durch die Erwärmung. Die Ausdehnung ist ein Maß für den quadratischen Mittelwert eines Stroms über einen Zeitraum in der Größenordnung von 10 min.

□ Beim Thermoumformer-Meßwerk wird die vom Stromfluß erzeugte Erwärmung eines Meßwiderstands mit Hilfe eines Thermoelements gemessen und auf einem Drehspulinstrument angezeigt. Die →Thermospannung liegt in der Größenordnung von 10 mV und ist wiederum ein Maß für den quadratischen Mittelwert (Effektivwertmessung) des fließenden Meßstroms. Anwendung: Messung des Effektivwerts von Wechselspannungen und Wechselströmen im Frequenzbereich bis weit über 1 MHz.

Eine Übersicht über Sinnbilder für elektrische Meßinstrumente gibt Bild 4.

Die Bedeutung der klassischen e. M. nimmt durch das Vordringen der elektronischen, digital arbeitenden Meßgeräte (Bild 1) mit Skalen- und Ziffernanzeige ab. Gründe dafür sind höherer Bedienungskomfort und geringerer Aufwand beim Herstellen elektronischer M. (z. B. →Multimeter).

In der elektronischen →Meßtechnik werden die Eigenschaften der Meßgeräte durch den Einsatz elektronischer Bauelemente geprägt (→Elektronik). Dadurch ergeben sich viele Vorteile gegenüber der klassischen Meßtechnik:

– Übertragen von Meßwerten über große Entfernungen Übertragungstechnik,
– Messen kleinster Signale durch den Einsatz von Meßverstärkern,

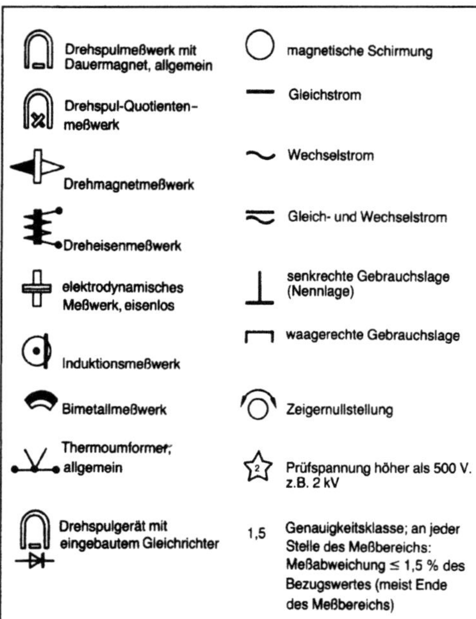

Meßgerät, elektrisches 4: Sinnbilder und Zeichen für Meßwerke nach VDE 0410.

- Einsatzmöglichkeit preisgünstiger Sensoren für eine Vielzahl von Meßgrößen,
- leistungsarme bzw. leistungslose Meßwertaufnahme z. B. →Kompensations-Meßverfahren,
- berührungslose Meßwertaufnahme z. B. →Photodetektoren, →Feldplatte,
- fast trägheitslose Aufzeichnung von Schwingungen z. B. →Elektronenstrahl-Oszilloskop,
- Meßwertverarbeitung in Prozeßrechnern, wobei nach der Analog/Digital-Umsetzung die →Fehler sehr klein gehalten werden können,
- Meßwertspeicherung in Digitalrechnern und mittels analoger und digitaler Magnetbandgeräte.

Die Bedeutung der elektronischen Meßtechnik wird deshalb für die gesamte Technik, die Naturwissenschaften, die Medizin und die Biologie weiterhin zunehmen. *Hammerschmidt*

Literatur: *Profos, P.:* Handbuch der industriellen Meßtechnik. Essen 1984. – *Schrüfer, E.:* Elektrische Meßtechnik. München 1992. – *Stöckl, M.* u. *K. H. Winterling:* Elektrische Meßtechnik. Stuttgart 1978.

Meßgerät für magnetische Größen →Magnetfeldmessung

Meßgleichrichter. Für sinusförmige Wechselspannungsgrößen gibt es (Bild 1) verschiedene Kennwerte. Diese Kennwerte sind wie folgt definiert:

Linearer Mittelwert: $\bar{u} = \frac{1}{T}\int_0^T \hat{u} \sin \omega t \, dt \; [= 0]$,

Gleichrichtwert: $\overline{|u|} = \frac{1}{T}\int_0^T |\hat{u} \sin \omega t| \, dt$

$$\left[= \frac{2}{\pi} \cdot \hat{u} = 0{,}637\, \hat{u}\right]$$

Effektivwert: $u_{eff} = \sqrt{\frac{1}{T}\int_0^T (\hat{u} \sin \omega t)^2 \, dt}$

$$\left[= \frac{\hat{u}}{\sqrt{2}} = 0{,}707 \qquad \hat{u} = 1{,}11 \cdot \overline{|u|}\right]$$

Die eingeklammerten Zahlenwerte 0, 0,637, 0,707 und 1,11 gelten nur für Sinusform. Das Verhältnis $k = \frac{u_{eff}}{\overline{|u|}}$ von periodischen Spannungen wird mit Kurvenformfaktor bezeichnet.

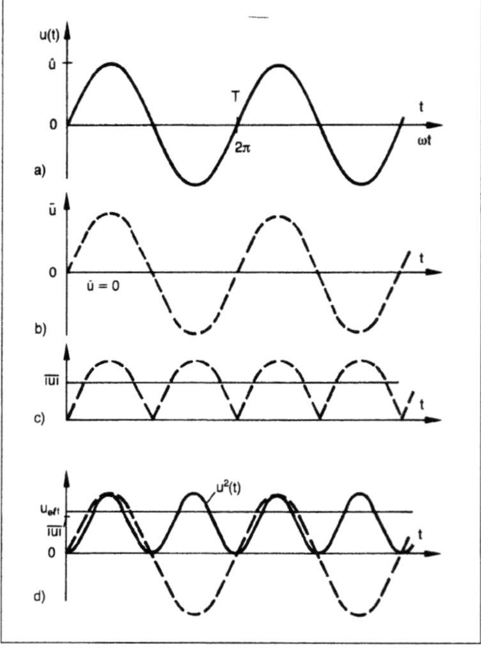

Meßgleichrichter 1: Wechselspannungsgrößen.
a) Augenblickswert u(t) = û sinωt (û = Scheitelwert)
b) Linearer Mittelwert ū
c) Gleichrichtwert $\overline{|u|}$
d) Quadratischer Mittelwert $u^2(t)$ und Effektivwert u_{eff}.

Elektromechanische Meßwerke (→Meßgerät, elektrisches) können schon bei niedrigen Frequenzen den Augenblickswerten von Wechselspannungen nicht mehr folgen und zeigen so nur gemittelte Werte an. Meist ist dies der lineare Mittelwert ū. Bei einer reinen Sinusspannung wäre ū = 0 (Bild 1b), das →Meßwerk würde nichts anzeigen. Um zu einer Anzeige zu kommen, muß man mittels M. dafür sorgen, daß dem Meßwerk ein Signal zugeführt wird, dessen Mittelwert von 0 verschieden und proportional zur Meßgröße ist. Dies geschieht bei der →Einweggleichrichtung (Bild 2b) durch Unterdrücken z. B. der negativen Halbwellen mittels einer Diode D. Die Vollweggleichrichtung mit vier Dioden (Bild 2c) legt den Betrag oder Gleichrichtwert $|u|$ (Bild 1c) an das Meßwerk, woraus sich ein doppelt so großer Ausschlag wie beim Einweggleichrichter ergibt. Man nennt diese Anordnung von vier Gleichrichterdioden auch *Graetz*-Schaltung. Die Kennlinien (Bild 2a) gelten nur für ideale Dioden. Reale Si-Dioden mit ihrer →Durchlaßspannung von ca. 0,6 V verursachen bei der Messung kleinerer Spannungen erhebliche Abweichungen von der Proportionalität zwischen Meßgröße und Anzeige, denen man durch eine nichtlineare Skale teilweise begegnen kann. Eleganter löst man dieses Problem durch Verwendung eines Meßverstärkers mit eingeprägtem Ausgangsstrom (Bild 3). Hier spielen die Diodendurchlaßspannungen keine Rolle mehr. Eine besondere Ausführung dieses Präzisionsgleichrichters erlaubt es, das Meßgerät einpolig an Masse zu legen.

Da nach obigen Angaben der Scheitelwert û einer sinusförmigen Spannung in einem festen Verhältnis

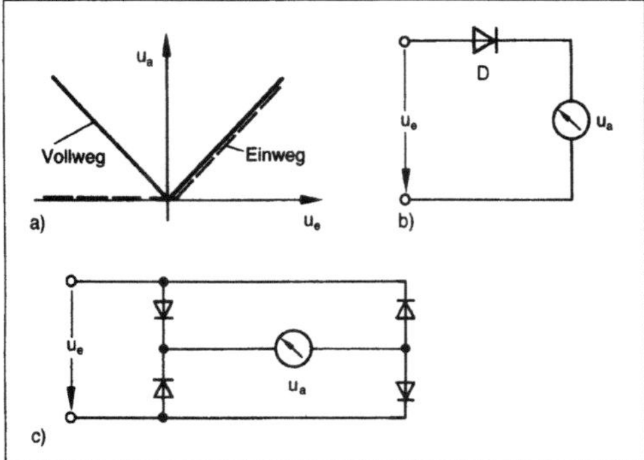

Meßgleichrichter 2: Einweg- und Vollweggleichrichter.
a) Kennlinien
b) Einweggleichrichter
c) Vollweggleichrichter.

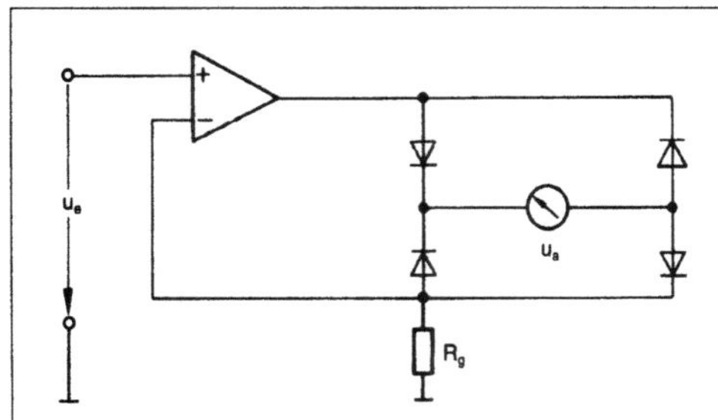

Meßgleichrichter 3: Präzisionsgleichrichter mit Verstärker.

zu den Mittelwerten steht, ist auch die Erfassung von û meßtechnisch sinnvoll. Im einfachsten Fall läßt sich der Scheitelwert auf einem Kondensator C speichern, der über eine Diode D aufgeladen wird (Bild 4a). Durch Einsatz eines Verstärkers läßt sich auch hier der Einfluß der Diodendurchlaßspannung eliminieren (Bild 4b). Praktisch ausgeführte Scheitelwertmesser enthalten weitere Komponenten. Bei den Verfahren, die auf der Speicherung des Scheitelwerts beruhen, erhält man je Periode maximal zwei Meßwerte für û. Dies kann für regeltechnische Anwendungen zu wenig sein. Deshalb differenziert man fortlaufend elektronisch das Signal $\hat{u}(t) = \hat{u} \sin\omega t$ und faßt bei bekannter Frequenz die beiden Signale $u(t)$ und $u'(t)/\omega$ wie folgt zusammen:

$$\sqrt{u^2(t) + (u'(t)/\omega)^2} = \sqrt{\hat{u}^2 \sin^2\omega t + \hat{u}^2 \cos^2\omega t} = \hat{u}.$$

Nach diesem Prinzip arbeitende Schaltungen liefern am Ausgang kontinuierlich eine Spannung, die dem jeweiligen Scheitelwert der angelegten Sinusschwingung entspricht.

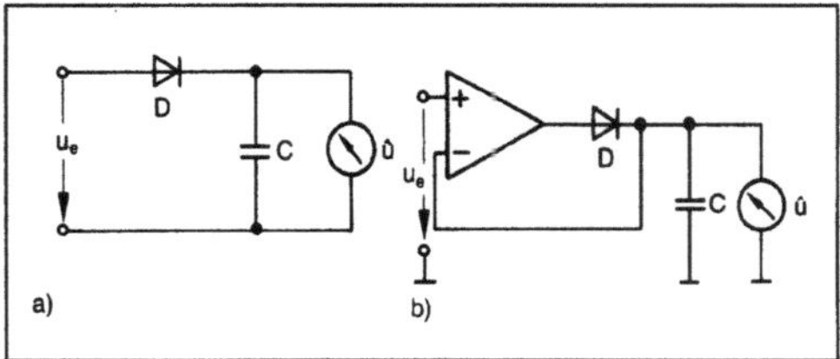

Meßgleichrichter 4: Scheitelwertgleichrichter.
a) Diode und Kondensator
b) Verstärker mit eingeprägtem Ausgangsstrom.

Auch den Effektivwert einer sinusförmigen Wechselspannung kann man über die Messung des Gleichrichtwerts (multipliziert mit k = 1,11) oder des Scheitelwerts (dividiert durch $\sqrt{2}$) ermitteln. Bei vielen handelsüblichen Meßgeräten ist bei den Skalen für Wechselgrößen der Kurvenformfaktor 1,11 berücksichtigt. Es ergeben sich dann bei nicht sinusförmigen Meßgrößen in Abhängigkeit von der Kurvenform folgende Abweichungen:

- Gleichstrom, Rechteck: +11 %,
- Dreieck: −4 %,
- weißes Rauschen: −11 %.

Bei diesen und anderen Kurvenformen kann man auch zur echten →Effektivwertmessung übergehen (→Leistungsmessung, elektrische).

Wenn die zu messende Wechselspannung aus einer →Meßbrücke oder aus einem Trägerfrequenzverstärker (→Meßverstärker) kommt, enthält sie in ihrer Phasenlage (bezogen auf die Speisewechselspannung) das Vorzeichen der zugrundeliegenden Meßgröße (z. B. Dehnung, kleine Gleichspannung), egal ob diese positiv oder negativ ist. Die bisher besprochenen Gleichrichtverfahren können die Phasenlage nicht erkennen, sind also nur für

Meßgrößen mit einer Polarität geeignet. Synchrongleichrichter oder phasenselektive Gleichrichter arbeiten synchron mit der Speisespannung und haben diesen Nachteil nicht. *Hammerschmidt*

Literatur: *Tietze, U.* u. *Ch. Schenk:* Halbleiter-Schaltungstechnik. 8. Aufl. Berlin 1986.

Messen. (→Meßgerät, →Meßgerät, elektrisches, →Meßtechnik). M. ist der experimentelle Vorgang, durch den ein spezieller Wert (Meßwert) einer physikalischen Größe (Meßgröße) als Vielfaches einer Einheit oder eines Bezugswerts ermittelt wird. Der Meßwert wird als Produkt aus Zahlenwert und Einheit der Meßgröße angegeben, z. B. 3,156 m. Die Meßabweichung (früher Fehler) ist die Differenz zwischen dem Meßwert und einem festgelegten Bezugswert. Das Meßergebnis wird i. a. aus mehreren Meßwerten einer einzelnen Meßgröße oder aus Meßwerten verschiedener Meßgrößen mit Hilfe einer vorgegebenen eindeutigen Beziehung erhalten. Im einfachsten Fall kann ein einzelner Meßwert bereits das Meßergebnis darstellen. Für jedes Meßergebnis sind die physikalischen und sonstigen Bedingungen, unter denen es zustande kam (z. B. Druck, Temperatur, Anzahl der Einzelmeßwerte) anzugeben, soweit sie von Einfluß sind. Zum Meßergebnis gehört die Angabe der Meßunsicherheit oder der Fehlergrenzen, →Meßfehler (Meßabweichung).

Beispiel: Die Länge eines Stabes bei 20 °C ist $l = 1{,}284\,\text{m} \pm 0{,}001\,\text{m}$.

Meßprinzip heißt die charakteristische physikalische Erscheinung, die bei der Messung benutzt wird.

Beispiele:

Meßgröße	Meßprinzip
Länge	Lichtinterferenz
	Kapazitätsänderung
Temperatur	Längenausdehnung
	thermoelektrischer Effekt
	Änderung des elektrischen Widerstandes

Einen Überblick über zur Signalwandlung benutzte physikalische und/oder chemische Vorgänge gibt die Tabelle.

Die praktische Anwendung eines Meßprinzips führt auf ein Meßverfahren, wobei man direkte und indirekte Meßverfahren unterscheidet. Bei den direkten Meßverfahren (Vergleichsverfahren oder relative Meßverfahren) wird der gesuchte Meßwert einer Meßgröße durch unmittelbaren Vergleich mit einem Bezugswert derselben Meßgröße gewonnen.

Beispiele: Es kann gemessen werden:
- eine Masse durch Vergleich mit geeichten Gewichtstücken,
- der elektrische Widerstand durch Vergleich mit einem Normalwiderstand.

Bei den indirekten Meßverfahren wird der gesuchte Meßwert einer Meßgröße auf andersartige physikalische Größen zurückgeführt und aus diesen unter Verwendung physikalischer Zusammenhänge ermittelt.

Beispiele. Es kann gemessen werden:
- die Dichte aus Masse und Volumen,
- der elektrische Widerstand aus Stromstärke und Spannung.

Weiterhin unterscheidet man zwischen analogen und digitalen Meßverfahren.

Man nennt ein Meßverfahren *analog,* ein Meßgerät und eine →Meßeinrichtung analog arbeitend, wenn der Eingangsgröße (Meßgröße) eine Ausgangsgröße zugeordnet wird, die mindestens im Idealfall eine eindeutig umkehrbare Abbildung der Meßgröße ist.

Man nennt ein Meßverfahren *digital,* ein Meßgerät und eine Meßeinrichtung digital arbeitend, wenn der Meßgröße durch das Verfahren, das Gerät oder die Einrichtung eine Ausgangsgröße zugeordnet wird, die eine mit fest gegebenen Schritten quantisierte, zahlenmäßige Darstellung der Meßgröße ist.

Beispiele:
- M. der elektrischen Spannung mit einem Spannungsmesser mit Zeiger und Skale (analoges Meßverfahren mit →Skalenanzeige; Meßgeräte, elektrische).
- M. der elektrischen Spannung mit einem Digital-Spannungsmesser (digitales Meßverfahren mit Ziffernanzeige, →Analog/Digital-Umsetzer).

Kontinuierlich arbeitende Meßverfahren können zu jedem Zeitpunkt einen neuen Meßwert liefern, während diskontinuierlich arbeitende Verfahren nur zu bestimmten, oft äquidistanten Zeitpunkten einen Meßwert abgeben. Eine solche Meßeinrichtung enthält mindestens ein diskontinuierlich arbeitendes Gerät, das nur zu diskreten Zeitpunkten arbeitet. Man spricht hier auch von Abtastsystemen. Zwischen den Abtastzeitpunkten wird die Meßgröße nicht erfaßt. Deshalb muß die Häufigkeit der Abtastungen der erwarteten Änderungsgeschwindigkeit der Meßgröße angepaßt werden. Alle digitalen Meßverfahren sind auch diskontinuierlich. Auch bei ansonsten analogen Verfahren ist eine diskontinuierliche Ausgabe der Meßwerte z. B. über einen Punktdrucker (→Registriergerät) möglich.

Eine weitere grundlegende Unterscheidung ist zwischen Ausschlag- und Kompensationsverfahren möglich (→Kompensations-Meßverfahren).

Zählen ist das Ermitteln der Anzahl von Elementen oder von Ereignissen (z. B. Personen oder

Messen. Tabelle: Meßeffekte

		Meßgrößen					
		mechanisch (Kraft, Masse, Weg)	thermisch (Temperatur, Enthalpie)	magnetisch (magn. Feldstärke)	elektrisch (Spannung, Strom etc.)	optisch (Lichtintensität etc.)	molekular (Konzentration etc.)
Ausgangsgrößen	mechanisch	Hebelwirkung Massenträgheit Gravitation Elastizität	Wärmedehnung Dampfdruck	Kraftwirkung im magnetischen Feld Magnetostriktion	Kraftwirkung im elektrischen Feld Elektrostriktion piezoelektr. Effekt	Strahlungsdruck	Sorption Quellung Osmose
	thermisch	adiabat. Zustandsänderung Coulomb'sche Reibung Flüssigkeitsreibung (Zähigkeit)	Zustandsänderung bei konstantem Volumen	Wirbelstrom-Verlustwärme	Joule'sche Wärmeerzeugung dielektr. Verlustwärme Peltier-Effekt	Strahlungsabsorption	spez. Wärme Wärmeleitfähigkeit exotherme Reaktionen
	magnetisch	Magnetostriktion	Curie-Weiss-Effekt	Dia-, Para-, Ferromagnetismus Hysterese Influenz	Elektromagnetismus		Verhalten paramagnet. Gase im Magnetfeld Kernresonanz
	elektrisch	Induktion kapazitiver Effekt piezoelektr. Effekt piezoresist. Effekt Lenard-Effekt	Temperaturabhängigkeit des elektrischen Widerstands Seebeck-Effekt pyroelektr. Effekt (Widerstandsrauschen)	Induktion Hall-Effekt Thomson-Effekt Wiegand-Effet	elektr. Strom in Festkörpern, Flüssigkeiten, Gasen Influenz	Photoeffekt Photowiderstand Photoionisation	galvanische Zelle elektrolyt. Leitung Elektrophorese Polarisation Kontakt- bzw. Konzentrations-Potential Oberflächenreaktionen
	optisch	Interferenz Tribolumineszenz Photoelastizität Reflexion Brechung	Wärmestrahlung Thermolumineszenz	Faraday-Effekt (opt. Drehung) magnetoptischer Kerr-Effekt Zeeman-Effekt (Spektrallinienspaltung)	elektroopt. Kerr-Effekt Elektrolumineszenz Laser Flüssigkristall	nichtlineare Optik Lumineszenz Fluoreszenz	Dispersion Absorption Spektren
	molekular	Abhängigkeit chem. Reaktionen von mechan. Spannung Umkehrosmose	Thermofarbeneffekte Temperaturabhängigkeit chemischer Reaktionen		galvanotechn. Effekte Flüssigkristall	photochem. Effekte	chemische Reaktionen

Dingen, elektrischen Impulsen, Umdrehungen, Partikeln beim radioaktiven Zerfall), die bei dem zu untersuchenden Vorgang in Erscheinung treten. Die Meßtechnik bedient sich mehr und mehr des Zählens zum Ermitteln eines Meßwerts (→Analog/Digital-Umsetzer).

Prüfen heißt feststellen, ob der Prüfgegenstand (Probekörper, Probe, Meßgerät) eine oder mehrere vereinbarte oder vorgeschriebene oder erwartete Bedingungen erfüllt, insbesondere ob vorgegebene Fehlergrenzen oder Toleranzen eingehalten werden. Mit dem Prüfen ist daher immer der Vergleich mit vorgegebenen Bedingungen verbunden.

Beispiele:
- Der Meßkolben hat einen Riß (subjektiv durch Sicht- und Hörprüfung).
- Der Widerstand liegt in den vorgeschriebenen Fehlergrenzen von 2,00Ω ±0,01Ω (objektiv mit Prüfgerät).

Justieren (Abgleichen) heißt, ein Meßgerät so einzustellen oder abzugleichen, daß die Meßabweichungen möglichst klein werden oder daß die Abweichungen innerhalb der Fehlergrenzen bleiben. Das Justieren erfordert also einen Eingriff, der das Meßgerät oft bleibend verändert.

Beispiele:
- Justieren eines Widerstands auf seinen richtigen Wert durch Ändern der Drahtlänge.
- Justieren eines Elektrizitätszählers auf eine gewünschte Anzahl von Umdrehungen je Kilowattstunde.

Kalibrieren (Einmessen) im Bereich der Meßtechnik heißt, die Meßabweichungen am fertigen Meßgerät feststellen. Beim Kalibrieren erfolgt kein technischer Eingriff am Meßgerät.

Beispiel:
- Ermitteln der Meßabweichung der Anzeige eines Strommessers von den richtigen Werten der Stromstärke.

Das (amtliche) Eichen eines Meßgeräts umfaßt die von der zuständigen Eichbehörde nach den Eichvorschriften vorzunehmenden Prüfungen und die Stempelung. Durch Prüfen wird festgestellt, ob das vorgelegte Meßgerät den Eichvorschriften entspricht, d. h. ob es den an seine Beschaffenheit und seine meßtechnischen Eigenschaften zu stellenden Anforderungen genügt, insbesondere, ob es die Eichfehlergrenzen einhält. Durch Stempeln wird beurkundet, daß das Meßgerät im Zeitpunkt der Prüfung diesen Anforderungen genügt hat und daß zu erwarten ist, daß es bei einer Handhabung entsprechend den Regeln der Technik innerhalb der Nacheichfrist „richtig" bleibt. Welche Meßgeräte der Eichpflicht unterliegen und welche davon befreit sind, ist gesetzlich geregelt.

Beispiele
- Eichen von Waagen, Gewichtsstücken, Fieberthermometern.

Eichen sollte man nur in diesem Sinne verwenden und nicht, wie vielfach üblich, Justieren oder Kalibrieren. *Hammerschmidt*

Literatur: DIN 1319: Grundbegriffe der Meßtechnik. Tl. 1 (Ausg. Juni 1985). – *Profos, P.*: Meßfehler. Stuttgart 1984.

Meßsignalverarbeitung. Zur M. zählen alle die Operationen, die notwendig sind, um aus dem Eingangssignal eines Meßkreises die Information über die zu messende Größe in der gewünschten Form zu gewinnen (→Meßtechnik, elektrische). Im Hinblick auf die Art der behandelten Signale wird die analoge Signalverarbeitung von der digitalen unterschieden.

Die analoge Signalverarbeitung ist von großer Bedeutung, da die meisten Aufnehmer zunächst analoge Meßsignale liefern. Bei den ohm'schen, induktiven und kapazitiven Aufnehmern sind umfangreiche Anpasserschaltungen, wie z. B. Brückenschaltungen, notwendig. Praktisch immer müssen die Meßsignale verstärkt, evtl. auch kompensiert oder gefiltert werden. Die verarbeiteten analogen Meßsignale werden dann mit einer →Skalenanzeige ausgegeben oder aufgezeichnet (→Meßgeräte, elektrische) oder in analogen Reglern direkt weiterverarbeitet.

Die digitale Signalverarbeitung gewinnt mit den Fortschritten der →Mikroelektronik zunehmend an Bedeutung. In den Fällen, in denen zunächst analoge Signale vorliegen, werden diese mittels Analog/Digital-Umsetzern ins digitale Datenformat umgesetzt. In dieser Form lassen sich besonders effektiv Rechnungen durchführen wie z. B. zur
- Festlegung des Meßbereichs,
- Linearisierung der Kennlinie,
- Korrektur von Störgrößen,
- digitalen Filterung,
- Selbstüberwachung und Plausibilitätskontrolle,
- Selbstkalibrierung,
- Bildung von Grenzwerten,
- Berechnung nicht direkt meßbarer Größen.

Desweiteren lassen sich im digitalen Datenformat die Meßwerte einfacher speichern als im analogen.

Besonders umfangreich ist die M., wenn z. B. eine Amplitudenverteilung gewonnen oder eine Spektralanalyse (→Frequenzanalyse) durchgeführt werden soll. In diesen Fällen wird, wie auch in der →Korrelationsmeßtechnik, die Verarbeitung jeweils mit Hilfe von Rechnern vorgenommen. *Schrüfer*

Literatur: *Arnolds, F.*: Elektronische Meßtechnik. Stuttgart 1976. – *Kronmüller, H.*: Digitale Signalverarbeitung. Berlin 1991. – *Müseler, H.* u. *T. Schneider.*: Elektronik-Bauelemente und Schaltungen. München 1981. – *Oppenheim, A. V., Willsky A. S.*: Signale und Systeme. Weinheim 1989. – *Schrüfer, E.*:

Elektrische Meßtechnik. München 1983. – *Schrüfer, E.*: Signalverarbeitung. München 1992. – *Schüßler, H. W.*: Digitale Signalverarbeitung. Berlin 1988. – *Seifart, M.*: Analoge Schaltungen und Schaltkreise. Ost-Berlin 1980. – *Seifart, M.*: Digitale Schaltungen und Schaltkreise. Heidelberg 1982. – *Steudel, E.* u. *P. Wunderer:* Gleichstromverstärker kleiner Signale. Frankfurt/M. 1967. – *Tietze, U.* u. C. Schenk: Halbleiterschaltungstechnik. Berlin.

Meßstellenumschalter. Eine Anordnung von Analogschaltern zur Auswahl eines von mehreren Analogsignalen. →Multiplexer (MUX) oder M. werden vielfach angewendet, um mehrere anstehende Meßsignale nacheinander auf einen →Verstärker mit nachfolgendem →Analog/Digital-Umsetzer zu schalten, (Bild 1). Es lassen sich so Komponenten bzw. Übertragungsleitungen in Systemen zur Meßdatenverarbeitung einsparen. Die Steuereinrichtung bewirkt das Durchschalten der Kanäle, wobei jeder Kanal ein Schaltelement bzw. zwei Schaltelemente bei erdfreier Eingangsschaltung (Differentialeingang) erfordert. Die Reihenfolge der Abfragen oder Abtastungen ergibt sich aus einem in der Steuereinrichtung vorhandenen Programm, oder sie wird durch den steuernden Rechner festgelegt. Weiterhin sorgt die Steuereinrichtung dafür, daß die Analog/Digital-Umsetzung erst nach Ablauf der jeweils notwendigen Einschwingzeit begonnen wird. Als Schaltelemente sind die verschiedenen elektromechanischen und elektronischen Analogschalter (Bild 2) einsetzbar. Die wichtigsten Forderungen an Multiplexer beziehen sich auf →Genauigkeit, Abtastrate und Übersprechen zwischen den Kanälen. Bei Differentialeingängen kommt noch die →Gleichtaktunterdrückung hinzu, d. h. Unempfindlichkeit der Ausgangsspannung gegenüber gleichsinniger →Aussteuerung an den beiden Eingangsklemmen; Analogeingabe. Die Abtastrate hängt in erster Linie vom verwendeten Schaltelement ab und kann bis 250/s bei elektromechanischen und über 1 Mio/s bei elektronischen Schaltern gehen. Elektronische Multiplexer werden als Hybridschaltungen oder als LSI-Schaltkreise angeboten.

Eine andere Anwendung eines Analogmultiplexers liegt vor, wenn ein Punktdrucker (→Registriergeräte) den zeitlichen Verlauf mehrerer Meßgrößen aufschreiben soll. Der Punktdrucker steuert dann einen M., der die Meßsignale einzeln auf das →Meßwerk durchschaltet. *Hammerschmidt*

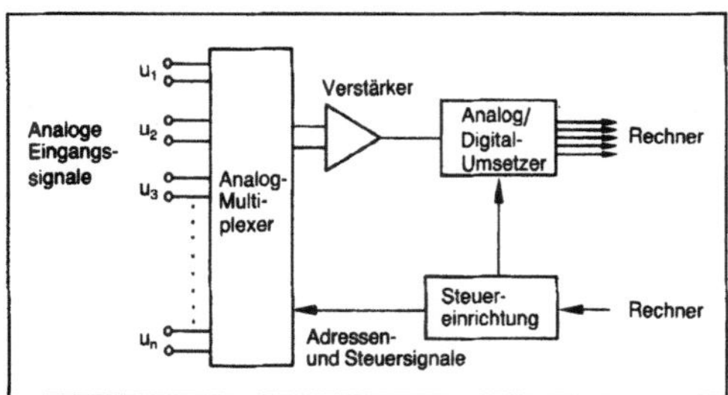

Meßstellenumschalter 1: Analog-Multiplexer in einer analogen Eingabe.

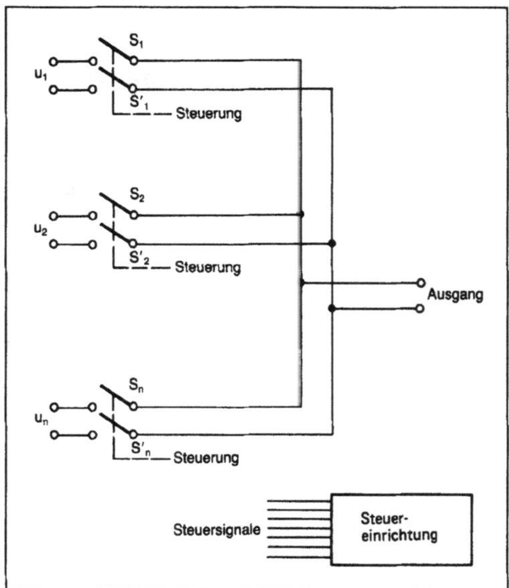

Meßstellenumschalter 2: Prinzip.

Meßtechnik, digitale. Ihr Kennzeichen ist die Verarbeitung wertdiskreter Signale (→Meßtechnik, elektrische). Die notwendige →Quantisierung der Meßsignale kann dabei am Anfang, innerhalb einer Meßkette oder an ihrem Ende erfolgen. Nur wenige Aufnehmer wie z. B. die codierten und inkrementalen Längenaufnehmer liefern schon diskrete Signale. Hier kann die gesamte →Meßeinrichtung digital aufgebaut werden. In den meisten Fällen jedoch liegen zunächst analoge Signale vor, die mit Hilfe von →Analog-Digital-Umsetzern in diskrete Signale umzusetzen sind, bevor der Meßwert als Zahl dargestellt und ausgegeben werden kann. Die Digitaltechnik läßt sich so nicht nur für die Messung einiger spezieller Größen, sondern allgemein einsetzen. Besonders geeignet ist sie für Meßaufgaben, bei denen die Tätigkeit des Zählens erforderlich ist oder angewendet werden kann.

In der d. M. werden die schon erwähnten A/D-Umsetzer, die üblichen Komponenten der digitalen →Schaltungstechnik wie Gatter, Kippstufen, Register, Taktgeber, und die aus diesen Komponenten aufgebauten Digitalvoltmeter, Zähler und Mikroprozessoren benutzt. In dem Maße, in dem die Produkte der Mikroelektronik immer leistungsfähiger, preiswerter und zuverlässiger werden, wird auch die digitale Signalverarbeitung mehr und mehr eingesetzt (→Meßsignalverarbeitung). *Schrüfer*

Meßtechnik, elektrische. Die e. M. ist die Disziplin, die sich mit
- der Gewinnung des elektrischen Meßsignals (elektrische/elektrische-Umformung und nichtelektrische/elektrische-Umformung)
- der Struktur der →Meßeinrichtung
- den Eigenschaften der Meßsignale
- der Übertragung und Verarbeitung der Meßsignale und
- der Ausgabe und Darstellung der gewonnenen Information befaßt.

Die e. M. mißt (→Messen) oder verarbeitet (→Meßsignalverarbeitung) elektrische Größen wie z. B.
- Spannung
- Ladung, Strom
- Widerstand, Induktivität, Kapazität
- Phasenwinkel
- Frequenz.

Dabei kann die zu messende Größe nur selten direkt auf einem Instrument angezeigt werden. Oft müssen die Meßsignale galvanisch getrennt, entkoppelt, übertragen und fast immer auch verarbeitet werden, wie z. B. verstärkt, kompensiert, umgeformt, umgesetzt, gefiltert, gespeichert, umgerechnet, linearisiert, bevor das Meßergebnis auf einer
- Skalen-, Ziffern- oder Bildschirmanzeige ausgegeben,
- mittels eines Schreibers oder Druckers festgehalten und dokumentiert, oder auch
- direkt zur Überwachung, Steuerung oder Regelung eines Prozesses benutzt werden kann.

Meßgeräte sind die im Signalfluß liegenden Geräte einer Meßeinrichtung, die die Qualität eines Meßergebnisses, wie z. B. →Genauigkeit und die Anzeigegeschwindigkeit beeinflussen. Sie müssen nicht, wie in Bild 1, in Reihe geschaltet sein (Kettenstruktur), sondern können auch andere Strukturen bilden (Parallelstruktur, Kreisstruktur). Die zwischen den Meßgeräten ausgetauschten Meßsignale enthalten die Information über die zu messende Größe. Diese Information kann z. B. in der Amplitude oder Frequenz einer elektrischen Größe stecken oder auch quantisiert in Form eines codierten Signals vorliegen.

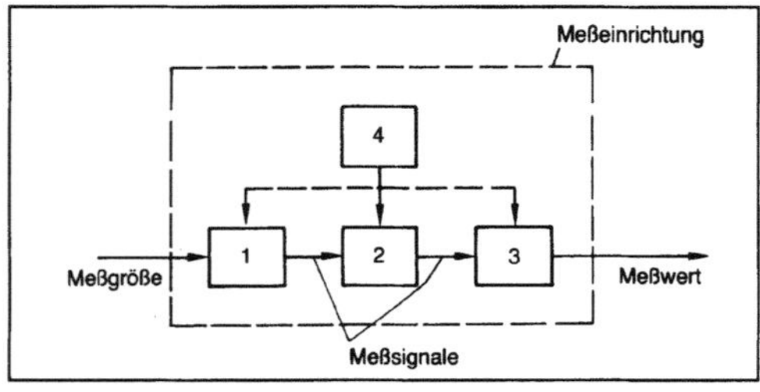

1), 2), 3) Meßgeräte, 4) Hilfsgerät zur Lieferung der Hilfsenergie

Meßtechnik, elektrische 1: Meßeinrichtung.

Das elektrische Messen hat seine große Bedeutung vor allem dadurch gewonnen, daß es gelungen ist, über verschiedene physikalische Effekte nichtelektrische Größen in elektrische umzuformen. Die dafür benötigten Aufnehmer, Sensoren, Detektoren, Fühler sind für sehr viele zu messende Größen verfügbar (Bild 2), so daß praktisch jede physikalische Größe als elektrisches Signal dargestellt und dann mit den Methoden der elektrischen Meßsignalverarbeitung weiterbehandelt werden kann.

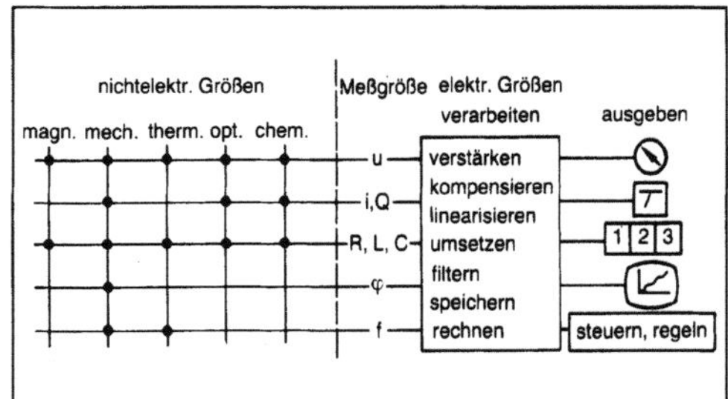

Meßtechnik, elektrische 2: Mit Hilfe von Sensoren oder Aufnehmern werden nichtelektrische Größen in elektrische umgeformt und damit der elektrischen Messung zugänglich.

Aufgabe des Meßtechnikers ist, jeweils den geeigneten Aufnehmer auszuwählen, die Struktur zu entwerfen, die Signalform festzulegen, um die, hinsichtlich der Genauigkeit (→Meßfehler) und →Störsicherheit, kostengünstigste Ausführung zu erhalten.

Die e. M. ist dabei anderen Verfahren insbesondere überlegen durch
- das leistungsarme bis leistungslose Erfassen von Meßwerten
- das hohe →Auflösungsvermögen
- das gute dynamische Verhalten
- die stete Meßbereitschaft
- die bequeme Übertragbarkeit über weite Entfernungen
- die leichte Verarbeitung der Meßdaten. *Schrüfer*

Literatur: *Arnolds, F.:* Elektronische Meßtechnik. Stuttgart 1976. – *Bergmann, K.:* Elektrische Meßtechnik. Braunschweig 1981. – *Grave, H. F.:* Elektrische Messung nichtelektrischer Größen. Frankfurt/M. 1965. – *Hartmann & Braun* (Hrsg.): Meßtechnik; Einführung, Anwendung, L 3350. Frankfurt/Main. – *Jüttemann, H.:* Grundlagen des elektrischen Messens nichtelektrischer Größen. Düsseldorf 1988. – *Hofmann, D.:* Handbuch der Meßtechnik und Qualitätssicherung. Ost-Berlin 1986. – *Kronmüller, H.:* Methoden der Meßtechnik. Karlsruhe 1979. – *Kronmüller, H.; B. Zehner:* Prinzipien der Prozeßmeßtechnik I und II. Karlsruhe. – *Niebuhr, J.:* Physikalische Meßtechnik; Bd. I: Aufnehmer und Anpasser; Bd. II: Meßprinzipien und Meßverfahren. München, Wien 1977. – *Profos, P.* (Hrsg.): Handbuch der industriellen Meßtechnik. Essen 1978. – *Richter, W.:* Grundlagen der elektrischen Meßtechnik. Ost-Berlin 1985. – *Rohrbach, C.:* Handbuch für elektrisches Messen mechanischer Größen. Düsseldorf 1967. – *Samal, E.:* Elektrische Messung von Prozeßgrößen. AEG-Telefunken-

Handbücher Band 17. Berlin 1974. – *Schrüfer, E.:* Elektrische Meßtechnik. München 1988. – Siemens: Messen in der Prozeßtechnik. Berlin, Siemens AG 1972. – *Stöckl, M.; K. H. Winterling:* Elektrische Meßtechnik. Stuttgart.

Meßtoleranz. Angabe, um welchen Absolutbetrag oder Relativbetrag ein Meßwert von einem vorgegebenen Wert maximal abweichen darf. Die M. wird im →Prüfprogramm vorgegeben und bei der Auswertung der Messung vom →Prüfautomatenbetriebssystem berücksichtigt. *K. Winter*

Meßumformer. Der M. oder Transmitter ist ein in der industriellen Technik eingesetztes Gerät, das Meßsignale in standardisierte Einheitssignale umformt.

Die Aufnehmer und Sensoren zur elektrischen Messung nichtelektrischer Größen liefern in der Regel schwache Signale, die noch verstärkt werden müssen. Diese Verstärkung soll möglichst nahe am Aufnehmer durchgeführt werden, um schon leistungsstarke, durch elektrische Einstreuungen weniger störbare Signale übertragen zu können. Darüber hinaus benötigen die passiven Aufnehmer auch eine spezielle Energieversorgung. Die elektronischen Baugruppen zur Stromversorgung und zur elektrischen Signalaufbereitung werden also zweckmäßig in einem Gehäuse untergebracht, das, im Falle der Messung nichtelektrischer Größen, entweder den Aufnehmer direkt enthält (z. B. Druck- und Differenzdruck-M.) oder in seiner Nähe angeordnet ist (z. B. Temperatur-M.). Die unterschiedlichen Meßbereiche werden dabei in die Normsignale 0 bis 20 mA, 0 bis 10 V, 4 bis 20 mA oder 2 bis 10 V abgebildet. Durch diese genormten Schnittstellen ist sichergestellt, daß einheitliche Anzeige-, Registrier- oder Regelgeräte an den M. angeschlossen werden können. Manchmal enthalten die M. auch noch →Analog/Digital-Umsetzer und liefern so, zusätzlich zum analogen, noch ein digitales Ausgangssignal.

Neben der Signalverstärkung und Analog/Digital-Umsetzung lassen sich im M., insbesondere bei Verwendung von Mikroprozessoren, noch weitere Funktionen implementieren wie z. B.:

- Einstellung und Überwachung des Nullpunkts
- Einstellung und Überwachung der Verstärkung
- Korrektur herstellungsbedingter Streuungen
- Linearisieren der Kennlinie
- Korrektur von Störgrößen
- Korrektur des dynamischen Verhaltens
- Frequenzselektive Auswahl des Meßsignals durch Filter
- Berechnung nicht direkt meßbarer Größen
- Selbstkalibrierung
- Selbstüberwachung und →Plausibilitätskontrolle
- Bildung von Grenzwerten.

M. sind für die Messung elektrischer Größen (z. B. Spannung, Strom, Leistung, Widerstand) und nichtelektrischer Größen (z. B. mechanische, thermische, optische, chemische Größen) verfügbar. In der vier-Leiter-Schaltung dienen zwei Adern zur Stromversorgung und zwei Adern zur Übertragung des Ausgangssignals. In der zwei-Leiter-Schaltung entfallen die beiden Leitungen zur Stromversorgung. Diese erfolgt über die Adern, die das Ausgangssignal übertragen. Dabei muß mit einem *lebenden Nullpunkt,* z. B. mit einem Ausgangsstrom von 4–20 mA gearbeitet werden. Die elektronischen Baugruppen des M. werden dann aus einer aus dem Grundstrom von 4 mA gewonnenen Spannung versorgt. Diese zwei-Leiter-Technik hat den Vorteil, daß

- Netzzuleitungen zum M. eingespart werden
- die Netzspannung vom M. und von der Anlage ferngehalten wird
- der M. in der Bauart *eigensicher* ausgeführt werden kann
- Leitungsunterbrechungen zu einer Unterbrechung des Stroms führen und damit erkennbar werden. *Schrüfer*

Meßverstärker. Die M. dienen in der elektrischen →Meßtechnik zur Verstärkung der von den analogen Meßfühlern, Aufnehmern oder Sensoren gelieferten Signale. Die M. müssen besonderen Ansprüchen hinsichtlich ihres Eingangswiderstandes, ihrer →Genauigkeit und ihres dynamischen Verhaltens erfüllen. Neben dem definierten Übertragungsverhalten sind insbesondere die folgenden Eigenschaften wichtig:

- geringe Rückwirkung auf die Meßgröße (um das Meßobjekt nicht zu belasten, soll bei der →Spannungsmessung der Eingangswiderstand des Verstärkers hoch, bei der →Strommessung niedrig sein)
- hohes →Auflösungsvermögen
- gutes dynamisches Verhalten (das Ausgangssignal des Verstärkers soll möglichst schnell dem richtigen Meßwert entsprechen).

□ Ersatzschaltbild: Der M. wird als ein von der Meßgröße gesteuerter Generator betrachtet. Im idealen Fall erfolgt die Steuerung leistungslos. Bei einer Spannungsmessung ist der Eingangswiderstand des Verstärkers unendlich groß und bei einer Strommessung null. Der Verstärker benötigt immer eine Hilfsenergie. Aus ihr stammt dann die am Verstärkerausgang abgegebene Leistung. Der Terminus *Verstärkung* bezieht sich insbesondere auf das Verhältnis von Ausgangs- zu Eingangsleistung.

Eingangsseitig werden Spannungs- und Stromverstärker unterschieden. Sowohl ein Spannungssignal u_e wie auch ein Stromsignal i_e kann entweder den eine Ausgangsspannung u_a oder einen Ausgangsstrom i_a liefernden Generator steuern, so daß die folgenden vier Verstärkertypen entstehen (Bild):

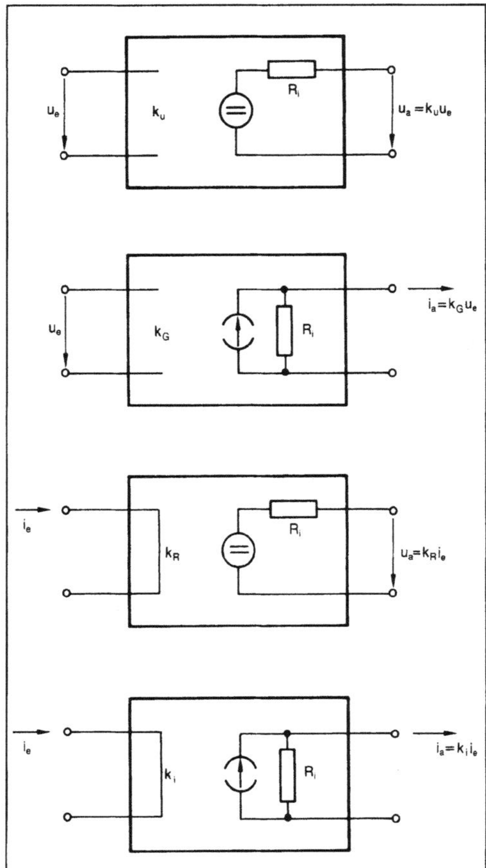

Meßverstärker: Die vier Grundtypen.

- der u/u-Verstärker mit dem Übertragungsfaktor $k_u = u_a/u_e$
- der u/i-Verstärker mit $k_G = i_a/u_e$
- der i/u-Verstärker mit $k_R = u_a/i_e$
- der i/i-Verstärker mit $k_i = i_a/i_e$.

□ Gegengekoppelter →Operationsverstärker: Besonders häufig werden direkt gekoppelte Gleichspannungs-Differenzverstärker (Operationsverstärker) eingesetzt. Diese erhalten ihre Meßeigenschaften durch die →Gegenkopplung. Dadurch wird

- die Genauigkeit des gegengekoppelten Verstärkers unabhängig vom Verstärkungsgrad des nicht gegengekoppelten
- der Eingangswiderstand des Spannungsverstärkers vergrößert
- der Eingangswiderstand des Stromverstärkers erniedrigt
- die Bandbreite und damit die Anzeigegeschwindigkeit vergrößert.

Die gegengekoppelten Operationsverstärker lassen sich in zwei unterschiedlichen Betriebsarten, nicht invertierend oder invertierend, betreiben. Der nicht invertierende Verstärker hat einen hohen Eingangswiderstand (→Elektrometer-Verstärker, →Spannungsfolger, →Instrumentenverstärker) und ist damit insbesondere für die Verstärkung von Spannungen geeignet. Demgegenüber ist der Eingangswiderstand des gegengekoppelten invertierenden Verstärkers niedrig. Sein Einsatzgebiet ist die Verarbeitung von Strömen. Durch die Gegenkopplung lassen sich ganz unterschiedliche Kennlinien realisieren, so daß der invertierende Verstärker eingesetzt wird zum

- addieren (→Addierverstärker)
- subtrahieren (→Subtrahierverstärker)
- multiplizieren (→Multiplizierer)
- dividieren (→Dividier-Verstärker)
- radizieren (→Verstärker, radizierender)
- differenzieren (→Differenzierverstärker)
- integrieren (→Integrationsverstärker, ladungsempfindlicher →Verstärker)
- logarithmieren (→Verstärker, logarithmischer).

Unerwünscht ist die →Gleichtaktverstärkung des nicht invertierenden Verstärkers. Beim invertierenden Verstärker spielt sie keine Rolle, da der nicht invertierende Eingang mit dem Massepotential verbunden ist. Die Meßgenauigkeit der Gleichspannungsverstärker wird insbesondere durch ihre Nullpunktsdrift (Drift, →Offset) und ihr →Rauschen begrenzt.

□ Wechselspannungsverstärker: Im Unterschied zum Gleichspannungsverstärker hat der Wechselspannungsverstärker keinen Nullpunktfehler. Aus diesem Grunde werden, bei der Verstärkung sehr geringer Gleichspannungen, diese oft in eine Wechselspannung umgeformt, als solche verstärkt und dann wieder in eine Gleichspannung zurückgewandelt (→Modulationsverstärker, Zerhackerverstärker). Wechselspannungs-Verstärker werden auch in den Trennverstärkern benutzt, deren Ausgangsspannung von der Eingangsspannung elektrisch isoliert ist. *Schrüfer*

Literatur: *Schrüfer, E.*: Elektrische Meßtechnik, München 1983. – *Seifart, M.*: Analoge Schaltungen und Schaltkreise. Ost-Berlin 1987. – *Steudel, E.* u. *P. Wunderer:* Gleichstromverstärker kleiner Signale. Frankfurt 1967. – *Tietze, U.* u. *C. Schenk:* Halbleiter-Schaltungstechnik. Berlin 1985.

Meßwerk →Meßgerät, elektrisches

Meßwerk, elektrodynamisches →Leistungsmessung, elektrische

Meßwertfühler →Sensor

Meßwiderstand →Widerstandsmeßaufnehmer

Metal Organic Chemical Vapour Deposition →Schichtabscheidung

Metalldampf-Laser. Durch eine Gasentladung gepumpte →Laser verschiedener Metalle mit Emissionen im ultravioletten bis infraroten Spektralbereich. Es werden M.-L. (Cu-, Au-, Ba-, Mn-, Pb-) und Metalldampf-Ionen-Laser (He-Cd, He-Se) unterschieden.

□ M.-L.

Als laseraktives Medium werden Gase aus neutralen Metallatomen (Dampf) verwendet. Die Anregung erfolgt durch Elektronenstöße in einer Gasentladung. M.-L. sind Drei-Niveau-Laser, wobei das obere Anregungsniveau und das obere Laserniveau zusammenfallen. Der angeregte Zustand hat eine kurze →Lebensdauer von 10 ns, so daß zunächst spontane Emissionsprozesse ablaufen. Bei hinreichend hohen atomaren Dichten ($>10^{13}$ cm^{-3}) tritt Strahlungseinfang durch Reabsorption auf, so daß sich die Lebensdauer auf 10 ms! erhöht. Das untere Laserniveau ist mit einer Lebensdauer von 10–100 μs metastabil. M.-L. können daher nur im Pulsbetrieb eingesetzt werden.

Der typische Aufbau eines M.-L. besteht aus einem thermisch isolierten Keramikrohr mit zwei Elektroden, zwischen denen eine gepulste Gasentladung brennt (Bild). Die dabei entstehende Wärme reicht aus, bei einer Betriebstemperatur von 1 500 bis 1 600 °C das Metall zu verdampfen; i. a. ist zur thermischen Stabilisierung eine zusätzliche Kühlung erforderlich. Zur Verbesserung der Gasentladung wird Neon mit einem Partialdruck von 300 Pa beigemischt. Das Metall kondensiert an den kühleren Stellen des Resonators und muß nach ca. 100–300 Betriebsstunden nachgefüllt werden. Die Entladungsrohre sind i. a. 1 m lang und haben 2–8 cm Durchmesser. Es müssen Spannungen von 10 kV innerhalb von ns geschaltet werden, wobei Spitzenströme bis zu 1 kA auftreten. Die hohe Verstärkung von 0,1–0,3 cm^{-1} (Cu) stellt dagegen nur geringe Anforderungen an die Optiken. Der Strahl ist mehrmodig.

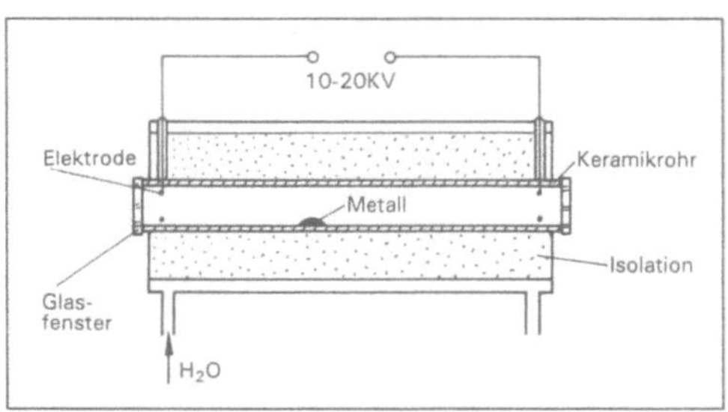

Metalldampf-Laser: Schematischer Aufbau.

Eine wesentliche Senkung der Betriebstemperatur und damit des technologischen Aufwandes läßt sich durch die Erzeugung der Metallionen aus chemischen Verbindungen erzielen (z. B. Kupfer aus CuBr). Dazu wird die Gasentladung mit Doppelpulsen betrieben. Während des ersten Pulses wird das Kupferbromid dissoziiert, in einem zweiten Puls das obere Laserniveau besetzt.

Wegen der im Vergleich zum Argon-Ionen-Laser höheren Wirkungsgrades von 1 % und den hohen Spitzenleistungen werden Cd-Laser ($\lambda = 510{,}6$ nm) vor allem als Pumplaser für →Farbstofflaser genutzt; weitere Anwendungen sind die gepulste Holographie, die Kurzzeitphotographie und -spektroskopie. Der Au-Dampflaser ($\lambda = 627{,}8$ nm) findet seinen Einsatz in der photodynamischen Therapie zur Zerstörung von Tumoren.

□ Metalldampf-Ionen-Laser.

Diese enthalten als aktives Medium neben dem Metall zusätzlich Edelgasatome (Helium). Sie entsprechen vom Anregungsmechanismus dem →He-Ne-Laser, d. h. die Anregung erfolgt indirekt über die Edelgasatome durch Stöße II. Art. Typische Vertreter sind der He-Cd-Laser und der He-Se-Laser. Infolge der Aufspaltung der atomaren Zustände in mehrere Unterniveaus durch die Spin-Bahn-Kopplung sind mehrere obere und untere Laserniveaus möglich, so daß zahlreiche Emissionswellenlängen im sichtbaren Spektralbereich entstehen. Nach der Rückkehr der Elektronen in den Ionen-Grundzustand durch stimulierte Emission erfolgt die Neutralisation der Metallionen durch Stöße mit den Resonatorwandungen, was den Rohrdurchmesser begrenzt.

Die Anregung gelingt in einer Glimm- oder Hohlkathodenentladung mit Strömen von 100 bis 500 mA und Partialdrücken von 8 Pa bzw. 800 Pa für Cd (Se) bzw. He. Die aktive Länge der Entladungsrohre liegt bei maximal 1 m, der Durchmesser beträgt 1 mm. Kommerzielle He-Se-Laser erreichen 1–5 W für die blauen und grünen Linien; He-Cd bis zu 100 mW (blau). Werden alle Linien des He-Cd-Lasers gleichzeitig ausgekoppelt, so entsteht weißes Licht. Der Wirkungsgrad der Metalldampf-Ionen-Laser entspricht mit 0,01 % dem des He-Ne-Lasers bzw. dem der →Edelgas-Ionen-Laser. Die Anwendungen liegen als kostengünstige Konkurrenz zum Ar- bzw. Kr-Ionenlaser in der Meßtechnik, Holographie und Spektroskopie.

Von weiterem Interesse sind Ne-Cu- und He-Ag-Laser, die als einzige eine cw-Emission im Bereich bis 220 nm haben. Wegen ihrer geringen Lebensdauer werden sie aber nicht kommerziell angeboten. *Rosenzweig*

Literatur: *Eichler, J. und H.-J. Eichler:* Laser. Berlin–Heidelberg, 1990.

Metal-Gate Technik. Bei der M. handelt es sich um eine veraltete →MOS-Technik, bei der die Gate-Elektrode durch →Aluminium gebildet wird. Die Herstellung der Gate-Elektrode geschieht gleichzeitig mit der →Kontaktierung von →Source und

→Drain. Wegen der niedrigen eutektischen Temperatur von Aluminium und →Silicium von 575,5 °C lassen sich keine selbstjustierenden Source- und Draingebiete herstellen, da Source und Drain vor dem →Gate hergestellt werden müssen und es dabei wegen Justierungsgenauigkeiten der →Lithographie zu Überlappungskapazitäten kommt, die zu einer Reduzierung der Schaltgeschwindigkeit führt. Moderne MOS-Schaltkreise werden mit →Polysilicium oder Silicid-Gate hergestellt. Zukünftig könnte die M. durch die Verwendung refraktiver Metalle (z. B. W, Mo), die selbstjustierende Prozesse erlauben, erneut Bedeutung gewinnen wegen der möglichen Reduktion von Serienwiderständen.

Ryssel

Metallgehäuse →Umhüllung

Metallglasur-Schichtwiderstand →Widerstand

Metall-Halbleiter-Kontakt. Elektrischer Kontakt zwischen einem Metall und einem Halbleiter, z. B. durch →Aufdampfen einer dünnen Metallschicht auf eine Halbleiteroberfläche. Dabei wird oft ein Ohmscher Kontakt angestrebt, der jeden benötigten Ladungsträgerstrom liefern kann. Sperrende M.-H.-K. finden als →Schottky-Dioden in Gleichrichterschaltungen bei hohen Frequenzen oder als →Solarzelle Verwendung.

Die Funktionsweise des M.-H.-K. kann mit Hilfe des →Bändermodells im Energie-Orts-Diagramm (Bild 1) verstanden werden. Im getrennten Zustand von Halbleiter und Metall zeigt Bild 1a zunächst links schematisch das Modell eines Metalls, dessen elektronische Zustände bis zur Fermi-Energie W_{FM} mit Elektronen besetzt sind (schraffiert) und von dort aus die Austrittsarbeit $e\Phi_M$ überwinden müssen, um ins Vakuum zum Vakuum-Niveau W_{vak} gelangen zu können. Rechts ist das Entsprechende für z. B. einen n-Halbleiter gezeigt, wobei zusätzlich die Kanten W_V und W_L von Valenz- bzw. →Leitungsband eingetragen sind. Wenn $\Phi_H < \Phi_M$ bzw. $W_{FH} > W_{FM}$ ist, gehen bei →Kontaktierung Elektronen vom Halbleiter ins Metall über. Im thermischen Gleichgewicht verlaufen dann die Fermi-Energien von Metall und Halbleiter als gemeinsames elektrochemisches Potential auf gleicher Höhe (Bild 1b). Die aus dem Halbleiter übergetretenen Elektronen führen dabei zu einer positiven Raumladung ρ im Halbleiter (Verarmungsrandschicht) und einer entsprechenden negativen →Flächenladung auf der Metalloberfläche (Bild 1c). (Im Fall $\Phi_H > \Phi_M$ gehen Elektronen vom Metall in den n-Halbleiter über, womit sich dort eine →Anreicherungsrandschicht ausbildet, d. h. eine Schicht mit erhöhter Elektronenkonzentration entsteht. Für einen p-Halbleiter sind die Verhältnisse entsprechend). Bei dem hier skizzierten Fall der Ladungsträgerverarmung spricht man aufgrund des erhöhten Widerstands der →Randschicht auch von einer →Sperrschicht. Die Raumladung führt zu einer →Bandverbiegung im Halbleiter, deren Höhe (dividiert durch die Elementarladung e) $\Phi_{HM} = \Phi_M - \Phi_H$ als Kontaktspannung bezeichnet wird. In der →Raumladungszone egalisieren sich Feld- und Diffusionsstrom, die durch das mit der Raumladung aufgebaute Feld bzw. den Konzentrationsgradienten zustande kommen. Die Flächenladung auf der Metalloberfläche führt dort noch zu einem weiteren Potentialsprung, der jedoch für den Ladungstransport unwesentlich ist.

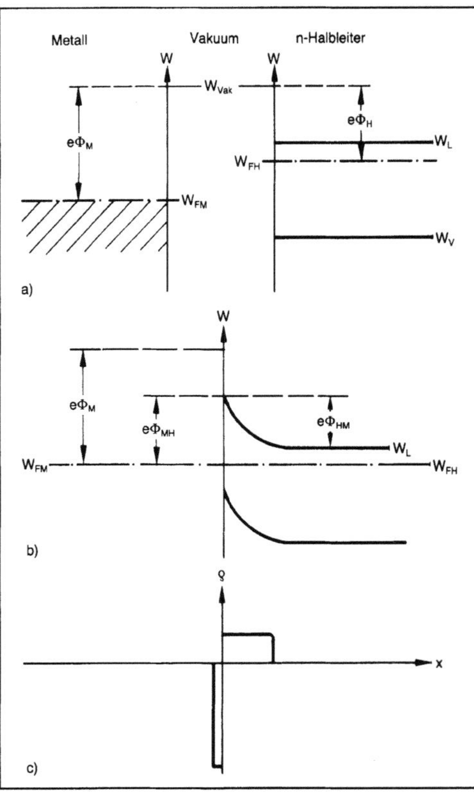

Metall-Halbleiter-Kontakt 1: Bänderschemata von Metall und Halbleiter
a) im getrennten Zustand
b) nach Kontaktierung.
c) Raumladungsverteilung.

Die Potentialbarriere für den Elektronentransport in Richtung Halbleiter beträgt Φ_{MH}, in Richtung Metall Φ_{HM}. Nach der obigen Definition müßten sie linear von der Austrittsarbeit des gewählten Kontaktmaterials abhängen, was jedoch nicht beobachtet wird. Der Grund hierfür liegt in zusätzlichen Elektronenzuständen auf der Oberfläche des Halbleiters (Oberflächenzustände). Diese können energetisch nahe unter dem Leitungsband liegen, so daß sie wie Donatoren leicht ihre Elektronen angeben können. Ein beträchtlicher Teil der ins Metall übergehenden Elektronen kann von diesen Oberflächenzuständen gedeckt werden, so daß die in das Halbleitergebiet hineinreichende Raumladung entsprechend abgebaut wird. Damit wird auch die Bandverbiegung reduziert, es resultiert praktisch unabhängig vom gewählten Metall eine Potentialschwelle mit $e\Phi_{MH} \approx 2\Delta W/3$, wobei ΔW der →Bandabstand des Halbleiters ist (Bild 2a). Im unmittelbaren Kontaktbereich entsteht eine Ladungsdoppelschicht (Elektronen auf der Metallfläche, entladene Oberflächenzustände des Halbleiters, Bild 2b). Sie führt zu einer zusätzlichen Potentialbarriere (Bild 2a), die aufgrund ihrer geringen Ausdehnung jedoch leicht durchtunnelt werden kann und somit den Ladungsträgertransport nicht beeinflußt.

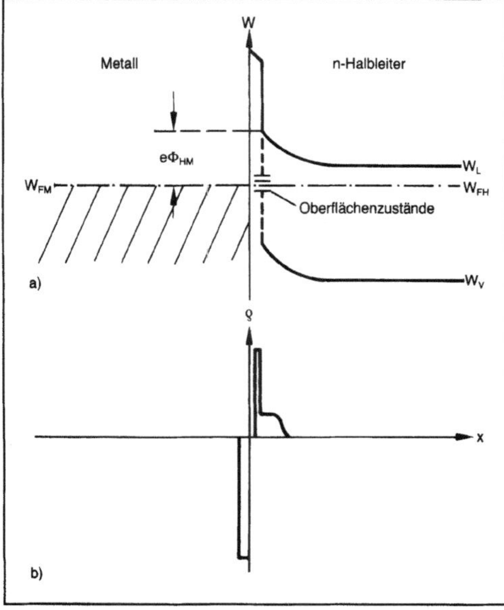

Metall-Halbleiter-Kontakt 2: Kontakt mit Oberflächenzuständen. Schematische Darstellung.
a) Bänderschema
b) Raumladungsverteilung

Wird nun an das System Metall-Halbleiter eine Spannung U angelegt, so verschieben sich die Fermi-Energien im Metall und Halbleiter um eU und die im thermischen Gleichgewicht (U = O, Bild 3a) vorhandene Balance zwischen dem Elektronenstrom vom Metall zum Halbleiter und umgekehrt wird gestört. Für U > O (positiver Pol am Metall, Bild 3b) wird die für den Elektronenstrom ins Metall zu überwindende Potentialberghöhe Φ_{HM} abgebaut zu $\Phi_{HM} = \Phi_{HM} - U$. Dies bedeutet ein exponentielles Wachstum dieses Stroms mit U, nämlich wie exp (eU/kT) (k = Boltzmann-Konstante, T = absolute Temperatur). Der thermisch aktivierte Strom in Gegenrichtung bleibt von U unbeeinflußt, da die Potentialschwelle Φ_{MH} (näherungsweise) nicht von

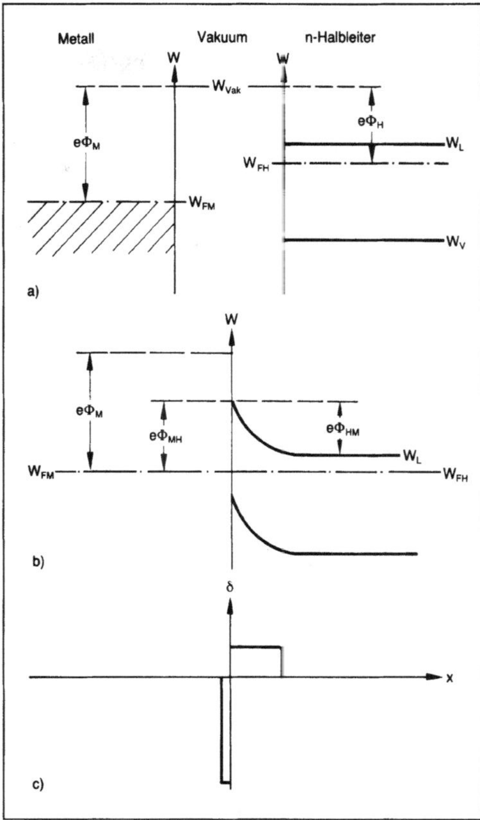

Metall-Halbleiter-Kontakt 3: Bänderschema (vereinfacht) für äußere Spannungen U = O (a), U>O (b) und U<O (c). Die Längen der Pfeile an den Elektronensymbolen Θ geben schematisch die Größenverhältnisse der Ströme an.

U abhängt. Dies gilt auch für U<O (negativer Pol am Metall, Bild 3c), so daß der Strom in Richtung Halbleiter für $|U| \gg kT/e$ ein Sättigungsstrom ist, der der Richardson-Gleichung $I_S = CRT^2 \exp(-e\Phi_{MH}/kT)$ gehorcht (C = Kontaktfläche, R = Richardson-Konstante, Emission (thermische)). Damit ergibt sich als Kennlinie eine Diodengleichung $I = I_S (\exp(eU/kT)-1)$.

Da *W. Schottky* wesentlich zur Klärung des M.-H.-K. beigetragen hat, wird dieser in den vorgestellten Eigenschaften →Schottky-Diode (auch Schottky-Kontakt) genannt. Da die über die Potentialbarriere in das Metall gelangenden Elektronen verglichen mit der thermischen Energie kT energetisch hoch über W_{FM} liegen, wird manchmal auch der Name Hot-Carrier-Diode verwendet. Der Vorteil der Schottky-Diode gegenüber der pn-Diode (→pn-Übergang) liegt in der Tatsache, daß im Gegensatz zu dieser nur →Majoritätsträger den Stromtransport bestimmen, so daß sie auch bei sehr schnellen Wechselsignalen eingesetzt werden kann (Mikrowellengebiet, bis etwa 10 GHz). Die →Diffusionskapazität ist völlig vernachlässigbar. Die Raumladungszone und damit die Bandverbiegung erstreckt sich im Sperrfall (U<O) über einen Bereich

$$1 = \sqrt{\frac{2\varepsilon\varepsilon_0}{e}\left(\frac{\Phi_{MH}-U}{N_D}\right)}$$

wobei ε = Dielektrizitätskonstante, ε_o = Influenzkonstante, N_D = Dotierungskonzentration. Für U = O ergibt sich für →Silicium mit $N_D = 10^{16}\,cm^{-3}$ der Wert $l = 3\,10^{-5}\,cm$. Die →Sperrschichtkapazität (pro Flächeneinheit) errechnet sich zu

$$\frac{C_s}{A} = \frac{\varepsilon\varepsilon_0}{1} = 1/\sqrt{\frac{2}{e\varepsilon\varepsilon_0}\left(\frac{\Phi_{MH}-U}{N_D}\right)}$$

Ein typischer Wert ist $C_s \approx 1\,pF$.

Für hohe →Dotierung des Halbleiters ($N_D > 10^{19}\,cm^{-3}$) verliert die Schottky-Diode ihre Funktionsfähigkeit. Dann wird die von den Elektronen zu überwindende Potentialbarriere so schmal, daß sie quantenmechanisch durchtunnelt werden kann, so daß keine Sperrfähigkeit mehr vorliegt. Der Kontakt kann dann nach Bedarf →Ladungsträger liefern, die Kennlinie wird zu einer Geraden durch den Ursprung (Ohmsche Kennlinie), es liegt ein Ohmscher Kontakt vor. Diese Eigenschaft ist sehr wichtig für die Kontaktierung von Halbleiterbauelementen. Es genügt, die notwendige hohe Dotierung nur in einer dünnen Oberflächenschicht des Halbleiters zu verifizieren. Dies gelingt oft bereits durch das Aufbringen des Kontaktmaterials selbst, da es geringfügig in den Halbleiter eindiffundieren und dort als →Donator dienen kann. Auch Anreicherungsrandschichten sind sperrfreie Kontakte.

Heinz

Literatur: *Rhoderick, E. H.:* Metal-Semiconductor Contacts, Oxford 1978. – *Ruge, I.:* Halbleiter-Technologie. Reihe Halbleiterelektronik Bd. 4, Berlin-Heidelberg-New York 1975.

Metall-Halbleiter-Photodiode. (auch Schottky-Photodiode) Sperrschicht-Photodetektor, dessen Wirkungsweise auf der Lichtempfindlichkeit eines →Metall-Halbleiter-Kontaktes (→Schottky-Kontakt) beruht.

Bei der →Kontaktierung eines n-dotierten Halbleiters (z. B. Silicium) mit einem Metall (z. B. Gold) treten an der →Kontaktfläche Ladungsverschiebungen auf, die – ähnlich wie beim →pn-Übergang – zur Ausbildung einer →Sperrschicht mit einem elektrischen Feld führen (Bild a). Die entstehende Spannung U_D resultiert aus den verschiedenen Austrittsarbeiten von Metall $\varnothing_M$ und Halbleiter $\varnothing_{HL}$ ($e \cdot U_D = \varnothing_M - \varnothing_{HL}$). Zwischen Metall und Halbleiter wird eine Potentialbarriere $\varnothing_B$ (→Schottky-Barriere) aufgebaut. Die Entstehung des Photostromes bei Beleuchtung ist auf zwei Ursachen zurückzuführen:

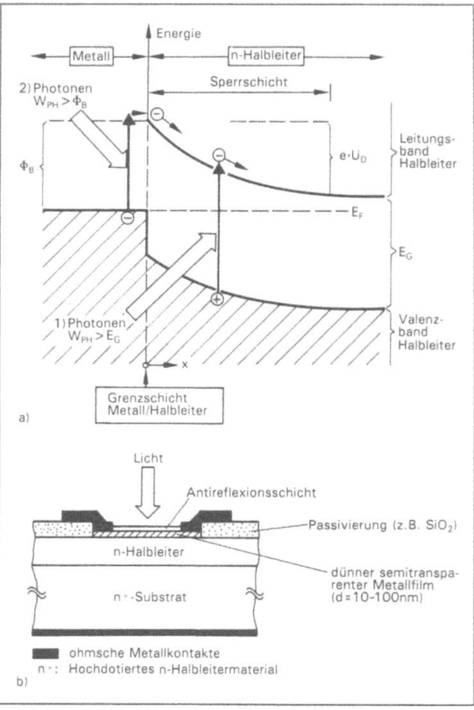

Metall-Halbleiter-Photodiode: Planare Schottky-Photodiode.
a) Bändermodell
b) Aufbau (E_F: Fermienergie, E_G: Bandabstand Halbleiter).

□ Erzeugung von →Elektron/Loch-Paaren im Sperrschichtbereich des Halbleiters durch den inneren photoelektrischen Effekt (1) in Bild a): Die infolge der Photonenabsorption generierten →Ladungsträger werden im elektrischen Feld der Sperrschicht getrennt (Vor.: Photonenenergie W_{PH} > Bandabstand E_G). Die Verhältnisse gleichen denen am →pn-Übergang einer →Halbleiter-Photodiode.

□ Emission von Elektronen aus dem Metall in den Halbleiter durch den äußeren photoelektrischen Effekt (2) in Bild a): Mit der Absorption von Photonen der Energie W_{PH} ist im Metall eine Erhöhung der Energie quasifreier Elektronen verbunden. Unter der Voraussetzung $W_{PH} > \varnothing_B$ können die Elektronen die Potentialbarriere überwinden und gelangen in die Halbleiter-Sperrschicht. Dort werden sie vom herrschenden elektrischen Feld in Richtung Halbleiter beschleunigt. Der im äußeren Schaltkreis entstehende Strom ist jedoch gegenüber dem →Photostrom, der auf dem inneren Photoeffekt im Sperrschichtbereich des Halbleiters beruht, wesentlich kleiner (ca. 1/100). Ursache hierfür ist der Energieverlust, den viele Elektronen durch Stöße auf ihrem Weg zum Metall/Halbleiter-Übergang erleiden. Die verbleibende Energie reicht dann häufig nicht mehr zur Überwindung der Schottky-Barriere aus.

→Schottky-Photodioden finden eine breite Anwendung zum Nachweis optischer Strahlungen im sichtbaren und ultravioletten Spektralbereich, da die Umwandlung der optischen in elektrische Signale unmittelbar an der Oberfläche erfolgt und die Eindringtiefen t_E dieser Lichtwellen in vielen Halbleitermaterialien sehr klein sind ($t_E \leq 0{,}2\,\mu m$). Zur Erzielung maximaler Photoempfindlichkeiten ist die Optimierung der Bauelementstruktur Voraussetzung (z. B. dünne, semitransparente Metallschicht; geeignete Auswahl von Metall und Halbleiter; Antireflexionsschicht hoher Güte) (Bild b).

Schottky-Photodioden sind ferner sehr schnell und können hochfrequente Lichtsignale bis in den GHz-Bereich nachweisen. Im Idealfall wird das Zeitverhalten allein von der Zeit begrenzt, die die Ladungsträger zum Durchqueren der Sperrschicht benötigen. Wird zwischen Metall und Halbleiter eine intrinsische (eigenleitende) oder nur sehr schwach dotierte Halbleiterschicht eingefügt, so entsteht – analog zur pin-Photodiode – eine Metall-i-n-Photodiode. Bei geeigneter Wahl der konstruktiven Parameter (Materialien, Diodenstruktur) und bei Anwesenheit einer ausreichend hohen externen →Sperrspannung ist ebenso eine Verstärkung des Photostromes mittels Ladungsträgervervielfachung in Schottky-Photodioden zu erzielen (Schottky-Lawinenphotodiode). *R. Kaiser*

Literatur: *Bleicher, M.:* Halbleiter-Optoelektronik, Heidelberg, 1986. – *Sze, S. M.:* Physics of Semiconductor Devices, 2. Ed. – New York–Chichester–Brisbane–Toronto–Singapore, 1981.

Metall-Halbleiter-Übergang →Halbleiter-Metall-Kontakt

Metallisierung. In der →Halbleitertechnologie dienen Metallisierungsschichten verschiedenen Zwecken. Hauptsächlich werden sie zur →Kontaktierung von Bauelementen eingesetzt, darüber hinaus fungieren sie als Gate-Elektroden, Leiterbahnen, oder sie bilden mit dem Halbleiter zusammen erst das Bauelement (→Schottky-Diode). Damit Bauelementfunktionen nicht beeinträchtigt werden, müssen verschiedene Anforderungen an die M.-Schicht gestellt werden:

□ gute Haftung der Metallisierungsschicht auf dem Substrat (→Halbleiterscheibe)
□ geringe →Elektromigration
□ geringe Korrosionsanfälligkeit

Den häufigsten Einsatz finden →Aluminium und Aluminium-Legierungen. Ihr Vorteil besteht neben einem geringen elektrischen Widerstand bei Raumtemperatur in der guten Haftung auf →Silicium, thermischen Oxiden und Gläsern. Aluminiumkontakte und Leiterbahnen werden nach der Strukturierung bei ca. 450 °C für 30 min in Formiergas (Stickstoff mit ca. 5% Wasserstoff) getempert, um Kontaktwiderstände durch Reduzierung der natürlichen SiO_2-Schicht zu verkleinern und Grenzflächenzustände bei MOS-Transistoren mit Aluminiumgate zu reduzieren. Da es dabei zu einem Anlösen des Siliciums mit eventueller Zerstörung der →pn-Übergänge kommt, verwendet man kein reines Silicium mehr, sondern Legierungen mit einigen % Kupfer oder Silicium.

Außer dem erwähnten Aluminium und seinen Legierungen kommen Mehrschichtkontakte wie TiPt und TiPtAu sowie Silicidschichten, z. B. $TaSi_2$, zur Anwendung.

Bei anderen Halbleitern (z. B. →GaAs) werden eine Vielzahl verschiedener Metalle oder Metallschichten verwendet, beispielsweise AuGeNi.

Neben dem Aufbringen der Schichten selbst ist die Kontrolle der Schichtdicken von großer Bedeutung. Häufig sind in den Abscheideanlagen optische Systeme zur Kontrolle der Schichtdicken eingebaut. Auch frequenzempfindliche Quarz-Kristalle, die auf Frequenzänderungen aufgrund von Masseänderungen reagieren, dienen der Bestimmung von Schichtdicke und Abscheiderate während des Prozesses.

Übliche Herstellungsverfahren sind →Aufdampfen, →Sputtern und CVD-Abscheidung (→Schichtabscheidung) mit anschließender Strukturierung durch →Lithographie in Verbindung mit →Ätzen. Ein alternatives Strukturierungsverfahren ist die →Abhebetechnik, die jedoch in der Mikroelektronik kaum angewendet wird. *Ryssel*

Literatur: *Einspruch, N. G.:* VLSI Electronics, Microstructure Science. New York 1981. – *Sze, S. M.:* VLSI Technology. New York 1983.

Passive Bauelemente. Der Begriff M. wird nicht nur im Zusammenhang mit Halbleitern verwendet. Außerdem spricht man von M.

– bei Keramik- und Kunststoff-Folienkondensatoren; hier wird mit M. der auf das →Dielektrikum nach verschiedenen Verfahren aufgebrachte Belag bezeichnet (z. B. metallisierte Kunststoff-Folienkondensatoren). Gleiches gilt für Schwingquarze.

– Insbesondere in Verbindung mit oberflächenmontierbaren Bauelementen (→SMDs) wird der Begriff M. sehr häufig als Kurzform für die Lötanschluß-M. verwendet, insbesondere bei solchen SMDs, bei denen die M. und der Bauelementekörper eine starre Einheit bilden (z. B. Keramik-Vielschicht-Chipkondensator). *Bensieck*

Metall-Isolator-Übergang. Übergang eines Festkörpers von metallischer zu sehr kleiner elektrischer Leitfähigkeit (→Isolator oder →Halbleiter, deshalb oft auch →Metall-Halbleiter-Übergang). Er kann sich als Funktion von z. B. Temperatur, Druck oder Störstellenkonzentration vollziehen und verläuft äußerst abrupt.

Beispiele findet man bei Verbindungen der Übergangsmetalle (z. B. V_2O_3 mit einer Leitfähigkeitserniedrigung um etwa sieben Zehnerpotenzen bei Überschreiten der Temperatur T = 150 K, ebenso bei VO_2, VO, V_6O_{13}, V_3O_5, V_4O_7, NbO_2, Fe_2O_4, Ti_2O_3, Ti_3O_5, NiS, CrS, FeS), bei Gläsern und amorphen Halbleitern sowie bei Halbleitern mit Störbändern.

Eine anschauliche Interpretation des Leitfähigkeitssprungs kann man für den sog. *Mott*-Übergang heranziehen. Dabei vergrößert man (gedanklich) die Abstände der Atome eines Metalls kontinuierlich. Im metallischen Zustand hat jedes Atom ein Elektron ins Leitungsband (→Bändermodell) abgegeben, d. h. diese Elektronen sind praktisch frei im Festkörper verschiebbar und tragen so zur elektrischen Leitfähigkeit bei. Das Bindungsvermögen der ionisierten Atome, an die die Elektronen ursprünglich gebunden waren, wird durch die hohe Konzentration freier Elektronen abgeschirmt. Diese Konzentration und damit die Abschirmung wird jedoch mit der Abstandserhöhung immer schwächer, bis – plötzlich – die Leitungselektronen wieder von den Metallionen gebunden werden und so die Leitfähigkeit abrupt sinkt. Für Wasserstoffatome in einem einfach kubischen Gitter ergibt eine grobe Abschätzung für den kritischen Atomabstand den Wert $d_c = 2{,}78\,a_o$, wobei $a_o = 0{,}51 \cdot 10^{-10}$ m der Bohrsche Radius ist.

Es gibt jedoch auch andere Mechanismen von Übergängen, wie z. B. die energetische Überlappung von vollen und leeren Bändern als Funktion von Druck oder Temperatur, die zu einem teilgefüllten Band und so von der Isolation zur Leitfähigkeit führt (Bändermodell). Auch Strukturänderungen oder Störungen der Gitterperiodizität eines Festkörperkristalls können zu M.-I.-Ü. führen. *Heinz*

Literatur: *Mott, N. F.:* Metal-Insulator Transistions. London 1990.

Metalloxidhalbleitersensor. Metalloxide wie Zinnoxid ändern unter Einwirkung bestimmter Gase ihre elektrische →Leitfähigkeit: Reduzierende Gase (Kohlenmonoxid, Methan, Alkohole) erhöhen die Leitfähigkeit, oxidierende Gase (Sauerstoff und Stickoxide) bewirken dagegen eine Leitfähigkeitsverringerung. Bei den hohen Betriebstemperaturen von ca. 200–500 °C findet beispielsweise an der katalytisch wirkenden Zinnoxidoberfläche eine Umsetzung von Kohlenmonoxid mit dem an der Oberfläche vorhandenen Sauerstoff zu Kohlendioxid statt, die zu einer Zunahme der Elektronen im →Leitungsband des Metalloxidhalbleiters führt. Die Oberfläche regeneriert sich durch die Aufnahme von Sauerstoff aus der Umgebung; der Sensor kann somit nur in sauerstoffhaltiger Atmosphäre betrieben werden.

Derartige Sensoren werden für die Warnung vor brennbaren Gasen eingesetzt. Eine →Selektivität bezüglich unterschiedlicher Gase kann durch die Verwendung verschiedener Metalloxide – neben SnO_2 wird ZnO, Fe_2O_3, Ga_2O_3, TiO_2 etc. eingesetzt –, durch das Aufbringen katalytisch wirkender Zusätze (Pt, Pd, ...) und durch die Wahl der Betriebstemperatur erzielt werden.

Kommerziell erhältliche M. verwenden einen an den elektrischen Zuleitungen aufgehängten Sinterkörper aus dem Metalloxid. Die Heizung wird mittels eines im Sinterkörper eingebetteten Widerstandes durchgeführt.

Mit mikromechanischen Methoden hergestellte Sensoren lassen eine deutlich verringerte Heizleistung erwarten, da sowohl die aufzuheizende Fläche und die Wärmeableitung über die Aufhängung klein gehalten werden können. Eine aus einer dünnen Schicht bestehende Membran – beispielsweise aus Siliciumnitrid oder -oxid – übernimmt die Funktion eines thermisch isolierenden Trägers. Auf ihr wird die gassensitive, halbleitende Schicht beispielsweise mittels reaktivem →Sputtern oder →Aufdampfen abgeschieden. Ein Heizwiderstand und Elektroden zum →Kontaktieren der Metalloxidschicht sind vorzusehen.

Zur Herstellung von Metalloxidhalbleitern werden neben der Sinter- und der Dünnfilmtechnik auch weitere Verfahren wie z. B. die Dickschichttechnik eingesetzt. *Drost*

Metall-Papier-Kondensator. (auch MP-Kondensator) Kondensatoren mit imprägniertem Natronzellulosepapier als →Dielektrikum und aufgedampften Aluminium-Metallbelägen als Elektroden. Das in Streifen geschnittene metallisierte Papier wird zu einem Wickel verarbeitet, kontaktiert, mit einem isolierenden Öl imprägniert und mit einem Gehäusebecher umgeben und verschlossen.

MP-K. finden in der Elektronik Verwendung als Motorkondensatoren zur Erzeugung einer Hilfsphase beim Anlauf oder beim Betrieb eines Motors, als Phasenschieberkondensatoren zur Phasenkompensation beispielsweise in Leuchtstoffröhrenschaltungen und als Impulskondensatoren zur Erzeugung kurzzeitiger hoher Ströme.

MP-K. können für Gleich- oder auch für Wechselspannungen geeignet hergestellt werden. Sie sind als Fortentwicklung der in den dreißiger Jahren vor allem in Deutschland entwickelten Papier-Kondensatoren zu betrachten. Die Konstruktion von MP-K. wurde ermöglicht durch eine besondere Eigenschaft dieser Kondensatoren, die *Selbstheilung*. Dieser Effekt tritt auf an Fehlstellen (Löchern, Kurzschlußbrücken) zwischen den Elektroden des Kondensators. Die hier entstehenden Durchschläge verdampfen zunächst die Kurzschlußbrücke und der dabei erzeugte Gasdruck bläst anschließend den Lichtbogen aus. Zurück bleibt ein metallfreier Hohlraum, der die Gesamtkapazität des Kondensators nur unwesentlich beeinflußt.

MP-K. sind nach DIN 41180 bis 41190 genormt und müssen den Bestimmungen und Vorschriften nach VDE 0560, Teil 14, entsprechen. *Both*

Literatur: *Leucht, K.:* Kondensatorkunde für Elektroniker. München 1981. – *Liebscher/Held:* Kondensatoren. Berlin 1968.

Metall-Schichtwiderstand →Widerstand

Metrologie. Viele Staaten betreiben metrologische Staatsinstitute, die für die Festlegung, experimentelle Darstellung, Bewahrung und Weitergabe der Basiseinheiten (Einheiten des SI) sowie von praktisch besonders wichtigen abgeleiteten Einheiten zuständig sind, was einen beträchtlichen meßtechnischen Aufwand erfordert. In der Bundesrepublik Deutschland ist dies die Physikalisch-Technische Bundesanstalt (PTB) in Braunschweig, in den USA das National Bureau of Standards (NBS), in Großbritannien das National Physical Laboratory (NPL). Die PTB gibt die Ergebnisse ihrer Arbeit in den „PTB-Mitteilungen" bekannt. *Hammerschmidt*

MFDT (*engl.* mean failure detection time, mittlere für →Ausfallerkennung benötigte Zeit). Die mittlere für die Ausfallerkennung benötigte Zeit ergibt sich als Kehrwert der →Ausfallerkennungsrate ε:

$$\mathrm{MFDT} = \frac{1}{\varepsilon}.$$

Schrüfer

MFLOPS. Maß für die Arbeitsgeschwindigkeit von Rechenanlagen: (*engl.* Millions of Floating Point Operations per Second). MFLOPS beschreibt die Anzahl der auf einer Rechenanlage pro Sekunde ausführbaren Gleitkomma-Maschinenbefehle. Im Gegensatz zur MIPS-Zahl wird hier lediglich die arithmetische Leistung von Rechnern untersucht, das Maß findet daher vornehmlich Anwendung im technisch-naturwissenschaftlichen Bereich.

Die MFLOPS-Zahl wird oft aus dem Kehrwert der Ausführungszeit des kürzesten Gleitkomma-Maschinenbefehls, in der Regel der Multiplikation, gebildet. In einigen Fällen wird jedoch auch eine mittlere Ausführungszeit aller Gleitkomma-Befehle verwendet. Existiert auf einem Rechner kein Maschinenbefehl für Gleitkomma-Operationen, so werden die Ausführungszeiten von Unterprogrammen, die solche Operationen simulieren, verwendet. Bei Rechnern mit Parallelitätseigenschaften, insbesondere bei Vektorrechnern, wird die MFLOPS-Zahl im Sinne des theoretischen Maximal-Durchsatzes ermittelt: Kehrwert der Ausführungszeit des Gleitkomma-Befehls multipliziert mit der Anzahl der Stufen der Pipelines und der Anzahl der nebenläufigen Werke (jeweils falls vorhanden). Im Normalbetrieb solcher Rechner erzielbare Durchsätze sind daher meist um eine Größenordnung geringer. *Bode*

MIC. (*engl.* Microwave Integrated Circuit) Integrierte →Mikrowellenschaltung in →Hybridtechnik für die Anwendung im Mikrowellenbereich.

MIC sind integrierte Schaltungen realisiert in →Schichttechnik, vorzugsweise in →Dünnschichttechnik mit nachträglich eingesetzten Mikrowellenhalbleiterbauelementen. Dabei werden auf einem Keramiksubstrat (Al_2O_3-, Be_2O_3-Keramik) Streifenleiter als Goldfilm oder Silberpastenfilm entweder mit den Verfahren der Dünnschichttechnik auf photolithographischem Wege oder mit der →Dickschichttechnik durch Siebdruck erzeugt.

Mikrowellenhalbleiterbauelemente (Dioden, Transistoren) sowie größere Kondensatoren (Keramikaufbau, auch →MIS- und MIM-Kondensatoren) werden als →Chips eingesetzt, gewöhnliche Widerstände, Kondensatoren und Induktivitäten dagegen direkt auf dem →Substrat mit erzeugt.

Im Vergleich zu diskret aufgebauten Mikrowellenschaltungen bietet die MIC deutliche Vorteile. Deshalb werden MICs heute für typische Mikrowellenbaugruppen (Verstärker, Oszillatoren, Mischer, Umsetzer, Modulatoren, Sender) bis in den Frequenzbereich um etwa 100 GHz breit eingesetzt. Im Vergleich zu →MMIC hat diese Technik den Vorzug eines breiten Spektrums verfügbarer Halbleiterbauelemente, weil Kompromisse, wie sie die monolithische Integration stets verlangt, nicht eingegangen werden müssen. *R. Paul*

Mica-Capacitor. *Engl.-amerik.* Bezeichnung für einen →Kondensator unter Verwendung von Glimmer als Dielektrikum.

Sehr häufig sind →Glimmer-Kondensatoren mehrschichtig aufgebaut. Sie zeichnen sich durch außergewöhnliche Stabilität und niedrigen tan δ aus.

In der Anwendungspraxis spielen sie aus Preis- und Beschaffungsgründen eine untergeordnete Rolle. *Bensieck*

Microtron. Kompakter Beschleuniger für Elektronen, die in einem Magnetfeld auf kreisförmigen Bahnen geführt werden, deren Radius mit zunehmender Energie anwächst. Das M. ist praktisch ein →Zyklotron für Elektronen. Da diese sehr schnell Lichtgeschwindigkeit erreichen, kann die Teilchengeschwindigkeit im M. als praktisch konstant angesehen werden. Mit steigender Teilchenenergie und entsprechend größerem Bahnradius sinkt die Umlaufsfrequenz der Teilchen entsprechend ab.

Beim *Racetrac*-M. (Bild) ist der Ablenkmagnet in zwei Hälften geteilt. Die →Beschleunigungsstruktur ist ein kurzes Stück einer →Runzelröhre. Um eine stabile Beschleunigung zu erhalten, wird die Länge jedes Umlaufs gerade so gewählt, daß sie ein ganzzahliges Vielfaches der Wellenlänge der zur Beschleunigung verwendeten Hochfrequenz ist. Auf diese Weise ist es möglich, trotz sehr verschiedener Umlaufzeiten der Teilchen bei der Beschleunigung eine konstante Frequenz des Senders zu wählen.

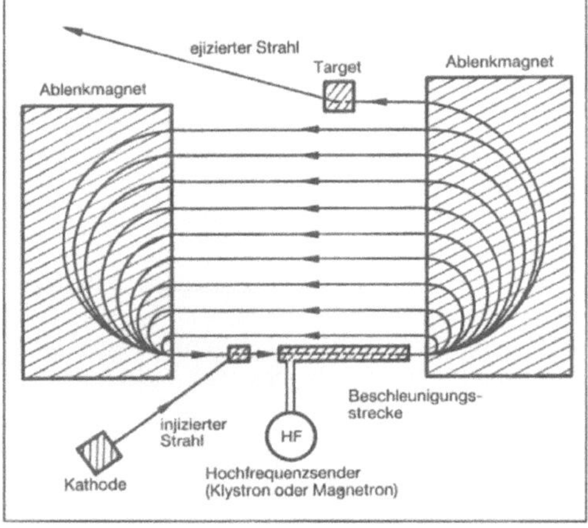

Microtron: Prinzip des Racetrac-M. zur Beschleunigung von Elektronen.

M. werden häufig als Vorbeschleuniger bis zu Energien von einigen 100 MeV eingesetzt. Spezialformen dieses Typs sind auch schon für Energien oberhalb von 1 GeV vorgeschlagen und gebaut worden. *Wille*

Mikroassembler. Einfacher Übersetzer für Mikroprogramme, der diese aus einer mnemotechnisch verschlüsselten in eine binäre Form transformiert. Die Verwendung eines M. bietet dem Mikroprogrammierer in einigen Fällen weitere Hilfen: Benutzung symbolischer Adressen, Vereinbarung von default-Werten, Plausibilitätsprüfungen, Ausschluß bestimmter Steuerkombinationen. M. für →Bitslice-Mikroprozessoren sind meist Metaassembler, die für verschiedene Mikroinstruktionsformate nutzbar sind. Sie erfordern neben der Eingabe des Quellmikroprogramms zur Übersetzung auch eine Definitionsangabe der benutzten Sprache und des Formates. *Bode*

Mikrodosiersystem. M. dienen zum präzisen Pumpen und Dosieren von kleinen Flüssigkeits- oder Gasmengen für Anwendungen in der Verfahrens-, Medizin- oder Chemischen Technik. M. bestehen aus →Mikropumpen, →Sensoren und mikroelektronischen Schaltungen und stellen somit ein komplettes Mikrosystem dar. Dabei können die Einzelelemente monolithisch oder hybrid integriert sein. Die Sensoren dienen dabei der Überwachung des Fluidstroms und können z. B. über die Steuerelektronik den Durchfluß oder den Druck konstant halten. M. werden im Durchflußbereich von einigen nl/min bis in den dl/min-Bereich eingesetzt. *A. Richter*

Mikroelektronik. Teilgebiet der Festkörperelektronik (→Halbleiterelektronik), das sich mit der Schaltungsintegration, d. h. der innigen, zerstörungslos nicht trennbaren Verbindung einer großen Zahl von stark miniaturisierten Funktionselemente auf Festkörperbasis zu einer funktionalen Einheit – der integrierten →Schaltung – befaßt und insbesondere ihre zugehörigen Materialien, Herstellungsverfahren, Entwurfs- und Entwicklungsverfahren, Tests sowie die Anwendung umfaßt.

Die M. ist damit ein stark interdisziplinäres Gebiet der modernen →Elektronik, entstanden zunächst aus dem Zwang zur →Miniaturisierung, zur Zuverlässigkeitserhöhung und Senkung der Herstellungskosten elektronischer Schaltungen. Daraus ergab sich, daß solche Parameter wie →Integrationsgrad, →Packungsdichte, Flächenbedarf des Einzelbauelementes, seine Kosten (Wirtschaftlichkeit) und →Zuverlässigkeit wichtige Bewertungsparameter wurden. So wächst z. B. die Zuverlässigkeit mit dem Integrationsgrad, weil die Anzahl der (sehr unzuverlässigen) äußeren Anschlüsse einer Schaltung durch die Integration abnimmt. Gleichzeitig sinken die Abmessungen des einzelnen Funktionselementes mit steigendem Integrationsgrad drastisch, weil nach dem Kostengrundgesetz der M. hauptsächlich die Chipfläche weitgehend unabhängig von ihrem Inhalt den Preis bestimmt. Dies führte z. B. zu einem Umdenken im Schaltungskonzept: Ersatz der sehr flächenaufwendigen Kondensatoren und Widerstände durch die flächensparenden Transistoren.

Durch diese Kostenrelation und die heute erreichbaren hohen Integrationsgrade von über 1 Million Funktionselementen (FE) pro Chip lassen sich komplexe Schaltungskonzepte funktionssicher realisieren wie z. B. Mikrorechner, Halbleiterspeicher, aber auch Taschenrechner, Quarz-Armbanduhren, Chip-Scheckkarten u. a. m. Das sind Beispiele, die in diskreter Schaltungstechnik nie ausführbar gewesen wären.

Historisch bildeten sich für die Herstellung von integrierten Schaltungen bestimmte Realisierungstechniken heraus, wie →Schichttechnik, →Bipolar- und →MIS-Techniken. Dabei hält die Miniaturisierungstendenz aus den erwähnten Gründen auch heute noch an und erreicht mit den bestimmenden

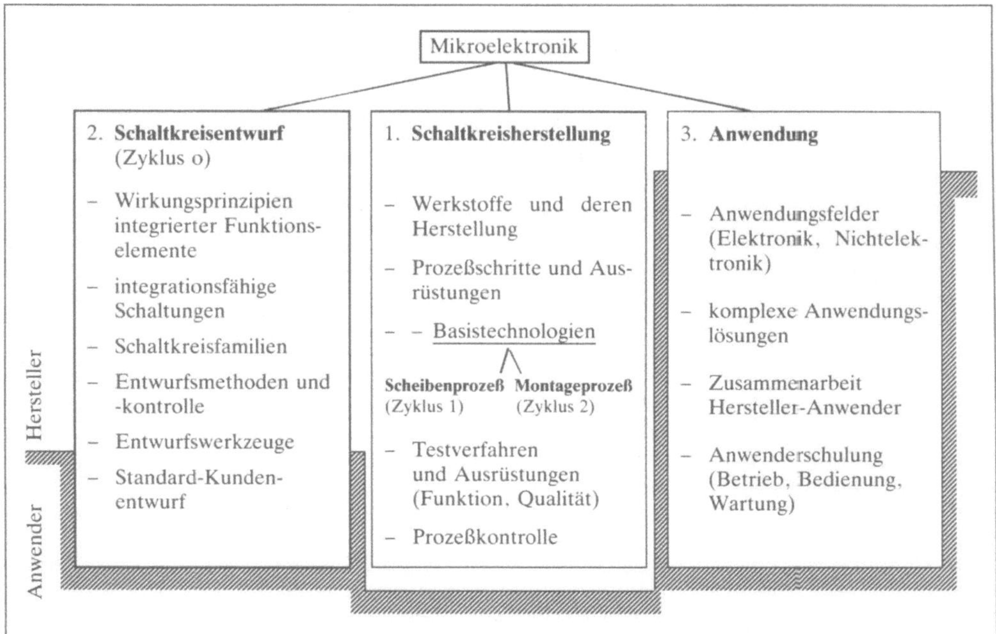

Mikroelektronik 1: Entwicklungslinien.

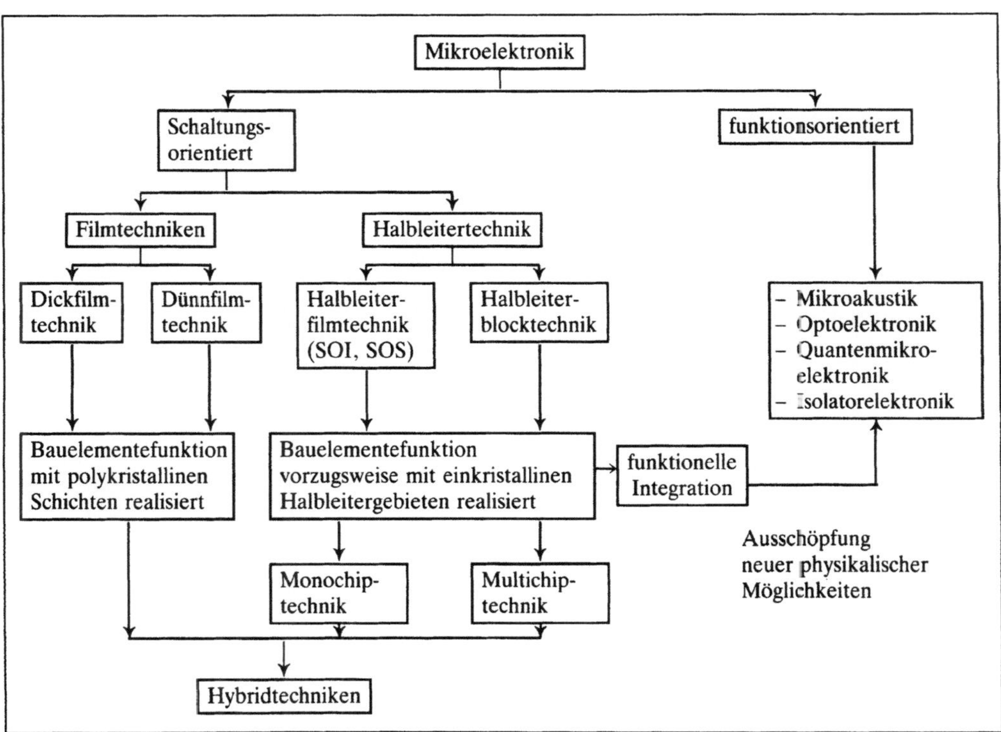

Mikroelektronik 2: Hauptanwendungsgebiete, unterteilt nach typischen Aufgaben bei der Schaltkreisrealisierung und seiner Anwendung.

Abmessungen bereits den Bereich unter 1 µm (→Submikrometertechnik). Schaltungsmäßig umfaßt die M. in Form der analogen und digitalen integrierten Schaltungen nahezu alle Bereiche der elektronischen Schaltungstechnik. Begrenzungen gibt es noch durch die abzuführende Wärmeleistung (→Leistungshalbleiterbauelemente).

Die M. (Bild 1) beschränkt sich hinsichtlich der zu verarbeitenden Signale heute noch vorrangig auf den elektrischen Signalträger und seine Verarbeitung in lokalisierbaren Funktionselementen, ist also noch schaltungsorientiert. Künftige Entwicklungen stellt man sich dagegen funktionsorientiert vor, wobei auch andere physikalische Signalträger einbezogen werden können und solche Gebiete wie →Optoelektronik, →Mikrosystemtechnik, Mikroakustik, Kryoelektronik u. a., also eine Funktionalelektronik, das typische Merkmal der M. werden könnten. Ob und in welchem Umfange es gelingt, auch Bionik und →Molekularelektronik einzubeziehen, bleibt abzuwarten.

Die M. ist ein stark interdisziplinäres Gebiet (Bild 2). Ihre Hauptbestandteile sind:

□ Untersuchung, Herstellung und Analyse bestimmter Werkstoffe, mit dem sich bestimmte elektronische Funktionen in Funktionselementen realisieren lassen,

□ Die Prozeßtechnik, insbesondere die →Halbleitertechnologie mit ihren vielfältigen Einzelschritten und deren Verkettung zu Basistechnologien,

□ Entwurf, Analyse und Prüfung elektronischer Einzelelemente sowie der integrierten Schaltung auf ganz unterschiedlichen Ebenen, z. B. dem Funktionselement, der Schaltung, der →Logik, der Systemararchitektur,

□ Teststrategien für komplexe Systeme (→Chipprüfung),

□ Anwendung integrierter Schaltungen in fast allen Bereichen von Wissenschaft und Technik.

Ein typisches Merkmal der M. ist im Gegensatz zur diskreten Schaltungstechnik, daß eine integrierte Schaltung aus Kostengründen bereits vor ihrer Herstellung in allen Einzelheiten so konzipiert, modelliert und simuliert werden muß, daß eine hohe Wahrscheinlichkeit für ihre volle Funktion nach der Herstellung besteht. Nachträgliche Korrekturen sind aus technischen und Kostengründen nicht möglich. Deshalb ist die M. ein Bereich, der sich auf allen Ebenen intensivster Computerunterstützung bedient (→Schaltungsentwurf, rechnergestützter Entwurf, →CAD). *R. Paul*

Literatur: *Millman, J.* and *A. Grabel:* Microelectronics. New York 1986. – *Paul, R.:* Mikroelektronik – eine Übersicht. Berlin 1990. – *Weiß, H.* und *K. Horninger:* Integrierte MOS-Schaltungen. Berlin 1986.

Mikrofügeverfahren. In der elektronischen →Aufbau- und Verbindungstechnik sowie in der →Feinwerktechnik werden das Schweißen, das Weichlöten und das Kleben als Verfahren zum stoffschlüssigen Verbinden technischer Komponenten angewandt. Werden die kennzeichnenden geometrischen Abmessungen wie Spalthöhe, Folien- oder Schichtdicke, Drahtstärke so weit verkleinert, daß die Dimension der den Verbindungsaufbau charakterisierenden Gefügeelemente wie Korngröße, Dicke intermetallischer Phasen, Entmischungszonen von Polymeren erreicht werden, so gelten die Fügeverbindungen als Mikrofügeverbindungen im engeren Sinne. In der Skala der geometrischen Abmessungen schließen sich nach oben die miniaturisierten Verbindungen an, entstanden durch Maßstabsreduktion aus makroskopischen Fügeverbindungen unter Beibehalt der werkstoffspezifischen Eigenschaften. Die M. werden in der Aufbau- und Verbindungstechnik angewandt, um vorwiegend elektrische und mechanische Verbindungen zwischen den Schaltkreisebenen herzustellen.

□ Mikroschweißverbindungen (→Mikroschweißen) dienen als elektrische Verbindungen (Bild 1). Drähte mit Durchmessern zwischen 12 und 100 µm, am häufigsten 25 µm, besitzen jedoch keine Festigkeit, die zur Montage der elektrischen Funktionsträger (aktive und passive Chips) ausreichen würde. Bändchen an Bauelementen oder metallische Hökker werden auch zur mechanischen Befestigung verschweißt. Bei größeren Dimensionen wird auch Schmelzschweißen, z. B. mit Laserstrahl, angewandt.

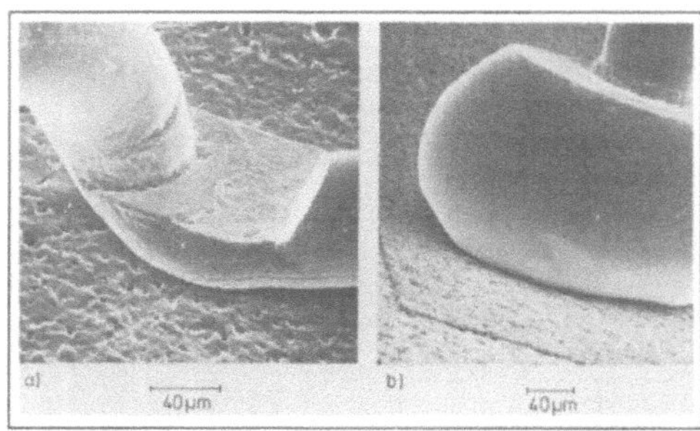

Mikrofügeverfahren 1: Mikroschweißverbindungen.

Die in der industriellen Produktionstechnik eingesetzten Mikroschweißgeräte sind vollautomatisiert. Die Positionierung der Chips und Leiterrähmchen bzw. Hybrid- oder →Zwischenträger erfolgt über Bilderkennungsgeräte mit nachgeschalteten Rechnern zur Bewegungssteuerung der Halterungen. Mit dem Werkzeug (Keil oder Düse) werden die Mikroschweißverbindungen in zeitlicher Reihenfolge hergestellt. Dieser sequentielle Verfahrensablauf ermöglicht die flexible Anpassung an verschiedene Chipformen und Auslegungen der Schaltkreise. Bei Taktfrequenzen bis zu rund acht

Drahtschleifen je Sekunde steigt der Zeitverbrauch für integrierte Schaltkreise mit Anschlußzahlen >100 allerdings rasch an.

□ Mikrolötverbindungen (→Weichlöttechnik, →Mikrolöttechnik, →Reflow-Löten, →Wellenlöten als Verfahren mit Eignung zur Automatisierung) unterscheiden sich nach der Art, in der der für die Weichlötverbindung erforderliche Zusatzwerkstoff eingebracht und die zur Herstellung der Lotschmelze benötigte Wärme zugeführt wird. In der Massenfertigung werden die älteren Verfahren des Schlepp- und Tauchlötens durch Wellenlöten ersetzt. An oberflächenmontierten Bauelementen wird das →Wiederaufschmelzen (*engl.* Reflow) angewandt. Die Eignung der verschiedenen Verfahren für bestimmte Auslegungen von Schaltkreisen in der Hybrid- oder Leiterplattenebene richtet sich nach der Größe der Bauelemente, deren Anschlußflächen und dem zulässigen Wärmehaushalt. Je feiner die Strukturen von Anschlußflächen und Verbindungen auf der jeweiligen Trägerebene werden, um so eher wird das Wiederaufschmelzen eingesetzt – trotz der zu erwartenden ungünstigen Weichlotgefüge und der erhöhten Wärmebelastung der Bauelemente. In der industriellen Praxis werden auf der Schaltungsebene der gedruckten Leiterplatte überwiegend Mischungen aus Bauelementen mit Drahtanschlüssen in durchkontaktierten Lö-

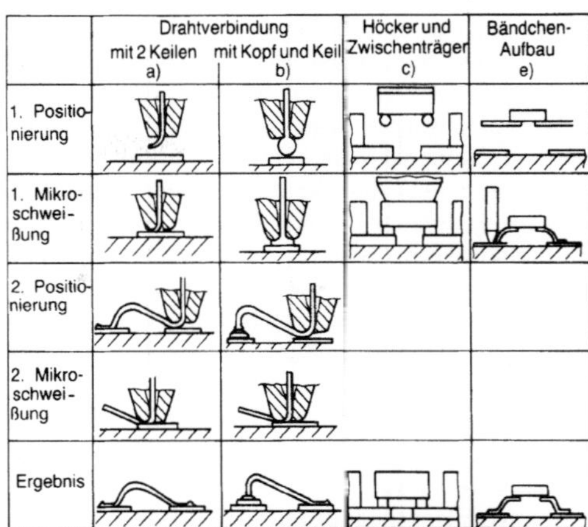

Drahtverbindung
mit 2 Keilen a)
mit Kopf und Keil b)
Höcker und Zwischenträger c)
Bändchen-Aufbau e)
1. Positionierung
1. Mikroschweißung
2. Positionierung
2. Mikroschweißung
Ergebnis

Mikrofügeverfahren 2: Zeitlicher Ablauf des Drahtbondens.

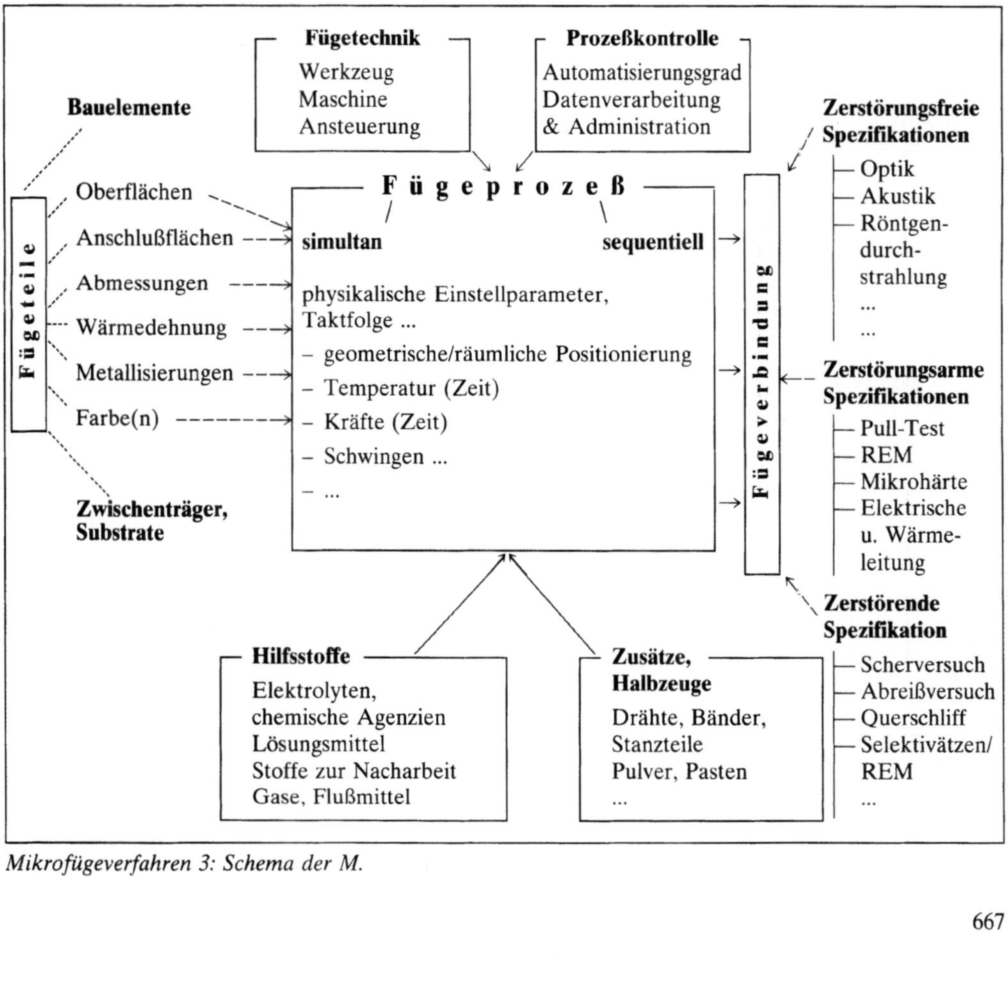

Fügetechnik
Werkzeug
Maschine
Ansteuerung
Prozeßkontrolle
Automatisierungsgrad
Datenverarbeitung
& Administration
Bauelemente
Fügeteile
Oberflächen
Anschlußflächen
Abmessungen
Wärmedehnung
Metallisierungen
Farbe(n)
Zwischenträger,
Substrate
Fügeprozeß
simultan
sequentiell
physikalische Einstellparameter,
Taktfolge ...
– geometrische/räumliche Positionierung
– Temperatur (Zeit)
– Kräfte (Zeit)
– Schwingen ...
– ...
Fügeverbindung
Zerstörungsfreie
Spezifikationen
Optik
Akustik
Röntgen-
durch-
strahlung
...
...
Zerstörungsarme
Spezifikationen
Pull-Test
REM
Mikrohärte
Elektrische
u. Wärme-
leitung
Zerstörende
Spezifikation
Scherversuch
Abreißversuch
Querschliff
Selektivätzen/
REM
...
Hilfsstoffe
Elektrolyten,
chemische Agenzien
Lösungsmittel
Stoffe zur Nacharbeit
Gase, Flußmittel
Zusätze,
Halbzeuge
Drähte, Bänder,
Stanzteile
Pulver, Pasten
...

Mikrofügeverfahren 3: Schema der M.

chern und aus oberflächenmontierten Bauelementen eingesetzt. Das Wellenlöten ist hierzu die kostengünstige Anschlußmethode.

□ Mikroklebverbindungen (→Mikroklebetechnik) werden mit metall- oder keramikgefüllten Klebstoffen hergestellt. Häufigste Anwendung ist das Kleben von Halbleiter-Chips auf Leiterrähmchen oder Keramikträgern (Substrate) zur Ableitung der in den Schaltkreisen erzeugten elektrischen Verlustleistung. Die Eignung besonders von Epoxidharzklebern in elektronischen Schaltkreisen hoher →Zuverlässigkeit beruht auf den folgenden Vorteilen:

□ Fügeverfahren bei niedriger Temperatur (im Vergleich zum eutektischen Si-Au und Weichlöten); dadurch treten auf:
- geringe Eigenspannungen in den Bauelementen
- weniger die thermisch aktivierten Vorgänge (→Diffusion, →Korrosion)

□ Einfache Anwendung:
- Wärmebehandlung des gesamten Aufbaues (keine lokale Erwärmung oder Bearbeitung)
- Eignung für automatisierte Fertigung (Siebdruck; „pick and place")
- minimale →Kontamination nicht geklebter Oberflächen.

□ Daraus ergeben sich Kostenvorteile:
- weniger Prozeßschritte
- hohe →Ausbeute
- schneller Durchlauf
- flexible Änderungen.

Eine technische Bewertung von Miniatur- und von Mikroverbindungen kann mittels einer einfachen Inspektion beispielsweise im Lichtmikroskop erfolgen. Dabei lassen sich bereits der Probenzustand und wichtige Fehlerarten direkt erkennen; dies sind hauptsächlich Unterbrechungen, Unregelmäßigkeiten im geometrischen Aufbau und Veränderungen der Werkstoffoberfläche z. B. durch mechanische Bearbeitung, durch Korrosion oder falsche Wärmebehandlung.

Auch wenn die hergestellten Verbindungen zur Zeit der Untersuchung „in Ordnung" erscheinen, so können dennoch zahlreiche verborgene Störungen vorhanden sein. Diese Störungen liegen immer im →Gefüge, d. h. in der Struktur der Werkstoffe begründet. Eine Beurteilung von Verbindungen im Miniatur- und im Mikromaßstab stützt sich wie in der makroskopischen Werkstoffkunde auf eine Analyse der örtlichen chemischen Zusammensetzung und der Werkstoffgefüge. Von den in der klassischen Werkstoffkunde angewandten Prüf- und Untersuchungsverfahren treten solche mit atomarer Auflösung in den Vordergrund. Andere Prüfverfahren, vor allem für mechanische Eigenschaften, sind noch nicht soweit in ihren Dimensionen verkleinert, daß sie in der Mikroverbindungstechnik allgemein angewandt werden könnten. Im Labormaßstab werden die plastische Verformung, die Mikrohärte und die innere Reibung gemessen.

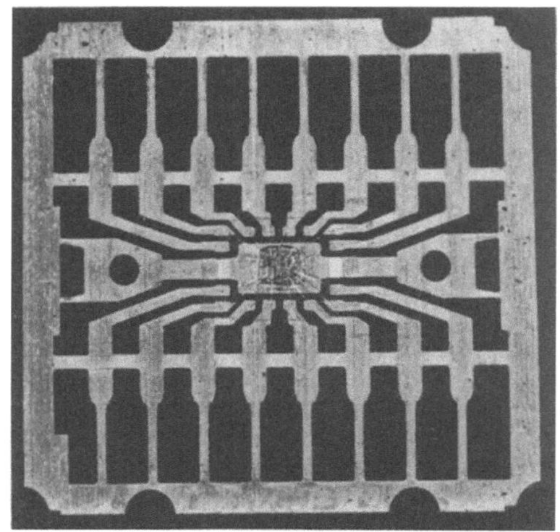

Mikrofügeverfahren 4: Hybridintegrierter Schaltkreis mit Drahtbondverbindungen und weichgelöteten Verbindungen.

Als zuverlässig oder innerhalb eines vorgegebenen Zeitraumes unter Beanspruchungsbedingungen stabil sind solche Mikroverbindungen zu bezeichnen, deren vorausgeschätzte →Alterung in bezug auf elektrische, mechanische und thermische Eigenschaften begrenzt bleibt. Solche Schätzungen lassen sich für die kontinuierliche Drift der betrachteten Eigenschaften innerhalb statistisch festgelegter Vertrauensgrenzen anstellen. Kündigen sich Fehlerreaktionen frühzeitig nur schwach oder überhaupt nicht an, so beruht die Bewertung der Zuverlässigkeit auf dem Erreichen einer hohen Herstellungsgüte, d. i. die Erfüllung der technischen Funktion gleich nach Abschluß der Fertigung. Dabei werden Probengruppen bzw. Prüf-Ensembles ausreichenden Umfanges betrachtet, innerhalb derer die statistische Streuung von Kennwerten in wohldefinierten Grenzen liegen soll. *Hieber*

Mikroinstruktion. Die bei einem Zugriff auf den Mikroprogrammspeicher gelesene Steuerinformation. Die M. besteht aus Adreß- und Steuerteil, gegebenenfalls auch aus einem zusätzlichen Direktdatenteil. Der Adreßteil dient der Adreßfortschaltung im Mikroprogramm. Der Steuerteil beinhaltet die Menge von Mikrooperationen, die gleichzeitig gestartet und im allgemeinen auch innerhalb eines Taktes ausgeführt werden. Bei mehrphasigem Takt ist dabei das Taktintervall in mehrere Teilintervalle unterteilt. Der Direktdatenteil dient der Spezifikation von Konstanten, die aus dem Mikroprogramm in die Werke des Rechners geladen werden wie Masken, Flags, Konstanten für das Rechenwerk. *Bode*

Mikroklebetechnik. Klebstoffe sind organische Werkstoffe, mit denen sich feste Körper an aufeinanderpassenden Oberflächenbereichen ohne Veränderung ihres Gefüges miteinander verbinden (verkleben) lassen. Klebstoffe liegen in flüssiger bis pastöser Form oder auch als Festkörper vor. Das Zusammenkleben, auch als Haftung oder Klebhaftung bezeichnet, beruht auf der chemischen Bindung der Klebstoff-Moleküle an den zu verklebenden Oberflächen. Geklebt werden können Metalle, Keramik- oder Glaswerkstoffe und Polymere. Die Bindung entwickelt sich durch Abtrocknen eines Lösungsmittels, durch chemische Reaktion im Klebstoff oder durch Erstarrung des Klebstoffes aus dem schmelzflüssigen Zustand.

Die mechanische Festigkeit einer Klebverbindung hängt von den drei Einflußgrößen ab: der Adhäsion des Klebers auf den Werkstückoberflächen, der Eigenfestigkeit des Klebstoffes selbst und dessen Verformbarkeit. Duroplaste mit tragfähigen Molekülketten zeigen zwar hohe spezifische Bruchfestigkeit, sind aber für die Verbindung harter Werkstoffe mit engem Klebspalt weniger geeignet. Die Kerbwirkung erzeugt insbesondere bei kleinflächigen Klebverbindungen hohe Spannungsspitzen, die bei mäßiger äußerer Krafteinwirkung zum Rißfortschritt führt.

Die chemische Adhäsion moderner Klebstoffe auf von Kontaminationsschichten gereinigten Oberflächen der Halbleiter, Gläser und Keramiken, Metalle und der Polymere richtet sich nach der Art der Einbringung (eine oder zwei Komponenten als Flüssigkeit, Pulver oder Paste) und der thermischen Beanspruchung der geklebten Verbindung. Duroplaste mit räumlich vernetzter Molekülstruktur eignen sich für höhere Temperaturen; Thermoplaste lassen sich durch mäßige Wärme leicht verkleben, sind aber nicht nach allen Richtungen mit stabilen chemischen Bindungen durchsetzt. Sie eignen sich also nicht zur Befestigung von Bauelementen auf Leiterplatten, die noch einen Weichlötprozeß durchlaufen müssen.

Klebverbindungen werden zum Aufbau von Halbleitereinkristallen auf →Leiterrahmen oder Trägern in hybridintegrierten Schaltkreisen, zur Montage von passiven Chip-Bauelementen auf gedruckten Leiterplatten und zur Fixierung von feinmechanisch hergestellten Schaltungsteilen (Induktivitäten, einstellbare Schaltkreise) auf Leiterplatten verwendet. Wenn die Bauelemente Wärme abgeben, wird diese oft über die im Verhältnis zu den elektrischen Anschlüssen große Klebefläche abgeführt. Der →Wärmewiderstand der organischen Klebstoffe wird durch die Einbettung besser leitender Glas- oder Keramikpulver herabgesetzt.

Die zu verklebenden Oberflächen werden vor dem Auftrag des Klebstoffs durch Tropfen (flüssiger Klebstoff) oder Siebdruck (Pulver) gereinigt, vor

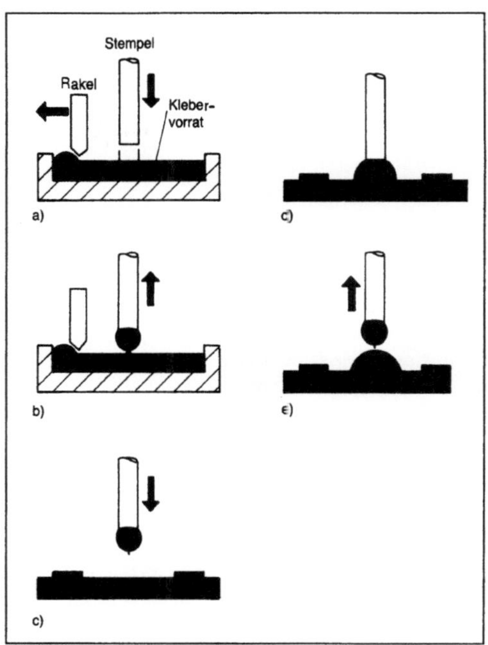

Mikroklebetechnik: Schritte bei der Kleberauftragung nach dem Stempelverfahren.

allem von Fett und Wasser befreit. Flächen von rund 1 mm^2 bis cm^2 sollen porenfrei verklebt werden. Dies schließt die Abgabe von Lösungsmitteln in Dampfform beim Abbinden des Klebers im Verlauf der anschließenden Wärmebehandlung aus. Hervorgehoben seien Resolharze und Epoxid-Novolakharze, die an oxidischen Oberflächen Komplexverbindungen hoher Festigkeit ausbilden.

Um die elektrische →Leitfähigkeit zu erzielen, werden Polymerkleber mit Metallpulver gefüllt. Mit Au- oder Ag-Pulver gefüllte Kleber weisen mittlere elektrische Widerstände im Bereich zwischen $1\text{–}5 + 10^{-6}$ Ωm auf. Leitklebstoffe und Leitlacke aus duroplastischen, thermoplastischen oder elastomeren Polymeren können auch mit unedlen Metallen wie Cu und Ni gefüllt werden. Der Füllgrad beträgt bis zu 80 Vol.%. Die Anwendungsgebiete sind: das Verkleben von Hohlleitern in der Mikrowellentechnik, leitfähige Verbindung zwischen Kern und Gehäuse von Transformatoren, Hochfrequenzabschirmung von Schaltungsteilen, Anschlüsse von Widerständen und Kondensatoren, elektrostatische Abschirmungen, Unterlage für galvanische Beschichtungen.

Nachteile der Klebeverbindungen sind nach dem heutigen Stand der Technik die Feuchteempfindlichkeit (Quellen durch Aufnahme von Wasser) und die chemische Agressivität überschüssigen Klebstoffes in elektronischen Aufbauten (nachfolgende →Korrosion von Beschichtungen). *Hieber*

Mikrolöttechnik. Weichlötverfahren mit Volumina der erstarrten Weichlötverbindungen unter rd. $\frac{1}{10}$ mm³ werden dem Mikrolöten zugerechnet. Sie dienen der Chipmontage auf Trägerwerkstoffen mit kleinen Kontaktflächen, z. B. →Anschlußfähnchen.

Die Lötverfahren in der Ebene der Hybridschaltkreise und der Leiterplatte unterscheiden sich nicht von den klassischen Lötverfahren der makroskopischen Technik. Bei Bauelementabmessungen unter 1,6 mm Kantenlänge und rd. 100 µm Bauhöhe ist von Mikrolötverfahren zu sprechen; die Anschlußtechnik durch →Wiederaufschmelzen in der Ebene der aktiven Halbleiterbauelemente ist als echtes Mikrolötverfahren aufzufassen. Hier bestimmen wenige Gefügeelemente (Phasenbestandteile des Eutektikums, intermetallische Phasen) die mechanischen und thermischen Eigenschaften der Weichlötverbindung (Bild) vollständig.

Infolge des hohen Verhältnisses zwischen Oberfläche und Volumen der Weichlötverbindung beim Aufschmelzen, im schmelzflüssigen Zustand und beim Erstarren bestimmen die zu verlötenden Anschlüsse an Bauelementen sowie die Substrate und Leiterplatten den Lötprozeß (Temperatur/Zeit-Verlauf). Die Oberflächenspannung des flüssigen Lottropfens mit Höhe bzw. Durchmesser im Bereich von $\frac{1}{10}$ mm führt zum Anheben von Bauelementen und mehrpoligen Chipträgern (Schaltkreisebenen, →Miniaturisierung). Bauelemente mit Abmessungen unter rd. 3 mm rücken bei günstig geformten

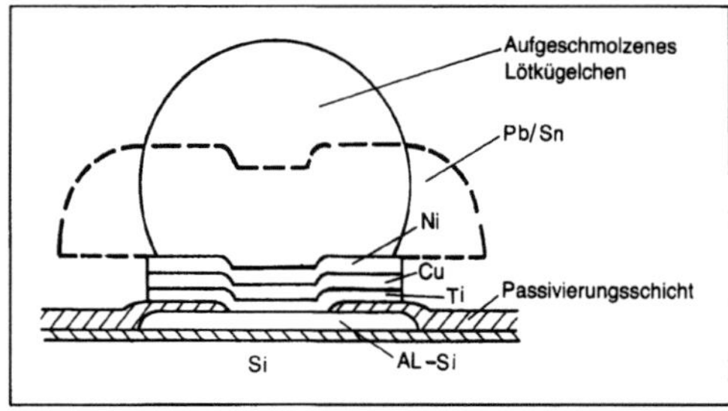

Mikrolöttechnik: Schichtaufbau auf integriertem Schaltkreis optimiert für Mikrolötverbindung über Lotkügelchen mit kleinem Reaktionsvolumen.

Anschlußflächen zurecht, können sich aber bei mangelhafter Benetzung (Weichlöten) einseitig aufrichten. *Hieber*

Mikromechanik. Bei der M. handelt es sich um eine relativ neue Technik, die auf den Verfahren der →Halbleitertechnologie beruht und eine Bearbeitung von verschiedenen Stoffen (nicht nur um Halbleiter) mit der Präzision der Halbleitertechnologie erlaubt. Zusätzliche Vorteile resultieren daraus, daß die →Planartechnologie eine serienmäßige Bearbeitung mit sehr guter Ausbeute ermöglicht. Dadurch können die Elemente in der M. mit sehr günstigen Kosten hergestellt werden.

Mit ihren guten mechanischen Eigenschaften, die eine Konsequenz aus ihren kovalenten Bindungen

Mikrolöttechnik. Tabelle: Prozeßschritte zur Fertigung von Lotkügelchen auf integrierten Halbleiterschaltkreisen

Vorbereitung	Beschichtungen	Strukturierung	Beloten	Nachbehandlung
(1) Metall-markierung	(2) Cr→Cu→Au	–	(3) Sn(Pb) elektrolytisch	(4) Kugel aufschmelzen
	(1) Al→Ni (3) Photoresist, dann Cu	(2) mit Photoresist, Ni ätzen (5) restliches Al ätzen	(4) Sn(Pb) elektrolytisch	(6) Kugel aufschmelzen
	(1) Cr→Ni (3) Photoresistlack, dann Ni	(2) mit Photoresist, Ni ätzen	(4) Lotkügelchen durch Tauchen	

sind und infolge des hochentwickelten Kristallziehens bieten sich Halbleiter als günstige Materialien an. Besonders erfolgreich ist die Verwendung von →Silicium.

Die folgenden Verfahren sind hier besonders wichtig:

□ die →Maskierung, als Vorbereitung für die

□ →Lithographie, durch die die benötigten Formen entstehen,

□ Selektive Ätzverfahren, wodurch eine in Schichtdicke, Material und Richtung kontrollierte Abtragung möglich ist, und

□ andere Dünnschichttechnologien, wie →Epitaxie, →Aufdampfen und CVD (→Schichtabscheidung).

Das wichtigste Verfahren ist das „selektive" →Ätzen. Meistens werden flüssige Ätzmittel benutzt, deren Ätzgeschwindigkeit wesentlich von Kristallorientierung und →Dotierung abhängen. (Für solche →Naßätzen geht die Selektivität bis rund 1:100.) Damit ist es möglich, selbsttragende Membranen als Grundformen herzustellen. Kombiniert mit Dotierung und Lithographie, ist auch Ätzen von komplizierten Formen möglich, die, dank guter mechanischer Eigenschaften des Siliciums verhältnismäßig hoch belastbar sind.

Als Beispiele von mikromechanischen Bauelementen sind besonders bemerkenswert: Druck- und Beschleunigungssensoren, Gaschromatographen, Siliciummotoren, Integrierte Chipkühlungen und Silicium-Membranpumpen.

Mikromechanische Elemente sind direkt integrierbar mit anderen Bauelementen (z. B. →Sensorik) und auch mit den zur Datenverarbeitung benötigten integrierten mikroelektronischen Schaltungen, wodurch der Aufbau intelligenter Sensoren möglich ist. *Ryssel*

Literatur: *Schumm, B.*, jr. und *C. C. Liu, R. A. Powers, E. B. Yeager* (Eds.): Sensor Science und Technology. Proc. Vol. 87-15, The Electrochemical Society, 1987.

Mikromodultechnik. Anwendungen der →Mikroelektronik erfordern Anordnungen von Schaltkreisen oder derer Bestandteile in verteilter Form. An die Stelle der früher gebräuchlichen elektronischen Bauelemente (integrierte aktive Bauelemente oder passive Bauelemente) treten Schaltkreise mit →Hybridintegration (z. B. Filmschaltkreise) oder Aufbauten in →Leiterplattentechnik mit geringen geometrischen Abmessungen. Diese Schaltkreismodule werden mit →Oberflächenmontage bestückt und in größere Systeme wie Personal-Computer, Nebenstellenanlagen der Telekommunikationstechnik oder Fernseh- und Videogeräte eingebaut. In stark beanspruchten Systemen der Fahrzeugelektronik, Satellitentechnik oder Prozeßtechnik müssen die elektronischen Mikromodule durch →Umhüllungen und Gehäuse vor thermischer, chemischer und mechanischer Einwirkung geschützt werden.

Mikromodule können leicht separat geprüft und im Falle der Reparatur als Einheit ausgetauscht werden. In Anwendungen der digitalen Höchstfrequenztechnik ermöglichen Mikromodule den Vorstoß in den GHz-Bereich (→Mikrowellentechnik). *Hieber*

Mikromotor. →Aktor, der mit den Methoden der →Mikromechanik hergestellt wird. Beispiele für M. sind elektrostatisch angetriebene Motoren, die mittels surface-micromachining hergestellt werden und Durchmesser im Bereich einiger hundert Mikrometer aufweisen. Die Entwicklung des M. fand weltweite Beachtung, da hiermit demonstriert werden konnte, daß sich auch mechanische Bauelemente mit den Methoden der →Halbleitertechnologie herstellen lassen, die in Kombination mit Sensoren und mikroelektronischen Schaltungen komplexe Mikrosysteme mit gänzlich neuer Funktionalität bilden. Aufgrund ihrer geringen →Lebensdauer (150 h) bei Dauerbetrieb und des sehr geringen Drehmoments haben M. noch kaum praktische Anwendung erfahren. *A. Richter*

Mikrooperation. Elementare, nicht teilbare Operation eines Rechners auf Register-Transfer-Ebene. Die M. wird bei mikroprogrammierten Rechnern durch ein definiertes Steuersignal aus der →Mikroinstruktion ausgelöst und im allgemeinen innerhalb eines Taktintervalls ausgeführt. Die M. steuert im Rechner eine Register-Transfer-Operation, indem sie Informationen aus Speicherstellen (wie Registern, Flags, Speicher) liest, diese möglicherweise mit anderen Informationen verknüpft und das Ergebnis wieder in Speicherstellen ablegt. *Bode*

Mikroperipherik. Elektronische Systeme werden in Schaltkreisebenen angeordnet (→Aufbau- und Verbindungstechnik) und stehen mit der menschlichen und technischen Umgebung in Verbindung. Durch die Verlagerung von Funktionsabläufen, z. B. in Datenterminals, Schnittstellen Mensch/Maschine sowie in die Prozeßtechnik, werden komplexe Funktionen nicht mehr nur in den integrierten Schaltkreisen sowie in hybridintegrierten Schaltungen und auf der Leiterplatte (→Leiterplattentechnik) durchgeführt. Datenprozessoren werden direkt mit Vorrichtungen zur Signalumwandlung und -Bearbeitung verknüpft.

Beispiele sind →Wandler zwischen optischen und elektrischen Signalen mit beiden Übertragungsrichtungen, Sensoren zur Umwandlung physikalischer, chemischer Parameter in elektrische Signale, Aktoren zur Übertragung elektrischer Signale in physikalische Folgegrößen.

Neuentwicklungen der M. vereinigen z. B. Wandler zwischen analogen physikalischen Größen (Druck, Temperatur, Kraft) über analog-digitale Umsetzung zu in digital verarbeitete Signale, wobei alle drei Funktionen einschließlich eines Mikrorechners auf einem Halbleiter-Chip integriert sind (Sensoren der dritten Generation). *Hieber*

Mikroprogrammierung. Strukturierte (programmierte) Form der Generierung der Signale zur Steuerung von Rechenanlagen aus Maschinenbefehlen bzw. Kommandos. Die M. ist die Alternative zur festverdrahteten Realisierung des Leitwerkes, bei der die Steuersignale durch ein sequentielles kombinatorisches Netz direkt aus den Maschinenbefehlen generiert werden (Bild). Für die Ausführung jedes Maschinenbefehls eines Rechners ist jeweils ein Mikroprogramm im Mikroprogrammspeicher zuständig, das den Befehl interpretiert. Jedes Mikroprogramm besteht aus einer Folge von Mikroinstruktionen, die ihrerseits eine Menge gleichzeitig ausführbarer →Mikrooperationen ansteuern.

Die Interpretation des Maschinenbefehls erfordert zunächst, daß ein zentrales Mikroprogramm

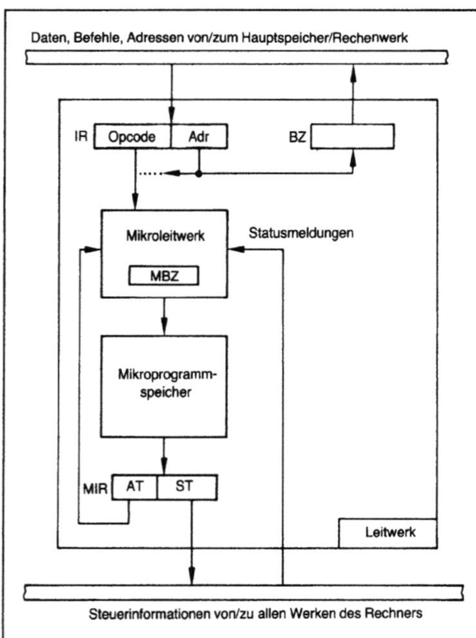

Mikroprogrammierung: Schematischer Aufbau eines mikroprogrammierten Leitwerkes.

den Befehl aus dem Hauptspeicher in das Instruktionsregister (IR) holt. Dazu benutzt es den Inhalt des Befehlszählers (BZ), der jeweils den nächsten auszuführenden Maschinenbefehl adressiert. Der so geholte Maschinenbefehl wird dekodiert, d. h. aus dem Operationscode des Befehls wird die Anfangsadresse des den Befehl ausführenden Mikroprogramms im Mikroprogrammspeicher generiert. Das Mikroprogramm wird schrittweise ausgeführt: jede →Mikroinstruktion wird aus dem Mikroprogrammspeicher geholt und in das Mikroinstruktionsregister (MIR) geschrieben. Dies beinhaltet Steuerinformation für jeweils genau einen Taktzyklus (Steuerteil: ST) und Information zur Generierung der Adresse der nächsten auszuführenden Mikroinstruktion (Adreßteil: AT). Bezüglich der Interpretation des Maschinenbefehls werden je nach Befehlstyp zunächst die nötigen Operanden in das Rechenwerk geholt (gegebenenfalls nach Adreßrechnung und Operandenbehandlung) und diese dann durch die arithmetisch-logische Einheit verknüpft.

Mikroprogramme müssen nicht streng sequentiell sein: synchrone und asynchrone Ereignisse im gesteuerten Rechner (z. B. arithmetischer Überlauf im Rechenwerk, Unterbrechungswunsch durch ein Peripheriegerät) können zu Verzweigungen führen, oft sind auch Schleifen- und Unterprogrammtechnik möglich. Die Generierung der Folgeadresse im Mikroprogrammspeicher erfolgt im Mikroleitwerk, das als Kern den Mikrobefehlszähler mit der Adresse der nächsten auszuführenden Mikroinstruktion beinhaltet.

Am Ende der Interpretation des Maschinenbefehls wird das Mikroprogramm dem Befehlszähler BZ einen neuen Wert zuweisen (die Adresse des nächsten Maschinenbefehls). Dieser ergibt sich normalerweise durch Inkrementieren des laufenden Befehlszählerinhaltes, bei Sprungbefehlen durch Laden der Sprungzieladresse aus dem Instruktionsregister.

Gegenüber der festverdrahteten Lösung stellt die M. von Leitwerken eine gewisse →Redundanz dar. Sie ist daher in der Regel langsamer, hat aber alle Vorteile einer strukturierten Lösung: Orthogonalität, Flexibilität gegen Änderungen und Erweiterungen, Lesbarkeit und geringere Fehleranfälligkeit. Die meisten Rechner (auch Mikroprozessoren) sind daher heute mikroprogrammiert (mit Ausnahme der RISC-Architekturen). Nur Höchstleistungsmodelle sind gelegentlich festverdrahtet.

Sind Mikroprogramme vom Hersteller festgelegt und der Mikroprogrammspeicher ist ein Festspeicher, spricht man vom mikroprogrammierten Rechner. In selteneren Fällen sind Mikroprogrammspeicher ladbar, Mikroprogramme auch vom Benutzer erstellbar. Man spricht dann von mikroprogrammierbaren Rechnern.

Neben der klassischen Anwendung der M. für die Implementierung genau eines Maschinenbefehlssatzes auf einem Rechner werden Mikroprogramme auch zu folgenden weiteren Zwecken verwendet:
□ Nachbildung fremder Maschinenbefehlssätze (Emulation)
□ Spezielle Mikroprogramme für Systemdienste wie Selbstdiagnose (Mikrodiagnose)
□ Effiziente Kodierung ganzer Anwendungsalgorithmen (Vertikale Verlagerung). *Bode*

Mikroprozessor. Prozessor einer Rechenanlage, der unter Verwendung hochintegrierter Halbleitertechnik auf kleinstem Raum realisiert ist. Monolithische M. sind Prozessoren auf genau einem Halbleiterchip. Dagegen bestehen Multichip-M. aus einigen wenigen Bausteinen. Als monolithische Mikrorechner bezeichnet man M., die neben Leit- und Rechenwerk auf einem Chip noch in beschränktem Umfang Programm- und Datenspeicher (meist getrennt als Fest- und Direktzugriffsspeicher) sowie Ein-/Ausgabewerke umfassen. →Bitslice-M. sind dagegen nur Teilscheiben der Grundeinheiten von Rechenanlagen wie Rechenwerk, Leitwerk, Unterbrechungswerk etc. *Bode*

Mikroprozessor-Antriebssteuerung. Mikroprozessoren werden in der elektrischen Antriebstechnik zur Steuerung und Regelung stromrichtergespeister Antriebe eingesetzt. Sie werden sowohl für →Umkehrstromrichter, →Gleichstromsteller, Wechselrichterschaltungen in →Zwischenkreis-Umrichtern und insbesondere für Servo-Antriebssysteme verwendet. Dies bedeutet, daß drehzahlverstellbare Gleich- und Drehstrom-Antriebe in dieser Technik ausgeführt werden können. Die Mikroprozessoren übernehmen in den Geräten mit wenigen Ausnahmen alle Funktionen, die bisher in analoger Technik ausgeführt wurden.

So besorgt bei der Antriebsausrüstung von elektrischen Straßenfahrzeugen (z. B. BBC City Stromer) ein einziger Ein-Chip-Rechner die gesamte Steuerung und Regelung (Zünden und Löschen des Thyristor-Ankerstellers, Pulsen des transistorisierten Feldstellers, Batterie-Ladesteuerung und zugehörige Anzeigen). Die Ausführung orientiert sich an der Erfüllung der Antriebsforderungen bei Minimierung der Hardware und der Peripherieschaltungen.

Für die Steuerung und Regelung eines Umkehr-Stromrichters werden mit einem Single-Chip-Mikrorechner und einem 8-bit-Analog-Datenerfassungschip folgende Funktionen ausgeführt:
□ →Stromregelung mit Meßwertabtastung und Mittelwertbildung, Lückerfassung und Lückadaption (→Lückstrom), Sollwertmodulation bei sehr kleinen Strömen;
□ Umkehrlogik für schnelle, kreisstromfreie Stromumkehr mit Strom-Null-Erfassung sowie →EMK-Vorsteuerung;
□ Zündsteuerung mit Netzspannungssynchronisation (sog. Synchronisierroutine) über digitalen Phasenregelkreis, Zündwinkel-Endlagen-Ermittlung (→Steuerverfahren für Stromrichter) und →arccos-Linearisierung.

Die Mikroprozessorsteuerung für einen →Umrichter mit →Stromzwischenkreis zur Drehzahlverstellung eines Drehstrom-Asynchronmotors zeigt Bild 1. In ähnlicher Weise wie für einen Umkehrstromrichter werden die Zündimpulse für den gesteuerten Eingangsgleichrichter und für den →Wechselrichter im Ausgang in einem Mikrocomputer (Intel 80186) erzeugt. In Bild 2 ist das Rechenschema deutlich gemacht. Die Maschinensteuerung ist durch die Berechnung der moment- und flußbildenden Stromvektoren charakterisiert. Dazu werden die Daten der Drehstrommaschine per Software einem Rechenmodell der Drehstrom-Asynchronmaschine vorgegeben. Es werden daraus die pulsbreitenmodulierten (→Wechselrichter) Stromwerte mit der zugehörigen Phasenlage und der der geforderten Drehzahl entsprechenden Frequenz berechnet und ausgegeben. Vorteilhaft ist, daß keine Drehzahl-Istwert-Erfassung notwendig ist.

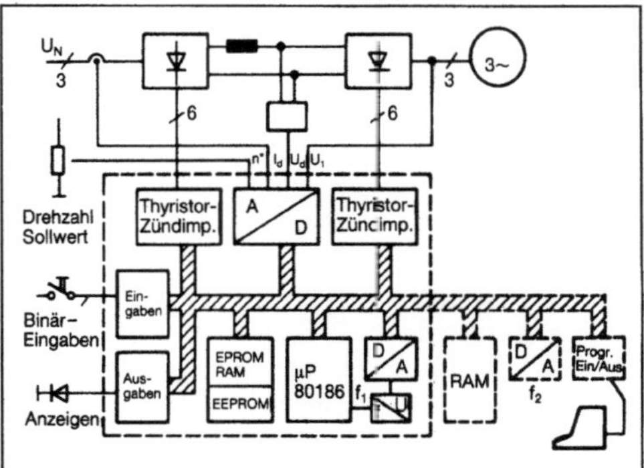

Mikroprozessor-Antriebssteuerung 1: Prinzip-Darstellung eines Zwischenkreisumrichters mit Mikroprozessorsteuerung.

Als Programmiersprache werden problemorientierte Sprachen wie z. B. MICAS® verwendet. Die verwendeten Rechner sind meist so leistungsfähig, daß zusätzliche Aufgaben übernommen werden können, z. B. die der Anlagensteuerung und der Prozeßregelung. Häufig auftretende Anwenderfunktionen werden meist in die Grundsoftware implementiert und sind auf Abruf aktivierbar. Von besonderer Bedeutung ist die absolute Reproduzierbarkeit und Dokumentierbarkeit der Einstellwerte, wodurch sich die Gleichmäßigkeit der Prozesse steigern läßt.

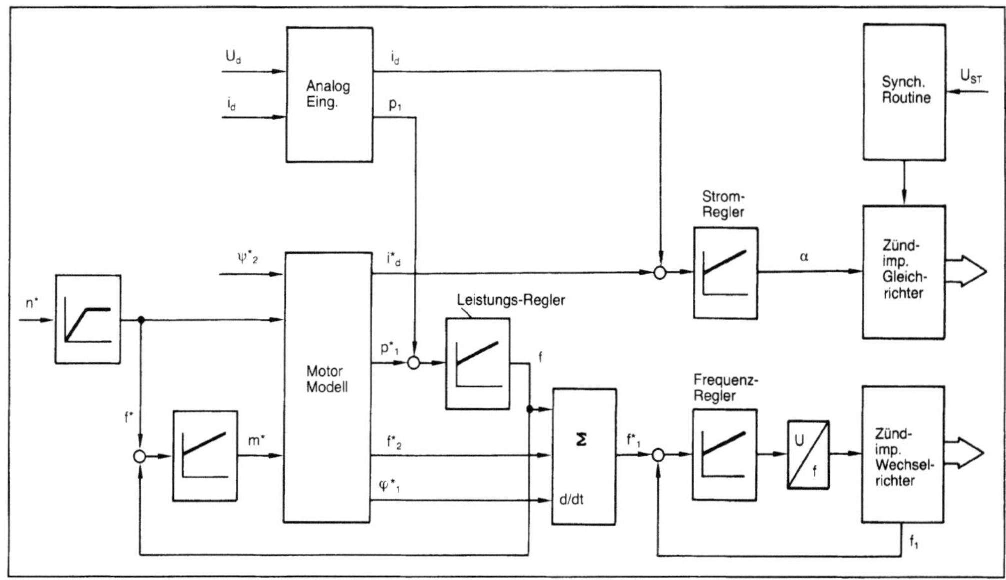

U_d Zwischenkreisspannung, I_d Zwischenkreisstrom, n* Drehzahlsollwert, f_1 Frequenz-Sollwert, f_2 Schlupffrequenz, P_1 Statorleistung, Ψ_2 Fluß-Sollwert, m Drehmoment-Sollwert, ξ_1 Phasenwinkel des Stromes

Mikroprozessor-Antriebssteuerung 2: Blockschema für Rechen- und Regelkreise der Mikroprozessorsteuerung für Zwischenkreis-Umrichter.

Die Rechnertechnik eröffnet neue Möglichkeiten für Betrieb und Wartung, welche die Betriebstüchtigkeit, die →Zuverlässigkeit und →Verfügbarkeit elektrischer Antriebe erhöhen. Durch Selbsttestroutinen kann das System automatisch auf seine Funktionsfähigkeit geprüft werden. Mit Hilfe von Hintergrundprogrammen läßt sich zusätzlich ein Überwachen bestimmter Komponenten erreichen. Bei auftretenden Fehlern kann man dann schnell Gegenmaßnahmen ergreifen.

Die Mikroprozessortechnik hat wesentlichen Anteil an der kostengünstigeren Herstellung von Umrichtern für Drehstromantriebe. Sie schafft die Kommunikationsfähigkeit der Antriebssysteme mit der Leitebene z. B. industrieller Prozesse. Sie verstärkt damit die Tendenzen zur Favorisierung der Drehstrom-Antriebstechnik. *H. Stüben*

Literatur: *Abraham, L.:* Der Mikroprozessor in der Antriebstechnik. Elektronik v. 29. 11. 1985, S. 91 ff. – *Kampschulte, B.:* A Microprocessor Control for CSI-Converters with Induction Motors. Vortragsmanuskript. 3. IFAC-Symposium, Lausanne 1983.

Mikropumpe. Unter M. versteht man Pumpen die mit den Verfahren der →Mikromechanik hergestellt werden. M. als Aktoren weisen Abmessungen im Millimeterbereich auf und erzielen Durchflüsse im Bereich von einigen nl/min bis in den dl/min-Bereich. Hauptproblem ist dabei, ein Antriebsprinzip zu finden, daß die erforderlichen Kräfte zur Bewegung der Flüssigkeit aufbringt und sich miniaturisieren läßt. Es gibt M. nach dem Verdrängungsprinzip, bei welchen die Flüssigkeit aus einem Volumen durch mechanisch bewegte Teile verdrängt wird und dynamische Pumpen, bei denen das Fluid kontinuierlich bewegt wird. Am weitesten entwickelt sind die Mikromembranpumpen (Bild), die aus einer Pumpkammer, zwei Rückschlagventilen und einer Pumpmembran bestehen. Der Antrieb der Pumpmembran kann durch eine piezoelektrische Schicht, durch direkten elektrostatischen Antrieb oder auch thermopneumatisch erfolgen. Das Bild zeigt eine piezoelektrisch angetriebene M., die aus einem strukturiertem Siliciumwafer besteht, der auf ein Glassubstrat gebondet ist (→Verbindungstechnik, feldunterstützte). Die Pumpmembran wird hier durch eine dünne Glasmembran gebildet.

Voraussetzung für den Einsatz von M. sind gefilterte Flüssigkeiten und eine Blasenfreie Füllung der Pumpkammer. Zu den dynamischen Pumpen zählen z. B. die elektrohydrodynamische (EHD) M. und

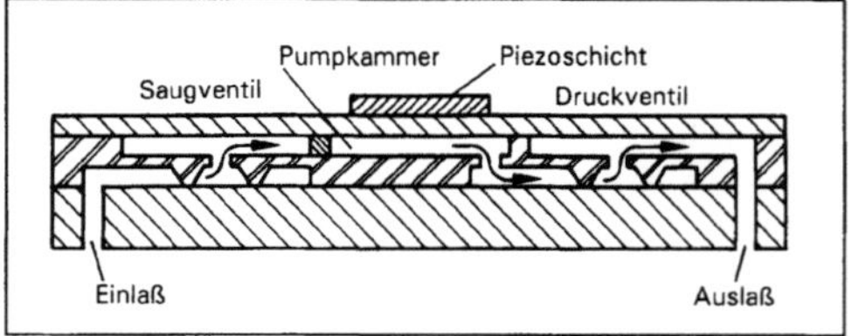

Mikropumpe: Prinzipielle Darstellung einer piezoelektrisch angetriebenen Mikromembranpumpe.

elektrophoretische M. Hier muß das Pumpmedium zusätzlich bestimmte elektrische Eigenschaften aufweisen, die Flüssigkeiten werden jedoch direkt durch elektrische Feldkräfte bewegt, so daß keine weiteren mechanischen Teile notwendig sind.

M. zeichnen sich insbesondere durch ihren hohen energetischen Wirkungsgrad und ihre geringe Leistungsaufnahme im Vergleich zu konventionellen Pumpen aus. *A. Richter*

Mikroschaltung, integrierte →Schaltung, integrierte

Mikroschweißen. Schweißen ist ein Prozeß zur Herstellung bleibender Fügeverbindungen (→Mikrofügeverfahren). Vorher getrennte Werkstücke werden beim Verschweißen so zusammengebracht, daß in der Fügezone entweder eine Durchmischung eintritt oder die Werkstücke gemeinsam eine Phasengrenzfläche oder eine →Korngrenze bilden.

Die Durchmischung der Fügezone kann durch örtliches Aufschmelzen mit Mischung im flüssigen Zustand und anschließendem Erstarren erfolgen. Bei diesem Schmelzschweißen entsteht ein ganz neues →Gefüge, oder die Werkstücke werden über eine ausreichende Zeit einer so hohen Temperatur ausgesetzt, daß im festen Zustand ein Stoffaustausch stattfinden kann (Diffusionsschweißen). Bei niedrigen Temperaturen kann die Fügeverbindung auch so herbeigeführt werden, daß die Oberflächen der Festkörper zumindest in Teilbereichen einander bis auf atomare Abstände angenähert werden. Wegen der notwendigen Verformung spricht man dann vom Preßschweißen oder auch vom Kaltpreßschweißen. Die zum Schweißen benötigte Energie wird direkt in der Fügezone erzeugt (Beispiel Widerstandsschweißen) oder von außen eingebracht (Beispiel Kompressionsschweißen).

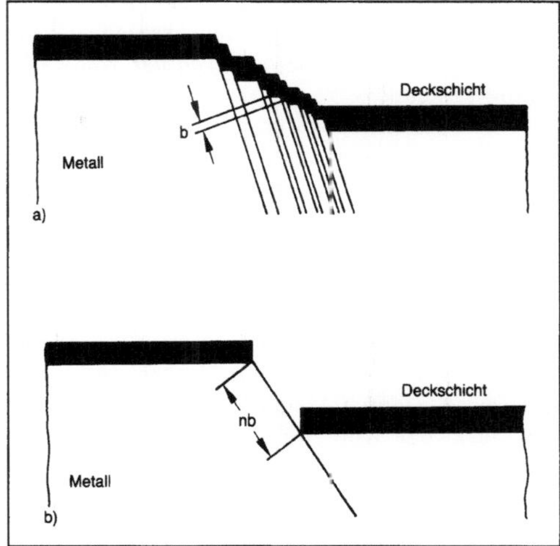

Mikroschweißen: Schweißvorgang mit Aufreißen einer Deckschicht (Quelle: Ruge).
a) mehrere parallele Gleitebenen
b) eine Gleitebene.

Das Gefüge der Schweißverbindung soll dem eines homogenen oder eines mehrphasigen Werkstoffes entsprechen, die Kristallkörner werden durch Korn- bzw. Phasengrenzen getrennt. An metallischen und nichtmetallischen Gläsern (röntgenamorphen Werkstoffen) treten korngrenzenähnliche Übergangsflächen auf. Hier erfolgt die

Mikroschweißen. Tabelle: Physikalische Chemie der Mikroschweißverfahren

Verfahren	Energie	Verbindungsbildung
Schmelzschweißen: a) Strahlschweißen	äußere Quelle: Elektronen- oder Laserstrahlung Verbrauch: adiabatische Erhitzung zum Aufschmelzen und zur Wärmeableitung	Aufschmelzen in einem begrenzten Volumenbereich, Durchmischen und Erstarren
b) Widerstandsschweißen	innere Quelle: Joule'sche Wärmeentwicklung bei Stromdurchgang	
Festkörperschweißen: a) chemisch	erhöhte Temperatur $T<T_m$	chemische Diffusion, Ausgleich des scharfen Konzentrationsgefälles an der Schweißfläche
b) mechanisch	plastische Verformung	Annäherung frischer Kristalloberflächen

Verbindungsbildung durch chemische Reaktionen (Oxid-, Nitrid- oder Silikatbildung).

Verbindungen mit mechanisch umklammernden Grenzflächen sind keine Schweißverbindungen. Ebenso können Werkstoffkombinationen nicht als Schweißverbindungen angesehen werden, bei denen lediglich elektrische oder *van der Waals*'sche Kräfte wirken.

Festkörperschweißverbindungen zwischen Metallen und heteropolaren Verbindungen können im Ultrahochvakuum bei niedrigen Temperaturen durch plastische Verformung des Metalles hergestellt werden. Die Güte der Verbindungen nimmt für Werkstoffpaarungen aus eigenleitenden, weniger ionischen Stoffen mit weniger elektronegativen Metallen zu. Die heteropolar-homöopolar gebundenen Systeme lassen sich am besten verbinden. Querschnitte durch Metall-Halbleitergrenzen zeigen stückweise Korngrenzenstrukturen mit hoher Koinzidenz. Dagegen treten Bindungsbereiche zwischen ausgeprägt ionischem Al_2O_3 und Metallen bei niedrigen Temperaturen nur örtlich auf. *Hieber*

Mikrostrukturierung. Unter M. versteht man die Prozeßfolge, die durch eventuell mehrfache Anwendung von →Lithographie und →Ätzen die Halbleiterscheiben strukturiert. *Ryssel*

Mikrosystemtechnik. Die M. umfaßt Elemente, in denen mehrere physikalisch unterschiedliche Funktionen unter Systemzielsetzungen auf sehr kleinen Raum zu einer hybriden oder monolithischen Einheit vereint sind. Wesentlich ist im Vergleich zu elektronischen Systemen die Anwendung von nichtelektrischen Teilfunktionen, d. h. die Integration von mikromechanischen, mikrooptischen und mikroelektronischen Elementen. Die Gesamtfunktion des Mikrosystems wird in Vordergrund gestellt und nicht die Teilfunktionen in sich. Wegen der hohen Komplexität der Mikrosysteme und wegen der Wechselwirkung der verschiedenen Komponenten miteinander wird beim Entwurf und bei der Realisierung von Mikrosystemen eine interdisziplinäre Sehweise erfordert.

Die Anwendungsfelder für Mikrosysteme liegen im Bereich der Sensoren, Aktoren und in der intelligenten Signalverarbeitung. *Csepregi*

Literatur: *Kroy, W.*: Mikrosystemtechnik: Prinzipien und Anwendungen. me 4 (1990). – *Kroy, W.*: Perspektiven der Miktrosystemtechnik. VDE/VDI Vortragsveranstaltung Mikrosystemtechnik, 1989 Stuttgart-Büsnau.

Mikrotechnik. Die zweite Hälfte des 20. Jahrhunderts kann als Entstehungszeitraum der M. angesehen werden. Unter M. versteht man folgendes:
- die Entwicklung, Herstellung und Anwendung kleinster Bauelemente, Schaltungen und Funktionsgruppen mit elektronischen, optischen oder mechanischen Wirkprinzipien im Mikrometerbereich bzw.
- als Oberbegriff, Gesamtheit oder Zusammenfassung der Entwicklungs-, Werkstoff- und Produktionstechnik von →Mikroelektronik, Mikrooptik und von →Mikromechanik sowie der Grenzgebiete →Optoelektronik, Mechatronik und Optomechanik.

Die M. steht eng mit der →Feinwerktechnik zusammen, erweitert, ergänzt und vervollkommnet diese. Sie ist durch folgende Eigenschaften gekennzeichnet:
- eine Abmessung der Struktur liegt im Mikrometerbereich und darunter;
dadurch entstehen Volumen- und Masseverkleinerungen der Bauelemente und höhere Gebrauchswerte,
- Nutzung bekannter und neuer physikalischer, chemischer und biologischer Effekte,
- Einsatz neuer Technologien, die i. a. nur ökonomisch rentabel sind, wenn massenhafte Anwendung gesichert wird,
- Eignung zur Informationsaufnahme, -übertragung, -verarbeitung oder zur Informationsausgabe,
- Anwendung als eigenständige Bauelemente oder Baugruppen,
- M. ist intelligenz- und arbeitsintensiv und ökonomisch nur in einer hochentwickelten Volkswirtschaft realisierbar.

Nachstehende Voraussetzungen müssen erfüllt sein, damit M. entwickelt und umfassend genutzt werden kann:
- die Herstellung verschiedener Werkstoffe wie →Silicium, →Germanium usw., ferner Sinterkeramik, Kunststoff und Glas in höchster Reinheit,
- ein hohes Niveau der Präzisionstechnik und der Automatisierung muß gegeben sein,
- Erfahrungen in den Technologien von Teilgebieten der M. z. B. in der Mikroelektronik, müssen vorhanden sein.

Die in der M. angewandten Technologien richten sich nach den zu verarbeitenden Werkstoffen, nach der Art der Bauelemente (mikroelektronisch, mikrooptisch, mikromechanisch), nach den Produktionsstückzahlen (Kosten) und nach der Qualität (Reproduzierbarkeit der Eigenschaften). Es existieren bereits industriell ausgereifte technologische Verfahren z. B. die
- Silicium-Technologie (→Photolithographie, →Ätztechnik, →Schichtabscheidung),
- Dünnschicht-Technologie,
- Dickschicht-Technologie,
- Folien-Technologie,
- Sinter-Technologie.

Beispiele: Es gibt heute sehr viele Beispiele, die zur M. gerechnet werden können.

□ Aus der Mikroelektronik: Chips mit 10^6 und mehr Bauelementen, 1-Mbit- und 4-Mbit-Speicherschaltkreise, 8-bit-, 16-bit- und 32-bit-Mikroprozessoren, Mikrorechner mit der Leistungsfähigkeit früherer Großrechner, Halbleiterspeicher, Digitalschaltkreise, Analogschaltkreise, Leistungstransistoren, Schalttransistoren, Sensoren für physikalische Größen ohne und mit eingebautem Verstärker.
□ Zur Mikrooptik gehören: optoelektronische Sensoren (→Photodioden), CCD-Zeilen, CCD-Matrizen, Lichtleiter (Faseroptik), Optokoppler, Licht-Emitter-Dioden (LED-Anzeige-Elemente), Bildplatten (LCD-Bildschirme), Laser-Drucker, Laser-Mikrobearbeitung (gravieren, bohren, schweißen).
□ Zur Mikromechanik zählen: Sensoren für Kraft, Druck, Beschleunigung, Temperatur, Gaskonzentration, Feuchte u. a.; mikromechanische Relais; Mikromotoren.

Die M. steht am Anfang einer stürmischen Entwicklung. Leistungen der Natur oder Biologie werden technisch nachgebildet werden können. Es wird für möglich gehalten, in den nächsten Jahren u. a. dreidimensionale mikroelektronische Schaltkreise zu erzeugen, mikrooptische Computer zu entwikkeln, mikromechanische Baugruppen und mikrotechnische Geräte herzustellen.

Damit werden für die Meß- und Rechentechnik, für Steuerungen und Automatisierung neue leistungsfähige Lösungen entstehen. *Lauruschkat*

Mikrowellen. (*engl.* microwaves) Extrem kurze elektromagnetische Wellen sind als M. bekannt. Nach neuester Normung umfassen sie den Wellenbereich zwischen 1 cm und 10 cm Wellenlänge. Gegenüber längeren Funkwellen zeichnen sie sich durch Bündelungsfähigkeit, gegenüber kürzeren Wellen – Millimeterwellen – durch geringere atmosphärische Dämpfung aus. Hieraus resultiert ihre Anwendung in Funkdiensten mit ausgeprägtem Richtcharakter und mittleren Reichweiten (Richtfunk, Radar, Satellitenfunk).

Gegenüber einer früheren, teilweise noch gebräuchlichen Festlegung, die alle Funkwellen kleiner als 10 cm dem Mikrowellenbereich zuordnete, beschränkt die neue Norm DIN 40015 die M. auf den elektromagnetischen Wellenbereich von 10 cm bis 1 cm. Frequenzmäßig entspricht dies dem Bereich von 3 GHz bis 30 GHz (SHF, super high frequencies). Noch kürzere elektromagnetische Wellen werden Millimeterwellen (10 mm bis 1 mm) und – hieran anschließend – Mikrometerwellen (1 mm bis 0,1 mm) genannt (Frequenzbereiche).

Elektromagnetische Wellen im cm-Bereich besitzen Eigenschaften, die mit abnehmender Wellenlänge zunehmend „optisch" werden, d. h. in Ausbreitung, Reflexion, Absorption usw. sich immer stärker dem Verhalten von Lichtwellen nähern. Dies macht sie für Anwendungen geeignet, die bezüglich Ausbreitung eine ausgesprochene Richtwirkung verlangen (Richtfunk, Radar, Satellitenfunk). Hinsichtlich der zu überbrückenden Entfernung (→Reichweite) ist die Zunahme der atmosphärischen Dämpfung mit kürzer werdender Wellenlänge zu beachten. Mittelbereichs- und Weitbereichs-Radaranlagen benutzen daher Frequenzen, die den längeren M. entsprechen. Wird dagegen eine größere Radar-Zielauflösung verlangt, so geht man zu kürzeren M., gegebenenfalls zu Millimeterwellen über.

Die besondere Natur der M. drückt sich auch in Art und Abmessung der zu ihrer Fortleitung und Abstrahlung benötigten Elemente aus. Während die Übertragung der M. innerhalb von Sende- und Empfangsanlagen nahezu ausschließlich über Hohlleiter (→Wellenleiter) erfolgt, sorgen nach optischen Gesichtspunkten konstruierte →Antennen (Mikrowellenantenne) für eine mehr oder minder gerichtete Abstrahlung. Die Antennenabmessungen können dabei wegen der kurzen Wellenlänge klein gehalten werden. Dies begründet u. a. die bevorzugte Verwendung von M. in mobilen Stationen, beispielsweise in Flugzeugen, kleinen Schiffen usf.

Die starke Absorption der M. in Materie prädestiniert sie zur Erwärmung derselben. Als Anwendungen bekannt sind M.-Öfen, M.-Herde, -Schmelzen u. a. *Kümmritz*

Mikrowellen-Feldeffekttransistor →Mikrowellentransistor, →MESFET

Mikrowellen-Halbleiterbauelement. Halbleiterbauelemente für alle Anwendungsbereiche in der →Mikrowellentechnik, oft auch als Höchstfrequenz-Halbleiterbauelemente bezeichnet.

Durch ständige Verbesserungen an bekannten Halbleiterbauelementen und neue Entwicklungen in der Halbleitertechnik gelang es im Verlaufe der letzten drei Jahrzehnte, die obere →Grenzfrequenz und abgebbare Leistung der Halbleiterbauelemente immer weiter zu erhöhen, so daß im Mikrowellenbereich (Gebiet von 1 bis 300 GHz) die ehedem dominierende →Mikrowellenröhre weitgehend abgelöst werden konnte. Sie findet nur dort noch Anwendung, wo größere Leistungen verlangt werden.

Die erzielten Fortschritte bei den M. beruhen einmal in der Nutzung von Effekten, die an bestimmte Halbleitermaterialien gekoppelt sind. Dabei sind hauptsächlich →III-V-Halbleiter interessant geworden (Tabelle). Zum anderen kamen neue technologische Verfahren zur Herstellung kleinster Strukturen (kleine Abmessungen, dünnste Schichten), sowie die auf Perfektion neuartiger Halbleiterstrukturen, wie z. B. der →Heteroübergang und seiner Anwendung zum Einsatz. Schließ-

Mikrowellen-Halbleiterbauelemente. Tabelle: M.-H. und verwendete Materialien

Bauelement	Verwendete Halbleitermaterialien			
	Si	GaAs	InP	ternäre A^{III}-B^{V} Verbindungen
Dioden				
Impatt-Diode	×	(·)	(·)	(·)
Schottky-diode	⊗	×	(·)	–
Varaktor-diode	×	×	–	–
Gunnelement	–	×	×	(·)
Bipolartransistor				
MESFET	(×)	×	×	(·)
HEMT	–	×	(·)	×
Heterobipolar-transistor	×	×	(·)	×
Bauelemente für MIC				
bis 5 GHz	×	×	–	–
bis 50 GHz	(×)	×	(×)	×
bis 100 GHz	×	×	×	×
MMIC	(×)	×	(·)	(·)
IOEC	–	×	(·)	×

× verwendet ⊗ bedingt einsetzbar
(·) perspektiv interessant

lich gelang es, die bis dahin verwendeten Hohlleiter durch Koaxial- und vor allem integrierbare Streifenleiter zu ersetzen. So entstanden integrierte Mikrowellenschaltungen (→MIC, →MMIC).

Materialseitig gab sicher die Entdeckung des Gunn-Effektes den Anstoß zum intensiven Einsatz von →GaAs im besonderen und anderen III-V-Halbleitern, z. B. →Indiumphosphid. Die Folge war die Entwicklung einer Reihe von Halbleiterzweipolelementen (→Gunn-Diode, →IMPATT-, TRAPATT-Dioden u. a.), deren gemeinsames Merkmal die Nutzung von Elektronenlaufzeiten zur Erzeugung differentieller negativer Wirkwiderstände ist. So können sie auch zur Schwingungserzeugung und für →Verstärker eingesetzt werden. Heute lassen sich so Schwingungen bis 100 GHz und mehr erzeugen.

Für →Mischer, Detektoren und parametrische Elemente brauchte man Dioden mit extrem hohen Grenzfrequenzen und guten Schalteigenschaften, wie sie vor allem →Schottky-Dioden und →Varaktoren boten. Durch gleichzeitigen Einsatz verbesserter Strukturierungsverfahren sind heute Grenzfrequenzen von 1,5 THz möglich. Darüber hinaus lag es auf der Hand, die konzeptionellen Grenzen des Bipolartransistors auf Silicium-Basis zu suchen und in Form von Mikrowellentransistoren auszuschöpfen. Heute wird hierfür ein Grenzbereich von 10–15 GHz allgemein anerkannt. Daraus leitet sich eine praktische obere Grenze von etwa 8 GHz für Sender und →Leistungsverstärker mit solchen Transistoren ab.

Fortschritte auf dem Materialsektor für GaAs und die immer bessere Beherrschung des Schottky-Überganges ließen bald erkennen, daß der GaAs-MESFET erheblich bessere Eigenschaften als →Mikrowellentransistor besitzt als der Si-Bipolartransistor, so daß er schließlich das grundlegende Funktionselement einer ganzen Integrationstechnik (→MESFET-Technik) werden konnte.

Hinsichtlich →Rauschen und →Verstärkungs-Bandbreite-Produkt ist der GaAs-MESFET dem Si-Bipolartransistor deutlich überlegen, daraus ergibt sich seine umfangreiche Anwendung als Verstärker. Weitere Fortschritte in der Herstellungstechnologie, in der Erforschung ternärer III-V-Verbindungen (zunächst für die →Optoelektronik konzipiert) führten sein Konzept zu Heterobauelementen wie z. B. dem →HEMT, die den GaAs-MESFET in manchen Eigenschaften übertreffen. Entsprechende Parallelentwicklungen mit Hetero-Bipolartransistoren wurden in breiter Front unternommen, konnten aber noch nicht überzeugen.

Aus der historischen Entwicklung heraus wurden zunächst diskrete M. realisiert. Der Übergang der diskreten Schaltungstechnik in die →Hybridtechnik erstreckte sich auch auf die M., zumal sich die Streifenleitungstechnik geradezu für eine Hybrid-Integration anbot. So entstanden die MIC.

Die auf breiter Front vorangetriebene Entwicklung monolithisch integrierter Schaltungen vereint mit den Fortschritten bei GaAs-MESFETs und Schottky-Dioden führten ab Mitte der 70er Jahre zum Konzept der monolithisch integrierten Mikrowellenschaltungen (→MMIC). Sie bilden derzeit der Trend bei den M. Durch verschiedene Ursachen liegen sie bezüglich des Integrationsgrades gegenüber Si-Schaltungen etwa zwei Größenordnungen niedriger, wobei auch der zeitlich spätere Entwicklungseinsatz mitspielt.

Weil die für M.-H. verwendeten III-V-Halbleiter bis auf wenige Ausnahmen auch für optoelektronische Bauelemente interessant sind, lag es nahe, rein elektronisch arbeitende und optoelektronische (oder sogar nur rein optisch arbeitende) Funktionselemente im gleichen Chip zu vereinen und so zu integrierten optoelektronischen Schaltungen (IOEC) zu kommen. In solchen Schaltungen erfolgt die Signalverarbeitung teils elektrisch, teils optisch. *R. Paul*

Literatur: *Hart, W.* und *M. Claassen:* Aktive Mikrowellendioden. Berlin 1981. – *Paul, R.:* Halbleitersonderbauelemente. Berlin 1981.

Mikrowellenröhren. Elektronenröhren, die für den Einsatz im Mikrowellengebiet konstruiert sind. Zu ihnen gehören
- →Scheibenröhren
- →Laufzeitröhren
- →Sperröhren
- Gasentladungsrauschröhren (→Rauschröhren).

Golombek

Mikrowellenschaltung, integrierte. Zusammenfassende Bezeichnung für integrierte Schaltungen, die für die Anwendung im Mikrowellenbereich vorgesehen sind.

Im Mikrowellenbereich (Frequenzbereich 1–300 GHz) wurden die lange Zeit verwendeten Mikrowellenröhren und Mikrowellenbauteile (z. B. Hohlleiter) mit den zunehmenden Fortschritten der Halbleitertechnik und Mikroelektronik im Trend weitgehend abgelöst durch

□ den Einsatz neuer →Mikrowellen-Halbleiterbauelemente, zunächst als diskrete Bauelemente (später integriert),

□ den Übergang zu Schaltungs- und Verbindungstechniken, die sich z. B. mit modernen Verfahren – auch der →Halbleitertechnologie – herstellen lassen, z. B. die Streifenleitertechnik,

□ integrierte Konzepte, die sich aus der Entwicklung der Mikroelektronik ergaben: Schichtschaltungen, monolithisch integrierte und Hybridschaltungen.

Weil in der →Mikrowellentechnik immer bestimmte Baugruppen wie →Verstärker, →Oszillatoren, →Mischer, Frequenzumsetzer, Vervielfacher, Filter häufig wiederkehren, entstanden zunächst solche Funktionsgruppen in →Schichttechnik, die →MIC. Typische Merkmale sind eingesetzte diskrete Mikrowellen-Halbleiterbauelemente und Streifenleiter als Verbindungselemente auf einem isolierenden Träger.

Mit den Fortschritten der Mikroelektronik konnten schließlich monolithisch integrierte Schaltungen auch für den Mikrowellenbereich (→MMIC) entwickelt werden, vorzugsweise auf GaAs-Basis. Im Trend liegt dabei auch der Einbezug der optischen →Signalverarbeitung mittels integrierter optischer Schaltungen. M. – ursprünglich nur für Richtfunk- und Navigationssysteme verwendet – haben durch den breiten Aufschwung der digitalen Nachrichtentechnik und die schnelle Datenübertragung (→Gigabit-Logik) erheblich an Bedeutung gewonnen.

Satellitenübertragung, moderne Radartechnik, Mikrowellenerwärmung und die breite Nutzung der →Mikrowellen in der Medizintechnik wären ohne integrierte M. heute nicht mehr möglich. *R. Paul*

Mikrowellentechnik. Schaltkreise der →Mikroelektronik für Frequenzen unterhalb rd. 1 GHz enthalten Bauelemente, deren Abmessungen klein sind im Vergleich mit der Wellenlänge der Signalspannungen und Signalströme. Schaltkreise für →Mikrowellen mit Frequenzen bis über 30 GHz enthalten →Wellenleiter, deren komplexer Widerstand aus Induktivität, Kapazität und deren →Verlustleistung bei der Schaltungsauslegung zu berücksichtigen ist.

Infolge der kurzen Wellenlängen werden die passiven Bauelemente in die Wellenleiter integriert und als strukturierte Metallisierungen mittels der Dünnschicht- oder →Dickschichttechnik auf einem dielektrischen Substrat aus Glas oder Keramik aufgebaut, womit eine hohe Stabilität z. B. von Höchstfrequenzresonatoren erreicht wird. Hochwertige Metallisierungen werden mit Gold auf Haftschichten (Titan, Nickel/Chrom) aufgestäubt und galvanisch verstärkt bis zu 30 μm Schichtdicke. Dickschichten sind einfach zu sintern, zeigen aufgrund ihrer rauhen Oberfläche jedoch höhere Verlustleistung (Skineffekt). Aktive Halbleiterbauelemente (→Schottky-Diode, →Feldeffekttransistor, →Gunn-Diode) werden in die Mikrowellenschaltkreise eingesetzt (→Hybridintegration). Elektrische Leitungen und Steckeranschlüsse der M. sind koaxial aufgebaut, signalübertragende Lichtleitungen werden über koaxial eingebaute Photodioden oder direkt an lichtemittierende Halbleiter angekoppelt. *Hieber*

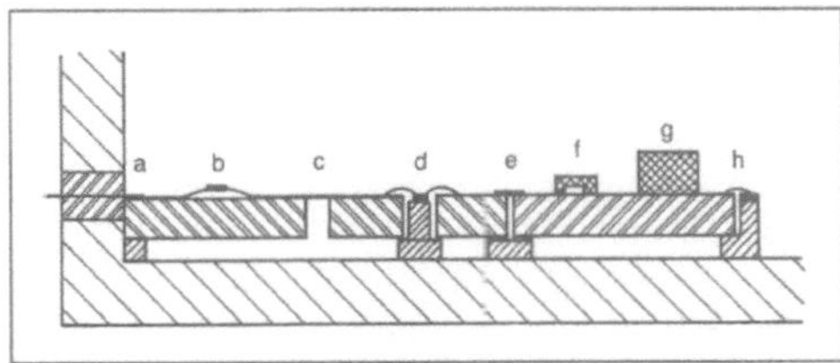

a) Koaxialanschluß, b) Bauelement mit Bändchen-Anschlüssen („beam leads"), c) durchmetallisiertes Loch, d) Bauelement mit drei Anschlüssen, e) Verbindung zwischen den Substratebenen, f) und g) Diode und Resonatormagnet, h) Abschlußdiode mit Erdanschluß

Mikrowellentechnik: Aufbau mit verschiedenen Verbindungsarten. (Quelle: A. G. van Nie et al.)

Mikrowellentransistor. Transistor, dessen Hauptanwendungsgebiet im Mikrowellenbereich liegt und der je nach Verwendungszweck entweder für große Verstärkung und geringes Rauschen (Mikrowellenverstärker) oder große Leistungen (Mikrowellensender, Oszillator) optimiert wird, wobei die Gehäuseform den Erfordernissen der Mikrowellentechnik entspricht. Man unterscheidet folgende Transistorgruppen:

□ Bipolare M., abgeleitet aus dem Bipolartransistor, entwickelt für besonders hohe Frequenzen und Leistungen: sehr geringe Basisbreite ($\lesssim 1\ \mu m$) und kleiner Widerstand der Basiszone, kleine Emitterfläche (um Sperrschichtkapazitäten gering zu halten). Dies führt zu Ausführungsformen mit vielen Emittern (→Multiemitter-Transistoren), die durch besondere Verbindungstechniken miteinander verbunden werden. Sie sind so ausgelegt, daß ihr Widerstand gleichzeitig die Gefahr thermischer Instabilitäten (durch unterschiedliche Stromverteilung) senkt und eine Leistungsanpassung des Transistors an die Gehäuseanschlüsse übernimmt. So sind Transistoren von einigen Watt Ausgangsleistung bei Frequenzen um 8 GHz möglich. Konzeptionell liegt die obere Grenzfrequenz des Bipolartransistors im Bereich 10–15 GHz.

□ Unipolare M. Weil hier der Stromtransport durch Majoritätsträger erfolgt (Unipolartransistor), ergeben sich gegenüber dem Bipolartransistor grundsätzliche Vorteile im Frequenzverhalten.

Die höchste Grenzfrequenz hat dabei der MESFET, gefolgt vom SFET. Durch relativ starke aufbaubedingte Parasitäreffekte scheidet der MOSFET derzeit noch als M. aus, obwohl intensive Entwicklungsarbeiten laufen.

Eindeutige Vorteile bietet der GaAs-MESFET als M. sowohl vom Material her wegen der großen Beweglichkeit als auch von den mit Schottky-Gates erreichbaren Gateabmessungen und nicht zuletzt dadurch, daß der Halbleiterkanal sehr schmal ist und als Substrat sehr hochohmiges GaAs dient. Damit sind parasitäre Effekte sehr klein, und es ergeben sich – neben einer konzeptionellen hohen Grenzfrequenz von 30–50 GHz – auch sehr geringe Rauschzahlen. Für Mikrowellenzwecke werden heute zunehmend →Hetero-Bipolartransistoren und →HEMTs eingesetzt. *R. Paul*

Miller-Effekt. Verstärkungsproportionale Änderung der Ein-Ausgangsleitwerte eines verstärkenden Vierpolelements (z. B. →Transistor) durch eine interne oder externe →Rückkopplung.

Spezielle Auswirkungen des M.-E. können sein: die Vergrößerung der Eingangskapazität oder auch die Eingangswiderstandsvergrößerung (sog. Bootstrapeffekt) einer Verstärkerstufe.

Im Regelfall wird der M.-E. durch eine Kapazität C (Rückwirkungskapazität, Millerkapazität) verursacht. Am Verstärkereingang tritt dann ein komplexer Leitwert auf, der dem Produkt von Miller-Kapazität und komplexer Spannungsverstärkung proportional ist (Bild). Je nach der Phase der Verstärkung (abhängig u. a. von der Ausgangsadmittanz) vergrößert (meist) oder verkleinert sich die so am Eingang effektiv wirkende Kapazität. Dadurch sinkt die →Grenzfrequenz der Stufe. Unter bestimmten Bedingungen kann ein negativer Wirkleitwert wirksam werden und die Stufe zur Selbsterregung neigen. Typische Miller-Kapazitäten sind die Kollektor-Basis resp. Gate-Drainkapazitäten beim →Bipolartransistor (→MOSFET) in Emitter-(Source)Schaltung.

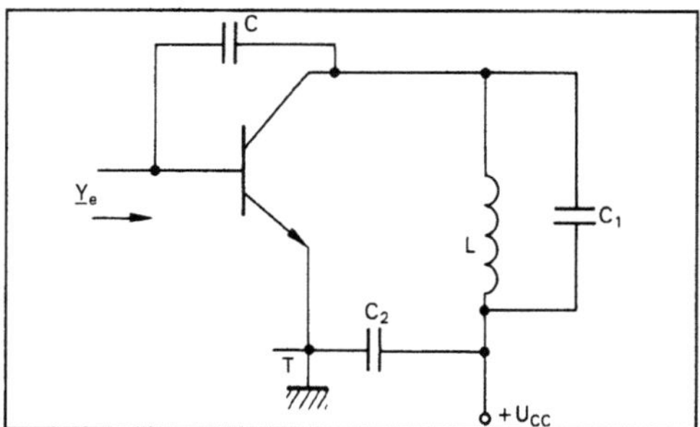

Miller-Effekt: Funktionsprinzip.

Der M.-E. läßt sich durch →Neutralisation (Miller-Neutralisation) vermeiden. Beim nichtinvertierenden →Verstärker beispielsweise sind Ein- und Ausgangsgröße gleichphasig, da entsteht für $|\underline{v}|>1$ eingangsseitig eine negative Kapazität, mit der sich die Miller-Kapazität kompensieren läßt. Eine übliche Schaltungsvariante dazu ist die Ausführung der Schaltung als →Brücken- oder →Gegentaktschaltung. *R. Paul*

Miller-Integrator. Elektronische Schaltung, auch →Bootstrapschaltung genannt, bestehend aus einem kapazitiv rückgekoppelten invertierendem Verstärker und einem zusätzlichen Eingangslängswiderstand. Sie arbeitet als Integrator und erzeugt z. B. aus einer rechteckförmigen Eingangsspannung ihr Zeitintegral am Ausgang, d. h. eine linear ansteigende Ausgangsspannung. Die Schaltung wird als Integrierglied, Zeitablenkschaltung in Oszillographen, →Sägezahngenerator, als →Analog-Digital-Umsetzer u. a. m. verwendet. *R. Paul*

Millimeterwellen-Schaltung, integrierte (MMIC). Die bei M. vollzogene Hinwendung von der Hohlleitertechnik zu planaren Strukturen in der Leitungsführung hat Möglichkeiten zur Schaltungsintegration eröffnet. Insbesondere Fin-Leitungen (fin line) eignen sich zur Aufnahme relevanter Millimeterwellen-Komponenten. Sie sind damit Voraussetzung für eine zukunftsweisende und kostengünstige Schaltungsintegration.

Dem Trend zur Hochintegration folgend, sind Bestrebungen im Gange, Schaltungen der →Millimeterwellentechnik ebenfalls in integrierter Form herzustellen (*engl.* MMIC, millimeter wave integrated circuits). Planare Strukturen in der Leitungsführung bieten hierfür gute Voraussetzungen. Sie werden in Form planarer →Wellenleiter (Mikrostreifenleiter) realisiert. Es sind flache, leitende Streifen auf einem dielektrischen Substrat, häufig aufgedampft (Dünnfilmtechnik) und mittels Rechnerunterstützung (→CAD, computer aided design) hinsichtlich Form und Größe vorberechnet. Als besonders aussichtsreich hat sich eine der modifizierten Formen der Streifenleitung, die Fin-Leitung (*engl.* fin line, Schlitzleitung), erwiesen. Einen Eindruck von Form und Integrierfähigkeit solcher Leitungen vermittelt das Bild eines Millimeterwellen-Abschwächers. Es zeigt zwei gegeneinander geschaltete Dioden auf einer Fin-Leitung.

In ähnlicher Weise lassen sich alle für die Schaltung relevanten Komponenten mit der Streifenleitung zusammenfassen.

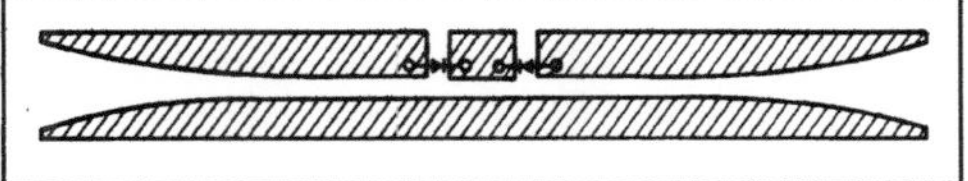

Millimeterwellen-Schaltung, integrierte: Fin-Leitung mit zwei gegeneinander geschalteten Dioden.

Derart integrierte M. bieten gegenüber der Hohlleitertechnik erhebliche Vorteile. Es sind vor allem die Herstellkosten, die durch diese Technologie erheblich verringert werden. Komplizierte Strukturen können relativ einfach hergestellt werden; moderne Halbleiterbauelemente, insbesondere Dioden, lassen sich gut einpassen. Störend sind lediglich die gegenüber der konventionellen (Hohlleiter)Schaltung vergleichsweise höheren Verluste.

Kümmritz

Millimeterwellentechnik. Der Millimeterwellenbereich wird definiert als Wellenlängenbereich der elektromagnetischen Strahlung zwischen 1 mm und 10 mm (300 GHz/30 GHz). Fortschritte in der →Halbleitertechnologie verbunden mit neuartigen Schaltungs- und Verbindungstechniken haben den Millimeterwellenbereich für neue Anwendungen erschlossen. Kurzwelligkeit und Ausbreitungseigenschaften prädestinieren die Millimeterwelle für Radaranwendungen, schaffen aber auch gute Voraussetzungen für deren Anwendung im Richtfunk. Ausreichende Körperstrahlung in diesem Wellenbereich erlaubt weiterhin die Anwendung radiometrischer Verfahren.

Die aus frequenzökonomischen Gründen veranlaßte Suche nach neuen, noch nicht erschlossenen Frequenzbereichen, verbunden mit dem Wunsch nach nutzbaren großen Bandbreiten und nach militärischer Nutzung haben die M. vorangetrieben. Entwicklungserfolge auf dem Gebiet der Höchstfrequenz-Bauelemente einschließlich Senderöhren, Halbleiter, integrierte Schaltungen (MMIC), neuartige Wellenleiter usw. haben dies ermöglicht. Gegenwärtig wird (theoretisch) über die Beherrschbarkeit des Frequenzbereichs bis zu 300 GHz gesprochen; in der Praxis liegt die zur Zeit erreichbare obere Frequenzgrenze zwischen 150 bis 200 GHz.

Mit zunehmender Frequenz verhält sich die Millimeterwelle lichtähnlicher. Die Gesetze der Optik, insbesondere die des Infrarot (IR) werden für die Millimeterwelle im strengeren Sinne anwendbar. Dies betrifft auch und vor allem die →Wellenausbreitung. Zu der bei der Ausbreitung längerer Wellen bekannten Feldstärkeabnahme proportional der Entfernung addiert sich eine von Absorptionsvorgängen herrührende kilometrische Zusatzdämpfung. Ursache hierfür ist die Absorption der elektromagnetischen Energie durch Gasteilchen, vor allem durch Sauerstoff- und Wassermoleküle (atmosphärische Dämpfung). Die erkennbaren Maxima der atmosphärischen Dämpfung (Pole) liegen bei 24, 60, 120 und 180 GHz (Bild 1). Demgegenüber existieren Dämpfungsminima (→Fenster) bei 35, 90, 140 und 240 GHz. Je nach Anwendung der Millimeterwelle werden Frequenzen aus den Fenster- oder aus den Polbereichen gewählt.

Zu der angeführten „Klarsichtdämpfung" kommt bei Regen, Schnee, Nebel usw. eine weitere kilometrische Zusatzdämpfung hinzu. Sie beträgt 10–12 dB pro Kilometer und zeigt eine nur geringe Frequenzabhängigkeit.

Unter Berücksichtigung dieser Dämpfungen insgesamt ergeben sich in der Atmosphäre Arbeitsreichweiten von 1–10 km. Dieser geringen →Reichweite, für eine Reihe von Anwendungen vorteilhaft empfunden – militärische Nutzung, Frequenzwiederholbarkeit auf engem Raum, – stehen die Vorteile einer leicht erzielbaren Richtwirkung mit kleinem Strahlquerschnitt (pencil beam) und eines erreichbaren hohen Zielauflösungsvermögens gegenüber. Erreicht wird dieses mit kleinen, scharf bündelnden Antennen (Bild 2).

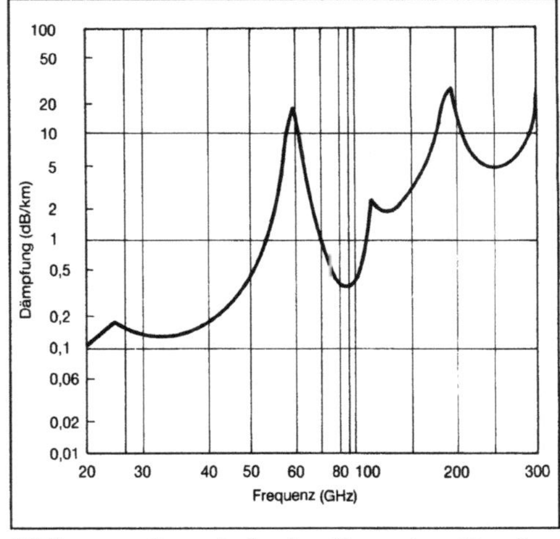

Millimeterwellentechnik 1: Absorptionsdämpfung der Atmosphäre (bei NN).

Millimeterwellentechnik 2: 35-GHz-Richtfunk-Empfangsanlage. (Quelle: AEG)

Die für die M. charakteristische Geräteminiaturisierung erklärt sich vor allem aus der Anpassung aller Bauelemente und Bauteile an die kurze Wellenlänge. Dies betrifft die Wellenleiter genauso wie die aktiven und passiven Komponenten. Hinsichtlich der Leitungsführung ist die Ablösung konventioneller Hohlleiter zugunsten gefräster Blöcke und planarer Techniken, zum großen Teil in aufgedampfter Form (Dünnfilmtechnik), quasi abgeschlossen. Sogenannte Fin-Line-Strukturen (Bild 3) bestimmen gegenwärtig das Bild der Schaltungsauslegung. Sie verbinden und fixieren alle für die Schaltung notwendigen Elemente. Wesentlich für die Schaltungsauslegung sind Fortschritte, die auf dem Gebiet der Höchstfrequenz-Halbleitertechnologie gemacht worden sind. Gegenwärtig werden Halbleiterdioden - Gunn-, IMPATT-Dioden, pin - mit großem Erfolg für die Leistungserzeugung, Signaldetektion, →Frequenzumsetzung usw. eingesetzt. Die höchsten hierbei erreichbaren Leistungen liegen z. B. bei der →Impatt-Diode in der Größenordnung von 10 W Spitzenleistung bei 90 GHz.

Bestrebungen, monolithisch integrierte Schaltkreise (MMIC) für die M. bereitzustellen, haben bereits zu anwendbaren Techniken geführt. Rechnerunterstützung (→CAD, computer aided design) ist hierbei genauso vonnöten wie die Automatisierung der Schaltungsaufzeichnung.

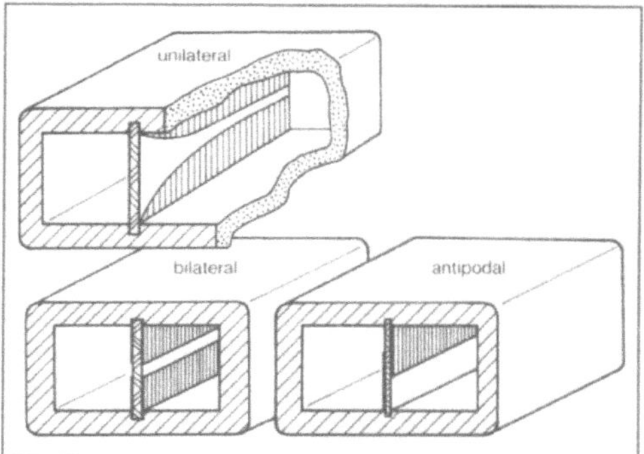

Millimeterwellentechnik 3: Fin-Line-Strukturen: unilateral, bilateral, antipodal.

Vorteile der Millimeterwelle gegenüber der Mikrowelle (bis 30 GHz) haben ihr ein breites Anwendungsspektrum geschaffen. Neben dem Einsatz in der Radartechnik (Millimeterwellen-Radar, Kleinradar), wofür die Millimeterwelle besonders prädestiniert ist, bestimmt sie zunehmend die Entwicklung wehrtechnischen Geräts sowie die Anwendung radiometrischer Verfahren. Auch die Kommunikationstechnik, insbesondere die Richtfunktechnik, beginnt sich diesem Frequenzbereich zuzuwenden (CCIR-Empfehlungen).

□ Wehrtechnische Anwendungen: Neben verschiedenen Formen des Radars ist es die richtfunkartige Punkt-zu-Punkt-Verbindung, die militärisches Interesse findet. Derartige Funkverbindungen sind schlecht aufklärbar und kaum störbar. Dies gilt sowohl für die Funklinien des Heeres als auch für den ECM-sicheren Verbandsfunk der Marine. Eine Freund-/Feind-Kennung (IFF) für Panzer ist mit Millimeterwellen genauso durchführbar wie die Gefechtsfeldaufklärung mit dem Millimeterwellen-Radar (EloKa).

□ Kommunikation: Die Eignung der Millimeterwelle für Richtfunkzwecke entspricht ihrem Charakter. Für Sprech- und Datenfunk-Verbindungen wird eine binäre Datenübertragung mit einer Übertragungsgeschwindigkeit von 16 kBd versucht. Mittels Deltamodulation kann ein einzelner Sprachkanal übertragen werden.

In Hinblick auf den Mangel an einsetzbaren Frequenzen und auf die Neuverteilung aller Funkfrequenzen durch die WARC '79 (world administration radio conference 1979) ist die Millimeterwelle vorgesehen, späterhin für kommunikative Zwecke eingesetzt zu werden (Bild 4).

□ Radiometrische Verfahren: Die Messung elektromagnetischer Körperstrahlung im Millimeterwellenbereich (Radiometrie) ermöglicht eine Reihe von Anwendungen, die überwiegend militärisch bestimmt werden. Diese Strahlung, bis herab in den Frequenzbereich um 30 MHz erkennbar,

Millimeterwellentechnik 4: Sende-Empfangs-Modul 90 GHz für Versuchszwecke. (Quelle: AEG)

kann im Millimeterwellengebiet mit verhältnismäßig einfachen (Richt)Empfangsanlagen aufgenommen werden. Dadurch werden Wärmequellen, beispielsweise Fahrzeuge (Panzer) auf dem Gefechtsfeld sichtbar gemacht, genauso wie Flugzeuge oder Schiffe, deren Triebwerke und (heiße) Abgase neben IR ein breites niederfrequenteres Spektrum elektromagnetischer Energie abstrahlen.

Aus der Literatur ist die Anwendung der Radiometrie für die Flugführung bekannt geworden. Das mit einem Radiometer gewonnene Millimeterwellenbild der überflogenen Landschaft wird mit einer eingespeicherten Landkarte verglichen und daraus die eigene Position bestimmt. Der Vorteil gegenüber der optischen Methode ist die Allwettertauglichkeit. Als passives Verfahren ist die Radiometrie selbst nicht aufklärbar (EloKa, EW, electronic warfare). *Kümmritz*

Literatur: *Barth, H.* and *B. Rembold:* Design and Performance of 90 GHz Radiometer Front Ends. AGARD Conference on millimeter and submillimeter wave propagation and circuits, Conference Proceedings Nr. 245. 1978. – *Clifton, B. J.:* Schottky diode receivers for operation in the 100–1000 GHz range. The Radio and Electronic Engineer 49 (1979) Nr. 7/8. – *Elsone, B. M.:* Radiometric-map guidance aid tested. Aviation Week & Space Technology. 1976. – *Emery, R. J.* and *A. M. Zavody:* Atmospheric propagation in the frequency range 100–1000 GHz, The Radio and Electronic Engineer 49 (1979) Nr. 7/8. – *Goodwin, F.* and *M. S. Hersman, J. C. Shiue:* A four band millimetre-wave radiometer design for atmospheric remote sensing. IEEE Symp. Digest MTT-S. Ottawa 1978. – *Harris, D. J.:* Waveguides for the 100–1000 GHz frequency range, The Radio and Electronic Engineer 49 (1979) Nr. 7/8. – *Hofmann, H.:* und *H. Meinel, B. Adelseck:* Möglichkeiten der Integration von Millimeterwellen-Komponenten NTZ (1978) Nr. 31. – *Jones, G. B.:* Potential Application of Millimeter Wave Radar to Ballistic Missile Defence. EASCON 1977. – *Matsuo, Y.* and *Y. Akaiwa, I. Takase:* A compact 60 GHz transmitter-receiver. IEEE Trans. MTT. 1976 – *Meinel, H.* and *A. Plattner, R. Breitschädel:* A 35 GHz Communication Link for Railway Applications. 9. EMC, Conference Proceedings. 1979. – *Skou, N.:* A multifrequency radiometer system. Symp. Dig. 7. EuMC, Copenhagen 1977. – *Whicker, L. R.:* Potential military application of mm-Waves, Workshop on mm-wave circuits and applications. 8. EuMC. Paris. 1978.

MIM →Flüssigkristall-Anzeige

Mindesttestmenge. Eine Testmenge ist in einer digitalen Schaltung (Schaltnetz oder Schaltwerk) ein Satz von Eingangsbelegungen (→Testmuster), bei denen sich jeweils mindestens ein logischer →Fehler (→Klemmfehler) gegenüber dem fehlerfreien Fall durch eine Änderung des Schaltungs-Ausgangssignals bemerkbar macht. Eine vollständige Testmenge erkennt alle vorher in einem →Fehlermodell definierten Fehler. Sie ist eine M., wenn sich die Zahl der für den Test benötigten Eingangsbelegungen nicht mehr verringern läßt.

M. lassen sich nach verschiedenen Methoden gewinnen, so z. B. mit Hilfe
- der *Bool'schen* Differenz,
- des D-Algorithmus,
- der Bestimmung der kritischen Signalwege,
- der Bestimmung der Äquivalenzklassen,
- des Zuverlässigkeits-Ersatzschaltbildes.

Im Grundsatz gehen diese Verfahren alle auf die gleiche Idee zurück, nämlich darauf, die Eingänge so zu belegen, daß jeder einzelne logische Fehler das Ausgangssignal gegenüber dem fehlerfreien Fall verändert und damit erkennbar wird. Die Verfahren werden ausschließlich rechnergestützt durchgeführt. *Schrüfer*

Literatur: *Geisselhardt, W.:* Fehlerdiagnose in Geräten der Digitaltechnik. München 1978. – Stuttgart 1973. – *Görke, W.:* Fehlerdiagnose digitaler Schaltungen. – *Hübner, D.* u. *E. Schönherr:* Diagnostik in der Digitaltechnik. Berlin 1982. – *Schrüfer, E.:* Zuverlässigkeit von Meß- und Automatisierungseinrichtungen. München 1984.

Miniaturisierung. Die Anwendungen der modernen →Elektronik, →Feinwerktechnik und →Optik verlangen die Kombination zahlreicher, miteinander vernetzter Funktionen. Die Systeme werden nach Möglichkeit am Ort ihrer Anwendung untergebracht, damit die Übertragung der Signale aus dem Umfeld in die Systeme hinein und aus den Systemen heraus möglichst störungsfrei erfolgt. Für die dezentrale Datentechnik, die Telekommunikationstechnik, die Industrie- und Fahrzeugelektronik sowie als technischem Vorreiter die Militärelektronik gilt die Forderung nach immer mehr Leistung (z. B. ausgedruckt als Rechenleistung) auf immer engerem Raum. Ein Beispiel aus der →Konsumelektronik ist das Autoradio mit seinen automatisch ablaufenden Funktionen: Verkehrsfunk-Decoder, Senderspeicher und -suchläufe, kombiniertes Bandgerät und Compact-Disc-Spieler.

Solange elektronische Schaltkreise noch aus einzelnen Röhren, Transistoren, Widerständen, Kondensatoren und Induktivitäten aufgebaut wurden, genügte beim →Schaltungsentwurf die Betrachtung der elektrischen Eigenschaften dieser Bauelemente. Diese wurden fest eingebaut und mit Hilfe von

Drähten, Bändern und Leiterbahnen von Stützpunkt zu Stützpunkt der Schaltung elektrisch miteinander verbunden. Sockel und Anschlüsse an den Bauelementen dienten der mechanischen Halterung und waren elektrisch oft überdimensioniert. Ähnliche Verhältnisse finden wir heute noch in der →Aufbautechnik mit durchkontaktierten Leiterplatten.

Verkleinerte Abmessungen werden durch die Bauelemente der Halbleitertechnik ermöglicht, die in verschiedenen Schaltungsebenen zusammengebaut werden. Diese Aufbautechniken erreichen mit der →Hybridintegration den heute möglichen höchsten Stand der M. Um zahlreiche elektrische Verbindungen auf engen Flächenausschnitten von Substraten unterzubringen, werden in Dünnschichtschaltkreisen oder in →Dickschichttechnik Leiterbahnen mit geringen Breiten und Abständen angebracht. Die diskreten oder integrierten Bauelemente nehmen nur wenige mm^2 an Substratoberfläche ein.

Für Übergänge zwischen den Bauelementanschlüssen und der →Leiterplattentechnik werden →Zwischenträger erforderlich, deren Aufgabe in der Herstellung der elektrischen Verbindungen zwischen den Schaltungsebenen besteht.

Die Entwicklung miniaturisierter Aufbauten erfolgte schrittweise aus dem Zusammenschalten einzelner, diskreter Bauelemente, Miniaturröhren und Transistoren, die mit Einzeldrähten oder Leiterbahnen auf Leiterplatten verbunden wurden. Mit der Einführung der integrierten Halbleiterschaltkreise konnten die für diskrete Bauelemente notwendigen äußeren Verbindungen ins Innere der Block-Schaltkreise, meist als Dünnschichtmetallisierung auf Siliciumchips verlagert werden. Infolge der automatisierten Fertigung der integrierten Halbleiterschaltkreise stieg die Qualität. Gegen Ende der 80er Jahre werden in der sog. Megabit-Technik jeweils bis über 4 Millionen logische Schaltelemente oder ein Vielfaches davon auf einem Silicium-Chip von etwa 30 mm^2 Fläche untergebracht. Eine weitere Steigerung der Integrationsdichte wird durch zweilagige Schaltkreise erreicht: über einen integrierten →Schaltkreis werden in rekristallisiertes poly-Silicium weitere aktive Funktionselemente eingebracht. Allerdings sinkt die fertigungstechnische Ausbeute mit steigender Zahl der Funktionen pro Chip (Tabelle). Deshalb kann für Aufbauten mit extremen Qualitätsanforderungen der Aufbau mehrerer Silicium-Chips in Hybridintegration oder in Leiterplattentechnik vorteilhaft sein.

Für elektronische Systeme mit hohen Schaltgeschwindigkeiten steht der Forderung nach erhöhter →Packungsdichte zur Verringerung des Wellenwiderstandes bzw. des Übergangswiderstandes von Leitungen die Wärmeerzeugung der Bauelemente entgegen. Leistungsdichten bis zu einigen 10 W je cm^2 Chipoberfläche müssen abgeführt werden. In der Sensortechnik werden diskrete Sensoren, in denen die Umwandlung physikalischer bzw. chemischer Kenngrößen in analoge elektrische Signale erfolgt, durch monolithisch integrierte Sensoren ergänzt. In diesen befinden sich auf ein und demselben Silicium-Chip der analoge Sensor, der analog/

Miniaturisierung. Tabelle: Abmessungen und Funktionsdichtewerte

Bauelement-Aufbautechnik	mittlere laterale Abmessung einer Funktion	Leiterbahnbreite	Zahl der Funktionen
Miniaturröhre	~ 1 cm	–	1/cm^3 Volumen
Transistor	~ 2 mm	–	1/mm^3 Volumen
integriertes Bauelement	~ 20 µm	5 µm	einige 10^2/cm^2 Fläche
hochintegriertes Bauelement	~ 2 µm	2 µm	einige 10^6/cm^2 Fläche
mit Hybrid-Umgebung		50 µm	
Leiterplatte		60 µm	bis zu einigen 10^4 Bauelementen/dm^2 Fläche

digitale Signalwandler und ein angeschlossener Mikrorechner. *Hieber*

Minoritätsträger. Die von den zwei Ladungsträgersorten eines Halbleiters (Elektronen und Löcher) in der Minorität befindliche Sorte, d. h. die mit der geringeren Dichte (→Majoritätsträger). *Heinz*

MIPS. Maß für die Arbeitsgeschwindigkeit von Rechenanlagen (*engl.* Millions of Instructions per Second). MIPS beschreibt die Anzahl der auf einer Rechenanlage pro Sekunde ausführbaren Maschinenbefehle. Die Ermittlung der MIPS-Zahl hängt stark von den zugrundeliegenden Maschinenbefehlen ab. Oft wird sie als Kehrwert der kürzesten Ausführungszeit aller Maschinenbefehle, in der Regel ein Register-Register-Befehl, gebildet. Sie spezifiziert dann den theoretisch erzielbaren Maximaldurchsatz. In einigen Fällen wird die MIPS-Zahl jedoch als Kehrwert einer gemittelten Ausführungszeit bestimmt, die durch einen Mix, Benchmark oder durch ein Synthetisches Programm ermittelt wurde. Diese Angabe entspricht dann einem anwendungsorientierten Durchsatz. MIPS-Zahlen verschiedener Rechner sind schwer vergleichbar, da die zugrundeliegenden Maschinenbefehle unterschiedlich mächtige Operationen ausführen können. Bei Rechnern mit Parallelitätseigenschaften sind die Befehlsausführungszeiten zudem kontextabhängig. *Bode*

MIS-Diode →MOS-Diode, →Varaktor

MIS-Kondensator. →MIS-Übergang mit kontaktiertem Halbleitergebiet, dessen nichtlineare Kapazität als Zweipoleigenschaft genutzt wird. Er wird angewendet
- als diskretes →Halbleiterbauelement in Form des Varaktors
- speziell mit Isolatordoppelschicht als →Speicherelement wegen der hystereseförmigen Ladungs-Spannungskennlinie (→MNOSFET),
- als →Kondensator in Dünnfilmschaltungen (dort auch mit polykristallinen und amorphen Halbleitern),
- mit so dünner Isolatorschicht, daß Tunnelströme auftreten, z. B. als →Solarzelle,
- als Kondensator speziell in der →MOS-Technik als Steuerelement des →MOSFET oder auch als eigenständiges →Funktionselement (→MOS-Kondensator, →Kondensator, integrierter). *R. Paul*

MIS-Schaltkreis. Häufig verwendete Bezeichnung für einen monolithischen integrierten →Schaltkreis für die analoge und/oder digitale Signalverarbeitung, der durch die →MIS-Technik realisiert wird, also insbesondere
- permanente Speicherfunktionen einschließen kann und/oder
- eine Kombination von Halbleitersubstrat und →Isolator verwendet, der nicht Eigenoxid des Substrats ist.

Ein Sonderfall ist der →MOS-Schaltkreis mit Siliciumsubstrat und SiO_2 als Isolatorschicht. *R. Paul*

MIS-Technik. (*engl.* Metal-Insulator-Semiconductor-Technik) Begriff für die Gesamtheit aller Techniken zur Herstellung diskreter und integrierter Halbleiterbauelemente, in denen der →MIS-Übergang und daraus abgeleitete Funktionselemente, insbesondere →MISFET, aber auch →MIS-Kondensator, MIS-Widerstand und MIS-Speicherelemente die tragende Rolle spielen. Weitergefaßt wird der Begriff auch häufig für die →MOS-Technik verwendet, im engeren Sinne ist er anzuwenden,
- wenn der Gateisolator nicht aus SiO_2, sondern aus verschiedenen Isolatorwerkstoffen besteht,
- wenn der →IGFET in das Schaltungskonzept einbezogen sind, bei dem der Gateisolator nicht das natürliche Oxid des Halbleitersubstrats ist.

In diesem Sinne verwendet ist das größte Einsatzgebiet der MIS-T. die Realisierung von Permanentspeichereffekten: z. B. →MNOSFET, aber auch MNS-, MAOS- und MAS-Feldeffekttransistoren. Die MIS-T. ist von grundlegender Bedeutung für programmierbare und nichtflüchtige Speicher. *R. Paul*

MIS-Transistor, integrierter →MISFET

MIS-Übergang. (*engl.* Metal-Insulator-Semiconductor) Halbleitergrundstruktur, mit einer Isolatorschicht zwischen einer Metall- (oder Gate-)Elektrode und einem Halbleitersubstrat (Bild). Als Isolatoren kommen in Frage: SiO_2 (sehr verbreitet, dann einschränkender als MOS-Übergang (Metal-Silicondioxid-Semiconductor) bezeichnet), Si_3N_4, Al_2O_3 oder Isolatordoppelschichten, z. B. Si_2O_3–Si_3N_4, Al_2O_3–SiO_2 u. a., als Substrat sehr verbreitet einkristalline Halbleiter wie →Silicium, das stets mit einer natürlichen SiO_2-Schicht versehen ist, kaum dagegen →GaAs (wegen der Haftprobleme einer Isolatorschicht). Auch polykristalline und amorphe Halbleiterschichten werden in Sonderfällen als Substrat verwendet.

Normalerweise hat der MIS-Ü. die Grundfunktion einer nichtlinearen Kapazität (→Varaktor), bei extrem dünnem Isolatorfilm sind auch Tunnelströme durch den →Isolator möglich. Doppelisolatorschichten haben Hystereseeigenschaften, die zu Speicherzwecken ausgenutzt werden können.

Der MIS-Ü. ist die grundlegende Halbleiterstruktur für die MIS- bzw. noch stärker →MOS-Technik. Dort wird er in einer Fülle von diskreten Halblei-

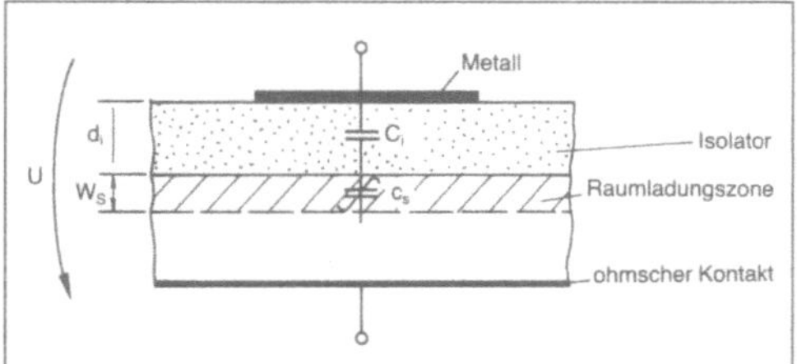

MIS-Übergang: Prinzipieller Aufbau. Isolatordicke $d_i \approx 20$–$100\,nm$, Breite der Raumladungszone $W_s \lesssim 1\,\mu m$. Dicke W des Halbleitergebietes ≈ 100 bis $300\,\mu m$.

terbauelementen und integrierten Schaltungen eingesetzt: →MOSFET, →MOS-Kondensator, Ladungstransferelemente, Speichertransistoren (MNOSFET), Halbleiterbildaufnehmer, Solarzellen. Ohne den MIS-Ü. wäre die moderne VLSI-Technik nicht möglich. *R. Paul*

Mischer. Teil von Empfängerschaltungen oder z. B. analoger Verschlüsselungseinrichtungen zur Kombination zweier Frequenzen a und b. Es werden minimal die Frequenzsumme (a+b) und die Frequenzdifferenz (a–b) am Ausgang des M. gebildet. Durch entsprechende Filterung wird der interessierende Anteil gewonnen. Durch M. wird z. B. die Zwischenfrequenz in Empfängerschaltungen gebildet, die wegen ihrer weitgehenden Konstanz eine einfache Weiterverarbeitung erlaubt (→Kryptographie). *K. Winter*

MISFET. (*engl.* Metal-Insulator-Semiconductor-FET, →Feldeffekttransistor mit Metall-Isolator-Halbleiterübergang) Bei dieser Halbleiterstruktur handelt es sich um einen →IGFET mit Metall- oder Polysilicium-Gate und einkristallinem Halbleitersubstrat, in der Regel Silicium (obwohl auch Versuche mit GaAs- und InP-Halbleiter unternommen werden). Eine sehr verbreitete Form ist die mit Silicium-Halbleiter und SiO_2 als →Isolator in Form des →MOSFET (Bild). Der MISFET ist das dominierende Funktionselement der →Unipolartechnik, weil er gleichzeitig als →Diode (→MIS-Diode) →Widerstand (MIS-Widerstand), →Kondensator (→MIS-Kondensator) oder Speicherstruktur (→MNOSFET) in integrierten MOS-Schaltkreisen eingesetzt werden kann. Er ist mit unterschiedlichem Steuertyp als Anreicherungs- oder Verarmungstransistor verfügbar, kann als p-Kanal- oder n-Kanal-Transistor ausgelegt werden und zudem noch in sehr verschiedenen Aufbauformen.

Als Gateisolator verwendet man Einfach- oder Doppelschichten aus →Siliciumdioxid (SiO_2), Siliciumnitrid (Si_3N_4), seltener Aluminiumoxid (Al_2O_3) oder Tantalpentoxid (Ta_2O_5). Das Substrat kann

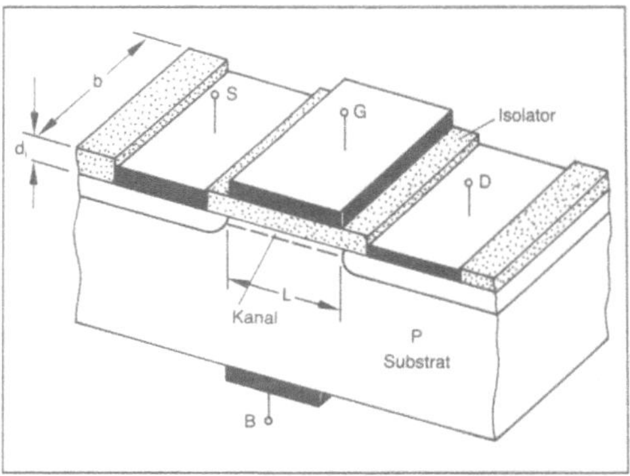

MISFET: Prinzipieller Aufbau.

entweder ein volumenhafter Halbleitereinkristall sein oder aus einer dünnen Halbleiterschicht auf isolierendem Substrat bestehen. Im ersten Fall erfolgt die Realisierung in Planartechnik, im letzten Fall spricht man von →SOI-Technik. Die kritische Konstruktionsgröße des MISFET ist die Kanallänge. Längen von 2–10 µm sind Standard, moderne MISFETs liegen unter 1 µm (Kurzkanaltransistor). Bei Kanallängen um 0,1 µm (→Submikrometertechnik) dürfte eine deutliche Grenze (aus verschiedenen Gründen) sein.

MISFETs haben eine Reihe elektrisch bemerkenswerter Eigenschaften:
- Prinzip der Selbstisolation (→Isolationstechnik), daher hohe →Packungsdichte durch Wegfall von Isolationsmaßnahmen im Vergleich zum Bipolartransistor (geringerer Flächenbedarf),
- hochohmiger kapazitiver Eingang, jedoch bei gleichem Strom geringere →Steilheit als beim →Bipolartransistor (zumindest bei größeren Strömen) und
- relativ geringes →Rauschen.

Ein weiterer wichtiger Vorteil ist die →Verfügbarkeit von Speicherbauelementen durch Einsatz von Doppelisolatorschichten (MNOSFET, FAMOSFET). Obwohl inkonsequent, wird die Bezeichnung MISFET auch auf Transistoren angewendet, die eine Silicium-Gateelektrode besitzen (Silicium-Gate-Technik). *R. Paul*

Literatur: *Paul, R.*: Transistoren und Thyristoren. Heidelberg 1978.

Mitkopplung. Form der →Rückkopplung (positive Rückkopplung), bei der ein Teil der Ausgangsgröße eines Verstärkers auf den Eingang so rückgeführt wird, daß die Eingangsgröße durch das rückgeführte Signal anwächst (gleichphasige Überlagerung der Eingangssignale). Dabei kann Selbsterregung durch wechselseitiges Aufschaukeln dieses Vorganges eintreten solange, bis eine im System (immer) vorhandene Nichtlinearität (meist Verstärkerbauelemente) den Vorgang begrenzt und damit keine weitere Ausgangssignalerhöhung mehr möglich ist.

Die M. ist die Grundlage des →Oszillators zur Erzeugung harmonischer Schwingungen, aber auch für stark rückgekoppelte Schaltungen (z. B. →Schmitt-Trigger, →Flip-Flop), bei denen z. B. Rechteckschwingungen und bistabile Arbeitspunkte entstehen.

Eine M., die meist nicht bis zur →Selbsterregung eingestellt ist, kommt bei aktiven Filtern zur Anwendung, bei denen selektive Übertragungseigenschaften ohne Verwendung von Induktivitäten realisiert werden. *R. Paul*

Mitlaufeffekt. Bei elektronischen Bauelementen, insbesondere Halbleiterbauelementen, beobachtete Erscheinung, daß die →Sperrschicht - bzw. innere Temperatur im doppelten Takte - einer anliegenden Wechselspannung durch die elektrische →Verlustleistung schwankt, also „mitläuft“. Über den Temperaturkoeffizienten kann diese Temperaturschwankung auf die elektrischen Klemmeneigenschaften zurückwirken, besonders bei tiefen Frequenzen. Insgesamt liegt eine thermisch-elektrische →Rückkopplung vor. Der M. hängt von den thermischen Eigenschaften des Bauelementes (insbesondere dessen Volumen), der umgebenden elektrischen Schaltung und dem Temperaturkoeffizienten ab. Er verschwindet bei höheren Frequenzen durch die Wärmekapazität des Bauelementes. *R. Paul*

Mittelfrequenz-Umrichter →Umrichter

Mittelwert, quadratischer →Mittelwert einer periodischen Zeitfunktion

Mittelwert einer periodischen Zeitfunktion. Der lineare Mittelwert einer periodischen Zeitfunktion u(t) mit der Periodendauer T ist definiert zu

$$\bar{u} = \frac{1}{T}\int_0^T u(t)dt,$$

der lineare Mittelwert des Betrags |u(t)| der Zeitfunktion ergibt sich zu

$$\overline{|u|} = \frac{1}{T}\int_0^T |u(t)|dt$$

und wird Gleichrichtwert genannt.

Der quadratische Mittelwert einer periodischen Zeitfunktion u(t) ist

$$u_{eff} = +\sqrt{\frac{1}{T}\int_0^T u^2(t)dt}$$

und wird auch als Effektivwert bezeichnet.

Wenn eine periodisch zeitveränderliche Spannung u(t) in einem ohmschen Widerstand die gleiche Wärmeleistung entwickelt wie eine Gleichspannung U, so entspricht ihr Effektivwert dieser Gleichspannung:

$U_{eff} = U$.

Der Effektivwert ist der praktisch wichtigste Mittelwert für alle elektrischen Wechselgrößen.

Bei sinusförmigen Wechselgrößen mit der Amplitude û gelten folgende Beziehungen:

$$\bar{u} = 0,$$

$$\overline{|u|} = \frac{2}{\pi}\cdot \hat{u} \approx 0{,}637\ \hat{u},$$

$$u_{eff} = \frac{1}{\sqrt{2}}\hat{u} \approx 1{,}11\ \overline{|u|}\ .$$

Wenn man eine Netzspannung mit 220 V angibt, so meint man damit den Effektivwert; der Scheitelwert (die Amplitude) ist um den Faktor $\sqrt{2}$ (Scheitelfaktor) größer. (→Meßgerät, elektrisches; →Spannungsmessung; →Strommessung; →Meßgleichrichter; →Effektivwertmessung). *Hammerschmidt*

MKC-Kondensator →Polycarbonatkondensator

MKP-Kondensator →Polypropylenkondensator

MKT-Kondensator →Polyesterkondensator

MLCC. Gebräuchliche Abk. für *engl.* Multilayer Ceramic Capacitor, (→Keramik-Vielschichtkondensator).

Es bleibt bei diesem Kürzel oft offen und geht dann nur aus dem Zusammenhang hervor, ob die Kondensatorausführung mit oder ohne Anschlußdrähte gemeint ist (CMC, Keramik-Vielschichtkondensator). *Bensieck*

MMIC. (*engl.* Monolithic Microwave integrated Circuit) Monolithisch integrierte Mikrowellenschaltung für die Anwendung im Mikrowellenbereich. MMIC sind integrierte Schaltungen, die im Gegensatz zu →MIC durch monolithische Integration mit den Verfahren der →Halbleitertechnologie hergestellt werden. Wegen der begrenzten Frequenzeigenschaften des Bipolartransistors setzten sich als bestimmende →Mikrowellen-Halbleiterbauelemente sehr schnell GaAs-MESFET (→MESFET) durch, weshalb solche Schaltungen vorwiegend semiisolierendes GaAs verwenden, um die Funktionselemente gut zu entkoppeln. Siliciumsubstrate kommen nur im unteren Frequenzbereich von wenigen GHz zum Einsatz.

Neben dem GaAs-MESFET sind →Schottky-Dioden, integrierte Widerstände sowie Induktivitäten und Kondensatoren die typischen Funktionselemente. Zur Verbindung dienen Streifenleitungen, die auch für die Realisierung von Kondensatoren mittels kammartiger Strukturen (sofern diese nicht für größere Kapazitätswerte als Chips eingesetzt werden) sowie Induktivitäten durch Leistungsstücke, aber auch zu Kopplern und Filtern verwendet werden. Bedingt durch die generellen Fortschritte der GaAs-Integrationstechnik haben MMIC während der letzten zehn Jahre eine rasche Entwicklung erfahren. Heute stehen →Leistungsverstärker bis etwa 20 GHz (3 W), rauscharme →Breitbandverstärker (bis 30 GHz), Oszillatoren und ganze Mikrowellenempfänger zur Verfügung. Für die schnelle Datenübertragung wird die Entwicklung durch die →Gigabit-Logik stimuliert.

R. Paul

MMU (Abk. *engl.* Memory Management Unit) →Kontrolleinheit

MNOS-Feldeffekttransistor. (*engl.* Metal Nitride Oxide Semiconductor-FET, Metall-Nitrid-Oxid-Feldeffekttransistor) →MOSFET, bei dem der Gateisolator aus einer Doppelisolatorschicht aus Siliciumnitrid und Siliciumoxid besteht (Bild). An der Grenzfläche der Isolatordoppelschicht bilden sich negativ geladene Haftstellen aus, die wie Donatoren wirken und in der Lage sind, Elektronen zu speichern. Dazu legt man zum Einschreiben einer Information an das →Gate eine große negative Spannung. Dann tunneln Elektronen aus den Haftstellen durch die dünne SiO_2-Schicht ins Substrat. Ohne Gatespannung bleiben die Haftstellen dann positiv. Erst bei großer positiver Gatespannung können die Elektronen zurücktunneln (Löschen). Auf diese Weise können die geladenen Haftstellen die Kanalbildung beeinflussen. Durch dieses Prinzip kann der Kanalzustand ohne Spannungsversorgung sehr lange (Standzeit Jahre) erhalten bleiben. Dieser Mechanismus führt im MNOSFET zu einem Hystereseverlauf der →Schwellspannung, die Grundlage des Speicherverhaltens dieses Transistors.

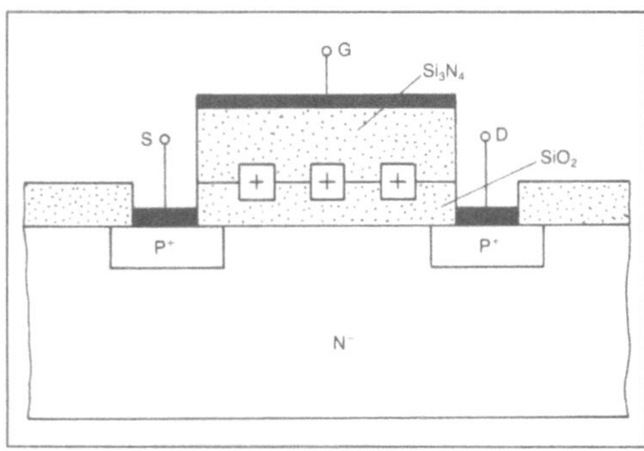

MNOS-Feldeffekttransistor: Prinzipieller Aufbau.

Der MNOSFET wird hauptsächlich als Speicherstruktur verwendet, z. B. in →EAROM, →EEPROM. Zunehmend interessant wird das MNOS-Prinzip auch für CCD-Strukturen für die analoge Signalverarbeitung, z. B. für programmierbare Filter, Korrelatoren, Fourier-Transformation u. a. *R. Paul*

MNOSFET →MNOS-Feldeffekttransistor

MOCVD →Schichtabscheidung

Modellbibliothek. In einer M. werden Schaltungsmodelle zum Zwecke der →Simulation, →Laufzeitanalyse, →Testmustergenerierung usw. von oft gebrauchten Teilschaltungen (Bauelemente, Standard-Zellen u. a.) abgelegt. Die Verwaltung der M. (Eintrag neuer Modelle, Löschen nicht mehr benötigter Modelle, Ändern vorhandener Modelle) erfolgt über spezielle Programme. *Trischler*

Mode-Locking →Modenkopplung

Moden →Wellenleitermoden

Modendispersion. Als M. wird die zeitliche Verbreiterung eines optischen Impulses beim Durchlaufen einer →Multimodefaser infolge der Überlagerung von Moden verschiedener Laufzeiten bei gleicher Wellenlänge bezeichnet.

Da sich jeder Modus (→Glasfasermoden) unter einem anderen Winkel zur Glasfaserachse ausbreitet, sind deren Wege und Laufzeiten unterschiedlich. Bei Stufenindexfasern beträgt die typische Laufzeitdifferenz zwischen dem kürzesten Weg entlang der Mittellinien der Faser und dem längsten Weg, den der Strahl zurücklegt, der unter dem Akzeptanzwinkel α_{max} eingekoppelt wird, $D_{mod} = 10-100$ ns/km. Aus diesem Grunde wird die Stufenindexfaser hauptsächlich für kurze Übertragungsstrecken eingesetzt.

Bei der →Gradientenfaser durchlaufen die Moden Gebiete unterschiedlicher Brechzahlen. Die Moden, die längere Wege zurücklegen, haben eine aufgrund des Brechzahlprofils größere Fortpflanzungsgeschwindigkeit als die Moden, die sich in Achsennähe ausbreiten. Durch Optimierung der Profilfunktion können die Laufzeiten weitgehend kompensiert werden. Typische Werte für Modendispersion einer Gradientenfaser liegen zwischen 50 und 200 ps/km. *Krauser*

Modenkonversion. Umwandlung einer Wellenleitermode in eine andere, analog zu gekoppelten Schwingungen (z. B. Pendeln), bei denen Energie periodisch von einer Mode (Schwingung) auf eine andere übertragen wird. Die Kopplung der Moden kann verschiedene Ursachen haben, am bekanntesten ist das *optische Tunneln* zwischen zwei parallelen Wellenleitern mit einem kleinen Abstand zwischen ihnen (→Richtkoppler).

Auch verschiedene Moden in einem →Wellenleiter können koppeln, z. B. TE- und TM-Moden durch den →Faraday-Effekt in magnetooptischen Wellenleitern (optischer →Isolator). Die Kopplung führt nur bei →Phasenanpassung zu einer totalen M. Dies bedeutet, daß die beiden beteiligten Moden gleiche Fortpflanzungsgeschwindigkeit besitzen, in Analogie z. B. zu gekoppelten Pendeln, bei denen nur bei gleicher Schwingungsfrequenz eine vollständige Energieübertragung erfolgt und die Pendel abwechselnd vollständig zur Ruhe kommen.

Dammann

Modenkopplung. Die M. (*engl.* Mode-Locking) oder Synchronisation von Lasermoden ist ein Verfahren zur Erzeugung kurzer ($t<10^{-9}$ s) und intensiver Laserimpulse. Im Laserresonator schwingen i. a. alle Moden M des Resonators der Länge L und der Lichtgruppengeschwindigkeit v_g an, für die die Verstärkung die Verluste kompensiert; ihr Frequenzabstand ist $\Delta f = v_{gr}/2L$. Die einzelnen Moden sind in ihrer Phase unabhängig voneinander. Sie lassen sich aber phasenstarr miteinander koppeln, indem durch einen →Modulator von jeder Mode Seitenmoden erzeugt werden, die in ihrer Frequenz gerade mit der Nachbarmode zusammenfallen. Die Modulation kann erfolgen durch periodische Änderung des Real- oder Imaginärteils des Brechungsindex des Resonators (Phasen- oder Verlustmodulation) mit der Frequenz $\omega_{mod} = 2\pi\Delta f$. Die Laseremission ist dann eine Folge von Pulsen mit dem zeitlichen Abstand

$$T_p = 1/\Delta f = 2L/v_{gr} = 2nL/c_o$$

und der Dauer

$$t_p = 1/M\Delta f = 2L/Mv_{gr} = 2nL/Mc_o$$

Die maximale Amplitude A entspricht der Summe aller gekoppelten Einzelamplituden A_o: $A = M \cdot A_o$.

Die M. kann aktiv durch elektro- oder akustooptische Modulatoren erfolgen, wodurch Pulse im Bereich einiger 10 ps mit hoher Reproduzierbarkeit entstehen. Die aktive Kopplung wird vor allem in kontinuierlich emittierenden Lasern, aber auch in Pulslasern eingesetzt.

Eine passive M. läßt sich durch den Einbau sättigbarer Absorber in den →Resonator erreichen; sie erzeugen gleichzeitig eine Gütemodulation. Die Impulsbreiten sind prinzipiell kürzer (einige ps), weisen aber starke Fluktuationen in der Intensität auf. Besonders intensive Pulse entstehen, wenn die Impulsbreite gerade der Erholungszeit des Absorbers entspricht.

Häufig werden sog. Colliding-Puls-Modelocked (CPM-)-Laser verwendet. In einem Ringresonator laufen zwei Lichtimpulse in entgegengesetzter Richtung um und überlagern sich in einem sättigbaren Absorber, der die Impulse bei jedem Umlauf verkürzt und schließlich stabilisiert. Mit CPM-Lasern wurden die bisher kürzesten Impulsbreiten von $15 \cdot 10^{-15}$ s = 15 fs erreicht.

Die bisherigen Kopplungsverfahren beruhen auf einer Verlustmodulation. Eine Modulation der Verstärkung liegt im Falle des „Synchronen Pumpens" vor. Wird ein modengekoppelter Laser zum →Pumpen eines zweiten Lasers (z. B. Farbstofflasers) verwendet, so erfolgt auch im zweiten Laser eine M., wenn die Umlaufzeiten der Pulse bzw. die Resonatorlängen der beiden Laser aufeinander abgestimmt sind. Hat der zweite Laser ein breiteres Modenspektrum ($M_2 > M_1$), so kann er zeitlich kürzere Impulse emittieren als der Pumplaser. *Rosenzweig*

Glasfaser. M. tritt durch →Störstellen in nicht idealen Fasern auf. Dabei wird unter den sich ausbreitenden Moden (→Glasfasermoden) optische Leistung ausgetauscht, so daß sich im Mittel ein gewisser Laufzeitausgleich ergibt.

Die Laufzeitdifferenzen zwischen den Moden ändern sich nicht mehr linear mit Länge der Glasfaser, sondern nach einer gewissen Koppellänge l_c sublinear. Dadurch wirkt sich die →Modendispersion jenseits der Länge l_c weniger stark aus als am Anfang der Faser. Dieser Effekt wird durch den Modenkopplungskoeffizienten σ, $0{,}6 < \sigma < 1$, beschrieben. Der Koeffizient der Modendispersion τ_{mod} wird dann in ns/km$^{\sigma}$ angegeben. Allerdings nimmt auch mit stärker werdender M. die →Glasfaserdämpfung zu, da auch Strahlungsmoden angeregt werden. Daher muß der Effekt der →Modenkonversion in Grenzen gehalten werden. Dies geschieht dadurch, daß Zug- und Biegespannungen in einer Faser weitgehend vermieden werden sollten. *Krauser*

Modenrauschen. Breitet sich kohärentes Licht in einer →Multimodefaser aus, treten Interferenzen zwischen den einzelnen ausbreitungsfähigen Moden auf, wodurch an Verbindungsstellen zwischen zwei Lichtwellenleitern Intensitätsschwankungen auftreten können, die als M. bezeichnet werden.

Das im Querschnitt einer Multimodefaser auftretende Modenbild ändert sich ständig durch äußere Einflüsse, wie z. B. mechanische Belastungen oder Temperaturänderungen, die zu Phasenänderungen führen. Im Mittel bleibt die Intensität im →Wellenleiter konstant. An nicht idealen Lichtwellenleiterverbindungen wird das Modenbild des ersten Lichtwellenleiters nicht vollständig in den zweiten übergekoppelt (Bild). Die lokale Änderung des Interferenzbildes verursacht eine Intensitätsänderung in dem auf die Stoßstelle folgenden →Lichtwellenleiter. Der →Empfänger registriert trotz konstanter Sendeleistung ein verrauschtes Signal. *Krauser*

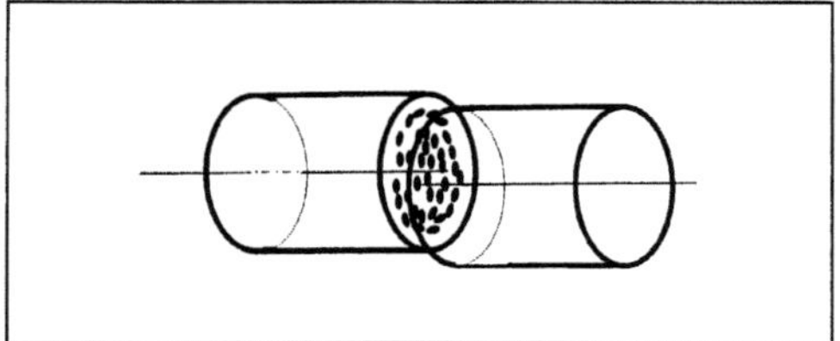

Modenrauschen: M. in Multimodefasern

Literatur: *Unger:* Optische Nachrichtentechnik, Tl. 2. Heidelberg 1992.

Modentransformator →Wellenleitertransformator

MODFET (*engl.* Modulation-Doped-FET) →HEMT

Modulationsdotierung →Quantum-Well

Modulationsverstärker. Der M. ist ein →Meßverstärker zur Vervielfachung kleiner Gleichspannungen. Diese werden in Wechselspannungen umgeformt, indem sie mit einer Wechselspannung, der sog. Trägerspannung, multipliziert werden. Die mit der Gleichspannung multiplizierte (d. h. modulierte) Wechselspannung wird verstärkt. Anschließend wird über einen Demodulator (phasenselektiver →Gleichrichter) das verstärkte Signal wieder in eine Gleichspannung zurückgewandelt. Die modulierte Wechselspannung wird oft als Trägerspannung und das Modulationsverfahren dementsprechend als Trägerfrequenzverfahren bezeichnet.

Die M. haben gegenüber den direkt gekoppelten Gleichspannungsverstärkern den Vorteil der geringeren Nullpunktsdrift. Dieser Vorteil wird mit einem größeren Aufwand erkauft.

Arbeitsweise: Bild 1 zeigt die für einen M. erforderlichen Funktionseinheiten, nämlich den →Multiplizierer als →Modulator für die Umformung der Gleich- in eine Wechselspannung, den Wechselspannungsverstärker und den phasenselektiven Gleichrichter oder Demodulator, der aus der verstärkten Wechselspannung wieder eine Gleichspannung bildet. Modulator und Demodulator werden synchron von dem Generator TFG gesteuert, der die sinusförmige Trägerspannung liefert. Diese wird mit der zu messenden Gleichspannung multipliziert. Die Gleichspannung u_e ist damit in die Wechselspannung $u_m = u_e \cdot u_T$ umgeformt. Wechselt die Gleichspannung das Vorzeichen, so springt die Phase der modulierten Spannung jeweils um 180°.

Nach der Verstärkung ist die Wechselspannung zu demodulieren, d. h. phasenselektiv gleichzurichten. Dies wird durch den Schalter S2 (Polaritätswender) erreicht. Er wird vom Trägerfrequenzgenerator TFG so gesteuert, daß er bei der positiven Halbwelle der Trägerspannung in der Stellung a, bei der

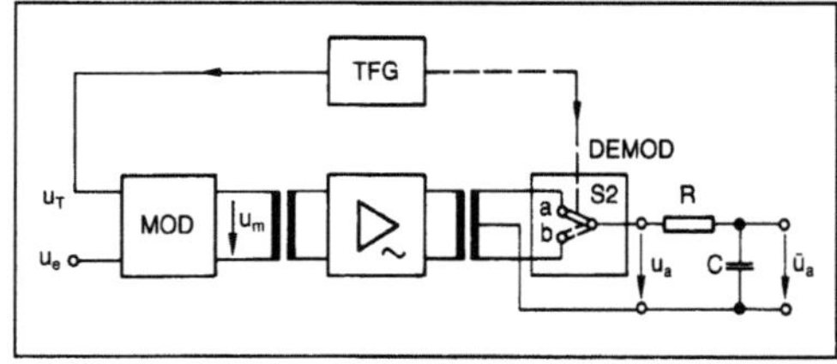

Modulationsverstärker 1: Blockschaltbild mit Modulator MOD, Wechselspannungsverstärker, gesteuertem Schalter als Demodulator DEMOD und Trägerfrequenzgenerator TFG.

negativen Halbwelle in der Stellung b steht. Bei der negativen Halbwelle wird so die Polarität der vom →Übertrager gelieferten Spannung umgedreht (Bild 2). Die gleichgerichtete Spannung u_a kann damit positive und negative Werte annehmen. Sie wird in dem RC-Tiefpaß noch geglättet und ist dem Vorzeichen und der Höhe nach proportional der Eingangsspannung u_e.

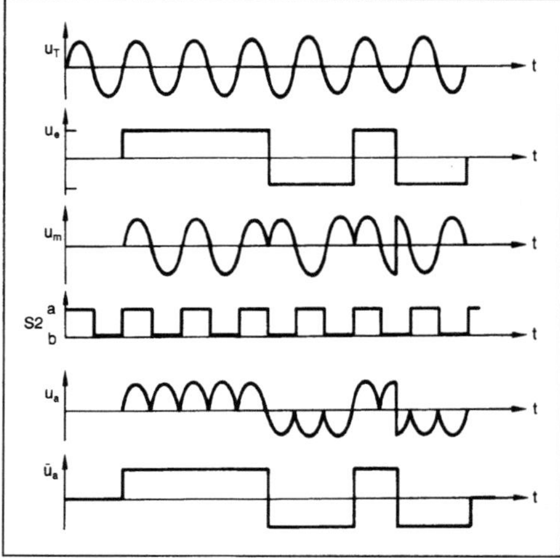

Modulationsverstärker 2: Signale eines M.

Modulator mit Kapazitätsdioden: Ein spezielles Bauelement zur Modulation einer Wechselspannung mit einer kleinen Gleichspannung ist die Kapazitätsdiode. Deren →Sperrschichtkapazität hängt von der anliegenden Spannung ab. Sie nimmt mit steigender Spannung zu (Bild 3). Betrieben werden die Dioden mit Spannungen, die kleiner als die Knickspannung im Durchlaßbereich bleiben, so daß weder in Sperr- noch in Durchlaßrichtung Ströme fließen. Zur Umformung der Gleich- in eine Wechselspannung sind die Kapazitätsdioden oft in der in Bild 3c gezeigten Übertragerbrücke verschaltet. Die Gleichspannung wird über die Anschlüsse 1 und 2 an die Kapazitätsdioden gelegt. Diese Gleichspannung erhöht die Kapazität der Diode D1 und vermindert die der Diode D2 um jeweils $\Delta C = kU_e$, wobei k die Steigung der Kennlinie ist. Die zuvor abgeglichene Brücke wird durch die Gleichspannung U_e verstimmt und liefert an den Klemmen 3 und 4 die Wechselspannung

$$U_d = \frac{U_T}{2C_o} \Delta C = \frac{k}{2} \frac{U_T}{C_o} U_e$$

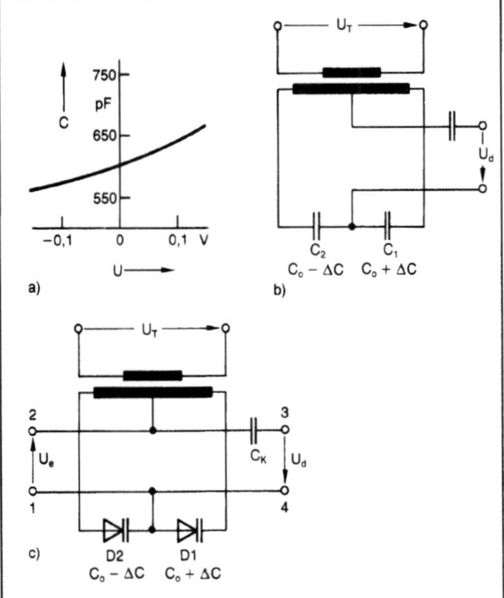

Modulationsverstärker 3: Modulator mit Kapazitätsdioden.
a) Dioden-Kennlinie
b) Halbbrücke mit zwei Kapazitäten C_1 und C_2
c) Halbbrücke mit zwei Kapazitätsdioden D_1 und D_2.

Die Gleichspannung U_e ist damit in eine ihr proportionale Wechselspannung übergeführt. Die Spannungsquelle wird nicht belastet, da weder über die Dioden noch über den Koppelkondensator C_k ein Strom fließen kann. Die Gleich- und Wechselspannungen müssen dabei jedoch so niedrig bleiben, daß die Dioden auch in Durchlaßrichtung nicht stromführend werden.

Zu den M. zählen auch die Zerhackerverstärker. *Schrüfer*

Modulator. Anordnung (durchweg elektronische Schaltung, aber auch optische Anordnung) zur Realisierung der Modulation: Beeinflussung einer Trägergröße (z. B. Sinus-, Impulsform) durch eine aufgeprägte Signalgröße (Information). Deshalb hat ein M. Eingänge für Träger- und Signalgrößen und einen Ausgang für die modulierte Größe. Erfolgt bei der Modulation eine →Frequenzumsetzung, so bezeichnet man den M. auch als →Mischer oder Frequenzumsetzer.

Nach der Modulationsart unterteilt man M. bei sinusförmigem Träger im Amplituden-, Frequenz-, Phasenmodulatoren, bei impulsförmigem Träger ist noch die Dauer modulierbar. Gemeinsames Merkmal aller M. ist die Multiplikation von Zeitfunktionen. Sie erfolgt technisch auf unterschiedliche Weise: durch Multiplizierstufen, über nichtlineare Elemente (additive Verfahren), über gesteuerte Schaltelemente (rheolineares Element), durch logische Verknüpfungen, durch Überführung in andere Modulationsarten als Zwischenschritte u. a.

Bei der Amplitudenmodulation werden zwei Schwingungen (Träger, Signal, Frequenzen f_o, f_s unterschiedlicher Frequenz) in der Regel entweder multiplikativ (über eine Multiplizierstufe) oder additiv unter Mitwirkung eines nichtlinearen Elementes (additive Multiplizierer oder Mischer) verknüpft. Am Ausgang entsteht eine Schwingung mit Summen- ($f_1 = f_s + f_o$) und Differenzfrequenz ($f_2 = f_s - f_o$). Dabei unterscheidet man Aufwärts- ($f_s \ll f_o$, d. h. $f_1, f_2 \gg f_s$) und Abwärtsmischung ($f_s \gg f_2$). Die gewünschte Ausgangsfrequenz wird ausgefiltert.

Bild 1 zeigt das Beispiel eines additiven M., bei dem die Nichtlinearität der Transferkennlinie $i_C(u_{BE})$ ausgenutzt wird.

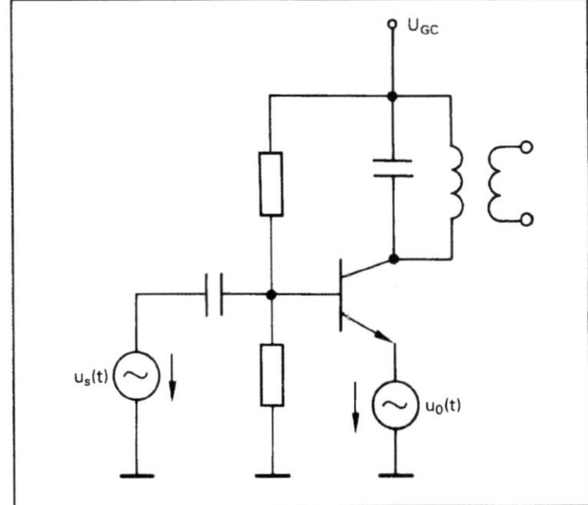

Modulator 1: Additive M.-Schaltung mit den Wechselspannungen $u_s(t)$, $u_o(t)$.

Eine weit verbreitete additive Modulatorform ist der Gegentakt-M. (Bild 2) mit Dioden. Dabei schaltet eine ausreichend große Trägeramplitude beide Dioden periodisch in den Sperr- und Durchlaßzustand. Im letzteren Fall erscheint die Eingangsspannung am Ausgang ohne Träger (Trägerunterdrückung). Wird der Gegentakt- zum Ringmodulator ergänzt (Bild 3), so erscheint das Eingangssignal während der positiven und negativen Trägerhalbwelle am Ausgang (mit wechselndem Vorzeichen) und kompensieren sich.

Die Gruppe der Winkelmodulatoren (Träger konstant Winkel $\varphi(t)$ einer Sinusschwingung modu-

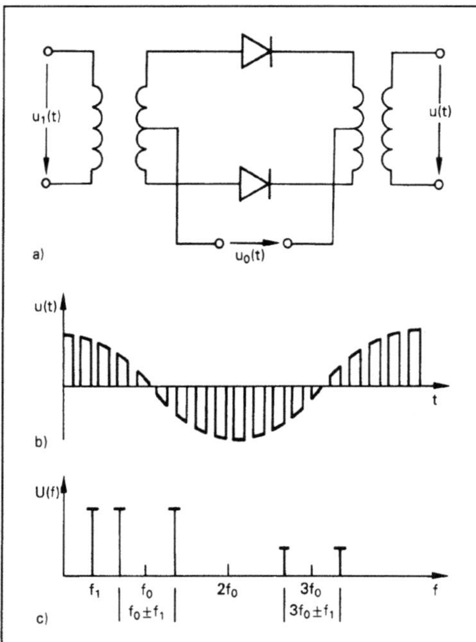

Modulator 2: Gegentaktmodulator.
a) Schaltung
b) Zeitverlauf der Ausgangsspannung
c) Amplitudenspektrum.

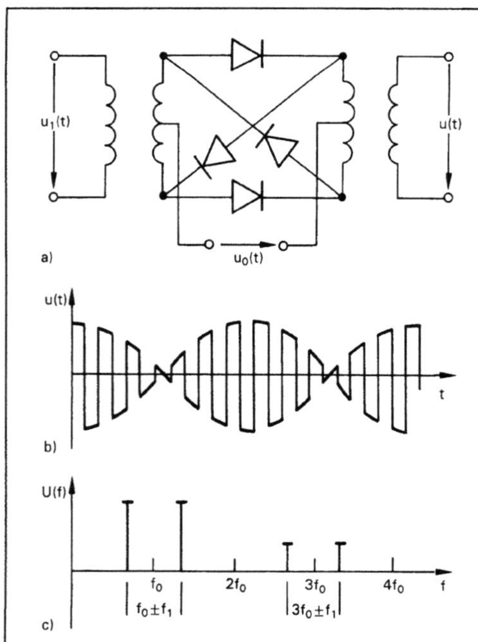

Modulator 3: Ringmodulator.
a) Schaltung
b) Zeitverlauf der Ausgangsspannung
c) Amplitudenspektrum.

liert) umfaßt wegen $\omega = d\varphi/dt$ sowohl die Frequenz- als auch Phasenmodulation. Beide Formen lassen sich ineinander überführen: so liefert z. B. ein Frequenzmodulator ein phasenmoduliertes Signal, wenn das Modulationssignal vorher ein Differenzglied durchläuft und umgekehrt. Die Standardform des Frequenzmodulators ist der →LC-Oszillator, dessen Frequenz mittels einer Varactordiode oder einer Reaktanzschaltung durch die modulierende Größe verändert wird (spannungsgesteuerter Oszillator, →VCO), auch der astabile →Multivibrator eignet sich als FM-Modulator.

Als →Phasenmodulator dient oft ein auf die Trägerfrequenz abgestimmter Selektivverstärker, wobei die Resonanzfrequenz über eine Varaktordiode mit der Modulationsgröße verändert wird (Phasendrehung).

Ein Merkmal der Winkelmodulatoren ist, daß sie nur in einem kleinen Aussteuerbereich linear arbeiten. Deshalb schaltet man oft einen Frequenzvervielfacher nach, der den Phasenhub (und die Trägerfrequenz) vergrößert.

Modulationsverfahren (mit Sinusträger) werden besonders einfach, wenn die modulierende Größe als (kodierte) Tastung (z. B. Telegraphie, Morse-, Fernschreibalphabet) anliegt. Entsprechend den obigen drei beeinflußbaren Parameter einer Trägerschwingung spricht man Amplituden-, Frequenz- und Phasentastung eines sinusförmigen Trägers.

Ein M. kann auch mit impulsförmigem (periodischem) Träger arbeiten, der in Amplitude, Frequenz (Pulslage), Phase und Dauer modulierbar ist: Pulsmodulatoren. Beim Puls-Amplituden-M. (PAM) wird die Amplitude einer Impulsfolge (Stoßfolge) mit einer Abtast- und Halteschaltung moduliert. (Abtasten der modulierenden Größe durch die Impulsfolge und Halten des Abtastwertes bis zum nächsten Impuls).

Wird die Pulsbreite des Trägers durch das modulierte Signal beeinflußt, so spricht man von →Pulsdauermodulation. Dazu führt man das modulierende Signal einem Puls-Phasenmodulator (s. u.) zu, verzögert den Abtastimpuls gleichzeitig um τ_0 und integriert das Differenzsignal (Bild 4). Auch andere Formen sind üblich.

Wird die Phasenlage oder Frequenz der Trägerimpulsfolge moduliert, so spricht man von Pulspha-

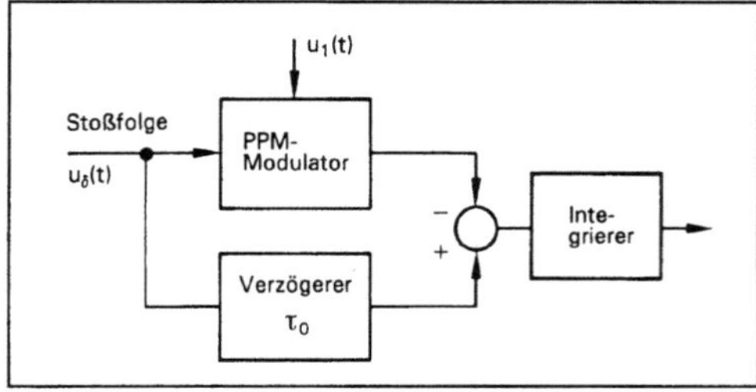

Modulator 4: PDM-M.

sen- (PPM) oder Puls-Frequenz-Modulation (PFM). Beide hängen – wie Frequenz- und Phasenmodulation – zusammen.

Das Grundprinzip des PPM (Bild 5): Das Modulationssignal wird differenziert, einem Frequenzmodulator (VCO) zugeführt, so daß an dessen Ausgang ein phasenmoduliertes Signal entsteht und daraus eine Rechtsimpulsfolge hergestellt. (Anstelle des VCO ist auch eine Phasenregelschleife einsetzbar).

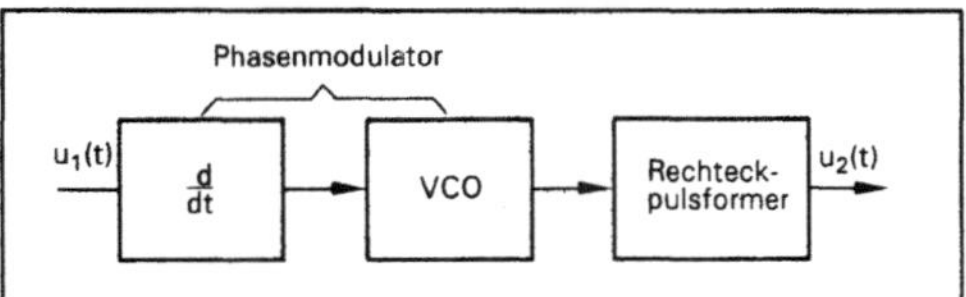

Modulator 5: PPM-M. mit VCO.

Liegt schließlich ein pulsförmiger Träger vor, der mit einem diskontinuierlichen (impulsförmigen) Signal selbst moduliert wird, so spricht man von Pulscode-Modulation (PCM).

Wenn auch die Gruppe der M. basierend auf elektronischen Schaltungen derzeit die größte Bedeutung hat, so wächst doch ebenfalls die Bedeutung der M., von denen eine der beiden Eingangsgrößen (oder beide) nichtelektrischer Natur (z. B. optische Strahlen) sind. Beispiele dafür sind akustooptischer und magneto-optischer M., →Polarisationsmodulator, Lichtmodulator u. a.). *R. Paul*

Modulator, akusto-optischer. M. oder Schalter, der die Ausbreitungsrichtung einer optischen Welle durch die Beugung an einem durch Schallwellen erzeugten Phasengitter ändert (→Effekt, akustooptischer).

Es sind zwei prinzipielle Typen zu unterscheiden:

□ Beim *Raman-Nath*-M. durchsetzt die optische Welle (λ) die akustische (Λ) rechtwinklig; die Wechselwirkungslänge L ist relativ kurz ($L \ll \frac{\Lambda^2}{\lambda}$). Es erfolgt eine Beugung der optischen Wellen an einem Transmissions-Phasengitter, so daß symmetrisch zum transmittierten Strahl (0. Ordnung) Beugungsmaxima höherer Ordnung m unter dem Winkel

$$\sin\Theta_m = m\frac{\lambda}{\Lambda}$$

entstehen (Bild 1). Da die Hauptintensität in der 0. Ordnung liegt, ist die Modulationstiefe relativ gering. Eine Anwendung als Schalter ist nicht möglich.

□ Beim *Bragg*-M. ist die Wechselwirkungslänge groß ($L \ll \frac{\Lambda^2}{\lambda}$), die Welle fällt unter dem spezifischen Bragg-Winkel

$$\sin\Theta_B = \frac{\lambda}{2\Lambda}$$

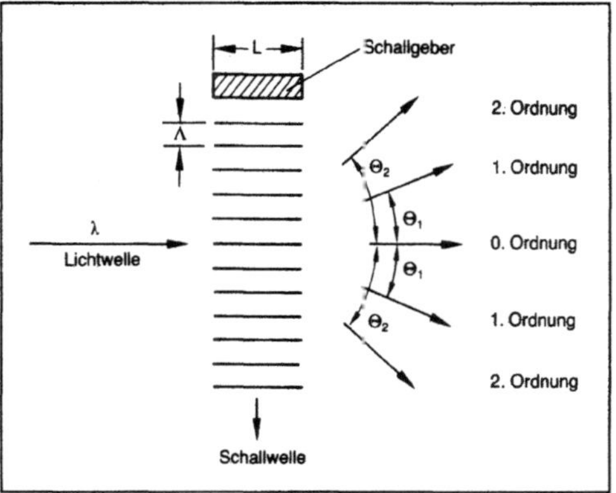

Modulator, akusto-optischer 1: Prinzip des Raman-Nath-Modulators.

ein. Sie wird an den Gitterebenen reflektiert, die Teilwellen überlagern sich phasenrichtig, so daß die gesamte Intensität in die erste Beugungsordnung unter dem Winkel $2\Theta_B$ zur ursprünglichen Richtung konzentriert wird (Bild 2). In dieser Anordnung lassen sich M. mit hoher Modulationstiefe (nahe 100%) und Schalter realisieren.

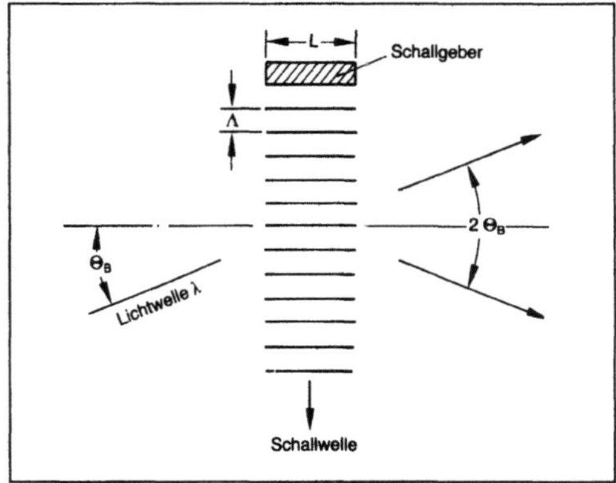

Modulator, akusto-optischer 2: Prinzip des Bragg-Modulators.

Die akustischen Wellen werden durch sog. piezoelektrische Transducer erzeugt und eingekoppelt. Dazu werden auf Materialien mit hohen photo-elastischen und piezo-elektrischen Konstanten (Quartz, $LiNbO_3$) fingerförmige Elektroden im Abstand der Schallwellenlänge aufgebracht und durch den piezoelektrischen Effekt Dichtewellen, d. h. Schallwellen erzeugt mit Frequenzen bis zu 300MHz. Die Frequenz- und Bandbreite der Schalter und M. wird i. a. durch den piezoelektrischen Transducer begrenzt.

Prinzipiell haben Volumen- und Oberflächen-M. gleiche Eigenschaften. Letztere werden hauptsächlich für optische integrierte Schaltkreise der Nachrichtentechnik auf Wellenleiterbasis eingesetzt; der Hauptvorteil liegt in den geringen Schalleistungen (Bild 3).

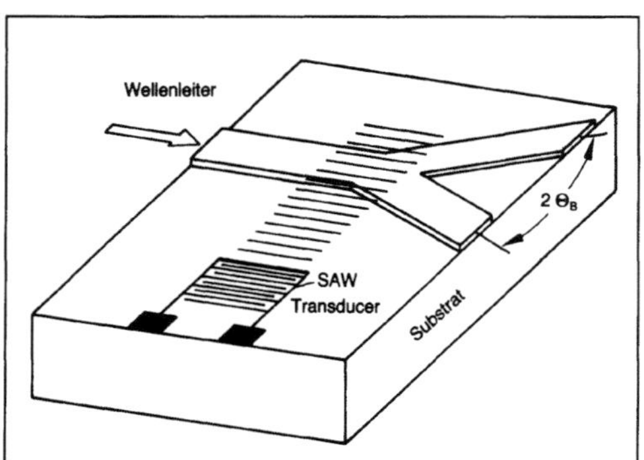

Modulator, akusto-optischer 3: Akusto-optischer Wellenleiter-Modulator mit einem SAW-Wandler (Surface-accustic-wave transducer).

Akusto-optische M. werden benutzt als Modenkoppler in Lasern, als M. und Schalter in der integrierten →Optik und als Spektralanalysatoren für Licht und →Mikrowellen. *Rosenzweig*

Literatur: *Hunsperger, R. G.*: Integrated Optics: Theory and Technology. Berlin–Heidelberg–New York 1982.

Modulator, magneto-optischer. Dieser M. arbeitet nach dem Prinzip des magneto-optischen Schalters, wobei von den abgehenden Lichtwegen nur einer benutzt wird. Das doppelbrechende Element zum Trennen der beiden verschieden polarisierten Lichtwellen kann durch einen einfachen Polarisator ersetzt werden. Die Drehung der Polarisationsebene kann weniger als 45° betragen bei entsprechend verkleinertem Modulationsgrad. *Dammann*

Moiré. Beim Betrieb der Kathodenstrahlfarbbildröhre nach dem Raster-Scan-Verfahren können Interferenzen auftreten zwischen den waagerecht verlaufenden Zeilen und der waagerechten Komponente der Lochreihen. Diese Interferenzen bilden ein störendes Muster: *Moiré*. Es tritt vorzugsweise auf in großen, einfarbingen und dunklen Bildflächen. Es besteht aus wechselweise auftretenden hellen und dunklen Partien und kann gekennzeichnet werden durch den doppelten Abstand zwischen der dunklen und der hellen Partie. Dieser entspricht der *Moiré-Wellenlänge.*

Um dieses M. möglichst unsichtbar zu machen, muß die M.-Wellenlänge möglichst groß (unendlich) oder möglichst klein (null) gemacht werden. Da der Fall unendlich schwer einzuhalten ist (geringe Streuungen ergeben gleich ein langwelliges, besonders störendes M.), versucht man die M.-Wellenlänge möglichst klein zu halten. Dann ist die Störung aus dem normalen Betrachtungsabstand nicht mehr erkennbar. Da in die Erkennbarkeit des M. u. a. auch die Anzahl der sichtbaren Zeilen eingeht, gibt es für unterschiedliche →Fernsehnormen (Zeilenzahlen) unterschiedliche →Lochmasken bzgl. ihrer Optimierung auf geringes M.:

□ Amerikamaske (525 Zeilen) und
□ Europamaske (625 Zeilen).

Die Sichtbarkeit des M. und damit der Grad der Störung im Bild wird beeinflußt von:

- Austastung,
- →Zeilensprung,
- Überschreibung,
- Spot-Durchmesser in der Ebene der Lochmaske,
- Methode der Fokusspannungs-Einstellung,
- Konvergenz und
- optische Modulationstiefe der M.-Struktur.

Nerstheimer

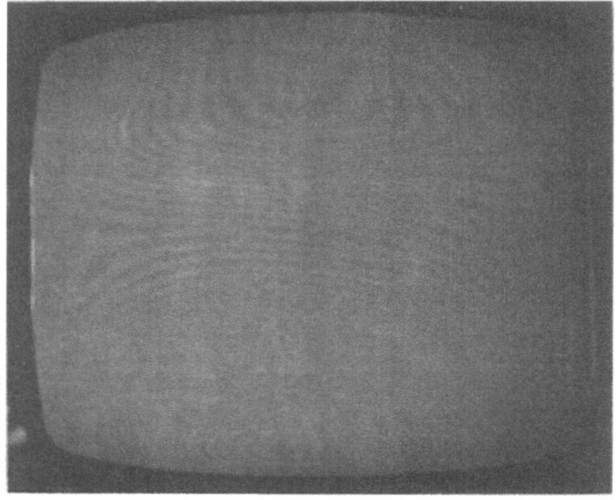

Moiré: Masken-Moiré bei einer Farbbildröhre nach dem Schattenmaskenprinzip. Die Bildröhre wird mit dem Signal eines einheitlichen Graubildes geringer Helligkeit angesteuert. (Quelle: Philips Components)

Literatur: *Barten, P. G. J.*: Theorie des Moiré bei Schattenmasken Farbbildröhren. Valvo Ber. XV (1969) Nr. 3, S. 79–192. – Farbfernsehtechnik II. Hrsg. Telefunken, Berlin.

Molekularelektronik.

1. Vorstellung aus der Entstehungszeit integrierter →Schaltungen, daß die Abmessungen der Funktionselemente so klein werden könnten, daß diese schließlich nur noch aus einzelnen Molekülen und Atomgruppen bestehen.

2. Derzeit existierende Idee, Effekte der Bindungselektronen an langen Polymerketten für eine Signalverarbeitung so nutzen zu können, daß sich damit komplexere Systemfunktionen realisieren lassen. Das bis jetzt darüber vorhandene Wissen reicht noch nicht annähernd aus, um eine nennenswerte Beeinflussung der derzeit weltweit produzierten Formen integrierter Schaltungen (Formen der →Mikroelektronik) auszulösen. *R. Paul*

Molekularstrahlepitaxie. Die M. (*engl.* Molecular Beam Epitaxy, MBE) ist ein Verfahren für die

Herstellung epitaktischer Schichten (→Epitaxie). Dieses Verfahren ist eine Weiterentwicklung des →Aufdampfens. Bei der Herstellung von Siliciumschichten (Bild 1) wird die Abscheidung unter Ultrahochvakuum (10^{-6}–10^{-9} Pa) durchgeführt. Die Atome oder Moleküle, aus denen die Schicht aufgebaut wird, werden verdampft und mit relativ hoher, jedoch thermischer Geschwindigkeit zum Substrat (→Halbleiterscheibe) transportiert. Im Gegensatz zur →Gasphasenepitaxie finden also bei MBE weder chemische Reaktionen statt, noch spielt →Diffusion beim Aufbau der Schicht eine wesentliche Rolle, deshalb kann die Prozeßtemperatur viel niedriger gehalten werden. Dies ermöglicht wiederum eine viel präzisere Kontrolle der Konzentrationsprofile.

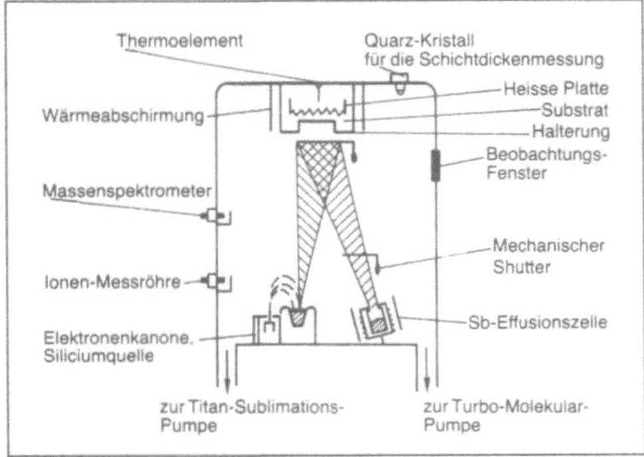

Molekularstrahlepitaxie 1: Schema von Anlagen für Silicium.

In der Silicium-Homoepitaxie wird MBE bis jetzt nur für diskrete Mikrowellen- und photonische Bauelemente benutzt. Da die gewöhnlichen Dotierstoffe (As, P, B) entweder zu hohen oder zu niedrigen Dampfdruck haben, werden meistens Sb, Ga oder Al als Dotierelemente verwendet. Da MBE unter Vakuum abläuft, kann auch →Ionenimplantation für in situ →Dotierung benutzt werden. In diesem Fall kann mit As, P oder B dotiert werden.

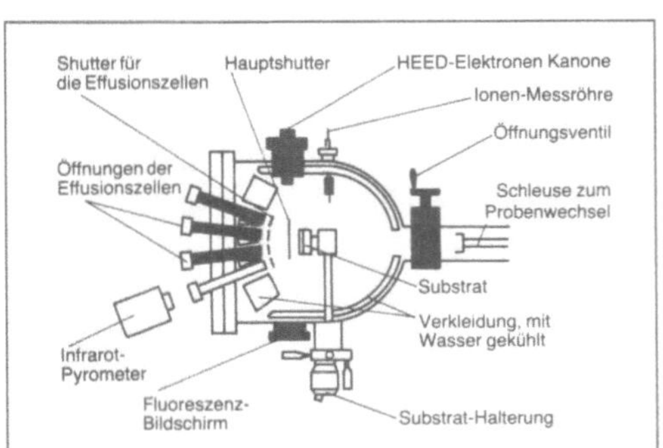

Molekularstrahlepitaxie 2: Schema einer M.-Anlage für GaAs.

Das wichtigste Anwendungsgebiet der MBE ist die III-V-Halbleitertechnologie (Bild 2). Die Herstellung homoepitaktischer GaAs-Schichten erfolgt z. B. durch die gemeinsame Verdampfung von atomarem Gallium und molekularem Arsen (As_2 oder As_4). Für die Herstellung von Übergitterstrukturen ist auch MBE am besten geeignet.

Bei der Herstellung von SOS-Strukturen (Silicon on Sapphire) hat MBE erhebliche Vorteile gegenüber der Gasphasenepitaxie, da die Ausdiffusion und damit das →Autodoping vermieden werden kann. *Ryssel*

Literatur: *Parker, E. H. C.:* The Technology and Physics of Molecular Beam Epitaxy. New York 1985. – *Shur, M.:* GaAs Devices and Circuits. New York 1987. – *Sze, S. M.:* VLSI-Technology. New York 1983.

Monitordiode. →Photodiode zur Messung und Steuerung der optischen Leistung eines →Halbleiterlasers.

Halbleiterlaser emittieren i. a. Licht aus beiden Spiegelflächen. Dabei wird die Strahlung aus einer

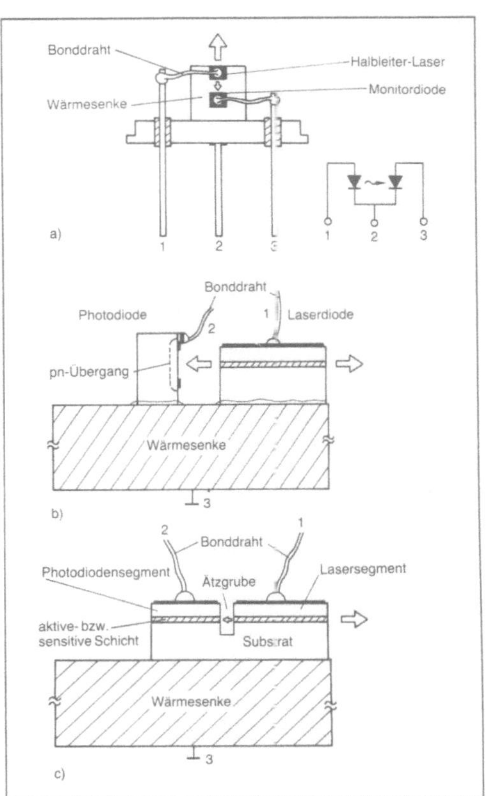

Monitordiode:
a) prinzipielle Anordnung
b) Ausführung mit Einzelbauelementen
c) monolithisch-integrierter Aufbau.

Fläche als Signal verwendet, während die der anderen ungenutzt bleibt. Dieses Licht kann von einer in geringem Abstand plazierten Photodiode in ein elektrisches Signal proportional zur optischen Leistung umgewandelt und zur Messung und/oder Stabilisierung der Lichtleistung (Regelung des Laserstromes) herangezogen werden (Bild a).

Die M. wird konventionell als Einzelbauelement hinter dem Laser auf der Wärmesenke montiert (Bild b). Neuere Konzepte verwenden die gleiche Kristallschichtstruktur wie für den Laser (→Mehrsektions-Halbleiterlaser), so daß beide Bauelemente monolithisch integriert in einem Chip hergestellt werden können (Bild c). *Rosenzweig*

Monolithisch integrierte Schaltung →Festkörperschaltkreis, →Schaltung, integrierte

Monomodefaser. (auch Einmodenfaser) In einer M. kann sich bis zu einer bestimmten →Grenzwellenlänge nur ein Wellentyp (→Glasfasermoden), der Grundmodus, ausbreiten.

Die Monomodebedingung wird mit dem Strukturparameter $V = 2\pi a A_N/\lambda$ (a: Kernradius, $A_N = (n_k^2 - n_m^2)^{1/2}$: Numerische Apertur (→Akzeptanzwinkel), n_k: Kernbrechzahl, n_m: Mantelbrechzahl, λ: Wellenlänge) angegeben. Für Stufenprofil (→Stufenfaser) gilt $V \leq 2{,}4$, für ein Potenzprofil (→Gradientenfaser) mit dem Profilexponenten $g=2$ gilt $V \leq 3{,}4$. V sollte größer als 1,5 sein, da andernfalls das optische Feld weit in den Fasermantel reicht und nur wenig optische Leistung im Kern geführt wird (Bild 1). V wird bei gegebener Wellenlänge durch das Produkt aus numerischer Apertur A_N und dem Kernradius a bestimmt. Hierbei ist zu beachten, daß einerseits a nicht zu klein gewählt wird, damit die Ankopplung sich nicht zu aufwendig gestaltet, andererseits darf A_N nicht zu klein sein, da bei kleinen Brechzahldifferenzen zwischen Kern und Mantel das optische Feld nur schwach im Kern geführt wird, so daß z. B. durch Krümmungen Leistung in den Mantel abgestrahlt wird und die Dämpfung der Faserstrecke damit erhöht wird. Für den Wellenlängenbereich $\lambda = 1\ \mu m$ bis $\lambda = 1{,}6\ \mu m$ haben sich Kernradien von $2{,}5\ \mu m$ bis $5\ \mu m$ als sinnvoll erwiesen.

Das optische Feld in einer M. läßt sich näherungsweise durch eine Gaußfunktion beschreiben (Bild 2):

$$E(r) = E_0 \exp(-r^2/w_0^2).$$

Darin bezeichnet w_0 den Ort, bei dem das optische Feld auf 1/e seines Maximalwertes abgefallen ist. Dies ist als Modenfeldradius (Feldradius, Fleckradius, Spot-size) definiert. Für den Bereich von $1{,}6<V<2{,}4$ kann w_0 abgeschätzt werden:

$$w_0 = 2{,}6\ \frac{a}{V}$$

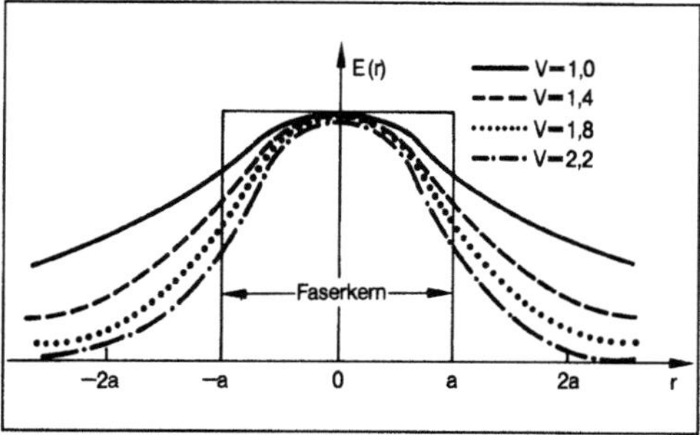

Monomodefaser 1: Verteilung des elektrischen Feldes des Grundmodus in einer Stufenindexfaser mit dem Kernradius a in Abhängigkeit vom Ort r mit verschiedenen Strukturkonstanten V als Parameter.

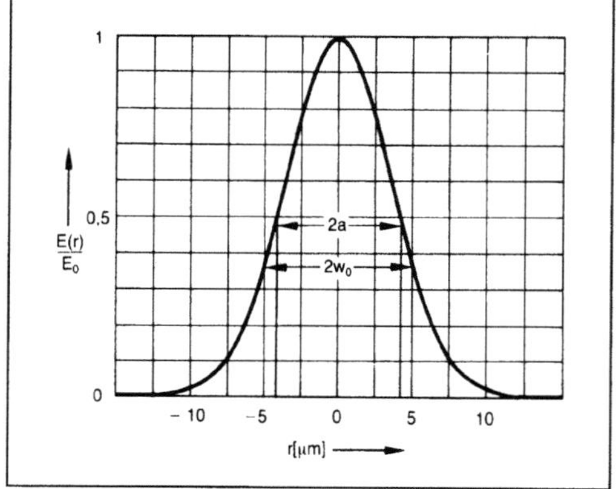

Monomodefaser 2: Zur Definition des Modenfeldradius.

Der Feldradius hat große praktische Bedeutung: Z. B. ist die Übereinstimmung der Feldradien (nicht der Kernradien) zweier Fasern für deren verlustarme Verkopplung maßgebend (→Glasfasersteckverbindung).

Monomodefaser. Tabelle: Typische Parameter von M.

Modenfelddurchmesser		9 μm ± 1 μm
		10 μm ± 1 μm
Kerndurchmesser 2a		8 μm
Außendurchmesser		125 μm ± 3 μm
Norm. Brechzahldifferenz δ		0,003
Numerische Apertur A_N		0,1
Grenzwellenlänge		1100 nm—1280 nm
Dämpfung	bei 1,3 μm	<0,4 dB/km
	bei 1,55 μm	<0,25 dB/km
Chromatische Dispersion		
	bei 1,3 μm	<3,5 ps/(nm·km)
	bei 1,55 μm	<20 ps/(nm·km)

Strenggenommen können sich in einer M. zwei Arten von Grundmoden ausbreiten: nämlich senkrecht zueinander stehende Polarisationsrichtungen mit gleicher radialer Feldverteilung. In einer ideal rotationssymmetrischen Faser haben beide Polarisationsrichtungen die gleiche Ausbreitungsgeschwindigkeit. Im Realfall haben die Fasern jedoch z. B. leicht elliptische Kerne, was zu kleinen Geschwindigkeitsunterschieden zwischen beiden Polarisationsrichtungen führt. Diese Polarisationsdispersion ist sehr gering, so daß sie weitgehend vernachlässigt werden kann. Den Hauptbeitrag zur →Dispersion liefern Material- und →Wellenleiterdispersion. Mit M. sind extrem hohe Übertragungsbandbreiten (über 1000 GHz bei einer Faserlänge von 1 km) erreichbar. *Krauser*

MOS-Diode. Gelegentlich verwendete Bezeichnung für einen MOS-Übergang, wenn er als Zweipol betrieben wird, um z. B. seine Varaktoreigenschaften zu nutzen oder beim Auftreten von Tunnelströmen in Strukturen mit sehr dünnem →Isolator auf das nichtlineare Strom-Spannungsverhalten Bezug zu nehmen. *R. Paul*

MOS-Kondensator. →MIS-Übergang mit SiO_2 als →Isolator und kontaktiertem Halbleitergebiet, dessen nichtlineare Kapazität als Zweipoleigenschaft genutzt wird. Der MOS-K. wird hauptsächlich als diskretes →Halbleiterbauelement in Form des Varaktors angewendet, aber auch

- in integrierten MOS-Analogschaltungen als →Kondensator wie z. B. in der Schalterkondensator-Technik,
- als →Solarzelle mit so dünner Isolatorschicht, daß Tunnelströme auftreten. In dieser Form spricht man etwas global oft von →MOS-Diode. *R. Paul*

MOS-Schaltkreis. Häufig verwendete Bezeichnung für einen monolithisch integrierten →Schaltkreis für die analoge und/oder digitale Signalverarbeitung, der durch die →MOS-Technik realisiert wird. *R. Paul*

MOS-Technik.

Allgemein. Begriff für die Gesamtheit aller Techniken zur Herstellung diskreter und integrierter Halbleiterbauelemente, in denen der MOS-Übergang und daraus abgeleitete Funktionselemente, insbesondere MOSFET, aber auch →MOS-Kondensatoren, MOS-Widerstände und MOS-Speicherelemente) die tragende Rolle spielen: Spezialfall der →MIS-Technik. Zur näheren Kennzeichnung der MOS-T., insbesondere des MOSFET, werden häufig benutzt:

- Bezug auf den Kanaltyp: Einkanal- und Komplementärtechnik: →PMOS-, →NMOS-Technik (→CMOS-Technik),
- Hinweise auf Geometrie und Ausführungsformen: z. B. →Kurzkanaltechnik (HMOS-, VMOS-), FAMOS-Technik,
- Hinweis auf dominierende Funktionselemente: z. B. CDD-Technik
- Hinweis auf die →Schaltungstechnik: statische, dynamische MOS, Schalter-Kondensator-MOS, Domino-Technik.

Die Herstellung der MOS nutzt alle Schritte der Planartechnik: Schichtbildung, →Strukturierung,

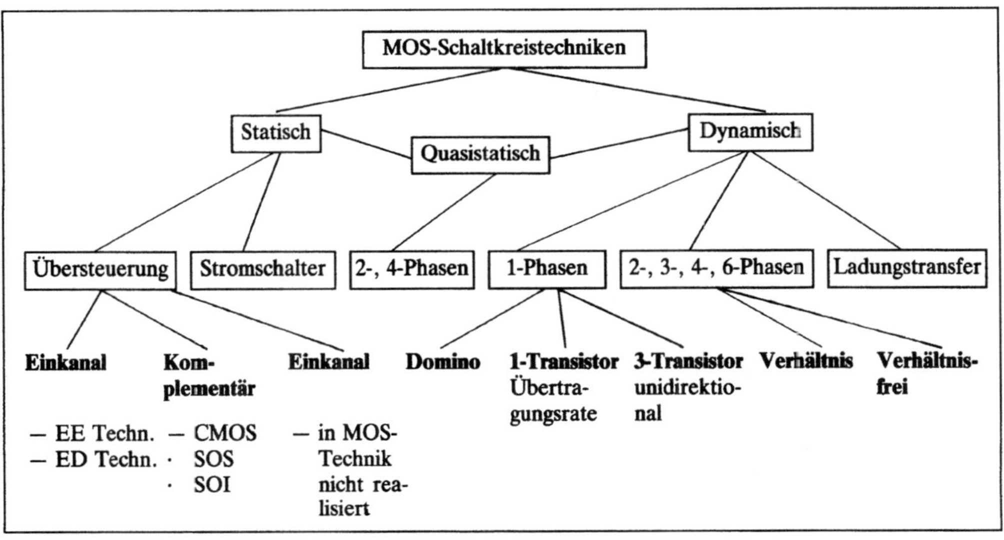

MOS-Technik 1: Übersicht typischer Techniken für den LSI- und VLSI-Bereich.

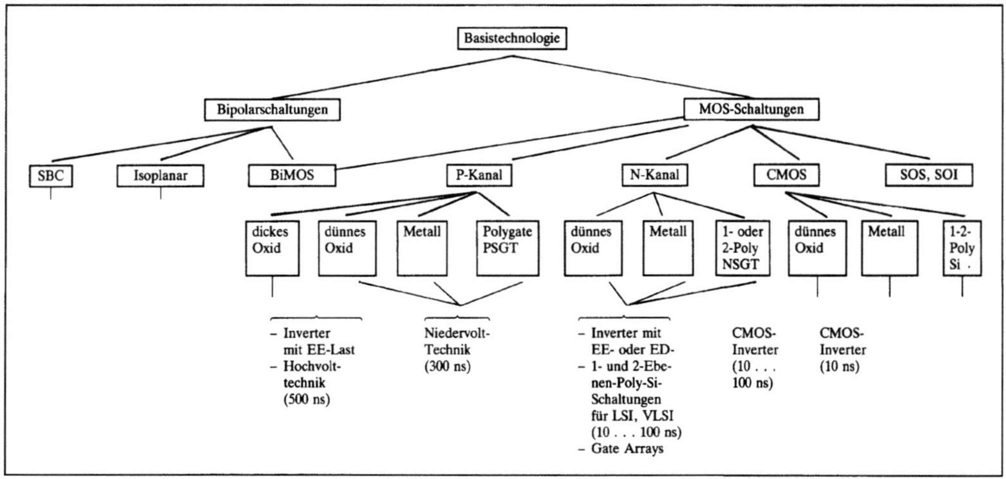

MOS-Technik 2: Basistechnologie integrierter Schaltkreise auf Silicium-Basis.

→Dotierung. Daher finden sich oft auch Hinweise auf die Technologie.

Gegenüber der →Bipolartechnik weist die MOS-T. eine Reihe grundlegender Vorzüge auf:
- größere →Packungsdichte durch das Prinzip der Selbstisolation (→Isolationstechniken),
- größere Packungsdichte durch konsequente Nutzung aktiver Transistorlast für Widerstandsfunktionen (MOS-Widerstand),
- geringerer Leistungsverbrauch durch leistungsarme Schaltungstechniken (z. B. CMOS-, dynamische Schaltungstechnik),
- hochohmige Schaltungsauslegung, wobei parasitäre Kapazitäten für dynamische Schaltungstechniken benutzt werden können. Daraus ergibt sich andererseits eine Frequenzbegrenzung.

Die MOS-T. wurde dank dieser Vorzüge sehr rasch zur bestimmenden Schaltkreistechnik im Bereich der Höchstintegration (Bild 1) (Integrationsgrad). Sie wird dementsprechend breit für Halbleiterspeicher, Mikrorechner, Schaltkreise für die Nachrichtentechnik, Bildaufnahmeeinheiten u. a. m. eingesetzt, findet aber zunehmend im Analogbereich Anwendung. Die MOS-T. ist heute die wichtigste Basistechnologie für integrierte Silicium-Schaltkreise (Bild 2), aus der sich - je nach Prozeßaufgaben und elektrischen Anforderungen - eine Reihe typischer MOS-Schaltungstechniken entwickelten. *R. Paul*

Transistorherstellung. Bei der MOS-T. (Metal-Oxide-Semiconductor) werden entweder p-Kanal-Transistoren (PMOS) in n-leitendem Substrat oder n-Kanaltransistoren (NMOS) in p-leitendem Substrat hergestellt. Die Transistoren können vom Anreicherungstyp oder Verarmungstyp sein, was durch →Ionenimplantation eingestellt wird (Bild 3).

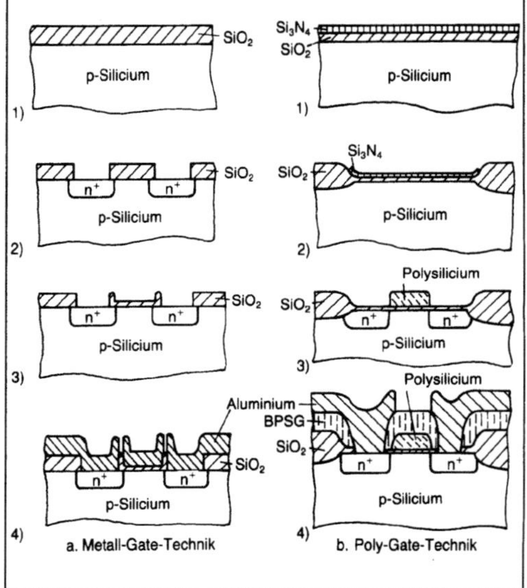

a) Metal-Gate-Technik: 1. nach Oxidation (Feldoxid), 2. nach Lithographieschritt, Oxidätzen, Ionenimplantation (Source/Drain), 3. nach Lithographieschritt, Oxidätzen, Oxidation (Gateoxid), 4. nach Aluminiumabscheidung, Lithographieschritt, Aluminiumätzen; b) Polysilicium-Gate-Technik: 1. nach Oxidation, Nitridabscheidung, 2. nach Lithographieschritt, Ätzen des Nitrids, Oxidation (LOCOS), 3. nach Entfernen des Nitrids, Polysiliciumabscheidung, Lithographieschritt, Ätzen von Polysilicium, Implantation von Source/Drain und Polysilicium, 4. nach Abscheiden von BPSG (Bor-Phosphor-Glas), Lithographieschritt, Ätzen von BPSG und Oxidschicht, Aluminiumabscheidung, Lithographieschritt, Ätzen des Aluminiums

MOS-Technik 3: Herstellung eines MOS-Transistors.
a) in Metal-Gate-Technik
b) in Polysilicium-Gate-Technik.

Anstatt Polysilicium als Gateelektrode lassen sich auch Silicid oder eine Doppelschicht aus Silicid und Polysilicium verwenden. Bauelemente in MOS-T. werden alle mit Hilfe der →Planartechnologie hergestellt, wobei unterschiedliche Varianten zum Zuge kommen. Neben der klassischen, kaum noch angewendeten Metal-Gate-Technik mit →Dickoxid und →Gateoxid wird die →LOCOS-Technik und die daraus abgeleitete sog. recessed Oxid Technik verwendet. Um bei Transistoren mit Gatelängen im Submikrometer-Bereich die Gefahr der hot electron injection zu verringern, werden sog. LDD-Transistoren (low doped drain) verwendet. Durch eine Graduierung der →Dotierung läßt sich die →Feldstärke an der →Drain und damit die →Injektion verringern. Hergestellt werden LDD-Transistoren durch eine kombinierte Dotierung mit →Arsen und →Phosphor. *Ryssel*

MOS-Transistor. abgek. MOST, umgangssprachliche Bezeichnung des →MOSFET.

MOSFET. (*engl.* Metal-Oxide-Semiconductor FET) →Feldeffekttransistor mit isolierendem Gate (→IGFET, →MISFET), wobei der Isolator zwischen Gate und Halbleiter aus dem Eigenoxid SiO_2 des Siliciumsubstrates besteht. Der MOSFET ist das wichtigste Bauelement der →Unipolartechnik. Er nutzt das auf →Silicium stets vorhandene SiO_2 (Schichtdicke um 100 nm und darunter) mit einem Gate aus Metall oder →Polysilicium (Silicium-Gate-Technik) als Isolator eines MOS-Überganges als Steuerstrecke des Kanalstromes aus. Die Herstellung des MOSFET erfolgt durch die Planartechnik. Ausgeführt wird er entweder als p-Kanal- oder n-Kanaltransistor (Bild); letztere haben wegen der größeren →Elektronenbeweglichkeit bessere dynamische Eigenschaften. In beiden Fällen sind Anreicherungs- oder Verarmungstransistoren möglich, abhängig von Größe und Vorzeichen der Schwellspannung U_{TO}.

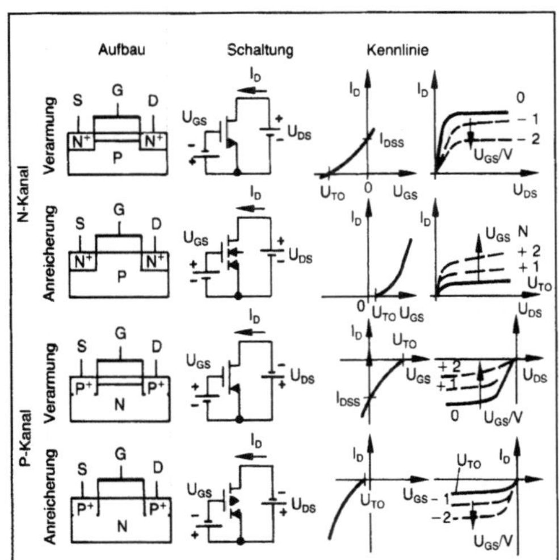

MOSFET: Steuerarten. Arbeitspunktversorgung und Kennlinienfelder.

Die Entwicklungstendenzen des MOSFET ergeben sich aus der Forderung einerseits nach hoher →Grenzfrequenz, andererseits auch nach größeren Leistungen für diskrete Halbleiterbauelemente. Die erste Forderung wird in erster Linie durch einen sehr kurzen Kanal (→Kurzkanaltechnik) und Verringerung parasitärer Kapazitäten, z. B. durch selbstjustierende Herstellungstechniken erzielt, die letztere durch spezielle Bauformen, bei denen viele Einzeltransistoren parallel geschaltet werden (→Leistungshalbleiter). *R. Paul*

MOV (Metalloxid-Varistor) →Varistor

MP-Kondensator →Metall-Papier-Kondensator

MQW-GRINSCH-Laser →GRINSCH-Halbleiterlaser

MQW-SCH-Laser →Multi-Quantum-Well-Laser

MS-Übergang →Metall-Halbleiter-Übergang

MSI. (*engl.* Medium Scale Integration, Mittelintegration) Bezeichnung für integrierte →Schaltungen mit mittlerem Integrationsgrad.

In den MSI-Bereich fallen integrierte Schaltungen mit zwischen 100 bis 1 000 integrierten Funktionselementen, etwa entsprechend 100 bis 200 äquivalenten Gatterfunktionen. Dazu zählt eine große Gruppe typischer Digitalschaltungen wie →Multiplexer, →Demultiplexer, →Schieberegister, →Zähler, →Teiler, Addierer u. a.; aber auch eine sehr große Zahl von integrierten Analogschaltungen (z. B. →Verstärker, Regler, →PLL, Leistungsschaltkreise u. a. m.). *R. Paul*

MTBF (*engl.* mean time between failures, mittlere Betriebszeit). Die mittlere Betriebszeit ist bei Komponenten mit wiederholten Erneuerungen die mittlere Zeit zwischen zwei Ausfällen. Sie berechnet sich als Kehrwert der Geräteausfallrate λ (→Reparaturwahrscheinlichkeit, →Verfügbarkeit):

$$\text{MTBF} = \frac{1}{\lambda}.$$

Schrüfer

MTTFF (*engl.* mean time to first failure, mittlere Zeit bis zum ersten Ausfall). Die mittlere Zeit bis zum ersten Ausfall ist bei Komponenten ohne Reparatur identisch mit der mittleren →Lebensdauer. Sie ergibt sich aus dem Kehrwert der →Ausfallrate λ (→Exponentialverteilung):

$$MTTFF = \frac{1}{\lambda}.$$ *Schrüfer*

MTTR. (*engl.* mean time to repair, mittlere Reparaturzeit). Die mittlere Reparaturzeit ist bei Komponenten mit wiederholten Erneuerungen die mittlere, für die Reparatur benötigte Zeit. Sie berechnet sich als Kehrwert der →Reparaturrate μ (→Reparaturwahrscheinlichkeit):

$$MTTR = \frac{1}{\mu}.$$ *Schrüfer*

Multichip-Hybridtechnik. Variante der →Hybridtechnik, bei der mehrere, jeweils auf eigenem Substrat befindliche Halbleiterschaltungen (Chip) ohne Gehäuse auf einem gemeinsamen Träger zu einer größeren Schaltung, der M. zusammengefügt werden.

Der gemeinsame Träger kann ein in →Schichttechnik hergestelltes Leitungssystem (*engl.* Beamlead-Technik), das Chip selbst (sog. Chipeinbettung), der Boden eines IC-Gehäuses oder auch ein Keramikträger sein. Der →Integrationsgrad einer solchen M. ergibt sich aus den Integrationsgraden der einzelnen Teilschaltungen.

Der Vorteil der M.-H. besteht in erster Linie in der Möglichkeit, für die Teilschaltungen die jeweils günstigste Integrationstechnik zu wählen. So bietet das Verfahren besonders bei kleineren Stückzahlen wirtschaftliche Vorteile. Es wird deshalb z. B. bei integrierten Mikrowellenschaltungen angewendet, aber auch dort, wo die einzelnen Teilschaltungen mit sehr unterschiedlichen Verlustleistungen betrieben werden und komplizierte thermische Bedingungen vorliegen. *R. Paul*

Multichip-Modul. Ein M.-M. enthält z. B. zur Anwendung in Rechnerschaltkreisen einige 10 bis 100 integrierte Chips, die auf Mehrlagen-Keramik (→Substrattechnik, →Wärmeleitmodul) oder Polyimidfolie (→Leiterplattentechnik) montiert werden. *Hieber*

Multichiptechnik. Gebräuchliche Bezeichnung für →Multichip-Hybridtechnik, →Leiterplattentechnik, →Substrattechnik *R. Paul*

Multiemitter-Transistor. (auch Mehrfachemitter-Transistor) →Bipolartransistor mit mehreren Emittern, aber gemeinsamen Basis- und Kollektorgebieten (Bild). Dieses Konzept entstand aus der DTL-Technik, wobei die Verknüpfungsfunktion eines Diodennetzwerkes und der nachfolgende Bipolartransistor vereint wurden.

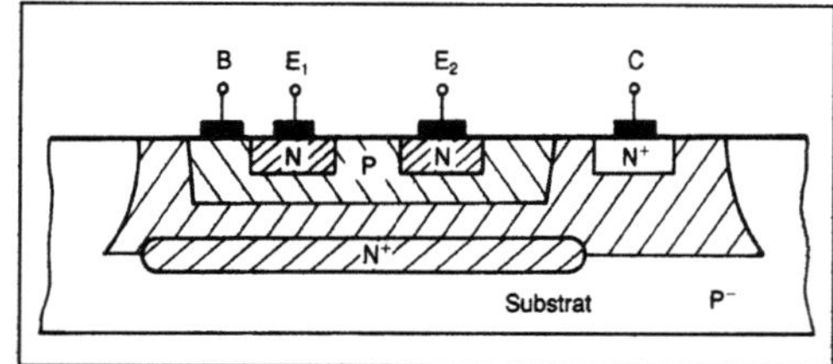

Multiemitter-Transistor: Prinzipieller Aufbau.

Der M. kommt ausschließlich in integrierten Bipolarschaltungen zum Einsatz und war zunächst die Grundlage der →TTL. Liegt nämlich ein Emitter eines M. auf tiefem Potential (L-Pegel), so hat der Ausgang ebenfalls tiefes Potential unabhängig vom Potential der übrigen Emitter. So lassen sich leicht AND- und OR-Verknüpfungen realisieren. Bei günstiger Auslegung sind bis zu zehn Emitter an einem M. möglich. Kritisch ist aber die parasitäre Transistorwirkung der Einzelemitter.

M. werden darüber hinaus auch in Mikrowellen-Bipolartransistoren, vor allem für größere Leistungen verwendet. Aus Konstruktionsgründen (Stromverteilung, Randverdrängungseffekte) ist es zweckmäßig, den Bipolartransistor mit einer größeren Zahl von (meist regulär angeordneten) Einzelemittern zu versehen und diese zu einem gemeinsamen →Emitteranschluß zu verbinden. Dabei kann gleichzeitig eine Leistungsanpassung erfolgen.

Das Prinzip der Emitteraufteilung läßt sich auch auf den Kollektorbereich übertragen: Multikollektor-Transistor vorausgesetzt, daß der Kollektorbereich von der Halbleiteroberfläche her zugängig ist. Dieses Konzept wird z. B. beim I^2L-Gatter genutzt (→I^2L), aber verbreitet in integrierten Analogschaltungen auch bei →Konstantstromquellen. Dort werden sie meist als laterale pnp-Transistoren ausgelegt. *R. Paul*

Multikollektor-Transistor →Multiemitter-Transistor

Multilayer. Eine oft im Zusammenhang mit →Leiterplatten oder →Keramik-Vielschichtkondensatoren gebrauchte Kurzbezeichnung. *Bensieck*
→Layer

Multimeter. Elektronisches →Vielfachmeßgerät mit einer größeren Anzahl von Meßbereichen für Spannung, Strom, Widerstand und manchmal auch für Temperatur, das digital arbeitet und über eine elektronische →Ziffernanzeige verfügt. Infolge vielfältiger Vorteile bei der Herstellung und Anwendung der Digital-M. (DMM) verdrängen diese die elektromechanischen Meßgeräte für die gleichen Zwecke (→Meßgerät, elektrisches, →Spannungsmessung).

Vorzüge sind große Meßempfindlichkeit bei mechanischer Unempfindlichkeit, hohe →Zuverlässigkeit, gute →Ablesbarkeit, weitgehende Wartungsfreiheit und minimale Betriebskosten. Der Anzeigeumfang der DMM reicht von 0-1999 („3½-stellig") bis 0 - >10 000 000. Auflösungen bis 10nV, 100 pA und 10μΩ werden bei teuren Geräten erreicht. Wesentlicher Bestandteil eines DMM ist der →Analog/Digital-Umsetzer samt entsprechend genauer Referenzspannungsquelle. Bei komfortablen Geräten werden verschiedene Funktionen wie z. B. Nullpunkt-Korrektur und Mittelung bei gestörten Meßwerten von einem eingebauten Mikrorechner erledigt (Bild).

Multimeter: System-M. (Quelle: Prema GmbH)

An weiteren Funktionen, über die nicht jedes DMM verfügt, wären zu nennen: Echte →Effektivwertmessung, d. h. Effektivwertmessung bei nichtsinusförmigen Signalverläufen, Messen von Kapazitäten, Messen von Frequenzen und Zeitintervallen sowie Messen der Wirkleistung. Wenn viele Meßgrößen von einem einzigen DMM erfaßt werden sollen, kann man einen →Meßstellenumschalter vorschalten, der die Meßgrößen nacheinander oder nach einem Programm zum Meßgerät schaltet. Verfügt ein DMM über eine geeignete Schnittstelle am Ausgang, läßt es sich zusammen mit anderen Meßgeräten in eine rechnergesteuerte Meßanlage einbeziehen, in der die einzelnen Komponenten durch einen sog. Bus (z. B. →IEC-Bus) miteinander verbunden sind. *Hammerschmidt*

Multimodefaser. In M. sind mehrere Eigenwellen (→Glasfasermoden) ausbreitungsfähig. Man unterscheidet zwischen →Stufen- und →Gradientenfaser.

Es kann sich nur eine bestimmte Anzahl von Strahlen, die innerhalb des Akzeptanzwinkels auf die Faserstirnfläche fallen, im Faserkern ausbreiten. Außer der Bedingung der Totalreflexion muß die phasenrichtige (konstruktive) Überlagerung der Wellen gewährleistet sein. Die Anzahl M der ausbreitungsfähigen Glasfasermoden ist durch den Strukturparameter $V=2\pi a A_N/\lambda$ (λ: Wellenlänge, a: Kernradius, A_N: numerische Apertur) gegeben. Es gilt: $M \approx \frac{1}{2} V^2 \left(\frac{g}{g+2}\right)$ mit g: Profilexponent (Gradientenfaser).

Für ein Stufenindexprofil ($g\ \infty$) ergibt sich $M \approx \frac{1}{2} V^2$, für ein parabolisches Gradientenindexprofil mit $g=2$ erhält man $M \approx \frac{1}{4} V^2$. Eine Gradientenfaser mit parabolischem Brechzahlprofil führt somit bei gleichem Kerndurchmesser und gleichem →Akzeptanzwinkel nur halb so viele Moden wie eine Stufenfaser.

Die Verbindungstechnik und Einkopplung in M. ist wegen des relativ großen Kernradius (typisch ≥ 25 μm) erheblich einfacher als bei Monomodefasern, so daß kostengünstige Systeme mit M. aufgebaut werden können. Andererseits ist aufgrund der →Modendispersion die Übertragungbandbreite weitaus geringer als bei →Monomodefasern. Mit Stufenfasern können Übertragungsbandbreiten von ca. 30 MHz, bei Gradientenfasern bis zu 10 GHz für eine Faserlänge von jeweils 1 km erreicht werden. Um auch über große Faserlängen die hohe →Bandbreite nutzen zu können, ist es erforderlich den Profilexponenten g und damit das Brechzahlprofil beim Glasfaserherstellungsprozeß sehr genau einzuhalten. Abweichungen von einigen Prozent reduzieren die Bandbreite bereits um den Faktor 10 und mehr. *Krauser*

Multiplexansteuerung →Ansteuerung von Anzeigen

Multiplexer →Multiplizierer

Multiplexrate →Ansteuerung von Anzeigen

Multiplexverfahren. Die für Übertragungsstrekken geforderte bessere Ausnutzung hat zur Entwicklung von M. geführt. Zwei Formen haben sich herausgebildet: Frequenzmultiplex (FDM) und →Zeitmultiplex (TDM). Beiden Verfahren gemeinsam ist die Zusammenfassung primärer Signale im Multiplexer, die einkanalige Übertragung des Multiplexsignals und die Rückgewinnung der Primärsignale durch →Demultiplexer oder Zeitfilter.

Überlegungen, Übertragungsstrecken wirtschaftlicher zu nutzen, beispielsweise n unabhängige Nachrichtensignale mittels einer einzigen Strecke gleichzeitig übertragen zu können, haben zur Anwendung von M. geführt. Ausgehend vom Raummultiplexverfahren (raumgestaffeltes Übertragungssystem), bei dem n Nachrichten über n räumlich getrennte Leitungen geführt werden, hat die weitere Entwicklung wirtschaftlichere Multiplex-Lösungen gebracht: Frequenzmultiplex- und Zeitmultiplex-Verfahren. Beiden Verfahren gemeinsam ist die Zusammenfassung der auf der Sendeseite dem Multiplexer zugeführten Primärsignale und die durch Demultiplexer erfolgende Trennung der Signale auf der Empfangsseite (Bild 1). Übertragen wird ein einziges, zusammengefaßtes Multiplexsignal. Auf diese Weise können gleichzeitig und unabhängig voneinander Fernsprechsignale, Telegraphiesignale, Datensignale u. a. übertragen werden. Je nach Staffelung der Primärsignale in frequenz- und zeitmäßiger Hinsicht unterscheidet man zwischen Frequenz- und Zeitmultiplex.

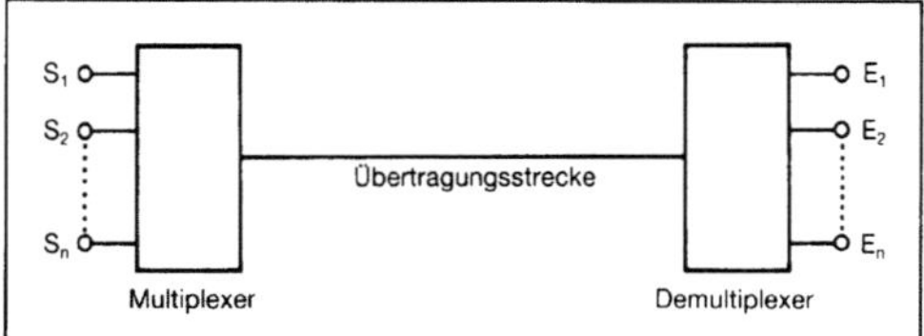

Multiplexverfahren 1: Prinzip der Multiplexübertragung.

□ Frequenzmultiplex (*engl.* FDM, frequency-division multiplex). Jedes Nachrichtensignal belegt ein Frequenzband bestimmter Breite, z. B. das Fernsprechsignal ein Band von 300–3 400 Hz (Basisband). Durch Modulation mit gestaffelten Trägerfrequenzen werden die Basisbänder der Primärsignale so in höhere Frequenzlagen verschoben, daß sie auf der Frequenzskala nebeneinander zu liegen kommen (Bild 2).

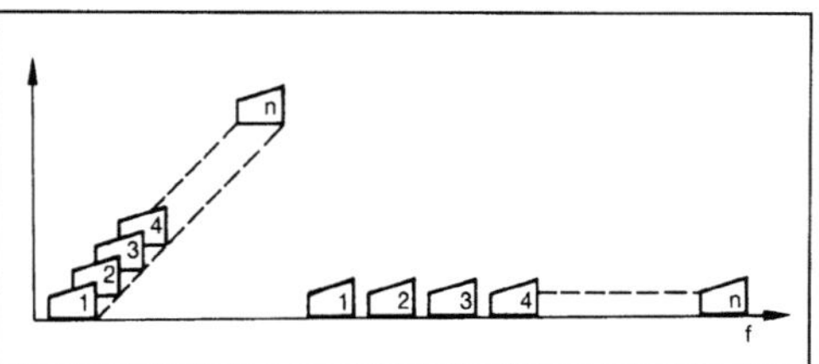

Multiplexverfahren 2: Bildung eines Frequenzmultiplexsignals.

Die →Frequenzumsetzung erfolgte in der Regel durch Amplituden-, nunmehr zunehmend durch Frequenzmodulation. Das im letzteren Fall entstehende Frequenzmultiplexsignal wird verstärkt und übertragen. Auf der Empfangsseite werden die einzelnen Signale durch Frequenzfilter voneinander getrennt und durch Demodulation wieder in die ursprüngliche Frequenzlage gebracht.

Die FDM-Technik wird überwiegend für Trägerfrequenzsysteme (Fernsprechwesen) und für Wechselstromtelegraphie herangezogen. Neuere Dienste wie beispielsweise Sprechfunk und Datenfunk, hierbei insbesondere der Satellitenfunk – Vielfachzugriff im Frequenzmultiplex FDMA –, gehen im Grundkonzept von der Multiplextechnik aus. Je nach Anwendungsgebiet erfolgt die Übertragung im Ein- oder Zweiseitenband-Betrieb.

□ Zeitmultiplex (*engl.* TDM, time-division multiplex). Bei der Aufbereitung des Zeitmultiplexsignals ist zu unterscheiden zwischen der Übertragung binärer oder kontinuierlicher Signale. In dem einfachen Fall der Telegraphie werden die binären Signale, zugehörig zu mehreren, unabhängigen Nachrichten, in zyklischer Folge verschachtelt und mit hoher Geschwindigkeit (Schrittgeschwindigkeit) über eine einzige Leitung bzw. drahtlose Strecke übertragen. Kontinuierliche Signale wie beispielsweise die Sprache werden vor der Übertragung durch Abtastung in schnelle Folgen von sehr kurzen Impulsen umgeformt (Pulscodemodulation, PCM) (Bild 3).

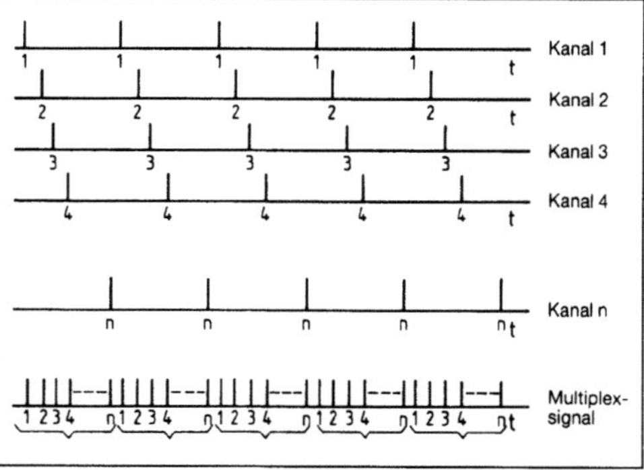

Multiplexverfahren 3: Bildung eines Zeitmultiplexsignals.

Das derart entstandene Zeitmultiplexsignal wird auf der Empfangsseite so in seine Bestandteile zerlegt, daß die Primärsignale ihre Entsprechung in den Empfangs-Ausgangssignalen finden. Das Zeitfilter stellt dabei den Synchronismus zwischen den relevanten Ein- und Ausgangskanälen her.

Die zunehmende Bedeutung der digitalen Übertragungstechnik für Nachrichtenverbindungen verstärkt den Trend zum Zeitmultiplex. Integrierte digitale Nachrichtennetze – Fernsprechen, Fernschreiben, Datenübertragung etc. – gehen bei ihrer Konzeption von der TDM-Technik aus. Für künftige Satelliten-Funkverbindungen verspricht man sich von dem Zeitmultiplex-Zugriff TDMA erhebliche wirtschaftliche Vorteile. *Kümmritz/Kersten*

Literatur: *AEG-Telefunken, Siemens, SEL:* Vielfachzugriffsverfahren zu Fernmeldesatelliten im Zeitmultiplex, Fördervorhaben des Bundesmin. für Bildung und Wissenschaft, Schlußbericht 1969. – *Glaser, W.:* Mehrkanalübertragung von Signalen. Leipzig 1977. – *Höß, H.* u. a.: Der Codec des Multiplexgeräts PCM 30. Nachrichtentechnische Z. (1976) Nr. 29. – *Kaiser, W.:* Zukünftige Telekommunikation in der Bundesrepublik Deutschland; Ergebnisse der KtK-Beratungen, NTZ (1976) Nr. 29. – *Küpfmüller, K.:* Die Systemtheorie der elektrischen Nachrichtentechnik. Stuttgart 1968. – *Meinke, H.* und *F. W. Gundlach:* Taschenbuch der Hochfrequenztechnik. Berlin-Heidelberg-New York-Tokyo 1986. – *n. n.:* Neue Entwicklungen auf dem Gebiet der PCM-Technik, Techn. Mitteilungen AEG-Telefunken (1974). – *Ring, F.:* Einführung in die Trägerfrequenztechnik. Goslar 1955. – *Stoll, D.:* Einführung in die Nachrichtentechnik. Berlin-Frankfurt 1978.

Multiplizierer. Die wichtigste nichtlineare Operation bei der Verknüpfung von (Meß)-Signalen ist die Multiplikation. Sie wird z. B. bei der Leistungsmessung benötigt. Von den analogen Multiplikationsverfahren sollen hier folgende genannt werden:

□ Hall-M.: Direkte multiplikative Verknüpfung über den →Hall-Effekt bei Halbleitern. Anwendungsbeispiel zur →Leistungsmessung (Bild 1).

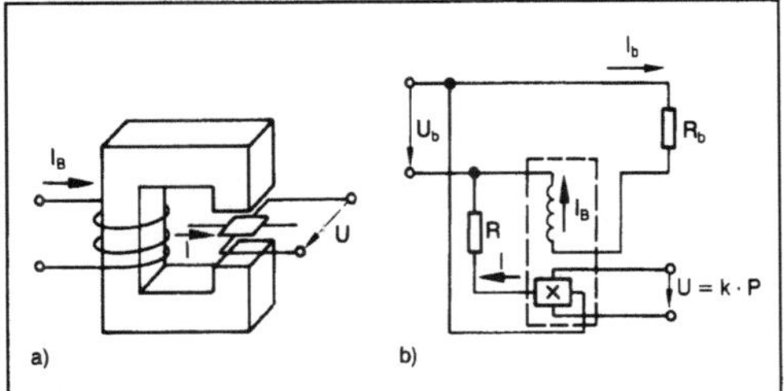

Multiplizierer 1: Hall-M.
a) Aufbau zur Leistungsmessung
b) Anwendung zur Leistungsmessung.

□ Zwei-Parabel-M. (→Analogrechner). Prinzip: Zwei Größen x und y werden gemäß folgender Gleichung multipliziert:

$x \cdot y = \frac{1}{4}[(x+y)^2 - (x-y)^2]$.

Summe und Differenz von x und y werden mittels zweier aus Diodennetzwerken bestehender Parabeln quadriert und anschließend subtrahiert (Bild 2).

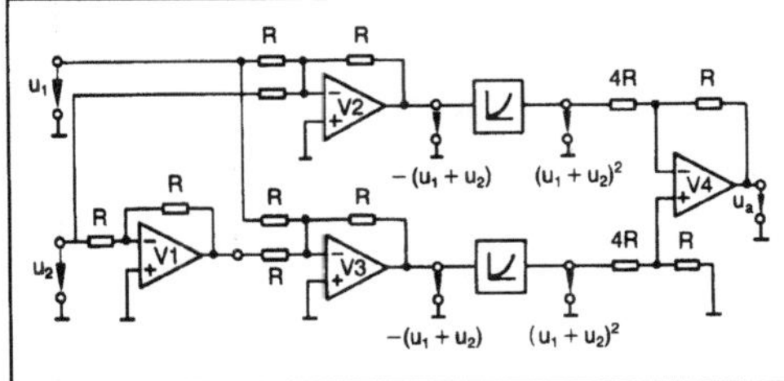

Multiplizierer 2: Parabel-M.

□ Thermischer M. Prinzip: Hier liegt dieselbe Gleichung wie beim Zwei-Parabel-M. zugrunde. Das Quadrieren wird aber mittels Thermoumformern durchgeführt. Thermoumformer sind eine Kombination von Heizdraht und →Thermoelement. Die Temperaturerhöhung und damit die entstehende →Thermospannung ist dem Quadrat des durch den Heizdraht fließenden Stroms proportional. In der Schaltung (Bild 3) ist bei entsprechender Dimensionierung von R_0, R_1 und R_2 die Spannung U_{Th} dem Produkt von U und I proportional: $U_{Th} = k \cdot U \cdot I$.

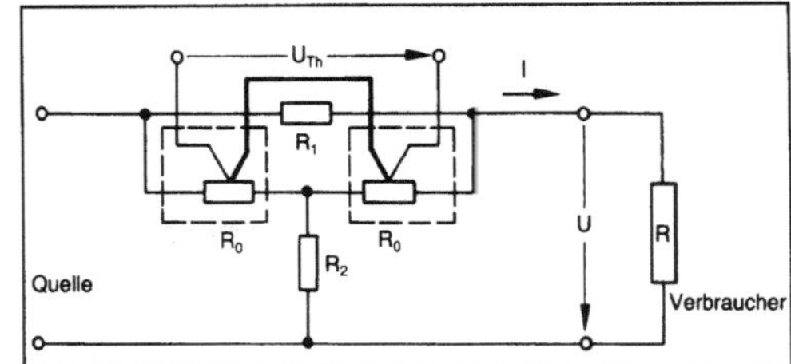

Multiplizierer 3: Leistungsmeßglied mit Thermoumformern.

Mittelwertbildung erfolgt durch die thermische Trägheit der Thermoumformer. Anwendung für Frequenzen von 5 Hz bis über 400 kHz.

□ Zeitteilungs-M. (Time-Division-M.). Prinzip: Bei diesem Modulationsverfahren wird die eine der zu multiplizierenden Größen mit einer Modulationsfrequenz f_0 in eine symmetrische (Quasi-)Rechteckschwingung umgewandelt, deren Tastverhältnis von der anderen Größe gesteuert wird. Mittelwertbildung bei der dem Produkt entsprechenden Ausgangsspannung über einen Tiefpaß. Die höchsten Frequenzanteile in den zu multiplizierenden Signalen müssen wesentlich kleiner als f_0 sein.

□ Multiplikation über Logarithmen. Ausnutzung des logarithmischen Zusammenhangs zwischen →Spannungsabfall und →Durchlaßstrom von Silicium-Diodenstrecken. Die Multiplikation bzw. Division geht dann in eine leicht realisierbare Addition bzw. Subtraktion über. Nach Delogarithmierung erhält man das gewünschte Ergebnis:

$$\frac{x \cdot y}{z} = e^{(\ln x + \ln y - \ln z)}$$

für $x,y,z > 0$.

M. dieser Art sind als integrierte Schaltungen erhältlich. Abbildung eines Meßgeräts nach diesem Prinzip: Leistungsmessung, elektrische.

□ Steilheits-M. (*engl.* Transconductance amplifier). Die →Steilheit eines Bipolartransistors ist proportional zum Kollektorruhestrom. Die Änderung des Kollektorstroms ist demnach proportional zum Produkt aus Eingangsspannungsänderung und Kollektorruhestrom. Diese Eigenschaft liegt den sog. Steilheits-M. zugrunde, die ebenfalls als monolithisch integrierte Schaltungen erhältlich sind.

Die Verfahren arbeiten zunächst nur dann, wenn beide Eingangsgrößen positiv sind (Einquadranten-M.).

Mit entsprechenden Maßnahmen, z. B. Betragsbildung und separates Verarbeiten der Vorzeichen, können die Vorzeichen beider Eingangsgrößen beliebig sein (Vierquadranten-M.).

Wird der M. in der Rückführung eines Meßverstärkers betrieben, erhält man einen Dividierer (Bild 4). Ein Quadrierer entsteht, wenn eine einzige

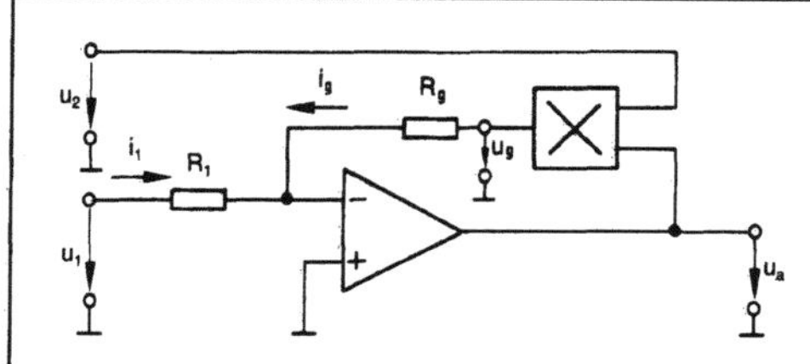

Multiplizierer 4: Dividierer.

Eingangsgröße an beide Eingänge gelegt wird. Durch einen Quadrierer in der Rückführung eines Meßverstärkers ergibt sich ein →Radizierer.

$$u_a = -\frac{R_g}{R_1}\frac{u_1}{u_2}$$

Die Multiplikation ist auch mittels vollintegrierter digitaler M. möglich. Prinzip: Die Momentanwerte der zu multiplizierenden Größen werden hinreichend oft abgetastet und auf →Analog/Digital-Umsetzer gegeben. Multiplikation der digitalen Momentanwerte im M. Ausgabe des Produkts digital oder über →Digital/Analog-Umsetzer.

Hammerschmidt

Literatur: *Tietze, U.* u. *C. Schenk:* Halbleiterschaltungstechnik. Berlin 1986. – *Schrüfer, E.:* Elektrische Meßtechnik. München 1992.

Multiplizierschaltung, analoge. Nichtlineare elektronische Schaltung, die zwei (oder mehr) analoge Eingangsgrößen so verknüpft, daß die Ausgangsgröße dem Produkt der Eingangsgröße proportional ist. Können dabei die Eingangsgrößen beide Polaritäten haben, so spricht man von Vierquadranten-M., sinngemäß gibt es Zwei- und Einquadranten-M., wenn nur eine oder beide Eingangsgrößen lediglich eine Polarität haben.

Die Multiplikation kann entweder direkt oder indirekt durchgeführt werden (Bild).

□ Direkte Verfahren.

– Verbreitet ist das Verfahren mit veränderlichem Übertragungsfaktor. Dabei wird z. B. durch Steilheitssteuerung des Bipolar- oder Feldeffekttransistors in einer Differenzstufe die Stromverteilung durch beide Transistoren gegensinnig so verändert (sog. Produktmodulator oder *Gilbert*-Zelle der integrierten Schaltungstechnik), daß ein Multiplikationsprodukt entsteht. Grundsätzlich sind hier alle bauelementebedingten Multiplikationseffekte einzuschließen.

– Eine andere Möglichkeit bieten Modulationsverfahren, insbesondere die →Pulsbreitenmodulation (Time-Division-Verfahren). Hier wird der Mittelwert einer Rechteckschwingung durch Modulation der Pulsbreite verändert.

– Amplitudenmodulation der beiden zu verknüpfenden Eingangsgrößen und anschließende Demodulation, wobei die Ausgangsgröße das Produkt beider Eingangsgrößen enthält.

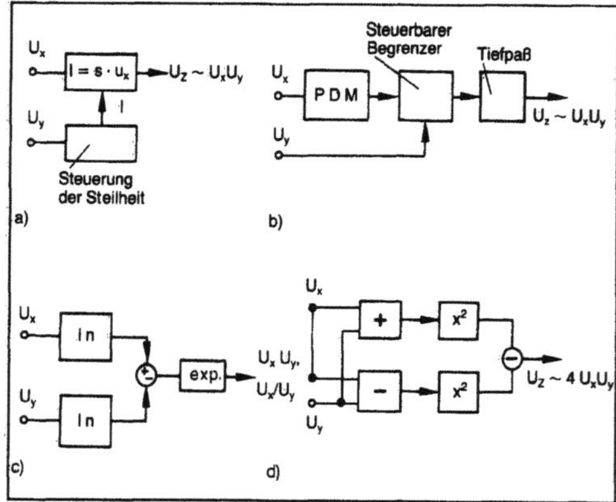

Multiplizierschaltung, analoge: Analoge Multiplikationsverfahren.
a) Mit Steilheitssteuerung
b) Pulsbreitenmodulation
c) Logarithmierter Multiplizierer/Dividierer
d) Parabelmultiplizierer.

□ Indirekte Verfahren. Hierbei werden z. T. nichtlineare Kennlinien von Bauelementen benutzt, um damit durch geschicktes Zusammenschalten eine Multiplikation zu realisieren. Sind x, y die beiden Eingangsgrößen, so wird die Ausgangsgröße z häufig nach folgenden Verfahren gewonnen:

– logarithmischer Multiplizierer

$$z = xy = a^{(a \log x + a \log y)},$$

eignet sich besonders für Bipolarbauelemente,

– Parabelmultiplizierer

$$z = xy = 1/4\ [(x+y)^2 - (x-y)^2]$$

für Feldeffekttransistoren,

– integrierender Multiplizierer

z = xy = Ä xdy + Ä ydy

für die Schalter-Kondensator-Technik.

Analoge M. nach diesen und anderen Verfahren stehen heute in breitem Spektrum als Analogschaltkreise zur Verfügung. Sie werden sehr vielfältig angewendet, z. B. zur Effektivwertbildung, als analoge Rechenschaltung, als Modulatoren, als Chopperverstärker, zur Multiplikation zweier Frequenzwerte, als Korrelatoren und Demodulatoren. Multiplizierschaltungen können, z. B. mit einem weiteren Eingang versehen, auch für andere mathematische Operationen (z. B. Quadratwurzelbildung, Quotientenbildung) verwendet werden. *R. Paul*

Multiplizierschaltung, digitale. Elektronische Digitalschaltung für die Multiplikation zweier Binärzahlen, wobei die Multiplikation auf eine wiederholte Addition der zu verknüpfenden Operanden

zurückgeführt wird. Damit beinhaltet die Multiplikation drei Operationen:
- Verschiebung des Multiplikanden entsprechend dem Stellenwert des Multiplikatorteiles
- Nullsetzen des verschobenen Wertes, wenn der Multiplikatorteil gleich Null ist
- Addition der verschobenen Werte.

Dabei wird der Ablauf der durchzuführenden Operationen durch ein Mikroprogramm (im Rechner) gesteuert. Nach der Reihenfolge, in der die Additionen ausgeführt werden, sind serielle, parallele und seriell/parallele Verfahren möglich.

Bei der seriellen Multiplikation ergibt sich das Produkt der beiden Zahlen dadurch, daß der Multiplikand um jeweils eine Stelle nach links verschoben wird und addiert bzw. nicht addiert wird, je nachdem, ob der Multiplikator der jeweiligen Stelle Null oder Eins beträgt. Somit erfolgt eine serielle Verarbeitung der einzelnen Multiplikatorziffern. Sie läßt sich technisch durch einen Addierer und ein →Schieberegister ausführen, wobei letzteres durch eine Ablaufsteuerung betrieben wird. Dabei wird der Stellenwert durch jeden Taktimpuls verschoben (Bild 1). Multiplikand und Multiplikator werden in zwei Register eingegeben. Der Volladdierer wird an den a-Eingängen von den Ausgängen der UND-Glieder und an den b-Eingängen von den Akkumulatorausgängen gesteuert. Die Ausgangsdaten des Addierers werden zwischengespeichert, das Ergebnis steht im Produktregister. Zur Steuerung der gesamten Rechenoperation dient der Schiebetakt.

Der Schiebevorgang kann aber auch allein durch ein Schaltnetz erfolgen, wenn für eine N-bit-Zahl N Addierer entsprechend versetzt zusammengeschaltet werden. Bei einem 4-Bit-Multiplizierer (Multiplikand $x_3 \ldots x_0$, Multiplikator $y_3 \ldots y_0$) werden zunächst über die UND-Gatter die Teilprodukte gebildet, die Volladdierer besorgen anschließend die Addition dieser Produkte. Dieses Verfahren verzichtet auf ein Steuerprogramm und bietet hohe Rechengeschwindigkeit. Es ist leicht auf höhere Bitbreiten zu erweitern. Derartige parallel arbeitende Verfahren wurden in zahlreichen Varianten entwickelt, für größere Bitbreiten hat sich dabei ein Verfahren herausgebildet, daß auf der Multiplizierzelle (Bild 2) beruht. Die UND-Verknüpfung bildet die Teilprodukte aus x_i und y_i. Gleichzeitig bilden diese beiden Eingänge auch Ausgänge. Ein Volladdierer addiert die Überträge v und w aus niedrigeren Stellen hinzu: $x_i \cdot y_i + v + w$. Der Summenausgang s des Volladdierers ergibt den Ausgang der Multiplizierzelle und den neuen Übertrag ü für die nächsthöhere Stelle. Für einen 4-Bit-Multiplizierer z. B. benutzt man 16 Multiplikationszellen der beschriebenen Art. In den einzelnen Zellen sind die jeweiligen Teilprodukte eingetragen. Nicht benötigte Eingänge liegen auf L-Signal (Masse).

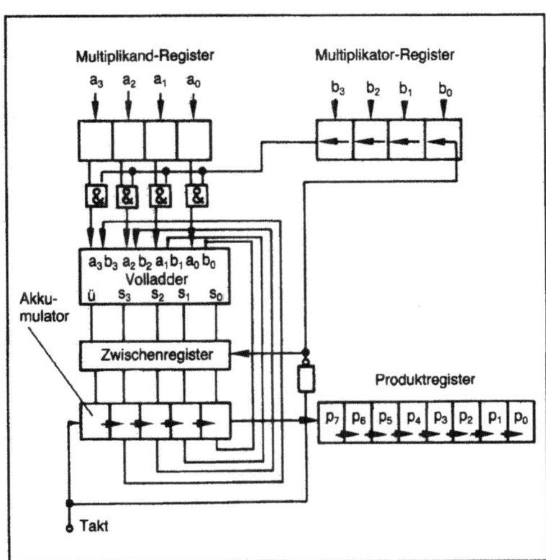

Multiplizierschaltung, digitale 1: Ausführung mit Stellenverschiebung am Beispiel zweier 4-Bit-Zahlen.

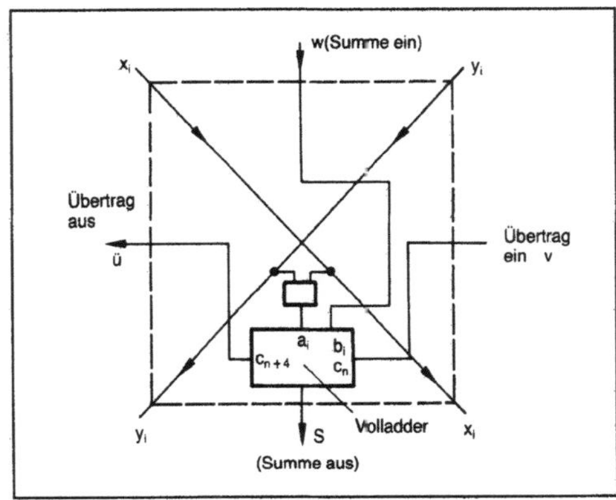

Multiplizierschaltung, digitale 2: Aufbau einer digitalen Multiplizierzelle.

Außer diesen Grundverfahren wurde noch eine Reihe von Multiplikationsvarianten entwickelt, die vor allem auf minimale Rechenzeiten abzielen.

R. Paul

Multiprozessor. Parallelrechner mit mehreren →Prozessoren, die gemeinsam und gleichzeitig eine größere Aufgabe bearbeiten. Jeder der Prozessoren verfügt dabei über ein eigenes unabhängiges Leitwerk, das in der Lage ist, ein Programm selbständig zu interpretieren und auf den zugehörigen Rechenwerken auszuführen. Im M. werden also mehrere Befehlsströme und mehrere Datenströme gleichzeitig bearbeitet. Die Kooperation der einzelnen Prozessoren geschieht über gemeinsam zugreifbare Speicherbereiche oder direkt über Register der Prozessoren. Dabei ist ein schneller Zugriff auf die gemeinsamen Speicherbereiche vorausgesetzt (enge

Kopplung). Lose gekoppelte Systeme, die über weite Entfernungen durch ein Rechnernetz verbunden sind, werden meist nicht als M., sondern als Rechnerverbundsysteme bezeichnet. *Bode*

Multi-Quantum-Well-Avalanche-Photodiode. Rauscharme Avalanche Photodiode, bei der die Multiplikationsschicht aus einer Folge von →Quantum-Well-Schichten besteht (Bild 1a).

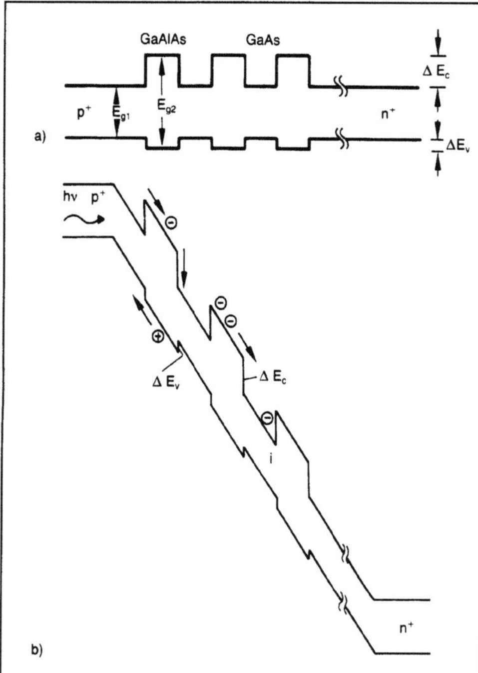

Multi-Quantum-Well-Avalanche-Photodiode 1: Energiebandschema einer Avalanche-Photodiode mit Quantum-Well-Multiplikationszone
a) ohne äußerem Feld
b) mit äußerem Feld.

Ein durch das äußere elektrische Feld beschleunigtes Elektron oder Loch erfährt beim Übergang aus der Barrierenschicht in den Quantenbrunnen einen zusätzlichen Energiegewinn entsprechend den Banddiskontinuitäten, so daß die notwendige Ionisationsenergie auf einer sehr kurzen Wegstrecke L_I erreicht wird (Bild 1b). Da für die meisten Halbleiter die Diskontinuität des Leitungsbandes höher ist als die des Valenzbandes, wird das Ionisationsvermögen $\alpha = 1/L_{nI}$ der Elektronen gegenüber dem der Löcher $\beta = 1/L_{pI}$ erhöht. Mit wachsendem $k = \alpha/\beta$ sinkt das Multiplikationsrauschen (→Photodetektor-Rauschen). Es ist allerdings zu berücksichtigen, daß die Elektronen eine ausreichende Energie zum Verlassen des Wells haben, was durch einen hinreichend hohen Spannungsabfall über die Schicht erreicht wird.

GaAlAs/GaAs-Avalanche Photodioden mit einer sehr gering dotierten Multiplikationszone aus 50 alternierenden Schichten (45 nm GaAs / 55 nm $Ga_{0.45}Al_{0.55}As$) erreichen eine Multiplikation von M = 10 und k = 8 im Vergleich zu k = 2 im Volumenmaterial. Dabei sind $\Delta E_C = 0{,}48$eV und $\Delta E_V = 0{,}08$eV. Andere Halbleitermischkristalle mit stark unterschiedlichen Banddiskontinuitäten sind AlInAs/GaInAs auf InP, AlGaSb/GaSb und CdTe/HgCdTe.

Ein Problem stellt das Ansammeln der →Ladungsträger im →Quantum-Well infolge des steilen Anstieges zur Barriere dar. Sie kann vermieden werden durch einen graduellen Bandanstieg, der sich durch stetig ändernde Materialzusammensetzung erreichen läßt (Bild 3). Dabei werden die Elektronen ungehindert beschleunigt, wohingegen sich die Löcher (Defektelektronen) in den Valenzbandsprüngen sammeln, was gleichzeitig zur Verringerung des Multiplikationsrauschens beiträgt.

Das Ansammeln der Ladungsträger läßt sich aber auch gezielt ausnutzen im sog. Quantum-Well-Festkörper-Multiplier. In diesem Fall sind die Wells kontaktiert und gegebenenfalls dotiert (Bild 2). Die Elektronen der n-dotierten Wells sammeln sich im energetisch niedrigsten Zustand des Potentialtopfes. Die Barrieren sind (energetisch) hinreichend hoch gewählt, so daß die Elektronen auch bei hohen Feldstärken den Topf nicht verlassen können. Ein energiereiches (heißes) Elektron kann dann durch Stoß ein gefangenes Elektron aus diesen Zuständen befreien und über die Potentialbarrieren ionisieren, so daß es zu einer Ladungsträgermultiplikation kommt. Die Elektronen werden durch eine äußere Spannungsquelle nachgeliefert. Im Falle der p-Dotierung gilt das gleiche für die Löcher. Da je nach →Dotierung nur eine Sorte von Ladungsträgern

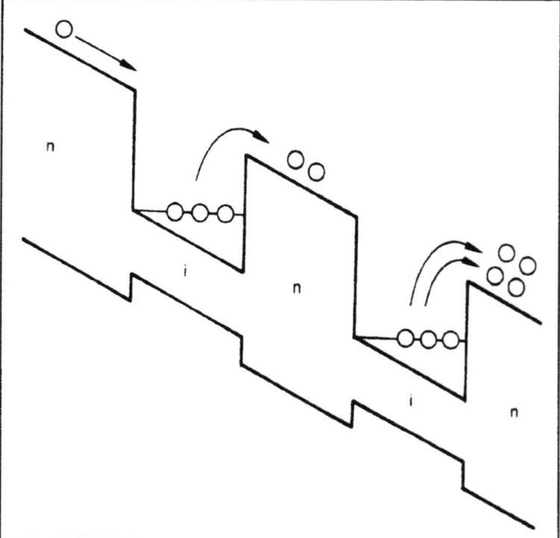

Multi-Quantum-Well-Avalanche-Photodiode 2: Schematische Darstellung der Stoßionisation im dotierten Quantum-Well.

multipliziert wird, ist das Multiplikationsrauschen gering (→Photodetektor-Rauschen).

Eine Dotierung der Wells ist nicht zwingend notwendig, da sich genug thermisch angeregte Ladungsträger im Potentialtopf sammeln. Um dennoch ein geringes Rauschen zu erreichen, muß das Ionisationsvermögen einer Sorte von Ladungsträgern verringert werden, wozu graduelle Bandabstandsunterschiede ausgenutzt werden können (Bild 3). In diesem Fall führt die Verhinderung der Elektronen-Ansammlung zu einer bevorzugten Löchermultiplikation.

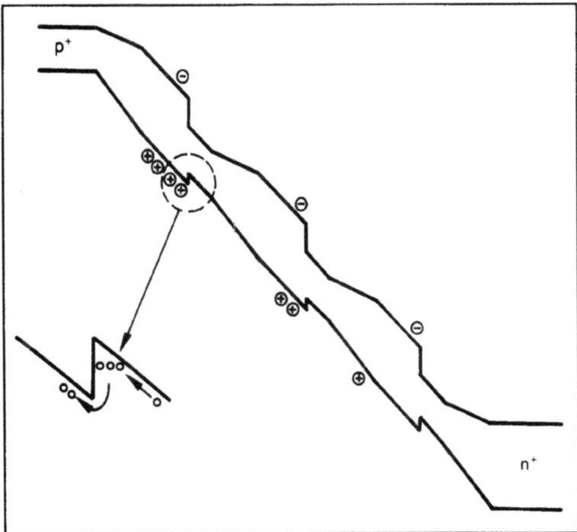

Multi-Quantum-Well-Avalanche-Photodiode 3: Energiebandschema eines dreistufigen Quantum-Well-Festkörper-Photomultiplier mit ausschließlicher Lochstoßionisation.

Ein derartiger dreistufiger Festkörper-Photomultiplier aus AlInAs/GaInAs wurde in die undotierte Region einer pin-Diode eingebaut. Jede Stufe besteht aus 50 nm $Al_{0.48}In_{0.52}As$, 29 nm $Ga_{0.47}In_{0.53}As$ und einem graduellen Übergang von 102 nm. Bei −12 V wird eine Verstärkung von 20 durch Löchermultiplikation erreicht. *Rosenzweig*

Literatur: *Dingle, R.*: Applications of Multiquantum Wells, Selective Doping and Superlatices. London 1987. Vol. 24 aus der Reihe: *Willardson, R. K.* and *A. C. Beer* (Ed.): Semiconductors and Semimetals.

Multi-Quantum-Well-Halbleiterlaser (MQW). Halbleiterlaser, bei dem die aktive Schicht aus einer Folge von Quantentöpfen (→Quantum-Well, →Quantum-Well-Halbleiterlaser) besteht, die zur weiteren Erhöhung des optischen Confinements häufig in einen zusätzlichen →Wellenleiter eingebettet sind (Separate Confinement Heterostructur-Laser, →SCH-Laser).

GaAlAs/GaAs-MQW-Laser werden bereits kommerziell eingesetzt, und zwar als kurzwellige →Halbleiterlaser mit einer Emissionswellenlänge bis herab zu 680 nm (d_z = 1,3 nm) oder als Laser mit hoher Ausgangsleistung bis zu 1 W pro Facette, wie sie zum →Pumpen von Nd:YAG-Lasern benutzt werden. In den Laserstrukturen werden GaAs als Quantentöpfe und $Ga_{1-x}Al_xAs$ als Barrieren und Confinement-Schichten verwendet. Die prognostizierten kleinen Schwellenstromdichten lassen sich aber nur erreichen, wenn die Barrieren einen kleineren Potentialsprung zum GaAs haben als die Confinement-Schichten (Bild), was eine homogene →Ladungsträgerinjektion über alle Quantentöpfe ermöglicht. Mit x = 0,2 für die Barrieren und x = 0,45 für die Confinement-Schicht werden in Schichten mit N = 8 Töpfen Schwellenstromdichten herab bis zu 250 A/cm² erzielt. Gleichzeitig steigt das T_0 von 200 K auf 400 K.

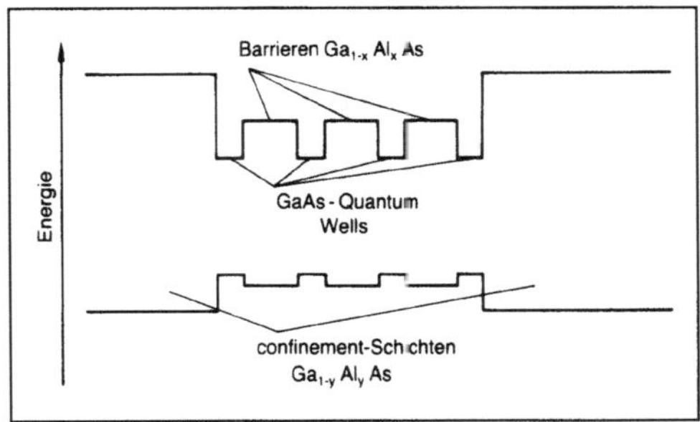

Multi-Quantum-Well-Halbleiterlaser: Energiebandverlauf einer Multi-Quantum-Well-Struktur.

Langwellige Halbleiterlaser (1,3 μm < λ < 1,55 μm) des InP-Systems mit $In_{0.53}Ga_{0.47}As$-Quantentöpfen verwenden $In_{1-x}Ga_xAs_{1-y}P_y$ oder $In_{0.52}Al_{0.48}As$ als Barrierematerial. Sie erfordern zur Erhöhung des optischen Confinements generell einen zusätzlichen Wellenleiter, der mit Rechteckprofil aus dem Barrierenmaterial aufgebaut ist oder sogar als Quasi-GRINSCH-Struktur (→GRINSCH-Halbleiterlaser) mit mehreren Schichten unterschiedlicher Zusammensetzung. Für sehr lange Laser werden zwar auch geringe Schwellenstromdichten von 290 A/cm² (N = 2) erzielt, jedoch für Laser realistischer Länge (< 1 mm) wird bei kleinen Topfzahlen sehr schnell der Bereich der sublinearen Gainzunahme mit der Stromdichte erreicht (→Halbleiterlaser-Gain), oder alternativ ist die Zahl der Quantentöpfe so hoch, daß ohnehin keine Verbesserung gegenüber dem Volumenmaterial zu erwarten ist. Für jede Quantentopfzahl gibt es eine optimale Länge des kleinsten Schwellenstromes. Eine Erhöhung des T_0 wird nicht beobachtet. *Rosenzweig*

Multivibrator. (Auch Kippschaltung, Kippstufe oder Trigger) Elektronische Schaltung der Digitaltechnik, die durch starke →Rückkopplung des Ausgangssignales auf den Eingang am Ausgang zwei Zustände (0, 1) erzeugt, die nicht nur von den

Eingangssignalen abhängen, sondern auch vom inneren Zustand der Schaltung. Nach der Art der Rückkopplung gibt es astabile, monostabile und bistabile M.

□ Der *astabile* M. (→Relaxationsoszillator, Kippschwinger) ist eine Digitalschaltung mit Rückführung ohne stabilen Zustand des Ausgangssignals (Bild 1). Als →Oszillator erzeugt die Schaltung eine Rechteckschwingung (0, 1 Zustand), deren Frequenz durch die Zeitkonstante der Schaltelemente bestimmt ist. Der Oszillator kann aufgebaut werden z. B. durch zwei kettengeschaltete Verstärkerstufen (mit RC-Kopplung), aus zwei Gatterschaltungen oder zwei monostabilen M., wobei Ausgang und Eingang rückgekoppelt sind. Anwendung findet der astabile M. meist als Impulsgenerator.

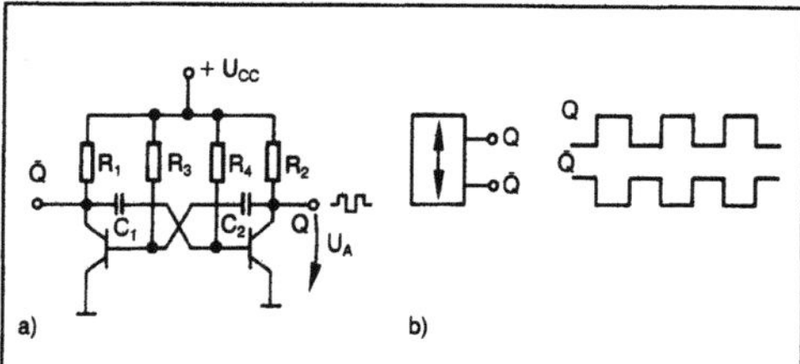

Multivibrator 1: Astabiler M.
a) Schaltung mit diskreten Bauelementen
b) Schaltungssymbol und Ausgangssignal.

□ Der *monostabile* M. (Monoflop, One-shot, Univibrator, Monovibrator) ist eine Digitalschaltung mit einem stabilen und einem labilen Zustand (Bild 2). Der monostabile M. wird durch ein Steuersignal (häufig die Flanke des Eingangssignals) in den labilen Zustand versetzt, aus dem er nach einer Verweilzeit wieder in den stabilen Zustand zurückkippt. Schaltungstechnisch unterscheidet sich der monostabile M. vom astabilen M. dadurch, daß eine der beiden RC-Kopplungen durch eine galvanische ersetzt wird. Die verbleibende RC-Konstante bestimmt dann die Verweilzeit. Monostabile M. werden zur Erzeugung von Impulsen bestimmter Dauer verwendet (z. B. bei der Impulsformung). Bei der Ausführung als integrierte Schaltung muß das RC-Glied oft extern zugeschaltet werden.

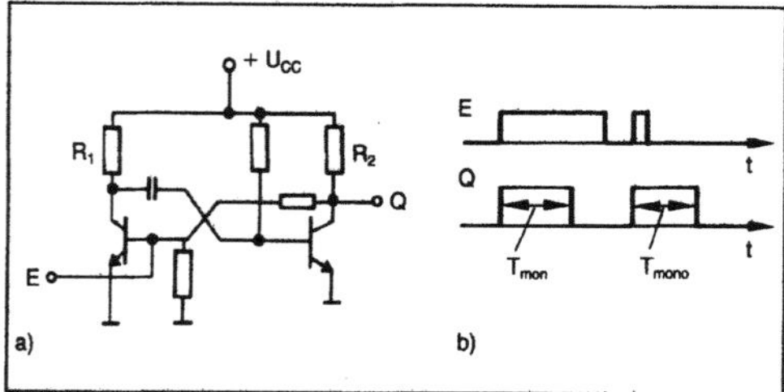

Multivibrator 2: Monostabiler M.
a) Schaltung mit diskreten Bauelementen
b) Ein- und Ausgangssignal. Letzteres entsteht mit einer dem monostabilen Multivibrator eigenen Zeitkonstante T_{mon} auf eine Signalflanke des Eingangssignales.

□ Der *bistabile* M. (→Flip-Flop, bistabile Kippstufe) ist eine Digitalschaltung mit Rückführung und zwei stabilen Zuständen (Bild 3), die sich nach der Belegung der Steuereingänge einstellen. Die Schaltung hat insbesondere Speicherverhalten. Schaltungstechnisch werden hier beide Kopplungen galvanisch ausgeführt.

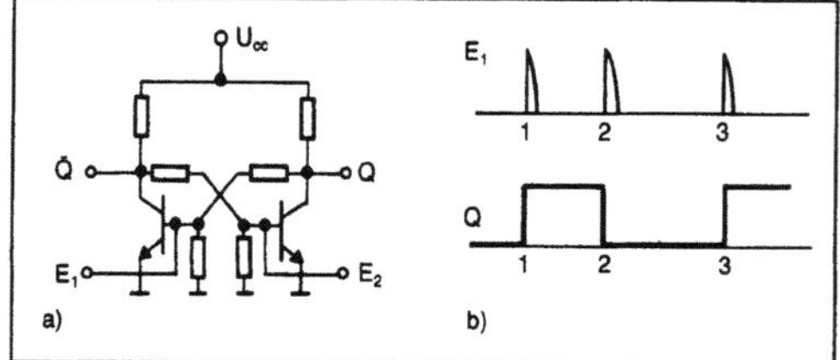

Multivibrator 3: Bistabiler M.
a) Schaltung mit diskreten Bauelementen
b) Ein- und Ausgangssignal. Die Schaltung reagiert auf positive Signalflanken, nach denen sie jeweils kippt und diesen Zustand bis zur nächsten eintreffenden Flanke beibehält.

Der bistabile M. ist wegen seiner Speichereigenschaften die grundlegende Schaltung der sequentiellen →Logik und findet so breiteste Anwendung.

R. Paul

Mustererkennung. Unter M. werden Verfahren verstanden, die Datensätze klassifizieren, d. h. einer bestimmten Merkmalsklasse zuordnen können, oder komplexe Muster analysieren, d. h. die Beschreibung ihrer Merkmale durch einfachere Bestandteile erlauben. Die M. ist gleichbedeutend mit der Entwicklung einer Regel, die die eindeutige Zuordnung eines Musters (Signals) zu einer bestimmten Klasse erlaubt. Als Muster wird die Gesamtheit der in der Umwelt durch Sensoren meßbaren Daten verstanden. Aufgabe der M. ist es nun, geeignete Transformationen zu finden, die diese Datensätze eindeutig auf bestimmte Merkmale der Szenerie abbilden. Dabei müssen die Merkmale der Szenerie natürlich in eindeutig beschreibbarer Form vorliegen. Die M. ist eine Klassifikation in verschiedene Merkmalsklassen, also eine Ja-Nein-Entscheidung über die entsprechende Zugehörigkeit. Die Bandbreite der M. reicht dabei von der Bildverarbeitung und Spracherkennung bis zur Chemometrik an chemischen Sensoren und der akustischen →Fehlerdiagnose.

Verfahren zur M. sind in den meisten Fällen numerische und mathematische Verfahren, die es erlauben, aus Mustern die Merkmale zu extrahieren, die nicht einfach oder schnell aus den vorgegebenen Daten ermittelt werden können. Analoge Verfahren

(z. B. optische Fouriertransformation) können in einigen Fällen ebenfalls zum Einsatz kommen.

Muster werden im allgemeinen durch Funktionen repräsentiert, die das Objekt beschreiben. Z. B. kann ein Grauwertbild durch eine Funktion f(x, y), deren Funktionswerte den einzelnen Grautönen entsprechen, beschrieben werden. Auch eine zeitliche Auflösung dieser Muster ist möglich, z. B. die Daten für ein Spracherkennungssystem werden als Funktion der Zeit g(t) aufgenommen. In der Praxis werden interessierende Meßdaten eines Objektes oder einer bestimmten Situation meßtechnisch mit Sensoren erfaßt und in einem zwei- oder mehrdimensionalen Vektor (Signalraum) zu einem Muster zusammengefaßt. Dieser Vektor enthält diskrete Werte der Funktion, die das Muster beschreibt. Für diese Meßdaten muß nun eine geeignete Transformation in einen Merkmalsraum gefunden werden. Diese Transformationen können beispielsweise durch Matrizen vermittelt werden, es können aber auch Fouriertransformationen oder andere Methoden angewendet werden.

Zur Klassifikation müssen die Merkmale der transformierten Funktion eindeutig Klassen zugeordnet werden, so daß jede Zuordnung genau einer Entscheidung entspricht. Dafür sind Entscheidungsalgorithmen anzugeben, die eine eindeutige Klassifikation erlauben. Ist der Merkmalsraum ein topologischer Raum, d. h. wenn man von einem Abstand zweier Signale sprechen kann, dann werden die Klassengrenzen als Trennflächen (i. a. mehrdimensionale Hyperebenen) angegeben werden können.

Die Güte der Entscheidung hängt neben der Qualität der Meßdaten auch von der der Merkmale ab. Nicht in allen Fällen können jedoch die Zuordnungsregeln eindeutig ermittelt werden. Hier muß dann zu statistischen Methoden gegriffen werden, um eine möglichst gute Schätzung der Zuordnungsfunktion zu ermitteln. Diese Schätzfunktion kann auch in einem (maschinellen) Lernprozeß entwikkelt werden, in dem eine Anzahl von Testdaten analysiert werden.

In letztere Gruppe fallen auch Methoden der M. mit neuronalen Netzen. Bei neuronalen Netzen wird nicht nur die Schätzfunktion einer Entscheidungsregel gefunden, sondern auch eine Näherung der Transformationsfunktion für die Meßdaten in den Merkmalsraum. Neuronale Netze haben also den Vorteil, daß eine Näherung für die Klassifizierung automatisch durch Verfahren des Maschinenlernens gefunden werden können. Durch Training mit geeignetem Testfunktionen wird die funktionale Verknüpfung der Sensordaten mit den Merkmalen gefunden. Mit der Anzahl der verfügbaren Testdaten steigt auch die Treffsicherheit dieses Systems. Ein Nachteil der M. ist jedoch, daß im allgemeinen die Transformationsfunktion nicht mehr in analytischer Form extrahiert werden kann und somit einer nachträglichen Überprüfung nicht mehr zugänglich ist.

Eine Ergänzung der Klassifikation stellen die Methoden der wissensbasierten Systemen dar, die zusätzlich zur rein formalen Klassifikation im Merkmalsraum herangezogen werden. In den Wissensbasen kann sowohl a priori Wissen über die beobachtete Szenerie gespeichert sein wie auch Informationen über das Klassifikationsverfahren selbst. Neuere Veröffentlichungen weisen darauf hin, daß effiziente Verfahren der M. in jedem Fall einer Unterstützung durch wissensbasierte Systeme bedürfen. *Endres*

If you have any concerns about our products,
you can contact us on
ProductSafety@springernature.com

In case Publisher is established outside the EU,
the EU authorized representative is:
Springer Nature Customer Service Center GmbH
Europaplatz 3, 69115 Heidelberg, Germany

Printed by Libri Plureos GmbH
in Hamburg, Germany